WIRTSCHAFTLICHE VERWERTUNG DER BRENNSTOFFE

KRITISCHE BETRACHTUNGEN ZUR DURCHFÜHRUNG SPARSAMER WÄRMEWIRTSCHAFT

VON

DIPL.-ING. G. DE GRAHL, BAURAT
MITGLIED DER AKADEMIE DES BAUWESENS

DRITTE, VERMEHRTE AUFLAGE

MIT 323 TEXTABBILDUNGEN UND 16 TAFELN

MÜNCHEN UND BERLIN 1923
DRUCK UND VERLAG VON R. OLDENBOURG

Vorwort zur 2. Auflage.

Der Ausgang des Jahres 1915 war für die Herausgabe der 1. Auflage nicht günstig. Der Krieg hatte fast die gesamte Industrie in seine Dienste gestellt, so daß die Frage nach wissenschaftlichen und praktischen Nachschlagewerken auf dem Gebiete der Wärmetechnik und der Wärmewirtschaft mehr und mehr in den Hintergrund trat.

Studenten, Ingenieure, Fabrikleiter waren ausgezogen, um das Vaterland zu schützen, und die Daheimgebliebenen suchten ihrerseits mit geistigen Waffen ihren Kommilitonen den Rücken zu decken. Der Krieg ist verloren; materiell sind wir ein armes Land geworden. Aber zum Aufstieg gehören nicht soundso viel Quadratmeilen, Schiffe und Schornsteine. Wir sind noch ein Volk, das planmäßig denken und arbeiten kann. Die geistige Arbeit bildete von jeher die unverrückbare Grundlage und Muttererde unserer Blüte.

Nach Beendigung des unglücklichen Krieges war das vorliegende Werk in einer Auflage von 1500 Stücken baldigst vergriffen. Eine neue Auflage mußte unter den vollständig veränderten Verhältnissen Verfasser und Verleger ungeheuere Kosten auferlegen. Den Umfang zu kürzen, war unmöglich, zumal gerade auf dem Gebiete der Brennstoffwirtschaft die größten Umwälzungen stattgefunden hatten. Wir sahen uns vielmehr genötigt, ohne Überschreitung der Seitenzahl den Text um etwa 30% zu vergrößern, was durch kleinere Schrift und größeren Satzspiegel erreicht worden ist. Von den alten Bildstöcken wurde ein Teil verwandt, viele erneuert, die Beschreibung der Einrichtungen aber wegen Platzmangels gekürzt.

Aus diesem Grunde bitten wir, kleine Unstimmigkeiten in den Maßbezeichnungen usw. mit Milde aufzunehmen, da eine einheitliche Durchführung größtenteils eine Neuanfertigung der teuren Bildstöcke erheischt und die Unkosten um ein Vielfaches gesteigert hätte.

Die zweite Auflage ist ein neues Werk. Die Urteile, die gefällt sind, sind nicht am Schreibtisch entstanden; sie sind das Ergebnis vieler Verhandlungen mit theoretisch und praktisch geschulten und erfahrenen Fachleuten. Wegen der überreichen Fülle des Stoffes hat sich das Werk der Mitarbeit von Gönnern und Freunden erfreuen dürfen. Sofern dieser nicht schon in der ersten Auflage gedacht worden ist, sei hiermit allen, die zur Vollendung beigetragen haben, bestens gedankt. Zu nennen wäre noch Herr Dipl.-Ing. C. Rades, Essen, für seine Mithilfe bei den Abschnitten über Verbrennung und Energiewirtschaft, und Herr Redakteur Seyffert für seine Mühewaltung beim Durchlesen der Arbeit. Ganz besonderen Dank schuldet aber Verfasser Herrn Dipl.-Ing. Trenkler, der die Freundlichkeit hatte, ihn im Aufbau des ganzen Werkes, bei dessen Ergänzung und Durchsicht mit unermüdlichem Fleiße zu unterstützen.

Um gerechten Wünschen möglichst zu entsprechen, ist auf das statistische Material und die angezogenen Quellen besondere Sorgfalt gelegt worden. In den Zeitschriften finden sich häufig Auszüge aus Berichten und Zahlentafeln fremdländischer Schriften, die bei wiederholtem Abschreiben oft ganz fehlerhaft wiedergegeben werden und daher die tatsächlichen Verhältnisse verschieben. Meist wird dabei der Urheber neuer Anregungen ganz vergessen und statt seiner der Berichterstatter in zweiter oder dritter Linie genannt.

Verfasser ist sich selbstverständlich bewußt, keine lückenlose Arbeit geliefert zu haben; es kam ihm in erster Linie darauf an, ein kritisches Werk zum Nutzen der Allgemeinheit zu schaffen.

Berlin-Schöneberg, Juni 1920.

G. de Grahl.

Vorwort zur 3. Auflage.

Habent sua fata libelli! Das gilt insbesondere von den technischen Werken, die sich die Förderung der Wärmewirtschaft zur Gesundung des deutschen Wirtschaftslebens als Ziel gesteckt haben. Deutschland ist eines Teiles seiner Kohlenvorkommen beraubt, das Ruhrgebiet von französischen Truppen besetzt, seine Geldwährung auf dem Nullpunkt angelangt. Die Geldknappheit hat die Kohlenknappheit überwuchert. Es mangelt an allem: an Rohstoffen, an Beschäftigung der Betriebe, an Exportmöglichkeit, so daß die Durchführung einer sparsamen Wärmewirtschaft sich immer schwieriger gestaltet. Angesichts dieser Zustände kamen Verleger und Autor zu der Erkenntnis, daß es besser sei, den logischen Aufbau der 2. Auflage bis auf einige Berichtigungen beizubehalten, dagegen durch Aufstocken des Gebäudes jenen Raum zu schaffen, der den veränderten sozialpolitischen Verhältnissen Rechnung tragen soll. In dem geschaffenen achten Kapitel wird der Leser über die Weiterentwicklung der Wärmewirtschaft die gewünschte Aufklärung finden, zumal Verfasser sich bemüht hat, dieser Ergänzung einen in sich geschlossenen Charakter zu geben. Durch Hinweis auf die in Klammern beigefügten Seitenzahlen und eine grundlegende Änderung des Inhaltverzeichnisses ist das Nachschlagen der behandelten Themata wesentlich erleichtert.

Verfasser erfüllt die angenehme Pflicht, den ihm hilfreich zur Seite gestandenen Direktoren Trenkler, Berlin-Steglitz, und A. Thau, Deuben, Bez. Halle, für ihre Anregungen und Ergänzungen zu danken, ohne die das Werk nicht die erzielte Abrundung erhalten hätte. Möge der 3. Auflage dieselbe Anerkennung wie der zweiten zuteil werden!

Berlin-Zehlendorf/West, Juni 1923.

G. de Grahl.

Inhaltsverzeichnis.

Drittes Kapitel. **Verbrennung der Brennstoffe.**

Viertes Kapitel. **Feuerungseinrichtungen.**

Fünftes Kapitel. **Kritik der Feuerungstechnik.**

Sechstes Kapitel. Städtewirtschaft.

Siebentes Kapitel. Energiewirtschaft.

Achtes Kapitel. **Ergänzende Betrachtungen zur neuzeitlichen Brennstoffwirtschaft.**

Einleitung.

Als die erste Auflage des Werkes im Oktober 1915 herauskam, hieß es auf S. 2 der Einleitung:

> „Die rasch ansteigende Förderung unserer Brennstoffe kann aber auf die Dauer nicht anhalten, sondern muß schließlich infolge der zunehmenden Abbau- und Förderungsschwierigkeiten eine Abnahme erfahren. Dazu drohen die von Jahr zu Jahr steigenden Löhne, die kürzeren Arbeitszeiten und noch andere Umstände, den Preis der Kohlen in die Höhe zu treiben und damit alle Lebensbedingungen zu erschweren.“

Und heute? — Wärme fehlt zum Schutz gegen Kälte, zur Bereitung von Speisen und Herstellung der notwendigsten Gebrauchsgegenstände; Licht zur Erhöhung der Behaglichkeit und zur Verlängerung der Arbeitsmöglichkeit. Alle Sorgen, die auf uns lasten, vereinigen sich in der Kohlenfrage wie in einem Brennspiegel.

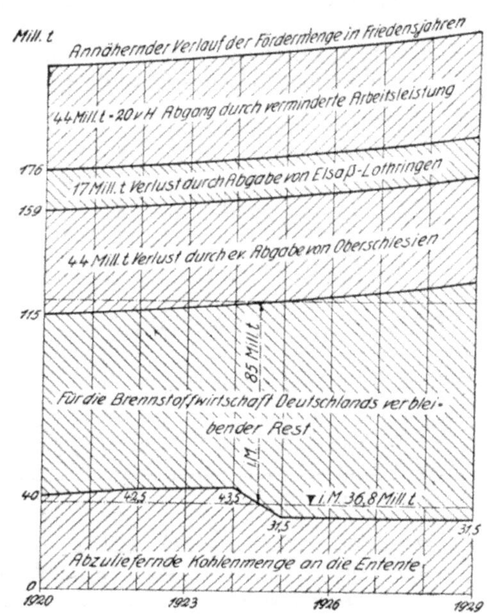

Abb. 1. Voraussichtliche Fördermengen und deren Verbleib für Deutschland.

Die schweren Waffenstillstands-Bedingungen haben einen Einschnitt in die Lebensader des deutschen Volkes getan, an dessen Folgen es schwer darniederliegt. Kohle bedeutet Lebensenergie, und solange diese nicht wieder voll zur Entwicklung gelangt, werden einzelne Organe des geschwächten deutschen Volkes absterben müssen. Die Nerven sind erschlafft, die technischen Anlagen abgewirtschaftet, die Leistungen zurückgegangen. Wäre der unglückliche Krieg nicht gekommen, hätten wir, wie durch die oberste Linie der Abb. 1 dargestellt, eine weitere erfreuliche Steigerung in der Kohlenförderung von Jahr zu Jahr annehmen können, was uns durch Ersatz der teuren und unzuverlässigen Handarbeit durch maschinelle Einrichtungen gelungen wäre. Statt der 1920 zu erwarten gewesenen 220 Mill. t Steinkohlen müssen wir verschiedene Abstriche für verminderte Arbeitsleistung, für Verluste an Kohlenvorkommen und abzuliefernde Kohlenmengen vornehmen, so daß, falls auch Oberschlesien fortfallen sollte, etwa nur 85 Mill. t dem restlichen Deutschland verbleiben. Zieht man den Verbrauch der für uns verlorenen Gebiete einschließlich Oberschlesiens ab, so dürften wir immerhin mit einem erheblichen Ausfall an Kohlen, etwa einem Drittel, zu rechnen haben. Zur Deckung dieses Drittels gibt es nur zwei Möglichkeiten: Vermehrte Förderung und geistige Arbeit. Das erste Mittel dürfte trotz guten Zuredens auf die Dauer versagen, und eine Vermehrung der Belegschaften bedingt erst eine Vermehrung der Wohnstätten und diese wiederum die Beschaffung von Baustoffen, zu deren Herstellung immer wieder die Kohle fehlt.

Die großen Anforderungen des Krieges haben die Balken und Strebepfeiler des Nervensystems über die zulässige Belastung beansprucht und den Zusammenbruch herbeigeführt. Der durch lange körperliche und seelische Anstrengungen erschöpfte, neurotisch erkrankte Mann[1]) suchte für vermeintlich erlittene Kränkungen und Zurechtweisungen, denen er sich unter dem Zwange der Dis-

[1]) Vgl. Dr. Simmel „Psychoanalyse der Massen“.

ziplin während des Krieges nicht erwehren konnte, eine Entspannung. Seinen falschen Vorstellungsverknüpfungen gewährte der wirtschaftliche Organismus einen Tummelplatz für seine unsinnigen Forderungen, seine Arbeitscheu und Streiklust. Ihm waren geordnete Fabrikverhältnisse mit Akkordsystem, Meistern und Kolonnenführern, die die Arbeitsleistung fördern, unangenehm; er wollte keine Ausnahmestellungen, kein Prämien-, kein Klassensystem. Dagegen versprach er sich von der Sozialisierung der Betriebe die erhoffte Entschädigung für lang ertragene Zurücksetzung. Ein Blick in die Werkstätten zeigte noch bis vor kurzem ein gegen früher vollständig verändertes Bild: Die Arbeiter standen herum oder politisierten; ihre Entschädigung entsprach mehr Anwesenheitsgeldern als Lohn für geleistete Arbeit; überall fehlt das Pflichtbewußtsein; alles spricht nur von Rechten, aber von Pflichten gegen den Staat oder den Unternehmer will niemand etwas wissen.

Die schweren Waffenstillstands-Bedingungen haben zur Ablieferung einer großen Anzahl betriebstüchtiger Lokomotiven und Wagen geführt. Was uns an gesunden Lokomotiven übrig blieb, reichte zur Deckung des Transportes nicht aus, und die Reparatur der schadhaften Maschinen wollte nicht vorwärts schreiten. Während wir vor dem Kriege über 17600 betriebsfähige Lokomotiven besaßen, erreichten wir die Zahl von 13000 schon lange nicht mehr. Die trostlose Lage unseres Eisenbahnbetriebes geht wohl am besten aus folgenden Zahlen hervor[1]). Es wurden arbeitstäglich befördert

im Dezember	1913	rd.	189000	Wagen
„ „	1917	„	141000	„
„ „	1918	„	99000	„

Im besonderen ist es aber auch die Kohlennot, welche die Eisenbahnen an der Besserung der Betriebslage hindert und den Betrieb so außerordentlich dickflüssig macht. Innerhalb einer Eisenbahndirektion blieben an einem einzigen Tage 154 Züge auf den Strecken wegen Dampfmangels liegen. Unsere Lokomotiven sind auf die Verwendung guter Kohlen angewiesen. 30% sind aber Bergmittel, die unverbrannt auf dem Rost liegen bleiben und das Feuer vorzeitig verschlacken. Nicht nur die Lokomotivkohle ist schlecht, sondern auch die für die Industrie (vgl. Seite 78). So kommt es, daß wir täglich 4000 Wagen Steine und sonstige Bergmittel auf der Eisenbahn befördern müssen. Welche gewaltigen Leistungen sind hierzu, und zwar gänzlich unnötig aufzuwenden, die zudem doch gleichfalls wieder Kohlen kosten! Bei unserem heutigen sehr schlechten Wagenumlauf werden dafür 30 bis 40000 Wagen vorgehalten werden müssen.

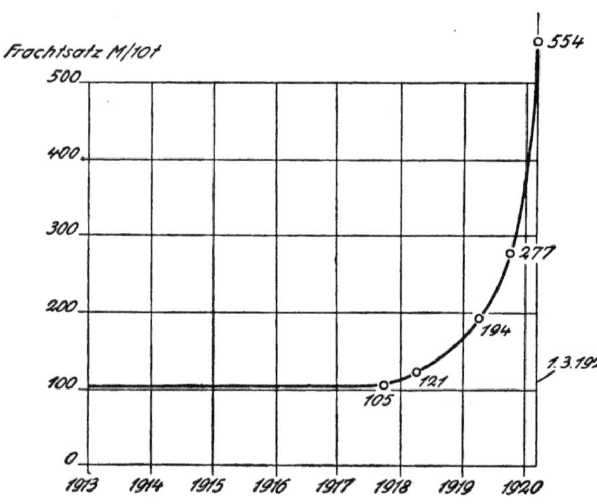

Abb. 2. Höhe der Frachtsätze im Verlaufe der letzten Jahre.

Während im Frieden unsere Eisenbahnen den größten Überschuß abwarfen, sind jetzt die Unterbilanzen zu fast gleicher Höhe angewachsen. Die Folge davon war nicht nur eine Verteuerung des Personenverkehrs sondern auch eine Erhöhung der Frachtsätze, die gegenwärtig noch nicht ihren Abschluß erreicht haben dürfte (Abb. 2).

Solche Feststellungen sind für die Gestaltung des vorliegenden Werkes aber von grundlegender Bedeutung gewesen.

Die geistige Arbeit erscheint als das wirksamste und sicherste Mittel für den Wiederaufbau unseres gesamten Wirtschaftslebens. Die Erkenntnis, zu sparen, ist überall durchgedrungen. Landeskohlenstellen, Wärmestellen, Gesellschaften und Dampfkessel-Überwachungs-Vereine stehen miteinander in Wettbewerb. Sonderausschüsse und Wirtschaftsabteilungen sind wachgerufen, um gegen die Kohlenverschwendung Sturm zu laufen. Aber um wirtschaftlicher zu arbeiten, ist zuerst die Bedingung einer bestimmten Brennstoffsorte vorauszusetzen. Ein jeder Kesselbesitzer bezog vor dem Kriege die für seinen Betrieb geeignetste Kohle, mit der er den billigsten Dampf erzeugte. Der Krieg und die damit einsetzende Kohlenknappheit hat all diese Fürsorge zunichte gemacht. Man muß zufrieden sein, wenn man überhaupt Kohlen bekommt. Roste, die der Eigenart eines bestimmten Brennstoffes angepaßt waren, eignen sich natürlich nicht für alle Kohlensorten.

---

[1]) Ministerialrat Hammer, aus der Diskussion zum Vortrag des Verf. „Kohlenkrisis u. Transportfrage".

Der Wirkungsgrad der Kessel geht herunter, und damit wächst der Mehrverbrauch. Die Gaswerke erhielten zeitweise Kohlen, die sich gar nicht für die Herstellung des Gases eignen. Während die Friedenskohle je nach dem Bezugsort 6, 9 oder höchstens 12% Asche aufwies, kamen Aschengehalte bis zu 30% vor. Der daraus hergestellte Koks enthielt dann 40% davon und beglückte die Besitzer von Zentralheizkesseln, denen die Koksmenge obendrein noch zu Lasten der Mieter beschnitten wurde.

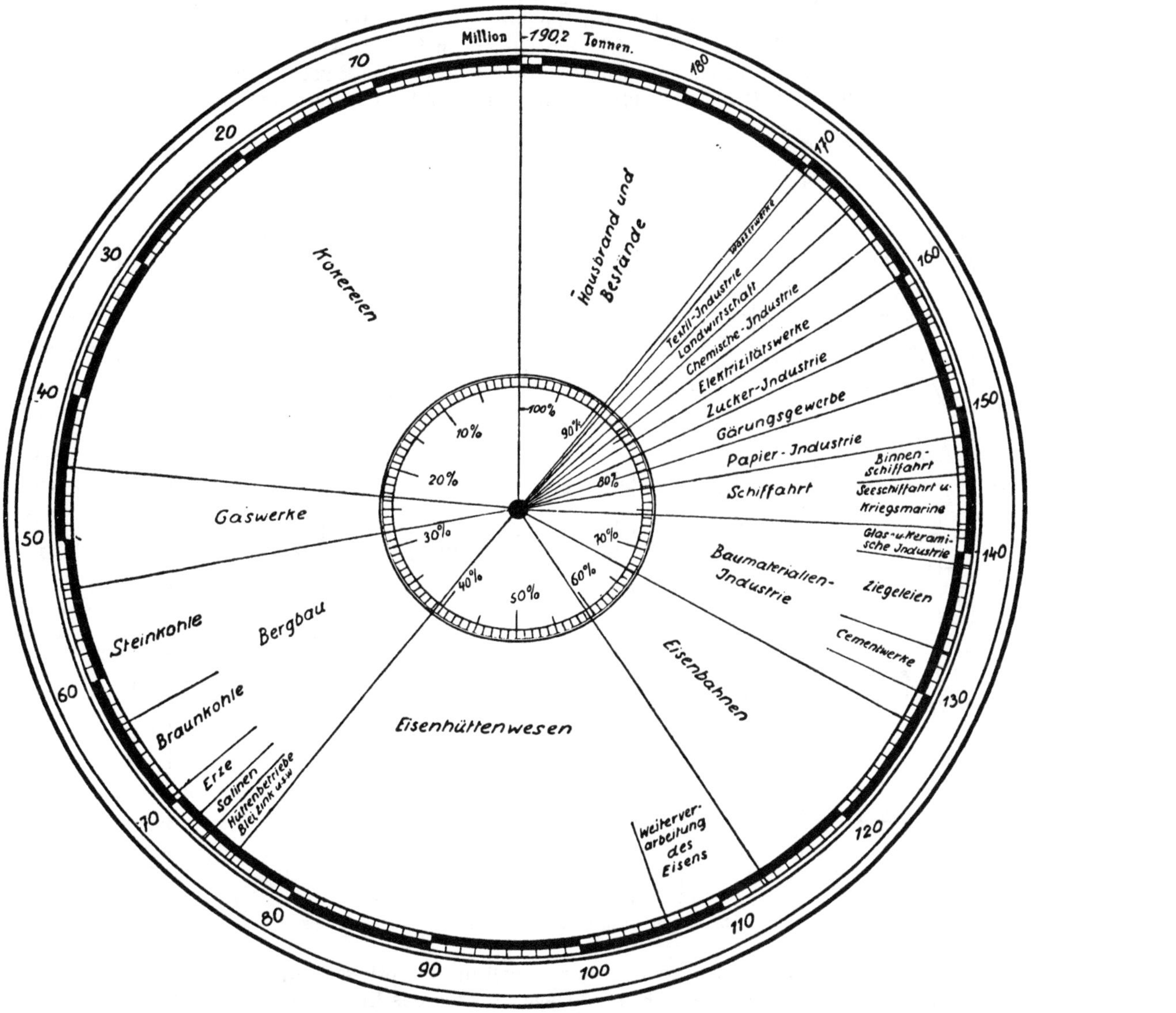

Abb. 3. Anteil der einzelnen Industriezweige an den 1913 geförderten Kohlenmengen.

Die arme Hausfrau erhielt ein Gas, das durch die Wassergas-Pantscherei an sich schon eine Verschlechterung um 25% erfuhr. Wer will hier noch sparen? Mit Zwang läßt sich nichts erreichen, und mit der dauernden Erhöhung der Kohlenpreise steigen nur Löhne und Ausgaben für die Lebenshaltung. Wir haben erfahren, daß Gassperre, Preiserhöhungen, Verschlechterung des Heizwertes, Strafgelder für Mehrverbrauch kein Hindernis waren, den Gasverbrauch zu erhöhen.

Anderseits liegt aber ein Fehlbetrag an Brennstoffen vor, der in irgendeiner Weise verteilt werden muß. Ein Blick auf die Abb. 3[1]) zeigt den Anteil der einzelnen Industriezweige an den 1913 geförderten

[1]) Verf. verdankt diese Darstellung der Techn. Zentrale f. Koksverwertung, Berlin. Die Hauptschwierigkeiten dieser Feststellung bestehen in der Unmöglichkeit, die Kunden bis zum Verbraucher zu

Kohlenmengen. Der innere Teilkreis stellt den ungefähren Prozentsatz, der äußere die entsprechenden Steinkohlenmengen — Braunkohle auf Steinkohle umgerechnet — in Mill. t dar. Wem soll der Fehlbetrag an Brennstoff in Abzug gebracht werden? Eine gleichmäßige Verteilung ist nicht möglich. Die lebenswichtigen Betriebe müssen bevorzugt werden. Aber was ist lebenswichtig? Die rheinisch-westfälische Industrie beliefert z. B. zum großen Teil den Kohlenbergbau und empfängt den Strom von den Elektrizitätswerken. Die Kohlenförderung leidet, wenn die Hilfsbetriebe eingeschränkt werden. Die Zementfabriken liefern den Zechen den Baustoff für die erforderlichen Ergänzungs- und Ausbesserungsarbeiten, die chemische Industrie den Kokereien Schwefelsäure zur Erzeugung der Nebenstoffe. Ein Glied greift hier ins andere. Ebenso störend würde eine Einschränkung der Sodaerzeugung wirken, von der rund 40000 Industrieunternehmen mit 6 Mill. Arbeitern und Angestellten abhängen

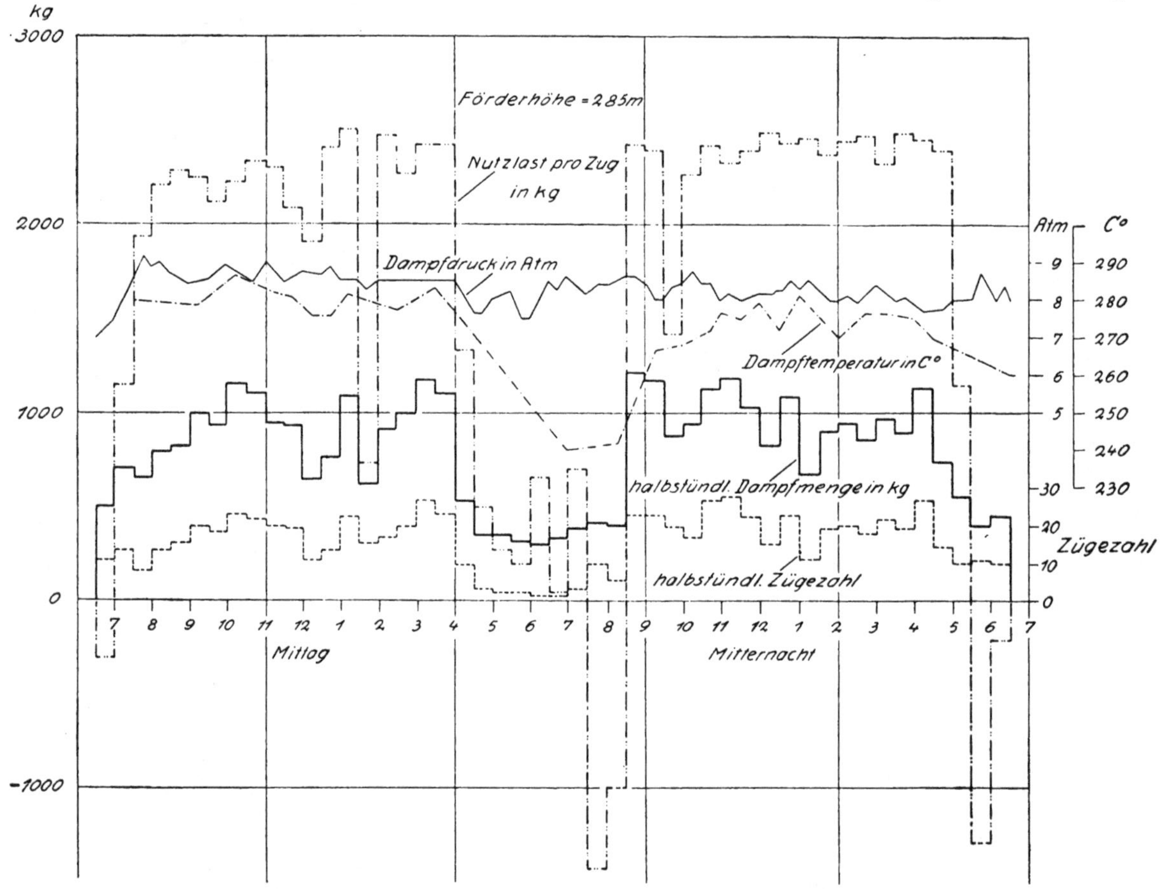

Abb. 4. Schwankender Betrieb einer Fördermaschine.

und in Mitleidenschaft gezogen würden. Sodamangel im Dampfkesselbetriebe bedingt wegen Kesselsteinbildung sogar Mehrverbrauch an Kohle. Dagegen kann das Eindampfen der Sole auf den Salinen unterbleiben, da Speisesalz in jeder gewünschten Menge aus den zahlreichen Salzbergwerken mit geringem Aufwand an Kohle gefördert wird. Ebenso müßten die bzgl. des Kohlenbedarfes als unwirtschaftlich zu bezeichnende Stickstoffwerke (vgl. S. 260) allmählich auf eine andere Fabrikation umgestellt werden, damit die frei werdenden Kohlenmengen anderen wichtigen Betrieben zugewiesen werden können. Große Erfolge dürften Ersparnisse im Bergbau zeitigen, dessen Selbstverbrauch weit über das notwendige Maß hinausgeht. Die Fördermaschinen arbeiten absatzweise, wobei die Anzahl der Züge und Nutzlasten außerordentlich schwankt. Ein Blick auf die graphische Darstellung (Abb. 4), die

verfolgen; der Großhandel verfügt über den Abruf ab Zeche, dann tritt der Zwischenhandel in Kraft, wobei die Kohle vielfach erst auf den Kohlenplatz wandert. Eine weitere Schwierigkeit bietet die Kontrolle des Selbstverbrauchs der Hüttenzechen, deren Kohlenmengen s. Z. nicht unter die Kontrolle des Syndikats fielen bzw. nicht abgabepflichtig waren. Endlich wird dem Statistiker nur selten Einblick in die Betriebsverhältnisse gewährt, so daß die angegebenen Werte keine absoluten sein können.

dem Betriebe entnommen ist[1]), vergegenwärtigt die Verhältnisse und erklärt den hohen Dampfverbrauch (bis zu 40 kg/PS-Std.) für den Schacht. Durch Wahl neuzeitlicher Maschinen mit Seilausgleich und günstiger Kräfteverteilung mit kleineren Trommeldurchmessern und Gewichten kann das Anfahrmoment und der Dampfverbrauch für die Schacht-PS-Std. auf die Hälfte vermindert werden. Einführung von Abdampfverwertung zur Verbesserung der Verhältnisse ist an die Beschaffung von Abdampfturbinen und -Kompressoren usw. gebunden, die nicht von heute auf morgen geliefert werden können. Wo solche Einrichtungen vorhanden sind, mag man auf reichlich bemessene Zentralkondensation Gewicht legen, damit das Vakuum und damit der thermische Wirkungsgrad der Abdampfturbine nicht durch das absatzweise Arbeiten der Fördermaschinen zu sehr beeinträchtigt wird. Aber der Bergbau könnte auf andere Art ganz wesentlich zur Behebung der Kohlennot und der Transportschwierigkeiten beitragen, wenn er die Kohlen besser auslesen würde. Man könnte dann 10% der gestellten Wagen sparen, die jetzt teilweise dem Transport von Steinen dienen müssen, auf die ebenso wie für wirkliche Kohle die Kohlen- und Umsatzsteuer geworfen wird.

Da bei den Brikettfabriken die Kohlensteuer auf das Fertigfabrikat gelegt wird, haben die Braunkohlenbergwerke keinen Anlaß, die für die Brikette erforderlichen Rohkohlen zu sparen. Während einzelne hervorragende Gruben jede Gelegenheit benutzen, wirtschaftlich zu arbeiten, scheinen andere fast einen Freibrief auf Kohlenverschwendung zu besitzen.

Zahlentafel 1.

Großhandelspreise für Ruhrkohle vom 1. 1. 1913 bis zum 1. 2. 1920 (in M/t).

Beginn der Geltung	Gas- und Flammkohle	Fettkohle	magere Kohle	Koks	Brikette
. 1. 1913 . . .	6,75 bis 15,—	11,25 bis 14,50	6,25 bis 25,50	15,50 bis 23,—	11,— bis 14,25
1. 4. 1913 . . .	8,— „ 15,50	12,— „ 15,—	7,25 „ 26,—	16,50 „ 24,—	11,50 „ 15,—
1. 4. 1914 . . .	7,— „ 15,—	11,25 „ 14,50	6,25 „ 25,50	15,— „ 22,—	11,— „ 14,25
1. 4. 1915 . . .	9,— „ 17,50	13,— „ 17,50	7,50 „ 28,50	15,— „ 21,—	13,— „ 17,25
1. 9. 1915 . . .	10,— „ 18,50	14,25 „ 18,50	8,50 „ 29,50	16,50 „ 22,—	14,— „ 18,25
1. 4. 1916 . . .	10,— „ 18,50	14,25 „ 18,50	8,50 „ 29,50	18,— „ 23,50	14,50 „ 18,75
1. 1. 1917 . . .	12,— „ 20,50	16,25 „ 20,50	10,50 „ 31,50	21,— „ 26,50	17,75 „ 22,—
1. 5. 1917 . . .	14,— „ 22,50	18,25 „ 22,50	12,50 „ 33,50	24,— „ 29,50	20,25 „ 24,50
1. 9. 1917 . . .	14,— „ 22,50	18,25 „ 24,90	12,50 „ 33,50	28,80 „ 35,40	23,20 „ 28,—
1. 10. 1917 . . .	19,20 „ 29,40	24,30 „ 29,40	17,40 „ 42,60	32,40 „ 39,—	25,70 „ 30,50
1. 9. 1918 . . .	**21,75 „ 31,95**	**26,85 „ 31,95**	**19,95 „ 45,15**	**36,— „ 43,20**	**28,25 „ 33,05**
1. 1. 1919 . . .	36,20 „ 46,40	41,30 „ 46,40	34,40 „ 59,60	58,90 „ 64,90	43,95 „ 48,75
1. 5 1919 . . .	56,20 „ 68,40	61,30 „ 68,40	54,40 „ 81,60	88,90 „ 100,90	67,45 „ 72,25
1. 6. 1919 . . .	56,20 „ 68,40	61,30 „ 68,40	54,40 „ 81,60	88,90 „ 100,90	69,90 „ 74,70
16. 6. 1919 . . .	62,30 „ 75,10	67,40 „ 75,10	60,50 „ 88,30	97,40 „ 111,10	74,80 „ 79,60
1. 7. 1919 . . .	— —	— —	— —	— —	76,55 „ 81,35
1. 8. 1919 . . .	— —	— —	— —	— —	79,45 „ 84,25
1. 10. 1919 . . .	72,80 „ 85,60	77,90 „ 85,60	71,— „ 98,80	113,15 „ 126,85	93,95 „ 98,75
1. 12. 1919 . . .	81,80 „ 97,—	86,90 „ 97,—	80,— „ 110,20	126,65 „ 145,35	104,95 „ 109,75
1. 1. 1920 . . .	101,80 „ 119,50	106,90 „ 119,50	100,— „ 132,70	155,— „ 178,40	147,10 „ 151,90
1. 2. 1920 . . .	143,60 „ 180,90	149,70 „ 180,90	139,80 „ 226,20	216,30 „ 261,30	218,20 „ 223,—

Die Großhandelspreise für Ruhrkohle sind seit dem 1. Januar 1913 bis zum 1. Februar 1920, wie Zahlentafel 1 veranschaulicht[2]), ungefähr auf das Zwanzigfache gestiegen. Was das für unser gesamtes Wirtschaftsleben bedeutet, möge an einem Beispiel erörtert werden. Eine neuzeitliche Güterzugmaschine erfordert nach den Mitteilungen der „Hanomag" für die Erzeugung des Eisens, den Transport der Rohstoffe, deren Weiterverarbeitung und Verladung 305 t Kohle. Nehmen wir hierfür den Preis im Jahre 1913 zu nur 12 M/t an, so würden die Ausgaben allein für Kohle zur Herstellung einer Lokomotive eine Steigerung von 3600 M auf 73000 M erfahren. Wegen der unausbleiblichen nachfolgenden Steigerung von Löhnen[3]), Rohstoffen und Frachten verteuert sich jede Maschinen-Einheit, so auch die Lokomotive, erfahrungsgemäß um den Wertmesser der Kohle; das ist das Zwanzigfache, d. h. eine Güterzug-Lokomotive wird demnächst annähernd 1,5 Mill. M Herstellungskosten ver-

[1]) Dampfkessel-Überwachungs-Verein Kattowitz.

[2]) Diese hervorragende Zusammenstellung stammt von Dr. Alfred Schmidt-Essen, „Wirtschaftsdienst", Hamburg, 27. Febr. 1920.

[3]) In Industriekreisen trugen sich 1919 schon die Arbeiter mit dem Gedanken, den zehnfachen Betrag des Friedenslohnes zu verlangen.

ursachen. Mit dem Steigen der Anschaffungswerte müssen die Fahrpreise dauernd erhöht werden, um dem Reiche entsprechende Einnahmen zu sichern. Verfehlte Spekulation! Der Mehrpreis wird durch Abwanderung aus den höheren in die unteren Fahrklassen ausgeglichen oder gar der Reiseverkehr, das wichtigste Werkzeug für den Wiederaufbau unseres Wirtschaftslebens, eingeschränkt. Unbezahlbare Brennstoffe anderseits oder gar Brennstoffnot müssen weiter zur Abholzung von Waldungen oder Hainen führen und damit dem Volke die einzigen Erholungsstätten zur Gesundung und Stärkung der Nerven rauben.

Um allen Anforderungen möglichst gerecht zu werden, überall Anregungen zu neuen Studien zu geben und neue Bahnen zur Verwertung der Brennstoffe zu zeichnen, sind die spärlichen Angaben über die Förderung der verschiedenen Brennstoffarten der Kriegsjahre in allen Ländern zusammengestellt und ihre Verwendung auf allen Gebieten der Technik vor Augen geführt. Unter ihnen finden wir auch mit Rücksicht auf die Notlage des Reiches eine ausführliche Behandlung der sog. minderwertigen Brennstoffe, die bisher verächtlich auf die Halden geworfen, zur Planierung von Wegen verwandt wurden oder noch im Schoße der Mutter Erde ruhen. Es wird gezeigt werden, in welcher Weise wir diese latente Energie kinetisch gestalten können, d. h. welche Rohstoffe zur Erzielung höchster Nutzeffekte — feinkörnig, aschenreich, wasserreich — verbrannt, vergast, brikettiert werden müssen. Wir werden zu diesem Zwecke eingehender als bisher die Rostverhältnisse, die physikalischen und chemischen Umwandlungsverfahren der Schwelerei und Gaserei (Generatoren) kennenlernen. Wir werden eine Kritik über die Gaserzeugung der Gaserei im Gegensatz zu jener der Kokerei und Schwelerei bringen und gewisse Zukunftsleitsätze aufstellen, die Extraktion und Verflüssigung der Brennstoffe besprechen und auf die Schmierölgewinnung näher eingehen, da unsere schlechte Valuta uns den Luxus nicht mehr gestattet, diese Stoffe sowie die Leucht- und Treibmittel aus dem Auslande zu beziehen. Einen breiten Raum nehmen die Abhandlungen über die Raumheizung, die Stickstofffrage, die Frage der Vergasung oder Verbrennung und über den Kraftbetrieb mit und ohne Gewinnung der Nebenerzeugnisse ein. Bei den gasförmigen Brennstoffarten haben wir uns der Fernleitung von Reich- und Schwachgasen gewidmet und dabei gezeigt, welchen Schwierigkeiten die Förderung der gasförmigen Brennstoffenergie in der heutigen Zeit begegnet. Bei der Behandlung der Gaswirtschaft in Großstädten werden wir uns auch mit der Frage der Verbilligung der Gaspreise und der Verwendung des Gases für Heizzwecke beschäftigen, um klärend zu wirken und den auf diesem wichtigen Gebiete abweichenden Ansichten zu begegnen. Nirgends rächt sich die Verallgemeinerung eines Verfahrens für alle Zwecke mehr als auf dem Gebiete der Feuerungstechnik, und nirgendwo sind mehr Mißerfolge als auf diesem Versuchsfelde zu verzeichnen.

Erstes Kapitel.

Die Brennstoffe.

I. Die festen Brennstoffe.

1. Allgemeines.

Jahrtausende der menschlichen Kulturentwicklung hindurch ist die wichtige Erzeugung von Wärme für häusliche und gewerbliche Zwecke fast ausschließlich an die Verwendung fester Brennstoffe gebunden gewesen, während man für Beleuchtungszwecke schon frühzeitig flüssige Stoffe, wie Öl, zu benutzen gelernt hat. Ein günstiges Verhältnis zwischen Vorrat und Bedarf machte die Frage einer „wirtschaftlichen Ausnutzung" der Stoffe lange gegenstandslos: Die einfache Verbrennung des reichlich vorhandenen Holzes genügte im allgemeinen den vorhandenen Bedürfnissen[1]. Wenn uns schon die ältesten Quellen der Überlieferung von einer verfeinerten Behandlung des Holzbrennstoffes in Meilern berichten, so war für dieses Verfahren im Grunde lediglich der Wunsch bestimmend, durch die Herstellung der Holzkohle einen reineren Brennstoff und damit eine reinere Flamme und höhere Temperaturen zu erreichen, wie man sie zur Gewinnung und Verarbeitung der Metalle nötig hatte. Die Abnahme der Wälder und der damit steigende Preis des Holzes zusammen mit dem zunehmenden Brennstoffbedarf führten schon in den Zeiten, die wir gewöhnlich als „Mittelalter" bezeichnen, zur Verwendung der billigeren Steinkohle, deren Eintritt in die Kulturgeschichte von der Sage umwoben ist. Man brachte der Steinkohle wegen der Beschaffenheit ihrer Abgase zunächst wenig Zutrauen entgegen. In seiner „Geschichte des Eisens" berichtete L. Beck, daß die Londoner Bürger im 14. Jahrhundert ihre Behörde ersuchten, die Förderung eines „so schädlichen und ungesunden Brennstoffes" zu verbieten. Erst vor etwas mehr als zwei Jahrhunderten brachte es die große Steigerung der Roheisenerzeugung mit sich, daß man der Steinkohle erhöhte Aufmerksamkeit zuwandte, da die Herstellung von Holzkohle dem Bedarf der Hochöfen nicht mehr genügte. In dieser Zeit begann der Siegeszug der Steinkohle, deren Stellung in der Entwicklung des vorigen Jahrhunderts durch das Wort: „Kohle und Eisen beherrschen die Welt" treffend gekennzeichnet ist. Der Steinkohle verdanken wir den gewaltigen, raschen Aufschwung der neuzeitlichen Industrie, des Weltverkehrs und Welthandels, verdanken die großen, mit Kohlenfeldern gesegneten Industriestaaten im Grunde ihre wirtschaftliche und letzten Endes ihre politische Macht, und unser ganzes Kulturleben ist so innig mit dem Vorhandensein der Steinkohle verbunden, daß wir jetzt schon mit Bangen an die Zeiten denken, in denen ihr Vorrat durch den immer gewaltiger steigenden Verbrauch erschöpft sein wird.

Die Unentbehrlichkeit der Steinkohle beruht neben der Tatsache, daß sie allein in Mengen zu beschaffen ist, die dem heutigen Brennstoffbedarf aller Art genügen, neben ihrer Billigkeit und ihrem hohen Heizwert auch auf der Vielseitigkeit ihrer Verwertung. Wir schätzen sie nicht nur als festen Brennstoff in Form der geförderten Kohle, des Kokses und des Briketts, sondern der größere Teil unserer gasförmigen und auch der flüssigen Brennstoffe stammt von ihr, und die bei ihrer Verarbeitung gewonnenen Nebenstoffe sind für viele, dem eigentlichen Feuerungs- und Kraftbetrieb fernliegende Zweige unseres Wirtschaftslebens außerordentlich wertvoll geworden.

Wie hieraus zu ersehen ist, bewerten wir den Brennstoff nach seiner Heizwirkung, dem Heizwert. Der Heizwert wird in Wärmeeinheiten (WE) angegeben und entweder aus der chemischen

[1] Allerdings war Griechenland schon im 3. Jahrhundert v. Chr., wie heute, vollständig entwaldet. In Italien trat dieselbe Entwaldung 500 Jahre später ein. (Dr. Th. Birt, „Zur Kulturgeschichte Roms".)

Analyse nach der sog. Verbandsformel (vgl. S. 75) berechnet, oder besser durch Verbrennung in der Bombe bestimmt. Man unterscheidet den oberen und den unteren Heizwert, je nachdem man flüssiges oder dampfförmiges Wasser als Verbrennungserzeugnis berücksichtigt. Allgemein üblich rechnet man mit dem unteren Heizwert, und es finden sich nur vereinzelt Angaben des oberen Heizwertes, weil man diesen bei der Verbrennung in der Bombe (vgl. S. 388) unmittelbar feststellt und dann die Umrechnung auf den unteren Heizwert spart. Von wesentlichem Einfluß ist der Unterschied bei sehr wasserreichen Brennstoffen und solchen, die einen hohen Wasserstoffgehalt aufweisen. Auch bei flüssigen und gasförmigen Brennstoffen rechnet man meist nach unteren Heizwerten; eine Ausnahme machen vorzüglich die Gaswerke, die allgemein den oberen Heizwert angeben. Es wäre sehr angezeigt, durch Schaffung von Normen solche Ausnahmestellungen abzustellen, weil solche Abweichungen besonders bei weniger Eingeweihten leicht mißverständliche Auffassungen herbeiführen können.

Neben der Steinkohle spielt die Braunkohle bei weitem nicht eine ähnliche wichtige Rolle, obwohl ihre Bedeutung immer mehr im Steigen begriffen ist. Es gilt dies insbesonders für diejenigen Länder, welche wenig über Steinkohle verfügen oder deren Vorräte beschränkt sind. Die Braunkohle als jüngerer Brennstoff zeigt meist erheblich mehr Feuchtigkeit und ist daher für viele Zwecke nicht anwendbar; steigender Feuchtigkeitsgehalt macht sie immer minderwertiger und spielt besonders beim Transport eine wichtige Rolle; die wasserreichen minderen Sorten werden daher in ihrer rohen Form nur in der näheren Umgebung der Lagerstätten verbraucht. Durch mechanische Hilfsmittel, wie Herstellung von Naßpreßsteinen und Briketten (vgl. S. 102), wird dieser Nachteil jedoch fast ganz behoben, und daraus erklärt es sich auch, daß gerade das Brikett in den letzten 10 Jahren einen ungeahnten Siegeslauf angetreten hat. Für den Hausbrand ist das Brikett ein außerordentlich geschätzter Stoff; aber auch in der Industrie ist es wegen seiner leichten Vergasbarkeit sehr beliebt, und so hat es vermocht, selbst bis an die Fundstellen der Steinkohle vorzudringen und dort Fuß zu fassen. Im südlichen westfälischen Revier werden in den Hüttenwerken vorzugsweise Brikette verwendet; rheinische Brikette von Cöln wurden sogar bis nach Belgien versandt und erfreuten sich steigender Beliebtheit auf den Hüttenwerken und Glasfabriken, welche dicht neben den Steinkohlenzechen lagen.

Ähnliches gilt vom Torf. Im rohen Zustand ist er nie zu gebrauchen. In dem üblichen lufttrockenen Zustand mit etwa 30% Feuchtigkeit ist er jedoch mittelguter Braunkohle gleichwertig. Wenn die Gewinnung von Torf im großen Maßstab durchgeführt werden kann, worüber noch an anderer Stelle zu berichten sein wird, so dürfte Torf gleich wie die Braunkohle eine steigende Bedeutung erlangen. Besonders wenn es gelingen sollte, ein Torfbrikett mit guter Wirtschaftlichkeit herzustellen, so würde sich dies bemerkbar machen, denn für den Hausbrand läßt sich ein besserer und sauberer Brennstoff kaum denken. Das Torfbrikett gibt wegen seiner faserigen Struktur praktisch keinen Abrieb und hat den gleichen Heizwert wie Braunkohlenbrikette, also etwa 5000 WE.

Wir sehen so den Begriff der minderwertigen Brennstoffe je nach dem wirtschaftlichen und technischen Stand wechseln. Braunkohle und Torf sind zwar minderwertig im genauen Sinn des Wortes gegenüber der Steinkohle, sie können jedoch gemeinhin nicht als minder bezeichnet werden, wenigstens nicht in ihrer Gesamtheit. Sie durch Veredelungsprozesse hochwertiger zu machen, ist eben die Aufgabe des Wärmetechnikers.

Anderseits wird die Minderwertigkeit neben einem hohen Feuchtigkeitsgehalt auch durch hohen Aschengehalt und große Feinkörnigkeit gegeben. Wir können daher in der Hauptsache drei Gruppen minderwertiger Brennstoffe unterscheiden:

1. Brennstoffe mit über 25% Wasser,
2. Brennstoffe mit mehr als 15% Asche,
3. feinkörnige oder stark staubhaltige Brennstoffe.

Die Heranziehung dieser minderen Brennstoffe verdient im Hinblick auf die Schonung unserer wertvolleren Brennstoffe große Bedeutung. Außerdem ist z. B. bei der Torfgewinnung die Urbarmachung weiter Landstrecken für landwirtschaftliche Zwecke in bestimmten Gegenden unserer Heimat von besonderer Wichtigkeit. Solche Erwägungen haben schließlich auch dazu geführt, der Verwendung anderer minderwertiger Brennstoffe, wie der Kohlenabfälle, der Koksasche, des Mülles usw. erhöhte Aufmerksamkeit zuzuwenden, die zu manchen in verschiedener Hinsicht wertvollen Ergebnissen geführt haben. Gemäß der Wichtigkeit der verschiedenen festen Brennstoffe für den neueren Feuerungs- und Kraftbetrieb werden wir uns im folgenden zunächst mit der Steinkohle, der Braunkohle und dem Torf zu beschäftigen haben, während das Holz für unsere Betrachtung nur insofern in Frage kommt, als Holzabfälle und einige andere vegetabilische Stoffe einen Teil der zum Schluß zu behandelnden „minderwertigen" Brennstoffe bilden.

Es ist hier nicht unsere Aufgabe, näher auf die Entstehung der bezeichneten Brennstoffe einzugehen. Wir verdanken ihren Ursprung bekanntlich der langsamen Umwandlung von pflanzlichen Resten im Erdinnern. Die verschiedenen Gruppen der dabei entstandenen Gebilde weisen je nach den geologischen Zeitabschnitten, aus denen sie stammen, verschiedene Beschaffenheit in bezug auf Zusammensetzung, Heizwert usw. auf. Einen Überblick über diese Verhältnisse gewährt die folgende Zahlentafel 2[1]).

Zahlentafel 2.

Eigenschaften verschiedener Brennstoffe.

Brennstoff	geologisches Zeitalter	Zusammensetzung der reinen wasser- und aschefreien Substanz in % (Gewicht) C	H	O	Heizwert der reinen brennbaren Substanz WE	Heizwert des Rohstoffes mit Wasser- u. Aschebestandteilen WE
Holz . . .	Alluvium	50	6	44	4500	lufttrocken 3600
Torf . . .	Alluvium, Diluvium	60	6	34	6500	lufttrocken 3500–4500
Braunkohle	Tertiär	65—75	6	29—19	6500—7000	lufttrocken bis 5000
Steinkohle .	meist Karbon	75—90	6—4	19—6	7700–8600	6500—8400
Anthrazit .	Karbon, Devon, Silur	95	2	3	8500	7500—8000

Die Vorgänge der Kohlenbildung sind heute noch durchaus nicht erforscht. Von den verschiedensten Forschern sind zahlreiche Theorien hierüber aufgestellt worden, welche teilweise sehr beachtliche Erkenntnisse mit sich gebracht haben. Hierüber findet sich in dem bekannten Werk von Muck[2]) eine sehr übersichtliche und ausführliche Darstellung. Wenn wir das geologische Zeitalter der verschiedenen Brennstoffe betrachten, so könnte dies leicht dazu verführen, die älteren Brennstoffe als Umwandlungsprodukte jüngerer zu betrachten. Dies trifft jedoch nicht ohne weiteres zu. Zweifellos machen die Brennstoffe unter dem Einfluß des Gebirgsdruckes und der damit zusammenhängenden

Zahlentafel 3.

Zusammensetzung verschiedener Brennstoffe.

Brennstoff	Zusammensetzung der trockenen Reinsubstanz				auf 100 Atome C kommen	
	C	H	N	O	H	O
Zellulose	44,4	6,2	—	49,4	166,7	83,3
Eichenholz	50,0	5,9	0,1	44,0	139,3	66,0
Fichtenholz	50,4	6,1	—	43,5	142,9	64,9
Torf, junger	49,9	6,5	1,2	42,4	156,1	63,8
» älterer	63,9	6,5	1,7	27,9	120,8	32,9
Braunkohle, Lignit	64,2	5,9	—	29,9	109,5	34,0
» böhmisch . . .	60,9	5,5	1,0	37,0	107,4	40,7
» mitteld.	56,9	4,4	0,6	37,7	90,7	49,7
» böhm. Glanz- .	75,6	5,4	0,7	18,3	85,3	18,2
» alp. Glanz- . .	72,5	4,9	0,8	21,8	80,6	22,5
Steinkohle, Gask. v. Saar . .	85,1	5,5	1,6	8,1	78,3	7,3
» » westf. . .	85,9	5,5	1,2	7,0	75,6	6,1
» mager v. Saar .	84,9	5,3	0,6	9,2	73,9	8,1
» » v. O.-S. .	82,6	5,0	1,0	11,4	71,6	10,4
» Koksk. v. N.-S. .	85,0	4,9	1,1	9,0	67,5	9,0
» » westf. . .	88,7	5,0	1,2	5,1	66,7	4,4
» Eßk. » . .	91,4	4,6	1,0	3,1	59,1	2,5
Anthrazit v. Piesbg.	95,3	1,9	0,5	2,3	23,8	1,8

[1]) Aus Wedding, „Eisenhüttenwesen", B. G. Teubner, Leipzig 1912.
[2]) „Chemie der Kohlen", 2. Aufl., 1916.

Erwärmung Umwandlungen durch, die darauf hinausgehen, daß die älteren Brennstoffe durch eine langsame, aber fortdauernde Gasabgabe immer hochwertiger werden. Die Flora der verschiedenen geologischen Perioden war jedoch zweifellos sehr verschieden, so daß das Endergebnis dieser Umwandlungen je nach dem pflanzlichen Ausgangsstoff verschieden sein muß.

Den chemischen Zusammenhang dieser Vorgänge zeigt am besten die umstehende Zahlentafel 3, die auch für spätere Erörterungen noch benutzt werden wird. Insbesondere maßgebend für die Beurteilung ist das Atomverhältnis C:H, nach ihm ist die Tabelle fallend angeordnet.

2. Einfluß der Kohlenerzeugung auf die Industrie.

Nach einem alten Gesetz „wandert das Erz zur Kohle“, d. h. nicht das Vorhandensein von Erzfeldern ist für die Entstehung einer Eisenindustrie maßgebend, sondern diese entwickelt sich vorwiegend dort, wo die Kohlen aus dem Boden gewonnen werden. Erst in neuester Zeit, da die früheren hochhaltigen Erze seltener geworden sind und es, um an Fracht zu sparen, wirtschaftlicher sein kann, den leichten Koks zu den schweren, weil mit mehr Gangarten als früher belasteten Erzen zu schaffen, als umgekehrt das Erz zum Koks, hat sich die Abwanderung der Eisenindustrie von der „Kohle zum Erz“ gezeigt, wie z. B. in dem zunehmenden Bau großer Hochofenwerke in Lothringen und Luxemburg durch rheinisch-westfälische Hüttengesellschaften sowie in dem stetigen Vordringen der amerikanischen Hütten von den Kohlenfeldern Pennsylvaniens nach Norden zu den Erzfeldern der großen Seen. Nach wie vor ist aber der Bestand einer bedeutenden Eisenindustrie durch die Möglichkeit einer wirtschaftlich einwandfreien Beschaffung der Steinkohle bedingt. Damit hängt es zusammen, daß die drei Staaten, deren Roheisenerzeugung am kräftigsten entwickelt ist, auch die größten Kohlenländer der modernen Kulturwelt sind, nämlich Nordamerika, England und Deutschland, während der Mangel an Kohlen in dem reichen Erzland Skandinavien bisher keine gleichbedeutende Eisenindustrie hat hochkommen lassen.

Der gewaltige Anteil, den die drei bezeichneten Staaten an der Gesamtkohlengewinnung der Welt haben, geht aus der untenstehenden Zahlentafel 4 hervor. Er betrug im Jahre 1912 zusammen 80,74%, wovon auf die Vereinigten Staaten rd. 38,94%, auf Großbritannien 21,25% und auf Deutschland 20,55% entfielen. Sämtliche anderen kohlenfördernden Länder stehen dahinter weit zurück. Die in der Tafel angegebenen Zahlen schließen für fast alle Länder neben der vorherrschenden Steinkohlengewinnung auch kleinere Mengen Braunkohlen ein. Nur für Deutschland und Österreich-Ungarn, wo der Anteil der Braunkohlen an der Gesamtförderung erheblich höher als anderswo ist, sind die Förderzahlen getrennt für beide Kohlenarten angegeben. In Österreich überwiegt danach die Braunkohlenförderung. Die Zahlentafel 4, deren Angaben sich über einen Zeitraum von 32 Jahren

Zahlentafel 4.

Kohlengewinnung der Welt in Mill. t.

Länder	1888	1900	1905	1910	1913	1915	1916	1917	1918	1919
Vereinigte Staaten von Amerika	134,9	244,6	356,3	455,0	517,1	494,7	536,7	593,0	621,7	486,0[1]
Südamerika (Chile und Venezuela)	—	—	—	—	1,3	1,2	1,4	1,6	1,8	—
Großbritannien	172,7	230,0	240,0	270,0	292,0	253,2	256,6	248,5	227,7	223,3
Deutschland:										
Steinkohle	65,4	108,4	121,3	152,8	191,5	146,7	157,4	165,1	160,2	116,5[1]
Braunkohle	16,6	41,6	52,5	69,5	87,5	88,4	96,6	97,3	100,8	93,8
Österreich-Ungarn:										
Steinkohle	9,1	13,9	14,8	15,3	17,4	17,0	17,6[2]	16,7[2]	15,3[2]	—
Braunkohle	14,7	25,7	28,5	32,9	36,2	30,0	23,2[2]	21,6[2]	21,0[2]	—
Frankreich	22,6	33,3	36,3	38,4	40,9	19,5	21,3	28,9	26,3	21,9[3]
Belgien	19,7	23,3	22,2	23,6	22,8	14,2	17,3	15,0	13,9	—
Rußland	5,2	16,6	18,4	24,0	30,7	27,5	30,8	27,3	—	—
Kanada	—	5,1	7,9	11,7	12,4	11,9	13,1	12,7	13,6	—
Afrika	—	0,9	3,9	6,0	8,5	8,3	10,1	10,0	10,0[4]	—
Australien[5]	4,2	7,6	8,2	12,2	15,3	11,2	10,0	—	11,0[4]	—
Asien	—	14,2	20,8	43,7	55,0	—	—	—	68,0[4]	—
übrige Länder Europas	—	—	—	—	—	—	—	—	15,7[4]	—

[1] Durch Unruhen und Streike herabgedrückt. [2] Ohne Ungarn, das etwa 1,0 Mill. t Steinkohle und 8,0 Mill. t Braunkohle fördert. [3] Einschließlich Elsaß-Lothringen, das 2,3 Mill. t förderte. [4] Nach den Einzeltafeln geschätzt. [5] Neu-Süd-Wales förderte 1917 0,456 Mill. t.

erstrecken, gibt ein Bild von der gewaltigen Entwicklung der Kohlengewinnung in diesem Zeitraum.

Die Zahlentafeln 5 bis 7 geben eine Übersicht über die Entwicklung der Kohlenförderung der übrigen Staaten Europas in den letzten Jahren sowie die Förderung der Länder Asiens und Afrikas, wobei im Hinblick auf spätere Möglichkeiten der Kohlenbeschaffung besonders China von Wichtigkeit ist.

Zahlentafel 5.

Kohlengewinnung der übrigen Staaten Europas in Mill. t.

Staaten	1906	1910	1911	1912	1913	1914	1915	1916	1917	1918	1919
Spanien[1]	3,200	4,058	3,915	4,136	4,292	4,443	4,834	5,407	5,972	7,164	—
Niederlande	0,549	1,292	1,477	1,725	1,873	—	2,333	2,656	3,398	4,6	—
Bosnien und Herzegowina[2]	0,550	0,707	0,770	0,832	0,836	0,806	0,799	0,928	0,973	—	—
Türkei[3]	0,611	—	—	0,903	—	—	—	—	—	—	—
Italien[1]	0,420	0,562	0,557	0,665	0,702	0,781	0,953	1,306	1,800	—	—
Schweden	0,297	0,303	0,312	—	0,364	—	0,412	0,415	0,443	0,404	—
Spitzbergen[4]	—	—	—	—	—	—	—	—	0,006	0,03	0,06
Portugal	—	—	0,007	—	—	0,046	—	0,084	0,090	—	—

[1] einschließlich Braunkohle, vgl. S. 12. [2] nur Braunkohle. [3] außerdem Kohlenstaub 1906: 0,067, 1912: 0,050; Braunkohle 1906: 0,024, 1912: 0,038. [4] geschätzt.

Zahlentafel 6.

Kohlengewinnung der einzelnen Länder Asiens in Mill. t (Steinkohlen).

Länder	1905	1910	1911	1913	1914	1915	1916	1917	1918
Japan	11,540	15,681	17,633	21,316	22,293	20,490	22,900	26,400	28,000
China	—	14,591	—	13,5	—	—	—	—	15,000[2]
Indochina[1], Tonkin	0,300	—	—	0,480	0,600	0,576	0,685	—	—
Britisch-Indien	8,600	12,241	12,920	16,500	16,500	17,100	17,300	17,604	20,165
Niederländisch-Ostindien (Java,	—								
Sumatra, Borneo)	0,310	0,535	0,603	0,610	—	—	0,606	0,604	—
Britisch Borneo	0,060	0,165	0,094	0,098	—	—	—	—	—
Asiat. Rußland	—	—	—	—	2,614	2,969	3,500	4,209	—

[1] Der einheimische Verbrauch betrug 0,26 Mill. t. [2] Nach Dr. W. A. Dyes wird in einer französischen Quelle 24,000 Mill. t im Jahre 1915 angegeben.

Zahlentafel 7.

Kohlengewinnung der einzelnen Länder Afrikas in Mill. t (Steinkohlen).

Länder	1910	1911	1915	1916	1917	1918
Transvaal	3,605	3,941	—	—	—	—
Natal	2,332	2'431	—	3,066	2,890	2,607
Kapkolonie	0,089	0,081	—	—	—	—
Nigeria	—	—	—	—	0,600	—
zusammen:	6,026	6,453	8,281	10,1	10,0	—

Deutschland verbraucht im eigenen Land eine seiner Förderung nahezu gleiche Kohlenmenge. Bei einer Förderung von 175 Mill. t Steinkohlen hat es im Jahre 1912 rd. 40 Mill. t Kohlen, Koks und Brikette hauptsächlich nach Österreich-Ungarn, den Niederlanden, Belgien und Frankreich ausgeführt, aber dafür wieder rd. 11,2 Mill. t eingeführt, ferner bei einer Braunkohlenförderung von 82,3 Mill. t 1,4 Mill. t ausgeführt und 7,5 Mill. t Kohlen und Brikette, also wesentlich mehr (aus Österreich-Ungarn) eingeführt. Die Ausfuhr nach der Schweiz betrug 1913 1,53 Mill. t Steinkohlen, 0,365 Mill. t Koks und 0,788 Mill. t Preßkohlen, 1916 betrug die Ausfuhr nach der Schweiz 3,15, 1917 2,27 Mill. t Kohlen. Die Vereinigten Staaten von Amerika führen eine verhältnismäßig geringe Kohlenmenge aus. Demgegenüber spielt die Ausfuhr von Kohlen bei Großbritannien eine erheblich größere Rolle. Großbritannien versorgte 1913 mit einer Ausfuhr von 74,6 Mill. t Kohlen, und 1,25 Mill. t Koks bei einer Gesamtförderung von 292 Mill. t eine Reihe europäischer Länder, so Frankreich mit 13 Mill. t, Österreich, Rußland mit 6 Mill. t, Belgien, Italien, Schweden, Spanien usw. Auch Deutschland erhielt von Großbritannien im genannten Jahr rd. 9 Mill. t.

Der Kohlenverbrauch der einzelnen Länder, auf den Kopf der Bevölkerung bezogen, den man als Maß der Industrialisierung eines Staates zu bezeichnen pflegt, ist aus Zahlentafel 8 zu ersehen:

Zahlentafel 8.

Kohlenverbrauch der einzelnen Länder auf den Kopf der Bevölkerung in t.

	1910	1918
Vereinigte Staaten von Amerika	4,79	5,5
Großbritannien	4,07	4,2
Deutschland	3,25	3,6
Belgien	3,29	3,4
Frankreich	1,41	1,5
Österreich-Ungarn	0,98	1,2
Japan	—	0,35

Wie bereits erwähnt, steht die Braunkohle hinter der Steinkohle aus verschiedenen Gründen an Bedeutung zurück. Die jährlich gewonnenen Mengen erreichen bei weitem nicht die Zahlen der Steinkohlenförderung. Eine Übersicht über die Förderung der hauptsächlichen Braunkohlenländer in den letzten Jahren gibt die Zahlentafel 9. Danach steht hier Deutschland an erster Stelle und fördert zusammen mit Österreich weitaus mehr als sämtliche anderen Länder.

Zahlentafel 9.

Braunkohlengewinnung in Mill. t.

Länder	1909	1912	1913	1915	1916	1917	1918
Deutschland	68,658	80,935	87,475	88,400	96,600	97,300	100,800
Österreich-Ungarn	32,700	34,438	35,700	30,300	33,300	21,625[1]	21,000[1]
Niederland	—	—	—	—	—	—	0,042
Frankreich	0,724	0,751	0,793	0,679	0,768	1,158	1,318
Bosnien und Herzegowina	0,696	0,832	0,836	0,799	0,928	0,973	—
Rumänien	—	—	—	—	—	—	0,250
Bulgarien	—	—	—	—	—	—	0,700
Großbritannien	—	—	—	0,002	0,001	0,001	0,0001
Griechenland	0,004	—	—	0,040	0,085	0,153	0,240
Spanien	0,265	0,284	0,277	0,347	0,473	0,637	0,786
Italien	—	—	0,692	0,939	1,305	1,800	—

[1] ohne Ungarn, das etwa 8 Mill. t fördert.

Die Braunkohlengewinnung und Brikettherstellung Deutschlands ist in Zahlentafel 10 noch eingehender klargestellt.

Zahlentafel 10.

Braunkohlen-Gewinnung und Brikett-Herstellung in Mill. t in Deutschland[1].

Bergwerksbezirk		1900	1905	1910	1913	1915	1916	1917	1918
Deutschland insgesamt		40,5	52,5	69,5	87,5	88,4	94,5	95,4	100,8
Preußen		34,0	44,1	56,6	70,6	71,3	76,1	76,3	81,0
Halle	geförd. Braunkohle	27,4	34,2	41,2	46,9	47,7	50,9	50,8	54,1
	verarb. „	9,2	13,0	17,2	23,2	25,2	27,0	27,2	30,5
	Brikette	4,6	6,4	8,5	11,2	12,4	13,3	13,4	15,0
Bonn	geförd. Braunkohle	5,2	8,0	13,0	20,3	21,0	22,3	22,6	23,9
	verarb. „	3,0	4,0	7,2	11,2	11,0	12,5	12,6	13,2
	Brikette	1,5	1,9	3,5	5,8	5,5	6,2	6,3	6,5
Breslau und Clausthal	geförd. Braunkohle	1,4	1,9	2,4	3,4	2,6	2,9	2,9	3,0
	verarb. „	0,6	0,8	1,0	1,2	1,2	1,4	1,4	1,4
	Brikette	0,3	0,4	0,5	0,6	0,6	0,7	0,7	0,7
Staat Sachsen	geförd. Braunkohle	1,5	2,2	3,7	6,3	6,7	7,1	7,4	7,6
	verarb. „	0,8	1,0	1,8	3,1	3,8	3,8	4,0	4,5
	Brikette	0,4	0,5	0,9	1,5	1,8	1,8	1,9	2,2
Bayern		—	0,3	1,5	1,9	1,9	2,0	2,2	2,2
Anhalt, Lippe, Reuß j. Lin.		1,3	1,4	1,5	1,5	1,0	1,0	1,1	1,1
Braunschweig		1,5	1,8	2,1	2,2	2,4	2,5	2,5	2,7
Sachsen-Altenburg		2,0	2,3	4,0	4,9	4,6	4,8	4,9	5,3
übrige Bundesstaaten		0,3	0,4	0,4	0,4	0,4	0,5	0,5	0,6

[1] aus „Freie Wirtschaft", 15. 12. 1919, bearbeitet von Dr. ing. Ernst Biedermann, Charlottenburg.

Übersichtszahlen der Torfgewinnung und -verwertung der Welt oder einzelner Länder sind mangels einer allgemeinen Wertschätzung dieses Brennstoffes erst in Ansätzen vorhanden, siehe Zahlentafel 11. Die Torfmoore erstrecken sich vorwiegend auf der nördlichen Halbkugel der Erde als ein Gürtel von wechselnder Breite und sind am zahlreichsten und umfangreichsten in Europa. Hier sind Irland, Dänemark, Holland, Schweden, Norwegen, Finnland, dann Deutschland und als am reichsten an Mooren Rußland zu nennen. Die irischen Torfmoore nehmen mehr als $^1/_7$ der gesamten Fläche Irlands ein. Die Torfmenge wird auf mehr als 100 Mill. t berechnet. Die Bildungen sind in Nordamerika mit Ausnahme des nördlichsten Streifens nicht besonders umfangreich[1]). Auch sämtliche anderen Erdteile enthalten in mehr oder minder großen Massen Torfmoore.

Zahlentafel 11.

Torfgewinnung in 1000 t.

	1910	1915	1916	1917	1918
Dänemark	—	—	200	—	500
Schweden[1]	—	90	120	225	soll auf 400 gebracht werden
Norwegen[2]	—	—	70	—	200
Italien[3]	67	—	—	150	300
Vereinigte Staaten von Amerika	—	—	52,48	97,34	—

[1] Z. f. a. Chemie 1918. [2] Farmand, Christiania, 12. Jan. 1918. [3] Hand. Med., 8. Aug. 1918, Nr. 32.

3. Brennstoffvorkommen einzelner Länder.[2])

Über die Kohlenvorräte Europas gibt Zahlentafel 12 Auskunft.

Zahlentafel 12.

Europas Kohlenvorräte bis zu 2000 m Tiefe in Mill. t[1].

Länder	Steinkohle		Braunkohle		Gesamtvorräte
	nachgewiesen	wahrscheinlich	nachgewiesen	wahrscheinlich	
Deutschland	94 865	315 110	9 313	4 268	423 556
Österreich-Ungarn	2 970	25 417	12 231	663	41 281
Großbritannien und Irland	141 499	48 034	—	—	189 533
Rußland	57	58 391	12	1 646	60 106
Frankreich	4 203	11 748	301	1 331	17 583
Belgien	—	11 000	—	—	11 000
Spanien	5 826	2 175	394	373	8 768
Spitzbergen	—	8 750	—	—	8 750
Holland	209	4 193	—	—	4 402
Serbien, Bulgarien, Italien	—	—	—	—	1 160
Europa	249 632	485 034	—	—	766 139

[1] „Wasser und Gas", Nr. 18 vom 15. 6. 1918, von Bruno Simmersbach, Wiesbaden.

Anmerkung: Bei der Stadt Gövik (Norwegen) sind große Kohlenlager entdeckt worden, die demnächst in Betrieb genommen werden sollen. Außer Braunkohlen sind Graphit und Alaunschiefer gefunden worden, der Bestandteile zur Darstellung von Farbstoff enthält.

Die Steinkohlenfelder Englands und Deutschlands gehören zu dem Kohlengürtel, der sich von England über Frankreich, Belgien, Holland, Norddeutschland nach Oberschlesien hinzieht. Die wichtigsten Kohlengebiete Englands sind im Norden Durham, Northumberland und Schottland, in der Mitte Yorkshire, Derbyshire, Lancashire und Staffordshire, im Westen Südwales und die südlichen Kohlenbecken. Dazu kommen die kleinen Vorkommen in Irland und das neu entdeckte Feld von Kent. Das bedeutendste Becken bilden Durham und Northumberland mit den Ausfuhrhäfen Newcastle, Sunderland und Hartlepool. Die berühmten, fast rauchlosen Walliserkohlen werden

---

[1]) Die geologische Landesanstalt schätzt die Ausdehnung der Moore der Vereinigten Staaten auf 40 000 qkm.

[2]) Vgl. a. S. Kukuk, „Unsere Kohlen", B. G. Teubner, Leipzig 1920. Vgl. auch Frech, „Die bekannten Steinkohlenlager der Erde usw.", Glückauf 1910, S. 597.

in Cardiff, Newport und Swansea verschifft. Im Gegensatz zu dem sich östlich anschließenden großen, stark gefalteten Kohlengürtel des europäischen Festlandes sind die englischen Becken mit Ausnahme der südlichen nur schwach gefaltet und wenig gestört. Da die Flöze außerdem durchschnittlich ziemlich mächtig und gleichmäßig sind und in verhältnismäßig geringen Teufen liegen, so ist England in bezug auf die Grundlagen der Kohlengewinnung besonders Deutschland gegenüber sehr im Vorteil. Weniger günstig scheinen jedoch die Verhältnisse hinsichtlich des Kohlenvorrates zu liegen. Entgegen englischen Schätzungen, die eine Lebensdauer von 600 Jahren angeben, was an sich schon gegenüber den Verhältnissen in Deutschland ungünstig genug wäre, ist von Professor Fr. Frech unter Zugrundelegung einer fortgesetzt steigenden Förderung ausgerechnet worden, daß die englischen Kohlenvorräte in 150 bis 300 Jahren aufgebraucht sein werden. Das Gesamt-Kohlenvorkommen beträgt nach neuesten Untersuchungen bis zu 4000 Fuß Tiefe rd. 140398 Mill. t.[1]) An Braunkohlen ist England nicht besonders reich. Hier sind die kleinen Vorkommen von Bovey und im Südwesten des Landes bekannt. Torfmoore sind vorzüglich in Irland und im Norden Englands in einer Ausdehnung von 25000 qkm vorhanden.

Frankreich, dessen Kohlenlager in den Bezirken Pas de Calais und du Nord die festländische Fortsetzung des oben genannten nordwesteuropäischen Kohlengürtels bilden und etwa 50% der Gesamtvorräte des Landes ausmachen, leidet darunter, daß es Kohlen nicht in einer der Entwicklung seiner Industrie entsprechenden Menge besitzt. Sein wichtigster Eisenindustriebezirk Meurthe et Moselle (Minettegebiet) ist zur Hälfte auf die Einfuhr deutscher, zu ein Viertel auf die belgischer Kohlen angewiesen, und nur das letzte Viertel bezieht man aus dem eben erwähnten Nordbecken Frankreichs selbst. Neben dem nördlichen Hauptkohlenbecken sind noch in der Normandie, in den Vogesen und Westalpen, ferner im Zentrum und Süden Kohlenvorkommen vorhanden, die sich aber in absehbarer Zeit erschöpfen sollen. Die Lebensdauer der französischen Gesamtvorräte wird auf 500 Jahre geschätzt. Im Jahre 1911 stand einer Gesamtförderung von rd. 39 Mill. t Steinkohlen eine Einfuhr von 16 Mill. t Kohlen und 2,3 Mill. Koks gegenüber. Ergiebige Braunkohlenlager besitzt Frankreich in der Auvergne und an der Rhonemündung. Die Kohlen sind hier dem Anthrazit ähnlich. Torfmoore sind nicht in nennenswertem Umfang und nur am Unterlauf der Loire vorhanden.

Belgien verdankt seine außerordentlich hoch entwickelte Industrie neben seiner günstigen Handels- und Verkehrslage vor allem seinen ergiebigen Kohlenvorräten. Es versorgt damit nicht nur seinen Bedarf, sondern führt auch erhebliche Mengen aus, drei Viertel davon nach Frankreich (rd. 4 Mill. t). Dafür muß es allerdings einen Teil seines Bedarfes wieder aus dem deutschen Ruhrbezirk und aus England einführen. Der Kohlenbergbau wird übermäßig stark betrieben, so daß eine verhältnismäßig frühe Erschöpfung der Vorräte zu befürchten ist. Die belgischen Becken schließen sich östlich an die nordfranzösischen an, verlaufen nördlich der Ardennen und Vogesen bis über die deutsche Grenze und enthalten die bekannten Felder der „Borinage“ sowie von Lüttich, Charleroi und Mons. Ihr Vorrat ist auf eine Dauer von 700 bis 800 Jahren geschätzt worden, doch wird diese durch die neuerliche Aufschließung des Campinebeckens, das sich östlich von Antwerpen bis zum holländischen Limburger Becken erstreckt, erheblich erhöht.

Deutschland. Südöstlich von dem Limburger Steinkohlenbecken treten wir in das Aachener Becken unserer Rheinprovinz ein, wo wir die beiden Mulden der Inde mit vorwiegend Backkohlen von 20 bis 30% Gasgehalt, und der Wurm mit fast nur hochwertigen Anthrazitkohlen unterscheiden. Wir befinden uns hier im linksrheinischen Gebiet des niederrheinisch-westfälischen Kohlenbezirkes (Tafel I, Übersichtskarte). Während die gewaltigen Kohlenfelder des rechtsrheinischen Gebietes schon lange in ihrem hohen Wert erkannt sind, haben uns erst Bohrungen in neuerer Zeit auch den Wert der ergiebigen Vorkommen links des Rheines tiefer erkennen lassen. Die Vorräte unserer Steinkohlenvorkommen in verschiedenen Tiefen veranschaulicht Zahlentafel 13. Das rechtsrheinische, als Ruhrbezirk bezeichnete Gebiet, das sich zwischen Duisburg und Dortmund und darüber hinaus erstreckt und dessen Abbau bei zunehmender Teufe stetig nach Norden fortschreitet, fördert etwas mehr als den elften Teil der gesamten Weltgewinnung an Kohlen, fast 60% der deutschen Kohlen, mehr als das Doppelte Niederschlesiens, Oberschlesiens und Sachsens zusammen und fast das Sechsfache des Kohlengebietes an der Saar. Es enthält nicht nur die besten Flamm- und Gaskohlen, sondern besonders auch vorzügliche Kokskohlen. Der rühmlichst bekannte Ruhrkoks geht weit über die Grenzen von Rheinland-Westfalen nach den angrenzenden Ländern

[1]) Z. f. a. Chemie vom 19. 4. 1918.

Zahlentafel 13.

Deutsche Steinkohlenvorräte in Mill. t[1].

Steinkohlenbezirk		I. sichtbare Vorräte m Tiefe					II. wahrscheinliche Vorräte m Tiefe					III. mögliche Vorräte	Gesamtmenge I bis III
		0 bis 1000	1000 b. 1200	1200 b. 1500	1500 b. 2000	insgesamt	0 bis 1000	1000 b. 1200	1200 b. 1500	1500 b. 2000	insgesamt		
gesamtes Saargebiet, Lothringen, Bayer. Pfalz		7 898	1871	2 813	3 960	16 548	—	—	—	—	—	sehr erheblich	16 548
linksrhein. Gebiet		10 458		—	—	10 458	erheblich		—	—	erheblich	erheblich	10 458
rechtsrheinisches Westfälisch. Gebiet	über 60 cm Mächtigkeit	22 708	5306	5 808	5 628	39 450	7 708	8 745	10 455	17 788	44 696	61 600	145 746
	unter 60 cm	9 628	1839	2 255	2 172	16 894	5 048	4 578	6 488	8 013	24 027	26 900	67 821
Niederschles. Bezirk		673	34	11	—	718	559	280	532	855	2 226	bis erheblich	2 944
Oberschlesisches Gebiet	über 60 cm Mächtigkeit	7 368	—	—	—	7 368	52 997	14 460	15 567	23 603	106 627	mäßig	113 995
	unter 60 cm	2 957	—	—	—	2 957	22 923	6 037	7 018	13 057	49 035	mäßig	51 992
kleinere preußische Vorkommen		247	—	—	—	247	?	?	?	?	?	?	247
Sächs. Vorkommen		225	—	—	—	225	—	gering		—	—	—	225
Deutschland . . Sa.:		71 212		10 887	12 766	94 865	89 235	34 090	40 060	63 216	226 601	88 500	409 976

[1] „Wasser und Gas" 1919, Nr. 18.

und sogar über See[1]). Das durch Schächte und Bohrlöcher aufgeschlossene Gebiet von 3260 qkm Fläche enthält nach neueren Berechnungen von Kukuk und Mintrop, abzüglich der bisher geförderten rd. 1,9 Milliarden t, bis zu einer Teufe von 1500 m 58,8 Milliarden t, bis zu 2000 m Teufe 82,2 Milliarden t. Hierzu kommt noch nördlich von Münster zwischen Soest (östlich) und Rees (westlich) ein nur wenig aufgeschlossenes Gebiet, dessen Vorrat auf 17,6 bzw. 61,8 Milliarden t geschätzt wird. Auf Grund dieser Berechnungen und Annahmen wird bei einer der Gegenwart entsprechenden Förderung von jährlich 100 Mill. t für 1500 m Teufe eine Lebensdauer des 3260 qkm großen Gebietes von 588 Jahren und für 2000 m Teufe von 822 Jahren und die des Gesamtgebietes von 6170 qkm zu 764 bzw. 1438 Jahre angenommen[2]).

Das Gebiet Oberschlesiens gehört zu dem sich weiter über Polen, Galizien und Mähren erstreckenden Kohlenbezirk, dessen gesamter Vorrat auf 93 Milliarden t bei 1000 m Teufe geschätzt worden ist, wovon auf das preußische Gebiet etwa 57 Milliarden t entfallen. Die Flöze zeichnen sich durch besonders große Mächtigkeit (bis 6 m) aus. Nur ein Teil ist zur Gas- oder Kokserzeugung geeignet.

Der niederschlesische (Waldenburger) Bezirk, der außerhalb des nordwesteuropäischen Gürtels liegt und mit dem böhmischen und Saarkohlenlager zusammenhängt, enthält eine langflammige, teilweise verkokbare Kohle. Seine Lebensdauer soll 250 Jahre betragen.

Die Kohlen der Saarzechen zeichnen sich im allgemeinen durch Härte und Stückreichtum aus, haben aber einen hohen Aschengehalt. Ihr Vorrat wird auf 5,6 Milliarden t bei 1000 m Teufe, auf 9,4 Milliarden t bei 1500 m, zusammen auf 15 Milliarden t berechnet; in größeren Teufen sollen noch 23 Milliarden vorhanden sein. Bei einer jährlichen Förderung von 12 Millionen t ergibt sich daher eine Lebensdauer von 1250 Jahren bei 1500 m Teufe. Zu den vorbezeichneten hauptsächlichen Bezirken Deutschlands kommen dann noch die verstreuten kleineren Vorkommen im Deister, in Sachsen (im Plauenschen, im Erzgebirge) ferner im Teutoburger Wald usw.

Die Braunkohle kommt in Deutschland hauptsächlich in dem sächsisch-thüringischen Becken zwischen der Goldenen Aue im Westen, Zeitz im Süden, Dessau im Norden und Kamburg im Osten, ferner in der Mark (westlich und östlich Frankfurt a. O.) und in der Lausitz (Finsterwalde, Senften-

[1]) „Gemeinfaßliche Darstellung des Eisenhüttenwesens", Verlag Stahleisen, Düsseldorf 1915.
[2]) Glückauf 1913 S. 1 u. f.

berg) vor, vgl. die geographischen Karten, Tafel I und Abb. 5. Wohlbekannt ist auch der niederrheinische Braunkohlenbezirk, der vom Siebengebirge bis Aachen und Düsseldorf reicht und dessen Kohlen im Tagebau gewonnen werden. Außerdem sind Vorkommen in verschiedenen anderen Teilen

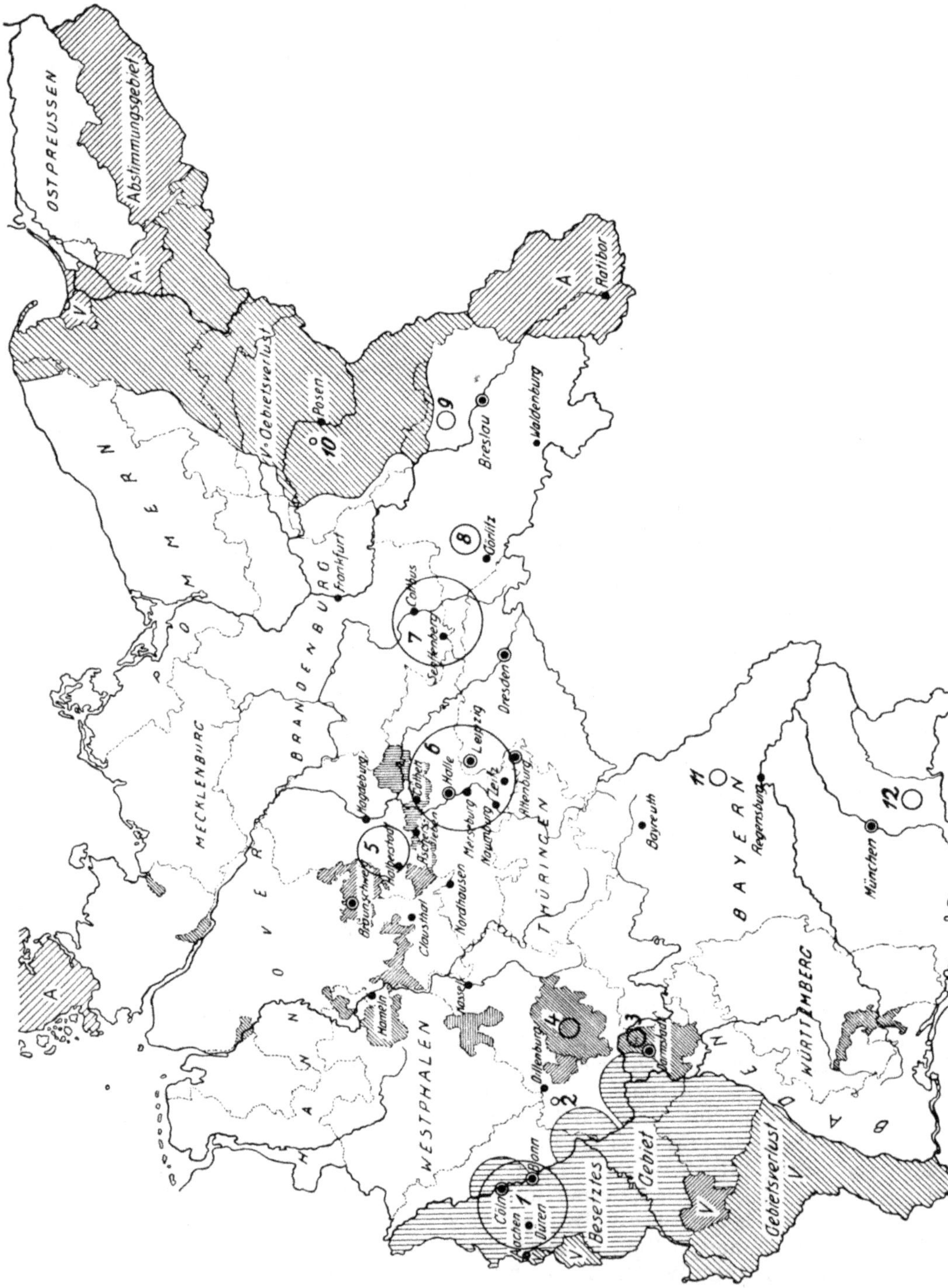

Abb. 5. Braunkohlenvorkommen nach Bergwerksbezirken geordnet.

Deutschlands, wie Schlesien, Posen, Pommern, Ost- und Westpreußen, Niederhessen im Westerland, in der Röhn und in Bayern (Oberpfalz) zu nennen. Große Braunkohlenlager sind bei Zimmersroda im Kreise Fritzlar erbohrt worden, es handelt sich um Glanzkohle von hohem Heizwert. Die

de Grahl, Wirtschaftliche Verwertung der Brennstoffe.

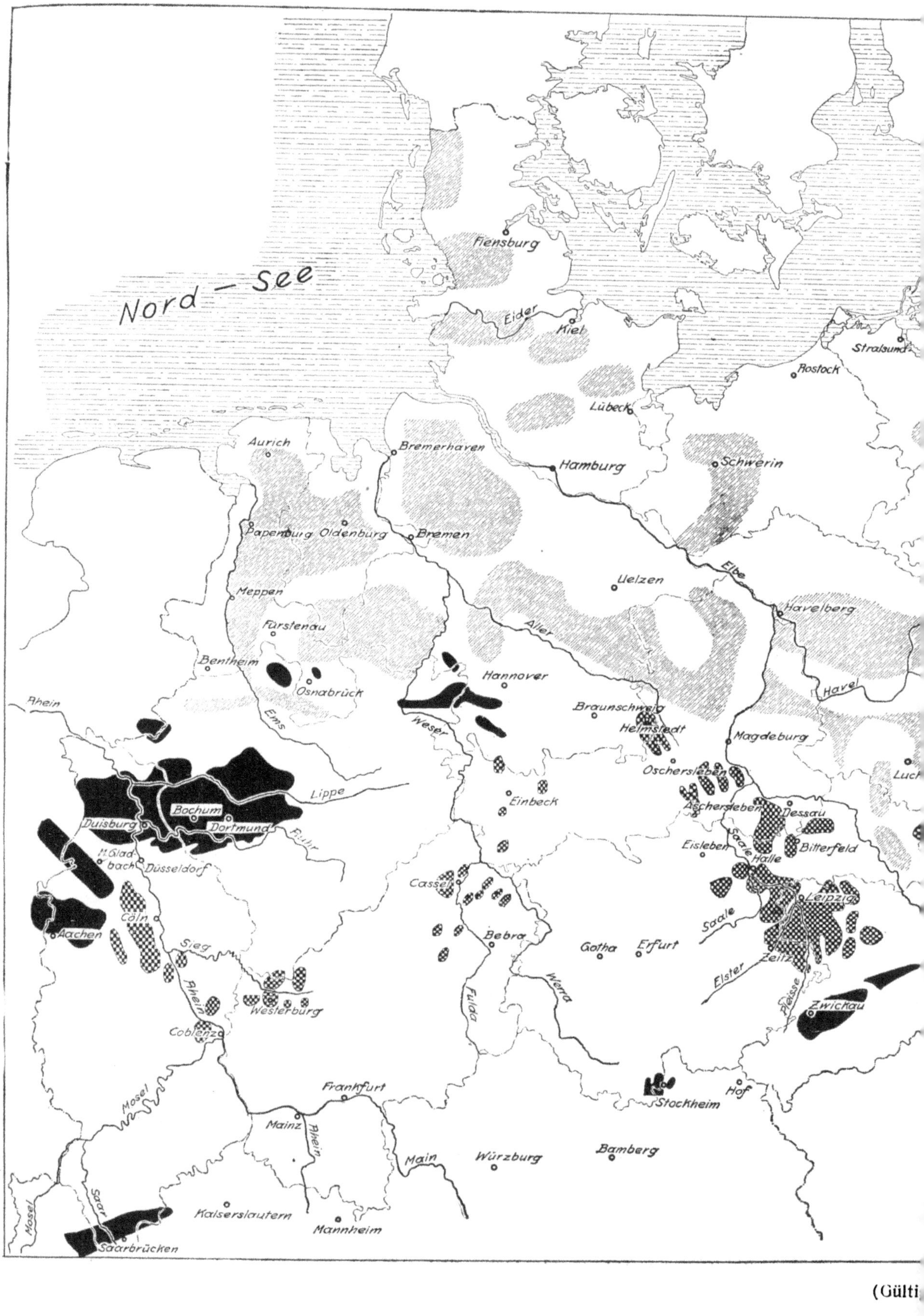

(Gülti

Tafel I
(zu Seite 14 und 17).

gszeit.)

Druck und Verlag von R. Oldenbourg, München und Berlin.

einzelnen Flöze sind von großer Mächtigkeit[1]). Die sicheren Vorräte der Hauptlagerstätten betragen über 13,5 Milliarden t. Von Bergassessor Dr. K. A. Weber, Halle a. S., „Freie Wirtschaft", 15. 12. 18, wird das Braunkohlen-Vorkommen in Deutschland in der Kölner Bucht mit 5 bis 6 Millarden t, im mitteldeutschen Revier mit 5 Milliarden t und im Lausitzer Revier mit 3 bis 4 Milliarden t berechnet; insgesammt auf etwa 18 bis 20 Milliarden t, die bei der zu erwartenden Fördersteigerung noch für 120 bis 150 Jahre aushalten.

Der Umfang der Torfmoore Nordwestdeutschlands wird auf 25000 qkm, etwa entsprechend der Bodenfläche Württembergs angegeben. Wie die Karte, Tafel I, zeigt, erstrecken sie sich besonders entlang den Flüssen Ems, Oder, Warthe, Netze, Spree und werden insgesamt auf höchstens 5,4% der Gesamtbodenfläche Deutschlands geschätzt.

Beachtenswert ist der Anteil der einzelnen Provinzen in Teilen ihrer Gesamtfläche, siehe Zahlentafel 14.

Zahlentafel 14.

Die Ausdehnung der Torfmoore in Deutschland.

Länder	% der Gesamtfläche	ha	Länder	% der Gesamtfläche	ha
Deutschland[1]	4,5	2500000 bis 3 000 000	Provinz Sachsen	3,3	84 000
			Staat Sachsen	0,4	6 000
Preußen	6,0	2 100 000	Staat Hessen	0,65	5 000
Ostpreußen	5,1	190 000	Hessen-Nassau	0,1	1 200
Westpreußen	3,4	86 000	Schleswig-Holstein	9,3	176 000
Pommern	10,2	305 000	Rheinprovinz	1,7	45 000
Mecklenburg-Schwerin	4,2	55 000	Westfalen	4,3	87 000
Posen	10,0	326 000	Oldenburg	18,6	97 500
Schlesien	2,2	87 000	Baden	0,86	13 000
Brandenburg	18,7	350 000	Württemberg	0,8	18 000
Hannover	14,6	565 000	Bayern	1,9	146 400

[1] nach Menzi, „Die Moore Mitteleuropas", Petermanns Mitteilungen Nr. 64, 1918, S. 150 u. f.

Die Niederlande besitzen in der Provinz Limburg Steinkohle (im Zusammenhang mit dem Aachener und belgischen Becken), deren Abbau zwar während des Krieges wesentlich gefördert wurde, aber noch immer verhältnismäßig gering ist. Auch Braunkohlen sind im südlichen Teil des Landes in geringer Ausdehnung vorhanden; ihr Abbau wurde gleichfalls während des Krieges in Angriff genommen. Dagegen sind die Niederlande reich an Hochmooren, die eine Fläche von etwa 915 qkm bedecken und somit 2,7% der Gesamtfläche betragen.

Dagegen ist Österreich-Ungarn sehr reich an Braunkohle. Besonders bekannt sind die böhmischen Vorkommen am Südrande des ganzen Erzgebirges von Eger bis nach Aussig. Es sind mehrere Becken mit hochwertiger Kohle, deren Ausbeute im Frieden zum erheblichen Teil nach Deutschland (besonders Sachsen und Bayern) ging im Austausch gegen Steinkohlen, an denen Österreich-Ungarn Mangel leidet[2]). Erhebliche Vorkommen von hochwertigen Braunkohlen finden sich in den Alpen. Reich an Braunkohlen ist auch Ungarn sowohl im oberen Ungarn als auch im Teil westlich der Donau, während Mähren mehrere Lignitvorkommen aufweist.

Mit dem Zerfall der alten Monarchie ist die Brennstoffverteilung wesentlich anders geworden Die Steinkohlenvorräte sind fast ganz an die Tschecho-Slovakei gefallen (sowohl das Pilsener Schatzlarer, als das Ostrau-Karwiner Revier), ebenso besitzt diese die Braunkohle von Nordböhmen viele Lignitvorkommen in Mähren und hat auch von Ungarn große Braunkohlenlager am Südostrand der Karpathen übernommen. Am schlechtesten ist Deutsch-Österreich abgekommen. Von den gesamten geschätzten Vorräten Österreichs mit 45700 Mill. t (auf Einheitskohle von 5000 WE umgerechnet) sind nur ½% an Deutsch-Österreich übergegangen[3]). War der Bedarf Österreichs schon früher das Sieben- bis Achtfache der Förderung, so wird dies für Deutsch-Österreich heute im erhöhten Maßstabe gelten; man kann daran die industrielle Lage Deutsch-Österreichs ermessen.

[1]) Voss. Ztg. 8. 5. 17.

[2]) Die gesamte bisher aufgeschlossene Kohlenmenge beträgt 17335039180 Meterzentner mit einem Heizwert von 1900 bis 8300 WE. Das wird für den Bedarf des Inlandes für 115 Jahre genügen.

[3]) Vgl. Prof. Petraschek, „Die Kohlenvorräte Deutsch-Österreichs südlich der Donau". Mitteilungen des Instituts für Kohlenvergasung und Nebenproduktengewinnung 1919, S. 33.

Die Kohlenvorräte Deutsch-Österreichs werden auf 335 Mill. t Braunkohlen und Lignit und nur auf 7,6 Mill. t Steinkohlen geschätzt. Geringwertiger Lignit bildet dabei die Hauptmenge, so daß sich die Kohlenmenge, wenn man sie auf Einheitskohlen von 5000 WE Heizwert umrechnet, auf 241 Mill. t stellt.

Eine nach gleichen Grundsätzen durchgeführte Schätzung ergibt für das frühere Österreich bis zu 1200 m Tiefe 12919 Mill. t Braunkohlen und 28386 t Steinkohlen. Das sind zusammen 45696 Mill. t Einheitskohlen.

Daneben sind auch die Torfvorräte Deutsch-Österreichs nicht bedeutend. Sie werden mit etwa 300 qkm angegeben, von denen aber nur 200 qkm für industrielle Wertung in Frage kommen, da viele kleine Torffelder der Alpen sich für eine solche nicht eignen. Der Vorrat an Torf wird sich durch die Einverleibung von Deutsch-Westungarn aber erheblich vergrößern, da dieses Gebiet außerordentlich große Moore besitzt. Ungarn bleibt auch dann noch sehr reich an Torf.

Rußlands bedeutendstes Kohlenbecken liegt am Donez nördlich vom Asowschen Meer, wo zum Teil auch Anthrazit gewonnen wird (vgl. Zahlentafel 15). 1908 verbrauchte die gesamte russische Industrie 768 Mill. Pud, davon der Süden ohne Südosten und Kaukasus allein 358 Mill. Pud. An zweiter Stelle folgt das oben erwähnte polnische Kohlengebiet mit einer Kohlenförderung von 5,8 bis 6 Mill. t (1917), dann die Vorkommen bei Moskau (braunkohlenartig) und am Ural. Die Mengen in Polen werden auf 4,3, die am Donez auf 10 Milliarden t berechnet. Rußland muß zurzeit zu $\frac{1}{3}$ seinen Bedarf im Auslande, hauptsächlich England, decken. Am Amur, 35 Werft von Nikoljewsk, wurden mächtige Braunkohlenlager entdeckt. Nach der Analyse ist die Braunkohle von sehr guter Beschaffenheit. Der Umfang der Torfmoore Rußlands wird auf 380000 qkm angegeben.

Zahlentafel 15.

Rußlands Kohlenförderung[1] in Mill. Pud[2].

	1870	1880	1890	1900	1910	1913	1914
Gesamtrußland	42,4	200,6	367,5	986,7	1522,4	1874,0	—
Donezbecken (Ukraine) .	15,6	86,3	183,2	671,7	1018,7	1543,0	1683,0

[1] Z. f. a. Chemie, 10. 8. 18. [2] 1 Pud = 16,38 kg.

Finnland besitzt allein 74000 qkm, welche 20% der Bodenfläche ausmachen.

Sämtliche übrigen Länder Europas sind mehr oder weniger arm an Steinkohlen und auf die Einfuhr der eigentlichen Kohlenländer angewiesen. Zu erwähnen wären noch die spanischen Vorkommen bei Cordova, Sevilla und in den Ostpyrenäen. Bereits vor dem Kriege sind die bedeutenden Kohlenlager in der Gegend von Asturien und in den Tälern von Ujo Puertollano, Valencia (Anthrazit), Bojador, Utrillas, Figols usw. in weitem Umfang abgebaut worden. Auch ist dem Lignit des Pyrenäenbeckens Beachtung geschenkt worden. Die Transportverhältnisse sind ungenügend. Es mangelt an Kohlen für metallurgische Zwecke. Einige Becken in Portugal, Sardinien (Anthrazit), die Felder in Bulgarien mit rd. 2 Milliarden t[1]) und Rumänien sowie auf Spitzbergen, schließlich auf Novaja Semlja und in Grönland sind zu nennen. Italien ist wie an Steinkohlen, so auch an Braunkohlen arm. Es gewann 1917 etwa 1,5 Mill. t Lignit, man hofft allmählich auf 3 Mill. t zu kommen, das bedeutet nicht viel gegenüber dem Normalbedarf von 12 Mill. t guter Steinkohle[2]). Um so höhere Bedeutung haben für dieses Land die Braunkohlenlager in Toskana (430000 t Förderung jährlich). Auch Spanien, die Schweiz und der Balkan enthalten Braunkohlen (vgl. S. 12). Griechenland erzeugte 1918 etwa 240000 t Lignit, deren Heizwert aber nur 11950 t Kohle entspricht. Das Gesamtvorkommen von Lignit wird auf 27,5 Mill. t geschätzt.

Torf ist in den südlichen Ländern nicht vorhanden. Italien besitzt nur etwa 10 qkm in den lombardischen Provinzen. Von Spanien sind Angaben nicht bekannt. Die Schweiz hat nur wenig kleine Moore, die schwer abbaufähig zu gestalten sind. Dagegen sind die skandinavischen Länder reich an Mooren, so besitzt Dänemark etwa 2350 qkm, d. i. 6,2% seiner Fläche, Schweden 52000 qkm, d. i. 12,6% der Gesamtfläche und Norwegen etwa 16000 qkm, d. i. 5% der Bodenfläche. Frankreich besitzt ein Torfvorkommen von 800 qkm nach Inf. Supl. Financier, 18. 4. 17.

[1]) „Braunkohle" 1917, Nr. 19.
[2]) Z. f. a. Chem., 31. 5. 18.

Das Schwergewicht der Steinkohlengewinnung in den Vereinigten Staaten von Amerika liegt in der industriell hochentwickelten östlichen Hälfte des Landes. Der altberühmte Bezirk Pennsylvaniens lieferte im Jahre 1910 allein etwa $^4/_{10}$ der Fördermenge Amerikas, darunter rund 80 Mill. t Hartkohlen (Anthrazit). Ein Viertel der Förderung entfällt auf die Staaten Westvirginia, Ohio, Illinois, als die nächstwichtigsten Kohlenbezirke, der Rest auf die Vorkommen des im Westen des Landes gelegenen Felsengebirges, wo alle Arten von Weichkohlen bis zu anthrazitischen Kohlen auftreten, und auf die westlichen Staaten Oregon, Washington und Kalifornien. Diese Gebiete haben für Amerika weniger Bedeutung, da sie hauptsächlich Braunkohlen liefern. Die Kohlenvorräte der Vereinigten Staaten hat man früher für unerschöpflich gehalten. Seit man jedoch die Verhältnisse auf Veranlassung des Präsidenten Roosevelt im Jahre 1908 genauer untersucht hat, sind die Ansichten hierüber wesentlich anders geworden. Nach den neuesten Berechnungen der amerikanischen Landesbehörden aus dem Jahre 1909 beträgt der noch verfügbare, abbauwürdige Vorrat bis zu 1000 m Teufe 2000 Milliarden t. Wenn aber die dortige Kohlenförderung in dem stetig steigenden Maße wie letzthin fortgesetzt wird, so werden diese gewaltigen Kohlenmengen schon in der Mitte des nächsten Jahrhunderts annähernd erschöpft sein. Hierbei ist jedoch zu berücksichtigen, daß in Amerika noch mancherlei durch eine bessere Ausnutzung der Energie der Steinkohlen und einen weniger verlustreichen Abbau, bei dem jetzt 40 bis 70% der Kohlen verloren gehen, getan werden kann, um den kritischen Zeitpunkt noch wesentlich hinauszuschieben. Man nimmt an, daß hierdurch weitere 150 Jahre gewonnen werden können. Von den übrigen Ländern Nordamerikas kommen noch Kanada und Mexiko in Frage. Man betrachtet die noch wenig ausgebeuteten Felder Kanadas als recht ergiebig (s. Zahlentafel 16). Kanada besitzt ferner ein Torfvorkommen von insgesamt 165 Mill. t in 15 Feldern[1]). Mittel- und Südamerika sind arm an Kohlen. Allerdings besitzt Brasilien größere Lager von Kohlen, deren Beschaffenheit zwischen der der bituminösen Kohlen und der Braunkohlen Deutschlands liegt, weshalb man sie brikettiert. Die brasilianischen Eisenbahnen, Dampfschiffe und Fabriken verwenden bereits in steigendem Maße einheimische Kohlen. In Peru sind 100 km von der Küste des Stillen Ozeans reiche Kohlenfelder entdeckt worden (Flußquarz geht hindurch). Es handelt sich um drei Lager von 3,80 m Tiefe und 150 qkm Oberfläche, sie können 155 Mill. t des besten Anthrazits liefern; Tungstein und Kupfer wurde ebenfalls gefunden. Nordamerika hat übrigens große Braunkohlenfelder im Gebiet des oberen Missouri und in Vancouver; Südamerika in Chile, Argentinien, Brasilien u. a. m. Neuerdings sind ausgedehnte, hochwertige Felder auch in Alaska entdeckt worden.

Zahlentafel 16.

Kohlenvorkommen Kanadas in Mill. t (1919).

	Braunkohle	Braunkohlenartige subbituminöse Kohle	minderartige bituminöse Kohle	hochwertige und bituminöse Kohle	Halb-Anthrazit	gesamt
tatsächliche Kohlenlager . . .	2 412	382 560	1 315	25 680	669	412 616
wahrscheinliche Lager	84 010	469 957	141 461	85 630	100	781 158

Die im Verhältnis zu Europa und Amerika noch wenig ausgebeuteten Steinkohlenvorräte Asiens bieten uns einen gewissen Rückhalt bei einem Blick in die Zukunft der Kohlengewinnung. In dem Rußland gehörigen Teile werden mit der vorrückenden Aufschließung des Landes dauernd neue Lagerstätten festgestellt. Bekannt sind bisher die Vorkommen nördlich und südlich vom Kaukasus, am Kaspischen Meer, im mittleren Sibirien, am Altaigebirge und im fernen Osten. Schätzungen der Mengen sind noch nicht möglich gewesen. Auch die verhältnismäßig reichen Vorräte der Türkei sind bis auf einige wenige noch nicht untersucht, geschweige denn ausgebeutet worden. Ähnliches gilt für die Lager in Persien, Turkestan, Arabien u. a. m. Am linken Tigrisufer sind bedeutende Kohlenlager 1918 entdeckt worden. Von den übrigen Kohlengruben sind die ergiebigsten Eregli und Zunguldak. Größere Mengen sind jedoch bereits in China gefördert worden (Zahlentafel 6/17). Doch stehen diese in keinem Verhältnis zu den umfangreichen Vorräten dieses Landes an seinen ergiebigen Lagerstätten. Die Steinkohlenmengen der Provinzen Tschili, Schensi und Schansi hat man auf 1000 Milliarden t geschätzt, worunter sich große Anthrazitflöze befinden. Neben anderen sind uns auch die Kohlenfelder der Provinz Schantung besonders bekannt geworden. Auch der Kohlenbergbau Indiens hat

[1]) Finanz Times, 1916.

neuerdings einen bedeutenden Aufschwung genommen (s. Zahlentafel 6). Schließlich ist Japan zu erwähnen, dessen Bergbau ebenfalls bereits gut entwickelt ist, dessen Vorräte aber, auf 8,0 Milliarden t geschätzt, nach Kukuk nicht für den Welthandel in Frage kommen (s. Zahlentafel 18).

Zahlentafel 17.

Kohlenvorkommen in China in Mill. t.

Provinz	1918	Provinz	1918
Tschili	3080	Schansi	554 200
Schantung	650	Honau	400
Kiangsu	200	Hunan	17 000
Tschekiang	120	Spetschwan	15 000
Kiangsi	1435	andere Provinzen	65
Manchurei	1217		
		Summe:	593 367

Zahlentafel 18.

Kohlenvorkommen in Japan in Mill. t.

Provinz	Kohlenflöze im Abbau	sonstiges Kohlenvorkommen	zusammen
Hauptinsel: Hondo	70,5	544,0	614,5
Insel: Kuishu	544,0	2389,0	2933,0
„ Hokkaido (Norden)	335,8	2339,2	2675,0
Kolonie: Karafute (Sachalin)	17,0	1345,0	1362,5
„ Formose		385,0	385,0
„ Korea		81,4	81,4
Summe:	967,3	7083,6	8051,4

Das Kohlenvorkommen in Niederländisch Indien wird auf 110 Mill. t Steinkohle und 250 Mill. t Braunkohle geschätzt.

Noch weniger als Asien ist Afrika, besonders im Innern, erforscht. Jedoch erscheinen hier die Aussichten auf die Entdeckung von Kohlenfeldern gering. Von Wichtigkeit sind die Funde im Süden geworden. Auch unsere ehemaligen Kolonien, z. B. Ostafrika, enthalten Kohlenlager.

Australien ist reich an guten Kohlen, besonders Queensland, Neu-Süd-Wales und Victoria. Dagegen hat der westliche Teil keine erheblichen Lager. Schätzungen des Vorrates liegen noch nicht vor.

Über die Braunkohlenvorkommen Afrikas ist nur wenig bekannt. Asien birgt in Sibirien reiche, aber noch nicht genügend untersuchte Schätze, ferner auch auf den ostindischen Inseln, den Philippinen und der Insel Sachalin. Auch Australien hat, z. B. in Victoria, Braunkohlenflöze von großer Mächtigkeit aufzuweisen, deren Ertrag auf 30 000 Mill. t Kohle von guter Beschaffenheit geschätzt wird.

Aus dieser Übersicht über die Kohlenvorräte ergibt sich erfreulicherweise, daß Deutschland in Europa über die reichsten Kohlenschätze verfügt und in der Welt nur noch von Nordamerika und Nordchina übertroffen wird. Unsere Kohlenvorräte reichen unter Zugrundelegung der Förderung vom Jahre 1913 bis 1000 m Tiefe noch auf 790 Jahre, bis 2000 m Tiefe 2000 Jahre. Um so mehr haben wir Deutsche die Pflicht, uns diese Überlegenheit nach Möglichkeit zu erhalten.

4. Bergbauliches.

Die Steinkohlen werden (bis auf wenige Ausnahmen in Frankreich, Russisch-Polen und im Anthrazitgebiet der Vereinigten Staaten) durchweg im Tiefbau gewonnen. Die mit einem dauernd gesteigerten Aufwand an maschinellen Anlagen über und unter Tage gebrochenen und heraufbeförderten Kohlen werden zunächst über einen beweglichen Rost geschickt, der die wertvollen Stückkohlen zurückhält, während die kleinstückigen Kohlen durchfallen. Die Stückkohlen sind, nachdem sie auf dem Leseband von dem tauben Gestein befreit worden sind, ohne weiteres versandfertig, die kleinstückigen werden je nach dem Grade ihrer Reinheit über Siebe geschüttet, die sie in verschiedene Größen sortieren, oder man bereitet die meist stark verunreinigten kleinstückigen Kohlen noch auf nassem Wege auf, indem man sie unter Benutzung des verschiedenen spezifischen Gewichtes in den Setzmaschinen von den fremden Bestandteilen (Bergen) trennt.

Die gereinigten (gewaschenen) Kohlen werden darauf in Siebtrommeln in meist fünf verschiedene Größen sortiert, die verbleibende Feinkohle wird entwässert und verkokt oder brikettiert. Die Herstellung des Kokses gibt den Zechen durch die Gewinnung der Koksofengase die Möglichkeit, der Forderung einer Massenförderung mit möglichst geringen Kosten durch weitgehende Verwendung maschineller Einrichtungen entgegenzukommen: Während man aus den Kohlen in den Koksöfen einen wertvollen und verhältnismäßig reinen Brennstoff gewinnt, liefert das als Nebenstoff fallende Koksofengas, unter Kesseln verbrannt, Dampf und elektrischen Strom und darüber hinaus durch eine sorgfältige Reinigung des Gases auch flüssige Brennstoffe (Benzol, Teeröl) für den Betrieb unter Tage laufender Lokomotiven. Der hierdurch begünstigte Ersatz der teueren Handarbeit durch Einführung maschinell betriebener Hämmer, Bohrer, Förderanlagen usw. findet nur dort seine Grenze, wo, wie z. B. bei der Schrämmaschine im rheinisch-westfälischen Grubenbezirk (im Gegensatz zu England und Amerika), ungünstige geologische Verhältnisse ein Hindernis bieten.

Unter diesen Umständen ist es nicht ohne weiteres verständlich, daß der Preis der Kohlen noch vor dem Weltkriege nicht nur nicht gesunken, sondern innerhalb der voraufgegangenen 10 Jahre durchschnittlich auf das Doppelte gestiegen ist. Wenn bei dieser Erscheinung auch das Wirken des Kohlensyndikates offenbar ist, so spielen neben Fragen anderer Art doch in erheblichem Maße auch die steigenden Schwierigkeiten der Kohlenförderung eine Rolle, die mit der zunehmenden Teufe unserer Kohlenschächte zusammenhängen.

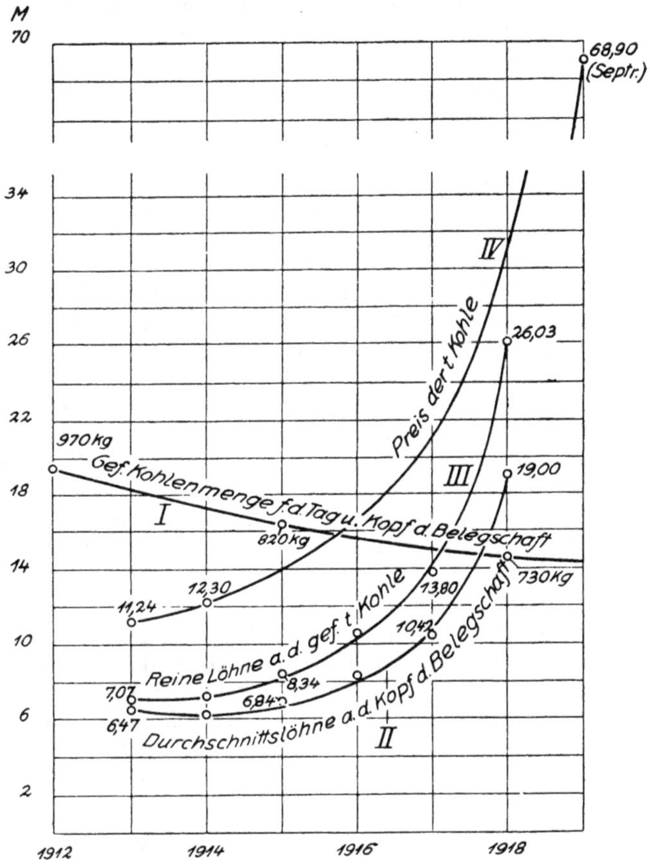

Abb. 6. Durchschnittslöhne und geförderte Kohlen im westfälischen Revier.

Mit dem Zusammenbruch nach dem Kriege haben sich die Verhältnisse bei weitem verschlechtert. Wählen wir für unsere Betrachtung die westfälischen Verhältnisse, so können wir an Hand der Kurven in Abb. 6 folgendes feststellen.

Die geförderte Kohlenmenge für den Tag und Kopf der Belegschaft (Kurve I) ist seit 1912 von 970 auf 730 kg (1918), d. h. um 25% zurückgegangen. Trifft dies überall zu, so haben wir mit einem Ausfall von ∾ 50 Mill. t Stein- und Braunkohlen zu rechnen. Die Löhne sind nach II von 6,47 auf 19 M, die Kosten der geförderten Tonne dadurch fast auf das Vierfache gestiegen (Kurve III). Die Preise der Kohlen sind von 1913 bis Oktober 1919 auf das Sechsfache in die Höhe gegangen (Kurve IV), wobei noch zu bemerken ist, daß zu dem Satze von 68,90 M noch 45 M Zuschläge hinzukommen[1]). Leider ist man geneigt, den Rückgang der Förderung auf die Arbeitsunlust der Bergleute allein zurückzuführen, während diese wohl mehr die Folge der bestehenden Zustände sein dürfte. Abgesehen davon, daß die Anzahl der tüchtigen Hauer in einer Belegschaft zurückgegangen ist, läßt der Zustand des Gezähes viel zu wünschen übrig; Hacken, Säge, Beil und Bohrhämmer sind minderwertig, dazu fehlt es an genügender Preßluft, mit der alle „unter Tage" befindlichen Maschinen betrieben werden. Die Bergleute mühen sich ab und werden schließlich mißmutig, ja neigen sogar zu der Ansicht, daß solche Zustände absichtlich von der Werkleitung herbeigeführt werden, um

[1]) Seit dem 1. Februar 1920 sind die Kohlenpreise an sich und durch Erhöhung der Kohlensteuer noch weiter gestiegen (vgl. Zahlentafel 1 auf S. 5).

durch Nichterfüllung der Kohlenlieferung die Besetzung des Industrie-Bezirks und die Einführung eines 8 bis 10-Stundentages zu erzwingen. Eine Mehrförderung ist also nur durch die Verbesserung der gegenwärtigen Zustände zu erwarten, wobei die Betriebsleitung der Seele des Arbeiters mehr Verständnis entgegenbringen müßte.

Die durch den fortschreitenden Abbau der Kohlenfelder gebotene Vergrößerung der Teufen ist es auch, deren Grenze die Grundlage für die Berechnung unserer Kohlenvorräte bildet. Wir haben oben gesehen, daß man als diese Grenzen 1000, 1500 und 2000 m annimmt. Unsere Zechen in Westfalen haben zum Teil bereits mehr als 1000 m erreicht. Da man berechnet hat, daß unsere jetzigen Förderseile bei einer gewissen Länge und den jetzt üblichen Fördergewichten Abmessungen erhalten müßten, die außer aller praktischen Verwendung liegen, so wird es früher oder später erforderlich sein, die Anordnung und Einrichtung der jetzigen Förderanlagen grundsätzlich zu ändern. Schon vor einigen Jahren waren die Fragen einer abgeänderten Berechnung der Seile, die Wahl anderer Seilbeanspruchungen und Sicherheitszahlen Gegenstände eifriger Erörterung[1]). Der ausgiebigen Ausnutzung der Kohlenlager durch Gewinnung auch derjenigen Massen, welche früher in den stützenden Kohlenpfeilern unter Tage zurückgelassen wurden, bringt man durch steigende Anwendung des Berge- und Spülversatzverfahrens jetzt besondere Aufmerksamkeit entgegen.

Die Zunahme der Teufen ist auch besonders aus dem Grunde beachtenswert, weil dadurch der Holzbedarf für den Ausbau der Gruben immer mehr gesteigert wird. Wie bedeutend er ist, kann daran ermessen werden, daß z. B. in Oberschlesien für je 60 t geförderter Kohle 1 cbm Holz gebraucht wird. Der Holzbedarf der westfälischen Steinkohlengruben dürfte wegen ihrer höheren Teufe noch größer sein.

Die Gewinnung der Braunkohle wird, wenn irgend möglich, im Tagebau durchgeführt. Im Durchschnitt lagern die Braunkohlen des rheinischen und des mitteldeutschen Gebietes unter einer Deckschicht von 30 bis 100 m Sand oder Ton. Nur im Niederlausitzer Becken ist die Tieflage größer. Selbst bei einem Deckgebirge von 50 m wird man den Tagebau unter den heutigen Verhältnissen noch vorziehen. Er geht so vor sich, daß das Deckgebirge mittels Eimerbagger weggeschafft und das darunter freiliegende Braunkohlenflöz entweder gleichfalls mit Bagger oder nach der von früher her üblichen Handgewinnung abgebaut wird. Die Herstellung der Eimerbagger ist heute so vervollkommnet, daß sie mit Leistungen bis zu 500 cbm/Std. gebaut werden. Daher ist es erklärlich, daß man heute auch starke Deckgebirge entfernt.

Der Tiefbau geht in ähnlicher Weise wie im Steinkohlenbergbau vor sich, indem man vom Schacht aus die Förderstrecken vortreibt und dann im Bruchbau die Kohle gewinnt. Dieser Bruchbau bringt nicht nur erhebliche Verluste an Brennstoff mit sich, da sowohl über als auch unter dem Abbau zum Schutz Kohle anstehen bleiben muß als auch zwischen den einzelnen Brüchen Kohle verloren geht. Man rechnet daher mit einem Verlust an Kohle von 35 bis 50%. Demgegenüber sind die Abbauverluste beim Tagebau nur etwa 5 bis 10%. Von besonderer Wichtigkeit beim Braunkohlenbergbau ist die Entwässerung des Deckgebirges, weil sonst besonders beim Tiefbau häufig Wassereinbrüche stattfinden.

Nur durch die außergewöhnlich hohe Entwicklung der maschinellen Einrichtungen beim Tagebau ist es gelungen, die Entwicklung der Braunkohlenförderung so zu begünstigen. Man rechnete im Jahre 1914 mit Gewinnungskosten von etwa 1,40 M/t[2]) abgebauter Rohkohle, was gegenüber Gewinnungskosten von etwa durchschnittlich 7 M/t unserer Steinkohle außerordentlich niedrig war.

Der Torf wird nach der erforderlichen Entwässerung der Moore mit der Hand, neuerdings auch mit Maschinen (Baggern) gewonnen und zum Trocknen in freier Luft gestapelt.

5. Eigenschaften und Verwendung der natürlichen Brennstoffe.

a) Steinkohle.

Von den verschiedenen Gesichtspunkten, nach denen man die Steinkohlenarten eingeteilt hat, wie nach ihrer Entstehung, nach ihrem Gefüge usw., kommen für unseren Zweck nur diejenigen in Betracht, die auch für die praktische Verwendung der Kohlen grundlegend sind.

Danach unterschieden wir gemäß Zahlentafel 19[3]) nach zunehmendem Alter geordnet: Flammkohlen, Gaskohlen, Schmiedekohlen, Kokskohlen, Magerkohlen und Anthrazit. In der Praxis geht

[1]) Z. d. V. d. I. 1911, S. 406 usw.; Glückauf 1914, S. 1293, sowie 1915, S. 1 und 29.
[2]) wovon 30 bis 50% allein auf Baggerkosten für das Deckgebirge entfallen.
[3]) O. Simmersbach, „Koks-Chemie", 2. Aufl., 1914, Springer, Berlin.

man in der Unterscheidung der Arten noch weiter. Man kennt noch die wichtigen Untergruppen: Sandkohlen (zur Flammkohlenpartie gehörig) und die Eßkohlen (Übergang von den Magerkohlen zu Kokskohlen). Schließlich bezeichnet man die Kohlen auch nach ihrem Aussehen und Gefüge und unterscheidet Pech-, Faser-, Blätter-, Schieferkohlen und ähnliche.

Für die Unterscheidung der Gruppen ist maßgebend ihr Verhalten bei der Erwärmung (Verkokungsprobe). In der Abb. 7 sind die charakteristischen Formen der Kokskuchen wiedergegeben. Dabei stellen die ausgezogenen Formen die bei normaler, d. h. starker und schneller Erhitzung gewonnenen Proben dar, während die punktierten Linien die Umrisse bei langsamer schwacher Erhitzung (der sog. Blähprobe) zeigen. Die stark blähenden Kohlen sind besonders die Eßkohlen,

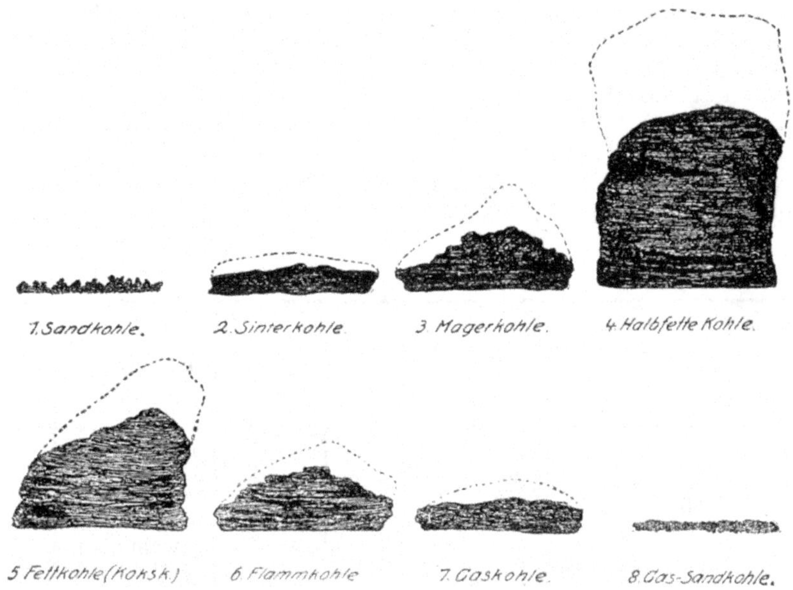

Abb. 7. Verhalten der Kohlensorten bei der Verkokung.

während die Kokskohlen einen weniger geblähten, aber festen Kuchen ergeben. Abgesehen von dem Verhalten bei der Verkokungsprobe ist auch die Menge der dabei erhaltenen flüchtigen Bestandteile kennzeichnend, sie sind etwa folgende:

Sandkohle	44	bis	50%	flüchtige Bestandteile
Flammkohle . . .	38	„	44%	„ „
Gaskohle	33	„	38%	„ „
Schmiedekohle . .	28	„	33%	„ „
Kokskohlen . . .	24	„	30%	„ „
Eßkohlen	15	„	24%	„ „
Magerkohlen . .	8	„	15%	„ „
Anthrazit	4	„	8%	„ „

Im allgemeinen aber ist zu bemerken, daß sich alle diese Versuche von Klassifikationen nicht bewährt haben; es ergeben sich immer wieder so viele Ausnahmefälle, daß die Einteilungen weder auf einen wissenschaftlichen noch praktischen Wert Anspruch erheben können[1]).

Zu erwähnen wäre noch ein Kurzes über die Ursachen der Backfähigkeit, worüber im Laufe der Zeit eine Unzahl von Theorien aufgestellt worden ist. (Von neueren sind besonders beachtenswert diejenigen von Boudouard, Bone, Parr und Olin, Lewes, Wheeler und Mitarbeitern sowie von Donath[2]). Auch Prof. Fr. Fischer[3]) beschäftigt sich auf Grund seiner neuesten Forschungen mit dieser Frage und kommt etwa zu folgendem Schluß:

Beim Verkoken tritt ein Weichwerden bzw. Schmelzen derjenigen Teilsubstanz auf, welche sich beim Versuch durch Druckdestillation herauslösen läßt, nämlich der Hauptmenge des

[1]) Vgl. Muck, „Chemie der Kohle", 2. Aufl., 1916, Wilh. Engelmann, Leipzig.

[2]) Vgl. Simmersbach, „Die Verkokung der Steinkohlen bei niedrigen Temperaturen", Kattowitz 1913.

[3]) „Gesammelte Abhandlungen zur Kenntnis der Kohle", Bd. III, Gebr. Borntraeger, Berlin.

Bitumens[1]). Es läßt sich nun nach den Beobachtungen an Urteeren die Folgerung ziehen, daß das Bitumen stets verschiedener Zusammensetzung ist und für die bei der Verkokung in Frage kommenden Bestandteile hauptsächlich harzartige Körper eine Rolle spielen. Diese destillieren nicht unzersetzt, sie schmelzen und spalten leichte Bestandteile ab, wobei sie immer höher schmelzend werden. Schäumt der Schmelzfluß dabei, so erhält man einen geblähten Koks; bleibt der Stoff in glattem Schmelzfluß, so muß man einen dichten Koks erhalten. Zersetzt sich schließlich das Bitumen, bevor es schmilzt, so erhält man einen Koks überhaupt nicht. Dies ist der Fall bei einem Bitumen, das durch Druck und Temperatur im Laufe der Zeit umgewandelt ist. In die letztere Gruppe fallen daher die Magerkohlen und Anthrazite, während die Fettkohle das Bitumen in wenig zersetzter Form enthält. Anderseits müßte es möglich sein, aus den noch jüngeren Flammkohlenschichten auch einen guten Koks zu erzeugen, wenn man den von der Natur gemachten Umwandlungsvorgang des Bitumens irgendwie nachahmen könnte. Denn das in der jungen Kohle enthaltene Bitumen scheint in der Hauptsache unzersetzt zu destillieren, (verhält sich also ähnlich wie Anthrazen, das schmilzt und bei 350^0 unzersetzt destilliert), worauf ja auch die Urteergewinnung aus Flammkohlen und jüngeren Steinkohlen bei der Vergasung beruht.

Die Zahlentafel 19 bezieht sich auf Reinsubstanzen, d. h. wasser- und aschenfreie Kohlen. In der Praxis ist durch Verunreinigungen und Ballaststoffe stets mit anderen Zusammensetzungen zu rechnen.

Zahlentafel 19.

Kohlenart	elementare Zusammensetzung			$\frac{O+N}{H}$	Koksausbeute	Koksaussehen	spez. Gewicht	Verdampfungsvermögen von 1 kg reiner Kohle b. 112° u. Wasser von 0° kg
	C %	H %	O + N %					
I. trockene Steinkohle m. langer Flamme (Flammkohle)	75 bis 80	5,5—4,5	19,5—15,0	4—3	55—60	pulverförmig, höchst. zusammengefrittet	1,25	6,7— 7,5
II. fette Steinkohle m. langer Flamme (Gaskohle)	80 bis 85	5,8—5,0	14,2—10,0	3—2	60—68	geschmolzen, stark zerklüftet	1,28 bis 1,3	7,6— 8,3
III. eigentl. fette Kohle (Schmiedekohle)	84 bis 89	5,0—5,5	11,0— 5,5	2—1	68—74	geschmolzen, b. mittelmäßig kompakt	1,3	8,4— 9,2
IV. fette Steinkohle m. kurzer Flamme (Kokskohle)	88 bis 91	5,5—4,5	6,5— 5,5	1	74—82	geschmolzen, sehr kompakt, wenig zerklüft.	1,3 bis 1,35	9,2—10,0
V. magere oder anthrazitische Steinkohle	90 bis 93	4,5—4,0	5,5— 3,0	1	82—90	gefrittet oder pulverförmig	1,35 bis 1,4	9,0— 9,5

Die Steinkohlen enthalten gewöhnlich nur 2 bis 4% Wasser, ihr Aschengehalt schwankt je nach dem Ort ihrer Gewinnung zwischen 1 und 30% und noch stärker. Für gute Kohlen rechnet man höchstens 7, für mittelgute bis 15, für schlechte mehr als 15% Gehalt an Asche. Auch der Gehalt an Sauerstoff und Kohlenstoff ist sehr verschieden, so daß man den Heizwert im allgemeinen mit 4000 bis 8000 WE/kg annehmen kann. Für gute Kohlen rechnet man 7000 bis 7500 WE. In allen den Fällen, in denen der Heizwert irgendwie wichtig ist, stellt man ihn zweckmäßig durch besondere Messung fest.

Zu berücksichtigen ist ferner der Schwefelgehalt der Kohle. Westfälische Kohle enthält selten mehr als 1%, vielfach 1,25, oberschlesische Kohle etwas mehr, Saarkohle etwas weniger.

Der Anthrazit hat als die geologisch älteste Kohlenart in der reinen Substanz den höchsten Kohlenstoffgehalt, nämlich 94 bis 98%. Er dient infolge seiner Eigenart vorzüglich ganz besonderen Zwecken, z. B. der Verwendung in den Dauerbrandöfen der Haushaltung. Man verwendet ihn

[1]) „Bituminös" ist ein für Steinkohle immer noch ziemlich viel gebrauchtes Wort, welches außer der Kürze nicht viel für sich hat und in seiner eigentlichen Bedeutung auf Steinkohlen gar nicht angewendet zu werden pflegt. Man versteht, wenn bei Steinkohlen heutzutage von „Bitumen" die Rede ist (nach Muck, a. a. O.), darunter die gesamte Menge flüchtiger Körper, welche die Kohlen beim Erhitzen unter Luftabschluß abgeben (Destillationsprodukte), und nicht etwa die in neutralen Lösungsmitteln löslichen Bestandteile.

in Amerika auch allein oder mit Koks vermischt zum Hochofenbetrieb[1]). Für die Koksgewinnung kommt er selbst nicht in Betracht, da er beim Entgasen ein loses Pulver ergibt. Während Anthrazit in Nordamerika, Südrußland und Südwales in großen Lagerstätten vorkommt, findet er sich bei uns nur in weniger großen Mengen im Wurmbezirk (Aachener Becken) und vereinzelt in Westfalen sowie bei Osnabrück.

Ähnlich dem Anthrazit verhalten sich die Magerkohlen. Sie entwickeln beim Verbrennen eine kurze, stark heizende Flamme und eignen sich zum Hausbrand sowie auch zur Lokomotivheizung.

Mit abnehmendem Kohlenstoff- und steigendem Gasgehalt erlangen die Kohlen mehr und meh die Eigenschaft, zunächst durch Erhitzung einen nur lose zusammenhängenden „gesinterten" Kokzu liefern, wobei das fallende Gas beim Brennen zu leuchten und infolge der Anwesenheit schwer brennbarer Kohlenwasserstoffe Ruß zu entwickeln beginnt. Die Kohlen werden zur Dampfkesselfeuerung verwendet (daher Eß-(Essen-)Kohle benannt), können auch, mit gasreichen Kohlen vermischt, verkokt werden.

Erst die backenden (fetten) Kokskohlen mit (85) 86 bis 88 (90) % Kohlenstoff in der reinen Substanz liefern einen guten, regelmäßig geblähten, porösen und auch für die besonderen Verhältnisse des Hochofenbetriebes genügend festen Koks. Mit vorzüglichen Kokskohlen ist vor andern unser rheinisch-westfälischer Bergbaubezirk versehen, während ihm hierin der oberschlesische und Saarbergbau nachsteht. Den Übergang zu der folgenden Gruppe bilden Kohlen, die einen festen geschmolzenen Koks ohne jede Blähung ergeben. Sie verbrennen mit wenig langer und wenig rauchender Flamme und werden seit jeher mit Vorliebe zum Betrieb von Schmiedefeuern verwandt (Schmiedekohlen).

Die Gaskohlen mit 85 bis 82% Kohlenstoff liefern in unseren Gasanstalten das Leuchtgas und als Nebenerzeugnis einen dem Zechenkoks ähnlichen, jedoch weniger geblähten Koks. Sie für Feuerungen zu verwenden, ist weniger zweckmäßig, da sie beim Erhitzen nicht sintern, sondern schmelzen und so der Luft den Durchgang erschweren.

Die jüngsten Steinkohlen, die Gasflammkohlen mit dem geringsten Gehalt an Kohlenstoff (82 bis 79%) sind zwar zum Teil ebenfalls zur Leuchtgasbereitung zu gebrauchen, verlieren aber allmählich wieder die Fähigkeit, einen zusammenhängenden Koks zu bilden. Sie sintern beim Erhitzen zusammen und zerfallen schließlich wie die Magerkohlen und der Anthrazit zu losem Pulver. Ihre Flamme ist lang, das Gas leuchtet und scheidet viel Ruß ab. Diese Kohlen dienen hauptsächlich der Verbrennung unter Dampfkesseln und in den übrigen gewerblichen Feuerungen.

Zu den eben erörterten Bezeichnungen der Steinkohlenarten kommen noch die Sorten, welche mit der mechanischen Sortierung beim Fördern und Aufbereiten zusammenhängen. Kohlen, die in dem Zustande, wie sie aus der Grube kommen, verwandt werden, nennt man Förderkohlen, bei geringem Stückgehalt Fördergruskohlen. Hiervon unterscheiden sich die in der oben erwähnten Weise[2]) aufbereiteten Kohlen. Von diesen werden die größten, beim erstmaligen Gang über die Sortiervorrichtungen zurückgehaltenen Teile (über 80 mm Größe) als Stückkohlen bezeichnet. Es folgen in den Größen von 10 bis 80 mm die Nußkohlen, und zwar mit den Abstufungen von 50 bis 80, 30 bis 50, 15 bis 30 und 10 bis 15 mm als Nuß I bis Nuß IV, weiter unter 10 mm Größe die Feinkohlen. (Fettkohlen unter 10 mm dienen vorzüglich zur Koksbereitung.) Hierzu kommen noch die als „melierte" und „bestmelierte" Kohlen bezeichneten Mischungen verschiedener Sorten (Förderkohlen und Stückkohlen) und mancherlei andere Bezeichnungen von mehr örtlicher Bedeutung.

Während die Zahlentafel 19 einen Überblick über große Kohlengruppen gibt, der mehr theoretischen Wert hat, sind in Zahlentafel 20 eine Anzahl einzelner im Gebrauch befindlicher Kohlensorten verschiedener Zechen aufgeführt, deren Zusammensetzung, Heizwert usw. von der bekannten Thermochemischen Prüfungs- und Versuchsanstalt von Dr. Aufhäuser in Hamburg ermittelt worden sind.

Allgemeine Angaben über den Verbrauch der Steinkohlen in ihren verschiedenen Verwendungsgebieten sind nicht vorhanden. Einen Anhalt geben jedoch die regelmäßig vom Rheinisch-Westfälischen Kohlensyndikat veröffentlichten Zahlen über die Verwendung der von ihm umfaßten Kohlenmenge in Deutschland; wir geben die betreffenden Werte für die Jahre 1911 und 1912 in der

---

[1]) „Gemeinfaßliche Darstellung des Eisenhüttenwesens", Verlag Stahleisen, Düsseldorf 1915.
[2]) Siehe auch S. 93.

Zahlentafel 20.

Zusammensetzung von Steinkohlen verschiedener Zechen.

Herkunft bzw. Bezeichnung des Brennstoffes	Rohkohle: Heizwert WE	Wasser %	Asche %	brennbare Substanz oder Reinkohle %	Kohlenstoff %	Wasserstoff %	Sauerstoff plus Stickstoff %	Schwefel %	flüchtige Bestandteile, ohne Wasser %	Reinkohle: Heizwert in 100 Teilen der wasser- u. aschefreien Substanz WE
	Rheinisch-Westfälische Kohlen									
Anthrazit										
Kohlscheid, gewaschene Nuß	8047	0,9	3,4	95,7	88,5	3,5	3,3	0,4	5,0	8414
Mager- und Eßkohlen										
Gottessegen, Eß-Nuß IV	7445	1,2	9,7	89,1	79,9	3,8	4,0	1,4	10,6	8364
Fettkohlen										
Consolidation (grobfeucht)	7566	3,4	5,0	91,6	79,9	4,7	6,6	0,4	25,3	8382
Constantin d. Große, melierte	7979	0,9	3,1	96,0	83,2	5,0	6,3	1,5	24,6	8315
„ „ „ Nuß I	7944	0,9	3,8	95,3	82,9	5,0	6,2	1,2	23,8	8351
„ „ „ „ II	7888	1,1	3,8	95,1	82,3	5,0	6,7	1,1	22,6	8302
„ „ „ „ III	7876	1,0	4,1	94,9	82,1	4,9	6,5	1,4	22,2	8306
„ „ „ „ IV	7791	1,1	5,1	93,8	81,3	4,9	6,6	1,0	22,9	8313
Sieben Planeten (Harpener)	7699	0,9	7,0	92,1	82,8	3,9	4,4	1,0	15,0	8365
Victor, Nuß III/IV	7791	1,0	6,1	92,9	82,4	4,5	4,7	1,3	15,7	8393
Gasflammkohlen										
Graf Moltke, Förderkohle	7144	3,2	8,7	88,1	75,3	4,6	7,7	0,5	28,2	8131
Mathias Stinnes, Nuß IV	7429	1,6	7,6	90,8	77,1	5,0	7,5	1,2	27,5	8192
Zollverein, Stückkohle	7754	1,7	3,5	94,8	80,6	5,2	8,3	0,7	28,2	8190
„ Nuß I	7832	1,8	2,8	95,4	81,1	5,3	8,3	0,7	29,8	8221
„ „ II	7863	1,7	2,5	95,8	81,5	5,3	8,4	0,6	29,6	8219
„ „ III	7697	2,9	3,6	93,5	80,0	5,0	7,9	0,6	29,3	8250
„ „ IV	7644	2,6	4,0	93,4	79,8	5,1	7,7	0,8	29,2	8201
„ Flammförderkohle	7194	2,5	8,9	88,6	75,7	4,7	7,4	0,8	27,2	8137
„ Flammfördergrus	7260	1,9	8,6	89,5	76,2	4,8	7,6	0,9	27,2	8124
„ Förderkohle	7600	1,5	5,9	92,6	79,6	4,8	7,3	0,9	26,4	8217
	Saar- und Lothringer Kohlen									
Dudweiler, Stückkohle	7092	3,2	10,0	86,8	74,5	4,4	7,1	0,8	29,3	8193
v. d. Heydt, Nußgrieß	6135	9,7	9,8	80,5	65,5	4,2	9,8	1,0	31,8	7693
Klein Rosseln, gew. Nuß 35/50	7455	2,3	3,5	94,2	77,4	5,3	10,8	0,7	37,3	7928
Merlenbach, Fettnuß 50/80	7326	2,5	4,0	93,5	76,6	5,2	10,9	0,8	34,9	7851
„ „ 35/50	7412	2,3	3,8	93,9	77,4	5,3	10,5	0,7	36,4	7908
„ „ 15/35	7433	2,5	3,1	94,4	77,1	5,4	11,4	0,5	37,7	7890
„ „ 7/15	7231	2,6	5,0	92,4	75,7	5,2	10,5	1,0	35,8	7843
Spittel, Fettnuß 50/80	7443	2,4	3,7	93,9	77,8	5,3	10,1	0,7	34,4	7942
„ „ 35/50	7368	2,0	5,5	92,5	76,6	5,2	9,9	0,8	34,5	7979
„ „ 15/35	7336	1,7	6,5	91,8	76,0	5,3	9,8	0,7	35,4	8002
„ „ 7/15	7250	2,1	6,8	91,1	75,0	5,3	10,2	0,6	34,0	7972
Louisenthal, Förderkohle	5823	3,6	17,0	79,4	62,4	4,1	11,9	1,0	33,6	7359
	Schlesische Kohlen									
Brade, Stückkohle	6189	6,9	7,7	85,4	66,4	4,5	13,9	0,6	33,5	7296
Emanuelsegen, Würfelkohle	6352	7,5	5,8	86,7	68,6	4,5	13,2	0,4	33,7	7378
Gruben, Staubkohle	6375	2,3	16,2	81,5	68,2	4,0	8,3	1,0	24,1	7839
Fürstin Pauline-Schacht	6785	5,0	5,2	89,8	72,9	4,7	11,7	0,5	32,6	7589
Karolinengrube	6574	5,5	6,2	88,3	70,8	4,5	12,6	0,4	31,3	7482
Wolfgang, Stückkohle	7224	3,0	6,0	91,0	76,5	4,5	9,4	0,6	31,0	7958
	Hannoverische und sächsische Kohlen									
Barsinghausen (Deisterkohle)	6093	3,5	19,8	76,7	63,2	4,3	6,8	2,4	28,6	7975
Oberkirchen, Sorte III u. IV	6161	6,6	15,3	78,1	66,4	3,6	6,9	1,2	16,6	7939

Zahlentafel 21 wieder. Danach ist der Hauptverbraucher die Metallindustrie, und an zweiter Stelle steht der Hausbedarf.

Zahlentafel 21.

Verbrauch von im Inland abgesetzten Kohlen, Koks und Briketts des Rheinisch-Westfälischen Kohlensyndikats.

	1911		1912	
	t	%	t	%
Metallhütten aller Art, Eisenhütten, Herstellung von Eisen und Stahl, Frisch- und Streckwerke, Metallverarbeitung, Verarbeitung von Eisen und Stahl und Industrie der Maschinen, Instrumente und Apparate	28249869	41,22	31769517	52,58
Hausbedarf	8789934	12,83	9214753	12,35
Eisenbahn- und Straßenbahn-Bau und -Betrieb	7926096	11,57	8112421	10,87
Gewinnung von Steinkohlen und Koks; Brikettherstellung	4860173	7,09	5220499	7,00
Binnenschiffahrt, See- und Küstenschiffahrt, Hochseefischerei, Hafen- und Lotsendienst, Kriegsmarine	3642954	5,32	4406755	5,91
Industrie der Steine und Erden	3233271	4,72	3267223	4,38
Gasanstalten	2274513	3,32	2481779	3,33
Chemische Industrie	2022015	2,95	2261699	3,03
Webstoffgewerbe, Bekleidungs- und Reinigungsgewerbe	2000325	2,92	2105747	2,82
Elektrische Industrie	1070744	1,56	1176642	1,58
Papierindustrie und polygraphische Gewerbe	901499	1,32	985555	1,32
Industrie der Nahrungs- und Genußmittel	646512	0,94	704682	0,94
Brauereien und Branntweinbrennereien	734690	1,07	689100	0,92
Glasindustrie	521098	0,76	512796	0,70
Rüben- und Kartoffelzuckerverarbeitung und Zuckerraffinerie	375911	0,55	456007	0,61
Salzgewinnung, Salzbergwerke und Salinen	333474	0,49	334860	0,45
Erzgewinnung und Aufbereitung von Erzen aller Art	282285	0,41	306883	0,41
Wasserversorgungsanlagen, Bade- und Waschanstalten	319748	0,47	289875	0,39
Leder-, Gummi- und Guttaperchaindustrie	249456	0,36	226766	0,11
Industrie der Holz- und Schnitzstoffe	91548	0,13	86391	0, 3
	68526115	100,00	74618950	100,00

Für die Verwendung der Steinkohlen ist ihre Aufbewahrung von nicht unerheblicher Wichtigkeit, da die Kohlen beim Lagern in freier Luft an Heizwert einbüßen. Über diese Verhältnisse und die Maßnahmen, die man zur Abhilfe des Übelstandes anwendet, berichten wir an anderer Stelle. Ebenso erheischt die Gefahr der Selbstentzündung Vorsichtsmaßregeln.

b) Braunkohle.

Zweifellos noch größere Abweichungen in ihrer Zusammensetzung als die Steinkohle zeigt die Braunkohle, selbst wenn man von dem wechselnden Feuchtigkeitsgehalt absieht (vgl. Zahlentafel 22). Meist kann man auf die Beschaffenheit schon nach dem Aussehen schließen. Von der vorzüglichsten böhmischen Cannel-Kohle — welche beim Augenschein durchaus als Steinkohle angesprochen werden dürfte[1]) — finden wir alle Abstufungen über Pechkohle, Glanzkohle, bis zur normalen stückigen Braunkohle und weiter bis zu dem noch durchaus die Holzstruktur aufweisenden Lignit einerseits und bis zur erdigen, mulmigen, mitteldeutschen Kohle anderseits, die man auf den ersten Anblick kaum für einen Brennstoff halten wird. Diese Unterschiede sind zweifellos in der Hauptsache auf die Entstehung der Kohle zurückzuführen, indem die kohlebildenden Substanzen außerordentlich verschieden waren. Anderseits haben aber auch die Lagerungsverhältnisse einen großen Einfluß. Da die Braunkohle meist jüngeren Schichten angehört und somit ein geringeres Deckgebirge trägt, war sie Drücken weniger unterworfen. Wo sie starkem Gebirgsdruck ausgesetzt ist, ähnelt sie meist immer mehr der Steinkohle und zeigt auch ein festeres Gefüge (wie die Glanzkohlen der Alpen). Unter dem Druck hat die Kohle Umwandlungen erlitten, die bei mäßiger Erwärmung in sehr langen Zeiträumen vor sich gegangen und durch eine raschere Abspaltung von Sauerstoff und eine lang-

[1]) Zur Unterscheidung von Stein- und Braunkohle gibt Prof. Franz Fischer ein sicheres Mittel an: Braunkohle löst sich in Alkalilösungen unter Braunfärbung und Abgabe von sogenannter Huminsäure, was die Steinkohle nie tut. Ferner kann man in der Braunkohle immer die Methoxylgruppe nachweisen, in der Steinkohle nicht.

samere von Wasserstoff gekennzeichnet sind, wie aus der bereits erwähnten Zahlentafel 3 klar zu ersehen ist. Bei keinem anderen Brennstoff sind die Schwankungen im Atomverhältnis C:H so groß wie bei Braunkohle.

Entsprechend diesen wechselnden Eigenschaften ist auch die Verwendung und Eignung der Braunkohle außerordentlich verschieden. Die minderen Sorten sind besonders angewiesen auf Veredelungsverfahren, worüber später noch gesprochen werden soll, wobei in erster Linie die Herstellung von Naßpreßsteinen und Briketten in Frage kommt. Daneben haben bei der Braunkohle auch die chemischen Veredelungsverfahren eine besondere Bedeutung. Allerdings scheiden die Verkokungsverfahren nahezu vollständig aus. Die Braunkohle gibt bei der Erwärmung meist einen staubförmigen, nur in seltenen Fällen einen gesinterten Koks, der nur in geringem Umfang Anwendung finden kann. Es ist vielleicht nicht ausgeschlossen, daß andere Wege als bei der Steinkohle schließlich auch bei manchen Braunkohlen zu einer wirtschaftlichen Verkokung führen können, da diese Frage besonders für Länder mit Steinkohlenmangel von Bedeutung ist.

Zahlentafel 22.

Zusammensetzung verschiedener Braunkohlen.

Herkunft	Heizwert WE	Zusammensetzung der Rohkohle H_2O %	Asche %	C %	H %	O %	N %	S	Flüchtige Bestandteile %
Mitteldeutsche:									
Halle (Grube v. d. Heydt) .	—	52,68	5,77	29,59	2,35	8,57		1,04	—
Krügershall	3380	39,66	8,51	37,49	3,20	10,10	0,27	0,77	32,27
Senftenberg	3147	41,75	6,65	36,43	2,61	10,88	0,45	1,23	29,64
Thale	2127	52,04	8,61	26,77	1,95	9,32		1,31	20,44
Rheinische	2350	50,30	3,16	31,80	2,16	12,13	0,30	0,15	—
West- und süddeutsche:									
Kassel	4180	34,01	6,23	42,91	4,42	10,92	0,48	0,93	—
Schwandorf	2193	55,01	3,42	28,07	2,03	10,28		1,09	20,94
Schwandorf	2560	47,80	4,05	31,52	2,62	13,22	0,25	0,54	27,80
Schwandorf (Brikette) . . .	4095	14,57	16,52	44,35	3,40	19,43	0,31	1,42	—
Böhmische:									
Hermanngrube b. Arbesan .	3825	27,61	13,41	42,08	3,79	12,56		0,55	30,75
Zentrumschacht, Brüx . . .	4124	33,83	5,16	45,03	3,58	11,79		0,61	31,06
Venus Tiefbau	4892	23,80	3,80	52,40	4,30	15,20		0,50	37,50
„ Tiefbaukohle	4853	23,60	3,00	52,60	4,30	16,00		0,50	36,60
Falkenau, Bogheadkohle . .	6337	9,10	6,26	62,71	6,24	14,50	0,10	1,09	59,62
Neusattl	—	18,25	4,84	55,65	3,36	15,98	0,83	1,09	—
Türmitz b. Aussig	—	24,41	25,28	33,98	3,67	11,65	0,59	0,42	—
Komotau	2720	33,20	19,70	30,84	2,62	10,75	0,58	2,23	26,26
Alpine:									
Seegraben (Steiermark). . .	5720	7,40	7,81	61,55	4,78	17,11	0,90	0,45	—
Fohnsdorf „ . . .	5160	7,02	16,32	55,13	4,19	14,51	0,70	1,83	—
Köflach „ . . .	4560	15,40	10,05	50,80	4,23	19,34		0,18	—
Trifail (Kärnten)	3970	25,20	11,60	43,87	3,39	13,08	0,69	2,17	28,66
Hausham (Oberbayern) . .	—	9,10	22,20	49,90	3,47	11,05	0,78	3,50	—
Oberitalienische:									
Kohle von Foligno.	3240	26,70	10,00	37,60	3,50	21,90		0,30	36,6

Eine Übersicht über die Zusammensetzung der verschiedenen Braunkohlen zeigt Zahlentafel 22. Man ersieht daraus, welche Unterschiede zwischen den hochwertigen, z. B. böhmischen Braunkohlen und den minderwertigen (mitteldeutschen und rheinischen) Braunkohlen bestehen. Ganz abgesehen von dem Umstand, daß eine Verfrachtung einer Rohbraunkohle mit etwa 2500 WE Heizwert im günstigen Fall nur auf einen Umkreis von wenigen Kilometern beschränkt ist, weil sonst die Fracht auf das tote Gewicht der Ladung (Wasserballast) zu hoch wird, verdienen die Veredelungsverfahren bei der Braunkohle auch aus dem Grunde eine besondere Beachtung, weil die Verfeuerung der Rohkohle nur mit einem sehr schlechten Wirkungsgrad möglich ist. Dies ist durch den Umstand bedingt, daß die Förderkohle an sich mehr Grus als Stücke aufweist. Der hohe Feuchtigkeitsgehalt des Brennstoffes bedingt auch einen sehr hohen Feuchtigkeitsgehalt der Abgase; die Abgaseverluste sind sehr hoch, und insbesondere die erreichbaren Flammentemperaturen bleiben erheblich hinter denjenigen zurück, die bei guter Steinkohle erzielt werden. Da die Flammentemperatur für die Größe der Wärmeübertragung ausschlaggebend ist, scheidet Rohbraunkohle bei vielen industriellen Verwendungszwecken vollständig aus. In der Abb. 8 ist der Verlauf der Flammentemperaturen mit steigendem Luftüberschuß bei Rohbraunkohle gegenüber Steinkohle dargestellt, und auch die Flammentemperaturen bei Braunkohlenbriketten berücksichtigt. Man ersieht daraus, daß die Herstellung der Braunkohlenbrikette aus dem minderwertigen Brennstoff einen hochwertigen macht, der den Wettbewerb mit der Steinkohle nach jeder Richtung hin aufnehmen kann.

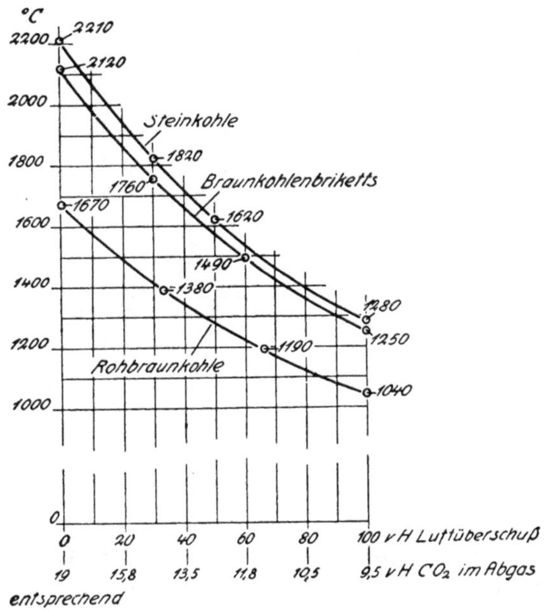

Abb. 8. Flammentemperatur bei verschiedenem Luftüberschuß.

c) Torf.

Nicht ganz so groß, aber immerhin auch bedeutend sind die Abweichungen in der chemischen Zusammensetzung des Torfes, selbst wenn wir gleichfalls von dem Wassergehalt absehen. Dieser spielt jedoch beim Torf eine ganz besondere Rolle. Der Vorgang bei der Bildung des Torfes ist ein chemisch noch nicht völlig aufgeklärter, langsamer Zersetzungsvorgang von Pflanzenresten bei Luftabschluß in Gegenwart von stehendem oder sehr langsam fließendem Wasser, der nur in kühlerem Klima vor sich geht. Die Bildung spielt sich in den meisten Fällen etwa derart ab, daß die Überreste der an den Rändern größerer Gewässer wachsenden und absterbenden Pflanzen zu Boden sinken, der sich dadurch immer mehr und mehr mit torflichen Bestandteilen anreichert. Währt dieser Vorgang lange genug, so „erblindet" das ganze Gewässer, indem es sich nach und nach in ein schwammiges Land verwandelt. Auf diesem Torfboden ist eine eigentliche Vegetation nicht mehr möglich; es siedeln sich die kennzeichnenden Moorpflanzen an (Sphagneen, Torfmoos, Wollgras u. dgl.), welche nach und nach demselben Vertorfungsprozeß unterliegen. An dem Übergang zwischen diesen beiden Schichten kann man häufig auch Baumreste finden, insbesondere von Birke und Kiefer. Man unterscheidet demgemäß bei den Mooren meist folgende Schichten:

1. Niederungsmoor, von Sumpf- und Schilfpflanzen herrührend, meist gut vermodert,
2. Übergangsschicht mit Baumrückständen,
3. Hochmoorschichten, von Sphagneen, Torfmoos u. dgl. herrührend.

Da der Vorgang sich teilweise vor unseren Augen abspielt, so findet man wohl reine Niederungsmoore, aber keine reinen Hochmoore; letztere bauen sich stets auf den gedrückten Schichten der Niederungsmoore auf. Das Studium der Torfbildung an den Mooren hat uns wertvolle Fingerzeige über die Bildung und die chemischen Vorgänge dabei gegeben (vgl. diesbezüglich Bartel „Torfkraft", Springer 1913, und Teichmüller „Elektrotechnik und Moorkultur", erweiterter Sonderabdruck aus E.T.Z., Springer 1912).

Der Vorgang der Torfbildung spielt sich infolge der großen Kapillarität auch über den Wasserspiegel des Moores hinaus ab, und außerdem steigt der Wasserspiegel bei den meist in Mulden auf wasserundurchlässigen Schichten aufgebauten Hochmooren durch das Zurückhalten der Niederschläge immer weiter, so daß die Moore teilweise eine außerordentliche Mächtigkeit erreichen; im Mittel ist sie 2 bis 4 m. Wir finden aber z. B. in Ostpreußen solche bis zu 24 m Mächtigkeit, und auch die irischen Moore sollen gleiche Mächtigkeit aufweisen. Man hat Beobachtungen gemacht, daß die Moore in 30 Jahren etwa $1\frac{1}{2}$ m wachsen. Demnach könnte man die Bildungszeit abbaufähiger Moore mit 50 bis 100 Jahre annehmen.

Die anstehenden Moore haben einen Feuchtigkeitsgehalt von 92 bis 96%; in diesem Zustand ist an eine Gewinnung, selbst auf dem Wege des Baggerns nicht zu denken. Die erste und grundlegende Arbeit bei der Aufschließung der Torfmoore ist daher die Entwässerung; nicht immer ist sie leicht durchzuführen. Bei der Anlage der Entwässerungseinrichtungen, wie sie z. B. für die Hochmoorkultur zwecks landwirtschaftlicher Nutzung notwendig ist, wird man meist auf die spätere Gewinnungsmöglichkeit Rücksicht nehmen. In Abb. 9 ist die Anordnung einer Entwässerungsanlage dargestellt. Nach ein- bis zweijähriger Entwässerung ist der Feuchtigkeitsgehalt des Moores auf 84 bis 90% gesunken. Auch dies scheint noch reichlich hoch, welcher Vorteil für die Gewinnung

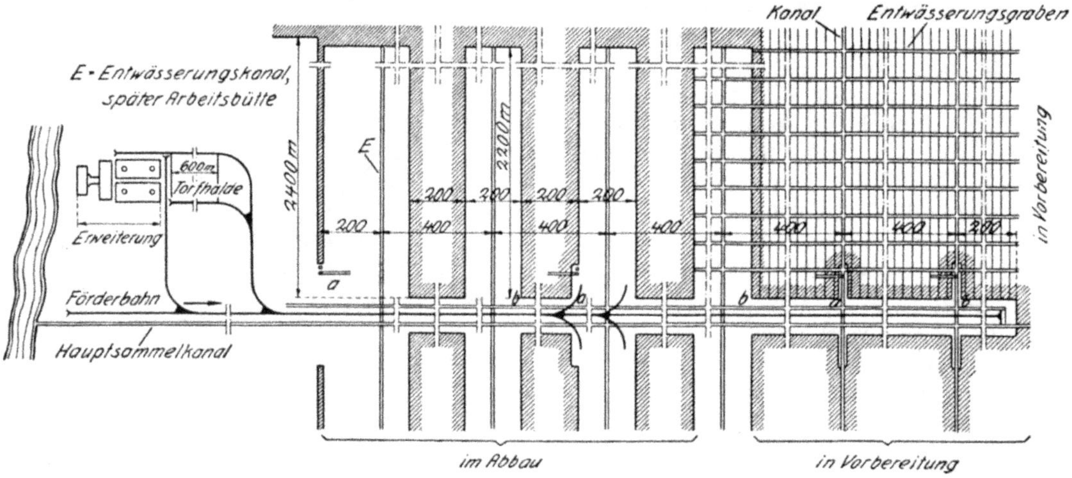

Abb. 9. Entwässerungsanlage für Torf (*a* und *b* = Baggerstand am Anfang und am Ende der Arbeit).

jedoch dadurch erreicht wird, ist aus Abb. 10 zu erkennen. Während im ursprünglichen Zustand eines Moores für je 100 kg Torfsubstanz etwa 2000 kg Wasser mitzufördern wären, vermindert sich diese Menge bei einem entwässerten, abbaureifen Moor auf etwa 600 kg. Bevor diese Trockenheit des Moores erreicht ist, sollte man auch von einer Gewinnung in der Regel absehen.

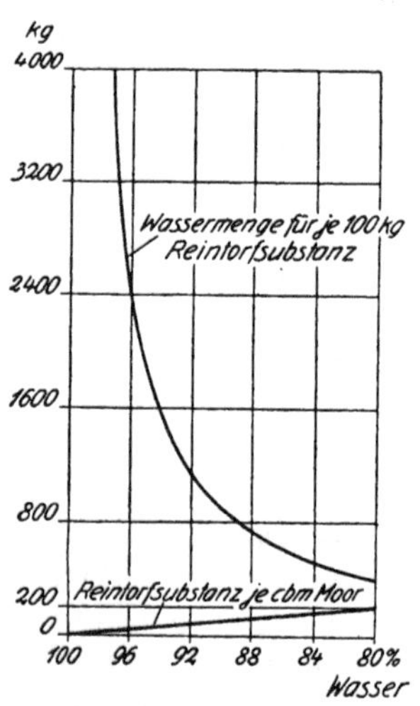

Abb. 10. Fördermengen, abhängig vom Wassergehalt.

Die Gewinnung geschah früher meist von Hand als Stichtorf. Für industrielle Torfgewinnung kommt nur das Baggern in Frage. Die so gewonnene Torfmasse wird im nassen Zustand gut gemengt und gepreßt, und diese „Soden" werden auf dem Torffeld selbst zur Trocknung ausgebreitet. Diese Ausbreitung geschah früher von Hand, doch bedient man sich hierzu heute bereits selbsttätiger Ablegevorrichtungen. Die früher versuchte Ausbreitung des gewonnenen Torfschlammes ohne vorherige Pressung hat sich wenig eingeführt, weil hierfür eine genaue Vorbereitung des Trockenfeldes notwendig ist. Auch sind die Torfverluste hierbei noch größer als wie bei der Trocknung von Soden, wo sie gleichfalls beträchtlich sind, da der Torf schwindet, reißt und teilweise ganz zerbröckelt. Dieser verlorene Torf findet sich zwar auf dem Trockenfeld wieder; es handelt sich also nicht um einen bleibenden Verlust. Der bleibende Verlust erstreckt sich nur auf die für diesen Teil aufgewendete Arbeit, und dieser Gesichtspunkt ist gerade bei der Schätzung von Torfgewinnungskosten sehr oft zum Schaden vernachlässigt worden. Die Trocknung des Sodentorfes an der Luft erfordert nach dem Gesagten erhebliche Kosten, denn das Trockenfeld ist außerordentlich groß. Beim Abbau eines Moores von 3 m Mächtigkeit entfällt für einen 4 m breiten abgebaggerten Streifen ein parallel verlaufender Streifen von mindestens 60 m für die Trocknung. — Nach diesen wenigen Hinweisen dürfte es bereits erklärlicher sein, daß die Torfgewinnung mit erheblich höheren Gestehungspreisen rechnen muß, als bei der Gewinnung von Braunkohle in Frage kommen. Die nicht richtige Einschätzung dieser Verhältnisse hat die Entwicklung der Torfindustrie sehr gehemmt. Bei der Beurteilung aller Torfgewinnungsverfahren müssen diese Momente aufs genaueste berücksichtigt werden[1]).

[1]) Vgl. Teichmüller, „Elektrotechnik und Moorkultur", erweiterter Sonderabzug aus d. E. T. Z. 1912. — Vgl. Trenkler, „Krafterzeugung bei gleichzeitiger Gewinnung der Nebenprodukte", E. T. Z. 1914, Heft 24.

Eine Übersicht über die Zusammensetzung von verschiedenen Torfen gibt Zahlentafel 23, wobei auch zum Vergleich Torfbrikette angeführt sind. Für die Versendung von Torf über die Gewinnungsstätten hinaus gilt das bei der Braunkohle Gesagte. Etwas günstiger liegen die Verhältnisse dort, wo man Torfpulver unmittelbar verfeuern kann. In Schweden hat die Staatsbahn hierüber Versuche an Lokomotiven vorgenommen und damit gute Erfolge erzielt (vgl. S. 302), und auch in Deutschland hat man der Frage Beachtung entgegengebracht. Allerdings haben sich bei der Vermahlung Schwierigkeiten ergeben. Dem Verbrauch des Torfes in Hausbrandöfen sind durch eine Abänderung der Feuerungen neuerdings wieder mehr Aussichten eröffnet worden.

Zahlentafel 23.

Zusammensetzung von Rohtorf, Sodentorf und Torfbriketten.

Herkunft	Heizwert WE	Zusammensetzung der Rohsubstanz							flücht. Bestandteile %
		H_2O %	Asche %	C %	H %	O %	N %	S %	
Baggertorf ursprünglich, v. Hardt . .	—	80,80	9,49	5,67	0,58	2,97	0,28	0,21	6,10
lufttrockener Torf:									
Handstich v. Regensburg	3440	17,90	21,75	38,50	3,56	17,13	0,30	0,86	37,50
„ v. Buchscheiden . . .	3750	17,50	5,72	43,70	4,34	26,64	1,10	0,10	—
Sodentorf v. Oberbayern	3820	21,30	18,96	38,10	3,38	17,24	0,28	0,74	36,00
„ v. Schwege	2790	48,50	1,21	30,59	3,79	15,08	0,80	0,03	33,14
„ v. Admont.	—	40,50	0,40	32,30	4,00	22,01	0,70	0,09	—
„ v. Primkenau	—	34,80	11,37	—	—	—	2,23	—	—
Torfbrikett v. Schwenzler Moor O.-P.	—	9,40	6,12	48,84	4,11	29,03	1,81	0,09	—
„ aus jungem Torf	—	6,02	4,47	51,32	5,30	31,20	1,08	0,71	—
Trockentorfanalysen nach Bartel[1]:									
Torf aus Schleswig-Holstein . . .	5058	—	2,83	56,07	4,96	34,62	1,25	0,27	—
„ vom Wiesmoor b. Aurich . .	5050	—	2,74	56,78	5,39	33,63	1,22	0,24	—
„ „ „ „ „ . .	5048	—	2,73	54,31	5,48	36,37	0,86	0,25	—
„ „ Schwenzler Moor O.-P..	4593	—	11,80	53,01	4,26	28,62	1,99	0,32	—
„ „ Liegnitz	4673	—	6,45	50,65	4,15	35,14	2,83	0,78	—
„ „ Oldenburg	4518	—	8,05	50,59	4,71	34,75	1,01	0,29	—

[1] Bartel, Torfkraft, Verlag von Julius Springer, Berlin.

Nur kurz wollen wir an dieser Stelle die Torfbrikettierung erwähnen, da über sie an anderer Stelle gesprochen werden soll[1]). Über die umfangreichen Versuche für eine gesteigerte Ausnutzung des Torfes und ihre bisherigen Erfolge wird ebenfalls weiter unten näher berichtet[2]).

6. Destillationsrückstände.

Mit dem Steinkohlenkoks, den wir aus den Kokereien der Kohlenzechen und Eisenhüttenwerke sowie aus den Leuchtgasanstalten erhalten, werden wir uns in dieser Arbeit ganz besonders zu befassen haben, da seine Herstellungsverfahren mit die sicherste und an Erfolg reichste Grundlage für die wirtschaftliche Verwertung unserer Kohlen bilden. Wir werden dabei feststellen, daß die hohe Wichtigkeit dieser Frage gerade in dem Lande der größten Steinkohlengewinnung, nämlich in den Vereinigten Staaten von Amerika, noch lange nicht genügend gewürdigt wird. Wie in vielen ähnlichen Fällen, steht in der zielbewußten, mit allen Mitteln der Wissenschaft und Technik verfolgten Durchführung des Kokereibetriebes Deutschland an erster Stelle. Die Zahlentafel 24 gibt uns ein Bild von der Kokserzeugung der hauptsächlichsten Länder. Es sei hier bemerkt, daß Deutschland rd. 80% seiner Koksmenge in einer wirtschaftlich völlig einwandfreien Weise herstellt, England nur 60, Amerika sogar nur 26%. Große Mengen wertvoller Stoffe gehen in diesen beiden Ländern beim Destillieren der Kohlen noch verloren. Amerika hat jedoch in den letzten Jahren große Fortschritte in dieser Hinsicht gemacht.

[1]) Siehe S. 100.
[2]) Siehe S. 100.

Zahlentafel 24.

Kokserzeugung der Welt in 1000 t.

Länder	1900	1905	1910	1912	1913	1915	1916	1917	1918
Vereinigte Staaten Amerikas	18 628	29 240	37 537	39 586	41 680	37 100	48 650	49 600[1]	50 400
Deutschland	—	16 491	25 706	31 217[2]	32 168	27 217	33 023	33 639	33 411
Großbritannien	—	18 327	19 642	18 643[3]	20 858	20 380	21 731	21 995	21 403[6]
Rußland	2 244	2 301	2 748	3 816	—	—	—	—	—
Belgien	2 435	2 239	3 111	3 187	3 450	484	792	676	522
Frankreich	2 289	2 268	2 688	3 049	3 060	—	—	—	314
Österreich-Ungarn	1 241	1 469	1 999	2 458	2 744	2 003	2 735	—	2 456
Spanien	—	—	—	489	595	623	759	542	630
Kanada	—	—	—	1 276	1 376	1 089	1 314	1 118	1 120
Britisch Indien	—	—	—	—	—	—	526	422	433
Australien	—	—	—	245	303	424	444	—	310
Süd-Afrika[4]	—	—	—	—	—	7	11	—	20
Welt[5]	—	76 000	96 506	107 000	113 000	—	—	—	—

[1] davon Gaskoks 22600. [2] hierzu aus Gasanstalten (Wirtsch. Vereinigung deutscher Gaswerke) 2 140.
[3] davon in Gasanstalten 7 752. [4] Z. f. a. Ch., 3. 5. 18. [5] geschätzt. [6] davon in Gasanstalten 7 945.

Während 1913 von den drei kohlefördernden Hauptländern Amerika, Groß-Britannien und Deutschland etwa 83 % der Gesamterzeugung gedeckt wurden, hat sich diese Zahl unter dem Einfluß des Krieges auf etwa 93 % 1918 verschoben. Wenn auch mit einem Wiederaufleben der Kokserzeugung in Belgien, Frankreich und Rußland nach einigen Jahren gerechnet werden kann, so bleibt doch die außerordentliche Entwicklung der Vereinigten Staaten im Vorsprung. Amerika dürfte sogar wegen der Gewinnung von Nebenerzeugnissen hinsichtlich der Wirtschaftlichkeit selbst Groß-Britannien überflügelt haben. Gerade die Gewinnung eines hochwertigen Kokses bei gleichzeitig bester Ausnutzung der Gase (durch Fernleitung) wird in Amerika in Zukunft erhöhte Bedeutung erlangen.

Die Zahlentafel gibt zugleich an, in welchem Maße die Gasanstalten an der Gesamterzeugung des Kokses beteiligt sind. Im übrigen sei in bezug auf die Verfahren zur Gewinnung des Kokses auf die betreffenden Stellen dieses Buches verwiesen[1]).

Wie bereits bemerkt, stammt unser Steinkohlenkoks teils aus den Gasanstalten, teils aus den Zechen- und Hüttenkokereien. Während sich in England die Herstellung beider Koksarten die Wage hält, überwiegt in Deutschland die Gewinnung von Hütten- und Zechenkoks. Bei uns wird der größere Teil dieses Kokses (gegen 20 Mill./t) zur Verhüttung der Erze in den Hochöfen verbraucht.

Bei der Leuchtgasherstellung in den Gasanstalten schont man die gebundene Kohlensubstanz durch Verwendung verhältnismäßig niedriger Temperaturen und erhält infolgedessen einen größeren Teil des Kohlenstoffes in gebundener Form als Teer, Kohlenwasserstoff usw. In den Kokereien dagegen wird durch scharfe Hitze möglichst viel gebundene Kohlensubstanz zerstört und dadurch die Ausscheidung von freiem Kohlenstoff erhöht. Die Festigkeit des Zechenkokses (Schmelzkoks) ist ferner größer als die des Gaskokses, während der Aschengehalt — gleichen Rohstoff vorausgesetzt — im umgekehrten Verhältnis der Koksausbeute steht, d. h. beim Zechenkoks kleiner ist. Für gleichen Rauminhalt ergibt sich weiter ein größeres Gewicht und dabei eine geringere Aufnahmefähigkeit an Wasser für den Zechenkoks. Die Wasseraufnahme beträgt nach Versuchen mit gesiebtem (sortiertem) englischen Gaskoks und gutem deutschem Zechenkoks 8 und 5%. Bei minderwertigem (ungesiebtem) Gaskoks anderer Herkunft wurden 21,7% Wasser festgestellt. Der Wassergehalt verringert aber den Heizwert und wirkt beim Verfeuern des Kokses auch abkühlend auf die Dampfkesselwand. Man nimmt für je 1% Wassergehalt mehr auch rd. 1% Heizwertverminderung an. Während man, um den schädigenden Einfluß des Wassergewichtes beim Einkauf auszuschalten, den Gaskoks vielfach nach Raummaß kauft, ist es beim Einkauf des Zechenkokses erforderlich, sich durch Probenahme von der Einhaltung der Lieferungsbedingungen zu überzeugen. Einige Winke für die Beurteilung des Kokses nach dem Aussehen der Bruchfläche und anderen Anhaltpunkten, wie Form, Klang beim Auffallen usw. gibt A. Thau in Glückauf 1907, S. 277 (vgl. S. 407).

Die geringe Widerstandsfähigkeit des Gaskokses macht ihn für die Beförderung mit Umladen weniger geeignet, da er dabei zerbröckelt und sich leicht zerreibt, so daß größere Verluste durch

[1]) S. 120 bis 159.

brennbare Teile im Aschenfall auftreten. Auch verschlacken die feinen, beim Beschicken der Feuerung hindurchfallenden Teile den Rost leicht. Während die Unterschiede bei der Bewertung der beiden Koksarten bisher von Wichtigkeit waren, beginnen sie neuerdings an Bedeutung abzunehmen, da zur Herstellung des Kokses auf Gasanstalten und Kokereien mehr und mehr dieselben Einrichtungen benutzt werden. Der Koks führt so, wie er aus dem Koksofen oder aus der Retorte der Gasanstalt fällt, den Namen „Grobkoks". Wird er durch Schüttel- und Trommelsiebe auf Faustgröße sortiert, so spricht man von „sortiertem Koks", der nun ein- oder zweimal gebrochen und aussortiert werden kann, so daß er eine Korngröße von 5 bis 8 cm, 3 bis 5 cm und endlich 1 bis 3 cm (Perlkoks) hat. Der Rest wird fälschlich als Koksasche bezeichnet. Diese Bezeichnungen gelten für Zechen- und Gaskoks in gleicher Weise. Der Gaskoks wird häufig „gegabelt", d. h. er entspricht in diesem Zustande dem „sortierten Koks".

Der Heizwert des Kokses ist in der Regel geringer als der des Rohstoffes, Zahlentafel 25. Der Fehlbetrag schwankt nach Ferd. Fischer nach der Kohlenart; er beträgt bei Koks aus Ruhrmagerkohle 6,5%, bei Ruhrfettkohle 5,4%, bei Gasflammkohle 3%.

Zahlentafel 25.

Heizwert von Kohle und Koks.

	Ruhrmager-kohle	Ruhrfettkohle	Ruhrgas-flammkohle
Heizwert der Kohle WE	7917	8198	7434
„ des Kokses „	7398	7753	7207

Hat die Kohle, aus der der Koks gewonnen wurde, 8% Asche, so enthält der Zechenkoks bei einer Ausbeute von 80% schon 10% Asche. Da bei der Leuchtgasbereitung in der Regel billige, stückarme Förderkohle verwandt wird, so kann der Aschengehalt beim Gaskoks noch höher ausfallen, weil Förderkohlen an sich mehr Verunreinigungen aufweisen als gewaschene Nußkohlen, deren man sich in den Kokereien bedient. So gibt Stack[1]) den Aschengehalt des Gaskokses bis zu 18,3, den des Hüttenkokses zu 11,5% an. Eine Übersicht über eine Anzahl Kokssorten gibt Zahlentafel 26. Außer für die Hochöfen haben die besten Koksarten als „Gießereikoks" hohe Wichtigkeit für das Umschmelzen des Roheisens in unserer Gießereiindustrie. Hervorragend ist die Bedeutung des Kokses für die Zentralheizungen der Wohnungen mit ihrem großen Bedarf an einem gasarmen, für Dauerbrand geeigneten Brennstoff. Hier liegen Schmelz- und Gaskoks miteinander in Wettbewerb. Weiter ist der Koks überall in industriellen und gewerblichen Feuerungsanlagen am Platz, wo es auf die Reinheit des Brennstoffes ankommt. (Vgl. Fünftes Kapitel, Abschnitt V über Koksverwendung.)

Neben dem Steinkohlenkoks spielen die Verkokungsstoffe anderer Brennstoffe nur eine verschwindende Rolle.

Aus der Braunkohle kann ein brauchbarer Koks nicht ohne weiteres gewonnen werden, da sie kaum sintert und beim Erwärmen einen pulverförmigen Rückstand gibt. Trotzdem wird ein erheblicher Teil der sehr teerhaltigen mitteldeutschen Rohbraunkohle, insbesondere die hellen oberen bitumenreichen Schichten (Pyropissit) verkokt, um den hochwertigen Teer zu gewinnen. Man bezeichnete dieses Verfahren früher als Schwelerei, welcher Name jedoch nach dem heutigen Sprachgebrauch nicht mehr ganz richtig sein dürfte. Man bezeichnet zwar als Schwelen ein Verfahren, welches sich in erster Linie auf die Gewinnung eines hochwertigen Teeres richtet, ist jedoch geneigt, auf Grund der heutigen Kenntnis auf diesem Gebiet hierfür eine Grenztemperatur von etwa 500° einzuführen. Wird diese Temperatur überschritten, so muß man den Vorgang in gleicher Weise wie bei der Steinkohle als einen Verkokungsvorgang bezeichnen. Bei der mitteldeutschen Schwelerei alter Art benutzt man stehende Öfen, ähnlich den Retorten der Gaswerke, mit Befeuerung von außen durch die Chamottewand hindurch. Die Kohle liegt in dünner Schicht zwischen der äußeren Wand und einem Zylinder, welcher mit Durchlässen versehen ist und bei manchen Ofenbauarten drehbar gemacht wird, damit die Destillationsprodukte aus den einzelnen Schichten schnell abgeleitet werden können. Die Temperatur des Zylinders wird an der tiefsten Stelle bis auf etwa 900° gebracht. Außer dem hochwertigen, stark paraffinhaltigen Teer und einem Schwelwasser, welches geringe Mengen Ammoniak enthält, gewinnt man einen Koks, welcher Grude genannt wird,

[1]) Z. d. V. d. I. 1905, Heft 36, S. 1477.

Zahlentafel 26.

Koks.

Bezeichnung	Zusammensetzung der lufttrockenen Kohle: Kohlenstoff %	Wasserstoff %	Sauerstoff + Stickstoff %	Schwefel %	Wasser %	Asche %	Brennbare Substanz %	Heizwert nach Dulong WE	Kalorimetrisch ermittelter Heizwert WE	Zusammensetzung der wasser- und aschefreien Substanz: Kohlenstoff %	Wasserstoff %	Sauerstoff + Stickstoff %	Schwefel %	Verbrennungswärme von 100 Teilen brennbarer Substanz nach der kalorimetrischen Bestimmung in WE
Zechenkoks.	**Großh. Bad. Chem. Techn. Prüfungs- und Versuchs-Anstalt.**													
Augusta Viktoria	88,79	0,81	1,47	1,25	0,25	7,45	92,30	7402	7404	96,18	0,88	1,59	1,35	8024
vom Strebelwerk	88,76	0,22	1,44	0,64	0,33	8,61	91,06	7216	7235	97,48	0,24	1,58	0,70	7948
" "	88,92	0,32	2,07	0,24	0,25	8,20	91,55	7224	7258	97,13	0,35	2,26	0,26	7930
" "	89,04	0,36	2,12	0,19	0,25	8,04	91,71	7244	7271	97,09	0,39	2,31	0,21	7930
Zeche Zollverein	88,95	0,44	1,81	0,48	0,45	7,87	91,68	7276	7278	97,02	0,48	1,98	0,52	7942
aus Oberschlesien	92,08	0,34	0,80	0,66	0,05	6,07	93,88	7545	7518	98,09	0,36	0,85	0,70	8008
Zeche Melchiorgrube, Niederschlesien	88,16	0,44	0,63	0,60	0,43	9,74	89,83	7257	7230	98,14	0,49	0,70	0,67	8051
aus Wetzlar	87,96	0,34	1,40	10,3	0,50	8,77	90,73	7194	7165	96,95	0,38	1,53	1,14	7901
" Karlingen	87,76	0,42	0,84	0,81	0,66	9,51	89,83	7214	7179	97,70	0,46	0,93	0,91	7997
Zeche Lothringen	86,88	0,65	1,70	0,95	0,91	8,91	90,18	7182	7198	96,35	0,72	1,88	1,05	7989
Zechenkoks	88,82	0,57	1,98	0,55	0,95	7,13	91,93	7295	7293	96,63	0,62	2,15	0,60	7941
aus Schlesien	86,11	0,57	2,00	0,32	2,00	8,90	89,10	7093	7068	96,65	0,75	2,24	0,36	7946
" "	85,81	0,69	2,34	0,53	1,95	8,68	89,37	7068	7071	96,02	0,77	2,62	0,59	7926
von Waldenburg	89,48	0,43	1,00	0,76	0,13	8,20	91,67	7356	7326	97,61	0,47	1,09	0,83	7993
" Konstantin der Große	88,31	0,70	1,54	0,66	0,76	8,03	91,21	7313	7274	96,82	0,77	1,69	0,72	7981
vom Strebelwerk	87,46	0,56	2,13	0,50	0,93	8,42	90,65	7174	7200	96,49	0,62	2,35	0,54	7948
aus Wetzlar, Buderuswerk	87,33	0,69	1,85	0,72	1,55	7,86	90,59	7216	7198	96,40	0,76	2,04	0,80	7956
Mittelwerte:	88,39	0,51	1,59	0,64	0,73	8,26	91,02	7298	7245	96,98	0,56	1,75	0,70	7965
Gaskoks.														
Aus engl. Kohle, Pelaw Main	85,58	0,72	1,72	0,37	0,24	11,37	88,39	7085	7124	96,83	0,81	1,94	0,42	8063
" Saarkohle Altenwald	87,83	0,90	2,17	0,64	1,46	7,00	91,54	7305	7306	95,95	0,98	2,37	0,70	7991
von Barmen	82,94	0,74	2,52	0,35	1,31	12,14	86,55	6844	6870	95,83	0,85	2,91	0,41	7947
" Schlettstadt	86,42	0,77	2,43	1,09	1,30	7,99	90,71	7157	7201	95,27	0,85	2,68	1,20	7948
aus Radbod-Kohle, Wiesbaden	84,74	0,61	2,33	0,50	1,32	10,50	88,18	6962	6975	96,10	0,69	2,64	0,57	7919
" De Wendel-Kohle "	88,00	0,42	2,00	0,46	0,17	8,95	90,88	7188	7181	96,83	0,46	2,21	0,50	7904
" engl. Kohlen, Heidelberg	88,88	0,49	1,50	0,43	0,75	7,95	91,30	7296	7363	97,94	0,54	1,64	0,48	8068
" Saarkohlen	91,51	0,43	1,31	0,43	0,70	5,62	93,68	7501	7526	97,60	0,50	1,40	0,50	8038
von Reichenbach i. V.	86,68	0,51	1,61	0,65	1,30	9,25	89,45	7119	7078	96,91	0,57	1,80	0,72	7922
" Mülhausen	87,95	0,71	1,63	0,48	2,25	6,98	90,77	7270	7291	96,96	0,78	1,79	0,53	8048
" Karlsruhe	89,56	0,80	1,41	0,46	1,88	5,89	92,23	7434	7374	97,11	0,87	1,52	0,50	8007
" Osnabrück	86,05	0,48	1,44	0,91	0,53	10,59	88,88	7077	7072	96,82	0,54	1,62	1,02	7961
" "	86,93	0,51	1,93	0,85	0,09	9,69	90,22	7140	7116	96,36	0,56	2,14	0,94	7943
" Bremen	85,99	0,57	2,19	0,93	1,32	9,00	89,68	7067	7091	95,89	0,64	2,44	1,03	7934
" "	86,73	0,44	2,21	0,35	0,52	9,75	89,73	7078	7117	96,66	0,99	2,46	0,39	7933
" Stendal	84,54	0,55	0,87	1,20	0,35	12,49	87,16	7003	6960	97,00	0,63	1,00	1,37	7989
" Oppeln (Porembaschacht)	85,37	0,63	1,40	0,65	0,78	11,17	88,05	7059	7048	96,96	0,71	1,59	0,74	8011
" " (Delbrückschacht)	87,37	0,86	1,60	0,65	1,78	7,74	90,48	7273	7243	96,57	0,95	1,77	0,71	8018
" Metz	88,73	0,64	2,02	0,60	0,91	7,10	91,99	7309	7316	96,46	0,69	2,20	0,65	7959
Mittelwerte:	86,94	0,62	1,80	0,63	1,00	9,01	89,99	7219	7171	96,63	0,72	2,01	0,70	7979
Verschiedene Kokssorten.	**Therm. Prüfungs- und Versuchs-Anstalt Dr. Aufhäuser, Hamburg.**													
Deutscher Zechenkoks	87,0	0,8	1,2	0,8	0,8	9,4	89,8	—	7187	96,9	0,9	1,3	0,9	8009
" "	88,3	0,4	0,9	0,9	0,0	9,5	90,5	—	7145	97,6	0,4	1,0	1,0	7895
" "	85,7	0,5	1,1	0,8	0,3	11,6	88,1	—	7105	97,3	0,6	1,2	0,9	8067
Gaskoks aus engl. Kohlen	83,4	1,3	2,3	1,0	2,6	9,4	88,0	—	6990	94,8	1,5	2,6	1,1	7961
" " " "	84,3	0,5	1,3	0,3	5,4	8,2	86,4	—	6893	97,6	0,6	1,5	0,3	8016
deutscher Zechenkoks	84,7	0,4	1,3	0,7	3,9	9,0	87,1	—	6841	97,2	0,5	1,5	0,8	7881
" "	81,4	1,0	2,4	0,6	6,3	8,3	85,4	—	6807	95,3	1,2	2,8	0,7	8015
" "	82,3	0,9	2,0	0,3	1,3	13,2	85,5	—	6777	96,2	1,1	2,3	0,3	7935
städt. Gaskoks Berlin	76,2	1,3	1,9	0,6	3,9	16,1	80,0	—	6396	95,3	1,6	2,4	0,7	8024
deutscher Zechenkoks	78,1	0,4	1,6	0,7	8,4	10,8	80,8	—	6388	96,7	0,5	2,0	0,8	7968
Gaskoks aus engl. Kohlen	76,4	0,7	1,2	0,4	7,4	13,9	78,7	—	6348	97,1	0,9	1,5	0,5	8122
" " " "	77,8	0,6	1,0	0,2	8,9	11,5	79,6	—	6334	97,7	0,8	1,2	0,3	8024

und welcher früher meist als ein unerwünschter Nebenstoff angesehen wurde. Man stürzte ihn auf die Halden; auch dient er in der Hauptsache zur Befeuerung der Schwelapparate. Er ist von körniger Beschaffenheit und enthält je nach dem Aschengehalt der Ausgangskohle 15 bis 25% Asche bei etwa 20% Feuchtigkeit. Sein Heizwert schwankt zwischen 6000 und 7000 WE, weshalb er immer mehr auch für häusliche Zwecke zur Anwendung kommt. Allerdings sind hierfür Sonderbauarten von Öfen notwendig, aber infolge seiner Eigenschaft, sehr langsam zu verbrennen und ein gleichmäßiges Feuer zu geben, verwendet man ihn besonders gern zu Kochherden.

Die Vorschläge, den Grudekoks zu Briketten zu verarbeiten oder ihn bei der Herstellung von Braunkohlenbriketten beizumengen, sind bisher nicht zur Ausführung gekommen, da man für die geringen Mengen Grude stets Absatz gefunden hat. Würde die Teergewinnung aus der mitteldeutschen Rohbraunkohle in Zukunft größere Anwendung finden, so erscheinen diese Vorschläge sehr beachtenswert, da insbesondere eine Beimischung bei der Herstellung von Briketten geeignet ist, den Heizwert letzterer zu erhöhen, und weil kein zusätzliches Bindemittel erforderlich ist, was anderseits bei der Herstellung von Koksbriketten notwendig wäre.

Die Ausbeute an Koks ist bei dieser Verkokung von Rohbraunkohle sehr gering. Sie beträgt 25 bis 35%, während 5 bis 10% Teer gewonnen werden; infolgedessen spielt der Teer eben die ausschlaggebende Rolle hierbei[1]).

Die Grudekoksherstellung Deutschlands betrug 1909 422000 t aus 1480000 t Rohbraunkohle in 32 Schwelereien. Für 1912 siehe folgende Zahlentafel 27:

Zahlentafel 27.

Erzeugnisse der Deutschen Braunkohlen-, Schiefer- und Torfschwelereien i. J. 1912.

Bundesstaat	Anzahl der Betriebe	verschwelte Braunkohle, Schiefer und Torf in t	Wert 1000 M	Teer		Koks		Nebenprodukte	
				t	1000 M	t	1000 M	t	1000 M
Preußen (Provinz Sachsen).	27	1 237 199	3458	65 657	3502	418 688	4598	2281	430
Hessen, Oldenburg, Anhalt.	3	209 768	592	14 162	740	12 997	230		
Deutsches Reich	30	1 446 967	4050	79 819	4242	431 630	4828	2281	430

Auch bei böhmischer Braunkohle hat man die Verkokung versucht, und es ist naheliegend, daß sie auch unter Anwendung anderer Mittel durchführbar sein dürfte. (Vgl. diesbezüglich die Ausführungen über die Backfähigkeit der Steinkohle S. 23.)

So setzte man mit großen Hoffnungen um die Jahrhundertswende in Böhmen zwei verschiedene Anlagen in Betrieb, welche nach dem Kaumazitverfahren arbeiten sollten; sie bewährten sich aber nicht, und erst nach langjährigen Versuchen gelang es, wenigstens die eine Anlage als lebensfähig zu erhalten, welche auch noch heute im Betrieb steht. Der Kaumazit ist sehr ähnlich der mitteldeutschen Grude, er ist körnig, zeigt aber etwas mehr koksartiges Aussehen als ersterer. Die Hauptmenge des anfallenden Kaumazits ist jedoch staubförmig und wird daher durch Brikettieren in eine verwendungsfähige Form übergeführt. Anderseits ist er in der chemischen Industrie vielfach angewendet.

Die Verkokung von Torf ist ungefähr an dieselben Schwierigkeiten gebunden, wie diejenige der Braunkohle, insofern die Ausbeuten sehr niedrig sind. Dagegen ist es auffallend, daß der Koks etwas stückiger anfällt und besonders hart und klingend ist. Daher eignet er sich für viele Verwendungszwecke, wo Braunkohlenkoks ausscheidet, und verdient erhebliche Beachtung, da der erzeugte Torfkoks ziemlich aschenarm (weil der meiste Torf sehr aschenarm ist) und vor allen Dingen sehr schwefelarm ist. Bei der Verarbeitung eines Torfes mit 30% Feuchtigkeit wird eine Koksausbeute von etwa 31% gewonnen (d. i. 41% für den wasserfreien Torf). Das bei dieser Destillation gewonnene Gas reicht für die Beheizung der Retorten aus. Überschüsse sind kaum zu erwarten. Die Ausbeuten an Nebenstoffen, wie Teer (3 bis 5%), Kreosotöl und Paraffin und an Ammoniak sind jedoch sehr gering. Für die torfreichen Länder, die durchweg verhältnismäßig arm an Kohlen sind, kann in Zukunft die Torfkokserzeugung von Wichtigkeit werden, da er sich insbesondere zu Schmiedezwecken u. dgl. außerordentlich gut eignet[2]).

[1]) Vgl. zu diesem Teil: W. Scheithauer, „Die Schwelteere“, Spamer 1911. — Dr. Graefe, „Die Braunkohlenteerindustrie“, Knapp 1906.

[2]) Vgl. hierzu Wihtol, „Über Torfverkokung“, Feuerungstechnik, Jahrg. I, S. 409.

In früheren Jahrzehnten und in holzreichen Ländern spielte auch die Holzkohle (besser wäre es, Holzkoks zu sagen) eine wesentliche Rolle, weil dieses Verkokungsprodukt ebenso wie bei Braunkohle und Torf einen wesentlich höheren Heizwert aufweist als der Ausgangsstoff, so daß wir hier im besten Sinne einen wärmetechnischen Veredelungsvorgang vor uns haben. Außerdem zeichnet sich der Holzkoks durch große Reinheit aus und wird daher auch heute noch im beschränkten Umfange zur Erzeugung besonders hochwertigen Roheisens (anstatt mit Koks) gebraucht, so wie er auch vornehmlich als Kohlenstoffträger in chemischen und metallurgischen Prozessen dient. Nach und nach tritt er in der Verwendung immer mehr zurück, daher ist z. B. die Holzkohlen-Roheisenherstellung nur mehr in Rußland und in verschwindender Menge in Schweden und den Alpenländern angewandt.

Die Ausbeute an Koks ist auch bei diesem Ausgangsstoff sehr gering; sie beträgt etwa 33 bis 45% bei der Anwendung eines sehr gut trockenen Holzes. Nebenprodukte werden in der Regel nicht gewonnen, da die Verkokung in aufgeschichteten Meilern vorgenommen wird. Es sind zwar auch Vorschläge gemacht worden, die Verkokung in Retortenöfen durchzuführen; dabei würde es möglich sein, außer einer erheblichen Menge (12%) Teer auch Essigsäure und Methylalkohol zu gewinnen. Diese Verfahren sind jedoch im großen Maßstab nicht angewendet worden, und zwar augenscheinlich aus dem Grunde, weil die Koksausbeute wesentlich geringer wird, wenn man auf die Gewinnung der Nebenprodukte und die restlose Erfassung des Gases Wert legt (vgl. Bertelsmann, Chem. Ztg. 1919, S. 641).

Erwähnt mag hier noch die Lederkohle (auch hier besser Lederkoks zu sagen) werden. Leder verhält sich bei der Verkokung anders, wie die vorgenannten Stoffe. Es bläht außerordentlich stark, der Koks erscheint vollkommen geschmolzen, daher hat der Rückstand eine sehr geringe Festigkeit. Wegen seiner außerordentlichen Reinheit wird er zur Herstellung von Schwarzfarben allgemein verwendet, gleichzeitig auch teilweise zu chemischen Zwecken. Hier mag erwähnt werden, daß man auch versucht hat, die Braunkohlengrude zur Farbenfabrikation (Frankfurter Schwarz) heranzuziehen. Diese Anwendung scheint jedoch durch die Lederkohle mehr und mehr verdrängt worden zu sein.

Die Lederverkokung wird meist ziemlich ursprünglich in einfachen Retorten mit Abfalleder durchgeführt; sie verdiente aber trotz ihres geringen Umfanges ein erhöhtes Augenmerk, da das Leder außerordentlich stark stickstoffreich ist und daher bei der Verkokung neben Teer ganz besonders lohnende Mengen von Ammonsulfat gewonnen werden könnten. Der Durchschnitt des Leders enthält 6 bis 8% N, es sind jedoch auch Sorten bekannt, welche 13 bis 15% N aufweisen.

Die Zusammensetzung der Destillationsrückstände minderer Brennstoffe ist ungefähr aus Zahlentafel 28 zu ersehen.

Zahlentafel 28.

Zusammensetzung verschiedener Verkokungsprodukte.

	Asche	Zusammensetzung der Reinsubstanz			
		C	H	O + N	S
	%	%	%	%	%
Braunkohlen-Grude . . .	14—22	91,9	2,3	2,7	3,1
Kaumazit v. Nordböhmen	10—15	94,1	0,65	4,1	1,15
Torfkoks	3—6	90,6	2,1	7,0	0,3
Holzkoks (Holzkohle) . .	1—2	84,0	2,7	13,3	—
Steinkohlenkoks im Mittel	8—12	96,8	0,63	1,87	0,70

Als Halbkoks bezeichnet man diejenigen Destillationsprodukte, die bei Behandlung der Brennstoffe bei niederer Temperatur gewonnen werden, einem Verfahren, welches man jetzt allgemein als Schwelerei bezeichnet. Schon aus der Wahl dieses Namens geht hervor, daß bei dieser Destillation die Erzeugung des Teeres eine ausschlaggebende Rolle spielt. Dieses Anwendungsgebiet ist verhältnismäßig sehr jung; daher stehen bezüglich des Halbkoks erst wenig Erfahrungen zur Verfügung. Die Herstellung wurde zuerst in England (unter dem Namen Vakuumdestillation) in die Praxis eingeführt, und zwar unter dem Gesichtspunkt, einen rauchfreien Brennstoff zu erzielen. Wenn man nämlich die Brennstoffe einer schonenden Destillation bis zu einer Grenztemperatur bis zu 500° unterwirft, so wird das Bitumen der Brennstoffe in Form eines hochwertigen Teeres gewonnen (vgl. Börnstein „Über die Zersetzung fester Brennstoffe bei langsam gesteigerter Temperatur“ J. f. G. 1906, S. 652f.). Die Gasabgabe ist jedoch wesentlich geringer als bei der Verkokung, und es lag daher nahe, auf diesem Weg einen veredelten Brennstoff zu gewinnen, der infolge seines Mangels an schweren Kohlenwasserstoffen rauch- und rußfrei verbrennt, trotzdem aber leichter entzündlich ist als Koks und daher eine allgemeine Verwendung für Hausbrandzwecke finden könnte. Die praktische Anwendung dieser Verfahren hat jedoch gezeigt, daß diese Erwartungen nicht ganz erfüllt werden konnten, weil der erzeugte Halbkoks sehr brüchig anfällt (vgl. Thau, Glückauf 1914, S. 834). Nach dem heutigen Stande aller hier in Betracht kommenden Verfahren kann man schließen, daß die Erzeugung eines guten Halbkokses bei backenden Kohlen möglich sein wird, denn bei diesem Brennstoff hat der Halbkoks eine genügende Festigkeit. Bisher wurde die Herstellung fast durchaus in stehenden Retorten durchgeführt. Man würde zweifellos bei der Anwendung sich drehender, wagerechter Öfen einen Koks von größerer Festigkeit erlangen, insbesonders wenn die Vorschläge von Prof. Fr. Fischer[1]) zum Hartwalzen des Halbkokses mit Erfolg anwendbar sind. Bei der Verwendung von Magerkohlen, Braunkohlen und anderen Ausgangstoffen aber wird man jedoch stets mit einem lose gesinterten Endprodukt rechnen müssen. Da die Halbkoksherstellung gerade für diese Ausgangstoffe wegen der hohen Teerausbeute von Wichtigkeit wäre, ist die Anwendung von Halbkoks zu häuslichen Zwecken und für die Kleinindustrie sehr erschwert. Man kann sich nur so helfen, daß man den fallenden körnigen Halbkoks brikettiert. Es sind auch Vorschläge gemacht worden, den Halbkoks unter Beimengung von Teer zu brikettieren und nochmals bei höherer Temperatur zu destillieren, um so eine Art hochwertiger Koksbrikette herzustellen.

Etwas Abschließendes kann über den Halbkoks zurzeit nicht gesagt werden. Das spezifische Gewicht desselben von 0,4 verbietet seine Anwendung in vielen Fällen, besonders bei allen Feuerungen, wo Brennstoffreserven auf dem Rost notwendig sind. Indes dürfte seine Brikettierung als gesichert gelten, obgleich die Versuche noch nicht abgeschlossen sind.

Auch die kugeligen Halbkoksstücke, welche in den Drehtrommelöfen erzielt werden, sind in dieser Beziehung nicht viel günstiger, weil sie viele, zum Teil große Hohlräume einschließen. Dieser Brennstoff fällt daher auf dem Rost zusammen, wodurch sich die Feuerungsbedingungen plötzlich ändern, was eine unangenehme Erschwerung bedeutet. Durch das Festwalzen ist es Fischer (Kenntnis der Kohle, Bd. III, Aufsatz 9) gelungen, das spezifische Gewicht von 0,45 auf 0,68 zu erhöhen; ob aber bei dem Anbacken der Halbkokskrusten an den Trommelwandungen ein regelrechter Betrieb möglich ist, muß die Erfahrung lehren.

In Zahlentafel 29 ist die Analyse von einem Halbkoks und die der Ausgangskohle wiedergegeben, wodurch dieser Stoff gekennzeichnet ist. Umfangreicheres Analysenmaterial steht jetzt noch nicht zur Verfügung. Eine Bruttoanalyse gibt auch Thau in seiner erwähnten Arbeit.

Zahlentafel 29.

Zusammensetzung des Brennstoffes	Reinsubstanz					flüchtige Bestandteile	Asche	H_2O
	C	H	O	N	S		der rohen Brennstoffe	
	%	%	%	%	%	%	%	
Kohle von Dinslaken	82,2	5,2	8,7	2,1	1,8	39,7	9,27	2,5
Halbkoks daraus .	84,9	3,9	7,5	1,9	1,8	17,6	12,80	—

7. Preß-Formsteine.

Die Herstellung von Steinkohlenbriketten bedeutet eine Nutzbarmachung von Abfällen u. dgl. und bildet somit an und für sich einen Teil der Bestrebungen zur wirtschaftlichen Ausnutzung unseres wichtigsten Brennstoffes. Wie bei der Erzeugung von Koks befindet sich Deutschland auch hier weitaus an erster Stelle. Bei den Braunkohlenbriketten liegen die Gründe zur Brikettierung etwas anders, da es infolge der besonderen Beschaffenheit, vornehmlich der deutschen Braunkohlen, vielfach geradezu erforderlich ist, sie zu brikettieren, um sie versandfähig zu machen und ihre Verwendung auch an Stellen, die weiter von den Lagerstätten abliegen, zu ermöglichen. In den Zahlentafeln 30 bis 32 ist die Briketterzeugung in Deutschland für das Jahr 1912 zusammengestellt.

[1]) Vgl. „Kenntnis der Kohle“, Bd. III, Aufsatz 9.

Zahlentafel 30.

Kohlenbriketterzeugung Deutschlands in 1000 t.

	Steinkohlenbrikette			Braunkohlenbrikette		
	Erzeugung[1]	Ausfuhr	Einfuhr[2]	Erzeugung[3]	Ausfuhr	Einfuhr[4]
1907	3524	879	136	12 890	422	31
1910	4441	1514	138	15 126	474	104
1912	6403	2120	53	19 038	627	135
1913	5824	2303	26	21 418	861	121
1915	6583	—	—	22 800	—	—
1918	6500	—	—	25 000	—	—

[1] hauptsächlich im Dortmunder Bezirk. [2] aus Belgien, Österreich und den Niederlanden. [3] hauptsächlich im Hallenser und Bonner Bezirk. [4] aus Österreich-Ungarn.

Zahlentafel 31.

Deutsche Steinpreßkohlen-(Brikett)-Erzeugung 1912 in 1000 t

Rheinland und Westfalen	4610,094
Brandenburg, Hannover, Hessen-Nassau, Pommern und Prov. Sachsen	333,517
Schlesien	498,070
Sachsen	87,657
Baden	576,080
Hessen und Elsaß-Lothringen	298,481
Deutsches Reich 1912	6403,899
„ „ 1915	6583,000

Zahlentafel 32.

Deutsche Braunkohlenbrikett- und Naßpreßstein-Erzeugung in 1000 t

1912	Braunpreßkohlen		Naßpreßsteine	
	verarb. Braunkohle	Brikette	verarb. Braunkohle	Naßpreßsteine
Niederrheinischer Braunkohlen . . . . Bezirk	10 946,673	5 024,195	—	—
ober- u. niederhessischer, oberpfälzer . „	618,624	277,543	36,500	19,602
Braunschweig-Magdeburger „	1 821,708	1 042,946	36,577	24,862
thüringisch-sächsischer „	12 052,877	6 002,920	650,674	418,771
niederlausitzer „	11 567,255	5 876,988	—	—
oberlausitzer „	1 330,436	636,845	—	—
Oderbraunkohlen „	286,143	156,160	—	—
Deutsches Reich 1912	38 623,716	19 017,597	723,751	463,235
Deutsches Reich 1915	46 738,000	22 800,000	539,600	348,000

Nach Glückauf[1]) betrug die Gesamterzeugung von Kohlenbriketts (Steinkohlen und Braunkohlen) in der Welt im Jahre 1911 rd. 36 Mill. t. Näheres zeigt Zahlentafel 33. Während Großbritannien im Jahre 1912 nur 1,783 Mill. t und die Vereinigten Staaten gar nur 220000 t herstellten, weisen die Zahlen der vorstehenden Zahlentafel 30, für Deutschland erheblich höhere Werte auf[2]). Die Zahlentafel gibt zugleich eine Übersicht über die Ein- und Ausfuhr an Briketts, womit Deutschland zum Teil auch die Grenzländer versorgt.

Zahlentafel 33.

Die Briketterzeugung betrug nach Scheurer usw. in 1000 t.

	1909	1912	1915	1917	1918
Belgien	2 707	—	1 490	981	1 140
Frankreich	3 061	3 496	1 387	1 288	—
Deutschland	18 749	27 240	29 742	29 400	31 500
Großbritannien	1 512	1 783	1 725	1 884	1 856
Österreich-Ungarn	—	—	589	533	—
Spanien	—	465	555	499	410
Vereinigte Staaten	124	220	263	426	—

[1]) Vom 9. November 1912. [2]) Vgl. Glückauf 1914, S. 496.

Zur Herstellung der Steinkohlenbrikette verwendet man die beim Sortieren der Kohlen abfallenden kleinen Kohlenteile, die unter 10 bis 15 mm Größe abgesiebt werden, also Abfallkleinkohle, Fein- und Staubkohle. Die Brikettieranstalten schließen sich meist an Kohlenwäschen an, da so eine verteuernde Beförderung nach weiter abliegenden Stellen vermieden wird. Die Kohlen werden sauber gewaschen, von fremden Bestandteilen befreit, in Wärmeöfen getrocknet und mit einem Bindemittel, gewöhnlich Steinkohlenteerpech, gemischt[1]). Zum Mischen dienen Schleudermühlen; das Pech wird vorher gebrochen und in einer Mühle völlig zu Pulver umgewandelt. Die Mischung wird in einer umlaufenden Wärmevorrichtung nachgetrocknet und erhitzt, darauf maschinell geknetet und schließlich auf die Formteller der mit 200 bis 300 at Druck arbeitenden Pressen gebracht.

Die fertigen Brikette werden durch Förderbänder meist unmittelbar in Eisenbahnwagen verladen. In anderen Anlagen trocknet man die Rohkohlen vor dem Mischen mit dem Bindemittel völlig, was wirtschaftlicher sein soll. Die Brikette haben längliche, würfelförmige oder eiförmige Gestalt. Sie wiegen 3 bis 10 kg, die eiförmigen 70 bis 125 g.

In vollständig entsprechender Weise werden Formsteine aus Kleinkoks, Koksabfall, Koksstaub und Rauchkammerlösche hergestellt, da alle diese Stoffe die Beimischung eines Bindemittels erfordern[2]).

Auch die Anfertigung von Briketten aus Halbkoks und Braunkohlengrude dürfte wahrscheinlich einen Bindestoff erheischen.

Über die Eigenschaften gibt Zahlentafel 34 Auskunft.

Zahlentafel 34.

Steinkohlen- und Koks-Brikette.

Herkunft und Bezeichnung der Brikette	Rohkohle									Reinkohle
	Heizwert	Wasser	Asche	brennbare Substanz od. Reinkohle	Kohlenstoff	Wasserstoff	Sauerstoff + Stickstoff	Schwefel	flüchtige Bestandteile ohne Wasser	Heizwert in 100 Teilen der wasser- und aschefreien Substanz
	WE	%	%	%	%	%	%	%	%	WE
Baakermulde (D. L.)	7530	0,9	10,1	89,0	—	—	—	—	15,7	8467
Eintracht Tiefbau (E. T.)	7851	1,0	8,1	91,0	—	—	—	—	15,2	8634
Emdener Brikettfabrik	7633	1,4	6,7	91,9	79,7	4,6	6,2	1,4	25,2	8315
Engelsburg (B. U. G.)	7731	1,0	7,2	91,8	—	—	—	—	17,5	7731
Fröhl. Morgensonne (F. M.)	7657	0,9	8,2	90,9	—	—	—	—	—	8429
Gottessegen (Z. G.)	7580	0,7	9,1	90,2	—	—	—	—	12,8	8408
Eilberg (Z. E.)	7625	1,7	8,0	90,3	—	—	—	—	13,3	8455
Hansa Bremerhaven, Stückbrikett	7529	3,3	6,4	90,3	—	—	—	—	19,4	8360
Helene und Amalie (V. H. A.)	7771	0,7	6,9	92,4	—	—	—	—	19,9	8415
Harpener Bergbau A.-G.	7712	0,6	7,4	92,0	—	—	—	—	20,2	8387
Hugo Stinnes, Harburg/E., Stückbrikette	7379	2,1	9,7	88,2	—	—	—	—	21,9	8140
Königin Elisabeth (K. E.)	7652	1,1	7,8	91,1	—	—	—	—	19,2	8407
Koksaschebrikette (westfälische), mit Teerpech als Bindemittel	6494	2,4	15,1	82,5	73,1	2,4	5,9	1,1	14,8	7889
„ „ „ „	6123	11,6	12,0	76,4	70,6	2,1	3,2	0,5	11,8	8105
„ „ „ „	5662	14,9	13,3	71,8	68,1	1,2	2,0	0,5	6,7	8010
„ „ „ „	5559	16,8	12,3	70,9	66,8	1,1	2,2	0,8	7,4	7982
„ Zellpech „ „	6778	1,5	13,0	85,5	79,5	1,4	3,5	1,1	6,3	7941
Koksgrus mit 30% Anthrazitgrus, Zellpech als Bindemittel	6704	1,8	15,4	82,8	76,6	2,0	3,2	1,0	8,9	8110
Pionier, Gew. für Zellpechverwertung in Walsum, Werk Lüttringhausen, Koks und Anthrazit mit Zellpech als Bindemittel	6699	2,7	13,6	83,7	75,3	2,9	4,4	1,1	13,7	8021
Prinz-Regent (D. L.)	7579	0,4	9,6	90,0	80,2	4,1	4,5	1,2	15,8	8423
Siebenplaneten (Stempel Sieben Sterne)	7528	1,3	8,3	90,4	80,5	4,1	4,6	1,2	15,0	8336

Aus der rheinischen Rohbraunkohle, die bei 60% Wassergehalt einen Heizwert von 1800 bis 2000 WE aufweist, gewinnt man Brikette mit nur 14% Wassergehalt bei 4800 bis 5000 WE. Infolge-

[1]) Über Naphthalinzusatz vgl. Zeitschr. f. Dampfk. u. Maschinenbetr. 1912 S. 450.

[2]) Kayser, „Die Brikettierung von Koksgrus", 1918, Wilhelm Knapp, Halle a. S.

dessen verträgt der Brennstoff in dieser Form bereits höhere Transportkosten. Ein Vorzug des Braunkohlenerzeugnisses ist sein hoher Sauerstoffgehalt (15% mehr als eine gute westfälische Steinkohle) insofern, als es leichter entzündbar und sein Luftbedarf für die Verbrennung verhältnismäßig gering ist. Auch der geringe Schwefelgehalt, der schlackenfreie Brand und die Leichtigkeit der Bedienung der Feuerung sind hervorzuheben. Das Brikett liefert eine sehr feinkörnige, nicht sinternde Asche. Die Verwendung der Brikette ist sehr vielseitig. Unter dem werbenden Einflusse des „Braunkohlenbrikett-Vereines" G. m. b. H. in Köln ist besonders der Absatz der rheinischen Brikette letzthin dauernd gestiegen, nämlich in zehn Jahren auf das Dreifache. Auch der Verbrauch der ostdeutschen Brikette, z. B. für den Hausbrand in Berlin, ist bedeutend.

Die Brikettierung der Braunkohle unterscheidet sich im wesentlichen von der Herstellung der Naßpreßsteine dadurch, daß der rohe Brennstoff (von durchschnittlich 50 bis 60% Wassergehalt) vorgetrocknet wird, und zwar bis auf einen Gehalt von etwa 15% Wasser. Die nach dieser Trocknung auf 30 bis 50° gekühlte Kohle wird sodann ohne Bindemittel bei sehr hohen Drücken zu den bekannten Formsteinen gepreßt. Außer den üblichen Hausbrandbriketten kennt man noch die Semmelbriketts, die Halbsteine und die Industriebrikette kleinerer Abmessung.

Über die Zusammensetzung einiger Braunkohlenbrikette gibt Zahlentafel 35 Auskunft.

Zahlentafel 35.

Braunkohlenbrikette.

Herkunft und Bezeichnung des Brennstoffes	Rohkohle									Reinkohle
	Heizwert WE	Wasser %	Asche %	brennbare Substanz od. Reinkohle %	Kohlenstoff %	Wasserstoff %	Sauerstoff + Stickstoff %	Schwefel %	flüchtige Bestandteile, ohne Wasser %	Heizwert in 100 Teilen der wasser- und aschefreien Substanz WE
Anna	4817	11,2	3,7	85,1	55,2	4,2	25,0	0,7	—	5739
Anker (Eintracht Braunkohlenwerke, N.L.)	4600	12,7	6,5	80,8	—	—	—	—	45,2	5787
Beuna (Beunaer Kohlenwerke)	5079	14,8	9,9	75,3	—	—	—	—	43,3	6863
Bockwitz (Milly-Grube N. L.)	4711	13,7	4,4	81,9	—	—	—	—	—	5853
Cecilie (Grube Cecilie, Bez. Halle)	4879	12,2	10,0	77,8	52,9	4,3	16,4	4,2	—	6365
Elisabeth (Anhaltische Kohlenwerke, Mücheln, Bez. Halle A. K. W.	4803	12,2	10,5	77,3	—	—	—	—	—	6308
Fürst Bismarck (bei Meuselwitz S.-A.)	4916	14,3	10,0	75,7	—	—	—	—	43,2	6607
Humboldt (Wallensen, Hann.)	4705	12,3	9,0	78,7	—	—	—	—	41,9	6072
Ilse (Ilse-Bergb.-A.-G., N. L.) Durchschnittsprobe aus 13 Hamburger Niederlagen	4795	11,2	6,1	82,7	54,4	4,3	23,6	0,4	45,7	5879
Kleeblatt (Anhaltische Kohlenwerke, Mücheln)	4820	13,7	9,7	76,6	53,5	4,0	16,1	3,0	—	6400
Komet (Beutersitzer Kohlenwerke N. L.)	4428	13,3	9,8	76,9	—	—	—	—	—	5862
Kötzschau (Bez. Zeitz)	5208	10,7	12,5	76,8	—	—	—	—	—	6862
Luise	4797	9,6	7,4	83,0	—	—	—	—	—	5849
Krone (N. L.)	4736	13,1	7,4	79,5	—	—	—	—	41,5	6056
Michel (Frankleben b. Merseburg)	4795	15,4	9,7	74,9	—	—	—	—	41,9	6525
Treue (Braunschweigische Kohlen-Bergwerke)	4859	14,9	8,6	76,5	—	—	—	—	40,8	6468
Union (Rhein. Braunkohle Brikett) Generator-	4822	11,7	5,4	82,9	—	—	—	—	44,7	5902
Brikett					—	—	—	—	—	5855
Ferdinand (Gewerkschaft Alwine bei Senftenberg)	4702	13,6	4,7	81,7						
Agnes Plessa (Plessaer Braunkohlen-Werke)	4514	15,6	4,1	80,3	51,4	4,1	23,8	1,0	44,4	5738

Letztere Herstellungsart hat bei diesem Brennstoff ihre Entwicklung gefunden; denn gerade bei den deutschen Braunkohlen lag bei ihrer minderwertigen Beschaffenheit die Notwendigkeit vor, Formsteine anzufertigen, um sie versandfähig zu machen. Auch gewinnt der Brennstoff gegenüber dem Rohstoff an Wert. Schon seit 1766 sind solche Bestrebungen bekannt, diese Kohle im nassen Zustand zu pressen, indem man Ziegel in ungefähr gleicher Weise wie Mauerziegel formte. Seit den 60er Jahren des 19. Jahrhunderts wird dieses Verfahren, die Herstellung von Naßpreßsteinen, maschinell in erheblichem Umfang betrieben, obwohl es seit Einführung der Brikettierung fast keine weitere Ausbreitung mehr erfahren hat. Es besteht kurz darin, daß der zerkleinerte, gesiebte und trotz seines hohen Wassergehaltes zwecks Erhaltung einer guten Plastizität angefeuchtete Brennstoff gut gemischt und mittels Knetmaschinen als Strang ausgestoßen wird. Durch eine Schneideinrichtung werden die einzelnen Ziegel abgeschnitten und an der Luft getrocknet. Seit man die Pressen mit geheiztem Mundstück baut, ist das Verfahren maschinell durchaus entsprechend. Das Trocknen der Ziegel dauert ein bis drei Wochen, je nach dem Feuchtigkeitgehalt des Brennstoffes. Der Naßpreßstein hat dann 20 bis 25% Feuchtigkeit. Die Steine schwinden beim Trocknen, sie haben vielfach Risse und daher bei manchen Kohlensorten den Nachteil, daß sie bröckeln, für weiteren Transport ungeeignet sind und im Feuer nicht gut stehen.

Die Erzeugung dieses veredelten Brennstoffs war bis zum Jahre 1887 etwa die gleiche wie der Brikette. Sie stieg dann noch langsam bis zum Jahre 1895 an und blieb seither auf derselben Höhe. Sie ist heute von der Brikettfabrikation weit überflügelt, die etwa die 100fache Erzeugung aufweist.

Es wäre aber unter den gegenwärtigen Verhältnissen zu erwägen, ob nicht die Gewinnung von Naßpreßsteinen gefördert werden könnte. Wir würden damit eine greifbare Ersparnis von 30 bis 40% der Braunkohle erreichen. Der Umstand, daß diese 25% Wasser enthalten gegen durchschnittlich 12 bis 15% der Brikette, fällt gar nicht ins Gewicht. Im Gegenteil sind die Naßpreßsteine wegen ihrer Eigenschaften, langsam zu verbrennen und lange Glut zu halten, in dem mitteldeutschen Revier beliebt, besonders für den Hausbrand. Trotzdem sieht man heute auch in diesen Gegenden fast lediglich Brikette angewendet. Hier Wandel zu schaffen, wäre in kürzester Zeit möglich. Wenn es aber weiter gelänge, die Transportfähigkeit durch geeignete Maßnahmen günstiger zu gestalten, und wenn man außerdem die künstliche Trocknung durch Abgase, die an vielen Stellen zur Verfügung stehen, technisch durchbilden würde, dürfte sich ein weiteres Verwendungsgebiet für die Naßpreßsteine erschließen lassen, insbesondere auch für industrielle Zwecke. Durch solche Maßnahmen würde man eine sofort fühlbare Erleichterung unserer Kohlenknappheit und außerdem große wirtschaftliche Vorteile erzielen können.

Im Rheinland werden jährlich in rd. 400 Pressen etwa 6,5 Mill. t Brikette aus Braunkohlen hergestellt[1]). Die Verwendung im Hausbrand überwiegt noch immer bei weitem die sonstigen Zwecke. Für diesen Zweck werden gewöhnlich die $1/2$ kg schweren Brikette der bekannten Form gefertigt. Außerdem haben sie bei Zentralheizungen, gewerblichen Feuerungen, bei der Dampferzeugung, Heizgasbereitung, industriellen Feuerungen mit unmittelbarer Verfeuerung und schließlich auch bei der Kraftgaserzeugung Eingang gefunden. In den letzten Jahren ist man ferner dazu übergegangen, sie im Eisenhüttenbetrieb Rheinland-Westfalens für Martinöfen, Schweißöfen usw. zu benutzen[2]). Für Industriezwecke wurde anfänglich die Würfelform bevorzugt; heute stellt man fast ausschließlich Rundbrikette her, deren Form größere Festigkeit und geringere Abreibung beim Befördern gewährleistet.

Wie die Steinkohle, verliert auch das Brikett durch Lagerung an Heizwert. Dagegen soll die Gefahr der Selbstentzündung bei gut gekühlten Braunkohlenbriketten auf Grund von Versuchen des Materialprüfungsamtes nicht bestehen[3]).

Die Brikettierung der Braunkohle wird vornehmlich bei den Rohkohlen des sächsischen, des Lausitzer und des rheinischen Reviers angewendet. Andere Braunkohlen eignen sich zur Brikettierung nach diesem Verfahren weniger oder nicht. So ist es natürlich auch bei anderen Braunkohlen ein Bedürfnis, die Abfälle der Aufbereitung, den Braunkohlenstaub, in Böhmen Braunkohlenlösche genannt, zu brikettieren. Das erfordert aber in gleicher Weise wie bei Steinkohlen den Zusatz von Bindemitteln, was zusammen mit der notwendigen Vortrocknung das Verfahren kostspielig und unwirtschaftlich macht; aus diesem Grunde sehen wir die Brikettierung in Böhmen fast gar nicht und auch in anderen Braunkohlengebieten nur verschwindend angewendet. Vielleicht wird aber die als Nachwirkung des Krieges aufgetretene Brennstoffnot auch in dieser Beziehung Wandel schaffen, da naturgemäß die Ausnutzung dieser feinkörnigen Abfallstoffe bei der Verfeuerung sehr mangelhaft ist.

Ein Verfahren ähnlich der Naßpreßsteinherstellung aus Braunkohle ist heute allgemein für die maschinelle Gewinnung von Torf angewendet. Der vom Bagger aus dem Moor geförderte Rohtorf mit etwa 85% Wasser geht durch eine Presse, worin er gut durchgeknetet und gemischt wird und verläßt diese als Strang. Mittels Schneidevorrichtung werden die etwa 500 mm langen „Soden" abgeschnitten und entweder von Hand mittels eines Transportbandes oder neuerdings durch automatische Sodenableger auf dem Trockenfeld ausgebreitet. Wegen des hohen Feuchtigkeitsgehaltes benötigen die Soden eine ziemlich erhebliche Zeit zum Trocknen, sie müssen auch im

[1]) Feuerungstechnik 1913, S. 216.
[2]) Stahl und Eisen 1912, S. 1477.
[3]) Feuerungstechnik 1913, S. 216; Die Braunkohle 1913, Heft 41, S. 649.

angetrockneten Zustand „gehäufelt" werden, damit sie noch an der Unterseite trocknen. Dieser Prozeß des „Lufttrocknens" ist naturgemäß von der Witterung sehr abhängig. Deshalb dauert die Torfgewinnung im Jahre nur bis Mitte, in manchen Gegenden nur bis Anfang Juli und erstreckt sich nur auf etwa 100 Tage. Dadurch ist nicht nur die Wirtschaftlichkeit der Torfgewinnung stark beeinflußt, sondern es ist dies namentlich eine große Schwierigkeit zur Erreichung großer Produktionsmengen (vgl. Birk, Über den gegenwärtigen Stand der Torfindustrie. Bericht über die 37. Versammlung des Vereins zur Förderung der Moorkultur, 1919).

Demgemäß haben schon von langer Zeit her Bestrebungen bestanden, den Torf künstlich zu entwässern und in ähnlicher Weise wie bei Braunkohle Brikette herzustellen. Die heute so sehr entwickelte Brikettindustrie ist gerade in ihrem Ursprung auf Versuche mit Torf zurückzuführen, die nach einem Verfahren von Gwynne im Jahre 1856 von Exter im Haspelmoor bei München durchgeführt wurden. Wenn wir uns nun vor Augen bringen, daß die Vortrocknung von 85% auf 15% bei Torf mehr als die doppelte Wärmemenge erfordert als diejenige bei Braunkohle von 55% auf 15%, so würde der Selbstverbrauch bei der Torfbrikettherstellung etwa 100% betragen müssen.

Selbst wenn man sich begnügen wollte, Torfbrikette mit etwa 30% Wasser herzustellen, bleibt der Selbstverbrauch zu hoch; man hat daher für die Vortrocknung des ohnehin schwer zu behandelnden Torfes, der im gut vermoderten Zustand kolloidale, im faserigen Zustand aber kapillare Eigenschaften hat, andere Wege einschlagen müssen, um zu wirtschaftlich brauchbaren Ergebnissen zu kommen. Leider sind alle diese Verfahren durchweg noch im Versuchszustand; aber es dürfte doch beachtenswert sein, daß es nach eingehenden Versuchen wahrscheinlich ist, ein Brikett von etwa 35% Wasser mit einem Selbstverbrauch von etwa 25% herstellen zu können. Da die Gewinnungs- und Transportkosten des so wasserhaltigen Torfes höher sind als bei der Braunkohle, muß sich der Selbstverbrauch auch an dieser Grenze halten, wenn eine Wirtschaftlichkeit erreicht werden soll.

Hinsichtlich der Gewinnung von Torfbriketten dürften wir uns daher für die nächste Zukunft noch nicht allzugroße Hoffnungen machen, und die Gewinnung von lufttrockenem Torf ist unter den geschilderten Umständen beschränkt. Torf als Behelfsbrennstoff wird uns daher nur in geringem Maße zur Verfügung stehen. Analysen des üblichen lufttrockenen Torfes wie auch von Torfbriketten finden sich in Zahlentafel 23 auf S. 31.

8. Sonstige minderwertige und Abfallbrennstoffe.

Gewöhnlich versteht man unter minderwertigen Brennstoffen solche, die im Verhältnis zu ihrem spezifischen Gewicht einen geringen Heizwert haben oder infolge von starken Verunreinigungen, wie z. B. durch Schiefer bei den Steinkohlen, nicht in der üblichen Weise verfeuert werden können und daher billig zu haben sind. Richtiger ist es, der Bewertung lediglich den Gehalt der Reinsubstanz an gebundenem Kohlenstoff und flüchtigen Bestandteilen zugrunde zu legen. Zu den minderwertigen Brennstoffen, die uns hier beschäftigen, zählt man zunächst die Förderbraunkohle (wenigstens die stark wasserhaltigen Sorten, wie sie z. B. in unseren deutschen Lagern gewonnen werden) und den Torf. Diese beiden Stoffe haben wir im Vorstehenden bereits besprochen. Sie sind, ebenso wie Holzabfälle (Säge- und Hobelspäne), Bagasse, Lohe, Koksgrus, Koks- und Kohlenstaub sowie die Abfälle der Kohlenwäsche, seit längerer oder kürzerer Zeit in Feuerungen verschiedenster Art verwertet worden[1]). Auch hat man einige der genannten Stoffe seit dem Aufkommen der Gaserzeugung in Generatoren mit Erfolg durch Vergasung auszunutzen verstanden. Besonders in der Form von Briketten würden sich solche Abfallstoffe verwerten lassen. Gegebenenfalls dürfte sich ein Zusatz von Zellpech aus den Ablaugen der Sulfitzellulosefabriken empfehlen, das nach Arland die Eigenschaft hat, die beim Verbrennen freiwerdenden Kohlenwasserstoffteile vollständig auszusaugen, so daß eine Rauch- und Rußentwicklung nicht zu befürchten ist. Schließlich seien die aus feuchten Furnierspänen und Schleifabfällen, Sägemehl, Hobelspänen usw. ebenfalls ohne Zusatz hergestellten Holzstoffbrikette erwähnt, die auf gewöhnlichen Planrosten verbrannt werden und besonders

[1]) Nach Z. f. a. Chemie 21. 5. 1918 hat sich in Dänemark eine Gesellschaft ein Verfahren patentieren lassen, um Brikette aus Heidekraut herzustellen. Versuche ergaben eine erheblich höhere Wärmeentwicklung als bei Torf. Nach derselben Quelle (27. 8. 18) bezieht sich ein Patent Malling auf Tangbrikette, für die ein Heizwert von 4700 WE angegeben wird. Die Kosten sollen nur die Hälfte des Gaskokes betragen. So finden sich weiter nach einem Vorschlage von Sazyna Budweis/Böhmen Brikette aus Ruß mit Kohle oder Anthrazitstaub gemischt, die sich gegebenenfalls für Dauerbrandöfen eignen dürften. In Norwegen (Greaker) verfertigt man nach dem Verfahren Strehlenert aus Sulfitlauge Kohlen. Man nimmt an, daß die Cellulosefabriken ihren eigenen Bedarf an Kohle dadurch decken können.

dadurch von Vorteil sind, daß sie die beim Verfeuern lose aufgeschütteter Sägespäne u. dgl. leicht auftretenden Explosionen vermeiden. Auf Torf- und Holzbriketts kommen wir in dem Abschnitt „Verwertung minderwertiger Brennstoffe" (viertes Kapitel) noch ausführlicher zurück.

Die wirtschaftlichen, auf Kohlensparung gerichteten Bestrebungen der jüngsten Zeit haben aber darüber hinaus auch andere, früher unbeachtete Stoffe zur Nutzbarmachung herangezogen und ihre Verwendung zum Teil im großen Maßstab angebahnt: Die gewaltigen Massen der Klaubeberge, die Koksasche, die Rauchkammerlösche unserer Lokomotiven, endlich das Hausmüll hat man teils in Feuerungen, teils in Generatoren den verschiedensten Zwecken dienstbar gemacht oder wenigstens durch eingehende Versuche die Wege dazu gewiesen. Das erscheint um so wertvoller, als mit dem Verbrauch der Stoffe vielfach ein wichtiger Nebenzweck verbunden ist. So handelt es sich z. B. bei den Klaubebergen um die Beseitigung der im Laufe von Jahrzehnten angesammelten, raumbeschränkenden und daher störenden Massen, und beim Müll außer um Lagerungsfragen auch um wichtige gesundheitliche Rücksichten. Die Erfüllung von Forderungen dieser Art, denen aus besonderen Gründen hier und da notwendigerweise nachgegeben werden muß, kann durch die Verwertung der lästigen Stoffe zur Gewinnung von Kraft, Wärme u. dgl. verbilligt werden und so in erhöhtem Maße wirtschaftlich wirken.

Die bisherigen Erfolge und die Aussichten der Verwendung minderwertiger Brennstoffe in Feuerungen und Generatoren zu erörtern, ist mit die Aufgabe der vorliegenden Arbeit, der wir weiter unten gerecht zu werden versuchen[1]). Da wir dabei mehrfach auf die Fragen der Gewinnung und Bewertung der Stoffe in unmittelbarem Zusammenhang mit ihrer Verwendung einzugehen haben werden, sollen an dieser Stelle nur einige zusammenhängende Bemerkungen allgemeiner Art über Herkunft und Beschaffenheit gebracht werden. Über Holzabfälle aus Holzbearbeitungs- und Papierfabriken sowie über eine Anzahl anderer vegetabilischer Stoffe gibt die Zahlentafel 36 Auskunft, die einem Bericht der Thermochemischen Prüfungs- und Versuchsanstalt von Dr. Aufhäuser, Hamburg, vom Jahre 1913 entnommen ist. Als wichtig ist für gewisse Arten von Holz-

Zahlentafel 36.

Holz, Pflanzenstoffe, Abfälle und Ähnliches.

Herkunft und Bezeichnung des Brennstoffes	Rohsubstanz								Reinsubstanz
	Heizwert WE	Wasser %	Asche %	brennbare Substanz od. Reinkohle %	Kohlenstoff %	Wasserstoff %	Sauerstoff + Stickstoff %	flüchtige Bestandteile ohne Wasser %	Heizwert in 100 Teilen der wasser- und aschefreien Substanz WE
Suddite, brikettförmiger künstlicher Brennstoff aus Nilschilf	3586	8,0	5,7	86,3	41,1	5,1	40,1	67,7	4211
amerikanische Holzkohle	6838	2,9	9,9	87,2	—	—	—	9,6	7862
Birkenholz, lufttrocken	3726	13,2	0,4	86,4	42,8	5,3	38,3	76,7	4404
Espenholz, „	3774	11,3	0,8	87,9	43,5	5,4	39,0	—	4371
altes Bauholz, über der Erde	3974	10,8	0,9	88,3	—	—	—	—	4574
„ „ unter „ „	3729	15,5	1,2	83,3	—	—	—	—	4538
Stuhlrohrabfälle	3777	8,6	4,9	86,5	—	—	—	—	4426
Quebrachoholz, ausgelaugt und getrocknet	4076	4,9	1,8	93,3	—	—	—	—	4400
desgl., naß	1680	53,6	0,9	45,5	—	—	—	—	4400
Quebrachoholz, ausgelaugt und getrocknet	4021	7,3	1,6	91,1	—	—	—	—	4462
desgl., naß	1749	52,9	0,8	46,3	—	—	—	—	4462
Fichtenrinde, ausgelaugt und getrocknet	3880	7,1	—	—	—	—	—	—	4224
desgl., naß	895	69,0	—	—	—	—	—	—	4224
Fichtenrinde, ausgelaugt und getrocknet	3783	7,5	—	—	—	—	—	—	4138
desgl., naß	1377	58,2	—	—	—	—	—	—	4138
Valonea, ausgelaugt und getrocknet	3452	10,1	10,5	79,4	—	—	—	—	4423
desgl., naß	380	78,2	2,6	19,2	—	—	—	—	4423
Lohe	1421	59,3	1,2	39,5	—	—	—	—	4499
	1099	65,5	1,3	33,2	—	—	—	—	4494
	1073	65,9	1,2	32,9	—	—	—	—	4463
Fichtenschälspäne	3723	13,6	0,7	85,7	—	—	—	—	4440
Kaffeeschalen	3912	9,7	0,5	89,8	—	—	—	—	4421

[1]) S. Zweites Kapitel, Abschnitt VII, i bis l und viertes Kapitel, I.

spänen und Schleifabfällen die Brikettierung zu erwähnen, durch die ihr Gebrauchswert ganz erheblich gesteigert wird. Es sei darauf hingewiesen, daß auch die an den Strömen Afrikas, z. B. am Nil, vielfach benutzten Schilfpflanzen ebenfalls durch Brikettieren sehr gewinnen, während man die aus Abfällen des Zuckerrohres bestehende Bagasse in Westindien ohne weitere Vorbehandlung mit gutem Erfolg unter Dampfkesseln verfeuert. In unseren heimischen Farben- und Gerbstoffwerken ist der Anfall von Lohe nicht unbedeutend. Er beträgt z. B. in einem großen Werk jährlich 4000 t von Quebrachoholz und 2000 t von Fichten-, Mimosarinden usw.

Gehen wir zu den früher stark vernachlässigten Abfällen der Kohlenförderung, Aufbereitung und Koksherstellung über, so stellen zunächst die Schlammkohlen den beim Waschen der Kohlen verbleibenden Rest dar, der in großen Klärbehältern aus dem Wasser abgeschieden wird. Dieser feuchte Brennstoff hat bei 15 bis 25% Aschengehalt einen Heizwert bis zu 5000 WE. Die beim Fördern und trockenen Aufbereiten gewonnene Staubkohle, die früher als wertlos auf die Halde gefahren wurde, verbrennt man jetzt lose oder in Brikettform oder vergast sie, wobei für verschiedene Zwecke besonders wertvolle hohe Temperaturen erzielt werden. Die Kohlenstaubfeuerung hat gerade in jüngster Zeit, z. B. in Amerika, wesentliche Erfolge aufzuweisen. In Deutschland hat man sie in Verbindung mit Teeröl zu verwenden gesucht. Schließlich sind auch Kokslösche und Koksasche[1]), die man zwar zum Rösten der Erze in Zinkhütten, dann aber vorwiegend zum Ausfüllen bei Neubauten und zum Ausbessern von Wegen verwandt hat, einer wirtschaftlichen Ausnutzung ihres Wertes in hierzu besonders geeigneten Feuerungen entgegengeführt worden.

Die Rauchkammerlösche unserer Lokomotiven stellt einen verhältnismäßig wertvollen Brennstoff dar, von dem nicht unbedeutende Mengen zur Verfügung stehen. Als Beispiel sei die Gewinnung im Eisenbahndirektionsbezirk Halle a. S. angeführt. Es lieferten 1914 täglich

die Betriebsstelle	Halle a. S.	15	bis	18	cbm,
,,	,, Leipzig	20	,,	25	,,
,,	,, Wahren	20	,,	25	,,
,,	,, Bitterfeld			8	,,

das sind zusammen mehr als 70 cbm täglich. Da wir in Preußen allein 21 Eisenbahn-Direktionsbezirke haben, dürfte der tägliche Anfall etwa 150 bis 160 t betragen. Über die Beschaffenheit des Brennstoffes gibt die Zahlentafel 37 Auskunft. Man verwendet ihn in Feuerungen und Generatoren, worüber weiter unten näher berichtet wird. Dort wird auch auf den Rückgang der Gewinnung infolge der fortschreitenden Verbesserung der Lokomotivfeuerungen eingegangen werden.

Zahlentafel 37.

Rauchkammerlösche.

Bezeichnung des Brennstoffes	Rohkohle: Heizwert WE	Rohkohle: Wasser %	Rohkohle: Asche %	Rohkohle: brennbare Substanz oder Reinkohle %	Rohkohle: flüchtige Bestandteile ohne Wasser %	Reinkohle: Heizwert in 100 Teilen der wasser- und aschefreien Substanz WE
Lokomotiv-Rauchkammerlösche	5885	9,8	15,6	74,6	4,3	7967
	4800	17,7	20,3	62,0	3,2	7913
	4395	20,9	21,2	57,9	3,0	7807
Steinkohlen-Flugasche	4455	7,1	36,8	56,1	—	8017

An Müll dürften in Deutschland täglich 35 bis 40 Mill. kg zur Verfügung stehen, die man zur Erzeugung von 28 bis 32 Mill. kg überhitzten Dampfes von hoher Spannung verwenden könnte. Diese Zahlen legen die Bedeutung des Abfallstoffes für unsere Kraft- und für die gesamte Volkswirtschaft dar.

Das Hausmüll besteht aus mehr oder weniger kohlenhaltiger Asche und Schlacke, aus Sand und Steinen, aus Nahrungsmittelabfällen, Stubenkehricht und Sperrstoffen, wie Papier, Lumpen, Porzellan, Glasscherben, Metallstücken, Resten von Stroh- und Packmaterial und Gerümpel (Gewerbeabfälle und Bauschutt gehören nicht zum Müll). Die Zusammensetzung des Mülls wechselt nicht nur in den verschiedensten Städten, sondern in der gleichen Stadt in den verschiedenen Stadtteilen, zu verschiedenen Jahreszeiten. Im Herbste, zur Zeit der Obsternte und des Wildverbrauchs,

[1]) Vgl. S. 203.

steigt der Anteil von Küchenabfällen in Städten mit wohlhabender Einwohnerschaft, oder wo vorwiegend mit Gas gekocht wird. Im Winter ist der Aschenanteil größer als im Sommer.

Eine einjährige Beobachtung in Charlottenburg ergab folgende Zusammensetzung des Mülls: Asche, Kehricht und Schlacke 69%, Küchenabfälle 15%, Sperrstoffe 16%; ferner entfallen auf den Kopf und das Jahr in Stuttgart 0,10 cbm, Bremen 0,22, Frankfurt a. M. 0,22, Hamburg 0,27, Berlin 0,41 cbm. Mit dem mittleren Werte von 0,262 cbm und einem mittleren spezifischen Gewichte von 0,7 gibt das $\frac{262 \cdot 0,7}{365} = 0,5$ kg für den Kopf und Tag. Ähnlich wie die Ansammlung der Wasch- und Klaubeberge den Zechen lästig und ihre Beseitigung mit großen Unkosten verknüpft ist, gestalten sich die Schwierigkeiten bei der Beseitigung des Mülls mit dem Wachsen der Einwohnerzahl von Großstädten.

Man kennt folgende Verfahren einer Müllbeseitigung[1]):

1. Aufstapelung auf bestimmten Lagerplätzen,
2. Aufstapelung und gelegentlich landwirtschaftliche Verwertung,
3. teilweise landwirtschaftliche Verwertung und teilweise Verbrennung,
4. Verbrennung allein,
5. Vergasung.

Als Ablagerungsplätze dienen meist verlassene Steinbrüche, alte Kiesgruben, abgelegene Schluchten oder öde Ländereien. Die Aufstapelung des Mülls in gewisser Entfernung von den Ansiedlungen ist vom gesundheitlichen Standpunkt nicht zu verwerfen, wenn für baldige Bepflanzung Sorge getragen wird; sie wirkt bodenreinigend und verhindert die Staubverwehungen. Daß landwirtschaftlich wertlose Gegenden, wie sandiger, saurer oder sumpfiger Boden, durch Müllablagerung tatsächlich an Wert gewinnen können, zeigen z. B. die ehemaligen öden Ländereien längs der Havelländischen Kreisbahn, die mehrere Jahre hindurch als Stapelplatz für das Berliner Müll dienten und Jahre lang Erträgnisse an Feldfrüchten ohne weitere Düngung ergaben; die Düngung wurde durch den im Müll vorhandenen geringen Gehalt an Kalk, Kali, Magnesia, Phosphorsäure und Stickstoff ersetzt.

Seit den neunziger Jahren ist die Verwendung des Mülls als Düngemittel für die Landwirtschaft zurückgegangen, obwohl es meist unentgeltlich zur Verfügung gestellt worden ist. Hierzu kommt, daß die von den Großstädten erzeugten Abfälle immer gewaltiger anwachsen, so daß es immer schwerer fällt, Stapelplätze zu finden. Dem Bedürfnis, das Müll wenigstens teilweise auf andere Weise zu beseitigen, wurde zuerst planmäßig in Charlottenburg Rechnung getragen. Man begann vor allem damit, die Ansammlung des Mülls in den Häusern und die Abfuhr nach gesundheitlichen Grundsätzen zu regeln, was mit Rücksicht auf etwaige Seuchen von großer Bedeutung ist. Das Müll wird in geschlossenen Kasten gesammelt, und diese werden in geschlossene Wagen umgeschüttet (Sammelkasten), oder die vollen Kasten werden abgeholt und durch leere ersetzt (Wechselkasten). Von anderen Müllverwertungsanlagen sind die in Fürth, Schöneich (bei Berlin), Offenbach bekannt geworden, über die wir weiter unten näher berichten.

II. Die flüssigen Brennstoffe.

1. Die Lage während des Krieges und nach dessen Beendigung.

Wenn wir uns die Ein- und Ausfuhr von den einzelnen aus der Kohle gewonnenen Stoffen vergegenwärtigen, finden wir zunächst eine Überproduktion an Steinkohlenteer und dessen Derivaten: 1912 übertraf die Ausfuhr von Steinkohlenteer, Pech, Benzol und leichten Teerölen, Anthrazen, Naphthalin, Phenol und Kresol die Einfuhr um 237000 t im damaligen Werte von 16,6 Mill. M. Anders verhält es sich mit den Mineralölerzeugnissen. Im Jahre 1913 betrug die Einfuhr an Benzin[2]) 270000 t, Leuchtöl[2]), Treiböl[2]) und Schmieröl[2]) rd. 1,02 Mill. t. Die Geldwerte waren:

für Leuchtöl	∾ 70 Mill. M.
„ Benzin	57 „ „
„ Schmieröl	46 „ „
„ Gasöl	3 „ „
	Sa. 176 Mill. M.

[1]) Vgl. Rohen, Z. d. V. d. I. 1913, S. 1346.

[2]) Der Verbrauch an Benzin betrug 270000 t, an Leuchtöl 800000 t, an Treiböl (einschl. der sächs. Braunkohlen-Solaröle) 125000 t und an Schmieröl 277000 t.

Dieser Einfuhr gegenüber spielte die deutsche Eigengewinnung von ∾ 130000 t nur eine sehr geringe Rolle. Amerika war daran mit mehr als 50% beteiligt. Rumänien lieferte uns vor dem Kriege von der zur Ausfuhr gelangten Million t etwa nur ein Zehntel. Es lag deshalb auf der Hand, dieses Land noch während des Weltkrieges für die Bedürfnisse des Deutschen Reiches stärker in Anspruch zu nehmen, als dies Rumänien wünschenswert erscheinen mochte. Was in technischer Beziehung geleistet worden ist, möge an diser Stelle besonders hervorgehoben werden. In Rumänien bestanden auf der 300 km langen Strecke Plösti—Konstanza 3 Leitungen, von denen eine für Rohöl, die beiden andern für raffiniertes Petroleum bestimmt waren. Die 228, 254 und 127 mm weiten Leitungen waren für eine Jahresleistung von 1000000 t Rohöl und 400000 t Petroleum bemessen. Das sind ungefähr 80% der rumänischen Erdölgewinnung im Jahre 1913. Im Verlauf des Krieges erfuhren diese in der Erde ruhenden Leitungen eine Auferstehung. Sie wurden von den Mittelmächten ausgegraben und von Ploesti nach dem Donauhafen Giurgiu verlegt, von wo aus das Erdöl zu Schiff nach Deutschland gelangen sollte.

Der Bedarf Deutschlands an Erdöl und seinen Destillaten war während des Krieges infolge der großen Entwicklung der Fliegertruppen und des Kraftwesens sowie des starken Bedarfs der Marine nicht zurückgegangen, obwohl der Leuchtölverbrauch außerordentlich eingeschränkt wurde. Schmieröle wurden infolge der starken Anspannung der Kriegsindustrie sogar in größerem Umfange gebraucht als im Frieden. Als Ersatz für die nicht greifbaren Erdölerzeugnisse wurden die aus der Steinkohle und Braunkohle im Inlande gewonnenen Produkte herangezogen, nämlich Benzol sowie Teerfettöl. Es wurde zu einer ganz neuen Industrie, der Gewinnung von Urteer aus Steinkohle und Braunkohle der Anstoß gegeben (vgl. S. 113), da es bei den bisherigen Verfahren unmöglich war, die uns fehlenden erdölähnlichen Erzeugnisse zu erhalten. Ferner sind hier die synthetischen Verfahren zu erwähnen, die darauf beruhen, daß höher siedende Anteile des Teeres durch Wärmebehandlung zu einem gewissen Teil in Benzin umgewandelt werden (Krack- und Spaltverfahren, nach Zern, von Walter und Graefe verbessert, vgl. S. 228) oder durch Anlagerung von Wasserstoff an bereits vorhandene Kohlenwasserstoffe (Berginverfahren, vgl. S. 229) vollwertiget Ersatz für die aus dem Erdöl gewonnenen Leicht-, Schmier- und Treibmittel versprechen. Durch den Bukarester Vertrag wollten wir uns den ausschlaggebenden Einfluß auf die Erzeugung, Verarbeitung und Verwertung des Rohöls sichern, wobei die rumänische Volkswirtschaft, insbesondere die Erdölindustrie zu ihrem Rechte kommen sollte. Deutsche Banken erwarben den größten Teil der rumänischen Braunkohlenvorkommen mit der Absicht, den Bedarf Rumäniens an Brennstoff hiermit teilweise zu decken und die deutschen Eisenbahnen zu entlasten; denn was Rumänien an Steinkohlen unbedingt nötig hatte, lieferte bisher Oberschlesien in guter und die Türkei in schlechter Qualität. Erdöl wurde in der Hauptsache für industrielle Betriebe und die Eisenbahnen verwandt. Wer kümmerte sich in Rumänien um die Nebenerzeugnisse? Benzin betrachtete man als eine unangenehme Beigabe, höchstens wurde es als Fleckenwasser verwandt, sonst aber jahrelang in die Flußläufe abgeführt; denn die Erdölindustrie war bisher nur auf die Herstellung von Petroleum als Leuchtöl eingestellt.

2. Vorkommen und Gewinnung.

Die flüssigen Brennstoffe[1]) kann man in folgende Gruppen zusammenfassen:

a) Das Erdöl (Rohpetroleum) und seine Destillate (Benzin, Petroleum, Gasöl, Masut),
b) die Erzeugnisse der Steinkohlendestillation (Steinkohlenteer, Benzol, Teeröl, Naphthalin) und der Wassergasbereitung,
c) die Erzeugnisse der Destillation von Braunkohlen, Torf und bituminösem Schiefer (Paraffinöl, Gasöl, Solaröl, Kreosotöl) sowie der Ölgasbereitung,
d) die Öle, Fette und Flüssigkeiten tierischer und pflanzlicher Herkunft (Spiritus, Pflanzenfette usw.).

a) Erdöl und seine Destillate.

Das Erdöl oder Rohpetroleum stellt ein flüssiges Gemisch verschiedener Kohlenwasserstoffe dar und wird im natürlichen Zustande in fast allen Ländern gewonnen. Ob es organischen, oder anorganischen Ursprungs ist, ist noch unentschieden, doch ist man jetzt vielfach der Ansicht daß es

[1]) An dieser Stelle sei auf das vorzügliche Werk von Dr. L. Schmitz: „Die flüssigen Brennstoffe", 2. Aufl., Julius Springer, 1919, verwiesen, dessen Angaben im folgenden mehrfach herausgezogen worden sind. Insbesondere hat Verfasser die nachfolgenden Tabellen nach den Schmitzschen Angaben vervollständigt und erweitert, um dem Leser die wichtigsten Werte über spezifisches Gewicht, Flammpunkt, Viskosität, Ausbeute usw. übersichtlich vor Augen zu führen.

aus gewaltigen tierischen Resten entstanden sei. Seine Zusammensetzung wechselt mehr oder weniger je nach den verschiedenen Fundorten. Die bisher aufgeschlossenen Fundstellen und ihre Fördermengen finden sich in folgender Zahlentafel 38[1]) zusammengestellt:

Zahlentafel 38.

Welterzeugung von Rohöl in Mill. Barrels.[1]

Länder	1837—1914	%	1913	%	1914	%	1915	1916	1917	1918[2]
Vereinigte Staaten von Amerika	3335,457	59,63	248,446	64,59	265,763	66,36	281,104	300,767	342,000	304,788
Rußland	1622,234	29,00	62,834	16,34	67,021	16,74	68,548	72,801	65,000	30,360
Mexiko	90,360	1,62	25,902	6,73	21,188	5,29	32,911	39,817	55,293	66,000
Rumänien	117,982	2,11	13,555	3,52	12,827	3,20	10,030	10,289	6,000	8,250
Holländisch-Indien	138,278	2,47	11,967	3,11	12,705	3,17	12,387	13,174	14,000	11,880
Britisch-Indien	73,980	1,32	7,930	2,06	8,000	2,00	7,400	8,229	8,500	7,590
Galizien	131,874	2,36	7,818	2,03	5,033	1,26	4,159	6,462	5,500	5,102
Japan	27,051	0,48	1,942	0,51	2,738	0,68	3,118	2,997	2,800	2,640
Peru	1,4307	0,26	2,133	0,55	1,918	0,48	2,487	2,551	2,500	
Deutschland	12,966	0,23	0,996	0,26	0,996	0,25	0,996	0,996	0,900	
Ägypten	1,087	0,02	0,095	0,03	0,777	0,19	0,222	0,411	0,500	
Trinidad	2,069	0,04	0,504	0,13	0,644	0,16	0,750	1,000	1,685	7,920
Kanada	23,494	0,42	0,228	0,06	0,215	0,05	0,215	0,198	0,205	
Italien	0,802	0,01	0,047	0,01	0,040	0,01	0,040	0,043	0,050	
Argentinien andere Länder[3]	1,322	0,03	0,270	0,07	0,620	0,16	0,516 0,010	0,870 0,025	0,800 0,530	
zusammen	5593,263	100	384,668	100	400,483	100	426,893	460,639	503,708	444,312

[1] Nach Finanzial News, 22. VI. 1918; um t zu erhalten, dividiere man die Ziffern durch »6,6«. [2] Nach der deutschen Petr. A.-G. [3] Persien ist nicht mit einbegriffen, 1918 sind nach Bericht der Anglo Persian Oil Co. Ltd. 150000 t gewonnen worden. Die Ausbeute soll aber in 5—10 Jahren auf 6—700000 t = 4,62 Mill. Barrels steigen.

Demnach entfällt die Hauptmenge auf Amerika, wo sich der Schwerpunkt der Gewinnung stetig nach Kalifornien hin verschiebt, während die alten Ölfelder Pennsylvaniens in letzter Zeit an Ergiebigkeit dauernd nachgelassen haben. Von immer größerer Bedeutung wird in der Gegenwart die Petroleumproduktion Mexikos. Den Weltmarkt auf dem Gebiete beherrscht nahezu vollständig die bekannte Standard Oil Co. Deutschland hat dieser Übermacht eine nur geringe Eigengewinnung entgegenzusetzen. Die Gewinnung der Erdölfelder in Celle-Wietze (Hannover) und Pechelbronn (Elsaß) betrug im Jahre 1912 nur 150000 t. Neue, hoffentlich vollen Erfolg versprechende Bohrungen werden zurzeit in Heide in Holstein unternommen. Der Reichtum an Öl in der Kreide ist derartig groß, daß man sich vergeblich fragt, warum sich während des Krieges die geologische Landesanstalt nicht mit allen Mitteln für die Wiederaufnahme des Betriebes nach Pechelbronner Muster eingesetzt hat. Die Gewinnung des Öls aus der Kreide an sich ist schwierig, doch ist der Weg hierzu gefunden. Möge die Deutsche Petroleum-Aktien-Gesellschaft ihre Bemühungen von Erfolg begleitet sehen.

Das durch den Druck von natürlichen Gasen aus den Bohrlöchern hervorgetriebene oder durch Pumpen geförderte Rohöl wird teils an Ort und Stelle weiterbehandelt, teils, wie in ausgedehntem Maße in Amerika, durch lange Rohrleitungen seinem Bestimmungsort zugeführt. Man benutzt es unmittelbar zu Feuerungszwecken, wenn es verhältnismäßig wenig wertvollere Bestandteile, wie z. B. Benzin und Leuchtpetroleum, enthält. Andernfalls zerlegt man es durch Destillation und verfeuert nur die einen hohen Heizwert besitzenden Rückstände. Bei der Destillation in stehenden oder liegenden Kesseln wird während der Erhitzung bis auf 150° C das Benzin erhalten, von 150 bis 300° C das Leuchtpetroleum und darüber hinaus das Gasöl. Aus den Rückständen gewinnt man, wenn die Verarbeitung einen wirtschaftlichen Nutzen ergibt, noch Schmieröl, Paraffin u. a. m. und verwendet sie sonst zu Feuerungszwecken. Unter Umständen, wie z. B. in Rußland, destilliert man aus dem Rohöl nur die flüchtigen Bestandteile einschließlich des Leuchtöles und verkauft den Rest, der dann etwa die Hälfte des Rohölgewichtes ausmacht, als den bekannten Masut.

[1]) Vgl. auch Trenkler, „Chemie der Brennstoffe", 1919, Otto Spamer, Leipzig.

b) Destillate der Steinkohle.

Der Steinkohlenteer ist ein Nebenerzeugnis unserer Gasanstalten und Kokereien und entsteht auf dem Wege der trockenen Destillation der Steinkohlen. Der grundsätzliche Unterschied in der Behandlung der Kohlen bei den beiden Verfahren bestand bisher darin, daß in den Gasanstalten auf die Gewinnung eines hochwertigen Gases unter Nebengewinnung des Kokses gearbeitet wird, wogegen in den Kokereien ein guter und fester Koks hergestellt werden soll, während die Gase das Nebenerzeugnis bilden. Neuerdings scheint man auch die Gasanstalten auf den Kokereibetrieb umstellen zu wollen, weil die infolge der Kohlenknappheit weitersteigenden Kokspreise ein lukrativeres Arbeiten in Aussicht stellen[1]). Auf den Gasanstalten wurde der Teer von jeher gewonnen, zumal die Gase zwecks ihrer Reinigung davon befreit werden mußten. Infolgedessen besteht die Erzeugung von Leuchtgasteer in allen Ländern in dem Grade, wie die Gasbeleuchtung bei ihnen Eingang gefunden hat. Dagegen ist die Teergewinnung auf Kokereien wesentlich jüngeren Ursprungs und nicht so allgemein verbreitet. Bis in den Anfang der achtziger Jahre benutzte man zum Verkoken der Steinkohlen die sog. Bienenkorböfen, bei denen die entstehenden Gase unausgenutzt in die Luft entweichen. In England wurden im Jahre 1912 noch 43%, in den Vereinigten Staaten 73% der gesamten Koksmenge in solchen alten Öfen erzeugt. Im Gegensatz dazu sind auf den streng wirtschaftlich arbeitenden Hütten und Zechen Deutschlands diese Öfen fast völlig verschwunden[2]). Das Gas wird hier vielmehr in modernen Öfen gewonnen und ausgenutzt; bei mehr als 90% der Öfen werden außer dem Teer auch noch Ammoniak, Benzol usw. aus ihm herausgezogen. Infolgedessen steht Deutschland, obwohl seine Kokserzeugung nicht am größten ist, in der Teererzeugung mit an erster Stelle. Im Jahre 1911 wurden hier rd. 1000000 t in Kokereien und 350000 t in Gasanstalten, mithin insgesamt 1,35 Mill. t, gewonnen bei einem Verkaufswert von etwa 40 Mill. M. 1913 betrugen die Mengen in Kokereien 1100000 t, in Gasanstalten 418500 t. Nur England mit seiner gewaltigen Leuchtgasindustrie übertrifft uns zurzeit noch in der Teerproduktion.

Die verschiedenen Ofensysteme der Gasanstalten, nämlich die liegende, die stehende Retorte und der Kammerofen, beeinflussen die Beschaffenheit des Teeres in gewissem Maße. Bei den liegenden, in Gruppen bis zu neun vereinigten Retorten, die durch Koksgeneratorgas auf 1000 bis 1300° erhitzt werden, ziehen die entstehenden Gase und Dämpfe mit einer Temperatur von etwa 300° in die Teervorlage, wo sich bereits ein Teil zu Teer und Gaswasser verdichtet, und werden durch die Rohgasleitung in die aus Luft- und Wasserkühlern gebildete Kondensationsanlage geleitet und schließlich in den Pelouzeapparaten durch Anprallen an siebartig durchlöcherte Bleche völlig vom Teer befreit. Die Teerströme aus der Teervorlage, der Kondensation und dem letztgenannten Apparat werden in eine gemeinsame Sammelgrube geleitet. In dieser sammelt sich der Teer unten an, während das Gaswasser oben bleibt, und wird daraus als schwerflüssige Masse abgezogen. Ein Nachteil der liegenden Retorten für die Beschaffenheit des gewonnenen Teeres besteht darin, daß die aus den Kohlen entweichenden Gase mit den heißen oberen Retortenwandungen in Berührung kommen, wobei die Kohlenwasserstoffe zerfallen und freien Kohlenstoff in Form von Ruß abgeben. Je heißer die Wandungen sind, desto kräftiger verläuft dieser Vorgang. Dieser freie Kohlenstoff beeinträchtigt die Güte des Teeres für Feuerungszwecke erheblich. Er ist bei allen Steinkohlenteeren vorhanden, der Gehalt daran ist jedoch wegen der erwähnten Führung der Gase an den glühenden Wandungen entlang beim Gasteer aus liegenden Retorten am höchsten, nämlich bis 33%. Wesentlich geringer wird er bei der Kohlendestillation in stehenden Retorten. In diesen 4 bis 5 m langen, von oben beschickten Schamotteröhren, die je etwa 600 kg Kohlen fassen, kommt das aufsteigende Gas nicht in dem Maße mit heißen Wandungen in Berührung; es wird daher weniger stark zersetzt und bleibt reicher an technisch wertvollen Kohlenwasserstoffverbindungen. Der Gehalt des wesentlich flüssigeren Teers an freiem Kohlenstoff beträgt hier nur 2 bis 4%. Schließlich bürgert sich in neuerer Zeit mehr und mehr der Kammerofen auf den Gasanstalten ein, der sich in der Form dem Koksofen der Zechen und Hüttenwerke stark genähert hat. Die gemauerten großräumigen, mehrere Tonnen Kohlen fassenden Kammern wurden anfangs schräg angeordnet, werden aber neuerdings, genau wie bei den Koksöfen, wagerecht gebaut und, wie diese, durch Ausstoßmaschinen von dem ausgegarten Koks entleert. Die Behandlung der fallenden Gase ist dieselbe wie bei den liegenden und stehenden Retorten[3]). Der Gehalt an festem Kohlenstoff bei den liegenden Kammeröfen beträgt bis 7%.

---

[1]) Lempelius, Journ. f. Gasbel. 1919, Nr. 42, S. 613.
[2]) Wir gehen auf diese Verhältnisse im zweiten Kapitel näher ein.
[3]) Vgl. zweites Kapitel, Abschnitt VI.

Anmerkung. Zur Erleichterung des Auffindens der dargestellten Einrichtungen und Arbeitsvorgänge wird auf folgende Kapitel und Abschnitte des Werkes verwiesen:

A (Koksofen), 2. Kap., VI; *D*, *H* (Teerabscheider), 2. Kap , IX, 3; *J*, *L* (Ammoniakgewinnung), 2. Kap., IX, 7; *a*, *b*, *c* usw. (Benzolgewinnung), 2. Kap., IX, 4; *M* (Teergewinnung), 2. Kap., IX, 3.

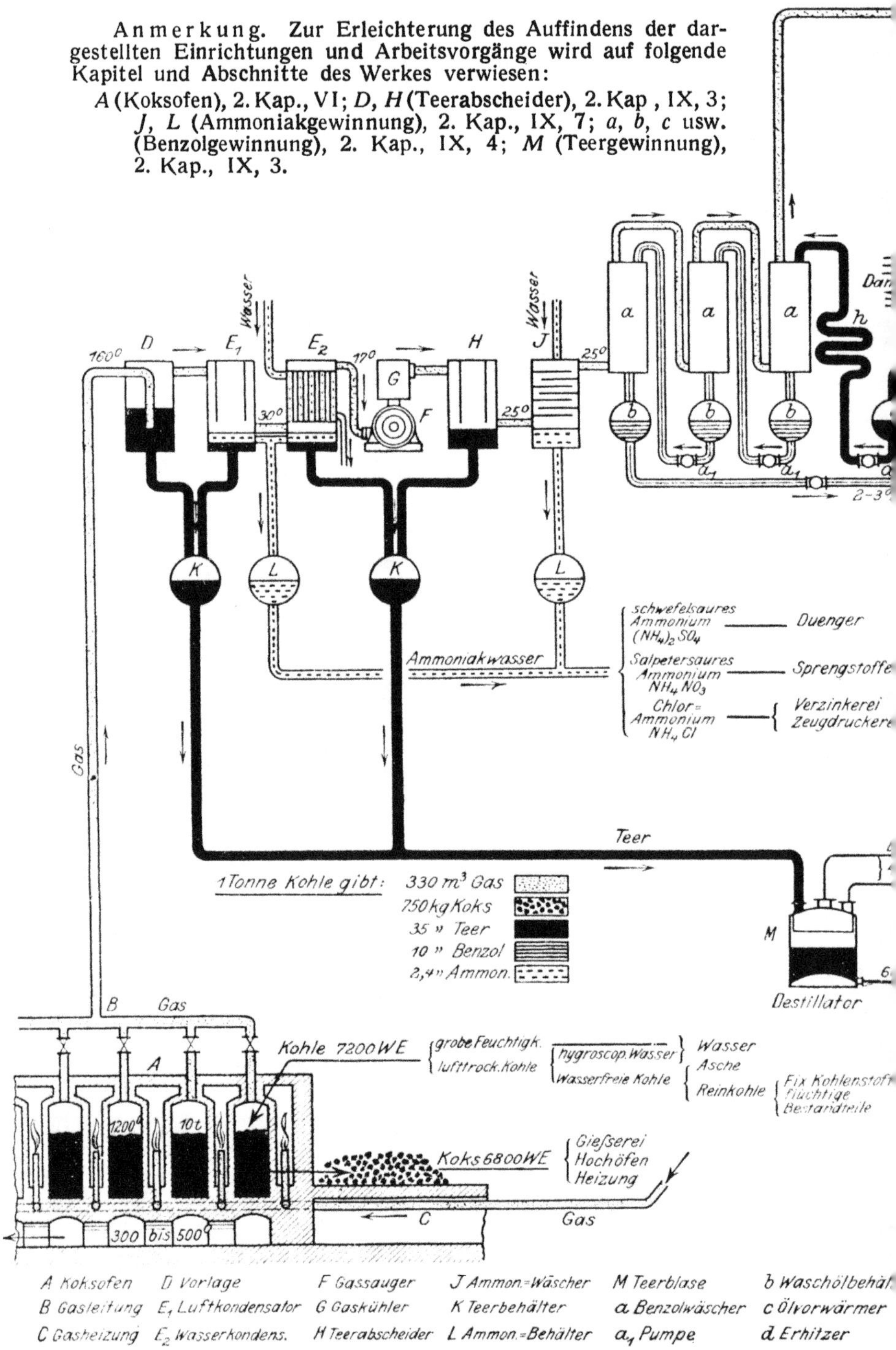

A Koksofen, *B* Gasleitung, *C* Gasheizung, *D* Vorlage, E_1 Luftkondensator, E_2 Wasserkondens., *F* Gassauger, *G* Gaskühler, *H* Teerabscheider, *J* Ammon.-Wäscher, *K* Teerbehälter, *L* Ammon.-Behälter, *M* Teerblase, *a* Benzolwäscher, a_1 Pumpe, *b* Waschölbehälter, *c* Ölvorwärmer, *d* Erhitzer

Verkokung der Steinkohle

Tafel II
(Seite 49).

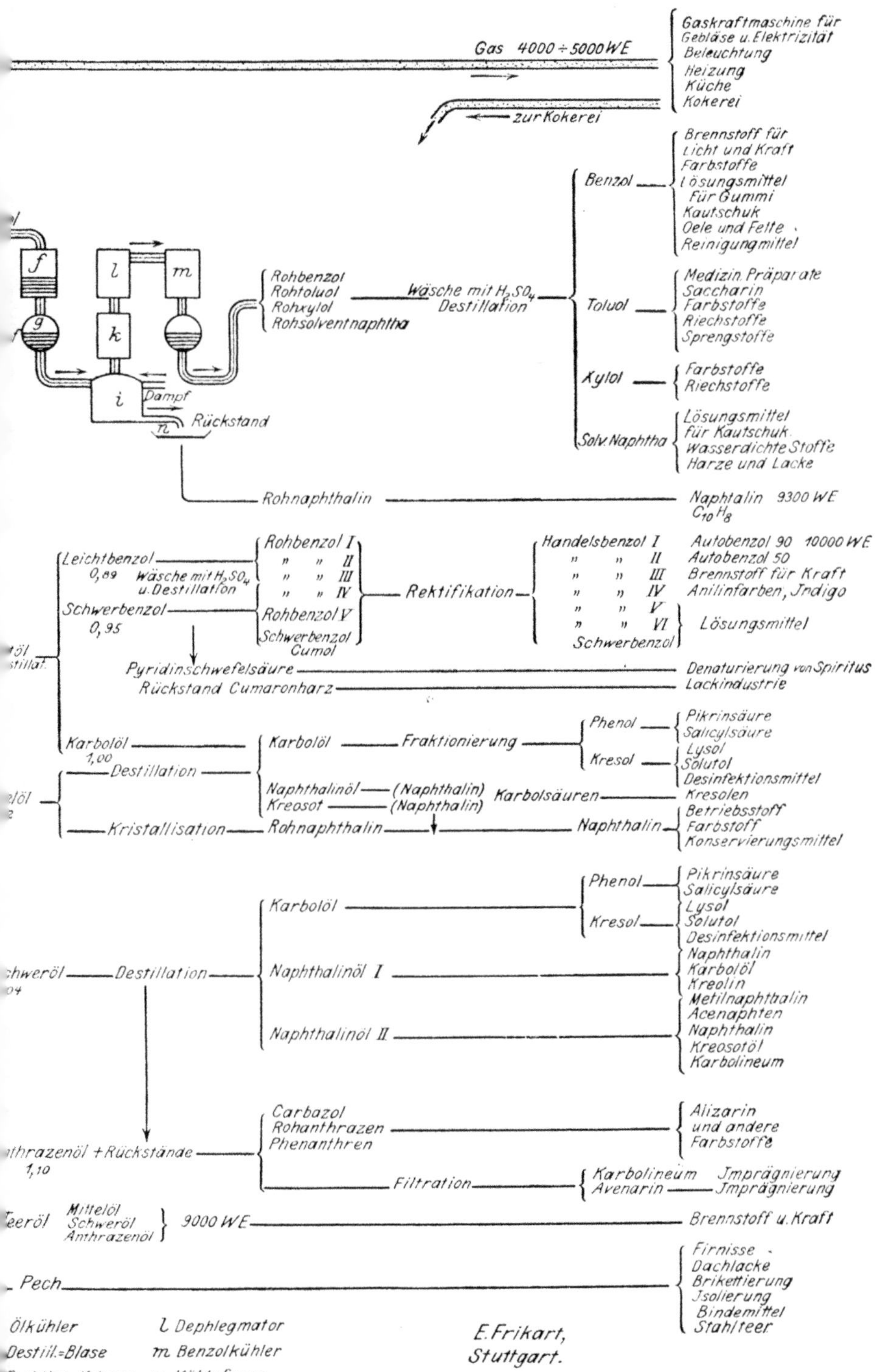

der Nebenerzeugnisse.

Druck und Verlag von R. Oldenbourg, München und Berlin.

Auch das Wassergas, das auf unseren Gasanstalten durch Überleiten von Wasserdampf über glühenden Koks (vgl. trocknen und nassen Betrieb, S. 143) hergestellt wird, ergibt einen Teer. Das Gas, das aus dem Wassergasgenerator kommt, reichert man meist durch das aus Petroleum gewonnene Gasöl an, das in Dampfform zugesetzt wird, worauf man das Gemisch überhitzt. Der hohe Gehalt des aus diesem Gemisch herausgewaschenen Teeres an Kohlenwasserstoffen macht ihn für die unmittelbare Verwendung zu Feuerungszwecken besonders geeignet. Seine Erzeugung bei uns beträgt rd. 14000 t jährlich.

Die modernen Koksöfen unserer Zechen und Hütten, die bei uns den Hauptanteil der Steinkohlenteererzeugung bestreiten, fassen bis zu 10 und sogar 12 und 13 t Kohlen. Während die Retortenöfen auf Gaswerken auf Kohlen mit 20 bis 40% flüchtigen Bestandteilen angewiesen sind, eignen sich die auf Koks arbeitenden Öfen für weit ungeeignetere Kohlen durch Stampfen und Mischen verschiedener Sorten. Das aus den Kammern oben austretende Gas wird in einer Anlage, die ganz ähnlich der auf Gasanstalten ist, von Teer, Benzol und Ammoniak befreit. In der Gewinnung des Benzoles unterschieden sich die Anlagen der Kokereien noch bis in die jüngste Zeit von denen der Gasanstalten, da diese das den Leuchtwert erhöhende Benzol im Gase beließen. Die Beschaffenheit des Koksofenteers weicht nur wenig von der des Gasteeres aus Kammeröfen ab. Sein Gehalt an freiem Kohlenstoff überschreitet 10 bis 12% nicht, hängt jedoch von der Temperatur ab, mit der die Öfen betrieben werden.

Die Destillate des Steinkohlenteers werden in der Teerblase erzeugt (vgl. Tafel II). Aus dem Teer gewinnt man durch Erhitzung bis auf 170° C das Leichtöl, bis 230° das Mittelöl, bis 270° das Schweröl und auf 320° das Anthrazenöl. Der Rest besteht aus Pech. Die einzelnen Destillationserzeugnisse werden darauf nochmals destilliert, von festen Bestandteilen befreit und durch Säuren und Alkalien gereinigt. Von diesen Ölen gehen uns hier diejenigen an, die unter den Bezeichnungen Benzol und Teeröl zusammengefaßt werden. Außer bei der Verarbeitung des Leichtöles wird Benzol, wie bereits oben bemerkt, unmittelbar aus den Koksofengasen, und zwar durch Auswaschen mittels Waschöle in Hordenwäschern und darauffolgendes Abtreiben aus den Waschölen erhalten. Die hergestellten Mengen sind ganz erheblich:

1903	24000 t	1913	140000 t
1908	50000 t	1918	193129 t
1912	134762 t		

Das Benzol wurde 1914 in Deutschland in etwa 80 Zechen hergestellt. Seit dieser Zeit haben sich eine ganze Reihe weiterer Kokereianlagen auf die Gewinnung von Nebenerzeugnissen umgestellt, so daß die Herstellung von Benzol in den Kriegsjahren ganz bedeutend gesteigert werden konnte. Der Verkauf des Benzols erfolgt im großen durch die Deutsche Benzol-Vereinigung G. m. b. H., die ihren Sitz in Bochum hat. Das Benzol wird in ganzen Kesselwagen bezogen, in Fässer von 250 kg, erforderlichenfalls auch in kleinere Gebinde abgezogen und auf Lager genommen.

Die unter der Bezeichnung Teeröl zusammengefaßten Öle gewinnt man aus den Mittel-, Schwer- und Anthrazenölen, die etwa $\frac{1}{3}$ des Teergewichtes ausmachen. Die Gesamterzeugung der Teeröle Deutschlands hat 1911 rd. 400000 t, 1919 rd. 450000 t betragen und übertrifft damit diejenigen sämtlicher sonst noch bei uns selbst hergestellter flüssiger Brennstoffe. Da das Teeröl bei dieser Massenerzeugung wohl imstande ist, uns bis zu einem gewissen Grade vom Bezug ausländischer flüssiger Brennstoffe unabhängig zu machen, hat man an seine Zukunft große Hoffnungen geknüpft. Schließlich erhält man bei der Teerdestillation das Naphthalin, einen bei gewöhnlicher Temperatur festen Körper, der 5 bis 8% des Teergewichtes ausmacht und ebenfalls für Kraftbetrieb in Frage kommt. Es wird bei uns in einer Menge von rd. 50000 t im Werte von 5 Mill. M hergestellt, und zwar durch Auskristallisieren der naphthalinhaltigen Teeröle.

c) Destillate der Braunkohle usw.

Der Braunkohlenteer wird nicht als Nebenstoff, sondern als Haupterzeugnis durch Destillation aus der Braunkohle gewonnen, und zwar hauptsächlich in den mitteldeutschen Braunkohlenbezirken. Seine Erzeugung beträgt etwa 60000 t jährlich. Die Braunkohlenteerindustrie des mitteldeutschen Bezirkes ist in dem Verkaufssyndikat für Paraffinöle in Halle a. S. zusammengeschlossen, das den Verkauf der Erzeugnisse beherrscht. Die Teerdämpfe kühlt man durch Luft und schlägt sie nieder. Der so erhaltene Teer wird nicht unmittelbar als Brennstoff benutzt, sondern lediglich weiter destilliert. Von den zahlreichen Verarbeitungserzeugnissen kommen für Feuerungs- und Kraftzwecke in Betracht Paraffinöl in Mengen von etwa 50000 t, Solaröl und das als Nebenerzeugnis beim Reinigen der Braunkohlenteeröle mittels Natronlauge gewonnene Kreosotöl. In besonderen Gasanstalten, die hauptsächlich für die staatlichen Eisenbahnen arbeiten, wird aus Destillaten des Braunkohlenteeres und Schieferteeres, der in Deutschland bei Darmstadt, in anderen Ländern, z. B. in Schottland, gewonnen wird, das Öl- oder Fettgas zur Beleuchtung von Eisenbahnwagen hergestellt. Bei der Abkühlung der Gase fällt als Nebenerzeugnis der Ölgasteer, der dem Wassergasteer unserer Steinkohlengasanstalten sehr ähnlich ist[1]). Auch aus diesem Teer werden Öle in kleinen Mengen gewonnen. Beim Verdichten des Fettgases zum Einfüllen in die Vorratbehälter der Eisenbahnwagen scheidet sich aus ihm der sog. „flüssige Kohlenwasserstoff" („Hydrokarbon") ab, der nach einem Reinigungsvorgang zu Motorzwecken im Eisenbahnbetrieb benutzt wird[2]).

Wie die Braunkohlenteeröle kommen auch die aus Torf gewonnenen hochwertigen Öle wegen ihres sehr hohen Preises wohl für Motoren, dagegen wenig für Feuerungen in Betracht. Auch liegen hierüber noch sehr wenig Erfahrungen vor.

d) Flüssige Brennstoffe tierischer und pflanzlicher Herkunft.

Von diesen ist bisher nur der Spiritus und das Erdnußöl in Frage gekommen, während die Verwendung tierischer und pflanzlicher Fette und Öle zwar für den Betrieb des Dieselmotors in den Kolonien, also für ganz besondere Verhältnisse, angeregt, aber noch nirgends mit anerkanntem Erfolg durchgeführt worden ist. Der Spiritus wird in bekannter Weise aus Kartoffeln usw. (vgl. Zahlentafel 39 und 40) hergestellt und bei uns in einer Menge von rd. 4 Mill. hl jährlich gewonnen.

Zahlentafel 39.

Alkohol-Welterzeugung in hl[1].

	1913		
	Erzeugung	Einfuhr	Ausfuhr
Deutsches Reich . . .	3 844 390	14 165	14 631
Belgien	363 332	9 040	65 823
Dänemark	131 000	11 700	6 700
Frankreich	2 954 000	182 256	309 886
Großbritannien und Irland	1 315 877	186 676	387 486
Niederlande	393 148	63 553	225 022
Norwegen	33 240	17 110	450
Österreich	1 590 189	112 239	249 649
Rußland	6 063 949	—	816 980
Schweden	232 030	15 544	2 537
Ungarn	1 392 179	51 124	157 059

[1] a. Ch. 13. 9. 18.

Zahlentafel 40.

Deutsche Brennereibetriebe und ihre Erzeugnisse in hl[1].

aus	Betriebe	Steuerjahr		1917
		1912/13	1913/14	
Kartoffeln	5 990	3 002 642	3 107 660	—
Getreide	8 382	574 100	559 359	—
Melasse	41	142 208	151 412	—
anderen Stoffen . . .	83	321	—	—
Obst[2]	48 391	33 108	—	—
Holz	—	—	—	107 000
Sulfitlaugen	—	—	—	116 000

[1] a. Ch. 27. 8. 18. [2] davon sind 43 178 Kleinbetriebe mit weniger als jährlich 500 l Leistung.

Die Erdnuß kommt als Kulturpflanze in den Tropen vor. In Deutschland wird die Erdeichel nur als Kuriosität gezogen, in Südspanien dagegen als Ölpflanze in größerem Maßstabe angebaut.

---

[1]) 1913 betrugen die Ölgas- und Wassergasteermengen etwa 16000 t.

[2]) Vgl. L. Schmitz, „Die flüssigen Brennstoffe".

3. Beschaffenheit und Verwendung.

a) Erdöl und seine Destillate.

Das Erdöl steht in Deutschland als Brennstoff für Feuerungen im Großbetrieb wegen seines geringen Vorkommens wenig in Frage. Zudem enthält der größte Teil des deutschen Rohöles soviel asphaltartige Bestandteile, daß seine unmittelbare Verwendung für Feuerungszwecke nahezu ausgeschlossen ist. Es wird daher hauptsächlich auf wertvollere Erzeugnisse verarbeitet, von denen das weiter unten zu besprechende Gasöl für Kraftzwecke verwertet wird. Allgemein hat das ungereinigte Öl eine Reihe sehr unzweckmäßiger Eigenschaften, wie hohe Feuer- und Explosionsgefahr wegen der leichten Entzündbarkeit der dünnflüssigen Bestandteile. Der Entflammungspunkt liegt bei einigen Sorten etwa bei 15° C. Es ist infolgedessen schwierig zu befördern und aufzubewahren. Die weniger entzündlichen schwereren Öle verstopfen dagegen leicht die Zerstäuberdüsen. Schließlich lassen sich die dünnflüssigen Sorten infolge der langen Flammenbildung weit weniger wirtschaftlich als die dickflüssigen verbrennen[1]).

Die genannten Übelstände treffen für die Erdöle der verschiedenen Quellen in mehr oder minder hohem Maße zu. Verhältnismäßig früh hat man angefangen, das niederländisch-indische Rohöl zum Heizen von Schiffskesseln zu verwenden. Besonders das Öl der Insel Borneo soll, so wie es aus der Quelle kommt, verwendbar sein[2]). Die zeitlich weit zurückliegenden Bemühungen von Marcus Saul, dem Eigentümer einiger gewaltiger Erdölquellen auf Borneo, um die Einführung der Ölfeuerung sind bekannt. Der Vorteil der Verwendung des Öles auf Schiffen besteht unter anderem in der wesentlich kleineren Raumbeanspruchung des in 1 kg erheblich mehr Wärmeeinheiten als die Kohlen besitzenden flüssigen Brennstoffes. Der Aktionsradius des Schiffes kann dadurch unter sonst gleichen Verhältnissen vergrößert werden. Durch Ein- und Ausschalten der einzelnen Brenner kann ferner die Anstrengung der Kessel den Anforderungen gut angepaßt werden. Auch gestaltet sich die Anbordnahme des Öles bequemer als bei Kohlen, da es mittels Dampfpumpen durch Rohrleitungen in die Doppelbodenzellen geschafft wird, was nur wenige Stunden in Anspruch nimmt Der Verbrauch an Erdöl soll stündlich 0,5 kg/PS betragen. Die Ersparnis an Bedienung ist erheblich. Nach einigen, eine Anzahl Jahre zurückliegenden Angaben verbrauchte ein Dampfer von 8600 t Bruttogewicht bei einer Geschwindigkeit von 18,5 km/Std. rd. 22 t Öl in 24 Stunden. Da er unter sonst gleichen Verhältnissen an Kohlen 45 t verbraucht hätte, so ist hier etwa 1 t Erdöl gleich 2 t Kohle zu setzen. Auch deutsche Schiffahrtsgesellschaften, wie der Norddeutsche Lloyd, haben sich bereits vor 15 Jahren mit der Einführung der Erdölfeuerung befaßt, und aus noch viel früherer Zeit stammen die Versuche der verschiedenen Kriegsflotten mit dem Verfeuern von Erdöl, dessen Rauchfreiheit hier besonders wichtig war, so 1890 in Italien und bald darauf in Deutschland, wo die Küstenschiffe Ägir und Odin mit Ölheizung betrieben wurden[3]). Bei der Probefahrt eines 2000 t-Schiffes des Norddeutschen Lloyds betrug der Ölverbrauch bei voller Geschwindigkeit 13½ t in 24 Stunden, d. h. 0,66 kg/PSi. Die für Kohlenfeuerung eingerichteten Schiffe gleicher Größe verbrauchten unter gleichen Bedingungen 19¾ t japanischer Kohle, die etwa gleich 16 t Walliser Kohle gesetzt werden können. Auch bei diesen nicht so günstig wie oben lautenden Zahlen ist zu berücksichtigen, daß die anderen bereits genannten Vorteile der Ölfeuerung auf Schiffen bisweilen so in den Vordergrund treten, daß selbst etwaige Nachteile unter Umständen gern in Kauf genommen werden.

Anders steht es bei gewöhnlichen ortfesten Anlagen, wo der Brennstoffpreis ausschlaggebend ist. Obwohl z. B. die Dieselmaschine nur ⅓ des Brennstoffes verbraucht, den die moderne Dampfmaschine erfordert, stellen sich doch bei einem Preise von x M je t Kohle und 3 x M je t Öl die Kosten des Dampfmaschinenbetriebes unter Berücksichtigung sämtlicher Verhältnisse niedriger als beim Dieselmotor. Der Preis für amerikanisches Rohöl betrug 1912 schon ohne Frachtkosten beinahe mehr[4]), nämlich 51 M statt 18 M je t Kohle[5]).

Die weiteste Verbreitung hat das Erdöl als Heizöl in den Vereinigten Staaten von Amerika gefunden, und zwar vorzüglich das in Kalifornien gewonnene Öl, das etwa ⅓ der Gewinnung der

[1]) Vgl. Zeitschr. f. Dampfk. u. Maschinenbetr. 1913, S. 554.

[2]) Volldampf, Zeitschr. f. Handel u. Industrie, X. Jahrg., S. 198.

[3]) Mitteilungen aus der Praxis des Dampfkessel- und Dampfmaschinenbetriebes, 23. Sept. 1903.

[4]) Vgl. Feuerungstechnik 1913, S. 419.

[5]) Nach Berlingske Tidende 16. 4. 1912 bevorzugte Dänemark als Ersatz für Treiböl Sauggas, dessen Kosten für einen Fischkuttermotor zu 35 Kr/Tag gegenüber Petroleum (100 Kr), Karbid (300 Kr), Tran (600 Kr) angegeben werden.

Vereinigten Staaten ausmacht. Im Jahre 1903 sind dort rd. 32. Mill. Faß Heizöl (ein Faß gleich 159 l), im Jahre 1910 bereits doppelt soviel verbraucht worden. Die amerikanische Regierung hat, um den Bezug dieser Öle einheitlich zu regeln, Normalien für die Lieferung aufgestellt[1]). Nach Verhandlungen auf dem Internationalen Kongreß 1912 in Bukarest ist anzunehmen, daß die sehr zweckmäßigen Vorschriften auch internationale Geltung erhalten werden.

In Amerika findet man die Erdölfeuerung fast auf allen Werften[2]). Hier benutzt man drei Arten von Verbrennung: entweder die Vereinigung eines mit etwa 1,4 at Druck arbeitenden Ölzerstäubers mit einer Niederdruck-Einblasevorrichtung für die Luft, oder die Anwendung gleichen Druckes von 0,28 at für Öl und Luft in getrennten Vorrichtungen, oder schließlich Verwendung lediglich eines einzigen Gebläses. Ein bezeichnendes Beispiel für die amerikanischen Verhältnisse an der Westküste, wo das Erdöl im günstigsten Wettbewerb mit der dort sehr teuren Steinkohle steht, bildet der Betrieb der Mare-Island-Schiffswerft[3]). Das Öl, das in Tankschiffen angefahren und von den Lieferanten durch eine 150 mm weite Rohrleitung in zwei je 200 cbm fassende Hauptbehälter auf einem in der Nähe befindlichen 12 m hohen Hügel gepumpt wird, enthält nicht mehr als 2% Wasser und Sinkstoffe bei einem Entflammungspunkt von 60° C. Aus den Hauptbehältern läuft es durch ein im Winter mit Dampf geheiztes Rohr zu den Verteilbehältern. Täglich werden 19 cbm verbraucht. Damit werden 4 stehende Dampfkessel von 8,2 at für den Antrieb der Dynamomaschine und Kompressoren und 12 liegende Röhrenkessel von 5,7 at für die Lenzpumpen des Trockendocks, die Dampfhämmer in der Schmiede und für Heizzwecke versorgt. Das Öl wird hier durch Dampfpumpen mit 7,51 at unter die Kessel gedrückt, durch einen eingeführten Dampfstrahl zerstäubt und dann verbrannt. Es wird dauernd auf einer Temperatur von 50° C gehalten. Zum Zerstäuben dient beim Anheizen des großen Kessels ein kleiner Hilfskessel. Die stehenden Kessel verbrauchen je 230 l/Std.; dabei erzeugt 1 kg Öl etwa 13 kg Dampf. Die Schmiede, Verzinkerei, Formerei, Eisen- und Metallgießerei und die Kupferschmiede werden zum größten Teile ebenfalls mit Öl betrieben. Zum Zerstäuben dient hier Druckluft aus zwei Rootschen Gebläsen für je 34 cbm/Min. Nach mehrjährigen Versuchen mit Drücken von 260 mm W.-S. bis 6½ at ist man zu der Erkenntnis gekommen, daß ein Druck von 0,32 bis 0,36 at für Öfen und Feuer am zweckmäßigsten ist. Der Einfachheit halber läßt man die Gebläse auch die Verbrennungsluft mitliefern, obwohl sich für diese ein Druck von 260 bis 350 mm W.-S. als besonders vorteilhaft herausgestellt hat. In der Schmiede werden ein großer und mehrere mittlere Flammöfen, einige kleinere Wärmöfen für Niete und Bolzen sowie der größte Teil der Schmiedefeuer mit Öl versorgt. Bei den Schmiedefeuern haben sich die gewöhnlichen Brenner nicht bewährt. Man hat infolgedessen in die Leitung der Verbrennungsluft ein kleines Rad, Abb. 11, eingebaut, das von dem Luftstrom in Bewegung versetzt, den von unten senkrecht eintretenden Brennstoff in den Luftstrom schleudert[4]). Durch Ventile werden Luft- und Ölstrom eingestellt und dann ohne weitere Wartung gelassen. Vorbedingung für einen rauchfreien, stets gleiche Temperatur aufweisenden Betrieb ist, daß der Strom der Luft und des Öles stets gleichmäßig ist. Der Betrieb ist unter den besonderen Verhältnissen des Landes durch die Ölfeuerung sehr verbilligt worden. Auch ist die Leistung der Schmiede erheblich gestiegen, da die Schmiedefeuer in einem Drittel der früheren Zeit arbeitsfertig gemacht und die erforderliche Hitze des Arbeitstückes schneller als bei Kohlen erreicht werden kann. Nach 2½jähriger Betriebserfahrung ist die Erhöhung der Leistung auf 40 bis 50% geschätzt worden. Weitere Vorzüge sind: Die Reinheit des Feuers, Fortfall der Belästigung des Arbeiters durch Rauch. Allerdings erfordert das Schweißen große Geschicklichkeit und Aufmerksamkeit, da die Stücke sonst leicht nur an der Oberfläche statt durchgehend geschweißt werden. In der Verzinkerei heizt man die Zinkbehälter mit Öl, wobei durch besondere Vorrichtungen für die gleichmäßige Erwärmung gesorgt ist. In der Formerei werden die Kerne tagsüber mit Öl, nachts, wenn die Ölleitung abgestellt ist, mit Koks getrocknet. Auch in der Metall- und Eisengießerei benutzt man zum Schmelzen das Öl. Die Erfolge sollen sich in einer besonderen Güte und Billigkeit des Gusses geäußert haben. Schließlich sind in den einzelnen Werkstätten mehrere tragbare Öfen für Ölfeuerung vorhanden.

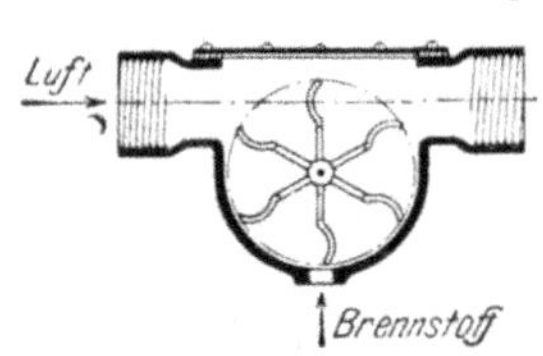

Abb. 11. Zerstäubungsvorrichtung für flüssige Brennstoffe.

[1]) Wiedergegeben in L. Schmitz, „Die flüssigen Brennstoffe“.

[2]) Die amerikanische Marine verbrauchte an flüssigem Brennstoff in Mill. Barrels nach Joseph Daniels, Staatssekretär der amerikanischen Marine: 1916 0,842, 1917 1,475, 1918 1,942, 1919 2,845, 1920 4,175.

[3]) Z. d. V. d. I. 1908 S. 895.

[4]) S. a. a. O. der Z. d. V. d. I.

Zahle

Bezeichnung	spez. Gewicht bei 15° C	Flammpunkt ° C	Viskosität Engler °	Siedeanalyse Beginn ° C	Siedeanalyse Fraktionen ° C	%	Rückstand %
Schweres Wietzer Rohöl	0,942	105	bei 50° = 15° Engl. „ 80° = 4,7° „	129	130—270 270—300	11,9 8,8	79
„ „ „	0,925	92		104	130—270 270—300	15,2 9,2	75,2
„ „ „	0,951	109		130	130—270 270—300	9 10,4	80,6
Leichtes „ „	0,891	53	—	—	bis 130 130—270 270—300	0,65 20,1 7,4	71,5
Elsässer Rohöl aus Oberstritten .	0,880	unter 15	—	—	bis 130 130—270 270—300	5 22,2 7,1	65,3
Galizisches Rohöl aus Boryslaw .	0,862	„ 15	—	—	bis 130 130—270 270—300	6,8 26 7,2	60
„ „ „ Schodnica	0,858	„ 15	—	—	bis 130 130—270 270—300	20 44,5 10,5	25
Rumänisches Rohöl aus Bustenari	0,854	„ 15	—	—	bis 130 130—270 270—300	20 35 7	38
„ „ „ Campina.	0,840	„ 15	—	—	bis 130 bis 300	10 40	50
Russisches Rohnaphtha	0,880	31	—	—	bis 130 130—270 270—300	2 27 15	56
Pennsylvanisches Rohöl . . .	0,805	unter 15	—	—	bis 130 130—270 270—300	12,7 49,4 12,4	24,8
Kalifornisches „	0,962	82	bei 80° = 4,3° Engl.	150	bis 300	32	68
Argentinisches „	0,940	124	bei 80° = 13,6° Engl.	250	bis 300	24	76
Sumatra-Rohöl	0,792	unter 0	—	—	bis 130 130—270 270—300	34 50,5 4	11,5

Tafel III
(Seite 53).

…rdöle.

…ntaranalyse			Ausbeute der Roherdöle					Bemerkungen
S %	O + N + S %	Asche %	Benzin %	Leuchtöl %	Schmieröl %	Paraffin %	Asphalt %	
…085	2	—	—	—	—	—	—	Der Heizwert des rohen Erdöls schwankt zwischen 9500 und **11500 WE, ist im Mittel also 10500 WE.**
—	—	—	1	6	14 Solaröl 50 Vulkanöl	—	25	
—	—	—	—	—	—	—	—	
—	—	—	3	20	15 Solaröl 40 Vulkanöl	1,5	15	theoretischer Luftbedarf unter Zugrundelegung einer Elementaranalyse von 84% C, 12% H, 1% O = 14 kg oder 10,5 cbm/kg Öl.
…,138	4,4	0,05	4—5	30—32	30—32	2	—	
—	5,7	—	5—25	25—40	—	0—10	—	
—	2,1	—	—	—	—	—	—	
…,3	4,59	—	0—49	28—47	—	3,8—29,2	—	Deutsches Erdöl ist nicht reich an Benzin und Petroleum, gibt jedoch ein Schmieröl mittlerer Güte, das besonders für Eisenbahnzwecke Verwendung findet.
…,13	0,5	—	—	—	—	—	—	
…,1	1,0	0,12—0,3	5	20—30	50—60	—	—	
—	3	—	12	70	10	1,2	—	
…2—3	1,3	—	—	—	—	—	—	
—	—	—	—	—	—	—	—	
—	—	—	—	—	—	—	—	

Druck und Verlag von R Oldenbourg, München und Berlin.

Eine nicht geringe Bedeutung hat die Verwendung des Öles für den Lokomotivbetrieb gewonnen. Auch in europäischen Ländern sind dahingehende Bestrebungen aufgetreten. So hatte die Österreichische Staatsbahnverwaltung 1909 beschlossen[1]), ihre nordöstlichen Bahnstrecken mit Lokomotiven auszurüsten, die mit galizischem Erdöl betrieben werden sollten. Das Rohöl sollte vorher von den leichten Bestandteilen (etwa 25% seines Gewichtes) befreit und auf einen Entflammungspunkt von 80° C gebracht werden. Zum Zerstäuben waren Holdensche Dampfzerstäuber vorgesehen. Röhrenvorwärmer sollten das paraffinhaltige Öl auch im Winter dünnflüssig halten. Der Tender sollte mit einem mit Öl- und Dampfleitungen an die Lokomotive angeschlossenen Behälter für 4 t Öl ausgerüstet werden, außerdem 3 t Kohle mit sich führen. Zum Befördern des Öles zu den 35 über das Bahnnetz verteilten Versorgungsstellen sollten 212 dreiachsige Behälterwagen für je 25 t Öl dienen, die mit Pump- und Heizvorrichtungen versehen waren.

Die hauptsächlichste Verbreitung hat die Öllokomotive aber wiederum in Amerika, und zwar in den Vereinigten Staaten und Mexiko, gefunden. Bereits vor etwa 20 Jahren besaß die Great Eastern Railway 37 Lokomotiven mit Ölfeuerung, wovon 20 im Personenverkehr der Vororte, 15 im Schnellzugverkehr und 2 im Güterverkehr liefen. Die Vorortlokomotiven hatten eine kombinierte Heizung, bei der ein Kohlenfeuer unterhalten und Rohöl darüber geblasen wurde (Ölzusatzfeuerung). Diese Feuerung eignet sich besonders für Lokomotiven, die oft halten müssen. Ihr Verbrauch betrug täglich 55 kg Kohlen und 30 kg Öl/km, während bei reiner Kohlenheizung 114 kg Kohlen verbraucht wurden. Bekannt ist ferner, daß die Canadian Pacific Railway auf einem Teil ihrer Strecken Öllokomotiven eingeführt hat[2]). Das Öl wird aus Behältern von 7650 cbm Inhalt, die an einzelnen Orten der Bahn aufgestellt sind, entnommen. Die einzige Veränderung der bisher mit Kohlen betriebenen Lokomotive bestand in der Anbringung der Brenner und der entsprechenden Einrichtung der Tender zur Aufnahme des Öls. Seit etwa 1907 hat sich die Ölfeuerung auch auf mexikanischen Bahnen mehr und mehr eingebürgert. Zeitweise wurden alle neu zu bauenden Lokomotiven auch für Öl eingerichtet und die alten dafür nachträglich umgebaut. Im Sommer 1909 betrug die Anzahl der so betriebenen Lokomotiven 40, darunter 2 Fairlie-Gebirgslokomotiven für starke Steigungen mit einem Adhäsionsgewicht von 125 t, also sehr schwere Lokomotiven. Große Vorratlager für Öl wurden an 4 Hauptorten des Landes angelegt. Der wirtschaftliche Erfolg bei diesem Erdölbetrieb war, daß die mexikanische Eisenbahnverwaltung nach eigenen Angaben im ersten Halbjahr 1912 gegen 1 Mill. M gespart hat, und zwar beim Bezug der Brennstoffe und durch Erleichterung der Bedienung usw.[3]) Besonders auf Strecken mit großen Steigungen war das geringe Gewicht des Brennstoffvorrats von erheblichem Vorteil.

Als ein Beispiel für die Verfeuerung des Erdöles in europäischen Ländern sei noch der Betrieb einiger Salinen in Ostgalizien angeführt (Stebnik, Lacko u. a. m.). In Stebnik werden seit 1906 2 Siederohrkessel von je 27 qm Heizfläche und einige Sudpfannen mit Erdöl geheizt[4]). Der Erfolg gegenüber der früheren Holzfeuerung war eine Ersparnis an Betriebskosten um 18,58%. Die Verbrennungsluft wird stark vorgewärmt, indem sie an den Wänden des Feuerraumes entlang streicht, und auch das Öl wird auf 40° erhitzt.

Was die Beschaffenheit des Erdöles betrifft, so enthält es durchschnittlich etwa 85% Kohlenstoff und 12% Wasserstoff. In den folgenden Zahlentafeln a bis f der Tafeln III und IV finden wir die wichtigsten Eigenschaften einiger Roherdöle und seiner Destillate nach Schmitz zusammengestellt.

Dementsprechend beträgt das Verhältnis der theoretischen Verdampfungsfähigkeit einer Kohle von 7800 WE zu Öl 2:3, in der Praxis etwa 4:7.

Von den Destillaten des Rohöles kommt das Benzin nahezu ausschließlich für das Gebiet der Motoren, und zwar zum größten Teil für Motorwagen, in Betracht, das es völlig beherrscht. An Benzin werden die hauptsächlichsten Mengen aus Amerika und Niederländisch-Indien, ein anderer erheblicher Teil aus Rumänien, Rußland und Galizien bei uns eingeführt. 1912 erzeugte Deutschland aus den eigenen und eingeführten Rohölmengen die in Zahlentafel 41 angeführten Destillate.

---

[1]) Vgl. Z. d. V. d. I. 1909, S. 1429.

[2]) Vgl. Z. d. V. d. I. 1912, S. 157.

[3]) Vgl. Zeitung des Vereins deutscher Eisenbahnverwaltungen 1913, Nr. 2.

[4]) Vgl. Zeitschr. f. Dampfk. u. Maschinenbetr. 1913, S. 107.

Zahlentafel 41.

Deutsche Jahreserzeugung an Destillaten des Rohöls 1912.

	Menge t	Wert M.
a) Benzine aller Art	179 847	43 041 608
davon Benzin unter 0,750 spez. Gew.	130 742	33 842 122
„ „ von 0,750—0,770 spez. Gew.	21 780	4 145 513
„ „ von über 0,770 spez. Gew.	27 325	5 053 983
b) Leuchtöle (Brennpetroleum)	20 972	3 596 329
c) Schmieröle	136 523	21 298 942
davon Paraffinöle, Gasöle, Treiböle	31 438	3 795 068
rohe Schmieröle	38 521	4 041 485
raffinierte Schmieröle	66 564	13 462 389
d) Paraffin roh und gereinigt, Vaseline	4 655	821 721
e) Petroleumasphalt, Goudron, Petroleumpech, Petroleumkoks usw.	32 338	2 101 690

In ortsfesten Motoren benutzt man das billigere Schwerbenzin, das zu einem ermäßigten Zollsatz eingeführt wird. Auch für die leichteren, für Automobile geeigneten Sorten bestehen gewisse, für gewerbliche Unternehmungen bestimmte Erleichterungen. Die Feuergefährlichkeit des Brennstoffes macht besondere Vorsichtsmaßregeln für seine Lagerung und Aufbewahrung erforderlich, die unter anderem von der Berliner Firma Martini & Hünicke in mustergültiger Weise durchgebildet worden sind. Sie beruhen darauf, daß ein nichtentzündliches Gas in den Lagerbehälter eingebracht wird, so daß sich kein explosibles Gemisch bilden kann. Gleichzeitig dient der Druck dieses Gases zum Herausbefördern des Benzins aus dem Behälter. Der Flammpunkt des Benzins liegt unter 0°, sein spezifisches Gewicht ist je nach der Herkunft verschieden und beträgt etwa 0,65 bis 0,72. Die mittlere Elementaranalyse der verschiedenen, unter dem Namen Benzin zusammengefaßten Destillate enthält Zusammenstellung b der Tafel IV.

Aus Benzin gewinnt man durch Überleiten von Luft das zur Beleuchtung, zum Kochen und für kleinere Motoren verwandte Luftgas (Aerogengas oder Pentärgas, vgl. unter „Gasförmige Brennstoffe").

Das zweite Destillat des Rohöles, das Petroleum[1]), kommt seines hohen Preises wegen noch weniger als das Rohöl für den industriellen Betrieb Deutschlands als Feuerungsmittel in Betracht. Es wird bei uns, wie anderswo, in erster Linie zur Beleuchtung verbraucht[2]). Dagegen fällt seine Benutzung zum Heizen von Kesseln und zu Kraftzwecken in Verbrennungsmotoren kaum ins Gewicht. Hinzu kommt, daß es nur schwer vergast werden kann, und daß es die Motoren rasch und gründlich verschmutzt. Der Flammpunkt der üblichen Handelssorten ist meist durch behördliche Vorschriften bestimmt; er darf z. B. in Deutschland nicht über 21° C liegen. Die Eigenschaften des Leuchtpetroleums sind aus Zahlentafel c zu ersehen. Die den Petroleumrückstand bildenden Naphthetine entsprechen betreffs Feuersicherheit hohen Anforderungen. Die rumänischen Naphthetine finden hauptsächlich bei der italienischen Marine Verwendung (vgl. Zahlentafel d).

An Gasöl aus der Rohpetroleumdestillation werden in der ganzen Welt nach Schätzung 4½ Mill. t erzeugt. Deutschlands Erzeugung beträgt etwa 10000 bis 15000 t (nach L. Schmitz schätzungsweise 7000 t gleich 5% der inländischen Erdölerzeugung), wozu 1913 rd. 52000 t aus dem Ausland eingeführt werden. Es wird, wie oben bereits angegeben, zum Anreichern des Wassergases und auch an Stelle des aus Braunkohlen destillierten Gasöles zur Fettgasbereitung benutzt, daneben zum Betrieb von Motoren. Für die Einfuhr bestehen besondere Bestimmungen. Die Zollsätze sind für Motorenöl und Öl zur Wassergasbereitung ermäßigt. Die Eigenschaften des Gasöls sind aus Zahlentafel e zu entnehmen.

Äußerst wichtig für Feuerungsanlagen ist, wenn auch nicht für die Industrie Deutschlands, seit langem der Masut geworden. Für Deutschland verbietet sich seine Verwendung von vornherein wegen des hohen Zolles, der auf dem im Ausland gewonnenen Brennstoff ruht. Als Masut werden in Baku und überhaupt in Rußland mit einem Sammelnamen alle Rückstände bezeichnet, die bei der Verarbeitung des Erdöles nach dem Abtreiben des Petroleums übrigbleiben. Seine Eigenschaften

[1]) Der Verbrauch an Petroleum betrug 1880 6 kg, 1912 17 kg auf den Kopf der Bevölkerung.

[2]) Die Einfuhr von Leuchtöl auf der Donau betrug 1906 10000 t, 1915 40000 t.

Zahlentafel b. **Handelssorten des Benzins.**

Bezeichnung	spez. Gewicht bei 15° C	Siedegrenzen °C	mittlere Elementaranalyse eines Benzins für Automobilbetrieb: C	H	unterer Heizwert WE/kg	theoretischer Luftbedarf cbm/kg	Bemerkungen
Gasolin I (Petroläther)	0,650—0,660	30— 80	—	—	—	—	Siedegrenzen °C / Flammpunkt des Benzins ° C 50—60 / —58 60—78 / —39 70—88 / —45 80—100 / —22 80—115 / —21 100—150 / +10
Gasolin II (Leichtbenzin)	0,660—0,680	30— 95	—	—	—	—	
Autoluxusbenzin	0,690—0,700	50—105	—	—	—	—	
Automobilbenzin I .	0,700—0,705	50—110	85,1	14,9	10 160	12,57	Ein gutes Automobilbenzin soll nicht mehr wie 5% über 100° C siedende Bestandteile enthalten.
Motorenbenzin I . .	0,715—0,720	50—115	—	—	—	—	—
Handelsbenzin . . .	0,725—0,735	70—115	—	—	—	—	-
Waschbenzin (Ligroin) . . .	0,740—0,750	80—120	—	—	—	—	—
Schwerbenzin (Lackbenzin, Mineralterpentinöl) . . .	0,750—0,760	80—130	—	—	—	—	—

Zahlentafel e. **Gasöl (Destillationsprodukt des Erdöls), auch Mittelöl, Blauöl, Grünöl genannt.**

Bezeichnung	spez. Gewicht	Flammpunkt ° C	Siedeanalyse: bis 150° C %	bis 200° C %	bis 250° C %	bis 300° C %	Elementaranalyse: C %	H %	O + N %	S %	unterer Heizwert WE/kg	Ve
Gasöl aus schwerem Wietzer Rohöl	0,849	95	—	—	11	73,5	86,64	12,88	0,02	0,26	9 994	
Gasöl aus leichtem Wietzer Rohöl	0,882	—	1,7	7	16	22,1	—	—	—	—	—	
Gasöl aus Pechelbronn . . .	0,853	67	—	11	32	73	85,96	12,97	0,14	0,56	10 186	Mo
Galizisches Treiböl d. Deutsch-Amerikan. Petrol.-Ges. . .	0,861	53	-	—	10	70	87,0	12,98	0,13	0,42	9 834	K
Gasöl Dzieditz der Deutschen Vacuum-Öl-Companie . .	0,863	109	—	—	16	76	—	—	—	—	—	V
Rumänisches Gasöl A . . .	0,879	75	—	—	37,2	80	85,03	12,22	—	-	9 896	
„ „ B . . .	0,886	66,5	—	1,1	24,6	68,7	-	—	—	—	—	

Zahlentafel c. **Petroleum (Leuchtöl).**

…ung	spez. Gewicht	Flammpunkt °C	Siedeanalyse 150° %	200° %	250° %	275° %	300° %	mittlere Elementaranalyse C %	H %	O + N %	S %	Asche %	unterer Heizwert WE/kg	theoretischer Luftbedarf cbm/kg
…roleum der …ölraffinerie	0,8145	33	5,2	58,4	90,7	94,7	97,1	85,28	14,12	0,60	0,02	0,0002	10 500	11,3
…etroleum .	0,809	25	11,8	40,1	67,5	81,2	91,7							
,,	0,806	30	12,7	60,5	88,3	—	97							
,, .	0,807	30	8,4	42,4	73,2	86,2	95,8							
…r. Pure Oil	0,799	26	23	43	66	—	92							
…h. Petr. der …Petr.-Ges.	0,792	25,5	13,2	31,7	49,1	61,6	77,5							

Handelssorten des Petroleums.

Good Merchantable: geringste Sorte
Standard White
Prima ,,
Superfine ,,
Water ,, beste Sorte.

Zahlentafel d. **Naphthetine (Petroleumrückstand).**

spez. Gewicht bei 15° C	Flammpunkt °C	Viskosität Engler °	Siedeanalyse % Beginn °C	bis 300° C	Elementaranalyse % C	H	O + N	unterer Heizwert WE/kg	Bemerkungen
0,896	113	20° C = 11,9 50° C = 3,1 80° C 1,6	258	20	82,02	12,16	4,82	10 077	Naphthetine entspricht betreffs Feuersicherheit hohen Anforderungen, stammt meist aus Rumänien und kommt nur für Italien, besonders für die italienische Marine in Frage.

Zahlentafel f. **Erdölrückstände: Masut, Pakura.**

Bezeichnung	spez. Gewicht bei 15° C	Flammpunkt °C	Viskosität Engler °	Elementaranalyse % C %	H %	O + N + S %	unterer Heizwert WE/kg	theoretischer Luftbedarf cbm/kg	Verwendungszweck
Russischer Masut . .	0,840—0,950	über 70	6—10	87,1	11,7	1,2	10 700	10,5	Heizöl und Treiböl.
Galizischer Masut aus Boryslaw	0,925	109	—	85,23	13,24	1,5	—	—	
Galizischer Masut aus Harklowa	0,910—0,930	141	—	86,56	12,54	0,9	—	—	
Rumänische Pakura	0,900—0,980	140	—	—	—	—	—	—	
			I. m.	86,29	12,50	1,2			

Anmerkung: Für Gasöle mittlerer Zusammensetzung wird eine Viskosität von 1,5 bis 3° Engler und ein theoretischer Luftbedarf von 11 cbm/kg angegeben.

Druck und Verlag von R. Oldenbourg, München und Berlin

sind daher sehr wechselnd (vgl. Zahlentafel f). Für das spezifische Gewicht wird als obere Grenze 0,915, für den Flammpunkt nicht weniger als 70° C angegeben. Der Masut ist bei gewöhnlicher Temperatur eine zähe, schwarzbraune Flüssigkeit mit grünlichem Schimmer, die auch bei niedrigster Temperatur nicht erstarrt und erst bei 300° verdampft werden kann. Seine Feuergefährlichkeit ist gering. Wegen seiner Massenerzeugung und Billigkeit kann er auf weite Entfernungen hin mit der Kohle in Wettbewerb treten. Der Betrieb ist billig, sparsam, reinlich, einfach und ungefährlich. In Rußland waren bereits im Jahre 1893 nicht nur die gesamte Flotte des Kaspischen Meeres, der Wolga und Kama, sondern auch die angrenzenden Eisenbahnen, Hütten, Fabriken usw. mit Masut versorgt. Auch die Flotten anderer Staaten, z. B. die Deutsche Marine, verwenden Masut, wenn auch hier mit Rücksicht auf die Sicherheit im Kriegsfall die im Inland zu gewinnenden Brennstoffe, d. h. also die Erzeugnisse der Steinkohlendestillation, bevorzugt werden.

b) Destillate der Steinkohle.

Mit den Erzeugnissen der Steinkohlendestillation kommen wir zu den Brennstoffen, die für unsere deutschen Verhältnisse die gegebenen sind und dem Feuerungs- und Kraftbetrieb unserer Industrie vielfach weite Aussichten eröffnen. Was zunächst den Steinkohlenteer betrifft, so hängt seine Eignung für Feuerungszwecke, sofern man diese überhaupt verantworten kann, wesentlich von dem Grade des obenerwähnten Gehaltes an freiem Kohlenwasserstoff ab, der beim Gasteer bis 33%, beim Koksofenteer meist unter 7%, beim Vertikalofenteer nur 2 bis 4% beträgt. Nach einem Vorschlage von J. M. Müller[1]), der auch dahingehende Versuche angestellt hat, wurde neuerdings durch Schleudern des Teers $1/3$ des freien Kohlenstoffs entfernt. Eine Vervollkommnung des Verfahrens würde die Güte des Teers für Feuerungszwecke wesentlich erhöhen. Insgesamt enthält der Teer etwa 75 verschiedene flüssige Kohlenwasserstoffe, wie Benzol und seine Homologen (Phenol, Pyridin, schwere Öle usw.), die in die Gruppen der Leichtöle, Mittelöle, Schweröle usw. zusammengefaßt werden. Dazu kommen mit einem erheblichen Anteil die löslichen und nichtlöslichen Bestandteile des Peches (siehe oben). Die mittlere Zusammensetzung kann man aus Zahlentafel 42 entnehmen.

Zahlentafel 42.

Teer.

	C %	H %	O + N + S %	unterer Heizwert WE
Horizontalofenteer	89,3	4,95	5,3 + 0,34	8150—8350
Vertikalofenteer aus schlesischer Kohle	89,45	6,59	3,96	8750
Wassergasteer	91,32 90,62	7,41 7,08	1,27 2,3	9085 9049
Ölgasteer	91,16	5,15	3,96 + 0,75	9000

Die Elementaranalyse des Koksofenteers weicht nur wenig von der des Kammerofenteers ab. Der Entflammungspunkt des Horizontalofenteers liegt zwischen 65 und 100° C, der des Vertikalofenteers bei seinem hohen Gehalt an Ölen liegt etwas niedriger, nämlich zwischen 40 und 70° C, der der Wassergasteere zwischen 30 und 100° C. Der Flammpunkt des Ölgasteers sinkt bisweilen unter die Zimmertemperatur, derjenige des Koksofenteers ist derselbe wie beim Kammerofenteer. Damit der Teerstrom in den Zufuhrrohren der Feuerung nicht stockt, sondern ununterbrochen fließt, muß man den Teer erwärmen, anderseits darf man seine Erwärmung nicht zu hoch treiben, damit er sich nicht zersetzt und seine leichteren Bestandteile freigibt. Sonst treten Unregelmäßigkeiten beim Brennen der Flamme oder sogar Explosionen auf. Unregelmäßigkeiten ruft auch ein zu hoher Wassergehalt des Teers hervor. Die Höhe der Temperatur, bei der der Teer gerade gut flüssig bleibt, hängt von der Zähflüssigkeit der einzelnen Teersorten ab, deren Kenntnis beim Bezuge des Teers sehr wichtig ist.

Nur etwa $1/5$ bis $1/4$ des gesamten in unseren Gasanstalten und Kokereien gewonnenen Teers wird roh verbraucht, und zwar hauptsächlich in der Dachpappenindustrie[2]). Der weitaus größere Teil wird destilliert. Die ersten Versuche, Rohteer in industriellen Feuerungen zu verbrennen, mißglückten, da sich die Düsen bald verstopften und die Flamme bei höherem Wassergehalt leicht erlosch.

[1]) Vgl. Journ. f. Gasbel. u. Wasservers. 1912 Nr. 10.

[2]) Näheres siehe Tafel II.

Auch gegenwärtig stellt die Rohteerfeuerung keinen idealen Betrieb vor, da ihr immer noch gewisse Mängel, die in der Beschaffenheit des Rohstoffes liegen, anhängen. Zudem ist der Teer seit den Zeiten seiner ersten Verwendung auch wieder erheblich teurer geworden. Die Verfeuerung des Rohteers erscheint ferner nicht wirtschaftlich, weil dabei zuviel wertvolle Bestandteile unausgenutzt bleiben. Sie ist aber auch meist auf besondere Fälle, z. B. auf Gasanstalten, die aus irgendwelchen Gründen keine andere Verwendung für den Teer haben und ihn auch nicht verkaufen wollen, wie überhaupt mehr auf die Erzeugungsstellen des Teers, wie Gasanstalten, Zechen und Hüttenwerke, beschränkt[1]. Versuche in den Berliner Städtischen Gasanstalten haben zudem keine besonders günstige Verdampfung ergeben, nämlich im besten Falle nur eine 9,6fache[2]. Eine ähnliche Verdampfung hat man bei früheren Versuchen im Gaswerk Belvedere in Wien festgestellt, nämlich eine 9,5fache bei 22,70° C Speisewassertemperatur und 2,6 at Druck. Nach den damaligen Messungen sind dabei 71% der aufgewandten Wärme an den Kessel abgegeben worden, 11,4% durch den Schornstein gegangen und 17,6% anderweitig verloren. Das Gaswerk Belvedere verbrauchte seinerseits seinen ganzen Teer unter Dampfkesseln. Schon Fischer erwähnt in seinem Buche „Feuerungsanlagen" 1889 einen Teerzerstäuber von H. Drory, der ein in eine Hülse eingeschraubtes Nadelventil zeigt, durch dessen Einstellung der Zufluß des Teers geregelt wurde. Der Teer floß aus einem 3 m hoch stehenden Hauptbehälter zu den einzelnen Feuerstellen, mußte aber zur Abscheidung der Verunreinigungen durch ein dreifaches Sieb mit 1 mm weiten Maschen gehen. Um die Kesselbleche, besonders Nietköpfe und Blechstöße, vor dem scharfen Teerfeuer zu schützen, brachte man eine Anzahl Schamotteplatten unter dem Kessel an. Diese erhitzten sich vorn bis zur Weißglut, blieben aber hinten wegen der stetigen Wärmeabgabe an den Kessel dunkel. Sie bildeten außer dem Schutz auch einen Wärmespeicher, der für die Aufrechterhaltung der Verbrennung und für ihre Wirtschaftlichkeit als sehr günstig und sogar als erforderlich bezeichnet wurde. Es sei an dieser Stelle darauf aufmerksam gemacht, daß hier bereits die Wichtigkeit der Gegenwart glühender Steinmassen für die Ölfeuerung hervorgehoben wird, die wir weiter unten, bei der sog. flammenlosen Oberflächenverbrennung, noch zu behandeln haben werden. Der aus der Düse austretende Strahl, ein Gemisch aus Teer und dem als Zerstäubemittel benutzten Dampf, teilte sich, etwa 70 cm vom Zerstäuber entfernt, an einem spitzen Schamottepfeiler. Die Verbrennungsluft trat durch einen unterhalb des Verbrennungsraumes liegenden Luftkanal zu beiden Seiten der Düse in den Feuerraum ein. Sie wurde auf ihrem 3 m langen Weg längs der glühenden Schamottewände auf mehr als 500° vorgewärmt.

Bei den mancherlei nachteiligen Eigenschaften des Rohteers und den immer zunehmenden Bestrebungen, ihn durch Destillation wirtschaftlicher auszunutzen, besonders bei dem stetig wachsenden Bedarf an Teerdestillaten seitens unserer chemischen Industrie, ist der Rohteerfeuerung kaum eine große Zukunft zu prophezeien. Auch ist abzuwarten, ob die Verwendung des Teers zum Heizen von Martinöfen, die auf dem Stahlwerk Gary der United States Steel Corporation in Angriff genommen ist, weitere Fortschritte machen wird. Immerhin ist es bemerkenswert, daß man mit dieser Teerfeuerung an Martinöfen außerordentliche Erfolge erzielt haben will, die sich in einer hohen Wirtschaftlichkeit und in einer besonderen Reinheit des erzeugten Stahles äußern sollen. Von Vorteil soll dabei der geringe Schwefelgehalt der Teergase sein. Über die Erfolge der auch in Deutschland angewandten Teerfeuerung von Martinöfen ist Näheres nicht bekannt geworden. Bei Feuerungen für den Kraftbetrieb usw. und bei Motoren (Dieselmotoren, für die Teer als Brennstoff auch in Frage kommt) wird der Teer den Wettbewerb mit dem aus ihm hergestellten Teeröl kaum durchhalten können.

Das aus den Leichtölen der Teerdestillation und unmittelbar aus den Koksofengasen hergestellte Benzol ist in Ermanglung von Benzin zu einem außerordentlich begehrenswerten Rohstoff nicht allein für Heiz- und Kraftzwecke geworden, sondern wird auch in den chemischen Industrien zur Herstellung von Farbstoffen und Lösungsmitteln für Gummi usw. sowie auch zu Leuchtzwecken in den Benzolglühlichtlampen verbraucht. Der Bedarf der Farbwerke stellte sich 1913 auf 35000 t, so daß aus der deutschen Herstellung allein für andere Verbrauchszwecke, d. h. in der Hauptsache zur Verwendung in Motoren und Automobilen, eine Menge von 105000 t zur Verfügung stand. Man findet das Benzol bei Motorwagen (besonders Lastwagen), ferner im Bergbau für Grubenlokomotiven und in benzolelektrischen Eisenbahntriebwagen. Den Nachteil seiner leichten Gefrierbarkeit für den Motorwagenbetrieb behebt man neuerdings mit Erfolg durch Mischen mit Toluol, Benzin oder Spiritus. Einige Sorten sind in Zahlentafel 44 zusammengestellt.

---

[1]) Die Cockerilgesellschaft in Belgien arbeitete 1915 mit Koksofenteer und erzielte in 215 Beschickungen bei ununterbrochenem Betriebe mit einem Verbrauch von 115 kg Teer 1 t Stahl.

[2]) Zeitschr. f. Dampfk. u. Maschinenbetr. 1912, S. 544.

Aus wirtschaftlichen Gründen bevorzugte man dagegen Mischungen von Benzol und Spiritus und erhielt dadurch Ergebnisse nach Zahlentafel 43.

Zahlentafel 43.

Fahrtenkilometer je 1 M Brennstoffmischung (1915).

Brennstoffmischung	Preis der Brennstoffmischung in M/100 kg	Anzahl km je 1 M Brennstoffmischung
Benzin, rein	38,0	15,7
Benzol, „	37,5	18,9
Benzol u. Spiritus 1:1	35,8	20,9
desgl. 1:2	35,2	20,4
desgl. 1:3	34,9	20,0
desgl. 1:4	34,7	19,0
desgl. 1:5	34,5	17,3
Spiritus, rein	34,0	15,8

Die Vorteile, welche Benzol gegenüber Benzin bietet, sind etwa die folgenden:

1. Benzol ist ein vollständig inländisches Erzeugnis und daher steuerfrei.
2. Benzol wird immer in vollkommen gleichmäßig guter Beschaffenheit geliefert.
3. Benzol ist im Preise erheblich niedriger, leistet aber mindestens ebensoviel als Leichtbenzin und dürfte deshalb, vielleicht mit Ausnahme für die Luftschiffahrt, für alle Kraftfahrzeuge geeignet sein.
4. Sein Wärmeinhalt, auf das Volumen bezogen, ist größer, da 1 l Benzol 8360 WE, 1 l Benzin nur 7920 WE, also 440 WE oder etwa 6% weniger enthält.
5. Ein Betriebsstoffbehälter von 70 l Fassungsvermögen nimmt 50,40 kg Benzin, dagegen 61,60 kg Benzol auf.

   Der Durchschnitts-Automobilmotor leistet mit 1 kg Benzol mindestens dieselbe Arbeitsmenge wie mit 1 kg Benzin. Ein Wagen also, der mit 1 kg Brennstoff 10 km weit fahren kann und 70 l Brennstoff mit sich führt, legt mit Benzin 504 km, hingegen mit Benzol 616 km zurück, so daß der Aktionsradius um 20% erhöht wird. Der 1913 erfolgte Benzin-Benzol-Wettbewerb auf der englischen Brooklandsbahn bestätigte den Sieg des Benzols.
6. Benzol ist, da es schwer verdunstet, auch weniger feuergefährlich als Benzin.
7. Benzol gestattet gegenüber dem Benzin eine höhere Verdichtung der Frischgase (bei Wasserkühlung bis zu 7 kg/qcm anstatt 5,5 kg/qcm bei Benzin), ohne daß wie bei dem Benzin eine Selbstentzündung zu befürchten ist. Bei Luftkühlung ist die Grenze der Verdichtung beim Benzin schon 4 kg/qcm. Mit der Vergrößerung der Verdichtung wächst aber auch der thermische Wirkungsgrad. Die Motoren mit normaler Verdichtung nützen den Brennstoff bestenfalls mit 23% — häufig nur mit 18 bis 20% — aus, während bei neuzeitlichen Benzolmotoren Wirkungsgrade bis zu 35% angetroffen werden. Die Erhöhung der Wirkungsgrade dürfte mit der günstigeren Verbrennungskurve des Benzols zusammenhängen, die sich bei richtig eingestellten Vergasern in der sehr viel geringeren Erwärmung des Motors kennzeichnet. Das Benzol ist deshalb für luftgekühlte Motoren besonders zu empfehlen.

Das Teeröl ist, wie der Krieg eindringlich gelehrt hat, derjenige flüssige Brennstoff, der für Deutschland als Brennstoff zurzeit in allererster Linie in Betracht kommen kann, zumal er in genügend großen Mengen hergestellt wird und gegenüber anderen Ölen, wie Gasöl oder Paraffinöl und den aus dem Ausland eingeführten ähnlichen Stoffen, bei weitem billiger ist. Mit der Massenerzeugung des Teeröles trat Deutschland in die Reihe der Länder, die von der vorteilhaften Verwendung flüssiger Brennstoffe im großen Maßstabe Gebrauch machen können. Mehr in dieser Tatsache als etwa in der Erfindung neuer, für die Ölfeuerung besonders geeigneter Brenner- oder Feuerungseinrichtungen (vgl. S. 309) ist die dem Öl neuerdings zugewandte außerordentliche Beachtung begründet. Was die auf den neuen, günstigen Verhältnissen aufgebaute Entwicklung der deutschen Ölfeuerungsanlagen betrifft, so wird ihre Zukunft natürlich zum großen Teil von der Entwicklung

Zahlentafel 44. Steinkohlenteer-Destillate. Benzol.

Bezeichnung	Farbe	spez. Gewicht	Es sollen überdestillieren %	Erstarrungspunkt °C	Flammpunkt °C	Zusammensetzung %					Siedeanalyse °C		Elementaranalyse %			Heizwert WE/kg		theoretischer Luftbedarf cbm/kg
						Benzol	Toluol	Xylol	Cumol	neutral. Naphthalin-Öl	Beginn	bis 100°	C	H	S	unterer	oberer	
90er Rohbenzol	wasserhell bis gelblich	0,860 bis 0,880	—	— 10 bis — 12	— 15	—	—	—	—	—	79 bis 80	90 bis 93%	90,0	17,61	0,8	9600	10050	—
Handelsbenzol I, auch 90er Benzol genannt	farblos, wasserhell	0,880 bis 0,883	90 bis 100°	— 4 bis — 5	ca. — 15	84	13	3	—	—	81	90 bis 93%	91,5	7,8	0,5	9600	10050	10,2
Handelsbenzol II, auch 50er Benzol genannt	—	0,875 bis 0,877	50 bis 100° 90 bis 120°	—	— 9,5	43	46	11	—	—	—	—	—	—	—	—	—	—
Handelsbenzol III, auch gereinigtes Toluol genannt	—	0,870 bis 0,872	90 bis 120°	—	+ 5	15	75	10	—	—	—	—	—	—	—	—	—	—
Handelsbenzol IV, auch gereinigtes Xylol genannt	—	0,872 bis 0,876	90 bis 145°	—	+ 21	—	25	70	5	—	—	—	—	—	—	—	—	—
Handelsbenzol V, auch gereinig. Solventnaphtha I gen.	—	0,874 bis 0,880	90 bis 160°	—	+ 21	—	5	70	25	—	—	—	—	—	—	—	—	—
Handelsbenzol VI, auch gerein. Solventnaphtha II gen.	—	0,890 bis 0,910	90 bis 175°	—	+ 28	—	—	35	60	5	—	—	—	—	—	—	—	—
Handelsschwerbenzol	—	0,920 bis 0,945	90 bis 190°	—	+ 47	—	—	5	80	15	—	—	—	—	—	—	—	—

Autin.

Bezeichnung	spez. Gewicht bei 15° C	Erstarrungspunkt °C	Flammpunkt °C	Siedeanalyse °C			Elementaranalyse			Heizwert WE/kg	theoretischer Luftbedarf cbm/kg	Bemerkungen
				Beginn	Fraktionen	%	C	H	O+N+S			
Autin	0,870	— 15	unter Zimmertemperatur	78—80	bis 100 bis 160	65—70 95	87,20	9,10	3,70	9800 bis 9900	10,1	Dieser Brennstoff hat durch geeignete Zusammensetzung aus niedrig- und hochsiedenden Benzol-Kohlenwasserstoffen die Eigenschaft, daß er sowohl kältebeständig und auch leichtzündend ist und sich daher für den Motorbetrieb gut eignet.

Zahlentafel 45. Teeröl.

Bezeichnung	Farbe	spez. Gewicht	spez. Wärme	Flammpunkt °C	Viskosität		Siedeanalyse	Elementaranalyse %						unterer Heizwert WE/kg	theoret. Luftbedarf cbm/kg	Bemerkungen
					bei °C	Engler°		C	H	S	Wasser	Schmutz unlöslich	Asche			
Teeröl . . .	grünbraun bis dunkelbraun	1,0—1,1 i. M. 1,04—1,06	rd. 0,6	nicht unter 65 meist 75—85	20 50 70	1,38 1,15 1,04	bis 300° sollen mindestens 60 Volumen % überdestillieren	90,0	7,0	0,3 bis 0,7	nicht über 1	nicht über 2	nicht über 0,05	8800 bis 9200	ca. 10,0	Riecht kräftig nach Teer.

der Teerölpreise abhängen, d. h. im wesentlichen von der Preispolitik der Deutschen Teerprodukten-Vereinigung in Essen, die den Verkauf der deutschen Teeröle beherrscht.

In Deutschland fand das Teeröl zunächst Eingang in die Eisenindustrie, wo es bei der Weiterverarbeitung der Metalle: beim Schweißen, Glühen, Härten und Schmelzen verwandt wurde. Dann führte es sich in der keramischen und in den verwandten Industrien ein, und zwar zum Beheizen von Trockenkammern, zum Schmelzen von Glas, Weiterverarbeiten von Glas, zum Brennen von Kalk und Ton, ferner in Emaillier- und Porzellanfabriken[1]). Schließlich wurde es dann außer in Ofen- und Herdfeuerungen auch unter Kesseln (Schiffskesseln) und in den Verbrennungsmaschinen zur Krafterzeugung verbraucht. Es muß jedoch hervorgehoben werden, daß die Hauptmenge der Teeröle bei uns bis jetzt noch für wesentlich andere Zwecke verwandt wird, nämlich zum Imprägnieren von Holzmasten und Holzschwellen, zum Straßenbau, für pharmazeutische Zwecke u. a. m. Den Anteil der Feuerungen und Motoren am Verbrauch zeigt für einige der letzten Jahre die folgende Zusammenstellung:

Verwendete Steinkohlenteeröle:

	Für Heizzwecke	Für Treibzwecke
1910	29000 t	400 t
1911	45000 t	4000 t
1912	75000 t	

Immerhin beweisen diese Zahlen, wie der Verbrauch gerade in der letzten Zeit zugenommen hat.

Von den gesamten hergestellten Teerölen wird der für Heiz- und Kraftzwecke bestimmte Teil besonders behandelt, wobei er eine für diese Zwecke geeignete Beschaffenheit erhält. Das Öl bildet eine grünlich-schwarze Masse, die bei 15 bis 20° C dünnflüssig ist. Der Flammpunkt liegt zwischen 65 und 85° C. Das spezifische Gewicht ist etwas größer als das des Wassers; das Öl sinkt daher darin unter, was für das Löschen von Bränden, z. B. auf Schiffen, wichtig ist, da darüber geschüttetes Wasser einen guten Schutz gegen Entzündung bietet. Die Deutsche Teerproduktengesellschaft leistet bei der Lieferung des Öles für Dieselmotoren und Heizzwecke Gewähr für bestimmte Eigenschaften, die sich auf die Flüssigkeit bei einer gewissen Temperatur, auf die Abscheidung von Naphthalin bei Abkühlung, auf den Gehalt an unlöslichen und unverbrennbaren Bestandteilen und an Wasser (unter 1%), auf den Heizwert usw. beziehen. Die Elementaranalyse technischer Öle ist aus Zahlentafel 45, S. 58, zu entnehmen. Der saure Charakter des Teeröls macht für die damit in Berührung kommenden Maschinen- und Feuerungsteile besondere Vorsichtsmaßregeln erforderlich, die sie gegen Abnutzung und Zerstörung sichern. Ventile, Pumpen und Düsen dürfen nicht aus Rotguß, sondern sollen aus Nickel oder Nickelstahl mit 25% Nickelgehalt bestehen. In der Regel genügt schon Eisen. Auch sind besondere Dichtungen aus nichtpflanzlichen Stoffen zu empfehlen und Teile aus Gummi zu vermeiden. Vorsorge ist ferner dafür zu treffen, daß nicht durch Auskristallisieren von Naphthalin in der Winterkälte Verstopfungen in den Düsen auftreten. Durch rechtzeitiges Umrühren oder durch Erhitzen läßt sich das Naphthalin auch leicht wieder verflüssigen. Wegen der Ausscheidungen bei Kälte versieht man auch die Eisenbahnwagen, in denen Teeröl befördert wird, und ebenso die Vorratsbehälter am Verwendungsort zweckmäßig mit Heizvorrichtungen. Beim Lagern des Öles sind im übrigen Sicherheitsmaßregeln gegen Feuergefahr, wie beim Benzin oder Rohteer, nicht nötig, da es in die dritte Gefahrenklasse gehört. Daher können Mengen bis zu 10 t ohne Anzeige bei den Behörden gelagert werden, bis zu 50 t nach einfacher Anzeige, und nur bei noch größeren Mengen ist die Einholung einer besonderen Genehmigung der Behörden erforderlich.

Die hervorragende Bedeutung des Teeröles für die Entwicklung unserer mit flüssigen Brennstoffen betriebenen Kraftmaschinen ist bekannt. Die Tatsache, daß die Billigkeit und Massenerzeugung des Brennstoffes ihn für den Großkraftmaschinenbetrieb geeignet machte, gewann noch dadurch an Wert, daß es nach mancherlei Schwierigkeiten gelang, ihn der modernsten, den besten Wirkungsgrad und die höchste Wirtschaftlichkeit aufweisenden Maschine, dem Dieselmotor, dienstbar zu machen. Die teueren, für den Dieselmotor und die ihm verwandten „Rohölmotoren" (Bolindermotor, Junkersmotor usw.) bisher in Frage kommenden ausländischen Öle, wie Gasöl und Paraffinöl, wurden mit der fortschreitenden Durchbildung der Maschine mehr und mehr, schließlich sogar vollständig entbehrlich. Fortan war es möglich, die Brennstoffkosten sämtlicher Rohölmotoren durch Verwendung des Teeröles erheblich herabzusetzen. Die Ersparnis beträgt $1/3$ bis ungünstigstenfalls $1/5$. Außer in ortfesten Anlagen haben sich dem Teeröl im Zusammenhang mit der Einführung

[1]) Vgl. Feuerungstechnik 1913, S. 187.

des Dieselmotors in den Schiffbau neuerdings auch hier neue weite Möglichkeiten eröffnet, wo er ohnehin schon als Brennstoff für Dampfkessel in Betracht kam. Allerdings ist die Entwicklung der Schiffs-Dieselmaschine nach einem jähen Aufschwung jetzt offenbar etwas ins Stocken geraten. Zu erwähnen ist an dieser Stelle schließlich der vor kurzem versuchte Betrieb einer Diesellokomotive auf den preußischen Bahnen. Auch hier ist die Unabhängigkeit des Brennstoffbezuges vom Ausland von hohem Wert.

Während wir uns mit diesen Andeutungen über den Wert des Teeröls in unserer Brennstoffwirtschaft begnügen müssen, wird es im vierten Kapitel unsere Aufgabe sein, auf die Teerölfeuerung näher einzugehen.

Das Naphthalin, dessen störendes Auftreten im Teeröl oben erwähnt wurde, wird auf den Nebenproduktenanlagen der Kohlenindustrie aus den Teerdestillaten als selbständiges Erzeugnis gewonnen. Da es bei gewöhnlicher Temperatur ein fester Körper ist, muß es für den Motorenbetrieb, bei dem es verwandt wird, auf 80° erwärmt und so flüssig gemacht werden. Das geschieht durch die Abgase der Motoren, weshalb diese Motoren mit einem anderen, bereitzuhaltenden Hilfsbrennstoff anzulassen sind. Von Wert für den Betrieb von Motoren sind die hohe Spannung des Naphthalindampfes und die Rußfreiheit. Spezifisches Gewicht, Flammpunkt, Siedepunkt usw. sind aus folgender Zahlentafel 46 zu entnehmen.

Zahlentafel 46.

Naphthalin.

Bezeichnung	spez. Gewicht	Flammpunkt °C	Siedepunkt °C	Elementaranalyse %		unterer Heizwert WE/kg	theoretischer Luftbedarf cbm/kg	Bemerkungen
				C	H			
Naphthalin	1,15	80	216,5—218,5	93,75	6,25	9600	10,0	Das Naphthalin kristallisiert in großen farblosen rhombischen Blättchen, die bei 79° schmelzen.

c) Destillate der Braunkohle usw.

Wir haben bereits oben erwähnt, daß der Braunkohlenteer für unsere Zwecke überhaupt nicht in Betracht kommt, weil er durchweg auf seine Destillate weiterverarbeitet wird. Auch die aus Braunkohlenteer und Torf gewonnenen Öle erreichen wegen ihrer geringen Erzeugungsmengen und ihrer hohen Preise für unseren industriellen Großbetrieb bei weitem nicht die Bedeutung des Steinkohlenteeröls. Infolgedessen verbietet sich ihre Verwendung bei Feuerungen unter normalen Fällen allein schon aus wirtschaftlichen Gründen. Für den Betrieb von Ölmotoren haben jedoch das Paraffinöl, Solaröl, Gasöl, Kreosotöl u. a. vielfach Bedeutung erlangt. Die Eigenschaften dieser Stoffe sind in Zahlentafel 47 zusammengestellt.

d) Flüssige Brennstoffe tierischer und pflanzlicher Herkunft.

Als Spiritus, der nach dem weiter oben Gesagten hier zunächst zu besprechen ist, kommt nur der mit Wasser verdünnte Alkohol in Frage. Sein niedriger Entflammungspunkt, etwa 18° C und darunter, macht die Aufspeicherung größerer Mengen, z. B. in Schiffen, zur Verwendung in Feuerungen untunlich, wozu noch als hindernd der hohe Preis kommt. Als Brennstoff für Motoren[1]) hat er den vielfach sehr wichtigen Vorteil der Geruchlosigkeit seiner Auspuffgase, der bekanntlich Veranlassung gegeben hat, daß der Spiritusbetrieb von den Betrieben der Großstädte für Motorwagen vorgeschrieben wurde. Trotzdem nimmt er infolge des verhältnismäßig geringen Heizwertes bei hohem Preis unter den sonstigen Betriebsmitteln für Motoren eine wenig bedeutende Stelle ein. Man benutzt ihn fast nur, mit Benzol u. a. m. gemischt. Die Beimischung des Benzols hat auch den Zweck, die Bildung von schädlichen, rostbildenden Nebenstoffen zu verhindern, die auftreten, wenn der Spiritus nicht mit genügendem Luftüberschuß verbrannt wird. Der untere Heizwert des reinen Alkohols beträgt 6362 WE, beim verdünnten Spiritus von 90% Gehalt (Gewicht) sinkt er auf 5665, bei 80% auf 4970 WE. Bedeutet x den Gewichtsgehalt an Alkohol in Prozent, läßt sich der Heizwert y allgemein aus der Formel $y = 6960\,x - 598$ berechnen.

[1]) Näheres hierüber vgl. Donath und Gröger S. 77 bis 82 und verschiedene Aufsätze aus dem Jahrgang 1914 in der Zeitschrift f. angew. Chemie.

Zahlentafel 47. **Braunkohlenteer-Destillate.**

Bezeichnung	spez. Gewicht	Flammpunkt °C	Viskosität Engler°	Siedeanalyse °C Beginn	Siedeanalyse °C Fraktionen	Siedeanalyse %	Erstarrungspunkt °C	Elementaranalyse % C	H	O+N	S	unterer Heizwert WE/kg	theoretischer Luftbedarf cbm/kg	Bemerkungen	Verwendungszweck
Braunkohlenteerbenzin (Photogen)	0,780 bis 0,810	25—30	0,98	100 bis 120	bis 150 bis 200	20 80 bis 100	—	—	—	—	—	—	—	—	Wurde früher als Brennstoff für Lampen bestimmter Bauart verwendet, heute wird fast die ganze Gewinnung im eigenen Betriebe bei der Reinigung des Paraffins gebraucht.
Solaröl	0,825 bis 0,835	45—50	1,05 bis 1,10	150 bis 170	200 250 270	40—50 80—90 ca. 100	—	85,48	12,31	— 2,21 (O+N+S)	0,83	9983	10,8	—	Früher auf Lampen an Stelle von Petroleum verbrannt, jetzt Motorenöl.
Paraffinöle: helle: Putzöl	0,848 bis 0,850	66	1,10	189	200 250 300	4 95 alles		—	—	—	0,78	—	—		Putzen von fettigen Maschinenteilen.
helle: Gelböl	0,860 bis 0,870	82	1,21	204	200 250 300	— 68 96	—10 bis —15	86,35	11,16	1,68	0,81	9823	—	Der Kreosotgehalt dieser Öle beträgt 0,1—1%. Das Rotöl enthält noch geringe Mengen 1/4—1/2% von nicht gewinnbarem Paraffin. Im Gegensatz zum Solaröl enthalten diese Öle kein Naphthalin.	Ölgaserzeugung
helle: Rotöl	0,870 bis 0,880	85	1,25	207	200 250 300	— 34 81		—	—	—	0,86	9680	—		Ölgaserzeugung
dunkle: Gasöl	0,880 bis 0,900	100 bis 120	1,5 bis 2,5	200 bis 250	200 250 300	— 5—15 40—60	0 bis —5	85,71	11,62	— 2,67 (O+N+S)	bis zu 2	9800	10,7	Rotbraune Farbe mit blauer Fluoreszenz enthält 1—2% Kreosot und 1—2% Paraffin.	Öl- oder Fettgasbereitung sowie Wassergasfabrikation, Treiböl für Dieselmotoren.
Flüssige Kohlenwasserstoffe (Hydrokarbon) Nr. 1 „ 2 „ 3	0,865 bis 0,870	unter Zimmertemperatur	—	70 57 64	100 150 100 150 100 150	93 100 95 100 79 96	—	88,59	8,41	3,00	—	8976	10,0	Nebenprodukt bei der Ölgasbereitung, wird aus Braunkohlenteer und Schieferteer gewonnen. Flüssige Kohlenwasserstoffe enthalten in % Benzol 70, Toluol 15, höhere aromatische Homologe 5, Homologe des Äthylens 10.	Die Verwertung der flüssigen Kohlenwasserstoffe findet fast ausschließlich im Eisenbahnbetriebe als flüssiger Brennstoff in Motoren statt. Auch können diese Kohlenwasserstoffe an Stelle von Benzol zur kalten Karburation von Blauwassergas verwendet werden.
Fettöl	0,890 bis 0,905	—	—	—	—	—	—	—	—	—	—	—	—	Gelbe Farbe, frei von Kreosot.	Dient zur Herstellung von Wagenölen und wird auch als Gasöl verkauft.
Schweres Paraffinöl	0,905 bis 0,920	115 bis 125	2 bis 2,66	220 bis 250	200 250 300	— 5—10 10—20	—6 bis +7	85,95	11,53	— 2,52 (O+N+S)	ca. 1	9750	10,7	Dunkelbraun mit grünem Schimmer, Kreosotgehalt 1—3%, Paraffingehalt 2,5%.	Treiböl für Dieselmotoren.
Kreosotöl	0,940 bis 0,980	90	1,82	150 bis 170	200 250 300	5—10 30—40 60—70	—	80,11	9,70	8,89	1,30	8695 9000 oberer Heizwert	—	Enthält 40—60% Kreosot.	Heizöl und Desinfektion.

Zahlentafel 48 enthält einige wichtige Angaben über den Spiritus, Zahlentafel 49 dient zur Ermittlung des Alkoholgehalts aus dem spez. Gewicht.

Zahlentafel 48.

Spiritus.

Bezeichnung	spez. Gewicht bei 15° C	Flammpunkt °C	Siedepunkt °C	Elementaranalyse %			unterer Heizwert WE/kg	theoretischer Luftbedarf cbm/kg	Verwendungszweck
				C	H	O			
Reiner Alkohol	0,79425	—	78	52,12	13,14	34,74	6362	—	Der Spiritus nimmt wegen seiner hohen Gestehungskosten und seines niedrigen Heizwertes unter den flüssigen Brennstoffen nur eine untergeordnete Stellung ein.
95 Vol. % denat. Spiritus (Brennspiritus)	0,816	+12	—	—	—	—	5840	7,0	
90 Vol. % denat. Spiritus (Brennspiritus)	0,834	—	—	—	—	—	5373	—	

Zahlentafel 49.

Tafel zur Ermittelung des Alkoholgehaltes aus dem spez. Gewicht.

spez. Gewicht bei 15° C	Gewichts-% Alkohol	Raum-% Alkohol	spez. Gewicht bei 15° C	Gewichts-% Alkohol	Raum-% Alkohol	spez. Gewicht bei 15° C	Gewichts-% Alkohol	Raum-% Alkohol	spez. Gewicht bei 15° C	Gewichts-% Alkohol	Raum-% Alkohol
0,849	79,81	85,31	0,835	85,41	89,79	0,821	90,76	93,82	0,807	95,77	97,31
0,848	80,21	85,64	0,834	85,80	90,09	0,820	91,13	94,09	0,806	96,11	97,54
0,847	80,62	85,97	0,833	86,19	90,40	0,819	91,50	94,35	0,805	96,46	97,76
0,846	81,02	86,30	0,832	86,58	90,70	0,818	91,87	94,61	0,804	96,79	97,99
0,845	81,43	86,63	0,831	86,97	90,99	0,817	92,23	94,87	0,803	97,13	98,20
0,844	81,83	86,95	0,830	87,35	91,29	0,816	92,59	95,13	0,802	97,47	98,42
0,843	82,23	87,28	0,829	87,74	91,58	0,815	92,96	95,38	0,801	97,80	98,63
0,842	82,63	87,60	0,828	88,12	91,87	0,814	93,31	95,63	0,800	98,13	98,84
0,841	83,03	87,92	0,827	88,50	92,15	0,813	93,67	95,88	0,799	98,43	99,03
0,840	83,43	88,23	0,826	88,88	92,44	0,812	94,03	96,13	0,798	98,76	99,24
0,839	83,83	88,55	0,825	89,26	92,72	0,811	94,38	96,37	0,797	99,11	99,46
0,838	84,22	88,86	0,824	89,64	93,00	0,810	94,73	96,61	0,796	99,41	99,64
0,837	84,62	89,18	0,823	90,02	93,28	0,809	95,08	96,85	0,795	99,73	99,84
0,836	85,01	89,48	0,822	90,39	93,55	0,808	95,43	97,08	0,794	100,00	100,00

Die Erdnuß enthält 40 bis 50% Öl, das als Speise-, Brenn- und technisches, medizinisches Öl verwendet wird. Zahlentafel 50 gibt über sonstige Eigenschaften des Erdnußöls Auskunft.

Zahlentafel 50.

Erdnußöl.

Bezeichnung	spez. Gewicht bei 15° C	Flammpunkt °C	Elementaranalyse %			unterer Heizwert WE/kg	Verwendungszweck
			C	H	O+N		
Erdnußöl (Arachis hypogaea L.)	0,915	233	74,73	11,41	13,86	8823	Speisezwecke, Seifenfabrikation und andere technische Zwecke

e) Die halbflüssigen Brennstoffe (Kolloid-Brennstoffe).

Während Deutschland, durch die Blockade vom Auslande abgeschlossen, seine für die Dieselmaschinen der U-Boote erforderlichen Treibmittelmengen durch Zusatz von Pech zu strecken suchte, trachtete man in Amerika danach, mit den Vorräten an einheimischen Ölen durch deren Mischung mit Magerkohle aus anderen Kohlensorten wie Retortenkoks auszukommen. Es war ein Verdienst des unter Leitung von Lindon W. Bates stehenden technischen Ausschusses der U-Boot-Abwehrvereinigung, ein Verfahren ausgebildet zu haben, mit dem es gelang, staubförmigen Kohlenstoff, von dem ungefähr 95% durch ein 200-Maschensieb gingen, monatelang im Teeröl schwebend zu erhalten. Das Geheimnis besteht in der Anwendung eines sog. „Fixateurs" als Bindemittel. Die auf diese Weise gewonnenen halbflüssigen Brennstoffe, auch Kolloid-Brennstoffe, „fixated Oil", genannt, bestanden z. B. aus

45% Öl + 20% Teer + 35% gepulverter Kohle oder

38,5% Anthrazitabfall (mit 25,5% Asche) + 61,5% Öl-Waschabfälle[1] (Schlammkohle, Petroleum, Pech)

und hatten je nach Wahl der Brennstoffe einen Heizwert von 4330 bis 7340 WE.

Von dem Fixativ werden 1% oder 10 kg auf 1 t genommen. Mit der Höhe des Kohlenstaubgehaltes wächst die Zähflüssigkeit des Öls bis zur pastosen Beschaffenheit; indes haben die auf dem mit Normandkesseln ausgerüsteten amerikanischen Versuchsschiff ausgeführten Versuche die anstandslose Zerstäubung und Verbrennung des Brennstoffes ergeben, ohne daß ein Absetzen der Bestandteile oder ein Verstopfen der Düsen usw. beobachtet wurde.

Die Vorteile des neuen Brennstoffes dürften, soweit die Literatur Angaben hierüber enthält, sich in folgendem zusammenfassen lassen:

1. Bei Verwendung der halbflüssigen Brennstoffe sind Änderungen in den Ölbehältern oder Verbrennungseinrichtungen, die bereits für Ölfeuerungen dienten, nicht nötig.
2. Das Verfahren hat scheinbar da besondere Vorteile, wo Mischungen von schwefelhaltigen Ölen und Kohlen oder Koksen zur Verringerung des prozentigen Schwefelgehaltes führen. Dasselbe gilt von dem Aschengehalt minderwertiger Brennstoffe, die sonst schwer verwendbar waren, als Kolloidbrennstoffe aber nützlich werden können.
3. Streckung des Öls, von dem unter Umständen bei gleicher Leistung bis zu 30% weniger verbraucht werden.
4. Die Kolloidbrennstoffe lassen sich überall mit gleich gutem Erfolge verwenden.

Inwieweit der neue Brennstoff für Deutschland angesichts der trostlosen Kohlennot von Bedeutung werden könnte, läßt sich zurzeit nicht ermessen. Als die Brennstoffnot Ende 1918 einsetzte, wurden zur Streckung der festen Brennstoffe die bei der Marine lagernden Rohöl-, Teeröl-, Teer- und Rohnaphthalin-Vorräte trotz ihres dreifachen Preises mit herangezogen. Jedenfalls können die geringen Ölmengen uns nicht den Luxus gestatten, so weitgehende Mischungen wie in Amerika vorzunehmen, vielmehr werden wir uns damit begnügen müssen, z. B. im Dampfkesselbetriebe die Ölfeuerung nur als Zusatzfeuerung[2]) zuzulassen, um auf Kettenrosten einen kurzflammigen Brennstoff wie Koks usw. mit Vorteil verbrennen zu können.

III. Die gasförmigen Brennstoffe.

Einteilung der technischen Gase.

Bei der durch den Mangel an festen und flüssigen Brennstoffen bedingten zunehmenden Bedeutung der Gase findet man heute eine Unzahl von Benennungen; daher hat eine systematische Bezeichnung große Wichtigkeit. Nach einem Vorschlag von Trenkler ist eine Bezeichnung ihrer Entstehung nach bzw. nach den grundlegenden Verfahren ihrer Herstellung allein zweckmäßig. In Zahlentafel 51 ist diese Einteilung wiedergegeben. Neben den dort berücksichtigten technischen Gasarten spielen die bei chemischen Prozessen erhaltenen Abfallgase oder durch solche chemische Verfahren nicht aus Brennstoffen erzeugten Brenngase eine verschwindende Rolle. Hauptsächlich kommt hier Azetylen in Frage.

Die Gewinnung, Beschaffenheit und Verwendung sollen in den nachfolgenden Abschnitten eingehender behandelt werden. Wir werden dort sehen, welche Bedeutung die Gaswirtschaft für die Industrie gewonnen hat. Die Verwendung der Erdgase bedeutet zunächst für die Länder, die damit ausgestattet sind, ein Heranziehen natürlicher Bodenschätze, das für die Volkswirtschaft des Landes zwar ein kostbarer Gewinn, aber für die aus weitschauender Sparsamkeit gebotene gründliche Ausnutzung der übrigen Bodenschätze nicht immer segensreich gewesen ist. So kam zu dem Raubbau, den man bisher in Amerika vielfach mit dem Erdgas getrieben hat, als Nachteil hinzu, daß man darüber die streng wirtschaftliche Ausnutzung der wertvollen Kokereigase lange Zeit völlig verabsäumt hat. Demgegenüber bot die Gaswirtschaft in andern, weniger gesegneten Ländern, wie z. B. in Deutschland, von frühen Anfängen an ein erfreulicheres Bild. Allen Ländern ist

[1]) Chem.-Ztg. 1919, Nr. 147.

[2]) Nach praktischen Erfahrungen hat sich hierbei schon ein Teerölzusatz von 1% bewährt.

Zahlentafel 51.

Einteilung der technischen Gasarten.

Gruppe	Art	Abart
a) Naturgase	1. Erdgase	—
	2. Grubengase	Schlagwetter, Ausbläser
	3. Sumpfgase	—
b) Reichgase	1. Schwelgase	—
	2. Kokereigase	Koksofengas, Leuchtgas
c) Schwachgase	1. Luftgase	Siemensgas, Hochofengas
	2. Halbgase	Sauggas
	3. Mondgas	—
	4. Regenerationsgase	reg. Essengas, Hochofengas, reg. Kalkofengas
d) Vollgase	1. Wassergas	—
	2. Doppelgase	Doppelgas nach Strache, Trigas, Leuwasgas
e) Ölgase	1. Sattgase	Pentairgas, Benoïdgas, Aërogengas, Blaugas
	2. Carbogase	carb. Wassergas, Ölteergas
f) Edelgase	—	—

gemeinsam die zeitlich an erster Stelle stehende Leuchtgaserzeugung mit ihrer volkswirtschaftlich wichtigen Nebengewinnung an Ammoniak und Teer. Diese Gewinnung steigerte sich dann gewaltig mit dem Anwachsen der Kokereibetriebe und ihrer umfangreichen Erzeugung von Koksofengas, das zunächst nur für den Wärme- und Kraftbedarf der Zechen und Hütten, dann aber mehr und mehr auch für weite Kreise des gesamten Wirtschaftslebens herangezogen wurde. Von Wichtigkeit ist hierbei, daß die eigentliche Aufgabe der Kokereien die Erzeugung von Hüttenkoks bildet, während das hochwertige Gas selbst ein Nebenerzeugnis ist. Ein anderes wichtiges Nebenerzeugnis unserer Hütten, das über sein ursprüngliches Verwendungsgebiet hinaus der elektrischen Krafterzeugung für weite Kreise dienstbar gemacht worden ist, stellt das Hochofengichtgas dar. Schließlich hat sich, zeitlich parallel dazu, die Generatorgaserzeugung entwickelt, deren Zweck die Gewinnung des Gases selbst ist, während dabei auch die Nebengewinnung von Ammoniak der Volkswirtschaft Nutzen zu bringen verspricht. Hier ist auch die Ausnutzung minderwertiger Brennstoffe durch Vergasung hervorzuheben. Neben diesen Mitteln zur Erzeugung großer Gasmengen haben für kleinere Verhältnisse einige Verfahren zur Gewinnung von Luftgas, Azetylen usw. Bedeutung gewonnen.

Eine Übersicht über die mannigfaltigen Zusammenhänge der Gaswirtschaft mit der Brennstoffwirtschaft überhaupt zeigt Übersichtstafel V, worin auch die technisch ausschlaggebenden Wirkungsgradziffern wiedergegeben sind, um gleich von vorneherein eine ungefähre Beurteilung zu ermöglichen. Die Abbildung ist als eine Art Wegweiser durch das vorliegende Werk gedacht; die Tafeln enthalten Hinweise auf den Text.

In Ergänzung dieser Abbildung zeigt Tafel VI die Verwertung des Hochofengichtgases.

Schließlich gibt Tafel VII[1]) eine Übersicht über die Wege der Gaserzeugung sowohl durch Entgasung als auch durch Vergasung. Die Darstellung kann naturgemäß nicht vollständig sein; sie soll lediglich die wichtigsten Gewinnungsarten bei Berücksichtigung der Abwärmeverwertung zeigen.

a) Naturgase.

Nach den in Zahlentafel 51 genannten sollen hier nur die in der Natur vorkommenden Gase Berücksichtigung finden, die ihren Ursprung organischen Stoffen verdanken. Die vulkanischen Gasausströmungen und die kohlensäurehaltigen Gase der Mineralquellen scheiden demnach aus, haben auch für die Feuerungstechnik keinerlei Bedeutung. Für die für uns in Betracht kommenden Gase nimmt Czako[2]) an, daß sie bei der Vermoderung des Zellstoffes unter Luftabschluß durch eine Art von Gärung in Moor- und Torfgebilden, ferner bei der Bildung der Steinkohlen und

[1]) Die Tafeln enthalten Hinweise auf den Text.

[2]) „Beiträge zur Kenntnis natürlicher Gasausströmungen", Karlsruhe 1913.

Bemerkungen:

A Koksofen s. S. 132.
E Gaskraftmaschine s. S. 88, 332, 465.
F Abwärmeverwerter s. S. 88, 383.
H Hochofen s. S. 69.
I Heißdampfdampfmasch. s. S. 376.
J Verbrennungskraftmaschine s. S. 89.
K Gaserzeuger s. S. 187.
M Dampfmaschine m. Abdampfturb. s. S. 385.
N Verbunddampfmasch. od. Anzapfturb. s. S. 85, 376.
O Dampfmasch. m. Zweidruckturb. s. S. 377.

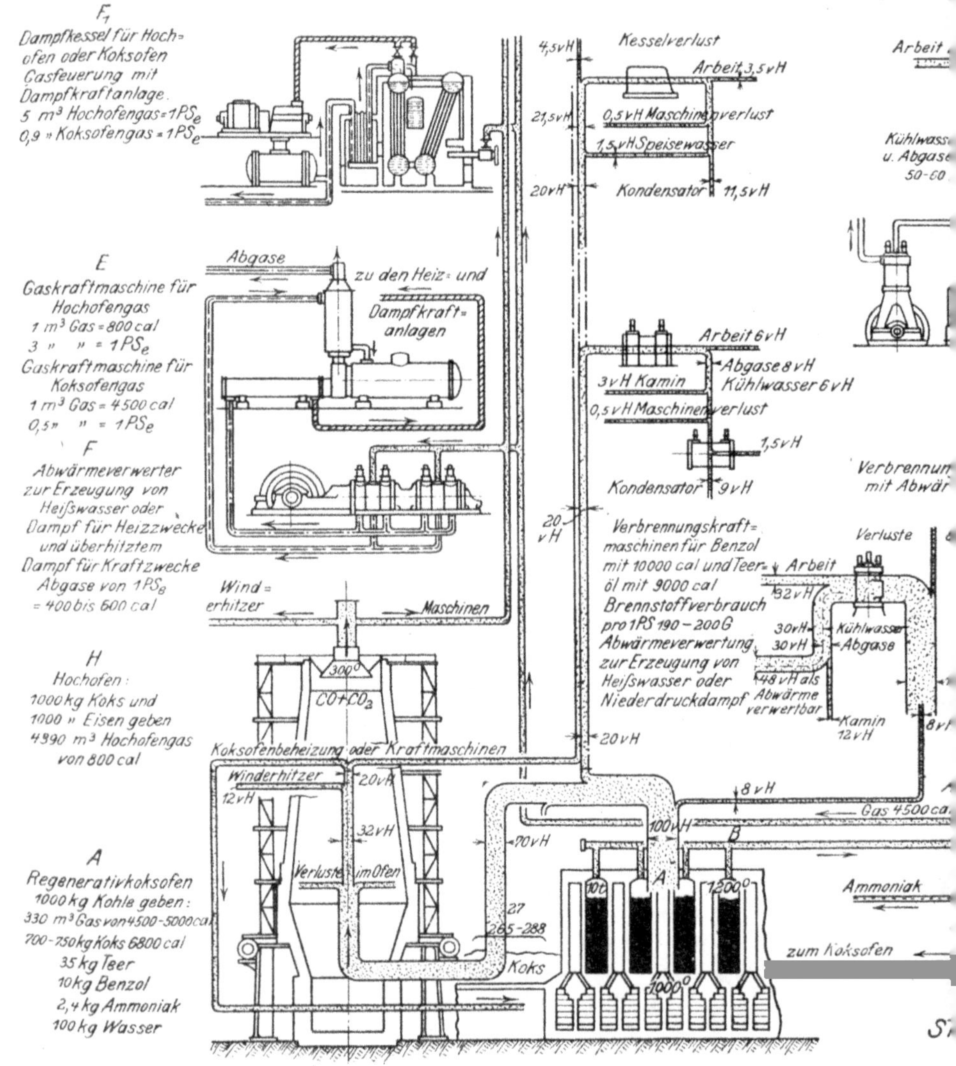

Gas- und Bren

Tafel V
(Seite 64).

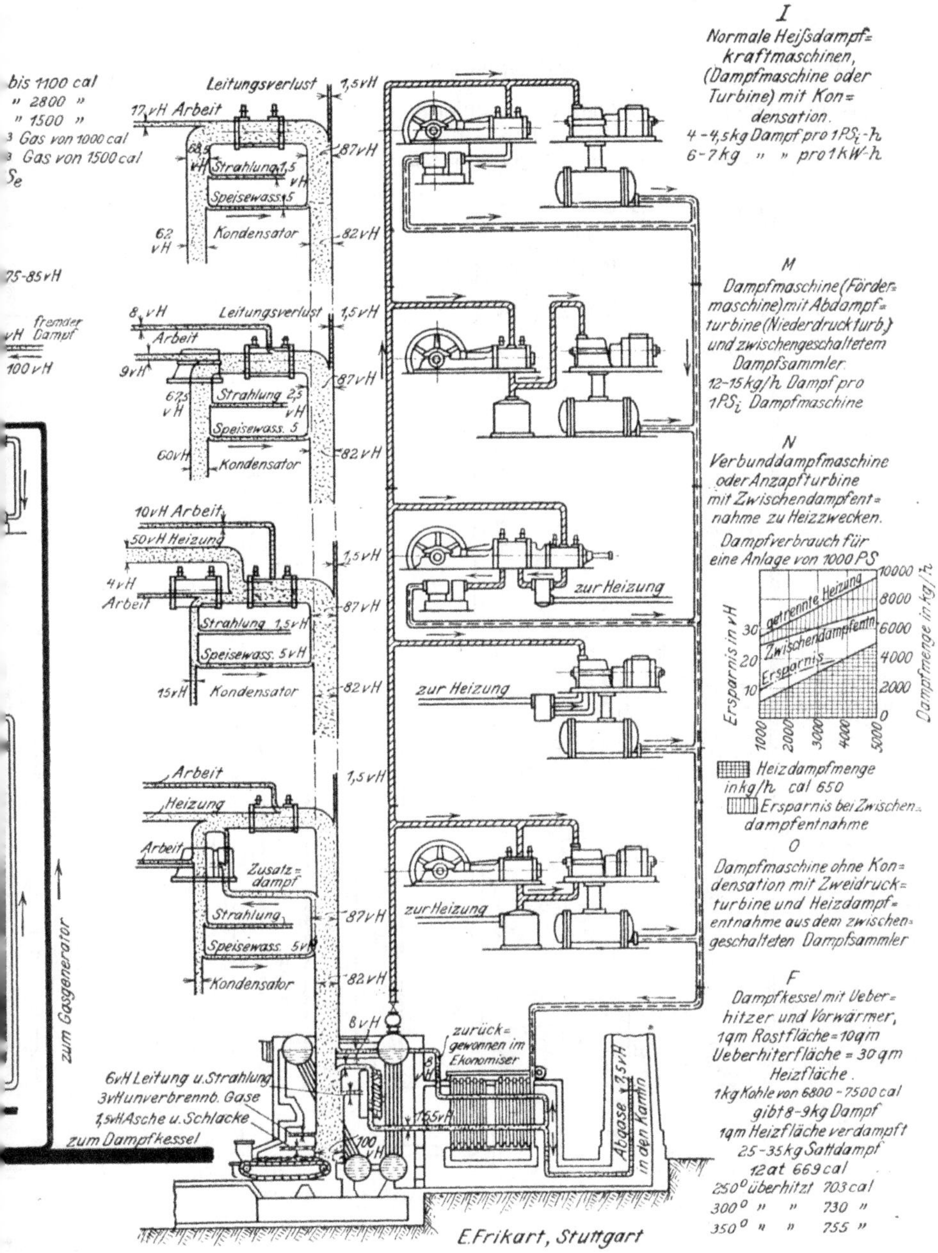

...m allgemeinen.

Druck und Verlag von R. Oldenbourg, München und Berlin.

Bemerkungen:

Hochofen s. S. 69.
A Winderhitzer s. S. 325.
B Martinofen s. S. 330, 338.
C Koksofen s. S. 132.
D Wärme- u. Glühofen s. S. 305, 316, 330.
E Gasmaschine s. S. 325, 465.
F_1 Gasdampfkessel s. S. 327, 331.
F Abgasdampfkessel s. S. 88, 383.
G Heiz-Wärme-Trocken-Anlage s. S. 330.
H Gasreiniger s. S. 325.

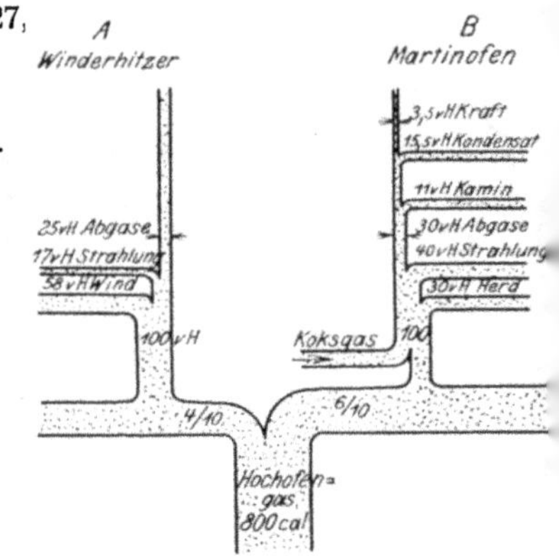

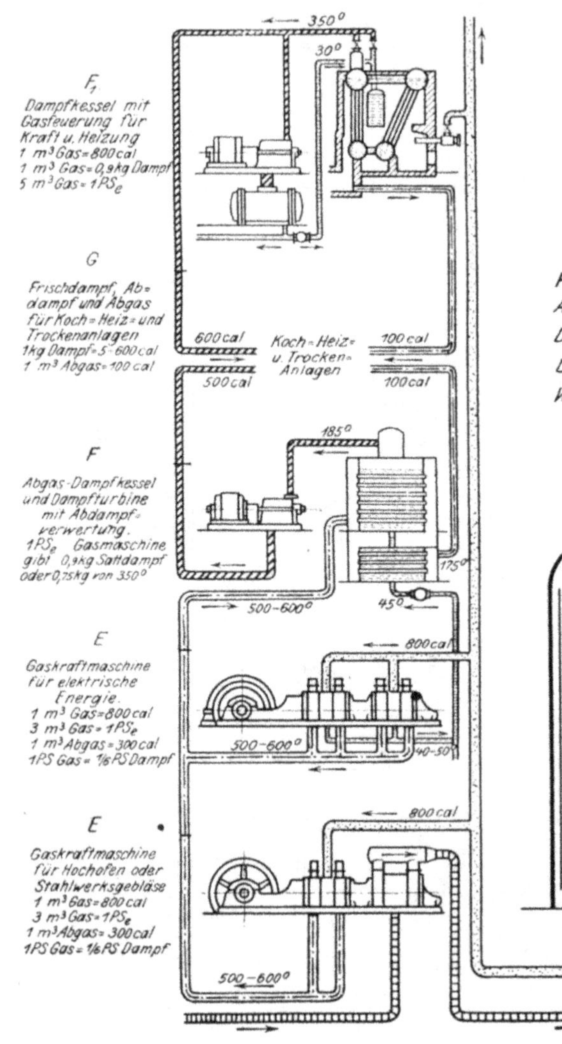

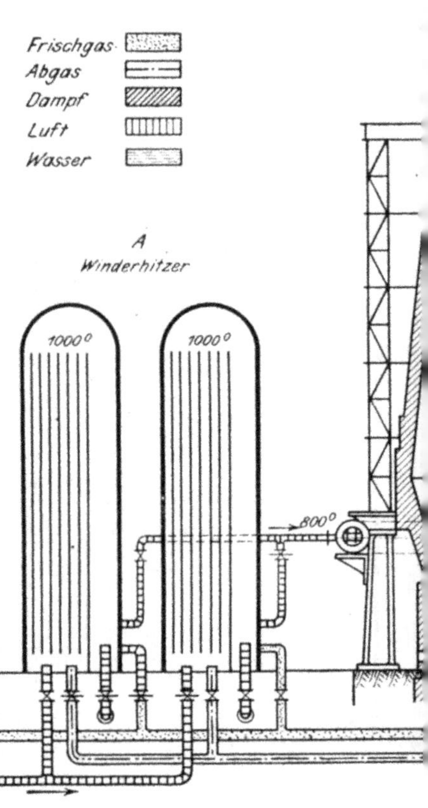

Verwertur

Tafel VI
(Seite 64).

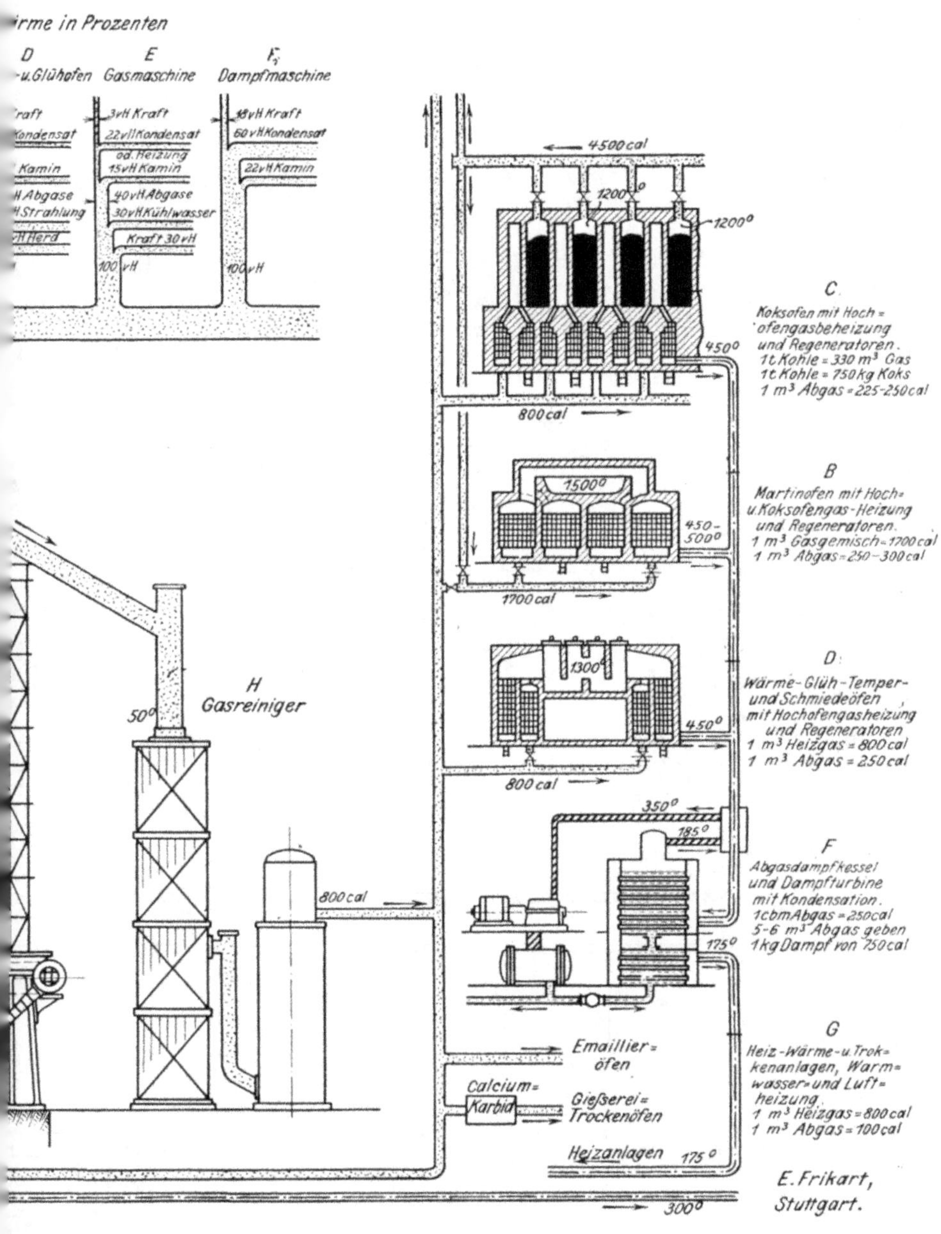

gichtgases.

Druck und Verlag von R. Oldenbourg, München und Berlin

Bemerkungen Sauggasanlage s. S. 187.
Feuerungen für gasförmige Brennstoffe s. S. 324.
Generator für Koksgrus s. S. 144, 203, 306.

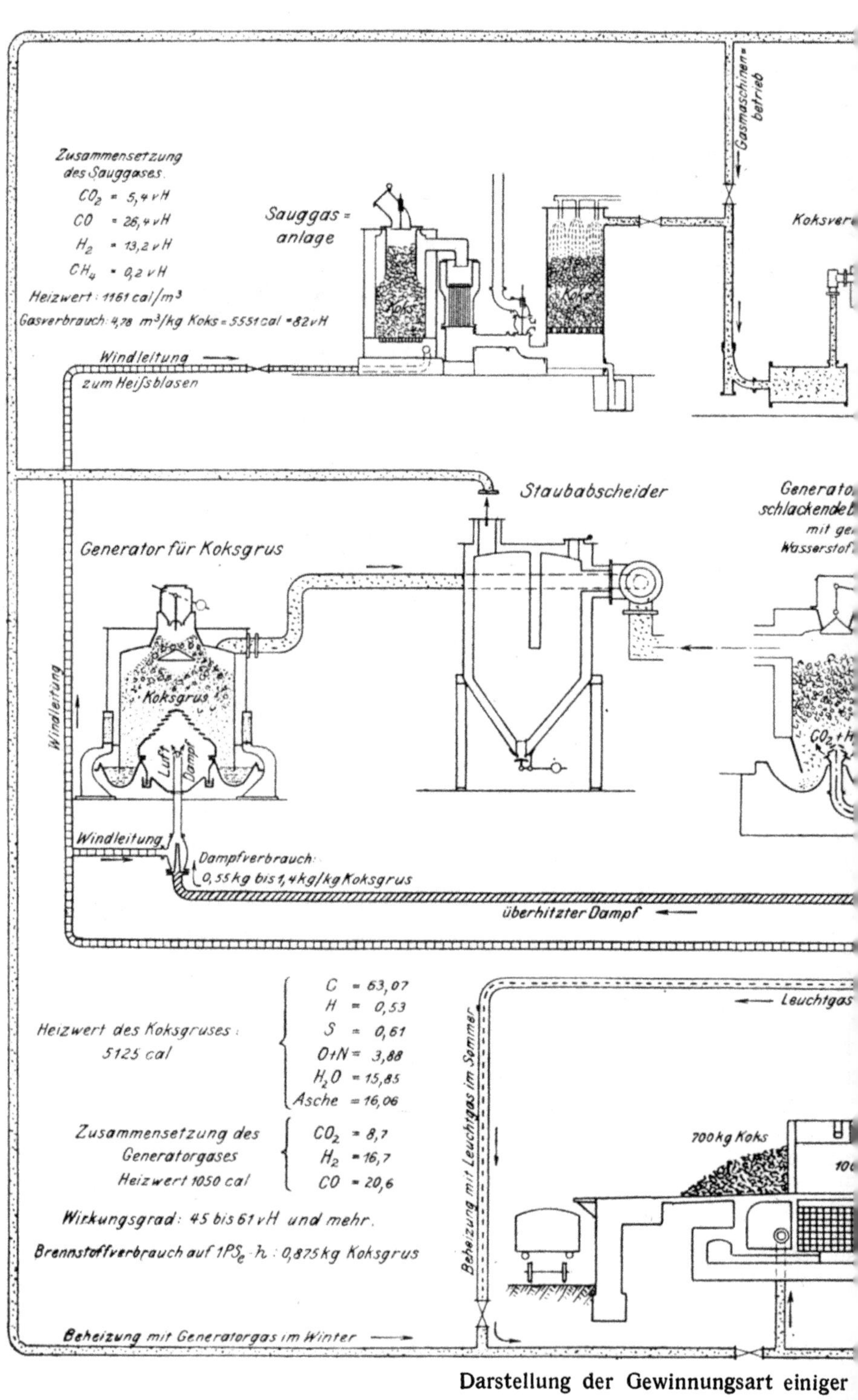

Darstellung der Gewinnungsart einiger

Tafel VII
(Seite 64).

S. 193.
ckende Brennstoffe s. S. 178.
ender s. S. 175.

Wassergasgenerator s. S. 212.
Steinkohlengas s. S. 67.
Unterwind s. S. 174.

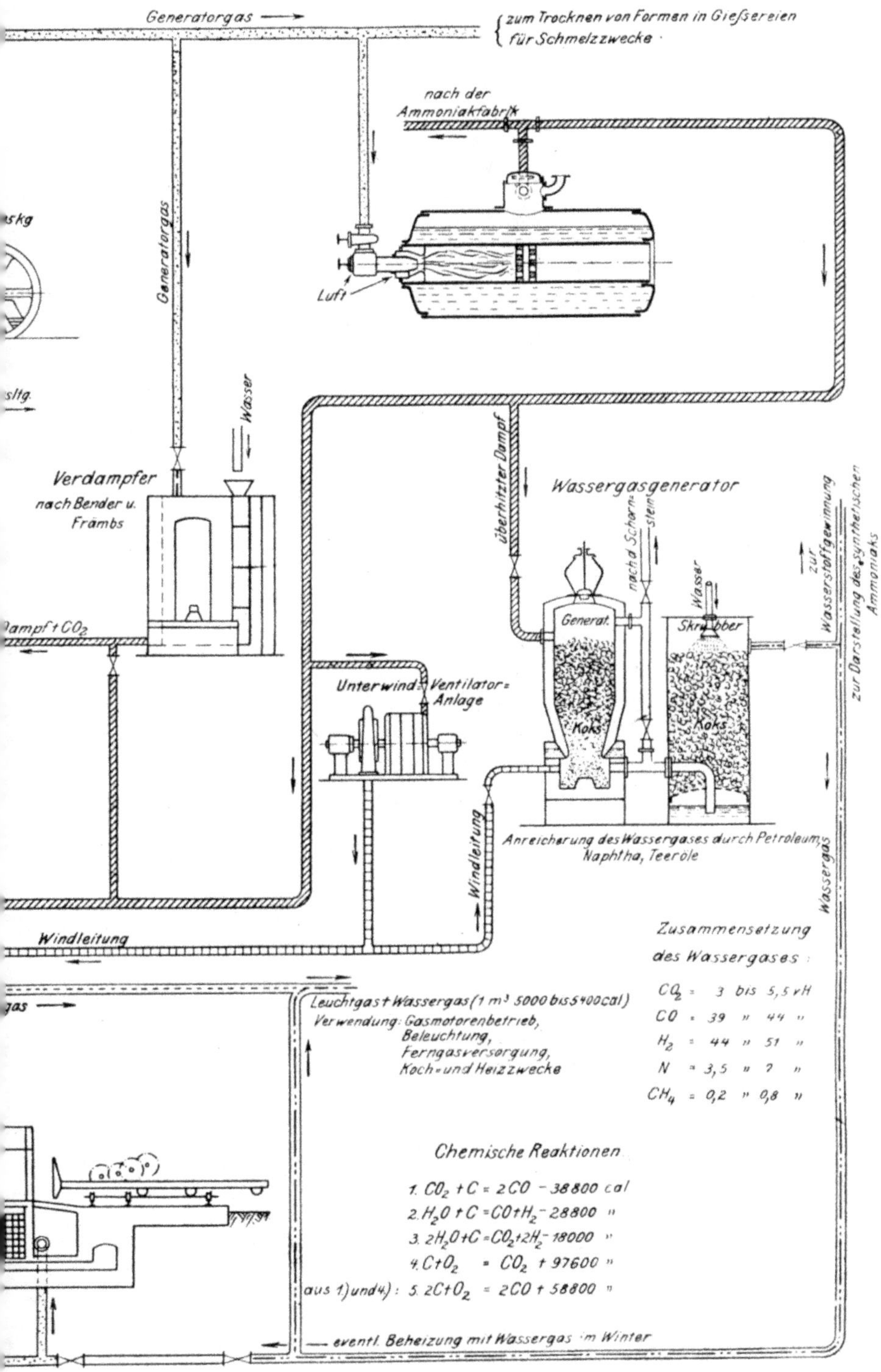

ücksichtigung der Abwärmeverwertung.

Druck und Verlag von R. Oldenbourg, München und Berlin.

der Anthrazite als Sumpfgas, Erdgas und Grubengas entstanden sind. Hierzu kommen die Erdölgase, die sich beim Zerfall gewaltiger tierischer und pflanzlicher Reste entwickelt haben (vgl. den Abschnitt über Erdöl vgl. erstes Kap., II S. 46).

Wir können demnach drei Arten unterscheiden:

1. die mit Lagern flüssiger Brennstoffe oder Ölschiefern im Zusammenhang stehenden Erdgase,
2. die aus Lagern fester Brennstoffe bei ihrer Umwandlung entstehenden Grubengase,
3. die bei jetztzeitiger Vermoderung- oder Vertorfung entstehenden Sumpfgase.

Sämtliche hierher gehörigen Gasarten bestehen in der Hauptsache aus Kohlenwasserstoffen, die nur Spuren von anderen Bestandteilen aufweisen. Ihrer Entstehung gemäß weisen die Naturgase eine außerordentlich verschiedene Zusammensetzung auf. Als Beleg hierfür mag die folgende Zahlentafel 52 dienen, die eine Auswahl der von Czako selbst ausgeführten zahlreichen Analysen wiedergibt.

Zahlentafel 52.

Erdgas.

Gasquelle %	H_2S	CO_2	C_nH_m	O_2	CO	H_2	CH_4	C_2H_6	N_2	Summe
Neuengamme	—	—	—	—	—	—	95,40	1,26	3,32	99,98
Kissamars, Bohrloch II	—	—	—	0,15	—	—	99,12	—	0,73	100,00
Wels, Bohrloch bei Scharf	—	—	0,20	2,60	—	—	86,50	—	10,7[1]	100,00
Pechelbronn, Bohrloch 220	—	—	0,40	0,50	—	Spuren	76,58	16,18	6,36	100,02
„ „ 1261	—	0,26	0,62	0,46	—	—	96,17	—	2,48	99,99
„ „ 1266	Spuren	47,75	—	0,10	—	—	5,65	—	46,55	100,05
Grubengas der Zeche Gneisenau	—	0,89	—	3,14	—	—	76,25	—	19,75	100,03

Wahrscheinlich war die Probe etwas lufthaltig.

Von den Erdgas besitzenden und verbrauchenden Ländern steht Amerika an erster Stelle. In den Vereinigten Staaten sind im Jahre 1911 gegen 14,5 Milliarden cbm im Werte von rd. 75 Mill. Doll. gewonnen worden. Hiervon entfielen allein auf Pennsylvanien etwa der dritte Teil, auf Ohio, Westvirginien, Indiana und Kansas je etwas kleinere Mengen bis herab zur Hälfte des in Pennsylvanien gewonnenen Anteiles. 1916 betrug die Ausbeute 21 Milliarden cbm. Die 1908 erschlossenen ungarischen Erdgasquellen können bei freiem Abstrom in Budapest täglich 2,4 Mill. cbm Gas liefern. Kanada gewann an Erdgas 1916 rd. 0,7 Mill., 1917 0,74 Mill. cbm. Die Anzahl der Quellen betrug 1911 in Pennsylvanien 10809, in Westvirginien 4755, in Ohio 4717, in Indiana 2633 und in Kansas 2004. Während die Nachfrage der Verbraucher dauernd gestiegen ist, hat die Gewinnung infolge der sinkenden Ergiebigkeit der Quellen bereits nachgelassen, da sie 1911, wenn auch um einen geringen Betrag, gegen das vorhergehende Jahr kleiner war. Damit hängt es zusammen, daß der Ertrag an Geld 1911 trotz der Abnahme der Menge um etwa 4,8% höher gewesen, das Gas also teurer geworden ist[1]). Die Zusammensetzung der Gase im Pittsburger Bezirk (Pennsylvanien) und in Ohio zeigt die Zahlentafel 53[2]).

Zahlentafel 53.

Erdgas.

	Ohio	Pittsburg I	Pittsburg II	Pittsburg III	Pittsburg IV
Wasserstoff %	1,89	9,64	20,02	26,16	35,92
Methan „	92,84	57,84	72,18	65,25	49,58
Äthylen „	0,20	0,80	0,70	0,80	0,60
Sauerstoff „	0,35	2,10	1,10	0,80	0,80
Kohlenoxyd „	0,55	1,00	1,00	0,80	0,40
Kohlensäure „	0,20	—	0,80	0,60	0,40
Stickstoff „	3,82	23,41	—	—	—
Schwefelwasserstoff „	0,15	—	—	—	—
lichtgebende Bestandteile „	—	5,20	3,60	5,50	12,30

[1]) Mitt. d. Vereins zur Bef. d. Gewerbfleißes 1912, S. 612.

[2]) Feuerungstechnik 1913, S. 418.

Man unterscheidet in den Vereinigten Staaten das schlechthin als Brennstoff benutzte Trockengas und das Naßgas, dessen Dämpfe man niederschlägt. Man gewinnt bei der Fraktionierung außer dem verkäuflichen Gas ein halbflüssiges Erzeugnis, das dem Blaugas ähnlich ist, ferner ein siedendes Öl, genannt „Leichtgasolin", das, mit schwerem Erdöl vermischt, verwendet wird, und ein schwersiedendes Erzeugnis, das dem gewöhnlichen schwersiedenden Gasolin entspricht. Man faßt diese Erzeugnisse unter der Bezeichnung „Naturgasolin" zusammen. Diese Ausbeutung der Gase besteht erst einige Jahre. Die Menge der Naturgasoline wird für das Jahr 1911 auf 7,5 Mill. Gallonen[1]) mit einem Werte von Doll. 530000 geschätzt. Naturgase aus älteren Quellen enthalten große Mengen höherer Paraffine (Propan, Butan). Die Naturgase lassen sich, zum Teil unter Anwendung von Drücken von 35 bis 50 at bei 350° C., verflüssigen, während die darin enthaltenen Dämpfe ohne weiteres in flüssigen Zustand zu bringen sind. Sie werden in Stahlbehältern versandt und sind wegen ihrer hohen Heiz- und Leuchtkraft begehrt. Bedingung für ihre Verwendung ist, daß der Brennstoff am Boden des Behälters entnommen wird, da sonst die leichteren Bestandteile zuerst verdampfen und die Luftzufuhr dauernd geregelt werden muß[2]). 1 cbm Gas verlangt zur Verbrennung etwa 25 bis 32 cbm Luft.

Die Verwendung des Gases in Amerika ist außerordentlich vielseitig. Besonders der Bezirk der mitten in einem reichen Quellengebiet liegenden Stadt Pittsburg benutzt es unter anderem für den umfangreichen Betrieb seiner Eisen-, Stahl- und Glashütten, zur Beleuchtung der Straßen usw. Zur Beleuchtung benutzt man am besten die hängenden Auer-Brenner, da die Flamme klein und sehr heiß ist.

Wesentliche Bedeutung für ihren Wirkungskreis versprechen auch die Erdgasquellen in Ungarn (Siebenbürgen). Das Gas weist einen Heizwert von 7000 bis 8500 WE auf und hat wegen seiner hervorragenden Beschaffenheit großen Wert für die durch das Vorhandensein der erforderlichen Rohstoffe begünstigte Entwicklung einer Glasindustrie. Auch sind von der Regierung erfolgreiche Versuche mit der Eisenbahnwagenbeleuchtung durch das in Stahlflaschen auf 150 at verdichtete Gas angestellt worden. An den Abfüllstellen der Eisenbahn wird das Gas auf 6 bis 8 at gebracht. Die Selbstkosten der Bahnverwaltung sollen gegenüber der Ölgasbeleuchtung von 21 ₰/cbm auf 7,5 ₰/cbm einschließlich der Beförderung innerhalb 200 km von der Gasquelle, vermindert worden sein[3]). Die Ersparnis wird für 100 Wagen auf M 50000 jährlich berechnet.

Insgesamt schätzt man die heute zur Verfügung stehende Erdgasmenge Siebenbürgens auf täglich 800000 cbm mit 99% Methan. Ihre Verwendung zur Städtebeleuchtung und für Fabrikzwecke ist bereits ins Auge gefaßt worden.

In Österreich sind ferner in Wels Quellen eines Gases von mehr als 8300 WE gefunden worden.

In Deutschland ist Erdgas gelegentlich der Ölbohrungen in Celle-Wietze nur in beschränktem Umfange angetroffen worden. Man hat die Gase in Wietze unter Dampfkesseln verbrannt und auch zur Straßenbeleuchtung herangezogen. Jedoch ließ der Zufluß bald nach, weshalb man später die spärlichen Mengen einfach in die Luft abströmen ließ. Dagegen war die Ausbeute in der Nähe von Celle höher. 1911 strömten aus etwa 100 Bohrlöchern Mengen bis zu 5 cbm stündlich. Doch hat man sich auch hier wegen der Ungewißheit des Bestandes zu einer planmäßigen Ausnutzung damals nicht entschließen können[4]).

Auf dem rechten Elbufer bei Hamburg stieß man bei Wasserbohrungen im November 1912 auf eine kräftige Erdgasquelle, deren Gas mangels Vorsicht in Brand geriet. Nach dem Löschen erhielt man in Neuengamm täglich 500000 cbm von der in Zahlentafel 52 bereits angegebenen Zusammensetzung. Der Hamburger Staat, der das Quellengebiet angekauft hatte, hat das Gas eine Zeitlang zur allgemeinen Versorgung Hamburgs mitbenutzt. Nach dem Versiegen der Quelle wird deren Neuerschließung mit allen Kräften betrieben, weil man als Ursache des Versiegens eine Verstopfung der Röhren annimmt. Einige kleinere Quellen sind in Neuhof bei Rheinfeld und bei Dierschau in der Lüneburger Heide vorhanden[5]).

---

[1]) 1 Gallon = 3,785 l.
[2]) Berg- und Hüttenmännische Rundschau 1913, S. 211.
[3]) Journ. f. Gasbel. u. Wasservers. 1913, Nr. 33.
[4]) Zeitschr. f. Dampfk. u. Maschinenbetr. 1911, S. 235.
[5]) Rauch und Staub 1910, S. 91.

b) Reichgase.

Hierunter verstehen wir solche Gase, die aus festen Brennstoffen durch Erwärmung unter Luftabschluß gewonnen sind; sie könnten daher auch als Destillationsgase bezeichnet werden. Sie sind gekennzeichnet durch den Mangel an Stickstoff (praktisch freilich begrenzt) und den geringen Gehalt an Sauerstoffverbindungen (nur dem Sauerstoffgehalt der Brennstoffe entsprechend), in der Hauptsache aus Kohlenwasserstoffen und je nach der Temperatur des Destillationsvorganges aus mehr oder weniger Wasserstoff bestehend. Demnach sind zu unterscheiden: 1. Schwelgase, bei niedriger Temperatur (unter 500°) gewonnen; 2. Kokereigase, bei hoher Temperatur gewonnen, daher reich an Wasserstoff. Unterarten je nach dem Brennstoff zu bezeichnen und durch besondere Führung des Vorganges bedingt. So ist das Leuchtgas nur als solche Abart zu bezeichnen.

Von den hierher gehörigen Gasarten hat das in den Gasanstalten erzeugte Leuchtgas eine überragende Bedeutung.

Die Gewinnung des Leuchtgases in ihrer jahrhundertelangen Entwicklung von der Retorte zum Großraumofen wird im zweiten Kapitel des Buches näher behandelt und dabei auch die Nebenstoffgewinnung gewürdigt. Auch wird dort über den Umfang der Leuchtgaserzeugung berichtet. Vorweg sei bemerkt, daß sich das Herstellungsverfahren mehr und mehr dem der Kokserzeugung genähert hat, und daß sich die neuesten Gasanstalten kaum mehr wesentlich von Kokereien unterscheiden. Die Verwendung des Leuchtgases, dessen Heizwert je nach der erwähnten Zusammensetzung 1914 bis 5400 WE betrug (65% der gesamten Gasmenge hatten nicht unter 5400 WE), liegt hauptsächlich auf dem Gebiet der Beleuchtung und des Verbrauches im Haushalt. Als Brennstoff für Motoren ist es im Anfang der Kleinmotorenentwicklung für gewerbliche Zwecke vielfach benutzt, aber dann auch hier durch das billiger arbeitende Sauggas überholt worden. Man verwendet das Leuchtgas wegen seines hohen Preises nur noch sehr selten als Motorentreibmittel. Daß jedoch besondere Verhältnisse, wie überall so auch bei der Krafterzeugung durch Leuchtgas, eine Ausnahme von der Regel zulassen und aus Gründen der Wirtschaftlichkeit sogar fordern können, werden wir im letzten Kapitel des Buches sehen.

Die Gewinnung und Ausnutzung des Koksofengases bedeutet einen glänzenden Erfolg des Bestrebens, einen ursprünglich nicht allzu hoch bewerteten Rohstoff durch rastlose Arbeit auf einen verhältnismäßig hohen Wert zu bringen. Wie dieses Ziel bei der Verkokung der Kohle in anfänglich minderwertigen, dann immer vollkommener ausgebauten Vorrichtungen erreicht worden ist, werden wir im zweiten Kapitel näher zu untersuchen haben. In der Erzeugung eines guten festen Brennstoffes, in der Gewinnung eines hochwertigen Gases und einer Schar von wertvollen Nebenstoffen hat die heutige Kokereitechnik ihr einstiges Vorbild, dem sie in mancher Beziehung gefolgt ist, nämlich die Leuchtgaserzeugung, erreicht und durch den Umfang der Erzeugung an Bedeutung sogar übertroffen. Durch die Zweckmäßigkeit ihres Arbeitsverfahrens hat sie schließlich die ältere Schwester veranlaßt, den Ofen der Kokereitechnik auch für die eigenen Zwecke zu übernehmen und mit dieser nahezu völlig zu verschmelzen. Die Großraumöfen, in denen man neuerdings sowohl Koks erzeugt als auch ein hochwertiges, auch für Leuchtzwecke geeignetes Gas gewinnt, bestehen aus Kammern von etwa 10 m Länge, bis über 3 m Höhe und 500 mm Breite, die bis 12 und mehr Tonnen Kohlen aufnehmen und, von sehr verschiedenen Gasen beheizt, durch trockene Destillation einen festen Koks von hohem Kohlenstoffgehalt sowie ein Gas von 3000 bis 5000 WE erzeugen. Dabei werfen sie gleichzeitig auch noch einen erheblichen Nutzen durch die verstärkte Gewinnung von Teer, Ammoniak, Benzol, Teeröl, Naphthalin usw. ab. Diese Stoffe sind für große Gebiete unseres Wirtschaftslebens, wie Landwirtschaft und Motorwagenindustrie, wichtig geworden; ihre Weiterverarbeitung hat anderseits auch bedeutende Industrien ins Leben gerufen, wie die Teerfarbenindustrie usw.

Die Gesamterzeugung an Koksofengasen, die uns hier vor allem angeht, beträgt jährlich mehrer Milliarden Kubikmeter. Ein Teil davon, dessen Größe von der Bauart der Öfen abhängt, wird zum Heizen der Öfen selbst verbraucht. Jedoch hat man neuerdings gelernt, auch diesen Teil des hochwertigen Gases dadurch für andere Zwecke frei zu bekommen, daß man zum Heizen der Koksöfen minderwertiges Gas, wie Hochofengichtgas oder Generatorgas, herbeigezogen hat. Wie schon dieses Beispiel zeigt, ist man dauernd bestrebt gewesen, das Koksofengas nach Möglichkeit für solche Zwecke zu verwenden, bei denen sein hoher Heizwert zu voller Geltung kam. So ging man von der Verfeuerung unter den Dampfkesseln der Zechen und Hütten zur Verwendung in Koksofengasmaschinen für den eigenen Betrieb und für Elektrizitätswerke über, verbrauchte das Gas auch in Martinöfen, in Zementdrehöfen, ferner zum Heizen und Kochen und zur Beleuchtung in Beamten- und Arbeiterhäusern, und gelangte schließlich bei seiner Verwendung als Leuchtgas im großen an, indem man eine umfangreiche Gasfernversorgung einrichtete. Hierauf näher einzugehen, ist einem besonderen Kapitel des Buches vorbehalten.

Die Beschaffenheit des Koksofengases und seiner Nebenstoffe hängt vor allem von dem Grade der Erhitzung ab, der die betreffende Kohle ausgesetzt wird. Wesentlich ist auch die Zeit, welche zwischen dem Entweichen des aus der Verkokungskammer strömenden heißen Gases und seiner vollständigen Abkühlung vergeht. Auf hohe Temperatur erhitztes Koksofengas erleidet nämlich, vor allem an den heißen Wänden, starke Zersetzungen, die seine Verwendbarkeit für bestimmte Zwecke weitgehend beeinflußen können. Unter diesen Umständen den richtigen Weg zwischen den Anforderungen der Kokserzeugung und den Rücksichten auf das Gas zu finden, ist eine wesentliche Aufgabe der neueren Technik.

Ferner sei hier noch das Braunkohlen-Schwelgas erwähnt, das ähnlich wie das Koksofengas zusammengesetzt, jedoch nicht von demselben Heizwert ist. Es wird bei der Erzeugung des Braunkohlenteeres als Nebenerzeugnis gewonnen. Auf 100 hl Braunkohle kommen etwa 1200 cbm Gas. Das Gas wird seit Jahren als Brennstoff für Verbrennungskraftmaschinen benutzt, doch ist sein Anwendungsgebiet nicht groß, da die Braunkohlenschwelerei immer nur im geringen Umfang betrieben wird. Der untere Heizwert wird zu 2470 WE angegeben[1]).

Eine Übersicht über die Zusammensetzung verschiedener Reichgase und ihre sonstigen Eigenschaften gibt Zahlentafel 54.

Zahlentafel 54.

Zusammensetzung der Reichgase.

Art bzw. Unterart	ungefähre Zusammensetzung						unterer Heizwert f. 1 cbm	spez. Gew. für	unterer Heizwert f. 1 kg	Ausbeute aus		Wärmeausbringen im Gas für 1 kg Kohle v. 7000 WE
	CO_2	CO	CH_4	C_nH_m	H_2	N_2				1000 kg Kohle	700 kg Koks	
	Raumteile %						WE	Luft = 1	WE	cbm		WE
Leuchtgas	2	8	32	4	51	3	5000	0,40	9700	340	—	1700[1]
Koksofengas	2	8	29	4	50	7	4800	0,42	8800	320	—	1550[1]
Steinkohlen-Schwelgas	3	7	48	13	27	2	6900	0,58	9100	100	—	700[1]
Schwelgas aus Braunkohlen	20	13	25	18	22	2	5800	0,77	5800	135	—	780[1]

[1] Daneben verbleibt der Hauptteil des Heizwertes im Destillationsrückstand (Koks oder Halbkoks).

c) Schwachgase.

Hierunter fassen wir alle Gase zusammen, die aus festen Brennstoffen durch Vergasung gewonnen werden. Dieser Vorgang ist dabei als ein einheitlicher gedacht, der ohne Wärmezufuhr durchgeführt sein muß. Er geht durch Zuführung von Luft in beschränktem und regelbarem Maß vor sich unter Bildung von Kohlenoxyd und Kohlendioxyd aus dem Kohlenstoff des Brennstoffes; hierbei wird ein Teil der Wärme frei, der, falls er nicht zu anderen Zwecken von vorneherein bestimmt ist, oder als fühlbare Wärme im Gase verbleibt, zur Zersetzung von Wasserdampf benutzt wird, um einerseits heizkräftigen Wasserstoff im Gas anzureichern und anderseits den Sauerstoffbedarf aus der Luft (der stets Stickstoffballast mit sich bringt) möglichst zu verringern; für den Vergasungsvorgang ist die Dampfzuführung sehr zweckmäßig, da die Schlackenbildung aus der Asche vermindert und die Temperatur des Gases herabgesetzt wird. Einen ähnlichen Erfolg könnte man erzielen, wenn man anstatt Wasserdampf Kohlendioxyd der Vergasungsluft beimengt, das beim Zusammentreffen mit dem glühenden Kohlenstoff des Brennstoffes zu Kohlenoxyd reduziert wird.

Die Schwachgase sind durch einen erheblichen Stickstoffgehalt (40 bis 60%) gekennzeichnet und führen wechselnde Mengen von Kohlenoxyd, Kohlendioxyd und Wasserstoff; ist der Ausgangsstoff ein ursprünglicher Brennstoff (also kein Koks oder anderes Destillationsprodukt), so enthält das Gas einen Anteil an den Kohlenwasserstoffen (und Wasserstoff) des Destillationsvorganges. Ferner sind stets Verunreinigungen von Schwefelwasserstoff und Schwefeldioxyd vorhanden.

Nach dem Gesagten unterscheiden wir:

1. Luftgas; bei der Zuführung von Luft allein, ist gekennzeichnet durch hohe fühlbare Wärme. Abarten sind Siemensgas, Hochofengas, das Trockengas der Schlackenabstichgaserzeuger u. a.

---

[1]) Vgl. H. Güldner, „Verbrennungskraftmaschinen", Jul. Springer, Berlin.

2. Halbgas; bei der Zuführung von Luft mit wenig Dampf (etwa 600 g/cbm) gewonnen. Diese Bezeichnung erinnert an die früher gebräuchliche, Halbwassergas, und ist sowohl für den Vorgang als auch das erzeugte Gas (halb Stickstoffballast) kennzeichnend. Als Abart bliebe bestehen: Sauggas.

3. Mondgas; bei Zuführung von viel Wasserdampf (über 600 g/cbm Luft) mit der Vergasungsluft.

4. Regenerationsgase; bei Zuführung von Luft und Kohlendioxyd gewonnen. Meist versuchte man dazu Abgase zu verwenden und spricht von regeneriertem Essengas; da man dabei einen hohen Stickstoffballast einbringt, hat sich das Verfahren nicht bewährt. Man hat das Gas auch zur Anreicherung von Hochofengas und zur Ausnutzung der Abgase von Kalkbrennöfen u. dgl. empfohlen.

Von den in diese Gruppe gehörigen Gasarten verdient neben dem als Halbgas bezeichneten, früher Generatorgas schlechtweg oder Halbwassergas genannten und sowohl als Heizgas der Industrie als auch als Kraftgas verwendeten, das Hochofengichtgas besondere Beachtung.

Den heutigen Hochofen hat man nicht mit Unrecht den „größten Gasgenerator" genannt. Diese Auffassung ist einerseits durch die Ähnlichkeit der Vorgänge im Hochofen und im gewöhnlichen Gaserzeuger berechtigt, anderseits durch die Aufgabe, die dem Hochofen im Betriebe des Hüttenwerkes zufällt. Der Ofen hat nämlich nicht nur das Roheisen zu erzeugen, sondern die Hütte verlangt von ihm auch die großen Mengen Gichtgas, die sie zum Betriebe des Hochofenwerkes und der meist angeschlossenen Stahl- und Walzwerkanlagen nötig hat. Haben es doch, besonders auf deutschen Hütten, die sorgfältige Ausnutzung der Gichtgase und der am Ofen fallenden Schlacken, die man zur Herstellung des Eisenportlandzementes braucht, usw. mit sich gebracht, daß der Hochöfner bei der Zusammensetzung der Ofenbeschickung sorgsam darauf achten muß, daß auch die Nebenerzeugnisse eine ihrer Verwendung entsprechende Beschaffenheit erhalten, d. h. es darf nicht mehr die Zusammensetzung des Haupterzeugnisses, nämlich des Roheisens, allein bestimmend sein. Aus der Beschickung des Ofens, die aus Erzen, Kalkzuschlägen und Koks besteht, entwickelt sich unter der Einwirkung der heiß eingeblasenen Luft ein brennbares Gasgemisch von Kohlenoxyd, Kohlensäure und Stickstoff. Sein Heizwert beträgt 700 bis 1000 WE. Man rechnet im allgemeinen auf 1 t fertigen Roheisens 4500 cbm fallendes Gichtgas. Bei einer Gesamtroheisenerzeugung Deutschlands von 17,85 Mill. t im Jahre 1912 ergab das eine gesamte Gichtgasmenge von rd. 80 Milliarden cbm. Von dieser Menge verbrauchen die Hochöfen zur Erhitzung des Gebläsewindes, zum Antrieb der Gebläse und der sonstigen Maschinen des eigenen Betriebes etwa die Hälfte. Der Rest ist als Überschuß anderweitig für Heiz- und Kraftzwecke frei verfügbar. Man benutzt ihn auf den dem Hochofenwerk angegliederten Betrieben unter Dampfkesseln, in Gasmaschinen, Schmelzöfen, Wärmöfen usw. und zieht ihn neuerdings zum Heizen der Koksöfen heran, wo er einen Teil des höherwertigen Koksofengases, wie oben erwähnt, für andere Zwecke verfügbar macht. Schließlich gibt wohl ein „reines Hochofenwerk", das sein Gas im eigenen Betrieb im Gegensatz zum „gemischten Werk" nicht voll ausnutzen kann, den Überschuß auch an ein nahegelegenes Kraftwerk ab, oder es betreibt damit ein eigenes Kraftwerk und liefert der Umgegend der Hütte Strom. Im großen ganzen werden die Gase unserer Hütten und Zechen, Gicht- wie Koksofengase, überall restlos verwertet, und das Verfahren, sie unausgenutzt in die Luft entweichen zu lassen, gehört in Deutschland der grauen Vergangenheit an.

Im Gegensatz zu diesem zuletzt besprochenen Verfahren zur Gasgewinnung ist bei den Gasgeneratoren ebenso wie bei den Gasanstalten die Gaserzeugung nicht Nebenzweck sondern Hauptzweck. Daraus ergiebt sich als betriebstechnischer Vorteil der Generatoren ihre örtliche Unabhängigkeit: Die Generatorgasverwendung ist nicht, wie die von Gichtgas und Koksofengas, an bestimmte, für die Roheisenerzeugung und Koksherstellung besonders geeignete Bezirke gebunden. Auf dieser Tatsache beruht nicht zum wenigsten ihre hohe Bedeutung für große Gebiete des Wirtschaftslebens. In den Schachtöfen zur Herstellung des Generatorgases aus festen Brennstoffen wird der in Glut gebrachte Brennstoff unter Hindurchführung von Luft, Wasserdampf oder einem Gemisch von Luft und Wasserdampf vergast. Der Vorgang der Gaserzeugung beruht darauf, daß der glühende Kohlenstoff befähigt ist, sich mit gebundenem Sauerstoff zu dem brennbaren Kohlenoxyd zu verbinden. Während er so einerseits das bei der vorerst stattfindenden vollständigen Verbrennung gebildete Kohlendioxyd in Kohlenoxyd überführt, zersetzt er anderseits den Wasserdampf unter Bildung von Wasserstoff und von Kohlenoxyd bzw. Kohlendioxyd; letzteres wird dann bei weiterer Berührung mit glühendem Kohlenstoff noch zum Teil in Kohlenoxyd zurückverwandelt. Die Vorgänge bei der Gaserzeugung sind nun in der Hauptsache so zu leiten, daß die in dem festen Brennstoffe enthaltene Wärme nach Möglichkeit ausgenutzt wird. Grundbedingung hierfür ist, daß sich die Brennstoffwärme möglichst vollständig als chemisch gebundene Wärme des Gases wiederfindet. Hierzu ist vor allem erforderlich, daß allen Gasteilchen Gelegenheit geboten wird, mit glühendem Kohlenstoff in Berührung zu kommen, wozu die Einhaltung einer filterartig wirkenden, in Glut befindlichen Brennstoffschicht von geeigneter Länge und Temperatur nötig ist. Daraus geht hervor, daß der Vorgang der Gaserzeugung im Gasgenerator nicht an bestimmte Eigenschaften des Brennstoffes gebunden ist, sondern einzig das Vorhandensein kohlenstoffhaltiger Stoffe voraussetzt. Dieser Umstand läßt die Vergasung im Gaserzeuger als einen Weg erscheinen, um selbst aus stark verunreinigten Brennstoffen und Brennstoffabfällen ein heizkräftiges Gas zu gewinnen, also eine Veredelung des Brennstoffes vorzunehmen und damit auch große, bisher ungenutzte Energiemengen der Volkswirtschaft zu erschließen. Diese schon in den ersten Anfängen des Gasgenerators gehegte Erwartung beginnt sich erst in neuerer Zeit zu erfüllen, weil man die bei der Vergasung dieser minderwertigen Brennstoffe auftretenden Schwierigkeiten erst nach und nach zu überwinden gelernt hat. Erst eine tiefere Erkenntnis der Vorgänge bei der Vergasung, die in den letzten Jahrzehnten gewonnen worden ist, hat die in dieser Richtung erreichten Fortschritte erleichtert. Jahrzehntelang blieb jedoch der Gasgenerator in der Hauptsache das Mittel, um ein zur Erzeugung hoher Temperaturen für Schmelzzwecke geeignetes Gas zu gewinnen, das man im allgemeinen aus gewöhnlichen Brennstoffen erzeugte. Auch als sich in den achtziger Jahren dem Generatorgas als Antriebsmittel für Gasmaschinen ein neues umfassendes Anwendungsgebiet erschloß, war ein geregelter Betrieb für lange Zeit an die Voraussetzung bestimmter Brennstoffe gebunden. Doch hat gerade die auf dem Gebiete der Kraftgaserzeugung bald mächtig einsetzende Tätigkeit zur Anpassung der Gaserzeuger an möglichst jeden, auch den geringstwertigen Brennstoff, eine günstige Rückwirkung auf die Ausgestaltung der Heizgaserzeuger für die verschiedensten Industriezweige ausgeübt. Die neueren Bestrebungen zu einer wirtschaftlichen Verwertung der Brennstoffe und zweckmäßigen Verteilung der Energien haben dazu geführt, daß die früher getrennt arbeitenden Zweige der Heiz- und Kraftgaserzeugung jetzt mehr und mehr miteinander Hand in Hand gehen, weil gerade die großen Betriebe erkannt haben, daß eine Vereinigung beider nur von Vorteil sein kann. So steht gerade die Technik der Generatorgaserzeugung in neuerer Zeit vor der Aufgabe, der Volkswirtschaft nach Möglichkeit auch die mindestwertigen Brennstoffe nutzbar zu machen. Ferner aber besteht die Aufgabe, auch die wertvolleren Brennstoffe soweit als möglich auszunutzen und dadurch gleichfalls die Energieerzeugung zu verbilligen.

Eine Übersicht über die durchschnittliche Zusammensetzung und die Eigenschaften der Schwachgase zeigt Zahlentafel 55.

Zahlentafel 55.

Zusammensetzung der Schwachgase.

Art bzw. Unterart	ungefähre Zusammensetzung						unterer Heizwert f. 1 cbm	spez. Gew. für	unterer Heizwert f. 1 kg	Ausbeute aus		Wärmeausbringen im Gas f. 1 kg Kohle v. 7000 WE
	CO_2	CO	CH_4	C_nH_m	H_2	N_2				1000 kg Kohle	700 kg Koks	
	Raumteile %						WE	Luft=1	WE	cbm		WE
Luftgas	5	23	3	0,2	6	62	1140	0,92	960	4000	—	4560
Hochofengas	8	28	—	—	4	60	950	0,99	750	Nebenprodukt		
Sauggas	7	22	0,5	—	18	52	1180	0,83	1100	—	3200	5500[1]
Halbgas	3	28	3	0,2	12	54	1450	0,86	1300	3750	—	5500
Mondgas	16	12	4	0,3	25	43	1400	0,82	1325	4000	—	5500

[1] unter Einrechnung von 1700 WE, die bei der vorhergehenden Verkokung bereits nutzbar gemacht wurden, um Vergleichsziffern zu erhalten.

d) Vollgase.

Die Gase dieser Gruppe werden aus festen Brennstoffen durch Zufuhr des für die Umsetzung erforderlichen Sauerstoffes mittels Wasserdampfes unter gleichzeitiger Wärmezufuhr gewonnen. Auch hier handelt es sich demnach wie bei den unter c) genannten Gasen um solche, welche durch Vergasung gewonnen werden, also durch eine vollständige Umwandlung in gasförmigen Zustand unter Zurücklassung der Asche, oder wie man auch sagt, um eine restlose Auflösung der Brennstoffe. Im Gegensatz hierzu nennt man die durch Destillationsverfahren gewonnenen Gase der Gruppe Reichgase (vgl. d., S. 67) auch Entgasungsprodukte.

Die Wärmezufuhr bei der Herstellung der Vollgase könnte sowohl durch die reagierenden Stoffe als auch von außen erfolgen; beide Wege sind bis heute noch nicht erprobt. Ausgebildet ist das Verfahren derart, daß man die Brennstoffschicht durch Einblasen von viel Luft unter Bildung von Kohlendioxyd (neben Kohlenoxyd und Stickstoff) stark überhitzt und nach Abstellen der Luft dann Dampf allein durchbläst, wobei sich Kohlenoxyd und Wasserstoff bilden. Die Heißblasegase sind für den Prozeß wertlos, sie werden zur Bildung oder Überhitzung des Wasserdampfes oder auch zu anderen angegliederten Verfahren benutzt. Die chemischen Umsetzungen sind die gleichen wie beim Halbgas; würde man die Heißblasegase nicht sondern und mit dem erzeugten Wassergas mischen, so würde man ein Halbgas erhalten. Wir haben hier also in gewissem Sinne schon einen verdoppelten Veredelungsvorgang vorliegen, indem man einen bestimmten Teil des Halbgases aus diesem entfernt. Da dies jedoch nicht in einem nachgeschalteten Prozeß geschieht, ist der Prozeß nicht unter die Edelgase aufgenommen. Notgedrungen ist der Vorgang aber ein unterbrochener; er könnte ununterbrochen gestaltet werden durch die eingangs erwähnten Maßnahmen zur Wärmezufuhr. Die Vollgase sind gekennzeichnet durch den Mangel an Stickstoff; die brennbaren Bestandteile sind vornehmlich Kohlenoxyd und Wasserstoff; werden ursprüngliche Brennstoffe als Ausgangsstoff gewonnen, so sind außerdem Destillationsgase beigemengt. Diese letzteren Verfahren sind als eine Kombination des Wassergasverfahrens mit einem Verkokungs- oder Verschwelungsverfahren zu bezeichnen und liefern daher ein reicheres Gas, welches sich bereits den Reichgasen nähert.

Wir können demnach unterscheiden:

1. Wassergas, wenn verkokte Brennstoffe den Ausgangsstoff bilden; die Gase bestehen dann vornehmlich aus Kohlenoxyd und Wasserstoff, Kohlenwasserstoffe fehlen.
2. Doppelgase, wenn natürliche, gasreiche Brennstoffe zur Herstellung dienen.

Die Gase dieser und der vorhergehenden Gruppe lassen sich zusammenfassend auch anders gruppieren, wenn man die wenig Wichtigkeit besitzenden Regenerationsgase wegläßt, wie dies Trenkler in seiner „Chemie der Brennstoffe" getan hat. (Siehe Zahlentafel 57.)

Das Wassergas hat, abgesehen von seiner Verwendung für Schweißzwecke, besondere Wichtigkeit für die Gasanstalten erlangt. Nach der Statistik geben diejenigen Gasanstalten, welche täglich 5 Mill. cbm und mehr Leuchtgas erzeugen und deren Gesamterzeugung 60% der Gesamtmenge Deutschlands ausmacht, rd. 83% ihres Gases gemischt mit Wassergas ab und nur 16,5% als reines Steinkohlengas. Die Hälfte der großen Anstalten setzt gleichmäßig das ganze Jahr hindurch Wassergas zu, der Rest nur im Winter oder nach Bedarf. Gaswerke unterhalb der genannten Erzeugungsgrenze verwenden Wassergas meist gar nicht, sondern verkaufen ein reines Steinkohlengas.

Mit der zunehmenden Bedeutung des Wassergases für die Gasversorgung der Städte hat man sich bereits frühzeitig die Aufgabe gestellt, ein dem Wassergas gleichwertiges Gas aus den natürlichen, gashaltigen Brennstoffen zu erzeugen, d. h. den Wassergasprozeß mit einem Destillationsprozeß zu verbinden. Der erste dahingehende Vorschlag stammt von Dr. Besemfelder (Journ. f. Gasbel. 1901, S. 664) und bezieht sich auf das D. R. P. 115070 vom Jahre 1899. Diesem neuen Verfahren stand in dem eben mit Erfolg eingeführten Wassergas ein zu mächtiger Gegner entgegen; es wurde daher damals nicht beachtet bzw. seine Entwicklung gehindert, und erst im Jahre 1906 brachte Prof. Strache ein ähnliches Verfahren, das nach ihm benannte Doppelgasverfahren, wieder in Vorschlag. Es entsprach bei der ersten praktischen Erprobung nicht und fand daher bis zur Kriegszeit keine erhebliche Beachtung. Durch die Brennstoffnot bei Beendigung des Krieges wurde die Entwicklung dieser Doppelgasverfahren jedoch sehr gefördert, und heute stehen sowohl Doppelgasanlagen nach Strache als auch Trigasanlagen der Dellwick-Fleischer-Wassergasgesellschaft im Betriebe, während das Leuwasgas-Verfahren des ursprünglichen Anregers bis heute noch nicht zur Erprobung gekommen ist. Eine Übersicht der Gaszusammensetzungen verschiedener Vollgase zeigt die nachstehende Zahlentafel 56.

Zahlentafel 56.

Zusammensetzung der Vollgase.

Art bzw. Unterart	ungefähre Zusammensetzung						unterer Heizwert f. 1 cbm	spez. Gew. für	unterer Heizwert f. 1 kg	Ausbeute aus		Wärmeausbringen im Gas f. 1 kg Kohle v. 7000 WE
	CO_2	CO	CH_4	C_nH_m	H_2	N_2				1000 kg Kohle	700 kg Koks	
	Raumteile %						WE	Luft=1	WE	cbm		WE
Wassergas	5	42	0,5	—	49	3	2600	0,52	3900	—	1400	5300[1]
Doppelgas n. Strache	7	28	8	0,6	45	11	2800	0,56	3900	1500	—	4200
Trigas	13	24	5,5	0,3	51,5	5,7	2575	0,55	3600	1800	—	4650

[1] unter Einrechnung von 1700 WE, die bei der vorhergehenden Verkokung bereits nutzbar gemacht wurden, um Vergleichsziffern zu erhalten.

Zahlentafel 57. **Grundsätzliche Verfahren der Vergasung.**

Brennstoff		Luft	Luft und Dampf		Dampf
	Beschaffung des Sauerstoffs zur Vergasung durch:	Luft	Luft und Dampf		Dampf
	Verfahren ist:	wärmeentbindend	annähernd im Wärmegleichgewicht		wärmeverzehrend
	daher:	große Eigenwärme des Gases	geringe Eigenwärme des Gases. Dampfzusatz je nach der Eigenart des Brennstoffs	bei gesteigertem (maximalem) Dampfzusatz Vorwärmung des Luftgemisches durch Eigenwärme des Gases	entweder: mit Außenheizung (nasser Betrieb bei den Gasanstalten) oder: unterbrochen mit abwechselndem Heißblasen mit Luft (Heißblasegase gehen verloren oder werden getrennt aufgefangen und verwertet.)
gasarm, Koks	Gasart:	Luftgas, Heißgas	Mischgas, Sauggas	siehe unten	Wassergas
	übliche Gaserzeuger:	einfache Schachtgaserzeuger Abstichgaserzeuger	Sauggaserzeuger	siehe unten	Wassergaserzeuger
	Gaszusammensetzung:	2% CO_2, 32% CO, 2—5% H_2	7% CO_2, 22% CO, 18% H_2	siehe unten	4% CO_2, 42% CO, 49% H_2
	Besonderes:	Gastemperaturen: 700 bis 800° C. Früher kaum angewandt, erst seit Einführung der Abstichgaserzeuger	Gastemperaturen und Zusammensetzung in weiten Grenzen schwankend (obige m. max. H_2)	kaum angewandt, da geringe Ausbeute an Nebenerzeugnissen	hohe Heizkraft des Gases, daher Ersatz für Leuchtgas. Geringe Wärmeausnutzung, wenn Heißblasegase nicht besondere Verwendung (Gasmaschinen) finden
gasreich, Kohle	Gasart:	Siemensgas, Heißgas	Dowsongas, Generatorgas	Mondgas	Doppelgas, Trigas usw.
	übliche Gaserzeuger:	einfache Schachtgaserzeuger	neuere Schachtgaserzeuger, Drehrostgaserzeuger	Mondgaserzeuger	Wassergaserzeuger mit Retortenaufbau, Doppelgaserzeuger und ähnliche
	Gaszusammensetzung:	5% CO_2, 23% CO, 6% H_2, 3% CH_4	3% CO_2, 28% CO, 12% H_2, 3% CH_4	16% CO_2, 12% CO, 25% H_2, 4% CH_4	7% CO_2, 28% CO, 45% H_2, 8% CH_4
	Besonderes:	jetzt kaum mehr verwendet	gebräuchlichste Gasart für Heizzwecke; Zusammensetzung je nach Dampfzusatz schwankend	Gastemperaturen niedrig; Zusammensetzung bei allen Brennstoffen nahezu gleich	hohe Heizkraft; Wärmeausnutzung mäßig. Idealer Ersatz für Leuchtgas, da bei allen Brennstoffen anwendbar.

e) Ölgase.

Hierunter verstehen wir zusammenfassend die aus flüssigen Brennstoffen erzeugten Gase. Es handelt sich bei deren Herstellung nicht um eine Vergasung im eigentlichen Sinne des Wortes, sondern um eine Verdampfung der flüssigen Öle in einem anderen Gasstrom. Je nach der Art dieses Gasstromes können wir daher unterscheiden:

1. Sattgase; durch Vergasung oder Verdampfung in Luft gewonnen, also durch eine Sättigung dieser mit den verdampften Kohlenwasserstoffen, daher auch der Name. Hierher gehören das sog. Luftgas alter Art oder Pentärgas und gewisse Abarten von Ölgas alter Art, sodann Aerogengas, Benoidgas, Blaugas u. dgl.

2. Karbogase; durch Vergasung oder Verdampfung in anderen Gasströmen gewonnen. Hierher gehört das karburierte Wassergas, die meisten Ölgase a. A. und Ölteergase (auch Fettgase genannt). Meist wird Wassergas als Grundgas gewählt, es kann aber selbstverständlich jedes technische Gas in Frage kommen; anderseits auch Abfallgase chemisch-technischer Prozesse, wie Kohlenoxyd und Wasserstoff, letzterer besonders zur Herstellung von leichten Gasen zur Luftschiffahrt.

Von diesen Gasarten verdienen zu Beleuchtungszwecken besondere Beachtung die beiden nachstehenden:

Das Luftgas alter Art, auch Aerogengas oder Pentärgas genannt, wird durch Anreichern von Luft, die man über Benzin leitet, hergestellt. Die Luftgeschwindigkeit wählt man so, daß in 1 cbm fertigen Gases etwa 250 g leichtsiedenden Benzins (Solin genannt) enthalten sind. Das Gas hat rd. 2300 bis 3000 WE/cbm und ist völlig ungefährlich. Man benutzt es in einzeln gelegenen Häusern, kleinen Gemeinden usw. als Leucht- und Heizgas, auch in kleinen Motoren bis zu 4 PS Leistung. Große Mengen des Grundstoffes gewinnt man in der oben erwähnten Weise aus den Dämpfen des Erdgases in den Vereinigten Staaten.

Das Ölgas (Fettgas) stellt man in Retortenöfen, ähnlich wie in den Steinkohlengasanstalten, aus Destillaten des Braunkohlen- und Schieferteeres dar. Es hat 9800 WE und wird hauptsächlich zum Beleuchten von Eisenbahnzügen verwandt. Für Motoren dient es als Brennstoff bei Leistungen von ½ bis höchstens 30 PS.

Die Gase dieser Gruppe verlieren mit der Vervollkommnung der anderen Arten immer mehr an Bedeutung. Auch die Herstellung von Ölgas alter Art für die Beleuchtung der Eisenbahnzüge wird in Zukunft an Umfang abnehmen, wenn man durch Schwelerei ein gleich heizkräftiges Gas in größerem Umfange herstellen wird. Auch unser Mangel an flüssigen Brennstoffen unterstützt die Entwicklung in diesem Sinne.

Die Zusammensetzung der in diese Gruppe gehörigen Gase schwankt naturgemäß sehr, weil der Gehalt an Kohlenwasserstoffen von den physikalischen Verhältnissen bei der Bildung abhängt. Dies zeigt am besten die Zahlentafel 58.

Zahlentafel 58.

Zusammensetzung von Ölgasen.[1])

Gasart	Zusammensetzung							spez. Gewicht	Leuchtkraft HK	Heizwert WE
	CO_2	$C_n H_m$	O	CO	H_2	CH_4	N_2			
Karburiertes Wassergas aus Anthrazit	4,50	13,00	0,50	29,00	32,00	16,00	5,00	0,630	26,3	5700
karburiertes Wassergas	6,20	16,50	0,20	13,70	24,60	32,80	6,00	0,647	31,2	7230
älteres Ölgas (Jowa)	0,20	6,20	0,40	3,00	62,40	25,60	2,20	0,303	20,4	5550
Ölgas (Oakland)	1,80	5,00	0,10	7,70	55,00	26,30	4,10	0,375	20,1	5320
Ölgas (Portrero)	2,62	7,01	0,16	9,21	39,78	34,64	6,18	0,482	21,5	6050
neues Ölgas (Metropolitan)	2,00	6,00	0,10	5,30	41,40	40,40	4,80	0,440	21,5	6340
Pintschgas (Ölteergas?)	—	38 10	—	0,50	3,40	57,70	—	0,699	66,6	12350
Ölgeneratorgas	5,80	1 60	0,20	15,40	4,60	4,60	67,80	0,942	—	1340

f) Edelgase.

Hierunter fassen wir alle Gasarten zusammen, welche durch angeschaltete Prozesse aus anderen technischen Gasarten oder durch verbundene Prozesse überhaupt gewonnen werden. In gewissem Sinne könnte man schon die Vollgasprozesse hierunter zählen, weil diese durch einen besonderen Kunstgriff bei der Erzeugung gewonnen werden, der darauf abzielt, einen Teil des gebildeten Gases,

[1]) Nach Jones, Z. f. G. 1912, S. 1272.

nämlich den wertloseren Teil der Heißblasegase, von dem Hauptteil des Gases zu trennen; da dies aber nicht durch einen besonderen Prozeß, sondern nur durch besondere Führung eines an sich bekannten Verfahrens geschieht, wurden diese in einer gesonderten Gruppe vereinigt.

Die Verfahren zur Herstellung von Edelgasen dürften in Zukunft gerade im Gegensatz zu den Verfahren der vorhergehenden Gruppe erhöhte Bedeutung erlangen. Eine genauere Einteilung läßt sich jetzt noch nicht aufstellen. Hierher würden die Gase der Verfahren von Elworthy, Sabatier-Bedford (Cedford-Gasprozeß) u. a. gehören, welche auf die Gewinnung eines methanreichen Gase, hinzielen. Auch die Herstellung von kohlenoxydreichen und wasserstoffreichen Gasen fällt hierunters desgleichen die Entfernung von Kohlendioxyd aus technischen Gasen, wie z. B. bei Hochofengas durchgeführt und für Mondgas vorgeschlagen. Anderseits könnte man auch hier die Verfahren eingliedern, die mit angereicherter Luft oder Sauerstoff geführt werden (z. B. mit Wasserdampf gemischt zur Herstellung von Vollgasen aus festen Brennstoffen denkbar), da die Anreicherung der Vergasungs; luft oder die Gewinnung von Sauerstoff als ein vorgeschalteter Prozeß aufzufassen ist.

Im Anhange zu dieser Gruppe möge schließlich noch das Azethylengas Erwähnung finden, das vorwiegend für die Beleuchtung von Gebäuden oder Anlagen ohne Leuchtgasanschluß Bedeutung gefunden. In den baulich einfachen Gaserzeugern entwickelt sich durch gleichmäßige Anfeuchtung von Kalziumkarbid ein farbloses Kohlenwasserstoffgas (C_2H_2) von 14340 WE Heizwert. Es ist, selbst stark mit Luft gemischt (1 :40), sehr explosibel. Die dadurch bedingte Gefährlichkeit der Azetylenerzeugungsanlage stellt ihre mancherlei auf der Einfachheit, Unabhängigkeit usw. beruhenden Vorteile nahezu völlig in Frage. Außer für Beleuchtungszwecke ist das Gas auch in Verbrennungsmaschinen verwendbar, doch verträgt das Gas-Luftgemisch nur geringe Verdichtung, da es sonst leicht zu Selbstentzündung neigt. Die erhebliche Feuersgefahr und der hohe Preis des Gases haben diese Verwendung jedoch auf sehr geringe Fälle beschränkt. 1 PS-Std. kostete nach A. Kirschke[1]) schon 1909 etwa 30 Pf.

IV. Vergleich der festen, gasförmigen und flüssigen Brennstoffe.

1. Kennzeichnung des Verbrennungsvorganges.

Während bis vor wenigen Jahren von den drei Brennstoffarten, die wir soeben behandelt haben, die festen Brennstoffe ohne Zweifel als die wichtigsten angesehen wurden, hat sich seit der kräftigen Entwicklung unserer Verbrennungsmotoren und der Ölfeuerung insofern eine entschiedene Wandlung der Ansichten vollzogen, als die Bedeutung der flüssigen Brennstoffe ganz erheblich höher als früher eingeschätzt worden ist. Will man sich über die Zulässigkeit dieser Einschätzung, d. h. über den Wert der verschiedenen Brennstoffarten für die Technik in Gegenwart und Zukunft ohne Voreingenommenheit klar werden, so wird das am zweckmäßigsten an Hand einer vergleichenden Betrachtung ihrer Eigenschaften geschehen müssen, da die Verwendungsmöglichkeit aller dieser Stoffe in der Praxis auf dem Vorhandensein oder Nichtvorhandensein bestimmter Eigenschaften beruht[2]).

In der allgemeinen Zusammensetzung der festen und flüssigen Brennstoffe, die von der spezifischen Zusammensetzung (der reinen, aschefreien Substanz) zu unterscheiden ist, zeigen sich bereits recht deutliche Unterschiede. Während die festen Brennstoffe, die Kohlen, ein Gemisch aus der eigentlich brennbaren Substanz und den beiden unverbrennlichen Teilen, Asche und Wasser, sind, enthalten die flüssigen Brennstoffe, die ja mit Ausnahme des rohen Erdöls stets Destillationserzeugnisse sind, Asche und im allgemeinen auch Wasser nur in sehr kleinen Mengen. Sie sind, praktisch betrachtet, reine, brennbare Substanzen. Da die Asche den Kohlen in sehr feiner Durchdringung beigemengt ist, beeinträchtigt sie die Wärmereaktionen der Kohlensubstanz, besonders die Verbrennung und die trockene Destillation, sehr stark, indem sie unerwünscht kräftige Zersetzungserscheinungen und einen unvollkommenen Verlauf der Reaktionen hervorruft. Daher sind auch die Eigenschaften derselben Kohle bei wechselndem Aschengehalt nicht unwesentlich verschieden. Der Wassergehalt, der für jede Kohle je nach ihrer Herkunft charakteristisch und ziemlich gleichbleibend ist, wirkt dagegen nicht schädlich. Das Wasser mildert im Gegenteil, wenigstens im Anfang, den zersetzenden Einfluß der Wärme auf die Kohle, und der Wasserdampf belebt in gewisser Hinsicht die Verbrennung. Jedenfalls macht sich der Wassergehalt bei den Kohlen nicht grundsätzlich nachteilig bemerkbar, solange er in mäßigen Grenzen bleibt. Demgegenüber vermögen die flüssigen

[1]) „Die Gaskraftmaschinen", G. J. Göschen, Leipzig 1909.

[2]) Wir folgen hierbei im wesentlichen den bemerkenswerten Ausführungen von Dr. Aufhäuser in der Zeitschrift „Glückauf" 1913, Nr. 16.

Brennstoffe nur sehr wenig Wasser aufzunehmen, d. h. völlig zu lösen, was besonders für die Destillate des Petroleums gilt. Jeder die Lösungsfähigkeit überschreitende Wassergehalt wirkt in ihnen als störender Fremdkörper, wozu noch der Übelstand hinzukommt, daß die flüssigen Brennstoffe das überschüssige Wasser gleichwohl hartnäckig bei sich zurückhalten.

Die Hauptunterschiede zeigen sich aber in der Zusammensetzung der reinen, brennbaren Substanzen. Von den beiden, unseren festen und flüssigen Brennstoffen gemeinsamen Hauptbestandteilen, nämlich Kohlenstoff und Wasserstoff, enthalten die flüssigen Brennstoffe unter der Voraussetzung gleicher Kohlenstoffmengen über doppelt soviel Wasserstoff als die festen Brennstoffe. Der Wasserstoff ist das leichteste aller Elemente und außerordentlich reaktionsfähig, und diese günstigen Eigenschaften übertragen sich auch auf seine Verbindungen. Solche Verbindungen sind aber die flüssigen Brennstoffe, denn ihre brennbare Substanz besteht aus Kohlenstoff und Wasserstoff.

Demgegenüber ist für die Kohlen charakteristisch, daß sie vergleichsweise viel weniger Wasserstoff enthalten als die flüssigen Brennstoffe und daß ferner als drittes Hauptelement der Sauerstoff hinzukommt. Dessen Wirkung ist der des Wasserstoffes gerade entgegengesetzt. Der Sauerstoff hat einen „kondensierenden“ Einfluß auf den Aggregatzustand seiner Verbindungen: Gewisse Verbindungen des Sauerstoffs mit Kohlenstoff und Wasserstoff können nicht ohne Zersetzung erwärmt oder destilliert werden.

Für die Bestimmung der Heizwerte der Brennstoffe bedienen wir uns bekanntlich der Verbrennungskalorimeter oder empirischer Formeln. Da wir die Elementar-Analyse wegen der Berechnung der Gasmengen nicht entbehren können, benutzen wir diese vorzugsweise, um daraus nach der sog. Verbandsformel

$$81\,C + 290\left(H - \frac{O}{8}\right) + 25\,S - 6\,F$$

den Heizwert fester Brennstoffe rechnerisch zu bestimmen. Bei Garantie-Versuchen pflegt man überdies noch eine Verbrennung des Brennstoffes im Kalorimeter vorzunehmen, um beide Ergebnisse gegenseitig zu überprüfen.

Wie die Verbandsformel erkennen läßt, unterscheiden wir zwischen hykroskopischem Wasser (F) und dem chemisch gebundenen, dessen Sauerstoff nach unserer bisherigen Annahme mit $\frac{O}{8}$ an den Wasserstoff H gebunden ist. Der Ausdruck $\left(H - \frac{O}{8}\right)$ stellt daher den für die Verbrennung „disponiblen“ Wasserstoff dar. Werden F und der Schwefelgehalt S vernachlässigt, so bildet der Kohlenstoff einerseits und $\left(H - \frac{O}{8}\right)$ anderseits gewissermaßen eine Charakteristik des Brennstoffes, auf die Dr. Aufhäuser als erster aufmerksam gemacht hat[1]). Nach ihm bildet das Äquivalentverhältnis $\left(H - \frac{O}{8}\right) : \frac{C}{12}$ eine Wertziffer für die Beurteilung der Brennstoffe, gleichgültig, ob sie gasförmig, flüssig oder fest sind. In Zahlentafel 59 sind die Brennstoffe nach ihm, der Wertziffer entsprechend, eingeordnet. Sie gilt sowohl für die Rohkohle, d. h. einschließlich des Asche- und Wassergehalts als auch für die asche- und wasserfreie Substanz. Je kleiner das Äquivalentverhältnis ausfällt, d. h. je weiter wir die Zahlentafel nach unten verfolgen, als desto minderwertiger müßte der Brennstoff nach dieser Theorie sein. Dem Gedankengange Aufhäusers weiter folgend, sind der chemische Aufbau und damit das chemische Verhalten der festen und der flüssigen Brennstoffe demnach grundverschieden. Die flüssigen Brennstoffe mit ihrer völligen Bindung des Kohlenstoffs an den Wasserstoff verhalten sich bei der Verbrennung und Destillation wie einheitliche Körper. Die Kohlen dagegen verhalten sich niemals einheitlich. Der aus freiem Kohlenstoff bestehende größere Teil ihrer Substanz nimmt an den Reaktionen viel schwerer oder wenigstens zeitlich später teil. Nur der verhältnismäßig kleine Teil, der in chemischer Bindung den gesamten Wasserstoff und Sauerstoff sowie den gebundenen Kohlenstoff umfaßt, erreicht und übertrifft sogar an Reaktionsfähigkeit die kohlenwasserstoffartigen flüssigen Brennstoffe. Das läßt sich am besten an der chemischen Beständigkeit oder Unbeständigkeit beider Brennstoffarten erkennen, d. h. an ihrer freiwilligen Zersetzung. Die flüssigen Brennstoffe zersetzen sich freiwillig fast gar nicht. Wärme und selbst Oxydation haben nur wenig Einfluß auf sie, was sich ja zum Teil daraus erklärt, daß sie bei ihrer Gewinnung (Destillation, Raf-

---

[1]) „Glückauf“ 1913, Nr. 16; Z. d. V. d. I. 1917, S. 266. Dr. Otte „Hanomag“-Nachrichten 1919, Heft 11, S. 147.

Zahlentafel 59.[1]

Wertziffer für verschiedene Brennstoffe.

Die hauptsächlichsten Brennstoffe nach der Größe $\left(H - \frac{O}{8}\right) : \frac{C}{12}$ geordnet	Zusammensetzung in % Kohlenstoff C	„disponibler" Wasserstoff $H - \frac{O}{8}$	Äquivalentverhältnis $\left(H - \frac{O}{8}\right) : \frac{C}{12}$
Gas aus einer Gasflammkohle	20,0	4,3	2,60
Benzin	85,0	15,0	2,12
Petroleum	85,0	14,0	1,97
Gasöl	86,0	13,0	1,81
Rohes Erdöl (Kalifornien)	83,6	11,5	1,65
Xylol, C_8H_{10}	90,6	9,4	1,25
Benzol, C_6H_6	92,3	7,7	1,00
Steinkohlenteeröl	87,0	6,9	0,95
Dünnteer (Vertikalofenteer)	88,0	6,4	0,87
Naphthalin, $C_{10}H_8$	93,8	6,2	0,80
Dickteer (nach Abzug von 30% freiem Kohlenstoff)	62,5	4,1	0,79
westfälische Gasflammkohle	85,0	4,3	0,60
„ Fettkohle	88,0	4,1	0,56
Braunkohle	64,0	2,2	0,41
Torf	62,0	2,0	0,38
Anthrazit	94,0	2,6	0,33
Holz	50,0	0,5	0,12
reiner Holzstoff (Zellulose) $C_6H_{10}O_5$	44,4	0,0	0,00
Zechenkoks	96,0	0,0	0,00

[1] Dr. Aufhäuser, Brennstoff und Verbrennungsvorgang, Z. d. V. d. I. 1917, S. 266.

fination) bereits den heftigsten Wirkungen dieser Art ausgesetzt gewesen sind. Auftretende Zersetzungen sind daher meist auf Fremdkörper zurückzuführen. Dagegen sind die Kohlen ein durchaus unbeständiger Stoff. So nehmen sie, so wie sie aus dem Schacht kommen, begierig den Sauerstoff der Luft auf und oxydieren sich teilweise unter Wärmeentwicklung. An diesem Vorgang ist aber wieder nur der chemisch gebundene, reaktionsfähige Teil der Kohlen beteiligt, nicht die ganze Masse. Hiermit hängt es übrigens zusammen, daß die jungen Steinkohlen stärker unter der Erscheinung leiden als die älteren.

Praktisch ist der Vorgang deswegen durchaus unerwünscht, weil die dabei auftretende Wärme, sobald sie sich z. B. in großen lagernden Massen staut, zu der bekannten Selbstentzündung führen kann, die bei flüssigen Brennstoffen völlig ausgeschlossen ist. Hiermit hat natürlich die den flüssigen Brennstoffen bei ihrem niedrigen Flammenpunkt eigene leichte Entzündbarkeit infolge äußerer Umstände nichts zu tun.

Soweit Aufhäuser. Der kondensierende Einfluß des Sauerstoffes bei flüssigen Brennstoffen ist am besten durch die Reihe gekennzeichnet:

gasförmig	flüssig	fest
Äthan C_2H_6	Alkohol $C_2H_6O_1$	Glyzol $C_2H_6O_2$.

Aber sollte nur dieser Einfluß von Bedeutung sein? Sollte nicht auch ein Einfluß des Sauerstoffes auf den freien Wasserstoff vorhanden sein? Jede Verdickung des Brennstoffes dürfte die innige Mischung mit der Verbrennungsluft erschweren und sich als ungünstig erweisen. Aber es sind noch andere Gesichtspunkte, die mit Rücksicht auf den Zweck des vorliegenden kritischen Werkes zur Besprechung mit herangezogen werden müssen, ohne daß damit die Arbeiten des verdienstvollen Chemikers ihrem Werte nach irgendwie geschmälert werden sollen.

Die Berechnung des üblichen disponiblen oder freien Wasserstoffs nach $\left(H - \frac{O}{8}\right)$ ist auch bei Aufhäuser nur eine Annahme. Daß sie häufig nicht zutrifft, wissen wir aus der Berechnung des Heizwertes nach der Verbandsformel, der für sauerstoffreichen, d. h. jungen Brennstoff zu niedrig ausfällt. Diese Unstimmigkeit war vielfach Veranlassung von Vorschlägen zur Abänderung der Formel. Insbesondere möge darauf hingewiesen werden, daß Jüptner[1]) den Heizwert aus der Gasgiebigkeit

[1]) „Feuerungstechnik" 1913, Heft 7, S. 120; Österr. Z. f. Berg- u. Hüttenwesen 1893, Nr. 33/34.

und dem kohligen Rückstand des Brennstoffes sicherer zu bestimmen glaubte, ein Verfahren, das sicher etwas für sich hat.

Ein erheblicher Teil des Sauerstoffs geht bei der Erwärmung der Brennstoffe nicht an den Wasserstoff, sondern gebunden an den Kohlenstoff ab. Umfangreiche Rechnungen aus den zahlreichen Destillationsproben der Karlsruher Lehr- und Versuchsgasanstalt und aus entsprechenden Proben von Braunkohlen und Torf zeigten, daß der Anteil des an den Kohlenstoff gehenden Sauerstoffs großen Schwankungen unterworfen ist und kaum einer genauen Regel zu folgen scheint; der Sauerstoffanteil ist meist sehr erheblich, z. B. bei den untersuchten 50 Gaskohlen 35 bis 50%, bei den Braunkohlen 30 bis 65%. Dies muß füglich die Bemessung des freien Wasserstoffs beeinflußen. Bringt man die an den Kohlenstoff gebundenen Mengen von Sauerstoff vorerst vom Gesamtsauerstoff in Abzug und teilt dann das Ergebnis durch 8, und berücksichtigt man ferner die Verminderung des Kohlenstoffs durch diese Bindung bei der Berechnung des Molekularverhältnisses, so erhält man Ziffern, die unseres Erachtens eine bessere Einordnung der Brennstoffe in die Reihen der Wertziffern geben. So berechnet sich diese für die 50 Gaskohlenproben der Karlsruher Versuchsanstalt zu 0,658 bis 0,711; für 17 Braunkohlen zu 0,686 bis 0,782; für 2 Torfsorten zu 0,723 bis 0,893. Eine einzige Probe ergab ein stark abweichendes Zahlenergebnis. Leider fehlt das Endglied der Reihe: Holz und Zellulose, doch zeigen z. B. die Untersuchungen Börnsteins ohne weiteres, wo dieser Brennstoff hingehören dürfte, nämlich nach dem Torf, da Holzdestillationsgas sehr reich an Kohlensäure ist.

Aber selbst diese Erwägungen dürften kaum zum Ziele führen, denn wir können uns nicht der Erkenntnis verschließen, daß auch der so berechnete freie Wasserstoff nicht ganz an Kohlenstoff gebunden wird. Dieser Anteil beträgt bei Anthrazit und Magerkohlen nur etwa 40%, bei Fett- und Gaskohlen 50 bis 55%, bei Braunkohlen 55 bis 65%, bei Holz aber noch mehr, etwa 70 bis 80%[1]). Der Rest wird als ungebundener elementarer Wasserstoff abgespalten. Das gilt aber auch von den flüssigen Brennstoffen, besonders den nicht homogenen, wie Teere, Teeröle u. dgl.; selbst die gasförmigen Brennstoffe verhalten sich teilweise ähnlich, indem bei ihrer Verbrennung eine Abspaltung von H und CH_4 vorausgeht, wie man bei Äthylen (C_2H_4), Benzoldampf (C_6H_6) und Azethylen (C_2H_2) feststellen konnte.

Auch andere Überlegungen müssen uns abhalten, aus solchen Berechnungen zu weit gehende Schlüsse zu ziehen. Der Hauptbestandteil aller pflanzlichen Zellwände, die den Grundstoff für die Bildung der Brennstoffe ausmachen, die Zellulose, ist stets gemengt mit Farbstoffen, Harzen, Fetten, Gummi, Eiweißstoffen und verschiedenen Salzen, was für den Vergleich der Pflanzenstoffe mit den natürlichen Brennstoffen von bedeutendem Einfluß sein muß, da wir das Verhalten dieser einzelnen Stoffe bei dem Kohlebildungsprozeß nicht kennen. Wie viel schwerer wird es sein, diese Einflüsse bei den künstlichen Destillationserzeugnissen wie Koks zu berücksichtigen. Ferner wissen wir, wie leicht unfreiwillige Zersetzungen vorkommen, und zwar unter Verhältnissen, die schlechterdings nicht zu eliminieren sind. So zeigt z. B. Erdgas keinen disponiblen Wasserstoff, da es nur aus gesättigten Kohlenwasserstoffen besteht; allein durch die Einwirkung der Sonnenwärme spaltet es freien Wasserstoff unter Abscheidung von Kohlenstoff ab, wobei Benzin gebildet wird. Wie sollen wir den Einfluß der Wärme abgrenzen; wir erinnern uns daran, daß Urteer bei vorsichtiger, tagelanger Erwärmung der Brennstoffe gewonnen wird, der bei stärkerer Erhitzung für sich allein in Kokereiteer und Leuchtgas zerfällt. Wären nicht auch Einflüsse denkbar, die einen solchen Zerfall bei gelinder Erhitzung eintreten lassen?

Anderseits müssen wir uns sagen, daß ein Eliminieren der Verunreinigungen und Ballaststoffe, wie Schwefel, Asche und Feuchtigkeit, zwecks theoretischer Beurteilung des Verbrennungsvorganges zu der Tatsache führen muß, daß trockenes Holz, trockener Torf und trockene Braunkohle, frei von Asche und Schwefel, auf dem Rost selbst der Steinkohle nicht nachstehen können. Ja, man kann sogar noch einen Schritt weitergehen und schließlich auch den als Ballast anzusprechenden unverbrennlichen Sauerstoff- und Stickstoffgehalt bei den jungen Brennstoffen ausschalten, um letzten Endes einen Heizwert der so gedachten Reinsubstanz zu erhalten, der mit jenem anderer Kohlensorten einen Vergleich aufzunehmen imstande ist. Aber was erreichen wir hierdurch? —

Zusammenfassend ließe sich eher sagen, daß die den Verbrennungsvorgang einleitende Entgasung kennzeichnend für die Schnelligkeit und Leichtigkeit der Aufschließung ist, und man könnte daher für die Bewertung der Brennstoffe vielleicht ein Verhältnis zwischen dem sog. fixen Kohlenstoff und den flüchtigen Bestandteilen heranziehen; dies hätte noch den Vorteil, daß man zur Beurteilung nur eine einzige Probe, die Verkokungsprobe, durchzuführen hätte. Diese Beurteilung ist

[1]) Vgl. Ferd. Fischer, Kraftgas. I. Mtl. S. 37 u. 38, wo Gasproben von der Holzverkokung angegeben sind.

auch für diejenigen flüssigen Brennstoffe anzuwenden, wie Teere, welche einen höheren Sauerstoffgehalt und vor allem einen zu hohen Kohlenstoff aufweisen und sich daher nicht wie Öle, also reine Kohlenwasserstoffe, verhalten können. Der Pechrückstand wäre als der fixe Kohlenstoff, die abdestillierenden Öle wären dann als die flüchtigen Bestandteile zu betrachten.

Jedenfalls verhalten sich die festen Brennstoffe beim Erwärmen und bei der Verbrennung keineswegs einheitlich, sondern so, als ob sie aus zwei Teilen, nämlich Gas und Koks, beständen, wie Aufhäuser durchaus richtig erkannt hat. Der chemisch reaktionsfähige Teil der Kohle leitet den Vorgang ein. Er verbrennt als Gas lebhaft und schnell, sogar schneller als die flüssigen Brennstoffe. Da aber nicht für eine so gute Luftbeimengung gesorgt werden kann wie bei diesen, tritt leichter unvollständige Verbrennung mit Rauchbildung auf. Der zweite Abschnitt umfaßt die Verbrennung des Koksrückstandes, die gleichmäßiger, aber auch langsamer verläuft. Für diesen Abschnitt der Verbrennung und damit überhaupt für die der Kohle ist kennzeichnend die Bildung von Kohlenoxyd. Wenn die Vorgänge hierbei auch noch nicht völlig geklärt sind, so steht jedenfalls fest, daß beim Verbrennen der Kohlen stets ein chemisches Gleichgewicht zwischen Kohlensäure, Kohlenoxyd und freiem Kohlenstoff auftritt. Kohlensäure und Kohlenoxyd bilden sich stets nebeneinander. Das Mengenverhältnis beider hängt von der vorhandenen Temperatur ab, und zwar nimmt die Menge des sich bildenden Kohlenoxyds selbst beim Überschuß von Sauerstoff mit der Temperatur zu. Indem so die Bildung von Kohlenoxyd bei einer vermehrten Bildung von Kohlensäure, die ja die Temperatur erhöht, ebenfalls gesteigert wird, wirkt sie auf den Verbrennungsvorgang regelnd ein und verleiht ihm eine einzigartige Stetigkeit und Nachhaltigkeit. An dieser Eigenart des Kohlenfeuers ändert die Tatsache nichts, daß das primär entstehende Kohlenoxyd nach Verlassen der glühenden Kohlenschicht, d. h. unter Ausschluß von freiem Kohlenstoff, sekundär vollständig zu Kohlensäure verbrannt wird.

Bevor wir uns weiter dem Vergleich der Brennstoffarten zuwenden, seien noch einige Bemerkungen über den Wert der Verbandsformel an sich, wenn sie zur Beurteilung der Charakteristiken herangezogen werden soll, am Platze. In der Formel ist der Aschengehalt des Brennstoffes nicht berücksichtigt[1]). Man begnügte sich wohl mit der Erkenntnis, daß aus ihm für den Heizwert doch nichts herauszuholen ist, und ließ ihn deshalb als wertlosen Faktor ausfallen. Und doch hat uns die große Kohlennot eines Besseren belehrt. Gewiß, die Asche trägt zur Erhöhung des Heizwertes nicht das geringste bei. Aber wir wissen aus praktischer Erfahrung, daß sie selbst die Steinkohle zu den minderwertigen Brennstoffen herabsinken lassen kann, so daß wir ohne Rücksichtnahme auf den Aschengehalt des Brennstoffes eine Wertziffer für den Brennstoff nicht bestimmen können. In der Zentrale der „Hanomag"[2]), die täglich bis zu 150 t Kohlen verbraucht, haben sich Aschengehalte bis zu 47% bei Steinkohle gezeigt[3]). Das mittlere Ergebnis für eine Reihe von Monaten betrug 20%, d. h. 13% mehr als in Friedenszeiten (1913/14). Umgerechnet auf die Förderung an der Ruhr, ergibt dies die tägliche Abfuhr von 37 mit Gesteinen vollbeladenen Güterzügen. Die nachteilige Wirkung reicht aber viel weiter. Die Wanderroste so großer Kesselanlagen arbeiten nur bei bestimmten Kohlensorten wirtschaftlich, andere und namentlich stets wechselnde Kohlen ergeben häufig erhebliche Verluste an unverbrannter Kohle und Störungen aller Art (vgl. S. 296). Die Gesteinsmengen bilden Schlacken, die nicht unerhebliche Klumpen guter Kohle vollständig umhüllen und deren Verbrennung verhindern.

Aber der hohe Aschengehalt kann auch in anderer Hinsicht zu großen Unkosten, d. h. zur Verteuerung der Dampferzeugung Anlaß geben, wenn er, wie bei Verfeuerung der Rohbraunkohle, zur Veraschung der Feuerzüge und zum Stillsetzen der Kessel Anlaß gibt. Millionen Mark müssen bei unserem größten Rohbraunkohlen-Elektrizitätswerk für Einrichtungen zur selbsttätigen Entfernung der Asche ausgegeben werden. Wenn man ferner bedenkt, wieviel unverbrannter Kohlenstoff mit diesem Ballast der Brennstoffe über Bord geworfen wird, so muß dem Aschengehalt eines Brennstoffes ein Kohleäquivalent als Tara auf die Wagschale unserer Betrachtungen geworfen werden, deren Gewicht sich auch nach den für die zu zahlenden Entschädigungen an Anwohner für entgangene Ernte usw. zu bestimmen ist. Aber die Asche gibt unmittelbar oder mittelbar noch zu anderen Wärmeverlusten Anlaß. Mit dem Herausreißen der Schlacken usw. entziehen wir dem Kessel nicht nur einen

---

[1]) Dr. Otto Gmelin (Öst. Z. f. E. u. H. 1886, S. 365) bediente sich der Formel: $80[100 - (H_2O + \text{Asche})] - C \cdot 6\, H_2O$, um den Einfluß des hygroskopischen Wassers auf die physikalischen Eigenschaften der Kohlen zu ermitteln. C schwankt je nach dem Prozentgehalt der Feuchtigkeit zwischen —4 und 12.

[2]) Hannoversche Maschinenfabrik A.-G. vorm. Egestorff.

[3]) Baurat Metzeltin, Diskussion zum Vortrag de Grahl „Kohlenkrisis und Transportfrage", Glasers Annalen 1919, Bd. 85, Heft 9.

Teil des Wärmeakkumulators, sondern kühlen die Feuerzüge während der Reinigung der Roste ab. Die Ascheablagerung auf dem Rost ist ein Hindernis für den Zutritt der Verbrennungsluft. Die von Stunde zu Stunde anwachsende Brennschichthöhe verlangt zur Aufrechterhaltung der Leistungen veränderliche Zugverhältnisse, wenn nicht große Wärmeverluste durch CO, H_2 und CH_4 (vgl. S. 289) in den Kauf genommen werden sollen. Bei der großen Dampfkesselanlage der Bergwerksdirektion Barsinghausen nahm die Brennschicht bei Versuchen des Verfassers dermaßen zu, daß alle drei Stunden die bis dicht an den Flammrohrscheitel anwachsende Brennschicht fast vollständig herausgerissen werden mußte.

Die Asche bewirkt in Verbindung mit dem ebenfalls vernachlässigten Schwefelgehalt der Brennstoffe Betriebserschwernisse, die wir nicht außer acht lassen können. Hoher Gehalt an Schwefelkies erniedrigt den Schmelzpunkt der Asche und begünstigt daher die Schlackenbildung. Kohlenschiefer schmelzen zwar erst bei hohen Temperaturen, wirken aber trotzdem schädlich in der Feuerung, weil sie einen unschmelzbaren Kern bilden, um den sich die auch das Mauerwerk angreifende verflüssigte Schlacke ansammelt. Der Gehalt der Kohle an Schwefelkies ist für die Roststäbe am gefährlichsten, weil er bei der Verbrennung „abgeröstet“ wird. Dieses Verhalten des Schwefelkieses steht in der Mitte zwischen dem des verbrennlichen Schwefels und dem des Aschenschwefels (FeS).

Was endlich den Wassergehalt der Brennstoffe anlangt, so wissen wir, welche Schwierigkeiten sich der Verbrennung oder Vergasung solcher Brennstoffe entgegenstellen und welche Wärmeverluste in den Abzugsgasen durch den Wasserdampf entstehen können, abgesehen von den hohen Transportkosten, die das Wasser als Ballast hervorruft. Bei Abwärmeverwertung ist unter Umständen mit Anfressungen der Röhrenvorwärmer usw. durch schwefelige Säure zu rechnen, wenn die Abgastemperatur bis zum Taupunkt getrieben wird.

Welche Wertziffer berücksichtigt die geschilderten Nachteile? Reicht schon die Verbandsformel im ganzen genommen nicht aus, die Brennstoffe zu charakterisieren, so kann ein Teil von ihr noch weniger vollbringen. Dagegen erscheinen Proben, die den tatsächlichen Vorgängen bei der Verbrennung nachgeahmt sind, wesentlich geeigneter zur Beurteilung. Die Heizwertbestimmung in der Verbrennungsbombe gibt uns sicherere Zahlen als die beste Heizwertformel; die Verkokungsprobe gibt uns Anhaltspunkte über die Gasergiebigkeit und damit über die Flammbarkeit der Brennstoffe; erscheint es nicht zweckmäßiger, diese Wege auszubauen, anstatt sich in uferlose theoretische Erwägungen einzulassen? Dabei soll natürlich die Theorie nicht vernachlässigt werden, denn sie gibt uns die Anhaltspunkte für unser Forschen, sie gibt uns die Aufklärung über oft widersprechende Erscheinungen. Aber die Praxis muß nicht nur der Ausgangspunkt, sondern auch wieder der Endpunkt unserer Arbeiten sein, und nie die Fühlung mit dem praktischen Leben zu verlieren, ist besonders in der Feuerungskunde die wichtigste Forderung, weil uns bislang die chemische Forschung noch viel zu wenig Aufklärung über die Vorgänge geben kann.

2. Abgrenzung für die Anwendung der Brennstoffe.

Die angedeuteten wesentlichen Unterschiede haben, jeder in seiner Art, für die Wahl der verschiedenen Brennstoffe in der Praxis große Bedeutung und lassen die allgemeine Bevorzugung einer bestimmten Brennstoffart nicht aufkommen.

Allerdings kommen für den Betrieb der Verbrennungsmaschinen ausschließlich die flüssigen Brennstoffe in Betracht. Zwar kann in ähnlicher Weise, wie z. B. das Benzin im Motor wirkt, nämlich explosionsartig, auch die Kohle verbrennen, wenn sie in Staubform verwandt wird. Es ist jedoch zunächst schwierig und kostspielig, feste Brennstoffe in so feiner Verteilung herzustellen, daß sie den Anforderungen der Verbrennungsmotoren genügen. Der Aschengehalt der Kohlen wäre noch nicht das größte Hindernis. Die Hauptschwierigkeit besteht darin, daß die Verbrennung der Kohle eben in zwei Abschnitten verläuft, und zwar würde der zweite Abschnitt im Motor niemals so vollkommen und restlos vor sich gehen, weil die oben erwähnten Grundbedingungen nicht gegeben sind, nämlich stetig hohe Temperatur und nachhaltige Verbrennung. Infolgedessen würden sich unvollkommene Verbrennung, Ausscheidung unverbrannter feiner Kohlenstoffteile und eine Wärmeentwicklung ergeben, die weit unter dem Gesamtheizwert der Kohlen bliebe. Auch die Verbrennuug des Kohlenstaubes zu Kohlenoxyd ist aus naheliegenden Gründen als Verfahren zum Betrieb von Verbrennungsmotoren zurückzuweisen. Der feste Brennstoff kann für den Verbrennungsmotor, abgesehen von dem Umweg über den Teer und die Teeröle, nur auf dem Wege über den Gasgenerator herangezogen werden. Die besondere Eignung der flüssigen Brennstoffe für den Motorenbetrieb beruht darauf, daß ihr Aggregatzustand ihnen eine leichte Zuführung, feinste Verteilung und gute

Mischung mit der Verbrennungsluft ermöglicht. Ferner werden bei der obenerwähnten restlosen Bindung des Kohlenstoffes an den Wasserstoff beide gemeinsam und gleichzeitig verbrannt, und zwar ohne Ausscheidung von freiem Kohlenstoff oder kohlenstoffreichen, schwer verbrennbaren Teilen. Nicht alle flüssigen Brennstoffe weisen diese günstigen Eigenschaften in gleichem Maße auf. Die wasserstoffreichsten und die wasserstoffarmen haben ihre Nachteile. Als passende Treibmittel für die Verbrennungsmotoren ergeben sich deshalb die mittleren Destillate des Petroleums und des Teers. Praktisch haben sich die sog. Gasöle aus Petroleum und aus Braunkohlen als am besten geeignet erwiesen. Ihnen stehen die Teeröle an Wert etwas nach, was vorwiegend in ihrer chemischen Konstitution als Benzolwasserstoffe begründet ist. Diese muß durch geeignete Vorkehrungen beim Motorenbetrieb berücksichtigt werden. Am ungeeignetsten liegen die Verhältnisse für den Teer, für den man eine ausgedehnte unmittelbare Verwendung in der Form des Rohteers schwerlich zu erwarten hat.

Für das Gebiet der Verkokung und Vergasung kommt eigentlich ein Vergleich zwischen festen und flüssigen Brennstoffen gar nicht in Betracht, da dieses Gebiet unbestritten der Kohle allein gehört. Die flüssigen Brennstoffe sind nicht verkokungsfähig, obzwar es auch Petroleum- und Teerkoks gibt; doch sind dies nur in geringen Mengen auftretende Erzeugnisse einer Überhitzung, die bei der ununterbrochenen Destillation großer Flüssigkeitsmengen an den vom Feuer berührten Stellen entstehen. Dagegen erhält man aus flüssigen Brennstoffen ein Gas bei dem Verfahren der Ölgasgewinnung für die Eisenbahnwagenbeleuchtung. Dieses Verfahren ist jedoch von der Steinkohlengasgewinnung durchaus verschieden. Das Ölgas erfüllt für den besonderen Zweck der Beförderung und Aufbewahrung in stark gepreßtem Zustande seine Aufgabe, tritt jedoch für die Fortleitung auf weite Strecken, also die Gasversorgung im großen, durchaus hinter dem Steinkohlengas zurück. Hervorzuheben ist schließlich an dieser Stelle noch die Gewinnung der wertvollen Nebenstoffe bei der Steinkohlendestillation.

Auf der Tagung des Verbandes Deutscher Elektrotechniker (Stuttgart 1919) wurde das Wort geprägt: „Mit Kohle heizen, mit Gas kochen, mit Elektrizität leuchten". Abgesehen davon, daß hier der flüssige Brennstoff überhaupt nicht erwähnt ist, läßt sich dieser Satz in der allgemeinen Form ebensowenig aufrechterhalten, wie wenn man die ausnahmslose Vergasung der Kohle als Zukunftsideal fordern wollte. Magerkohle und Anthrazit, die eine schlechte Teerausbeute ergeben, wird man weiter verbrennen, ebenso nicht backende Fettkohle, die zwar rd. 3 bis 4% Teer enthält, aber keinen brauchbaren Koks (S. 25) liefert. Die backende Fettkohle dagegen ist der Kokerei, die Gas- und Gasflammkohle den Gasanstalten und der Urteergewinnung zwecks Vergasung und Halbkokserzeugung zuzuweisen. In ähnlicher Weise werden bitumenarme Braunkohlen zu verbrennen, solche mit mittlerem Bitumengehalt zu brikettieren, bitumenreiche zu vergasen sein[1]). Man wird also von einer Alleinherrschaft eines bestimmten Brennstoffes auf sämtlichen Gebieten auch in Zukunft nicht sprechen können. So können wir heute z. B. noch nicht übersehen, ob nicht das Gas oder die flüssigen Brennstoffe gegenüber der festen Kohle auch im Heiz- und Dampfkesselbetrieb überlegen sein werden. Solche Fragen hängen von einer Reihe von Bedingungen ab, auf die wir vorsätzlich keinen Einfluß ausüben können. In den Hüttenwerken hat sich der Gasdampfkessel in stets steigendem Umfange eingeführt, ohne daß damit die Frage der vorteilhafteren Anwendung von Gas für den Betrieb von Gasmaschinen oder zur Dampferzeugung endgültig gelöst worden wäre.

3. Vorzüge der einzelnen Brennstoffarten.

Zusammenfassend können wir unter den gegebenen Einschränkungen wohl behaupten, daß der Kohle die Gebiete der Kokerei und der Leuchtgaserzeugung unumstritten auch in Zukunft gehören werden, besonders seit sich diese beiden Gebiete in neuerer Zeit einander außerordentlich genähert haben.

Dem Kohlenfeuer muß man bei dem Wettbewerb mit den flüssigen Brennstoffen in industriellen und gewerblichen Feuerungen die Vorzüge der Gleichmäßigkeit und Nachhaltigkeit, die von keinem anderen Brennstoff in gleichem Maße erreicht werden, zugestehen. Der mit glühenden Kohlen bedeckte Rost einer Feuerung stellt nicht nur eine Wärmequelle, sondern auch einen Wärmespeicher dar, der für sehr viele Fälle der Technik trotz wirtschaftlicher Nachteile unentbehrlich ist. Wird eine Forderung dieser Art für die Wahl der Kohlenfeuerung entscheidend sein, so wird man sich dort wieder für die flüssigen Brennstoffe entscheiden müssen, wo leichte unmittelbare Entzündbarkeit, leichte Abstellung und die Erreichung hoher Temperaturen in kurzer Zeit, also im Grunde das Gegen-

[1]) Vgl. Franz Fischer, Über d. Stand d. Kohlenforschung, Halle 1919.

teil des vorher Gesagten, verlangt werden. Eine Kombination beider Brennstoffarten, etwa das Teeröl als Zusatzfeuerung, dürfte schon aus rein kaufmännischen Gründen gerechtfertigt werden können, weil in Zukunft die festen Brennstoffe unter Umständen schwerer als die flüssigen Brennstoffe zu beschaffen sein werden.

Die von der Natur gegebenen Stoffe, wie z. B. Erdöl und seine Destillate, ermöglichen einerseits einen vereinfachten, anderseits durch Verbrennung in Motoren einen wirtschaftlich gesteigerten Betrieb, während weiter die als Nebenerzeugnisse bei der Kohlenvergasung gewonnenen, höchst wertvollen flüssigen Brennstoffe, als Heiz- und Kraftmittel benutzt, nicht nur durch ihr wirtschaftliches Arbeiten, sondern allein durch die Tatsache ihrer Gewinnung und zweckmäßigen Verwendung eine Steigerung des Wertes der Kohle und damit einen gewaltigen Gewinn der heimischen Volkswirtschaft bedeuten, um so mehr, als sie imstande sind, ausländische, mit hohen Kosten einzuführende Stoffe zu ersetzen (vgl. Wirtschaftlichkeit der Nebenproduktengewinnung S. 256). Gegenüber den Gasen haben die flüssigen Brennstoffe im allgemeinen den Vorzug, nicht an Ort und Stelle gebunden, sondern frei transportierbar zu sein, was in vielen Fällen, z. B. beim Betrieb von Schiffskesseln, Motorwagen und Lokomotiven wichtig ist. Schließlich erfordert ihre Unterbringung gegenüber sämtlichen anderen Brennstoffen einen mindestens um $\frac{1}{3}$ kleineren Raum, wodurch der Aktionsradius der Fahrzeuge erhöht wird. Man kann damit rechnen, daß mit 1 kg flüssigem Brennstoff etwa die doppelte Wärme wie mit 1 kg Steinkohle erzeugt werden kann.

In der metallurgischen Industrie bietet das Teeröl den Vorteil geringer Anschaffungskosten der Einrichtungen, der Verringerung des Abbrandes, der Schonung der Tiegel und Feuerungseinrichtungen, der Möglichkeit, bei der Reinheit des Teeröls von Schwefel auch ein besonders reines und daher hochwertiges Schmelzgut zu erhalten, und endlich den Vorteil einer erheblichen Steigerung der Leistungsfähigkeit. Als fernere Vorteile mögen noch angeführt werden: Rauch- und rußfreie Verbrennung, unmittelbare Zuführung des Hitzestromes zu dem zu erwärmenden Gegenstand und die Möglichkeit für den Heizer, die Verbrennungstemperatur in weiten Grenzen zu ändern, gegebenenfalls für metallurgische Zwecke die Flamme entweder oxydierend, reduzierend oder neutral zu machen (über Feuerungen mit flüssigen Brennstoffen siehe S. 308).

Ähnliche Vorzüge wie die flüssigen Brennstoffe weisen die gasförmigen auf, weil sie den Bau der Feuerungen durch Fortfall von Roststäben und größeren Feuerungsteilen vereinfachen. Es entfallen Aschen- und Schlackenabfuhr. Die Verbrennung ist wegen des zu erreichenden geringsten Luftüberschusses vollkommener, daher Erzielung höherer Temperaturen, bessere Brennstoffausnutzung, erhöhte Betriebsbereitschaft und Ersparnis an Bedienung und Arbeitslohn. Hierzu kommt die Möglichkeit unmittelbarer Verwendung der Gase in Kraftmaschinen (Gasmaschinen), deren Brennstoffausnutzung diejenige der Dampfmaschinen übertrifft. (Über Gasfeuerungen siehe S. 324.)

Die minderwertigen, d. h. durch hohen Aschen- und Wassergehalt belasteten Brennstoffe dürften sich allgemein mit künstlichem Zug (vgl. S. 294) verbrennen, vorwiegend aber im Generator vergasen lassen (vgl. S. 198). Der Umstand, daß die brennbare Substanz unter Umständen zu gering ist, um eine genügende Verbrennungstemperatur zu erhalten, bedingt hohe Brennschichten, für die der natürliche Schornsteinzug nicht ausreicht. Wenn auch eine wärmewirtschaftliche Ausnutzung bei diesen Brennstoffen nicht zu erwarten steht, so liegt doch für ihre Verwertung möglichst in den Zechen selbst, ein berechtigter Grund vor, der nicht allein in der Erzeugung eines billigen Dampfes, sondern vor allem auf nationalwirtschaftlichem Gebiete zu suchen ist. Solche Brennstoffe, wie sie die unverkäuflichen Aufbereitungsabfälle darstellen, lassen sich nicht gut weiter transportieren, es sei denn, daß durch Brikettierung ein höherer Nutzen daraus zu erzielen wäre (vgl. S. 39). Über die Verwertung minderwertiger Brennstoffe in Verbindung mit flüssigen Brennstoffen in Form von Kolloid-Brennstoffen oder gemischten Feuerungen vgl. S. 62 und 63.

4. Einfluß auf den thermischen Wirkungsgrad.

a) Umwandlung in mechanische Energie.

Wollen wir die Wirtschaftlichkeit des Kraftbetriebes erhöhen, so müssen wir in erster Linie auf Schaffung eines hohen Temperaturgefälles hinarbeiten; je größer dieses ist, desto vorteilhafter kann die in den Brennstoffen enthaltene Energie in mechanische Arbeit umgewandelt werden.

Steht eine Wärmemenge $ab = 100$ WE mit 400° zur Verfügung, Abb. 12, so ist ao ihre absolute Temperatur. Wenden wir nun ein Temperaturgefälle von 200° an, so können wir theoretisch nur den Anteil *de* in Arbeit umsetzen, der Restteil *cd* bleibt für die Umwandlung in mechanische Energie ein toter Körper, der nur durch ein weiteres Temperaturgefälle, z. B. bis *f* (= 0°) zu neuem Leben erweckt werden kann. In diesem Falle hätten wir *gh* in Arbeit umgewandelt. Je weiter wir also mit der Temperatur heruntergehen, desto mehr nimmt der Anteil an Arbeit zu, desto kleiner fällt die verbleibende Wärmemenge aus. Beide werden theoretisch durch die Linie *bo* voneinander geschieden, die zwischen ihnen eine unüberwindbare Grenze bildet.

Wir schaffen uns bei der Ausnutzung der Wärme das notwendige Temperaturgefälle durch V e r b r e n n u n g d e r B r e n n s t o f f e, könnten aber auch o h n e d i e s e auskommen, wenn wir das Temperaturgefälle durch Kühlmittel erzeugen würden. Das sind aber Ausblicke in die Zukunft und neue Aufgaben, denen wir uns nicht widmen können, da uns in diesem Werk zunächst die Gegenwart beschäftigt. Wir erzeugen bei der althergebrachten Verbrennung der Kohle auf dem Rost eines

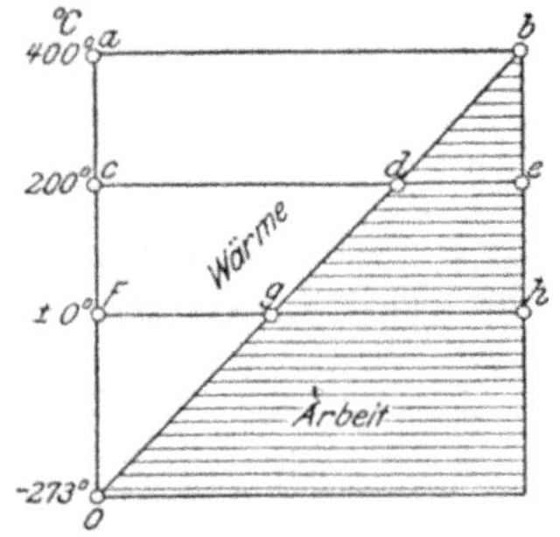

Abb. 12. Grenzen für die aus einer Wärmemenge zu gewinnenden Arbeit.

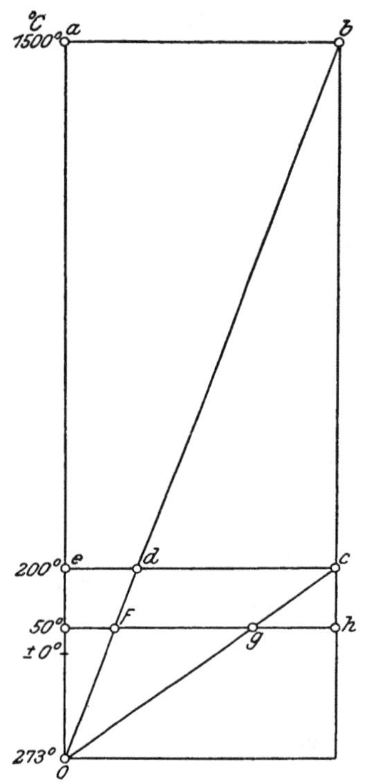

Abb. 13. Temperaturverhältnisse im Dampfkessel- und Maschinenbetrieb.

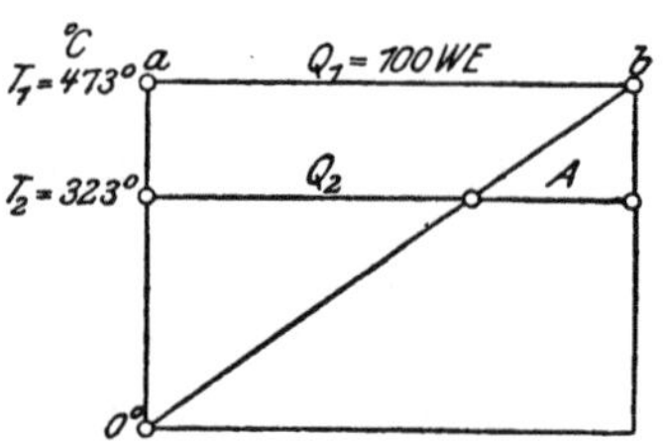

Abb. 14. Arbeitsgewinn aus dem Beispiel der Abb. 13.

Dampfkessels eine Temperatur von beispielsweise 1500°, während die Wärmeaufnahme im Kessel z. B. bei Dampftemperaturen von 200° erfolgt. Nehmen wir ferner an, daß der mit 200° in die Maschine eintretende Dampf diese — mittelgute Luftleere vorausgesetzt — mit 50° verläßt, so können wir leicht ermessen, was dieser Temperatursturz bedeutet. Bei Ausnutzung des zur Verfügung stehenden Temperaturgefälles von 1500° bis 50°, Abb. 13, würden wir schon einen Arbeitsgewinn von *fh* zu verzeichnen haben, aber in Wirklichkeit überspringt die Wärme die kostbare Temperaturdifferenz von 1500° bis 200° und läßt uns gemäß des Linienzuges *bco* nur den erreichbaren Arbeitsgewinn *gh* übrig. Bei Dampfturbinen könnten wir dank der vollkommeneren Luftleere die Abkühlung bis auf 30° und dadurch die Umwandlung der Energie in mechanische Arbeit noch etwas weiter treiben. Aber dieses Ergebnis ist noch lange kein tatsächliches, sondern zeigt uns nur, welches Ziel für uns theoretisch erreichbar ist. Die Wärme folgt nur unwillig dem vorgeschriebenen Wege; sie benutzt jede Gelegenheit, um das Temperaturgefälle durch Leitung oder Strahlung nach einem kälteren Teile zu schwächen; ein gleiches Ergebnis ziehen Drosselung und Reibung des Dampfes beim Durchtritt durch Rohrleitung und Kanäle nach sich. Und so kommt es, daß eine gute Dampfmaschine von 100 zugeführten Wärmeeinheiten nur 18 in Form von Arbeit wiedergibt. Ein Blick auf Abb. 14 zeigt uns den erreichbaren Arbeitsgewinn für das angezogene Beispiel. Für den Frischdampf ergibt sich eine absolute Temperatur $T_1 = 200 + 273 = 473^0$, für das Kühlwasser eine solche von $T_2 = 50 + 273 = 323^0$. Wird $ab = Q_1 = 100$ WE angenommen, so ergibt sich

$$Q_2 = \frac{Q_1}{T_1} \cdot T_2 = \frac{100 \cdot 323}{473} = \text{rd. } 68 \text{ WE}$$

und ein Arbeitsgewinn

$$A = Q_1 - Q_2 = 100 - 68 = 32 \text{ WE}.$$

Es ist Aufgabe des Maschinenbaus, von den $(32 - 18) = 14$ WE durch weitere Vervollkommnung der Dampfmaschinenkonstruktion noch einen erheblichen Teil zu gewinnen, d. h. den Wärmeverlust zur Erhöhung des thermischen Wirkungsgrades noch weiter einzuschränken.

Die Aussichten auf Erfolg sind nach dieser Richtung hin allerdings bescheiden. Wir erreichen viel mehr, wenn wir den Brennstoff, sei es in gasförmigem oder flüssigem Zustand, unmittelbar im Motor, also unter Vermeidung des Umweges der Dampferzeugung, zur Erzielung einer höheren Temperaturdifferenz verbrennen.

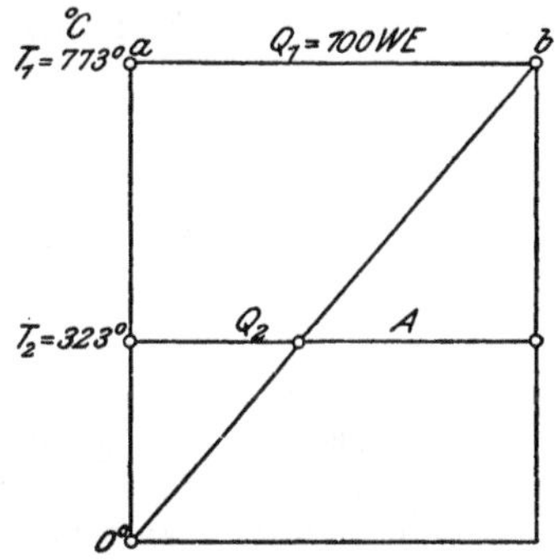

Abb. 15. Arbeitsgewinn bei einem Verbrennungsmotor.

Abb. 15 zeigt wieder $ab = Q_1 = 100$ WE. In a herrscht beispielsweise eine absolute Temperatur $T_1 = 500^0 + 273^0 = 773^0$. Bei gleicher Kühlwassertemperatur wie vorher, nämlich $T_2 = 323^0$, ergibt sich

$$Q_2 = \frac{100 \cdot 323}{773} = \text{rd. } 43 \text{ WE}$$

und $A = Q_1 - Q_2 = 57$ WE.

Bei der Beurteilung des theoretisch möglichen thermischen Wirkungsgrades kommt es auf den arbeitenden Stoff, ob Dampf oder Gas, nicht so sehr an; in dieser Frage entscheidet vielmehr das Temperaturgefälle. Daher kann auch in dieser Hinsicht die Brünlersche Unterwasserfeuerung (vgl. S. 319) keine Besserung gegenüber der althergebrachten Verbrennung des Brennstoffes auf dem Roste bringen.

Der thermische Wirkungsgrad bei der Verbrennungsmaschine ist ungefähr doppelt so groß wie bei einer guten Dampfmaschine, so daß man sich ihrer, sofern es sich allein um Krafterzeugung handelt, stets mit Vorteil bedienen wird. Ein solches Bestreben wäre in nationalwirtschaftlichem Sinne mit Freuden zu begrüßen. Aber privatwirtschaftliche Gründe können bisweilen zugunsten der Dampfmaschine entscheiden, zumal eine Verbrennungsmaschine nicht nur hohe Anschaffungskosten erheischt, sondern auch bei gleichzeitiger Berücksichtigung von Heiz- und Kochzwecken, Bereitung von Warmwasser für Bäder usw. unter Umständen weniger in Frage kommen kann.

b) Verbindung von Kraft- und Heizbetrieben.

Die Wirtschaftlichkeit einer Dampfmaschine läßt sich in recht ersprießlicher Weise erhöhen, wenn wir auch nur einen Teil von Q_2 für Heizzwecke verwerten. Wir können nun den Abdampf unmittelbar für die Heizung verwenden (unmittelbare Abdampfheizung), oder wir benutzen den Abdampf zur Erwärmung von Wasser, das zu Heizzwecken usw. Verwertung findet (mittelbare Abdampfheizung). Eine solche Verwertung des Abdampfes hat natürlich nur dann Zweck, wenn sich bei Gegenüberstellung der thermischen Wirkungsgrade der Dampfmaschine bei Kondensationsbetrieb und bei Verwendung des Abdampfes zur Heizung Ersparnisse ergeben.

Bei einer einzylindrigen Dampfmaschine mit Ventilsteuerung und Kondensation, für die folgende Größen gelten[1]):

Absoluter Druck des in die Maschine eintretenden Dampfes $p = 6$ kg/qcm,
absoluter Druck des aus der Maschine austretenden Dampfes $p_1 = 0{,}2$ kg/qcm,
schädlicher Raum (als Bruchteil des Hubraumes) $m = 0{,}05$,
Füllungsverhältnis $\varepsilon = 0{,}15$,

berechnet sich der mittlere indizierte Druck p_m in kg/qcm zu

$$p_m = f \cdot p - f_1 \cdot p_1 = 2{,}389,$$

[1]) Vgl. Dr.-Ing. Biegeleisen, Gesundheits-Ing. 1906, S. 233.

wenn nach den in der Hütte angegebenen Tabellen für $f = 0{,}432$ und $f_1 = 1{,}013$ eingesetzt wird. Aus den Tabellen für Wasserdämpfe entnehmen wir die bekannten Größen $\lambda = 654{,}67$ und $\gamma = 3{,}132$ und berechnen den thermischen Wirkungsgrad

$$\eta_1 = \frac{23{,}33 \cdot p_m}{(m + \varepsilon)\,\gamma \cdot \lambda} = 0{,}13.$$

Nehmen wir jetzt an, daß wir die Maschine ohne Kondensation arbeiten lassen, und zwar derart, daß der gesamte Abdampf zur Heizung Verwendung findet, dann rechnen wir, wie folgt:

p_1' soll 1,15 kg/qcm betragen, so daß

$$f' = f - \frac{f_1 (p_1 - p_1')}{p} = 0{,}594 \text{ wird.}$$

Für dieses f' wird entsprechend den Tabellen

$$\varepsilon' = 0{,}25$$

und der thermische Wirkungsgrad

$$\eta_2 = \frac{23{,}33 \cdot p_m}{(m + \varepsilon')\,\gamma\,(\lambda - r')} = 0{,}49,$$

wenn r' die mittlere Verdampfungswärme des Dampfes entsprechend der Ein- und Austrittstemperatur ist. Die Ersparnis beträgt hiernach

$$\mu = \frac{\eta_2 - \eta_1}{\eta_2} = 0{,}73.$$

Es ist somit durch Abschaffung der Kondensation und Anschließen der Heizung an die Dampfmaschine theoretisch möglich, die Wirtschaftlichkeit um 73% zu vergrößern.

Bei der mittelbaren Abdampfheizung (auch Vakuumheizung genannt) schalten wir in die von der Dampfmaschine nach dem Kondensator führende Leitung einen Heizkörper ein, der mit Hilfe des Abdampfes erwärmt wird.

Es soll sich dabei um eine Verbunddampfmaschine mit Ventilsteuerung und Kondensation mit

$$p = 10 \text{ kg/qcm}, \quad p_1 = 0{,}21 \text{ kg/qcm}, \quad m = 0{,}99 \text{ und } \varepsilon = 0{,}21$$

handeln. Das Verhältnis der beiden Zylindervolumina sei $\frac{v}{V} = 0{,}40$. Der mittlere Druck ergebe sich zu $p_m = 4{,}63$, die Verdampfungswärme λ zu 661, γ zu 5,11.

Der Wirkungsgrad berechnet sich unter Zugrundelegung dieser Werte zu

$$\eta_1 = \frac{23{,}33 \cdot 4{,}63}{(0{,}21 - 0{,}09) \cdot 5{,}11 \cdot 611} = 0{,}106.$$

Durch Einführung des Abdampfes in den Heizkörper soll sich p_1 selbst auf $p_1' = 0{,}60$ kg/qcm vergrößern. Zur Erzielung derselben indizierten Leistung ist eine Zunahme des Füllungsgrades um

$$d\varepsilon = \frac{f_1}{p \cdot \ln \frac{1+m}{\varepsilon + m}} \cdot d p_1 = \frac{1{,}024}{10 \cdot \ln \frac{1{,}09}{0{,}30}} \cdot d p_1 = 0{,}08\, d p_1$$
$$= 0{,}08\,(0{,}60 - 0{,}21) = 0{,}031$$

erforderlich, so daß $\varepsilon' = \varepsilon + 0{,}031 =$ rd. 0,25 wird.

Bei der Annahme, daß der Abdampf $^2/_3$ seiner Verdampfungswärme an den Heizkörper abgibt, berechnet sich der Wirkungsgrad zu

$$\eta_2 = \frac{23{,}23 \cdot 4{,}63}{(0{,}09 + 0{,}25) \cdot 5{,}11\,(661 - {}^2/_3 \cdot 5{,}47)} = \text{rd. } 0{,}21$$

und die Ersparnis

$$\mu = 0{,}48.$$

Ein anderes Verfahren der Abdampfwärmeverwertung besteht darin, daß der Abdampf in geeigneten Kraftmaschinen weiter mechanische Arbeit leistet (Abdampfkraftanlagen). In wirtschaftlicher Weise geschieht dies in Abdampf- oder Zweidruck- (Mischdruck-) turbinen, die wegen der bei ihnen erreichbaren hohen Luftleere gegenüber der Niederdruck-Kolbendampfmaschine im Vorteil sind, vorausgesetzt, daß eine den Belastungsverhältnissen entsprechende Abdampf- und Kühlwassermenge zur Verfügung steht. Während die Abdampfturbine häufig auf den unwirtschaftlichen Zusatz von Frischdampf angewiesen ist, wird der Frischdampf bei der Zweidruckturbine in der Hochdruckstufe zur Leistung mechanischer Arbeit herangezogen. Da ferner bei der Zweidruckturbine den Kesseln Frischdampf nur dann entnommen wird, wenn der Dampf der Primärmaschinen sinkt oder aussetzt, so werden bei der Zweidruckturbine die Kessel gleichmäßiger beansprucht und dadurch die Bedingungen für eine größere Wirtschaftlichkeit erfüllt.

Werden für Koch- oder Heizzwecke Dampfdrücke gebraucht, die zwischen der Kessel- und Kondensatorspannung liegen, so läßt man den Dampf sich unter Arbeitsleistung in einer Dampfkraftmaschine auf den gewünschten Druck ausdehnen, bevor er der Verwendungsstelle zugeführt wird. (Zwischendampfentnahme.) Bei diesem Verfahren tritt eine Verschiebung der Arbeitsleistung in der Weise ein, daß der Niederdruckteil um so mehr entlastet wird, je größer die entnommene Dampfmenge ist, während der Hochdruckteil die zur Deckung des Gesamtbedarfes erforderliche Mehrleistung übernimmt.

Da, wo z. B. für Koch- und Heizzwecke Dampf von verschiedener Spannung gebraucht wird, entnimmt man den höher gespannten Dampf durch Anzapfung, während der Auspuffdampf für die Heizung Verwendung findet.

Für die Zwischendampfentnahme eignen sich wegen ihrer geringeren Empfindlichkeit von den Kolbendampfmaschinen nur die Tandemmaschinen.

In Zahlentafel 60 ist eine Kolbendampfmaschine mit einer Normalleistung von 250 kW bei 11,5 at Überdruck und einer Dampftemperatur von 300° C (entsprechend 12 at und 325° C am Kessel) zugrunde gelegt. Die Betriebsstunden sind 3000; die Erzeugung von 1 Mill. WE soll 3,50 M gekostet haben. Der Heizdampf von 1,5 at Überdruck wird einmal von Niederdruckdampfkesseln geliefert, das andere Mal durch Zwischendampfentnahme gewonnen. In letzterem Falle ergeben sich, je nach der Größe der Entnahme, Ersparnisse bis zu 7300 M jährlich. (Vgl. auch das Diagramm rechts auf Tafel V.)

Zahlentafel 60.

Dampf- und Wärmeverbrauch bei getrennter Erzeugung von Arbeits- und Heizdampf und bei Zwischendampfentnahme.

Heizdampfmenge kg/Std.		Nr.	2750	2500	2000	1000	0	Ergebnis ermittelt aus
Getrennte Erzeugung von Arbeitsdampf in Hochdruckkesseln und Heizdampf in Niederdruckkesseln	für Heizdampf aufzuwenden WE/Std.	1	1750000	1590000	1270000	635000	0	—
	zur Erzeugung von 250 kW aufzuwenden WE/Std.	2	1370000	1370000	1370000	1370000	1370000	—
	gesamter Wärmeverbrauch WE/Std.	3	3120000	2960000	2640000	2005000	1370000	—
Entnahme des Heizdampfes als Zwischendampf	gesamter Wärmeverbrauch WE/Std.	4	2425000	2320000	2135000	1810000	1370000	—
	entnommene Dampfmenge in % des Gesamtdampfverbrauches		82,5	78,5	68,0	40,2	0	—
Ersparnis durch Zwischendampfentnahme	in WE	5	695000	640000	505000	195000	0	3)—4)
	in % des Gesamtwärmeverbrauches	6	22,3	21,6	19,1	9,75	0	$\frac{5)}{3)} \cdot 100$
	in % des Heizwärmeverbrauches	7	39,7	40,2	39,8	30,8	0	$\frac{5)}{1)} \cdot 100$
jährliche Ersparnis an Dampferzeugungskosten M			**7300**	**6720**	**5300**	**2050**	—	—

Welch ungeheuere Wärme mit den ausgestoßenen Dampfmengen unserer Dampfmaschinen verloren geht, mögen folgende Ziffern dartun. Nach Oberingenieur A. Schulze[1]) waren im Königreich Sachsen 1910 13 478 Dampfmaschinen mit 628 000 PS_e vorhanden. Rechnet man im Mittel 7 kg Dampf stündlich und seinen Wärmeinhalt zu 700 WE/kg, so gehen bei einem Verlust von 85%

[1]) Vortrag, gehalten gelegentlich des Kongresses f. Heizung und Lüftung 1913, Köln.

stündlich 2615 Mill. WE im Werte von 8710 M oder in 200 Heiztagen mit 10stündiger Betriebszeit 17 Mill. M verloren. Könnte man diese Wärmemenge nur zu $^2/_3$ ausnutzen, so würde man jährlich schon 11,6 Mill. M ersparen!

Zahlentafel 61.

Brennstoffkosten in Pf/PS$_e$-Std. mit und ohne Abdampfverwertung.

Brennstoffkosten für 1000 kg Dampf einschl. Verluste durch Anheizen und Stillstand der Kesselanlage x M	ohne Abdampf-verwertung	bei voller Abdampf-verwertung	bei halber Abdampf-verwertung	Annahme:
a) Dampfmaschine mit 10 kg/PS$_e$ stündl. Dampfverbrauch	x	$\frac{x}{10}$	$0{,}55\,x$	Von der im Frischdampf zugeführten Wärme werden rund 10% für die Arbeitsleistung und die Verluste in der Maschine verbraucht, so daß noch 90% der Frischdampfwärme im Abdampf enthalten sind.
b) desgl. mit 5 kg/PS$_e$ stündl. Dampfverbrauch	$\frac{x}{2}$	$\frac{x}{10}$	$0{,}3\,x$	Gegenüber a) sollen 20% verbraucht werden. Im übrigen soll der absolute Wärmeaufwand annähernd derselbe wie bei a) sein.

Zahlentafel 61 zeigt zunächst rein theoretisch, 1. daß die Wirtschaftlichkeit eines vereinigten Kraft- und Heizbetriebes mit der Abnahme der Abdampfverwertung bedeutend abnimmt, 2. daß aber auch die Vorteile einer teuren, wirtschaftlichen Maschine bei voller Abdampfverwertung nicht mehr zur Geltung kommen. In solchem Falle würde für die Betriebsleitung keine Veranlassung zur Beschaffung einer solchen Maschine vorliegen, weil durch sie die Betriebskosten unter Umständen erhöht werden.

Im einzelnen haben wir uns bei der Abwärmeverwertung folgendes zu überlegen:

Bei einem Kesseldruck von 12 at Überdruck, einer Dampftemperatur von 325° C am Überhitzeraustritt, entsprechend 742 WE im Dampf, soll der Dampf die Maschine (2stufig, Leistung 300 kW, stündlicher Kohlenverbrauch 1 kg/PS) mit etwa 578 WE unter Berücksichtigung der eingetretenen Dampffeuchtigkeit verlassen. Bei Speisewasser von 12° C, vorgewärmt auf 52° C, werden einschließlich 10% Verluste weitere 44 WE des Abdampfes ausgenutzt. Für Heizzwecke bleiben mithin von 1 kg Maschinenabdampf

$$578 - 44 = 534 \text{ WE},$$

die im günstigsten Falle bis auf etwa 34° C Kondensatabflußtemperatur ausgenutzt werden können, d. h. von jedem den Niederdruckzylinder verlassenden Kilogramm Dampf werden höchstens

$$534 - 34 = 500 \text{ WE}$$

für Heizzwecke gewonnen.

Will man den Nutzen der Abwärmeverwertung bestimmen, so muß man sich vergegenwärtigen, daß Verzinsung, Tilgungskosten, Löhne, Schmieröl, Putz- und Packungsstoffe[1]) sich zur Zeit gar nicht feststellen lassen, weil sie ebenso wie die Kohlen einen festen Preis noch nicht erlangt haben. Man kann höchstens annehmen, daß sich sowohl die Kohlenkosten als auch die übrigen Werte in ein gleiches Verhältnis wie vor dem Kriege einstellen werden, d. h., wenn vor dem Kriege 1 kW-Std. 3,6 Pf ohne Abwärmeverwertung gekostet hat, so dürften die Kosten bei Verwertung der Abwärme auf 2,25 Pf heruntergehen. Oder wenn die Kohle jetzt x M/t kostet, werden die Kohlenkosten für den Maschinenbetrieb von $4{,}53\,x$ um $2{,}98\,x$ d. h. auf $1{,}55\,x$ verringert. Eine Gegenüberstellung der in Betracht kommenden Ziffern dürfte zum besseren Verständnis beitragen:

Zahlentafel 62.

Tägliche Unkosten in M (1914).

Anlagekapital 100 000 M für 2stuf. Masch. 300 kW, 12 Std. Tagesbetrieb, 300 Arbeitstage	Kohlenkosten im Frieden 16,50 M/t bei 7000 WE: keine Abwärmeverwertung	Kohlenkosten im Frieden 16,50 M/t bei 7000 WE: Abwärmeverwertung	Kohlenkosten jetzt: x M/t Abwärmeverwertung
Verzinsung und Tilgungsspesen	30	30	} y
Löhne	15	15	
Schmieröl, Putz- und Packungsmaterial . .	10	10	
Kohlen	75	26	$1{,}55\,x$
	130	81	
Preis der kW-Std.	$\frac{130 \cdot 100}{12 \cdot 300} = 3{,}60$ Pf	$\frac{81 \cdot 100}{12 \cdot 300} = 2{,}25$ Pf	$\frac{(y + 1{,}55\,x)\,100}{12 \cdot 300}$

[1]) Vgl. spätere Ausführungen auf S. 458.

Von den Möglichkeiten, den Kraftbetrieb mit dem Heizungsbetrieb zu verbinden, verdient die Verwendung des Vakuumdampfes zu Heizzwecken aus gesundheitlichen und wirtschaftlichen Gründen den Vorzug. Insbesondere mögen folgende Vorteile hervorgehoben werden:

1. Geringere Temperaturen der Heizkörper,
2. beste Anpassungsfähigkeit an die Witterungsverhältnisse,
3. billiger Betrieb.

Die Vacuumheizung bewährt sich vornehmlich im Anschluß an große, in der Nähe von Wohn- und Geschäftsvierteln gelegene Elektrizitätswerke und bei solchen Besitzern, denen es nicht auf geringe Kapitalanlage, sondern mehr auf billigen Betrieb ankommt.

Da durch Regelung der Luftleere die Temperatur des Vakuumdampfes innerhalb gewisser Grenzen verändert werden kann, ergibt sich hierdurch auch eine Regelung der Stärke der Heizung, abgesehen davon, daß durch Frischdampf in besonderen Fällen nachgeholfen werden kann. Dabei müssen wir aber voraussetzen, daß die Größe der anzuschließenden Heizungen nicht über einen gewissen Umfang hinausgeht, sonst tritt ein Fehlbedarf an Wärme ein, durch den ein Mehrverbrauch an Frischdampf bedingt wird. Da mit der Verminderung der Luftleere der Dampfverbrauch der Maschine wächst, spricht anderseits die Forderung geringsten Energieverbrauches bei der Dampfmaschine nicht immer zugunsten einer Verbindung von Kraft- und Heizbetrieben. Jedenfalls ist diejenige Heizung am wirtschaftlichsten, die während des größten Teiles der Heizzeit vornehmlich Abwärme zu verwerten gestattet. Bei großen Entfernungen muß auf die Fortleitung des Vakuumdampfes wegen des geringen verfügbaren Druckgefälles verzichtet werden, indes läßt sich dann die zur Verfügung stehende Wärme für eine Warmwasserheizung mit Pumpenbetrieb verwerten. Die Regelung des Heizbetriebes ist hierbei ähnlich wie bei der Vakuumdampfheizung. Nur ist es bei der Vakuum-Warmwasserheizung nicht angängig, einfach den Fehlbedarf bei beispielsweise 20° C durch Zuführung von Frischdampf bei gleichbleibender hoher Luftleere zu decken, denn dann würde die mittlere Wassertemperatur über derjenigen des Vakuumdampfes liegen und daher die Heizung Wärme an den Vakuumdampf abgeben. Bei 85 % Luftleere dürfte die Temperatur des Heizwassers etwa 50° C, bei 50% Luftleere etwa 75° C betragen. Verwendet man für die Bewegung des Heizwassers Frischdampf, so wird man bei Mitverwendung seiner Wärme die Temperatur des Heizwassers auch auf 80° C steigern können.

Gehen wir von dem in Abb. 14 wiedergegebenen Diagramm aus, so können wir von der nicht in Arbeit umgewandelten Wärmemenge Q_2, die in den Abgasen und im Kühlwasser verloren geht, noch einen Teil zurückgewinnen, dessen ungefähren Betrag in WE Zahlentafel 63 enthält.

Zahlentafel 63.[1]

Verluste und Ersparnisse für 1 PS-Std.

	Brennstoff-verbrauch	nutzbare WE	verlorene WE *a*	Verluste vom Generator bis zur Maschine WE *b*	Verluste in der Maschine WE *c*	teilweise wieder zu gewinnende Verluste $Q_2 = a-(b+c)$
Leuchtgasmaschinen, Gas zu 5000 WE (theoretisch)	0,452 cbm	2260	1624	—	339	1285
Sauggasmaschinen, Kohle zu 7250 WE (theoretisch)	0,386 kg	2779	2143	386	416	1341
Gasmaschinen, mittlere Leistung: Gas zu 5000 WE	0,500 cbm	2500	1864	—	375	1489
	0,700 „	3500	2864	—	525	2338
Gasmaschinen, mittlere Leistung, Kohlen zu 7250 WE	0,568 „	4271	3536	568	640	2328
Gasmaschinen über 300 PS, Gas zu 5000 WE	0,460 cbm	2300	1664	—	345	1319
Gasmaschinen über 300 PS, Kohle zu 7200 WE	0,416 kg	3000	2364	416	450	1498
Petroleummaschinen, Petroleum zu 10 500 WE	0,350 kg	3675	3039	—	551	2488
Dieselmotoren, Rohöl zu 10 500 WE	0,220 kg	2320	1684	—	348	1336

[1] Vgl. Feuerungstechnik 1914, S. 207.

Immerhin bedingt hier die Erhöhung des thermischen Wirkungsgrades die Anwendung von Zwischeneinrichtungen (vgl. Abb. 16 bis 18), mit denen gegenüber der unmittelbaren Verwendung des aus den Dampfkraftanlagen herrührenden Dampfes größere Wärmeverluste in den Kauf zu nehmen sind.

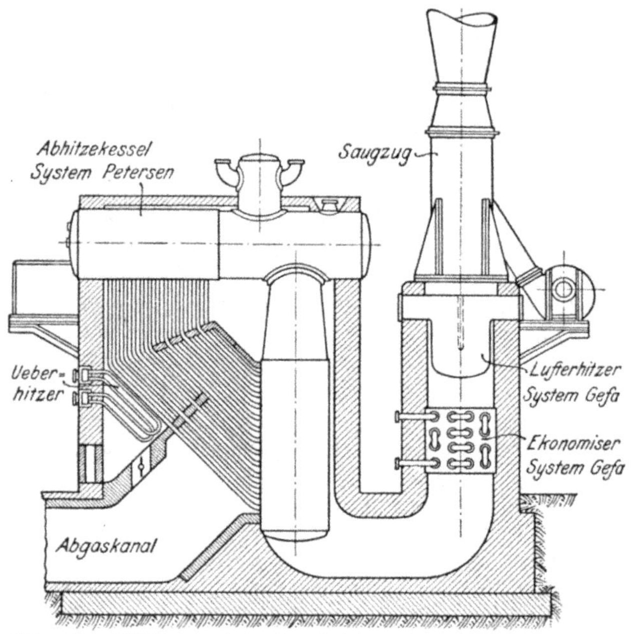

Abb. 16. Abhitzekessel der Ges. f. künstl. Zug, Berlin-Reinickendorf, mit Ekonomiser und Lufterhitzer.

Schon 1909 hatte die Firma John Cockerill[1]) eine 1200 pferdige Gasmaschine mit einem Dampfkessel in Verbindung gebracht. Infolge guter Isolierung der Auspuffleitungen gelangten die Abgase mit einer Eintrittstemperatur von 450° C in den Kessel, diesen mit 250° C verlassend. Aber auch diese Wärme wurde noch teilweise in Speisewasservorwärmern nutzbar gemacht. Auf diese Weise wurden mit 4 Auspuffkesseln und Vorwärmern, die an Tandemgasmaschinen von je 1250 PS angeschlossen waren, 0,875 kg/PS bei 8 at Überdruck erzeugt und damit ein Gewinn von

$$\frac{0{,}875}{6{,}5} = 0{,}135 \text{ PS},$$

d. h. 13,5% erzielt, wenn wir bei der Turbine einen Dampfverbrauch von 6,5 kg/PS zugrunde legen. — Eine Überhitzung des Dampfes zeigte sich als unwirtschaftlich, weil das zur Überhitzung aufzuwendende Frischgas sich in der Gasmaschine mehr als doppelt so gut ausnutzen läßt.

Aus einer Wirtschaftlichkeitsrechnung ergab sich, daß bei einer Zentrale mit vier Gichtgasmaschinen von je 2500 PS die Anlagekosten von 184000 M in etwa $1\frac{3}{4}$ Jahren erspart wurden,

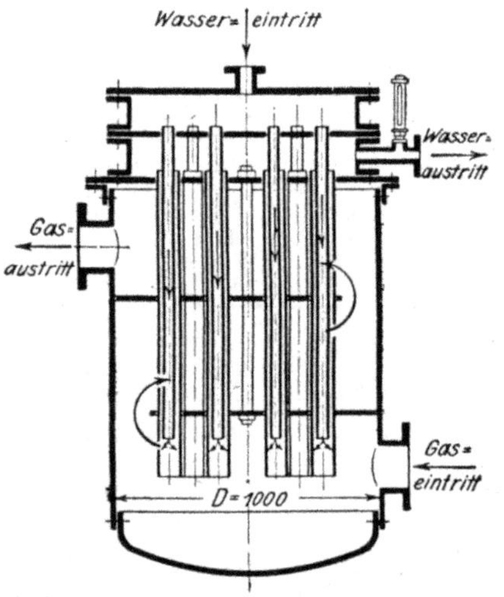

Abb. 17. Einrichtung für Wassererwärmung und -verdampfung der Maschinenfabrik Augsburg-Nürnberg.

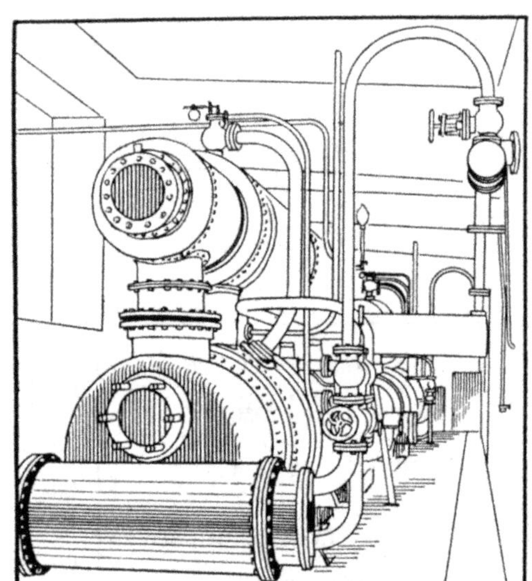

Abb. 18. Einbau eines Verdampfers in die Auspuffleitung einer Gasmaschine.

wobei vorausgesetzt war, daß die ersparten Kesselkohlen mit 7000 WE 14,4 M/t kosteten und ein Kesselwirkungsgrad von 70% erzielt wurde. In der Turbine kostete eine PS-Std. 0,4 Pf, eine

[1]) Revue Universelle des Mines de la Métallurgie 1913, S. 51—71.

kW-Std. 0,53 Pf. Die Kraftkosten eines 10 000 PS-Gaskraftwerkes stellten sich für die KW-Std. auf 1,8 Pf.

Die Abgaswärme von Wärmekraftmaschinen kann aber auch für Heizzwecke, vornehmlich vielleicht für Luftheizung, verwandt werden, wobei sowohl das heiße Kühlwasser als auch die Auspuffgase durch gußeiserne Rippenheizkörper oder Radiatoren geleitet werden, an denen die von einem Ventilator kommende Luft vorbeistreicht. Bei den die Auspuffgase fortleitenden Heizkörpern wird man indes Vorrichtungen treffen müssen, um die Rückstände von Zeit zu Zeit entfernen zu können.

Ein anderes Verfahren besteht darin, die Auspuffgase beispielsweise von Gasmaschinen in einen sogenannten Abgas-Heiztopf[1]), ähnlich der Abb. 19, zu leiten, von dem aus das angewärmte Wasser für Warmwasserheizung verwendet wird. Da, wo eine Akkumulatorenbatterie zur Aufspeicherung der elektrischen Energie vorhanden ist, benutzt man die Abwärme zur Bereitung destillierten Wassers.

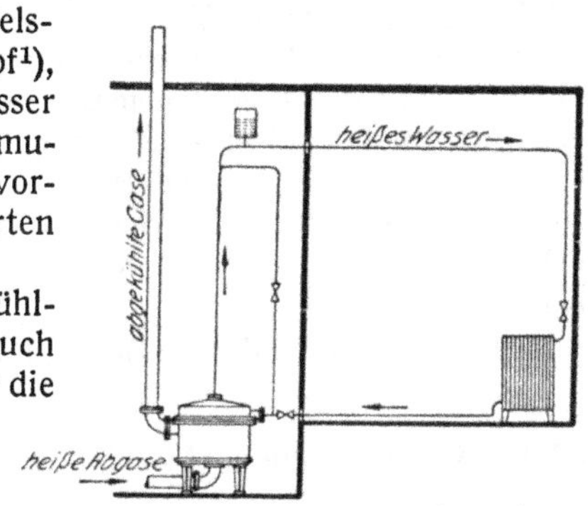

Abb. 19. Abgas-Heiztopf der Gasmotorenfabrik A.-G. vorm. C. Schmitz, Cöln-Ehrenfeld.

Bei Dieselmaschinen haben wir nach Saupe[2]) etwa 15 l Kühlwasser für 1 PS-Std. zu rechnen, das von 10° auf 50° (u. U. auch höher) erwärmt wird. Bei weiterer Erwärmung des Wassers für die besonderen Zwecke kommen Vorwärmer in Anwendung, die durch die Abgase der Motoren (400 bis 440°) beheizt werden und deren Leistung 10 l Wasser von 50° auf 74° beträgt. Um ein Erglühen der Rohrwandungen der Zuleitung zu vermeiden, ist eine Beimischung von Luft unter Umständen erforderlich, indes mit der Einschränkung, daß keine Kondensation der Luftfeuchtigkeit stattfinden darf, denn diese würde ein Verrosten der Wandungen hervorrufen. Das erwärmte Wasser fließt den Behältern zu, von denen es den Verwendungsstellen mittels Pumpen zugeführt wird. Da die Anlage 700 PS-Std. liefert, wärmt sie bei normalem Betriebe 25 × 700 = 17 500 l Wasser stündlich von 10° auf 50° vor. Diese Wärmemenge reicht vollauf aus, um eine Badeanstalt mit zwei Schwimmbehältern von zusammen 840 cbm Inhalt, 45 Warmbädern, einer Anzahl Brausen, einem römischen Bad und einer Wäscherei mit einem Höchstbedarf von 39 000 l stündlich zu betreiben. Das 2200 m lange Leitungsnetz besteht aus den bewährten Crotoginorohren, die innen mit Holz ausgefüttert sind und daher eine gute Wärmeisolierung gewährleisten.

Der Umbau der mit Hochdruckkesseln ausgerüstet gewesenen Anlage erforderte s. Z. einen Kostenaufwand von 93 700 M, wobei besondere Niederdruckdampfkessel zur Aufstellung gelangten; die Hochdruckkessel dienten als Reserve. Eine Ertragsberechnung ergab folgendes Bild:

Ersparnisse gegenüber dem früheren Betriebe		Mehrausgaben nach der Abänderung	
Ersparnis von 20,000 Ztr. Kohlen jährlich zu 1,295 M =	25 900 M	Förderung des warmen Wassers	1000 M
Kosten der Beschickungsanlage für den Hochdruckkessel	260 „	Kohlen der Reserve-Kesselanlage während des Stillstandes der Dieselmotoren	3750 „
Schlackenabfuhr	300 „	Löhne für die Bedienung, Reparatur und Neuanschaffung	270 „
Kesselreinigung	120 „		5020 M
Reparaturen	200 „		
Löhne	1 200 „		
	27 980 M		
—	5 020 „		
Ersparnisse im Jahr:	22 960 M		

Die Verbrennung der Brennstoffe unter dem Kessel liefert zweifellos den billigsten Dampf, ihre daraus gewonnene und in der Dampfmaschine nutzbar gemachte Energie stellt aber anderseits den schlechtesten therm schen Wirkungsgrad dar, der nur durch Abwärmeverwertung erhöht werden kann. N ch dem Vorhergehenden geschieht dies am vollkommensten durch die Vereinigung des Kraft- und Heizbetriebes unter gleichzeitiger Ausnutzung der in den Schornstein abziehenden Verbrennungsgase, die vornehmlich zur Vorwärmung des Speisewassers verwendet werden (vgl. S. 345). Die V rb nnung des Brennstoffes im Zylinder gewährt durch die Vermeidung des Umweges der

[1]) Gasmotorenfabrik A.-G. vorm. C. Schmitz, Cöln-Ehrenfeld.

[2]) Gesundheits-Ingenieur 1914, Nr. 30, S. 575.

Dampferzeugung bereits einen bedeutend höheren Wirkungsgrad, der durch die Ausnutzung der Abwärme der Maschinen-Auspuffgase noch weiter gesteigert wird. Statt der Abwärmeverwertung bei Dampfmaschinen läßt sich der Abdampf mittelbar für die Ammoniakgewinnung im allgemeinen dadurch verwerten, daß er mit der Gebläseluft dem Generator in großen Mengen (beim Mondverfahren 2 bis $2\frac{1}{2}$ t auf die t vergasten Brennstoffes) zugesetzt wird (vgl. S. 205). Den Generator, in dem die Kohle vergast wird, kann man sich nach Trenkler als die wirtschaftlichste Maschine mit latenter Energie vorstellen, deren kinetische Gestaltung je nach Art der anfallenden Nebenerzeugnisse in Gas- und Ölmaschinen, durch Verwendung künstlichen Düngers in der Landwirtschaft usw. erfolgen kann. Der bei niedrigen Temperaturen durch Entgasung gewonnene Urteer dürfte sogar der Ernährung des Volkes unschätzbare Dienste erweisen, wenn es gelänge, durch Anreicherung von Sauerstoff eine unserem Organismus zuträgliche Magarine zu erzeugen. Die Urteergewinnung, auf die wir in den anderen Abschnitten (vgl. S. 209) eingehen werden, hat bereits eine bemerkenswerte Ausdehnung erfahren, weil sie uns als Ausgangspunkt für die Erzeugung von Schmier-, Treib- und Leuchtmittel dient, die uns bisher das Ausland für teueres, kaum zu beschaffendes Geld liefern mußte. (Vgl. S. 45 und 262.)

Der Umstand, daß bei Gasexplosionen eine Stickoxyd-Bildung nach

$$N_2 + O_2 = 2\,NO$$

und bei fortschreitender Abkühlung in Gegenwart von Sauerstoff

$$2\,NO + O_2 = 2\,NO_2$$

entsteht, ist an sich schon lange bekannt, wurde aber erst von Häußer versuchsmäßig verfolgt, um aus diesem Vorgang Nutzen zu ziehen[1]). Die erste Versuchsmaschine wurde erst bei der Firma D. C. Otto & Co. in Dahlhausen, später bei der Maschinenfabrik Augsburg-Nürnberg aufgestellt. Einen bemerkenswerten Fortschritt fand die Frage in der gesteuerten Explosionsbombe der Deutschen Stickstoffwerke G. m. b. H., Nürnberg, ohne daß die Versuche, die schließlich zum Stillstande kamen, zu praktisch verwertbaren Ergebnissen führten. Prof. Drawe hat endlich die Arbeiten wieder aufgenommen und in unermüdlicher Ausdauer die Salpetergewinnung aus den Auspuffgasen vorhandener Verbrennungskraftmaschinen derart theoretisch und praktisch gelöst, daß wir heute schon auf eine fabrikationsmäßige Gewinnung der Salpetersäure als Nebenerzeugnis beim Betriebe von Verbrennungskraftmaschinen rechnen können[2]). In der Kombination von Generator und Gasmaschine, beide für Gewinnung von Nebenerzeugnissen eingerichtet, ergibt sich die Möglichkeit, den Stickstoff in erheblicherem Maße als bisher für landwirtschaftliche Zwecke zu erfassen.

---

[1]) Bergassessor Dobbelstein, J. f. G. Nr. 42 v. 19. Okt. 1912.

[2]) Nach einem Vortrage Wittfelds am 12. Januar 1920 im Min. d. öffentl. Arbeiten, Berlin.

Zweites Kapitel.

Umwandlungs- und Veredelungsverfahren.

I. Einleitung.

Grundlagen.

Die Notwendigkeit einer Veredelung der Brennstoffe ergab sich bereits frühzeitig (vgl. S. 40), weil nicht nur viele von ihnen von Natur aus stark verunreinigt sind, sondern weil man auch mit der fortschreitenden Erkenntnis der Vorteile bei der Anwendung flüssiger und gasförmiger Brennstoffe vor die Aufgabe gestellt war, deren Umwandlung anzustreben.

Die brennbare Substanz ist bei allen Brennstoffen der Kohlenstoff und der Wasserstoff oder Verbindungen beider, bei den Gasen noch das Kohlenoxyd, also die Sauerstoffverbindung des ersteren. Dagegen ist auftretendes Kohlendioxyd, Kohlensäure ein unbrennbares Gas, Ballaststoff. In den festen Brennstoffen finden wir daneben noch als chemisch gebundene Elemente den Sauerstoff und den Stickstoff. Über den Einfluß des ersteren wurde bereits früher (S. 75ff.) gesprochen. Die Beimengung des Stickstoffs ist sehr gering und daher nicht von wesentlichem Einfluß; außerdem ist dieser als Ausgangsstoff für die Ammoniakgewinnung von Wichtigkeit. Neben diesen beiden Ballaststoffen finden wir als Verunreinigungen Schwefel und Asche. Beide stehen oft in innigem Zusammenhang, da der Schwefel in der Hauptsache gleichfalls als Mineralstoff, nämlich Schwefelkies, vorhanden ist. Schließlich kommt gerade bei den jüngeren Brennstoffen, die immer mehr Bedeutung erlangen, als ausschlaggebender Ballaststoff die Feuchtigkeit hinzu.

Alle genannten 5 Stoffe sind Wertminderer, weil sie als nicht brennbare Stoffe den Heizwert mindern; eine Ausnahme macht dabei der Schwefel, der sogar einen erheblichen Heizwert besitzt, aber infolge seiner niedrigen Schmelztemperatur als Element sowie in seinen Verbindungen sich den Verbrennungsvorgängen nicht anpassen kann, und daher in einem anderen, aber noch erhöhtem Maß als Wertminderer gelten muß. Auch die anderen 4 Stoffe verhalten sich verschieden: Feuchtigkeit hat nicht nur keinen Heizwert, sondern verbraucht noch Verdampfungswärme beim Verbrennungsvorgang, macht sich daher doppelt mindernd geltend; Asche muß gleichfalls auf die Verbrennungstemperatur gebracht werden und wird damit auch in erhöhtem Maße als Wärmeverlustquelle erscheinen; über den Stickstoff und Sauerstoff wurde bereits im vorstehenden kurz gesprochen. Beide sind in allen Brennstoffen vorhanden, auch in den flüssigen, ebenso wie geringe Mengen organischen Schwefels. Diese 3 Stoffe müssen daher bei den Veredelungsverfahren ausscheiden, solange man nicht chemische Prozesse dafür heranzieht.

Demnach bleiben als minderwertige Brennstoffe im engeren Sinne

1. stark aschenhaltige, mit mehr als 15% Asche,
2. sehr feuchte, mit mehr als 25% Wassergehalt,

hierzu kommen jedoch wegen der minderen Eignung bei der Verbrennung noch als wichtige Gruppe:

3. sehr feinkörnige oder stark staubhaltige Brennstoffe..

Naturgemäß werden sich die Grenzen der Minderwertigkeit je nach dem Stand der Technik und den Arbeitsbedingungen verschieben, diese Einteilung kann daher weder eine bleibende noch eine strenge sein.

Entsprechend dieser Einteilung ergeben sich 3 verschiedene Veredelungsverfahren:

1. die Aufbereitung,
2. die Trocknung,
3. die Brikettierung.

Neben diesen teilweise sehr alten mechanischen Verfahren der Brennstoffveredelung sind auch zwei Verfahren zur Erzeugung gasförmiger Brennstoffe lange bekannt:

4. die Destillation,
5. die Vergasung.

Ersterer Vorgang hatte seine besondere Bedeutung deshalb, weil er hochwertige Rückstände, den Koks, gab. Die Anwendung der Destillation oder Verkokung auf die jüngeren sauerstoffreichen Brennstoffe lieferte bereits zu einer Zeit, wo die rohen Brennstoffe nur für wenige besondere Zwecke Anwendung fanden, hochwertige Brennstoffe.

Das Gebiet der Destillation hat in jüngster Zeit noch erhöhte Wichtigkeit erlangt wegen der Gewinnung von flüssigen Brennstoffen aus den fallenden Teeren; dieses Sondergebiet, welches wir Schwelerei nennen, dürfte besonders in Zukunft noch große Entwicklung finden und soll daher besondere Berücksichtigung finden, ebenso wie auch die Gewinnung flüssiger Brennstoffe bei der Vergasung.

Zu den bereits genannten Verfahren der Veredelung und Umwandlung treten in den letzten Jahren noch zwei neue Wege rein chemischer Natur,

6. die Extraktion,
7. die Verflüssigung.

Beide zielen auf die Gewinnung flüssiger Brennstoffe oder besser flüssiger Wertstoffe aus den festen Brennstoffen und werden in Zukunft noch erhöhte Bedeutung erlangen, da man nicht auf die Gewinnung flüssiger Stoffe beschränkt ist, sondern auch vorgebildete, feste Stoffe gewinnen kann, bzw. die Verfahren so ausbilden könnte, daß feste Stoffe gewonnen werden.

Die mechanischen Veredelungsverfahren sind begrenzt, weil sie ja auch lediglich eine Verbesserung der zur Verbrennung bestimmten Brennstoffe an sich anstreben. Anders liegen die Verhältnisse bei den chemischen Veredelungsverfahren, die alle mehr oder weniger eine Umwandlung der Brennstoffe anstreben und teilweise die Kohlen nicht als Brennstoffe, sondern als Ausgangsstoffe für chemische Verfahren benutzen. Diese besonderen Wege können hier eine genaue Berücksichtigung nicht erfahren, sondern sollen in der Hauptsache nur soweit behandelt werden, als brennkraft-technische Fragen mitsprechen. In dieser Beziehung drängt sich sofort die Frage auf, ob die bei den einzelnen Umwandlungsprozessen erzielten Rückstände als Brennstoffe brauchbar sind und welche Vorteile diese möglicherweise bieten; diese Frage wird meist von entscheidendem Einfluß sein.

Bei den Destillationsprozessen erhalten wir hochwertige Gase, Teer und einen Rückstand; in letzterem sammelt sich die gesamte Asche an, und aus diesem Grund wird man bei der Wahl der Ausgangsstoffe auf niedrigen Aschengehalt Wert legen, um den sonst hochwertigen Rückstand nicht etwa durch Aschenanreicherung im Werte zu mindern.

Im Gegensatz hierzu bleiben bei den Vergasungsverfahren keine anderen Rückstände als mehr oder weniger reine Asche, da die gesamten brennbaren Bestandteile in Gasform und teilweise in flüssige Stoffe übergeführt werden. Diese Verfahren werden daher für die Verwertung sehr aschenhaltiger Brennstoffe vorzugsweise Beachtung verdienen, wenn es möglich ist, die Umwandlung in den naturgemäß gegebenen Grenzen vollwertig durchzuführen. In ähnlicher Weise wird man auch für stark wasserhaltige Brennstoffe die Vergasung vorziehen, wenn man dadurch vorhergehende mechanische Veredelungsverfahren ersparen kann. Gerade diese Gesichtspunkte sind es bei dem stets wachsenden Brennstoffverbrauch, die der Vergasung in den letzten Jahren so große Wichtigkeit verliehen haben.

Ähnlich verhält es sich mit den beiden rein chemischen Verfahren. Die Extraktion, d. h. Lösung bestimmter Bestandteile aus den Brennstoffen wird stets Rückstände ergeben, obwohl es vielleicht durch geeignete Vorbehandlung möglich wäre, die Lösungsfähigkeit zu erhöhen oder vollständig zu gestalten. Die Frage der Verwendungsfähigkeit der Rückstände wird dabei von erheblichem Einfluß sein, nicht nur aus wirtschaftlichen Gründen, sondern sie muß es immer mehr werden aus volkswirtschaftlichen Gründen, um einer Vergeudung von Brennstoffen Einhalt zu gebieten. Aus diesem Grunde bietet das jüngste Gebiet der Veredelungsindustrie, die Verflüssigung, besondere Beachtung, denn sinngemäß müßte es auch zu einer vollkommenen Auflösung der Brennstoffe unter

Zurücklassung der Asche führen. Leider ist bis jetzt die Entwicklung noch nicht so weit gediehen, beide Verfahren sollen daher in den nachfolgenden Abschnitten zusammenfassend behandelt werden, um so mehr, als viele gemeinsame Beziehungen vorliegen.

Demnach ergibt sich für die folgenden Abschnitte folgende Einteilung:

Aufbereitung, Schwelerei,
Trocknung und Entwässerung, Kokerei und Gaskokerei,
Formgebung, Brikettierung. Vergasung.
Extraktion und Verflüssigung.

II. Aufbereitung der Brennstoffe.

Die Aufbereitung ist ein Teil der bergmännischen Gewinnung der Brennstoffe und kann daher hier nur insoweit Beachtung finden, als es wichtig ist, die dabei erzielten Stoffe zu kennen. Sie ist wohl die älteste mechanische Veredelungsform und hat bei Kohlen hauptsächlich zwei Gesichtspunkte:

a) die Trennung der Rohstoffe nach Korngröße,
b) die Trennung der aschereichen, minderen und wertlosen Teile von den hochwertigen.

Abgesehen von den hochwertigen Endstoffen werden wir daher minderwertige Abfallstoffe gemäß der Einleitung erwarten müssen. Die Trennung nach der Korngröße erfolgt nicht nur wegen der Anforderungen, die der Kohlenhandel und die verbrauchende Industrie stellt, sondern auch insbesonders aus dem Grunde, um die Trennung nach b) durchführen zu können.

Bei jeder Weiterbehandlung der Brennstoffe, daher insbesonders auch bei den noch zu behandelnden Veredelungsverfahren und der Verbrennung selbst, ist es von wesentlicher Bedeutung, die Korngröße des Brennstoffes möglichst einheitlich zu gestalten, um Ungleichmäßigkeit bei ihrem Verhalten auszuschließen. Deshalb werden die Kohlen nach der Größe getrennt; dazu dienen Siebe verschiedener Bauart, oder wegen der höheren Leistung meist Rätter, das sind schwingende Siebe, welche so zusammengebaut werden, daß die Siebdurchlässe von oben nach unten immer mehr abnehmen; auf jeder Siebfläche bleiben dann Kohlen bestimmter Korngröße zurück, und diese Sorten werden örtlich ziemlich abweichend bezeichnet. Am zweckmäßigsten wird immer die Bezeichnung der Korngröße nach Maß gelten können.

Wesentlich schwieriger ist die Aufbereitung zur Ausscheidung der wertlosen Teile, welche der Bergmann als „Berge" bezeichnet. Die Asche ist den Brennstoffen nämlich nur zumTeil in feinster Verteilung beigemengt; der größere Teil rührt von dünnen Lagen oder Schmitzen des Begleitgesteines her. Die Ablagerungen der Brennstoffe, die Flöze, sind nämlich durchaus mit Zwischenlagen von Gestein geschichtet, was sich durch die Entstehung der Brennstoffe leicht erklären läßt; die Mulden oder Becken, in denen die Bildung vor sich ging, wurden zeitweise vollständig überschwemmt, und Sedimente aus diesen fließenden Wässern, die nicht nur die obersten Schichten durchsetzten, sondern selbst größere oder kleinere Schichten bildeten, setzten sich ab. Bei vielem Vorkommen ist die Zahl der Flöze und Zwischenschichten sehr erheblich, ihre Mächtigkeit jedoch klein. Die bergbauliche Gewinnung kann nun nicht immer die wertlosen Zwischenschichten in der Grube zurücklassen, um so weniger, als die Schichten meist fest verwachsen sind und eine Scheidung in der Grube zu teuer werden würde.

Das geförderte Gut wird daher von Hand aus über Tage ausgelesen, indem man alle größeren Stücke, die vorwiegend taubes Gestein sind, entfernt. Man nennt diese Klaubeberge, sie enthalten erfahrungsgemäß etwa 30 bis 40% brennbare Bestandteile, wenn man bei der Auslese eine gewisse Sortierung vornimmt und die reinen Berge als wertlos von den durchwachsenen Stücken trennt. Diese Klaubeberge bilden bei manchen Grubenbetrieben eine erhebliche Menge, die naturgemäß möglichst einer Verwendung zugeführt werden müssen.

Diese Scheidung von Hand tritt immer mehr zurück und wird durch den Setzprozeß verdrängt. Dieser beruht bei der Kohle, wo es sich um die Abscheidung der aschereichen wertloseren Teile handelt, darin, Stücke ungefähr gleicher Korngröße nach ihrem spezifischen Gewichte zu scheiden. Daher erfordert der Setzprozeß stets eine vorhergehende Siebung, und wenn man von Handscheidungen absehen will, auch eine Zerkleinerung der großen Stücke, die Kohlen- und Bergegemisch enthalten. Der Setzprozeß wird im Wasser durchgeführt und heißt daher auch einfach „Waschprozeß". Das aufzubereitende Gut wird mit Wasser auf Siebböden gebracht, die unter Wasser stehen; durch einen im Wasserraum angebrachten Kolben übt man nun auf das Wasser und dadurch auch auf das Setzgut einen Stoß aus, der das Gut vom Sieb abhebt. Am höchsten werden dabei die reinen Kohlen (mit

1,4 spez. Gewicht) gehoben, die mit dem Wasser durch einen Überlauf abfließen. In einer mittleren Lage setzt sich das durchwaschene Gut ab, welches im Stauwasser abgezogen werden kann, während die reinen Berge (mit etwa 2,6 spez. Gew.) auf dem Sieb liegen bleiben und durch den Wasserstrom langsam zu einem seitlich angebrachten Austrag gerollt werden. Zur Ausgleichung der verschiedenen Korngröße sind mehrere solcher Setzkästen aneinandergereiht, man erhält demnach gewaschene Kohle und Zwischenprodukte verschiedener Korngröße aus den einzelnen Kästen, die auch von wechselndem Brennstoffgehalt sind. Die „Zwischenprodukte" mit durchschnittlich etwa 60% brennbaren Stoffen fallen in verhältnismäßig geringer Menge und werden meist auf den Gruben als Beimischung bei der Feuerung der Kessel verwendet. Die Abfallprodukte, „Waschberge" genannt, gehen zur Halde, aber auch diese enthalten meist noch 20 bis 30% brennbare Bestandteile, und die mögliche Ausnutzung dieser ist eine viel erörterte Frage. Da die Mengen meist bedeutend sind, so kann man sich leicht ausrechnen, welche Brennstoffverluste auf diesem Wege eintreten; anderseits haben aber gerade die Erfahrungen des letzten Jahres gezeigt, daß die Aufbereitung der Kohlen unbedingt notwendig ist; denn das rohe Bergbaugut enthält oft 15 bis 30% Asche, und es ist ein solcher Brennstoff nicht nur für Rostfeuerungen ungeeignet, die für hochwertige Brennstoffe gebaut sind, sondern der Transport dieser wertlosen Beimengungen überlastet die Bahnen, ganz abgesehen davon, daß die weite Verfrachtung solcher minderwertiger Kohlen eine Vergeudung des Volksvermögens darstellt. Die Gefahr einer Krise aus diesen Gründen kann auch heute noch nicht als abgewendet gelten.

Während wir vor dem Kriege die Aufbereitung und insbesondere die nasse Aufbereitung wegen des Wettbewerbes immer mehr sich ausbreiten sahen, neigt man heute dazu, diese technischen Errungenschaften zu vernachlässigen, gerade aus dem Grunde, weil sie erhebliche Mengen eines Abfallstoffes gibt, die nicht oder nur mit sehr geringem Wirkungsgrad ausgenutzt werden können. Bei der Gestaltung unserer Wirtschaftslage wird eine dauernde Gesundung nur dann eintreten, wenn es gelingt, die Abfallstoffe auf den Gruben selbst wirtschaftlich auszunutzen. Hierfür kommt, wie wir noch später sehen werden, in erster Linie die Vergasung in Frage, und dieser Aufgabe müßte in Zukunft weit mehr Aufmerksamkeit geschenkt werden, als bisher, weil die hohen Gestehungskosten der Brennstoffe ein nutzloses Zur-Halde-gehen, auch der minderwertigen, verbieten, wenn deren Wärmeinhalt auf einem technisch brauchbaren Weg nutzbar gemacht werden kann.

III. Trocknung der Brennstoffe.

Der Feuchtigkeitsgehalt der rohen Brennstoffe ist außerordentlich schwankend; von etwa 2% bei guten Steinkohlen bis zu dem höchsten Gehalt von etwa 96% in den Torfmooren. Innerhalb gewisser Grenzen, bis zu etwa 10 bis 15%, macht er sich keineswegs störend bemerkbar, sondern ist sogar bei der Verbrennung von begünstigendem Einfluß, auch ist die durch ihn bedingte Wertminderung nicht bedeutend. Darüber hinaus kommt jedoch die Wertminderung in gesteigertem Maße zur Geltung, weil nicht nur eine prozentuale Minderung eintritt, sondern auch der Heizwert durch die notwendige aufzubringende Verdampfungswärme sinkt. Bei einem Feuchtigkeitsgehalt von etwa 90% hat ein Brennstoff keinen Heizwert mehr. Daher kann der in den Mooren lagernde Rohtorf eigentlich nicht als Brennstoff angesprochen werden, sondern nur als ein Rohstoff für die Brennstoffgewinnung; die Bezeichnung „Torferde" hat durchaus ihre Berechtigung.

Es ist danach klar, wie wichtig die Trocknung bei allen Brennstoffen ist, die mit hohem Wassergehalt in der Natur auftreten. Es sind dies in erster Linie die pflanzlichen Abfallstoffe und Holz, die 40 bis 60% Wasser im rohen Zustand aufweisen, dann Torf im entwässerten Moor, mit etwa 85% Wasser und viele Braunkohlen, wie z. B. die erdigen und mulmigen Vorkommen, die 40 bis 55% Wasser enthalten. Am weitaus höchsten ist der Feuchtigkeitsgehalt beim Torf, der nicht nur auf seine Bildung unter Wasser, sondern auch auf seine wasserhaltigen Eigenschaften zurückzuführen ist. Auch den hohen Wassergehalt der mulmigen Braunkohle will man auf deren Entstehung aus Torfmooren zurückführen.

Der nächstliegende Trocknungsprozeß ist die Lufttrocknung, die jedoch nur bei stückigem Brennstoff durchgeführt werden kann, wo die notwendigen Zwischenräume für den Durchtritt der Luft vorhanden sind. Dies ist beim Holz ohne weiteres der Fall. Abgelagertes, etwa 2 bis 3 Monate altes Holz hat nur mehr 20 bis 25% Feuchtigkeit und nimmt dann auch Feuchtigkeit nicht mehr so leicht auf. Es saugt sich zwar oberflächlich mit Wasser bei Witterungseinflüssen voll, gibt dieses aber leicht wieder ab.

Bei der Braunkohle und dem Torf muß der Lufttrocknung eine Formgebung in Ziegeln vorausgehen. Es ist dies die bereits erwähnte Herstellung von Naßpreßsteinen und Torfsoden, welche dann entweder in Trockengestellen unter Flugdächern oder auf den Torftrockenfeldern der Luft ausgesetzt werden. Bei den Braunkohlen-Naßpreßsteinen mit etwa 65% Anfangswassergehalt dauert die Trocknung 2 bis 3 Wochen; dann enthalten die Ziegel durchschnittlich 25% Feuchtigkeit. Der rohe Torf mit 85% Feuchtigkeit wird entweder als Handstichtorf oder als Maschinentorf (meist von Baggern) gewonnen, und die Ziegel sind so weich, daß sie eine vorsichtige Handhabung erfordern. Sie werden entweder mit Brettern auf das Trockenfeld hochstehend abgestürzt oder mit mechanischen Ablegern auf das Trockenfeld gebracht. Die Trocknung geht in den ersten zwei Wochen bei einigermaßen günstiger Witterung schnell vor sich, so daß sie am Ende dieser Zeit nur mehr etwa 50% Wasser enthalten; im weiteren Verlauf geht sie wesentlich langsamer vor sich, und es muß auch bei der dichten Lagerung am Trockenfeld ein Umsetzen stattfinden, damit die Ziegel gleichmäßig trocknen. Man nennt diesen Vorgang des Umsetzens, welcher meist zweimal durchgeführt wird, auch Häufeln. Nach etwa 100 Tagen Trocknungszeit ist der Torf bis auf 25 bis 30%, je nach der Witterung, abgetrocknet und gebrauchsfähig. Der einmal getrocknete Torf nimmt Wasser nur vorübergehend auf. Es ist das beim Handstichtorf — der wesentlich lockerer ist — nicht so sehr der Fall, wie beim Maschinentorf mit seiner verdichteten Oberfläche. Auch die gleichmäßige und schnellere Trocknung des Maschinentorfes ist auf die homogene und verdichtete Beschaffenheit zurückzuführen. Daher schwinden die Naßpreßsteine, während man dies beim Handstichtorf kaum nachweisen kann.

Wir sehen in diesen beiden Fällen, bei zwei verschiedenen Ausgangsstoffen dasselbe Verfahren angewendet, und dies ist ein günstiges Beispiel, um die Gewinnung lufttrockenen Torfes im Vergleich mit der Gewinnung von Rohbraunkohle vom wirtschaftlichen Standpunkt aus zu vergleichen. Es ergibt sich folgende Gegenüberstellung:

bei Braunkohle:	bei Torf:
Abbaggern der Deckschicht	Entwässerung des Moores und Vorbereitungsarbeiten. Abbunken des wertlosen Fasertorfes
Gewinnung der Kohle im Tagebau durch Handbetrieb oder Bagger	Handstich oder Baggerung
Transport der Rohkohle zur Aufbereitung	—
Siebung, Vermahlung, Pressen	Mischung und Pressung in der Torfmaschine an Ort und Stelle
Aussetzen der Steine in Schuppen	Ablegen der Soden am Trockenfeld
—	Häufeln
—	(u. U. zweites Häufeln)
—	Abfahren der Soden zum Stapel.

Wir sehen vor allen Dingen beim Torf die Herstellung der Soden an Ort und Stelle, weil der hohe Feuchtigkeitsgehalt des Rohstoffes einen Transport möglichst verbietet. Weiter umfaßt der Trockenvorgang viel mehr Handhabungen und dauert wesentlich länger. Aus dem letzteren Grunde erstreckt sich die Torfgewinnung nur auf etwa 100 Tage im Jahr, während die Naßpreßsteinfabrikation mindestens 250 Tage umfaßt und nur während ausgesprochenen Frostes ruht. Die Löhne werden daher nicht nur für die Gewinnung, sondern auch für die Transporte beim Torf weit erheblicher sein; auch müssen sich die Amortisationskosten für die gesamten Einrichtungen ungünstig stellen. Während man bei Rohbraunkohle mit Gewinnungskosten von 1.20 bis 1.40 M/t vor dem Kriege rechnete, wovon ein sehr erheblicher Teil auf das Abbaggern der Deckschicht entfiel, berechneten sich die Gestehungskosten von Naßpreßsteinen zu etwa 4,50 bis 5,50 M/t. Vergleichsweise seien hier auch die durchschnittlichen Kosten für Brikette mit etwa 15% Feuchtigkeit genannt, welche sich vor dem Kriege auf 6,00 bis 7,00 M/t stellten[1]).

Über die entsprechenden Vergleichsziffern vom Torf sind die Angaben außerordentlich verschieden. Dies erklärt sich zum Teil durch die verschiedenen maschinellen Einrichtungen bei der Gewinnung. Hausding gibt in seinem „Handbuch für Torfgewinnung" für 1 t lufttrockenen Torfes 6,60 bis 7,00 M an, und dies steht auch mit den Betriebserfahrungen verschiedener Werke (vgl. dortselbst) in Über-

[1]) Vgl. auch Hausding, Handbuch, 4. Auflage 1919, S. 98, der ungefähr übereinstimmende Werte gibt.

einstimmung. Diese Kosten verteilen sich nach Angabe eines Torfwerkes, gültig für 1913, etwa wie folgt: für 1 t lufttrockenen Torf mit 33% Wasser entfielen auf

Baggern	0,80 M
Ablegen	1,00 „
Häufeln	0,80 „
Abfahren: Löhne	0,55 „
Transportkosten	0,20 „
Stromkosten	0,25 „
Abbunken und Vorarbeiten	0,60 „
Unterhaltung der Maschinen und Schmierstoffe	0,30 „
Amortisation der Maschinen	1,00 „
Allgemeine Unkosten	1,20 „
	6,70 M.

Hierzu käme noch die Tilgung des Kapitals für den Moorerwerb u. dgl., so daß man wohl mit Kosten von mindestens 7,00 bis 8,00 M für einen ungefähr gleichwertigen Brennstoff wie die Naßpreßsteine rechnen muß[1]). Durch die Verwendung selbsttätiger Ableger und die Einführung von Baggern großer Leistung hoffte man, die vorgenannten Kosten auf etwa 5,00 bis 6,00 M erniedrigen zu können[2]), was mit den Kosten der Naßpreßsteine einigermaßen in Einklang steht, aber immerhin noch höher ist. Dieser Unterschied dürfte sich wohl auch bei den in der Natur der Sache begründeten hohen Gewinnungskosten nicht überbrücken lassen. Man ersieht aus dem vorstehenden Vergleich und der Kostenaufstellung, daß die Formung und Trocknung des Torfes an der Verbrauchs- bzw. Verladestelle in ähnlicher Weise wie bei der Rohbraunkohle nicht ohne weiteres durchführbar ist; denn für die Herstellung von 1 t lufttrockenen Torf sind rund 5 t Torfmasse mit 86% Wasser notwendig, und es würden daher etwa 5fache Transportkosten in Frage kommen, was das Endprodukt um etwa 3,00 M verteuern würde. Dieser Gesichtspunkt, der Transport der Rohmasse, ist besonders bei den künstlichen Entwässerungsverfahren, die noch besprochen werden sollen, zu berücksichtigen.

Die Lufttrocknung hat nicht nur den Nachteil, daß sie von den Witterungsverhältnissen abhängig ist, sondern auch sehr lange Zeit in Anspruch nimmt und daher große Räume und Plätze verlangt. Man hat daher für die Trocknung der Naßpreßsteine vielfach künstliche Trocknung in Erwägung gezogen und erprobt; teilweise, indem man Abdampf der Maschinen oder Abhitze der Kessel, teilweise auch, indem man vorgewärmte Luft dazu verwendete. Derartige Wärmequellen sind auf den Braunkohlenwerken meist vorhanden, und die Frage ist daher lediglich die, ob die höheren Anlagekosten solcher notwendigerweise solide gebauten Trocknungskammern durch eine entsprechende Verkürzung der Trocknungszeit und Erhöhung der Erzeugung wettgemacht werden können. In dieser Beziehung scheinen die Ergebnisse nicht befriedigend ausgefallen zu sein, weil man abschließende Urteile in der Literatur nicht findet. Ein einziges Ausführungsbeispiel[3]) ist eingehend bekannt geworden und soll wärmetechnisch kurz überprüft werden. Wenn dort für die Trocknung von 60000 Steinen, d. i. die Tagesleistung einer Presse, eine stündliche Dampfmenge von 3200 kg erforderlich ist, so bedeutet dies einen Selbstverbrauch von etwa 1 kg Rohkohle für 1 kg Preßsteine. Durch die zeitweise Verwendung von Abdampf spart man davon einen gewissen Teil. Hat man aber nicht ständig Abdampf zur Verfügung, was bei der Naßsteinfabrikation meist der Fall ist, so gibt diese künstliche Trocknung gegenüber der Vortrocknung bei der Brikettherstellung, wie aus einem Vergleich mit den späteren Ziffern hervorgehen wird, keinen wärmewirtschaftlichen Vorteil.

Wesentlich günstiger stellen sich die Verhältnisse bei künstlicher Trocknung mit Abgasen. Selbst wenn man rechnet, daß Abgase von Kesselanlagen nicht zur Verfügung stehen, sondern erzeugt werden müssen, wird man mit einem wesentlich geringeren Selbstverbrauch rechnen können. Aus 60 000 Naßpreßsteinen sind bei Trocknung auf 25% etwa 50 000 kg Wasser zu verdampfen, welche eine Verdampfungswärme von 30 Mill. WE verlangen; bei Verwendung von Kanal- oder

[1]) Vgl. Hausding, S. 174, 176, 245 und namentlich den Schlußsatz, S. 246.

[2]) Vgl. Teichmüller „Elektrotechnik und Moorkultur" E. T. Z. 1912, S. 1255; Trenkler „Kraftgaserzeugung bei gleichzeitiger Gewinnung der Nebenprodukte" E. T. Z. 1914, Heft 24.

[3]) Vgl. Braunkohle, J. III, Nr. 40. Die Naßpreßstein-Trockenanlage auf Ludwigshoffnung bei Wölfersheim.

Trommelöfen zur Trocknung kann man mit 80% Wärmeausnutzung rechnen, und es entspricht dies bei 2500 WE Heizwert der Rohkohle einem Verbrauch von 15 000 kg, d. i. etwa 0,45 kg Rohkohle für 1 kg Preßgut. Hierzu käme allerdings noch der Kraftverbrauch für den künstlichen Zug, da man zweckmäßig die Abgase in einer getrennten Feuerung erzeugen und so viel Luft beimischen würde, daß die in den Kanalöfen eintretenden Heißgase höchstens 350° besitzen, um Destillationserscheinungen und Entzündungsgefahr zu verhindern. Die abziehenden Gase könnten 80 bis 100° haben und ins Freie entlassen werden; der ganze Trocknungsvorgang würde im Gegenstrom durchgeführt werden. Um die Anlagekosten in ein richtiges Verhältnis zu bringen und die Trocknungszeit möglichst abzukürzen, würde sich vielleicht ein anderes, kleineres Steinformat als heute üblich empfehlen. Immerhin könnte man auf diesem Weg mit etwa der Hälfte des Selbstverbrauches auskommen, der vorstehend für künstliche Trocknung mit Dampfheizung berechnet wurde. Die gesamte Wärmewirtschaft würde natürlich günstiger, wenn man auch nur zeitweise die Abhitze von Dampfkesseln u. dgl. ausnutzen könnte, was meistens möglich ist.

Vergleicht man damit die Ziffern bei der Brikettfabrikation, wo die Ausbeute durchschnittlich etwa ein Drittel, also der Selbstverbrauch für Trocknung und Kraft 0,8 bis 1,2 kg Rohkohle für 1 kg Brikett (vgl. die amtliche Statistik) beträgt, so erkennt man daran die Bedeutung, welche eine Naßpreßsteinfabrikation mit künstlicher Trocknung erhalten kann.

Bei der Trocknung der Rohkohle zur Brikettfabrikation muß die Trocknung auf 12 bis 15% Wasser durchgeführt werden. Man hat hierfür zwei Wege, denjenigen mit Feuergasen und denjenigen mit Dampf[1]). Beide Wege sind in der Praxis eingehend beschritten worden. Für die Durchführung der erstgenannten Arbeitsweise dient in erster Linie der bekannte Feuertellerofen von Riebeck. Die Trocknung erfolgt sehr schnell (bei etwa 1 Std. Aufenthaltszeit), doch ist die Leistung der Öfen beschränkt (etwa 15 t in 24 Std.), weshalb sie mehr und mehr in ihrer Anwendung zurückgetreten sind. Daß man ihnen eine sehr gleichmäßige Trocknung nachrühmt, dürfte lediglich darin begründet sein, daß sie größte Aufmerksamkeit erfordern, um Brände und Explosionen zu vermeiden. Man fand nämlich, daß eine gleichmäßige und schnelle Trocknung nur erzielt wird, wenn die Feuergase mit etwa 400° eintreten; obwohl beim Zusammentreffen mit der nassen Kohle schnell eine Temperaturminderung eintritt, treten leicht Destillationsvorgänge auf, welche zu Bränden führen können.

Deshalb hat man stellenweise auch Heißlufttrocknung eingeführt (vgl. Verfahren von Rowoldt und Cumers Patenttrockner) und mit niederen Temperaturen gearbeitet, allerdings bei großer Minderung des wärmetechnischen Wirkungsgrades, weshalb diese Verfahren wenig Anklang gefunden haben.

Heute ist man fast allgemein auf die Dampftrocknung übergegangen, wobei man teilweise Dampftelleröfen oder in der Hauptsache Röhrentrockner verwendet. Bei letzteren rechnet man für 1 t Rohkohle stündliche Trocknungsleistung eine Heizfläche von 120 bis 130 qm, wobei die Braunkohle durch Rohre von etwa 80 mm Durchmesser hindurchgeht, und die Rohrlänge etwa 7 m beträgt. Der Wärmeverbrauch für die Trocknung wird je nach der Temperatur, bei welcher die Verdampfung der Feuchtigkeit vor sich geht, schwanken, weil demgemäß auch der Sättigungsgrad der Luft wechselt. Richter & Horn geben hierfür die in der nachstehenden Zahlentafel 64 wiedergegebene Aufstellung:

Zahlentafel 64.

Zu erwärmendes Gut		kg	verbrauchte Wärmemengen bei		
			45°	60°	80°
verdampftes Wasser		1	605,200	609,795	615,895
Trockenkohlensubstanz		0,756	5,478	8,257	11,869
Restwasser der getrockn. Kohle		0,133	3,998	6,002	8,682
Luft bei einem Sättigungsgrad von	73 %	27	160,448	—	—
	70 %	12,7	—	120,752	—
	65 %	5,3	—	—	75,589
	Summe:		775,144	744,766	712,035

Hiernach kann man schließen, daß sich große Heizflächen, somit hohe Anlagekosten ergeben, wenn man nicht hohe Spannungen im Dampfraum verwenden will. Da jedoch die Kosten des Dampfes am schwerwiegendsten sind, und man die Trocknung nur dann wirtschaftlich durchführen kann, wenn der Dampf in ausreichender Menge als Abfallstoff aus dem Kraftbetrieb zur Verfügung steht, wären die Zusammenhänge etwas näher zu untersuchen. Obwohl die Brikettpressen einen hohen

[1]) Vgl. hierzu Richter & Horn „Die mechanische Aufbereitung der Braunkohle", Knapp 1910.

Dampfverbrauch aufweisen (je PSi etwa 16,5 kg bis im günstigsten Falle 12 kg), steht nicht genügend Abdampf zur Verfügung. Betrachtet man die Beschaffung des Abdampfes für die Trocknung nicht als Hauptzweck, sondern wählt möglichst wirtschaftlich arbeitende Dampfmaschinen, so könnten bei einer Brikettfabrik mit 10 Pressen von etwa 650 t Briketten Tagesleistung mindestens 4250 PS überschüssige Kraft abgegeben werden, während die Fabrik selbst höchstens 2000 PS benötigt. Sieht man davon ab, so ist das Verhältnis Abdampf zu Frischdampf etwa 1:2.

Wärmewirtschaftlich zeigt daher eine Brikettfabrik ein wenig erfreuliches Bild, und es ist erklärlich, daß man immer auf Mittel gesonnen hat, die Wärmeausnutzung zu verbessern. In erster Linie hat man natürlich die Wärmeverluste der Anlagen selbst möglichst verringert; schließlich dachte man aber auch daran, die mit den Schwaden oder Wrasen verlorengehende Wärmemenge zurückzugewinnen. Man verwendet sie zur Vorwärmung der Rohkohle, wobei man gleichzeitig eine Entstaubung der Trockenluft, somit eine Verringerung des Staubverlustes erreichte. Doch sind hierzu naturgemäß teuere Einrichtungen notwendig, und man kann sich große wärmetechnische Vorteile davon nicht versprechen, da der Taupunkt und die Temperatur der Schwaden zu nahe aneinander liegen.

Die wärmewirtschaftlichen Verhältnisse bei der Trocknung in Dampfröhrentrocknern sind eingehend von Dr. Eckardt in seinem Werk „Das Trocknen der Braunkohle und seine Wirtschaftlichkeit"[1]) untersucht worden. Leider erstrecken sich diese Feststellungen nur auf die Trockenapparate selbst in der Annahme, daß die sonstigen Verluste gering seien. Eckardt kommt dort zu dem Schluß, daß die Trocknung bei hoher Füllung der Apparate und bei gleichzeitig gesteigerter Luftzufuhr stattzufinden habe (mit Einblasevorrichtung), damit die Endtemperatur der getrockneten Kohle 85° nicht übersteigt. Er rechnet dabei mit der heute fast allgemein üblichen Eintrittspannung des trockenen Dampfes von 4 at abs. und zeigt, daß eine Herabminderung der Apparatespannung auf etwa 1,5 at abs. eine Vergrößerung der Heizfläche um 50 bis 70% erfordern würde. Um jedoch eine möglichste Ausnutzung der Heizfläche zu erreichen, und trotzdem gleichzeitig die Trockenluft weitgehendst zu sättigen, schlägt er sehr richtig die Verwendung größerer Rohrdurchmesser bei einer Teilung des Trockenvorganges vor.

Gegenüber der vorstehend gebrachten Zusammenstellung von Richter & Horn zeigen die Versuche Eckardts ein wesentlich günstigeres Bild. Die für 1 kg zu verdampfendes Wasser (= 590 WE) gebrauchte Luftmenge schwankte zwischen 2,62 und 3,1 kg, demnach lagen die rechnerischen Taupunkte von 75,1 bis 72,6° bei einer Wrasentemperatur von 97 bis 101,5° und einer Endtemperatur des Trockengutes von 80 bis 82,5°. Die tatsächliche Wärmeaufnahme von der Heizfläche aus betrug daher im Durchschnitt 715 WE, und Eckardt berechnet daher einen Verlust von

$$(715-590) : 590 = 21\%.$$

Diese Ziffer würde nun leicht zu einer irrtümlichen Auffassung führen können, wenn man darunter die Gesamtverluste verstehen würde. Dies trifft jedoch nicht zu, daher soll unter Zugrundelegung der gleichen Ziffern der Gesamtwirkungsgrad berechnet werden. Der angewandte Dampfdruck war 3,8 at. Unter demselben steht der ganze Trockenraum; daher kann bei Anwendung von trockenem Dampf mit 141° und 651 WE Gesamtwärme nur die Verdampfungswärme von 510 WE nutzbar gemacht werden. Man kann nun nach den verschiedenen Angaben die Strahlungsverluste mit etwa 7% annehmen (was davon durch Vorwärmung der Trockenluft wiedergewonnen wird, ist bei den Versuchen bereits berücksichtigt). Der Dampfverbrauch müßte daher sein:

$$(1{,}07 \cdot 715) : 510 = 1{,}5 \text{ kg}.$$

Tatsächlich findet man ihn in der Literatur allgemein mit 1,75 bis 2 kg angegeben. Dies dürfte auch nicht zu hoch sein, da noch die Leitungsverluste einzurechnen sind, die man, weil es sich um Abdampf handelt, keineswegs zu hoch schätzt, wenn man 15% rechnet. Man kommt dann auf einen Gesamtdampfverbrauch von etwa 1,75 kg für die Trocknung, und somit sind bei den Versuchen gute Ergebnisse erzielt worden. Selbst unter diesen Verhältnissen stellt sich aber der Wirkungsgrad der Trocknung nur auf

$$590 : (1{,}75 \cdot 651) = 51{,}7\%.$$

Bei einem durchschnittlichen Dampfverbrauch von 2 kg im Betriebe dürfte er selten über 45% liegen[2]). Hohe Verluste sind aber bei größerer Eintrittsspannung unvermeidlich, und diese ist wieder nach dem Gesagten zwecks Verminderung der Heizfläche und der Anlagekosten geboten.

---

[1]) Knapp 1913.

[2]) Vgl. auch die Rechnung Trenklers, „Gewinnung und Verwertung minderwertiger Brennstoffe", Glasers Annalen 1920, S. 41.

Verschiedentlich hat man auch daran gedacht, die gesättigten Schwaden als Vergasungsluft zu gebrauchen, insbesonders in Verbindung mit dem Mondgasverfahren. So sei hier an den Vorschlag von Croßley und Rigby erinnert[1]) und an die Patente von Dr.-Ing. A. Eckardt (D.R.P. 302 827).

Bei der Bedeutung, welche die Wirtschaftlichkeit der Trocknung nach dem vorstehend Gesagten hat, und nachdem man den Wert einer Vortrocknung für die Vergasung erkannt hatte, dürfte es vielleicht gerechtfertigt sein, die hier in Frage kommenden Verhältnisse einmal zu prüfen. Zugrunde gelegt soll das Verfahren von Dr.-Ing. Eckardt werden. Eine Rohkohle mit 55% Wasser und 2000 WE Heizwert soll auf 25% vorgetrocknet werden. Die zur Trocknung notwendige Wärme soll durch Verbrennung vom Gas erzeugt und soviel Luft beigegeben werden, daß die Heizgase in den Trockner mit 300° eintreten. Das austretende, mit Feuchtigkeit beladene Abgas-Luftgemisch wird zum Vergasungsprozeß benutzt. Die vorgetrocknete Kohle hat dann 4070 WE, und für eine Tonne dieser werden 1,67 t Rohkohle benötigt. Für ihre Vergasung kann man einen Luftbedarf von 1100 cbm rechnen, während anderseits für die gleiche Menge 670 kg Wasser zu verdampfen sind. Rechnet man die abgehenden Heizgase mit 85°, die Trockenkohle mit etwa 110°, so ist die aufzuwendende Wärme:

750 kg Kohle von 20° auf 110° . . .	750 · 90 · 0,55	= 37 125 WE
250 kg Wasser von 20° auf 110° . .	250 · 90	= 22 500 WE
670 kg Wasser von 20° auf 85° . . .	670 · 65	= 43 550 WE
670 kg Wasser bei 85° zu verdampfen	670 · 548	= 367 160 WE
1100 cbm Luft von 15 auf 85°	1100 · 70 · 0,3	= 23 100 WE
		493 435 WE.

Da Verluste bei dem System lediglich durch Undichtigkeiten und Strahlung möglich sind, ist ein Wirkungsgrad von 85% gerechnet. Es sind dann aufzuwenden: rund 580 000 WE, die durch Verbrennung von 264 kg Rohkohle freigemacht werden. Diese ergeben rund 733 cbm Verbrennungsgase (bei 1670° theorethisch) mit 18,8% CO_2, und diese enthalten 192 kg Feuchtigkeit. Durch die Mischung mit 1100 cbm Luft und unter Berücksichtigung der 15% Verluste sinkt die Temperatur des Gemisches auf etwa 900°. Da aber diese Temperatur als Eintrittstemperatur in den Trockner unzulässig ist, muß ein mehrmaliger Umlauf stattfinden, wobei man den Vorgang derart regelt, daß jedesmal ein Teil der Verbrennungsgase beigegeben wird. Man muß mit einem viermaligen Umlauf rechnen, um die Eintrittstemperatur von 300° zu wahren. Bei der Durchführung im Gegenstrom ist es jedoch wahrscheinlich, daß ein fünf- oder sechsfacher Umlauf notwendig ist. Diese Gase nehmen die 670 kg der Feuchtigkeit auf, enthalten somit insgesamt 862 kg, was 85% der Dampfmenge entspricht, die für den Mondgasprozeß notwendig wäre. Dazu gehört jedoch ein erheblicher Kraftaufwand. Es sind 1833 cbm bei einer Mindesttemperatur von 85° zu fördern, das spezifische Volumen ist unter Berücksichtigung des hohen Feuchtigkeitsgehaltes etwa 2,1, so daß bei fünffachem Umlauf eine Kraft notwendig ist, die einer Förderung von

$$1{,}05 \cdot (1833 \cdot 2{,}1 \cdot 5) = 20\,000 \text{ cbm}$$

gegen 200 mmWS entspricht; hierfür kommen mindestens 30 bis 35 PS in Frage, was unter normalen Verhältnissen 160 bis 180 kg Rohkohle gleichkommt. Demnach ist der Gesamtverbrauch

$$264 + 160 = 424 \text{ kg},$$

im günstigsten Falle somit 0,424 kg für 1 kg vorgetrocknete Kohle.

Dieser Selbstverbrauch, der fast ebenso groß ist wie der bei der künstlichen Trocknung von Naßpreßsteinen berechnete, ist immerhin erheblich, denn bei letzterem Brennstoff hat man einen feuchteren Ausgangsstoff. Würde man das dort gerechnete Beispiel, also Trocknung mit Abgasen unter Fortgang der Schwaden auf eine Rohkohle von 55% umrechnen, so wäre dann der Selbstverbrauch nur rund 210 kg für 1 t. Für die nach dem Verfahren von Eckardt mehr aufgewandten 214 kg Rohkohle steht nun allerdings ein hochgesättigtes Luftgemisch zur Verfügung. Gegenüber dem normalen Mondgasverfahren, bei welchem nur $^1/_3$ des Gesamtdampfverbrauches durch Wärmerückgewinn aus dem Kühlwasser gedeckt werden kann, wäre dies also eine Ersparnis von

$$862 - 1100 \cdot (0{,}9 : 3) = 532 \text{ kg},$$

welche sonst einem Aufwand von etwa 266 kg Rohkohle entsprechen würden. Die Ersparnis ist somit 266 — 214 = 52 kg für 1 t vorgetrocknete, vergaste Kohle bzw. 1,67 t Rohkohle, also nur rd. 3%.

[1]) Vgl. Gwosdz, Ein Verfahren zur Nutzbarmachung der beim Trocknen von Braunkohle entstehenden Dämpfe. Braunkohle, XII. J., S. 595.

Ob sich dieses Ergebnis wirtschaftlich rechtfertigt, mag dahingestellt bleiben, bis Großversuche vorliegen. Wärmetechnisch wäre es jedenfalls beachtenswert. Es ist aber noch zu bedenken, daß mit den für die Vergasung notwendigen 1100 cbm Luft noch 733 cbm Verbrennungsgase in den Gaserzeuger geschickt werden. Man könnte sich denken, daß der Kohlensäuregehalt dieser in einem ähnlichen Sinn wie der Wasserdampf wirkt, worüber allerdings nichts bekannt ist; aber in jedem Fall wäre doch durch den hohen Stickstoffgehalt der Abgase eine Verdünnung der Generatorgase zu erwarten, was nicht wünschenswert sein kann. Ein abschließendes Urteil kann daher nur die dauernde Erprobung im Betrieb geben.

Was nun das Verfahren von Croßley und Rigby anbetrifft, so ist es wärmetechnisch noch wesentlich ungünstiger, weil es mit dem hohen Wärmeverbrauch rechnen muß, der bei der Trocknung mit Dampf notwendig ist. Zudem enthalten die Wrasen bei der durchschnittlich erreichten Taupunkttemperatur von 72° nur etwa 100 g Dampf mehr als die vorgesättigte Luft beim Mondgasverfahren. Während man also versucht, einerseits einen Wärmerückgewinn bei der Brikettierung zu erreichen, muß man auf der anderen Seite auf denjenigen beim Vergasungsverfahren verzichten. Dieser Weg käme auch wohl nur dann in Frage, wenn man die erzeugten Brikette vergasen will, aber selbst dann könnte nur etwa $^1/_3$ des Wrasens als Vergasungsluft ausgenutzt werden. Ein allgemeiner Weg zur Verbesserung der Wärmewirtschaft von Brikettwerken erscheint dieser Vorschlag keineswegs.

Die Vortrocknung der Rohbraunkohle sowohl für die nachfolgende Brikettierung als auch für eine nachfolgende Vergasung ist jedoch eine Aufgabe, die wegen des damit verbundenen Wärmeverbrauches mehr Aufmerksamkeit verdiente als bisher.

Es ist nach diesen Erwägungen klar, daß die Verhältnisse für eine künstliche Trocknung des Torfes noch ungünstiger liegen. Anderseits ist es begreiflich, daß eine industrielle Nutzung der Moore in größerem Umfange erst dann eintreten kann, wenn diese Frage gelöst sein wird. Wenn wir den Selbstverbrauch bei der Trocknung einer Rohkohle von 55% auf 15% bei der Brikettfabrikation bereits mit $^1/_3$ der Förderung bezahlen müssen, ist es klar, daß unter den gleichen Verhältnissen eine künstliche Trocknung des Torfes ganz ausgeschlossen ist. Auch kommt für diesen Fall erschwerend hinzu, daß nicht das Rohmaterial zur Feuerung dienen kann, sondern nur das getrocknete Material. Es ist so begreiflich, daß Torfbrikettwerke mitunter ihre gesamte Erzeugung für den Selbstverbrauch aufzehrten oder noch Kohle zufeuern mußten.

Es muß daher eine Entwässerung des Torfes auf anderem Wege gesucht werden. Diese Versuche gehen in eine Unzahl. In erster Linie dachte man daran, durch Anwendung hoher Drücke das Wasser mittels Pressung zu entfernen. Aber wie Hausding[1]) mit Recht sagt, sind alle dahingehenden Versuche unfruchtbar und aussichtslos, so lange nicht die wasserhaltende Kraft des Torfes zerstört ist. Selbst bei Drücken bis zu 2000 at ist es kaum gelungen, den Wassergehalt bis unter 70% zu erniedrigen. Aber was noch weit ausschlaggebender für die Mißerfolge solcher Preßversuche ist, das ist die Verschmierung der Pressen; schon nach ein paar Pressungen muß eine Reinigung oder Auswechslung der Filtertücher, Siebe od. dgl. stattfinden, die jede Wirtschaftlichkeit illusorisch macht. Auch die Abpressung bei Zumischung von lockernden Stoffen (Naßpreßverfahren) sowie das Ausschleudern nassen Torfes dürften vollkommen aussichtslos sein.

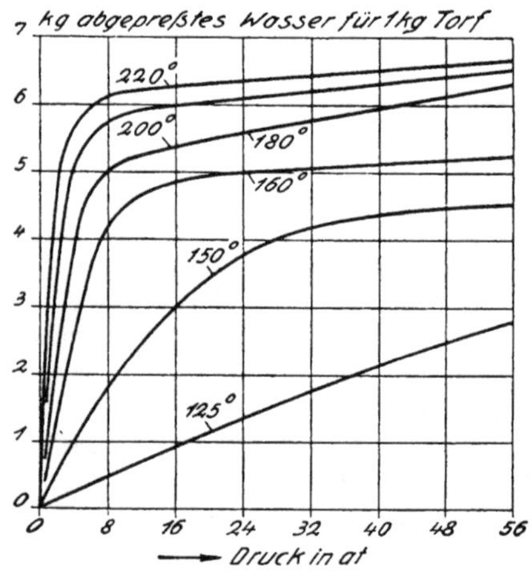

Abb. 20. Einfluß von Druck und Temperatur auf die Entwässerung des Torfes.

Man war ursprünglich geneigt, das Zurückhalten des Wassers auf kapillare Wirkungen der im Torf enthaltenen Faser zurückzuführen. Dies ist auch für den jüngeren Moostorf teilweise zutreffend. Aber in beinahe noch erhöhtem Maße zeigt auch der mulmige, gut zersetzte Torf die Eigenschaft des Festhaltens von Wasser, und es ist ein Verdienst des schwedischen Chemikers Ekenberg, daß er diese Frage aufklärte. Nach seinen Untersuchungen[2]) ist dies auf die beim Vertorfungsprozeß gebildete Hydrozellulose zurückzuführen, ein Kolloid, das in Mengen von 0,2 bis 2% im Torf vorhanden ist. Es ist nun möglich, diese Hydrozelullose durch Erhitzen auf Temperaturen über 150° bei Gegenwart von Wasser zu zerstören, wie nebenstehende Abb. 20[3]) veranschaulicht.

[1]) Hausding, a. a. O.
[2]) J. of I. and St. Inst. 1909, vgl. auch Dinglers polyt. J. 1910, S. 151.
[3]) Vgl. auch Bartel „Torfkraft“, Springer 1913, S. 54.

Alle neueren Torfentwässerungsverfahren gründen sich in der Hauptsache auf diese Forschungen. Das nach den Patenten von Ekenberg ausgebildete Naß-Verkohlungsverfahren (Wet carbonizing) hat zwar einen wirtschaftlichen Erfolg bisher nicht gehabt, obwohl die Ergebnisse seiner Versuche durchaus bestätigt wurden, das ist jedoch lediglich auf eine technisch nicht zweckmäßig durchgebildete Apparatur zurückzuführen. Neuere Verfahren, die sowohl in der Durchführung der Dämpfung (Erhitzung) zur Aufschließung des Torfes als auch durch Anwendung besonderer Pressen von dem Ekenbergschen Verfahren abweichen (Verfahren von ten Bosch)[1]) versprechen nach eingehenden Vorversuchen einen wesentlich günstigeren Erfolg. Danach stünde zu erwarten, daß mit einem Selbstverbrauch von 26% der erzeugten Trockensubstanz eine künstliche Entwässerung auf 35 bis 40% ohne Schwierigkeit durchgeführt werden kann, und mit einem sehr geringen Kraftaufwand (bei höchstens 50 at Pressung) die gleichzeitige Brikettierung stattfindet. Diese Preßsteine mit dem angegebenen Wassergehalt können nicht nur als Hausbrand, sondern insbesondere als ein hochwertiger Vergasungstoff dienen. Aus ihnen ließe sich durch weitergehende Trocknung bei geringem Brennstoffverbrauch der Ausgangsstoff für eine Briketterzeugung zur Herstellung eines ganz erstklassigen Hausbrands durchführen, der außerordentlich reinlich ist und praktisch gar keinen Verrieb gibt. Die Bedeutung dieses Verfahrens liegt vor allem darin, daß auf dem gleichen Torffelde und mit den gleichen Gewinnungseinrichtungen eine mindestens dreifache Erzeugung erzielt werden könnte. Trotz der Aufwendung für die Dampferzeugung und den Kraftverbrauch sowie den verhältnißmäßig teuren Transport des Rohstoffes vom Torffelde zur Verarbeitungsanlage[2]) dürfte es möglich sein, zu annähernd gleichen Kosten wie für lufttrockenen Torf einen Preßling herzustellen, der den gleichen Heizwert und den gleichen Wassergehalt aufweist, in seiner weiteren Verwendung und für den Transport sich aber wesentlich günstiger stellt.

Um vollständig zu sein, müssen noch die Versuche erwähnt werden, den elektrischen Strom zur Entwässerung heranzuziehen. Ekenberg erstreckte seine Untersuchungen auch auf die Elektrolyse, die jedoch keine Vorteile versprechen ließ. Graf Schwerin schlug den Weg der Elektro-Osmose ein, der nach den ersten Versuchen außerordentlich aussichtsreich erschien. Tatsächlich geht auch die anfängliche Entwässerung sehr schnell und mit geringem Stromverbrauch vor sich. Mit der Abnahme der Leitfähigkeit bei geringerem Wassergehalt steigt jedoch der Stromverbrauch sehr schnell, und es ist daher eine wirtschaftliche Grenze für die Entwässerung bei etwa 60% Wassergehalt gezogen. So betrug z. B. der Stromverbrauch bei Rohtorf von 90% Wasser für eine Entwässerung auf 65% Wasser 53 kW-Std. je t entwässerten Torf, was etwa einem Verbrauch von 280 bis 300 kg dieses entwässerten Torfs für die Stromerzeugung entspricht; es kommt dies einem Selbstverbrauch von rd. 30% gleich. Entscheidend ist jedoch, daß eine über 60% hinausgehende Entwässerung unwirtschaftlich und zu teuer ist, so daß man auf diesem Weg keinen Brennstoff erhalten kann, der für den Hausbrand oder die Vergasung ohne weitere Behandlung geeignet ist. Demnach dürfte die Elektro-Osmose höchstens in Verbindung mit anderen Verfahren entwicklungsfähig sein.

Es gilt dies insbesondere vielleicht für solche Fälle, wo eine Entwässerung der Moore schwer oder nicht durchführbar ist, also eine Baggerung unter Wasser erfolgen muß. In diesem Falle wird die gewonnene Rohmasse 94 bis 96% Wasser enthalten, was bei jeder anderen künstlichen Entwässerung ungünstig ist. Bei der Verwendung von Elektro-Osmose ist der für die Entwässerung von diesem Gehalt bis auf etwa 85% (dem sonst üblichen Wassergehalt) erforderliche Stromaufwand verschwindend gering. Unter solchen Verhältnissen wird man die gebaggerte Masse durch Pumpen und Rohrleitungen zur Verarbeitungsstelle führen, wie dies z. B. auf der Anlage der Wet Carbonizing Co. in Dumfries ausgeführt wird. Man hat die Elektro-Osmose auch besonders im Zusammenhang mit dem in Canada ausgebildeten Abspritzverfahren des Torfes empfohlen. Bei dieser Gewinnung wird der Torf durch hochgepreßtes Wasser (ähnlich wie bei der Goldgewinnung in Kalifornien) von der anstehenden Wand abgespritzt und der so entstehende Torfbrei mit etwa 98% Wasser entweder in offenen Gerinnen oder mittels Pumpen in Rohrleitungen zur Verarbeitungsanlage gebracht. Dieses Verfahren ist in Kanada ausgebildet worden, um den mulmigen Torf von der Torffaser zu trennen, welch letztere zur Papierfabrikation verwendet wird. Der mulmige Breitorf wäre für die Elektro-Osmose ein günstiger Ausgangsstoff. Dieses Gewinnungsverfahren könnte insbesondere vielleicht bei solchen Mooren aussichtsreich sein, welche sehr holz-

---

[1]) D. R. P. 316347.

[2]) Der Einfluß dieser Kosten kann wesentlich verringert werden, da man kein Trockenfeld benötigt und daher den Abbau des Moores günstiger als bisher (vgl. S. 30) von einer Stelle aus (der Verarbeitungsanlage) und mit kurzen Transportwegen durchführen kann.

reich sind und daher eine Baggerung nicht erlauben. Es steht dagegen zu erwägen, daß eine Abförderung in offenen Gerinnen wohl nur in seltenen Fällen durchführbar sein dürfte; ein Abpumpen wird jedoch stets erhebliche Kosten verursachen, und man braucht sich nur die Abbildung auf Seite 30 in Erinnerung zu bringen, um zu ersehen, welch ungeheuere Wassermengen zu transportieren sind. Solange daher diesbezüglich genaue Unterlagen nicht zur Verfügung stehen, ist ein abschließendes Urteil unmöglich, aber man wird gut daran tun, diesem Abspritzverfahren nicht allzugroße Hoffnungen entgegenzubringen.

IV. Formgebung, Brikettierung.

Die Herstellung von Formsteinen wurde bereits früher und auch im letzten Abschnitt wiederholt gestreift. Sie geht in erster Linie aus dem Bestreben hervor, die feinkörnigen und staubförmigen Brennstoffe, die sich infolge ihrer dichten Lagerung u. dgl. nicht zur Feuerung eignen, zweckmäßig zu nutzen. Man hat bereits im 18. Jahrhundert versucht, die erdigen Rohbraunkohlen zu Ziegeln, ähnlich den Mauerziegeln, zu formen, indem man den Brei mit Füßen trat und Strichsteine herstellte. Aus diesen ältesten Bestrebungen entwickelte sich dann nach und nach die Preßsteinherstellung und später die Brikettierung, letztere zuerst für Braunkohle, später aber auch im immer steigenden Maße für Steinkohle, Koks und andere Abfallstoffe angewendet.

Dem Wege der Herstellung nach kann man unterscheiden:

1. Formsteine aus naßen, plastischen Brennstoffen,
2. Formsteine aus trockenem Brennstoff, und zwar
   a) ohne Bindemittel,
   b) mit Bindemittel.

In die erstgenannte Gruppe gehören die Formsteine aus Rohkohle und Rohtorf, Naßpreßsteine und Soden. Aber auch die Brikettierung von getrocknetem Torf, wie vorstehend erwähnt wurde, würde hierunter fallen. Die notwendige Plastizität ist meist von Natur aus vorhanden oder wird durch Wasserzusatz erzielt. Die Formgebung benötigt geringe Drücke. Bei dem Naßpressen dürfte sie 5 bis 10 at nicht übersteigen, und auch die Formgebung bei gleichzeitiger Abpressung nach vorhergegangener Aufschließung von Torf nach dem Verfahren von Ekenberg und ten Bosch erfordert höchstens 50 at Stempeldruck.

Wesentlich höhere Drücke benötigt die Formgebung aus trockenen Brennstoffen. Eine Sonderstellung nimmt hierbei die Rohbraunkohle des mitteldeutschen und rheinischen Gebietes ein, die eines Bindemittels nicht bedarf. In diesem Falle sind die Stempeldrücke außerordentlich hoch, nämlich 1200 bis 1500 at. Die Vortrocknung muß auf 12 bis 18 % vorgenommen werden, wobei nur das sogenannte Hydratwasser zurückbleibt. Zu große oder geringe Trocknung gibt mürbe, rissige, unansehnliche und für den Transport ungeeignete Steine.

Die Erklärung dieser Tatsache ist wohl in dem Bitumengehalt der Braunkohle zu suchen. Dieser Ansicht Scheithauers[1]) ist zwar von verschiedenen Seiten widersprochen worden, u. a. von Richter und Horn[2]), doch dürfte sie wohl zutreffend sein. Man braucht sich bei der Erklärung des Vorganges keineswegs vorzustellen, daß eine Erwärmung und Erweichung stattfindet, denn eine solche kann zweifellos nur an der Oberfläche auftreten und gibt auch wahrscheinlich dem Brikett das glatte, glänzende Aussehen. Der Bitumengehalt macht die Kohle zweifellos außerordentlich plastisch, so daß bei der innigen Berührung unter dem hohen Druck eine Bindung der Kohlenteilchen eintritt. Der gerade von Richter und Horn erhobene Einwand, daß auch Braunkohle, deren Bitumen mittels Benzols vorher extrahiert wurde, gute und feste Brikette gibt, ist hinfällig, da erfahrungsgemäß die im Betrieb durchgeführte Extraktion nie vollständig ist. So zeigte nach Scheithauer eine Schwelkohle mit 31% Teer im ursprünglichen Zustand nach der Extraktion noch 13% Teer.

Bemerkenswert sind auch die Feststellungen an der gleichfalls verhältnismäßig bitumenreichen böhmischen Braunkohle, bei welcher sich einzelne Sorten sehr gut, andere aber gar nicht ohne Bindemittel brikettieren lassen. Es wurden auch dabei Zusammenhänge mit dem Bitumengehalt gefunden, doch sind die Versuchsergebnisse zu wenig umfangreich, um abschließende Folgerungen daraus zu ziehen. Man hat es hier zweifellos mit einer besonderen Eignung gewisser Sorten zu tun.

Da das Bitumen aber erfahrungsgemäß verschiedene Eigenschaften aufweist und keineswegs als ein einheitlicher Stoff angesehen werden kann, erscheint diese Tatsache erklärlich; und es dürfte

[1]) Scheithauer, Das Bitumen der Braunkohle. Braunkohle J. III, S. 97.

[2]) Richter u. Horn, Die mechanische Aufbereitung der Braunkohle. Knapp, Halle 1910.

nicht ausgeschlossen sein, daß gerade der hohe Reichtum der mitteldeutschen und rheinischen Braunkohle an Paraffinen und Erdwachs diese Eigenschaften bedingt. Wenn man z. B. durch Beimengung von Grudekoks die Plastizität und Bindekraft vermindert, so mindert sich ja auch die Güte der Brikette, und über eine gewisse Grenze der Beimischung hinaus muß eine Erhöhung der Bindekraft durch zugesetzte Bindemittel erreicht werden.

Die Formsteine aus trockenen Brennstoffen unter Zusatz von Bindemitteln bilden die dritte Gruppe. Sie werden hergestellt, indem man die möglichst feinen Teilchchen der trockenen Brennstoffe mit einem Bindemitttel mengt und dann brikettiert. Meist geschieht dies bei erhöhter Temperatur, um die Plastizität des Bindemittels möglichst groß zu gestalten. Als Bindemittel kommen sehr verschiedene in Frage, wie Pech, Harz u. dgl. Am meisten verwendet man Zellpech (von der Zellulosefabrikation) und die Hartpeche des Steinkohlenteeres, nachdem man die Anwendung dieser letzteren gelernt hatte. Der Aufwand an Bindemitteln ist bei Hartpech 6 bis 7%, bei Zellpech 5 bis 6% im Mittel, schwankt aber naturgemäß je nach der Natur der Brennstoffe. Anstatt der üblichen, älteren Verfahren mit Erwärmung des Gemisches in Trommeln, wobei der Bindemittelverbrauch höher ist, verwendet man heute bei den neueren Verfahren entweder einen Zusatz von Ölgasteer[1]), um die Bindekraft zu erhöhen, oder man nimmt das Zerstäuben des erweichten Peches im luftverdünnten Raum vor, wobei man eine Verminderung um 1%, also rund $^1/_6$ des angewandten Bindemittels erzielen kann[2]). Diese beiden Verfahren haben sich besonders bei der Brikettierung von sehr mageren Steinkohlen und Koksabfall bewährt.

Die Brikettierung von Sägespänen und pflanzlichen Abfallstoffen bedarf meist wegen ihres Harzgehaltes keines Bindemittelzusatzes, wohl aber einer Erwärmung, die meist durch Dämpfung erzielt wird.

Als Drücke kommen im allgemeinen bei der Brikettierung mit Bindemittel solche von 250 bis 500 at in Frage. Die einzelnen Verfahren sind natürlich je nach den Ausgangsstoffen verschieden. Eine genauere Aufzählung würde hier zu weit führen, da gerade einzelne Nebenfragen oft entscheidende Bedeutung ausüben.

Die Verwendung der Formsteine hat sich nicht nur bei den minderen Ausgangsstoffen als sehr fördernd gezeigt, sondern auch bei hochwertigen Ausgangsstoffen steigende Beachtung gefunden. Es erklärt sich dies durch den geringen Verrieb der Brikette, ihre leichte Handhabung, die außerordentlich bequeme und platzsparende Stapelung u. dgl.; so zieht z. B. die Eisenbahnverwaltung das Steinkohlenbrikett gerade wegen der letzteren zwei Gründe der Förderkohle vor, und man kann überall die großen Vorräte an Lokomotivkohlen als Brikette finden.

Anfänglich zeigten die Brikette oft die Eigenschaft, im Feuer leicht zu zerfallen, indem der Bindestoff früher destillierte; man hat es jedoch verstanden, nach und nach die Herstellung den Anforderungen des Verbrauches und anderseits auch die Handhabung bei der Verfeuerung den besonderen Eigenschaften so anzupassen, daß man die Brikette heute als einen vollkommen hochwertigen Brennstoff ansprechen kann.

Die Form und Größe der Brikette wechselt je nach deren Anwendung und den Bedingungen bei der Herstellung. Meist wird man möglichst große Brikette verwenden, um die Leistung der Pressen hochzuhalten. So hat man bei den Steinkohlenbriketten drei Größen von 5, 2 und 1 kg Stückgewicht. Bei den Braunkohlenbriketten wiegt die übliche Größe, die im Hausbrand verwendet wird, gleichfalls 1 kg; man hat aber auch Steine von kleineren Abmessungen, besonders für industrielle Zwecke eingeführt. (Halbsteine, Rundsteine, Semmelbrikette, Industriebrikette). Bei Koksbriketten, die meist an Stelle von Nußkoks im Hausbrand dienen sollen, haben sich die eiförmigen Steine eingebürgert. Bei den Naßpreßsteinen würde man wegen der Handhabung gern große Abmessungen wählen; diese sind jedoch für die Trocknung nicht immer günstig. Für Braunkohlennaßpreßsteine hat man daher das übliche Ziegelformat 210 · 210 · 65 gewählt, für Torfsoden ein solches von 110 · 110 oder 120 · 120, bei 400 bis 500 mm Länge. Im allgemeinen ist man bezüglich der Größe und Form der Brikette nicht allzusehr gebunden und kann daher den Wünschen der Verbraucher weitgehend Rechnung tragen.

V. Schwelerei.

Unter Schwelen versteht man ein Destillationsverfahren, das in erster Linie auf die Gewinnung von bituminösen Stoffen hinzielt. Wir müssen dabei mit Scheithauer unter Bitumen nicht nur das durch Extraktion (wie z. B. aus der Braunkohle) zu Isolierende verstehen, sondern die gesamten

[1]) Verfahren von Alexander; vgl. Kaiser „Die Brikettierung von Koksgries", J. f. G. 1918, S. 541.

[2]) Verfahren von Behr, J. f. G. 1917, S. 149.

Teerbildner, also sämtliche Stoffe, die bei der Trockendestillation den Teer ergeben[1]). Es erscheint auf den ersten Blick schwer, hierfür eine Grenze zu den sonst bekannten Destillations- (Kokerei-) verfahren zu finden, da ja Teer stets bei der Destillation als Nebenstoff fällt und es lediglich von den wirtschaftlichen Bedingungen abhängt, in welchem Falle man die Teerprodukte als Hauptstoffe bezeichnen will. Diese Unsicherheit kommt auch in den Begriffsbestimmungen zum Ausdruck, indem man bislang die bituminösen Ausgangsstoffe für die Schwelprozesse beschränkte, wie z. B. Graefe[2]) nur diejenigen Mineralien einbezieht, „denen sich ohne chemische Eingriffe allein durch physikalische Vorgänge kohlen- und wasserstoffhaltige Substanzen entziehen lassen". Damit steht es aber in Widerspruch, wenn Graefe an anderer Stelle das Schwelen als Austreibung des Bitumens und „seine Zerlegung in Teer, Wasser und Gas und Aufspaltung der eigentlichen Kohlesubstanz in Koks und gasförmige und flüssige Destillationsprodukte" bezeichnet, denn die Zerlegung und Aufspaltung ist stets ein chemischer Vorgang, wenngleich er lediglich auf physikalische Einflüsse (Erwärmung) zurückzuführen ist.

Wenn man daher die bituminösen Steinkohlen einschließlich der Kokskohlen von den bituminösen Rohstoffen der Schwelerei ausscheidet, weil „die Destillationsprodukte in ihnen nicht in der Form präexistieren, wie man sie erhält", so ist dies nach dem heutigen Stand unseres Wissens nicht ganz zutreffend. Im Sinne dieser älteren Begriffsbestimmung sind Rohstoffe für die Schwelerei: Holz, Torf, Schwelbraunkohle, bituminöser Schiefer und Ölschiefer, Schlick, bitumenreiche (Blätter-) Kohle und im gewissen Sinn auch natürliche Asphalte.

Will man nach der eingangs gegebenen, allgemeiner gefaßten Erklärung als Schwelerei solche Prozesse im allgemeinen Sinn verstehen, so können wir nach dem später Auszuführenden hinzufügen, daß dies eine langsame und schonende Destillation voraussetzt, so daß die bei Temperaturen bis etwa 450° ohne tiefere Zersetzung abgespaltenen Kohlenwasserstoffe (Teerbildner im allgemeinsten Sinn) ohne weitere pyrogene Umwandlung gewonnen werden können. Eine gewaltsame Ausscheidung einzelner Ausgangsstoffe fällt damit weg; jeder bitumenhaltige Rohstoff, also auch jede Steinkohle, kann demnach zur Schwelerei dienen. Das eigentliche Schwelen wird jedoch mit der Erreichung einer Temperatur von 450—500° abgeschlossen sein, und nur der sich innerhalb des Temperatursprunges von 0° und 500° abspielende Teilprozeß wird, genau genommen, als Schwelung bezeichnet werden können.

1. Geschichtliches[3]).

Die Anfänge der Schwelerei gehen bis ins 17. Jahrhundert zurück und betreffen die Trockendestillation von Holz. Zur ungefähr gleichen Zeit benutzte man als Rohstoff auch Steinkohle (Becher, engl. Patent von 1681) und erzeugte neben Teer auch Koks. Aber erst als die Gaserzeugung dabei von Bedeutung wurde und der Koks steigende Anwendung fand, erlangte dieses Verfahren mit Steinkohle als Ausgangsstoff größere Bedeutung, indem es als Kokerei so ausgebildet wurde, daß es nicht mehr als Schwelverfahren gelten kann. Alt ist auch die Verschwelung von Torf. Bei allen diesen Stoffen war aber der Teer immer mehr oder weniger Nebenerzeugnis. Als Hauptstoff tritt er erst bei der Verarbeitung der bituminösen Braunkohle, der sogenannten Schwelkohle, auf. Schon 1788 war die Verschwelung dieser bekannt, das Verfahren erfuhr aber erst mit der Entdeckung des Paraffins (von Reichenbach 1830 — der übrigens zu seinen Forschungen Holzteer benutzte) industrielle Bedeutung. Durch diese Entwicklung angeregt, kam man zuerst in Frankreich darauf, bituminösen Schiefer als Rohstoff zu verwenden. In England führte Young (1850) die Schwelerei der schottischen Boghead-Kohle ein, die in der Folge auch in anderen Ländern zur Teergewinnung gebraucht wurde. Als aber die Vorräte daran schnell abnahmen, mußte man auch in Schottland andere Rohstoffe suchen und fand dafür geeignete in den schottischen Ölschiefern des Lothian-Gebietes (westlich Edinbourgh). In der Folge entwickelte sich dort rasch eine blühende Industrie, welche etwa jährlich (1910) 300000 t Teerstoffe erzeugt. Diese rasche Entwicklung verdankt sie den grundlegenden Arbeiten von Young und Beilby sowie der technischen Tatkraft Hendersons.

In Deutschland entstanden in den 40er und 50er Jahren des 19. Jahrhunderts verschiedene Schwelereien, die teils mit schottischer Boghead-Kohle (Noblée & Co., Hamburg), teils mit bituminösem Schiefer und Blätterkohle (von Siegburg), teils mit schottischer (Bleuel bei Bonn) betrieben wurden. Das gerade zu dieser Zeit auftretende Leuchtöl aus Petroleum hinderte aber die Entwicklung

[1]) Scheithauer, „Das Bitumen der Braunkohle". Braunkohle Jahrg. III, S. 97.

[2]) Graefe, „Die Braunkohlen-Teerindustrie". Knapp, Halle 1906.

[3]) Vgl. hierzu: Scheithauer, „Die Schwelteere, ihre Gewinnung u. Verarbeitung". Spamer, Leipzig 1911.

der jungen Industrie, und die Betriebe wurden wieder eingestellt. Erst die Erfolge der schottischen Schwelindustrie belebten wieder die Bestrebungen, und man fand in der mitteldeutschen Schwelkohle einen lohnenden Ausgangsstoff. 1855 entstand als erste größere Schwelerei Gerstewitz mit zugehöriger Mineralöl- und Paraffinfabrik, und durch die Tatkraft von C. A. Riebeck entwickelte sich schnell die Schwelindustrie Sachsen-Thüringens, die 1909 bei 16,3 Mill. hl verschwelter Kohle etwa 62363 t Teer erzeugt[1]):

Daneben wurden später immer wieder Versuche gemacht, die deutschen Ölschiefer nutzbar zu machen. Schon in den 60 er Jahren wurde der württembergische Liasschiefer in Reutlingen verschwelt; diese Industrie ist eingegangen und erst jetzt, während des Krieges, wieder belebt worden. Anderseits wurde 1885 mit der Verarbeitung bituminöser, aschenreicher Kohle, also gewissermaßen einem Übergangsstoff zwischen Schwelkohle und Schiefer, auf der Gewerkschaft Messel bei Darmstadt begonnen, die sich trotz anfänglicher Schwierigkeiten erhalten hat und in ihrer Ausbildung als ein mustergiltiger Schwelbetrieb bezeichnet werden muß. Während des Krieges hat man weiter auch die Ausbeutung der braunschweigischen Ölschiefer-Vorkommen der Schandelaher Mulde in Angriff genommen.

Knapp vor dem Kriege fand nun die Schwelerei eine neue Belebung durch die Forschungen von Pictet und Wheeler und die sich in der Folge entwickelnde Tiefteertemperatur- (und Vakuum-) Destillation, welche für alle Rohstoffe anwendbar ist.

2. Chemisch-technische Grundlagen.

Um einen Überblick über die Natur der Schwelvorgänge zu erhalten, wollen wir uns zuerst mit diesen neuen Forschungen befassen, um an Hand dieser dann rückblickend die Entwicklung der einzelnen Zweige der Schwelindustrie besser betrachten zu können. Es war eine schon früher oftmals beobachtete Tatsache, daß der bei niedrigen Temperaturen gewonnene Teer andere Eigenschaften aufwies, als der bei hohen Temperaturen erzielte[2]). Besonders von der Holzdestillation, die ja gewissermaßen die Grundlage für die Entwicklung der Schwelindustrie bildete, wußte man, daß die Teere bei der Meiler-Verkokung anders ausfallen, als bei der Retortenverkokung; man schrieb dies aber dem anderen Verfahren zu, ohne sich des Einflusses der Temperatur (700° gegenüber etwa 350°) ganz bewußt zu werden.

Die erste bahnbrechende Arbeit auf diesem Gebiet rührt von Dr. E. Börnstein[3]) her, welcher sowohl Holz, Torf und Braunkohle, als auch verschiedene Steinkohlen einer Destillation bei Temperaturen bis 450° unterwarf. Diese Arbeit wurde zur Zeit ihrer Entstehung wenig beachtet, hat aber heute erhöhte Bedeutung und soll aus diesem Grunde hier etwas eingehender behandelt werden. Eine übersichtliche Zusammenstellung der Ergebnisse bei den verwendeten 12, sehr verschiedenen Brennstoffen, zeigt die Zahlentafel 65 auf S. 106 und 107. Die Versuche beziehen sich nach ihrer Reihenfolge auf:

1. lufttrockenes Kiefernstammholz,
2. Fasertorf von Linum, lufttrocken,
3. märkische Braunkohle von Grube Blitz bei Herzborn,
4. böhmische Braunkohle,
5. oberschlesische Fettflammkohle der Hohenzollerngrube,
6. niederschlesische Gaskohle der Glückhilfsgrube,
7. westfälische Gaskohle der Zeche Zollverein I/II,
8. westfälische Gasflammkohle der Zeche Bismarck,
9. westfälische Fettflammkohle der Gewerkschaft General Blumenthal I/II,
10. westfälische Flammkohle des Schachtes Heinrich der Bergbaugenossenschaft Neu-Essen,
11. westfälische Fettkohle der Zeche Shamrock I/II,
12. westfälische Fettkohle der Zeche Altendorf.

---

[1]) Vgl. Scheithauer, „Die Schwelteere" S. 181 u. f.

[2]) Vgl. hierzu Gröppel, „Wissenschaftliche und technische Literatur über die Destillation der Steinkohle bei niederer Temperatur und gewöhnlichem Druck" in „Kenntnis der Kohle" Bd. 1, welcher insbesondere auf die Arbeiten von Williams (1857) und Schorlemmer (1863) hinweist. Auch andere Forscher haben sich mit der Bearbeitung dieser Tatsache beschäftigt, ohne daß dadurch die Kohlenforschung weitergekommen wäre oder eine planmäßige Entwicklung der Tieftemperatur-Destillation Platz gegriffen hätte.

[3]) Dr. E. Börnstein, „Über die Zersetzung fester Heizstoffe bei langsam gesteigerter Temperatur", J. f. G. 1906 S. 627 u. f.

Zahlen-

Brennstoff Nr.	Zusammensetzung der ursprünglichen Reinsubstanz %					flüchtige Best. %	bei der Destillation von 1 kg erhalten				Zusammensetzung der restlichen Reinsubstanz %				
							g	g	l	g					
	C	H	N	S	O		Wasser	Teer	Gas	Rückst.	C	H	N	S	O
1	50,42	6,70	0,65	0,08	42,15	—	366,6	81,8	116,6	—	92,13	3,88	0,39	—	3,60
2	58,32	5,54	3,06	0,32	32,76	—	168,8	43,3	94,2	—	75,19	4,21	3,49	0,32	16,88
3	55,11	4,23	0,94	3,23	36,49	—	212,9	20,5	48,8	—	83,96	4,31	0,97	4,60	6,16
4	69,53	5,49	0,90	0,49	23,59	—	232,1	44,1	59,5	—	84,32	3,97	1,35	0,73	9,63
5	80,99	4,67	1,13	0,95	12,26	37,57	69,4	81,9	28,6	828,5	87,84	3,69	0,94	0,97	6,56
6	86,70	5,35	0,81	1,56	5,58	29,23	23,4	60,4	30,5	878,9	87,97	4,43	1,17	1,36	5,06
7	85,09	4,82	1,08	1,06	7,95	32,63	43,0	75,3	23,4	842,8	87,74	3,83	1,07	1,07	6,28
8	84,90	4,44	0,98	1,55	8,13	36,51	47,8	95,8	17,6	815,8	87,60	3,95	1,15	0,81	6,49
9	86,04	5,18	0,88	1,65	6,25	28,60	31,8	49,3	14,4	914,5	87,45	4,29	1,05	1,47	5,74
10	82,87	5,06	0,70	1,73	9,64	30,21	43,8	52,3	13,1	875,0	86,82	4,09	0,33	1,40	7,36
11	88,02	5,20	0,93	1,06	4,79	23,00	16,9	29,8	16,7	929,0	89,97	4,57	1,15	1,35	2,96
12	89,25	4,46	0,95	2,28	3,06	16,91	14,7	9,0	8,2	959,5	90,21	4,44	1,08	1,53	2,74

Man sieht aus der Zusammenstellung, daß bei den angewandten sehr verschiedenen Ausgangsstoffen stets ein Brennstoffrückstand nahezu gleicher Zusammensetzung erhalten wird. Man muß daraus schließen, daß die Abspaltung bei jüngeren Brennstoffen schneller und leichter vor sich geht als bei den älteren. Der Rückstand war bei allen Proben schaumig gebläht und zerreiblich, also bei keiner Kohle für hüttenmännische Zwecke geeignet. Die entstandenen Teere waren klare, braune, dickflüssige Öle, welche keinen freien Kohlenstoff und nur geringe kristallinische Ausscheidungen zeigten. Die Teerausbeute schwankte in weiten Grenzen von etwa 1 bis 10%, und diese Ausbeute steht im Zusammenhang mit dem Gehalt an flüchtigem Bestandteil im Brennstoff, was ja auch durchaus erklärlich erscheint, weil die Teerausbeute einen Teil der flüchtigen Bestandteile ausmacht. Am auffallendsten ist der wechselnde Sauerstoffgehalt der Teere, der bei den meisten Brennstoffen im Zusammenhang mit der Analyse steht. Die bei Torf und märkischer Braunkohle auftretende Abweichung läßt sich möglicherweise durch den hohen Paraffingehalt dieser beiden Teere erklären. Die kristallinischen Ausscheidungen der Teere erwiesen sich als Paraffine mit Schmelzpunkten zwischen 55 und 60°. Entsprechend dem Sauerstoffgehalt der Teere zeigten sie auch einen wechselnden Gehalt an alkalilöslichem, also saurem Bestandteile. Eine weitere Untersuchung der Teere hat Börnstein nicht angestellt; er verwies jedoch auf die weitgehende Analogie mit dem Teer aus den Jameson-Koksöfen (Bienenkorböfen mit Absaugung am Boden des Ofens).

Schon nach diesen Forschungen war anzunehmen, daß bei der Erhitzung im langsamen, schonenden Verlauf ein Abbau der Kohlenwasserstoffe in einer ganz bestimmten Richtung vor sich ging, und es war naheliegend, daß man dabei in den Teeren Stoffe erhalten würde, wie sie in der Kohle vorgebildet enthalten sind[1]). Dieser Feststellung widmete Pictet (Genf) in erster Linie seine Forschungen, dem es bei seinen Arbeiten (1911) gelang, in dem durch Vakuum-Destillation bis 450° erzielten Teer bestimmte chemische Stoffe (u. a. Hexahydrofluoren) nachzuweisen, die er bereits vorher bei Extraktion der Steinkohle gewonnen hatte und die auch in vielen Erdölen gefunden werden. Neben Pictet erforschte dieses Gebiet eingehend auch Wheeler mit seinen Mitarbeitern (1912 bis 1914), wodurch die sogenannte Vakuumdestillation sich rasch entwickeln konnte, nachdem dahingehende praktische Versuche bereits eingeleitet waren. (Patente von Parker 1906.) Für die Erforschung der Kohlenchemie scheint aber die Vakuumdestillation nach ihren anfänglichen Erfolgen weiter wenig Aussicht zu bieten, da man doch mit einer gewaltsamen Spaltung und daher einer chemischen Veränderung vieler Bestandteile rechnen muß. Für die wissenschaftliche Forschung erscheinen die Extraktionsvorgänge aussichtsreicher. Jedenfalls wurde durch diese Arbeiten aber

[1]) Vgl. zum folgenden noch die Werke des Kaiser-Wilhelm-Instituts für Kohlenforschung, Mülheim, „Kenntnis der Kohle" Bd. 1, 2, 3. Borngräber, Berlin.

tafel 65.

Zusammensetzung des gewonnenen Teeres %					Teer		Destillation des Teeres %					Beschaffenheit des Rückstands
C	H	N	S	O	spez. Gew.	Paraffingehalt	bis 200 / bis 150°	200 bis 300 / 150 bis 250°	über 300 / 250 bis 350°	— / über 350°	Rückstand u. Verlust	
68,61	8,13	1,84	—	21,42	1,106	—	24,8	31,4	14,8	—	29,0	—
75,35	10,34	5,14	0,27	8,90	1,02	6,37	12,9	48,0	21,7	—	17,4	—
78,95	9,98	4,53	1,51	5,03	1,009	12,24	3,2	33,8	38,3	—	24,7	—
73,47	9,58	1,94	0,26	14,75	0,97	5,04	17,0	41,0	34,2	—	7,8	—
81,78	9,20	1,35	0,62	7,05	0,96	1,7	6,3	27,3	29,0	30,0	7,4	schwach rissig, zerbrechlich
84,60	8,85	1,03	0,55	4,97	0,97	0,5	7,9	30,1	26,6	25,9	9,5	stark porös und aufgebläht, leicht zerreiblich
84,91	9,65	1,60	0,34	3,50	0,96	1,5	5,5	31,5	34,5	19,5	9,0	stark rissig und sehr zerbrechlich, gebläht
84,01	9,81	0,94	0,88	4,36	0,95	2,1	6,5	28,1	36,3	20,5	8,6	schwach koksartig gebläht, zerreiblich, teilw. geschmolzen
84,56	9,43	0,81	0,72	4,48	0,97	1,2	5,5	27,2	32,8	21,3	13,2	äußerlich koksartig gebläht, sehr weich und zerreiblich
84,02	9,34	0,94	0,71	4,99	0,98	1,4	6,5	27,6	30,6	22,1	13,2	stark aufgebläht und leicht zerreiblich, unhomogen
86,25	9,25	1,27	0,56	2,67	0,97	0,3	7,5	27,2	34,6	21,6	9,1	stark schaumig gebläht
88,32	7,84	1,04	0,59	2,21	1,03	0,0	8,8	21,3	31,0	26,5	12,4	bröckelig, schichtweise schwach gebläht

nachgewiesen, daß auch bei der Destillation von Steinkohle Paraffin und Naphthene im Teer anwesend sind, wenn auch nicht in so großer Menge wie in Braunkohlenteeren; Naphthalin und Anthrazen, die charakteristischen Begleiter des Kokereiteeres, fehlen im Tieftemperaturteer, und ersterer ist daher mit Bestimmtheit als ein sekundäres Erzeugnis anzusprechen.

Nach diesen Forschungen besteht weiter keine Berechtigung mehr, wie bereits eingangs hingewiesen, gewisse Ausgangsstoffe von der Schwelerei auszuscheiden. Die Aufgabe muß vielmehr darin liegen, die Destillation langsam und bei möglichst niedriger Temperatur in schonendster Weise durchzuführen. Als sehr fördernd hat sich die Gegenwart von Wasserdampf gezeigt. Darüber hinaus haben aber die Forschungen noch keine Handhabe geboten, in welcher besonderen Weise die Schwelvorgänge etwa geführt werden könnten, um möglichst primäre Produkte zu gewinnen. Dies wird auch nicht ohne weiteres zu verlangen sein, da ja das Bitumen ein Gemisch zahlreicher Körper ist, die überhaupt nicht oder nur zum geringsten Teil voneinander zu trennen und zu kennzeichnen sind. Nach den Untersuchungen der genannten Forscher und anderer (vergl. S. 23) dürften die Bitumenbestandteile in der Hauptsache auf die Harz- und Gummireste der kohlebildenden Flora zurückzuführen sein, während die eigentliche Kohlesubstanz aus der Zellulose entstanden ist. Der bei der Destillation gewonnene Teer ist jedoch zweifellos nicht allein auf den Bitumengehalt zurückzuführen, sondern bei der Spaltung der Zellulose entstehen gleichfalls flüssige Kohlenwasserstoffe, die als Teerbildner auftreten. Diese Tatsache ist sehr eingehend von Bantlin[1]) behandelt, der die drei Stoffe gleicher prozentualer Zusammensetzung: Zellulose, Stärke und Zucker einer Destillation unterwarf. Die Mittelwerte seiner Versuche sind in Zahlentafel 66 wiedergegeben. Demnach zeigt Zucker die geringste Gasbildung und damit Zersetzung, Stärke bereits eine stärkere, Zellulose die stärkste. Dagegen ist die Teerbildung bei den beiden letzteren normal und geringfügig, erreicht aber beim Zucker den außerordentlich hohen Wert von 55%. Die Koksbildung verläuft im umgekehrten Sinne wie die Gasbildung. Bei den gebildeten Teeren fällt der außerordentlich hohe Sauerstoffgehalt auf, der in diesen Teeren vorzugsweise freie Säuren und Ester vermuten läßt. Solche sind ja auch in Braunkohlenteeren wiederholt nachgewiesen worden, und auch das extrahierte Montanwachs der Braunkohlen besteht nach Krämer und Spilker „neben einigen schwer definierbaren Begleitern lediglich aus hochmolekularen einsäurigen Estern und den freien Säuren". Selbst bei der vorsichtigsten Destillation werden aber diese Bitumenbestandteile zersetzt, wobei ein Teer mit hohem Paraffingehalt, gesättigte und ungesättigte Kohlenwasserstoffe der Fettreihe neben sauren und basischen Bestandteilen einerseits und Kohlensäure anderseits entstehen. Dementsprechend werden die technischen Schwelteere bei den verschiedenen Brennstoffen sehr voneinander abweichen, und

[1]) Bantlin, Pyrogene Zersetzung von Zellulose, Stärke, Zucker und Sulfitzelluloselauge, J. f. G. 1914, S. 32.

Zahlentafel 66.

Ausgangsstoff	Zellulose	Stärke	Zucker
Ausbeute an: Koks . . . %	32,9	28,6	12,2
H_2O . . . %	31,7	29,7	6,29
Teer . . . %	3,25	2,69	55,04
Essigsäure . %	3,28	5,29	8,78
Aldehyde . %	5,82	5,66	6,15
Ketone . . %	0,11	1,11	0,34
Gase . . . %	17,33	22,70	5,96
Verlust . . %	5,23	4,20	5,38
Zusammensetzung des Teeres			
C . . . . %	52,20	45,02	38,91
H . . . . %	6,86	6,31	6,19
O . . . . %	40,94	48,67	54,90
Zusammensetzung des Kokses			
C . . . . %	85,98	84,26	88,84
H . . . . %	3,31	3,22	3,79
O . . . . %	5,22	4,43	5,19
H_2O . . . %	4,57	3,71	1,70
Asche . . . %	0,92	4,38	0,48
Beschaffenheit des Kokses . .	in ursprüngl. Struktur, aber bröcklig.	in ursprüngl. Struktur, hart, metall. gl.	leicht und aufgebläht

man hat es zwar in der Hand, die Aufspaltung der entstehenden Teerbildner in jedem beliebigen Maße weiterzutreiben, nicht aber sie ganz zu verhindern. Auch besitzen die Destillationsrückstände wie aus Zahlentafel 65 zu ersehen ist, noch einen erheblichen Gehalt an Wasserstoff, so daß bei der weiteren Erwärmung noch gasförmige Kohlenwasserstoffe neben freiem Wasserstoff stehen. Die einzelnen Verfahren werden daher nicht nur aus dem Gesichtspunkt verschieden sein, ob man auf die Gewinnung von Rückständen einerseits oder auf eine hohe Erzeugung an Gas anderseits Wert legt, sondern sie werden vor allem ganz wesentlich von dem Ausgangsstoff abhängig sein. Demnach ergeben sich die nachfolgenden Gruppen von praktischen Schwelprozessen:

3. Schieferverschwelung.

Bei diesem Ausgangsstoff ist der Gehalt an brennbaren Bestandteilen meist gering. Neben der Gewinnung von Teer wird daher meist ein anderer Nebenstoff kaum in Frage kommen. Selbst die im günstigsten Fall möglichen Rückstände wären so aschenreich, daß sie einen Handelswert kaum beanspruchen dürften. Das erzeugte Gas wird man zur Durchführung der Prozesse benötigen; es kann im möglichen Fall auch anderen technischen Zwecken dienen. Man wird daher als obersten Gesichtspunkt betrachten müssen: Die höchstmögliche Teerausbeute bei zu vernachlässigender Wärmewirtschaft.

Als Nebenstoff kommt bei vielen Schieferarten Ammoniak aus dem Stickstoff in Frage, und es ist beachtenswert, daß die Ammoniakgewinnung bei der Vergasung aus der Schieferschwelerei hervorgegangen ist, wie noch später gezeigt wird.

Die Zusammensetzung der Schiefer ist sowohl hinsichlich der Teerausbeute als auch der sonst brennbaren Bestandteile außerordentlich verschieden. So gibt guter schottischer Schiefer etwa 24% Teer, durchschnittlicher aber nur 8 bis 13% Teer und enthält daneben 12 bis 15% Kohlenstoff. Der Kohlenschiefer von Messel gibt 7 bis 8% Teer und hat daneben rd. 12% brennbare Bestandteile. Am höchsten in der Teerausbeute ist der australische Schiefer (nach Potonié eine Algenkohle), der bis zu 60% Teer gibt. Groß sind die Mengen an geringwertigem Schiefer nicht nur in Deutschland, von denen diejenigen der Schanderlaher Mulde 4 bis 5% Teer, der württembergische Liasschiefer durchschnittlich 2 bis 4%, selten 5 bis 7% Teer aufweisen. Dagegen sind im Ausland noch viele unbenutzte Vorkommen wesentlich reicherer Schiefer.

Der für die Destillation der Schiefer bisher allgemein eingeschlagene Weg war die Erhitzung in Tiegeln, Retorten oder Öfen mit Außenheizung. Für diese verwendete man bei den einfachsten Verfahren eine unmittelbare Feuerung, wie z. B. bei der Asphaltschiefer-Destillation von Seefeld in Tirol, den ältesten englischen Retorten und der französischen Schieferschwelerei von Autum; später ging man zur Beheizung mit dem bei der Destillation gewonnenen Gas über, da man dadurch wesentlich an Brennstoff sparte und außerdem einen erheblich besseren Teer erzielte. Man war im Zusammenhang damit gezwungen, die Öfen oder kurzen Retorten wesentlich länger zu gestalten, um durch eine stärkere Erhitzung des Schiefers in den unteren Schichten nach beendeter Destillation die übrigen brennbaren Bestandteile in Gasform überzuführen. Hierfür kam naturgemäß nur eine Vergasung in Frage; da man aber nach den anfänglichen Erfahrungen die zersetzende Wirkung der hohen Hitze fürchtete, kam Young und Beilby (1881) auf den Gedanken, anstatt Luft ein hochgesättigtes Gemisch mit Wasserdampf einzublasen und dadurch gleichzeitig die Ammoniakausbeute zu erhöhen. Dieselben fußten dabei auf den älteren Untersuchungen Grouvens (1878) bei dessen Bestrebungen Ammoniak aus Torf zu gewinnen. Grouven ist daher als der geistige Vater der Ammoniakgewinnung bei der Vergasung zu bezeichnen, was bisher viel zu wenig gewürdigt wurde. Das von Young und Beilby ausgearbeitete Verfahren wurde zum rettenden Faktor für die schottische Schieferindustrie; man erreichte nicht nur die erwartete hohe Ammoniakausbeute, auch die Gasmenge war wesentlich größer, und vor allem war der fallende Teer besser und wesentlich paraffinreicher.

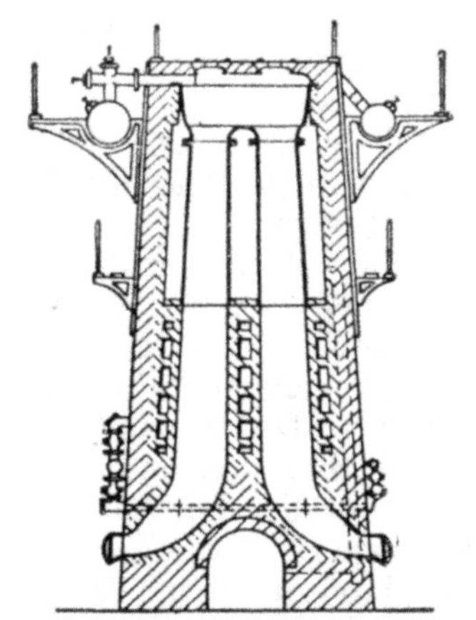

Abb. 21. Pentland- oder Young u. Beilby-Retorte.

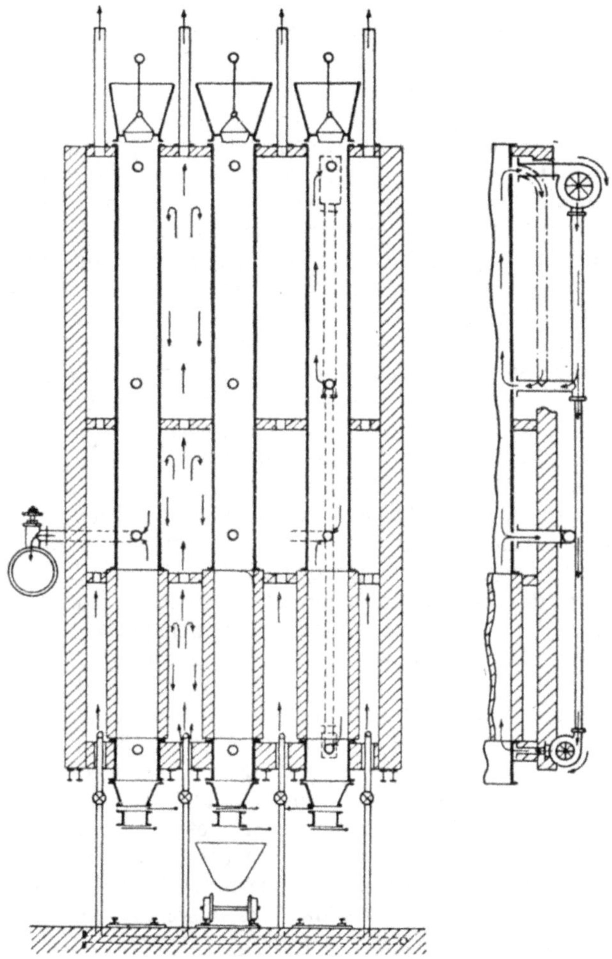

Abb. 22. Retorte der Gewerkschaft Messel.

So war bei einer Schieferförderung von 3 181 280 t im Jahre 1910 die Ammonsulfatausbeute 59 113 t bei rd. 300 000 t gewonnenen Teerprodukten.

Die für dieses Verfahren ursprünglich verwendete, sogenannte Pentland-Retorte (Abb. 21) wurde im Laufe der Zeit weiter entwickelt, ohne daß jedoch die Grundlage verlassen wurde. Hierüber gibt das ausgezeichnete Werk von Scheithauer[1]) umfassende Auskunft. Demgegenüber zeigen die in Frankreich verwendeten Schwelöfen noch vielfach veraltete Bauarten, und man ging erst in den letzten Jahren daran, sich die Erfahrungen der schottischen Industrie zunutze zu machen.

Abweichend von den in Schottland benutzten Retorten gelangte die Gewerkschaft Messel, gleichfalls ausgehend von den grundlegenden Forschungen Grouvens, zu einem ähnlichen, aber zweifellos noch günstiger ausgebildeten Verfahren (D.R.P. 200 602). Der Rohstoff von Messel zeigt außer einem hohen Aschengehalt auch einen erheblichen Wassergehalt von etwa 45 %. Es lag daher nahe, für die Ammoniakgewinnung die in den obersten Schichten ausgetriebene Feuchtigkeit zu verwenden. Deshalb zeigt die Retorte (Abb. 22) gewissermaßen eine Dreiteilung mit zwar gemeinsamer, aber in

[1]) Scheithauer, „Die Schwelteere". Spamer, Leipzig 1911.

jedem Abschnitt regelbarer Heizung durch das gewonnene Gas. In dem obersten Teil vollzieht sich die Trocknung des Rohstoffs, die Dämpfe werden abgesaugt, zum Teil zur Kühlung wieder durch die Beschickung geschickt, zum anderen Teil aber am unteren Retortenende zur Durchführung der Vergasung eingeführt. In dem mittleren Teil geht die Destillation vor sich, während im unteren Teil der Retorte die vollständige Umsetzung der brennbaren Bestandteile mit dem eingeblasenen Luftdampfgemisch vorgenommen wird. Die Gase dieser beiden Retortenteile werden gemeinschaftlich in der unteren Hälfte des mittleren Drittels abgesaugt, vom Teer und Ammoniak befreit, gekühlt und zur Beheizung der Retorten sowie zur Erzeugung der notwendigen Betriebskraft verwendet. Es ist demnach zweifellos, daß dieses im Betrieb durchaus erprobte Verfahren als ein mustergültig ausgearbeitetes bezeichnet werden kann, daß vielleicht auch bei anderen Ausgangsstoffen mit Erfolg Anwendung finden könnte.

In neuester Zeit hat man auch versucht, Gaserzeuger für die Verschwelung von Schiefer zu verwenden[1]), allerdings mit einem sehr geringen Erfolg, soweit die veröffentlichten Ergebnisse das zu beurteilen erlauben. Es ist klar, daß der Gaserzeuger und besonders der Drehrostgaserzeuger für einen Schwelvorgang, der dem Verfahren von Young und Beilby oder demjenigen von Messel nachgebildet ist, mit Vorteil verwendet werden kann, um einerseits die Behandlung der großen Aschenmengen zu erleichtern, die Arbeitsleistung möglichst zu erhöhen und anderseits durch die vorteilhafte Wirkung des Drehrostes den Vergasungsvorgang günstig zu gestalten. Man darf jedoch nicht übersehen, daß nach den Erfahrungen bei der Vergasung aschenreicher Brennstoffe ein Aschengehalt von rd. 50% als die Grenze bezeichnet werden muß, bei der noch eben ein gutes Gas erzielt wird. Bei den wesentlich brennstoffärmeren Schiefern wird dies nicht zutreffen, es muß also im Gaserzeuger gewissermaßen eine innere Verbrennung stattfinden, und man wird sich mit einem minderwertigen Gas zufrieden geben müssen. Dies wäre ja insofern kein Hindernis, da die Gaserzeugung nicht Endzweck, sondern nur Mittel zum Zweck ist; aber die innere Verbrennung ist — wie z. B. der Hochofen zeigt, — kein wärmetechnisch leichtes Problem. Einerseits sollen die Temperaturen möglichst hoch sein, um die Umsetzung des Kohlenstoffs bei den großen Mengen an Asche zu ermöglichen; hohe Temperaturen werden aber anderseits stets die vorzugsweise Bildung von Kohlenoxyd befördern, wozu wieder die notwendige Wärme nicht ausreicht. Die Folge davon wird sein, da man mit einem gewissen Luftüberschuß arbeiten muß, daß die Brennzone immer höher steigt, weil die Verbrennung des anfänglich gebildeten Kohlenoxyds nur in den kälteren Schichten vor sich geht, diese aber dadurch sehr schnell auf hohe Hitzegrade kommen. Ein entsprechendes Tieferziehen des Feuers wird aber zu der Schwierigkeit führen, daß die Schiefer nicht vollständig ausgebrannt sind. Es ist daher gerade bei brennstoffärmeren Rohstoffen die Außenheizung von großem Vorteil; mittels dieser hat man die Regelung der Temperaturen vollständig in der Hand und kann durch diese Wärmezufuhr unterstützt, die Vergasung in den unteren Schichten so führen, wie es eine hohe Ammoniakausbeute und eine gute Teerbeschaffenheit verlangen. Der Wirkungsgrad einer Außenfeuerung wird naturgemäß stets etwas geringer sein, da größere Strahlungsverluste usw. in Kauf genommen werden müssen; da die Gaserzeugung sich aber stets im niederen Ausmaß halten wird und in allen Fällen nur ein geringwertiges Gas erzeugt werden kann, ist dieser Gesichtspunkt zu vernachlässigen, so lange das Gas ausreicht, um die Destillation durchzuführen. Es wäre eher zu erwägen, die konstruktive Lösung des Drehrostgaserzeugers in der Art für die Schwelindustrie nutzbar zu machen, daß man Retorten mit drehbarer Aschenschüssel und Drehrost benutzte, aber unter Beibehaltung der Außenheizung. Anderseits könnte man sich auch einen Gaserzeuger verwendet denken, dem unter dem Rost ein hochgesättigtes Dampfgemisch zur Wassergasbildung und in einer höheren Schicht Luft zur Verbrennung des gebildeten Gases zugeführt wird. In diesem Falle müßte man eine große Schachthöhe wahren und würde allerdings wohl auf die Ammoniakausbeute verzichten müssen. Immerhin stellt aber die Verwendung der Gaserzeuger für die Verschwelung der Schiefer ein sehr beachtenswertes neues Arbeitsgebiet zur Aufgabe.

Schließlich mögen noch die Versuche mit wagerechten drehbaren Schwelöfen erwähnt werden, wie solche schon früh in der schottischen Industrie ohne Erfolg erprobt wurden. Neuerdings hat man solche in Württemberg (Eislingen) aufgestellt, doch ist hierüber Näheres nicht bekannt geworden. Auch das Francke-Ternsche Verfahren wäre hier zu nennen, das ursprünglich für die Torfschwelerei ausgebildet wurde, aber auch für Schiefer angewendet sein soll; auch hierüber liegen Betriebserfahrungen noch nicht vor. Wagerechte Drehöfen werden ferner von Thyssen & Co. für die Verschwelung von Stein-

[1]) Vgl. Beyschlag, „Die Entwicklung der Schwelindustrie zur Gewinnung von Teer und Öl aus bituminösen Schiefern und Braunkohlen“, J. f. B. H. u. S. 1919 S. 185.

kohle gebaut, von denen noch später zu sprechen sein wird. Diese Bauart würde bei entsprechender Ausbildung besonders für große Leistungen, was beim Schiefer wichtig ist, in Frage kommen und verlangt daher die größte Aufmerksamkeit; sie verspricht eine grundlegende Umwandlung der ganzen Schwelindustrie, wenn die praktische Brauchbarkeit einwandfrei gelöst ist. Auch hierbei ist man von einer Außenheizung nicht abgegangen, was gegenüber den vorstehend genannten Versuchen beachtenswert ist.

4. Braunkohlenschwelerei.

Der Rohstoff für die Braunkohlenschwelerei des mitteldeutschen Gebietes ist die sogenannte Schwelkohle, die sich zwischen der bitumenarmen Feuerkohle zwischengelagert findet. Die reinste

Zahlentafel 67.

Kohlensorte	Herkunft	Analyse der Trockensubstanz					Destillation der feuchten Substanz		
		C	H	O + N	S	Asche	Teer	Koks	Gas
Pyropissit . . .	Köpsen b. Weissenfels	71,12	11,63	9,43	0,10	7,72	32,61	10,33	7,06
Schwelkohle . .	Woldau b. Osterfeld	64,83	7,62	19,18	0,48	7,89	18,75	20,83	10,42
Erdige Feuerkohle	Woldau b. Osterfeld	62,15	6,42	22,11	0,46	8,86	8,88	28,88	12,24
Erdige Feuerkohle	Greppin	58,36	4,88	23,95	1,41	11,40	—	—	—

Schwelkohle, welche als Pyropissit bezeichnet wird, kommt auch an anderen Stellen als Mineral vor und enthält geringe Mengen von pflanzlichen Teilen. Ihre Zusammensetzung sowie diejenige einer durchschnittlichen Schwel- und Feuerkohle zeigt Zahlentafel 67. Die Ausbeuteangaben bei der trockenen Destillation beziehen sich auf grubenfeuchten Zustand mit etwa 50% Wasser, daraus ergibt sich, daß die Teerausbeute von reinem Pyropissit etwa 65% beträgt, was auch von verschiedenen Forschern übereinstimmend gefunden wurde[1]). Der Teergehalt der erdigen Feuerkohle ist an verschiedenen Stellen des mitteldeutschen Reviers jedoch wesentlich geringer und beträgt im großen Durchschnitt nur etwa 4 bis 5%. Einzelne Vorkommen, wie z. B. dasjenige des Geiseltales, zeigen sogar nur etwa 2%. Anfänglich benutzte man für die Schwelerei nur hochwertige Schwelkohle. Mehr und mehr mußte man sich jedoch auch den geringwertigeren Sorten zuwenden, woraus sich erklärt, daß zur Jetztzeit die Ausbeute an Teer nur etwa 4 bis 8% bei der Schwelerei beträgt. Im allgemeinen ist die praktische Teerausbeute im Großbetrieb etwa 60% von der theoretisch möglichen.

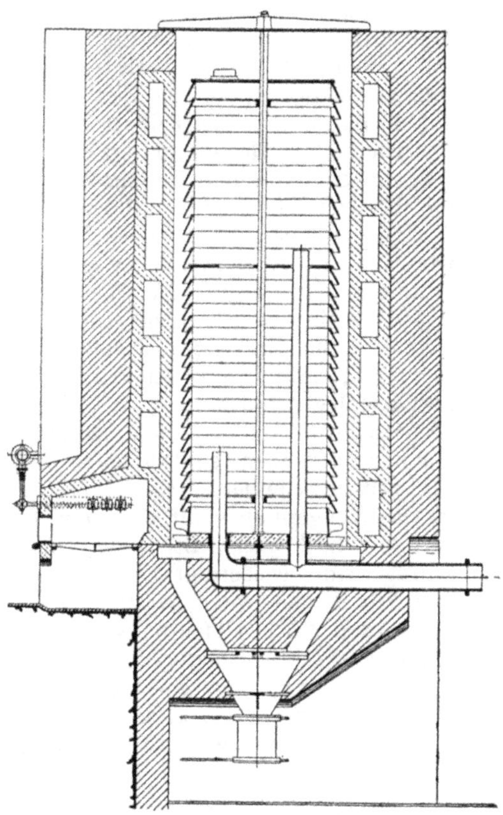

Abb. 23. Schwelretorte nach Rolle.

Für die Durchführung der Schwelung benutzte man anfänglich liegende Retorten, später Schachtöfen, welch letztere sich jedoch bei diesem Ausgangsstoff als nicht geeignet erwiesen. Die stehenden Retorten der schottischen Industrie sind bei der kleinstückigen Rohbraunkohle nicht gut verwendbar, wenigstens nicht mit den üblichen Abmessungen. Man war daher gezwungen, ganz neue Einrichtungen zu schaffen, als man nach und nach zur Verwendung von stehenden Retorten überging. Die noch heute fast allgemein übliche Bauart stammt von Rolle (1858) und ist in Abb. 23 wiedergegeben. Die aus Schamottesteinen aufgeführte Schwelretorte besitzt einen Durchmesser von meist 1,57 oder 1,88 m bei einer Höhe von 6 bis 7, selten 8 m. Im Innern dieses Zylinders wird ein engerer Zylinder aus eisernen, kegelstumpfartig aussehenden Ringen (Glocken) aufgebaut, derart, daß die Ringe aufeinanderruhen und jalousieartig übereinandergreifen. Der Abstand zwischen den Ringen und der Retortenwand beträgt

[1]) Vgl. Graefe, l. c. S. 9.

nur etwa 120 mm. Durch die Anordnung der Ringe erreicht man bei der außerordentlich dichtliegenden Braunkohle eine ständige Auflockerung der Beschickung beim Niedergehen und zugleich eine entsprechende Umlagerung. Vor allem aber gewährleisten die jalousieartig übereinandergreifenden Ringe, daß die Schwelstoffe leicht und möglichst schnell entweichen können, ohne große Widerstände zu finden, wodurch sonst Nachkondensationen und Zersetzungen eintreten. Der durch die Ringe gebildete innere Zylinder kann durch querliegende Platten in mehrere Räume getrennt werden, um so die Schwelstoffe aus den verschiedenen Temperaturbereichen getrennt abzuführen. In dem oberen Drittel werden sich hauptsächlich die bei der Trocknung bildenden Wasserdämpfe sammeln, während aus den unteren Teilen die teerhaltigen Schwelgase abgehen.

Die bewährte Bauart von Rolle ist auch heute noch vorzugsweise in der ganzen mitteldeutschen Schwelindustrie verwendet. Es sind zwar wiederholt abändernde Vorschläge gemacht worden, die jedoch meist nur Einzelheiten betrafen.

Zur Beheizung der Schwelöfen verwendete man anfangs den anfallenden Koks, die Grude, welche als lästiger Nebenstoff angesehen wurde. Später hat man versucht, Halbgasfeuerungen anzuwenden, konnte damit jedoch keine Ersparnis an Brennstoff erzielen. Auch hatte schon Rolle versucht, das Schwelgas nach der Reinigung für die Beheizung der Öfen zu benutzen, jedoch waren seine Versuche nicht von Erfolg begleitet. Später, als man die Grude für andere Verwendungszwecke mehr und mehr zu benutzen verstand, wurden die Versuche einer Gasbeheizung wieder aufgenommen, und die dahingehenden Arbeiten Wernickes (1887) hatten Erfolg; ihm ist es zu verdanken, daß heute allgemein Schwelgasheizung oder wenigstens eine gemischte Gas- und Kohlenfeuerung angewendet wird. Das Gas wird bei dem in der Abbildung gezeigten Ofen durch mehrere Schlitze über den Planrost eingeführt. Durch die Einführung der Gasfeuerung erzielte man nicht nur eine bessere Wärmeverteilung im Ofen und infolgedessen eine Schonung des Baustoffs, sondern vor allen Dingen auch eine erhöhte Leistungsfähigkeit unter gleichzeitiger Ersparnis von Feuerkohle. Zudem hatte man dadurch eine Beseitigung des sonst die Umgebung belästigenden Gases erreicht, was ja heute nach den gewerbepolizeilichen Vorschriften überhaupt nicht mehr gestattet ist. So gelang es beispielsweise, die Leistung eines normalen Ofens von 26 hl bei 12 hl Feuerkohlenverbrauch auf 43 hl Leistung bei 8 hl Kohlenverbrauch zu steigern[1]).

Die bei der Destillation erzielte Gasmenge reicht bei zweckmäßiger Bauart der Öfen vollständig aus, um die Schwelung durchzuführen, auch sind an vielen Orten Öfen ohne gemischte Feuerung mit reiner Gasfeuerung in Betrieb.

Die Behandlung des erzeugten Gases zur Kondensation der Teerbestandteile ist ganz ähnlich wie sonst in der Schwelindustrie angewendet. Bezüglich aller solcher Einzelheiten wird wiederholt auf die bereits erwähnten Werke von Scheithauer und von Graefe verwiesen.

Abgesehen von verschiedenen Vorschlägen, für die Verschwelung der mitteldeutschen Kohle gleichfalls sich drehende Schwelöfen zu verwenden[2]), worüber das in vorstehendem Abschnitt Gesagte gilt, hat man in neuerer Zeit auch für diesen Rohstoff eine Verschwelung in Gaserzeugern in Vorschlag gebracht[3]).

Bei der Braunkohle, wo man bei der Verschwelung in der Lage ist, einen hochwertigen Rückstand zu gewinnen, sind diese Vorschläge wesentlich anders zu betrachten und zu bewerten als bei der Schieferschwelerei. Es ist naturgemäß leicht möglich, die beim Schwelen anfallende Grude in Gaserzeugern zu verarbeiten und dieses Gas zur Beheizung der Schwelöfen zu verwenden, wenn man das hochwertige Schwelgas einem anderen Verwendungszweck zuführen will. Derartige Vorschläge sind wiederholt gemacht worden, betriebliche Schwierigkeiten liegen auch nicht vor. Meist wird man jedoch bei der Vergasung der Grude eine größere Gasmenge erhalten, als für die Befeuerung der Schwelöfen notwendig ist. Aus diesem Grunde wird es sich empfehlen, die Vergasung der Grude zentral auszugestalten und nur denjenigen Teil zu vergasen, der für diesen Zweck notwendig ist. Der überschießende Teil der Grude würde wie bisher zum Verkauf freibleiben. Derartige Anlagen sind bislang, soweit bekannt ist, nicht ausgeführt worden, und zwar wohl aus dem Grunde, weil eine zweckmäßige Verwendung für das Schwelgas in den Gebieten der Schwelereien nicht vorliegt.

Anderseits ist es klar, daß die gleichen Vorgänge wie im Schwelofen in jedem Gaserzeuger vor sich gehen, der mit Rohbraunkohle betrieben wird. Infolge des hohen Feuchtigkeitsgehaltes des Brennstoffes ist die Temperatur der Gase stets so außerordentlich niedrig, daß eine schonende

[1]) Vgl. Braunkohle, 2. Jahrg., S. 393.

[2]) Graefe, „Rotierende Schwelretorten". Braunkohle J. 8, S. 515.

[3]) Vgl. Beyschlag, Z. f. d. Berg-, Hütten- und Salinenwesen 1919 (Bd. 67), 3. Heft.

Durchführung der Destillation möglich ist. Um daher einen sachgemäßen Schwelbetrieb mit einer nachfolgenden Vergasung der Grude in einem einzigen Apparat durchzuführen, ist an dem Gaserzeuger keinerlei Änderung notwendig. Es erscheint begreiflich, daß die in dieser Richtung durchgeführten Versuche[1]) mit Sonderbauarten vollständig versagt haben, denn es ist weder möglich noch notwendig, den Schwelvorgang von dem Vergasungsvorgang durch bauliche Einrichtungen zu trennen, weil sie sich auf natürliche Weise infolge der Wärmeverhältnisse zeitlich und räumlich im Gaserzeuger selbst scheiden. Wenn man bei der Verwendung von Rohbraunkohle eine getrennte Abführung des Generatorgases aus den unteren Schichten durchführen wollte, so wird man immer wieder die Erfahrung bestätigt finden, daß die Wärme nicht ausreicht, um die Schwelung im oberen Teil durchzuführen, weil die gleichzeitig verlaufende Trocknung eben der gesamten fühlbaren Wärme des Generatorgases bedarf. Demnach ist die Gewinnung eines hochwertigen Schwelteeres bei der Vergasung von Rohbraunkohle lediglich als ein Teil der Nebenstoffgewinnung bei der Vergasung zu betrachten und soll dort (S. 211) eingehend behandelt werden.

Etwas anders liegen allerdings die Verhältnisse bei der Vergasung von Braunkohlenbriketten, sie sind ähnlich wie bei der Steinkohle und werden auch dort besprochen werden. Man wird es jedoch, wenn es lediglich auf die Gewinnung von Teer ankommt, möglichst vermeiden, vor Durchführung der Schwelung eine Brikettierung vorzunehmen, da dies zweifellos eine Wärmeverschwendung darstellt. Die Gewinnung hochwertiger Teere bei der Vergasung wertvoller Ausgangsstoffe kann vom wärmewirtschaftlichen Standpunkt stets nur als eine Gewinnung von Nebenstoffen aufgefaßt werden. Eine selbständige, abgeschlossene Schwelerei hochwertiger Ausgangsstoffe ist anderseits nur dann denkbar, wenn man auf die Gewinnung der Destillationsrückstände Wert legt.

5. Schwelerei hochwertiger Stoffe.

Vakuumdestillation, Tieftemperaturdestillation.

Nach dem in den einleitenden Bemerkungen Gesagten hat man es bereits in den Anfängen der Schwelerei versucht, auch Steinkohle diesem Vorgang zu unterwerfen, und hat dabei neben Teer auch Koks gewonnen. Die Teerausbeute bei Steinkohlen ist in allen Fällen bescheiden, und es war daher naheliegend, daß die Steinkohle als Ausgangsstoff für die Schwelerei so lange keine Beachtung fand, als man nicht für das dabei gewonnene Gas einerseits oder für den Koks anderseits oder für beide entsprechende Verwendung gefunden hatte. Aus diesem Grund entwickelte sich die Technik der Kokerei und Gaskokerei erst wesentlich später.

In den Gasanstalten bildet, wie oben mehrfach ausgeführt worden ist, das Gas das Haupterzeugnis; Teer, Ammoniakwasser und Koks sind Nebenstoffe. In den Kokereien ist der Koks das Haupterzeugnis, während die anderen Erzeugnisse als Nebenstoffe betrachtet werden. Der Teer wird bisher — bis auf wenige Ausnahmen — absichtlich nicht als Haupterzeugnis dargestellt; er ist vielmehr ein mehr zufälliges, allerdings der Natur der Sache nach unvermeidliches Nebenerzeugnis der Steinkohlendestillation. Daran ändert auch die Tatsache wenig, daß er, ebenso wie das Ammoniakwasser, im Laufe der Jahre einen außerordentlichen Einfluß auf die Wirtschaftlichkeit der Gasanstalten und Kokereien gewonnen hat. Erst neuerdings ist als Folge der sich rasch entwickelnden Kraftwagenindustrie und der Einführung von Verbrennungsmaschinen in die Industrie und Flotte im Zusammenhange mit dem Wunsche, sich vom Auslande, das uns die Hauptmenge der hierfür nötigen Öle liefert, unabhängig zu machen, die Frage der Gewinnung leicht siedender Teere in den Vordergrund gerückt. Nun liefern zwar die Kokerei- und Gasteere auch jetzt schon erhebliche Mengen von Benzol und Teerölen, die beide, jedes an seinem Platze, brauchbare Kraftmittel darstellen, aber ihr Heizwert ist immerhin geringer als der von Ölen, die den Reihen der Fettkohlenwasserstoffe angehören, und daher ist das Bestreben begreiflich, auch durch die Destillation der Steinkohle solche Öle zu gewinnen, wie sie bisher schon durch Verschwelen von Braunkohle, Torf, Schiefer und ähnlichen Stoffen erzeugt werden. Wir haben nun schon gesehen, welch weitgehenden Einfluß die Destillationstemperatur auf die Eigenschaften und die Zusammensetzung des Teeres ausübt[2]). Niedrige Temperaturen geben vorwiegend Kohlenwasserstoffe der Methan- und Äthylenreihe, während bei hohen Hitzegraden hauptsächlich aromatische Körper auftreten. Diese Tatsache ist freilich längst bekannt. Schon Murdoch hat vor mehr als 100 Jahren festgestellt, daß eine hohe Destillationstemperatur erforderlich ist, wenn man eine reichliche Gasausbeute erzielen will, und daß, je niedriger die Temperatur gehalten wird, um so höher die Ausbeute

[1]) Vgl. Beyschlag a. a. O.
[2]) Vgl. Zahlentafel 65 auf S. 107.

an Teer von geringem spezifischem Gewicht steigt, während die Gasausbeute entsprechend abnimmt. Denn die Mehrausbeute an Gas, die in den Gasanstalten das Doppelte bis Dreifache der Menge erreicht, die bei der Verkokung bei niedriger Temperatur erzeugt wird, ist doch nicht nur eine Folge der weitergehenden Verkokung des Retortenrückstandes, sondern zum Teil auch einer Vergasung von Teerbestandteilen zuzuschreiben. Man hat nun freilich diese alten Beobachtungen lange Zeit nicht weiter verfolgt, weil keine Veranlassung dazu vorlag.

Wenn wir auf die Versuche Börnsteins zurückgreifen, so sehen wir aus deren Ergebnissen klar, daß die Destillation bei niedriger Temperatur hochwertige Teere gibt, dagegen nur sehr geringe Mengen eines heizkräftigen Gases. Für die Gasanstalten lag daher keine Veranlassung vor, diesen Weg zu beschreiten. Die Ausbeute an Koks oder richtiger Halbkoks war sehr groß, aber dieser Koks zeigte eine sehr geringe Festigkeit und Widerstandsfähigkeit, so daß sich auch die Kokerei für die Versorgung der Hüttenindustrie keinerlei Vorteile von einem solchen Schwelverfahren versprechen konnte.

Den Ausgangspunkt zur Belebung dieser Sonderart von Schwelerei bildete auch daher ein ganz anderer Gesichtspunkt; es war der Gedanke einer Erzeugung von rauchlosem Brennstoff für häusliche und industrielle Feuerungszwecke. Das älteste dahinzielende Verfahren ist das bereits erwähnte von Parker (D.R.P. 195 316). Da jedoch zu dieser Zeit sowohl noch die späteren wissenschaftlichen Grundlagen als auch praktische Erfahrungen mangelten, entwickelten sich die darauf gegründeten Verfahren sehr langsam. Erst in den letzten Jahren vor dem Kriege gewannen sie in England größere Aufmerksamkeit, da ja bekanntermaßen die Rauchplage durch die häuslichen und industriellen Feuerungen in diesem Lande am allergrößten ist.

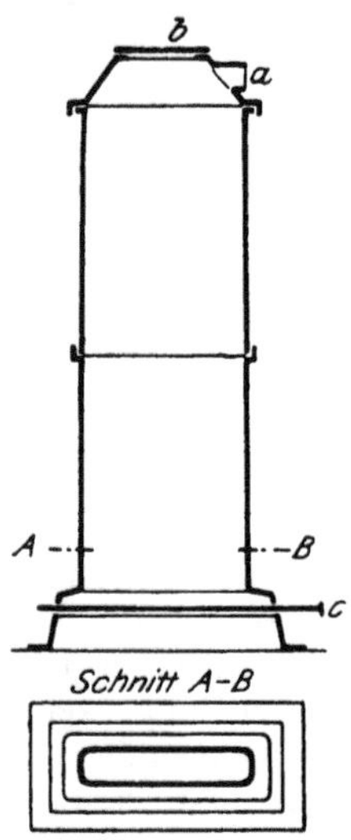

Abb. 24. Coalite-Retorte.

Das älteste davon, das Coalite-Verfahren nach Parkers Patent, benutzt stehende gußeiserne Retorten, die aus mehreren Teilen zusammengesetzt sind und sich wie die senkrechten Retorten der Gaswerke nach unten etwas kegelförmig erweitern. Die Retorten (Abb. 24) haben oben einen Auslaß *a* für die Gase, die durch ein Steigrohr nach einer Vorlage geleitet werden, und einen selbstdichtenden Eisendeckel *b*, der sie gasdicht abschließt. Der Querschnitt der Retorte ist ebenfalls aus der Abbildung zu ersehen. Unten sind die Retorten durch den Schieber *c* geschlossen, der gleichfalls vollkommen gas- und teerdicht schließt, sich aber leicht öffnen läßt. Zum Öffnen und Schließen dient eine Zahnstange, die durch ein Handrad betätigt wird. Die Retorten werden wie beim Kokereibetriebe mit Gas geheizt, und zwar mittelbar, d. h. die Retorte ist von den Heizflammen durch ein feuerfestes, gitterartiges Futter getrennt. Die Anordnung der Brenner hat große Ähnlichkeit mit der beim Regenerativofen von Heinrich Koppers. Die Retorten werden paarweise durch einen fahrbaren Trichter gefüllt, der in seinen beiden Abteilungen je eine Beschickung aufnimmt. Die Destillationsgase entweichen durch Steigrohre, Vorlage, Luft- und Wasserkühler. Ein zwischengeschalteter Gassauger drückt sie dann durch den Teerscheider, den Ammoniak- und Benzolwäscher nach dem Gasbehälter, von dem aus sie den Brennern zwischen den Retorten zugeleitet werden. Von dem erzeugten Gase werden 60% zur Heizung der Retorten verbraucht. Eine Retorte vergast täglich $1^1/_4$ t Kohlen; sie sind gewöhnlich in Batterien zu je 40 vereinigt.

Nach Thau[1]) betrugen die Kosten einer Destillationsanlage mit Zubehör für eine tägliche Verarbeitung von 200 t Kohle vor dem Kriege 693 600 M.

Das bei dem genannten Verfahren erhaltene Gas ist reicher als das gewönliche Gas der Gasanstalten, wie folgende Zahlentafel 68 zeigt, die sich auf dieselbe Kohle bezieht:

Zahlentafel 68. **Coalite-Gas.**

	Coalite-Gas	Gas aus Gasanstalten
Lichtstärke . . . . HK	15 bis 18	14 bis 15
oberer Heizwert . . . . WE	6237 » 6682	4900 » 5346
ungesättigte Kohlenwasserstoffe . %	4 » 5	3,5 » 4
gesättigte Kohlenwasserstoffe . . %	43 » 46	37 » 39
Wasserstoff. . . . . %	41 » 48	48 » 50
Kohlenoxyd . . . . %	6 » 8	6 » 7
Stickstoff . . . . %	0,5 » 1,5	1,5 » 2
Kohlensäure. . . . . %	0,5 » 1	2 » 5

[1]) S. Glückauf 1914, S. 834.

Der Retortenrückstand, das „Coalite“, steht seiner Zusammensetzung nach in der Mitte zwischen Kohle und Koks, wie folgende Vergleichszahlen zeigen, Zahlentafel 69:

Zahlentafel 69.

Coalite-Rückstand.

	Kohle %	Coalite %	Koks %
gebundener Kohlenstoff . .	59 bis 60	80 bis 82	89 bis 91
flüchtige Bestandteile . . .	29 » 30	8 » 9	1 » 1,5
Feuchtigkeit.	4 » 6	—	—
Asche.	5 » 6	7 bis 9	8 bis 12

Der T e e r enthält viel mehr leichter siedende Bestandteile als Kokerei- oder Gasteer; er hat ein geringeres spezifisches Gewicht und enthält nur Spuren von freiem Kohlenstoff. In Zahlentafel 70 seien die Vergleichzahlen zweier Teere angeführt, die aus derselben Kohle erhalten wurden:

Zahlentafel 70.

Coalite-Teer.

		Coalite-Teer	Gasanstaltsteer
spezifisches Gewicht . . .		1,080	1,180
Wasser	%	3 bis 4	4 bis 6
Leichtöle (170°) . . .	%	6 » 8	3 » 4
Karbolöle (235°) . .	%	14 » 16	5 » 7
Kreosotöle (275°) . .	%	16 » 20	12 » 14
Anthrazenöle (310°) .	%	16 » 18	8 » 10
Pech	%	40 » 42	60 » 62

Das B e n z o l wird in gleicher Weise wie beim Kokereibetriebe mittels Schweröles aus den Gasen ausgewaschen. Die Ausbeute an A m m o n i a k bleibt hinter der des Kokereibetriebes etwas zurück.

Die überschüssige Gasmenge und das Coalite werden verwandt, indem man das Coalite in Generatoren vergast, wozu es sich hervorragend eignet, darauf das Generatorgas mit den reichen Destillationsgasen mischt und das Mischgas zum Antriebe von Kraftmaschinen benutzt. Man gewinnt dabei neben 14,5 kg schwefelsauren Ammoniak, die von der Destillation herrühren, noch 19 kg für 1 t Coalite aus den Generatoren.

Ein Nachteil des Coalite-Verfahrens liegt darin, daß der Retortenrückstand einen ungleichmäßigen Gehalt an flüchtigen Bestandteilen aufweist, weshalb er sehr zerreiblich ist und beim Befördern leicht zerfällt. Diesen Übelstand hat die P r e m i e r T a r l e s s F u e l s L t d. dadurch zu vermeiden gesucht, daß sie die Kohlen in dünnen Lagen von 65 bis 75 mm Dicke destilliert. Um unter diesen Umständen die Dämpfe und Gase, die sich sonst zersetzen würden, rasch abzuziehen, nimmt man die Vergasung bei niedriger Temperatur unter Ausschluß von Sauerstoff in einem Unterdruck von 660 mm Q.-S. vor. Die Bauart der dazu benutzten Retorten zeigt Abb. 25. Sie sind wie beim Coalite-Verfahren aus Gußeisen, kegelförmig und stehen senkrecht. Der Mantel *a* überragt oben die Beschickung, so daß ein Gassammelraum *b* gebildet wird, durch dessen seitlichen Abzugskanal die Destillationsgase abgeführt werden. Im Mantel stehen zwei gleichachsige Rohre, die durch Stege in ihrer Lage gehalten werden. Dadurch werden zwei ringförmige Kammern *c*, *d* und eine innere runde Rohrkammer *e* gebildet. Die Retorte wird von außen und innen geheizt; die Ringkammern dienen zur Aufnahme der Kohlen. Die Destillationsgase werden nach oben und nach unten abgeführt; die unten austretenden Gase gelangen durch die Mittelkammer gleichfalls in den Gassammelraum *b*. Während des Beschickens wird die Mittelkammer durch *f* bedeckt, so daß keine Kohlen hineinfallen können. Der untere Verschlußschieber wird von der Beschickbühne aus bedient. Die abziehenden Destillationsgase werden fraktioniert gekühlt; sie treten dann in zwei Wäscher ein, hinter denen die Luftpumpe eingeschaltet ist.

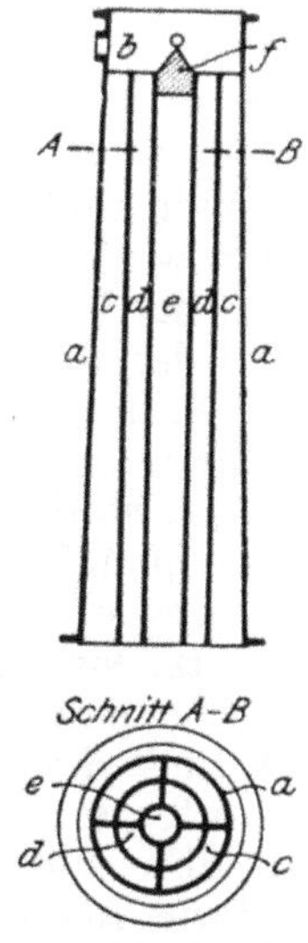

Abb. 25. Die Retorte der Premier Tarless Fuels Ltd.

Das gewaschene Gas wird auf 5 at zusammengepreßt und dann wieder auf gewöhnlichen Druck gebracht; dabei scheidet sich ein Öl aus, das aus Paraffinkohlenwasserstoffen besteht und ein vollwertiger Ersatz für Motorenbenzin sein soll. Danach durchstreicht das Gas zwei Ölwäscher und gelangt schließlich in einen Gasbehälter, von dem aus es den Heizzügen der Retorten zugeführt wird. Vor dem Eintritt in die Ölwäscher hat es einen oberen Heizwert von etwa 6680 WE, nach dem Austritt einen solchen von 2670 WE. Von den erwähnten Kohlenwasserstoffen werden etwa 15 l aus 1 t Kohle gewonnen.

Der Teer hat ein spezif. Gewicht von 1,06; er enthält weder Benzol noch Naphthalin noch Anthrazen, sondern ausschließlich Kohlenwasserstoffe der Methan- und Äthylenreihe. Die Ausbeute daran beträgt 91 bis 114 l aus 1 t Kokskohlen.

Der Retortenrückstand (tarless fuel) ist stückig und weniger zerreiblich als Coalite; die flüchtigen Bestandteile (3 bis 4%) sind gleichmäßig durch seine ganze Masse verteilt. Eine Anlage der beschriebenen Art für eine tägliche Verarbeitung von 50 t Kohle kostete nach Thau etwa 255 000 M.

Beim Del Monte-Verfahren[1]) läßt man die Hitze der Destillationsgase unmittelbar auf die zu vergasenden Kohlen selbst übertragen. Man bedient sich dabei der Vorrichtung nach Abb. 26. Die mit Kohlen gefüllte Retorte wird zunächst von außen durch den Generator *b* angeheizt. Sobald Gas zu entweichen beginnt, wird es bei *h* abgezogen; es strömt dann durch den Kühler *c* und den Wäscher *s* und wird schließlich in dem Gasbehälter *g* aufgespeichert. Von hier wird es durch das Abzugrohr *k* wieder zurückgeleitet und mit Hilfe des Gebläses *d* durch den Überhitzer *e* gedrückt,

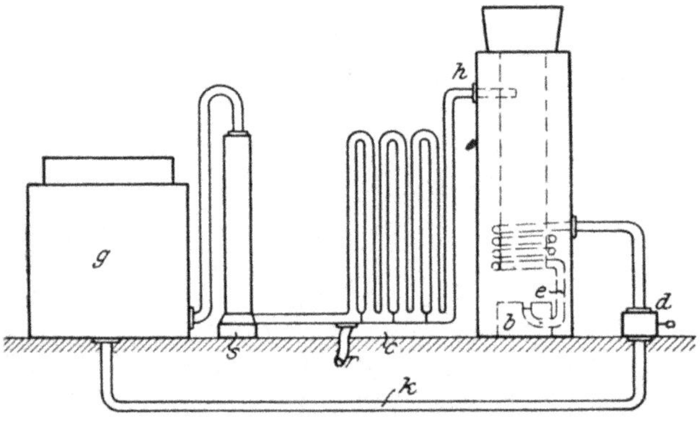

Abb. 26. Verfahren von Del Monte.

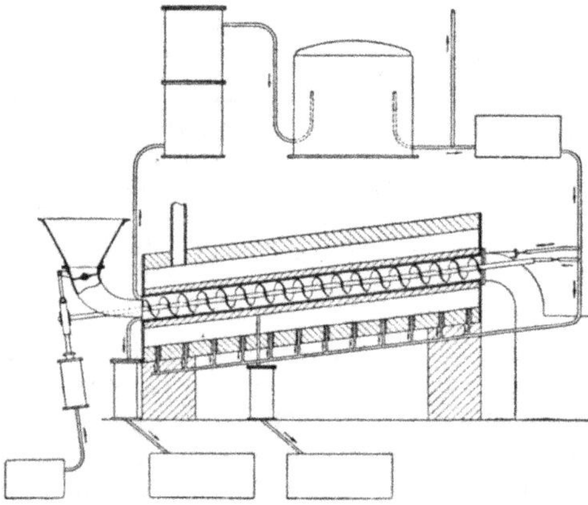

Abb. 27. Verfahren nach Del Monte-Everett.

der um die Feuerzüge der Retorte herum angeordnet ist. So überhitzt, gelangt das Gas in den Boden der Retorte, wo es seine Wärme auf die Kohlen überträgt und zugleich die sich bildenden Gase und Dämpfe abführt, so daß sie sich nicht an der heißen Retortenwand zersetzen können. Das Gas geht dann wieder durch *h* ab und verliert in dem Kühler die kondensierbaren Dämpfe. Das Kondensat wird durch ein Rohr abgezogen. Die Kohle wird der Retorte ununterbrochen zugeführt, und ebenso wird der Koks ununterbrochen abgezogen.

Nach Abb. 27 sind die für das Del Monte-Everett-Verfahren benutzten gußstählernen Retorten leicht geneigt. Im Innern ist eine gußstählerne Förderschnecke angeordnet, die die unten zugeführten Kohlen nach dem oberen Ende befördert. Ein Schüttelwerk regelt die Kohlenzufuhr und verhindert Verstopfungen. Die Schneckenachse trägt unten ein Sperrad, das von einer hydraulisch bewegten Kolbenstange, die auch die Schüttelvorrichtung betätigt, in kurzen Zwischenräumen in Bewegung versetzt wird. Am unteren Ende der Retorte befindet sich ein tauchendes Auslaßrohr für das Leichtöl; die später abgetriebenen Dämpfe der schwereren Öle entweichen durch ein zweites Rohr, das am Ende des ersten Drittels der Retorte angeschlossen ist. Das Gas tritt am unteren Ende aus der Retorte; es wird gewaschen und gelangt dann in einen Gasbehälter, der durch ein Regelventil das überschüssige Gas abführt. Eine gewisse Menge des Gases wird durch einen Kompressor in die Retorte von oben hineingedrückt, so daß sich das Gas darin im Gegenstrom zu den Kohlen bewegt. Zuvor strömt es jedoch durch eine im Retortenofen eingemauerte Schlange, in der es auf ziemlich hohe Temperatur vorgewärmt wird. Ein weiterer Anschluß an den Gasbehälter speist die unter der Retorte angeordneten und einen in die Hohlachse vom oberen Ende aus hineinragenden Gasbrenner.

Der Retortenrückstand ist nur für den Hausbrand oder im Generator zu verwerten. Der Erfinder beabsichtigt jedoch, ihn auf Hüttenkoks weiter zu verarbeiten, indem er ihn in einer

[1]) S. Braunkohle XI, S. 607.

Retorte aus feuerfester Masse, die sich an die Stahlretorte anschließen soll, auf hohe Temperaturen erhitzt. Dahin zielende Vorversuche sollen ein günstiges Ergebnis gezeitigt haben.

Der gewonnene leichtsiedende Teer gibt — je nach der verwendeten Kohle — wechselnde Mengen von Ölen, die der Paraffinreihe angehören. Thau gibt nachstehende Ausbeutezahlen an, die auf 1 t Kohle umgerechnet sind, Zahlentafel 71.

Zahlentafel 71.

Erzeugnisse nach dem Del Monte-Verfahren.

	übergehend bei °C	Gaskohle von		Cannel-kohle
		Durham l	Doncaster l	l
Motoröl (spez. Gew. 0,780) . .	bis 100°	7,71	9,76	14,07
Naphtha	100 bis 170°	7,94	9,62	41,31
erstes Mittelöl	170 » 230°	8,17	6,17	19,07
zweites Mittelöl	230 » 270°	3,18	6,63	24,06
Schweröl	270 » 300°	1,36	4,77	22,70
Pech	—	46 kg	41 kg	168 kg

Durch Fraktionieren der Naphtha und der Mittelöle sollen sich noch weitere 11 bis 18 l Motorenöl aus 1 t Kohle gewinnen lassen, so daß die Gesamtausbeute davon bis zu 31,5 l/t betragen würde.

Die Erfinder der drei vorstehend skizzierten Verfahren der Destillation von Steinkohlen bei niedriger Temperatur glauben die Benzinfrage, die in England schon vor dem Weltkriege auf der Tagesordnung stand, gelöst zu haben. Diese Auffassung mag zunächst noch etwas optimistisch sein; immerhin verdienen die Verfahren auch bei uns die ernsteste Beachtung, wenn sich auch nicht verkennen läßt, daß sie bei weitem noch nicht so ausgearbeitet sind, daß in allen Fällen sichere Ergebnisse zu erwarten sind. Insbesondere wird die wirtschaftliche Verwertung des Retortenrückstandes noch manche Schwierigkeiten bieten.

Die vorstehenden Ausführungen beziehen sich auf den Stand dieser Verfahren knapp vor dem Kriege. Mit dem Eintritt desselben hat sich in England, ebenso wie bei uns ein großer Bedarf an flüssigen Brennstoffen eingestellt und damit eine außerordentliche Belebung des Arbeitsgebietes veranlaßt. Zahlreiche Vorträge und Veröffentlichungen sind während des Krieges erschienen, Ausschüsse wurden gebildet und haben Studien ausgeführt und neue Versuche eingeleitet; schließlich wurde auch von der englischen Regierung ein Ausschuß zur Prüfung dieser Frage eingesetzt. Es steht so eine Menge veröffentlichter Ergebnisse zur Verfügung; wenn man sie jedoch kritisch prüft, so widerspricht oft eine Feststellung der anderen, und ein Überblick läßt sich kaum gewinnen. Es sind zweifellos sehr wertvolle Erfahrungen gesammelt worden, aber gerade die wissenswerten technischen Ergebnisse werden meist in einer mehr propagandistischen Art wiedergegeben, so daß der Fachmann das Richtige kaum „fühlen" kann. Sicher ist eigentlich nur, daß die Frage noch keines wegs in dem Sinne gelöst ist, der bei der Einleitung maßgebend war, nämlich der Erzeugung eines rauchlosen Brennstoffes für den Hausbrand. Auch scheinen bei diesen Kriegsarbeiten der englischen Industrie sehr viele Sonderinteressen eine Rolle gespielt zu haben, so daß das Endziel um so weniger erreicht wurde, als eine Zersplitterung der Kräfte eintrat. Da auch die in deutschen Zeitschriften über diese Frage erschienenen Aufsätze[1]) keine Klärung gebracht haben, ist es vielleicht angezeigt, das englische Urteil einmal kurz zusammenzufassen.

Das Verfahren von Parker (Coalite Co.) hat einen Erfolg bisher nicht gehabt, obwohl ihm zahlreiche Mitarbeiter beisprangen und für die Ausbildung etwa 20 Mill. Mark aufgewendet wurden. Auch die Tozer-Retorte der Tarless Fuel Co. hat seine Vorzüge im Dauerbetrieb nicht zu beweisen vermocht. Das Del-Monte-System hat scheinbar bei jungen Brennstoffen entsprochen, aber solche sind in England selten; bei verkokbaren Sorten verhindert die anschwellende Masse vollständig das Arbeiten der Schraube. Soweit die älteren Verfahren.

Ein neues Verfahren von Simpson führt die Destillation bei 50 bis 65 cm Quecksilber-Vacuum durch, dabei wurden Vorteile erkannt; aber die Anlagen sind nicht nur in der Anschaffung und im Betrieb teuer, sondern es zeigten sich besonders Schwierigkeiten, die störenden und gefahrvollen Undichtigkeiten zu vermeiden. Ein so heikles Verfahren dürfte sich in die Praxis kaum einführen lassen.

[1]) Dr. Dyes „Die Konstitution der Kohle und deren Verwertung bei Tieftemperatur", Braunkohle 1919. „Die englische Beurteilung der Verkokung bei Tieftemperatur", Chemikerzeitung 1918, S. 606 u. f.

Besondere Aufmerksamkeit erlangte das Mac Laurinsche Verfahren[1]). Dieses verläßt die Außenheizung vollkommen und geht einen ganz neuen Weg mittels Innenheizung. In Abb. 28 ist die Anordnung schematisch dargestellt. Der Destillationsschacht *a* ist einem Gaserzeuger mit Planrost nachgebildet und erfuhr besondere Ausgestaltung hinsichtlich der Gasabführung, um eine Kondensation des einmal ausgetriebenen Teeres in den oberen Schichten zu vermeiden. Der Halbkoks wird unten periodisch abgezogen und ein Teil davon in dem Gaserzeuger *b* vergast. Die von dort (mit etwa 500 bis 700°) abziehenden Gase treten nun unter den Planrost in den Destillationsschacht *a* ein und geben ihre fühlbare Wärme an das zu schwelende Gut ab. Das Gemisch des Generatorgases. und der Schwelgase gelangt beim Verlassen des Schachtes durch eine Kühl- und Waschanlage, die Besonderheiten kaum aufweist.

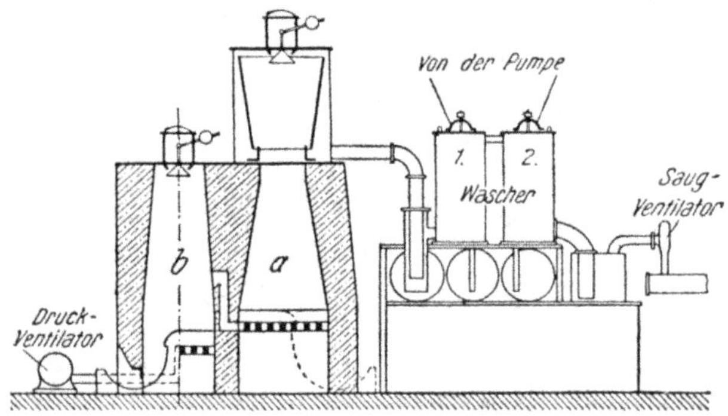

Abb. 28. Verfahren nach Mac Laurin.

Die Versuchsanlage in Port Dunda scheint mit Ausnahme der Waschanlage gut gearbeitet zu haben, solange stückige Kohle verwendet wurde; bei Feinkohle ergaben sich große Schwierigkeiten. Von einer umfassenderen Anwendung auch dieses Verfahrens ist nichts bekannt geworden. Die von Mac Laurin selbst mitgeteilten Ergebnisse[2]) sind keineswegs günstig, obgleich Beschaffenheit und Ausbeute des Teeres befriedigen.

Die vorstehende Zusammenfassung stützt sich in der Hauptsache auf den umfassenden Vortrag von E. C. Evans im Jahre 1918 vor der Soc. of Chemical Industry, der auch in den angeführten Artikeln von Dyes wiedergegeben ist. Darin sind noch zahlreiche andere Vorschläge und neue Verfahren[3]) erwähnt, aber alle Hinweise sind unbestimmt und sehr vorsichtig. Auch von den in englischen Gasanstalten vielfach benutzten kontinuierlichen Retorten nach dem System Woodall-Duckham und Glover-West verspricht man sich nicht sehr viel. Ein an das Del Monte-Verfahren erinnerndes Verfahren von Pringle & Richards hat bei Kleinversuchen gute Ergebnisse gezeigt, die technischen Schwierigkeiten für den Großbetrieb sollen aber noch nicht überwunden sein.

So kommt der Regierungsausschuß auf Grund seiner Studien im Jahre 1917, kurz gefaßt, zu folgenden Schlußfolgerungen:

1. die Tieftemperaturverkokung ist noch nicht im Großbetrieb erfolgreich bewiesen,
2. die in den Gaswerken vorhandenen stehenden Retorten können leicht für die Destillation von Cannel-Kohle zur Ölerzeugung benutzt werden,
3. beim Vergleich einzelner verschiedener Verfahren zeigt sich, daß die bisher in der schottischen Schieferindustrie benutzten Retorten vorzuziehen sind.

Im weiteren Verfolg wurde zum genauen Vergleich mit anderen Verfahren eine Batterie von 30 Chiswick-Retorten errichtet, um die sich scheinbar ein privat-wirtschaftlicher Kampf abgespielt hat.

Bei der Beurteilung dieser Ergebnisse muß man beachten, daß Cannel-Kohle ebenso wie Boghead-Kohle sehr leicht zu destillieren ist und sich wegen ihres Teerreichtums sehr gut eignet. Man ist also, mit dürren Worten gesagt, zu dem Schluß gekommen, daß die alten Einrichtungen der schottischen Schwelindustrie durch die neuen Vorschläge nicht übertroffen worden sind, was doch einigermaßen überraschen muß. Weiter erkennt man, daß der Weg der Außenheizung in Retorten bei unmittelbar nachgeschalteter Vergasung des Destillationsrückstandes als der günstigste beurteilt wird. Damit steht es auch in Übereinstimmung, wenn der Regierungsbericht über die Verwertungsmöglichkeit des Halbkokses Nachstehendes ausführt:

1. „Rückstände aus backender Kohle liefern einen reinen, rauchlosen Brennstoff von hohem Heizwert,
2. die Rückstände von nicht backendem Ausgangsstoff mit einem hohen Aschengehalt können für die Gewinnung von Kraftgas und Ammonsulfat benutzt werden.
3. die Rückstände von nicht backender Kohle mit niedrigem Aschengehalt können auf Brikette verarbeitet werden."

[1]) Vgl. Kessler „Feuerungstechnik" Jahrg. V, S. 198, nach J. u. C. T. R. 1916 vom 7. Juli, S. 10 u. 11.

[2]) Journ. Soc. chem. Inst. 1919, S. 620 bis 625.

[3]) Vgl. hierzu Thau, Neuere englische und amerikanische Verfahren der Tieftemperatur-Verkokung, „Glückauf" 1919, S. 525 ff.

Das heißt aber eigentlich: Die Erzeugung von brauchbarem Halbkoks ist nur bei solchen Brennstoffen möglich, aus denen auch bislang Koks gewonnen wurde. Für alle anderen Brennstoffe ist die Vergasung mit Urteergewinnung der günstigste Weg, denn es liegt kein Grund vor, die Behandlung der Kohle auf Teer und Gas in zwei getrennten Verfahren durchzuführen, wenn dies in einem Verfahren unmittelbar aufeinanderfolgend möglich ist. In dieser Richtung vollzog sich die Entwicklung der Urteergewinnung in Deutschland während des Krieges auf Veranlassung von Prof. Dr. Fischer, Mülheim, worüber noch an anderer Stelle ausführlicher berichtet wird.

Daneben hat man sich aber auch in Deutschland stets eingehend mit dem Studium der Tieftemperaturverkokung befaßt. Besonders das Kaiser-Wilhelm-Institut für Kohlenforschung in Mülheim hat dieser Frage ihre Aufmerksamkeit geschenkt und u. a. systematisch sämtliche Kohlensorten Deutschlands einer diesbezüglichen Untersuchung unterworfen[1]). Daneben hat aber auch die Industrie nach Beendigung des Krieges sofort diese Frage aufgegriffen und Versuchsanlagen geschaffen. Leider sind Ergebnisse von solchen noch nicht der Öffentlichkeit übergeben, wir dürfen aber hoffen, daß baldigst solche aus Großbetrieben vorliegen werden. Neben der Verwendung verschiedener Retortenarten und Gaserzeuger in etwa der grundsätzlichen Anordnung des Mac Laurinschen Verfahrens, erfährt dabei besondere Beachtung der Drehtrommel-Ofen. Der-

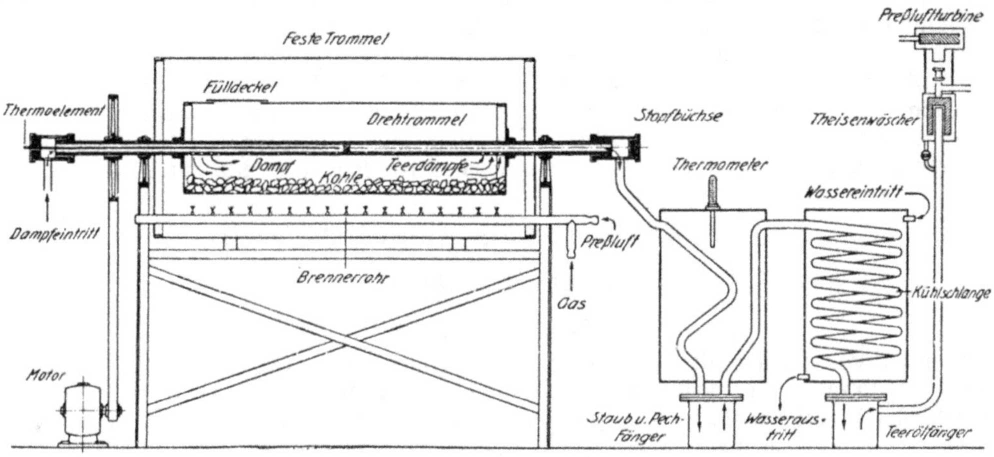

Abb. 29. Urteergewinnung nach dem Verfahren von Prof. Fischer.

selbe ist der Versuchstrommel nachgebildet, die Prof. Fischer zu seinen Laboratoriumsversuchen benutzte und die in Abb. 29 dargestellt ist.

Der Gedanke der liegenden drehbaren Retorte ist alt, worauf ja bereits mehrmals hingewiesen wurde. Konstruktiv ist die Aufgabe nicht leicht zu lösen. Sind diese Schwierigkeiten aber zu überwinden — und das dürfte zu erwarten sein — so stellt dieser Aufbau eine außerordentlich günstige Bauart dar.

1. Sie ist für große Leistungen geeignet,
2. durch die ständige Umlagerung des Rostoffes wird die Verschwelung sehr schnell durchgeführt,
3. die Erwärmung des Schwelgutes ist sehr gleichmäßig und bei entsprechender Länge des Ofens genügend langsam.
4. der abgespaltene Teer gelangt sofort außerhalb der Kohlenschicht, ist also vor pyrogener Zersetzung durch die Kohle bewahrt,
5. an die Korngröße des Rohstoffes wird keinerlei Anforderung gestellt. Staubkohle läßt sich ebenso gut verschwelen wie Stückkohle, vielleicht sogar noch besser.

Da man bei dem großen Bedarf an hochwertigen Teeren und ihrem außerordentlichen Geldwert, die vielleicht etwas ungünstigere Wärmewirtschaft gegenüber anderen Gewinnungsarten vernachlässigen kann, steht diesen Vorteilen nur ein Nachteil gegenüber:

> der Halbkoks ist meist sehr lose und gebläht, und wenn geschmolzen oder gesintert, außerordentlich porig oder besteht aus hohlen, eiförmigen Klumpen.

[1]) Vgl. die Veröffentlichungen des Instituts: „Zur Kenntnis der Kohle" Bd. I, II, III, Borngräber, Berlin 1917/1919. Zum letzten Punkt insbesonders Bd. III.

Um diesen Übelstand zu beseitigen, hat Prof. Fischer ein Verfahren ersonnen und patentiert erhalten (D. R. P. 299191), um mittels eingelegter mitlaufender Walzen den Halbkoks hart und dicht zu walzen. Somit dürfte dieser Verarbeitungsweg bei den meisten Fett- und Flammkohlen einen brauchbaren Halbkoks erwarten lassen, ohne daß man eine teuere Brikettierung anzuwenden braucht. Die mageren Steinkohlen ebenso wie die jüngeren Brennstoffe scheiden allerdings für dieses Verfahren aus; sie verlangen unbedingt eine nachfolgende Brikettierung, falls man nicht die Destillationsrückstände vergasen will. Für solche Brennstoffe dürfte sich daher im allgemeinen die Urteergewinnung bei der Vergasung einfacher und zweckmäßiger gestalten. Anderseits ist es zweifellos, daß der Halbkoks auch bei backenden Brennstoffen wegen seines Mangels an Teerbildnern ein vorzügliches Vergasungsgut ist, daher wird die vorhergehende Verschwelung mit dem Ziel, einen Rohstoff für die Vergasung zu erzeugen, dort anzuwenden sein, wo man auf die Verarbeitung backender Kohle für industrielle Heizungen angewiesen ist. Dies ist gerade für Deutschland mit seinen Kohlen aus dem rheinisch-westfälischen Gebiet von Bedeutung[1]).

Eine noch wenig praktisch geklärte Frage ist die weitere, ob sich der Halbkoks auch bei genügender Festigkeit als rauchloser Brennstoff für den Hausbrand, für unmittelbare Feuerung in industriellen Betrieben und zur Lokomotivheizung eignet[2]). Einerseits steht zu erwarten, daß er sich günstiger verhält als Koks, denn er ist infolge seines Gehaltes an flüchtigen Bestandteilen leichter entzündbar und leichter verbrennbar. Kann er daher stückig und genügend dicht erzeugt werden, so erscheint es lediglich als eine Aufgabe des Konstrukteurs, entsprechende Roste hierfür zu finden, welche allerdings in vielen Fällen wegen der notwendigen Brennstoffreserve sehr groß ausfallen dürften. Selbst aber wenn sich der Halbkoks nicht für alle diese Verwendungsgebiete eignen sollte, eröffnet sich in der Schwelerei hochwertiger Brennstoffe ein außerordentlich bedeutungsvolles und vielversprechendes Tätigkeitsfeld für den Forscher, den Ingenieur und den Feuerungstechniker.

VI. Kokerei und Gasanstaltsbetrieb.

1. Kokereitechnik.

a) Allgemeine Entwicklung.

Seitdem die Verwendung der Holzkohle als Heizstoff für die Öfen wegen ihres hohen Preises nicht mehr in Frage kam, waren die Bestrebungen der Koksindustrie darauf gerichtet, für den Betrieb von Hochöfen aus der Kohle Kohlenstoff in möglichst reiner und druckfester Form herzustellen. Diese Koksherstellung erfolgte zuerst in Meilern und ähnelte der Kohlenerzeugung. Die Kohlen wurden in Haufen aufgeschichtet, die von etwa $1\frac{1}{2}$ m hohen Mauern umgeben waren, mit Erde bedeckt und von unten angezündet. Infolge der Luftzuführung verbrannte ein nicht unbeträchtlicher Teil des Brennstoffes, und die hierbei frei gewordene Wärme wurde bei der Verkokung verbraucht. Später ging man zur Verkokung in sog. Bienenkorböfen über. Während diese Öfen in Deutschland gar nicht mehr vorkommen, werden sie in Amerika und England noch vielfach betrieben. Die ersten geschlossenen Koksöfen wurden 1856 in Frankreich von Knab in Comentry gebaut, später von Carvés verbessert. Neben diesen Öfen gab es noch andere Bauarten geschlossener Öfen von Bauer, Collin, Coppée, Semet Solvay.

Die Entwicklung des Koksofenbaues vollzog sich einerseits in der Richtung, die Koksöfen betriebstechnisch zu verbessern, anderseits war man bestrebt, die zur Verkokung aufzuwendende, aus der Kohle selbst gedeckte Energie immer mehr einzuschränken, um vor allen Dingen das Koksausbringen zu erhöhen. Erst die in den 80er Jahren eingeführten Otto Hoffmann-Öfen bedeuteten einen wesentlichen Fortschritt in der Koksofenbautechnik. Gegenüber den alten Bienenkorböfen, die nur eine Koksausbeute von 55 bis 59% der verwendeten Kohle ergaben und eine Jahresleistung von etwa 340 t hatten, erzielten die sog. Nebenproduktenöfen eine Koksausbeute von 72% bei einer Jahresleistung von 1100 bis 1200 t. Man verbesserte die Koksöfen auch in wärmetechnischer Hinsicht in der Weise, daß man den Gasverbrauch zur Beheizung der Öfen möglichst einzuschränken suchte

[1]) Wie verlautet, soll die Maschinenfabrik Thyssen & Co. für die Mondgasanlage der Gewerkschaft „Deutscher Kaiser“ eine solche Schwelanlage mit rotierenden Öfen von zusammen 100 t Tagesleistung im Bau haben, nachdem die Vorversuche außerordentlich befriedigend ausgefallen sind.

[2]) Vgl. hierzu den Vorschlag von Wilkens: Mitt. d. Ver. d. Elektrizitätswerke 1919, Heft 241, welcher Retorten für die Schwelung und Urteergewinnung bei Kesselanlagen unmittelbar hinter den Kesseln, also vor den Economisern, einschalten will, an einer Stelle, wo die Abgastemperatur in keinem Fall 500° überschreitet, um den abgeschwelten Brennstoff dann auf den Rosten weiterzuverbrennen.

oder die hohe Abhitze zurückzugewinnen trachtete, indem man sie in Abhitzekesseln zur Dampferzeugung ausnutzte. Den Bestrebungen zur Einschränkung des Gasverbrauches verdanken die Regenerativöfen ihre Entstehung. Durch die Anwendung des Siemensschen Regenerativverfahrens im Koksofenbau vor etwa 15 Jahren wurde die früher in den Abhitzekesseln zurückgewonnene Abwärme unmittelbar im Gas erspart und die Wärmewirtschaft der Koksöfen dadurch auf eine vorläufig als abgeschlossen zu betrachtende Höhe der Entwicklung gebracht. Neuere Nebenproduktenöfen besitzen eine Jahresleistung bis zu 4000 t Koks und erzielen je nach der verwendeten Kohle ein Ausbringen an Koks von 73 bis 85 kg, Teer 1,2 bis 3,5 kg, schwefelsaurem Ammoniak 1,2 bis 2,5 kg, Benzol 0,95 bis 1,4 kg und Gas 26 bis 30 cbm/100 kg eingesetzte Kohle. Der verbleibende Gasüberschuß nach Abzug der für die Ofenbeheizung erforderlichen Gasmenge beträgt beim Abhitzeofen etwa 15 bis 17%, bei Regenerativöfen etwa 45 bis 60% der erzeugten Gasmenge.

Das Land, in dem der technisch und wirtschaftlich minderwertige Bienenkorbofen noch am meisten benutzt wird, sind die Vereinigten Staaten von Amerika, wo noch 40% des Koksses in Bienenkorböfen hergestellt werden. Man füllt dort die Öfen, die die Form eines durch eine Kuppel abgedeckten Rundofens besitzen, durch eine Öffnung in der Decke und zieht den Koks durch eine seitliche Öffnung heraus. Das Glattstreichen der Beschickung besorgt ein Arbeiter, der etwa 50 Öfen bedient, mit einer langen Stange. Daneben hat man eine Maschine erfunden, die unten an einer in die Beschicköffnung der Öfen eingeführten Stange Arme trägt, die nach Art eines Storchschnabels ganz ausgestreckt und wieder eingezogen werden können. Indem die Stange mit den gestreckten Armen gedreht wird, streicht sie die Oberfläche der Beschickung glatt. Auch das Herausziehen des Kokses aus den Öfen hat man versucht, statt mit der Hand durch billiger arbeitende Maschinen zu bewerkstelligen, doch haben die hierbei auftretenden Schwierigkeiten zu recht merkwürdigen und wenig geschickten Lösungen geführt.

Während 1893 noch der ganze in den Vereinigten Staaten erzeugte Koks in Bienenkorböfen hergestellt wurde, hat man es auch dort verstanden, sich die Fortschritte des Koksofenbaues in den übrigen Ländern zunutze zu machen und wirtschaftliche Öfen für die Kokserzeugung verwendet. Besonders seit dem Jahr 1908 hat dort die Kokserzeugung in Nebenproduktenöfen ganz erstaunliche Fortschritte gemacht. In diesem Jahre errichtete die United States Steel Corporation die erste größere Nebenproduktenanlage von 280 Koppersöfen in Joliet in Illinois. Diese Anlage war als Versuchsanlage gedacht und sollte den Beweis erbringen, daß der in Nebenproduktenöfen hergestellte Koks in seiner Güte in keiner Weise dem in Bienenkorböfen erzeugten nachstand. Die Erfolge dieser Anlage waren derartig, daß sie eine vollkommene Umwälzung in der amerikanischen Kokserzeugung einleiteten, und daß in der Folge der Bau von Nebenprodukten-Koksöfen rasche Fortschritte machte. Letztere waren allerdings auch darin begründet, daß die Entwicklung der Industrie in Amerika besonders seit dem Jahre 1914 einen so großen Umfang annahm, daß trotz des starken Wettbewerbes des Nebenproduktenofens die Erzeugung von Bienenkorbofenkoks, absolut genommen, gleich blieb. Aus der umstehenden Zahlentafel 72 ist die gewaltige Steigerung der Kokserzeugung in Amerika sowie der Anteil der Nebenprodukten-Koksöfen und Bienenkorböfen hieran ersichtlich. Während die Kokserzeugung 1915 etwa 42 Mill. t betrug, stieg sie im Jahre 1918 auf 60 Mill. t. Hiervon werden 33 Mill. t in Bienenkorböfen und 27 Mill. t in Nebenproduktenöfen hergestellt. Die weitaus größte Zahl von Nebenproduktenöfen wurde von der Koppers Co. in Pittsburg errichtet. Diese Firma erbaute seit dem Jahre 1908 6416 Öfen, in denen jährlich rd. 28 Mill. t Koks, also 46% der amerikanischen Kokserzeugung, hergestellt wurden.

Da der Nebenproduktenofen im Vergleich zum Bienenkorbofen sehr teuer ist, so sucht man ihn so leistungsfähig wie möglich zu bauen, um einen großen Durchsatz an Kohle zu erzielen, und sucht ferner die Zeit, die die Kohle zum Entgasen braucht, sehr kurz zu bemessen. Man will dadurch die Baukosten auf die Tonne Koks verringern und gleichzeitig einen porigen und festen Koks erhalten. Es stehen bereits Öfen mit 13 t Kammerinhalt im Betriebe, und man will von der jetzigen Garungszeit von 16 Std. bis auf 12 Std. heruntergehen, während man die Öfen auf 15 t Inhalt zu vergrößern beabsichtigt.

Bei dem heutigen Stand der Kokereitechnik in Amerika kann behauptet werden, daß sie europäische Verhältnisse weit überflügelt hat. Dies erhellt beispielsweise schon aus dem jährlichen Kohlendurchsatz auf die Ofeneinheit, der in Deutschland 1700 bis 2000 t, in den Vereinigten Staaten 4100 t, also mindestens doppelt soviel beträgt.

Beim Bau von Kokereianlagen läßt man sich durchweg von dem Gesichtspunkt leiten, sie in der Nähe der größten Verbraucher, der Hochofenwerke, anzulegen. Dadurch wird es diesen möglich, die Koksherstellung in der Hinsicht zu beaufsichtigen, daß die für den Hochofenbetrieb bestgeeignete

Zahlentafel 72.

Kokserzeugung in Amerika.

Jahr	Kokserzeugung in Nebenproduktenöfen		Kokserzeugung in Bienenkorböfen		Gesamterzeugung
	t	%	t	%	t
1880	—	—	3 338 300	100,0	3 338 300
1885	—	—	5 106 696	100,0	5 106 696
1890	—	—	11 508 021	100,0	11 508 021
1893	12 850	0,1	9 464 730	99,9	9 477 580
1900	1 075 727	5,2	19 457 621	94,8	20 533 348
1905	3 462 348	10,7	28 768 781	89,3	32 231 129
1910	7 138 734	17,1	34 570 076	82,9	41 708 810
1911	7 847 845	22,1	27 703 644	77,9	35 551 489
1912	11 115 164	25,3	32 868 435	74,7	43 983 599
1913	12 714 700	27,5	33 584 830	72,5	46 299 530
1914	11 219 943	32,5	23 335 971	67,5	34 555 914
1915	14 072 895	33,8	27 508 255	66,2	41 581 150
1916	19 069 000	35,0	35 464 000	65,0	54 533 000
[1]1917	22 000 000	40,7	32 000 000	59,3	54 000 000
[1]1918	27 000 000	45,0	33 000 000	55,0	60 000 000

[1] geschätzt.

Sorte erzeugt wird. Ferner ist hierdurch die Möglichkeit der Verwendung der bei der Kokserzeugung entstehenden Nebenerzeugnisse im Betrieb der Hochofen- und Stahlwerke gegeben.

Die gewaltige Entwicklung der Kokereiindustrie geht daraus hervor, daß die Welterzeugung an Koks während 10 Jahren von 60 Mill. t auf rd. 113 Mill. t im Jahre 1913 gestiegen ist. Damals stand Deutschland, wie aus Zahlentafel 73 hervorgeht, an zweiter Stelle der Koks erzeugenden Länder der Welt und an erster Stelle in bezug auf die verkokten Steinkohlenmengen im Verhältnis zur Jahreskohlenförderung. Deutschland ging also allen anderen Ländern in der wirtschaftlichen Kohlenverwertung durch Verkokung unter Gewinnung der Nebenstoffe voran.

Zahlentafel 73.

Jahresförderung und Kokserzeugung 1913 in Mill. t:

Land	Steinkohle	Koks	verkokte Steinkohlenmengen in % der Förderung
Vereinigte Staaten . .	517	42	11,6
Deutschland	191	34	25,5
England	292	20	9,7
Frankreich	40	3	10,5
Rußland	30	4	11,0
Welt	1200	113	9,4

Die Entwicklung der Steinkohlenförderung und Kokserzeugung in Deutschland während der letzten Jahre war nach Zahlentafel 74 wie folgt:

Zahlentafel 74.

Steinkohlenförderung und Kokserzeugung in Deutschland[1].

Jahr	Steinkohlenförderung		Kokserzeugung	
	insgesamt 1000 t	im Monatsdurchschnitt 1000 t	insgesamt 1000 t	im Monatsdurchschnitt 1000 t
1913	191 511	15 959	32 167	2 681
1914	161 535	13 461	27 324	2 277
1915	146 712	12 226	26 359	2 197
1916	158 847	13 237	33 023	2 752
1917	167 311	13 943	33 639	2 803
1918	160 508	13 376	33 411	2 784

[1] Glückauf, Jahrgang 1919, Nr. 9, S. 143.

Die Kohlenförderung war während des Weltkrieges starken Schwankungen unterworfen und blieb zeitweise erheblich hinter der Förderung des Jahres 1913 zurück. Diesen Schwankungen folgte im allgemeinen auch die Kokserzeugung, jedoch ist bemerkenswert, daß diese im Jahre 1918 größer war als 1913, obwohl die Kohlenförderung im gleichen Zeitraume um rd. 31 Mill. t abgenommen hatte.

b) Rohstoffe.

Als eigentliche Kokskohle, d. h. als die zur Herstellung von Hüttenkoks am besten geeignete Kohle wird eine Steinkohle von folgender Zusammensetzung bezeichnet:

Kohlenstoffgehalt 88 bis 91%, Wasserstoffgehalt 4,5 bis 5,5%, Sauerstoffgehalt 4,5 bis 6,5%.

Diese ergibt bei der Destillation eine Ausbeute von etwa 74 bis 82% Koks. Früher verwendete man zur Kokserzeugung nur diese Kohle. Im Laufe der Zeit hat sich der Begriff „Kokskohle" immer mehr erweitert, und heute zieht man zur Erzeugung von Hüttenkoks auch Kohlensorten mit 15 bis 35% flüchtigen Bestandteilen heran. Die Verwendung dieser Kohlen zur Kokserzeugung gelang erst nach Einführung besserer Ofenbauarten sowie durch Anwendung von Kohlenmisch- und Mahlanlagen und des Stampfverfahrens.

Die aus der Grube kommende Förderkohle wird zunächst abgesiebt, wobei alle Kohlen bis 10 mm Korngröße entfernt werden. Diese abgesiebte Feinkohle, welche als Rohstoff für die Koksherstellung in erster Linie in Frage kommt, wird gewaschen, um den Aschengehalt auf die zulässige Grenze von etwa 5 bis 7% herabzusetzen. Die als sog. „Berge" in der Kohle befindliche Asche ist etwa 2mal so schwer als die Reinkohle, und auf dieser Verschiedenheit des spezifischen Gewichts beruht die Wirkungsweise der Kohlensetzmaschinen, in denen die Kohle von der Asche getrennt wird. Die zu waschende Steinkohle wird in den Setzmaschinen auf Siebe aufgegeben, die wagerecht in einem Wasserbade liegen. Das fortwährend von unten zufließende Waschwasser wird durch auf- und abgehende Kolben gehoben und gesenkt, wodurch die leichteren Kohleteilchen emporgeschnellt und fortgespült werden, während der schwerere Schiefer durch die Sieblöcher hindurchfällt und am Boden der Setzmaschine als Schlamm gesammelt wird. Die gewaschene Feinkohle gelangt dann in Trockenturme, wo sie auf einen Wassergehalt von 10 bis 14% getrocknet wird. Die Leistungsfähigkeit der Kohlenwäschen beträgt bis zu 300 t Rohkohle von 0 bis 80 mm Korngröße stündlich, wobei bis zu 200 t Kokskohle von 0 bis 10 mm und etwa 100 t Nußkohle von 10 bis 80 mm entfallen.

Die getrocknete Feinkohle gelangt in Kohlenmischanlagen, in welchen gut backende Kohlensorten mit schlecht backenden und aschenreiche mit aschenarmen Sorten so vermengt werden, daß die entstehende Kokskohle bei der Destillation die gewünschte Sorte Hüttenkoks ergibt. Durch Anwendung von Mahl- und Mischanlagen ist es möglich, Kohlensorten zur Kokserzeugung heranzuziehen, die als Kokskohlen im eigentlichen Sinne nicht bezeichnet werden können. Je nach Bedarf an Hüttenkoks oder, falls die entfallende Feinkohlenmenge zu dessen Erzeugung nicht ausreicht, werden auch Nußkohlen zur Koksherstellung verwendet und vor ihrer Vermengung mit den Feinkohlen in Schleudermühlen auf Feinkorngröße zermahlen. Gasreiche Kohlen mit mehr als 25% flüchtigen Bestandteilen geben, wenn man sie lose in den Ofen schüttet, einen Koks von nicht genügender Festigkeit. Diesem Übelstand kann man dadurch entgegenarbeiten, daß man die Feinkohle vor dem Einsetzen in den Ofen in Stampfmaschinen zusammenstampft.

Ein guter Hüttenkoks soll geschmolzen, sehr dicht und wenig zerklüftet sein. Die beiden letzten Anforderungen kommen besonders in Betracht, weil bei den großen Gewichten, die im Hochofen und auch im Kuppelofen auf den Koksgichten liegen, ein mürber und leicht zerreiblicher Koks nicht zu brauchen ist. Dabei soll der Hüttenkoks auch leicht verbrennlich sein, welcher Eigenschaft im Hüttenbetriebe größte Wichtigkeit beizumessen ist. Der Aufwand an Koks zur Erzeugung einer Tonne Roheisen ist um so geringer, je schneller der Koks vor den Windformen verbrennt. Am schnellsten verbrennt ein Koks, den man durch eine möglichst schnelle Abgarung und sofortiges Ausdrücken nach erfolgtem Abgaren erzielt.

c) Koksöfen für Beheizung mit eigenem Gas.

Nach Lecocq soll ein guter Koksofen folgenden Ansprüchen genügen:

1. In möglichst kurzer Zeit und mit geringstem Aufwand soll ein möglichst hohes Koksausbringen erzielt werden.

2. Die Ausbeute an Nebenerzeugnissen soll gleichzeitig möglichst hoch sein. Als Nebenerzeugnisse kommen zurzeit in Betracht: Teer, Ammoniak, Benzol und hoffentlich in naher Zukunft — Schwefel[1]).

[1]) Hierüber näheres im Kapitel „Gewinnung der Nebenerzeugnisse".

3. Die überschüssige, d. h. nicht zum Ofenbetrieb verwendete Energie soll möglichst hoch sein.

4. Bei Öfen, die Leuchtgas als Haupt- oder Nebenerzeugnis liefern, muß das verfügbare Gas eine bestimmte Zusammensetzung und einen bestimmten Heizwert haben.

5. Schließlich soll der Ofen bei möglichst geringem Aufwand an feuerfesten Stoffen, eine hohe Haltbarkeit haben.

Vom Standpunkt der Wärmewirtschaft gibt es drei Bauarten:

1. Regenerativöfen mit paralleler längsseitiger Anordnung der Regeneratoren, deren Längsachse senkrecht zur Längsachse der einzelnen Öfen läuft, und bei denen 2 Regeneratoren und 2 Abgas-Sammelkanäle für jede Ofenbatterie, und zwar entweder unter den Öfen oder außerhalb des Ofenmauerwerks, vorhanden sind. Die heißen Abgase gelangen unmittelbar aus den Heizkammern in die Regeneratoren, durchziehen diese von oben nach unten und gehen dann in die Sammelkanäle.

2. Regenerativöfen mit reihenartiger längsseitiger Anordnung der Regeneratoren, bei denen ebenfalls 2 Regeneratoren und 2 Sammelkanäle für jede Ofenbatterie vorhanden sind. Die von den Heizkammern der Öfen kommenden Heizgase treten zuerst in einen Sammelkanal ein und durchziehen diesen in seiner ganzen Länge und gelangen dann in den Regenerator, der demnach die Gesamtmenge der heißen Gase aufnimmt, die ihn ebenfalls in seiner ganzen Länge durchziehen.

3. Regenerativöfen mit querseitlicher Anordnung, bei denen für jeden Ofen 1 oder 2 Regeneratoren vorhanden sind, deren Achsen parallel zu denen der einzelnen Öfen liegen. Die aus der Heizkammer des Ofens austretenden Abgase gelangen in den dazugehörigen Regenerator, durchziehen ihn von oben nach unten und gelangen dann in den Sammelkanal, wo sich die Abgase aller Regeneratoren vereinigen.

Die Vorteile der 1. Bauart sind: Der Widerstand gegen die Gasführung ist gering, die aus den Heizkammern kommenden Gase gelangen unmittelbar in die Regeneratoren, sind daher schon abgekühlt, wenn sie in die Sammelkanäle treten. Diese bedürfen somit nur eines geringen Querschnittes, und die Wärmeverluste durch Strahlung sind gering.

Als Nachteile gelten: Die Ausfüllung der Regeneratoren ist dem Gewicht und der Oberfläche nach zu klein, um das erreichbare Höchstmaß der in den Abgasen enthaltenen Wärme aufnehmen zu können.

2. Bauart: Nachteile wie bei der ersten, außerdem gelangen die aus den Heizkammern austretenden heißen Gase sofort in die Sammelkanäle; diese müssen daher große Querschnitte haben, da die noch ungekühlten Gase ein großes Volumen haben. Da diese großen Sammelkanäle allgemein an der Außenseite angeordnet werden, sind die Strahlungsverluste sehr groß. Ferner muß die große Gasmenge die Regeneratoren in ihrer ganzen Länge durchziehen; dadurch entsteht ein großer Widerstand gegen die Gasbewegung, weshalb Ventilatoren oder große Schornsteine notwendig sind. Schließlich kann Luft aus den Lufterhitzern infolge des großen Widerstandes in den Regeneratoren in diese eindringen.

Die 3. Bauart erlaubt, dem Regenerator eine dem Gewicht und der Oberfläche nach genügende Ausfüllung an feuerfesten Steinen unmittelbar unter den Öfen zu geben. Infolgedessen wird fast das überhaupt erreichbare Höchstmaß der in den Abgasen enthaltenen Wärme aufgenommen. Ferner lassen sich leicht ein oder mehrere Öfen mit den zugehörigen Regeneratoren von den anderen Öfen absperren, was bei den Öfen mit längsseitigen Regeneratoren ausgeschlossen ist.

Im allgemeinen ist über die einzelnen Bauarten, die zum Teil weiter unten beschrieben werden sollen, folgendes zu sagen:

Die Firma Semet-Solvay baut einen Ofen, der mit wagerechten Zügen arbeitet, eine bequeme Beobachtung ermöglicht und durch eine geteilte Wand einen standfesten Bau gewährleistet, beim Ausbessern der Wände kein Abstützen des Ofengewölbes und kein Stillegen des Nachbarofens erfordert, da eben durch die Wand jeder Ofen für sich geheizt ist und nicht, wie bei anderen Bauarten, zwei Öfen durch eine Heizkammer. Die Bauart, bei der jeder Ofen seinen eigenen Regenerator hat, eignet sich besonders zum Verkoken der Kohlen, die hohe Verkokungstemperaturen erfordern und viel Gasüberschuß haben. Die Heizung verläuft abwechselnd von oben nach unten und von unten nach oben.

Heinrich Koppers baut für jede Kammer einen eigenen Regenerator und heizt wechselweise immer eine Ofenhälfte. Luftkanäle und Gasdüsen sind von oben leicht erreichbar, bequem zu reinigen und letztere leicht auszuwechseln. Jeder Heizzug kann durch Schieber genau eingestellt werden.

Während bei Koppers jede Ofenhälfte geheizt wird, ist bei Dr. C. Otto & Co. der Ofen vierteilig ausgebildet; das erste und dritte Viertel werden unmittelbar geheizt, während im zweiten und vierten

de Grahl, Wirtschaftliche Verwertung der Brenns

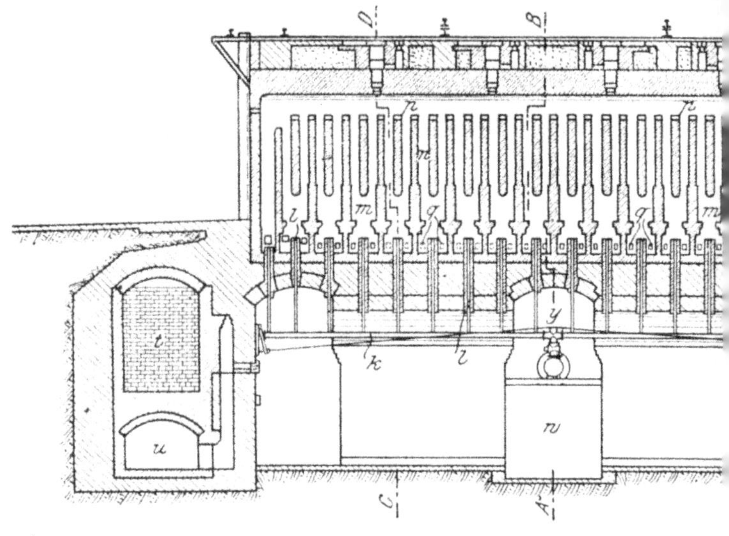

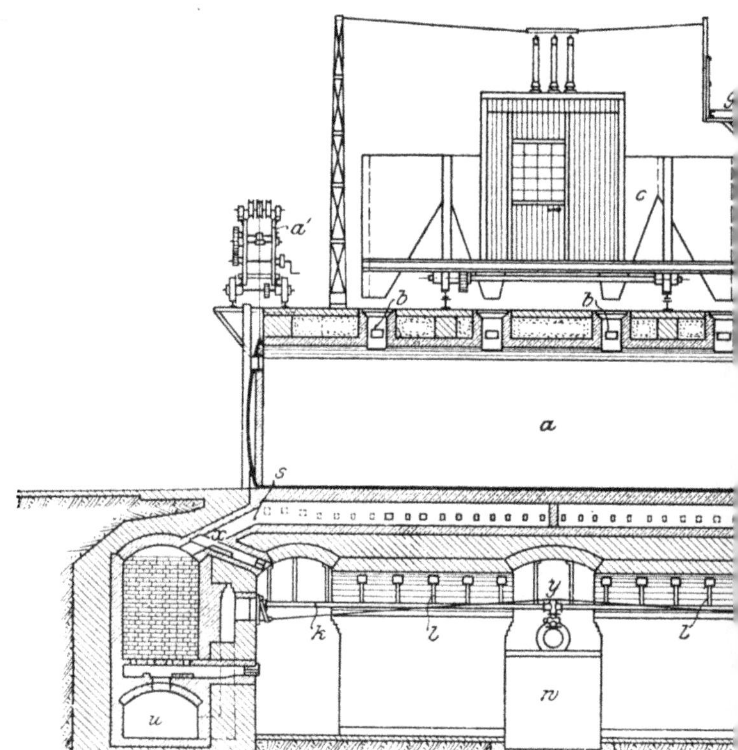

Unterbrenner-Re

Tafel VIII
(Seite 125).

Längsschnitt durch eine Heizwand.

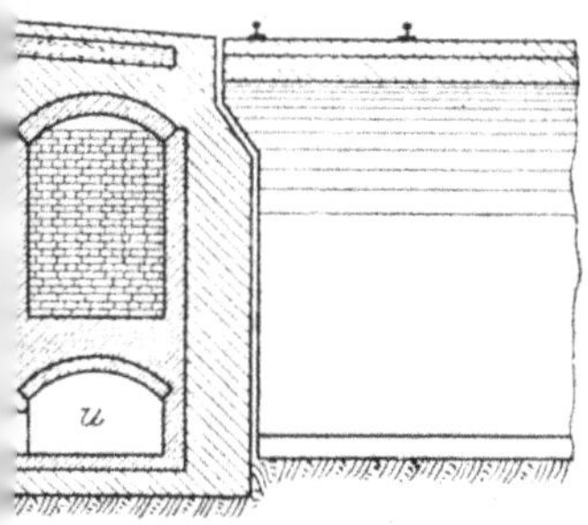

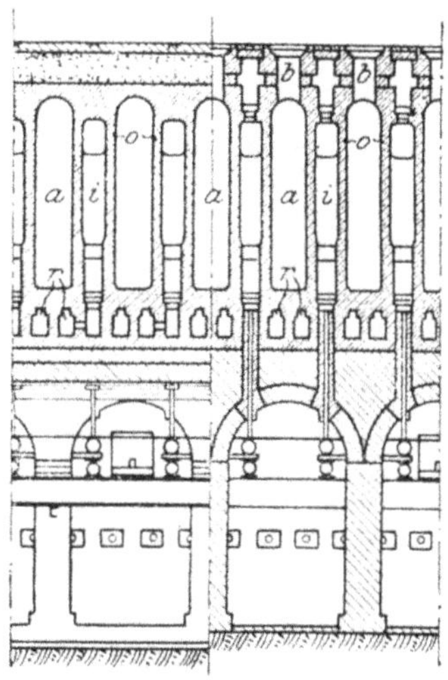

Querschnitte
A B *C D*

Längsschnitt durch eine Ofenkammer.

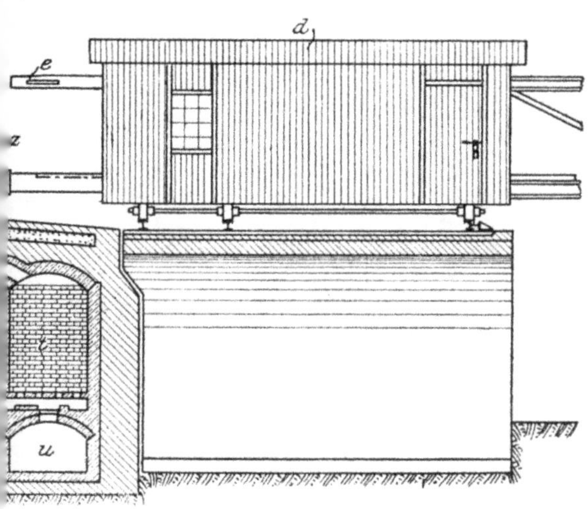

›n Dr. C. Otto & Co.

Druck und Verlag von R. Oldenbourg, München und Berlin.

die Rauchgase zum Regenerator geleitet werden. Die Regeneratoren sind gemeinschaftlich für alle Öfen an beiden Seiten untergebracht. Bei F. J. Collin wird jede Ofenhälfte abwechselnd von oben und von unten geheizt. Bemerkenswert ist hier die verstärkte Kopfheizung zur Vermeidung ungaren Kokses an dieser Stelle, der durch Strahlungsverluste der Türen entsteht. Ferner ist hier eigentümlich, daß die Verbrennungsgase durch Kanäle in den feuerfesten Steinen geleitet werden. Evence Coppée hat die Heizwand in fünf bis sechs Gruppen von Heizzügen, von denen jede eine Verbrennungskammer für sich bildet, eingeteilt in der Annahme, daß durch die unmittelbare Heizung der anderen Ofenhälfte zu große Temperaturunterschiede entstehen.

Carl Still hat bei seinen Öfen die Anordnung getroffen, daß das Gas durch doppelte Düsen in die senkrechten Züge kommt. Die unteren sind doppelt so groß als die oberen und 100 mm davon entfernt. Dadurch soll eine Verbrennung im unteren Teil erzielt und eine Überhitzung des oberen Teils vermieden werden.

Im folgenden sollen die hauptsächlichsten Bauarten der neuzeitlichen Koksöfen kurz dargestellt werden. Unserer Aufgabe entsprechend wird es sich dabei nicht um eine lückenlose Darstellung des Baues und Betriebes der Öfen handeln, sondern wir werden festzustellen haben, mit welchen Mitteln unsere Kokereiöfen, um die zu verkohlenden Kohlen am besten auszunutzen, dem leitenden Grundsatz gerecht werden: Größtmöglicher Gasüberschuß bei geringstem Wärmeaufwand.

Die nachstehend näher gekennzeichneten neueren Ofenbauarten, nämlich Abhitze- und Regenerativöfen unterscheiden sich grundsätzlich darin voneinander, daß die ersteren mittelbar eine Kraftquelle bilden (durch die Beheizung der dahintergeschalteten Dampfkessel mittels der Abgase), während die Regeneratoröfen Gase liefern, die unmittelbar zum Betrieb von Gasmaschinen und für andere Zwecke dienen können.

Da die aus den Heizwänden der Öfen tretenden Abgase der Abhitzeöfen nicht zum Vorwärmen der Verbrennungsluft benutzt werden, ist der Verbrauch an Heizgas bei ihnen stärker als bei den Regeneratoröfen, die von diesem gassparenden Hilfsmittel in weitgehendem Maße Gebrauch machen.

Bei den Regenerativöfen steht etwa die 3fache Menge an Überschußgas gegenüber jener von Abhitzeöfen zur Verfügung. Bei letzteren verbleiben somit keine nennenswerten Gasmengen zur Abgabe an Städte, Gemeinden und an Hüttenwerke.

Koksöfen von Dr. C. Otto & Co., Dahlhausen.

Unterbrenner-Regenerativofen, Tafel VIII.

Die Öfen haben im allgemeinen Kammern von 10,55 m Länge zwischen den Türen, 2600 mm Höhe bis zum Scheitel und von 500 mm mittlerer Breite. Die Entfernung von Mitte zu Mitte Ofen beträgt 1050 mm. Eine Anzahl solcher Kammern bilden eine Batterie, die als ein einheitliches Ganzes betrachtet wird. Die einzelne Ofenkammer *a* wird durch Öffnungen *b* in der Ofendecke gefüllt. Während früher zum Einfüllen Trichterwagen, die von Hand geschoben wurden, dienten, verwendet man heute einen elektrisch angetriebenen Füllwagen *c*, der eine ganze Ofenfüllung auf einmal aufzunehmen vermag und die Ofenkammer in wenigen Minuten füllt. Die Einebnung der Kohlen im Ofen besorgt eine auf der Koksausdrückmaschine *d* angebrachte und von ihrem Antriebsmotor bewegte Planiervorrichtung *e*. Die sog. Füllgase, die dadurch entstehen, daß während des Füllens und Planierens einer Ofenkammer die Verbindung der Kammer mit der Vorlage abgeschnitten ist, und die lange Zeit eine lästige Plage für die nähere und weitere Umgebung einer Kokerei bildeten, werden jetzt durch eine über die ganze Länge der Batterie verlaufende Leitung *f*, an die jede Ofenkammer angeschlossen werden kann, zum Kamin abgeführt.

Nach dem Einfüllen und Glattstreichen der Kohlen werden sämtliche Öffnungen der Kammer verschlossen und, damit keine Außenluft zu der kokenden Kohle tritt, sorgfältig mit Lehm verschmiert. Die während des Verkokungsvorganges entstehenden Destillationsgase gehen durch das Steigrohr *g* aus der Ofenkammer und sammeln sich mit den Gasen der anderen Kammern in der Vorlage *h*, aus der sie zur Kondensationsanlage gelangen, wo sie von den Nebenerzeugnissen befreit werden.

Der zur Ofenheizung benutzte Teil der gereinigten und gekühlten Gase wird wieder zur Batterie zurückgeleitet, unter die einzelnen Öfen verteilt und hier verbrannt. Um die Hitze möglichst gleichmäßig in jeder Heizwand *i* zu verteilen, zweigt man aus der unter ihr in der Längsrichtung des Ofens verlaufenden Gasleitung *k* (d. h. 9 für jede Ofenhälfte) Düsenrohre *l* nach den Verbrennungsstellen *m* ab. Beim Heizen verfährt man so, daß z. B. in einem Heizabschnitt die Heizgase in der vorderen Heizwandhälfte hochgeschickt werden und in der hintern wieder herabfallen. In dem eine halbe Stunde darauf folgenden nächsten Zeitabschnitte, der durch das Umstellen des Gas- und des Luftventils eingeleitet wird, steigen die Gase in der hintern Heizwandhälfte hoch und fallen in der vordern wieder herunter. Der Weg, den das Gas dabei nimmt, ist nachstehend näher erläutert.

Beim Austritt aus den Düsen verbrennt das Gas mit der ihm seitlich zugeführten Verbrennungsluft. Die heißen Verbrennungsgase steigen in den beiden über jeder Brennstelle gelegenen Heizzügen *n* hoch, geben einen Teil ihrer Wärme an die Wand *o* ab und sammeln sich mit den Gasen der anderen Verbrennungsstellen der betreffenden Ofenhälfte im oberen wagerechten Kanal *p*. Aus diesem fallen sie durch die Wandzüge der andern — also der auf Abhitze stehenden — Wandhälfte abwärts, geben dabei nochmals einen Teil ihrer Wärme an die Wand ab, gelangen durch die Übertrittöffnungen *q* in den Sohlkanal *r* dieser Ofenhälfte und aus diesem durch dessen Verlängerung, den Fuchs *s*, in den längs dieser Batterieseite verlaufenden Regenerator *t*. In diesem Regenerator, der so mit Gittersteinen ausgesetzt ist, daß dem etwa 900° heißen Abhitzestrom eine möglichst große, ihrer fühlbaren Wärme entsprechende Berührungsfläche geboten wird, gibt der Strom die dem Temperaturgefälle von 900° auf ungefähr 300° entsprechende Wärmemenge an das Gitterwerk ab, verläßt den Regenerator mit der letztgenannten Temperatur von 300° und gelangt durch den Rauchkanal *u* zum Kamin, wo er noch mit einer so hohen Temperatur anlangt, daß der natürliche Zug, der zur Fortbewegung der Verbrennungsluft durch die Öfen usw. erforderlich ist, jederzeit gesichert ist.

Die Verbrennungsluft wird durch verschiedene Öffnungen *u* aus den begehbaren Gängen *w* unter den Öfen angesaugt, durchstreicht den Regenerator der andern Seite, in dem während des vorhergehenden Zeitabschnittes die Wärme der Abgase aufgespeichert wurde, erhitzt sich dort auf ungefähr die Temperatur, mit der die Abhitze vorher eingetreten ist, also 900°, und gelangt durch die zugehörigen Füchse und Sohlkanäle zu den einzelnen Wandflächen, wo die Luft, auf die einzelnen Luftzutrittsöffnungen verteilt, den einzelnen Gasdüsen, wie oben erwähnt, zugeführt wird. So wird ein großer Teil der Abhitze wiedergewonnen und kommt durch eine entsprechende Gasersparnis dem Betrieb zugute.

Der Zug und der Zutritt der Verbrennungsluft werden für die ganze Batterie durch den Kaminschieber dicht vor dem Kamin und für jede einzelne Heizwand durch den in jedem Fuchs zwischen Regenerator und Rauchkanal und im Lufteintritt befindlichen, von den begehbaren Gängen aus bedienbaren Schieber *x* geregelt.

In gleichmäßigen Zwischenräumen, meist jede halbe Stunde, wird die Verbrennungsluft durch Wechselschieber und das Heizgas durch Dreiweghähne *y* von der einen auf die andere Heizwand umgestellt, so daß also jede Ofenhälfte abwechselnd eine halbe Stunde unmittelbar durch die Flamme und die andere halbe Stunde durch die Abhitze beheizt wird. Entsprechend wechseln die Regeneratoren mit Luft und Abhitze.

Je nach der Höhe der Verkokungstemperatur und der Beschaffenheit der Kohle wechselt die Dauer der Garungszeit. Im Durchschnitt kann man heute bei einer normalen Ruhrkohle, einem Ofen obiger Abmessungen und bei einer mittelstarken Beheizung, d. h. bei einer Temperatur im oberen wagerechten Kanal von 950° mit einer Garungszeit von 29 bis 30 Std. rechnen. Nach dieser Zeit ist der fertige Koks aus den Ofenkammern zu entfernen. Das geschieht vermittels der Koksausdrückmaschine *d*, deren Ausdrückstange *z* meist durch einen 40 bis 60 PS starken Elektromotor oder durch Dampf aus einem Stochkessel oder feuerungslosen Kessel bewegt wird.

Der Koks gleitet, aus de i Kammer gedrückt, am andern Kammerende auf den Koksplatz, der entweder gerade oder schräg ist. Der gerade Koksplatz wird meist dort benutzt, wo der Koks unmittelbar in Eisenbahnwagen verladen werden soll, also auf Zechen; der schräge Koksplatz dort, wo man den Koks in kleine Begichtungswagen, Seilbahnen oder Beschickkübel für Hochöfen laden will. Das Neueste ist hier eine fahrbare Koks-, Lösch-, Sieb- und Verladebühne. Bei Verwendung dieser Einrichtung fällt der Koksplatz fort, die Verladebühne wird vor jeden zu drückenden Ofen gefahren und nimmt den Koks, wie er aus der Kammer heraustritt, unmittelbar auf. Der heiße Koks kann während des Fortfahrens der Bühne fertig abgelöscht werden, und selbsttätig sondern sich Kleinkoks und Asche vom grobkörnigen Schmelzkoks ab. Am Ende der Batterie wird er an einer zu diesem Zweck besonders geeigneten Stelle abgelassen.

Zum Löschen des Kokses benutzt man über den Koksplatz verteilte Kokslöschventile mit Schlauch, drehbare Kokslöschkrane mit daran hängendem Schlauch oder hochliegende Wasserleitungen mit fahrbarem Schlauchwagen sowie Löschhauben zur gleichmäßigen Berieselung des ganzen Kokskuchens.

Die Ofentüren werden durch Wagen, die auf der Batterie entlang fahren, entweder mit der Hand, durch einen Elektromotor oder durch eine örtliche Hebevorrichtung am Ende der Batterie herausgehoben und wieder eingesetzt. Vielfach hat man jetzt für die Maschinenseite die Türhebevorrichtung auf der Koksausdrückmaschine angebracht und benutzt zu ihrem Antrieb die Motoren der Maschine.

Unterbrenner-Abhitzeofen von Dr. C. Otto & Co., Abb. 30.

Der Ofen hat dieselben Abmessungen und wesentlichen Einrichtungen wie der Regenerativofen, nur wird bei ihm die Abhitze nicht zur Erwärmung der Verbrennungsluft, sondern abseits der Batterie zur Heizung von Dampfkesseln benutzt, wie oben bereits erwähnt. Aus der unter jedem Ofen entlanglaufenden Gasleitung kommend, wird das Gas in den Mischdüsen *a* mit der erforderlichen Verbrennungsluft gemischt und unter den einzelnen Heizzügen verbrannt, und zwar, da bei diesem Ofen der Heizstrom nicht umgestellt wird, auf die ganze Ofenlänge mit Ausnahme der beiden Endzüge *b*, durch die die heißen Verbrennungsgase in den Abhitzekanal *c* gelangen. Die aus der Düse hochsteigende Flamme gibt ihre Wärme teilweise zur Verkokung ab, die Gase sammeln sich dann im oberen wagerechten Kanal und fallen durch die beiden Endzüge und den Fuchs in den Abhitzekanal. In diesem Kanal sammeln sich die heißen Abgase der ganzen Batterie und gehen zur Kesselanlage.

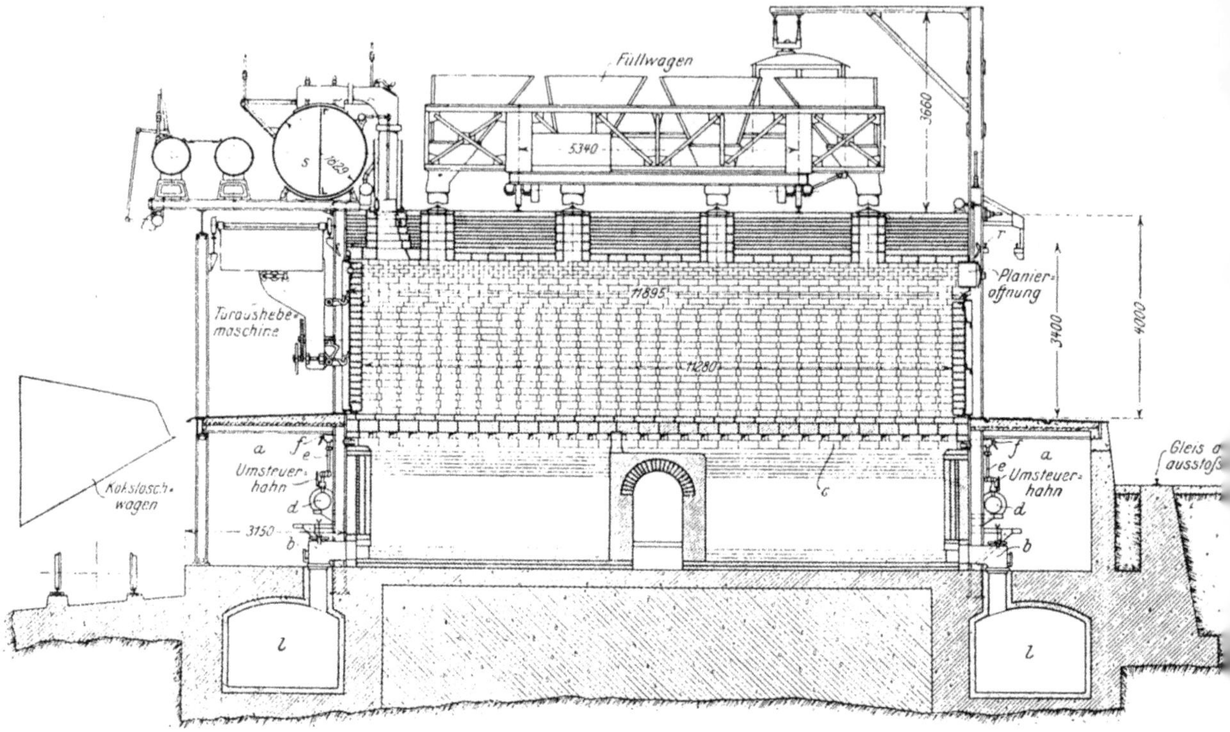

Längsschnitt durch eine Ofenkammer.

Lageplan.

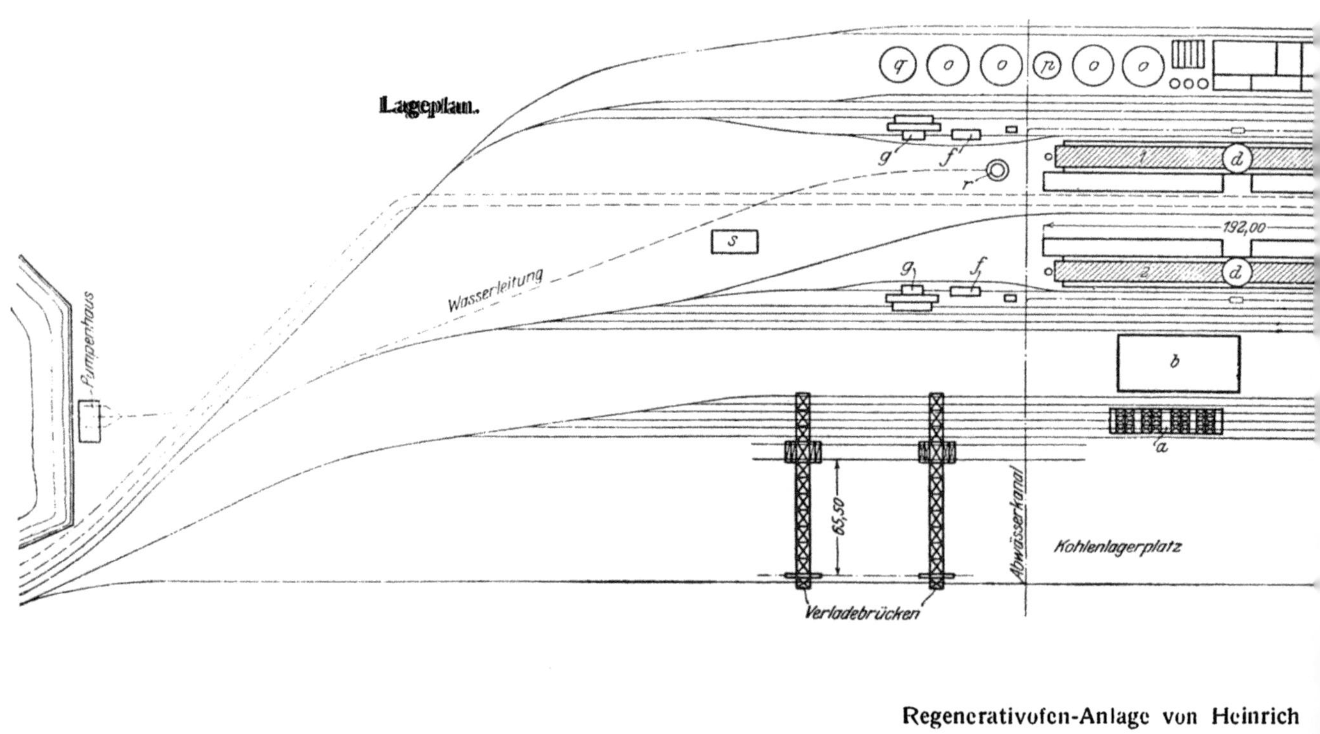

Regenerativofen-Anlage von Heinrich

Tafel IX
(Seite 127).

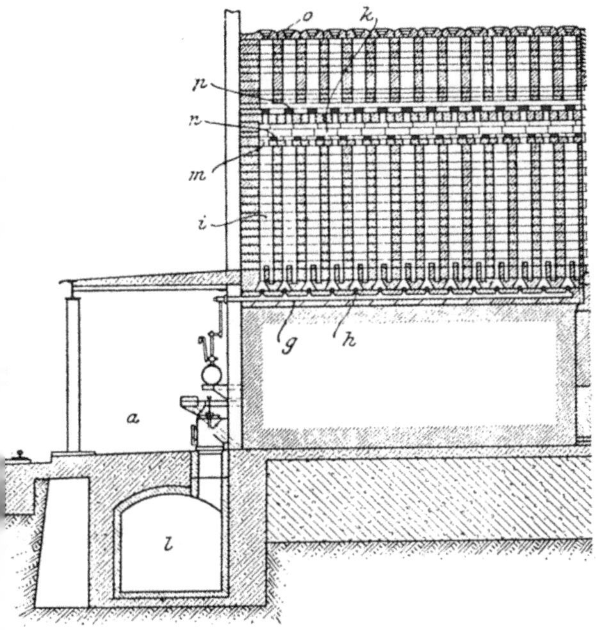

Längsschnitt durch eine Heizwand.

Erläuterung zum Lageplan.

1 bis 8 Koksofenbatterien
a Entladestelle für Eisenbahnwagen
b Kohlenaufbereitung
c Kohlenmischgebäude
d Kohlenturm
e Dampfkesselhaus
f Kokslöschanlage
g Kokssieberei
h Magazin
i Werkstatt
k Lagerraum für schwefelsaures Ammoniak
l Kühlerraum
m Saugmaschinenraum
n Sättigerraum
o Teerbehälter
p Gasbehälter
q Überschuß-Gasbehälter
r Wasserturm
s Bureau

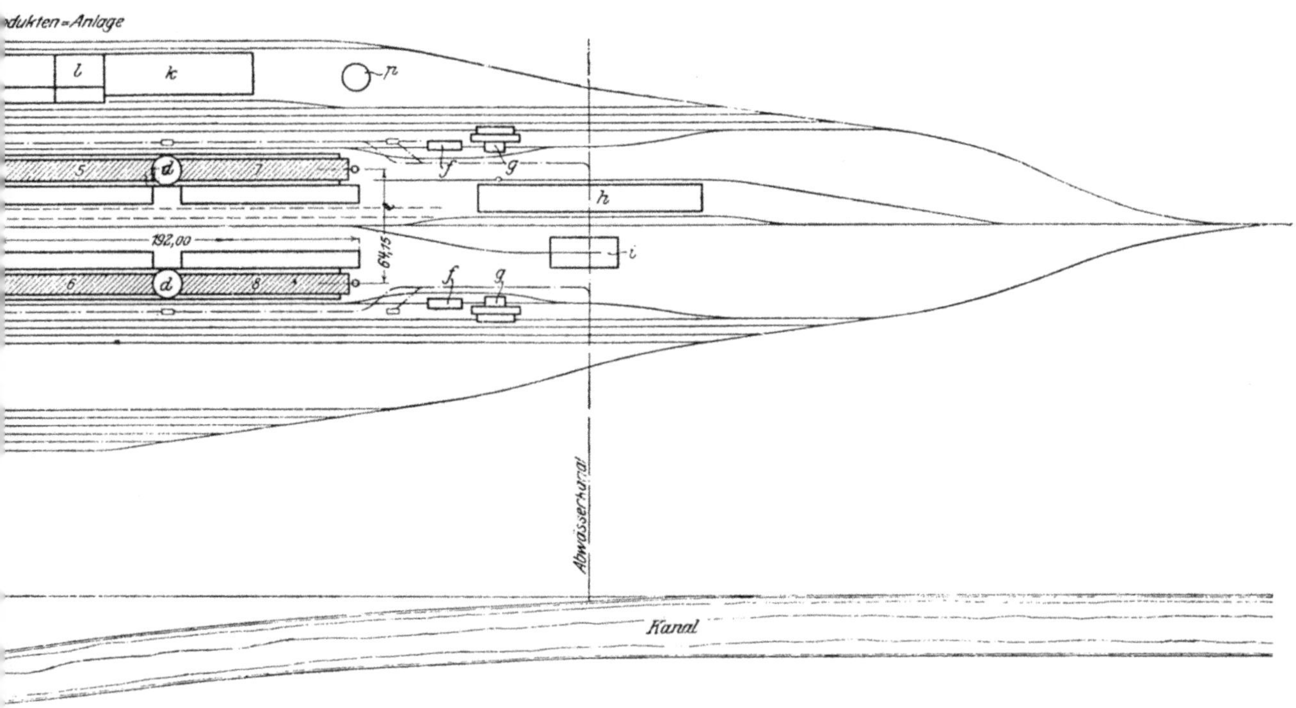

n Werk der Indiana Steel Co. in Gary.

Druck und Verlag von R. Oldenbourg, München und Berlin.

Die Öffnungen *d* zwischen den einzelnen Düsen stellen eine Verbindung zwischen der Wand und den Sohlkanälen *e* dar und dienen lediglich zum Durchlaß der Verbrennungsgase beim Anheizen oder beim Flammofenbetrieb einer Batterie. Die Gase treten in solchen Fällen durch Öffnungen *f* aus dem oberen Teil der Ofenkammer in die Wand, verteilen sich im oberen wagerechten Kanal auf die einzelnen Züge und gelangen durch

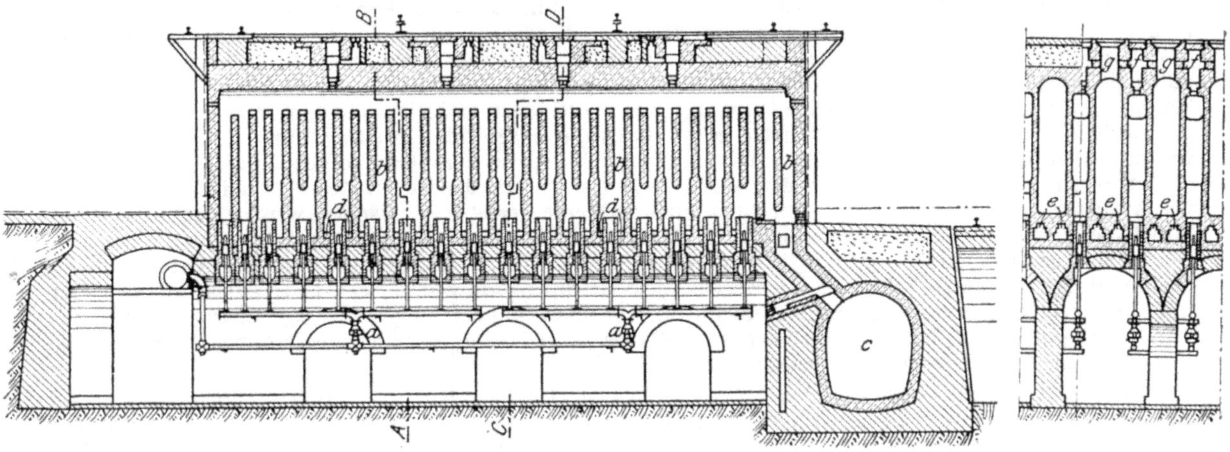

Abb. 30. Unterbrenner-Abhitzeofen von Dr. C. Otto & Co.

die vorhin genannten Öffnungen *d* in die beiden Sohlkanäle und von dort zum Fuchs und weiter in den Abhitzekanal. Beim normalen Betriebe sind die Sohlkanäle durch Schieber *g* gegen den Fuchs hin abgeschlossen und dienen dann lediglich als Isolierräume.

Koksofen von Heinrich Koppers, Essen (Ruhr).

Regenerativofen, Tafel IX.

Als durchaus neuzeitliche Anlage kann die der Indiana-Steel-Company in Gary gelten[1]). Diese Anlage weist auch in der Gesamtanordnung, Rohstoffbeförderung, Abfuhr des fertigen Gutes und ihrer gesamten maschinellen Ausrüstung sehr bedeutsame Züge auf, und wenn auch Groeck meint, daß die Anlage nicht in allen Teilen für deutsche Verhältnisse als vorbildlich zu bezeichnen sei, so dürften doch die von ihm hervorgehobenen besonderen amerikanischen Verhältnisse, nämlich das starke Bestreben zur Zusammenfassung von Betrieben zu großen Einheiten, die besondere Arbeiterverhältnisse, die auf äußerste Ausnutzung maschineller Einrichtungen drängen, auch bei uns immer mehr ins Gewicht fallen.

Die Kokerei in Gary ist in etwa 1600 m Entfernung östlich von den dortigen Hochöfen auf einem 1100 m langen und 335 m breiten Platze erbaut. In der Mitte stehen die Koksöfen in zwei parallelen Reihen. Nördlich davon befindet sich die Anlage für die Gewinnung von Nebenerzeugnissen südlich die Kohlenanfuhr und Aufbereitung und der Kohlenlagerplatz. Die Kohlen kommen in Eisenbahnwagen an, die von dem südlichsten der 6 Zufahrtsgleise auf den Lagerplatz entleert werden. Zwei 72,6 m lange Verladebrücken verteilen die Kohlen mit Greifern von 7,5 t Fassung auf den Platz und laden sie zum Verbrauch auch wieder in 50 t-Wagen, die zu diesem Zwecke auf den Gleisen nördlich vom Lagerplatz aufgestellt werden. Sollen die Eisenbahnwagen sich unmittelbar in den Betrieb entladen, so fahren sie zu zwölf, in vier Gruppen angeordneten Behältern, deren jeder etwa den Inhalt eines Eisenbahnwaggons aufnimmt, so daß gleichzeitig zwölf Wagen entleert werden können. Die Behälter sind mit Schüttelvorrichtungen versehen, die die Kohlen auf 915 mm breite Förderbänder verteilen. Von jeder der vier Behältergruppen geht ein solches Band zur Kohlenaufbereitung. Das Aufbereitungsgebäude enthält vier, je durch einen 75 PS-Motor angetriebene Kohlenbrecher, für je 350 t/Std. Ihnen gegenüber stehen an der südlichen Wand acht Kohlenmühlen. Die vier von der Entladestelle kommenden Förderbänder entladen je in einen Brecher der Bauart Bradford, vier andere Bänder bringen das gebrochene Gut von den Brechern zu den Kohlenkammern. In den Brechern werden die Kohlen von Steinen, Eisenteilen usw. befreit und verlassen diese als höchstens 40 mm große Stücke, während die ausgeschiedenen Beimengungen durch ein Leseband abgeführt werden. Die acht Kohlenmühlen leisten stündlich je 250 t und verarbeiten das Gut so weit, daß 80 bis 85% durch ein Sieb von 3 mm Maschenweite gehen. Die gemahlenen Kohlen werden auf zwei überdachten Bändern zu dem Mischhaus geschafft, das den Mittelpunkt der ganzen Koksofenanlage bildet. Die vier Vorratbehälter des Gebäudes fassen zusammen 1700 t Kohlenklein. Die Kohlenentlade-Anlagen, das Brecherhaus und die Mischanlage verständigen sich durch Pfeifensignale, wenn eine neue Kohlensorte in Umlauf gebracht wird.

Vom Mischgebäude gehen zwei Förderbänder für je 500 t/Std. in entgegengesetzten Richtungen zu vier Kohlentürmen, die gleichmäßig auf die Ofenbatterien verteilt sind. Sie füllen die Kohlentürme in 10 Std.

[1]) Vgl. den Aufsatz von Dipl.-Ing. H. Groeck in Z. d. V. d. I. 1913, S. 214.

und laufen nur tagsüber, da die Füllung der Türme auch für die Nacht ausreicht. Um ihren Inhalt in die Koksöfen zu befördern, benutzt man elektrische Füllwagen. Der Inhalt der Wagen wird auf einer Gleiswage gewogen. Da jede Batterie aus 70 Öfen besteht, so sind im ganzen 8 · 70 = 560 Öfen vorhanden.

Die Öfen selbst sind auf Tafel IX dargestellt. Die Verbrennungsluft für die Heizung wird den Gängen vor *a* und hinter den Öfen entnommen und tritt durch den Einlaß *b* in den Regenerator ein, worin eine Temperatur von rd. 1200° herrscht. Die hocherhitzte Luft geht darauf durch *c* in die senkrechten Heizkanäle, das Heizgas strömt durch das Rohr *d*, das an beiden Seiten der Ofengruppe entlang geführt ist, zu und wird durch die Zweigrohre *e* und die Düsen *f* in die Verteilkanäle *g* geleitet, die sich unmittelbar unter den Ofenwänden befinden. Von hier gelangt es durch die Öffnungen *h* in die senkrechten Heizkanäle *i*, mischt sich mit der Luft und verbrennt. Die Abgase strömen hoch, gehen durch die wagerechten Kanäle *k* über die Kammern hinweg zu den senkrechten Zügen der andern Ofenwände, fallen darin herunter und gehen durch die Öffnung *c* in den Regenerator, um schließlich in den Abzugskanal *l* und durch den Schornstein ins Freie zu entweichen. Die Austrittsöffnung *m* der Heizkanäle *i* kann durch steinerne Schieber *n* verändert werden, ebenso wird der Zutritt der Luft und dadurch die Verbrennung durch Abschlußvorrichtungen an den Regeneratoren geregelt. Diese Schieber werden durch die Kanäle *o* und *p* beobachtet; letztere dienen auch dazu, die Gasdüsen *h* und überhaupt die Heizkanäle selbst zu überwachen. Die Gasdüsen sind von verschiedener Größe, die von ihrer Lage im Gasstrom abhängt, und werden, falls bei der Beobachtung eine ungleichmäßige Beheizung der Ofenwände festgestellt wird, innerhalb 5 Min. mittels Stange ausgewechselt. Da jede Wand etwa 30 Heizkanäle enthält, kann die Hitze sehr genau geregelt werden.

Der Inhalt eines Ofens beträgt 12¼ t. Die Kammer ist 11280 mm lang, etwa 3000 mm hoch und bei einer Verbreiterung des Querschnittes von hinten nach vorn um 100 mm in der Mitte 483 mm breit. Die Öfen sind demnach groß, bilden jedoch noch nicht die obere Grenze, da Heinrich Koppers neuerdings sogar Öfen für 13,6 t im Bau hat. Die Garungszeit war ursprünglich auf rd. 20 Std. bemessen; doch werden die Öfen jetzt mit der sehr kurzen Zeit von 16 Std. betrieben. Von den 560 Öfen werden täglich 10160 t Kohlen verarbeitet und 8130 t Koks hergestellt. Die Beschickung der Koksöfen besteht aus 80% Pocahontaskohle, die etwa 16 bis 18% flüchtige Bestandteile hat, und einer bituminösen Kohle mit rd. 30% flüchtiger Bestandteile. Die Mischung enthält 2 bis 3% Wasser. Ausgebracht werden, bezogen auf die Trockenkohle, 82 bis 83%. Die Durchsatzleistung des einzelnen Ofens bei der Garungsdauer beträgt rd. 18,25 t täglich und ist sehr hoch, nämlich bis dreimal so groß wie gewöhnlich in Deutschland. Der Grund hierfür liegt in der Beschaffenheit unserer tonhaltigen, feuerfesten Steine, die die für solche Betriebe erforderlichen hohen Temperaturen nicht vertragen. Das Koksofengas wird in einer 1829 mm weiten Leitung gesammelt. Den Teer entfernt man daraus durch eine mechanische Kratzvorrichtung, die von zwei Winden an den Enden der Batterie durch ein Seil gezogen wird.

Um die gewaltigen Leistungen der Koksofenanlagen sicher bewältigen zu können, mußte man maschinelle Hilfsmittel in weitem Maße heranziehen und sie zum Teil besonders ausbauen. Die elektrisch betriebenen Wagen zum Füllen der Öfen und die Umsteuervorrichtungen wurden bereits erwähnt. Auch die Türen der Öfen werden mit Hilfe des elektrischen Stromes ausgefahren. Auf der Maschinenseite wird die Tür durch eine auf der Koksausstoßmaschine laufende Katze ausgehoben. Die Ausstoß- und Planiermaschinen sind, abweichend vom Üblichen, getrennt worden und arbeiten jede für sich, wodurch viel Zeit gewonnen worden sein soll. Nur auf diese Weise konnte man den Anforderungen des lebhaften Betriebes gerecht werden. In jeder der beiden als Betriebseinheiten geltenden Reihen von 280 Öfen wird pünktlich alle 3 Min. ein Ofen gedrückt und frisch beschickt. Der aus der Kammer tretende glühende Kokskuchen fällt unmittelbar in einen Löschwagen, der von einer Drehstromlokomotive mit Antrieb durch zwei 50 PS-Motoren auf einem dicht an dem Ofen entlang laufenden Gleise herangefahren wird. Jede Ofenbatterie wird von einem solchen Wagen bedient. Sowie der Koks ganz aufgenommen ist, fährt der Wagen rasch unter den nächsten der 4 Löschtürme an den Enden der Ofenreihen. Das von diesen herabrieselnde Wasser löscht in einer Minute den Koks völlig ab, wird in einem darunter befindlichen Becken aufgefangen und durch einen Kanal fortgeleitet. Darauf fährt der Wagen zu der neben jedem Löschturm befindlichen Kokssieberei und entleert dort seinen Inhalt in 2 Behälter. Dort wird der Koks durch eine Anzahl von Sieben in 3 Sorten: Staubkoks, Feinkoks und Hochofenkoks geschieden, die getrennt in unterstehende Wagen fallen. Der Hochofenkoks macht hierbei etwa 93% der gesamten Menge aus.

Abhitzeofen von Heinrich Koppers, Abb. 31.

Zu jedem Ofen führt ein Gasrohr *a*. Jeder Heizzug *c* hat seinen Brenner *b*, der keiner Wartung und Reinigung bedarf, sofern das Gas nicht größere Teermengen enthält. Die Gasdüsen *b* sind durch die verschließbaren Öffnungen *g* von oben zugänglich und herausnehmbar wie beim Regenerativofen. Sollte eine Düse festbrennen, so ist sie leicht auswechselbar, wenn man sie dadurch abkühlt, daß man das Gas des betreffenden Heizzuges etwa 5 Min. abstellt. Wie die Regenerativöfen von Koppers haben auch die Abhitzeöfen oberhalb eines jeden Heizzuges einen Schieber *h* zur Regelung und Einstellung der Heizung, die durch die Öffnungen *g* bedient wird. Koppers rechnet bei seinen Abhitzeöfen je nach der Art des Brennstoffes bis zu 100 cbm Überschußgas auf 1 t Kohlen und führt die Öfen, falls ein besonderer Wert auf Überschußgas gelegt wird, mit Luftvorwärmung aus. Bei dieser Bauart wird auf die Sohlenheizung ganz verzichtet. Das bezweckt, daß der Koks von der Sohle bis oben hinauf gleichmäßig großstückig bleibt. Nach den Angaben von Koppers bewirkt die

Fortlassung der Sohlenheizung ferner, daß die Fundamente der Öfen nicht sinken können, da der Bodengrund nicht ausgetrocknet wird. Auch steigt die Temperatur in dem Kanal vor dem Ofen unter dem Koksplatz kaum höher als die Außentemperatur.

Koppers hat sich erfolgreich damit beschäftigt, ältere Koksöfen, sog. Flammöfen, umzubauen, d. h. er hat auf ihren Fundamenten unter Benutzung des vorhandenen Abhitzekanals Nebenproduktenöfen errichtet,

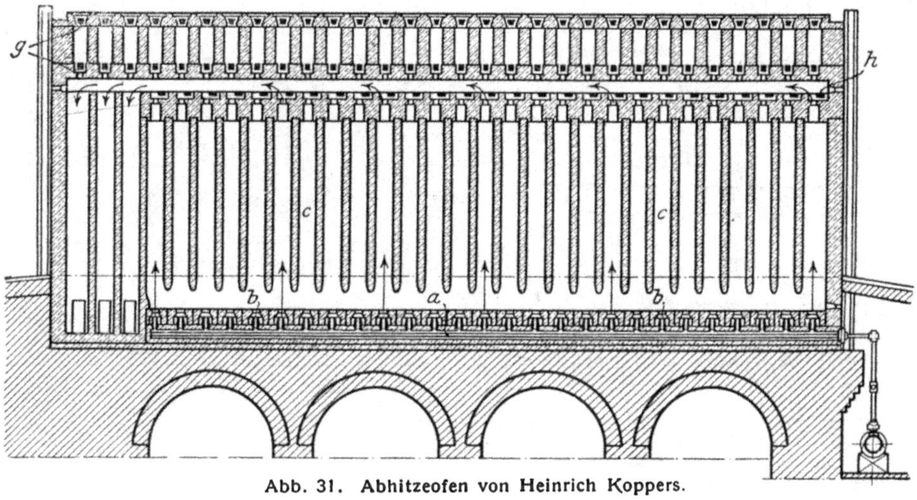

Abb. 31. Abhitzeofen von Heinrich Koppers.

die natürlich nur als Abhitzeöfen eingerichtet werden konnten. Auf diese Weise sind die Anlagen verschiedener rheinisch-westfälischer Zechen neu hergerichtet worden.

Koksöfen von Evence Coppée.

Abhitzeofen, Abb. 32.

Die Batterie ist in eine vordere und eine hintere Abteilung geteilt, deren jede ihre Gaszuleitungen a und a_1 und ihre besonderen Heizzüge hat. Die beiden Sammelkanäle b und b_1 für die Abgase vorn und hinten vereinigen sich am Ende der Batterie zu einem einzigen Kanal c, der die Gase zu den Dampfkesseln führt. Jede vordere oder hintere Hälfte der Heizkammer enthält 15 senkrechte Kanäle. Die ersten 13 stellen die vollständige Verbrennung des von unten durch einen Verteilungskanal eingeleiteten Gases sicher. Vor der Einführung in den Ofen wird ein Teil der Verbrennungsluft mit dem Gas gemischt, während der andere Teil zum Fuß eines jeden Kanals durch Kanäle geführt wird, in denen sich die Luft erhitzt. Der 14. und 15. Kanal dient dazu, die verbrannten Gase in Sohlkanäle zu bringen, von wo sie nach dem Sammelkanal abgezogen werden.

Die Dampferzeugung beim Ofen schwankt zwischen 7500 bis 1000 kg/t verbrauchter Kohle, was ungefähr 5 bis 7 PS/t verkokter Kohle während 24 Std. entspricht.

Regenerativofen, Abb. 33.

Durch die Regeneratoren wird ein Überschuß an Gas von 40 bis 60% gewonnen. In den Grundmauern der Batterie befinden sich zwei Längskanäle, von denen jeder an einen Regenerator angeschlossen ist und diesen abwechselnd mit dem Schornstein oder mit dem Ventilator, der die Luftzuführung besorgt, verbindet. Jeder Kanal steht mit der Hälfte der Sohlkanäle in Verbindung, z. B. so, daß die Kanäle der Ofenkammern 1, 3, 5 usw. mit dem vordern Sammelkanal, die der 2., 4., 6. Kammern usw. mit dem hintern Sammelkanal verbunden sind. Die Heizkammer hat dreißig senkrechte Züge, die in fünf Gruppen von je sechs Zügen getrennt sind. Eine Zeitlang empfangen die drei ersten Züge jeder Gruppe aus den Sohlkanälen Frischgas und Verbrennungsluft, während die drei andern Züge die verbrannten Gase abführen. Nach einer bestimmten Zeit wird dann in der üblichen Weise umgeschaltet.

Wesentlich bei dem Coppéeschen Ofen ist die Anordnung der Regeneratoren, durch die die gesamten Gase der Länge nach hindurchströmen. Die Verbrennungsluft wird so auf alle Öfen einer Batterie mit einer gleichmäßigen Temperatur verteilt, was die Gleichmäßigkeit der Hitze gewährleisten soll. Ein anderes Kennzeichen des Ofens ist, daß man nicht in der Mitte des Ofens umsteuert, wie bei den anderen Bauarten, sondern an anderer Stelle, wodurch man eine bessere Verteilung der Hitze, hieraus folgend eine Ersparnis an Gas, eine gleichmäßigere Gasbeschaffenheit und eine größere Kokserzeugung erreichen will. Die Regenerativöfen verkoken 6,5 bis 7,5 t Kohle in 24 Std. und liefern 5,8 t Koks täglich. Da die Öfen mit hohen Temperaturen arbeiten, eignen sie sich besonders für die Verkokung von Magerkohlen.

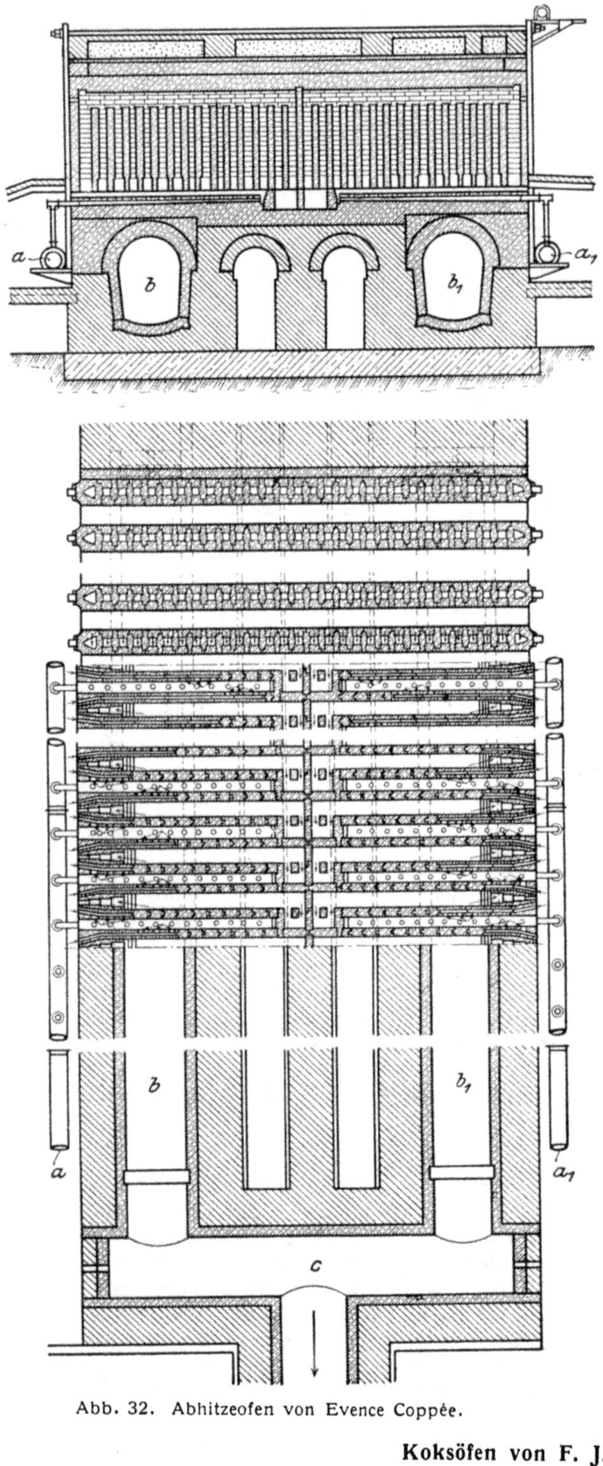

Abb. 32. Abhitzeofen von Evence Coppée.

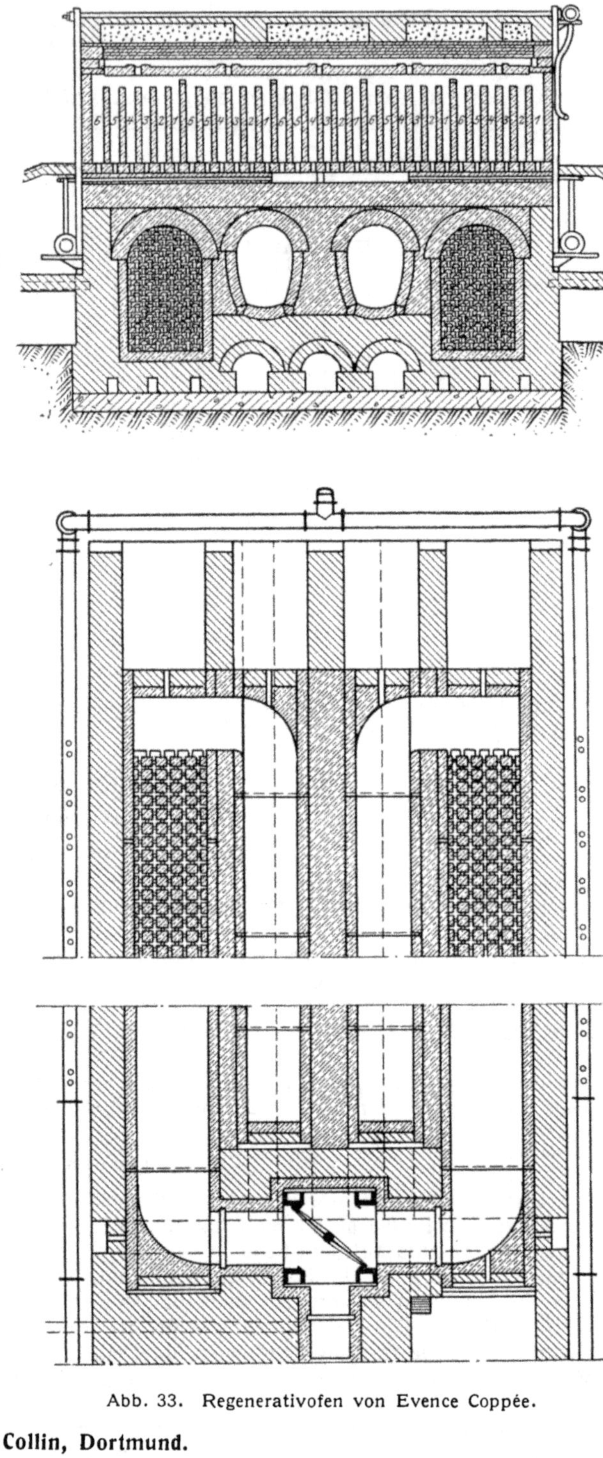

Abb. 33. Regenerativofen von Evence Coppée.

Koksöfen von F. J. Collin, Dortmund.

Regenerativofen, Abb. 34.

Das Gas gelangt durch zwei Leitungen nach dem Ofen und wird durch die Gasröhren b und b_1 von den beiden Ofenseiten gleichzeitig einmal in die unteren Gasverteilungsräume c, das andere Mal in die oberen Verteilungsräume c_1 gedrückt.

Die Verbrennungsluft kommt das eine Mal aus dem Regenerator d durch Füchse e und in die Ofensohlkanäle f, von denen aus in jeden Wandkanal g eine Verbindung h führt, das andere Mal aus dem Regenerator

d_1 in die Ofensohlkanäle f_1, von denen aus in jedem zweiten Binder ein Verbindungskanal i vorgesehen ist, der in dem oberen Teile der Wand in die Räume k ausmündet, wo die Luft dann mit dem von oben eingeführten Gas zusammentrifft.

Bei aufwärtsgehender Heizung steigen die durch die Zusammenführung von Gas durch die Düsen l und Luft durch die Öffnungen m erzeugten Flammen in allen Wandkanälen g zugleich hoch bis in die Räume k, worauf sodann das so verbrannte Gas durch die in den Bindern ausgesparten Kanälchen i zu den Sohlkanälen f_1 und dem Regenerator d_1 abgeführt wird. Nach dem Wechseln der Zugrichtung brennt die Heizflamme umgekehrt von oben nach unten; stets aber findet die eigentliche Entzündung und Verbrennung der Gase

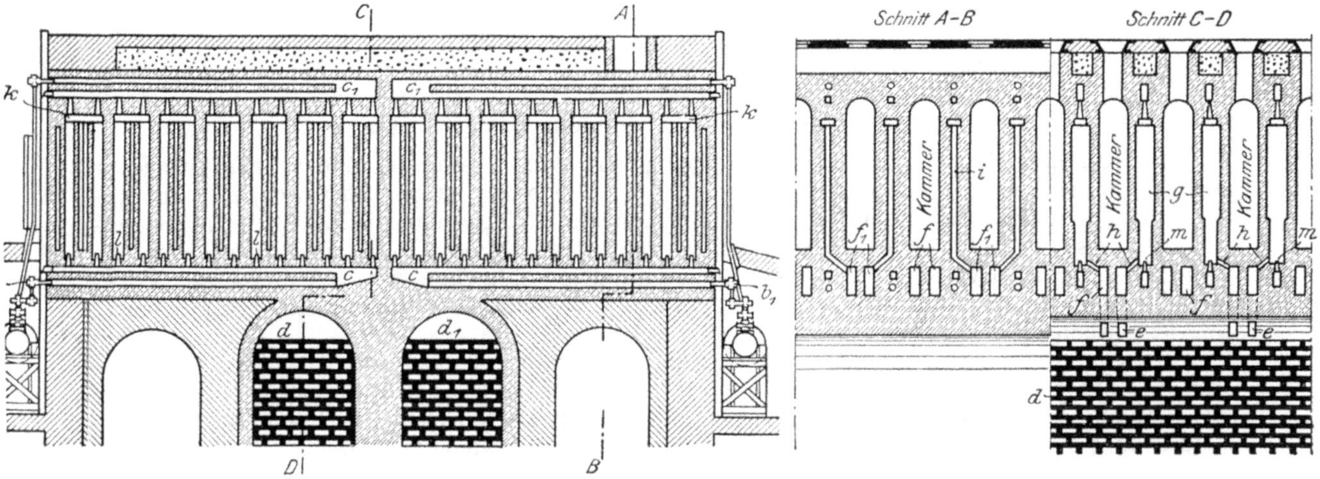

Abb. 34. Regenerativofen von F. J. Collin.

gleichzeitig in allen Heizkanälen g statt. Es gibt also keine Heizkanäle, die wie bei anderen Bauarten zeitweise nur durch die Abhitze und dadurch nur unvollkommen geheizt werden. Temperaturschwankungen in der Ofenwand sind dadurch möglichst vermieden, so daß die Wände auch festgefugt und dicht bleiben.

Die obere Gaseinführung hat neben der guten Heizung der Wand noch den Vorzug, daß das kalte, durch den Verteilungskanal c_1 eingedrückte Heizgas die nach oben ausgestrahlte Ofenwärme aufnimmt und kühlend auf die Ofendecke und auch auf die oberhalb der Kohlenfüllung frei bleibenden Räume wirkt. Da außerdem die Verbrennung des von oben eingeführten Gases unterhalb der Oberflächenhöhe der Kohlenfüllung eingeleitet wird, kann eine nachteilige Erhitzung der Räume oberhalb der Kohlenfüllung nicht stattfinden.

Zur Abführung und Unschädlichmachung der beim Beschicken und Drücken der Öfen entweichenden Gase dient ein Kanal in der Ofendecke, der mit dem Kamin in Verbindung steht. Dieser Kanal wird durch die ausgestrahlte Ofenwärme dauernd in Glut gehalten und läßt die aus dem Steigrohre mittels Verbindungskrümmern abgesaugten Gase und Dämpfe sofort verbrennen, so daß Explosionen unmöglich sind. Sobald ein Ofen gedrückt werden soll, wird seine Verbindung mit der Vorlage abgesperrt und der Krümmer lose auf die zu verbindenden Öffnungen gesetzt, die sonst mit einem Deckel verschlossen bleiben.

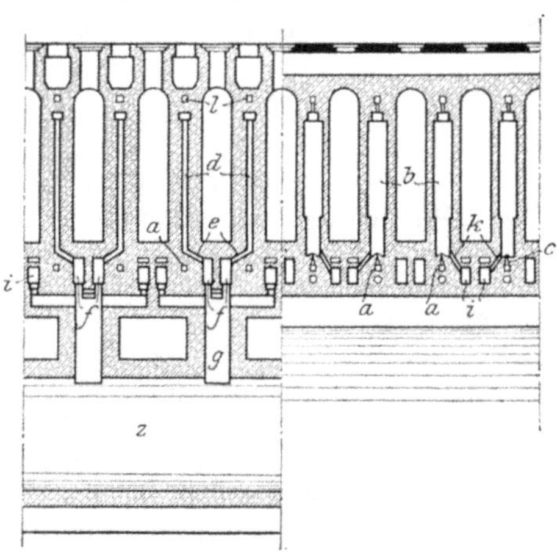

Abb. 35. Abhitzeofen von F. J. Collin.

Abhitzeofen, Abb. 35.

Das Heizgas tritt durch das Zuleitrohr und Kanäle a in die Heizkanäle b. Am Fuße der Kanäle b tritt die Verbrennungsluft für jeden Wandkanal getrennt zu dem durch die kleinen Öffnungen c einströmenden Heizgas. Demnach findet die Entzündung des Gases erst in Höhe der Ofensohle statt. Durch sämtliche Heizkanäle b steigen dann die Gase hoch, gehen durch kleine Züge d, die in dem zwischen je zwei Heizkanälen liegenden Binder ausgespart sind, wieder abwärts und gelangen durch die Öffnungen e in die Ofensohlkanäle f. Von da gehen sie durch die Füchse g in den Sammelkanal z, der zu den Kesseln führt. Die Verbrennungsluft wird zwecks Vorwärmung in die Fundamentgewölbe eingelassen, geht durch Schlitze für jeden Ofen getrennt in den Luftverteilungskanal i und aus diesem durch schräg ansteigende Schächtchen k nach jedem einzelnen Wandkanal. Der Luftverteilungskanal i ist so geteilt, daß die Ofensohle vor einer schädlichen Abkühlung durch die eingeführte Luft geschützt bleibt. Es entsteht durch diese Teilung ein kleiner, dicht unter der Ofensohle sich hinziehender Isolierkanal, dessen Beheizung mittels einer Gasflamme von einem Gang aus möglich, jedoch nicht erforderlich ist.

Die verbrannten Gase geben, nachdem sie die Kanäle in aufsteigender Richtung geheizt haben, keine für die Verkokung genügende Wärme mehr ab, so daß der Verbrennungsvorgang verlangsamt würde, wenn eigentliche Wandheizkanäle zur Abwärtsführung benutzt würden. Daher werden dafür auch hier kleine, in den Bindern ausgesparte Kanäle benutzt. Zu bemerken ist dabei, daß jeder zweite Binder bis unter die Widerlager geht, also die Wand durch keinen oberen Überführungskanal geschwächt wird.

Zum Anheizen der Öfen ist im mittleren Füllschacht eine Öffnung vorhanden, durch die die Gase des in der Ofenkammer angelegten Feuers in den Kanal *l* gelangen, von wo sie auf die einzelnen Heizzüge *b* verteilt werden.

Nach beendeter Anwärmung werden die Verbindungen durch besondere Einsatzsteine zugesetzt und der darüber befindliche Schacht zugefüllt.

d) Koksöfen für Heizung mit fremdem Gas (Schwachgas).

Seit man die Koksofengase nicht nur zur Dampferzeugung verwandte, sondern mehr und mehr auch für solche Zwecke, wo ihr hoher Heizwert wesentlich besser ausgenutzt wurde, z. B. in Gasmaschinen, zur Beleuchtung, zum Heizen von Martinöfen usw., lag es nahe, die Ausbeute an frei verfügbarem Gas beim Verkoken der Kohlen dadurch zu steigern, daß man nicht mehr einen Teil davon zum Heizen der Öfen verbrauchte, sondern hierzu minderwertige Gase, wie Generator- oder Hochofengase, heranzog und so die ganze beim Verkoken der Steinkohle erzeugte Gasmenge für andere Zwecke gewann.

Ingenieur E. Lecocq[1]) hat Versuche darüber angestellt, ob man mit den armen Gasen die erforderlichen Temperaturen erreichen kann, und zwar untersuchte er drei Gasarten: Mischgas aus Koks, Mischgas aus Kohlen, und Hochofengas, die mit 25% Luftüberschuß verbrannt wurden. Die Verbrennungstemperaturen dieser Gase stellen sich nach Zahlentafel 75 wie folgt:

Zahlentafel 75.

Verbrennungstemperaturen armer Gase.

Gasart		Verbrennungstemperaturen	
	Gas und Luft von 50°	Gas von 50° Luft von 900°	Gas und Luft von 600°
Mischgas aus Koks . . °C	1555	1925	1940
„ „ Kohlen . „	1512	1880	1908
Hochofengas . . . . . „	1330	1590	1702

Aus den Berechnungen geht hervor:

1. Werden Gas und Luft mit 50° dem Ofen zugeführt, so wird mit keiner der Gasarten die für den Ofen erforderliche Betriebstemperatur erzeugt.

2. Bei Hochofengas genügt die Vorwärmung der Luft allein nicht, sondern auch das Gas muß vorgewärmt werden.

3. Bei Mischgasen aus Koks oder aus Kohlen genügt die Erhitzung der Luft auf 900°, um die erforderlichen Temperaturen im Ofen zu erreichen. Jedoch wäre ein solcher Betrieb nicht wirtschaftlich, denn die Wärme der z. B. mit 1000° abgehenden verbrannten Gase könnte nur sehr unvollkommen durch die Luft aufgenommen werden, da bei armen (minderwertigen) Gasen das Volumen der verbrannten Gase viel größer als das der zu erhitzenden Luft ist. Daraus geht hervor, daß ein großer Teil der Wärme ins Freie abgehen würde, und dieser Wärmeverlust hebt teilweise die Ersparnis auf, die man durch Einführung der armen Gase erzielen will.

Lecocq stellt dann nach Zahlentafel 76 die Wärmebilanz für einen Ofen auf, der

1. mit Steinkohlengas,
2. mit Mischgas aus Koks,
3. mit Mischgas aus Steinkohlen (Anthrazitkohlen),
4. mit Hochofengas

geheizt wird.

---

[1]) Feuerungstechnik 1914, S. 138; Revue de Métallurgie 1913, S. 525.

Zahlentafel 76.

I. Heizung mit Steinkohlengas.

Luftüberschuß	%	25	15	25	15
Temperatur der verbrannten Gase nach Verlassen des Regenerators	°C	300	300	200	200
Wärme in den Destillationserzeugnissen	WE	180000	169400	180000	169400
Wärme, im Koks enthalten	„	280000	260000	280000	260000
Wärme, ins Freie abgehend	„	91500	79000	58000	52700
Wärmeverlust durch Strahlung	„	75000	71600	77000	72900
zusammen	WE	626500	580000	595000	555000

II. Heizung mit Mischgas aus Koks.

Luftüberschuß	%	25	15	25	15
Temperatur der verbrannten Gase nach Verlassen des Regenerators	°C	300	300	200	200
Wärme in den Destillationserzeugnissen	WE	180000	169400	180000	169400
Wärme, im Koks enthalten	„	280000	260000	280000	260000
Wärme, ins Freie abgehend	„	103500	91000	64900	57400
Wärmeverlust durch Strahlung	„	79000	73100	80100	75200
zusammen	WE	642500	593500	605000	562000

III. Heizung mit Mischgas aus Steinkohlen.

Luftüberschuß	%	25	15	25	15
Temperatur der verbrannten Gase nach Verlassen des Regenerators	°C	300	300	200	200
Wärme in den Destillationserzeugnissen	WE	180000	169400	180000	169400
Wärme, im Koks enthalten	„	280000	260000	280000	260000
Wärme, ins Freie abgehend	„	108000	93750	66900	59000
Wärmeverluste durch Strahlung	„	77000	72850	81100	76600
zusammen	WE	645000	596000	608000	565000

IV. Heizung mit Hochofengas.

Luftüberschuß	%	25	15	25	15
Temperatur der verbrannten Gase nach Verlassen des Regenerators	°C	300	300	200	200
Wärme in den Destillationserzeugnissen	WE	180000	169400	180000	169400
Wärme, im Koks enthalten	„	280000	260000	280000	260000
Wärme, ins Freie abgehend	„	136000	220500	83700	74500
Wärmeverluste durch Strahlung	„	84000	80100	86300	81100
zusammen	WE	680000	630000	630000	585000

Eine Erwärmung der Luft allein kommt wegen des schlechten Wirkungsgrades nicht in Frage. Vergleicht man die zur Verkokung einer Tonne Koks in einem normalen Koksofen erforderliche Wärmemenge mit jener eines Koksofens, der mit armen Gasen geheizt wird, wobei nur die Luft auf 100° C vorgewärmt wird, so ist eine zusätzliche Wärmemenge erforderlich von 12% bei Heizung eines Ofens mit Mischgasen aus Koks, 13% bei Heizung mit Mischgasen aus Kohlen und 36% bei Heizung mit Hochofengas. Dagegen stellt sich die zusätzlich erforderliche Wärmemenge bei gleichzeitiger Erwärmung von Gas und Luft auf 2,6% bei Heizung mit Mischgasen aus Koks, auf 3% bei Heizung mit Mischgasen aus Kohlen und auf 8,5% bei Heizung mit Hochofengas.

Damit sich ein Koksofen zur Heizung mit solchen minderwertigen Gasen eignet, muß er in seinem Aufbau abgeändert werden. Sollen die Öfen mit Generatorgas geheizt werden, so darf das Gas wegen der zahlreichen engen Kanäle nicht unmittelbar in den Koksofen geschickt werden, sondern muß vorher vom Staub und Wasser befreit werden. Es ist also eine unabhängige Generatorgasanlage mit Kondensatoren und Reinigern erforderlich. Der Koksofen muß vier Regeneratoranlagen haben:

eine für das Brenngas und eine für die Luft, die beiden anderen für die verbrannten Gase, die sowohl den Regenerator des Gases als auch den der Luft erhitzen müssen. Ferner müssen die Kanäle der Brenngase im Ofen zweckmäßig verteilt werden. Die erforderlichen Regeneratoroberflächen und Kanalquerschnitte für die verbrannten Gase sind in Zahlentafel 77 angegeben, wobei die Abmessungen der Regeneratoren mit Koksofengasbetrieb als Einheit angenommen sind:

Zahlentafel 77.

Kanalabmessungen zur Heizung mit minderwertigen Gasen.

	Heizung mit			
	Koksofengas	Mischgas aus Koks	Mischgas aus Kohlen	Hochofengas
Kanalquerschnitt für die verbrannten Gase . . .	100	115	118	151
Regeneratoroberfläche . .	100	115	119	154

Aus diesen Zahlen geht hervor, daß z. B. bei Hochofengas Kanalquerschnitte und Regeneratoroberfläche um mehr als 50% größer als beim gewöhnlichen Koksofen sein müssen. Von den namhaften Koksofenbau-Firmen bauen fast alle die neuen Öfen für Heizung mit Schwachgas, und zwar so, daß die Öfen wahlweise mit diesem Gas (Generator-, Hochofengas usw.) oder wie bisher mit Koksofengas betrieben werden können. Weiter unten geben wir eine Auswahl der Bauarten.

Die erforderlichen zahlreichen Abänderungen der Öfen machen es erklärlich, weshalb man erst spät daran gegangen ist, die minderwertigen Gase zur Koksofenheizung zu verwenden.

Bei Beheizung von Koksöfen mit armen Gasen zeigt sich, daß infolge der geringeren Stärke der Verbrennung die Ofentemperaturen gleichmäßiger sind und die Regelung der Gas- und Luftzufuhr nicht so schwierig ist wie bei Koksofengas.

In der neuesten Zeit gewaltiger Wertsteigerung aller Brennstoffe ist es volkswirtschaftlich von Bedeutung, nicht allein die Brennstoffe restlos auszunutzen, sondern ihre Auswahl zu einem bestimmten Verwendungszweck so zu treffen, daß hierbei die höchste Leistung erzielt wird. Dies gilt in gleicher Weise von den gasförmigen wie von den festen Brennstoffen. Es ist daher in solchen Kokereibetrieben, die das erzeugte Koksofengas an Städte abgeben können, vorteilhaft, für die Beheizung der Öfen Generatorgas aus minderwertigen Brennstoffen zu verwenden, da durch den Gasverkauf an Städte eine gewinnbringendere Verwertung des Steinkohlengases möglich ist. Dasselbe gilt für Kokereien, die Hüttenwerken angegliedert sind und wo das Koksofengas wegen der erzielbaren hohen Verbrennungstemperatur sich bestens zur Beheizung metallurgischer Öfen (Martin-Öfen, Wärm- und Glühöfen u. dgl.) eignet. Jeder neuzeitliche Koksofen kann mit demselben wärmetechnischen Wirkungsgrade auch durch Generatorgas, erzeugt aus minderwertigen Brennstoffen, beheizt werden. Da das Koksofengas wegen seines hohen Heizwertes ein hochwertiges, für Fernleitung bestgeeignetes Gas darstellt, so ist jede Verwendung zur Beheizung von Koksöfen jetzt, nachdem Öfen bestehen, die auch mit Generatorgas aus minderwertigen Brennstoffen wirtschaftlich arbeiten, als eine nicht zweckentsprechende Brennstoffverwendung zu betrachten. Es ist volkswirtschaftlich wichtig, das in Kokereien erzeugte Koksofengas vollkommen als Heizgas für Städte und für industrielle Zwecke durch weitestgehende Anwendung von Verbundöfen im Kokereibetriebe freizumachen. In der gegenwärtigen Zeit haben daher besonders die Regenerativ-Ofensysteme mit wahlweiser Beheizung durch Stark- oder Schwachgas besondere Bedeutung erlangt, und es ist zu hoffen, daß in nicht allzu ferner Zukunft Koksöfen mit Beheizung durch eigenes Gas nicht mehr bestehen werden.

Regenerativofen von Heinrich Koppers (Schwachgas).

Abb. 36.

Der sog. Verbundofen der Firma Heinrich Koppers mit wahlweiser Beheizung durch Stark- oder Schwachgas unterscheidet sich in seinem äußeren Aufbau nicht von dem Regenerativofen normaler Bauart derselben Firma. Nur die Regenerationen weisen erhebliche Unterschiede auf. Zu jeder Reihe von Heizzügen gehört je ein Regeneratorpaar, welches durch die starken, die Kammerwände tragenden Pfeiler getrennt ist. Im oberen Ende dieses Pfeilers befindet sich der Verteilkanal für das Starkgas, der durch Düsen mit jedem Heizzug in Verbindung steht. Wird der Ofen mit Starkgas beheizt (rechte Seite der unteren Abbildung), so wird das Steinkohlengas aus der Leitung *E* durch besondere Zuleitungen für jede Reihe von

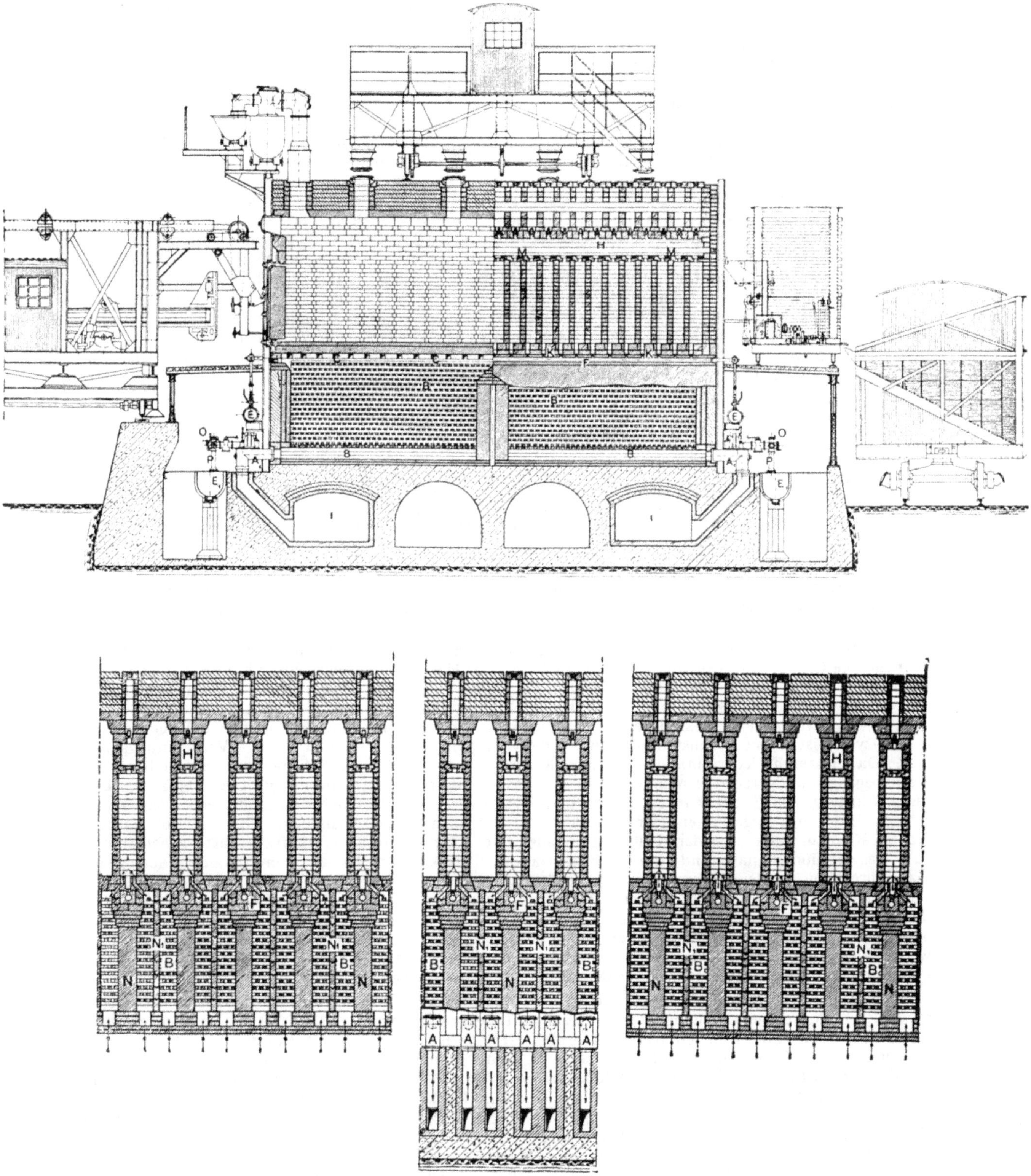

Abb. 36. Verbundofen der Firma Heinrich Koppers.

Heizzügen in die Verteilkanäle *F* eingeleitet. Die Verbrennungsluft tritt durch die Kniestücke *A*, welche gegen den Abhitzekanal *I* durch Ventile abgeschlossen sind, in die zu beiden Seiten der Pfeiler *N* befindlichen Regenerationen ein, erwärmt sich dort auf rd. 1000° und wird durch schräge Kanäle den Brennern in den Heizzügen zugeführt. Die Verbrennungsgase sammeln sich im wagerechten Kanal *H* und fallen auf der anderen Seite in die einzelnen Heizzüge ab, wo sie wiederum den Ofen durch die Regenerationen und die Kniestücke *A*, deren Abhitzeventile dort geöffnet sind, verlassen. Wird der Ofen mit Schwachgas beheizt (linke Seite der unteren Abbildung), so wird das Schwachgas der zu beiden Seiten des Ofens in dem Begehkanal befindlichen U-förmigen Rohrleitung E_1 entnommen, gelangt durch die Zuleitungen *P* und die Regulierhähne *O*, Kniestücke *A* in die Regeneration auf einer Seite der Pfeiler *N*. Die Verbrennungsluft wird durch die Kniestücke *A* auf der anderen Seite des Pfeilers *N* den Regenerationen und Brennern zugeführt. Gas und Luft vereinigen sich in den Brennern und ziehen die Verbrennungsgase durch den wagerechten Kanal *H* nach der anderen Ofenseite, wo sie wieder durch die Heizzüge abfallen und durch die Regenerationen und Kniestücke *A* den Ofen verlassen. Die Trennungswände zwischen Gas- und Luftregenerationen werden durch die starken Pfeiler N gebildet, während die Regenerationen gleicher Gasarten durch schwache Scheidewände N_1 getrennt sind. Es kann somit bei Druckunterschieden zwischen Gas- und Luftregenerationen eine Vermengung beider Gasarten und Vorverbrennung in der Regeneration nicht stattfinden, da die Regenerationsräume durch starke Wände getrennt sind. Allfällige Undichtheiten der Wände N_1 haben auf die Verbrennung im Ofen keinen Einfluß, da sich beiderseits dieser Wände in den Regenerationen gleiche Gasarten befinden. Es können sowohl einzelne Kammern, wie eine ganze Verbund-Ofenanlage je nach Bedarf mit Stark- oder Schwachgas beheizt werden, so daß die Erzeugung an Starkgas in weitgehendem Maße dem Bedarf angepaßt werden kann. Die Umstellung erfolgt ohne Schwierigkeiten in kurzer Zeit durch Anschließen der entsprechenden Zuleitungshähne an die Seilzüge der Umschaltvorrichtung.

Regenerativofen von Dr. C. Otto & Co. (Schwachgas).

Abb. 37.

Der Ottosche Unterbrenner-Koksofen mit wahlweiser Beheizung durch Stark- oder Schwachgas besteht aus der wagerechten, rechteckigen Kammer *a* von üblicher Länge. An jeder Seite des Ofens sind zwei Regeneratoren angeordnet, von denen die beiden äußeren *b* und *c* beim Schwachgasbetrieb zur Gasvorwärmung benutzt werden, während bei diesem Betriebe die beiden inneren Regeneratoren *d* und *e* zur Luftvorwärmung dienen.

Wie bei andern Regenerativöfen findet auch hier ein dauernder Wechsel in der Heizung statt in der Weise, daß die eine Heizwandhälfte unmittelbar geheizt wird und die Abgase in der andern Wandhälfte hinabfallen.

Das Schwachgas wird durch die Leitung *f* auf der einen Ofenseite zugeführt. Für jeden einzelnen Ofen oder für eine Gruppe von Öfen wird durch die Leitung *g* das Heizgas dem Regenerator *b* zugeführt, steigt darin in die Höhe und gelangt in den Gasverteilungskanal *h*. Für eine Gruppe von Öfen wird durch Luftklappen *i* dem Regenerator *d* die nötige Verbrennungsluft zugeführt, und zwar gelangt diese in die Luftverteilungskanäle *k*, nachdem sie sich beim Durchstreichen des Gitterwerks stark erwärmt hat. Für je zwei senkrechte Züge *l* der Heizwand ist je eine Brennstelle vorhanden, die vom Kanal *h* Gas und vom Kanal *k* Verbrennungsluft erhält. Die Gaszufuhr jeder einzelnen Brennstelle kann durch verstellbare Schieber *m* von den begehbaren Gewölbegängen aus geregelt werden, während man das Ansaugen der Verbrennungsluft in den einzelnen Zügen durch Einstellen der Schieber *n* regelt. Auf diese Weise wird eine regelmäßige Heizung jeder Heizwand gesichert. Die in den Zügen *l* der einen Ofenhälfte aufsteigenden Heizgase sammeln sich in dem oberen wagerechten Kanal *o*, treten zu andern Hälfte über, fallen in den Zügen *p* in dieser Hälfte abwärts, gehen zum Teil zum Gasverteilungskanal *q* und zum Teil zum Gasverteilungskanal *r*. Die aus den Kanälen *q* austretenden Gase durchstreichen den Regenerator *c*, gehen durch die Ventile *s* und zum Kanal *t*, von dort zum Kamin, während die aus den Kanälen *r* austretenden Abgase durch den Regenerator *e* zum Abhitzekanal *u* und von dort ebenfalls zum Kamin gehen. In den Kaminkanälen *t* und *u* bzw. *v* und *w* befinden sich Wechselschieber oder andere Umstellvorrichtungen, durch die die jeweilige Verbindung dieser Kanäle zum Kamin gewechselt werden kann. Nach der üblichen halben Stunde werden sämtliche Gashähne und Schieber umgestellt, und Luft und Gas sowie die Heizgase nehmen alsdann den umgekehrten Weg.

Sollen die Öfen statt mit vorgewärmtem Schwachgas mit nicht vorgewärmtem Starkgas geheizt werden, so werden beide Regeneratoren auf jeder Seite zur Luftvorwärmung benutzt. Die Luft für die Regeneratoren *d* und *e* tritt dann in der früheren Weise durch die Luftklappen *i* und *x* ein, während die Luft für die Regeneratoren *b* und *c* bei abgeschalteten Umstellhähnen *a'* und *b'* durch die Klappen *s* bzw. *c'* eintritt. Beide Sohlkanäle *h* und *k* führen somit den Brennstellen vorgewärmte Luft zu. Bei dieser Heizungsart tritt das kalte, hochwertige Destillationsgas durch die Leitung *d'*, die in den begehbaren Gewölbegängen untergebracht ist, zu. Von dieser Leitung *d'* zweigen sich für jede Wandhälfte Heizleitungen *e'* bzw. *f'* ab, von denen jede Brennstelle durch Düsen *g'* bzw. *h'* mit Brenngas versorgt wird. Es ist also ohne weiteres die Möglichkeit gegeben, besonders wenn man die Gasgeneratoren *v* und *c* für einzelne Öfen oder einzelne Ofengruppen abmauert, einzelne Öfen oder einzelne Ofengruppen mit vorgewärmtem Schwachgas oder unvorgewärmtem Destillationsgas zu heizen.

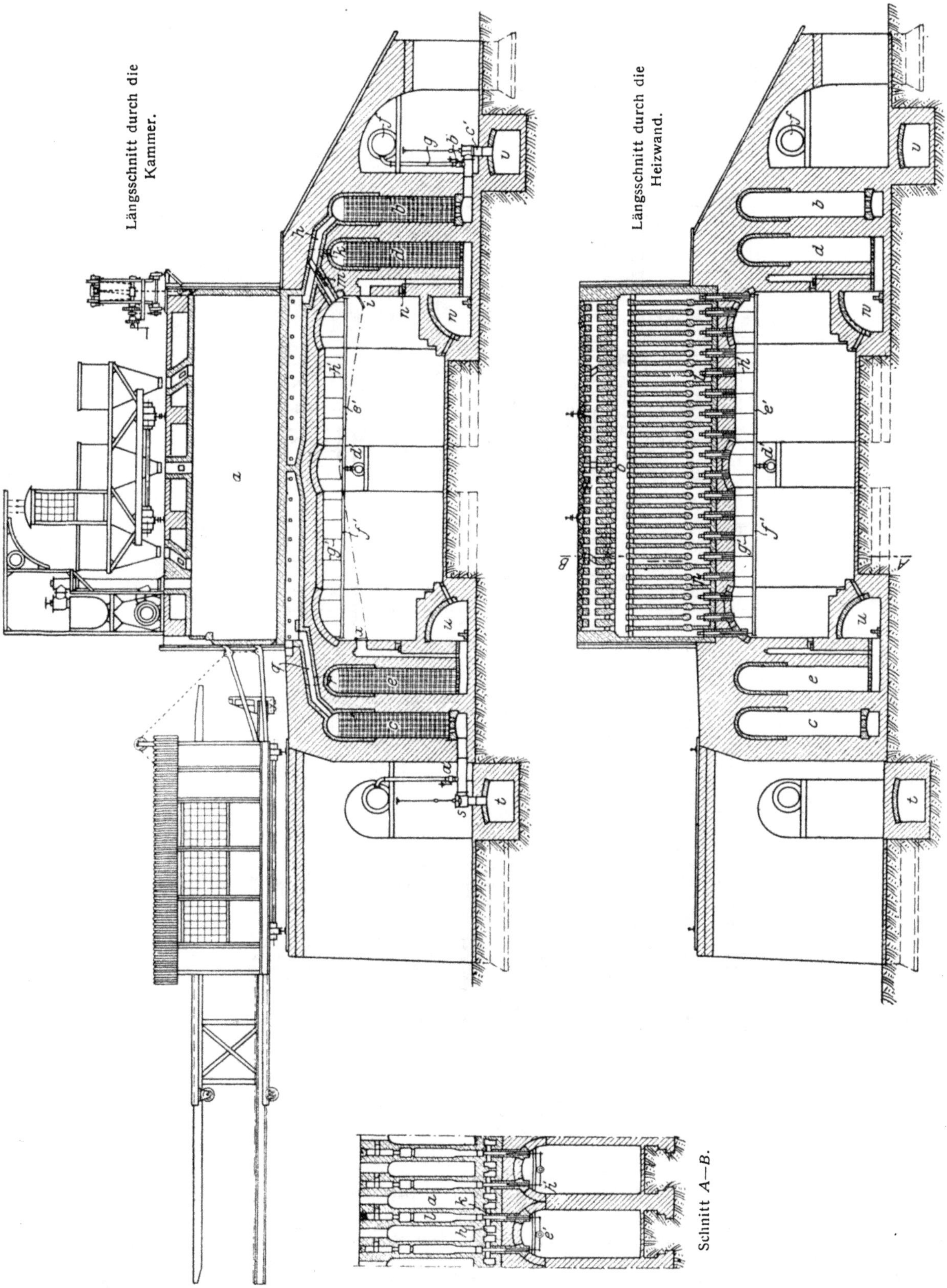

Längsschnitt durch die Kammer.

Längsschnitt durch die Heizwand.

Schnitt A—B.

Abb. 37. Regenerativofen von Dr. Otto & Co., für Heizung mit Schwachgas.

Regenerativofen von F. J. Collin, Dortmund (Schwachgas).

Abb. 38.

Unter den Öfen sind vier Regeneratoren angeordnet, von denen die beiden äußeren abwechselnd zur Vorwärmung der Gase und die beiden innern abwechselnd zur Vorwärmung der Verbrennungsluft dienen.

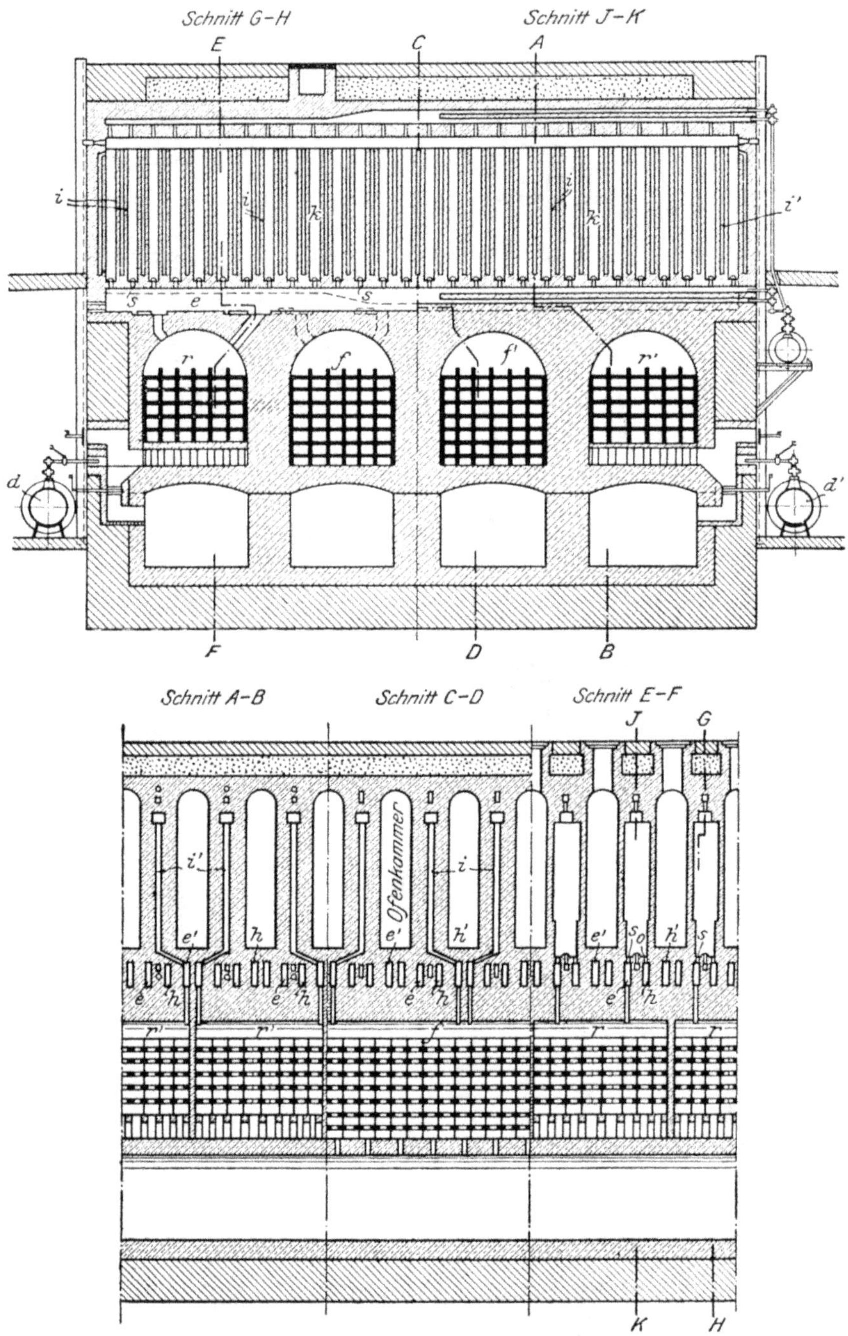

Abb. 38. Regenerativofen von F. J. Collin für Heizung mit Schwachgas.

Die eigentliche Heizung der Öfen ist genau dieselbe wie bei dem Regenerativofen mit Koksofengasheizung. — Das Schwachgas wird abwechselnd entweder durch Rohre *d* in den Regenerator *r* oder durch Rohre *d'* in den Regenerator *r'* geleitet und gelangt aus *r* in die Verteilungskanäle *e*, oder aus *r'* in die Verteilungskanäle *e* .

Die Verbrennungsluft wird einmal aus dem Regenerator f in die Ofensohlkanäle h und das andere Mal aus dem Regenerator f' in die Ofensohlkanäle h' geführt.

Bei aufwärts gehender Heizung[1]) steigt die Flamme in allen Heizkanälen k gleichzeitig hoch, worauf die Abgase durch die in den Bindern ausgesparten Kanälchen i und i' zu den Sohlkanälen h' und Verteilungskanälen e' und den anschließenden Regenerator f' und r' abgeführt werden. Beim Wechseln der Zugrichtung machen die Heizgase einfach den umgekehrten Weg. Die Frischgase werden jetzt in den von der Abhitze vorgewärmten Regenerator r' geleitet, während die Luft durch die Regeneratoren f' eingelassen wird. Von r' gelangt das Gas in die Verteilungskanäle e' und durch Schlitze i' in den oberen Teil der Wandkanäle. Hier geht die Entzündung von Gas und Luft vor sich. Das brennende Gas wird in allen Heizkanälen k gleichzeitig abwärts geführt und gelangt durch Schlitze o und s in die Kanäle h und e und von hier in die anschließenden Regeneratoren r und f. Durch die ständige Beheizung der Wandheizkanäle einmal von unten, das nächste Mal von oben wird auch bei der Verwendung von Hochofengas bei einer kurzen Flamme eine gleichmäßige Ofenbeheizung gesichert. Die Generatoren sind unter jedem zweiten Ofen mit einer Trennungswand versehen, so daß je zwei Öfen zusammen arbeiten und auch nach Belieben abgestellt werden können.

2. Die Gasanstalten.

a) Allgemeine Entwicklung.

Es ist jetzt über 100 Jahre her, seit 1810 in London die Light and Coke Co. gegründet wurde[2]). Diese erste Gasgesellschaft versorgt heute noch einen großen Teil Londons und seiner Vororte mit Gas.

Auf dem Festlande waren bis zum Jahre 1849 erst 35 Gasanstalten vorhanden. In den 50er und 60er Jahren setzte dann eine lebhaftere Entwicklung ein, und heute beträgt die Zahl der Steinkohlengaswerke nahezu 1400 mit einer Jahresgasmenge von rd. 3200 Mill. cbm. Aber zu keiner früheren Zeit war die Zahl der Gasanstalten und der Gasverbrauch größer als in den letzten 20 Jahren. Über die Weichbilder der Städte hinaus, unter Zusammenfassung benachbarter Ortschaften, hat man der ländlichen Bevölkerung Gas zur Beleuchtung, Heizung und Kraftversorgung zugeführt, und so ist in den letzten Jahren eine große Anzahl von Gasfernversorgungen als moderne Überlandzentralen entstanden, die sich rasch vermehren. Wir kommen hierauf später eingehend zurück.

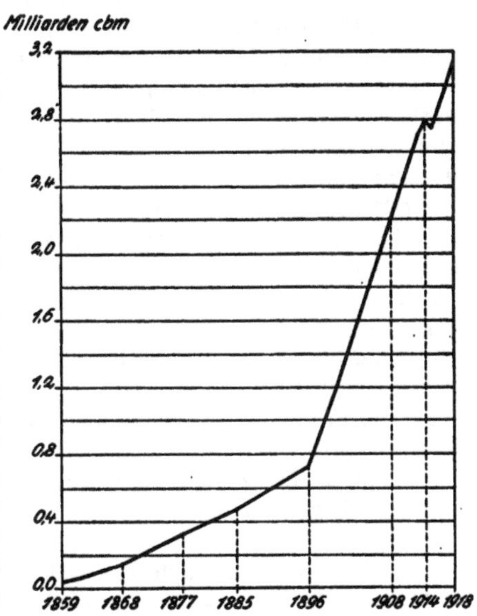

Abb. 39. Gesamte deutsche Leuchtgas-Erzeugung in Milliarden cbm.

Was die Anforderungen anbelangte, die man an die Eigenschaften des erzeugten Gases stellte, so war man bis in die ersten Jahre dieses Jahrhunderts bestrebt, ein im übrigen teer- und schwefelfreies Gas von möglichst hoher Leuchtkraft herzustellen. Man benutzte zur Beleuchtung zuerst den Argand- oder Schnittbrenner, in welchem man das Gas mit offener Flamme verbrannte, die um so leuchtkräftiger war, je mehr schwere Kohlenwasserstoffe das Gas enthielt. Die geniale Erfindung des Glühstrumpfes durch Auer von Welsbach zu Anfang dieses Jahrhunderts verursachte eine vollkommene Änderung in den Anschauungen über den Wert des Gases, da von nun an das Gas nur mehr der Heizstoff, der Glühkörper der Lichtträger war. Gleichlaufend mit dieser Entwicklung ging eine von Jahr zu Jahr steigende Verwendung des Gases zu Kochzwecken, während sich die Leuchtgasabgabe infolge der Konkurrenz des elektrischen Lichtes sich im Verhältnis zur Jahresabgabe der Gasanstalten immer mehr verminderte. Die Jahresabgabe nahm immer mehr zu, die Gasanstalten wurden zu Wärmezentralen der Städte und mußten umfangreiche Erweiterungen ihrer Anlagen vornehmen. In Abb. 39[3]) ist die Gaserzeugung Deutschlands einschließlich des Zechengasbezuges

[1]) Vgl. das auf S. 132 oben Gesagte.

[2]) Nach einem Vortrag von A. Sander, Karlsruhe, „Über die technische und wirtschaftliche Entwicklung der Leuchtgasindustrie".

[3]) Aus Journ. f. Gasbel. u. Wasserversorg. 1919, S. 671, Fig. 291.

für die Jahre 1859 bis 1918 dargestellt[1]). Hieraus ist das auffallende Ansteigen der Gaserzeugung in den Gaswerken Deutschlands seit dem Jahre 1896 ersichtlich. Von diesem Zeitpunkte ab galt die Heizkraft des Gases als Maßstab für seine Güte, und allgemein wurde ein oberer Heizwert von 5000 WE als Normal-Heizwert betrachtet.

Diese Änderung in den Anschauungen über die Güte des Gases blieb nicht ohne Einfluß auf die Betriebsführung der Gaswerke. Da die Forderung einer hohen Heizkraft auch durch ein Gas niederer Leuchtkraft erfüllt wird, wenn die im Gase niederer Leuchtkraft fehlenden Bestandteile die Leuchtkraft stark, die Heizkraft nur wenig herabsetzen, so konnte der Gasofenbetrieb viel freier und wirtschaftlicher geführt, die Kohle besser ausgegast werden. Auch war der Zusatz von Wassergas zum Steinkohlengas möglich, das nur wenig karburiert wurde, um den normalen Heizwert des Mischgases aufrechtzuerhalten. Von dem Wassergaszusatz machten die Gaswerke reichlich Gebrauch durch Aufstellung geringe Anlagekosten erfordernder Wassergasanlagen, wenn die Leistungsfähigkeit der Werke mit der stark steigenden Gasabgabe nicht mehr Schritt halten konnte.

Seit 1914, dem Ausbruch des Weltkrieges, machte sich ein derartiger Kohlenmangel geltend, daß die Gasanstalten zu weitgehenden Einschränkungen ihrer Gasabgabe schreiten mußten, indem Strafgelder bei Überschreitung eines Höchstverbrauches oder Sperrstunden, in denen überhaupt kein Gas abgegeben wurde, zur Einführung gelangten. Wenn trotz dieser Einschränkungen die Gasabgabe, wie vorstehende graphische Darstellung zeigt, im gleichen Maße zugenommen hat wie vor dem Kriege, so ist dies nur ein Beweis, welch wichtige Rolle heute den Gasanstalten als Licht- und Wärmezentralen der Städte zukommt. Infolge der Kohlennot und durch die mit dieser einsetzende Wertsteigerung der Kohle waren die Gaswerke zu starker Verdünnung des Gases durch Zusatz von unkarburiertem Wassergas in großen Mengen gezwungen, wenn nicht schon die minderwertigen verarbeiteten Kohlen von selbst ein heizwertarmes Gas hervorbrachten. Es wurde Gas von 4000 WE und auch weniger an die Verbraucher abgegeben.

Dr. Karl Bunte bezeichnete in seinem Vortrage: „Die Kohlenlage Deutschlands und Richtlinien für die Gasbeschaffenheit“[2]) einen oberen Heizwert von 4300 WE (0° 760) als noch zulässig, wenn der Gehalt des Gases an unverbrennbaren Bestandteilen (CO_2 und N_2) 12% nicht überschreitet. Wenn die Ausführungen Buntes in der sich an den Vortrag anschließenden Besprechung auch mit sehr geteilter Meinung aufgenommen wurden, so darf doch nicht übersehen werden, daß die so notwendige wirtschaftliche Ausnutzung unserer Brennstoffe von selbst die Abgabe heizkräftigen Gases verbietet, da dieses nur durch vermehrte Heranziehung der hochwertigen Kohlen zur Gaserzeugung gewonnen werden kann. Anderseits soll auch nicht die Herabsetzung des Wirkungsgrades der Gasverbrauchsapparate, insbesondere industrieller Öfen, außer acht gelassen werden, die zweifellos eintritt, wenn der Gasheizwert eine bestimmte Grenze unterschreitet.

Die Kohlendestillation in Gasanstalten ist wie jene in neueren Kokereien ein Veredelungsverfahren, bei dem die Wärmeenergie des Rohstoffes in den Veredelungsbestandteilen fast restlos wieder gewonnen wird. Nur 10 bis 12% vom Heizwert der Kohle gehen hierbei verloren, die zur Destillation in den Entgasungsöfen aufgewendet werden müssen. Vom volkswirtschaftlichen Standpunkte ist somit die Kohlenentgasung ein Verfahren, das gegenüber der Energieverschwendung bei unmittelbarer Verfeuerung der Kohle gestattet, die in der Kohle seit Jahrtausenden aufgespeicherten Energieen mit geringen Verlusten frei zu machen. Es ist dies auch von gesundheitlicher Bedeutung für unsere Städte und für ihre Bestrebungen zur Bekämpfung der Ruß- und Rauchplage.

Zahlentafel 78[3]) gibt die Verteilung der Kohlenförderung vom Jahre 1913 auf die verschiedenen Verbrauchsgebiete an.

---

[1]) Groß-Berlin erzeugte 1918 allein 540 Mill. cbm Gas, d. i. rd. $^1/_6$ der deutschen Gaserzeugung. Auf den Kopf der Bevölkerung kommen jährlich folgende Gasmengen in cbm:

in	Groß-Berlin	145	in	Kissingen	128
„	Charlottenburg	200	„	Baden-Baden	121
„	Bremerhaven	152	„	Karlsruhe	110
„	Pforzheim	144	„	Elberfeld	103
„	Göttingen	138	„	Wiesbaden	102

Dagegen in Großbritannien 200—300,
Paris, New-York, Amsterdam je 160.

[2]) Journ. f. Gasbel. u. Wasserversorg. 1919, S. 629.

[3]) Klingenberg, Z. d. V. d. I. 1918, S. 43. In dieser Zahlentafel ist anscheinend nicht der Menge englischer Kohlen Rechnung getragen, die rd. 10 Mill. t betrug und vornehmlich für Gaswerke und Rohverfeuerung diente. D. Verf.

Zahlentafel 78.

	Verbrauchszweck	Verbrauchsmenge t	Verbrauchsmenge %	Verbrauchsart
1	Kokerei	44 700 000	23,4	Entgasung 28,7 %
2	Gaswerke	10 150 000	5,3	
3	Elektrizitätswerke	5 550 000	2,9	Rohverfeuerung 58,2 %
4	Industrie	46 000 000	24,1	
5	Eisenbahn	17 750 000	9,3	
6	Schiffahrt	10 150 000	5,3	
7	Hausbrand	17 400 000	9,1	
8	Brikettierung	6 650 000	3,5	
9	Landwirtschaft	7 650 000	4,0	
10	Ausfuhrüberschuß	25 000 000	13,1	Rohausfuhr 13,1 %

Aus dieser Zahlentafel ist ersichtlich, daß, abgesehen von der Kohlenausfuhr, noch immer 58,2% der Kohle roh verfeuert und nur 28,7% in Kokereien und Gasanstalten verwendet werden. Der bescheidene Anteil der Gaswerke an der Kohlenverarbeitung beträgt mit rd. 10 Mill. t nur etwa 5,3% der Jahreskohlenförderung. Da somit trotz der starken Ausbreitung der Gasverwendung noch mehr als die Hälfte der geförderten Kohlen im rohen Zustande verbrannt wird, so bietet sich allen Bestrebungen, die auf eine Verwertung der Kohle unter Gewinnung der Nebenerzeugnisse in Kokereien und Gaswerken hinarbeiten, noch ein weites Feld der Betätigung.

Für die Gasfabrikation eignen sich im allgemeinen gasreiche, langflammige, sog. Gaskohlen von etwa folgender Zusammensetzung:

60 bis 75% C,
30 bis 35% flüchtige Bestandteile.

Die Herkunft der Kohle ist je nach der Lage der Städte zu den Kohlenbezirken verschieden. Im Winter ist der Kohlenverbrauch der Werke wesentlich größer als im Sommer, weshalb bei möglichst gleichförmigem Kohlenbezuge während des ganzen Jahres im Sommer die überschüssigen Mengen in Kohlenlagern aufgestapelt werden müssen. Im Winter, zur Zeit des Höchstverbrauches, soll in den Kohlenlagern eine Kohlenmenge aufgespeichert sein, durch die mindestens der Verbrauch von einem Monat sichergestellt ist. Da die meisten Kohlen unter der Einwirkung atmosphärischer Einflüsse eine mehr oder weniger große Wertverminderung erleiden, so werden zu ihrer Lagerung häufig gedeckte Schuppen errichtet. Zweckmäßig werden diese Schuppen so angelegt, daß das große Lager in zahlreiche voneinander gänzlich getrennte Abteilungen zerteilt wird. Es empfiehlt sich dies, um im Falle eines Kohlenbrandes, wie er durch Selbstentzündung entstehen kann, die hiervon betroffenen Abteilungen rasch entleeren zu können. In Deutschland wurden bisher Brände hauptsächlich bei englischen und westfälischen Kohlen beobachtet, während bei Saarkohlen überhaupt keine und bei schlesischen Kohlen nur eine geringe Erwärmung des Lagers auftritt. Man kann daher Saarkohlen bis zu einer Höhe von 10 m aufschichten, während bei den anderen Sorten nur eine Höhe von 3 bis 8 m zulässig ist. In neuerer Zeit ist man vom Bau der hohe Anlagekosten erfordernden Taschen-Silos wieder abgekommen und errichtet nur hohe gedeckte Schuppen, die von allen Seiten offen und frei zugänglich sind, oder lagert die Kohle im Freien unter Verzicht auf jeden Schutz vor Witterungseinflüssen. In jedem Falle, auch bei Lagerung der Kohle im Freien, ist es unbedingt erforderlich, durch in bestimmten Zeitabschnitten auszuführende Temperaturmessungen im Kohlenlager das Vorhandensein von etwaigen Brandherden festzustellen.

Die Transporteinrichtungen zur Beförderung der Kohlen von den Eisenbahnwagen oder vom Schiff zum Lager oder zur Ofenanlage sind in den einzelnen Gaswerken je nach den örtlichen Verhältnissen sehr verschieden. Auf großen Gaswerken mit freier Kohlenlagerung dient eine Kohlenverladebrücke, die den ganzen Lagerplatz überspannt und längs desselben verfahren werden kann, zur Kohlenbeförderung zum oder vom Lager. Die mittels Bahn ankommende Kohle wird durch Kipper, die zu Schiff ankommende Kohle durch einen Entladekran in die Aufgabevorrichtung eines Vorbrechers entleert. Von dort entnimmt der Greifer der Kohlenverladebrücke die Kohle und führt sie zum Lager. Die Kohle gelangt vom Vorbrecher unmittelbar auf Gurtförderer, welche sie in die Kohlenbunker der Ofenanlage bringen. Soll Kohle vom Lager der Ofenanlage zugeführt werden, so wird sie durch die Greifer der Kohlenverladebrücke dem Lager entnommen und zur Aufgabevorrichtung des Förderbandes gefahren.

Vor der Entgasung wird die Kohle zweckmäßig einer Aufbereitung in einer Kohlenmisch- und Mahlanlage unterzogen. Die Errichtung solcher Anlagen ist besonders für große Gaswerke empfehlenswert, in denen auf Erzeugung hochwertigen Kokses Wert gelegt wird. Der Kokserzeugung wurde bis vor wenigen Jahren auf Gasanstalten nur geringe Beachtung entgegengebracht. Die Gaswerke waren in erster Linie Gaserzeugungsbetriebe, dem hierbei entfallenden Koks wurde wenig oder keine Bedeutung beigelegt. Gerade unter der heute stark schwankenden, häufig aschenreichen Beschaffenheit der Kohle ist eine Aufbereitung schon aus dem Grunde notwendig, damit ein gleichmäßiger hochwertiger Koks erzeugt wird. Die Überzeugung, daß es für einen planmäßig geführten Gaswerksbetrieb unerläßlich ist, nicht allein auf das Gasausbringen das Hauptaugenmerk zu richten, sondern auch eine hohe Koksausbeute von bester Güte anzustreben, ist in letzter Zeit auch in Gasanstalten immer mehr durchgedrungen. Welche wirtschaftliche Wertschätzung einem guten Koksausbringen beizumessen ist, erhellt am besten daraus, daß bei zweckmäßig vorbereiteter und in Kammeröfen entgaster Kohle allein an verkaufsfähigem Koks in der Korngröße von 40 bis 90 mm rd. 60% des eingesetzten Kohlengewichtes erzielt werden können. Da der Koks mindestens denselben Verkaufswert wie die Kohle besitzt, so sind hierdurch schon 60% der Kohlenkosten gedeckt. Gleich den Kokereien erscheint auch in Gaswerken eine Vorbereitung der Kohle besonders bei stark schwankender Zusammensetzung in Kohlen-Misch- und -Mahlanlagen zweckmäßig. Koppers sagt hierüber in seinem Vortrage: „Die Verwendung von Kammeröfen für Gaswerke“[1]):

„Um die Qualität des in Gaswerken erzeugten Kokses zu verbessern, so daß dieselbe eine vom Hüttenkoks nur wenig verschiedene wird, ist es notwendig, die Kohlen vor der Entgasung in geeigneter Weise aufzubereiten, indem sie bis auf eine Korngröße von 0 bis 10 mm gemahlen und dadurch homogenisiert werden. Die in den einzelnen Kohlenstücken enthaltenen aschenreichen Lamellen verlieren durch die gleichmäßige Verteilung der Asche in der gesamten Kohlensubstanz den schädlichen Einfluß auf die Koksbeschaffenheit. Mit der Mahlung der Kohle allein sollte man sich besonders auf mittleren und großen Gaswerken jedoch nicht begnügen, sondern es müssen Einrichtungen geschaffen werden, um verschiedene Kohlenqualitäten so miteinander zu vermischen, daß den Entgasungsöfen ständig ein gleichmäßiges Kohlengemisch zugeführt wird, wodurch neben einer guten, immer gleichbleibenden Koksqualität vollständige Unabhängigkeit des Ofenbetriebes von der jeweiligen Kohlenbeschaffenheit erreicht wird. Auf diese Weise kann selbst Brandkohle bei richtiger Mischung mit frischer, backender Kohle zu brauchbarem Koks verarbeitet werden.“

b) Die Technik der Gaserzeugung in Gasanstalten.

α) Entwicklung der Ofenbauarten.

Die Vergasung wurde in der ersten von Murdoch errichteten Gasanstalt in senkrecht stehenden eisernen Tiegeln oder Röhren, sog. Retorten, vorgenommen, die mit Kohlen gefüllt und in einem Ofen erhitzt wurden. Das untere Ende der Retorten war fest verschlossen, während oben ein enges Rohr angebracht war, durch das das Gas an seinen Verwendungsort geleitet wurde. Diese einfache Anordnung ist im Laufe der Jahre erheblich verbessert worden. In den fünfziger Jahren des vorigen Jahrhunderts wurden die eisernen Retorten durch solche aus Schamotte ersetzt, die viel höhere Temperaturen vertrugen und länger hielten. Schon vorher war man, da die Entleerung der stehenden Retorten schwierig war, zu schrägen und dann zu wagerechten Retorten übergegangen. Bei den wagerechten Retorten war zwar die Entfernung des Kokses leichter, dagegen ihre Füllung recht schwierig, denn die Kohlen mußten vom Arbeiter mit der Schaufel mit besonderem Geschick in die Retorte hineingeworfen werden. Die weiteren Bestrebungen, die Gasöfen zu verbessern, zielten daraufhin:

1. die Handarbeit bei der Bedienung der Öfen auf ein Mindestmaß zu beschränken,
2. die Leistungsfähigkeit der Ofeneinheiten auf gleicher Grundfläche zu steigern,
3. ein höheres Gas- und Koksausbringen zu erzielen und die Güte des Kokses zu verbessern,
4. in wärmewirtschaftlicher Hinsicht den Aufwand an Unterfeuerung zur Beheizung der Öfen möglichst einzuschränken.

In der Entwicklung der Öfen traten diese Bestrebungen meist gleichzeitig auf, so daß sich eine Betrachtung der Ofenbauarten in der Reihenfolge ihrer Entstehung empfehlen dürfte. Die ersten Retortenöfen mit wagerechten Retorten aus Schamotte, von denen meist 7 oder 9 in einer Ofenhülse vereinigt waren, wurden von Hand gefüllt und entleert. Sie besaßen gewöhnliche Rostfeuerung, ähnlich der Dampfkesselfeuerung. Die Leistungsfähigkeit dieser Öfen war sehr gering, der Aufwand

[1]) Vortrag, gehalten im Märkischen Verein von Gas-, Elektrizitäts- und Wasserfachmännern in Berlin am 27. April 1919. Journ. f. Gasbel. u. Wasserversorg. 1919, Heft 29 u. 30.

an Arbeitskräften hoch, und der Unterfeuerungsverbrauch in Form von Koks betrug 25 bis 50% des eingesetzten Kohlengewichtes. Um besonders den Unterfeuerungsverbrauch herabzusetzen, baute man Öfen mit Generatorgasbeheizung und teilweiser Rückgewinnung der Wärme der Verbrennungsgase durch Vorwärmung der Sekundärluft in Rekuperatoren. Die Generatoren wurden bei diesen Öfen entweder in dieselben eingebaut (Halbgasgeneratorofen) oder, wenn genügend Platz vorhanden war, vor die Öfen gestellt (Vollgeneratorofen). Bei diesen Öfen trifft das gebildete Generatorgas in Höhe der untersten Retortenreihe in Brennern mit der vorgewärmten Sekundärluft zusammen, während die aus dem Ofen abziehenden Verbrennungsgase, in der Rekuperation hin- und hergehend, wagerechte Kanäle durchziehen, zwischen denen sich, durch Wände getrennt, die Sekundärluftkanäle befinden, in denen die Sekundärluft durch die von den Schamottewänden der Kanäle übergeleitete Wärme erhitzt wird.

Der Unterfeuerungsverbrauch dieser Öfen ist gegenüber jenem der Rostöfen infolge der teilweisen Wärmerückgewinnung bereits erheblich niedriger und beträgt 16 bis 20% der eingesetzten Kohle. Ein wesentlicher Fortschritt wurde im Gasofenbau erzielt, als Coze in Reims im Jahre 1884 Öfen mit schrägliegenden Retorten erbaute, ähnlich denjenigen, welche schon Murdoch benutzt hatte. Bei diesen Öfen war die schwere Lade- und Entladearbeit erheblich verringert, denn man konnte die Kohle von oben in die Retorte einwerfen und nach beendigter Ausgasung den Koks unten herausziehen, was wegen der geneigten Lage der Retorten wesentlich leichter zu bewerkstelligen war als bei wagerechten Retorten. Durch Benutzung von Hängebahnwagen auf der Ofenladeseite und Kokstransportrinnen auf der Entladeseite vor den Öfen erfolgte die Kohlenzufuhr wie die Koksabfuhr auf maschinellem Wege, wodurch die Handarbeit nur auf das Füllen und Entladen der Retorten beschränkt wurde. Der senkrechte Retortenofen stellt lediglich eine weitere Verfolgung des Zieles dar, durch entsprechende Lage der Entgasungsräume die Handarbeit noch weiter zu vermindern und die Ofenleistung auf die Einheit der bebauten Grundfläche zu erhöhen. Die Erfolge, die diese senkrechten Öfen aufzuweisen hatten, waren für die Erbauer der alten Öfen ein Ansporn, diese zu verbessern, und zwar vor allem durch Einführung von Maschinen zum Laden und Entladen, ferner durch Anwendung durchgehender Retorten und durch Verdoppelung der Retortenlänge auf 6 m, wodurch das Fassungsvermögen einer Retorte bis auf 600 kg erhöht und die Entgasungsdauer von 4 bis 6 auf 8 bis 9 Std. verlängert werden konnte. Ebenso wie bei den schräg- und den senkrechtstehenden Retorten gelang es durch Anwendung von meist elektrisch betriebenen Lade- und Entlademaschinen, die ungesunde und anstrengende Ofenarbeit zu erleichtern und an Bedienung zu sparen. Das Einblasen von Wasserdampf in die Retorten in den 2 letzten Stunden der Garungszeit zum Zwecke der Wassergaserzeugung wurde zum erstenmal bei der senkrechten Retorte in Anwendung gebracht. Dadurch wird zwar die Ofenleistung nicht erhöht, wohl aber die Gasausbeute, die hierbei etwa 38 bis 43 cbm/100 kg Kohle beträgt, gegenüber 30 bis 34 cbm ohne Wasserdampfzusatz. Es werden hierdurch eine nicht unerhebliche Kohlenersparnis und wirtschaftliche Vorteile für die Gaswerke erzielt, da das durch Wassergas verdünnte schlechtere Gas trotz der durch die Kohlenersparnis eintretenden Verringerung der Selbstkosten zum selben Preise an die Verbraucher abgegeben wird. In der Zeit der Kohlenknappheit während der letzten Jahre ist von diesem Mittel der Kohlenersparnis reichlich Gebrauch gemacht worden, und fast alle neueren Retortenöfen sind mit den Einrichtungen für Wasserdampfeinführung in die Retorten versehen worden.

Fast gleichzeitig mit dem Auftreten der senkrechten Retortenöfen machten sich Bestrebungen in der Ofenbautechnik geltend, durch Vergrößerung der Entgasungsräume und Verlängerung der Garungszeit die Leistungsfähigkeit der Öfen zu erhöhen und die Handarbeit einzuschränken. Ein weiterer Einfluß der so entstandenen sog. Großraum-Ofenbauten auf die Wirtschaftlichkeit der Kohlenentgasung war die erhöhte Gasausbeute und der geringere Unterfeuerungsverbrauch. Erstere ist wesentlich durch den Grad der Kohlenausgasung bestimmt. Nach Karl Bunte ist die Grenze der Gasausbeute im allgemeinen dann gegeben, wenn die in der Zeiteinheit erzeugte Gasmenge einen geringeren Wert hat, als die in derselben Zeit aufgewendete entsprechende Koksmenge für die Unterfeuerung. Wenn man das Kubikmeter Gas als doppelt so wertvoll ansieht wie die entsprechende Menge der Kohlen und des Kokses, so lohnt sich die Fortführung der Entgasung um eine weitere halbe Stunde bei vierstündiger Entgasung nur, wenn noch auf 100 kg Kohle 1 cbm Gas zu erwarten, bei 24stündiger noch, wenn nur mehr 0,16 cbm zu gewinnen wären. In einem Ofen können natürlich nicht alle Retorten gleichheiß sein, und die einzelnen Retorten können nicht jeweils um wenige Kilogramm verschiedene Ladungen entsprechend ihrer verschiedenen Temperatur erhalten. Infolgedessen werden, wenn man das im Mittel richtige Ladegewicht wählt, einzelne Retorten zu schwach, andere etwas zu stark ausgegast sein. Auch das Verhältnis der Ladedauer für kleinere Kohlenmengen hat einen bedeutenden Einfluß auf den Unterfeuerungsverbrauch und die Leistungsfähigkeit des Ofens. Bei einem wagerechten Ofen mit Handladung müssen, eine Ladezeit von nur 5 Min. und eine Garungszeit von 4½ Std. vorausgesetzt, auf 1 Retorte täglich 26,7 Min. verwandt werden, d. h. die Retorte wird den 54. Teil des Tages beheizt, ohne Arbeit zu leisten und, auf einen Durchsatz von 10 t bezogen, wird rd. 5½ Std. lang kein Gas gemacht. Beim Vergleich mit diesen Verhältnissen wird der Fortschritt der Kammeröfen damit begründet, daß sie bei 11 t Ladung auf die Kammer in 24 Std. nur einmal 15 Min. Ladezeit beanspruchen, also nur den 96. Teil des Tages. Indes dürfte diese Folgerung ohne Berücksichtigung der Leistung nicht stichhaltig sein.

Der erste Großraumofen entstand aus dem Schrägretortenofen durch Zusammenfassung dreier übereinander liegender Retorten zu einer schrägen Kammer. Ein großes Verdienst um die Ausgestaltung und Ausführung dieses sog. Schrägkammerofens hat sich Ries, der Direktor der Münchener Gasanstalt, erworben. Durch Verlängerung der Garungszeit auf 24 Std. entfiel die Nachtarbeit, und das Laden und Entladen der Öfen konnte in einer achtstündigen Tagesschicht durchgeführt werden. Die nächste Stufe in der Entwicklung der Großraumöfen war der Bau von wagerechten Kammeröfen, die aus der Kokereitechnik übernommen wurden. Damit war die Entwicklung der Gasofenbauarten, wenigstens für Großgaswerke dort angelangt, wohin sie naturnotwendig führen mußte, zu den mittlerweile betriebs- und wärmetechnisch am meisten vervollkommneten Kokereiöfen.

Verfolgt man die Entwicklung der Gaserzeugungsöfen in feuerungstechnischer Hinsicht, so zeigt sie das Bestreben, den Unterfeuerungsverbrauch immer mehr einzuschränken. Dies war in vieler Hinsicht von Erfolg begleitet. Man vergrößerte die Rekuperationsräume, um eine bessere Wärmeausnutzung zu erzielen, oder man ordnete die Entgasungsräume in einer Weise an, daß bei größtmöglichem Kohleninhalt die freie Strahlungsfläche des Ofens aufs äußerste beschränkt wurde.

Ein bemerkenswerter Fortschritt in der Wärmewirtschaft der Gaserzeugungsöfen war jedoch erst in dem Augenblick zu verzeichnen, als das System der regenerativen Beheizung durch Generatorgas, welches in getrennt stehenden Generatoren erzeugt wird, allgemein Eingang in den Gaswerksofenbau gefunden hatte. Die vordem ausschließlich angewandten Rekuperatoren zur Wärmerückgewinnung sind zweiräumige Erhitzer, in denen die Wärmeübertragung durch Wärmeleitung durch die Trennungswände der Kanäle erfolgt. Im Regenerator geschieht die Wärmeübertragung durch Wärmestrahlung mit einem weit besseren Wirkungsgrade als durch Wärmeleitung[1]). Ferner neigen die Trennungswände der Rekuperationskanäle um so mehr zum Undichtwerden, je dünner sie zugunsten eines besseren Wärmeüberganges ausgeführt werden. Da beiderseits der Trennungswände in den Rauch- und Sekundärluftkanälen erhebliche Druckunterschiede herrschen, so strömt bei eintretendem Undichtwerden Sekundärluft in die Rauchgaskanäle, wodurch abgesehen von ausgleichbaren Zugverlusten Wärmeverluste entstehen und der Grad der Vorwärmung der Sekundärluft im steigenden Maße beeinträchtigt wird. Wenn solche Undichtheiten bei neuerbauten Anlagen auch nicht bemerkbar sind, so treten sie doch bei längerer Betriebszeit ein und erhöhen den Unterfeuerungsverbrauch. Ganz wesentliche, vor allem wärmetechnische Vorteile gegenüber einem Ofenbetrieb durch vorgebaute Einzelgeneratoren werden dadurch erzielt, daß der Generator bei regenerativer Beheizung getrennt vom Ofen zur Aufstellung gelangt und mit mechanischer Entschlackung durch Drehroste ausgestattet werden kann. Daher entfällt bei diesen Generatoren die Entschlackung von Hand, welche bei vorgebauten Generatoren eine schwierige Arbeit darstellt und bei großem Aschengehalt des Brennstoffes sehr häufig zu unerträglichen Zuständen führt. In Zentralgeneratoren ist die Verwendung von Kleinkoks in der Korngröße von 5 bis 30 mm möglich und selbst ein hoher Aschengehalt des Brennstoffes für den Betrieb nicht nachteilig. Wirkungsgrad und Gasleistung solcher mechanisch entschlackter Generatoren sind wesentlich höher als die der Einzelgeneratoren, weshalb ein getrennt aufgestellter Generator mehrere Öfen gleichzeitig mit Gas versorgen kann. Bei diesem wird auf die fühlbare Wärme des Generatorgases zugunsten einer gründlichen Gasreinigung verzichtet. Ein solcher Verzicht scheint bei regenerativer Beheizung zulässig, da der Wärmeinhalt der Verbrennungsgase ohne weiteres ausreicht, um Gas und Luft vorzuwärmen. Bei Ofensystemen, bei denen das Generatorgas bereits heiß mit 700° bis 900° in den Öfen eintritt, wird nur die Hälfte der Wärme der Verbrennungsgase zur Luftvorwärmung ausgenutzt, die andere Hälfte geht verloren. Dr. Karl Bunte sagt hierüber[2]): „Ein wichtiger Bestandteil der Ökonomie liegt bei allen Ofensystemen

[1]) Litinsky, Regenerator oder Rekuperator? Zeitschr. des Vereins der Gas- und Wasserfachmänner in Österreich und Ungarn 1918, S. 161.

[2]) Dr. Karl Bunte, „Feuerungstechnische Entwicklung der Gaserzeugungsöfen", Journ. f. Gasbel. u. Wasserversorg. 1913, S. 671.

in der Wiedergewinnung der Abwärme der Verbrennungsgase. Mit etwa 1000° müssen die Abgase aus dem eigentlichen Heizraum entlassen werden. Bei 19% Kohlensäure würden dann etwa 60% des Heizwertes verloren gehen. Von dieser Wärmemenge läßt sich aber ein sehr beträchtlicher Teil dem Heizraum durch Vorwärmung der Verbrennungsluft wieder zuführen."

Erinnern wir uns zunächst, welche Wärmemenge aus den Abgasen in die Oberluft übernommen werden kann, so zeigt sich nach Versuchen, daß bei Generatorgasfeuerung auf 1 R.-T. Oberluft je nach der Zusammensetzung des Generatorgases zwischen 1,6 und 2,2 R.-T., also rd. 2 R.-T. Verbrennungsgase entstehen. Da ferner die Wärmekapazität der Verbrennungsgase mit 0,37 bei der mittleren Regenerationstemperatur von 700° etwas höher ist als die Wärmekapazität der Luft mit 0,34, so kann schon theoretisch nur annähernd die Hälfte des Wärmeinhaltes der Abgase an die Oberluft übertragen werden. Wenn wir also mit etwa 1000° die Abgase in die Regeneration schicken, so wird die Oberluft bestenfalls die Rauchgase auf etwa 500° abkühlen. Praktisch findet man, ohne daß dabei auf einen Betriebsfehler geschlossen werden kann, infolge der Strahlung und Leitung vom Oberbau her Temperaturen der Abgase, die bei Innengeneratoröfen vor dem Wasserschiff etwa 700° bis 800° betragen, bei anderen Öfen, wo weniger strahlende und abgeleitete Wärme vom Oberbau her wirkt, z. B. Vertikalöfen, immerhin 650°. Erst hinter dem Wasserschiff pflegen die Temperaturen auf 500° bzw. 300 bis 350° zu fallen. Gehen die Abgase mit tieferen Temperaturen ab, so muß die Wärme entweder durch Strahlung und Leitung oder meist infolge von Undichtigkeiten und Verdünnung verlorengegangen sein, und das Ergebnis ist unrichtiger, als wenn die Temperatur hoch ist. Anders liegt der Fall natürlich, wenn es sich wie bei den Kokereiöfen um die Verbrennung von Leuchtgas handelt: Dann ist die Wärmekapazität der Verbrennungsluft und der Abgase etwa 0,75 bis 1, und in diesem Falle kann selbstverständlich die Oberluft einen sehr beträchtlichen Teil des Wärmeinhaltes der Abgase aufnehmen, und Abgastemperaturen von 250° können in diesem Falle erhalten und erklärt werden.

Es ist daher nicht nur kein Nachteil, sondern in wärmewirtschaftlicher Hinsicht erforderlich, den Wärmeinhalt der Verbrennungsgase zur Luft- und Gasvorwärmung gänzlich auszunutzen, wenn, und dies ist wesentlich, der Verlust durch Zerstörung der fühlbaren Wärme des Generatorgases geringfügig ist gegenüber der Wärmerückgewinnung aus den Verbrennungsgasen durch Wiedererhitzung des Generatorgases in Regeneratoren. Letztere beträgt infolge des hohen Wirkungsgrades der Drehrostgeneratoren ein Vielfaches der durch die Gasreinigung verloren gehenden fühlbaren Gaswärme. Im übrigen kann diese Wärme in Dampfkesselgeneratoren dazu benutzt werden, den für den Betrieb notwendigen Dampf zu erzeugen. Peischer hat wärmewirtschaftliche Vergleiche zwischen regenerativer und rekuperativer Beheizung von Gaserzeugungsöfen und die in umstehender Zahlentafel 79 wiedergegebenen Wärmebilanzen für beide Systeme aufgestellt[1]). Aus diesen Wärmebilanzen geht hervor, daß bei der regenerativen Beheizung mittels Zentralgeneratoren rd. 11% der in die Generatoren in Koksform eingeführten Wärme in den Verbrennungsgasen verloren gehen, während dieser Verlust bei rekuperativer Beheizung rd. 37% beträgt. Es verbleibt somit beim Regenerativverfahren eine im Ofen zur Kohlenentgasung, Strahlung und Leitung und zur Wasserdampferzeugung verfügbare Wärmemenge von 84% der in Koksform in den Generatoren eingeführten gegenüber nur rd. 57% beim Rekuperativverfahren.

Es hat in neuerer Zeit auch nicht an Versuchen gefehlt, die hohe Abwärme von Gaserzeugungsöfen mit vorgebauten Generatoren in Dampfkesseln, die man in die Rauchkanäle einbaute, zum Teil zurückzugewinnen. Der Wirkungsgrad einer solchen Kesselanlage ist wegen des geringen Wärmegefälles, das zur Verfügung steht, nicht hoch; dementsprechend beträgt die in Dampfform rückgewinnbare Wärmemenge nur etwa 15 bis 20% der in Koksform in den Generator eingeführten. Da die Anlagekosten für solche Abwärmegewinnungsanlagen nicht geringer sind als jene von Zentralgeneratoren und letztere in Verbindung mit regenerativer Wärmerückgewinnung eine viel größere Wärmemenge unmittelbar in Form von Koks ersparen, so können Ofenanlagen mit Abwärmerückgewinnung in Form von Dampf ihrem wirtschaftlichen Werte nach mit regenerativ beheizten Ofenanlagen nicht auf eine Stufe gestellt werden.

In neuerer Zeit werden Gaserzeugungsöfen vielfach mit regenerativer Beheizung versehen, und diese Öfen sollen mit den übrigen neuzeitlichen Ofenbauarten im nachfolgenden näher behandelt werden.

---

[1]) Peischer, „Wärmewirtschaftliche Betrachtungen über Gaserzeugungsöfen", Journ. f. Gasbel. u. Wasserversorg. 1919, Heft 28.

Zahlentafel 79.

		von 1000 WE in Koksform in den Generator eingeführt		für 1 kg entgas. er Kohle	
		Regen.	Rekup.	Regen.	Rekup.
I. Generator.					
a) zugeführt:					
Im Heizwert des Kokses	WE	1000	1000	800	1149
in dessen fühlbarer Wärme	„	—	51	—	59
im Dampf bzw. Unterluft und Dampf	„	27	34	22	37
		1027	1085	822	1245
b) abgeführt:					
Im Heizwert des Generatorgases	WE	810	752	650	864
im Wärmeinhalt des Generatorgases	„	66	216	53	248
im verdampften Speisewasser	„	137	—	109	—
Verluste in den Schlacken, im Flugstaub und durch Strahlung und Leitung	„	14	117	10	133
		1027	1085	822	1245
II. Brenner im Ofen.					
a) zugeführt:					
Im Heizwert des Generatorgases	WE	810	752	650	864
in dessen Wärmeinhalt	„	—	216	—	248
durch Vorwärmung des Generatorgases	„	252	—	202	—
durch Vorwärmung der Oberluft	„	240	218	193	251
		1302	1186	1045	1363
b) abgeführt:					
Zur Kohlenentgasung durch Strahlung und Leitung	WE	704	567	565	652
im Wärmeinhalt der Verbrennungsgase	„	520	532	417	612
durch Strahlung und Leitung in den Oberbau	„	78	87	63	99
		1302	1186	1045	1363
III. Regeneration und Rekuperation.					
Ausgenutzt zur Heizgas- und Oberluftvorwärmung	WE	492	218	396	251
ausgenutzt zur Wasserdampfbildung u. Unterluftvorwärmung	„	—	34	—	37
Wärmeverlust in den Abgasen	„	106	367	84	423
Dem Unterbau zugeführt durch fühlbare Wärme der Verbrennungsgase, durch Strahlung u. Leitung aus dem Oberbau	WE	598	619	480	711

β) Die neuzeitlichen Gaserzeugungsöfen.

Wie schon aus den vorausgegangenen Betrachtungen zu ersehen ist, können die neuzeitlichen Ofenbauarten für Gaswerke in Kleinraum- und Großraumöfen eingeteilt werden. Als besonderes Kennzeichen gilt für die Kleinraumöfen ein Ladegewicht des Entgasungsraumes von unter einer Tonne Kohle und eine Garungszeit von 12 Std. und weniger, für die Großraumöfen dagegen ein Ladegewicht von mehr als 1 Tonne Kohle und eine Garungsdauer von mindestens 12 Std. Die Frage, für welche Gaswerke Kleinraum- oder Großraumöfen zu wählen sind, kann nur im Einzelfalle entschieden werden. Als Anhaltspunkt möge gelten, daß für Gaswerke mit einer Tagesleistung von mehr als 15000 bis 20000 cbm zweckmäßig nur Großraumöfen in Anwendung kommen sollten, was jedoch nicht heißen soll, daß in kleineren Gaswerken mit niedrigeren Tagesleistungen nur Kleinraumöfen am Platze wären. Wegen ihrer wirtschaftlichen und betriebstechnischen Vorteile eignen sich entsprechende Großraumöfen auch für kleinere Tagesleistungen, wenn die Ofeneinheiten eine genügende Unterteilung ihrer Leistung zur Anpassung der Gaserzeugung an die Gasabgabe gestatten.

1. Die Kleinraumöfen.

Eine wagerechte Retortenofenanlage größerer Leistung mit 6 m langen durchgehenden Retorten stellt die Anlage im städtischen Gaswerk Stuttgart (erbaut von den Vereinigten Schamottefabriken Marktredwitz) dar. Die Anordnung dieses Ofens geht aus Abb. 40 [1]) hervor. Je 9 durchgehende 6 m lange

[1]) Journ. f. Gasbel. u. Wasserversorg., Jahrg. 1912, S. 4, Fig. 3.

Retorten sind in einer Hülse vereinigt. Das Ladegewicht jeder Retorte beträgt etwa 600 kg bei 8 bis 9stündiger Garungszeit, dementsprechend die Ofenleistung 4600 cbm Gas in 24 Std. Die Beheizung des Ofens erfolgt rekuperativ. Das hierzu erforderliche Generatorgas wird in einem in den Ofen eingebauten Generator erzeugt. Zu beiden Seiten desselben befindet sich die Rekuperation zur Vorwärmung der Sekundärluft. Die Verbrennungsgase umspülen vor dem Verlassen des Ofens ein Wasserschiff, in welchem der Dampf zum Unterblasen unter die Roste der Generatoren erzeugt wird. Das Laden und Entladen der Retorten erfolgt durch eine Stoß- und Lademaschine. Der ausgestoßene Koks fällt in Hängebahnkübel, wo er zunächst abgelöscht und hierauf durch die Laufkatze der Elektro-Hängebahn, die über der Ofenanlage angeordnet ist, hochgehoben und zur Kokssortieranlage verfahren wird.

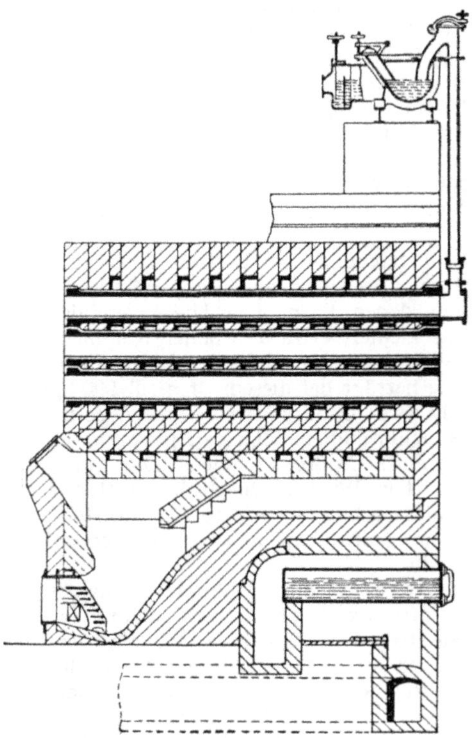

Abb. 40. Retortenofen des Gaswerkes Stuttgart.

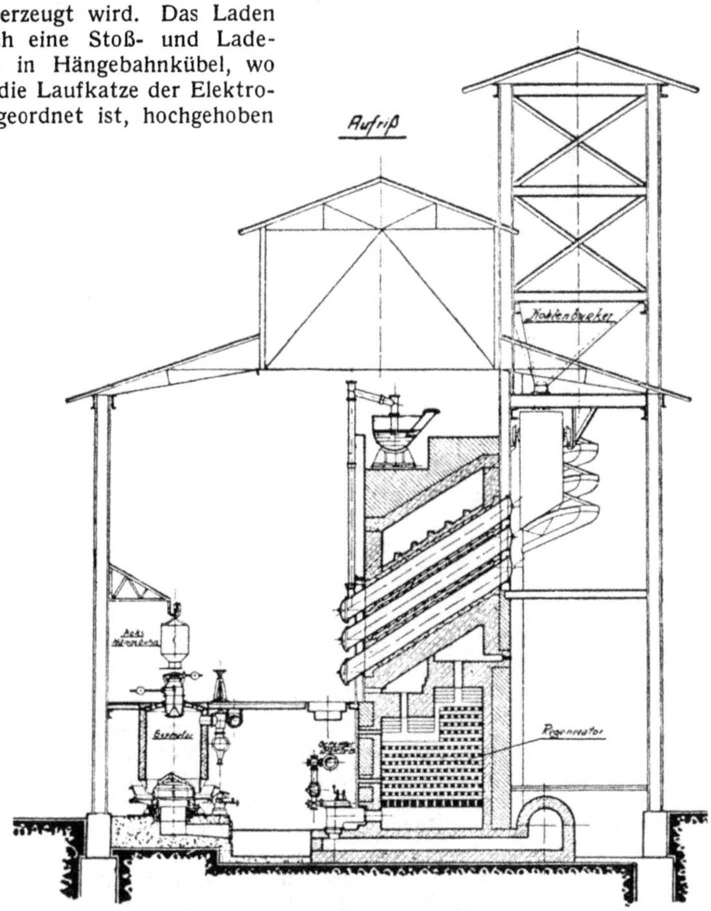

Abb. 41. Schräg-Retortenofen von Heinrich Koppers.

Nübling[1]) gibt die mit diesem Ofen im Jahresdurchschnitt erhaltenen Betriebsergebnisse wie folgt an:

Gasausbeute, gemessen bei 0° und 760 mm Q.-S.	%	29,40
oberer Gasheizwert, gemessen bei 0° und 760 mm Q.-S.	WE	6060
Heizwertzahl	,,	191193
Unterfeuerung in Form von Trockenkoks, bezogen auf Rohkohle	%	12,55.

Einen regenerativ beheizten Schräg-Retortenofen der Firma Koppers in Essen stellt Abb. 41[2]) dar. Das Heizgas für diesen Ofen wird in einer besonderen Zentral-Generatorenanlage erzeugt. An die Stelle der Rekuperatoren treten Regeneratoren aus mit Gittersteinen ausgefüllten Kammern. Jeder Ofen besitzt 4 solcher Regeneratoren, durch die er in zwei, von der Stirnseite des Ofens betrachtet, symmetrische Hälften geteilt wird. Während einer halben Stunde erfolgt die Beheizung des Ofens derart, daß Generatorgas und Verbrennungsluft für sich getrennt in je einer, beispielsweise in der an der linken Ofenhälfte befindlichen Regeneration vorgewärmt werden. Die so auf 1000° C vorgewärmten Gase vereinigen sich in den in Höhe der untersten Retortenreihe befindlichen Brennern, beheizen die linke Hälfte des Retortenraumes bis unter die Ofendecke und fallen auf der rechten Hälfte wieder ab, wobei sie vor Eintritt in den Abhitzekanal die rechtsseitige Regeneration vorwärmen. Nach Ablauf einer halben Stunde werden die Gas- und Luftwege umge-

[1]) Der Horizontal-Retortenofen mit 6 m Retorten und sein wirtschaftlicher Vergleich mit den anderen modernen Ofensystemen. Journ. f. Gasbel. u. Wasserversorg., Jahrg. 1912, S. 1.

[2]) Entnommen dem Journ. f. Gasbel. u. Wasserversorg. 1919, S. 17.

wechselt, es erfolgt die Vorwärmung von Gas und Luft auf der rechten Seite, während die Abgase unter Vorwärmung der linksseitigen Regeneration den Ofen mit rd. 240° C verlassen. Die Zentral-Generatorenanlage, welche, wie die Abb. 41 zeigt, im vorliegenden Falle im Ofenhaus untergebracht wurde, besteht aus 2 Drehrostgeneratoren, von denen einer zur Beheizung von 6 Öfen von je 2400 cbm Gaserzeugung in 24 Std. ausreicht, während der andere die Reserve darstellt. Das erzeugte Generatorgas wird, bevor es in den Ofen eintritt, in einem Wascher vom Flugstaub gereinigt und sodann durch eine Heizgasleitung vor die Ofenanlage geführt. Peischer[1]) gibt den Unterfeuerungsverbrauch eines solchen Ofens mit 10 bis 10,5% Reinkoks an. Außer dieser erheblichen Verminderung des Unterfeuerungsverbrauches gegenüber jenem gleicher Öfen mit rekuperativer Beheizung werden betriebstechnische Vorteile auch dadurch erzielt, daß die heute nicht mehr zeitgemäße und bei hohem Aschengehalt des Brennstoffes schwierige Schlackarbeit der Einzelgeneratoren in Fortfall kommt. In den Zentralgeneratoren kann Kleinkoks vergast werden, wodurch der sonst verwendete Stückkoks zum Verkaufe frei wird. Bestehende Rekuperativ-Retortenofenanlagen wurden in neuerer Zeit in verschiedenen Gaswerken des In- und Auslandes von der Firma Koppers in regenerativ beheizte umgebaut, oder es wurden gänzlich neue Anlagen dieser Art errichtet.

Abb. 42. Kleinkammerofen von Heinrich Koppers.

Letztere Firma baut auch einen Kleinkammerofen, von ihr mit dem Namen Großretortenofen bezeichnet (Abb. 42).

Er verdankt seine Entstehung dem Bestreben nach Ersparnis von Arbeitskräften durch Verlängerung der Garungszeit. Die Retorten, von denen 6 in einer Hülse vereinigt sind, besitzen die Form kleiner, etwa 1 m hoher Kammern und sind aus einzelnen Steinen zusammengesetzt. Das Kohlenladegewicht für 1 Retorte beträgt bei diesem Ofen rd. 900 kg und die Garungszeit 12 Std. Dadurch wird eine Arbeitsschicht erspart, und 2 achtstündige Schichten genügen für das Laden und Entladen eines Großretortenofens. Das Laden der Retorten erfolgt mittels Wurfmaschine, das Entladen durch eine mit der Wurfmaschine vereinigte Koksausstoßvorrichtung. Der Koks ist großstückig und fest und kommt dem Kammerofenkoks nahe.

Der senkrechte Ofen der Dessauer Vertikal-Ofen-Gesellschaft (Abb. 43) besitzt stehende Retorten, die oben und unten mit Deckeln verschlossen sind; ihr Querschnitt erweitert sich etwas nach unten. Die Heizgase werden in einem eingebauten Generator *b* erzeugt. Sie treten von unten in den Ofen ein, verbrennen am unteren Ende der Retorten und werden im Zickzack zwischen den einzelnen Retorten in die Höhe geleitet. Von der Spitze des Ofens ziehen die Verbrennungsgase durch Rekuperatoren nach unten und gelangen von da in den Kamin. Jede dieser Retorten faßt 500 kg Kohle, die aus Hängebahnwagen von oben in einfachster Weise eingefüllt werden. Bei den neuesten Ausführungen der senkrechten Öfen sind je drei hintereinander liegende Retorten zu einer Einheit verbunden, die gemeinsam gefüllt und entleert wird. Der Koks wird hier ebenfalls in einfachster Weise herausgeschafft, indem von einer gemeinsamen Stelle die unteren Deckel der drei miteinander verbundenen Retorten durch hydraulischen Druck geöffnet werden. Die Entgasung dauert 10 bis 12 Std. Während der letzten 2 Std. kann man Wasserdampf von unten in die Retorten einleiten und so Wassergas erzeugen. Abgesehen von der gesteigerten Gaserzeugung und der Arbeitsersparnis erhält man mit diesem Ofen infolge der günstigen Wärmeverteilung auch ein gutes Gas und sehr hochwertige Nebenerzeugnisse, namentlich ist die Ammoniakausbeute größer als bei den alten Öfen. Ferner erhält man dichteren Koks und einen dünnflüssigen Teer. Bunte gibt folgende Betriebsergebnisse, festgestellt in Leistungsversuchen der Lehr- und Versuchsgasanstalt[2]) an.

Ofenleistung bei nassem Betrieb:

10er Öfen mit 4 m langen Retorten . . . . . . in 24 Std. rd.	cbm	4660
12er „ „ 5 m „ „ . . . . . . „ 24 „ „	„	5360
18er „ „ 5 m „ „ . . . . . . „ 24 „ „	„	7450
Ladegewicht einer Retorte	kg	420—580
Gasausbeute bei 0° und 760 mm Q.-S. und nassem Betrieb . .	%	37,8
oberer Heizwert bei 0° und 760 mm Q.-S. und nassem Betrieb	WE	5540
Heizwertzahl	„	1949
Unterfeuerung in Trockenkoks, bezogen auf Rohkohle	%	14,95.

[1]) Der regenerativ beheizte Retortenofen. Journ. f. Gasbel. u. Wasserversorg. 1919, S. 17.

[2]) Journ. f. Gasbel. u. Wasserversorg., Jahrg. 1919, S. 513.

Julius Pintsch hat sich auch mit dem Bau von senkrechten Öfen beschäftigt. Ein wesentlicher Unterschied seiner Bauart von anderen liegt darin, daß der Generator eines jeden Ofens von Pintsch-Bolz unterhalb des Retortenraumes liegt und unter der Zugwirkung eines besonders auf den Ofen aufgesetzten Schornsteines steht. Die Generatoren werden mit glühendem Koks beschickt, der durch entsprechend angeordnete Schurren unmittelbar aus den Retorten in die Generatoren geleitet wird. Die Generatorgase steigen in senkrecht gemauerten Kanälen zu den wagerechten Gasverteilungskanälen auf und gelangen durch diese zu den im Unterteil des Retortenraumes liegenden Verbrennungsdüsen, wo sie mit der hinzutretenden Sekundärluft verbrennen. Der Senkrechtofen von Pintsch-Bolz wird in der Regel mit 20 oder 24 Retorten ausgeführt.

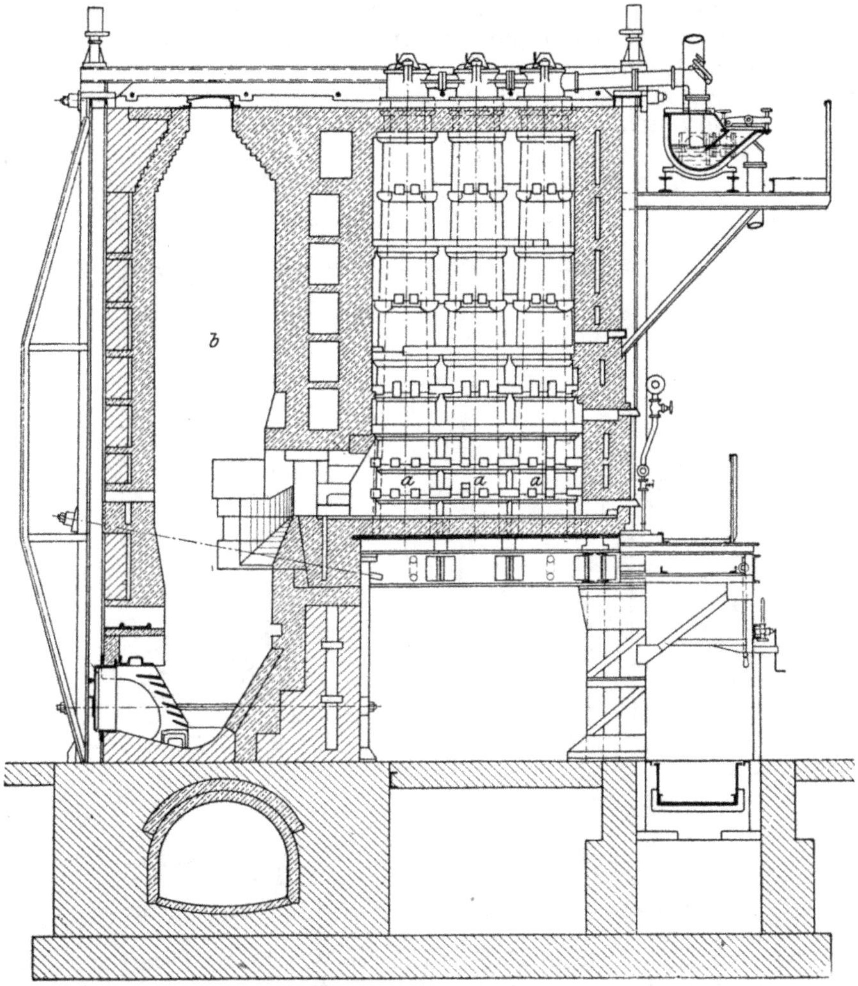

Abb. 43. Dessauer Vertikalofen von Bueb-Körting, 1910.

Unten in den Retorten ist ein Dampfzuführungsrohr mit regelbarem Ventil eingebaut, durch das nach beendeter Abgarung der Kohle Dampf eingeführt werden kann, damit die Gaserzeugung durch das sich bildende Wassergas erhöht wird.

Nübling[1]) bezeichnet den Unterfeuerungsverbrauch der Senkrechtöfen als nicht besonders günstig und gibt ihn zu 15 bis 16% der entgasten Kohle an.

Die ersten Bestrebungen nach restloser Erfassung aller in der Kohle gebundenen wertvollen Bestandteile unter gleichzeitiger Verhütung von Rauchentwicklung, Stauberzeugung und Hitzeausstrahlung führen nach England zurück. Neben den beiden bekannten Gasfachmännern Glover und West waren es hauptsächlich Woodall & Duckham, die dieser Idee nachgingen und bereits im Jahre 1912 eine erste größere Anlage mit ununterbrochen und selbsttätig arbeitenden Retorten in Lausanne in Betrieb setzten. Es ist leicht erklärlich, daß die Einführung solcher mit dem bisherigen Brauch brechenden Senkrecht-Ofenbauarten auf Schwierigkeiten stoßen mußte. Mögen diesen

[1]) Journ. f. Gasbel. u. Wasserversorg., Jahrg. 1912, S. 53.

Bauarten anfänglich auch Nachteile angehaftet haben, unleugbar besaßen sie gesundheitliche Vorteile, insofern ihre Arbeitsweise mit der größten Sauberkeit verbunden ist. Bei der Ferngasversorgung haben wir die Verunreinigung der Luft durch die Gasanstalten erwähnt. Anderseits handelt es sich bei neuen Ofenbauarten um Erreichung von Zielen, die darauf hinauslaufen, folgende Vorteile zu erreichen:

1. Leichte Bedienungsweise, weniger Personal,
2. größte Gasausbeute bei gleichmäßiger Zusammensetzung,
3. geringste Unterfeuerung,
4. erhöhte Ammoniakausbeute,
5. hochwertigen Teer,
6. kalten, trockenen Koks, unmittelbar verladefähig aus dem Ofen.

Die Vermeidung von Rauch, Staub und anderen Belästigungen erleichtert unzweifelhaft die Genehmigung bei Neu- und Erweiterungsbauten.

Die vorliegende Bauart des Dauer-Senkrechtofens „Dresden" geht von dem Grundsatz aus, die in den Entgasungsraum eintretende Kohle möglichst schnell auf das schärfste zu erhitzen, damit

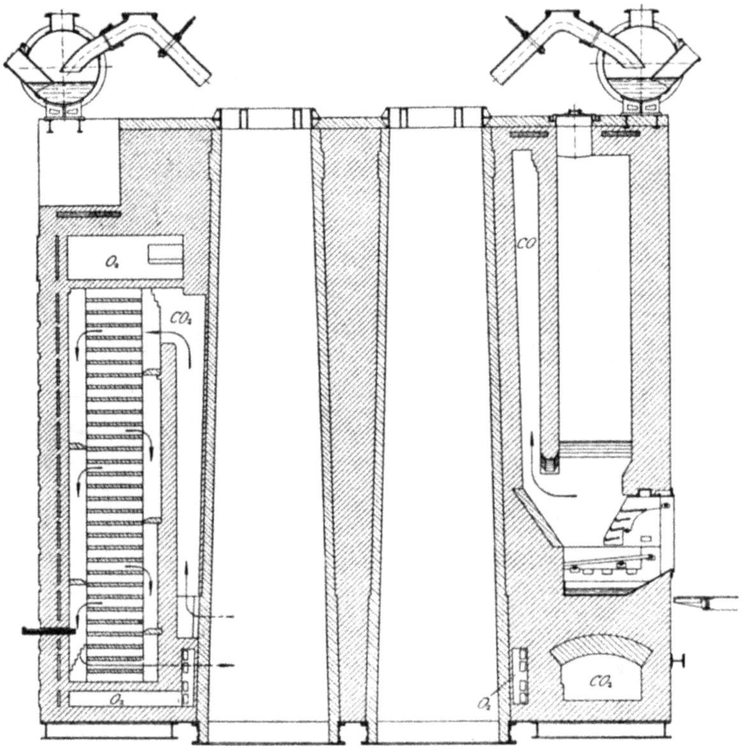

Abb. 44. Dauer-Senkrechtofen „Dresden" der Adolfshütte in Crosta.

sich der im Erweichungszustande bildende Kuchen von den Wandungen loslöst und geschlossen nach unten rutscht. Das Wesentliche bei der ununterbrochenen Entgasung besteht in der Übereinstimmung des Temperaturgefälles in den Heizzügen und im Entgasungsraum, was durch die Beheizung von oben nach unten erreicht wird (vgl. Abb. 44). Diese Beheizung gestattet eine weit höhere Temperatursteigerung, als sie bei Senkrechtöfen möglich und statthaft ist. Zur Erreichung dieses Zweckes ist das lichte Profil der Entgasungsräume zu Kammern ausgebildet.

Um den Koks handwarm und trocken abzuziehen, wird Wasser oder Dampf zugeführt. Außerdem wird die Kammer im unteren Teile durch seitlich angebrachte Luftkanäle gekühlt. Die zugeführten Wasser- oder Dampfmengen werden dem Bedarf einer jeden Kammer entsprechend zwecks dauernder Wassergaserzeugung geregelt. Auf Grund der in England erzielten günstigen Ergebnisse, besonders aber auf Grund der mit verschiedenen Öfen in Deutschland gemachten Erfahrungen hat die Adolfshütte in Crosta die Öfen nach eigenen Erfahrungen den deutschen Verhältnissen angepaßt. Es dürfte von Wert sein, einzelne Betriebsergebnisse aus den Jahren 1914, 1915 und 1916 in Zahlentafel 80 zu bringen.

Nach den günstig verlaufenen Versuchen in Dresden-Reick und Berlin-Tegel wurden auch in Berlin-Schmargendorf verschiedene mit Einzelgeneratoren arbeitende Öfen aufgestellt.

Zahlentafel 80.

Veruchsergebnisse mit den Dauer-Senkrechtöfen „Dresden".

		Dresden[1]	Tegel[1]	Dresden[2]
1. Ort		Dresden[1]	Tegel[1]	Dresden[2]
und Zeit		1914	1915	1916
2. Dauer der Versuche	Tage	7	7	5
3. Kohlensorte		Recke und Schedewitz	Luise und Consett	Mischkohle
4. Durchsatz eines Ofens (feucht)	kg	19222	22509	22453
5. Gaserzeugung eines Ofens bei 15° C und 760 mm Q.-S.	cbm	7068	8306	8180
6. Gasausbeute je 1000 kg lufttrockene Kohle bei 15° C und 760 mm Q.-S.	„	369	378	365
7. Gasausbeute je 1000 kg Trockenkohle ohne Asche bei 15° C und 760 mm Q.-S.	„	399	406	403
8. oberer Heizwert bei 0 und 760 mm Q.-S.	WE	5040	5211	5030
9. Heizwertzahl aus 100 kg Reinkohle	„	191006	197580	188900
10. Unterfeuerung, bez. auf 100 kg Rohkohle	%	14,9	15,05	14,3
11. Unterfeuerung Reinkoks, bez. auf 100 kg Rohkohle	„	12,3	11,96	12,2
12. Stickstoffgehalt	„	3,3	2,37	4,9

[1] mit Einzelgenerator. [2] mit Ferngasbeheizung.

Die in England mit der Entgasung der Kohle in Öfen mit mehr oder weniger ununterbrochener Kohlenzufuhr und Koksentnahme erzielten günstigen Ergebnisse haben die Dessauer Vertikalofen-Gesellschaft veranlaßt, den Bau des Glover-West-Ofens zu übernehmen. Eine Probeanlage auf dem Werk Mariendorf der Gasgesellschaft Berlin im Jahre 1913 hat zu Vergleichsversuchen mit einem 18er Dessauer Vertikalofen, System 1912, seitens Dr. Karl Bunte geführt[1]), denen wir folgendes entnehmen:

Der neue Ofen ist in Abb. 45 dargestellt. Auf der Generatorseite sind in 9 Schichten übereinander je rechts und links der Mittelwand 9 Brenner angeordnet, die die in 2 Reihen angeordneten Retorten beheizen. Jede Ofenseite wird für sich beheizt, wobei die Flammen und Abgase in jeder Schicht von der Generatorseite innen nach der gegenüberliegenden Maschinenseite umlaufen, in gleicher Höhe um die letzte Retorte wenden und nach der Generatorseite zum Abgas-Sammelkanal zurückkehren. In den einerseits durch die Brenner, anderseits aber auch durch die abziehenden Gase ungleich stark erhitzten Retorten verschiebt sich der Kern des ausgehenden Kokses nach der Außenseite. Das Generatorgas hat je nach der Höhe der Brenner Temperaturen von 800 bis 900°. Die Oberluft erhält durch den sich abkühlenden Koks eine Temperatur bis zu 400°, steigt dann auf der Generatorseite in die höhere Schicht, wo sie zurückkehrend ungefähr 600° angenommen hat. Bei der Umkehr an der Außenwand verliert sie erst etwas an

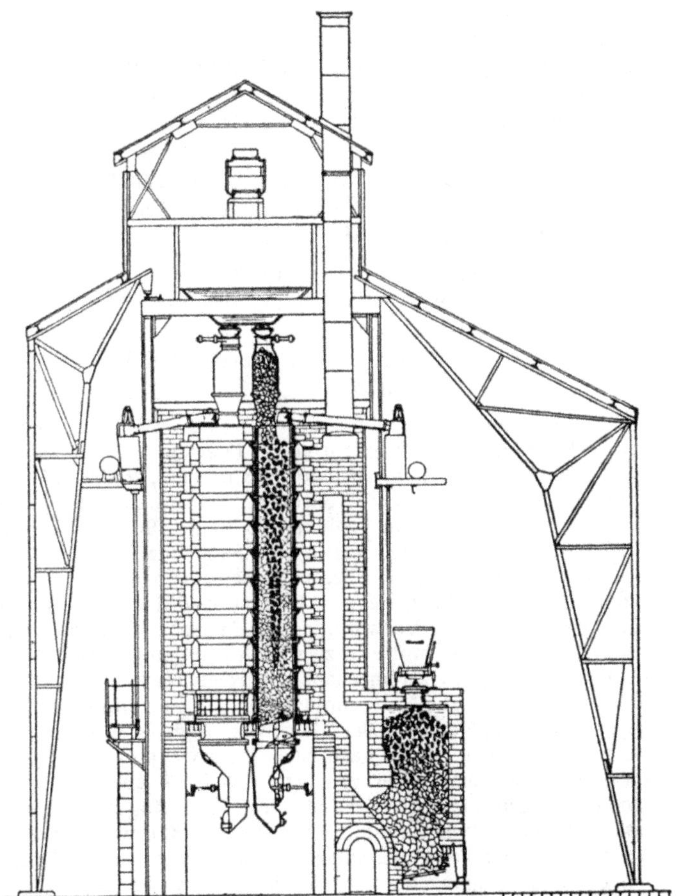

Abb. 45. Glover-West-Ofen der Dessauer Vertikalofen-Gesellschaft.

[1]) Vgl. Journal für Gasbel. 1919, S. 366.

Eigenwärme und erhitzt sich dann wieder auf der Generatorseite auf 720°. Die Abgase haben beim Eintritt in den Schornstein noch 835 bis 855°.

Die Unterfeuerungsverhältnisse stellten sich trotzdem für den Glover-West-Ofen nicht ungünstig (vgl. Zahlentafel 81).

Zahlentafel 81.

	Kohle Denaby		Kohle Lambton	
	Glover-West-Ofen	Senkrecht-Ofen	Glover-West-Ofen	Senkrecht-Ofen
Aschegehalt des Kokses in %	10,0	8,0	15,78	15,1
Heizwert . . . . WE	7180	—	7075	6935
Absol. trockener Koks:				
auf 100 kg Kohle . . kg	11,2	14,4	13,65	14,65
„ 100 cbm Gas . . „	28,8	36,2	38,95	40,4
„ 100 WE i. Kohle WE	10,7	13,4	12,9	13,85
„ 100 „ „ Gas . „	39,6	48,0	52,1	53,1

2. Die Großraumöfen.

Der Münchener Schrägkammerofen von Ries (Abb. 46) besteht aus drei Kammern mit schräger Sohle; jede Kammer faßt 3 bis 7 t Kohle. Gefüllt wird von oben durch eine wagerecht angeordnete Füllöffnung fast ohne jede Handarbeit, und ebenso rutscht der Koks nach beendeter Entgasung, die hier 24 Std. dauert, in der Regel von selbst heraus, sobald die untere Kammertür hochgezogen wird. Für den Fall, daß der Kokskuchen nicht sofort ins Rutschen kommt, ist ein elektrisch angetriebener Stempel vorhanden, der ihn dann in Bewegung setzt. Der Koks wird in einem fahrbaren Löschturm abgelöscht, nach dem Abpumpen des Wassers fällt er dann, wenn die Bodenverschlüsse des Löschgefäßes geöffnet werden, in eine vor dem Ofenhaus liegende Grube, aus der er durch einen Greifer zu der Koksaufbereitung oder zum Lagerplatz befördert wird. Die Bedienung der Kammeröfen ist äußerst einfach, so daß man mit einer sehr geringen Arbeiterzahl eine große Gaserzeugung erreichen kann. Da die Entgasung bei diesen Öfen 24 Std. dauert, fällt jede Nachtarbeit weg, so daß nur ein Wächter nachts anwesend zu sein braucht. Zur Beschickung der Ofenkammern dient ein fahrbares Meßgefäß. Mit diesem Ofen wurden folgende Betriebsergebnisse erzielt:

Gasausbeute bei 0° und 760 mm Q.-S.	%	35,5
oberer Heizwert bei 0° und 760 mm Q.-S.	WE	5650
Heizwertzahl	„	1867
Unterfeuerung in Form von Trockenkoks, bezogen auf Rohkohle	%	13,7.

Einen Wagerecht-Kammerofen für Gaswerke stellt die Anlage in Wien-Leopoldau dar. Sie besteht aus 72 Koppersschen Regenerativöfen (Verbundsystem), die zu je neun in einen Ofenblock zusammengefaßt sind. Die Kammern sind 10,3 m lang, 2,2 m hoch und im Mittel 0,51 m breit, haben also die Abmessungen gewöhnlicher Koksöfen. Selbstdichtende, in Angeln drehbare Türen mit wassergekühlten Rahmen und aufziehbaren Schlußschildern aus Schamotte schließen die Stirnseiten der Kammern ab. Zum Heizen dienen senkrechte Heizkanäle, deren obere Enden durch einen wagerechten Kanal verbunden sind. Abweichend von den eigentlichen Koksöfen Koppersscher Bauart werden die Kammerdecken und die Kammersohlen nicht beheizt. Unter den Kammern liegen vier Regeneratoren, nämlich zwei für die Vorwärmung der Luft und zwei für die Vorwärmung des Heizgases. Die senkrechten Heizkanäle der Kammerwände sind ungefähr in der Kammermitte in zwei Gruppen geteilt. Geheizt wird mit Generatorgas. Das Generatorgas und die Verbrennungsluft strömen aus den Regeneratoren durch die erste Gruppe der Heizkanäle aufwärts und verbrennen darin. Die Verbrennungsgase ziehen darauf durch den wagerechten Kanal, gehen abfallend durch die zweite Gruppe der Heizkanäle zu den Regeneratoren und weiter zum Schornstein. Der Heizstrom wird wie beim Koksofen immer nach einer halben Stunde umgestellt, worauf das Generatorgas und die Verbrennungsluft durch die vorher von den Abgasen hocherhitzten Regeneratoren in die zweite Gruppe der Heizkanäle gelangen und durch die erste Gruppe als Abgase abziehen. Durch die hohe Vorwärmung des Generatorgases und der Verbrennungsluft auf mehr als 1000° wird ein sehr hoher Wirkungsgrad erreicht. Das Generatorgas wird in einer Zentralgasanlage erzeugt, die aus zwölf Drehrostgeneratoren, Bauart Kerpely, mit selbsttätiger Entschlackung besteht. Sie haben abweichend von der gewöhnlichen Ausführung Kühlmäntel nach dem Patent Marischka, die als Dampfkessel ausgebildet sind, so daß die fühlbare Wärme des aus Kleinkoks erzeugten Generatorgases in wirtschaftlicher Weise zum größten Teil als Dampfwärme gewonnen wird. Die

Generatoren arbeiten mit einem Wirkungsgrad von ungefähr 95%. Der im Generator-Dampfkessel erzeugte Dampf wird verwendet:

1. als Unterdampf für die Gaserzeuger, 2. zum Antrieb der Kesselspeisepumpen, 3. zum Antrieb der Unterwindventilatoren, 4. zum Antrieb der Ventilatoren und Desintegratoren der Gasreinigungsanlage, 5. wenn

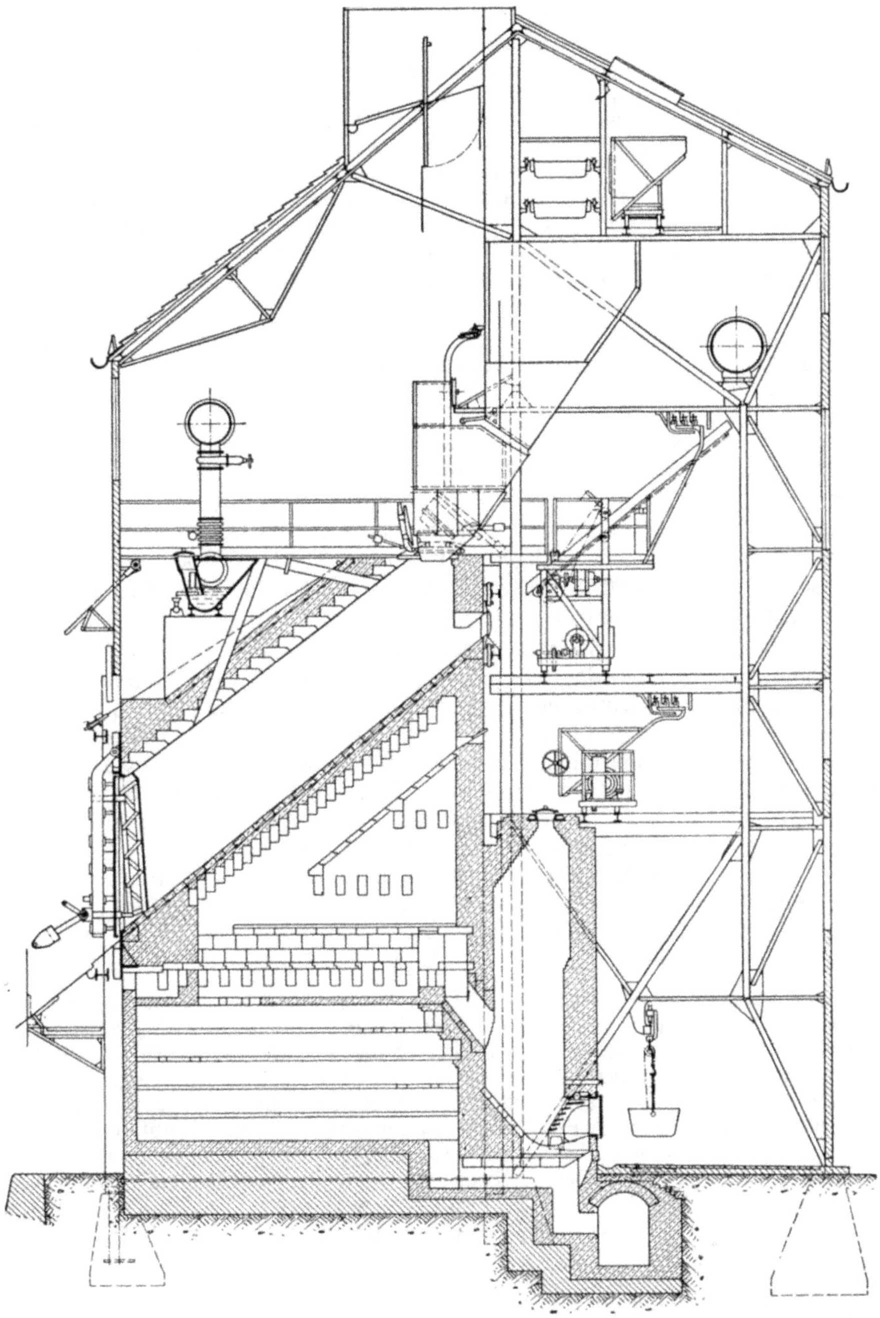

Abb. 46. Münchener Kammerofen von Ries.

noch überschüssiger Dampf vorhanden, zur Abgabe an die neben dem Gaswerke errichtete Ammoniakfabrik, die keine eigene Dampfanlage hat.

Das erzeugte Generatorgas hat einen unteren Heizwert von ungefähr 1200 WE und wird, ehe es durch Gebläse zu den Öfen gedrückt wird, in umlaufenden Korbwaschern von 500 bis 800 g in 100 cbm bis auf 2 g

Staubgehalt gereinigt. Dieser geringe Staubgehalt setzt die ausführende Firma in die Lage, für die Schamotte der Öfen eine dreijährige Gewähr zu übernehmen.

Die Ofenkammern der Anlage in Leopoldau werden wie auf Kokereianlagen durch einen fahrbaren, eine Kammerladung von rd. 11 t fassenden, elektrischen Drei-Trichter-Wagen von oben gefüllt. Sein Inhalt wird selbsttätig gewogen, verzeichnet und in die zu beschickende Kammer durch drei verschließbare Öffnungen in der Decke entleert. Eine Planiermaschine ebnet die eingebrachte Kohle. Nach durchschnittlich 23 Std. ist die Kohle ausgegast, und eine längs der Ofenanlage fahrbare elektrische Ausstoßmaschine drückt den Kokskuchen in die auf der gegenüberliegenden Ofenseite fahrenden, ebenfalls elektrischen Löschwagen. Den mit Wasser gelöschten Koks gibt der Wagen an ein vor den Kammern liegendes Becherwerk ab, das ihn auf die Koksaufbereitungsanlage hebt. Hier wird der Koks nach fünf Stückgrößen sortiert, nötigenfalls gebrochen und je nach Bedarf in Eisenbahnwagen, Fuhrwerke oder Säcke verladen oder mittels einer elektrischen Hängebahn auf Lager, zum Kesselhaus oder zur Generatoranlage gebracht. Die Leistungsfähigkeit aller Einrichtungen ist so bemessen, daß zu diesen Arbeiten 8 Std. ausreichen. Ein Stillsetzen der Kammern zur Entfernung von Graphit ist nicht notwendig. Die Gesundheitsverhältnisse der bei der Ofenanlage im Freien beschäftigten Arbeiter sind bedeutend günstiger als im alten Retortenhause der Gasanstalt.

Bei den Abnahmeversuchen der Anlage Wien-Leopoldau im Jahre 1912 wurden folgende Betriebsergebnisse erzielt:

Ladegewicht einer Kammer	t	11,03
Gasausbeute auf 100 kg Reinkohle bei 15° und 760 mm Q.-S.	cbm	36,79
oberer Heizwert von 1 cbm Gas bei 15° und 760 mm Q.-S.	WE	5126
Heizwertzahl auf 1 kg Reinkohle	WE	1886
Unterfeuerung in Form von Reinkoks, bezogen auf Rohkohle	%	9,74
Unterfeuerung in Form von Reinkoks, bezogen auf 100 cbm Gas bei 15° und 760 mm Q.-S.	kg.	30,23

Eine andere Kammerofenanlage hat Heinrich Koppers für das Zentral-Gaswerk in Budapest gebaut. Das Gaswerk soll nach vollständigem Ausbau in 24 Std. 870000 cbm Gas erzeugen. Ferner wurden von derselben Firma Anlagen dieser Bauart in Deutschland in den städtischen Gaswerken Berlin, Königsberg und Posen erbaut.

Unter den schlechten Kohlenverhältnissen der letzten Jahre hatte der Betrieb der Gaserzeugungsöfen in vieler Hinsicht stark zu leiden. Besonders bei jenen Öfen,, bei denen der Koks durch die Schwerkraft aus dem Entgasungsraum entfernt werden soll, traten häufig Störungen ein: die Kokskuchen rutschten nicht und mußten mühevoll durch Stochern aus dem Entgasungsraum entfernt werden. Diese Erscheinung trat besonders bei Senkrecht-Retortenöfen auf, wo das Gewicht des Kokskuchens verhältnismäßig gering ist. Ähnlich wie bei der Entstehung des Schrägkammerofens hat man daher in neuerer Zeit auch Senkrecht-Retortenöfen so umgebaut, daß man reihenweise je 3 Retorten zu einer Kammer zusammenfaßte. Man erhielt dadurch ein größeres Kohlenladegewicht und dementsprechend auch ein höheres Koksgewicht, wodurch das Rutschen des Kokskuchens wesentlich leichter vor sich gehen soll. Aus dieser Zusammenfassung mehrerer Retorten eines Senkrecht-Retortenofens zu einer Kammer entstand der Senkrecht-Kammerofen, der in neuerer Zeit von fast allen Ofenbaufirmen besonders für kleine Gaswerke gebaut wird.

Der Senkrecht-Kammerofen der Firma Aug. Klönne in Dortmund ist in Abb. 47 dargestellt und besteht aus 3, 5 oder 6 aneinander gereihten und zu einer Ofeneinheit verbundenen Kammern. Diese werden rekuperativ beheizt durch 1 bis 2 eingebaute Generatoren, zu deren beiden Seiten sich die Rekuperationen zur Vorwärmung der Sekundärluft befinden. Die Kohle wird oben in die Kammer eingefüllt und je nach deren Breite in 12 bis 14 Std. entgast. Der Koks stürzt nach Öffnen der unteren Kammerverschlüsse selbsttätig aus der Kammer heraus und wird in einem Löschgefäß aufgefangen. Klönne gibt eine Unterfeuerung dieses Ofens von 13 bis 13,5 kg Trockenkoks, bezogen auf Rohkohle, an. Bei nassem Betrieb erhält man rd. 42 cbm Gas aus 100 kg Kohle mit einem mittleren Heizwert von 4300 WE, bezogen auf 0° und 760 mm Q.-S.

c) Weitere Behandlung des Leuchtgases.

Die Veränderungen auf dem Gebiete der Reinigung des Leuchtgases in den letzten Jahren sind nicht so grundlegend wie die bei der Erzeugung des Gases. Nur die zur Reinigung verwendeten Einrichtungen sind baulich verbessert worden.

Die Behandlung des Gases ist in dem unten folgenden Abschnitt „Gewinnung der Nebenerzeugnisse" für Kokereien und Gasanstalten gemeinsam näher erörtert. Seit zur Gewinnung des Leuchtgases die gewöhnlichen neueren Koksöfen benutzt werden, unterscheidet sich das Verfahren der Gasreinigung bei Gasanstalten und Kokereien noch weniger als früher voneinander. Da jedoch bei der Reinigung des Leuchtgases einige zusätzliche Einrichtungen (Zyan- und Naphthalinabscheider) erforderlich sind, soll der Gang der aus einer Retortenanlage gewonnenen Leuchtgase an dieser Stelle noch kurz verfolgt werden.

Die in den Gasen enthaltenen Dämpfe werden zunächst in einfacher Weise durch Abkühlung niedergeschlagen. Man gewinnt dabei ein wässeriges Kondensat, das Gaswasser, und einen öligen Stoff, den Teer. Ein Teil dieser Stoffe scheidet sich schon in der Vorlage, dem gemeinsamen Sammelrohr für das aus den einzelnen Retorten entweichende Gas ab. Um den Teer vollständig von den Gasen zu trennen, leitet man das Gas durch Kühler, in denen seine Temperatur von 70 bis 80° auf 12 bis 20° herabgesetzt wird. Neben den alten Ringluftkühlern verwendet man jetzt häufig die sog. Raumkühler, das sind etwa 18 bis 20 m hohe Wasserrohrkühltürme. Durch die Kühl- und Reinigeranlage wird das Gas mittels eines Gassaugers gesaugt. Sehr wichtig ist dabei, daß trotz der ungleichmäßigen Gasentwicklung in den Retorten der gewünschte Druck in den Vorlagen dauernd erhalten wird. Hierzu dienen besondere Umlaufregler. Der Gassauger wird meist zwischen den Kühler und die Teerscheider eingeschaltet, so daß das Gas durch die Kühler gesaugt und durch die folgenden Vorrichtungen hin-

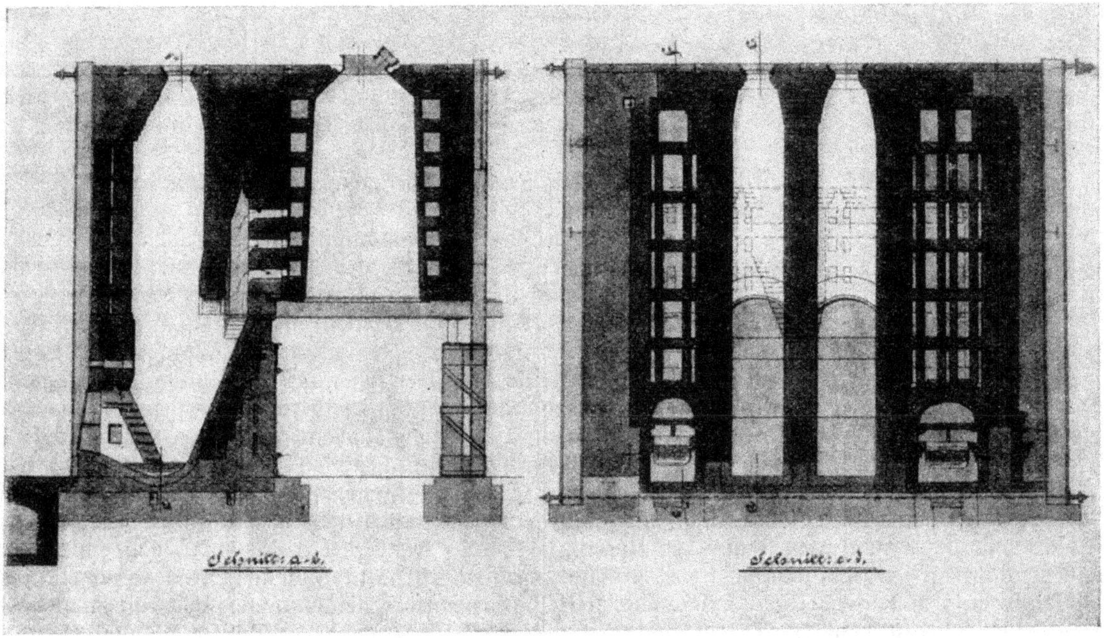

Abb. 47. Senkrecht-Kammerofen der Firma August Klönne in Dortmund.

durchgedrückt wird. Zur Ausscheidung des Teeres, der nicht in der Vorlage oder in den Kühlern abgeschieden und in die Teergrube geflossen ist, werden die Gase durch besondere Teerscheider geleitet, worin durch mechanische Stoßwirkung auch die feinsten Teerbläschen verdichtet werden. Im Verlauf der weiteren Reinigung gelangt das Gas in die Wäscher, in denen ihm der Zyanwasserstoff, das Naphthalin und das Ammoniak entzogen werden. Diese Wäscher sind liegende Zylinder, die durch starke Bleche in mehrere Kammern geteilt sind. Das Gas durchstreicht diese Kammern der Reihe nach, während die Waschflüssigkeit durch umlaufende Blechscheiben in steter Bewegung gehalten wird. Zur Füllung des Zyanwäschers verwendet man meist eine kalte, gesättigte Ferrosulfatlauge, die das Zyan in Form eines unlöslichen Schlammes absondert. Das Ammoniak wird, soweit es nicht schon vorher in den Kühlern der ersten Reinigungsvorrichtung aufgenommen wurde, in einem „Skrubber", einem stehenden Zylinder mit Koksfüllung, über die Wasser rieselt, oder neuerdings häufiger in einem mit Wasser gefüllten Wascher nach Art des eben erwähnten Zyanwaschers fast vollständig ausgewaschen.

Seitdem man die Temperatur bei der Entgasung, um die Gasausbeute zu vergrößern, bedeutend erhöht hat, hat sich der Naphthalingehalt des Gases stark vermehrt, denn dieses entsteht durch pyrogene Zersetzungen aus anderen Kohlenwasserstoffen bei der Berührung mit den heißen Ofenwänden. Besonders stark ist die Naphthalinbildung bei den Öfen mit Wagerechtretorten und gibt hier häufig zu Störungen Anlaß, denn das Naphthalin scheidet sich, wenn es nicht gut ausgewaschen wird, in der Rohrleitung an kühlen Stellen in fester Form ab und verstopft die Röhren. Hat man keinen Naphthalinwascher, so kann man die Naphthalinverstopfungen durch Ausdampfen entfernen. Zum Auswaschen dient am besten Anthrazenöl, das 20 bis 25% Naphthalin aus dem Gas aufnimmt. Bei Senkrechtretorten ist die Naphthalinbildung um fast 50% geringer, da hier infolge der niedrigen Temperaturen im Innern der Retorte die Kohlenwasserstoffe weniger stark zersetzt werden.

Der in Mengen von 0,5 bis 3% in den Kohlen enthaltene sehr schädliche Schwefel wird aus dem Gas in Trockenreinigern entfernt, das sind mehrere flache Eisenkästen von beträchtlicher Größe, in denen auf Horden die sog. Gasreinigungsmasse ausgebreitet ist[1]). Der flüchtige Schwefel der Kohle geht bei der Destillation zum größten Teil in Schwefelwasserstoff über. Soweit dieser nicht schon in den Ammoniak- und Zyanwäschern ausgeschieden ist, wird er von der Gasreinigungsmasse gebunden. Diese Masse besteht in der Hauptsache aus Eisenoxydhydrat, das in der Natur als Raseneisenerz vorkommt. In den letzten Jahren wendet man wohl ausschließlich die bekannte und bestens bewährte Luxsche Gasreinigungsmasse an. Nach einiger Zeit muß die Masse der Luft ausgesetzt, angefeuchtet und so regeneriert werden. Nach 8 bis 10maligem Gebrauch ist der Schwefelgehalt bis auf 40% gestiegen, und die Masse kann dann verkauft werden. Neuerdings hat man, um das häufige Entleeren und Frischfüllen der Reinigungskästen zu umgehen, mit Erfolg versucht, die Regeneration der Masse in den Kästen selbst vorzunehmen, indem man dem Gas von vornherein eine gering bemessene Luftmenge zusetzt. Auf die neuesten Bestrebungen, das Ammoniak und den Schwefelwasserstoff durch Einwirkung aufeinander gleichzeitig abzuscheiden, wird im Abschnitt über die Gewinnung der Nebenprodukte eingegangen.

Das fertig gereinigte Gas wird in den sog. Stationsgasmessern gemessen und dann in Gasbehältern aufgespeichert. Auch auf dem Gebiete des Gasbehälterbaues sind sehr bedeutsame Fortschritte gemacht worden. Ihre Größe hat in den letzten Jahren dem wachsenden Gasverbrauch entsprechend beständig zugenommen. Der bekannte Gasbehälter in Schöneberg bei Berlin hat einen Fassungsraum von 165000 cbm. Hamburg besitzt einen Behälter von 200000 cbm, und der größte Behälter des europäischen Festlandes befindet sich zurzeit in Wien. Er hat einen Inhalt von 250000 cbm und ist nach dem von der Maschinenfabrik Augsburg-Nürnberg patentierten „Wölbbassin-System" gebaut. Man unterscheidet Gasbehälter im Gebäude und freistehende Gasbehälter. Behälter im Gebäude wurden früher sehr viel gebaut, da man von der Ansicht ausging, daß diese gegen Witterungseinflüsse widerstandsfähiger seien, und weil man die bewegten Glocken nicht gern dem Druck des Windes aussetzen wollte[2]). In neuerer Zeit sind die Gasbehälter-Führungen so vervollkommnet worden, daß der Angriff des Windes auf die Glocken den Gang der Anlage nicht mehr stört. Nur wo die Witterungsverhältnisse außerordentlich ungünstig sind, so namentlich in den nordischen Ländern, wie Rußland, baut man noch heute Behälter im Gebäude. Der Vorteil, daß man weniger Heizung benötigt und den Anstrich nicht so oft zu erneuern braucht, wird durch die hohen Kosten der Anlage vollständig aufgehoben. Bei den freistehenden Behältern unterscheidet man solche mit steinernem und solche mit eisernem Becken. Die steinernen nehmen wegen der großen Wandstärke und der notwendigen Umschüttung einen sehr großen Raum ein, haben also mehr bebaute Fläche. Die Gegner dieser Becken behaupten, daß sie auf die Dauer schwer dicht zu halten seien. Der Behälterraum wird praktisch gleich der größten Tagesabgabe gewählt. Man unterscheidet zwischen einfachen und ausschiebbaren Behältern. In Deutschland hat man die letzteren im allgemeinen bis zu vier Glockenzügen gebaut, in England dagegen stehen schon Behälter mit fünf- bis sechsfacher Ausziehbarkeit. Was die Heizung der Gasbehälter betrifft, so ist, wenn nicht nur das Beckenwasser geheizt werden soll, also namentlich bei einhubigen Behältern, eine Warmwasser-Umlaufheizung am Platze. Bei mehrhübigen Behältern ist für die Heizung der Tassen Dampf nötig. Der Dampf wird bei dieser Einrichtung durch eine Ringleitung mit Hilfe von Strahlapparaten an mehreren Stellen in das Absperrwasser geleitet.

d) Verwendung des Leuchtgases.

Das Steinkohlengas stellt in seiner Form als gasförmiger Brennstoff im wahrsten Sinne des Wortes „veredelte Kohle" dar, indem es einen Teil der Wärmeenergie der Kohle in reinster Form ohne Schlacke, Asche, Ruß und Rauch dem Verbrauch zur Verfügung stellt. Während es seit den Anfängen der Gasindustrie nur Lichtspender war, nahm seine Bedeutung als Heizgas seit den letzten Jahren des vorigen Jahrhunderts immer mehr zu. Der Grund für das starke Anwachsen der Gasabgabe der Gaswerke in den letzten 20 Jahren ist letzten Endes nur auf die gesteigerte Heizgas-

[1]) A. Sander, Sonderabdruck 1912, vgl. Fußnote S. 139.

[2]) Siehe Katalog von A. Wilke & Co., Braunschweig.

abgabe zurückzuführen. Über den Anteil der Gasabgabe für Heiz- und Kochzwecke, bezogen auf die gesamte verkaufte Gasmenge, gibt für eine Reihe deutscher Städte die Zahlentafel 82 Auskunft.

Zahlentafel 82.

Ausbreitung des Heizgasverbrauchs.

Gaswerke	1891		1899		1911	
	cbm	%	cbm	%	cbm	%
Annaberg . . .	11 073	1,7	106 964	12,4	904 000	50,9
Baden-Baden .	ganz gering		282 786	23,2	1 330 000	64,8
Bonn	105 776	5	842 785	19,5	3 450 000	52,4
Celle	140 659	17,3	396 811	35,6	1 197 000	56,6
Chemnitz . . .	22 352	0,3	287 140	6,4	10 542 000	55,4
Colmar	ganz gering		681 004	39,7	2 566 000	73,6
Elbing	59 878	9,3[1]	147 305	16,9	1 319 000	57,2
Greiz	2 202	0,4	∾ 100 000	11,3	1 008 000	52,3
Hof	7 927	0,9	73 848	5,8	1 156 000	63,3
Königsberg . .	79 106	2,4	1 159 966	19,5	12 585 000	69,0
Lübeck	∾ 70 000	2,8	506 940	16,0	3 991 381	51,7
Markirch . . .	20 791	6,7[1]	139 844	24,9	589 000	63,6
München . . .	128 800	1,1	1 160 502	10,7	22 306 000	66,8
Nürnberg . . .	1 186 122	19,7	4 083 643	39,5[1]	17 739 000	61,3[1]
Offenbach . . .	134 063	6,5	984 337	24,8	3 602 000	50,4
Osnabrück . .	185 587	12,0	580 945	24,3	2 414 000	53,2
Plauen i. V. . .	110 616	5,4	921 000	28,4	6 659 000	61,5
Straßburg i. E. .	70 441	1,4	3 173 743	31,5	10 400 000	73,0[2]

[1] einschl. Kraftgas. [2] im Jahre 1910.

Die Zunahme des Gasverbrauches in Lübeck zeigen die in Abb. 48 dargestellten Kurven. Hiernach ist die Gasabgabe für Koch- und Heizzwecke, welche 1891 noch im Höchstfalle 20% betrug, auf etwa 74% des Gasverkaufes im Jahre 1911 gestiegen.

Die Verhältnisse haben sich selbst während des Krieges und auch nach dessen Beendigung nicht verändert. Das Gas dient zum Ausgleich der Kohlenknappheit und der fehlenden Petroleumbeleuch-

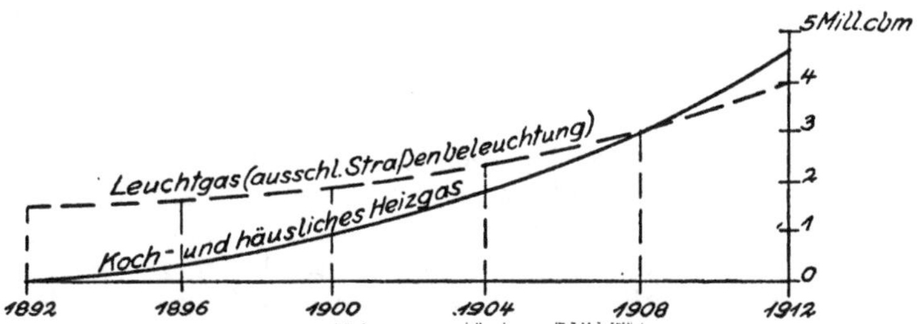

Abb. 48. Zunahme des Gasverbrauchs in Lübeck.

tung. Trotz Gassperre, Preiserhöhung, Wertverminderung und Strafgeldern für Mehrverbrauch haben sich die Gasanschlüsse außerordentlich erhöht[1]). Das Bedürfnis, sich des Kochgases auch während der Sperrstunden zum Warmhalten der Speisen zu bedienen, ist nicht zu beseitigen. Größere Wärmeverluste an sich und infolge Durchschlagens der schwachen Flamme vermehren den Gasverbrauch. Die bessere Belieferung der Gaswerke mit Kohlen und die Aufhebung der Gassperre muß unsere erste Forderung sein.

Die Gaswerke haben schwere Zeiten durchgemacht: Vor dem Kriege billige englische Kohle, die durch teurere und u. U. minder gasreiche deutsche Kohle ersetzt wurde und dadurch eine Erhöhung der Gaspreise bedingte. Hiergegen trat förmlich wie ein Abwehrmittel die Einschränkung des Lichtverbrauchs ein, und die erhoffte finanzielle Erholung blieb aus. Dann folgte die Kohlensteuer, die nur durch höhere Gewinne beim Verkauf der Nebenerzeugnisse hätte wettgemacht werden können, wenn nicht die teilweise Beschlagnahme des Teers erfolgt wäre. Da eine nochmalige Erhöhung der Gas-

[1]) Lempelius, Vortrag in der Sitzung des Techn. Ausschusses 16. IV. 19.

preise die Verbraucher ins Lager der Elektrizitätswerke getrieben hätte, suchte man nach einem neuen wirksamen Mittel zur Gesundung der Unternehmungen. Der bekannte Gasfachmann Schäfer wandte sich gegen den Bau vieler kleiner Gaswerke[1]), wodurch ohne jede Berechtigung und Notwendigkeit viele Millionen Mark Volksvermögen nur dem Zweck geopfert wurden, den Verbraucher durch unangemessen hohe Gaspreise zu belasten[2]). Schäfer erblickt daher mit Recht in dem Zusammenschluß benachbarter Gaswerke eine durchgreifende Maßnahme zur Hebung der Wirtschaftlichkeit. Dadurch, daß kleine Werke während des Sommers stillgesetzt werden, im Winter indes dem Nachbarwerk als Aushilfe dienen, erhöht sich der Ausnutzungsfaktor der größeren Werke; es wird an Unterfeuerung, an Betriebsstoffen und an Arbeitern gespart, während Ausbesserungen an Retortenöfen beim ruhenden Betrieb billiger und sachgemäßer ausgeführt werden.

Schäfer[3]) sagt mit Recht, daß auf absehbare Zeit hinaus das weite Gebiet der Heizung die Domäne der gasförmigen Brennstoffe bleiben wird, und faßt die allgemeinen Vorteile und Annehmlichkeiten aller Gasfeuerungen wie folgt zusammen:

Stetige und sofortige Betriebsbereitschaft,
gleichmäßige, jedoch nach Bedarf veränderliche Wärmeentwicklung,
feinste Einstellbarkeit des Wärmegrades,
Zeit- und Arbeitsersparnis,
Bildsamkeit der Flamme,
Sauberkeit der Feuerstätte und des ganzes Raumes, worin sie sich befindet,
sofortige Abstellbarkeit des Feuers,

sowie die besonderen Vorteile für Verbraucher des aus Zentralen verteilten Gases:

Bequemlichkeit, weil alle Arbeit mit dem Brennstoff und dessen Rückständen, also das Einlagern, Zerkleinern, Herbeischleppen und Nachlegen von Kohle, Holz oder Torf, das Schüren und Abschlacken des Feuers, das Herausholen und Wegschaffen von Schlacke und Asche, das Beseitigen von Staub und Ruß fortfällt,

ständige Beaufsichtigung des Verbrauchs unter Fortfall der Möglichkeit von Entwendung oder Entwertung

sowie Raumersparnis, weil nirgendswo im Hause Brennstoff aufgestapelt zu werden braucht,

wozu sich auf einzelnen Anwendungsgebieten noch gewisse Nebenvorteile gesellen, z. B. beim Kochen und Braten mit Gas die Erzielung schmackhafter Gerichte mit vermindertem Gewichtsverlust und die im Sommer besonders schätzbare bedeutende Verringerung der lästigen Abhitze, beim Wassererhitzen und anderen Vorgängen die Möglichkeit selbsttätiger An- und Abstellung des Feuers, bei der Raumbeheizung und bei gewerblichen und industriellen Feuerstätten selbsttätiger Einhaltung eines bestimmten Wärmegrades, beim Löten und Schweißen die Beweglichkeit der Gasbrenner, bei Preßluftfeuerung und Oberflächenverbrennung die Möglichkeit, die Verbrennung in einem mit Kohlensäure, Stickstoff oder einem anderen mit jedes sonstige Feuer erstickendem Gase erfüllten Raum vor sich gehen zu lassen u. a. m.

Als Wärmeerzeuger findet das Steinkohlengas Anwendung zur Warmwasserbereitung, Raumheizung, im Haushalte zur Speisenbereitung, zum Waschen und Bügeln, ferner für gewerbliche und industrielle Zwecke zur Beheizung von Metall-Schmelzöfen, Glüh- und Härteöfen, Schmiedefeuer, als Gasrundfeuer zum Anwärmen von Radreifen und Bandagen, zur Erhitzung von Lötkolben, in der Schriftgießerei und Schuhfabrikation und in vielen anderen industriellen Betrieben, deren Aufzählung hier zu weit führen würde. Das Steinkohlengas findet ferner Anwendung zur Krafterzeugung, vornehmlich in kleinen Motoren und als Ballonfüllgas in der Luftschiffahrt.

Seine ursprüngliche Bedeutung als Leuchtgas hat das Steinkohlengas im großen und ganzen behalten, obwohl ihm vielerorts in dem bequemeren elektrischen Lichte ein scharfer Wettbewerb erwachsen ist. In der Gasbeleuchtung wurde seit der Auerschen Erfindung das Gasglühlicht beibehalten, dessen Form allerdings im Laufe der Jahre vielfach verändert ist. Das gewöhnliche stehende Auerlicht wurde durch das hängende Gasglühlicht verbessert, bei dem die Düsenöffnung nach unten gerichtet ist, so daß die Flamme abwärts brennt. Das Gasluftgemisch wird durch die heißen Abgase vorgewärmt und dadurch eine erheblich höhere Leuchtkraft erzielt als bei den stehenden Brennern. Durch die nach unten gerichtete und von dem Glühstrumpf allseits umschlossene Flamme ist eine wesentlich bessere Lichtverteilung erreicht, ohne daß man einen Reflektor wie bei den stehenden Brennern braucht. Man kann bei diesem Lichte kleine Lichtstärken von 30 und 50 HK, aber auch

[1]) Zeitschr. „Wasser u. Gas“ 1917, Nr. 13/14.

[2]) Nach Greineder, Oldenbourg, München 1914, sind ungefähr 80% von 1700 Gaswerken mit nur etwa 13% der deutschen Gaserzeugung beteiligt und geben das Gas zu einem 4 bis 5 Pf. höheren Preis je cbm ab.

[3]) Das Gas als Wärmequelle. Handbuch der Gastechnik, Bd. VIII.

durch Vereinigung mehrerer normaler Brenner von 100 bis 120 HK eine Leuchtkraft von mehr als 500 HK erreichen.

Auch auf dem Gebiete der Außenbeleuchtung hat sich die Gasbeleuchtung erfolgreich neben der elektrischen zu behaupten gewußt, und zwar als Preßgasbeleuchtung, bei der der Druck in der Gasleitung, der gewöhnlich 300 bis 400 mm W.-S. beträgt, auf 1300 bis 1400 mm gesteigert wird. Es gibt Preßgaslampen mit drei Brennern für alle Lichtstärken von 500 bis 5000 HK, die 0,6 bis 0,4 l Gas für die Kerzenstunde verbrauchen. In Berlin sind schon annähernd 100 km Straßenlänge mit Preßgaslampen versehen, so z. B. die Potsdamerstraße, die Königgrätzerstraße und andere wichtige Verkehrsadern. In letzter Zeit sind auch Lampen auf den Markt gekommen, die mit drei unter gewöhnlichem Druck brennenden Gasflammen Helligkeiten bis zu 1000 Normalkerzen (HK) erzeugen, die sog. Niederdruck-Intensivlampen. Nachstehende Zahlentafel 83 zeigt die Entwicklung der Gasbeleuchtung in den letzten zwanzig Jahren[1]).

Zahlentafel 83.

Bezeichnung des Brenners	Lichtstärke HK	Gasverbrauch für 1 HK u. Std. l
Schnittbrenner	15 bis 35	8 bis 10
Argandbrenner	30 „ 50	7 „ 9
Auerglühlicht 1895	60 „ 70	1,7 „ 2,0
Auerglühlicht 1910	80 „ 90	1,0 „ 1,5
hängendes Gasglühlicht	100 „ 120	0,7 „ 1,0
Niederdruckstarklicht	200 „ 350	0,6 „ 0,7
Preßgaslicht, Preßluftlicht	500 „ 5000	0,4 „ 0,6

VII. Vergasung.

1. Die chemischen und physikalischen Grundlagen der Vergasung im Gaserzeuger.

a) Die Reaktionen des Kohlenstoffes mit Sauerstoff.

Die Verbrennung des Kohlenstoffs geht bekanntlich nach der folgenden chemischen Gleichung vor sich:

$$C + O_2 = CO_2 + 97\,600 \text{ WE} \quad \quad 1)$$

Dagegen kommen für die Bildung eines brennbaren Gases folgende chemische Reaktionen des Kohlenstoffes bei höheren Temperaturen in Betracht:

$$C + CO_2 = 2\,CO - 38\,800 \text{ WE} \quad \quad 2)$$

$$C + H_2O = CO + H_2 - 28\,800 \text{ WE} \quad \quad 3)$$

$$C + 2\,H_2O = CO_2 + 2\,H_2 - 18\,000 \text{ WE} \quad \quad 4)$$

Diese drei Vorgänge sind wärmeverbrauchend, d. h. sie erfordern zu ihrer dauernden Aufrechterhaltung die Zuführung von Wärme. Im Gaserzeuger erfolgt diese durch Verbrennung eines Teiles des zu vergasenden Brennstoffes mittels Luft, wobei die bei der Verbrennung entwickelte Kohlensäure, vermischt mit dem nicht reagierenden Stickstoff, entweder an der Bildung des brennbaren Gases teilnimmt (Generatorgas) oder (wie bei der Wassergaserzeugung) aus dem Ofen abgeleitet wird.

Die Reaktionen 1) und 2) zusammengefaßt ergeben:

$$2\,C + O_2 = 2\,CO + 58\,800 \text{ WE} \quad \quad 5)$$

Ob auch nach der Reaktion 5) unmittelbar Kohlenstoff mit Sauerstoff Kohlenoxyd bilden kann, ist eine umstrittene Frage, die für die Vergasung in den gewöhnlichen Gaserzeugern aus später zu erörternden Gründen von geringerer Bedeutung ist[2]).

b) Vergasung von Kohlenstoff durch freien Sauerstoff (Luft).

Leitet man freien Sauerstoff (Luft) durch eine glühende Kohlenschicht von einer gewissen Stärke, so bildet sich zunächst Kohlensäure nach Gleichung 1), die beim Hindurchstreichen durch weitere

[1]) A. Sander, „Die neuere Entwicklung der Gasindustrie", Sonderabdruck der Frankfurter Zeitung, August 1912.

[2]) Vgl. hierzu: Wendt, „Untersuchungen an Gaserzeugern", Mitteilungen über Forschungsarbeiten, Heft 31, 1906.

heiße Kohlenschichten nach Gleichung 2) zu Kohlenoxyd umgesetzt wird. Gewöhnlich erfolgt die Vergasung durch den mit Stickstoff vermischten Sauerstoff der Luft, und es findet sich der Stickstoff, der an der Umsetzung nicht teilnimmt, im Generatorgas als unverbrennbarer Bestandteil wieder.

Bei der Überführung des Kohlenstoffes in Kohlenoxyd, mag diese nun unmittelbar erfolgen oder das Kohlenoxyd aus zuvor entstandener Kohlensäure reduziert worden sein, ist nur ein Teil der im Brennstoff enthaltenen Wärme als chemisch gebundene Wärme des Gases zu gewinnen.

Das Verhältnis des im Gase gewinnbaren Anteils an Wärme zu der bei der vollständigen Verbrennung des Kohlenstoffes zu Kohlensäure entwickelten Wärme ergibt sich nach Gleichung 1) und 5) zu:

$$\frac{2 \cdot 97\,600 - 58\,800}{2 \cdot 97\,600} = 0{,}7 \text{ oder } 70\%.$$

Die übrigen 30% werden bei der Kohlenoxydbildung frei. Sie tragen zum Teil zur Erhöhung der Temperatur des Brennstoffbettes und des entstandenen Gases bei, welch letzteres den Hauptanteil als fühlbare Wärme aus dem Vergaser abführt; ein kleinerer Teil geht durch Leitung und Strahlung sowie auch mit der abgezogenen Asche und Schlacke verloren.

Dient zur Vergasung Luft, so wäre unter der Annahme, daß der Kohlenstoff ausschließlich in Kohlenoxyd übergeführt wird, die Zusammensetzung dieses Generator- oder „Luftgases"[1]) die folgende:

$$CO = 34{,}7 \text{ Vol.-}\%$$
$$N_2 = 65{,}3 \text{ Vol.-}\%$$
Heizwert 1057 WE.

Im praktischen Betriebe haben Ebelmen und Dowson bei der Luftgaserzeugung aus Holzkohle und Koks folgende Zahlen erhalten:

	Holzkohle %	Koks %
CO_2	0,45	1,4
CO	33,63	32,6
H_2	2,55	1,0
N_2	63,37	65

Der Wasserstoffgehalt des Gases ist in der Hauptsache auf die Zersetzung des in der atmosphärischen Luft stets vorhandenen Wasserdampfes zurückzuführen. Der CO-Gehalt reicht in den vorstehend angegebenen Gesamtanalysen nahezu an den des „idealen" Luftgases heran, und dementsprechend ist der Anteil der nicht reduzierten Kohlensäure niedrig. Im gewöhnlichen Generatorbetrieb liegen die Verhältnisse nicht so günstig, der CO-Gehalt des Gases ist vielmehr nicht selten beträchtlich niedriger und der Heizwert des Gases geringer. Die mangelhafte Reduktion der Kohlensäure hat die Entwicklung von größeren Wärmemengen im Generator, also an einem Orte, zur Folge, wo bereits die Kohlenoxydbildung einen großen Überschuß frei gewordener Wärmemengen liefert. Man war daher von Anfang an darauf bedacht, den Anteil der Kohlensäure im Generatorgase niedrig zu halten, ja man glaubte sogar, ihn gänzlich vermeiden zu können. Mit dem Fortschreiten der wissenschaftlichen Erkenntnis hat man jedoch eingesehen, daß die Umsetzung der Kohlensäure nach der Gleichung 2) namentlich im praktischen Generatorbetriebe aus verschiedenen Gründen unvollständig ist. Im folgenden sind zunächst die Gründe angegeben, die in der Natur des chemischen Vorganges selbst liegen, während in späteren Abschnitten diejenigen Umstände dargelegt werden sollen, die sich aus der Beschaffenheit der zur Vergasung dienenden Stoffe und Apparate sowie aus mancherlei Erfordernissen des praktischen Betriebes ergeben.

Die Umsetzung der Kohlensäure nach der Gleichung $CO_2 + C = 2CO$ ist zunächst aus dem Grunde unvollständig, weil sie zu den Reaktionen gehört, die gleichzeitig auch im entgegengesetzten Sinne verlaufen, so daß sich also im vorliegenden Falle Kohlensäure zurückbilden kann:

$$2\,CO \rightleftarrows CO_2 + C.$$

[1]) Mit „Luftgas" (vgl. S. 73) bezeichnet man jetzt häufig das durch Anreicherung von Luft mit Kohlenwasserstoffdämpfen hergestellte Gas, das vorwiegend für Leuchtzwecke dient und auch Aerogengas, Benoidgas oder Pentärgas genannt wird. Hier soll jedoch die in hüttentechnischen Lehrbüchern gebräuchliche Bezeichnung für das mit Luft allein erzeugte Generatorgas beibehalten werden.

Die physikalische Chemie hat gezeigt, daß solche „umkehrbare" Reaktionen für bestimmte äußere Bedingungen (Temperatur und Druck) zu einem Zustand führen, bei dem sich die Mengenverhältnisse der daran beteiligten Stoffe nicht mehr ändern („chemisches Gleichgewicht").

Den Gleichgewichtszustand für das System CO_2, CO, C hat zuerst Boudouard, und zwar bei Temperaturen von 650, 800 und 915°C näher studiert[1]). Andere Forscher [Mayer[2]), Rhead und Wheeler[3])] haben die von ihm ermittelten Werte nachgeprüft und zum Teil ihre Untersuchungen auf höhere Temperaturen ausgedehnt. Aus diesen Untersuchungen ergab sich für den Gleichgewichtszustand folgendes.

Der CO-Gehalt ist um so höher, je höher die Temperatur im Reaktionsraum ist; der CO_2-Gehalt wird dementsprechend immer geringer und beträgt bei 1000° kaum noch 1%. Die Zusammensetzung des Gasgemisches im Gleichgewichtszustande ist von der Natur des Kohlenstoffes unabhängig, sie ist dieselbe für Holzkohle, Koks, Anthrazit oder Ruß. Druckerhöhung verschiebt das Gleichgewicht nach der Seite der Kohlensäure.

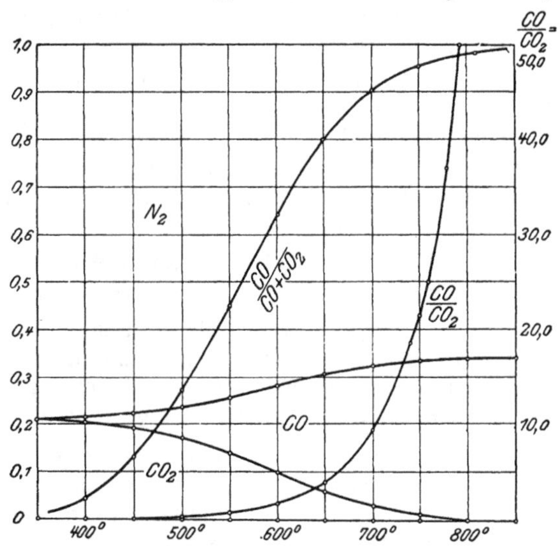

Abb. 49. Gasphasen des Luftgases beim Gleichgewicht mit Kohlenstoff als Funktion der Temperatur.

Beim Luftgasbetriebe im Gaserzeuger sind nun die reagierenden Gase durch den Stickstoff stark verdünnt. Der niedrigere Teildruck von $CO_2 + CO$ hat demgemäß auch zur Folge, daß das Gleichgewicht etwas nach der CO-Seite hin verschoben wird. Neumann[4]) berechnete nach den Versuchen von Mayer für das „ideale" Luftgas die Zahlen in Zahlentafel 84. Die Abb. 49 zeigt die Gasphasen des Luftgases beim Gleichgewicht mit Kohle als Funktion der Temperatur.

Zahlentafel 84.

Temperatur °C	Gaszusammensetzung in %			$\frac{CO}{CO_2}$	$\frac{CO}{CO + CO_2}$	Gleichgewichts-konstante R
	CO_2	CO	N_2			
400	20,6	0,9	78,5	0,0436	0,042	0,00039
450	19,2	2,9	77,9	0,1510	0,131	0,00438
500	17,1	6,4	76,5	0,3742	0,272	0,02396
550	14,1	11,5	74,4	0,815	0,450	0,0938
600	10,1	18,1	71,8	1,791	0,642	0,3241
650	6,1	24,7	69,2	4,050	0,802	1,0000
700	3,1	29,4	67,5	9,48	0,905	2,789
750	1,5	32,2	66,3	21,48	0,955	6,915
800	0,6	33,7	65,7	56,20	0,983	18,94

Die Reduktion der Kohlensäure verläuft um so rascher, je höher die Temperatur ist; schon die Versuche von Boudouard zeigten jedoch, daß sie je nach der Porosität des Brennstoffes selbst bei Temperaturen von 800° erst nach 1 bis 6 Std. zu Ende gelangt war. Hieraus folgte, daß im praktischen Generatorbetriebe, wo mit hohen Gasgeschwindigkeiten gerechnet werden muß, Temperaturen von 800° bis 900° zur Erzielung eines hohen CO-Gehaltes im Gase keineswegs ausreichend sind.

[1]) Annales de Chimie et Physique, 7. Serie, Bd. 24, 1901, S. 5.

[2]) Mayer. Über einige Gasreaktionen. Methanbildung und Kohlenoxyd-Kohlensäuregleichgewicht. Habilitationsschrift München, 1908.

[3]) Trans. Chem. Soc. 1910, S. 2178; 1911, S. 1140.

[4]) Dr.-Ing. Kurt Neumann, „Die Vorgänge im Gasgenerator auf Grund des zweiten Hauptsatzes der Thermodynamik". Mitteilungen über Forschungsarbeiten, herausgegeben vom V. d. I. Heft 140, S. 6.

Später haben Clement und Adams die Bildung des Kohlenoxydes bei hohen Temperaturen und in Abhängigkeit von der Berührungsdauer mit dem glühenden Kohlenstoff durch Versuche im Glührohr eingehender verfolgt[1]). Zu diesem Zwecke wurde Kohlensäure bei Temperaturen von 800 bis 1300° mit verschiedenen Geschwindigkeiten durch eine 250 mm lange Schicht von Holzkohle, Koks und Anthrazit geleitet.

Aus den Versuchsergebnissen ging hervor, daß für die Umsetzung von CO_2 in CO neben der Temperatur die Berührungsdauer sowie die physikalische Beschaffenheit des Brennstoffes, d. i. die Oberfläche, die er dem Gasstrome darbietet, insbesondere also seine Porosität und Korngröße, bestimmend sind. Für Koks und Anthrazit war die Umsetzung selbst bei 1300° bei kurzer Berührungsdauer noch nicht vollständig. Auch Rhead und Wheeler kommen auf Grund von Versuchen zu ähnlichen Ergebnissen[2]).

Für den Generatorbetrieb ergaben sich aus Vorstehendem folgende Schlüsse:

Mit Rücksicht auf einen hohen CO-Gehalt soll

1. die Temperatur der Umsetzungszone möglichst hoch,
2. die Kohle möglichst porös und kleinstückig,
3. die Windgeschwindigkeit möglichst gering und
4. die Schütthöhe möglichst groß sein.

Diese schon früher erkannten, aber erst von Boudouard bestimmt ausgesprochenen Forderungen treten nun nicht selten gegenüber anderen Anforderungen des praktischen Betriebes zurück. Hier sei schon darauf hingewiesen, daß beim Luftgasbetriebe die Temperatur in der Vergasungszone nicht willkürlich eingestellt werden kann. Sie ist vielmehr das Ergebnis der vollzogenen Oxydation des Kohlenstoffes und strebt daher schon an sich einer hierdurch bestimmten oberen Grenze zu, die der Verbrennungstemperatur des Kohlenstoffes zu Kohlenoxyd mit Luft entspricht. Da die Temperatur im Reaktionsraume gewisse Wärmeverluste (insbesondere durch Strahlung und Leitung nach außen) bedingt, ist eine hohe Temperatur nicht ohne eine gewisse Lebhaftigkeit der Verbrennung, also durch eine nicht zu niedrige Windmenge und daher auch nicht zu niedrige Windgeschwindigkeit zu erreichen. Wenn also eine niedrige Windgeschwindigkeit die Reduktion der Kohlensäure begünstigt, trägt anderseits ihre Erhöhung auch zur Erzielung der für die Umsetzung günstigen hohen Temperaturen bei. Im praktischen Gaserzeugerbetriebe wird man daher dort, wo die Anwendung sehr hoher Temperaturen zulässig ist, zugunsten einer hohen Vergasungsleistung mit möglichst hohen Windgeschwindigkeiten arbeiten, wie dies bei den unter Verflüssigung der Schlacke arbeitenden Generatoren (S. 195) der Fall ist. Da sich bei der Luftgaserzeugung eine sehr hohe Temperatur bei hinreichender Windgeschwindigkeit von selber einstellt, wird man in der Lage sein, die Schütthöhe des Brennstoffes entsprechend niedrig zu halten, um mit geringerem Winddrucke auszukommen.

Als unwesentlich für die Kohlenoxydbildung ist der im Gaserzeuger herrschende Druck anzusehen, sofern es sich um die für den praktischen Betrieb überhaupt in Frage kommenden Verhältnisse handelt[3]). Eine Druckzunahme verschiebt zwar, wie bereits erwähnt wurde, das Gleichgewicht nach der Seite der Kohlensäure hin; dieser Einfluß des Druckes ist jedoch unter den in der Praxis für gewöhnlich herrschenden Druckverhältnissen gering.

c) Zersetzung des Wasserdampfes an glühendem Kohlenstoff.

Der zweite Vorgang, der bei der Gaserzeugung im Generator eine wichtige Rolle spielt, ist die Zersetzung des Wasserdampfes an glühendem Kohlenstoff.

Wird Wasserdampf über erhitzte Kohle geleitet, so beobachtet man bereits bei etwa 400° eine schwache Gasbildung, die mit ansteigender Temperatur zunimmt: ein Teil des Wasserdampfes setzt sich mit Kohlenstoff zu CO_2, CO und Wasserstoff um. Schon seit langem war bekannt, daß die Zersetzung des Wasserdampfes um so rascher erfolgt und weiter fortschreitet, je höher die Temperatur in der Umsetzungsschicht ist. Da man in dem Endgase beim Arbeiten mit hohen Temperaturen einen höheren CO-Gehalt feststellte, während bei niederen Temperaturen der CO_2-Anteil überwog, wurde dies allgemein mit der Annahme erklärt, daß nach Formel 3) und 4) bei der Zersetzung des Wasser-

[1]) U. S. Bureau of Mines, Bull. Nr. 7, 1911.
[2]) Trans. Chem. Soc. 1912, S. 831.
[3]) Vgl. Jüptner, Theorie des Generator- und des Wassergases. Stuttgart. Enke 1904.

dampfes an glühender Kohle zwei Reaktionen ineinander greifen, von denen die erstere bei höheren, die zweite bei niederen Temperaturen vorherrsche. Diese Annahme stützte sich jedoch nur auf Beobachtungen an dem Verhalten von Koks oder Holzkohle, also an Kohlenstoff, der durch Aschenbestandteile verunreinigt ist. Durch neuere Versuche[1]), bei denen sowohl Koks und Holzkohle, weiterhin aber auch künstliche Kohle (z. B. Bogenlampenkohle) verwendet wurden, ist dargetan worden, daß die CO_2- und CO-Anteile bei der Vergasung von künstlicher Kohle einerseits und Holzkohle oder Koks anderseits sehr voneinander abweichen. Während im ersteren Falle das trockne Gas noch bei Temperaturen von 600° an 40% CO enthielt, betrug der CO-Gehalt bei der Vergasung von Holzkohle nur etwa 4%. Die CO_2-Gehalte standen dementsprechend im umgekehrten Verhältnis; bei der künstlichen Kohle waren sie durchweg niedrig, bei der Holzkohle jedoch hoch.

Es ist nun nicht anzunehmen, daß reiner Kohlenstoff unter sonst gleichen Bedingungen die Zersetzung nach Reaktion 3), weniger reine Kohle aber die nach Reaktion 4) begünstigt. Es ist vielmehr sehr wahrscheinlich, daß zunächst an der Kohlenoberfläche Wasserdampf nach der Reaktion 3) zerlegt wird, daß aber alsdann eine weitere Reaktion noch unmittelbar an der Berührungsfläche mit der Kohle eingreift, die sich ausschließlich in der Gasphase abspielt, und die man, weil an ihr die vier Bestandteile des Wassergases beteiligt sind, als „Wassergasreaktion“ bezeichnet, nämlich

$$H_2O + CO \rightleftarrows CO_2 + H_2 \pm 10000\,\text{WE} \quad . \, . \, . \, . \, . \, . \, . \, . \, . \quad 6)$$

Die bei diesen Vorgängen gebildeten Verbindungen des Kohlenstoffes mit Sauerstoff unterliegen aber, solange sie sich in Berührung mit der glühenden Kohle befinden, noch der Einwirkung der bereits früher erörterten Reaktion 2).

Die Zusammensetzung der sich ergebenden Gase hängt von dem Grade der Einwirkung der bei der Gasbildung beteiligten Vorgänge ab. Bei hinreichend langer Berührungsdauer des Gasgemisches mit der glühenden Kohle wird sich ein doppeltes Gleichgewicht unter den Reaktionsteilnehmern einstellen, nämlich das Gleichgewicht in der Gasphase, dem die Gase entsprechend der Reaktion 6) zustreben, also das Gleichgewicht des Wassergases, und weiter das Gleichgewicht mit der Kohle, entsprechend der Reaktion 2).

Doch ist die Erreichung des Gleichgewichts für die gewerbliche Vergasung der Brennstoffe nicht maßgeblich. Worauf hier gesehen wird, ist vielmehr nur die Erzielung eines Gases von hinreichend hohem Gehalt an den brennbaren Bestandteilen CO und H unter möglichst günstiger Ausnutzung der in dem vergasten Brennstoff aufgewendeten Wärmemenge.

Die wärmeverbrauchende Reaktion 3) stellt den primären und zugleich den Hauptvorgang der Gasbildung dar. Versuche von Farup, die bei Temperaturen von 821 bis 911° angestellt wurden, zeigten, daß ihre Geschwindigkeit bei gleicher Kohle praktisch von derselben Größe ist wie die der CO_2-Reduktion. Auch im übrigen gilt für den vorliegenden Fall das über die letztere Reaktion Gesagte. Die Zersetzung wird also insbesondere durch eine hohe Temperatur, eine große Kohlenoberfläche und durch eine hinreichende Berührungsdauer, also niedrige Dampfgeschwindigkeit, begünstigt.

Aus der Reaktionsgleichung 3) ergibt sich, daß aus 1 kg C und 1,5 kg Wasserdampf 1,86 cbm CO + 1,86 cbm H_2, insgesamt also 3,72 cbm Gas gebildet werden.

Der Verlauf der Reaktion 6), der sich anschließend an die Zersetzung des Wasserdampfes durch die Kohle unter den gasförmigen Bestandteilen abspielt, ist, wie durch ihre gesonderte Beobachtung festgestellt worden ist, an sich bis zu 1000° noch ziemlich träge, er kann aber durch Katalysatoren stark beschleunigt werden. Da man weiterhin bei der Einwirkung von Wasserdampf auf glühende Kohle beobachtet hat, daß die Zusammensetzung der gasförmigen Bestandteile auch bei verhältnismäßig rascher Gasströmung den für den Gleichgewichtszustand der Reaktion 6) geltenden Erfordernissen entsprach, hat man daraus geschlossen, daß die Kohle als starker Katalysator für diese Reaktion wirken müsse[2]). Die Wassergasreaktion ist demnach ein Vorgang, der bei der Vergasung der Kohle mittels Wasserdampfes als sekundärer Vorgang stets wirksam und auf die Zusammensetzung des Gases von bestimmendem

[1]) J. Gwosdz, Über die Zersetzung von Wasserdampf an glühender Kohle. Diss. Berlin (1917).

[2]) Nach den oben erwähnten neueren Versuchen von Gwosdz scheint die katalytische Wirkung nicht so sehr dem Kohlenstoff als vielmehr den verunreinigenden Bestandteilen der Kohle zuzukommen.

Einfluß ist. Aus dem Umstande, daß die letztere im Gleichgewichtszustande im besonderen durch die Mengenverhältnisse der aufeinander reagierenden Stoffe bedingt ist, folgt für die Gaserzeugung, daß ein großer Überschuß an unzersetztem Wasserdampf zu einer Umsetzung im Sinne einer Verringerung des CO- und einer Vermehrung des CO_2-Gehalts des Gasgemisches führen muß. Die Abhängigkeit der Gleichgewichtskonstanten

$$K = \frac{[CO] \cdot [H_2O]}{[CO_2] \cdot [H_2]}$$

von der Temperatur zeigt Zahlentafel 85 und Abb. 50 (nach O. Hahn)[1]).

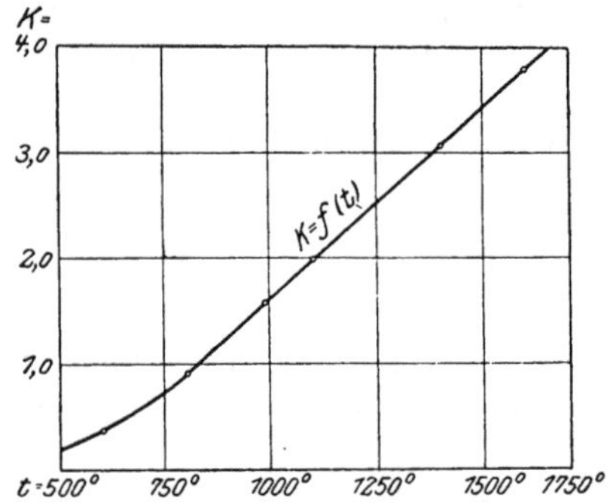

Abb. 50. Die Gleichgewichtskonstante K für Wassergas.

Zahlentafel 85.

Temperatur °C	600	800	986	1100	1400	1600
K	0,37	0,91	1,57	2,07	3,07	3,8

Die Einwirkung von Wasserdampf auf glühende Kohle wurde zuerst eingehender von Harries[2]), und zwar bei Temperaturen von 674 bis 1125° studiert. Er leitete Wasserdampf durch ein mit Holzkohlenstücken beschicktes Porzellanrohr, das in einem elektrischen Ofen erhitzt wurde. Die Ergebnisse zeigt die Zahlentafel 86:

Zahlentafel 86.

Temperatur °C	Gasstrom l/min	H_2O %	CO %	H_2 %	CO_2 %	$\frac{[CO] \times [H_2O]}{[CO_2] \times [H_2]}$	K berechnet von Luggin
674	0,9	87,12	0,63	8,41	3,84	1,70	0,49
758	1,8	65,82	2,67	22,28	9,23	0,85	0,70
838	3,28	47,15	7,96	32,77	12,11	0,94	0,98
861	5,3	39,18	11,01	36,48	13,33	0,89	1,07
954	6,3	17,21	32,70	44,43	5,66	2,25	1,41
1010	6,15	3,02	48,20	47,30	1,45	2,12	1,65
1060	9,8	3,68	46,31	48,84	1,25	2,78	1,88
1125	11,3	0,30	48,34	50,73	0,60	0,48	2,11

In der vorletzten Spalte der Zahlentafel 86 sind die aus den Versuchszahlen sich ergebenden Werte für das Verhältnis der bei der Reaktion entstehenden und verschwindenden Stoffe angegeben. Ein Vergleich der von Luggin für K daraus berechneten Werte läßt nun eine ziemlich gute Übereinstimmung mit den später von anderen Forschern für die Gleichgewichtskonstante K ermittelten Zahlen erkennen, und man kann daraus schließen, daß sich bei den Versuchen von Harries in der Gasphase das Gleichgewicht nahezu eingestellt hatte, während sich jedoch die Kohlensäure und das Kohlenoxyd durchweg noch nicht mit der Kohle im Gleichgewicht befanden.

Die Kenntnis der bei der Einwirkung von Wasserdampf auf glühenden Kohlenstoff obwaltenden Verhältnisse ist nun zunächst für die technische Wassergaserzeugung von Bedeutung, die darauf beruht, daß Wasserdampf durch eine vorher heiß geblasene Kohlenschicht geleitet wird. Bei der Wassergaserzeugung kommt es darauf an, ein an den brennbaren Bestandteilen, also CO und H, möglichst reiches Gas zu erzielen. Das Gas soll möglichst wenig CO_2 enthalten, und der Wasserdampf, der zwar aus dem Wassergas später durch die Abkühlung bei der Reinigung teilweise noch niedergeschlagen werden kann, soll aus wärmewirtschaftlichen Gründen möglichst weitgehend zersetzt werden. Aus den Zahlen von Harries sehen wir nun, daß noch bei Temperaturen von 800 bis 900° beträchtliche Mengen Wasserdampf unzersetzt waren. Daß die Zersetzung des Wasserdampfes und die Beschaffenheit des Gases in hohem Maße auch durch die Geschwindigkeit des Dampfstromes und die Beschaffen-

[1]) Z. für physikalische Chemie 1903, S. 385.
[2]) Journ. f. Gasbel. u. Wasserversorg. 1894, S. 82.

heit des Brennstoffes bedingt ist, haben Clement und Adams durch eingehende Versuche (1911[1]) nachgewiesen. Diese wurden bei Temperaturen von 800 bis 1300° in ähnlicher Weise, wie die früheren Kohlensäureversuche, mit über Koks bzw. Holzkohle strömendem überhitztem Wasserdampf durchgeführt, s. Zahlentafel 87.

Zahlentafel 87.

Zersetzung von Wasserdampf durch Koks nach Clement und Adams.

Lfd. Nr. der Versuche	Temperatur °C	Berührungsdauer in Sek.	Zusammensetzung des gesamten Gases Vol.-%					Zusammensetzung des wasserdampffreien Gases Vol.-%				
			H_2O	CO	H_2	CO_2	CH_4	CO	H_2	CO_2	CH_4	Sa.
			1	2	3	4	5	6	7	8	9	10
1	800	1	99,1	0,40	0,49	0,06	—	34,4	42,5	4,8	—	81,7
4	900	8,5	75,4	8,51	12,78	2,75	0,57	30,4	45,7	9,8	2,0	87,9
7	900	1,5	92,9	2,78	3,60	0,61	0,14	36,0	46,6	7,90	1,8	92,7
16	1000	7	69,8	9,16	15,8	4,38	0,84	28,6	49,3	13,6	2,6	94,1
20	1000	1	88,7	4,48	5,71	0,91	0,19	38,0	48,5	7,8	1,6	95,9
24	1100	8	34,9	18,8	35,6	9,8	0,90	28,1	53,1	14,6	1,4	97,2
25	1100	2	67,6	9,92	17,6	4,4	0,51	28,9	51,2	12,8	1,5	94,4
26	1100	1	76,8	7,22	12,41	3,16	0,44	30,5	52,5	13,3	1,9	98,2
30	1200	11	5,0	51,3	42,5	0,3	1,00	51,8	42,9	0,3	1,0	96,0
31		4,5	17,0	44,6	37,0	0,5	0,9	52,1	43,1	0,6	1,2	97,0
32		2,9	52,3	24,2	22,3	0,4	0,8	48,6	44,8	0,9	1,5	95,8
33		0,9	74,8	10,18	12,8	1,92	0,31	39,3	49,4	7,4	1,2	97,3
36	1300	4,3	0,0	52,4	45,3	0,4	2,0	50,5	43,7	0,4	1,9	96,5
37		2,2	2,1	51,5	44,3	0,3	1,8	49,2	42,4	0,3	1,7	93,6
38		1,6	7,7	47,8	42,5	0,3	1,7	49,5	43,9	0,3	1,8	95,5
39		1,2	7,4	41,9	38,8	0,3	1,6	49,5	45,8	0,3	1,9	97,6

Die Zahlentafel 87 gibt die in den Versuchen mit Koks erhaltenen Zahlen im Auszuge und die Zahlentafel 88 die Ergebnisse der Versuche mit Holzkohle wieder.

Zahlentafel 88.

Versuche von Clement und Adams mit Holzkohle bei 1100°.

Berührungsdauer in Sek.	H_2O %	CO %	H_2 %	CO_2 %	CH_4 %
1,8	20,8	39,6	39,0	0,4	0,2
3,4	12,3	43,3	43,4	0,3	0,7
5,6	0,9	50,1	48,1	0,1	0,8
6,9	0,9	50,5	47,3	0,0	1,3

Aus den Zahlen ist folgendes ersichtlich:

1. Die Geschwindigkeit der Zersetzung des Wasserdampfes und die der Umsetzung der Gase im Sinne einer Erhöhung des CO-Gehaltes hängt von der Natur des Brennstoffes ab; bei Holzkohlen ist sie bedeutend höher als bei Koks.

2. Bei der Vergasung von Koks ist die Zersetzung des Wasserdampfes keineswegs, wie aus den Versuchen von Harries vielfach geschlossen wurde, auch bei geringen Dampfgeschwindigkeiten in der Hauptsache bei 1100° beendet. Es zeigt sich vielmehr, daß bei einer Wirkungsdauer von etwa 8 Sek. noch über 30% des Wasserdampfes unzersetzt sind. Bei der Vergasung von Koks waren selbst bei 1300° nach einer Berührungsdauer von etwa 1 Sek. noch 17% Wasserdampf nicht zersetzt.

Die Kurve der Dampfzersetzung fällt mit steigender Dampfgeschwindigkeit rasch ab. Für die Vergasung fester Brennstoffe mittels Wasserdampfes sind demnach auch die bereits für die CO_2-Reduktion (S. 162) aufgestellten Grundsätze sinngemäß anzuwenden.

[1]) Clement and Adams, „Effective temperatures for water gas generation". U. S. Bureau of Mines, Bull. 7.

d) Vergasung von Kohlenstoff durch ein Gemisch von Luft und Wasserdampf.

Zu den beiden bisher besprochenen Vorgängen der Gaserzeugung aus festen Brennstoffen mittels Luft und mittels Wasserdampfes für sich kommt nun noch die Vergasung durch gleichzeitige Einführung von Luft und Wasserdampf. Dieses in der Technik am meisten verwendete Generatorgas wird auch als „Mischgas"[1]) oder Halbwassergas bezeichnet, weil es als ein Gemisch von Luftgas und Wassergas aufgefaßt werden kann; die abgekürzte Bezeichnung „Halbgas" erscheint zweckdienlich.

Die Wärmemenge, die durch die Zersetzung des Wasserdampfes gebunden wird, wird durch den bei der Luftgaserzeugung auftretenden Wärmeüberschuß geliefert (S. 160).

Man ist nun bei der Gaserzeugung bestrebt, einen möglichst großen Anteil der bei der Luftgaserzeugung freiwerdenden Wärme durch Zersetzung des Wasserdampfes als chemisch gebundene Wärme des Gases zu gewinnen; auch sieht man sich, wie wir später zeigen werden, zur Behebung von mancherlei Betriebsschwierigkeiten veranlaßt, mit einem größeren Wasserdampfzusatze zu arbeiten. Es ist daher von großer praktischer Bedeutung, zu ermitteln, mit welchen Wasserdampfmengen man am günstigsten arbeitet.

Unter der Annahme, daß die Zersetzung des Wasserdampfes durch den glühenden Kohlenstoff nach der Reaktion 3 oder 4 (S. 159) erfolgt, läßt sich theoretisch berechnen, welche Menge von Wasserdampf entsprechend den freiwerdenden Wärmemengen durch 1 kg vergasten Kohlenstoff zersetzt werden kann. Diese Berechnungen haben aber wenig praktischen Wert, weil die Zersetzung des Wasserdampfes, wie wir im Vorhergehenden gesehen haben, durch verschiedene Umstände beeinflußt wird. Für den Betrieb verwertbare Zahlen waren nur durch Untersuchungen am Gaserzeuger selbst zu gewinnen. Derartige Untersuchungen wurden insbesondere von Bone in Gemeinschaft mit Wheeler[2]) sowie von Dr.-Ing. Neumann[3]) ausgeführt.

Bone benutzte zu den Versuchen einen Gaserzeuger von 3 m Durchmesser (in der Ausführung nach Abb. 77, S. 206) und arbeitete mit nordenglischer Steinkohle. Er bestimmte die Menge des der Vergasungsluft beigemischten Wasserdampfes, indem er die Luft bei bestimmten Temperaturen mit Wasserdampf sättigte. Die Versuchsergebnisse sind in Zahlentafel 89 niedergelegt.

Zahlentafel 89.

	Versuchsreihe 2.					Versuchsreihe 1.				
Mittlere Höhe des Brennstoffbettes m			1,06					2,13		
mittlere Durchsatzleistung . kg/Std.			1120					574		
Dampfsättigungstemperatur der Vergasungsluft . . . . °C	45	50	55	60	70	60	65	70	75	80
Zusammensetzung des Gases CO_2 . . . . %	2,35	2,50	4,40	5,10	9,25	5,25	6,95	9,15	11,65	13,25
CO . . . . . ,,	31,60	30,60	28,10	27,30	20,85	27,30	25,40	21,70	18,35	16,05
H_2 . . . . . ,,	11,60	12,35	15,45	15,50	19,75	16,60	18,30	19,65	21,80	22,65
CH_4 . . . . ,,	3,05	3,00	3,00	3,05	3,45	3,35	3,40	3,40	3,35	3,50
N_2 . . . . . ,,	51,40	51,55	49,05	49,05	46,70	47,50	45,90	46,10	44,85	44,55
brennbare Bestandteile . . . . . ,,	46,25	45,95	46,45	45,85	44,05	47,25	47,10	44,75	43,30	42,2
Heizwert des Gases bei 0°C und 760 mm W.-S. oberer WE/cbm	1600	1590	1610	1600	1570	1670	1669	1598	1549	1526
unterer WE/cbm	1520	1500	1510	1490	1480	1557	1547	1469	1416	1382
Gasausbeute, bezogen auf 0°C und 760 mm . . . . cbm/t Kohle	3790	3750	3760	3820	—	3810	3704	3898	4012	4065
Dampfmenge auf 1 kg vergaster Kohle . . . . kg	0,20	0,21	0,32	0,45	0,80	0,45	0,55	0,80	1,10	1,55
zersetzter Dampf . . . . %	100	100	100	76	—	87	80	61	52	40
thermischer Wirkungsgrad einschließlich des Dampfes für die Gebläsemaschine	0,73	0,718	0,722	0,725	—	0,778	0,750	0,727	0,701	0,665
Ammoniak im Gase, ausgedrückt als Ammoniumsulfat auf 1 t Kohle kg	—	—	—	—	—	17,7	19,97	22,9	29,15	32,8

Die Steinkohle hatte eine mittlere Zusammensetzung von C = 78, H = 5,4, S = 1,0, N = 1,4, O = 10,0, Asche = 4,2%; flüchtige Bestandteile (bei 900°) = 36,0%.

[1]) Früher auch „Dowsongas" nach Dowson benannt, der es zum Antriebe von Gasmaschinen einführte (s. S. 187).

[2]) Engineer 1907, S. 639; 1908, S. 837 u. 874.

[3]) Z. d. V. d. I. 1911, S. 892, sowie a. a. O. (S. 161, Fußnote).

Wie Zahlentafel 89 zeigt, wurden zwei Versuchsreihen angestellt. Bei der Versuchsreihe 1 betrug die mittlere Schichthöhe des Brennstoffes etwa doppelt soviel wie bei der Versuchsreihe 2; die stündlichen Durchsatzleistungen standen jedoch im umgekehrten Verhältnisse zueinander.

Aus den Zahlen geht zunächst hervor, daß bei Einführung bis zu 0,3 kg Wasserdampf mit 1 kg Kohle (d. i. bei einer Sättigungstemperatur der Luft von 55°) praktisch sämtlicher Wasserdampf zersetzt wurde. Bei Einführung größerer Wasserdampfmengen nimmt der Anteil des unzersetzten Wasserdampfes zu, wobei allerdings die absolute Menge des zersetzten Wasserdampfes zunimmt, so daß der Wasserstoffgehalt des Gases entsprechend ansteigt. Ferner nimmt der Kohlensäuregehalt zu und der Kohlenoxydgehalt ab.

Der beste Wirkungsgrad der Vergasung (etwa 78%) wurde nach Versuchsreihe 1 bei einer Dampfsättigungs-Temperatur von 60° festgestellt, während er darüber hinaus merklich abnahm. Nach der Versuchsreihe 2 war sowohl der Heizwert des Gases als auch der thermische Wirkungsgrad der Vergasung nahezu stets gleich. Der letztere blieb bei der Dampfsättigungs-Temperatur von 60° gegenüber dem gleichen Falle der Versuchsreihe I um etwa 5% zurück, was auf die beträchtlich raschere Vergasung und die niedrigere Brennstoffschicht zurückzuführen sein dürfte.

Die Versuche von Bone und Wheeler haben vor allem gezeigt, daß sich der Nutzen des Dampfzusatzes hinsichtlich des thermischen Wirkungsgrades der Vergasung in den Grenzen von 0,2 bis 0,6 kg auf 1 kg Kohle ziemlich gleichbleibt. Das Arbeiten mit den geringeren Wasserdampfmengen bietet aber den Vorteil, die Durchsatzleistung des Gaserzeugers erheblich steigern zu können. Mit dem niedrigeren Wasserdampfzusatze vermeidet man auch die häufig sehr unerwünschte Erhöhung des Wasserdampfgehaltes des Generatorgases.

Die Einwirkung des Wasserdampfes auf die Bildung von Ammoniak bei Verarbeitung stickstoffhaltiger Brennstoffe wird noch weiter unten behandelt.

Schon vor Bones und Wheelers Versuchen hatte Wendt seine viel beachteten Untersuchungen[1]) an Schachtgeneratoren angestellt, die namentlich einen Vergleich des thermischen Wirkungsgrades der Vergasung mit Luft allein und der Vergasung mit gleichzeitiger Einführung von Wasserdampf bezweckten. Die Menge des letzteren wurde nicht ermittelt; sie betrug schätzungsweise nicht mehr als etwa 0,65 kg auf 1 kg vergaste Kohle. Über die bei beiden Vergasungsverfahren obwaltende Verteilung der gesamten aufgewendeten Wärmemenge gibt nun die Zahlentafel 90 Aufschluß. Die durch den Gehalt an Brennbarem in der Asche bedingten Wärmeverluste sind hierbei nicht berücksichtigt.

Zahlentafel 90.

Es wurden abgegeben	bei der Luftgaserzeugung %	bei der Mischgaserzeugung %
auf dem Roste des Dampfkessels	0,31	4,78
in der im reinen Gase enthaltenen ausnutzbaren Wärme	71,40	74,80
in der im Teer enthaltenen ausnutzbaren Wärme	5,70	6,08
in der im Ruß enthaltenen ausnutzbaren Wärme	0,32	0,05
in der fühlbaren Wärme des ungereinigten Gases	12,54	9,92
in der fühlbaren Wärme des Rostdurchfalls	1,15	0,08
in der strahlenden Wärme des Generators	8,58	4,29
zusammen	100,00	100,00

Der Wirkungsgrad der Vergasung, bezogen auf das gereinigte kalte Gas, beträgt demnach 3,4% mehr zugunsten des Mischgasbetriebes; wird das Gas mit allen Verunreinigungen und unter Austrittstemperatur verbraucht, so beträgt der Wirkungsgrad 90,85% für die Mischgaserzeugung gegenüber 89,96% bei der Luftgaserzeugung. Der Vorteil der geringeren Wärmeverluste durch Strahlung wird auf der anderen Seite durch den geringeren Brennstoffverbrauch für die Dampferzeugung aufgewogen. Wenn nun auch Wendt sagt, die Mischgaserzeugung sei stets wirtschaftlicher als die Luftgaserzeugung, so ist doch ersichtlich, daß im vorliegenden Falle ebenso wie bei der von Bone untersuchten Gaserzeugeranlage der Nutzen in wirtschaftlicher Hinsicht ziemlich gering ist[2]). Wendt weist überdies

[1]) Wendt, „Untersuchungen an Gaserzeugern“, Doktorarbeit, abgedruckt in den Mitteilungen über Forschungsarbeiten des V. d. I. Heft 31, 1905.

[2]) Über die Erhöhung des Wirkungsgrades der Mischgaserzeugung durch die Ausnutzung der fühlbaren Wärme des Gases zur Dampferzeugung und Luftvorwärmung s. S. 176.

noch darauf hin, daß die Durchsatzleistung bei der Luftgaserzeugung bedeutend größer war als bei dem Mischgasbetriebe, und daß demnach auch die Anlagekosten für die Erzeugung gleicher Gasmengen sich im zweiten Falle höher stellten als im ersten Falle. (Der auf Luftgas betriebene Gaserzeuger setzte stündlich 301 kg Kohle in 799 cbm Gas mit rd. 1037000 WE Wärmewert um, während der Mischgaserzeuger in derselben Zeit nur 208 kg Kohle in 583 cbm Gas mit rd. 846000 WE Wärmewert umzuwandeln vermochte.)

Die Wendtschen Versuche sind auch aus dem Grunde beachtenswert, weil sie zum ersten Male einen Einblick in die Vorgänge im Gaserzeuger, insbesondere in die in verschiedenen Höhen des Brennstoffbettes herrschenden Temperaturverhältnisse boten. Wendt brachte nämlich in der Schachtwand in Abständen von je 250 mm eine Reihe von Öffnungen an, durch die er Gasproben abzog und die Temperaturen mittels Le Chatelier-Pyrometer feststellte. Die Ergebnisse sind in der Zahlentafel 91 wiedergegeben. Die Versuchsreihen I beziehen sich auf die Luftgas- und die Versuchsreihen II auf die Mischgaserzeugung. Vergast wurde Steinkohle, die einen ziemlich hohen Gehalt an flüchtigen Bestandteilen hatte.

Zahlentafel 91.

Höhe über dem Rost	CO_2 %		CO %		H_2 %		N_2 %		Temperatur ° C	
	I	II	I	II	I	II	I	II	I	II
Gasabzug	0,7	5,3	31,3	26,0	6,3	14,6	59,3	49,7	580	440
150 cm	1,0	5,3	28,9	28,0	9,8	19,0	58,3	43,6	1030	—
125 „	0,6	6,0	30,0	28,3	11,7	20,7	57,1	40,2	—	810
100 „	0,4	5,0	33,4	28,7	2,4	21,8	63,5	39,5	1250	—
75 „	—	3,0	34,5	32,7	0,4	17,9	65,1	45,2	—	925
50 „	0,2	5,5	34,3	28,0	—	13,7	65,5	51,9	—	—
25 „	0,2	9,3	34,1	22,0	—	10,8	65,7	57,5	1400	1100
0 „	15,0	11,4	9,7	—	—	—	75,3	79,1	—	—

Zahlentafel 91 zeigt, daß beim Luftgasbetriebe die Kohlensäure dank der hohen, in den unteren Schichten herrschenden Temperaturen bereits in einer Höhe von 25 cm über dem Lufteintritt den äußerst niedrigen Betrag von 0,2% erreicht hatte, der sich jedoch in den oberen Schichten aus weiter unten noch zu erörternden Gründen wieder etwas erhöhte. Bei der nassen Vergasung erreichte er erst in einer Höhe von etwa 75 cm seinen niedrigsten Betrag. Der Wasserstoffgehalt zeigt bei der nassen Vergasung ein rasches Ansteigen bis zu einer Höhe von 100 cm, ein Beweis dafür, daß sich die Zersetzung des Wasserdampfes bis in die höheren Schichten fortsetzt.

Weitere Aufklärungen über die in der Reaktionszone des Gasgenerators herrschenden Vorgänge brachten die Arbeiten von Dr.-Ing. Neumann[1]). Durch die Versuche sollte namentlich klargestellt werden, wie weit sich die im Generator unter wechselnden Wind- und Dampfmengen auftretenden Reaktionen dem Gleichgewichtzustande nähern. Zu diesem Zwecke wurden unter Verwendung eines bestimmten Brennstoffes (Koks von möglichst gleichmäßiger Korngröße) Druck und Temperatur sowie die Komponenten der Gasphase in verschiedenen Schichten des Brennstoffbettes und die stündlich durchgeblasenen Wind- und Wasserdampfmengen bestimmt.

Bei der Mischgaserzeugung sind ebenso wie bei der Wassergasdarstellung innerhalb der Brennstoffschicht zwei chemische Gleichgewichte möglich, nämlich das Gleichgewicht der Gase untereinander und das Gleichgewicht der Gase mit dem festen Kohlenstoff, entsprechend den Reaktionsgleichungen

$$CO_2 + H_2 \rightleftarrows CO + H_2O \quad \text{und} \quad CO_2 + C \rightleftarrows 2\,CO.$$

Die Versuche von Neumann zeigten nun in klarer Weise, daß der Wassergasreaktion im Generatorbetriebe die führende Rolle zukommt, und daß sich das durch die Temperatur bestimmte Gleichgewicht entsprechend dem Ausdrucke $K' = \frac{[CO] \cdot [H_2O]}{[CO_2] \cdot [H_2]}$ in allen Brennstoffschichten, wenn auch nicht immer vollständig, einstellt. Es zeigte sich ferner, daß für den Eintritt dieses Gleichgewichtes der Teildruck des Wasserdampfes in dem Dampfluftgemisch (die „Anfangskonzentration" des Wasserdampfes) und die Luftgeschwindigkeit maßgebend sind.

Die Versuche Neumanns bestätigen auch die alte Erfahrungstatsache, daß für die Gasbildung bei der nassen Vergasung eine hohe Brennstoffschicht von Vorteil ist, da sich die Vergasung des

[1]) A. a. O. (S. 161, Fußnote).

festen Kohlenstoffes, die Dampfzersetzung und die Reduktion der Kohlensäure bis in höhere Brennstoffschichten erstrecken.

Das Verhältnis, in dem die brennbaren Gasbestandteile CO und H_2 zu den unbrennbaren H_2O und CO_2 in dem für das Gleichgewicht gültigen Ausdruck $K' = \frac{[CO] \cdot [H_2O]}{[CO_2] \cdot [H_2]}$ zueinander stehen, hängt für eine bestimmte Temperatur in erster Linie von dem Grade der bereits eingetretenen Zersetzung des Wasserdampfes durch den glühenden Kohlenstoff und somit vornehmlich auch von der Anfangskonzentration des Wasserdampfes in dem Dampf- und Luftgemisch ab. Es kommt demnach nicht nur auf das Erreichen des Gleichgewichts an, sondern die Verhältnisse sind so zu wählen, daß infolge einer raschen Verminderung des Wasserdampfes das Ansteigen des CO-Gehaltes ermöglicht wird mit Rücksicht auf den Umstand, daß beim Gleichgewicht ein hoher CO-Anteil nur neben einem geringen Wasserdampfgehalt bestehen kann. Selbstverständlich bedingt dies auch eine entsprechende Abnahme des CO_2- und Wasserstoffgehaltes.

Auf die Gasbildung kann man demnach insbesondere durch richtige Bemessung des eingeblasenen Wasserdampfes bestimmend einwirken. Recht klar werden diese Verhältnisse durch die in Zahlentafel 92 aufgeführten Versuchsergebnisse erläutert, in der die Gasphase der untersten untersuchten Schicht, Heizwert und Temperatur als Funktionen der Anfangskonzentration des Wasserdampfes dargestellt sind. Mit Abnehmen der Temperatur steigt der Anteil des Kohlenoxydes bei sinkendem Kohlensäure- und Wasserstoffgehalt rasch und nimmt der Heizwert des Gases beträchtlich zu. Im praktischen Gaserzeugerbetriebe kommt es also in erster Linie auf die richtige Wahl von Dampf und Luft an, da hohe Temperatur allein, wie der Versuch 7 zeigt, auch beim Erreichen des Gleichgewichtes in der Gasphase eine Bildung von viel Kohlensäure und Wasserdampf nicht ausschließt.

Zahlentafel 92.

Versuche Nr.		7	8	9	10	11	12
Wasserdampfanteil des Dampf-Luftgemisches für 1 Raumteil cbm/Std.		0,335	0,244	0,184	0,140	0,137	0,117
Eingeblasene Luftmenge (15° 1 Atm.)		36,8	56,3	81,9	113,4	128,0	147,3
Gaszusammensetzung	CO_2 Vol. %	8,81	8,39	6,88	5,26	4,73	4,11
	CO „ %	11,68	16,10	20,22	24,02	23,35	25,84
	H_2 „ %	12,12	11,39	10,31	9,49	9,09	9,19
	CH_4 „ %	0,23	0,26	0,27	0,28	0,28	0,29
	H_2O „ %	22,60	14,35	9,46	5,99	5,28	4,15
	N_2 „ %	44,56	49,51	52,86	54,96	55,27	56,42
Temperatur . . . . °C		1120	1180	1220	1260	1280	1290
Gleichgewichtskonstante K		2,05	2,27	2,42	2,57	2,64	2,68
$K' = \frac{[CO] \cdot [H_2O]}{[CO_2] \cdot [H_2]}$		2,47	2,42	2,70	2,88	3,12	2,84
Unterer Heizwert für 1 cbm . . WE		720	863	919	978	1000	1005
Vergaster Kohlenstoff . . . kg/Std.		7,00	11,36	17,69	25,35	28,60	33,00
Wasserdampf auf 1 kg C . . . kg		1,820	1,105	0,708	0,495	0,459	0,379

Der schädliche Einfluß einer zu reichlich bemessenen Dampfzufuhr wird um so mehr hervortreten, je geringer die Schütthöhe ist, da dann dem in der unteren Zone erzeugten Gase die Möglichkeit fehlt, den Überschuß an Wasserdampf und Kohlensäure in Wasserstoff und Kohlenoxyd umzusetzen.

In Übereinstimmung mit Bone und Wheeler findet Neumann, daß ein Zusatz von etwa 0,4 kg Wasserdampf auf 1 kg Kohle das beste Gas liefert.

Die Versuche zeigen auch die Bedeutung richtiger Windgeschwindigkeiten für die Gaserzeugung. Mit steigender Belastung nehmen die Temperaturen in der Vergasungszone durchweg zu und erhöht sich der Heizwert des Gases. Dem durch die Erhöhung der Windgeschwindigkeit zu erzielenden Nutzen ist bei der Mischgaserzeugung durch das Auftreten wachsender Mengen unzersetzten Dampfes eine Grenze gesetzt.

Durch diese Untersuchungen ist ferner dargelegt worden, daß die Wichtigkeit des Kohlensäure Kohlenoxyd-Gleichgewichts $C + CO_2 = 2\,CO$ bei der Mischgaserzeugung gegen die Wassergasreaktion zurücktritt, da die zur Verfügung stehenden Zeiten den Eintritt des ersteren nicht gestatten.

Man darf daher die bei der Untersuchung des Kohlensäure-Kohlenoxyd-Gleichgewichts erhaltenen Ergebnisse nicht ohne weiteres auf die Vorgänge im Gaserzeuger übertragen, und zwar um so weniger, mit je größerem Wasserdampfzusatze man arbeitet.

e) Methan im Generatorgas.

Im Generatorgas findet sich stets eine gewisse Menge von Methan, das infolge seines hohen Heizwertes schon bei wenigen Prozenten nicht unwesentlich zur Erhöhung des Heizwertes des Gases beiträgt. Man war früher der Ansicht, daß das Methan lediglich aus den Entgasungserzeugnissen des Brennstoffes herrühre. Jetzt findet sich jedoch auch die Ansicht vertreten, daß sich das Methan auch bei der Vergasung bzw. durch Umsetzung der Vergasungserzeugnisse bildet.

Hierfür können folgende Reaktionen in Frage kommen:

$$C + 2\,H_2 = CH_4$$
$$CO + 3\,H_2 = CH_4 + H_2O$$
$$CO_2 + 4\,H_2 = CH_4 + 2\,H_2O.$$

Die Gleichgewichtsbedingungen für diese Reaktionen sind von Mayer und von Altmeyer[1]) studiert worden; sie fanden, daß die Bildung des Methans bei Anwendung von Katalysatoren am stärksten unter niedrigen Temperaturen (250 bis 330°) vor sich geht, während es bei höheren Temperaturen zum größten Teil wieder zerfällt (bei 850° bereits zu 98,5%). Clement und Adams schließen aus ihren Versuchen (S. 165), es sei nicht unwahrscheinlich, daß das Methan, das sich bei niederen Temperaturen nur in Gegenwart von Katalysatoren bilde, bei höheren Temperaturen auch ohne diese entstehe. Auch Dowson ist der Ansicht, daß bei hoher Temperatur Methan bis zu gewissen Mengen durch unmittelbare Verbindung von Wasserstoff mit Kohlenstoff entstehen könne[2]). Bei einem Methangehalt von 1 bis 2% im Generatorgase ist es nicht angängig, diesen auf eine unvollkommene Entgasung des Kokses zurückzuführen. F. Hoffmann hält die synthetische Bildung des Methans im Gasgenerator für wenig wahrscheinlich. Bei höheren Methangehalten im Generatorgas aus Koks scheint ihm der Verdacht gerechtfertigt, daß Analysenfehler vorliegen[3]).

f) Veränderung der Zusammensetzung des Generatorgases nach dem Verlassen der Brennstoffschicht.

Die Frage, ob in dem Generatorgas nach seinem Austritt aus der Brennstoffschicht noch Reaktionen wirksam sind, die eine wesentliche Veränderung der Beschaffenheit des Gases zur Folge haben können, ist öfter aufgeworfen worden. Mehrfach wurde bei Versuchen in dem freien Raum oberhalb der Brennstoffsäule eine gewisse Verminderung des Heizwertes des Gases infolge Abnahme des Kohlenoxyd- und Wasserstoffgehaltes beobachtet. Am auffälligsten ist diese Erscheinung bei den Versuchen von Dr.-Ing. Neumann hervorgetreten[4]). Neumann fand, daß die Umsetzung um so stärker erfolgte, je geringer die Windgeschwindigkeit und je geringer der Wasserdampfzusatz zu der Vergasungsluft war. So fand er bei der Luftgasherstellung mit geringer Windgeschwindigkeit ein Sinken des CO-Gehaltes von 32 auf 23,8%, d. h. um 27% des Heizwertes. Neumann glaubte, diese Erscheinung auf den Eintritt der Reaktion $2\,CO = CO_2 + C$ im freien Gasraume zurückführen zu müssen. Es ist jedoch von anderer Seite[5]) darauf hingewiesen worden, daß die Verschlechterung des Gases durch die Randgase herbeigeführt sein könne, deren Einfluß bei Gaserzeugern von kleinerem Querschnitt bedeutend stärker ins Gewicht fällt, als bei solchen von großem Querschnitt. Diese Auffassung hat sich durch eine weitere Untersuchung von Neumann als richtig erwiesen.

Abgesehen von der Veränderung, die durch Eindringen von Luft eintreten kann, findet in der Gasleitung selbst wegen der inzwischen eingetretenen Temperaturerniedrigung für gewöhnlich eine Änderung der Gaszusammensetzung nicht mehr statt. Ledebur teilt in „Stahl und Eisen" 1903 S. 694, Analysen mit, die in einem Falle eine gewisse Veränderung des Gases vor und hinter dem Reiniger erkennen lassen. Die Temperatur der Gase betrug jedoch vor dem Reinigen rd. 860° und hinter dem Reiniger 760°. In einem anderen Falle, wo die Temperatur nur 360° betrug, war eine merkliche Veränderung des Gases nicht mehr festzustellen.

---

[1]) Journ. f. Gasbel. u. Wasserversorg. 1909, S. 238.

[2]) Dowson and Larter, Producer Gas (1906) S. 27.

[3]) Glückauf 1915, S. 965.

[4]) Mitteilungen über Forschungsarbeiten, Heft 140, S. 48 u. f.

[5]) C. le Chatelier, Stahl und Eisen 1913, S. 1485, und Erwiderung Neumanns.

Von größerer Bedeutung können jedoch die Veränderungen werden, wenn das Gas vor seiner Verwendung in Regeneratoren wieder auf höhere Temperaturen erhitzt wird. Würtenberger[1]) beobachtete einen Verlust von durchschnittlich 7,5% des ursprünglichen Heizwertes beim Durchstreichen des Gases durch den Erhitzer. Er erklärte die Gasveränderung mit dem Eintritt der Reaktion $2\,CO = C + CO_2$. Dagegen vertrat Ledebur die Ansicht, daß die Umsetzung entweder auf der Anwesenheit von größeren Mengen Wasserdampfes beruhe, der auf das Kohlenoxyd nach der Gleichung $H_2O + CO = CO_2 + H_2$ eingewirkt habe, oder durch eine Zersetzung der Kohlenwasserstoffe in den Erhitzerkammern hervorgerufen werde, eine Ansicht, die auch durch die neueren Untersuchungen von Mayer[2]) gestützt wird.

Ein hoher Wasserdampfgehalt der Gase ist demnach auch aus diesem Grunde schädlich, da der CO-Gehalt des Gases verringert wird. Hat das Gas jedoch neben einem hohen Wasserstoff- und Kohlensäuregehalt nur verhältnismäßig geringe Mengen von Wasserdampf, wie dies beispielsweise bei dem gereinigten und gekühlten Mondgase der Fall ist, so kann bei den Temperaturen von 1100 bis 1200°, die in Regeneratoren gemessen wurden, auch die Reaktion in der Richtung $CO_2 + H_2 = CO + H_2O$ verlaufen. So erhielt Darby[3]) für Mondgas vor und nach dem Eintritt der Gase in den Regenerator folgende Werte:

	vor	nach
	dem Eintritt der Gase in den Regenerator	
CO_2	17,8	10,5
CO	10,5	21,6
H_2	24,8	17,7

In diesem Falle hat sich, wie man sieht, der Heizwert des Gases nicht unbeträchtlich verbessert. Leider ist nicht angegeben, ob der Gehalt an Methan verringert wurde. Von größerer praktischer Bedeutung dürften daher nach Vorstehendem nur die Umsetzungen sein, die das Generatorgas nach Verlassen der Brennstoffschicht auf Grund der Wassergasreaktion erfährt. Da jedoch die letztere im freien Gasraume sehr träge ist, muß man annehmen, daß sie nur bei Anwesenheit von Reaktionsbeschleunigern wirken wird. Bone ist der Ansicht, daß die heiße Steinfüllung in den Regeneratoren einen kräftigen Katalysator für das Auftreten der Wassergasreaktion darstellt[4]).

g) Vorgänge bei der Vergasung natürlicher gashaltiger Brennstoffe.

Neben den durch die Einführung von freiem und gebundenem Sauerstoff bedingten Umsetzungen findet im Gaserzeuger noch eine Zersetzung des Brennstoffes statt, sofern nichtentgaste Brennstoffe wie Steinkohle, Braunkohle, Torf oder Holz verarbeitet werden. Die Zersetzung oder „trockene Destillation“ erfolgt im gewöhnlichen Schachtgenerator in den oberen Schichten des Brennstoffbettes durch die Hitze der aus der Vergasungszone aufsteigenden Generatorgase. Diese letzteren bilden nun in Gemeinschaft mit den Destillationsgasen und der aus dem Brennstoffe ausgetriebenen Feuchtigkeit das rohe Generatorgas. Die Beschaffenheit der Destillationsgase ist von der Natur des Brennstoffes, daneben aber auch von der Betriebsweise des Generators abhängig. Sie bestehen demnach in der Hauptsache aus Wasserstoff und Kohlenwasserstoffverbindungen mit Beimengungen von CO, CO_2, N und Wasserdampf und tragen insbesondere bei der Vergasung gasreicher Brennstoffe wesentlich zur Erhöhung des Brennwertes des Generatorgases bei. Die in den Gasen in Dampfform enthaltenen Kohlenstoffverbindungen, namentlich die teerigen Bestandteile, wurden früher häufig als lästige Begleiterscheinung der Gaserzeugung angesehen, weil sie sich bei der Weiterleitung und Abkühlung mehr oder weniger verflüssigen und so nicht nur einen Wärmeverlust sondern auch Verschmutzungen und Verstopfungen in den Gasleitungen herbeiführen. In den letzten Jahren ist man jedoch bei zahlreichen Generatoranlagen dazu übergegangen, den unter vorsichtiger Erhitzung der Kohlen bei niedriger Temperaturen erzeugten Teer als wertvolles Nebenerzeugnis zu gewinnen (vgl. S. 209).

[1]) Stahl u. Eisen 1903, S. 447.
[2]) Stahl u. Eisen 1908, S. 766.
[3]) Journal of the Iron and Steel Institute 1908, Bd. III, S. 228 (Anhang II).
[4]) The Journal of the West of Scotland Iron and Steel Institute Nr. 4, Jan. 1911, S. 156.

Zur Abscheidung des Teeres aus dem Generatorgas dienen Gasreiniger verschiedener Bauart. Man kann ihn jedoch auch schon im Gaserzeuger zersetzen, indem man ihn entweder verbrennt und die Verbrennungsgase an glühendem Kohlenstoff in CO und H überführt, oder indem man die Teerdämpfe an glühendem Kohlenstoff unter Abspaltung des Kohlenstoffes in Kohlenwasserstoffe von höherem H-Gehalt zersetzt. In der Praxis werden zumeist beide Vorgänge zugleich benutzt. Man erreicht dies in einfacher Weise dadurch, daß man die Entgasung dort stattfinden läßt, wo die durch die Einführung des freien Sauerstoffes bedingten Umsetzungen, also die erste Verbrennung erfolgt, und alsdann die Verbrennungsstoffe im Verein mit den noch nicht zersetzten teerigen Gasen durch die eigentliche Gasbildungsschicht führt.

Die zur Erhitzung des Brennstoffes bis zu seiner Zersetzungstemperatur erforderliche Wärme wird im gewöhnlichen Gaserzeuger der fühlbaren Wärme der aus der Vergasungszone aufsteigenden Gase entnommen. Der Vorgang der Entgasung des Brennstoffes erfordert hierbei unverhältnismäßig weniger Wärme als die Austreibung des Wassers und die Erwärmung des letzteren auf die Gastemperatur. Während so die Gase aus gewöhnlicher Steinkohle mit einer Temperatur von 500 bis 700° abziehen, liegt diese bei wasserreichen Braunkohlen um etwa 300 bis 400° niedriger. Dementsprechend ist auch in letzterem Falle die Möglichkeit einer Verwertung der fühlbaren Wärme des Gases geringer.

Ein höherer Wassergehalt der Brennstoffe übt ferner einen nachteiligen Einfluß auf die Vergasungszone selbst aus, da er die heiße Glutzone der Vergasungsschicht einengt. Nasse Brennstoffe, wie feuchte Rohbraunkohle und Torf, werden deshalb für gewöhnlich ohne Wasserdampfzusatz zur Vergasungsluft vergast, um der von den oberen Schichten her wirkenden Abkühlung auf die Vergasungsschicht nach Möglichkeit entgegenzuarbeiten.

Der Wasserdampfgehalt stellt einen unnützen Ballast des Gases dar, der bei der Verbrennung des letzteren die Flammentemperatur erniedrigt, ferner infolge seiner hohen spezifischen Wärme große Wärmemengen aus dem Gaserzeuger mit sich führt. Da ihm überdies bei manchen Schmelzverfahren (Martinverfahren) nachteilige Eigenschaften auf den Ofengang zugeschrieben werden, wird in den Fällen, wo das Gas unmittelbar, d. h. ohne vorherige Abkühlung und Reinigung verbrannt wird, vielfach darauf geachtet, daß der Wasserdampfgehalt im Gase einen bestimmten Betrag nicht überschreitet, eine Forderung[1]), die häufig mit Rücksicht auf andere Schwierigkeiten im Betriebe des Gaserzeugers nicht leicht zu erfüllen ist.

h) Einfluß der physikalischen Beschaffenheit und des Aschengehaltes des Brennstoffes auf die Gasbildung.

Im Vorstehenden haben wir gesehen, daß die Bildung der brennbaren Gase außer von der Temperatur, als dem wichtigsten Faktor, in hohem Maße von der Berührungsdauer mit dem glühenden Brennstoff abhängig ist. Je länger diese ausfällt, desto mehr wird allen umzusetzenden Gasmolekülen die Gelegenheit geboten, mit heißem Kohlenstoff in Berührung zu treten. Hierzu ist einmal erforderlich, daß der Brennstoff dem Gasstrome eine möglichst große Oberfläche darbietet, und dies ist bei kleinerer Korngröße mehr der Fall als bei großen Stücken, deren Kern an der Vergasung nicht teilnimmt. Bei großstückigem Brennstoffe sind auch die Hohlräume im Brennstoffbette größer, infolgedessen werden die einzelnen Gasströme nicht so fein aufgelöst und ist die Möglichkeit vorhanden, daß Teile davon nicht an die Brennstoffoberfläche gelangen. Diesem nachteiligen Einflusse ist durch eine höhere Schüttung des Brennstoffbettes vorzubeugen.

Ist der Brennstoff hinwiederum sehr feinkörnig, so bietet er dem Luftstrome leicht einen zu großen Widerstand, weshalb die Schütthöhe niedrig zu wählen ist. Hierbei besteht aber die Gefahr, daß sich der Wind- und Gasstrom größere Kanäle schafft, durch welche die Gase mit erhöhter Geschwindigkeit streichen und sich der Einwirkung des Kohlenstoffes zum Teil entziehen, während der andere Teil des Brennstoffbettes an der Vergasung in verringertem Maße teilnimmt. Bei feinkörnigen Brennstoffen gilt es daher als Regel, den Schachtquerschnitt größer zu wählen, um bei entsprechender Leistung mit geringerer Gasgeschwindigkeit und geringerem Winddruck arbeiten zu können.

Den vorstehend angegebenen Forderungen ist auch dann Rechnung zu tragen, wenn Brennstoffe in der Glut ihr Gefüge verändern, wenn also stückige Brennstoffe in der Glut zerfallen oder feinkörnige zu Klumpen zusammenbacken. Kohlen von stark backenden Eigenschaften sind für die Gaserzeugung überhaupt weniger geeignet, da sie durch die Bildung von Koksbrücken eine gleichmäßige

[1]) Vgl. Canaris, Wichtige Gesichtspunkte für den Bau und Betrieb von Gaserzeuger-Anlagen bei Martinwerken. Stahl u. Eisen 1908, Heft 16.

Vergasung beeinträchtigen und viel Schürarbeit erforderlich machen. Man hilft sich hier, indem man derartigen Kohlen nichtbackende Brennstoffe beimischt.

Von großem Einfluß auf die Vorgänge im Vergasungsraum ist die Beschaffenheit und Menge der in jedem natürlichen Brennstoffe vorhandenen unorganischen Bestandteile, der Asche. Der Schmelzpunkt der Asche liegt zwischen 1100 bis 1600°, zumeist zwischen 1200 bis 1300°, also bereits bei Temperaturen, bei denen die Reduktion der Kohlensäure und die Zersetzung des Wasserdampfes unter den im gewöhnlichen Betriebe herrschenden Verhältnissen erst praktisch vollständig ist.

Das Schmelzen der Schlacke in der untersten heißen, also in der Verbrennungsschicht, ist natürlich für die Gasbildung nicht von Bedeutung. Tritt die Schlackenbildung aber bereits in der Reduktionszone auf, so gibt sie leicht zu Störungen der Vergasung Anlaß.

Das Schmelzen der Asche hat zunächst zur Folge, daß sich ein Teil der Brennstoffoberfläche mit einer undurchlässigen Schicht überzieht und damit für die Vergasung unwirksam wird. Die an den Schachtwänden erkaltende Schlacke bildet hier Ansätze, die den Schachtquerschnitt verengen, während sie im Brennstoffbette zur Bildung von Schlackenbrücken und Hohlräumen führt, durch die der Wind und die Gase nach den oberen Brennstoffschichten hindurchbrechen können. Die Folge ist eine schlechte Ausnutzung des Schachtquerschnittes für die Gaserzeugung, ferner eine mangelhafte Reduktion der Gase in der Gasbildungszone und häufig noch die Verschlechterung des bereits gebildeten Gases infolge Verbrennens durch den unverändert in die oberen Ofenzonen gelangten Sauerstoff. Halb geschmolzene Asche sintert, oft unter dem Einschluß von brennbarer Substanz, zu großen Klumpen zusammen, die aus dem Aschenbette schwer zu entfernen sind.

Um diesen Übelständen zu begegnen, sucht man in erster Linie die Temperatur in der Vergasungszone unterhalb der Schlackenbildungstemperatur zu halten. Dies ist in einfachster Weise durch Einführung entsprechender Mengen von Wasserdampf zu erreichen, und man hat sich dieses Mittels schon lange bedient. Für den praktischen Betrieb liegt denn auch die Bedeutung des Wasserdampfzusatzes zur Gebläseluft weit mehr in dieser Rolle des Dampfes als Temperaturreglers denn als Mittels zur Steigerung des thermischen Wirkungsgrades der Vergasung. Wichtig ist hierbei, daß die durch die Dampfzersetzung bedingte Temperaturerniedrigung sich möglichst gleichmäßig auf den ganzen Schachtquerschnitt erstreckt. Dies ist aber bei Brennstoffen von ungleichmäßiger Korngröße schwieriger zu erreichen, und es kommt bei diesen leicht vor, daß Luftströme bis in die Reduktionsschicht eindringen und hier zu örtlichen Überhitzungen und damit zur Schlackenbildung Anlaß geben. Da man anderseits die Dampfzuführung bei einer richtigen Gasbildung nicht über ein bestimmtes Maß steigern darf, ist man genötigt, durch Schüren der Reduktionsschicht die Temperatur zu vergleichmäßigen und örtliche Schlackenanhäufungen zu zerstören. Der Wasserdampfzusatz hat auch die Wirkung, daß die Schlacke zersprengt und mürbe wird, so daß ihre Entfernung weniger Schwierigkeiten bietet.

Die Schürarbeit wird natürlich um so schwieriger und teurer, je höher der Gehalt des Brennstoffes an leicht schmelzbarer Asche ist. Aus diesem Grunde war bei den älteren Gaserzeugerbauarten die Vergasung schlackender Brennstoffe kaum mit wirtschaftlichem Nutzen durchzuführen.

In neuerer Zeit wurden die auf die Verschlackung zurückzuführenden Übelstände weiterhin zunächst dadurch gemildert, daß man die Temperaturerniedrigung des Brennstoffbettes durch eine äußere Kühlung der heißen Schichten herbeiführte. Dadurch, daß der umschließende Schacht mit Kühlrohren versehen (Turk, 1900) oder als Wassermantel ausgebildet wird, soll eine solche Temperaturerniedrigung herbeigeführt werden, daß die Schlacke am Umfange der Brennstoffsäule nicht mehr flüssig wird und sich nicht mehr an den Wänden ansetzt. Wird das Luft- und Dampfgemisch, wie es bei den neuen Gaserzeugerbauarten zumeist der Fall ist, von einer in die Schachtmitte hineinragenden Rosthaube aus eingeführt, so kommt anderseits die durch den Dampf herbeigeführte Kühlung mehr den inneren Lagen der Brennstoffsäule zugute. Man erzielt daher die erforderliche Temperaturerniedrigung mit einem geringen Wasserdampfzusatze, hat aber anderseits die Kosten für den Kühlmantel und das Kühlwasser sowie den von letzteren abgeführten Wärmebetrag, der nach Beobachtungen in der Praxis mindestens 2 bis 3% der Gesamtwärme des Brennstoffes beträgt, in Rechnung zu ziehen.

Wir haben bereits gesehen, daß die aus der Schlackenbildung entspringenden Unzuträglichkeiten weniger ins Gewicht fallen, wenn die Vergasungsschicht gründlich geschürt wird. Dadurch, daß man die zur Einführung des Dampfluftgemisches dienenden zentralen Rosthauben als starke Schürkörper ausgebildet hat, die sich in der heißen Verbrennungsschicht drehen, wird bei den neuzeitigen Drehrostgeneratoren eine dauernde Schürung des Brennstoffes erzielt, die Bildung von Schlackenklumpen und -brücken verringert, und Schlackenansätze an den Wänden werden zerrieben.

Die Aufrechterhaltung einer gleichmäßigen Vergasung wird bei den Drehrostgeneratoren ferner durch die ununterbrochene selbsttätige Austragung der Asche erleichtert. Die Austragung der Asche von Hand hat den Nachteil, daß die Vergasung zeitweilig unterbrochen wird und bei der Entaschung eine ungleichmäßige Verschiebung und Umlagerung der Brennstoffschichten unvermeidlich ist. Mit der Asche wird aber auch leicht unverbrannter Brennstoff abgezogen. Durch Einführung von Notrosten während der Entaschung sucht man diese Übelstände zu mildern. Die Ansammlung der Asche zwischen zwei Schürzeiten hat auch ein Wandern der heißen Schichten nach den höher liegenden Teilen des Schachtes zur Folge.

Die geringere Schädlichkeit der Schlackenbildung ist bei den neuzeitlichen Gaserzeugern im besonderen auch durch den Fortfall des den Schacht nach unten abschließenden Rostes oder durch eine solche Ausgestaltung des letzteren bedingt, daß er lediglich zur Stützung der Brennstoffsäule und zur besseren Windverteilung dient, nicht aber das Herausschaffen der Asche und Schlacke behindert. Durch Anwendung geeigneter Verschlüsse (Wasserverschluß, Schleusen) hat man es weiterhin erreicht, die Austragung der Asche — sei es von Hand oder auf mechanischem Wege — ohne Unterbrechung der Gaserzeugung vorzunehmen.

Ein anderer erst in letzter Zeit folgerichtig beschrittener Weg zur Verarbeitung schlackender Brennstoffe von hohem Aschengehalt ist die Vergasung unter Abführung der Asche als dünnflüssige Schlacke. Die Tatsache, daß im Eisenhochofen, in dem der zur Vergasung gelangende Brennstoff in hohem Maße mit unverbrennbaren Stoffen gemischt ist, im Dauerbetriebe ein an Kohlenoxyd reiches Gas erzeugt wird, legte den Gedanken nahe, daß dies auch in einem nicht auf Eisengewinnung betriebenen Schachtofen mit einem an unorganischen Bestandteilen reichen Brennstoffe der Fall sein müsse. Die vollkommene Verflüssigung der Schlacke erfordert eine hohe Temperatur, die der Kohlenoxydbildung günstig ist. Es zeigte sich jedoch, daß das Erweichen der Schlacke in den höheren Brennstoffschichten gewisse Schwierigkeiten zur Folge hatte, die insbesondere in einem unregelmäßigen Nachsinken der Brennstoffsäule nach der Düsengegend bestanden. Über die Mittel, mit denen man diesem Übelstande zu begegnen gesucht hat, ist weiter unten bei der Besprechung der Gaserzeugerbauarten die Rede.

Die Verflüssigung der Schlacke ist in vielen Fällen nur durch passende Zuschläge zu erreichen. Bei der Berechnung der Wirtschaftlichkeit sind demnach für Schlackenschmelz-Generatoren noch die Kosten für die Zuschläge und die Möllerung in Anrechnung zu bringen.

i) Die Mittel zur Bewegung der Vergasungsluft und die Dampfbeschaffung.

Die zur Vergasung dienende Luft wird durch den Gaserzeuger entweder hindurchgedrückt oder hindurchgesaugt. Je nachdem die Luft durch einen Schornstein oder durch ein Gebläse bewegt wird, unterscheidet man Gaserzeuger mit natürlichem und mit künstlichem Zug. Die mit natürlichem, d. h. Schornsteinzug betriebenen Gaserzeuger wurden früher und werden jetzt auch noch vielfach wegen ihrer einfachen Bauart angewendet. Sie dienen zur Herstellung von Heizgas und sind unmittelbar an die Feuerung angeschlossen, so daß der Schornstein sowohl die für die Feuerung erforderliche Verbrennungsluft wie auch die Vergasungsluft für den Gaserzeuger ansaugt. Der Brennstoff ruht bei diesen Gaserzeugern auf Plan- oder Schrägrosten, und der Rostraum ist wegen des im Ofen herrschenden Unterdruckes jederzeit zwecks Schürung und Entaschung zugänglich. Der Aschenfall ist gewöhnlich mit Wasser bedeckt, in dem sich die heiße Asche ablöscht. Der hierbei entwickelte Dampf wird mit der Luft angesaugt und dient so zur Kühlung des Rostes.

Die Leistungsfähigkeit dieser Gaserzeuger ist entsprechend dem zumeist geringeren Zuge des Schornsteines nicht groß, und von letzterem sind die Menge und Zusammensetzung des Gases bedingt, Um in dieser Hinsicht unabhängig zu sein, ist man schon seit langem zur Anwendung von Gebläsen, und zwar von Dampfstrahlgebläsen oder Schleudergebläsen übergegangen. Bei den Dampfstrahlgebläsen dient der die Luft ansaugende Dampf auch gleichzeitig zur Herbeiführung der bereits oben besprochenen Wirkungen im Brennstoffbette. Sie lassen daher eine Regelung der Luftzuführung ohne eine gleichzeitige Beeinflussung der eingeblasenen Dampfmenge nicht zu und sind in solchen Fällen ungeeignet, wo es auf eine genaue Regelbarkeit des Dampfluftgemisches ankommt. Man bevorzugt daher jetzt mehr und mehr die Schleudergebläse und führt den erforderlichen Dampf in die Windleitung ein. Werden von einem gemeinsamen Gebläse mehrere Gaserzeuger gespeist, so führt man den Dampf jeder Zweigleitung gesondert zu. Da sich die in einem der Gaserzeuger auftretenden Druckveränderungen auf die Hauptwindleitung und somit auch auf die übrigen an diese angeschlossenen Gaserzeuger übertragen, so gestaltet sich die Regelung der Luftzuführung zu dem Einzelgenerator umständlicher als beim Dampfstrahlgebläse. Hier wird sich die allgemeinere Verwendung selbsttätiger Windmengenregler empfehlen, mit deren Einführung man bereits vereinzelt vorgegangen ist. Auch die gebräuchliche Regelung der Dampfmenge entsprechend dem Dampfdrucke bietet nur eine annähernd richtige Handhabe zur richtigen Bemessung von Dampf und Luft. Wo es auf eine solche ankommt, ist es zweckmäßig, den Wind bei einer bestimmten Temperatur mit Wasserdampf zu sättigen, doch ist dieses Verfahren für gewöhnliche Anlagen zu umständlich und daher bis jetzt nur unter besonderen Verhältnissen (Mondverfahren) gebräuchlich.

Der Wasserdampf soll nach den Forderungen der meisten Fachmänner tunlichst überhitzt verwandt werden, einmal aus dem Grunde, um Wärmeverluste infolge Kondensation des Dampfes in der Leitung und in der Asche des Gaserzeugers möglichst zu vermeiden, und anderseits, weil die Gasbildungsschicht durch nassen Dampf stärker gekühlt wird. Trotzdem hat man es bisweilen als vorteilhafter gefunden, den Wasserdampf erst durch Einspritzen von Wasser in der Glühschicht selbst zu erzeugen oder auch die Vergasungsluft durch Wasser hindurchzudrücken, wobei das von der Luft mechanisch mitgerissene Wasser ebenfalls erst in der Brennschicht verdampft wird. — Um den Betrieb der Gasgeneratoren von der Dampfkesselanlage unabhängig zu machen, baut die Firma Bender u. Främbs, Hagen, Verdampfer, in denen aus der Gasleitung abgesaugtes Generatorgas verbrannt wird und die Verbrennungsgase mit Wasser vermischt werden. Das Gemisch von Verbrennungsgasen und Wasserdampf besitzt je nach der Anwendung kalter oder auf 100° vorgewärmter Luft bei seiner Einführung in den Gaserzeuger eine Temperatur von 165 oder 250°[1]).

Das Gebläse kann vor oder hinter dem Gaserzeuger arbeiten. Im ersteren Falle haben wir es mit Druckgaserzeugern zu tun. Diese müssen nach unten luftdicht abgeschlossen sein. Falls sie nicht mit einer Einrichtung zur Ausschleusung des Brennstoffes ausgerüstet sind, muß das Gebläse zeitweilig abgestellt werden. Man hat den Betrieb bisweilen auch dadurch ununterbrochen gemacht, daß man in einer Nebengasleitung ein Sauggebläse anbringt und den Gaserzeuger während des Stillsetzens des Druckgebläses mit Unterdruck betreibt. In neuerer Zeit betreibt man den Gaserzeuger auch vielfach mit Sauggebläsen, insbesondere dann, wenn das Gas gekühlt und gereinigt werden muß. Die Ventilatoren können hierbei auch gleichzeitig als Zentrifugal-Teerscheider arbeiten. Bei einer weit verbreiteten Form der mit Unterdruck betriebenen Gasgeneratoren wird die Vergasungsluft durch die Gasmaschine selbst angesaugt. Der für die Vergasung erforderliche Wasserdampf wird durch einfache Verdampfer geliefert, die in den Gaserzeuger eingebaut sind oder von den abziehenden Gasen beheizt werden und durch die die Vergasungsluft angesaugt wird, wobei sie sich mit dem Wasserdampf anreichert. Diese Sauggasanlagen haben vor etwa 15 Jahren eine rasche Einführung, namentlich bei kleineren Kraftanlagen gefunden. Gegenüber dem für die Herstellung von Kraftgas gebräuchlichen Druckgasanlagen waren sie infolge des Fortfalles des Gasbehälters und des Dampfkessels wesentlich einfacher.

An dieser Stelle sei auch auf die Bestrebungen hingewiesen, an Stelle von Wasserdampf die kohlensäurehaltigen Abgase von Feuerungen oder Kraftmaschinen als kühlend wirkendes Mittel in den Gaserzeuger einzuführen. Diese „chemische Regenerierung" der Abgase, die zuerst von Friedrich Siemens in Vorschlag gebracht wurde, hat die an sie bezüglich einer Brennstoffersparnis geknüpften Erwartungen nicht erfüllt. Neuerdings hat in Amerika Tait Kraftgasanlagen mit chemischer Regenerierung der Abgase ausgeführt und nach seinen Berichten namentlich bei Brennstoffen, die zur Schlackenbildung neigen, infolge des niedrigen Wasserstoffgehaltes des Gases einen geregelten Betrieb der Maschine erzielt[2]).

k) Die Zugrichtung im Gaserzeuger und die Einführung des frischen Brennstoffes.

Die Bildung des Generatorgases ist an eine bestimmte Richtung der Vergasungsluft und der Gase durch das Brennstoffbett nicht gebunden. Im allgemeinen führt man jedoch die Luft von unten ein und läßt die Gase oben aus dem Schacht abströmen, wobei der natürliche Auftrieb der heißen Gase namentlich bei Gaserzeugern, die mit schwächerem Zuge betrieben werden, zur Geltung kommt. Aus bestimmten Gründen wird jedoch den Gasen auch eine andere Richtung gegeben. Dies ist insbesondere bei den Gaserzeugern mit sog. umgekehrter Zugrichtung der Fall, die zur Erzeugung eines möglichst teerfreien Gases aus bituminösem Brennstoff dienen. Bei diesen Gaserzeugern liegt die Verbrennungsschicht in den oberen Brennstoffschichten, wo sich auch die Entgasung des Brennstoffes vollzieht. Man bezweckt hiermit, die im oberen Teil des Ofens entwickelten Verbrennungsgase beim

---

[1]) Stahl u. Eisen 1913, S. 1743.

[2]) Glückauf 1912, S. 866.

Hindurchstreichen durch die tiefer liegenden glühenden Brennstoffschichten zu reduzieren und gleichzeitig die teerigen Bestandteile an glühendem Kohlenstoff zu beständigen Gasen umzusetzen. Wird ein solcher Gaserzeuger (mit umgekehrter Zugrichtung) auf einen gewöhnlichen Gaserzeuger mit aufsteigender Zugrichtung aufgesetzt, so daß die gebildeten Gase gemeinsam durch einen mittleren Gasabzug abgeführt werden, so spricht man von einem Doppelfeuer-Generator. Die Gaserzeuger mit umgekehrter Zugrichtung werden gewöhnlich als Sauggaserzeuger betrieben.

Eine seltenere Ausführung des Gaserzeugers sind die Gaserzeuger mit besonderem Reduktionsschacht (Zwillingsgeneratoren). Diese enthalten glühenden Koks, der im wesentlichen dieselbe Aufgabe hat, wie die heißen Koksschichten in der Reduktionszone der Gaserzeuger mit umgekehrter Zugrichtung.

l) Beschaffenheit des Gases an verschiedenen Stellen des Schachtquerschnittes.

Die Überführung der Kohlensäure in Kohlenoxyd geht um so besser vor sich, je gleichmäßiger alle Kohlenstücke über den ganzen Schachtquerschnitt hin an der Vergasung teilnehmen.

Luft und Gas nehmen beim Durchtritt durch die Brennstoffschicht natürlich den Weg des geringsten Widerstandes. Die Verschiedenheit der Widerstände ist schon dadurch bedingt, daß die Brennstoffe nur selten gleichmäßige Korngröße aufweisen, so daß die Widerstände dort geringer sind, wo durch Anhäufung größerer Stücke auch größere Zwischenräume vorhanden sind. Aber auch bei Brennstoffen von gleichmäßigem Korn ist an den Wänden eine größere Gasdurchlässigkeit zu beobachten als im Inneren der Brennstoffsäule. Es kommt hinzu, daß die wirksame Oberfläche der glühenden Kohle an der Schachtwand kleiner ist als im übrigen Teile der Brennstoffsäule. Die Folge ist gewöhnlich ein niedrigerer Gehalt der Randgase an brennbaren Gasen wegen ungenügender Reduktion der Kohlensäure. In Übereinstimmung hiermit steht die Beobachtung, daß die Temperaturen am Schachtmantel beträchtlich höher sein können als in gleichen Höhen der inneren Brennstoffschichten.

Nach den Untersuchungen von Neumann ist der Unterschied zwischen Randgas und Innengas um so größer, je geringer die Belastung des Gaserzeugers ist[1]).

Der Anteil der Randgase ist bei Gaserzeugern von geringerem Querschnitt größer. Gaserzeuger von großem Querschnitt arbeiten daher in dieser Beziehung günstiger. Man sucht der schlechteren Vergasung am Rande durch höhere Schichtung des Brennstoffes an den Wänden abzuhelfen.

Die gleichmäßige Beanspruchung des Schachtquerschnittes hängt wesentlich von der Art und Weise ab, wie das Luftdampfgemisch der Brennstoffsäule zugeführt wird. Die günstigste Verteilung des Dampf- und Luftgemisches ergibt sich, wenn die Brennstoffsäule auf einem Rost aufruht und die Luft unter diesem Rost eingeführt wird. Seitdem man aber aus den Gründen einer leichteren Entaschung mehr und mehr zu rostlosen Generatoren von größerem Schachtdurchmesser übergegangen ist, sind mannigfache Schwierigkeiten zu überwinden gewesen, um zugleich auch eine gute Luftzuführung zum Brennstoffe zu erzielen.

m) Ausnutzung der fühlbaren Wärme zur Erwärmung der Vergasungsluft sowie zur Dampferzeugung.

Die Generatorgase verlassen den Gaserzeuger je nach der Durchführung der Vergasung und der Art des Brennstoffes mit Temperaturen, die zwischen 100 und 800° schwanken und daher entsprechend größere oder geringere Mengen an fühlbarer Wärme mit sich führen. Erfordert das Gas vor seiner Verwendung eine Kühlung, so ist auf eine möglichst weitgehende Wiedergewinnung der fühlbaren Wärme Bedacht zu nehmen. Die nächstliegenden Mittel hierzu sind die Erwärmung der Vergasungsluft und die Erzeugung bzw. Überhitzung des für die Vergasung erforderlichen Wasserdampfes. Eine Vorwärmung der Vergasungsluft hat beim Luftgasbetriebe im allgemeinen keinen Vorteil, da in diesem Falle eine weitere Wärmezufuhr zur Gasbildungszone keine bessere Auswertung der Brennstoffwärme bedingt. Bei der Erzeugung von Mischgas hingegen ermöglicht die Rückführung eines Teiles der fühlbaren Gaswärme in die Vergasungszone die Anwendung größerer Wasserdampfmengen bei der Vergasung und die Erzielung eines Gases von größerer Heizkraft. Auf diese Weise ist es gelungen, bei den Sauggasanlagen den thermischen Wirkungsgrad der Vergasung bis auf 85% und darüber zu steigern[2]). Wird die Gaserzeugung unter Einführung sehr großer Wasserdampfmengen (Mondverfahren) durchgeführt, so ist die den Gasen der Reaktionsschicht entzogene Wärme infolge der großen Mengen an unzersetztem Wasserdampf, die auf die Reaktionstemperatur erhitzt werden, sehr bedeutend, und ihre Wiedergewinnung für die Vergasungsschicht ist daher unerläßlich[3]). Die Wiedergewin-

[1]) Vgl. Z. d. V. d. I. 1914, S. 1481.

[2]) Vgl. Dowson and Larter, „Producer gas" 1906, S. 127 u. 129.

[3]) Vgl. S. 205 ff.

nung der fühlbaren Gaswärme durch Erhitzung der Vergasungsluft bietet ferner die Möglichkeit, auch Brennstoff von größerem Wassergehalt mit gutem Nutzeffekt zu vergasen, insbesondere wenn die Vergasung in der Weise erfolgt, daß der bei der Trocknung und Entgasung auftretende Wasserdampf mehr oder weniger zur Gasbildung herangezogen wird. Auf diese Weise ist es gelungen, bei der Vergasung von nassem Torf einen thermischen Wirkungsgrad bis zu 80% zu erzielen (S. 192).

Endlich hat man es auch versucht, die Gaswärme in der Weise nutzbar zu machen, daß man in den Gaserzeuger einen Dampfkessel einbaute, wobei man neben dem für die Gaserzeugung erforderlichen Dampf noch hochgespannten Wasserdampf erzeugt, der für anderweitige Zwecke verfügbar ist[1]). Für die Wirtschaftlichkeit derartiger „Dampfkesselgeneratoren" fallen jedoch die Anlage- und Unterhaltungskosten des Hochdruckdampfkessels schwer ins Gewicht.

2. Gaserzeuger-Bauarten.

a) Schacht- und Schrägrostgeneratoren.

Die ersten Ausführungen des Gaserzeugers waren teils dem Hochofen, teils der gewöhnlichen Rostfeuerung nachgebildet. Sie bestanden demnach aus einem Schacht, der im ersteren Falle keinen Rost und seitlich Windzuführung hatte, während im zweiten Falle der Schacht nach unten durch

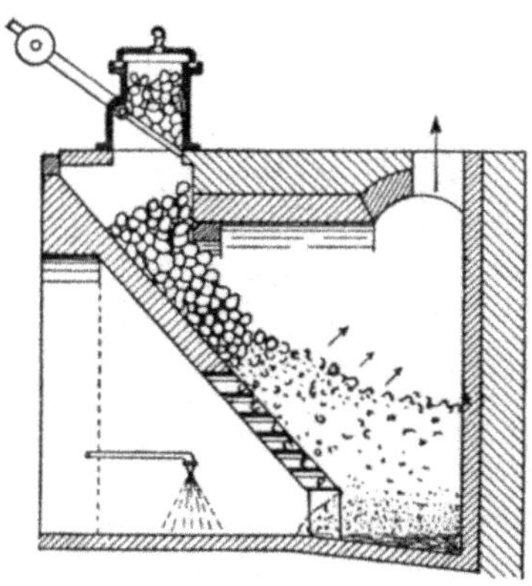

Abb. 51. Schrägrost-Gaserzeuger (Siemens 1856).

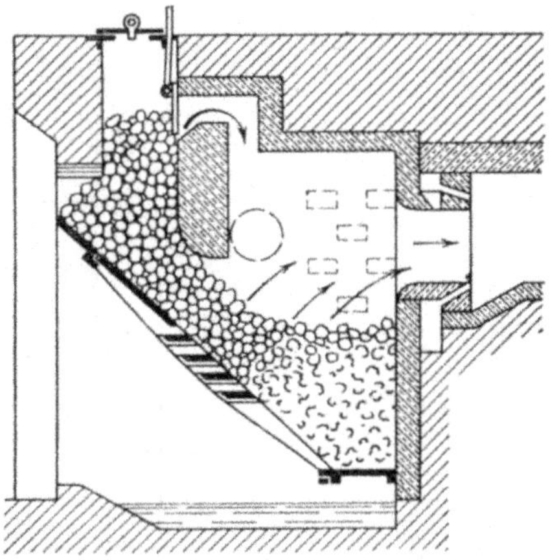

Abb. 52. Halbgasfeuerung.

einen Rost abgeschlossen war, durch den die Luft angesaugt wurde. Bei diesen Schachtgeneratoren mit senkrechten Wänden bewegt sich der Brennstoff von oben nach unten, während die Luft die Brennstoffsäule in aufsteigender Richtung durchströmt. Der mit einem Rost ausgestattete Generator hat eine allgemeine Anwendung zuerst in der von Siemens ausgeführten Form als Schrägrostgaserzeuger gefunden, Abb. 51, bei dem die Vergasungsluft sich nicht wie beim Schachtgenerator im Gegenstrome, sondern im Querstrom zum Brennstoffe bewegt.

Der Brennstoff gleitet aus einem Füllraum über eine schräge Wand, die im unteren Teile als Rost ausgebildet ist, und bietet dem Luftstrom einen geringeren Widerstand als die Brennstoffsäule im Schachtgenerator. Der Schrägrost-Gaserzeuger hat sich daher namentlich bei Anwendung von Schornsteinzug eingebürgert. Die niedrigere Schütthöhe bietet jedoch die Gefahr, daß die Reduktion der Kohlensäure leicht mangelhaft wird. Die fühlbare Wärme der Gase ist daher auch zumeist hoch, so daß Schrägrostgeneratoren nur dort eine gewisse Berechtigung haben, wo der Gaserzeuger möglichst dicht vor dem Verbrennungsraum liegt. Das Ausbrennen der Asche ist bei diesem Gaserzeuger vielfach sehr mangelhaft, und es ist daher erklärlich, wenn der Nutzeffekt der Vergasung nicht selten nur 50% bis 55% betragen hat. In der Großindustrie ist man daher jetzt fast ganz von diesem Gaserzeuger abgekommen. Er steht jedoch noch in der keramischen Industrie, insbesondere in Glashütten, für die Vergasung von Braunkohlen und Braunkohlenbriketten sowie auch für Steinkohlen vielfach in Anwendung[2]).

Dem Schrägrostgenerator verwandt sind die sog. Halbgasfeuerungen, Abb. 52, die dem Verbrennungsraum unmittelbar vorgelagert sind und in denen man nicht auf die Erzeugung eines höheren CO-Gehaltes abzielt. In ihnen werden minderwertige Brennstoffe, namentlich rohe Braunkohle verarbeitet.

[1]) Stahl u. Eisen 1913, S. 2013.

[2]) Vgl. Feuerungstechnik 1913, S. 344 u. 1914, S. 306.

Bei Brennstoffen, die zur Schlackenbildung neigen, war für die Vergasung im Schrägrostgenerator eine höhere Schüttung erforderlich, um mit mehr Wasserdampf arbeiten zu können. Es ergab sich hieraus sowie aus dem Bestreben, die Vergasungsleistung zu steigern, die Notwendigkeit der Anwendung eines Unterwindgebläses, wodurch der Vorteil des einfachen Betriebes mit Schornsteinzug wieder fortfiel. Unter diesen Umständen kehrte man mehr und mehr wieder zu dem Schachtgenerator mit senkrechter Zugrichtung zurück; hierbei behielt die Ausführung mit unterem Rost zunächst die Oberhand. Der einfache Planrost wich mit dem Aufkommen größerer Schachtdurchmesser anderen Formen, die das Austragen der Asche und Schlacke weniger behinderten.

So kamen die Gaserzeuger mit Treppen-, Polygon- und Korbrost in Aufnahme, bei denen der Rost bereits mehr zur Windverteilung als zur Stütze der Brennstoffsäule dient, da diese im wesentlichen bereits auf der festen Ofensohle ruht. Den Abschluß des Aschenraumes nach außen besorgten an Stelle der gewöhnlichen Aschentüren späterhin abhebbare Mäntel, die oben und unten in Wassertassen tauchten, s. Abb. 53. Auch bei diesen Gaserzeugern mußte das Gebläse bei der Entaschung abgestellt und damit die Gaserzeugung für eine bestimmte Zeit unterbrochen werden.

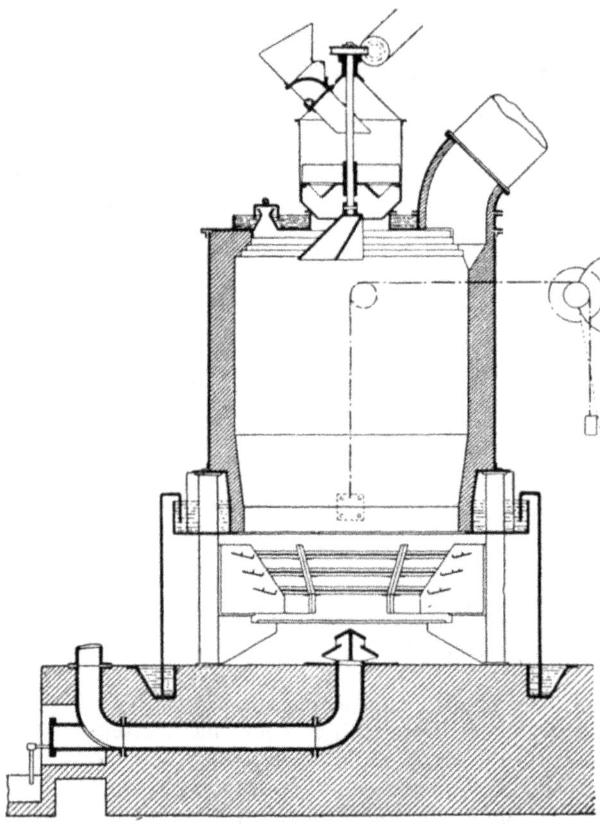

Abb. 53. Gaserzeuger mit Polygonrost (Poetter & Co.).

Die allgemeine Einführung der als Druckgaserzeuger arbeitenden Schachtgeneratoren wurde jedoch erst durch die Ermöglichung eines ununterbrochenen Betriebes mittels Abschlusses des Schachtes nach unten durch einen Wasserverschluß begünstigt.

Die Brennstoffsäule ruht bei diesen Gaserzeugern, deren Hauptvertreter der Morgan-Generator ist, in einem mit Wasser gefüllten Aschentrog, in den ein den Schacht nach unten fortsetzender eiserner Ring oder Hohlkörper taucht. Der Wind wird von der Seite oder noch häufiger durch ein mittleres Rohr eingeführt, das von einer Haube überdeckt wird, s. Abb. 54. Abb. 55 zeigt einen neueren Gaserzeuger mit seitlicher und mittlerer Luftzufuhr.

Diese Gaserzeuger sind noch jetzt in der Hüttenindustrie weit verbreitet und werden vorzugsweise für normale Steinkohle und Braunkohle dort angewendet, wo der Gasbedarf nicht sehr groß ist. Mit dem Durchmesser geht man im allgemeinen nicht über 2 bis 3 m hinaus.

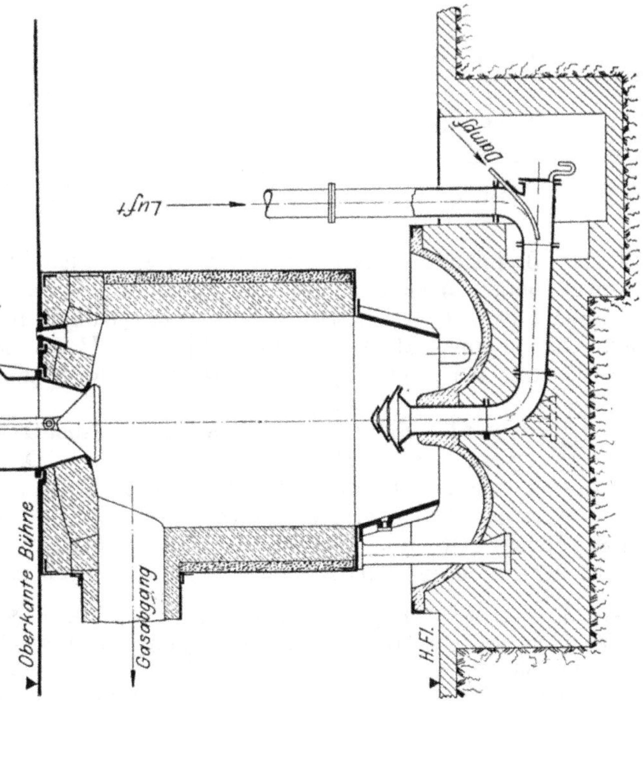

Abb. 54. Gaserzeuger mit Wasserverschluß und mittlerer Luftzuführung (Morgan).

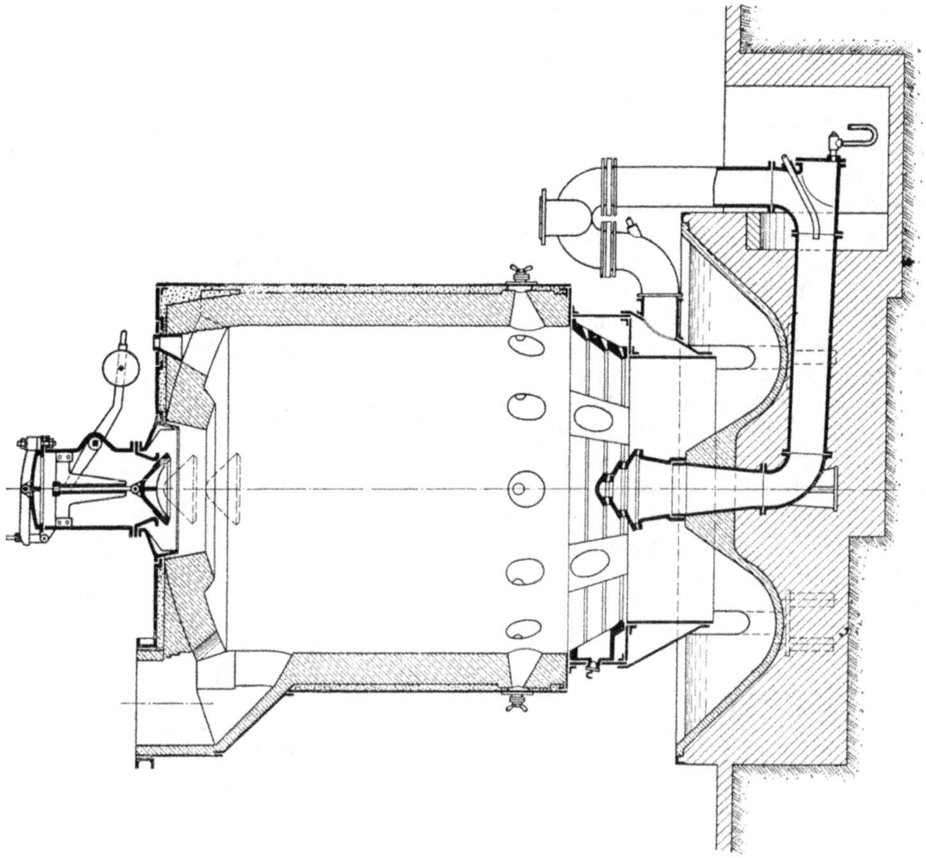
Abb. 55. Gaserzeuger mit Luftzuführung von der Mitte und von der Seite.

Bei den Gaserzeugern mit mittlerer Windhaube ist es üblich, über der letzteren dauernd eine Aschenschicht von 20 bis 30 cm aufrechtzuerhalten, einerseits um die Haube vor dem Feuer zu schützen und anderseits, um das Dampfluftgemisch beim Aufsteigen durch die Aschenschicht zu erwärmen. Man führt auf diese Weise auch die in der Asche enthaltene Wärme größtenteils der Feuerschicht wieder zu. Die Schachtgeneratoren mit feststehendem Rost erfordern meist eine angestrengte Schürarbeit, damit die in der heißen Zone gebildeten Schlackenbrücken zerstört werden.

Von den einfachen Schachtgeneratoren hat die neuere Bauart des rostlosen Gaserzeugers nach Heller in der Industrie eine weitgehende Anwendung gefunden. Er ist ein Schachtofen mit recht eckigem Grundriß (s. Abb. 56), dessen Querschnitt nach unten hin bis zur Höhe der Winddüsen stark eingeschnürt ist. Die schmalräumige Vergasungskammer begünstigt eine gleichmäßige Windverteilung über den Schachtquerschnitt unter Vermeidung örtlicher Überhitzungsstellen. Die sich hieraus ergebende gleichmäßige Gasbildung hat auch einen verhältnismäßig kühlen Gang des Gaserzeugers unter Vermeidung schädlicher Schlackenbildung zur Folge, wodurch die Wartung einfach wird. Ein Vorteil besteht auch in dem einfachen Aufbau des Schachtes aus Mauerwerk unter Vermeidung teurer Eisenteile. Die Durchsatzleistungen dieses Generators sind allerdings nicht hoch (eine Kammer mit einem Vergasungsraum von 0,5 m Breite in Düsenhöhe und einer Länge von etwa 3 m

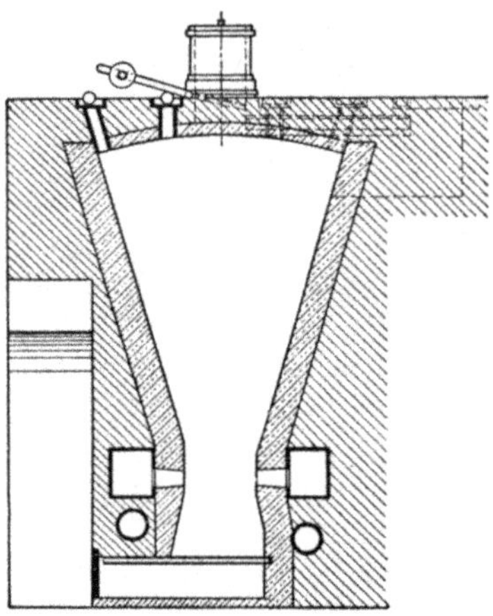

Abb. 56. Heller-Generator.

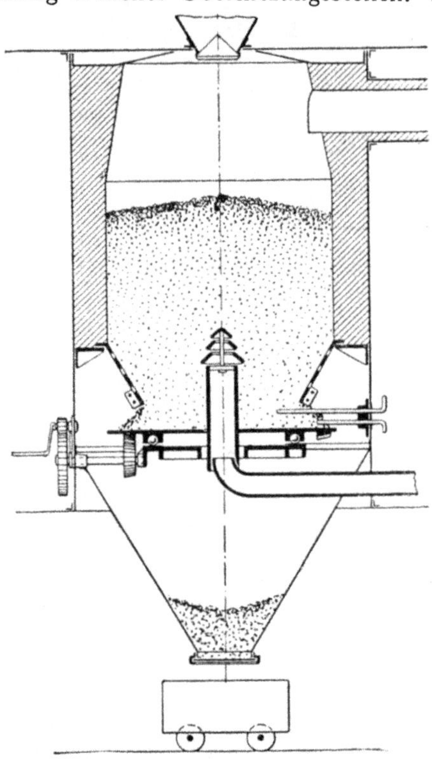

Abb. 57. Gaserzeuger von Taylor mit drehbarer Aschenplatte.

vergast je nach dem Brennstoff 4 bis 7 t in 24 Std.), sie fallen aber bei den angeführten Vorteilen, zu denen insbesondere noch das gute Ausbrennen der Asche zu rechnen ist, in vielen Fällen weniger ins Gewicht. Bei großem Gasbedarf wird eine größere Anzahl in der Längsrichtung aneinandergereihter Einzelschächte zu einem Block zusammengefaßt. Der Heller-Generator soll sich insbesondere auch für die Verarbeitung der schwieriger zu vergasenden Rohbraunkohlen als geeignet erwiesen haben[1]).

Der Heller-Generator wird meist mit reichlichem Dampfzusatze betrieben, wodurch die Temperatur an der Verengung eine gewisse Höhe nicht überschreitet. Da indes nach den bisherigen Erfahrungen Temperaturen unter 900° für die chemischen Umsetzungen kaum in Frage kommen dürften, werden Angaben über festgestellte niedrigere Temperaturen (650 bis 750°) noch nachzuweisen sein[2]).

Die Leistung des Heller-Generators gibt Trenkler[3]) bei Rohbraunkohle zu etwa 50 kg/qm Schachtquerschnitt an, was der Forderung nach Großleistungsgeneratoren nicht entspricht. Ob daher mit

[1]) Vgl. auch Journ. f. Gasbel. 1913, S. 692, und Braunkohle 1918/19, S. 470 u. 479.

[2]) So sind auch die in der Zeitschrift „Braunkohle“, Jahrg. 17, Heft 41/42, wiedergegebenen Versuchsergebnisse nicht als einwandfrei zu betrachten, da sich unmögliche Wirkungsgradziffern ergeben.

[3]) „Sparsame Wärmewirtschaft“ 1920, Heft 1, S. 47, Verlag d. V. d. I., Berlin.

der Aneinanderreihung einer größeren Anzahl von Einzelschächten diesem Bedürfnis Rechnung getragen werden kann, ohne die bisherigen Vorteile der billigen Anschaffungs- und Unterhaltungskosten preiszugeben, müssen wir der Weiterentwicklung dieser Generatorbauart überlassen.

Bei den bisher besprochenen Gaserzeugern wird die Asche von Hand ausgetragen. Die zu bewältigenden großen Aschenmengen in größeren Anlagen und bei der Verarbeitung aschenreicher Brennstoffe legten den Gedanken an eine mechanische Entaschung nahe. Obwohl schon früher vielfach befürwortet, hat sie doch erst mit dem Gaserzeuger von Taylor, Abb. 57, in Amerika eine praktische Bedeutung erlangt.

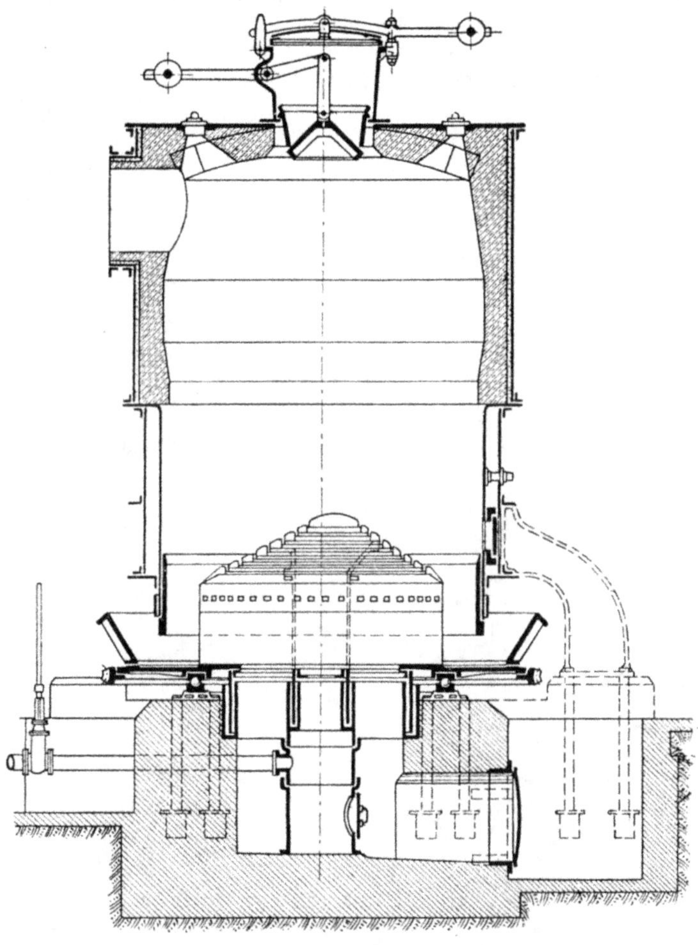

Abb. 58. Drehrostgaserzeuger von Kerpely.

Die Brennstoffsäule ruht bei diesem Gaserzeuger auf einem Teller, durch dessen Mitte die Windhaube emporsteigt. Bei der Drehung des Tellers mittels Handrades und Vorgeleges wird die Asche durch zwei Abstreifer in einen am Boden befindlichen, verschließbaren Sammeltrichter gefördert. Dieser Gaserzeuger ist jetzt noch vielfach in Amerika sowie in Frankreich in Gebrauch. Die Drehung geschieht hier noch in Zeitabständen.

b) Drehrostgaserzeuger.

Eine allgemeine Anwendung hat der Gaserzeuger mit mechanischer Aschenentfernung durch die Ausbildung des Drehrostgenerators von Kerpely im Jahre 1904 erfahren, s. Abb. 58.

Seine kennzeichnenden Merkmale sind die Ausbildung des Aschentroges als wassergefüllter Schüssel, die einen als Schürkörper wirkenden Rostaufbau trägt. Die auf Kugeln oder Rollen gelagerte Aschenschüssel wird mechanisch in dauernde Drehung versetzt und die Asche ununterbrochen mittels einer Stauschaufel über den Rand der Schüssel ausgetragen. Durch Regelung der Drehbewegung wird auf diese Weise im Gaserzeuger eine Aschenschicht von gleichmäßiger Stärke aufrechterhalten. Die Verteilung des Windes über den ganzen Schacht wird durch den großen freien Rostquerschnitt des turmartigen Rostaufbaues begünstigt. Um den

Wind wie auch den Dampf mehr von der Mitte oder der Schachtwand zuzuführen, wird der Raum unter dem Roste auch in der in Abb. 58 ersichtlichen Weise unterteilt. Da der Rost polygonale Umrißform hat oder exzentrisch angeordnet ist, werden die nach dem zwischen ihm und dem Mantel befindlichen Raum gelangenden Schlackenstücke bei seiner Drehung zerquetscht. Durch die Drehung des Rostkörpers werden auch die Brennstoffschichten der Gasbildungszone dauernd in Bewegung erhalten, und damit wird die Bildung größerer Aschenbrücken vermieden. Die Feuerschicht ist von einem wassergekühlten Mantel umgeben, um das Ansetzen von Schlacken an der Schachtwand zu verhüten.

Es hat selbstverständlich längerer Erfahrungen im praktischen Betriebe bedurft, ehe der Drehrostgenerator so betriebssicher wurde, wie er es jetzt ist. Um seine Anpassung an deutsche Steinkohlen haben sich insbesondere Thyssen & Co. in Mülheim a. d. Ruhr sowie Ehrhardt & Sehmer in Saarbrücken bemüht. Eine Ausführung des Gaserzeugers von Ehrhardt & Sehmer zeigt Abb. 59.

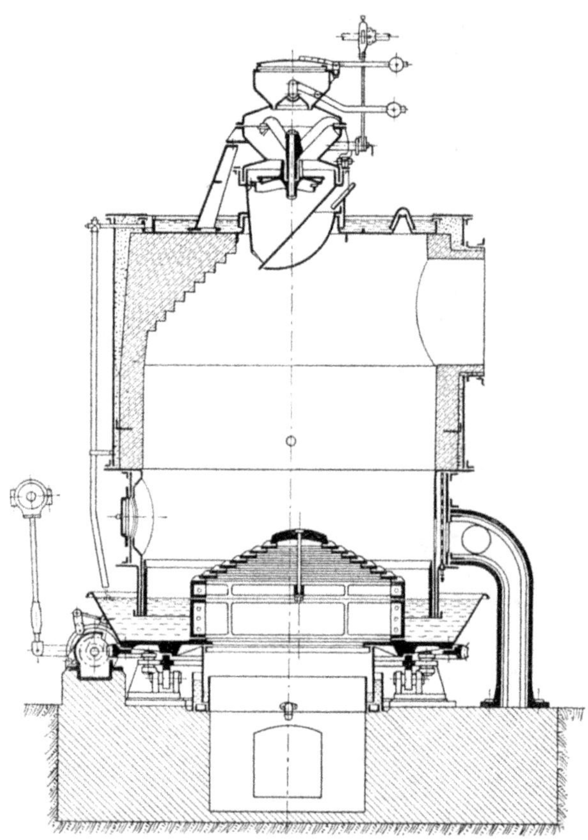

Abb. 59. Drehrostgaserzeuger mit selbsttätiger Beschickvorrichtung nach Morgan von Ehrhardt & Sehmer.

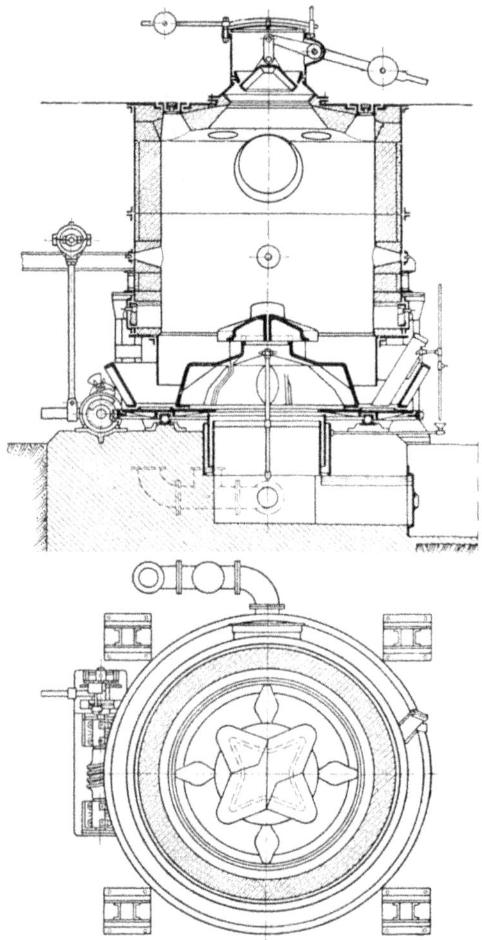

Abb. 60. Drehrostgaserzeuger von Hilger.

Die Bestrebungen zur weiteren Verbesserung des Drehrostgenerators waren in der Hauptsache darauf gerichtet, die Schürwirkung des Rostkörpers und die Windverteilung zu verbessern. So entstanden der Drehrostgaserzeuger von Rehmann, dessen Rostkörper aus mehreren durchbrochenen turmartigen Kegeln besteht, weiterhin die Drehrostgaserzeuger von de Fontaine und der Berlin-Anhaltischen Maschinenbau-Gesellschaft, der Gaserzeuger von Küppers u. a. m.

Abweichend von diesen Drehrostgeneratoren mit turmartigen Rostkörpern besitzt der in der Industrie stark verbreitete Hilger-Gaserzeuger, Abb. 60, einen flachen sternförmigen Rost.

Sein Unterteil ist ein Drehkörper, der sich nach oben kegelartig verjüngt und in einen sternförmigen Aufsatz endigt. Der Aufsatz ist oben offen und trägt eine Haube aus Stahlguß, die ihn so übergreift, daß zwischen Aufsatz und Haube ein breiter Spalt verbleibt. Durch diesen Spalt gelangt das Luft- und Dampfgemisch in den Gaserzeuger. Der Rostaufbau ist so niedrig gehalten, daß die durch die Drehung des Rostes hervorgerufene Zerkleinerung der Schlacken innerhalb des den Schacht nach unten abschließenden eisernen Ringes stattfindet. Am äußeren Rande des Schüsselbodens ist der Zahnkranz angeschraubt, in den die Antriebschnecke eingreift. Eigenartig ist auch die Bewegung des Rostes im sog. Pilgerschritt. Sie gestattet sowohl eine Vorwärts- wie Rückwärtsdrehung allein oder auch eine abwechselnde Vorwärts- und Rückwärtsdrehung mit oder ohne Vorlauf in der einen oder der andern Richtung. Bei fortlaufender rückläufiger Drehung hebt sich die in die Schüssel hineinragende Aschenschaufel selbsttätig aus, so daß keine Schlacke ausgeworfen wird. Bei Vorwärtsdrehung wird die Schaufel durch die Schlacke selbsttätig eingerückt. Die Austragung der Asche kann somit unabhängig von der Drehbewegung der Schüssel und der damit verbundenen Schürung der unteren Feuerschicht geregelt werden.

Der Kraftverbrauch für den Antrieb der Aschenschüssel bei Drehrostgeneratoren beträgt 0,5 bis 1,5 PS. Die Drehschüssel ist entweder auf genau geschliffenen Stahlkugeln, die in blank gearbeiteten Stahlgußbahnen laufen, oder auf Rollen gelagert; in letzterem Falle sind besondere Rollen zur Aufnahme der seitlichen Drücke vorgesehen.

Während anfänglich bei den Drehrostgeneratoren der untere Teil des Schachtes stets als Kühlmantel ausgeführt wurde, sieht man jetzt meist davon ab, da dadurch sowohl Anschaffungs- als Betriebskosten erhöht werden und die ständige Bewegung der Aschenschicht ein Ansetzen von Schlacken meist unmöglich und daher den Kühlmantel entbehrlich macht. Bei stark schlackenden Brennstoffen hat er sich jedoch sehr bewährt, obwohl die Vorteile vielfach bestritten wurden. Außer höheren Anschaffungskosten bedingt die Erwärmung des Kühlwassers einen Wärmeverbrauch, der mindestens auf 2 bis 3% der vergasten Brennstoffmenge anzunehmen ist.

Die Vorzüge, die der Drehrostgenerator vor den älteren Gaserzeugerbauarten besitzt, sind nun in der Hauptsache folgende:

1. größere Durchsatzleistung,
2. gleichmäßigeres Gas,
3. besseres Ausbrennen der Asche,
4. Fortfall der Löhne für das Austragen der Asche,
5. Möglichkeit der Anwendung billigerer Kohlensorten,
6. ununterbrochener mehrmonatiger Betrieb bei geringeren Ausbesserarbeiten,
7. geringerer Raumbedarf,
8. Fortfall des Staubes beim Entschlacken.

Welche Vergasungsleistungen mit verschiedenen Brennstoffen bei Drehrostgeneratoren zu erzielen sind, geht aus nachstehender Zahlentafel 93 hervor, die von der Firma Poetter für den von ihr ausgeführten Hilger-Generator mitgeteilt worden ist.

Zahlentafel 93.

Größe und Vergasungsleistung in 24 Std. der Hilger-Gaserzeuger für verschiedene Brennstoffe.

	Größe der Generatoren			
	2000 mm ϕ	2200 mm ϕ	2600 mm ϕ	3000 mm ϕ
böhm. Braunkohle oder deutsche Rohbraunkohle	16—18	18—22	26—30	35—38
rhein. oder andere ähnl. Braunkohlenbrikette	16—18	18—22	26—30	35—38
gewaschene Nußkohle je nach Güte	10—12	11—15	16—20	22—26
Förderkohle mit 20 bis 30% Staub	9—11	10—14	15—19	21—24
Steinkohle mit 50% Staub	8—10	9—11	13—15	17—19
Gaskoks, Hüttenkoks (ohne Staub) oder Anthrazit	12—14	15—17	21—24	28—32
Koksasche von 0 bis 40 mm, wobei rd. 25% Staub (unter 10 mm)	9—11	11—13	15—17	20—22
brikettierte Koksasche	12—14	14—16	19—23	26—30
Saarkohle II. Sorte mit 15% Kokslösche	8—9	10—11	14—15	18—19

Daß die vorgenannten Vorzüge tatsächlich zutreffen, kann am besten an den Betriebsergebnissen ermessen werden. In Zahlentafel 94 sind einige Vergasungsergebnisse von Kerpely-Drehrostgaserzeugern wiedergegeben und in Zahlentafel 95 eine tabellarische Zusammenstellung der Wirkungsgradziffern bei den verschiedenen Brennstoffen[1]).

[1]) Nach Gobiet, Drehrostgeneratoren nach System Kerpely. Journ. f. Gasbel. 1912, Nr. 52.

Zahlentafel 94.

Art und Herkommen des Brennstoffes	Zusammensetzung des Brennstoffes C %	H₂O %	Asche %	Heizwert der Kohle WE	Durchmesser des Generators mm	Vergasungsleistung in 24 Std. kg	Durchschnittsanalyse des erzeugten Gases CO_2 %	CO %	H_2 %	CH_4 %	C_2H_4 %	Heizwert des Gases ohne Teer auf 1 cbm WE
mitteldeutsche mulmige Braunkohle	29,4	52,7	5,8	2300	2600	15 000	7,0	26,0	13,5	1,2	0,3	1260
rhein. Braunkohlenbrikette	54,5	13,3	4,6	4800	2600	24 000	3,4	31,5	11,0	2,5	0,2	1450
westfälische stark backende Steinkohle	72,5	4,0	8,0	6700	2600	16 000	2,7	27,5	6,0	3,2	0,4	1310
Abfallkohle des Saarreviers	58,0	2,4	26,8	5600	3000	18 000	3,5	27,0	9,0	2,6	0,3	1300
oberschlesische backende Steinkohle	74,3	4,1	7,8	7000	2600	17 000	3,2	26,8	9,3	5,6	0,4	1540
oberschlesische wenig backende Steinkohle	71,9	3,3	9,5	6750	2600	20 000	1,8	30,4	12,6	3,4	—	1530
ostrauer Steinkohle (stark backend)	66,2	3,7	14,8	6100	2500	16 000	4,0	25,0	13,0	1,5	—	1220
ostrauer Abfallkoks	78,0	12,0	10,0	5700	2000	15 000	3,0	29,8	9,1	0,8	—	1200
galizische Magerkohle	57,4	16,0	13,3	5200	2000	14 000	3,5	29,3	11,8	1,0	—	1300
ungarische Steinkohle	—	—	—	—	2000	10 000	4,2	28,1	9,0	2,2	—	1260
ungarische Braunkohle	54,0	18,0	5,2	5000	2000	19 500	5,0	28,5	14,6	3,2	—	1520
böhmische Braunkohle	43,2	25,0	16,9	4100	2000	25 000	2,6	30,7	14,0	2,1	—	1440
böhmische Steinkohle	62,5	8,0	11,9	6400	2000	12 000	4,0	27,5	10,0	2,2	—	1290
südfranzösischer Anthrazit	71,8	3,3	23,5	5800	1550	7 000	—	—	—	—	—	1100
belgische Steinkohle (Mons)	—	—	5,0	6600	3000	17 500	3,5	27,5	11,6	3,2	0,2	1370
englische Steink. (Yorkshire)	—	7,8	6,2	6400	3000	22 000	4,0	29,0	10,0	3,5	0,2	1450
polnische Steink. (Dombrowa)	63,2	8,5	11,5	5800	2600	18 000	1,4	31,0	12,4	2,2	—	1440

Zahlentafel 95.

	mittlere Zusammensetzung des Brennstoffes C %	H %	N %	O %	S %	H_2O %	Asche %	mittlere Zusammensetzung des Gases CO_2 %	CO %	CH_4 %	H_2 %	Teergehalt in 1 cbm Gas g	aus 1 kg Brennstoff erzeugte Gasmenge bei Berücksichtigung des Teeres cbm	Kohlenstoffgehalt in 1 kg Brennstoff g	Kohlenstoff aus CO, CH_4 und Teer in dem aus 1 kg Brennstoff erzeugten Gas g	Kohlenstoff aus dem Brennstoff bei Berücksichtigung des Teeres %
steirische Braunkohle	57,7	4,43	0,78	15,55	1,28	7,17	13,1	2,8	30,5	2,0	14,0	25 mit 19,4 C	2,77	577	522,4	90,5
nicht backende polnische Steinkohle	63,2	3,92	1,05	10,4	1,43	11,5	8,5	1,4	31,0	2,2	12,4	11,5 mit 8,2 C	3,26	632	607	96,0
starkbackende Steinkohle	68,65	4,08	0,93	5,62	0,92	7,45	12,35	4,5	25,4	3,33	8,6	8,7 mit 5,2 C	3,74	686,5	595,4	89,1

Die in der Asche enthaltenen brennbaren Bestandteile sollen selbst bei der Vergasung geringerer Kohlensorten nicht über 1% des Gesamtkohlenstoffes des Brennstoffes und der thermische Wirkungsgrad der Vergasung abzüglich der Eigenwärme des Gases bis zu 82% betragen.

Das in der Aschenschüssel befindliche den Flüssigkeitsverschluß bildende Wasser ist unter gewissen Verhältnissen störend. So ist beim Arbeiten mit hohem Winddruck, wie er beispielsweise zur

Vergasung dichtliegender Brennstoffe (S. 201) angewendet wird, ein unverhältnismäßig hoher Schüsselrand erforderlich, der das Auswerfen der Asche behindert. Bei der Verarbeitung von Braunkohlen mit stark hygroskopischer Asche saugt diese bis in die Höhe des Turmrostes Wasser an und gibt so Anlaß, daß sich die Windschlitze mit der breiigen Asche verschmieren. In solchen Fällen wendet man Drehrostgaserzeuger mit trockener Austragung an, in ähnlicher Weise wie bei den Hochdruckgaserzeugern (vgl. Abb. 75). Man läßt den Wasserabschluß in den Drehschüsseln in Wegfall kommen oder verwendet flache Scheiben (ähnlich dem Gaserzeuger von Taylor, vgl. Abb. 57), von denen die Asche durch Staubleche abgestreift und hierauf durch seitliche Behälter ausgeschleust wird. Derartige Gaserzeuger werden u. a. von der König-Friedrich-Augusthütte in Pottschappel, der Berlin-Anhaltischen Maschinenbau-Gesellschaft, der Gutehoffnungshütte und Julius Pintsch A.-G. gebaut.

Man hat auch vereinzelt andere selbsttätige Aschenaustragungen erprobt. Zu erwähnen wäre hier der Kettenrost-Gaserzeuger von Pintsch, der namentlich für Rohbraunkohlen bestimmt ist. Er hat sich indessen wegen der raschen Abnutzung des Kettenrostes nicht bewährt.

Bei den neuzeitlichen Großraum-Gaserzeugern von rechteckigem Querschnitt werden selbsttätige Aschenaustragvorrichtungen erprobt, die aus hin- und hergehenden Platten oder Tischen bestehen. Die mit derartigen Einrichtungen gemachten Erfahrungen sollen erfolgversprechend sein; man wird jedoch auch hier mit einer raschen Abnutzung rechnen müssen und daher diesen Bauarten nur nach genügend langer Erprobung vertrauen dürfen. Bisher hat sich der Drehrost weitaus am besten bewährt; er läßt sich bei allen Gaserzeugern anwenden, die runde Schachtform haben. Da der rechteckige Querschnitt an sich ungünstigere Betriebsziffern gibt, dürfte sich daher der Drehrost nicht leicht übertreffen lassen.

Hier sei auch noch die Druckluft-Aschenabführung erwähnt, die bisweilen bei solchen Gaserzeugern angewendet wird, die eine sehr feinkörnige Asche geben.

c) Gaserzeuger mit mechanischem Rührwerk.

Die Schürwirkung der Rosttürme der Drehrostgeneratoren erstreckt sich nur auf einen Teil der Höhe der Brennstoffsäule. Bei manchen Brennstoffen, wie backenden Steinkohlen, kommt es aber gerade darauf an, den Brennstoff in der Verkokungsschicht zu lockern und die Bildung von Kanälen zu verhüten. Es wurden daher vielfach, und zwar zumeist in den Vereinigten Staaten von Amerika, Gaserzeuger mit mechanischen Rührvorrichtungen ausgebildet. Letztere bestehen entweder aus Armen, die an einer durch die Schachtdecke geführten Welle sitzen, welche bei neueren Ausführungen auch in der Höhe verstellbar ist, damit die Arme in verschiedenen Höhen des Brennstoffbettes spielen können, oder es sind wassergekühlte Arme, die durch die Schachtdecke hineinragen und sowohl Auf- und Abwärtsbewegungen, wie solche in radialer Richtung ausführen. Damit diese Schürarme allmählich auch den ganzen Querschnitt des Schachtes bestreichen können, sind sie exzentrisch auf der Schachtdecke angeordnet, und entweder diese oder der Schachtmantel erhält eine drehende Bewegung. Die Schürarme werden zumeist mittels einer Exzenterscheibe angetrieben.

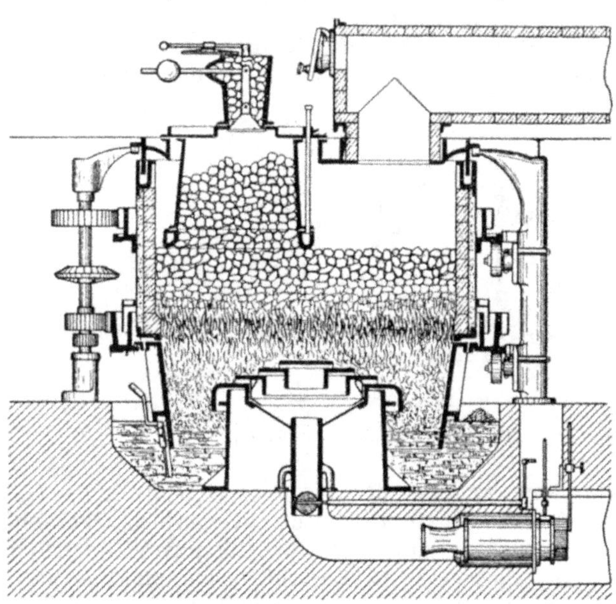

Abb. 61. Gaserzeuger mit drehbarem Schacht von Chapman.

Von den verschiedenen in Amerika ausgebildeten Bauarten steht vor allen die von Hughes[1]) in Anwendung, ferner sind noch die Ausführungen von Frazer-Talbot, Forter-Trump, Chapman[2]) und der Morgan Construction Co. hervorzuheben.

[1]) Vgl. Quasebart, „Der Gaserzeuger von Hughes"; Feuerungstechnik 1912/13, S. 398.

[2]) Vgl. Denk, „Die Entwickelung der amerikanischen Gaserzeuger", Feuerungstechnik 1913/14, S. 218.

Die drehbare Anordnung der Schachtwand oder eines Teiles derselben zwecks Beseitigung schädlicher Hohlräume in den oberen Brennstoffschichten ist bei amerikanischen Gaserzeugern häufig zu finden. Bisweilen hat man die Schachtwand in mehrere Teile zerlegt, die sich in entgegengesetzten Richtungen bewegen. Als Beispiel sei hier der Chapman-Generator erwähnt (Abb. 61).

Einen umlaufenden Schacht besitzt auch eine in den letzten Jahren vertriebene Bauart der Morgangesellschaft in Worcester, die wegen ihrer vollständig maschinell durchgeführten Betriebsweise als Gaserzeugungsmaschine bezeichnet wird. Der Gaserzeuger besitzt neben einer mechanischen Beschick- und einer Einebnungsvorrichtung für den Brennstoff eine mit der Schachtwand verbundene Aschendrehschüssel. Ein Generator von 3 m Durchmesser vergast bis zu 36 t Steinkohle in 24 Std. Der Kraftbedarf für den Antrieb soll nur $\frac{3}{4}$ bis $1\frac{1}{2}$ PS betragen[1]).

Die Gaserzeuger mit mechanischer Stocheinrichtung hatten bereits mehrere Jahre vor dem Kriege in Amerika eine sehr weite Verbreitung gefunden, die sich aus dem Umstande erklärt, daß man dort mehr als bei uns auf die Vergasung backender Brennstoffe angewiesen ist und die Arbeiter trotz hoher Löhne der schwierigen Stocharbeit abgeneigt sind. Die Ersparnisse an Betriebskosten, die man in amerikanischen Anlagen mit mechanischer Stocheinrichtung gegenüber der Handarbeit erzielt, sollen recht erheblich sein trotz der höheren Bau- und Instandhaltungskosten.

Unter den durch den Krieg und die politische Umwälzung in Deutschland geschaffenen Verhältnissen wird auch bei uns die Frage der Zweckmäßigkeit einer weiteren Mechanisierung des Gaserzeugerbetriebes eingehend zu prüfen sein. Für die hier noch fast gänzlich ungebräuchliche Verwendung maschineller Stocheinrichtungen wird aber voraussichtlich noch ein anderer Umstand mitsprechen. Die bisher im Generatorbetriebe bevorzugten weniger backenden Steinkohlen werden wahrscheinlich in steigendem Maße für die Urteergewinnung herangezogen werden, so daß viele Betriebe mehr als bisher auf die Vergasung backender Kohlen werden zurückgreifen müssen.

d) Beschickvorrichtungen.

Der frische Brennstoff muß so in den Gaserzeuger eingeführt werden, daß während des Beschickens weder Gas entweichen, noch Luft durch die Beschicköffnung in den Gaserzeuger eindringen kann. Dazu dienen die Beschicktrichter mit Doppelverschluß. Hat die Beschickung im Trichter eine größere Höhe, so kommt man auch mit einem einfachen Verschluß aus. Um der Vergasungsluft stets eine gleichmäßige Schichtstärke des Brennstoffes darzubieten, führt man das Beschickrohr tiefer in den Schacht herunter und leitet das Gas durch den zwischen Schachtwand und Beschickrohr gebildeten

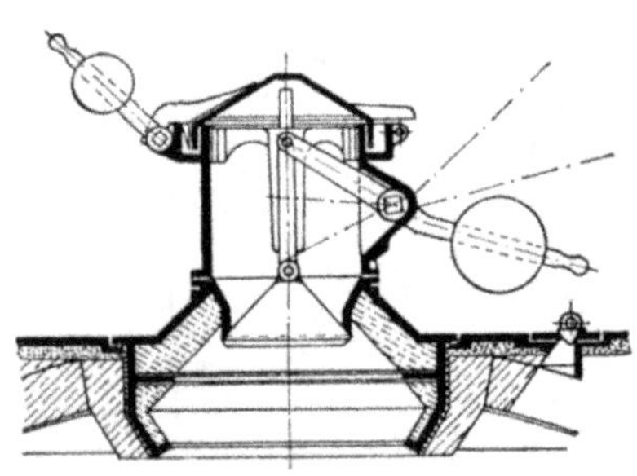

Abb. 62. Beschickvorrichtung von Poetter.

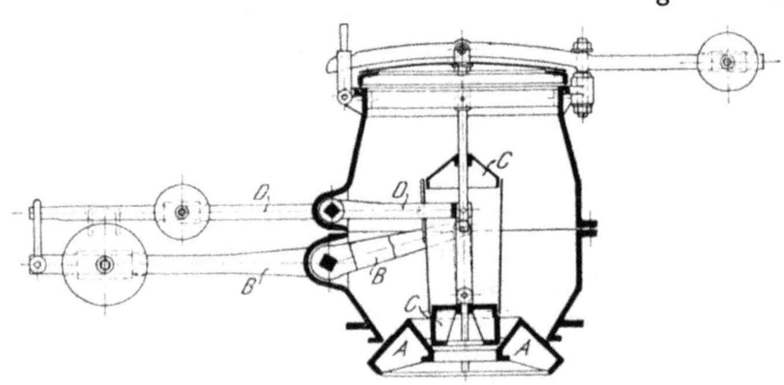

Abb. 63. Beschickvorrichtung von Kerpely.

Ringraum ab (vgl. den Mondgaserzeuger, Abb. 77). Ein ähnlicher Zweck wird dadurch erreicht, daß das Gas durch ein von der Schachtdecke herabhängendes Rohr abgeführt wird, wobei sich der durch den Ringraum eingeführte Brennstoff unterhalb dieses Rohres abböscht, s. Abb. 72.

Bei Gaserzeugern von großem Durchmesser ist eine gleichmäßige Schichthöhe in dieser Weise nicht zu erreichen. Man hat deshalb auch vielfach mechanische Beschickvorrichtungen angewendet, deren bekannteste Ausführungen die von Bildt, George und Morgan sind[2]). Der Brennstoff wird hierbei durch einen unterhalb des Fülltrichters umlaufenden Verteiler über den Schachtquerschnitt verstreut, vgl. Abb. 59. Bisweilen hat man vor dem Brennstoffverteiler auch ein Brechwerk zur Zerkleinerung größerer Kohlenstücke angeordnet.

[1]) Iron Age 1915, S. 1161.

[2]) Körting, Über Gasgeneratoren, Stahl u. Eisen 1907, Heft 20.

Gegen die bisher auf den Markt gebrachten selbsttätigen Beschickungsvorrichtungen hat man jedoch später geltend gemacht, daß der Gasstrom die feineren Teile des stetig und in geringen Mengen eingetragenen Beschickungsgutes mit sich reißt, und daß die beweglichen Teile einem starken Verschleiß unterliegen. Sie sind daher bald wieder außer Anwendung gekommen und werden im Betrieb nur vereinzelt gefunden.

Bei der Handbeschickung sucht man eine bessere Verteilung des Brennstoffes über den Schachtquerschnitt durch eine besondere Gestaltung des Fülltrichters bzw. seiner Verlängerung sowie durch eine wechselnde Verstellung in der Höhe zu erzielen.

So hat beim Generator von Poetter der Trichterhals eine Kröpfung, die es ermöglicht, den Brennstoff an verschiedenen Stellen auszustreuen, indem er bei mittlerer Einstellung der Glocke gegen die Mitte, bei tiefster Einstellung nach dem Umfang des Schachtes fällt, Abb. 62. Bei der Einrichtung von Kerpely ist die untere Verschlußglocke in der aus Abb. 63 ersichtlichen Weise geteilt. Je nach der Einstellung der beiden Teile *A* und *C* mittels der Hebel *B* und *D* kann der Brennstoff nach dem Schachtumfange oder der Mitte allein oder gleichzeitig nach dem Umfange und der Schachtmitte aufgegeben werden.

e) Gaserzeuger für Kraftzwecke (Sauggasgeneratoren).

Die bisher besprochenen Gaserzeuger dienten vornehmlich zur Gewinnung von Heizgas. Obwohl sich dieses ebensogut auch zum Antriebe von Gasmaschinen eignet, bedingt doch die für diesen Verwendungszweck notwendige Abkühlung und Reinigung des Gases in mancher Hinsicht eine Abweichung vom Bau und Betrieb der Heizgaserzeuger. Für die Entwicklung der Kraftgaserzeuger waren zwei Hauptgesichtspunkte bestimmend. Einmal wurde darauf Bedacht genommen, die Auswertung des Brennstoffes durch Vermeidung der Wärmeverluste bei der Kühlung nach Möglichkeit

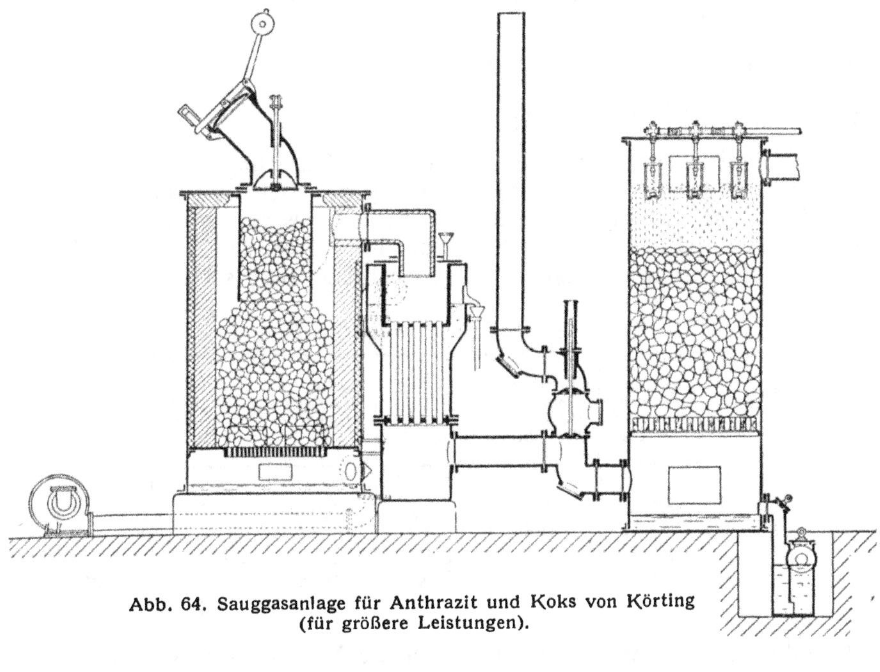

Abb. 64. Sauggasanlage für Anthrazit und Koks von Körting (für größere Leistungen).

zu steigern und anderseits die Gestehungskosten des Gases durch eine einfache Nebenapparatur tunlichst niedrig zu halten. Die ersten für den praktischen Betrieb geeigneten Kraftgaserzeuger wurden von Dowson ausgeführt. Dowson erkannte, daß für die Kraftgasherstellung die Durchführung der Vergasung mit einem größeren Wasserdampfzusatze sowohl vom wärmewirtschaftlichen als auch vom betriebstechnischen Standpunkte vorteilhaft, und daß im Hinblick auf eine einfache Reinigung die Anwendung gasarmer Brennstoffe (Anthrazit, Koks) geboten sei. Die nach seinem Vorbilde ausgeführten Dowsongasanlagen besitzen im allgemeinen an Nebenapparaten einen Vorkühler, Naßreiniger (Skrubber), Sägespänereiniger, Gasbehälter sowie einen kleinen Dampfkessel für höher gespannten Dampf, der mittels Strahlgebläses die Vergasungsluft unter den Rost bläst. Der zur Dampferzeugung erforderliche Brennstoff beträgt etwa 5 bis 8% der im Gaserzeuger durchgesetzten Brennstoffmenge. Die durchschnittliche Zusammensetzung des Mischgases aus Druckgasanlagen mit Anthrazit als Brennstoff ist nach Dowson folgende:

$$H_2 = 18{,}50\,\%,\quad CO = 25{,}25\,\%,\quad CH_4 = 2{,}0\,\%,\quad CO_2 = 5{,}25\,\%,\quad N_2 = 52{,}0\,\%.$$

Der thermische Wirkungsgrad stellt sich unter Berücksichtigung des für die Dampferzeugung erforderlichen Brennstoffaufwandes bei diesen Druckgasanlagen selten höher als 70 bis 75%, häufig aber noch niedriger.

Einen wesentlichen Fortschritt brachte die Einführung der Sauggasanlagen. Sie unterscheiden sich von den Druckgasanlagen hauptsächlich: 1. durch den Fortfall des Gebläses und des besonders beheizten Dampfkessels, da der Motor auch das zur Gasbildung erforderliche Luftdampfgemisch durch einen Verdampfer ansaugt, der von der Abwärme des Gaserzeugers beheizt wird, 2. durch den Fortfall des Gasbehälters.

Der Gaserzeuger besitzt eine im Gassammelraum eingebaute Verdampferschale aus Guß- oder Schmiedeeisen, oder es wird besonders bei größeren Anlagen vorwiegend ein Röhrenverdampfer in die Gasleitung eingeschaltet (Abb. 64).

Die zahlreichen auf den Markt gebrachten Sauggaserzeuger[1]) unterscheiden sich vielfach nur unwesentlich voneinander. Ihr thermischer Wirkungsgrad beträgt bei guter Ausführung und Betriebsführung 80 bis 85%. Mit diesen Sauggaserzeugern ist daher hinsichtlich der Brennstoffausnutzung wohl schon das Höchste erreicht.

Versuchsergebnisse einer 250 PS-Kraftgasanlage, Bauart Pintsch, zur Erzeugung von elektrischem Strom.

Brennstoff: Gaskoks mit 11,24% Asche und einem unteren Heizwert von 6766 WE/kg,
mittlere Gaszusammensetzung: 5,4% CO_2, 26,4% CO, 13,2% H_2, 0,2% CH_4,
unterer Heizwert des Gases: 1161 WE/cbm,
Gasausbeute: 4,78 cbm auf 1 kg Koks,
aus 1 kg Koks gewonnene Wärme: 5551 WE,
Wirkungsgrad des Generators: 82%,
Brennstoffverbrauch pro PS-Std.: 0,395 kg.

Am günstigsten arbeiten die Sauggasanlagen bei voller Belastung. Bei geringerer Belastung sinkt die Temperatur in der Vergasungszone und ändert sich häufig auch die Zusammensetzung des Dampfluftgemisches in der Weise, daß die Menge des Wasserdampfes zu groß wird.

Die folgende Zahlentafel 96 gibt Aufschluß über die Änderung des Wirkungsgrades von Sauggaserzeugern bei Belastungsschwankungen, die bei Anthrazitsauggaserzeugern für 35 bis 40 PS festgestellt worden sind.

Zahlentafel 96. **Sauggaserzeuger.**

Belastungsstufe etwa	Beanspruchung stündlich cbm Gas	unterer Heizwert des Gases WE/cbm	Gasausbeute aus 1 kg Anthrazit cbm	Wirkungsgrad des Generators %	Beschaffenheit des Brennstoffes
					Anthrazit von:
1	81,6	1203	5,64	0,89	7715 WE
$^1/_2$	43,6	1188	5,46	0,84	91,8% Koks
$^3/_8$	30,9	1087	5,11	0,72	2,2% Feuchtigkeit
$^1/_8$	24,9	954	5,53	0,68	2% Destillationsprodukte

Für die Ausbildung der Sauggasanlagen waren die Verhältnisse in dem an gutem Anthrazit reichen England am günstigsten. In Frankreich hat man es sich angelegen sein lassen, die Sauggasanlagen insbesondere auch an magere Steinkohlen anzupassen. Es mußte daher einer stärkeren Schlackenbildung begegnet und der Forderung einer leichteren Entaschung Rechnung getragen werden. In letzterer Hinsicht kamen für mittlere und größere Leistungen Gaserzeuger mit Wasserverschluß in Aufnahme, und die Entaschung wird vielfach durch Drehteller vorgenommen, während der Verschlackung durch eine starke äußere Kühlung der Vergasungszone entgegengearbeitet wird.

Um die Bedienung möglichst einfach zu gestalten, hat man die Gaserzeuger mit großen Fülltrichtern ausgestattet, die es ermöglichen, daß erst in größeren Zeitabständen beschickt zu werden braucht.

[1]) Über den älteren Bau derselben vgl. Lieckfeld „Die Sauggasanlagen" (München 1909).

In Deutschland hat sich die Gasmotorenfabrik Deutz bei der Ausführung von Sauggasanlagen von ähnlichen Gesichtspunkten leiten lassen[1]). Zur Vereinfachung der Bedienung gelangt jetzt auch bei Sauggasanlagen der Drehrostgenerator in Anwendung.

Ein besonderes Augenmerk wendet man jetzt auch dem Bau von Sauggaserzeugern für ganz kleine Leistungen zu. Hierbei kommt es vor allem auf niedrige Anlagekosten, geringen Platzbedarf und einfache Wartung an. Bei der Kleingeneratoranlage von Niebaum & Gutenberg in Herford[2]) sind alle Teile, nämlich Generator, Wascher, Trokkenreiniger und Gassammler, in einem gemeinsamen Schacht untergebracht und aus einem Stück gegossen. Ein 10 PS-Motor verbraucht bei 10stünd. Arbeitszeit täglich etwa 50 kg Anthrazit. Auch bei dem Kleingenerator der Gasmotorenfabrik Deutz („Liliput"-Gasanlage), der für Leistungen bis zu 4 PS herab gebaut wird, sind die Nebenapparate dicht an den Generator angeschlossen, wobei auf leichte Zugänglichkeit aller Teile Bedacht genommen ist. Der geräumige Fülltrichter faßt einen Brennstoffvorrat für einen 5 bis 10stündigen Betrieb. Der Schacht trägt unten einen leicht zugänglichen tellerförmigen Treppenrost, dessen obere Stufe drehbar ist. Dieser Kleingaserzeuger soll bei einfacher Wartung auch die Vergasung billigster kleinkörniger Brennstoffe gestatten.

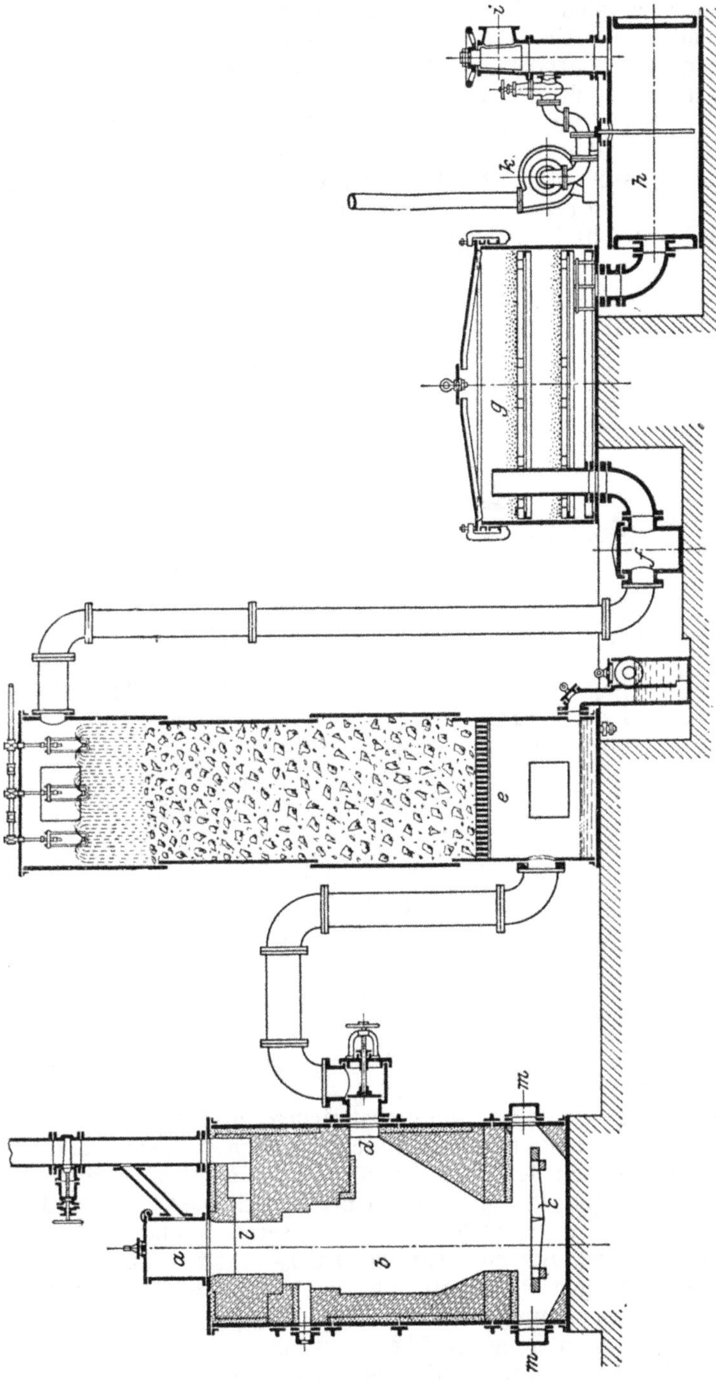

Abb. 65. Sauggasanlage für Braunkohlenbrikette von Körting.

f) Sauggaserzeuger für teerabgebende Brennstoffe.

Der Anpassung des Sauggasbetriebes an teerabgebende Brennstoffe, insbesondere an Steinkohlen, stellten sich erhebliche Schwierigkeiten entgegen. Für Deutschland war es von Bedeutung, daß die von verschiedenen Seiten auf den Markt gebrachten Sauggasanlagen für Braunkohlenbrikette und später auch für Torf hinsichtlich eines einfachen und sicheren Betriebes den Anlagen für Anthrazit und Koks nichts nachgaben.

Zur Vergasung von Braunkohlenbriketten dienen Doppelfeuergeneratoren mit einer unteren und oberen Feuerschicht und zwischen beiden liegendem Gasabzuge.

Die Abb. 65 zeigt eine Gaserzeugungsanlage von Körting. Der Gaserzeuger besteht aus einem viereckigen Schacht *b* mit Fülltrichter *a*, Rost *c* und dem mittleren Gasabzug *d*. An diesen schließt

[1]) „Glückauf" 1916, S. 420. [2]) Desgl.

sich der Reiniger *e* an. Zur Abscheidung der vom Gase mitgeführten Wassertropfen dienen der Wassertopf *f* und der Sägespänereiniger *g*. Hinter diesen ist der Ansaugebehälter *h* geschaltet, der zum Ausgleich der von der Maschine herrührenden Druckschwankungen dient. Bei *i* wird das Gas zur Maschine gesaugt. Der Ventilator *k* wird zum Anfachen des Feuers benutzt. Durch den vom oberen Schachtraume abzweigenden Kanal *l* werden die während des Stillstandes der Anlage entwickelten Gase nach dem anschließenden Schornstein abgeleitet.

Ist das Feuer im Generator mittels des Gebläses *k* zur Hellglut entfacht, so wird die Gasmaschine angelassen, die nunmehr mit jedem Saughube einerseits durch Öffnungen in dem unteren Feuerturm *m*, anderseits durch den Fülltrichter *a* Luft ansaugt. Während so der Brennstoff in dem unteren Feuer wie in einem gewöhnlichen mit Koks beschickten Generator in aufwärts gerichtetem Zuge vergast wird, entsteht im oberen Feuer zunächst ein Gemisch von Verbrennungsgasen und Entgasungs-

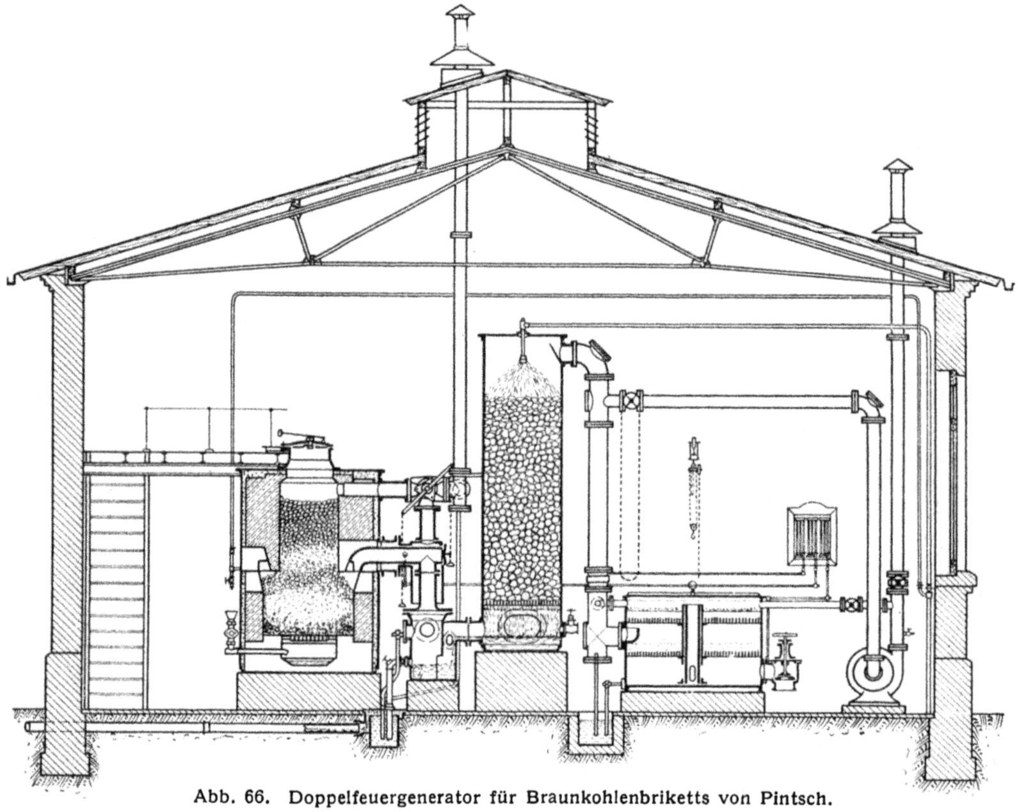

Abb. 66. Doppelfeuergenerator für Braunkohlenbriketts von Pintsch.

stoffen, das erst beim Hindurchstreichen durch die tieferliegenden heißen Koksschichten in die für seine Verwendung in der Gasmaschine geeignete Beschaffenheit übergeführt wird. An dem glühenden Kohlenstoff des Kokses wird nämlich die Kohlensäure und der Wasserdampf in Kohlenoxyd und Wassergas, und die teerigen Bestandteile der Gase werden, soweit sie nicht bereits vorher verbrannt sind, in beständige Gase umgesetzt. Immerhin ist die Gasbildung im Oberfeuer ziemlich unvollkommen, wie aus dem hohen CO_2-Gehalt des Gases hervorgeht, der bei den meisten Doppelfeuergeneratoren für Brikette auch bei Vollast zwischen 8 und 12% schwankt. Es hängt dies mit dem hohen Wasserdampfgehalt der Entgasungsstoffe und mit dem hieraus sich ergebenden verhältnismäßig kalten Gang des Oberfeuers zusammen.

Eine ähnlich arbeitende Doppelfeuer-Generatoranlage nach Pintsch zeigt Abb. 66.

Im Gegensatz zu den Anthrazit- und Koksgaserzeugern wird bei Brikettgeneratoren kein Wasserdampf zugeführt. Nur der Raum unterhalb des Rostes wird zur Kühlung der Roststäbe mit Wasser gefüllt erhalten. Die Abmessungen des Brikettgenerators werden zweckmäßig im Verhältnis zur Leistung reichlich gewählt, um die zur Gasbildung unumgänglich notwendigen Temperaturen nicht wesentlich zu überschreiten. Schlackenbildung findet daher nur in sehr geringem Maße statt, und die Reinigungsarbeit bietet keine Schwierigkeiten.

Im Körtingschen Doppelfeuergenerator stellt sich der Brikettverbrauch je PS-Std. im Durchschnitt von 0,63 kg bei größeren (250 PS) bis zu 0,8 bei kleinen (10 PS) Anlagen.

Die Sauggaserzeuger werden jetzt nur noch wenig gebaut, trotzdem sie bei der außerordentlichen Steigerung der Preise für flüssige Brennstoffe für kleineren und mittleren Kraftbedarf wieder eine größere Beachtung verdienten. Vor kurzem ist hierauf auch von Dr.-Ing. Neumann hingewiesen worden, der eingehende Leistungsversuche an einer 70 PS-Sauggasanlage für Brikette angestellt hat[1]).

Erheblich größere Schwierigkeiten als bei Braunkohlenbriketten bietet die Verarbeitung von Steinkohlen im Sauggaserzeuger, sofern die teerigen Bestandteile der Entgasungsstoffe innerhalb der heißen Brennstoffschichten zersetzt werden sollen. Für wenig backende Steinkohlen wurden

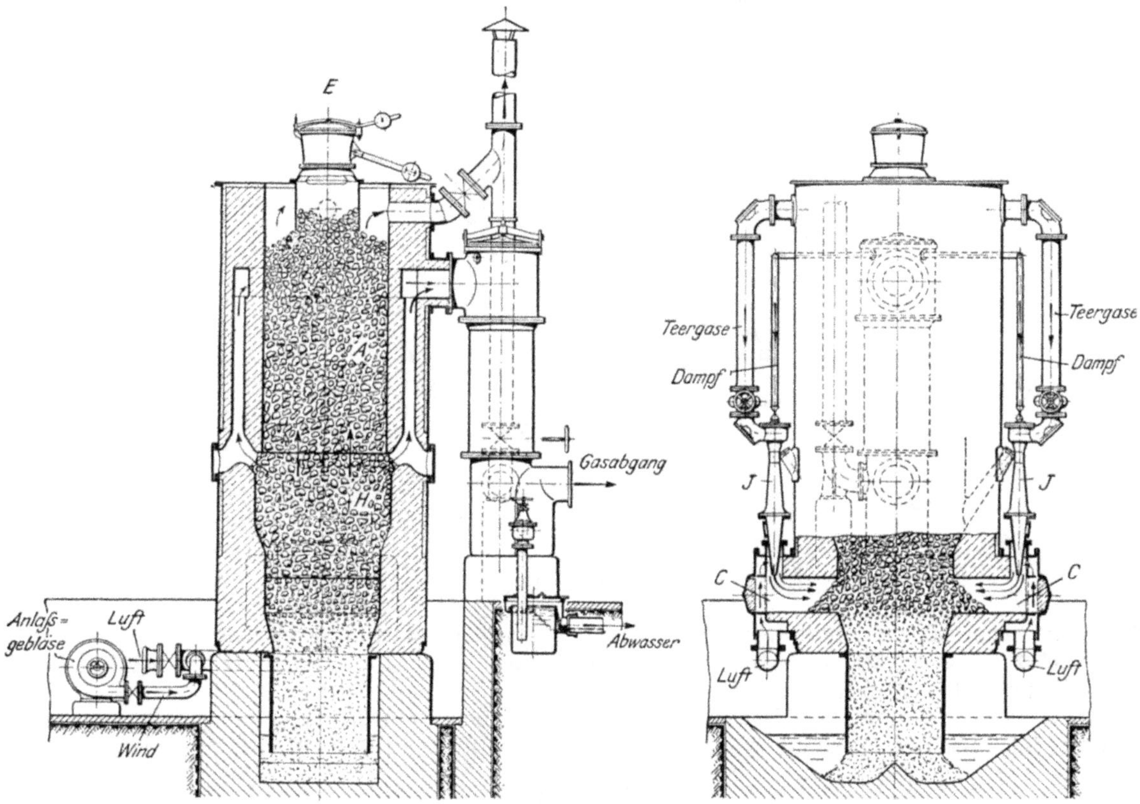

Abb. 67. Gaserzeuger für teerabgebende Brennstoffe nach Pintsch.

bereits brauchbare Sauggasanlagen gebaut (vgl. Abb. 67, Gaserzeuger nach Pintsch für teerabgebende Brennstoffe, wobei die teerhaltigen Destillationsgase der oberen Schichten zur Zersetzung unter dem Rost wieder eingeführt werden). Sie vermochten sich jedoch in Deutschland nur ganz vereinzelt einzuführen und haben namentlich zur Jetztzeit angesichts der auf die Teergewinnung gerichteten Bestrebungen jegliche praktische Bedeutung verloren.

Eine bessere Zukunft dürfte noch den Sauggasanlagen für Torf bevorstehen. Von den bisher auf den Markt gebrachten Bauarten ist wohl die der Görlitzer Maschinenbaugesellschaft am besten durchgebildet. Bei diesem Torfgenerator wird die Abwärme des Gaserzeugers und die fühlbare Wärme des Gases weitgehend für die Trocknung und Entgasung des Brennstoffes nutzbar gemacht.

Der Gaserzeuger, Abb. 68, arbeitet mit einfacher umgekehrter Zugrichtung. Die Vergasungsluft wird einesteils durch ein mittleres, im unteren Teile von den heißen Gasen umspültes Rohr *a* und den nach oben anschließenden, in der ganzen Höhe der heißen Zone liegenden Überhitzer *b*, anderenteils durch die Füße des Gaserzeugers in den ihn umgebenden Doppelmantel über eine Umschaltvorrichtung *c* in den Schacht angesaugt. Die Entziehung der Eigen-

[1]) Vgl. Zeitschr. des Bayer. Revisions-Vereins 1917, S. 25 u. 36.

wärme des Gases ist so vollständig, daß es beim Eintritt in den Skrubber für gewöhnlich nur noch handwarm ist.

Übersteigt der Wassergehalt des Brennstoffes einen gewissen Betrag, so wird das Ventil *c* so umgestellt, daß es den Luftzutritt von oben schließt, dagegen den Abgasschornstein öffnet. Die im Mantel vorgewärmte Luft erhält durch das hierauf geöffnete Ventil *d* Zutritt zu einer tieferen Schicht des Brennstoffes, und es entsteht neben der durch das Saugen der Maschine erzielten abwärts gerichteten noch

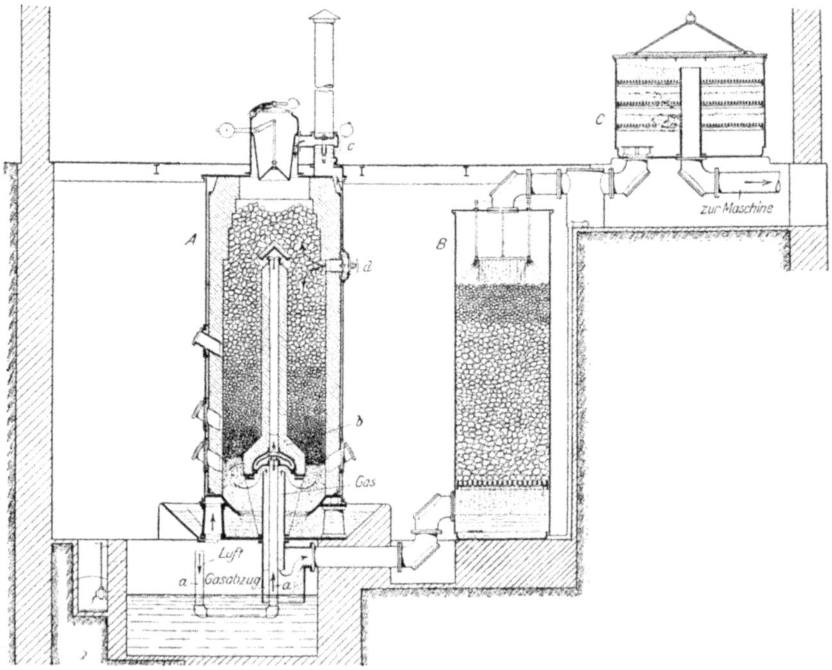

Abb. 68. Gaserzeuger für Torf der Görlitzer Maschinenbaugesellschaft.

eine vom Schornsteinzug herbeigeführte nach der Beschickungsöffnung gerichtete Verbrennung. Die durch letztere entstehenden Gase durchstreichen den nassen Brennstoff und entweichen, mit Wasserdampf beladen, nach dem Schornstein.

Dr. L. C. Wolff und Prof. Baer haben an Sauggasanlagen für Torfvergasung der vorstehend beschriebenen Bauart eingehende Versuche angestellt, die in Zahlentafel 97 zusammengestellt sind.

Zahlentafel 97.

Sauggasanlage für Torf.

		I	II
Zusammensetzung des Torfes	C . . . %	29,06	41,65
	H_2 . . „	3,06	4,10
	O_2 . . „	19,56	26,35
	Wasser „	45,54	3,80
	Asche . „	2,51	4,10
oberer Heizwert	WE/kg	2799	3949
unterer Heizwert	„	2360	3585
Zusammensetzung des Gases	CH_4 . . %	0,86	1,35
	CmHn . „	0,18	0,11
	H_2 . . „	19,25	17,13
	CO . . „	14,96	15,85
	CO_2 . . „	14,74	12,34
	O_2 . . „	0,28	1,02
	N_2 . . „	49,73	52,20
unterer Heizwert (0°, 760 mm) .	WE/cbm	1028	1120
1 kg Torf gibt Gas	cbm	1,73	2,59
Wirkungsgrad	%	75,30	80,90
Maschinenleistung	PS	223,50	314

Bei dem Versuch II wurde noch festgestellt:

bei einer Leistung von . . . . PS	146	182,8	260
ein Torfverbrauch			
für 1 PS-Std. von . . . . kg	1,45	1,16	0,99
für 1 kW-Std. von . . . . „	1,16	0,98	0,82

In England hat die Firma Croßley[1]) größere Kraftgasanlagen für Torf ausgeführt, bei denen der Gaserzeuger mit aufwärtsgehendem Zuge betrieben und das Gas in Teerscheidern vom Teer befreit wird, wobei dieser sowie u. U. auch Ammoniak als Nebenerzeugnisse gewonnen werden. Zur Vergasung gelangt auch Torf von höherem Wassergehalt. — Neueren Berichten zufolge hat man in England verschiedentlich Kraftgasanlagen mittlerer Größe für die Vergasung von Torf ausgeführt.

Die Erzeugung von Heizgas aus Holz und Holzabfällen ist seit langem bekannt. Seit einiger Zeit ist man auch bestrebt, Holzabfälle und die in manchen Gewerbezweigen in großen Mengen vorhandenen pflanzlichen Abfallstoffe für die Gewinnung von Kraftgas nutzbar zu machen.

Vielfach hat man die Vergasung unter Zersetzung der Entgasungsstoffe in der Feuerschicht durchgeführt. Man ist hiervon jedoch mehr und mehr abgekommen und hält es jetzt für zweckmäßiger, den gewöhnlichen Schachtgenerator mit aufwärts gerichtetem Zuge anzuwenden. Derartige Gaserzeuger besitzen auch die Kraftgasanlagen für Holz und Holzabfälle, die jetzt von der Gasmotorenfabrik Deutz gebaut werden. Die Anlagen bestehen aus dem Schachtgenerator mit Planrost und eingehängtem Fülltrichter, einem Staubabscheider, einem Teerabscheider, einem Nachkühler und einem Nachreiniger. Das den Gaserzeuger verlassende Gas wird zunächst in dem Staubabscheider, einem senkrechten Fallrohr mit unten anschließendem Staub- und Schlammsack, der Einwirkung einer Wasserbrause ausgesetzt und von den gröbsten Verunreinigungen befreit. In dem Teerausscheider wird das Gas von Teer und den sonstigen Verunreinigungen gereinigt. In dem Nachkühler und Nachreiniger wird es endlich noch von dem Wassergehalt und von den noch anhaftenden Teerspuren befreit. Das für den Teerausscheider benötigte Wasser wird teils wieder gebraucht, teils ist Frischwasser wie für den Nachkühler erforderlich. Für den Umlauf des Wassers ist eine kleine Pumpe angeordnet. An Frischwasser werden je PS-Std. etwa 10 l gebraucht. Der Kraftbedarf für den Teerausscheider beträgt etwa 5% der Normalleistung des Motors.

Diese Anlagen werden in Größe von 15 PS an aufwärts gebaut.

Bei der Vergasung von Holzabfällen sind die Holzstücke möglichst gleichmäßig mit Hobel- oder Sägespänen zu mischen, um etwaige Hohlräume in der Brennstoffschicht auszufüllen.

Diese Anlagen sollen sich nach Mitteilung der Gesellschaft auch für Torf und Rohbraunkohle gut bewährt haben.

Mehrere englische Firmen haben schon vor einigen Jahren die Ausführung von Sauggasanlagen für Holzabfälle, wie Sägespäne, Knüppel, Rinde, Holzmull, ferner auch für Reisstroh, Kakaoschalen, Seetang, Wasserpflanzen usw. in Angriff genommen. Diese Gaserzeuger scheinen sich namentlich in den Kolonien einzuführen. Gute Ergebnisse sollen z. B. auch mit den Schlinggewächsen des Nils, die, um die Schiffahrt aufrechtzuerhalten, aus dem Flußbette herausgeschafft werden müssen, bei der Vergasung im Gaserzeuger erzielt worden sein. Die Gaserzeuger werden mit aufwärts gerichtetem Zuge betrieben und besitzen einen hohen, tief in den Schacht hinabreichenden Füllschacht. Die Reinigung der Gase erfolgt durch Skrubber oder Stoßreiniger mit anschließendem Teerscheider. An Nebenerzeugnissen werden bei größeren Anlagen (von etwa 300 PS an) Teer sowie auch die als Düngemittel verwertbare Pflanzenasche gewonnen.

Bei einer für Sägespäne und Holzspäne ausgeführten Anlage von 80 PS betrug der Brennstoffverbrauch etwa 1,2 kg/PS-Std. Die Gaszusammensetzung war folgende:

$$CO_2 = 7{,}5\,\%,\quad O_2 = 0{,}5\,\%,\quad H_2 = 12{,}9\,\%,\quad CO = 27{,}5\,\%,\quad CH_4 = 2{,}2\,\%,\quad N_2 = 49{,}3\,\%.$$

Der Heizwert betrug 1250 WE/cbm.

Auch in Amerika hat man der Verwertung von Holzabfällen und Sägespänen in Gaserzeugern für Kraftzwecke in den letzten Jahren sein besonderes Augenmerk zugewendet[2]).

Für sehr bituminöse Brennstoffe, namentlich auch für Torf und Holzabfälle ist mehrfach auch der Doppelgenerator, Bauart Riché, ausgeführt worden. Der rohe Brennstoff wird in dem

[1]) Barthel, „Torfkraft", S. 108.

[2]) Vgl. Journ. of the Association of Engineering Societies, Aug. 1912, S. 35 und „Feuerungstechnik" 1919/20, S. 25.

ersten Schachte vergast, und die Gase treten durch einen Verbindungskanal in den zweiten, mit glühendem Koks gefüllten Reduktionsschacht, nachdem sie noch vorher mit wenig Luft vermischt worden sind. Zweifellos ist in dieser Weise eine gründliche Zersetzung der Teerbestandteile zu erzielen. Wegen der Wärmeverluste durch die Anwendung zweier Schächte kann aber der thermische Wirkungsgrad der Vergasung nicht hoch sein. Derartige Gaserzeuger werden daher nur dort am Platze sein, wo große Mengen billiger Abfallstoffe zur Verfügung stehen. Nach einem Berichte[1]) sind Riché-Generatoren in Verbindung mit Güldner-Motoren in Rußland mehrfach mit zufriedenstellendem Erfolg selbst für Sägespäne, Stroh, Sonnenblumenstreu u. dgl. ausgeführt worden.

g) Großraum- oder Hochleistungsgaserzeuger.

Die Entwicklung der Vergasungstechnik war mit der zunehmenden Anwendung des Generatorgases und dem Anwachsen der Brennstoffpreise in den letzten Jahrzehnten darauf hingewiesen, die Herstellung des Gases durch Erniedrigung der Anlage- und Betriebskosten zu verbilligen. Bei größerem Gasbedarf einer Fabrik erkannte man es mehr und mehr als vorteilhaft, die häufig noch zerstreut liegenden, den Feuerungen unmittelbar vorgebauten Generatoren zu einer gemeinsamen Anlage zu vereinigen und das Gas aus einer gemeinsamen Hauptleitung nach den Verbrauchsstellen zu verteilen. Hieraus ergab sich zunächst eine Vereinfachung in der Anfuhr und Verteilung des Brennstoffs sowie in der Beseitigung der Vergasungsrückstände, die auch die Benutzung mechanischer Hilfsvorrichtungen erleichterte. Hierzu kamen noch mancherlei Vorteile hinsichtlich der Wartung der Anlage und der Ausnutzung der Zubehörteile (Rohrleitungen, Gebläse, Reiniger usw.).

Bei derartigen für die Lieferung großer Gasmengen bestimmten Anlagen kam es besonders darauf an, Generatoren von möglichst großer Leistungsfähigkeit zu verwenden. Doch konnte man auch mit den im Großbetriebe bald vorherrschenden Drehrostgeneratoren mit Rücksicht auf eine gleichmäßige Verteilung des Windes und die geregelte Austragung der Asche nicht über einen gewissen Schachtdurchmesser (etwa 3 m) hinausgehen. Bei viereckigem Schachtquerschnitt lag hingegen die Möglichkeit vor, durch Aneinanderreihung einer größeren Anzahl von Einzelschächten in einer Richtung Gaserzeugereinheiten von beliebig großen Leistungen zu schaffen und dabei zugleich den Anforderungen hinsichtlich der Windverteilung, der Bekohlung und der Aschenaustragung Rechnung zu tragen. Schon der Aneinanderbau der Einzelschächte ergibt eine Verkleinerung der wärmeausstrahlenden Flächen und eine Ersparnis an Baukosten durch gemeinsame Benutzung der Begrenzungswände. Im weiteren Verfolg dieses Gedankens gelangt man zur Fortlassung auch der Trennwände der Einzelkammern, wobei jedoch mit Rücksicht auf die Regelbarkeit der Luft- und Dampfzufuhr in die einzelnen Schachtabschnitte die Unterteilung des Rostraumes beibehalten wird.

Ein Beispiel für Großgeneratoranlagen mit Aneinanderschaltung von getrennten Vergasungskammern sind die Ausführungen der Gesellschaft für Generatorenbau vorm. G. A. Chemnitz in Berlin, deren Einzelschächte nach dem Prinzip des Heller-Generators in Höhe der durch die Längswände geführten Winddüsen stark eingeschnürt sind. Für gewöhnlich sind hier 8 Einzelschächte zu einem Block für eine Leistung bis etwa 100 t Braunkohle zusammengefaßt. Der Raumbedarf beträgt bei einer doppelreihigen Anordnung der Schächte $9{,}55 \times 21{,}60$ qm, ist demnach nicht günstiger als bei Drehrostgaserzeugern (s. S. 181).

Auch von verschiedenen anderen Gesellschaften werden jetzt Großraumgeneratoren mit kammerartiger Unterteilung des Schachtes gebaut. Doch sind die meisten aus dem Versuchsstadium wohl noch nicht heraus. Bei diesen Bauarten kommt es im besondern auch auf die Schaffung einfacher und sicher arbeitender Einrichtungen zur selbsttätigen Austragung der Asche an. Diese bot anfänglich Schwierigkeiten, die aber Berichten zufolge mehr und mehr überwunden worden sind.

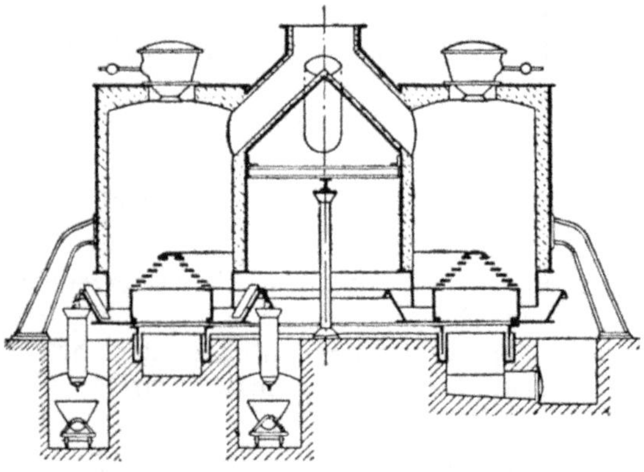

Abb. 69. Ringschacht-Generator von Pintsch.

Die Gesellschaft Pintsch hat es unternommen, auch den Drehrostgenerator als Großraumgaserzeuger auszugestalten, indem sie den Vergasungsschacht ringförmig ausbildet (Abb. 69), und zwar

[1]) Güldner, „Verbrennungskraftmaschinen" 1914, S. 534.

derart, daß die Entfernung zwischen der inneren und der äußeren Schachtwand das für Drehrostgeneratoren zulässige lichte Maß nicht überschreitet. Man erhält so je nach Wahl des Durchmessers sehr große Schachtquerschnitte. Bei diesem Generator ist auch der Rostkörper ringförmig gestaltet[1]). Eine für die Vergasung von Steinkohle bestimmte Anlage mit einem Ringschachtgenerator von 75 qm Querschnitt ist im Bau begriffen. Sie soll nach dem Mondschen Verfahren betrieben werden und zur Vergasung einer minderwertigen Steinkohle (15,4% Asche, 17,6% Wasser, 0,72% Stickstoff und 10 bis 25 mm Körnung) dienen. Die ausführende Gesellschaft erwartet einen stündlichen Durchsatz von etwa 10 t, also die Leistung von 10 gewöhnlichen Drehrostgeneratoren von 3 m Durchmesser.

h) Abstichgeneratoren.

Eine andere in letzter Zeit zielbewußt ausgebildete Art der Hochleistungs-Gaserzeuger sind die sog. Abstichgeneratoren, deren hohe Vergasungsziffern auf der durch das Arbeiten bei höheren Temperaturen ermöglichten raschen Gasbildung beruhen.

Im Jahre 1907 machte die französische Gesellschaft Fichet & Heurtey Mitteilungen über einen von ihr im Verein mit Sépulchre entworfenen Gaserzeuger („S. F. H.-Generator"), der nach Art eines kleinen Hochofens betrieben wurde und also an Stelle fester Rückstände eine flüssige Schlacke ergab, die von Zeit zu Zeit abgestochen wurde[2]), indem man auf die älteren Konstruktionen von Ebelman (1841) und des Witkowitzer Eisenwerkes zurückgriff. In den Generatoren wurden u. a. Braunkohlen mit einem Aschengehalt von über 40%, und zwar auf 1 qm Schachtquerschnitt in Düsenhöhe gemessen, 800 bis 1000 kg stündlich vergast. Das Gas hatte im Mittel folgende Zusammensetzung: CO_2 2,55%, CO 29,47%, H_2 6,66%, CH_4 3,22%. Zur Erzielung einer leichtflüssigen Schlacke wurden der Beschickung Kalkstein und gekörnte Hochofenschlacke zugesetzt.

Trotz der hohen Vergasungsleistungen hat sich der S. F. H.-Generator in Frankreich keinen weiteren Eingang zu verschaffen gewußt, vermutlich deshalb, weil ein störungsloser Betrieb der Generatoren eine ständige Überwachung der Möllerung durch geschultes Personal erfordert, und ferner weil bei verringerter Anspannung die Schlacken im Herde leicht einfrieren[3]).

Auch die bald darauf in Deutschland angestellten Versuche ließen erkennen, daß sich die Betriebsweise des Hochofens nicht einfach auf den Generator übertragen läßt. Man erkannte, daß sich in den Brennstoffschichten oberhalb der Winddüsen durch halbgeschmolzene Schlacken leicht Brücken bilden, die das Nachrutschen in die Düsengegend behindern und damit zu einem Emporsteigen der heißesten Schicht im Schachte Anlaß geben. Die jetzt von oben herabtropfende Schlacke erstarrt beim Auftreffen auf den kalten Wind und verstopft den Herd.

Nach mancherlei Fehlschlägen hatte zunächst die Luxemburger Firma, Paul Würth, Erfolg. Beim Würth-Generator[4]) heben sich, wie die Abb. 70 S. 196 zeigt, Gestell und Rast von dem oberen weiten Schachtteile deutlich ab. Der Wind wird aus einer Ringleitung durch 6 bis 8 in das Gestell mündende Düsen eingeblasen. Zur Vergasung gelangte bisher vorwiegend Kleinkoks von 10 bis 60 mm Körnung. Der jeweiligen durch den Fülltrichter eingetragenen Brennstoffmenge werden 10 bis 12% Zuschläge in Gestalt von Hochofenschlacken zugesetzt. Die Schlacke wird durch eins der beiden Abstichlöcher alle 1 bis 1½ Std. abgelassen. Mit der Schlacke wird auch etwas Roheisen ausgebracht.

Das wesentliche Merkmal der Betriebsweise des Würth-Generators besteht nun darin, daß zur Verhinderung des Entstehens von Schlackenbrücken in einem gewissen Abstande oberhalb der Windformen durch eine Anzahl Düsen Wasserdampf eingeführt wird. Es werden auf diese Weise im Generator zwei stark abgestufte Temperaturschichten geschaffen: die untere heiße der Luftgasbildung und die höhere der Wassergaserzeugung. Die Übergangsschicht kann auf diese Weise in solcher Nähe der Winddüsen gehalten werden, daß die Asche zur Bildung fester Brücken keine Zeit mehr findet und alsbald zum Schmelzen kommt. Von wesentlicher Bedeutung ist es, die Menge des einzuführenden Wasserdampfes nur mit Rücksicht auf die erforderliche Temperaturregelung einzustellen. Sie darf nicht zu groß sein, weil alsdann eine unzulässige Abkühlung der Schmelzschicht eintreten kann. Auf diese Weise gelang es, auch unter Fortfall der anfänglich vorgesehenen Beheizung des Schachtunterteils durch eine unter dem Boden liegende Heizkammer, wie sie noch in der Abb. 70 angedeutet ist, im Gestell die für die Verflüssigung der Schlacke erforderliche Temperatur dauernd aufrecht-

[1]) Vgl. D. R. P. 284264.
[2]) „Stahl u. Eisen" 1910, S. 1003.
[3]) Vgl. Le Chatelier, „Chauffage Industrielle" (1912), S. 361 u. 376.
[4]) Vgl. den Bericht von H. Markgraf in „Stahl u. Eisen" 1918, S. 649.

zuerhalten. Aus dem Bericht von Markgraf seien die nachstehenden Betriebsergebnisse wiedergegeben:

Die Zusammensetzung des aus Koks erzeugten Gases ist im Durchschnitt: $CO_2 = 2\%$, $CO = 32\%$, $H_2 = 7{,}5\%$, $CH_4 = 0{,}5\%$, $N_2 = 58\%$; der untere Heizwert des Gases beträgt 1210 WE, der obere Heizwert 1250 WE. Aus 1 kg Koks werden 4,42 cbm Gas erzeugt. Die Temperatur der abziehenden Gase beträgt 700°, der Gasdruck 50 mm, der Winddruck 600 mm W.-S. An Wasserdampf werden 0,23 kg, an Kühlwasser 2,2 kg/1 kg Koks verbraucht.

Das Ausbringen an gebundener Wärme im Gase beträgt 74,3%. Es würde nach dem Berichte noch um mehrere Prozent höher ausfallen, wenn es, worauf bereits hingearbeitet wird, gelingen sollte, die von den Gasen mitgeführten großen Staubmengen in einfacher Weise für die Vergasung nutzbar zu machen.

Der Durchsatz betrug bei Vergasungsversuchen im Gestell je qm und Stunde 1150 kg, im Schacht je qm und Stunde 300 kg. Die Leistung eines Würth-Generators ist daher zwei bis dreimal so groß als die eines

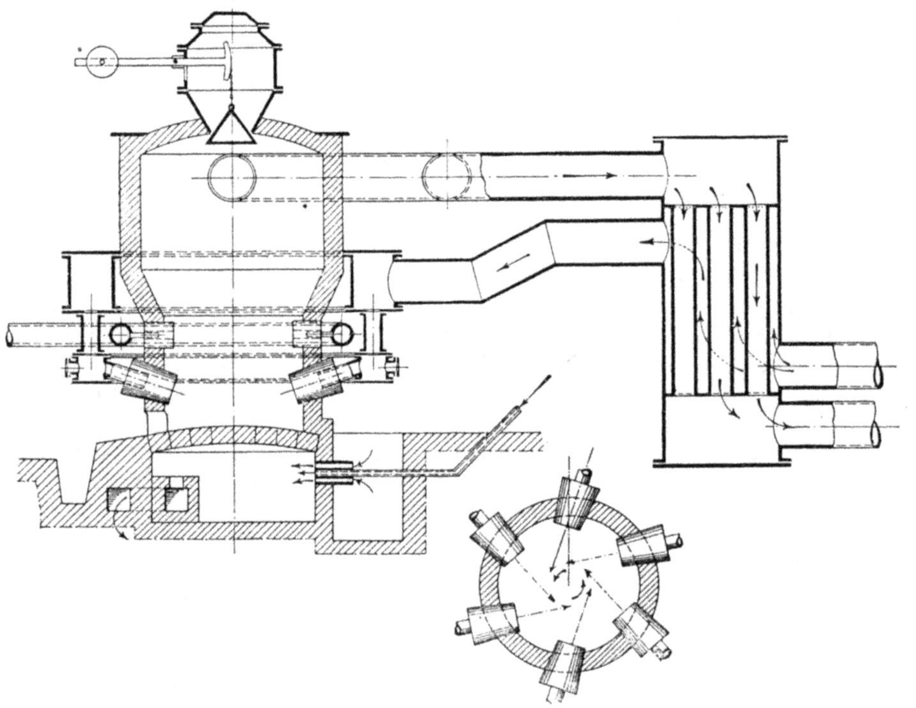

Abb. 70. Schlackenschmelzgenerator, Bauart Würth.

Drehrostgenerators von gleichem Schachtdurchmesser. Der Durchsatz kann bis auf etwa die Hälfte der Höchstleistung erniedrigt werden, ohne daß hierdurch Betriebsstörungen hervorgerufen werden. Der Platzbedarf ist gering, da ein 100 t-Generator einen äußeren Manteldurchmesser von nur 3,8 m besitzt.

Auch die Georg-Marienhütte hat einen Abstichgenerator in längerem Betriebe erprobt[1]), der jedoch ohne jeden Wasserdampfzusatz arbeitet und daher reines Luftgas erzeugt. Die Bildung von Schlackenbrücken und Verstopfungen des Gestells durch erstarrende Schlacke wird vermieden durch die größere Menge und die Beschaffenheit der Zuschläge (ein stark eisenhaltiges Gemisch von Schlacke aus Vorfrischern und Martinschlacke), die sehr leicht in den flüssigen Zustand übergehen und die rasche Verflüssigung der Asche begünstigen. Für die Flüssigerhaltung der Schlacken im Gestell trägt vielleicht auch das im vorliegenden Falle in beträchtlicheren Mengen gebildete Roheisen bei, das wegen seines höheren Phosphorgehaltes leicht schmilzt und mit seinem Wärmeinhalt örtlichen Abkühlungen im Gestell entgegenarbeiten mag.

Zur Vergasung dient Stückkoks. Das Gas zeichnet sich durch einen geringen Gehalt an Feuchtigkeit aus, da es lediglich den aus dem Koks ausgetriebenen Wasserdampf enthält, und ist deshalb für Schmelzzwecke besonders geeignet („Trockengas"). Die Zusammensetzung ist: $CO_2 = 0{,}6\%$, $CO = 33{,}4\%$, $H_2 = 0{,}9\%$, $CH_4 = 0{,}5\%$, $N_2 = 64{,}6\%$. Der untere Heizwert beträgt 1085 WE, der obere 1095 WE. Die gebundene Gaswärme beträgt etwa 72% der Brennstoffwärme. Das Gas wird daher vorteilhaft nur für Heizzwecke unter tunlichster Ausnutzung seiner fühlbaren Wärme Verwendung finden. Im Gegensatze zum Würth-Generator

[1]) Stahl u. Eisen 1918, S. 186 u. 703.

ist bei dem Gaserzeuger der Georg-Marienhütte die Menge des von den Gasen mitgeführten groben Staubes sehr gering. Es wird dies auf die größere Stückform des Kokses und der Zuschläge sowie auf den weniger hohen Winddruck zurückzuführen sein.

Den Bau von Abstichgeneratoren haben in den letzten Jahren noch andere deutsche Gesellschaften aufgenommen. Die Gesellschaft Pintsch in Berlin führte bisher zwei Typen aus, eine größere zur Erzeugung eines kohlenoxydreichen und wasserstoffarmen Ersatzgases für Gichtgasmaschinen, und eine kleinere für die Gewinnung eines CO-reichen Gases als Ausgangsstoff für technisch-chemische Verwendungen. Bei der kleineren sammelt sich die Schlacke in dem ausfahrbaren Herdunterteil an.

Auch die Firma Rehmann in Düsseldorf führt zwei Formen des Abstichgenerators aus, und zwar eine für stückige und eine zweite für feinkörnige Brennstoffe. Nach ihren Mitteilungen gestattet der Abstichgenerator die Vergasung von Brennstoffen, die bis zu 50% Asche enthalten. Es ist dabei erforderlich, je nach der Zusammensetzung der Asche Zuschläge zu geben, damit sich die Asche leicht verflüssigt. Als Zuschläge können minderwertige Eisenerze verwendet werden.

Bei Verarbeitung von Brennstoffen mit höherem Gehalt an Feinkorn ist in dem Abstichgenerator von Rehmann oben noch eine ringförmige Kammer angeordnet, die durch Scheidewände unterteilt ist. Der in der Kammer abgeschiedene Staub wird dem Vergasungsraume wieder zugeführt.

Die Gesellschaft „Kohle und Erz" in Essen baut einen Abstichgenerator für Steinkohlen (Abb. 71), der einen besonderen Entgasungsschacht besitzt und für Urteer- und Ammoniakgewinnung eingerichtet ist (s. S. 211). Als Schlackenflußmittel dienen bei diesem Generator Kalkstein oder Sand. Allerdings hat man bei Steinkohlen die Durchsätze der mit Koks betriebenen Abstichgeneratoren wohl noch lange nicht erreicht.

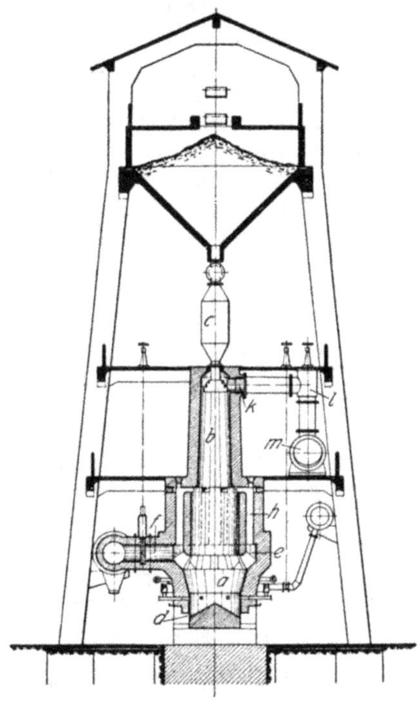

Abb. 71. Abstichgenerator der Gesellschaft „Kohle und Erz".

Zusammenfassend kann man sagen, daß der Abstichgenerator dazu berufen erscheint, eine bedeutsame Rolle bei der wirtschaftlichen Verwertung unserer Brennstoffe zu spielen. Seine Vorzüge sind im wesentlichen folgende:

1. die hohe Durchsatzleistung,
2. vereinfachte Aschenaustragung, Fortfall der anstrengenden Schürarbeit, daher eine Verbilligung der Bedienung,
3. geringerer Platzbedarf. Hierzu kommen noch die Vorteile, die sich aus dem hohen CO- und dem niedrigen Wasserdampfgehalt des Gases ergeben und die für mancherlei Verwendungen ins Gewicht fallen[1]).

Anderseits erfahren diese Vorzüge durch folgende Umstände eine gewisse Beschränkung:

1. Die Ausnutzung der Brennstoffwärme ist infolge der höheren Abzugtemperaturen der Gase niedriger als beim gut geleiteten gewöhnlichen Mischgasbetriebe, insbesondere wenn das Gas vor seiner Verwendung stärker gekühlt wird. Die Ausnutzung der fühlbaren Gaswärme zur Windvorwärmung bietet zwar betriebstechnische Vorteile, indem sie die Aufrechterhaltung hoher Temperaturen im Gestell erleichtert, kommt aber für ein besseres Wärmeausbringen im Gase nur bei den mit Wasserdampfzusatz arbeitenden Abstichgeneratoren in Betracht.

2. Die Zuschläge erhöhen die Kosten für die Beschaffung der Rohstoffe und für die Abfuhr der Rückstände. Doch stehen diesem Posten gewisse Einnahmen aus dem erschmolzenen Eisen gegenüber. Auch ist eine Verwertung der Schlacken nicht ausgeschlossen.

Die Anlagekosten von Abstichgeneratoren sollen sich bei den ersten für den Dauerbetrieb erprobten Ausführungen erheblich höher gestellt haben als bei Drehrostgeneratoren von entsprechender Vergasungsleistung. Auch die Instandhaltungskosten sind sehr erheblich, da das Mauerwerk des Gestelles oft erneuert werden muß. Im Zusammenhang damit sind größere Reserven erforderlich. Anderseits sind die Betriebskosten wegen der hohen Durchsatzleistung geringer. Wenn sich daher trotz der vielen anfänglichen Mißerfolge und langsamen Entwicklung in letzter Zeit mehrere Betriebe zur Aufstellung solcher Abstichgeneratoren entschlossen haben, so kann man wohl daraus folgern, daß diese bei der Vergasung von Koks eine mindest gleich gute Wirtschaftlichkeit

[1]) „Stahl u. Eisen" 1918, S. 706.

ergeben wie Drehrostgeneratoren. Die Weiterentwicklung dieser Bauart ist daher aufmerksam zu verfolgen, wenn auch eine Anwendung für gasreiche und bituminöse Brennstoffe allein aus theoretischen Erwägungen kaum zu erwarten ist und die Vergasung staubreicher und sehr feinkörniger Brennstoffe nach den bisherigen Erfahrungen nicht in Frage kommt.

i) Generatoren für wasserreiche Brennstoffe.

Zu den wasserreichen Brennstoffen[1]) gehören insbesondere Torf und Rohbraunkohlen. Während der Wassergehalt der letzteren bei besseren Sorten an 20% beträgt, erreicht er bei den minderwertigen Sorten, zu denen die deutschen Braunkohlen überwiegend zählen, 40 bis 60% und bisweilen noch mehr. Der frische Stichtorf enthält zwischen 80 und 90% Wasser, lufttrockener Torf in trockenen Jahren 20 bis 25%, in nassen Jahren 35 bis 40%. Von anderen wasserhaltigen Stoffen werden jetzt insbesondere Holz und Holzabfälle, ferner mancherlei pflanzliche Abfallstoffe durch Vergasung nutzbar gemacht.

Bei der Vergasung der wasserhaltigen Brennstoffe ist es von wesentlicher Bedeutung, daß das Wasser vor dem Eintritt des Brennstoffs in die Vergasungszone verdampft ist, damit die Temperatur der heißen Zone infolge des bei der Verdampfung stattfindenden Wärmeverbrauchs nicht übermäßig gekühlt wird. Je größer die Wärmemenge ist, die den aus der Vergasungszone abströmenden Gasen durch die Verdampfung des Wassers entzogen wird, desto weniger Wärme wird von dem frischen Brennstoff der Vergasungszone wieder zugeführt. Mit dem Wassergehalt des Brennstoffs darf man daher nicht über eine gewisse Grenze hinausgehen, wenn man eine Erniedrigung des Gasheizwertes vermeiden will. Die obere Grenze für den zulässigen oder zweckmäßigen Wassergehalt hängt aber auch vom Verhalten des Brennstoffs bei der Trocknung ab. Manche Brennstoffe zerfallen hierbei nämlich zu einem feinen Korn, wodurch die Strömung der Gase und die gleichmäßige Temperatureinstellung in der Vergasungszone behindert wird. In Zahlentafel 98 sind einige Ergebnisse bei der Vergasung wasserhaltiger Brennstoffe zusammengestellt.

Zahlentafel 98.

Vergasung wasserreicher Brennstoffe normaler Korngröße.

Gaserzeuger-Bauart	Brennstoff und Herkunft	Zusammens.		Heizwert WE	Leistung kg/qm Schachtfläche	Gaszusammensetzung				Heizwert WE
		H_2O %	Asche %			CO_2 %	CO %	CH_4 %	H_2 %	
Holzgen., schwed.	Fichtenholz	—	—	—	—	6,2	26,0	5,1	4,3	1330
Torfgen. d. Deutzer M.	Maschinentorf lufttrock.	32,3	3,3	—	—	5,7	30,6	8,1	6,1	1520
„ d. Görlitzer M.	„ „	23,8	4,1	3500	rd. 180	13,5	14,3	1,5	17,0	1000
Mond-Gaserzeuger	„ „	48,5	1,2	2800	100	18,4	11,4	3,3	23,3	1230
Drehrostgaserzeuger versch. Bauart	Braunkohle, böhm. . .	25	17	3400	270	3,0	30,0	2,2	14,5	1480
	„ mitteld. .	53	6	2500	85	7,0	25,0	1,5	11,0	1170
	„ v. Bitterfeld .	50	4	2600	90	7,9	24,1	2,1	9,4	1150
	„ v.Nachterstedt	45	6	3000	100	7,0	25,0	3,0	9,0	1250
	„ rheinische . .	57	2	2200	—	8,0	24,0	2,0	13,0	1230
	Lignit, mährischer . . .	40	9	3150	140	7,0	22,6	2,8	13,2	1270
	Steinkohlenschlamm . .	35	30	3000	105	9,5	15,0	1,2	12,0	870

Torfgeneratoren für Heizzwecke waren schon seit langem in Deutschland, in Schweden und in anderen Ländern in Gebrauch. Meist waren es Schachtgeneratoren, die nach unten durch einen Plan- oder Treppenrost abgeschlossen waren[2]) und mit Schornsteinzug, vielfach aber auch mit Unterwindgebläsen betrieben wurden. Die Vergasung bietet bei Torf, sofern er nicht krümelig wird, keine Schwierigkeiten und geht rasch vor sich. Die sperrige Schichtung des Sodentorfs erfordert jedoch ebenso wie bei Stückholz und Lignit eine hohe Brennstoffschicht, so daß der Schacht eine bedeutende Höhe (bis zu 8 m) erhält.

Die Torfgaserzeuger haben für Heizzwecke eine verhältnismäßig geringe Anwendung gefunden. Es ist dies wohl in der Hauptsache darauf zurückzuführen, daß die Gase, um den hohen Wassergehalt

[1]) Vgl. zu diesem und den beiden folgenden Abschnitten: Trenkler, Nutzbarmachung minderwertiger Brennstoffe durch Vergasung. Sparsame Wärmewirtschaft, Heft 1. Springer 1920.

[2]) Vgl. A. Hausding, Handbuch der Torfverwertung 1917, S. 398ff.

abzuscheiden, gekühlt werden müssen, wodurch der thermische Wirkungsgrad der Vergasung herabgesetzt wird. Aus demselben Grunde hat auch die Herstellung von Heizgas aus nassen Rohbraunkohlen, Holzabfällen usw. bisher keine größere Bedeutung erlangt. Für die Verarbeitung feuchter Braunkohlen, die stark zur Schlackenbildung neigen, haben nur die Gaserzeuger mit ausfahrbarem Rost nach Blezinger eine gewisse Verbreitung gefunden.

Der Rost ist in einem auf Rädern ruhenden Wagen untergebracht, Abb. 72. Bei der Entschlackung wird an den unter dem Generator befindlichen Rostwagen ein zweiter, vorher entleerter Rostwagen angehängt, dessen Rost mit grobkörniger Asche bedeckt ist. Beim Nachrücken dieses Wagens wird die Aschenschicht abgeschnitten, ohne daß die Feuerzone wesentlich verschoben wird. Dieser Gaserzeuger hat sich namentlich bei deutschen Braunkohlen mit hohem Wassergehalt (40 bis 60%) und unangenehmer Schlackenbildung als brauchbar erwiesen. Der Dampfgehalt des Gases wird durch Kühlung mittels Brausen niedergeschlagen.

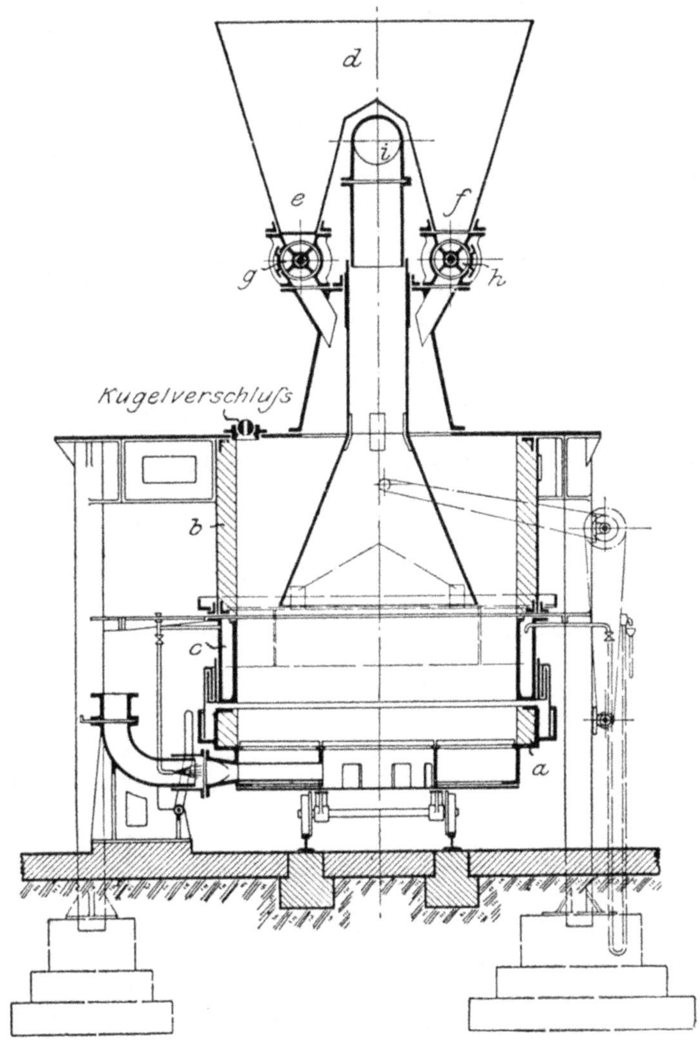

Abb. 72. Gaserzeuger mit ausfahrbarem Rost von Blezinger.

Der Umstand, daß die Gase zwecks Verringerung des Feuchtigkeitsgehaltes gekühlt werden müssen, läßt es wirtschaftlicher erscheinen, mit der Kühlung eine Gewinnung von Nebenerzeugnissen zu verbinden. Doch sind diese Bestrebungen erst bei der allgemeineren Anwendung des Generatorgases für Kraftzwecke hervorgetreten. Hierüber wird noch weiter unten zu berichten sein.

k) Vergasung aschereicher Brennstoffe.

Zu den aschereichen Brennstoffen sind nicht nur die mit einem hohen Gehalt an mineralischen Verunreinigungen zu gewinnenden Kohlen, wie geringwertige Braunkohlen, Schieferkohlen, die ärmeren Ölschiefer u. dgl., sondern auch die bei der Steinkohlenaufbereitung in großen Mengen anfallenden Wasch- und Leseberge, ferner auch mancherlei Brennstoffabfälle, wie Koksasche, Rauchkammerlösche u. a. zu zählen. Die Schwierigkeiten, die der Verarbeitung dieser Brennstoffe im Generator entgegenstehen, liegen teils in dem leichten Eintreten von Verschlackungen des Brennstoffbettes, teils sind sie in der großen Menge der aus dem Generator auszutragenden und zu beseitigenden Rückstände begründet. Die Verschlackung läßt sich in vielen Fällen durch eine reichliche Dampfzuführung verhindern; in solchen Fällen übt der Wasserdampf eine zersprengende Wirkung auf sich bildende Schlackenklumpen aus. Der erforderliche Dampfzusatz ist jedoch meist erheblich, so daß einerseits die Kosten für die Dampfbeschaffung, anderseits auch die von dem in größeren Mengen unzersetzt abströmenden Wasserdampf mitgeführten Wärmemengen für die Wirtschaftlichkeit der Vergasung in Betracht zu ziehen sind. Immerhin fallen diese Umstände für größere Anlagen namentlich dann nicht ins Gewicht, wenn die Vergasung unter lohnender Gewinnung von Nebenerzeugnissen durchgeführt werden kann. So werden jetzt nach dem Mondschen Verfahren, das zu seiner Durchführung an sich schon einen hohen Dampfzusatz erfordert, Kohlen von recht beträchtlichem Aschengehalt verwendet.

Unter den älteren Gaserzeugerbauarten stellt wohl der Ringgenerator von Jahns den einzigen im großen Maßstabe durchgeführten Versuch dar, selbst Abfallkohlen mit einem Aschengehalt bis zu 60 und 70% zu vergasen[1]).

Diesem Generator liegt der Gedanke zugrunde, die Vergasung unter reichlichem Dampfzusatz zur Vergasungsluft zwecks Verhinderung der Verschlackung durchzuführen, die Gasbildung aber dadurch zu verbessern, daß die Gase eine Brennstoffschüttung von größerer Länge durchstreichen müssen. Der Generator besteht aus einem Ring von vier Kammern, die einen gemeinsamen senkrechten Gaskanal umschließen. Die Kammern werden der Reihe nach beschickt, entzündet, ausgebrannt und von der Asche entleert. Die Gase je dreier Kammern werden durch die heiße Brennstoffschicht der am längsten in Glut befindlichen Kammer geleitet, wobei auch die teerigen Bestandteile zersetzt werden. Die Durchsatzleistung dieser Generatoren ist jedoch ziemlich gering. So vergast die auf der Grube „Von der Heydt" in Betrieb befindliche Anlage von zehn Ringen zu je vier Kammern täglich 80 bis 90 t Klaubeberge mit einem Heizwert von etwa 2200 WE/kg, von denen rd. 1900 im Gase ausgebracht werden. Die nutzbare Gasmenge wird jedoch dadurch wesentlich vermindert, daß mehr als die Hälfte des Gases für die Erzeugung des Zusatzdampfes verbraucht wird. Zieht man noch die Anlagekosten und die keineswegs einfache Bedienung in Betracht, so wird man es erklärlich finden, wenn dieser Generator nur vereinzelt zur Ausführung gelangt ist.

Die Schwierigkeiten, die sich aus der Entschlackung des Gaserzeugers bei höherem Aschengehalte der Brennstoffe ergeben, wurden erheblich gemindert, als mit dem Drehrostgenerator von Kerpely eine praktisch brauchbare Einrichtung zur selbsttätigen Entschlackung geschaffen war. Seitdem konnten auch diese Brennstoffe für die Vergasung mehr und mehr herangezogen werden, soweit sie sich bezüglich ihrer Neigung zur Schlackenbildung nicht allzu ungünstig verhielten. In der Zahlentafel 99 sind Betriebsergebnisse wiedergegeben, die bei verschiedenen Gaserzeugern mit Brennstoffen von verschiedenem Aschengehalt festgestellt worden sind.

Zahlentafel 99.

Vergasung aschereicher Brennstoffe.

Gaserzeuger-Bauart	Brennstoff und Herkunft	Zusammensetzung des Brennstoffs		Unt. Heizwert	Leistung kg/qm Schachtfläche	Gaszusammensetzung				Unt. Heizwert
		H_2O %	Asche %	WE		CO_2 %	CO %	CH_4 %	H_2 %	WE
Ringgenerator v. Jahns	Abfallkohle v. d. Saar	—	25	—	rd. 65	13,6	8,2	3,6	21,9	1120
Feinkohlengen. v. Pintsch	Rauchkammerlösche	2,9	19,2	6070	—	5,0	26,0	0,2	12,0	1110
Drehrostgaserzeuger verschiedener Bauart	Abfallkohle v. d. Saar	2,4	27,0	5600	110	3,5	27,0	2,6	9,0	1320
	Schieferkohle v. Oberschles.	7,0	37,0	4000	115	13,0	14,6	1,8	17,3	1045
	„ v. Südschw.	10,0	45,0	3000	125	9,9	17,7	4,5	11,2	1215
	minderwertiger Anthrazit	3,3	23,5	5800	155	4,7	26,8	0,6	10,9	1100
	Braunkohlenschiefer	15,9	19,7	4200	220	9,3	21,0	1,8	16,3	1210
	Lignitabfall v. Westerwald	18,6	36,7	2600	rd. 150	7,8	20,1	4,0	13,7	1300
	Waschberge v. Leseschiefer	—	—	—	rd. 135	10,7	12,8	—	28,5	1226
Mond-Gaserzeuger	Abfallkohle v. Oberschlesien	11,1	21,5	5900	rd. 90	16,0	11,6	3,8	24,4	1330

Trotz der erheblichen Erleichterung des Gaserzeugerbetriebes durch die mechanische Entschlakkung hat sich auch der Drehrostgenerator für die Vergasung der minderwertigen Brennstoffe nicht allgemeiner einzuführen vermocht. Es lag dies wohl ebenso wie bei nassen Brennstoffen hauptsächlich daran, daß die Durchsatzleistungen der Generatoren höchstens den bei der Verarbeitung normaler Brennstoffe erzielten entsprachen, so daß also mit höheren Anlage- und Betriebskosten gerechnet werden mußte.

Der Vergasung aschereicher Brennstoffe ist natürlich auch in wärmewirtschaftlicher Hinsicht eine gewisse Grenze gesteckt. Denn mit ansteigendem Aschengehalt nimmt auch die Wärmemenge

[1]) Eine neuere Mitteilung über den Jahnschen Ringgenerator findet sich in der Feuerungstechnik 1912/13, S. 225.

zu, die von der bei der Verbrennung des Brennstoffs entwickelten Gesamtwärme für die das Brennbare begleitenden Verunreinigungen zur Erhitzung auf die Temperatur der heißen Zone aufgewendet werden muß. Es ist auch zu berücksichtigen, daß sich die aus 1 kg Reinbrennstoff abgegebene Wärme auf einen größeren Raum verteilt als bei der Verarbeitung normaler Kohlen und dementsprechend die spezifischen Wärmeverluste durch Strahlung usw. größer werden. Es ist durch eine einfache Rechnung nachzuweisen, daß oberhalb eines Aschengehaltes von etwa 50% die Wärmelieferung für die Erfordernisse einer guten Gasbildung immer ungünstiger wird, so daß der Gehalt des Gases an Kohlensäure und an unzersetztem Wasserdampf entsprechend zunimmt. Man sollte deshalb darauf sehen, daß die in den Rückständen enthaltene Wärme, insbesondere durch die Vorwärmung des Luft- und Dampfgemisches tunlichst der Verbrennungszone wieder zugeführt wird.

Im Anschlusse hieran sei erwähnt, daß man neuerdings auch versucht hat, die in Deutschland weit verbreiteten Ölschiefer durch Schwelung und Vergasung im Gasgenerator nutzbar zu machen. Da der Gehalt dieser Schiefer an brennbaren Bestandteilen (Bitumen) meist 8 bis 10% nicht übersteigt, so ist aus den vorstehend erörterten Gründen bei einer lohnenden Ölerzeugung an die Gewinnung von Generatorgas nicht zu denken[1]).

l) Vergasung feinkörniger Brennstoffe.

Von feinkörnigen Brennstoffen kommen in großen Mengen einmal die Abfälle der mechanischen Aufbereitung und der Kohlenentgasungsindustrien, wie Kohlenklein, Koksgrus, ferner die in Deutschland überwiegend gewonnenen Braunkohlen von erdiger und mulmiger Beschaffenheit in Betracht. Sie bieten der Vergasung zunächst deshalb Schwierigkeiten, weil ihre dichte Lagerung einem gleichmäßigen Durchdringen der Vergasungsluft durch die Brennstoffsäule hinderlich ist. Beim Arbeiten mit gewöhnlichem Winddruck ist man genötigt, niedrige Brennstoffschüttungen anzuwenden, um eine hinreichende Gasströmung zu erzielen. Ist der Brennstoff von gleichmäßiger Körnung und geringerer Neigung zur Schlackenbildung, wie z. B. Anthrazitgrus, so kann man in dieser Weise bei mäßigen Vergasungsleistungen ein gutes Durchschnittsgas erzielen. Im Schachtgenerator mit Plan- oder Drehrost ist es allerdings nicht leicht, eine stets gleichmäßige Brennstoffhöhe aufrechtzuerhalten. Bei den Treppenrostgeneratoren läßt sich die Stärke der auf der schrägen Fläche herabgleitenden Brennstoffschüttung leicht, z. B. durch Schiebereinstellung, erreichen. Vor etwa 12 Jahren wurden nun einige Bauarten von Treppenrostgeneratoren auf den Markt gebracht, die eine Nutzbarmachung der Brennstoffabfälle von kleinerer Körnung auch für die Kraftgasherstellung bezweckten.

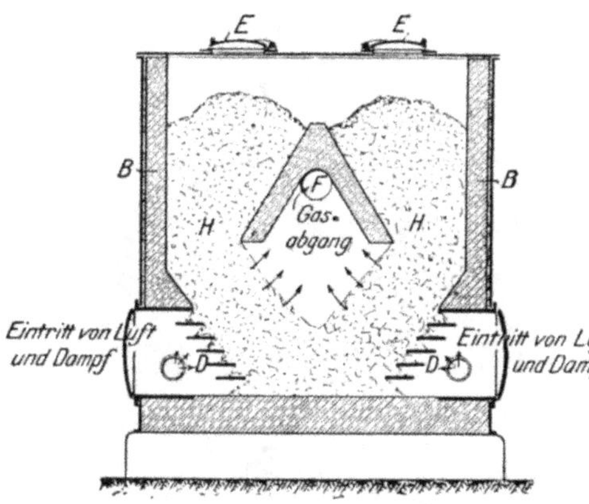

Abb. 73. Treppenrostgaserzeuger für feinkörnige Brennstoffe von Pintsch.

Eine gewisse Bedeutung hat von diesen Bauarten wohl nur der Feinkohlengenerator von **Pintsch** erlangt, der namentlich für die Vergasung der im Eisenbahnbetriebe abfallenden Rauchkammerlösche mehrfach ausgeführt worden ist[2]). Der Brennstoff böscht sich bei diesem Gaserzeuger (Abb. 73), oberhalb des bei rundem Schachtquerschnitt trichterförmigen Treppenrostes an der Unterkante eines in die Schachtmitte eingebauten Schüttkegels ab, der den Gasabzug überdeckt.

Diese Feinkohlengeneratoren haben bei nicht zu hohem Gehalt des Brennstoffs an Staub und bei geringerer Schlackenbildung zufriedenstellend gearbeitet. Als aber die Rauchkammerlösche infolge Verbesserungen der Lokomotivfeuerungen an Aschengehalt zunahm, zeigte es sich, daß über dem Roste Schlackenbildungen auftraten, die zum Entstehen von Gaskaminen Anlaß gaben, was bei den niedrigen Brennstoffschüttungen leicht zu Durchbrüchen des Feuers nach oben und zum Stillstand der Maschine führte. Die ziemlich niedrigen Vergasungsleistungen der Treppenrostgeneratoren und die Entschlackung von Hand haben weiterhin zu der Erkenntnis beigetragen, daß man auf dem in Rede stehenden Wege zu einer wirtschaftlichen Verwertung der feinkörnigen Brennstoffe im großen schwerlich gelangen kann.

Mehrfach ausgeführt wurde weiterhin ein von der Maschinenfabrik **Augsburg-Nürnberg** gebauter Drehrostgenerator, dessen Rostkörper von einer hohen treppenförmig abgestuften Rosthaube überdeckt wird

---

[1]) Vgl. Zeitschr. f. d. Berg-, Hütten- und Salinenwesen im Preuß. Staate, Jahrg. 1919, Heft 3.

[2]) Journ. f. Gasbel. 1912, S. 73.

(Abb. 74). Es wird hier mit höheren Brennstoffschüttungen gearbeitet, die durch einen besonderen Einbau in gleichmäßiger Stärke erhalten werden. Die Gaserzeuger werden mit höherem Dampfzusatz und mit geringer Windgeschwindigkeit betrieben, um einer Schlackenbildung vorzubeugen und ein möglichst gutes und staubfreies Gas zu erhalten. Die Durchsätze waren deshalb auch nicht bedeutend. Doch haben diese Generatoren jetzt unter den hohen Preisen für die besseren Brennstoffe auch wirtschaftlich befriedigende Ergebnisse gezeitigt[1]).

Einen bedeutsameren Fortschritt für die Vergasung feinkörniger Brennstoffe brachte die Ausbildung der Hochdruckgeneratoren, deren erste Ausführung von Kerpely (Abb. 75) herrührt. Wesentlich ist für sie bei kleinkörnigen Brennstoffen neben der Anwendung höherer Winddrücke (von 400 bis 700 mm W.-S) auch die Zerteilung des Windstromes in zahlreiche feine Strahlen, die durch entsprechende feine Durchbohrungen des Rostkörpers erzielt wird. Hierdurch soll das Arbeiten mit einer hohen Brennstoffschüttung ermöglicht und in dieser eine die rasche Gasbildung fördernde hohe Temperatur aufrechterhalten werden. Die hohe Schüttung im Verein mit dem hohen Winddruck und der Auflösung des Windstromes in zahlreiche Strahlen soll eine Belüftung

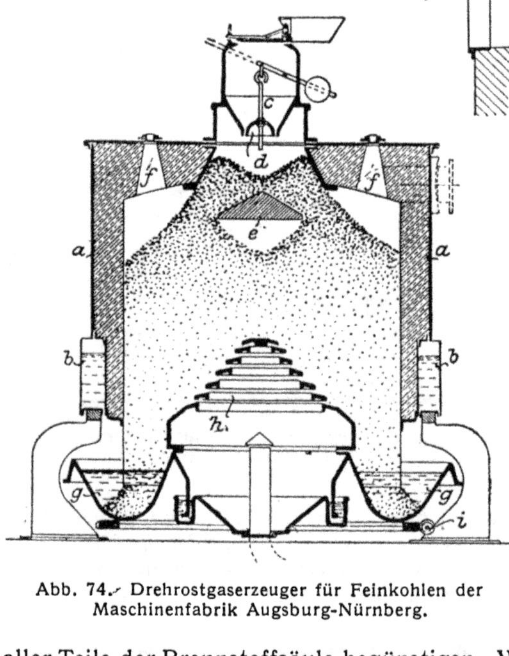

Abb. 74. Drehrostgaserzeuger für Feinkohlen der Maschinenfabrik Augsburg-Nürnberg.

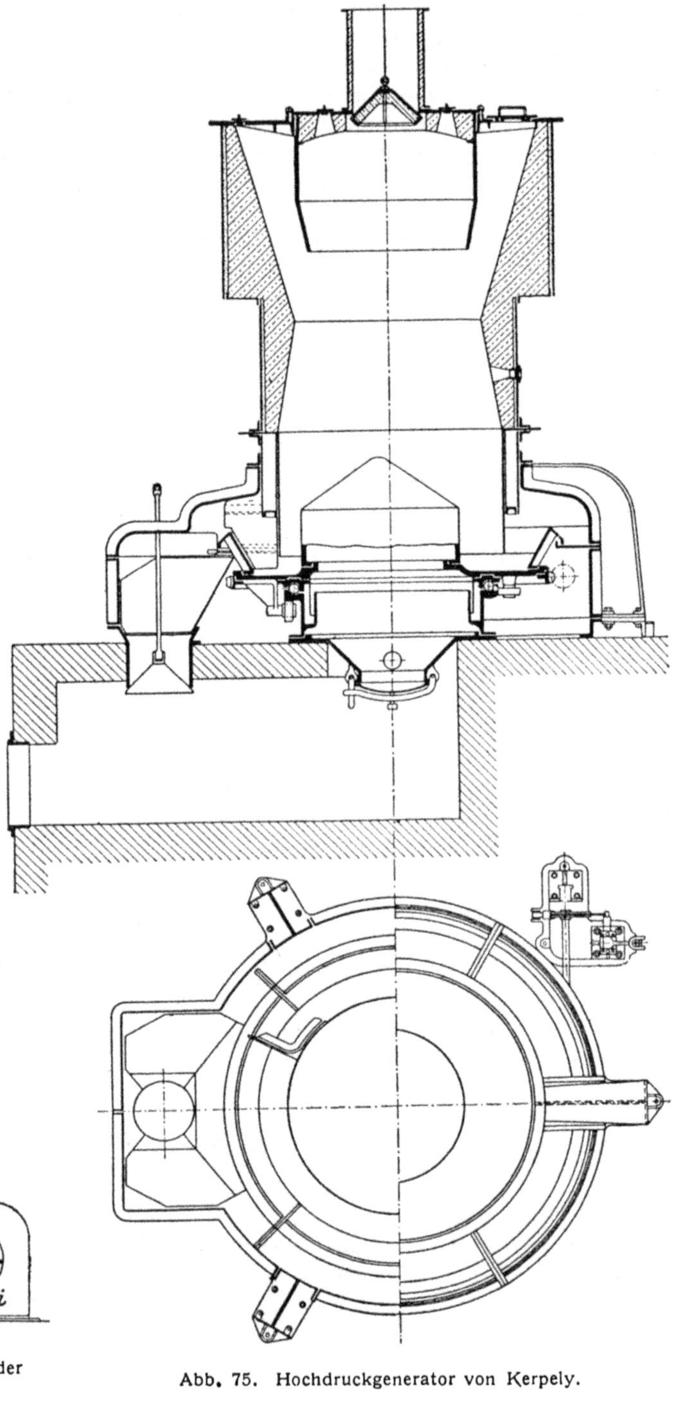

Abb. 75. Hochdruckgenerator von Kerpely.

aller Teile der Brennstoffsäule begünstigen. Während man also bei den älteren Feinkohlengeneratoren in einer langsamen Gasströmung, geringem Winddrucke und mäßiger Brennstoffhöhe, weiterhin auch in einer reichlichen Dampfzuführung die für die Gasbildung günstigen Umstände sah, also vorsichtig

[1]) Glückauf 1919, S. 673.

arbeitete, sucht man beim Hochdruckgenerator die Gasbildung gleichsam zu erzwingen, indem man höhere Temperaturen anstrebt und damit rechnet, daß der fein zerteilte, hochgepreßte Wind innerhalb des Brennstoffbettes Wirbelungen verursacht, wodurch die Bildung von Gaskaminen verhindert wird.

Die aus der ersten Zeit des Hochdruckgenerators von Kerpely bekanntgegebenen Versuchsergebnisse erschienen denn auch recht günstig. So wurden an einem Generator von 2 m Schachtdurchmesser bei Koksasche mit 20,5% Asche, 11% Wasser, 52% Staub von 0 bis 5 mm Korngröße eine Durchsatzleistung von 118 kg je qm Schlachtfläche und Stunde erzielt. Der Gasheizwert belief sich auf 1332 WE, die Wärmeausnutzung auf 76,5% Ähnliche Ergebnisse wurden bei Staubkohlen, bosnischen Feinbraunkohlen sowie Gemischen von Koksasche und Kohlenlösche erzielt, wobei die Brennstoffe in allen Fällen über 50% Staub bis zu 5 mm enthielten. Der Dampfverbrauch betrug nur 0,15 bis 0,18 kg je 1 kg vergasten Brennstoff[1]). Doch sind diese und ähnliche noch im Probebetriebe gewonnenen Zahlen mit Vorsicht aufzunehmen. Wie sich die Verhältnisse im gewöhnlichen Dauerbetriebe gestalten dürften, ist wohl zutreffender aus späteren Leistungsversuchen an einem 2,6 m Hochdruckgenerator des Budapester Gaswerks zu ersehen[2]). Nach dem Berichte von Prof. Pfeiffer wurde bei Vergasung von Koksgrus von 5 bis 10 mm Korngröße, der 69,9% C, 19,48% Asche und 7,56% Feuchtigkeit enthielt, ein Gas von folgender Zusammensetzung erzielt: CO_2 5,10%, CO 26,26%, CH_4 1,10%, H_2 10,82% und N_2 56,56%; H_u 1771 WE. Aus 1 kg Brennstoff wurden 3,7 cbm Gas erhalten. Der Durchsatz in 24 Std. war 12156, stündlich also 508 kg, der Dampfverbrauch 0,484 kg je 1 kg Brennstoff. Die mit dieser Dampfmenge zugeführte Wärmemenge ist 319 WE, und es betrug demnach die aus 1 kg vergasten Brennstoff dem Generator zugeführte Gesamtwärme 6396 WE. Die Wärmeverteilung stellt sich wie folgt:

oberer Heizwert des Gases	4333 WE	67,75%
fühlbare Gaswärme (Gastemperatur 315°)	355 „	5,55%
Verlust in der Asche	427 „	6,68%
Verlust im Flugstaub	27 „	0,42%
Verluste durch Strahlung, Leitung usw.	989 „	15,46%
Sa.	6396 WE	100,00%

Die Beanspruchung des Generators betrug stündlich etwa 96 kg/qm.

Vergleicht man diese Ergebnisse mit den aus früherer Zeit vorliegenden Zahlen der Kerpelygesellschaft, so sieht man, daß sie in dem Budapester Falle trotz Verwendung eines Koksgruses, von dem das Feinkorn bis zu 5 mm bereits abgesiebt war, nicht unerheblich ungünstiger sind. Trotzdem braucht man in die Zuverlässigkeit der der Erprobungszeit des Hochdruckgenerators von Kerpely entstammenden Zahlen keine Zweifel zu setzen. Denn spätere von anderer Seite gemachte Erfahrungen haben gezeigt, daß die Leistungen des Hochdruckgenerators wesentlich von seiner aufmerksamen Wartung abhängen. Im besonderen scheint es auf die Aufrechterhaltung einer richtigen Höhe der Aschenschicht anzukommen. Sinkt nämlich das Feuer bis in die Ebene der Rostspitze, so besteht für diese, wie auch sonst bei Drehrostgeneratoren die Gefahr des Verbrennens. Ist jedoch die Aschenschicht zu hoch, so kann der Luftsauerstoff, ohne vom Kohlenstoff verzehrt zu werden, bis in die sich bildenden Gaskamine gelangen und nach den höheren Schichten durchschlagen. Abgesehen von der hiemit verbundenen Gasverschlechterung werden dann auch von dem Gasstrome große Mengen Staub mitgeführt, infolgedessen lästige Verstopfungen der Gasleitungen und Verschmutzungen der Reinigungseinrichtungen eintreten. In diesem Mitreißen des Staubes ist überhaupt ein großer Übelstand aller mit hohem Winddruck arbeitenden Gaserzeuger, also neben den in Rede stehenden Drehrostgeneratoren auch der mit Abführung der Asche als flüssiger Schlacke arbeitenden Abstichgeneratoren zu sehen.

Auch beim Hochdruckgenerator wächst also die Schwierigkeit des Generatorbetriebes und nimmt die Vergasungsleistung und damit die Wirtschaftlichkeit der Vergasung mit steigendem Feinkorngehalt des Brennstoffs zu. Übersteigt dieser ein gewisses Maß, so wird es meist zweckmäßiger sein, den Staub abzusieben und ihn zu Briketten zu verarbeiten, die sich auch im gewöhnlichen Drehrostgaserzeuger anstandslos vergasen lassen. Wegen der Beschränkung auf die Verarbeitung von nicht zu ungünstiger Korngröße dürfte der von Kerpely angegebene Hochdruckgenerator, an dessen Verbesserung jetzt auch andere Gesellschaften, wie Julius Pintsch und die Berlin-Anhaltische Maschinenbau-Gesellschaft arbeiten, noch für eine allgemeinere Anwendung bei der wirtschaftlichen Auswertung der minderwertigen Brennstoffe in Betracht kommen. Die Zahlentafel 100 enthält eine Zusammenstellung von Betriebsergebnissen bei der Vergasung feinkörniger Brennstoffe im Hochdruckgaserzeuger von Kerpely und in älteren Feinkohlengeneratoren.

[1]) Journ. f. Gasbel. 1912, S. 1273.

[2]) Zeitschr. d. österr. Gasvereins 1915, S. 153.

Zahlentafel 100.

Vergasung feinkörniger Brennstoffe.

Gaserzeuger-Bauart	Brennstoff und Herkunft	Zusammensetzg. u. Heizwert d. Br.			Körnung d. Brennstoffes				Stündl. Leistg. kg/qm Sch.-Fl.	Gaszusammensetzung				Unt. Heizwert
		H_2O %	Asche %	WE	—1 mm	1—5 mm	5-12 mm	>12 mm		CO_2 %	CO %	CH_4 %	H_2 %	WE
Gaserzeuger der Gas-Generatoren G. m. b. H., Dresden	Böhm. Braunk. 0—10 mm	30	7	4500	—	—	—	—	79	5,1	25,2	2,3	16,5	1409
	Anthrazit . . 0—4 mm	13,5	16	5520	—	—	—	—	53	4,8	22,3	—	—	—
	Bitterfelder Förderkohle .	46,8	7	2750	—	—	—	—	53	10,5	22,7	1,7	12,7	1175
Feinkohlengener. Pintsch	Rauchkammerlösche . .	2,9	19,2	6070	—	—	—	—	—	5,0	26,0	0,2	12,0	1110
Hochdruckgenerator Pat. Kerpely	Koksasche, westf.	12	17	5620	20	41	30	9	110	2,4	32,5	0,6	12,3	1155
	„ „	15	15	5570	34	50	16	—	105	5,9	26,1	0,6	11,3	1130
	Staubkohle, oberschl. . .	9	15	5650	11	50	34	5	130	5,2	26,7	1,9	15,0	1350
	„ alpine . . .	33	14	3250	8	46	41	5	125	7,0	27,4	2,5	18,3	1520
	„ lignitische .	20	12	4560	4	71	23	2	105	10,0	21,9	2,0	22,2	1410
	Anthrazitfeinkohle . . .	8	20	5800	6	44	29	21	170	4,3	28,3	0,3	11,0	1160

Auch in den Abstichgeneratoren, die sich in den letzten Jahren in Deutschland für die Vergasung von Stückkoks und gröberem Koksgrus eingeführt haben (vgl. S. 195) und sich durch sehr hohe Vergasungsleistungen auszeichnen, hat man die Verarbeitung von kleinkörnigen Brennstoffen versucht. Da in diesen Generatoren, wie bereits erwähnt wurde, von den Gasen ebenfalls viel Staub mitgerissen wird, ist es erforderlich, die Austrittgeschwindigkeit der Gase durch Erweiterung des oberen Schachtraumes zu verringern. Bei dem für feinkörnige Brennstoffe bestimmten Abstichgenerator der Firma Rehmann ist oben noch eine ringförmige Kammer angeordnet, die durch Scheidewände unterteilt ist. Der in der Kammer abgeschiedene Staub wird durch eine mechanische Einrichtung dem Vergasungsraume wieder zugeführt. Nähere Angaben über Betriebsergebnisse mit diesem Generator liegen jedoch noch nicht vor.

Zu den in großen Mengen vorhandenen feinkörnigen Brennstoffen zählen auch die Rohbraunkohlen, sofern sie, was für die deutschen Vorkommen überwiegend zutrifft, mulmig oder erdig sind. Zu den Schwierigkeiten, die sich der Vergasung solcher Rohkohlen aus ihrem kleinkörnigen Gefüge ergeben, treten noch die Hemmnisse hinzu, die aus dem zumeist hohen Wassergehalt erwachsen. Diese Rohbraunkohlen lassen sich zwar durch Trocknung und nachfolgende Brikettierung in einen auch für den Versand geeigneten Brennstoff überführen. Doch erfordert die Brikettierung erhebliche Kosten für Einrichtungen und einen großen Brennstoffverbrauch. Es wäre daher für die deutsche Volkswirtschaft von hervorragender Bedeutung, wenn es gelänge, auch die minderwertigen Rohbraunkohlen ohne teure Vorbehandlung mit befriedigendem Nutzen zu vergasen. Gewisse Erfolge hat man, sofern die Rohkohle einen nicht zu geringen Gehalt an gröberen Bestandteilen enthält, außer in den Drehrostgeneratoren noch in Sonderbauarten, wie im Heller-Generator und in dem Gaserzeuger mit ausfahrbarem Rost von Blezinger (S. 199) erzielt. Der letztere wurde auch für feuchte Braunkohle von überwiegendem Feinkorngehalt ausgebildet. Obwohl diese Gaserzeuger für die Beheizung von Öfen in Hüttenwerken stellenweise ausgeführt worden sind, kommen sie bei den geringerwertigen Rohkohlen wegen ihrer verhältnismäßig niedrigen Vergasungsleistungen für eine wirtschaftliche Vergasung bisher nicht in Betracht.

An Versuchen, auch für die Vergasung der minderwertigen Rohbraunkohlen Gaserzeuger von hoher Leistungsfähigkeit zu schaffen, hat es nicht gefehlt. Bei diesen Bestrebungen spielt die Frage einer Vortrocknung des Brennstoffs mit der von der Vergasung zur Verfügung stehenden Wärme eine wichtige Rolle. Denn der hohe Feuchtigkeitsgehalt bildet nicht nur in wärmetechnischer Hinsicht ein Hemmnis, sondern er erschwert die Vergasung im einfachen Schachtgenerator dadurch ganz erheblich, daß sich die aus der Entgasungszone aufsteigenden Teerdämpfe in den oberen kalten und feuchten Brennstoffschichten niederschlagen, wo sie Schwitzzonen bilden, die einen geregelten Durchgang der Gase unmöglich machen.

Die Firma Pintsch hat nun für die Vergasung und Trocknung von feinkörniger Rohbraunkohle einen Steilrostgenerator versucht, dessen ringförmiger Vergasungs- und Trocknungsraum von hohen, steilen Schrägrosten umschlossen war[1]). Es ergab sich so für das im Querstrom durch die Brennstoff-

[1]) D. R. P. 300452.

säule geführte Luft- und Dampfgemisch eine sehr große Vergasungsfläche. Es zeigte sich jedoch, daß die Beschickung an manchen Stellen des Rostes hängen blieb und daß beim Nachstürzen heftige Kohlenstaubexplosionen auftraten. Die Versuche mit diesem Generator wurden deshalb wieder aufgegeben.

Mehr Erfolg versprechen im vorliegenden Falle die durch Aneinanderreihung von Einzelkammern gebildeten Großraumgeneratoren. So hat die Maschinenfabrik Erhardt & Sehmer jetzt zur Vergasung erdiger Braunkohle Kammergeneratoren von rechteckigem Querschnitt erprobt, die mit mechanisch angetriebenen Rosten ausgestattet sind. Nach Mitteilung dieser Gesellschaft ermöglicht es die Ausführung des Gaserzeugers in Verbindung mit einer besonders gestalteten Beschickvorrichtung, das für so dicht gelagerte Brennstoffe höchst bedenkliche Randfeuer zu vermeiden und eine gleichmäßige Vergasung über den ganzen Schachtquerschnitt zu erzielen. Im Zusammenhang mit diesen Kammergeneratoren wird für Braunkohle mit hohem Feuchtigkeitsgehalt eine Einrichtung zur Vortrocknung gebaut, die sich über dem Generator befindet und mit überhitztem Dampf betrieben wird. Diese Kammergeneratoren kommen wegen der dazu gehörigen ziemlich umfangreichen Apparatur nur für große Anlagen in Frage, bei denen sich die Kammern unter Ersparnis von Raum, Rohrleitungen, Gebäuden usw. zu größeren Einheiten vereinigen lassen. Die Generatoren sollen auch zur Verarbeitung von Ölschiefern, Torf und anderen armen Brennstoffen geeignet sein. — Es besteht somit die begründete Aussicht, daß die Frage der Vergasung der minderwertigen Brennstoffe durch die weitere Vervollkommnung der Großraumgeneratoren zu einer auch wirtschaftlich befriedigenden Lösung geführt wird.

m) Gaserzeuger mit Gewinnung der Nebenerzeugnisse.

Als Nebenerzeugnisse, die den aus dem Gaserzeuger abziehenden Gasen entzogen werden können, kommen Teer und Ammoniak in Betracht. Beide treten bei der Entgasung der natürlichen Brennstoffe in größeren oder geringeren Mengen auf.

Das Ammoniak bildet sich aus dem chemisch gebundenen Stickstoff, der in vielen Brennstoffen in Mengen von 1 bis $1\frac{1}{2}\%$ vorhanden ist. Da aber bei der trocknen Destillation nur etwa 15 bis 25% des Stickstoffes als Ammoniak gewonnen werden, ist dieses in den Gasen, die in den üblichen Gaserzeugern erzeugt werden, nur in so stark verdünntem Zustande vorhanden, daß eine Ausscheidung nicht lohnen würde. Auf der Beobachtung fußend, daß man bei der Vergasung mittels Wasserdampfes auch einen Teil des in dem Koks verbliebenen Stickstoffes noch in Ammoniak überführen kann, arbeitete Mond sein Vergasungsverfahren aus, bei dem die Zersetzung des Ammoniaks durch Einführung großer Mengen von Wasserdampf verhindert wird. Indem Mond etwa 2 bis $2\frac{1}{2}$ t Dampf auf 1 t vergasten Brennstoff mit der Gebläseluft einführte, erreichte er Ammoniakausbeuten von 60 bis 70%.

Wir sehen jedoch aus den Versuchen von Bone und Wheeler, s. Zahlentafel 89, daß die Menge des den Generator unzersetzt verlassenden Wasserdampfes mit steigendem Wasserdampfzusatze wächst, und daß sich damit der thermische Wirkungsgrad der Vergasung verschlechtert. Die nach dem Mondschen Verfahren erforderliche Wasserdampfmenge übersteigt jedoch noch beträchtlich diejenige der letzten Zahlenreihe der Zahlentafel. Mond erkannte daher auch, daß eine wirtschaftliche Durchführung der Vergasung nur angängig ist, wenn die von den Rohgasen mitgeführten großen Wärmemengen dem Gaserzeuger nach Möglichkeit wieder zugeführt werden. Die Mondschen Anlagen für Gewinnung der Nebenerzeugnisse erfordern daher neben den Gasreinigern noch eine umfangreiche Kühl- und Wärmeaustauschanlage, die wiederum die Anlage- und Betriebskosten sehr erhöht.

Abb. 76 zeigt das Schema einer Mondschen Anlage der älteren Ausführung.

An den Gaserzeuger *a* schließt sich der Winderhitzer oder Gegenstromkühler *b* und an diesen der Wäscher *c* an, in dem das Gas durch Schlägerwellen zerstäubtem Wasser ausgesetzt und auf 90 bis 100° abgekühlt wird, wobei es sich noch weiter mit Wasserdampf sättigt. Hierauf wird das Gemisch von Gas und Dampf in einem mit Steinen angefüllten Säureturm *d* der Einwirkung von schwefelsäurehaltiger Lauge ausgesetzt und hierbei das Ammoniak gebunden. Die im Laugegefäß *l* sich sammelnde wässerige Lösung wird zum großen Teil durch die Pumpe *k* wieder nach oben befördert, nachdem ihr frische Schwefelsäure aus dem Behälter *m* zugeführt worden ist. Ein Teil der Lösung wird nach den Eindampfpfannen geleitet, in denen das schwefelsaure Ammoniak gewonnen wird. Aus dem Säureturm gelangt das Gas in den Gaskühler *e*, wo es fein verteiltem Kühlwasser entgegengeführt und der Dampfüberschuß niedergeschlagen wird. Das aus dem Kühler *e* abströmende Gas bedarf, wenn es zum Betriebe von Maschinen verwendet werden soll, noch einer Behandlung in Teerscheidern, damit auch die in ihm schwebenden Teernebel niedergeschlagen werden. Um die von dem Rieselwasser im Kühlturm aufgenommene Wärme nutzbar zu machen, wird es in einen dritten Turm *f* gepumpt, in dem ihm die Vergasungsluft entgegengeführt wird. Diese erwärmt sich hierbei und wird mit Wasserdampf gesättigt.

Das kalte Wasser wird mittels Pumpe *g* auf den Kühlturm zurückgepumpt, die mit Wasserdampf gesättigte Gebläseluft strömt, nachdem ihr noch der erforderliche Zusatzdampf beigemischt worden ist, über den Erhitzer *b* und weiterhin durch einen den Gaserzeugerschacht umgebenden Hohlmantel nach dem Rostraume des Vergasers.

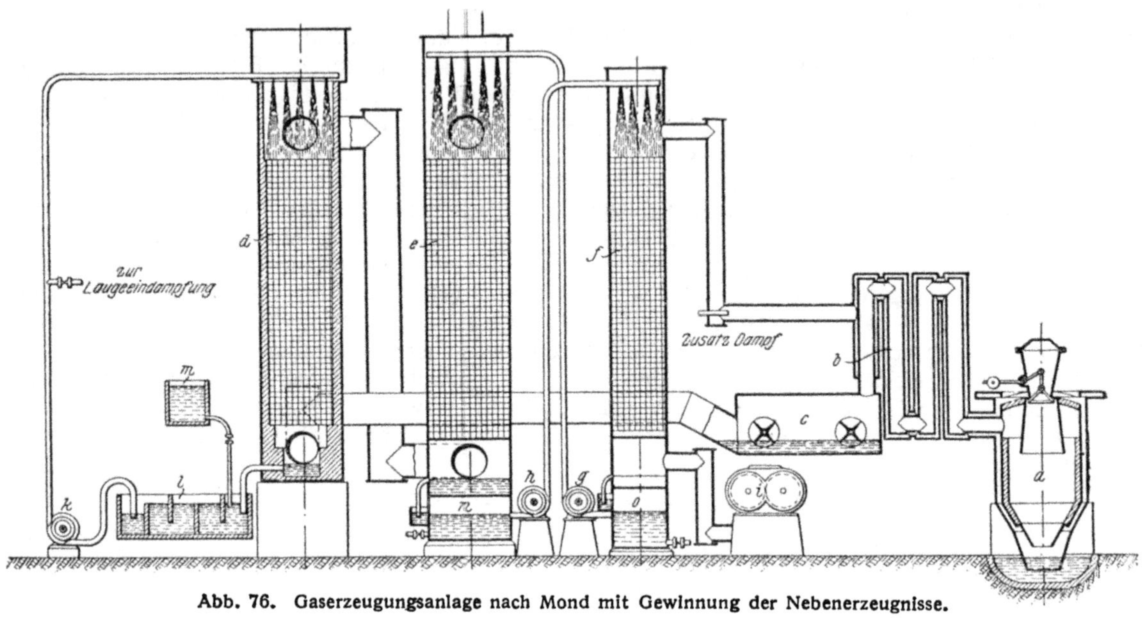

Abb. 76. Gaserzeugungsanlage nach Mond mit Gewinnung der Nebenerzeugnisse.

Trotz dieser sinnreichen Einrichtung zur Wiedergewinnung der Abwärme beträgt die Menge des von außen zuzuführenden Dampfes noch etwa 60% der Gesamtmenge des erforderlichen Wasserdampfes. Die Gestehungskosten für den Zusatzdampf lassen sich durch Anwendung sonstigen zur Verfügung stehenden Abdampfes (wie von Dampfmaschinen, Abdampfpfannen usw.) verringern.

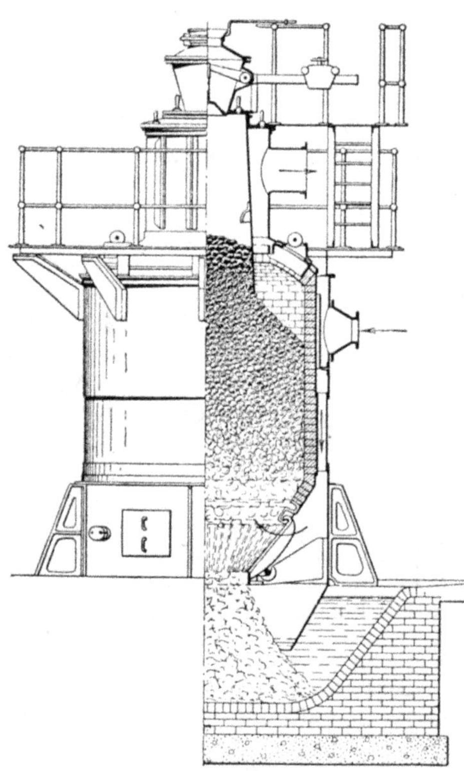

Abb. 77. Mond-Gaserzeuger der Power Gas-Corporation.

Die Zusammensetzung von Mondgas ist im Durchschnitt etwa folgende: 16% CO_2, 12% CO, 24 bis 26% H_2, 2 bis 3,5% CH_4.

Die Anlagen zur Herstellung von Mondgas mit Gewinnung der Nebenerzeugnisse sind in England vornehmlich von der Power Gas Corporation, ferner auch von Duff sowie von Crossley ausgeführt worden. Abb. 77 zeigt diesen Gaserzeuger selbst in der Ausführung der zuerst genannten Gesellschaft. Bei den Anlagen von Crossley erscheint die Reinigeranlage in mancher Hinsicht vereinfacht[1]). In Deutschland wird die Einführung der Mondschen Anlagen durch die Deutsche Mondgasgesellschaft betrieben, die sich anfangs in erster Linie mit der Anwendung des Verfahrens auf die Vergasung von Torf befaßte, späterhin jedoch auch Anlagen zur Verarbeitung von Braunkohlen und von Steinkohlen in Betrieb gesetzt hat. Die erste für deutsche Steinkohlen gebaute Anlage wurde von Ehrhardt & Sehmer nach den Entwürfen von Lymn in Waldhof ausgeführt. Sie weist gegenüber den Mond-Anlagen insbesondere einen wesentlich gedrängteren Aufbau auf[2]). Trotz des erheblichen Gewinnes, der aus den Nebenerzeugnissen zu erzielen

[1]) Vgl. Brame, Fuel (London 1914), S. 260.
[2]) Stahl u. Eisen 1914, S. 579.

ist, ist die Wirtschaftlichkeit der Mond-Anlagen von verschiedenen Umständen abhängig. Zunächst fallen hierfür die hohen Anlage- und Unterhaltungskosten schwer ins Gewicht. Sie bedingen zunächst, daß die Gewinnung der Nebenstoffe erst bei verhältnismäßig großen Anlagen lohnend werden kann. Auch erhöhen sie die Kosten der Vergasung um so mehr, je größer die Belastungsschwankungen der Anlage sind. Eine ausschlaggebende Rolle spielt weiterhin die Marktlage für die Brennstoffe und die Nebenerzeugnisse. Bei höheren Brennstoffpreisen sinkt die Wirtschaftlichkeit infolge des größeren Brennstoffaufwandes, der für das Ausbringen bestimmter Wärmemengen im Gase gegenüber der einfachen Vergasung oder der direkten Verbrennung erforderlich wird[1]. Infolge der außerordentlichen Verschiebung der Kohlenpreise seit dem Ausgang des Krieges dürften im Verein mit der Steigerung der Materialpreise und der Arbeiterlöhne die Verhältnisse für die Vergasung mit Nebenerzeugnisgewinnung, soweit wenigstens die Verarbeitung der teureren Brennstoffe in Frage kommt, ungünstig beeinflußt werden. Man wird voraussichtlich bestrebt sein, die Vergasung auf die minderwertigen Brennstoffe zu beschränken und sie in der Nähe der Gewinnungsstätten vorzunehmen.

Für die Vergasung nach dem Mondschen Verfahren eignen sich die verschiedenartigsten Brennstoffe, sofern sie einen die Gewinnung von Nebenerzeugnissen verlohnenden Gehalt an Stickstoff aufweisen. So hat man in England jetzt auch den schlecht verkäuflichen Kleinkoks der Gasanstalten zur Vergasung herangezogen und hiebei noch etwa 27 kg Ammoniumsulfat aus 1 t Brennstoff gewonnen. Für Deutschland verspricht nach den bereits gewonnenen Erfahrungen namentlich die Vergasung von Rohbraunkohlen und Torf erfolgreich zu werden, da der hohe Stickstoffgehalt vieler Torfvorkommen eine günstige Ammoniakausbeute erwarten läßt. Die Deutsche Mondgasgesellschaft führt daher die Vergasung des Torfes nach einer von Frank & Caro ausgebildeten Arbeitsweise zwecks Ersparnis an Trocknungskosten mit einem Wassergehalt von etwa 55% durch. Das Luft- und Dampfgemisch muß deshalb besonders stark überhitzt werden (auf mindestens 350⁰). Durch die Einführung großer Wärmemengen in den Gaserzeuger soll nicht nur die Verdampfung des im Torf enthaltenen Wassers ermöglicht, sondern es soll zugleich die Ammoniakbildung günstig beeinflußt werden.

Nach Trenkler[2]) wurden in Anlagen der Deutschen Mondgasgesellschaft beim Betriebe mit verschiedenen Brennstoffen die in Zahlentafel 101 enthaltenen Ergebnisse erzielt. Der thermische Wirkungsgrad der Vergasung stellt sich jedoch niedriger, wenn man auch die mit dem Wasserdampf in den Gaserzeuger eingeführte Wärmemenge berücksichtigt; er beträgt bei Berücksichtigung dieses Aufwandes nicht mehr als 50 bis 55%.

Der große Dampfverbrauch und die Kosten der Wärmerückgewinnung beim Mond-Verfahren haben mehrfach zu Versuchen Anlaß gegeben, die Gewinnung der Nebenstoffe im Gasgenerator mit einfacheren Einrichtungen und unter geringerem Dampfverbrauch durchzuführen. So wurde vor einigen Jahren ein von Moore entworfener Gaserzeuger in England ausgeprobt, der einem oberhalb der Vergasungszone liegenden Schachtkühlmantel besaß und mit mäßigem Dampfzusatz zur Vergasungsluft betrieben wurde, so daß in der Vergasungszone eine 1000⁰ nicht übersteigende Temperatur aufrechterhalten wurde. Die hier gebildeten Gase wurden beim Eintritt in die darüberliegenden von außen stark gekühlten Schichten rasch abgekühlt, um auf diese Weise eine Zersetzung des in der Vergasungszone gebildeten Ammoniaks zu vermeiden. Trotz der anfänglich günstigen Berichte[3], hat man später von diesem Generator nichts mehr gehört, so daß es zweifelhaft ist, ob auch im Dauerbetrieb befriedigende Ergebnisse erzielt worden sind.

Nach dem Verfahren von Dr.-Ing. Sachs (D.R.P. 274011) soll die Zersetzung des Ammoniaks dadurch vermieden werden, daß die Gase aus dem Innern der Brennstoffschicht nahe an der Erzeugungstelle abgeleitet werden, und zwar durch Rohre, die innen durch umlaufendes Wasser stark gekühlt werden. Trotz der bei kleineren Versuchsanlagen erzielten günstigen Ergebnisse hat auch dieses Verfahren noch zu keiner praktischen Anwendung im großen geführt.

Endlich ist noch das sog. Zonenverfahren zu erwähnen, das einige Jahre[4]) vor dem Kriege vereinzelt ausgeführt wurde. Es bestand darin, daß die Destillationsgase getrennt von der Hauptmenge der Generatorgase abgeführt und nur aus den ersteren die Nebenstoffe gewonnen wurden. Die Arbeitsweise ähnelt sonach derjenigen der für die Gewinnung von Urteer aus Steinkohlen eingerichteten Generatoren mit getrennter Absaugung der Schwelgase, die bei geeigneter Ausgestaltung des Entgasungsraumes auch für die Ammoniakgewinnung in Betracht kommen (vgl. S. 211). Soweit das Am-

---

[1]) Vgl. Klingenberg, Z. d. V. d. I. 1918, S. 1ff.

[2]) Z. V. d. I. 1918, S. 78.

[3]) „Engineer" vom 13. Mai 1914.

[4]) Vgl. R. Schulz, Stahl u. Eisen 1913, S. 1223.

Zahlentafel 101.

Brennstoff		Torf	Braunkohle	Westfäl. anthrazitische Steinkohle	Oberschlesische Steinkohle	Abfall-Steinkohle	jüngere Steinkohle	backende Steinkohle
Analyse des rohen Brennstoffes:								
H_2O	%	48,5	33,28	3,00	6,86	11,10	10,85	11,70
Asche	„	1,21	19,70	9,32	12,38	21,53	18,95	13,20
flüchtige Bestandteile	„	33,14	26,26	—	28,27	—	—	—
Reinkoks	„	17,15	20,76	—	52,40	—	—	—
Stickstoff	„	0,80	0,58	1,48	1,26	0,94	1,61	1,04
Heizwert des rohen Brennstoffes	WE/kg	2790	2720	7710	6345	5900	5210	5415
Analyse der Reinkohle:								
C	%	60,50	65,53	90,04	81,72	80,46	76,88	76,21
H	„	7,48	5,56	4,43	5,43	5,33	5,69	5,58
N	„	1,59	1,23	1,69	1,56	1,26	2,39	1,39
S	„	0,06	4,75	2,13	2,02	2,51	2,92	2,96
O	„	30,01	22,93	1,71	9,27	10,44	12,12	13,86
Stickstoffgehalt der Trockenkohle	„	1,55	0,87	1,53	1,35	0,98	1,80	1,18
mittlere Gasanalyse:								
CO_2	„	18,40	17,22	15,50	16,00	16,02	18,10	17,32
CnHm	„	0,25	0,12	0,15	0,20	0,20	0,66	0,62
O_2	„	0,10	0,50	0,00	0,10	—	0,32	0,41
CO	„	11,40	12,11	12,60	11,80	11,62	9,90	10,20
CH_4	„	3,30	4,42	2,90	3,30	3,78	4,07	3,27
H_2	„	23,30	26,53	26,00	24,50	24,35	25,50	22,70
N_2	„	43,05	39,10	42,85	44,10	44,03	41,45	46,48
brennbare Bestandteile	„	38,15	43,18	41,65	39,80	39,95	40,13	36,79
unterer Heizwert des Gases	WE/cbm	1265	1445	1320	1300	1333	1404	1265
Kohlenstoffgehalt des Gases	g/cbm	178,7	182,6	167,0	167,8	169,5	175,4	168,4
„ „ „	g/1000 WE	141,3	126,4	126,1	129,0	127,1	124,9	133,1
Kohlenstoff auf 1 kg Rohkohle	g	304,26	308,12	789,47	659,97	598,38	539,7	572,3
Kohlenstoffverlust auf 1 kg Rohkohle in								
Asche	g	20,0[1] (Asche und Staub)	12,6	nicht bestimmt, da sehr gering	19,18	19,56	15,23	10,25
Staub	„		53,94 (Staub und Teer)		38,19	16,97	38,45	20,65
Teer	„	33,14			33,53	35,10	54,98	42,08
zusammen	g	53,14	66,54	65,0[1]	90,90	71,63	108,66	72,98
vergaster Kohlenstoff auf 1 kg Rohkohle	g	251,12	241,58	724,47	569,07	526,75	431,04	499,32
berechnete Gasausbeute auf 1 t Rohkohle	cbm	1405	1323	4340	3390	3110	2460	2965
berechnete Gasausbeute auf 1 t Trockenkohle	„	2730	1985	4470	3640	3240	2750	3355
gemessene Gasmenge auf 1 t Rohkohle	„	1690	1720	4960	Meßapparate versagt	3990	3150	3340
Temperatur an der Meßstelle	°C	29	47	29		41	37	20
gemessene Gasausbeute auf 1 t Trockenkohle[2]	cbm	2880	1970	4450		3340	2670	3465
wärmetechnischer Nutzeffekt des Generators[3]	%	65,5	69,9	74,1	69,4	71,2	65,2	70,3
berechnete Luftmenge auf 1 t Rohkohle	cbm	928	655	2250	2070	1790	1450	1700
berechnete Dampfmenge auf 1 t Rohkohle	kg	830	585	2400	2020	1675	1420	1870
Ausbeute an wasserfreiem Teer auf 1 t Trockenkohle	„	85,8	94,8	—	51,5	50,1	77,1	52,5
Ausbeute an Ammonsulfat auf 1 t Rohkohle	„	24,0	19,7	45,2	40,1	28,7	51,2	31,4
Ausbeute an Ammonsulfat auf 1 kg Kohlenstickstoff	„	3,006	3,397	3,067	3,183	3,053	3,180	3,010

[1] wurde schätzungsweise eingesetzt. [2] für 0° und 760 mm Q.-S. [3] für das Mittel aus Berechnung und Messung.

moniak nur aus dem Schwelgasstrome gewonnen wird, gibt man einen großen Teil des im Koks enthaltenen Stickstoffs der Kohle preis, so daß also bei diesen Verfahren die Ausbeute an Ammoniak entsprechend geringer ausfällt.

n) Gaserzeuger mit Teergewinnung.

Die Möglichkeit einer Gewinnung von Teer bei der Vergasung war bereits in den Anfängen erkannt. Schon bei dem mit Kühlrohr ausgestatteten ältesten Siemens-Gaserzeuger wurden Teer- und Wasserabscheidungen festgestellt. Aber bei der damaligen Verwendung des Gases legte man keinen sonderlichen Wert auf eine Teerabscheidung. Die ersten Anlagen zur Reinigung des Gases von Teer und kondensierbaren Kohlenwasserstoffen stammen von Benson (1868) und Sutherland (1874) sowie von Thwaite. Man hatte dabei lediglich die Absicht, die Ablagerung von Teer in den Kanälen und Leitungen zu verhindern. Den so gewonnenen Teer hat man bereits vereinzelt untersucht[1]), betrachtete ihn aber doch nur als lästigen Abfallstoff.

Die Entfernung des Teeres aus dem Gase gewann erhöhte Bedeutung im Laufe der Zeit durch die Einführung der Sauggaserzeugung. Obwohl man nach den ursprünglichen Vorschlägen von Dowson und Tangye nur Koks und Anthrazit verwendete, so war doch eine Reinigung notwendig (vgl. S. 187). Es lag daher der Gedanke nahe, auch teerabgebende, bituminöse Brennstoffe zu verwenden und die Reinigungen entsprechend auszubauen; diese Versuche hatten aber nur geringen Erfolg. Im Gegenteil erkannte man bald, daß es zweckmäßiger sei, den Teer in permanente Gase zu zerlegen, indem man ihn nochmals durch eine glühende Brennstoffschicht führte.

Aus diesem Grundgedanken entwickelte sich dann die in Abb. 67 wiedergegebene Bauart von Sauggaserzeugern für bituminöse Brennstoffe, welche dadurch gekennzeichnet ist, daß durch einen mittleren Gasabzug teerfreies Gas und durch einen oberen Gasabzug teerhaltiges Schwelgas abgeführt wird, welch letzteres mittels eines Strahlgebläses zusammen mit Dampf wieder unter den Rost eingeblasen wird. Diese Bauart wurde besonders für Steinkohlen verwendet, während man für Braunkohlenbrikette die sog. Doppelfeuergeneratoren (s. S. 190) vorzog.

In der ursprünglichen Weise der Teerabscheidung bildete eine weitere Entwicklung das Mondgasverfahren (s. S. 205). Da das Gas bei der beabsichtigten Gewinnung der Nebenstoffe einen sehr hohen Wassergehalt besitzt und die Entfernung des Ammoniaks eine Waschung des Gases erfordert, so bildete in diesem Falle die Gewinnung des Teeres eine selbstverständliche Teilaufgabe. Es geschah dies derart, daß man in Waschern mit drehenden Flügeln den heißen Gasen vor Eintritt in die Ammoniakwäscher die Hauptmenge des Teeres entzog und im übrigen den gesamten Vorgang dem Kokereibetrieb anpaßte.

Für unsere spätere Betrachtungen ist noch eine dritte Gruppe von Gaserzeugern erwähnenswert. Die Zusammenhänge zwischen Backfähigkeit und Teerabgabe waren schon lange bekannt. Man hatte daher schon frühzeitig dahin gestrebt, die eine gleichmäßige Vergasung hinderliche Bildung von Koksbrücken und Hohlräumen im Brennstoffbett zu vermeiden, indem man den Brennstoff nicht unmittelbar in den Vergasungsschacht gelangen ließ, sondern durch eingehängte Retorten führte. In diesen sollte er entgast und auf diese Weise seine Backfähigkeit zerstört werden. Erwähnt mögen hier sein die Ausführungen von Möller (1878) und Krupp (1880), der bereits an Stelle der einfachen ringförmige Entgasungsretorten vorschlug[2]).

Die Destillationsgase wurden entweder unten durch die Retorte oder durch Öffnungen in dieser dem anderen Gasstrom beigemengt. Wir finden hierin also bereits die baulichen Eigenheiten des Zonengaserzeugers, aber ohne den kennzeichnenden Grundgedanken.

Diese Retorten entsprachen bei stärker backenden Kohlen durchaus nicht, weil die Kohle in ihnen hängen blieb und viel Stocharbeit erforderte, mehr als beim gewöhnlichen Gaserzeuger. Deshalb kam Lürmann (1883) auf den Gedanken[3]), die Vorbehandlung der Kohle in einer liegenden Kammer durchzuführen, durch die das Gas durchströmte und so die notwendige Wärme abgab, während die Kohle genügend Raum zum Auftreiben hatte und auch für leichte Zugänglichkeit gesorgt war. Diese Bauart hatte wesentliche Vorteile und wurde auch in jahrlangem Betrieb benutzt; allgemeine Einführung hat sie jedoch nicht gefunden.

Durch die Erfolge des Mondschen Verfahrens einerseits und die Entwicklung der Sauggaserzeugung anderseits angeregt, wandte man sich Ende der 90er Jahre wieder dem Zonengaserzeuger zu. Der erste Vorschlag für ein solches Verfahren rührt nach Gwosdz von F. C. Glaser (1884) her und

[1]) z. B. Teer von Sutherland-Generatoren durch Watson Smith. J. Chem. Ind. 1884.

[2]) Vgl. Gwosdz, Beitrag zur Entwicklungsgeschichte der Teergewinnung im Generatorbetrieb", Glückauf 1919, S. 154 ff.

[3]) Vgl. Trenkler, Betrachtungen über Generatorbetrieb. F. II, S. 7.

betrifft eine Destillation von Torf. Wesentlich klarer erscheint der Grundgedanke aber in dem D.R.P. 36431 (1885) der Europäischen Wassergasgesellschaft in Dortmund; denn naturgemäß fand der Zonengenerator sein Anwendungsgebiet grade vorzugsweise in Verbindung mit der Wassergasherstellung, um bei diesem Verfahren von der Benutzung von Koks unabhängig zu werden und billige bituminöse Steinkohle verwenden zu können. Eine der beachtenswertesten Konstruktionen in dieser Gruppe ist diejenige von Thomson[1]), der drei Zonen unterscheidet; die beiden oberen besitzen einen gemeinsamen, mittleren Gasabzug, während die Gase der unteren Zone die Retorte umspülen und durch ihre Wärmeabgabe die Destillation der Kohle in dieser durchführen sollen. Es ist nicht bekannt, ob diese Bauart in der Praxis Anwendung gefunden hat; beinahe ist das Gegenteil anzunehmen, in gleicher Weise wie von der großen Zahl ähnlicher Vorschläge. Dies ist deshalb wahrscheinlich, weil es im Rahmen brauchbarer und leistungsfähiger Ausführungen unmöglich ist, die notwendige Wärme zu übertragen; nur bei der Wassergasherstellung, wo die heißen Warmblasgase zur Verfügung stehen, erscheint hierfür eine Möglichkeit. Hier hat sich nach vielen Versuchen und Mühen der in diesem Sinne arbeitende Doppelgaserzeuger von Strache Eingang verschafft (vgl. S. 218, Abb. 81). Vgl. hierzu auch das D. R. P. 115070 (1899) von Besemfelder, der in seinen damaligen Aufsätzen[2]) als einer der Ersten darauf hinwies, daß man bei dieser Vergasung bei niedriger Temperatur einen hellen, hochwertigen Teer erzeugen könne.

Der Grundgedanke des Zonengaserzeugers wurde jahrzehntelang mit zäher Ausdauer verfolgt, ohne daß er zu brauchbaren Ergebnissen führte; besonders für die Nebenstoffgewinnung galt er als das anzustrebende Ziel, indem man hoffte, dadurch die zu reinigenden Gasmengen zu beschränken und wärmetechnische Vorteile zu erreichen. In dieser Beziehung sind die Patente von Lymn (1904 E. P. 9668) und Naef (1900 E. P. 2888) beachtenswert. Im Zusammenhang mit den Forschungen über die Destillationsvorgänge (s. S. 105) gewann mehr und mehr die Absicht Raum, einen ölreichen Teer zu erzielen (vgl. A. P. 1114979, Garland 1914 und E. P. 4572 Lewes 1913); bei letzterer Ausführung ist die Verbindung einer Verschwelung mit nachgeschalteter Vergasung eines Teiles des Rückstandes besonders augenfällig, ebenso wie bei der Ausführung von Jabs (D.R.P. 206576, 1907[1]). Bei den beiden letztgenannten Bauarten sehen wir auch bereits die Oberflächenbeheizung (Retorte) aufgegeben und durch eine Innenheizung mittels des heißen Gases ersetzt.

Die Aufgabe einer planmäßigen Gewinnung hochwertigen Teeres erlangte überraschend große Bedeutung während des Krieges. Nachdem Heckel (Thyssen & Co.) bereits 1914 die Eignung des bei niedriger Temperatur gewonnenen Mondgasteeres zur Herstellung von Schmierölen erkannt und praktisch durchgeführt hatte, wurde unabhängig davon 1916 auf Grund der im Kaiser-Wilhelm Institut für Kohlenforschung, Mühlheim, gemachten Versuche von Prof. Fr. Fischer die Gewinnung von Tieftemperatur- (Ur-) Teer bei der Vergasung im größeren Maßstab in die Wege geleitet. Nach den Ergebnissen der Forschung kam es nur darauf an, die Destillation so zu führen, daß sie ohne (auch nur stellenweise) Überschreitung einer Temperatur von 500° beendigt wird, die gebildeten Gase schnell abgeführt werden und vor nachträglichen Zersetzungen verschont bleiben.

Nach älteren Erfahrungen dauert die Schwelung unter den Verhältnissen, wie sie im Gaserzeuger durchgeführt werden kann, 5 bis 6 Std., und es war naturgemäß nicht leicht, an die Schaffung entsprechender Schwelräume im Gaserzeuger heranzutreten. Zudem kam noch die Frage der Wärmeübertragung. Ausgehend von der Bauart der Gaswerksretorten hielt man die Außenheizung für besonders zweckmäßig; man mußte sich jedoch bald überzeugen, daß es unmöglich war, die notwendigen Übertragungsflächen zu erreichen. Es blieb daher nur die Innenheizung, indem man den Gaserzeuger nach Art der Zonengaserzeuger ausbildete, lediglich mit dem Unterschied, daß nicht das ganze Heizgas der unteren Schichten getrennt abgeführt wurde, sondern ein Teil des Gases zwecks Wärmeübertragung die Schwelglocke (der falsche Ausdruck Retorte ist möglichst zu vermeiden, da der Einfluß der Außenheizung verschwindend ist) durchströmte und zugleich mit dem Schwelgas abgeführt wurde. Es war nun möglich, entweder durch einen Aufbau genügend große (für 5 bis 6 Std. berechnete) Schwelräume zu schaffen, oder Einbauten zu verwenden und durch geeignete Maßnahmen die Schwelzeit zu verkürzen[3]). Es gelang dies dadurch, daß man die Brennstoffteilchen in der Glocke in ständiger Bewegung hielt, so daß die Bildung überhitzter oder zu kalter Stellen vermieden wird, und außerdem die Schwelgase möglichst schnell und ohne Widerstand entfernte. Die

[1]) Vgl. Gwosdz, Beitr. z. Entwicklungsgesch. d. Teergewinnung i. Gasgenerator. „Glückauf“ 1919, Nr. 39/40.

[2]) Journ. f. Gasbel. 1901, S. 664.

[3]) Vgl. hinsichtlich der Entwicklung und Konstruktion verschiedener hierher gehöriger Gaserzeuger den Vortrag von Dr. Fritz Frank am 29. 10. 1919 in der Brennkraft-technischen Gesellschaft, der wohl demnächst im Druck erscheinen wird.

Einbauten bieten gegenüber den Aufbauten bei entsprechend geringen Abmessungen eine bessere Zugänglichkeit des Gaserzeugers und eine wesentlich leichtere Regelbarkeit. Bei Einbauten ist es auch möglich, die Beschickung im unteren Teil des Gaserzeugers völlig unabhängig von dem Schwelvorgang zu beeinflussen, d. h. den Gaserzeugergang zu regeln, so daß auch der Schwelvorgang wieder soweit als irgend möglich unabhängig und in geregelter Weise durchgeführt werden kann.

Solche Einbauten kommen jedoch nur bei Steinkohle in Frage. Durch eine einfache Gleichung läßt sich die Gasmenge berechnen, die zur Wärmeübertragung notwendig ist.

Aus dieser Rechnung ergibt sich aber mit voller Deutlichkeit, daß Einbauten oder Aufbauten bei den meisten Braunkohlen und ebenso bei Torf nicht notwendig sind. Bei Braunkohlenbriketten wird man sie in vielen Fällen mit Vorteil anwenden können, weil dann die zu reinigende Schwelgasmenge gegenüber der Gesamtgasmenge kleiner ausfällt. Vom Standpunkt der Teergewinnung allein wären Einbauten gleichfalls nicht erforderlich, denn es ist hierbei möglich, Gastemperaturen

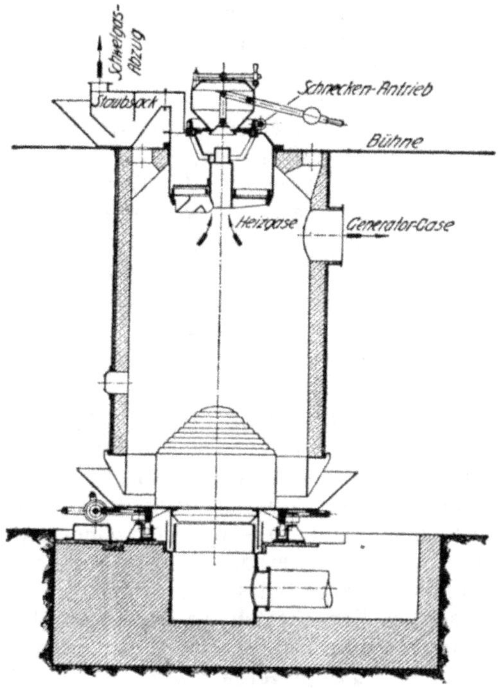

Abb. 78. Gaserzeuger der A.-G. für Brennstoffvergasung mit Linckscher Glocke.

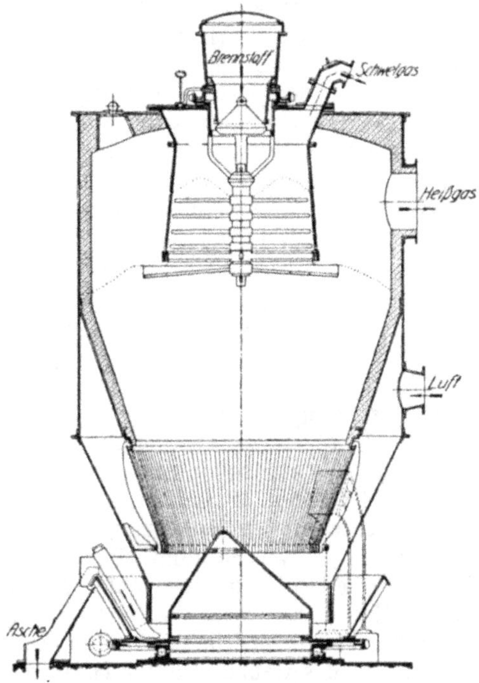

Abb. 79. Gaserzeuger der Deutschen Mondgas- und Nebenprodukten-Gesellschaft mit Schwelglocke.

von durchschnittlich 200 bis 250° zu halten; der dabei erzielte Teer ist nach mehreren Untersuchungen als gleichwertig mit solchem von Gaserzeugern mit Einbauten anzusprechen.

Wenn man daher von den ursprünglichen fehlerhaften Ausführungen mit reinen Retorten (Gen.-A.-G.[1]) und ähnlichen absieht, so kann man die beiden angedeuteten Bauarten bei den in der Praxis erprobten Ausführungen deutlich unterscheiden. In die erste Gruppe gehört der Zonengaserzeuger von Pintsch, der aus dem Sauggaserzeuger (Abb. 67) heraus entwickelt wurde; der Unterteil ist mit Drehrost ausgerüstet, der obere Gasabzug führt das Gas zur Teergewinnungsanlage. Eine ähnliche Ausbildung zeigt der Gaserzeuger der Gesellschaft für „Kohle und Erz"[2]).

Eine wesentlich umfangreichere Anwendung fanden die Gaserzeuger der zweiten Gruppe. Anfänglich hatte man der Bewegung der Brennstoffe in der Glocke nicht genügend Wert beigemessen; aber durch die eingehende und hingebungsvolle Arbeit der wissenschaftlichen Abteilung der Kriegs-Schmieröl-Gesellschaft gelang es nach umfangreichen Versuchen, alle Schwierigkeiten zu überwinden und brauchbare Konstruktionen zu schaffen[3]). Von diesen sei besonders die Linckschе Bauart der A.-G. für Brennstoffvergasung (Abb. 78) und die Bauart der Deutschen Mondgas- und Nebenprodukten-Ges. m. b. H. (Abb. 79) erwähnt. Erstere besitzt eine vollständig abgeschlossene und vom

[1]) Vgl. Beyschlag, Journ. f. Berg-, Hütten- und Salinenwesen 1919, S. 215, 217.
[2]) Vgl. Gwosdz, Dinglers P. J., Jahrg. 1919, S. 267.
[3]) Vgl. den Vortrag von Dr. Fr. Frank in der Sitzung d. Brennkrafttechnisch. Gesellschaft am 29. 10. 1919.

Generatorschacht unabhängige Glocke, die im unteren Teil kammerartig geteilt ist und zwei drehbare Platten hat, so daß abwechselnd stets eine solche Kammer nach unten entleert wird, während das Gas durch die anderen eintritt und durch die ganze Glocke nach oben strömt. Durch die drehbaren Platten werden sich etwa bildende Kokskuchen zermalmt. Die zweite Bauart besitzt ein Rührwerk in der Glocke und einen Verteiler (nach einem Vorschlag von Dr. Tebrich der Kriegs-Schmieröl-Gesellschaft), um eine gleichmäßige Ausbreitung des abgeschwelten Brennstoffes über den ganzen Schachtquerschnitt zu gewährleisten.

Außer diesen beiden Bauarten sind jedoch von zahlreichen anderen Seiten noch Vorschläge gemacht worden. Da hierfür aber noch keine Versuchsergebnisse vorliegen und das ganze Gebiet noch im Werden ist, soll von deren Aufnahme Abstand genommen werden. Über die mit den beiden letztgenannten Bauarten erzielten Teersorten, s. S. 242 ff.

Wichtig ist nun noch die Frage nach dem Verhalten der Kohle. Durch die Bewegung des Brennstoffes in der Glocke wird eine Bildung von hinderlichen Kuchen und ein Anhängen vermieden, so lange die Kohle nicht stark backend ist oder eine besondere Erweichung durchmacht, wie dies bei manchen Flammkohlen der Fall ist. Man könnte naturgemäß versuchen, diesen Erscheinungen durch Änderung der Bauart beizukommen. Für diesen Fall erscheint es jedoch richtiger, auf eine getrennte Abschwelung zurückzugreifen. Selbst wenn man dabei einen gewissen Brennstoffmehrverbrauch in Kauf nehmen müßte, so wird dies leicht dadurch aufgehoben, daß man sicher an Gewinnungslöhnen sparen kann, denn Halbkoks ist nach allen Erfahrungen für den Gaserzeuger ein vorzüglicher Brennstoff. Könnte man die Drehtrommel mit dem Gaserzeuger verbinden (ähnliche ältere Vorschläge sind ja bekannt), so wäre die Einheitlichkeit des gesamten Vorganges gewahrt, und dieser Weg ließe sich auch bei kleineren Anlagen anwenden. Bei größeren Anlagen wird man aber einer getrennten Schwelanlage den Vorzug geben und den aus dieser erhaltenen Halbkoks den Gaserzeugern zuführen (Verfahren von Thyssen & Co. mit Drehtrommelöfen).

o) Wassergas-Gaserzeuger.

Die Zersetzung von Wasserdampf durch glühende Kohlen wurde schon seit dem Anfang des vorigen Jahrhunderts zur Herstellung eines brennbaren Gases, und zwar zunächst in der Weise benutzt, daß man Wasserdampf durch einige mit Kohlen beschickte eiserne Retorten leitete, die von außen beheizt wurden. Diese Arbeitsweise erwies sich jedoch als wenig wirtschaftlich, weil nur ein geringer Bruchteil der zur Beheizung aufgewendeten Wärmemenge durch die Retortenwände auf die Kohlen übertragen werden kann. Eine größere Bedeutung hat die Wassergaserzeugung erst erlangt, seitdem man die Erhitzung der Kohlen durch eine Verbrennung innerhalb des Brennstoffbettes selbst vornahm. Zur technischen Wassergaserzeugung dienen seither Schachtöfen, in denen gewöhnlich Koks von größerer Schichthöhe mittels eines Luftstromes auf eine hohe Temperatur erhitzt und hierauf nach Abstellen des Gebläses unter Hindurchführung von Wasserdampf vergast wird. Da die Temperatur des Brennstoffbettes infolge der Wärmebindung bei der Zersetzung des Wasserdampfes mehr und mehr sinkt, muß die Einführung des Wasserdampfes nach einiger Zeit unterbrochen und der Brennstoff von neuem heißgeblasen werden. Der Betrieb ist demnach aussetzend; Heißblase- und Gasungszeiten lösen einander ab.

Die gasförmigen Erzeugnisse des Heißblasens bestehen aus den Sauerstoffverbindungen des Kohlenstoffes und aus Stickstoff. Beim Warmblasen wurde früher allgemein ein an Kohlenoxyd reiches Gas gewonnen, das ähnlich wie das mit Luft hergestellte Generatorgas zusammengesetzt war. Die Verhältnisse beim Warmblasen und Gasen waren etwa so, daß zur Gewinnung von 1 cbm Wassergas aus 0,25 kg Kohlenstoff die Verbrennung von 0,75 kg Kohlenstoff, die 4 cbm Generatorgas ergaben, erforderlich war. Nach Strache[1]) war die Wärmeverteilung bei der Vergasung von 1 kg Kohlenstoff von 8080 WE folgende:

Verbrennungswärme von 1 cbm Wassergas	2508 WE	= 31,0%
von 1 cbm Wassergas mitgeführt	306 „	= 3,8 „
Verbrennungswärme von 4 cbm Generatorgas	3680 „	= 45,6 „
von 4 cbm Generatorgas mitgeführt	1224 „	= 15,1 „
vom unzersetzt durchstreichenden Dampf mitgeführt und Strahlungsverluste der Apparate	362 „	= 4,5 „
zusammen:	8080 WE	= 100%.

[1]) Strache, „Das Wassergas, seine Herstellung und Verwendbarkeit“, 1896.

Die Ausbeute an Wassergas war demnach bei diesem Verfahren verhältnismäßig niedrig. Entsprechend der geringeren Wärmeentwicklung bei der Verbrennung des Kohlenstoffes zu Kohlenoxyd war auch die Zeit beim Warmblasen fast doppelt so lang wie beim Gasen. Die Ausnutzung der Gaserzeugeranlage war deshalb auch in Hinsicht auf die Wassergasgewinnung niedrig. Diese ungünstigen Verhältnisse wurden besonders dort fühlbar, wo die großen Mengen von Generatorgas nicht voll ausgenutzt werden konnten, so daß es häufig in den Schornstein geblasen wurde. Ein Umschwung trat hier erst nach der Einführung des Verfahrens von Dellwik ein. Schon vorher hatte man in Amerika, wo das mit Ölgas angereicherte Wassergas eine weitgehende Anwendung gefunden hat, erkannt, daß sich die Ausbeute an Wassergas steigern ließ, wenn man beim Heißblasen stärker blies, weil alsdann ein größerer Anteil des Kohlenstoffes statt zu Kohlenoxyd zu Kohlensäure verbrannte, und man so im Gaserzeuger selber während des Heißblasens aus der gleichen Menge Kohlenstoff mehr Wärme entwickelte. Das Verdienst Dellwiks besteht nun darin, daß er diesen Gedanken zielbewußt ausgebaut und den Beweis erbracht hat, daß man durch scharfes Blasen selbst bis zur Erreichung hoher Temperaturen ein überwiegend aus Kohlensäure bestehendes Gas erhalten kann. Hatte man es in Amerika bereits bis zu einer Wassergasausbeute von etwa 1,5 cbm aus 1 kg Koks gebracht, so wurden nach dem Dellwikschen Verfahren 1,8 bis 2,3 cbm gewonnen.

Das nach der Reaktion $C + H_2O = CO + H_2$ erzeugte „ideale" Wassergas würde aus 50 Vol.-% Kohlenoxyd und 50 Vol.% Wasserstoff bestehen. In der Praxis enthält es jedoch noch stets gewisse Mengen Wasserdampf, Kohlensäure und Stickstoff. Der letztere rührt vornehmlich aus dem von den Blasezeiten in dem Gaserzeuger zurückgebliebenen Stickstoff der Luft her. Der Kohlensäuregehalt hängt insbesondere von der Dampfgeschwindigkeit und Schichthöhe, fernerhin aber auch von der Dauer der Gasungszeit ab, da mit der Länge der letzteren die Temperatur der heißen Zone sinkt und hiermit der Eintritt der Reaktion $C + 2H_2O = CO_2 + 2H_2$ in den Vordergrund tritt. Die Zusammensetzung des Wassergases bewegt sich im allgemeinen in folgenden Grenzen:

	%		%
H_2 =	44	bis	51
CO =	39	„	44
CO_2 =	3	„	5,5
N_2 =	3,5	„	7
CH_4 =	0,2	„	0,8.

Der Heizwert von 1 cbm Wassergas beträgt 2500 bis 2700 WE. Er ist also mindestens etwa doppelt so groß wie der von gewöhnlichem Generator- (Halb-) Gas. Da es bei seiner Verbrennung eine hohe Flammentemperatur (bei vorgewärmter Verbrennungsluft 1800 bis 2000°) ergibt, so eignet es sich besonders zum Schweißen, Löten, Härten sowie für mancherlei Schmelzarbeiten. Es verbrennt mit nichtleuchtender (blauer) Flamme und ist daher für Beleuchtungszwecke nur bei Anwendung von Glühkörpern geeignet, oder wenn es mit leuchtenden Kohlenwasserstoffen angereichert wird.

Die größte Verwendung findet das Wassergas gegenwärtig als Ersatz des gewöhnlichen Leucht- oder Steinkohlengases, so insbesondere in den Vereinigten Staaten von Amerika. In Europa hat es sich in zahlreichen Gasanstalten größerer Städte als Zusatz zum Steinkohlengas eingebürgert. Die Angliederung einer Wassergasanlage bietet für die Gasanstalten einmal den Vorteil, einen Teil des bei der Steinkohlengasgewinnung fallenden Kokses zu verwerten und anderseits den Anforderungen bei plötzlich gesteigertem Gasbedarf sofort genügen zu können, da die Wassergasanlage viel rascher in Betrieb zu setzen ist als die Retortenöfen. Auch die Anlage- und Betriebskosten stellen sich beträchtlich niedriger als bei Retortenöfen. Diese mit dem Zusatz von Wassergas verbundenen Vorteile haben dazu geführt, daß schon vor dem Kriege in Deutschland die überwiegende Mehrzahl der Gasanstalten ein Leuchtgas mit einem Zusatz von 10 bis 30% Wassergas abgegeben hat.

Die Vorrichtungen zur Erzeugung von Wassergas.

Die Anlagen zur Herstellung von gewöhnlichem, d. h. nicht angereichertem, sog. „blauem" Wassergas bestehen aus einem Schachtgenerator mit anschließendem Gasreiniger und Gasbehälter. Der Wind wird von unten zu- und das Warmblasegas aus dem oberen Schachtteil des Gaserzeugers abgeführt. Der Wasserdampf wird entweder nur von oben oder abwechselnd von oben und unten eingeführt. Bei einigen Bauarten sind zwei Schächte vorhanden, die im Parallelstrom, d. h. gleichzeitig von unten nach oben warmgeblasen werden. Während des darauf folgenden Gasens zieht der Dampf durch den einen Schacht von unten nach oben und darauf durch den zweiten in umgekehrter Richtung. Dies bietet den Vorteil, daß man mit einer niedrigen Brennstoffschicht arbeiten kann und demgemäß beim Warmblasen die Bildung von Kohlenoxyd leichter vermeidet als beim Arbeiten mit hoher Brennstoffsäule. Beim Gasen wird dann die im ersten Schacht eingeleitete Zersetzung des Wasserdampfes sowie die Reduktion der auftretenden Kohlensäure im zweiten Schachte vollendet.

Die verschiedenen zwischen dem Blasen und dem Gasen einzustellenden Ventile für Luft, Dampf und Gas werden durch zwangläufige Steuerungen betätigt. Bisweilen werden auch Sicherheitsverriegelungen verwendet, die eine falsche Schieberstellung verhindern. Die Dauer des Gasens wird für gewöhnlich nach dem Aussehen von Probeflammen bestimmt. In neuer Zeit wird auch der sog. Dampfschlußmelder von Strache benutzt. Seine Wirkung beruht darauf, daß der Druck des Wassergases und des Wasserdampfes so lange in einem bestimmten Verhältnisse zueinander stehen, wie der Wasserdampf noch praktisch vollkommen zersetzt wird. Dies Verhältnis ändert sich jedoch, sobald infolge der Temperaturerniedrigung in der Brennstoffschicht im Gas unzersetzter Dampf auftritt; durch die Änderung wird ein Läutewerk in Tätigkeit gesetzt.

Die Asche wird jetzt noch überwiegend von Hand ausgetragen, wozu die Gaserzeugung etwa alle 12 bis 24 Std. einmal für eine gewisse Zeit unterbrochen werden muß. Bei neueren Anlagen ist man

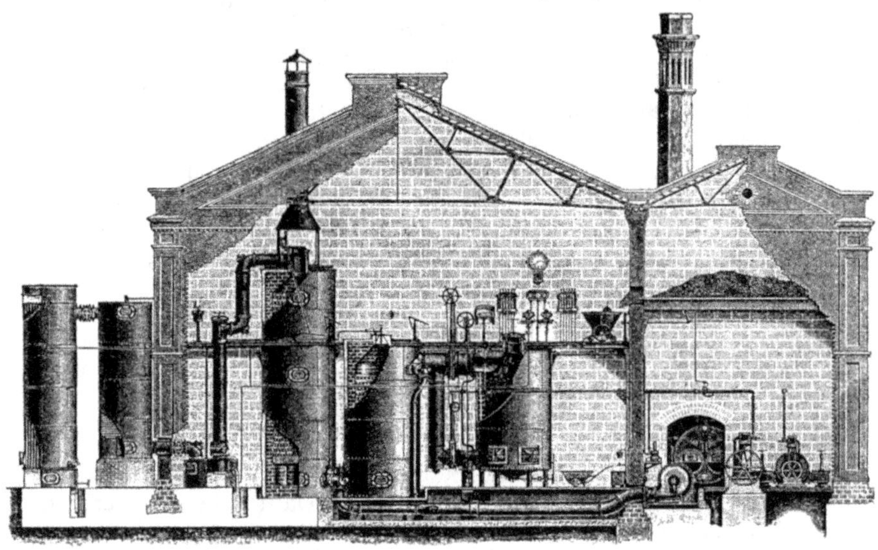

Abb. 80. Schema einer Wassergasanlage nach Humphreys & Glasgow.

bestrebt, sich auch die Vorteile der mechanischen Entaschung mittels Drehrostes zunutze zu machen. Da mit höherem Winddrucke gearbeitet wird, sind hier nur Aschenschüsseln mit trockener Austragung (vgl. S. 185) geeignet.

Angereichert wird das Wassergas entweder auf kaltem oder auf heißem Wege. Im ersteren Falle wird das gereinigte kalte Gas mit Benzoldämpfen behandelt, während es im anderen Falle unmittelbar nach seinem Austritt aus dem Gaserzeuger in einer erhitzten Kammer mit Öl angereichert wird. Während die Anreicherung mit Benzoldämpfen ihre Grenze in der Aufnahmefähigkeit des Gases für die Dämpfe findet und ein weiterer Zusatz zu einer Ausscheidung des Benzols in den Rohrleitungen führt, wird bei der Ölanreicherung nicht lediglich eine Verdampfung, sondern eine Überführung der Öle in beständige Gase bezweckt. Zur Zersetzung des Öles dient jetzt vorwiegend nach dem Lewesverfahren eine mit Steinen angefüllte Kammer, die durch die Verbrennung der Warmblasegase erhitzt wird. Dieses Verfahren wird in der Ausbildung durch Humphreys & Glasgow in vielen hundert Anlagen ausgeübt.

Abb. 80 zeigt das Schema einer solchen Anlage nebst den Hilfseinrichtungen. An den Generator schließt sich der Ölverdampfer (Anreichervorrichtung) und an diesen der Überhitzer an, in dem die im Verdampfer eingeleitete Zersetzung der Öldämpfe vollendet wird. Beim Heißblasen wird nicht wie beim Dellwik-Verfahren auf Kohlensäure, sondern auf ein noch heizkräftiges Generatorgas geblasen, das zum Teil im Verdampfer und vollends im Überhitzer nach Beimischung von Luft aus der Windleitung verbrannt wird. Gleichzeitig verbrennen auch die von der Gasungszeit zurückgebliebenen Ruß- und Teerteile, wodurch die Steinfüllung der beiden Schächte bis zur Rotglut erhitzt wird. Durch die am oberen Ende des Überhitzers angeordnete Klappe gelangen die Abgase zum Schornstein. Nach dem Warmblasen werden die Ventile umgestellt, und es wird entweder von oben oder von unten Dampf in den Generator eingeführt. Das entstandene Wassergas tritt oben in den Verdampfer ein, und gleichzeitig wird durch dessen Decke mittels einer Pumpe Öl in Gestalt eines Sprühregens eingeführt. Auf dem Wege durch die Steinfüllung des Verdampfers und Überhitzers werden die Öldämpfe in Ölgas übergeführt. Das Ölwassergas gelangt alsdann in den Wäscher und Kühler. Die Wärme des aus dem Überhitzer abziehenden Wassergases wird auch zur Erwärmung des Öles benutzt. Der Ölzusatz wird je nach dem verlangten Heizwerte des Gases durch Ölmesser bestimmt.

Nachstehend sind einige Durchschnittsanalysen von Ölwassergas wiedergegeben.

	Nach J. Körting %	N. Latta %	V. B. Lewes %
H_2	34—38	40,0	37,10
CO	23—28	19,0	28,26
gesättigte Kohlenwasserstoffe . . .	17—21	25,0	18,88
ungesättigte Kohlenwasserstoffe . .	13—16	10,5	12,82
CO_2	0,2—2,2	1,0	0,24
N_2	2,5—5,0	4,0	2,64
O_2	—	0,5	0,06

Zur Anreicherung von Wassergas dienen Petroleum, Naphtha und in Deutschland vornehmlich auch die in Braunkohlenschwelereien gewonnenen Teeröle. Beim Anreichern wird das Öl nicht restlos vergast, sondern es fallen beträchtliche Mengen (bis zu 25%) als Teer ab, der bei der Reinigung des Gases gewonnen wird (sog Wassergasteer).[1])

Die Anlagen für Ölwassergas werden so ausgeführt, daß sie auch ohne weiteres die Erzeugung von blauem Wassergas gestatten. Die Gasanstalten sind daher in der Lage, dem Steinkohlengase auch blaues Wassergas beizumischen, das erforderlichenfalls mit Benzoldämpfen angereichert wird. Die Wahl der passenden Beimischung zur Anreicherung des Wassergases wird in erster Linie von den jeweiligen Preisverhältnissen der Ausgangsstoffe abhängig sein.

Nach dem sog. Autokarburierverfahren wird blaues Wassergas in die Steinkohlengasretorten selbst eingeführt. Durch die Verdünnung des Gases will man den Verlauf der Reaktionen, die zu einer Zersetzung der leuchtenden Kohlenwasserstoffe führen, verlangsamen. Dieses besonders von V. B. Lewes empfohlene Verfahren ist in England und noch mehr auf dem Festland verbreitet. Die Meinungen über seinen Wert sind jedoch geteilt[2]).

Man hat die Anreicherung von Wassergas auch in der Weise versucht, daß man das Öl während der Gasungszeit in die glühende Koksschicht des Generators selbst einführte. So weit bekannt, hat dieses Verfahren eine gewisse praktische Bedeutung nur in der Ausbildung von Tully gefunden, der schwere Kohlenwasserstoffe, wie Teere, in die Schichten oberhalb der Wassergasbildungszone einspritzt. Die Ausführung des Gaserzeugers von Tully erstrebt eine Vermeidung der Übelstände, die früher mit einer solchen Vergasung von Teer verbunden waren und die vornehmlich in der Ausscheidung großer Mengen von Ruß und der Bildung von Pechansätzen bestanden. Das Verfahren von Tully bietet namentlich für kleinere Gasanstalten die Möglichkeit, den bei der Steinkohlengasbereitung abfallenden Teer für die Gaserzeugung selbst nutzbar zu machen, und zwar in beträchtlich einfacheren Vorrichtungen, als es die üblichen Anlagen zur Erzeugung von Ölwassergas sind. Nach Lewes zeigte eine Analyse dieses sog. Methan-Wasserstoffgases folgende Zusammensetzung:

CO_2	2,8%
CO	28,8 „
ungesättigte Kohlenwasserstoffe	0,8 „
gesättigte Kohlenwasserstoffe	19,2 „
Wasserstoff	42,4 „
N_2	5,8 „
O_2	0,2 „

[1]) Siehe S. 55.

[2]) Nach Vivian B. Lewes, Liquid and Gaseous Fuels, 1907, S. 250, hat das Autokarburierverfahren ausgezeichnete Ergebnisse gezeitigt, während es aber mehrfach wieder aufgegeben worden ist. Vgl. American Gas Light Journ. 1909, S. 208.

Wir sahen weiter oben, daß die bei der Wassergaserzeugung auftretenden Wärmeverluste zum Teil auf die von den Heißblasegasen und dem Wassergas mitgeführte fühlbare Wärme zurückzuführen sind. Man hat diese Abwärme nun vielfach zur Erzeugung des für die Vergasung erforderlichen Wasserdampfes nutzbar zu machen gesucht. Es scheint indessen, als ob man die aus dem aussetzenden Betrieb der Gaserzeugung sich für die Heizung der Dampferzeuger ergebende Schwierigkeiten noch nicht in befriedigendem Maße überwunden hat. Günstige Ergebnisse sollen jedoch mit einer Ausführung von Strache[1]) erzielt worden sein. Hier wird der Wasserdampf in Rohren erzeugt, die in einer oberhalb des Generators liegenden Kammer untergebracht sind und lediglich von den Warmblasegasen beheizt werden. Es ist hier jedoch zu bemerken, daß die Warmblasegase, die in der Kammer vollständig verbrannt werden, noch beträchtliche Mengen von Kohlenoxyd enthalten. Beim Arbeiten nach dem Dellwik-Verfahren würde durch die Wärme der Warmblasegase allein eine ausreichende Verdampfung nicht zu erreichen sein. Die nach dem letzteren Verfahren arbeitenden Anlagen von Kramers und Aarts machen die Wärme der Abgase in folgender Weise für die Bildung des Wassergases selbst nutzbar. Aus den beiden im Gleichstrome warmzublasenden Gaserzeugerschächten ziehen die Abgase auf dem Wege zum Schornstein durch Regeneratorkammern, an die sie ihre Wärme abgeben. Beim Gasmachen strömt nun das in dem ersten Vergaserschachte gebildete Wassergas, das noch größere Mengen von Wasserdampf und Kohlensäure enthält, durch diese Kammern und wird hier hoch erhitzt. Die Folge ist eine bessere und raschere Umsetzung der noch zu reduzierenden Bestandteile des Gasgemisches bei dem darauffolgenden Durchströmen durch die glühende Koksschicht des zweiten Gaserzeugerschachtes. Bei einer Anlage nach Kramers und Aarts in Leeds wurde von W. A. Bone folgende Wärmeausnutzung festgestellt:

Wassergasmenge in 1 Std.	618 cbm
oberer Heizwert	2749 WE
unterer Heizwert	2527 „
Gasmenge aus 1 kg Kohlenstoff	2,2 cbm
im Wassergas ausgebrachter Kohlenstoff	60,65%
Verhältnis der Wärmemengen im Gas und Brennstoff:	
bezogen auf den oberen Heizwert	0,766
bezogen auf den unteren Heizwert	0,705

Der Koks enthielt 84,7% Kohlenstoff.

Nach vorstehendem ist der thermische Wirkungsgrad der Vergasung kaum günstiger als beim Verfahren von Dellwik. Berücksichtigt man noch, daß die Einrichtung weniger einfach ist, so wird man eine Überlegenheit der Doppelschachtanlagen wenigstens in wärmewirtschaftlicher Hinsicht nicht annehmen können.

p) Herstellung von Doppelgas.

Die Herstellung des Wassergases, das im Anfang seiner Entwicklung vielfach als „Brennstoff der Zukunft"[2]) betrachtet wurde, hat sich außer auf den Gaswerken vorzugsweise nur in Schweißereien eingeführt. Eine umfassende industrielle Nutzung ist fast ganz ausgeblieben. Hierfür sind hauptsächlich 2 Gesichtspunkte maßgebend gewesen:

1. der unterbrochene Betrieb,
2. die Notwendigkeit der Verwendung von Koks als Ausgangsstoff.

In beiden Hinsichten wurden im Laufe der Jahrzehnte zahlreiche Versuche gemacht, um die Wassergaserzeugung auf eine breitere Grundlage zu stellen.

In ersterer Hinsicht sei insbesonders auf die Bestrebungen und Patente von Dr. F. Clauß (1898), Dr. Besemfelder (1899) und Bormann (1913) verwiesen sowie auf die Schrift des Erstgenannten[3]). Es ist leicht nachzurechnen, daß die reine Wassergasreaktion einen so hohen Wärmeaufwand besitzt, daß man dem zugeführten Dampf eine Temperatur von etwa 2200° erteilen müßte, um sie dauernd aufrechterhalten zu können. Dieser Weg war bisher unmöglich, und deshalb versuchte Clauß die Aufgabe so zu lösen, daß ein Gemisch von Koksstaub und Wasserdampf gegen eine Platte geblasen wurde, die durch Heizung von außen auf etwa 1700° erhalten wird; zur Herstellung dieser Temperatur

[1]) Journ. f. Gasbel. u. Wasserversorg. 1911, S. 206.

[2]) Vgl. die früher viel gelesene Schrift von Quaglio, Wassergas als der Brennstoff der Zukunft. J. F. Bergmann. Wiesbaden 1880.

[3]) Dr. F. Clauß, Wassergaserzeugung im kontinuierlichen Betrieb. Krayn. Berlin 1900.

wird ein Teil des erzeugten Wassergases verwendet. Da bei diesem Verfahren die Gesamtmenge des reagierenden Kohlenstoffs zu Wassergas umgesetzt wird und die Verluste durch das Heißblasen entfallen, wäre das Verfahren mit dem gleichen Wirkungsgrad wie das übliche Herstellungsverfahren durchzuführen; es scheiterte lediglich an praktischen Ausführungsschwierigkeiten, die bisher nicht überwunden werden konnten. In ähnlicher Weise will dies Bormann durch Außenbeheizung des Generatorschachtes erreichen. Besemfelder will nach seinem ursprünglichen Patent die in Reaktion tretende Kohle vorher durch Außenbeheizung auf hohe Temperatur bringen, indem ein Teil des Kokses in einem für mehrere Wassergaserzeuger gemeinsamen Vergaser durch Warmblasen verwendet wird. Dieses Verfahren, das wärmetechnisch nicht ganz zutreffend ist, ist aus einem anderen Grunde beachtenswert. Neuerdings hat Dr. Besemfelder die Aufgabe einer ununterbrochenen Wassergaserzeugung wieder aufgegriffen und will die notwendige Wärme durch Überhitzung des Dampfes in geeigneten Überhitzern besonderer Bauart einführen.

Noch wesentlich größere Aufmerksamkeit fand die Lösung der zweiten Aufgabe, die Unabhängigmachung vom Koks als Ausgangsstoff.

Es sind schon frühzeitig mehrfach Wassergaserzeuger für nichtentgaste Brennstoffe ausgeführt worden, die sich in der Praxis Eingang verschafft haben, so z. B. von Loomis-Pettibone und von Strache. Es geschah dies besonders beeinflußt durch die Entwicklung des Sauggasverfahrens, und da man bei der Ausführung dieser Gaserzeuger für Heizzwecke darauf bedacht sein muß, mit einer einfachen Reinigeranlage auszukommen, hat man den Betrieb so geleitet, daß die teerigen Bestandteile der Gase im Gaserzeuger selbst zersetzt werden. Freilich verzichtete man hierbei auf eine Wiedergewinnung von Nebenerzeugnissen und konnte es nicht verhindern, daß ein Teil der heizkräftigen Entgasungserzeugnisse der Kohle mit den Warmblasegasen weggeführt wurde. Bei den Anlagen von Loomis-Pettibone ist daher eine weitgehende Nutzbarmachung der Warmblasegase vorgesehen, ein Umstand, der ihr Anwendungsgebiet einschränkt. Diese Gaserzeugeranlagen haben zwei Generatorschächte mit zwischengeschaltetem Röhrenkessel. Beim Arbeiten auf Generatorgas wird mittels eines hinter dem Koksreiniger eingeschalteten Gebläses Luft gleichzeitig durch beide Schächte von oben nach unten gesaugt, worauf die Gase durch den Röhrenkessel, den Reiniger und den Trockenreiniger nach dem Behälter für das Generatorgas strömen. Nach einiger Zeit wird das Gebläse abgestellt und Dampf unter den Rost des einen Gaserzeugers eingeführt. Die Gase gelangen durch ein Verbindungsrohr in den zweiten Schacht, durchströmen diesen in der Richtung von oben nach unten, gehen dann ebenso wie die Warmblasegase durch den Dampfkessel nach den Reinigern, und gelangen hierauf durch eine besondere Leitung nach dem Wassergasbehälter. Beim Warmblasen und Gasen durchstreichen somit die Gase eine glühende Kohlenschicht, so daß sich die teerigen Bestandteile zersetzen können. — Auch von anderer Seite ist die Wassergasherstellung aus Steinkohlen in Zwillingsgeneratoren versucht worden, so z. B. auch in den Anlagen von Kramers und Aarts, bei denen sich der Teer teilweise in den erhitzten Regeneratorkammern zersetzt.

Abweichend von diesen Zwillingsgeneratoren, hatte man auch den Vorschlag gemacht, die Entgasung in zwei übereinanderliegenden Schachtteilen auszuführen. Das älteste Patent hierauf, gewissermaßen die Grundidee der Doppelgaserzeugung ist bereits 1885 von der Europäischen Wassergas-Gesellschaft in Dortmund genommen (D. R. P. 36431). Besser durchgebildet ist das Patent von Strache (90747, 1895) worden. Bei dieser Bauart steht der Schacht durch einen oberen und einen in mittlerer Höhe angebrachten Kanal mit einem Regenerator in Verbindung. Das Warmblasen erfolgt von unten, und die Gase treten durch den tieferliegenden Kanal, also unterhalb des noch nicht entgasten Brennstoffes in den Regenerator, um in diesem zu verbrennen und ihre Wärme an das Gitterwerk abzugeben. Beim Gasen wird der Wasserdampf zunächst in dem Regenerator stark erhitzt, worauf er durch den oberen Kanal oberhalb des Brennstoffes eintritt und diesen auf Entgasungstemperatur erhitzen soll. Alsdann streicht der Wasserdampf, mit den Entgasungsstoffen gemischt, durch die glühende Koksschicht. Die heißen Gase werden unten abgeführt. Ein Teil davon wird mit dem Dampf durch den Regenerator geleitet, um für die Umsetzungen im Destillationsraum die notwendige Wärme aufzubringen.

Die Erzeugung von Wassergas aus Steinkohlen und anderen rohen Brennstoffen hat sich in Europa nur wenig und langsam eingeführt. Auch die Bestrebungen, für die Wassergasherstellung minderwertige Brennstoffe und Brennstoffabfälle nutzbar zu machen, haben bisher keine greifbaren Erfolge gezeitigt. Es lag dies wohl nicht zum wenigstens daran, daß den Haupterzeugern von Wassergas, den Leuchtgasanstalten, Koks in reichen Mengen zur Verfügung steht. In letzter Zeit ist jedoch auch für die Steinkohlengasanstalten die Frage erstanden, ob nicht durch eine unmittelbare Erzeugung des Wassergases aus Steinkohlen Vorteil zu erzielen sei. Die Menge von blauem Wassergas, die dem

Steinkohlengase noch beigemischt werden kann, ist schon dadurch begrenzt, daß der Heizwert des Mischgases nicht unter eine bestimmte Grenze sinken darf; so betrug diese Beimischung vor dem Kriege nicht mehr als 8 bis 10%. Die Wirtschaftlichkeit der Beimischung des angereicherten Wassergases aber wird in Deutschland durch die verhältnismäßig hohen Ölpreise beeinflußt. Die Gewinnung eines auch die Destillationserzeugnisse der Steinkohle enthaltenden Wassergases würde daher die Möglichkeit bieten, den in der Wassergasanlage zu erzeugenden Anteil des Leuchtgases zu erhöhen. Selbstverständlich wird man darauf bedacht sein, die Wassergaserzeugung möglichst unter Erhaltung der wertvollen Nebenerzeugnisse der Destillation durchzuführen.

Durch den Krieg sind wir nicht nur in Deutschland, sondern in allen Ländern daran gewöhnt worden, den Begriff des Standard-Heizwertes von 5000 WE/cbm zu verlieren. Es hat sich gezeigt, daß auch mit wesentlich ärmerem Gas die Versorgung der Städte durchgeführt werden kann. So sehr es erwünscht ist, daß sich dieser Zustand nicht verewigt, so hat durch ihn die Frage der Doppelgaserzeugung doch eine außerordentliche Förderung erfahren, so daß wohl in Zukunft dieses Gas zu beträchtlichem Teil als Ersatz des Wassergases dienen dürfte. Wir müssen uns dabei vor Augen führen, daß Doppelgas ein Gemisch von Wassergas mit Destillationsgas ist. Es besitzt demnach einen höheren Heizwert als blaues Wassergas, wenn es auch im Heizwert dem ölkarburiertem Wassergas nicht gleichkommt. Da man weiter bei der Herstellung von Doppelgas nicht nur vom Koks unabhängig ist, sondern nicht einmal auf Steinkohle angewiesen ist, und statt dieser Braunkohle, Torf u. dgl. verwenden kann, so liegt die Bedeutung dieser Aufgabe klar.

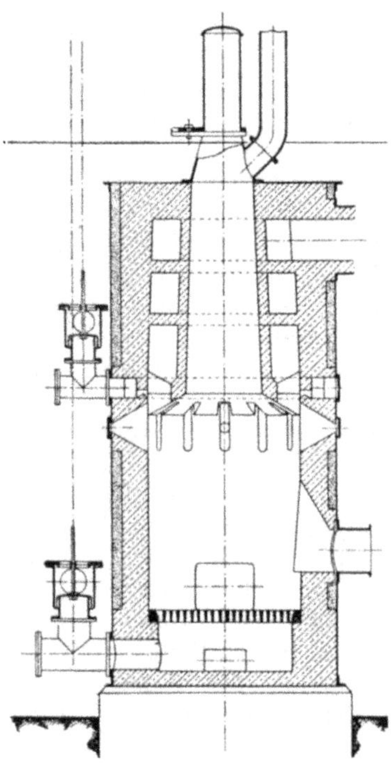

Abb. 81. Doppelgaserzeuger nach Prof. Strache.

Um die Entwicklung hat sich in erster Linie Prof. Strache, Wien, verdient gemacht. Schon im vorstehenden wurde sein erster auf die Vergasung von bituminöser Kohle hinzielender Gaserzeuger besprochen. Besonders ausgebildet hat er dieses Doppelgasverfahren durch die Patente 205252 (1906) und 305721 (1916). Das grundlegende erste Patent bedient sich eines Gaserzeugers, der zwei voneinander abgesetzte Teile zeigt[1]) (vgl. Abb. 81).

Der Brennstoff (Braunkohle, Steinkohle) wird oben in den engeren Teil des Generators, die Retorte, eingefüllt und gelangt im entgasten Zustande in den weiteren unteren Teil, wo er zu Wassergas verblasen wird. Während der Blaseperiode wird das gebildete Generatorgas durch Zusatz von Luft am unteren Ende der Retorte verbrannt, die Verbrennungsgase umspülen die Retorte und führen so die zur Entgasung erforderliche Wärmemenge dem Brennstoff durch die Retortenwand zu. Der Druck am Gasabgang der Retorte wird so eingestellt, daß kein Generatorgas durch sie gesaugt wird, was durch Beobachtung einer Probeflamme leicht feststellbar ist. Das während des Gasens durch die Brennstoffschicht der Retorte strömende heiße Wassergas unterstützt weiter durch seine fühlbare Wärme die Entgasung und strömt gemeinsam mit dem gebildeten Steinkohlengas zur Vorlage. Das Nachfüllen der Kohle erfolgt halbstündig. Die Wärme des Warmblase- und des Wassergases werden für die Entgasung der Kohle nutzbar gemacht und ihre Vergasung im Gegensatz zu der üblichen Steinkohlengasbereitung restlos durchgeführt.

Die anfänglichen Anlagen nach diesem Verfahren entsprachen nicht vollkommen. Nach und nach ist es jedoch gelungen, es so zu vervollkommnen und die notwendigen Erfahrungen zu sammeln, so daß heute wohl ein brauchbares Verfahren vorliegt. Während des Krieges sind 2 solche Anlagen in Graz und Brünn errichtet worden, welche günstige Ergebnisse zeitigten[2]). So betrug bei der Vergasung von oberschlesischer Kohle (Emmagrube) die Gasausbeute auf je 100 kg aschefreiem Brennstoff 151,8 cbm (0°, 760 mm, trocken) bei einem Heizwert des Gases von 3334 WE (2951 WE unterer Heizwert). Die Teerausbeute war 7,63 kg auf 100 kg Kohle. Bei den Proben in Brünn wurden im Mittel 162 cbm von 3340 WE Heizwert erzielt. Der Wirkungsgrad hätte demnach etwa 68% betragen. Der gute Ausfall der ersten Versuche hat die Stadt Graz veranlaßt, eine Anlage von 1000 cbm Stundenleistung für die Verarbeitung von steirischer Braunkohle zu errichten, welche auch tatsächlich in der Lage war, die Gasversorgung trotz der schlechten Kohlenzufuhr während des Winters 1918/1919 vor dem Erliegen zu bewahren, wobei zeitweise nur Doppelgas allein für die

[1]) Vgl. Schilling-Bunte, Handbuch der Gastechnik, Bd. 9, S. 159.

[2]) Vgl. Journ. f. Gasbel. 1920, S. 25 u. S. 230, wo eine neuere Bauart des Gaserzeugers angegeben ist, die sich mehr der üblichen Bauart für Urteergewinnung nähert.

Versorgung der Stadt zur Verfügung stand, welches sich sowohl bei den Gasglühlichtbrennern als auch bei den Heiz- und Kochapparaten nach entsprechender Einstellung der Luftzufuhr anstandslos verwenden ließ[1]).

Ein zweites, wesentlich später ausgebildetes Verfahren rührt von der Dellwik-Fleischer-Wassergasgesellschaft in Frankfurt a. M. her, welche es Trigasverfahren nennt[2]).

Es benutzt einen Schachtgenerator (vgl. Abb. 82), der sich aus zwei scharf voneinander getrennten Teilen, dem unteren Vergasungsraum und dem oberen schmäleren Entgasungsschacht zusammensetzt. Die Kohle wandert dem aufsteigenden Gasstrom entgegen durch den Entgasungsschacht nach unten, wobei sie allmählich mit immer heißeren Gasen in Berührung kommt, und gelangt in entgastem Zustande in den unteren Schachtraum, der einen eigenartig betriebenen Wassergaserzeuger darstellt. Das Heißblasen erfolgt nämlich im wesentlichen von der Trennungszone der beiden Schachträume aus, also an der Stelle, wo der gebildete Koks bereits mit hoher Temperatur in den Wassergaserzeuger gelangt. Der Wind durchstreicht die Kokssäule in Richtung nach unten. Zugleich aber erfolgt auch ein Heißblasen des Generatorunterteiles, also des bereits überwiegend aus Asche und Schlacke bestehenden Bodens der Brennstoffsäule, indem wechselweise über eine Feuerbrücke Wind quer durch den Wassergasschacht getrieben wird. Im Gegensatz zum oberen Windstrome wechselt also die Blaserichtung über die Feuerbrücke mit jeder Gasperiode. Nach dem Heißblasen wird von unten durch die ganze Höhe der Kokssäule Wasserdampf durchgetrieben, und zwar stets von der Seite aus, von der aus vorher auch der Unterwind eingeblasen wurde. Das hierbei gebildete Wassergas gelangt mit einer den oberen Koksschichten entsprechenden Temperatur in den Entgasungsschacht und aus diesem im Gemisch mit den Destillationsgasen über eine Teervorlage in die Gasleitung.

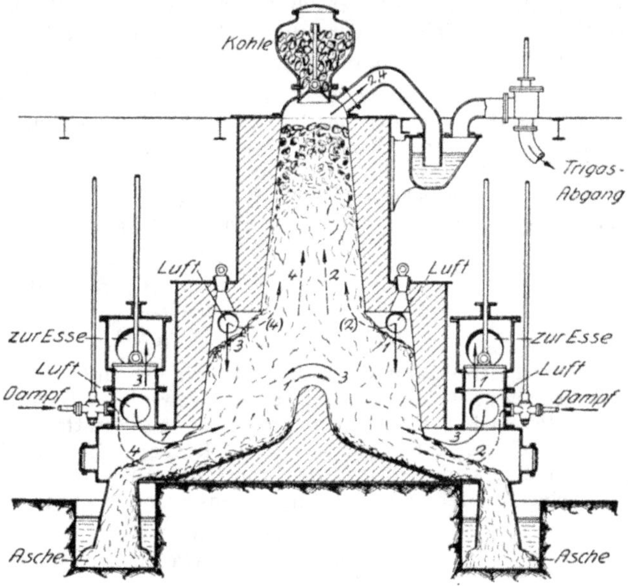

Abb. 82. Trigas-Generator der Dellwik-Fleischer-Wassergas-Gesellschaft.

Der Vergasungsprozeß spielt sich demnach in 4 Vorgängen ab, die in der Abbildung durch entsprechende Ziffersetzung zum Ausdruck gebracht sind.

Eine weitere Eigentümlichkeit des Trigasverfahrens besteht darin, daß bei Kohlen, die schwieriger zu entgasen sind, dem hochsteigenden Gasstrome während des Gasens in der Trennungszone weitere Wärme zugeführt wird. Es wird zu diesem Zwecke in der Trennungszone durch Einführung von Luft ein kleiner Teil des Wassergases verbrannt. Die hiermit verbundene geringe Verschlechterung des Gases bedeutet wenig gegenüber dem Vorteil der Nutzbarmachung derartiger Kohlen für die Vergasung unter gleichzeitiger Gewinnung der Nebenstoffe. Ist hinwiederum bei anderen Kohlenarten eine hohe Temperatur nicht erforderlich und zwecks Erhöhung der Ammoniakausbeute ein höherer Feuchtigkeitsgehalt des Gasstromes erwünscht, so wird in die Trennungszone noch Zusatzdampf eingeführt. Man hat es so in der Hand, nicht nur während des Heißblasens, sondern auch noch während des Gasens die für jeden Brennstoff günstigsten Bedingungen für die Entgasung und Vergasung zu schaffen.

Aus diesem Gesichtspunkt heraus ist auch die Wahl des Namens Trigas zu erklären. Das Gas ist im Grunde ein Gemisch von 3 Gasarten: 1. Wassergas, das im unteren Schachtteil gebildet wird, 2. Destillationsgas, welches das durchströmende Wassergas im Entgasungsschacht mitnimmt, und 3. gewöhnliches Generatorgas, welches durch Zublasen erzeugt wird, um die notwendige Wärme im oberen Schachtteil zu schaffen. Letzteres macht stets nur einen geringen Teil aus und kann in vielen Fällen in Fortfall kommen. Demgemäß wird sich dieses Trigas von dem Stracheschen Doppelgas kaum unterscheiden und für alle diese Gasarten ist daher die allgemeine Bezeichnung „Doppelgas" übernommen worden (vgl. S. 71).

Das Trigasverfahren unterscheidet sich demnach vom Stracheschen Doppelgasverfahren einmal durch die Art und Weise des Heißblasens und Gasens und anderseits durch den Fortfall der Außen-

---

[1]) Vgl. Mitteilungen des Instituts für Kohlenvergasung und Nebenproduktengewinnung. Wien 1919, S. 90.

[2]) Vgl. die Broschüre von E. Dolensky, Die restlose Auflösung der Kohle. Selbstverlag 1916.

beheizung des Entgasungsraumes. Mit Rücksicht auf die Erzielung eines gleichmäßigen Temperaturabfalls in den Entgasungsschichten erscheint die ausschließliche Innenbeheizung zweckmäßiger, weil möglicherweise bei der Außenbeheizung die Retortenwände auch an den oberen Stellen noch stärker erhitzt werden, als es für eine Gewinnung von Tieftemperaturteer dienlich ist. Dagegen dürfte die Wärmeausnutzung beim Trigasverfahren ungünstiger sein als beim Stracheschen Doppelgasverfahren; bei letzterem kann die Wärme der Heißblasegase für die Heizung der Retorte weitgehend ausgenutzt werden, während sie beim Trigasverfahren unmittelbar den Gaserzeuger verlassen. In beiden Fällen kann die Abwärme zur Dampferzeugung und Dampfüberhitzung dienen. Demgegenüber kann vielleicht eingewendet werden, daß das Heißblasen infolge Anwendung des Gegenstromes beim Trigasverfahren nicht so weit getrieben werden muß; dies aber doch nur deshalb, weil man den Ausweg einschlägt, während der Gasungszeit etwas Luft in die Trennzone einzuführen und so den Ausgleich im Wärmebedarf zu schaffen; dieses Mittel ist jedoch aus dem Grunde nicht empfehlenswert, weil die Güte des Gases immerhin vermindert wird. Es ist nicht abzustreiten, daß der Trigaserzeuger infolge seiner vielen Schaltungsmöglichkeiten eine große Anpassungsfähigkeit besitzt, dagegen ist die Führung des Doppelgaserzeugers einfacher und betriebssicherer. Es erscheint am wahrscheinlichsten, daß ersterer für gewisse Steinkohlen, letzterer für Braunkohlen und minderwertige Stoffe sich am vorteilhaftesten erweisen dürfte. Ein endgültiges Urteil kann aber erst abgegeben werden, wenn reichlichere Betriebserfahrungen vorliegen.

Der Trigaserzeuger wurde zuerst in einer kleinen Versuchsanlage in Wien[1]) erprobt. Diese Ergebnisse waren ermutigend genug, so daß zwei größere Anlagen in Deutschland entstanden. Über beide liegen bereits Berichte vor. Die Anlage auf Zeche Matthias Stinnes III/IV[2]) hat bei der Vergasung eines Gemisches von $^3/_4$ westfälischer Steinkohle mit $^1/_4$ rheinischer Rohbraunkohle bei einem durchschnittlichen Heizwert des Gemisches von 5710 WE eine Gasausbeute von 150 cbm je 100 kg Brennstoff ergeben bei einem oberen Heizwert des Gases zwischen 2800 bis 3000 WE. Die mittlere Gaszusammensetzung war:

13,3 % CO_2	5,5 % CH_4
0,3 % C_mH_n	51,5 % H_2
0,4 % O_2	5,1 % N_2.
23,9 % CO	

Aus dieser Gasanalyse berechnet sich der untere Heizwert des Gases zu 2570 WE. Demnach wäre der Wirkungsgrad der Vergasung 67,5 % gewesen, was zufriedenstellend erscheint. Die Vergasungsleistung der in diesem Fall mit je zwei Drehrosten ausgestatteten Gaserzeuger betrug 12 bis 15 t in 24 Std., soll aber auf 15 bis 20 t gebracht werden können. Bei der Verarbeitung von Steinkohle allein wurde ein Gas mit einem oberen Heizwert von 3785 WE erreicht. Die Teerausbeute betrug 5 bis 6 %, und dieser Teer zeigt eine sehr günstige Zusammensetzung, nämlich

Treib- und Spindelöle	26,7 %
hochviskose Schweröle	32,5 „
festes Paraffin	3,3 „
Harze	11,5 „
Pech	26,0 „

Wesentlich ungünstigere Ergebnisse zeigte die Erprobung der Trigasgeneratoren auf dem Gaswerk Frankfurt a. M.-Bockenheim[3]). Es wurde dort nur eine Gasausbeute von 111 cbm je 100 kg Kohle erzielt, bei einem Heizwert von 2840 WE. Der Wirkungsgrad betrug daher nur 46 %. Der Mißerfolg ist nach dem Bericht zunächst auf die erheblichen Gasverluste zurückzuführen; daneben fand man allerdings Schwierigkeiten durch Verschlackungen. Es traten somit die Schwierigkeiten wieder in den Vordergrund, welche der industriellen Einführung des Wassergases ebenso hinderlich entgegenstanden, denn die Gasverluste sind beim unterbrochenen Betrieb nie ganz zu vermeiden und werden um so fühlbarer werden, wenn es sich um ein heizkräftiges Gas wie beim Doppelgas handelt.

Für die Erzeugung des Doppelgases besäße daher ein ununterbrochener Betrieb, wie in den einleitenden Sätzen dargelegt, besondere Bedeutung. Diesem Gesichtspunkt hat anerkanntermaßen Besemfelder zuerst Rechnung getragen. Bereits in seinem ersten Patent, Nr. 115070 (von 1899) strebt er nicht nur eine ununterbrochene Vergasung, sondern auch eine solche bituminöser, nicht entgaster Brennstoffe an. Besemfelder hat auch bereits damals als erster[4]) darauf hingewiesen, daß

---

[1]) Vgl. die Schrift von Dolensky, a. a. O.

[2]) Vgl. Pott u. Dolensky, Journ. f. Gasbel. 1919, S. 261. Die Gasausbeute ist in der Veröffentlichung irrtümlich mit 180 cbm angegeben.

[3]) Vgl. Journ. f. Gasbel. 1920, S. 41.

[4]) Vgl. Journ. f. Gasbel. 1901, S. 664.

bei dieser schonenden Entgasung mittels Innenheizung ein vom üblichen Generatorteer abweichender, heller, hochwertiger Teer gewonnen werden könnte. Dieser Gesichtspunkt macht die Herstellung von Doppelgas in den verschiedenen Zonengaserzeugern, wie sie eben beschrieben wurden, für die Jetztzeit doppelt beachtenswert, besonders wenn es möglich sein sollte, neben hochwertigem Teer auch eine lohnende Menge von Ammoniak zu gewinnen. Nach dem Trigasverfahren soll dies möglich sein, die Versuchsberichte bringen hierfür aber keine Belege. Besonders Besemfelder verficht diese Möglichkeit bei der Herstellung seines „Leuwasgases" in seinen verschiedenen Kriegsaufsätzen[1]), nach den sachlichen Erwiderungen Trenklers[2]) erscheint es jedoch einleuchtend, daß bei diesem Verfahren nie eine gleichhohe Ausbeute wie beim Mond-Verfahren erzielt werden kann. Aber selbst bei niedrigeren Ausbeuten würde dies stets von wirtschaftlichem Vorteil sein, und es ist daher nur zu wünschen, daß die Aufgabe der Gewinnung von Doppelgas in ununterbrochen arbeitenden Gaserzeugern bald gelöst würde.

3. Betriebskontrolle und wärmetechnische Überprüfung der Gaserzeugung.

Es ist einleuchtend, daß bei der großen Anzahl der Verfahren und noch größeren Zahl von Bauarten eine sichere Anleitung für die Betriebskontrolle hier nicht gegeben werden kann. Es ist aber zweifellos sicher, daß der notwendigen Betriebskontrolle noch viel zu wenig Aufmerksamkeit geschenkt wird und dadurch eine ungeheure Brennstoffverschwendung an vielen Stellen verursacht ist. Es war daher eine dankenswerte Aufgabe, der sich die Stahlwerkskommission des Vereins deutscher Eisenhüttenleute im Jahre 1912 unterzog, in Zusammenarbeit mit Fachleuten Normen für Versuche an Gaserzeugern zusammenzustellen. Diese wurden 1914 veröffentlicht[3]), fanden aber bisher viel zu wenig Beachtung, weshalb einige der Hauptpunkte hier wiedergegeben seien.

Entsprechend dem großen Einfluß des Ausgangsbrennstoffs auf das erzeugte Gas ist auf die genaue Bestimmung der chemischen Zusammensetzung, des Heizwertes und der sonstigen Eigenschaften des Brennstoffes alle nur mögliche Sorgfalt zu verwenden und vor allem auch der Probenahme die notwendige Aufmerksamkeit zu schenken. Für den Betrieb des Gaserzeugers ist die Bildung des Aschenbettes von außerordentlichem Einfluß und das Verhalten des Brennstoffes daher auch nach dieser Richtung zu prüfen. Die Durchsatzzeit des Gaserzeugers hängt ebenfalls von der Art des Brennstoffes ab. Wenn durch die Untersuchung die Wirtschaftlichkeit eines Gaserzeugers nachgewiesen werden soll, so darf jedenfalls nach einstimmig geäußerter Ansicht die Versuchsdauer nicht unter 24 Std. betragen unter der Voraussetzung, daß bereits ein von dem gleichen Brennstoff herrührendes Aschenbett besteht und ein Beharrungszustand mit diesem Brennstoff eingetreten ist. Es wurde deshalb festgesetzt, daß der 24stündige Versuch frühestens nach regelmäßigem fünftägigem Betrieb mit dem gleichen Brennstoff vorgenommen werden soll. In den meisten Fällen wird es aber zweckmäßig sein, die Versuchsdauer noch über diese Mindestzeit hinaus fortzusetzen. Wie bei den Normen für die Untersuchung von Dampfkesseln, soll natürlich durch die Vorschrift einer Mindestzeit für die Versuchsdauer nicht die Vornahme von Versuchen kürzerer Dauer für besondere Zwecke vollständig unterbunden werden; nur dürfen solche Versuche dann nicht als vollwertig für Wirtschaftlichkeitsberechnungen herangezogen werden.

Die dann während des Versuchs festzustellenden Unterlagen beziehen sich auf stündliche Messungen der Luft-, Gas- und Kühlwassertemperaturen an den jeweils notwendigen Stellen, Druckablesungen der Vergasungsluft unter dem Rost und des Gases am Abzug und an sonst wichtigen Stellen vor Gebrauchsnahme, stündliche Gasanalyse und kalorimetrische Heizwertbestimmung, Messung der Brennstoff- und der Aschenhöhe im Gaserzeuger, Bestimmung der Kühlwassermenge. In 12stündlichen Ablesungen sollen die notwendigen ergänzenden Werte festgestellt werden, wie Dampfverbrauch, Dampferzeugung (Druck, Mengen und Temperaturen), Druckluftverbrauch, Kraftverbrauch, Barometerstand, dann genaue Gasanalyse (einschließlich der schweren Kohlenwasserstoffe), Bestimmung des Feuchtigkeits-, Teer-, Staub- und Ammoniakgehaltes des Gases und sonstige durch abweichende Bauarten bedingte Werte. Die allergrößte Aufmerksamkeit erfordert die Überwachung der Brennstoffschicht der Höhe und der Menge nach, da nur dann unter Hinzunahme der möglichst genau festzustellenden, gegichteten Brennstoffmengen und der ebenso festzustellenden und hinsichtlich ihres Feuchtigkeitsgehaltes untersuchten Aschenmengen die tatsächliche Durchsatz-

[1]) Chem. Ztg. 1915, S. 925; 1916, S. 701; 1917, S. 734.
[2]) Chem. Ztg. 1917, S. 625.
[3]) Stahl u. Eisen 1914, S. 6.

menge bestimmt werden kann. Die sonstigen notwendigen Bestimmungen zeigt die nachfolgende Anleitung:

Normen für Versuche an Gaserzeugern.

Aufgestellt vom Verein deutscher Eisenhüttenleute, 1914.

Ort des Versuchs . . . .

Zeit des Versuches, Jahr und Datum . . . .

Versuchsdauer . . . .

Mindestens 24 Std. nach regelmäßigem fünftägigem Betrieb mit gleichem Brennstoff. Ziel: Einschluß und Ausgleich aller Betriebsunregelmäßigkeiten.

Art des Gaserzeugers . . . .

Skizze des Gaserzeugers mit Anschluß unter Angabe der Hauptmaße; Erbauerin und Solleistung; Eintragung sämtlicher Meßstellen in die Skizze; Zahl der notwendigen Bedienungsmannschaft.

Brennstoff . . . .

Art und Herkunft, handelsübliche Bezeichnung (Angabe der Körnungsgrenzen); Analyse in % (C, Wasser, Asche, H, O, N, S); Bochumer Verkokungsprobe; unterer Heizwert nach Analyse WE/kg; unterer Heizwert nach Bombe WE/kg; Körnung des Brennstoffes in %.

Förderkohle %	Minderwertige Brennstoffe %
0—6 mm	0—0,5 mm
6—10 „	0,5—1 „
10—20 „	1—3 „
20—40 „	3—5 „
40—60 „	5—8 „
	8—12 „
	über 12 „

(Sorgfältige Probenahme selbstverständlich; entweder aus dem Stapel messen oder eine Probe von jeder Beschickung.)

Asche . . . .

Vollständige Analyse erwünscht, zum mindesten aber Bestimmung von brennbaren Rückständen, Feuchtigkeit, Angabe über Schmelzbarkeit (Probenahme wie bei Brennstoff).

Verbrauchsgas . . . .

Verwendungszweck; Durchschnittsanalyse CO_2, C_mH_n, CO, H_2, CO_2, Teer und Staub, Feuchtigkeit.

Temperatur: . . . . . . °C.

Druck: . . . . . . mm W.-S.

Unterer Heizwert . . . .

nach Analyse .... WE/cbm; nach kalorimetrischer Bestimmung .... WE/cbm; Gasmenge (15° C, 1 kg/cbm) je kg Brennstoff, aus Analyse berechnet ... cbm/kg.

Leistung . . . .

Durchsatz ... kg/Std.; Durchsatz ... kg/Std. und qm Schachtfläche; Gasmenge ... cbm/Std.

Kraftverbrauch in kW . . . .

Im laufenden Betrieb wird man sich naturgemäß einige der für Versuche geforderten Feststellungen ersparen können. Besonders hinsichtlich der stündlichen Ablesungen, die wenig Zeit erfordern, erscheint es aber sehr empfehlenswert, dieselben stets in vollem Umfang durchzuführen. Eine dafür eingerichtete Merktafel an der Generatorbühne oder sonst passendem Orte angebracht, unterliegt einer ständigen und leichten Kontrolle. Diese Zahlen werden dann schichtweise in ein Ablesungsbuch eingetragen. Die für Versuche alle 12 Std. geforderten Feststellungen sollten wenigstens jede Woche auch im normalen Betrieb vorgenommen werden. Allein die Tatsache einer geregelten Überwachung wird das Bedienungspersonal zur genauen Beobachtung veranlassen, selbst wenn die Kontrolle keine dauernde sein kann. Nur plötzliche und unregelmäßige Kontrolle und im übrigen dauernde Überwachung und gelegentliche Nachprüfung der stündlichen Ablesungen wird Ordnung in den Betrieb bringen.

Eine der wichtigsten Feststellungen ist die Gasanalyse. Diese ist die Grundlage aller anderen wärmetechnischen Berechnungen. Gerade hierin wird aber noch außerordentlich viel gesündigt. Jeder Fachmann und ein Blick in die vielen Veröffentlichungen von Betriebsergebnissen auf diesem Gebiet wird dies bezeugen. Es kann nicht Aufgabe dieses Buches sein, dieses Thema eingehend zu

Zahlentafel 102.

Gasanalyse bei unvollständiger oder vernachlässigter Absorption des Kohlenoxyds.

Ablesung	Vorgang, Bemerkungen und Berechnungen
a = 100,0	Volle Bürette. Angewandtes Gasvolumen; bei geringerem Volumen x sind alle Rechnungswerte mit $(100 : x)$ zu multiplizieren.
b = 96,5	Nach Absorption mit Kalilauge . . . . a — b = 100 — 96,5 = 3,5% CO_2
c = 96,3	„ „ „ Pyrogalluslösung . . . . . b — c = 96,5 — 96,3 = 0,2% O_2
d = 74,2	„ „ in ammoniakalischer Kupferchlorürlösung, ohne auf vollständige Absorption Wert zu legen. (Kann auch ganz entfallen, nur wird dann Fehler größer). c — d = 96,3 — 74,2 = 22,1% CO (Teil)
e = 35,0	„ Volumenveringerung durch Entweichenlassen. Zur Verbrennung angewandter Gasrest.
f = 99,0	„ Zulassen von Luft . . . . f — e = 99,0 — 35,0 = 64,0% Luft darin (79 : 100) (f — e) = 50,56% N
g = 88,3	„ Verbrennung bzw. Explosion . . . . f — g = 99,0 — 88,3 = 10,7 = k
h = 84,4	„ Absorption mit Kalilauge . . . . g — h = 88,3 — 84,4 = 3,9 = CO_2'
i = 77,3	„ „ „ Pyrogallulösung
	Ausrechnung: Rückbleibender Gasrest ist Stickstoff . . . . . . = 77,30 davon ab der mit Luft zugegebene . . . . . . = 50,56 Stickstoff aus dem Gasrest l = i — (79 : 100). (f — e) = 26,74% daher waren in denselben brennbare Gase m = e — l = 35,0 — 26,74 = 8,26 Für die 3 Bestandteile im Gasrest (CO, CH_4, H_2) gelten dann die Formeln: $H_2' = m - CO_2'$; $CO' = CO_2' + m - \frac{2}{3} \cdot [k + CO_2']$; $CH_4' = \frac{2}{3}\,[k + CO_2'] - m$ Die sich so ergebenden Beträge sind jedoch, weil nur ein Teil des Gases zur Verbrennung gelangte, mit dem Verhältnisfaktor (d : e) zu multiplizieren. Es ist: $H_2 = (d : e) \cdot (m - CO_2') = (74{,}2 : 35) \cdot (8{,}26 - 3{,}9) =$ = 9,2% H_2 $CO = (d : e) \cdot (CO_2' + m - \frac{2}{3}\,[k + CO_2'])$ $= (74{,}2 : 35) \cdot (3{,}9 + 8{,}26 - \frac{2}{3}\,[10{,}7 + 3{,}9])$ = 5,2% CO (Teil) $CH_4 = (d : e) \cdot (\frac{2}{3}\,[k + CO_2'] - m) = (74{,}2 : 35) \cdot (\frac{2}{3}\,[10{,}7 + 3{,}9] - 8{,}26)$ = 3,1% CH_4 Durch Addition der beiden Teilbeträge für CO erhält man schließlich 22,1 + 5,2 = 27,3% CO als Rechnungskontrolle bleibt: Stickstoff im Gesamtgas als Unterschied = 100 — (3,5 + 0,2 + 9,2 + 3,1 + 27,3) = 56,7 muß entsprechen (74,2 : 35) · 26,74 = = 56,7

Zahlentafel 103.

Vereinfachte Gasanalyse.

Ablesung	Vorgang, Bemerkungen und Berechnungen
a = 100,0	Volle Bürette. Angewandtes Gasvolumen. Soll genau 100,0 sein, um Umrechnungen durchaus zu vermeiden.
b = 96,5	Nach Absorption mit Kalilauge . . . . a — b = 100,0 — 96,5 = 3,5% CO_2
c = 96,3	„ „ „ Pyrogalluslösung . . . . b — c = 96,5 — 96,3 = 0,2% O_2
d = 128,4	„ Beifügung von Sauerstoff (rein). O_2' = . . . i = d — c = 128,4 — 96,3 = 32,1%
e = 94,7	„ Explosion; die eingetretene Kontraktion . . . k = d — e = 128,4 — 94,7 = 33,7%
f = 64,3	„ Absorption mit Kalilauge. CO_2' = ... l = e — f = 94,7 — 64,3 = 30,4%
g = 95,1	„ Beifügung von Wasserstoff-Überschuß (kann unrein sein)
h = 72,1	„ Explosion . . . . m = g — h = 95,1 — 72,1 = 23,0%
	Ausrechnung: $H_2 = k - i + \frac{1}{3}\,m = 33{,}7 - 32{,}1 + \frac{1}{3} \cdot 23{,}0 =$ . . . . = 9,3% H_2 $CH_4 = i - \frac{1}{3}\,(k + l + m) = 32{,}1 - \frac{1}{3}\,(33{,}7 + 30{,}4 + 23{,}0) = 32{,}1 - 29{,}0$. = 3,1% CH_4 $CO = \frac{1}{3}\,(4\,l + k + m) - i = \frac{1}{3}\,(4 \cdot 30{,}4 + 33{,}7 + 23{,}0) - 32{,}1 = 59{,}4 - 32{,}1$ = 27,3% CO NB. Bei einiger Übung und normaler Gaszusammensetzung wird man sowohl großen Sauerstoff-Überschuß wie auch großen Wasserstoff-Überschuß bei der zweiten Explosion vermeiden können.

behandeln; diesbezüglich muß auf einschlägige Fachbücher verwiesen werden. Der Hauptfehler liegt in der Regel darin, daß die unvollständige Absorption des CO zu falschen Bestimmungen führt, die nicht nur die Angabe des CO-Gehaltes, sondern auch die des CH_4 und H_2-Gehaltes beeinflussen. Es ist daher zweckmäßig, die vollständige Absorption des CO von vornherein zu vernachlässigen und die genauen Mengen des CO-Restes, von CH_4 und H_2 durch eine Bestimmung des verbrauchten Sauerstoffes zu ermöglichen. Es ergibt sich daraus das in der Zahlentafel 102 wiedergegebene Schema (nebst Beispiel). Es ist gegen dieses Verfahren einzuwenden, daß es viel Rechnerei erfordert; diesem Übelstand kann man abhelfen, wenn man das nächstfolgende Verfahren anwendet, welches darin besteht, eine Gasbürette mit etwa 130 ccm Fassung anzuwenden und den gesamten Gasrest zur Explosion mit Sauerstoff zu verwenden. Für dieses Analysenverfahren ist ein Schema in Zahlentafel 103 dargestellt. Durch entsprechende, leicht zu treffende Vorbereitung von Sauerstoff- und Wasserstoffvorräten im Laboratorium läßt sich dieses Verfahren so ausgestalten, daß es ohne lästige Umrechnungen in der kürzesten Zeit zu einem brauchbaren Ergebnis der Analyse führt.

Bei beiden Schemen ist die Bestimmung der schweren Kohlenwasserstoffe und ev. Schwefeldioxyd und Schwefelwasserstoff vernachlässigt. Sind diese Werte im Durchschnitt für eine bestimmte Kohlensorte einmal festgelegt, so braucht man die Ergebnisse der einfachen Analyse nur entsprechend durch Abzüge an der richtigen Stelle richtigzustellen.

Eine Berichtigung der Gasanalysen, wie sie beispielsweise von Hoffmann[1]) vorgeschlagen wurde, ist nicht notwendig, einerlei bei welcher Temperatur und welchem Barometerstand die Gasanalyse durchgeführt wurde, weil der Feuchtigkeitsgehalt der einzelnen Teilvolumina während der Gasanalyse prozentual immer gleich hoch bleibt, und sich die Gase mit dem Absperrwasser der Bürette stets wieder sättigen. Auf diesen Umstand hat Dr.-Ing. G. Schwarz, Oberingenieur der Wärmestelle Düsseldorf des Vereins deutscher Eisenhüttenleute, verwiesen[2]).

Dagegen ist eine Berichtigung der Volumina beispielsweise bei Mengenmessungen auch dann erforderlich, wenn es sich um ein gereinigtes Gas von niedriger Temperatur handelt, denn der Fehler, der sonst bei Aufstellung einer Stoff- und Wärmebilanz eintritt, kann bereits ein ziemlich erheblicher sein. In Zahlentafel 104 sind die prozentualen Berichtigungen der Volumina bei verschiedenen Temperaturen und Barometerständen gegeben, die für die Umrechnung solcher Meßergebnisse in Frage kommen. Bei höheren Temperaturen muß man insbesondere auf den hohen Feuchtigkeitsgehalt des Gases Rücksicht nehmen bzw. die Volumina nicht nur hinsichtlich der Temperatur, sondern auch hinsichtlich des Feuchtigkeitsgehaltes umrechnen.

Zahlentafel 104.

Berichtigungen (K) zur Gasanalyse für Wasserdampf bei einer Analysentemperatur von:

$t =$	10	15	16	17	18	19	20	21	22	23	24	25	30° C
b = 760 mm	1,21	1,68	1,78	1,90	2,02	2,15	2,29	2,43	2,59	2,75	2,92	3,10	4,15
750 „	1,22	1,70	1,80	1,92	2,05	2,18	2,32	2,47	2,62	2,78	2,96	3,14	4,21
740 „	1,24	1,72	1,83	1,95	2,08	2,21	2,35	2,50	2,66	2,82	3,00	3,18	4,26
730 „	1,26	1,74	1,85	1,98	2,11	2,24	2,38	2,53	2,69	2,86	3,04	3,23	4,32

Es ist auch verschiedentlich versucht worden, Grundlagen für eine Nachprüfung der Gasanalysen zu geben[3]). Möglichkeiten hierfür bestehen, und es wäre eine eingehende Behandlung dieser Frage jedem Feuerungstechniker zu empfehlen. Es ist jedoch nicht zu übersehen, daß die Schwierigkeit der Bestimmung des Entgasungsanteiles solche Nachprüfungen sehr erschwert, oft sogar unzulänglich macht. Das Sicherste bleibt immer eine verläßliche Gasanalyse[4]). Vielleicht veranlassen die vorstehenden Zeilen einmal eine Überprüfung der angewendeten Verfahren in der Praxis und damit eine Gesundung. Für den gewiegten Feuerungstechniker wird meist eine so umständliche Nachrechnung nicht notwendig sein. Wer seinen Betrieb kennt, wird meist aus dem CO_2-Gehalt allein bei Betrachtung des Generators und Zuhilfenahme der stündlichen Messungen wissen, was los ist. Aus diesem Grunde sind auch die bekannten Ados- (oder ähnliche)[5]) Gasprüfapparate (zur CO_2-Bestimmung) sehr zu empfehlen, aber auch diese erfordern eine öftere Nachprüfung, weil sonst die Bedienung immer einen Weg findet, die lästige selbsttätige Nachprüfung hinfällig zu machen.

[1]) Vgl. Hoffmann, Die Konstanten für Gewichte, Volumen und Heizwert bei feuerungstechnischen Rechnungen, F. Jg. III, S. 29ff.

[2]) Vgl. Archiv für Wärmewirtschaft 1923, Heft 2.

[3]) Vgl. Hoffmann, „Über die Beurteilung von Generatorgasanalysen auf Richtigkeit". Angew. Chemie, 29. I. 1916, S. 41. Reinitzer Otto, F. Jg. V (1917), S. 226. Wa. Ostwald, „Zur Theorie des Vergasungsvorganges", Chem.-Ztg. 1919, S. 229.

[4]) In dieser Beziehung wird vielleicht die Mikro-Gasanalyse große Unterstützung bringen wie sie besonders von Wa. Ostwald ausgebildet wurde; dieses Verfahren ergibt einen wirklich handlichen und leicht tragbaren Apparat in viel weiterem Sinne als bei den Orsat-Apparaten und ähnlichen; es erfordert keine Vorbereitungen und ist wirklich an Ort und Stelle durchführbar; da es zudem schneller ausführbar ist als eine übliche Analyse, so kann die Feststellung der jeweiligen Ergebnisse sofort nach Durchführung der Maßnahmen erfolgen (vgl. R. Dieterich, Analyse d. Kraftstoffe. Verl. der Mitteleurop. Motoren-W. 1920).

[5]) Z. B. die Debro-Apparate der bekannten Firma P. de Bruyn, Düsseldorf.

Die weiteren wärmetechnischen Berechnungen beziehen sich auf den Wirkungsgrad und die Verteilung der Verluste. Hierfür geben die erwähnten Normen das in Abb. 83 dargestellte Diagramm und die nachfolgenden Formeln.

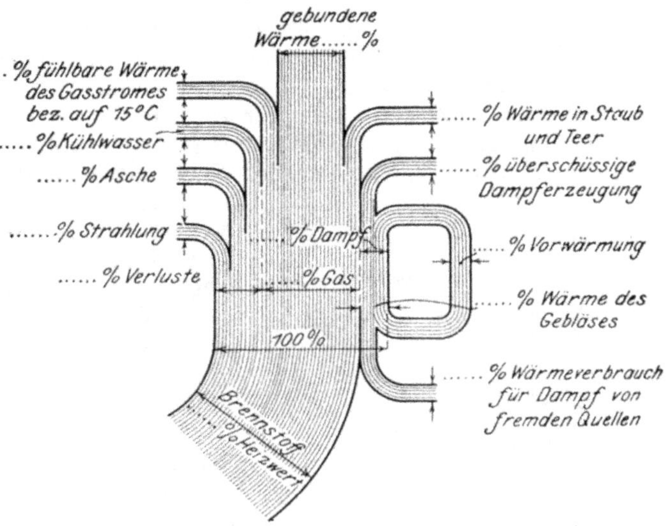

Abb. 83. Schema zur Berechnung des Wirkungsgrades nach den bisherigen Normen.

Formeln zur raschen Berechnung der wichtigsten Werte.

Es bedeutet:

C_1 = Kohlenstoffgehalt in 1 kg Brennstoff
C_2 = " " 1 " Brennstoffrückständen
A_1 = Aschengehalt " 1 " Brennstoff
A_2 = " " 1 " Brennstoffrückständen
C_g = Kohlenstoffgehalt in 1 cbm Gas (15° C, 1 kg/qcm) nach Durchschnittsanalyse
C_t = Kohlenstoffgehalt von dem in 1 cbm Gas (15° C, 1 kg/qcm) enthaltenen Teer und Staub
C_v = Kohlenstoffverlust durch die Brennstoffrückstände (bezogen auf 1 kg Brennstoff)
} in g,

WE_B = Heizwert von 1 kg Brennstoff in WE,
WE_G = " " 1 cbm Gas (15° C, 1 kg/qcm) in WE,
WE_D = Wärmemenge für den auf 1 cbm Gas (15° C, 1 kg/qcm) zuzuführenden Dampf in WE,
WE_d = Wärmemenge für den auf 1 cbm Gas (15° C, 1 kg/qcm) erzeugten Dampf in WE,
V_g = Gasausbeute aus 1 kg Brennstoff in cbm (15° C, 1 kg/qcm).

Dann ist:

1. $C_v = C_2 \frac{A_1}{A_2}$,
2. $C_g = 4{,}95\,(CO_2 + CO + CH_4)$ Klammerwert in Volumprozenten,
3. $WE_G = 28{,}0\,CO + 23{,}6\,H_2 + 78{,}8\,CH_4$,
4. $V_g = \frac{C_1 - C_v}{C_g + C_t}$,
5. Wärmetechnischer Wirkungsgrad, bezogen auf Reingas bei 15° C und 1 kg/qcm,

$$= 100 \frac{V_g \cdot (WE_G + WE_d)}{WE_B + V_g \cdot WE_D}.$$

So sehr das bahnbrechende Vorgehen des Vereins deutscher Eisenhüttenleute gerühmt werden muß, und die aufgestellten Normen im allgemeinen durchaus den zu verlangenden entsprechen, so sol dies nicht verhindern, einige schwache und verbesserungsfähige Punkte zu erwähnen. Die Bestimmung des Heizwertes und der Gasmenge, bezogen auf 15° C und 1 kg/qcm als Normalzustand, steht, wie bereits Fritz Hoffmann in der erwähnten Arbeit hervorhob, nicht im Einklang mit der berechtigten Forderung der Physiker auf Beibehaltung des alten Normalzustandes von 0° und 760 mm. Die Wahl des neuen Normalzustandes bringt keinen sachlichen Vorteil und auch kaum einen praktischen, da bei den analytischen Untersuchungen stets abweichende Zustände herrschen werden und Umrechnungen notwendig sind. Nachdem der Verein der Gas- und Wasserfachmänner auf Anregung von Geheimrat Bunte diesen Normalzustand, 15°, 1 kg/qcm, der früher angewendet war, aufgegeben hat und den alten Normalzustand 0°, 760 mm, als den für wärmetechnische Berechnungen bindenden wählte, wäre es wohl zweckmäßig, der Anregung Hoffmanns zu folgen und den alten Normalzustand wieder herzustellen. Für die dann in Frage kommenden Rechnungswerte gibt Hoffmann umfangreiche und ausgezeichnete Unterlagen, und es wäre sehr zu begrüßen, wenn die für diese Fragen in Betracht kommenden Stellen im Zusammenwirken mit Fachleuten diese Unterlagen einmal kritisch überprüften, dann aber als Grundlagen für Normen allgemein anerkennen und einführen würden.

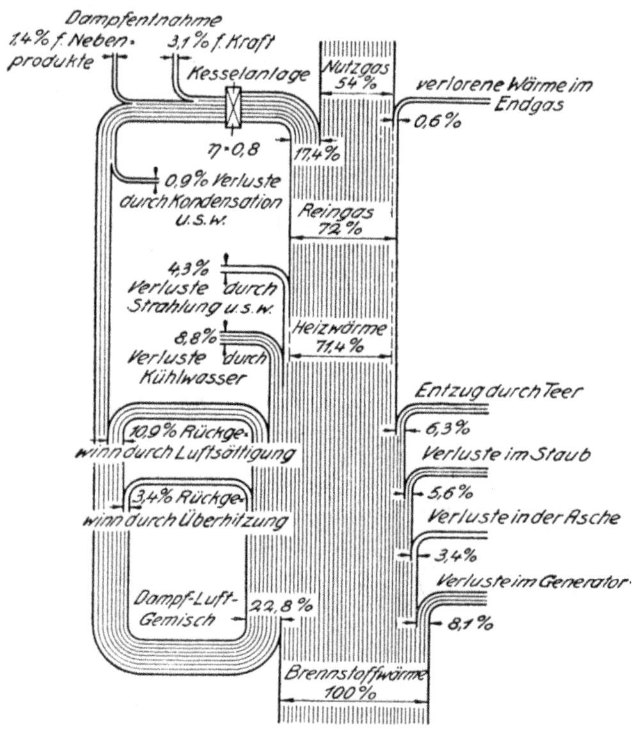

Abb. 84. Schema zur Berechnung des Wirkungsgrades nach Trenkler.

Ein anderer Einwand betrifft die Berechnung des Wirkungsgrades. Es erscheint anfechtbar, den höchsten Wärmeumsatz mit 100% einzuführen. Wärmediagramme in ganz gleicher Aufmachung kommen nicht nur für die verschiedensten Vergasungsverfahren, sondern für alle Verbrennungs- und Umwandlungsvorgänge von Brennstoffen in Betracht. Es ist daher zu fordern, daß grundsätzlich die Brennstoffwärme mit 100% eingesetzt wird. Gerade die heute wichtigen Umwandlungsverfahren, welche auf Gewinnung irgendwelcher Nebenstoffe hinzielen, benötigen oft erhebliche Wärmemengen, welche von außen zuzuführen sind, ohne daß entsprechende Wärmeäquivalente für das entstehende Erzeugnis ohne weiteres eingesetzt werden können. Anderseits soll aber die Wärmebilanz die wirklichen Verluste zeigen, die die Vergasungsstoffe betreffen; sie müssen aber dabei auf diese (als 100%) bezogen werden. Wenn wir z. B. das von Trenkler[1]) dargestellte Wärmediagramm des Mondgasprozesses (Abb. 84) nach dem oben Gesagten betrachten, so zeigt sich, daß bei Anwendung der Normen das Maximum von 100 + 22,8 = 122,8 als 100 einzuführen wäre. Alle Verluste würden dadurch prozentual wesentlich verkleinert werden, z. B.

Verluste im Generator	6,6	statt	richtig	8,1
„ in der Asche	2,8	„	„	3,4
„ im Staub	4,5	„	„	5,6
„ im Teer	5,1	„	„	6,3
„ durch Kühlwasser	7,1	„	„	8,8
„ durch Strahlung	3,5	„	„	4,3
zusammen	29,6	statt	richtig	36,5.

Es erscheint nun zwar widersinnig, daß bei 36,5% Verlusten die Wärme im Gas 72 Teile beträgt. Wenn man aber weiter den Weg wählt, die für die Erzeugung der in irgendwelcher Form sonst zugeführten Wärme so umzurechnen, als wäre sie mittels eines Teiles des gebildeten Gases erzeugt

[1]) J. V. d. I. 1918, S. 80.

unter Einführung praktischer Wirkungsgradziffern), so zeigt sich im Endergebnis als Nutzgas oder seine fühlbare Wärme wieder der praktisch in Frage kommende Betrag.

Dadurch kann aber den tatsächlichen Verhältnissen viel einwandfreier Rechnung getragen werden, als wenn man nur den in die Umsetzung eintretenden Wärmeinhalt in das Diagramm einführt.

Einige weitere Punkte wären noch, auch den Druck des Gases zu berücksichtigen, ebenso wie man ja dem Kraftbedarf des Gebläses nach Vorstehendem in Rechnung setzen muß, und bei der Berechnung von C_g und WE_G die schweren Kohlenwasserstoffe zu berücksichtigen, schließlich auch die notwendigen Berichtigungen für den Verbleib des Schwefels zu beachten[1]).

Jedenfalls wäre eine allgemeine Anwendung solcher Normen im Hinblick auf die allgemeine Wichtigkeit, welche heute die Brennstoffe im Wirtschaftsleben aller Völker einnehmen, außerordentlich zu begrüßen.

VIII. Extraktion und Verflüssigung.

Gegenüber den Verfahren der Wärmebehandlung, die nur teilweise chemische Umsetzungen der Brennstoffe hervorrufen, und der Natur der Sache nach nur bestimmte Endstoffe geben können, zielen die rein chemischen Verfahren darauf hin, aus der Kohle solche Wertstoffe zu gewinnen, die für die chemische Großindustrie als Ausgangsstoffe wertvoll sind.

Während die Extraktion die Herauslösung bestimmter Bestandteile anstrebt, trachtet man auf dem zweiten Weg darnach, flüssige Endstoffe zu erhalten. Naturgemäß sind dies nur zwei der vielen Wege, die auf diesem Gebiet möglich sind; nach und nach erfahren auch andere eine immer wichtigere Rolle, wie z. B. die Löslichmachung der Brennstoffe durch Ozonisierung und ähnliche.

Die Extraktion der Kohle bezweckt, die in den Brennstoffen vorgebildeten Stoffe flüssiger Natur oder auch bestimmte Bestandteile fester Natur durch Lösungsmittel auszuziehen. Voraussetzung hierfür ist, daß die Bestandteile unverändert in Lösung gehen. Nun gibt es nur sehr wenige Lösungsmittel, welche hierfür in Frage kommen. Denn gerade diejenigen Lösungsmittel, die keinerlei chemische Einwirkung aufweisen, wirken sehr wenig, so daß dieses Gebiet eigentlich bisher lediglich als Versuchs- und Forschungsgebiet zu betrachten war. Pictet in Genf war der erste, dem es gelang, bei der Extraktion mit Benzol Öl aus der Kohle auszuziehen. Die Ausbeute an Extrakt war jedoch außerordentlich gering, 0,1%. In den letzten Jahren gelang es, die Extraktion mit Benzol bei erhöhten Temperaturen (etwa 270° C, der kritischen Temperatur des Benzols) derart zu betreiben, daß Ausbeuten von 6,5% erzielt wurden. Bei der Weiterbehandlung des Extraktes erhielt man etwa 1% vom Gewicht der Kohle als dickflüssiges, beständiges goldrotes Öl, welches dem Erdöl sehr verwandt ist. Der Rest des Extraktes ist ein fester, kakaofarbener Körper mit 160° Schmelzpunkt, der scheinbar noch nicht weiter untersucht wurde. Bezüglich dieser Versuche und auch weiterer noch zu erwähnender soll auf die Arbeiten von Geheimrat Prof. Fischer[2]) verwiesen werden.

Als wesentlich bessere Extraktionsmittel können Basen, wie Pyridin, oder saure Stoffe wie Phenol, bezeichnet werden. Bei allen diesen Mitteln liegen jedoch zugleich chemische Einwirkungen vor, weshalb die dahingehenden Versuche nicht als Extraktionsversuche, sondern als Verflüssigungsversuche anzusehen sind.

Auch die Extraktion mit Benzin, Essigäther und Äthylalkohol wurde versucht; während ersteres nur das Öl aus der Kohle löst, nähern sich die letztgenannten Extraktionsmittel in ihrer Wirkung immer mehr dem Benzol, indem neben den Ölen auch harzartige Produkte in Lösung gebracht werden.

Wesentlich größere Bedeutung als bei der Steinkohle besitzt die Extraktion bei der Braunkohle. Sie wird technisch bereits seit langem im großen Maßstab betrieben. Man erhält dabei nicht Öl, sondern Montanwachs als Extrakt, welches ja bekanntlich in den Braunkohlen, besonders der mitteldeutschen, vorgebildet enthalten ist. Die Ausbeute steigt bis über 10%, beträgt aber stets nur einen Teil des Gesamtbitumengehaltes.

Das Montanwachs ist in der Hauptsache der Extrakt einer hochmolekularen Fettsäure mit einem hochmolekularen Alkohol, enthält aber noch etwas freie Fettsäure und je nach der Herkunft kleinere oder größere Mengen harzartiger Bestandteile (Fischer). Die Fettsäure wurde von anderen Forschern als Geozerinsäure ($C_{29}H_{58}O_2$) erkannt.

Fischer und Schneider haben nun in eingehenden Versuchen gefunden, daß die bei der üblichen Extraktion erhaltenen Mengen ganz beträchtlich gesteigert werden können, wenn man nicht bei der

[1]) Vgl. Hoffmann, F. Jg. IV. S. 101.

[2]) Abhandlungen zur Kenntnis der Kohle I, II, III. Verlag Borngräber, Berlin 1917, 1918, 1919.

Temperatur des Siedepunktes des Lösungsmittels arbeitet, sondern die Extraktionen in geschlossenen Gefäßen bei wesentlich höherem Druck vor sich gehen läßt. Es wurde bei einer Temperatur von 250° und 50 bis 60 at Druck etwa die doppelte Menge Extrakt gewonnen wie bei der Extraktion im Soxleth, und es folgt daraus, daß, wie bereits die früheren Feststellungen von Graefe[1]) vermuten ließen, in der Braunkohle etwa doppelt so viel rohes Montanwachs enthalten ist, als bei der üblichen Weise extrahiert werden kann. Dieses zurückbleibende Montanwachs liefert dann beim Verschwelen zusammen mit anderen Bestandteilen der Kohle Teer, und daraus erklärt sich auch die Brikettierfähigkeit extrahierter Kohle.

Die gleichen Forscher fanden auch, daß bei der vorhergehenden Erwärmung auf 250° ein Teil des sonst nicht löslichen Bitumens benzollöslich gemacht wird, also auch dadurch die Ausbeute gesteigert werden kann. Weiter zeigt es sich, daß der Wassergehalt der Kohle einen sehr günstigen Einfluß auf die Extraktionsausbeuten ausübt, indem bei 105° vorgetrocknete Kohle weniger Extrakt gab als die rohe Kohle oder als die getrocknete unter Zugabe von Wasser. Dabei ist die größere Ausbeute an Druckextrakt nicht auf einen größeren Wasser-, Aschen- oder Huminsäuregehalt zurückzuführen.

Von Prof. Fischer und seinen Mitarbeitern ist nun neuerdings versucht worden, an Stelle des Benzols andere Lösungsmittel zu verwenden; dabei hat sich gezeigt, daß besonders flüssige schwefelige Säure sehr geeignet ist. Die Versuche ergaben ein gleiches oder sehr ähnliches Öl wie die Extraktionsversuche mit Benzol; auch die Ausbeuten sind annähernd die gleichen. Es ist jedoch zu beachten, daß die flüssige schweflige Säure mit einer gewissen Auswahl extrahiert, da bei den Steinkohlen lediglich die dickflüssigen, fetten Öle und bei Braunkohle nur ausgesprochene Harze im Extrakt gefunden wurden. Die flüssige schweflige Säure, welche in normalen Zeiten wahrscheinlich billig zu beschaffen sein dürfte, macht es sehr leicht möglich, daß diese Arbeitsweise und damit das ganze Gebiet der Extraktion in Zukunft Bedeutung erlangen kann. Ob die Anwendungsmöglichkeit von Bedeutung bleiben wird, hängt davon ab, wie sich die praktischen Erfahrungen auf dem Gebiete der Verflüssigung der Kohle stellen; denn gegenüber dem letzteren Verfahren hätte die Extraktion nicht nur den Nachteil geringerer Ausbeuten, da sie auf die vorgebildeten Stoffe angewiesen ist. Ferner bringt die Extraktion stets eine Anreicherung der Asche und der sonstigen Verunreinigungen in den Brennstoffen mit sich. Allerdings erscheint es sehr leicht möglich, daß die Extraktion gerade in Verbindung mit der Vergasung eine besondere Bedeutung erlangen kann, wenn es gelingt, die wertvollen Bestandteile dadurch auf eine billige Weise aus der Kohle vorher abzuscheiden, bevor man die Brennstoffe als Feuerungsmittel verwendet.

Bei der Verflüssigung der Brennstoffe kommen als Endstoffe Öle in Frage, und zwar sowohl solche, die als Heizmittel, oder als Treibmittel für Motoren dienen sollen, als auch hochwertige viskose Schmiermittel. Die Bestandteile des Öles, vornehmlich Kohlenstoff, Wasserstoff und Sauerstoff, sind nämlich in der Kohle vorhanden, nur in anderen Mengenverhältnissen, und die rechnungsmäßige Überlegung ergibt, daß die Kohle nicht nur einen Überschuß an Sauerstoff, sondern auch an Kohlenstoff aufweist. Demgemäß können wir bei den Verflüssigungsversuchen in der Hauptsache zwei Wege unterscheiden: einen solchen, der auf die Abspaltung überschüssigen Kohlenstoffes hinzielt, und einen solchen, der mit der Angliederung des fehlenden Wasserstoffes rechnet. Das erstere Verfahren hat Ähnlichkeit mit dem Destillationsverfahren und wird bekanntlich auch als Druckdestillation, ähnlich dem sog. „Krack"-Verfahren in der Schwelteerindustrie durchgeführt. Ein besonders ausgebildetes Verfahren, welchem auch großes Interesse in der Großindustrie entgegengebracht wird, ist das von Walter-Graefe'sche Verfahren.

Dieser Arbeitsweg besitzt besondere Bedeutung hinsichtlich der Gewinnung von Benzin aus den Teeren, insbesondere demjenigen der Braunkohle. Diese Zersetzungsdestillation kann auf zwei Wegen ausgeführt werden: 1. Zersetzung durch langsame Destillation, wobei die Zersetzungstemperatur nicht höher als die Siedetemperatur liegt; 2. Spaltung durch Überhitzung, wobei die Zersetzung bei Temperaturen verläuft, die höher liegen als die Siedetemperatur des angewandten Ausgangstoffes. Je höher nun bei diesen Spaltungsreaktionen die Temperatur ist, um so rascher und energischer erfolgt die Spaltung; je niedriger die Temperaturen liegen, um so mehr Zeit muß aufgewendet werden, um die Spaltung bis zu dem gleichen Grade durchzuführen. Jedenfalls gelingt es, auf diesen verschiedenen Wegen etwa 20 bis 24% bis 150° siedende Benzine aus dem Braunkohlenteer neugebildet zu gewinnen, was ein sehr beachtliches Ergebnis ist. Ob die pyrogene Zersetzung von Braunkohlenteeren zum Zwecke der Gewinnung niedrig siedender, als Benzine verwendbarer Kohlenwasserstoffe

[1]) Braunkohle, IV., S. 383.

technische Bedeutung erlangen wird, ist eine Frage der Wirtschaftlichkeit des technischen Verfahrens und der Brauchbarkeit der gewonnenen Stoffe. Nachteile haben diese sicherlich gegenüber den Petroleumbenzinen; das sind einmal der nicht ganz zu beseitigende scharfe Geruch und dann die reichliche Menge an ungesättigten Verbindungen. Diese Eigenschaft jedoch, die vielleicht heute vom Standpunkt der Benzingewinnung aus einen Nachteil bildet, nämlich das reichliche Vorhandensein ungesättigter Verbindungen, gerade das kann möglicherweise eines Tages von großer praktischer Bedeutung werden, indem diese Destillate als Ausgangsstoffe für das Hydrierungsverfahren dienen könnten.

Während dieses Spaltungsverfahren wohl stets auf flüssige Ausgangsstoffe angewiesen sein dürfte, verspricht der andere Weg, die Angliederung von Wasserstoff, die Möglichkeit einer vollständigen Verflüssigung der Brennstoffe, wenngleich diese Aufgabe noch nicht gelöst erscheint.

Auch auf diesem Gebiet der Hydrierung liegen bereits ältere Versuche, insbesondere von Berthelot aus dem Jahre 1869, vor, und zwar wurden die Versuche mit Jodwasserstoffsäure durchgeführt. Es entstand bei einer Einwirkungstemperatur von 280° innerhalb 20 Std. sowohl aus Cellulose als aus Braunkohle und Steinkohle ein dem Rohpetroleum ähnliches Öl. Andere Versuche ergaben zwar keine Verflüssigung, aber eine Überführung der Kohle in eine wasserlösliche Form. Die Ausbeuten wurden um so größer, je jünger die Kohle war, und sie betrug bei Anthrazit etwa 12%, bei Gasflammkohle etwa 80%. Neuere Versuche von Dr. Keller mit einer Destillation unter hohem Wasserstoffdruck ergab z. B. eine Steigerung der Teerausbeute von 4 bis 20%. Einen ähnlichen Weg verfolgt das Verfahren von Bergius, welcher durch Reaktion von Wasserstoff auf Kohle unter hohem Druck und erhöhter Temperatur flüssige oder wenigstens lösliche Verbindungen herstellen will. Es soll bereits gelungen sein, die Kohle bis zu 85%, d. h. praktisch vollkommen überzuführen, und daher erscheint dieses Verfahren außerordentlich wichtig und zukunftsreich, sofern die praktische Durchführung im Großbetrieb wirtschaftlich sein sollte. Auf diesem Wege würde es möglich sein, vielleicht gerade aus den minderwertigen Sorten von Brennstoffen hochwertige Brennöle zu erzeugen. Bisher scheint allerdings die Anwendbarkeit dieses Bergin-Verfahrens nur für Teer und Teerprodukte als Ausgangsstoff erprobt zu sein, während die Anlagerung der Wasserstoffe an die rohen Brennstoffe nur schwierig und unter Aufwendung erhöhter Betriebskosten möglich ist. Damit wäre fürs erste eine gewisse Beschränkung des Anwendungsgebietes gegeben, doch wird die Synthese mit Wasserstoff stets höhere Ausbeuten bringen als die Druckdestillation, wodurch sie letzterem Verfahren technisch überlegen ist, wenn die Kosten nicht übermäßig sein werden. Auch steht zweifellos zu erwarten, daß die Fortbildung des Syntheseverfahrens nach und nach die Heranziehung von Rohstoffen allerverschiedenster Beschaffenheit gestatten wird, insbesondere auch von Rohkohlen. Aber selbst wenn dies vorerst nicht der Fall sein sollte, so besitzt die Synthese große Bedeutung im Hinblick auf die Nutzbarmachung einer größeren Teererzeugung, die aus anderen Gründen zu erwarten und anzustreben ist, und insbesondere für die Aufarbeitung der Pechrückstände der Teerdestillation, die bisher ziemlich schlecht verwertbar waren und sogar teilweise ausgeführt werden mußten.

In dieser Beziehung fand die Hydrierung von Naphthalin besondere Aufmerksamkeit. Die Gesamterzeugung davon betrug in Deutschland in den letzten Jahren jährlich annähernd 80000 t. Der größte Teil davon wurde verfeuert. Der Preis des Naphthalins ist so niedrig, daß es lohnend erscheint, das Naphthalin in flüssige Kohlenwasserstoffe umzuwandeln.

Die Hydrierung auf Dihydronaphthalin und Tetrahydronaphthalin geht unter der Einwirkung geeigneter Katalysatoren leicht vor sich. Wie bei allen katalytischen Verfahren ist seine Brauchbarkeit von der Beständigkeit des Katalysators abhängig. Ein jedoch bereits seit mehreren Jahren im Großbetrieb ausgeführtes Verfahren der Tetralin-Gesellschaft m. b. H., dürfte wohl der beste Beweis dafür sein, daß es gangbar und wirtschaftlich ist. Fischer hat neuerdings ein älteres Verfahren unter Vermeidung von Katalysatoren bei Zusatz von Aluminiumchlorid unter Druck (Friedel und J. M. Crafts) erprobt. Auch dieser Weg dürfte sich gangbar erweisen, wie ja bekanntlich das Aluminiumchlorid auch bei der Zersetzung des Toluols zu Benzol (neben Toluol und Xylol) als Wasserstoffträger auftritt.

Neben dem Hydrierungsverfahren zur Verflüssigung der Brennstoffe erlangt in letzter Zeit auch die Löslichmachung durch die Angliederung von Ozon mehr und mehr Bedeutung.

Auch diesbezüglich wäre auf die Versuche im Gesamtwerke von Prof. Fischer zu verweisen. Es ist praktisch eine nahezu zahlenmäßig völlige Überführung der Kohle in wasserlösliche Stoffe möglich, der erhaltene Rohstoff ist nicht eingehend untersucht, weist aber eine große Ähnlichkeit mit Karamel auf, was insofern beachtenswert ist, als ja auch Zellulose in Zucker bzw. Karamel übergeführt werden kann.

Es ist nach Fischer nicht ausgeschlossen, daß die Hauptmenge eine Säure ist, entstanden durch primäre Bildung von Ozoniden, die nachträglich durch Wasser zersetzt wurden. Nach den Forschungen von Harries und seinen Mitarbeitern (Kiel), der sich diesem Arbeitsgebiet besonders widmete, gelingt es, bei der Ozonisierung unter Einhaltung bestimmter Wege freie Fettsäuren aus den Teeren zu bilden. Dadurch eröffnet sich ein ganz neues und weites Arbeitsgebiet. Abgesehen von der Herstellung technischer Fette würde es so möglich sein, Rohstoffe für die Seifenfabrikation zu gewinnen, was nach den letzten Mitteilungen als sicher zu betrachten ist. Es ergibt sich aber unter Ausnutzung aller der mannigfaltigen chemischen Verfahren die auf diesem Gebiete bereits gewonnen wurden, auch die Aussicht, vielleicht Speisefette in brauchbarer Beschaffenheit herzustellen.

So sind möglicherweise die Brennstoffe bestimmt, auch für ganz andere, weit abliegende Gebiete als Wertstoffe zu dienen; die Gewinnung der Teere bei der Verarbeitung der Brennstoffe ist daher von unabsehbarer Bedeutung und eine unbedingte Forderung, solange es nicht möglich ist, die rohen Brennstoffe unmittelbar durch geeignete Verfahren diesen neuen Wegen nutzbar zu machen. Diese bereits ausgesprochene Forderung möge daher auch an dieser Stelle auf das dringendste wiederholt werden.

IX. Gewinnung der Nebenerzeugnisse bei der Herstellung von Gasen.

1. Die Nebenerzeugnisse der Kokereien und Gasanstalten.

Allgemeines.

Wir haben gesehen, wie die Kokerei und die Gasindustrie dem allgemeinen Bestreben nach wirtschaftlicher Ausgestaltung der Arbeitsverfahren gefolgt sind, und wollen in nachstehendem untersuchen, welche Fortschritte die Gewinnung der Nebenstoffe, deren hoher Einfluß auf die Wirtschaftlichkeit der Kokereien und Gasanstalten schon mehrmals gestreift wurde, durch den Ausbau und die Verbesserung der Verfahren und Einrichtungen gemacht hat.

Von den deutschen Steinkohlenteerdestillationen wurden im Jahre 1912 verarbeitet:

	1912 Menge in t	Wert in 1000 M	1913 Menge in t	Wert in 1000 M
A. Teer[1]	1 150 298	29 382	1 500 000	45 300
Davon entfallen auf:				
a) Kokereiteer einschließlich Dickteer, Teerverdickungen usw.	900 352	21 737	1 100 000	
und zwar:				
1. aus eigenen inländischen Kokereien	402 494	9 442		
2. aus anderen inländischen Kokereien	497 858	12 295		
b) Steinkohlengasteer (Gasanstaltsteer) einschließlich Dickteer, Teerverdickungen usw.	239 033	7 265	400 000	
und zwar:				
1. inländischer Herkunft	226 604	6 916		
2. ausländischer Herkunft	12 429	349		
c) Wassergasteer inländischer Herkunft	1 537	55	16 000 (c und d)	
d) Ölgasteer inländischer und ausländischer Herkunft	9 376	325		
B. Halbfabrikate der Teerdestillation usw., von anderwärts bezogen	78 561	5 680		
Davon entfallen auf:				
a) Rohbenzole	16 499	1 694		
und zwar:				
aus Kokereien (aus Kokereigasen), lediglich inländischer Herkunft	16 254	1 675		
aus Ölgasanstalten (sog. Kohlenwasserstoff) inländischer Herkunft	245	19		
b) leichte Teeröle (Rohbenzole aus Teeren usw.) inländischer und ausländischer Herkunft	4 890	313		
c) schwere Teeröle (einschließlich Karbol-, Kreosot-, Schweröle, Rohanthrazenöle usw.), und zwar lediglich inländischer Herkunft	28 765	1 120		
d) Rohnaphthalin, Rohanthrazen und sonstige sog. Rückstände inländischer und ausländischer Herkunft	17 414	667		
e) Rohphenole in- und ausländischer Herkunft	4 120	1 657		
f) Sonstige Teerprodukte	6 968	229		

[1] Die Teererzeugung innerhalb der „Deutschen Teerprodukten-Vereinigung" hat 1913 betragen 1 118 368 t. Die außerhalb der Vereinigung erzeugten Mengen stehen nicht genau fest. Nach wahrscheinlichen Schätzungen betrugen sie einschließlich des Teeres sämtlicher Gasanstalten, auch des roh verbrauchten Teeres, 350 000 t. Die deutsche Teerölerzeugung wird 1919 auf rd. 450 000 t geschätzt.

	1912 Menge in t	Wert in 1000 M
C. Gaswasser (Ammoniakwasser, auch konzentriert), von anderwärts bezogen, umgerechnet auf Ammoniak, inländischer und ausländischer Herkunft	648	412
Erzeugung im Jahre 1912:		
A. Teerpech (einschließlich Weichpech usw.)	572 369	20 231
B. präparierter Teer, destillierter Teer	116 034	4 832
C. schwere Steinkohlenteeröle (einschließlich Karbol-, Kreosot-, Naphthalinöle usw.)	362 340	15 432
D. Naphthalin, und zwar:		
a) Rohnaphthalin	30 329	1 397
b) Reinnaphthalin	21 837	2 011
E. Anthrazen, roh, gereinigt und rein, umgerechnet auf Reinanthrazen	3 838	939
F. Phenole, Kresole, und zwar:		
a) Phenol (kristallisierte Karbolsäure)	2 857	2 911
b) Kresole (sog. 90 oder 95 oder 100% Karbolsäure)	3 376	1 195
c) Rohphenole, zum Absatz bestimmt	482	150
G. Benzol, roh, gereinigt und rein	17 782	1 578
H. Toluol, roh, gereinigt und rein	1 816	343
I. Xylol, Lösungsbenzol (Solventnaphtha, Schwerbenzole), roh und gereinigt	4 910	740
K. andere Erzeugnisse der Teer-, Teeröl- und Benzolverarbeitung	5 445	493

	Menge t	Ammoniakgehalt t	Durchschnittsgehalt an Ammoniak %	Wert 1000 M.
L. Ammoniakwasser	14 306	246	1,7	113
M. schwefelsaures Ammoniak und Salmiak	2 676	668	25,0	702
N. Salmiakgeist	702	164	23,4	204

Im Jahre 1913 waren im Deutschen Reich insgesamt 22818 Koksöfen mit Gewinnung von Nebenerzeugnissen vorhanden und nur 2704 ohne solche.

Über die entsprechenden Verhältnisse bei den Gasanstalten fehlt es an umfassenden Übersichten. Einen gewissen Ersatz gewähren die Ermittlungen der Wirtschaftlichen Vereinigung deutscher Gaswerke A.-G. in Köln, der im Jahre 1914 insgesamt 534 Gaswerke, im Jahre 1918 aber bereits 614 Gaswerke angeschlossen waren, d. s. etwa ein Drittel der Gesamtzahl. Diese ergaben in den einzelnen Jahren folgende Herstellungsstatistik:

	Gaserzeugung Mill. cbm	Koksabsatz		Teerproduktion		Ammonsulfat	
		1000 t	Wert in Mill. M	1000 t	Wert in Mill. M	1000 t	Wert in Mill. M
Jahr 1912/13	1364	609,7	10,436	93,3	2,517	36,2	2,292
„ 1913/14	1613	485,8	8,828	104,6	3,297	43,7	3,662
„ 1914/15	1611	523,4	9,184	124,0	4,020	51,6	3,439
„ 1915/16	1612	635,9	12,922	158,4	5,328	57,1	4,408
„ 1916/17	1757	656,5	15,497	176,6	6,176	81,2	5,785
„ 1917/18	1884	657,6	13,334	205,5	11,188	83,8	6,043
„ 1918/19	1929	690,5	37,104	193,1	10,666	85,1	5,392

Von den bei der Entgasung der Steinkohlen auftretenden Nebenstoffen kommen folgende Mengen in Betracht (nach Lunge-Köhler, I. Bd., S. 109):

1000 kg Steinkohle liefern etwa 40 kg Teer, 100 kg Wasser, 2,4 kg Ammoniak (entsprechend 9,6 kg Sulfat) und 10 kg Benzol.

Aus 1000 kg Kohle erhält man etwa 300 cbm Gas. Demnach sind in 1 cbm Gas etwa enthalten: 133 g Teer, 333 g Wasser, 8 g Ammoniak (entsprechend 32 g Sulfat) und 33 g Benzol.

Die Einrichtungen für die Gewinnung dieser Nebenstoffe sind in Kokereien und Gasanstalten im allgemeinen gleich. Sämtliche Destillationsgase treten aus den Steigrohren der Öfen zunächst in eine gemeinsame Vorlage, ein schmiedeeisernes Rohr von U-förmigem Querschnitt, das zur Entfernung des sich ansammelnden Dickteeres mit dünnem Teer aus der Sammelgrube bespült wird. In den Teer tauchen die Gasabführungsrohre der einzelnen Öfen ein. Die Vorlage ist durch ein entsprechend weites Rohr mit der Kondensationsanlage und durch Überlaufrohre mit dem Dickteerscheider und der Hauptteergrube verbunden. Die Kondensationsanlage setzt sich aus den Luft- und den Wasserkühlern zusammen. Erstere sind meist doppelwandige, schmiedeeiserne, zylindrische Gefäße, zwischen deren beiden Mänteln das Rohgas hindurchstreicht; die Wasserkühler bestehen meist aus einem Bündel senkrechter Röhren, die vom Wasser umspült und nach dem Gegenstromgrundsatz gekühlt werden. Das gekühlte Gas wird durch einen Gassauger (Kolben- oder Flügelpumpe, Kapselrad- oder Dampfstrahlgebläse) in die Absorptionsapparate gedrückt; zuvor durchstreicht es jedoch noch einen Röhrenwasserkühler und einen Teerscheider, wozu in der Regel der Apparat von Pelouze und Audouin dient. Seine Wirkung beruht darauf, daß man das Gas durch enge Öffnungen ausströmen läßt, denen gegenüber breite Flächen angebracht sind, über die sich das ausströmende Gas wieder ausbreiten muß. Dieser Apparat hat mancherlei Abänderungen und Verbesserungen erfahren, der Grundgedanke ist aber im wesentlichen beibehalten worden. Das vom Teer befreite Gas gelangt zunächst in die Ammoniakwäscher, die aus 2,5 bis 3 m weiten und 10 bis 15 m hohen schmiedeeisernen Zylindern bestehen und mit kreuzweise übereinander gelagerten Holzhorden gefüllt sind, über die Wasser herabrieselt. Meist sind drei solcher Zylinder hintereinander geschaltet, von denen der letzte mit frischem Wasser, die beiden anderen mit der schwachen Ammoniaklösung, die aus dem letzten und dem mittleren Wäscher abgeflossen ist, beschickt werden. Das vom ersten Wäscher abfließende Wasser enthält etwa 1% Ammoniak und wird in dieser Verdichtung auf Ammoniumsulfat verarbeitet. An die Absorbierung des Ammoniaks schließt sich endlich die Gewinnung des Benzols an, die auf demselben Gedanken beruht wie die Ammoniakwäscher, nur daß als Absorptionsmittel nicht Wasser, sondern ein Teeröl von bestimmten Eigenschaften benutzt wird. Man verwendet als Waschöl ein von den Teerdestillations-Anstalten geliefertes, als „Mittelöl" bezeichnetes Teeröl, von dem beim Destillieren 90% zwischen 200° und 300° übergehen. Dieses Öl löst das Benzol und seine Homologen aus dem Gase heraus. Als Wäscher dienen entweder ähnliche Apparate, wie sie zur Entfernung des Ammoniaks benutzt werden, oder Glockenwäscher oder eine Verbindung der beiden. Das wiederholt benutzte, mit Benzol gesättigte Waschöl wird, nachdem es durch einen Wärmeaustauscher und einen Vorwärmer gegangen ist, in einer Kolonne durch entgegenströmenden Dampf vom Rohbenzol befreit. Letzteres wird in einem Kühler kondensiert und gelangt dann in einen Sammelbehälter; das abgetriebene Waschöl fließt nach den Absorptionsapparaten zurück und beginnt seinen Weg von neuem. Das gewonnene Rohbenzol ist reich an niedrig siedenden Produkten; seine Weiterverarbeitung entspricht der des bei der Teerdestillation gewonnenen Leichtöles. Wenn sich das Waschöl mit Naphthalin und teerartigen Bestandteilen angereichert hat, muß es umdestilliert werden. Das gewaschene Gas läßt man meist zur Abscheidung des mitgerissenen Öles nochmals durch einen Pelouzeapparat streichen, ehe man es seiner Bestimmung zuführt.

2. Die Nebenerzeugnisse bei der Vergasung.

Allgemeines.

Gegenüber dem wirtschaftlich außerordentlich bedeutsamen Einfluß trat die Gewinnung der Nebenerzeugnisse bei der Vergasung bei uns in Deutschland kaum in Erscheinung. Die weitaus überragende Menge des erzeugten Gases diente zu Heizzwecken, nachdem die Herstellung von Kraftgas durch die Entwicklung der Ölmotoren und die fortschreitende Elektrisierung der kleinen Betriebe immer mehr an Bedeutung verlor. Die wenigen Anlagen zur Kraftgaserzeugung bestrebten sich außerdem, den bei der Vergasung gebildeten Teer zu zersetzen (s. Gaserzeugerbauarten, S. 191), um dadurch die Reinigung des Gases einfacher zu gestalten. Geringe Mengen von Teer wurden, besonders bei der Vergasung von Braunkohlen, gewonnen, aber als ein lästiger Abfallstoff betrachtet.

Die Gewinnung der Nebenstoffe bei der Vergasung nach dem Mondschen Verfahren wurde zwar vereinzelt schon vor dem Kriege ausgeführt, hat sich jedoch wegen der geringeren Eignung der Kohlen nur langsam ausgebreitet. So kann man die Erzeugung von Ammonsulfat aus Vergasungsanlagen im Jahre 1918 auf etwa 6000, im günstigsten Fall auf 8000 t schätzen.

Demgegenüber ist es bedeutsam, die Ammonsulfaterzeugung Englands ihrer Herkunft nach zu untersuchen. Es entfielen in den Jahren

in Tonnen	1915	1916	1917
auf Gaswerke	173 675	172 269	188 478
„ Hochöfen	15 142	15 154	13 621
„ Schieferschwelereien .	58 826	57 988	60 560
„ Kokereien	145 406	159 506	166 354
„ Generatoranlagen u. dgl.	33 218	28 786	29 604

Dementsprechend ist auch die Teergewinnung bei der Vergasung in Deutschland noch wesentlich geringer als in England, da die Gewinnung von Teer nur bei den Mondgasanlagen mit Absicht durchgeführt wird. Die neuzeitliche Entwicklung der Gewinnung von Urteer, die sich in den letzten Kriegsjahren bahnbrach, dürfte darin jedoch bald Wandel schaffen, obwohl die Gewinnung von Generatorteer im Jahre 1918 nur etwa 40000 t betragen hat.

3. Teergewinnung in Kokereien und Gasanstalten.

Sie bedient sich, wie bereits erwähnt, in der Hauptsache der Teerscheider von Pelouze und Audouin. Die Wirkung dieser ist eine ausgesprochene Stoß- oder Prellwirkung, indem der feinverteilte Gasstrom, der die Öffnungen der durchlochten Glocke durchströmt hat, die gegenüberliegende Wand trifft, und dabei die feinen Teerdämpfe zu Tropfen verdichtet werden, die sich ausscheiden. Man hat jedoch an diesen Apparaten die Beobachtung gemacht, daß die Ausscheidung des Teeres nur bei gleichzeitiger oder vorhergehender Abkühlung vollkommen ist. Es hängt dies zweifellos mit dem hohen Feuchtigkeitsgehalt der Gase zusammen. Meist scheidet sich eine Teeremulsion ab, die 30 bis 40% Wasser enthält.

Mit der Einführung des unmittelbaren Ammoniakgewinnungsverfahrens war es erwünscht, die Gase vorher vom Teer zu befreien; man führte daher nach verschiedenen Versuchen die Entteerung im heißen Gase ein. Diese neueren Einrichtungen beruhen sämtlich auf dem gleichen Gedanken, die heißen Ofengase vermittelst des aus den Gasen bereits abgeschiedenen Teers auszuwaschen. Einen der ersten Apparate dieser Art hat Walter Feld gebaut.

Dieser Apparat besteht aus mehreren übereinander angeordneten Kammern; das Gas steigt durch Gasdurchlässe von einer zur andern. In jeder Kammer befindet sich eine an einer stehenden Welle befestigte Zerstäubungsvorrichtung, die aus einer Anzahl ineinander gesteckter Trichter besteht, welche konzentrisch über einer auf der Welle aufgekeilten Nabe befestigt sind. Die Trichter tauchen mit ihrem untersten Ende in die Waschflüssigkeit ein. Bei der Umdrehung der Trichter wird der Waschteer durch die Schleuderwirkung gehoben und zerstäubt. Entsprechend der Höhe und der Anzahl der Trichter bildet sich eine Anzahl feinster Flüssigkeitsschichten in dem Gasraume, die das Gas durchdringen muß. Der Kraftverbrauch ist sehr gering; er beträgt bei einer Leistungsfähigkeit von 100000 cbm Gas in 24 Std. etwa 5 bis 6 PS; der Druckverlust beträgt nur 30 bis 50 mm W.-S.

Von ähnlicher Wirkung sind die sog. Teerschleudern, meist wagerechte, mit großer Geschwindigkeit umlaufende Trommeln, in denen die Gase mit dem Teer durch die Wirkung der Schleuderkraft in innige Berührung gebracht werden. Hierher gehört der Theisensche Zentrifugal-Gegenstromgaswascher, ferner die ähnlichen Wäscher der Firmen Louis Schwarz, der Dinglerschen Maschinenfabrik und der Zschockewerke Kaiserslautern. Statt der Schleuderkraft bedient sich die Firma Dr. C. Otto & Co. der sog. Teerstrahlgebläse zur Zerstäubung des Teers.

Das zu entteerende Gas tritt in eine Kammer ein und strömt durch eine Anzahl Druckkegel von Teerstrahlgebläsen, die mit dem Boden der Kammer dicht verschraubt sind, in das Gehäuse des Sammelbehälters. Über jedem Druckkegel befindet sich eine regelbare Teerdüse bekannter Ausführung, durch die der Teer, der unter Druck eintritt, in die Druckkegel eingespritzt wird. Ist die Gasmenge kleiner, als dem Gesamtquerschnitt der Durchgänge entspricht, so kann man nach Bedarf eine oder mehrere der Düsen ausschalten. Die Anpassungsfähigkeit der Vorrichtung an die zu reinigende Gasmenge kann dadurch erhöht werden, daß die Querschnitte der Druckkegel in verschiedener Größe ausgeführt und davon jeweilig die für die Teerausscheidung günstigen Größen in Betrieb genommen werden. Bei der Einstellung bedient man sich eines einfachen Manometers, das den Unterschied des Gasdrucks in der Kammer und in dem Gehäuse anzeigt. Jede Schwankung in der Gasmenge kann daran unmittelbar abgelesen werden. Die Dr. C. Otto & Co. durch Patent geschützte Düse ermöglicht die Regulierung der Flüssigkeitsmenge in gewissen Grenzen, ohne daß die Austrittsgeschwindigkeit und die Form des Streukegels geändert wird, was für die gute Wirkung der Vorrichtung von großer Wichtigkeit ist.

Eine andere Konstruktion der Entteerer rührt von Dr. Strommenger her[1]), der besonderen Wert auf die sog. Oberflächenwirkung legt. Das Gas tritt durch mehrere rechteckige, kastenartige, unten offene und an den Kanten gezähnte Verteiler in das Waschteerbad ein, durchströmt dieses in unendlich vielen Teilströmen in senkrechter Richtung und trifft dabei auf fein gelochte Beruhigungsbleche in zwei verschiedenen Höhenlagen, so daß es ohne jede Pressung und Beschleunigung beruhigt an die Teeroberfläche kommt, und dort die letzten Teerspuren verliert. Bei einem mehrere Monate im Betrieb gestandenen Apparat zeigt das gereinigte Gas höchstens 0,25 g Teer, meist den nicht kondensierbaren Öldämpfen entsprechend. Die Konstruktion scheint daher eine gute Wirkung zu gewährleisten.

Ein neues, außerordentlich beachtenswertes Verfahren rührt von Walter Feld her und strebt eine fraktionierte Kondensation des Teeres an, um eine nachfolgende Destillation möglichst zu vermeiden[2]). Der Gedanke ist sehr verlockend. Beim Auswaschen des Teeres wurden vielfach Beobachtungen gemacht, die die Möglichkeit einer fraktionierten Gewinnung wahrscheinlich erscheinen ließen. Es bedurfte jedoch sehr langer Versuche und Erprobungen, bis man zu einem Erfolg gelangte. In der angeführten Arbeit ist eine solche, auf der Zeche „Fröhliche Morgensonne" in Wattenscheid seit Ende 1915 im Betrieb stehende Anlage eingehend beschrieben und auch die wirtschaftliche Seite behandelt. Die Anlage ist nur für die Gewinnung von Pech einerseits und einem Teeröl anderseits gebaut, es dürfte aber auch möglich sein, die Fraktionierung weiter zu teilen und so die Rohdestillation des Teeres ganz überflüssig machen. Da letztere mindestens 7 bis 10% Brennstoffaufwand beansprucht, so ist auch die Kohlenersparung abgesehen von anderen wirtschaftlichen Vorteilen bemerkenswert.

4. Benzolgewinnung.

Das im Kokereigas in Dampfform enthaltene Benzol und seine Homologen werden, wie schon erwähnt, durch Waschen mit Teeröl gewonnen. Dieser Weg ist schon seit 1859 (Vogel) bekannt, der das Gas mit Öl wusch, um das Benzol zu gewinnen und die Öle anzureichern. Das Gas muß, bevor es in den Benzolwäscher eintritt, bis auf mindestens 25° abgekühlt sein. Es gibt auch für den Zweck der Rohbenzolgewinnung verschiedene Konstruktionen der dazu nötigen Anlagen. Als Beispiel einer solchen Anlage sei die der Firma Dr. C. Otto & Co. in Abb. 85 wiedergegeben.

Als Wäscher verwendet man große, mit Holzhorden ausgesetzte, zylindrische Gefäße *a*, die von unten nach oben vom Gase durchstrichen werden, während das Waschöl, durch Spritzeinläufe fein verteilt, von oben her eingeführt wird. Die Anzahl der erforderlichen Wäscher richtet sich nach der Größe der Anlage. Das Gas durchstreicht nacheinander alle Wäscher, und zwar im Gegenstrom zu dem durch Pumpen gleichfalls von Wäscher zu Wäscher beförderten Waschöle. Das vom letzten Wäscher abfließende, mit 2 bis 3% Benzol angereicherte Waschöl wird der Abtreibvorrichtung zugeführt. Diese besteht aus dem Ölvorwärmer *c*, dem Erhitzer *d* und dem eigentlichen Abtreibapparat *e*. Der Ölvorwärmer, ein zylindrisches, oberhalb des Abtreibapparates angeordnetes Röhrenbündel, dient zur Nutzbarmachung der in den abziehenden Dämpfen des Abtreibapparates enthaltenen Wärme für die Ölvorwärmung. In dem Erhitzer wird das vorgewärmte Öl auf die zum völligen Abtreiben der Benzole erforderliche Temperatur von 120 bis 140° gebracht. Das erhitzte Öl gelangt sodann in die Kolonnen der Abtreibvorrichtung, wo ihm die Benzole durch Dampf bis auf Spuren ntzogen werden. Mit der Abtreibvorrichtung ist der Kühler *f* verbunden, der die Dämpfe kondensiert und as Kondensat bis annähernd auf Lufttemperatur abkühlt. Im unteren Teile des Kühlers wird das Benzolvorprodukt vom Wasser geschieden; ersteres fließt durch einen sichtbaren Überlauf zum Lagerbehälter *g*. Das aus der Abtreibevorrichtung abfließende heiße Öl gelangt durch eine Reihe von Ölkühlern *h* nach dem Waschölbehälter *b* zurück, um von neuem in den Kreislauf einzutreten. Im Laufe der Zeit läßt die Lösungsfähigkeit des Waschöles für Benzole nach, da es sich auch mit schweren Teerölen, die gleichfalls stets in den Gasen noch enthalten sind, belädt. Das Öl muß dann durch neues ersetzt und in einer besonderen Anlage regeneriert, d. h. durch fraktionierte Destillation von den schwersiedenden Bestandteilen getrennt werden.

Ähnlich konstruiert sind die Benzolgewinnungs-Anlagen der Firmen Franz Brunck in Dortmund, Karl Still in Recklinghausen und Heinrich Koppers in Essen. Auch H. Hirzel in Leipzig-Plagwitz baut Benzolgewinnungs-Anlagen mit angeschlossenen Destillierkolonnen. In den Werken der Aktiengesellschaft für Kohlendestillation zu Bulmke ist die Gewinnung des Benzols aus den Gasen dadurch erheblich verbessert worden, daß man die Absorptionsmittel mittels einer Lindeschen Kältemaschine auf 0° abkühlt. Man hat es dadurch erreicht, im Durchschnitt 93%, im Höchstfalle bis 95,4% des in den Gasen enthaltenen Benzols zu gewinnen.

Um aus dem Benzolvorprodukt, von dem bis 120° 45 bis 50% überdestillieren, Rohbenzol, Rohtoluol, Rohxylol und Rohsolventnaphtha darzustellen, unterwirft man es einer fraktionierten Destillation. Man

---

[1]) Vgl. Stahl u. Eissen 1913, S. 1946.

[2]) Emminghaus, Journ. f. Gasbel. 1919, S. 226.

pumpt es zu diesem Zwecke in eine schmiedeiserne Destillierblase *i* von 25 bis 40 cbm Inhalt, in der es durch direkten Dampf zum Sieden gebracht wird. Die gebildeten Dämpfe gehen durch eine Anzahl von Fraktionierkolonnen *k* und einen darüber angeordneten schmiedeeisernen Dephlegmator *l*, der die höher siedenden Bestandteile kondensiert, die in die Kolonnen zurückfließen. Die nicht kondensierten Dämpfe gelangen in den Benzolkühler *m*; das vom Wasser getrennte Kondensat fließt in die Lagerbehälter. Rohbenzol und Rohtoluol werden durch Heizen mit indirektem Dampf gewonnen.

Der nach dem Abtreiben der Benzole verbleibende Rückstand wird nach dem Abkühlen auf die hochliegenden Kühlpfannen *n* gedrückt, in denen nach dem völligen Erkalten das Naphthalin auskristallisiert. Letzteres wird durch Abschleudern in der Zentrifuge *o* vom anhaftenden Öl befreit und dann als Rohnaphthalin verkauft.

Die erhaltenen Rohstoffe enthalten noch ungesättigte, bromaddierende Verbindungen, von denen sie durch Waschen mit konzentrierter Schwefelsäure befreit werden müssen. Unter der Ein-

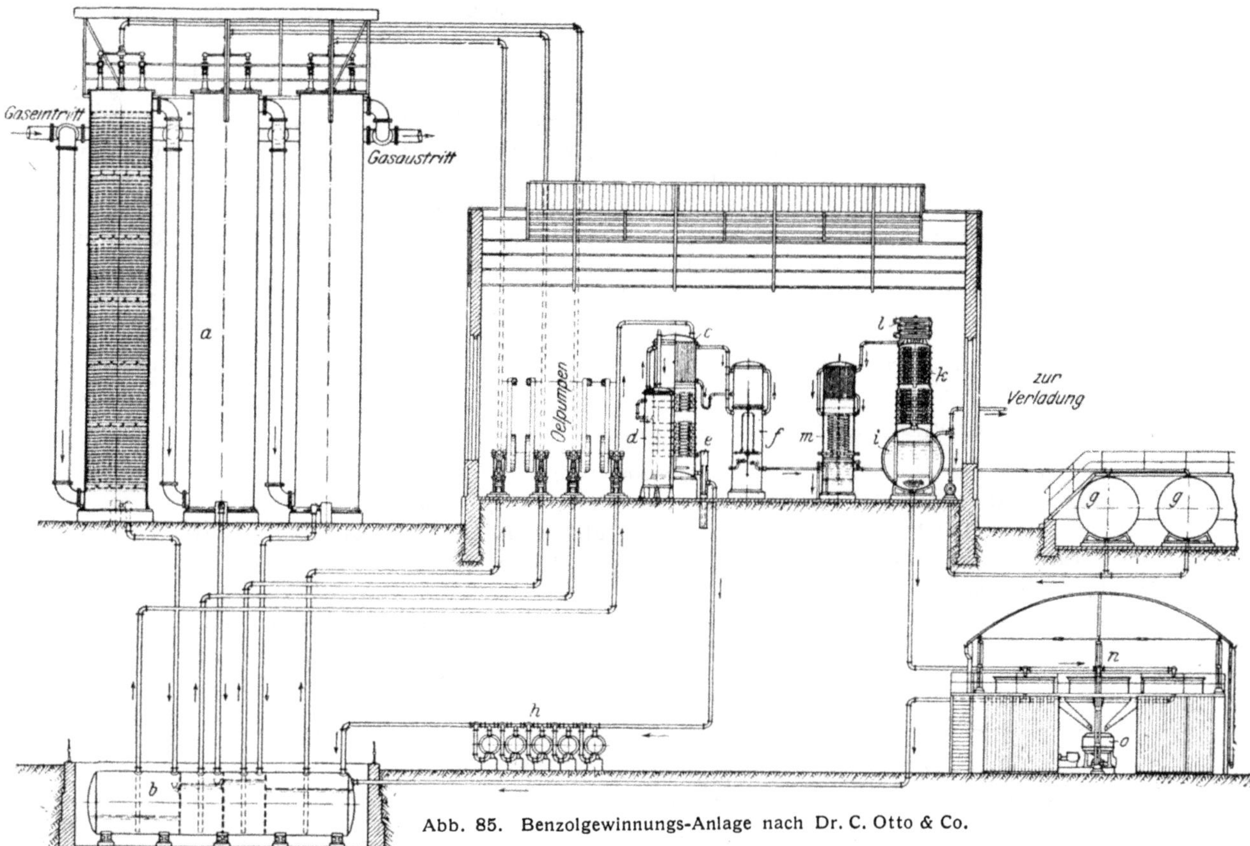

Abb. 85. Benzolgewinnungs-Anlage nach Dr. C. Otto & Co.

wirkung der Säuren entstehen harzartige Polymerisations- und Kondensationsprodukte, die sorgfältig zu entfernen sind. Diese Reinigung wird in hochstehenden Wäschern ausgeführt, in denen die rohen Öle mit Hilfe von Rührwerken mit der Schwefelsäure gemischt werden. Die sich in der Ruhe unten ansammelnden Säureharze werden abgezogen und das mit Säure behandelte Öl mit Wasser und Natronlauge gewaschen. Danach wird es in einer zweiten Destillierblase mit direktem Dampfe destilliert. Beim Übertreiben der höher siedenden Homologen arbeitet man unter vermindertem Druck. Die Reinigungssäure, die längere Zeit einen lästigen Abfallstoff bildete, weil sich ihre Verarbeitung, zumal in kleineren Betrieben, schlecht durchführen ließ, wird jetzt nach oberflächlicher Reinigung für die Sulfatdarstellung in Ammoniakfabriken nutzbar gemacht. Es genügt zur Reinigung ein mehrstündiges Behandeln mit Dampf; die dabei entstehenden Dämpfe werden abgekühlt, wodurch das in der Säure noch enthaltene Benzol gewonnen wird; die verbleibenden Gase leitet man, um Geruchbelästigungen zu vermeiden, durch schwach alkalische Flüssigkeiten.

Das Benzol wird heutzutage nicht nur in Kokereien, sondern auch in Gasanstalten als Nebenstoff aus den Gasen gewonnen. Das ist angängig, weil ja auch beim Leuchtgase nicht mehr die Leuchtkraft, sondern infolge der allgemeinen Verwendung des Gasglühlichts nur noch der Heizwert ausschlaggebend ist, der durch die Entziehung des Benzols nicht wesentlich beeinträchtigt wird.

Außer diesem Wege des Auswaschens mit Ölen käme technisch auch noch das Ausfrieren in Frage. Wiederholt wurden dahingehende Versuche gemacht, die jedoch auf große Schwierigkeiten gestoßen sind, da das Sättigungsdefizit des Benzols selbst bei niedrigen Temperaturen noch hoch ist, z. B. bei —20° etwa 28,6 g/cbm. Man muß daher auf sehr niedrige Temperaturen gehen. So sei z. B. auf das Verfahren von Heinzerling verwiesen, welches schließlich an maschinellen Schwierigkeiten scheiterte. Eine sehr beachtenswerte Studie[1]) hierüber von Deville auf Grund jahrelanger Versuche an französischen Gasanstalten zeigt, daß erst bei — 70° eine vollständige Kondensation möglich ist. Deville beschäftigte sich auch eingehend mit der Minderung des Heizwertes und der Leuchtkraft. Während ersterer nur um 7% bei einer ausgeschiedenen Menge von 40 g Benzol vermindert wird, ist die Schädigung der Leuchtkraft viel erheblicher. Man wird wohl aus diesem Grunde unter Umständen auf eine vollständige Entbenzolisierung des Leuchtgases verzichten müssen.

Von den 140000 t Benzol, die im Jahre 1913 in Deutschland gewonnen wurden, entstammen etwa 20000 t von der Teerdestillation und nur ein verschwindender Betrag den Gasanstalten, während die meisten Kokereien mit Nebenproduktengewinnung das Benzol aus dem Gase auswaschen. Über die Entwicklung der Benzolerzeugung während des Krieges sind Zahlen nicht bekannt geworden, es ist jedoch wahrscheinlich, daß auch die meisten Gaswerke, auch mittlere und kleine[2]) dazu übergegangen sind, da die Benzolentziehung auch eine vollständige Entfernung des Naphthalins mit sich bringt, und dadurch die Ablagerung in dem Rohrnetze hintangehalten wird. Die Verminderung der Leuchtkraft wird dadurch aufgehoben, daß die Verrußung der Glühkörper wegfällt.

Sehr energisch wurde die Einführung der Benzolgewinnung auf den englischen Gaswerken betrieben. So soll die Erzeugung der Gaswerke bereits 1915 113600000 l gewesen sein und ist 1917 gestiegen auf:

Reines Benzol	99000000 l
Toluol	36000000 l
Solvent-Naphtha	18000000 l.

Die Ausbeute schwankt sehr nach den Kohlensorten und ist naturgemäß bei den anthrazitischen Kohlen am geringsten, dagegen bei den guten Gaskohlen von Yorkshire am größten.

Eine lehrreiche Zusammenstellung ist von dem amerikanischen Bureau of Standard[3]) herausgegeben worden, die die Abhängigkeit der Ausbeute von den Betriebsverhältnissen zeigt, wobei aber die Abhängigkeit vom Rohstoff nicht übersehen werden darf.

	Ausbeute je t Kohle		
	Vorerzeugnis	gereinigte Erzeugnisse	
		Benzol	Toluol
wagerechte Retorten . .	3 gl = 12 kg	1,32 gl = 5,4 kg	0,45 gl = 1,85 kg
Koksöfen	2,6 gl = 10,6 kg	1,47 gl = 6,0 kg	0,35 gl = 1,44 kg
ununterbr. arb. senkr. Ret.	1,8 gl = 7,3 kg	0,27 gl = 1,1 kg	0,26 gl = 1,07 kg
karb. Wassergas f. 1000 cbft. f. 100 cbm		0,15 gl 2,17 kg	0,07 gl 1,0 kg

Die Zusammensetzung der Vorerzeugnisse ist:

beim wagerechten Retortenofen . .	38% Benzol,	16% Toluol,	< 2% Paraffin
„ Koksofen	55% „	14% „	< 2% „
„ ununterbr. arb. senkr. Retorte .	15% „	15% „	12% „
„ karbur. Wassergas	42% „	25% „	< 2% „

Besonders beachtenswert ist dabei die wesentlich andere Zusammensetzung des Erzeugnisses beim Senkrechtretortenofen, bei welchem auch eine bessere Teerbeschaffenheit erzielt wird.

[1]) Journ. f. Gasbel. 1920, S. 55.
[2]) Vgl. Steding, Journ. f. Gasbel. 1919, S. 635.
[3]) Journ. f. Gasbel. 1918, S. 248.

Das Benzol wird als Treiböl für Motorwagen usw. verwendet; außerdem ist es der Ausgangsstoff für die Herstellung einer großen Anzahl wichtiger Waren, wie künstlicher Farbstoffe usw. Es dient ferner als Reinigungsmittel und als Lösungsmittel für zahlreiche organische Körper, wie z. B. für Kautschuk, Harze usw. Von den 140000 t Benzol, die im Jahre 1913 in Deutschland gewonnen wurden, verbrauchten die Farbenfabriken rd. 35000 t, während der Rest für ortfeste Motoren, Motorwagen für Lösungszwecke usw. zur Verfügung stand. Von den Homologen des Benzols wird das Toluol in neuerer Zeit in großen Mengen zur Herstellung außerordentlich wirksamer Sprengstoffe benutzt. Neben der Pikrinsäure, die unter den Namen Melinit, Lyddit usw. auftritt und neben dem Trinitrokresol, benutzt man heute vor allem das Trinitrotoluol für Schießzwecke.

5. Die Teerdestillation.

Von dem beim Reinigen der Gase gewonnenen Teer wird nur ein kleiner Teil in rohem Zustande, z. B. zur Herstellung von Bogenlampen- und Elektrodenkohlen, verwertet. Einzelne Kokereien destillieren ihren Teer bis zu einem gewissen Punkte ab, um sich einen dünnflüssigen Stahlwerkteer herzustellen, der in den Thomaswerken zur Herstellung der Ausmauerungssteine für die Birnen gebraucht wird. Die erhaltenen Destillate geben sie dann an die chemische Industrie zur weiteren Verarbeitung ab.

Nach Spilker werden durchschnittlich aus dem Kokereiteer des Ruhrgebiets erhalten:

58,00% Pech,
30,00 ,, Schweröl,
0,70 ,, Rohbenzol
5,00 ,, Reinnaphthalin,
0,05% Denaturierungsbasen,
0,40 ,, Reinphenole.
0,55 ,, 40proz. Anthrazen,

Im allgemeinen bleiben bei der Teerdestillation 50 bis 60% Pech zurück. Im großen und ganzen zeigen die Teere aus den heute üblichen Ofenbauarten unter sich nur geringe Abweichungen in der Zusammensetzung. Im Durchschnitt weisen sie jedoch einen geringeren Gehalt an Benzol auf als die Gasanstaltsteere, die jedoch nicht so gleichmäßig zusammengesetzt und bisweilen durch Teere von fremden Zusatzkohlen verschlechtert sind. Nach G. Krämer zeigt der Teer aus deutschen Gasanstalten (älterer Bauart) im Durchschnitt folgende Zusammensetzung:

2,50% Benzol und Homologe,
2,00 ,, Phenol und Homologe,
0,25 ,, Pyridin und Chinolinbasen,
6,00 ,, Naphthalin,
20,00 ,, Schweröle,
2,00 ,, Anthrazen, Phenanthren,
38,00% Asphalt (lösliche Bestandteile des Pechs),
24,00 ,, Kohle (unlösliche Bestandteile des Pechs),
4,00 ,, Wasser,
1,25 ,, Gase (Verlust bei der Destillation).

Der Gehalt der Teere an unlöslichen Bestandteilen (freiem Kohlenstoff) ist ziemlich bedeutenden Schwankungen unterworfen. Dieser Kohlenstoff rührt von der Überhitzung der entweichenden Dämpfe und Gase an den heißen Ofen- und Retortenwänden her, wodurch sie unter Ausscheidung von Kohlenstoff in einfachere Verbindungen zerlegt werden[1]). Je heißer die Retorten und Öfen gehen, um so weitergehend ist die Zersetzung der Destillate. Die spezifischen Gewichte der Gas- und Kokereiteere sind durchgehend höher als 1,00.

Diese Abweichungen bei der Destillation zeigen sich auch in der chemischen Zusammensetzung. Diese ist nach Schmitz[2]) etwa die folgende:

	C	H	O + N	S
Horizontalofenteer	92,4	4,5	2,5	0,35
Vertikalofenteer	89,45	6,59	3,96	
Kammorofenteer	88,2	6,9	4,6	0,3
Wassergasteer	90,97	7,24	1,78	—
Ölgasteer	91,16	5,15	3,09	0,75
Koksofenteer	90,4 — 92,9	4,7—5,5	1,7—3,2	0,5—1,0

[1]) Vgl. zweites Kapitel, IX, 3.

[2]) Schmitz, Die flüssigen Brennstoffe, 2. Aufl., Springer 1919.

Die zur Destillation des Teers benutzten Gefäße (Blasen oder Retorten) haben zylindrische Form, einen gewölbten Deckel und einen stark nach innen gewölbten Boden, Abb. 86. Im Deckel ist ein Mannloch angebracht, unmittelbar über dem Boden ein Ablaßstutzen; durch beide ist die Blase innen zugängig. Der Deckel hat ferner noch einen Ansatz für den Destillationshelm und mehrere Stutzen für das Thermometer, für das Teerzuleitungsrohr, ferner für eine Dampf- oder Luftleitung, die in den Teer eingeführt werden. Auch ein Sicherheitsventil und ein Überlaufstutzen sind vorhanden. Die Blase selbst ist aus Schmiedeeisen angefertigt, alle Stutzen, der Helm, Vorstoß und Kühler aus Gußeisen.

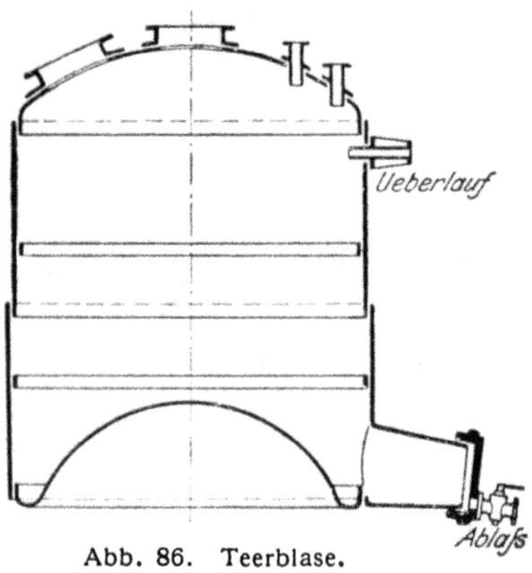

Abb. 86. Teerblase.

Man fängt das Destillat in der Regel in vier Fraktionen auf, und zwar trennt man es in:

1. Leichtöl, spez. Gewicht 0,910 bis 0,950,
2. Mittelöl, spez. Gewicht etwa 1,01,
3. Schweröl, spez. Gewicht etwa 1,04,
4. Anthrazenöl, spez. Gewicht etwa 1,10.

Die Fraktionen vom Mittelöl an erstarren beim Erkalten, was bei der Kühlung zu beachten ist. Übrigens kann man Verstopfungen auch durch Zuführung von etwas Wasserdampf vermeiden. Mit dem Leichtöl destilliert noch das im Teer enthaltene Wasser samt Ammoniak, Kohlensäure und Schwefelwasserstoff über. Das wässerige Destillat wird genau wie Gaswasser verarbeitet.

Der Destillationsrückstand, das Pech, dient in der Hauptsache als Bindemittel bei der Brikettierung der Steinkohle. Erst durch Anwendung dieses Zusatzes, der etwa 5 bis 8% beträgt, ist eine Verwertung der in großen Mengen vorhandenen Fein- und Staubkohlen der Magerkohlenzechen ermöglicht worden. An ein gutes Brikettpech werden nach Spilker folgende Anforderungen gestellt:

1. der Aschengehalt soll nicht über 0,5% betragen,
2. der Erweichungspunkt soll, nach dem Verfahren von Krämer-Sarnow bestimmt, nicht unter 60° und nicht über 75° liegen,
3. von dem Peche sollen 70 bis 75% in Anilin- und Pyridinbasen löslich sein,
4. der Verkokungsrückstand soll nach der Vorschrift von Brookmann-Muck nicht über 45% betragen.

In schweren Teerölen gelöst, wird das Pech ferner als Dachlack verwendet; dieser ist dem rohen Teere bei der Fabrikation von Dachpappen und Dachkitten bei weitem vorzuziehen. Auch als Pflasterkitt für Fugenausguß im Holz- und Steinpflaster dient Pech. Zur Imprägnierung der Holzwürfel verwendet man Kreosotöl, zum Anstrich der Straßenoberfläche sog. präparierten Teer, d. h. einen Teer, aus dem nur das Leichtöl und das Mittelöl durch Destillation entfernt worden sind.

Große, immer mehr steigende Mengen solchen präparierten Teers, von Weichpechen oder Pech- und Teerölmischungen, werden ferner beim Straßenbau verwendet, sei es, daß man die fertig gebaute chaussierte Straße mit diesen Teerpräparaten übergießt (Oberflächenteerung) oder daß man den Schotter vor seinem Einbau mit ihnen durchtränkt (Innenteerung). Neben der Staubfreiheit der Straßen, die durch den stets wachsenden Motorwagenverkehr vom gesundheitlichen Standpunkte aus unbedingt geboten ist, erzielt man durch diese Verwendung von Teererzeugnissen auch eine längere Haltbarkeit und dadurch verminderte Unterhaltungskosten.

Ein neues Verfahren, das im wesentlichen auf der Berücksichtigung des Volumengewichts der zu verarbeitenden Dämpfe beruht, wendet Kubierschky bei seinen Teerdestillationseinrichtungen wie überhaupt bei seinen sämtlichen Kolonnenapparaten an (Lunge-Köhler, Chem. d. Steinkohlenteers, Bd. I, 897).

Bei dieser Einrichtung wird das Schwererwerden der aufsteigenden Dämpfe dazu benutzt, um aus jeder Kammer zuerst die schwersten, d. h. die am meisten durchgewaschenen Dämpfe zu verdrängen, ehe die frischen leichteren Dämpfe hineingelangen können. Das spezifisch leichtere Dampfgemisch wird in jede Kammer oben eingeführt und breitet sich, auf dem schwereren Dampfinhalt der Kammer schwimmend, ganz von selbst über den vollen Kolonnenquerschnitt aus, sinkt schichtenweise nach unten in demselben Maße, wie die bereits schwerer gewordenen Dämpfe unten verdrängt werden. Eine sehr gleichmäßige Temperaturabstufung, durchaus sichere Dampfführung und sehr vollkommenes Durcharbeiten der Dämpfe sind die unmittelbare Folge davon, ohne daß eine Absperrung der einzelnen Kammern durch Flüssigkeitsverschlüsse vorhanden oder erforderlich ist. Dieser Kolonnenapparat eignet sich zum Kühlen und Waschen, zur Absorption des Ammoniaks (vgl. S. 249), zum Abtreiben des Benzols aus dem Waschöl, zur Destillation von Rohbenzol und auch zur Destillation von Teer.

Auf ein neues Verfahren zur Pechgewinnung, das sog. Cavaverfahren, das auf den Kohlengruben der Espérance Bonne Fortune-Werke in Monténier (Lüttich) im Jahre 1913 eingeführt worden ist, sei hier in aller Kürze aufmerksam gemacht. Bei diesem Verfahren tritt der Teer ununterbrochen in das eine Ende einer zylindrischen Destillierblase von 6 m Länge, deren Temperatur auf 200 bis 250° C gehalten wird, ein und verläßt sie am anderen Ende als Pech von beliebigem Schmelzpunkte je nach der im Innern herrschenden Temperatur. Eine eigentliche Destillation findet dabei gar nicht statt, vielmehr werden die Öldämpfe durch einen lebhaften, über den Teer streichenden Luftstrom entfernt und in einem über der Blase angeordneten Kühler verdichtet. Durch die innige Berührung des Teers mit der Luft soll infolge der Oxydation eine Steigerung des Bitumengehalts und eine Erhöhung der Bindekraft des Peches um 25% hervorgerufen werden.

Erwähnung verdienen hier noch die Teerdestillationen von Opitz & Kloz, welche mit Heißwasser betrieben werden, um eine größere Sicherheit gegen Feuersgefahr zu erzielen[1]). Das Heißwasser wird außerhalb der Anlage unter hohem Druck erzeugt und läuft in einem Kreislauf um. Weiters verdienen besondere Aufmerksamkeit die neueren ununterbrochen arbeitenden Bauarten der Firmen J. Pintsch A.-G. und Hirzel, Leipzig, sowie die Ausführung von Kubierschky[2]). Da nach diesen Verfahren bisher nur kleinere Anlagen arbeiten, kann etwas Abschließendes nicht gesagt werden; es ist jedoch anzunehmen, daß ihr Wärmeverbrauch niedriger und vor allem die Erzeugnisse hochwertiger, die Ausbeute günstiger sein dürfte.

Teerdestillate.

Je nach der Güte und Verarbeitungsweise der Teere weisen die Destillationsergebnisse nicht unwesentliche Abweichungen auf. Gasteere vom spez. Gewicht 1,20 und darüber mit mehr als 20% freiem Kohlenstoff liefern 32 bis 35% Öldestillate, während leichtere Kokereiteere von 1,16 bis 1,20 spez. Gewicht 38 bis 42% und mehr ergeben. Das Leichtöl ist eine leichte, gelblich bis dunkelbraun gefärbte Flüssigkeit von unangenehmem, an Schwefelverbindungen, Rohnaphthalin und Rohphenol erinnerndem Geruche. Der Siedepunkt schwankt je nach der Herkunft und dem Arbeitsverfahren erheblich. Es beginnt bei 80 bis 90° zu sieden; bis 120° gehen 30 bis 50% (oft auch viel weniger) über, bis 160° 50 bis 80%, während der Rest bis 90% zwischen 170 und 220° siedet. Die zuletzt siedenden Anteile enthalten schon größere Mengen Naphthalin. Das Leichtöl enthält 5 bis 15% Phenole, 1 bis 3% Basen, 0,1% Schwefelverbindungen (Schwefelkohlenstoff, Thiophen usw.) 0,2 bis 0,3% Nitrite, 1 bis 1,5% neutrale sauerstoffhaltige Körper (Azeton, Cumaron); die Hauptmenge bildet ein Gemisch von Kohlenwasserstoffen, das neben Olefinen (3 bis 5%), Paraffinen (0,5 bis 1,0%) ungesättigten und gesättigten zyklischen Verbindungen (1 bis 1,5%) im wesentlichen aromatische Kohlenwasserstoffe (etwa $^1/_5$ Naphthalin und $^4/_5$ Benzol und Homologe) enthält. Das Leichtöl bildet den Ausgangsstoff für die Gewinnung des Benzols, Toluols, Xylols, des Phenols, der Kresole und der Pyridinbasen. Man zieht die Phenole durch Behandeln mit Natronlauge, die Pyridinbasen mit verdünnter Schwefelsäure heraus und behandelt das übrigbleibende Öl mit konzentrierter Schwefelsäure. Zunächst destilliert man das Leichtöl in schmiedeisernen Blasen von ähnlicher Form wie die Teerblasen, aber von geringerem Fassungsvermögen. Die Blasen haben Kolonnenaufsätze. Man trennt die Fraktionen nach dem spez. Gewicht des Destillats in

Fraktion I: Leichtbenzol bis 0,89,
„ II: Schwerbenzol „ 0,95,
„ III: Karbolöl „ 1,00.

Der Leichtölrückstand wird zusammen mit dem Mittelöle weiter verarbeitet. Die Destillate gelangen in die Benzolwäscherei, wo sie zunächst in eisernen Gefäßen von zylindrischer Form und kegeligem Unterteil durch ein mechanisches Rührwerk mit Natronlauge vom spez. Gewicht 1,1, dann in verbleiten Wäschern mit Schwefelsäure vom spez. Gewicht 1,3 behandelt werden. Bei der nachfolgenden Destillation erhält man die Fraktionen

Rohbenzol I, Rohbenzol II, Rohbenzol III, Rohbenzol IV und Rohcumol,

die nach der Behandlung mit konzentrierter Schwefelsäure bei wiederholter Fraktionierung reine Erzeugnisse liefern. Aber auch diese müssen zum Teil nochmals destilliert werden, ehe sie in den Handel gelangen.

Das wichtigste der dabei entstehenden Erzeugnisse ist das Handelsbenzol I, von dem die größte Menge auf den Markt gelangt. Die Hauptverwendung finden die Benzole in den Farbenfabriken und

[1]) Vgl. die Ausführungen von Dir. Terhaerst, Nürnberg, Z. f. G. 1917, S. 556.

[2]) Vgl. Z. f. G. 1914, S. 1037, 1916, S. 277, 1917, S. 133 und die Arbeit Zollikofers, Der Steinkohlenteer und seine Destillation. Z. f. G. 1916, S. 543.

als Treiböle für Motoren; außerdem dienen sie als Lösungsmittel und zum Anreichern von Leucht- und Wassergas.

Über die durchschnittliche Zusammensetzung der einzelnen Benzole gibt nachstehende Zahlentafel 105 nach Spilker Auskunft:

Zahlentafel 105.

	Handelsbenzol I %	Handelsbenzol II %	Handelsbenzol III %	Handelsbenzol IV %	Handelsbenzol V %	Handelsbenzol VI %	Handelsschwerbenzol %
Benzol	84	43	15	—	—	—	—
Toluol	13	46	75	25	5	—	—
Xylol	3	11	10	70	70	35	5
Cumol	—	—	—	5	25	60	80
Neutrales Naphthalinöl	—	—	—	—	—	5	15

Die bei der Benzolwäsche erhaltene Pyridinschwefelsäure dient zur Gewinnung der Denaturierungsbasen des Spiritus, für die das bis 140° siedende Destillat verwendet wird, während die höher siedenden Anteile bei der Anthrazenreinigung verwendet werden.

Durch die Einwirkung der konzentrierten Schwefelsäure auf die in den höher siedenden Fraktionen des Leicht- und Schwerbenzols enthaltenen verharzbaren Körper, insbesondere Cumaron und Inden, entstehen im wesentlichen Polymerisationsprodukte, die fast ganz in dem Kohlenwasserstoffgemisch gelöst und beim Abdestillieren als festes kolophoniumartiges Harz, das sog. „Cumaronharz", im Rückstande bleiben. Dieses Cumaronharz wird vielfach in der Lackindustrie verwendet.

Das Mittelöl enthält die zwischen 180 bis 240° übergehenden Teerdestillate; bei gewöhnlicher Temperatur ist es breiförmig, da das in großen Mengen darin enthaltene Naphthalin auskristallisiert. Es ist gelb bis bräunlich gefärbt, dunkelt jedoch an der Luft nach. Sein spez. Gewicht (auf 15° umgerechnet) beträgt 1,02. Es dient zur Darstellung des Naphthalins, von dem es durchschnittlich 40% enthält, und des Phenols und der Kresole, die in einer Menge von 25 bis 35% darin auftreten. Außerdem sind darin Pyridin und seine Homologen, ferner Chinolin und Isochinolin enthalten. Das Mittelöl wird in der Weise verarbeitet, daß zunächst das auskristallisierte Naphthalin entfernt und dann das abgetropfte Öl durch Destillation in die Fraktionen: Karbolöl, Naphthalinöl und Kreosot zerlegt wird. Die beiden letztgenannten enthalten noch erhebliche Mengen Naphthalin, das nach dem Auskristallisieren ausgeschieden wird. Die abgetropften Öle werden als „rohe Karbolsäuren" mit einem Gehalte von 30 bis 35% Kresolen als Desinfektionsmittel, zur Herstellung von Karbolkalk und als Imprägnieröle für Hölzer verwendet. Das spez. Gewicht beträgt etwas über 1,0; sie sieden zwischen 190 und 250°. Das Karbolöl wird meist zunächst nochmals fraktioniert, dann daraus das Phenol und die Kresole gewonnen, und zwar durch Ausziehen der sauren Öle mit Natronlauge, Klären der erhaltenen Laugen, Ausscheiden des Rohphenols und Rohkresols und Raffinieren der Roherzeugnisse durch Destillation und Kristallisation.

Das Reinphenol gelangt in Trommeln aus Zinkblech oder aus verzinktem bzw. verzinntem Eisenblech in den Handel. Es dient größtenteils in der Sprengstoffindustrie zur Herstellung von Pikrinsäure, ferner zur Erzeugung von Salizylsäure. Die höchsten Reinheitsbedingungen stellt die Chirurgie, obschon es als Antiseptikum bei der Wundbehandlung bei weitem nicht mehr so weitgehende Anwendung wie früher findet. Es soll weiß und farblos, in flüssigem Zustande wasserklar sein. An der Luft und im Lichte färbt es sich rötlich.

Die Kresole sind schwerer löslich in Wasser als die Karbolsäure, besitzen jedoch noch stärkere antiseptische Wirkung. Sie dienen fast nur Desinfektionszwecken; mit Seifen bilden sie Emulsionen, die unter verschiedenen Namen (Lysol, Solutol usw.) in den Handel kommen.

Das Schweröl bildet bei gewöhnlicher Temperatur eine halbflüssige Masse, die neben Naphthalin, Acenaphthen, sauren Ölen und Basen aus Kohlenwasserstoffen von unbekannter Zusammensetzung besteht. Es hat ein spez. Gewicht von etwa 1,04 und siedet in der Hauptsache zwischen 200 und 300°. Man zerlegt das Schweröl vorteilhaft durch Destillation in Karbolöl, Naphthalinöl I und Naphthalinöl II und führt den Rückstand dem Anthrazenöl zu. Das Naphthalinöl I liefert fast reines Naphthalin, das Naphthalinöl II neben diesem auch Methylnaphthalin und Acenaphthen. In Verbindung mit Kaliseife liefert das Naphthalinöl I das sog. „Kreolin", dessen wässerige Emulsion ein besonders bei Hautkrankheiten von Tieren vielfach verwendetes Waschmittel bildet. Das abgetropfte Naphthalinöl I liefert nach mehrmaligem Umdestillieren Karbolöle, die bis zu 50% Karbolsäure enthalten Das Naphthalinöl II gibt nach dem Abnutschen der ausgeschiedenen Kristalle das eigentliche Kreosotöl, das, mit abgetropftem Anthrazenöl vermischt, in gewaltigen Mengen zum Tränken von hölzernen Eisenbahnschwellen, Telegraphenstangen und anderen Hölzern dient. Eine eichene Eisenbahnschwelle nimmt 9 bis 12 kg, eine kieferne oder buchene je 35 bis 40 kg Teeröl auf. Das Teeröl hat sich weiterhin als vorzügliches und geradezu einziges Schutzmittel gegen die Verwüstungen des Bohrwurms an den Rammpfählen der Seehäfen bewährt.

Das aus den Ölen auskristallisierte Naphthalin wird in Zentrifugen abgeschleudert und dann in hydraulischen Warmpressen gepreßt. Gut bewährt haben sich auch die Zylinderpressen, bei deren Benutzung das Rohnaphthalin nicht in Kuchen gegossen zu werden braucht. Das abgepreßte Rohnaphthalin wird geschmolzen und bei 100° mit konzentrierter Schwefelsäure gewaschen. Nach dem Neutralisieren wird das gewaschene Produkt in schmiedeeisernen Blasen mit niedrigen Kolonnen der Redestillation unterworfen. Das Destillat läßt man in emaillierten oder verzinkten Eisengefäßen erstarren; danach zerkleinert man den Kuchen in Brechwerken. Der Schmelzpunkt des Reinnaphthalins liegt bei 79,6 bis 79,8°; es soll ölfrei sein und einen milden Geruch besitzen. Es dient als Insektenpulver, zur Konservierung von Häuten und Fellen und in der Farbenindustrie zur Erzeugung von Azofarbstoffen und Indigo.

Das Anthrazenöl ist von grünlich-gelber Farbe, die nach und nach in ein dunkles Grünlichbraun übergeht. Es hat ein spez. Gewicht von etwa 1,1 und siedet zwischen 280 bis 400°. In niederer Temperatur setzt es Rohanthrazen als grünliches Kristallpulver ab, dessen Gehalt an Reinanthrazen annähernd 30% beträgt. Das Anthrazenöl enthält ferner Carbazol, Phenanthren und andere Kohlenwasserstoffe und schließlich auch etwa 6% Phenole. Das auskristallisierte Rohanthrazen wird in Zentrifugen von dem Öle getrennt und gelangt als solches in den Handel. Das filtrierte Anthrazenöl dient als Anstrich- und Imprägniermittel (Karbolineum, Avenarin usw.). Das Rohanthrazen wird in den Teerfarbenfabriken sorgfältig gereinigt und sublimiert. Es dient zur Erzeugung von Anthrachinon für die Alizaringewinnung.

Interessante Erzeugnisse der Teerdestillate sind das Resinit und das Bakelit, die in löslicher Form als Ersatz für Zelluloid, Horn, Bernstein usw. sowie als Isoliermittel dienen können. Die gehärteten Produkte lassen sich leicht färben und auf der Drehbank bearbeiten. Die Rütgerswerke A.-G. haben die Fabrikation des Bakelits nach dem Patent von Baekeland (Kondensationsprodukte von Kresolen mit Formaldehyd) aufgenommen; die Badische Anilin- und Sodafabrik stellt harzähnliche Produkte aus Naphthalin und Formaldehyd her. Da allein in Deutschland rd. 6000 t Zelluloid erzeugt werden, haben diese Verfahren voraussichtlich eine große Zukunft.

Über die wichtige Verwertung des Teeröls als rauch- und rußfreien Brennstoffs und als Treibmittels für ortsfeste und fahrbare Maschinen wird an anderer Stelle berichtet.

Der Teerfarbenindustrie ist es gelungen, über 2000 verschiedene einheitliche Farbstoffe aller Schattierungen darzustellen, die in der Industrie der Seide, Wolle und Baumwolle, bei der Erzeugung von Papieren und Druckerfarben, zum Färben der Bakterien in der Bakteriologie und zu anderen Zwecken verwendet werden. Die Farbstoffe des Altertums: Purpur, Krapp, Türkischrot, Indigo werden heute aus dem Teere auf künstlichem Wege und viel billiger hergestellt. Überdies zeichnen sich die künstlichen Teerfarben nicht nur, weil sie reiner sind, durch außerordentliche Färbekraft aus, sondern ein großer Teil davon ist auch weit lichtechter und den zerstörenden Einflüssen aller Art gegenüber weit widerstandsfähiger als die Mehrzahl der früher benutzten pflanzlichen und tierischen Farbstoffe. Und wenn auch ein Teil dieser Farbstoffe selbst heute noch Verwendung in der Färberei findet, so steht doch ihre Menge in gar keinem Verhältnis zu derjenigen der in Deutschland erzeugten künstlichen Teerfarbstoffe, die nach allen Ländern der Welt versandt werden. Der Umsatz in der deutschen Farbenindustrie beträgt jährlich mehr als 500 Mill. M, und es ist deshalb erklärlich, daß die deutsche Ausfuhr an Teerfarbstoffen, unter denen man die Anilin- und Alizarin-, die Azo- und die sehr lichtechten Indanthrenfarbstoffe sowie den Indigo und seine Derivate unterscheidet, ganz wesentlich dazu beiträgt, die deutsche Handelsbilanz zu verbessern. Welchen Einfluß allein die Indigoerzeugung auf den deutschen Außenhandel hatte, beweist folgende Statistik:

	Einfuhr		Ausfuhr		Unterschied
	dz	1000 M	dz	1000 M	1000 M
1896	19 733	20 720	5 810	6 391	— 14 329
1900	5 643	4 091	18 728	9 364	+ 5 273
1906	1 125	678	127 327	29 285	+ 28 507
1912	800	508	248 270	45 214	+ 44 706

Außer mit Farben versorgt uns die Teerfarbenindustrie mit zahlreichen Heilmitteln, wie Salizylsäure, *Phenacetin, Pyramidon, Antipyrin, Antifebrin und vielen andern.* Auch das Saccharin, das den Zucker an Süße weit übertrifft, ist der Abkömmling eines Teerproduktes. Ob die Derivate des Teers auch bei der Herstellung des künstlichen Kautschuks eine Rolle spielen werden, und welche das sein wird, läßt sich jetzt noch nicht sagen. Sollte es gelingen, dieses Naturerzeugnis künstlich in wirtschaftlicher Weise darzustellen, so wäre das von ganz hervorragender Bedeutung. Welch unermeßliches Gebiet dadurch den Teerdestillationen erschlossen würde, dürfte schon daraus hervorgehen, daß der jährliche Weltverbrauch in Kautschuk heute einen Wert von mehreren Milliarden M erreicht.

6. Gewinnung und Aufarbeitung der Urteere.

Als Urteere[1]) müssen wir alle Teere bezeichnen, die bei der Aufarbeitung von Brennstoffen — sowohl bei der Entgasung als bei der Vergasung — gewonnen werden, wenn sie bei der Entstehungstemperatur schnellstens und schonend abgeführt werden, um nachträgliche Zersetzungen zu vermeiden. Da die Bildung des Teeres bei langsamer Erwärmung unter niederen Temperaturen vor sich geht (unter 450 bis 500°), so nannte man diesen Teer auch Tieftemperaturteer, oder nach dem von den Engländern ausgebildeten Destillationsverfahren auch Vakuumteer; anderseits gehören auch die Schwelteere zu dieser Gruppe, ebenso wie jeder bei Vergasungsprozessen unter genügend niedriger Temperatur gewonnene Teer hierher gezählt werden muß.

Es besteht nun vielfach die Annahme, daß diese Teere in dem Zustand, in dem sie bei diesen Verfahren gewonnen werden, bereits als solche in der Kohle vorhanden sind. Für diese Annahme sind einzelne Beweise besonders durch die Arbeiten von Prof. Franz Fischer (Gesammelte Abhandlung zur Kenntnis der Kohle, Kohlenforschungsinstitut Mülheim/Ruhr), beigebracht worden. So beweiskräftig auch einzelne der vorgetragenen Gründe zu sein scheinen, so dürfte doch diese Anschauung noch weitere Berichtigung erfahren dürfen. Eine Reihe von in der wirklichen Technik durchgeführten Arbeiten und Beobachtungen haben jedenfalls einen positiven Beweis für diese Annahme noch nicht *zu erbringen vermocht. Es handelt sich vielmehr um ein sekundäres Produkt,* welches nun aber gleich im Entstehungszustand durch die starke Verdünnung mit dem mehr oder weniger heißen Generatorgas aus der Erhitzungszone entfernt wird. Es ist dabei immer grundlegend wichtig, daß eine möglichst schnelle Entfernung der Schwelgase (Teernebel im Gas) erfolgt.

Wenn wir also auch die Urteere als ein sekundäres Erzeugnis ansprechen müssen, so besteht doch ein riesiger Unterschied zwischen diesen und den pyrogen zersetzten Teeren, wie sie auf den Kokereien, in den Gasanstalten und in heißgehenden Gaserzeugern gefunden werden. Die Zusammensetzung der Urteere ist je nach der Art des Verfahrens und der Natur der Brennstoffe in weiten Grenzen verschieden. Außer den zahlreichen Äußerungen über die Untersuchung solcher Teere in den Abhandlungen des Kaiser-Wilhelm-Instituts für Kohlenforschung finden wir eine übersichtliche Zusammenstellung von solchen Teeren aus der Praxis in Zahlentafel 106 auf S. 243, die der Schrift von Trenkler, „Die Chemie der Brennstoffe"[2]) entnommen ist. Auffallend ist vor allen Dingen der große Unterschied im Gehalt an Paraffinen, der durch die Natur der Brennstoffe erklärlich ist. Davon wird naturgemäß auch der Verarbeitungsweg abhängen. Der Gehalt an phenolartigen Substanzen sauren Charakters schwankt zwischen 17 bis 50%, gleichgültig ob die Teere aus Braunkohlen oder Steinkohlen gewonnen sind.

Über die Art, wie diese Teere gewonnen werden, ist an anderen Stellen berichtet. Wenn wir bei der weiteren Behandlung des Stoffes von den Schwelteeren absehen, deren Gewinnung und Aufarbeitung ja aus dem vorzüglichen Werk von Scheithauer[3]) bekannt ist, so kommen nach dem gegenwärtigen Stand in erster Linie die Urteere der Vergasung in Frage.

Die Steinkohlen-Urteergewinnung ist zuerst im Saarrevier durchgeführt durch die Firma Ehrhardt & Sehmer, später A.-G. für Brennstoffvergasung. Sie ist dann weiter ausgebildet im oberschlesischen Revier. Heute arbeitet sowohl die Gewinnungsweise der Deutschen Mondgas-Gesellschaft m. b. H. wie die der vorgenannten Gesellschaft in einer technisch befriedigenden Weise. Es wird ein Teer erhalten, der, wenn der Vergaser gut geführt wird, ziemlich oder vollkommen staubfrei ist, sich verhältnismäßig unschwer vom Wasser trennen läßt und dann zur Verarbeitung gelangt.

---

[1]) Namensgebung nach F. Hoffmann, Berndorf, F. VI. (1918), S. 208, welchem Vorschlag sich auch Prof. Fr. Fischer, Mülheim, anschloß.

[2]) Verlag Spamer, Leipzig 1919.

[3]) „Die Schwelteere", Spamer, Leipzig 1911.

Zahlentafel 106.

Zusammensetzung von Urteeren aus dem Betriebe.

Brennstoff:		Gas-flamm-kohle	magere Kohle	Gas-kohle	Braun-kohlen-briketts
Rohteer: spez. Gewicht		1,052	1,068	1,066	1,026
Benzol, unlöslich	%	0,954	0,11	1,60	2,77
Asche	„	0,12	0,18	0,14	0,13
H_2O	„	ca. 3,0	5,80	4,50	7,3
Öl (Rohdest.)	„	56,35	67,50	57,0	56,2
Pech	„	40,00	26,30	38,3	34,8
Rohdestillat: spez. Gewicht		1,001	1,030	1,008	1,013
Viskosität bei 20°	°E	4,31	9,47	3,11	11,6
Flammpunkt	°C	93	112	85	115
Brennpunkt	„	108	130	98	135
Stockpunkt	„	—5	+4	—6	+7
Saure Öle	%	36	44	32	28
Pech: Erweichungspunkt	°C	87	95	83	70
Alkohol, löslich	%	58	60	76	75,5
Asche	„	0,47	0,55	0,20	1,24
Paraffingatsch auf Rohteer	%	0,345	17,0	0,5	8,5
Schmelzpunkt	°C	34	—	54	57
Schmieröl-Konzentrat auf Rohteer	%	34,8	40,5	34,9	28,4
Viskosität bei 50° C	°E	4,35	—	4,91	6,70
Flammpunkt	°C	154	173	148	152

Die Auswertung der Gase und die Gewinnung eines möglichst wasserfreien Teeres gelingt sowohl in großen Stoßabscheidern oder Großraumkühlern, wie in Zentrifugalwaschern, z. B. System Theisen, Schwarz, Zschocke, die bei einer Temperatur arbeiten, bei der der Taupunkt des im Gase enthaltenen Wassers möglichst noch nicht erreicht wird.

Der Desintegrator-Gaswascher mit Teereinspritzung hat sich nach den umfangreichen Versuchen als vorteilhafter erwiesen, als das anfänglich geübte Verfahren der Kühlung des Gases bis auf Außentemperatur und Ausschleudern des Teeres in Ventilator-Gaswaschern. Bei letzteren erhielt man stets Teeremulsionen, die eine Scheidung des Teeres vom Kühl- und Kondenswasser erschwerten. Gegen den Desintegrator sprach lediglich die Befürchtung vor seinem hohen Kraftverbrauch; dieser ist aber geringer, als bisher angenommen, und auch die einfachste Stoßscheidung benötigt im Grunde fast die gleiche Kraftmenge. Die Rohteere werden nun nach entsprechender Entwässerung zur Destillation geführt. Die Destillation wird möglichst schnell bei möglichst hoher Luftverdünnung mit oder ohne überhitztem Wasserdampf geführt. Die zuletzt genannten beiden Hilfsmittel, Vakuum und Wasserdampf, sind erwünscht und zum Teil erforderlich, weil sich sonst harzige, asphaltartige Kondensationsstoffe bilden, wenn die Teere zu lange der Erwärmung bei Destillationstemperatur ausgesetzt bleiben.

Bei den neuzeitlichen Versuchen der Vergasung in Großraumvergasern, bei gleichzeitiger Erhöhung der Schütthöhe oberhalb der Brennzone gewinnt man Teere, die dem eigentlichen Generatorteer im alten Sinne näher stehen als dem Urteer. Aber auch diese Teere lassen sich auf Schmieröle aufarbeiten, wenn man sie entsprechend behandelt. Die Teere werden einer besonderen Vorreinigung unterzogen, die eine Art von Raffination darstellt. Der bei dieser Verarbeitung gewonnene Teer ist wasserfrei und wird nun durch Destillation verarbeitet. Der Destillation folgt eine Entparaffinierung. Da die so erhaltenen Öle nicht genügend schmierfähig sind, werden sie einem besonderen Verdikkungsverfahren durch Kondensation unter Druck und Wärme unterworfen. Es werden auf diesem Wege aus dem Braunkohlenteer so hochwertige Schmieröle gewonnen, daß mit ihnen sogar die Großgasmaschinen geschmiert werden können.

Die Ausbeuten an Teer sind bei der Saarkohle im Mittel 5%, bei der oberschlesischen Kohle liegen sie zwischen 6 und 9%. Gewonnen werden bei der Teerverarbeitung nach dem oben angegebenen Arbeitsverfahren im Saarrevier 30% Treiböl und 33% Schmieröl, der Rest ist Pech und Verlust. Der Verlust bei der Destillation ist gering. Aus der oberschlesischen Kohle werden gewonnen bis zu

73%, bei besonders sorgfältig geführtem Vergaser bis zu 80% Öl, von denen nur rd. ⅓ Treiböle sind, während der Rest den Schmierölanteil darstellt. In dem Steinkohlenteer sind enthalten bis zu 2% Paraffin, welches abgeschieden werden muß, wenn die Schmieröle in jedem Fall verwendbar sein sollen.

Während der Kriegszeit war es gleichgültig, ob die gewonnenen Schmieröle mehr oder weniger rein waren oder mehr oder weniger die Haut der damit Arbeitenden angriffen. Wenn sich die Verhältnisse auch jetzt noch nicht nennenswert geändert haben infolge der Ölknappheit, so wird es doch von Tag zu Tag mehr erforderlich, die Öle besser zu reinigen. Die gesundheitschädlichen Bestandteile in dem Öl sind in der Hauptsache die phenolartigen Körper, die in sehr oxydierbarer Form in diesen Urteeren vorliegen. Der Gehalt an phenolartigen Stoffen ist abhängig von der Art der Vergaserführung und im übrigen von der Beschaffenheit der Kohle selbst. Die Phenole müssen entfernt werden. Ihre Verwendung ist begonnen. Sie bilden den Ausgang für Naturharzersatzstoffe geringwertiger bis hochwertigster Art. Die geringwertigen sind dunkle, in verschiedenen Lösungsmitteln, zum Teil sogar in Alkohol lösliche, mehr oder weniger harte Harze; die hochwertigen sind helle, den sog. Bakelite-Kunstharzen ähnliche Stoffe, die zum Teil auch in Öl löslich sind und dadurch eine hohe Bedeutung für die weitere Verarbeitung gewinnen werden. Es sind auch bereits Versuche ausgeführt, um diese phenolartigen Stoffe chemisch noch weiter zu verändern, sie haben jedoch noch nicht zu einem endgültigen Ergebnis geführt.

Neben der Gewinnung der rein technischen Öle versucht man, aus den Ölen und aus dem Paraffin andere chemische Stoffe herzustellen, vor allen Dingen fettsäureartige Stoffe. Auf diesem Gebiet sind vor allen Dingen zu nennen die Arbeiten von Harries, Fanto, Kelber, Grey, die alle ein weites Feld der Verwertung in Aussicht stellen.

Wichtig ist es auch noch, darauf hinzuweisen, daß die Öle, nachdem die phenolartigen Stoffe entfernt sind, noch aus verschiedenartigen Kohlenwasserstoffen bestehen, die zum Teil Paraffincharakter, zum Teil den Charakter ungesättigter, sogenannter naphthenischer Kohlenwasserstoffe haben. Die Gruppen lassen sich trennen durch verschiedenartige Lösungsmittel. Besonders geeignet hat sich die flüssige schweflige Säure für die Zerlegung erwiesen. Versucht ist auch die Anwendung von Alkohol in verschiedener Konzentration, Essigäther, Azeton usw.

Zum Schluß seien noch einige Ausbeutezahlen aus der Verarbeitung im Großbetrieb wiedergegeben:

Ausbeute der Saarbrücker Teere im Großbetrieb:

Wasser	15,0%
Destillationsverlust	1,8 ,,
andere Verluste	1,3 ,,
Leichtöl	25,2 ,,
Maschinenöl	27,3 ,,
Pech	29,4 ,,

Bisherige Erzeugnisse bei Verarbeitung von oberschlesischem Teer.

a) Leichtes Maschinenöl:

Leichtöl	22%	
Maschinenöl	39 ,,	(Viskosität 4 Flpkt. 130)
Rückstand	37 ,,	(Schmelzpunkt 63°);

b) schweres Maschinenöl:

Leichtöl	32%	
Maschinenöl	35 ,,	(Viskosität 7 bis 8 Flpkt. 150)
Rückstand	30 ,,	(Schmelzpunkt 85°).

Oberschlesische Teere, wie sie nach neueren Versuchen (Mondgasgenerator) gewonnen werden können, ergaben im Durchschnitt an:

Gesamtölen	73%
Rückstand	26 ,,
Schmelzpunkt	nur 69°.

Bei den abschließenden Versuchen wurden Teere gewonnen, deren Verarbeitungsergebnis noch günstiger ausfallen wird. Zahlen können leider zurzeit nicht angeführt werden, da die Aufarbeitungsversuche noch im Gange sind.

Großverarbeitung von Braunkohlen-Urteer.

Aus 181026 kg sind erzeugt: 14 % Treiböl,
24,4 „ Schmieröl,
12,9 „ Paraffingatsch,
2,2 „ Paraffinschmiere,
21,5 „ Pech,
25 „ Raffinations- und Verarbeitungsverluste,
100%.

Über die Mengen der in Vergasungsbetrieben gewonnenen Urteere sind leider verläßliche Zahlen nicht zu erhalten. Nur einzelne Ziffern sind dem Verf. durch Dr. Fritz Frank zugänglich geworden. Im Saargebiet betrug die monatliche Erzeugung in den ersten Monaten 1918 etwa 150 bis 200 t und stieg bis zum Kriegsende auf etwa 1260 t; mit der Besetzung ist die Erzeugung auf nahe null zurückgegangen. In Oberschlesien wird seit 1919, insbesondere nach Umstellung der Mondgasanlagen auf Urteergewinnung, eine Urteerproduktion von 400 bis 500 t monatlich erreicht. Die im westfälischen Gebiet gewonnenen Mengen sind erheblich niedriger, da sich diese Kohle nicht sehr eignet. Als Haupterzeugungsstelle kommt dort die Mondgasanlage von Thyssen & Co. sowie diejenige des Baroper Walzwerkes in Betracht, die 1918 etwa 90 t und jetzt 150 t Teer liefern dürften. Wesentlich größer sind die aus Braunkohlenbetrieben gewonnenen Urteermengen. Sie betrugen 1918 etwa 620 t monatlich, stiegen 1919 auf 3270 t und erreichen jetzt eine durchschnittliche Monatserzeugung von etwa 5000 t, nicht eingerechnet die Mengen von sonstigem Generatorteer, die monatlich 600 bis 1000 t betragen und auf Wagenfett und ähnliches verarbeitet werden. Die führende Anlage ist die Rositzer Anlage der Deutschen Erdöl-A.-G., in der monatlich etwa 45000 t Brikette zur Vergasung kommen, ausschließlich zum Zweck der Teergewinnung. Daneben ist die Verwertung der großen Gasmengen, die als Nebenstoffe von vornherein in diesem Fall angesehen wurden, gelungen. Die Gase wandern zur Verwertung in die benachbart gelegenen Brikett- und Zuckerfabriken. Aus den 45000 t monatlich vergasten Briketten wird im Mittel 4 bis 5000 t wasserfreier Teer gewonnen. Dieser Teer wird genau wie Mineralöl in einer ununterbrochenen Destillation mit liegenden Blasen auf Treib- und Heizöle, Schmieröle, Paraffin und Elektrodenkoks verarbeitet.

Über die Erzeugungsmengen an Schwelteeren wurde bereits an anderer Stelle berichtet.

Durch die während des Krieges aufgetretene Schmiermittelnot war man auch veranlaßt, aus dem gewöhnlichen Gas- und Kokereiteer, der bei der Entgasung in der üblichen Durchführung fällt, Schmiermittel herzustellen. Man benutzte hierzu die sog. Teerfettöle. Sie sind in ihrer viskoseren Eigenschaft zuerst von Avenarius beobachtet worden. Sie lassen sich durch vorsichtige Destillation der Schmieröle aus dem Teer gewinnen. Es ist wichtig, daß sie vor ihrer Verwendung von den bei der Destillation mit dem öligen Anteil gleich siedenden, kristallisierenden, nämlich dem Anthrazen und seinen Begleitern, getrennt werden. Die Trennung wird am besten durch Kristallisation erreicht, die entweder langsam bei gewöhnlichen Temperaturen oder schnell bei tiefen Temperaturen bis zu — 15° ausgeführt wird. Sie bildeten einen wichtigen Bestandteil für die Versorgung mit Schmierölen. Rund 60000 t sind in der letzten Kriegszeit von diesen Ölen gewonnen worden. Zunächst ist die Gewinnung etwas zurückgegangen, weil der Bedarf an Heizölen und Treibölen so groß war, daß es nicht angängig erschien, eine so weitgehende Verarbeitung, wie sie die Gewinnung guter Schmieröle erfordert, vorzunehmen.

7. Gewinnung des Ammoniaks aus dem Stickstoff der Kohle.

a) Verhalten des Kohlenstickstoffs bei den Umwandlungsvorgängen.

Der Stickstoffgehalt der Kohlen ist sehr stark schwankend, wie aus den auf S. 28 und 31 wiedergegebenen Brennstoffanalysen zur Genüge hervorgeht. Wenn man nun aus der Zusammensetzung unserer jetzigen Hölzer auf die Bildung des Stickstoffs in der Kohle rückschließt, so zeigt sich, wie Muck zuerst nachwies, daß er nicht allein aus den Zellulosebestandteilen herrühren kann, denn diese enthalten nur etwa 0,05 bis 0,1% N. Man hat daher den wesentlich höheren Gehalt der Kohlen auf die stickstoffreichen Sporen, Harze u. dgl. zurückgeführt, aber auch tierische Herkunft in Erwägung gezogen. Letzteres trifft in der Regel nicht zu, sondern der hohe Stickstoffgehalt läßt sich zwanglos erklären, nachdem man den wesentlich höheren Gehalt der moorbildenden Pflanzen gegenüber den Hölzern erkannt hat, und anderseits zweifellos harzartige Stoffe dabei eine große Rolle spielen. Dadurch erscheint es auch begreiflich, daß oft aufeinander folgende Flötze Abweichungen bis zu 25% im Stickstoffgehalt zeigen. — Ist so die Herkunft des Stickstoffs einigermaßen geklärt, so können wir dagegen über die Bindung des Stickstoffs in der Kohle gar nichts Genaues sagen. Wir kennen zwar chemische Verbindungen des Kohlenstoffs mit Stickstoff[1]) außer dem Cyan, aber deren Verhalten ist noch wenig geklärt. Es könnte demnach höchstens die Vermutung bestehen, daß der Koksstickstoff ein polymerer Stickkohlenstoff ist, wie er experimentell in graphitartiger, unlöslicher und unschmelzbarer Form gewonnen wurde. In der Kohle dürften es ziemlich komplizierte organische Verbindungen sein[2]).

Das Auftreten von Ammoniak bei der Erwärmung und Destillation der Kohlen war schon im Anfange des 18. Jahrhunderts bekannt. Erst um etwa 1840 fing man an, das Gaswasser zu Düngungszwecken zu verwenden. Besondere Verdienste in dieser Frage erwarb sich Liebig. Croll und Mallet schlugen 1840 vor, das entstehende Ammoniak mit Salzen oder Säuren zu binden; in der Folge entwickelte sich einerseits das besonders von Clegg ausgebildete Verfahren der Bindung mit Kalkmilch, und anderseits durch die Anregungen von Laming, Addie und Neilson die Bindung desselben mit Schwefelsäure.

Anfänglich war man der Ansicht, daß sämtlicher Stickstoff bei der Destillation in Ammoniak übergehe. Der erste, der nachwies, daß nur etwa $^1/_3$ abgegeben wird und $^2/_3$ im Koks verbleiben, war Hofmann (1863). Eingehender beschäftigte sich mit dieser Frage zuerst Foster (1882), der folgende Verteilung fand:

als Ammoniak	14,50%
als Cyan	1,56 „
im Koks	48,68 „
als freies Element	35,26 „

Nach ihm wurde diese Frage noch sehr oft überprüft, und immer mit ähnlichen Ergebnissen. Von diesen Forschungen sind besonders diejenigen von Mayr und Altmeyer[3]) sowie diejenigen von Christie[4]) wertvoll. Erstere zeigten, daß die Abspaltung sehr schnell, also schon beim Anheizen, und zwar am günstigsten bei etwa 800° vor sich geht und anderseits von der Natur der Brennstoffe abhängt, derart, daß Brennstoffe mit geringerer Koksausbeute auch eine geringere Menge von Stickstoff im Koks zurückhalten und somit mehr abspalten (wie Braunkohle). Bei diesen Versuchen zeigte

Höchsttemperatur bei 3stünd. Erhitzung		600°	700°	800°	900°
Kohle I	im Koks . . . . . . %	72,4	70,1	65,2	62,1
	als NH_3 . . . . . . „	10,6	19,6	21,7	20,8
Kohle II	im Koks . . . . . . „	82,33	80,83	78,21	74,18
	als NH_3 . . . . . . „	5,99	11,98	15,28	14,82

sich aber auch schon der Einfluß der höheren Temperatur, indem zwar mehr Stickstoff abgespalten, aber weniger als Ammoniak gewonnen wurde (infolge nachfolgender Zersetzung) wie aus den vorstehenden Ergebnissen bei 2 verschiedenen Kohlen hervorgeht. Christie studierte eingehend den Einfluß der Erhitzungsdauer und stellte z. B. bei einer Höchsttemperatur von 865° fest, daß die Anteile bei gleicher Kohle sich wie folgt stellen:

	im Koks	als NH_3	sonst flüchtig
bei 12 Minuten Dauer . . . . . . %	66,42	33,58	
„ 80 „ „ . . . . . . „	56,92	18,25	24,83
„ 170 Stunden „ . . . . . . „	37,35	27,45	35,20

Dabei ist es besonders lehrreich, daß der bei schnellster Erhitzung (12 Min.) gewonnene Koks beim weiteren Erhitzen keinen Stickstoff mehr abspaltete. Dieser Umstand ist, wie wir später sehen werden, besonders für das Verhalten des Stickstoffs beim Vergasen wichtig und zeigt, daß die Umwandlung der Stickstoffverbindungen in der Kohle durchaus nicht vollständig zwangläufig ist. Christie

[1]) Journ. f. Gasbel. 1914, S. 730.
[2]) Vgl. hier und zum folgenden: Dr. Bertelsmann, Der Stickstoff der Steinkohle. Stuttgart, Enke 1900.
[3]) Vgl. Journ. f. Gasbel. 1907, Heft 25ff.
[4]) Dissertation Aachen 1906 (1908), vgl. auch Rau, Stahl u. Eisen 1910, S. 1235.

untersuchte ferner das Verhalten verschiedener Brennstoffe bei entsprechend langsamer Erhitzung und bestätigte das von Mayr und Altmeyer Gefundene. So erhielt er bei:

Brennstoff	Torf von Bremen	Gaskohle von Yorkshire	Gaskohle von Consolidation	Fettkohle von Aachen	Anthrazit
mit Koksausbeute . . . . %	31,74	64,48	68,57	77,32	94,80
vom Gesamtstickstoff:					
im Koks . . . . „	24,02	42,63	43,60	54,03	63,64
als NH_3 . . . . „	40,28	29,45	29,07	33,78	25,85
sonst flüchtig . . . . „	35,70	27,92	27,33	12,19	10,51

Zu ganz übereinstimmenden Ergebnissen gelangte auch Rau und Lambris[1]), bei deren Versuchen man wieder den Einfluß der Temperatur sehr anschaulich ersieht:

Ausbeute als NH_3 bezogen auf den Gesamtstickstoff	Gasflammkohle von Graf Bismarck %	Gaskohle vom Zollverein %	Kokskohle von Anna, Alsdorf %	Anthrazit von Kohlscheid %
bis 390°	2,6	1,1	1,6	1,5
„ 510°	8,6	5,6	4,5	3,6
„ 670°	25,3	24,1	19,4	14,9
„ 815°	31,1	30,6	25,6	22,2

Erwähnt mögen hier noch werden die Arbeiten von Drehschmidt[2]) und Simmersbach (Kokschemie, II. Aufl.); auch Sommer[3]) hat diese Frage neuerlich überprüft.

Es ist nach allen diesen Untersuchungen erklärlich, daß die Ammoniakausbeuten bei der Destillation in Kokereien und Gasanstalten zwischen 12 und 25% des Gesamtstickstoffgehaltes schwanken; sie sind je nach dem Ausgangsbrennstoff verschieden und erfahrungsgemäß bei den westfälischen Kohlen niedriger als bei den schlesischen, während letztere wieder einen geringeren Stickstoffgehalt aufweisen, so daß die Ausbeuten in kg/t nicht allzugroße Schwankungen aufweisen. Nach Lunge betragen sie 6,4 bis 16,9 kg/t. Dies zeigt, wie wichtig die Auswahl der Kohlen für die Gewinnung der Nebenstoffe ist. Für die durchschnittlich verwendeten Gas- und Fettkohlen beträgt die Ausbeute 10 bis 12, in selteneren Fällen bis 14 kg auf 1 t rohen Brennstoff. Die Ausbeute ist bei Kokereien vielfach höher als in Gasanstalten. Günstige Umstände für die Ammoniakbildung sind das Vorhandensein von Wasser in genügender Menge, nicht zu hohe Temperatur, da das Ammoniak bei etwa 800° C gebildet und schon bei 100° über seiner Bildungstemperatur zersetzt wird, und vor allem ein rasches Entfernen der Gase aus den Ofenkammern, um Zersetzungen an den glühenden Wänden zu vermeiden.

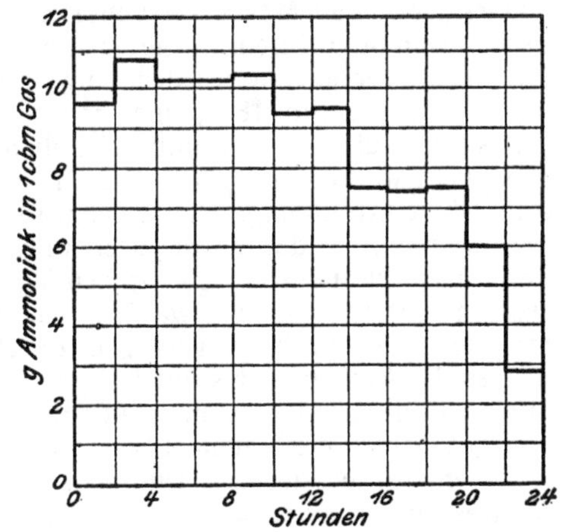

Abb. 87. Entwicklung des Ammoniaks während der Verkokung.

Nach Heckel[4]) muß man die Kohle im Ofen gleichmäßig verteilen, um keine unbedeckten Stellen zu haben, die die Zersetzung des Gases beschleunigen; die Öfen sind möglichst dicht zu halten. Der Ofengang ist an der Zusammensetzung der Gase zu beobachten. Die Öfen dürfen nicht zu stark betrieben werden, da bei hoher Temperatur zu viel Zyan erhalten wird und mehr Stickstoff im Koks zurückbleibt, bei langsamem Erhitzen dagegen mehr Stickstoff als Ammoniak erhalten wird. Ein Mittel, den Stickstoffgehalt des Gases stark herabzusetzen und dadurch die Menge des gewonnenen Ammoniaks zu erhöhen, ist noch nicht gegeben, obwohl eine Menge darauf hinzielende Patente bestehen.

Über die Entwicklung des Ammoniaks während der Verkokung innerhalb 24 Std. gibt Abb. 87 Aufschluß. Die Versuche wurden an vier Koppersschen Öfen gleichzeitig vorgenommen. Die Saugung wurde so geregelt, daß in der Ofenkammer ein Überdruck von ½ bis 1 mm W.-S. herrschte.

[1]) Journ. f. Gasbel. 1913, S. 533ff.
[2]) Journ. f. Gasbel. 1904, S. 677ff.
[3]) Stahl u. Eisen 1919, S. 261.
[4]) Vgl. Heckel, Stahl u. Eisen 1913, S. 402.

Sehr hohe Ammoniakausbeuten gibt die englische Kohle, und hieraus erklärt sich neben ihrem hohen Gasreichtum ihre Beliebtheit bei den Gaswerken.

Weit weniger erforscht ist das Verhalten des Stickstoffs bei der Vergasung. Man ist fast allgemein der Ansicht, daß ebenso wie bei Destillation die Hauptmenge des Stickstoffs in dem anfänglich gebildeten Koks verbleibt und nur bei dessen vollständiger Umsetzung in Freiheit tritt; da die Umsetzung aber bei hohen Temperaturen vor sich geht, entsteht Ammoniak entweder überhaupt nicht oder wird sofort zersetzt, so daß bei normaler Vergasung in der Regel dieselben oder noch geringere Ammoniakausbeuten gefunden werden als bei der Destillation. Durch Verminderung der Temperatur, durch Dampfzusatz und den Einfluß der hohen Dampfmenge gelingt es jedoch, die Ausbeuten wesentlich zu erhöhen. Die grundlegenden Arbeiten auf diesem Gebiete stammen von Grouven (s. S. 109) und wurden von Young und Ramsay[1]) auf Kohle übertragen. Diese fanden bei der Behandlung von Saarkohle, welche zuerst einer 3stündigen trockenen Destillation unterworfen wurde, beim Überleiten von Wasserdampf (ohne Luft) die nachfolgenden Ergebnisse:

bei einer Temperatur von		600° %	700° %	800° %	900° %
nach 3stündigem Entgasen		10,83	19,17	21,88	20,57
beim Durchleiten von Wasserdampf	nach 6 Std. . .	13,04	20,85	23,12	23,84
	„ 9 „ . . .	3,17	8,53	9,64	5,35
	„ 12 „ . . .	1,84	5,10	6,12	2,21
	„ 15 „ . . .	0,17	3,17	3,71	—
	„ 18 „ . . .	—	1,50	2,14	—
	„ 21 „ . . .	—	—	1,12	—
insgesamt als NH_3 gewonnen vom Gesamtstickstoff		29,05	58,32	67,23	51,97

Es wurde somit eine Temperatur von 800° als die günstigste gefunden; bei ihr war es möglich, $^2/_3$ des Kohlenstickstoffs in Form von Ammoniak zu gewinnen. Um die praktische Einführung und Ausbildung dieses Verfahrens für die Schieferschwelerei haben sich Young und Beilby sehr verdient gemacht, während Mond versuchte, dasselbe auf die Vergasung der Kohlen anzuwenden, indem er anstatt Dampf allein ein hochgesättigtes und vorgewärmtes Luft-Dampfgemisch in den Gaserzeuger einführte, aber auf die bei den Schwelretorten übliche Beheizung verzichtete. Nach mehreren Versuchen gelang es ihm 1889, eine größere Anlage in erfolgreichem Betriebe zu haben. Die chemischen Verhältnisse dieser Vergasung bei hohem Dampfzusatz sind eingehend von Bone und Wheeler[2]) untersucht worden, und alle späteren Arbeiten auf diesem Gebiete, wie die von Sachs[3]) zeigen fast volle Übereinstimmung. Die Ergebnisse dieser Versuche (s. S. 166) sind auch von Trenkler[4]) überprüft worden, der dafür eine anschauliche bildliche Darstellung (Abb. 88) gibt. Es zeigt sich darnach ein inniger Zusammenhang zwischen Wasserstoffgehalt des Gases einerseits und der Ammoniakausbeute anderseits, die bei etwa 67% am größten wird, was wieder den Versuchen Youngs durchaus entspricht. Sachs ist es gelungen, durch eine bessere schützende Wirkung mittels des heißkalten Rohres die Ausbeuten bis auf 84% zu steigern, und es ist demnach anzunehmen, daß der gesamte Stickstoff in Form von Ammoniak auftritt, aber teilsweise bei den hohen Temperaturen zersetzt wird. Dagegen zeigen die Versuche von Sachs mit Koks erheblich niedere Ausbeuten; danach ist zu schließen, daß bei der Vergasung der Stickstoff nicht in dem Umfang in den Koks übergeht wie bei der Destillation, oder aber in einer anderen Form.

Zur gleichen Zeit als man versuchte, die Ammoniakausbeute durch die Anwendung von Wasserdampf zu erhöhen, schlugen verschiedene Forscher einen anderen, schon längst bekannten Weg zur Erreichung des gleichen Zieles ein, nämlich die Beimengung starker, anorganischer Basen. Man verwendete hierzu Kalkzuschläge. Es seien hier die Versuche von Cooper, Knublauch[5]) und Schilling[6]) erwähnt. Da man auf diesem Wege nur geringe Ausbeutevermehrungen erhielt, fanden diese Verfahren keine nachhaltige Anwendung.

---

[1]) Journ. Soc. chem. Ind. 1884.

[2]) J. o. J. u. St. Inst. 1907, Nr. 1, und Engineer 1907, S. 639; 1908, S. 837 u. 874.

[3]) Dissertation Karlsruhe 1913, s. auch Stahl u. Eisen 1914.

[4]) Z. d. V. d. I. 1908, S. 87.

[5]) Journ. f. Gasbel. 1887, S. 55ff.

[6]) Journ. f. Gasbel. 1887, S. 661ff.

Neuerdings erfährt jedoch die Beimengung von Chloriden der Alkalien und Erdalkalien Beachtung, die wahrscheinlich infolge katalytischer Wirkungen gestatten soll, sämtlichen Stickstoff in Form von Ammoniumchlorid zu gewinnen (Studien von Wa. Ostwald)[1].) Da bei diesem Verfahren ein erhöhter Dampfzusatz nicht notwendig ist und zugleich die Verwendung von Schwefelsäure zur Bindung des Ammoniaks in Fortfall kommt, ist es geeignet, eine tiefgehende Umwälzung der Ammoniakgewinnung bei der Vergasung herbeizuführen.

Neben der Abspaltung des Stickstoffs als Ammoniak findet sich bei der Destillation auch ein Teil als Cyan. Auch mit der Erforschung dieser Frage haben sich zahlreiche Gasfachleute und Wissenschaftler beschäftigt. Es ist darnach feststehend, daß die für die Cyanbildung notwendige Tem-

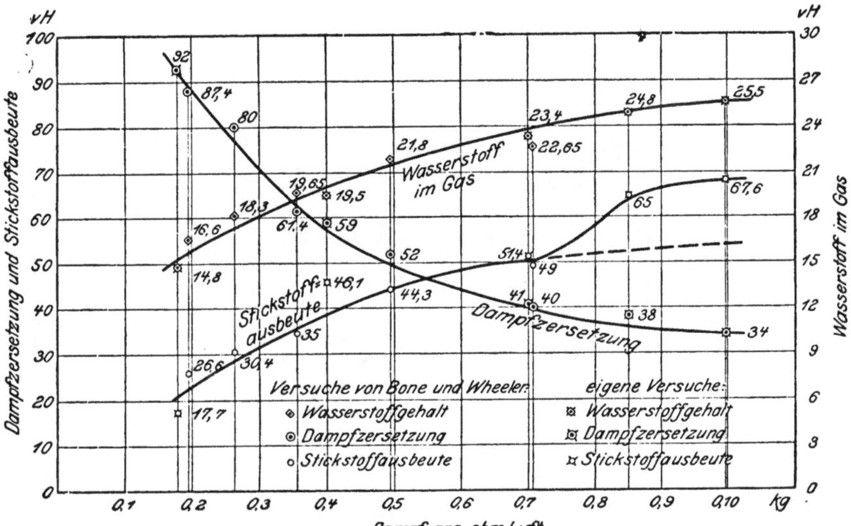

Abb. 88. Versuche über Dampfzersetzung und Stickstoffausbeute.

peratur nicht unter Rotglut liegt und die Gegenwart von Sauerstoff nachteilig ist. Auch Wasserdampf macht sich nachteilig bemerkbar, während starke Basen die Bildung fördern. Es ist demnach klar, daß bei der Vergasung Cyan und Cyanverbindungen vollständig fehlen, während bei der Verkokung etwa 1,5 bis 4% des Gesamtstickstoffs in Cyan übergeführt werden.

b) Gewinnung und weitere Verarbeitung des Ammoniakwassers.

Das bei der Kühlung und Waschung des Destillationsgases aus den Ammoniakwäschern (s. S. 232) abfließende Ammoniakwasser wird in einen Hochbehälter geleitet, aus dem es ununterbrochen der Abtreibvorrichtung in der Ammoniakfabrik zufließt. In diesen Kolonnenapparaten, die 65 bis 80 cbm Ammoniakwasser in 24 Std. verarbeiten, rieselt das Wasser von Kolonne zu Kolonne abwärts. Hat der in den Apparat geleitete, dem Ammoniakwasser entgegenströmende Dampf das flüchtige Ammoniak abgetrieben, so versetzt man es in dem mittleren oder unteren Teile des Abtreibeapparates mit Kalkmilch, um die nichtflüchtigen Ammoniakverbindungen zu zerlegen. Das abgetriebene Wasser, das den Apparat wieder verläßt, darf nur noch Spuren von Ammoniak (nicht über 0,05%) enthalten. Es dient noch zum Vorwärmen des rohen, kalten Ammoniakwassers und fließt dann zur Abscheidung des Kalkschlammes in Klärgruben. Das aus dem oberen Teile der Kolonne entweichende Ammoniakgas durchstreicht zunächst einen Wasserscheider und strömt dann durch gußeiserne Leitungsrohre in verbleite Sättigungskästen, die mit Schwefelsäure von 42 bis 45° Bé beschickt sind. Das aus Hartblei gefertigte Einmündungsrohr ist mit einer bleiernen Tauchglocke umgeben, aus deren oberem Teile die von der Schwefelsäure ausgetriebenen schwachen Säuren (CO_2, SH_2, CNH usw.) entweichen können. Letztere werden durch Ableiten in die Rohgasleitung beseitigt. Unter der Bleiglocke scheidet sich allmählich das sich bildende Ammoniumsulfat kristallisiert aus. Es wird mit Krücken vorgezogen, mit kupfernen Seihern ausgeschöpft und auf eine verbleite Abtropfbühne geworfen. Nach dem Ablaufen der Mutterlauge wird das Salz in Zentrifugen trocken geschleudert und auf Lager gebracht. Es enthält 24,5 bis 25% Ammoniak und ist fast säurefrei.

[1]) Vgl. Trenkler, Chemie der Brennstoffe, S. 34 u. 38.

Zur Verbesserung der Streubarkeit der Handelsware setzt man ihr vielfach eine geringe Menge eines trockenen, feinen mineralischen Pulvers zu. Als solches eignet sich Talkum besonders gut, da es das Zusammenklumpen des Ammoniumsulfats in den Düngerstreumaschinen verhindert und keine schädlichen Wirkungen auf die Pflanzen ausübt.

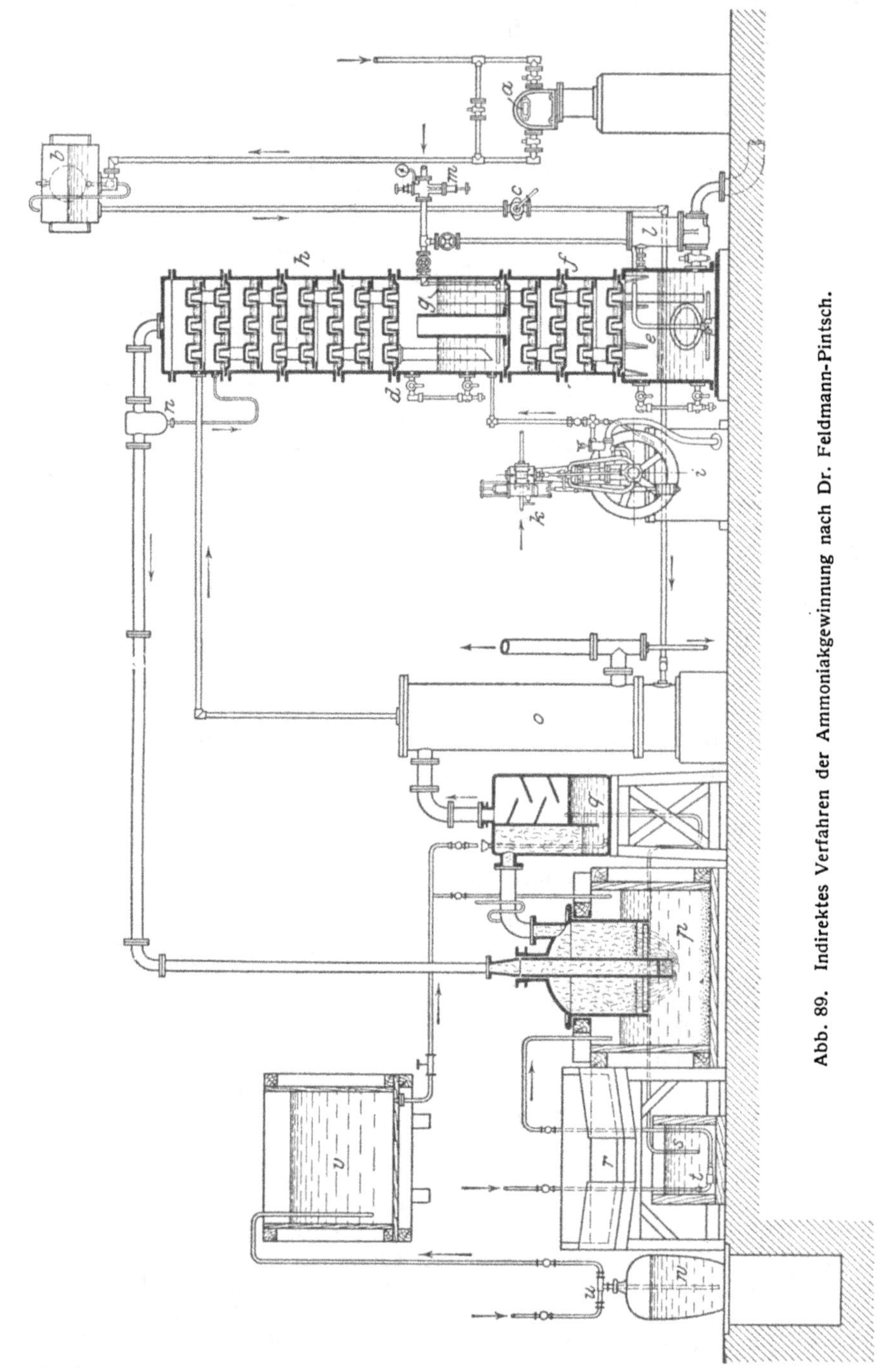

Abb. 89. Indirektes Verfahren der Ammoniakgewinnung nach Dr. Feldmann-Pintsch.

Das vorstehend in allgemeinen Umrissen skizzierte Verfahren ist das sog. indirekte Verfahren der Ammoniakgewinnung; es ist auf den Gasanstalten, aber auch auf zahlreichen Kokereien mit unerheblichen Abänderungen in Gebrauch. Eine Ausführung nach Dr. Feldmann-Pintsch zeigt Abb. 89. Die Anlage besteht im wesentlichen aus dem Abtreibapparat *d*, der sich aus der Hauptkolonne *h*, dem Kalkzersetzungsefäß *g* und der Nebenkolonne *f* mit dem Untersatz *e* zusammensetzt; *o* stellt den Gaswasservorwärmer, *p* den Sättigungskasten, *q* die Säurevorlage, *r* die Abtropfbühne, *k* die Kalkmilchpumpe mit Kasten *i* dar. Das Gaswasser fließt über eine Meßvorrichtung *a* zum Schwimmkegelventil *b*, durch den Skalahahn *c* zum Gaswasservorwärmer *o*, wird hier durch Abgase aus dem Sättigungskasten *p* vorgewärmt und tritt dann in den Kolonnenapparat ein. Es füllt die einzelnen Kammern bis zu einer bestimmten Höhe an und strömt durch die Überlaufrohre nach den darunterliegenden Kammern, bis es auf dem Boden des Kalkzersetzungsgefäßes *g* anlangt, wo es mittels einer Pumpe mit Kalkmilch gemischt wird. Das Kalkmilch-Gaswassergemisch tritt nun in die Nebenkolonne *f* und weiter in den Untersatz *e* und wird von hier aus entweder durch einen Abflußhahn oder durch einen selbsttätigen Abflußregler *l* den Klärgruben zugeführt. Der Dampf tritt in den Untersatz *e* ein, strömt durch die mit Hauben bedeckten Öffnungen der einzelnen Kammern der Nebenkolonne *f*, treibt das durch den Kalk in Freiheit gesetzte (bis dahin also fixe) Ammoniak aus und tritt dann zur Hauptkolonne *h* über, in der er das freie Ammoniak und seine flüchtigen Verbindungen (Ammoniumkarbonat, Schwefelammonium usw.) austreibt. Die Ammoniak- und Wasserdämpfe treten in den Sättigungskasten *p*. Bei größeren Anlagen werden die kupfernen Schöpflöffel, mit denen das Ammonsulfat herausgeholt wird, vorteilhaft durch Dampfstrahl- oder Druckluftheber ersetzt. Die nicht absorbierten Gase werden entweder unmittelbar einem Schornstein oder zur Abscheidung des noch darin enthaltenen Schwefelwasserstoffs einem Reiniger mit Raseneisenerz-Füllung zugeführt.

Statt der Hordenabsorptionsapparate empfiehlt Kubierschky seinen Kolonnenapparat für die Absorption von Ammoniak aus Kohlengasen als besonders wirkungsvoll. Die Kubierschky-Kolonne bietet den Gasen keinerlei Widerstand und vermeidet daher Druckverluste.

Über die Herstellung von verdichtetem Gaswasser berichtet R. W. Hilgenstock[1]). Es kommen zwei verschiedene verdichtete Gaswasser in Betracht:

1. ein sog. schwach verdichtetes Gaswasser mit 14 bis 16% Ammoniakgehalt und
2. ein solches mit über 16 bis 28 und 30% Ammoniakgehalt.

Die Herstellung des ersteren ist sehr einfach. Man leitet die Ammoniakwasserdämpfe, die sonst in den Sättigungskasten geführt werden, in einen Verdichtungskühler, der zweckmäßig ganz aus Gußeisen hergestellt wird. Er besteht aus mehreren Becken, von denen jedes eine ganz besonders gebaute Kühltasche oder Zelle enthält, die durch Wasser gekühlt wird, und auf deren Oberfläche die Ammoniakwasserdämpfe aufprallen und sich dadurch verdichten. Als Kühlmittel für diese Zellen kann auch das zu verarbeitende Gaswasser gebraucht werden, so daß der Verdichtungskühler gleichzeitig als Vorwärmer dient, wodurch eine nicht unerhebliche Dampfersparnis in der Destillierkolonne erzielt wird. Um Ammoniakverluste zu vermeiden, hat man einen kleinen Wäscher angeordnet, durch den die Gase geleitet werden, ehe sie ins Freie gelangen. Da die Ausscheidung von kohlensaurem Ammoniak zu großen Übelständen führen würde, wird die Kohlensäure zum größten Teile durch Wärme abgetrieben. Das geschieht bei einer Temperatur von 90°. Will man verdichtetes Ammoniakwasser gewinnen, so leitet man die Ammoniakwasserdämpfe zuvor durch einen Rückflußkühler, um so viel wie möglich Wasserdampf zu verdichten, und läßt das entstehende Kondensat in die Destillierkolonne zurückfließen. Die nötige Einrichtung wird von der Firma Zimmermann & Jansen in Düren, Rhld., gebaut.

In neuester Zeit sind nun auch Vorschläge gemacht worden, das in den Kokereigasen enthaltene Ammoniak zum Teil in Form von Ammoniumchlorid zu gewinnen, was besonders für das sog. „halbindirekte Verfahren" von Bedeutung sein dürfte, weil hierbei die Kondensate mit vorwiegend fixen Ammoniaksalzen vorteilhaft auf Chlorammonium verarbeitet werden könnten. In dieser Erwägung hat die Abteilung Köln-Bayenthal der Berlin-Anhaltischen Maschinenbau-Aktiengesellschaft ein Verfahren ausgearbeitet, über das Dr. W. Strommenger[2]) berichtet. Sowohl beim indirekten als auch beim direkten und halbdirekten Verfahren entfallen bis zu einem gewissen Punkte Kondensate, die fast ausschließlich fixe Ammoniaksalze enthalten. Diese Kondensate, mögen sie nun destilliert oder dem Sättiger unmittelbar zugeführt werden, machen im ersteren Falle die Gewinnung von Sulfat teuer und verwickelt, im zweiten geben sie im Geschäftsverkehr zu gewissen Bedenken und Einreden Anlaß, die, obschon sie an sich unberechtigt sind, doch lästig empfunden werden. Die Zusammensetzung der Kondensate ist nun zwar sehr verwickelt, das Ammoniak ist aber zum weitaus größten Teile als Chlorammonium darin enthalten. Um die Gewinnung des reinen Salmiaks möglichst billig zu gestalten, mußte darauf hingearbeitet werden, unter Umgehung einer Destillation das fertig gebildete Chlorammonium zu erhalten und die anderen Ammoniakverbindungen in Chlorammonium überzuführen. Besonders wichtig ist die vollständige Entfernung des Eisens, das hauptsächlich als Oxydulsalz vorhanden ist und deshalb zunächst oxydiert werden muß. Als Oxydationsmittel hat sich unter gewissen Umständen Luft als vorteilhaft erwiesen. Am besten eignen sich zur Herstellung von Salmiak die Kondensate, die noch bei höherer Temperatur aus dem Gase ent-

[1]) Journ. f. Gasbel. u. Wasserversorg. 1915, Nr. 10.

[2]) Journ. f. Gasbel. u. Wasserversorg. 1914, Nr. 35.

fallen und deshalb sozusagen kein flüchtiges Ammoniak enthalten, dabei aber einen hohen Gehalt an fixem Ammoniak haben, wie z. B. die Kondensate, die bei dem direkten Verfahren vor der Teerscheidung, beim halbdirekten und indirekten Verfahren noch hinter dem ersten Luftkühler entfallen. Die Arbeitsweise ist folgende:

Die in 1 l etwa 200 g Salze enthaltende Lauge wird erwärmt und mit Salzsäure in geringem Überschusse versetzt, wobei sie sich durch ausgeschiedenen Schwefel trübt. Sie wird nun so lange unter gleichzeitigem Durchleiten von Luft erhitzt, bis die wieder hellgelb gewordene Lösung vollständig blank geworden ist. Der zusammengeballte Schwefel wird abfiltriert und die noch warme Lauge mit einem Überschuß von Ammoniak versetzt, um Eisen und andere Verunreinigungen zu fällen. Nach dem Abfiltrieren wird das überschüssige Ammoniak mit Salzsäure neutralisiert und dann zur Überführung des schwefelsauren Ammoniaks in Chlorammonium eine Lösung von Kochsalz zugesetzt. Die Lauge wird dann zur Trockne eingedampft, worauf je nach der Zusammensetzung der ursprünglichen Lauge ein hellbraunes, rosarotes, violettes bis dunkelbraunes Salz erhalten wird. Man erhitzt zweckmäßig das Salz noch soweit, bis keine Wasserdämpfe mehr entweichen und die Zersetzung der organischen Bestandteile beginnt. Das Salz wird dann der Sublimation unterworfen, wodurch es in drei Fraktionen zerlegt wird. Das am Deckel des Sublimationsgefäßes sitzende Chlorammonium, das die Hauptmenge darstellt, enthält noch Spuren organischer Zersetzungsstoffe. Durch Umkristallisieren wird daraus chemisch reines Chlorammonium gewonnen. Auch das im Helm befindliche Salz läßt sich durch Umkristallisieren reinigen, kann aber auch einer nochmaligen Sublimation unterworfen werden. Die auf dem Boden zurückgebliebene Kohle und auch der früher gewonnene Schwefel sind wertvolle Nebenstoffe. Die für das Verfahren notwendige Einrichtung ist einfach und billig. Da der Sulfatfabrikation durch die Ausscheidung der Kondensate mit vorwiegend fixen Ammoniaksalzen erhebliche Vorteile entstehen (Ersparnis an Kalk und Dampf), so ist zu erwarten, daß dieses Chlorammonium in großer Menge gern und auch verhältnismäßig billig abgegeben wird. In manchen Kokereien wird daher die Verarbeitung dieser Kondensate, die schon an Ort und Stelle mit wenig Mühe und Kosten verdichtet werden können, zu Salmiak lohnend sein können.

Über eine neuere Anlage, die sowohl der Gewinnung von Ammonsulfat wie auch von Salmiakgeist aus den Gaswässern dienen soll, berichtet ausführlich Thümmel.[1]) Bei dem sich während des Kriegs bemerkbar machenden Mangels an Schwefelsäure haben diese Wege mehr Beachtung als bisher gefunden. Besonders die Gewinnung von verdichtetem Gaswasser hat großen Umfang angenommen, da die Gewinnung der für Munitionsherstellung benötigten Salpetersäure bei diesem Ausgangsstoff am günstigsten verläuft (Versuche von Ostwald und Verfahren der Zeche Lothringen).[2])

c) Unmittelbare Gewinnung von Ammonsulfat.

Nach dem mittelbaren Verfahren müssen die Destillationsdämpfe und -gase zunächst vom Teer und dann durch Waschen mit Wasser vom Ammoniak befreit werden. Aus der wässerigen Lösung wird dann wieder unter Zusatz von Kalk das Ammoniak mittels Dampfes abgetrieben. Das ist ein Umweg, der das Verfahren erheblich verteuert, und es hat deshalb schon seit längerer Zeit nicht an Versuchen gefehlt, das Ammoniak unmittelbar aus den heißen Ofengasen in der Form von Sulfat zu gewinnen.

Die ersten Versuche, das Ammoniak unmittelbar zu gewinnen, hat Brunck gemacht. Nach dessen Verfahren durchstreichen die heißen Gase einen Schleuder-Kompressor, der neben dem Ausschleudern des Teeres gleichzeitig auch die Beförderung des Gases übernimmt. Das Gas gelangt zunächst in die Nachentteerer und aus diesen unmittelbar in einen geschlossenen Sättiger. Die bei diesem Verfahren auftretenden Schwierigkeiten, das Gas vor Eintritt in den Sättiger ganz teerfrei zu machen und ein rein weißes Salz zu gewinnen, veranlaßten Koppers, die mechanische Teerreinigung durch eine solche durch Kühlung des Gases zu ersetzen. Das bei der Kühlung des Gases entfallende Ammoniakwasser wird in einem Abtreibeapparat abdestilliert und die frei gewordenen Ammoniakdämpfe dem Rohgas vor Eintritt in die Kühler wieder zugesetzt.

Abb. 90 gibt eine schematische Darstellung dieses Verfahrens. Das von den Öfen kommende Gas gelangt zunächst in die Wasserrohrkühler, wo es auf eine Temperatur von 30 bis 40° C abgekühlt wird. Die dort entfallenden Kondensate (Teer und Ammoniakwasser) fließen in den Scheidebehälter, wo sie getrennt werden, indem der Teer in den Teerbehälter, das Ammoniakwasser in den Ammoniakbehälter fließt. Eine Pumpe befördert das Ammoniakwasser auf einen Hochbehälter, von wo es dem Destillierapparat zufließt. Die dort entstehenden Ammoniakdämpfe werden wieder dem Rohgase vor Eintritt in den Kühler zugesetzt. Das gekühlte und von der größten Teermenge befreite Gas wird durch einen Turbosauger angesaugt und durch die nächsten Apparate weiter befördert. Zunächst gelangt das Gas in einen Teerscheider, wo es von den letzten Teerresten befreit wird, und hierauf in

[1]) Journ. f. Gasbel. 1918, S. 205 ff.

[2]) Vgl. auch Bertelsmann, l. c. S. 53.

einen Gaserhitzer. Dort wird die Gastemperatur um etwa 25 bis 30° erhöht, um eine Wasserdampfkondensation aus dem Gase im Sättiger und damit eine Verdünnung der Sättigerlauge zu vermeiden. Obwohl bei der Bindung des Ammoniaks an die Schwefelsäure Reaktionswärme frei wird, so genügt diese nicht, um die im Gase enthaltene Feuchtigkeit und das Spülwasser zu verdampfen. Ohne Gaserhitzung würde sich die Lauge stetig verdünnen und kein festes Salz ausscheiden können. Das durch die Schlitze eines Verteilungskörpers in den Sättiger eintretende Gas durchströmt das Laugenbad in zahlreichen feinen Strahlen und kommt dadurch mit ihm in innige Berührung. Das Gas verläßt den Sättiger durch einen Säureabscheider, in welchem mechanisch mitgerissene Säure zurückgehalten wird. Das sich bildende Salz scheidet sich in fester Form im trichterförmigen Unterteil des Sättigers ab. Von dort wird es mittels eines Ejektors herausgehoben und gelangt über einen Spritztopf in die Salzpfanne. Die mit dem Salz gleichzeitig hochgehobene Lauge fließt wieder in den Sättiger zurück. Hat sich in der Salzpfanne genügend Salz angesammelt, so wird der Ejektor abgestellt und der Salzbrei in einer Zentrifuge trocken geschleudert.

Die im Sättiger verbrauchte Schwefelsäure wird fortgesetzt aus einem Säurebehälter ersetzt. Das gebildete Salz ist rein weiß, frei von allen Teerbestandteilen und entspricht vollkommen den An-

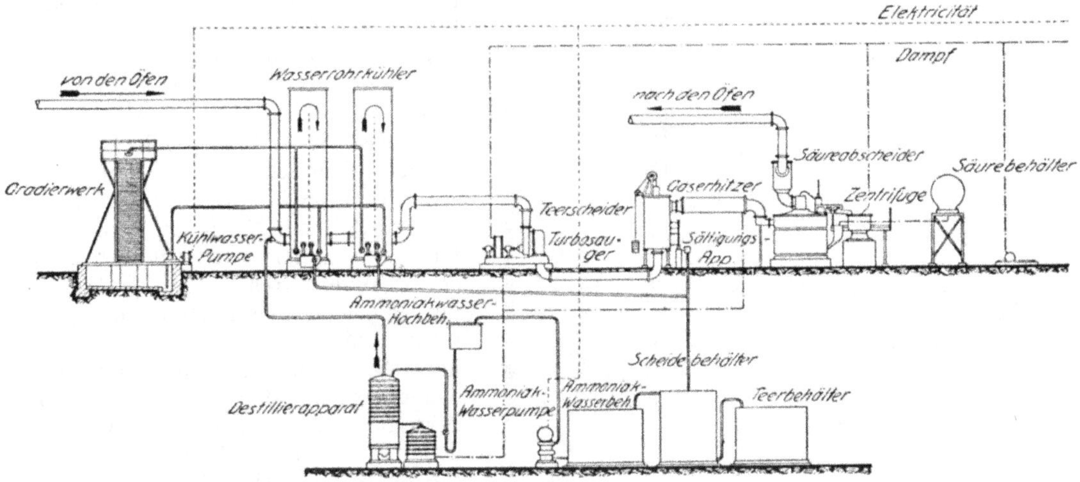

Abb. 90. Direktes Verfahren nach Koppers zur Gewinnung von Ammoniumsulfat.

forderungen der Deutschen Ammoniak-Verkaufsvereinigung für hochprozentiges Salz. Anlagen dieser Art befinden sich auf vielen Kokereien und in neuester Zeit auch in Gasanstalten. Die erste derartige Anlage für ein Gaswerk gelangte im Zentralgaswerk in Budapest zur Aufstellung. Jede der dort aufgestellten Anlagen besitzt eine Leistung von 135000 cbm Gas in 24 Std.

Die anfänglich von den Gaswerken gehegte Befürchtung, durch das Einleiten des Steinkohlengases in die Schwefelsäure würden die schweren Kohlenwasserstoffe absorbiert und das Steinkohlengas dadurch heizwertärmer, hat sich im praktischen Betriebe als grundlos erwiesen. Da die angewandte Säure verdünnt ist, so erscheint eine derartige Annahme schon vom theoretischen Standpunkte nicht haltbar.

Nach dem Ottoschen Verfahren der Gewinnung des Ammoniaks aus heißen Koksofengasen, D. R. P. Nr. 203254, das auf zahlreichen Zechen des rheinisch-westfälischen Industriebezirkes im Betriebe ist, wird das Rohgas ohne vorherige starke Kühlung vom Teer und Ammoniak befreit. Die Tatsache, daß Teer und teerige Gaswasser ausgezeichnete Lösungsmittel für Teernebel sind, führte zur Anwendung von Teerzerstäubern.

Die von den Öfen kommenden, in der Vorlage und der Gassaugleitung durch Luftkühlung auf 100 bis 120° abgekühlten Rohgase strömen durch den Teerstrahlapparat *a* (Abb. 91), durch den eine Kreiselpumpe Teer drückt, und zwar im steten Kreislauf. Durch die innige Berührung der Rohgase mit dem Teer oder teerigen Gaswasser wird das Gas technisch vom Teer befreit. In die Druckleitung der Pumpe ist ein Röhrenkühler *c* eingeschaltet, durch den man die Temperatur auf Taupunkthöhe halten kann. Unter gewöhnlichen Verhältnissen liegt dieser bei etwa 76°, während die Teertemperatur je nach den Witterungsverhältnissen zwischen 50° und 80° schwanken kann. Nach Abscheidung des Teeres tritt das heiße Gas mit seinem Gehalt an Wasserdampf und Ammoniak durch Hauben in den Sättiger *d*, der bis zur Hälfte mit verdünnter Schwefel säure gefüllt ist. Da auch hier die durch Reaktionswärme auftretende Temperaturerhöhung nicht genügt, um eine Verdünnung des Bades zu verhüten, so ist eine geringe Wärmezufuhr zum Bade erforderlich. Nach Verlassen des Sättigers und Säureabscheiders gelangt das Gas in einen Röhrenkühler, oder man führt gekühltes Wasser unmittelbar in das Gas. In letzterem Falle mischen sich die Kondensate mit dem Wasser; durch Scheidebehälter wird das Gemisch wieder getrennt. Das Wasser wird in einen Kühlturm *h* geleitet, wobei ein der Kondensatmenge nahezu entsprechender Teil verdampft, während der Rest wieder als Kühlwasser dient.

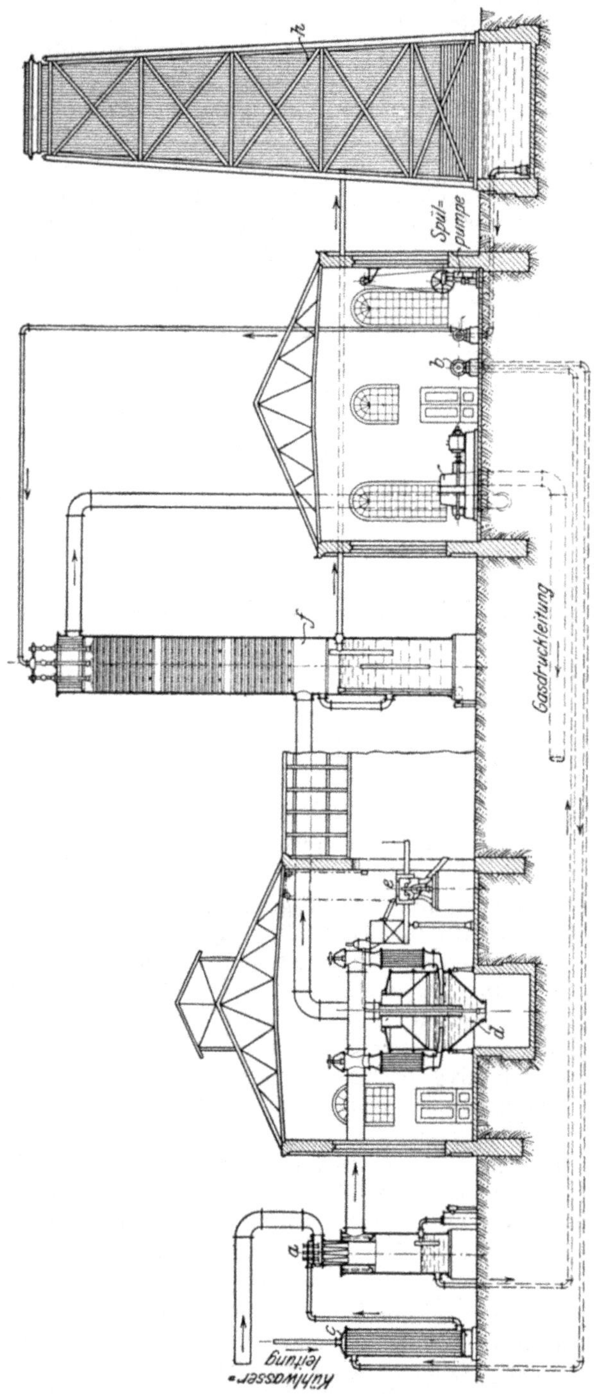

Abb. 91. Verfahren der Ammoniakgewinnung nach Dr. C. Otto & Co.

Das nach dem Ottoschen Verfahren entstehende Salz besitzt infolge der nicht vollkommenen Teerreinigung des Gases nicht immer eine vollkommen rein weiße Beschaffenheit, indem Teerteilchen mit in den Sättiger gelangen. Auch hat das Verfahren den Übelstand, daß die im Gase enthaltenen Chlorammoniumverbindungen mit in die Schwefelsäure gelangen, wo sie zersetzt werden und der hier frei werdende Chlorwasserstoff häufig schwere Schäden an den folgenden Apparaten anrichtet.

Dr. Otto hat daher das Verfahren in neuerer Zeit zur Vermeidung dieser Nachteile umgeändert. Bei diesem sog. Regenerativverfahren werden die Gase in der oberen Hälfte eines hohen Kühlers zunächst durch kaltes Gaswasser abgekühlt. Die abgekühlten Gase werden von einem Turbosauger angesaugt und in die untere Hälfte desselben Kühlers gedrückt, wo sie durch das inzwischen vom Teer befreite, im Oberteil des Kühlers als Kühlmittel verwendete Gaswasser wieder erhitzt werden und von dort in den Sättiger gelangen. Das im Kreislauf umfließende Gaswasser wird dem Unterteil des Kühlers entnommen, in einem besonderen Ammoniakwasserkühler gekühlt und dann durch eine Pumpe in den Oberteil des Kühlers hinaufgepumpt. Ein Teil des Ammoniakwassers wird in einem besonderen Abtreibeapparat abgetrieben und die entstehenden Ammoniakgase dem Rohgase zugesetzt. Dieses neue Ottosche Verfahren verwendet somit wie Koppers eine Abtreibekolonne zum Abtreiben der wässrigen Kondensate.

Das Verfahren der Ammoniakgewinnung ist in seinen Einzelheiten mehrfach abgeändert worden, was wir hier nicht weiter verfolgen können; doch sei noch das direkte Verfahren von F. J. Collin erwähnt.

Bei diesem wird das aus den Öfen kommende Gas durch den Kühler *a*, Abb. 92, soweit abgekühlt, daß in dem Teerabscheider *b* eine genügende Abscheidung des Teers erreicht wird. Durch den Gassauger *c* wird das vom Teer befreite Gas dann in den Sättigungskasten *d* geleitet. Das im Kühler niedergeschlagene Kondensat wird in bekannter Weise im Abtreibeapparat *e* behandelt. Die Ammoniakdämpfe werden getrennt in das

Sättigungsbad eingeführt, so daß sie sich nicht mit den Koksofengasen vermengen. Auf diese Weise soll eine Verunreinigung der Gase durch Schwefeldioxyd vermieden werden. Die getrennte Durchleitung der Dämpfe durch das Säurebad ermöglicht es, das Verfahren ohne besondere Vorwärmung durchzuführen; anderseits ist damit eine bedeutende Kraftersparnis verbunden, weil die Dämpfe aus eigener Kraft den Widerstand des Säurebades überwinden und der Sauger deshalb nur das eigentliche Koksofengas zu bewältigen hat. Weitere Vorzüge des Verfahrens sind die Teerfreiheit des Sulfats und die vollkommene Gewinnung des Teers, wobei jede Verunreinigung ausgeschlossen ist.

Neben diesen Verfahren zur unmittelbaren Gewinnung von Ammonsulfat bei Benutzung von Schwefelsäure verdienen auch die neuen Bestrebungen Erwähnung, die darauf hinzielen, anstatt dieser Bisulfat zu verwenden. Der während des Krieges auftretende Mangel an Schwefelsäure hat solche Versuche zuerst in England, aber fast zu gleicher Zeit in Deutschland veranlaßt[1]). Das Bisulfat oder saure Natriumsulfat von der Formel $NaHSO_4$ ist ein Abfallprodukt bei der Herstellung von Salpetersäure und ergibt bei der Anwendung zu dem oben genannten Zweck naturgemäß ein Doppelsulfat, welches neben Ammoniak auch Natrium enthält. Das Natriumsulfat hat selbst keinen Düngewert, kann jedoch aufschließend auf Kaliverbindungen des Bodens wirken, so daß es eine günstige Düngewirkung verursacht. Die Verfahren, welche sich zweifellos auch weiterhin bei dem dauern-

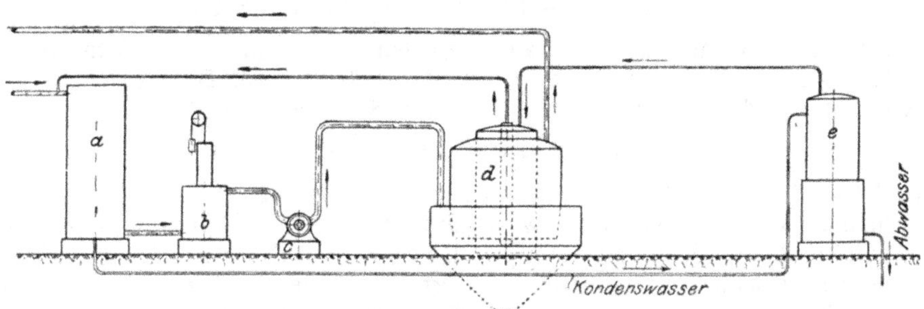

Abb. 92. Verfahren der Ammoniakgewinnung nach F. J. Collin.

den Mangel an Schwefelsäure einbürgern werden, sind in den letzten Jahren mehrfach etwas abgeändert worden, so daß Endgiltiges noch nicht zu berichten ist.

Daneben verdienen besondere Beachtung die Versuche der Badischen Anilin- und Soda-Fabriken, welche dahin zielen, Gips zur Bindung des Ammoniaks zu benutzen. Bei der Herstellung des synthetischen Ammoniaks nach dem Haber-Verfahren hatte man bei der Bindung mit Schwefelsäure große Schwierigkeiten wegen des Auftretens von ammoniakalischem Ammonsulfat, und die älteren mit großer Energie weitergeführten Versuche führten schließlich auch zu einem vollen Erfolg. Man benutzt zu dieser Umsetzung die bekannte Reaktion zwischen einer Gipssuspension mit Ammoniak bei Gegenwart von Kohlensäure. Dieses Verfahren könnte bei entsprechender Abänderung auch für die Gewinnung des Ammoniaks aus den Gasen der Destillation und der Vergasung Anwendung finden, und ist so bestimmt, noch große Bedeutung zu erlangen, da Gips ein viel verbreiteter Rohstoff ist.

d) Ammonsulfatgewinnung unter Benutzung des Brennstoffschwefels.

Allen bisher genannten Verfahren der Ammoniakgewinnung gemeinsam ist die Erzeugung von Ammoniumsulfat unter Benutzung von Schwefelsäure. Da nun in den Destillationsgasen auch erhebliche Mengen von Schwefel enthalten sind, gewinnen diejenigen Verfahren große wirtschaftliche Bedeutung, die die Gewinnung von Ammoniumsulfat mit Hilfe dieses Schwefels zu erreichen suchen[2]). Zur Bindung des Ammoniaks wurden in letzter Zeit allein in Deutschland 400000 bis 500000 t Schwefelsäure im Werte von 8 bis 10 Mill. M verbraucht, für die die Rohstoffe zum Teil aus dem Auslande herangeschafft werden mußten.

Der nächstliegende Gedanke war, den im Gas enthaltenen Schwefel zu verbrennen, das entstehende Schwefeldioxyd an das Ammoniak zu binden und das Ammoniumsulfit entweder als solches zu verwenden oder aber durch nachfolgende Oxydation in Ammoniumsulfat überzuführen. Diesen Gedanken

[1]) Vgl. Journ. f. Gasbel. 1918, S. 91.

[2]) Vgl. hierzu auch die sehr übersichtliche und erschöpfende Arbeit von Dr. Bertelsmann, Die gemeinsame Gewinnung des Ammoniaks und des Schwefels aus Gasen der trockenen Destillation. Journ. f. Gasbel. 1919, S. 3ff.

hatte Burkheiser ausgeführt. Er ließ nämlich den Schwefel der Koksofengase durch Eisenoxydhydrat absorbieren und dann unter Zuleitung von Luft verbrennen. Das Schwefeldioxyd wurde in einen Wäscher geleitet, der von Ammoniumsulfit berieselt wurde, wobei sich Ammoniumbisulfit bildete, das das im Gase vorhandene Ammoniak unter Bildung von Ammoniumsulfit aufnahm. Letzteres Salz fiel aus; es wurde von der Mutterlauge getrennt, die wieder zur Bindung des Schwefeldioxyds benutzt wurde. Leider hat aber das Ammoniumsulfit recht unangenehme Eigenschaften, und auch seine Überführung in Sulfat ist keineswegs leicht. Bei weitem aussichtsreicher ist das Verfahren von Walther Feld, das sich auf die Beobachtung stützt, daß sowohl Ammoniak als auch Schwefelwasserstoff selbst bei höheren Temperaturen von Ammoniumtetrathionat unter Bildung von Ammoniumsulfat, Ammoniumthiosulfat und Schwefel aufgenommen werden:

$$(NH_4)_2S_4O_6 + 2\ NH_3 + H_2O = (NH_4)_2S_2O_3 + (NH_4)_2SO_4 + S$$
$$(NH_4)_2S_4O_6 + 3\ H_2S = (NH_4)_2S_2O_3 + 5\ S + 3\ H_2O.$$

Durch Verbrennen des Schwefels wird Schwefeldioxyd erzeugt, durch das das Ammoniumthiosulfat wieder in Ammoniumtetrathionat übergeführt wird:

$$2\ (NH_4)_2S_2O_3 + 3\ SO_2 + S = 2\ (NH_4)_2S_4O_6.$$

Durch abwechselnde Behandlung der Lauge mit den Kokereigasen und Schwefeldioxyd nimmt der Gehalt an Ammoniumsulfat so zu, daß die Lauge siedewürdig wird. Beim Kochen bildet sich unter Entweichen von Schwefeldioxyd Ammoniumsulfat und Schwefel:

$$(NH_4)_2S_4O_6 = (NH_4)_2SO_4 + SO_2 + 2\ S.$$

Der Schwefel wird abfiltriert und die Sulfatlauge eingedampft.

Das ursprüngliche Verfahren von Feld wurde auf Grund der im Betrieb gemachten Erfahrungen abgeändert. Hierüber berichtet zusammenfassend Sander[1]). Die chemischen Umsetzungen sind meist dadurch etwas verschleiert, da mehrere Reaktionen nebeneinander verlaufen. Jedenfalls ist es nach vielen Bemühungen gelungen, ein im Betrieb erprobtes und sicheres Verfahren auszubilden, das es erlaubt, die Ammoniakgewinnung bei der Kokerei ohne fremden Schwefel auszuführen. Es mag einzelne Kohlensorten geben, wo die Schwefelmenge des Brennstoffs nicht ganz ausreichen wird; in der Mehrzahl wird jedoch sogar noch ein Überschuß an Schwefel erzielt werden.

Für die Gewinnung des Ammoniaks aus den Gasen der Vergasung können naturgemäß alle im vorstehenden beschriebenen Wege benutzt werden. Man hat lediglich dem Umstand Rechnung zu tragen, daß die Konzentration des Ammoniaks wesentlich geringer ist. Bei dem Mond-Verfahren und ähnlichen benutzt man daher ein unmittelbares Sättigungsverfahren mit Schwefelsäure lediglich mit der Abänderung, daß man in den Sättigern nicht sofort Sulfat ausfallen läßt, sondern auf konzentrierte Laugen hinarbeitet, die in einer getrennten Apparatur eingedampft werden. Es erscheint dies zweckmäßiger, weil man bei dem hohen Wasserdampfgehalt des Gases sonst mit einer Verdünnung der Laugen rechnen müßte und eine Beheizung des Sättigers bei dem großen Gasvolumen zweifellos mehr Wärme erfordern würde als diejenige, welche erforderlich ist, um die Laugen getrennt einzudampfen. Es ist jedoch schon wiederholt angeregt und versucht worden, die Ammonsulfatgewinnung in vollständig gleicher Weise und mit den gleichen Apparaten durchzuführen, wie bei den unmittelbaren Verfahren in der Kokerei; hierüber sind aber Veröffentlichungen nicht bekannt, und es bleibt nach dem Gesagten dahingestellt, ob damit ein Vorteil erzielt werden kann.

X. Die Wirtschaftlichkeit der Gewinnung der Nebenerzeugnisse.

1. Die Stickstofffrage.[2])

a) Einleitung.

Noch nie hat eine Frage so viel Vertreter aller Wissenschaften um die Rednertribüne des allgemeinen Forums versammelt, und noch nie zuvor ist eine Frage in der gesamten Literatur lauter behandelt worden als die vorliegende. Die Forderung, die Kohle allgemein zu vergasen statt zu ver-

[1]) Journ. f. Gasbel. 1919, S. 65.

[2]) Vgl. u. a. Prof. Dr. Askenasy, Vortrag über die Gewinnung von künstlichem Stickstoff. Essen, 3. Juni 1915. — Dr. Eduard Besemfelder, Die staatswirtschaftliche Verwertung der Kohle. Berlin, Heymanns Verlag 1918. — Prof. Dr. Caro, Klingenberg, Russig, Lempelius, Die rationelle Ausnutzung der Kohle. Gutachten. Berlin, Heymanns Verlag 1918. — H. Büggeln, Die Gewinnung von Nebenerzeugnissen. Süd-

brennen, um billiges Heizgas zu schaffen und den für die Landwirtschaft so unentbehrlichen künstlichen Dünger herzustellen, entsprang meist zu weitgehenden rein theoretischen Erörterungen, denen die tatsächlichen Verhältnisse gegenübergestellt werden mußten. Und dennoch haben alle, die an dieser Aufgabe mitgearbeitet haben, sich ein hohes Verdienst erworben; denn die Stickstofffrage ist eine der wichtigsten Fragen Deutschlands und auch jedes anderen Landes, weil sie mit unserer Ernährungsfrage und der Brennstoffwirtschaft unmittelbar zusammenhängt und als solche auch zusammen behandelt werden muß.

b) Einfluß des Stickstoffs auf die Ernteerträge der Landwirtschaft.

Nach den Angaben des Statistischen Reichsamts stellten sich Deutschlands Ernteerträge und Anbauflächen 1918 (vgl. Zahlentafel 107) gegenüber 1913:

Zahlentafel 107.

	Ernte-Erträge in Mill. t		Abnahme in %	Anbauflächen in Mill. ha		Abnahme in %
	1913	1918	1918	1913	1918	1918
Weizen	4400	2400	45	1800	1400	22
Roggen	12100	8000	34	6300	5700	9
Kartoffeln	52800	29500	44	3300	2700	18

so daß die Knappheit unserer Lebensmittel ohne weiteres ihre Erklärung findet. Die Ursache in der Verschlechterung unserer Ernteerträge ist lediglich auf die mangelhafte Düngung des Landes zurückzuführen; denn als der Krieg ausbrach, waren die Vorräte an Salpeter sehr knapp, und während des Krieges hatten die Stickstoff-Fabriken in erster Linie den Bedarf an Sprengmunition zu decken. Wir müssen demnach wieder zur Kultivierung unseres Landes zurückkehren und wollen, ohne uns an die vielfach bestrittenen Ziffern zu klammern, zunächst die Frage nach dem Bedarf der Düngemittel beantworten.

Bedarf an Düngemitteln.

Die Einfuhr an Chilisalpeter betrug 1912	812898 t
die Ausfuhr an Chilisalpeter	27431 t
es verblieben also im Lande	785467 t
	∼ 785000 t
an Ammoniumsulfat wurden 1913 verbraucht	460000 t.

Das sind diejenigen Düngemittel, die wir außer dem vor dem Kriege reichlich vorhandenen Stalldünger dem Lande zugeführt haben. Sie stellen gewissermaßen die Mindestmengen dar[1]).

$$785\,000 \text{ t Chilisalpeter enthalten } \frac{15 \cdot 785\,000}{100} \sim 118\,000 \text{ t Stickstoff,}$$

$$460\,000 \text{ t Ammoniumsulfat „ } \frac{20 \cdot 460\,000}{100} = 92\,000 \text{ t „}$$

zusammen: 210 000 t Stickstoff.

deutsches Industrieblatt 1917, Nr. 33 und 34. — Prof. Dr. Fritz Haber, Die Stickstoffwirtschaft. Berl. Tagbl. 25. 12. 19. — Prof. Dr. Caro, Über einheimische Stickstoffquellen. Z. f. angew. Chemie 1906, Heft 37. — Franz Kolbe, Die rationelle Ausnutzung der Kohle. Der Staatsbedarf. 12. Okt. 1918. — Dr. Uhlmann, Prof. Naumann, Dr. Besemfelder, Schäfer, Gwosdz, Trenkler usw., verschiedene Aufsätze in der Chemiker-Zeitung. 22. September 1915ff. — Prof. Dr. Fester, Die Vergasung der Kohle. Das Techn. Blatt, Frankfurt a. M. 1919, Nr. 6. — Dr. Bueb, Die derzeitige Lage und künftige Entwicklung auf dem Ammoniakmarkt. Journ. f. Gasbel. 1919, Nr. 46. — Ernst Wilhelm, Der Krieg und die Steinkohlenerzeugnisse. Wasser u. Gas 1919, Nr. 18. — Prof. Dr. Caro, Die Kraftquellen Bayerns und deren industrielle Ausnutzung. Vortrag, 21. Februar 1916. — Dr.-Ing. Dolch, Kohlenvergasung und rationelle Ausnutzung der Brennstoffe. Montanistische Rundschau 1919, Nr. 3ff.

[1]) Von den vor dem Kriege eingeführten und erzeugten Kalkstickstoffmengen können wir absehen, weil sie größtenteils von der Industrie verbraucht wurden; teilweise wurden die Anlagen nur zur Herstellung von Karbid benutzt; das Kalziumkarbid wird für Beleuchtungszwecke, zur autogenen Schweißung und für besondere Zwecke der chemischen Industrie verwandt.

Nach einer Aufnahme im Jahre 1883 waren in Deutschland vorhanden:

an Äckern, Gärten und Weinbergen	26311968 ha
„ Wiesen	5903501 „
„ Hütungen und Öden	5041083 „
zusammen:	37256552 ha.

Hiervon gehen an besetztem Gebiet $\sim 1/5$ ab, so daß rd. 30 Mill. ha mit Düngemitteln zu versorgen wären. Das gibt auf 1 ha i. M. den geringen Betrag von nur 7 kg. Wenn diese geringe Menge die Ernteerträge vor dem Kriege einigermaßen aufrechterhalten hat, so lag das an dem reichlichen Stalldünger, der bei unserem guten Viehstand und den damals vorhandenen Kraftfuttermitteln[1]) zur Düngung des Landes gerade noch ausreichte. Heute aber müssen wir mit anderen Verhältnissen rechnen. Auf eine Zufuhr von außen müssen wir der Valuta wegen verzichten. Das Land ist ausgesogen und unser Viehstand ruiniert. Es fehlt uns ferner an Kraftfutter und dementsprechend auch an genügendem und geeignetem Stalldünger. Wir müssen also dem Lande nicht nur die für die regelmäßige Düngung erforderlichen Mengen in bedeutend höherem Maße zuführen, sondern auch das Manko aus den früheren Jahren decken und letzten Endes Ersatz für den fehlenden Stalldünger schaffen. Rechnen wir, alles in allem, mit 350000 t Stickstoff als unterste Grenze, so hätten wir jetzt die Frage nach der Deckung dieses Bedarfes zu beantworten.

c) Stickstoffquellen.

Als vor etwa 20 Jahren die Befürchtung einer Erschöpfung der chilenischen Salpeterlager aufkam, beschäftigte man sich mit der Aufgabe, Ammoniak oder Salpetersäure aus dem Stickstoff der Luft zu erzeugen. Man ging hierbei von der Überlegung aus, daß von dem tatsächlichen Bedarf an gebundenem Stickstoff die Kokereien und Gasanstalten nur einen geringen Teil in Form von Ammoniaksalz zu decken imstande waren, daß dagegen der Ausgleich der großen Fehlmenge noch eine andere Lösung erheischte. Unsere Kokereien, deren Leistungsfähigkeit 1913 nur ungefähr zu 46% ausgenutzt war, lieferten mit den Gaswerken zusammen $\sim$ 550000 t Ammoniumsulfat mit 113000 t Stickstoff. Eine größere Fabrikation dürfen wir in Zukunft kaum erwarten. Die Kokereien müssen sich nach der Roheisenerzeugung richten, die infolge des allgemeinen Rohstoffmangels außerordentlich stark zurückgegangen ist. Um den nicht mehr einzuschränkenden Bedarf an Brennstoff der Städte zu decken, beschäftigen sich sogar die Gaswerke lebhaft mit dem Gedanken, gute Gaskohlen zur volleren Beschäftigung ihrer Betriebe von den Kokereien zu beziehen[2]). Jedenfalls kann man vorsichtigerweise höchstens annehmen, daß die Kokereien und Gaswerke $\sim 1/3$ des Stickstoffbedarfes zu decken imstande sein werden. Der Rest von etwa 235000 t Stickstoff muß von den Stickstoffwerken geliefert werden[3]).

Da erschlossen sich fast zu gleicher Zeit 3 neue Quellen:

1. Die Vereinigung des Stickstoffes der Luft mit ihrem Sauerstoff mit Hilfe des Flammenbogens, um die sich insbesondere die Norweger Birkeland und Eyde Verdienste erworben haben,
2. die Bindung des Luftstickstoffes durch heißes Kalziumkarbid zu Kalkstickstoff nach dem Verfahren von Frank und Caro,
3. die Vereinigung von Stickstoff und Wasserstoff zu Ammoniak (Haber-Bosch).

Da sich die Salpetersäure nicht billig transportieren läßt, wird sie zu Kalksalpeter verarbeitet, d. h. mit Kreide verrührt und eingedampft (Norgesalpeter). Mit dem Transport dieses Erzeugnisses wird daher, wie bei dem Kalkstickstoff, ein großer Ballast mitgeschleppt. Aus diesem Grunde verdient das Verfahren von Wilhelm Ostwald Beachtung, wonach Ammoniak und Luft beim Überleiten über Katalysatoren und Anwendung von Temperaturen von 600° zu NO_2 verbrannt wird. Da sich Ammoniak wasserfrei in Tanks transportieren läßt, wird man diese Umwandlung erst am Verbrauchsorte vornehmen, um die Transportkosten zu sparen. Das Ostwaldsche Verfahren ist billiger als das alte

[1]) Futter und Stalldünger sind einander koordiniert; je geringwertiger das Futter, desto unwirksamer auch der Stalldünger.

[2]) Lempelius, Journ. f. Gasbel., Nr. 42, 18. 10. 19, S. 613.

[3]) Wir wollen von der Ammoniakgewinnung bei der Vergasung der Kohle wegen der vorläufig nicht ins Gewicht fallenden Mengen absehen, ohne indes unbedingt der großen Zukunft dieses Verfahrens Zweifel entgegenzustellen.

Verfahren, die Salpetersäure durch Erhitzen des Chilisalpeters und der teuren Schwefelsäure zu gewinnen.

Für unsere Betrachtungen dürfte es genügen, wenn wir der Vollständigkeit halber noch auf folgende Stickstoffquellen hinweisen:

1. Gründünger: Lupinen, Seradella, Bohnen usw. besitzen die eigenartige Fähigkeit, mit Hilfe der sog. Knöllchenbakterien elementaren Luftstickstoff zum Aufbau ihrer Organbestandteile heranzuziehen. Der Landmann macht von dem Gründünger ergiebigen Gebrauch.

2. Eine ganze Reihe von Stoffen organischen Ursprungs wird in Deutschland auf stickstoffhaltige Erzeugnisse verarbeitet, so Hornmehl, Knochenmehl, Blutmehl usw.

3. Die Luft weist infolge elektrischer Entladungen wie Blitze, wahrscheinlich aber auch durch Einwirkung ultravioletter Strahlen des Sonnenlichts, Stickoxyde auf, die der Erde mit den Exhalationsstoffen der Krater in Form von salpetersaurem oder salpetrigsaurem Ammoniak durch Regen, Schnee- und Nebelbildung zugeführt werden. Swante Arrhenius hat diese Mengen auf 400000 t im Jahr berechnet[1]).

d) Welchem Düngemittel soll der Vorzug gegeben werden?

Sofern künstliche Düngemittel in Frage kommen, wird man füglich zum Vergleich

1. die physikalischen Eigenschaften,
2. die ertragsteigernde Wirkung,
3. die Stickstoffausnutzung,
4. die Kostenfrage,
5. die zu ihrer Herstellung erforderlichen Kohlenmengen heranziehen müssen, um die Entscheidung zu treffen.

Zu 1. gehört z. B. der mitzutransportierende Ballast, der beim Kalkstickstoff sowohl als auch beim Kalksalpeter bis zu 75% ausmachen dürfte. In zweiter Linie ist die Streufähigkeit des Düngemittels ein unbedingtes Erfordernis der Landwirtschaft, ohne die eine gleichmäßige Wirkung kaum erzielt werden dürfte. Diese Eigenschaft besitzt der Kalkstickstoff nicht[2]).

Zu 2. und 3. Über die Wirkung verschiedener stickstoffhaltiger Düngemittel sind Jahre hindurch Feldversuche ausgeführt worden, über deren Ergebnis das Reichsamt des Innern Hefte herausgegeben hat[3]). Das Endergebnis der Gerlachschen und Wagnerschen Versuche ist kurz folgendes:

Bei allen Versuchen hat der Chilisalpeter die erste Stelle eingenommen.

Kalksalpeter steht dem Chilisalpeter nur wenig nach.

Ammoniaksalz ist gegen Salpeterwirkung:

a) bei Halmgewächsen und Kartoffeln um 7 bis 8%,
b) bei Rübendüngung
   um 35% in der ertragsteigernden Wirkung,
   um 25% in der Stickstoffausnutzung

zurückgeblieben.

Kalkstickstoff hat weniger sicher als Ammoniaksalz gewirkt; er ist i. M. nicht nur gegen Chilisalpeter sondern auch gegen Ammoniaksalz in der Wirkung und Ausnutzung zurückgeblieben:

a) bei Halmfrüchten gegenüber der Salpeterwirkung um 25%,
b) bei Futterrüben gegenüber der Salpeterwirkung um 43%.

Die Wirkung des Jauchestickstoffes steht jener des Ammoniakstoffes nur wenig nach. Bei Halmgewächsen ist seine Wirkung bedeutend besser als bei Futterrüben[4]).

---

[1]) Verf. hat im Mai 1919 solchen Stickstoffregen in Zehlendorf-West feststellen können, wo eines Morgens die Wege mit dieser der Schwefelblume ähnlichen Stickstoffverbindung überstreut waren.

[2]) Das Preußische Landwirtschaftliche Ministerium hat im Jahre 1915 zur Entstaubung des Kalkstickstoffs ein Preisausschreiben erlassen, das aber bedauerlicherweise ohne praktischen Erfolg geblieben ist. (Näheres vgl. Caro, Chemiker-Zeitung, 17. Januar 1920.)

[3]) Berichte über Landwirtschaft. 1914. Prof. Gerlach. Heft 34, 1916. Prof. Dr. Paul Wagner. Heft 40. Verlag von Paul Parey, Berlin.

[4]) Dr. Besemfelder trat in einem Vortrage im Reichs-Ernährungsministerium (Mai 1919) für die künstliche Beregnung mit Düngelösungen unter Verwendung der städtischen Abwässer ein, um die Aufnahmefähigkeit des Bodens und damit den Ernteertrag bedeutend zu steigern und nebenbei noch Fett aus Klärschlamm zu gewinnen.

Zu 4. Inwiefern wir bei den immer gesteigerten Kohlenpreisen einmal dazu kommen sollten, der Landwirtschaft den künstlichen Dünger wohlfeil anzubieten, dürfte auch in Zukunft ein Rätsel bleiben. Der Abbau der Zwangswirtschaft auf der einen Seite und die freie Preisgestaltung der landwirtschaftlichen Erzeugnisse auf der andern Seite werden schließlich einen Ausgleich herbeiführen, den das deutsche Volk bezahlen muß. Vorläufig dürfte es dem Landmann geradezu unmöglich sein, billiges Getreide zu bauen, wenn er weiter die teuren Düngemittel beziehen soll. Es wird deshalb beim alten bleiben: Das Land wird immer mehr ausgenutzt; denn das, was man aus ihm herauszieht, wird ihm durch den spärlichen Stalldünger kaum zur Hälfte wiedergegeben, so daß der Ernteertrag von Jahr zu Jahr weiter zurückgehen muß.

e) Kohlenmenge zur Herstellung des gebundenen Stickstoffes.

Zu 5. In dieser Beziehung kann uns nur eine Gegenüberstellung der Kohlenmengen die Entscheidung zwischen dem einen oder anderen Verfahren erleichtern; denn zweifelsohne wird man jener Stickstoffverbindung den Vorzug geben, die bei guter Eignung für die Landwirtschaft die geringsten Kohlenkosten erheischt, und das ist in erster Linie die Habersche Ammoniaksynthese.

Nach Trenkler[1]) sind für die synthetischen Verfahren (vgl. S. 258) erforderlich:

1. für	1 t	gebundenen Stickstoff	beim	Luftsalpeter-Verfahren	45 t Kohle
2. „	1 t	„	„	Kalkstickstoff-Verfahren	15—18 t „
3. „	1 t	„	„	bei der Haberschen Ammoniak-Synthese . .	6— 9 t „

vorausgesetzt, daß in allen 3 Fällen die elektrische Energie aus Brennstoff erzeugt wird.

Den Luxus des Luftsalpeters könnten wir uns nur leisten, wenn wir wie die Schweiz und Norwegen über ausreichende Wasserkräfte verfügen würden. Dies Verfahren müssen wir also streichen; denn wenn erst unsere Wasserkräfte einmal ausgebaut sein dürften, wären sie höchstens imstande, den jährlichen Kohlenverbrauch der preußischen Eisenbahnen zu decken.

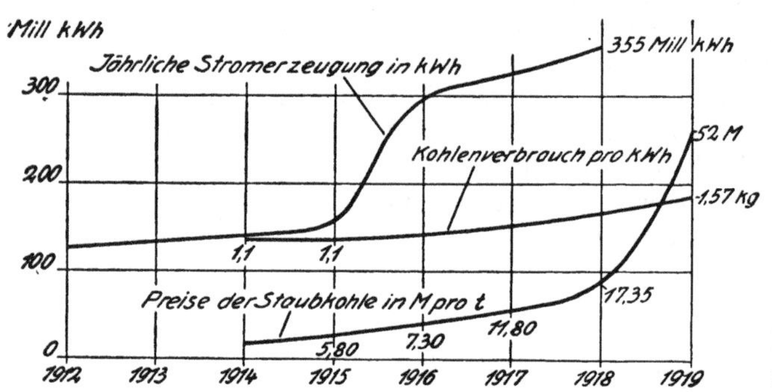

Abb. 93. Zunehmender Kohlenverbrauch durch Verschlechterung der Kohle, Unlust der Arbeiter usw.

Die Angaben Trenklers sind sehr vorsichtig. In Wirklichkeit stellen sich die Ziffern höher. In den Reichsstickstoffwerken in Chorzow werden zur Erzeugung einer Tonne geb. Stickstoffs in Form von Kalkstickstoff 15000 kW-Std. gebraucht. Da bei der unter den Kesseln verbrannten Staubkohle von 6000 WE für 1 kW-Std. wegen des hohen Aschengehalts der Kohle, Unlust der Arbeiter und im Zusammenhang hiermit wegen der ungünstigen Ausnutzung des Brennstoffes heute schon 1,57 kg verbrannt werden müssen (vgl. Abb. 93), so kommen auf 1 t geb. Stickstoff etwa 23,5 t Staubkohle oder, auf gute Kohle von 7000 WE mit höherem Wirkungsgrad umgerechnet, mindestens 19,5 t. Zu diesen Kohlenmengen müssen wir nach Mitteilungen von Dr. Besemfelder[2]) für den chemischen Prozeß, für Elektroden, den gebrannten Kalk usw. noch 4,42 t hinzurechnen, so daß uns das Frank-Carosche Verfahren rd. 24 t Kohlen für 1 t geb. Stickstoffs kostet. Diese Ziffer findet sich durch Dr.-Ing. Dolch[3]), Hallinger, sowie durch die eigenen Angaben von Prof. Caro bestätigt[4]). Aus dem Stromverbrauch der Reichsstickstoffwerke läßt sich der Schluß folgern, daß ein Ersatz des Kalkstickstoffverfahrens durch die Habersche Ammoniaksynthese schon eine gute Ersparnis von rund 200000 t Steinkohlen für dieses Werk ergeben würde. Für den Fall, daß das Piesteritzer Werk die dreifache Leistung als Chorzow haben sollte, würden die Ersparnisse schon auf 600000 t hinauslaufen. Freilich darf jetzt bei den Friedensbetrachtungen nicht vergessen werden, daß alle Stickstoffverfahren uns im Kriege einen großen Dienst geleistet haben, der gar nicht hoch genug eingeschätzt werden kann. Gerade das Frank-Carosche Verfahren hat den nicht zu unterschätzenden Vorteil mit sich

---

[1]) Chemie der Brennstoffe. Verlag von Otto Spamer. Leipzig 1919, S. 39.

[2]) Die rationelle Ausnutzung der Kohle. Chemiker-Zeitung 1919, Nr. 99.

[3]) Montanistische Rundschau, 16. Februar 1919, Nr. 4.

[4]) Chemiker-Zeitung 1919, S. 281.

gebracht, daß es ohne große Installationen und Kosten sofort verwirklicht werden konnte. Während das Habersche Verfahren mit großen Schwierigkeiten zu kämpfen hatte und wesentlich höhere Umlagekosten verursacht. Auch wird der Betrieb der Ammoniak-Synthese stets an die Schulung der Arbeitskräfte sehr hohe Anforderungen stellen, was einer umfassenden Anwendung, besonders in anderen Ländern, hinderlich entgegensteht. Das Frank-Carosche Verfahren wird auch nach wie vor den Vorzug verdienen, wenn zur Erzeugung der elektrischen Energie Wasserkräfte herangezogen werden können, wie das bei den Bayerischen Stickstoffwerken in Trostberg geschehen ist. Hier werden die sehr stark schwankenden Wasserkräfte der Alz auf das zweckmäßigste ausgenutzt.

f) Leistung der Stickstoffwerke.

Zahlentafel 108.

Verfahren	Werke	betriebsfähig	Leistung (geschätzt) in t geb. Stickstoffs[2]
nach Haber	Leuna-Werk bei Merseburg	ja	rd. 150000
	Oppau b. Ludwigshafen	stillgesetzt, weil im besetzten Gebiet liegend	—
nach Frank-Caro	Chorzow	desgl. (?)	„ 12000 (?)
	Piesteritz	ja	„ 50000
	Trostberg	„	„ 10000
nach Knapsak[1] (Akt.-Ges. für Stickstoff-Dünger)	Knapsak bei Köln	„	„ 30000 (zusammen)
	Gr. Kayna b. Merseburg	„	
Ammoniumsulfat-Erzeugung	Kokereien und Gasanstalten	„	„ 110000
		zusammen mindestens:	350000 t

[1] ein dem Kalkstickstoff ähnliches Verfahren. [2] ausgebaute Leistung vorläufig noch nicht als normal zugrunde gelegt.

Hiernach würden die für die Landwirtschaft geforderten 350000 t Stickstoffmengen selbst bei einem Ausfall von Chorzow gedeckt werden.

2. Vergasung oder Verbrennung?

a) Einleitung.

Für die Beurteilung unserer künftigen Brennstoffwirtschaft kann m. E. nicht die Frage ausschlaggebend sein, ob die teilweise oder völlige Überführung der Brennstoffe in Gas unter Gewinnung der Nebenerzeugnisse oder die unmittelbare Verbrennung der Brennstoffe eine zweckmäßigere Streckung unserer heimischen Kohlenvorräte bedingen, vielmehr müssen wir unsere Überlegungen nach der Lage der volkswirtschaftlichen und sozialen, der Betriebs- und Transportverhältnisse treffen. In dieser Beziehung versagt auch das vom Reichsschatzamt herausgegebene Gutachten[1]) trotz seiner hervorragenden Gedankenfülle lediglich deshalb, weil es von dem einseitigen Standpunkt ausgeht, daß die Verbrennung der Kohle gegenüber ihrer Vergasung billiger und deshalb zur Kohlenstreckung geeigneter sei als die Vergasung des Brennstoffes zwecks Gewinnung der Nebenerzeugnisse. Auch dieser Standpunkt kann in der gegebenen Form nicht allgemein vertreten werden, wie wir unten zeigen werden.

Nach dem unglücklichen Ausgange des Krieges tritt an uns zunächst die Aufgabe heran, das Geldkapital wieder in Sachkapital umzuwandeln, d. h. die zur Deckung des bloßen Inlandbedarfs nötigen Rohstoffe von den neutralen Ländern hereinzubekommen und hierfür Gegenwerte zu schaffen, die schon um unsere Zahlungsbilanz zu heben, nicht in Geld bestehen dürfen. Anderseits zwingen uns die mit den Waffenstillstandsbedingungen übernommenen Lasten, die Kohlenförderung nach Möglichkeit zu steigern, im übrigen aber die größte Sparsamkeit zu beobachten, um den so sehnsüchtig erhofften Aufbau unserer Wirtschaft anzubahnen.

Wenn man sich die nach den bekannten älteren Verfahren im Jahre 1912 gewonnenen Nebenerzeugnisse vor Augen führt, s. Zahlentafel 109, und ermittelt, was wir hiervon ein- und ausgeführt haben (letzte Spalte der Zahlentafel), so kommen wir zu dem sicheren Ergebnis, daß wir für unseren

[1]) Die rationelle Ausnutzung der Kohle. Karl Heymanns Verlag. Vgl. a. Klingenberg: Wirtschaftlichkeit der Nebenprodukten-Anlagen für Kraftwerke. Berlin 1918, Julius Springer.

Bedarf z. B. ∼ 1,3 Mill. t an Benzin, Leuchtöl, Schmieröl und Paraffin beschaffen müßten. Was das bei unserer niedrigen Valuta bedeutet, möge man an einigen Beispielen ermessen.

Zahlentafel 109.

Zusammenstellung über die bekannteren älteren Verfahren zur Ausnutzung der Brennstoffe.

Verfahren zur Ausnutzung der Brennstoffe	Hauptzweck	Neben-erzeugnisse	Menge	Geldwert im einzelnen	Geldwert im ganzen Mill. Mark	Überwog Ein- oder Ausfuhr?
			1912:	1912:	1912:	1912 übertraf die Ausfuhr v. Steinkohlenteer, -pech, Benzol und leichten Teerölen, Anthrazen, Naphthalin, Phenol und Kresol die Einfuhr um 237 000 t = 16,6 Mill. M[1].
Kokereien	Koks		31,249 Mill. t	16,2 M/t	506	
		Teer	1 „ „	22 „	} 142	
		Benzol	0,135 „ „	148 „		
		Schwefelsaures Ammonium	0,407 „ „	246 „		
		Kokereigas	13 000 „ cbm	1,5 Pf/cbm	200	
			1913:	1913:	1913:	1912 überwog die Einfuhr von Ammoniumsulfat einschließlich Chilisalpeter die Ausfuhr um 752 000 t = 165 Mill. M.
Gasanstalten	Leucht-(Brenn-)Gas		2200 Mill. cbm	7 Pf/cbm	1[illegible]5	
		Gaskoks	5,5 „ t	14,5 M/t	80	
		Teer	0,4 „ „	20 „	} 14	
		Ammoniumsulfat	0,024 „ „	248 „		
Generatoren	Heiz-(Kraft-) Gas					
		Teer				
		Ammoniak				
			1912:	1912:	1912:	1912 betrug die Einfuhr an Mineralöl-Erzeugnissen (Benzin, Leuchtöl, Treiböl, Schmieröl, Paraffin) 1,29 Mill. t = 160 Mill. M[1].
Braunkohlen-Schwelereien	Teer (Koks)		0,08 Mill. t	53 M/t	4,25	
		Grudekoks	0,431 „ „	11 „	4,8	
		Gas				

[1] Dyes: „Wärme, Licht und Kraft“ 1918.

Teeröl bietet man zurzeit (Dezember 1919) zu 1800 M/t von einer sächsischen Station an, Teer zu 450 M/t, Mineralöl zu 3200 M/t (Destillat) und 4500 M/t (Raffinat), Petroleum zu 4 M/l, Benzin zu 16 M/l. Wollte man diese Preise für die Beschaffung der uns fehlenden Rohstoffe zugrunde legen, so würde man zu rd. 4,5 Milliarden M (statt 160 Mill. M im Frieden!), d. h. zu einem Werte gelangen, der jenen unserer im Frieden geförderten Kohlenmengen noch um 1 Milliarde M übersteigen würde. **Von diesem Gesichtspunkte aus ist die Wirtschaftlichkeit der Nebenproduktenanlage in erster Linie zu beurteilen.** Liegt die Bedarfsmenge der einzelnen Stoffe vor, ist es ein Leichtes, jene Kohlenmengen auszurechnen, die für unser Wirtschaftsleben zunächst vergast werden müßten (Urteergewinnung, vgl. S. 243), damit der Staat nicht dem Bankerott anheimfällt. Klingenberg hat die immer wieder vorgebrachte Behauptung, „die unmittelbare Verfeuerung der Kohle unter Verzicht auf die Gewinnung der Nebenstoffe stelle eine ungeheure Verschwendung von Brennstoffen und von Nationalvermögen dar“, als irreführend bezeichnet. Er mußte zu diesem Gutachten kommen, weil seine Vergleichsgrundlage Lücken hatte. Bei solchen schwerwiegenden Gutachten, die unter Umständen über das Wohl und Wehe eines ganzen Volkes entscheiden können, darf zunächst nicht außer acht gelassen werden, daß auch die Synthese des Ammoniaks Kohle kostet, und daß in dem Teer eine ganz bestimmte Wärmeenergie latent ist. Die thermische Beurteilung einer Nebenstoffanlage ist deshalb ohne hierfür einzusetzende Kohlenäquivalente ein Ding der Unmöglichkeit, ebenso wie man daher nicht die Nutzgas-, sondern Gesamtgasmengen bei der wärmetechnischen Vergleichs-Auswertung der Betriebsergebnisse berücksichtigen muß[1]). Freilich wird man immer von Fall zu Fall festzustellen haben, wie Klingenberg weiter durchaus richtig folgert, „ob und in welchem Maße sich die Gewinnung der Nebenerzeugnisse wirtschaftlich rechtfertigen läßt und wie die Betriebe gestaltet werden müssen, damit ihre Ausnutzung lohnend wird“. Denn ist erst einmal der Innenbedarf an den wichtigen Stoffen wie Leucht-, Treib- und Schmiermitteln gedeckt,

[1]) Vgl. a. Trenkler, Sitzungsberichte der Bezirksvereine. Z. d. V. d. I. 1918, S. 108.

so läßt sich auch die weitere Vergasung der Brennstoffe nur dann rechtfertigen, wenn wir in dem Überschuß an Nebenerzeugnissen eine vom Auslande begehrte Tauschware besitzen. Aber die Vergasung der Kohle kann, ganz abgesehen hiervon, auch aus privatwirtschaftlichen und sozialen Gründen, ja sogar wegen bestehender Transportschwierigkeiten, der Verbrennung der Kohle vorgezogen werden. Ein Beispiel aus der Praxis möge hier als Beleg dafür angeführt werden[1]).

Bei der Verfeuerung von Rohbraunkohle auf Muldenrosten mit seitlich angeordneten Kohlenbunkern läßt sich ein Dampfkesselbetrieb ohne Schwierigkeiten aufrecht erhalten, wenn eine ausreichende Reserve an Kesseln vorhanden ist. Welche gesteigerten Anforderungen aber an die Arbeitskräfte, insonderheit die Gesundheit der Arbeiter, bei der unmittelbaren Verbrennung dieses Rohstoffes gegenüber der Gasfeuerung gestellt werden müssen, wolle der geschätzte Leser aus folgender Gegenüberstellung ersehen:

b) Vorteile der Gasfeuerung gegenüber der unmittelbaren Verbrennung von Rohbraunkohle.

Unmittelbare Verfeuerung von Rohbraunkohle	Gasfeuerung
1. Beim Abschlacken sinkt der Dampfdruck zusehends, wodurch ein Mehrverbrauch an Brennstoff verursacht wird.	Abschlacken und dessen nachteilige Folgen fallen fort.
2. Öfteres Schüren des Feuers zur Beseitigung von Löchern[1] auf dem Rost bewirkt Abkühlung der Gewölbe und Durchfall von Brennstoff durch die Rostspalten.	fällt fort.
3. a) Kessel müssen nachts bei schwachem Zuge unter Feuer bleiben, weil die Braunkohlenfeuer sich nicht wie die der Steinkohlen abdecken lassen. Die Rohbraunkohle schwelt beim Reservefeuer ohne Nutzen ab und vermehrt dadurch den Brennstoffverbrauch. b) Ein Stillsetzen und erneutes Anheizen der Kessel ist anderseits nicht angängig, weil bis zur Dampfbildung zu viel Zeit vergeht und der aufgewandte Kohlenverbrauch größer als bei a) ist.	Mit Hilfe der Gasfeuerung lassen sich die Kessel in verhältnismäßig kurzer Zeit anheizen, so daß ein Reservefeuer während der Nacht nicht unterhalten zu werden braucht. Es wird also Brennstoff gespart.
4. Große Wärmeverluste in der Flugasche, die sich in den Feuerzügen ansammelt und weiterschwelt. Sie bildet hier gewissermaßen einen Generator, dessen Gas den Aschen- und Schürgang anfüllt und Krankheitserscheinungen hervorruft. Bildung von Ruß (Glanzruß) und Kohlenoxyd in den Feuerzügen, das leicht zu Explosionen beim Anheizen neigt und den Ruß in großen Blättern aus dem Schornstein wirft. Belästigung der Anwohner durch Aschenregen.	fällt fort.
5. Die Reinigung der Feuerzüge gehört zu den schwersten, gesundheitsschädlichen Arbeiten, die kein Heizer übernehmen will.	fällt fort.
6. Häufige Zerstörung der Schamotteeinbauten; daher dauernde Reparaturbedürftigkeit der Feuerungen. Abnutzung des Schürgeräts.	Schonung der Einmauerung durch gleichmäßige Temperatur, Ersparnis an Mauerwerk und Schürgerät.
7. Große Ausgaben für Kohlenzufuhr und Aschenaustragung. Bei 7 bis 8 im Betriebe befindlichen Kesseln (Winterzeit) von je 53,3 qm Heizfläche erfordern allein das Auftragen der Kohle auf die Feuer und die Beseitigung der Asche 12 bis 15 weibliche und 3 bis 4 männliche Arbeitskräfte.	Die Beschickung der Feuer und die Aschenaustragung fallen fort. Starke Verminderung des Bedienungspersonals. Die Zuführung der gasförmigen Brennstoffenergie in einer Rohrleitung bringt große Annehmlichkeiten mit sich. Eine weiter unten sich anschließende Ertragsberechnung soll diese Frage näher beleuchten, um irrtümlichen Kalkulationen vorzubeugen.

[1] Hierdurch entsteht Luftüberschuß bei der Verbrennung und Mehrverbrauch an Brennstoff.

[1]) Vgl. a. de Grahl, Glasers Annalen Bd. 83, Heft 12 (Abb. 13); desgl. Bd. 84, Nr. 997.

c) Transportverhältnisse.

Im Anschluß hieran mögen die Transportverhältnisse zur Beurteilung der einschlägigen Verhältnisse herangezogen werden.

Die aus 10 Dampfkesseln bestehende staatliche Anlage befindet sich $3\frac{1}{2}$ km von der Grube. Die Kohle wurde vor dem Kriege durch Fuhrwerk angefahren, das je nach Bedarf auch die Aschenmengen zur Planierung der Felder mitnahm, sobald die Hölzer der Stollen geraubt und der Bruch geschlagen war. Mit dem Kriege stiegen die Kosten der Kohle und des Fuhrwerks und nahmen schließlich im Jahre 1919 eine Höhe an, die die Kohlenkosten auf das 11fache steigerte (vgl. Zahlentafel 110).

Zahlentafel 110.

Kosten der Kohle.

	1913 M/t	1918 M/t	1919 M/t
1. Preis der Kohle an der Grube	} 3,20	7,20	27,00
2. Anfuhr der Kohle		6,00	} 7,00
3. Einbringen ins Kesselhaus		0,35	
4. Aschenförderung und Abfuhr		1,00	1,25
zusammen:	3,20	14,55	35,25
oder für eine Kohlenmenge von 28800 t . M	92160	419040	1015200
Kosten von 1 t Dampf . . . „	1,90	8,70	21,10

Die Aufstellung ist sehr lehrreich; denn sie zeigt, daß die Ausgaben für den Transport der Kohle und die Aschenaustragung im Jahre 1918 100% des Beschaffungswertes der Kohle betrugen. Im Jahre 1919 änderte sich das Verhältnis durch die ungeheure Preissteigerung der Kohle.

d) Ersparnisse bei der Gasfeuerung.

Für die Vergasung der Kohle kann eine um 15% geringere Gewichtsmenge, d. s. 24480 statt 28800 t, zugrunde gelegt werden, die sich teilweise aus Beobachtung im Betriebe, teilweise durch Schätzung ermitteln ließ. Die Ersparnisse der Gasfeuerung gegenüber der unmittelbaren Verbrennung der Rohkohle ergaben für (vgl. S. 263)

1. und 2. der Gegenüberstellung 5%[1]),
3. „ „ 4 „ [2]),
4. „ „ 6 „

Die Ziffern sind eher zugunsten der Verbrennung, d. h. niedriger als in Wirklichkeit, abgeschätzt worden.

Die im Betriebe in den einzelnen Monaten verfeuerten Kohlenmengen sind aus Abb. 94 zu entnehmen. Danach beträgt die Spitzenleistung im Januar

a) bei der Verbrennung 3200 t } oder $^1/_9$ vom Gesamt-
b) „ „ Vergasung 2720 t } kohlenverbrauch.

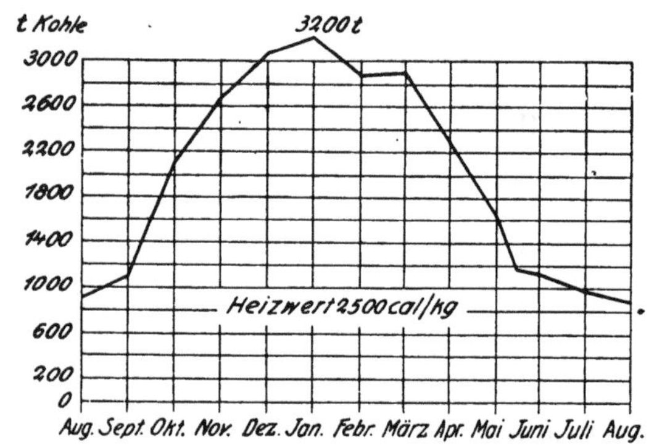

Abb. 94. Kohlenverbrauch für die einzelnen Monate in einer großen Klinik.

Berechnung der zu erzeugenden Gasmengen.

1. Jährlicher Kohlenverbrauch	t	24480
2. Heizwert der Kohle	WE	2500
3. Kesselwirkungsgrad bei unmittelbarer Feuerung	%	60[3])
4. im Kessel nutzbar gemachte Wärme	Mill. WE	36720

[1]) Hier ist auch der Einfluß der matten Verbrennung bei Aschenablagerung in den Feuerzügen mit berücksichtigt worden.

[2]) Das Reservefeuer erheischt einschl. Anheizen, Reinigen des Rostes rd. 1000 kg Kohle je Kessel und Nachtschicht.

[3]) Als Durchschnitt für alle Kessel eher zu hoch eingesetzt; er ist eher nur 55%. Jedenfalls hat Verfasser durch Verdampfungsversuche festgestellt, daß Wirkungsgrade von 60% nur bei gereinigten Kesseln nachzuweisen sind, daß sie aber bei veraschten Feuerzügen bis auf 42% herabsinken.

5. bei Vergasung der Kohle je kg gewonnenes Gas	cbm	1,4
6. Heizwert des Gases	WE	1250
7. Vergasungswirkungsgrad	%	70
8. Wirkungsgrad bei der Verbrennung des Gases	„	80

9. erforderliche Gasmenge am Verbrauchsorte

$$\frac{\overset{4)}{36\,720\,000\,000}}{\underset{6)\quad 8)}{1250 \cdot 0{,}80}} = 36\,720\,000 \text{ cbm},$$

zuzüglich 2% für Undichtheiten	Mill. cbm	∼ 37,5
10. für den Monat Januar $^1/_9$ =	„ „	4,16
11. Durchschnittsverbrauch auf 1 Tag	cbm	134200
12. Durchschnittsverbrauch auf 1 Std.	„	5600
indes wegen Betriebsschwankungen[1])	„	10000.

Die Vergasungsanlage ist daher so zu bemessen, daß sie für eine stündliche Gasleistung von 10000 cbm ausreicht. Die jährliche Brennstoffmenge wird jedoch je nach dem Vergasungsverfahren verschieden sein. Der Vergasungswirkungsgrad (nach 7) wird zwar bei jeder Vergasung 70% sein, solange keine außerordentlich große Teerausbeute in Frage kommt. Dagegen ist bei der gleichzeitigen Gewinnung von Ammoniak (nach Mond) für den Dampfverbrauch eine Abgabe von etwa 30% des erzeugten Gases zu berücksichtigen. Wir kommen dann zu folgender Gegenüberstellung:

	mit Teergew.	mit Ammoniakgew.
13. Kohlendurchsatz zur Erzeugung von 37,5 Mill. cbm in Gasform unter der Voraussetzung, daß Abdampf nicht zur Verfügung steht	$\frac{37\,500\,000}{1{,}4} = 26\,785$ t	$\frac{37\,500\,000}{1{,}4 \cdot 0{,}7} = 38\,265$ t
14. Tagesleistung im Januar	rd. 96	rd. 136 t
15. Stundenleistung beim höchsten Bedarf	rd. 7	rd. 10 t
16. höchste Tagesleistung	rd. 170	rd. 240 t
17. bei 30 t normalem Durchsatz der Gaserzeuger in 24 Std. ergibt sich unter Berücksichtigung der notwendigen Reserve die Generatorzahl	7	9
18. für die Leitung des Gases zur Verbrauchsstelle in 3600 m Entfernung ergibt sich in beiden Fällen für 200 mm W.-S. Druckgefälle ein Rohrstrang von 700 mm Φ (10000 cbm/Std.[2])		

Die Anlagekosten und Wirtschaftlichkeitsrechnung sollen nun für beide Fälle der Gaserzeugung und für verschiedene Zeiten aufgestellt werden, um die Entwicklung und die Einflüsse genau prüfen zu können.

	1914 M	1918 M	April 1919 M
19. Die für die Erzeugung des Gases, die Nebenstoffgewinnung und zum Ausgleich der Abnahmeschwankungen notwendigen Einrichtungen unter teilweiser Verwendung der auf der Grube befindlichen Dampferzeuger (für die Mondanlage), maschinellen Einrichtungen und Gebäude, jedoch einschl. Gasbehälter von 10000 cbm mit Stationsuhr, kosten nach vorsichtiger Schätzung an Hand von Voranschlägen:			
a) für Vergasung mit Teergewinnung	240000	520000	1000000
b) für Mondgasanlage	500000	1100000	2100000

[1]) Würde hiervon abgesehen, müßte man zum Ausgleich der Schwankungen einen kostspieligen Gasometer von 24 · 5600 = 135000 cbm Fassung einschalten, der im Frieden schon 1,2 bis 1,3 Mill. M gekostet hätte.

[2]) Die Anwendung eines höheren Druckgefälles zu dem Zweck, mit einem geringeren Rohrdurchmesser auszukommen, würde im vorliegenden Falle bei der unbedeutenden Länge der Leitung keine Ersparnisse mit sich bringen, vielmehr eine Erhöhung der Transportkosten nach sich ziehen. Eine Leitung von 300 mm l. Φ würde vielleicht nur 350000 M kosten, dagegen ein Druckgefälle von ∼ 3 m W.-S. und hierfür 2 mit Elektromotoren gekuppelte Kapsel- oder Turbogebläse (von je ∼ 300 PS) einschl. Gebäude und Zubehör im Betrage von ∼ 250000 M erfordern. Dadurch würde aber der Betrieb nicht allein durch Kapitaldienst, sondern auch noch durch Stromkosten dauernd belastet werden.

	1914 M	1918 M	April 1919 M
20. die Leitung nach 18.	190000	400000	850000
21. für Verzinsung, Tilgung und Abschreibung sollen 12% des Anlagekapitals, für Unterhaltung und Überwachung 3% eingesetzt werden, somit insgesamt 15%, d. i.			
a) für Vergasung mit Teergewinnung	64500	138000	277500
b) für Mondgasanlage	103500	225000	442500
22. an Gehältern, Löhnen, Betriebsstoften, elektrischem Strom, kurz Vergasungskosten entfallen je t			
a) für Vergasung mit Teergewinnung	1,00	1,80	4,50
b) für Mondgasanlage	1,10	2,00	5,00
somit jährlich			
a) für Vergasung mit Teergewinnung	26785	48213	120533
b) für Mondgasanlage	42092	76530	191325
24. für die Gasabgabe sollen die Geldwerte eingesetzt werden, die jeweils für das Kohlenkonto verausgabt wurden unter Vernachlässigung der bei Gasfeuerung möglichen Ersparnis an Arbeitslöhnen, Roststäben und Kesselmauerwerk, somit	92160	419040	1015200
25. als Teerpreise sollen eingeführt werden je t . . .	35	100	750
26. als Erlös aus dem Ammonsulfat abzügl. der Schwefelsäurekosten je t	220	300	900

27. die Teermenge sei 5% des Kohledurchsatzes, somit bei a) . . . . 1340 t
bei b) . . . . 1900 t

28. die Menge an Ammonsulfat sei bei 0,3% N 8 kg je t, d. i. . . . . 300 t.

29. Als Ausgaben müssen schließlich noch die Brennstoffkosten erscheinen. Wollte man die Verkaufspreise einsetzen, so würde man so den Mehr- oder Mindergewinn ermitteln. Um jedoch die Wirtschaftlichkeit richtig zu beurteilen, sei der Verkauf der Kohle mit dem Verkauf des Gases in beiden Fällen in Parallele gesetzt; dann müssen die Selbstkosten des Brennstoffes eingeführt werden. Diese werden für das Jahr 1914 bei 2 M/t etwa 1,40 betragen haben, wie Verf. nach ihm gewordenen Informationen annehmen kann. Schwierig ist dagegen die Schätzung für 1918 und 1919, wofür Verf. Ziffern nicht erhalten konnte. Verf. will dieselben bei 7,20 M Verkaufspreis zu 5,80 (1918) und bei 27 M Verkaufspreis zu 23 M (1919) annehmen. Die Gegenüberstellung ergibt sich dann zusammenfassend wie folgt:

Zahlentafel 111.
Herstellungskosten und Gewinn.

	mit Teergewinnung			nach Mond-Verfahren		
	1914	1918	1919	1914	1918	1919
Einnahmen: Gas nach 24. . . . M	92 160	419 040	1 015 200	92 160	419 040	1 015 200
Teer „ 25./27. . . „	46 900	134 000	1 005 000	66 500	190 000	1 425 000
Sulfat „ 26./28. . . „	—	—	—	66 000	90 000	270 000
Summe:	139 060	553 040	2 020 200	224 660	699 040	2 710 200
Ausgaben: nach 21. . . . . . M	64 500	138 000	277 500	103 500	225 000	442 500
„ 23. . . . . „	26 785	48 213	120 533	42 092	76 530	191 325
f. Brennstoff nach 29. „	37 499	155 353	616 055	53 571	221 937	880 095
Summe:	128 784	341 566	1 014 088	199 163	523 467	1 513 920
Gewinn . . . . M	10 276	211 474	1 006 112	25 497	175 573	1 196 280
Gewinn je t Kohle. . . . . . . „	0,384	7,90	37,50	0,666	4,58	31,20
„ „ „ „ bei Verkauf . „	0,60	1,40	4,00	0,60	1,40	4,00

Diese Ziffern zeigen besonders in der bildlichen Darstellung nach Abb. 95 den Einfluß der Nebenproduktengewinnung. Im Frieden konnte die Teergewinnung allein den Betrieb nicht wirtschaftlich machen; zusammen mit der Ammoniakgewinnung brachte sie einen geringen Verdienst. Auf Grund dieser Zahlen kommt Klingenberg zu seinen bekannten Schlüssen. Zu dem Zeitpunkt aber, wo der Teer in unserem Wirtschaftsleben Bedeutung erlangte, (nach dem Eintritt Rumäniens in den Krieg) ändert sich das Bild, und die Teergewinnung liefert die größeren Erträgnisse. Der Umstand, daß die Linie *a* etwa 1917 die Linie *b* überschneidet und dauernd höher liegen bleibt, macht wahrscheinlich, daß die Ammoniakgewinnung bei den geltenden Preisen und dem angenommenen Brennstoff nicht mehr wirtschaftlich ist.

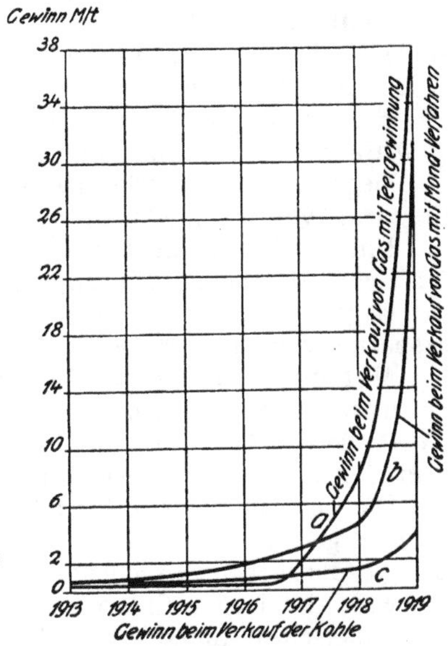

Abb. 95. Rentabilitätskurven bei Gewinnung von Nebenerzeugnissen.

e) Kohle-Äquivalent für Teer und Ammonsulfat.

Das Kohleäquivalent für das gebildete Ammoniak bei dem Mondschen Verfahren und ähnlichen kennen wir; es ist etwa 30% des Brennstoffes unabhängig vom Stickstoffgehalt selbst, und aus diesem Grunde ist es naheliegend, daß es bei jedem Brennstoff und den jeweiligen Sulfatpreisen auch einen Brennstoffpreis gibt, über den hinaus die Ammoniakgewinnung unlohnend ist. Ausgehend von der von Trenkler[1]) gegebenen Formel für den relativen Brennstoffwert kommt Verf. zu folgendem Ansatz:

$$0{,}3\,(K + V) = \frac{s\,S}{1000} \quad \ldots\ldots\ldots \quad 1),$$

worin
K der Kohlepreis je t
V die Vergasungsunkosten je t } in M
S der Sulfaterlös je t
s die Sulfatausbeute je t Brennstoff in kg ist.

Für V gibt Trenkler 0,08 Pf je 1000 WE im Gas an; ist nun W der Heizwert von 1 kg Brennstoff, so kann man für heutige Verhältnisse bei 3,5fachen Löhnen seither (1917) schreiben:

$$V = \frac{1000 \cdot 0{,}0008 \cdot W \cdot 0{,}7 \cdot 3{,}5}{1000} = 0{,}002\,W \quad \ldots\ldots\ldots \quad 2)$$

und

$$0{,}3\,(K + 0{,}002\,W) = \frac{s\,S}{1000} \quad \ldots\ldots\ldots \quad 3),$$

und der Grenzwert für K ist

$$K = \frac{s\,S - 0{,}6\,W}{300} \quad \ldots\ldots\ldots \quad 4).$$

Für die oben gewählten Verhältnisse mit $s = 8$ und $S = 900$, $W = 2500$ wird der Grenzwert

$$K = 19{,}00 \text{ M}.$$

Die vorstehende Formel 3) kann unter entsprechender Berücksichtigung der jeweils in Frage kommenden Vergasungsunkosten zur kritischen Prüfung der Ammoniakgewinnung bei der Vergasung gute Anwendung finden. Sie erlaubt jedoch nur eine Prüfung vom wirtschaftlichen Standpunkt aus, während anderseits für die Beurteilung der Vergasung überhaupt eine wärmewirtschaftliche Prüfung von Wichtigkeit ist.

Der nach 7., S. 265, angegebene Vergasungswirkungsgrad von 70% bezieht sich lediglich auf die Wärmemenge, welche man in dem kalten gereinigten Gas findet. Will man daher wärmetechnisch die Vergasung mit Nebenstoffgewinnung in ihrer Gesamtheit beurteilen, so muß man das Wärmeäquivalent für den Teer und auch das Wärmeäquivalent für das Ammoniak — letzteres aber nicht nach vorstehendem — einführen.

Das Wärmeäquivalent für den Teer ergibt sich ohne weiteres aus dem Verhältnis der Heizwerte. Wenn wir den Heizwert des Braunkohlenteeres infolge seines höheren Sauerstoffgehaltes mit etwa 7500 einführen und die Teerausbeute 5% beträgt, so entspricht sein Wärmewert dem-

[1]) Z. d. V. d. I. 1918, S. 85.

nach 15% des Heizwertes der Kohle. Bei einem Kohledurchsatz von 38000 t sind daher den gewonnenen 1900 t Teer 5700 t Rohbrauukohle äquivalent; beim Kohledurchsatz von 26785 t sind den gewonnenen 1340 t Teer 4020 t hierfür gutzuschreiben.

Das Kohleäquivalent für den Stickstoff kann, wie bereits erwähnt, nicht nach den Verhältnissen bei der Vergasung beurteilt werden, sondern man muß das Äquivalent nach dem Verfahren rechnen, welches den geringsten Brennstoffverbrauch besitzt. Eine Tonne gebundener Stickstoff bei der Haberschen Ammoniaksynthese, als der wirtschaftlichsten, kostet 9 t Steinkohle[1]) oder etwa 27 t Rohbraunkohle. Die erzeugten 300 t Ammonsulfat würden demnach 8100 t Rohbraunkohle erfordert haben.

Für die Vergasung mit Teergewinnung stellt sich daher der für die Befeuerung der Kessel in Ansatz zu bringende Brennstoff auf 26785 — 4020 = 22765 t.

Gegenüber dem Verbrauch von 28800 t bei der unmittelbaren Verfeuerung bedeutet dies eine Ersparnis von rd. 6000 t, d. i. 20,8%.

Für die Vergasung mit vollständiger Nebenstoffgewinnung stellt sich der für die Befeuerung der Kessel in Ansatz zu bringende Brennstoff auf 38265 — (5700 + 8100) = 24465 t.

Gegenüber dem Verbrauch von 28800 t bei der unmittelbaren Verfeuerung bedeutet dies eine Ersparnis von rd. 4300 t, d. i. 14,9%.

Mit der Vergasung des Brennstoffes zwecks Befeuerung von Dampfkesseln braucht also durchaus nicht in allen Fällen eine Verschwendung unserer Kohlenvorräte verbunden zu sein. Dieses Ergebnis würde noch wesentlich günstiger sein, wenn für die Ammoniakgewinnung Abdampf zur Verfügung stände.

Die Vergasung der Kohle dürfte aber in Zukunft noch viel mehr Beachtung verdienen, wenn es Ostwald gelänge, auf Grund des Riedelschen Patentes[2]) eine dem Mondgasverfahren entsprechende, ja sogar darüber hinausgehende Ammoniakausbeute ohne erhöhten Dampfzusatz durch Beimengung von wasserbindenden Chloriden zu erzielen. Es würde dann ohne weiteres möglich sein, selbst mit der Haberschen Ammoniaksynthese in den Wettstreit zu treten.

---

[1]) Vgl. Chemie der Brennstoffe (Trenkler), Spamer 1918 und Prof. Caro, Chem.-Ztg. 1919, S. 282.
[2]) D.R.P. Nr. 298603.

Drittes Kapitel.

Verbrennung der Brennstoffe.

I. Vollkommene Verbrennung.

Ingenieur-Chemiker Ernst Làszlò, Budapest, wies schon 1908[1]) darauf hin, daß die Rohölerzeugnisse infolge des konstanten Verhältnisses ihrer Bestandteile auch nach der Verbrennung ein bestimmtes Verhältnis unter den Verbrennungsgasen aufweisen, so daß man diese wie den jeweiligen Luftüberschuß aus Formeln ermitteln kann. Die weiteren Arbeiten Làszlòs führten dann weiter zu der Erkenntnis, daß nicht nur die flüssigen sondern auch festen und gasförmigen Brennstoffe denselben Gesetzen unterworfen sind, d. h. ihre Verbrennungsgase bei vollkommener Verbrennung mit dem Luftüberschuß ein dreifaches Hyperbelsystem bilden.

Das dreifache Hyperbelsystem läßt sich bei einem bekannten Brennstoff bereits auf Grund einer einzigen CO_2-Bestimmung aufzeichnen und hiernach auch die Wirtschaftlichkeit der Verbrennung verfolgen[2]). Aber auch bei unbekanntem Brennstoff ist das Hyperbelsystem konstruierbar, wenn man über eine einzige vollständige Gasanalyse verfügt.

Für die folgenden Ausführungen gelten nachstehende Bezeichnungen:

ν Luftüberschußzahl, d. h. Verhältnis der verbrauchten Luftmenge zur theoretisch erforderlichen,
C_m Volumen des in 1 kg Brennstoff enthaltenen Kohlenstoffs ($= m$ Vol.C),
H_{lm} Volumen des in 1 kg Brennstoff enthaltenen Wasserstoffs ($= l \cdot m$ Vol.H),
C Gewichtsprozent an Kohlenstoff in 1 kg Brennstoff,
H Gewichtsprozent an Wasserstoff in 1 kg Brennstoff,
R_v Volumen der trockenen Rauchgase aus 1 kg Brennstoff in cbm,
R_v' Volumen der nassen Rauchgase aus 1 kg Brennstoff in cbm,
K_v Kohlensäurevolumen für 1 kg Brennstoff in cbm,
O_v Sauerstoffvolumen für 1 kg Brennstoff in cbm,
N_v Stickstoffvolumen für 1 kg Brennstoff n cbm,
N_k Stickstoffvolumen, welches zu dem zur Bildung von CO_2 zugeführten Sauerstoff gehört, in cbm,
N_d Stickstoffvolumen, welches zu dem zur Bildung von CO zugeführten Sauerstoff gehört, in cbm,
N_h Stickstoffvolumen, welches zu dem zur Bildung von H_2O zugeführten Sauerstoff gehört, in cbm,
N_0 Stickstoffvolumen, welches zu dem Sauerstoffvolumen O_v der Rauchgase gehört, in cbm,
W_v Wasserdampfvolumen auf 1 kg Brennstoff in cbm,
δ Stickstoff-Sauerstoffverhältnis der Luft $\frac{79}{21} = \frac{N}{O}$,
k Volumprozent der Rauchgase an Kohlensäure,
o Volumprozent der Rauchgase an Sauerstoff,
n Volumprozent der Rauchgase an Stickstoff,
d Volumprozent der Rauchgase an Kohlenoxyd.

Falls nur Kohlenstoff verbrannt wird, ist für $\nu = 1$ der Kohlensäuregehalt k der Verbrennungsgase $= 21$; für $\nu = 2$ hat man $k = \frac{21}{2}$, für $\nu = 3$ ergibt sich k zu $\frac{21}{3}$ usw. oder allgemein

$$k = \frac{21}{\nu}.$$

$k\nu = 21$ entspricht der Hyperbelgleichung $xy = a$.

[1]) Vgl. Österr. Chemiker-Zeitung, Bd. 11, S. 202 und 1911 S. 994.

[2]) S. Betriebsüberwachung, S. 395.

Ist der Brennstoff in seiner Zusammensetzung allgemein durch die Formel „$C_m H_{l \cdot m}$“ gekennzeichnet, so soll damit ausgedrückt werden, daß 1 kg des Brennstoffes C_m Volumina Kohlenstoff und l mal soviel Volumina Wasserstoff, d. h. $H_{l \cdot m}$ enthalte. Es gehören also zu einem Volumen C l Volumina H, so daß nach Einführung der Atomgewichte (11,97 für C und 1 für H)

$$H = \frac{C \cdot l}{11{,}97} \quad \ldots \ldots \quad 1)$$

ist. Hat der Brennstoff die Zusammensetzung $C_1 H_{l=4}$ und ergibt die Elementaranalyse $C = 0{,}7$ kg, so berechnet sich

$$H = \frac{0{,}7 \cdot 4}{11{,}97} = 0{,}2339, \text{ d. h. } H = 23{,}39 \text{ und } C = 70\%.$$

Ist umgekehrt $C = 85{,}23$ und $H = 13{,}08$ gegeben, so berechnet sich l aus 1) zu $\frac{11{,}97 \cdot 13{,}08}{85{,}23} = 1{,}84$.

Wird ein Brennstoff der erwähnten Zusammensetzung verbrannt, so verlangt er zur vollständigen Verbrennung

$$2m\,\mathrm{O} + l\frac{m}{2}\,\mathrm{O}$$

und gibt $2m\,\mathrm{CO_2} + l \cdot m\,\mathrm{H_2O}$ Verbrennungsgase.

Die Volumina R_v' eines Rauchgases sollen sich — unter Vernachlässigung der schwefligen Säure — aus Kohlensäure, Sauerstoff, Wasserdampf und Stickstoff zusammensetzen; für trockene Gase gelte entsprechend

$$R_v = O_v + N_v + K_v,$$

worin $N_v = N_{k\,(\text{Kohlensäure})} + N_{0\,(\text{Sauerstoff})} + N_{h\,(\text{Wasserstoff})}$ ist. Setzen wir das Verhältnis $\frac{N}{O}$ der Luft gleich δ, so lassen sich folgende Gleichungen ableiten:

$$\text{I)} \quad O_v + N_v = R_v - K_v;$$

$$\text{II)} \quad N_v - \delta O_v = N_k + N_h;$$

$$\text{III)} \quad O_v = \frac{R_v - K_v - N_k - N_h}{1+\delta};$$

$$\text{IV)} \quad N_v = \frac{\delta(R_v - K_v) + N_k + N_h}{1+\delta};$$

$$\text{V)} \quad \frac{N_k}{R_h} = \delta \frac{K_v}{R_v} = \delta \frac{k}{200};$$

$$\text{VI)} \quad \frac{K_v}{N_h} = \frac{2m}{\delta \frac{lm}{2}} = \frac{4}{\delta l} \quad \text{und} \quad \frac{N_h}{R_v} = \frac{K_v}{R_v} \cdot \frac{\delta l}{4} = \frac{k}{100} \cdot \frac{\delta l}{4};$$

$$\text{VII)} \quad \frac{O_v}{R_v} = \frac{o}{100} = \frac{1 - \frac{K_v}{R_v}\left(1 + \delta + \frac{\delta l}{4}\right)}{1+\delta} = \frac{1 - \frac{k}{100}\left(1 + \delta + \frac{\delta l}{4}\right)}{1+\delta};$$

$$\text{VIII)} \quad \frac{N_v}{R_v} = \frac{n}{100} = \frac{\delta}{1+\delta}\left(1 + \frac{l}{4}\,\frac{K_v}{R_v}\right) = \frac{\delta}{1+\delta}\left(1 + \frac{l}{4} \cdot \frac{k}{100}\right).$$

In den Formeln VII und VIII ist sowohl der Sauerstoff- als auch der Stickstoffgehalt des Verbrennungsgases durch das Volumenprozent der Kohlensäure und durch die bekannten Zahlen l und δ ausgedrückt.

Aus V, VI und VIII ergibt sich

$$\text{IX)} \quad \nu = \frac{N_v}{N_k + N_h} = \frac{100 + \frac{kl}{4}}{(1+\delta)\left(1 + \frac{l}{4}\right)k}$$

und weiter

$$k = \frac{100}{\nu(1+\delta)\left(1+\frac{l}{4}\right) - \frac{l}{4}} \quad \ldots \ldots \quad 2)$$

$$o = \frac{100 - \frac{100}{\nu(1+\delta)\left(1+\frac{l}{4}\right) - \frac{l}{4}}\left(1 + \delta + \frac{\delta l}{4}\right)}{1+\delta} = \frac{100 - k\left(1 + \delta + \frac{\delta l}{4}\right)}{1+\delta} \quad \ldots \ldots \quad 3)$$

$$n = \frac{100 \cdot \delta}{1+\delta}\left[1 + \frac{l}{4}\left(\frac{1}{\nu(1+\delta)\left(1+\frac{l}{4}\right) - \frac{l}{4}}\right)\right] = \frac{\delta\left(100 + \frac{kl}{4}\right)}{1+\delta} \quad \ldots \ldots \quad 4)$$

Die Formeln 2) bis 4) bekunden, daß einerseits zwischen k bzw. o bzw. n, anderseits zwischen v ein Zusammenhang zweiter Ordnung besteht. Durch weitere Umformung ergibt sich, daß eine jede der drei Kurven eine Hyperbel ist, deren Asymptoten parallel zu den Koordinatenachsen verlaufen. Bezeichnen η_0 die Entfernung der zu der Abszissenachse parallelen Asymptote von der Abszissenachse, ferner ξ_0 die Entfernung der zur Ordinatenachse parallelen Asymptote von der Ordinatenachse, so ist für die

$$\text{Hyperbel } k:\ \eta_0 = \frac{l}{(1+\delta)(4+l)}\ ;\ \xi_0 = 0$$

$$\text{Hyperbel } o:\ \eta_0 = \frac{l}{(1+\delta)(4+l)}\ ;\ \xi_0 = \frac{l}{1+\delta} = 0{,}21$$

$$\text{Hyperbel } n:\ \eta_0 = \frac{l}{(1+\delta)(4+l)}\ ;\ \xi_0 = \frac{\delta}{1+\delta} = 0{,}79.$$

Die eine Asymptote ist daher allen 3 Hyperbeln gemeinsam, gleichzeitig zur Abszissenachse parallel, die andere Asymptote ist parallel zur Ordinatenachse, aber von dieser um $\xi_0 = 0$, $\xi_0 = 0{,}21$ und $\xi_0 = 0{,}79$ entfernt. Da η_0 wegen des aus der Elementaranalyse zu entnehmenden Wertes l bekannt ist, so ist die Darstellung des dreifachen Hyperbelsystems ohne weiteres möglich. Zu diesem Zwecke rechnet man mit Hilfe der Formeln zu einem beliebigen v die Werte k und n aus, und erhält rbeeits je einen bestimmten Punkt der zugehörigen Hyperbeln.

Für die Hyperbel des Sauerstoffgehalts bestimmt jeweils der Zusammenhang $v = 1$ und $o = 0$ den Anfangspunkt.

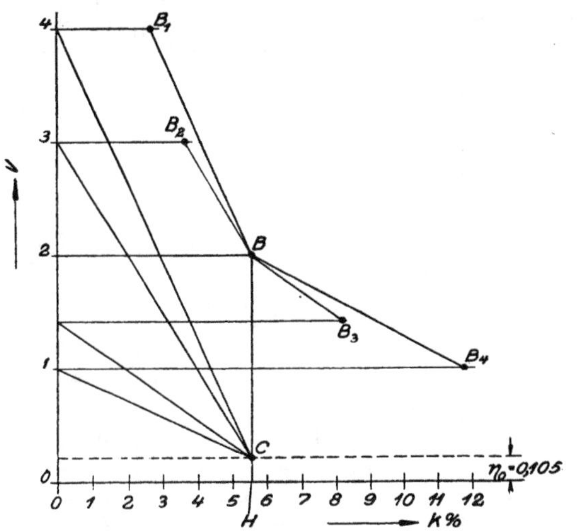

Abb. 96. Konstruktion der Hyperbel.

Zeichnen wir uns die CO_2-Hyperbel für den Brennstoff $CH_{l=4}$ auf, so haben wir $\eta_0 = 0{,}105$ und nach 2) für $v = 2$, $k = 5{,}54$ (auf Abb. 96 mit B bezeichnet). Mit Hilfe dieses Punktes läßt sich mittels Lineals eine weitere Anzahl von Punkten der Hyperbel konstruieren[1]). Der Verlauf der Stickstoff- und Sauerstoffhyperbel ist dann nach Formel 3) und 4) als Funktion der CO_2 ohne weiteres gegeben.

$C = 85{,}23$ und $H = 13{,}08$ gelten für den Boryslawer (galizischen) Erdölrückstand; hier war $l = 1{,}84$ (vgl. das Beispiel zu Anfang), während sich η_0 zu 0,0662 ergibt. Für $v = 2$ finden sich $k = 7{,}44$ und $n = 81{,}68$. In Abb. 97 ist das zugehörige Kurvensystem aufgezeichnet. Für $v = 1$ haben wir die Verhältnisse bei theoretischem Luftüberschuß. Da, wo sich die CO_2-Hyperbel mit jener des Sauerstoffs schneidet, ist $k = o$.

Der hyperbolische Zusammenhang der Gasbestandteile kann daher allgemein zur Kontrolle von Feuerungen verschiedenster Brennstoffe (flüssige, feste, gasförmige) benutzt werden. Aber selbst wenn der Brennstoff nicht bekannt ist, kann seine Zusammensetzung aus einer vollständigen Rauchgasanalyse durch das Kurvensystem bestimmt werden; denn für ein bestimmtes k und o lassen sich v und l bestimmen und aus letzterem C und H nachweisen. Man erhält:

$$l = \frac{4}{\delta k}\,[100 - (1+\delta)(o+k)].$$

Aus der elementaren Zusammensetzung der Erdölerzeugnisse ergibt sich, daß die Unterschiede in dem Werte von l nur gering sind; man könnte daher die Darstellung des Kurvensystems unter Umständen schon für alle Erdöle verwenden. Anderseits läßt sich für jede andere Zusammensetzung dem abweichenden Werte l entsprechend ein neues Kurvensystem aufzeichnen.

Ähnliches gilt auch für feste Brennstoffe, selbst wenn deren Güte durch den Ausfall des Abbaues verändert wird (Veränderlichkeit im Feuchtigkeits- und Aschengehalt).

[1]) Zu diesem Zwecke zieht man beispielsweise Linie $C3$ und von 3 aus eine Parallele zur Abszisse. Punkt B_2 der Hyperbel wird gefunden, wenn von B aus eine Parallele zu $C3$ gezogen wird. Andere Punkte werden ähnlich konstruiert.

Mit zunehmendem Wasserstoffgehalt nimmt die Entfernung η_0 der gemeinsamen Asymptote von der Abszissenachse zu; bei Brennstoffen ohne verfügbaren Wasserstoffgehalt deckt sich die Asymptote mit der Abszissenachse.

Bei unvollkommener Verbrennung, z. B. wenn die Verbrennungsgase CO enthalten, lassen sich, entsprechend den Formeln I bis IX, ähnliche Gleichungen aufstellen. Indes kann man aus ihnen nicht, wie bei vollkommener Verbrennung, eine Gleichung 2) ableiten, die nur die Werte v, δ und l enthält; es muß vielmehr in einer solchen Gleichung der Wert d vorkommen, der, je nach der Unvollkommenheit der Verbrennung, verschieden ist.

Im Anschluß hieran wird auf die hervorragende Arbeit Wa. Ostwalds[1]) verwiesen, der Rechentafeln für Benzin und Benzol aufgestellt hat. Mit ihrer Hilfe ist man imstande, nach einer Sauerstoff- und Kohlensäureanalyse festzustellen:

1. ob ein Analysenfehler vorliegt oder die Rechentafel und die Gasanalyse nicht zum selben Brennstoff gehören,
2. ob die Verbrennung vollständig ist oder nicht; Ablesung des prozentischen Luftüberschusses usw.,

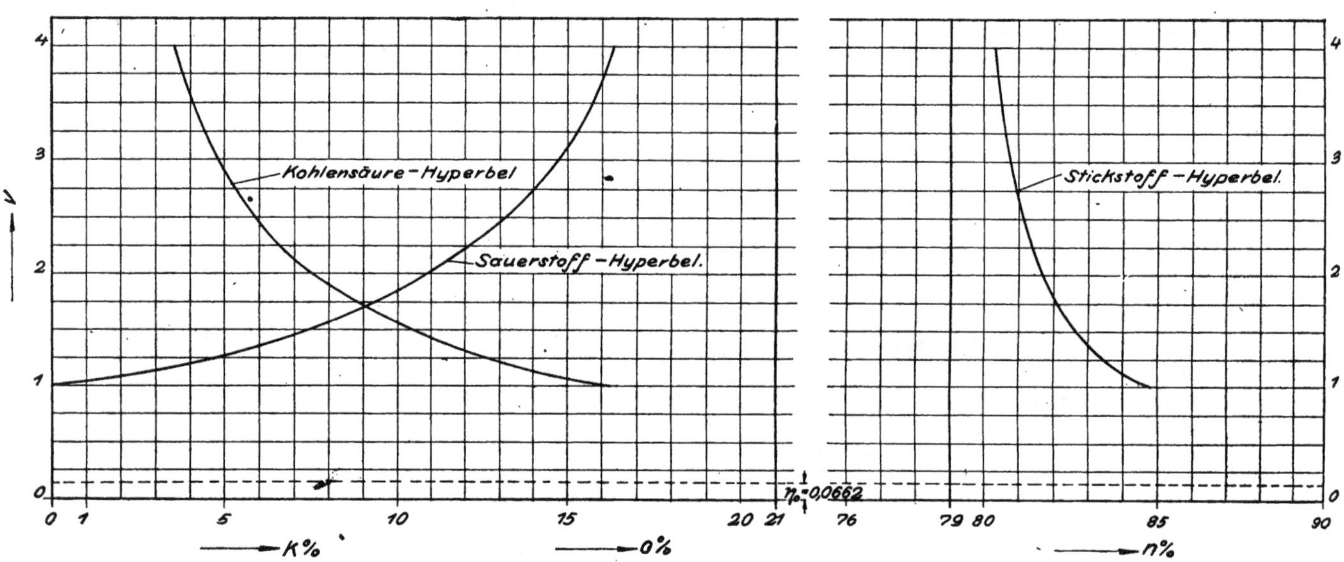

Abb. 97. Dreifaches Hyperbelsystem für vollkommene Verbrennung.

3. wieviel CO in den Verbrennungsgasen enthalten ist, im besonderen, ob bei den Auspuffgasen von Kraftwagen das CO zwangsweise durch zu fettes Gemisch, durch Luftmangel, entstanden ist, oder ob das Verhältnis von Brennstoff und Luft sachgemäß war und andere Ursachen für die unvollständige Verbrennung verantwortlich gemacht werden müssen.

II. Einfluß des Luftüberschusses auf den Gang der Verbrennung.

Der Verbrennungsvorgang, auf den wir im Abschnitt I ausführlich eingegangen sind, wird im praktischen Feuerungsbetrieb niemals mit der theoretischen Luftmenge durchgeführt: es bedarf stets eines gewissen Luftüberschusses, um die Verbrennung derart zu leiten, daß der im Brennstoff enthaltene Kohlenstoff restlos zu CO_2 verbrennt, oder mit anderen Worten, die Verbrennung zu einer vollkommenen zu gestalten. Über die bei unvollkommener Verbrennung eintretenden Verluste wird im folgenden Abschnitt die Rede sein, ebenso über Verluste durch Zulassung eines Luftüberschusses. Beide Verluste stehen demnach in einem gegenseitigen Abhängigkeitverhältnis, dergestalt, daß das Anwachsen des einen meist die Verringerung des anderen zur Folge hat. Man wird zur Erzielung einer wirtschaftlichen Verbrennung dahin streben müssen, die Summe beider Verluste möglichst klein zu halten. Feuerungstechnisch und allgemein wirtschaftlich ist die

[1]) Feuerungstechnik, 1. Januar 1919, Heft 7. — Während der Drucklegung erscheint Ostwald, Beiträge zur graphischen Feuerungstechnik, Spamer 1920, das diesen Gedanken in verdienstvoller Weise noch weiter ausbaut, auf welches hier aber leider nicht mehr näher eingegangen werden kann.

Forderung der vollkommenen Verbrennung am wichtigsten, da die durch unverbrannte Gase u. dgl. abgeführten Wärmemengen als unwiederbringlich verloren anzusehen sind, während der Verlust infolge höheren Luftüberschusses durch entsprechende Heizflächen-Anordnung weitgehend herabgemindert werden kann. Die Frage kann daher so gestellt werden: Bis zu welchem Mindestmaß von Luftüberschuß kann man in den einzelnen Fällen gehen, ohne Gefahr zu laufen, merkbare Verluste durch unvollkommene Verbrennung zu erleiden?

Jeder Verbrennung fester und flüssiger Brennstoffe geht eine Vergasung voraus (vgl. 1. Kap. IV, 1). Soll ein gasförmiger (dampfförmiger) Körper verbrennen, so ist seine Durchdringung mit Sauerstoff notwendig. Je vollkommener diese Durchdringung, je gleichmäßiger und homogener das Gasgemisch ist, desto schneller und vollkommener entwickelt sich die Verbrennung. Über die Brenngeschwindigkeit explosiver Gasgemische liegen eine Reihe Forschungsarbeiten vor. Man kann bei Verbrennung derartiger Gemische zwei verschiedene Formen unterscheiden. Die Zündgeschwindigkeit[1]) ist bei der langsamen Verbrennungsform durch die Wärmeleitung, spezifische Wärme, Gasdichte und Änderung der Reaktionsgeschwindigkeit bedingt. Eine zweite Fortpflanzungsart besteht in der durch den Explosionsdruck sich bildenden Kompressionswelle, die die Entzündung des Gasgemisches durch Verdichtung und Temperatursteigerung beschleunigt. Die Zündgeschwindigkeit erreicht an den Explosionsgrenzen den Wert null, die von der Natur des Brenngases, der Menge der Ballastgase und endlich der Größe und Gestalt des Verbrennungsraumes beeinflußt werden.

Im Gegensatz zu der Verbrennung ruhender Gasgemische von annähernd homogener Beschaffenheit handelt es sich beim praktischen Feuerungsbetrieb mit dauernder Wärmeerzeugung um einen Verbrennungsvorgang im strömenden Gasgemisch. Je nach der Art, wie die Zusammenführung des Brenngases und der Luft vor sich geht, werden sehr verschiedene Zustände geschaffen, die die in der Praxis vorkommenden mannigfaltigen Erscheinungsformen der Verbrennung erklären.

Gehen wir zunächst auf die einfachste Form, die Gasfeuerung, ein. Die bekannte Grundform für den rationellen Gasbrenner ist der Bunsenbrenner. Er bezweckt eine Vormischung von Luft und Gas, um die Verbrennung in annähernd jener günstigen Form einzuleiten, wie sie bei der Entzündung homogener Gasgemische vor sich geht. Die Vormischung muß derart geschehen, daß die Zündgeschwindigkeit des Gemisches unterhalb der Strömgeschwindigkeit bleibt, um ein Zurückschlagen der Flamme in den Brenner zu vermeiden. Die fehlende Verbrennungsluft wird dann noch dem brennenden Gasgemisch zugeführt.

Die Verbrennung flüssiger Brennstoffe ist bereits wesentlich schwieriger. Liegt der Siedepunkt dieser Stoffe bei niedriger Temperatur, wie beispielsweise bei Benzin und Alkohol, so läßt sich ein homogenes Luft- und Brennstoffdampfgemenge verhältnismäßig leicht herstellen, jedoch wird dem Gemisch im praktischen Betriebe infolge der hohen ihm eigenen Zündgeschwindigkeit die erforderliche Zeit zur Durchmischung nicht zur Verfügung stehen.

Bei den höhersiedenden Flüssigkeiten ist die Verteilung durch Zerstäubung notwendig. Indes ist auch hierbei der Luftüberschuß nach der Herkunft der Öle verschieden. Das gilt insbesondere von Heizölen aus der Petroleumraffinierung und den Steinkohlenteerölen mit überwiegend Benzolverbindungen. Die ersteren lassen sich z. B. im Dieselmotor wesentlich leichter und mit geringerem Luftüberschuß als die Steinkohlenteeröle verbrennen.

Der bei gasförmigen und flüssigen Brennstoffen anzustrebenden Idealform der Verbrennung, gekennzeichnet durch weitgehende Vermischung vor der Entzündung und Zufuhr von Bedarfsluft während der Verbrennung, steht der zweite Fall gegenüber, bei welchem die Gemischbildung in der Hauptsache erst nach der Zündung vor sich geht.

Vergegenwärtigt man sich einen Luftstrom, auf den ein zweiter Strom von Brenngas unter beliebigem Winkel auftrifft, so kann man annehmen, daß die Mischung beider Ströme nach Maßgabe der Massengesetze und sonstiger den Mischvorgang beeinflussender Größen nach einer gewissen Zeit vollendet sein wird. Nach Entzündung des Gemisches in Nähe des Treffpunktes beider Ströme wird sich die Zündung bis zu den Grenzen der Brennbarkeit des Gemisches fortpflanzen, und es wird schließlich ein Gleichgewichtszustand zwischen Strömgeschwindigkeit und Zündgeschwindigkeit eintreten. In dem einen Fall, dem Idealfalle, wird ein hochwertiges Gas-Luftgemisch von annähernd theoretischem Mengenverhältnis unter Entwicklung hoher Temperaturen vollkommen verbrannt, im anderen Falle (Fall II) wird das Gas-Luftgemisch alle Phasen vom Sauerstoffmangel bis zum

[1]) Vgl. Taschenbuch der „Hütte", 22. Aufl., S. 470.

hohen Luftüberschuß gleichzeitig durchlaufen und daher eine unvollkommene Verbrennung neben hohem Luftüberschuß ergeben[1]).

Bei der Erhitzung fester Brennstoffe auf Zündtemperatur geht eine Trennung flüchtiger und fester Bestandteile vor sich. Die Verbrennung der flüchtigen Bestandteile findet unter verhältnismäßig ungünstigen Verhältnissen (nach Fall II) statt, jene der festen Bestandteile weicht erheblich von derjenigen der Gase ab.

Über die Verbrennung der Kohle oder vielmehr des Kohlenstoffes auf dem Rost hat Nusselt eine Abhandlung von grundlegender Bedeutung veröffentlicht[2]), die geeignet ist, die weitere wissenschaftliche Erforschung der Verbrennungsvorgänge zu fördern. Mit einigen vereinfachenden Annahmen, welche sich auf die Brennstoffbeschaffenheit (reiner Kohlenstoff) und die Form des Brennstoffbettes beziehen, kommt Nusselt nach Herleitung eines neuen Begriffes, der Verbrennungszahl, sowie unter Heranziehung der von ihm bearbeiteten Gesetze des Wärmeübergangs von Gasen auf Wandungen und umgekehrt zu einer Beziehung zwischen der verbrannten Kohlenmenge K einerseits und den Zustandsgrößen T (Temperatur der Kohlenoberfläche), der Diffusionsgeschwindigkeit K_0, dem Gasvolumen W_0, dem Durchmesser der Gaskanäle d, der Länge der Kanäle L, der Kohlenoberfläche F, der Stundenzahl Z und der Sauerstoffkonzentration O_2 anderseits, lautend:

$$K = \frac{4{,}52}{10^5} \cdot \frac{K_0^{0{,}214}\, T^{0{,}214}\, W_0^{0{,}786}}{d^{1{,}732}\, L^{0{,}054}} F Z O_2.$$

Denkt man sich durch die Brennschicht einer Feuerung, welche ununterbrochen, etwa mittels maschineller Wurfbeschickung, entsprechend dem Abbrand beschickt werde, eine Anzahl zum Rost paralleler Ebenen gelegt, so ist ersichtlich, daß die unteren durch die Ebenen begrenzten Schichten aus vollständig entgastem Brennstoff bestehen und dem Nusseltschen Satz entsprechend verbrennen. Mit steigender Entfernung vom Rost wird eine Abweichung dadurch entstehen, daß der Verbrennungsvorgang mehr und mehr nach den bei gasförmigen Brennstoffen gültigen Gesetzen vor sich geht. Während anfangs die kohlenstoffreichen Verbindungen in dampfförmigem Zustand entweichen, werden bei den höheren Temperaturen nur noch die wasserstoffreichen stabileren Verbindungen frei, während als Restgas geringe Mengen Wasserstoff ausgetrieben werden.

Das Bild der Verbrennung in den einzelnen Schichten des Kohlenbettes ist alsdann folgendes: In den unteren Schichten lebhafte Verbrennung des entgasten Kohlenstoffes bei hoher Sauerstoffkonzentration. In den nächsthöheren Schichten trotz abnehmenden Sauerstoffgehalts der Gase aber noch Steigerung der Brenngeschwindigkeit, da der freiwerdende Wasserstoff eine hohe Verbrennungstemperatur ergibt. In den höheren Schichten findet zunehmend ein Einströmen von Gas in den hocherhitzten Heizgasstrom statt. Je nach der Strömgeschwindigkeit und dem Wirbelungszustand wird die Verbrennung schnell oder verzögert stattfinden. Die Wärmeentwicklung regelt sich entsprechend. Bis zu etwa $^3/_4$ der Schichthöhe findet eine ständige Temperaturzunahme in der Brennschicht statt. Von hier ab wird die Wärmebindung durch Verflüchtigung der Gase und die Erwärmung der Kohlenmasse eine Abnahme der Temperatur erzeugen. In der Nähe der oberen Brennschichtgrenze ist die Sauerstoffkonzentration der Heizgase stark vermindert. Die Verbrennung der in letztere eindringenden Brenngase findet mit bedeutender Verzögerung statt. Über die Schicht erhebt sich ein Gasstrom, bestehend aus mehr oder weniger wirbelnden brennenden Gasstrahlen. Diese Gasstrahlen haben je nach dem Grade der in ihrer Umgebung herrschenden Sauerstoffkonzentration eine gewisse Zeit und Weglänge unter Aufrechterhaltung der Temperatur zu ihrer vollständigen Verbrennung nötig. Werden diese Verbrennungsbedingungen ihnen durch entsprechende Gestaltung der Feuerung geboten, so ist vollkommene Verbrennung mit geringem Luftüberschuß möglich. Ist dies nicht der Fall, tritt also vorzeitige Abkühlung ein, so muß die Verbrennung entsprechend verkürzt werden, oder aber es tritt unvollkommene Verbrennung ein. Es muß eine Verbesserung der Mischungsverhältnisse (höhere Gasgeschwindigkeit, mechanische Mittel zur Wirbelbildung) oder Erhöhung des Luftüberschusses (Herabsetzung der Schichthöhe) angewandt werden.

Aus diesen Überlegungen folgt, daß der Gasgehalt der Kohle ihre Brenngeschwindigkeit erhöht, ohne daß eine Erhöhung des Luftüberschusses notwendig ist. Dagegen ist die Empfindlichkeit bezüglich Unvollkommenheit der Verbrennung wesentlich größer als bei reinem Kohlenstoff. Geringe örtliche Temperaturschwankungen und Unebenheiten der Brennschicht führen zu unvollkommener Verbrennung, sofern nicht durch besonders sorgfältige Gestaltung der Feuerung für rechtzeitige

---

[1]) Vgl. die leuchtende und nichtleuchtende Flamme des Bunsenbrenners.

[2]) Z. d. V. d. I. 1916, S. 102.

Nachverbrennung gesorgt wird. Bei periodischer Beschickung ist, sofern mit einem erträglichen mittleren Luftüberschuß gearbeitet werden soll, unvollkommene Verbrennung unvermeidlich und muß durch besondere Maßnahmen, namentlich Sekundärluftzufuhr, behoben oder gemildert werden. Dagegen lassen sich entgaste Brennstoffe wie Koks mit geringem Luftüberschuß verbrennen.

Die Nusseltsche Gleichung besagt, daß die Temperatur und Diffusionsgeschwindigkeit einen verhältnismäßig geringen, die Gasgeschwindigkeit einen wesentlich größeren, die Größe der Oberfläche, die Art der Gaskanäle sowie die Sauerstoffkonzentration einen überwiegenden Einfluß auf die Brenngeschwindigkeit besitzen. In der Tat dürfte erst große Temperaturerniedrigung, wie sie z. B. bei Verfeuerung minderwertiger Brennstoffe in Innenfeuerungen vorkommt, zur Herabsetzung der Brenngeschwindigkeiten beitragen. Eine Mindesttemperatur, welche bei 1000° über 0° liegen dürfte, ist für wirtschaftliche Verbrennung notwendig.

Hohe Gasgeschwindigkeit, wie sie bei Unterwindfeuerungen angewandt wird, ist heute ein vielbeliebtes Mittel, eine mangelnde Brenngeschwindigkeit zu heben.

Die Vergrößerung der Kohlenoberfläche, welche beispielsweise in der porigen Beschaffenheit des Kokses günstig wirkt, muß meist durch Verringerung der Korngröße erreicht werden. Eine Grenze ist in dem Widerstand der Brennschicht gesetzt. Eine hohe Sauerstoffkonzentration verbietet sich aus wirtschaftlichen Gründen.

Demnach bleiben als wirtschaftliche Mittel zur Erhöhung der Brenngeschwindigkeit:

1. Aufrechterhaltung einer Mindesttemperatur durch geeignete Bauart der Feuerung,
2. genügende Gasgeschwindigkeit, also genügende Zugwirkung,
3. genügende Zerkleinerung des Brennstoffes.

Ferner haben wir aus unseren Betrachtungen hergeleitet die Anforderungen für vollkommene Verbrennung:

4. gleichmäßige Schichthöhe, d. h. Vermeidung örtlicher oder zeitlicher Schwankungen der Schichthöhe,
5. genügenden Feuerraum zur Verbrennung der gasförmigen Bestandteile. Vermeidung vorzeitiger Abkühlung.

Bezüglich des Verhaltens der Brennstoffe können folgende Schlüsse aus der Nusseltschen Gleichung bezogen werden:

1. hochwertige gasarme Brennstoffe müssen mit großer Oberfläche, also meist hoher Schicht verfeuert werden. Die Brenngeschwindigkeit ist gering, die in der Schicht erreichten Temperaturen sind sehr hoch, stellen daher hohe Anforderungen an die Haltbarkeit der Feuerungsteile;
2. hochwertige gasreiche Brennstoffe sind mit mäßiger Schichthöhe zu verfeuern, wobei hohe Brenngeschwindigkeit erzielt wird. Die Schichttemperatur bleibt durchschnittlich in zulässigen Grenzen. Ununterbrochene Beschickung ist zur Vermeidung unvollkommener Verbrennung notwendig;
3. minderwertige Brennstoffe erfordern zur Aufrechterhaltung günstiger Verbrennungstemperatur kräftige Beanspruchung oder wärmedichten Feuerraum, ferner große Oberfläche, d. h. weitgehende Zerkleinerung, sofern der Brennstoff gasarm ist.

III. Größe des Gasvolumens bei der Verbrennung eines Brennstoffes.

Zur Erhöhung des Wirkungsgrades einer Feuerungsanlage, die unter ungünstigen Verhältnissen arbeitet, ist die Kenntnis der Zusammensetzung des Brennstoffes (Elementaranalyse) und der aus ihm durch Verbrennung entstandenen Gasbestandteile Bedingung. Zwar gibt es Annäherungsformeln, wie die Siegertsche Formel, mit deren Hilfe sich der Kaminverlust feststellen läßt, aber das genügt uns nicht für die hier in Frage kommenden Betrachtungen, die auf Erhöhung der Wirtschaftlichkeit hinzielen.

Den späteren Formeln liegen folgende Bezeichnungen zugrunde:

Elementaranalyse:

Kohlenstoff	C	Gew.-%	Schwefel	S	Gew.-%
Wasserstoff	H	„	Asche		„
Sauerstoff	O	„	Feuchtigkeit	W	„
Stickstoff	N	„			

Rauchgasanalyse:

Kohlensäure	k Vol.-%	schweflige Säure	s Vol.-%
Kohlenoxyd	d „	Wasserstoff	h „
Methan	m „	Stickstoff	n „
schwere Kohlenwasserstoffe	p „	Ruß	r' in kg/cbm Rauchgase
Sauerstoff	o „		r in kg/kg Kohle.

Entsprechend den Bezeichnungen für die Rauchgasanalyse soll:

K_v das Volumen von CO_2 in cbm	H_v das Volumen von H in cbm
D_v „ „ „ CO „ „	O_v „ „ „ O „ „
M_v „ „ „ CH_4 „ „	N_v „ „ „ N „ „
P_v „ „ „ SKW (schweren Kohlenwasserstoffen) in cbm	S_v „ „ „ SO_2 „ „

sein. Wir haben dann allgemein für das Volumen der trockenen Verbrennungsgase

$$R_v = K_v + D_v + M_v + P_v + H_v + O_v + N_v + S_v \quad \ldots\ldots\ldots 1)$$

Für die Werte K_v, D_v usw. gilt die Zahlentafel 112, die auch die Gewichte der einzelnen Bestandteile der Rauchgasanalyse mit dem Index „g“ enthält.

Zahlentafel 112.

Bestandteile	Volumen in cbm	Gewicht in kg
Kohlensäure	$K_v = \frac{k}{100} \cdot R_v = \frac{K_g}{1,96633}$	$K_g = \frac{11}{3} C_k$
Kohlenoxyd	$D_v = \frac{d}{100} \cdot R_v = \frac{D_g}{1,25133}$	$D_g = \frac{7}{3} C_d$
Methan	$M_v = \frac{m}{100} \cdot R_v = \frac{M_g}{0,71503}$	$M_g = \frac{4}{3} C_m$
SKW	$P_v = \frac{p}{100} \cdot R_v$	$P_g = \frac{7}{6} \cdot C_p$
Wasserstoff	$H_v = \frac{h}{100} \cdot R_v$	$H_g = 0,0894\, H_v$
Sauerstoff	$O_v = \frac{o}{100} \cdot R_v = K_v \cdot \frac{o}{k}$	$O_g = 1,43003 \cdot O_v$
Stickstoff	$N_v = K_v \cdot \frac{n}{k} = \frac{n}{100} R_v$	$N_g = 1,25523\, N_v = 3,302 \cdot O_e \cdot v + \frac{N}{100}$
schweflige Säure	$S_v = 0,007\, S = K_v \cdot \frac{s}{k}$	$S_g = 0,02\, S = 2,86346\, S_v$
Feuchtigkeit	$W_v = \frac{W_g}{0,80462}$	$W_g = \frac{W}{100} + 9\left(\frac{H}{100} - H_g - \frac{C_m}{3} - \frac{C_p}{6}\right) + \frac{v f L_v}{1000}$

In der Formel für W_g ist $f = \frac{1,06\, e}{1 + \alpha t}$ in g, t der Taupunkt, e die Spannkraft in mm.

Aus nachstehender Zahlentafel 113 sind die zusammengehörigen Werte zu entnehmen. Die relative Luftfeuchtigkeit wird mit Hilfe des Hygrometers beispielsweise zu 63,7% bei 22° Lufttemperatur ermittelt. Für

Zahlentafel 113.

t °C	e mm	f g	t °C	e mm	f g	t °C	e mm	f g	t °C	e mm	f g
—10	1,9	1,94	0	4,6	4,88	10	9,2	9,41	20	17,5	17,28
— 9	2,1	2,15	+1	4,9	5,17	11	9,8	9,98	21	18,6	18,31
— 8	2,3	2,37	2	5,3	5,58	12	10,5	10,66	22	19,8	19,49
— 7	2,5	2,58	3	5,7	5,97	13	11,2	11,33	23	21,1	20,63
— 6	2,8	2,94	4	6,1	6,37	14	12,0	12,10	24	22,4	21,82
— 5	3,0	3,12	5	6,5	6,77	15	12,8	12,86	25	23,8	23,11
— 4	3,3	3,45	6	7,0	7,26	16	13,6	13,61	26	25,3	24,49
— 3	3,6	3,77	7	7,5	7,75	17	14,5	14,47	27	26,8	25,85
— 2	3,9	4,10	8	8,0	8,24	18	15,5	15,41	28	28,4	27,30
— 1	4,2	4,43	9	8,6	8,83	19	16,5	16,35	29	30,1	28,82
— 0	4,6	4,88	10	9,2	9,41	20	17,5	17,28	30	31,8	30,37

diese Temperatur ist nach der Zahlentafel $f = 19{,}49$ die Sättigungsmenge. In Wirklichkeit enthält die Luft nur $\frac{19{,}49 \cdot 63{,}7}{100}$ oder $f = 12{,}41$ g. Die Luftmenge ist $L_v = \frac{L_g}{1{,}2932}$.

C_k bedeutet den in der Kohlensäure (k) enthaltenen Kohlenstoff, C_d jenen im Kohlenoxyd (d) usw. Bei unvollkommener Verbrennung, aber keinem Verlust an Kohlenstoff, muß die Gleichung erfüllt sein:

$$\frac{C}{100} = C_k + C_d + C_m + C_p \quad \ldots \quad 2).$$

In der Praxis haben wir, wenigstens bei festen Brennstoffen, mit einem Verlust C_R in kg in den Herdrückständen und einem Verlust r in Form von Ruß zu rechnen, die beide für die Ermittelung des Restgliedes in der Wärmebilanz wichtig sind. Außerdem haften den einzelnen Posten der Wärmebilanz Fehlerquellen F an, die negativ oder positiv sein können. Gleichung 2) wird deshalb bei unvollkommener Verbrennung die Form annehmen:

$$\frac{C}{100} = C_k + C_d + C_m + C_p + C_R + r + F \quad \ldots \quad 3),$$

worin für $r = r' R_v$ gesetzt werden kann.

Von den 3 Unbekannten wird gewöhnlich nur C_R berücksichtigt, r und F dagegen in das Restglied geworfen. Aber damit ist die Unsicherheit der Wärmebilanz nicht erschöpft, handelt es sich doch um die Ermittelung von R_v, das ohne Kenntnis des tatsächlich verbrannten Kohlenstoffes C nicht genau bestimmt werden kann[1]).

Für die vorläufige Ermittlung von R_v gilt die Gleichung

$$R_v = \frac{0{,}01\, C - C_R - r}{0{,}5363 \frac{k + d + m + 2\,p}{100}} \quad \ldots \quad 4)$$

oder, da die Rußmengen gewöhnlich auf 1 cbm Rauchgase bezogen werden,

$$R_v = \frac{0{,}01\, C - C_R}{0{,}5363 \frac{k + d + m + 2\,p}{100} + r'} \quad \ldots \quad 5).$$

Für die Berechnung des Kaminverlustes in WE gilt

$$R_v\, c_{pm} (T - t) \quad \ldots \quad 6),$$

worin c_{pm} die mittlere spezifische Wärme der Rauchgase, T die Temperatur der Gase am Kesselende, t die Temperatur der Verbrennungsluft bedeuten. Für die mittlere spezifische Wärme nehme man

$$c_{pm} = 0{,}318 + 0{,}000046\, (T - t)\,^{2)} \quad \ldots \quad 7).$$

Für die Berechnung des Verlustes durch unverbrannte Gase dient die Formel:

$$\frac{R_v}{100} (3053\, d + 8575\, m + 14270\, p + 2580\, h) \quad \ldots \quad 8).$$

Ermittlung von R_v unabhängig von C_R, r und F.

Wollen wir die Unsicherheit in der Bestimmung von R_v und dessen Einfluß auf die Wärmebilanz vermeiden, so müssen wir danach trachten, R_v lediglich als Funktion der Elementaranalyse des Brennstoffes und der Rauchgasanalyse auszudrücken. Dieser Weg setzt freilich voraus, daß die Zusammen-

---

[1]) Welchen Einfluß die einzelnen Werte auf die Bestimmung von R_v haben, möge an einem Beispiel gezeigt werden. Für $C_R = 0{,}0104$, $k + d + m + 2p\ (= o) = 10{,}44$ Vol.-% und $r' = 0{,}00428$ ergibt sich für einen Kohlenstoffgehalt von 54,63% (Braunkohlenbrikett „Ilse") nach Formel 4):

$$R_v = 8{,}89 \text{ cbm}.$$

Ist r' nicht bestimmt, so erhalten wir bei seiner Vernachlässigung

$$R'_v = 9{,}58 \text{ cbm}.$$

Der Unterschied von R_v ist demnach sehr groß und infolgedessen auch die Berechnung des Kaminverlustes und des Verlustes durch unverbrannte Gase mit Mängeln behaftet, wenn die Feststellungen nicht genau ausgeführt werden.

[2]) de Grahl, „Wirtschaftlichkeit der Zentralheizung", R. Oldenbourg, München 1911, S. 70. Für schwankenden Betrieb bedient man sich vorteilhafter der von Schüle gefundenen Werte, die übersichtlich von Neumann (St. u. E. 1919, S. 746) zusammengestellt sind. Vgl. a. Hilliger, Z. f. Dampfkessel- u. Masch.-Betrieb 1920, S. 1.

setzung jeder Rauchgasanalyse einem Brennstoffe entspricht, der durch die gewonnene Elementaranalyse tatsächlich gekennzeichnet ist. Der Weg für die Bestimmung von R_v ist folgender:

Bei vollkommener Verbrennung ist der theoretisch erforderliche Sauerstoff

$$O_e = \frac{1}{100}\left(\frac{8}{3} C + 8 H - O + S\right) \text{ in kg} \quad \ldots \quad 9)^{1)}.$$

Bei unvollkommener Verbrennung ist an Sauerstoff verbraucht:

$$O_e' = \frac{4}{3} 2 (C_k + C_d - 2 C_m - C_p - 6 H_g) + \frac{1}{100} (8 H - O + S) \quad \ldots \quad 10)$$

In den Verbrennungsgasen ist an Sauerstoff vorhanden:

$$O_v = K_v \frac{o}{k} = \frac{o}{100} \cdot R_v \quad \ldots \quad 11).$$

Der Luftüberschuß ergibt sich zu:

$$\nu = \frac{O_g + O_e'}{O_e} \quad \ldots \quad 12),$$

woraus

$$O_g = \nu O_e - O_e' \quad \ldots \quad 13).$$

Aus Zahlentafel 112) folgt:

$$O_v = \frac{O_g}{1{,}43003}$$

und nach Einsetzen von O_g nach 13):

$$O_v = \frac{\nu O_e - O_e'}{1{,}43003} \quad \ldots \quad 14).$$

Setzen wir in Gleichung 1) die Werte der Zahlentafel 112 und O_v nach 14) ein, so erhalten wir nach einiger Umformung eine zweite Gleichung für den Luftüberschuß:

$$\nu = \frac{R_v\left(1 - \frac{k + d + m + p + h + s}{100}\right) + 0{,}7\, O_e' - 0{,}008\, N}{3{,}33\, O_e} \quad \ldots \quad 15).$$

Durch Gleichsetzung von 12) und 15) ergibt sich

$$R_v\left(1 - \frac{k + d + m + p + h + s}{100}\right) - 0{,}008\, N = 3{,}33\, O_g + 2{,}63\, O_e' \quad \ldots \quad 16).$$

Die rechte Seite ist noch umzuformen. Den Wert für O_e' finden wir aus 10), wenn wir für $C_k = 0{,}5363 \frac{k}{100} \cdot R_v$ usw., für H_g und O_g die Werte aus der Zahlentafel 112 einsetzen; es wird dadurch

$$O_e' = \frac{4}{3} \cdot 0{,}5363\, R_v \frac{2 k + d - 2 m - 2 p - h}{100} + \frac{1}{100} (8 H - O + S)$$

und

$$O_g = 1{,}43003 \frac{o}{100} R_v$$

und schließlich

$$R_v = \frac{0{,}8\, N + 2{,}63\, (8 H - O + S)}{100 - 4{,}762\, (k + o) - 2{,}881\, d + 2{,}762\, (m + p) + 0{,}881\, h - s} \quad \ldots \quad 17).$$

Ist R_v nach 17) ermittelt, läßt sich nach Feststellung von r' der Fehler F unserer Wärmebilanzen nach 5) ermitteln; wir müßten schreiben:

$$R_v = \frac{0{,}01\, C - C_R}{0{,}5363 \frac{k + d + m + 2 p}{100} + r' + F} \quad \ldots \quad 18)$$

und erhalten

$$F = \frac{0{,}01\, C - C_R}{R_v} - 0{,}5363 \frac{k + d + m + 2 p}{100} - r' \quad \ldots \quad 19).$$

[1]) Fuchs weist in „Generator-Kraftgas- und Dampfkesselbetrieb" darauf hin, daß der Sauerstoffbedarf für S wegen der Oxydierung des Eisens 1,375fach ist. Da ein Teil des S in der Schlacke verbleibt, ist hier der Faktor 1 beibehalten.

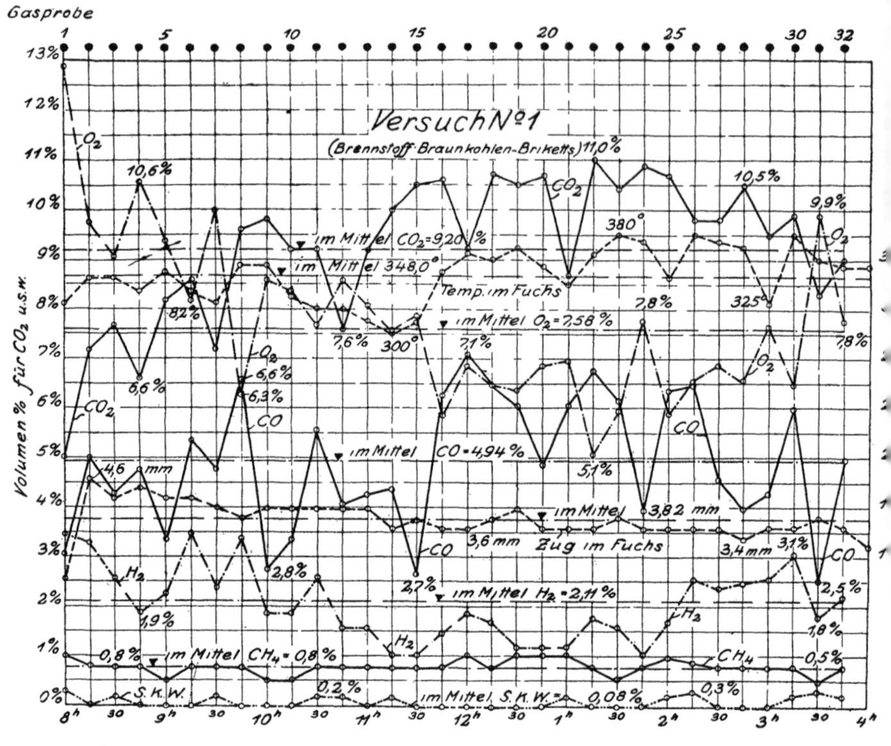

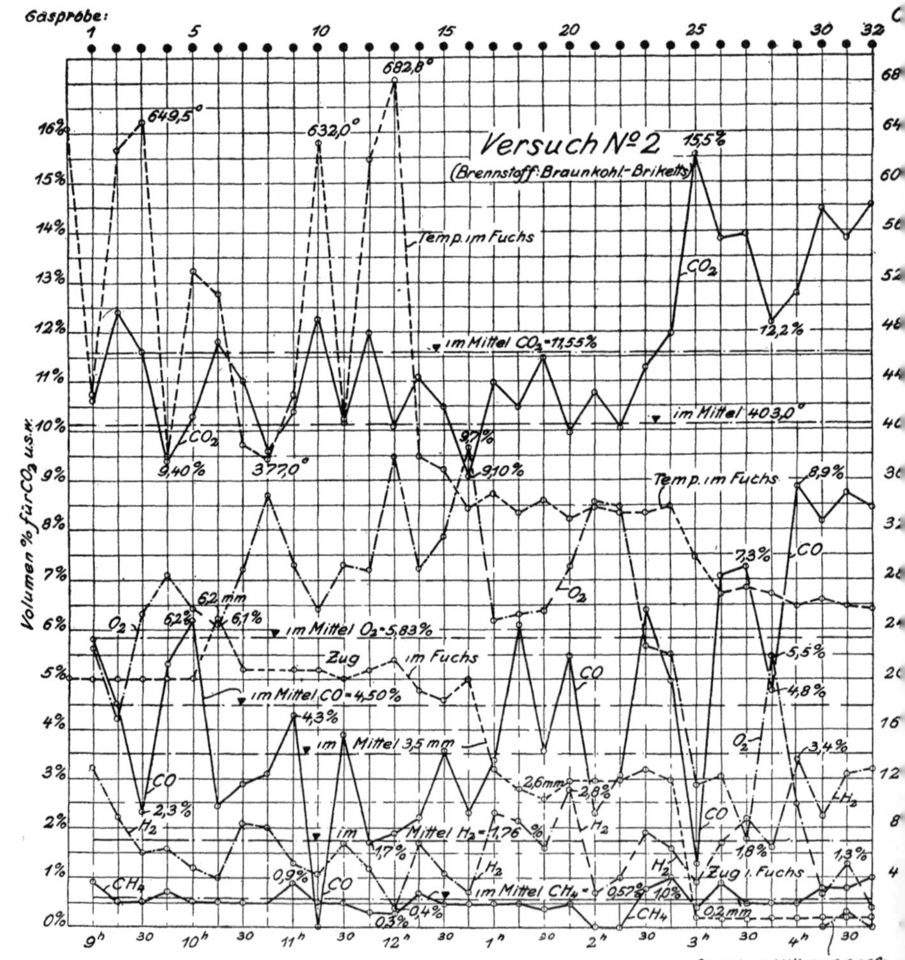

Versuche 1 und 2

Versuche mit Braunkohlenbriketten „Ilse

Tafel X
(Seite 279).

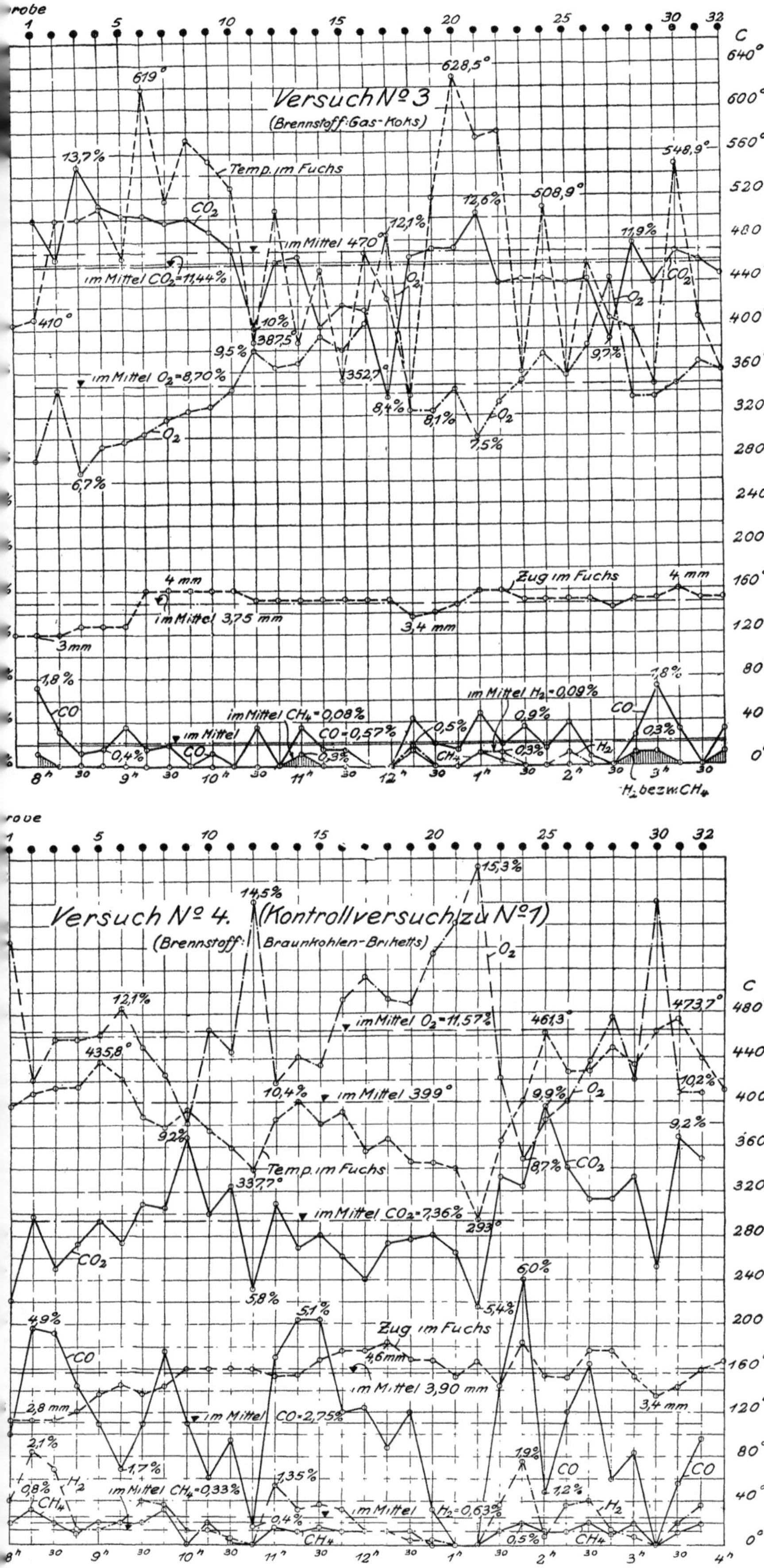

Versuche 3 und 4

... über den Verbleib der Wärmeenergie

Druck und Verlag von R. Oldenbourg, München und Berlin

IV. Ermittlung des Restgliedes in der Wärmebilanz.

1. Geschichtliches.

Wenn man die Wärmebilanz der Versuche an neuzeitlichen Dampfkesseln mit jener der Versuche an älteren Anlagen vergleicht, so fällt die Kleinheit des Restgliedes gegenüber den früheren Ergebnissen auf. Während man für letztere 10% oder gar mehr erhielt, haben wir jetzt nur etwa die Hälfte. Die Ursache liegt, soweit man sich auf neuere Versuche stützen kann, in der Vermeidung einer unvollkommenen Verbrennung und ihrer nachteiligen Wirkung, die sich durch hohe Verluste an unverbranntem Kohlenstoff (Ruß) in der Flugasche kennzeichnet.

Verfasser hat schon im Jahre 1894[1]), freilich auf Grund von Versuchen mit einfachen Mitteln, darauf hingewiesen, daß die Verluste an Ruß bei Qualm weit höher sind, als bisher angenommen wurde (höchstens 1%). Er fand z. B. bei oberschlesischer Kohle „Königin Luise" 7,18%, bei Braunkohle „Agnes Tiefbau" 4,22% vom Heizwert der Kohle.

1909 haben dann Constam & Schläpfer einen bemerkenswerten Beitrag geliefert[2]), aus dem hervorgeht, daß bei Handbeschickung eines Zweiflammrohrkessels die Verluste an Ruß bei Ruhrflammkohlen der Grube Dahlbusch 4,6% und bei Saarflammkohle der Grube Püttlingen 5,3% betrugen.

Fuchs veröffentlichte 1905[3]) seine beachtenswerten Versuchsergebnisse über endothermische Reaktionen, die auf lebhaften Widerspruch stießen[4]), ohne daß eine vollständige Klärung durch den Meinungsaustausch erzielt wurde. Diese und ähnliche Fragen veranlaßten den Verfasser, weitere Versuche an einem stehenden Feuerbuchs-Röhrenkessel, Abb. 98, anzustellen, zumal der bekannte Feuerungstechniker Ferd. Fischer die Bildungswärme von C_2H_2 zu —515 WE, diejenige von C_2H_4 zu —80 angibt. Eine Rückfrage bei Dr. Aufhäuser, Hamburg, ergab noch höhere Ziffern.

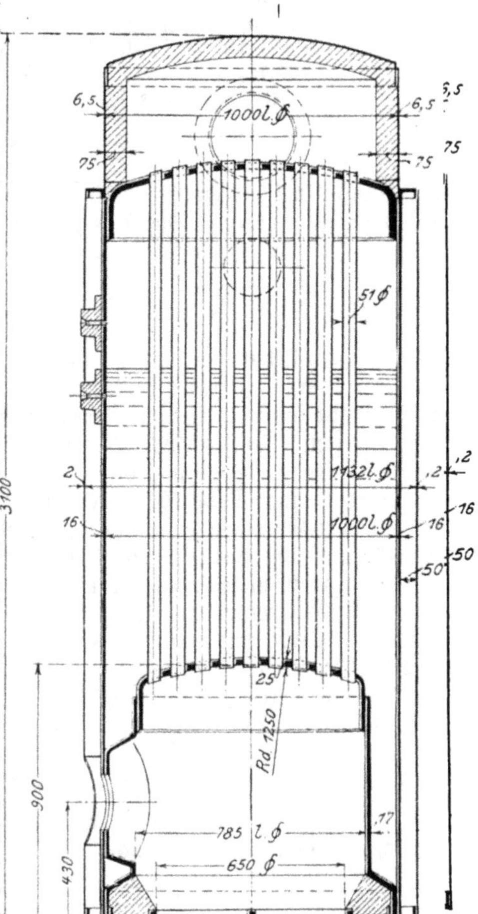

Abb. 98. Versuchskessel.

Um den Nachweis für den Verbleib der in dem Brennstoff aufgespeicherten Wärmeenergie erbringen zu können, wurde zuerst die Wärmeabgabe des genannten Feuerbuchs-Röhrenkessels durch Abkühlungsversuche festgestellt[5]) und dann eine Anzahl von Versuchen ausgeführt, wobei sowohl Braunkohlenbrikette „Ilse" als auch Gaskoks von den städtischen Gasanstalten Berlins als Brennstoff dienten. Die Verbrennung der Braunkohlenbrikette wurde ohne und mit nur teilweise sekundärer Luftzuführung bei mäßigen Schornsteinzugverhältnissen durchgeführt, um möglichst viel unverbrannte Gase zu erzeugen. Über die zuerst ausgeführten Versuche 1 bis 3 veranschaulichen die graphischen Darstellungen auf Tafel X den Verlauf der Verbrennung, während Zahlentafel 114 die Wärmebilanzen enthält.

Aus Zahlentafel 114 ersehen wir, daß beim Versuch 1 mit Ilsebriketten der Verlust an unverbrannten Gasen wegen fehlender sekundärer Luftzuführung ein Vielfaches des Kaminverlustes beträgt. Beim Versuch 2 mit gleichem Brennstoff war die Feuertür um eine geringe Spaltenweite (etwa 10 mm) geöffnet. Der Einfluß zeigt sich bereits in der Verringerung der unverbrannten Gase. Selbst beim Ver-

[1]) Mitteilungen aus der Praxis des Dampf- und Dampfmaschinenbetriebes 1903, S. 155.
[2]) Z. d. V. d. I. 1909, S. 1884.
[3]) Z. d. V. d. I. 1905, S. 1515.
[4]) Zeitschr. f. Dampfk. u. Maschinenbetr. 1907, S. 76.
[5]) Vgl. de Grahl, „Wirtschaftlichkeit der Zentralheizung", S. 70. R. Oldenbourg, München 1911.

Zahlentafel 114.

Versuch Nr.: Brennstoff:	1 Ilse-Brikette	2 Ilse-Brikette	3 Gaskoks
nutzbar gemacht in % des Heizwertes	32,70	34,85	53,60
Verlust in den Herdrückständen in % des Heizwertes	1,04	1,23	0,65
Kaminverlust in % des Heizwertes	14,68	15,67	27,12
Verlust aus unverbr. Gasen in % des Heizwertes	37,49	28,80	4,83
Verlust durch den Kessel als Heizkörper in % des Heizwertes	2,09	2,24	2,50
Verlust durch Wasserdampf in den Gasen in % des Heizwertes	1,09	1,40	1,39
Restglied %	10,91	15,81	9,91

such 3 mit Gaskoks war bei gleicher Spaltenbreite für den Luftzutritt der Verlust an unverbrannten Gasen unvermeidlich. Das Restglied ergibt sich

beim Versuch 1 zu 10,91%
„ „ 2 „ 15,81 „
„ „ 3 „ 9,91 „ ,

ohne daß zunächst eine Erklärung hierfür vorhanden war. Es liegen also ähnliche Verhältnisse vor, wie sie seinerzeit Fuchs feststellen konnte. Obgleich beim Versuch 1 schwere Kohlenwasserstoffe in geringem Maße auftraten, beim Versuch 2 sich nur Spuren davon zeigten, war der Restverlust beim Versuch 2 50% größer als beim Versuch 1. Daraus geht zunächst hervor, daß ein Verlust durch endothermische Reaktion wohl kaum gerechtfertigt werden kann. Beim Versuch 2 wurde, wie aus der Darstellung, Tafel X, hervorgeht, anfänglich mit kräftigem Schornsteinzug gearbeitet, so daß ein größerer Verlust an Flugasche angenommen werden muß. Jedenfalls ergab die Prüfung der während des 8stündigen Versuches gewonnenen Aschen- und Schlackenrückstände, daß diese geringer waren, als nach der Elementaranalyse zu erwarten stand; dasselbe gilt auch für Versuch 3 mit Koks als Brennstoff. Es mußte infolgedessen ein Mitreißen von Lösche oder Flugasche oder ein sonstiger Fehler angenommen werden, der nur durch einen nochmaligen Kontrollversuch unter besonderen Vorsichtsmaßregeln festgestellt werden konnte. Die Zuführung von Oberluft durch den Türspalt wurde indes auch bei diesem Versuch beibehalten. Insbesondere erstreckte sich die nochmalige Prüfung auf folgende Posten der Wärmeverteilung:

2. Kontrolle der nutzbar gemachten Wärmemenge.

Die Vermutung, daß im Dampfraum bei den hohen Abgangstemperaturen des Kessels eine Überhitzung des Dampfes stattfindet, führte zum Einbau eines Thermometers t', vgl. Tafel XI. Es zeigte

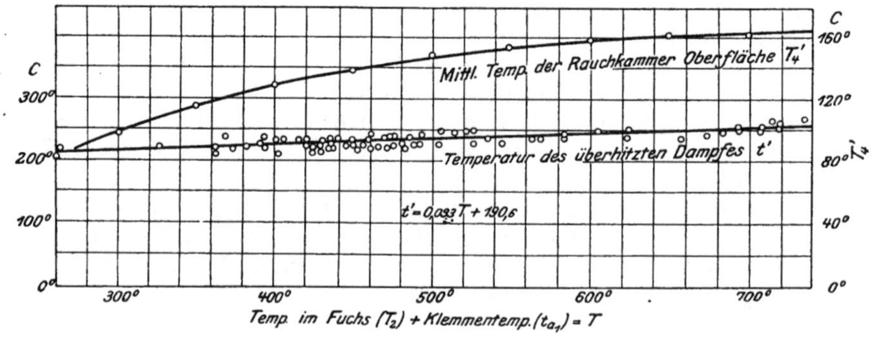

Abb. 99. Einfluß der Abzugsgase auf die Überhitzung.

sich auch tatsächlich eine Überhitzung in Abhängigkeit von den Abgangstemperaturen T, Abb. 99, die für eine genaue Wärmebilanz nicht vernachlässigt werden konnte; denn die nutzbar gemachte Wärme erhöht sich dadurch um etwa 1%.

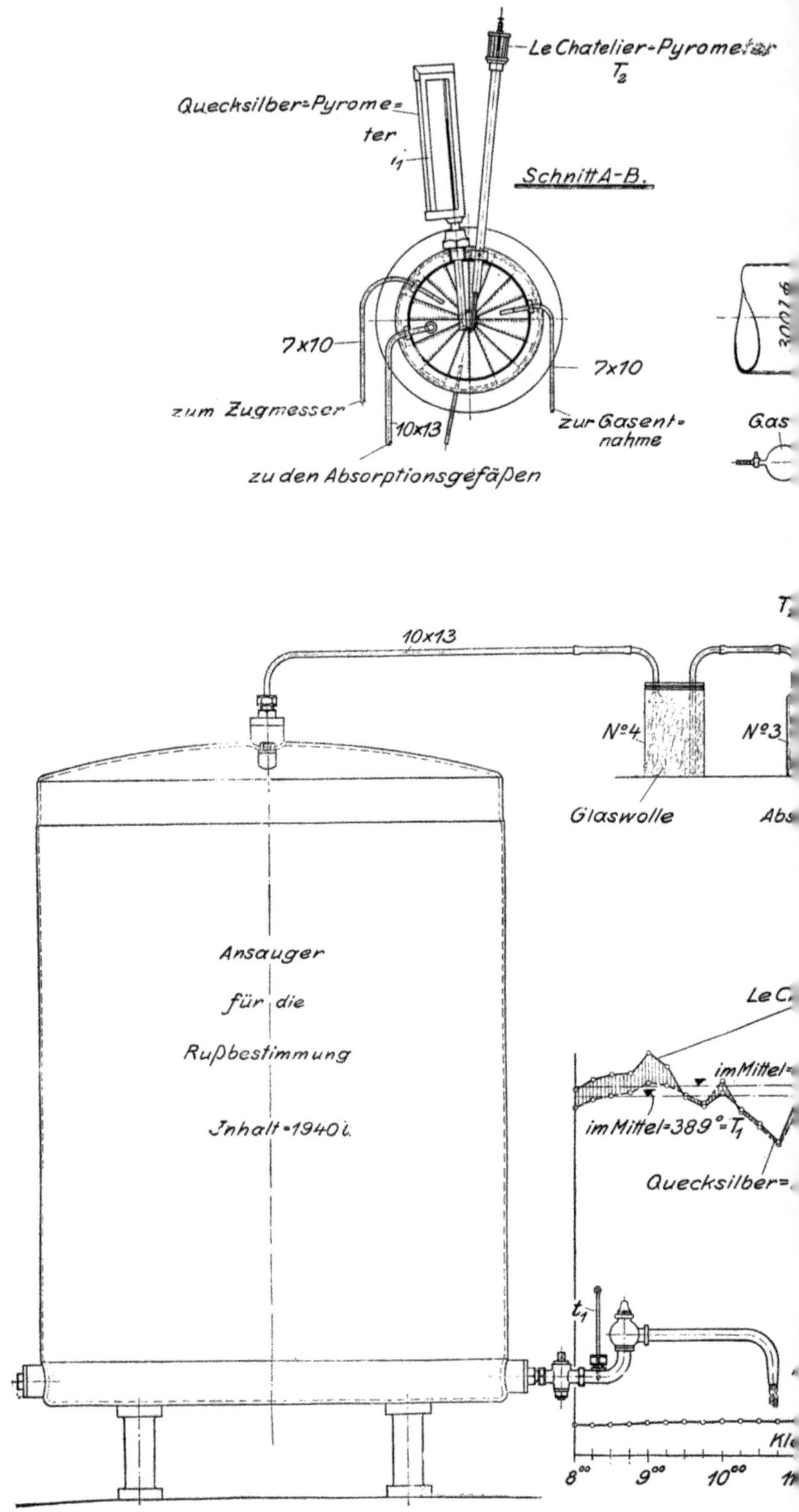
Le Chatelier-Pyrometer
T_2
Quecksilber-Pyrometer
t_1
Schnitt A-B.
7x10
7x10
zum Zugmesser
10x13
zur Gasentnahme
zu den Absorptionsgefäßen
10x13
Nº4
Nº3
Glaswolle
Ansauger
für die
Rußbestimmung
Inhalt = 1940 l.
im Mittel = 389° = T_1
Quecksilber-
t_1
8°°
9°°
10°°

V

Tafel XI
(Seite 280).

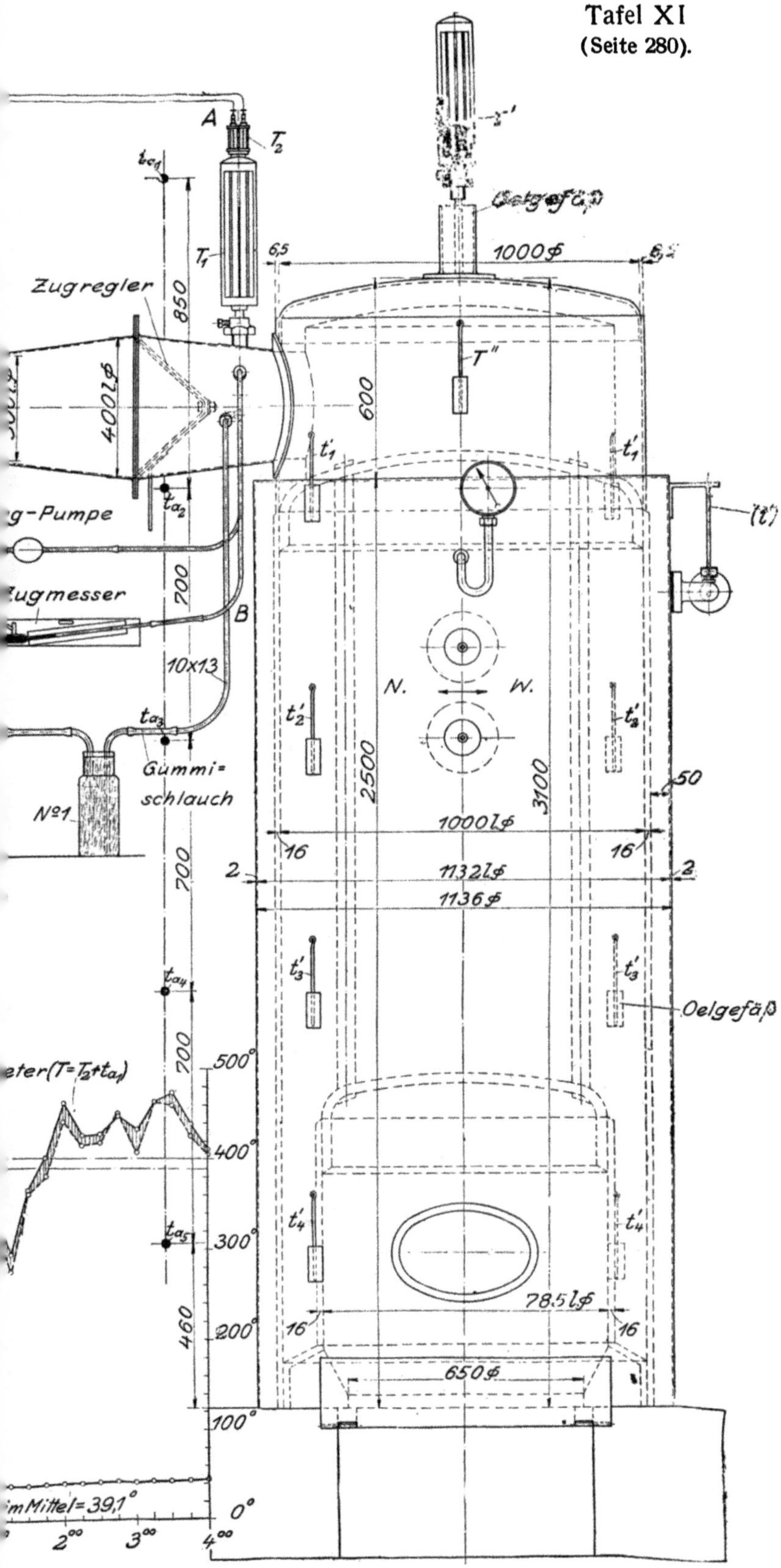

ig.

Druck und Verlag von R. Oldenbourg, München und Berlin.

3. Der Verlust an Herdrückständen.

Für das Anheizen wurde wiederum, wie bei dem Versuch 1, dieselbe Holz- und Brikettmenge zugrunde gelegt. Sobald der Versuch begann, wurde der Aschenfall von den Herdrückständen befreit, um jene während der Versuchsdauer auffangen und durch Wägung feststellen zu können. Die Herdrückstände wurden, ebenso wie die Brikette, der Thermochemischen Prüfungs- und Versuchsanstalt von Dr. Aufhäuser, Hamburg, zur näheren Untersuchung eingesandt.

4. Kaminverlust.

Der Kaminverlust mußte ebenfalls eine Berichtigung erfahren, die ungefähr 1% ausmachte, weil in dem Versuchsraum die Lufttemperatur oben an der Decke gegenüber derjenigen am Fußboden

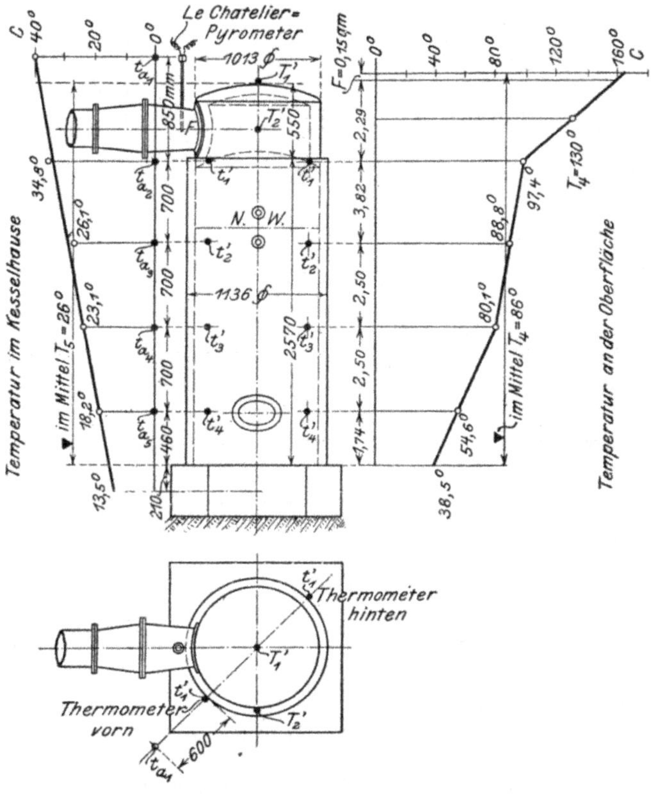

Abb. 100. Wärmeabgabe des Versuchskessels.

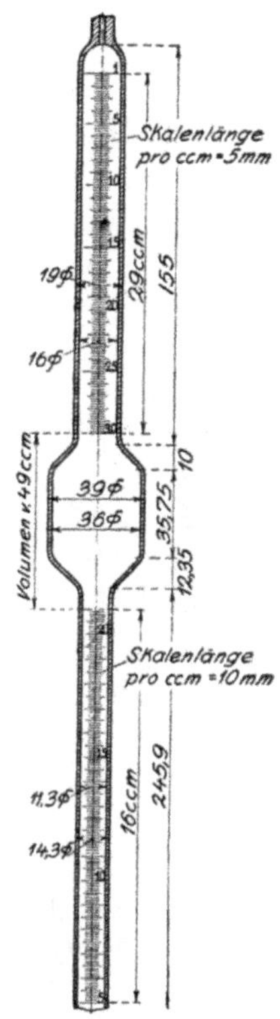

Abb. 101. Bürette nach de Grahl.

um 25° und mehr verschieden war, vgl. Abb. 100. Die Temperatur an der Decke von rd. 40° beeinflußte die Klemmentemperatur des Le Chatelierschen Pyrometers, das durch ein hochgradiges Quecksilberthermometer, sofern die Skala ausreichte, kontrolliert wurde. Es zeigte sich, wie Tafel XI in der Mitte unten ersehen läßt, ein Unterschied zwischen beiden Pyrometern von rd. 10°, der keinen großen Einfluß ausüben kann. Für die Ausrechnung wurde die höhere Angabe des Thermoelements zugrunde gelegt. Für die Verbrennungsluft galt die Temperatur in Höhe des Fußbodens.

5. Verlust an unverbrannten Gasen.

Die Analysen wurden wiederum, wie bei den anderen Versuchen, doppeit ausgeführt, und zwar von Gasproben, die regelmäßig alle 15 Minuten genommen wurden. Da CO, H_2 und CH_4 durch Verbrennung festgestellt wurden, vgl. Zahlentafel 115 und 116, ist kaum ein nennenswerter Fehler anzunehmen[1]). Um die Genauigkeit der Ablesungen zu verdreifachen, wurde der untere Teil der Gasbürette (Abb. 101)

[1]) Für den Fall, daß die Absorptionsröhre nicht genau kalibriert ist, bedürfen die Ablesungen einer Berichtigung. So erhielten wir z. B. bei der nach Abb. 101 veränderten Absorptionsröhre bei den Absorptionen stets über 21%. Da der untere Teil der Bürette die unmittelbare Ablesung oberhalb 21 nicht gestattet, müssen

im Durchmesser kleiner gehalten und dafür der mittlere, für die Ablesungen nicht in Frage kommende Teil, stark erweitert.

Zahlentafel 115.

(Analyse Nr. 14; Versuch Nr. 4 auf Tafel X.)

Absorption:

CO_2:	$k = 6{,}7$
SKW:	$p = 0$
O_2:	$o = 11{,}0$
CO:	$d_1 = 3{,}8$
	Se. 21,5

Gasrest $a = 78{,}5$

Verbrennung:

angewandte Gasmenge	$b = 30$
zugeführte Luft	70
Verbrennung von H_2 und CO	$c = 0{,}7$
CH_4-Verbrennung	$c_2 = 0{,}2$
CO_2-Absorption	0,6
	$d = 0{,}8$

$$h = \frac{a}{b}\left\{\frac{2c-d}{3} + {}^1/_2\, c_2\right\} = 0{,}8\,\%$$

$$d_2 = \frac{a}{b}\left\{d - {}^3/_2\, c_2\right\} = 1{,}3\,\%$$

$$m = \frac{a}{2b} \cdot c_2 = 0{,}3\,\%$$

Gas-Zusammensetzung

CO_2:	6,7 %
SKW:	0 ,,
O_2:	11,0 ,,
CO:	5,1 ,,
H_2:	0,8 ,,
CH_4:	0,3 ,,
N_2:	76,1 ,,
Se.	100,0 %

Zahlentafel 116.

(Analyse Nr. 15; Versuch Nr. 4 auf Tafel X.)

Absorption:

CO_2:	$k = 7{,}0$
SKW:	$p = 0$
O_2:	$o = 10{,}8$
CO:	$d_1 = 4{,}2$
	Se. 22,0

Gasrest $a = 78{,}0$

Verbrennung:

angewandte Gasmenge	$b = 30$
zugeführte Luft	70
Verbrennung von H_2 und CO	$c = 0{,}8$
CH_4-Verbrennung	$c_2 = 0{,}3$
CO_2-Absorption	0,5
	$d = 0{,}8$

$$h = \frac{a}{b}\left\{\frac{2c-d}{3} + {}^1/_2\, c_2\right\} = 1{,}1\,\%$$

$$d_2 = \frac{a}{b}\left\{d - {}^3/_2\, c_2\right\} = 0{,}9\,\%$$

$$m = \frac{a}{2b} \cdot c_2 = 0{,}4\,\%$$

Gas-Zusammensetzung

CO_2:	7,0 %
SKW:	0 ,,
O_2:	10,8 ,,
CO:	5,1 ,,
H_2:	0,9 ,,
CH_4:	0,4 ,,
N_2:	75,8 ,,
Se.	100,0 %

Um die Gase vor der Probeentnahme besser zu mischen, war in dem eisernen Abzugsrohr des Kessels eine trichterförmige Erweiterung mit einem Kreisschieber angebracht. Die Gase sollten dadurch

---

wir zur Feststellung des Gasrestes (75 bis 79%) den oberen Teil der Bürette zu Hilfe nehmen. Ist das Ergebnis der Absorptionen „22", so müssen wir im oberen Teil der Bürette „30 + 30 + 18 = 78" messen und 78 + 22 = 100 erhalten. In Wirklichkeit ergab daher diese Messung „30 + 30 + 19 = 79", d. h. 1% zu viel. Höchst wahrscheinlich wird der obere Teil der Bürette statt 30 etwa 30,4% fassen, so daß durch mehrmaliges Messen „30,4 + 30,4 + 18,2 = 79" erhalten wird.

Hinsichtlich der Verbrennung ist der Fehler zu vernachlässigen; denn wenn auch der zur Verbrennung benutzte Gasrest in Wirklichkeit nicht 30, sondern 30,4 beträgt, so ergibt dies bei den Ausrechnungen der Formeln für H_2 und CH_4 nur einen ganz unwesentlichen Fehler. Denn der in den Formeln (Zahlentafel 116) vorkommende Wert $\frac{a}{b}$ wäre im obigen Beispiel nicht $\frac{78}{30} = 2{,}6$, sondern $\frac{78}{30{,}4} = 2{,}57$. Dieser Wert wird aber, um die Prozentzahl für H_2 und CH_4 zu erhalten, mit einer Zahl kleiner als 1 multipliziert. Wäre letztere Zahl z. B. 0,6, so würde sich ergeben $2{,}6 \cdot 0{,}6 = 1{,}56$, während in Wirklichkeit $2{,}57 \cdot 0{,}6 = 1{,}54$ sein würde, also ein Unterschied von nur $\frac{2}{100}$! Bei den Skalenablesungen müssen wir sogar mit Beobachtungsfehlern von $\frac{1}{10}\,\%$ rechnen. Bei der Feststellung von unverbrannten Gasen handelt es sich häufig nur um Spuren. Der Gehalt wurde nur dann ziffernmäßig angegeben, wenn er 0,2% betrug. Angaben von 0,1% wurden nicht notiert, weil diese Größe schon dem Beobachtungsfehler bei der Ablesung der Skalenteile gleichkommt. Bei der Absorption des CO haben wir beobachtet, daß die Kupferchlorürlösung bei der Anwesenheit großer CO-Mengen auffallend nachließ, ein Zeichen, daß sich diese Lösung leicht sättigt. Es wurde deshalb zur Sicherheit der Restteil des CO durch Verbrennung in der Platinkapillare ermittelt.

Zahlentafel a.

Bestimmung der Wärmestrahlung des Kessels.

Zeit	Kesseldruck	Temperatur auf der Oberfläche T_4								Speisewassertemp.	Temperatur im Kesselhause T_5				
		vordere Seite				hintere Seite									
	at	t'_1 °C	t'_2 °C	t'_3 °C	t'_4 °C	t'_1 °C	t'_2 °C	t'_3 °C	t'_4 °C	t_p °C	t_{a1} °C	t_{a2} °C	t_{a3} °C	t_{a4} °C	t_{a5} °C
8^{00}	12,5	—	—	—	—	—	—	—	—	13	32,7	—	—	—	—
15	12	89,9	88,9	74,5	57	87,1	86	81,5	49	13	32,7	27,9	21	19	14,7
30	12,5	—	—	—	—	—	—	—	—	13,2	33,3	—	—	—	—
45	12,3	96	89,3	75	58	94,9	87	83,1	49	13,6	34,5	30	22,3	20,2	15,3
9^{00}	12	—	—	—	—	—	—	—	—	14	35,8	—	—	—	—
15	12	99,2	89,5	75,5	55,5	97,5	86,7	82,8	49	14	36,3	31,3	22,8	20,3	15,2
30	12,5	—	—	—	—	—	—	—	—	14,5	37	—	—	—	—
45	12	100	90	76	58,8	99,3	87,3	83,1	49,9	14,5	37	33	24,5	22,2	16,9
10^{00}	12,5	—	—	—	—	—	—	—	—	15	37,5	—	—	—	—
15	12,2	99,3	89,5	74,5	56	97,8	87,2	82,7	48,7	15	37,5	33,3	24,9	21,9	16,9
30	12,5	—	—	—	—	—	—	—	—	15	37,8	—	—	—	—
45	12	98	90	75	57,5	95	85	81,7	49	15,5	37,7	32,7	25,3	22,3	17,3
11^{00}	12	—	—	—	—	—	—	—	—	16	38,8	—	—	—	—
15	12	97	90	75	57	95,8	87,2	83,7	49,9	16,5	38,8	34,2	26	22,7	17,9
30	12	—	—	—	—	—	—	—	—	16,5	39,3	—	—	—	—
45	12	98	90,5	75,5	57	97,3	87,5	84,2	50	16,8	39,3	35,2	26,3	23,2	18,3
12^{00}	12	—	—	—	—	—	—	—	—	17	39,8	—	—	—	—
15	12	98,8	91	76	60	97,8	87,3	84	51	17	39,9	36,2	26,8	23,7	18,6
30	12	—	—	—	—	—	—	—	—	17	39,7	—	—	—	—
45	12	97,5	91	76,5	61,5	96,7	87,1	84,2	51	17,1	39,5	36,1	27,1	23,9	18,9
1^{00}	12	—	—	—	—	—	—	—	—	17,5	39,2	—	—	—	—
15	12	95,5	91,5	76,2	61,2	92,3	85	83	51,1	18	39,2	34,3	28	25,5	21
30	12	—	—	—	—	—	—	—	—	18,5	38,8	—	—	—	—
45	12	95	91	77	62,5	93,8	87,3	85,1	52	18,2	39,9	37	28	24,7	19,9
2^{00}	12	—	—	—	—	—	—	—	—	18,3	41,3	—	—	—	—
15	12	98,5	92	77,8	58	97,8	88,1	85,8	52,1	18	41,5	37,7	28	25	20
30	12	—	—	—	—	—	—	—	—	17,8	42,3	—	—	—	—
45	12	101	92	77	60	100,3	88,3	86,8	53	17,5	42,9	38,3	28,3	25,2	20
3^{00}	12	—	—	—	—	—	—	—	—	18	42,5	—	—	—	—
10	12	102	92	77	60,5	102	88,3	87,3	53,8	17,5	43,5	39,3	28,8	25,3	20,3
30	12	—	—	—	—	—	—	—	—	17,3	43,7	—	—	—	—
45	12	104,5	92	76,5	57	104,5	87,5	86	52,5	17,3	44,2	39,8	28,8	25	19,9
4^{00}	12	—	—	—	—	—	—	—	—	17,2	45	—	—	—	—

Zeit	Temperatur der Abgase	
	T °C	T_1 °C
8^{00}	397,7	377
15	407,7	385
30	413,3	390
45	414,5	393
9^{00}	435,8	415
15	421,3	402
30	387	390
45	377	380
10^{00}	392,5	405
15	372,5	370
30	357,8	355
45	337,7	335
11^{00}	383,8	370
15	398,9	393
30	379,3	385
45	389,3	387
12^{00}	354,8	357
15	364,9	358
30	344,7	340
45	344,5	340
1^{00}	339,2	328
15	293	275
30	363,8	360
45	399,9	380
2^{00}	461,3	442
15	426,5	415
30	427,3	417
45	447,9	450
3^{00}	432,5	406
15	463,5	463
30	473,7	458
45	439,2	425
4^{00}	410	405

Tafel XII
(Seite 282).

Zahlentafel b.

ng der Verbrennung.

Temp. im Freien t'_a °C	Beschickung Zeit	Beschickung Brikette Stück	abfließendes Wasser Temp. t_1 °C	abfließendes Wasser Menge kg/min	Bemerkungen
5,5	8^{10}	50	12	3	
5,5	8^{23}	50	12	3	
5,7	8^{33}	50	12	3	
5,8	8^{49}	50	12,1	3	
5,9	9^{06}	50	12,3	3	
5,9	9^{20}	75	12,6	3	
5,9	9^{39}	75	12,9	3	
5,9			12,9	3	
5	10^{03}	50	13	3	
5	10^{22}	50	13	3	
5	10^{43}	75	13,2	3	
5			13,2	3	10^{40} Feuer durchgestoßen
5	11^{04}	50	13,3	3	
5	11^{24}	75	13,4	3	
5			13,6	3	
4,9			13,8	3	
4,9	11^{53}	75	13,9	3	
4,9			13,9	3	
4,2	12^{20}	50	13,9	3	
4,5	12^{42}	25	14	3	
4,2	1^{14}	100	14	3	
4,2			14,1	3	1^{09} geschlackt
4,5	1^{40}	50	14,3	3	
4,5			14,6	3	
4,1	2^{03}	75	14,8	3	
3,1	2^{20}	75	15	3	
3,8			15	3	
3,2	2^{50}	75	15,1	3	
2			15,1	3	2^{48} Feuer durchgestoßen
1,5	3^{18}	75	15,2	3	
1,3	3^{35}	75	15,2	3	
1,2	3^{52}	75	15,5	3	
1			15,5	3	

Zahlentafel c.

Gasanalysen.

Zeit	Gas-Ballon Nr.	CO_2 %	O_2 %	CO %	H_2 %	CH_4 %	N_2 %
8^{00}	1	5,5	13,6	2,5	1,0	0,5	76,9
15	2	7,4	10,5	4,9	2,1	0,8	74,3
30	3	6,2	11,4	4,8	1,7	0,5	75,4
45	4	6,8	11,4	3,6	0,35	0,25	77,6
9^{00}	5	7,3	11,5	2,7	0,35	0,5'	77,65
15	6	6,8	12,1	1,7	0,5	0,5	78,4
30	7	7,7	11,2	2,7	1,0	0,5	76,9
45	8	7,6	10,6	4,4	0,9	0,8	75,7
10^{00}	9	9,2	9,5	2,7	0,3	—	78,3
15	10	7,5	11,6	1,5	0,35	0,5	78,55
30	11	8,1	11,1	2,35	0,15	0,1	78,2
45	12	5,8	14,5	0,4	—	—	79,3
11^{00}	13	7,7	10,4	4,25	1,35	0,4	75,9
15	14	6,7	11,0	5,1	0,8	0,3	76,1
30	15	7,0	10,8	5,1	0,9	0,4	75,8
45	16	6,5	12,3	3,0	0,8	0,3	77,1
12^{00}	17	6,0	12,8	3,7	0,3	0,3	76,9
15	18	6,8	12,3	2,2	0,3	0,3	78,1
30	19	6,9	12,2	3,0	0,3	0,1	77,5
45	20	7,0	13,3	0,8	—	0,1	78,8
1^{00}	21	6,6	14,0	—	—	—	79,4
15	22	5,4	15,3	—	—	—	79,3
30	23	8,3	10,5	3,6	0,9	0,3	76,4
45	24	8,1	8,7	6,0	1,9	0,5	74,8
2^{00}	25	9,9	9,6	1,2	0,2	0,3	78,8
15	26	8,5	10,0	3,0	0,9	0,3	77,3
30	27	7,8	10,9	4,7	1,0	0,5	75,1
45	28	7,8	11,9	1,5	0,35	0,25	78,2
3^{00}	29	8,3	10,5	2,7	0,2	0,5	77,8
15	30	6,3	14,5	—	—	—	79,2
30	31	9,2	10,2	1,4	0,5	0,3	78,4
45	32	8,7	10,2	2,4	0,9	0,5	77,3

Druck und Verlag von R. Oldenbourg, München und Berlin.

eine gleichmäßige, langsamere Geschwindigkeit erhalten. Ihre Geschwindigkeit mußte in der Mitte durch starke Drosselung eingeschränkt, nach außen zu durch die erweiterten Querschnitte vergrößert werden.

6. Verlust der Wärme, die der Kessel als Heizkörper abgibt.

Der Kessel wurde, wie Tafel XI zeigt, an verschiedenen Stellen mit Thermometern versehen, um die Temperatur der Außenbekleidung und der Rauchkammer feststellen zu können. Die Thermometer tauchten in flache, sich der Ummantelung anpassende Behälter aus ganz dünnem Zinkblech. Die Temperatur T' bzw. T_1', Abb. 100, wurde durch ein hochgradiges Quecksilberpyrometer ermittelt und die Temperatur der gesamten Außenfläche durch Zusammensetzen der einzelnen Flächen und Temperaturgrade festgestellt. So ergab sich eine Kurve für die Oberflächentemperatur des Kessels, von der das Mittel $T_4 = 86^0$ (vgl. rechte Seite der Abb. 100) betrug, während die Raumlufttemperatur (linke Seite der Abb.) zu $T_5 = 26^0$ ermittelt wurde, vgl. Zahlentafel a auf Tafel XII.

7. Verlust des Wasserdampfes in den Gasen.

Die Feststellung bringt nichts Neues; denn die Bestimmung dieses Wertes ergab sich aus der Ablesung der relativen Feuchtigkeit der Raumluft, aus der Verbrennung des Wasserstoffes zu Wasser und aus dem Feuchtigkeitsgehalt der Kohle.

8. Verlust durch Ruß.

Diese Bestimmung erheischte größere Vorbereitungen. Ein kupfernes Abzweigrohr 10×13, das mittels Verschraubung durch das eiserne Abzugrohr luftdicht eingeführt war, hatte nach der Rauchkammer zu eine kleine trichterförmige Erweiterung. Das Rohr führte zu 4 Gefäßen Nr. 1 bis 4 der Tafel *XI*, die mit Glaswolle und dichtem kupfernem Verschlußdeckel versehen waren. Die Rohre waren ebenfalls luftdicht in die Verschlußdeckel eingelötet. Als Absaugegefäß diente ein Kessel von 1940 l Inhalt. Die Geschwindigkeit des ausfließenden Wassers wurde so geregelt, daß die Ausflußmengen in der Zeiteinheit gleichblieben und der Inhalt des Kessels für die ganze Versuchsdauer ausreichte. Nach der Rechnung konnte angenommen werden, daß die erzielte Absaugegeschwindigkeit der Gase um weniges größer als deren Geschwindigkeit im Abzugsrohr des Kessels war. Bei zu großer Absaugegeschwindigkeit liegt die Möglichkeit nahe, mehr Ruß bzw. Lösche abzusaugen, als normal für 1 cbm Rauchgase in Wirklichkeit vorhanden ist.

a) Kontrollversuch.

Hierzu Zahlentafeln a bis c auf Tafel XII, dgl. Versuch 4 auf Tafel X.

b) Rußbestimmung.

In 8 Std. abgesaugte Rauchgasmenge $R_{v1} = 1{,}44$ cbm,
Wassertemperatur $t_2 = 13{,}86^0$,
hierfür beträgt die Spannung des Wasserdampfes[1]) in mm Quecksilbersäule $h' = 11{,}8$,
Barometerstand $B = 747{,}9$ mm Quecksilbersäule,
Normalvolumen der trockenen Rauchgase:

$$R_{v1}' = \frac{R_{v1}(B - h') \cdot 273}{760\,(273 + t_1)} = \frac{1{,}44\,(747{,}9 - 11{,}8)\,273}{760\,(273 + 13{,}86)} = 1{,}328 \text{ cbm.}$$

Die in dem Abzugsrohr und den 4 Gefäßen ermittelte Lösche enthielt nicht gleiche Mengen Verbrennbares; die Thermochemische Prüfungs- und Versuchsanstalt von Dr. Aufhäuser in Hamburg ermittelte hierfür

a) im Abzugsrohr 2,8101 g, wovon 0,6951 g = 24,74% Verbrennbares,
b) „ Gefäß Nr. 1 6,8153 „ „ 3,3699 „ = 49,4 „ „
c) „ „ „ 2 4,4843 „ „ 1,5484 „ = 34,5 „ „
d) „ „ „ 3 1,9632 „ „ 0,5946 „ = 30,3 „ „
e) „ „ „ 4 Spuren „

Von der gesamten abgesaugten Menge Lösche (16,073 g) ergibt sich der mittlere Gehalt an Verbrennbarem zu

$$100 \cdot \frac{2{,}8101 \cdot 24{,}74 + 6{,}8153 \cdot 49{,}4 + 4{,}4843 \cdot 34{,}5 + 1{,}9632 \cdot 30{,}3}{16{,}073} = 38{,}62\,\%$$

---

[1]) Vgl. „Hütte", 21. Aufl., S. 422

Die Elementaranalyse der Probe a) ergab außer C = 21,48%

$$\begin{array}{llll} \text{an} & \text{Wasserstoff} & (H) & = 0{,}86\% \\ ,, & \text{Sauerstoff} & (O) & \multirow{2}{*}{\}\ = 0{,}88\ ,,} \\ ,, & \text{Stickstoff} & (N) & \\ ,, & \text{Schwefel} & (S) & = 1{,}52\ ,, \\ \hline & & \text{Zusammen} & = 3{,}26\%. \end{array}$$

Dieser Restgehalt wird sich auch wohl bei den anderen Proben nicht wesentlich geändert haben. Man wird demnach keinen großen Fehler begehen, wenn man den Kohlenstoffgehalt der mittleren Löschezusammensetzung aus dem Unterschied 38,62 — 3,26 = 35,36% berechnet.

1 cbm Rauchgas enthält hiernach $\frac{35{,}36 \cdot 16{,}073}{100 \cdot 1{,}328} = 4{,}28$ g

oder $r' = 0{,}00428$ kg Kohlenstoff,

der durch den verhältnismäßig geringen Schornsteinzug von 4,6 mm W.-S. mit fortgerissen wurde. Bildet 1 kg verfeuerter Braunkohlenbrikette „Ilse" R_v cbm, so sind demnach $r = 0{,}00428\, R_v$ Kohlenstoff auf 1 kg Kohle verloren gegangen, d. h. eine Menge, die, wie wir sehen werden, viel bedeutender ist als der Verlust an Kohlenstoff in den Herdrückständen.

9. Wärmebilanz.

Der Verlust in den Herdrückständen berechnet sich, wie folgt:

Während des 8stündigen Versuches sind 9,5 kg an Asche und 4,1 kg an Schlacke (zusammen 13,6 kg) festgestellt worden. Die Elementaranalyse war folgende:

$$\begin{array}{rl} C = & 47{,}48\%, \\ H = & 0{,}04\ ,, \\ S = & 1{,}58\ ,, \\ \text{Unverbrennbares} = & 50{,}90\ ,, \\ \hline & 100{,}00\%, \end{array}$$

Heizwert (bei der Verbrennung in der Berthelot-Mahlerschen Bombe) = 3606 WE.

Da während der Versuchszeit 622 kg Brikette (Heizwert: 4812 WE) verfeuert wurden, berechnet sich der Verlust in den Herdrückständen zu

$$\frac{13{,}6 \cdot 3606}{622 \cdot 4812} \cdot 100 = 1{,}64\%,$$

während sich C_H zu 0,0104 kg ergibt.

Die Zusammensetzung der „Ilse"-Brikette ergab sich zu:

$$\begin{array}{rl} C = & 54{,}63\%, \\ H = & 4{,}13\ ,, \\ O + N = & 22{,}97\ ,,\quad N = 0{,}41 \text{ (nachträglich ermittelt)} \\ S = & 0{,}45\ ,, \\ \text{Unverbrennbares} = & 17{,}82\ ,, \\ \hline & 100\ \%. \end{array}$$

Die Rauchgasanalysen sind aus Zahlentafel c ersichtlich, der Gang der Verbrennung aus Zahlentafel b, Tafel XII, und Versuch 4 auf Tafel X. Als Mittel für die Rauchgaszusammensetzung haben wir

$$\begin{array}{ll|ll} k = & 7{,}36 \text{ Vol.-\%}, & m = & 0{,}33 \text{ Vol-\%} \\ o = & 11{,}57\ ,, & h = & 0{,}63\ ,, \\ d = & 2{,}75\ ,, & & \end{array}$$

Nach 5) ist

$$R_v = \frac{0{,}5463 - 0{,}0104}{0{,}5363 \frac{7{,}36 + 2{,}75 + 0{,}33}{100} + 0{,}00428} = 8{,}89 \text{ cbm}.$$

Verlust an Ruß: Der mittleren brennbaren Substanz der mitgerissenen Lösche entspricht ein Heizwert, der sich, wie folgt, ermittelt. Die Elementaranalyse der Probe aus dem Abzugsrohr zeigte eine brennbare Substanz von 24,74% und einen Heizwert von 2081 WE. Für einen mittleren Kohlenstoffgehalt von 35,36% der abgesaugten Ruß- und Löschemengen ergibt sich entsprechend ein Heizwert von

$$\frac{35{,}36}{24{,}74} \cdot 2081 = 2974 \text{ WE}.$$

Der Verlust an Ruß (Kohlenstoff) berechnet sich demnach zu

$$\frac{16{,}073 \cdot 2974 \cdot 8{,}89}{1{,}328 \cdot 4812 \cdot 1000} \cdot 100 = 6{,}52\,\%.$$

Der Verlust an Wärme, die der Kessel als Heizkörper abgibt, beträgt unter Bezugnahme auf Abb. 100 und Zahlentafel a (Tafel XII):

$$W = F\,k\,(T_4 - T_5) = 13 \cdot 12{,}4\,(86 - 26) = 9672 \text{ WE} \quad \text{oder} \quad \frac{9672 \cdot 8}{4812 \cdot 622} \cdot 100 = 2{,}60\,\%.$$

gegenüber 1,2% nach Stefan-Boltzmann, wenn „3,6" als Koeffizient gewählt wird.

Die Anwendung der Formel von Stephan-Bolzmann ergibt wegen der unbekannten Koeffizienten der Umfassungswände im Kesselhause keine sicheren Werte. Der Kessel steht in einem Raum, der Fenster (auch Oberlicht) aufweist; außerdem ist der Raum zum Teil als Lager für Gußteile und Bretter benutzt. Der Wert $W = 2{,}6\%$ kann eher etwas zu niedrig sein, weil die Abkühlungsversuche nicht bei so hohen Abgangstemperaturen stattfanden. Für die Wärmeabgabe der Rauchkammer, die mit Schamotte ausgekleidet ist, dürfte deshalb möglicherweise ein höheres k in Frage kommen. Die Zahl „13" für die Heizfläche ist mit Rücksicht auf die Armaturen nach oben aufgerundet.

Der Rest der weiteren Berechnungen bietet nichts Neues; es genügt für den vorliegenden Zweck, nunmehr die einzelnen Posten zusammenzustellen:

	$R_v = 8{,}89$,	W in %	$= 8{,}556$,	W in %	
nutzbar gemacht	2067	42,90	2067	42,90	
Verlust in den Herdrückständen	78	1,64	78	1,64	
Kaminverlust	1135	23,60	1093	22,70	
Verlust an unverbrannten Gasen	1140	23,70	1097	22,80	
Verlust durch die Wärme im abziehenden Wasserdampf	100	2,07	96	1,99	
Verlust an Ruß (mitgerissener Kohlenstoff)	313	6,52	308	6,39	Restglied
Verlust durch den Kessel als Heizkörper	125	2,60	125	2,60	Restglied
Fehlerquelle		— 3,03		+ 0,98	Restglied

Wie die Aufstellung lehrt, ergibt $R_v = 8{,}89$ zu hohe Werte, so daß der Fehler „—3,03%" ausmacht. Das richtigere R_v' läßt sich aus der Formel 17) berechnen. Leider wurde bei der Elementaranalyse N für sich allein nicht bestimmt, sondern nur die Summe $N + O$. Eine nachträgliche Feststellung ergab $N = 0{,}41$. Setzen wir diesen Wert in 17) ein, so erhalten wir bei Vernachlässigung von s, das nicht ermittelt wurde, $R_v' = 8{,}556$. Hierfür ändern sich 4 Posten in der Wärmebilanz, aber die Übereinstimmung ist schon bis auf rd. 1% erreicht, während das Restglied sonst rd. 9% ausgemacht hätte.

Für genauere Versuche ergibt sich hiernach die Notwendigkeit, die Rauchgase durch einen Wasserschleier niederzuschlagen, um alle durch den Schornsteinzug mitgerissenen Kohlenteilchen auffangen und ihren Heizwert bestimmen zu können.

Der große Einfluß durch Rußverlust kennzeichnet sich auch bei Generatoren; so teilt z. B. F. Denk[1]), Pittsburg, folgende Versuchsergebnisse mit:

Zahlentafel 117.

Nr.	C im Brennstoff %	C in d. Asche %	C vergast %	Gas-erzeugung cbm	C als Rußverlust %	C insgesamt vergast %	Gas-erzeugung cbm	Unter-schied %
1	76,58	1,75	74,83	436	6,76	68,07	397	9,0
2	77,29	0,76	76,43	469	7,22	69,21	425	10,4
3	79,07	0,63	78,44	447	6,93	71,51	408	9,6
4	79,07	0,63	78,44	462	7,16	71,28	420	10,0
5	77,34	0,42	76,92	459	5,51	71,41	426	7,7
6	77,34	0,42	76,92	455	5,46	71,46	422	7,8
7	77,86	0,50	77,36	446	5,24	72,12	417	9,3
8	79,04	0,58	78,36	448	5,93	72,53	415	8,0

Zahlentafel 118.

Nr.	C im Brennstoff %	C in d. Asche %	C vergast %	Gas-erzeugung cbm	C als Rußverlust %	C insgesamt vergast %	Gas-erzeugung cbm	Unter-schied %
1	75,00	2,59	72,01	395	3,74	68,85	376	4,8
2	74,30	2,06	72,24	393	2,62	69,62	378	3,8

[1]) Feuerungstechnik 1914, S. 208.

Zahlentafel 117 enthält die Werte für 8 Untersuchungen, die sich auf 6 Wochen erstrecken und von denen die ersten 4 während derselben Zeit im Sommer an Generatoren derselben Bauart in demselben Gebäude vorgenommen wurden, während Zahlentafel 118 die Daten für zwei je einwöchige Untersuchungen an einer anderen Bauart enthält. Aus Zahlentafel 117 läßt sich ersehen, daß bei Nichtberücksichtigung des im Ruß verlorenen Kohlenstoffes das erzeugte Gasvolumen rd. 9% größer ist als bei seiner Berücksichtigung; Zahlentafel 118 gibt entsprechend rd. 4,5%, beides Beträge, die wohl kaum vernachlässigt werden dürfen. In den Generatoren wird pennsylvanische Weichkohle vergast.

V. Mittel zur vollkommenen Verbrennung.

Zur völligen Verbrennung der Feuerungsgase ist in erster Linie eine genügende Luftzufuhr erforderlich. Die außerordentliche Empfindlichkeit der Flammen für Luftmangel kann man sich leicht an einem Beispiel vor Augen führen. Eine Petroleumlampe rußt, wenn man mit der Hand einen Teil der Luftlöcher abdeckt, durch die der Flamme Luft zugeführt wird.

Eine zweite Bedingung zur Vermeidung des Rauches ist die ausreichende Temperatur. Hält man in eine Kerzenflamme ein Stück Eisen, so wird die Flamme durch die lebhafte Wärmeleitung des Eisens abgekühlt und dadurch Rauch erzeugt. Die Abkühlung ist in diesem Falle so groß, daß die noch verbleibende Flammentemperatur nicht mehr ausreicht, die in dem Brennstoff befindlichen Bestandteile vollkommen zu verbrennen. Wenn wir das Eisenstück untersuchen, werden wir auf seiner Oberfläche einen schwarzen Überzug (Ruß) bemerken, der größtenteils aus Kohlenstoff besteht; er hat sich in fester Form auf der Oberfläche des Eisens niedergeschlagen.

Als dritte Bedingung für die Erzielung einer vollkommenen und wirtschaftlichen Verbrennung kommt die Mischung der Verbrennungsluft mit den Gasbestandteilen des Brennstoffes hinzu. Ein dicker Strom austretenden Leuchtgases brennt mit rauchender Flamme, weil in den inneren Gasstrom die Luft nicht eintreten kann. Diese Folgerung ist nicht ganz leicht zu verstehen, weil der Gasstrom mitten in der Luft zur Verbrennung gelangt. Mischt man nun das Gas vorher mit der Luft, wie beispielsweise bei einem Bunsenbrenner, oder wählt man statt eines Brenners deren mehrere mit Zwischenräumen für den Zutritt der Luft, so brennt dieselbe Gasmenge vollständig rauchfrei. Den letzteren Vorgang haben wir beispielsweise bei Beleuchtungskörpern, die zu mehreren an ein dickes Gasrohr angeschlossen sind.

Mit den vorgenannten drei Bedingungen, genügender Luftzufuhr, ausreichender Flammentemperatur und genügender Mischung der Luft mit den Feuerungsgasen, ist die Beseitigung der Ruß- und Rauchentwicklung möglich. Aber die Luft muß durch irgendein Mittel mit dem Brennstoff in Berührung gebracht werden. Wenn wir eine Öllampe anzünden, so brennt sie mit unangenehm rauchender und riechender Flamme. Halten wir dagegen die Flamme in einen Luftstrom, so wird auch bei ihr jede Rauch- und Rußentwicklung vermieden. Wenn wir diesen Vorgang näher untersuchen, so kommen wir zu dem Ergebnis, daß er eigentlich alle die drei vorgenannten Bedingungen in sich schließt; denn durch den lebhafteren Luftstrom wird die Luft in ausreichender Menge zu dem Brennstoff geführt, vor allem aber auch in die Flammenteilchen hineingebracht und mit ihnen vermischt und endlich die Flammentemperatur erhöht.

Die chemischen und physikalischen Bedingungen für die Erreichung der rauchlosen Verbrennung liegen demnach klar vor uns; es bedarf nur ihrer Anwendung in der Praxis.

Die Petroleumlampe stellt eine Feuerstätte im kleinen dar. Der Zylinder ist der Schornstein, der die zur Verbrennung erforderliche Luft anzusaugen hat. Da der Zug durch die Höhe und den Querschnitt des Schornsteins und die Temperatur der Abzugsgase gegeben ist, ist der Größe der zugeführten Luftmenge auch eine Grenze gesetzt. Die Petroleumlampe brennt nur rußfrei, wenn wir den Docht nicht zu hoch schrauben, d. h. wenn wir nicht zuviel Brennstoff in die Flamme einführen. Ob der Brennstoff flüssig, fest oder gasförmig ist, spielt gar keine Rolle. Das Rußen würde zu beseitigen sein, wenn wir für eine größere Menge von Verbrennungsluft Sorge tragen würden, d. h. wenn wir den Zylinder höher und weiter ausführen würden. Es gibt eine ganze Anzahl von Feuerstätten, die infolge zu schwachen Schornsteinzuges, d. h. zu niedriger und zu enger Schornsteine, zu wenig Verbrennungsluft erhalten. Die Ursache liegt, abgesehen von groben Fehlern bei Aufstellung des Entwurfs, meist darin, daß eine Fabrik erst mit einem Kessel anfängt, sich allmählich vergrößert, zu einem zweiten Kessel und später vielleicht noch zu einem dritten und vierten Kessel übergeht, alle Kessel aber mit dem ursprünglichen kleinen Schornstein in Verbindung bringt. Zur Aufstellung eines zweiten größeren Schornsteins fehlt meistens der Platz, da inzwischen um die Fabriken herum Wohnhäuser angebaut sind. Vielfach sucht man durch Erhöhung des Schornsteins Abhilfe zu schaffen, die aber meist erfolglos bleibt; der dadurch erreichte höhere Auftrieb der Gase steht nicht im richtigen Verhältnis zu den abzuführenden Gasmengen. Die Erhöhung des Schornsteins ist anderseits wegen der vorhandenen schwachen Fundamente häufig nicht möglich. Man hilft sich dann vielfach durch Blechrohraufsätze oder Anwendung künstlichen Zuges (vgl. S. 357).

Die Bedingung: genügend hohe Schornsteine mit ausreichenden Querschnitten genügt allein nicht; die Schornsteine müssen möglichst frei stehen, damit sie nicht ihre Zugkraft einbüßen. Bei Hausfeuerungen wird vielfach der Fehler gemacht, daß die Mündungen der Schornsteine nicht über Dachfirst geführt (mindestens 1 m darüber) und die Schornsteinrohre nicht dicht sind. Hieraus erklärt sich die so häufig beobachtete nachteilige Beeinflussung der einzelnen Rohre unter sich. Trotz der immer wiederkehrenden Erfahrungen wird in dieser Beziehung bei Neubauten stets von neuem gesündigt, so daß man zum Aufsatz von Blechrohren mit Phönixhauben, zu Pfeifenrohren usw. greifen muß, um dem Übelstande mangelhaften Zuges zu begegnen. Solche Aufsätze sind nicht nur Notbehelfe, sondern in manchen Fällen geradezu Hindernisse. Steht beispielsweise solch eine Haube fest, dann wird der Rauch von anderen Schornsteinrohren in sie hineingetrieben, so daß kalte Öfen zum Rauchaustritt neigen.

Es ist ein Verdienst Rietschels, die verschiedenen Schornsteinsauger unter Berücksichtigung abweichender Windrichtung auf ihre Wirksamkeit untersucht zu haben[1]).

Bei Lokomotiven, deren Schornstein nur eine ganz geringe Höhe aufweist, kann die Rauchbelästigung für das reisende Publikum recht unangenehm werden, sofern nicht besondere Vorrichtungen zur Vermeidung des Rauches vorhanden sind. Der Rauch wird, da sich hinter dem Schornstein in der Lokomotive infolge der großen Geschwindigkeit ein luftverdünnter Raum bildet, durch den äußeren Luftdruck von oben her heruntergedrückt und schlägt dann in die Wagenabteile, diese verschmutzend und beschädigend. Versuche, durch sog. Rauchlenkschilde dem Übelstande abzuhelfen, haben keinen wesentlichen Erfolg gehabt[2]).

Infolge des niedrigen Schornsteines bei den Lokomotiven ist ihr Anheizen mit Schwierigkeiten verknüpft. Beim Öffnen der Feuertür macht sich das Herausqualmen der Gase in unangenehmer Weise bemerkbar. In Mainz, wo die Eisenbahn-Betriebswerkstätte tiefer als die Straße liegt, wurde vor ungefähr 20 Jahren die Rauchbelästigung der hier stehenden Lokomotiven recht unangenehm empfunden, so daß seitens der Eisenbahndirektion eingehende Versuche zur Beseitigung des Übelstandes angestellt wurden. Zur Verkürzung der Anheizzeit wurde ein Hilfsbläser von oben in den Schornstein hineingehängt und Dampf von einer im Betriebe befindlichen Lokomotive entnommen. An die Stelle dieses verhältnismäßig umständlichen Verfahrens trat dann die sog. „zentrale Rauchabführungsanlage“. An einen hohen Schornstein ist eine Reihe von Rauchabzugskanälen angeschlossen[3]), die nach den einzelnen Lokomotivständen führen. Diese Anlagen haben sich gut bewährt; denn sie tragen durch Verkürzung der Anheizzeit der Lokomotiven zur Erhöhung der Wirtschaftlichkeit bei.

Zu den Bedingungen zurückkehrend, die die Verbrennung der Kohle ohne Rauch ermöglichen, wollen wir jetzt die tatsächlichen Verhältnisse in der Praxis betrachten. Wir wissen bereits, daß Luftmangel durch schlechten Schornsteinzug entstehen kann. Die Luft tritt bei den Feuerstätten für feste Brennstoffe durch die freie Rostfläche zu dem Brennstoff (primäre Luftzuführung). Ist diese freie Rostfläche zu klein, z. B. bei einem verschlackten Rost, so erfolgt die Verbrennung unter Luftmangel. Für einen gegebenen Schornsteinzug hat die zur Verbrennung angesaugte Luftmenge eine bestimmte Größe, die sich nach der Höhe der in dem Fuchs herrschenden Abgangstemperaturen richtet. Infolge der Hitze der glühenden Brennschicht werden die frisch aufgeworfenen Kohlen rasch vergast und aus ihr der Reihe nach das mechanisch beigemengte, das chemisch gebundene Wasser, der Wasserstoff und endlich eine Menge von Kohlenwasserstoffverbindungen ausgetrieben, die zu ihrer Verbrennung eine größere Luftmenge erfordern. Da der Schornstein in der Zeiteinheit fast immer nur dieselbe Luftmenge ansaugt, so reicht diese kurz nach der Beschickung nicht aus und man ist

[1]) Von einem Sauger verlangt man, daß er gegen Regenwasser dicht ist, damit nicht das Wasser ins Innere des Schornsteins gelangen kann. Er muß ferner gleichmäßig kräftig wirken, und zwar gleichgültig, von welcher Seite und in welcher Richtung der Wind auf die Schornsteinmündung stößt. Er muß endlich keine beweglichen Teile besitzen, die sich schließlich festsetzen und die Wirkung der Einrichtung in Frage stellen müssen. Vgl. Gesundheits-Ing. 1906, Nr. 29.

[2]) Organ für die Fortschritte des Eisenbahnwesens 1910 vom 1. Mai.

[3]) z. B. von Otto Fabel, München.

gezwungen, die für die vollkommene Verbrennung fehlende Luftmenge durch Luftspalten in der Feuertür oder durch hohle Feuerbrücken oder durch besondere Roste nach jeder Beschickung in den Verbrennungsraum einzuführen. Diese „sekundäre" Luftzuführung ist nach Beendigung der Entgasungszeit nicht nur entbehrlich, sondern sogar schädlich, weil sie den Kaminverlust erhöht.

Bei Hausfeuerungen haben wir vielfach (z. B. bei Braunkohle und Torf) keine Roste und demnach auch keine „primäre" Luftzuführung. Infolgedessen muß die Luft durch Spalten der Feuertür in den Feuerraum eintreten. Während die sekundäre Luftzuführung bei den Hausfeuerungen gleichbleibt, wird sie bei den Feuerstätten der Industrie zeitweise gesteuert. Die Vorrichtungen, die auf diese Maßnahme hinzielen, haben deshalb eine Einrichtung, häufig Katarakt genannt, die nach dem Öffnen der Feuertür die Luftklappen bzw. den -schieber an der Feuertür usw. öffnet und sie nach gewisser Zeit wieder schließt. Die Vorrichtungen haben sich aber den Betriebsverhältnissen anzupassen und müssen, wenn sie einmal eingestellt worden sind, auch entsprechend gebraucht werden. Vorrichtungen, die vom Heizer willkürlich abgestellt werden, oder durch Vernachlässigung im Betriebe verschmutzen und schließlich arbeitsunfähig werden, können natürlich ihren Zweck nicht erfüllen, vielmehr sind sie, wie jede andere Einrichtung in einem Fabrikbetriebe, einer dauernden Aufsicht zu unterwerfen.

Eine solche Vorrichtung bedarf selbstverständlich auch einer gewissen Rücksichtnahme bei der Größe der Beschickung des Rostes. Genügt die einmalige Einstellung der Luftspaltengröße an der Feuertür für eine Beschickung von 6 Schaufeln, so reicht sie für eine größere Beschickung nicht mehr aus, wenn nicht der Heizer durch Vergrößerung der Luftspalten oder Erhöhung des Schornsteinzuges für eine vermehrte Luftzuführung Sorge trägt.

Mit der Verschlackung des Rostes nimmt die Entgasungszeit des Brennstoffes zu, so daß die Ablaufzeit des Katarakts mit zunehmender Verschlackung verändert werden müßte. Dies macht uns freilich einen Strich durch die Rechnung, denn es würde zu weit führen, von dem Heizer eine dauernde Regelung der Luftzuführung zu verlangen; der Heizer vergißt bei seiner schweren Arbeit solche Handgriffe. Aus diesem Grunde hilft man sich so, daß man die Luftzuführung von vornherein größer wählt, als sie theoretisch bei „frischem" Feuer erwünscht ist, damit den gestellten Anforderungen in bezug auf rauchschwaches Feuer auch mit zunehmender Verschlackung praktisch entsprochen werden kann.

Bei Lokomotiven, wo der Schornsteinzug durch den Auspuffdampf der Maschine erzeugt wird, ist die Luftleere, je nach der Arbeitsweise der Lokomotive, recht verschieden. Beim Stillstande ist der Schornsteinzug wegen der zu geringen Höhe des Schornsteines gleich null. Bei stark arbeitender Maschine beträgt er bis zu 200 mm/W.-S. und mehr. Die bei den Lokomotiven der Preußischen Staatsbahn allgemein eingeführte Marcotty-Einrichtung setzt beim Schluß des Reglers der Lokomotive, d. h. in dem Augenblick, wo der Dampf zur Maschine abgesperrt wird, einen Hilfsbläser in Tätigkeit, der für das Ansaugen der zur Verbrennung erforderlichen sekundären Luftmenge erforderlich ist. Der Hilfsbläser stellt sich mit dem Öffnen des Reglers selbsttätig wieder ab, d. h. also, sobald die Maschine abfährt.

An dem Beispiel mit der Öllampe ist gezeigt worden, welchen Einfluß die Stärke des Schornsteinzuges auf die Verbrennungstemperatur, auf die Mischung der Feuerungsgase mit der zugeführten Luft und endlich auf deren Größe selbst ausübt. Der fehlende Schornsteinzug beim Stillstand der Lokomotive, während ihrer Fahrt im Gefälle, bei der Einfahrt in die Station ober bei schwachen Zügen im allgemeinen und beim Verschiebedienst kennzeichnet sich durch länger anhaltendes Rauchen. Sobald die Maschine stärker arbeitet, erzeugt ihr Auspuff einen kräftigen Schornsteinzug, mit dem die Rauchentwicklung fast augenblicklich eingeschränkt wird. Man kann derartige Fälle beispielsweise auch bei Feldschmieden usw. beobachten. Die Wirtschaftlichkeit durch die Regelung der Schornsteinverhältnisse mit Hilfe der Marcottyschen Einrichtung kennzeichnet sich durch Verringerung der Verluste an Ruß und unverbrannten Gasen. Diesbezügliche Ergebnisse vom Verfasser sind in den folgenden Zahlentafeln 119 und 120 zusammengestellt.

Die zweite Bedingung zur Vermeidung des Rauchens war die Erhaltung einer ausreichenden Temperatur im Verbrennungsraum. Temperaturmangel kann durch minderwertigen Brennstoff entstehen, durch matte Verbrennung infolge schwachen Luftzuges, durch zu niedrige Kohlenschicht, durch zu großen Rost, durch großen Überschuß an kalter Verbrennungsluft, durch Aufwerfen großer Mengen Kohlen, zumal wenn sie naß sind, und durch geringen Abstand der Kesselwände von der Flamme. Häufig befindet sich eine Fabrik in der Nähe von Kohlenschächten, so daß sie aus rein geschäftlichen Gründen an die Verbrennung von deren Kohlen gebunden ist. Der Bezug einer anderen

Zahlentafel 119.

Einfluß der sekundären Luftzuführung und Regelung des Zuges bei einer Schnellzuglokomotive.

1. mit Marcottyscher Einrichtung.

Nr.	Zeit	CO_2 %	O_2 %	CO %	H_2 %	CH_4 %	N_2 %	Bemerkungen
1	2^{41}	8,20	11,10	—	—	—	80,70	Beschickung während der Fahrt
2	2^{48}	14,10	5,30	—	—	—	80,60	beim Stillstande
3	2^{53}	15,85	2,55	—	—	0,27	81,33	1 Min. nach Aufwerfen.
4	2^{59}	16,20	2,40	—	—	—	81,40	2 „ „ „
5	3^{11}	10,50	9,20	—	—	—	80,30	3 „ „ „
6	3^{14}	14,60	3,10	0,44	0,31	0,30	81,25	bei Regulatorschluß
7	3^{21}	12,60	5,00	0,27	0,09	0,14	81,90	1 Min. nach Aufwerfen.
8	3^{26}	12,00	7,50	—	—	—	80,50	2 „ „ „
9	3^{28}	7,80	11,65	—	—	—	80,55	beim Stillstande
10	3^{37}	11,80	7,55	—	—	—	80,65	3 Min. nach Auswerfen.
11	4^{38}	Gasballon verunglückt						
12	4^{48}	10,15	8,85	0,16	0,13	0,13	80,58	beim Stillstande
13	4^{50}	10,30	9,00	—	—	—	80,70	1 Min. nach Aufwerfen.
14	5^{20}	12,65	6,35	—	—	0,14	80,86	1 „ „ „
15	5^{34}	10,00	8,50	—	—	0,14	81,36	bei Regulatorschluß
16	5^{40}	10,20	9,30	—	—	—	80,50	3 Min. nach Aufwerfen.
17	5^{47}	10,20	8,80	—	—	—	81,00	beim Stillstande
18	5^{56}	10,90	8,70	—	—	—	80,40	1 Min. nach Aufwerfen.

2. ohne Marcottysche Einrichtung.

Nr.	Zeit	CO_2 %	O_2 %	CO %	H_2 %	CH_4 %	N_2 %	Bemerkungen
19	2^{29}	12,00	0,50	4,96	2,40	0,58	79,56	bei Regulatorschluß
20	2^{48}	9,30	1,00	9,57	6,58	1,20	72,35	beim Stillstande
21	2^{53}	15,00	1,40	2,79	0,93	0,28	79,60	1 Min. nach Aufwerfen.
22	2^{59}	14,75	1,00	4,21	1,03	0,34	78,67	3 „ „ „
23	3^{09}	14,80	0,70	5,07	1,31	0,37	77,75	2 „ „ „
24	3^{14}	12,90	1,10	7,74	1,43	0,43	76,40	bei Regulatorschluß
25	3^{22}	17,50	1,90	0,27	0,18	0,11	80,04	3 Min. nach Aufwerfen.
26	3^{29}	12,90	0,90	7,64	2,24	0,46	75,86	beim Stillstande
27	3^{33}	13,10	6,60	—	—	—	80,30	2 Min. nach Aufwerfen.
28	3^{36}	13,15	5,60	0,33	0,14	0,05	80,73	1 „ „ „
29	4^{41}	Gasballon verunglückt						
30	4^{48}	9,00	10,70	0,21	0,21	0,08	79,80	3 „ nach Aufwerfen.
31	4^{51}	14,00	1,30	2,82	0,56	0,14	81,18	beim Stillstande
32	4^{56}	10,00	9,20	—	—	—	80,80	2 Min. nach Aufwerfen.
33	5^{04}	11,80	7,30	0,16	0,13	—	80,61	1 „ „ „
34	5^{06}	9,70	9,60	—	—	—	80,70	bei Regulatorschluß
35	5^{21}	13,00	1,00	5,10	1,74	0,63	78,53	beim Stillstande
36	5^{30}	10,90	7,90	0,27	0,09	0,14	80,70	1 Min. nach Aufwerfen.
37	5^{34}	11,30	7,80	—	—	—	80,90	2 „ „ „
38	5^{42}	12,10	6,90	—	—	—	81,00	3 „ „ „

Ergebnis bei der Lokomotive:

	mit Marcottyscher Einrichtung		ohne Marcottysche Einrichtung	
Temperatur der Abgase	244° bis 292°		250° bis 283°	
Kaminverlust in % des Heizwerts der Kohle	14,7	15,84	7,26	21,90
Verlust an unverbrannten Gasen in % des Heizwerts der Kohle	1,14		14,64	

Zugunsten der vollkommeneren Verbrennung:
Unterschied (21,90 — 15,84) = 6,06%.

Kohlensorte würde wegen der Beförderungskosten unter Umständen das Bestehen der Fabrik in Frage stellen. Die Verbrennung minderwertiger Brennstoffe werden wir besonders behandeln. Dagegen möge für die Beurteilung der Verhältnisse grundsätzlich noch erwähnt werden, daß sich eine zufriedenstellende Verbrennung häufig schon durch Erfüllung der einen oder anderen Bedingung erreichen läßt. Wo z. B. kein scharfer Luftzug zur Verfügung steht, kann die bessere Mischung der Kohlengase mit Luft an seine Stelle treten. Anderseits kann mangelhafte Mischung durch Luftüberschuß ausgeglichen, unvollständiger Luftzug durch Erhöhung der Verbrennungstemperatur ersetzt werden u. dgl. Die Temperatur, dicht über der Brennschicht gemessen, hängt von verschiedenen Umständen ab; sie beträgt bei unseren ortfesten Kesseln 1200 bis 1500° C, bei Lokomotiven wegen des verstärkten Zuges bis zu 1600° und mehr. Die Temperatur weist nach dem Aufwerfen frischen Brennstoffes einen Höchstwert auf, nach dem Abbrennen der Kohlenschicht nimmt sie wieder ab. Wird die Feuertür geöffnet und frische Kohle auf die glühende Brennschicht geworfen, so fällt die Temperatur bis zu einem Mindestwert (vgl. die Temperaturschwankungen in den Diagrammen auf S. 343 u. 350). Dieser darf aber nicht so weit heruntergehen, daß wir nicht mehr die zur Verbrennung des Kohlenstoffes und der Kohlenwasserstoffgase erforderlichen Hitzegrade erreichen. Wir sind also zur Verhütung eines Temperaturmangels in erster Linie an eine bestimmte Beschickungsmenge gebunden, d. h. die Heizer müssen angewiesen werden, die Kessel nicht etwa alle Viertel- oder Halbe-Stunde zu beschicken, um dann möglichst lange ausruhen zu können, sondern die Beschickung öfter, und zwar mit kleineren Mengen, zu wiederholen. (Bei den Hausfeuerungen kann man zuweilen beobachten, daß die Feuertür viel zu früh geschlossen wird, so daß die Kohle mit rauchender und rußender Flamme weiterschwelt. Je mehr Ruß aber erzeugt wird, desto mehr setzen sich die Feuerzüge des Kachelofens oder die Abzugsrohre von eisernen Öfen zu; der Widerstand in den Feuerzügen wächst, so daß der Ofen zum Herausqualmen aus der Feuertür oder zu Explosionserscheinungen, z. B. beim Ansaugen von Luft durch Spalten der Wandungen, neigt.)

Zur Einschränkung der Beschickungsmenge sind eine Anzahl Feuerungseinrichtungen gebaut worden, wie z. B. von Leach, Whittacker oder Münckner, Proctor, Topf & Söhne, Seyboth usw., welche die in einer Stunde erforderliche Kohlenmenge in ganz kleinen Zeitabschnitten, gleichmäßig verteilt, auf den Rost befördern. Der Heizer kann durch Änderung der Umlaufzahl die Wurfgeschwindigkeit beschleunigen oder verlangsamen, d. h. er muß die Vorrichtung den Betriebserfordernissen entsprechend einstellen. Wo dieses vernachlässigt wird, brennt entweder der Rost leer, oder er wird mit Kohle überhäuft, so daß auch solche Feuerungen keine völlige Rauchfreiheit zu verbürgen imstande sind, wenn nicht das Aufsichtspersonal seine Schuldigkeit tut. Wegen der Verunreinigung, die eine Förderkohle aufweist (Steine, Schiefer, Schienennägel usw.), ist eine zeitweilige Stockung im Betriebe nicht ausgeschlossen, wenn nicht, wie bei der Einrichtung von Toost, Zwickau, die Störenfriede selbsttätig ausgeschieden werden.

Während allgemein eine rauchfreie Verbrennung bei Flammrohrkesseln wegen des geschlossenen Verbrennungsraumes leichter zu erreichen ist, sind die Wasserröhrenkessel schon schwieriger in bezug auf diese Frage zu behandeln. Der Verbrennungsraum ist in der Regel durch ein Bündel von Wasserröhren begrenzt, in das die Flammengase, dem Feuerzuge entsprechend, eintreten. Das Röhrenbündel wirkt förmlich wie ein Kondensator niederschlagend auf die Temperatur, so daß sich eine Menge Kohlenstoff in Form von Ruß ausscheidet. Will man diesen Übelstand beseitigen, so muß man schon für einen genügend großen Verbrennungsraum Sorge tragen. In den neueren Wasserrohrkesseln finden sich deshalb auch meistens bewegliche Roste, um die an der Feuertür aufgeworfene Kohlenmenge allmählich zu vergasen und nach der Feuerbrücke vorzuschieben, z. B. die Sparfeuerung „Düsseldorf", Vickars Mechanical Stoker, dann Kettenroste von Babcock & Wilcox, Zutt (Berlin-Anhaltische Maschinenbau-A.-G.), Steinmüller usw. (vgl. 4. Kapitel, Feuerungseinrichtungen). Mit Hilfe der mechanischen Beschickungsvorrichtungen ist es möglich gewesen, eine hohe Wirtschaftlichkeit bei der Verbrennung der Kohlen dauernd zu erreichen.

Zu den besonderen Schwierigkeiten auf den Rheinschleppern gehört die Heizerfrage. Ohne Zweifel gibt es hier tüchtige Heizer, aber sie wechseln in den heißen Tagen aus nichtigen Gründen fast fortwährend. Man ist dann gezwungen, um die Schiffe nicht stilliegen zu lassen, Heizer zu nehmen, wie man sie bekommt. Der Dienst ist außerordentlich schwer, so daß große Anforderungen an den Arbeiter gestellt werden. Je schwerer die Arbeit aber ist, desto größer sind Mißmut und Unzufriedenheit, und deshalb ist es nötig, sich möglichst unabhängig von den Heizern zu machen, denen es unter Umständen nicht darauf ankommt, eine Einrichtung unbrauchbar zu machen, weil sie ihnen aus irgendwelchen Gründen unbequem ist. Die beste Lösung wäre hier die Verbrennungskraftmaschine. Zahlentafel 120 zeigt, was auch hier mit Hilfsmitteln zur besseren Verbrennung erreicht werden kann.

Zahlentafel 120.

Einfluß sekundärer Luftzuführung bei dem Flammrohrkessel eines Rheinschleppers.

1. ohne Luftzuführung durch die Feuertür (dauernd starker Qualm).

Zeit	CO_2 %	O_2 %	CO %	H_2 %	CH_4 %	N_2 %
1^{26}	13,65	2,00	2,81	1,31	0,48	79,75
$1^{26\frac{3}{4}}$	13,20	1,35	5,13	1,90	0,57	77,85
$1^{27\frac{1}{2}}$	13,65	1,35	3,68	1,61	0,40	79,31
$1^{28\frac{1}{4}}$	14,60	2,20	2,77	0,46	0,22	79,75

Abzugstemperatur 305° C.

2. mit Luftzuführung (Marcottyscher Dampfschleierfeuerung; fast rauchfrei).

$12^{25\frac{1}{2}}$	12,20	5,50	0,22	0,07	0,11	81,90
$12^{26\frac{1}{4}}$	12,70	6,00	—	—	—	81,30
12^{27}	15,00	4,00	—	—	—	81,00
$12^{27\frac{3}{4}}$	13,00	6,50	—	—	—	80,50
12^{29}	12,00	7,50	—	—	—	80,50

Abzugstemperatur 420° C.

Ergebnis beim Flammrohrkessel:

1. Verlust durch unverbrannte Gase	1494 WE = 19,85%	
„ „ den Kamin	782 „ = 10,41 „	
zusammen	2276 WE = 30,26%	Unterschied = 11,08%
2. Verlust durch unverbrannte Gase	36 WE = 0,47%	
„ „ den Kamin	1407 „ = 18,71 „	
zusammen	1443 WE = 19,18%	

Unterschied = 11,08% zugunsten der vollkommeneren Verbrennung für die beobachtete Zeit.

Die Temperaturen betrugen ohne die rauchverhütende Feuerungseinrichtung 305° C, mit ihr dagegen 420° C. Nichtsdestoweniger sind die Gesamtersparnisse ohne Berücksichtigung der Rußverluste ganz beträchtlich. Hohe Abgangstemperaturen sind also noch lange kein Beweis für eine ungenügende Wirtschaftlichkeit.

Durch Vorvergasung des Brennstoffes ist auch der dritten Bedingung, nämlich der Mischung der Feuerungsgase mit der Verbrennungsluft, Genüge geschehen. Im Anschluß an die beweglichen Roste würden nach dieser Richtung hin in erster Linie alle Schräg- und Treppenrostfeuerungen zu nennen sein. Diese Feuerungen verlangen, ähnlich wie die Kettenroste, einen gewissen Platz im Kesselhause, so daß bei ihrer Anlegung hierauf besonders Rücksicht zu nehmen ist.

Andere Feuerungen beruhen darauf, daß der Brennstoff von unten durch den Rost tritt, z. B. die Unterschubfeuerung der Guilleaume-Werke von C. Wegener u. a. Die Wirkungsweise dieser Feuerungen beruht ebenfalls auf der Vorvergasung des festen Brennstoffes, der schließlich in Gestalt von Koks an die Oberfläche der Brennschicht gelangt.

Viertes Kapitel.

Feuerungseinrichtungen.

I. Feuerungen für feste Brennstoffe.

1. Roste als Träger des Brennstoffes und Zuführer der Verbrennungsluft.

Der Rost als wichtigster und grundlegender Bestandteil der Feuerung hat von jeher die Erfindertätigkeit besonders angeregt. Die außerordentliche Mannigfaltigkeit der Rostbauarten war, solange eine dauernde Zufuhr der Brennstoffe und eine reichliche Auswahl der Sorten gesichert war, bis zu einem gewissen Grade berechtigt und erwünscht. Mit Eintritt der Brennstoffknappheit wird man die einfachen Rostformen wegen ihrer vielseitigeren Anwendbarkeit bevorzugen müssen. Auch eine Einschränkung der Zahl der Rostarten wird aus betriebstechnischen und Fertigungsgründen anzustreben sein.

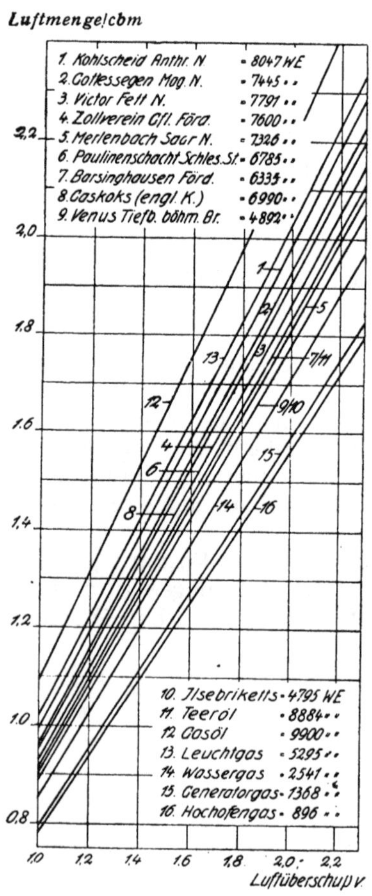

Abb. 102. Luftbedarf bei verschiedenem Brennstoff.

Die Hauptaufgabe des Rostes ist zunächst eine sichere Lagerung des Brennstoffes. Der Rost soll kräftig genug sein, um allen Beanspruchungen, die sich namentlich aus der Wärmedehnung ergeben, gewachsen und keinen wesentlichen Formänderungen unterworfen zu sein. Die zweite gleichwichtige Aufgabe ist die ausgiebige Zufuhr von Verbrennungsluft. Des ferneren soll der Rost gewissen betriebstechnischen Anforderungen genügen, die sich auf Widerstandsfähigkeit gegen den Angriff des Sauerstoffs und der im Brennstoff enthaltenen Verunreinigungen (Schwefel, Silikate usw.) und auf leichte Beseitigung der Rückstände, bequeme Beschickung u. dgl. erstrecken.

Diesen Anforderungen kann durch entsprechende Wahl des Baustoffes sowie durch sachgemäße Formgebung und Bemessung der Größenverhältnisse entsprochen werden. Wesentlichen Einfluß übt hierbei der Zweck und die Bauart der Feuerung aus. Diese wird entweder als Innen- oder als Unter- oder Vorfeuerung gebaut; ferner unterscheidet man je nach der Beschickungsart hand- oder maschinenbeschickte Planrost-, ferner Vorschub-, Schütt- und Unterschubfeuerungen. Einige Wichtigkeit besitzen noch die Halbgas-Roste. In folgendem sollen einige neuzeitliche Bauarten erwähnt werden.

Das Verhältnis der freien, für den Luftdurchtritt notwendigen Rostfläche zur gesamten Rostfläche ist durch die Zusammensetzung des Brennstoffes und sein Verhalten im Feuer wie auch durch seine Aufbereitungsart bedingt. Stückiger Brennstoff kann mit reichlicher, feinkörniger nur mit geringer Spaltweite verfeuert werden. Anderseits erfordert Magerkohle eine verhältnismäßig große Luftzufuhr, während gasreiche Brennstoffe mit hohem Gehalt an disponiblem Wasserstoff sowie die jungen Brennstoffe mit hohem Wasserstoff- und Sauerstoffgehalt (Holz, Torf, Braunkohle) mit beschränkter Luftzufuhr auskommen können. Die in Abb. 102 aufgezeichneten Strahlen lassen die für eine Reihe von Brennstoffen notwendige Luftmenge in cbm, auf 1000 WE des Heizwerts bezogen, abgreifen. Die auf der Flächeneinheit (qm) des Rostes erzeugte Wärmemenge beträgt in den Grenzen der üblichen Zugstärken

bei gasarmen Brennstoffen	mit	normalem	Asche-	und	Wassergehalt	400 000—600 000 WE
„ „ „	„	hohem	„	„	„	300 000—500 000 „
„ gasreichen „	„	normalem	„	„	„	550 000—900 000 „
„ „ „	„	hohem	„	„	„	400 000—750 000 „

Die freie Rostfläche wird für gewöhnliche Brennstoffe meist zu 30% der gesamten gewählt; bei Unterwindrosten geht man auf 15 bis 5% herab. Die Luftgeschwindigkeit beträgt beim Durchtritt durch die Rostspalten ½ bis 1 m/Sek. und steigt bei hoher Beanspruchung oder Anwendung von Unterwind auf 5 bis 10 m/Sek.

Bei grushaltigen Brennstoffen, insbesondere bei den ausgesprochenen Fein- und Staubkohlen ist der zulässige Verlust an Durchfallkohle bestimmend für die Größe der freien Rostfläche. Da derartige Brennstoffe meist auch ziemlich hohen Aschengehalt aufweisen, so darf im Hinblick auf die Verstopfung der Spalten die freie Rostfläche nicht zu knapp gewählt werden. Ein Sonderfall liegt nur bei den Wanderrosten vor, auf denen der Brennstoff einen Weg von mehreren Metern durchmißt, ehe er vollständig verbrannt ist. Die Anwendung von Unterwind ist der sicherste Weg, um die Durchfallverluste zu beschränken.

Die Wahl des Baustoffes und die Formgebung sind im wesentlichen abhängig von der Einwirkung der Schichtwärme auf Rost und Rückstände. Hochwertige Brennstoffe mit zäh- bis leichtflüssiger Schlacke greifen den Rost ungleich mehr an als minderwertige mit Rückständen von schieferiger oder feinkörniger Beschaffenheit. Der Asche- und Schlackenbelag bildet im allgemeinen einen sehr wirksamen Schutz gegen übermäßige Erwärmung der Brennbahn. Eine wichtige Aufgabe des Konstrukteurs wie auch des Heizers ist es, die Brennbahn des Rostes so kühl zu halten, daß ein Anhaften der Schlackenklumpen oder gar die Bildung eines Schmelzflusses ausgeschlossen ist. Es ist demnach einesteils für schnelle Wärmeabführung, anderseits für sachgemäße Feuerführung zu sorgen. Als Kühlmittel genügt in den meisten Fällen die durch den Rost strömende Verbrennungsluft, welcher in schwierigeren Fällen Dampf oder Wasserstaub beigemischt wird. Soll jedoch hohe Beanspruchung mit einem Brennstoff von ungünstigen Schlackeneigenschaften erzielt werden, so ist der wassergekühlte Hohlrost am Platze.

Der überwiegend für den Rostbau verwendete Baustoff ist ein aus phosphorarmem Roheisen und Stahlschrott zusammengesetztes Gußeisen, welches durch besondere Gießverfahren (Koquillenguß) widerstandsfähig gegen den Angriff der Schlacke gemacht wird. Nachdem neuerdings die Walz- und Schweißtechnik große Fortschritte zu verzeichnen hat, sind flußeiserne Roste mehr in Aufnahme gekommen. Mit Rücksicht auf den Preis wird das Gußeisen jedoch das Feld behaupten.

Die von alters her übliche und auch jetzt noch für kleinere Feuerungsanlagen gegebene Rostform ist der Planrost. Die Planrost-Innenfeuerung ist als eine in ihrer Art recht vollkommene, dabei für fast alle Brennstoffe verwendbare Bauart anzusprechen. Die mannigfaltigen Roststabformen, welche für verschiedene Brennstoffe hergestellt werden, dürfen als bekannt angenommen werden; sie sind in jedem Taschenbuch zu finden. Für die zurzeit vorherrschenden unsortierten Brennstoffe mit etwas reichlichem Aschengehalt ist der glatte Roststab mit gehärteter Brennbahn, mit etwa 18 mm oberer Stabdicke, 8 mm Spaltweite und 110 bis 120 mm Steghöhe der betriebstüchtigste und zugleich billigste. Das häufig vorkommende Wachsen und Krummwerden der Roste ist nach Loschge (Z. f. Dampfk. u. Maschinenbetr. 1916, Nr. 38) eine Folge abwechselnden Warmwerdens und Erkaltens der Stäbe unter gleichzeitigem Festklemmen der Stabköpfe. Dieses Wachsen der Stäbe soll durch Unterteilung der Brennbahn, wie beispielsweise beim Polygonrost, vollständig vermieden werden. Da letztere Roste jedoch bei schmierender Schlacke andere Schattenseiten aufweisen, so ist ausgiebige Kühlung vorzuziehen.

Der Anteil der Wärme, welche auf den Rost ausgestrahlt wird, ist nach Versuchen von Kirsch, Moskau[1]), mit wassergekühltem Hohlrost auf etwa 1 bis 1,5%, nach dem Verein für Feuerungsbetrieb und Rauchbekämpfung in Hamburg auf höchstens 2,2% anzusetzen, d. h. es werden etwa 15000 WE/Std. von der Rostflächeneinheit aufgenommen und an die Verbrennungsluft abgegeben. Da die Luftmenge i. M. etwa 750 cbm/Std. beträgt, so kann mit einer Erwärmung der Luft um 65° gerechnet werden. Der Wärmeübergang ist in der Hauptsache auf die Zeit beschränkt, wo der Schlacken-

---

[1]) Feuerungstechnik IV, Nr. 7.

belag gering ist, während im übrigen die Schlackendecke einen kräftigen Schutz ausübt. Jedes Schüren des Feuers, welches die Schlackendecke beseitigt und glühenden Brennstoff auf den Rost gelangen läßt, gibt zu Rosterwärmung und ihren Folgeerscheinungen Anlaß.

2. Unterwindroste.

Für feinkörnige sowohl wie für schlackende Brennstoffe hat der Unterwindrost vermehrte Bedeutung erlangt. Die düsenartige Ausbildung der Luftöffnungen ist insofern günstig für die Kühlhaltung des Rostes, als die Zone der höchsten Verbrennungstemperatur vom Rost abgerückt wird (vgl. Abb. 103) an diejenige Stelle, wo die Luftstrahlen sich schneiden und den gesamten Querschnitt der Brennschicht ausfüllen. Als Vertreter dieser Rostgattung seien die Kudlicz-Feuerung von Kridlo, Prag, und der Wilton-Rost der D. Evaporator-Ges., Berlin, genannt, denen sich ähnliche Bauarten (Adler & Hentzen, Coswig und Seyboth & Co., Zwickau) anschließen.

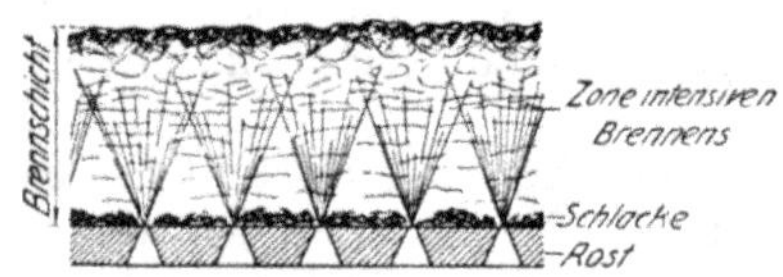

Abb. 103. Kudlicz-Feuerung.

Der Nutzen der Unterwindroste zur Verwertung minderwertiger Brennstoffe ist an anderer Stelle (vgl. S. 359) eingehend gewürdigt worden. Wesentlich ist auch die Erfüllung der Aufgabe, die Kesselleistung auf die mit hochwertigen Kohlen erreichte Höhe zu bringen. Hier spielt die Bewältigung der erheblich größeren Mengen durch Förderanlagen und Heizer eine Rolle. Die Zusammenstellung von Unterwindrost mit Wurfmaschine ist eine brauchbare Lösung, die jedoch hohe Anforderungen an die Genauigkeit der Wurfarbeit stellt. Eine von Seyboth & Co. ausgeführte Unterwindanlage mit Maschinenbeschickung ist in Abb. 104 dargestellt.

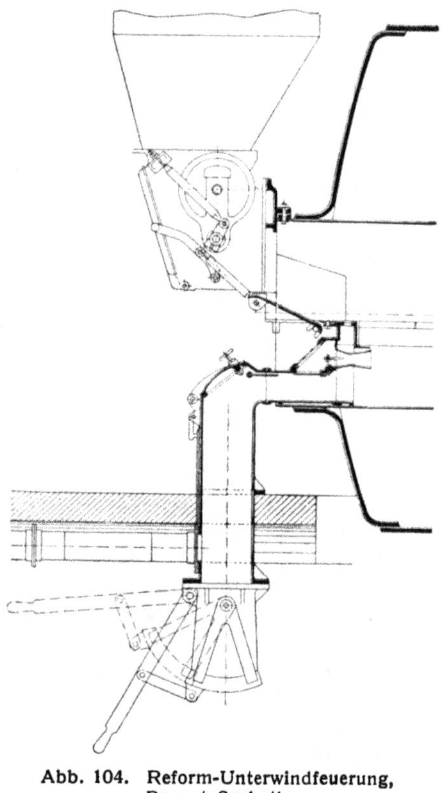

Abb. 104. Reform-Unterwindfeuerung, Bauart Seyboth.

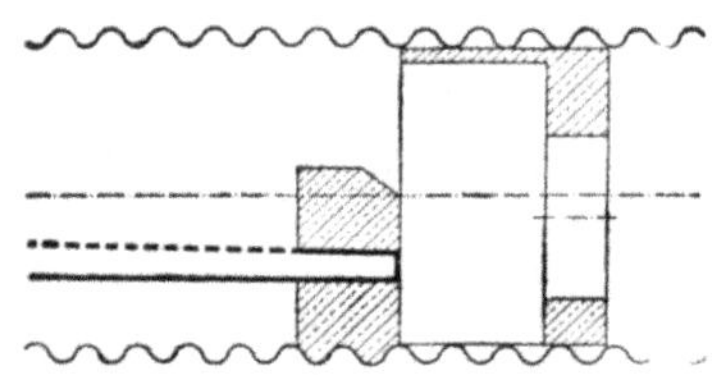

Abb. 105. Einbau einer Stauvorrichtung in ein Flammrohr.

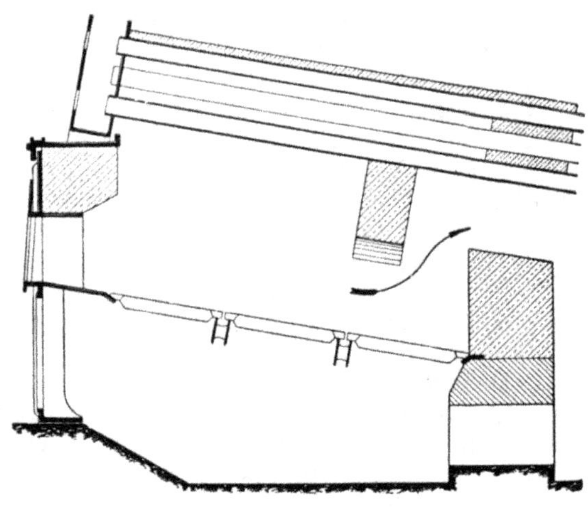

Abb. 106. Einbau einer Stauvorrichtung in einen Wasserrohrkessel.

Die Aufwirbelung von Flugkoks und seine Weiterführung in die Züge führt namentlich bei enger Bauart der Feuerungen (Flammrohr) zu beträchtlichen Verlusten und zu Belästigungen des Betriebes. Dem kann abgeholfen werden durch Stauung der Heizgase mittels einer Stauvorrichtung dicht hinter der Feuerbrücke, wie sie bereits Kirsch, Moskau, in seinem Bericht 1914 über Versuche zur Verfeuerung südrussischer Anthrazite beschrieben hat. Näheres ist aus der Abb. 105 zu entnehmen. Die Evaporator-Ges. hat neuerdings eine ähnliche Bauart herausgebracht, welche gute Ergebnisse gezeitigt haben soll. Bei Wasserrohrkesseln bildet das Rohrbündel eine natürliche und vorzüglich wirkende Stauvorrichtung. Verfasser hat schon 1897 von einem Einbau Gebrauch gemacht und dadurch sowohl die Rauchfreiheit als auch eine Verbesserung in der Ausnutzung des Brennstoffes erzielt (vgl. Abb. 106).

Bei Unter- und Vorfeuerungen ist der Rost dem Angriff des Feuers in verstärktem Maße ausgesetzt, da die Rückstrahlung der Wände die Schichttemperatur erhöht. Die oben erwähnten Maßnahmen zur Kühlhaltung des Rostes sind daher sorgfältig zu berücksichtigen. Die oft zu beobachtende Bildung von Schlackenansätzen an den gemauerten Feuerungswänden wird durch Randstreifen toter Rostfläche, d. h. luftundurchlässiger Roste hintangehalten. Die Kühlung der Wände mittels Luft oder Wasser scheint im Verhältnis zum Kostenaufwand nicht so wirksam.

Die Beseitigung der Schlacke ist beim Planrost meist eine mühevolle Arbeit. Ein möglichst schnelles Verschwinden der glühenden Rückstände entweder durch Trichter vor dem Feuergeschränk

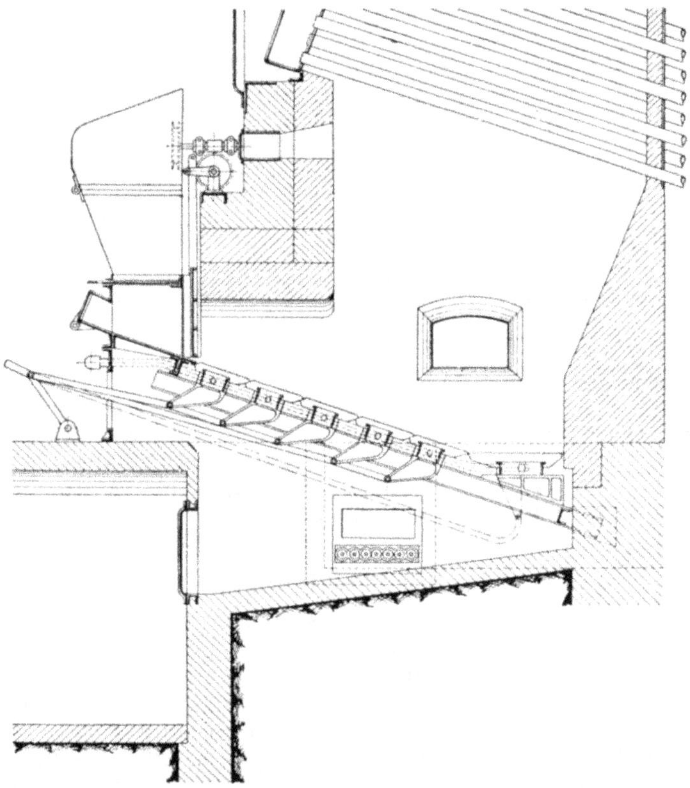

Abb. 107. Unterwind-Jalousie-Schrägrost, Bauart Seyboth

oder durch kippbare Roste, bewegliche Schürplatten u. dgl. ist anzustreben. Für aschereiche Förderkohlen eignet sich beispielsweise ein Jalousierost mit kippbaren Rostbündeln, wie er in Abb. 107 dargestellt ist.

3. Schräg- und Treppenroste.

Das Streben nach Vereinfachung der Heizerarbeit und nach Ersparnis an Arbeitskräften hat zum Bau der Schüttfeuerungen mit Schräg- und Treppenrosten geführt. Die ersteren werden für mittelwertige Steinkohlen, namentlich gasreichere Sorten, in den bekannten Tenbrink-Feuerungen und deren Abarten angewandt, während die Treppenroste hauptsächlich für wasserreiche Brennstoffe wie Rohbraunkohle, Torf, Lohe, Sägespäne geeignet sind. Je feuchter der Brennstoff, desto mehr ist auf sorgsame Ausbildung der Trocknungszone Wert zu legen, wie dies bei den bekannten Halbgasfeuerungen und Muldenrosten angestrebt wird (vgl. S. 304, Abb. 113).

Mit steigender Heranziehung der minderwertigen Brennstoffe mit ihren schlechten Brenneigenschaften mußte einesteils zur Anwendung von Unterwind, anderseits zu weitgehender Anwendung von Maschinenkraft geschritten werden. Ein Beispiel dieser Richtung ist der Plutorost (-stoker), bei welchem treppenrostförmige Hohlkörper mit Unterwindzufuhr in gegenseitiger Bewegung gehalten werden. Hierdurch wird ein Vorwärtsschreiten des Brennstoffes erzielt. Dieser Rost ist in Abb. 108 dargestellt. Die guten Erfahrungen, welche durch zahlreiche Versuchsberichte belegt werden, haben sich auch in deutschen Anlagen bestätigt gefunden. Eine für ähnliche Brennstoffverhältnisse gedachte Rostkonstruktion ist der Schwingrost sowie der Vorschub-Treppenrost, dessen System

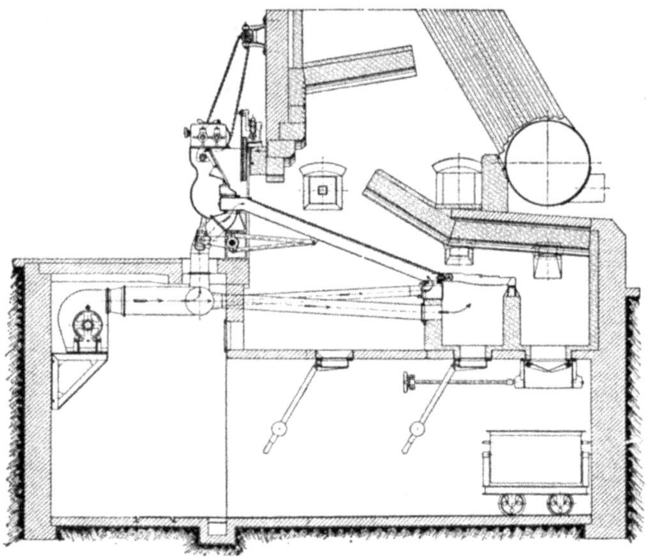

Abb. 108. Pluto-Stoker.

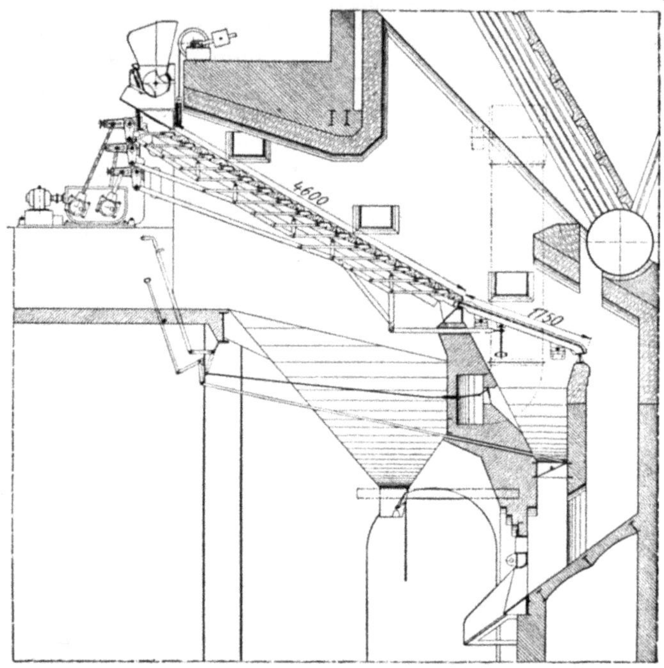

Abb. 109. Vorschub-Treppenrost, Bauart Seyboth D.R.P.

Abb. 109 veranschaulicht. Diese Bauarten, wie auch der Plutorost, eignen sich wie alle mechanischen Feuerungen vorzugsweise für Betriebe mit gleichmäßiger Wärmeerzeugung.

4. Wanderroste.

Ein besonders für Großbetriebe geeigneter Vorschubrost ist der Ketten- und Wanderrost. Der Grundgedanke ist der, daß die Kohle auf einem als Rost ausgebildeten Förderband durch den Feuerraum getragen wird und nach Entzündung durch die einstrahlende Wärme des Mauerwerks verbrennt. Im allgemeinen eignen sich nur Brennstoffe mit einem Gasgehalt über 15% für eine Verbrennung auf dem Wanderrost. Die Anwendung von Unterwind hat diese Grenze noch erheblich herabgesetzt. Auch die Verfeuerung aschereicherer und grusiger Brennstoffe auf dem Wanderrost, die durch unvollkommenes Ausbrennen der Rückstände, durch bedeutende Vermehrung des Durchfalls und großen Verschleiß der Bauteile schwierige Betriebsverhältnisse schufen, ist erst durch Anwendung des Unterwindes ermöglicht worden. Als bewährte Unterwind-Wanderroste seien die Bauarten von Nyeboe & Nissen, Mannheim, und Walther & Co., Delbrück/Köln, sowie Weck, Döhlau, genannt. Abb. 110 läßt die wesentlichen Einzelheiten des von Nyeboe & Nissen gebauten Rostes erkennen. Der in eine seitlich der Rostbahn liegende Kammer eintretende Wind wird, entsprechend der Schichtstärke abgedrosselt, in die von den winkelförmig ausgebildeten Rostplatten und dem Rosttisch gebildeten Kammern eingepreßt. Der Rost ist an den Seiten mit toter Rostfläche ausgestattet, um die zerstörende Einwirkung des Windes auf die Wandflächen zu verhindern. Die bisherigen Ergebnisse mit dieser Bauart sind vielversprechend: Die von Wirmer mit Koksgrus angestellten Versuche[1]) sind ein Beweis dafür, daß auch gasarme Brennstoffe mit einem geringen Zusatz an hochwertiger Kohle durch Anfachung mit Unterwind hinreichende Zündfähigkeit erlangen.

Bei dem großen Mangel an geeigneten Wanderrostkohlen wuchsen die Schwierigkeiten beim Betrieb mit dieser Rostart während des Krieges schier ins Unendliche. Die Verschiedenartigkeit der angelieferten Kohlen verursachte große Störungen im Kesselbetriebe und umfangreiche Ausbesse-

[1]) Z. d. V. d. I. 1917, S. 721.

rungen. Roste und Schlackenabstreifer wurden in Mitleidenschaft gezogen, zumal bei stark schlackenden Kohlen eine Anstauung der Schlacken und deren allmähliches Ausbreiten über die ganze Rostfläche selbst bei aufmerksamer Bedienung nicht immer vermieden werden konnte.

Während nach der Betriebsvorschrift für Wanderroste mit Abstreifern, dem wundesten Punkt der Rosteinrichtung, mit der Kohle nicht bis an den Abstreifer herangefahren werden darf, bezweckt die Feuerbrücke von der Firma L. & C. Steinmüller (Abb. 111a) eine Stauung der Kohle an dieser Stelle, um den Rost dauernd bedeckt zu halten und den Nutzeffekt durch höheren CO_2-Gehalt zu erhöhen,

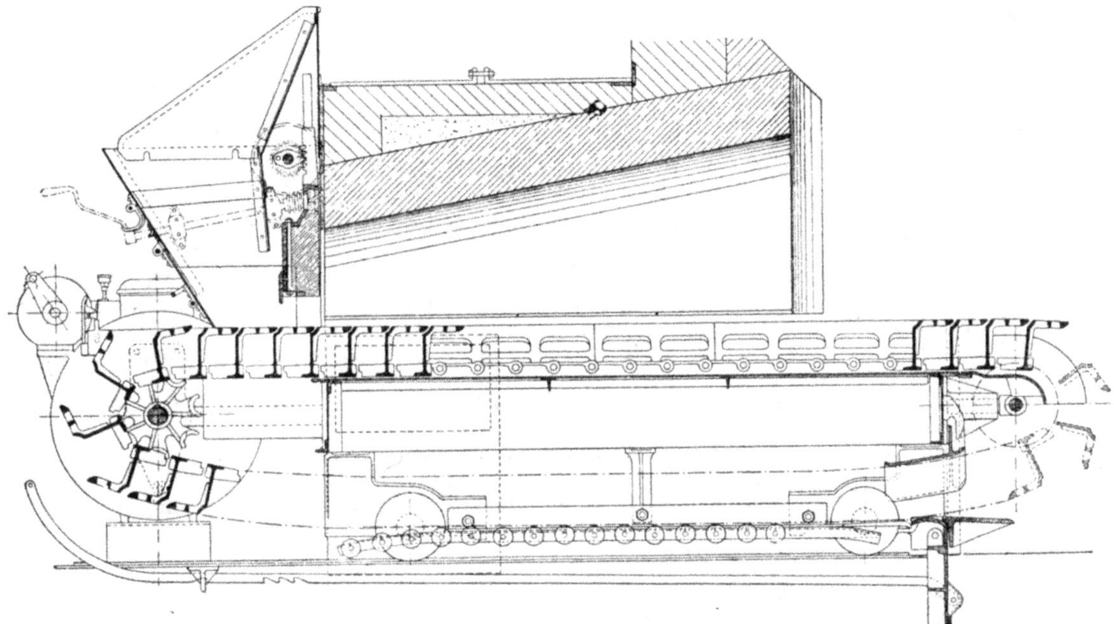

Abb. 110. Wanderrost mit Unterwind, System Nyeboe & Niessen.

Die Feuerbrücke besteht aus einem schmiedeeisernen, wassergekühlten Hohlkörper, an welchem ein Pendelrost aufgehängt ist, der nach hinten ausschwingen kann. Der Pendelrost ist unterteilt in Staupendel, die jedes für sich mit einstellbaren Gegengewichten versehen sind, um den für die jeweils

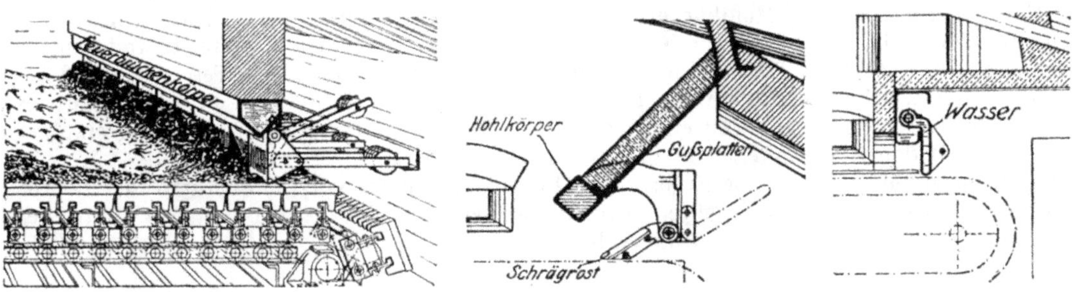

a b

Abb. 111. Stauvorrichtungen für Wanderrost.

verfeuerte Kohle notwendigen Andruck zu erzeugen. Vor den Pendeln staut sich Schlacke an in einer Höhe, die von der Stärke des Andruckes abhängig ist. Diejenigen Pendel, vor denen abzuführende Schlacke liegt, schwingen aus, während die übrigen den Anstau aufrechterhalten. Die Pendel sind mit Luftschlitzen und Kühlrippen versehen. Die dem Rost zugeführte Luft erwärmt sich an der Schlacke und fördert den Verbrennungsvorgang am Rostende. Sie dient ferner zur Schonung der Pendel.

Nach den Erfahrungen des Betriebsdirektors Schirp[1]) der St.E.-W. Berlin arbeiten die Pendel zufriedenstellend, wenn die Gegengewichte, der Kohlensorte entsprechend, eingestellt werden. Wäh-

[1]) Mitt. d. Vereinigung d. Elektr. Werke 1919, Nr. 249.

rend bei stark schlackender Kohle die Gewichte u. U. ganz zu entfernen oder zu verringern sind, müssen sie bei wenig schlackender Kohle zur Leistung größeren Widerstandes wieder vergrößert werden, um durch Anstauen von Kohle an der Feuerbrücke den Luftdurchtritt durch die rostartigen Staupendel zu verhüten.

Über die Bewährung der Steinmüllerschen Feuerbrücke hat Betriebsdirektor Schirp wertvolle Mitteilungen gemacht, die wir hier am besten im Wortlaut wiedergeben:

Im Betriebe der St. E.-W. Berlin, welche 19 Steinmüller-Feuerbrücken in Betrieb bzw. Bau haben, wurden mit einem Kessel von 425 qm Heizfläche und 14,6 qm Rostfläche Verdampfungsversuche mit gleicher Kohle vor und nach dem Einbau der Steinmüller-Feuerbrücke im Mai bzw. Juni 1918 gemacht. Nach diesen Versuchsergebnissen konnte die Dampfleistung des Kessels von 19,8 kg/qm Heizfläche und Stunde auf 28,6 kg/qm Heizfläche und Stunde gesteigert werden, wobei gleichzeitig der Nutzeffekt des Kessels von 75,9% auf 78,2% erhöht wurde. Auch der Verlust an unverbrannter Kohle in den Schlacken verminderte sich von 3,0% auf 2,8%.

Die längeren Beobachtungen und Versuche mit den Steinmüller-Feuerbrücken in eigenen und benachbarten Betrieben sowie die auch in den „Mitteilungen" 1918 bekanntgegebenen Erfahrungen[1]) anderer Betriebe, welche seit mehr als 4 Jahren Steinmüller-Pendelbrücken in größerer Zahl verwenden, zeigen übereinstimmend folgende größere Vorteile:

1. Ersparnis an Kohle infolge gleichmäßigen Abbrandes ohne erhebliche Staumenge,
2. Erhöhung der Rostleistung und des Nutzeffektes des Kessels,
3. Ersparnis an Roststäben infolge geringeren Verschleißes,
4. Ersparnis an Pendelbrücken infolge geringen Verschleißes gegenüber gewöhnlichen wassergekühlten Abstreifern,
5. Ersparnis an Aschenklappen durch Wegfall und dadurch, daß die Schlacken in fast ausgeglühtem Zustande in den Aschenfall gelangen,
6. Ersparnis an Mauerwerk durch Fortfall der empfindlichen Abstreifersteine,
7. Ersparnis an Heizerarbeit infolge Vereinfachung der Kesselwartung,
8. Vermeiden des Hängenbleibens des abgebrannten oder zerbrochenen Rostes am Abstreifer,
9. allseitige Zugänglichkeit des hinteren Rostendes,
10. Hebung der Sicherheit des Betriebes.

Abb. 111 b zeigt eine Feuerbrücke von Vervoort, Feuerbrücken-Ges. m. b. H., Düsseldorf, ebenfalls aus einem wassergekühlten Hohlbalken bestehend, hinter dem sich ein aufklappbarer, normal aber auf dem Kettenrost schleifender kurzer Schrägrost befindet. Schirp befürchtet bei zähflüssiger Schlacke Anstauungen auf dem hinteren Teil des Kettenrostes, ähnlich wie bei den gewöhnlichen Stauern.

Eine weitere Feuerbrücke mit wassergekühltem Staupendel wird zurzeit von der Petry Dereux-Ges. m. b. H., Dampfkesselfabrik, Düren/Rhld., gebaut. Das Staupendel (Abb. 111 c), besteht aus einer Reihe von gußeisernen Hohlkörpern, die einzeln wassergekühlt sind. Das Kühlwasser tritt durch eine Hohlwelle, auf welcher die Körper einzeln und frei beweglich aufgesteckt sind, ein, durchströmt diese und gelangt durch einen Überlauf in den muldenförmigen Teil eines gußeisernen Tragbalkens, in welchem die Hohlwelle gelagert ist. Durch das abfließende und angestaute Kühlwasser wird der Tragbalken gleichzeitig gekühlt. Es besteht bei dieser Anordnung eine gewisse Ähnlichkeit mit den Staupendeln von Steinmüller.

Erfahrungen über diese neue Feuerbrücke liegen noch nicht vor, indes dürfte der dichte Abschluß des Rostendes als Vorteil gelten. Ob die Wasserkühlung bei angestrengtem Betriebe ausreichen wird, müssen erst die Erfahrungen lehren.

5. Unterschubfeuerungen.

Eine besondere Rostform weisen die ebenfalls mit Unterwind betriebenen Unterschubfeuerungen auf. Sie haben hauptsächlich bei gasreichen Brennstoffen Bedeutung, da durch die eigenartige Bewegungsrichtung des Brennstoffes bei dem Einbringen in den Feuerraum die flüchtigen Bestandteile die glühende Schicht durchstreichen müssen und zur vollkommenen Verbrennung gebracht werden. Die Erfahrungen mit dieser Rostbauart sind gut, sobald eine nichtbackende, nicht übermäßig aschereiche Kohle zur Verfügung steht.

Überblickt man die unter den heutigen (Nachkriegs-) Verhältnissen eingeschlagene Richtung des Feuerungsbaues, so muß auf die steigende Anwendung von Unterwind bei allen Feuerungsarten hingewiesen werden. Es besteht auch kein Zweifel, daß es gelingen wird, durch richtige Bemessung der

[1]) „Mitt." 1918, S. 292, 335, 336 und 387.

Winddruck- und Zugverhältnisse (ausgeglichenen Zug) und geeignete Maßnahmen zur Verminderung der Feuerungsverluste die minderwertigen Brennstoffe mit annähernd dem gleichen Wirkungsgrad zu verfeuern wie ehedem die hochwertigen unter Aufrechterhaltung einer normalen Rostleistung, bezogen auf die erzeugte Wärmemenge.

6. Verwertung minderwertiger Brennstoffe.

a) Holzabfälle.

In Holzbearbeitungs- und Papierfabriken ist der zur Verfügung stehende Abfall fast immer so reichlich, daß auf eine wirtschaftliche Ausnutzung des Brennstoffes fast gar nicht gesehen wird. Man darf wohl nicht fehlgehen, wenn man den Wirkungsgrad solcher mit Nutzabfällen gefeuerten Kessel nur zu etwa 40% annimmt. Holz besitzt einen großen Feuchtigkeitsgehalt, der die Verbrennung erschwert, dagegen aber viel freien Sauerstoff, der sie begünstigt. Für trockene Holzabfälle wird daher die Luftzufuhr eingeschränkt werden können, während bei der Verheizung nasser Abfälle auf die Erhaltung der Verbrennungstemperatur im Feuerraum zu achten ist.

Entsprechend dem niedrigeren Heizwerte (1800 bis 4200 WE) gegenüber den sonst üblichen Brennstoffen müssen zur Erreichung gleicher Heizleistungen entsprechend größere Mengen von Holzabfällen gelagert, gefördert und durch die Feuerung bewegt werden als bei Steinkohlen.

Zur Verbrennung der Holzabfälle eignen sich am besten Schräg- oder Treppenroste — letztere besonders für feinere Abfälle — mit einem Neigungswinkel von etwa 30°. H. Winkelmann[1]) gibt mit Rücksicht auf den hohen Sauerstoffgehalt des Holzes ein Verhältnis der freien zur gesamten Rostfläche von 1:7 und eine Zugstärke von 10 bis 12 mm W.-S. an. Die Roststäbe der Treppenroste sollen bei etwa 35 mm Stufenhöhe ungefähr 10 mm stark und rd. 100 mm breit sein. Als Verhältnis zwischen Rost- und Heizfläche gilt bei 25% feuchtem Brennstoff:

bei	Flammrohrkesseln	1 : 20	bis 25,
,,	Lokomobil ,,	1 : 25	,, 30,
,,	Wasserrohr ,,	1 : 30	,, 35.

Für die Erhöhung des Wirkungsgrades der Kessel sind folgende Gesichtspunkte zu beobachten:

Bei hohem Feuchtigkeitsgehalt, wie er bei Furnierspänen und Schleifabfällen vorkommt, ist eine Entwässerung oder Trocknung oder aber eine Brikettierung des Heizstoffes stets anzuempfehlen. Zum Lufttrocknen dienen gedeckte Schuppen, eine Maßnahme, die sich stets bezahlt macht, weil dadurch der Heizwert der Abfälle auf etwa das Doppelte erhöht wird. Da, wo eine Brikettpresse zur Verfügung steht, werden die Abfälle schon durch die geringe Erwärmung und den Druck zu haltbaren Formsteinen gebracht. Für die Brikettierung von Sägemehl, Hobelspänen usw. ist ein Bindemittel nicht erforderlich; das Brikett wird ohnedies vollständig fest, so daß es auch auf einem gewöhnlichen Planrost verbrannt werden kann. Die Brikettierung hat den Vorteil, daß der Brennstoff wegen seiner größeren Wärmedichte besser den Dampf hält, während sonst durch schnelles Wegbrennen oder Fortfliegen der Späne starke Schwankungen in der Dampfleistung unvermeidlich sind. Lange, sperrige Abfälle sind dem Kesselhaus auf etwa 50 cm Länge oder kürzer zugeschnitten anzuliefern; sonst bereitet ihr Einbringen in die Feuerungen des Dampfkessels Schwierigkeiten: Die Feuertüren bleiben hierbei zu lange offen, so daß die Feuerzüge abkühlen und der Wirkungsgrad durch überschüssige Luftmengen herabgedrückt wird.

Holzfeuerungen werden in der Regel als Vor- oder Unterfeuerungen ausgeführt. Die Verheizung erfolgt auf Planrosten, Schrägrosten, Treppenrosten und in Schachtfeuerungen. Wasserröhrenkessel sind wegen ihres geräumigen Verbrennungsraumes bevorzugt.

Planrostfeuerungen finden sich fast ausschließlich nur bei Lokomobilen verwendet. Beim Umbau wird der Rost entweder über die Feuerbuchse nach außen verlängert oder ein vollständiger Planrost für sich vor die Lokomobile gesetzt. Der aus einem Eisenblechkasten bestehende und mit Schamotte ausgekleidete Vorbau zeigt einen oberen Trichter, der die Späne aufnimmt, und eine darunter befindliche Öffnung für die Einführung von Langholz[2]). Zur leichteren Überwachung des Kessels und der Feuerbuchse wird die Feuerung fahrbar eingerichtet.

---

[1]) Zeitschr. f. Dampfk. u. Maschinenbetr. 1914, S. 153.

[2]) Planrostvor- und Vorbaufeuerungen werden z. B. von R. Wolf in Magdeburg-Buckau gebaut.

Schräg- und Treppenroste werden immer als Vor- oder Unterfeuerungen ausgeführt[1]). Die Treppenrostfeuerung ist hauptsächlich für Sägespäne von weichen Hölzern, kurze Maschinenhobelspäne, gegebenenfalls unter Beigabe von Holzabfällen bestimmt. Wird Langholz aufgegeben, so bringt man die Stücke in Richtung der Kesselachse auf, während man sie bei Schrägrosten quer dazu aufgibt, damit sie nicht durch die Rostspalten hindurchfallen. Schräg- und Treppenroste besitzen an ihrem unteren Ende einen kurzen, wagerechten Planrost, um den Brennstoff zu stauen.

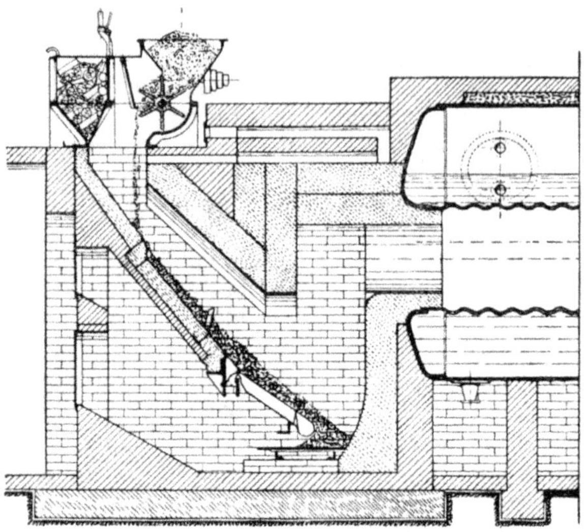

Abb. 112. Schachtfeuerung von Lambion & Förstermann, Eisenach.

Als würdiger Vertreter der Schachtfeuerungen[2]) möge die selbsttätige Sägespäne- und Holzabfälle - Feuerung der Firma Lambion & Förstermann, Eisenach, näher beschrieben werden. Die Feuerung selbst besteht, wie aus Abb. 112 ersichtlich, aus einer gemauerten, schrägen Schamottebrennbahn mit daran anschließendem, in der Neigung verstellbarem Schrägrost, der wiederum durch Planschieber abgeschlossen ist.

Die Beschickung der Feuerung mit feinem Material, wie Sägespänen, Dreh- und Frässpänen, kurzen Hobelspänen u. dgl. erfolgt selbsttätig in der Weise, daß diese Holzabfälle entweder unmittelbar vom Zyklon-Auslaufrohr oder mittels Körben oder durch eine sonstige Transportvorrichtung in den Kasten der Beschickvorrichtung eingebracht werden, von wo aus sie dann beständig in kleinen Mengen, über die ganze Feuerungsbreite verteilt, unter Luftabschluß in die Feuerung befördert werden. Die Beschickung der Feuerung mit sperrigem Material wie Schwarten, Rinden, Brettabfällen u. dgl. erfolgt von Hand aus durch den an der Vorderseite des Beschickers angeordneten Einfülltrichter, der nach der Feuerung zu durch eine mittels Hebels zu bedienende Absperrklappe abgeschlossen ist. Bei geschlossener Absperrklappe wird der Fülltrichter mit Material gefüllt und der Deckel des Fülltrichters hierauf geschlossen. Durch Hebeldruck wird sodann die Absperrklappe geöffnet, worauf das Brenngut selbsttätig herunterrutscht. Auch hier also erfolgt die Beschickung unter Luftabschluß, so daß bei vorschriftgemäßer Bedienung ein Zurückschlagen der Flammen nach dem Heizerstand zu oder ein Hochbrennen in den Spänekasten ausgeschlossen ist.

Die Luftzufuhr wird durch Klappen geregelt; Schaulöcher gestatten, den Gang der Verbrennung zu verfolgen.

Neuerdings wird in Deutschland von der Gesellschaft für Feuerungsanlagen Dr. Schmidt & Co. in Berlin eine „Spar-Schachtfeuerung" auf den Markt gebracht, die bereits bemerkenswerte Erfolge erzielt hat. Die Feuerung weist einen luftgekühlten hohlen Schrägrost auf und eignet sich u. a. für die Verheizung von Kloben von 1 m Länge.

Zur Heranführung der Holzabfälle von den Erzeugungsstätten zur Feuerung bedient man sich zweckmäßig mechanischer Fördermittel. So können Grobhölzer, auf möglichst eine Höchstlänge zugeschnitten, durch Gleitbahnen, Rutschen, Schüttelrinnen, Förderbänder u. dgl. gefördert werden. Für Feinholz verwendet man gern Förderschnecken und Saugluft-Förderanlagen, die gleichzeitig dem Arbeiter ein staubfreies Arbeiten ermöglichen. Richtig gebaute und bediente Feuerungen für Holzabfälle erreichen Nutzleistungen, die keineswegs hinter den mit Kohlenfeuerung erzielten Ergebnissen zurückstehen[3]).

In letzter Zeit ist im Auslande der Vergasung von Holzabfällen und Sägespänen rege Beachtung entgegengebracht worden[4]). Die Vergasung hat den Vorteil, daß die Holzabfälle nicht vorgetrocknet zu werden

---

[1]) Schräg- und Treppenrostfeuerungen für Holzabfälle bauen in verschiedenen Ausführungen u. a. auch Heinrich Lanz in Mannheim, R. Wolf in Magdeburg-Buckau, J. A. Topf & Söhne in Erfurt.

[2]) Ihr Prinzip ist schon 1892 von der Firma E. Herrmann & Cohen in Paris — D.R.P. 69082, schweiz. P. 5816 — bekannt geworden, ohne daß über die praktische Bewährung der Einrichtung etwas verlautet ist. In den Jahren 1912 bis 1914 ist diese Feuerungsart von der Firma Ernst Lochner, Inhaber Lambion & Förstermann in Eisenach — D.R.P. 277994, 271214, 284318, schweiz. P. 66681 und österr. P. 70007 — weiter ausgebildet worden.

[3]) H. Winkelmann in der Zeitschrift für Dampfkessel und Maschinenbetrieb 1914, S. 375ff., Dipl.-Ing. Pradel, Holzwelt, Nr. 18/19 vom 7. und 14. Mai 1915, ders. Zeitschrift f. Dampfkessel und Maschinenbetrieb, Nr. 31 vom 30. Juli 1915 und Nr. 12 vom 21. März 1919.

[4]) The Public Ledger (Philadelphia) vom 28. Dezember 1918.

brauchen; sie können bis zu 50% Feuchtigkeit enthalten. Die Generatoranlage beansprucht weniger Platz als die Kesselanlage und bringt weniger Feuersgefahr mit sich als die Verbrennung der Holzabfälle, die oft mit Funkenausflug verbunden ist. Zur wirtschaftlichen Ausnutzung des Holzes als Brennstoff scheint demnach ein neuer Weg über den Gaserzeuger und die Gasmaschine zu führen.

Wegen der Kohlennot wird in Hörsens (Dänemark) nach Prof. Watzinger, Trondhjem[1]), Gas aus Holz erzeugt und die anfallende Holzkohle (besser Holzkoks) im Generator zum Betriebe einer Körtingschen Gasmaschine vergast. In Norwegen kostete die Kohle Ende 1919 360 Kr/t, weshalb auch hier stellenweise Gas aus Holz erzeugt wurde. Man erzielte mit 0,74 kg Holzkohle 1 kW.-Std. im Dauerbetriebe von 50 Tagen zu 14 Std. bei einer Belastung der Gasmaschine von 0,8 ihrer Nennleistung. Dieselbe Anlage brauchte sonst 0,93 bis 0,96 kg Koks im Koksgenerator.

b) Bagasse.

Dieser aus Abfällen des Zuckerrohrs bestehende Brennstoff wird vielfach in Westindien als Brennstoff für Dampfkessel benutzt. Trotz des hohen Wassergehalts nach dem Verarbeiten in den Schleifmühlen läßt sich damit infolge der lockeren Lage des Stoffes und der wertvollen Flammenbildung ein guter Wirkungsgrad erzielen, obgleich auf diesen meist nicht Wert gelegt wird. Da die Zuckerrohrplantagen für ihren maschinellen Betrieb und für Kochzwecke große Mengen Dampf gebrauchen, anderseits bisher die Vernichtung der großen Abfallmassen mit großen Schwierigkeiten verbunden war, lag der Gedanke nahe, die Abfälle in den Feuerungen der Dampfkessel nutzbar zu machen. Mit Rücksicht auf die geringeren Montageschwierigkeiten verwendet man neben Wasserrohrkesseln vielfach Heizrohrkessel, die mit Wellrohrfeuerbüchse und Luftvorwärmer ausgerüstet sind. Die Feuerung besteht aus einem sehr reichlich bemessenen Treppenrost mit vorgebautem Planrost, mit dem eine gute Verbrennung von mehr als 200 kg Bagasse auf 1 qm Rostfläche und Stunde unter Zuhilfenahme von erhitztem Unterwind möglich ist. Die Bagasse gelangt aus dem Schleifraum mit Hilfe geeigneter Vorrichtungen ununterbrochen auf die Plattform des Treppenrostes, wird hier von einer Zuführungswalze, die mechanisch angetrieben wird, ebenfalls fortlaufend in den sehr großen Verbrennungsraum der Feuerung befördert. Vom Treppenrost rutscht der Brennstoff langsam dem darunter liegenden Planrost zu und verbrennt hier vollständig nach vorangegangener Entgasung auf dem Treppenrost. Die Bagasse gibt wenig Asche, die ohne Schwierigkeit durch die weiten Rostspalten durchfällt. Außerdem kann man auf dem Treppenrost das Nachrutschen des Brennstoffes durch Nachstochen unterstützen und auch den Planrost erforderlichenfalls während des Betriebes von besonders angeordneten Feuertüren aus reinigen; die unter den Rost geblasene Verbrennungsluft wird durch einen von den Rauchgasen umspülten Vorwärmer auf etwa 100° C erhitzt. Die Anwendung vorgewärmter Verbrennungsluft ist zum Verdampfen des im Brennstoff reichlich enthaltenen Wassers erforderlich. Das Mauerwerk des Verbrennungsraumes ist mit Rücksicht auf die großen Wasserdampfmengen gut und mit Isolierschicht (vgl. S. 371) herzustellen und mit U-Eisen zu bewehren, auch die Decke der Feuerung ist mit T-Trägern und Eisenbahnschienen zu versehen.

c) Schilfpflanzen.

Ähnlich der Bagasse werden Schilfpflanzen unmittelbar verbrannt, von denen ungeheure Lager am Nilstrom und an anderen Flußläufen Afrikas vorhanden sind. Sie werden indes wirtschaftlicher als Brikette verfeuert, wofür Hoering ein besonderes Verfahren durchgebildet hat. Danach werden die Schilfpflanzen in Längen von 1 bis 3 cm zu Häcksel zerschnitten und die Masse sodann mit einem Feuchtigkeitsgehalt von etwa 8% brikettiert. Die sehr festen Brikette haben einen Heizwert von 4000 WE und werden sogar zur Lokomotivfeuerung verwandt.

d) Lohe.

Die Lohe wird in der Hauptsache auf den Farb- und Gerbstoffwerken selbst verheizt und zu diesem Zwecke auf dem Fabrikhofe, dicht vor den Kesselhäusern gelagert. Für den Verkauf der überschüssigen Lohe kommen wegen der hohen Transportkosten meist nur Abnehmer in Nähe des Werkes in Frage, die die Lohe auf Wagen abholen. Bei einer Beförderung mit der Bahn, beispielsweise von den Farb- und Gerbstoffwerken Paul Gulden & Co. in Piesteritz, Post Kleinwittenberg a. d. Elbe, nach Halle a. S., würden die mit der Verladung der Lohe verbundenen Kosten nicht unbedeutend sein. Die Lohe müßte erst auf kleine Wagen geladen, dann mit der Schmalspur-

[1]) Diskussion zum Vortrag Trenkler in der Vortragsreihe „Sparsame Wirtschaft", Heft 1, 1920. Verlag Julius Springer.

bahn an die Ausladestelle herangefahren und in die Eisenbahnwagen gebracht werden. Rechnet man zu den Verladekosten noch die Fracht Wittenberg—Halle, so könnte die Lohe gegen die Förderbraunkohle in Halle nicht mehr aufkommen.

e) Torf.

Dasselbe gilt vom Torf, der, um bei dem Beispiel zu bleiben, als Stich- oder Maschinentorf aus der Gegend von Hannover mit einem Wassergehalt von 30 bis 50% bezogen werden müßte. Rechnet man hierfür die Kosten aus, so würde der Preis frei Halle in gar keinem Verhältnis zum Heizwert stehen. Und dennoch hat man von diesem Brennstoff in der Not ausgiebigsten Gebrauch gemacht.

Diese Beispiele mögen genügen, um zu zeigen, daß diese Brennstoffe in normalen Zeiten nur an der Gewinnungsstelle oder in ihrer unmittelbaren Nähe eine Bedeutung erlangen können. Die Benutzung von Trocken- und Preßarbeiten verschlingen einen großen Teil des Verdienstes, so daß die Brennstoffe weitere Kosten für Beförderung usw. nicht mehr vertragen. Der Torf wird deshalb als Brennstoff im Wettbewerb mit Kohlen und Briketten, wenigstens in Deutschland, England und Frankreich, niemals industrielle Bedeutung erlangen, weil sein Wärmegehalt im Verhältnis zum Raumbedarf viel zu niedrig ist. Seine Hauptverwertung liegt in der Vergasung unter Gewinnung der Nebenstoffe, worauf wir bereits oben hingewiesen haben.

Günstiger gestalten sich die Verhältnisse, wenn man Torfpulver unmittelbar verfeuern kann. In Schweden verwendet man Ventilatoren zur Einführung des pulverförmigen Torfes in die Feuerungen der Dampfkessel, sorgt aber für eine Vorwärmung der Verbrennungsluft auf etwa 75° C. Die schon vor mehreren Jahren ausgeführten Versuche haben ergeben, daß der Heizwirkung von 1 t Kohle

1,397 t Torf geringerer Güte und
1,2 t „ höherer „

gleichkamen. Bei einem Kohlenpreise von 16,50 M/t konnten mit der Torffeuerung etwa 17% Ersparnisse erzielt werden.

Sehr eingehende Versuche haben die schwedischen Staatsbahnen[1]) an einer Güterzugmaschine vorgenommen und hiermit gegenüber lufttrockenem Stücktorf und Steinkohle ganz vorzügliche Ergebnisse erzielt. Die Feuerkiste ist zu diesem Zwecke mit einer besonderen Einrichtung versehen, die ejektormäßig das Torfpulver in den Feuerungsraum einführt. Das Torfpulver wird von den A.-B. Torffabriken in Bäck[2]) geliefert und nach dem Ekelundschen Verfahren hergestellt. Die Vergleichsversuche ergaben folgende beachtenswerte Feststellungen: Der Dampfdruck wurde, insbesondere bei Steigungen, gleichmäßig auf 11,6 at gehalten. Die Überhitzung war bei Torfpulver höher als bei Steinkohlen, offenbar wegen der längeren Flammenbildung durch Nachverbrennung des pulverförmigen Brennstoffes. Dabei betrugen die Abgastemperaturen nur 310 bis 320° gegen 340 bis 360° C bei Steinkohlen. Die Verbrennung war, gegenüber dem Stücktorf, rauch- und rußfrei, so daß die Siederohre ohne Rußüberzug blieben. Die Betriebskosten verhielten sich bei Torfpulver, Steinkohlen und Stücktorf wie 1 : 1,3 : 2. Das Torfpulver läßt sich mit einem Zusatz von Steinkohlen bis zu 5% verbrennen. Bei Stücktorf mußte man das Heizpersonal vermehren, um die Arbeit des Einschaufelns zu bewältigen; bei Torfpulver wird die Bedienung entlastet, weil die Beschickung selbsttätig ist.

Wie in Schweden, will man auch in Deutschland der Torfpulverfeuerung sein Interesse widmen, von der Erkenntnis ausgehend, daß die Mahlkosten bei Torf geringer als bei Kohle sind. Der Torf ist indes wegen seines faserigen Gefüges nicht ganz fein mahlbar, greift anderseits die Schleif- und Mahlringe wegen seines unbedeutenden Schwefelgehaltes nicht an. Die Versuche haben aber gerade ergeben, daß nur ganz fein gemahlener Torf eine hohe Ausnutzung[3]) zeigt, jedes Zwischenerzeugnis also zwecklos ist. Für das Vermahlen kann deshalb nur Torf gebraucht werden, der seine Faserigkeit etwa durch eine Haldenerhitzung verloren hat. Eine Vorbedingung für eine hohe Ausnutzung ist aber die Trockenheit des Torfstaubes. Bringt man jedoch diesen, der hygroskopisch ist, zum Verkauf, so ist er schon feucht und kann keine hohe Heizwirkung mehr entwickeln. Die Torfstaubfeuerung wird sich deshalb in Ländern wie Deutschland auf Drehöfen und Feuerungsanlagen beschränken, die wegen des großen Bedarfs den Torf an Ort und Stelle mahlen und gleich in trockenem Zustande verfeuern können[4]). Aber selbst die Inhaber der Zementfabriken sind schon wegen der hohen Kosten der Staubfeuerung zur Gasfeuerung übergegangen.

[1]) Zeitung d. Vereins deutsch. Eisenbahnverwaltungen 1913, Nr. 50.

[2]) Die Torffabrik ist imstande, 10000 t Torfstaub im Jahr herzustellen.

[3]) Nach G. Polysius, Dessau, in Drehöfen 97%.

[4]) Nach den neueren Erfahrungen von Porat in Schweden (vgl. Feuerungstechnik, Jhrg. 8, S. 53) ist eine weitgehende Vertrocknung nicht erforderlich; nach ihm kommt es in erster Linie auf die Erhaltung des Gasreichtums des Brennstoffes an.

Der Torf läßt sich auch, ähnlich wie die feuchten Furnierspäne und Schleifabfälle, ohne Zusatz brikettieren; gegebenfalls dürfte sich ein Zusatz von Zellpech aus den Ablaugen der Sulfitzellulosefabrikation empfehlen, das nach Arland die Eigenschaft haben soll, die bei der Verbrennung frei werdenden Kohlenwasserstoffteile vollständig aufzusaugen (?), so daß eine Rauch- und Rußentwicklung nicht zu befürchten ist.

Die fabrikmäßige Herstellung von Torfbriketten bietet technisch keine Schwierigkeiten; ein Hindernis bietet lediglich der Kostenpunkt des Rohstoffes, der bei Torf wesentlich höher als bei Braunkohle ist und deshalb einen Wettbewerb mit diesem Brennstoff wohl gänzlich ausschließt. Selbst mit Hilfe der Zieglerschen Pressen, die es ermöglichen, nassen Torf von 90% Feuchtigkeit auf 60% herunterzubringen, stellt sich 1 t Torf auf ungefähr das Vierfache von Braunkohle gleicher Feuchtigkeit.

Dasselbe gilt vom Torfkoks; indes gibt es natürlich auch hier Ausnahmen, so z. B. wo der Torfkoks als Ersatz für die teure Holzkohle in Frage kommt.

Die Benutzung von Torf als Hausbrandstoff dürfte bei der Brennstoffknappheit immer mehr Aussicht auf Erfolg haben. Es hat sich auch gezeigt, daß die Verbrennung in Kachelöfen ohne Roste bei weitem wirtschaftlicher ist als mit Rosten, die den Luftüberschuß bei der Verbrennung zu sehr erhöhen[1]). Die Öfen werden wegen der längeren Flamme bei Torffeuerung heißer als bei Verwendung von Braunkohlenbriketten, auch stellte Arland bei Torf eine um etwa 100° C höhere Verbrennungstemperatur fest. Bei Brat- oder Backöfen wurde mit weniger Brennstoff infolge der längeren Flammen eine kräftigere und schnellere Oberhitze erzielt, wobei sich Bedienung und Wartung angenehmer und reinlicher gestalteten als bei der Brikettfeuerung, die viel Asche zurückläßt.

f) Förderbraunkohle.

Die Verbrennung dieses meist sehr stückarmen Brennstoffes nimmt man gewöhnlich auf Treppen- oder Muldenrosten vor, neuerdings vorwiegend mit Hilfe mechanischer Vorrichtungen wie beweglicher Treppenroste, Wanderroste usw., weil Ersparnisse selbst bei diesem, früher als minderwertig bezeichneten Brennstoff mit Rücksicht auf die große Kohlennot geboten erscheinen. Die Verfeuerung von Braunkohle in Staub- und Brikettform auf Planrosten ohne besondere Mittel führt zu erheblichen Verlusten an unverbrannten Gasen (vgl. S. 285), so daß die Anwendung künstlichen Zuges nur vorteilhaft ist. Ja, man verbindet diesen sogar mit dem Treppenroste und hat auf diese Weise durch Schaffung der in Abb. 107 bis 109 dargestellten Rostbauarten ausgezeichnete Ergebnisse erzielt[2]). Die Frage, ob kräftiger Schornsteinzug oder Unterwind vorzuziehen ist, kann zugunsten des letzteren entschieden werden. Ein kräftiger Schornsteinzug bedingt stets guten Zustand des Mauerwerks, da sonst Luft durch undichte Fugen in die Feuerzüge angesaugt und dadurch der Abgasverlust erhöht wird. Aber die Forderung einer guten Einmauerung kann auch bei Unterwindfeuerungen nicht außer acht gelassen werden, da sonst Rauchgase unter Umständen durch das Mauerwerk nach außen treten.

Bei einem kräftigen Schornsteinzug ist die Geschwindigkeit der Rauchgase bedeutend höher als bei Unterwind und daher der Abgaseverlust auch größer. Wird durch Unterwind der Widerstand der Brennschicht überwunden, so genügt zur Abführung der Abgase eine geringe Luftleere. Die Pressung unter dem Roste muß einer etwa schwankenden Brennschichthöhe angepaßt werden, d. h. nicht zu stark oder zu schwach sein, um ein Wegblasen des feinen Brennstoffes in die Feuerzüge und das Schwelen zu verhüten.

Statt der Pressung unter dem Rost bei abgedichtetem Aschenfall und Verbrennungsraum finden sich auch Hohlrostkonstruktionen, bei denen die Preßluft durch die Hohlroste in die Brennschicht bei offenem Aschenfall, aber abgedichtetem Verbrennungsraum eingeführt wird. Während bei Unterwind ein Schornsteinzug nicht durchaus nötig ist, verlangen die Hohlroste einen solchen, da sonst ein Teil der Preßluft aus dem Verbrennungsraum nach dem Aschenfall zurücktritt.

Die Verfeuerung der Förderbraunkohle lohnt sich nur in geringer Entfernung von der Gewinnungsstelle, wobei der niedrige Preis einen großen Anreiz ausübt. Ob damit aber der billigste Dampf erzeugt wird, spielt heute keine Rolle mehr; wenn man nur Brennstoff hat. Die geringe Verdampfungsziffer, der niedrige Wirkungsgrad und die umständliche Entfernung der meist aus 50 bis 60% Brennbarem bestehenden Flugasche sprechen nicht für die billige Förderbraunkohle. Die großen Beimengungen von Asche und Wasser verteuern die Beförderung und üben beim Überschreiten einer gewissen Entfernung (vgl. S. 454) einen starken Einfluß auf den Preis aus. Für den weiteren Transport eignen sich daher höchstens stückreiche Kohlensorten (Knorpelkohle), die Feinkohle dagegen erst nach ihrer Brikettierung, wodurch der Heizwert auf etwa das Doppelte gebracht und ein erhöhter Preis erzielt wird.

[1]) Vgl. Arland, Mitteilungen des Vereins zur Förderung der Moorkultur im Deutschen Reiche. 19. April 1913.

[2]) Vgl. auch u. a. O. Nerger, Zeitschr. f. Dampfk. u. Maschinenbetr. 1913, S. 425 usw.

Da wir in Zukunft wegen der bestehenden Verpflichtungen dem Auslande gegenüber fast ausschließlich auf unsere Braunkohlenlager angewiesen sind, wollen wir im Anschluß an die vorher besprochenen Rosteinrichtungen noch auf jene Feuerungen aufmerksam machen, die sich durch eigenartige Zuführung des Brennstoffes, dessen Vorvergasung und Verbrennung auszeichnen. Hier ist in erster Linie die Fränkel-Feuerung (Fränkel & Co, Maschinenfabrik und Apparatebauanstalt in Leipzig-Lindenau) zu nennen. Die Kohle gelangt (Abb. 113) von oben in einen Bunkerraum *B*, wo sie gleich vorgetrocknet wird, und rutscht durch Schächte auf die muldenförmig gestalteten Roste. Die Verbrennung der Rohbraunkohle wird durch die über den Rosten angeordnete Verbrennungskammer *K* gefördert, deren Schamottemasse etwaige durch den Luftüberschuß hervorgerufene Schwankungen in der Verbrennungstemperatur (vgl. S. 29) auszugleichen imstande ist. Abb. 165 (auf S. 365) zeigt die Fränkel-Feuerung in Verbindung mit einem Zweiflammrohrkessel.

Neben der Fränkel-Feuerung verdient die Topfsche Regulier-Schüttfeuerung (J. A. Topf & Söhne, Erfurt) als Halbgasfeuerung Erwähnung, die bei Einstellung des richtigen Neigungswinkels (Abb. 114) eine sehr gleichmäßige Verbrennung aufweist, die bei der Muldenrostfeuerung ohne Zutun des Heizers nicht

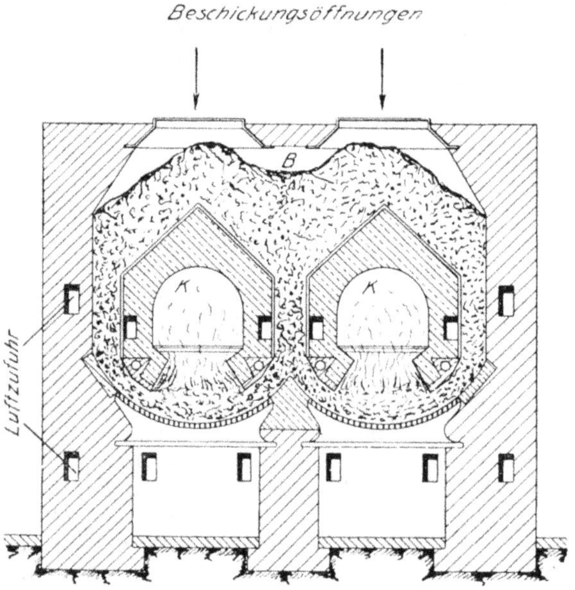

Abb. 113. Fränkel-Feuerung.

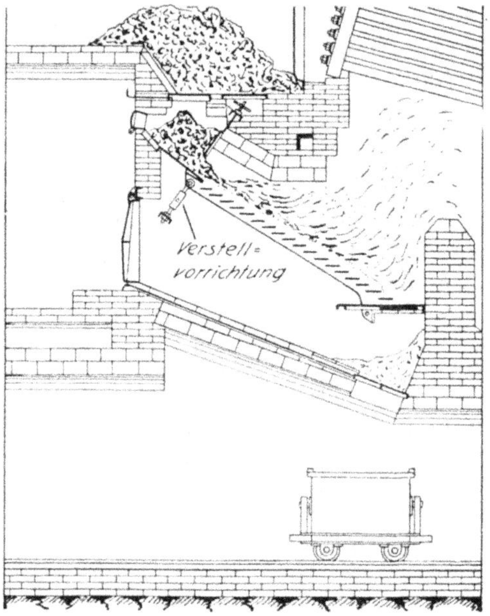

Abb. 114. Topfsche Regulier-Schüttfeuerung.

immer gewährleistet werden kann; der Heizer muß hier bei Stockungen im Nachrutschen des Brennstoffes mit dem Haken nachhelfen und etwaige leere Stellen auf dem Rost beseitigen.

Der Vollständigkeit wegen möge noch auf die Trommelfeuerung hingewiesen werden, die von der Firma Möller & Pfeiffer, Berlin, gebaut wird[1]).

Je weniger Nachhilfe bei der Verbrennung der Rohbraunkohle erforderlich wird, desto günstiger gestaltet sich der Nutzeffekt. Jeder handliche Eingriff mit Hilfe der Schürstange bewirkt ein Aufwirbeln der leichten Flugasche, die sich in den Feuerzügen ablagert und die Verdampfungsziffer von Tag zu Tag verschlechtert. Diesem Umstande ist deshalb besonders Rechnung zu tragen (vgl. S. 364).

In der gesteigerten Braunkohlenförderung und -verwendung anderseits liegt die Zukunft unserer ganzen Brennstoffwirtschaft. Günstige Abbauverhältnisse bei geringeren Gewinnungskosten und die Möglichkeit, durch Brikettierung einen vorzüglichen Brennstoff zu schaffen, dessen Heizwert zu jenem der westfälischen Steinkohle im ungefähren Verhältnis von 2:3 steht, erleichtern uns die schwierige Aufgabe. Die Brikette haben sich wegen ihrer guten Eigenschaften, wie Sauberkeit, geringer Ruß- und Rauchentwicklung, hoher und anhaltender Heizwirkung, Fortfall jeder nennenswerten Schlackenbildung usw., bei den Hausöfen, in Glasfabriken und anderen Betrieben, bei Generatoren usw. sehr gut eingeführt; aber die Veredlung hat den Nachteil, daß bisher für Trocknungszwecke und die Pressen, die mit Drücken bis zu 1500 at arbeiten, fast die Hälfte der geförderten Kohle der Brikettfabrikation geopfert werden mußte. 20 Mill. t Braunkohlenbrikette, die im Frieden jährlich hergestellt wurden, erforderten eine Vergeudung von 17 Mill. t Rohbraunkohle. Um welche

[1]) Näheres Hermanns, Braunkohle, 21. Juni 1919.

Kohlenmengen es sich hierbei handelt, möge aus der Überlegung hervorgehen, daß dieser Betrag, in Steinkohlen-WE umgerechnet, den Bedarf der preußischen Eisenbahn genau decken würde. Die Brikettierung vermehrt demnach die Kohlennot. Hier muß also unter allen Umständen Abhilfe geschaffen werden, und das kann auch nur wieder durch bessere Wirtschaft geschehen, etwa dadurch, daß die Naßpreßsteinfabrikation mehr als bisher betrieben oder die Trocknung auf dem Wege der Abdampf- bzw. Abwärmeverwertung erreicht wird.

g) Schlamm- und Staubkohlen.

Nach Versuchen, die Bolstorff, Essen, mit Schlammkohle 1914 in Hochdruck- und Zentralheizungskesseln ausführen ließ, ergaben sich nennenswerte Betriebsersparnisse. Vor allem wurde festgestellt, daß man die bessere Schlammkohle auch ohne Unterwind verbrennen konnte. Mit der Kohlenknappheit sind diese Abfallstoffe aus den Wäschereien der Zechen nicht mehr zu haben, da sie kaum noch abgesondert werden.

Staubkohle (Kohlenstaub) wird unter Anwendung der vielfältigsten Mittel verbrannt. Vor 25 Jahren widmeten sich große industrielle Kreise der Kohlenstaubfeuerung, von denen es eine ganze Reihe mehr oder weniger brauchbarer Bauarten gab. Für die wirtschaftliche Verbrennung des Kohlenteilchens ist eine gewisse Zeit erforderlich. Läßt man ein Körnchen Staubkohle durch den Verbrennungsraum fliegen, so macht es alle Stufen der trockenen Destillation, Entzündung und Verbrennung, wie der auf einem Rost verbrennende Brennstoff durch. Während indes bei letzterem die zur Entzündung erforderliche Temperatur durch die Brennschicht selbst erhalten wird, muß bei den Kohlenstaubfeuerungen die Entzündungstemperatur durch Strahlung eines Schamottegewölbes geschaffen werden, das geraume Zeit vor der Inbetriebsetzung der eigentlichen Feuerung durch Holz oder ähnliche leichtere Brennstoffe auf die gewünschte Temperatur gebracht wird. Als Verbrennungsraum diente etwa das mit Schamotte ausgefüllte Flammrohr oder die Feuerbüchse eines ausziehbaren Röhrenkessels, oder man schuf einen Verbrennungsraum durch einen Vorbau. Indes zeigte sich bei den Versuchen, die Verfasser zum größten Teile vor 25 Jahren auszuführen hatte, daß bei nicht genügender Länge des Verbrennungsraumes die Kohleteilchen unverbrannt als Kokslösche, ähnlich der Rauchkammerlösche von Lokomotiven, in die Röhren oder Feuerzüge gelangten, sie mit der Zeit verstopften und so schließlich den Betrieb vollständig lahm legten. Je größer das Korn war und je weniger flüchtige Bestandteile in ihm enthalten waren, desto länger mußte der Verbrennungsraum oder desto höher seine Temperatur sein. Hatte man durch Vermahlen die Staubkohle bis auf eine für die meisten Fälle genügende, kleinste Korngröße gebracht, so zeigte sich, daß diese Korngröße für eine härtere Kohle als beispielsweise Koks oder Anthrazit nicht mehr ausreichte. Heute würde man sich durch eine Ölfeuerung als Zusatzfeuerung helfen. Schließlich machten die zunehmenden Vermahlungs- und Beförderungskosten die Verwendung der Kohlenstaubfeuerung unmöglich, zumal mit guter Steinkohle ein billigerer Dampf erzielt werden konnte. Das gilt noch heute.

Auf Anregung des Bergassessors Dobbelstein sind auf Zeche Pörtingsiepen der Essener Steinkohlenbergwerke Versuche zur Verbrennung von Staubkohle mit Hilfe von Teeröl gemacht worden. Bei der angewendeten Feuerung in einem Flammrohrkessel fällt die mechanisch zugeführte Kohle von oben in die Teerölflamme, wo die feinen Teilchen mitverbrennen, während die gröberen entzündet werden und auf den darunter angeordneten Rost fallen, auf dem sie dann mit langer, heller Flamme verbrennen. Die Versuche ergaben einen stündlichen Verbrauch von rd. 18 kg Teeröl auf 190 kg Fettstaubkohle; dabei wurde eine 6,7fache Verdampfung erzielt und rd. 16 kg Dampf stündlich auf 1 qm Heizfläche erzeugt.

In Amerika verwendet man seit den letzten 15 Jahren gepulverte Kohle für Schmelz- und Glühofenanlagen; der damit erzeugte Stahl soll ebenso rein von Schwefel sein, wie wenn Generatorgas oder Brennöl verwendet worden wären. Das gilt natürlich nicht allgemein. Nicht die Staubfeuerung bedingt diese Reinheit, sondern die Kohle an sich, die ziemlich frei von Schwefel sein muß.

Der Verbrauch gepulverter Kohle in Amerika[1]) beläuft sich auf etwa 10 Mill. t im Jahr, wovon 6 Mill. t auf die Zementfabriken, 2 auf die Eisenindustrie, 1½ auf die Kupfererzeugung und nur 200000 t auf die Kraftwerke entfallen. Aus diesen Ziffern ersehen wir, daß die Erfahrungen mit der Kohlenstaubfeuerung die gleichen wie bei uns sind, wo sie sich hauptsächlich in den Zementfabriken einzubürgern vermochte. Jedenfalls wird es wie überall in der Feuerungstechnik angebracht sein, einen für bestimmte Einrichtungen erzielten Erfolg nicht zu verallgemeinern.

Die Staubkohle wird vielfach durch eine Windleitung ejektormäßig angesaugt, wobei eine Förderschnecke zum Herausschaffen des Kohlenstaubes aus dem Behälter benutzt wird. Durch Regelung der Luftgeschwindig-

[1]) General Electric Review, New York 1918.

keit und der Kohlenstaubmenge lassen sich die Ofentemperatur und die Länge der Heizflamme dem Bedarf entsprechend einstellen. Die Versuche haben ergeben, daß zur vollkommenen Verbrennung der Kohle ein Luftüberschuß von etwa 20 bis 25% der theoretischen Luftmenge erforderlich ist. Je kürzer und heller die Flamme ist, desto vollständiger ist die Verbrennung. Die Vermahlungskosten wurden 1912 zu 1,35 M/t angegeben [1]).

Nach Mitteilungen von Schömburg[2]) werden zum Antrieb der Hilfsmaschinen und Transportvorrichtungen wie Trockentrommeln, Zerkleinerer, Separatoren, Transportbänder, Förderschnecken, Ventilatoren und Kompressoren für die Feuerungen und für Transportzwecke usw. etwa 30 kW-Std. je t Brennstoff gebraucht. Das sind etwa 3,75% des Gesamtverbrauchs an gepulverter Kohle. Ölfeuerungen mit Dampfzerstäubung z. B. benötigen hierzu eine Dampfmenge von 2 bis 3% der gesamten Kesseldampf-Erzeugung ausschließlich Kraftverbrauch für Ölpumpen und Luftgebläse. Transporte mittels Druckluft erfordern etwas größeren Kraftaufwand als solche durch maschinelle Bandfeuerung, sind aber dafür einfacher und anpassungsfähiger.

h) Lokomotivlösche.

Da die Lösche keine flüchtigen Bestandteile hat, ist ihre Verbrennung wegen fehlender Entzündungstemperatur ohne Unterwind nicht möglich; selbst die Beimengung zu einem anderen Brennstoffe führt zu keinem befriedigenden Ergebnis — ausgenommen beim Wanderrost —, weil mit den Schlacken zu viel unverbrannte Teile mit herausgezogen werden. Um ferner ein Festbrennen der Schlacke auf den Rosten zu verhüten, benutzte man anfänglich Roste, die zur Kühlung in Wasser tauchten (Perret-Rost) oder man führte mit der Preßluft Wasserdampf unter die Roststäbe. Den gut eingeführten Feuerungen von Kudlicz und Kridlo haftet unter Umständen der Nachteil an, daß bei zu starker Luftpressung ein Teil der Lösche als Flugasche in die Feuerzüge geworfen wird. Eine Regelung der Pressung dem Bedarf entsprechend ist daher unerläßlich.

1913 hat Dipl.-Ing. Nerger[3]) Mitteilungen über die guten Erfolge des Pluto-Stokers gemacht, der sich für die Verwertung dieses und ähnlicher Brennstoffe besonders zu eignen scheint. Inzwischen sind weitere bewährte Bauarten herausgekommen, auf die wir leider wegen des beschränkten Raumes nicht näher eingehen können. Bei dieser Rosteinrichtung (vgl. Abb. 108) wird die Luft durch schrägliegende Schlitze ohne jede Düsenwirkung in den Brennstoff hineingeführt. Die Schlitze liegen nicht senkrecht zur Brennbahn, sondern schräg, so daß etwa mitgerissene Brennstoffteilchen nach dem vorderen Schlackenrost zu geblasen werden, wo sie unter Einwirkung des natürlichen Zuges ausbrennen können. Der Weg der Luft durch die Brennstoffschicht ist wegen der schrägen Blasrichtung bedeutend länger als bei dem Kudlicz-Rost, so daß schon aus diesem Grunde eine Bildung von Luftlöchern sehr erschwert wird. Die dauernde gegenseitige Bewegung der Roststäbe fördert überdies die gleichmäßige Verteilung des Brennstoffes auf der Rostfläche, so daß sich etwa bildende Luftlöcher wieder von selbst ausgleichen. Die schräge Lage der Luftschlitze war das geeignetste Mittel, um den Durchfall von Brennbarem zu verhüten und die freie Rostfläche zu vergrößern (16 bis 20%).

In Recklingshausen (Westfalen) wurden 1915 drei Wasserrohrkessel von je 150 qm Heizfläche und 25 qm Überhitzerfläche ausschließlich mit Rauchkammerlösche betrieben. Die Reinigung der Lokomotivlösche erfolgte durch Sieben von Asche und Staub, der Rest — etwa 50% — der Lösche wurde getrocknet und dann mit Hilfe eines Dampfstrahlgebläses auf einem 4,9 qm großen Rost verfeuert, der zur raschen Entfernung der Schlacke als Kipprost ausgebildet war. Der Heizwert dieses grobkörnigen Brennstoffes betrug etwa 6230 WE. Zum Anheizen der Kessel dienten Kohlen.

Im Eisenbahn-Direktionsbezirk Königsberg wird die Rauchkammerlösche zur Sauggaserzeugung für Beleuchtung und Kraft verwandt. Das Gas hat einen unteren Heizwert von 1000 bis 1050 WE. Die Aschen- und Schlackenrückstände sind ungefähr 19 bis 23% des Brennstoffgewichtes. Die in Königsberg und Insterburg gebauten Anlagen haben eine Jahresleistung von 600000 bzw. 280000 kW-Std. Der Brennstoffverbrauch der Löschegeneratoren betrug 0,7 bis 1 kg/PS-Std., und die Betriebskosten für die Stromerzeugung stellten sich 1909 auf 2,6 bzw. auf 4,4 Pf/kW-Std.[4]), und einschließlich Verzinsung und Tilgung auf 7 bzw. 8,3 Pf bei einem Preise von 1,80 M/t Rauchkammerlösche.

Der allgemeinen Verwendung von Lokomotivlösche in solchen Anlagen steht, wie oben bereits bemerkt, der Umstand entgegen, daß infolge der besseren Ausnutzung der Kohlen durch die neuzeitlichen, besonders durch die mit Heißdampf arbeitenden Lokomotiven der Gehalt der Lösche an Koksteilen vielfach so stark zurückgegangen ist, daß die Lösche nur durch umständliche Siebarbeit für die Vergasung hergerichtet werden kann. Aus diesem Grunde wird man Lösche nur noch in Gegenden mit hohen Brennstoffpreisen und niedrigen Löhnen auf dem hier beschrittenen Wege ausnutzen können.

---

[1]) Z. d. Dampfkessel-Untersuchungs- und Versich.-Ges. 1913, Nr. 6.
[2]) Feuerungstechnik vom 15. Januar 1920, Heft 8, S. 73.
[3]) Z. d. V. d. I. 1913, S. 2067.
[4]) Vgl. Wagenknecht, Zeitschr. f. Dampfk. u. Maschinenbetr. 1909, S. 528.

i) Kokslösche und Koksasche

sind ein vorzüglicher und billiger Brennstoff für den Kudlicz-Rost oder den Pluto-Stoker, vorausgesetzt, daß diese Brennstoffe, entsprechend ihrem geringeren Heizwert gegenüber guten Kohlen, billig zu haben sind. Wenn gute Kesselkohle 13 M/t kostet, stellen sich 1000 kg Dampf bei einer 7,5fachen Verdampfung auf etwa 1,74 M. Ist Kokslösche dagegen für rd. 3 M/t zu haben, so ergibt sich eine etwa 5fache Verdampfung, so daß sich 1000 kg Dampf auf nur etwa 0,60 M belaufen.

Wenn die Rostspalten gleichmäßig und nicht zu breit angeordnet sind, läßt sich Koksasche auch auf Planrosten mit Unterwind verfeuern; indes eignen sich hierfür Rostanlagen mit quer zum Zuge angeordneten Roststäben besser. Bei der gewöhnlichen Längsanordnung der Roststäbe erhält der vordere Teil des Rostes zu wenig Verbrennungsluft, auch wird die Koksasche nach hinten aufgewirbelt und hinter die Feuerbrücke geworfen.

Bei den Vergleichsversuchen mit Planrost und Wilton-Feuerung, die Dobbelstein und Bütow[1]) ausführten, wurden gegenüber der gewöhnlichen Planrostfeuerung wesentlich bessere Verdampfungsziffern trotz 25% höherer Kesselleistung erzielt. Die Tonne Dampf kostete bei der Planrostfeuerung bei einem Brennstoffpreise von 1,60 M/t 0,83 bzw. 0,79 M, und bei der Wilton-Feuerung bei 1,54 M/t Brennstoff 0,69 M.

k) Müll.

In der Müllverwertungsanlage Charlottenburg hat man seit 1906 mit vielem Erfolge die Dreiteilung des Mülls eingeführt; es werden hier in den Häusern gesammelt:

1. Asche und Kehricht[2]),
2. Nahrungsmittelabfälle (rd. $^1/_6$ des Gesamtmülls),
3. Sperrstoffe,

1. wird für die Landwirtschaft, 2. für große Schweinemästereien verwertet, 3. wird sortiert, und der verbleibende Rest wird verbrannt.

Der erzeugte Dampf liefert Licht und Kraft für die große Aufbereitungsanstalt. Asche und Kehricht gehören zu dem Feinmüll, das nach Behandlung mit Kalkmilch als Düngemittel verwendet oder zwecks Erzielung von Pflastersteinen zusammengeschmolzen wird. Die Nahrungsmittel werden in einer Aufbereitungsanstalt unter Druck gekocht, bei 100° C getrocknet, und diese völlig keimfreien Abfälle werden für die Mästereien verwendet. Nach Dr. A. Frank dürften die vor dem Kriege gewonnenen Nahrungsmittel ausreichen, um etwa 300000 Schweine im Werte von 60 Mill. M zu mästen. Das Müll von Groß-Berlin enthielt im Sommer 1913 nach Aussieben des Feinmülls (Proben von 3 Eisenbahnwagen zu 11000 kg Inhalt) an Grobmüll 74,8 bis 83,2%, an Feinmüll 16,8 bis 25,2%. Der Nässegehalt betrug bei Grobmüll 22,3%, bei Feinmüll 15,1%. Mit 1 kg Grobmüll, das einen Heizwert von 1000 WE aufwies, wurde rd. 0,8 kg überhitzter Dampf von hoher Spannung erzeugt. Das Feinmüll besteht hauptsächlich aus Brikettasche, die nach einem neuen Verfahren von Becker & Co. unter Zuhilfenahme einer Ölfeuerung geschmolzen und zu Pflastersteinen verarbeitet werden kann. Das Grobmüll wird vor der Verbrennung mit der Hand sortiert. Aber dieses Verfahren ist selbst bei Anwendung von Staubabfängern gesundheitlich nicht als einwandfrei zu bezeichnen, auch ist es sehr teuer. In Schöneberg zahlte man einen Zuschuß von 1 M je Kopf und Jahr!

In Fürth hat man für eine gesundheitlich einwandfreie Abholung und Zufuhr des Mülls bis in die Ofenzellen gesorgt. Mehrere tausend, rd. 30 l fassende Müllkübel wurden seinerzeit zum billigen Preis von 3,75 M an die Haushaltungen verteilt. Es wurde verboten, die ganz groben Sperrgüter, wie alte Eimer, Geschirrbruch, Blech und Metallabfälle in die Kübel zu werfen, was schon meist deren geringe Größe verhindert. Dafür werden diese Teile kostenlos in besonderen Wagenkasten mitgenommen. Die Kübel werden staubdicht in Wagenkasten ausgeschüttet, und der Wagenkasten wird unmittelbar zur Beschickung der Zellen benutzt. Das Müll entzündet sich an den von der vorhergehenden Beschickung glühenden Wänden der aus Schamotte hergestellten Zellen und verbrennt nach 15 bis 30 Min. zu einem mehr oder weniger zusammenhängenden Schlackenkuchen unter Anwendung von Unterwind. Die Verbrennungsgase gelangen erst in eine Mischkammer und von hier zu einem Röhrenkessel, in dem der Betriebsdampf erzeugt wird. In jeder Zelle werden stündlich rd. 1000 kg Müll verbrannt, die ungefähr 50% Rückstände hinterlassen. Die Schlacke brachte 1912 4,50 M/cbm. Die Fürther Anlage ist in ihrer Art geradezu musterhaft.

In der Müllschmelze in dem Schöneicher Plan wird Müll von Groß-Berlin, vornehmlich Rixdorf (jetzt Neukölln), verbrannt. Das Müll wird in Eisenbahnwagen, die mit Plänen zugedeckt sind, vor die Sortierungsanlage gefahren. Ein Paternosterwerk hebt das Müll aus dem Wagen zu den Sortierungstrommeln, die die Brikettasche absondern. Das in den Siebtrommeln zurückgebliebene Grobmüll gelangt auf die Förderbänder, auf denen hauptsächlich die wertvollen Teile, wie Lumpen und Knochen, von Frauen aussortiert werden.

---

[1]) Glückauf 1912, S. 2101.

[2]) Berlin verbraucht an Preßkohlen jährlich mehr als 1 Mill. t. Bei einem Aschengehalt von rd. 20% ergibt sich schon eine Aschenmenge von 200000 t oder 20000 Waggons, die wieder wegzuschaffen sind.

Die Lumpen werden in einem Lumpentrockner getrocknet, die Knochen gelangen in eine Knochenmühle, die sie für die Leimsiederei vermahlt. Der Rest des Grobmülls wird durch ein zweites Paternosterwerk gehoben und in Wagen befördert, die durch elektrische Krane bis zu den Zellen gefahren werden. Von den Kesselanlagen wurden stündlich mit 6 Zellen 4500 bis 5000 kg überhitzter Dampf zum Betriebe der Aufbereitung und Leimsiederei geliefert.

Die von Humboldt in Kalk bei Köln gelieferte Müllschmelze arbeitet einwandfrei. Sie kostete vor dem Kriege ungefähr 180000 M, während die Sortierungsanlage fast das 3- bis 4 fache kosten dürfte. Nichtsdestoweniger ist das ganze Unternehmen außerordentlich wirtschaftlich, da für die eigentlichen Erzeugnisse, wie Leim, Düngemittel usw., sowie auch für Lumpen, Blechbüchsen usw. verhältnismäßig hohe Preise erzielt werden.

Eine besondere Aufmerksamkeit erheischt die Beseitigung des lästigen heißen Flugstaubes, der größtenteils in der Flugstaubkammer hinter den Zellen zurückgehalten wird. Dieser Flugstaub beträgt etwa 5 bis 6% des Müllgewichts. Bei einem täglichen Müllabfall in der Frankfurter Müllverbrennungsanstalt von 150 t kommt man schon auf 9 bis 15 t Flugasche.

Nach dem Verfahren von Hartmann & Co. in Offenbach a. M. wird der sich ansammelnde Flugstaub mit Hilfe von Preßluft in geschlossenen Rohrsträngen von der Entnahmestelle in ununterbrochenem Betriebe auf größere Entfernungen weggeschafft[1]).

II. Feuerungen für flüssige Brennstoffe.

1. Einleitung.

Als die Kohlenknappheit Ende 1918 in Deutschland einsetzte, wandte sich das Reichswirtschaftsministerium an die Handelskammern, die Dampfkessel-Überwachungs-Vereine und die Gewerbe-Inspektionen mit der Aufforderung, die Ölfeuerung (Teeröl, Heizöl, Rohnaphthalin) für industrielle Feuerungen zu empfehlen. Man ließ sich dabei von den angeblich großen Vorräten bei der ehemaligen Kriegsmarine leiten, die bei dem großen Bedarf unserer Industrie (85 Mill. t Steinkohle) im Grunde genommen nicht lange reichen konnten. Und der jährliche Anfall von unseren Kokereien? Dieser konnte nur gering sein, denn wenn nur 50 Mill. t Steinkohle jährlich zur Entgasung gelangen, würden höchstens 400000 t Heizöl zur Verfügung stehen. In der Tat sah sich auch die Verkaufsvereinigung der Teererzeugnisse in Essen veranlaßt, den Bundesrat mit Schreiben vom 3. Mai 1919 zu bitten, in Anbetracht der unzureichenden Heizölmengen nur geeignete Feuerungsanlagen an die Verkaufsvereinigung zu verweisen, im übrigen aber bei Dampfkesselanlagen sparsam vorzugehen, d. h. nicht etwa alle Kessel für die Ausrüstung mit Ölfeuerung vorzuschlagen, sondern nur größere Dampfkessel und von ihnen auch nur einzelne Gruppen auszusuchen.

In mustergültiger Weise hat es der Bayerische Revisions-Verein[2]) in München, verstanden, seine Mitglieder über die einschlägigen Verhältnisse aufzuklären und zu unterrichten. Neben den Vorteilen der Teerölfeuerungen (vgl. S. 317) machte er auf ihre Nachteile aufmerksam, die außer dem meist hohen Aufwand für Instandhaltung des Mauerwerks in dem geringen Angebot und dem hohen Preis des Heizöls zu suchen sind. Nach Reischle dürfte der Teerölpreis höchstens 40 bis 45% über dem bester Steinkohle liegen, während er auf dem Wege des Schleichhandels schon eine unwirtschaftliche Höhe erreicht hat. Ein weiterer, nicht zu unterschätzender Nachteil der Ölfeuerung im Dampfkesselbetriebe ist die Explosionsgefahr,

1. wenn irrtümlicherweise zuerst der Dampf und dann die Ölzufuhr abgestellt wird; das Öl tropft dann weiter — und zwar dem Vorrat in der Zuleitung bis zum Absperrhahn entsprechend — in den Verbrennungsraum, wo es, vergast, Schwelgase bildet und nach Mischung mit Luft zu Explosionen neigt, oder

2. wenn durch ungünstiges Zusammentreffen schlechten Öls mit wasserhaltigem Dampf die Brennflüssigkeit abreißt; die sehr feuchten Gase ziehen dann selbst bei geöffnetem Kesselschieber nur langsam ab und entzünden sich, wenn mit dem Anzünden des Brenners nicht lange genug gewartet wird, unter Explosionserscheinungen.

Aus diesen Gründen empfiehlt Paul Rosenberger Industrie-Ofenbau-G. m. b. H., in Zuffenhausen, von reinen Ölfeuerungen mit Dampfgebläsen an feststehenden Kesselanlagen abzusehen, dagegen sie in Verbindung mit der Verheizung von minderwertigen Brennstoffen anzuwenden, weil hier das Feuer auf dem Rost die Gasexplosionen verhütet. Das Teeröl wird also nur als Zusatzfeuerung verwandt.

---

[1]) Bezüglich der bewährten sonstigen Bauarten der Müllverbrennungsöfen nach Dörr, Herbertz usw. sei auf die Literatur (Z. d. V. d. I. 1906, 1907, 1909 usw.) hingewiesen.

[2]) Vgl. Reischle und Stauf, Zeitschr. d. Bayer. Rev.-Ver. 1919, S. 1, 17, 39ff., 105, 173.

Selbst bei Zerstäuberdüsen mit Luftdruck sind Explosionen nicht ausgeschlossen, sobald feuchtes Mauerwerk und unrichtige Handhabung hierzu Veranlassung geben können.

Zu einer Ölfeuerung sind außer den Brennern noch Behälter, Pumpen, Vorwärmer und Filter nötig, die den Betrieb verteuern. Deshalb wird auch in den seltensten Fällen bei Kesselfeuerung eine Ersparnis an Brennstoff- oder Gesamtbetriebskosten herausschauen. Bei Industriefeuerungen kann dagegen durch Güte des Schmelzgutes, durch Verringerung des Abbrands und sonstige Vorteile ein Ausgleich in den Mehrkosten geschaffen und dadurch ein wirtschaftlicher Betrieb erreicht werden.

2. Brenner.

Von ausschlaggebender Bedeutung für den Betrieb und die Wirtschaftlichkeit der Ölfeuerung ist die sorgfältige Durchbildung des Brenners, da diese erst die gründliche Ausnutzung der vorteilhaften feuerungstechnischen Eigenheiten des Brennstoffes gewährleistet. Ein guter Brenner muß das Öl möglichst fein verteilen und es innig mit der Verbrennungsluft mischen, so daß das Gemisch leicht entzündet werden und unter günstigen Bedingungen verbrennen kann. Er muß also zunächst betriebssicher sein und weiter die Verbrennung mit dem geringsten Luftüberschuß ohne Entwicklung von Rauch und Ruß ermöglichen. Damit das letztgenannte Ziel erreicht wird, muß die Luftzufuhr leicht und sehr fein regelbar sein, und zwar innerhalb der Grenzen, die der größten und der kleinsten Leistung des Brenners entsprechen. Um wiederum die Leistung des Brenners in möglichst weiten Grenzen verändern zu können, muß man schließlich die Zufuhr des Brennstoffes selbst je nach den Bedürfnissen des Betriebes regelbar machen. Hierzu kommt für viele Fälle die nicht unwesentliche Forderung, daß eine Stichflamme, deren Entstehung hier naheliegt, nach Möglichkeit vermieden wird.

Die grundlegende Aufgabe der Feinverteilung des Brennstoffes lösen die meisten Brenner durch Zerstäubung. Hierbei sind zwei Verfahren zu unterscheiden. Bei dem einen setzt man das Öl selbst unter Druck, um es aus dem Brenner als Nebel austreten zu lassen, beim andern bedient man sich als Hilfsmittel zur Zerstäubung eines Dampf- oder Luftstrahles. Neben den verschiedenen Zerstäubeverfahren ist aber auch die Vergasung des Öles als Mittel zur Feinverteilung angewandt worden. Die besonderen technischen Eigenschaften der verschiedenen Brennerarten weisen ihnen im allgemeinen bestimmte Kreise innerhalb des gesamten Anwendungsgebietes zu. Zum Teil sind dabei auch Erwägungen wirtschaftlicher Natur bestimmend.

So sind zum Heizen der Schiffskessel in ausgedehntem Maße Zentrifugalzerstäuber eingeführt worden, bei denen das Öl selbst unter Druck gesetzt wird, die also ohne einen besonderen Dampf- oder Luftstrahl arbeiten. Wiederum kommt für metallurgische Zwecke aus gewissen Gründen nur die Zerstäubung mittels Preß- oder Gebläseluft in Frage. Weiter ist für die Wahl des Brenners die Form der Flamme bestimmend, d. h. ob sie kurz und heiß, rund, flach oder breit sein soll usw. Die Zahl der im Handel und im Betrieb befindlichen Brennerbauarten, die jede in ihrer Art ihren Zweck erfüllen, ist demgemäß sehr groß. Ohne ein erschöpfendes Bild dieses Reichtums geben zu wollen, stellen wir nachstehend einige Brenner dar, die kennzeichnend für die Bauarten und die Verwendung ihrer Betriebsmittel sind.

a) Die Zentrifugal- oder Preßölzerstäuber.

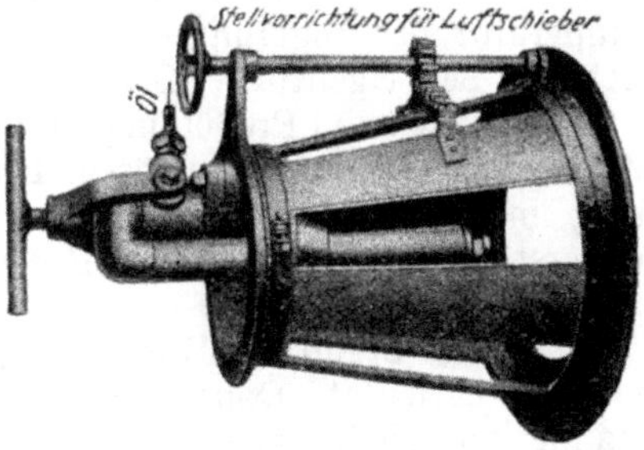

Abb. 115. Zentrifugalzerstäuber von Gebr. Körting A.-G.

Bei den Zentrifugalzerstäubern wird der Brennstoff selbst durch eine Brennstoffpumpe unter Druck gesetzt, wie wir bereits bemerkt haben. Der auf der Anwendung von Spiraldüsen beruhende Zerstäuber von Gebr. Körting, A.-G. in Körtingsdorf bei Hannover, Abb. 115, arbeitet mit einem Druck von 4 bis 10 at. Ein federbelastetes Ventil hält den jeweilig eingestellten Druck aufrecht. Das Öl wird vor dem Eintritt in den Zerstäuber durch einen Röhrenvorwärmer auf 160 bis 170°, also über seinen Siedepunkt, erhitzt. Infolgedessen verdampft es zum Teil beim Austritt aus dem Zerstäuber, wodurch die Feinverteilung wirksam unterstützt wird. Die Luftzufuhr wird durch einen Luftschieber geregelt. Die Düse ist leicht auswechselbar.

Die mit diesem Zerstäuber erreichbaren Verbrennungstemperaturen von etwa 1500 bis 1600° sind für das Schamottemauerwerk nicht ohne schädlichen Einfluß. Reischle empfiehlt, lieber die Anzahl der Zerstäuber größer zu wählen, als den Öldruck zu hoch zu setzen. Dabei können die Belastungen der Kessel wie bei Verwendung bester Steinkohle zugrunde gelegt werden.

Der Preßölzerstäuber ist am wirtschaftlichsten für größere Dampfkessel- und industrielle Feuerungen, indes ist darauf zu achten, daß sich schwerflüssige Brennstoffe für diesen Zerstäuber nicht eignen.

b) Dampf- und Luftstrahlzerstäuber.

Die hohen Anlagekosten der vorstehend beschriebenen Zentrifugalzerstäuber fallen bei kleineren Ölfeuerungsanlagen derartig ins Gewicht, daß sie die betriebswirtschaftlichen Vorteile dieser Zerstäuberbauart aufheben und ihre Verwendung unwirtschaftlich machen. Ferner ist man aus den vorhin erwähnten Gründen beim Gebrauch dickflüssiger Brennstoffe gezwungen, zu anderen Mitteln für die Zerstäubung überzugehen.

Diese Mittel sind in den Dampf- und Luftstrahlzerstäubern gegeben. Bei diesen gelangt das zu zerstäubende Öl tropfenweise oder in einem dünnen Strahl in einen Dampf- oder Luftstrahl von hoher Geschwindigkeit und wird dadurch in feinste Nebeltröpfchen zerrissen. Dampfstrahlzerstäuber sind in der Anschaffung am billigsten. Ihr Energieverbrauch ist jedoch nicht so günstig wie bei den Zentrifugalzerstäubern. Da sich der Wasserdampf zersetzt, sind die Temperaturen in der Feuerung beim Dampfstrahlzerstäuber niedriger als bei den Zentrifugal- und den Luftstrahlzerstäubern.

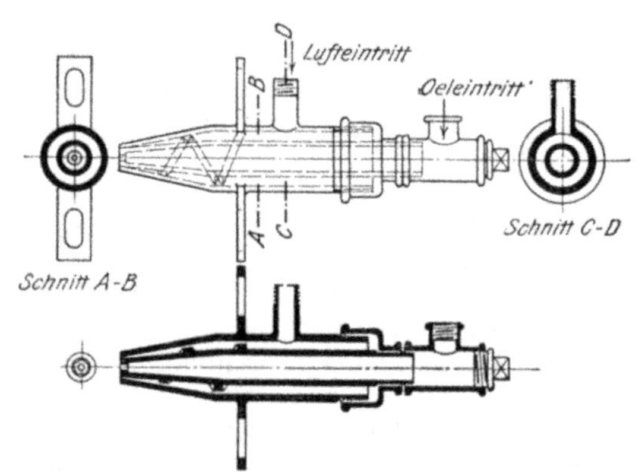

Abb. 116. Rundbrenner.

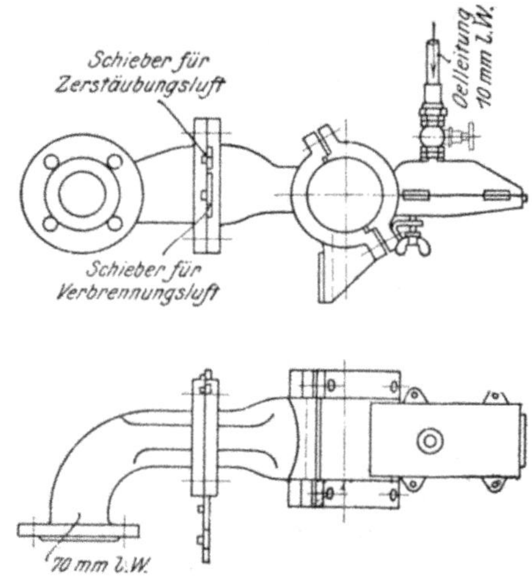

Abb. 117. Flachbrenner.

Anlagen mit Luftstrahlzerstäubern sind in der Anschaffung billiger als solche mit Zentrifugalzerstäubern, dagegen teurer als Dampfstrahlanlagen, da bei sonst ziemlich gleicher Ausrüstung die Aufstellung des Luftkompressors oder Gebläses Mehrkosten erfordert. Der Luftstrahlzerstäuber ist dort am Platze, wo besonders hohe Temperaturen gefordert werden. Je nach der Temperatur der zugeführten Verbrennungsluft lassen sich mit ihm Hitzegrade bis zu 2000° erreichen[1]). Sein eigentliches Gebiet sind daher die metallurgischen Öfen, die Öfen der Glasindustrie usw.

Die Kosten von Preßöl- und Dampfzerstäubern entsprechen ungefähr denen von Unterwindventilatoren und Dampfstrahlgebläsen. Das Geräusch der Dampfzerstäuber ist für den Dampfkesselbetrieb lästig und wird deshalb als unerwünschte Zugabe empfunden. Außerdem bereitet das Entzünden des zerstäubten Öls beim kalten Kesselmauerwerk große Schwierigkeiten und bringt gewisse Gefahren mit sich.

Über den Stand der Brennerfrage auf dem wichtigen metallurgischen Gebiete, hatte Hausenfelder[2]) berichtet. Danach weichen die Zerstäuber mit Preß- oder Gebläseluftbetrieb nur wenig von einander ab. Sie bestehen allgemein aus einem inneren Kanal für das Öl und einem diesen umgebenden äußeren Kanal für die Luft, Abb. 116, und unterscheiden sich grundsätzlich nur durch den Atmosphärendruck, der unter Umständen bis auf 600 mm W.-S. heruntergeht. Die zur Anwendung kommenden Spannungen finden in der Gestalt der Flamme ihren Ausdruck. Hoher Luftdruck ruft eine sehr feine Zerstäubung des Öls hervor und verursacht eine kurze, heiße Flamme, die sich, falls der übliche Rundbrenner gewählt ist, zu einer runden Stichflamme entwickelt.

Bei Verwendung der niedriger gespannten Gebläseluft entsteht dagegen eine längere weiche Flamme. Hierfür ist hauptsächlich der sog. Flachbrenner im Gebrauch, Abb. 117, mit dem man

[1]) Angaben der Westfälischen Maschinenbau-Industrie Gustav Moll & Co., A.-G., Neubeckum i. W.

[2]) Gießerei-Zeitung, 15. Oktober 1913.

Flammen von beträchtlicher Länge erhält. Für Schmelz- und Flammöfen benutzt man vorwiegend die niedriger gespannte Gebläseluft, für die Heizung von Trockenkammern, für Muffelfeuer u. dgl. die höher gespannte Druckluft.

Auf die baulichen Unterschiede der einzelnen Brennerarten näher einzugehen, müssen wir uns als nicht zu unserer Aufgabe gehörig, versagen. Wir verweisen auf die diesbezügliche Literatur[1]).

c) Brenner für Vergasung des Brennstoffes.

Als ein Beispiel für das Verfahren, den flüssigen Brennstoff nicht durch Zerstäubung, sondern durch Vergasung für eine vollkommene Verbrennung vorzubereiten, sei der Ölbrenner von Irinyi genannt.

Das Brennergehäuse, Abb. 118, hat einen sich über dreiviertel seines Umfanges erstreckenden Schlitz *f*, durch den die Flamme fächerartig, also nicht als Stichflamme austritt. Unter dem Schlitz liegt der Vergaser in Form einer offenen Retorte *b*, der der Brennstoff durch die Leitung *c* zugeführt wird. Unterhalb des Vergasers ist eine Schale angeordnet, in die beim Anheizen der Brennstoff aus der Retorte tropft. Das darin angezündete Öl dient zum Anwärmen der Retorte. Ist diese soweit erhitzt, daß das Öl in ihr verdampft, so hört der Zufluß zur Schale auf, und die Vorwärmeflamme erlischt. Die an der Vergasermündung austretende Flamme genügt beim weiteren Betrieb, die Retorte auf Rotglut zu erhalten. Der Deckel *w* verhindert das Einströmen der von vorn zutretenden Verbrennungsluft und das Eintreten der Flamme in den Vergaser.

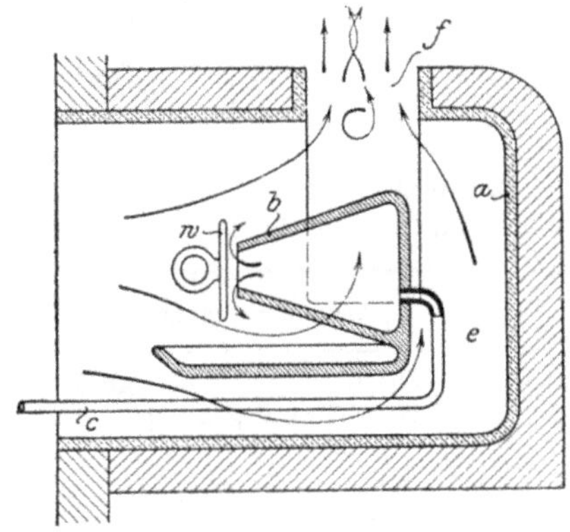

Abb. 118. Irinyi-Brenner.

Der Irinyi-Brenner soll für die Rückstände der Erdölraffinerie, für Rohöl, Paraffinöl, Teer usw. verwendbar sein.

3. Ölfeuerungen der metallurgischen und keramischen Industrie.

Die auf S. 51 ff. erwähnte Entwicklung des Ölfeuerungsbetriebes in der metallurgischen Industrie in Amerika, die bei uns lange Zeit hindurch infolge des hohen Preises des drüben benutzten Erdöles hintangehalten worden ist, hat sich seit der Massenerzeugung des verhältnismäßig billigen Teeröles mit allen ihren Vorzügen auch bei uns angebahnt. Zu den allgemeinen Vorteilen, die wir oben als Merkmale der Ölfeuerung aufgeführt haben, treten für Metall- und Eisenschmelzereien hinzu: die niedrigen Anschaffungskosten gegenüber den mit Kohlen, Koks oder Generatorgasen betriebenen Anlagen einschließlich der teuren Regeneratoren zur Vorwärmung der Luft und der gasförmigen Brennstoffe; ferner, was für das Niederschmelzen hochwertiger Metalle besonders wichtig ist, die Verringerung des Abbrandes und schließlich die Möglichkeit, bei der Reinheit des Teeröles von Schwefel auch ein besonders reines und daher hochwertiges Schmelzgut zu erhalten. In letzterer Hinsicht bezeichnet man den mit Öl gefeuerten Ofen als aussichtsreichen Nebenbuhler des teurer arbeitenden elektrischen Ofens zur Erzeugung der besten Stahlsorten, zumal er gestattet, jede Temperatur bis zu 2000° hinauf ohne Schwierigkeiten zu erreichen und aufrechtzuerhalten[2]). Von großer Wichtigkeit für die Wirtschaftlichkeit ist ferner die Möglichkeit, mit Hilfe der Ölfeuerung die Leistungsfähigkeit des einzelnen Schmelzofens ganz erheblich zu steigern und selbst bei zeitweilig aussetzendem Betrieb unter günstigen Verhältnissen zu arbeiten. Auf den guten Erfolgen der kleinräumigen Schmelzvorrichtungen fußend, bezeichnet man die Ölfeuerung auch für Puddelöfen, Roheisenmischer und Martinöfen als geeignet, wenngleich Erfahrungen hierüber in demselben Umfang bisher nicht vorliegen. Schließlich eröffnen sich dort, wo billige, aber weniger reiche Gase, wie z. B Gichtgase, vorhanden sind, insofern Aussichten für die Verwendung des Teeröles, als man diese Gase durch Einspritzen von Öl anreichern kann.

Die kleineren, etwa 100 bis 150 kg fassenden Metallschmelzöfen für Gießereien sind einfache, feststehende oder kippbare Tiegelöfen für Kupferlegierungen, Nickel, Aluminium, Ferrolegierungen usw., denen der Brennstoff und die erforderliche Preßluft durch einfache Leitungen zugeführt werden. Die Öfen können, da sie leicht zu befördern sind, an beliebiger Stelle der Gießerei aufgestellt und

[1]) Gießerei-Zeitung 1912, Nr. 12; 1913, Nr. 4, 5, 20 und 21; Stahl u. Eisen 1900, S. 424; 1908, S. 1215; 1911, S. 843; 1912, Nr. 19; 1913, Nr. 26 und S. 366; Feuerungstechnik 1913, Nr. 17; Petroleum 1913, Nr. 15; Kraft u. Betrieb 1913, Nr. 6; Zeitschr. d. Bayer. Rev.-Ver., München 1919, Nr. 1.

[2]) Stahl u. Eisen 1912, Nr. 19 (Hausenfelder).

versetzt werden. Dadurch spart man vielfach an Transportwagen für das Schmelzgut[1]). Der Brennstoffverbrauch beträgt bei Bronzen und Rotguß etwa 10 bis höchstens 12% des Metallgewichtes, während im allgemeinen bei uns 14% gerechnet werden. Die Kosten des Schmelzens sind trotz höherer unmittelbarer Aufwendungen für den Brennstoff bei Ölfeuerung günstig, und zwar infolge der Lohnersparnis durch einfachere Bedienung und durch die erhöhte Leistungsfähigkeit des Ofens sowie infolge der Verringerung des Abbrandes, wozu noch Vorteile des bequemeren Betriebes usw. hinzutreten. Nach bemerkenswerten Versuchen von Brasseur[2]) hat die Teerölfeuerung bei Tiegelöfen für Kupfer- und Stahlguß einen Nutzeffekt bis zu 80% gegenüber nur 55% bei Koksfeuerung ergeben. Der Ölverbrauch betrug bei

Öfen	für	75 kg	Einsatz	10—12 l	je Schmelzung	von	½—¾ Std.
„	„	100 „	„	12—14 „	„	„	½—¾ „
„	„	150 „	„	12—15 „	„	„	½—¾ „
„	„	200 „	„	15—18 „	„	„	½—¾ „
„	„	300 „	„	25—30 „	„	„	1—1¼ „

Beim Betriebskostenvergleich zwischen einem Öl- und einem Koksschmelzofen für 300 kg Einsatz während 8 aufeinanderfolgender Schmelzungen hat Brasseur folgende Zahlen ermittelt:

Gesamterzeugung	Brennstoffverbrauch und Kosten	Kosten der Bedienung	Abbrand
Ölfeuerung 2400 kg	202 kg Öl = 10,80 M	1 Mann in 10 Std. = 4,00 M	1⅓%
Koksfeuerung 2400 „	302 „ Koks = 9,60 „	2 Mann je 8 „ = 6,40 „	2%

Abb. 119. Tiegelschmelzofen von Bueß G. m. b. H.

Hieraus berechnet sich für die Ölfeuerung bei 2400 kg Erzeugung eine Ersparnis durch den verringerten Abbrand von 14 kg = 19,60 M oder insgesamt 1,20 + 19,60 = 20,80 M, das sind rd. 90 Pf auf 100 kg.

Die Größe der jetzt betriebenen kippbaren Ölfeuerungsöfen ohne Tiegel gibt Brasseur bis zu 1500 kg an, während man in Amerika bereits bis zu 6000 kg-Öfen ohne Tiegel für Kupfer, Stahl und Eisen gekommen ist. Ferner erwähnt er einen in Rußland aufgestellten Ölfeuerungsofen von 4000 bis 5000 kg für Herstellung von Stahlformguß aus kalt eingesetztem Schrott und Roheisen, dessen Ölverbrauch 13% des Einsatzgewichtes betragen soll, was einem Kohlenverbrauch von etwa 21,5% entspricht.

Zur Erläuterung der Wirkungsweise der mit Teeröl betriebenen Schmelzöfen seien nachstehend die Bauarten einiger dieser Öfen dargestellt. Von den in Deutschland gebauten Öfen haben die Tiegel-Schmelzöfen der Bueß-Ges. m. b. H., Metall- und Ölfeuerungswerke in Hannover, gute Erfolge gezeitigt. Der in Abb. 119 wiedergegebene Ofen besteht aus einem eisernen, feuerfest ausgemauerten aufrechten Zylinder, der in zwei Zapfen drehbar aufgehängt ist und durch Schnecke und Rad gekippt werden kann. Auf dem Ofenunterteil, der mit dem Mantel durch vier leicht lösbare Schrauben verbunden ist, ruht auf einem Schamotteklotz der zur Aufnahme des Schmelzgutes dienende Tiegel, der beim Kippen des Ofens durch den Ausguß entleert wird. Der darüber befindliche Ofendeckel aus Schamotteformsteinen mit einer Schauöffnung zur Beobachtung des Schmelzvorganges bleibt für gewöhnlich auf dem Ofenschacht liegen und wird nur beim Auswechseln des Tiegels durch eine Schwenkvorrichtung zur Seite bewegt. Darüber befindet sich ein als Vorwärmer bezeichneter geschlossener

[1]) Stahl u. Eisen 1911, Nr. 21 u. 26.

[2]) Fonderie moderne nach Feuerungstechnik 1913, S. 64.

Raum zur Aufnahme des vorzuwärmenden Schmelzgutes und des nächsten Tiegels. Der Brennstoff, die Zerstäuber- und die Verbrennungsluft werden durch die hohlen Drehzapfen des Ofens zugeführt. Infolgedessen kann auch während des Kippens die am Ofenmantel befestigte Brenndüse ohne Unterbrechung arbeiten, was beim Vergießen von solchem Metall, das sehr heiß in die Form laufen soll, wichtig ist. Auf ihrem Wege von den hohlen Drehzapfen zur Düse geht die Luft durch den unter dem Ofenboden befindlichen Luftbehälter und wird hier durch die Hitze des Bodens auf 250° angewärmt, während sie gleichzeitig den Boden, der der Heizwirkung der Flamme stark ausgesetzt ist, kräftig kühlt. In ähnlicher Weise wird das zum Brenner strömende Öl in dem unter dem Luftbehälter befindlichen Ölbehälter angewärmt, so daß Ausscheidungen von Naphthalin usw. vermieden werden. Bei dieser Anordnung ist der Umstand bemerkenswert, daß sich die Luft in dem Luftbehälter während der Zeit, wo der Brenner abgestellt ist, also bei Betriebspausen und beim Neubeschicken des Tiegels, sehr stark, nämlich auf 800 bis 900° C erhitzt, da sie ja währenddem keine Zufuhr durch kalte Luft erhält. Das ist aber für das Wiederanlassen des Ofens von besonderem Wert, weil dann der noch hoch erhitzte Tiegel nicht von kalter Luft bestrichen und dadurch gefährdet wird. Durch diese günstigen Feuerungsverhältnisse wird einerseits dem Tiegel eine hohe Lebensdauer, anderseits dem ganzen Betrieb eine gute Wärmewirtschaft gewährleistet. Der Brenner ist am Ofenmantel außerhalb des Bereiches der Hitze angebracht und bläst das Öl-Luft-Gemisch gegen den herzförmig ausgebildeten Untersatz des Tiegels, wodurch die entzündeten Heizgase geteilt werden und, von der Verbrennungskammer aufsteigend, den Tiegel einhüllen und oben abziehen. Durch einen Ring am Brennerkopf mit Zahleneinteilung kann die gewünschte Heiztemperatur eingestellt werden. Die Firma Bueß hat einen vereinigten Öl- und Druckluftbehälter gebaut (D.R.P.), durch den die Hochlegung des Ölbehälters zur Erzielung des Zuleitungsdruckes überflüssig wird. Dabei wird das Öl durch die beim Zusammenpressen der Luft erwärmte, den Ölbehälter umspülende Luft flüssig erhalten. Von der Ausrüstung des Ofens wäre schließlich noch das seitlich am Schachtboden gegenüber dem Brenner befindliche Schlackenloch zu erwähnen, das auch dazu dient, beim Bruch eines Tiegels den Inhalt ohne Verlust abzulassen, sowie ein durch Druckluft betätigter Brennstoffanzeiger, der eine bequeme Überwachung des Ölverbrauchs gestattet.

Abb. 120. Tiegelloser Ofen von Bueß G. m. b. H.

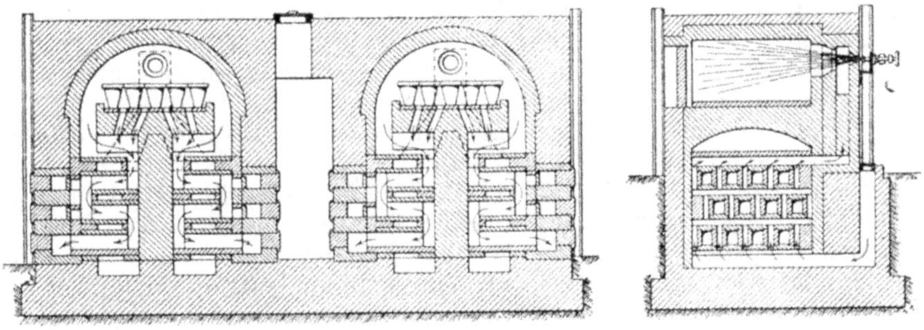

Abb. 121. Tiegelschmelzofen von Gebr. Körting.

Der Bueß-Ofen wird jetzt mit Luft von 3 m W.-S. Druck und 100 bis 200° C Vorwärmung betrieben. Als Ölverbrauch einiger Öfen für Bronze werden 10 bis 11%, nach anderen Quellen 8 bis 12% angegeben. Die Zahlen für den Abbrand sind 0,25 bis 0,5, bei Späneschmelzungen etwa 1½%. Außer den kippbaren Tiegelöfen baut die Firma auch feststehende Öfen. Die Größen ihrer Öfen betragen 75, 150, 300 und 500 kg. Neuerdings liefert sie auch tiegellose Öfen für 500 und 1000 kg Inhalt, die aus einer auf Rollen gelagerten Trommel mit je einer Düse an den beiden Enden bestehen, vgl. Abb. 120.

Einen Schmelzofen für eine größere Anzahl von Tiegeln, und zwar zum Schmelzen von Wolfram, der von Gebr. Körting A.-G., Hannover-Körtingsdorf, gebaut ist, zeigt Abb. 121. Hier wird die

Verbrennungsluft durch die unter dem Herd eingebauten Rekuperatoren vorgewärmt, durch die die Abgase und die Luft im Gegenstrome hindurchziehen. Die Tiegel halten nach Angabe der Firma mehr als die doppelte Anzahl Schmelzungen aus als bei Kohlenfeuerung. An dieser Stelle sei auch der ebenfalls mit Rekuperatoren ausgestattete Glasschmelzofen der Firma, Abb. 122, erwähnt. Das Öl fließt diesem aus hochgelegenen Behältern unter Vermittlung dazwischen geschalteter Schwimmkugelregler zu, die den Ölspiegel in dem Kasten dauernd in gleicher Höhe halten und sämtlichen Zerstäubern stets die gleichen Ölmengen zuführen. Diese Ölmengen werden durch Verstellen der Ölkasten mittels Spindeln geregelt. Ein solcher für 12 gedeckte Häfen mit je 10 bis 15 Zentnern flüssigem Glas gebauter Ofen mit mehreren Düsen arbeitete mit nur dem halben Wärmeaufwand wie bei einer Steinkohlen-Gasgeneratorfeuerung; er verbrauchte nämlich in 24 Std. 1600 kg Öl gegenüber 3600 kg Steinkohlen. Die Vorteile der Ölfeuerung bestehen hier, im Glashüttenbetrieb, außerdem in der Erzeugung einer sehr reinen, nicht oxydierenden Flamme von gleichmäßiger Temperatur. Von den übrigen deutschen Firmen, die sich am Bau von Schmelzöfen für Ölfeuerung mit Erfolg beteiligt haben, seien die Deutschen Ölfeuerungswerke in Heilbronn a. N. und Vogel & Schemmann in Kabel sowie Ernst Lochner in Jena genannt.

Die englische Firma Hövelers Liquid Fuel Appliances Ltd. in London, vgl. Abb. 123, heizt mit ihren Brennern, auf die wir weiter unten noch zurückkommen, nicht nur Tiegelöfen, sondern auch großräumige Flammöfen, in denen 50 t Metall während 8 bis 14 Tagen auf einer stets gleichmäßigen Temperatur erhalten werden. Mit einem Tiegel von 180 kg Inhalt erhielt sie folgende Ergebnisse:

Art des Schmelzgutes	Gewicht kg	Zahl der Güsse in Std.	Ölverbrauch für 100 kg l
weißes Gußeisen.	160	4	$26^1/_2$—$29^1/_2$
graues Gußeisen.	160	4	$26^1/_2$
Kupfer	180	5—6	17—$17^1/_2$
Bronze	180	6—7	15
Messing	180	8—9	12—$12^1/_2$
Altmessing . . .	180	8—10	10—11

Von den ursprünglich für Erdölfeuerung eingerichteten amerikanischen Öfen ist der durch die Harat Export Co. in Berlin auf den Markt gebrachte kippbare Rockwell-Ofen weiter bekannt geworden, Abb. 124[1]), der in 4 Größen für 100 bis 800 kg mit einer oder zwei Düsen gebaut wird. Die Flamme wird zur Schonung des Tiegels zuerst nach unten in eine Verbrennungskammer geführt, streicht dann in der bekannten günstig wirkenden Weise nach oben um den Tiegel und zieht durch die Abdeckplatte ab. Der flüssige Brennstoff wird mit etwa 1 at. Druck zum Brenner geleitet, der Druck der Luft soll 0,8 at nicht übersteigen. Beim Rousseau-Ofen, Abb. 125, ist der Tiegel an seinem Rand aufgehängt und neigt daher leicht zur Beschädigung. Eine vom üblichen abweichende Form hat der tiegellose Schwartz-Ofen für 50 bis 800 kg der Hawley Down-Draught Furnace Co. in Chicago erhalten. Auf seinem halbkugelförmigen Unterteil zur Aufnahme des Schmelzgutes ruht ein kegelförmiger Mantel, der den Flammenraum bildet, Abb. 126. Das Öl wird seitlich aus einer oder zwei Düsen eingeblasen, seine Flamme trifft das Metallbad unmittelbar. Die Gase ziehen durch die Ausgußschnauze ab. Der Ofen soll einen sehr günstigen Ölverbrauch haben; doch ist zu bezweifeln, ob er im übrigen, besonders was den Abbrand betrifft, den Tiegelofen erreicht.

Schließlich sei als Beispiel für eine geschickte Verwendung des Öles im Bessemerbetrieb, bei der das Umschmelzen des Einsatzes in einem besonderen Ofen unnötig wird, der Stock-Konverter von Thwaites Brothers Ltd. in Bradford erwähnt, der sich von der üblichen Form der Bessemer-Birne durch seinen ovalen Querschnitt unterscheidet, im übrigen aber ähnlich aufgehängt ist und behandelt wird, Abb. 127 a u. b. Das Heizöl und die Luft werden seitlich eingeführt. Nachdem der Ofen in wagerechter Lage beschickt ist, wird der Inhalt durch die Ölflamme in kurzer Zeit niedergeschmolzen, worauf der Ofen aufgerichtet und Luft in der üblichen Weise durch das Bad hindurchgeblasen wird. Die Abgase benutzt man zum Vorwärmen der Luft. Zum Schmelzen eines 3 t-Einsatzes in $1^1/_2$ Std. werden 205 l/t gebraucht, der Metallverlust in der Birne beträgt 13%. Der Stahl dient zur Herstellung von Radsternen, nathlosen Rohren und Werkzeugen.

In der metallurgischen und der die Metalle weiter verarbeitenden Industrie hat die Ölfeuerung bereits verhältnismäßig umfangreiche Verwendung für Hilfszwecke gefunden, und zwar zum

[1]) S. Stahl u. Eisen 1911, Nr. 21 u. 26.

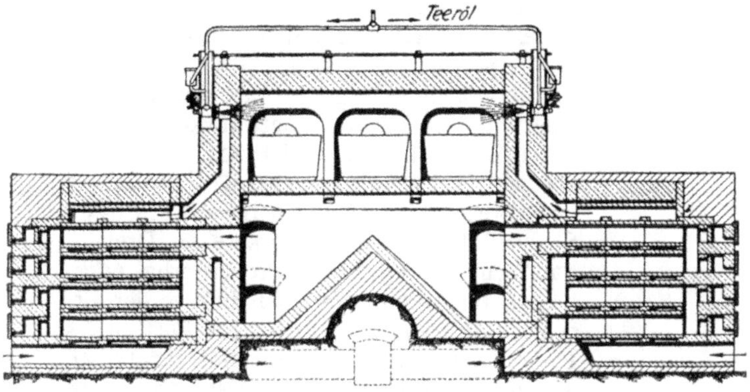

Abb. 122. Glasschmelzofen von Gebr. Körting.

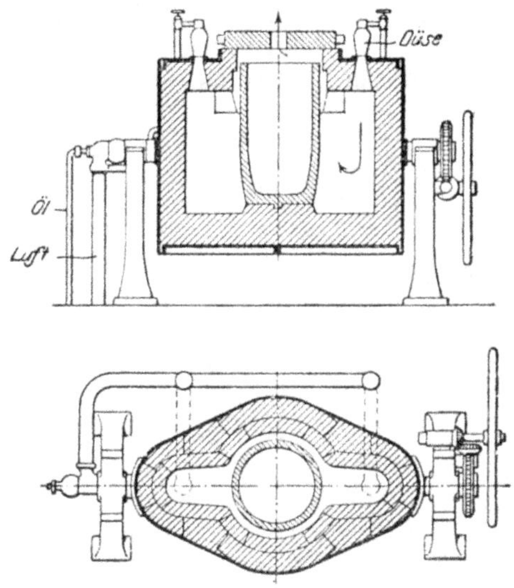

Abb. 124. Rockwell-Ofen.

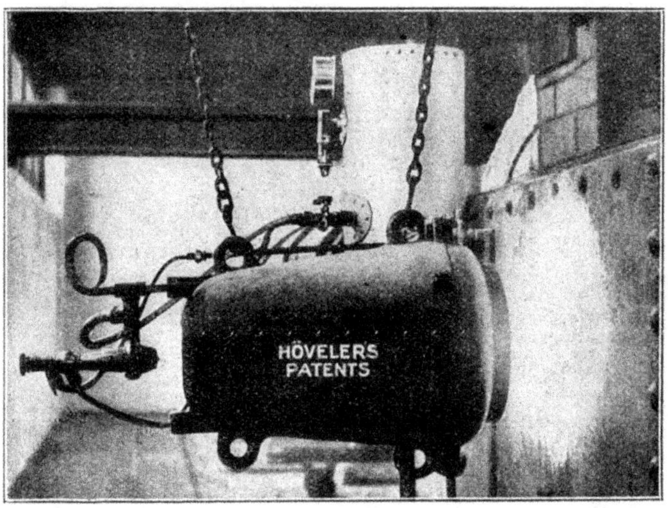

Abb. 123. Flammofen der Hövelers Liquid Fuel Appliances Ltd.

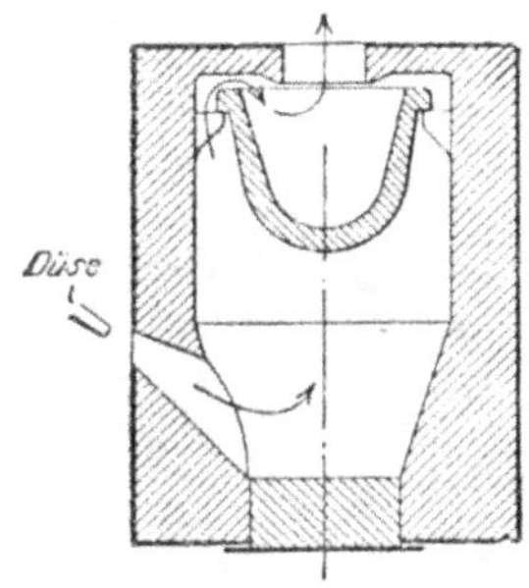

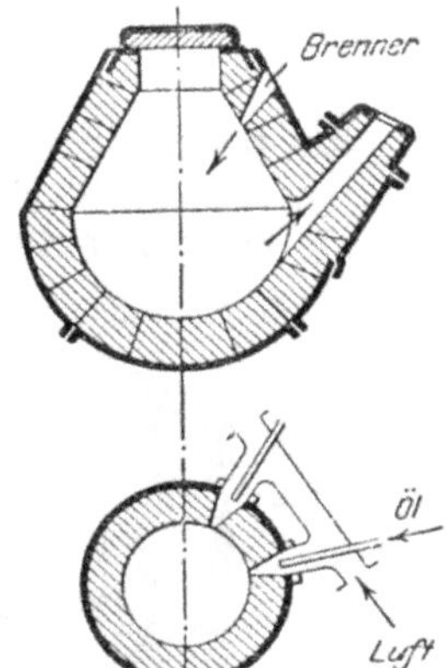

Abb. 125. Rousseau-Ofen. Abb. 126. Schwartz-Ofen.

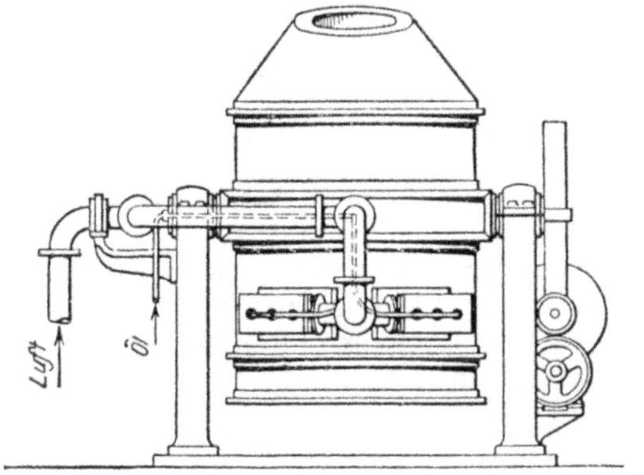

Abb. 127a. Stock-Konverter.

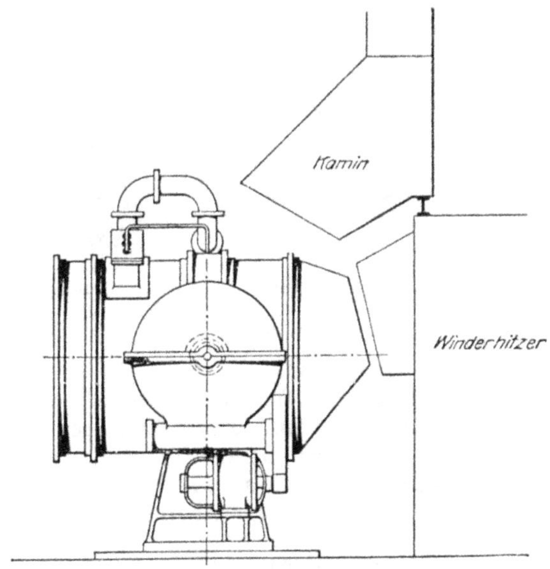

Abb. 127b. Stock-Konverter.

Trocknen, Wärmen, Erhitzen und Glühen. Darunter sind die Stoß- und Rollöfen der Hüttenwerke, die Trockenöfen für Formen und die Flammöfen der Gießereien, die Schweißöfen, Glüh- und Härteöfen, die Wärmöfen für Radscheiben, Niete u. dgl., ferner die Schmiedeöfen usw. zu nennen. Auch hier ergeben sich gegenüber der Kohlenfeuerung niedrigere Betriebskosten bei wesentlich erhöhter Leistung. So gibt Hausenfelder[1]) an, daß die Leistung bei einem auf Ölfeuerung umgebauten Schweißofen auf das Doppelte bis Dreieinhalbfache gestiegen sei. Die Unterhaltungskosten dieses Ofens sanken infolge der Ersparnis an Baustoffen durch den Fortfall des Feuerloches von 1720 M jährlich auf 142 M. Ähnlich wie bei der reinen Gasfeuerung läßt sich hier die Flamme in zweckmäßiger Form, z. B. als Scheibe, ausbilden und nach Wunsch abändern. Einen solchen Schweißofen mit 2 Brennern zeigt Abb. 128, einen Schmiedeofen von 75 cm Länge bei 45 cm Tiefe mit HövelerBrenner für einen täglichen Durchsatz von 6000 bis 9000 kg eiserner Maschinenteile Abb. 129. Der Ölverbrauch dieses Ofens beträgt 150 bis 200 kg täglich.

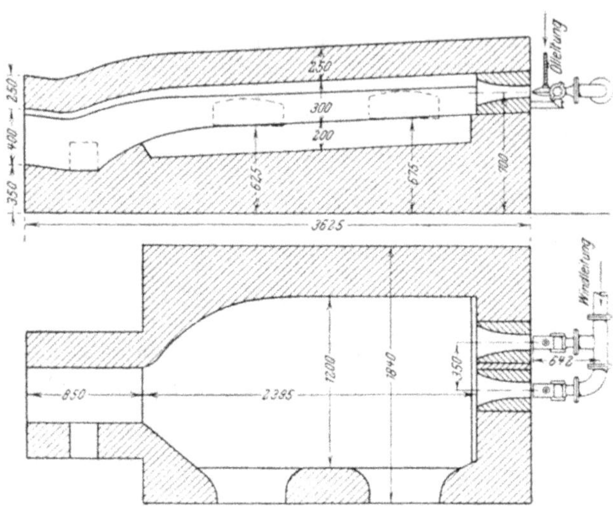

Abb. 128. Schweißofen.

Ein fahrbarer Nietwärmofen von Gebr. Körting A.-G. ist in Abb. 130 dargestellt. Erwähnt seien ferner die Muffelöfen von Ernst Lochner in Jena für feine Werkzeuge, zum Glühen von Draht und die vielfach ausgeführten, sehr bequemen, tragbaren Muffelfeuer zur örtlichen Erhitzung schwer

Abb. 129. Schmiedeofen.

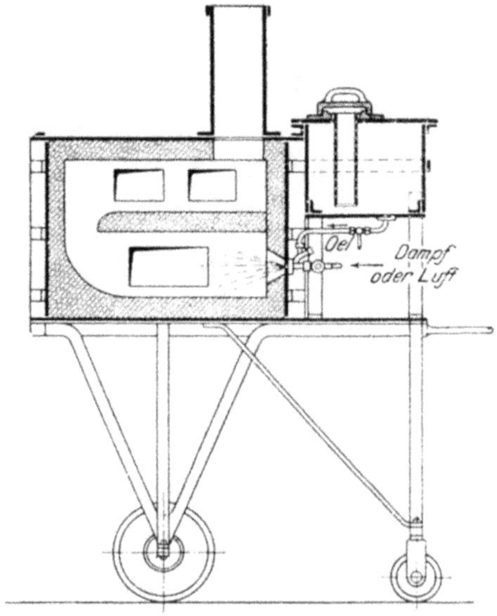

Abb. 130. Nietwärmofen.

transportierbarer Werkstücke, zum Trocknen von Gießformen, Anwärmen und Anzünden von Kupolöfen u. a. m.

Von anderen Industrien, in die die Ölfeuerung Einführung gefunden hat, seien neben der bereits angeführten Glasindustrie auch die Zementindustrie genannt, in der man die Zementdrehöfen mit Öl feuert.

Während sich demnach das Teeröl auf den vorstehend bezeichneten Gebieten auf Grund seiner vielfachen Vorzüge rasch heimisch und vielfach unentbehrlich gemacht hat, ist seine Bedeutung für das große Feld der Dampferzeugung nur in beschränktem Maße anzuerkennen.

[1]) Stahl u. Eisen 1912, Nr. 19.

4. Ölfeuerungen für Dampferzeugung.

Da hier die verschiedenen, für die metallurgischen Arbeiten besonders wichtigen Eigenschaften der Teerölflamme nicht wesentlich ins Gewicht fallen, so wird man sich unter normalen Verhältnissen nur dann für die Ölfeuerung entscheiden, wenn der höhere Preis des Öles gegenüber dem von Koks oder Kohlen durch die auf S. 81 bezeichneten Vorteile, nämlich durch den vereinfachten Bau der Feuerung, vereinfachte Beförderung und Lagerung des Brennstoffes, Ersparnisse an Bedienung, bessere Ausnutzung des Brennstoffes, bessere Regelung des Feuers, Rauchfreiheit u. a. m. wettgemacht wird. Als Vorzüge der Ölfeuerung kommen hier hinzu die Schnelligkeit des Anheizens, also Steigerung der Betriebsbereitschaft besonders im Fall eines öfter unterbrochenen Betriebes. Dabei ist zu berücksichtigen, daß ein Teil der genannten Vorteile beim Vergleich mit der Gasfeuerung fortfällt, da sie auch dem Gase zukommen. Bei dem verhältnismäßig geringen Preise der Steinkohlen und der geringen Gewinnung von Heizöl in Deutschland wird die Ölfeuerung für die Dampferzeugung bei uns nie die Bedeutung erlangen wie in den Ländern mit natürlichem Ölvorkommen.

Es ist wohl so gut wie ausgeschlossen, daß wir bei unserer gegenwärtigen niedrigen Valuta Heizöl vom Ausland beziehen werden. Angesichts der geringen eigenen Erzeugung wird sich die Teerölfeuerung im Dampfkesselbetriebe höchstens als Zusatzfeuerung einführen.

Der schon mehrfach erwähnte Bayerische Revisions-Verein, München, hat in seiner Zeitschrift[1]) die Ergebnisse von Verdampfungsversuchen veröffentlicht, von denen wir jene mit reiner Teerölfeuerung im Wortlaut wiedergeben (vgl. Zahlentafel 121).

Zahlentafel 121.

Datum des Versuches	1919	19. März
Heizfläche des Versuchskessels	qm	150
„ „ Überhitzers	„	45
„ „ Rauchgasvorwärmers (Economisers)	„	96
Dauer des Versuches	Std.	8,23
Teeröl:		
verheizt im ganzen	kg	1790
in der Stunde	„	218
„ „ „ für 1 Brenner	„	109
Speisewasser:		
verdampft im ganzen	„	19500
in der Stunde	„	2370
„ „ „ auf 1 qm Kesselheizfläche	„	15,8
Temperatur beim Eintritt in den Vorwärmer	°C	54
„ „ Austritt aus dem „	„	107
Dampf:		
Überdruck im Kessel	at	12,8
Temperatur beim Austritt aus dem Regler	°C	224
Erzeugungswärme (Dampfbildung, Überhitzung und Vorwärmung)	WE	563 + 19 + 53
Dampfverbrauch für die Ölvorwärmung und Zerstäubung insgesamt	kg	1210
desgl. in der Stunde	„	147
„ in Hundertteilen des erzeugten Dampfes	%	6,2
Heizgase:		
Kohlensäuregehalt am Kesselende	„	9,5
Sauerstoffgehalt am Kesselende	„	10,3
Temperatur „ „	°C	300
„ am Vorwärmeraustritt	„	194
Zugstärke am Vorwärmereintritt	mm	7
„ „ Vorwärmeraustritt	„	7
Verbrennungsluft: Temperatur	°C	30
Verdampfungsziffer:		
a) ohne Berücksichtigung des Dampfverbrauchs für die Ölfeuerung		10,89
b) mit Berücksichtigung des Dampfverbrauchs für die Ölfeuerung		10,22
Preis für 100 kg Teeröl	M	19,0
„ „ 100000 WE des Teeröls	„	2,33

[1]) 1919, Nr. 3 und Nr. 13.

Dampfpreis für 1000 kg Dampf		
a) ohne Berücksichtigung des Dampfverbrauchs für die Ölfeuerung . . M	17,45	
b) mit Berücksichtigung des Dampfverbrauchs für die Ölfeuerung . . . „	18,59	
Wärmeverteilung.	WE	%
Nutzbar gemacht:		
a) zur Dampfbildung	6120	75,0 } 84,6
b) zur Überhitzung	207	2,5 } 84,6
c) zur Vorwärmung des Speisewassers	577	7,1 } 84,6
Verloren:		
a) im Schornstein durch freie Wärme der Rauchgase	880	10,8
b) durch Strahlung, Leitung, Ruß usw. (Restverlust)	376	4,6
Summe = Heizwert des Brennstoffes:	8160	

Aus ihr ist zu entnehmen, daß ein Brenner in der Stunde durchschnittlich 109 kg Teeröl verbrannte und dabei eine stündliche Dampfleistung von 15,8 kg auf 1 qm Heizfläche hatte. Der Dampfverbrauch für die Vorwärmung und Zerstäubung des Öls ergab sich zu 6,2% der erzeugten Dampfmenge, was als mäßig zu bezeichnen sein dürfte. Zu bemerken ist, daß dieser Dampf in einem besonders geheizten Batteriekessel erzeugt wurde, dessen Speisewasser ebenfalls besonders gewogen wurde. Mit 1 kg Teeröl von 8160 WE wurden 10,89 kg Wasser von durchschnittlich 54° in Dampf von 12,8 at und 224° verwandelt. Mit Berücksichtigung des Dampfverbrauchs für die Ölfeuerung verringert sich die Verdampfungsziffer auf 10,22. Bei einem Ölpreise von 19 M für 100 kg, wie er zur Zeit der Versuche bestand, berechnet sich der Wärmepreis für 100000 WE zu 2,33 M und der Dampfpreis (Ölkosten für 1000 kg Dampf) zu 17,45 bzw. 18,59 M.

Aus der Wärmeverteilung ist zu ersehen, daß trotz verhältnismäßig niedrigen Kohlensäuregehaltes der Heizgase, also hohen Luftüberschusses, 75% des Ölheizwertes zur Dampfbildung, 2,5% zur Dampfüberhitzung und 7,1% zur Vorwärmung des Kesselspeisewassers, insgesamt also 84,6% nutzbar gemacht wurden; 10,8% gingen im Schornstein als freie Wärme der Rauchgase, und der Rest von 4,6% ging durch Strahlung, Leitung, Ruß usw. verloren. Berücksichtigt man bei der Wärmeausnutzung den Dampfverbrauch für die Ölfeuerung, dann geht die Gesamtausnutzung auf 79,5% zurück.

Besonders wertvoll sind die von Dr. Deinlein[1]) mitgeteilten, für München Oktober 1919 gültigen Brennstoffpreise der Zahlentafel 122, die den Einfluß der erhöhten Kosten für Fracht und Anfuhr erkennen lassen. In den beiden letzten Spalten sind die ungefähren Wärme- und Dampfpreise enthalten. Man gewinnt am besten ein Bild von der Preissteigerung für Brennstoffe, wenn man sich für die beiden letzten Spalten die vor dem Kriege bestandenen Preise von 0,3 und 3 M vergegenwärtigt. Aber die Dampfpreise der Zahlentafel gehören zur Zeit der Neubearbeitung des vorliegenden Abschnittes auch schon der Vergangenheit an, zumal wir seit Februar 1920 mit weiteren bedeutenden Preiserhöhungen für Brennstoffe beschert worden sind. Unwillkürlich steht man vor einem „quo vadis?“.

Zahlentafel 122.

Gültig Oktober 1919	Brennstoffpreis: auf Grube, Werk oder Lager	Fracht	Anfuhr zum Kesselhaus	Gesamtkosten	Wärmepreis	Dampfpreis
	für 10000 kg				für 100000 WE	für 1000 kg
	ℳ	ℳ	ℳ	ℳ	ℳ	ℳ
Teeröl	1300 bis 4600	285 bis 380	12 bis 150	1735 bis 5040	2,16 bis 6,30	17 bis 50
schlesische Kleinkohle	—	—	12 „ 20	1120 „ 1205	1,87 „ 2,00	15
oberbayer. Nußkohle	984 bis 1000	66 bis 76	50 „ 150	1114 „ 1200	2,25 „ 2,40	21
„ Waschgrieß	(940)	(76)	12 „ 60	1061 „ 1076	2,36 „ 2,39	24
Koksgrieß	(580)	(160)	20 „ 150	620 „ 1180	1,38 „ 2,63	15 bis 30
oberbayer. Brikette	—	—	(12)	(1738)	(5,00)	50
Holz	(760 bis 1325)	(190)	(40 bis 65)	1015 bis 1555	3,40 bis 5,20	35 bis 55
Torf	(1200)	(74)	(130)	1404	4,68	50
Ruhr-Waschberge	560	292	12 bis 80	878 bis 932	2,93 bis 3,10	35
oberbayer. Schlammkohle	318	76	80	474	1,58	18
oberpfälzer Rohbraunkohle	198 bis 365	118 bis 180	12 bis 150	396 bis 685	2,20 bis 3,80	23 bis 40
rheinische Rohbraunkohle	—	—	12	232	4,62	50

[1]) Zeitschr. d. Bayer. Rev.-Ver. 1919, Nr. 22, S. 177.

Zahlentafel 122 zeigt nach wie vor, daß gute Steinkohle immer noch den billigsten Dampf liefert, daß dagegen Teeröl durch die Schleichhandelspreise keinen wirtschaftlichen Betrieb verbürgen kann. Holz liefert einen Dampfpreis, der schon mehr als doppelt, Torf einen solchen, der mehr als 3mal so hoch als bei schlesischer Kleinkohle ist.

Günstiger liegen die Verhältnisse für einzelne bestimmte Betriebe. Die Frage der Teerölfeuerung für Lokomotiven hat L. Sußmann bereits mehrere Jahre vor dem Kriege in einer sehr bemerkenswerten Arbeit behandelt[1]). Er berichtete über die Erfolge der preußisch-hessischen Eisenbahnverwaltung mit Teerölzusatzfeuerung, die für Strecken mit starken Steigungen, in Tunnelen und innerhalb stark bewohnter Gebiete in Betracht kamen. Danach betrugen die Leistungssteigerungen der Lokomotiven 15 bis 20%, wodurch Vorspannlokomotiven erspart werden konnten. Das Öl wurde durch Zerstäuber über das Kohlenfeuer geblasen. Als Kohle diente Steinkohle, aber auch mit gutem Erfolg Braunkohle. Sußmann gibt an, daß sich bei dem gewählten Mengenverhältnis des flüssigen zum festen Brennstoff von 1:4 sowie einer 7- bis 8fachen Verdampfung für Steinkohle und einer 12- bis 14fachen für Teeröl damals der Betrieb nicht teurer als bei reiner Kohlenfeuerung stellte. Hervorgehoben wird ferner die Vermeidung des Funkenauswurfs und des Qualmens der Lokomotiven.

Auf dem Gebiete der Handelsschiffahrt hat für Deutschland auch das Aufkommen der Teerölfeuerung nicht die Ansicht zu ändern vermocht, daß der Betrieb von Schiffsdampfmaschinen mit flüssigem Brennstoff unwirtschaftlich ist trotz der Vorteile des bequemen Anbordnehmens, Aufspeicherns des Öles usw. Wo besondere Verhältnisse oder Anforderungen vorliegen, wie z. B. bei Schleppdampfern innerhalb von Städten, bei Personendampfern, ferner für größere Luxusfahrzeuge, gibt vielfach die Rauchfreiheit, die Reinlichkeit des Betriebes gegenüber den hohen Brennstoffkosten den Ausschlag für das Öl[2]).

Für unsere ehemalige Kriegsflotte war das Teeröl von außerordentlicher Wichtigkeit geworden, nachdem die früher im Kriegsfalle zu befürchtende Gefahr der Absperrung der flüssigen Brennstoffe wegen der Selbsterzeugung des Öls in Deutschland nahezu hinfällig geworden war. Während man früher für die Fälle verstärkten Betriebes, wie z. B. während des Gefechtes, auf unseren Kriegsschiffen Teerölzusatzfeuerung vorgesehen hatte, ist man später auch zur reinen Ölfeuerung übergegangen. Dabei handelt es sich vorwiegend um kleinere Fahrzeuge, wie Torpedoboote, die nur während der normalen Fahrt Kohlen verfeuern, bei größerer Geschwindigkeit aber mit Öl fahren. So führten V_{25-30} und S_{31-36} je 200 t Kohlen und 70 t Öl mit sich. Doch hatten unsere großen Panzerschiffe ebenfalls einen erheblichen Ölvorrat an Bord. Während die Kaiserklasse unserer Linienschiffe bei 29700 t Wasserverdrängung 3600 t Kohlen und 200 t Öl mit sich führten, betrug der Ölvorrat bei der neueren Königklasse (von je 25800 t Wasserverdrängung) schon 700 t bei derselben Kohlenmenge.

5. Die Brünlersche Unterwasserfeuerung.

Einen Sonderfall für die Verwendung flüssiger Brennstoffe bildet die Brünlersche Unterwasserfeuerung. Sie besteht aus einem Brenner, der in einen Vorkessel V („Entwickler") eingebaut ist, Abb. 131. Der Vorkessel V steht mit dem Wasser- und Dampfbehälter B durch die beiden Stutzen S und S_1 in Verbindung. M ist ein Mischventil. Der flüssige Brennstoff fließt dem Brennerkopf u, Abb. 132, durch Ventil M zu, das auf den Vorkessel aufgeschraubt ist. Vor dem Anheizen bleibt das Mischventil zunächst geschlossen. Preßluft und Brennstoff werden mittels Nebenleitungen durch die Öffnung o in den Vorvergaser G eingeführt, in dem sich ein mittels Lötlampe auf Rotglut gebrachtes Glührohr befindet. Durch das zutretende Brennstoff- und Luftgemisch wird das Glührohr in kurzer Zeit noch stärker erhitzt, worauf G geschlossen wird. Die Verbrennungsgase werden dadurch gezwungen, weiter nach unten in den Brennerkopf u zu dringen, und bringen ihn auf Rotglut (der Vorgang läßt sich durch ein Schauglas ver-

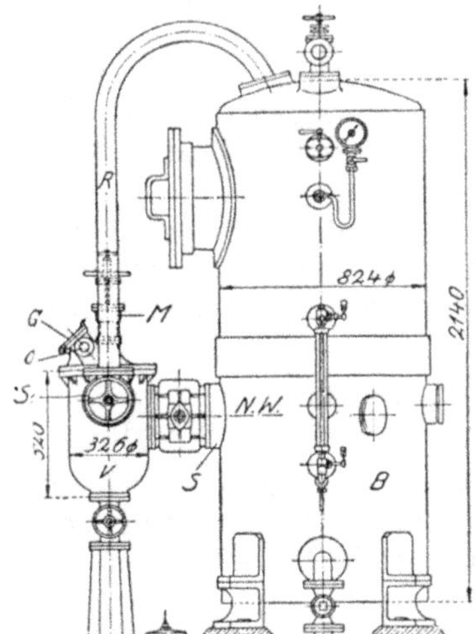

Abb. 131. Brünlersche Unterwasserfeuerung.

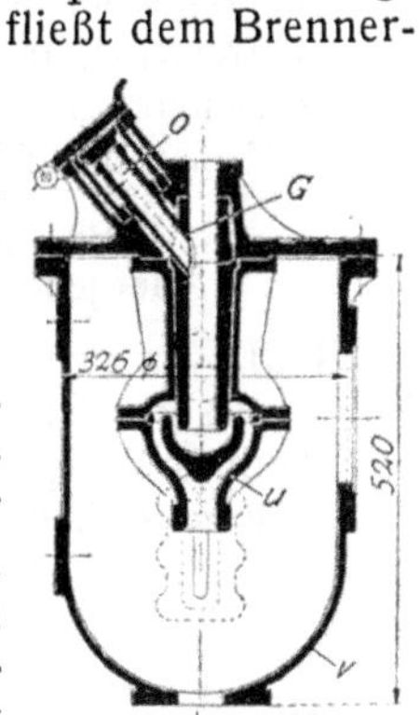

Abb. 132. Brünler Brenner.

[1]) Vortrag im V. d. Masch.-Ing., 25. Januar 1910.

[2]) Stahl u. Eisen 1911, Nr. 21 (Teichmann).

folgen). Ist dies erreicht, so wird das Ventil *M* geöffnet und, sobald Flammenentwicklung auftritt, die Nebenleitung abgeschlossen; die Flamme im Vergaser erlischt darauf. Dann wird das Ventil des Stutzens *S* allmählich geöffnet, so daß aus dem Wasser- und Dampfbehälter *B* Wasser in den Vorkessel eintritt. Das Wasser steigt hier schließlich so hoch, daß es fast bis an den Deckel des Vorkessels heranreicht.

Infolge der kräftigen Flammenentwicklung bildet sich um die Flamme herum außer den Verbrennungsgasen überhitzter Dampf, die zusammen das Wasser in starke Bewegung versetzen und ein Dampf- und Gasgemisch durch das Anschlußrohr S_1 in den Dampfraum des Behälters *B* ausstoßen. Soll der Betrieb unterbrochen werden, so wird das Mischventil *M* wieder geschlossen. Der Heizer hat es in der Hand, durch Zuführung von Preßluft von einer Nebenleitung aus das Wasser aus dem Vorkessel bis zur Unterkante des Anschlußstutzens *S* herauszudrücken und den Stutzen *S* vermittelst des an ihm befindlichen Ventils zu schließen. Dieser niedrige Wasserstand im Vorkessel ist für das Anheizen erforderlich, sonst würde die Flamme erlöschen. Die Zusammensetzung des Gasgemisches muß durch eine Einstellvorrichtung so geregelt und gesichert werden können, daß eine rauchfreie Verbrennung unter allen Umständen gewährleistet ist. Bei zufälliger Veränderung des Mischverhältnisses würden entweder Rauchbildung oder Kondensation des unverbrannten Öldampfes eintreten oder bei zu großem Luftüberschuß die Flamme erlöschen müssen. Der Unterwasserbrenner muß der Kompressorgröße angepaßt werden, damit bei höherem Kesseldruck das zusammengepreßte Gasgemisch auch die Querschnitte des Brenners vollkommen ausfüllt; bei zu großem Brenner würde infolge zu langsamen Fließens im Innern die Flamme erlöschen.

Die Einstellvorrichtung muß natürlich im richtigen Verhältnis zu den Brennerabmessungen stehen.

a) Welche Vorteile bietet die Unterwasserfeuerung für die wirtschaftliche Ausnutzung der Brennstoffe?

Als die Unterwasserfeuerung im Laufe der Versuche vor etwa 16 Jahren unter gewissen Bedingungen brauchbar erschien, wurden an sie die größten Hoffnungen geknüpft. Der Wirkungsgrad, mit dem der Brennstoff verbrannt werden konnte, mußte den höchsten Wert erreichen, da ja kein Kaminverlust vorhanden war; die Verbrennungsgase sollten mit dem Dampf zusammen als Treibmittel dienen und den thermischen Wirkungsgrad des Wärmemotors auf eine ungeahnte Höhe bringen. Aber diese Hoffnungen erweisen sich als trügerisch, sobald man zu rechnen anfängt. Bei Ausnutzung der von der Unterwasserflamme erzeugten Treibgase in einem Motor muß dieser die für die Verbrennung erforderliche Preßluft selbst verdichten und sie zusammen mit dem flüssigen Brennstoff in den Kessel drücken. Die im Brennstoff enthaltene Wärmeenergie (Heizwert) wird zwar, abgesehen vom Wärmeverlust des Kessels, an die äußere Umgebung, sozusagen restlos in das Dampf-Gasgemisch übergehen, jedoch ist von der durch die Expansion dieses Gemisches gewinnbaren Arbeit außer den üblichen Verlusten durch Reibung, Wärmeabfuhr an die Umgebung, noch die Kompressionsarbeit der Verbrennungsluft mit allen ihren Verlusten abzuziehen.

Im folgenden werden unter vereinfachenden Annahmen Grenzwerte für die Wärmeausnutzung einer Unterwasserfeuerung mit einer Expansionsauspuff-Dampfmaschine ermittelt, und zwar wird es für die Beurteilung des Wirkungsgrades genügen, die Grenzfälle folgender praktisch annähernd möglichen Kreisprozesse zu untersuchen:

1. denjenigen Grenzfall, bei dem die niedrigste Wärmeausnutzung eintritt,
2. denjenigen Grenzfall, der den höchsten praktisch erreichbaren Wirkungsgrad ergibt.

Fall 1 tritt ein bei adiabatischer Kompression der Luft und bei einer Temperatur der Treibgase, die der des gesättigten Wasserdampfes entspricht; Fall 2 tritt ein, wenn die Verbrennungsluft unter Aufwendung der praktisch möglichen geringsten Arbeit verdichtet und die Treibgase im Kessel auf eine möglichst hohe Temperatur, etwa 400°, überhitzt werden.

Fall 1.

a) Adiabatische Kompression der Luft; keine Überhitzung der Treibgase.

Es sei: das Anfangsvolumen der Luft $V_1 = 1$ cbm,
die Anfangstemperatur der Luft $t_1 = 20°$ C, also $T_1 = 293°$,
der Anfangsdruck der Luft $p_1 = 1$ at abs.;
ferner der Enddruck der verdichteten Luft $p_2 = 10$ at abs.

Damit wird die Endtemperatur der verdichteten Luft:

$$T_2 = 572^0, \quad t_2 = 299^0\,C,$$

da

$$T_2 = T_1\left(\frac{p_2}{p_1}\right)^{\frac{k-1}{k}} = 293\left(\frac{10}{1}\right)^{\frac{1,41-1}{1,41}}.$$

Das Endvolumen der verdichteten Luft ist $V_2 = 0,1954$ cbm, weil

$$V_2 = V_1\left(\frac{p_1}{p_2}\right)^{\frac{1}{k}}.$$

Wenn für die Expansion aus dem schädlichen Raum ebenso wie für die Kompression der Exponent k zugrunde gelegt wird, sind

$$L_1 = \frac{1}{k-1}\cdot(P_2V_2 - P_1V_1) = 32\,800 \text{ mkg}$$

für die Verdichtung der zu 1 cbm angenommenen Luft aufzuwenden.

Der Betriebsdruck des Kessels soll 9 at abs. $= p_3$ betragen, wobei den Erfahrungen entsprechend angenommen ist, daß 1 at infolge von Reibungsverlusten, Wirbelbildungen usw. bei der Verbrennung verloren geht.

Die Temperatur t_3 des gesättigten Wasserdampfes beträgt bei 9 at abs. 174°; geht man von 20° C Speisewassertemperatur aus, so sind für 1 kg Dampf 645 WE aufzuwenden.

Es soll Öl von 10000 WE Heizwert zur Feuerung verwendet werden. Zur vollständigen Verbrennung sind mindestens 14,4 kg Luft für 1 kg Öl nötig. Mit 1 cbm Luft vom Anfangszustand können $\frac{1,16}{14,4}$ kg $= 0,0806$ kg Brennstoff verbrannt und $Q_1 = 806$ WE entwickelt werden.

Wird die mit 299° C in den Kessel tretende Luft auf 174° C, die Temperatur des Dampfes, abgekühlt, so können ihr

$$Q_2 = 1,16\,(\text{kg})\cdot c_p\cdot(t_2 - t_3) = 1,16\cdot 0,246\cdot 125 = 35,7 \text{ WE}$$

entzogen werden; dabei ist

$$c_p = \left(0,2259 + 0,0000394\,\frac{T_2 + T_3}{2}\right) \text{WE/kg}$$

nach den von Langen angegebenen Werten gesetzt.

Für die Verdampfung stehen jetzt $Q_4 = 806 + 36 = 842$ WE zur Verfügung. Damit können $\frac{842}{645}$ kg $=$ 1,305 kg Dampf erzeugt werden, dessen Volumen

$$V_3' = 1,305\cdot 0,220 = 0,287 \text{ cbm ist.}$$

Für die Verbrennungsprodukte hat die Gaskonstante den Wert 29,44 mkg; ihr Gewicht ist $1,16 + 0,08 = 1,24$ kg, ihr Volumen daher

$$V_3'' = \frac{G\,R\,T}{P} = 1,24\cdot\frac{29,44}{90\,000}\cdot 447 = 0,181 \text{ cbm.}$$

Das Volumen V_3 beider Stoffe ergibt sich zu

$$V_3' + V_3'' = 0,287 + 0,181 = 0,468 \text{ cbm.}$$

Der Exponent der Adiabate ist $\frac{c_p}{c_v}$.

Für die vorliegende Mischung gilt anfangs der Wert 1,35. Während der Expansion ändert er sich, und bei 1 at gilt der Wert 1,27. Es soll der Einfachheit halber mit dem konstanten Wert 1,30 gerechnet werden.

Die Expansion im Arbeitszylinder soll bis 2 at abs. vor sich gehen. Die Spitze 4, 5, 6 im Diagramm, Abb. 133, geht verloren. Unter Einbeziehung dieser Spitze wird an Arbeit der Betrag

$$L_2 = \frac{n}{n-1}\,P_3V_3\left[1 - \left(\frac{P_5}{P_3}\right)^{\frac{n-1}{n}}\right]$$

gewonnen.

$$L_2 = 4,335\cdot 90\,000\cdot 0,468\cdot 0,398 = 72\,800 \text{ mkg.}$$

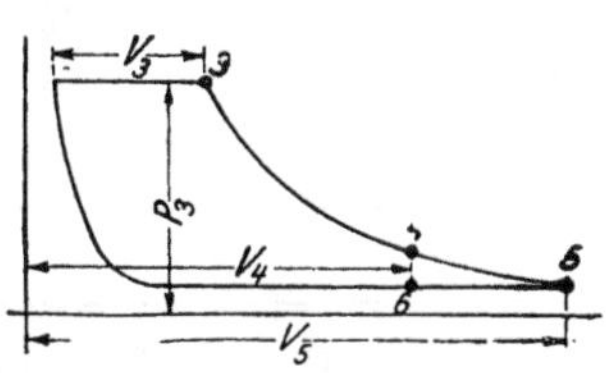

Abb. 133. Arbeitsdiagramm einer Gemischdampfmaschine.

Der schädliche Raum betrage 0,1 cbm; damit berechnet sich für V_4 der Wert 1,79 cbm, für V_5 3,16 cbm. In Prozent des Wertes beträgt der schädliche Raum

$$\frac{0,1}{1,69}\cdot 100 = 5,9\,\%_0.$$

Die Spitze 4, 5, 6 stellt folgenden Arbeitsbetrag L_3 vor:

$$L_3 = \frac{n}{n-1} P_4 V_4 \left[1 = \left(\frac{P_5}{P_4}\right)^{\frac{n-1}{n}}\right] - P_5 (V_5 - V_4) = 3{,}333 \cdot 20000 \cdot 1{,}79 \cdot 0{,}147 - 10000 \cdot 1{,}37 = 3800 \text{ mkg}.$$

An Arbeit werden also $L_2 - L_1 = L_4 = 69000$ mkg gewonnen; davon geht die Arbeit des Kompressionszylinders ab; es bleiben $L_5 = 36200$ mkg verfügbar; diese entsprechen 84,7 WE.

Das Verhältnis der Arbeit im Kompressor zu der im Arbeitszylinder wird

$$\frac{L_1}{L_4} = \frac{32\,800}{69\,000} = 47{,}5\,\%.$$

Der thermodynamische Wirkungsgrad wird

$$\eta = \frac{84{,}7}{806} = 10{,}5\,\%.$$

b) Adiabatische Kompression der Luft, Treibgase auf 400° überhitzt.

$$L_1 = 32\,800 \text{ mkg} \qquad T_2 = 572^0 \quad T_3 = 673^0$$
$$p_2 = 10 \text{ at} \quad p_3 = 9 \text{ at}.$$

Zur Erhitzung der Luft auf 400° werden bei $c_p = 0{,}2504$ $Q_2 = -29{,}4$ WE aufgebraucht; für die Dampfbildung bleiben 777 WE. Da für 1 kg Dampf jetzt 782,5 WE aufzuwenden sind, so können 0,993 kg Dampf erzeugt werden.

$$V_3' = 0{,}346 \text{ cbm} \qquad V_3'' = 0{,}273 \text{ cbm} \qquad V_3 = 0{,}619 \text{ cbm}.$$

Für den Exponenten n ergibt sich jetzt ein Mittelwert von 1,35.

$$L_2 = 93\,400 \text{ mkg}.$$

Schädlicher Raum = 0,13 cbm oder $\frac{0{,}13}{2{,}18} = 6\,\%$.

$L_3 = 6\,000$ mkg

$L_4 = 87\,400$ mkg

$L_5 = 54\,600$ mkg oder 127,9 WE

$\frac{L_1}{L_4} = 37{,}5\,\%$.

$\eta = \frac{127{,}9}{806} = 15{,}9\,\%$.

Fall 2.

a) Polytropische Kompression der Luft (Kühlung auf 75°); keine Überhitzung der Treibgase.

Anfangstemperatur der Luft $T_1 = 293^0$ ($t_1 = 20^0$).

Endtemperatur der Luft $T_2 = 348^0$ ($t_2 = 75^0$).

Exponent der Kompression $n = 1{,}0807$.

Enddruck der komprimierten Luft $p_2 = 10$ at abs.

Anfangsvolumen der Luft $V_1 = 1$ cbm.

$L_1 = 25\,100$ mkg

$Q_2 = -29{,}7$ WE

$L_4 = 65\,600$ mkg

$L_5 = 40\,500$ mkg oder 94,8 WE

$\frac{L_1}{L_4} = 38{,}3\,\%$

$\eta = 11{,}8\,\%$.

b) Polytropische Kompression der Luft (Kühlung auf 75°); Treibgase auf 400° überhitzt.

$L_1 = 25\,100$ mkg

$Q_2 = -99{,}2$ WE

$L_4 = 83\,000$ mkg

$L_5 = 57\,900$ mkg oder 135,6 WE

$\frac{L_1}{L_4} = 30{,}3\,\%$

$\eta = 16{,}8\,\%$.

Zusammenstellung.

		Fall 1a	Fall 1b	Fall 2a	Fall 2b
Thermischer Wirkungsgrad	%	10,5	15,9	11,8	16,8
indizierte Arbeit im Arbeitszylinder L_4	mkg	69 000	87 400	65 600	83 000
indizierte Arbeit im Kompressionszylinder L_1	„	32 800	32 800	25 100	25 100
indizierte Nutzarbeit L_5	„	36 200	54 600	40 500	57 900
$\frac{L_1}{L_4}$	%	47,5	37,5	38,3	30,3
$\frac{L_5}{L_1}$	„	110	167	183	251

Wenn auch bei vorstehenden Berechnungen Annahmen gemacht sind, die den tatsächlichen Verhältnissen nicht ganz entsprechen, so läßt sich doch schon aus den rein theoretischen Betrachtungen erkennen, daß die Verbindung der Unterwasserfeuerung mit einer Maschine in bezug auf Wirtschaftlichkeit gegenüber den heute erreichten Werten keinen Vorteil verspricht. Der thermische Wirkungsgrad der ganzen Anlage beträgt nach unserer Rechnung im günstigsten Falle 16,8%, während eine gewöhnliche gute Dampfmaschine mit Auspuff, z. B. eine 300 PS-Lokomobile, bei einem Kohlenverbrauch von 0.7 kg für 1 PS-Std. einen Wirkungsgrad von 11% aufweist; bei Kondensationsbetrieb wird dagegen schon ein thermischer Wirkungsgrad von 14% erreicht. Bei diesem Vergleich ist zu berücksichtigen, daß der auf die Nutzleistung bezogene Wirkungsgrad bei einer Brünlerschen Anlage verhältnismäßig niedriger sein wird als bei einer gewöhnlichen Dampfmaschine, da außer den Reibungsverlusten der Hauptmaschine noch die des Kompressors in Abzug zu bringen sind. Wie aus der Zusammenstellung hervorgeht, beträgt die indizierte Nutzarbeit der Maschine höchstens nur etwa 70% der im Arbeitszylinder geleisteten indizierten Arbeit. Danach muß eine mit der Unterwasserfeuerung betriebene Maschinenanlage unter allen Umständen schwerer als eine gewöhnliche Dampfmasching ausfallen. Dagegen dürfte sich der Kessel mit der Unterwasserfeuerung verhältnismäßig klein gestalten lassen.

Die Annahme, daß nur eine Auspuffmaschine anwendbar ist, beruht, wie eigentlich selbstverständlich, darauf, daß die Erzielung eines luftleeren Raumes infolge der großen Gasmengen an der erforderlichen Größe der Luftpumpe scheitert; es käme daher nur dann eine Kondensationsmaschine in Betracht, wenn die Wärme des Dampf-Gas-Gemisches erst durch einen Oberflächen-Wärmeaustauscher auf reinen Wasserdampf übertragen würde (oder auch durch Verwendung von schwefliger Säure od. dgl.); dieser Fall unterscheidet sich vom bisherigen Kessel dadurch, daß die Verbrennungsluft unter Druck zugeführt werden muß und die Wärmeübertragung mit kleinem Temperaturgefälle vor sich geht; es würde in diesem Falle wieder ein Abwärmeverlust eintreten, dessen Vermeidung gerade der Vorteil der Unterwasserfeuerung sein soll; wenn man bedenkt, daß heute Kesselanlagen mit Wirkungsgraden von 85% und mehr arbeiten, die Abgasverluste also unter Mehraufwand von Heizfläche und Zug auf ein Mindestmaß eingeschränkt sind, so ist ohne weiteres einleuchtend, daß die Anwendung einer indirekten Wärmeübertragung und Kondensation überhaupt nicht in Betracht kommt.

Zu erwähnen ist ferner, daß durch die Anwendung einer Turbine an Stelle der Kolbenmaschine noch etwas an Nutzarbeit durch die vollständige Expansion gewonnen werden kann: in Abb. 133 die Spitze 4, 5, 6, so daß die Wirkungsgrade etwas höher würden; jedoch ist, wie bei der Gasturbine, die Kompression der Verbrennungsluft durch umlaufende Gebläse nur in größtem Maßstabe wirtschaftlich möglich, und bei getrenntem Antrieb eines Kolbenkompressors ist mit Übertragungsverlusten zu rechnen; für beide Fälle — Gasturbine und Unterwasserfeuerungs-Dampfmaschine — liegt der Schwerpunkt in der Kompression der Verbrennungsluft. Ganz offenbar ist jedoch, daß eine solche Unterwasserfeuerungs-Dampfmaschine nie die Wirkungsgrade von Verbrennungsmaschinen erreichen kann.

Der Gesamtwirkungsgrad der Wärmeausnutzung ließe sich durch die Ausnutzung der Abwärme für Heizzwecke u. dgl. erhöhen; in solchen Fällen arbeitet jedoch die gewöhnliche Dampfmaschine oder -turbine unter den günstigsten Umständen, während bei der Gemischdampfmaschine die Wärmeübertragung durch die Beimischung der Verbrennungsprodukte ungünstig wird (vgl. S. 83, 87, 430 usw.).

b) Anwendung der Unterwasserfeuerung in chemischen Fabriken.

Eine vorteilhafte Einführung scheint die Unterwasserfeuerung in chemischen Fabriken zu finden. So berichtet Geh. Oberregierungsrat Jaeger in der Zeitschrift für Dampfkessel- und Maschinenbetrieb Nr. 2 vom Jahre 1914 von der Bewährung dieser Neuerung bei einem Kessel der Firma Wesenfeld, Dicke & Co. in Dahl bei Langefeld (Kreis Schwelm); die Unterwasserfeuerung wird hier zum Eindampfen von Wolfram-Natronlaugen benutzt. Die Bauart der Anlage ähnelt der in Abb. 131 dargestellten des Jahres 1898 vollkommen, so daß wir uns auf diese Beschreibung beschränken können. Auffallend ist die von der Firma Wesenfeld, Dicke & Co. mitgeteilte hohe Verdampfungsziffer (20 bis 24), die wir gegenüber der theoretisch möglichen (rd. 14) anzweifeln müssen. Möglicherweise ist das Wasser teilweise zerstäubt worden, so daß es sich wohl zum großen Teil um mitgerissenes Wasser handeln dürfte. Nach Prof. Blacher, mit dem Verfasser wegen dieser Erscheinung verhandelt hat, wirkt die Verbindung von CO_2 und Lauge wärmeausscheidend; aber trotzdem ist dann die hohe Verdampfungsziffer nicht erklärlich.

Der Umstand, daß Lauge nicht in Flußläufe abgelassen werden darf, zwingt die Fabriken, ihre Laugen einzudampfen, was natürlich sehr teuer ist; dies geschah bisher entweder unmittelbar, d. h.

mit Hilfe von Feuer oder mittelbar durch Dampfschlangen. Die konzentrierten Laugen haben einen Siedepunkt von rd. 110°, so daß beispielsweise beim Eindampfen mit Hilfe von Dampf von etwa 7 at Überdruck nur ein Temperaturunterschied von 50° zur Verfügung steht. Durch das Brünlersche Verfahren kann daher in dieser Hinsicht sehr viel gespart werden.

III. Feuerungen für gasförmige Brennstoffe.

1. Hochofen-Gichtgas und Generatorgas.

Die bekannte hohe Wirtschaftlichkeit des Betriebes unserer neueren Hütten beruht auf dem erfolgreichen Bestreben, die über den eigenen Verbrauch der Hochöfen, Stahlwerke, Walzwerke, Koksöfen usw. hinaus vorhandenen Gasmengen und die erheblichen Abwärmemengen gründlich auszunutzen. Den Bedarf der Hüttenwerke an Wärmeenergie kann man in drei Gruppen teilen: a) denjenigen Teil, bei dem die Erzeugung der Wärme Selbstzweck ist, b) den Teil, bei dem es sich um die Erzeugung von Kraft in Arbeitsmaschinen wie Gebläsen, Walzenzugmaschinen, und c) den Teil, bei dem es sich um Umsetzung von Wärmenergie in elektrischen Strom für Licht- oder Kraftzwecke handelt. Beispiele aus der Praxis beweisen, daß es heute nicht mehr nötig ist, auf einem Hüttenwerk irgendwelche Stocharbeit zu verrichten, sondern daß ein neuzeitlich gebautes gemischtes Werk der Großeisenindustrie vollständig mit den als Nebenstoffen erzeugten Gasen auskommen kann. Z. B. hat die „Dortmunder Union" keine Generatorgaserzeuger mehr auf ihrem Werk stehen und führt ihren gesamten Betrieb vollständig mit Hoch- und Koksofengas durch, während früher die Gasgeneratoren für den Betrieb der Martinöfen, Durchweichungsgruben und der mannigfachen Hilfsöfen eine nicht geringe Rolle spielten.

Die Gichtflamme des Hochofens zu Heizzwecken zu verwenden, hat zuerst im Jahre 1811 Aubertot versucht. Er benutzte sie im Cher-Departement zur Zement-, Stahl- und Ziegelbereitung[1]). Aubertot erkannte, daß die Wärmeentwicklung der Hochofengase vor allem durch die Verbrennung und nur zum geringen Teil durch die gebundene Wärme hervorgerufen wurde. Der Engländer Neilson erkannte 1830 den günstigen Einfluß der Erhitzung des Gebläsewindes auf den Betrieb der Hochöfen.

Faber du Faur begann im Jahre 1830 in Deutschland den Bau von Winderhitzern. Die erste Verwendung der Gichtgase bestand also in ihrer Benutzung zur Vorwärmung des Gebläsewindes für den Hochofen. Außerdem verwandte man den Überschuß an Gichtgasen zum Verkohlen von Holz und zum Dörren u. a. m. Vor allem durch die Arbeit Bunsens, der seit 1838 das Hochofengas erforschte, wurde diese Frage auf eine wissenschaftliche Grundlage gestellt. Bunsen war auch der erste, der die Ausnutzung der Hochofengase zur Dampferzeugung vorschlug und ausrechnete, daß die Menge der Gase nicht allein zum Betriebe der Gebläsemaschinen ausreichte, sondern daß noch ein ganz beträchtlicher Überschuß an Heizgasen verblieb, die für die verschiedensten Zwecke verwandt werden könnten. Eins der ersten Hüttenwerke, das diese Erwägungen in die Tat umsetzte, war die Hütte zu Niederbronn. Nach dem gewaltigen Aufschwung der Roheisenerzeugung Deutschlands in den Jahren 1872 bis 1890 sanken die Eisenpreise infolge des internationalen Wettbewerbes sehr stark, und man war gezwungen, nach einer Verbilligung der Selbstkosten zu streben. Man bemühte sich daher, auch nicht die geringste Wärmemenge verloren gehen zu lassen und das Verfeuern von Kohlen auf Hüttenwerken möglichst zu vermeiden. Die Zahlentafel 123, S. 325, gibt eine Reihe von Gichtgasanalysen aus dem Betriebe der Hochöfen für verschiedene Eisensorten an. Es sind Durchschnittsergebnisse von Analysen, die an den Gasen von Hochöfen mit verschiedener Erzmöllerung und Roheisengattung ausgeführt wurden.

Die Gasmenge eines Hochofens kann man aus der Koksmenge berechnen, die zur Erzeugung von 1 t Roheisen erforderlich ist. Buck gibt hierfür folgende Rechnung an: Werden für je 100 kg Roheisen 100 kg Koks mit 88% Kohlenstoff verbraucht und enthält das Erz einschließlich Kalksteinzuschlag 6% Kohlenstoff, so werden 94 kg Kohlenstoff für 100 kg Roheisen dem Hochofen zugeführt. Hiervon nimmt das Roheisen im Durchschnitt 4 kg auf, so daß für die Gasentwicklung 90 kg Kohlenstoff verbleiben. Diese 90 kg Kohlenstoff liefern 439 cbm trockenes Hochofengas, oder 1000 kg Koks liefern 4390 cbm von 0° und 760 mm Druck mit rd. 800 WE Heizwert.

Die Hochofengase sind, so wie sie fallen, nicht zu verwenden, sondern bedürfen erst einer kräftigen Reinigung. Sie sind verunreinigt durch den sog. Gichtstaub, der aus vergaster Hochofenschlacke, mitgerissenen Feinerzen und Koksabrieb besteht. Die Menge dieses Gichtstaubes hängt vom Fein-

[1]) Dr.-Ing. R. Buck, Verlag Stahleisen, Düsseldorf 1911 (Doktorarbeit).

gehalt der Möllerung und von der Festigkeit des Kokses ab. Hochöfen, die sehr stark mit Feinerzen betrieben werden und mit großem Druck im Innern arbeiten, können bis zu 30 und 40 g Staub in 1 cbm enthalten, während Buck den mittleren Staubgehalt zu 8 bis 10 g/cbm angibt.

Zahlentafel 123.

Hochofengas.

Eisensorten	CO Volumen-%	CO_2 Volumen-%
Thomaseisen . . .	30,2	7,8
Stahleisen	26,5	11,6
Puddeleisen	29,5	8,0
Hämatit	29,4	10,6
Gießereieisen	28,8	7,4
Ferrosilizium	29,6	4,7
Ferromangan	31,8	5,8

Die Reinigung des Gases vom Gichtstaub zerfällt in eine Vorreinigung, die wieder aus einer trockenen und nassen Reinigung besteht, und in die Feinreinigung. Bei dieser unterscheidet man eine Naßreinigung in Ventilatoren oder Zentrifugalwäschern und eine Trockenreinigung mit Filtern und Ventilatoren. Die Trockenreinigung besteht in der Hauptsache darin, daß man den Gichtstaub durch Änderung der Strömungsrichtung des Gases zum Absetzen bringt und ihn, nachdem er sich an den tiefsten Stellen der Rohre gesammelt hat, während des Betriebes entfernt. Man baut hierfür senkrechtstehende Rohre von großem Durchmesser, die die Geschwindigkeit des Gasstromes vermindern und unten Staubsäcke zur Ansammlung und Absetzung des Staubes haben. Hier kommt vor allen Dingen als reinigend die Geschwindigkeitsverminderung in Betracht. Zur Naßreinigung bedient man sich der sog. Hordenreiniger. Hier wird Wasser im Überschuß zugegeben, und zwar im Gegenstrom. Außerdem gibt es eine Reihe von bewährten Bauarten beweglicher Kühler und Wäscher. Nach dem Verlassen der Wäscher wird das Gas meistens noch geschleudert. Die hierzu benutzten Ventilatoren dienen nicht nur zum Aussaugen und Nachreinigen sondern auch zum Befördern des reinen Gases an die Verbrauchsstelle. Die Trockenfeinreinigung schließlich sucht man neuerdings dadurch zu erreichen, daß das heiße Gas bis auf den Taupunkt des Wasserdampfes gekühlt und das entwässerte und wieder erhitzte Gas mittels eines Ventilators, der nur zum Saugen und Drücken dient, durch ein Netz von Filterschläuchen gezogen wird. Der feine Staub setzt sich dann im Gewebe der Schläuche fest und wird von diesen selbsttätig in gewissen Zeitabschnitten durch Rütteln und Senken der Schläuche abgeworfen. Die Kraftbedarfskosten dieser Anlagen sollen sich auf etwa 60% der sonst üblichen verringern[1]).

Durch die dem Feuerungstechniker vertraute Erhitzung des Windes für den Hochofen ist erst der erhöhte Betrieb der Hochofenwerke mit seinen heutigen großen Leistungen möglich geworden. Zunächst verwandte man eiserne Winderhitzer, in denen nur Temperaturen bis zu 600° C erreicht werden konnten. Sie wurden zunächst zum Teil durch Rostfeuerung, zum Teil durch Verbrennung der ungereinigten Hochofengase erhitzt. In den siebziger Jahren wurden die eisernen Winderhitzer durch steinerne abgelöst, in denen man höhere Temperaturen erreichen konnte. Ein guter Winderhitzer hat auf möglichst kleinem Raum eine möglichst große Heizfläche und soll bei möglichstgeringem Gasverbrauch mit vorgereinigtem Gas möglichst hohe Temperaturen ergeben. Sehr günstig hat sich für die Steigerung der Leistungsfähigkeit der Winderhitzer die Vorwärmung der Verbrennungsluft erwiesen.

Über beschleunigte Winderhitzerheizung berichtet Hugo Schmalenbach[2]). Das Verfahren beruht darauf, den Wärmeübergang in dem Erhitzer während des Heizabschnittes durch Anwendung großer Geschwindigkeiten von Gas und Verbrennungsluft zu beschleunigen und diese großen Geschwindigkeiten durch mechanisches Einführen von bedeutend größeren Gas- und Luftmengen mit Hilfe von Ventilatoren in die Erhitzer zu erzielen. Hierdurch wird die Heizzeit bedeutend herabgesetzt und an Heizfläche und Gas erheblich gespart, und zwar infolge der kleineren Strahlungsfläche bei einer geringeren Anzahl von Erhitzern[3]).

Die Bedingungen, die an die Reinheit des Hochofengases als Kraftgas gestellt wurden, waren durch die verbesserten Reinigungsverfahren bald erfüllt, so daß schon im Jahre 1908, nachdem der Bau von Großgasmaschinen im Jahre 1900 in Angriff genommen war, mehr als 1 Mill. PS in Ein-

[1]) Näheres siehe im Aufsatz von Fr. Müller, Stahl u. Eisen 1911, S. 229.

[2]) Vortrag vom 29. November 1913 in der „Eisenhütte Düsseldorf".

[3]) Näheres hierüber siehe Stahl u. Eisen 1914, S. 305.

heiten über je 1000 PS im Betrieb oder im Bau waren. Bedenkt man, daß mehr als 45% der dem Hochofen in Form von Koks zugeführten Wärmemenge zu anderweitiger Verfügung stehen, so ist ersichtlich, welche gewaltigen Kraftmengen durch das Hochofengas erzeugt werden können und bei wirtschaftlichem Betrieb erzeugt werden müssen. Ein Teil des Hochofengases wird, nachdem das Gas für die Winderhitzung abgezweigt ist, in Gasmaschinen verwertet, die jetzt vielfach die Hochofen- und Stahlwerkgebläse antreiben. Mit einem anderen Teil wird, wie bereits oben angeführt, elektrischer Strom für die Hütte erzeugt. Der Überschuß an elektrischem Strom kann vorteilhaft an Überlandkraftwerke abgegeben oder anderweitig in benachbarten Betrieben für Gemeinden, Straßenbahnen oder sonstige Zwecke verwendet werden und so eine äußerst ergiebige Einnahmequelle des Werkes bilden. Eine moderne Hochofengasmaschine verbraucht etwa 3 cbm Gas zur Erzeugung von 1 PS-Std.

Ein Beispiel für die zahlreichen gewaltigen Anlagen, die das Gichtgas auf unseren Hütten in vollendet wirtschaftlicher Weise nutzbar machen, ist das Kraftwerk der Adolf Emil-Hütte in Esch, das neun Gichtgasdynamos von je 2240 kW und acht Gasgebläse für je 1150 cbm Luft/Min. enthält.

Was die Verfeuerung des Hochofengases unter Dampfkesseln betrifft, so sind, allgemein betrachtet, gegenüber den früheren einfachen Einrichtungen in den letzten Jahren ganz bedeutende Fortschritte in der Verbrennung von Gasen wie Koksofen-, Hochofen-, Generator-, Mond-, Erd- und Leuchtgas gemacht worden. Die Frage, ob man das Gas vorteilhafter zum Betrieb von Gasmaschinen oder zur Dampferzeugung verwenden soll, dürfte heute noch nicht entschieden sein; gerade auf den Hütten und Zechen sind die mit Gas gefeuerten Dampfkessel noch immer in steigendem Umfange in Betrieb genommen worden. Nach Birkholz[1]) war man sich noch vor wenigen Jahren über den Wert des Koksofen- und Hochofengases im unklaren. Bei einem Vergleich der im Gas und in der Kohle aufgespeicherten Wärmemenge können wir den Wärmewert der Überschußgase einer Kokerei von 50 Regenerativöfen auf durchschnittlich 100000 M jährlich oder 1 M/t eingesetzte Kohle schätzen. In einem Hochofenwerk ist der Gesamtwert der Gichtgase entsprechend den größeren Mengen noch erheblich höher; bei einem Preise von 10 M/t Kohle stellt das Hochofengas einen Geldwert von 5,50 M/t Koks dar. Ein Hüttenwerk, das einen Jahresbedarf von 150000 t Koks hat, verfügt demnach über eine Gasmenge für etwa 800000 M/Jahr. Dieser Wert dürfte sich, wenn man den mit der Verfeuerung des Gases verbundenen höheren Wirkungsgrad gegenüber der Steinkohlenfeuerung berücksichtigt, auf 1 Mill. M erhöhen[2]).

Mit Hilfe des Terbeck-Brenners von Salau & Birkholz ist man heute schon imstande, Wirkungsgrade bis zu 85% zu erzielen. Die Bedingungen, die zur Erreichung solcher Wirkungsgrade gestellt werden müssen, sind folgende:

1. Die Brenner dürfen nicht in Vorfeuerungen untergebracht werden, mit denen Strahlungsverluste verbunden sind, sondern sie müssen unmittelbar mit der Kesselheizfläche in Verbindung stehen, d. h. beispielsweise in ein Flammrohr ohne feuerfeste Ausmauerung eingebaut sein.

2. Die Verbrennungsluft oder ein Teil davon muß dem Gas so zugeführt werden, daß an der Verbrennungsstelle schon eine innige Mischung von Luft und Gas vorhanden ist, damit eine vollkommene Verbrennung mit höchster Flammentemperatur auf kürzestem Wege stattfinden kann.

3. Die zur vollkommenen Verbrennung nötige Luftmenge muß unabhängig vom Kaminzug einströmen, damit eine Drosselung des Kaminschiebers zur Erzielung geringer Abgangstemperaturen ohne Einfluß auf die Verbrennung selbst möglich ist. Um Druckschwankungen in der Gasleitung und damit zusammenhängende Störungen in der Verbrennung zu vermeiden, ist für den Einbau eines Gasdruckreglers Sorge zu tragen.

Die Wirkungsweise des vielfach verbreiteten Terbeck-Brenners, Abb. 134 u. 135, ist die des Bunsenbrenners; er gestattet also, mit möglichst geringer Luftmenge eine vollkommene Verbrennung zu erzielen. Das Gas tritt bei dem Brenner durch eine kreisförmige Düse ohne erheblichen Druckverlust in das Mischrohr ein und saugt infolge seiner Strömungsenergie die durch ein Tellerventil zentrisch zuströmende Verbrennungsluft an. Durch kegelige Verjüngung des Mischrohres an der Verbrennungsstelle wird die Austrittgeschwindigkeit des Gasluftgemisches so erhöht, daß ein Zurückschlagen der Flamme im regelmäßigen Betriebe unmöglich ist. Da die gesamte Verbrennungsluft nicht durch die Strömungsenergie des Gases angesaugt werden kann, tritt an der Verbrennungsstelle zum Teil gleichfalls angesaugte Sekundärluft hinzu, die an der Verbrennung teilnimmt. Sowohl die Gas- als auch die Luftzuführungsenergie ist regelbar und genau einstellbar.

---

[1]) Vgl. Birkholz, Gasfeuerungen für Dampfkessel und deren Wirtschaftlichkeit. Sonderabdruck aus Technische Mitteilungen und Nachrichten 1914, Heft 12 u. 13.

[2]) An dieser Stelle sei auf die vorzügliche Arbeit von Dr.-Ing. K. Rummel, Die Gaswirtschaft auf Eisenhüttenwerken, Z. d. V. d. I. 1914, S. 1153 u. f., hingewiesen, der die heiß umstrittene Frage: Gasmaschine oder Dampfmaschine? für den Betrieb auf Hüttenwerken zu einem gewissen Abschluß gebracht hat.

Explosionen können vorkommen, wenn das Gas in den Kessel gelangt, ohne rechtzeitig entzündet zu werden, oder wenn das Gas durch plötzliche Druckstöße eine über die Zündgeschwindigkeit hinausgehende Austrittgeschwindigkeit erhält. Ersteres ist natürlich durch sachgemäße Bedienung, letzteres

Abb. 134. Dampfkesselanlage mit Terbeck-Brennern.

durch Einbau eines Abblaseventiles in die Gasleitung zu verhüten, das sich bei einem höheren als der Berechnung des Brenners zugrunde gelegten Druck öffnet. Ferner empfiehlt es sich, ein Schamotte-

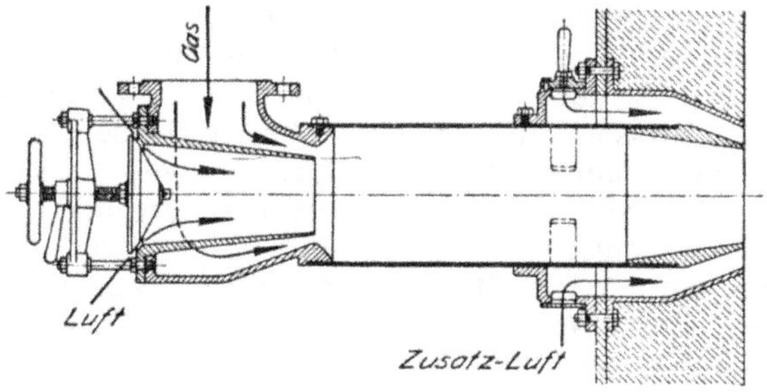

Abb. 135. Terbeck-Brenner.

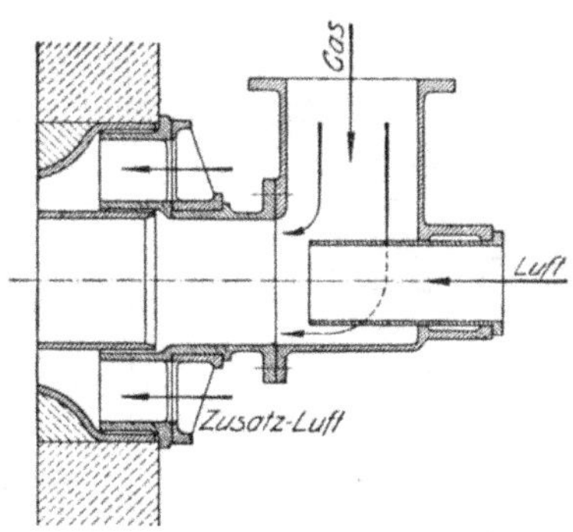

Abb. 136. Brenner-Bauart Langheinrich.

gitterwerk etwa 2 m hinter der Brennermündung einzubauen, um bei vorübergehendem Ausbleiben des Gases eine selbsttätige Wiederentzündung zu sichern.

Eine dem Terbeck-Brenner ähnliche Bauart stammt von Langheinrich in Koblenz-Pfaffendorf (vgl. Abb. 136). Hier tritt die Luft durch ein offenes Rohr in das Gehäuse ein, in dem es sich mit dem eingeführten Gas mischt. Die Zusatzluft wird wie beim Terbeck-Brenner durch einen Ringschieber eingeführt, dessen Öffnungen indes auf der Stirnwand des Brennergehäuses liegen, um Richtungsänderungen zu vermeiden. Durch das axiale Luftrohr werden das Gas-Luftgemisch entzündet, Staub-, Teer- und Naphthalin-Ansammlungen entfernt und der Verbrennungsvorgang beobachtet. Das Luftrohr wird nur verschlossen, wenn der Brenner ausgeschaltet oder auf kleine Flamme eingestellt werden soll.

Abb. 137 stellt den Brenner der Gesellschaft Westfälische Maschinenbau-Industrie Gustav Moll & Co. in Neubeckum dar[1]). Das Gas wird hier erst bis zu einem gewissen Prozentsatz mit Luft gemischt und gebotenenfalls nochmals von außen durch Verschiebung des Ringschiebers in die punktierte Lage mit Zusatzluft versehen. Da diese Ausführung jedoch nicht befriedigt hat, so sehen wir in dem Brenner, Abb. 138, derselben Firma den Grundsatz der Zuführung von Sekundärluft aufgegeben. Das Gas, das bei früheren Brennerausführungen in Gestalt eines Ringstrahles austrat, erhielt jetzt durch einen vor der Düsenöffnung sitzenden Kegel die Form eines Trichters. Die Gasaustrittsöffnung kann auf diese Weise mittels eines Handrades auf die gewünschte Größe eingestellt werden. Die in dieser Richtung vervollkommneten Brenner sind soweit durchgebildet worden, daß gleichzeitig mit der Einstellung der Gasmenge auch die zugehörige Verbrennungsluftmenge in dem richtigen Verhältnis selbsttätig geregelt wird. Nach Mitteilung der ausführenden Firma ist es mit diesen Brennern möglich, mit einem Sauerstoffüberschuß von nur 0,5% eine vollkommene Verbrennung zu erzielen. Dies ist bei Feuerungen, deren Abgase zur Stickstoffgewinnung benutzt werden sollen, von Wichtigkeit.

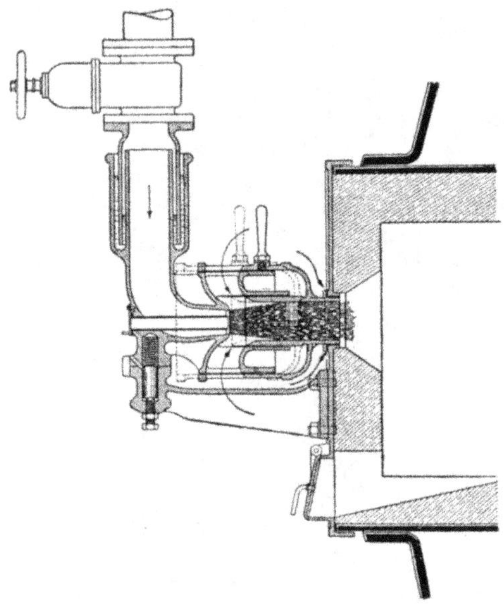

Abb. 137. Brenner der Ges. Westf. Maschinenbau-Industrie, Gustav Moll & Co., Neubeckum.

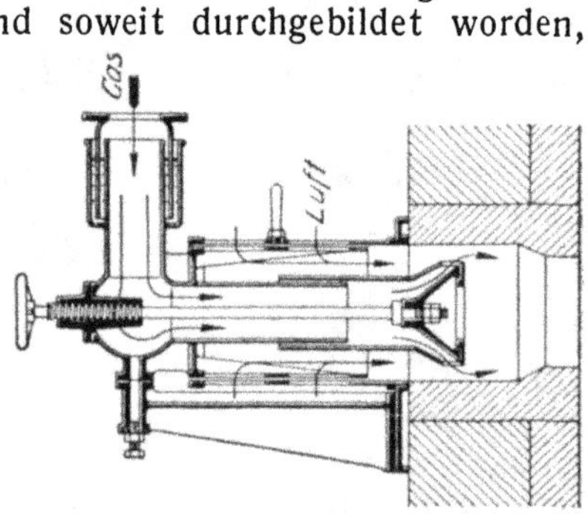

Abb. 138. Brenner neuerer Bauart Gustav Moll & Co.

Bei anderen bekannten Gasbrennern für Industriegase hat man eine innige Mischung des Gases mit der Verbrennungsluft dadurch zu erreichen gesucht, daß man den Gasstrahl durch eine größere Anzahl von Rohren unterteilte, wie das z. B. bei der Wefer-Feuerung der Fall ist[2]). Bei der aus Abb. 139 ersichtlichen Gasfeuerung von Gustav Moll & Co. ist der Gasstrom gleichfalls durch Anordnung einer größeren Anzahl von Mischrohren und Gasdüsen unterteilt. Der Primärluft ist jedoch Gelegenheit gegeben, sich über die ganze Länge des Diffusors mit dem Gas zu mischen. Am Ende der Mischrohre erfolgt dann noch die Vermischung mit Zusatzluft. Die Unterteilung des Gasstromes gestattet, das Verhältnis zwischen Gasdüsendurchmesser und Diffusor günstiger zu gestalten als bei Anwendung eines Vollstrahles. Bei dieser Zerlegung des Gasstrahls wird der mittlere Brenner als Zündbrenner ausgebildet und ausschwenkbar gemacht Dadurch, daß dieser Zündbrenner unabhängig von der Hauptfeuerung mit Gas versehen und in Betrieb genommen werden kann, wird einerseits das Ausströmen von Gas aus der Hauptleitung, anderseits die Ansammlung von explosiblen Gasgemischen durch besondere Vorkehrungen wirksam verhindert. Zu diesem Zwecke läßt man beim Ein- und Ausschwenken des Zündbrenners die Gase durch zwangsweise Steuerung der Luft zunächst mit reduzierender Flamme brennen, um nach Verzehrung des in der Feuerung

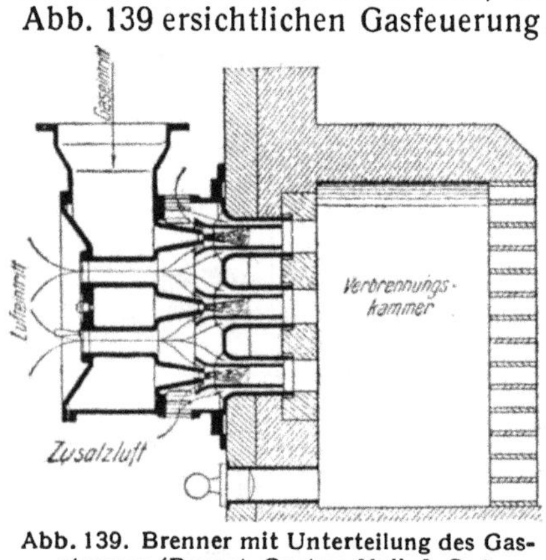

Abb. 139. Brenner mit Unterteilung des Gasstromes (Bauart Gustav Moll & Co.)

[1]) Die Angaben entstammen einem Aufsatz von Dr.-Ing. Gwosdz in Feuerungstechnik v. 1. u. 15. Febr. 1919.

[2]) Vgl. Glückauf 1912, Nr. 20, und 1914, Nr. 26.

vorhandenen Sauerstoffes die Gasfeuerung nach dem Einschwenken erst wieder auf den normalen Gang einzustellen.

Während bei den vorbeschriebenen Brennern der Gasstrom durch den Schornsteinzug angesaugt wird, dient bei dem Enkeschen Brenner[1]) Preßluft. Die Brenner werden rund oder flach ausgeführt (vgl. z. B. Abb. 140); auch finden sich Formen, wie in Abb. 140c u. 141 ersichtlich, bei denen das Gas-Zuführungsrohr kreuzförmig usw. gefaltet ist, um eine möglichst innige Mischung des Gases mit der Verbrennungsluft zu erreichen. Das Neue und Wesentliche an dem Enkeschen Brenner ist die größere Genauigkeit der Regelung, die dadurch erzielt wird, daß das Heizmittel in dem mittleren Rohr unter keinem wesentlichen Drucke steht. Die Mischung der Verbrennungsluft mit dem Brennstoffe ist deshalb auch günstiger, ohne daß sich eine Stichflamme bildet. Bei entsprechender Druckregelung kann derselbe Brenner sowohl für gasförmige als auch für flüssige Brennstoffe Verwendung finden. Es fehlt nicht an Ergebnissen, nach denen mit dem Enkeschen Brenner günstigere Verdampfungsziffern als mit dem Terbeckbrenner erzielt worden sind.

Von den in der Literatur mitgeteilten praktischen Ergebnissen mögen folgende hervorgehoben werden:

Nach Ortmann betrug der Wirkungsgrad von Kesseln, die mit Terbeck-Brennern ausgerüstet waren und mit Koksofengas gefeuert wurden, 74,9 bis 80,2%. Dabei lieferte 1 cbm Koksofengas 4,3 bis 4,82 kg

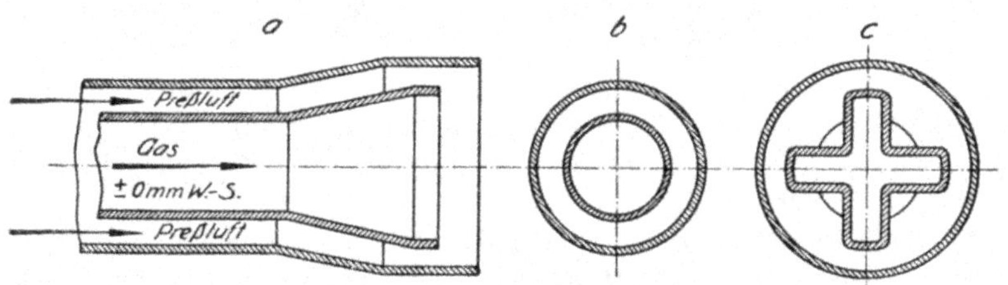

Abb. 140. Brenner-Bauart Enke.

Abb. 141. Brenner-Bauart Enke.

Dampf. Drei weitere Versuche mit Hochofengas zeitigten Wirkungsgrade eines gewöhnlichen Flammrohrkessels von 76,8, 78,4 und 72,7%, wobei 1 cbm Gas 1,02 kg Wasser verdampfte. Der Luftüberschuß betrug dabei 10%.

K. Huessener, Twickenham, berichtet von einem über 288 Std. ausgedehnten Verdampfungsversuch, bei dem er mit Hochofengas 82% als Wirkungsgrad mit einer Verdampfungsziffer von 1,32 erzielt hatte. Der höhere Wirkungsgrad ergab sich durch zweckmäßiges Einstellen des Schornsteinschiebers.

Selbstverständlich hängt der Wirkungsgrad mit der Dampfleistung des Kessels zusammen; er kann durch Verringerung der Schieberöffnung auf Kosten der Kesselleistung erhöht werden. Die hohen Wirkungsgrade beziehen sich auf Leistungen von 18 bis 20 kg/qm Heizfläche bei Flammrohrkesseln, bei Wasserrohrkesseln auf 25 kg und darüber.

Im Hinblick darauf, daß diese Ergebnisse ohne Speisewasser- und Luftvorwärmer[2]) erzielt worden sind, lassen sich die Wirkungsgrade noch weiter steigern. Birkholz schlägt vor, den Vorwärmer so zu bauen, daß es möglich ist, die Verbrennungsgase mit einer Temperatur unter 100° in den Kamin ziehen zu lassen, um die Verdampfungswärme des in den Verbrennungsgasen enthaltenen Wasserdampfes nutzbar zu machen. In der Praxis stellen sich indes dieser Aufgabe große Schwierigkeiten entgegen.

Welche Ersparnisse die Gasfeuerung gegenüber der Kohlenfeuerung ergeben kann, zeigt ein Beispiel aus der Praxis: Durch Verbesserung der Brenner war es möglich, die Kessel mit einer geringeren Hochofengasmenge zu betreiben, so daß Gas für drei weitere Flammrohrkessel zur Verfügung stand. Jeder dieser drei Kessel hatte 100 qm Heizfläche und verbrauchte jährlich 2000 t Kohlen. Nach Ausrüstung der drei Kessel mit Terbeck-Brennern wurden 60000 M bei einem Kohlenpreise von 10 M/t erspart.

Was von den Dampfkesseln gilt, gilt natürlich auch für Öfen aller Art, worauf an dieser Stelle aufmerksam gemacht sei; auch für Zentralheizungskessel[3]) dürfte die Gasfeuerung Vorteile versprechen, vorausgesetzt, daß billiges Gas zur Verfügung steht.

[1]) Dr. Enke & Co., Breslau 18, Kirschallee 38.
[2]) Vgl. erstes Kapitel, S. 88.
[3]) Vgl. fünftes Kapitel, Abschnitt VI.

Will man Hochofengas in Martinöfen verwenden, so muß man es mit einem heizkräftigen Gas mischen. Man benutzt zu diesem Zweck das hochwertige Koksofengas und stellt die Mischung so her, daß sich ein Gas von etwa 1700 WE ergibt. Durch Stellen der Schieber der einzelnen Gasleitungen kann man je nach Bedarf das Mischungsverhältnis ändern, um ein mehr oder weniger kräftiges Gas zu bekommen. Mit einer solchen Heizgasanlage sind auf der Friedrich-Wilhelm-Hütte gute Erfolge erzielt worden[1]). Auch andere Werke haben ähnliche Mischgasanlagen im Betrieb, wie z. B. die Firma Friedr. Krupp in Rheinhausen und die Hubertushütte bei Hohenlinde in Oberschlesien.

Einen bemerkenswerten Fortschritt in der Wärmewirtschaft der Martinöfen bilden übrigens die neueren Bestrebungen zur Verwertung der Abhitze der Öfen. Nach Schreiber[2]) wurden rd. 40% der in den Abgasen der Martinöfen enthaltenen Wärmemenge nutzbar gemacht, d. h. der Essenverlust ging von 30% auf etwa 18% der aufgewandten Wärmemenge zurück. Der Wirkungsgrad läßt sich durch Einschalten von Vorwärmern oder durch Erzeugung niedrig gespannten Dampfes noch weiter steigern. Zur Erzielung möglichst günstiger Ergebnisse sind Undichtheiten und das Zutreten falscher Luft zu vermeiden. Bei der von Schreiber geschilderten Anlage beginnt die Wirtschaftlichkeit bei Abgastemperaturen zwischen 450 und 500° C. Sie steigt mit der Höhe der Abgastemperatur und der Größe der Öfen. Zur Überwindung der durch das Einschalten von Kesseln vergrößerten Widerstände ist das Absaugen durch künstlichen Zug geboten, und zwar ist aus Gründen der Betriebssicherheit der indirekte Saugzug der unmittelbaren Absaugung durch Ventilatoren vorzuziehen.

Über die Art der zu wählenden Abhitzekessel hat Professor Peter im Jahre 1913 ein Werk herausgegeben[3]), das über den Einbau und die Vorteile der einzelnen Kesselarten Auskunft gibt. Er bespricht die mit Wärmeöfen erzielten Ergebnisse und hebt bei seiner Besprechung die durch Abgase geheizten Wasservorwärmer und Dampfüberhitzer hervor.

Die aussichtsreiche Heizung der Koksöfen mit Hochofengas haben wir bereits an anderer Stelle behandelt[4]). Sehr zahlreich sind die verschiedenen Hüttenwerköfen für die weitere Verarbeitung des von den Stahlbirnen oder Martinöfen kommenden Stahles, für die die Gasheizung in Frage kommt. Es handelt sich hier um die verschiedenen Arten von Wärm-, Glüh-, Temper-, Schmiede-, Emaillieröfen usw. Bis vor nicht allzu langer Zeit wurden all diese Öfen noch zum größten Teil mit Kohlen geheizt und arbeiteten mit einem nicht sehr günstigen Wirkungsgrad. Man war zufrieden, wenn man von einer Kohle mit 6500 WE 10% ausnutzte. In neuerer Zeit haben sich Bestrebungen geltend gemacht, den Betrieb dieser Art von Öfen wirtschaftlicher zu gestalten. Sie werden fast allgemein mit Gasfeuerung betrieben, und das Bestreben der Ofenbauer geht dahin, auch die Abhitze möglichst gründlich zur Luftvorwärmung auszunutzen. Die Anwendung von Rekuperatoren und Regeneratoren hat im Bau dieser Öfen bedeutende Fortschritte gemacht, und infolge dieser Entwicklung hat sich der Verwendung von Hochofengas im Hüttenbetriebe ein sehr weites und ergiebiges Feld eröffnet[5]). Über die Verwendung der Ölfeuerung in diesen Öfen, die die Gasheizung zum Teil wieder abgelöst hat, berichteten wir an anderer Stelle[6]).

Zur Ausnutzung des Hochofengases in Gießereien ist man auf Umwegen gekommen. Man hat Gießereiformen erst mit Koksofengas, dann mit Mischgas aus Koksofen- und Hochofengas zu trocknen versucht. Die Versuche scheiterten aber an dem Wasserstoffgehalt des Koksofengases, da sich der zu Wasser kondensierte Wasserstoff im oberen Teil der Form ansammelte, während der untere Teil austrocknete. Der getrocknete untere Teil sprang, während der obere Teil feucht blieb. Aus diesem Grunde konnte Koksofengas auch in Mischungen als Ersatz für Generatorgas in Gießereien nicht in Frage kommen. Man hat dann versucht, mit der heißen Luft aus Winderhitzern zu trocknen, hat aber auch das aufgegeben, weil sich die heiße Luft zu stark mit Wasser sättigte und dieses sich wieder absetzte. Auch die Versuche mit heißen Abgasen mußten wegen ihrer ungleichmäßigen Temperatur fallen gelassen werden. So kam man allmählich auf die Verwendung der wasser- und wasserstoffarmen Hochofengase. Buck gibt[7]) eine Anzahl Abbildungen von Hochofen-

---

1) Vgl. Buck sowie Stahl u. Eisen 1911. S. 1993; 1913, S. 2016.

2) Vgl. Stahl u. Eisen 1913, S. 45 u. 107.

3) Verlag von Wilhelm Knapp, Halle a. S.

4) Vgl. S. 132.

5) Vgl. hierüber die umfassende Darstellung in Stahl u. Eisen 1914, S. 609 u. f.

6) Vgl. S. 311.

7) Vgl. Fußnote S. 324.

gasbrennern, wovon einige, da sie leicht zu verstehen sind, ohne Erläuterungen wiedergegeben seien, s. Abb. 142 bis 144.

Bei diesen Brennern wird zum Teil die zur Verbrennung erforderliche Luft vorgewärmt. Als besonderer Vorzug einiger Brenner wird erwähnt, daß die Flamme sehr gleichmäßig ist und das Gas vollständig verbrennt. Es ist wichtig, daß alle diese Arten von Brennern, um einen recht großen Wirkungskreis zu ermöglichen, durch leicht auswechselbare Verbindungen mit den festliegenden Gasleitungen verbunden werden. Hierzu werden Schläuche, die entweder aus Ballonstoff hergestellt sind, oder sog. Feuerwehrschläuche benutzt.

Wichtig ist es, um Vergiftungen vorzubeugen, das gereinigte farblose und geruchlose Gas bemerkbar zu machen. Man benutzt dazu allgemein Gitterkörbe mit Kalziumkarbid. Das durchstreichende Gas umspült die Karbidstücke, die die Feuchtigkeit des Gases aufnehmen und so Azetylen bilden, das sich mit dem Gase vermischt und ihm seinen durchdringenden Geruch verleiht.

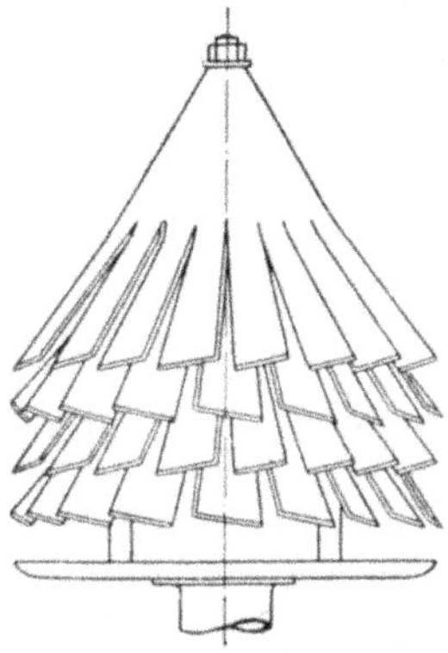

Abb. 142. Kopfbrenner.

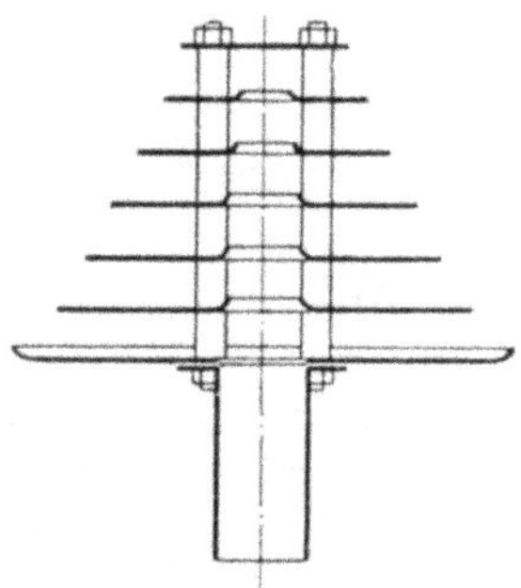

Abb. 143. Stufenbrenner.

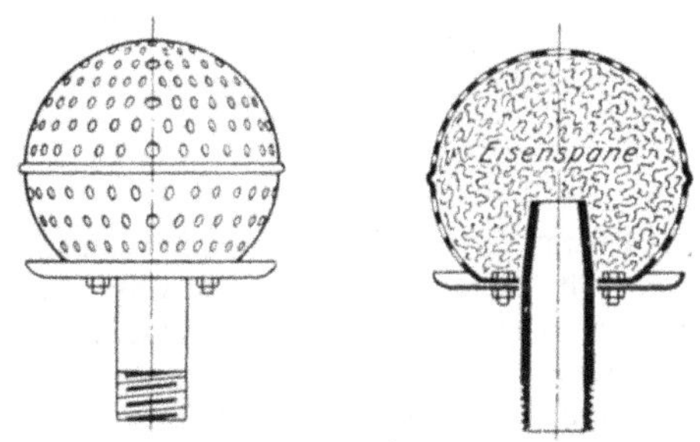

Abb. 144. Kugelbrenner.

Auch in gesundheitlicher Beziehung hat sich die Einführung des Hochofengases als Heizmittel in Gießereien bewährt. Während früher bei Koksfeuerung die Dachluken ständig offengehalten werden mußten, die Gießerei daher niemals warm war und die Kranführer nie oder nur kurze Zeit ohne Respirator arbeiten konnten, ist jetzt die Luft rein, und die Arbeiter bleiben gesünder.

Von Wichtigkeit ist ferner die Regelung der Gaszufuhr bei diesen Betrieben[1]). Die selbsttätigen Gasregler haben den Zweck: 1. den Druck an den Verbrauchstellen gleichbleibend zu halten, so daß die Druckschwankungen nicht bis dahin vordringen, 2. die Bildung von Unterdruck in den Rohgasleitungen zu verhüten, 3. bei etwa auftretenden Explosionen die jenseits liegenden Anlagen und Leitungen durch Absperren zu schützen, 4. bei schwankender Gaserzeugung selbsttätig Gasleitungen anzuschließen oder abzusperren. Nötig ist es namentlich bei Mischgasanlagen, daß man diese Druckregler mit Einrichtungen, die den Heizwert ständig überwachen, in Verbindung setzen kann und so in der Lage ist, ständig mit dem gewünschten Heizwert und Druck zu arbeiten. Man kann auch eine Verbindung zwischen einem Meßgerät der Flammentemperatur und einem Druckregler herstellen. Zum Schluß seien nach Lürmann[2]) einige Angaben über die Bewertung des Gichtgases gemacht:

Gichtgas für Martinöfen	0,155 Pf/cbm
„ „ Wärmeöfen	0,157 „
„ „ Dampfkessel	0,2 „
„ „ Gasmaschinen	0,35 „

Generatorgas kostete 1911 0,4 Pf/cbm. Der Hochofen ist demnach der „wirtschaftlichste Gaserzeuger“.

An dieser Stelle sei kurz folgendes bemerkt. Die Kriegsverhältnisse haben infolge der Knappheit an Stoffen für die Herstellung von Schmelztiegeln vielerorts die Einführung von tiegellosen Schmelz- und Flammenöfen gefördert, in denen bis zu 1000 kg Einsatz niedergeschmolzen werden können. Diese Öfen werden mit Gas beheizt, das in möglichst kurzer Zeit und in verhältnismäßig kleinem Raum bei einem Preßluftdruck von 400 bis 1500 mm W.-S. und entsprechender Vorwärmung der Luft durch

[1]) S. Immo Glenck, Stahl u. Eisen 1913, S. 769.

[2]) Stahl und Eisen 1911, S. 913. Auch sei hier auf die Arbeit von Dr. Ing. Rummel hingewiesen (vgl. 2. Koksofengas).

die Abhitze des Ofens verbrannt werden muß. Abb. 145 zeigt einen solchen Ofen der Firma Poetter, Düsseldorf, für die Verarbeitung von Nickelbronze. Das Gas-Luftgemisch wird durch einen einfachen Gasbrenner, Abb. 146, zugeführt, wie er von verschiedenen Firmen gebaut wird. Die Schmelzdauer schwankt zwischen 1 bis 2½ Std. Die erreichte und durch ein Wanner-Pyrometer gemessene Ofentemperatur betrug 1380 bis 1440° C. Die Abgase hatten bei ihrem Eintritt in den Überhitzer eine Temperatur von 1250°, beim Verlassen 330 bis 360°. Der Gesamtgasverbrauch stellte sich auf 36 cbm für je 100 kg Einsatz und soll sich bei ununterbrochenem Betrieb noch verringern[1]).

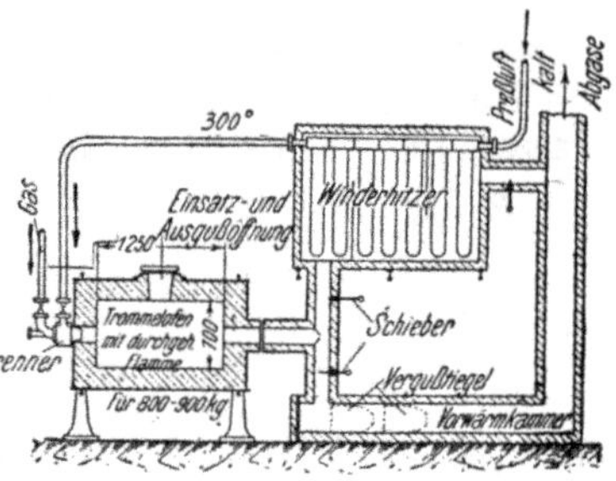

Abb. 145. Tiegelloser Schmelzofen der Fa. Poetter.

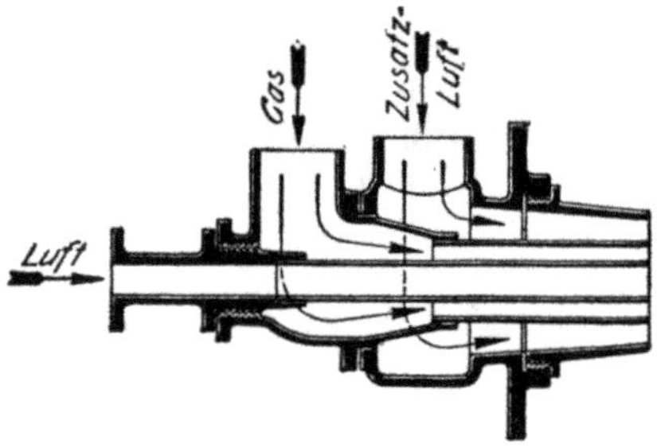

Abb. 146. Brenner allgemeiner Bauart.

2. Koksofengas.

Entsprechend der andersartigen Zusammensetzung und dem höheren Heizwert des Koksofengases (im Mittel 4300 WE, s. S. 68) ist die Verwertung dieses Gases auf den Hütten und Zechen ihren eigenen Weg gegangen. Während man früher die überschüssige Abhitze der Koksöfen zum Heizen von Dampfkesseln benutzte, war seit der Einführung der Regenerativöfen die Verfeuerung des überschüssigen Gases selbst gegeben. Und zwar lagen für den mit Koksofengas gefeuerten Kessel die Verhältnisse günstiger als beim Gichtgas[2]). Denn während beim Hochofengas mit seiner niedrigen Verbrennungstemperatur das nutzbare Wärmegefälle nicht groß und der Wirkungsgrad daher entsprechend niedrig ist, sind diese Zahlen bei Koksofengaskesseln den Feuerungen mit Stochkohlen ebenbürtig. Hingegen erscheint die Koksofengasmaschine der Gichtgasmaschine nicht in dem Maße überlegen, wie die Koksofengasfeuerung der Gichtgasfeuerung. Vielmehr hat der Betrieb der Koksofengasmaschine bei dem hohen, mitunter schnell und stark wechselnden Gehalt des Gases an Wasserstoff, der 50% (Raumteile) und mehr beträgt, sowie mit Rücksicht auf die Bildung schwefliger Säure und dem sich daraus ergebenden Schwefelgehalt des Gases mit Schwierigkeiten zu kämpfen, wenn nicht besondere, kostspielige Einrichtungen zur Abhilfe geschaffen werden. Mit aus diesen Gründen hat die Koksofengasmaschine bei weiten nicht die Verbreitung gefunden wie die Gichtgasmaschine. Hinzu kommt, daß der hohe Heizwert des Koksofengases bald dazu geführt hat, das Gas für andere Zwecke zu verwenden, wozu es durch seine besondere Beschaffenheit in hervorragender Weise geeignet war, nämlich für die an anderer Stelle besprochenen Beleuchtungszwecke auf der Hütte selbst und weit darüber hinaus sowie dann für die Heizung von Hüttenwerköfen mit ihrem recht erheblichen Gasbedarf, darunter des Martinofens.

Simmersbach[3]) hat nun bei seinen Untersuchungen gefunden, daß man in den heutigen Siemens-Martinöfen bei Benutzung der Regenerativkammern zur Gasvorwärmung mit einer Verringerung des Koksofengas-Heizwertes von ¼ bis ⅓ rechnen muß. Naturgemäß verbindet sich mit der Heizwertverminderung eine Volumenvermehrung des Gases und damit im Martinofen eine Vergrößerung der Gasgeschwindigkeit, weshalb die Verbrennung weniger im Ofen als in den Köpfen und Kammern stattfindet. Außerdem hat sich herausgestellt, daß infolge der Undichtheit der Heizkammern der Stickstoffgehalt nicht entsprechend der Volumenvermehrung des Gases fällt, sondern sogar zunimmt. Auch Rummel, der auf die recht günstigen Erfolge der Martinofenheizung mit Koksofengas hinweist[2]), hält einige wichtige Fragen in dieser Angelegenheit für noch nicht ganz gelöst, nämlich ob man mit vorgewärmter Luft und kaltem Koksofengas allein oder mit vorgewärmter Luft und einer Mischung aus kaltem Koksofengas und vorgewärmtem Hochofengas oder schließlich mit vorgewärmter Luft und vorgewärmter Mischung aus Hochofen- und Koksofengas am günstigsten arbeitet. Die Kürze der

---

1) Vgl. Feuerungstechnik vom 1. September 1919, S. 186.,
2) Vgl. Rummel, Die Gaswirtschaft auf Eisenhüttenwerken, Z. d. V. d. I. 1914, S. 1153 u. f.
3) Glückauf 1913, S. 209.

Arbeitsdauer auf der einen Seite, die Haltbarkeit der Ofenwandung, besonders der Gewölbe auf der anderen spielen hier eine Rolle. Leider sind infolge der Zurückhaltung der mit der neuen Heizart arbeitenden Hütten greifbare Zahlenwerte und Angaben noch nicht bekannt geworden.

Was die Heizung der übrigen Hüttenwerköfen wie der Wärme-, Glühöfen usw. betrifft, so kommt das Koksofengas hier für diejenigen als besonders wertvoll in Betracht, die höhere Temperaturen erfordern. Für die übrigen genügt im allgemeinen das Hochofengas, doch legt man für den Fall von Störungen im Hochofenbetrieb zweckmäßig auch an die betreffenden Gichtgasleitungen einen Hilfsanschluß für das höherwertige Gas. Allgemein betrachtet, ist der Bedarf der Hütten an Koksofengas allmählich so gestiegen, daß man in den letzten Jahren zu der mehrfach erwähnten Heizung der Koksöfen durch Gichtgas übergeht, um das Koksofengas für die gewünschten Zwecke frei zu bekommen.

3. Industriegase.

Von den verschiedenen technischen Gasen wird in der Praxis ausgiebigster Gebrauch gemacht, wobei die Eigenart des Gases, die Art des Betriebes, die Erzielung der Hitzegrade und Nutzeffekte sowie die lokalen Verhältnisse oft zu Fehlgriffen in der Wahl der Mittel geführt haben. Es dürfte deshalb dem Leser eine Zusammenstellung der hier in Frage kommenden Faktoren zur Klarlegung der Verhältnisse willkommen sein.

Die technischen Gase enthalten, wie die Darstellung in Abb. 147[1]) zeigt eine Reihe von Ballaststoffen, wie Stickstoff und Kohlensäure, die an der Verbrennung des Gases nicht teilnehmen, die Höhe

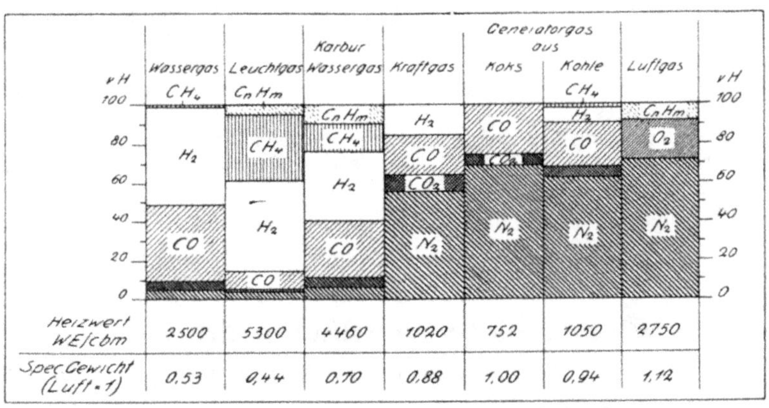

Abb. 147. Charakteristische Eigenschaften der Industriegase.

der Temperatur also herunterdrücken, beim Verlassen des Ofens dagegen in stark erhitztem Zustande viel Wärme forttragen. Will man also ein solch armes Gas, wie das Generatorgas, wirtschaftlich ausnutzen, so muß es möglichst heiß zur Verbrennung gelangen, da sonst ein beträchtlicher Teil der gesamten Wärmemenge verloren geht. Ein auf 800° erhitztes Generatorgas hat eine Eigenwärme, die bereits 20% des Heizwertes beträgt; bei 600° sind hierfür noch 15% zu rechnen. Ein Blick auf die Analysentafel der Industriegase zeigt die Überlegenheit des Leuchtgases und Wassergases gegenüber dem Kraftgas, Luftgas und den Generatorgasen, und wenn wir die ersten beiden miteinander vergleichen, so fällt der höhere Nutzeffekt dem Wassergas zu; denn jedes cbm Wassergas wird bei der Verbrennung nur durch 2 cbm, Generatorgas durch 3,8 cbm, Gichtgas durch 4,4 cbm und Leuchtgas durch 4,5 cbm unbrennbare Gase (Stickstoff und Kohlensäure) verdünnt. Das Bild würde sich zugunsten des Wassergases noch weiter verschieben, wenn wir die Feuchtigkeit der Gase und der Verbrennungsluft mit berücksichtigen wollten.

Nach diesen Voraussetzungen kommen wir zu folgendem Ergebnis:

1. Zur Erzielung dauernder niedriger Temperaturen eignen sich die stickstoffreichen Gase.
2. Zur Erzielung dauernder hoher Temperaturen in großen Öfen eignet sich jede Gasart; nur müssen die stickstoffreichen Gase in heißem Zustande, also mit stark vorgewärmter Luft verfeuert werden, wobei sowohl die Eigenwärme der Gase als auch jene der Abgase zur Erzielung zufriedenstellender Nutzeffekte möglichst weitgehend auszunutzen sind.

[1]) Wir schließen uns hierbei im Prinzip den sehr lehrreichen Schriften von E. Dolensky (Direktor der Dellwik-Fleischer-Wassergas-Ges. m. b. H., Frankfurt a. M.) an, auf die wir besonders hinweisen.

3. Zur Erzielung abwechselnd hoher und niedriger Temperaturen in kleineren Öfen nehme man nur reiche Gasarten. Da das Leuchtgas für industrielle Zwecke zu teuer, auch die Flammentemperatur häufig noch nicht ausreichend ist, fällt die Wahl am besten auf das Wassergas, zumal dieses rd. 200° höhere Flammentemperaturen ermöglicht.

4. In kleineren Öfen, aber auch in großen, weit auseinander liegenden Öfen und bei periodisch arbeitenden Feuerungen ist reiches Gas zu bevorzugen; denn man muß damit rechnen, daß meistens kaltes Gas und wegen der Betriebsunterbrechungen auch unvorteilhaft vorgewärmte Verbrennungsluft zur Anwendung gelangt.

Bei Wassergas muß man z. B. auf besonderer Flammenführung entgegen den Gepflogenheiten bei Generatorgas, Gewicht legen; es kommt nicht darauf an, den Ofen oder grade das Gewölbe zu erhitzen, sondern die Hitze auf den zu verschmelzenden Einsatz zu vereinigen.

Die großen Vorzüge von Wassergas bestehen in seiner Reinheit. Die Wassergasleitungen verteeren nicht, sind auch unempfindlich gegen Druck- und Kälte.

Das Wassergas ermöglicht sofortige Glut nach dem Anstecken, gleichmäßige Hitze, leichte Regulierung jeden Hitzegrades bei stets rauchfreiem Betrieb, einfache und billige Ofenbauarten, da die Gaserhitzungskammern fortfallen, geringe Anlagekosten und Brennstoffverbrauch, d. h. höchsten Nutzeffekt.

Die Vorteile des Wassergases treten erst in den Vordergrund, wenn man ihnen das Ergebnis bei der Kohlen- und Generatorgasfeuerung gegenüberstellt:

Kohlenfeuerung:	Generatorgasfeuerung:
geringer Nutzeffekt	Anheizen nicht genügend schnell
große Brennstoffverluste	langsame Temperatursteigerung
zeitraubendes Anheizen	häufige Rauchbildung
wechselnde Hitzegrade	teure und schwierige Ofenbauarten
schwere Regelung des Ofenganges	begrenzte Regelfähigkeit
Unmöglichkeit höherer Anstrengung des Betriebes	teure Ofenausbesserungen
viel Ausschuß und Abbrand	etwas erhöhte Leistungsgeschwindigkeit.
starke Rauch- und Staubbildung	
kostspielige Brennstoffzufuhr	
Abfuhr von Schlacke und Asche	
Mäßige Produktionsgeschwindigkeit.	

IV. Flammenlose Oberflächenverbrennung.

(Schnabel-Bone-Kessel.)

Als eine besondere Art der Gasfeuerung wollen wir im Anschluß an diesen Abschnitt die flammenlose Oberflächenverbrennung besprechen, die im Schnabel-Bone-Kessel zur praktischen Verwendung gelangt ist.

Der Kessel (Abb. 148) besteht aus einem Stück Röhrenkessel von z. B. 3 m Durchmesser und 1,24 m Länge, mit 110 Heizröhren von 76,5 mm Durchmesser. In dem vorderen Ende dieser Rohre sitzt ein durchbohrter Schamottepropfen, hinter dem die Rohre mit nußgroßen Schamottebrocken von feuerfestem Stoff ausgefüllt sind. Der Kessel wird mit Gas gefeuert; das Gas tritt durch die vordere Gaskammer *g* in die Heizrohre, während die Abgase aus der hinteren Rauchkammer durch ein gemeinschaftliches Rohr nach dem Speisewasservorwärmer *v* mittels eines Ventilators *e* abgesaugt werden; die Saugwirkung wird durch einen Schieber *s* geregelt. Der Druck in der Hauptgasleitung wird zwischen 108 und 121 mm W.-S. angegeben[1]).

Um den Kessel in Betrieb zu setzen, läßt man den Ventilator (Exhaustor) an, worauf die Gashähne geöffnet werden. Nach Entzündung des Gases züngeln die Flämmchen in die Heizrohre hinein und erhitzen die Schamottebrocken bis zur Rotglut. Ist dieses eingetreten, so wird die Gaszufuhr durch Zuhalten der Öffnungen einen Augenblick unterbrochen, worauf das Gas-Luftgemisch von dem Ventilator in die Heizrohre ohne Flammenbildung angesaugt wird. Das brennbare Gemisch entzündet sich an den glühenden Schamottebrocken und brennt ohne Flamme weiter. Die die Heizrohre abschließenden Schamottepfropfen dienen zum Schutz der vorderen Rohrenden, zumal in der ersten Gaskammer mit Temperaturen von etwa 1600° zu rechnen ist.

Die Wärmeübertragung ist außerordentlich lebhaft; nach Mitteilungen von Bergassessor Dobbelstein wurden mit Koksofengas bei einem Gesamtwirkungsgrad von rd. 89% durchschnittlich in der

[1]) Vgl. Dobbelstein, Stahl u. Eisen 1914, Nr. 14.

Stunde 60 kg Dampf auf 1 qm Heizfläche erzeugt, während bei Teeröl die stündliche Leistung 120 kg bei einem Gesamtwirkungsgrad von rd. 82% betrug. Hierbei dürfte das erste Drittel der Rohrlänge etwa 70 %, das zweite etwa 22% und das letzte 8% von der erzeugten Wärme aufnehmen. Die Abgase verlassen den Kessel mit einer Temperatur von etwa 180 bis 190°, von denen ungefähr noch etwa 90° durch den Vorwärmer aufgenommen werden.

Das auf etwa 65° vorgewärmte Speisewasser wird dem Kessel durch das Rohr *T* oberhalb des Heizröhrenbündels zugeführt. Der abgebildete Kessel nimmt etwa 18 qm ein. Die Frage, ob diese flammenlose Oberflächenverbrennung zu größeren Hoffnungen in der Zukunft berechtigt, wurde nicht nur in Zeitschriften, sondern auch gelegentlich des Meinungsaustausches bei Vorträgen in lebhaftester Weise besprochen. Unzweifelhaft fällt einer richtig angelegten Kesselanlage die Aufgabe zu, durch eine möglichst kleine und billige, aber einfache und betriebsichere Heizfläche einen möglichst großen Teil der Brennstoffwärme dem Kesselinnern zuzuführen. Diese Aufgabe der Heizfläche kann aber

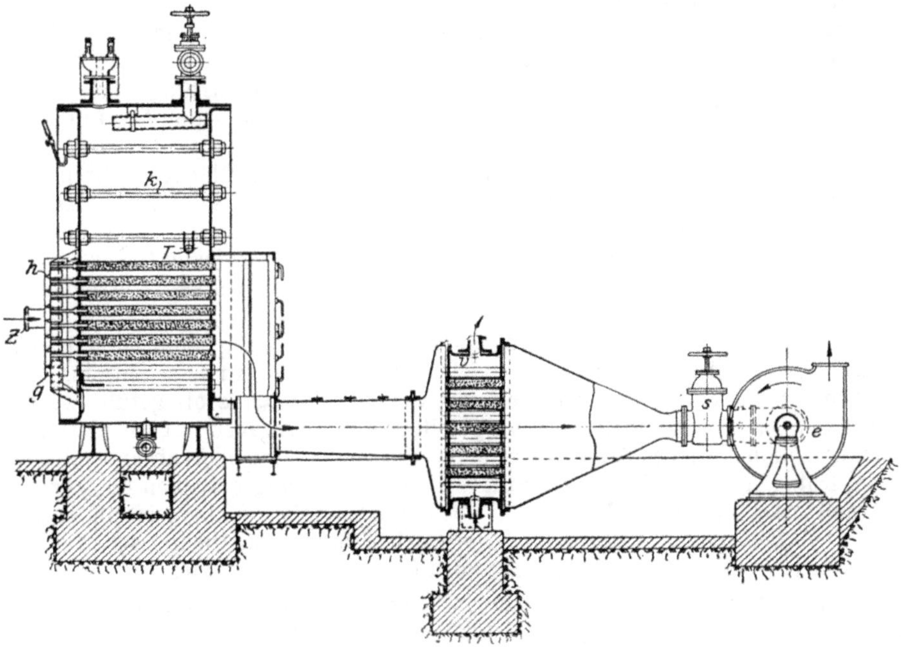

Abb. 148. Schnabel-Bone-Kessel.

nur gelöst werden, wenn die Feuerung einen wirtschaftlichen Verbrennungsvorgang ermöglicht und die Vorbedingung einer möglichst kräftigen Wärmeaufnahme, besonders in der ersten Heizfläche, erfüllt. Dem Kessel werden zurzeit folgende Nachteile nachgesagt: der hohe Preis gegenüber den Wasserrohrkesseln, die geringe Größe der lieferbaren Einheiten, die Schwierigkeit der Belastungsregelung und der Erzeugung überhitzten Dampfes und Bedenken hinsichtlich der Betriebssicherheit der hochbelasteten, kleinen Heizfläche. Mag auch die Mehrzahl dieser Bedenken durch die Wahl einer anderen Bauart hinfällig werden, so bleibt immerhin noch die Tatsache übrig, daß mit der flammenlosen Oberflächenverbrennung gegenüber den gut geleiteten neueren Kesselanlagen bisheriger Bauart keine wirtschaftlichen Vorteile zu erwarten sind.

Nach den Mitteilungen von Bergassessor Dobbelstein stellte sich nach etwa dreiwöchigem Betriebe heraus, daß die feuerfeste Füllung infolge der hohen Temperaturen in den vorderen Rohrenden zum Teil gesintert und zerstört war. Außerdem zeigte die Leistung des Kessels eine starke Abnahme, weil sich die körnige Masse in den Heizröhren des Vorwärmers durch Kondensation des Wassers aus den Abgasen und durch Schwefelverbindungen verklebt hatte. Der Ventilator hatte infolgedessen einen größeren Widerstand zu überwinden, ohne daß es möglich war, die Leistung auf die gewünschte Höhe zu bringen. Auch an den Heizrohren zeigten sich Störungen in der Verbrennung, so daß einige von ihnen geschlossen werden mußten. Die Heizfläche wurde dadurch verringert.

Zur Frage der Wirtschaftlichkeit der flammenlosen Oberflächenverbrennung ist zu bemerken, daß eine weitere Abkühlung der Abgangstemperaturen im Vorwärmer unter 100° wegen Bildung von Schwefelsäure vermieden werden muß. Das Arbeiten mit Abgastemperaturen unter 100° ist infolgedessen nur bei Gasen möglich, die vollständig schwefelfrei sind, sonst wird man besser mit 140 bis 135° Abgastemperaturen rechnen müssen, um die Kondensate zu vermeiden, die im Kesselzuge an den kühlen Stellen der Wasservorwärmer entstehen und die Rohre angreifen; ebenso wird der Ventilator darunter leiden. Rechnet man aber mit der höheren Abgastemperatur, so wird der Kaminverlust um 3% höher und der Wirkungsgrad entsprechend niedriger.

Nach Meyer, Berlin, muß man für die Arbeit des Ventilators oder Kompressors weitere 5% in Abrechnung bringen, so daß sich der Wirkungsgrad etwa auf 84 bis 85% stellen dürfte. Da aber die Betriebsbücher der Berliner Elektrizitätswerke Wirkungsgrade von gleicher Höhe aufweisen, so dürfte mit dem neuen Kessel, der selbstverständlich noch verbesserungsfähig ist, zurzeit noch kein wesentlicher Fortschritt in der Einschränkung des Brennstoffverbrauches erreicht sein. Normale Gasbrenner arbeiten günstiger; bei Generatorgasheizung und bei gleicher Abgastemperatur ergeben sich Wirkungsgrade von 85 bis 86%, bei Leuchtgasheizung solche von 88 bis 89%, ohne daß die Kompressionskosten in Abrechnung zu bringen wären.

Was die hohe Leistung der Heizfläche der Schnabel-Bone-Kessel anbelangt, so darf diese nicht überraschen. Wir haben heute bei der Lokomotive, die mit einer Luftleere von 80 bis 100 mm W.-S. in der Rauchkammer arbeitet, schon eine durchschnittliche Dampfleistung von 60 kg/qm Dampf und darüber. Nach Strahl[1]) liefert die Feuerkistenfläche allein 305 kg Dampf/qm und Std. (Weitere Mitteilungen vgl. fünftes Kapitel I.)

Über die Ursache der hohen Leistungen der flammenlosen Oberflächenverbrennung sind verschiedene Ansichten laut geworden. So neigt Prof. Jüptner zur Theorie der Explosionswellen, Bone der katalysierenden Oberflächen, Carleton Ellis zur Elektronentheorie, aber die den Theorien zugrunde liegenden Naturerscheinungen sind unter Verhältnissen erforscht worden, die von der Praxis sehr stark abweichen. Verfasser ist der Ansicht von B. Neumann[2]), Düsseldorf, daß es sich hier um eine mittelbare strahlende Heizfläche handelt.

Statt der vielen Heizröhren und ihrer Dichtungsstellen beabsichtigte die Berlin-Anhaltische Maschinenbau-A.-G., den Kessel mit einem seitlichen Flammrohr zu versehen, das gleichzeitig als Verbrennungskammer dient und weiter hinten mit dem feuerfesten Stoff gefüllt werden soll. Erfahrungen mit dieser Bauart sind noch nicht mitgeteilt worden. Dagegen hat Dr. Hilliger 1916 über Versuche an einer Lokomobile berichtet, die sehr beachtenswert sind[3]). Während mit gewöhnlichem Kessel rd. 33 kg Dampf/qm Heizfläche und Std. mit einem Wirkungsgrad von 65% erreicht wurden, lieferte der Kessel bei Füllung der Röhren mit Schamottestücken 82 kg mit einem Wirkungsgrad von rd. 72%. Der Luftüberschuß konnte dabei bis auf 1,05 bis 1,1 des theoretischen geregelt werden, ohne daß Kohlenoxyd auftrat. Hilliger kommt am Schluß seines Berichtes zu dem Ergebnis:

1. Die Wärmedurchgangszahl in freien Rauchröhren von dem Durchmesser d ist in erster Linie von der Gasgeschwindigkeit w abhängig und folgt dem Gesetz:

$$K = \frac{1{,}69\, w^{0,76}}{d^{0,24}}.$$

2. Für Rauchröhren mit Einlagekörpern kommen Gasgeschwindigkeit, stärkere Wirbelung der Verbrennungsgase und Oberflächenstrahlung der Einlagekörper in Frage. Bei geringer Geschwindigkeit überwiegt die Wärmeübertragung durch Strahlung, bei hoher jene durch Berührung.

[1]) Z. d. V. d. I. 1905, Der Wert der Heizfläche für die Verdampfung und Überhitzung im Lokomotivkessel, Sonderabdruck.

[2]) Stahl und Eisen 1913, S. 593 und 1929; 1914, S. 1005.

[3]) Untersuchungen über die Wirkungen von Einlagekörpern in den Rauchröhren von Lokomobilkesseln, Z. d. V. d. I. 1916, Nr. 43/44.

Fünftes Kapitel.

Kritik der Feuerungstechnik.

I. Wärmeübertragung von Heizgasen auf Wasser.

Die Gesetze der Wärmeübertragung sind noch nicht genügend erforscht. Wir unterscheiden zwar zwischen unmittelbarer Berührung und reiner Strahlung, müssen uns aber vergegenwärtigen, daß beide Arten der Wärmeübertragung häufig zusammenwirken, so daß ihre rechnerische Prüfung kaum möglich ist.

Eine unmittelbare Berührung findet beispielsweise durch den Brennstoff selbst oder durch die sich aus ihm entwickelnden Gase statt. So sprechen wir von Kontaktheizfläche, d. h. von jenem Teil der Heizfläche, an der der Brennstoff unmittelbar anliegt. Die Wärmestrahlung kann von der glühenden Brennschicht und ihren Flammen aus gehen oder aber vom Mauerwerk, der Flugasche usw. vermittelt werden.

Nach Redtenbacher ist die Wärmeübertragung bei Berührung

$$Q_b = \alpha_b H_b (T - t), \quad . \quad . \quad . \quad . \quad . \quad 1),$$

nach Stefan-Boltzmann jene für reine Strahlung

$$E = \sigma H_s \left[\left(\frac{T_w + 273}{100} \right)^4 - \left(\frac{\vartheta_1 + 273}{100} \right)^4 \right] \quad . \quad . \quad 2).$$

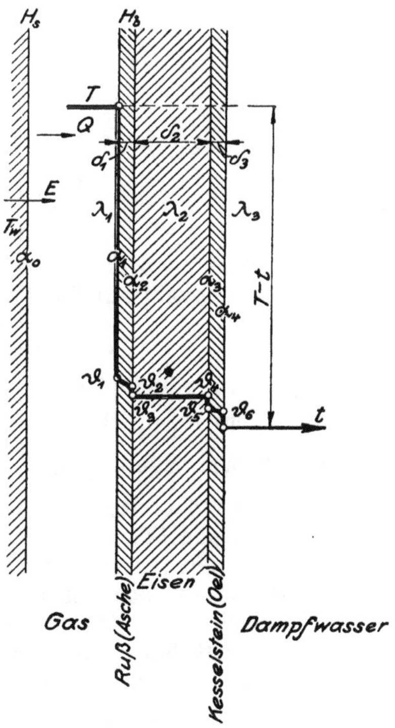

Abb. 149.
Wärmeübergang durch eine Kesselwand.

In Abb. 149 sind die beiden Arten der Wärmeübertragung bildlich dargestellt. Links ist die Mauerfläche H_s (mit der Temperatur T_w und mit dem Strahlungsvermögen σ), von der die Wärmemenge E auf die Kesselheizfläche H_b ausstrahlt. H_b ist außen mit Ruß überzogen und innen durch Kesselstein verunreinigt. Haben die Heizgase die Temperatur T, so muß man sich vorstellen, daß diese stufenweise bis zur Innentemperatur des Kesselwassers t fällt, und zwar wie folgt:

Gastemperatur: T,
Rußüberzug: außen ϑ_1, innen ϑ_2,
Kesselblech: „ ϑ_3, „ ϑ_4,
Kesselsteinbelag: außen ϑ_5, innen ϑ_6,
Kesselwassertemperatur: t.

Führen wir ferner die Wärmezahlen α_1, α_2, α_3 und α_4 und die für die einzelnen Wandstärken δ_1, δ_2 und δ_3 in Frage kommenden Durchgangszahlen λ_1, λ_2 und λ_3 ein, so ergibt sich die gesamte Durchgangszahl $\varkappa$ in WE/qm

$$\varkappa = \frac{1}{\frac{1}{\alpha_1} + \frac{\delta_1}{\lambda_2} + \frac{1}{\alpha_2} + \frac{\delta_2}{\lambda_2} + \frac{1}{\alpha_3} + \frac{\delta_3}{\lambda_3} + \frac{1}{\alpha_4}}$$

und

$$Q = \varkappa H_b (T - t) \quad . \quad . \quad . \quad . \quad . \quad . \quad . \quad . \quad . \quad . \quad . \quad . \quad 3).$$

Da ϑ_1, ϑ_2 usw. von T abhängig sind, außerdem von der Stärke des Rußüberzuges und Kesselsteinbelages beeinflußt werden, kann man leicht folgern, daß eine theoretische Berechnung von $\varkappa$

sehr unsicher ist. Man verfolgt deshalb auch in der Praxis des Dampfkesselbetriebes den umgekehrten Weg: Man bestimmt Q durch den Verdampfungsversuch und berechnet hieraus ein mittleres $\varkappa$ (vgl. S. 344).

Bei reinen Heizflächen vereinfacht sich die Rechnung für $\varkappa$ natürlich ganz bedeutend, weil dann

$$\varkappa = \frac{1}{\frac{1}{\alpha_1} + \frac{\delta_2}{\lambda_2} + \frac{1}{\alpha_4}}$$

wird. Und selbst in diesem Ausdruck kann man wieder $\frac{\delta_2}{\lambda_2}$ und $\frac{1}{\alpha_4}$ vernachlässigen, wenn die Wandstärke des Kesselbleches gering ist; Prof. Kirsch[1]) gibt für Steilrohrkessel

$$\frac{\delta_2}{\lambda_2} = \frac{0{,}003}{50} = 0{,}000017 \text{ und}$$

$$\frac{1}{\alpha_4}(\text{siedendes Wasser}) = \frac{1}{4000} \text{ bis } \frac{1}{6000} = \text{rd. } 0{,}0002 \text{ an.}$$

Die Vernachlässigung gilt allenfalls auch bei Kesselsteinbelag (vgl. folgenden Abschnitt II, 5), keinesfalls aber für Ölüberzug auf der inneren Kesselseite; denn selbst nur ein Hauch hiervon bewirkt schon Wärmestauungen und Ausbeulungen des Kesselbleches infolge des hohen ϑ_1.

Nimmt man $\varkappa$ in Gleichung 3) unveränderlich an, so ergibt sich durch Differenziation

$$dQ = -\varkappa\,(T - t)\,dH_b$$

und durch Integration zwischen den beiden Temperaturgrenzen T_o und T_u die erforderliche Heizfläche aus

$$Q = \varkappa \cdot H_b \frac{T_o - T_u}{\ln \frac{T_o - t}{T_u - t}}$$

zu

$$H_b = \frac{V c B}{\varkappa (T_o - T_u)} \ln \frac{T_o - t}{T_u - t}$$

wenn $Q = VcB$ gesetzt wird. Hierin bedeuten:

V das Heizgasvolumen für 1 kg Brennstoff,
c die mittlere spezifische Wärme,
B den Brennstoffverbrauch in kg/Std.

Beim Zusammenwirken beider Arten des Wärmeüberganges bringt Kirsch die Formel für die Wärmedurchgangszahl auf die Form

$$\varkappa = \alpha_b + \frac{H_s}{H_b}\frac{\sigma}{T - \vartheta_1}\left[\left(\frac{m\,T + 273}{100}\right)^4 - \left(\frac{\vartheta_1 + 273}{100}\right)^4\right] \quad \ldots\ldots \quad 4),$$

worin $T_w = mT$ gesetzt ist.

Aus diesem Ausdruck für $\varkappa$ geht folgendes hervor:

1. Der Wärmedurchgang hängt von dem Verhältnis $\frac{H_s}{H_b}$ ab; je größer dieser Quotient ist, desto größer ist auch die Wärmeübertragung. Beim Hochofen, Martinofen usw. ist die strahlende Fläche H_s stets größer als die Fläche H_b des Schmelzgutes und daher der hohe Wärmeeffekt begründet. Beim Schnabel-Bone-Kessel (vgl. viertes Kapitel, IV) haben wir bekanntlich ein mit einem Haufwerk von Schamottebrocken gefülltes Heizröhrenbündel, durch das ein Gas-Luftgemisch durchgepreßt oder durchgesaugt wird. Die Verbrennung beschränkt sich auf die Hohlräume der feuerfesten Masse ohne Flammenerscheinung. Da die Heizfläche H_b eines jeden Rohres die in Weißglut versetzte Strahlungsfläche H_s umgibt, nimmt der Ausdruck $\frac{H_s}{H_b}$ annähernd den Wert 1 an.
2. Entgegen der Ansicht von Prof. Kirsch ist Verfasser der Meinung, daß die Strahlungszahl σ nicht so sehr in Frage kommt, weil Veränderungen des in einer Kesselanlage verwandten Baustoffes (Schamotte-Eisen) in erheblichem Umfang kaum vorkommen dürften. Dagegen müssen die Heizflächen tatsächlich auch von strahlenden Körpern begrenzt sein,

[1]) 43. Delegierten- u. Ingenieur-Versammlung in Moskau 1913.

wenn das Gesetz von Stephan-Boltzmann überhaupt Anwendung finden soll. Solche Körper dürfen aber auch nicht zu weit von den wärmeaufnehmenden Heizflächen entfernt sein, da die strahlende Wirkung mit dem Quadrat der Entfernungen abnimmt.

3. In dem Ausdrucke $\frac{\sigma}{T - \vartheta_1}$ hat der Temperaturunterschied auf die Größe σ einen scheinbar großen Einfluß. Je größer $T - \vartheta_1$ ausfällt, desto kleiner σ. Danach müßten wir also trachten, $T - \vartheta_1$ klein zu halten, um σ zu vergrößern, beispielsweise durch Vergrößerung von ϑ_1 und Verkleinerung von T. Beides steht aber im Widerspruch mit den Tatsachen; denn die strahlende Wirkung ist bei hohem T am größten, während ein hohes ϑ_1 aus Gründen der Betriebssicherheit unter allen Umständen zu vermeiden ist. Unser Streben geht dahin, ϑ_1 möglichst klein zu halten.

   Wo ϑ_1 wächst, da haben wir die gefährlichen Wärmestauungen, also einen schlechten Wärmedurchgang. Je kleiner aber ϑ_1 wird, desto günstiger wird E nach 2) und $\varkappa$ nach 4), denn es kommt auf das Restglied $\left(\frac{\vartheta_1 + 273}{100}\right)^4$ an, das möglichst klein zu halten ist.

4. $m\,T$ ist die Temperatur der strahlenden Wandfläche H_s, wobei m stets kleiner als 1 ist. Der Faktor m wird durch die Abwanderung der Wärme nach außen stark beeinflußt, so daß beste Isolierung des eine Feuerung umgrenzenden Mauerwerks ihre Wirtschaftlichkeit nur erhöhen kann. Dagegen kann man die strahlende Fläche H_s durch Einbaukörper in günstigster Weise gestalten, wie es z. B. durch Einsatzringe in Flammrohren auch geschieht[1]).

Uns drängt sich bei allen diesen Betrachtungen die Frage auf: „Was können wir hiervon für die Praxis verwerten?" Da der Wärmeübergang durch Strahlung E im Vergleich zu jenem durch Berührung ungleich größer ist — E wächst mit der 4. Potenz der absoluten Temperatur T —, so werden wir bei allen Anlagen danach trachten müssen, nach Möglichkeit die strahlende Wärme auszunutzen, um die Abgastemperaturen zu erniedrigen. In welcher Weise dies geschieht, werden wir an einigen Beispielen veranschaulichen.

Schon im Jahre 1903 fanden sich Bestrebungen, eine größere Wärmeaufspeicherung in den Feuerzügen zwecks besserer Verbrennung und Dampfleistung herbeizuführen. So hatte beispielsweise Gustav Adolph Doebbel in die Flammrohre von Kesseln gitterartig Körper aus Stein und Eisen eingebaut und dieses Gitterwerk auch in die Seiten- und Unterzüge fortgesetzt. Zur Überwindung der durch die Einbauten vermehrten Widerstände arbeitete Doebbel mit Druckluft unter dem Rost.

Sieht man von weiteren Anordnungen ab, die Doebbel mit dem Gitterwerk vornahm, so hat er vielleicht, ohne die Ursache erkannt zu haben, die Wärmeübertragung durch Strahlung zu vergrößern versucht und mit seinem Gedankengange durchaus recht gehabt, obgleich er von den Sachverständigen, darunter selbst Cario[2]), stark angegriffen wurde.

Von besonderer Wichtigkeit für die Beurteilung der Zweckmäßigkeit dieser feuerfesten Einbauten sind Mitteilungen, die Prof. Kirsch gelegentlich der 43. Delegierten- und Ingenieurversammlung in Moskau gemacht hat. Er fand bei Anthrazitfeuerung für das Flammrohr hinter der Feuerbrücke eine Wärmeübergangszahl $\varkappa = 10$ bis 12 WE/qm und rechtfertigte diese niedrigen Ziffern richtig damit, daß von der Flamme dieses Brennstoffes, der höchstens 1 bis 3% flüchtige Bestandteile aufwies, fast gar keine Strahlung ausgehen könnte. Nachdem hinter der Feuerbrücke des Flammrohres in einer Entfernung von 1 m eine senkrechte, ½ Stein starke Schamottewand eingebaut war, stieg $\varkappa$ auf 16 bis 20 WE/qm. Dasselbe Flammrohr gab bei einer langen, stark strahlenden Kohlenflamme, besonders aber bei Naphthalin, $\varkappa = 20$ bis 30 WE/qm, einen Wert, der durch Einbau einer Strahlungswand im hinteren Ende noch um 20 bis 30% erhöht werden konnte. Selbst Seitenzüge eines Flammrohrkessels ergeben nach Kirsch, ungeachtet der sehr ungünstigen Berührungsverhältnisse, aber bei stark entwickelten Strahlungswänden, $\varkappa = 25$ bis 40 WE/qm. Kirsch rechnet hierbei mit $\varkappa = 0{,}065\ T - 3$, wobei T die mittlere Gastemperatur der Züge ist.

Die drei letzten Querzüge eines Schrägwasserrohrkessels üblicher Anordnung geben $\varkappa = 15$ bis 20 WE/qm, wobei die höheren Zahlen den engen Kesseln entsprechen, bei denen der Einfluß der Seitenmauer in günstiger Weise zum Ausdruck kommt. Die fast rechtwinklig zu der Heizfläche liegenden Querwände ergeben dagegen fast gar keine Strahlung, und die ausgezeichneten Berührungsverhältnisse sind nicht imstande, einen hohen Wärmeübergang zu schaffen.

[1]) Vgl. a. Prof. Dr. Hanßel, „Betrachtungen über die Wärmeübertragung im Dampfkessel", Z. f. d gesamte Turbinenwesen, 30. Jan. 1915 u. Forts.

[2]) Zeitschr. f. Dampfk. u. Maschinenbetr. 1903, S. 439, 629 u. 689; 1904, S. 62.

Bei den Steilrohrkesseln wirken die großen, parallel zu den Heizflächen gelagerten Mauerflächen als wertvolle Strahlungsflächen, so daß selbst in den letzten kalten Zügen $\varkappa$ noch 18 bis 25 WE/qm wird.

Die obigen Erfahrungen lassen erkennen, daß für die bessere Ausnutzung des Brennstoffes ein langflammiger Brennstoff bei richtiger Einmauerung des Kessels die günstigsten Ergebnisse zeitigen muß. Über den Einfluß der flüchtigen Bestandteile fester Brennstoffe auf den Wirkungsgrad von Kesselanlagen hat Prof. Constam eine sehr bemerkenswerte Studie geliefert[1]). Nach seinen Versuchen ergaben beispielsweise für Innenfeuerung mit Planrost die Brennstoffe mit 16 bis 23% flüchtigen Bestandteilen, die den höchsten Heizwert aufwiesen, auch die beste Verdampfung, obgleich nicht unerhebliche Wärmemengen durch unverbrannte Gase verloren gingen.

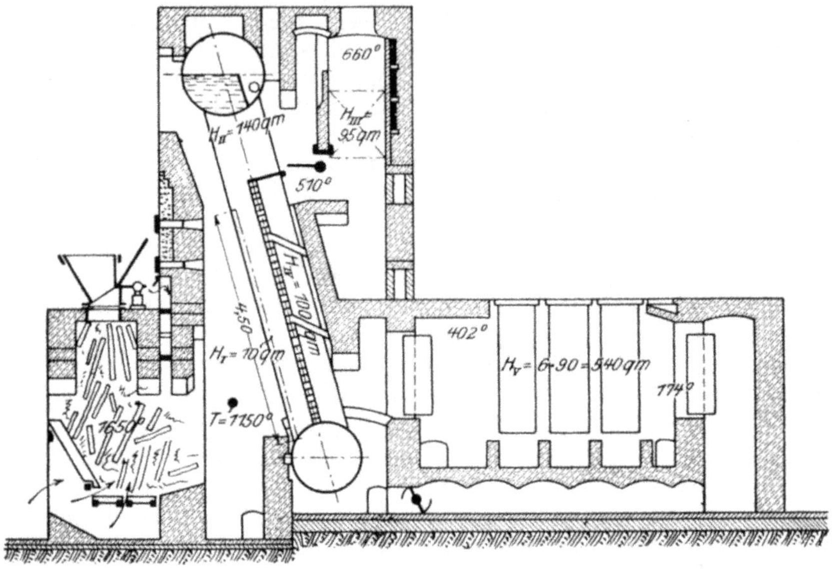

Abb. 150. Temperaturverhältnisse in den Feuerzügen eines Garbekessels.

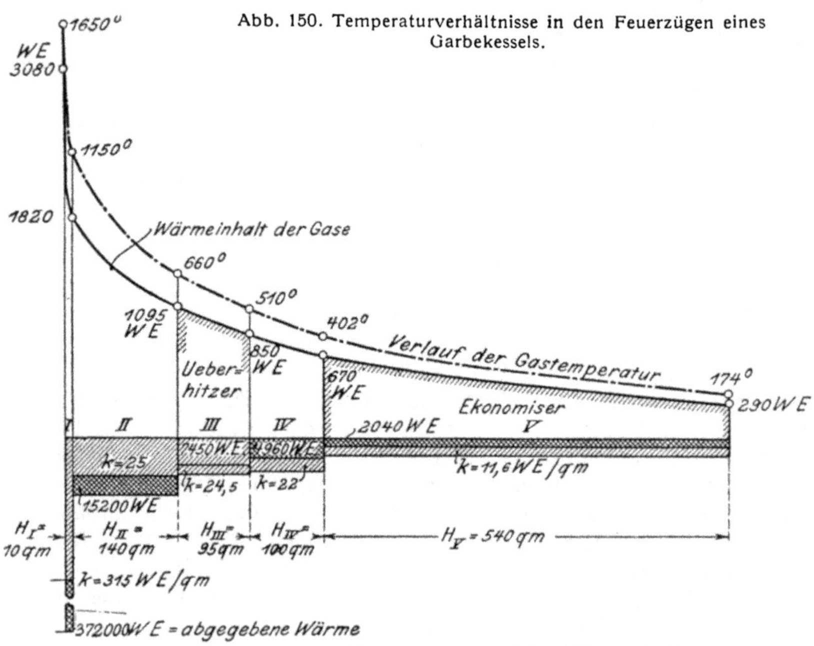

Abb. 151. Verlauf der Gastemperatur und der Wärmeabgabe beim Garbekessel, Abb. 150.

Über den Verlauf des Wärmeüberganges bei einem einfachen Garbekessel (Kesselheizfläche 250 qm, Überhitzerheizfläche 95 qm, Rippenrohr-Vorwärmer 540 qm) hat Kirsch äußerst beachtenswerte Mitteilungen auf der Delegierten- und Ingenieurversammlung in Moskau 1913 gemacht, die wir um so weniger übergehen dürfen, weil es sich um Ergebnisse aus dem Dauerbetriebe und nicht etwa um Paradeversuche handelt. Der in Abb. 150 skizzierte, mit Espenscheitholz gefeuerte Kessel zeigte nach 2900 stündigem Betriebe gegenüber dem Anfangszustand eine Steigerung der Abgastemperaturen um nur 25° C, während der Nutzeffekt von 85,5% um kaum 1% gefallen war. Die Beanspruchung des Kessels betrug 45,6 kg auf 1 qm und Std.

Die ausgezeichneten Ergebnisse sind auf die sehr günstigen Raumverhältnisse des Feuerungsschachtes und -raumes zurückzuführen. Näheres geht aus Abb. 151 hervor, die das Temperatur- und Wärmediagramm der Kesselanlage darstellt. Zur besseren Übersicht möge die Zahlentafel 124 dienen.

[1]) Z. d. V. d. I. 1909, S. 1837.

Zahlentafel 124.

Heizfläche qm	Temperatur-gefälle °C	abgegebene Wärme WE/Std.	$\varkappa$ WE/qm
I = 10	1650—1150	372 000	315 } 45
II = 140	1150—660	15 200	25 } 45
III = 95 (Überhitzer)	660—510	7 500	24,5
IV = 100	510—402	4 960	22,5
V = 540 (Vorwärmer)	402—174	2 040	11,6

Obwohl die Zahlen dem Werte nach nicht mit den eigentlichen Wärmeübertragungszahlen übereinstimmen, so zeigen sie doch deutlich die hohe Wirkung der Strahlung auf die Wärmeaufnahme des ganzen Kessels. Aus dem Feuerraum wurden an die erste, 10 qm betragende Heizfläche durch unmittelbare Strahlung rd. 33% und durch Berührung etwa nur 6% der Brennstoff- und Luftwärme abgegeben und damit zusammen rd. 585 kg Dampf erzeugt.

Diesen hervorragenden Ergebnissen wollen wir eine unter ungünstigen Verhältnissen arbeitende Kesselanlage zum Vergleich gegenüberstellen. Abb. 152 zeigt einen Sattelkessel, wie er früher

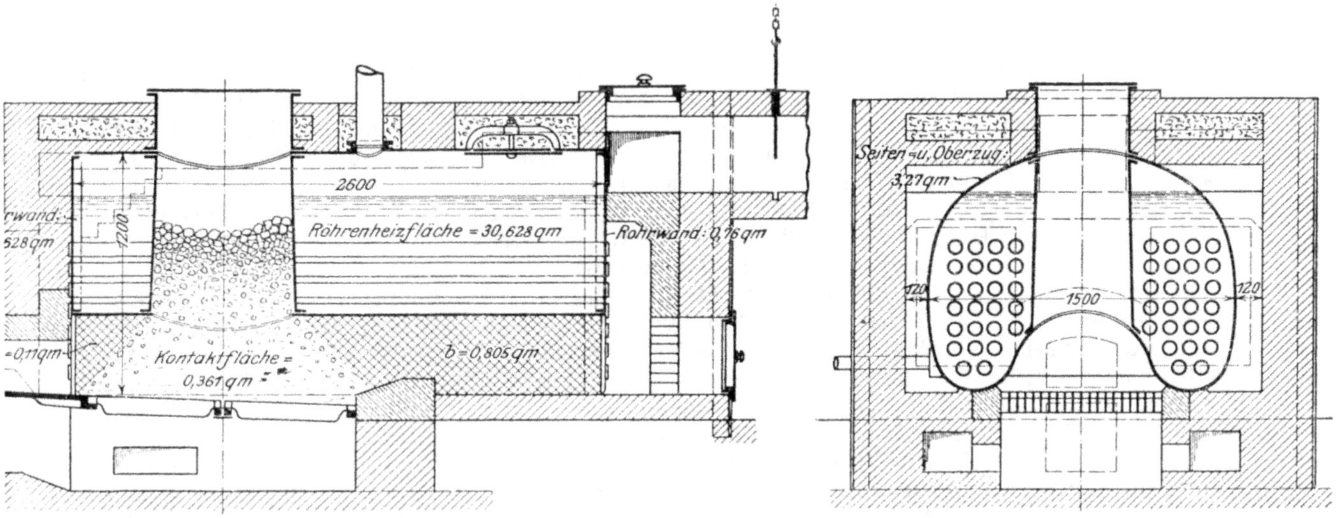

Abb. 152. Sattelkessel (Heizkessel).

vielfach für Niederdruckdampfheizungsanlagen gebaut wurde. Bei einem Dampfdruck von 0,1 at betrug die höchste Leistung bei Verfeuerung kurzflammigen Kokses nur 6500 WE auf 1 qm Heizfläche, also nur 10,2 kg/Std. Dampf. Von der Gesamtheizfläche (36,607 qm) beteiligten sich

1. Kontaktheizfläche (0,361 qm)[1]) mit 17,7% = 35620 WE.
2. erster Feuerzug außer 1 ($a + b +$ Rohrwand = 1,675 qm) mit 57,6% = 116060 WE.
3. Röhrenbündel + 2. Rohrwand (31,256 qm) mit 23,7% = 47500 WE.
4. dritter Feuerzug (Rest) mit 1% = 2020 WE.

Das gibt auf 1 qm Heizfläche und Stunde der einzelnen Posten:

für 1. . . . . . 98700 WE
„ 2. . . . . . 69300 „
„ 3. . . . . . 1500 „
„ 4. . . . . . 600 „

[1]) In Wirklichkeit dürfte der Schüttrichter ebenfalls an der Dampfbildung teilnehmen, weil das Feuer im Schacht allmählich hochbrennt und dann auch hier die sog. Kontaktheizfläche bildet. Die Leistung der Heizfläche zu 1. ist demnach mit „98700" WE wahrscheinlich zu hoch angenommen (vgl. de Grahl, „Wirtschaftlichkeit der Zentralheizung", Verlag R. Oldenbourg, München).

Das Wärmediagramm fällt deshalb auch stark ab, weil der Koks keine lange Flamme gibt, die Strahlung des Mauerwerks daher fehlte. Der erste Feuerzug mit 2,036 qm liefert allein 75% des Dampfes, während der ganze übrige Teil der Heizfläche (rd. 34 qm) nur mit 25% an der Dampfleistung beteiligt ist. Das ist Rohstoffverschwendung! Aus diesem Grunde lassen sich auch die mit Koks gefeuerten gußeisernen Gliederkessel nicht überanstrengen, denn die reine Berührungsübertragung der Wärme muß zu hohen Abgastemperaturen führen und den Wirkungsgrad herabdrücken.

Die Anwendung der Formel 4) dürfte in der Praxis nur nach eingehenden Versuchen zur Klärung der tatsächlichen Verhältnisse zu empfehlen sein. Der Verfasser neigt der Ansicht zu, daß man mit einfacheren Mitteln auch zum Ziele gelangen muß, denn die erwähnte Formel ist ja auch schon ein Annäherungswert. Was soll man im Dampfkesselbetriebe als Strahlungs- und was als Berührungsheizfläche ansprechen? Meist wird es sich um ein Zusammenwirken beider Wärmeübertragungsarten handeln, deren Beteiligungsziffer nicht gegeben ist. Als Verfasser die Versuche mit Wasserheizschlangen machte (vgl. S. 427), um ihren Wärmeübergang auf Wasser festzustellen, kam ihm der Gedanke, die gefundene Formel für den Wärmeübergang auch von Heizgasen auf Wasser anzuwenden. In dem Ausdruck

$$k_m = a\,(T_1 - T_4) - b \qquad \qquad 5)$$

stellt k_m die übergehende mittlere Wärmemenge für 1^0 Temperaturunterschied t_m[1]) für 1 qm Heizfläche und 1 Std. dar, d. h. es ist

$$k_m = \frac{W}{F\,t_m}\,.$$

T_1 soll die mittlere Temperatur in der Brennschicht, T_4 jene der Abgase vor dem Rauchschieber sein. a ist ein Produkt aus dem Wärmeinhalt der Verbrennungsgase für 1 kg Brennstoff, multipliziert mit einer Zahl (< 1), entsprechend dem Anteil des Restgliedes (vgl. 6 auf S. 283); denn von dem Temperaturgefälle ($T_1 - T_4$) wird ein Teil für die Wärmeleitung und -strahlung der Kesselanlage geopfert. b gibt den Herdverlust und jenen an Ruß wieder.

Je größer $T_1 - T_4$ ist, desto größer ist auch der Wirkungsgrad. Luftüberschuß oder mangelhafte Verbrennung kommen in T_1, die Arten der Wärmeübertragung (Strahlung oder Berührung) in T_4 zur Geltung, T_4 bedingt auch den Kaminverlust.

Der Verlauf von k_m ist durch eine gerade Linie gegeben. Die Beobachtung der Brennschichttemperaturen T_1 mit Hilfe des Wannerschen Pyrometers und die Ablesung der Temperatur T_4 vor dem Rauchschieber (vgl. Abb. 153, S. 343) würden demnach den Betriebsleiter sofort über den Nutzeffekt der Kesselanlage unterrichten, vorausgesetzt, daß vorher die Wärmeverluste ermittelt worden sind.

Da t_m der Unterschied der mittleren Temperaturen der beiden Stromkreise (Heizgase und Speisewasser bis zur Dampfüberhitzung) ist, müssen wir bei etwaiger Anwendung der Formel 5) von den bisherigen Gepflogenheiten abgehen und als Heizfläche die ganze Heizfläche der Kesselanlage, einschließlich Überhitzer und Vorwärmer, zugrunde legen. Die Bestimmung von t_m kann nur richtig ausfallen, wenn wir für den Innenstrom (meist Gegenstrom) das Speisewasser vom Eintritt in den Vorwärmer bis zum Austritt aus dem Überhitzer verfolgen. Es ist ein Trugschluß, die spezifische Leistung einer Kesselanlage stets nur auf die Dampfkesselheizflächen zu beziehen, während diese doch ohne Speisewasservorwärmer und Überhitzer nie erreichbar wäre. Beide tragen zur Erniedrigung des Temperaturgefälles bei und können deshalb nicht einfach ausgeschaltet werden. Sonst könnte man ja den meist sehr großen Vorwärmer fortfallen lassen und statt seiner einen zweiten Kessel hinzunehmen, beide Kessel aber weniger anstrengen, so daß bei gleichem Nutzeffekt dieselbe Leistung von einer anderen Heizfläche erreicht würde. Prof. Kirsch hat auch nach dieser Richtung dankenswerte Beiträge aus der Praxis geliefert. Um die Gastemperatur bei einem Doppel-Garbe-Kessel, vgl. Abb. 160 S. 349, bei einer Kesselbeanspruchung von 24,5 kg/qm Dampf auf 160^0 herunterzubringen, war eine Kessel- und Vorwärmerheizfläche von $200 + 120 = 320$ qm nötig. Dabei traten die Gase mit 350^0 in den Hinterkessel und mit 260^0 in den Vorwärmer. Dieselbe Ausnutzung erreichte Kirsch, als er die aus dem Vorderkessel mit 350^0 tretenden Gase unmittelbar in einen Vorwärmer leitete; er brauchte hierzu nur 265 qm Heizfläche und gewann dadurch den Vorteil, 90 qm der teuren Kesselheizfläche durch 35 qm der billigeren Vorwärmerheizfläche zu ersetzen. Dabei verließ das Wasser den Vorwärmer mit 139^0.

[1]) Über die Bedeutung von t_m vgl. Ableitung auf S. 344. Demnach darf k_m nicht mit dem von Prof. Kirsch abgeleiteten $\varkappa$ verwechselt werden.

II. Dampfkesselbetrieb.

1. Einfluß der Heizflächengröße.

In Abb. 153 ist ein Wasserröhrenkessel von 52,2 qm Heizfläche skizziert, der für Temperaturmessungen und weitere Feststellungen zur Verfügung stand. T_1 wurde mit Hilfe des Wannerschen Pyrometers gemessen, T_2 und T_3 mit Thermoelementen, T_4 endlich mit hochgradigem Quecksilberthermometer. Abb. 154 stellt den Verlauf der einzelnen Temperaturen für einen bestimmten Zeitabschnitt dar.

Die Flammengase werden durch den Schornsteinzug von der Schüröffnung hinweggezogen; infolgedessen wird der Heizflächenanfang nicht die größte Anteilnahme an der Verdampfung zeigen;

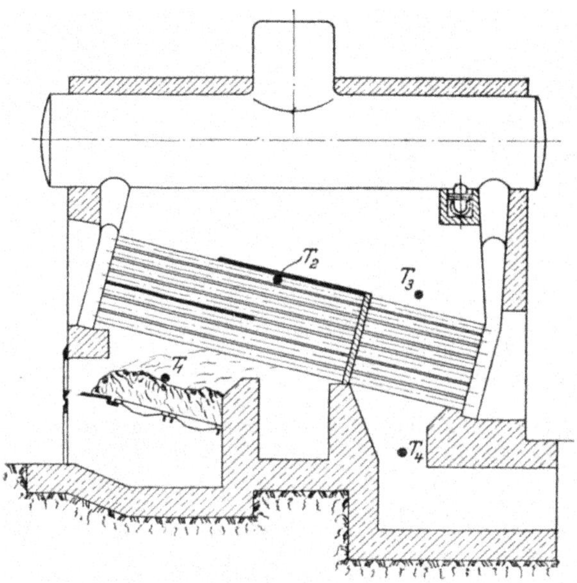

Abb. 153.
Wasserröhrenkessel.

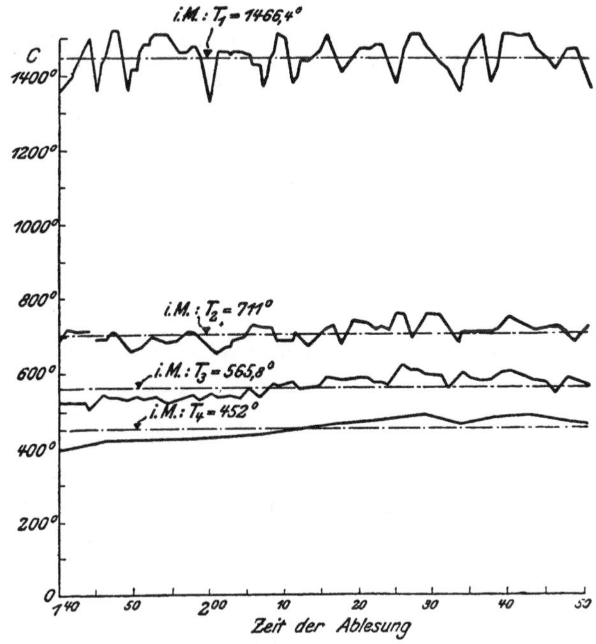

Abb. 154.
Temperaturverhältnisse im Wasserröhrenkessel, Abb. 153.

diese wird vielmehr in Nähe der Meßstelle T_1 zu suchen sein. In Abb. 155 ist der Verlauf der Temperaturkurve, entsprechend den jeweiligen Heizflächengrößen, wiedergegeben. Sie zeigt, wie rasch die Temperatur am Anfang abfällt und welche vermehrte Leistung der hier befindlichen Heizfläche beizumessen ist.

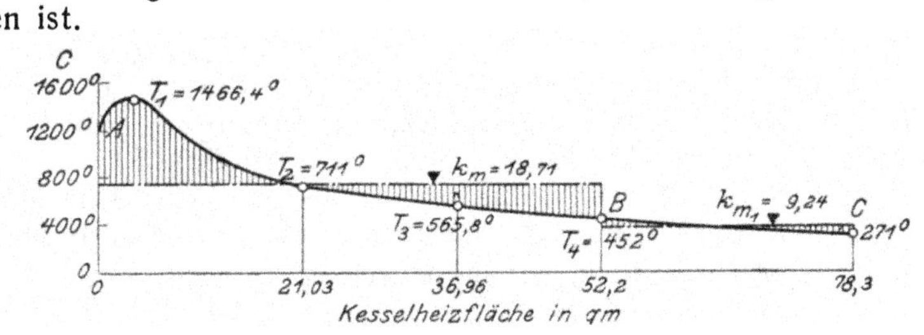

Abb. 155. Verlauf der Temperaturen.

Bei der herrschenden Brenngeschwindigkeit gingen die Abgase mit 452° C in den Schornstein. Würde der Kessel statt 52,2 nur 37 qm groß sein, so würden die Abgangstemperaturen 565,8° C betragen haben. Anderseits läßt sich durch Weiterziehen der Temperaturkurve zeigen, daß eine Vermehrung der Heizfläche um rd. 50%, beispielsweise durch Einbau eines Vorwärmers, die Temperatur auf etwa 271° herabdrücken wird. In solchem Falle würde der Schornsteinverlust statt 25,4 nur etwa 15,2% betragen und sich daher eine Ersparnis von rd. 10% erzielen lassen.

Es genügt für die Aufgabe des vorliegenden Werkes, die auf die Wirtschaftlichkeit des Betriebes hinzielenden Einflüsse nur in kurzen Umrissen zu skizzieren und zunächst jede weitläufige Theorie zu vermeiden, um den Überblick über das Ganze nicht zu erschweren.

Der Temperaturkurve entsprechend verläuft die Wärmedurchgangszahl k_m, d. h. die für 1^0 Temperaturunterschied durch 1 qm hindurchgehende stündliche Wärmemenge. k_m ist in erster Linie vom Temperaturunterschied zwischen den Feuergasen und der Wasser- (bzw. Dampf- und Wasser-) temperatur im Innern der Wasserrohre abhängig. Durch Planimetrieren der Kurve AB, Abb. 155, erhalten wir die mittlere Höhe k_m und den Maßstab hierfür aus der Formel

$$k_m = \frac{W_g}{t_m} \quad \ldots\ldots\ldots\ldots\ldots \quad 6),$$

in der W_g und t_m noch zu bestimmen sind.

Die für 1 Std. und 1 qm Heizfläche erzeugte Dampfmenge betrug bei einem 7stündigen Versuche und bei einer Erzeugungswärme von 643,6 WE für 1 kg Dampf:

$$W_g = 643{,}6 \frac{7067{,}5}{7 \cdot 52{,}2} = 12447 \text{ WE},$$

während t_m sich für Gegenstrom aus der bekannten Formel

$$t_m = \frac{t' - t'' + t_1 - t_2}{\ln \dfrac{t' - t_2}{t'' - t_1}} = \frac{1466{,}4 - 452 + 15{,}7 - 173{,}2}{\ln \dfrac{1466{,}4 - 173{,}2}{452 - 15{,}7}} = 665{,}4^0 \text{ C}$$

ergibt.

In der Formel bezeichnen t_1 (Speisewassertemperatur) $= 15{,}7^0$,
t_2 (Dampftemperatur) $= 173{,}2^0$,
$t' = T_1 = 1466{,}4$; $t'' = T_4 = 452$,
k_m ist demnach nach 6) $= 18{,}71$.

Die Vermehrung der Heizfläche bedingt eine Verringerung der gesamten Wärmedurchgangszahl $\varkappa$; denn für den Teil BC wird k_{m1} nur etwa 9,24, so daß

$$\varkappa = \frac{18{,}71 \cdot 52{,}2 + 9{,}24 \cdot 26{,}1}{78{,}3} = 15{,}55$$

wird.

Für die Folge beschäftigen wir uns mit k_{m1}. Wir betrachten den hinzugekommenen Kesselteil für sich als Vorwärmer und bestimmen zunächst die zur Verfügung stehende Wärmemenge W_{g1} aus dem Unterschied des Kaminverlustes, der sich zu 10,2% vom Heizwert des Brennstoffes ergab. Als Heizwert wurden 7493 WE ermittelt. Da stündlich 143 kg verbrannt wurden, berechnet sich W_{g1} zu

$$\frac{10{,}2 \cdot 7493 \cdot 143}{100} = 109252 \text{ WE},$$

womit die stündliche Speisewassermenge (1009 kg) von $15{,}7^0$ auf rd. 123^0 C erwärmt werden könnte. Solche Vorwärmung verbessert den Wasserumlauf im Kessel, der wiederum für die Haltbarkeit der Rohre, für die Erhöhung des Wärmedurchgangs und infolgedessen auch für die Erhöhung des Wirkungsgrades von günstigem Einfluß ist. Da der Umlauf bei Dauerspeisung des Kessels selbstverständlich günstiger ist als bei zeitweiliger Speisung, so ist die ununterbrochene Speisung des Kessels aus wirtschaftlichen Gründen vorzuziehen.

Dieses Beispiel zeigt so recht deutlich, wie die einzelnen Vorgänge, ihre Wirkungen und Ursachen, ähnlich dem „circulus vitiosus", miteinander verknüpft sind, so daß man im Feuerungsbetriebe immer nur von einer Gesamtwirkung verschiedener Einflüsse sprechen kann.

Da eine Dampfbildung im Vorwärmer wegen Hemmung des Wasserumlaufes — solche Hemmung würde unter Umständen eine Wärmestauung und Zerstörung des Vorwärmers herbeiführen — zu vermeiden ist, ergibt sich schon aus dieser Forderung eine Begrenzung für die Vermehrung der Kesselheizfläche. Ein Blick auf das Diagramm, Abb. 155, läßt auch erkennen, daß sich wegen des asymptotischen Verlaufs der Temperaturkurve ABC dem etwa herausschauenden kleinen Gewinn gegenüber häufig die Kapitalanlage eines Vorwärmers kaum rechtfertigen läßt. Hier mögen als Richtschnur noch einige Möglichkeiten besprochen werden:

Da, wo die Zugverhältnisse einer Kesselanlage zu wünschen übrig lassen, ist von dem Einbau eines Vorwärmers stets abzuraten, wenn man nicht auf künstlichen Zug zurückgreifen will. Man muß sich immer vergegenwärtigen, daß der Einbau eines Vorwärmers in eine vorhandene Kesselanlage die Zugverhältnisse beeinträchtigt, vor allem aber einen gewissen Platz erheischt, und daß etwaige Ersparnisse nur bei entsprechender Dampfleistung zu erhalten sind. Eine Kesselanlage, die beispielsweise nur 2000 kg in 12 Std., entsprechend stündlich 167 kg Dampf, liefert, eignet sich für den Einbau eines Vorwärmers schon des geringen Kohlenverbrauchs wegen nicht, denn was soll von den in 1 Std. zu verbrennenden Kohlenmengen an greifbarer Ersparnis herauskommen? Selbst wenn eine Verminderung des Kohlenverbrauchs von 5 bis 6% eintreten sollte, würde diese Ersparnis durch die auf die Verzinsung und Abschreibung des Anlagekapitals entfallenden Kosten wieder aufgezehrt werden.

Ebenso wie man die Kesselheizfläche durch Einbau eines Vorwärmers (oder Economisers) am Kesselende, d. h. also im Fuchs, vergrößern kann, läßt sich natürlich die Vermehrung der Heizfläche auch an anderer Stelle der Kesselanlage vornehmen, um die Wirtschaftlichkeit des Betriebes und die Leistungsfähigkeit des Kessels zu erhöhen. In dieser Beziehung hat die Firma Eimert & Co., Leipzig, günstige Erfolge mit ihrer Röhrenbatterie erzielt, soweit man sich auf Versuche von Dampfkessel-Überwachungsvereinen stützen kann. Selbstverständlich muß man sich bei solchen Einbauten auch der etwaigen Nachteile bewußt sein, die in der Schwächung des Schornsteinzuges, der Erschwerung der Reinigung der Feuerzüge und in den damit zusammenhängenden Begleiterscheinungen unter Umständen bestehen können. Es wird sich deshalb stets empfehlen, vor Veränderung einer Kesselanlage einen Sachverständigen zu Rate zu ziehen; sonst kann der Fall eintreten, daß die Verhältnisse gegenüber dem früheren Stande eine Verschlechterung erfahren.

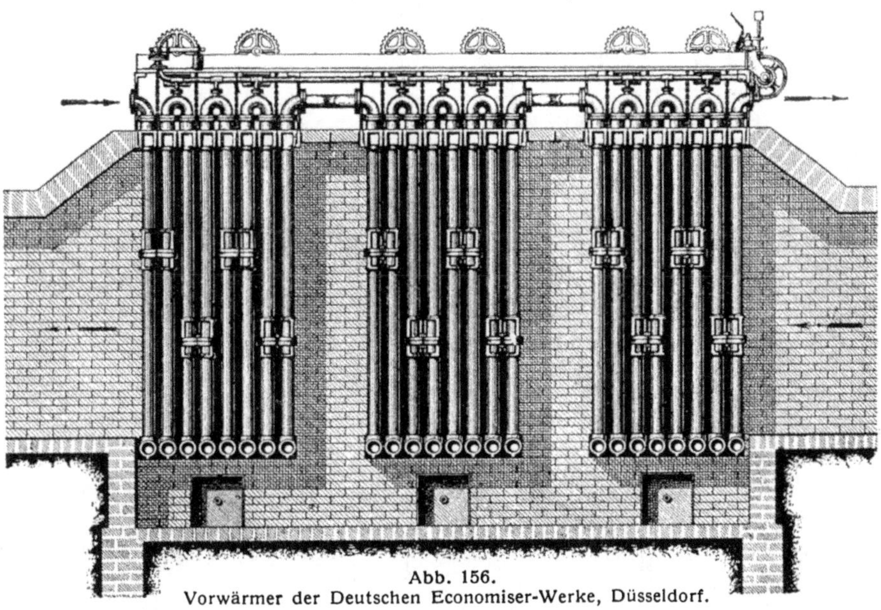

Abb. 156.
Vorwärmer der Deutschen Economiser-Werke, Düsseldorf.

2. Wirtschaftlichkeit des Vorwärmers (Economisers).

Nußelt[1]) hat die bei einem Oberflächenkühler ausgetauschte Wärme berechnet und dabei gefunden, daß die übertragene Wärme beim Gleichstrom 13,5% kleiner als im Kreuzstrom, die ausgetauschte Wärme im Gegenstrom dagegen 5,71% größer ist[2]). Mit diesen

[1]) Z. d. V. d. I. 1911, S. 2021.

[2]) „Über den Einfluß der Wasserführung auf den Wärmedurchgang durch Economiserheizflächen“ hat Dr. Deinlein in der Zeitschrift d. Bayer. Rev.-Vereins (Nr. 6/7, 1914) sehr beachtenswerte Versuchsergebnisse veröffentlicht, die zu dem Schluß berechtigen, daß die verschiedene Art der Wasserführung (Gleichstrom, Gleichstrom und Gegenstrom, Gegenstrom) in den herangezogenen drei Vorwärmern keinen wesentlichen Einfluß auf die Wärmeaufnahme ausübt. Hierbei sind nicht die Wärmedurchgangszahlen, sondern die wirklichen Temperaturerhöhungen des Wassers in den Vorwärmern zugrunde gelegt.

Verhältnissen stimmen ungefähr die Erfahrungswerte überein, die die Lieferanten gußeiserner Vorwärmer, vgl. Abb. 156 u. 157, der Größenbestimmung zugrunde legen. Handelt es sich um eine Kesselanlage von 10 Dampfkesseln von je 100 qm Heizfläche und 20facher Beanspruchung (20 kg Dampfleistung in 1 Std. und auf 1 qm Heizfläche), so ergeben sich an Vorwärmerheizfläche[1])

1. bei Gleichstromschaltung rd. 1000 qm,
2. „ Kreuzstrom „ „ 900 „
3. „ Gegenstrom „ „ 800 „ .

Hierbei müssen natürlich Ausnahmefälle ausgeschaltet werden, wo die Ergebnisse infolge trügerischer Temperaturmessung nicht als einwandfrei erachtet werden können oder beispielsweise ein

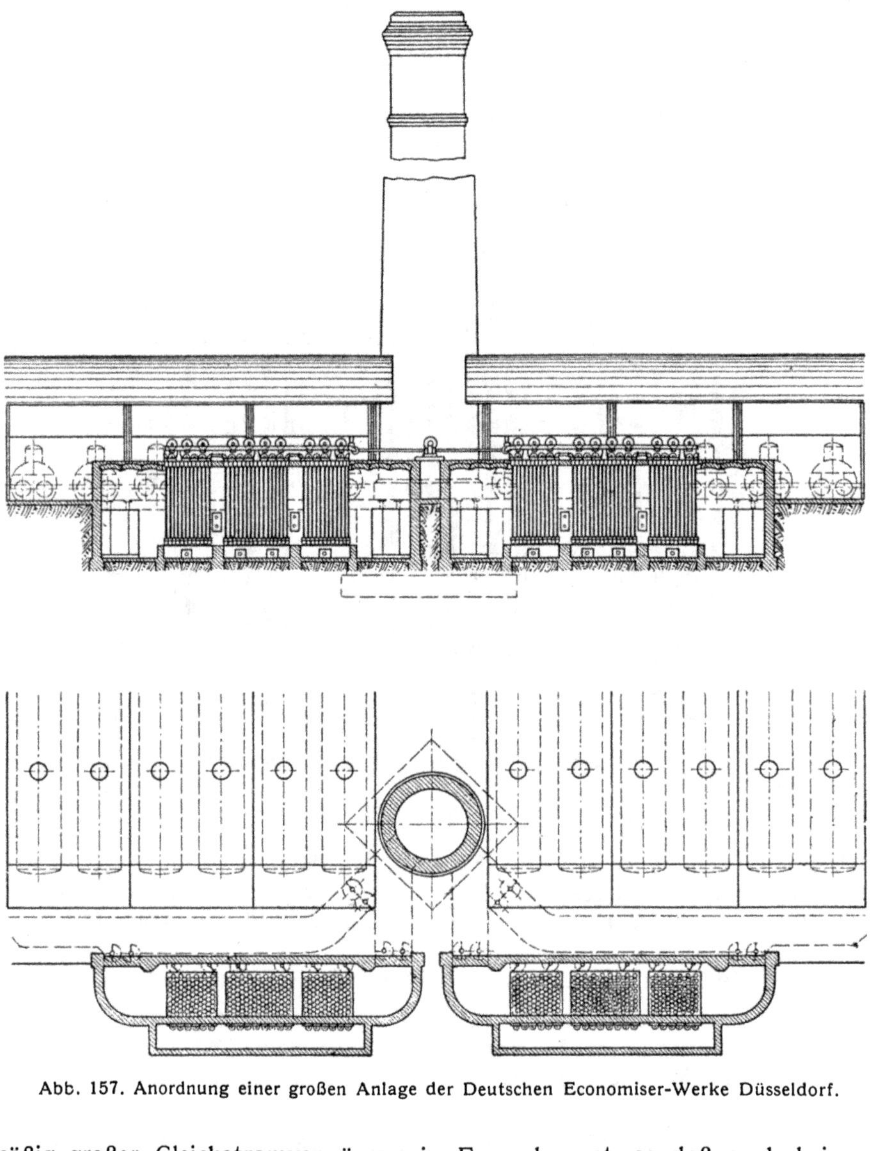

Abb. 157. Anordnung einer großen Anlage der Deutschen Economiser-Werke Düsseldorf.

verhältnismäßig großer Gleichstromvorwärmer in Frage kommt, so daß auch bei anderer Schaltung infolge des weitgetriebenen Temperaturgefälles zwischen Rauchgas und Wasser keine weitere Wärmeübertragung gut möglich ist.

[1]) Vgl. M. R. Schulz, Zeitschr. f. Dampfk. u. Maschinenbetr. 1913, S. 329.

Die Wärmeaufnahmefähigkeit eines Vorwärmers an sich hängt im wesentlichen von vier Bedingungen ab:

1. von der Geschwindigkeit des ihn durchfließenden Wassers,
2. ,, ,, ,, der ihn durchziehenden Rauchgase,
3. ,, dem Stoff, aus dem er besteht; denn die Wärmeleitungszahl für Schmiedeeisen ist beispielsweise etwas größer als für Gußeisen,
4. von der Größe der angesaugten Nebenluftmengen.

Bei 3 m Höhe des Vorwärmers berechnen sich die stündlichen und sekundlichen Wassermengen wie folgt:

	Bauart des Vorwärmers	Wassergeschwindigkeit m/Std.	m/Sek.
Gleichstromschaltung . . .	1000 einzelne Rohre	$\frac{20000}{1000} = 20$	0,0007
Kreuzstromschaltung . . .	fünfmalige Unterteilung	$\frac{20000}{900} \cdot 5 = 110$	0,004
Gegenstromschaltung . . .	10 Register in einer Abteilung, so daß das Wasser 80 mal durch die Rauchgase strömt	$\frac{20000}{800} \cdot 80 = 2000$	0,07

Die Höchstleistung der Geschwindigkeit (bei Gegenstromschaltung) ist also nur etwa ein Zehntel von jener bei den gebräuchlichen Speiseleitungen gleichen Durchmessers (100 mm). Will man die Geschwindigkeit zur Erhöhung der Wärmeaufnahme vergrößern, so bliebe nur übrig, den Rohrdurchmesser von 100 mm auf etwa 40 oder 50 mm zu verkleinern oder das Wasser durch Unterteilung jeder Abteilung in gleicher Zone stufenweise zu erwärmen (D. R. P. Schulz). Ersteres würde den gußeisernen Vorwärmer sehr verteuern, letzteres bedenkliche Spannungen zwischen den beiden Kammern und Betriebsstörungen hervorrufen.

Welchen Einfluß die Rauchgasgeschwindigkeit auf den Wärmeübergang ausübt, geht aus einem praktischen Beispiel hervor, das in einer Zuckerfabrik erhalten wurde. Hier waren 5 Kessel von je 80 qm Heizfläche mit einem gemeinschaftlichen Vorwärmer von 225 qm verbunden, die nicht alle auf einmal, sondern hintereinander mit dem Beginn der Kampagne in Betrieb gesetzt wurden.

Zahlentafel 125.

Anzahl der Kessel	qm	Wassererwärmung um °C	Wasermenge kg/Std.	Wärmedurchgangszahl $\varkappa$
1	80	von 50 bis 70 = 20	rd. 1600	0,83
2	160	,, 50 ,, 90 = 40	,, 3200	3,3
3	240	,, 60 ,, 100 = 40	,, 4800	5,0
4	320	,, 80 ,, 120 = 40	,, 6400	7,5
5	400	,, 80 ,, 140 = 60	,, 9200	12,9

Aus den Betriebsergebnissen in der vorstehenden Zahlentafel 125 geht deutlich hervor, daß mit Zunahme der Verbrennungsgasmengen, d. h. mit Zunahme ihrer Geschwindigkeit, die Wärmeaufnahmefähigkeit des Vorwärmers ganz bedeutend wächst. Solange nur ein Kessel oder nur eine beschränkte Anzahl sich im Betriebe befinden, reicht die Menge der Verbrennungsgase nicht aus, den ganzen Vorwärmer zu umspülen; es ist wohl ein großes Temperaturgefälle vorhanden, aber damit ist auch eine bedeutende Einschränkung der Geschwindigkeit verbunden. Zu groß bemessene Vorwärmer können deshalb nicht günstig arbeiten; denn die zur Verfügung stehende Wärmemenge steht in keinem Verhältnis zur großen Eisenmasse und zum Gehäuse des Vorwärmers, die nicht unbeträchtliche Strahlungsverluste aufweisen.

Da mit der Abkühlung der Rauchgase innerhalb eines Vorwärmers eine Volumenverminderung verbunden ist, aus der eine Verringerung der Gasgeschwindigkeit folgt, hat M. R. Schulz bei seiner Konstruktion zwischen den Registern Scheidewände eingezogen, deren Länge nach dem Austritt zu zum Ausgleich der Geschwindigkeit stetig zunehmen.

Die Verwendung von schmiedeeisernen Rohren für Vorwärmer, vgl. Abb. 158 u. 159, hat verschiedene Vorteile mit sich gebracht. Selbst wenn wir von der geringen besseren Leitungsfähigkeit der Wärme absehen, hat das schmiedeeiserne Rohr vor allen Dingen den Vorteil, daß man mit dem

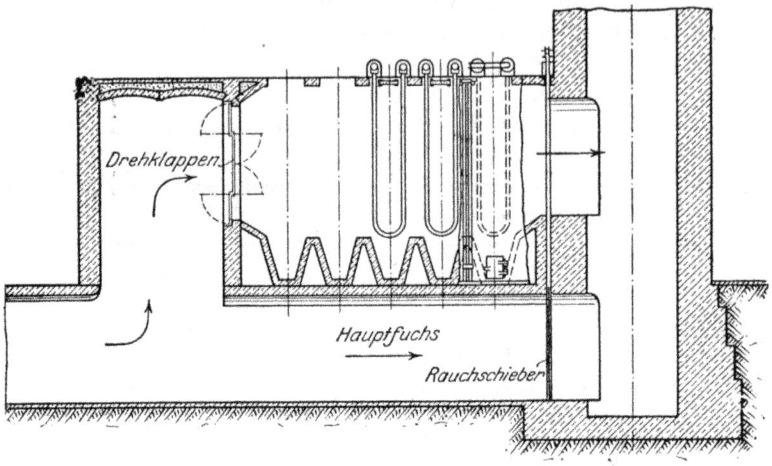

Abb. 158. Anordnung eines schmiedeisernen Vorwärmers nach Schulz.

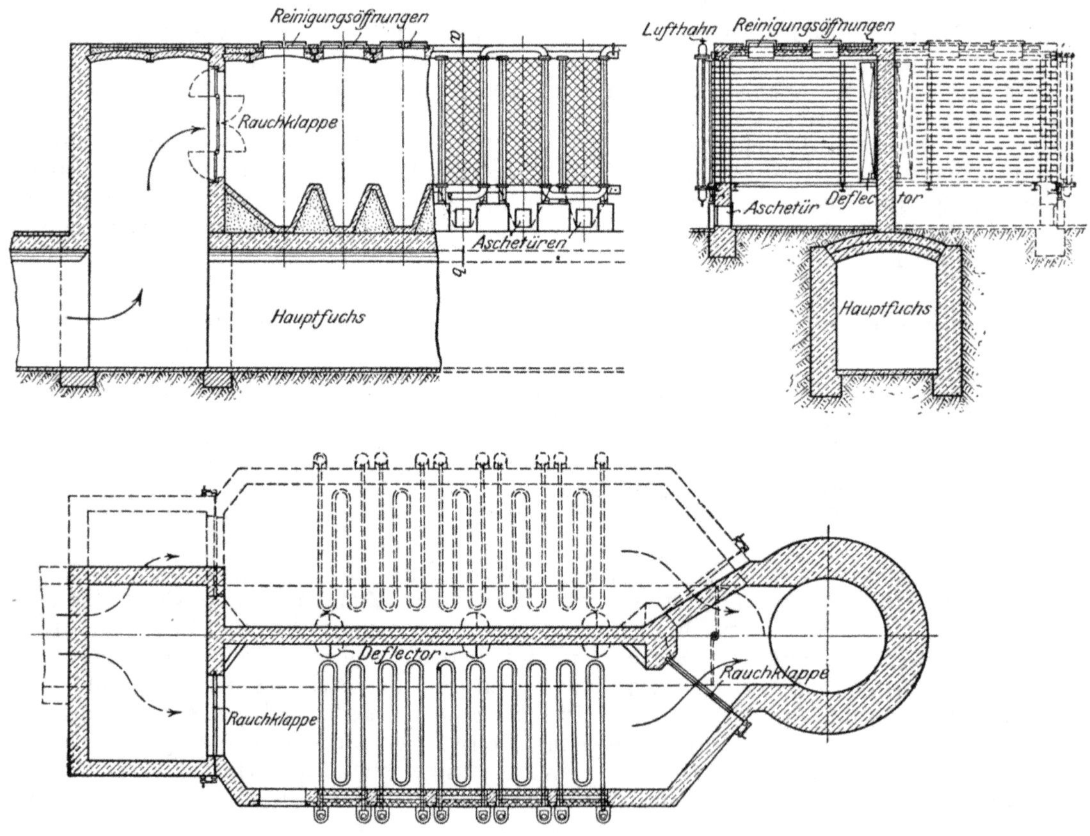

Abb. 159. Anordnung eines schmiedeisernen Doppel-Vorwärmers nach Schulz.

Durchmesser zur Erzielung großer Wassergeschwindigkeit heruntergehen kann. In zweiter Linie fassen sich die Heizflächen so aneinanderlegen, daß die Anbringung von Kratzern nicht erforderlich ist. Es ist unbestritten, daß durch deren Öffnung Luft bis zu 30% der Gesamtmenge der Rauchgase eintreten kann und daß dadurch das Temperaturgefälle zum Schaden des Wirkungsgrades des Vorwärmers herabgedrückt wird.

Ein mit überhitztem Wasser gefüllter gußeiserner Vorwärmer kann im Betriebe gefährlich werden. Man wird wohl schon aus diesem Grunde das heiße Ende des Überhitzers aus Eisen, das kalte, dem Rosten ausgesetzte Ende aus dem widerstandsfähigeren Gußeisen herstellen. Solange sich nicht ein dringendes Bedürfnis hierfür mit der Zeit herausstellen sollte, wird man nach den obigen Ausführungen den schmiedeeisernen Bauarten wegen ihrer großen Vorteile den Vorzug geben und sie stets mit den Kesseln unmittelbar verbinden, was bereits von den Lieferanten von Steilrohrkesseln geschieht.

Wie bereits auf S. 344 erwähnt, ist der Arbeit des Speisewasservorwärmers dadurch eine Grenze gesetzt, daß im Vorwärmer keine Verdampfung stattfinden darf. Um diese selbst beim Stillstande der Speisepumpe oder bei plötzlichen Betriebsstörungen zu verhüten, muß man die Austrittstemperatur entsprechend niedriger als die Dampftemperatur wählen oder, was jedenfalls vorzuziehen

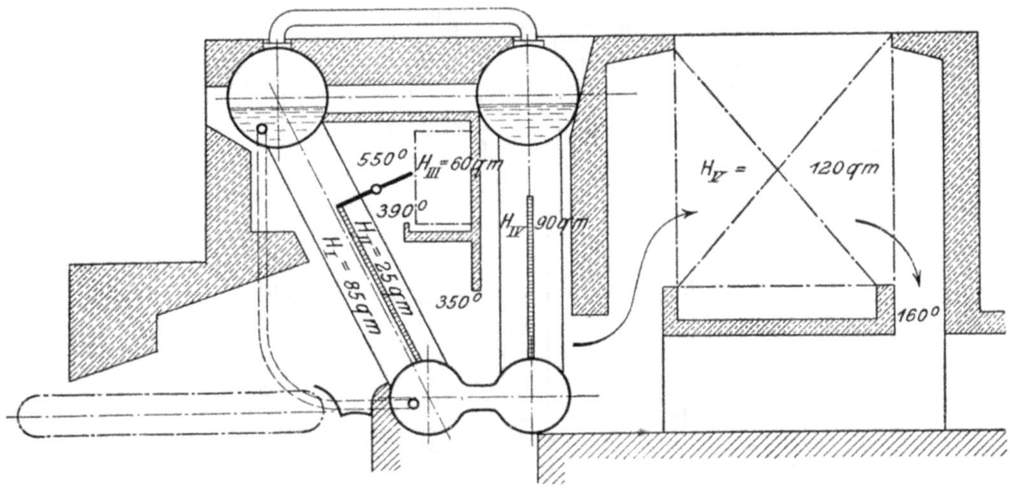

Abb. 160. Umwandlung eines Doppel-Garbekessels in einen Umlaufkessel mit Vorwärmer.

ist, sich von diesen Umständen ganz unabhängig machen, d. h. dem Vorwärmer die Eigenschaft eines Verdampfers geben.

Dies geschieht nach dem Vorschlage von Prof. Kirsch, Moskau, beispielsweise bei dem in Abb. 160 wiedergegebenen Garbekessel dadurch, daß man die Wasserverbindung der beiden Oberkessel aufhebt, dafür aber die beiden Trommeln des Vorderkessels durch ein äußeres Umlaufrohr verbindet. Dann kann man den Dampf, wie früher, aus dem Hinterkessel entnehmen. Die gekennzeichnete Maßnahme verwandelt den Vorderkessel in einen in sich geschlossenen Umlaufkessel mit unterer Speisung, den Hinterkessel in einen eisernen Vorwärmer mit freier Wasseroberfläche. Der Vorschlag hat überdies den Vorteil, daß der gußeiserne Vorwärmer nur 85 statt 120 qm groß zu sein braucht. In vielen Fällen wird sich ein besonderer Überhitzer vielleicht ganz erübrigen, was natürlich für die Kosten der ganzen Anlage von Bedeutung ist.

Von den vielen Arten von Vorwärmern, die gebaut werden, möge jener der Gesellschaft für Abwärmeverwertung, Berlin-Reinickendorf, („Gefa"-Economiser) Erwähnung finden, weil er verhältnismäßig wenig Raum beansprucht (vgl. Abb. 16 auf S. 88).

3. Temperaturverhältnisse in den Feuerungen.

Ein Blick auf die Temperaturkurven, Abb. 154, läßt zunächst erkennen, daß die Schwankungen mit der Höhe der Temperaturen bedeutend wachsen. Die Ursache ist außer auf leere oder weniger gut bedeckte Roststellen auf die Abkühlungen zurückzuführen, die beim Öffnen der Feuertüre zwecks Beschickung oder Bearbeitung des Rostes von Hand aus unvermeidlich sind. Die Abkühlungen sind bei dem für unsere Betrachtungen gewählten Wasserröhrenkessel verhältnismäßig gering, weil das Mauerwerk als Wärmespeicher ausgleichend wirkt. Bei der Lokomotivfeuerkiste sind sie dagegen sehr beträchtlich, wie Abb. 161 ersehen läßt. Hier haben wir außer kupfernen Wänden nur einen verhältnismäßig kleinen Wärmespeicher in Form des Feuerschirmes, der unterhalb der Siederohre angesetzt ist, um eine bessere Führung der Flammengase in der Feuerkiste und ihre bessere Verbrennung herbeizuführen. Während bei dem Wasserröhrenkessel im Verbrennungsraum Schwankungen von rd. 100° beobachtet wurden, betrugen diese bei der Lokomotive etwa das Doppelte, wobei Bedienung durch einen guten Heizer vorausgesetzt ist. In der Feuerkiste der Lokomotive stiegen dank der vorzüglichen Verbrennung die Temperaturen bis zu 1750°, beim Wasserröhrenkessel bis zu 1500°. Je höher die Temperatur, desto günstiger müssen auch die Leistungen und Wirkungsgrade ausfallen; indes darf dabei die Anstrengung der Heizfläche nicht

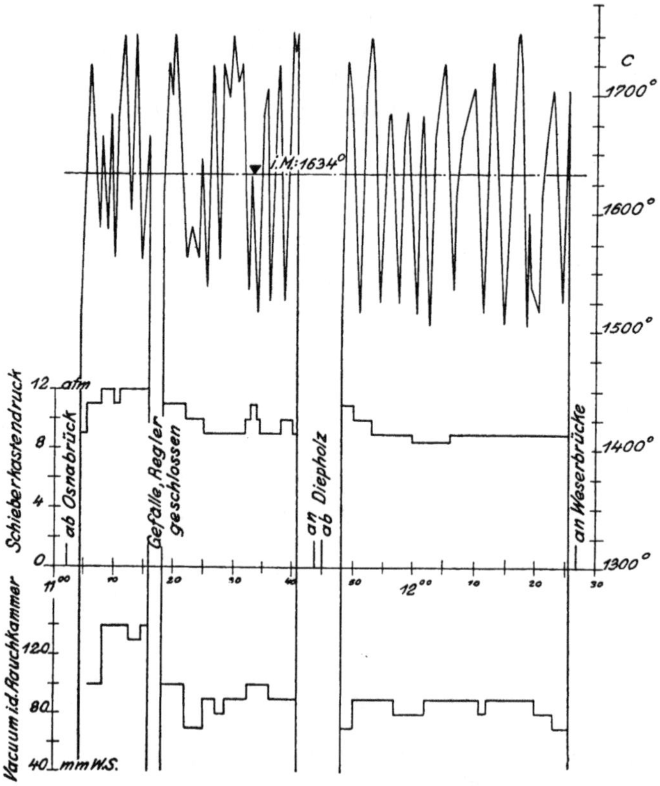

Abb. 161. Temperaturschwankungen in der Feuerkiste einer Schnellzuglokomotive.

so weit getrieben werden, daß Schäden für die Sicherheit und die Lebensdauer des Kessels zu befürchten sind[1]). Infolge der Abkühlungen kommen wir bei den vorliegenden Beispielen im Mittel nur auf 1634 bzw. 1466° C.

Die Abkühlungen lassen sich nur durch selbsttätige Beschickvorrichtungen vermeiden, mit denen in der Tat sowohl die Wirkungsgrade als auch die Leistungen verbessert worden sind[2]).

Der Wasserröhrenkessel stand nur tagsüber im Betrieb, während er nachts „kalt" stand. Den hierdurch hervorgerufenen nachteiligen Einfluß erkennt man an dem steigenden Verlauf der Temperaturkurven in Abb. 154. Das Mauerwerk hat nachts die im Tagesbetrieb aufgespeicherte Wärmemenge zum Teil abgegeben und ergänzt diesen Verlust nur allmählich durch Aufnahme der Wärme im vollen Betriebe. Wie langsam die Sättigung des Mauerwerks dabei vor sich geht, ersieht man aus dem angezogenen Beispiel; selbst nach 8stündigem Betrieb ist die Wärmeaufnahme noch nicht

[1]) Vgl. Czernek, Zeitschr. f. Dampfk. u. Maschinenbetr. 1914, S. 232 u. 268.

[2]) Solche Vorrichtungen sind z. B. von der Pennsylvania Railroad für ihre großen Lokomotiven mit bestem Erfolge eingeführt; Betriebsergebnisse zeigen, daß dadurch die Verdampfungsziffer und die Kraftleistung der Lokomotiven erhöht wurden (vgl. Engineering vom 24. April 1914, S. 558).

beendet[1]). Hieraus ergibt sich ein Wärmeverlust, der in dem Restgliede der Wärmebilanz zum Ausdruck kommt. Ein Dauerbetrieb muß deshalb den Wirkungsgrad einer Kessel-, Ofen- oder Heizungsanlage erhöhen, denn durch das Anheizen des Wärmeträgers und seiner Ummantelung wird unnötig Wärme vergeudet.

Es leuchtet ohne weiteres ein, daß undichtes Mauerwerk die Wirtschaftlichkeit der Anlage verschlechtern muß. Mit Hilfe des Schornsteinschiebers trachtet der Betriebsleiter danach, die Temperaturen im Verbrennungsraum durch Einschränkung des Luftüberschusses möglichst hoch zu halten, aber undichtes Mauerwerk (schlechte Fugen, Risse, nicht dicht schließende Verschlußöffnungen) kann dieses Bestreben durch das Ansaugen von Außenluft im 2. oder 3. Feuerzug schon hinfällig machen und dadurch die Erhöhung des Wirkungsgrades ausschließen.

Wenn wir in solchem Falle Temperaturmessungen vornehmen, werden wir ebenfalls einen äußerlich günstigen Temperaturverlauf feststellen können, aber der Temperaturabfall ist nicht durch Wärmeübertragung nach dem Kesselinnern, sondern durch Mischung mit kalter Luft von außen her erreicht worden. Durch »Nebenluft« muß sich also die Wärmeübergangszahl und damit der Wirkungsgrad jeder Ofenanlage usw. verschlechtern. Als Beispiel möge folgende Mitteilung[2]) aus dem Betriebe hier wiedergegeben werden, wobei indes die Frage offen gelassen werden soll, ob nicht auch ohne besondere Hilfsmittel gut eingemauerte Kessel dasselbe erzielt hätten.

Zahlentafel 126.

	vor der Isolierung			nach der Isolierung		
Koks auf 1 qm Rostfläche . . . kg/Std.	91,0	92,3	97,3	112,4	101,7	100,8
Rückstände des Brennstoffes . . . %	13,9	16,8	14,7	12,6	14,7	14,2
Verbrennbares darin. . . . . %	38,3	21,0	18,3	25,6	24,1	28,3
Abgase vor dem Schieber:						
a) Kohlensäuregehalt . . . . Vol.-%	8,9	8,9	9,9	10,8	10,3	11,4
b) Temperatur . . . . °C	271	282	290	310	332	329
Dampf auf 1 qm Heizfläche und Std. . .	**21,4**	**22,2**	**24,3**	**24,5**	**25,9**	**24,6**
Brennstoffheizwert . . . . WE	6340	6014	6100	4847	5,807	5654
Wärmebilanz:						
nutzbar gemacht. . . . . %	**54,7**	**59,1**	**60,5**	**66,6**	**64,8**	**63,7**
verloren:						
a) in den Herdrückständen . . . %	6,8	4,7	3,5	5,6	4,9	5,7
b) Schornsteinverlust. . . . . . %	**18,5**	**20,1**	**18,8**	**21,0**	**20,8**	**18,8**
c) Restverlust . . . . %	20,0	16,1	17,2	6,8	9,5	11,8
	100,0	100,0	100,0	100,0	100,0	100,0

Der Versuchskessel (Zweiflammrohrkessel) hatte 70 qm Heiz- und 3,06 qm Rostfläche. Nach der Durchführung von drei Verdampfungsversuchen an dem Kessel in seinem ursprünglichen Zustande wurden die »Ökonomisierungsarbeiten« von der Firma Brüder Wurm, Prag, durchgeführt: Abdichten und Verfugen des inneren und äußeren Mauerwerks, Ausfüllen der Fugen und Überziehen der inneren Mauerflächen mit »Isol« (vgl. Abschnitt 10, S. 371), Abdichtung der Berührungsstellen des Kessels mit dem Mauerwerk durch Asbest und Isol, Isolierung der Kesselstirnwand mit 7 mm Isol und 50 mm Asbest. Nach Beendigung der Isolierarbeiten, die 238 Monteur- und 247 Helferstunden erforderten, wurden mit dem Kessel nach fast dreiwöchiger Betriebsdauer abermals drei Verdampfungsversuche ausgeführt. Die Hauptergebnisse der 6 Versuche enthält die Zahlentafel 126.

Es ist bedauerlich, daß der Heizwert des verfeuerten Brennstoffes, vermutlich infolge des Nässegehaltes des Gaskokses, recht verschieden war, sonst wäre ein Vergleich zwischen den beiden Versuchsgruppen ganz einwandfrei. Nichtsdestoweniger geht aber aus den Ergebnissen hervor, was aus dem »Restgliede« noch herausgeholt werden kann. Die Ergebnisse zeigen,

[1]) Beim Anheizen einer Kesselanlage nach einer längeren Betriebspause wird man zwischen dem eigentlichen Anheizen und der Inbetriebnahme zu unterscheiden haben. Das Anheizen soll allmählich geschehen und z. B. bei einem 100 qm-Zweiflammrohrkessel bis zur Erreichung der vollen Dampfspannung auf etwa 6 bis 8 Std. ausgedehnt werden. Ein zuverlässiges Bild über die Leistungsfähigkeit kann indes nur dann erhalten werden, wenn sich die Kesselanlage im Beharrungszustande befindet. Dieser Zustand wird bei einer alten Anlage spätestens am dritten Tage erreicht sein, da dann das Mauerwerk genügend erwärmt ist. Ein am vierten Tage ausgeführter Verdampfungsversuch dürfte mit Sicherheit ein richtiges Urteil über die Kesselanlage zulassen.

[2]) Zeitschr. d. Dampfk.-Untersuchungs- u. Vers.-Ges., Nov. 1913.

1. daß die Wirkungsgrade infolge der besseren Isolierung des Kessels und Ausführung des Mauerwerks durch die Abnahme der damit zusammenhängenden Restverluste wesentlich erhöht wurden,
2. daß der Kohlensäuregehalt, da Nebenluft vermieden wurde, stieg und damit eine Verminderung der Temperatur am Kesselende nicht erreicht werden konnte,
3. daß die Dampfleistung des Kessels trotz minderwertigen Brennstoffes ohne Erhöhung des Kaminverlustes sogar etwas gesteigert wurde.

4. Beeinflussung des Schornsteinzuges durch die Temperaturverhältnisse und Widerstände.

Die Verbrennungsgase werden in der Regel am billigsten und sichersten durch den natürlichen Auftrieb der heißen Gase in einem genügend hohen und weiten Schornstein abgeführt. Auf ihrem Wege durch die Feuerzüge finden die Gase Widerstände, die durch den Auftrieb überwunden werden müssen. Da, wo die Verbrennungsluft mittels eines Gebläses in den Feuerraum gedrückt wird, ist die Feuerleistung von der Zugstärke nahezu unabhängig.

Die Widerstände (Z) setzen sich aus solchen infolge von Reibung (R) und solchen infolge von Richtungsänderungen ($\Sigma\,\zeta$) zusammen. Nach Rietschel und Brabbée[1]) ist

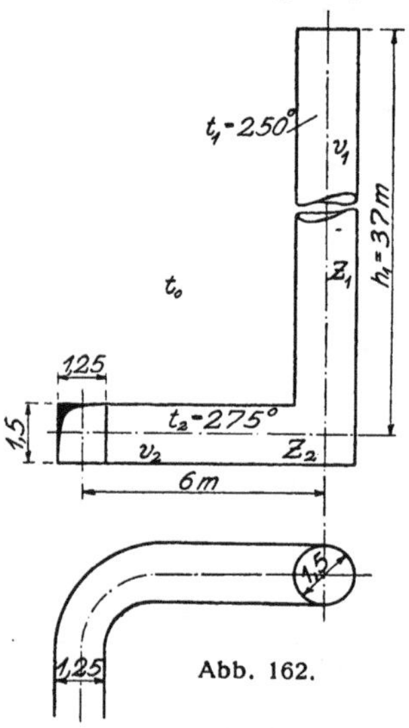

Abb. 162.

$$R = \frac{\varrho\, l\, n}{f},$$

worin die Reibungszahl für sauber gemauerte Kanäle

$$\varrho = 0{,}0065 + \frac{0{,}0604}{u - 48},$$

für ein Schornsteinrohr aus Gußeisen

$$\varrho = 0{,}00309 + \frac{0{,}00209}{v} + \frac{0{,}000337}{u} + \frac{0{,}000878}{v\,u}$$

ist; es bezeichnen: u den Umfang des Abzugkanals in m,
l dessen Länge in m,
f dessen Querschnitt in qm,
v die Geschwindigkeit der Gase in m/Sek.

Für ein rechtwinkliges, abgerundetes Knie (Bogen) ist $\zeta = 1$,
„ „ „ scharfes „ $\zeta = 1{,}5$.

Nehmen wir eine einfache Fuchsanlage, Abb. 162, mit diesen Verhältnissen an, so ergibt sich zunächst

für den Schornstein: $Z_1 = 0{,}3649 + 1 = 1{,}3649$ (für $v = 10$ m/Sek),
„ „ Fuchs: $Z_2 = 0{,}1119 + 2{,}5 = 2{,}6119$.

Beträgt die Temperatur der Verbrennungsluft $t_0 = 20^0$,
» die mittlere Temperatur im Fuchs $t_2 = 275^0$,
» die mittlere Temperatur im Schornstein $t_1 = 250^0$,

so ist die erreichbare Geschwindigkeit zu berechnen aus:

$$\frac{h_1}{1+\alpha t_0} - \frac{h_1}{1+\alpha t_1} = \frac{v_1^2(1+Z_1)}{2g(1+\alpha t_1)} + \frac{v_2^2 Z_2}{2g(1+\alpha t_2)}$$

Nach Einführung der einer ausgeführten Anlage entsprechenden Schornsteinhöhe $h_1 = 37$ m und der bekannten Werte für $g = 9{,}81$ und

$$\alpha = \frac{1}{273}$$

erhalten wir

$$\frac{37}{1{,}073} - \frac{37}{1{,}916} = 15{,}2$$

als wirksame Druckhöhe, die mit 1,293, dem Gewichte von 1 cbm Luft von 0°, multipliziert, eine Zugstärke von 19,6 mm W.-S. ergibt.

Wird $v_1 = v_2 = v$ gesetzt, so erhält man $v = 10{,}86$ als erreichbare Geschwindigkeit in m/Sek.

Führen wir in unser Beispiel, Abb. 162, für t_1 statt 250° die Temperatur 300° und für t_2 statt 275° die Temperatur 325° ein, so erhalten wir schon eine Zugstärke von 22,7 mm W.-S. (gegenüber 19,6), einen Wert, der ziemlich genau mit dem Ergebnis der ausgeführten Anlage übereinstimmt

[1]) Leitfaden, 5. Auflage, Julius Springer, Berlin 1913.

Bei der Führung der Verbrennungsgase im Innern der Kesselanlage haben wir auf- und absteigende Feuerzüge, d. h. positive und negative Druckhöhen, die nach Art des Beispiels mit den zugehörigen Temperaturen und Widerstandszahlen zusammenzusetzen wären, um die tatsächlich erreichbare Geschwindigkeit der Verbrennungsgase für die ganze Kesselanlage zu ermitteln. Da, wo die Verbrennungsgase ein Rohrbündel durchströmen, ist für den Widerstand $Z = 5$ zu wählen. Es ist demnach Sache des Konstrukteurs. mit dem vorhandenen Auftrieb sparsam zu wirtschaften, d. h. durch Vermeidung unnützer Widerstände

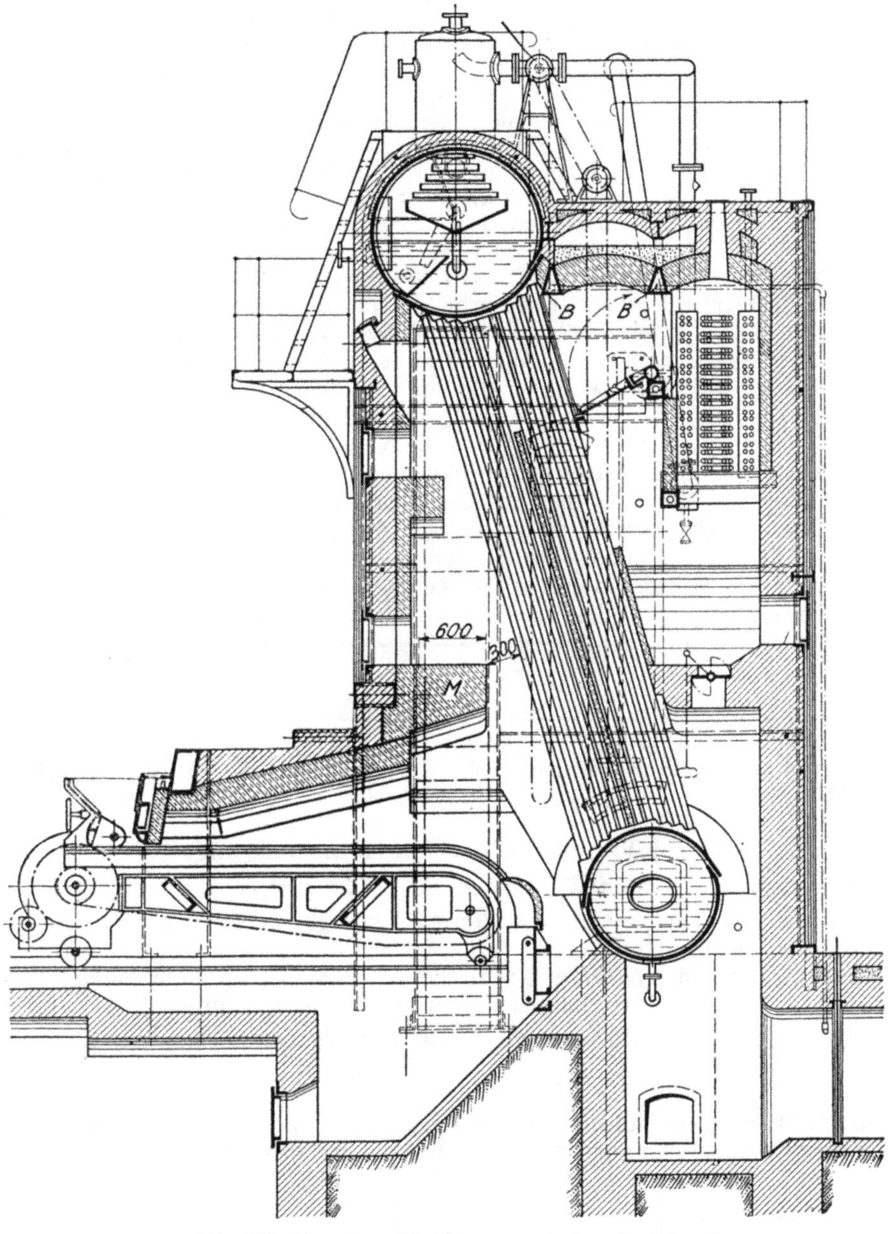

Abb. 163. Unsachgemäße Einmauerung eines Garbekessels.

wie starker Einschnürung der Feuerzüge, den Kesselzug so zu bemessen, daß der von ihm gebaute Kessel sich auch für schwankende Belastungen vorteilhaft erweist. Nur ein solcher Kessel wird mit zunehmender Belastung auch höhere Abgangstemperaturen und Zugstärken zeigen, die für eine praktisch vollkommen selbsttätige Regelung des Zuges unerläßlich sind. Jede unwirtschaftlich gebaute Kesselanlage wird deshalb nur bis zu einer gewissen Grenze höher anstrengbar sein, dann aber versagen, weil die vorhandenen Widerstände keine größere Geschwindigkeit der Verbrennungsgase zulassen und daher eine unvollkommene Verbrennung mit all ihren Nachteilen einleiten. Ein Beispiel aus der Praxis möge hier zur Veranschaulichung solcher unerquicklicher Verhältnisse angeführt werden. Bei dem in Abb. 163 abgebildeten Garbekessel von 200 qm fingen die über dem Überhitzer befindlichen hohlen gußeisernen Balken *B* an stark zu erglühen, bogen sich durch, und die von ihnen getragene Decke stürzte ein. Außerdem war die Dampfleistung unzureichend, die Überhitzung des Dampfes zu hoch. Die gußeisernen Regulierklappen hatten sich infolge Erglühens stark verzogen und ließen sich nicht mehr bewegen. Zur Abhilfe des Übelstandes wurde alles mögliche versucht: Die Klappen wurden beseitigt, der Überhitzer durch ein Schamottegitterwerk abgesperrt und Luft durch die hohlen gußeisernen Balken hindurchgejagt; aber alles ohne Erfolg. Der als Sachverständiger hinzugezogene Oberingenieur Heidepriem, Kattowitz, erkannte auf Grund der Einmauerungszeichnung die Ursache des Übelstandes in der unsachgemäßen Begrenzung des Feuerraumes. Der Fabrikant ging offenbar von dem Bestreben aus, durch das weit vorgezogene Mauergewölbe *M* die Gase in das Rohrbündel hineinzuzwingen. Aber die Flamme der an und für sich langflammigen oberschlesischen Kohle erstickte hierbei und entzündete sich erst wieder, als sie in den freien Raum zwischen Rohrbündel und Überhitzer eingetreten war, in den möglicherweise frische Luft hinzutrat. Durch die Nachverbrennung erglühten die Balken *B* usw., und die Überhitzung wurde unzulässig hoch. Auf Heidepriems Vorschlag wurde das Schamottegewölbe *M* über dem Rost um 300 mm gekürzt, so daß zwischen Gewölbe und Rohrbündel ein Zwischenraum von 600 mm entstand.

Die Verringerung des Widerstandes hatte einen überraschenden Erfolg. Die Flamme konnte sich frei entwickeln; die Heizgase wurden vom ersten Rohrbündel viel stärker in Anspruch genommen, wodurch sich die Heizflächenleistung erhöhte; die Heizgase traten weit mehr abgekühlt in den Überhitzer und erzeugten normale Überhitzung; das Ausglühen der hohlen gußeisernen Balken war beseitigt.

Dieser Vorfall zeigt wiederum, welche Fülle von Nachteilen durch Nichtbeachtung eines einzigen Umstandes hervorgerufen werden kann. Durch zu starke Einschnürung der Gase wird der Widerstand innerhalb des Kesselzuges erhöht und die Verbrennung unwirtschaftlich. Infolgedessen ist auch die Anfangstemperatur niedrig und die Wirkung der strahlenden Wärme, die wir wegen ihrer starken Wirkung gegenüber der berührenden Wärme bevorzugen, unwesentlich; die Dampfleistung geht zurück, die Überhitzung steigt dagegen in unzulässiger Weise infolge von Nachverbrennung, die zum Erglühen von gußeisernen Balken und zum Einsturz von Mauerdecken Anlaß gibt.

Ergänzend zu diesem Beispiel mögen einige Zugmessungen erwähnt werden, die Verfasser bei der Behandlung eines ähnlichen Falles zur Feststellung der Ursache vornahm. Der Zug betrug

	Überhitzer	
	geöffnet	geschlossen
zwischen Mauergewölbe *M* und Rohrbündel in mm W.-S.	3	2,5
dicht vor dem Überhitzer (Hohlbalken *B*) . . „ „	5	3,5
vor dem Fuchs . . . . „ „	15	15

5. Einfluß der Heizflächenverunreinigung.

Bezeichnet (entsprechend den Ausführungen auf S. 337 u. ff.)

Q_b die bei der Berührung übergehende Wärmemenge in WE/Std.,
E „ durch die Strahlung „ „ „ „
ϑ_3 „ Temperatur der äußeren Oberfläche der Kessel- oder Rohrwand,
ϑ_4 „ „ „ inneren Fläche der Kessel- oder Rohrwand,

so sind nach M. Gensch[1]) die einzelnen Werte aus der folgenden Zahlentafel 127 zu entnehmen.

Zahlentafel 127.

Einfluß der Wandstärke auf den Wärmeübergang und die Erwärmung des Bleches.

Feuer-temperatur °C	Wandstärke											
	5 mm			10 mm			15 mm			20 mm		
	$\frac{Q_b + E}{1000}$	ϑ_3	ϑ_4	$\frac{Q_b + E}{1000}$	ϑ_3	ϑ_4	$\frac{Q_b + E}{1000}$	ϑ_3	ϑ_4	$\frac{Q_b + E}{1000}$	ϑ_3	ϑ_4
2000	1092,5	417	309	1086,4	490	309	1077,3	575	308	1065,6	661	307
1500	418.5	282	242	417,2	310	242	415,3	343	242	413,1	378	241
1000	120,3	226	212	120,0	234	212	119,6	245	212	111,0	256	212
500	18,9	208	202	18,85	209	202	18,8	210	202	18,7	211	202

[1]) „Berechnung, Entwurf und Betrieb rationeller Kesselanlagen“, Julius Springer, Berlin 1913.

Die Zahlentafel zeigt, wie die Erwärmung einer selbst reinen und vom Wasser gut bespülten Wand mit ihrer Stärke zunimmt; während bei 1500⁰ Feuerraumtemperatur ein 5 mm starkes Blech eine Außentemperatur $\vartheta_3 = 282^0$ zeigt, finden wir beim 20 mm starken Blech schon eine Temperatur von 378^0. Hieraus ergibt sich die Forderung im Feuerungsbetriebe, wo zeitweise Temperaturen bis zu 2000^0 vorkommen[1]), starkwandige Bleche dem direkten Feuer nicht auszusetzen; denn mit zunehmender Feuertemperatur müssen Übererwärmungen des Bleches und als deren Folge Kesselschäden befürchtet werden, die in einem wirtschaftlichen Betriebe unter allen Umständen zu vermeiden sind. Nach Versuchen von Martens und Rauh sind Blechtemperaturen von mehr als 400^0 als kritisch anzusehen.

Zahlentafel 127 führt uns vor Augen, daß der Wärmeübergang bei reinen Heizflächen von der Wandstärke unabhängig ist. Die Verhältnisse ändern sich indes sofort, wenn die Heizfläche innen mit Kesselstein belegt ist (vgl. Zahlentafel 128).

Zahlentafel 128.

Einfluß des Kesselsteinbelages auf den Wärmeübergang und die Erwärmung des Bleches.

Feuer-temperatur °C	Kesselstein 2 mm $\frac{Q_b+E}{1000}$	2 mm ϑ_3	2 mm ϑ_4	4 mm $\frac{Q_b+E}{1000}$	4 mm ϑ_3	4 mm ϑ_4	6 mm $\frac{Q_b+E}{1000}$	6 mm ϑ_3	6 mm ϑ_4
2000	801,0	1340	1273	562,0	1632	1585	396,0	1755	1733
1500	366,0	720	689	304,0	970	945	238,0	1135	1115
1000	114,0	363	353	106,0	470	461	95,0	575	567
500	18,7	230	228	18,0	250	248	17,0	270	269

Bei einem Kesselsteinbelag von 2 mm Stärke beträgt der Wert $\frac{Q_b+E}{1000} = 801$ WE/Std., bei einem Belag von 6 mm nur noch die Hälfte. Will man also hohe Leistungen und gute Wirkungsgrade erzielen, so muß man für die Beseitigung des Kesselsteins aus der gefährdeten Heizfläche, d. h. für eine geeignete Wasserreinigung Sorge tragen[2]). Die Zahlentafel zeigt, welche Betriebsgefahren selbst bei nicht zu hohen Feuertemperaturen durch Übererwärmung der Heizflächenwandungen trotz guten Wasserumlaufes bestehen, wenn man der Kesselsteinfrage nicht genügend Beachtung schenkt.

Wo im Kesselbetriebe mit Kondensat von Dampfmaschinen gespeist wird, kann überdies noch Öl in den Kessel gelangen, das selbst in denkbar dünnster Schicht den Wärmeübergang noch viel mehr vermindert und als Ursache der meisten Durchbeulungen von Rohren usw. anzusehen ist. Beim Turbinenkondensat sind die erwähnten Mängel weniger zu befürchten, weil es als ölfrei gelten kann. Dampfmaschinenkondensat muß dagegen vor seiner Verwendung zum Kesselspeisen in Dampfentölern (auf Schleuder- oder Stoßwirkung beruhend) soweit wie möglich (4 bis 5 g Öl in 1 cbm) entölt werden, um einigermaßen unschädlich zu sein.

---

[1]) Ober-Ing. Czernek, Frankfurt a. O., führt mit Recht die hohen Temperaturen auf Nachverbrennungen zurück, sobald brennbare Gase mit Luft zusammentreffen, besonders wenn diese mit den Gasen bei plötzlichem Richtungswechsel oder infolge einer Einschnürung (vgl. S. 353) durch hoch erhitzte Gewölbe gut durchgewirbelt wird. Man muß sich hierbei vorstellen, daß bei einer Anfangstemperatur von 1000 und mehr Graden bei geringem Luftüberschuß und bei Schwelgasen von hohem Heizwert ganz bedeutende Temperaturen in unmittelbarer Nähe der Heizfläche entstehen können. Zum Beweise führt Czernek Abschmelzungen des Mauerwerks, Zusammensinterungen der Flugasche zwischen den Rohren, wie sie besonders im unteren Teil des ersten Rohrbündels der Steilrohrkessel zu finden sind, sowie auch Ausbeulungen an, die sich unten an den Mänteln von Flammrohrkesseln vorfinden, die mit Braunkohle gefeuert werden. Nach Czernek befördern diese Flugaschenansätze die Nachverbrennung.

[2]) Nach den von dem Internationalen Verbande der Dampfkessel-Überwachungsvereine vorgenommenen Untersuchungen soll der Kesselsteinansatz auf den Kohlenverbrauch keinen erheblichen Einfluß haben, was mit dem verringerten Wärmeübergang nicht in Einklang zu bringen ist.

Dr. Deinlein hat die Kraußschen Berechnungen nachgeprüft und in der Zeitschrift d. Bayer. Rev.-V. v. 31. Okt. 1919 sein Urteil dahin zusammengefaßt, daß die Unterschiede, die gleichzeitig dem Mehrverbrauch an Brennstoff entsprechen, wesentlich geringer sind, als sie Krauß berechnet. Bis zu 15 kg/qm Heizflächenbeanspruchung seien sie überhaupt belanglos.

Die Verschlechterung des Wärmeübergangs wird jeder Betriebsleiter an den hohen Abgangstemperaturen im Fuchs merken und danach seine Maßregeln treffen. In dieser Beziehung kann nicht genug auf praktische Erfahrungen hingewiesen werden, die man jeder Theorie vorziehen muß. So teilt beispielsweise Pradel einen Fall mit[1]), wonach der Wirkungsgrad eines Vorwärmers durch Kesselsteinbelag aus Kalk und pflanzlichen Stoffen in einer mittleren Stärke von etwa 6 bis 7 mm um 5,5% verschlechtert und der Kohlenverbrauch um 6% erhöht wurde. Die Temperaturverhältnisse waren folgende:

		vor der Reinigung des Vorwärmers	nach der Reinigung des Vorwärmers
Temperatur der Rauchgase vor Eintritt in den Vorwärmer	°C	376,7	367,8
Temperatur der Rauchgase beim Austritt aus dem Vorwärmer	°C	304,4	282,2
Unterschied der Temperaturen	°C	72,3	85,6
Wassertemperatur beim Eintritt in den Vorwärmer	°C	68,9	68,9
„ „ Austritt aus dem „	°C	112,8	144,4
Unterschied der Temperaturen	°C	43,9	75,3
Speisewassermenge	kg/Std.	rd. 10 886	
Kohlenmenge	kg/Std.	1491	1400

Der Wärmeübergang kann aber auch durch äußere Verunreinigung, wie durch Rußüberzug oder durch Aschenablagerung, in beträchtlicher Weise vermindert werden. Ruß als schlechter Wärmeleiter isoliert gewissermaßen die Wandung und verschlechtert daher die Dampfleistung und den Wirkungsgrad. Bei Lokomotiven ist eine tägliche Reinigung der Siederohre erforderlich, weil sonst ihre Leistung ganz wesentlich verringert wird; die Rohre werden entweder durchgestoßen oder mit Hilfe von Preßluft gereinigt, der Kessel dagegen in Zwischenräumen von 6 bis 10 Tagen zur Beseitigung des Schlamm- und Kesselsteinansatzes in sorgfältigster Weise ausgewaschen. In dieser Beziehung kann im Betriebe der feststehenden Kessel noch etwas mehr als bisher getan werden, d. h. es dürfte sich empfehlen, den Kessel vielleicht in kürzeren Zeitabschnitten zwecks gründlicher Reinigung außer Betrieb zu setzen, den Überhitzer dagegen täglich zu reinigen, abends den Schlamm täglich abzublasen. Eine tägliche Reinigung der Kesselheizfläche von Ruß und Flugasche ähnlich der Gepflogenheit bei Lokomotiven, würde indes kaum durchführbar sein, anderseits auch keine Vorteile mit sich bringen, weil dadurch das Mauerwerk zu sehr abgekühlt würde[2]).

Soll die äußere Kesselwandung möglichst frei von Ruß bleiben, so ist auf eine möglichst rauchfreie Verbrennung durch Einführung selbsttätiger Beschickvorrichtungen, Schrägrostfeuerungen usw. Sorge zu tragen. Eine solche Maßnahme ist auch für die gute Instandhaltung der Kesselteile unbedingt notwendig, zumal durch Nachverbrennen unverbrannter Gase, wie bereits erwähnt, Durchbeulungen und Kesselschäden entstehen können. Qualmendes Feuer führt zum Verrußen der Kesselzüge und zu Gasexplosionen, zum Ausbrennen der Schornsteine, Flugfeuer und endlich zur Belästigung der Anwohner durch Rauch. Wir haben deshalb der Rauchverminderungsfrage im dritten Kapitel, Abschnitt V, besondere Beachtung gezollt und im voraufgehenden Abschnitt IV auf die unmittelbaren Wärmeverluste durch Ruß, d. h. durch reinen Kohlenstoff, hingewiesen, der übrigens auch bei Generatoren nicht mehr vernachlässigt werden darf (vgl. Zahlentafel 117 u. 118, S. 285), wenn man auf die Wirtschaftlichkeit der Anlage Wert legt.

6. Einschränkung des Schornsteinverlustes.

Entweichen auf 1 kg Brennstoff R_v cbm Verbrennungsgase von der Temperatur T, so erhalten wir dadurch einen Wärmeverlust von

$$R_v\, c_{pm}\, (T - t) \text{ in WE,}$$

wenn mit c_{pm} die mittlere spezifische Wärme der Gase, mit t die Temperatur der Luft im Kesselraum bezeichnet wird (vgl. S. 277).

[1]) Feuerungstechnik 1913, S. 99.

[2]) Vgl. Versuche von H. D. Fischer, mitgeteilt von Pradel, Feuerungstechnik 1914, S. 226.

Aus der Formel ergibt sich ohne weiteres, daß wir danach trachten müssen, mit einem möglichst geringen Luftüberschuß bei der Verbrennung eines Brennstoffes auszukommen, um die Menge der Verbrennungsgase zu beschränken. Leider kann man bei festen Brennstoffen den Luftüberschuß nicht auf das theoretisch geforderte Maß herabdrücken; die vom Schornstein durch die Rostspalten angesaugte Luftmenge tritt in die Brennschicht ein und sucht sich innerhalb dieser die bequemsten Wege zum Entweichen. Es können deshalb nicht alle Luftteilchen mit dem Brennstoff und den sich daraus entwickelnden Gasen in Verbindung treten, so daß ein erhebliches Mehr an Luft zur vollständigen Verbrennung erforderlich ist. Verringert man die Luftmenge bei einem Kesselfeuer allmählich mehr und mehr, so kann man aus der Gasanalyse wahrnehmen, wie bei einem bestimmten CO_2-Gehalt schon CO auftritt, ein Zeichen, daß bereits in gewissem Sinne Luftmangel vorhanden ist. Es ist daher nicht immer gut, auf möglichste Höhe eines CO_2-Gehalts Gewicht zu legen und danach die Kohlenprämien für den Heizer zu berechnen, sondern darauf hinzuzielen, in erster Linie eine möglichst vollkommene Verbrennung zu erreichen. 1% CO-Gehalt kann unter Umständen schon einen Wärmeverlust von 10% vom Heizwert des Brennstoffes herbeiführen! Ein durchschnittlicher CO_2-Gehalt von 12 bis 14% muß dem Betriebsleiter daher lieber sein als ein CO_2-Gehalt von 15 und 16%. Hier liegen Täuschungen vor, denen man sich in der Praxis häufig hingegeben hat.

Wo Qualm auftritt, ist mit ganz geringen Ausnahmen immer Luftmangel vorhanden. Freilich kann bei qualmendem Feuer auch ein Luftüberschuß herrschen, wenn über dem Rost keine genügende Verbrennungstemperatur vorhanden ist. Das tritt beispielsweise nach dem Schlacken des Rostes ein, wo die Schüröffnung längere Zeit aufsteht und der Feuerraum durch die Entfernung größerer Mengen von Aschen und Schlacken sowie durch Aufgeben größerer Brennstoffmengen stark abgekühlt wird.

Um die Temperatur T der Verbrennungsgase vor dem Rauchschieber einzuschränken, können wir zwei Mittel anwenden. Entweder müssen wir den Schornsteinzug einschränken, d. h. den Schieber weiter schließen, oder die Verbrennungsgase durch anderweitige Verwendung, sei es durch Einbau von Vorwärmern oder zu Heizzwecken usw. nutzbar machen. Die Einschränkung des Schornsteinzuges ist natürlich nur da anwendbar, wo in einem Betrieb mehr Kessel zur Verfügung stehen. Je stärker der Schornsteinzug, desto höher sind für gewöhnlich auch die Abgangstemperaturen des Kessels und desto höher ist der Kaminverlust.

Die Verringerung des Temperaturunterschiedes $(T - t)$ kann durch Erhöhung der Lufttemperatur t erzielt werden. Bei der Ottschen Feuerung, die wohl durch die Howdensche (vgl. S. 359) ersetzt sein dürfte, saugt ein Ventilator einen Teil der Abgase wieder an und drückt sie, mit Luft und Dampf gemischt, in erhitztem Zustand in den geschlossenen Aschenraum.

Jedenfalls liegt in der Erwärmung der Verbrennungsluft ein weiteres Mittel zur Einschränkung des Schornsteinverlustes, wobei ein Lufterhitzer, ähnlich einem Vorwärmer, in den Kamin eingebaut werden könnte. Prof. Kirsch[1]), Moskau, hat für die Vorwärmung der Luft einen Teil der nach außen durch das Mauerwerk abströmenden Wärme benutzt, indem er die Luft in den Zwischenraum zwischen Innen- und Außenmauerwerk des Kessels leitete, in dem Blechplatten, ähnlich Heizkörpern, aufgehängt waren.

7. Künstlicher Zug.

a) Einleitung.

In unseren Feuerstätten ist die Zuganlage eines der wichtigsten Glieder, ähnlich dem Leistungsregler für Kraftmaschinen. Sie beeinflußt letzten Endes die Wirtschaftlichkeit der Anlage in bedeutendem Maße. Es ist nicht zu verwundern, daß die Technik der letzten Jahrzehnte teils unter dem Zwange der Notwendigkeit, teils aus einer nicht zu verkennenden Neuerungssucht nach neuen Formen auf diesem Gebiete strebte. Der altehrwürdige Schornstein wird als unwirtschaftlicher und unschöner Zugerzeuger beiseite geschoben und durch anscheinend neuzeitliche Anlagen ersetzt, denen eine bedeutend höhere Gesamtnutzleistung zugeschrieben wird. In Wirklichkeit liegt die Sache so, daß z. B. die Kessel bisher an sich keinen höheren Wirkungsgrad als etwa 75% erreicht haben, und daß erst die ausgiebige Verwendung des Rauchgasvorwärmers weitere 10% auszunutzen gestattet hat.

Die Notwendigkeit der Abführung von gesundheits- und vegetationsschädlichen Abgasen in höhere Luftschichten hat unter Umständen recht erhebliche Anforderungen an den Schornsteinbau gestellt. Daß dieser auch in ästhetischer Hinsicht sogar bei den größten Abmessungen recht annehm-

[1]) 42. Delegierten-Versammlung des Internationalen Verbandes der Dampfkessel-Überwachungsvereine 1912 in Moskau.

bare Erfolge aufzuweisen hatte, zeigt z. B. Abb. 164. Der hier als Silhouette wiedergegebene Riesenschornstein ist von der amerikanischen Schwestergesellschaft der „Schornsteinbau Custodis G. m. b. H.“ in Düsseldorf gebaut worden. Es scheint hier wie mit den Verbrennungskraftmaschinen zu gehen, deren Siegeslauf die übrigen Gebiete des Kraftmaschinenbaues befruchtet und zur Hervorbringung höherwertiger Erzeugnisse angeregt hat. Aber die Bausteine zählen heute wegen der hohen Kohlenpreise und der Kohlenknappheit zu den kostbarsten Rohstoffen, zumal 95% der in Deutschland befindlichen rd. 18000 städtischen und landwirtschaftlichen Ziegeleien aus Mangel an Brennstoffen stillgesetzt worden sind.

Abb. 164. Größter Schornstein der Welt, 155 m hoch, obere lichte Weite 15,24 m Schornsteinzug bei 385° C etwa 900 mm W.-S.

Die mit „künstlichem Zug“ arbeitenden, vielfach nur in neuem Gewand erscheinenden bekannten Bauarten sind daher heute nicht nur als willkommene Ergänzungen zum Vorhandenen, sondern auch als Ersatz für das gute Alte aufzufassen. Das Für und Wider soll später, d. h. nach Kenntnisnahme der verschiedenen Verfahren, gegeneinander abgewogen werden.

Künstlicher Zug ist keineswegs eine Erfindung der Neuzeit. In Fällen, wo der Schornsteinzug fehlte oder zu gering war, griff man schon früher zur Anwendung von Gebläsen, als deren Vorläufer der Blasebalg für Schmiedefeuer anzusehen ist. Die Erfindung des Blasrohres für Lokomotiven (Stephenson 1820) ermöglichte erst die Entwicklung des Lokomotivkessels zur heutigen Leistungsfähigkeit. Ebenso konnte der Schiffsbetrieb erst durch Einführung des verstärkten Zuges zur vollen Ausnutzung der Kesselheizfläche gelangen. Für feststehende Kessel ist das Dampfstrahlgebläse bereits von Siemens in London 1870 angewandt und durch Gebrüder Körting, Hannover, weiter ausgebildet worden. Die erste Saugzuganlage im neuzeitlichen Sinne wurde von Prat 1889 auf der Pariser Ausstellung vorgeführt, nachdem bereits im Jahre 1843 ein englisches Patent auf die gleiche Erfindung erteilt war. Seitdem hat dank den Bemühungen der „Gesellschaft für künstichen Zug“, Berlin-Reinickendorf, und anderer Firmen die Anwendung des künstlichen Zuges für Kesselanlagen weitgehende Bedeutung erlangt.

Die Anwendungsgebiete des künstlichen Zuges sind, ebenso wie die der Feuerungen, äußerst mannigfaltig. Sie greifen in zahlreichen Ausführungsformen hinüber in das Gebiet des Bergbau- und Hüttenwesens, die frühzeitig dieses Hilfsmittels bedurften. Die Bewetterung der Schächte, die Windzufuhr zu den Hochöfen und Gasgeneratoren sind als Vorläufer der besonderen Einrichtungen für Kesselfeuerungen zu betrachten.

Auf dem letztgenannten Gebiet handelt es sich vorzugsweise um die Fälle, wo eine Erweiterung der Anlage bei beschränkten Bauverhältnissen eine Ergänzung der Zuganlage erfordert. Aber die heutigen Verhältnisse zwingen uns schon, auch bei Neugründungen von Fabrikanlagen oder Elektrizitätswerken den künstlichen Zug zwecks Ersparnis des teuren Schornsteins vorzusehen.

Bei der Entscheidung, welche Mittel zur Erhöhung der Leistungsfähigkeit einer Kesselanlage zur Verfügung stehen, werden stets folgende Punkte zu erwägen sein:

1. Welcher Brennstoff steht preiswert zur Verfügung? Wie hoch ist der Wärmepreis?
2. Ist eine Erhöhung des vorhandenen Schornsteines möglich?
3. Ist für die Errichtung eines neuen Schornsteines Platz vorhanden?
4. Welche Antriebskraft und welcher Platz stehen für die Einrichtung künstlichen Zuges zur Verfügung?

Der Wärmepreis des Brennstoffes und die Möglichkeit, diesen dauernd zu erhalten, werden meist den Ausschlag geben. Für feststehende Kessel kann als allgemein gültig gesagt werden, daß bei Verwendung gasarmer Brennstoffe von zumeist grusartiger Beschaffenheit der Druckzug als Ergänzung des Schornsteinzuges vorwiegend angewandt wird, während für gasreiche, hochwertige Brennstoffe, die infolge ihrer leichten Entzündlichkeit, zum Teil auch wegen ihrer günstigen Beschaffenheit, geringerer Zugwirkung bedürfen, die Saugzuganlage die gegebene Ausführungsform ist. Das schließt indes nicht aus, daß auch gasreiche Kohlen mittels Unterwindes, wie bei Schiffskesseln, verfeuert werden.

Bei allen Unterwindfeuerungen ist die ausgiebige Kühlhaltung der Roststäbe von Bedeutung[1]). Die Zumischung von Dampf ist in den meisten Fällen notwendig, um die Schlackendecke porös zu halten. Bei

[1]) Über Roste siehe viertes Kapitel I, 1.

solchen Anlagen, wo Ventilatorwind eingeblasen wird, muß daher entweder ein leichter Dampfschleier zugesetzt oder, wie bei der Hydrofeuerung, ein Gemisch fein zerteilten Wasserstaubs mit Luft im Apparat selbst erzeugt werden. Bei Schiffskesseln hat sich H o w d e n s verstärkter Zug seit längerer Zeit eingebürgert. Der im Ventilator erzeugte Gebläsewind von 40 bis 50 mm W.-S. Pressung wird in einem von den Abgasen beheizten Luftvorwärmer auf 150 bis 180° C erhitzt und durch Windkanäle, die bei den neueren Wasserrohrkesseln in die Front- und Rückwände gelegt sind, dem Roste zugeführt. Bei Torpedobootkesseln mit besonders hoher Kesselleistung wird der gesamte Heizraum unter eine Pressung bis zu 120 mm W.-S. gesetzt. Feuertüren und Windklappen sind zur Verhütung des Herausschlagens der Flamme beim Beschicken verblockt.

Außer der Asche- und Flugkoksbildung, deren Verluste nicht unerheblich sind (vgl. a. S. 285), ist namentlich bei den Dampfstrahlgebläsen das Geräusch als lästig empfunden worden. Demgegenüber stehen folgende Vorzüge der Unterwindfeuerung:

1. Verwertung billiger Brennstoffe,
2. verhältnismäßig geringer Kraftverbrauch, da die Verbrennungsluft in kaltem Zustand angesaugt wird,
3. verhältnismäßig große Lebensdauer, namentlich bei Anwendung von Dampf als Kühlmittel für den Rost,
4. wirtschaftlichere Ausnutzung des Brennstoffes, wenn die Windzufuhr verständig gehandhabt wird.

Von der Ausnutzung des Brennstoffes geben die folgenden Versuchsergebnisse ein Bild:

Kessel: Zweiflamm-Heizrohrkessel von 270 qm Heizfläche,
Kohle: gewaschener Anthrazitgrus, mit schottischem Grus gemischt.

Rostbeanspruchung	110 kg/qm
Heizflächenbeanspruchung	12,3 kg/qm
Erzeugungswärme des Dampfes	717 WE
Gehalt der Abgase an:	
CO_2	12,4%
$CO_2 + O_2$	18,9%
CO	0,46%
Luftüberschuß	50%
Temperatur der Gase	294° C
Zugstärke am Kesselende	11 mm W.-S.
Überdruck im Aschenfall	12 mm W.-S.
Brennstoffpreis	14,50 M/t
Die Bilanz ergibt:	
Nutzbar aufgenommen im Kessel und Überhitzer	68,6%
Verlust durch Abwärme	14,3%
Rückstände	2,7%
Restverlust (Strahlung, Leitung, unverbrannte Gase, Flugkoks)	14,4%
Heizwert der Kohle	7111 WE

Dampfverbrauch der Düse: 4,43% des abgegebenen Dampfes.

Bereits bei diesem Versuch ist an dem bedeutenden Restverlust von 14,4% der Einfluß des Flugkoksverlustes ersichtlich. Bei einem anderen Versuch, der bei schlechterer Wartung der Anlage ausgeführt wurde, ergaben sich als Restverluste sogar 22%.

Rechnet man hierzu noch den Dampfverbrauch des Gebläses mit etwa 5%, so dürfte der Preisunterschied des Brennstoffes gegenüber hochwertigen Kohlen herausgewirtschaftet worden sein.

Das Unterwindgebläse muß immerhin als ein wertvolles Hilfsmittel zur wirtschaftlichen Verwertung von Abfällen, die bei der Aufbereitung der Brennstoffe entstehen, angesehen werden. Es dürfte dadurch in vielen Fällen möglich werden, dem Volksvermögen bedeutende Werte zu sichern. Bekannt ist, daß manche Kohlenzechen erhebliche Mengen minderwertiger Kohlen wegen Mangels an geeignetem Absatz auf Halden ablagern müssen, wo sie oft durch Selbstentzündung oder zufälliges Inbrandgeraten vernichtet werden[1]). Einen Teil dieser Abfälle suchen die Zechen selbst durch Unterwindfeuerungen zu verwerten. Der weitaus überwiegende Rest stellt einen Wärmespeicher für die Zukunft dar.

b) Druckzuganlagen (Unterwindfeuerungen).

Die Anordnung der Druckzuganlage ist grundsätzlich die, daß der Aschenfall einem Überdruck, dem Widerstand der Brennschicht entsprechend, ausgesetzt wird. Demgemäß wird der Raum unter

[1]) In Kattowitz allein liegen nach Schätzung von sachverständiger Seite ungefähr 350000 t Steinkohlengrus seit Jahren aufgestapelt, der einen Heizwert von 5600 WE/kg besitzt.

dem Rost dicht geschlossen. Handelt es sich um kleinere Anlagen oder um sehr geringe Pressung, so wird das Dampfstrahlgebläse[1]) wegen seines geringen Platzbedarfes und der einfachen Bedienung vorgezogen. Bei vielen Unterwindfeuerungen wird die Dampfdüse in den Aschenfall verlegt[2]). Eine ähnliche vielfach für minderwertige Brennstoffe verwandte Feuerung ist die Wiltonfeuerung der „Deutschen Evaporator-Gesellschaft", die noch Oberluft durch einen Gitterschieber in der Tür zur Verbrennung des bei gasarmen Brennstoffen oft sich bildenden Kohlenoxydes vorsieht.

Die Eigentümlichkeit der Druckzuganlagen, die Verfeuerung minderwertiger Brennstoffe mit zufriedenstellendem Wirkungsgrad zu ermöglichen, mußte auch bei Braunkohlenfeuerungen günstige Vorbedingungen für ihre Verwendung annehmen lassen. Verfasser hat u. a. auch Mischungen von Braunkohle mit Rauchkammerlösche für zweckmäßig erachtet, um höhere Verdampfungsziffern, billigeren Betrieb und geringere Flugaschenablagerung zu erzielen.

Vom wirtschaftlichen Standpunkte aus kann man sagen, daß man überall dort mit Vorteil Unterwind verwenden wird, wo der Schornstein imstande ist, eine neutrale Unterdruckzone über dem Rost herzustellen, d. h. wo er zur Abführung der entwickelten Gase ausreicht. Der Unterwind dient demnach vorzugsweise zur Überwindung des Brennschichtwiderstandes und auf diese Weise zur Unterstützung und Ergänzung des Schornsteinzuges.

c) Blasrohr (Exhaustor).

Für die ortsbeweglichen Kessel (Lokomotiv-, Lokomobil- und vielfach auch Schiffskessel) ist der künstliche Zug Lebensbedingung. Das Blasrohr bildet mit dem Lokomotivschornstein ein Strahlgebläse, das durch den mit erheblicher Energie ausströmenden Abdampf der Maschine betrieben wird. Nachdem schon Zeuner[3]) in seinen grundlegenden Untersuchungen die Hauptgesetze der Strahlwirkung aufgestellt hatte, hat die neuzeitliche Entwicklung des Lokomotivbaues zur weiteren Vervollkommnung dieses wichtigen Baugliedes gedrängt. Namentlich die Versuche von Strahl[4]) haben auf diesem Gebiete weitere Klärung gebracht. Bemerkenswert ist die günstige Eigenschaft des Blasrohres, daß es eine der Heizflächenbeanspruchung annähernd proportionale Rostbeanspruchung schafft, so daß also annähernd selbsttätige Zugregelung erreicht wird. Für diejenigen Fälle, wo der Auspuff der Maschine zur Zugerzeugung nicht genügt oder gänzlich fehlt, ist ein sog. mit Frischdampf betriebener Hilfsbläser angeordnet, der, als Ringrohr um das Blasrohr gelegt, mehrere Ausblaseöffnungen (12 von je 3 mm Durchmesser) besitzt. Die wechselseitige Wirkung zwischen Auspuff und Bläser geschieht bei der Marcottyschen Rauchverbrennungseinrichtung selbsttätig. Diese neuerdings bei allen Lokomotiven der preußischen Staatsbahnen eingeführten Bläsersteuerung erfolgt vom Schieberkasten aus durch den Treibdampf der Maschine

d) Dampfstrahlgebläse (unmittelbarer Saugzug).

Die Dampfstrahlgebläse fanden, ähnlich wie bei Druckzuganlagen, bald auch zur Verstärkung älterer unzulänglicher Schornsteinanlagen Verwendung. Die anfänglich üblichen Bauarten mit äußerst geringem Wirkungsgrad wurden namentlich von Gebr. Körting, Hannover, auf einen ziemlich hohen Grad der Vollkommenheit gebracht. Eine derartige Strahlvorrichtung ist in eine Reihe von Teildüsen zerlegt, um das große Druckgefälle des Frischdampfes voll auszunutzen. Die Körtingschen Saugzuggeräte werden meist in den Sockel des Schornsteins eingebaut und nach Bedarf in Betrieb gesetzt. Der Dampfverbrauch beträgt 5 bis 10% der Kesselleistung.

Es ist klar, daß mit dem Steigen der Kohlenpreise und der Fabrikationskosten überhaupt die Verwendung der Dampfstrahlgeräte mehr und mehr eingeschränkt werden mußte. Die Vorzüge dieser Einrichtungen, nämlich Einfachheit des Betriebes, geringe Anschaffungs- und Einbaukosten, konnten gegenüber den hohen Betriebskosten nicht mehr bestehen. Man mußte daher auf den zweiten Weg: Erhöhung oder Neubau des Schornsteins, zurückgreifen. Nun stößt aber gerade der Umbau und Neubau von Schornsteinen in älteren Anlagen inmitten dicht bewohnter Gegenden, abgesehen von dem Mangel an Bausteinen usw., oft auf erhebliche Schwierigkeiten. Raum- und Bodenverhältnisse gestatten nicht, den Schornstein in den erforderlichen Abmessungen, die überdies noch auf weitere Vergrößerung der Anlagen zu berechnen sind, auszuführen. So bleibt der künstliche Zug als einzige Möglichkeit. Diese Erwägungen führten zur Anregung neuer Bauarten von mechanischen Zuganlagen. Man hatte zwar schon hier und dort die im Bergbau und Hütten-

[1]) z. B. von Gebr. Körting, Körtingsdorf b. Hannover.

[2]) z. B. von Gebr. V. A. Kridlo, Prag-Bubna (vgl. Abb. 103).

[3]) G. Zeuner, „Das Lokomotivblasrohr", Zürich 1863.

[4]) Strahl, „Untersuchung und Berechnung der Blasrohre und Schornsteine von Lokomotiven", Kreidel, Wiesbaden 1912. Vgl. a. Z. d. V. d. I. 1913, S. 1739.

wesen bereits vielseitig verwandten Schleudergebläse auch zur Förderung von Heizgasen benutzt. Wesentlich war jedoch, daß sich die Kesselbauglieder in Anordnung und Formgebung der neuen Fördereinrichtung anpaßten. Die großzügige Verschmelzung von Kessel, Vorwärmer und Saugzug zu einer äußerst gedrungenen Kesseleinheit hat dem Saugzug erst seine Erfolge gebracht.

e) Mittelbarer Saugzug.

Die von der »Gesellschaft für künstlichen Zug«, Berlin-Reinickendorf, bevorzugte Ausführungsform ist der mittelbar wirkende Saugzug, dessen sich auch schon Prat bediente. Eine der ersten in Deutschland eingerichteten Anlagen war die im Elektrizitätswerk Südwest, Berlin, von der Generlich nähere Angaben[1]) bezüglich der Abnahmeversuche brachte. Sie ist vorbildlich für die Wahl neuzeitlicher großer Kesseleinheiten geworden. Die mit der Zuganlage erreichte Leistung ist bereits beachtenswert: es werden 35 kg/qm Heizfläche und 450 kg/qm Kesselgrundfläche verdampft. Bemerkenswert ist ferner der geringe Raumbedarf der Zuganlage, allerdings unter geschickter Ausnutzung der ohnedies für den Rauchgasvorwärmer notwendigen Grundfläche. Günstig ist auch für die Unterbringung des Saugzuges der Abstand der Kessel voneinander, der durch die Bedienung der Kettenroste bedingt ist. Dadurch, daß die Ausschachtung von Heizkanälen im Boden vermieden ist, sind die Zugverhältnisse sehr günstig gestaltet worden; der Kraftverbrauch beträgt daher auch nur 1,2% und weniger vom Brennstoffverbrauch.

Solche günstige Verhältnisse werden allerdings bei Annahme anderer Kesselbauarten, z. B. des Flammrohr-Doppelkessels, nicht vorliegen. Es werden für 30 kg/qm Heizflächen-Beanspruchung bedeutend mehr Zugleistung und damit auch ein höherer Kraftverbrauch notwendig sein.

f) Vereinigung von Druck- und Saugzug.

Der Vollständigkeit halber möge auch diese Möglichkeit angeführt werden, die bisher noch nicht die ihr zukommende Würdigung in der Praxis gefunden hat. Ein Ventilator ließe sich z. B. mit der Saugseite an den letzten Feuerzug, mit dem Druckstutzen dagegen mittelbar an den Aschenraum anschließen, wobei die heißen Gase gleichzeitig zum Anwärmen der angesaugten Druckluft dienen könnten. Bei einer Lokomotive würde zu diesem Zwecke der aus dem Blasrohr strömende Dampf zum geringen Teil für ein Dampfstrahlgebläse nach dem Aschenkasten abzuzweigen sein. Eine selbst in Fahrt befindliche Lokomotive weist nach Versuchen von Strahl noch ein Vakuum im Aschenkasten von 10 bis 20 mm W.-S. auf, das die Dampfleistung der Lokomotive unter Umständen hindert und eine Verengung der Blasrohrhaube erforderlich macht. Die vom Verfasser angeregte Vereinigung von Saug- und Druckzug bei der Lokomotive würde schon durch Vernichtung des Vakuums an falscher Stelle die Leistung und damit den Nutzeffekt bei der Verbrennung erhöhen; das sind zwei Bedingungen, die sich gleichzeitig durch die Forderung möglichst weiter Blasrohrmündung nicht erreichen lassen.

g) Vorteile des künstlichen Zuges gegenüber dem natürlichen Schornsteinzuge.

M. S. Schwarz[2]) hat auf Grund von Versuchen über die Gestehungskosten der verschiedenen Zugerzeugungsarten Berechnungen angestellt und sie mit denen eines gemauerten Schornsteins verglichen. Seinen Berechnungen legte er die Annahme zugrunde, daß bei allen Einrichtungen 1000 kg Kohle gleicher Zusammensetzung so verbrannt werden, daß die Abgase hinter dem Speisewasservorwärmer mit 180° C abziehen. In Zahlentafel 129 sind die Kosten auf ein Jahr verteilt und als Bruchteil der Gesamtkosten angegeben:

Zahlentafel 129.

Zugart		Schornstein	Unterwind (Gebläse)	unmittelbarer Saugzug	mittelbarer Saugzug heiß	mittelbarer Saugzug kalt
Höhe des Schornsteins	m	50	20	20	20	20
Kraftverbrauch	PS	0	1,6	2,4	4,1	5,5
Kosten der Anlage	Fr.	8500	3000	3140	2900	4100
Tilgung 10%	„	850	300	314	290	410
Zinsen 5%	„	425	150	157	145	205
Kraftverbr. (200 Fr./PS)	„	0	320	480	820	1100
Betriebskosten jährlich	Fr.	1275	770	951	1255	1715
desgl. bez. auf jene für unmittelbaren Saugzug (= 1)	„	1,34	0,81	1	1,32	1,80

[1]) Z. d. V. d. I. 1909, S. 1453.

[2]) La Technique Moderne 1914, Nr. 3, auch Feuerungstechnik 1914, S. 279.

Wenn auch die der Zahlentafel 129 zugrunde gelegten Annahmen nicht immer zutreffen, so kann man füglich aus ihr zunächst folgern, daß der mittelbare Saugzug mittels kalter Luft am teuersten ist. Das Ergebnis ist erklärlich; denn zu der Förderung einer beträchtlichen Luftmenge kommt noch der Nachteil hinzu, daß die kalte Luft den Auftrieb der Gase durch Abkühlung verringert. Bei Förderung heißer Gase ist deren Menge zwar geringer, aber wir müssen ihnen anderseits zur Erzielung des Auftriebes eine größere Geschwindigkeit erteilen.

Über die Rentabilität des einen oder anderen Verfahrens läßt sich kaum ein Vergleich aufstellen. Privatwirtschaftliche Gründe werden hier häufig die Entscheidung zu treffen haben; oft wird die Zwangslage den Diktator spielen. In der Vorkriegszeit hat so manche Fabrik mit ihrem bestehenden gemauerten Schornstein bei der Auswahl des geeignetsten Brennstoffes den Betrieb tadellos aufrechterhalten. Da brach die Kohlennot aus, und nun hieß es, mit minderwertigen Brennstoffen Dampf machen. Wer kehrt sich angesichts solcher Notlage an die Frage, ob die von Schwarz auch für den gemauerten Schornstein zugrunde gelegte Tilgungsquote von 10% wegen seines geringeren Verschleißes gegenüber eisernen Schornsteinen gerechtfertigt ist oder nicht? Höhere Zinsbeträge und Abschreibungsquoten können gegenüber den Kosten der Kraft nur dann verschwinden, wenn eine dauernde gleichmäßig hohe Belastung wirklich ständig sichergestellt ist. Diese Gewähr auf Jahrzehnte zu übernehmen, dürfte aber kaum jemand geneigt sein.

Bei den dem mittelbaren Zug gegenüber dem natürlichen Schornsteinzug nachgesagten Vor- und Nachteilen kann man allenfalls folgende Gegenüberstellungen gelten lassen:

a) mittelbarer Saugzug.	b) natürlicher Schornsteinzug.
1. Leichte Regelbarkeit der Zugstärke und dadurch große Vorteile durch Ersparnis von Kesselreserven in Elektrizitätswerken.	1. Regelbarkeit wird insbesondere bei Drosselklappen kaum übertroffen; aber auch bei Schornsteinschiebern werden durch selbsttätige Regelung (z. B. nach Gentrup & Petry) beste Ergebnisse erzielt, so daß b) kaum gegen a) zurücksteht.
2. Der in seiner Höhe begrenzte eiserne Schornstein reicht in der Regel für die Anheizzeit und für schwache Beanspruchungen des Kessels aus. Da er leicht abkühlt, verliert er die Zuverlässigkeit, weshalb ihm ein Hilfsbläser beigegeben wird. Betriebs- und Unterhaltungskosten sind größer als bei b).	
3. Die Leistung ist weniger begrenzt als bei b), auch unabhängig von Witterungsverhältnissen. Die Ventilatoren können für kurze Zeit stark überlastet werden, womit eine Spitzenleistung der Kessel erreicht wird. Immerhin gestattet a) die weitestgehende Ausnutzung der Brennstoffe durch Abkühlung der Gase, was bei b) nicht möglich ist.	3. Der für a) sprechende Einfluß der Unabhängigkeit von Witterungsverhältnissen ist bei einigermaßen reichlich bemessenen Anlagen b) von nicht ausschlaggebender Bedeutung. a) arbeitet bei weniger stark beanspruchtem Betrieb auch nicht mit gleichbleibendem Nutzeffekt. Dagegen kann b) zur Erreichung genügenden Schornsteinzuges die Abgangstemperatur nicht nach Belieben herabdrücken, vielmehr wird man bei Spitzenleistungen zwecks günstiger Zugverhältnisse auf den Vorwärmer verzichten, um durch höhere Abgangstemperaturen den Auftrieb der Gase zu erhöhen.
4. Geringerer Platzbedarf und dadurch Ersparnis an Baugrund.	4. Berechtigt bei Erweiterung von Werken innerhalb engbebauter Wohnplätze. Aber auch dieser Vorteil gilt nur bedingungsweise, weil unter Umständen die Beschaffenheit des Baugrundes dessen weitere Belastung verbieten kann, falls nicht zu kostspieligen Gründungsarbeiten gegriffen werden müßte.

Neben den Ersparnissen in den Baukosten der Saugzuganlage selbst müssen ferner auch die Ersparnisse an Kesselheizfläche infolge der gößeren Höchstleistung bei Saugzug, wie auch diejenigen an Grundfläche und Gebäudekosten dem Saugzugkonto gutgebracht werden.

Eine im Einzelfalle aufgestellte Wirtschaftsberechnung läßt dann leicht erkennen, ob Schornsteinzug oder mechanischer Zug jeweils am Platze ist, wobei zu hoffen ist, daß in Zukunft im Interesse einer möglichst großen technischen und wirtschaftlichen Bewegungsfreiheit Fehler vermieden werden, wie sie die Errichtung großer gemauerter Kamine nach dem Gesagten in der Regel bedeutet, insbesondere nachdem die Ausnutzung der Rauchgaswärme große Fortschritte gemacht hat und damit eine Sicherung der Zugverhältnisse durch Ventilatoren in der Zukunft noch mehr als bisher zur Notwendigkeit werden wird.

Verfasser steht demnach ganz auf dem Standpunkt Schwabachs[1]), daß die Lebensdauer eines gemauerten Schornsteins nach den Entwicklungsmöglichkeiten der fraglichen Industrie und unserer Verfahren der Krafterzeugung beurteilt werden muß. Wo hat heute nicht schon eine Umstellung des Betriebes stattgefunden? Einem solchen Zeiterfordernis kann sich eine Saugzuganlage stets anpassen, während der gemauerte Schornstein unter Umständen ein Hindernis bilden kann. Schwabach, der Hauptvertreter des künstlichen Zuges, geht von dem wohl zu verstehenden Standpunkt aus, daß zur Erzielung von 4 bis 5% Zinsen das Anlegen eines Kapitals in gemauerten Schornsteinen nicht nötig ist. Entschließt man sich trotzdem hierzu, so muß das vergrößerte Risiko auch entsprechend bewertet werden, wie man ja auch beim Kauf von Industriewerten eine höhere Verzinsung als bei mündelsicheren Staatspapieren verlangt. Alle die Schornsteine, die infolge des Krieges dauernd oder auch nur vorübergehend zum Stillstand gekommen sind, sind in ihrer Rentabilität gegenüber dem billigeren Saugzugschlot erschüttert worden.

8. Verluste durch Verschlacken der Roste.

Sofern der Brennstoff nicht schlackt, ist die Aufrechterhaltung der Dampfleistung ohne jede Störung durchführbar und ein gleichmäßig hoher Wirkungsgrad der Feuerungsanlage leicht erreichbar. Das Bild ändert sich aber sofort, sobald man es mit Kohlen zu tun hat, die zum Schlacken neigen oder gar eine leichtflüssige, die Roste angreifende Asche bilden.

Die Störungen in der Verbrennung der Kohle beginnen mit dem allmählichen Zusetzen der freien Rostfläche, wobei infolge Luftmangels nicht nur Verluste durch unvollkommene Verbrennung (Entstehung von H_2, CO und CH_4) in Kauf genommen werden müssen, sondern vor allem die Aufrechterhaltung der Dampfleistung mit großen Schwierigkeiten verknüpft ist. Bei mangelnder Kühlung des Aschenfalles werden die Roste stark erhitzt, brechen durch oder schmelzen zusammen, so daß der Betrieb eine Zeitlang unterbrochen werden muß. Man muß solche Zustände erlebt haben, um die Tragweite derartiger Betriebsstörungen ermessen zu können. Ein Rheinschlepper, der einen schweren Anhang hat, muß das Stoppen der Lastkähne veranlassen und vor Anker gehen, um Zeit und Muße zum Einlegen neuer Roststäbe und zum erneuten Anheizen der Kessel zu finden. Die Heizer werden, insbesondere bei der unerträglichen Hitze in den Sommertagen, verdrießlich und wechseln fortwährend, weil ihre physischen Kräfte der schweren Arbeit nicht gewachsen sind. Wo der Rost stark verschlackt, wird häufiger die Brennschicht aufgebrochen, d. h. gelockert und öfters geschlackt, alles unangenehme Beigaben, die nicht allein den Wirkungsgrad des Kessels verschlechtern, sondern auch zu Ausbesserungen am Mauerwerk usw. Anlaß geben, das unter den Stößen der Schürstange zu leiden hat.

Auf Mauerwerk und Roststäbe wirken die verschiedenen Kohlensorten in entsprechendem Grade ein, ein Umstand, der auf die Zusammensetzung der Asche, insbesondere ihre Schmelzbarkeit und ihren Gehalt an Schwefelkies zurückzuführen ist.

Der Schwefelgehalt der Kohle in Form von Schwefelkies ist für die Roststäbe am gefährlichsten, weil er bei der Verbrennung „abgeröstet" wird[2]). Gegen dieses Verhalten des Schwefelkieses, das zwischen dem verbrennlichen Schwefel und dem Aschenschwefel in der Mitte steht, gibt es keinen wirksamen Schutz, es sei denn, daß man die Kohle mit einer andern von günstigerer Zusammensetzung mischt.

Kohlen, die den Schwefel zum größeren Teil in rein verbrennbarer Form (z. B. oberbayerische Steinkohle und Braunkohle) enthalten, greifen die Roststäbe natürlich nicht an, denn bei ihnen wird der Schwefel herausdestilliert und verbrannt, so daß er mit den Roststäben gar nicht in Berührung kommt.

Die Beobachtung, daß Roststäbe durch Gaskoks mehr angegriffen werden als durch Hüttenkoks, kann deshalb nicht allgemein sein; denn für die Gasfabrikation finden außerordentlich verschiedene Kohlen Verwendung.

Die Schlackenbildung der Brennstoffe auf dem Rost ist auf das Schmelzen der Asche zurückzuführen. Nach Versuchen von E. Constam[3]) sind folgende Schlüsse zu ziehen:

---

[1]) Vortrag im Hannoverschen Bezirksverein deutscher Ingenieure, gehalten am 11. Oktober 1918.

[2]) Vgl. Aufhäuser, „Vorlesungen über Brennstoffkunde", Hamburg 1910 S. 34 usw.

[3]) Schweizerische Bauzeitung Bd. 62, Nr. 14, S. 192; auch Feuerungstechnik 1914 S. 185.

1. Die Menge der Asche hat keinen Einfluß auf den Schmelzpunkt.
2. Der Aschenschmelzpunkt ist kennzeichnend für den Mineralgehalt eines bestimmten Kohlenvorkommens (Flöz).
3. Der Aschenschmelzpunkt wird durch die Verkokung im allgemeinen nicht verändert, d. h. Kohle und der daraus hergestellte Koks schmelzen bei derselben Temperatur.

Die Aschenschmelzpunkte liegen nach den bisherigen Beobachtungen zwischen 1150 und 1700° C. Aschen, welche

unter	1200° C	schmelzen, werden als	leichtflüssig
zwischen	1200—1350°	„ „ „ „	flüssig
„	1350—1500°	„ „ „ „	strengflüssig
„	1500—1650°	„ „ „ „	sehr strengflüssig
über	1650°	„ „ „ „	feuerfest

bezeichnet.

Hoher Gehalt an Schwefelkies erniedrigt den Schmelzpunkt der Asche und begünstigt daher die Schlackenbildung. Kohlenschiefer schmelzen zwar erst bei höheren Temperaturen, wirken aber trotzdem schädlich in der Feuerung, weil sie einen unschmelzbaren Kern bilden, um den sich die verflüssigte Schlacke ansammelt. Je höher dagegen der Gehalt der Asche an Tonerde (Schmelzpunkt 1900°) ist, um so strengflüssiger wird sie. Zur Verhinderung des Schlackens empfiehlt sich daher ein Zusatz von Kaolin (Schmelzpunkt 1740°), in manchen Fällen auch Quarzpulver (Schmelzpunkt 1430°).

Mit Rücksicht auf die bei den verschiedenen Feuerungen vorkommenden Temperaturen werden folgende Grenzwerte für die Schmelztemperaturen der Aschen angegeben: Für Zentralheizungskoks über 1300, für Anthrazite über 1400, für Kesselkohlen über 1400, für Lokomotiv- und Generatorkohlen über 1500 oder für letztere unter 1200° C.

Bei Gaskohlen, die einen guten Zentralheizungskoks geben sollen, darf also die Schmelztemperatur der Asche nicht unter 1300° C liegen, und die Kohlen müssen möglichst frei von Schwefelkies und Schiefer sein. Wer denkt heute an die Erfüllung solcher Bedingungen? —

Das beste Mittel gegen das Schlacken besteht jedoch in der Einführung wassergekühlter Hohlroste oder in der Abkühlung des Rostes durch Einblasen von Wasserdampf; in weniger schweren Fällen genügt die Anwendung eines Wasserschiffes unter dem Rost. So weist z. B. Rein[1]) an Hand von Betriebsergebnissen nach, daß der wassergekühlte Hohlrost „Prometheus" eines Flammenofens von 20 t Fassung unter Berücksichtigung der Ausgaben für das Kühlwasser eine jährliche Betriebsersparnis von 1800 M gebracht hat. Der Hauptvorteil dieser Hohlroste besteht in der ungehinderten Luftzufuhr, die gleichmäßig und ohne Unterbrechung auf der ganzen Rostfläche ausgenutzt werden kann; die Schlacken können nicht festbrennen, sondern bilden auf dem Rost nur eine lockere Decke, die leicht entfernt werden kann. Bei dem aus vollen Stäben bestehenden Rost werden die einzelnen Stäbe durch Wärmeleitung bis zur Rotglut erhitzt, sie verschlacken und verbiegen sich, so daß in kurzer Zeit die Luftzufuhr und damit die vollkommene Verbrennung der Kohle gehindert wird.

9. Verluste in den Herdrückständen und in der Flugasche.

Das Durchfallen von unverbrannten Kohlenteilchen durch die Rostspalten kann verschiedene Ursachen haben. In erster Linie wird auf eine geeignete Rostbauart Bedacht zu nehmen sein, die trotz großer freier Rostfläche enge Spalten aufweist. Der Verlust an Brennstoff ist am größten bei pulverförmiger Kohle (z. B. Förderbraunkohle), die ein häufiges Schüren zwecks Auflockerung der Brennschicht erheischt. Will man das Schüren möglichst ausschalten, so muß man dem Brennstoff zur Auflockerung leichte Brennstoffe, wie Holzspäne, Torfstreu, Lohe usw. beimengen.

Der Gehalt der Herdrückstände an brennbaren Bestandteilen beträgt im Durchschnitt 20 bis 40%; er läßt sich im günstigsten Falle auf 5 bis 10% einschränken. Bei verschiedenem Aschengehalt der Kohle betragen die Herdverluste:

Aschengehalt der Kohle in %	5	10	15	20	30
Gehalt an Brennbarem i. d. Asche von 5%	0,25	0,5	0,75	1,0	1,5%
„ „ „ „ „ „ 20 „	1,0	2,0	3,0	4,0	6,0 „
„ „ „ „ „ „ 40 „	2,0	4,0	6,0	8,0	12,0 „

[1]) Zeitschrift des Bundes deutscher Zivilingenieure 1913, Augustheft.

Die Aufstellung lehrt, daß man bei der Auswahl des Brennstoffes in erster Linie auf geringen Aschengehalt sehen muß, um den Verlust an Herdrückständen einzuschränken. Hat der Brennstoff, wie jetzt so häufig, 20% Asche, so erhält man bei einem Gehalt von 40% Brennbarem in den Herdrückstand einen Verlust von 8% vom Heizwert des Brennstoffes. Das ist ein Hauptgrund, daß der Nutzeffekt bei unseren Kesselanlagen durchweg heruntergegangen ist.

Vielfach kommt es auch vor, daß beim Beschicken der Roste mit der Hand die Kohle nicht in das Schürloch gelangt, sondern teilweise gegen das Geschränk geworfen wird und auf diese Weise in den Aschenfall gerät. In dieser Beziehung haben sich wagerecht drehbare Aschenfalltüren bewährt, die in halbgeöffnetem Zustande dem gegenfliegenden Brennstoff eine Gleitfläche bieten, von der er auf die Feuerplatte zurückgeworfen wird.

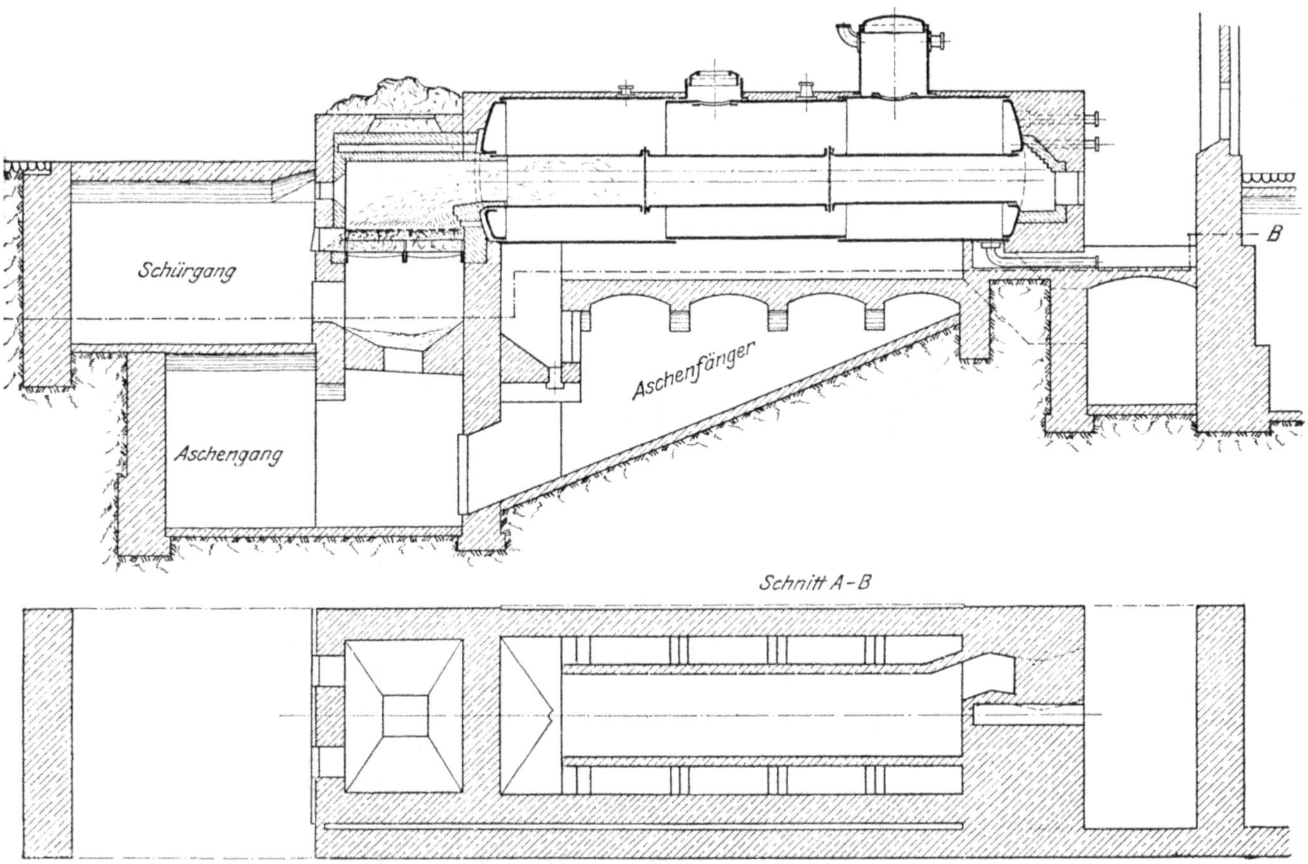

Abb. 165. Zweiflammrohrkessel mit erweitertem Feuerzug als Aschenfänger.

Bei dem großen Kohlenverbrauch im Kesselbetriebe bilden die Rückstände einen wertvollen Stoff, der entweder in besonderen Feuerungen wieder verbrannt wird oder Gegenstand eines besonderen Verfahrens ist, wonach er in Form von Koks zurückgewonnen wird. Ein solches Verfahren rührt z. B. von A. Müller in Velten her[1]).

Nicht unerhebliche Verluste können durch Flugasche entstehen, die nach Dr. Aufhäuser, Hamburg, Heizwerte bis zu 4455 WE bei 56,1% brennbare Teile aufweist. Die Flugasche ist besonders bei Verfeuerung von Braunkohlen eine lästige Beigabe der Dampfkesselfeuerungen, insofern sie sowohl die Nutzleistung der Kessel durch Bedeckung der Heizfläche herabsetzt als auch in der Umgebung der Kesselanlage Belästigungen mancher Art, wie Verschmutzung von Wegen und Gebäuden, verursacht. Das beste Mittel gegen den Flugaschenauswurf ist die Verlangsamung der Gasgeschwindigkeit durch Erweiterung eines Feuerzuges, in dem sich die Flugasche ansammeln kann. Solche Einrichtungen sind bei der Verfeuerung von Förderbraunkohle gebräuchlich. Abb. 165 zeigt

[1]) Näheres siehe Feuerungstechnik 1914, S. 226.

einen Zweiflammrohrkessel mit erweitertem Feuerzuge, an dessen unterem Ende die Asche entfernt werden kann. Zu diesem Zwecke enthält die Kesselanlage neben dem Schürgang noch einen Aschengang. In Abb. 166 ist auch der Einbau eines Aschenfängers, Bauart J. Schumann, Zeitz, ersichtlich; indes dürfte es sich empfehlen, in der Praxis eine solche Verbindung nicht vorzunehmen, weil die eine Vorrichtung die andere beeinflussen kann. Der erweiterte Feuerzug verhindert das Fortfliegen der Flugasche nach dem Fänger, während dieser durch Herabsetzen der Gasgeschwindigkeit die Ablagerung der Flugasche an unerwünschter Stelle, z. B. in den Flammrohren, befördern kann.

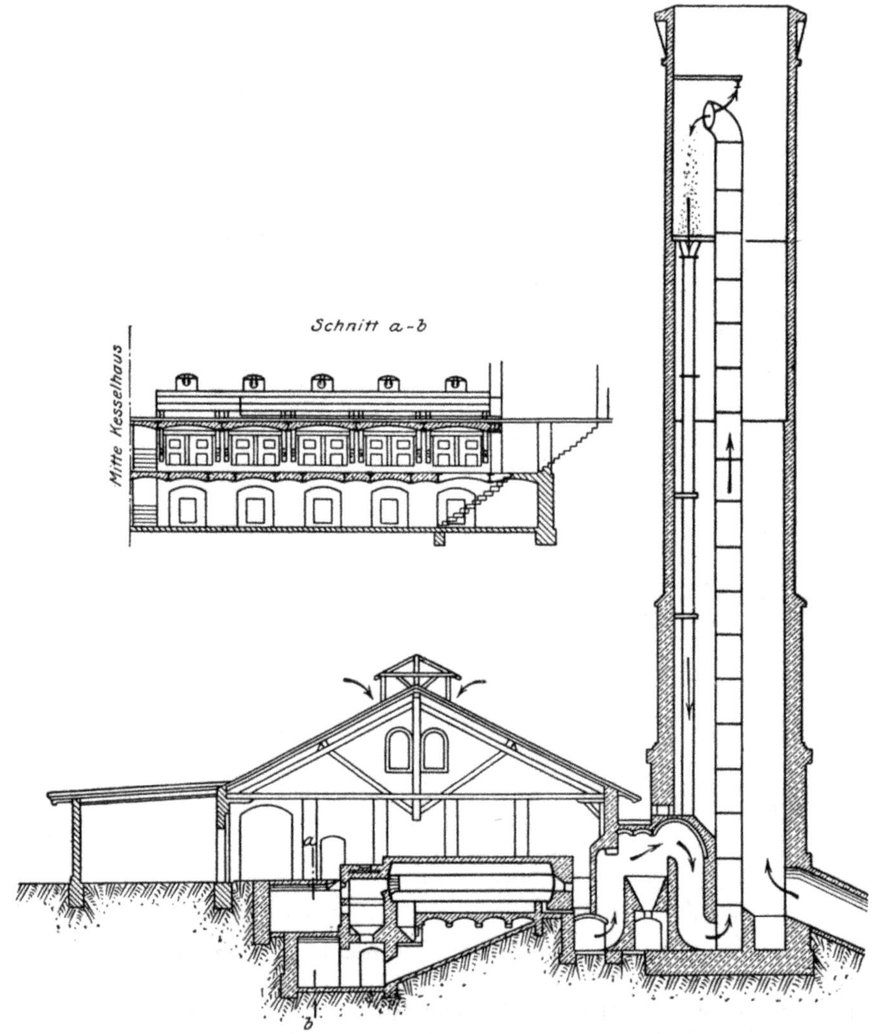

Abb. 166. Anordnung der Kesselanlage mit Flugaschenfänger zwischen Fuchs und Schornstein.

Solche Beobachtungen kommen sehr häufig trotz größter Zugstärke am Fuße des Schornsteins vor. Die Zugstärke nimmt nach den Flammrohren infolge der Widerstände durch Reibung und Richtungsänderung, insbesondere durch Widerstände im Vorwärmer usw., ganz erheblich ab, so daß in den Flammrohren nur noch wenige Millimeter W.-S. herrschen dürften. Dieser Auftrieb ist aber zur Überwindung des Widerstandes, den die Brennschichthöhe darstellt, bei pulverigem Brennstoff nicht mehr ausreichend, so daß häufig zur Vergrößerung der Rostfläche zwecks Erzielung eines geringeren Widerstandes geschritten werden muß.

Der Schumannsche Fänger zerlegt den Rauchgasstrom in einzelne senkrechte Kanäle mit Abscheidern und Flugaschensäcken.

Ein anderes Verfahren (von Hadeln, Hannover) beruht auf Geschwindigkeitsänderung und -verminderung, wodurch sich die Flugasche in spiralig um oder an den Schornstein angebauten Fangkammern sammeln soll.

Ein drittes Verfahren von Arno Müller, Leipzig, sucht, wie bereits erwähnt, durch fortwährende Richtungsänderung des Gasstromes die Aschenteilchen auszuscheiden.

Es ist ganz selbstverständlich, daß mit dem Einbau eines Aschenfängers die Zugstärke vermindert wird. Infolgedessen muß man sich bei solcher Anlage stets versichern, ob die Kesselanlage diese Zugverminderung vertragen kann; sonst erheischt ein solcher Einbau später wieder die Anwendung mechanischer Mittel zur Verstärkung des Schornsteinzuges, die mit großen Kosten verbunden sind.

Je aschenreicher ein Brennstoff ist, desto größere Mengen an Herdrückständen sind zu entfernen. Berlin braucht z. B. an Braunkohlenbriketten mehr als 1 Mill. t im Jahr. Bei 20% Herdrückständen sind demnach schon 200000 t zu entfernen, wozu 20000 Waggons zu je 10 t erforderlich sind. Die Beförderung der Rückstände bis zur Eisenbahn-Verladestation erheischte 1919 schon eine Ausgabe von 15 M/t, so daß die Gasfeuerung um diesen Betrag schon teurer sein kann. Hierzu kommen noch die Frachtsätze für die Beförderung der Rückstände bis zur Abladestelle einschl. der Kosten für das Abladen und Ausbreiten des lästigen Abfallstoffes. Häufig werden die Abfälle erst aus den Müllwagen mit Karren auf die Spreekähne gebracht und diese in ähnlicher Weise gelöscht, so daß die Kosten der Aschenbeseitigung kaum zu schätzen sind.

Die Entfernung der Verbrennungsrückstände aus den Dampfkesseln verschlingt ungeheure Summen an Löhnen.

Soll ein Kessel von 500 qm Heizfläche mit Lignit gefeuert werden, bedarf man schon einer Rostfläche von 25 qm. Bei ihrer Beanspruchung mit rd. 400 kg/Std. ergeben sich als Brennstoffmenge 10000 kg und als deren Rückstände 2500 kg in der Stunde. Nimmt man das spezifische Gewicht der lose geschichteten Rückstände zu 0,7 an, so beanspruchen die in der Stunde anfallenden Mengen zu ihrer Ablagerung einen Raum von 3,6 cbm und bei zweistündiger Entleerung schon einen solchen von 7 cbm. Bei solchen Zuständen ist die dauernde, selbsttätige Entfernung der Aschen- und Schlackenmengen zur Aufrechterhaltung eines geregelten Kesselbetriebes geradezu Bedingung.

Die Pluto Stoker Company K. & F. Weiß in Wien fängt die Rückstände in einem Wasserbade auf, in dem fortwährend ein sog. Schlackenbagger arbeitet, der die Herdrückstände weiter auf Wagen oder Förderungsbänder abführt.

Die Gesellschaft für künstlichen Zug, Berlin-Reinickendorf, arbeitet mit einer unterhalb der Aschentrichter schräg gelagerten Förderscheibe, die in ihrem tiefsten Punkte ebenfalls einen Wasserabschluß aufweist und dadurch den Eintritt kalter Luft in die Feuerzüge verhütet. Die unter Patentschutz gestellte Einrichtung arbeitet dauernd zuverlässig und erfordert wenig Kraft.

Zur Beseitigung der Flugasche bedient man sich vielfach eines durch Wasserstrahlejektoren hergestellten Luftleere. Die Hauptvakuumleitung verbindet die Kessel derart untereinander, daß bei einer vorzunehmenden Aschenentleerung ein Metallschlauch mit Saugdüse von der Hauptleitung aus an jeden Kessel angeschlossen werden kann. Das für die Wasserstrahlsauger verwandte Betriebswasser hat 17 at Druck und saugt bei stündlich 30 cbm Druckwasser 150 cbm verdünnte Luft von 25 mm Q.-S. an. Die Asche gelangt in den 3 cbm fassenden, mit Mannloch versehenen Aschenbehälter (der bei vorkommenden Verstopfungen gereinigt werden muß) und von hier aus unmittelbar in die Transportwagen. Die von den Siemens-Schuckertwerken, Berlin, gebauten Saugdüsen beruhen auf der Voraussetzung, daß eine durch das Fördergut verlegte Saugöffnung nicht wirken kann; man muß vielmehr durch einen Umgehungsmantel stets dafür Sorge tragen, daß ein Luftstrom zum Mitreißen der Flugasche aufrechterhalten wird. Statt der Strahlsauger wenden die Siemens-Schuckertwerke eine unmittelbar mit einem Elektromotor gekuppelte Luftpumpe an, deren innere Abdichtung durch einen Wasserring erfolgt. Die Luftpumpe hat gegenüber dem Strahlsauger den Vorteil der Unempfindlichkeit gegen Verstaubung; auch erreicht man mit ihr eine höhere Luftleere (bis zu 70 mm Q.-S.).

Der Kraftbedarf betrug bei einer großen Anlage bei einer Luftleistung von 35 cbm/Min. 55 PS, wobei auf eine Förderlänge von 200 m und eine Förderhöhe von 14 m stündlich 5 bis 10 cbm Asche und Schlacke gefördert wurden. Zum Entaschen von fünf Dampfkesseln mit 5750 qm Heizfläche und einem Aschenanfall von 50 t/24 Std. sind zwei Mann erforderlich, die sich schichtweise ablösen. Beim Entfernen von Schlacken wird der Entaschungsanlage ein Schlackenbrecher vorgeschaltet, der unter den Schlackenräumen unmittelbar Aufstellung findet. Unzweifelhaft sind die

Aufwendungen für Kraft bei den pneumatischen Anlagen bei weitem höher als bei Elevatoren- oder Aufzugsbetrieb. Rechnen wir für die ersteren nach den obigen Angaben mindestens rd. 5 PS = 3,68 kW auf die geförderte Tonne Verbrennungsrückstände, so erfordert der Elevatorenbetrieb vielleicht nur $^1/_{10}$, der Aufzugsbetrieb noch weniger Kraft. Dabei ist die Förderung der Schlacke usw. vom Schlackenkeller bis zum Bunker (außerhalb des Kesselhauses) berücksichtigt. Sehen wir von den Kosten der Beförderung der Kohle auf der Eisenbahn ab, so ergeben sich für vorzüglich geleistete städtische Elektrizitätswerke, die ihre Kohlen vom Kahn oder Waggon über Bunker, Hofkran, über Lager mit Lowry oder Automobil befördern müssen, folgende Beträge für Kohlen- und Schlackenförderung[1]):

1918/19	auf 1000 nutzbar abgegebene kW-St. M	auf 1 t M
1. Kohlenförderung	4,90	3,85
2. Schlackenförderung		
a) Löhne, Reparaturen, Strom . .	0,74	3,70
b) Abfuhrkosten	0,55	2,74
zusammen	6,19	10,29

Selbstverbrauch an Strom 1918/19 in %

für Kondensation	Licht	Kraft	zusammen
2,51	0,26	0,16	3,06

Die Firma Korte & Müller, Berlin, stellt eine Absaugevorrichtung mittels Dampfgebläse her.

Die Notwendigkeit einer mechanischen Entaschungsvorrichtung wächst mit der Verschlechterung des Brennstoffes und der Steigerung der Arbeitslöhne. Aber die Vorzüge einer solchen Einrichtung dürfen nicht nur in der Ersparnis von Arbeitskräften gesucht werden, vielmehr soll die hygienische Behandlung der ganzen schwierigen Frage das zu erstrebende Hauptziel sein. Während früher zur Reinigung eines Rauchgasvorwärmers von 28 · 8 = 224 Rohren mit einer Gesamtheizfläche von 307 qm 36 bis 45 Arbeitsstunden erforderlich waren, genügt heute ein Mann bei 3½-stündiger körperlich nicht anstrengender Arbeit[2]). Das ist unzweifelhaft schon ein Vorteil. Mit der zunehmenden Schwäche des Arbeitswillens wird es in Zukunft überhaupt schwer sein, Arbeitskräfte für die lästige und schmutzige Arbeit zu finden, für die selbst der höchste Lohn keinen Reiz bildet. Es wird vielmehr unsere vornehmste Pflicht bleiben, die Schattenseiten des technischen Berufes zu beseitigen und dadurch Lust und Liebe zu ihm zu heben.

Während die Zubringung des Brennstoffes vom Eisenbahnwagen bzw. aus dem Schiff auf den Rost durch mechanische Fördereinrichtungen völlig einwandfrei gelöst ist, ist dies heute bei der Aschen- und Schlackenentfernung noch nicht der Fall[3]). Die Entwicklung dieser Transportfrage geht im allgemeinen nicht über den Handkarren, Muldenkipper und die Becherketten hinaus. Hin und wieder trifft man Wasserspülrinnen an. Da, wo die Vakuumentleerer Asche und Schlackenteile zu fördern haben, ist der Verschleiß der Rohre, wie im Kraftwerk Muldenstein, Franken-Nürnberg usw. festgestellt, besonders an den Richtungsänderungen[4]) noch sehr groß, so daß die Kosten der Unterhaltung zu hoch ausfallen. Aber nicht dieser Umstand allein hemmt die Weitereinführung der anzustrebenden Einrichtungen; sie sind vor allem nicht vollkommen. Größere Schlackenstücke, Bruchstücke von der Einmauerung und anderes mehr muß von der Saugleitung durch zwischengeschaltete Roste ferngehalten werden, während anderseits die Förderlänge begrenzt ist. Aus-

[1]) Diese Angaben verdankt Verfasser Herrn Betriebsdirektor Schirp der Berliner Elektrizitätswerke, der ihm Einblick in die Jahresberichte gewährt hat. Die über jedes Werk verfaßten Berichte sind Denkmäler deutscher Gründlichkeit; in ihnen sind Erfahrungen und technisches Wissen in mühevollen Zahlentafeln und graphischen Darstellungen zusammengetragen, die weit über alle Lehrbücher hinausragen. Schade, daß solche Berichte nicht der Allgemeinheit zugänglich sind.

[2]) A. Rüster, „Selbsttätige Entaschungsanlagen", Z. d. Bayer. Rev.-V., 31. Oktober 1919.

[3]) Vgl. Ph. Scholtes, Nürnberg, Mitt. d. Vereinigung d. Elektr.-Werke 1919, S. 181.

[4]) Vgl. d. Abschnitt über Verringerung der Widerstände in Dampfleitungen auf S. 378 bzw. der Einschnürung des Stromes in Krümmern.

geführte Anlagen, die zur Hälfte aus einer mechanischen Einrichtung, zur Hälfte aus den üblichen Transportmitteln zusammengesetzt sind, können ihren Zweck nicht erfüllen. Entweder teilt man die Förderlänge in zwei Stufen, damit das Fördergut bis zur Halde geschafft wird, oder man verzichtet von vornherein auf die elektropneumatische Einrichtung und wendet statt ihr die bekannten Becherketten in Kanälen zur Vermeidung des lästigen Staubes an.

Wegen des starken Schlagens bei Lokomotiven ist das Mitreißen von Lösche in die Rauchkammer teilweise sehr bedeutend, so daß die Rauchkammern täglich gereinigt und die Siederohre durchgestoßen bzw. unter Anwendung von Preßluft gereinigt werden müssen. Die Rauchkammerlösche weist nach Dr. Aufhäuser, Hamburg, einen Heizwert bis zu 5885 WE und einen Gehalt an brennbaren Teilen von 74,6% auf. Wegen des hohen Heizwertes der Rauchkammerlösche haben die preußischen Staatsbahnen nach den Angaben des Geh. Baurats Lehmann Gaserzeuger bauen lassen, deren Gas in Motoren verbrannt und zur Erzeugung elektrischer Kraft und Beleuchtung von Bahnhöfen und Werkstätten verwandt wird. Ihr durchschnittlicher Löscheverbrauch ist 1,5 kg/kW-Std. Die ersten beiden Anlagen kosteten 1912 rd. 880 und 1020 M/kW. Die Betriebskosten betrugen rd. 0,026 und 0,044 M/kW-Std. ohne Zinsen und Tilgung[1]).

10. Einmauerung der Kessel.

Es war von jeher selbstverständlich, daß man durch Isolierung eines Kessels, Ofens u. dgl. einen großen Teil der durch Leitung, Strahlung usw. abströmenden Wärme gewann und dadurch den Wirkungsgrad der Anlage verbesserte. Während man aber im Dampfkesselbetrieb noch vor 10 Jahren mit ungefähr „10%“, dem bekannten Restgliede, zu rechnen hatte, hat man heute durch geeignete Einmauerung der Kessel diesen Verlust schon auf die Hälfte und weniger herabgedrückt.

Verfasser hat einen Schamottebalken auf der einen Seite stark erhitzt und durch Einfügen von Thermometern festgestellt, daß die Erwärmung des Balkens mit der Entfernung von der erhitzten Stelle ganz bedeutend abnimmt. Die Wärmeleitung verläuft nach einem bestimmten Gesetz[2]) (vgl. Abb. 167) derart, daß in einer Entfernung von 80 mm nur noch 413,9° über Raumlufttemperatur vorhanden sind (Mittel von mehreren Ablesungen); für die weiteren Meßpunkte in gleichen Entfernungen betragen die Temperaturen:

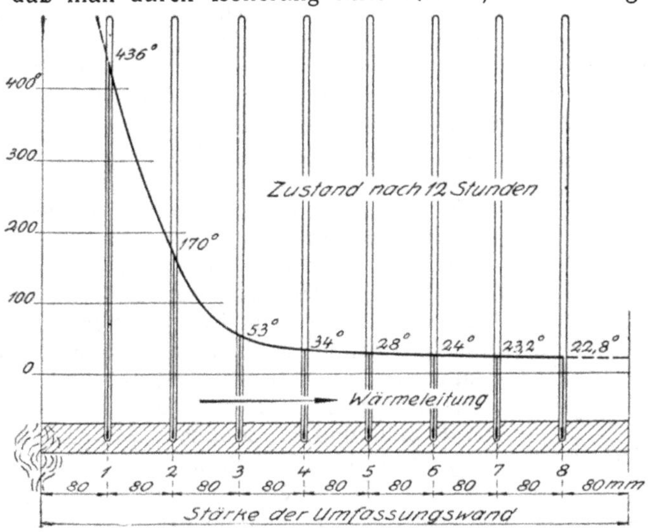

Abb. 167. Wärmeleitung in einem Schamottebalken.

Meßpunkt	1	2'	3	4	5	6	7	8
Wärmegrad über Raumlufttemperatur $\Delta =$	413,9	147,5	31	11,7	5,3	1,6	0,8	0,5

Wenn man das Mauerwerk einer Ofenanlage als Heizkörper betrachtet, so wird man die in der Stunde ausstrahlende Wärmemenge nach der einfachen Formel

$$W = Fk\Delta$$

bestimmen können, worin F die Oberfläche des Mauerwerks, k den Wärmekoeffizient und Δ den Temperaturunterschied zwischen der Mauerwerkoberfläche und der Raumluft bedeuten. Hieraus geht ohne weiteres hervor, daß mit zunehmender Stärke der Umfassungswand auch die Abkühlung

[1]) Lokomotive 1913, Heft 8 (vgl. a. Fußnote [4]) auf S. 306).

[2]) Vgl. de Grahl, „Wirtschaftlichkeit der Zentralheizung“. R. Oldenbourg, Berlin 1911; vgl. auch Zeitschr. f. Dampfk. u. Maschinenbetr. 1910, S. 38.

des Kessels geringer werden muß. Jedenfalls kann man sich vorstellen, daß eine Wandstärke entsprechend dem Meßpunkt 6 schon die doppelt so große Ausstrahlung ergeben könnte wie eine dem Meßpunkt 7 entsprechende; denn Δ ist für den Meßpunkt 6 doppelt so groß wie für 7, nämlich 1,6 gegenüber 0,8.

Gelegentlich der 42. Delegierten- und Ingenieurversammlung des Internationalen Verbandes der Dampfkessel-Überwachungsvereine zu München hat Oberingenieur Pietzsch, Mannheim, bei seinen Forderungen für die Einmauerung der Kessel zunächst genügend starke Wände verlangt. Daß die zu verwendenden Steine nur wenig luftdurchlässig sein dürfen, ist eine weitere Bedingung, die durch Verwendung von glasierten Ziegeln erfüllt werden kann. Aber das Mauerwerk muß, worauf schon mehrmals hingewiesen worden ist, auch dichte Fugen aufweisen, um das Ansaugen von Nebenluft mit seinen schädlichen Einflüssen möglichst einzuschränken. Pietzsch schlägt vor, die Fugen außen 8 mm, innen nur 4 mm stark zu machen. Bei Schamottemauerwerk wendet man die Vorsicht an, zum Verstrich der Fugen nur Mörtel zu verwenden, der der Zusammensetzung der Steine entspricht. Wo man dazu in der Lage ist, wird man gut tun, diesen Fugenverstrich erst nach gewisser Zeit, d. h. nach Inbetriebsetzung des Kessels, vorzunehmen, weil bekanntlich erst dann die Rißbildung eintritt.

Wer ein neues Haus gebaut oder bewohnt hat, hat häufig die Erfahrung machen können, daß die Rißbildung erst nach dem Verlauf von einigen Jahren (meist 4 Jahren) aufhört. Man kann dies besonders an den Decken wahrnehmen. Jede Ausbesserung vor Ablauf dieser Zeit erweist sich gewöhnlich als nutzlos, weil das Haus in sich zusammensackt und erst nach längerer Zeit zur Ruhe kommt. Um wieviel schlimmer müssen erst die Verhältnisse beim Kessel- oder Ofenmauerwerk sein, wo wir mit den größten Temperaturunterschieden zu rechnen haben! Das Mauerwerk wird stark erhitzt und kühlt wieder ab. Das gibt eine Bewegung des Mauerwerks, die man auch mit „Wandern" bezeichnet. Kessel und Mauerwerk müssen deshalb unabhängig von sich fundamentiert und verankert sein. Man wird daher den Kessel für sich durch eiserne Träger stützen und diese fundamentieren und dann erst das Mauerwerk als eine Umkleidung des Kessels hinzufügen. Da, wo der Kessel mit dem Mauerwerk in Berührung kommt, muß er einen gewissen Spielraum haben, wobei der entstehende Spalt mit Asbestwolle, -schnur oder -platten zu verschließen ist. Nach Nies, Hamburg, wird diese elastische Abdichtung meist vergessen, weil sie in der Einmauerungszeichnung nicht hervorgehoben wird. Kein Teil des Mauerwerks darf sich auf den Kessel selbst stützen, damit nicht die gegenseitige Bewegungsfreiheit gestört wird. Alle im Mauerwerk nötigen Öffnungen sind mit Eisenrahmen zu versteifen und gut zu dichten. Einfahröffnungen sind hinter der Verschlußtür noch ½ Stein stark in Lehmmörtel abzumauern und zu verputzen.

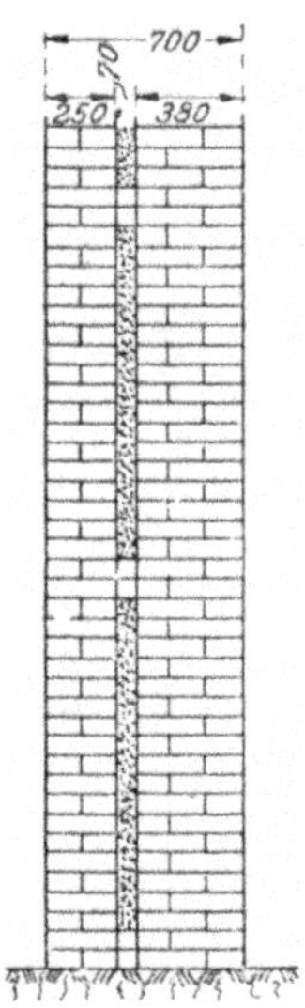

Abb. 168. Einmauerung mit Isolierschicht.

Das an die Feuerzüge grenzende Mauerwerk wird fast gänzlich aus Schamotte hergestellt, während die sich daran anschließende Umfassungswand aus verschiedenem Stoff bestehen kann. In neuerer Zeit läßt man zwischen dem inneren und dem äußeren Mauerwerk Isolierschlitze von 50 bis 100 mm Tiefe bestehen. Eine Verbindung zwischen dem Innen- und Außenmauerwerk findet jedesmal nach 5 bis 6 Schichten statt, und zwar durch zwei übereinander liegende sog. Stecherschichten, ohne daß die Kombination innerhalb der Isolierschicht dadurch gestört wird.

An Stelle der Stecherschichten werden auch Bandeisen- oder Drahtgeflechteinlagen verwandt, welche die Bewegungsfreiheit des inneren Mauerkörpers sichern sollen. Jemehr dieser Forderung Rechnung getragen wird, desto sicherer wird die Bildung von Rissen vermieden. Aus diesem Grunde bleiben die Isolierschlitze am besten unausgefüllt. Indes gehen auch hier die Ansichten auseinander, zumal einige Sachverständige die Ausfüllung der Schlitze mit Asche und Schlacken, Schlackenwolle, Sand oder Bimskies, einem mageren, mit Kalkmörtel angemachten Bimsbeton, Diatomitsteinen usw. empfehlen.

Die Innenmauer sollte nie unter 380 mm stark hergestellt werden, so daß man bei einer mittleren Schlitztiefe von 70 mm und 1 Stein starker Außenmauer eine Mindestmauerstärke von 700 mm erhalten würde, vgl. Abb. 168.

Für die Einmauerung der Feuerung selbst hat fast jede Firma ihr eigenes Verfahren, so z. B. die Elsässische Maschinenbaugesellschaft in Mühlhausen, die Firma C. Kulmitz in Saarau, die Firma Gebr. Sulzer in Winterthur und Ludwigshafen a. Rh. usw.

In neuester Zeit hat sich die Einmauerung nach der Bogenbauart eingebürgert; sie wurde vielfach als Topfsche bezeichnet, was aber nicht ganz zutrifft; denn die Firma H. R. Heinicke in Chemnitz führt die Bogenbauart bereits seit 1883 aus.

Abb. 169 zeigt den Bogen, der aus einem zwischen T-Trägern gelagerten Gewölbe besteht. Die Gewölbe sind mit ihrem Scheitel dem Kessel zugekehrt. Die Bogen werden stets in Verbindung mit Isolierschlitzen ausgeführt, damit das Gewölbe nicht gegen das Innenmauerwerk drückt und dieses zerstört.

Als besondere Dichtungsmittel großer gerader Mauerflächen kommen folgende in Frage:

1. Der „Filzmörtel" von Viktor Holczabek in Reichenbach i. Schl.

Dieser hat infolge sehr hohen Fasergehaltes die Eigenschaften eines Filzes, der, in Mörtelform streichbar, auf die Kesselwand aufgetragen wird; der innere Zusammenhalt ist so groß, daß der Stoff die Ausdehnungen und Zusammenziehungen der Mauer ohne Rißbildung mitzumachen vermag. Das Mauerwerk wird damit nach dem Anheizen des Kessels bekleidet, sobald man annehmen kann, daß die Feuchtigkeit aus ihm entwichen ist. Der Filzmörtel wird auf die noch nicht verfugte Mauer wie gewöhnlicher Mörtel naß aufgetragen, auf der er leicht trocknet (bei kalten Mauern genügt auch Lufttrocknung) und nach Erzielung einer Dicke von 50 bis 60 mm geglättet, mit Rohnesselgewebe bandagiert und angestrichen. Dieser künstliche Pelz dient vornehmlich als Wärmeschutz und soll sich jahrelang unverändert halten. Bei Ausbesserungen am Mauerwerk kann die Isolierschicht entfernt und später wieder verwendet werden.

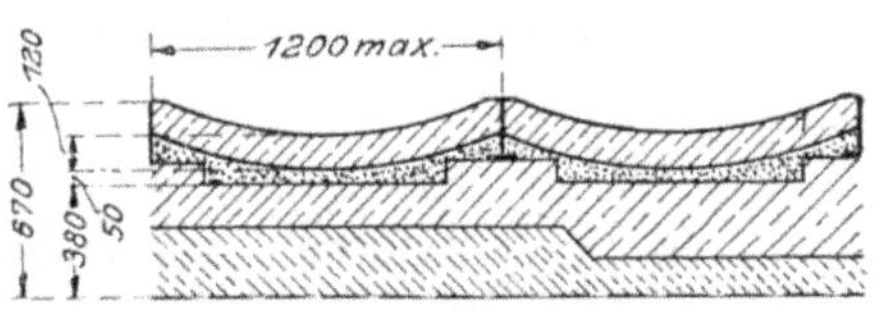

Abb. 169. Einmauerung nach der Bogenbauart.

Der Preis für 1 qm zu isolierender Mauerfläche stellte sich 1913 in Reichenbach i. Schl. auf 4,50 M einschließlich Auftragen der Masse in 60 mm Stärke, Versehen mit Rohnesselgewebe und Anstrich. Heute werden solche Arbeiten kaum zu bezahlen sein.

2. Das „Isol" von Brüder Wurm in Prag dient

a) zur Verfugung und Abdichtung der Außenflächen des Mauerwerkes, um die Rißbildung und somit auch das Eindringen „falscher Luft" in die Züge zu verhindern;

b) zur Verfugung und Abglättung der Innenflächen der Einmauerung samt den Schamottegewölben zwecks Vermeidung der Rißbildung sowie des Ausschmelzens von Stellen im Schamottemauerwerk;

c) zur Abdichtung der Kesseldecke, um ihren Einsturz und ihr Rissigwerden zu verhindern und die Wärmeausstrahlung einzuschränken;

d) zur Isolierung des Oberkessels mit seinen freistehenden Teilen;

e) zur Abdichtung der gegebenenfalls mit Asbestschnur ausgefüllten Schlitze.

Die Zusammensetzung der Masse wird geheim gehalten, doch soll dabei die Verwendung von Teer und Melasse eine nicht unerhebliche Rolle spielen. Die Erfolge werden als recht gut bezeichnet.

3. „Thermalit" von Kleiner & Bockmayer in Mödling bei Wien (jetzt Calofrig, Prag).

Nachdem die Fugen ausgekratzt und mit Isoliermasse verputzt sind, wird Thermalit in Plattenform aufgebracht und durch Einschlagen von Haken befestigt. Über das Ganze spannt man ein weitmaschiges Drahtnetz und verputzt die Fläche sauber mit Isoliermasse.

Versuche, welche die Dampfkessel-Untersuchungs- und Versicherungs-Gesellschaft A.-G. in Wien an einem Zweiflammrohrkessel 1913 vornahm, haben ergeben, daß der Wirkungsgrad des Kessels nach der Isolierung nicht unwesentlich höher war; die Erhöhung entsprach ungefähr der Größe, um die der Restverlust verringert wurde. (Näheres enthält Abschnitt 3 „Temperaturverhältnisse in den Feuerungen", S. 351.)

4. Schließlich sei hier noch des feuerfesten Mörtels „Pyroglutin" gedacht, der von der Firma Kerris & Co. in Godesberg in den Handel gebracht wird, und der sich an Stelle des gewöhnlichen Schamottemörtels für das Gefüge der Feuerungsgewölbe namentlich bei Kettenrosten vorzüglich eignen soll. Dieser Mörtel weist bei Temperaturen von 2000° C noch kein Schwinden auf, so daß mit Pyroglutin hergestelltes Mauerwerk erheblich länger als das mit gewöhnlichem Schamottemörtel ausgeführte halten soll.

Neben den oben angeführten besonderen Dichtungsmitteln der Mauerflächen sind noch verschiedene „Hausmittel", wie einfache und doppelte Anstriche mit Teer, Ölfarbe und Wasserglas, im Gebrauch. Als Fugenverstriche in gleichem Sinne dienen Lehm mit Melasse, Lehm mit Kieselgur, Teer mit Kieselgur, Wasserglas und sogar Lehm mit Pferdemist.

Zum Dichten entstandener Risse werden auch Leinwandstreifen empfohlen, die mit breitköpfigen Nägeln auf den rissigen Stellen befestigt und mit Gips bestrichen werden.

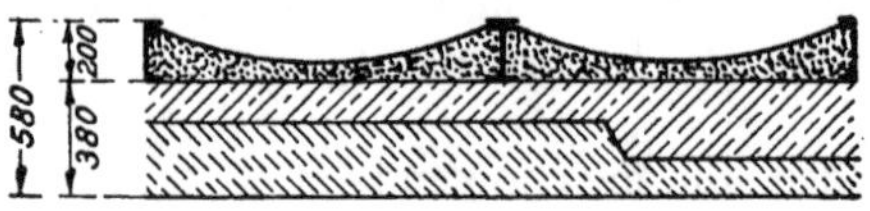

Abb. 170. Einmauerung nach der Bogenbauart mit Blechverkleidung.

Während bei Schiffskesseln (Hochleistungskesseln) der ganze Kessel mit einer eisernen Verschalung versehen wird, die innen eine Isolierung aus besonderen Steinen oder Patten (Diatomit) erhält, kommt eine solche Verschalung bei Landkesseln als Ersatz des Außenmauerwerks des hohen Preises wegen nur vereinzelt vor. Da, wo z. B. wegen Platzmangels dünne Außenmauern gewählt werden müssen, kann man diese durch Verkleiden mit Blechtafeln nach der Bogenbauart und Ausfüllen des Schlitzes mit Diatomitsteinen wirksam abdichten und verstärken, vgl. Abb. 170.

11. Fundamentschäden.

Jede Betriebsstörung vermindert den Belastungsfaktor eines Werkes und erhöht dadurch mittelbar den Brennstoffverbrauch, während jede Fundamentarbeit mit großen Kosten verbunden ist[1]).

Es war ein Verdienst des Betriebsdirektors Schirp[2]), Berlin, auf Fundamentschäden aufmerksam gemacht zu haben, die in einem ihm unterstellten Großkraftwerke drei Dampfturbinen gefährdeten. An Rissen im Frontgiebel, Neigungen der Betonplatten, Aufbauchungen von Fußbodenplatten und Fliesen, Springen von Fenstern usw. mußte auf Bewegungen des umliegenden Mauerwerks geschlossen werden. Als Ursache der Schäden wurden Grundwasserabsenkungen bei möglicherweise ungünstiger Beeinflussung des Baugrundes durch Zu- und Abflußkanäle angenommen.

Nach Beobachtungen von Springmann[3]) sind Schäden der erwähnten Art auch da aufgetreten, wo der Wasserspiegel überhaupt nicht abgesenkt worden war. In einem Falle war z. B. das unter einer stehenden Kolben-Dampfdynamomaschine von 750 PS befindliche Fundament wagerecht in zwei Teilen abgerissen; der untere Teil lag fest auf dem Boden, der obere dagegen war nur durch die Anker mit der Maschine, nicht aber mit dem Erdboden verbunden.

In einem anderen Falle zeigte sich ein Senken des Fundaments unter einer 6000pferdigen Kolbendampfdynamo infolge unzweckmäßiger Gründung. Das Maschinenfundament stand nämlich auf einer etwa 1,5 m starken Betonplatte, über deren Oberkante der Grundwasserspiegel gelegen war. Die zur Trockenhaltung angebrachte Siebelsche Bleiplattendichtung war unzweckmäßig angelegt, wodurch das Fundament gewissermaßen in zwei Hälften abgeteilt wurde. Der Baugrund mußte auch hier, wie im ersten Falle, fortgesetzt zusammengerüttelt werden.

Neuerdings wendet man für die Fundamente der Turbinen Eisenbeton an, der sowohl gegenüber Kurzschlüssen als auch den auftretenden Beanspruchungen unempfindlicher als Mauerwerk ist. Bei Ausbesserungen schadhaft gewordener Fundamente bedient man sich nach Schirp zweckmäßig der Bohrpfähle, die jede Erschütterung benachbarter Maschineneinheiten ausschließen.

Für unsere Betrachtungen dürften noch folgende Erkenntnisse von Wichtigkeit sein. Nach den Mitteilungen von Dr.-Ing. Nitzsche[4]), Frankfurt a. M., wirkt das Kalktonerdesulfat zerstörend auf den Zement, das diesem Kalk und Tonerde entzieht. Die zerstörende Wirkung wird dem Kristallisationsdruck der hydratwasserreichen Kristalle zugeschrieben, der den Mörtel zersprengt, sobald die Hohlräume zur Aufnahme der Kristalle nicht mehr Raum bieten. Michaelis beobachtete die sehr starken Zerstörungen schon 1882 bei Portlandzement in gesättigter Gipslösung und wies darauf hin, daß letztere ungefähr den gleichen Gehalt an Schwefelsäure wie das Meerwasser enthielt, so daß zunächst für den Bestand der Seebauten Besorgnisse ausgesprochen wurden, während andere rein sulfathaltige Wasser wie Grund-, Sicker- und Moorwässer weniger Beachtung fanden, obwohl sie bisweilen bis zur Sättigung Gips in Lösung führen.

[1]) Jedes Fundament stellt an sich eine gewisse Brennstoffmenge dar, zumal auf die Herstellung von 1000 Steinen allein durchschnittlich 250 bis 300 kg guter Steinkohle zu rechnen sind.

[2]) Z. d. V. d. I. 1919, S. 969.

[3]) Z. d. V. d. I. 1919, S. 1289.

[4]) Z. f. angew. Chemie, 21. Januar 1919, S. 21.

12. Steigerung der Dampfleistung.

Ebenso wie es in jedem Fabrikbetriebe darauf ankommt, durch Vergrößerung des Umsatzes die Generalkosten und damit die Arbeitsaufschläge zu verringern, die bei der Berechnung von Selbstkosten von außerordentlicher Wichtigkeit sind, ebenso trachtet man im Dampfkesselbetriebe danach, die auf eine Kesselanlage entfallenden Unkosten durch möglichste Steigerung der Dampfleistung herabzudrücken. Gegenüber den unmittelbaren Betriebsunkosten, wie Brennstoff, Wasser, Löhnen und Unterhaltung der Anlage, werden die nebenher laufenden Ausgaben für Verzinsung und Tilgung des Anlagekapitals verschwinden, je größer die erzeugte Dampfmenge im Verhältnis zum Anlagekapital ist. Aus diesem Grunde hat man im Dampfkesselbetriebe den berechtigten Wunsch, die Kesseleinheiten möglichst dauernd und lange im Betrieb zu halten, um die Dampfmenge auf ein Höchstmaß zu bringen, anderseits durch dauernde Überwachung des Feuerungsbetriebes an Hand von Gasanalysen und Temperaturmessungen den Wirkungsgrad gleichmäßig gut zu gestalten, da das für die Einschränkung der unmittelbaren Ausgaben notwendig ist.

Ein Blick auf Abb. 171, die einem Vortrage von Oberingenieur M. Guilleaume[1]) entlehnt ist, läßt erkennen, daß die Wirkungsgrade der Kessel einschließlich Rauchgasvorwärmer mit der Zunahme der Benutzungsdauer wachsen. So finden sich beispielsweise bei einer mittleren Betriebsdauer von 12 Std. Wirkungsgrade von 80%, bei einer mittleren Betriebsdauer von 16 Std. solche von 81% und im dauernden Betriebe Wirkungsgrade von 82%. Das sind Ziffern, mitten aus dem Betriebe herausgegriffen und nicht etwa Ergebnisse von einzelnen Garantieversuchen, wo die Interessenten darauf hinzielen müssen, aus dem Brennstoffe soviel wie möglich herauszuholen. Aus den Guilleaumeschen Mitteilungen geht ferner hervor, daß jeder Kesselbauart für eine bestimmte Belastung ein Höchstwirkungsgrad eigen ist. Während beispielsweise bei einem Wasserrohrkessel mit Kettenrost der Höchstwert des Wirkungsgrades bei 27 bis 29 kg/qm lag, vgl. Abb. 172 u. 173, zeigte derselbe Kessel mit Stokerfeuerung den höchsten Wirkungsgrad etwa bei nur 18 kg/qm Belastung.

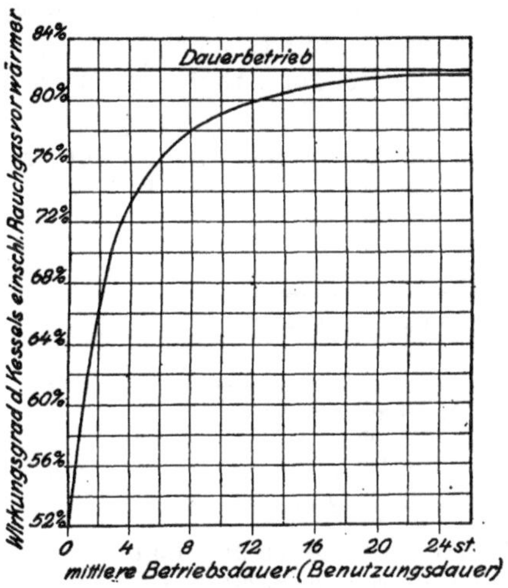

Abb. 171. Abhängigkeit des Wirkungsgrades von der Betriebsdauer.

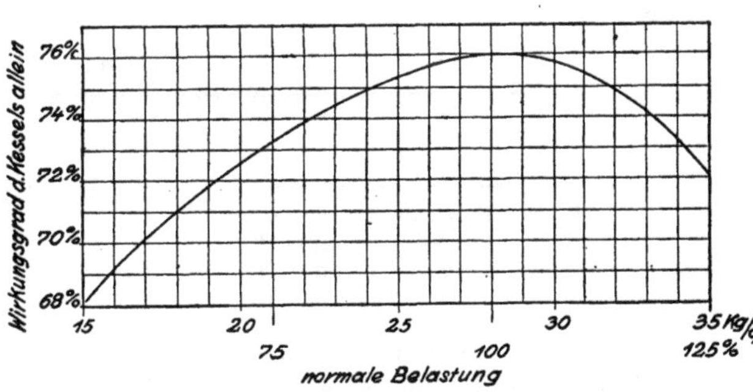

Abb. 172. Höchstwirkungsgrade und -leistungen bei dem Kettenrost.

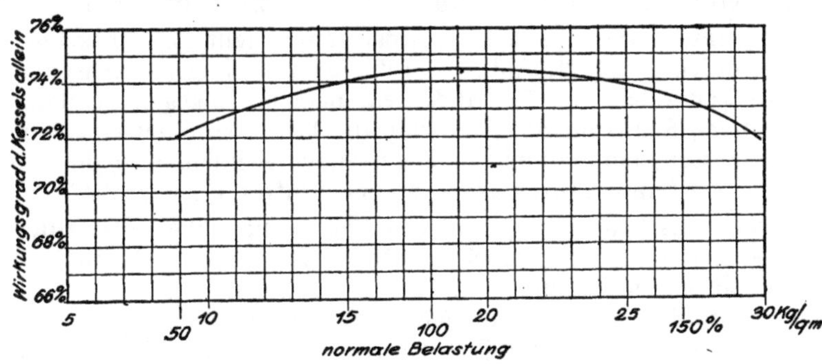

Abb. 173. Höchstwirkungsgrade und -leistungen bei der Stoker-Feuerung.

[1]) Vortrag im Berliner Bezirksverein des V. d. I. am 3. Juni 1914.

Auf die Betriebskontrolle werden wir später näher eingehen, weil diese für jeden Betrieb, gleichgültig ob Dampfkessel oder Ofen, in Frage kommt.

Für die Steigerung der Dampfleistung gelten folgende Grundsätze:

1. Schaffung von Kesseleinheiten zu 600 qm Heizfläche und darüber (gegenüber 300 bis 400 qm in früheren Jahren).
2. Erhöhung der Anstrengung der Heizfläche (40 bis 50 kg für 1 qm und Std. gegenüber 20 bis 25 kg) durch Wahl von Steilrohrkesseln usw. mit Speisewasservorwärmern und Dampfüberhitzern.
3. Einführung selbsttätiger Bekohlungs-, Beschickungs- und Entaschungsvorrichtungen zur Ersparnis an Bedienung.
4. Anwendung mechanischer Mittel zur Verstärkung des Zuges, falls durch höhere Abgangstemperaturen beim gewöhnlichen Schornstein die gute Verbrennung der Kohle mit zu hohen Wärmeverlusten erkauft werden sollte.

Bei einer vorhandenen Kesselanlage, die den Anforderungen nicht gewachsen ist, wird man sich zu überlegen haben, ob zur Verbesserung der Anlage die unter Umständen in Frage kommenden Aufwendungen lohnend erscheinen. Wie unter 4. erwähnt, kommt es nicht immer darauf an, den Schornstein zu verstärken, sondern zu überlegen, welche Mittel zur Erhöhung der Dampfleistung bei Verwendung des vorhandenen Auftriebes dienen können.

Der zur Überwindung des Widerstandes einer 200 mm starken Brennschichthöhe erforderliche Druck in kg/qm (gemessen durch mm W.-S.) beträgt nach Gensch bei einem Luftüberschuß von $\nu = 1{,}2$:

Zahlentafel 130.

	Rostbeanspruchung kg/qm	
	140	210
für stückige Kohle ungefähr	2,16	4,86 mm W.-S.
„ trockene Staubkohle	2,88	6,28 „ „
„ feuchte Staubkohle	4,32	9,72 „ „

In Wirklichkeit dürften die Ziffern der Zahlentafel 130 eher noch höher angenommen werden können. Danach zeigt feuchte Staubkohle (Förderkohle) ungefähr den doppelten Widerstand der stückigen Kohle. Der Widerstand wächst natürlich mit zunehmender Brennschichthöhe und Verschlackung des Rostes, so daß die Wahl eines nicht oder nur wenig schlackenden Brennstoffes, unter Umständen auch eine Vergrößerung der Rostfläche, Vorteile bringen kann. In dieser Beziehung sind die Vorschubfeuerungen, wie Kettenroste, ein ausgezeichnetes Mittel zur Verbesserung der Verhältnisse; denn sie sorgen für eine selbsttätige Entfernung der Schlacke, sofern nicht ganz besonders ungünstige Verhältnisse vorliegen, und bringen den frischen Brennstoff stets mit gekühlten reinen Rostflächen in Berührung (vgl. S. 297 Abschnitt über „Feuerungen für feste Brennstoffe").

Während der Temperaturverlauf beim Kettenrost ganz regelmäßig ist, schwankt er bei Handbeschickung ganz außerordentlich (vgl. Abb. 154); die Schwankungen wachsen mit zunehmendem Gehalt des Brennstoffes an flüchtigen Bestandteilen, nehmen dagegen bei langsam entgasenden Stückkohlen (Fett-, Sinter-, Sandkohlen) bedeutend ab. Wo Überhitzer eingebaut sind, wird man stets danach trachten müssen, langflammige Kohlen zu verwenden, weil diese höhere Wirkungsgrade und höhere Überhitzertemperaturen ergeben (vgl. fünftes Kap. S. 340).

Die Anwendung von künstlichem Zug muß von Fall zu Fall überlegt werden. Da im Betrieb nicht die Höhe des Nutzeffektes den Ausschlag gibt, mit dem ein Brennstoff verbrannt wird, sondern lediglich die Kosten des Dampfes in Frage kommen, wird man darauf bedacht sein, verschiedene Brennstoffe an den Kesseln oder Feuerungen zu prüfen, um festzustellen, mit welchem Brennstoff der billigste Dampf oder die billigste Kraft erzeugt wird. Eine Kesselanlage, die mitten in einem Braunkohlenbezirk gelegen ist, wird sich zweckmäßig auf diese Kohle einrichten müssen, weil sie vielleicht viermal so billig ist wie eine stückenreiche Steinkohle, und sich unter Umständen auch eines mechanischen Mittels zur Verstärkung oder Unterstützung des Schornsteinzuges zur Erhöhung der Dampfleistung und des Wirkungsgrades bedienen.

Vorwärmung des Speisewassers wird in weitgehendem Maße zur Entlastung der Anlage beitragen, und wenn die Kesselanlage nicht zu klein ist, auch stets die Anlagekosten rechtfertigen.

Ist kein Maschinenkondensat zum Speisen des Kessels vorhanden, so kann man einen Teil des Auspuffdampfes zur Anwärmung des Speisewassers verwenden, wie dies z. B. die preußische Eisenbahnverwaltung bei ihren Lokomotiven fast allgemein eingeführt hat. Das im Durchschnitt 15° C warme im Tender der Lokomotive mitgeführte Wasser wird durch den Vorwärmer auf mindestens 90° C vorgewärmt, so daß bei Dampfspannungen von 12 at und einer Überhitzung des Dampfes auf 350° C rechnerisch rd. 10% an Wärme aus dem Auspuffdampf dem Lokomotivkessel zugeführt werden. Die Betriebserfahrungen haben indes ergeben, daß bei schwer beanspruchten Lokomotiven die Ersparnisse sogar zeitweise 15% und mehr betragen können. Die Ursache liegt in der Entlastung der Rostfläche und der damit erzielten besseren Ausnutzung der Heizgase.

Durch Einführung der Dampfüberhitzung wird sowohl der Wirkungsgrad der Kesselanlage als auch jener der Dampfmaschine verbessert; ersterer dadurch, daß mitgerissenes Wasser nicht verloren geht, sondern nachverdampft wird. Für den Fall, daß der Einbau eines Überhitzers in einen Kessel wegen der ungenügenden Zugverhältnisse nicht angängig sein sollte, könnte ein unmittelbar geheizter Überhitzer mit Vorlage benutzt werden, der den Vorzug hat, die Überhitzung den Betriebsschwankungen besser anzupassen. Freilich steht diesem Vorteile bei ungenügend bemessenen Dampfquerschnitten auch ein Nachteil gegenüber, der sich bei großen Schwankungen des Dampfverbrauches in einem starken Spannungsabfall kundgibt. Ein solcher Spannungsabfall verursacht bei Kolbenmaschinen von Drehstromanlagen und auch bei Turbinen bedenklich starke Schwingungen.

13. Maßnahmen zur Verbesserung der gesamten Dampfkraftanlage.

a) Allgemeines.

In den voraufgegangenen Abschnitten haben wir die Vorteile bei der Verbrennung des Brennstoffes besprochen und eine Richtschnur gegeben, wie der Gütegrad einer Kesselanlage verbessert werden kann. Aber im praktischen Betriebe handelt es sich natürlich nicht um diese Frage allein; es kommt vielmehr auch darauf an, daß die Wirtschaftlichkeit der gesamten Dampfkraftanlage nach Möglichkeit gehoben wird, und zwar durch Verminderung der Wärmeverluste, wie sie z. B. die Rohrleitungen, Kondenswasserabführungen, Kondensation usw. mit sich bringen.

Schon bei der Wahl der Speisevorrichtungen wird man zu überlegen haben, welcher man den Vorzug geben soll. Werden sie durch Dampf betrieben, dann sind sie von dem Betriebszustand des womöglich nur einzigen Kessels abhängig und daher unter Umständen nicht benutzbar. Jedenfalls haben die mit Dampf betriebenen Speisepumpen wirtschaftlich den großen Vorzug, daß der Abdampf zur Vorwärmung des Speisewassers benutzt werden kann, was überall anzustreben ist. Unter den Dampfpumpen verdient die Duplexpumpe wegen ihrer hohen Betriebssicherheit, Zuverlässigkeit und einfachen Bedienung den Vorzug. Für große Betriebe eignet sich als Speisevorrichtung eine mittels Dampfturbine angetriebene Kreiselpumpe. Der Injektor ist sowohl für kleine als auch große Betriebe die wirtschaftlichste Speisevorrichtung. Elektrisch angetriebene Speisevorrichtungen sind sehr anspruchslos und zuverlässig, stehen aber in wirtschaftlicher Beziehung hinter den anderen Vorrichtungen zurück, überhaupt wenn eine Verminderung der Umlaufzahl in weiten Grenzen erforderlich ist.

Über die Wirtschaftlichkeit einer Dampfkraftanlage im allgemeinen hat G. Frantz[1]), Kattowitz, sehr bemerkenswerte Erfahrungen aus einer großen Anzahl von Betrieben zusammengetragen, die um so wertvoller sind, als sie sich gegen die übertriebenen Zusicherungen richten, die allein noch keine Gewähr für eine hohe Wirtschaftlichkeit bieten und daher bei weitem nicht die große Bedeutung haben, die ihnen von beteiligter Seite häufig beizulegen versucht wird. Die Betriebssicherheit dürfte von mindestens gleichgroßer Wichtigkeit sein, wie beispielsweise ein etwas niedriger Dampfverbrauch. Wie oft aber haben die unter ausnahmsweise günstigen Bedingungen erzielten Abnahmeversuche den Fabrikherrn über die tatsächlichen Kosten der Dampfkraftanlage schon getäuscht, zumal bei solchen Abnahmeversuchen die nebenher laufenden Verluste beim Anheizen, bei der Inbetriebsetzung, beim täglichen Schlammabblasen, beim Abblasen der Sicherheitsventile, Durchblasen der Wasserstände, ferner Verluste durch Undichtheiten von Armaturen, Kesselverschlüssen, durch Verschmutzung der Kessel, unwirtschaftliche Bedienung des Feuers, undichtes Mauerwerk usw. unberücksichtigt bleiben. Hierzu kommen noch die Verluste während der Betriebspausen, während des Bereitstehens zur Aushilfe sowie Verluste durch schwankende Belastung der

[1]) Z. d. Oberschl. Berg- u. Hüttenmännischen Ver. 1914, Februarheft.

Kesselanlage durch den Kraft- und Dampfverbrauch der Speisepumpen, des Rostantriebs usw. Die Kondensations- und Undichtigkeitsverluste der Dampfleitungen beeinflussen den Kohlenverbrauch nicht unbedeutend, besonders wenn umfangreiche und dabei nur zeitweise benutzte Leitungen vorhanden sind. Auch im praktischen Maschinenbetrieb treten den Kohlenverbrauch erhöhende Verluste auf, die bei Versuchen nicht berücksichtigt werden, z. B. durch das Bereitstehen von Hilfsmaschinen, durch ungleichmäßige Belastung usw. Alle diese Verluste erhöhen den auf oben angegebene Weise ermittelten Kohlenverbrauch je nach Art des Betriebes in einer Höhe bis zu etwa 20% und mehr.

Aus der Frantzschen Abhandlung wird Folgendes noch ganz besonders Beachtung erregen.

Es ist wichtig, daß die Maschinengebäude möglichst nahe bei dem Kesselhaus errichtet und daß möglichst kurze und gerade Leitungen verwendet werden, um die Verluste zu vermindern, die durch Temperatur- und Spannungsabfall und ferner durch Kondensation entstehen. Dampfleitungen, einschließlich der Flanschen, sind sorgfältig zu isolieren. Die Isolierungen der Flanschen macht man zweckmäßig abnehmbar, um etwaige im Betrieb entstehende Undichtheiten ohne Beschädigung der Isolation beseitigen zu können. Selbstverständlich ist auch eine gründliche Isolation der wärmeausstrahlenden Kesselteile vorzunehmen.

Bei Verwendung überhitzten Dampfes tritt ein Niederschlag in der Leitung im allgemeinen nur während der Betriebspausen und beim Anlassen der Maschinen auf. Zur Vermeidung von Wärmeverlusten durch Entwässerungsleitungen, in denen Kondensation auch bei Verwendung überhitzten Dampfes im Betriebe stattfindet, führt man die Dampfleitungen mit stetigem Gefälle vom Kesselhause zu den Maschinen und bringt möglichst nur kurz vor den Maschinen eine Entwässerungsstelle an. In unmittelbarer Nähe der Kesselanlage ist ferner ein Absperrschieber in der Dampfleitung vorzusehen.

Der Temperaturabfall in der Leitung nimmt mit der Höhe der Dampfgeschwindigkeit ab; gleichzeitig mit dieser steigt aber der Spannungsabfall. Die Weite der Leitung ist so zu wählen, daß der thermische Wirkungsgrad möglichst hoch wird, so daß die Verluste aus Spannungs- und Temperaturabfall möglichst klein werden. Je nach dem Verwendungszweck des Dampfes wird man entweder einen größeren Spannungs- oder aber einen größeren Temperaturabfall in Kauf nehmen.

Für die Ausnutzung der im Dampf enthaltenen Energie in der Kraftmaschine sind Eintrittsspannung, Überhitzung und Luftleere maßgebend. Für die Wirtschaftlichkeit kommt es darauf an, in welchem Maße die Wärmeausnutzung mit dem Dampfdruck ansteigt. Nach Josse[1]) bringt bei 12 at eine Drucksteigerung um 1 at etwa 1% Gewinn, bei 15 at würde eine weitere Steigerung um 1 at etwa nur noch 0,7% Gewinn ergeben. Es können also durch Steigerung über den jetzt wohl allgemein üblichen Überdruck des in die Maschine eintretenden Dampfes von 12 at nur verhältnismäßig geringe wirtschaftliche Vorteile erzielt werden.

Der Einfluß der Überhitzung ist natürlich nicht nach der Verminderung des Dampfverbrauchs, sondern nach dem Wärmeverbrauch zu beurteilen. Nach der bereits angegebenen Quelle wird erst durch Steigerung der Temperatur um 30 bis 40° C eine Verringerung des Wärmeverbrauches um 1% erzielt. Praktisch ist der Einfluß der Überhitzung im allgemeinen günstiger, denn durch die Anwendung der Überhitzung wird vielfach sowohl im Kessel als auch in der Maschine eine Steigerung des Gütegrades der Wärmeausnutzung erreicht, d. h. des Verhältnisses der wirklichen zur theoretisch möglichen Ausnutzung.

Von großem Einfluß auf den Dampfverbrauch ist die Höhe des Gegendrucks. Durch Anwendung von Kondensation läßt sich der Dampfverbrauch wesentlich vermindern. Neuzeitliche Maschinen, seien es nun Kolbenmaschinen oder Dampfturbinen, müssen daher, von Sonderfällen abgesehen, mit Kondensation betrieben werden. Bei Förder-, Walzenzug- und ähnlichen Maschinen sind aber wegen der ungünstigen Arbeitsweise durch Anschluß an eine Kondensation wirtschaftliche Vorteile nicht in der Höhe zu erzielen, wie bei Maschinen mit gleichmäßiger Belastung.

Wird in einem Betriebe außer der Krafterzeugung noch Wärme für Koch- oder Heizzwecke gebraucht (vgl. die folgenden Abschnitte), so läßt man den Dampf zunächst in der Dampfmaschine oder -turbine Arbeit leisten und verwendet ihn dann weiter zum Kochen oder Heizen. Je nach den Betriebsverhältnissen kommen hier Gegendruck- oder Anzapfmaschinen (Zwischendampfentnahme) in Frage.

Für die Abdampfverwertung ist besonders die Turbine geeignet, weil sie das Druckgefälle vom Atmosphärendruck bis auf die Kondensatorspannung auszunutzen vermag, selbst wenn diese außerordentlich niedrig, die Luftleere also sehr hoch ist, während das bei der Kolbenmaschine nicht der Fall ist. Kolbenmaschinen kommen für die Abdampfverwertung wohl nur bei der Erzeugung von

[1]) „Neuere Kraftanlagen", R. Oldenbourg, München 1909.

Druckluft in Frage. Die günstigere Arbeitsweise der Abdampfturbine gegenüber der Abdampfkolbenmaschine wird durch die günstigere Arbeitsweise des Kolbenkompressors gegenüber dem Turbokompressor wieder ausgeglichen.

Am wirtschaftlichsten für die Abdampfausnutzung ist unter Umständen die gemischte, auch wohl Zweidruck- oder Frischdampf-Abdampfturbine genannte Maschine. Hierunter wird eine reine Abdampfturbine mit vorgeschalteter Hochdruckstufe verstanden, die sich selbsttätig so regelt, daß bei genügend großer zur Verfügung stehender Abdampfmenge nur der Niederdruckteil Arbeit leistet, während bei Mangel an Abdampf der Hochdruckteil mit zur Arbeitsleistung herangezogen wird oder auch unter Umständen die Leistung allein übernimmt.

Auf die Höhe der praktisch erreichbaren Luftleere übt sowohl die Kühlwassermenge als auch die Kühlwassertemperatur einen wesentlichen Einfluß aus. Wenn möglich, ist das Kühlwasser aus Teichen, Flüssen usw. zu entnehmen. In den meisten Fällen ist man ja doch gezwungen, das Wasser in einem Kühlturm rückzukühlen und dauernd im Kreislauf zu verwenden. Das verdunstete Wasser, dessen Menge gleich der niederzuschlagenden Dampfmenge gesetzt werden kann, muß ständig ergänzt werden. Die Höhe der erreichbaren Luftleere ist aber auch wesentlich von der Reinheit des Kondensators abhängig. Für einen wirtschaftlichen Betrieb ist eine häufige Reinigung des Kondensators unbedingt erforderlich, besonders wenn es sich um einen Dampfturbinenbetrieb handelt. Auf die mit der Zeit bei jedem Oberflächenkondensator eintretende Verschmutzung, die gleichbedeutend mit einer Verminderung der Kühlfläche ist, sollte bei der Bemessung der Kondensatoren von vornherein Rücksicht genommen werden.

Kurz zu erwähnen wäre noch, daß Undichtheiten an den Vakuum- und Dampfleitungen, Stopfbüchsen, Ventilen usw. selbstverständlich sofort beseitigt werden müssen. Auch mit Schmier-, Putz- und Dichtungsstoffen darf nicht verschwenderisch umgegangen werden, ferner können eine entsprechende Schulung und Beaufsichtigung des Maschinisten die Wirksamkeit der Bedienung vorteilhaft beeinflussen. Besonders bei Fördermaschinen ist der Einfluß, den der Maschinist auf den Energieverbrauch durch mehr oder weniger geschicktes Fahren ausüben kann, von wesentlicher Bedeutung. Bei Dampfmaschinen muß vor allem ein Drosselverlust vermieden und die günstigste Füllung ausgenutzt werden.

b) Verringerung der Widerstände in Dampfleitungen[1]).

Bei der Fortleitung großer Flüssigkeits-, Gas- und Wärmemengen kommt es im wesentlichen darauf an, diese mit der geringsten Arbeit zu ermöglichen. Während über die Reibungszahl sehr eingehende Versuche gemacht worden sind, sind über den einmaligen Widerstand nur verhältnismäßig wenig Versuche veröffentlicht. Brabbée bemerkt in seinem Buch „Rohrnetzberechnung"[2]),

> „daß die Untersuchungen zu einer völlig anderen Bewertung der Einzelwiderstände geführt haben. Während früher ihr Anteil an dem Gesamtwiderstand des Rohrnetzes zu etwa 15 bis 25% geschätzt wurde, gelang es nachzuweisen, daß dieser Einfluß für gewöhnliche Wasser- und Dampfheizungen, d. i. Rohrleitungen zwischen 11 und 290 mm l. W., rd. 50% beträgt. Mit zunehmender Rohrweite steigt der Anteil der Einzelwiderstände weiter und wird z. B. für Luftleitungen von etwa 500 mm l. W. mit 80% und für Rohre von etwa 1000 mm l. W. mit 90% angenommen werden müssen.

Nach Guilleaume[3]) hat ein einziges 300 mm-Absperrventil von der normalen Bauart den gleichen Widerstand wie eine 102 m lange Leitung von 300 mm Durchm. bei 60 m Dampfgeschwindigkeit also schon 0,62 kg/qm Spannungsverlust.

Die übliche Annahme, daß der Widerstand eines Ventils gleich dem einer Leitung von 16 m Länge und gleichem Durchmesser sei, ist für größere Durchmesser unrichtig.

Bei Leitungen mit hohen Dampfgeschwindigkeiten sind die Spannungsabfälle beträchtlich, so daß jede Rücksichtnahme wegen der Maschinenleistungen geboten ist. So war z. B. die Betriebsleistung des Kraftwerks Moabit genötigt, beim Ersatz zweier Maschinen durch Dampfturbinen zur Verminderung des die Ausnutzung der Maschinenleistung behindernden Spannungsverlustes Ergänzungsrohrleitungen anzulegen. Durch Umtausch der Ventile gegen Schieber in einer dieser Leitungen wurde es möglich, die Ergänzungsleitungen im Betrieb abzuschalten und den Druckabfall in einer Leitung trotz Verdoppelung der Dampfgeschwindigkeit nicht größer als vorher in beiden Leitungen zu gestalten. Durch die Abschaltung der strahlenden Rohrleitungs-

[1]) Vgl. de Grahl, Glasers Annalen, 15. Mai 1920.

[2]) Verlag von Julius Springer, Berlin 1918.

[3]) Z. d. V. d. I. 1915, S. 344. Eine ausführliche Veröffentlichung der Guilleaumeschen Versuche über einmalige Widerstände befindet sich „Feuerungstechnik" 1913 und 1914 vom 15. April und 1. Mai.

fläche wurden mehrere tausend Mark an Kohlen jährlich erspart und dadurch die Anschaffungskosten der Schieber reichlich gedeckt. Dieses Ergebnis fand bald allgemeiner in größeren Elektrizitätswerken Anwendung. Eine der bevorzugten Bauarten war der Ferranti-Schieber, trotzdem dieser immer noch eine Widerstandszahl aufwies, die um nur 30 bis 40% hinter jener der normalen Ventile zurückstand.

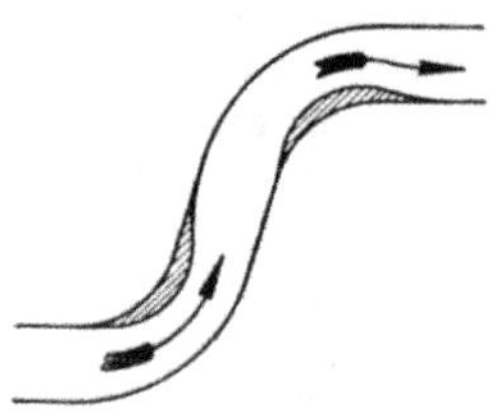

Abb. 174. Sturzbach mit Krümmungen.

Wenn man an einem sich in Windungen dahinstürzenden Gebirgsbach entlanggeht, wird man die Beobachtung machen, daß sich das Wasser bei jeder Richtungsänderung von dem Uferrande abhebt (vgl. Abb. 174), um sich an einer bestimmten Stelle anzustauen. Das wiederholt sich so oft, als Richtungsänderungen vorhanden sind. Solche Kontraktionen finden nicht allein bei diesem der Natur entnommenen Beispiel statt, sondern sind bei Krümmern, Ventilen und anderen Absperrorganen mit Richtungsänderungen bekannt, ohne daß diese Erscheinung zum Nutzen bei der Fortleitung der Dampfenergie usw. verwertet worden wäre. Stadtbauinspektor Schmidt, Dresden, kam auf den Gedanken, die zu regelnde Durchgangsöffnung in diese durch die Strömung geschaffene engste Stelle zu legen.

Abb. 175 (2) zeigt die gewöhnliche Eckausführung bei Hähnen, nämlich Einbau der Abstellvorrichtung mit demselben Durchmesser, wie die Anschlußrohre, unmittelbar in die Mitte des rechten Winkels. Die Strömung nimmt aber etwa den einpunktierten Weg. Die größte Einschnürung des Stromes stellt sich unmittelbar hinter der Richtungsänderung bei Schnitt a—b ein. In diese engste Stelle — der natürlichen größten Einschnürung — ist im neuen Eckhahn, Abb. 2a, der entsprechend verengte Kükenkanal gelegt. Der Gehäusekanal ist ebenfalls der Zusammenschnürung des Stromes angepaßt.

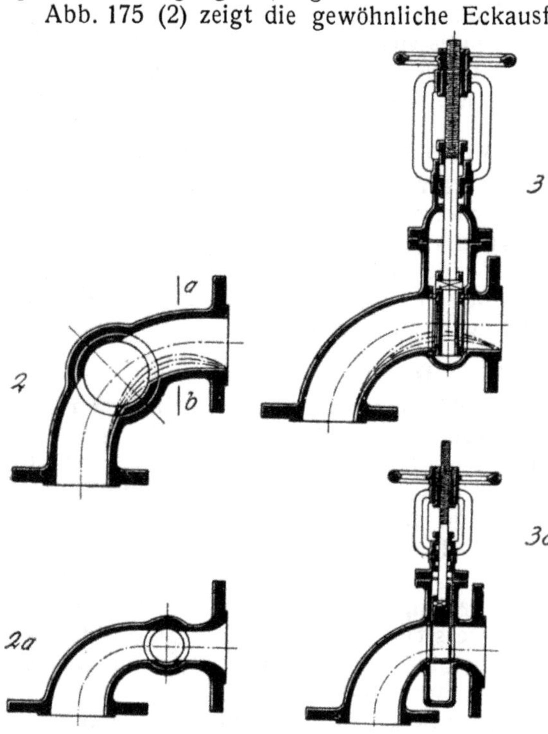

Abb. 175 (2 und 3 ältere Bauart, 2a und 3a Bauart Schmidt).

Genau wie bei den Hähnen, kann dieser Gedanke natürlich bei Schiebern und Ventilen angewandt werden. Die Abb. 3 stellt die bisherige übliche Ausführungsform von Eckschiebern, Abb. 3a jene der neueren Bauart dar[1]).

Die Bestimmung des Widerstandskoeffizienten folgt aus der Gleichung

$$\frac{\Delta P}{\gamma} = \zeta \frac{w^2}{2g} \text{ zu } \zeta = \frac{\Delta P}{\gamma} \frac{2g}{w^2}.$$

Setzt man $w = 1$ m/Sek., so folgt

$$\zeta = \frac{2g}{\gamma} \Delta P = \frac{2 \cdot 9{,}81}{1000} \Delta P = 0{,}01962 \, \Delta P.$$

ΔP hat Prof. Dr. Neumann, Dresden, für die in Abb. 176 und 177 dargestellten Ventile bestimmt (vgl. Zahlentafel 131)

Zahlentafel 131.

Ventil	1	2	3	4
	ΔP_1	ΔP_2	ΔP_3	ΔP_4
bei $w = 0$ m/s zu	0	0	0	0 kg/qm
1 „	390	322	321	208 „
2 „	1416	1169	1110	718 „
3 „	3010	2484	2294	1485 „
4 „	5143	4243	3842	2487 „
5 „	7790	6435	5720	3700 „

und als $f(w)$ dargestellt. Die Kurven gestatten, für jede Wassergeschwindigkeit w den Druckverlust ΔP in kg/qm und mm W.-S. abzugreifen. Ein Blick auf die Kurven läßt erkennen, daß bei zuneh-

[1]) Die Ventile werden u. a. von der Firma Buschbeck & Hebenstreit, Bischofswerda i. Sa., ausgeführt.

menden Geschwindigkeiten die Druckverluste bei 2 und 4 bedeutend geringer sind als bei 1 und 3. In zweiter Linie erhellt aus der Darstellung, daß die Eckventile an sich geringere Widerstände aufweisen als die Durchgangsventile. Dies ist wohl auch der Grund, daß der Absatz von Eckventilen allgemein viel größer als jener der Durchgangsventile ist.

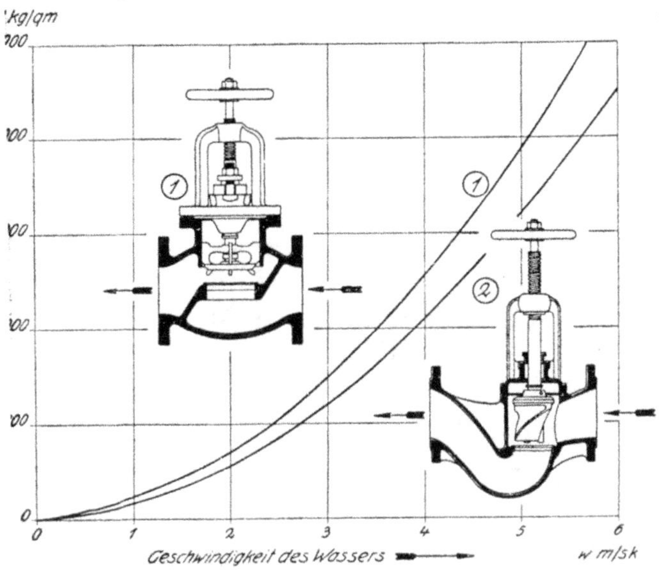

Abb. 176. Druckverlustkurven für Durchgangsventile.

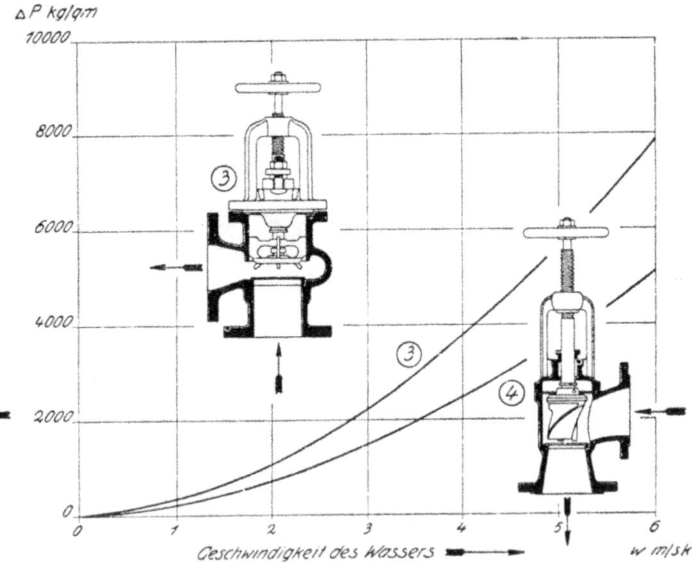

Abb. 177. Druckverlustkurven für Eckventile.

Unter Zugrundelegung der für $w = 1$ in Zahlentafel 131 angegebenen Werte erhält man für

Ventil 1: $\varDelta P_1 = 390$; daher $\zeta_1 = 7{,}65$ | Ventil 3: $\varDelta P_3 = 321$; daher $\zeta_3 = 6{,}30$

„ 2: $\varDelta P_2 = 322$; „ $\zeta_2 = 6{,}33$ | „ 4: $\varDelta P_4 = 208$; „ $\zeta_4 = 4{,}06$

d. h. der Widerstandskoeffizient ζ ist bei dem verbesserten Durchgangsventil um 17%, bei dem verbesserten Eckventil um 35% kleiner.

Der Schmidtsche Gedanke verdient die größte Beachtung; denn seine Durchführung erstreckt sich nicht nur auf die Formgebung der Dampfkanäle und Steuerventile der Dampfmaschinen sondern auch auf die Gaswege von Verbrennungs- und sonstigen Kraftmaschinen. Man sehe sich z. B. nur die Auspuffrohre von Gasmaschinen an, die meistens zu lang und zu eng sind und viel zu viel Krümmungen enthalten und dadurch die Leistung bis 20% vermindern.

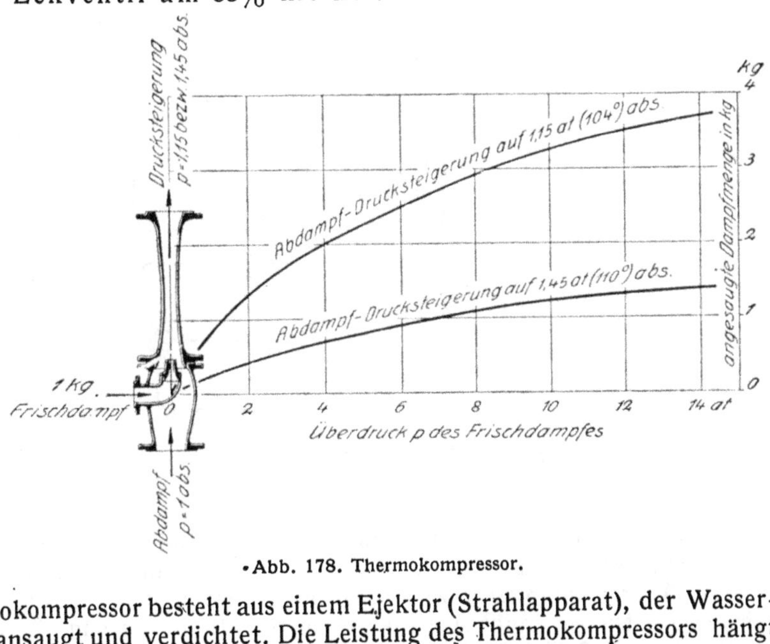

Abb. 178. Thermokompressor.

c) Thermokompressor.

Nach Praché & Bouillon, Paris, haben auch deutsche Firmen[1]) das Peletansche Verfahren zur Verwertung von Abdämpfen angewandt. Der Thermokompressor besteht aus einem Ejektor (Strahlapparat), der Wasserdampf von niedriger Spannung ansaugt und verdichtet. Die Leistung des Thermokompressors hängt von der Spannung des Frischdampfes und der des zu verdichtenden Heizdampfes ab. Abb. 178

[1]) Ges. f. Verdampfanl. in Bochum, Maschinenbau-Aktien-Gesellschaft Balcke und Maschinenbau-A.-G. Golzern-Grimma in Grimma.

zeigt die gegenseitige Abhängigkeit für eine Verdichtung von 1,15 und 1,45 at abs. entsprechend Temperaturen von 104 und 110°. Will man sich mit geringerer Pressung, also auch geringerer Temperatursteigerung begnügen, kann man dafür größere Dampfmengen ansaugen; im anderen Falle sind die Dampfmengen verhältnismäßig geringer. Aus den Kurven entnimmt man z. B., daß mit 1 kg Frischdampf von 4 at Überdruck 2 kg Dampf von 100° auf 104°

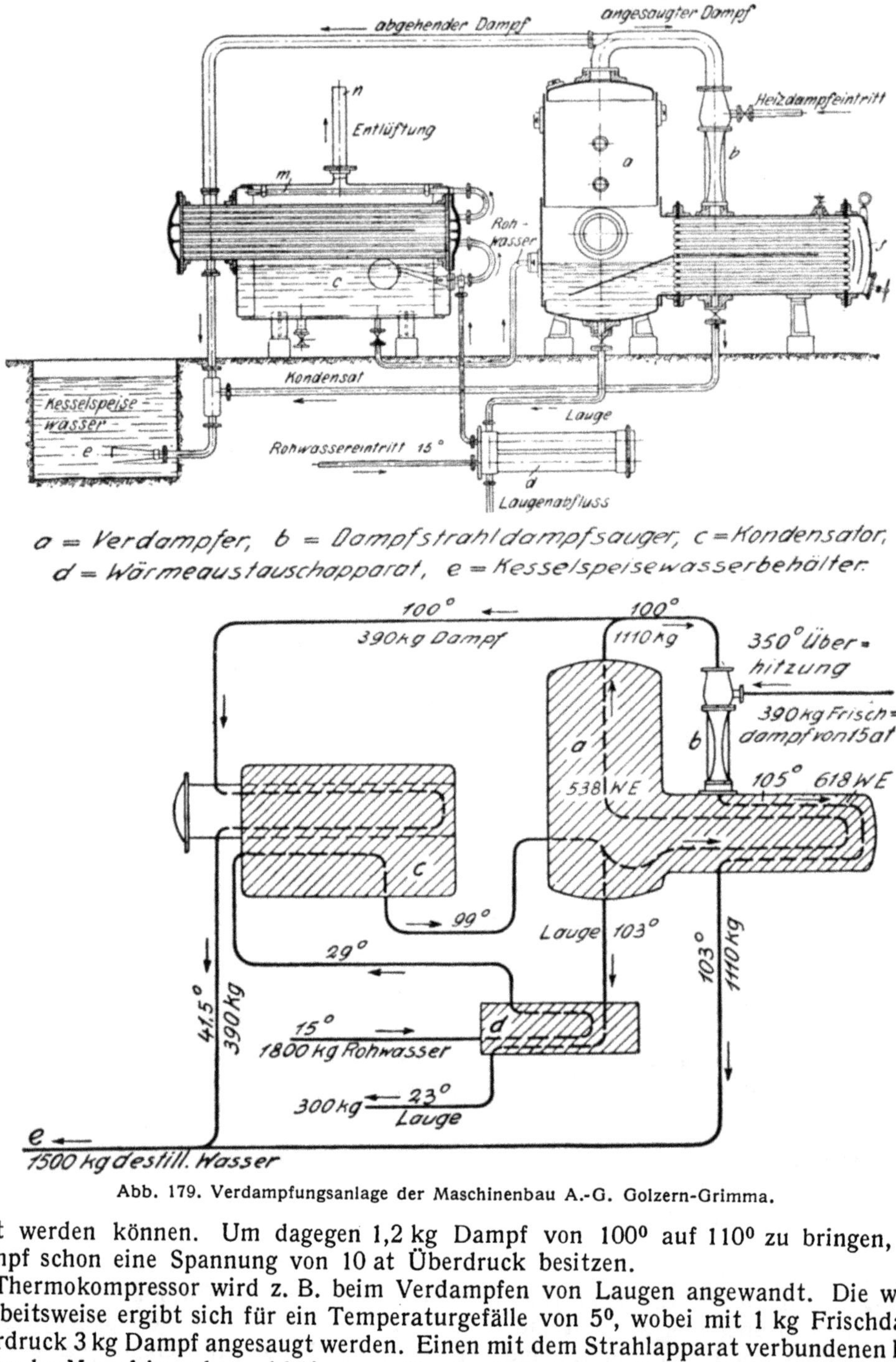

Abb. 179. Verdampfungsanlage der Maschinenbau A.-G. Golzern-Grimma.

verdichtet werden können. Um dagegen 1,2 kg Dampf von 100° auf 110° zu bringen, muß der Frischdampf schon eine Spannung von 10 at Überdruck besitzen.

Der Thermokompressor wird z. B. beim Verdampfen von Laugen angewandt. Die wirtschaftlichste Arbeitsweise ergibt sich für ein Temperaturgefälle von 5°, wobei mit 1 kg Frischdampf von 15 at Überdruck 3 kg Dampf angesaugt werden. Einen mit dem Strahlapparat verbundenen Destillierverdampfer der Maschinenbau-Aktiengesellschaft Golzern-Grimma[1]) zeigt Abb. 179. Er ist

[1]) H. Schröder, Zeitschr. f. Dampfk. u. Maschinenbetr. 1917, S. 51.

mustergültig für die Wärmeausnutzung der Brennstoffe, weil er mit den „Mehrfachverdampfern" in Wettbewerb treten kann. Trotz des geringen Temperaturgefälles von 5° werden beim Thermokompressor bei Anwendung von Messing- oder Kupferröhren immerhin 15 bis 30 kg Dampf stündlich auf 1 qm erzeugt. Diese Leistung ist nur durch die Abgabe der im Dampfe latenten Wärme möglich.

In dem der Abb. 179 beigefügten Schema sind die Wege des Rohwassers und der Lauge sowie des aus dem Rohwasser erzeugten Dampfes leicht zu verfolgen. Im Verdampfer *a* findet dauernd ein Kreislauf statt: Das bis zur Siedetemperatur erwärmte Rohwasser tritt in die untere Hälfte des Rohrbündels ein und aus dessen oberer Hälfte wieder zurück, wobei bei jedem Umlauf eine gewisse Dampfmenge erzeugt wird; drei Viertel hiervon werden durch den Strahlapparat zwecks Verdampfung des Rohwassers angesaugt, der Rest dem Kondensator zugeführt. Der lebhafte Umlauf ist zur Vermeidung einer frühzeitigen Verkrustung der Heizröhren ein willkommenes Mittel. Das Destillat ist frei von Öl, was bei Kondensationsmaschinen ohne Dampfentöler und Filter nicht zu erreichen ist. Diesem Vorteil steht der Nachteil gegenüber, daß mit der zeitweisen Reinigung der Heizröhren eine Betriebsunterbrechung in den Kauf genommen werden muß, wenn man sich nicht dazu entschließen sollte, dem Destillierapparat einen Wasserreiniger vorzuschalten.

d) Wärmepumpe (Auto-Vapor).

Dem Thermokompressor ist in Gestalt der „Wärmepumpe"[1]) ein Nebenbuhler erstanden; sie bezweckt wie der Thermokompressor die Ausnutzung von Abdampf zu Heiz- und Kochzwecken. Danach wird Wrasen (Brüden-, Schwadendampf) aus irgendeiner Flüssigkeit unmittelbar durch eine Pumpe (Kolben- oder Turbo-Dampfkompressor) angesaugt und zusammengedrückt, wodurch seine Anfangstemperatur (100°) auf eine beliebige Höhe gebracht werden kann. Arbeit wird also in Wärme umgesetzt. In Abb. 180 ist das Verfahren schematisch dargestellt. Wird der Heizdampf wie bei dem Thermokompressor bis zur Kondensation ausgenutzt, so wird dabei seine Verdampfungswärme frei. Nach den Versuchen von Prof. Stodola wurden mit 1 kW-Std. 16,7 kg Brüdendampf erzeugt. Vergleicht man dieses Ergebnis mit dem einer hochwertigen Dampfkraftanlage, die 7 kg Dampf zur Erzeugung von 1 kW-Std. braucht, so sind mit 1 kg Heißdampf 2,4 kg Brüdendampf erzeugt worden. Die Wärmepumpe hat dem Strahlsauger gegenüber den Vorteil bedeutend geringeren Dampfverbrauches, den sie unter Umständen ganz entbehren kann, d. h. das Verfahren läßt sich auch da anwenden, wo keine Brennstoffe, wohl aber billige elektrische Kraft, wie in der Schweiz, zur Verfügung stehen; denn wenn erst einmal Dampf auf irgendeine Weise erzeugt ist, kann man ohne jeden Brennstoff lediglich mit Hilfe eines von der Transmission oder Elektromotors angetriebenen Kompressors Flüssigkeiten eindampfen u. dgl.

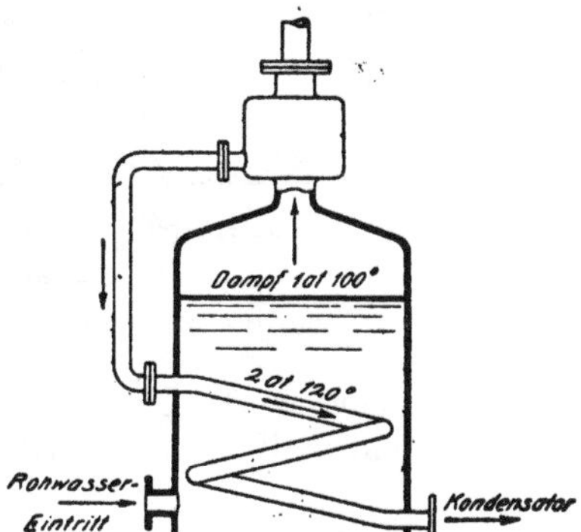

Abb. 180. Schematische Darstellung der Wärmepumpe.

Mit Rücksicht auf den Zweck der Wärmepumpe erfolgt die Kompression selbstverständlich nicht unter Kühlung. Abb. 181 stellt die Leistung der Wärmepumpe graphisch dar. Danach können z. B. 24,8 kg von 1 at abs. auf 1,5 at abs. verdichtet werden. Der Kraftaufwand beträgt hierfür 40,4 PS-Std. Soll dagegen die Verdichtung auf 4 at abs. erfolgen, so beträgt die Verdichtungsmenge nur 6,4 kg, während 157 PS-Std. aufzuwenden sind. Die adiabatische Wärmesteigung beträgt im ersten Falle 17 WE, im zweiten 66 WE, die wirkliche dagegen 26,5 und 99,2WE. Entsprechend der wirklichen Wärmesteigung fallen auch die Endtemperaturen des Dampfes aus.

Abb. 182 gibt den Dampfverbrauch für eine Kolbenmaschine an, den diese bei gesättigtem und bei überhitztem Arbeitsdampf für 1 kg zu verdichtende Dampfmenge erfordert. Steht überhitzter Dampf von 10 at abs. für die Kolbenmaschine zur Verfügung und soll die Verdichtung 1 kg Dampf von 1 at abs. auf 3 at abs. getrieben werden, so braucht man hierzu ~ 1 kg Betriebsdampf. Steht dagegen ein Sattdampf von 7 at abs. zur Verfügung, so beträgt der Dampfaufwand schon 2 kg.

[1]) Die Wärmepumpe ist u. a. in der Bauart Wirt von der A.-G. Kummler & Matter in Aarau ausgeführt und von Prof. Stodola in Zürich geprüft worden. Nach den Ausführungen von Prof. Gensecke gelegentlich der Vortragsreihen im V. d. I. 1919 ist die Wärmepumpe keineswegs eine Schweizer Erfindung. Der Gedanke ist uralt (vgl. a. Dr. Deinlein, „Die Wärmepumpe", Z. d. Bayer. Rev.-V., 31. Dez. 1919).

In Deutschland hat Prof. Dr. Gensecke, der ehemalige Assistent am Maschinenlaboratorium der Technischen Hochschule Charlottenburg, ein Hauptverdienst an der praktischen Durchbildung der Wärmepumpe, die von der Metallbank & Metallurgischen Gesellschaft in Frankfurt

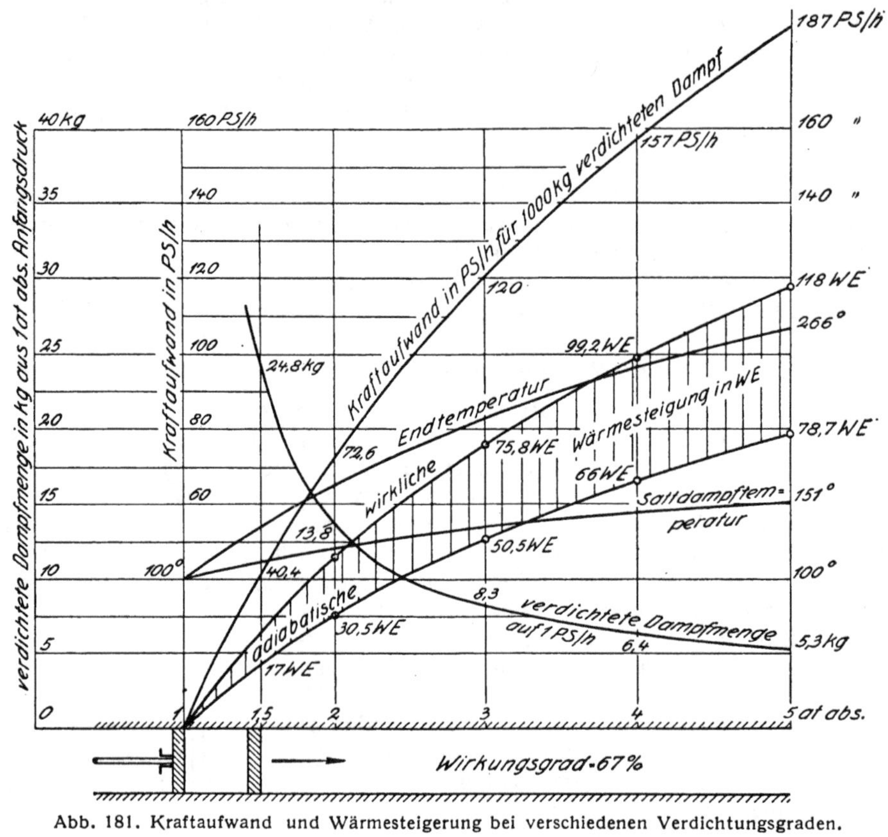

Abb. 181. Kraftaufwand und Wärmesteigerung bei verschiedenen Verdichtungsgraden.

a. M. ausgeführt wird. Die Wärmepumpe ist in ihrer jetzigen Bauart den Mehrfachverdampfern bereits um ein Vielfaches überlegen. Auf 1 kg Heißdampf kommen 4,4 kg Brüdendampf, d. h. es wurden für 1 kg Brüdendampf nur 0,23 kg Heißdampf verbraucht, also nur 60% des Verbrauches eines Vierkörperapparates.

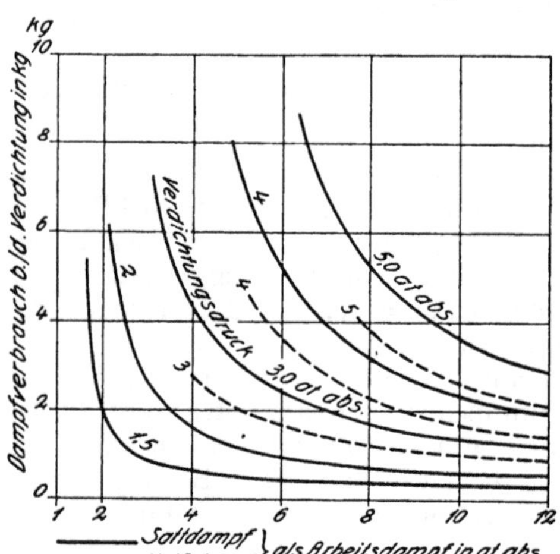

Abb. 182. Dampfverbrauch einer Kolbenmaschine zum Verdichten von 1 kg Dampf.

Deinlein und Loschge[1]) machten unabhängig von einander den Vorschlag, die Wärmepumpe unter bestimmten Verhältnissen nicht mit den üblichen elektrisch angetriebenen Verdichtern, sondern mit Dampfkompressoren auszurüsten, um deren Abdampf zusammen mit dem verdichteten Schwadendampf zur Heizung des Eindampfapparates zu verwenden. Die Verbindung muß man sich so vorstellen, daß die Abdampfwärme die Wärmeverluste der Eindampfanlage zu decken hätte, um die Drucksteigerung des Schwadendampfes gering zu halten.

e) Kraftmaschine und Wärmespeicher.

Der Gedanke der Verwertung des Kraftmaschinenabdampfes für Heizungszwecke stößt häufig auf Schwierigkeiten. Einmal muß man sich bei vorhan-

[1]) Z. d. Bayer. Rev.-Vereins, 15. Jan. 1920, S. 7.

denen Kraftanlagen über die Frage des Dampfanschlusses klar sein, dessen Durchführung nicht immer ganz einfach ist, und dann die Vor- und Nachteile des bisherigen und des späteren Betriebes reiflich überlegen. Insbesondere werden die Entschlüsse durch zwei Bedingungen beeinflußt: Ist der Heizbedarf gleichmäßig oder stark schwankend? Eine Einzylindermaschine von 40 kW (12 at Anfangsdruck, 300° Dampftemperatur) soll z. B., um mit den Zahlen von Dr. Deinlein[1]) zu rechnen, bei Gegendruck 1000 kg Dampf liefern, während der Heizbedarf nur 400 kg erfordert. Es würde demnach, wie im Diagramm I der Abb. 183 dargestellt, für den Überschußdampf von 600 kg keine Verwendung vorliegen. Mit der Zunahme des Heizbedarfs wächst die Wirtschaftlichkeit der Abdampfverwertung, die bei einem Heizbedarf von 1000 kg ihren Höhepunkt erreicht (Punkt *e*).

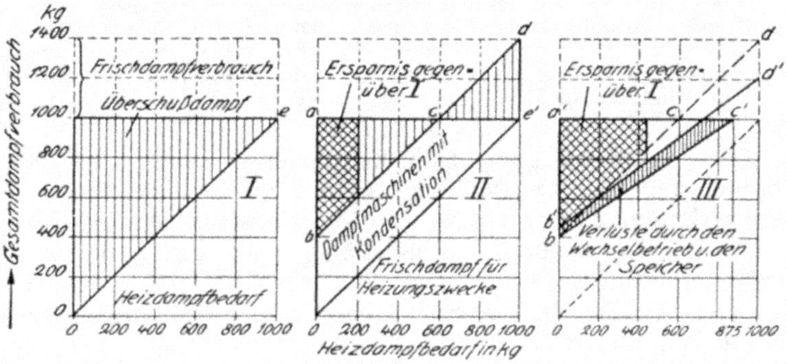

I. Gegendruckmaschine. II. Kondensationsmaschine u. Frischdampf. III. Wechselbetrieb auf Wärmespeicher.

Abb. 183. Verbindung zwischen Kraftmaschine und Heizungsbetrieb.

Stellen wir dieser Annahme den Fall II gegenüber: Statt die Maschine mit Gegendruck zu betreiben, der den Dampfverbrauch auf die kW-Std. nur erhöht, läßt man sie dauernd mit Kondensation arbeiten, deckt dagegen den Heizbedarf durch Frischdampf. In dem Diagramm II ist für die Kondensationsmaschine ein Dampfverbrauch von 10 kg auf die kW-Std. zugrunde gelegt. Bei 400 kg Dampfverbrauch für Heizungszwecke würden jetzt mit der Kraftanlage 800 kg Dampf zusammen verbraucht werden. Das sind also 200 kg oder 20% weniger als im Falle I. Bei 600 kg Heizbedarf (Punkt *c*) erreicht die getroffene Betriebsweise den Höhepunkt und gleichzeitig auch die Grenze der Wirtschaftlichkeit; denn bei weiterem Heizbedarf, entsprechend der Strecke *c e'*, steigt der Gesamtdampfverbrauch auf 1400 kg (Punkt *d*). Für den Punkt *c* ist die Betriebsweise II noch gleich mit I (Punkt *e*), mit zunehmendem Heizbedarf dagegen unwirtschaftlicher. Die Wahl „Kondensationsmaschine und Frischdampf" rechtfertigt sich daher nach dem Diagramm II für das herausgegriffene Beispiel:

1. besonders für einen Heizbedarf zwischen 0 und 600 kg,
2. aber auch für stark schwankende Heizbetriebe zwischen 0 und 1000 kg.

Im ersteren Falle durchlaufen die Ersparnisse die Ordinaten des Dreiecks *abc*, im zweiten Falle könnte man höchstens mit Ersparnissen der kreuzschraffierten Fläche rechnen. Bei einem Heizbedarf von 200 bis 1000 kg ist die Kondensationsmaschine mit dem Frischdampfzusatz der Gegendruckmaschine für den Punkt *e* des Diagramms I gleichwertig, bei einem Dampferfordernis von 600 bis 1000 kg dieser unterlegen.

Um den Überschußdampf bei Gegendruckmaschinen für bestimmte vorliegende Fälle einzuschränken, wurden sogar Dampfmaschinen für besondere Arbeitsweise gebaut. So ließ man z. B. die eine Seite einer Einzylindermaschine mit Kondensation bzw. mit Niederdruck, die andere Seite mit Gegendruck arbeiten, ohne daß sich diese Bauart einzuführen vermochte. Dagegen hat Dr. Deinlein angeregt, die Dampfmaschine wechselweise mit Gegendruck und Kondensation derart zu betreiben, daß bei der ersteren Arbeitsweise der Abdampf in einen Wärmespeicher geleitet wird. Die Umstellung auf Kondensation, die sowohl von Hand aus als auch mit Hilfe eines empfindlichen Regulators erfolgen kann, hat stattzufinden, sobald der Wärmespeicher die für eine gewisse Zeit zum Betriebe der Heizung ausreichende Wärmemenge aufgenommen hat. Nach Wahl der Speichergröße wird sich die Lade- und Entladezeit von vornherein bestimmen und danach die Wirtschaftlichkeit dieser Betriebsweise ohne weiteres von Fall zu Fall ableiten lassen.

[1]) Z. d. Bayer. Rev.-Vereins, 15. Mai 1918.

Die Größe des Wärmespeichers hängt von den für den ordnungsmäßigen Heizungsbetrieb noch zulässigen Druckschwankungen und der Dauer der Wechselzeiten ab. Da mit der Zunahme des Gegendruckes der Dampfverbrauch der Maschine wächst, darf man mit der Wahl des Speicherdruckes nicht zu weit gehen; anderseits bedingt ein geringerer Druck ein zu häufiges Umwechseln der Arbeitsweise der Maschine und dadurch Wärmeverluste infolge der in Kauf zu nehmenden Temperaturschwankungen in der Maschine.

Behalten wir das Beispiel der Einzylinder-Dampfmaschine mit einer Leistung von 40 kW bei, so ergeben sich für einen 7 cbm fassenden Speicher je nach dem Heizbedarf folgende annähernden Lade- und Entladezeiten:

Zahlentafel 132.

Heizbedarf in kg	100	300	500	700	900
Ladezeit in Min.	72	24	14	11	8
Entladezeit in Min. . .	8	10	15	23	70

In Diagramm III der Abb. 183 erreicht der kombinierte Betrieb bei ∼ 875 kg Heizbedarf den Gesamtdampfverbrauch von 1000 kg (Punkt c'), so daß hierfür eine Ersparnis entsprechend dem Dreieck a', b, c' theoretisch zu erreichen wäre. Über diese wirtschaftliche Grenze hinaus müßte zu Frischdampf gegriffen werden, wodurch die bis 875 kg Heizbedarf erzielbaren Ersparnisse wieder eine Minderung erfahren würden. Wegen der beim Wechselbetrieb eintretenden Verluste in der Maschine zuzüglich derer des Speichers dürften indes von den berechneten Ersparnissen 25%, entsprechend der Linie b', d', zu streichen sein, so daß infolgedessen nur mit der kreuzschraffierten Fläche theoretisch zu rechnen wäre.

Von den Möglichkeiten, Wärme in einem — mit Wasser teilweise gefüllten — Kessel aufzuspeichern, verdient die Mischung des Dampfes mit dem Wasser den Vorzug, weil dabei fast die ganze latente Dampfwärme gewonnen werden kann. Die Verhältnisse gestalten sich bei weitem schwieriger, wenn die Betriebsdampfmaschine selbst stark schwankenden Beanspruchungen ausgesetzt ist. Bedingt schon die häufigere oder seltenere Umstellung der Arbeitsweise der Maschine auf Kondensation oder Gegendruck gewisse Schwankungen im Kesselbetriebe, so würden diese bei wechselnder Leistung der Maschine noch erhöht werden. Jedenfalls wird es stets vorteilhaft sein, eine mehr gleichmäßig belastete Maschine im Deinleinschen Sinne mit dem Speicherbetrieb zu verbinden, um durch Erfüllung der erhofften Ersparnisse belohnt zu werden.

Als Speicher eignet sich jeder nicht benutzte Dampfkessel; Neuanschaffungen würden das Gesamtbild, wenigstens im privatwirtschaftlichen Sinne derart verschieben, daß der Entschluß für die zu treffenden Abänderungen sehr erschwert werden dürfte. Bei dem heutigen Rohstoffmangel und der Geldentwertung wird man allgemein von Neuanschaffungen absehen müssen, die Kapitalaufnahmen erheischen und höhere Abschreibungen bedingen. Jedenfalls müssen die durch die neue Arbeitsweise geschaffenen Vorteile diesen Umständen gerecht werden.

f) Abdampfspeicher für Kraftmaschinen.

1 kg Sattdampf von 12 at Überdruck hat einen Wärmeinhalt von 669 WE. Von diesen verbleiben im Auspuffdampf von 0,1 at Überdruck noch 641 WE, die mit dem Auspuffdampf häufig verloren gehen. In dem vorangegangenen Abschnitt haben wir gezeigt, daß unter gewissen Bedingungen die Maschine mit Gegendruck wirtschaftlicher als eine Kondensationsmaschine (mit Frischdampf für Heizungszwecke) arbeiten kann. Da bei der Dampfmaschine mit der Erhöhung des Anfangsdruckes eine Steigerung in der Wärmeausnutzung nicht in dem Maße erzielt wird, wie durch Erhöhung der Luftleere bei Abdampfturbinen, wird man bei unzulänglichen Kraftleistungen unter Umständen der Niederdruckturbine den Vorzug geben, in allen anderen Fällen aber die Auspuffgase für Heizungszwecke zu verwenden trachten. Letzteres ermöglicht neben erheblich geringeren Anlagekosten eine Ermäßigung des Dampfverbrauches von 80% für 1 PS, während bei Kondensationsmaschinen mit Rückkühlanlagen im Kreislauf nur 20 bis 40% erreichbar sein dürften[1].

Den bisher zum Betrieb von Abdampfturbinen verwendeten Abdampfspeichern haftet der Nachteil an, daß sie selbst bei größten Abmessungen den im Zufluß der verfügbaren Dampfmengen auftretenden Schwankungen nicht gewachsen sind. Es ist deshalb besser, dem Wärmespeicher, wie dieses Schwabach (Gesellschaft für Abwärmeverwertung, Berlin-Reinickendorf) mit seinem „Gefa"-

[1] Vgl. a. A. Lütschen, Z. d. V. d. I. 1919, S. 956.

Verfahren bezweckt, dauernd eine bestimmte Wärmemenge primär zuzuführen, die Verbindung mit den übrigen Dampfquellen (Fördermaschinen, Dampfhämmern, Pressen usw.) dagegen mehr als sekundär zu betrachten.

Die mit dem unregelmäßigen Dampfzufluß bisher in den Kauf genommenen Schwierigkeiten sollte die Zweidruckturbine beseitigen, die bei Abdampfmangel auf Frischdampf, bei genügender Speicherfüllung dagegen auf den Speicherbetrieb selbsttätig umgestellt wurde.

Das Schwabachsche Verfahren ist in Abb. 184 klargelegt und seine Wirkungsweise an dem darüber befindlichen Diagramm veranschaulicht. Wir sehen unten den Abdampfspeicher, der einerseits mit den Abdampfquellen, anderseits mit einem Niederdruckkessel in Verbindung steht. Dadurch, daß der uns bereits durch die Abb. 16 auf S. 88 bekannte „Gefa“-Kessel mit dem Fuchs

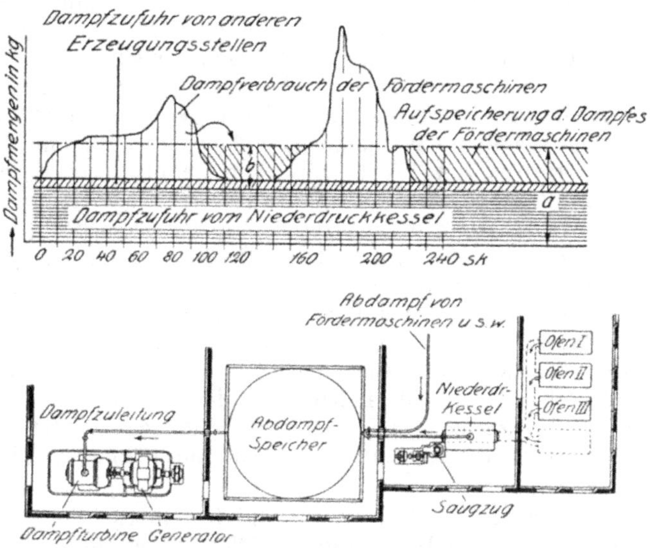

Abb. 184. Wärmespeicher nach dem „Gefa“-Verfahren.

von Öfen oder anderen Feuerstellen verbunden ist, wird dem Abdampfspeicher entsprechend der wagerecht gestrichelten Fläche des Diagramms dauernd Wärme zugeführt. Während früher beispielsweise der Turbine nur die dem Maß „*b*“ entsprechende Dampfmenge zur Verfügung stand, dient jetzt eine weit größere Dampfmenge „*a*“ der Kraftmaschine als Dampfquelle. In dem Diagramm sind beispielsweise die von den stoßweisen und unregelmäßig arbeitenden Fördermaschinen (vgl. a. Abb. 4 in der Einleitung) herrührenden Dampfmengen eingetragen, die in den Wärmespeicher übergeführt werden. Das Bild gibt gleichzeitig einen Anhaltspunkt der tatsächlichen Betriebsverhältnisse wieder, wenn die Abdampfturbine lediglich auf die Dampfzufuhr verschiedener kleiner oder größerer, aber stark schwankender Erzeugungsstellen angewiesen ist.

Das „Gefa“-Verfahren hat außerdem den Vorteil, den erzeugten Niederdruckdampf, unter Umständen sogar den gesamten Abdampf vor Eintritt in die Turbine zu überhitzen und den hohen Dampfverbrauch der Niederdruckstufe herabzusetzen.

III. Kohleneinkauf.

1. Allgemeines.

Beim Einkauf von Brennstoffen nach Gewicht kann es für den Einkäufer nicht gleichgültig sein, ob der Brennstoff viel oder wenig Wasser und Asche, d. h. Bestandteile enthält, die an der Verbrennung nicht nur keinen Anteil nehmen, sondern den Heizwert beeinträchtigen; 10% Wasser vermindern z. B. den Heizwert W auf

$$W\frac{(100-10)}{100} - 6 \cdot 10 \text{ WE} = \frac{9}{10} W - 60 \text{ WE}.$$

Nehmen wir bei einer lufttrockenen Kohle W zu 7000 WE an, so verringern 10% Nässegehalt den Heizwert auf 6240 WE; 10% Nässe bedeuten also in diesem Falle etwa 11% weniger Heizkraft. Der Einfluß des Aschengehaltes auf den Heizwert des Brennstoffes ist sehr mannigfach. Wie wir S. 364 gezeigt haben, wächst der Verlust in den Herdrückständen mit dem Aschengehalt des Brennstoffes, während das Verschlacken des Rostes zu vielfachen Störungen (vgl. S. 363) Anlaß geben kann. Es kann deshalb für den Einkäufer nur von Vorteil sein, den Heizwert der Kohle als Wertmesser zugrunde zu legen. Freilich wirkt heute solcher Vorsatz als reine Ironie. Wer kann sich bei der Brennstoffknappheit die für seinen Betrieb geeignetste Kesselkohle noch aussuchen? Ein jeder ist schon zufrieden, wenn er überhaupt Kohle in ausreichender Menge erhält. Und dennoch wollen wir, der Aufgabe dieses Werkes getreu, das auch über die Grenze des Vaterlandes hinaus sich Geltung verschaffen soll, diese wichtige Frage weiter behandeln. Das Kennzeichen für den Wert eines Brennstoffes ist stets der auf die Reinkohle bezogene Heizwert, d. h. abzüglich des Wasser- und Aschengehalts. Jedenfalls werden sich selbst bei den weit auseinandergehenden Wünschen und Erfahrungen der einzelnen Betriebe einschlägige Bedingungen für Verträge bei Kohlenlieferungen aufstellen lassen, die den Verbraucher vor Nachteilen schützen. So wird die Forderung eines bestimmten, nicht zu überschreitenden Aschengehalts beim Einkauf von Gaskohlen von günstigem Einfluß sein, da sich gerade der Aschengehalt sehr nachteilig für die Verwendbarkeit der Gaskohle erweist. Da der Aschengehalt mit dem Gehalt an Feinkohle im allgemeinen zunimmt, hat z. B. der Verein städtischer Elektroingenieure Englands mit dem Verein der Kohlenhändler Bedingungen für den Kohleneinkauf vereinbart, die gewisse Normen für Heizwert, Wassergehalt und Gehalt an Feinkohle enthalten[1]). Wenn der Heizwert der Kohle den festgesetzten Durchschnittsheizwert über- oder unterschreitet, steigt und fällt der Preis für die Kohle prozentual im gleichen Verhältnis. Liegt der Heizwert mehr als $7^1/_2{}^0/_0$ unter der Norm, so ist der Käufer berechtigt, die Annahme der Sendung zu verweigern. Wenn der Wassergehalt der Kohle die Norm über- oder unterschreitet, wird ein entsprechend größeres oder kleineres Gewicht berechnet. Ist der Wassergehalt einundeinhalbmal so groß, wie die Norm vorsieht, so ist der Käufer berechtigt, die Annahme zu verweigern. Ist der Gehalt an Feinkohle höher oder niedriger, als die Norm vorsieht, so wird ein Viertel vom Gewicht der Feinkohle dem Gesamtgewicht zu- oder abgerechnet. Der Käufer ist berechtigt, die Annahme zu verweigern, wenn der Gehalt an Feinkohle 25% größer ist, als die Norm vorsieht.

Die staatlichen und privaten Großbetriebe der Vereinigten Staaten von Amerika, von Schweden und der Schweiz legen den Heizwert der Brennstoffe als Wertmesser zugrunde, während in Deutschland bisher noch eine allgemeine Abneigung hiergegen beobachtet wird. In der technischen Literatur findet man seitens der Sachverständigen einander widersprechende Ansichten vertreten, von denen wir zwei wiedergeben:

Nach O. Binder[2]):

1. Für alle Verwendungsarten ist der Heizwert der Kohle in erster Linie der Wertmesser; andere Eigenschaften können rasch durch eine Verkokungsprobe festgestellt werden.
2. Die Einhaltung des Heizwertes ist wohl möglich innerhalb der für die Praxis in Betracht kommenden Grenzen.
3. Das Ergebnis einer Kohlenanalyse ist bei richtiger Probenahme sicher. Die Analysenergebnisse sind durchaus nicht schwankend.
4. Die Kosten der Untersuchung machen sich sehr wohl bezahlt.

Nach Weilandt:

1. Der Heizwert stellt oft den Wertmesser für eine Kohle dar.
2. Die Einhaltung des Heizwertes liegt nicht immer in des Menschen Hand.
3. Die Ergebnisse der Probeentnahme sind unsicher. Die Analysen sind schwankend.
4. Die Durchführung des ganzen Verfahrens legt einem oder beiden Teilen Lasten auf, die zur Verteuerung der Kohlen führen müssen. Diese Lasten im Verein mit den naturgemäß entstehenden Auswüchsen werden in keinem Verhältnis zum etwa Erreichten stehen.

2. Entnahme der Kohlenprobe.

Es war ein Verdienst Hinrichsens und Taczaks[3]), daß sie den schwebenden Fragen näher traten und sie klärten. Nach ihnen trifft die Behauptung nicht zu, daß es unmöglich sei, von einer größeren Lieferung Durchschnittsproben zu nehmen. Auf Grund langjähriger Erfahrungen wurde die folgende Vorschrift zur Probeentnahme von Brennstoffen vom Verein deutscher Ingenieure, dem Deutschen Verein von

---

[1]) Zeitschr. d. Dampfk.-Untersuchungs- u. Versich.-Ges. 1913, Nr. 8.

[2]) Chemiker-Zeitung 1912, Nr. 94.

[3]) Mitteil. aus d. Kgl. Material-Prüfungsamt Groß-Lichterfelde 1911, S. 220; auch Feuerungstechnik 1912, S. 2.

Gas- und Wasserfachmännern, dem Verein der Schweizer Dampfkesselbesitzer und vom (Kgl.) Materialprüfungsamt empfohlen:

„Von jeder auf den Lagerplatz gebrachten Karre wird eine Schaufel, beim Abladen eines Wagens jede zwanzigste oder dreißigste Schaufel, beiseite in Körbe oder mit Deckel versehene Kisten geworfen, wobei darauf zu achten ist, daß das Verhältnis von Stücken- und Kleinkohle in der Probe dem der Lieferung möglichst entspricht. Diese Rohprobe im Gewicht von ungefähr 250 kg wird auf einer festen reinen Unterlage (Beton, Steinfliesen) ausgebreitet und bis zur Ei- oder Walnußgröße kleingestampft. Die so zerkleinerten Kohlen werden durch wiederholtes Umschaufeln gemischt, quadratisch zu einer Schicht von 8 bis 10 cm Höhe ausgebreitet und durch die beiden Diagonalen in vier Teile geteilt. Die Kohlen in zwei gegenüberliegenden Dreiecken werden beseitigt, der Rest noch weiter zerkleinert, etwa auf Haselnußgröße, gemischt und abermals zu einem Viereck ausgebreitet, das in gleicher Weise behandelt wird. So wird fortgefahren, bis eine Probemenge von 1 bis 10 kg, je nach der Lieferung, übrigbleibt, welche in luftdicht verschlossenen Gefäßen oder, wenn es auf die ursprüngliche bzw. Grubenfeuchtigkeit nicht ankommt, in Holzkisten zur Untersuchung verschickt wird. Es kann auch eine besondere kleine Feuchtigkeitsprobe luftdicht verpackt zur Versendung gelangen.

Von einem schon abgeladenen Kohlehaufen muß man an verschiedenen Stellen und von allen Seiten, auch von innen und unten, Proben wegnehmen und sie vereinigen, bis eine entsprechende Menge beisammen ist.

Die bis 10 kg Kohle enthaltenden Proben werden sofort nach der Ankunft gewogen, soweit es noch nötig ist, zerkleinert und in einem stets auf Zimmertemperatur (18 bis 20° C) gehaltenen Raum, dessen Luft halb mit Wasserdampf gesättigt — lufttrocken — ist, auf einer Blech- oder Papierunterlage ausgebreitet. Die Gewichtsabnahme bis zur Gewichtskonstanz gegen den ursprünglichen Zustand zeigt den Wasserverlust bis zur Lufttrockenheit an, auch Gruben- oder grobe Feuchtigkeit, zuweilen Nässe genannt. Dieser Wassergehalt ist für die Beurteilung des Wärmewerts eines Brennstoffs von großer Wichtigkeit, da er die Menge der brennbaren Bestandteile der Kohle vermindert und zur Verdampfung Wärme verbraucht.

Die lufttrocken gemachte Kohle wird in einer Kugel- oder Walzenmühle, falls solche nicht vorhanden, in einem großen eisernen Mörser auf Grießfeinheit zerkleinert, die oben angegebene Diagonalteilung angewandt, alsdann weiter gemahlen oder gepulvert und geteilt, bis eine staubfeine Durchschnittsprobe von etwa 100 g übrigbleibt, die durch ein Sieb von 900 Maschen auf 1 qcm geht.

Kleinere Mengen (bis zu 1 kg) können gleich bis auf Staubfeinheit gepulvert werden. Die Probe wird dann in dünner Schicht kreisförmig ausgebreitet und die zur Untersuchung nötige Durchschnittsprobe von etwa 100 g von vier verschiedenen Punkten der Peripherie sowie aus der Mitte zu gleichen Teilen entnommen.

Die Durchschnittsprobe wird dann noch 4 bis 5 Std. in dem Raum, dessen Luft halb mit Wasserdampf gesättigt ist, ausgebreitet und ist nunmehr zur chemischen Untersuchung genügend vorbereitet. Die Kohlen werden ausschließlich in lufttrockenem Zustande untersucht, da sonst ein genaues Abwägen der zur Analyse nötigen Mengen unmöglich wäre."

Hinrichsen und Taczak haben den Beweis geliefert, daß eine sachgemäße Probeentnahme sehr wohl durchführbar ist. Untersucht wurde oberschlesische Steinkohle, die in einem Stapel von etwa 3,5 m Höhe, 20 m Länge und 5 m Breite auf dem Hof des Amtes lagerte. Die Kohle war ungleichmäßig zusammengesetzt, eine unsachgemäße Probeentnahme von verschiedenen Personen zu verschiedener Zeit ergab Unterschiede in den Heizwerten, und zwar wurden diese zu 5960 bis 7410 WE festgestellt. Wurden dagegen die Proben sachgemäß entnommen, d. h. jedesmal an verschiedenen Stellen, auch von innen und unten, und zu einer Durchschnittsprobe von etwa 10 kg vereinigt, wobei obendrein noch darauf geachtet wurde, daß die Korngröße der Beschaffenheit der ganzen Lieferung möglichst entsprach, so ergaben sich ganz geringe Unterschiede, die nur um 100 WE vom mittleren Heizwert abwichen.

Ist somit die Zuverlässigkeit der Probenahme bei Befolgung der gegebenen Vorschriften gesichert, so dürfte die Unfehlbarkeit der Kohlenanalyse zurzeit noch mit Recht angezweifelt werden. Fehler von 1% bei der Heizwertbestimmung machen freilich bei hochwertigem Brennstoff nicht viel aus, ergeben aber bei minderwertigen Brennstoffen schon zu hohe Abweichungen. 1 g für die Heizwertbestimmung in der Berthelotschen Bombe ist eine sehr geringe Gewichtsmenge, die auch die großen Abweichungen der Ergebnisse verschiedener Sachverständiger bei einer und derselben Kohlenprobe erklärt. Der Verfasser ist der Ansicht, daß sich der Kessel als Kalorimeter viel besser eignet, zumal die Làszlóschen Gashyperbeln (vgl. S. 272) auf den Wert des Brennstoffes schließen lassen. Jedenfalls dürfte eine vollständige Rauchgasanalyse mehr Sicherheit als eine Kohlenanalyse bieten, zumal die Zusammensetzung der Kohle während des Versandes auf der Bahn, durch Umschaufeln, Lagern, Witterungsverhältnisse u. dgl. leidet und infolgedessen anders an der Gewinnungs- als an der Verwendungsstelle sein dürfte.

Wilhelm Hans[1]) bekämpft den von den Fachmännern eingenommenen verschiedentlichen Standpunkt betreffs der Heizwert-Gewährleistungen und empfiehlt, daß der Staat, der selbst

[1]) „Rationeller Kohleneinkauf", Craz & Gerlach, Freiberg i. S., 1913.

Lieferant ist, mit gutem Beispiele vorangehen solle. Die Schwierigkeit bei der Regelung der eintretenden Abzüge und Strafen liegt hauptsächlich in der Nachprüfung der vorgebrachten Klagen. Als Beispiel möge nur der preußische Eisenbahnfiskus erwähnt werden, der 1913 einen Kohlenetat von rd. 100 Mill. M aufzuweisen hatte. Bei solchem Verbrauch lassen sich keine Vorräte an Förderkohlen, mit Ausnahme des eisernen Bestandes, von bestimmten Gruben aufspeichern, so daß die angelieferten Kohlen, so wie sie sind, verbraucht werden müssen. Nichtsdestoweniger sind Vorschriften über Stückgröße der Kohlen usw. vorhanden, die bei Nichtbeachtung zu Rügen Anlaß geben, ohne daß die Vornahme von Kohlenanalysen erforderlich wird.

3. Untersuchung der Brennstoffe.

Für fast alle Brennstoffe, mit Ausnahme der gasförmigen, ist heute die kalorimetrische Heizwertbestimmung mittels der Berthelotschen Bombe, Bauart „Mahler" oder „Kröcker", gebräuchlich. Meist wird die Untersuchung von staatlichen Anstalten oder behördlich zugelassenen ersten chemischen Versuchsanstalten ausgeführt. Größere Werke richten sich für die laufende Überwachung der Kohlenlieferung kleine Feuerungslaboratorien ein[1]).

Für gasförmige Brennstoffe sowie mit geringer Abänderung für leicht vergasende flüssige Brennstoffe (Benzin) wird das Junkers-Kalorimeter angewandt. Bemerkt sei, daß bei geringwertigen Gasen (Generatorgas und Hochofengas) das Methan nicht vollständig verbrennt, der Heizwert demnach zu niedrig ausfällt. Um eine gleichmäßige Durchflußgeschwindigkeit des Wassers zu sichern, sind zwei Überlaufrohre angeordnet. Das Gas wird mittels einer genau geeichten Gasuhr gemessen und je nach der Heizkraft in einer Menge von 5 oder 10 l verbrannt. Das Junkers-Kalorimeter wird auch mit Schreibvorrichtung gebaut und leistet bei fortlaufender Überwachung von Gasgeneratoren gute Dienste, wenn man die Gasmenge auf Normalverhältnisse zurückrechnet.

Ein neuartiges Gerät zur Bestimmung des Heizwertes ist das Strachesche Gaskalorimeter, das die bei der Verpuffung einer abgemessenen Gasmenge (30 oder 60 ccm) frei werdende Wärmemenge durch Ausdehnung eines die Explosionspipette umgebenden Luftmantels mißt. Als Vorteile dieser Vorrichtung sind zu nennen: Unabhängigkeit vom Vorhandensein einer Wasserleitung am Versuchsort, also weitgehende Transportfähigkeit; geringer Gasbedarf, daher Möglichkeit der Untersuchung kleiner Gasproben. Die Genauigkeit ist derjenigen des Junkers-Kalorimeters gleich zu erachten.

Die Gasmenge wird auf Normalgas von 0^0 und 760 mm Q.-S. oder 15^0 und 735 mm Q.-S. umgerechnet[2]).

---

[1]) Für die Genauigkeit der Heizwertbestimmungen mit der Berthelothschen Bombe beachte man:

Die in der Bombe verbrannte Kohle wiegt k g und bildet k_1 g Wasser, von dem jenes in O_2 enthaltene (= 0,025) in Abzug gebracht wird.

Da der aus (k_1 — 0,025) entstehende Dampf in der Bombe kondensiert, während er bei der Verbrennung der Kohle auf dem Rost in Dampfform entweicht, muß die durch Kondensation frei gewordene Wärme „(k_1 — 0,025) 600" für die Bestimmung des nutzbaren Heizwertes der Kohle in Abzug kommen.

Dasselbe hat zu geschehen:

1. mit der Bildungswärme b des Eisendrahtes (20 WE statt 30, der nur zum Teil verbrennt),
2. mit jener c der Schwefel- und Salpetersäure (= 5).

Entwickelt 1 g Kohle a WE, so setzt sich die in der Bombe festgestellte Wärmeentwicklung W zusammen aus:

$$W = a\,k + b + c + (k_1 - 0{,}025)\cdot 600,$$

hiernach wird

$$a = \frac{W - 25}{k} - \left(\frac{k_1 - 0{,}025}{k}\,100\right)6$$

und mit

$$\frac{k_1 - 0{,}025}{k}\,100 = F\,\%, \quad a = \frac{W - 25}{k} - 6\,F.$$

Bei den Versuchen des Verfassers wurde das Rührwerk durch einen kleinen Motor angetrieben und das sehr empfindliche Thermometer durch ein Fernrohr aus 2 m Entfernung abgelesen.

Die Werte wechseln naturgemäß mit der Größe und der Bauart der Bombe. Genaues über die Durchführung mit der Langbeinschen Bombe siehe Schwackhöfer, 3. Aufl., Gerold, Wien 1913.

[2]) Der obere Heizwert H_o eines Gases unterscheidet sich von dem unteren H_u durch die Kondenswasserwärme, die durch das Niederschlagen des in dem Gas enthaltenen Wasserdampfes frei wird. Kühlt

4. Wägung der Brennstoffe.

Bei Verdampfungsversuchen kann eine Wägung des Brennstoffes mittels Dezimalwage unter Zuhilfenahme von geeichten Gefäßen wohl stets durchgeführt werden. Für die Betriebsüberwachung ist die Bestimmung des Kohlenverbrauchs das Mittel, die Anfuhr und richtige Verwendung des Brennstoffs einer steten strengen Aufsicht zu unterstellen. In Betrieben, wo die Kohle aus den Transportwagen in die Feuerung gelangt, werden die Wagen nach Bestimmung der Tara auf Gleiswagen, die am Eingang des Kesselhauses liegen, gewogen. Neuere Wagen dieser Art zählen die Einzelwägungen oder zählen das durchgegangene Gewicht selbsttätig zusammen. Bei mechanischer Förderung des Brennstoffes werden meist selbsttätig zählende Wagen in die Fördereinrichtung eingebaut. Ein Beispiel unter den zahlreichen Herstellungsformen dieser Art ist die Kohlenwage „Chronos" von C. Reuther & Reißert. Unbedingt notwendig ist eine völlig staubdichte Einkapselung der feineren Zählwerkteile. Häufige Abschlußrechnungen, namentlich nach Räumung des Lagers, sind zur Verhütung von Unterschleifen empfehlenswert.

5. Selbstentzündung der Kohlen und ihre Verhütung.

Durch die Entzündung der Kohlen gehen Millionen Mark jährlich verloren. Abgesehen von den Grubenbränden, deren Verluste an Leben und Gesundheit sich ziffernmäßig gar nicht ausdrücken lassen, handelt es sich hier um die Lagerungen der Kohle in Halden, Fabriken, Gasanstalten, Kohlentransportschiffen u. dgl. Preisaufgaben wurden ausgeschrieben, um dieses Übelstandes Herr zu werden, aber den Ursachen der Selbstentzündung der Kohle ist man erst mittels der Forschungen der Chemie auf den Grund gekommen.

Dennstedt und Bünz[1]) untersuchten im Staatslaboratorium zu Hamburg englische und deutsche Kohlen, die zur Selbstentzündung Anlaß gegeben hatten, und fanden zunächst mit Hilfe ihrer Versuchseinrichtung, entgegen bisherigen Annahmen, daß die Feuchtigkeit der lufttrockenen Kohle ungefähr mit dem Grade der Entzündlichkeit wächst, die Menge und Art der in dem Brennstoff enthaltenen Mineralbestandteile aber bei der Selbstentzündlichkeit keine Rolle spielen. Schwefel und Stickstoff haben keinerlei Bedeutung, dagegen mußte bei den untersuchten leichter entzündlichen Kohlen die geringe Menge Wasserstoff, namentlich aber die größere Menge Sauerstoff, auffallen. Von den beiden verschiedenen Bestandteilen des organischen Teils der Steinkohlen ist es der unlösliche, d. h. der aus Zellulose des ursprünglichen Holzes entstandene Kohlenbestandteil, der durch weitere Oxydation die Humussäuren bildet und in der Hauptsache die Selbstentzündung hervorruft.

Daß auch die Feuchtigkeit bei diesen Vorgängen eine Rolle spielt, ist von Meyer[2]) bestätigt worden. Nach ihm wirkt das Wasser als Einleiter der Oxydation nicht unmittelbar, sondern vielmehr mittelbar, d. h. vermittelnd. Man müßte eigentlich annehmen, daß das Wasser die Oxydation vermindert, aber da dies den Tatsachen widerspricht, führt Meyer diese Erscheinung auf das Ozon zurück, dessen stark oxydierende Wirkung bekannt ist. Für die Oxydation der Kohle kommt ausschließlich der Regen in Frage, der Ozon, wie beispielsweise bei Gewittern, aufnehmen kann. Tatsächlich hat man im allgemeinen bei frei lagernden Kohlen in den Sommermonaten eine größere Gewichtabnahme als in den Wintermonaten festgestellt. Schorrig ließ mit Erfolg in Zwischenräumen von je 1 m alte Wellbleche in die Kohlenhaufen so hineinstellen, daß immer zwei aufeinander liegende, auf Steinen freistehende Bleche, ähnlich kleinen Kaminen, die im Innern des Kohlen-

---

man das Gas auf Raumtemperatur wie im Kalorimeter ab, so wird der Wasserdampf als Wasser ausgeschieden, und jedes Kilogramm Wasser hat an das Kalorimeter rd. 600 WE abgegeben. Es ist

$$H_o = H_u + 6\,(9\,H + W).$$

Der durch das Kalorimeter bestimmte Heizwert entspricht also dem oberen H_o.

Über die Bedeutung des oberen und unteren Heizwertes hat Dr. Deinlein ausführliche Mitteilungen gemacht. (Z. d. Bayer. Rev.-Ver. 1913, S. 239; 1917, S. 19; 1918, S. 1.) Während der obere Heizwert — gleichgültig, ob der Brennstoff fest, flüssig oder gasförmig ist — bei der Wärmeverteilung für einen Dampfkessel eine schlechtere Wärmeausnutzung ergibt, wird diese beim Generatorgas günstiger. Jedenfalls muß der obere Heizwert überall da angewandt werden, wo die Abkühlung der Verbrennungsgase bis unter den Taupunkt sinkt, wie z. B. bei Gaswarmwasserbereitern und Kesselanlagen mit Schwitzwasserbildung.

[1]) Zentralblatt für technische Chemie XXI, 35, und Schorrig, Zeitschr. f. Dampfk. u. Maschinenbetr. 1912, Nr. 1.

[2]) Gießerei-Ztg. 1906, S. 33 und 65.

haufens entstehende Wärme abführen konnten. Aus diesem Grunde neigen geschüttete Preßkohlen ebensowenig zur Selbstentzündung wie dicht gestapelte, mit Luftschächten versehene Brikette[1]).

Zu demselben Ergebnis bezüglich der Folgeerscheinungen des Regens kommt Graefe, der einen Kohlenpfeiler im Tagebau genau untersuchte und dabei fand, daß der Heizwert der äußeren Kohlenschicht 6880 WE, ihr Aschengehalt 13,5% betrug, während die Kohle im Innern einen Heizwert von 7160 WE und einen Aschengehalt von 9,9% aufwies.

Andere Untersuchungen befaßten sich mit der Frage des Einflusses der physikalischen Beschaffenheit. Pohmer[2]) und die meisten anderen Forscher sind der Ansicht, daß Kohlenbrände vorwiegend in Haufen von höherer Schütthöhe entstehen, und daß es sich bei allen Selbstentzündungen um feine Kohlen handelt. Nach Pohmers Erfahrungen sollte als größte Höhe für westfälische Kohle in Schuppen 4 m, im Freien 5 m gelten; unbekannte Kohlen sollte man nie höher als 3 m und stets getrennt voneinander lagern, ebenso feinkörnige getrennt von grobstückigen. Denn entsteht in feineren Kohlen ein Brand, so wirken die hohlen Räume der grobstückigen Kohle wie anfachende Schornsteine.

Die viel angewandte Durchlüftung der Kohlen hat nach Schorrig den Nachteil, daß die Verwitterung beschleunigt wird; er empfiehlt deshalb Temperaturmessungen an verschiedenen Stellen des Kohlenhaufens, um etwaige Erhitzungen erkennen zu können.

Bemerkenswert sind die Versuche über die Verwitterung von mittleren und grobstückigen Gruskohlen bei der Lagerung im Freien, in trockenen geschlossenen Räumen und unter Wasser, die in letzter Zeit von F. A. Fessenden und I. R. Wharton im Laboratorium der Universität Missouri ausgeführt worden sind. Die auf mehrere Monate ausgedehnten Versuche haben in allen Fällen eine merkliche Abnahme des Heizwertes der Kohle nach längerem Lagern ergeben. Der Verlust ist um so größer, je kleiner die Korngröße der Kohlen ist, und ist ferner am größten bei der Lagerung der Kohlen im Freien; er macht bei feiner Kohle nach 110 Tagen etwa 20% aus und ist am geringsten bei der Lagerung unter Wasser. Beim Lagern unter Wasser hat man sogar gefunden, daß der Heizwert nach den ersten Tagen zunimmt, was aber wohl nur auf das Auslaugen von löslichen Aschenbestandteilen zurückzuführen ist.

Auf der 41. Delegierten- und Ingenieurversammlung des Internationalen Verbandes der Dampfkesselüberwachungs-Vereine zu Konstanz erstattete Heidepriem, Leiter des oberschlesischen Überwachungsvereins, Bericht[3]).

Über die Lagerung der Kohlen unter Wasser und die Wirtschaftlichkeit des Verfahrens hat Bergassessor Kurt Seidl[4]) eingehende Mitteilungen gemacht. Seidl stützt sich auf die Grundmannschen, 40 bis 50 Jahre zurückliegenden Versuchsergebnisse, deren Nachprüfung mit Rücksicht auf die seit dieser Zeit gewonnenen Erfahrungen in der Kohlenchemie — Grundmann bestimmte den Heizwert der Kohlen nach der Elementaranalyse und nicht kalorimetrisch — Heidepriem wünschenswert erschien (vgl. Zahlentafel 134 auf S. 406).

Nach Zörner sollen die Saarkohlen 2 bis 6% Verluste innerhalb eines Zeitraumes von 2 bis 6 Jahren haben. Nach amerikanischen Versuchen betragen die Verluste von englischer Kohle im Gebiete Englands 12%, in heißerem Klima 18 bis 24% und im Kohlenlager von Hongkong sogar 25%. Ferner sind in neuester Zeit von Bergassessor Dobbelstein Versuche mit westfälischer Kohle ausgeführt worden. So hat er mit einer Gaskohle nach einer 6monatigen Lagerung im Freien oder unter Wasser Ergebnisse festgestellt, die in Zahlentafel 134 mit aufgenommen sind.

Nach Heidepriem verwittern fast alle Kohlen. Das Maß und die Schnelligkeit der Verwitterung ist abhängig von der Eigentümlichkeit der Kohle, den Sauerstoff der Luft auf ihrer Oberfläche zu verdichten. Die Aufnahme von Sauerstoff ruft eine Zersetzung und Verwitterung der Kohle hervor, die einer ganz allmählichen Verbrennung gleichkommt. Sie kann unter Umständen so rasch vor sich gehen, daß die Kohle anfängt, sich zu entzünden. Beim Verwittern der Kohle nimmt der Aschengehalt zu, also auch der Kohlenstoffgehalt ab. Ob der Sauerstoff eine Verminderung des Wasserstoffes herbeiführt, ist zweifelhaft[5]), da für die Verbrennung von Wasserstoff mit Sauer-

[1]) Mitteil. aus d. Kgl. Material-Prüfungsamt Groß-Lichterfelde 1911, S. 220.

[2]) Journ. für Gasbel. u. Wasservers. 1909, S. 929.

[3]) Kommissions-Verlag Boysen & Maasch, Hamburg; vgl. auch Z. f. Dampfk. u. Maschinenbetr. 1912, S. 49.

[4]) Siehe Glückauf 1909, S. 37, 75, 119, 152.

[5]) Nach neuesten Forschungen von O. Stutzer, Naturwissenschaften Bd. 8, 1920, S. 310, ist die Verwitterung der Kohlen auf Oxydierung ungesättigter Kohlenwasserstoffe zurückzuführen.

stoff wesentlich höhere Temperaturen erforderlich sind. Wenn der Wasserstoffgehalt trotzdem beim Lagern vermindert wird, so ist dies auf die Entgasung der Kohle infolge des Entweichens von Kohlenwasserstoffen zurückzuführen. Der Sauerstoffgehalt müßte zunehmen, wenn er nicht bei der Umwandlung des Kohlenstoffes vollständig aufgebraucht würde.

Der Schwefelgehalt dürfte sich nicht verändern, solange die Temperaturen im Kohlenhaufen nicht so hoch sind, daß er zu SO_3 oder SO_2 zersetzt wird. So hat Grundmann z. B. eine Vermehrung des Schwefelgehalts festgestellt, ein Ergebnis, das zweifelhaft erscheint.

IV. Betriebsüberwachung.

1. Allgemeines.

In den Anfängen der Dampftechnik spielte die Wirtschaftlichkeit des Kesselbetriebes keine ausschlaggebende Rolle. Der Brennstoff war billig; der Dampfverbrauch der Kraftmaschine und der Kraftverbrauch der Arbeitsmaschinen bildeten bei der Berechnung der Gestehungskosten die wichtigsten Posten. Auch heute noch würde die Dampfmaschine zu den unwirtschaftlichen Wärmekraftmaschinen gerechnet werden müssen, wenn es nicht gelungen wäre, durch die Abwärmeverwertung einen Ausgleich gegenüber den weitaus günstiger dastehenden Verbrennungskraftmaschinen zu schaffen. Seitdem man aber, durch Steigerung der Brennstoff- und Rohstoffpreise sowie der Arbeitslöhne gezwungen, der Wärmewirtschaft der Betriebe erhöhte Aufmerksamkeit zugewandt hat, sind die neueren Errungenschaften der technischen Forschung auch für den Dampferzeuger und die zugehörigen Nebenanlagen nutzbar gemacht und ist weiterhin die Notwendigkeit einer auf den Kesselhausbetrieb zugeschnittenen Meßtechnik erkannt worden. Zahlreiche Forscher wandten ihre Tätigkeit schon frühzeitig dem Kesselbetrieb zu und bildeten eine Reihe von Untersuchungsverfahren aus, die heute zu einer gewissen Vollkommenheit gediehen sind. So kann beispielsweise der Wirkungsgrad eines Kessels mit einem Fehler von höchstens 2% genau bestimmt werden[1]) (vgl. drittes Kapitel IV). Weitere Anregungen gaben die Bestrebungen zur Verhütung des Rauches (vgl. drittes Kapitel V), die zu einem eingehenden praktischen Studium der Verbrennungsvorgänge zwangen. Anerkennend muß hier der Arbeiten des Vereins für Feuerungsbetrieb und Rauchbekämpfung zu Hamburg (Hamburger V. F. R.) gedacht werden, der durch eingehende Versuche[2]) klärend auf seinem Gebiete gewirkt hat. Bei der ersten Untersuchung der zur Vereinsaufsicht angemeldeten Kesselbetriebe ergaben sich im Durchschnitt Wirkungsgrade der Kesselanlagen von 55 bis 60%, die ohne große Mühe, zumeist durch Verbesserung der Feuerführung, auf 65 bis 70% erhöht werden konnten. Schon dieses Ergebnis läßt erkennen, welche ungeheuren Werte an Volksgut bei richtiger Überwachung der Betriebe erhalten werden können.

Jeder dem Kesselhausbetriebe Näherstehende wird die Erfahrung gemacht haben, daß auch die beste Anlage mit unzureichend ausgebildeter Bedienung nur mäßige Leistungen erzielt. Daraus ergibt sich für die Betriebsleitung die unerläßliche Forderung, in erster Linie für gründliche Unterweisung der Mannschaft Sorge zu tragen, damit sie den richtigen Weg zur Höchstausnutzung von selbst finden lernt.

Man hat versucht, durch weitgehende Anwendung mechanischer Antriebsmittel den Betrieb unabhängiger zu gestalten. Zweifellos ist dadurch die Leistungsfähigkeit erheblich gestiegen. Die gute Ausnutzung des Brennstoffs wird jedoch immer von der besonderen Sorgfalt und dem Verständnis des Kesselwärters bei der Bedienung der Anlagen abhängen.

In kleineren und mittleren Betrieben, die sich mechanischer Hilfsmittel nicht bedienen können, ist der Fabrikherr ganz auf die Tätigkeit des Heizers angewiesen. Ihn zur Wirtschaftlichkeit zu erziehen, muß seine vornehmste Aufgabe sein. Infolgedessen ist von angesehenen Fachleuten auch immer betont worden, durch handwerksmäßige Ausbildung der Kesselwärter und reichlichen Unterricht, der auch durch Prüfungen zu einem Abschluß gebracht werden soll, deren Stellung entsprechend ihrer Wichtigkeit zu heben und auch besser zu entlohnen. Vom Staat wurden vielfach Heizerkurse eingerichtet; aber mit diesen sog. „geprüften" Heizern hat man nicht immer die besten Erfahrungen gemacht, da sie für Belehrung oft nicht zugänglich waren.

[1]) Prof. Dr.-Ing. Gramberg hat in dieser Beziehung aufklärende Versuche ausgeführt und nachgewiesen, auf welche Fehlerquellen und deren Einfluß auf das Endergebnis bei verschiedener Versuchsdauer zu rechnen ist. Ein von ihm stammender, ausgezeichneter Aufsatz über dieses Thema findet sich in der Zeitschrift d. Bayer. Rev.-Vereins Nr. 3 vom 15. Februar 1918 usw.

[2]) Feuerungsuntersuchungen des Vereins, Julius Springer, Berlin 1906.

Im allgemeinen ist daher keine wesentliche Besserung eingetreten; nach wie vor sind Anlagen mit geringem Wirkungsgrad zu finden. Dem Kesselbesitzer wird eine ganze Reihe von Meßgeräten, kohlensparenden Vorrichtungen u. dgl. unter hohen Gewährleistungen angeboten. Jedoch kann nicht genug vor deren Ankauf gewarnt werden, wenn nicht die Beschaffung der Vorrichtungen von sachverständiger Seite anempfohlen wurde. Jede Anlage hat ihre Eigenheiten, die bei der Wahl eines Überwachungsverfahrens zu berücksichtigen sind. Namentlich ist das Vorhandensein geeigneter Aufsichtskräfte, welche die Geräte in dauernder Wirksamkeit zu halten haben, ausschlaggebend.

Für eine sachgemäße Betriebsüberwachung ist zunächst eine genaue Kenntnis der Einzelteile der Kesselanlage oder anderer mit industriellen Feuerungen, Kleingewerbefeuerungen usw. ausgestatteter Anlagen Grundbedingung.

Liegt ein gut durchgeführter Abnahmeversuch vor, so kann er als Grundlage für weitere Arbeiten dienen. In den meisten Fällen empfiehlt sich jedoch ein Versuch unter normalen Betriebsbedingungen, der geeignet ist, über die Wirtschaftlichkeit der Anlage und ihre Mängel Aufschluß zu geben. Die von den angesehensten technischen Körperschaften aufgestellten Regeln für Leistungsversuche an Kesseln und Dampfmaschinen geben für die meisten Fälle einen guten Anhalt; für sonstige Feuerungen, z. B. Gasgeneratoren[1]), gewerbliche Öfen u. dgl., sind die Verfahren sinngemäß abzuändern. Der Hauptzweck wird immer die Bestimmung des wirtschaftlichen Wirkungsgrades und die Feststellung der Verlustquellen sein.

Der Wirkungsgrad eines Wärmeprozesses ist allgemein

$$\eta = \frac{Q - q}{Q} = \frac{\text{nutzbar gemachte Wärme}}{\text{zugeführte Wärme}},$$

wobei q die für den Prozeß verlorene Wärmemenge bedeutet.

Die Größe Q wird meist auf 1 kg Brennstoff bezogen und enthält den Heizwert des Brennstoffes sowie die etwa zugeführte Eigenwärme der Verbrennungsluft. Die Größe q setzt sich, beispielsweise bei Dampfkesselfeuerungen, aus den auf S. 285 nachgewiesenen Verlusten zusammen, auf die wir deshalb hier nicht näher einzugehen brauchen[2]).

Betrachtet man die Einzelverluste, so ist der wichtigste und am meisten der Änderung unterworfene: der Verlust durch die Eigenwärme der Abgase. Seine Bestimmung kann zur Beurteilung der Anlage unter keinen Umständen entbehrt werden. Zu seiner genauen Feststellung ist die Kenntnis der Gaszusammensetzung, Gasmenge und Gastemperatur erforderlich. Für viele Fälle wird es genügen, die Abgase auf Gehalt an Kohlensäure und Sauerstoff zu untersuchen sowie die Abgastemperatur und Lufttemperatur zu messen. Der Heizwert und die Zusammensetzung des Brennstoffes sind meist bekannt, wenn seine Herkunft einigermaßen genau feststeht.

Die Aufgabe, den Wirkungsgrad einer ständig unter Überwachung stehenden Anlage zu bestimmen, ist mit verhältnismäßig einfachen Mitteln zu lösen. Immerhin gibt es zahlreiche Anlagen, wo es an geeigneten Beamten sowie an Zeit fehlt, um selbst diese Untersuchungen regelmäßig durchzuführen. Diesem Mangel hat man dadurch abzuhelfen gesucht, daß selbsttätig aufschreibende Versuchsgeräte aufgestellt werden, die aus den niedergeschriebenen Diagrammen ein Bild der Brennstoffausnutzung geben sollen. Vornehmlich sind das aufschreibende Kohlensäure-, Temperatur- und Zugmesser.

Es sei vorausbemerkt, daß die Mehrzahl dieser Geräte nicht den Erwartungen entsprochen hat, da es sich in Anlagen mit geringer Beamtenzahl als fast undurchführbar erwiesen hat, sie regelmäßig im Betrieb zu halten. Das Kesselhaus, überhaupt der Feuerungsbetrieb mit seinem Kohlen- und Aschenstaub, ist kein Aufstellungsort für feine Meßvorrichtungen. Selten wird es möglich sein, sie im Betriebsbureau unterzubringen, wo die Bedingungen für zuverlässiges Arbeiten schon eher gegeben sind. Lange Leitungen usw. sind meist keine angenehme Zugabe.

Das ist wohl auch der Grund, daß man einen ziemlich einfachen Heizgasprüfer, bestehend aus einem Aspirator und einem Orsatapparat, bevorzugt. Beide sind fast unempfindlich gegen Staub und einfach zu bedienen. Immerhin ist in neuzeitlich eingerichteten größeren Anlagen, wo besondere Beamte für die Inganghaltung der Geräte ausgebildet werden können, die Vorbedingung für eine zweckmäßige Überwachung denkbar. In den folgenden Abschnitten ist die Beschreibung der meist aus der Literatur hinlänglich bekannten Einrichtungen und Geräte auf das notwendigste beschränkt, dagegen die Anwendbarkeit in den einzelnen Versuchsgebieten näher erörtert worden.

---

[1]) Vgl. zweites Kapitel VII, 3.

[2]) Vgl. Fischer, „Taschenbuch für Feuerungstechniker", Alfred Kröner, Leipzig 1913; de Grahl, „Wirtschaftlichkeit der Zentralheizung", R. Oldenbourg, München 1911.

2. Wassermessung.

Für manche Industrien ist die Feststellung des Rohwasserverbrauchs von Wert. Wird Druckwasser verbraucht, so ist der Einbau von Zählwerken, die von Flügelrädern getrieben werden, üblich. Für stark wechselnde Durchgangsgeschwindigkeit empfehlen Siemens & Halske, Berlin, eine Wassermeßeinrichtung aus großen und kleinen Wassermessern mit zwischengeschaltetem Umschaltventil. Für offen fließendes Wasser kann gegebenenfalls ein Überfall oder eine Ausflußdüse zur Messung herangezogen werden. Kleinere Mengen, wie sie beim Speisen der Kessel vorkommen, werden zweckmäßig mittels der offenen Speisewassermesser bestimmt. Einige der bekanntesten Bauarten sind die von Steinmüller, Gummersbach, sowie von Schilde, Hersfeld, ferner die Flüssigkeitsfeinmeßvorrichtungen von Eckhardt, Cannstatt, und Sabel & Scheurer, Oberursel. Bei diesen Messern wird der Zulauf abwechselnd zu zwei Meßgefäßen gelenkt, die nach Füllung durch Kippen oder Öffnen eines Bodenventils entleert werden und dabei die Umschaltung des Zulaufes besorgen. Letztere wird durch einen Zähler aufgezeichnet. Zu beachten ist bei diesen Meßgeräten, daß die Anzahl der Messungen in der Zeiteinheit möglichst genau sein muß, da andernfalls beim Umschalten Ungenauigkeiten in der Wasserzufuhr eintreten.

Vielfach werden die Wassermesser in die Leitung zwischen Speisepumpen und Kessel geschaltet. Diese sog. Hochdruckwassermesser können Kolben- oder Scheibenmesser sein. Erstere enthalten einen oder mehrere Kolben, deren Spiele gezählt werden, letztere sind durch eine kugelförmig gelagerte Scheibe mit schwingender Bewegung gekennzeichnet, deren Drehungen ebenfalls auf ein Zählwerk wirken. Alle diese Speisewassermesser sind Volumenmesser. Die Kenntnis der Temperatur ist daher zur genauen Wasserbestimmung notwendig.

Von den Kolbenwassermessern seien als vielfach eingeführte Herstellungsformen der Doppelkolbenmesser von A. Schmid, Zürich, der auch von mehreren Firmen in Deutschland ausgeführt wird, sowie der Eckardtsche Kolbenmesser genannt. Wie leicht erklärlich, sind beide Messer für Verunreinigungen des Wassers, die namentlich beim Stillstand die Kolben und die Steuerteile verschlämmen, äußerst empfindlich und verursachen in solchem Falle Störungen. Die Messer müssen daher unter allen Umständen in eine Umlaufleitung eingebaut werden. Dasselbe gilt für den Scheibenwassermesser von Siemens & Halske, der sich im übrigen durch gedrängte Bauart und durch verhältnismäßig geringe Ausbesserungskosten auszeichnet, dabei keinerlei Wartung bedarf, während die Kolbenmesser sehr sorgfältig geschmiert werden müssen. Selbstverständlich verlangen auch die Scheibenmesser möglichst reines Wasser.

Die Meßgenauigkeit scheint bei den Scheibenmessern länger anzuhalten als bei Kolbenmessern, die bei größerem Verschleiß undichte Kolben zeigen. Für mittlere Wassertemperaturen von 30 bis 50° C ist eine Abweichung von 1% festgestellt worden. Diese an die Wasserwägung heranreichende Genauigkeit genügt für Betriebsverdampfungsversuche. Da der Einbau des Scheibenmessers fast allerorts möglich ist, wird er an solchen Stellen, wo Wägung umständlich oder undurchführbar ist, als zuverlässigster Ersatz für eine Wägeeinrichtung betrachtet. Als besonderer Vorteil muß angesehen werden, daß er ebenso wie die Kolbenwassermesser auch als Belastungsmesser leicht zu verwenden ist, indem stündliche oder halbstündliche Ablesungen den Verbrauch an Speisewasser für die Zeiteinheit bestimmen lassen.

3. Dampfmessung.

Eine ähnliche Rolle wie die Wassermesser spielen die Dampfmesser für den Kesselbetrieb. Sie können als Belastungsmesser und als Verbrauchmesser Verwendung finden. In letzterem Falle werden sie als aufzeichnende oder zählende Dampfmesser gebaut.

Die meisten Bauarten beruhen auf der Eigenschaft des Drosselflansches, ein Druckgefälle zu erzeugen. Wie bekannt, ruft jeder Widerstand in der Dampfleitung, sei es nun die Wandreibung eines längeren Rohrstückes oder eine Verengung, einen Spannungsabfall hervor, der mittels hinreichend empfindlicher Druckunterschieds-Messer sichtbar gemacht werden kann. Meist wird ein Flansch von 20 bis 25 mm Stärke eingebaut, der an beiden Dampfseiten Bohrungen trägt und mit einem Quecksilbermanometer verbunden ist. Der Stand der Quecksilberkuppe gibt z. B. bei dem Dampfmesser von Aalwachs an einer Teilung eine Ziffer an, für die mittels einer Zahlentafel die stündlich durchströmende Dampfmenge in kg zu berechnen ist. Bei dem Gehre-Dampfmesser wird das Gewicht der im beweglichen Manometerschenkel aufsteigenden Quecksilbersäule zur Betätigung eines Zeigers oder einer Schreibvorrichtung benutzt. Bei dem Dampfmesser „Badias" von G. A.

Schultze, Charlottenburg, beeinflußt ein auf der Quecksilberkuppe befindlicher Eisenschwimmer einen Magnethebel, dessen Bewegung auf eine Schreibvorrichtung übertragen wird.

Eine von den obigen grundsätzlich abweichende Bauart ist diejenige der Farbenfabriken vorm. Friedr. Bayer & Co., Leverkusen b. Mülheim a. Rh., die durch dynamischen Druck des bewegten Dampfes eine im Dampfrohr gleichachsig angebrachte Scheibe mit Zeigerwerk beeinflußt.

Die Einwirkung der Dampfströmung auf die Meßeinrichtung ist übrigens bei allen Dampfmessern stark abhängig von den Sekundärschwingungen, welche die Dampfsäule im Rohr ausführt. Bei der Speisung von Dampfmaschinen ist der Stromvorgang anders als bei Kochdampfentnahme usw. Die Dampfmesserfirmen schreiben daher vor, daß ihnen der Verwendungszweck des zu messenden Dampfes genau mitgeteilt wird.

Die Zuverlässigkeit des Dampfmessers ist noch nicht derart, daß die Angaben für wissenschaftliche Ausmittlungen brauchbar wären. Doch kann in Fällen, wo z. B. Dampf an selbständige Betriebsabteilungen abgegeben wird, eine hinreichend genaue Unterlage für die Selbstkostenberechnung gewonnen werden. Die Meßgenauigkeit dürfte durchschnittlich in den Grenzen von 5% schwanken.

4. Messung von Über- und Unterdruck.

Das einfachste Gerät zur Messung von Druck ist das mit Wasser oder Quecksilber gefüllte Barometerrohr mit beiderseitig offenen Schenkeln. Für die Bestimmung des Unterdrucks im Heizgaskanal ist es noch allgemein im Gebrauch. Sollen kleine Zugstärken gemessen werden, so wendet man Zugmesser mit geneigtem Schenkel an. Ein besonders empfindliches Gerät ist das Krellsche Mikromanometer, das z. B. als Gaswage und bei Geschwindigkeitsmessungen von Gasen mittels Stauscheibe gute Dienste leistet. Die Ablesung an Manometerrohren ist jedoch in schlecht beleuchteten Räumen ziemlich schwierig. Man zieht daher Geräte mit rundem Zifferblatt und Zeiger vor, wie sie sich für Dampfkesselmanometer allgemein eingebürgert haben. Der Zugmesser von Walter Dürr ist so ausgebildet, daß in einem Gußgehäuse eine Glocke beweglich gelagert ist, die in eine Sperrflüssigkeit eintaucht. Der Raum unter der Glocke ist mit dem Fuchs verbunden. Durch Änderung des Unterdruckes wird die Glocke sich heben oder senken und überträgt diese Bewegung auf ein Zeigerwerk mit entsprechender Einteilung. Andere Zugmesser sind nach dem Grundsatz der Federmanometer gebaut.

Eine gewisse Verbreitung haben die sog. Differenz- und Verbundzugmesser gefunden, die jetzt von einer Reihe von Bauanstalten angefertigt werden. Mit ihnen soll vornehmlich der Druckunterschied zwischen dem Raum über dem Feuer und den Heizzügen am Kesselende gemessen werden, während beim Verbundzugmesser noch der Zug am Kesselende angezeigt wird. Diese Geräte sollen eine Betriebsüberwachung ermöglichen, indem sie dem Heizer anzeigen, mit welcher Geschwindigkeit die Gase den Kessel durchstreichen. Große Geschwindigkeit bedeutet großes Gasvolumen, also unter Umständen hohen Luftüberschuß. Daher soll beim normalen Kesselzustand mit möglichst geringem Zugunterschied gearbeitet werden. Die Kohlensorte, die Stärke der Schlackendecke, die Dichtheit der Einmauerung spielen naturgemäß bei der Größe des Zuges eine bedeutende Rolle. Nur unter Beachtung aller dieser Umstände wird der Heizer die richtige Zugstärke einstellen können, vor allem muß ihm durch nebenhergehende Untersuchung der Abgase auf ihre Zusammensetzung ein Mittel an die Hand gegeben werden, um die für die verschiedenen Verhältnisse angemessene Zugstärke zu ermitteln.

Die verschiedenen, auf der Messung des Zugunterschiedes beruhenden Überwachungsverfahren für Kesselfeuerungen versprechen daher nur für vorgeschrittene Heizer nach guter Unterweisung einigen Erfolg. In vielen Fällen werden die Geräte bald vernachlässigt und außer Betrieb gesetzt, da sich der Heizer bei einem Wechsel in den Betriebsverhältnissen nicht mehr zurechtfindet. Aufschreibende Geräte dieser Art können dem Betriebsleiter wenigstens grobe Verstöße gegen die Feuerungsregeln anzeigen, so daß eine nachträgliche Belehrung Platz greifen kann.

5. Temperaturmessungen.

Am gebräuchlichsten sind für Temperaturmessungen bis 580° die Quecksilberthermometer oder -pyrometer. Letztere sind aus schwerschmelzenden Glassorten von Schott & Genossen, Jena, hergestellt.

Es ist zweckmäßig, bei hohen Temperaturen über 500° die Pyrometer nur kurze Zeit der Wärme anzusetzen, da infolge der Füllung mit Stickstoff von 20 at auch eine geringe Erweichung des Glases zur Erweiterung des Quecksilbergefäßes und damit unrichtigen Anzeigen führt. Über die

Genauigkeit der Thermometeranzeige oder über die Trägheit des Thermometers gegenüber Temperaturänderungen hat Verfasser eingehende Mitteilungen veröffentlicht[1]). Sie beweisen, daß die beobachtete Temperaturkurve um eine gewisse Zeit verspätet und in ihren Amplituden gegenüber der wahren Kurve abgeschwächt ist. Besonders tritt diese Erscheinung bei Thermometern mit Umhüllung hervor, wie sie im Kesselbetrieb angewandt werden. Man findet daher häufig ganz erhebliche Abweichungen zwischen den Anzeigen. Von einigem Einfluß bei längeren Thermometern ist die Länge des aus dem Meßgut herausragenden Fadens. Entweder muß für eine Berichtigung gesorgt oder eine für die Versuchszwecke passende Fadenlänge gewählt werden.

Für Messungen an wenig zugänglichen Stellen sowie auch für höhere Temperaturen haben sich die Thermoelemente nach Le Chatelier und die Widerstandspyrometer nach Siemens & Halske äußerst brauchbar erwiesen. Namentlich Wandtemperaturen können kaum mit anderen Mitteln bestimmt werden. Während die Widerstandsthermometer infolge des hohen Preises und der großen Empfindlichkeit gegen äußere Einflüsse weniger Verbreitung gefunden haben, ist das Thermoelement sehr beliebt.

Allerdings muß man gerade bei höheren Temperaturen die Vorsicht gebrauchen, den Platindraht nicht den Feuergasen unmittelbar auszusetzen, da er Verbindungen mit Kohlenstoff und ihren anderen Bestandteilen eingeht, die sowohl seine Haltbarkeit wie die Anzeigen beeinträchtigen. Man verwendet meist als Hülle ein Quarzglas- oder Porzellanrohr, das die Trägheit gegen Temperaturschwankungen erhöht[2]). Für schnelle und genauere Messungen muß diese Hülle fortfallen. Die Thermoelemente und Widerstandspyrometer bieten den besonders hoch zu bewertenden Vorteil, daß man die Messungen für eine Reihe von Beobachtungsstellen mittels eines Galvanometers in Verbindung mit einem Schaltbrett an beliebiger Stelle vornehmen kann. Die früher öfter angewandten Graphitpyrometer haben sich wegen ihrer großen Empfindlichkeit gegen äußere Einflüsse und wegen der verhältnismäßig geringen Genauigkeit nicht bewährt.

Von anderen Meßgeräten sind noch zu nennen das Wannersche Pyrometer, das auf der Messung der Leuchtstärke glühender Körper beruht. Es wird benutzt bei der Temperaturbestimmung von Glühöfen und ähnlichen Verbrennungsräumen mit hohen Temperaturen (vgl. T_1 in Abb. 154 S. 343). Das Verfahren gestattet, außerordentlich hohe Temperaturen zu messen, das Gerät ist verhältnismäßig handlich und transportfähig. In manchen Fällen benutzt man noch das Kalorimeter nach Fischer, um eine hohe Temperatur bis 1600° zu messen. Ein Platinbolzen von bekanntem Gewicht wird der Temperatur genügend lange ausgesetzt und in ein Wasserkalorimeter gebracht. Aus der Temperatur des Wassers wird dann unter Berücksichtigung des Wasserwertes des Kalorimetergefäßes die Temperatur des Platinbolzens berechnet.

6. Untersuchung von Heiz- und Generatorgasen.[3])

Eine eingehende Untersuchung von Gasen führt man entweder auf maßanalytischem oder gewichtsanalytischem Wege durch. Im ersteren Falle werden fortlaufend Gasproben aus dem Gaskanal entnommen und entweder sofort an Ort und Stelle oder im Laboratorium untersucht. Verfasser hält letzteres Verfahren für besonders empfehlenswert, wenn die Gase brennbare Bestandteile enthalten, deren Bestimmung ein genaueres Arbeiten erfordert. Die Gasproben werden in Hahnröhren aufbewahrt. Das gewichtsanalytische Verfahren erfordert einen in der Nähe der Versuchsanalyse befindlichen Raum von gleichmäßiger Temperatur. Die Aufstellung der Meßanordnung ist langwierig und lohnt sich nur für längere Versuchsreihen. Immerhin ist bei neuartigen Verbrennungsvorgängen dieser Weg der sicherste, um über alle die Zusammensetzung der Gase betreffenden Erscheinungen volle Klarheit zu schaffen. Über die praktische Ausführung der Versuche lese man in Haier „Feuerungsuntersuchungen"[4]) nach. Von den Geräten für die Maßanalyse sind die Bunteschen und Hempelschen in allen Laboratorien anzutreffen. Für den Gebrauch am Kesselhaus oder am Generator haben sich eine Reihe mehr oder minder handlicher Bauarten, Orsatapparate genannt, herausgebildet, unter denen die von Fischer, Fuchs, Hahn, Siebert & Kühn zu nennen sind. Auch der Hamburger V. F. R. hat sich ein dem Fischerschen ähnliches Modell schützen lassen, das sich durch rasche Absorption auszeichnet und daher schnelles Arbeiten gestattet.

[1]) Feuerungstechnik 1913, Heft 8. Knoblauch & Henky, »Anleitung zu genauen technischen Temperaturmessungen . . .«, R. Oldenbourg, München. Vgl. a. Hilliger, Z. f. Dampfkessel- u. Maschinenbetrieb 1920, Nr. 33.

[2]) de Grahl, „Wirtschaftlichkeit der Zentralheizung", R. Oldenbourg, München 1911.

[3]) Hierüber vgl. Abschn. 3, zweites Kapitel VII, S. 221.

[4]) Jul. Springer, Berlin 1906.

Der Orsatapparat ist da am Platze, wo es darauf ankommt, einen in jeder Richtung genauen Einblick in die Verbrennungsverhältnisse zu gewinnen. Seine Bedienung erfordert eine gewisse Sorgfalt und Sachkenntnis sowie einigen Zeitaufwand, da nicht die Einzelanalyse, sondern nur eine in kurzer Zeitfolge gewonnene Reihe von Analysen Aufschluß gewähren kann. In Betrieben, wo genügend technisch gebildete Kräfte vorhanden sind, auch in solchen der chemischen Industrie, wird es sich ermöglichen lassen, diese Untersuchungen regelmäßig durchzuführen. Kleine Betriebe sind auf Ersatz dieser Untersuchungen durch geeignete Überwachungsverfahren angewiesen.

Diesem Bedürfnis entsprechend werden selbsttätig wirkende „Gasanalysatoren" und ähnlich benannte Vorrichtungen gebaut, von denen sich einige wenige lebensfähig erwiesen haben. Allen ist jedoch entgegenzuhalten, daß sie nur in seltenen Fällen Nutzen gestiftet haben. Ein Hauptmangel dieser Geräte ist das Fehlen einer Sauerstoffbestimmung der Gase. Die Kohlensäurebestimmung läßt zwar den Luftüberschuß berechnen, gibt jedoch keinerlei Anhalt über die Vollkommenheit der Verbrennung. Weitere Mängel sind die Empfindlichkeit gegen Staub und Hitze, die tägliche Einstellung, der häufige Ersatz der Absorptionsmittel u. dgl. mehr. In der Regel findet man daher die Geräte außer Betrieb. Es muß daher daran festgehalten werden, daß eine Betriebsüberwachung ohne sachgemäße Beaufsichtigung ein Unding ist. In jedem Einzelfall ist zu überlegen, ob die für solche Geräte angelegten Kosten im richtigen Verhältnis zu der erwarteten Ersparnis stehen.

Einige der hier zu nennenden Überwachungseinrichtungen wenden das maßanalytische Verfahren in gleicher Weise an, wie oben bei den Orsatapparaten beschrieben; es wird ein abgemessener Raumteil des Gases in ein Absorptionsgefäß mit Kalilauge geschickt, der um den Gehalt an CO_2 verringerte Teil gemessen und durch Betätigung eines Schreibzeuges sichtbar gemacht. Geräte dieser Art sind der Ados-Heizgasprüfer der Ados-Ges., Aachen, der Mono-Apparat u. a. mehr. Der Heizgasprüfer von J. Pintsch, Berlin, beruht auf einer fortlaufenden Messung der ursprünglichen Gasmenge durch eine Gasuhr und der um den CO_2-Gehalt (der in einem Absorptionsgefäß aufgenommen wird) verringerten Gasmenge durch eine zweite Gasuhr; der Unterschied der Drehgeschwindigkeit wird durch ein Differentialgetriebe auf eine Schreibvorrichtung übertragen, die also in diesem Falle den Kohlensäuregehalt unmittelbar aufzeichnet. Das Gas wird dem Gerät meist durch eine Wasserstrahlpumpe ständig zugeführt.

Im Gegensatz zu diesen, die chemischen Eigenschaften ausnutzenden Einrichtungen wird eine Reihe anderer unter Benutzung physikalischer Eigenschaften gebaut. Man kann z. B. davon ausgehen, daß das Gas bei verschiedenem Gehalt an CO_2 sein spezifisches Gewicht ändert, wobei angenommen ist, daß die übrigen Bestandteile keinen Einfluß auf das hauptsächlich aus Stickstoff bestehende Gasgemisch ausüben, was in der Mehrzahl der Fälle zutreffen wird. Wird eine bestimmte Gasmenge auf einem geeigneten Wege gewogen, so muß die Verschiedenheit des Gewichtes einen Anhalt für den Gehalt an CO_2 bieten. Bei der Arndtschen Gaswage ist dieser Grundsatz durchgeführt. Das Gas durchfließt ein Gefäß, das an einer empfindlichen Wage aufgehängt ist, und ruft einen entsprechenden Zeigerausschlag hervor, der an einer Eichskala den CO_2-Gehalt abzulesen gestattet.

Der „Gasanalysator" nach Krell-Schultze läßt zwei gleichhohe Gassäulen von Luft und von dem zu untersuchenden Gas auf ein Mikromanometer wirken, das einen entsprechenden Ausschlag an der Flüssigkeitssäule zeigt.

Letztere Geräte sind, abgesehen von der Einseitigkeit ihrer Anzeige, für Kesselbetriebe noch als verhältnismäßig brauchbar anzusehen, da sie, an sicherem Platz aufgestellt, fast keiner Wartung bedürfen und eine für die vorliegenden Verhältnisse völlig genügende Genauigkeit aufweisen. Sie sind vor allem da am Platze, wo unvollkommene Verbrennung in geringem Maße auftritt. Für gute Vorreinigung der Gase von Staub und Wasserdampf ist zu sorgen, andernfalls können keine zutreffenden Ergebnisse erwartet werden.

Man hat ferner in dem „Interferometer" von Zeiß, Jena, ein Gerät geschaffen, das auf optischem Wege den Kohlensäuregehalt der Gase prüfen läßt. Wie der Name schon andeutet, werden die Interferenz von Lichtstrahlen und die verschiedene Ablenkung des Beugungsspektrums durch die verschiedenen Gase dazu benutzt, um den Gehalt an Kohlensäure festzustellen. Die verhältnismäßig einfache Handhabung und leichte Transportfähigkeit des Gerätes lassen auf seine Brauchbarkeit im Betrieb schließen. Nach Versuchen verschiedener Anstalten ist die Genauigkeit der Anzeige des Kohlensäuregehalts befriedigend; andere Bestandteile der Heizgase, wie Kohlenoxyd, sind schwerer nachzuweisen.

Wie oben hervorgehoben wurde, ist allen diesen Kohlensäuremessern nur eine beschränkte Bedeutung zuzubilligen. Eine große Zahl von Betrieben, in denen gasreiche Brennstoffe von Hand verfeuert werden, können nicht auf die Überwachung der Verbrennung bezüglich des Gehalts an unverbrannten Gasen verzichten, ohne recht bedeutende Verluste in Kauf zu nehmen. Wird in den Gasen ein Kohlenoxydgehalt von 1% nachgewiesen, so bedeutet das einen Verlust von rd. 10% des Brennstoffheizwertes unter Berücksichtigung des Heizwertes der meist nicht zu bestimmenden Bestandteile Wasserstoff und Methan, die z. B. immer bei starker Rauchentwicklung vorhanden sind. Bei manchen Anlagen wird ein Durchschnittsgehalt an Kohlenoxyd bei längerer Beobachtungsdauer von 0,5% oft überschritten, so daß also 5% Verlust gegebenenfalls unbeachtet bleiben, die durch zweckentsprechende Luftzufuhr vermieden werden könnten.

Eine Schwierigkeit bietet sich allerdings bei der Bestimmung dieser brennbaren Gase. Die Absorptionsmittel sind unzuverlässig, die Verbrennungsverfahren langwierig und nicht für die Untersuchung im Kesselhaus geeignet. Es hat sich jedoch insofern ein Ausweg gefunden, als für die meisten bekannten Brennstoffe feststeht, welche Höhe die Summe Kohlensäure + Sauerstoff bei vollkommener Verbrennung erreichen muß. Wird nun bei einer Untersuchung der Rauchgase im Durchschnitt eine kleinere Summe erreicht, so muß der Unterschied als Kohlenoxyd mit etwas Wasserstoff und Methan angesprochen werden. Abb. 185 zeigt für einige Brennstoffe diese Summen.

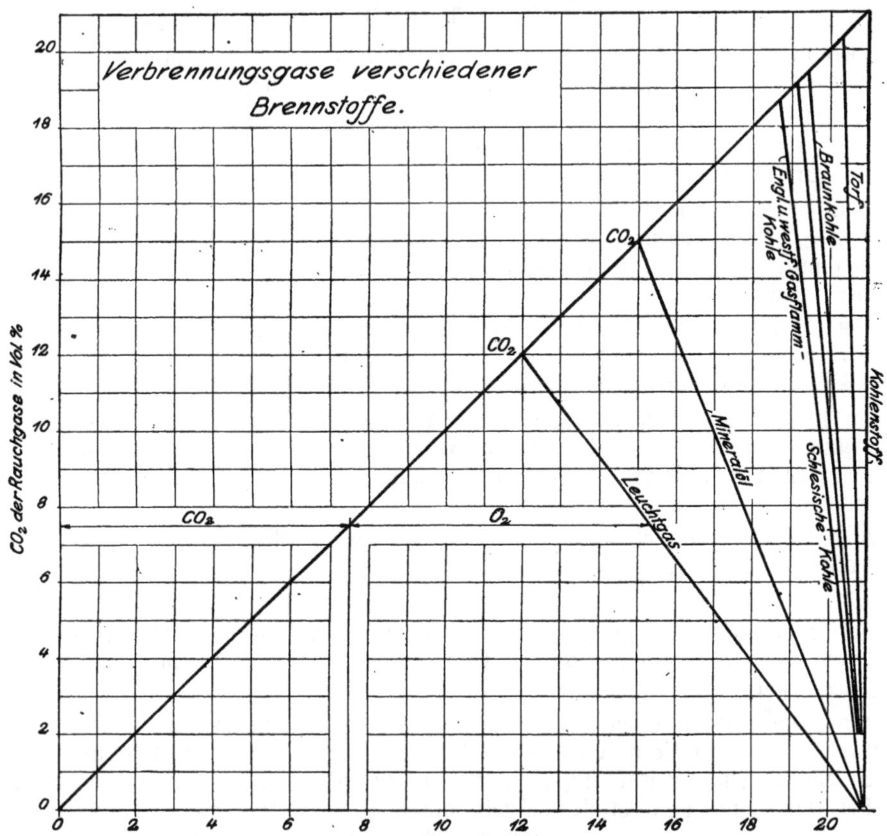

Abb. 185. Verhältnis der Rauchgasbestandteile bei verschiedenen Brennstoffen.

Die auf der langen Diagonale liegenden Werte gelten für Verbrennung mit der theoretisch nötigen Luftmenge. Die Aufgabe ist demnach die, für eine längere Betriebszeit den Gehalt der Gase an CO_2 und O_2 zu bestimmen, um daraus die Charakteristik der Verbrennung festzustellen (vgl. Ostwald, Beiträge zur graphischen Feuerungstechnik, Spamer 1920).

Auf dieser Überlegung fußend, hat der Hamburger V. F. R. ein Verfahren erprobt, das in den Betrieben des Vereins große Erfolge erzielt hat. Die Untersuchung der Abgase wird so vorgenommen, daß ein Aspirator, dessen Ablauf durch ein Uhrwerk geregelt wird, über einen Betriebsabschnitt an der zu untersuchenden Meßstelle eine Gassammelprobe entnimmt, die nach Schluß der Betriebszeit mittels eines Orsatapparates auf CO_2 und $CO_2 + O_2$ untersucht wird. Genaue Einzelmessungen, die zur Nachprüfung des Aspirators vorgenommen werden, hatten stets gut übereinstimmende Ergebnisse und ließen erkennen, wie hoch unter den günstigsten Verbrennungsbedingungen, die der Heizer anstreben soll, der Gehalt an Kohlensäure und Sauerstoff unter Vermeidung unvollkommener Verbrennung steigen muß. Fortlaufende Messungen geben genügende Auskunft darüber, ob der Heizer seine Schuldigkeit getan hat. Dieses Verfahren wurde zur Zeit der Herausgabe der 1. Auflage dieses Werkes durch Prämien ergänzt, die unter Annahme einer Mindestgrenze des Kohlensäuregehaltes für jeden darüber erreichten Hundertteil eine tägliche Zulage gewährten, während anderseits für etwaige Fehlbeträge an der zu erreichenden Summe $CO_2 + O_2$ ein Abzug vorgenommen wurde. Ob das heute noch möglich ist, muß sehr bezweifelt werden (vgl. S. 2 der Einleitung). Die Verhältnisse haben sich vollkommen geändert. Mit dem Prämiensystem erweckt man keine erhöhte Sorgfalt. Die Besoldungsfrage regelt sich lediglich nach der Reihenfolge der Beschäftigungsklassen und der Kopfzahl der Familienmitglieder, während die anderseits zuzubilligenden Zuschläge für Qualitätsleistungen zu gering sind, um als Anreiz für Mehrleistungen zu dienen. Der immer noch bestehende Lohnkampf wird andauern, wenn es uns nicht gelingen sollte, die Interessengegensätze auszugleichen und die Gesamtheit in erhöhtem Maße mit Erkenntnissen zu durchdringen.

V. Koksverwertung in Industriefeuerungen.

Koks als Brennstoff in Industriefeuerungen verlangt andere Verbrennungsverfahren als Steinkohle, bedingt durch die verschiedene chemische Zusammensetzung beider Stoffe.

Koks allein ist schwer entzündlich und verbrennt langsam mit sehr kurzer, wenig leuchtender Flamme, weil er sich mit dem Luftsauerstoff allein an seiner Oberfläche verbinden kann, da gasförmige Anteile nur in geringer Menge vorhanden sind.

Ein ganz anderes Verhalten zeigt dagegen die Steinkohle. Vermöge der in ihr enthaltenen Gase und Teerdämpfe[1]), die bei der Verbrennung der Steinkohle herausgetrieben werden, erhält man eine mehr oder minder lange, helleuchtende Flamme, deren Energieinhalt an den Wärmeaufnehmer leicht abgegeben wird.

Koks als fester Körper kann aus diesen Gründen nicht so sorgfältig mit Luft gemischt werden, um die beste Verbrennung zu erzielen, weshalb auch Koksfeuerungen meist mit größerem Luftüberschuß als Steinkohlenfeuerungen arbeiten.

Bei diesem ganz verschiedenen Verhalten ist auch die Betriebsbrauchbarkeit beider Stoffe so wesentlich voneinander verschieden, daß man z. B. eine Planrostfeuerung nicht ohne weiteres heute mit Koks und morgen mit Steinkohle betreiben kann. Vielmehr stehen einem solchen Betriebe entgegen:

> die zu geringe Brenngeschwindigkeit des Kokses, wodurch die erzeugte Dampfmenge kleiner wird als bei Steinkohlenverwendung,

und ferner

> der meist geringere Wirkungsgrad der Koksfeuerung, der die Heizwirkung ungünstiger gestaltet, als es die Verhältnisse der beiden in Betracht kommenden Heizwerte allein bedingen würden.

Mischt man jedoch Steinkohlen mit Koks, so gelingt es in vielen Fällen, die normale Dampfmenge zu erzeugen und unter Verminderung der Verluste reiner Steinkohlenfeuerungen durch Rauch und Ruß auch das gleiche Ausnutzungsverhältnis herbeizuführen. Hierbei ist vorausgesetzt, daß es sich um eine Dampferzeugungsstelle handelt, die über genügend starken Zug verfügt.

Planrostfeuerungen[2]). An einem Wasserrohrkessel mit Planrost wurde folgendes ermittelt:

	Steinkohle %	Koks %
Kohlenstoff	74,9	76,1
Wasserstoff	4,7	1,1
Wasser	4,9	2,2
Rückstände	8,9	16,9
Schwefel, Sauerstoff, Stickstoff	6,6	3,7
Heizwert	WE 7265	6391

[1]) Normale Flammkohlen enthalten etwa 30 bis 35% flüchtige Bestandteile.

[2]) Diese Mitteilungen verdankt der Verfasser der Firma Emanuel Friedländer & Co., Berlin-Gleiwitz.

Bei einem 64stündigen Versuch mit Steinkohlen wurde festgestellt:

auf 1 qm Rostfläche und in 1 Std. verfeuerte Kohlenmenge	92,7 kg
„ 1 „ Heizfläche „ „ 1 „ erzeugte Dampfmenge	14,1 „
Verdampfungsziffer von 1 kg Kohle, Dampf von je etwa 637 WE Wärmeinhalt	8,2 „
Luftüberschußzahl	1,42
Rauchentwicklung	sehr stark
Wirkungsgrad	72,0%

Darauf wurde ein Gemisch von Steinkohlen und Koks im Verhältnis 80 : 20 unter genau gleichen Bedingungen in einem 64stündigen Versuch verfeuert und folgendes festgestellt:

auf 1 qm Rostfläche und in 1 Std. verfeuerte Kohlenmenge	86,9 kg
„ 1 „ Heizfläche „ „ 1 „ erzeugte Dampfmenge	13,1 „
Verdampfungsziffer von 1 kg Kohle, Dampf von je 637 WE Wärmeinhalt	8,0 „
Luftüberschußkoeffizient	1,48
Rauchentwicklung	mittel schwach
Wirkungsgrad	72,3%

Infolge der Beimischung von Koks ging der Heizwert der Mischung von 7265 auf 7058 WE herunter, wodurch bei annähernd gleicher Rostbelastung und gleichem Luftüberschuß eine etwas geringere Dampferzeugung erhalten wurde; durch Beseitigung der bei Steinkohlenfeuerung auftretenden starken Rauch- und Rußentwicklung[1]) wurde jedoch trotz der Koksbeimischung ein mindestens ebenso guter Wirkungsgrad erreicht.

Nun sind aber bei weitem nicht alle für Steinkohlenbetrieb eingerichteten Dampferzeuger so beschaffen, daß die vorhandenen Zugverhältnisse eine Beimischung von 20% Koks zur Steinkohle vertragen. In solchen Fällen kann man die Kokszusatzmenge verringern oder künstlichen Zug anwenden[2]). Welche Wege hierbei einzuschlagen sind, läßt sich allgemein nicht angeben, sondern muß von Fall zu Fall unter Berücksichtigung der Bauart sowie der verlangten Leistung der Dampfanlage als auch der Heizwert- und Preisverhältnisse von Steinkohle und Koks bestimmt werden.

Bei nicht gar zu großer Belastung und zu geringen Zugstärken wird es oftmals gelingen, schon durch den Einbau eines Schlangenrohres unter dem Planrost, durch das Dampf in die Feuerung geblasen wird, Beimischungen von Koks in Höhe von etwa 10 bis 15% wirtschaftlich zu verbrennen.

Hat man Feuerungsanlagen, die Feuerbüchsen enthalten, z. B. Lokomotivkessel, so ist man ohne weiteres in der Lage, Koks-Steinkohlenmischungen zu verbrennen, weil hier immer Mittel zur Zugverstärkung vorhanden sind (Bläser). Im Berliner Stadt- und Ringbahnverkehr erlaubte die verhältnismäßig geringe Dauerleistung der Lokomotiven mehrere Jahre hindurch die fast ausschließliche Verwendung von Hüttenkoks, während bei Schnellzug- und Güterzuglokomotiven, in denen man den Koks verwerten wollte, nur eine Beimischung von 20% Koks zur Steinkohle ohne Betriebsstörung möglich war.

Der Beimischung von Koks zur Steinkohle auf Planrostfeuerungen in Dampfbetrieben stehen mithin grundsätzliche Bedenken technischer Art nicht entgegen. Außer acht darf jedoch nicht gelassen werden, daß in sehr vielen Fällen Unbequemlichkeiten durch das Verwenden zweier Brennstoffe entstehen, denn gebrauchsfertige Mischungen sind im Handel nicht allgemein zu haben, müssen vielmehr erst am Verwendungsort hergestellt werden.

Hierdurch ist die getrennte Lagerung von Steinkohlen und Koks bedingt, außerdem muß, da wohl in den seltensten Fällen vor der Verbrennung Mischungen auf Grund von Versuchen hergestellt werden, der Heizer nach Anleitung erst eine bestimmte Menge Steinkohlen, dann Koks verfeuern.

Dieses Verfahren bietet an sich zwar keine Schwierigkeiten, bringt aber immerhin Unbequemlichkeiten mit sich, wogegen die Arbeiterschaft so oft und so kräftig wie nur möglich Stellung nehmen wird.

Ketten- und Wanderrostfeuerungen. Ein großer Teil neuzeitlicher Dampfbetriebe benutzt in Großdampfanlagen Ketten- oder Wanderrostfeuerungen, für die vornehmlich Gasflammkohlen gewählt werden; Fettkohlen oder auch kurzflammige Back- und Magerkohlen bereiten Schwierigkeiten. Während oberschlesische Steinkohlen mit etwa 68% Koksausbeute einen sehr willkommenen Brennstoff bilden, führen westfälische Backkohlen mit etwa 80% Koksausbeute nur mit Mühe zu zufriedenstellenden Ergebnissen.

Hieraus ergibt sich, daß die Grenzen der Koksbeimischung bei diesen Feuerungen viel enger gezogen werden müssen als bei Planrostfeuerungen, weil man sich der Gefahr, unwirtschaftlich zu

[1]) Vgl. drittes Kapitel V, S. 286.
[2]) Vgl. fünftes Kapitel II, 7, S. 357.

arbeiten, sehr viel leichter aussetzen kann. Anders dagegen, wenn man Teeröl[1]) als Zusatzfeuerung anwendet oder den Wanderrost mit einem Füllschacht in Verbindung bringt, in dem der Koks durch die Hitze des Verbrennungsraumes schon vorher auf Glut gebracht wird.

Das vorher über den Zug und seinen Einfluß auf die Möglichkeit der Verbrennung der Koksmischung Gesagte findet auch hier in gleicher Weise Anwendung, jedoch mit der Einschränkung, daß kleine Mittel zur Zugverstärkung, wie etwa Dampfbläser, wegen der Bauart und Ausdehnung der meisten Kettenroste nicht anwendbar, auch nicht wirtschaftlich sind; selbst Rostkühler mit 1% Dampfverlust können die Kosten des Dampfes durch Rostersparnisse nicht einbringen.

Hausbrand-Feuerungen. Der Bedarf an Brennstoff zu Hausbrandzwecken wird nur zum Teil von Steinkohlen bestritten; man kann annehmen, daß mindestens die Hälfte des Bedarfs durch Braunkohlen in Form von Briketten gedeckt wird.

Die gegensätzlichen Eigenschaften von Braunkohlen und Koks sind noch größer als die von Steinkohlen und Koks.

Hausbrandfeuerungen mit gewöhnlichem Herd ohne Rost, wie Stubenöfen, die vornehmlich mit Briketten geheizt werden, vertragen keine wesentliche Koksbeimischung. Selten gelingt es, den Koks gut zu verbrennen; aber selbst wenn dies erreichbar wäre, wäre es unratsam, in den mit Lehm als Bindemittel vermauerten Öfen ohne feuerfeste Auskleidung höhere Temperatur zu erzeugen, weil ein Zusammenbruch zu befürchten ist.

Küchenherde mit Rost sind dagegen wohl in der Lage, ein Gemisch von Steinkohlen und Koks oder Braunkohlen und Koks zu verbrauchen; hier ist sogar ein Zusatz von gasarmen Brennstoffen meist empfehlenswert, weil damit der Verrußung der Feuerzüge und der Rauchentwicklung entgegengearbeitet wird.

Für Dauerbrandöfen (für Stubenheizzwecke) kann unbedingt Koks allein oder auch in Mischungen mit Steinkohlen verwandt werden.

Sonder-Feuerungen. Ein großer Verbraucher an Brennstoffen ist die Baustoffindustrie. So verlangte die Zementerzeugung 1913 etwa 3200000 t Steinkohlen. Neuzeitliche Drehofenbetriebe, die Staub aus Steinkohlen herstellen und ihn in einem langen Kanal verbrennen, gebrauchen lange Flammen. Stehen mehr gasreiche Steinkohlen zur Verfügung, so ist ein geringer Zusatz von Koks (etwa 5% höchstens) angängig, doch ist der Verbrauch an Koks in dieser Industrie wohl nicht hoch anzuschlagen, weil sehr gasreiche Steinkohlen nicht in nötigen Mengen vorhanden sind. Die noch vorhandenen Schachtöfen sind so gering an Zahl, daß die hierbei mögliche Koksverwendung außer acht gelassen werden kann.

Der Ziegeleibetrieb mit einem früheren[2]) Bedarf von etwa 6000000 t Brennstoff im Jahre 1913 hat Ringöfen im Gebrauch, die ganz und gar an gasreiche Brennstoffe, Steinkohlen oder Braunkohlen gebunden sind. Eine Koksverwendung bei diesen Streufeuerungen ist nicht angängig; an den Einfüllungsstellen des Brennstoffes würden, falls Koks-Kohlenmischungen verbrannt würden, die Rohziegel schmelzen, während die weiter abliegenden Ziegel wegen Fehlens einer langen Flamme ungenügenden Verbrand erhielten.

Die Kalkbrennerei, soweit sie noch mit Schachtöfen betrieben wird, kann dagegen Koks-Steinkohlenmischungen verwenden; der weitaus überragende Anteil an Kalk wird jedoch in Ringöfen gebrannt, für die das vorher bei der Ziegelei Gesagte gilt. Sonach ist auch bei der Kalkbrennerei trotz des großen Bedarfs an Brennstoffen (1913 etwa 1800000 t) der Anteil des mitzuverwendenden Kokses sehr gering anzuschlagen.

Die keramische Industrie mit einem früheren Bedarf von etwa 808000 t ist ebenfalls an langflammige Brennstoffe: Steinkohlen und Braunkohlen, gebunden, hier wird sogar eine rußende Flamme oft zur Bedingung, um oxydierend oder reduzierend auf Glasuren usw. chemische Reaktionen einzuleiten oder durchzuführen. Die Mitbenutzung von Koks ist daher ausgeschlossen. Auch die Glasindustrie mit einem Bedarf von (1913) etwa 1700000 t Kohle kann keinen Kokszusatz zu ihren Feuerungen benutzen, weil durchweg mit fettem Gas gearbeitet wird, das in Generatoren oft recht einfacher Bauart hergestellt wird.

Ebenso wie im normalen Lokomotivbetrieb wird es eine ganze Anzahl von Kleinbahnlokomotiven geben, die Mischungen von Steinkohlen und Koks, unter Umständen unter Benutzung von Bläsern, wirtschaftlich verfeuern können. Der Gesamtkohlenbedarf der Kleinbahnen betrug 1913 etwa 410000 t.

---

[1]) Vgl. viertes Kapitel II.

[2]) Über den inzwischen erfolgten Rückgang vgl. fünftes Kapitel II, 7, S. 358.

Binnenschiffahrtsbetriebe mit einem Jahresbedarf von (1913) etwa 2600000 t machen sich oft durch starkes Qualmen und infolgedessen schlechte Wärmewirtschaft unangenehm bemerkbar. Wenn hier für Bläsereinrichtungen — soweit nicht schon vorhanden — gesorgt würde, könnte eine größere Koksmenge als Beimischung zu den Steinkohlen verwandt werden. Dabei würde auch die Verrußung der Flußlandschaften zum großen Teil aufhören. Die langjährigen Erfahrungen der Spree-Havel-Dampfschiffahrts-Gesellschaft „Stern" und anderer Reeder haben gelehrt, daß sich bei Schiffskesseln, so z. B. bei den Vergnügungsdampfern, Koks allein als Brennstoff verwerten läßt. Freilich kommt es immer auf die Umstände an, die hier mitsprechen. Versuche, die genannte Gesellschaft 1898 mit Koks und Steinkohlen ausgeführt hat, haben ergeben, daß die Schiffe bei rauchfreier Verbrennung der Kohlen einen weit höheren Aktionsradius als mit Koks aufweisen. Man fuhr 1897 mit 11 Zentnern Steinkohlen zu 0,85 M mit der Marcotty-Einrichtung[1]) $13^1/_2$ Std., mit 11 Zentnern englischen Gaskokses zu 1,225 M nur 7 Std.

Bei der Weiterverarbeitung des Eisens und anderer Metalle werden für Walzzwecke usw. Halbgasfeuerungen oder Gasgeneratoren in Verbindung mit langen Kanalöfen benutzt, die trotz des hohen Gesamtverbrauches an Brennstoff einen Zusatz von Koks nicht vertragen; gerade hier ist die Bildung einer möglichst langen Flamme Vorbedingung, die nur durch Verwendung gasreicher Kohlensorten erfüllt werden kann.

Das gleiche gilt von den Treppen- und Stufenrostfeuerungen, die größtenteils Braunkohlen verbrennen.

Es ergibt sich mithin, daß die Verwendung von Koks als Zusatzmittel zu Steinkohlen oder auch zu Braunkohlen in sehr vielen Fällen technisch ohne Schwierigkeiten möglich ist. Eine sachverständige Beurteilung muß jedoch von Fall zu Fall geschehen, unter Umständen durch Versuche, durch die sowohl die Möglichkeit als auch die Höhe des Kokszusatzes festzustellen wären.

Wieweit sich hierbei die Wärmeerzeugung wirtschaftlich gestalten läßt, kann nur an Hand von Sonderfällen einwandfrei nachgewiesen werden.

Allgemein liegen die Verhältnisse so, daß zurzeit eine Wärmeeinheit aus Koks, rein kalorimetrisch betrachtet, mehr Geldaufwand erfordert als aus Stein- oder Braunkohle. Eine zwangläufige Verwendung von Koks, wobei die Geldfrage unter Umständen erst an zweiter Stelle steht, herrscht heute nur bei Zentralheizungskesseln, indes tritt auch hier schon die Verwendung von Braunkohlenbriketten unter Benutzung von Sonderfeuerungen in den Wettbewerb.

Der Vollständigkeit halber möge noch angeführt werden, daß sich Kleinkoks für sich allein oder mit Kohlen gemischt für Schmiedefeuer verwenden läßt. Ausgiebig wird der Koks in Koksgeneratoren verwendet, deren Gas entweder zu Heizzwecken in Verzinkereien, Messingwerken, Glashütten, Schmiede- und Preßwerken oder in Gasmotoren mit Vorteil verbraucht wird. Dasselbe gilt von der Wassergaserzeugung, insbesondere wenn es sich um Erzielung hoher Temperaturen und um schnelle, örtich begrenzte Erwärmungen handelt.

Unter Zugrundelegung der Zahlen des Jahres 1913 für das Deutsche Reich stellte sich die Brennstoffmenge, der unter Umständen Koks beigemischt werden könnte, wie folgt:

	1000 t
Steinkohlenverbrauch	166051
Braunkohlenverbrauch, auf Steinkohlenheizwert umgerechnet	31427
Brennstoffverbrauch im ganzen etwa	197500
Hiervon scheiden folgende Verbraucher aus:	
1. Steinkohlenbergbau, Selbstverbrauch	10080
2. Braunkohlenbergbau, desgl.	6098
3. Kokereibetriebe	44980
4. Eisenhüttenbetriebe	30895
5. Weiterverarbeitung von Eisen	7000
6. Kalkbrennerei	1800
7. Ziegeleibetrieb	6050
8. Zementfabrikation	3200
9. Feinkeramik	808
10. Glasindustrie	1700
11. Gasanstalten	6240
12. Seeschiffahrt und Kriegsflotte	3900
zusammen	124751

[1]) Vgl. drittes Kapitel V, S. 291.

Inzwischen sind aber Steinkohlenförderung und Koksgewinnung bedeutend zurückgegangen. Statt der Steinkohle tritt mehr als vordem die Braunkohle als Ersatz auf, aus der bei der Urteergewinnung (vgl. S. 118) der Halbkoks anfällt.

VI. Raumheizung und Warmwasserbereitung.

1. Wirtschaftlichkeit der Zentralheizung.

a) Allgemeines.

Die Zentralheizungsanlage einzelner Häuser sowie ganzer Gebäudeblocke (Fern- und Gruppenheizung) sind wärmetechnisch unvollkommen[1]). Die durch die Verbrennung im Heizkessel entstehenden Verbrennungsgase von rd. 1200 bis 1400° geben ihre Wärme an Niederdruckdampf von etwa 100 bis 105° oder an Warmwasser von 80 bis 100° ab. Wenn auch dieser Temperaturunterschied für die wärmeaufzunehmende Heizfläche äußerst günstig ist, so geht doch das für die Leistung von mechanischer Arbeit so wertvolle hohe Temperaturgefälle gänzlich verloren. In zweiter Linie spricht der geringe Ausnutzungsfaktor jeder Zentralheizungsanlage (bei Warmwasserheizung nur etwa 23%) für die geringe Wirtschaftlichkeit. Von 365 Tagen im Jahr haben wir nur gegen 220 Heiztage; auch berechnen wir die Heizung für — 20° Außentemperatur, während die mittlere Tagestemperatur im Winter z. B. in Berlin nur rd. + 4° beträgt. Finden wir uns schon mit dem geringen Ausnutzungsfaktor ab, so müssen wir uns anderseits vergegenwärtigen, daß für die mittlere Tagestemperatur der durch die strahlende Oberfläche des Heizkessels und der Rohrleitung hervorgerufene Wärmeverlust im Verhältnis zur nutzbaren Wärmeabgabe der Heizkörper zu groß ist.

In dem Buch „Wirtschaftlichkeit der Zentralheizung"[2]) ist zur Klärung der Verhältnisse eine Reihe von Versuchsergebnissen veröffentlicht und damit der Beweis geliefert, daß die für die Bestimmung der Leistungen gußeiserner Gliederkessel bisher angestellten Durchflußversuche nicht die Verhältnisse in der Praxis wiedergeben können; wollte man diese ohne Rücksicht auf die beim Beschicken und Schlacken des Rostes stattfindende Betriebsunterbrechung erzielten Leistungen in der Praxis erreichen, so würde infolge der Anstrengung der Wirkungsgrad bei dem hohen Kaminverlust auf 50% und mehr fallen und der Koksverbrauch in unzulässiger Weise wachsen. Bei gußeisernen Gliederkesseln, bei denen die Flammengase vom Koksschacht zu beiden Seiten abziehen, ergibt sich überdies die Eigentümlichkeit, daß auch die Leistung mit der unnötigen Anstrengung der Kessel nachläßt. In der folgenden Zahlentafel 133 gibt die 2. Spalte die im Betriebe erzielten tatsächlichen Leistungen wieder.

Zahlentafel 133.

Koksverbrauch für 1 Std. und 1 qm Heizfläche kg	In 1 Std. und auf 1 qm Heizfläche erzeugte Wärme WE	Wirkungsgrad %
0,45	2710	87,56
1,03	5960	81,86
1,10	6300	81,50
1,61	8100	71,39
1,78	7460	59,33

Diesen vom Verfasser herrührenden Ergebnissen schloß sich auch Prof. Brabbée, der Vorsteher der Prüfungsanstalt für Heizungs- und Lüftungseinrichtungen an der Technischen Hochschule Berlin, an. Brabbée stellte auf dem Internationalen Kongreß für Wohnungshygiene in Dresden 1911 folgenden Leitsatz auf (vgl. S. 417 des Kongreßberichtes):

> „Aus wirtschaftlichen Gründen wird angeraten, die höchst zulässige Belastung gußeiserner Gliederkessel mit weniger als dem heute üblichen Wert von 8000 WE/qm und Std. anzunehmen; es muß aber weiteren Untersuchungen vorbehalten bleiben, zu entscheiden, wieweit dieser Wert für die verschiedenen Konstruktionen herabzusetzen ist."

In dem später 1913 von Rietschel und Brabbée herausgegebenen „Leitfaden zum Berechnen und Entwerfen von Lüftungs- und Heizungsanlagen", 5. Auflage[3]), wurden ebenfalls dankenswerte

[1]) Vgl. a. Josse, „Mittel und Wege zur besseren Ausnutzung unserer Brennstoffe", Vorträge „Sparsame Wirtschaft" 1920, Verlag von Julius Springer, Berlin.

[2]) de Grahl, R. Oldenbourg, München 1911.

[3]) Jul. Springer, Berlin 1913.

Änderungen bezüglich der Leistungen vorgenommen. Während in der 4. Auflage des Leitfadens (S. 237) für gußeiserne Gliederkessel noch 10000 WE/qm-Std. als Leistung angegeben sind, wurde diese in der neuen Auflage (S. 240) auf 8000 WE/qm-Std. herabgesetzt.

Welche unnötige Verschwendung durch die niedrigen Wirkungsgrade der Zentralheizung hervorgerufen werden kann, läßt sich leicht ermessen, wenn man sich den bis dahin ausschließlich verwandten teueren Koks und die große Anzahl der Zentralheizungen vor Augen führt. Nach einer bauamtlichen Kontrolle[1]), die in einer größeren Gemeinde mit 21 öffentlichen Gebäuden mit neu eingerichteten Zentralheizungen ausgeübt wurde, schwankte ihr Wirkungsgrad bei gleichem Brennstoff zwischen 31 und 55%, und zwar bei den einzelnen Gebäuden wie folgt:

			%			%
I	Gemeindeschule	rd.	31	XIV Gemeindeschule . . .	rd.	55
II	„	„	43	Mittelschule	„	52
III	„	„	36	Gymnasium	„	42
IV	„	„	55	Gymnasium	„	55
V	„	„	47	Höhere Mädchenschule . .	„	38
VI	„	„	40	Realschule	„	52
VII	„	„	33	Rathaus	„	40
X	„	„	43	Verwaltungsgebäude . . .	„	33
XI	„	„	43	Feuerwehr	„	33
XII	„	„	52	Feuerwache	„	42
XIII	„	„	55			

Der Urheber dieser sehr wichtigen Angaben, die sich ganz mit den Erfahrungen des Verfassers decken, fährt dann wörtlich fort:

> „Auf die große wirtschaftliche Bedeutung dieser Tatsachen kann bei den ständig teurer werdenden Brennmaterialien und den sich immer weiter verbreitenden Zentralheizungsanlagen nicht dringend genug hingewiesen werden.
>
> Es bedeuten diese Verhältnisse nicht nur eine Verschleuderung von vielen Millionen Nationalvermögen, sondern es wird auch durch das nicht ordnungsmäßig verbrannte Material eine nicht unbedenkliche und durchaus zu vermeidende Luftverschlechterung der Umgebung herbeigeführt, und es muß absolut darauf hingewirkt werden, die unzweifelhaft festgestellten Übelstände zu beseitigen.
>
> Schuld für die mäßigen Ausführungen dürften die Hersteller und Besteller zu gleichen Teilen tragen, da sehr oft die wirtschaftlichen Verhältnisse ganz außer acht gelassen werden und nur die Billigkeit der Ausführung die Hauptrolle spielt."

Mit dieser Schlußfolgerung ist freilich die Ursache des übermäßigen Koksverbrauches noch nicht erkannt worden; sie ist begründet:

1. in der Überschätzung der Kesselleistungen, die bisher allgemein gültig war,
2. in der Unkenntnis der für das Anwärmen der Umfassungswände nach einer Betriebsunterbrechung erforderlichen Wärmemenge, die für die Bemessung der Kesselheizfläche von ausschlaggebender Bedeutung ist,
3. in der Bevorzugung des unterbrochenen Betriebes an Stelle des Dauerbetriebes,
4. in der vernachlässigten Beaufsichtigung der Heizkessel (Erneuerung der Fugendichtungen, der Isolierungen, öftere Reinigung der Feuerzüge usw.)[2]).

Daß sich die bis 1911 vorgenommenen Durchflußversuche zur Bestimmung der Leistung der Kessel mit den tatsächlichen Verhältnissen nicht deckten, ging unter anderem auch aus einer Mitteilung[3]) von Dr. Marx hervor, wonach der Nutzeffekt einer bekannten Kesselart bei drei Anlagen von je 400000 WE/Std., über die ganze Heizdauer verteilt, nur 36% betrug, während vordem durch sorgfältig durchgeführte Versuche 74% festgestellt worden waren. Die drei Anlagen hatten besonders angestellte Heizer.

Da die Zentralheizungsanlagen einen Wärmeentwickler haben, der von der Verwendungsstelle, den Heizkörpern, örtlich getrennt ist, muß die Wärme von ihm aus mit Hilfe von Rohrleitungen

---

[1]) Haustechnische Rundschau 1908/09, S. 164.

[2]) Es wird in dieser Beziehung auf die Arbeiten des Sonderausschusses der Brennkrafttechnischen Gesellschaft, Berlin, hingewiesen.

[3]) Haustechnische Rundschau 1907/08, S. 255.

nach den zu erwärmenden Räumen geleitet werden. Wollen wir Ersparnisse erzielen, so müssen wir die Verhältnisse nach verschiedenen Richtungen hin prüfen, und zwar sind zu unterscheiden:

Ersparnisse bei der Erzeugung der Wärme: durch Einführung eines wirtschaftlichen Betriebes, durch Wahl eines geeigneten Brennstoffes,
Ersparnisse bei der Fortleitung der Wärme,
Ersparnisse bei der Verwendung der Wärme.

b) Ersparnisse bei der Erzeugung der Wärme.

α) Einführung eines wirtschaftlichen Betriebes.

Soll ein gußeiserner Gliederkessel von 10 qm Heizfläche im Dauerbetriebe 70000 WE/Std. leisten, so müssen wir stündlich 14 kg Koks von 5000 Nutz-WE oder 1,4 kg/Std. und qm Heizfläche verbrennen. Dieser Koksmenge entspricht eine gewisse Brenngeschwindigkeit, der der Schornsteinzug anzupassen ist. Geht der Temperaturunterschied von 40° auf die Hälfte zurück, so muß natürlich auch der Schornsteinzug geschwächt und die Luftklappe entsprechend kleiner eingestellt werden, damit nur 0,7 kg/qm und Std. verbrennen[1]). Dabei ist zu bemerken, daß durch eine kleine Luftklappenöffnung bei bleibendem stärkeren Schornsteinzuge ebensoviel Luft zu dem Feuer treten kann wie bei mehr geöffneter Luftklappe und gedrosseltem Schornsteinzuge. Das sei ausdrücklich erwähnt, weil in dieser Beziehung die wunderlichsten Ansichten bestehen. Wird der Schornsteinschieber gänzlich und die Luftklappe an dem Heizkessel nur so weit geöffnet, daß sie am äußersten Rande 10 mm offen steht, so erhält man gewöhnlich schon einen zu großen Luftüberschuß und infolgedessen auch einen entsprechend höheren Koksverbrauch, während die Leistung unter Umständen zurückgehen kann (vgl. Zahlentafel 133). Diese auffallende Erscheinung bei unseren gußeisernen Gliederkesseln ist viel zu wenig erkannt worden und verlangt daher die größte Beachtung, wenn der Heizbetrieb wirtschaftlich sein soll. Es kommt also vor allen Dingen darauf an, mit möglichst geringem Schornsteinzug den Heizkesselbetrieb aufrechtzuerhalten, und dafür gibt es wiederum kein besseres Mittel als die Überwachung des stündlichen Koksverbrauches bei gewisser Schornsteinschieber- und Luftklappenstellung. Genügen für die Höchstleistung 14 kg/Std. Koks, so ist bei halber Leistung, wie bereits erwähnt, der Zug soweit zu schwächen, daß nur die Hälfte des Brennstoffes verbrannt wird, sonst erhält man entweder zu hohe Heizwassertemperaturen und Überheizung der Räume oder einen Mehrverbrauch an Brennstoff ohne entsprechende Gegenleistung. Wir kommen meistens schon mit 3 bis 4 mm Schornsteinzug aus, um die höchste Leistung des Kessels zu erzielen. Ein höherer Schornsteinzug ist nur für das Anheizen einzustellen.

Kaminverlust. Der Kaminverlust hängt nicht allein von der Zusammensetzung der Verbrennungsgase, sondern auch von ihrer Temperatur ab. Es muß hierbei wieder besonders darauf aufmerksam gemacht werden, daß es nicht allein auf hohen Kohlensäuregehalt in den Verbrennungsgasen ankommt, sondern auch darauf, daß möglichst wenig Kohlenoxydgas in ihnen enthalten ist. Um dieses zu erreichen, müssen wir die Heizer dazu anhalten, von einer tatsächlich bestehenden Gewohnheit abzugehen, d. h. das Feuer in dem Brennschacht nicht zu weit herunterbrennen zu lassen, denn sonst wirkt die aufgeworfene Koksmenge anfänglich wie ein Generatorofen, d. h. wir haben mehr eine Vergasung als Verbrennung. Während der Vergasung des Brennstoffes entweichen nicht nur große Mengen Kohlenoxydgas, sondern auch Wasserstoff. (Hin und wieder hat der Verfasser bei Schmelzkoks sogar Spuren von Methan — CH_4 — festgestellt.)

Sollen die Temperaturen vor dem Rauchschieber möglichst niedrig ausfallen, so ist für eine ausreichende Heizfläche Sorge zu tragen. Nur diese Maßnahme setzt uns in den Stand, mit geringem Schornsteinzuge selbst bei höchster Leistung auszukommen. Wo aber die Heizflächen an sich, und das ist fast überall der Fall, zu gering berechnet sind, kann man durch Dauerbetrieb Ersparnisse erzielen; denn im Dauerbetrieb lassen wir beispielsweise den Kessel nur 5000 WE/Std. erzeugen, während er bei unterbrochenem Betrieb womöglich bis auf 8000 WE hochgetrieben wird. Dabei hat man zu bedenken, daß es immer auf eine mittlere Leistung ankommt und nicht etwa auf Augenblickswerte, wo auch 12000 WE vorübergehend erreicht werden können. Man wird sich also daran gewöhnen müssen zu erkennen, daß die Zeit des Anbrennens des Brennstoffes beim Anheizen und die Zeit der Abkühlung, die der Heizkessel bei erneuter Beschickung und beim Schlacken erfährt, mit in Rechnung zu stellen sind.

[1]) In der Praxis wird fast überall der Fehler gemacht, daß — gleichgültig, ob es warm oder kalt ist — mit gleicher Schieberstellung gefeuert wird. Dieser Arbeitsweise entspricht ein schlechter Wirkungsgrad, der eine Koksverschwendung zur Folge hat.

Verluste durch unverbrannte Gase. Enthält die Rauchgasanalyse nur CO, so hängt die Größe des Wärmeverlustes von dem Verhältnis zwischen CO_2 und CO ab[1]). Bezeichnen wir den Kohlensäuregehalt mit k, den Kohlenoxydgehalt mit d in Volumenprozent, so wird für $\frac{k}{d} = 2$ der Verlust durch unverbranntes Kohlenoxydgas 22,85%, während für $\frac{k}{d} = 15$ der Verlust nur 4,27% ausmacht. (Weiteres siehe Abschnitt IV, 5 des dritten Kapitels.)

Mit der häufigeren Beschickung des Rostes wird der Verlust durch unverbrannte Gase zwar eingeschränkt, aber anderseits eine Abkühlung hervorgerufen, die sich im Fallen des Dampfdruckes bzw. der Steigetemperatur des Heizwassers kennzeichnet. Die beste Beschickungsart ist jene, die das Feuer nicht tot wirft, sondern stellenweise noch Glut beläßt. Die Schwelgase finden dann Gelegenheit, an der glühenden Koksschicht zu verbrennen, mit anderen Worten: man muß für eine ausreichende Temperatur in dem Füllschacht und für offene Flammen Sorge tragen, dann wird man allen auf Erzielung eines hohen Wirkungsgrades hinauslaufenden Bedingungen auch praktisch gerecht werden.

Verlust durch Wärmeleitung und Strahlung. Da die Heizkeller bei gußeisernen Heizkesseln immer heißer sind als bei eingemauerten Kesseln, dürfte die Isolierung der Gliederkessel noch verbesserungsbedürftig sein. Ebenso sind auch die Leitungen in den Mauerschlitzen zu isolieren; denn Versuche des Verfassers haben ergeben, daß der Wärmeverlust der in den Schlitzen liegenden nackten Leitungen ebenso groß ist (vgl. Zahlentafel 141, S. 427) wie jener der außerhalb liegenden, d. h. isolierten Verteilungsleitung[2]). Dies gilt insbesondere bei den Warmwasserbereitungsanlagen, die über Nacht ihren Wärmevorrat im Wärmespeicher fast gänzlich einbüßen. Anderseits werden durch die Wärmeübertragung der Leitung in den Mauerschlitzen die Zimmer im Sommer erwärmt, so daß wir neben dem Wärmeverlust noch eine Unbequemlichkeit in Kauf zu nehmen haben.

β) Wahl eines geeigneten Brennstoffes.

a) Koks.

Für die Einführung der Zentralheizungen war die Verwendung eines gasarmen, für Dauerbrand geeigneten Brennstoffes Bedingung. Da der Gaskoks seinerzeit sehr minderwertig war, brachten die Heizungsingenieure den Hüttenkoks in Vorschlag, der bei verhältnismäßig geringem Anschaffungspreis gute Dienste tat. Mit der zunehmenden Verbreitung der Zentralheizungen wurde die Nachfrage nach diesem Brennstoff reger, und die Preise stiegen. Damit trat der Gaskoks in den Wettbewerb.

Da man, wie in dieser Arbeit mehrfach ausgeführt, neuerdings auf dem Standpunkt steht, daß sich die Herstellung von Zechenkoks mit der gleichzeitigen Gewinnung eines guten Gases sehr wohl vereinigen läßt, anderseits die Gasanstalten immer mehr auf Verwendung von Kammeröfen hinzielen, beginnen sich Gasfabriken und Kokereien einander mehr und mehr zu nähern.

Aus der Wahl des Rohstoffes und der Art seiner Vergasung ergeben sich wertvolle Anhaltspunkte für die Beurteilung der Eigenschaften der für den genannten Zweck in Frage kommenden Kokssorten.

Der Gehalt an Wasser wird beim Lagern der Kohlen an der Luft, abgesehen von der Aufnahme bei starken Niederschlägen, Veränderungen nur in geringem Umfange erfahren. So nimmt Stückkohle meistens nicht mehr als 2 bis 3% Wasser auf, d. h. ihr Nässegehalt beträgt gewöhnlich nur 2 bis 3%; anders dagegen Koks, der je nach seiner Beschaffenheit bis zu 25% Wasser aufzunehmen imstande ist.

Die oberschlesische Steinkohle erleidet im Freien an der Luft während einer rd. 12monatigen Lagerzeit einen Verlust an Heizwert, dessen Größe bei den Back- und Sinterkohlen 2 bis 3% beträgt und bei geringerwertigen Sandkohlen bis auf 9% steigt. Nachteile in bezug auf die Verfeuerung, Ausnutzung und Rückstände treten bei der Lagerung nicht ein, dagegen wird die Rauchentwicklung geringer.

Bei der Lagerung der Kohlen unter Wasser tritt weder ein Verlust an Heizwert ein, noch ändern sich die sonstigen Eigenschaften der Kohlen.

Die von Heidepriem untersuchten 4 Kohlenproben waren folgende:

1. Kohle einer westlichen Grube des oberschlesischen Hauptbezirkes, die als mittlere Backkohle anzusprechen ist. Glänzendes Aussehen. Bei der Verkokung im Platintiegel gibt sie einen fest bak-

[1]) Näheres de Grahl, „Wirtschaftlichkeit der Zentralheizung", S. 60.

[2]) Gesundheits-Ing. 1912, Nr. 20.

kenden, schwach blähenden Koks von silbergrau glänzendem Aussehen, der sich für den Hochofenbetrieb eignet. Die Probe wurde als Förderkohle angeliefert.

2. Kohlen aus einer mehr östlich gelegenen Grube. Glänzendes Aussehen wie unter 1., Koks dagegen für Verwendung im Hochofenbetriebe nicht geeignet, weil die Backfähigkeit nicht ausreicht. Die Kohle kann deshalb als gute Sinterkohle bezeichnet werden. Kohle ebenfalls als Förderkohle bezeichnet.

3. Kohle aus den östlichen Lagern des oberschlesischen Bezirkes, matt aussehende reine Sandkohle von geringerem Heizwert als Probe 1. und 2. Bei der Verkokung im Tiegel hinterläßt sie ein sandiges schwarzes Kohlenpulver. Die Probe ist als Stückkohle geliefert.

In der Zahlentafel 134 sind die Untersuchungsergebnisse der 14 Monate lang unter Wasser gelagerten Kohlen zusammengestellt (Verluste sind durch „—", Gewinn durch „+" gekennzeichnet).

Zahlentafel 134.

Ab- oder Zunahme nach 14-monatiger Lagerung im Freien bzw. unter Wasser	Kohlensorte 1		Kohlensorte 2		Kohlensorte 3		Versuche von Grundmann: 12 Mt. im Freien gelagert	Versuche von Dobbelstein:	
	im Freien gelagert	unter Wasser gelagert	im Freien gelagert	unter Wasser gelagert	im Freien gelagert	unter Wasser gelagert		im Freien gelagert	unter Wasser gelagert
	%	%	%	%	%	%	%	%	%
Heizwert der Rohkohle	— 2,7	0	— 2,3	+ 0,5	— 9,7	— 0,3	— 13,4	+ 0,4	+ 2,0
Kohlenstoffgehalt der Rohkohle	— 4,2	— 0,6	— 2,0	+ 1,2	— 8,7	+ 0,5	— 10,1	— 3,0	0
Wasserstoffgehalt der Rohkohle	— 2,0	+ 3,0	— 1,5	— 0,6	— 15,0	+ 0,4	— 17,8	— 5,0	+ 1,5
Sauerstoffgehalt der Rohkohle	— 1,2	+ 12,2	— 0,7	— 7,5	— 4,6	+ 11,8	+ 89,0	+ 13,5	+ 6,5
Schwefelgehalt der Rohkohle	+ 37,5	+ 0,7	+ 21,0	+ 25,7	+ 66,6	+ 22,2	+ 80,7	— 6,0	0
Aschengehalt der Rohkohle	+ 25,0	+ 18,4	+ 17,5	+ 5,2	+ 287,6	+ 34,3	+ 72,1	+ 4,0	— 5,4
Wassergehalt der Rohkohle	— 29,3	+ 0,2	+ 4,85	— 13,4	— 31,8	— 11,0	— 11,4	+ 38,8	— 44,4
Kohäsion der Rohkohle	— 13,4	— 0,1	— 11,6	— 8,5	— 24,2	+ 14,0	—	—	—
Ausnutzung der Rohkohle	+ 0,3	+ 0,8	— 1,0	+ 0,4	+ 0,7	+ 0,1	—	—	—
Heizflächenleistung .	— 2,5	+ 0,5	— 3,0	+ 0,2	— 8,4	+ 4,8	—	—	—
Verdampfungsziffer .	— 2,6	— 0,5	— 2,5	+ 0,2	— 6,0	+ 5,1	—	—	—

Aschengehalt und Schlacken[1]). Mit dem Gehalt an Asche wächst die Neigung zum Verschlacken des Rostes. Nach Versuchen des Krankenhauses I in Hannover verschlackte der Rost bei einem dort verfeuerten Kleinkoks bereits nach 2 Std., bei Grobkoks jedoch erst nach 6 Std. Die Tatsache ist durch die dichtere Lage des Kleinkokses auf dem Roste begründet, weshalb der Luftüberschuß geringer und die Temperatur höher als beim Grobkoks ausfällt, der sich über dem Rost lockerer aufbaut, sich mehr sperrt und daher der Luft freien Durchtritt gewährt. Das Schlacken selbst ist auf das Schmelzen der Asche zurückzuführen.

Ob die Asche zum Schmelzen neigt oder nicht, hängt ganz von ihrer Zusammensetzung ab, die sich nicht im voraus erkennen läßt. Jedenfalls kann hier als Regel gelten, daß der Koks ebenso schlackt wie die ursprüngliche Kohle, aus der er hergestellt ist. Da es auch schlackende westfälische Kohle gibt, wird man nicht allgemein annehmen dürfen, daß westfälischer Hütten- (Schmelz-, Zechen-) Koks überhaupt nicht schlackt und deshalb in jeder Beziehung den Vorzug verdient. Nach Karl Flemming, Hannover[2]), scheint englische Kohle am wenigsten zu schlacken (daher bewährt sich auch der englische Gaskoks in Berlin). Dann dürften der Reihe nach Ruhr- und schlesische Kohle, Saarkohle und endlich böhmische und sächsische Kohle zu nennen sein. Koks aus sächsischer Kohle wird seines starken Schlackens wegen vielfach mit guter böhmischer Braunkohle (Briketten) gemischt. Dasselbe wäre bei schlackendem Koks anderen Ursprungs zu versuchen.

Ein stark schlackender Koks ist unbrauchbar, weil er Kessel und Mauerwerk zerstört, erstere mittelbar, weil die Heizer bei dem Versuch, die Schlacke zu lösen, infolge der harten Stöße mit dem

[1]) Z. d. V. d. I. 1905, S. 1477.

[2]) „Koks, eine Studie über seine Gewinnung, Beschaffenheit, Verwendung." Selbstverlag.

Schüreisen (Haken usw.) die gußeisernen Gliederkessel beschädigen. Hierzu tragen Mißmut und Unlust zur Arbeit nicht unwesentlich bei. Aber ein verschlackter Rost hemmt auch die Luftzufuhr und verursacht unvollkommene Verbrennung, Mehrverbrauch an Brennstoff und mangelhafte Heizwirkung. Infolge des Unbehagens in den Wohnräumen werden Klagen laut, und schließlich kommen endlose Prozesse. Die Forderung nach härterem Gaskoks tritt gegenüber dem Bedürfnis nach möglichst wenig schlackendem Koks in den Hintergrund. Ist solcher nicht erhältlich, so ist es stets vorteilhafter, Hüttenkoks zu verwenden, und wenn er noch so teuer sein sollte.

Gegen das Schlacken des Kokses wendet man vielfach Wasserschiffe unter dem Rost an. Aber solche Einrichtungen sind nur Hilfsmittel, um die Haltbarkeit der Roste bis auf das Dreifache zu steigern[1]). Wirksamer dagegen ist die Anwendung der Dauerheizung, um die Anstrengung der Kessel und damit das Schmelzen der Aschenbestandteile durch niedrigere Verbrennungstemperaturen zu verhüten. Kessel, die angestrengt werden müssen, also mit starkem Schornsteinzug betrieben werden, werden wegen der damit verbundenen höheren Verbrennungstemperatur eine größere Verschlackung zeigen als weniger beanspruchte Kessel.

Gefüge, Gewicht, Aufnahmefähigkeit von Wasser. Aus Gründen der Herstellung ist die Festigkeit des Zechenkokses größer als jene des Gaskokses, während der Aschengehalt — gleiche Rohstoffe vorausgesetzt — im umgekehrten Verhältnis der Koksausbeute, d. h. 6 : 8, beim Zechenkoks geringer als beim Gaskoks ausfallen muß. Für gleiche Rauminhalte ergibt sich weiter ein größeres Gewicht für den Zechenkoks und dabei eine geringere Aufnahmefähigkeit für Wasser. Bei gleichem Heizwert der Kokssorten muß der Gaskoks bei vollständiger Sättigung mit Wasser vor dem Zechenkoks zurückstehen. Der Wassergehalt verringert nicht nur den Heizwert des Kokses, sondern wirkt auch abkühlend auf die Heizfläche des Kessels. Dadurch wird das Aufheizen in die Länge gezogen und die Leistung des Heizkessels verringert.

Um den Wassergehalt unschädlich zu machen, müßte man den Koks nach Raummaß kaufen, was bei dem Gaskoks vielfach geschieht. Beim Zechenkoks wurde seitens der Kokereien vor dem Kriege nicht mit Unrecht dagegen angeführt, daß die Frachtsätze bei der Bahn nach Gewicht aufgestellt sind und daher eine Anlieferung nach Raummaß mit Umständlichkeiten verknüpft ist.

Da man ein Interesse hat, für sein Geld Koks und nicht Wasser einzukaufen, so wird man am besten tun, ein Mindestmaß des Feuchtigkeitsgehalts bei Koksabschlüssen festzulegen, für jede Übertretung dagegen Abzüge von dem Rechnungswert auszubedingen. In Deutschland hat freilich jeder diesbezügliche Wunsch nach der sog. „Sozialisierung" der Brennstoffe scheinbar aufgehört. Und trotzdem wollen wir den Vorsätzen treu auch diese Frage weiter verfolgen, in der Hoffnung, daß auch wir wieder einmal einen Wiederaufbau unserer ehemals geordneten Verhältnisse erleben werden.

Es macht keine Schwierigkeiten, von jedem Wagen eine Probe von etwa 100 kg zu entnehmen, die im luftigen Heizkeller oder sonst geeignet erscheinenden Stellen auszubreiten wäre, um den Wasserverlust nach einigen Tagen festzustellen. Dabei ist zu berücksichtigen, daß der nasse Koks in den Eisenbahnwagen hauptsächlich unten auf dem Boden liegt, da der Wassergehalt von oben nach unten wandert.

Nach A. Thau[2]) gibt das Aussehen der Bruchfläche eines Kokses ohne Unterschied der Sorte gewisse Anhaltspunkte für seine allgemeine Beschaffenheit. Als Zeichen eines hohen Aschengehaltes führt er an:

1. Unreinigkeiten von unverbrennbaren Stoffen im Bruchstück,
2. dunkles, sandiges Äußere ohne großen Porenreichtum,
3. auffallend hohes Gewicht;
4. die Porenränder erscheinen im Bruchstück metallisch glänzend.

Für einen hohen Bestand an flüchtigen Bestandteilen sprechen nach Thau:

1. klangloser Fall auf einen harten Gegenstand,
2. schwarzes, glanzloses Aussehen,
3. kleine, braunschwarze Flecken im Bruchstück, herrührend von unverkokter Kohle,
4. dicke Stücke, die keine Stielform haben und leicht zerfallen,
5. tiefschwarzes Innere der Poren und Teerglanz der Ränder.

Die geringe Widerstandsfähigkeit des Gaskokses gegenüber dem Hüttenkoks — es werden hierfür Zahlen von 55 kg/qcm Druckfestigkeit gegenüber 190 kg angegeben[3]) — befähigt ihn weniger für den Transport und das Umladen; er zerbröckelt oder zerreibt sich hierbei leicht, so daß

[1]) Gesundheits-Ing. 1912, S. 36.
[2]) „Glückauf" 1907, S. 277.
[3]) „Zechenkoks oder Gaskoks?" Werbeschrift der Kölner Kokseinkaufsgesellschaft m. b. H.

größere Verluste an Brennbarem im Aschenfall entstehen können, d. h. die feinen Koksteilchen fallen beim Beschicken der Kessel durch die Roste und tragen so auch zur frühzeitigen Verschlackung bei.

Stückgröße. In Zentralheizungen wird gewöhnlich der einmal gebrochene Koks in einer Größe von 5 bis 8 cm verwandt. Ein kleiner Koks, der nicht schlackt, hätte natürlich den Vorteil, daß der Füllschacht einen großen Wärmeakkumulator darstellt und die Verbrennung mit geringem Luftüberschuß verläuft. Aus diesem Grunde kann sogar ungesiebter Gaskoks unter Umständen einen höheren Nutzeffekt ergeben als gesiebter, Tatsachen, die nach einer Mitteilung an den Verfasser bereits durch Versuche der Stadt Essen erhärtet sind.

Heizwert des Kokses. Der Heizwert des Kokses ist stets geringer als jener des Rohstoffes (vgl. S. 33). Da der durchschnittliche Heizwert des Zechenkokses, wie er für Zentralheizungen verwandt wird, selten über 7200 WE beträgt, so darf man füglich annehmen, daß der Wert des Zechenkokses verschieden klassifiziert wird und den Zentralheizungsanlagen nicht immer die erste Qualität zur Verfügung steht[1]), mit der man zu rechnen Veranlassung hätte. Denn wäre dies der Fall gewesen, so hätte der Gaskoks bei seinen stellenweise ganz ungerechtfertigt hohen Preisen nie und nimmer in Wettbewerb treten können. Die so häufige große Ungleichmäßigkeit des Gaskokses und die damit verbundene Unzuverlässigkeit sowie der oft außerordentlich hohe Aschen- und Feuchtigkeitsgehalt sind die Hauptgründe für die Entscheidung der Behörden zugunsten des Zechenkokses gewesen. Nach Stack[2]), Hannover, waren 1905 von mehr als 200 befragten Gasanstalten nur 20 in der Lage, eine Analyse des Kokses anzugeben. Solche Feststellungen wirken natürlich jahrelang nach und erschweren den Absatz des Gaskokses, gegen den der Heizer wegen der damit verbundenen Mehrarbeit von Anfang an eine Abneigung zeigt. Dies trifft heute in erhöhtem Maße zu, weil sich die Gasanstalten die geeigneten Kohlen nicht mehr aussuchen können (vgl. S. 3 der Einleitung) und der Zechenkoks z. B. in Berlin ebenso billig beschafft werden kann als der Gaskoks.

Erhalten die Zentralheizungsanlagen Zechenkoks zweiter und dritter Güte, so sind die Heizwerte bei diesem und beim Gaskoks so ziemlich gleich. Was der Zechenkoks an Kohlenstoff mehr hat, ersetzt der andere durch höheren Wasserstoffgehalt, der den Heizwert natürlich verbessert.

Die Kokspreise. Nach den Nachrichten für Handel und Industrie kostete 1910

in Berlin	1 t	Gaskoks	M 21,60	
	„	Westf. Gießereikoks	„ 28,—	
in Magdeburg	„	Gaskoks	„ 23,—	bis 24,—
	„	Schmelzkoks	„ 29,—	„ 30,—
in München	„	Gaskoks	„ 28,—	„ 30,40
	„	Schmelzkoks (Ruhr)	„ 32,50	„ 33,40

Im allgemeinen zeigt der Kokspreis gegenüber den Kohlenpreisen eine Spannung von 4:5, d. h. wenn die Kohle 100 M kostet, wird der Koks zu 120 M verkauft. Diese Spannung nahm 1919 bis zu 4 : 6 und darüber zu, hat sich aber neuerdings wieder auf die alte Norm eingestellt. Folgende Ziffern mögen hier gleichzeitig ergänzend zu Zahlentafel 1 der Einleitung als Übersicht dienen.

Zahlentafel 135.

	Januar 1920	Februar	März	April	Mai 1920
Fettstückkohlen M/t	109,60 bis 111,40	174,90 bis 176,70	196,50 bis 198,30	225,30 bis 227,10	Sorte I: 232,30
Hochofenkoks „	155,00 „ 156,20	216,30 „ 217,70	242,90 „ 244,50	278,30 „ 280,20	285,10 bis 288,90
Steinkohlenbrikette „	147,10 „ 151,90	218,20 „ 223,00	261,40 „ 266,20	350,80 „ 355,60	361,60 „ 365,10

Nach einem Bericht von Berlit[3]) schwankten die Gaskokspreise 1911 zwischen 16,40 und 33 M, also um 100%. Als Durchschnitt frei Verwendungsstelle galten 23,50 M. Die niedrigen Preise verstehen sich natürlich für die Verwaltungen in den Kohlengebieten (Dortmund, Düsseldorf und Köln). Die höchsten Preise hatten Berlin, Freiburg, München (29,10 bis 33 M).

Die Preise des Hüttenkokses schwankten zwischen 19,10 M und 36 M, wobei die niedrigsten Preise in Gelsenkirchen und Dortmund (letztere Stadt hat kein städtisches Gaswerk), die höchsten Preise in Halle gezahlt wurden. Im Durchschnitt kostete der Hüttenkoks 20 bis 30% mehr als der Gaskoks.

[1]) Gesundheits-Ing. 1911, S. 66.
[2]) Z. d. V. d. I. 1905, S. 1477.
[3]) Vgl. Gesundheits-Ing. 1912, Nr. 18.

Die Kokspreise für 1912/13 sind dann wiederum allgemein erhöht worden; in Berlin stellte sich der Mehrpreis gegen das Vorjahr auf 15%.

Verhalten des Kokses bei der Verbrennung. Wirft man bei gußeisernen Gliederkesseln auf die glühende Koksschicht eine größere Menge Koks auf, so tritt zunächst eine starke Abkühlung des Verbrennungsraumes ein, die sich im Heruntergehen des Dampfdruckes bzw. der Vorlauftemperatur äußert. Mit der allmählichen Erwärmung der kalten Koksschicht macht diese — insbesondere beim Gaskoks — eine Art Vergasung durch, denn es entweichen mit dem sich bildenden gelblichen dicken Qualm unverbrannte Gase, wie Kohlenoxyd und Wasserstoff. Bei eingemauerten Kesseln (stehenden Heizröhrenkesseln, Sattelkesseln, Flammrohrkesseln) sammeln sich die unverbrannten Gase teilweise in dem Füllschacht (der zur Verhütung von Kohlenoxydgasvergiftung dicht abschließen muß), teilweise streichen sie an der glühenden Koksschicht vorbei und verbrennen. Die eingemauerten Kessel weisen deshalb für gewöhnlich kein CO in den Verbrennungsgasen auf, dagegen können unbedeutende Mengen von Wasserstoff beim Reservefeuer auftreten. Analysen, die Verfasser von Gasen aus dem Schütttrichter genommen hat, gaben bei Schmelzkoks und Gaskoks folgende Zusammensetzung:

Zahlentafel 136.

Gaskoks (30. IV. und 4. V. 1908). **Schmelzkoks** (24. IV. 1908).

Zeit	CO_2 %		O_2 %		CO %		H_2 %		CH_4 %		N_2 %		CO_2 %	O_2 %	CO %	H_2 %	CH_4 %	N_2 %
	a	b	a	b	a	b	a	b	a	b	a	b						
7^{50}	12,1	8,5	0,8	7,6	11,8	6,7	1,2	2,0	—	0,4	74,1	74,8	8,1	11,5	—	—	—	80,4
8^{36}	11,4	6,6	2,3	3,7	11,6	12,7	0,9	1,8	—	—	72,8	75,2	16,8	3,5	—	—	—	79,7
8^{50}	0,3	0,2	19,9	19,8	—	0,5	0,4	0,5	—	—	79,4	79,0	9,0	10,7	0,7	0,1	0,1	79,4
9^{15}	1,2	0,2	19,5	19,8	—	0,5	0,9	0,7	—	—	78,4	78,8	14,5	4,2	2,8	0,5	0,3	77,7
9^{55}	1,1	0,8	18,0	19,1	0,5	1,8	0,7	0,3	—	—	79,7	78,5	8,1	7,8	2,4	0,1	0,3	81,3
11^{00}	0,3	0,7	20,2	18,2	—	1,1	0,7	0,7	—	—	78,8	78,3	9,7	5,9	3,3	0,7	0,1	78,3
11^{55}	—	1,9	20,5	17,8	0,7	2,7	0,8	0,9	—	—	78,0	76,7	10,2	7,3	4,5	0,4	—	77,6
12^{55}	8,5	5,0	6,4	9,3	9,1	10,3	0,9	1,6	—	—	77,1	73,6	14,9	3,2	2,5	0,4	0,3	78,7
2^{15}	9,7	11,3	6,0	3,6	3,0	5,5	1,0	1,1	—	—	78,3	76,5	13,1	5,7	1,5	0,5	—	79,2
2^{55}	11,3	18,4	1,6	2,3	10,5	3,0	2,4	1,0	—	—	74,2	77,3	17,9	2,0	1,0	0,4	—	78,7

Danach bildet sich beim Gaskoks gleich nach der Beschickung eine große Menge von CO, was dann für eine Zeit unterbrochen wird, um später (nach 4 Min.) wieder nachhaltiger einzusetzen. Beim Zechenkoks findet die CO-Bildung stetig statt, ohne indes prozentual die Höhe wie beim Gaskoks zu erreichen. Dem höheren Wasserstoffgehalt beim Gaskoks entspricht auch ein höherer Prozentgehalt dieses Gases im Schütttrichter. Trägt man sich das Ergebnis auf[1]), so läßt sich ohne weiteres nachweisen, daß die Gasbildung nach einer ganz bestimmten, in beiden Fällen gleichen Zeit aufhört. Nur ist ihr Verlauf in den einzelnen Abschnitten grundverschieden: Die Luft, die in dem Füllschacht eingeschlossen ist, bleibt beim Gaskoks für mehrere Stunden ziemlich unverändert — zur Nachprüfung wurde der Versuch mit Gaskoks wiederholt —, während sie beim Schmelzkoks an der Verbrennung von Anfang an gleichmäßig teilnimmt (vgl. den geringeren Sauerstoffgehalt der Gase beim Zechenkoks). Die Ursache liegt jedenfalls in den festeren Stücken des Zechenkokses, der den von unten nach oben durchtretenden glühenden Verbrennungsgasen längere Zeit Widerstand leistet, während der Gaskoks unter der Einwirkung der Glut in sich zusammenfällt, den Füllschacht unten dicht abschließt und dadurch die Verbrennung zeitweise unterbricht. Zechenkoks wird deshalb im Verbrennungsraum eine gleichmäßig höhere Verbrennungstemperatur ergeben, die ihn besonders für Kontaktheizflächen geeignet macht, Gaskoks dagegen seine Eigenschaften bei Röhrenheizflächen zur Geltung bringen, die lange Flammen brauchen können. Der Unterschied zwischen beiden Koksarten verschwindet natürlich fast gänzlich, wenn die Kokereien, wie es ja schon heute der Fall ist, die Herstellung von Zechenkoks mit der Gewinnung eines guten Gases vereinigen oder die Gasanstalten mehr zu den Kammeröfen übergehen.

Ist die Brennschicht in Glut, so bilden sich nebeneinander stets CO_2 und CO, wobei letzteres über der Koksschicht stets zu CO_2 verbrennt, wenn nicht durch plötzlichen Zugwechsel die Luftzufuhr abgeschlossen wird. Will man letzteres vermeiden, so muß man den Heizkessel möglichst gleichmäßig beanspruchen, d. h. Dauerheizung einführen, und die Vorlauftemperaturen (vgl. den folgenden Abschnitt d) nach der Außenluft einstellen.

[1]) de Grahl, „Wirtschaftlichkeit der Zentralheizung", S. 100.

Zur Frage der Wirtschaftlichkeit. Wie schon aus dem Schwanken der Kokspreise hervorgeht, läßt sich kein allgemeiner Grundsatz für die Verwendung des einen oder anderen Brennstoffes aufstellen; hier unterscheidet allein die Frage des Preises der Wärmeeinheit unter Berücksichtigung aller in den voraufgehenden Abschnitten behandelten Nebenerscheinungen.

Nach den Darlegungen Oslenders[1]) war der Gaskoks schon 1900 ein für Zentralheizungen und ähnliche Anlagen brauchbarer Brennstoff, vorausgesetzt, daß die Korngröße der Feuerung angepaßt, der Koks gesiebt wird und Verunreinigungen wie Kies und Sand, die das Schlacken befördern, ferngehalten werden. Oslender stellte fest, daß Gaskoks fas timmer erheblich billiger, daher seine Verwendung wirtschaftlich vorteilhafter ist.

1905 hielt der bereits mehrfach erwähnte städtische Heizungsingenieur Stack im Hannoverschen Bezirksverein des V. d. I.[2]) einen Vortrag über die Verwendung des Gaskokses und besonders über die Benutzung dieses Brennstoffes für Zentralheizungen. In der sich anschließenden Erörterung wies Fischer auf die von ihm gemachte Erfahrung hin, daß sich Ofenheizung und Zentralheizung mit Gaskoks wohl etwas billiger stellen, daß aber wegen des starken Verschlackens der Roste und der damit verbundenen Störungen der Zechenkoks vorzuziehen sei. Denselben Standpunkt nahm Müller ein, der von schlechten Erfahrungen mit Gaskoks bei der Zentralheizung der Kgl. Regierung sprach.

Aus der Beantwortung zahlreicher Fragebogen, die Stack ausgesandt hatte, um einen Überblick über die Bewährung von Gaskoks zu gewinnen, ergab sich zunächst, daß sich die Zentralheizungsfirmen meist recht wenig um den Betrieb ihrer Anlagen kümmerten. Über Versuche an einzelnen Anlagen, die heute mehr historischen Wert besitzen, ist folgendes beachtenswert:

Die Ruhmeshalle Barmen wurde 1901/02 mit Zechenkoks für 2101 M geheizt, 1902/03 mit Gaskoks für 876 M und 1903/04 mit Gaskoks für 1092 M.

Das Stadttheater in Mainz verbrauchte im Jahre 1900/01, als mit Gaskoks geheizt wurde, bei 2,65° Durchschnittstemperatur 5000 kg Brennstoff mehr als 1901/02 bei 4,21° Temperatur und Verwendung von Zechenkoks; trotzdem wurden bei Gaskoks 750 M weniger ausgegeben.

Heizversuche, die im Januar 1904 im Pavillon 7 und 11 des Hannoverschen Krankenhauses ausgeführt wurden, ergaben bei $^1/_5$ Mehrverbrauch an Gaskoks 21,60 M tägliche Kosten gegenüber 24,99 M bei Oberkirchener Koks. Bei einer Steigerung der Gaskokspreise um nur 15% würden die mit Gaskoks erzielten Ersparnisse hier schon auf null zusammenschrumpfen.

Nach einem Vortrage von Ohly[3]), Köln, ist nach Versuchen in Hildesheim, Ruhrort und Aschaffenburg der Gaskoks als vollwertiger Ersatz des Hüttenkokses anzusehen.

Nach den Mitteilungen der Zentralstelle des deutschen Städtetages, Berlin, vom 10. Juni 1911, S. 132/34 haben sich auf die Rundfrage:

> „Welche Städte mit eigenen Gasanstalten verwenden für die Heizung ihrer öffentlichen Gebäude Hüttenkoks an Stelle von Gaskoks und aus welchem Grunde?"

27 Städte geäußert[4]). Danach verwenden

6 Städte überwiegend Hüttenkoks, weil er größere Heizkraft und größere Schlackenfreiheit aufweist, mit der natürlich eine leichtere Bedienung Hand in Hand geht.
12 Städte verwenden vereinzelt den Hüttenkoks wegen der Art der Heizungsanlagen.
1 Stadt will versuchsweise zu Hüttenkoks übergehen, wogegen
3 Städte sich dem Gaskoks zuzuwenden beabsichtigen;
4 Städte sprechen sich entschieden für Gaskoks aus,
1 Stadt (München), weil sie sonst keinen genügenden Absatz für ihren Koks hat.
1 Stadt (Frankfurt a. M.) stellt folgende Berechnung an:

Preis des Gaskokses frei Keller . . . . 21 M/t,
Preis des Hüttenkokses frei Keller . . . . . 25 „

der also 19% teurer ist. Versuche haben nur eine um 4 bis 5% höhere Wärmeausbeute des letzteren ergeben, woraus sich eine Ersparnis von etwa 14 bis 15% = 38000 M, im Jahre ergab, der gegenüber die etwas größere Unbequemlichkeit der Gaskoksfeuerung nicht in Betracht kommen kann.

Der Vorteil ist nicht von der Hand zu weisen, daß der in einer Stadt erzeugte Gaskoks jeden Augenblick beschafft werden kann, namentlich wenn an der Verwendungsstelle große Lager nicht gehalten werden können.

---

[1]) Journ. f. Gasbel. u. Wasservers. 1900, S. 865.
[2]) Z. d. V. d. I. 1905, S. 1477.
[3]) Journ. f. Gasbel. u. Wasservers. 1912, S. 297 und 305.
[4]) Vgl. auch Gesundheits-Ing. 1911, S. 936.

Berlit[1]) hat in Wiesbaden in Fällen, wo Gaskoks sich für angestrengten Betrieb nicht als ausreichend erwies, deutschen Anthrazit dem Koks mit Erfolg beigemengt. Verfasser selbst hat mit Anthrazitgrus, der abends auf die Koksschicht gestreut wurde, außerordentlich günstigen Brand erzielt. Die Koksschicht hält sich bis morgens früh, weil der Anthrazitgrus die Luftdurchtrittöffnungen abdeckt.

b) Andere Brennstoffe.

In Gegenden, die von den Kohlenzechen weit entfernt sind, wird stets der teuerste Brennstoff, d. h. der den höchsten Heizwert aufweist, am billigsten sein, weil die Transportkosten für hoch- und minderwertige Brennstoffe dieselben sind. Stellt man die für das Jahr 1912[2]) maßgebend gewesenen Kosten der verschiedenen Brennstoffe auf der Zeche zusammen, so ersieht man aus der Zahlentafel 137 den großen Unterschied der Kosten, die bei den durchschnittlichen Heizwerten der Brennstoffe für 1 Mill. WE aufzuwenden sind.

Der Eisenbahnfiskus ist auf die Verwendung verschiedener Brennstoffe im Lokomotivbetriebe angewiesen, weil er nicht eine Zeche besonders bevorzugen darf. Sein Brennstoffverbrauch ist anderseits so groß, daß er den Bedarf überall zu decken suchen muß. Infolgedessen geht den Fiskus der Durchschnittspreis aller zur Verwendung kommenden Brennstoffe an, der für Steinkohlen 12,08 M/t, für Steinkohlenbriketts 12,75 M/t betragen dürfte. Ein Privatmann würde sich dagegen auf Versuche einlassen, um die „billigste“ Kohlensorte herauszufinden; dabei kommt es auch auf das Verhalten der Kohle im Feuer an, ob sie stark schlackt, zur Rauchbelästigung Anlaß gibt u. dgl. mehr. Die Übelstände lassen sich durch geeignete Einrichtungen jedenfalls auf ein erträgliches Maß herabmindern, so daß dem Privatmann bei gleichen Beförderungskosten z. B. die Verwendung von westfälischer Förderkohle 30% Ersparnisse gegenüber Saarkohle bringen kann.

Zahlentafel 137. **Brennstoffpreise, gültig für 1912.**

	Preis auf der Zeche M/t	Heizwert WE	Preis von 1 Mill. WE M
westfälische Förderkohle	11,96	6900	1,73
oberschlesische Stück- und Förderkohle .	11,65	6700	1,74
niederschlesische Stück- und Förderkohle .	13,40	6600	2,03
Saarkohle	14,75	6500	2,27
im Mittel	12,08	6675	1,81
Steinkohlenbrikette aus Anthrazit und englischer Kohle	12,46	7300	1,71
oberschlesische Steinkohlenbrikette	11,49	6800	1,69
niederschlesische Steinkohlenbrikette . . .	13,84	6700	2,07
im Mittel	12,75	7135	1,78
Anthrazit-Brikette	17,38	7600	2,29
Braunkohlen	7,66	4800	1,60
westfälischer Koks	18,80	7100	2,65

Ganz auffallend ist der hohe Kokspreis: 2,65 M auf der Zeche für 1 Mill. WE. Das war der Preis im Jahre 1912. Für 1914 dürfte statt 18,80 M/t ab Zeche ein Preis von etwa 22 M gesetzt werden, so daß 1 Mill. WE mit rd. 3 M zu veranschlagen wären. Bei Verwendung von Steinkohlen- oder Braunkohlenbriketten würden die Kosten für die Erzeugung des Heizmittels demnach ganz bedeutend eingeschränkt werden. Insbesondere sind gute, gasarme Steinkohlenbrikette (z. B. Dahlhausen Tiefbau oder Engelsburg, Bochum-Süd, mit einem Heizwert von 7600 bis 7700 WE) oder ein Gemisch von Koks zu empfehlen, um die Betriebskosten für die zu erzeugende Wärmemenge herabzusetzen.

Es war ein Verdienst des Geh. Baurats Diestel, dieser Anregung des Verfassers durch praktische Versuche an der Kesselanlage der früheren Kgl. Charité, Berlin, Folge gegeben, und ein weiteres Verdienst des Ministerialdirektors Uber, weitere Versuche an anderen Anlagen zur Einschränkung der Brennstoffkosten und zur Klärung der Verhältnisse angeordnet zu haben.

Um einen Überblick über die Betriebskosten einer großen Anlage zu geben, mögen hier die Neubauten der Charité zu Berlin erwähnt werden, die in Anordnung der gesamten Anlage und in der Wirt-

[1]) Gesundheits-Ing. 1912, S. 362.

[2]) Gegenüberstellungen der z. Z. gültigen Preise finden sich auf S. 5 u. 408 (vgl. a. die Zahlentafeln auf S. 438 u. 439); die Dampfpreise bei verschiedenen Brennstoffen enthält S. 318.

schaftlichkeit des Betriebes als Muster dienen können. Abb. 186 zeigt die Kesselanlage der I. und II. Medizinischen Klinik. Der Umfang der Anlage und die Betriebskosten bei Verwendung von Gas- und Schmelzkoks gehen aus der Zahlentafel 138 hervor.

Auf 612 qm Kesselheizfläche kommen demnach höchstens 3838000 WE oder auf 1 qm nur 6300 WE, was also sehr günstig ist, da man bei ähnlichen Kesseln schon 10000 WE antrifft. Ein Gemisch von Koks und Steinkohlenbriketten „Dahlhausen Tiefbau" bzw. „Hedwigshütte" ergab für die Anlage 1 eine Ersparnis von etwa 25%, bei ausschließlicher Feuerung von Steinkohlenbriketten dagegen eine Ersparnis von etwa 30 bis 35%. Bei den kleineren Anlagen (2 bis 4 der Zahlentafel 138) waren die Ersparnisse beim Brennstoffgemisch geringer (etwa 13%). Die Steinkohlenbrikette ließen sich ohne Rauchentwicklung und ohne Schlackenbildung verfeuern; eine einmalige Schüttung der Kessel reichte 3 Std. länger als bei Koksfüllung vor.

Zahlentafel 138. **Heizanlage der Neubauten der Charité zu Berlin.**

Lauf. Nr.	Bezeichnung des Gebäudes	Anzahl der Heizkessel	Rechnerischer Wärmebedarf für Heizung (Warmwasserbereitung) WE/Std.	WE/Std.	Art der Heizung	Betriebskosten nach den Kokspreisen 1912/13 (100 kg=3,02 M) M
1	I. und II. medizinische Klinik	10 Niederdruck-Dampfröhrenkessel mit Schüttfeuerung zu je 35 qm Heizfläche	1750780	452000	Niederdruckdampf-Warmwasserheizung; das Wasser wird in Gegenstromapparaten erwärmt.	32000
2	Klinik und Poliklinik	4 gußeiserne Gliederkessel, Bauart Gerlach, zu je 23 qm Heizfläche	468500	200000	Niederdruckdampfheizung	10500 (davon 3500 für Warmwasserbereitung)
3	Ohren- und Nasenklinik und Poliklinik	3 Strebelkessel von je 15,5 qm Heizfläche 1 desgl. von 12,5 qm für Warmwasserbereitung	312000	88000	Warmwasser-Niederdruckheizung	8500 (davon 3500 für Warmwasserbereitung)
4	Patholog. Instit. nebst 2 Baracken f. Tuberkulosekranke	3 Niederdruck-Dampfröhrenkessel mit Schüttfeuerung von je 37 qm Heizfläche	566720	—	—	8500
	zusammen	612 qm	3098000	740000		59500

Bei Verwendung von Braunkohlenbriketten bedient man sich am besten der hierfür gebauten Sonderkessel des Strebelwerks, der Buderusschen Eisenwerke, der Firma Reecks Opvarmnings Co., Kopenhagen, usw.; vgl. Abb. 187 b. 189. Ohne diese Sonderkessel oder Sondereinbauten lassen sich Braunkohlenbrikette in Zentralheizungsanlagen nicht wirtschaftlich verwenden, weil die Verluste durch unverbrannte Gase sehr hoch sind. Die Luftzuführung durch den Rost kann das Auftreten unverbrannter Gase bei schwachem Schornsteinzuge nicht verhüten; hier muß man eine sekundäre Luftzuführung schaffen, um eine Nachverbrennung der Gase zu ermöglichen. Bei einem Zuge von etwa 3,5 mm W.-S. und einer Brennschichthöhe von nur 20 bis 25 cm hat Verfasser ohne sekundäre Luftzuführung auf dem Planrost eines stehenden Röhrenkessels eine sehr schlechte Ausnutzung von Ilse-Briketten erzielt. Die Verbrennungsgase zeigten bei drei in Zeiträumen von 15 zu 15 Min. entnommenen Gasproben folgende Zusammensetzung:

CO_2 =	10,4	10,9	10,7 Vol.-%	H_2 =	1,6	1,0	1,7 Vol.-%
SKW =	—	—	0,2 „	CH_4 =	0,5	0,8	1,0 „
O_2 =	6,0	7,8	5,9 „	N_2 =	76,3	76,5	75,1 „
CO =	5,2	3,0	5,4 „				

Daß der Verlust durch unverbrannte Gase bei stärkerem Schornsteinzug abnimmt, ist selbstverständlich; aber um den Brennstoff auszunutzen, darf der Schornsteinzug ein gewisses Maß nicht überschreiten, sonst beeinflußt er wieder durch zu hohen Kaminverlust den Nutzeffekt in ungünstiger Weise.

Die plötzlich einsetzende Kohlenknappheit hat fast allgemein dazu geführt, sich auch bei den Koksheizkesseln der sog. „wilden" Brennstoffe zu bedienen[1]). Torf, Holz, Brikette lassen sich wohl

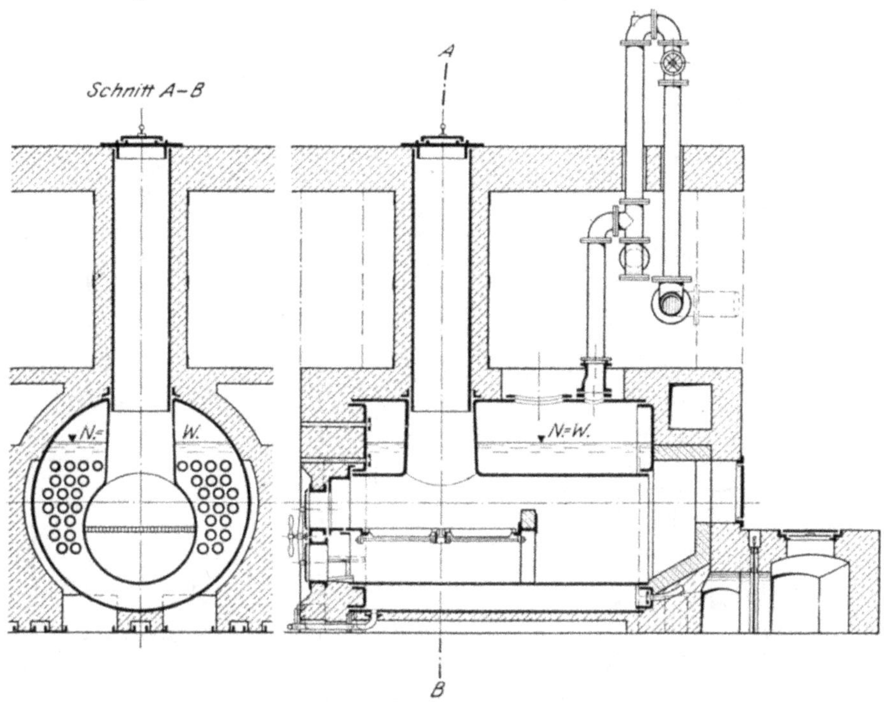

Abb. 186. Kessel der Charité Berlin (I. und II. Medizinische Klinik).

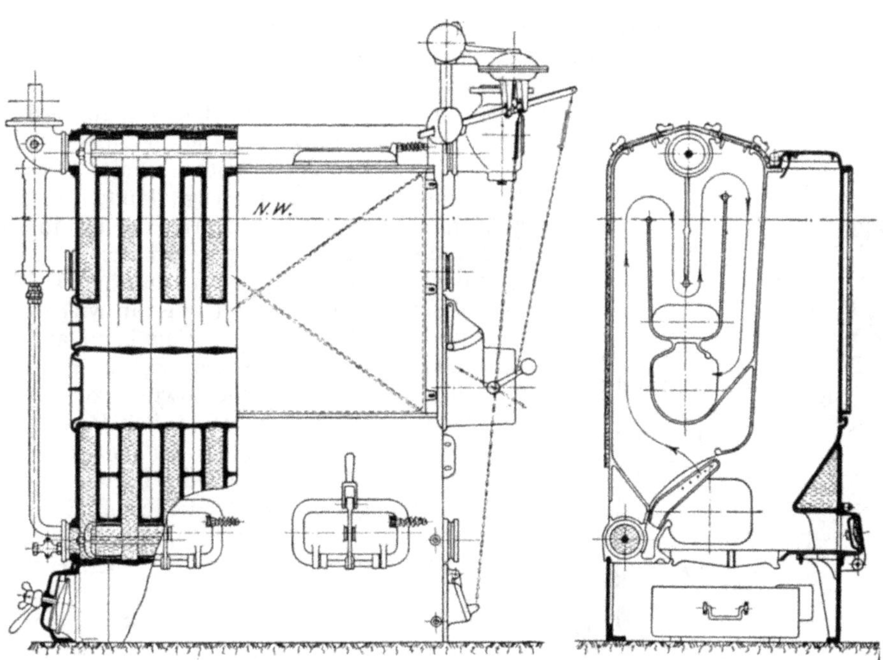

Abb. 187. Heizkessel des Strebelwerks für Braunkohlenbrikette.

[1]) Da der Koks im Winter 1920/21 bereits 30 M/Ztr. kosten wird, verteuert sich jede größere Wohnung schon hierdurch um etwa 4000 M. Die Unhaltbarkeit dieser Zustände hat bereits dazu geführt, die Zentralheizungen herauszureißen und sie durch Stubenöfen zu ersetzen.

bei offenem Schornsteinschieber und Luftzuführung durch die Schüröffnung ohne Explosionserscheinungen, indes nur mit geringerem Nutzeffekt wegen des in Kauf zu nehmenden Luftüberschusses ver-

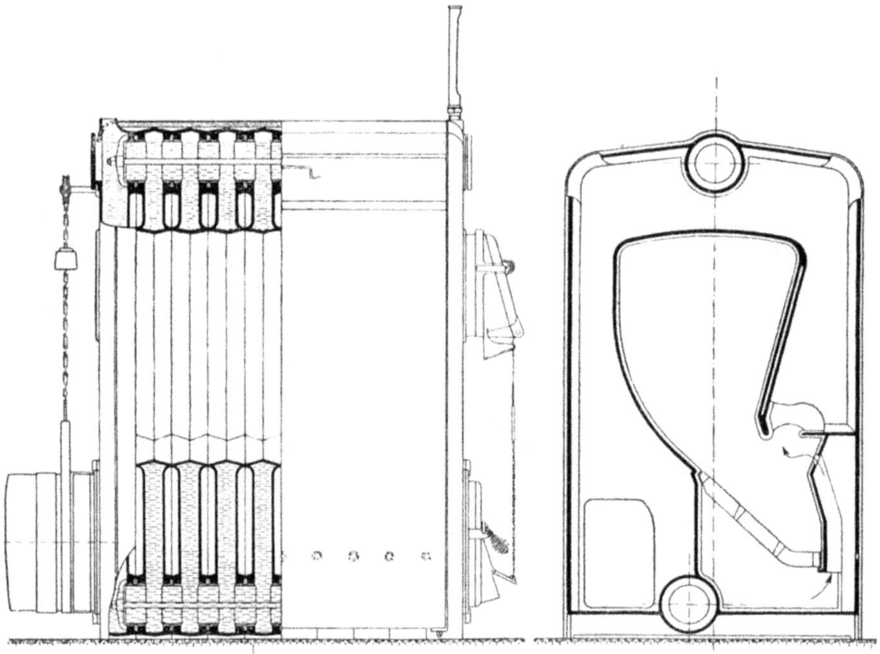

Abb. 188. Heizkessel der Buderusschen Eisenwerke für Braunkohlenbrikette.

brennen. Solange die Verbrennungstemperatur im Schürraum nicht erzielt ist, gehen die verdünnten Schwelgase unverbrannt in die Züge, wobei kaum eine nennenswerte Abgabe eines Teiles der Eigenwärme dieser Gase stattfindet.

Um dieser Schwierigkeiten Herr zu werden, sind verschiedene Schamotteeinbauten in Vorschlag gekommen, so von der Evaporator-Gesellschaft, Berlin, und von Hermann und Franz Kraus, München usw. Wir begnügen uns, jene der letzteren Firmen in Abb. 190 zu zeigen, die auf die Schwelgase Rücksicht nimmt und die Luft in erster Linie vorgewärmt zuführt. Die Verbindung mit einem Verbrennungsregler ist in wirtschaftlicher Beziehung von Wichtigkeit. Man kann annehmen, daß nach dem Durchglühen der Brennschicht auch eine Einschränkung der Brenngeschwindigkeit erforderlich ist.

Hans Tilly[1]), Tempelhof bei Berlin, wandte bei minderwertiger Braunkohle der Mark Brandenburg, die 1910 0,5 Pf/kg bei einem Heizwert von 2000 WE kostete, mit gutem wirtschaftlichen Erfolge stehende Rauchrohrkessel mit Schüttfeuerung (Halbgasfeuerung) an, deren senkrechte Feuerzüge nennenswerte Flugaschenablagerungen ausschlossen.

Besondere Beachtung verdient der von der Firma Reecks Opvarmnings Co. in Kopenhagen gebaute Heizkessel nach Abb. 189. Der Kessel zeigt einen ausreichenden Brennstoffschacht, der für den Dauerbrand erforderlich ist. Die Roste des Kessels sind schräg an-

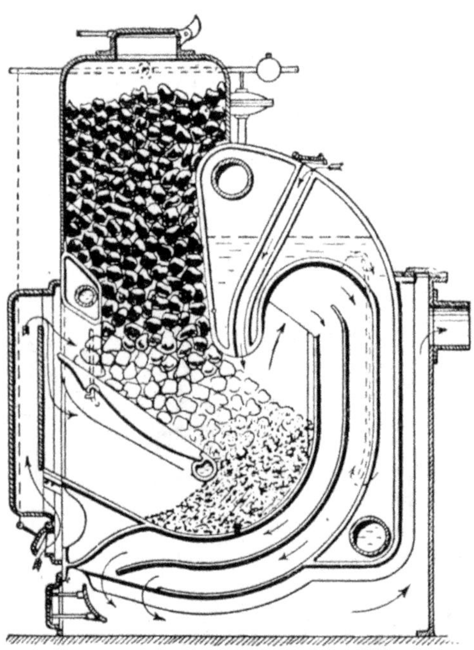

Abb. 189.
Heizkessel der Firma Reecks Opvarmings Co., Kopenhagen, für verschiedene Brennstoffe.

[1]) Vgl. Gesundheits-Ing. 1910, S. 309.

geordnet, damit die Kohle, ähnlich wie bei der Tenbrinkfeuerung, auf ihr heruntergleiten und sich unten anstauen kann. Auch hier bilden Asche und Schlacke eine Art Feuerbrücke, die natürlich von Zeit zu Zeit geregelt werden muß, um ein übermäßiges Anwachsen des Asche- und Schlackenhaufens zu verhüten. Der Luftzuführung zu dem Brennstoff dienen besondere Öffnungen an der Vorderfront.

Wo Abgase von Kesseln, Öfen oder Verbrennungsmaschinen zur Verfügung stehen, wird man diese für Heizzwecke mit wirtschaftlichem Nutzen verwenden. So kann ein Vorwärmer in einem Abzugkanal die Stelle eines Heizkessels vertreten, durch den das Heizwasser im Kreislauf mit Hilfe einer Pumpe zu drücken wäre. Die zur Verfügung stehenden Abwärmemengen sind im 1. Kapitel, Abschnitt IV, „Einfluß auf den thermischen Wirkungsgrad", zusammengestellt (S. 87).

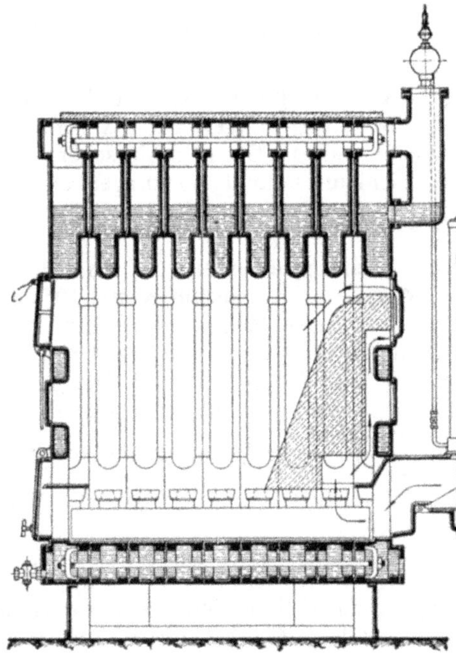

Abb. 190.
Einbau von Hermann und Franz Kraus, München.

c) Ersparnisse bei der Fortleitung der Wärme.

Wir berechnen die Heizkörper einer Warmwasserheizung für bestimmte Ein- und Austrittstemperaturen (t', t'') des Heizwassers (Abb. 191) und vernachlässigen dabei die Abkühlung des Heizwassers in der Rohrleitung, die mit abnehmender Druckhöhe h ganz bedeutend ist. Bei einer und derselben Anlage kann man durch Vergrößerung von h die Geschwindigkeit des in der Pfeilrichtung erfolgenden Umlaufs erhöhen und dadurch den Temperaturabfall auf dem Wege vom Heizkessel nach dem Heizkörper einschränken. Statt einer Temperatur t' beim Eintritt in den Heizkörper muß eine höhere Temperatur t^k im Heizkessel gehalten werden; t_k fällt wegen der Abkühlung im Rücklauf niedriger als t'' aus. Der Temperaturabfall ($t^k - t'$) wirkt auf den Wasserumlauf hemmend, jener von $t'' - t_k$) fördernd. Eine Heizungsanlage läßt sich deshalb nicht allein durch Vergrößerung von h, sondern auch durch ausreichende Isolierung der Steigleitung (Vorlauf) wesentlich verbessern.

Gibt die Rohrleitung die Wärme auch an die Wohnräume ab, so würde durch die Fortleitung der Wärme ein bemerkenswerter Verlust nicht entstehen können. Aber die Rohrleitung liegt gewöhn-

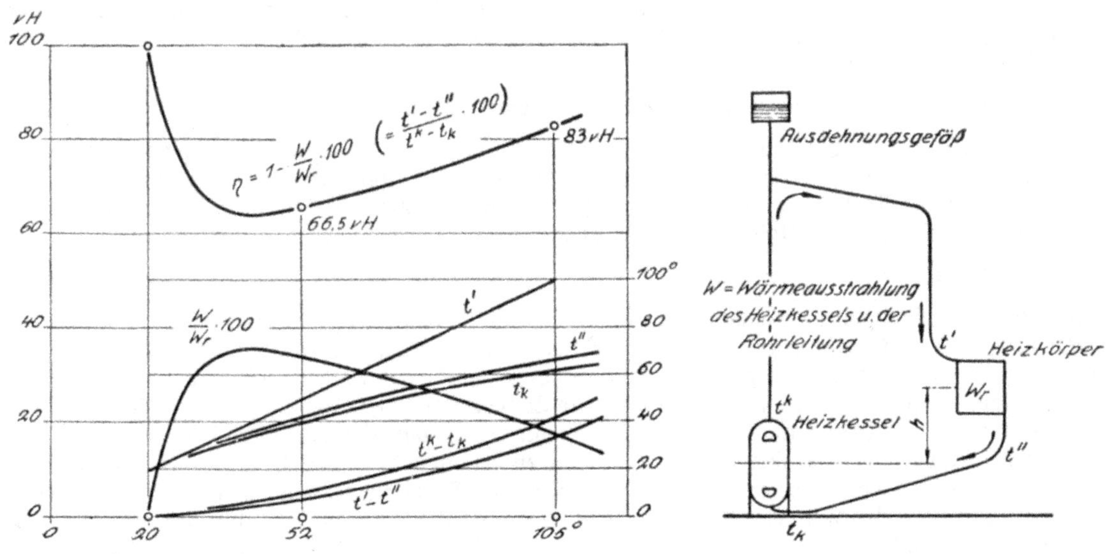

Abb. 191. Wärmeverluste einer Heizungsanlage.

lich in Mauerschlitzen, so daß sie von außen abgekühlt wird, oder sie gibt die Wärme an Keller- und Bodenräume ab, wo sie nicht erwünscht ist. Bezeichnet man mit W die äußere Wärmeabgabe des Kessels als Ofen einschließlich Wärmeabgabe der Rohrleitung, mit W_r jene der Heizkörper (Radiatoren), so fand Verfasser durch Versuche, daß sowohl $\frac{W}{W_r} \cdot 100$ als auch der Wirkungsgrad $\frac{t' - t''}{t^k - t_k} \cdot 100$ mit zunehmendem t^k veränderlich sind.

Um die Verhältnisse klarzustellen, die vielfach nicht verstanden sind, möge auf das Kurvenbild in Abb. 191 hingewiesen werden. Die Temperaturverhältnisse sind als Funktion der Heizkesseltemperatur t^k dargestellt. t' verläuft fast nach einer geraden Linie, t'' und t_k nach einer Kurve. Die Werte sind auf Grund praktischer Versuche an einer sehr gut wirkenden Heizungsanlage eines Einfamilienhauses durch Messungen ermittelt worden. Da der Wirkungsgrad einer Anlage durch den Ausdruck $\frac{t' - t''}{t^k - t_k} \cdot 100$ gegeben ist, müssen Anlagen, die für $(t' - t'') = 20^0$ berechnet sind, unwirtschaftlicher arbeiten als solche mit 30^0 Temperaturunterschied. Bei der erwähnten Anlage ergab sich i. M. $t' = 100^0$, wenn im Kessel 105^0 gehalten wurden, und hierfür ein Wirkungsgrad von 83%. Bei einer mittleren Wintertemperatur von rd. $+ 4^0$ würde $t^k = 52^0$ genügen, um die erforderliche Raumtemperatur von 20^0 zu erzielen. Für diese Temperatur aber ergibt sich ein Wirkungsgrad von nur 66 bis 67^0. Die Ursache liegt in der zu der nutzbaren Wärmeabgabe der Heizkörper ungünstigen Wärmeausstrahlung des Heizkessels und der Rohrleitung, deren Werte in dem Ausdruck $\frac{W}{W_r} \cdot 100$ berücksichtigt sind; denn der Wirkungsgrad der Anlage kann sowohl durch die in Frage kommenden Wärmemengen als auch durch die Temperaturverhältnisse bestimmt werden. Er ist

$$\eta = 1 - \frac{W}{W_r} \cdot 100 \text{ oder } = \frac{t' - t''}{t^k - t_k} \cdot 100.$$

Wir können diesen Wert von η mit dem maschinellen Wirkungsgrad der Heizkesselanlage bezeichnen; den tatsächlichen erhalten wir erst durch Multiplikation von η mit dem Kesselwirkungsgrad. Beträgt letzterer $70^0/_0$, so würden wir für die mittlere Wintertemperatur von rund $+ 4^0$ bei der Warmwasserheizung im besten Falle

$$\eta_1 = \frac{67 \cdot 70}{100} = 46{,}9\ ^0/_0$$

erhalten. Die allgemeinen Klagen über die Unwirtschaftlichkeit der Zentralheizungen sind demnach berechtigt. In Wirklichkeit hat man sich weit höhere Kesseltemperaturen für die mittlere winterliche Tagestemperatur vorzustellen, weil das Bedienungspersonal sich doch nicht an die gegebene Temperaturskala kehrt und jeden Tag nach Schema F den Heizkessel vollstopft. Der Überschuß der Heizwirkung wird dann durch das Öffnen der Fenster ausgeglichen, so daß der Wirkungsgrad noch weiter herabsinkt.

Der Wärmeverlust $\frac{W}{W_r} \cdot 100$ ist, wie aus dem Kurvenbild der Abb. 191 ersichtlich ist, am höchsten bei t^k von rd. 42^0; er beträgt rd. 36%. Der Verlust muß null sein, wenn $t^k = 20^0 =$ Raumtemperatur wird. Entsprechend diesem Werte ergibt sich theoretisch $\eta = 100\%$.

Bei der Perkinsheizung, die mit Wassertemperaturen bis 300^0 arbeitet, muß der Wirkungsgrad am höchsten ausfallen, zumal Rohrleitung und Heizkörper zusammenfallen, somit der Wärmeverlust $\frac{W}{W_r} \cdot 100$ mehr oder weniger verschwindet.

Die Pumpenheizungen haben den Vorteil, daß durch größere Geschwindigkeit des Heizwassers der Wert $(t^k - t')$ sehr viel geringer als bei der Schwerkraftheizung ausfällt, ohne indes den Temperaturabfall an den Abzweigen der einzelnen Stockwerke zu verhüten (vgl. nebenstehende, von Stadtbauinspektor Schmidt, Dresden, mitgeteilte Zahlentafel 139). Aus diesem Grunde wird man, wo nur angängig, der Gruppenheizung vor der Fernheizung den Vorzug geben. Mit welchen Verlusten wir selbst bei den bestüberwachten Anlagen zu rechnen haben, geht aus den Arbeiten von Dr.-Ing. Henkelmann[1]) hervor. Henkelmann faßt die Ergebnisse seiner sehr bemerkenswerten Untersuchungen über die Wirtschaftlichkeit einer Ferndampfheizungs-Anlage dahin zusammen, daß von der aus den Kohlen erzeugten Wärme nur 53,8 bis 56,3% in den Gebäuden ausgenutzt wurden.

[1]) Gesundheits-Ing. 1913, Heft 25, S. 467.

Zahlentafel 139.

Temperaturabfall, gemessen an der Fern-Warmwasserheizungs-Anlage im Dresdener Rathause.

Tag Zeit	24./II. 12³⁰	24./II. 4⁰⁰	25./II. 8⁰⁰	25./II. 12⁰⁰	26./II. 10³⁰	26./II. 4³⁰	28./II. 3³⁰	28./II. 7³⁰	1./III. 2³⁰	5./III. 7⁰⁰	5./III. 11⁰⁰	5./III. 3⁰⁰	5./III. 6⁰⁰
Vorlauf im Kesselhause . ⁰	53	51(?)	62	52	56	54	54	56	52	53	51,5	53	53
Boden 1. Tauchtherm. b. d. Esse . . . . ⁰	52	53	60,5	51	53,5	52	51	53	50	51	49,5	51,6	51
Boden 2. Tauchtherm. über Lichtpausraum . . . ⁰	52	53	59,5	50,5	53,0	50	50	52,5	49	50	48,8	47,4	50,5
Boden über Zimmer 551 . ⁰	46	47	53,5	45	48	46	47	48	45	46	44,2	44,5	46,0
IV. Stockwerk „ 451 . ⁰	43	44	47,4	43	45	43	42	42	42	42	42	43	42,5
IV. „ „ 434 (kürz. Strang) . . . . ⁰	40	42	47	40	40	40	43	43	42	41	40,5	42,5	42,0
II. Stockwerk Zimmer 241a ⁰	40	38	43	40	40	38	45	45	44	44	42,8	42	44
I. „ „ 588a ⁰	44	44	47,5	42	45	43	40	42	40	40	39	40,5	41,0
Rücklauf im Kesselhause . .	40	40	47	40	38	40	42	42	42	42	42,8	44,8	43,5
Pumpendruck . . . . m	3	3	3	3	1,5	1,5	3	3	3	3	5	5	3
					1 Pumpe								

Die Niederdruckdampfheizung hat gegenüber der Warmwasserheizung den Vorteil voraus, daß sie mit gleichmäßig hohem t^k und dementsprechend t' arbeitet. Der Wirkungsgrad der Anlage

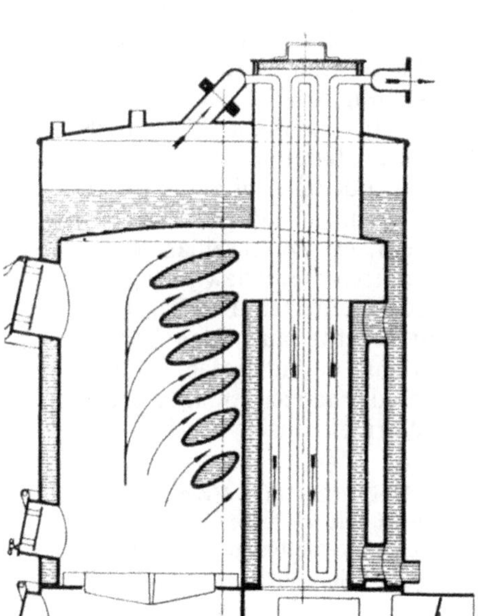

Abb. 192.
Heizkessel mit Etagen-Quersiedern der Autogenschweißerei Neu-Ulm.

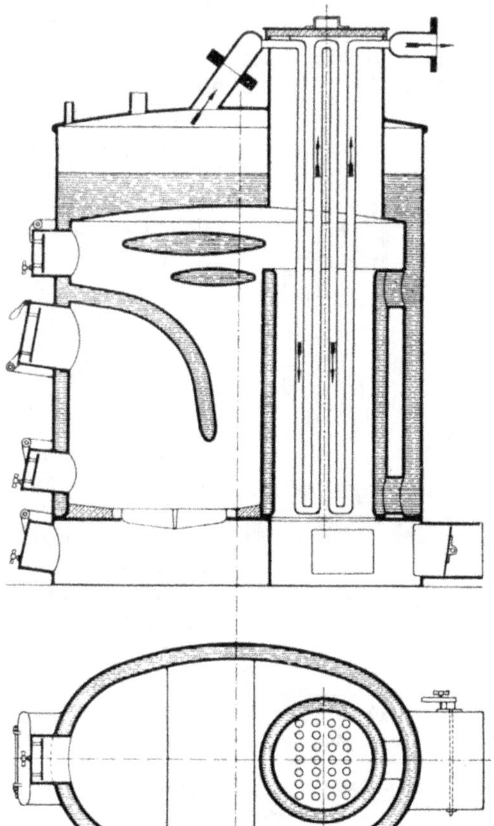

Abb. 193. Heizkessel mit Unterbrand der Autogenschweißerei Neu-Ulm.

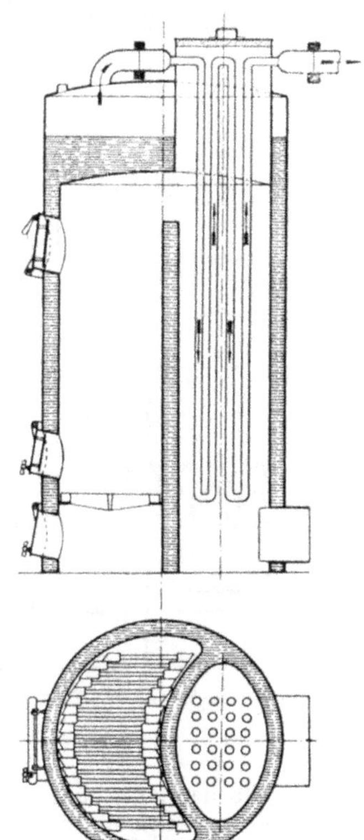

Heizkessel für gewerbl. Zwecke (Autogenschweißerei Neu-Ulm).

muß daher höher als jener der Warmwasserheizungsanlage ausfallen. Indes ist bei der Dampfheizung unter Umständen mit frühzeitigem Spannungsabfall und entsprechender Kondensation zu rechnen;

je größer die Geschwindigkeit des Dampfes in der Rohrleitung ist, desto geringer ist die Kondensation, desto größer aber der Spannungsabfall; je kleiner die Geschwindigkeit des Dampfes, desto geringer der Spannungsabfall, aber desto größer die Kondensation. Die Geschwindigkeit des Dampfes wird durch die Widerstände in der ganzen Anlage nachteilig beeinflußt; jede Richtungsänderung, jede Verengung der Querschnitte, jedes Absperrorgan stellt eine negative Druckhöhe dar. Durch die Überhitzung nimmt zwar die Geschwindigkeit des Dampfes etwas zu, während der Spanzungsabfall nur unerheblich wächst. Der Vorteil der Überhitzung besteht aber darin, daß eine vorzeitige Kondensation in der Rohrleitung und damit die verlustreiche Abgabe der latenten Wärme des Niederdruckdampfes wenn auch nicht gänzlich verhütet, so doch wenigstens bedeutend eingeschränkt und der Wirkungsgrad gehoben wird. Welche Brennstoffverluste beim Anheizen einer ausgedehnten Anlage durch dauerndes Kondensieren des sich im Kessel bildenden schwach gespannten Dampfes in den Kauf zu nehmen sind, braucht wohl nicht erst nachgewiesen zu werden. Merkwürdigerweise hat man sich in der Literatur immer nur mit der Frage beschäftigt, ob die Überhitzung für die Heizung der Räume von Vorteil sei, und diese Frage selbstverständlich verneint.

Mit dem allgemeinen Zusammenbruch, dem Mangel an Rohstoffen, insbesondere an geeignetem Gußeisen, hat die Lebensfähigkeit des gußeisernen Gliederkessels beträchtliche Einbuße erlitten. Hoher Schwefelgehalt im Brucheisen, im Koks und in den Zuschlägen beim Einschmelzen im Kuppelofen hat dem sonst bewährten gußeisernen Heizkessel die Elastizität genommen, deren er sich früher rühmen konnte, und schmiedeiserne Heizkessel treten neuerdings an seine Stelle. Damit ist aber die Heizkesselfrage in eine ganz andere Lage gerückt, weil mit der Bauart dieser Kessel die Frage der Überhitzung des Dampfes von neuem aufgenommen und praktisch gelöst wurde.

Es war ein Verdienst der Autogenschweißerei Neu-Ulm, sich der Frage der Überhitzung von Niederdruckdampf eingehend gewidmet und brauchbare Heizkesselbauarten auf den Markt gebracht zu haben (vgl. Abb. 192 bis 194), die mit Stockholz, Torf, Braunkohle, aber auch mit Koks gefeuert werden können. Ein schmiedeiserner Kessel von 12 qm Heizfläche tritt mit gußeisernen Kesseln von 18 bis 20 qm Heizfläche in den Wettbewerb. Leitungen, die sich vordem als zu eng erwiesen, reichen für den Heißdampf mit niedriger Spannung (0,1 at) aus, alles durchzuheizen, ohne daß Schläge in der Leitung wahrzunehmen sind. Die Dampftemperatur beträgt bei langflammigem Brennstoff 215°, bei Koks 175°. Selbstverständlich kommt es auf die Höhe der Überhitzung an sich nicht an; diese muß für jede Heizungsanlage ermittelt und dann festgehalten werden. Zu weitgehende Überhitzung würde nur die Verbrennung des Staubes auf den Heizkörpern fördern, auch zu dem sog. Durchschlagen der Heizkörper führen und dadurch die Heizwirkung benachbarter Heizkörper beeinträchtigen. Die Regelung der Heißdampftemperatur brächte auch den Vorteil mit sich, beim Anheizen mit der höchsten Dampftemperatur zum Anwärmen der ganzen Anlage zwecks Einschränkung großer Wärmeverluste arbeiten zu können.

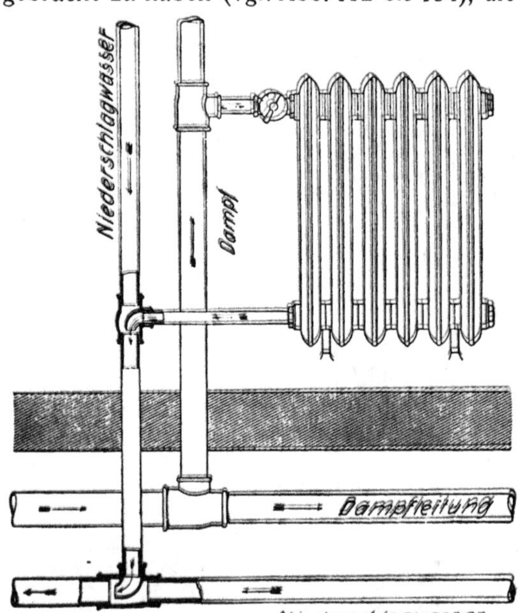

Abb. 195. Düsenformstücke nach Kraus-München.

Abb. 192 stellt einen Heizkessel mit Etagen-Quersiedern, Abb. 193 einen Kessel mit Unterbrand dar. Die durch Abb. 194 wiedergegebene Kesselbauart mit außerhalb der Feuerbüchse eingebautem Rauchabzug soll vornehmlich gewerblichen Zwecken dienen, weshalb auf die Entfernung des Kesselsteins besonders Rücksicht genommen ist.

Für das „Anspringen" einer Heizung ist eine möglichst rasche Entlüftung der Anlage von größter Bedeutung. Sie verläuft am glattesten, wenn in den Abzweigstellen, den sog. Knotenpunkten, gleicher Druck herrscht. Da wir aber dieses weder durch das Einregeln an den Hähnen noch durch die Rohrabmessungen erreichen können, verdienen jene Formstücke weitgehendste Beachtung, die den Überdruck an einer Zweigstelle ausnutzen. In Abb. 195 ist die Anwendung der von Kraus-München stammenden Formstücke[1]) veranschaulicht. Es ist dabei angenommen, daß der vom Heizkörper kommende Rücklauf einen geringeren

[1]) D.R.P. 306218 und 307239.

freien Druck aufweist als der das Niederschlagwasser abführende Fallstrang. Bei einem gewöhnlichen T-Stück würde in diesem Falle der Heizkörper u. U. kalt bleiben, weil der Dampf durch den Rücklauf teilweise in den Heizkörper eintreten würde. Das wird aber durch das Düsenformstück verhindert und die Entlüftung durch Ejektorwirkung sogar gefördert.

d) Ersparnisse bei der Verwendung der Wärme.

Einfluß der Raumlufttemperatur. Bei 4,38° C mittlerer Tagestemperatur[1]) im Freien während der ganzen Heizdauer haben wir gegenüber einer Raumlufttemperatur von 20° C einen Temperaturunterschied von 15,62°. Der Koksverbrauch betrug bei einer gut überwachten Anlage 2024 Zentner in der Heizzeit (von rd. 220 Tagen), so daß auf 1 Grad Temperaturunterschied

$$\frac{2024}{15{,}62} = 130 \text{ Zentner}$$

zu rechnen wären. Wir sehen daraus, welch großen Einfluß jeder Grad Temperaturunterschied auf den Koksverbrauch ausübt. Würde man sich statt 20° C mit 19° oder gar 18° begnügen, so würde bereits eine Ersparnis von 130 bzw. 260 Zentnern herauskommen, d. h. man würde im ersteren Falle eine Ersparnis von 6,4%, im zweiten Falle sogar eine solche von 12,8% theoretisch rechtfertigen können. Anderseits können wir ohne weiteres ermessen, was eine Überheizung der Räume für Koks kostet.

Wann soll geheizt werden? Um diese Frage zu beantworten, muß man sich zunächst vergegenwärtigen, wann die mittlere Tagestemperatur abzulesen ist. Es wurde ein Fall bekannt, wo durch einen gerichtlichen Prozeß der Hauswirt bei Androhung einer Konventionalstrafe von 500 M für jeden Übertretungsfall verurteilt wurde, bei 12° Außentemperatur zu heizen. Das Gericht gab nicht an, wann diese 12° C abgelesen werden sollten. Durch eingehendes Studium der Jahrbücher des Preußischen Meteorologischen Instituts in Berlin fand Verfasser, daß die mittlere Temperatur (von 7 Uhr morgens bis abends 9 Uhr) abends 9 Uhr abzulesen ist. Er konnte ferner feststellen, daß der Einfluß der Außentemperatur infolge der Umfassungswände, die wir als schlechte Wärmeleiter ansprechen können, sich erst viele Stunden später auf die Raumlufttemperatur äußert, so daß wir berechtigt sind, die Stärke des Heizungsbetriebes von der Thermometeranzeige abends 9 Uhr abhängig zu machen, d. h. wir lesen die Temperatur um diese Zeit ab und bemessen hiernach den nächstfolgenden Tagesbetrieb. Man kann nun zweifelhaft sein, ob man heizen soll, wenn das Thermometer abends um 9 Uhr 11 oder 12° C anzeigt. Man findet in Mietshäusern mit Wohnungen von 10 und mehr Zimmern natürlich höhere Ansprüche als in gut bürgerlichen Häusern, so daß man wohl mit einer Heizung bei 11° Außentemperatur zufrieden sein dürfte. Selbstverständlich kommen auch Fälle vor, wo die Zentralheizung auch erst bei niedrigeren Temperaturen in Betrieb gesetzt wird. Jedenfalls wird man einen kälteren Tag, beispielsweise im September, eher unberücksichtigt lassen als im April oder Mai, denn im ersteren Falle kommt die Wärmeaufspeicherung in den Umfassungswänden der Raumlufttemperatur zugute.

Die generelle Regelung der Heizwassertemperatur. Bei Warmwasserheizung hat sich die generelle Regelung der Heizwassertemperatur durchaus bewährt. Wenn die Heizungsanlage nicht zu knapp bemessen ist, kann man sich ungefähr auf folgende Skala stützen:

Außentemperatur	— 20°	— 15°	— 10°	— 5°	± 0°	+ 5°	+ 10°
Steigetemperatur t^k °C . .	90	82	75	66	58	49	40

Liest man also abends 9 Uhr eine Temperatur von + 5° ab, wird man im Heizkessel 49° zu halten haben. Die Frage, ob man dauernd oder unterbrochen heizen soll, dürfte nach weiteren Untersuchungen des Verfassers wie folgt zu beantworten sein: In Mietshäusern, wo die Unterbrechung des Heizbetriebes doch nur höchstens 5 bis 8 Std. bei Warmwasserheizung betragen dürfte, ist zugunsten der Wirtschaftlichkeit des Heizbetriebes stets für Dauerheizung (mit schwächerem Betriebe des Nachts) Sorge zu tragen; denn jede Unterbrechung erheischt zur Herstellung des Anfangszustandes ein erhöhtes Anheizen, das womöglich in 2 bis 3 Std. geschehen sein muß und infolgedessen nur unter Zuhilfenahme eines starken Schornsteinzuges möglich ist. Je größer aber der Schornsteinzug

[1]) Durch tägliche Aufzeichnungen ermittelt.

ist, desto größer sind, wie unter „Kaminverlust“ auf S. 357 nachgewiesen, die Wärmeverluste. Bei Konzertsälen und sonstigen weniger benutzten Räumen kann der unterbrochene Heizbetrieb aus wirtschaftlichen Gründen, bei Kirchen[1]) dagegen wieder der Dauerbetrieb zur Erhaltung der Denkmäler den Vorzug verdienen. Die mittlere Temperatur in den Umfassungswänden fällt kurz nach der Außerbetriebsetzung der Heizung sehr stark und verläuft dann allmählich asymptotisch.

Der Gedanke, in größeren Anstalten (Amts- und Schulgebäuden) durch Zusammenlegung der Insassen nur die Hälfte des Gebäudes heizen zu brauchen, ist vielfach zur Durchführung gelangt. Freilich bedingt diese Maßnahme wegen der Frostgefahr die Entleerung der außer Betrieb gesetzten Heizungsanlage, die aber ein starkes Verrosten, ja Zerstören der Anlage nach sich ziehen kann. Oft ist durch solche Maßnahmen mehr zerstört als genützt worden.

Unter den Richtlinien der Städt. Brennstoff-Deputation Berlin (1919) findet sich auch die Bestimmung, daß in den Amtszimmern die Einschränkung bzw. Abstellung der Heizung etwa eine halbe Stunde vor Geschäftsschluß zu erfolgen hat. Sofern dies nicht schon vom Heizkessel aus geschieht, müßten sämtliche Heizkörperventile beim jedesmaligen Anheizen der Anlage erst wieder geöffnet werden, wofür kein Personal zur Verfügung steht.

e) Überschlägige Kosten verschiedener Heizungsverfahren.

Wie bereits im allgemeinen Teil erwähnt, werden wir in Sonderfällen stets darauf bedacht sein müssen, das bei der Erzeugung der Wärme bestehende Temperaturgefälle besser auszunutzen. Wo, wie z. B. bei Luftheizungen, große Mengen warmer Luft zu bewegen sind, ist stets der Motorenbetrieb mit der Heizung wegen der größeren Wirtschaftlichkeit zu verbinden. E. Stadelmann[2]) hat rechnerisch, gültig für 1917, einige Möglichkeiten bei Beheizung eines Fabrikraumes behandelt und für 1000 cbm Fabrikraum bei 150 Heiztagen (+ 15° Raumtemperatur in Kopfhöhe, — 15° niedrigste Außentemperatur) folgendes Ergebnis festgestellt:

		M
1.	Heizung mit Heizkörpern mit Hilfe von Hochdruckdampf von 5 bis 6 at . .	91,35
2.	„ „ „ „ „ „ Niederdruckdampf „ 0,1 „ 0,2 „ . .	165,60
3.	Luftheizung: Luft durch Hochdruckdampf erwärmt, Ventilator durch Elektromotor betrieben	80,60
4.	„ „ „ Niederdruckdampf „ Ventilator durch Elektromotor betrieben	143,80
5.	„ „ „ Vakuumdampf „ Ventilator durch Elektromotor betrieben	58,30
6.	„ „ „ Hochdruckdampf „ Verbindung des Heiz- und Kraftbetriebes	58,00

2. Ofenheizung.

a) Allgemeines.

Die Bautätigkeit hat $\frac{1}{2}$ Jahrzehnt völlig geruht, und die Mittel, die früher bei der Errichtung der Häuser angewendet wurden, stehen heute nicht mehr zur Verfügung. Glücklicherweise bietet der Lehmhausbau in Siedelungen mit Öfen aus Schamotte Aussicht auf Erfolg. Der alte Berliner Kachelofen und die Zentralheizungsanlage werden viele Jahre von dem Wettbewerbe ausgeschlossen bleiben, weil die Herstellungskosten wegen Materialmangels nicht mehr im Verhältnis zum Nutzen stehen.

b) Kritische Behandlung der verschiedenen Ofenarten.

Wenn man die verschiedenen Ofenarten kritisch behandeln soll, wird man unter Hinweis auf die Zusammenstellung 140 zu folgendem Urteil berechtigt sein.

Die Grundregeln[3]), welche seinerzeit mit der Entstehung des Berliner Kachelofens durch ein Preisausschreiben Friedrichs des Großen anderthalb Jahrhunderte Gültigkeit hatten, können für heutige Verhältnisse nicht mehr anerkannt werden. Die starke „Vorfütterung“ der Öfen muß als zu weitgehend verurteilt werden. Je massiger ein Ofen ist, je stärker seine Umfassungswände aus-

[1]) Vgl. Uber, „Kirchenheizungen“, Wilhelm Ernst & Sohn, Berlin 1915.

[2]) Gesundheits-Ing. 1917, S. 487.

[3]) Von neuem mitgeteilt durch Gericke-Velten in der Keramischen Rundschau, G. m. b. H., Berlin 1912, desgl. enthalten in der 24. Mitteilung der Prüfanstalt für Heiz- und Lüftungsanlagen der Techn. Hochschule Berlin. Verlag von R. Oldenbourg, München 1917.

Zahlentafel 140.

Vorteile und Nachteile verschiedener Ofenarten.

Bauart	Vorteile und Nachteile hinsichtlich Hygiene	Erwärmung des Raumes	Wirtschaftlichkeit	Bedienung	Aufstellung
a) eiserner Ofen	Überhitzen der Räume, Verbrennen des Staubes, Geruch nach Anstrich und Putzmittel. Strahlungsbelästigung. Hoher Temperaturunterschied am Fußboden und an der Decke.	Schnelles Hochheizen, aber keine nachhaltige gleichmäßige Erwärmung. Leichte Anpassungsfähigkeit.	Niedriger Nutzeffekt, falls Abzugsrohr nicht genügend lang und Feuerraum nicht aus Steinen hergestellt ist. Unabhängig von der Brennstoffart.	verlangt unausgesetzte Aufmerksamkeit.	leicht
b) hoher Kachelofen	Vorteilhaft bis auf Lehmdecke, die zu Staub- und Schmutzablagerung führt.	Langsames Hochheizen mit nachhaltiger gleichmäßiger Erwärmung, keine Anpassungsfähigkeit bei Witterungsschwankungen.	Sparsam im Brennstoffverbrauch, indes beschränkt auf Verwendung von Briketten, Braunkohle, Holz, Torf.	wenig Arbeit	nur durch Fachleute möglich, wozu mehrere Tage Zeit erforderlich. Schwierigkeit bei Beschaffung geeigneter Rohstoffe.
c) Kombination von a) und b)	Vorteilhaft.	Schnelles Hochheizen und nachhaltige gleichmäßige Erwärmung. Bessere Anpassungsfähigkeit an Temperaturschwankungen.	Sparsam und unabhängig vom Brennstoff.	desgl.	desgl.
d) Dauerbrandofen mit Regulierfüllung des Brennstoffes (Cadé, Meidinger etc.)	Starkes Strahlungsvermögen. Verschlechterung der Raumluft wie bei a). Ungleiche Temperaturen am Fußboden und an der Decke[1]).	Schnelle und nachhaltige gleichmäßige Erwärmung. Schlechte Anpassungsfähigkeit durch Luftregulierung	Sehr hoher Nutzeffekt.	sehr gering	leicht
e) niedriger Kachelofen „Malgre", System Dr. Tschaplowitz	Sehr vorteilhaft wegen konvektiver Bewegung der Raumluft infolge von Ventilationsöffnungen.	Schnelles Hochheizen und nachhaltige Erwärmung. Gute Anpassungsfähigk. an Temperaturschwankungen.	Hoher Nutzeffekt.	desgl.	wie bei b)
f) Mott-Ofen, System Schuppmann	Sehr vorteilhaft [wie e)].	Schnelles Hochheizen und nachhaltige gleichmäßige Erwärmung. Bessere Anpassungsfähigkeit an Temperaturschwankungen.	Sehr hoher Nutzeffekt wegen weitgehendster Ausnutzung der Verbrennungsgase.	desgl.	leichte und schnelle Aufstellung durch Laien.

[1]) Nach Messungen des Verf. am 26. XII. 06 bei einem 2 m hohen eisernen Dauerbrandofen für Anthrazit 10,5° Unterschied (17,7° am Fußboden, 28,2° an der Decke).

geführt werden, desto langsamer steigt die Temperatur in dem zu beheizenden Raum, während auf der anderen Seite die Nachwirkung der Erwärmung um so nachhaltiger ist. Je schwächer die Wände eines Ofens sind, desto schneller steigt die Raumtemperatur, desto geringer ist aber seine nachhaltige Wärmewirkung.

Prof. Dr. Brabbée bezeichnet in der Einleitung zur 24. Mitteilung der ihm unterstellten Prüfanstalt jenen Ofen als schlecht, der den Raum gerade während der Benutzungszeit kalt läßt. Dem muß vollständig zugestimmt werden; denn wenn man das Bedürfnis nach einem warmen Zimmer hat, will man nicht erst mehrere Stunden darauf warten und das um so mehr, wenn man an eine sitzende Beschäftigung gebunden ist. Der Ofen soll möglichst große Mengen Luft erwärmen, und zwar nicht durch Wärmeleitung und Strahlung, sondern durch Konvektion. Wo dieses nicht der Fall ist, erhält man große Unterschiede nicht nur in der Nähe der Fenster, sondern auch am Fußboden und der Decke, so daß trotz Überhitzung der Räume in Kopfhöhe eine behagliche Wärme vermißt wird. Der Ofen soll ferner eine gewisse Anpassungsfähigkeit an Witterungsschwankungen besitzen.

Die Rationierung der Hausbrandkohle nach Zimmerzahl unter Zugrundelegung einer Brennstoffeinschränkung von 50% hat die Einwohner in der Wahl der Brennstoffe keineswegs mehr wählerisch gemacht. Der Ofen muß für die Zukunft so gebaut sein, daß er jeden Brennstoff ohne Ausnahme gebrauchen kann.

Von den neueren Ofenbauarten sind der sog. Einheitofen, dessen weiterer Ausbau in der Prüfanstalt für Heiz- und Lüftungsanlagen der Technischen Hochschule Berlin erfolgt ist[1]), und der Mott-Ofen, Bauart Schuppmann[2]), zu nennen, dessen Untersuchung vom Verfasser vorgenommen wurde. Der Mott-Ofen eignet sich sowohl für Dauer- als auch für unterbrochenen Betrieb. Er hat den Vorzug, den Raum in kaum 2 Std. nach Beginn des Anheizens auf die Höchsttemperatur zu bringen und dabei nach Abschluß der Feuertür die Wärme auf eine Reihe von Stunden aufzuspeichern. Da der Kaminverlust wegen der geringen Abgangstemperaturen selbst bei Dauerheizung keine höhere Temperatur als rd. 140° erreicht — dem Berliner Kachelofen gegenüber also kaum die Hälfte —, ist der Mott-Ofen nicht nur sparsam, sondern auch äußerst anpassungsfähig, vor allem für jeden Brennstoff geeignet, eine Forderung, die für Siedelungszwecke von außerordentlicher Bedeutung ist[3]). Das schnelle Anheizen des Raumes ist ein Vorzug gegenüber dem Berliner Kachelofen, der hierfür 8 bis 9 Std. Zeit erfordert[4]). Der Mott-Ofen hat, wie in der Zusammenstellung 140, f angegeben, ferner den Vorzug billiger Herstellung und leichter Aufstellung, was mit Rücksicht auf das heutige Arbeiterpersonal von besonderem Werte sein dürfte.

c) Richtlinien für Stubenöfen.

Von den Richtlinien für Stubenöfen mit Rücksicht auf die Zeitverhältnisse mögen jene der Brennkrafttechnischen Gesellschaft[5]) aufgeführt werden:

„Der Schornsteinzug muß so stark sein, daß er bei normalen Witterungsverhältnissen eine rationelle Verbrennung des Brennstoffes gewährleistet. Die Schornsteinrohre müssen in allen Etagen verschließbare Öffnungen zur Anlegung eines Lockfeuers erhalten, um das Herausqualmen der Gase beim Anheizen der Öfen — sei es bei ungünstigen Witterungsverhältnissen, sei es nach längerem Nichtgebrauch der Schornsteine — beseitigen zu können. Die Länge der Feuerzüge muß 3,5 bis 4 m sein, um den Abwärmeverlust (Abzug der heißen Gase in den Schornstein) auf das zulässige Maß zu beschränken. Längere Züge können unvollkommenere Verbrennung nach sich ziehen. Die Ofenwände sind weniger stark vorzufüttern, damit das Hochheizen des Raumes schnell vor sich geht und nicht erst nach 8 bis 9 Std. erfolgt. Die Öfen müssen der Raumluft möglichst viel Berührungsfläche bieten; sie sollen deshalb mehr frei stehen und nicht in die Ecken des Raumes hineingepfercht werden. Die heißeste Ofenfläche soll möglichst tief liegen, damit die kalte Luft über dem Fußboden erwärmt wird und noch steigen kann. Der Verschluß des Ofens

---

[1]) Nach anderen Mitteilungen, die dem Verfasser hierüber zugegangen sind, ähnelt der Ofen dem sog. Gleiwitzer Ofen (vgl. Näheres über die Entstehung des Ofens, »Der Kachelofen« Nr. 7, 1920).

[2]) Mott-Ofen, G. m. b. H., Berlin W 10.

[3]) Besondere Bauarten von Hausbrandfeuerungen für Holzabfälle sind nicht zu nennen, in Frage kommt ein von Rudolf Scheller in Meiringen (Schweiz) angegebener Ofen (schweiz. Pat. 46680 vom Jahre 1909) für Brennstoffabfälle, z. B. Sägespäne, Kohlengrus od. dgl. Der Ofen zeigt einen Füllraum, aus dem ein drehbar gelagerter Haspel die Abfälle auf den Rost fördert.

[4]) Über den Brabbéeschen Einheitofen sind zurzeit Versuchsergebnisse noch nicht veröffentlicht, indes soll er ähnliche Vorzüge aufweisen.

[5]) Unter Mitwirkung des Verfassers und des Ofensetzer-Gewerbes für Kachelöfen aufgestellt.

muß ein gutes Abdichten ermöglichen, um ein Ausströmen der Hitze nach dem Schornstein zu verhüten. Als Material der Öfen darf wegen der Lage der keramischen Industrie nur Schmelzware und Eisen zugrunde gelegt werden. Die Anlage der Feuerzüge und der ganze Aufbau der Öfen müssen so einfach sein, daß die Montage der Öfen ohne Hinzuziehung von Spezialfachleuten erfolgen kann. Die Öfen müssen für jeden Brennstoff geeignet sein."

d) Richtlinien für sparsamen Brennstoffverbrauch.

Zwecks sparsamen Brennstoffverbrauchs in der bürgerlichen Wirtschaft hat der Magistrat Berlin (Deputation für Kohlenversorgung) ein Merkblatt herausgegeben, von dem folgendes für die vorliegenden Zwecke entnommen werden soll:

„Vor Anheizen kalte Asche aus dem Feuerraum entfernen, glühende Asche aber halten. Bei Heizung mit Preßkohlen (Öfen ohne Rost) diese nicht fest gegeneinanderschichten, sondern lose aufbauen; davor oder darunter trockenes Holz legen und anzünden; dann Tür mit den kleinen Zuglöchern anlegen. Sobald sämtliche Kohlen glühen, Schraubtür luftdicht schließen, dabei beachten, daß Türfalz aschenfrei. Bei Koks- oder Steinkohlenheizung (Öfen mit Rost) täglich Schlacken beseitigen; bei Glut des Brennstoffes Feuertür und Aschentür fest schließen und nur mit Rosette Luftzufuhr regeln. Bei Kochmaschinen Verwendung halber Preßkohlen nützlich, also Brikette üblicher Größe teilen. Zu reichlicher Ersparnis von Preßkohlen bei Kachelöfen mit Planrost diesen unter Zuziehung des Töpfers mit Lehm und Dachsteinen so weit zumauern, daß vorn nur Rostfläche von 10 bis 15 cm Tiefe bei Ofentürbreite verbleibt; in gleicher Weise auch Rost in Kochmaschinen, soweit Preßkohlen verfeuert werden, bis zur Hälfte der bisherigen Größe abdecken. Bei Füllfeuerung (eiserne Öfen) mit Kohle, Brennstoff von oben; mit Koks, Brennstoff von unten anzünden."

3. Grudeheizung.

Der Grude-Küchenherd, der sich schon in einfachster Form in der Provinz Sachsen und in Mitteldeutschland großer Beliebtheit erfreut, wird sich mit Rücksicht auf unsere ganze Wirtschaftslage hoffentlich bald weiter einführen. Die Grude (Braunkohlenkoks) ermöglicht einen Dauerbrand ohne Flammen und Ruß bei großer Hitzeentwicklung. Als Träger des glühenden Feuers dient für gewöhnlich eine Aschenschicht[1]), die man auch zur Dämpfung der Glut auf die Brennschicht geben kann, falls eine Einschränkung der Wärmeentwicklung erwünscht sein sollte. Während die meisten Bauarten den Feuerkasten mit einer Schieblade verbinden, die bei ihrem Herausziehen die Raumluft durch Staub und Dunst unter Umständen verunreinigt, sieht das Immerbrandofenwerk Paul Friedrich in Jauer (Bzk. Liegnitz) eine Vorrichtung vor, die es gestattet, das Schüren und Beschicken des Feuerherdes im Ofen selbst vorzunehmen. Zu diesem Zwecke wird mit Hilfe eines außen gelegenen Hebels der Träger des Grudekokses von dem Aschenfall entsprechend hochgehoben und dadurch der für die Bearbeitung des Feuers erforderliche Spielraum geschaffen.

Für die Raumheizung dienen Feuerherde mit einem Heizluft-Röhrensystem, deren Röhren schräg angeordnet sind. Die Luft tritt bei einem gegen eine kalte Umfassungswand gestellten Ofen von der Wandseite in die von außen erhitzten Röhren ein und nach ihrer Erwärmung an der Vorderseite des Ofens wieder aus. Ein durchlochtes Zierblech deckt die Austrittsöffnungen. Die Heizfläche ist außerordentlich wirksam, die Ausnutzung die denkbar günstigste. Die durch die schräge Lage der Rohre hervorgerufene lebhafte Bewegung der Luft verhindert ein Ansammeln und damit eine Verbrennung des Staubes auf den Heizflächen.

Der Grudekoks kostet zurzeit 24 M/50 kg frei Bahnhof Berlin.

4. Elektrische Raumheizung.

Geht durch einen Leiter vom Widerstand R ein Strom J, so entstehen

$$0{,}000239\, J^2 R \text{ WE/Sek.}$$

Elektrische Widerstandsheizkörper sind in den verschiedensten Formen auf den Markt gekommen. Zu erwähnen ist hier der Radiophor von H. Frank, der dem Radiator einer Zentralheizung ähnelt, und die Widerstandsgitter der Firma C. Schniewindt in Neuenrade i. Westf., die zur Vermeidung von Kurzschlüssen bei der meist zur Anwendung kommenden Spiralwicklung ein Gewebe aufweisen, deren Kette aus chemisch reinen Asbestfäden, deren Schuß aus den Wider-

[1]) Vgl. a. Ebeling, „Sitzungsberichte des Arbeitsausschusses", Heft 5 u. 6. Verlag von Rudolf Mosse, Berlin 1919.

standsdrähten besteht. Da die Asbestfäden hygroskopisch sind, werden sie mit einer Porzellanmasse überzogen. Die Widerstandsdrähte sind aus einer Chromnickellegierung hergestellt, das einer Betriebstemperatur von ca. 1100° dauernd widerstehen kann.

Oft werden Glühlampen als Heizkörper verwendet. Ihre Wärmeabgabe beträgt für 1 Watt

Lichtstärke in Kerzen		16	25	50
	kW ∾	0,016	0,025	0,05
bei Metallampen	WE/Std.	13,8	21,5	43
bei Kohlenfadenlampen	„	41	64	130

Zurzeit ist aber der elektrische Strom noch sehr teuer. Rechnen wir mit Dr. Deinlein[1]) nur mit 10 Pf für die kW-Std., so ergeben sich nach ihm folgende, für München vor dem Kriege geltenden Wärmepreise (= 100000 WE):

Elektr. Heizung	Leuchtgas	Koks	Steinkohle
11,60 M	3,00 M	0,7 M	0,4 M
Verhältnis 29	7,5	1,75	1

Danach ist die elektrische Heizung 29mal so teuer als die Raumheizung mit Steinkohlen. Hierbei sind nur die in Kauf zu nehmenden Verluste bei der Umsetzung der Brennstoffwärme in Raumwärme, nicht aber der Fortfall des Rostverschleißes, der Schlackenabfuhr und sonstiger Annehmlichkeiten (z. B. bei den ersten beiden Heizarten) berücksichtigt worden.

Für Kohlenfadenlampen ergibt sich rund der dreifache Wärmebetrag. Ist der Wärmeverlust eines Zimmers von 1300 WE zu decken, so würde hiernach mit der Einschaltung von 10 fünfzigkerzigen Kohlenfadenlampen auch die Raumheizung gleich mitbesorgt werden. In dieser Betrachtung liegt schon eine Richtschnur für die Verbilligung der elektrischen Heizung. Sie darf nicht Hauptzweck, sondern Nebenzweck sein, d. h. man muß also gewissermaßen die Raumheizung als Abwärmeverwertung der elektrischen Energieerzeugung auffassen. In Zukunft wird sich deshalb auch für die Elektrizitätswerke nur eine Aussicht auf Einführung der elektrischen Raumheizung eröffnen, wenn durch Abwärmeverwertung ihrer Kraftanlagen die Möglichkeit der Erzeugung billiger elektrischer Energie gegeben ist. In welcher Weise hierbei der Kreislauf zu wählen sein wird, muß die Praxis von Fall zu Fall entscheiden. Zu weit getriebene Fernleitung des Dampfes kann ebenso unwirtschaftlich werden wie die Umsetzung der Dampfwärme in Heißwasser, die an sich neben der Weiterförderung des Wärmeträgers mit Energieverlusten verknüpft ist. Und dennoch kann die Lösung durch einen Wechselbetrieb erreicht werden, etwa derart, daß tagsüber eine Gegendruckturbine Schulen und andere öffentliche Gebäude wie Volksbäder, Gerichte usw. unmittelbar mit Wärme versorgt, abends dagegen durch Kupplung mit einer Abdampfturbine elektrische Energie für Heizungszwecke liefert (vgl. VI des siebenten Kapitels). Mit dem Einschalten der elektrischen Beleuchtung erfolgt die Zusatzheizung, die die Turbine entlastet. Um wirtschaftlicher zu arbeiten, müßte die elektrische Heizung mit selbsttätigen Temperaturreglern ausgestattet werden, um einer Energieverschwendung vorzubeugen.

5. Die Wirtschaftlichkeit der Warmwasserbereitungs-Anlagen.

a) Allgemeines.

Bei den Architekten verbreitet sich die Meinung, daß eine Warmwasserbereitungsanlage wegen ihres teuren Betriebes ein Luxusgegenstand sei.

Der teure Betrieb ist nicht in Abrede zu stellen. Die aus der Verbrennung des Kokses im Heizkessel gewonnene Nutzwärme wird auf den Wärmespeicher (Boiler) durch eine Heizschlange übertragen und von hier aus mit Hilfe von Umlaufleitungen bis zu den Zapfhähnen geleitet. Die Umlaufleitungen stellen eine regelrechte Warmwasserheizung dar, mit der Wärmeverluste verbunden sind; ebenso bilden der Kessel (unter Umständen auch das Ausdehnungsgefäß), die Anschlußleitung an die Schlange, der Wärmespeicher und die ganze übrige Rohranordnung eine Quelle weiterer Verluste, die aber durch Beachtung einer Reihe praktischer Erfahrungen schon bedeutend herabgemindert werden können. Diese mögen in folgendem zusammengefaßt werden:

[1]) Z. d. Bayer. Rev.-Ver. v. 31. März 1918, S. 45.

b) Zusammenstellung von Versuchsergebnissen.

Die Leistung eines Heizkessels ist nicht höher zu veranschlagen, als sie die Praxis tatsächlich aufweist. Jedenfalls dürfen wir für Kleinkessel nur Durchschnittsleistungen von 11000, für gußeiserne Gliederkessel nur rd. 7500 WE/Std. zugrunde legen.

Bei der Berechnung des Wasserinhalts von Wärmespeichern (Boilern) handelt es sich nicht um Aufspeicherung von Wärmeeinheiten schlechthin, sondern um einen Wärmesammler, der nur bis zu einer gewissen niedrigsten Temperatur in Anspruch genommen werden kann. Will man über Bäder von 40° C verfügen, so kann man den Wärmeinhalt J des Wärmespeichers in WE nicht mit J (80 — 10°) sondern nur mit J (80 — 40°) in Rechnung stellen, denn das Wasser unter 40° gibt kein Bad mehr.

Ein weiterer Irrtum rührt daher, daß man die Anzeige des am Wärmespeicher befindlichen Thermometers auf die mittlere Temperatur des Wassers bezieht. Das kalte Wasser tritt

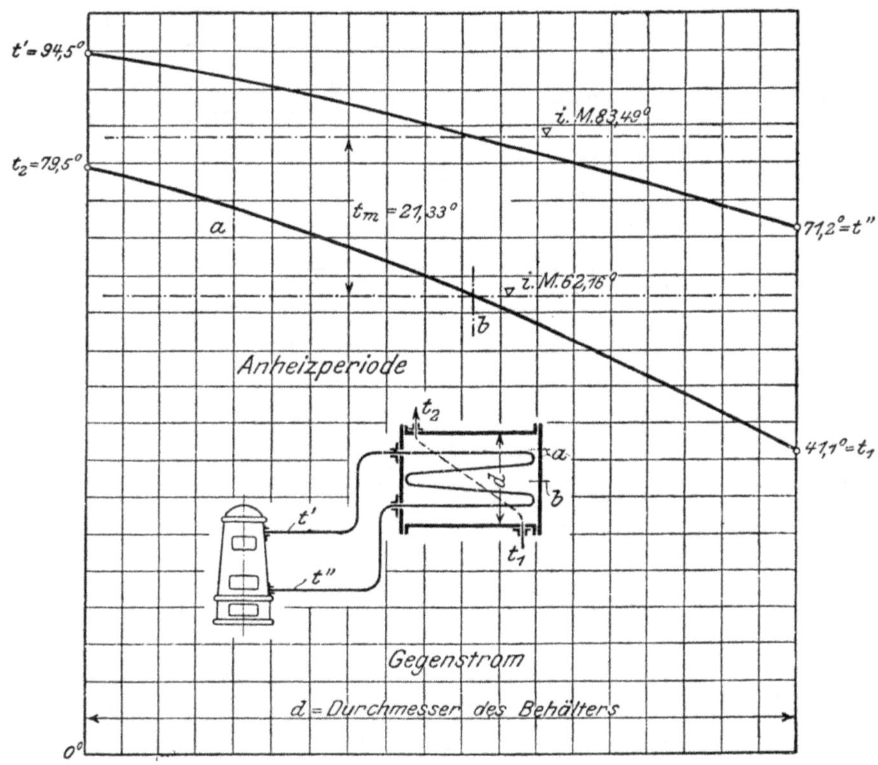

Abb. 196. Verlauf der Temperaturen in der Heizschlange und im Wärmespeicher bei Gegenstrom.

auf der einen Seite ein, auf der anderen Seite aus. Es findet demnach eine Erwärmung nach einem bestimmten Gesetze statt, die sich in der Schichtung des Wassers kennzeichnet. Hat man die Kurve für die Temperaturzunahme im Außenstrom durch Versuche festgestellt, so ist es nicht schwer, planimetrisch oder rechnerisch die mittlere Temperatur zu finden. Abb. 196 zeigt beispielsweise den Verlauf der Temperaturen zwischen den Enden der Wasserheizschlange und des Außenstromes bei Anwendung von Gegenstrom, Abb. 197 bei Parallelstrom (Gleichstrom), beides $2\frac{1}{4}$ Std. nach dem Anheizen des Heizkessels beobachtet. Die tatsächliche mittlere Temperatur wird an der Stelle b angezeigt, während a die jetzt vielfach übliche Stelle für das Thermometer bezeichnet. Das Mittel der Temperaturen in den Stromkreisen der Abb. 197 ist bekanntlich nicht

$$\frac{98,5 + 85,6}{2} = 92,05^0$$

bzw.

$$\frac{85,2 + 45,9}{2} = 66,5^0$$

sondern 89,57° und 78,97°.

Der Unterschied zwischen den Temperaturen beider Stromkreise t_m ist demnach nicht (92,05 — 66,5) = 25,55°, sondern 10,6°. Hieraus müssen sich also rechnerisch falsche Koeffizienten für die Wärmeübertragung und nicht zutreffende Leistungen der Anlagen ergeben.

Für die Höchsttemperatur im Wärmespeicher reichen 60° nicht aus; nach den Versuchen von H. Vetter, Berlin, sind schon 65° für Küchen erforderlich, um Talg von den Tellern zu entfernen. Danach müssen wir also im Wärmespeicher annähernd 70° an der Stelle *b* (Abb. 196 u. 197) halten und nicht etwa nur an der Stelle *a*. Die Beobachtung in der Praxis, daß bei verhältnismäßig geringer Entnahme von Heizwasser das Thermometer bei *a* schon sichtbar fällt, beweist eben, wie wenig Wärme in dem Wärmespeicher tatsächlich aufgespeichert ist.

Daß der rechnerisch geforderte Inhalt im Behälter nach Abzug der Rohrschlange vorhanden sein muß, soll der Vollständigkeit halber nebenbei erwähnt werden.

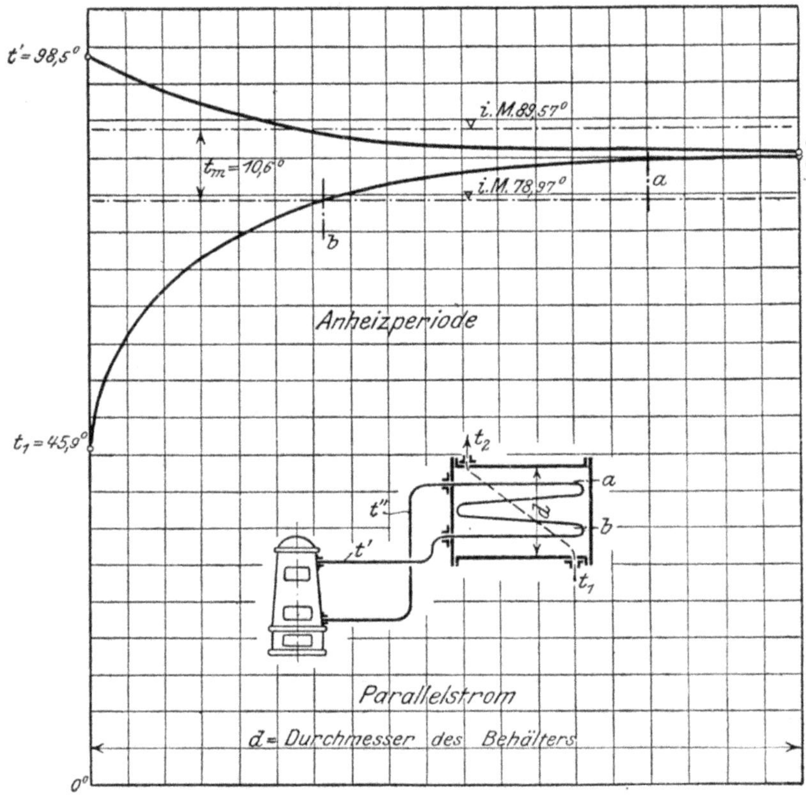

Abb. 197. Verlauf der Temperaturen in der Heizschlange und im Wärmespeicher bei Parallelstrom.

Bei Warmwasserbereitungs-Anlagen handelt es sich um eine Verbindung von Heizkessel und Rohrschlange. Was der Heizkessel an Wärme zu erzeugen imstande ist, kann durch die Heizschlange nicht abgegeben werden. Hier herrscht keineswegs ein Gleichgewicht zwischen Soll und Haben. Wenn die Heizschlange infolge eines bestimmten Wertes t_m ihre Wärmeabgabe verringert, dauert die Wärmeentwicklung im Heizkessel weiter fort; durch sie wird die Ein- und Austrittstemperatur in der Heizschlange zwar gesteigert, aber es findet keine ausreichende Verwendung der gelieferten Wärme statt. Der Temperaturunterschied am Ein- und Austritt der Heizschlange verringert sich stetig, so daß der Heizkessel schließlich überkocht oder durch den Temperaturregler in seiner Leistung verringert werden muß.

Parallel- oder Gegenstrom? Um die Schichtung des Wassers im Wärmespeicher zu verhüten und damit gleichzeitig eine zweckmäßige Regelung der Warmwassertemperatur zu erzielen, ist die Anwendung des Parallelstromes vorzuziehen. Die Rohrschlangen zeigen eine höhere Wärmeübertragung, und der Wärmeinhalt des Wärmespeichers ist größer. Ein Blick auf Abb. 197 zeigt uns, daß selbst beim Anheizen mit Hilfe des Parallelstromes t_m bedeutend kleiner ausfällt als beim Gegenstrom. Wir haben also in der Wahl des Parallelstromes unter Umständen ein Mittel, unsere Anlage wirtschaftlicher zu machen. Die Wasserheizschlange weist beim Anheizen für Parallelstrom eine Wärmedurchgangsziffer k auf, die doppelt so groß ist wie beim Gegenstrom; bei Entnahme warmen Wassers (voller Betrieb) bleibt der Parallelstrom immer noch um 20% günstiger als der Gegenstrom, wenn man gleiche Temperaturunterschiede in der Heizschlange voraussetzt. k wird allgemein viel zu hoch angenommen.

Bei einem 10stündigen Betrieb mit den zu billigenden Temperaturschwankungen, die selbst bei der besten Anlage auftreten können, ergab sich k bei Gegenstrom zu 350 WE für 1° Temperaturunterschied, 1 qm eiserne Wasser-Rohrschlangen-Oberfläche und 1 Std. (bei kupfernem Rohr fand Verfasser nur rd. 12% bessere Wirkung). Bei den Versuchen schwankte t' (Vorlauf) zwischen 52° und 74° und betrug i. M. 65,4°, während für den Rücklauf t'' als Mittel von 40,8 und 60° eine Temperatur von 50,3° festgestellt wurde. Es ergibt sich danach $(t' - t'')$ zu 15,1°. Der Inhalt des Wärmespeichers betrug 1500 l, die Rohrschlangenoberfläche 3,2 qm, die stündliche Wärmeabgabe i. M. 17150 WE, desgl. auf 1 qm und 1° Temperaturunterschied $\frac{17150}{3{,}2 \cdot 15{,}1} = 350$ WE.

Die geringe Wärmeübertragung rührt in erster Linie von den schwankenden und niedrigen Vorlauftemperaturen her, verursacht durch den Kleinkessel, der mit dem Wärmespeicher gekuppelt war. Die häufig von Sachverständigen vertretene Ansicht dieser Lösung hat Verfasser stets bekämpft und statt des Kleinkessels mit bestem Erfolg größere Gliederkessel mit Temperaturreglern anempfohlen. Wasserrohrschlangen können nur bei hoher Vorlauftemperatur wirksam sein, und dann noch wird das Ergebnis durch die Beanspruchung des Wärmespeichers, d. h. durch den Bedarf an Warmwasser derart beeinflußt, daß alle Ziffern, die für die Wärmeabgabe gegeben werden, nur bedingten Wert haben. Wo regelmäßig warmes Wasser abgezapft wird, gestaltet sich der Betrieb natürlich weit wirtschaftlicher als in Häusern mit stark wechselndem Warmwasserbedarf. Die beste Lösung bleibt der selbsttätig wirkende Gas-Warmwasserapparat für jede Wohnung, vorausgesetzt, daß auf dauernde Lieferung ausreichenden und heizkräftigen Gases gerechnet werden kann.

Die Wärmeleistung von 1 qm Kesselheizfläche ist durch die Wärmeabgabe der Heizschlange bedingt; beim Anheizen ist die Leistung, sofern Parallelstrom angewandt wird, gleich jener im vollen Betriebe, während bei Gegenstrom die Wärmeleistung beim Anheizen nur gleich der Hälfte der Leistung im vollen Betriebe zu setzen ist.

Wärmeverlust durch Abkühlung der Anlage. Eine Warmwasserbereitungs-Anlage, die mit einer Temperatur von 70° im Behälter außer Betrieb gesetzt wird, zeigt nach 9stündiger Abkühlung einen Wärmeverlust von etwa 40% des anfänglichen Wärmeinhalts. Hieraus folgt, daß die Größe des Heizkessels zu der des Wärmespeichers in einem gewissen Verhältnis stehen muß, um die Wärmeverluste durch Abkühlung zu verringern. Während man früher kleine Heizkessel und große Wärmespeicher wählte, gewährt ein umgekehrtes Verhältnis die Möglichkeit, den niedrigen Gesamtwirkungsgrad von 35% auf 65% zu erhöhen. Zum Beweise sollen die Versuchsergebnisse in Zahlentafel 141 wiedergegeben werden.

Zahlentafel 141.

Gesamtverlust bei verschiedener Wahl des Heizkessels und Wärmespeichers.

Bisherige Anordnung: Abb. 198.		Neuer Vorschlag: Abb. 199.	
Kleinkessel	1,5 qm	Gliederkessel	6 qm
Wärmespeicher	1500 l	Wärmespeicher	1150 l
mittlere Wassertemperatur während des Betriebes	80°		70°
stündlicher Wärmeverlust der isolierten Leitung: $7{,}3\,\frac{175+(80-20)}{60}\,(80-20)$[1] =	1715 WE	entsprechend	1370 WE
desgl. der isolierten Anschlußleitung für die Rohrschlange: $0{,}53 \cdot 3{,}2 \cdot (80-26) =$	92 „	„	75 „
desgl. der nackten Leitung: $4{,}2\,\frac{175+(80-41{,}5)}{20}\,(80-41{,}5) =$	1730 „	„	1300 „
desgl. der Wärmespeicher-Oberfläche: $3{,}77 \cdot 2{,}2\,(80-26) =$	448 „	„	365 „
zusammen	3985 WE		3110 WE
auf dem Rost erzeugt in 1 Std.	29000 „		71200 „

[1]) Die Formeln hat Verfasser im Gesundheits-Ing. 1912, Nr. 20 vom 18. Mai ausführlich entwickelt.

Zahlentafel 141 (Fortsetzung).

	Bisherige Anordnung:		Neuer Vorschlag:
Verhältnis des Wärmeverlustes zur erzeugten Wärme:	$\frac{3985 \cdot 100}{29\,000} = 13{,}75\,\%$;		$\frac{3110 \cdot 100}{71\,200} = 4{,}38\,\%$
Wärmeverluste bei Erzeugung der Wärme	39,36 „		27,84 %
zusammen	53,11 %		32,22 %
demnach nutzbar	46,89 % = 13 602 WE;		67,78 % = 48 260 WE
Abkühlung während einer 9stündigen Ruhepause .	43,4 %	oder	39,3 %
	$\frac{80 \cdot 1500 \cdot 43{,}4}{100} = 52\,080$ WE;		$\frac{70 \cdot 1150 \cdot 39{,}3}{100} = 31\,637$ WE
desgl., auf einen 15stündigen Betrieb verteilt:	$\frac{52\,080 \cdot 100}{15 \cdot 29\,000} = 12\,\%$;		$\frac{31\,637 \cdot 100}{15 \cdot 71\,200} = 2{,}97\,\%$
demnach Gesamt-Wirkungsgrad der Gesamtanlage:	$100 - (53{,}11 + 12) = 34{,}89\,\%$;		$100 - (32{,}22 + 2{,}97) = 64{,}81\,\%$.

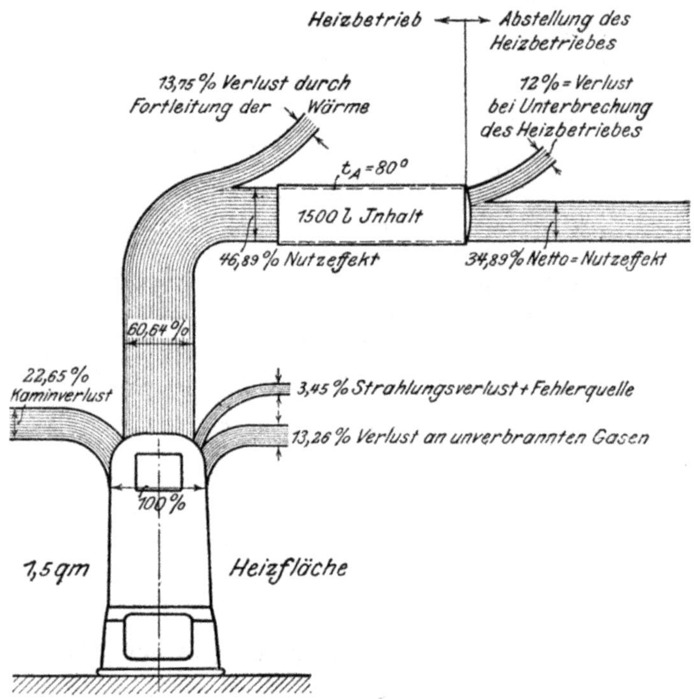

Abb. 198. Wärmediagramm beim Kleinkessel.

Der Strahlungsverlust des Heizkessels ist bei Bestimmung der Ausnutzung des Brennstoffes bereits berücksichtigt worden, fällt deshalb für den 15stündigen Betrieb außer acht. Soll der Strahlungsverlust des Wärmespeichers verringert werden, müssen wir von einer niedrigeren Temperatur ausgehen. Für 80° Temperatur im Behälter hatte der Gliederkessel 5 qm Heizfläche, während der Behälterinhalt 1000 l betrug. Um 70° bei einem Speicherinhalt von 1150 l zu halten, muß schon ein Gliederkessel von 6 qm genommen werden.

Der Verlauf der Wärmeverluste ist in Abb. 198 und 199 bildlich dargestellt; sie zeigen, welche Vorteile die Verbindung mit dem Gliederkessel mit sich bringt.

Die Verhältnisse lassen sich durch Isolieren sämtlicher Leitungen und durch Einschränkung der Verluste durch unverbrannte Gase (Feuer nicht totwerfen, Oberluftzuführung kurz nach der Beschickung usw.) oder durch andere Anordnungen noch weiter verbessern.

Rolandkessel. Ein Blick auf Abb. 200 und Tafel XIII läßt erkennen, daß die getrennte Anordnung zwischen Wärmespeicher und Kessel unvermeidliche Verluste mit sich bringt. Würde man den

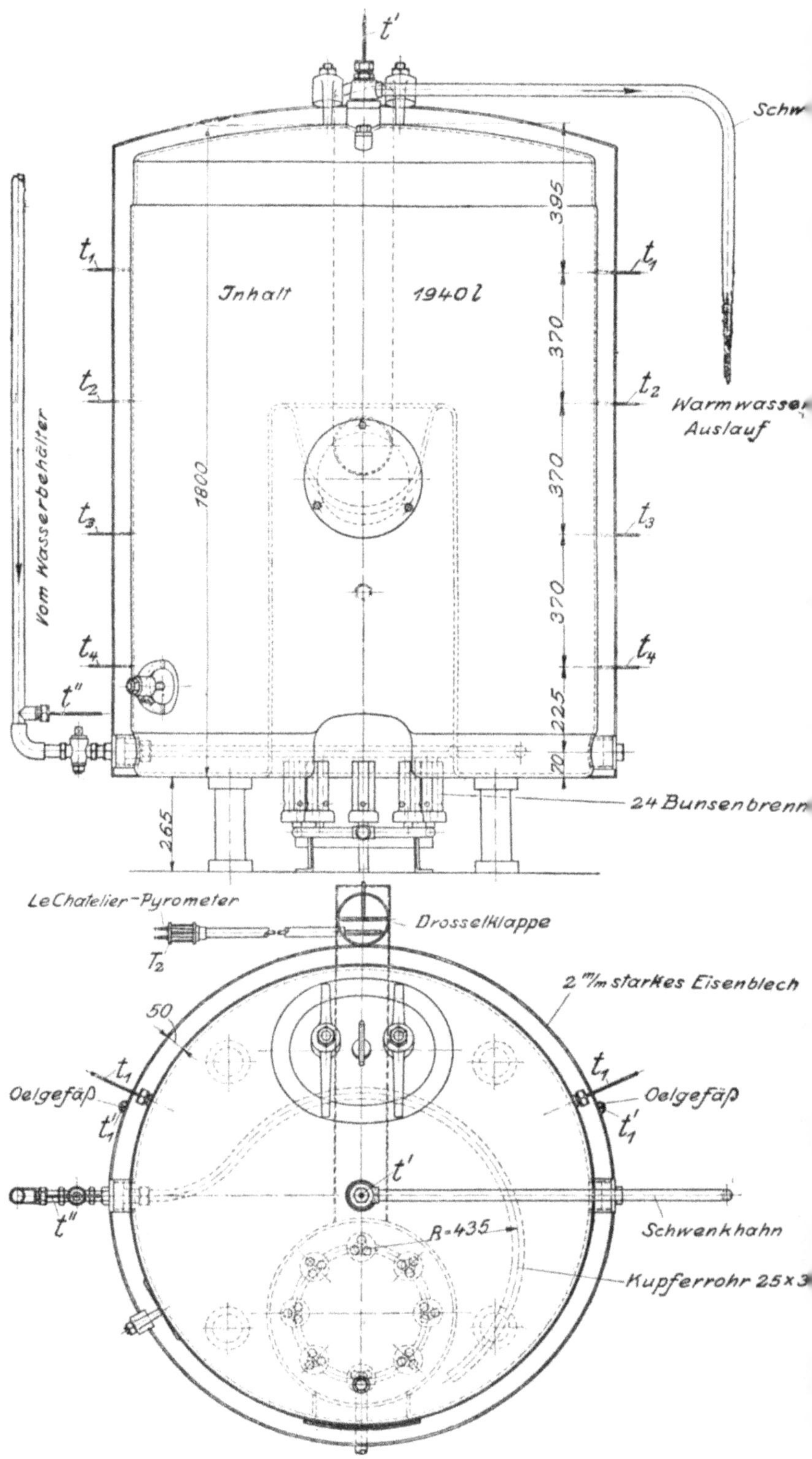

Versuchsanordnung und Ten

Tafel XIII
(zu Seite 429).

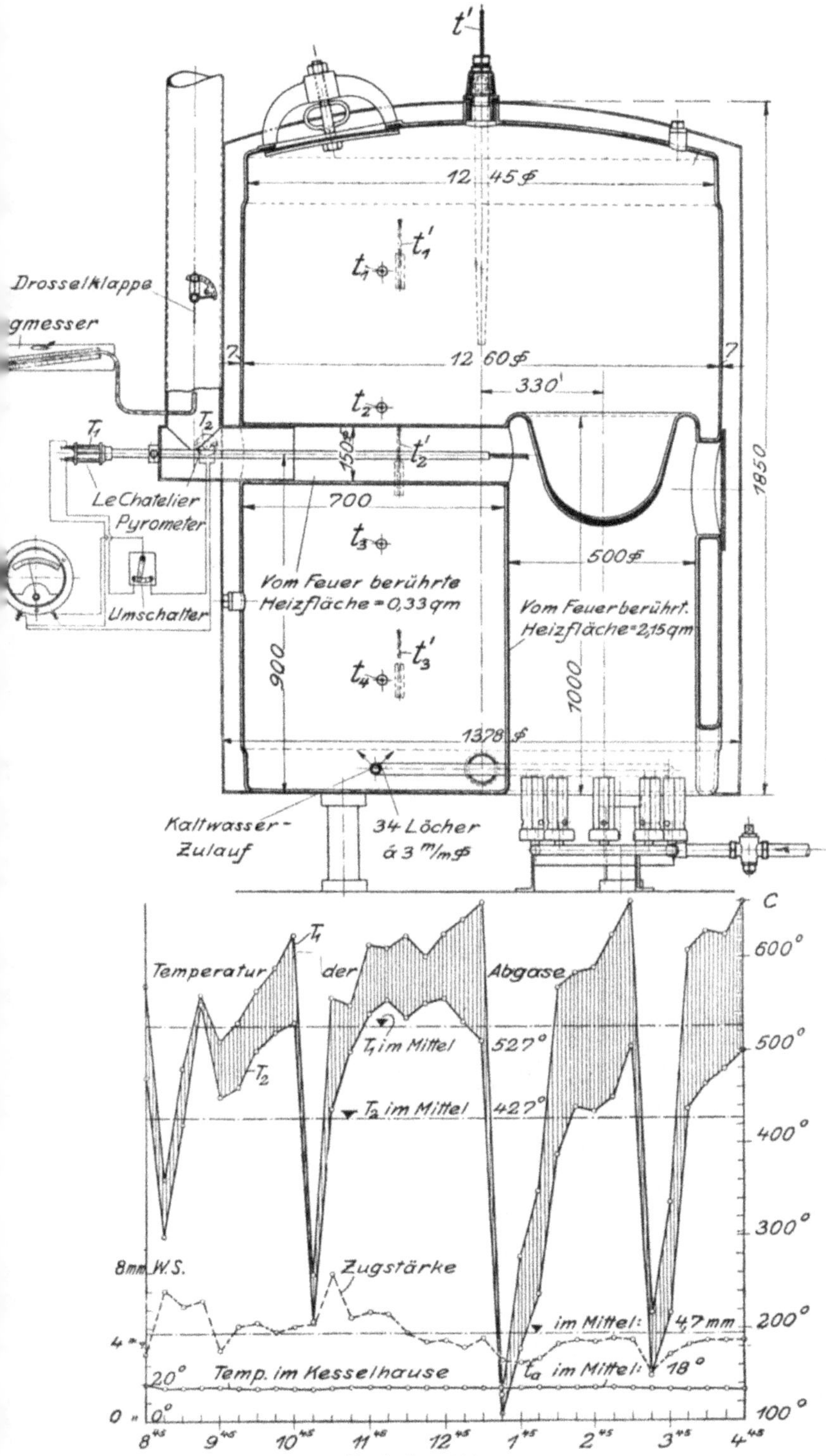

m bei einem Rolandkessel.

Druck und Verlag von R. Oldenbourg, München und Berlin.

Kessel in den Behälter einbauen, wie es die Firma Franz Loewenstein, Berlin-Lichtenberg, bei ihrem Rolandkessel tatsächlich ausgeführt hat, so ließe sich zunächst der Strahlungsverlust des Kessels, dann aber ein Teil des Kaminverlustes nutzbar machen. Verfasser hat mit einem solchen Kessel Versuche angestellt und trotz starker Anstrengung eine gute Ausnutzung bei hoher Wärmeentwicklung erreicht. Die Versuche wurden sowohl mit Gas- als auch mit Koksfeuerung durchgeführt. Das kalte Wasser trat bei t'' ein und bei t' erwärmt aus, vgl. Tafel XIII. Aus der Gewichtsmenge des ausfließenden Warmwassers und dessen Temperaturunterschied (t' und t'') war der Wirkungsgrad leicht zu bestimmen. Die Gasfeuerung diente insbesondere zur Bestimmung des Strahlungsverlustes des Behälters, weil sie für den Abkühlungsversuch schnell abgestellt werden konnte.

Der Wirkungsgrad des Kessels ergab sich bei einem schlechten Gaskoks, der einen Heizwert von 6128 WE aufwies, zu 68%. t' betrug hierbei 71,5°, t'' 10,4° C. Da 12,5 kg/Std. Koks verfeuert wurden, betrug die Leistung

$$\frac{12{,}5 \cdot 6128 \cdot 68}{100} = 52000 \text{ WE/Std.}$$

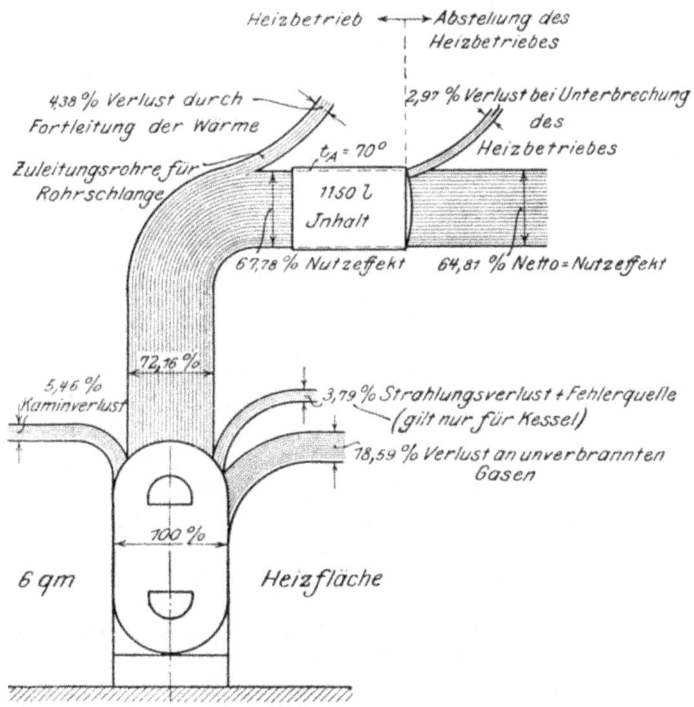

Abb. 199. Wärmediagramm beim Strebel Gliederkessel.

Diese Wärmemenge wurde geliefert

1. von 2,15 qm Kesselheizfläche,
2. „ 0,33 „ Abzugsrohrheizfläche.

   2,48 qm.

Um den Anteil beider Heizflächen zu ermitteln, wurden die Temperaturen T_1 und T_2 gemessen, vgl. Tafel XIII. Bei einem Kaminverlust mit $T_2 = 427^0$ gingen rd. 21700 WE, bei einem Kaminverlust mit $T_1 = 527^0$ dagegen 26750 WE stündlich verloren. Dem 700 mm langen Abzugsrohr (Kesselheizfläche zu 2.) entspricht also eine Wärmeleistung von rd. 5000 WE/Std., der Kesselheizfläche zu 1. dagegen eine solche von 47000 WE/Std. Das gibt auf 1 qm Heizfläche eine spezifische Leistung

für 1. von 22000 WE/Std.
„ 2. „ 15000 „

oder, auf die Gesamtheizfläche von 2,48 qm bezogen, im Mittel eine Leistung von 21000 WE/Std.

Vergleicht man diese Leistung mit jenen der Anordnungen Abb. 198 und 199, so ergibt sich folgende bemerkenswerte Zusammenstellung:

Zahlentafel 142.

Anordnung		Abb. 198	Abb. 199	Abb. 200
Kesselheizfläche	qm	1,5	5,7	2,48
spezifische Kesselleistungen	WE/Std.	11 700	9 000	21 000
Kesselwirkungsgrad	%	60,64	72,26	68

Bei gleichem Wirkungsgrad hat also der Rolandkessel ungefähr die doppelte Leistung wie die Anordnung nach Abb. 198.

Der Strahlungsverlust eines der eingebauten Kesselgröße entsprechenden Kleinkessels wurde zu 1209 WE stündlich ermittelt. Bei einer mittleren Wassertemperatur von 70° betrug die Oberflächentemperatur $T_4 = 60^0$, die Temperatur der umgebenden Luft T_5 rd. 15°. Für den Temperaturunterschied $60 - 15 = 45^0$ ergab sich die Wärmeübergangsziffer zu 12,5, so daß bei einer Mantelfläche von 2,15 qm

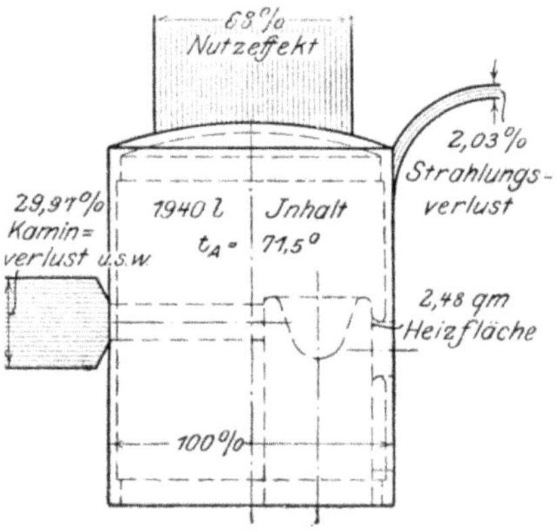

Abb. 200. Wärmediagramm beim Rolandkessel.

$$45 \cdot 12{,}5 \cdot 2{,}15 = 1209 \text{ WE stündlich}$$

oder, auf die Gesamtleistung des Rolandkessels bezogen,

$$\frac{1209 \cdot 100}{52000} = 2{,}3\%$$

durch den Einbau erspart werden. Hierzu kommt der Unterschied im Kaminverlust (6,67%) hinzu, so daß rd. 9% durch die neue Bauart gegenüber der üblichen Anordnung selbst bei starker und wechselnder Anstrengung gewonnen werden.

Der Kessel wurde ähnlich den Betriebsverhältnissen in der Praxis wechselnd beansprucht, d. h. die durchfließenden Wassermengen durch Drosselung des Zuflußhahnes verändert. Man sieht den Einfluß dieser schwankenden Beanspruchung in dem Temperaturdiagramm auf Tafel XIII (rechts unten); der Kaminverlust steigt mit wachsender Zugstärke, mit abnehmender Zugstärke wird er dagegen geringer. Die Ersparnisse in dem Kaminverlust, die dem Wirkungsgrad der ganzen Anlage zugute kommen, sind durch die schraffierten Flächen gekennzeichnet; je kleiner die Zugstärke ist, desto größer ist auch die Ersparnis. Es gilt also auch für diesen Kessel die Vorschrift, ihn nicht über ein gewisses Maß hinaus zu beanspruchen.

Der Rolandkessel war durch einen Blechmantel vor Wärmestrahlung geschützt. Die durchschnittliche Manteltemperatur ergab sich zu 27,8°, die Lufttemperatur zu 18°. Als Wärmeübergangsziffer hierfür wurde die Zahl 17,7 ermittelt. Der Rolandkessel gab demnach mit seiner 9 qm großen Außenfläche

$$9 \cdot 17{,}7\ (27{,}8 - 18) = 1560 \text{ WE stündlich}$$

oder

$$\frac{1560 \cdot 100}{12{,}5 \cdot 6128} = 2{,}03\% \text{ ab.}$$

Abwärmeverwertung[1]). Der Rolandkessel gewährt schon ein Beispiel der teilweise durchgeführten Abwärmeverwertung. Aber während hier die Wärme immer noch auf einem besonderen Rost erzeugt werden muß, stehen in der Praxis ungeheure Wärmemengen kostenlos zur Verfügung. Man denke nur an die hohen Abgangstemperaturen von Glüh-, Glas-, Trockenöfen, Porzellanöfen, Martinöfen usw. Zu ihnen gesellen sich die kaum berechenbaren Wärmemengen, die der Abdampf von Dampfmaschinen und -turbinen, Pumpen usw. oder das Kühlwasser und die Auspuffgase von Verbrennungsmaschinen meist nutzlos mit sich fortführen. Wo die Temperaturen hoch sind (400 bis 700°) kann man Vorwärmer oder Kessel einbauen, um Gas oder Luft vorzuwärmen, Dampf- oder Warmwasser zu erzeugen oder Heizungsanlagen zu betreiben. Welche Mengen an Abwärme zur Verfügung stehen, ist bereits im 1. Kapitel, IV, S. 87, auf die hier des Platzmangels wegen leider

[1]) Welche Möglichkeiten in dieser Beziehung in Frage kommen, ersieht man am besten aus den Prospekten der einschlägigen Firmen, wie der Gesellschaft für Abwärmeverwertung, Berlin-Reinickendorf.

nicht näher eingegangen werden kann, erläutert. Wir können uns hier darauf beschränken, ein Beispiel anzuführen.

Bei Dieselmotoren haben wir nach Saupe[1]) etwa 15 l Kühlwasser auf 1 PS-Std. zu rechnen, das von 10° auf 50° (gegebenenfalls auch höher) erwärmt wird. Bei weiterer Erwärmung des Wassers für die besonderen Zwecke sind Vorwärmer im Gebrauch, die durch die Abgase der Motoren (400 bis 440°) geheizt werden und stündlich 10 l Wasser von 50° auf 74° Temperatur bringen. Um ein Erglühen der Rohrwandungen der Zuleitung zu vermeiden, ist eine Beimischung von Luft unter Umständen erforderlich, indes mit der Einschränkung, daß keine Kondensation der Luftfeuchtigkeit stattfinden darf, denn dann würden die Wandungen rosten. Das erwärmte Wasser fließt frei zu Behältern, von denen es den Verwendungsstellen mittels Pumpen zugeführt wird. Da die Anlage 700 PS liefert, wärmt sie bei normalem Betriebe 25 · 700 = 17500 l/Std. Wasser von 10° auf 50° vor. Diese Wärmemenge reicht vollauf aus, um eine Badeanstalt mit zwei Schwimmbehältern von zusammen 840 cbm Inhalt, 45 Warmbädern, einer Anzahl Brausen, einem römischen Bad und einer Wäscherei mit einem Höchstbedarf von 39000 l/Std. zu betreiben. Das 2200 m lange Leitungsnetz besteht aus den bewährten Crotoginorohren, die innen mit Holz ausgefüttert sind und daher eine gute Wärmeisolierung gewährleisten.

Der Umbau der früher mit Hochdruckkesseln ausgerüsteten Anlage erforderte einen Kostenaufwand von 93700 M, wobei besondere Niederdruckdampfkessel aufgestellt wurden; die Hochdruckkessel dienten zur Aushilfe. Eine Wirtschaftlichkeitsberechnung für 1913 ergab folgendes Bild:

Ersparnisse gegenüber dem früheren Betriebe.	M
Ersparnis von 20000 Zentnern Kohlen im Jahr zu 1,295 M	25900
Kosten der Beschickungsanlage für den Hochdruckkessel	260
Schlackenabfuhr	300
Kesselreinigung	120
Ausbesserungen	200
Löhne	1200
	27980
	— 5020
Ersparnisse im Jahr	22960

Mehrausgaben nach der Abänderung.	M
Förderung des warmen Wassers	1000
Kohlen der Aushilfskesselanlage während des Stillstandes der Dieselmotoren	3750
Löhne für die Bedienung, Ausbesserung und Neuanschaffung	270
	5020

[1]) Gesundheits-Ing. 1914, Nr. 30, S. 575.

Sechstes Kapitel.

Städtewirtschaft.

I. Abwärmeverwertung.

1. Allgemeines.

Die Städte haben ihre Elektrizitäts-, Gas- und Wasserwerke. Es liegt daher die Frage nahe, warum man nicht auch dazu übergehen sollte, unter Ausnutzung der Abwärme der Maschinen die Häuser im Winter zu heizen und im Sommer zu kühlen, wie dies in etwa 250 Städten Amerikas der Fall ist. Der Grund, weshalb sich bisher in Deutschland Fernheizungen für Privathäuser noch nicht eingeführt haben, dürfte zunächst einmal darin zu suchen sein, daß die Elektrizitätswerke für die Wärmeverteilung ungünstig gelegen sind, anderseits die Betriebsleiter dieser Werke keine Neigung haben, sich ihren Betrieb durch für sie untergeordnete Nebenzwecke verwickelter zu gestalten. Man zeigt mehr Vorliebe für die Abnahme von Elektrizität als für die Abgabe der Abwärme, weil letztere Unbequemlichkeiten zu verursachen scheint, die in keinem Verhältnis zum erreichbaren Nutzen stehen.

Die hohen Spannungen bei der Fortleitung des elektrischen Stromes bringen die Möglichkeit mit sich, gewisse Entfernungen ohne wesentliche Beeinträchtigung der Wirtschaftlichkeit zu überwinden. Infolgedessen legt man bei uns die Elektrizitätswerke an den Umfang der Großstädte, an die Häfen und in die Industriebezirke, in denen meist die Bedingungen für eine Ausnutzung der Abwärme zu Heizzwecken zurzeit noch denkbar ungünstig sind.

Der erste kleinere Versuch, Privathäuser an ein Kraftwerk anzuschließen, ist in Dresden beim staatlichen Fernheizwerk gemacht worden, indem die Abwärme der Dampfmaschinen an einen Unternehmer zu einer Pauschalsumme verkauft worden ist. Der Unternehmer verkauft seinerseits wieder die Wärme an verschiedene in der Nähe des Postplatzes wohnende Hausbesitzer.

So günstige Verhältnisse, wie sie im Fernheizwerk Dresden vorliegen, wo ein großes Kraftwerk inmitten einer Gruppe von hervorragenden öffentlichen und privaten Gebäuden liegt, oder wie in München, wo die örtlichen Verhältnisse die Errichtung eines für die Zwecke der Kraftversorgung des betreffenden Stadtteils erforderlichen Kraftwerkes in unmittelbarer Nähe des neuen Krankenhauses gestatteten, dürften wohl zu den Seltenheiten gehören.

2. Bewährung von Fernheizwerken.

Die Fernheizwerke sind wirtschaftlich, wenn sie unabhängig vom Wärmebedarf der zu beheizenden Gebäudegruppe dauernd ihre Maschinen gleichmäßig belasten und die ohne Rücksicht auf den Bedarf an Abwärme erzeugte Leistung an anderweitige Stromverbraucher, etwa an das Netz eines großen Elektrizitätswerkes, abgeben können. Besonders wichtig ist hierbei der Strombedarf für Straßenbahnen, der für den Wärmevorrat u. U. gleichbleibende Verhältnisse schafft. Dabei wird die Vereinigung mehrerer Betriebsstellen derselben Gemeinde nur vorteilhaft sein, um einerseits einen Ausgleich für die gleichmäßige Belastung, anderseits eine bessere Wirtschaftlichkeit zu erzielen. In dieser Beziehung wird die Sozialisierung der Elektrizitätswerke einen günstigen Einfluß auf unsere gesamte Brennstoffwirtschaft ausüben, weil mit dem Zusammenschluß der großen Kraftwerke und der Verteilung der elektrischen Energie über Landesteile der Belastungsfaktor erheblich gesteigert werden dürfte. Mit der Lieferung billiger elektrischer Energie wird der Elektromotor den Kleinmotor überflügeln

de Grahl, Wirtschaftliche Verwertung der Br

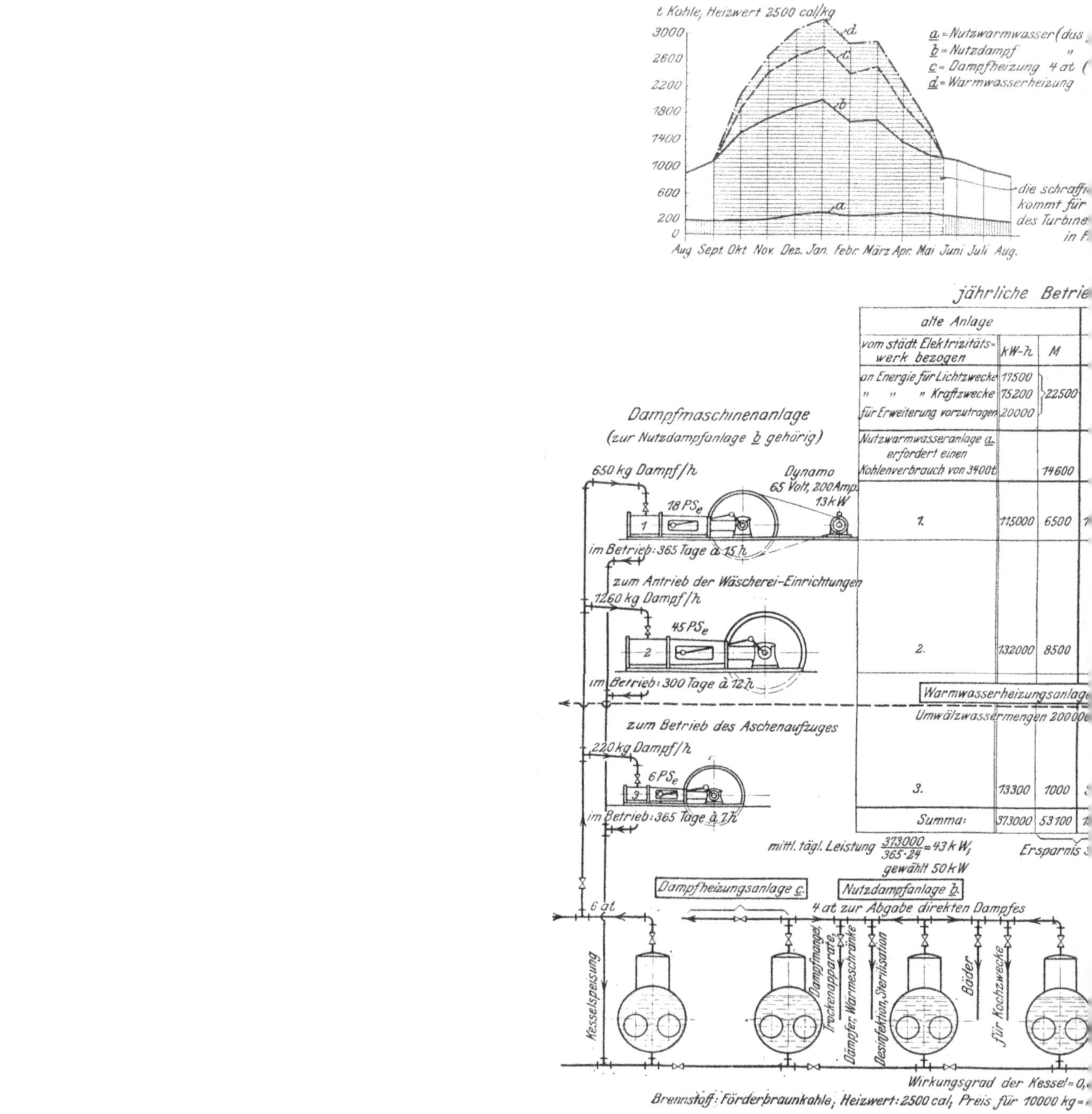

Beispiel einer Abdampfve

Tafel XIV
(zu Seite 433).

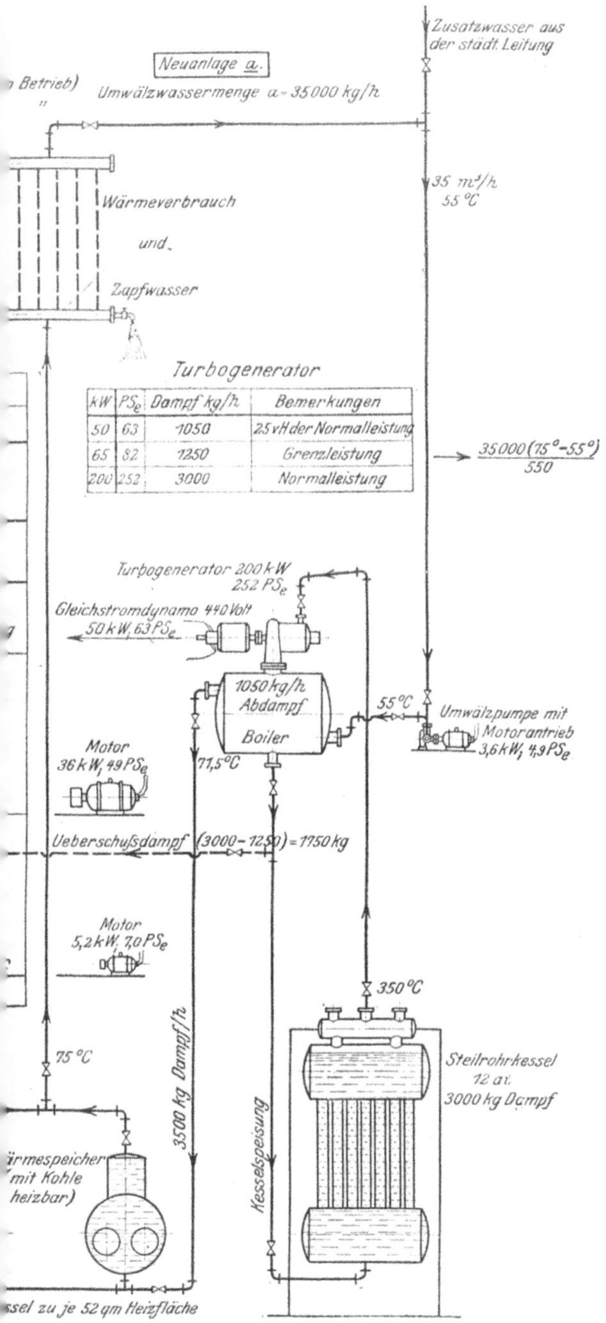

er Universitätsklinik.

ruck und Verlag von R. Oldenbourg, München und Berlin

und auch im Gasmotorenbetriebe Sieger bleiben. Man wird dazu schreiten, kleine Elektrizitätswerke stillzusetzen, falls sie für die Erzeugung des elektrischen Lichts mehr Brennstoff verbrauchen, als wenn sie von einem Großkraftwerk versorgt würden.

So hat man z. B. in Berlin die Absicht gehabt[1]), eine Hochspannungsleitung für 20000 kW von dem Außenkraftwerk Rummelsburg bis zu der 16 km entfernten Zentrale Moabit mit einem Gesamtkostenaufwand von 10 Mill. M zu legen, weil sich die über die Zentrale Rummelsburg aus dem Großkraftwerk Golpa-Tschornowitz bezogene elektrische Energie billiger als in der Zentrale Moabit stellen würde. Als man dagegen eine Abwärmeverwertung des städtischen Elektrizitätswerkes zugrunde legte, da entschied die Rechnung zugunsten der Zentrale Moabit aus folgenden Gründen:

1. Billigere Stromerzeugung.
2. Vermeidung eines doppelten Brennstoffverbrauches:
   a) für die Erzeugung der elektrischen Energie,
   b) für den Betrieb der später durch Abwärme versorgten Badeanstalten usw.
3. Fortfall der Kapitalanlage, die sich bei Ausführung des Hochspannungskabels noch bedeutend gesteigert hätte.
4. Schonung unserer Braunkohlenvorkommen, die sich bei der Sozialisierung der Elektrizitätswerke eher erschöpfen dürften, als uns vielleicht lieb wäre.

Freilich steht diesen Vorteilen bei der Abwärmeverwertung die Beschaffung der sehr kostspieligen Abdampfturbinen etc. entgegen, deren Lieferung u. U. unter den heutigen Verhältnissen Jahre dauern kann. Auch ist das Abfahren der Schlacke und Asche als Nachteil zu betrachten, wofür im inneren Stadtkreis Berlin, jetzt schon Kosten von 0,75 M/Ztr. und mehr zu buchen sind.

Hat dagegen das Kraftwerk nur den Stromverbrauch der zu beheizenden Gebäudegruppe, also etwa einer Krankenanstalt oder einer Gruppe von Wohnhäusern oder öffentlichen Gebäuden zu decken, so ergeben sich meist außerordentliche ungünstige Verhältnisse für das Heizungskraftwerk, weil die sich aus der Stromerzeugung für eine Gruppe von Wohngebäuden ergebende Menge an Abwärme in keinem Verhältnis zu der für die Zwecke der Heizung und Warmwasserbereitung tatsächlich erforderlichen Wärmemenge steht.

3. Wärmebedarf an Heizung und Warmwasser.

Trägt man sich beispielsweise unter Zugrundelegung von Auspuffmaschinen die monatlich erzeugten und verbrauchten Dampfmengen für eine Landesanstalt zeichnerisch auf, so wird man schon hier erkennen, daß zwar die Zeit des größten Lichtbedarfes mit derjenigen des größten Wärmebedarfes der Heizung zusammenfällt, daß aber der Wärmebedarf der Heizung und Warmwasserbereitung unter Umständen zwei- bis dreimal so groß wie die Abdampferzeugung der Dampfmaschinen des Elektrizitätswerkes ist. Während man den Dampfbedarf der Warmwasserbereitungsanlage durch Anordnung von Warmwasserspeichern ausgleichen kann, ist man gezwungen, den Fehlbedarf an Dampf für Heizzwecke — hauptsächlich vormittags — durch Frischdampfzusatz zu decken. Aber trotzdem zieht die Verbindung des Kraft- und Heizbetriebes in Landesanstalten wegen der allgemein gegebenen Ausgleichmöglichkeit ein wirtschaftliches Ergebnis nach sich.

4. Aufstellung eines Turbogenerators als Beispiel für eine Abwärmeverwertung.

Die Abwärmeverwertung gehört zu den schwierigsten Ingenieurarbeiten, die viel Überlegung voraussetzt. Aus diesem Grunde wird dem Wißbegierigen durch allgemeine Hinweise kaum gedient und deshalb ein Beispiel an dieser Stelle von größerem Nutzen sein.

Die Universitätskliniken einer größeren Stadt gebrauchen:

a) Nutzwarmwasser, b) Nutzdampf, c) Dampfheizung, d) Warmwasserheizung.

Die Wärme liefern 10 Zweiflammrohrkessel mit zusammen 520 qm Heizfläche, die mit Förderbraunkohle von rd. 2500 WE/kg Heizwert gefeuert werden. Da von diesen Kesseln immer einige zur Ausbesserung des Mauerwerks, Reinigung von Flugasche usw. außer Betrieb sind, so reichen im Winter 7 bis 8 Kessel kaum aus, den Bedarf an Dampf zu decken. Die Anlagen a) und b) sind das ganze Jahr hindurch in Betrieb, jene von c) und d) vom 1. September bis 15. Mai. Zur Nutzdampfanlage gehören u. a. 3 Dampfmaschinen veralteten Systems, von denen

die 1. zum Antrieb einer Dynamomaschine von 13 kW,
„ 2. „ „ der Wäschereieinrichtung,
„ 3. „ „ des Aschenaufzuges

[1]) Vgl. Dr. Ludwig Dietz, „Gesundheits-Ing." Nr. 32, 1919.

dient. Da 1. nicht mehr dem tatsächlichen Bedürfnis entspricht, mußten 1916 von dem städtischen Elektrizitätswerk 17500 kW-Std. für Lichtzwecke und 75200 kW-Std. für Kraftzwecke bezogen werden. Mit Rücksicht auf die ständig zunehmende Ausdehnung der Kliniken wollen wir noch 20000 kW-Std. sicherheitshalber hinzurechnen, so daß im ganzen

	112700 kW-Std.	mit 22500 M
(dem damaligen Preise) in Ansatz zu bringen sind.		
Die Nutzwarmwasseranlage a) erfordert einen Kohlenverbrauch von 3400 t im Betrage von		14600 „
die Dampfmaschine 1	115000 „	„ 6500 „
„ „ 2	132000 „	„ 8500 „
„ „ 3	13300 „	„ 1000 „
	373000 kW-Std.	mit 53100 M.

Das gäbe demnach eine mittlere tägliche Leistung von

$$\frac{373000}{365 \cdot 24} = 43 \text{ kW oder rund } 50 \text{ kW},$$

die wir gleich 25% der Normalleistung des aufzustellenden Turbogenerators setzen. Wir könnten demnach die Dampfkraftanlage durch Erzeugung ausreichender elektrischer Energie in einem Turbogenerator von 200 kW (= 252 PSe) nicht nur ersetzen, sondern auch dessen Abdampf zur Erwärmung der Umwälzwassermengen der Anlage a) und d) benutzen.

Die Umwälzwassermengen a) betragen	35000 kg/Std.
„ „ d) „	200000 „ i. M.

Das aus der Anlage a) abgezapfte Wasser muß durch Zusatzwasser aus der städtischen Leitung ersetzt werden und kommt i. M. mit 50° C zurück. Es wird durch eine kleine Umwälzpumpe durch einen Kessel gedrückt und hier durch den austretenden Dampf des Turbogenerators bei einer Leistung von 65 kW gerade auf 75° C erwärmt; denn bei dieser Grenzleistung hat der Turbogenerator den hierfür erforderlichen Dampfverbrauch von 1250 kg/Std. Ist die Leistung des Turbogenerators, wie auf der Tafel XIV angenommen, nur 50 kW, würde das umzuwälzende Wasser theoretisch nur auf 71½° C erwärmt werden, so daß wir durch Kohlenfeuer in einem der beiden als Wärmespeicher dienenden Kessel eine Nacherwärmung auf 75° vorzunehmen hätten. Diese Arbeitsweise stellt also den ungünstigsten Fall dar, für den

die Erzeugung von 50 kW	16000 M,
die Erwärmung des Wassers von 71,5° auf 75°	3000 „
zusammen	19000 M.

kostet. Auf der Tafel XIV sind die Verhältnisse graphisch wiedergegeben. Aus der Zahlentafel in der Mitte ergibt sich *unter Zugrundelegung selbst dieses ungünstigsten Falles* eine Ersparnis von 34000 M/Jahr, gültig für 1916.

Die Abwärmeverwertung in dem gedachten Sinne verlangt außer dem Turbogenerator und dem Abdampfkessel die Aufstellung eines Steilrohrkessels von 12 at für 3000 kg/Std. Dampf.

Stellt man dagegen diesen Verhältnissen jene eines Fernheizwerkes für Privathäuser gegenüber, so fehlt meist der die Wirtschaftlichkeit bedingende Belastungsfaktor. Die Wärmwasserbereitung arbeitet Sommer und Winter, der Bedarf an elektrischer Energie ist verschwindend klein; die Eiserzeugung, die man zum Ausgleich heranziehen könnte, steht in gar keinem Verhältnis zum Heizbetrieb, so daß für das erzeugte Eis das Absatzgebiet fehlen würde; für flüssige Luft und Kohlensäure endlich fehlt die Nachfrage. Nach *Schiele*[1]) hatte seine Firma (Rud. Otto Meyer) schon 1895 eine Anlage für Licht, Wärme und Kraft für eine größere, auf sozialer Grundlage zu errichtende Stadt von 1000 Wohnhäusern (für 60000 Einwohner) zu entwerfen, aber sie scheiterte an dem Kostenaufwand. Die Berechnungen führten zu einem Gewinne von 20%, der möglicherweise in Wirklichkeit auf 10% sinken konnte. Wer wird aber solchen geringen Aussichten gegenüber Kapital opfern?

Jeder andere Entwurf gibt andere Gesichtspunkte. Bei der Beurteilung der Wirtschaftlichkeit eines Unternehmens sprechen die Lage der Werke, die Beschaffung des Brennstoffes, vor allem aber die Frage mit, ob vorhandene oder neu anzulegende Gebäudegruppen versorgt werden sollen.

5. Hilfsdampfmaschinen mit Abwärmeverwertung.

Anders dagegen liegen die Verhältnisse, wo ein Heizungskraftwerk unabhängig vom Wärmebedarf der Gebäudegruppe dauernd seine Maschinen gleichmäßig belasten kann. Ein solcher Fall liegt beispielsweise in München vor und soll hier erörtert werden. Hier ist außerhalb der neuen

[1]) Mitgeteilt auf dem Internationalen Kongreß für Wohnungshygiene 1912 in Dresden.

Nr.	Städte	Ofenanlagen	Gasproduktion		
			1913/1914		
			Kohlegas	Wassergas	Zusammen
1	Berlin	gemischte Ofen-Anlagen	297 004	36 540[1])	333 544
2	Charlottenburg		57 712	1 662[1])	59 374
3	Dresden		58 177	6 515	64 692
4	Leipzig		57 657	—	57 657
5	Breslau		55 085	1 545	56 630
6	Cöln a. Rh.		55 516	496	56 012
7	Stuttgart	Horizontal-retorten	35 859	2 188	38 047
8	Kopenhagen		70 508	989[1])	71 497
9	Chemnitz	Vertikal-retorten	22 795	2 890	25 685
10	Magdeburg		19 671	657[1])	20 328
11	Düsseldorf		38 643	1 067	39 710
12	Nürnberg	Schräg-retorten	27 099	9 847	36 946
13	Cassel		11 976	—	11 976
14	München	Schrägkammer-öfen	44 629	295	44 924
15	Hamburg		112 420	2 747[1])	121 333[8])
16	Königsberg	Horizontal-kammeröfen mit Verbundheizung	28 241	315	28 556
17	Berlin-Lichtenberg		24 065[12])	—	24 065[12])

8		Wassergaszusatz in %. des abgegebenen Gases		Oberer Heizwert des abgegebenen Gases in WE		Gasausbeute aus 1 t Kohle in cbm				
							aus 1 t Vergasungsmaterial			
s	Zusammen	1913/14	1917/18	1913/14	1917/18	1913/14	14/15	15/16	16/17	17/18
	324 380	10,9[1])	23,2	5300	4500	324	345	310	313	342
	62 665	2,8[1])	26,3	5575	4400	299	321	274	347	359
	65 964	10,1	21,3	—	4643	320	363	359	353	372
	57 044	—	—	5480 bis 5855	5100	312[2]) (325)	303[2]) (328)	305[2]) (317)	302[2]) (318)	283[2]) (310)
	61 320	2,7	7,9	5428	4300	312	328	321	341	344
	62 380	0,9	16,3	5103	4150	371[5])	379	354	373	386
	49 636	5,75	7,6	5750[4])	5240	319	338	321	310	317
	58 051	1,4[1])	23,5	5600	4700	318	320	323	336	369
	33 413	11,2	2,8	5225	4850	325	359	354	336	352
)	21 741	3,2[1])	5,5[1])	5277	5023	349[5])	317[6])	320[6])	324[6])	305[6])
	44 419	2,7	17,8	5255	4505	340[5])	351	342	350	383
	51 888	26,6	28,8	5263	4500 bis 5028	299	383	370	364	387
	14 024	—	3,2	5256	3500 bis 5200	367	323	329	309	319
	58 595	0,7	8,5	5425	4688	351	339	320	311	359
	108 418[9])	2,3[1])	1,0	6003[10])	6195[10])	327	327	321	315	295
	22 960	1,1	—	5283	5137	325	310	294	303	308
	28 789	—	—	5000[12]) [13])	5000[13])	—	321	297	282	290

(ohne Fußnote blaues Wassergas);
ıerwerte für Schrägkammeröfen allein;
erk Ehrenfeld (das alte Werk Kalk hat verschwindende Produktionsverhältnisse);
n berechnet;
ch 10% blaues Wassergas, das in Retorten erzeugt und als Kohlengas errechnet ist;
abweichend von früher ohne Wassergaszusatz gerechnet;
Unterfeuerung;

Kokserzeugung auf 1 t Kohle in kg					Unterfeuerungsverbrauch in kg auf 1 t Kohle					Sonstiger Selbstverb 1 t Koh		
1913/14	14/15	15/16	16/17	17/18	1913/14	14/15	15/16	16/17	17/18	1913/14	14/15	15/16
727	708	674	722	702	170	166	202	181	182	124	142	144
678	687	674	672	671	150	152	158	156	155	82	112	164
671	689	682	674	675	196	210	204	206	207	51	60	68
672	646	690	639	634	149	150	150	149	150	27	32	30
753	714	786	752	757	142	140	133	212[14])	136	69	72	73
742	738	595[7])	616[7])	605[7])	150	150	—	—	—	89	121	96
686	652	709	783	738	132	135	148	150	159	38	31	47
768	789	801	786	778	152	155	168	168	173	52	62	47
671	691	715	675	736	136	143	145	155	180	70	97	153
726	700	730	782	719	157	146	147	142	137	98	106	112
568[7])	601[7])	619[7])	585[7])	544[7])	—	—	—	—	—	27	29	27
758	758	770	747	762	121	119	119	118	117	112	101	133
739	782	877	692	791	168	206	249	220	265	68	87	84
681	656	722	706	705	144	141	147	150	148	54	35	52
707	735	729	722	700	176	174	175	175	171	23	30	26
786	758	749	783	807	88[11])	183	165	178	179	25	90	97
—	875	704	773	736	—	70[11])	50[11])	50[11])	38[11])	—	29	9

[8]) einschließlich 6 166 000 cbm Erdgas, das ist 5,1 %;

[9]) einschließlich 36 323 000 cbm Erdgas, das ist 33,4 %;

[10]) Durchschnitt einschließlich Erdgaszusatz;

[11]) wegen Verwendung von Generatorgas zur Unterfeuerung kleiner als tatsächl

[12]) Produktionswerte für 1914/15, da erst in diesem Jahre Kammerofenanlage i

[13]) bei 15° berechnet, daher etwa 5450 WE entsprechend;

[14]) sonstiger Selbstverbrauch, in Unterfeuerungsverbrauch scheinbar einbezogen.

Tafel XV
(zu Seite 435).

Teerausbeute in kg auf 1 t Kohle					Ammoniakausbeute in kg auf 1 t Kohle					Benzolgewinnung in g/cbm Mischgas		
13/14	14/15	15/16	16/17	17/18	1913/14	14/15	15/16	16/17	17/18	1915/16	16/17	17/18
43	42	35	42	37	2,57	2,50	2,30	2,27	2,28	22,9	27,3	—
47	44	41	42	38	2,57	2,45	2,52	2,25	1,83	38,0	35,0	—
53	54	56	57	53	—	—	—	—	—	26,0	26,0	23,3
50	49	50	47	45	2,32	2,11	2,25	2,08	1,50	—	—	30,2
56	57	58	54	49	2,64	2,87	2,73	2,61	2,60	30,5	—	—
50	50	50	50	41	2,70[3])	2,56[3])	2,57	2,62	2,14	35,0	27,72	22,0
47	46	47	43	42	2,64	2,55	2,73	2,49	2,46	36,0	38,70	—
59	58	61	54	49	2,53	2,61	2,51	2,28	1,93	—	—	—
57	58	62	57	54	2,52	2,75	2,91	2,42	2,51	39,74	—	31,4
45	42	39	48	40	2,22	1,77	2,16	2,15	1,84	—	—	—
43	44	44	43	38	2,84	2,76	2,68	2,49	2,33	37,0	36,0	36,0
67	64	64	64	63	1,94	1,95	1,88	1,70	1,70	52,0	—	—
53	44	49	45	37	2,10	—	—	2,15	1,15	—	—	—
52	59	63	59	58	2,09	2,01	1,78	1,66	1,56	38,0	37,0	32,7
45	47	44	42	37	2,89	2,81	2,80	2,93	2,45	36,9	—	35,0
39	37	26	32	33	2,36	1,84	1,32	2,14	2,19	—	—	—
—	45	26	37	26	—	1,92	2,22	2,36	1,96		—	—

Druck und Verlag von R. Oldenbourg, München und Berlin.

Krankenanstalt ein Kraftwerk des städtischen Elektrizitätswerkes errichtet, das das für 1200 Kranke bestimmte Krankenhaus mit Wärme und Kraft versorgt. Wenn auch in München die elektrische Kraft durch Ausnutzung der Wasserkräfte gewonnen wird, so treten dennoch im Winter oder in besonderen Fällen Hilfsdampfmaschinen in Tätigkeit. Jedenfalls laufen dann aber die im Werk Schwabing aufgestellten Maschinen mit einer dem ganzen Heizbedürfnis der Anstalt angepaßten Belastung, so daß jeweils der ganze Abdampf der elektrischen Maschinen ausgenutzt werden kann. In solchem Falle betrugen die reinen Kohlenkosten 1913 für die kW-Std. nur etwas mehr als $\frac{1}{2}$ Pf.

Die angeführten Beispiele mögen genügen, um zu zeigen, daß die bisher beobachteten langsamen Fortschritte in der Einführung der Heizungskraftwerke nicht an dem ungenügenden Verständnis des Heizungsingenieurs, auch nicht an dem Widerstreben und dem Bureaukratismus der beteiligten behördlichen Stellen ihre Ursache haben, wie u. a. Stadtbauinspektor Beckhaus auf dem Kongreß für Heizung und Lüftung 1913 in Köln ausführte, sondern lediglich in den ungünstigen Verhältnissen begründet sind, die eine wirtschaftliche Ausnutzung der Abwärme nicht gestatten. Es ist demnach weder die Heizung als Anhängsel einer Dampfmaschine, noch umgekehrt die Dampfmaschine als Anhängsel einer Heizung zu betrachten, sondern beide müssen als gleichberechtigte Teile eines wirtschaftlichen Ganzen zur Geltung kommen.

II. Die Gaswirtschaft.

1. Die Herstellungskosten des Leuchtgases.

Die Ausnutzung des Brennstoffes bei der Leuchtgaserzeugung richtet sich in erster Linie nach dem Umfange der Gaswerke, weil große Anstalten erheblich billiger arbeiten können als kleinere. In zweiter Linie haben städtische Verwaltungen es verstanden, ihre Gaswerke den Erfordernissen der Neuzeit anzupassen, um durch Ersparnisse an Unterfeuerung das Koksausbringen zu erhöhen, sei es durch Einführung neuzeitlicher Öfen mit Regenerativwirkung, sei es durch Aufstellung einer Zentral-Generatorenanlage zur Beheizung der Öfen oder durch Einführung der restlosen Vergasung der Kohle (Doppelgas- oder Trigas-Verfahren). Auf der anderen Seite finden sich Vertreter bestimmter Ofenarten, die durch herabsetzende Darstellung der Lage der Gasindustrie einen ihren Vorteil fördernden Eindruck bei dem Zuhörer hervorzurufen beabsichtigen und sich krampfhaft an die alten Anlagen mit hohem Unterfeuerungsverbrauch klammern. In dieser Beziehung mag auf die Mitteilungen der Zentrale für Gasverwertung über „die Schwankungen in der Gaserzeugung in den Deutschen Gasanstalten im Kriege"[1]) hingewiesen werden, die diese Stimmungsmache ohne weiteres widerlegen.

Es ist naturgemäß äußerst schwer, den Einfluß des Krieges auf die Gasanstalten festzustellen und daraus Schlüsse zu ziehen. Auf Tafel XV ist aus den statistischen Jahrbüchern des Deutschen Vereins von Gas- und Wasserfachmännern ein kleiner Auszug wiedergegeben, der wenigstens einen Überblick geben mag. Aber es ist wie bei allen statistischen Unterlagen zu bedenken, daß nur summarische Werte gegeben werden und die Grundlagen fast in allen Fällen wechseln. Die Werke sind nur in seltenen Fällen einheitlich aufgebaut, meist sind die verschiedensten Ofenarten und sonstigen technischen Einrichtungen vorhanden. Auch die Betriebsweise schwankt wesentlich, insbesondere lassen die Zahlen schon in Friedenszeiten die zwei Hauptgruppen — trockener und nasser Betrieb — erkennen. Während des Krieges ist man bei der Mehrheit der Anlagen, wenigstens teilweise, zu letzterem übergegangen, um die Brennstoffmengen zu strecken. Dadurch sind aber die Ausbeutezahlen an Gas und Koks nicht mehr vergleichbar. Während erstere steigt, sinkt letztere, auch wird der Selbstverbrauch von Koks für die Erzeugung von Dampf erheblich größer. Ob auch Einflüsse auf die Erzeugung von Nebenerzeugnissen vorhanden sind, läßt sich nicht nachweisen.

In der Zahlentafel sind unter 1 bis 6 einige größere Werke, welche mehrere Einzelanlagen umfassen, als gemischte Werke vorangestellt, während in den anderen Gruppen solche Werke angeführt werden, welche wenigstens vorzugsweise als einheitlich bezeichnet werden können. 7 und 8 sind solche mit Wagerechtretorten, 9 bis 11 solche mit Senkrechtretorten, 12 und 13 solche mit Schrägretorten, während 14 und 15 hauptsächlich Schrägkammeröfen, 16 und 17 Wagerechtkammeröfen mit Verbundheizung besitzen. Werk 8 ist ein ausländisches und wurde gerade deshalb aufgenommen, um Parallelen zu ziehen. Was zunächst die Entwicklung der Gasabgabe betrifft, so zeigen die meisten deutschen Städte eine Zunahme mit Ausnahme von Königsberg und Hamburg, woran die örtlichen Verhältnisse Schuld tragen; Berlin zeigt eine unwesentliche Minderung. Wie sehr dagegen die Städte

[1]) Journ. f. Gasbel. 1919, S. 668.

des neutralen Auslandes unter der Schwierigkeit der Brennstoffbeschaffung litten, zeigt Kopenhagen. Zu beachten ist hierzu, daß allerdings die kalorische Minderung des Heizwertes die Mengensteigerung mehr als aufwiegt. Die im Gas an die Bevölkerung abgegebene Wärme dürfte in allen Fällen geringer sein, denn die Steigerung des Gasverbrauchs ist vielfach auch auf industrielle Benutzung zurückzuführen.

Fast bei sämtlichen Werken sehen wir einen gesteigerten Wassergaszusatz. Trotzdem geben diese Zahlen kein Bild über die Verschiebung der technischen Grundlagen, weil tatsächlich ein weit höherer Zusatz von Wassergas gemacht wurde, indem, wie bereits erwähnt, der nasse Betrieb eingeführt wurde. Bei diesem Verfahren wird die Wassergaserzeugung in die Entgasungsretorte, und zwar gegen Ende der Garungszeit, verlegt. Die Kohlengasmenge wird durch das entstehende Wassergas vermehrt und im Heizwert vermindert; eine Trennung oder rechnungsmäßige Teilung der beiden Prozesse läßt sich daher nicht durchführen. Anstatt der gewöhnlichen Gasausbeute von 300 bis 330 cbm/t steigt sie trotz der teilweise verminderten Güte der Kohle bis auf 390, die Statistik weist sogar Ziffern bis 425 cbm auf. Der Wassergaszusatz, obwohl nicht statistisch in die Erscheinung tretend, stieg somit bis über 30, in seltenen Fällen bis nahe rd. 40%. Demgemäß sank der obere Heizwert von durchschnittlich 5400 bis auf wenig über 4000 WE. Trotz des nassen Betriebes und der schlechteren Kohle- und Koksbeschaffenheit ist der Verbrauch für Unterfeuerung nur unwesentlich, etwa 10% gestiegen; dagegen zeigt der sonstige Selbstverbrauch eine wesentliche Steigerung, die auf die notwendige Dampfbeschaffung zurückzuführen ist. Trotz des — infolge des höheren Aschegehaltes der Kohle — fast einheitlich vergrößerten Koksausbringens ist daher die Menge an verkäuflichem Koks bei allen Werken gesunken mit Ausnahme derjenigen, die durch Beheizung ihrer Öfen mit Generatorgas aus zentralen Anlagen in der Lage waren, die Kokserzeugung in vollem Umfang dem Verkauf zuzuführen und dafür minderwertige Brennstoffe in den Gaserzeugern vergasten (vgl. Berlin-Lichtenberg).

Niedrigere Ausbeuten an Teer und Ammoniak sind begreiflicherweise bei der verminderten Brennstoffbeschaffenheit zu erwarten; doch braucht sich auch diese nicht über 10% zu erstrecken, wie manche Beispiele erkennen lassen. Eine Betrachtung der diesbezüglichen Zahlen läßt vielmehr vermuten, daß die teilweise auffallend niedrigen Zahlen auf andere Gründe zurückzuführen sind. In erster Linie spricht hier wohl der Mangel an geschulten Kräften mit, denn die Zahlen sinken 1914/15 sofort und verbessern sich später meist wieder etwas, in dem Maße, als die Einarbeitung neuer Kräfte durchgreift.

Einen großen Einfluß in dem letzten Jahr dürfte die Unregelmäßigkeit der Kohlezufuhr und der dadurch bedingte ungleichmäßige, unvorteilhafte Betrieb gehabt haben. Hier zeigt sich aber so recht die Wichtigkeit einer sachgemäßen Leitung; denn warum zeigen manche Werke keine oder keine nennenswerte Einbuße, während andere um 15 bis 20% zurückgegangen sind? Am unvorteilhaftesten sind hinsichtlich der Teerausbeute die Wagerecht-Kammeröfen. Bei den Zahlen über Ammoniakausbeute ist noch ein anderer Gesichtspunkt sehr zu beachten. Im Frieden waren die meisten Werke auf die Gewinnung von Ammonsulfat übergegangen; im Kriege wurde die Erzeugung eines verdichteten Ammoniakwassers verlangt. Diese erforderte nicht nur neue Betriebseinrichtungen, sondern auch eine andere Betriebsführung. Die starken Minderungen scheinen oft auf ein nicht sachgemäßes Arbeiten dieser Teile zurückzuführen sein. Hier zeigt sich ferner in vielen Fällen ein Auf- und Abschwanken, was nur durch Versagen der Einrichtungen zu erklären ist, das den steigenden Materialmangel, insbesondere an Sparmetallen, die für die Ammonsulfatgewinnung unbedingt notwendig sind, beleuchtet. Auch der Mangel an Schwefelsäure dürfte am Ende der Kriegszeit einen schwerwiegenden Einfluß gehabt haben.

Bei einer so vielfach beeinflußten Betriebslage wird es außerordentlich schwer sein, die gerechtfertigten Minderungen ziffernmäßig oder gar normenmäßig zu fassen, wie es die Lage zur Zeit erfordert. Mit den steigenden Brennstoffpreisen ist eine Erhöhung der Gaspreise durchaus gerechtfertigt; die hierfür aufgestellten Richtlinien[1]) müssen jedoch als in mancher Beziehung mangelhaft bezeichnet werden, und die daraus entwickelte Handhabung der schiedsrichterlichen Entscheidung, welche durchaus zuungunsten der Abnehmer, also der breiten Masse ist, erscheint geeignet, die Entwicklung der Gaswerke dauernd zu schädigen[2]). Die Gestaltung der Betriebsverhältnisse auf einzelnen Werken

---

[1]) Journ. f. Gasbel. 1919, S. 180.

[2]) Körting, „Die Not der Gasindustrie". Journ. f. Gasbel. 1919, S. 744 (vgl. a. Diskussion zum Vortrag Bunte auf der Jahresversammlung in Baden-Baden am 25./26. Sept. 1919, Journ. f. Gasbel. 1919, S. 652—654.

während des Krieges kann nicht als Richtschnur bei solchen Entscheidungen dienen; fachmännische Kritik muß im weitesten Umfang zugebilligt werden.

Es muß entschieden als ein kaufmännischer Fehler bezeichnet werden, wenn die zurzeit herrschenden Preise für die Nebenerzeugnisse so wenig zur Verbilligung der Gaspreise herangezogen werden. Verfasser hat als Sachverständiger in einem Schiedsspruch dagegen Einspruch erhoben, daß vom Publikum die Innehaltung einer Kohlenklausel[1]) verlangt wird, die den Gaspreis lediglich von dem Kohlenpreis abhängig macht, während die Ausnutzung der Konjunkturen beim Erlös der Nebenerzeugnisse so wenig von den Gaswerken zu Gunsten der Bürger ausgenutzt wird, vielmehr sich die Gaswerke ihren Lieferanten gegenüber an Preise von Nebenerzeugnissen gegen alle kaufmännische Gepflogenheit auf längere Zeit gebunden erklären. Solange es sich um städtische Gaswerke handelt, die für jede Gemeinde eine Einnahmequelle darstellen, spielt diese Gepflogenheit selbstverständlich eine geringere Rolle. Anders dagegen, wenn es sich um Privatgesellschaften handelt, von deren Einnahmen der Gemeinde keine nennenswerten Vorteile erwachsen.

Die Verhältnisse kommen noch krasser beim Koks zum Vorschein. Der Koks wird in Berlin zu demselben Preise verkauft wie westfälischer Schmelzkoks, der mit der Kohlensteuer und den Frachtkosten belastet ist. Da die Gaswerke die Kohlensteuer auf das Gas abwälzen, muß der Bürger die Steuer gewissermaßen doppelt bezahlen. Sieht man sich aber die Entwicklung der Preislage an, so findet man zwischen dem Kohle- und Kokspreis nicht mehr die sonst übliche Spannung von 4 : 5, sondern wesentlich mehr (4 : 6 und darüber).

Es ist lehrreich, hier zwei Zahlentafeln 143 und 145 folgen zu lassen, von denen die eine die Richtpreise des Kohlensyndikats, die andere die seit dem 1. Februar 1920 gültigen Aufschläge zu den Richtpreisen in M/t wiedergibt.

Da der Kokspreis auch in Zukunft schneller steigen wird als der der Kohle, kann der nasse Betrieb der Gasanstalten nicht mehr die erhofften Ersparnisse bringen, die ihm früher nachgesagt wurden. Selbst Dr. Geipert[2]), der Verfechter des nassen Betriebes, hat sich zu dieser Ansicht bekehren müssen.

Die Wassergaserzeugung im Entgasungsraum ist nach Koppers[3]) wegen der unvollkommenen Zersetzung des Wasserdampfes höchst unwirtschaftlich; auch muß berücksichtigt werden, daß die auf die geringe Wassergasleitung entfallende Zeit für die größere Steinkohlengaserzeugung verloren geht. Es ist anzunehmen, daß die Leistung einer Ofenanlage durch den nassen Betrieb eher vermindert als erhöht wird, ebenso wie der Unterfeuerungsverbrauch vermehrt wird. Wird eine Verdünnung des Leuchtgases beabsichtigt, dann ist es wirtschaftlicher, das beizumischende Wassergas in eigener Wassergasanlage[4]) zu erzeugen.

Einen wesentlichen Einfluß auf die Betriebskosten üben die Arbeitslöhne aus, die wieder durch die technischen Einrichtungen bedingt sind. Wenn man die Entwicklung der Gaspreise[5]) verfolgt, wird man feststellen können, daß sich die Gaspreise in völlig entgegengesetzter Richtung zu den absoluten Kosten für Rohstoffe, Arbeitslöhne und Anlagewerte bewegen. Die Ursache liegt in der Erzeugungsmenge und diese wiederum in der Mechanisierung des Betriebes begründet. Der größere Gasbedarf verlangt größere, leistungsfähigere Ofenanlagen, sozialpolitische Erwägungen führen zur Einschränkung der Handarbeit. Die Folge dieser Überlegungen bedingte selbst bei älteren Gaswerken die Vornahme von Neueinrichtungen. An Stelle des gewöhnlichen 7er Ofens mit Handbetrieb trat z. B. der senkrechte Retortenofen mit Kohlen- und Transportrinnen, dessen Unterfeuerungsverbrauch sich aber nach der Statistik höher stellt, als die bisherigen Veröffentlichungen erwarten ließen.

Koppers[6]) führte in einem Vortrag im Märkischen Verein aus, daß jede Gaserzeugung in großen Gaswerken unter Verwendung kleiner Entgasungsräume, mögen dieselben wagerecht, schräg oder senkrecht liegen, einen „Teelöffelbetrieb" darstellt; denn bekanntlich hat sich während des Krieges gezeigt, daß die senkrechten Öfen infolge der nach längerem Betriebe auftretenden Schwierigkeiten bei der Entfernung der Kokskuchen genau soviel, vielleicht auch noch mehr Handarbeit erfordern wie wagerechte oder schräge Retorten mit Lade- und Entladeeinrichtung. Eine wesentliche Ersparnis ergibt nur ein Großraumofen.

---

[1]) Vgl. Fußnote S. 445 (Preissteigerung der Kohle um 1 M/t erhöht Gaspreis um 0,5 Pf/cbm).

[2]) Journ. f. Gasbel. Nr. 44, S. 655.

[3]) Heft 10 d. Mitteilg. der Firma Heinrich Koppers.

[4]) S. S. 212.

[5]) Goffin, Journ. f. Gasbel. 1919, S. 357.

[6]) 27. April 1919; Journ. f. Gasbel. 1919, Nr. 29/30.

Zahlentafel 143.

Richtpreise in M/t des Kohlensyndikates.

	1906	1907	1908	1909	1910	1911	1912	1913	1914	1915	1916	1917	1917 31.12.	1918 1. 9.	1919 1. 1.	1920 1. 5.
Kokskohlen	9,50	10,50	12,25	12,25	11,00	11,25	11,25	12,25	13,25	12,25	14,25	16,25	20,65	27,90	42,35	62,35
Gasflammförderkohlen	10,00	10,75	11,75	11,75	11,25	11,25	11,00	11,75	12,50	11,75	14,75	16,75	21,15	27,80	42,25	62,25
Gasförderkohlen. .	12,00	12,50	13,50	13,50	13,00	13,00	12,50	13,00	13,50	13,00	14,75	16,75	21,15	27,80	42,25	62,25
Zechenkoks: Brechkoks I über 50 mm. .	17,50	18,00	20,50	20,50	19,50	18,50	19,00	20,00	21,00	19,00	19,50	24,00	30,60	40,00	61,70	97,70
Zechenkoks: Brechkoks II über 40—70 mm	—	—	19,50	19,50	19,00	18,00	19,50	20,50	21,50	20,00	20,50	25,00	31,60	41,20	62 90	98,90
Zechenkoks: Perlkoks . . .	6,00	6,50	8,00	8,00	8,00	8,00	8,00	9,00	9,50	8,00	10,00	14,50	21,10	28,00	49,70	79,70
Zechenkoks: Koksgrus . . .	1,75	2,25	3,25	3,25	1,50	1,50	2,00	2,25	2,50	1,75	2,25	6,25	11,85	16,90	21,90	26,90

Ab 1. 9. 1917 enthalten die Preise 20% Kohlensteuer.

Jeder Privatgesellschaft sind billigerweise Beträge für Abschreibungen, Zinsen und Unternehmergewinn einzuräumen. Die Anlagen haben, solange sie im Betriebe sind, einen gewissen Gebrauchswert, der weit über dem durch die Abschreibungen von Jahr zu Jahr sich vermindernden Buchwert steht. Die Abschreibungen schwanken je nach der Gebrauchsdauer des Gegenstandes; sie sind niedrig bei natürlichem Verschleiß, können aber auch hoch ausfallen, wenn sich z. B. eine Anlage als in ihrer Leistung zu klein erweist und durch eine andere ersetzt werden muß. Dasselbe wird eintreten, wenn eine veraltete Anlage nicht mehr wirtschaftlich arbeitet usw. Man kann sich vorstellen, daß über die Höhe der Abschreibungen Meinungsverschiedenheiten bestehen, wenn Willkür, individuelle Auffassungen oder gar finanzielle Vorteile die Überhand gewinnen. Zahlentafel 144 zeigt die Abschreibungen nennenswerter Gaswerke, die alle aus den besagten Gründen durchaus berechtigt sein können.

Zahlentafel 144.

Für Charlottenburg	1913	3,69%	auf den Anschaffungswert,
„ Berlin	1913	3,88%	„ „ „
„ Breslau	1913	3,37%	„ „ „
„ „	1916	3,10%	„ „ „
„ Köln	1914	8,00%	„ „ „
„ „	1916	8,21%	„ „ „
„ „	1917	8,05%	„ „ „
„ Düsseldorf	1914	9,65%	„ „ „
„ „	1917	12,88%	„ „ „

Unter den Leitsätzen einer Verordnung vom 1. Februar 1919[1]) nimmt folgende unsere Aufmerksamkeit in Anspruch:

> „Die Lebensfähigkeit und technische Leistungsfähigkeit des liefernden Werkes kann nur dadurch erhalten werden, daß das Werk Rücklagen macht, die der während des Krieges eingetretenen gesteigerten Abnutzung und den erhöhten Anschaffungskosten Rechnung tragen. Bei der Höhe dieser Rücklagen wird darauf Bedacht zu nehmen sein, daß auch Geldmittel für notwendige Betriebsanlagen, Erweiterungen und Leitungsbauten bereitgestellt werden. Reicht die derzeitige Verzinsung zur Schaffung solcher Reserven nicht aus, so wird ein Anlaß zur Preiserhöhung gegeben sein."

Diese Verordnung ist häufig einseitig zugunsten der Gaswerke ausgelegt worden, was natürlich nicht beabsichtigt war. Lebenswichtige Betriebe, wie sie die Gaswerke darstellen, müssen in erster Linie mit Kohlen versorgt werden, damit sie die für die Beleuchtung und die zu Kochzwecken erforderlichen Gasmengen liefern können. Das ist die erste Bedingung für ihre Lebens- und Leistungsfähigkeit. In zweiter Linie wird es sich nicht allein darum handeln, den Gaswerken zu erklecklichen Gewinnen zu verhelfen, sondern man wird von ihnen auch verlangen müssen, Einrichtungen zu treffen, die zur Verbilligung des Gases beitragen, sei es durch Beseitigung des nassen Betriebes, sei es durch Anlage von Generatoren für die Beheizung der Öfen, zur Ersparnis an Unter-

[1]) Ziekursch, S. 11 A I zu 2b.

Zahlentafel 145.

Kohlenpreis-Aufschläge in M/t am 1. II. 1920[1]).

I. für den Bezirk des Rheinisch-Westfälischen Kohlensyndikats:

Fettkohlen:

	M		M
Fördergrus	41,50	Nußkohlen II	61,40
Förderkohlen	42,80	„ III	61,70
melierte	50,30	„ IV	55,30
bestmelierte	53,90	„ V	49,80
Stückkohlen I	65,30	Kokskohlen	44,40
Nußkohlen I	61,40		

Gas- und Gasflammkohlen:

	M		M
Fördergrus	41,80	gewaschene Nußkohlen II	61,40
Flammförderkohlen	43,10	„ „ III	61,70
Gasflammförderkohlen	49,20	„ „ IV	55,30
Generatorkohlen	54,20	„ „ V	49,80
Gaskohlen	60,60	Nußgrus	42,10
Stückkohlen I	65,30	gewaschene Feinkohlen	48,—
gewaschene Nußkohlen I	61,40		

Eßkohlen:

	M		M
Fördergrus 10%	41,50	Nußkohlen I	75,60
Förderkohlen 25%	42,—	„ II	75,60
„ 35%	42,80	„ III	70,80
bestmelierte 50%	53,90	„ IV	55,30
Stücke	65,60	Feinkohlen	40,80

Magerkohlen, östliches Revier:

	M		M
Fördergrus 10%	42,40	Nußkohlen I	79,50
Förderkohlen 25%	42,—	„ II	79,50
„ 35%	42,80	„ III	70,80
bestmelierte 50%	48,90	„ IV	55,30
Stücke	69,50	ungewaschene Feinkohlen	39,80

Magerkohlen, westliches Revier:

	M		M
Fördergrus 10%	41,30	Anthr. Nußkohlen II	93,50
Förderkohlen 25%	42,30	„ „ III	74,40
„ 35%	43,10	„ „ IV	46,20
melierte 45%	45,—	ungewaschene Feinkohlen	39,90
Stücke	70,30	gewaschene Feinkohlen	40,60
Anthr. Nußkohlen I	71,70		

Koks:

	M		M
Großkoks I	62,70	Brechkoks IV	60,90
„ II	62,30	halb gesiebter und halbgebrochener Koks	65,10
„ III	61,90	Knabbel- und Abfallkoks	64,30
Gießereikoks	70,50	Kleinkoks	63,90
Brechkoks I	82,40	Perlkoks	61,50
„ II	81,20	Koksgrus	42,10
„ III	69,80		

Brikette	87,30 M
Schlammkohlen	14,70 „
minderwertige Feinkohlen	14,70 „
Mittelprodukte	7,30 „
Nachwaschkohlen	7,30 „

II. für den Bezirk des Niederschlesischen Steinkohlensyndikats:

Kohle allgemein	78,— M/t
Waschsorten	98,80 „
Gießerei-Stück- und Brechkoks	140,40 „
Koksgrus	26,— „
Schlammkohle	17,40 „
Brikette	78,— „

III. für den Bezirk des Sächsischen Steinkohlensyndikats:

Kohle allgemein	63,— M/t
Stückkohle und gewaschene Sorten	74,90 „
Grob- und Brechkoks	112,30 „
Abfallkohle	31,80 „
Koksgruse	31,80 „

IV. für den Bezirk des Mitteldeutschen und Ostelbischen Braunkohlensyndikats:

Brikette und Naßpreßsteine	14,40 M/t
Förderkohlen	3,— „
Siebkohlen	4,20 „
Stückkohlen	5,40 „
Grubekoks	19,20 „

[1]) Aus Industrie- und Handels-Zeitung, 4. Febr. 1920

feuerungsmaterial und Löhnen. Eine weitere Verbilligung des Gases läßt sich durch bessere Ausnutzung der Marktlage erzielen. Der Erlös für die Nebenerzeugnisse, hauptsächlich Teer, ist so bedeutend, daß die Gemeinden ein Recht haben, Anteil hieran zu nehmen, und das kann nur in einer Kohlenklausel zum Ausdruck gelangen. Zahlentafel 146 zeigt die Steigerung der Preise für Berlin.

Zahlentafel 146.

	1913	1918	1919 (März)	1919 (Juni)	1919 (Dezember)
Kohle . . . . M/t	18,90	35	60	88	130
Koks . . . . „	24,50	45	75	120	196
Teer . . . . „	35	60	120	400	700
Ammonium-Sulfat . . „ (abz. Schwefels.)	220	270	300	600	600
angemessener Gaspreis n. d. vereinfacht. Kohlenklausel (S. 441) . . . . Pf	11,6	16,5	24,1	28,2	34,2

In einem Gutachten[1]) legt Johs. Brandt 3,65% für Abschreibungen auf die Anschaffungswerte und 4,5% als Zinsfuß für das Anlage- und Betriebskapital zugrunde. Neu entstehende Gaswerke werden bei den heutigen teuren Rohstoffen kaum mehr lebensfähig sein, weil die Gaspreise nicht mehr zu bezahlen sein dürften. Gaswerke mit hohem Anlage- und Betriebskapital sichern sich einen Bruttogewinn von etwa 6 Pf und eine um 2 Pf/cbm erhöhte Rücklage. Das Gas erfährt dadurch schon eine Verteuerung von 8 Pf/cbm.

Nach der angeführten Quelle betrugen die Unkosten und Kohlekosten bei der Erzeugung des Gases:

	1913	1918	1919
a) Unkosten . . . . . Pf/cbm Gas	4,05	9,18	19,43 (21,51)[1]
b) Kohlekosten . . . „ „	5,47	13,46	27,78
c) Verhältnis $\frac{a}{b}$	0,74	0,68	0,7

[1] Diesen Wert hat Verfasser berichtigt, weil als Divisor eine zu kleine Gasmenge angenommen war.

Bezieht man die Unkosten auf die Kohlekosten, wie unter c) der Zahlentafel geschehen, kann man diese = 0,7 b setzen und darauf die Kohlenklausel aufbauen. Sie beginnt mit dem Faktor

$$\frac{K + 0{,}7\,K}{310},$$

worin K den Kohlepreis in M/t und die Zahl „310“ die Gasausbeute in cbm/t Kohle bezeichnet

Rechnet man ferner mit einer durchschnittlichen Ammoniakausbeute von 2,6, mit einer Teer ausbeute von 37 und einer Koksausbeute von 550 kg, so hat man für die einzelnen Posten die Werte

$2{,}6\ A$ (wenn unter A der Preis für 1 kg Ammoniak verstanden wird)

$\frac{37}{1000}\,T$ „ „ T „ „ „ 1 t Teer „ „

$\frac{550}{1000}\,C$ „ „ C „ „ „ 1 t Koks „ „

Alle drei Posten sind für den Bürger Gutschriften, müssen demnach von den Kohlenkosten der Gaserzeugung abgezogen werden.

Eine weitere Gutschrift wäre für die Cyanmasse zu machen, die mit 15 Pf/cbm Gas zu veranschlagen ist. Dagegen ist die Spannung zwischen Erlös und Selbstkosten dem Gaspreise zu belasten (6 Pf/cbm). Es ergibt sich daher folgende Klausel für den Gaspreis G in Pf:

$$G = \frac{1{,}7\,K - 2{,}6\,A - \frac{37\,T + 550\,C}{1000}}{310} - 0{,}15 + 6.$$

[1]) Erstattet Januar 1920.

Verzichtet man auf die Entschädigung für Ammoniak und Cyan, weil unter den heutigen Preisverhältnissen von geringem Einfluß, so geht die Formel in die einfachere Form über:

$$G = 0{,}55\left(K - \frac{C}{3{,}1}\right) + \left(6 - \frac{0{,}37}{31}\,T\right).$$

In der Kohlenklausel ist auf die Benzolgewinnung in den Gaswerken keine Rücksicht genommen, weil sie nach dem Zusammenbruch, zum Teil schon vorher, eingestellt worden ist. Der Grund hierfür liegt einerseits in der geringen Belieferung der Werke mit Kohle, anderseits wollte man das Gas durch Benzolentziehung nicht noch weiter verschlechtern. Indes richtet sich jetzt wieder eine Reihe von kleineren Gasanstalten mit Behelfsanlagen für Benzolgewinnung ein. In Zahlentafel 146 sind die nach obiger Formel berechneten Gaspreise eingetragen.

Wir sind uns bewußt, daß die obigen Ausführungen auf Widerspruch stoßen werden. Aber soweit allgemeine Gesichtspunkte in Frage kommen, dürfte es bei der Mehrheit der geschätzten Leser als nützlich erkannt werden, den Stadtverwaltungen von Zeit zu Zeit nahezulegen, ihre Betriebe den technischen Fortschritten anzupassen. Es kann deshalb auch nichts schaden, wenn im einzelnen vielleicht zuviel gefordert und verheißen wird. Bei der bekannten und oft beklagten Schwerfälligkeit gerade der städtischen Verwaltungen würde ja ohnedies überhaupt kein Fortschritt durchsetzbar sein, und mit der anscheinend unaufhaltbaren Kommunalisierung auch der letzten privaten Gaswerke Deutschlands würde bald jede Möglichkeit fortfallen, wichtige Neuerungen praktisch zu erproben.

Auf Tafel VII (vgl. S. 64) ist ein Verbundofen mit Wassergas- bzw. Generatorgas-Erzeuger gekuppelt gedacht. Die bisher vielfach vertretene Ansicht der Gasfachleute, daß der Übergang zum zeitweisen Kokereibetrieb, wie er in Königsberg, Posen, Wien und einigen anderen Städten verwirklicht ist, kaum einen betriebstechnischen und wirtschaftlichen Fortschritt bedeutet, ist durch die Zeit überholt worden. Die Gasanstalten werden sich wohl oder übel auf Kokereibetrieb umstellen müssen, weil die festen Brennstoffe immer knapper werden und daher verlockende Preise für Koks den Anreiz geben[1]). Freilich ist mit der Aufstellung von Kopperschen Verbundöfen die Festlegung eines größeren Kapitals unter Umständen ein Hindernis, während die Gastechniker in der neuen Betriebsweise eine Erschwerung erblicken, ohne daß wirtschaftlich bessere Ergebnisse sicher gewährleistet seien. Meister und Feuerleute haben eine gewisse Abneigung gegen den öfteren Wechsel der Betriebsweise und die Umstellung der Einrichtungen, was auch die geringe Benutzung der zusätzlichen Wassergasanlagen erklärt, sofern nicht die Not als Gebieterin entscheidend eingegriffen hätte. Der Gasfachmann bevorzugt im Hinblick auf die so schätzbare Einheitlichkeit des Apparates und Gleichförmigkeit der Betriebsweise lieber die Mischgaserzeugung nach Besemfelder[2]), Strache oder nach dem Trigasverfahren[3]) als die Angliederung von Wassergasanlagen an Retortenöfen.

In der Diskussion zum Vortrage Buntes wandte sich die Mehrzahl der Gastechniker gegen die Minderwertigkeit des Mischgases; sie erblickte nicht in der Verdünnung, sondern in der Gewinnung immer besseren Gases die wichtigste Aufgabe der Gastechnik.

2. Verhältnis der Zusatzbelastung zur Vollbelastung.

a) Übernahme der winterlichen Raumheizung.

Die Frage der besseren Ausnutzung des städtischen Gasrohrnetzes war vielfach Gegenstand einer lebhaften Besprechung. Aus den im Abschnitt 2 der „Ferngasversorgung" gegebenen Bedingungen für die Abmessung der Rohrleitung muß leider der Schluß gezogen werden, daß die Übernahme auch nur eines Teiles der winterlichen Raumheizung ganz unzulänglich ist. Die Rohrnetze sind vor Jahrzehnten ausschließlich zur Bewältigung der Lichtversorgung auf den Straßen und in den Häusern angelegt worden, so daß sich in den Verästelungen nur geringe Querschnitte vorfinden; in den Altstädten dürfte der größte Teil nur lichte Weiten von 40 bis 50 mm besitzen. Allenfalls hat ein weitschauender Gasfachmann aus praktischen Erwägungen heraus in neueren Straßen 60 bis 80 mm als kleinste lichte Weite festgelegt, weil er beobachtet hatte, daß schon der Anschluß einiger mittlerer Gasbacköfen an eine 50 mm-Hauptleitung die von dieser gespeisten Leuchtflammen beeinträchtigte. Für solche Fälle einschließlich Küchenfeuerungen reicht der Straßenrohrdurchmesser

[1]) Vgl. Dr. Karl Bunte, Journ. f. Gasbel. 1919, Nr. 43, S. 629.
[2]) D.R.P. 115070 vom 4. Juni 1899 (vgl. S. 216 und 217).
[3]) Dellwik-Fleischer, Wassergas-G. m. b. H. (vgl. S. 219).

von 80 mm erfahrungsmäßig eben noch aus, dagegen versagt er schon für die winterliche Raumbeheizung mehrgeschossiger Reihenhäuser oder gar für die Befeuerung mittelgroßer Zentralheizkessel und den Anschluß mehrerer Bäckereiöfen in derselben Straße. Man kann an dem Gasmesser beobachten, daß schon der gleichzeitige Betrieb einiger Gasheizöfen und der Heizwasserautomaten in einem Hause eine reichlich fünfmal so große Leistungsfähigkeit der Gaszuleitung bedingt als die reichliche festliche Beleuchtung aller Räume des Hauses. Dieses unvermutet ungünstigen Verhältnisses wegen, das sich übrigens in noch schärferem Maße bei der Benutzung elektrischen Stromes zur Beleuchtung und zum Kochen, Backen und Braten wiederfindet, ist der auch vom Verfasser früher vertretene Gedanke[1]), die Beleuchtung künftig ausschließlich den Elektrizitätswerken zu überlassen und dafür die Raumbeheizung durch Gas zu bewirken, sowohl im ganzen wie auch im einzelnen in der Regel undurchführbar, wenigstens mit den aus älterer Zeit stammenden Rohrnetzen. Selbst da, wo ein ganz neues Rohrnetz zu schaffen ist und dies den Anforderungen einer wesentlich stärkeren Wärmeverteilung angepaßt werden kann, ergibt sich für die Verwendung von Steinkohlengas zur Raumbeheizung eine so enge Grenze durch das ungünstige Verhältnis der Zusatzbelastung zur Vorbelastung, daß man auch da im besten Falle nur einen mäßigen Anteil an der Wärmelieferung für Wohn- und Geschäftsräume übernehmen kann, ohne den für die Wirtschaftlichkeit des Unternehmens ausschlaggebenden Ausnutzungsquotienten herabzudrücken. Daneben muß auch im Auge behalten werden, daß die Wettbewerbsfähigkeit des Steinkohlengases auf diesem Gebiete nur durch einen niedrigen Sondertarif herbeigeführt werden könnte, daß also der hier hinzutretende Gasabsatz einen geringeren Gewinn bringen würde als der übrige.

Aus all diesen Erwägungen heraus muß die Befeuerung der Zentralheizkessel durch Gas, die an sich technisch gar keine Schwierigkeiten bereiten würde, als eine nur in Ausnahmefällen durchführbare Maßnahme bezeichnet werden. Wohl könnte man in jeder Stadt eine kleinere Anzahl solcher Heizungsanlagen mittleren und kleineren Umfanges, in Gebäuden an Straßen mit Hauptspeise- oder Fernleitungen, mit Gas befeuern, allerdings nur solche, bei denen der Preis des Brennstoffes nicht die ausschlaggebende Rolle spielt; aber der Anschluß aller oder auch nur der Mehrzahl der vorhandenen und zukünftigen Zentralheizungen einer Stadt, auch diejenigen größeren Umfanges, an ein Rohrnetz für Gas anzuschließen und ausschließlich damit zu betreiben, ist einstweilen wirtschaftlich unmöglich.

Eine etwas bescheidenere, aber doch keineswegs unwichtige Aufgabe ist hingegen mit den vorhandenen Rohrnetzen in erheblicherem Maße, als es bisher geschah, und mit neuen Rohrnetzen nahezu restlos lösbar, nämlich die Schaffung einer aushelfenden und ergänzenden Gasheizung neben vorhandenen Zentral- (und auch Einzel-) heizungen. Dafür treten weitschauende Gasfachleute seit Jahr und Tag mit allem Nachdruck, aber leider noch immer sehr geringem Erfolg ein. Es sollte aber — und wird hoffentlich auch — zur Regel werden, daß in jedem mit Zentralheizung versehenen Gebäude nachträglich noch und in jedem damit auszustattenden Neubau von vornherein in der einen oder anderen Weise die Gasheizung als Ergänzung und Notbehelf dienstbar gemacht wird. Das geschieht, was hinsichtlich der Anlagekosten das Vorteilhafteste, hinsichtlich der Leistungsfähigkeit allerdings das Minderwertigste ist, entweder in Form eines in den Kessel einschiebbaren großen Gasbrenners oder in Form eines besonderen, neben dem Hauptkessel aufzustellenden und mit dessen Rohrsystem im Nebenschluß zu verbindenden gasbeheizten Dampf- oder Warmwasserkessels — wie solche von der Zentralwerkstatt Dessau seit etwa 10 Jahren gebaut werden — oder, was die ansehnlichste, im Betrieb billigste, zuverlässigste und zugleich die höchste Annehmlichkeit bietende Lösung ist, in Form einiger selbständiger Gasheizöfen in den wichtigsten Räumen der Gebäude. In dieser zuletzt erwähnten Form gewährt die ergänzende Gasheizung geradezu unschätzbare Dienste, nicht nur bei Mängeln oder Versagen der Zentralheizung, sondern namentlich auch in den Übergangszeiten, bei plötzlichem Witterungsumschlag oder kalenderwidrigem Frost. Die für die Zentralheizung hereingebrochenen ungünstigen Verhältnisse werden hoffentlich dazu beitragen, unsere Baumeister von ihrer Schwerfälligkeit und unsere Heizungsfirmen von ihrer Engherzigkeit zu befreien, so daß auf diesem Gebiete unvergleichlich mehr als bisher noch erreicht werden dürfte. Brennstoffknappheit und Personalnot werden dazu beitragen, Besitzer und Bewohner zur Anschaffung ergänzender Gasheizungen der einen oder anderen Art zu veranlassen. Dadurch wird der Anteil der Gaswerke an der winterlichen Raumbeheizung zwar seinem heutigen Ausmaß gegenüber beträchtlich vermehrt werden, aber doch

---

[1]) Städte-Zeitung, 1. Aug. 1917. Verfasser verdankt seine geänderte Auffassung dem Ergebnis einer Diskussion mit Herrn Ober-Ing. Schäfer, Dessau.

im Verhältnis zum gesamten Wärmebedarf auf diesem Gebiete immer noch bescheiden bleiben. Um so mehr werden sich die Gasfachmänner dann bemühen müssen, ihr Nebenerzeugnis Koks als Brennstoff für die Raumbeheizung einzubürgern.

Das Gas für die Raumbeheizung billiger abzugeben als etwa das Kochgas, wäre innerlich unbegründet, da diese Verwendungsart ja keineswegs eine bessere Ausnutzung der vorhandenen (und bei auch nur einigermaßen lebhaftem Zugang derartiger Heizungsanlagen bald zu erweiternden) Gaswerkseinrichtungen herbeizuführen vermag, sondern eher das Gegenteil bewirken würde.

b) Gas für gewerbliche und industrielle Zwecke.

Anders gestaltet sich diese Seite der Frage für das zu gewerblichen und industriellen Heizzwecken benutzte Gas, von dem durch die an einzelnen Orten schon recht weitreichenden Erfahrungen erwiesen ist, daß es sich sehr gleichmäßig über das Jahr verteilt. Hierfür kann — und sollte! — man also unbedenklich einen niedrigeren Sonderpreis gewähren. Damit würden die Gaswerke nicht nur ansehnliche Anschlußwerte und Absatzmengen gewinnen, sondern auch die größten Erfolge erzielen. Es ist da nur notwendig, die Inhaber, Leiter und Meister der Werkstätten und Fabriken gründlich darüber zu belehren, ihnen nicht nur zu sagen, daß sie mit Vorteil für all ihre kleinen und mittleren Feuerstätten Gas als Brennstoff verwenden können, sondern ihnen auch zu zeigen, wie sie es zu machen haben, um die besonderen Eigenschaften und Fähigkeiten des gasförmigen Brennstoffes auch voll auszunutzen[1]).

Dr. Hilliger[2]) hat die Gasfeuerung für Waschbetriebeempfohlen, die meistens mit stehenden Heizröhrenkesseln unter ungünstigen Verhältnissen arbeiten. Mit Rücksicht darauf, daß diese Betriebe in jeder großen Stadt mehr oder weniger gleichmäßig verteilt sind, ist eine ungünstige Belastung des Rohrnetzes durch den Anschluß dieser wirtschaftlich schlecht arbeitenden Betriebe nicht zu gewärtigen.

c) Pumpenbetrieb mit städtischem Gas.

In der ersten Auflage dieses Werkes ist auch diesem Gedanken Raum gegeben worden. Da die Gaswerke im Sommer weniger beschäftigt sind als im Winter, glaubte man, wirtschaftlicher zu arbeiten, wenn in den Monaten geringerer Gasabgabe der Gasmotorenbetrieb der Pumpwerke ausgleichend eingreifen würde. Die Erfahrung hat aber gelehrt, daß hier nicht allein der höhere thermische Wirkungsgrad der Gasmotoren, sondern die Kosten des Betriebes den Ausschlag geben. Nach langjährigen Erfahrungen Tettenborns mußten die Gasmotoren in den letzten 8 bis 10 Jahren aus dem Wettbewerb im Pumpenbetriebe ausscheiden. T. hatte als erster in Berlin 4 Körtingsche 300pferdige Doppelzweitakt-Motoren mit unmittelbar gekuppelten Kolbenpumpen aufgestellt und dabei feststellen müssen, daß der Betrieb hiermit zwei- bis dreimal so teuer als der Dampfbetrieb und erheblich teurer als der Dieselmotorbetrieb ausfiel. Die Beschaffungskosten waren dabei sehr hoch. Bei der Aufstellung bestand die Absicht für einen Ausgleichsfaktor im Gasverbrauch während der Sommermonate keineswegs, vielmehr war die Überlegung ausschlaggebend, schnell in Betrieb zu setzende Pumpen zu haben, um bei plötzlich eintretenden Regenfällen mehr Wasser fördern zu können. Seit 10 Jahren sind an Stelle der Gasmotoren Elektromotoren und Dieselmotoren beschafft worden, von denen die letzteren wegen der teuren Treibmittel zurzeit unbenützt sind; sie bilden nur eine Maschinenreserve.

Große wie kleine Gasmotoren sind seit einigen Jahren den Elektromotoren unterlegen und durch diese verdrängt. Sie dürften erst wieder zeitgemäß werden, wenn wir über billigere Kraftgase (Schwachgase) verfügen werden. Die Kleinmotoren fristen nur noch da ein Dasein, wo elektromotorische Kraft nicht zur Verfügung steht, oder als Aushilfsmotoren, um die rationierte kW-Std.-Zahl nicht zu überschreiten.

III. Ferngasversorgung.

1. Allgemeines über Gasversorgung.

Wir haben im zweiten Kapitel, VI die Entwicklung der Kokereitechnik und der Leuchtgasindustrie geschildert und gesehen, wie diese beiden Industrien zunächst getrennt vorgingen und getrennt, jede in ihrer Art, eine gewisse Höhe der technischen Vervollkommnung erreichten. Es

[1]) In dieser Beziehung wird auf die sehr lehrreichen Broschüren Schäfers „Das Gas als Heizmittel in Gewerbe und Industrie“ und „Die Gasflamme als Werkzeug und Maschinenelement“ hingewiesen.

[2]) Z. d. V. d. I. 1919, S. 590.

ließ sich aber auch feststellen, daß sich in den letzten Jahren eine bemerkenswerte Annäherung zwischen diesen beiden Arten der Kohlenverwertung gezeigt hat, und daß heute zwischen einer großen Leuchtgasanstalt und einer Kokerei in der Art der Erzeugung des Gases grundlegende Unterschiede kaum noch bestehen. Bei den Gasanstalten war der Grund zu dieser Entwicklung in dem Streben zu sehen, die Entgasung der Kohle bei dem immer stärker auftretenden Gasbedarf in größeren Mengen, also in Großraumöfen, vorzunehmen. Bei der Kokereitechnik wurde man dazu durch die Möglichkeit geführt, das hochwertige Koksofengas für andere Zwecke abgeben zu können und die Öfen selbst mit irgendeinem Schwachgas zu betreiben[1]). Es gibt aber auch beim Betrieb der Öfen mit Koksofengas, wie wir gesehen haben, eine Menge Überschußgas, das man anderwärts viel günstiger verwerten kann, als dies vor wenigen Jahren durchweg geschah, nämlich für die Zwecke der Ferngasversorgung für Licht-, Heiz- und Kraftzwecke von Städten und Gemeinden. Hier muß daran erinnert werden, daß bereits im Jahre 1893 der Nestor des Gaswesens, Professor Dr. H. Bunte in Karlsruhe, dafür eintrat, das Gas in Kammeröfen zu erzeugen. Es hat sehr lange gedauert, bis sich diese Art der Gasgewinnung in Deutschland Eingang verschaffen konnte. Sehr förderlich für die Einführung des Koksofengases für städtische Zwecke war die Erfindung des Gasglühlichts. Da bei dieser Art der Beleuchtung die Anforderungen an die Leuchtkraft des Gases sehr herabgeschraubt worden sind, und es eigentlich nur auf einen möglichst hohen Heizwert ankommt, das Koksofengas aber etwa 5000 WE hat, eignet es sich für Gasglühlicht recht gut.

Amerika, das, wie wir bereits oben dargelegt haben, in der wirtschaftlichen Ausbeutung der Brennstoffe im allgemeinen noch recht weit zurück ist, ist uns auf dem Gebiet der Ferngasversorgung voraus, und zwar nicht nur in der Fernleitung von Erdgas, sondern gerade auch in der Verwertung von Kokereigas für städtische Zwecke. Dort war es vor allem Dr. Schniewind, ein geborener Bochumer, der seit Jahren eifrig für die Gasverwertung kämpfte. Seinen Bemühungen ist es zu verdanken, daß in Amerika schon von der Mitte der neunziger Jahre des vorigen Jahrhunderts an Koksöfen gebaut wurden, die der Gasversorgung von Städten dienten, bis heute etwa 2200. Eine der ersten dieser Anlagen ist die von Everett bei Briton, die zur Versorgung dieser Stadt dient und 400 Öfen in 8 Batterien umfaßt. Amerika hat hier den Vorteil gehabt, daß es, nachdem es an der technischen Entwicklung des Kokereibetriebes lange Jahre achtlos vorbeigegangen ist, diese, als sie auf der Höhe angelangt war, auffassen und ausnutzen konnte, ohne ihre Kinderkrankheiten mitmachen zu müssen. — Die erste Anlage in Europa ist in Sf. Margareten in der Schweiz im Jahre 1900 errichtet worden[2]). Dort werden jetzt bereits 17 Orte mit mehr als 39000 Einwohnern mit Gas versorgt. In Deutschland waren im Jahre 1913 18 Hochdruckanlagen mit Behältern und 15 ohne Behälter im Betrieb. Die erste Fernversorgung ohne Behälter wurde bei Heidelberg gebaut und ließ sich bei einer Rohrlänge von 12 km ohne Schwierigkeiten betreiben. Fünf Gemeinden in der Nähe von Heidelberg, die bereits elektrische Überlandkraftwerke hatten, verlangten der billigeren Beleuchtung und des Kochgases wegen trotzdem Gasversorgung, ein Zeichen dafür, welchen Anklang die Fernversorgung bei den Landgemeinden findet[3]).

Wir erörtern zunächst die Frage der Wirtschaftlichkeit und der technischen Lösung von Ferngasanlagen vom Standpunkt der Abnehmer, also der Städte usw., worüber Schwabner in einem Vortrag vor dem Verein für Technik und Industrie einige bemerkenswerte Ausführungen gemacht hat[4]). Auch eine mit den neuesten Einrichtungen arbeitende große städtische Gasanstalt ist kaum in der Lage, bei noch so sorgfältiger Berechnung auf so billige Gestehungspreise zu kommen, wie es bei der Gewinnung im Kohlenbezirk und bei der Verwendung der Abgase von Kokereien ermöglicht worden ist. In der ersten Zeit der Ferngasversorgung wurden häufig Zweifel laut betreffs der Sicherheit der Betriebe, insbesondere bei Streiken im Kohlenbezirk. Es wurde vielfach geltend gemacht, daß die Stadt durch den Bezug von Koksofengas in eine unerwünschte Abhängigkeit von der Privatindustrie kommen könne und daß im Falle eines Streiks auf der Grube keine Aushilfe vorhanden wäre. Dem ist aber entgegenzuhalten, daß die Kokerei einer Grube, die Gase für öffentliche Zwecke abgibt, anders dasteht als eine lediglich für Privatzwecke arbeitende, daß ihr nämlich in Streik-

[1]) Wenn die Kokereien allgemein dazu übergehen würden, ihre Öfen statt mit Starkgas mit Schwachgas aus minderwertigen Brennstoffen zu beheizen, würden wir mindestens 1400 Mill. cbm (vgl. Witzek, Handbuch der Gastechnik, 4. Aufl. 1919, Bd. 9, S. 36) gewinnen, d. h. 50% mehr als die Erzeugung sämtlicher Gasanstalten beträgt.

[2]) Einen beachtenswerten Vorschlag für die Ferngasversorgung Berlins hat W. Oechelhaeuser bereits in der 70er Jahren des vorigen Jahrhunderts gemacht.

[3]) Handbuch der Gastechnik, Bd. VI, S. 128, R. Oldenbourg, München.

) Am 23. Mai 1912.

fällen ein weitgehender öffentlicher Schutz zur Verfügung gestellt werden wird. Die Erzeugung von Wassergas, die ohnehin bei allen großen Gasanstalten zur Aushilfe und für die Zeiten stärkeren Gasbedarfs besteht und die man auch nach Einführung der Ferngasversorgung bestehen lassen wird, bietet immer die Möglichkeit, größere Störungen auszugleichen. Eine Stadt wird sich leicht eine dauernd gute Beschaffenheit des Gases vertraglich sichern können, und eine solche ist auch bei einer neuzeitlichen Koksofenanlage unschwer zu gewährleisten, während die Gasanstalten zur Streckung des Gases zu einem hohen Prozentgehalt Wassergas schreiten müssen, wodurch der Heizwert schon auf ein kaum zulässiges Maß herabgedrückt wird. Sehr zu beachten ist die Frage der durch die hohen Löhne, Kohlensteuer und Frachten gesteigerten Kohlenpreise, die in dem vom Kohlensyndikat jährlich festgesetzten Preise zum Ausdruck kommen müssen[1]).

Eine Frage von nicht geringer Bedeutung ist die Entwertung der Nachbargrundstücke einer Gasanstalt und die Aussicht auf Prozesse, die ins Ungemessene gehen können. Man hat in sehr vielen Städten beim Bau der Gasanstalten die Entwicklung der Stadt nicht genügend berücksichtigt, so daß die Anstalten heute vielfach inmitten eng bebauter Gegenden stehen. Hier sei an die Gaswerke in Straßburg, an die alte Gasanstalt in Karlsruhe i. B., aber auch an die vielen kleinen, unvollkommenen Gasbetriebe an der Riviera (San Remo usw.) erinnert, die den erholungsbedürftigen lungenkranken Menschen den Aufenthalt verleiden können. Gerade bei den älteren Gaswerken ist es unvermeidlich, daß Belästigungen der umliegenden Häuser vorkommen, und diese können dann leicht zu den oben besprochenen Schwierigkeiten führen. Außerdem kann man ein solches Werk nicht erweitern, sondern muß es dann entweder stillegen oder außerhalb der Stadt Grundstücke käuflich dazu erwerben, und hat dann den unangenehmen Zustand, an zwei Stellen teuer arbeiten zu müssen. Beim Übergang zur Gasfernversorgung kann aber gerade der hier geschilderte Mißstand der Lage des Werkes innerhalb der Stadt zu einem Vorteil werden, nämlich dadurch, daß das Grundstück, auf dem sich die Gasanstalt befindet, in den meisten Fällen im Laufe der Zeit einen großen Wertzuwachs erfahren hat und nun mit großem Nutzen, wenigstens zum größeren Teil, anderweitig verwandt werden kann. Hinzu kommt, daß die meisten Orte, die Gasanstalten besitzen, gerade jetzt auf dem Standpunkt angekommen sind, umbauen zu müssen. Herbst teilt die Städte bei der Prüfung der Frage der Gasversorgung in 3 Klassen ein, nämlich[2])

1. solche, die mitten in einem Gruben- und Hüttenbezirk liegen,
2. solche, die von einem Gruben- oder Hüttenbezirk aus durch eine Ferngasleitung versorgt werden können, und
3. solche, die, wenn sie zum Koksofengas übergehen wollen, eine eigene Kokerei einzurichten genötigt sind.

Für die erste Gruppe kann man ohne weiteres annehmen, daß die Versorgung von einer Zechenkokerei das Gegebene ist. Die zweite Gruppe wird sich wahrscheinlich auch zur Ferngasversorgung entschließen, namentlich dann, wenn ihre Anlage neueren Anforderungen nicht mehr genügt und sie durch eine neue Anlage die Gegenwart allzu hoch mit Zins- und Tilgungsbeträgen belasten würde. Die Städte der dritten Gruppe werden wohl meist den goldenen Mittelweg wählen, indem sie Großraumöfen aufstellen, die im Grunde ja auch weiter nichts darstellen als eine Kokerei. Es gibt Städte, für die Fernversorgung mit Koksofengas kaum in Betracht kommen wird, da sie von dem eigentlichen Industriebezirk zu weit ab liegen; sie können sich ihr Gas billiger in Großraumöfen selbst herstellen, als es ihnen, durch die hohen Leitungs- und Kompressionskosten verteuert, von auswärts geliefert werden könnte. Häufig begegnet man dem Einwand, daß in Städten der Gewinn an den früher selbst erzeugten Nebenstoffen verloren gehe und daß die Zechenverwaltungen den Koks, der für Heiz- und andere Zwecke in Städten in großen Mengen verbraucht wird, erheblich verteuern können. Dem ist aber entgegenzuhalten, daß sich die Städte ja vertraglich durch den Preis, den sie für das Gas zahlen, für diesen Ausfall entschädigen können. Auch ein bestimmter Kokspreis kann vertraglich festgesetzt werden.

---

[1]) Die Gasanstalten suchen den schwankenden Kohlenpreisen durch eine Kohlenklausel zu begegnen. Von dem z. B. in Berlin geltenden Einheitspreis von 37 Pf für einen Kohlenpreis von 60 M/t frei Gaswerk ausgehend, wird für jede Preissteigerung der Kohle um 2 M/t der Gaspreis um 1 Pf/cbm erhöht und bei fallendem Kohlenpreis um diesen Betrag verringert. Daß diese Berechnung bei den, vorläufig wenigstens, immer steigenden Preisen für Nebenerzeugnisse willkürlich ist, wurde bereits im Abschnitt „Die Gaswirtschaft" behandelt (vgl. S. 437).

[2]) Herbst, „Über die neue Entwicklung der Kokerei", Stahl u. Eisen 1910, Nr. 35 u. f.

Es ist allerdings eine landläufige und in mancher Hinsicht geradezu selbstverständliche Annahme, daß mit zunehmender Erzeugung die Gestehungskosten zurückgehen; indes gewinnt man durch Einblick in die Betriebsausweise zahlreicher privater und städtischer Gaswerke die Überzeugung, daß die Steigerung des Absatzes beim einzelnen Gaswerk nur bis zu einer gewissen Grenze und nur unter einer ganz bestimmten Voraussetzung (wenn nämlich der Zuwachs den Ausnutzungsquotienten

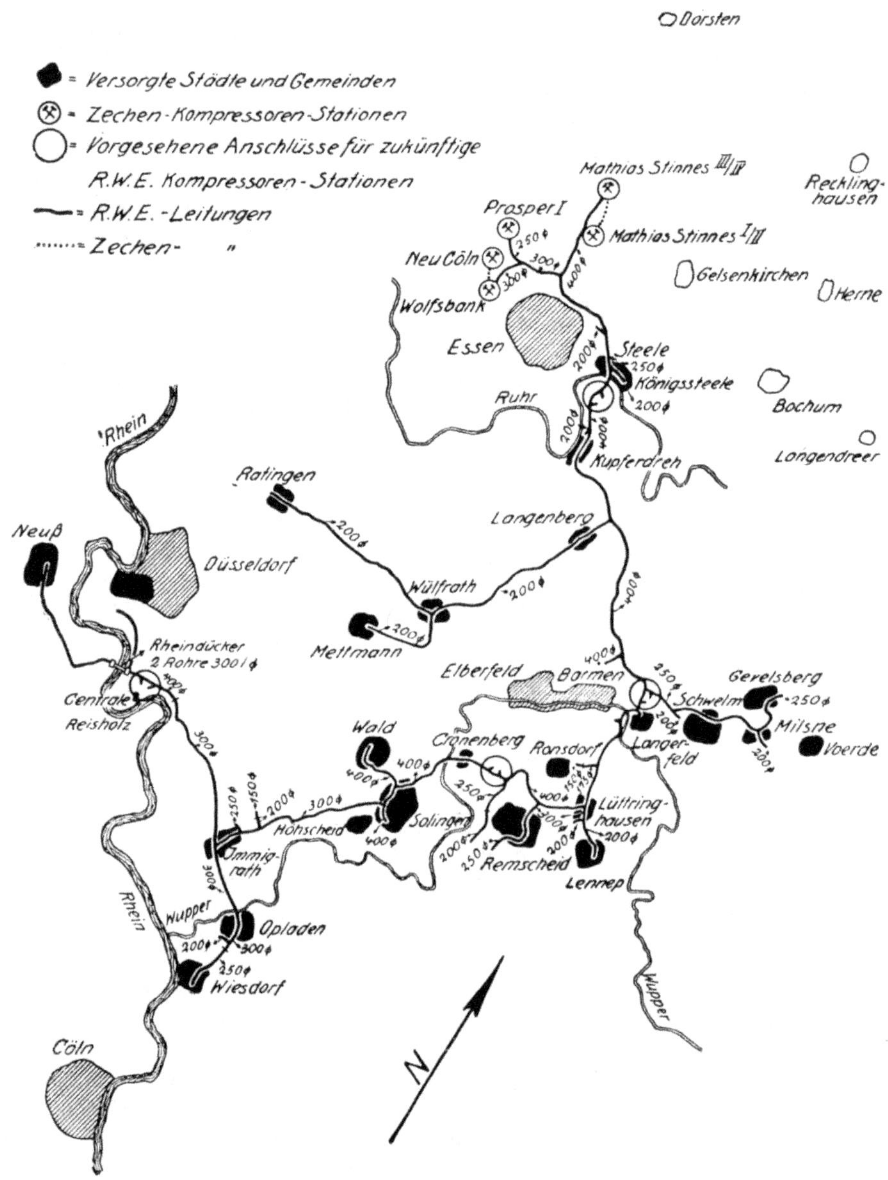

Abb. 201. Ferngasleitung für die Gasfernversorgung Essen-Süd.

nicht herabsetzt) eine Verbilligung der Erzeugungskosten mit sich bringen kann, darüber hinaus aber eher das Gegenteil bewirkt. Beispielsweise betrugen im letzten Friedensjahre nach Mitteilung von Schäfer die reinen Erzeugungskosten bis zum Gasbehälter (ausschließlich Kapitaldienst) bei einem kleinen Gaswerk von noch nicht 200000 cbm Jahresleistung nicht ganz 6,5 Pf/cbm, bei einem benachbarten mittleren Werk von rd. 1400000 cbm Jahresabgabe 4,12 Pf, bei einem dieselbe Kohle verarbeitenden Werk mit über 9000000 cbm Jahresleistung 3,96 Pf/cbm. Der Vorsprung des großen Werkes gegenüber dem mittleren betrug also nur einen Bruchteil von einem Pfennig, und dies bildet auch beim Vergleich von großstädtischen Riesenwerken mit den Betrieben in mittleren Städten die Regel. Von letzteren gibt es eine ganze Reihe, die ihr Gas eher noch etwas billiger herstellen als beispielsweise die städtischen Gaswerke von Berlin. Ausschlaggebend ist von einer gewissen Grenze aufwärts weniger die Größe als die Einrichtung und Betriebsführung der Gaswerke. Sind diese beiden Faktoren auf der Höhe, so kann, wie scharfe Berechnungen für Düsseldorf, Elberfeld, Hagen, Köln und andere rheinische und westfälische (auch für sächsische und schlesische) Städte bewiesen haben, selbst das Kokereigas das Steinkohlengas nicht verdrängen.

Als Aushilfe, die eine Stadt beim Anschluß an eine Ferngasleitung haben muß, kommt zunächst die Wassergasanlage in Betracht. Ferner hat z. B. die Stadt Barmen, die ihr Gas von der Firma Thyssen & Co., Mülheim a. Ruhr, bezieht, noch eine Verbindung mit der Hauptrohrleitung des Rheinisch-Westfälischen Elektrizitätswerks vorgesehen, so daß im Falle einer Störung in der eigentlichen Hauptleitung das Gas dieser anderen Leitung entnommen werden kann. In Abb. 201 sind die Rohrdurchmesser des größten Rohrnetzplanes des Rheinisch-Westfälischen Elektrizitätswerkes, der Gasfernversorgung Essen-Süd, angegeben. In jeder Gemeinde, die Gas aus der Gasfernleitung bezieht, muß sich ein Gasbehälter befinden, dessen nutzbarer Inhalt nicht unter 60 bis 75% der jeweilig höchsten Tagesabgabe beträgt. Durch das dargestellte Rohrnetz werden zurzeit jährlich 50 Mill. cbm Gas von einem oberen Heizwert von 5200 WE geschickt. Die Leitung ist für 2 at Überdruck gebaut. Bei der Beurteilung der Preise, die eine Stadt für Fernleitungsgas zahlt, muß man berücksichtigen, wie sie das Gas bekommt. Bochum z. B. erhielt sein Gas am 1. Januar 1911 von der Kokerei der Kruppschen Zeche Hannover III/IV für $2\frac{1}{2}$ Pf/cbm und Essen sogar für $2\frac{1}{4}$ Pf. Andere Städte zahlten erheblich mehr. Dieser Unterschied kommt dadurch zustande, daß Bochum und Essen anscheinend die entgangenen Gewinne an Nebenprodukten nicht mit in Anschlag gebracht und außerdem die Kosten der Entschweflung selbst zu tragen haben. Vor allem kommt noch für Barmen hinzu, daß die Zuleitungskosten für die 52 km lange Fernleitung höher sind als z. B. für Essen, das sein Gas von naheliegenden Zechen bezieht. Wir müssen es uns versagen, weitere Angaben zu machen, weil die nach dem Kriege eingetretenen außergewöhnlichen Verhältnisse die Geldausgaben derart beeinflussen, daß sie kein richtiges Bild für allgemeine Vergleichsrechnungen geben. Indes möge noch erwähnt werden, daß die Stadt Essen den Gaspreis bis zum Dezember 1919 stufenweise auf 33,5 Pf/cbm erhöht hat. — Die hauptsächlichsten Lieferanten von Kokereigas in Rheinland-Westfalen sind Thyssen & Co., das Rheinisch-Westfälische Elektrizitätswerk in Essen und die Gelsenkirchener Bergwerks-Gesellschaft.

Die Lieferung an die einzelnen Städte verteilt sich nach folgender Übersicht:

Bezeichnung der Werke, die Ferngas liefern	Bezeichnung der Städte und Gemeinden, die Ferngas beziehen
Thyssen & Co., Mülheim-Ruhr. Zeche: Deutscher Kaiser IV.	Hamborn, Walsum, Dinslaken, Voerde, Wesel, Bocholt, Oberhausen, Mülheim-Ruhr (teilweise), Mintard, Kettwig, Werden, Laupendahl, Heiligenhaus, Velbert, Neviges, Barmen.
Rheinisch-Westfälisches Elektrizitätswerk, Essen-Ruhr. Zechen: Carolus Magnus, Prosper I, Rheinelbe I/II, Matthias Stinnes III/IV, Karl, König Wilhelm und Osterfeld.	Sterkrade, Osterfeld, Dorsten, Gladbeck, Horst-Emscher, Borbeck, Karnap, Altenessen, Katernberg, Rotthausen, Schonnebeck, Frillendorf, Kray, Stoppenberg, Steele, Königsstede, Freisenbruch, Horst-Ruhr, Eiberg, Kupferdreh, Langenberg, Wülfrath, Dornap, Mettmann, Rutingen, Langerfeld, Schwelm, Milspe, Vörde, Gevelsberg, Lüttringhausen, Lennep, Remscheid, Solingen, Kronenberg, Wald, Höhscheid, Leichlingen.
Gelsenkirchener Bergwerks-Gesellschaft. Zechen: Rheinelbe I/II, „ Germania I/IV.	Gelsenkirchen, Wanne, Eickel, Röhlinghausen, Hordel, Günnigfeld, Wattenscheid, Marten, Oespel, Kley und Kirchlinde.
Zechen: Carolus Magnus, König Wilhelm, Helene, Friedrich Ernestine und Gustav	Essen-Ruhr und Bredeney.
Zeche Hannover III/IV	Bochum, Riemke, Altenbochum, Laer und Weitmar.

Bezeichnung der Werke, die Ferngas liefern	Bezeichnung der Städte und Gemeinden die Ferngas beziehen
Zeche Lothringen IV	Herne, Herten, Langendreer, Werne, Witten, Heven und Annen
Zeche König Ludwig I/II	Recklinghausen
Zeche Graf Schwerin	Castrop, Rauxel und Habinghort
Zeche Dorstfeld I/IV	Dorstfeld
Zeche Rheinpreußen II	Homberg und Essenberg
Friedrich Wilhelmshütte	Mülheim-Ruhr (teilweise)

Das Gesamtversorgungsgebiet des obengenannten Bezirkes umfaßte Ende 1913 117200 ha gegen nicht ganz 6000 ha im Jahre 1905 und etwa 50000 ha im Jahre 1911. Die Einwohnerzahl des versorgten Gebietes betrug Ende 1913 2457000 gegen 1600000 im Jahre 1911. Die Gesamtlänge der Gasfernleitung betrug Ende 1913 396,2 km mit Durchmessern von 80 bis 500 mm. Im Jahre 1905 waren es 18 km und 1911 noch nicht 180 km. Die Gasabgabe auf den Kopf der Bevölkerung betrug Ende 1913 bei einer Gesamtabgabe von 128,4 Mill. cbm, 52,2 cbm. Die Gesamtabgabe im Jahre 1905 betrug noch nicht 1 Mill. cbm und im Jahre 1911 etwa 75 Mill. cbm.

Bis auf die zuletzt aufgeführte Versorgung der Stadt Mülheim-Ruhr, die ihr Gas von der Friedrich-Wilhelmshütte bezieht, kommen hauptsächlich Zechenkokereien in Betracht. Daß die Gasfernversorgung aber auch unter Umständen außerhalb des eigentlichen Industriebezirkes mit Erfolg benutzt werden kann, zeigt z. B. Lübeck. Seit dem 26. Oktober 1912 bezieht diese Stadt Koksofengas von der Kokerei des Hochofenwerkes Lübeck. Es wurden entnommen in der Zeit vom 26. Oktober 1912 bis 31. März 1913 890335 cbm, in der Zeit vom 1. April 1913 bis 31. März 1914 2981901 cbm, was 26,5% der Gesamtabgabe entspricht. Die Hauptbezugsleitung führt vom Hochofenwerk nach dem Behälter des Gaswerkes II in Lübeck und hat bei einer Länge von 16580 m einen Durchmesser von 200 mm; sie besteht aus Mannesmann-Muffenrohren mit starrer Verbindung. Bei einem Anfangsdruck von höchstens 1000 mm W.-S. werden etwa 60 cbm stündlich übergeführt.

Auf eine Rundfrage, die für den vorliegenden Zweck an eine Anzahl von Städten, die Koksgas beziehen, und an Kokereien, die Städte mit Koksgas versorgen, gerichtet wurde, ist überall die Auskunft erteilt, daß Lieferanten wie Abnehmer zufrieden mit dieser Neuerung sind. Das Gas wird im allgemeinen in die alten Behälter der Stadt gedrückt und von hier weiter verteilt. Man hielt dabei in den Verbrauchsleitungen denselben Druck, der in den Stadtnetzen üblich ist, um Änderungen an Brennern und Kochern zu vermeiden. Der Druck in den Leitungen bis zum Gasbehälter richtet sich nach ihrer Länge und schwankt zwischen den oben angegebenen Zahlen. Verwendet man Drücke von mehr als 1 at, so muß man sich dabei genieteter oder geschweißter Druckkessel als Gasbehälter bedienen; die eigentliche Versorgung der Abnehmer geschieht aber auch in diesem Fall unter dem üblichen Niederdruck. Zur Umwandlung dienen Druckregler. Als Leitungen kommen in Deutschland hauptsächlich Mannesmannrohre in Betracht, die meist durch Muffendichtungen verbunden sind. Die schmiedeeisernen Rohre werden durch Überzüge vor Feuchtigkeit geschützt. Der Druck für die Fernversorgung wird durch Kapselgebläse, Kolben- oder Turbokompressoren erzeugt, die meist im Maschinenhaus des Gaswerkes aufgestellt und mit den dort verfügbaren Kraftmitteln betrieben werden. Als Schutz vor Betriebsstörungen werden Ringleitungen mit Absperrschiebern gebaut, so daß gegebenenfalls ein Strang an Stelle des anderen verwandt werden kann. Nicht allgemein bekannt ist es, daß die Gaswerke der Stadt Berlin an eine große Gasfernversorgung angeschlossen sind. Sie versorgen im Norden und Südosten der Stadt mit einer Druckleitung von mehr als 80 km Länge ein Gebiet von etwa 30000 ha. Im Jahre 1912 wurden an 32 Orte in einem Umkreis von 60 km mehr als 20 Mill. cbm Gas abgegeben.

Die meisten befragten Kokereien hatten außer dem abgegebenen Gas noch größere Gasmengen für Kessel und Gasmaschinen übrig. Die Hüttenwerke heizten ihre Koksöfen mit dem zur Verfügung stehenden Hochofengas. Die Überwachung der Leitungen liegt teils den Gemeinden, teils den liefernden Werken ob. Beschwerden über das Gas sind in den Städten nicht bekannt geworden. Zur Erzeugung des Gases wurden in der Hauptsache Regenerativöfen von Koppers, Dr. C. Otto und Collin verwandt. Besondere Umbauten waren dafür nicht nötig. Teilweise waren die Öfen mit doppelten Vorlagen versehen. Die Entschweflung und die Messung des Gases wurde in den meisten Fällen in den Städten vorgenommen, da diese ja fast stets schon im Besitze eines Gasmessers und einer Entschweflungsanlage waren. Die Lieferung des Gases war in den meisten Fällen unter Zugrundelegung des Heizwertes abgeschlossen. Schädigungen des Baumwuchses sind nirgends bekannt geworden. Um Undichtheiten und Störungen erkenntlich zu machen, hat man an den Verbindungsstellen meist Riechrohre angebracht.

Gegen die Einführung der Ferngasversorgung ist oft in der Presse durch die Vertreter des Mittelstandes geltend gemacht worden, daß die Städte abhängig und daß die Installateure und Handwerker benachteiligt würden. Diese Einwände sind hinfällig, denn die Städte bleiben im eigenen Bezirk vollständig selbständig und können die Installationsarbeiten weiterhin genau so vergeben, wie es früher bei der Gaserzeugung im eigenen Betriebe üblich war. Im Gegenteil werden sich die Verhältnisse jetzt im allgemeinen günstiger gestalten, da ja die Städte, wenn sie ihre Gaswerke stillegen, die Mehrzahl ihrer Gasanstaltsbeamten und Arbeiter entlassen werden und dann gar nicht mehr in der Lage sind, diese Arbeiten selbst auszuführen. Die Verminderung der Arbeiterzahl und die dadurch bedingten Entlassungen werden den Gemeinden auch häufig verübelt. Es wird sich aber sicher in jeder Stadt Gelegenheit finden, die längere Zeit beschäftigten Arbeiter anderweitig unterzubringen, während man die alten Leute, die andernorts nicht mehr verwandt werden können, unschwer mit einem geringen Teil des Gewinnes, den die Stadt aus der neuen Art der Gasversorgung zieht, zur Ruhe setzen kann. Sehr wichtig für die Stadt ist es, sich die Versorgung ihres Hinterlandes mit Gas zu sichern.

2. Einfluß der Gasbeschaffenheit auf die Wirtschaftlichkeit der Ferngasleitung.

Die Frage der Eignung von Schwachgas ist viel umstritten[1]) und mit der Stickstofffrage zusammen häufig erörtert. Mit Rücksicht auf die inzwischen auf ein Vielfaches gestiegenen Baukosten der Rohrleitung muß zunächst das Schwachgas für Fernleitungen ausgeschlossen erscheinen. Indes soll nicht unversucht gelassen werden, die Bedingungen festzustellen, unter denen selbst die Schwachgase mit Erfolg in den Wettstreit treten können.

a) Einfluß von Fördermenge, Rohrdurchmesser, Druckgefälle und spez. Gewicht.

Die Baukosten der Fernleitungen hängen von der Größe ihres lichten Durchmessers ab, der sich nach Annahme eines Druckgefälles für die stündlich zu fördernde höchste Gasmenge berechnen läßt[2]). Wählen wir in der von Jäger erweiterten Poleschen Formel[3]) $Q_e = 9400$ cbm/Std. und einen Heizwert des Gases von 900 WE/cbm, das abs. Druckgefälle am Anfange und am Ende der Leitung zu 200 mm W.-S., d. h. z. B. $H_a = 10580$ und $H_e = 10380$, $l = 3600$ m und das spez. Gewicht $s_e = 0{,}42$, so ergibt sich

$$d_{cm} = \sqrt{\frac{4 Q_e^2 s_e H_e}{(H_a^2 - H_e^2)}\, l} = 66{,}7.$$

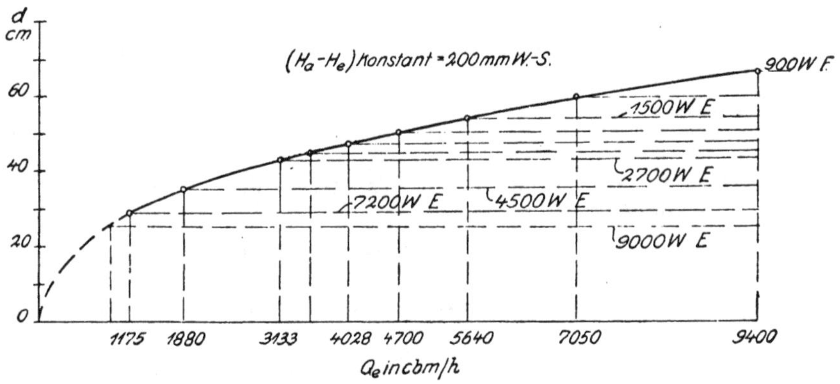

Abb. 202. Abhängigkeit des Leitungsdurchmessers d von der Gasmenge Q_e bei gleichem Druckgefälle.

Bei größeren Gasmengen, aber gleichbleibendem Druckgefälle sehen wir, daß der Durchmesser d (Abb. 202) mit zunehmendem Q_e nur verhältnismäßig wenig wächst, und können daraus den Schluß ziehen, daß ein Rohrnetz in seinen Hauptsträngen wesentlich größere Belastungen vertragen kann als in seinen Verästelungen, d. h. in den Haus-

[1]) Vgl. die Kriegsaufsätze in der Chem.-Ztg. 1915, S. 713, 925, 1916 bis 1919; Schäfer, Journ. f. Gasbel. 1917, S. 74; 1919, S. 161; Trenkler, ebd. 1919, S. 600.

[2]) Vortrag des Verfassers im Verein dt. Masch.-Ing., Berlin, 17. Sept. 1918.

[3]) „Hütte", 20. Aufl., Bd. III, S. 739.

anschlüssen, wo das Anstecken eines Badeofens die Lichtstärke der Leuchtflammen u. U. schon nachteilig beeinflussen kann.

Mit dem höheren Heizwert des Gases fällt Q_e, d. h. bei 1800 WE haben wir nur $\frac{Q_e}{2}$ usw. In Abb. 203 sind die gegenseitigen Verhältnisse dargestellt: Mit steigendem Heizwert fallen die Rohrdurchmesser und damit die Kosten der Fernleitung nicht unbedeutend. Für Steinkohlengas von 5000 WE genügt ein theoretischer Durchmesser von 33,5 cm, während Hochofengas mit 800 WE schon den doppelten Durchmesser erfordert.

Zur Ermittelung des Einflusses des Druckgefälles, dessen Höhe den Leitungsdurchmesser ebenfalls herabzusetzen vermag, wollen wir uns eine 3. Kurve (Abb. 204) konstruieren, bei der d als Funktion von $(H_a - H_e)$ abgeleitet ist. Auch dieses Bild ist sehr lehrreich; denn es zeigt uns, daß mit zunehmendem Druckgefälle nur wenig erreicht wird: die Kurve verläuft asymptotisch. Der Einfluß des Druckgefälles ist hauptsächlich nur für $(H_a - H_e)$ bis zu 1000 mm W.-S. erkennbar. Wenn man bedenkt, daß diese, übrigens nur bei langen Leitungen zu empfehlende Maßnahme eine Steigerung der Anlage- und Betriebskosten durch Anschaffung von Hochdruckgebläsen mit ihren Antriebsmotoren usw. erfordert, anderseits aber wieder größere Undichtheiten nach sich zieht, so dürften die vielfach in der Literatur aufgetretenen Behauptungen über die Wirtschaftlichkeit eines höheren Druckgefälles leicht widerlegt werden können.

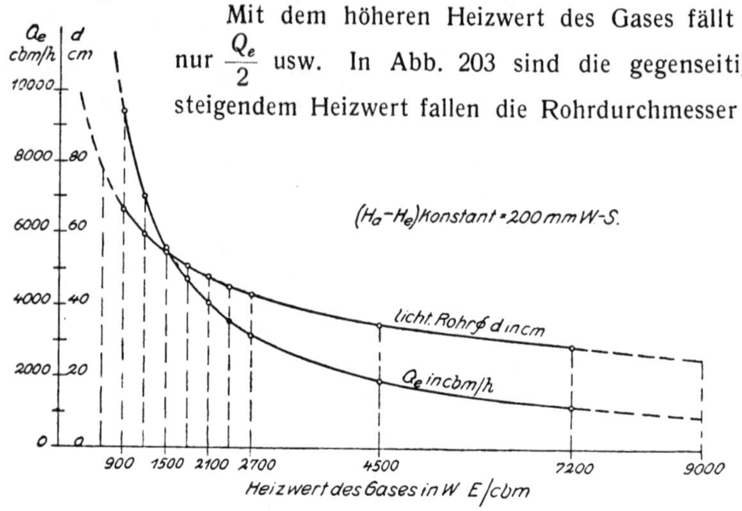

Abb. 203. Abhängigkeit des Leitungsdurchmessers d und der Gasmenge Q_e vom Heizwert des Gases bei gleichem Druckgefälle.

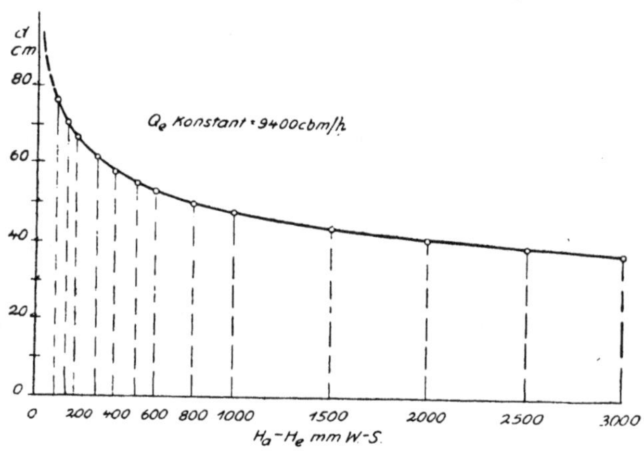

Abb. 204. Beeinflussung des Leitungsdurchmessers d von dem Druckgefälle $(H_a - H_e)$.

Legt man ein bestimmtes Anlagekapital zugrunde, so ergeben sich bei verschiedenem Gas folgende Baulängen:

Art des Gases	WE	Rohrdurchmesser in cm (theoretisch)	Baulänge m
Hochofengas	800	78	x
Generatorgas	1200	59,5	1,39 x
Wassergas	2400	45	1,98 x
Kokereigas	5000	33,5	3,19 x
Methangas	9000	25	3,65 x

Die Kokereien verwenden deshalb ihr Hochofengas selbst, dagegen schicken sie ihr hochwertiges Kokereigas durch die Fernleitung, die für das minderwertige Gas zu teuer ausfallen würde. Aus den Feststellungen erhellt die Erkenntnis, daß sich im allgemeinen für eine zentrale Verteilung ein minderwertiges Gas wegen der Belastung durch höhere Leitungskosten nicht eignen wird, vielmehr wird man in den meisten Fällen sich hierfür eines hochwertigen Gases bedienen. Die Wirtschaftlichkeitsberechnung würde z. B. für ein Methangas eine Reihe von Argumenten ergeben, die die Vergasung der Kohle gegenüber ihrer unmittelbaren Verbrennung zu verteidigen in der Lage wären. Ob es indes den weiteren Forschungen gelingen wird, ein solches Gas herzustellen, muß der Zukunft überlassen bleiben. Prof. Franz Fischer[1]) berichtet von einem solchen Gase aus einer Gasflammkohle mit 30% flüchtigen Bestandteilen. Aber dieses Ergebnis ist vorläufig nur ein Laboratoriumsversuch, der sich schon wegen der geringen Gasmenge je kg nicht in der Praxis verwerten läßt. Ein solches Gas, womöglich noch schwefelfrei und ungiftig, muß das Ideal eines jeden Gasfachmannes und Verbrauchers sein; denn durch die Mischung des jetzigen Steinkohlengases mit dem minderwertigen und überdies noch teureren Wassergas[2]) verschlechtert man nur die vordem bestandenen Verhältnisse.

Die eingangs wiedergegebene Polesche Formel ist auf Grund der zahlreichen Versuchsergebnisse und theoretischen Forderungen nicht als einwandfrei zu bezeichnen[3]). Die ursprüngliche Formel von Pole ist nur für Niederdruck geeignet, und die Jaegersche (Dr. Velde) Umformung ist theoretisch nicht begründet. Die Engländer und Amerikaner gehen beii hren Berechnungen von der Unwinschen Formel aus (vgl. Hempelmann), während Fritzsche, Brabbée und Biegeleisen zu einer Exponentialgleichung kommen. Da die Abhängigkeit des Exponenten noch nicht geklärt ist und eine solche Formel für praktische Rechnungen auch unbrauchbar ist, so dürfte die Unwinsche Formel[4]) als die zuverlässigste anzusprechen sein. Setzt man in derselben den Enddruck mit 10000 mm W.-S., so erhält sie die Form:

$$Q = 0{,}0004033 \sqrt{\frac{(20000\ h + h^2)\ d5}{\xi\, s\, l}}$$

oder nach dem Druckverlust h aufgelöst:

$$h = \sqrt{\frac{Q^2\ \xi\, s\, l}{0{,}0004033^2\ d^5} + 10000^2} - 10000,$$

wobei die Reibungszahl

$$\xi = 0{,}0041 \left(1 + \frac{4{,}357}{d}\right)$$

ist. Bei überschlägigen Rechnungen kann ξ mit 0,0043 konstant gewählt werden.

Betrachtet man diese Formel und die früher wiedergegebenen 3 Kurven, so kommt man zu folgenden Schlüssen:

1. Mit wachsender Leitungslänge steigt der Druckverlust nicht proportional, sondern in geringerem Maße. Daraus ergibt sich für die Praxis die Folgerung, Leitungen nicht zu unterteilen, weil die Förderung in zwei Druckstufen unwirtschaftlicher wäre.

Anscheinend steht dies Ergebnis im Widerspruch mit der Überlegung, daß die Reibungsarbeit und damit der Druckverlust der Länge der Leitung proportional sein müßte. Aber das ist nicht der Fall; denn mit der Zunahme der Leitungslängen werden infolge der höheren Drücke die spezifischen Gewichte größer und damit die zu fördernden Gasmengen und auch die Arbeitsleistungen kleiner. Für praktische Berechnungen hat das spezifische Gewicht keinen wesentlichen Einfluß, so daß man darauf keine besondere Rücksicht zu nehmen braucht.

2. Mit wachsendem spezifischem Gewicht gilt das gleiche wie bei 1., nur ist der Einfluß viel geringer. Jedenfalls schneiden Gase mit hohem spezifischem Gewicht, also mit CO_2 und N_2 als Ballast, günstiger ab als solche mit geringerem spezifischem Gewicht. Da letzteres durch hohe Drücke allgemein erhöht wird, wird man diese grundsätzlich nicht zu scheuen brauchen.

---

[1]) „Über den Stand der Kohlenforschung", Halle (Saale) 1919.

[2]) Lempelius in „Die rationelle Ausnutzung der Kohle", Carl Heymanns Verlag, Berlin 1918.

[3]) Vgl. die eingehenden Arbeiten über Rohrnetzberechnungen von: Sautter, Journ. f. Gasbel. 1913, S. 1045 u. f. — Biegeleisen, Grundlagen zur Berechnung der Gasrohrleitungen, München, Oldenbourg 1918. — Hempelmann, Anlage und Berechnung von Gasfernleitungen in technischer und wirtschaftlicher Beziehung. Berlin 1914. — Brabbée, Rohrnetzberechnungen in der Heiz- und Lüftungstechnik, Berlin, Springer 1918. — Fritzsche, Untersuchungen über den Strömungswiderstand der Gase in geraden zylindrischen Rohrleitungen. Forschungsarbeiten, Heft 60. — Biel, Über den Druckhöhenverlust bei der Fortleitung tropfbarer und gasförmiger Flüssigkeiten. Forschungsarbeiten, Heft 44.

[4]) Vgl. auch Humphrey, Generation and distribution of producer-gas in South-Staffordshire. Proc. of the Inst. of. Civ. Eng. 1913.

3. Der Einfluß einer wachsenden Fördermenge bei gleichem Rohrdurchmesser ist ungünstig, besonders bei kleinem Q_e, das aber bei Fernleitungen nicht in Frage kommt. Einem Leitungsnetz innerhalb einer Stadtgemeinde läßt sich in den Verästelungen eine größere Gasmenge, als der Berechnung zugrunde liegt, ohne erhebliche Druckschwankungen nicht entnehmen. Reichte der Rohrdurchmesser an dieser Stelle bei Reichgas gerade noch aus, so wird bei gestrecktem, d. h. mit Wassergas verdünntem Gas der Verbraucher schon Grund zu Klagen haben. Anderseits kann ein nicht mehr ausreichendes Rohrnetz durch hochwertiges Gas in seiner Leistungsfähigkeit wirksamer verstärkt werden als durch Drucksteigerung, die übrigens nicht ad libitum gewählt werden kann, da sonst unter Umständen das Wasser über die Tassen der Aufspeicher treten kann.

4. Jede Verringerung des Rohrdurchmessers bei gleicher Fördermenge verlangt eine erhebliche Druckvermehrung, und zwar um so mehr, je kleiner die Durchmesser werden. Nach dieser Formel ist der Verlauf nicht so asymptotisch wie nach der Poleschen Formel, der Einfluß wird jedoch für mittlere Verhältnisse über 2 at hinaus nicht mehr sehr auffallend sein. Hierfür kann nur die Kostenfrage und insbesondere der Arbeitsbedarf für die Druckerzeugung ausschlaggebend sein.

b) Förderarbeit.

Da für Fernleitungen stets höhere Drücke in Betracht kommen, sind wir auf Kompressoren angewiesen, für die ein Gasmaschinenantrieb zu bevorzugen wäre. Die Kompressionsarbeit hängt in erster Linie vom Durchmesser der Leitung, in zweiter Linie vom Druckverlust ab. Da sich der Durchmesser für Reichgase am kleinsten erweist, so muß auch der Kraftverbrauch bei Förderung von Reichgasen am geringsten sein. Kraft- und Gasverbrauch bei Förderung verschiedener Gase verhalten sich umgekehrt wie ihre Heizwerte. Die Schwachgase erfordern danach nicht nur größere Anlagekosten für Rohrleitung und Kompressoren, sondern auch dauernd höhere Förderkosten.

Es würde zu weit führen, die Rechnungen weiter zu entwickeln[1]), weil dies den Umfang des vorliegenden Werkes überschreiten würde.

c) Wirtschaftlichste Rohrdurchmesser und Wandstärken.

Außer den Förderkosten sind der Aufwand für Tilgung und Verzinsung der Rohrleitung und Kompressoranlage, die Unterhaltungskosten und die Kosten für Gasverluste u. dgl. in Rechnung zu ziehen. Verfasser hat nachgewiesen[2]), daß sich diese Faktoren gesetzmäßig als Funktion des Rohrgewichts je 1 m bestimmen lassen. Man kann also das bisherige Verfahren, den wirtschaftlichen Rohrdurchmesser durch verschiedene Annahmen zu finden[3]), durch eine Rechnung ersetzen. Wittfeld[4]) ist aber noch weiter gegangen. Stellen wir uns für unsere Betrachtungen in Kurve Abb. 204 gleichzeitig den Verlauf der Druckabnahme in der Rohrleitung vor, so würde deren Festigkeit nicht beeinträchtigt werden, wenn die Wandstärke der Rohre stufenweise mit Zunahme der Rohrlänge abnehmen würde. Wir erhielten dadurch ein geringeres Gewicht und infolge des gegenwärtigen Rohstoffmangels auch eine billigere Anlage. Die Rohre könnten ähnlich den Fergusonschen, die in South Staffordshire[5]) zur Anwendung gelangten, ausgeführt werden.

d) Kosten der Fernförderung.

a) Je teurer das Gas ist, desto niedriger wird man die Anfangsdrücke wählen, um nicht zu viel Gas für die Förderung zu verschwenden; je billiger das Gas ist, mit desto höheren Drücken wird man arbeiten. Für Leuchtgas wird man jedoch im allgemeinen über 5 at kaum hinausgehen, umso mehr als keine verläßlichen Unterlagen dafür vorhanden sind, ob höhere Drücke nicht möglicherweise eine Minderung des Gases nach sich ziehen. Die oft für amerikanische Verhältnisse als Normaldruck genannte Zahl von 25 at bezieht sich auf Erdgas und hat mit der Gasfernversorgung im Rahmen unserer Betrachtungen nichts zu tun; bekanntlich entströmt das Naturgas mit diesen

---

[1]) Verfasser behält sich dies in einer Sonderarbeit vor. Es dürfte für diese Zwecke auf folgende Literatur verwiesen werden: Petzoldt, „Die Gasfernleitung und ihre wirtschaftliche Bedeutung", 2. Aufl., Essen 1914. — Schniewind, Journ. f. Gasbel. 1900, S. 53, 1902, S. 125. — Blum, Journ. f. Gasbel. 1911, S. 650. — Kordt, ebd. 1912, S. 1021. — Sautter, ebd. 1913, S. 1045 usf. — Handbuch der Gastechnik, Bd. 9, 4. Aufl. 1919 (Witzek).

[2]) Z. d. V. d. I. 1920, S. 138.

[3]) Handbuch der Gastechnik, Bd. VI, 1917, S. 97.

[4]) Zentralbl. d. Bauverwaltung 1919, S. 101 ff.

[5]) Humphrey, „Generation and distribution of producergas in South-Staffordshire" (Proc. of the Inst. of Civ. Eng. 1913).

und teilweise noch höheren Drücken dem Erdinnern, weshalb man die Leitungen dann für solche Drücke berechnet[1]).

b) Die tatsächlichen Kosten von 1 cbm Gas werden um so geringer sein, je größer die Fördermenge ist, da große Leitungsdurchmesser nach dem bereits früher Gesagten im Verhältnis zur Lieferungsmenge viel billiger sind. Fernversorgungen sind deshalb möglichst zentral auszugestalten und den Sammelleitungen große Durchmesser zu geben.

c) Die Fernleitung ärmeren Gases bei gleichen Wärmemengen erscheint wesentlich teurer als die von Reichgas. Ein Ausgleich liegt in den bei Schwachgas erheblich geringeren Kraftkosten. Je billiger das Schwachgas ist, desto wirtschaftlicher wird die Fernleitung. Anderseits kann aber auch die Förderung von Reichgas durch die Verwendung billigen Schwachgases für die Kompressionsarbeit verbilligt werden.

d) Bei größeren Entfernungen wachsen die Kosten nicht proportional, sondern langsamer mit den Längen, so daß die Wirtschaftlichkeit in den größeren Fernleitungen zu suchen ist.

e) Die Anlage von Ferngasversorgungen für Städte wird zwar auf Schwankungen während einzelner Tagesstunden nicht zu rechnen haben, da Ausgleichseinrichtungen (Gasometer) in den Städten vorhanden sind; dagegen nimmt der Gasverbrauch in den Sommermonaten gegenüber den Wintermonaten ab. Die zu liefernden jährlichen Gasmengen werden also tatsächlich kleiner und die Kosten je cbm größer. Solche Schwankungen sind bei industrieller Nutzung natürlich geringer. Stockungen in der Gasentnahme an Sonn- und Festtagen sind entweder durch billigere Gasabgabe an diesen Tagen oder durch Einführung von Sonderschichten nach Möglichkeit einzuschränken[2]).

f) Die mit Rücksicht auf die zu erhoffende spätere Vermehrung des Gasabsatzes anfänglich zu großen Rohrdurchmesser erhöhen die Betriebskosten.

g) Die Wahl des Druckes ist durch die Ausgestaltung des Netzes bedingt; so erheischen unter Umständen Zwischenentnahmestellen eine andere Berechnung, da diese Teilstrecken dann nicht für den Anfangsdruck, sondern für den jeweils in Frage kommenden Enddruck zu ermitteln sind.

h) Die tatsächlichen Betriebskosten erfahren durch Gasverluste ebenfalls eine Erhöhung.

Leider liegen aus der Praxis genaue Angaben über die Gasverluste nicht vor. Von verschiedenen Autoren ist jedoch überzeugend nachgewiesen worden, daß bei höherem Druck das durchströmende Volumen schneller wächst als das ausströmende Verlustvolumen, so daß man bei höheren Drücken mit proportional geringeren Verlusten rechnen kann. Da man in den Stadtverteilungsnetzen meist mit 5% Verlusten rechnet, dürfte dieser Prozentsatz einschließlich etwaiger Wertverminderung des Gases auch bei erhöhtem Druck ausreichend sein.

Unter der Annahme einer Verteilung von Leuchtgas für Stadtzwecke und Schwachgas für industrielle Heizung kommt man zu nachstehender, Anfang 1919 gültiger Aufstellung. Es ist dabei angenommen, daß die als feststehend zu betrachtenden Überlegungen zu a), b), c), d) bei der grundlegenden Berechnung bereits berücksichtigt worden sind (vgl. auch Beispiele bei Hempelmann). Für e), f) und g) sind dann Zuschläge zu machen, und zwar für g), nach dem vorstehend Gesagten mit 5% vom Förderwert. Für e) wird ein solcher von 50% bei Stadtversorgung (meist mit 66%) angenommen werden müssen, während er bei industrieller Heizung mit 10% angemessen erscheint. Der Zuschlag für f) wird von Fall zu Fall schwanken, aber 10% kaum übersteigen müssen; bei industrieller Heizung mit weniger Anschlüssen erscheint er mit 5% reichlich gewählt.

		Reichgas	Schwachgas
Heizwert für 1 cbm	WE	5000	1250
Kosten für 1 cbm	Pf	8,0	0,6
Kosten für 1 PS-Std.	„	5,0	2,0
zu vergleichende Fördermenge	cbm	1,0	4,0
Förderkosten für 1 cbm	Pf	1,0	0,45
Förderkosten für die wärmeäquivalente Menge	Pf	1,0	1,8
Zuschlag für e)	„	0,5	0,18
Zuschlag für f)	„	0,1	0,09
Zuschlag für h)	„	0,4	0,03
Gesamtkosten für 5000 WE auf 50 km Entfernung.	Pf	2,0	2,10

[1]) Donàt Bànki, Z. d. V. d. I. 1916, S. 512.

[2]) Wiest, „Wie ich Brennstoff sparte", Mitt. d. Reichsbundes d. Technik, 3. Jan. 1920.

Man kommt dabei zu dem beachtenswerten Schluß, daß die Förderung von ärmeren Gasen, auf den gleichen Wärmeinhalt bezogen, ungefähr gleich teuer ist.

Zusammenfassend können wir daher auf Grund der Feststellungen die Förderkosten für alle verschiedenen Gasarten bei gleichem Wärmeinhalt gleich annehmen, und zwar mit 2 Pf für 5000 WE und 50 km, d. i. 0,08 Pf für 1000 WE und 1 km Rohrlänge.

Die Kosten für die Fernversorgung in Barmen im Jahre 1913 bei 50 km En fernung betrugen nach Kordt und Petzoldt noch nicht 1 Pf für 1 cbm. Auf Grund der Friedenspreise und der für diese Fernleitung gewählten größeren Rohrdurchmesser würden sich die Kosten bei gleicher Berechnung wie oben zu etwa 0,68 Pf berechnen unter der Annahme eines Gaspreises von 2,5 Pf an der Abgabestelle. Die Zeche berechnet sich jedoch als Unkosten der Fernleitung zweifellos noch die Ausgaben für die Schwefelreinigung des Gases usw., so daß die Angabe der Kosten mit etwa 1 Pf durchaus erklärt ist und die Berechnung von 2 Pf für Verhältnisse im März 1919 zutreffend erscheint.

Die Aufstellung zeigt bei der Stadtversorgung zwei einschneidende Punkte, die bei industrieller Heizung von Schwachgas fortfallen. Der Einfluß der Abnahmeschwankungen und derjenige der Verluste. Die ersteren könnten zweifellos durch Anschlüsse von Heizgasverbrauchsstellen ausgeglichen werden, wenn wenigstens die Hauptnetze ausreichten. In dieser Beziehung dürften tatsächlich Möglichkeiten bestehen und würde die Einführung einer Gasbeheizung der Wohnräume[1]) vielleicht einen günstigen Einfluß ausüben.

Von größtem Einfluß sind aber die Gasverluste, besonders bei den immer weiter steigenden Gaspreisen. Jedes Mittel zu ihrer Verhütung muß in Zukunft beachtet werden. Man hat neuerdings in einzelnen Städten (z. B. Dresden) mit der Anwendung geschweißter Rohrleitungsstränge sehr günstige Erfahrungen gemacht. Es würde sich zweifellos die Anzahl der Dichtungsstellen (und diese sind die Verlustquellen) auf $^1/_{10}$ vermindern lassen. Die etwas höheren Anlagekosten können nicht ausschlaggebend sein, wenn nicht andere Gründe dagegen sprechen. Hierüber müssen allerdings noch längere Erfahrungen gesammelt werden. Ein Nachteil ist zweifellos die starke Schubwirkung der zusammenhängend geschweißten Stränge erheblicher Länge bei Wärmeausdehnung. Anstatt der Stopfbuchsen-Ausgleichstücke müßten vielleicht zweckmäßiger ähnliche Kompensatoren wie bei Dampfleitungen gewählt werden. Eine wichtige Frage ist auch noch die Auswechselbarkeit verletzter Rohrstücke. Sie kann nur wieder durch Ausbrennen und Einschweißen geschehen; das erfordert längere Zeit als das Austauschen einzelner Rohre bei den jetzigen Leitungen. Die Anwendung geschweißter Rohrstränge verdient jedoch besondere Beachtung bei den einfachen, wenig verzweigten Rohrsystemen der Fernleitungen. Gelänge es so, die Gesamtförderkosten um ein beträchtliches Maß zu mindern, so würde z. B. die Fernleitung von Koksofengas trotz der gesteigerten Rohrkosten sehr wohl wirtschaftlich sein. Anderseits wird man sich bei der Fernleitung von Schwachgas auf billige Rohrleitungen beschränken müssen, um so mehr als die Gasverluste nicht ausschlaggebend sind. In dieser Beziehung verdienen die Mephan-Ferguson-Rohre[2]) besondere Bedeutung, und es ließe sich leicht denken, in dieser Beziehung noch billigere Rohrsysteme einzuführen.

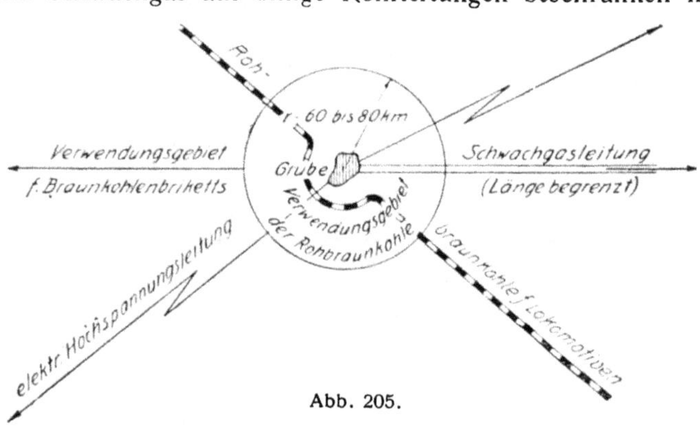

Abb. 205.

e) Kosten der Aufspeicherung und Verteilung des Gases.

Die vorgenannte Zahl für die Förderkosten ist diejenige, welche bei einem Vergleich mit dem Fortbewegen fester Brennstoffe auf geraden durchgehenden Linien in Frage kommt. Die im letzteren Falle entstehenden Unkosten für die Zufuhr auf Anschlußgleisen, die Kosten für Lagerung, Verteilung usw. sind dagegen mit den entsprechenden Kosten bei gasförmigen Brennstoffen in Parallele zu stellen.

Von der Überlegung ausgehend, daß jede Fortbewegung einem Kohleäquivalent entspricht, wollen wir an dieser Stelle gewissermaßen ein Beispiel für eine geographische Rationierung der Brennstoffe geben. Abb. 205 stellt ein Bergwerk für Rohbraunkohle vor, das den Rohstoff sowohl vergast als

[1]) Vgl. Abschnitt III 2, a in diesem Kapitel.

[2]) Vgl. Humphrey (Fußnote auf S. 452).

auch brikettiert. Da die Braunkohlenbrikette gegenüber der Förderkohle einen doppelten Heizwert haben, sich in ihrer Herstellung aber $3\frac{1}{2}$mal so teuer wie diese stellen, so läßt sich unter Voraussetzung einer bestimmten Frachtrate ausrechnen, wo die wirtschaftliche Grenze für den Bezug der Brikette durch die Bahn gelegen ist. Dies ist nach Trenkler[1]) der Fall, solange der Frachtsatz das Anderthalbfache der Gewinnungskosten der Förderkohle (vgl. Abb. 205) nicht übersteigt. In dem Bilde ist der erfahrungsmäßige Aktionsradius zu 60 bis 80 km angegeben. Die Rohbraunkohle kann außerhalb dieses Wirtschaftskreises nur konkurrieren, wenn sie an Ort und Stelle vergast und ihre Wärmeenergie durch eine Rohrleitung weiterbefördert wird. Freilich ist die Länge der Leitung mit Rücksicht auf die Rohrkosten begrenzt. Darüber hinaus behält die Hochspannungsleitung die Oberhand.

Für den Fall, daß neben der mulmigen Rohbraunkohle auch Knorpelkohle gefördert wird, könnte diese unter Umständen im Lokomotivdienste[2]) verwendet werden, vorausgesetzt, daß Maschinen mit günstigem Dampfverbrauch und großen Rostflächen zur Verfügung stehen.

Die Aufspeicherung in Gasometern ist wegen der hohen Anschaffungskosten außerordentlich teuer. Bei Schwachgas kommt nach allgemeinem Urteil eine Aufspeicherung überhaupt nicht in Frage. Hempelmann zeigt in seiner Schrift, daß Behälter in vielen Fällen durch reichliche Bemessung von Leitungen und Kompressorstationen erspart werden können. Dies ist für die Versorgung solcher Ortschaften, die sich an Fernleitung anschließen wollen, aber noch keinen Behälter besitzen, von Wichtigkeit. Nach Angaben von Göhrum rechnet man z. B. für die Aufspeicherung 0,311 Pf/cbm Gas. Selbst wenn man an den Abmessungen der Behälter noch sparen könnte, müßte man für 1918 doch mit 0,7 Pf als Kosten für die Aufspeicherung für 1 cbm, einerlei ob Reichgas oder Schwachgas, rechnen. Durch Fortfall von Behältern würden nach Hempelmann $^2/_3$ der Kosten erspart werden können, was natürlich bedeutend wäre. Da bei industrieller Versorgung mit Schwachgas eine Aufspeicherung wegen der hohen Kosten nicht in Frage kommt, werden sich in solchen Fällen stets Einzelanlagen vorteilhafter erweisen, zumal sie sich den Betriebsschwankungen schneller und leichter anpassen können. In dieser Hinsicht verdienen die Mondgasanlagen Beachtung, die Humphrey in seinem Vortrag besonders erwähnt. Bei der Versorgung mit diesem Gas ist daher eine Fernförderung für größere Gebiete wesentlich leichter durchzuführen als mit gewöhnlichem Kraftgas.

Humphrey gibt die Gesamtkosten für Fernleitung und Verteilung bei der Mondgasanlage in South Staffordshire mit 0,35 Pf an (1912).

Die Verteilungskosten von Leuchtgas in den Städten sind dagegen erheblich höher, die Angaben hierüber sind spärlich.

Schäfer[3]) gibt sie für Berlin zu . . . . 1,4 Pf,
Glover[4]) die durchschnittlichen Kosten der englischen Gaswerke mit . . . . . . 1,18 Pf an;
nach Göhrum[5]) kann man aus der eingehenden Zusammenstellung über das Gaswerk Stuttgart die Verteilungskosten zu . . . . 1,06 Pf,
nach Lempelius[6]) zu . . . . 1,00 Pf schätzen.

Für 1918 dürften die Verteilungskosten für Reichgas in den Städten

bei Neuanlagen zu 2,5 Pf/cbm,
bei alten Systemen zu 1,5 Pf/cbm,

d. i. 0,5 bzw. 0,3 Pf für je 1000 WE, bei Schwach- und Vollgas dagegen zu 0,2 bzw. 0,1 Pf für 1000 WE angenommen werden.

Bei der Bemessung der Verteilungskosten sind besonders die Gesamtmengen von Einfluß; mit der Zunahme der Gasabgabe vermindern sie sich beträchtlich[7]). Wie auf S. 3 der Einleitung bereits

---

[1]) Bedeutet A und A_1 den Preis der Rohbraunkohle je t am Erzeugungs- und am Verbrauchsort, B und B_1 jenen der Brikette, a und b den Heizwert beider Sorten, so ist für die Frachtrate f

$$A_1 = A + f; \quad B_1 = B + f.$$

Da ferner $b = 2a$ und $B = 3{,}5\,A$ ist, erhält man, proportionale Preise entsprechend dem Heizwert vorausgesetzt, $2\,A_1 = B_1 = 3{,}5\,A + f$ und weiter $f = 1{,}5\,A$.

[2]) Vgl. Sanzin, „Einige Erfahrungen über Braunkohlenfeuerung im Lokomotivbetrieb". Verkehrstechn. Woche Nr. 29 vom 21. Sept. 1919.

[3]) Chem.-Ztg. 1916, S. 471.

[4]) Diskussion nach dem Vortrage von Humphrey.

[5]) Journ. f. Gasbel. 1914, S. 709.

[6]) Gutachten für das Reichsschatzamt.

[7]) Vgl. Journ. f. Gasbel. 1913, S. 461.

erwähnt, haben Gassperre, Preiserhöhungen und Strafgelder den Absatz des Gases nicht beeinträchtigt. Es kommt also auf die Billigkeit des Gases heute nicht mehr an. Wie sich die Verhältnisse in Zukunft gestalten werden, wissen wir nicht. Jedenfalls werden die Preise für die festen Brennstoffe im Verhältnis stärker steigen als die gasförmigen, die durch die begehrten Nebenerzeugnisse (Teer und Sulfat) verbilligt werden. Inzwischen (1920) sind die festen Brennstoffe weiter durch erhöhte Kohlensteuer und Frachten belastet worden (vgl. S. 5 und 408), so daß sich das Verhältnis zugunsten des Schwachgases bereits verschoben haben dürfte. Es gibt noch große Halden minderwertiger Brennstoffe, die nicht durch Kohlensteuer und Förderkosten verteuert worden sind. Sollte es gelingen, diese möglichst an Ort und Stelle zu vergasen, so dürfte bei den heutigen hohen Eisenbahntarifen selbst eine teure Rohrleitung noch nicht zu scheuen sein, vorausgesetzt, daß ihre Wandstärke dem jeweiligen Druck entsprechend bei genügender Sicherung gegen Rostgefahr abgestuft wird[1]).

Die vorstehenden Ausführungen können naturgemäß nur eine Grundlage für die Beurteilung der Gasförderkosten im Vergleich zur Beförderung fester Brennstoffe bilden, dafür dürften jedoch genügende Unterlagen geboten sein. Bei diesem endgültigen Vergleich darf letzten Endes niemals vergessen werden, welche Vorteile an der Verbrauchsstelle die Nutzung gasförmiger Brennstoffe mit sich bringt, wie auf S. 81 und 334 eingehend dargelegt. Diese Einflüsse können allerdings ziffernmäßig nur in seltensten Fällen festgehalten werden, doch finden sich hierüber in der Literatur der Gastechnik zahlreiche Angaben.

[1]) Hier möge nochmals auf den Aufsatz des Wirkl. Geh. Ob.-Baurats Wittfeld im Zentralblatt der Bauverwaltung vom 1. März 1919 hingewiesen werden, der diesen Gedankengang als erster rechnerisch behandelt hat. Verfasser hat hierüber in der Zeitschr. d. V. d. I. 1920, S. 138 kurz berichtet und den Beweis erbracht, daß die W. schen Annahmen durchaus gerechtfertigt und durchführbar sind.

Siebentes Kapitel.

Energiewirtschaft.

I. Unwirtschaftlich arbeitende Betriebe.

Als Erbteil der früheren Organisation in unseren Staatsbetrieben findet man heute noch in jeder Eisenbahnbetriebswerkstätte kleine Gas- und Elektrizitätswerke, die sämtlich sehr unwirtschaftlich arbeiten. Kleine Maschinen- und Kesseleinheiten, die vor einer langen Reihe von Jahren angeschafft waren, reichen nach Vergrößerung des Betriebes nicht mehr aus und müssen zunächst stark angestrengt werden. Wenn auch hier und da auf Veranlassung der Regierung Verbesserungen vorgenommen werden konnten, sei es durch Verwendung von Abfallkohle unter dem Kessel, Vergasung von Lokomotivlösche zur Gewinnung von Sauggas für Gasmotoren, vgl. S. 306, u. dgl. m., so führten diese Bestrebungen gegenüber der zu berücksichtigenden gesamten Brennstoffwirtschaft in Hunderten von Einzelwerkstätten kleineren und größeren Umfanges zu keinem Ergebnis, weil erstens für planmäßige Durchführung neuer Wege der Platz fehlte und zweitens alle mehr oder weniger kohlefressenden Betriebe nur Behelfsbetriebe zur Aufrechterhaltung des schweren Fahrdienstes bildeten. Die erste Forderung, die Züge ordnungsmäßig zu befördern, war wichtiger als der Verlust von Kohle. Eine Lokomotive, die unter normalen Verhältnissen vielleicht 40 Ztr. Kohle für die Zurücklegung einer Strecke gebraucht, kann bei schlechten Witterungsverhältnissen, bei Einholung von Verspätungen, also infolge größerer Fahrtgeschwindigkeit, durch Rohrlecken usw. leicht das Doppelte an Brennstoff verbrauchen.

Was von den Eisenbahnbetrieben gilt, bezieht sich selbstverständlich auch auf alle anderen staatlichen Anlagen, die lediglich zu dem Zwecke angelegt werden mußten, um die staatlichen Betriebe unabhängig von Streiken zu machen. So erhielt unter Umständen jedes Gericht, jedes Gefängnis, jede Universitätsklinik ihren eigenen Licht- und Kraftbetrieb sowie ihre Heizanlagen, die wegen des geringen Ausnutzungsfaktors in der heutigen Zeit nicht wirtschaftlich arbeiten können. Verfasser hat in einem Falle den Vorschlag gemacht, die staatlichen Dieselmotoranlagen durch Abgabe von Licht an den betreffenden Häuserblock besser auszunutzen; aber der Staat eignet sich nicht zum Unternehmer, außerdem muß ein solcher Vorschlag viele Instanzen, wie in dem erwähnten Falle das Justizministerium, den Oberstaatsanwalt, das Eisenbahnministerium (Bauabteilung) usw. durchlaufen, so daß er meistens auf diesem Wege verloren geht. Anderseits sind Gesetze oder Bestimmungen für die Ausbreitung der Energie hinderlich; man darf nicht ohne weiteres mit einem Kabel über die Straße gehen, sondern muß sich eines Tunnels — kann wohl auch ein Rohr sein? — bedienen, ebenso wie Fernleitungen über den Häusern den Vorschriften der Feuerwehr genügen müssen. Dieser nicht endende Instanzenweg ist gerade das, was uns von Bayern unterscheidet, das mit seinen sozialen Vorschlägen viel weiter kommt. So scheiterte schon vor mehreren Jahren die vom Verfasser zur Einschränkung des Brennstoffverbrauchs vorgeschlagene Sozialisierung der Energiewirtschaft für angrenzende oder in der Nähe befindliche Staatsanstalten. Während an der einen Stelle viel elektrische Energie übrig war, brannte man in einem benachbarten Gefängnis Petroleumlampen — usw.

Solche unwirtschaftlich arbeitenden Betriebe gibt es, wenn auch seltener, auch in der Privatindustrie. Meist sind es Überbleibsel älterer Zeiten, die einmal vorteilhaft waren und aus falschem Konservatimismus beibehalten werden, wenn sich auch die wirtschaftlichen Bedingungen längst verschoben haben. Anderseits ist es ein Streben nach Unabhängigkeit, das oft kleinlich wird und gerade unter den jetzigen Verhältnissen einer volkswirtschaftlichen Denkungsart Platz machen müßte,

II. Privatwirtschaftliche Betriebe.

Wir können sämtliche Brennstoffarten unter dem Kessel verbrennen und den erzeugten Dampf zum Betriebe von Dampfmaschinen oder -turbinen verwenden. Wollen wir den Umweg über den Dampfkessel vermeiden, um den thermischen Wirkungsgrad zu erhöhen, so müssen wir die Brennstoffe vergasen und das erzeugte Gas unmittelbar im Zylinder einer Verbrennungsmaschine verbrennen. Der Wunsch, die Schonung unserer Brennstoffvorräte durch Erhöhung des thermischen Wirkungsgrades des Motors allein zu erreichen, läßt sich nicht immer mit den wirtschaftlichen Forderungen vereinen. Anderseits handelt es sich in den meisten Betrieben nicht nur um Kraft- und Lichterzeugung, sondern um Lieferung von Wärmemengen für Heiz- und Fabrikationszwecke. Aber auch hier wird stets ein Mittelweg eingeschlagen werden können, um beiden Forderungen zu ihrem Recht zu verhelfen.

Mit der Beschaffung einer Kraftanlage erwachsen dem Unternehmer eine Reihe von gleichbleibenden und veränderlichen Ausgaben. Zu den ersteren zählen wir Verzinsung und Abschreibung des Kapitals, zu den letzteren die Instandhaltung der Anlage, die Brennstoffkosten, die Kosten für Schmier- und Putzmittel, die Bedienungskosten und endlich die aus der Abfuhr der Schlacken, dem Wasserbedarf usw. erwachsenden Unkosten, zu denen wir schließlich auch die Steuern, öffentlichen Abgaben, Versicherungen und Revisionen zu rechnen haben.

Betragen die jährlichen Betriebskosten x M, so ist für die Berechnung der Kosten einer kW-Std. in Pf der Ansatz

$$\frac{x \cdot 100}{\Sigma \text{kW-Std.}/_{\text{Jahr}}}$$

maßgebend. Hieraus ergeben sich für den Fabrikherrn ohne weiteres schon zwei Möglichkeiten, den Einheitspreis zu verringern, nämlich

1. durch Verringerung der Unkosten x,
2. „ möglichste Ausnutzung der Kraftanlage.

Von beiden Möglichkeiten ist die zweite am wirksamsten; denn die Steigerung der Betriebsstunden überwiegt in bedeutendem Maße den Einfluß des Zählers x. Man wird ferner erkennen können, daß bei guter Ausnutzung der Anlage die Brennstoffkosten, bei geringer Benutzungsdauer dagegen die Anschaffungskosten in den Vordergrund treten. Wollen wir daher zwischen verschiedenen Kraftmaschinen einen wirtschaftlichen Vergleich anstellen, so müssen wir zunächst gleiche Motoreinheiten, gleiche Belastungsgrade und Betriebsstunden zugrunde legen. Aber selbst dieses genügt noch nicht; wir müssen uns sogar einen und denselben Aufstellungsort vorstellen, da die Brennstoffkosten von der Lage des Gewinnungsortes und den Bahnverhältnissen stark beeinflußt werden. Unter diesen idealen Voraussetzungen sind für 1914 in Zahlentafel 148[1]) für 3000 Betriebsstunden die Verhältnisse für Dampfmaschinen, Elektromotoren und Dieselmotoren für die Stadt Düsseldorf gegenübergestellt. Die Zusammenstellung lehrt zunächst, welchen großen Einfluß die Brennstoffkosten bei den Dieselmotoren haben. Bei einem Motor von 150 PSe betragen die Gesamtkosten bei Verwendung von Gasöl 3,67, bei Teeröl nur 2,27 Pf für 1 PSe-Std. Während das Gasöl in Düsseldorf 10,30 M/100 kg kostet, stellt sich der Preis für Berlin nur auf 8,05 M, immerhin bedeutend höher als bei Teeröl[2]) (4,55 M bei Abnahme von 150 t). Der Unterschied in dem Verbrauch beider Treibölsorten ist nur gering, wie aus folgender Zusammenstellung hervorgeht:

Belastungsgrad %	100	75	50	25
Gasöl . . . . g	185	195	225	300
Teeröl . . . . g	200	205	230	295

Abb. 206 veranschaulicht den Einfluß des Belastungsgrades und läßt deutlich erkennen, welche Unterschiede in dem Brennstoffverbrauche sich in der Praxis ergeben müssen, wenn die Dieselmotoren nicht voll belastet werden können.

Abb. 207 ist unter Zugrundelegung der Ergebnisse der Zahlentafel 148 S. 460, gewonnen. Sie zeigt die Gesamtbetriebskosten für 1 PS-Std. für Dampfmaschine, Elektromotor und Dieselmotor, gleiche

[1]) Von Gebr. Sulzer, Winterthur, 1914 mitgeteilt.

[2]) Die Wahl des Teeröls bedingt einen geringen Umbau der Dieselmotoren, da einige Metallbüchsen durch eiserne ersetzt werden müssen, und die Beschaffung einer zweiten Brennstoffpumpe für das Zündöl.

Verhältnisse vorausgesetzt. Danach ist der Dieselmotor für die gewählten Krafteinheiten der billigste Motor, dagegen schlägt ihn die Dampfmaschine bei weiterer Zunahme der Leistungen. Die Gesamtkosten des Elektromotors verlaufen anscheinend geradlinig und verringern sich daher mit zunehmender Größe der Einheiten derart, daß er den Wettbewerb mit den beiden anderen Maschinen aufnehmen kann. Aber er ist auch für geringere Leistungen im Vorteil, wenn die jährliche Betriebsdauer kurz ist, oder wenn es sich um unterbrochene oder Aushilfsbetriebe handelt, d. h. in Fällen, wo die geringen Anschaffungskosten des Elektromotors zu seinen Gunsten den Ausschlag geben[1]).

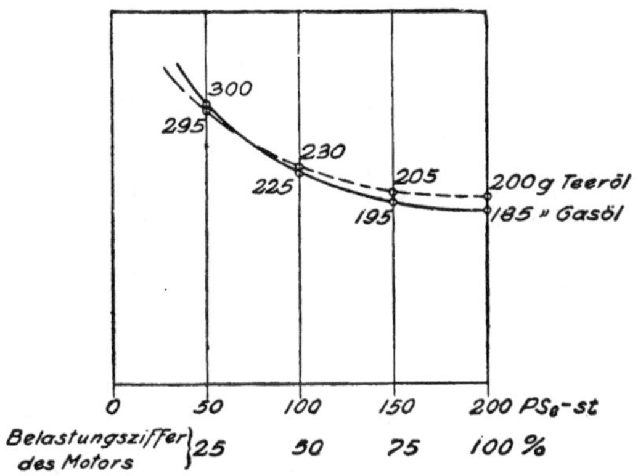

Abb. 206. Ölverbrauch beim Dieselmotor in Abhängigkeit von der Belastungsziffer.

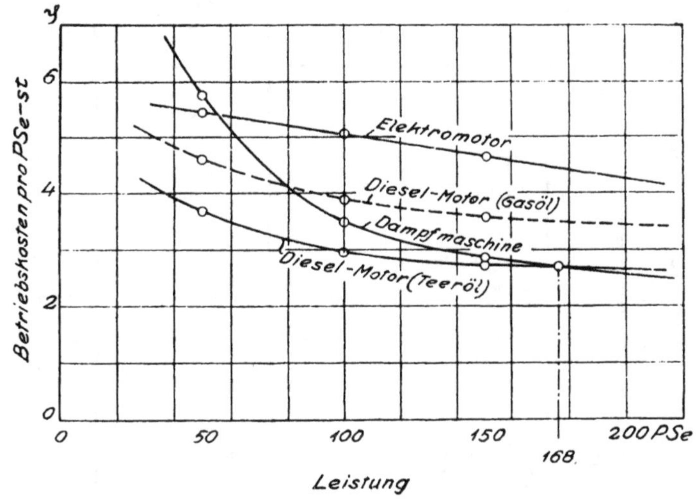

Abb. 207. Betriebskosten in Pf für 1 PS_e - Std. bei verschiedenen Motoren nach Zahlentafel 148.

Der Zahlentafel 148 mögen zur Vervollständigung drei andere Zahlentafeln 149 bis 151 angereiht werden, die tatsächliche Verhältnisse aus dem Betriebe wiedergeben. Die wertvollen Ergebnisse stammen aus Versuchen von Eberle[2]), die Verfasser in bezug auf die veränderlichen Betriebskosten zusammengestellt hat, um die hier vorkommenden Unterschiede vor Augen zu führen. Zu den Versuchen wurden auch Verbrennungskraftmaschinen mit eigener Gaserzeugung herangezogen, die mit den Dieselmotoren, insbesondere in Elektrizitätswerken, in scharfen Wettbewerb treten.

Die Schwankungen der einzelnen Betriebskosten für 1 kW-Std. gehen aus Zahlentafel 147 hervor. Sie zeigt, welche großen Ersparnisse sich hier durch Wahl der Anlage, des Brennstoffes und der Belastungsgrade erzielen lassen. Auch hier hat der Dieselmotor in der Wirtschaftlichkeit die Vorherrschaft.

Zahlentafel 147.

Veränderl. Betriebskosten	Dampfanlagen			Sauggasanlagen			Dieselmotoren		
	Mindest	Höchst	Mittel	Mindest	Höchst	Mittel	Mindest	Höchst	Mittel
Brennstoffkosten Pf/kW-Std.	3,34	7,80	5,41	2,34	4,27	3,26	2,27	3,05	2,68
Schmieröl „	0,07	0,63	0,33	0,19	0,53	0,35	0,12	0,56	0,31
Putzmittel „	0,03	0,11	0,06	0,01	0,14	0,05	0,05	0,12	0,09
Instandhaltung „	0,16	0,62	0,36	0,02	1,10	0,41	0,01	2,18	0,70
Bedienung „	0,70	1,83	1,41	1,16	4,17	2,36	0,84	1,95	1,53
Sonstige Ausgaben „	0,05	0,16	0,27	0,08	0,12	0,10	0,04	0,40	0,19
insgesamt Pf/kW-Std.	4,35	11,15	7,84	3,80	10,13	6,53	3,33	8,26	5,50

Bekanntlich haben wir in Deutschland seit 1914 eine außerordentlich starke Aufwärtsbewegung der Preise für Betriebs- und Baustoffe erlebt, welche im gegenwärtigen Zeitpunkt (Mai 1920) ihren Höchststand erreicht haben dürfte. Solange diese Preisbewegungen noch nicht zum Stillstand

[1]) Vgl. Friedrich Barth, „Wahl, Projektierung und Betrieb von Kraftanlagen". Julius Springer, Berlin.
[2]) Z. des Bayer. Revisionsvereins 1911, Nr. 5 bis 7, 9, 11 und 12.

Zahlentafel 148. **Gegenüberstellung der Betriebskosten für 1 PS_e-Std. verschiedener Betriebsmaschinen** von 50, 100 u. 150 PS_e Leistung bei 3000 Arbeitsstunden im Jahr (gültig 1914).

Bezeichnung		Dampfmaschine (Einzyl., Gleichstrom)			Elektromotor			Dieselmotor Teeröl			Dieselmotor Gasöl		
		50	100	150	50	100	150	50	100	150	50	100	150
Anlagekosten		30 000	40 000	48 550	4 020	6 300	9 200	20 180	29 860	40 000	20 180	29 860	40 000
Kapitalverzinsung, Abschreibung u. Unterhalt	M	3 500	4 650	5 664	322	504	736	2 520	3 740	5 000	2 520	3 740	5 000
Schmier- und Putzstoffe	„	220	390	560	80	140	200	350	610	880	350	610	880
Bedienung der Anlage	„	2 000	2 000	2 000	280	280	280	800	800	800	800	800	800
Brennstoffkosten: Kohle 1000 kg 13,50	„	2 870	3 370	4 560	—	—	—	—	—	—	—	—	—
Brennstoffkosten: Teeröl 100 „ 4,5—5,5	„	—	—	—	—	—	—	1 745	3 400	5 100	—	—	—
Brennstoffkosten: Gasöl 100 „ 10,30	„	—	—	—	—	—	—	—	—	—	3 170	6 170	9 260
Strommiete {6,00; 5,63; 5,25} Pf/kW-Std.	„	—	—	—	7 500	14 100	19 640	—	—	—	—	—	—
Kühlwasser von 9,5 Pf/cbm	„	—	—	—	—	—	—	75	270	585	75	270	585
Betriebskosten insgesamt	M	8 590	10 410	12 784	8 182	15 024	20 856	5 490	8 820	12 365	6 915	11 590	16 525
Desgl. für 1 PS_e-Std.	₰	5,72	3,47	2,84	5,45	5,00	4,63	3,66	2,94	2,75	4,61	3,87	3,67
„ „ kW-Std.	„	8,58	5,20	4,26	—	—	—	5,48	4,40	4,12	6,91	5,80	5,50
Anlagekosten für 1 PS_e	„	600	400	324	80,4	63,0	61,3	403,6	298,6	266,7	403,6	298,6	266,7

Zahlentafel 149. **Dampfmaschinen** (1911).

Bezeichnung	Städtisches Elektrizitätswerk (150 bis 200 PS)				Städtisches Elektrizitätswerk (240 bis 280 PS)		Städtisches Elektrizitätswerk (560 bis 750 PS)		Städtisches Elektrizitätswerk (480 bis 600 PS)		Städtisches Elektrizitätswerk (80 bis 100 PS)			
Kesselbauart	2 Wasserrohrkessel mit Speisewasservorwärmer				2 Einflammrohrkessel (mit Überhitzer)		3 Wasserrohrkessel (2 m. Überhitzer) u. 1 Econom.		2 Wasserrohrkessel mit Überhitzer		1 Verbund-Kond.-Lokomobile mit Sattdampf; 1 Heißdampf-Lokomobile mit Zwischenüberhitzung (Vorwärmer)			
Beschickung	von Hand				selbsttätig		selbsttätig		selbsttätig					
Dampfmaschinen	2 Tandemm. mit Einspritzkondensator und Ventilsteuerung				1 Tand. m. Einspritzk., Ventilst. u. 2 ä. Verb. m. Schieberst. und Kond.		3 stehende Verbund m. Einspritzkond. u. Kolbenschieberst.		2 Tand. m. Einspritzkondensator und Ventilsteuerung					
Betriebsjahr	1909		1910								1907		1908	
Kohlenkosten für 100 kg . M	1,93		1,83		2,72		2,39		2,60		2,511		2,54	
	für 1 PSe-Std.	für 1 kW-Std.	für 1 PSe-Std.	für 1 kW-Std.	für 1 PSe-Std.	für 1 kW-Std.	für 1 PSe-Std.	für 1 kW-Std.	für 1 PSe-Std.	für 1 kW-Std.	für 1 PSe-Std.	für 1 kW-Std.	für 1 PSe-Std.	für 1 kW-Std.
Kohlenkosten . . . Pf	4,97	7,80	4,64	7,28	2,94	4,49	3,51	5,31	3,87	5,85	2,13	3,34	2,42	3,81
Schmierölkosten „	0,10	0,16	0,19	0,30	0,12	0,18	0,05	0,07	0,26	0,39	0,36	0,57	0,40	0,63
Putzmittelkosten „	0,05	0,09	0,04	0,06	0,02	0,03	0,07	0,11	0,03	0,04	0,03	0,05	0,03	0,05
Instandhaltungskosten „	0,32	0,50	0,38	0,59	0,10	0,16	0,17	0,25	0,17	0,26	0,15	0,23	0,39	0,62
Bedienungskosten „	0,99	1,55	1,17	1,83	0,91	1,39	0,46	0,70	1,10	1,66	0,89	1,39	0,87	1,37
sonstige kleine Ausgaben „	0,04	0,06	0,04	0,06	0,05	0,08	0,11	0,16	0,03	0,05	0,05	0,07	0,05	0,07
insgesamt Pf/PS_e-Std.	6,47	—	6,46	—	4,14	—	4,37	—	5,46	—	3,61	—	4,16	—
desgl. Pf/kW-Std.	—	10,16	—	10,12	—	6,33	—	6,60	—	8,25	—	5,65	—	6,55
Belast.-Grad der Maschine . %	46,4		45,75		43,75		81,25 u. 89,71		—		57,6		49,8	
Betriebsstunden	2224,0		3180,95		3150		5664		—		2941,5		3453	

Zahlentafel 150. **Sauggasanlagen** (1911).

Bezeichnung	Städtisches Elektrizitätswerk (120 PS; Gleichstromdynamo; Riementrieb)						Städtisches Elektrizitätswerk (330 PS)		Städtisches Elektrizitätswerk (375 PS; Gleichstromdynamo)					
Betriebsjahr	1908		1909		1910		—		1908		1909		1910	
Anthrazitkosten für 100 kg . M	3,61		3,615		3,03		—		3,37		2,97		2,44	
Brikettkosten „ „ „ . „	—		—		—		1,59		—		—		—	
Kokskosten „ „ „ . „	—		—		—		—		3,01		2,87		2,65	
	für 1 PSe-Std.	für 1 kW-Std.	für 1 PSe-Std.	für 1 kW-Std.	für 1 PSe-Std.	für 1 kW-Std.	für 1 PSe-Std.	für 1 kW-Std.	für 1 PSe-Std.	für 1 kW-Std.	für 1 PSe-Std.	für 1 kW-Std.	für 1 PSe-Std.	für 1 kW-Std.
Anthrazitkosten . . . . . . Pf	2,45	3,85	2,71	4,27	2,36	3,70	—	—	1,44	2,18	1,45	2,19	1,26	1,91
Brikettkosten . . . . „	—	—	—	—	—	—	1,65	2,73	—	—	—	—	—	—
Kokskosten . . . . „	—	—	—	—	—	—	—	—	0,61	0,93	0,42	0,63	0,28	0,43
Schmierölkosten . . . . . . „	0,27	0,42	0,34	0,53	0,26	0,41	0,26	0,43	0,17	0,26	0,13	0,19	0,16	0,25
Putzmittelkosten . . . . . „	0,05	0,08	0,05	0,07	0,05	0,07	0,08	0,14	0,01	0,02	0,01	0,01	0,01	0,01
Instandhaltungskosten . . „	0,70	1,10	0,01	0,02	—	—	0,21	0,36	0,23	0,35	0,21	0,32	0,21	0,32
Bedienungskosten . . . . „	2,66	4,17	2,44	3,85	2,36	3,70	0,70	1,16	0,86	1,30	0,78	1,18	0,79	1,19
sonstige kleine Ausgaben . „	—	—	—	—	—	—	0,05	0,08	0,07	0,10	0,07	0,10	0,08	0,12
insgesamt Pf/PSe-Std.	6,13	—	5,55	—	5,03	—	2,95	—	3,39	—	3,07	—	2,79	—
Desgl. Pf/kW-Std.	—	9,62	—	8,74	—	7,88	—	4,90	—	5,14	—	4,62	—	4,23
Belastungsgrad des Motors %	92,0 u. 48,0		88,5 u. 59,67		92,17 u. 66,83		57,8; 56,9 u. 59,14		86,32		95,44		92,08	
Betriebsstunden	3415,5		4751		4260,5		6129,1		5172,5		5157,5		4883,5	

Zahlentafel 151. **Dieselmotoren** (1911).

Bezeichnung	Elektrizitätswerk eines Warenhauses (4 . 200 PS; Gleichstromdynamo)				Städtisches Elektrizitätswerk (2 . 200 PS; Gleichstromdynamo)				Städtisches Elektrizitätswerk (2 . 200 PS)		Städtisches Elektrizitätswerk (3 . 70 PS: (Gleichstromdynamo; Riementrieb)					
Betriebsjahr	1909		1910		1909		1910		1910		1908		1919		1910	
Treibölkosten f. 100 kg M	8,78		8,14		8,90		7,90		7,90		9,50		8,00		7,23	
	für 1 PSe-Std.	für 1 kW-Std.	für 1 PSe-Std.	für 1 kW-Std.	für 1 PSe-Std.	für 1 kW-Std.	für 1 PSe-Std.	für 1 kW-Std.	für 1 PSe-Std.	für 1 kW-Std.	für 1 PSe-Std.	für 1 kW-Std.	für 1 PSe-Std.	für 1 kW-Std.	für 1 PSe-Std.	für 1 kW-Std.
Treibölkosten . . . . Pf	1,72	2,58	1,68	2,50	1,90	2,89	1,75	2,65	1,93	2,90	1,98	3,05	1,67	2,59	1,47	2,27
Schmierölkosten . . . „	0,15	0,23	0,16	0,23	0,18	0,27	(0,18)	(0,27)	0,08	0,12	0,29	0,45	0,36	0,56	0,24	0,37
Putzmittelkosten . . „	0,08	0,12	0,07	0,11	0,04	0,05	(0,04)	(0,05)	0,06	0,09	0,04	0,06	0,05	0,08	0,06	0,09
Instandhaltungskosten „	0,01	0,01	0,04	0,07	0,14	0,21	0,12	0,19	0,11	0,16	0,52	1,80	1,28	1,98	1,41	2,18
Bedienungskosten . . „	1,09	1,63	1,82	1,91	0,95	1,42	0,85	1,29	0,56	0,84	1,00	1,54	1,06	1,64	1,26	1,95
sonstige kleine Ausgab. „	0,23	0,34	0,27	0,40	0,07	0,10	0,06	0,09	0,03	0,04	—	—	—	—	—	—
insgesamt PSe-Std.	3,28	—	3,50	—	3,28	—	3,00	—	2,77	—	3,83	—	4,42	—	4,44	—
Desgl. Pf/kW-Std.	—	4,91	—	5,22	—	4,94	—	4,54	—	4,15	—	5,90	—	6,85	—	6,86
Belastungsgrad des Motors . . . . . . %	68,7		67		64,85		46,35		38,8		90,85		86,14		84,85	
Betriebsstunden . . .	6697,95		4911,2		4445		5762		3483		4644,5		4650,5		3299,5	

gekommen sind, ist eine gewisse Berechtigung vorhanden, für wirtschaftliche Rechnungen das Jahr 1914 als Grundlage zu nehmen, in der Annahme, daß nach einigen Jahren die Preise von 1914 wenigstens ihrem Verhältnis nach annähernd wieder erreicht werden. Kennzeichnend für die Betriebsverhältnisse ist der bei Dampfmaschinenbetrieben außerordentlich verschiedene Wärmeverbrauch, welcher zwischen 6300 bis 17500 WE/PS-Std. liegt, während er bei den Sauggasmotoren zwischen 3400 und 6000 und bei den Dieselmotoren wenig um 2000 WE/PS-Std. schwankt. Die Dampfmaschine tut eben auch bei schlechter Ausführung und Wartung ihren Dienst, während die Gasmaschine und mehr noch die Dieselmaschine auf beste Werkstattausführung und gute Wartung angewiesen sind.

Zahlentafel 152.

Mittlerer jährlicher Wärmeverbrauch je nutzbare kW-Std. bei Turbokraftwerken verschiedener Größe.

Belast.-Faktor d. Werks	Grenzfall I: Zahl der Maschinen = 1 Belastung der Masch. = Belastungsf. d. Werks						Grenzfall II: mehrere Masch. Masch. stets voll belastet		
	Kraftwerk			Kraftwerk			Kraftwerk		
	A	B	C	A	B	C	A	B	C
	20000 kW	5000 kW	1000 kW	20000 kW	5000 kW	1000 kW	20000 kW	5000 kW	1000 kW
	WE/kW-Std.			η_{th} %			WE/kW-Std.		
100 %	5 174	6 000	7 000	16,6	14,3	12,3	5174	6000	7000
90 »	5 283	6 144	7 184	16,3	14,0	12,0	»	»	»
80 »	5 420	6 324	7 414	15,9	13,6	11,6	»	»	»
70 »	5 647	6 555	7 709	15,3	13,1	11,1	»	»	»
60 »	5 830	6 863	8 103	14,7	12,6	10,6	»	»	»
50 »	6 158	7 295	8 655	14,0	11,8	9,9	»	»	»
40 »	6 650	7 943	9 483	13,0	10,8	9,1	»	»	»
30 »	7 470	9 022	10 862	11,5	9,5	7,9	»	»	»
20 »	9 110	11 180	13 620	9,4	7,7	6,3	»	»	»
10 »	14 030	17 655	21 895	6,1	4,9	3,9	»	»	»

Im Anschluß an die Zahlentafel 148 seien Vergleichsberechnungen erwähnt, welche Klingenberg[1]) unter Annahme von Dampfturbinenanlagen für 20000, 5000 und 1000 kW Leistung ausgeführt hat. Für die beiden Grenzfälle I und II, nämlich daß erstens die Zahl der Maschinen gleich 1, der Belastungsgrad der Maschine gleich dem Ausnutzungsfaktor der Anlage ist, und zweitens, daß die Zahl der Maschinen so groß ist, daß bei jeder Werkbelastung die im Betrieb befindlichen Maschinen voll belastet sind, ist in Zahlentafel 152 und Abb. 208 der durchschnittliche Wärmeverbrauch je kW-Std. sowie in Abb. 209 der Betrag der Gesamtkosten für 1 kW-Std. eingetragen. Die Überlegenheit der Großkraftwerke gegenüber mittleren Betrieben ist damit erwiesen. Sie beruht einesteils in der Wirtschaftlichkeit großer Einheiten infolge Verringerung der Wärmeverluste, anderseits in der fast durchweg möglichen Unterteilung der Gesamtwerkleistung auf eine Anzahl Einheiten, welche ständig mit Vollbelastung laufen können, ferner in dem Sinken der Anlagekosten, bezogen auf die Leistungseinheit.

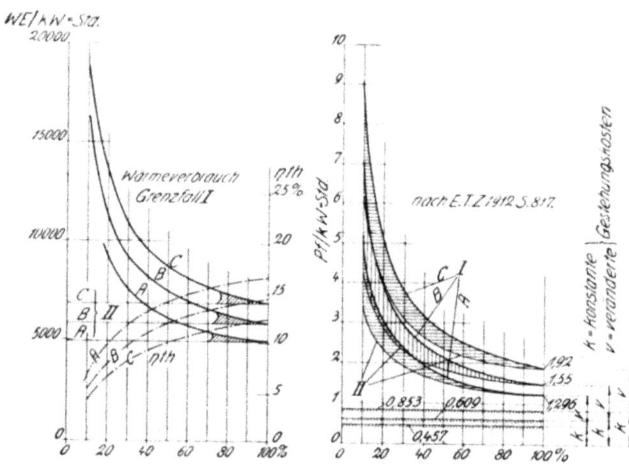

bei verschiedenem Belastungsfaktor.

Der Drang nach Zentralisierung der Krafterzeugung, die Aufsaugung kleinerer Werke ist daher wirtschaftlich berechtigt. Er wird sich um so kräftiger bemerkbar machen, je höher der Wärmepreis steigt. Im gleichen Maße muß sich jedoch der Wettbewerb zwischen den einzelnen Wärmekraftmaschinen verstärken. Es ist eine bekannte Erscheinung, daß jeder Fortschritt aus der Not der Zeit geboren wird, wofür der Kampf der Beleuchtungsarten genügende Beispiele bietet.

[1]) ETZ. 1912. Richtlinien für den Bau großer Kraftwerke.

III. Soziale Maßnahmen bei der Energiewirtschaft im großen.

1. Allgemeine Betrachtungen.

Man liest häufig, daß bei dem Zusammenschluß großer vorhandener oder noch zu erbauender Elektrizitätswerke nicht die hohen Kapitalkosten, sondern die geringeren Betriebsunkosten bei der Rechnung berücksichtigt werden sollten. Beschäftigt man sich aber näher mit der Frage, so findet man, daß der sich aus den geringeren Betriebskosten ergebende Vorteil meist durch die höheren Kapitalunkosten wieder ausgeglichen wird. Das wäre noch kein Hindernis für die Durchführung der Großwirtschaft, bei der der volkswirtschaftliche Gesichtspunkt allein entscheidend sein müßte. Es kommt nicht darauf an, durch welches Verfahren die billigste Energie geliefert wird, denn das hätte nur privatwirtschaftlichen Charakter, sondern bei welchem Verfahren dem Volke am meisten gedient wird.

Deutschlands Mangel an Leucht-, Schmier- und Treibmitteln, an Düngemitteln, Schwefelsäure, Kupfer, Zinn usw. hat uns während des Krieges die größten Entbehrungen auferlegt. Wir mußten die geringen, im Lande verfügbaren Mengen aufs sparsamste verteilen, Ersatzstoffe einführen und Neuorganisationen schaffen, die das gesamte Volk in Mitleidenschaft zogen. Hierin sobald wie möglich eine Änderung herbeizuführen, muß unsere vornehmste Aufgabe sein. Das Geldkapital muß wieder in Sachkapital umgewandelt werden. Ware muß mit Ware bezahlt werden, während wir anderseits danach streben müssen, durch Selbsterzeugung der Rohstoffe vom Auslande frei zu werden. Kupfer und Zinn müssen eingeführt, Petroleum, Schmier- und Treiböle sowie der für die Landwirtschaft unerläßliche Stickstoff möglichst aus unseren Brennstoffen gewonnen werden, damit wir wieder zu geordneten Verhältnissen gelangen. Wir können unmöglich bei dem heutigen Stande unseres Geldes Milliarden für den Bezug des Fehlenden ausgeben, sondern müssen diese Stoffe als Haupterzeugnis bei unserer späteren Brennstoffwirtschaft, die elektrische Energie dagegen als Nebenerzeugnis wie im Abwärmebetrieb zu gewinnen trachten.

In zweiter Linie findet man die Ansicht vertreten, daß bei der Großwirtschaft Arbeitskräfte gespart werden und eine größere Betriebssicherheit herrscht. Die erste Behauptung liegt nicht im Volksinteresse, die zweite ist nicht aufrechtzuerhalten; wer will heute Bürgschaft leisten, daß nicht auch die Mutterwerke vom Streikteufel erfaßt werden? Und die „Technische Nothilfe?" Sie muß in solchen großen Werken vollständig versagen. — Ganz verfehlt ist es aber, die durch den Anschluß großer Werke frei werdenden Arbeitskräfte zur Gutschrift auf das Konto „Schaffung volkswirtschaftlicher Werte" buchen zu wollen. Wir haben jetzt schon Hunderttausende von Arbeitslosen, deren Zahl sich infolge unzureichender Beschäftigung der Fabriken wegen Rohstoffmangels usw. bald verdoppeln oder verdreifachen wird. Da braucht man also nicht erst auf die neuen Organisationen zu warten! Diese Arbeitslosen hätten schon längst, z. B. zur Moorkultur, herangezogen werden können, wenn das so einfach wäre. Abgesehen davon, daß sich keiner um eine solche Beschäftigung reißt, mangelt es an heizbaren Siedlungshäusern mit allen ihren Vorzügen und Vorteilen, ohne die man keinen Menschen an eine fern von jeder Kulturstätte liegende Scholle längere Zeit zu fesseln vermag. Die Großwirtschaft würde also in erster Linie die Arbeitslosigkeit vermehren und dadurch die Valuta noch weiter schwächen. Aber soweit sind wir noch nicht; die Mühlen des Staates mahlen langsam, zumal die Durchführung der Energiewirtschaft im Sinne des Reichsgesetzes Jahrzehnte in Anspruch nehmen dürfte.

Die in wärmetechnischer Hinsicht bestehende Überlegenheit der Großkraftwerke gegenüber mittleren Betrieben beruht einesteils in der Wirtschaftlichkeit großer Einheiten infolge Verringerung der Wärmeverluste, anderseits in der meist möglichen Unterteilung der Gesamtwerkleistung auf eine Anzahl Einheiten, die mit Vollbelastung laufen können. Die Großbetriebe können ferner in unmittelbarer Nähe der Brennstoffvorkommen angelegt werden. Gegenwärtig zahlt das Volk viel zu viel für Gas und Elektrizität. Ein Abbau der Preise ist daher dringend erforderlich. Augenblicklich (Juni 1920) kostet in Berlin die kW-Std. für Kraftzwecke 1 M. Je nach den Verlusten bei der Erzeugung, Umformung und Fortleitung des elektrischen Stromes darf die kW-Std. an der Schalttafel des Fernwerkes nur einen Bruchteil von einer Mark kosten, wenn sich die wirtschaftlichen Verhältnisse für das Privatwerk gegen früher nicht verschlechtern sollen. Aber wird die zukünftige Energiewirtschaft diese Forderung erfüllen?

Ein kleines Elektrizitätswerk kann durch Abwärmeverwertung wirtschaftlicher als ein Großkraftwerk arbeiten. Es gibt auch eine ganze Reihe von Privatfirmen (vgl. Zahlentafeln 149 bis 151), deren Betriebe einen verhältnismäßig hohen Belastungsfaktor aufweisen. Sie stillzusetzen, läge gar kein Grund vor, würde auch dem Grundgedanken der Reichselektrizitäts-Gesetzgebung wider sprechen, für weiteste Verbreitung von elektrischer Energie zu günstigen Bedingungen Sorge zu tragen. Mit dem Zusammenschluß der Elektrizitätswerke wird dagegen die Frage der Abwärmeverwertung immer verwickelter und die Erzeugung des elektrischen Stromes daher — alles in allem genommen — nicht billiger. Was auf der einen Seite erspart wird, wird bei der Fortleitung der Energie zugegeben; während die Verhältnisse mit der Kabellänge ungünstiger werden[1]), stellen sich die Bahntarife für den Kohlentransport mit zunehmender Entfernung günstiger.

Die Versorgung eines kleinen Betriebes mit Licht und Kraft von einer Zentrale aus brächte für den Besitzer höchstens den Vorteil, daß er der Sorge um die Beschaffung des Brennstoffes enthoben wäre. Das ist bei der fortbestehenden Kohlennot schon ein hoch einzuschätzender Faktor, der aber anderseits die privatwirtschaftlichen Fragen nicht erschweren darf.

Die zukünftige Elektrizitätswirtschaft kann nach dem Vorhergesagten nur gutgeheißen werden, wenn Gruppenversorgung (statt Fernversorgung) bei möglichst billiger Energieerzeugung in Frage kommt. Da für Norddeutschland die Ausnutzung der Wasserkräfte ebenso wie die der Windkräfte die Sachlage wenig beeinflußt, bleibt uns nur der Bau von Kraftanlagen zur Gewinnung von Nebenerzeugnissen übrig, um Volkswirtschaft und Brennstoffwirtschaft miteinander zu vereinen.

Über die Wirtschaftlichkeit der Nebenerzeugnisanlagen für Kraftwerke hat Klingenberg 1917[2]) einen Vortrag gehalten, der die Überlegenheit der Dampfturbinen dartun sollte und deshalb mehr privatwirtschaftlichen Charakter trug. Rein wissenschaftlich betrachtet, fehlte bei dieser sonst vorzüglichen Beweisführung eine allen Forderungen gerecht werdende Vergleichsgrundlage, bei der den im Dampfkraftwerk erzielbaren Gestehungskosten einer kW-Std. die Kohlenäquivalente für den synthetischen Stickstoff hätten zugezählt werden müssen[3]). Inzwischen sind die Rechnungsergebnisse durch die im Preise außerordentlich gestiegenen Nebenerzeugnisse derart überholt, daß die Nebenerzeugnisanlagen auch im privatwirtschaftlichen Sinne jeden Wettbewerb aufnehmen könnten. Aber diese Frage ist rein nebensächlicher Natur, da wir in erster Linie die sozialen Verhältnisse zu berücksichtigen haben.

Gegenwärtig (Mai 1920) ist noch nicht entschieden, ob die in den Fachkreisen eifrig vertretene Richtung, welche in der restlosen Vergasung der Kohle die beste Lösung erblickt, das Feld behaupten wird. Unzweifelhaft bietet diese Lösung sowohl volkswirtschaftlich wie wärme- bzw. feuerungstechnisch viele Vorteile. Sie gestattet eine weitgehende Gewinnung der Nebenerzeugnisse, die Zentralisierung der Vergasungs- und Kraftanlagen an den Lagerstätten der Kohlen, und ist bezüglich der Kraftverteilung fast gänzlich unabhängig, bezüglich der Wärme-(Gas-)verteilung nicht schlechter gestellt als beispielsweise der Transport der Rohbraunkohle. Die Vereinfachung des Feuerungsbetriebes durch die Einführung von Gasfeuerungen steht außer Zweifel; Wirtschaftlichkeit und Leistung werden erhöht und die lästige Aschenentfernung beseitigt. Neuere Bestrebungen, denen sich auch die Staatsbahnverwaltung angeschlossen hat, zielen auf Anwendung des Urteerverfahrens hin, das uns zu den Leucht-, Treib- und Schmiermitteln verhilft. Der im Drehofen oder in den Braunkohlenschwelereien gewonnene Urteer oder das aus dem Kokerei- oder Gasanstaltsteer hergestellte Teeröl kann für Dieselmotoren verwandt werden, die gegenwärtig wegen des unerschwinglich hohen Treibölpreises zum größten Teil durch die Dampfturbine oder den Elektromotor ersetzt sind. Die Dieselmaschine stellt nicht nur die wirtschaftlichste Maschine dar, sondern gestattet auch den Bau von Großkraftwerken mit der geringsten Flächenausdehnung (vgl. Tafel XVI). Jedenfalls dürfte sie als schließendes Glied eines Großkraftwerks mit gemischtem Betrieb wegen ihrer steten Betriebsbereitschaft und billigsten Arbeitsweise als Ausgleichsfaktor unschätzbare Dienste leisten.

Für die allgemeine Wiederbelebung des Dieselmotorbetriebes gilt dagegen die Voraussetzung, daß sich die Preise für Teer und Teererzeugnisse auf eine erträgliche und gerechtfertigte Höhe einstellen. Teerpreise von über 3000 M und Teerölpreise von 4500 M bei einem Steinkohlenpreis von rd. 200 M/t müssen als ungesund bezeichnet werden und lassen sich nur aus dem ungeheuren Brenn-

---

[1]) Koepchen unterscheidet auch in seinem nachträglich erschienenen, sehr beachtenswerten Gutachten (ETZ., 24. Juni 1920) zwischen maximaler nutzbarer und praktisch nutzbarer Reichweite. Für erstere ist nur eine ganz bestimmte Belastung möglich, deren Überschreitung die technische Betriebssicherheit, deren Unterschreitung die Wirtschaftlichkeit der Anlage gefährdet. 12 bis 16000 kW lassen sich danach bei 10 Pf Spanne, d. h. billigerer Energieerzeugung, nur auf 245 km übertragen.

[2]) Z. d. V. d. I. 1918, Nr. 1.

[3]) Für 1 t gebundenen Stickstoff beim Kalkstickstoffverfahren (vgl. Trenkler, „Chemie der Brennstoffe") 15 bis 18 t, wahrscheinlicher aber 24 t, bei der Haberschen Ammoniaksynthese 6 bis 9 t (vgl. 2. Kapitel X, 1 und 2).

stoffmangel (besonders in den weit von den Fundstellen gelegenen süddeutschen Ländern) und einem unkontrollierten, gewissenlosen Handel mit diesen Stoffen erklären. Ein solcher hat sich gerade auf diesem Gebiete breitgemacht und zeigt uns mit voller Klarheit die Notwendigkeit einer **staatlichen Preisregelung**. Wenn wir das Heizwertverhältnis zwischen Steinkohle und Teer mit 1 : 1,3, jenes zu Teeröl mit 1 : 1,5 einführen und die bessere wärmewirtschaftliche Ausnutzung des Heizwertes in Dieselmotoren — hoch gegriffen — mit dem Dreifachen von Dampfkraftwerken annehmen, so rechtfertigt sich im günstigsten Fall ein vierfacher Preis des Teeres und ein fünffacher Preis des Teeröles gegenüber den Steinkohlenpreisen. Diese Zahlen stehen mit denen der Vorkriegszeit in guter Übereinstimmung, wo bei einem Steinkohlenpreis von 10 M der Teer mit 35 M, das Teeröl mit 50 bis 60 M bezahlt wurde. Selbst wenn man die für die flüssigen Brennstoffe — auf den Heizwert bezogen — billigeren Frachtkosten, ferner die leichte und verlustfreie Stapelung von Vorräten sowie die schnelle Betriebsbereitschaft solcher Anlagen berücksichtigt, wird man nicht wesentlich über die vorstehend genannten Sätze in der Preisbildung hinausgehen können, wenn wir gesunde wirtschaftliche Verhältnisse erstreben. Heute liegt in den außer Betrieb befindlichen Dieselzentralen ein großes und wertvolles Anlagekapital brach.

Zahlentafel 153.

Verwertung der Kohle in Kraftwerken.

A. Dampfkraftanlagen.

Mit 1 t Gasflammkohle der Friedr. Thyssen-Gewerkschaft können in neuzeitlichen Dampfturbinenkraftwerken bei Vollast erzeugt werden:

a) bei unmittelbarer Verfeuerung der Kohle unter dem Kessel: $\frac{1000 : 7000}{5450^{1)}} = 1280$ kW-Std.

An Wertstoffen: 0.

b) Gasfeuerung nach Ent- und Vergasung der Kohle und Verfeuerung des gewonnenen Halbkoksgases und Schwelgases unter dem Kessel:

650 kg Halbkoks	3 300 000 WE	im Halbkoksgas
150 cbm Schwelgas	1 050 000 „	„ Schwelgas
	4 350 000	

$\frac{4350000}{5300^{1)}} =$	820 kW-Std.
aus fühlbarer Abgaswärme des Vergasers	35 „
rd. 30 kg Leichtöl in Leichtölkraftmaschinen	75 „
„ 30 „ Treiböl in Schwerölkraftmaschinen	67 „
Summa:	997 kW-Std.

Außerdem werden noch an Wertstoffen erhalten:

rd. 20 kg Schmieröl und Paraffin,
„ 35 „ Pech und Kohlenstaub.

B. Gaskraftanlagen.

Ent- und Vergasung von Gasflammkohle der Friedrich Thyssen-Gewerkschaft.

Aus 1 t Gasflammkohle von 7000 WE bleiben nach Abzug der Heizung des Drehofens frei verfügbar: 650 kg Halbkoks mit 6000 WE. Diese geben:

3,0 × 650 = 2540 cbm Gas mit 1300 × 2540 = 3300000 WE in Gaskraftmaschinen $\frac{3300000}{3570^{1)}} =$	920 kW-Std.
Dampf aus fühlbarer Abgaswärme des Vergasers	35 „
rd. 150 cbm Schwelgas mit rd. 7000 WE = 1050000 WE in Gaskraftmaschinen $\frac{1050000}{3570} =$	295 „
rd. 30 kg Leichtöle, bis 200° übergehend in mobilen Leichtölkraftmaschinen $\frac{30000}{400} =$	75 „
rd. 30 kg Treiböle, über 200° übergehend in Schwerölkraftmaschinen $\frac{30000}{450} =$	67 „
	1392 kW-Std.

Außerdem werden noch an Wertstoffen erhalten:

rd. 20 kg Schmieröl und Paraffin,
rd. 35 kg Pech und Kohlenstaub.

1) Klingenberg, Die Wirtschaftlichkeit von Nebenproduktengewinnung für Kraftwerke 1918.

Über die Verwertung der Kohle in Kraftwerken hat Dr. Roser[1]) die umstehende Zahlentafel 153 gebracht, deren Ziffern sich auf die Verhältnisse der Kraftgewinnung bei getrennter Verschwelung und Vergasung nach dem Verfahren der Firma Thyssen & Co. (vgl. auch S. 120) beziehen, das sich bezüglich der Ausbeute und der wärmewirtschaftlichen Verhältnisse kaum oder wenig von den bekannten älteren Verfahren unterscheidet. Es können danach

bei Dampfkraftwerken mit unmittelbarer Verfeuerung .	1280 kW-Std./t Kohle
„ „ „ Gasfeuerung	997	„
„ Gaskraftwerken	1392	„

gewonnen werden. In den beiden letzten Fällen sind 142 kW-Std./t Kohle eingerechnet, die in Ölkraftmaschinen aus dem Teer erzeugt werden; außerdem entfallen aber dabei noch

rd. 20 kg Schmieröl und Paraffin,
35 kg Pech und Kohlenstaub.

Diese Zahlen gelten naturgemäß nur für einen bestimmten angenommenen Brennstoff. In manchen Fällen mögen sie niedriger ausfallen; bei zahlreichen Brennstoffen, wie besonders den Braunkohlen (und Torf) werden sie sich wahrscheinlich höher stellen. Wir können also durchschnittlich damit rechnen, daß Gaskraftwerke eine gleichgroße Energiegewinnung wie bei unmittelbarer Verfeuerung der Brennstoffe aufweisen, daß aber weitere 10% an Kraft aus einem Teil der Teerprodukte gewonnen werden können. Schafft man dem Gaskraftwerk eine möglichst gleichbleibende Belastung und speichert die Teerstoffe für die Spitzenbelastungen auf (vgl. Abb. 224), so kann bei deren meist kurzer Dauer schon ein wesentlicher Ausgleich geschaffen werden. Anderseits ist auch eine Übernahme der Spitzenleistungen durch unmittelbar befeuerte Dampfkessel denkbar, die während der Stillstände mit Gas auf Druck gehalten werden. Dieser Weg ist nicht nur wegen des geringeren Brennstoffverbrauchs vorteilhaft, sondern weil dadurch auch die Belastungskurve des Gaskraftteiles verbessert wird.

Die von Roser nach Klingenbergs[2]) Angaben übernommene Energieausbeute von „1280 kW-Std." aus 1 t Steinkohle ist für durchschnittliche Verhältnisse viel zu hoch. Meist wird man sich mit 1000 kW-Std. begnügen, wofür ja Klingenberg in der erwähnten Arbeit recht anschaulich die Gründe darlegt. Trenkler[3]) hat schon vor Klingenberg in einfacher und übersichtlicher Weise gezeigt, daß man bei Gaskraftwerken unter einigermaßen günstigen Verhältnissen eine gleichgroße Energieausbeute erzielen kann. Die Verhältnisse dürften sich indes sehr zugunsten der Gaskraftwerke verschieben, wenn man nach dem vorstehend Ausgeführten sich zu einem Zusammenschluß von Kraftwerken verschiedener Erzeugungsart entschließen und dabei auch die nunmehr sicher zu erwartende Einführung der Gasturbine berücksichtigen würde. Der Weg der Vergasung ist aber nicht nur wegen der Teergewinnung, sondern der Wertstoffgewinnung überhaupt von einschneidender Bedeutung. Wenn auch die Stickstoffbeschaffung (vgl. S. 261) durch die synthetischen Verfahren gesichert erscheint, so darf die Stickstoffgewinnung aus den Brennstoffen wegen Schonung unserer Kohlenvorkommen nie vernachlässigt werden. Da die technischen und wirtschaftlichen Grundlagen hierfür keineswegs begrenzt sind, so haben wir allen Grund, die Vergasung der Brennstoffe in allen Fällen anzuwenden, wo es nur die Brennstoffwirtschaft erlaubt. Dazu gehören aber in erster Linie die Kraftwerke. Es muß deshalb die Forderung gestellt werden, sich zunächst von der bisherigen Verallgemeinerung und Schematisierung im Bau solcher Werke frei zu machen. In welchen Grenzen die einzelnen Großkraftmaschinen unter Berücksichtigung der Nebenerzeugnisgewinnung Daseinsberechtigung haben, wollen wir an einigen Beispielen aus der Praxis des Wirtschaftsingenieurs näher beleuchten.

2. Kraftwerke mit Nebenproduktengewinnung für eine oberschlesische Grube 1915[4]).

Dauerleistung: 10000 kW während 8400 Std. im Jahr.

Brennstoff: Gemisch von oberschlesischer Förderkohle und Koksklein. Heizwert 6670 WE; Preis 6,60 M/t.

Ausbeute aus 1 t Kohle { 39 kg Ammoniumsulfat zu 250 M/t; Schwefelsäurepreis 25 M/t.
45 kg Teer zu 20 M/t.

[1]) „Die Entgasung der Kohle im Drehofen", Stahl u. Eisen 1920, S. 741.

[2]) Klingenberg, Die Wirtschaftlichkeit von Nebenproduktengewinnung für Kraftwerke. Springer 1918 (auch Z. d. V. d. I. 1918, S. 1 ff.); vgl. ferner Roser, St. u. E. 1920, S. 349, 387 ff., sowie die Diskussion des Vortrages durch Klingenberg u. a. St. u. E. 1920, S. 533, 610, 651, 685.

[3]) Trenkler, Die Nebenproduktengewinnung aus Generatorgas und ihre Beziehung zur Krafterzeugung. Vortrag vom 22. Febr. 1917. Z. d. V. d. I. 1918, S. 78.

[4]) Verfasser verdankt die Rechnungsunterlagen der Maschinenbau-A.-G. Augsburg-Nürnberg.

Die Rechnung wurde durchgeführt:

I. für eine Gasmaschinenanlage,

II. für eine Dampfturbinenanlage mit gasgeheizten Kesseln,

III. eine Dampfturbinenanlage mit kohlebeheizten Kesseln.

Für die beiden ersten Anlagen wurden die zugehörigen Mondgasanlagen gesondert durchgerechnet. Es ergaben sich die Gaskosten für eine Leistung von 10000 kW, welche alsdann in die Be-

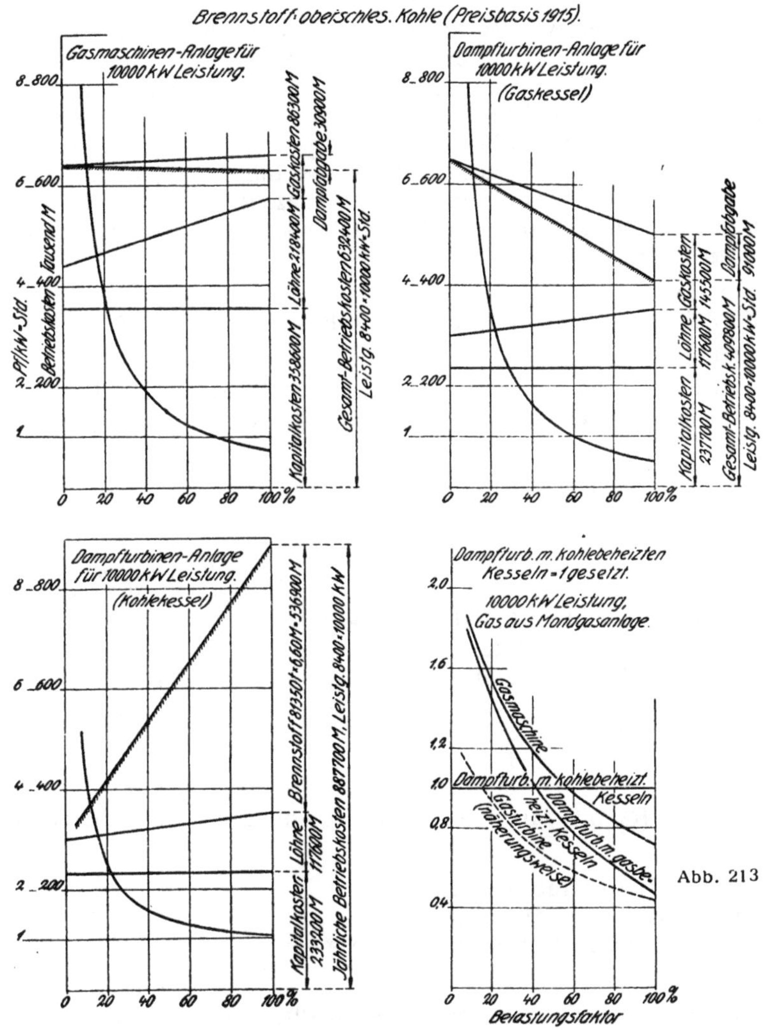

Abb. 210 (Fall I)

Abb. 211 (Fall II)

Abb. 212 (Fall III)

Abb. 213

10000 kW-Kraftwerke mit Nebenproduktengewinnung für eine oberschlesische Grube (1915).

triebskostenberechnung der Maschinenanlagen eingesetzt wurden. Das Ergebnis war, daß die Gaskosten mit steigendem Durchsatz an Kohlen infolge des hohen Erlöses aus den Nebenerzeugnissen fielen. So konnte das Gas für die eine größere Gasmenge erfordernde Turbinenbinenanlage mit gasgeheizten Kesseln für 0,0286 Pf/cbm geliefert werden gegenüber dem Gaspreis von 0,0356 Pf/cbm für die Gasmaschinenanlage, d. h. der Wärmepreis für die Kraftanlage war von rd. 10 Pf/100000 WE in der Kohle auf 2,3 bzw. 2,85 Pf im Gas gefallen. Dieser Preis war naturgemäß ausschlaggebend und mußte trotz höherer Anlagekosten der Vergasungsanlagen einen günstigeren Strompreis bei Vergasung der Kohle ergeben als bei deren unmittelbarer Verfeuerung.

Der Rechnungsvorgang läßt sich in Abhängigkeit vom Belastungsfaktor graphisch aufzeichnen und ergibt die jeweilige wirtschaftliche Charakteristik des Werkes. Sie ist in Abb. 210 bis 212 für die drei untersuchten Kraftmaschinen nebst zugehörigen Aggregaten I, II und III aufgetragen. Setzt man die Gestehungskosten bei der Dampfturbine mit Kohlekesseln für alle Belastungen gleich 1, so lassen sich die Verhältnisziffern für die beiden anderen Fälle in Kurven darstellen, wie dies in Abb. 213 geschehen ist. Die Gleichwertigkeit von Dampfturbine und Gasmaschine tritt bei einem Belastungsfaktor von 57% ein. Daß die Dampfturbine mit gasbeheizten Kesseln im vorliegenden Falle noch günstiger als die Gasmaschine abschneidet, ist in der reichen Nebenerzeugnisausbeute begründet. Damit ist erwiesen, daß die Wirtschaftlichkeit der Dampfturbinenanlage durch Einführung von gasbeheizten Kesseln unter gleichzeitiger Nebenerzeugnisgewinnung verbessert werden kann. Dieser Weg läßt in allen jenen Fällen günstigen Erfolg erhoffen, wo die Eigenschaften des Brennstoffes eher dessen Vergasung als Verfeuerung bedingen, z. B. bei verhältnismäßig hohem Aschengehalt Da mit steigendem Kohlendurchsatz der Gaspreis sinkt, wird man stets vorziehen, die Generatorenanlage voll belastet gehen zu lassen, um möglichst viel Kohle durchzusetzen und bei Teilbelastung der Kraftanlage selbst das Gas unbenutzt entweichen zu lassen. Hier liegt ein solcher Fall vor, wo unbedingt das auf Schonung wertvoller Energie hinzielende Allgemeinwohl dem Einzelvorteil vorgezogen werden sollte. Indes dürfte es bei einigem guten Willen nicht schwer fallen, für das anfallende billige Gas und für den billigen Strom dauernd Abnehmer zu finden.

3. Kraftwerk nahe Berlin mit Anschluß an den Wasserweg (1918).

Leistung: 3000 kW.

Brennstoff: Mitteldeutsche Braunkohlenbrikette zu 23 M/t, oder böhmische Braunkohlen zu 23 M/t, oder Niederlausitzer Rohbraunkohle zu 4 M/t.

Zum Vergleich heranzuziehen:

Dieselanlage für Teerölpreise von 55 und 110 M/t.
Generatorgasanlage.
Mondgasanlage.

		Mondgas-Verfahren	Vergasung mit Urteergewinnung	M/t
Ausbeute bei Braunkohlenbriketten:	Sulfat	17 kg/t	— kg/t	260
	Teer	57 „	57 „	30 bzw. 60
„ bei Rohbraunkohle:	Sulfat	10 „	— „	260
	Teer	45 „	45 „	30 bzw. 60
„ bei böhm. Braunkohle:	Sulfat	25,5 „	— „	260
	Teer	90 „	90 „	30 bzw. 60

In Tafel XVI sind die Raumbedarfsverhältnisse, in Abb. 214 bis 217 die graphischen Aufzeichnungen für die 4 Fälle

I. Gasmaschine mit Generatorgasanlage,
II. Dampfturbine mit Generatorgasanlage,
III. Dampfturbine mit kohlebeheizten Kesseln,
IV. Dieselanlage

bei Verwendung mitteldeutscher Brikette gegenübergestellt. Ferner sind in den Abb. 218 bis 220 die Stromkosten im Verhältnis zur Dampfturbine mit kohlebeheizten Kesseln für die drei Brennstoffsorten eingetragen, wobei auch die Beheizung der Kessel mit Rohbraunkohle berücksichtigt wurde. Letzterer Fall ist beachtenswert, weil sich die Dampfturbine mit rohbraunkohlebeheizten Kesseln sehr wirtschaftlich betreiben läßt. Soll daher bei Rohbraunkohle der Gasmaschinenbetrieb wettbewerbfähig werden, so muß eine weitere Verbesserung der Nebenerzeugnisgewinnung eintreten, etwa durch Salpetergewinnung aus den Auspuffgasen (Verfahren Drawe). Nun ist allerdings unter dem Einfluß der steigenden Frachtkosten eine Preisverschiebung zuungunsten der Rohbraunkohle zu erwarten, so daß u. U. die hochwertigen Braunkohlenbrikette sich im Wärmepreis günstiger stellen. Rohbraunkohle verträgt die Frachtkosten nur auf einen Transportweg von etwa 100 km (vgl. S. 454), der unter Umständen bei Wasserfracht verdoppelt werden kann.

Sehr gut schneidet auch die Dieselmaschine ab, solange normale Treibölpreise vorausgesetzt werden, während die Dampfturbinenanlage mit gasbeheizten Kesseln im vorliegenden Falle infolge der geringen Ausbeute unwirtschaftlich arbeitet.

Bei der Durchrechnung dieser Beispiele, welche für das Jahr 1918 gelten, ist der Gasturbine noch nicht Rechnung getragen. Die theoretische Bewertung der letzteren ist bereits vor Jahren von

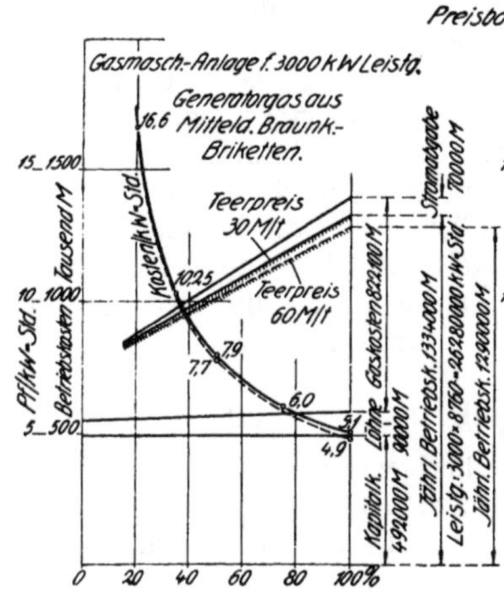

Abb. 214 (Fall I)

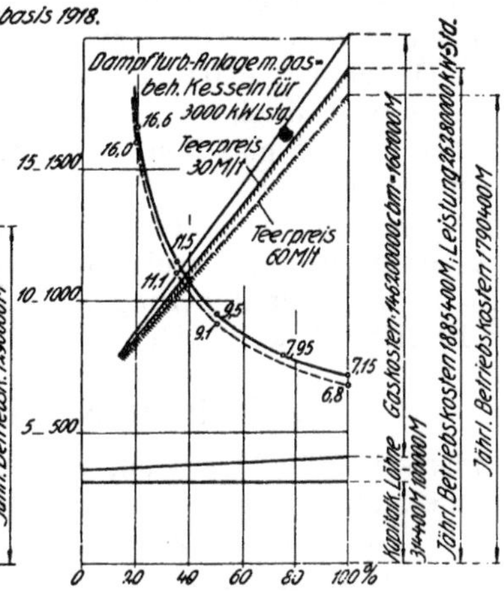

Abb. 215 (Fall II)

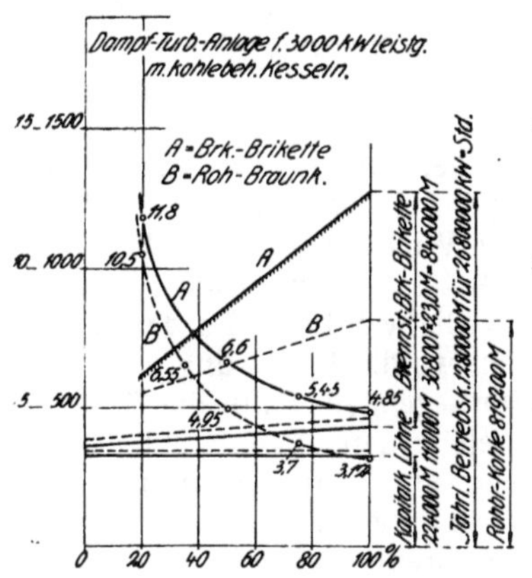

Abb. 216 (Fall III) 3000 kW-Kraftwerke mit Nebenproduktengewinnung nahe Berlin.

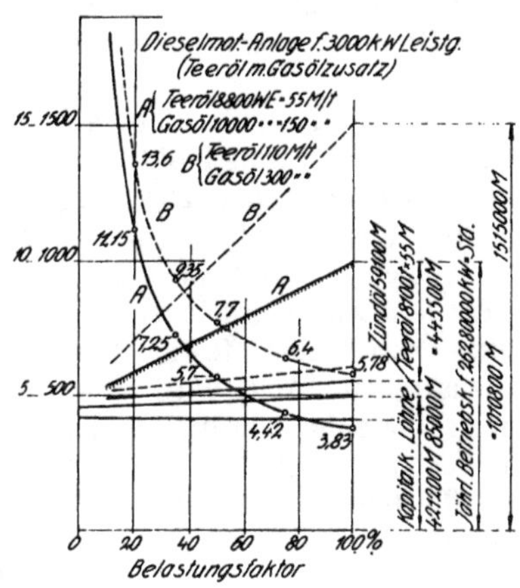

Abb. 217 (Fall IV) 3000 kW-Kraftwerke mit Nebenproduktengewinnung nahe Berlin.

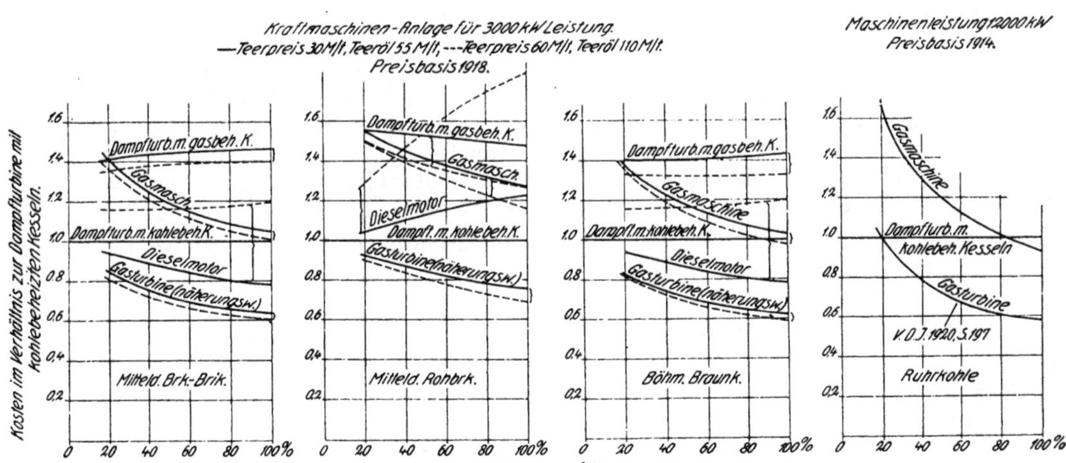

Abb. 218. Abb. 219. Abb. 220. Abb. 221.

Stromkosten im Verhältnis zur Dampfturbine + kohlebeheizten Kesseln für verschiedene Brennstoffe.

Stodola und anderen Forschern durchgeführt worden. Es hat jedoch noch mühevoller praktischer Versuche bedurft, ehe für den Betrieb geeignete Ausführungsformen gefunden wurden. Nach der

Veröffentlichung von Holzwarth[1]) hat die Maschinenfabrik Thyssen zurzeit mehrere größere Einheiten für die Staatsbahnverwaltung im Bau und hat auf Grund der bisherigen Ergebnisse auch die wirtschaftliche Charakteristik für eine 12000 kW-Maschine bestimmt. In Abb. 221 sind die Charakteristiken der Gasturbine im Vergleich zur Dampfturbine im gleichen Maßstabe wie in Abb. 218 bis 220 aufgezeichnet. Die Gestehungskosten der kW-Std. sind danach unter Zugrundelegung der Preise von 1914 für eine westfälische Kohle bei Tieftemperaturteer- und Sulfatgewinnung um rund 40% niedriger als bei der Gasmaschine. Wie für 3000 kW-Kraftwerke ist die Gasturbine auch für den in den Abbildungen 210 bis 212 wiedergegebenen Fall durchweg der Dampfturbine mit kohlebeheizten Kesseln überlegen (vgl. Abb. 213). Selbst die Dieselanlage erreicht nur in den günstigen Fällen die Gasturbine, wobei die Ähnlichkeit der Charakteristik auffällt. Die Kurven für die Gasturbine sind allerdings nur näherungsweise richtig, da für die Berechnung der Anlagekosten der Brennstoff- und Betriebsführungskosten eine einheitliche Grundlage fehlte.

4. Kritische Schlußbetrachtungen.

Gehen wir zu einer kritischen Bewertung der bisherigen Ergebnisse über, so muß von vornherein der volkswirtschaftliche Standpunkt vom privatwirtschaftlichen scharf getrennt werden. Im Interesse des ersteren liegt die Erzeugung von Kraft und Wärme mit möglichster Schonung der Kohlenvorräte, anderseits vollkommener Ausnutzung der in der Kohle enthaltenen hochwertigen Stoffe. Im privatwirtschaftlichen Interesse ist schließlich der Preis für die kW-Std. ausschlaggebend, mag er nun mit großem oder geringem Brennstoffverbrauch, mit hoher oder niedriger Ausbeute an wertvollen Stoffen erreicht sein.

Die unter 2. behandelte Aufgabe (oberschlesische Grube) bietet hierfür ein kennzeichnendes Beispiel. Je höher der Durchsatz an Kohle, desto billiger das Gas bzw. die kW-Std. Diejenige Anlage, welche die größte Kohlenmenge zur Vergasung bringt, ist die wirtschaftlichste im Sinne des Unternehmers. Hier ist eine Abstufung im Grade der Wichtigkeit der volkswirtschaftlichen Forderungen angebracht. Ist beispielsweise die mit allen Mitteln zu fördernde Hebung und Belebung der Industrie wie auch der landwirtschaftlichen Erzeugung die wichtigste Forderung, so ist eine möglichst vielseitige Ausnutzung des Brennstoffes an den Stellen, wo die Förderung der Kohle noch verhältnismäßig billig ist, anzustreben. Man wird also im vorliegenden Falle die Turbinenanlage mit gasgefeuerten Kesseln als diejenige ansehen müssen, welche den augenblicklichen Anforderungen der Volkswirtschaft am besten gerecht wird, um so mehr, als sie im Bedarfsfalle mit verhältnismäßig geringen Kosten auf Turbinenbetrieb mit Kohlekesseln umgestellt werden kann. Diese Lösung ist auch deshalb annehmbar, weil der Mehrverbrauch an Brennstoff keine Belastung des Verkehrs zur Folge hat. Der bei den Gestehungskosten nicht einbegriffene Grundstückspreis dürfte keinen nennenswerten Einfluß auf die Gestehungskosten ausüben.

Anders steht es mit der unter 3. behandelten Anlage. Hier muß einmal mit den Kosten der Zufuhr des Brennstoffes und seiner Lagerung, ferner im Zusammenhang damit mit der Größe und den Kosten des verfügbaren Grundstückes gerechnet werden. Gerade der letztere Punkt ist bei Anlagen in der Nähe der Großstädte wichtig, die Lagerungsmöglichkeit eines größeren über die Kälteperioden, Niederwasserzeiten und andere Verkehrsstockungen reichenden Brennstoffbestandes ist hier von grundlegender Bedeutung für die Wahl des Treibstoffes. Überblickt man an Hand der Tafel XVI den Raumbedarf der verschiedenen Kraftanlagen, so findet man:

bei der	Dieselanlage nur	0,5	qm Grundfläche auf das geleistete kW
„ „	Dampfturbine mit Kohlekesseln	1,25	„ „ „ „ „ „
„ „	Gasmaschine	2,2	„ „ „ „ „ „
„ „	Dampfturbine mit Gaskesseln	2,6	„ „ „ „ „ „

Die Lagerung des Treiböles kann bei der Dieselanlage derart vorgenommen werden, daß die Grundstückskosten in geringem Maße beeinflußt werden. Es kommen ferner die Art und Menge der Abfallstoffe in Betracht. Hierin ist die Dieselanlage besonders günstig gestellt, da weder Brennstoffrückstände noch Flugasche zu beseitigen sind und nennenswerte Rauchbelästigung nicht vorkommt.

Die böhmische Braunkohle kommt wegen zu großer Abhängigkeit von der Beschaffenheit des Wasserweges und der politischen Verhältnisse kaum in Frage. Sie bietet auch gegenüber den mitteldeutschen Braunkohlenbriketten keine merkbaren Vorzüge. Demnach wird die Verwendung mittel-

[1]) Z. d. V. d. I. 1920, S. 197.

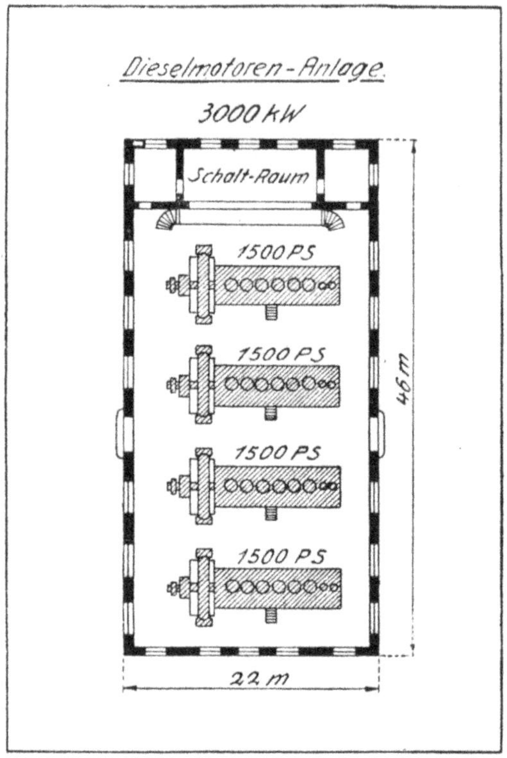

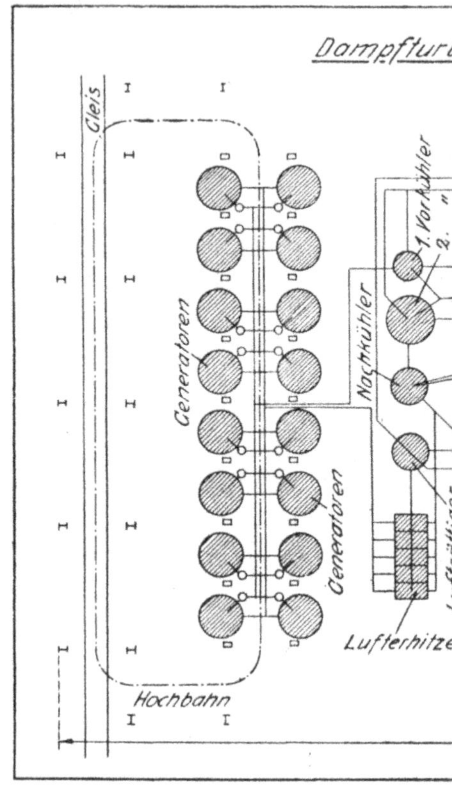

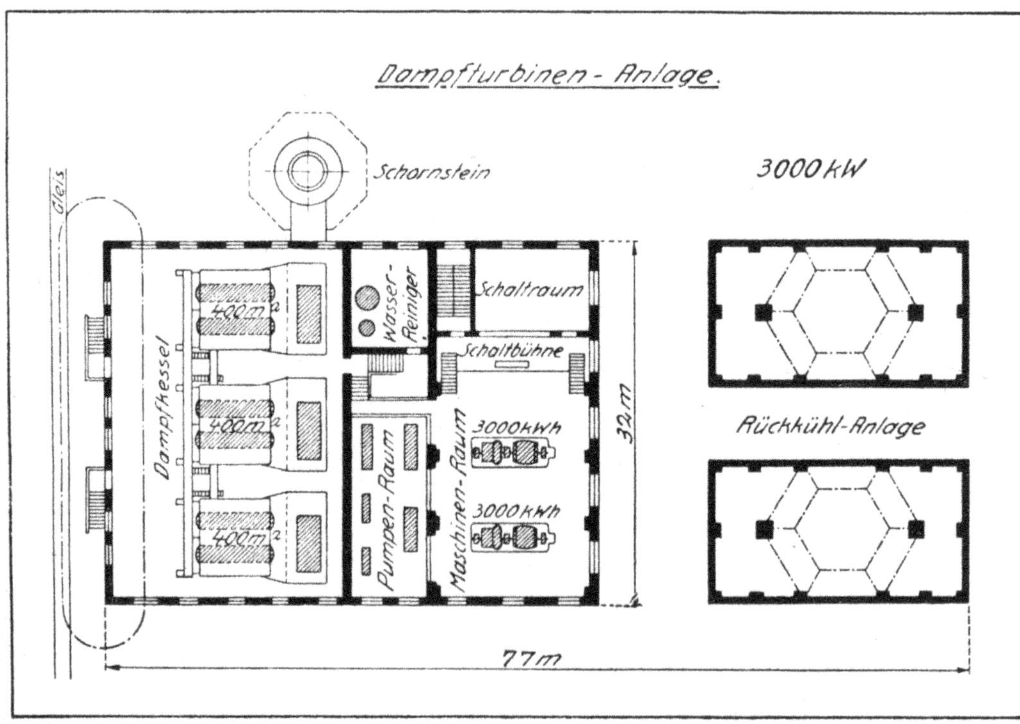

Flächengrößen versch

Tafel XVI
(zu Seite 470).

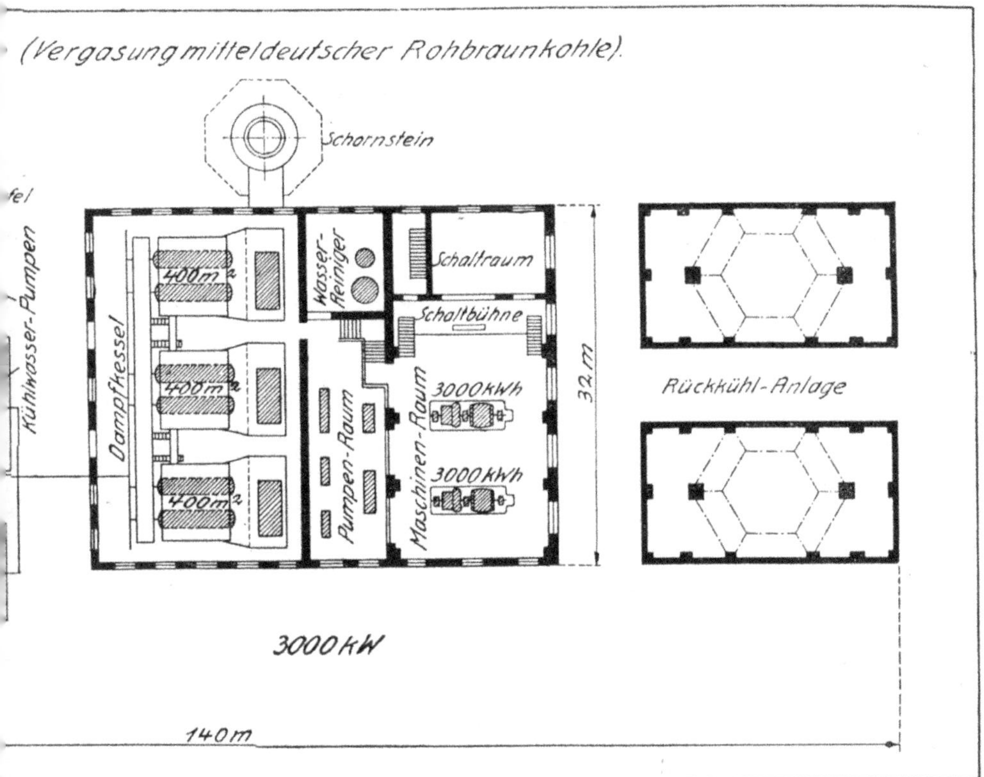

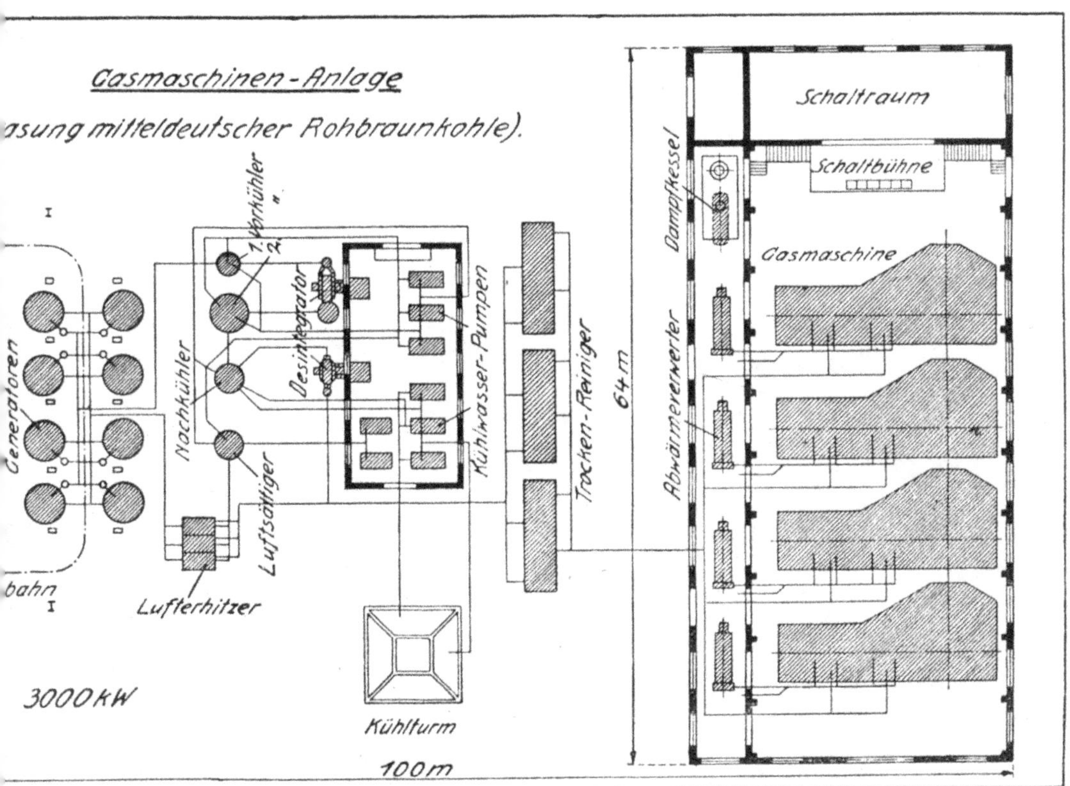

·ke für je 3000 kW.

Druck und Verlag von R. Oldenbourg, München und Berlin

deutscher Rohbraunkohle gegen Braunkohlenbrikette abzuwägen sein. Die Zufuhr von Rohbraunkohle, für die sowohl Dampf- als auch Gasturbine die größte Wirtschaftlichkeit aufweisen, ist kostspielig; auch bietet ihre Unterbringung wegen der leichten Verwitterung und Selbstentzündung erhebliche Schwierigkeiten. Bedeutend günstiger würde schon die Lagerung von Naßpreßsteinen und Briketten sein. Da die Brikette vom volkswirtschaftlichen Standpunkte aus eigentlich außer acht gelassen werden müßten, würde die Naßpreßsteinfabrikation wegen größerer Schonung unserer Brennstoffvorkommen die beste Lösung ergeben.

Anders würden die Verhältnisse liegen, wenn die Anlage dicht neben einer Braunkohlengrube erstellt werden sollte. Die Grundstückkosten würden kaum von Belang sein, eine Lagerung von Vorräten käme nicht in Betracht. Es würden also lediglich die Gestehungskosten für die kW-Std. ausschlaggebend sein. Da die Dampfturbine mit kohlebeheizten Kesseln bei Rohbraunkohlen nächst der Gasturbine den billigsten Strompreis ergibt, dürfte die Gegendruckturbine wegen der bei der Brikettfabrikation notwendig werdenden Dampftrockenvorrichtungen die beste Abwärmeverwertung aufweisen.

Gerade durch die Nebenerzeugnisgewinnung ist neuerdings eine vielseitige Mannigfaltigkeit in der Gestaltungsmöglichkeit der Anlagen entstanden, die es gestattet, jede Kohle ihrer Eigenart gemäß auszunutzen. Selbst eine sehr aschenreiche, jedoch gute Bitumenausbeute gewährende Kohle bietet Aussichten auf lohnende Verwertung. In dieser Richtung wird das von Thyssen ausgearbeitete[1]), im zweiten Kapitel IX, 6 näher besprochene Verfahren der Urteergewinnung in Drehöfen volle Beachtung verdienen. Es gestattet die Ausnutzung der Haldenbestände sowie der Ölschiefer, läßt sich anderseits bei Entgasung hochwertiger Kohle leicht in vorhandene Betriebe einfügen; der entstehende Halbkoks kann sowohl in Kesselanlagen wie in Generatoren weitere Verwendung finden, der Urteer aber als Treibmittel für Dieselmotoren dienen.

Faßt man das Schlußergebnis der vergleichenden Betrachtungen nochmals zusammen, so kann gesagt werden:

1. Bei Kraftanlagen jeglicher Art ist sowohl die Möglichkeit der Nebenerzeugnisgewinnung wie auch der Abwärmeverwertung unter allen Umständen zum Vergleich heranzuziehen.
2. Mit Rücksicht auf den großen Mangel an Teererzeugnissen und Stickstoffsalzen ist der Bau solcher Kraftanlagen, welche besonders hohe Nebenerzeugnismengen ergeben, stets vorzuziehen, auch wenn sich dabei der Kohlenverbrauch für die kW-Std. höher als bei unmittelbarer Verfeuerung stellen sollte.
3. Bei Anlagen in der Nähe von Großstädten ist mit Rücksicht auf die besonders hohen Anlagekosten höchste Wärmeausnutzung anzustreben. Hier sind, sofern nicht Abdampfverwertung in vollem Umfange in Frage kommt, die Großgasturbine und der Dieselmotor die Maschine mit geringsten Gestehungskosten. Bei kleineren Anlagen vermag die Dampfturbine mit Kohlekesseln den Strom gleich billig zu erzeugen.
4. Bei Verwertung bitumenreicher Brennstoffe ist die Vorschaltung einer Entgasungsanlage zwecks Urteergewinnung zweckmäßig, wobei je nach der Lage des Falles die Vergasung oder die Verfeuerung des entstehenden Halbkokses durchzuführen ist.

IV. Ausnutzung der Wasser- und Windkraft.

In der Einleitung haben wir auf die geringen Kohlenmengen hingewiesen, die Deutschland nach dem Friedensvertrage zur Verfügung stehen. Infolgedessen können wir den Ausbau unserer Wasserkräfte nur mit Freuden begrüßen. Werden dadurch weitere 7 Mill. t Kohlen erspart, so macht dies rd. 8% der uns gegenwärtig zur Verfügung stehenden Kohlenmengen aus. Das ist eine dauernde Ersparnis, wie sie auf andere Weise sicherer nicht erzielt werden kann. Gegenüber solchem Nutzen spielen die bei den heutigen teuren Rohstoffen sich ergebenden hohen Baukosten keine Rolle. Die früheren Einwendungen, daß die Wasserkraftanlagen bei Wassermangel im Hochsommer und bei Frost im Winter versagen, werden durch den Zusammenschluß mit Dampfkraftwerken hinfällig. Man kann sich vorstellen, daß die Wasserkraftanlagen solange, wie es geht, dauernd arbeiten, die Dampfkraftanlagen die Mehrbelastung tragen oder als Aushilfe dienen. Die unter Umständen großen Schwankungen der Nutzwassermengen werden durch Stauung des Wassers in vorhandenen Speichern vermindert, wie dies bei den oberschwäbischen Überlandelektrizitätswerken im Flußgebiete des Argen geschehen ist, und dadurch die Leistungen des Kraftwerks erhöht[2]).

[1]) Dr. Roser, „Die Entgasung der Kohle in Drehöfen", Stahl u. Eisen 1920, Nr. 22.

[2]) Loerchner, Elektr. Kraftbetr. und Bahnen 1912, Heft 29.

Über die verfügbaren Wasserkräfte in einigen Ländern sind vom Ministerium des Innern von Kanada — vermutlich in der Vorkriegszeit — Erhebungen veranlaßt worden, die in der Zahlentafel 154 zusammengestellt sind. Danach ist Deutschland mit Wasserkräften stiefmütterlich bedacht, in ihrer Ausnutzung marschiert es dagegen an erster Stelle mit 43,4%. Mit dem vollkommenen Ausbau

Zahlentafel[1] 154.

Verfügbare Wasserkräfte einiger Länder.

Land:	verfügb. Wasserkräfte in 1000 PS	davon nutzbar gemacht in 1000 PS	davon nutzbar gemacht in %	Bodenfläche in engl. □ Meilen	Bevölkerung	PS je 1 engl. □ Meile verfügb.	PS je 1 engl. □ Meile genutzte	PS je auf 1 Kopf der Bevölkerung verfügb.	PS je auf 1 Kopf der Bevölkerung genutzte
Vereinigte Staaten	28 100	7 000	24,9	2 973 890	98 783 300	9,4	2,35	0,28	0,071
Canada	18 803	1 735	9,2	2 000 000	8 033 500	9,4	0,87	2,34	0,216
Canada[2]	8 094	1 725	21,3	927 800	8 000 000	8,7	1,86	1,01	0,216
Österreich-Ungarn	6 460	566	8,8	261 260	51 173 000	24,8	2,17	0,13	0,011
Frankreich . . .	5 587	1 100	11,6	207 500	39 601 500	26,8	3,14	0,14	0,016
Norwegen	5 500	1 120	20,4	124 130	2 391 780	44,3	9,62	2,30	0,468
Spanien	5 000	440	8,8	190 401	19 588 700	26,3	2,31	0,26	0,022
Schweden	4 500	704	15,6	172 960	5 522 400	26,0	4,08	0,81	0,127
Italien	4 000	976	24,4	91 400	28 601 600	43,8	10,7	0,14	0,034
Schweiz	2 000	511	25,5	15 976	3 781 500	125,2	32,0	0,53	0,135
Deutschland . . .	1 425	618	43,4	208 800	64 926 000	6,8	2,96	0,02	0,010
Großbritannien. .	963	80	8,3	88 729	40 831 400	10,9	0,91	0,02	0,002

[1] Nach Iron and Coal. Tr. R. 1920, S. 140. [2] Bezieht sich auf Canada ohne Nordbezirk (welcher vorläufig nicht ausnutzbar) und Yukon.

werden die Wasserkräfte nach Brecht[1]) 12 Milliarden kW-Std. in der Benutzungszeit von 9 Monaten leisten und damit den bisherigen Bedarf an Kohlen der preußischen Dampflokomotiven einschließlich aller Nebenbetriebe decken können. Der Ausbau der Wasserkräfte ist mit großen Kosten verknüpft, gewährt aber eine billige Energie wegen der Ersparnis an Brennstoff und Bedienung[2]).

Für das Bayernwerk rechnet Oskar von Miller jährlich mit 166 Mill. kW-Std. im ersten und mit 253 Mill. kW-Std. im zweiten Ausbau,

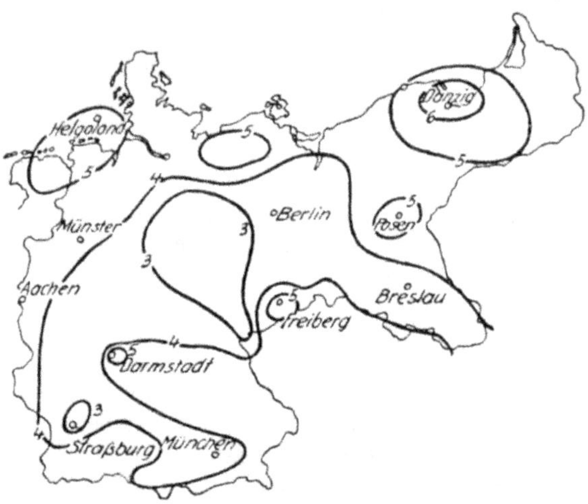

Abb. 222. Mittlere Windgeschwindigkeiten in m/sek.

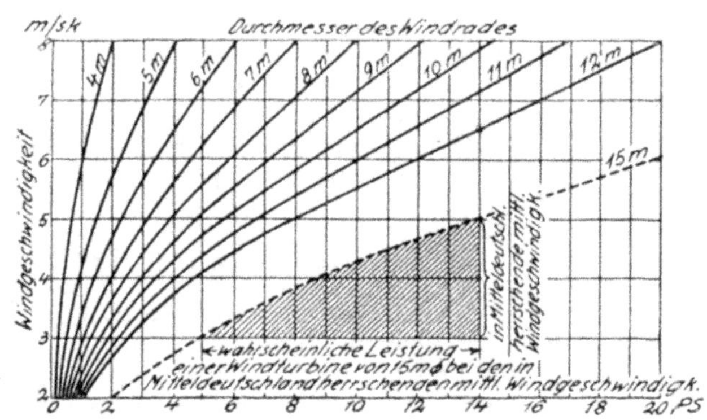

Abb. 223. Wahrscheinliche Windturbinen-Leistungen.

wobei während des ersten Ausbaus in der Hauptsache nur die Wasserkraft des Walchensees, im zweiten auch noch diejenige des Lechs bei Schongau hinzukommt. Selbst am Tage der Höchstbelastung wird es durch diese Kupplung nach Thierbach möglich sein, in den südbayerischen Absatzgebieten, wo wegen der teuren Kohlentransporte die Dampfanlagen besonders ungünstig arbeiten, ganz ohne Strom aus Dampf auszukommen.

[1]) Technik und Wirtschaft 1919, Heft 4.

[2]) Beim Ausbau des alle im Lande zerstreuten Wasser- und Dampfkräfte sammelnden Bayernwerks ergibt sich trotz der um 30 Mill. M höheren Anlagekapitalien gegenüber der Einzelversorgung nach Oskar von Miller ein Gewinn von 6,74 Mill. M/Jahr (gültig Febr. 1918).

Die Schweiz lieferte 1917 mit den Rheinfelder Werken die kW-Std. Tagebedarf zu 4,5 bis 4 Cts. und die kW-Std. Nachtkraft zu 2,5 bis 2 Cts. Die Beznau-Löntschwerke verlangten 3,2 Cts. und errechneten dabei unter der Annahme der vollständigen Ausnutzung bei 125 Mill. kW-Std. Stromabgabe auf 15 Mill. des Anlagekapitals in Obligationen 4½ % und auf 18 Mill. Aktienkapital 10% Dividende. Mit einer Angliederung an das Rheinwerk Eglisau wird sich die Leistungsfähigkeit auf 170 Mill. kW-Std. jährlich erhöhen[1]).

Die Ausnutzung der Windkraft, beispielsweise für Heizungszwecke, hat etwas Bestechendes für sich. Leider ergibt aber die nähere Untersuchung, daß wir in Deutschland als Jahresmittel nur eine durchschnittliche Windgeschwindigkeit von 4,5 bis 5 m für die Seeküste und 3 bis 4 m für Mitteldeutschland annehmen können. In der Abb. 222[2]) sind durch Linien die gleichen mittleren Windgeschwindigkeiten in Deutschland nach 20 bis 30 jährigen Beobachtungen vom Meteorologischen Institut zusammengestellt. Die Zahlen geben die mittlere sekundliche Windgeschwindigkeit in Metern als Jahresdurchschnitt an. In Abb. 223 sind die ungefähren Windradleistungen bei verschiedenen Windgeschwindigkeiten mit Rädern verschiedener Durchmesser zusammengestellt. Unter der Voraussetzung, daß es möglich wäre, Windraddurchmesser von 15 m zu bauen, hätten wir bestenfalls mit dieser Einrichtung Höchstleistungen von 6 bis 14 PS zu erwarten. Zisseler[3]), Hannover, ging mit seiner Rechnung über die Nutzbarmachung der von der Windturbine geleisteten Arbeit zu weit, so daß seine Ziffern berichtigt werden mußten. Nach Krohne und Trier kann man bei Leistungen von 10 PS höchstens 1,2 WE-Sek. erzielen und damit nur 7,5 l Wasser in 10 Minuten zum Sieden bringen, wenn wir einen Wirkungsgrad von 95% zugrunde legen.

Nun ist aber die Wirkung des Windrades keine dauernde. Man wird sich stets vergegenwärtigen müssen, daß zwar die in Deutschland verfügbare Windleistung nach Dr.-Ing. G. Liebe[4]) auf Milliarden PS beziffert werden kann, daß aber diese Energie nicht immer zur Verfügung steht und dann auch in zu veränderlicher Größe auftritt. Es wird gerade bei niedrigsten Außentemperaturen an klaren, in eine barometrische Hochdruckperiode fallenden Wintertagen, Windstille herrschen, so daß die Windturbine gerade dann versagen wird, wenn die Heizung am nötigsten erwünscht ist. In solchem Falle könnte man sich mit einer Aufspeicherung der Wärme helfen, wenn nicht zu befürchten wäre, daß die Aufstellung eines solchen, dem Wärmebedürfnis entsprechenden Behälters zu viel Kosten erheischen und die ganze Anlage unwirtschaftlich gestalten würde. In dieser Beziehung haben wir bereits einiges bei der Behandlung der elektrischen Raumheizung (vgl. fünftes Kapitel III, 4) auseinandergesetzt, so daß wir hierauf verweisen können. Der Windmotor kommt infolgedessen nur als Zusatzhilfskraft, d. h. also für Zusatz- oder Hilfsheizung in Frage. Es fragt sich dann aber, ob es nicht vorteilhafter wäre, den Windmotor in geeigneten Fällen dazu zu benutzen, Wasser in ein höher gelegenes Becken zu fördern, um von hier aus im Bedarfsfalle eine Wasserturbine zur Erzeugung der elektrischen Energie heranzuziehen.

Neuerdings ziehen die Allgemeinen Deutschen Kraftwerke, Halle a. S., die Aufmerksamkeit großer Kreise aus dem Volke auf sich. Von der Erkenntnis ausgehend, daß die Förderung von Luft in Röhren durch Kompressoren wegen der nach außen abfließenden Wärmeenergie einen geringeren Effekt nach sich ziehen muß als bei Förderung der Luft durch Sauger an der Endstation — Verdünnung der Luft, dadurch Abkühlung, Aufnahme der durch Reibung entstehenden Wärmeenergie, Beschleunigung der Bewegungsenergie — sind die Werke gegenwärtig mit der Herstellung von Windturbinen beschäftigt, die, luftdicht in Kästen eingeschlossen, ähnlich dem Peltonrad vom Luftstrom beaufschlagt werden. Als Energie benützt der Erfinder F. Hoffmann das in Röhren fallende Wasser, mit dem er eine Luftleere schafft.

V. Aufspeicherung von Überschußenergie.

Wenn wir uns die Belastung einer städtischen elektrischen Großzentrale mit 67850 eingebauten kW vor Augen führen (Abb. 224), so finden wir — für November 1918 gültig — Spitzenleistungen bis zu 34800 kW. Die Hauptabgabe des elektrischen Stromes beschränkt sich auf den Tagesbetrieb von 7 Uhr morgens bis etwa 9 Uhr abends. In der Nachtzeit gehen die Leistungen auf etwa ein Zehntel

[1]) E. Frikart, „Die Rheinquellen", März 1917, Nr. 1—3.

[2]) Diese und Abb. 223 sind einem Aufsatze der Oberingenieure K. Krohne und F. Trier, Ges.-Ing. vom 29. Nov. 1919, S. 492 u. f., entnommen.

[3]) Vgl. Gesundh.-Ing. Nr. 26 vom 28. Juni 1919.

[4]) Vortrag, gehalten am 26. Febr. 1920 im Dresdener Elektrotechnischen Verein.

der Tages-Spitzenleistungen zurück. Um dieser schwankenden Stromabnahme gerecht zu werden, stellt die Betriebsleitung ihre Maschineneinheiten nacheinander in bzw. außer Betrieb. Daß dies nicht ohne Wärmeverluste abgeht, ist selbstverständlich. Die Maschinen müssen angewärmt, die Kessel von neuem angeheizt bzw. kaltgestellt oder ihr Feuer abgedeckt werden. Die ganze Anlage muß unter ständiger Bereitschaft stehen, wenn z. B. durch Herannahen eines Gewitters die Lampen eher als sonst angezündet werden müssen, u. dgl. m.

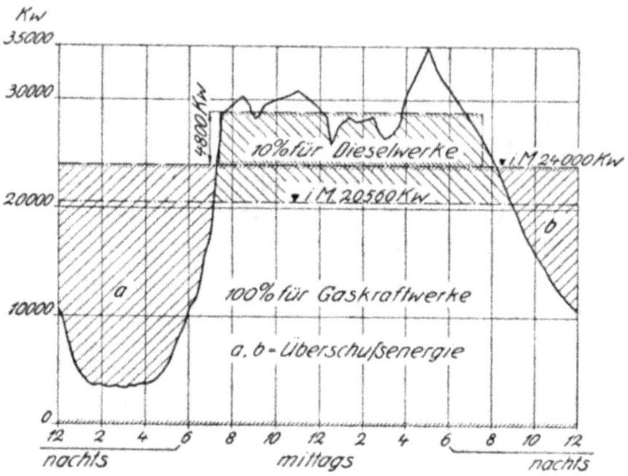

Abb. 224. Gaskraftwerk mit Dieselwerk vereinigt.

Wer die voraufgegangenen, lediglich dem Zweck des vorliegenden Werkes dienenden Abschnitte „Kritik der Feuerungstechnik" gelesen haben wird, wird die durch die geschilderten Zustände hervorgerufene Einbuße an der Wirtschaftlichkeit des Dampfbetriebes ohne weiteres ermessen können. Jeder Kessel hat für seine Rostbauart bei bestimmtem Brennstoff seinen höchsten Wirkungsgrad (vgl. S. 373). Aus diesem Grunde darf man die Kessel nicht beliebig anstrengen. Jeder Betriebsleiter sucht eine Ehre darin, mit seinem Jahresbericht gut abzuschneiden. Die Mehranstrengung der Kessel beträgt etwa 15%, höchstens 22%, und das auch nur, wenn beste Kohle zur Verfügung steht. Jede größere Geschwindigkeit beim Wanderrost vermehrt die Verluste durch „Brennbares" in der Asche; die Abgangstemperatur erhöht sich, und der Heizeffekt fällt. — Mit dem erneuten Anheizen der Kessel findet ein Mehrverbrauch an Brennstoff statt, ebenso wie das Abdecken der Feuer durch Schwelung der Kohle verlustbringend ist.

Diese Hinweise mögen genügen, um die Folgerung zu verstehen, daß eine Zentrale nur dann den billigsten Strom abzugeben in der Lage ist, wenn sie von ihren Kessel- und Maschineneinheiten ausgiebigsten Gebrauch machen kann. Es müssen diese Verhältnisse besonders betont werden, weil in Laienkreisen ganz falsche Vorstellungen herrschen und durch die Presse Verbreitung finden.

Wäre die Industrie besser beschäftigt, könnten die Spitzenleistungen durch Einführung von Nachtschichten schon mehr verschwinden. Bei dem geplanten elektrischen Betriebe unserer Vollbahnen ist dies ohne weiteres schon der Fall, da die Züge auch nachts verkehren. Anderseits ist vorgeschlagen worden, z. B. während des Nachtbetriebes Trockenkammern zu beheizen, oder Wärmespeicher zu laden, die dann wieder für Heizungszwecke Verwendung finden könnten. Aber alle solchen Gedanken müssen fallen gelassen werden, wenn die elektrische Energie, wie in der Gegenwart, mit soviel Unkosten erzeugt werden muß. Das Thema wäre nicht vollständig behandelt, wenn wir nicht mit wenigen Worten der Akkumulatoren gedenken würden, die noch vor Jahren die beste Bereitschaft gewährten. Nichtsdestoweniger waren auch sie Brennstoffverschwender, nicht nur weil ihr Wirkungsgrad sehr bald nachließ (von 80 auf 65%), sondern auch, weil sie zuviel Reparatur erheischten. Wir müssen deshalb auf diesen Speicher an sich schon wegen seiner außerordentlich hohen Anschaffungskosten und des Materialmangels verzichten.

Die beste Aufspeicherung von Energie liegt in dem Brennstoff selbst.

Wir haben schon im vorangegangenen Abschnitt III, 1 darauf hingewiesen, daß wir z. B. bei der Urteergewinnung (Verschwelung von Braunkohle) neben Schwelgas auch das Treiböl für Dieselmotoren erhalten. Die in dem Teererzeugnis steckende Energiemenge bleibt durch Aufspeicherung in einem Behälter so lange latent, bis sie für die Spitzenleistungen gebraucht wird. Denken wir uns in Abb. 224 ein Gaskraftwerk mit etwa 24000 kW dauernd belastet, könnte das Dieselwerk die Zusatzbelastung decken, ohne daß nennenswerte Verluste für Aufspeicherung zu verbuchen wären. Ein solcher Ausgleich der Überschußenergie muß aber den Strompreis ganz wesentlich verbilligen, weil das Stillsetzen und erneute Anheizen von Kessel- und Maschineneinheiten fortfällt.

Bei allen diesen Überlegungen ist Verfasser von der Annahme ausgegangen, daß wir auf billige Wasserkräfte nicht zu rechnen haben werden, wenigstens nicht in solchem Maße, daß wir an die Verwendung ihrer Überschußenergie für Heizungszwecke denken können.

Die Aufspeicherung der durch Wasserkraft gewonnenen Energie ist im allgemeinen leichter als bei den anderen Kraftanlagen. Durch Emporpumpen von Wasser in ein hochgelegenes

Becken läßt sich ein Vorrat von „potentieller“ Energie aufspeichern[1]), die zur Spitzenzeit auf die Turbinen zurückarbeitet. Der Wirkungsgrad des Speichers in Ruppoldingen beträgt nach Prof. Dr. K. Arndt[2]) nur wenig über 50%, und die Anlagekosten erreichten eine Höhe von 1400 Frs. auf die eingerichtete Pferdestärke.

Viel günstiger ist die Sachlage bei Kraftwerken, welche ihr Betriebswasser aus einem hochgelegenen Gebirgssee empfangen, der sich ohne große Kosten in ein Staubecken umwandeln läßt.

VI. Verwendungsmöglichkeit elektrischer Energie für Heiz- und Kochzwecke.

Durch Verbrennung von 1 kg Kohle werden z. B. 6880 WE frei, während 1 kW-Std. nur 860 WE ergibt. Das wäre ein theoretisches wirtschaftliches Verhältnis von 8 : 1. Aber die Gewinnung der in der Kohle aufgespeicherten Wärme bei der Verbrennung setzt das Verhältnis schon auf 5 : 1 herab[3]), wenn wir z. B. beim Kesselbetrieb mit Rücksicht auf die Wärmeverluste einschl. Anheizens nur einen Wirkungsgrad von 60%, bei der elektrischen aber einen solchen von 97% einführen. Was wir sonst bei Anwendung der elektrischen Energie an Ersparnissen in der Bedienung, in der Beseitigung der sonst anfallenden Schlacken und Aschenmengen oder an Äquivalenten für Sauberkeit, Bequemlichkeit und Einfachheit zu verbuchen haben, gehört zunächst nicht in den Rahmen unserer Betrachtungen, wenn wir nur die brennstoff-wirtschaftliche Seite ins Auge fassen. Damit ist eigentlich die ganze Frage der Verwendung der elektrischen Energie für Heizungszwecke besiegelt. Da zwischen dem Kohle- und Kokspreis eine Spannung von 4 : 5 besteht, würde sich das Verhältnis bei mit Koks betriebenen Zentralheizungen auf 4 : 1 (statt 5 : 1) gestalten.

Welche Verbilligungen müßten Platz greifen, wenn die elektrische Heizung mit der Kohlenheizung in Wettbewerb treten wollte?

Ein Beispiel mag dies noch näher erläutern. Beträgt die Wärmetransmission eines Gebäudes im höchsten Falle 877000 WE, so stellt sich der Koksverbrauch auf 400 t[4]), während die Ausgaben hierfür nach den im Juni 1920 geltenden Preise sich auf rund 20000 M belaufen. Statt der 400000 kg Koks müßten wir dagegen 80000 kW-Std. zu 1 M rechnen. Das gäbe ein Verhältnis 4 : 1, wie oben angegeben. Aber die Möglichkeit eines besseren wirtschaftlichen Verhältnisses ist nicht ausgeschlossen und ist der weiteren Untersuchung wert. Die Erfahrungen, die man mit der Einführung der Energieverwendungsmöglichkeit für Warmwasserapparate und Heizzwecke selbst in der Schweiz gemacht hat, gehen tatsächlich dahin, daß sich diesen Luxus nur die begüterten Klassen gestatten konnten. Das wäre also keine soziale Lösung. Es zeigte sich auch, wie Nüscheler[5]) bereits 1916 vorausgesehen hatte, daß mit der wachsenden Energiezunahme die angelegten Leitungen nicht mehr ausreichten; es traten erhebliche Spannungsabfälle ein, während die Transformatoren der vermehrten Stromabgabe nicht mehr zu folgen vermochten.

Der hier geschilderte Fall gleicht jenem, den wir schon im sechsten Kapitel unter II, 2a bei der Gaswirtschaft behandelt haben. Wie hier die Belastung der Rohrleitung durch Hinzunahme der winterlichen Raumheizung zu unwirtschaftlichen Spitzenleistungen führen würde, so muß auch jede sich zeitweise anhäufende Verwendungsmöglichkeit elektrischer Energie eine Vergrößerung der Anlagen und hierdurch wieder infolge größerer Belastung durch Kapitalverzinsung und -tilgung höhere Strompreise nach sich ziehen. Wir wollen deshalb untersuchen, ob wir nicht trotzdem durch zeitliche Einteilung der elektrischen Energie und andere Maßnahmen die Heizungsfrage in bescheidenen Grenzen zu lösen imstande sind.

Verfasser hat in den Festschriften des „Gesundheits-Ingenieur“ 1907 und 1913 in zwei Forschungsarbeiten nachgewiesen, daß die Wärmeaufnahme und -abgabe der Umfassungswände unserer Wohngebäude eine Zeit von 10 bis 12 Stunden in Anspruch nimmt, d. h. plötzliche Witterungsumschläge machen sich erst nach dieser Zeit bemerkbar, während anderseits die von der Heizungsanlage empfangene Wärmemenge beim Abstellen der Wärmequelle regelnd auf die Raumwärme einwirkt. Diese

---

[1]) Mit solchen Speicherungswerken sind z. B. die Wasserkraftanlagen in Schaffhausen und in Ruppoldingen bei Ober-Aarburg in der Schweiz ausgerüstet.

[2]) „Die Aufspeicherung der Energie“, Technische Rundschau, 19. Dez. 1917.

[3]) Vgl. v. Immerschitt, Z. f. Dampfkesselbetr., Nr. 18 bis 20, 1920.

[4]) de Grahl, Wirtschaftlichkeit der Zentralheizung 1911, S. 9.

[5]) Anwendungsmöglichkeiten der elektrischen Energie zu wärmetechnischen Zwecken. Z. d. Bayer. Rev.-V., 15. Nov. 1918, S. 163 u. 174.

Erkenntnis ist von großer Wichtigkeit, falls wir zum Ausgleich der Leistungen einer Zentrale zur Übernahme der nächtlichen Raumheizung schreiten sollten. Wir denken dabei in erster Linie an die Siedelungen, zu denen man die Brennstoffe wegen der durch die Verästelung des Eisenbahnnetzes bedingten langen Umlaufzeit der Wagen nur mit hohen Kosten liefern kann. Die auf die Nachtzeit zu verlegende Stromabgabe für Heizungszwecke würde aber deren Kosten schon bedeutend ermäßigen. Weitere Verbilligungen stehen in Aussicht, wenn man von den Zentralheizungen mit ihrem verschwenderischen Rohrsystem gänzlich absehen würde. Dasselbe gilt von den zentralen Warmwasserbereitungsanlagen, die mit zu geringem Nutzeffekt arbeiten[1]). Verfasser hat u. a. nachgewiesen, daß ein Wärmespeicher (Boiler) bei der üblichen Isolierung mit Kieselgur, auf 100° hochgeheizt, in 9 Stunden Ruhe schon 50% seines anfänglichen Wärmeinhalts verliert. Betrug die Höchsttemperatur nur 70°, so verlor er in gleicher Zeit fast 40%.

Den Überschuß an elektrischer Energie zum Hochheizen solcher Wärmespeicher während der Nachtzeit zu benutzen, hieße Brennstoff verschwenden. Dabei müssen wir uns die Frage vorlegen, ob denn überhaupt, sowohl bei der Heizung als auch bei der Warmwasserbereitung, die Zentralisierung nötig ist. Wir haben sie doch nur seinerzeit aus sozialen Gründen eingeführt, um dem Personal und uns Erleichterungen zu verschaffen, und nun in der Zeit der Brennstoffknappheit erfahren müssen, daß alle diese Anlagen versagen. Wie mancher Mieter sehnt sich nicht heute nach seiner eigenen Wärmequelle! Was geht nicht für Wärme bei den Zentralheizungen allein durch Anheizen des Isolier- und Eisenmaterials der Rohrleitung und durch ihre Wärmeabgabe verloren! Ein elektrisch geheizter Heißwasserapparat dürfte gegenüber der zentralen Warmwasserbereitung 50% (Nutzeffekt = 85 zu 35%), ein elektrischer Heizkörper gegenüber der zentralen Heizungsanlage ungefähr dasselbe (98 zu 48%) ersparen. Hierin bedeuten die Ziffern 35 bzw. 48 die über das ganze Jahr verteilten Wirkungsgrade bei Warmwasserbereitungs- und Heizungsanlagen. Da selbst bei gut isolierten Apparaten mit Wärmeverlusten gerechnet werden muß, ist der elektrische Wirkungsgrad im ersten Falle nur mit 85% eingesetzt[2]).

Bei Beachtung dieser Voraussetzungen würde sich die Wirtschaftlichkeitsrechnung wie folgt stellen:

Heizwert der Kohle	6880 WE
1 kW-Std.	860 „
1. Danach theoretisches Wirtschaftsverhältnis	8 : 1
2. Nach Einführung der Wirkungsgrade (60 bzw. 97%) . . .	5 : 1
3. Bei Verwendung von Koks gegenüber Kohle (Preisspanne 5 : 4)	4 : 1
4. Durch Dezentralisierung von Heizungs- und Warmwasserbereitungsanlagen gegenüber bestehenden Zentralheizungsanlagen 50% Ersparnisse zu erreichen	2 : 1
5. Durch Stromabgabe des nachts (bei halbem Preise) . . .	1 : 1

Es ist also ohne weiteres die Möglichkeit vorhanden, die elektrische Überschuß-Energie unter gewissen Voraussetzungen für Heizungszwecke ebenso billig wie bisher mit Koks, zu liefern. Jedenfalls ist der Beweis geliefert, daß die unmittelbare Verwendung von Überschußmengen einen billigeren Strompreis rechtfertigt, als die auf dem Umwege der Aufspeicherung zur Verfügung gestellten, mit der kein Brennstoff gespart werden kann.

Das wäre in brennstoffwirtschaftlicher Hinsicht zu erreichen. Die Transportfrage ist hierbei ausgeschaltet worden, weil sie wegen der schwankenden Entfernungen von Fall zu Fall zu erörtern wäre. Die Fortleitung der elektrischen Energie kostet ebenfalls Kohle wie deren Zuführung bzw. die Beseitigung der Asche und Schlackenmengen mit der Bahn. Immerhin können sich aus dieser Überlegung noch Vorteile zugunsten der elektrischen Energiewirtschaft ergeben. Dagegen sind die Vorteile in volkswirtschaftlicher Beziehung nicht hoch genug zu veranschlagen. Die Brennstoffrage wird statt besser immer schwieriger. Man sehe nur einmal die Jagd nach dem Ausgraben von Stubben gefällter Bäume. Das arme Volk scheut weder Entfernungen noch Zeit, um in den Besitz von Brennholz für den Winter zu gelangen. Trotzdem Fiskus sowohl wie Privatbesitzer froh sein könnten, die Stubben los zu werden, lassen sie sich diese noch mit 1 M für den Stubben bezahlen! Das häusliche Feuer werden wir niemals beseitigen, wohl aber kann man daran denken, der arbeitenden Klasse durch Einrichtung bescheidener elektrischer Kochanlagen Erleichterungen zu verschaffen.

[1]) Vgl. de Grahl, Gesundh.-Ing. Nr. 20, 1912.

[2]) Vgl. Hottinger, „Nutzeffekt elektr. Heizung mit Wärmespeicherung", Gesundh.-Ing., 11. Oktober 1919, S. 429.

VII. Elektrisierung der Staatsbahnen.

Die Einführung des elektrischen Betriebes auf Vollbahnen verspricht den größten Erfolg. Die zu gewärtigenden Ersparnisse liegen auf verschiedenen Gebieten. Zu nennen wären:

a) Die bessere Ausnutzung des Kraftwerkes.
b) Der Fortfall der Beförderung der Brennstoffe und deren Rückstände.
c) Die Erzielung eines besseren technischen Wirkungsgrades gegenüber den Dampflokomotiven.
d) Die stete Fahrbereitschaft der elektrischen Lokomotive gegenüber den bei den Dampflokomotiven dazu erforderlichen Behelfsarbeiten.

Zusammenfassend läßt sich hierüber folgendes anführen:

In Abb. 224 haben wir die Stromabgabe eines städtischen Elektrizitätswerkes graphisch wiedergegeben. Die Hauptbelastung bildet die elektrische Straßenbahn, die in den Nachtstunden ruht. Das Bild würde für ein Kraftwerk, das den Strom für eine Eisenbahnstrecke zu liefern hätte, viel gleichmäßigere Belastungen zeigen, weil die Züge auch nachts gefahren werden müssen.

Die preußischen Staatsbahnen weisen einen Kohlenetat von 12 Mill. t im Jahre auf. Diese Kohlenmenge muß den einzelnen Stationen zugeführt werden. Dazu sind gegen 1000 Wagen zu 15 t Ladegewicht erforderlich, die nicht allein dem Staate Geld kosten, sondern dauernd die Gleise belasten. Zu dem kommt, daß unsere Lokomotiven nur für gute Kohlen gebaut sind, bei minderwertigem Brennstoff dagegen keinen Dampf machen, auf der Strecke liegen bleiben und den Betrieb so außerordentlich dickflüssig gestalten. Der aschenreiche und schlackende Brennstoff ruft aber mittelbar Siederohrrinnen und Stehbolzenlecken in der Feuerkiste hervor, wodurch die Lokomotiven zu häufigeren Reparaturen neigen und den Lokomotivmangel hervorrufen. Die Kohle muß abgeladen, gestapelt und in die Tender geschafft werden. Zum Anheizen der Lokomotiven, zum Reinigen der Sideroher, Feuerkisten, Aschkasten und Rauchkammern, zum Abschlacken, zum Auf- und Abladen der Rückstände sind Arbeitskräfte erforderlich, die den Staatssäckel belasten und die deshalb bei der Erzeugung der Energie, für Streckenaufsicht andere nützlichere Arbeiten verrichten könnten. Zum Aufstellen der mit Schlacken, Lösche und Asche zu beladenden Wagen ist ein besonderes Gleis, für die Stapelung der Kohlen ein bestimmter Flächenraum — hierfür allein rd. 1 Mill. qm bei 2,5 m Stapelhöhe — erforderlich. Nach früheren Mitteilungen des Verfassers[1]) dürften für diese Arbeiten dem gegenwärtigen Geldstande entsprechend 748 Mill. M im Jahre verausgabt werden. Die Kohle ist hier mit 180 M/t (Mai 1920) eingesetzt, der Lohnsatz entsprechend dieser Zeit angenommen. Für die Fracht gelten die in Abb. 2 der Einleitung für Berlin gültigen Sätze.

Unsere neuzeitlichen Verbunddampflokomotiven mit Speisewasservorwärmern und Überhitzern würden sicherlich jeden Wettbewerb mit den besteingerichteten Kraftwerken bezüglich Erzeugungskosten der PS auf sich nehmen können, wenn nur ihr Ausnutzungsfaktor größer wäre[2]). Aber der Umstand, daß sie nicht immer die wirtschaftlichste Beanspruchung erfahren, sondern öfter anhalten, anfahren und unter Umständen liegen bleiben müssen, während gleichzeitig andere Maschinen zu Leerfahrten, zum Verschiebe- und Reservedienst herangezogen werden, erklärt den auf die Gesamtheit kommenden niedrigen thermischen Wirkungsgrad, der mit 4,5 bis 5% schätzungsweise angegeben wird. Gelänge es, durch die Elektrisierung der Vollbahnen diese Ziffer auch nur um einige Prozente zu erhöhen, wären schon beträchtliche Ersparnisse zu gewärtigen. Von den im Lokomotivdienst gebrauchten 12 Mill. t Kohlen werden für Anheizen, Vorspanndienste und sonstige Behelfsarbeiten etwa 3 Mill. t im Werte von etwa 540 Mill. M geopfert. An Holz zum Anheizen sowie für Öl und Schmiermittel dürften weitere Millionen hinzukommen. Gegenüber solchen Ersparnissen an Geldkapital spielt es keine Rolle, wenn sich der Gesamtminderungsgrad für die Energieübertragung bis zur Lokomotive um 40 oder 50% verringert (vgl. Zahlentafel 155). Die elektrische Lokomotive hat jederzeit die nicht hoch genug einzuschätzende Fahrbereitschaft, ist unabhängig von allen störenden Einflüssen schlechten Brennstoffes und wird in hygienischer Beziehung allen anderen Forderungen gerecht. Keine Ruß- und Qualmentwicklung, kein Verschmutzen des Wagenparks, keine Belästigung des fahrenden Publikums und der Anlieger von Bahnstrecken. Man bedenke auch, welche schmutzige Arbeit mit der Reinigung der Lokomotiven, mit der Entleerung des Aschenkastens und der Rauch-

---

[1]) Vortrag, „Kohlenkrisis und Transportfrage" (vgl. Glasers-Annalen 1919, Bd. 85, Nr. 1017).

[2]) Selbst 1914 erblickte noch die Bayerische Staatseisenbahnverwaltung nach Einführung der Heißdampflokomotiven auf der Strecke München—Garmisch-Partenkirchen die Unmöglichkeit, für 1 kW-Std. mehr als 2,1 Pf zu zahlen, wenn der elektrische Betrieb nicht teurer als der Dampfbetrieb ausfallen sollte.

kammer, der Entschlackung des Rostes, dem Durchblasen der Siederohre usw. verbunden ist. Die Leute weigern sich heute schon, diese Arbeit zu verrichten, so daß die Behörde durch Gewährung höherer Zuschläge ermunternd eingreifen muß.

Zahlentafel 155.

Generatoren: 5000 V	9%	= 91,00%	Gesamtwirkungsgrad
Kraftwerkstransformatoren: 5000/50000 V	5 „	= 86,45 „	„
Hochspannungsleitung: 50000 V	4 „	= 83,00 „	„
Unterwerkstransformatoren: 50000/15000 V	5 „	= 78,85 „	„
Fahrleitung: 15000 V	∼ 9 „	= 71,75 „	„
Lokomotivtransformatoren: 15000/100—200—300 V	6 „	= 67,45 „	„
Elektromotoren der Lokomotiven	20 „	= 53,96 „	„

Zur Verringerung des Energieverlustes wird Gruppenversorgung anstatt Fernversorgung stets vorzuziehen sein. In seiner Abhandlung über die Versorgung Deutschlands mit elektrischem Strom gibt Bartel[1]) bei einem Kraftwerk von 50000 kW und einem Braunkohlenpreis von 4 M/t die Kosten von 1 kW-Std. am Kraftwerk zu 2,27 Pf, an der Haupttransformation zu 3,03, und einschließlich der Kosten der Hochspannungsleitung zu 4,63 Pf an. Diese für 1912 berechneten Ziffern haben heute natürlich keine Gültigkeit; wir können zum Vergleich die Verhältnisse des Braunkohlenkraftwerks Muldenstein der elektrischen Zugförderungsanlage Magdeburg—Leipzig—Halle anführen. Für Mai 1920 stellten sich die Strom- und Betriebskosten für die kW-Std. an den Hochspannungsklemmen des Kraftwerks auf rd. 12 Pf, am Stromabnehmer auf etwa 14,2 Pf[2]). Wenn sich heute nach den von Oskar von Miller aufgestellten Berechnungen selbst ein 1270 km langes Hochvoltnetz als wirtschaftlich erweist, so liegt das wohl daran, daß die Walchenseekraft in ihrer Speicherfähigkeit besonders günstig ist, und weil anderseits im Lande noch eine große Reihe nicht speicherungsfähiger Wasser- und auch billig arbeitender Braunkohlenkräfte vorhanden ist, die durch das Hochvoltnetz erst zur vollen Auswertung gelangen können[3]). Die Lösung, die sich hier als richtig erwiesen hat, darf daher nicht auf Deutschland im allgemeinen übertragen werden, da hier wesentlich andere Verhältnisse obwalten. Es würde z. B. dem Zweck der Energiewirtschaft gar nicht gedient sein, ein Kraftwerk in eine industriearme Gegend zu verlegen und zu verlangen, daß sich Fabriken um dieses gruppieren sollen, man wird vielmehr die Kraftwerke da anlegen, wo sie auch tatsächlich nutzbringend sind. Von einer Verteilung eines Leitungsnetzes über ganz Deutschland muß gänzlich abgesehen werden.

---

[1]) Elektrotechnische Zeitschrift 1912, Heft 28.

[2]) Diese Ziffern verdankt Verf. Herrn Regierungsrat Heyden; sie erreichen etwa den 5fachen Betrag des Friedens.

[3]) Vgl. a. Dr. Thierbach, „Das Bayernwerk“, Technik und Wirtschaft 1919, 2. Heft.

Achtes Kapitel.

Ergänzende Betrachtungen zur neuzeitlichen Brennstoffwirtschaft.

I. Kohlenwirtschaftsgesetz und Selbstverwaltung.

Nach dem Gesetz (1918) stellt der Reichskohlenrat einen aus Erzeugern, Händlern und Verbrauchern gebildeten Selbstverwaltungskörper dar, der als Träger und Leiter der Kohlenwirtschaft gilt und aus 60 ehrenamtlich tätigen Mitgliedern besteht. Alle Brennstoffbesitzer sind zu Syndikaten zusammengeschlossen, die den Reichskohlenverband bilden. Dem Reichskohlenrat sind angegliedert:

1. der Techn. wissenschaftliche Sachverständigen-Ausschuß für Kohlenbergbau,
2. desgl. für Brennstoffverwendung,
3. der Sozialpolitische Sachverständigen-Ausschuß für Kohlenbergbau.

Diese Ausschüsse sammeln und verarbeiten die für ihre Sondergebiete wichtigen Kenntnisse aus Praxis und Forschung, sind also gewissermaßen die Fachberater des Reichskohlenrates und des Reichskohlenverbandes.

Die Oberaufsicht über die gesamte Brennstoffwirtschaft liegt dem Reichswirtschaftsminister ob. Ihm zur Seite stehen die Landeskohlenstellen bzw. -ämter mit den ihnen wieder unterstellten Wirtschaftsstellen[1]). Die Kohlenwirtschaftsstellen sollen die Wünsche und Anträge der Brennstoffverbraucher zur Geltung bringen, für zweckmäßige Verwendung der Brennstoffe sorgen, auf Mißstände der Brennstoffwirtschaft hinweisen.

Der zu 2. genannte Ausschuß konnte seine Aufgabe nicht besser erfüllen, als die Schaffung einzelner Wärmestellen anzuregen. So gründete der Verein deutscher Eisenhüttenleute die Wärmestelle Düsseldorf, die sich bereits unter der bewährten Leitung des Dr. Ing. Rummel um die Erforschung wärmetechnischer Probleme in der Eisenindustrie sehr verdient gemacht hat[2]).

[1]) Amtliche Landes- bzw. Bezirks-Stellen: Preußische Landeskohlenstelle, Berlin W 9, Leipziger Straße 2. — Kohlenwirtschaftsstellen: Königsberg, Hafenallee 32, Stettin, Königstor 2, Schneidemühl, Neuer Markt 13, Breslau, Wallstraße 1, Magdeburg, Neue Ullrichstraße 2, Hannover, Georgenstraße 20, Cassel, Bahnhofstraße 1, Düsseldorf, Steinstraße 74, Bielefeld, Herdorder Straße 35, Hagen i. W. Elberfelder Straße 35, Frankfurt a. M., Obermaierstraße 51, Mainz, Kaiserstraße 18, Köln, Gereondrinstraße 7, In den Marken, Berlin W 9, Linkstraße 29, Hamburg, Alsterdamm 16—18, Bremen, Am Kolben 103. — Bayerische Landeskohlenstelle, München, Leopoldstraße 4, Zweigstelle Nürnberg, Bärenschanzstraße 72, Zweigstelle Ludwigshafen, Brückenaufgang 10. — Landeskohlenamt für Sachsen und Sachsen-Altenburg, Dresden-A., Bismarckplatz 1. — Württembergisches Landesbrennstoffamt, Stuttgart, Alter Schloßplatz 4. — Badische Landeskohlenstelle, Mannheim, Schloß. — Kohlenwirtschaftsstelle Schwerin, Schwerin, Justizgebäude.

[2]) Die nur für den inneren Verkehr bestimmten Mitteilungen der Wärmestelle enthalten sehr beachtenswerte Veröffentlichungen über das Ergebnis der Forschungsarbeiten, Versuche und Aussprachen. Wir nennen einige davon zur Orientierung: Nr. 2, Statistik des Wärmeverbrauchs, Nr. 8, Berechnung des Dampfgehaltes in Luft und anderen Gasen, Nr. 13, Mitwirkung der Kesselheizer, Vorarbeiter und Oberheizer bei der Kohlenersparnis, Nr. 11, Niederschrift über die Mitgl.-Vers. v. 11. März 1920, Punkt 5 der Tagesordnung: Bansen, Troisdorf, Über die Verwendungsmöglichkeit der Braunkohle unter Berücksichtigung der bes. Eigenschaften der rhein. Braunkohle, Nr. 14, Regelung der den Verbrauchsstellen zugeführten Gasmenge bei der Hochofengaswirtschaft, Nr. 15, Ersparnisse durch ständige Untersuchung von Generatorgas auf CO_2, Nr. 17, Einfluß von Betriebseinschränkungen auf den Kohlenverbrauch, Nr. 51, G. Neumann, Über die Verwendung der Abhitze bei Martinöfen, usw. Insbesondere machen wir auf die Wärmestrombilder aus dem Eisenhüttenwesen aufmerksam. (Verlag Stahleisen m. b. H., Düsseldorf 1922.)

Die Glasindustrie hat eine Fachberatungsstelle in Frankfurt a. M. eingerichtet. Die Kalkindustrie[1]) schuf eine Wärmestelle in Berlin, die Kaliindustrie hat ihrer Forschungsanstalt in Leopoldshall-Staßfurt eine wärmewirtschaftliche Abteilung angegliedert. Die Interessengemeinschaft der chemischen Industrie[2]) ist demselben Beispiel gefolgt, ähnlich wie die Handelskammer in Oldenburg eine wärmetechnische Fachberatungsstelle ins Leben gerufen hat usw. In der Vorkriegszeit bestanden bereits der Verein für Feuerungsbetrieb und Rauchbekämpfung in Hamburg[3]), die Dampfkessel-Überwachungsvereine[4]), die ihre Mitglieder stets in wärmewirtschaftlichen Fragen beraten haben. Zu nennen ist u. a. noch die Brennkrafttechnische Gesellschaft Berlin unter der Leitung des Geh. Regierungsrats Gentsch und das durch den Zusammenschluß aller wärmeschutztechnisch interessierten Kreise hervorgegangene, unter wissenschaftlicher Leitung des Dr. Ing. Hencky einst gestandene Forschungsheim München[5]), das jetzt Dr. Ing. Ernst Schmidt leitet. Überall sehen wir das Streben, aus sich heraus der Brennstoffnot durch die von dem Selbstverwaltungskörper der Industrie geschaffenen Wärmestellen abzuhelfen.

Die im Januar 1920 gegründete Hauptstelle für Wärmewirtschaft hat sich als Bindeglied zwischen den sämtlichen industriellen Wärmestellen die Aufgabe gestellt, den wirtschaftlichen Gedanken in der Industrie zu vertiefen, wärmetechnische Kenntnisse zu verbreiten, einen sachgemäßen Ausbau der Wärmestellen zu fördern und eine Stellungnahme der Industrie zu den Fragen der gesetzlichen Regelung der Brennstoffwirtschaft zu sichern.

Es war ein hohes Verdienst von Prof. Eberle[6]), des umsichtigen Leiters der Hauptstelle für Wärmewirtschaft, das Ziel seiner ernsten Arbeit auf die Aufhebung der Kohlenzwangswirtschaft zu richten. Er ging von der Überzeugung aus, daß der Ausbau der Kohlenwirtschaftsstellen zu einer über die Genehmigung von Wärmeanlagen zu befindenden Behörde die ganze Wärmewirtschaft diesen Amtsstellen ausliefern würde. „Wer bürgt uns dafür, daß diese Dutzende oder Hunderte von Amtsstellen, die im Reich zu schaffen wären, mit der Weisheit ihres Amtes walten würden, die zu der erstrebten Vollendung führt?“ Die Kohlenwirtschaftsstellen dürften sich in der bisherigen Form als Organe zur Förderung des wärmewirtschaftlichen Gedankens weiter entwickeln, wenn sie mit wirklich tüchtigen Wärmetechnikern besetzt wären. Eine solche große Anzahl von Sachverständigen ist aber nicht aus der Erde zu stampfen; würden sie da sein, würden sie sicherlich nicht ihre Kraft in einem Amtszimmer verschleißen.

Man muß es anerkennen, daß die Hauptstelle für Wärmewirtschaft nicht bureaukratisch sondern sachverständig vorgegangen ist. Die Mitgliederversammlung der Hauptstelle hat am 22. September 1921 in Dresden nach dem Vortrage Eberles über die „Selbstverwaltung in der industriellen Wärmewirtschaft“ den einheitlichen Willen bekundet, die Förderung der industriellen Wärmewirtschaft in die Hände der Industrie und der von ihr geschaffenen Wärmestellen zu legen. Die erfolgreiche Durchführung dieses Gedankens macht es erforderlich, die Wärmestellen, seien es die von den einzelnen Unternehmungen geschaffenen, seien es von Industrieverbänden gegründete, so auszugestalten, daß sie die übernommene Aufgabe erfüllen können. Die von den westdeutschen und den mitteldeutschen Dampfkessel-Überwachungsvereinen gegründeten gemeinsamen Wärmestellen gehen den angeschlossenen Vereinen bei der Durchführung der in ihrem Gebiete anfallenden wärmetechnischen Arbeiten hilfreich zur Hand, wodurch die Erreichung des Zieles verbürgt ist.

---

[1]) Veröffentlichungen auf diesem Gebiete bringt die Tonind.-Ztg., Berlin NW 21, z. B. W. Moritz, Alte Rüdesdorfer Öfen, Bd. 45, 7. Juli 1921 S. 712/15, Meiser, Schachtofen mit Gasfeuerung, ebenda, 28. Juni S. 674/75.

[2]) Das Gebiet der Chemie der Brennstoffe, Hauptversammlung des V. d. Ch. in Stuttgart, Z. Brennstoffchemie, 15. Juni 1921 S. 183/89 (14. September): 1. Fischer und Schrader: Über die Entstehung und die chemische Struktur der Kohle. 2. Fr. Hofmann: Beiträge zur Chemie der oberschlesischen Steinkohle. 3. Schrauth: Über hydrierte Verbindungen und ihre Verwendung als Kraftstoff für Verbrennungsmotoren. 4. Bergius: Über die neuen Methoden zur Verarbeitung von Mineralöl und Kohle. 5. Sander: Über Wassergaserzeugung mit Gewinnung von Urteer und Ammoniak. 6. Engelhardt: Die Überführung von Schwefelwasserstoff in Schwefel mittels aktiver Kohle, ein neuer Weg zur Schwefelgewinnung und Gasreinigung. 7. Bube: Vom Braunkohlen-Nebenprodukten-Generator. 8. Fr. Frank: Über die Ausdehnung des Begriffes „Mineralöl“.

[3]) Vgl. dessen Jahresberichte.

[4]) Vgl. „Die Wärme“, das Organ des Zentralverbandes d. Preuß. Dampfk.-Überwachungsvereine, Verlag von R. Mosse, Berlin SW 19, sowie die Z. Bayr. Rev.-Ver., München.

[5]) Mitteilungen aus dem Forschungsheim für Wärmeschutz: Heft 1 „Forschungsergebnisse über den Wärmeschutz und dessen praktische Bedeutung für die Industrie“ von Dr. Ing. Hencky. Heft 2: „Der Wärmeverlust isolierter Rohrleitungen“ von Dipl.-Ing. J. S. Cammerer.

[6]) Prof. Eberle, Z. V. d. I. Nr. 41 v. 8. Oktober 1921.

Um die Inhaber und die technischen Beamten industrieller Betriebe in immer größerer Zahl für die wärmetechnischen Bestrebungen zu gewinnen, sie von den erreichbaren Vorteilen zu überzeugen und ihnen die Wege zur Verbesserung ihrer Betriebe zu erleichtern, wurden wärmetechnische Kurse in Berlin, Darmstadt, Kaiserslautern, Kottbus, Plauen, Senftenberg, Weihenstephan bei München, desgleichen gemeinsam mit der Wärmestelle für die Glasindustrie in Frankfurt a. M. Sonderkurse für die Betriebsbeamten der Glasindustrie in Düsseldorf, Görlitz und Ilmenau durchgeführt; außerdem hat die genannte Wärmestelle in Dresden einen Stocherkurs für Generatorenbetrieb in Glashütten geschaffen.

Die Hauptstelle hat gemeinsam mit den technischen Vereinen, so z. B. von Frankfurt a. M., Vortragsreihen veranstaltet, die den einzelnen Wärmestellen Gelegenheit geben sollen, die beteiligten industriellen Kreise zur Teilnahme an den wärmewirtschaftlichen Aufgaben anzuregen.

Die Reichsstelle für Textilwirtschaft stellte erhebliche Mittel zur Verfügung, um bei den zu veranstaltenden wärmetechnischen Kursen neben den allgemeinen auch die Sonderfragen der Wärmeverwertung, also in erster Linie die Wärmeausnutzung des Heiz- und Trockendampfes in den Spezialmaschinen dieser Industrie und die Vereinigung des Kraft- und Heizbetriebes zu behandeln.

Zur Hebung der Wärmewirtschaft in der Kleineisenindustrie, deren Öfen, insbesondere die kleinen offenen Schmiedeöfen, mit großen Wärmeverlusten arbeiten, wurden aufklärende Versuche, zum Teil gemeinsam mit der Wärmestelle der Kleineisenindustrie in Hagen i. W., durchgeführt, deren Ergebnisse bereits veröffentlicht sind[1]).

Dem Beispiel der gesamten Industrie ist auch die Reichseisenbahn-Verwaltung gefolgt, die sich in dem Bestreben, ihre Wärmeverwendung zu verbessern, mit der Hauptstelle über die zweckmäßigsten Wege wiederholt beraten hat. Daß in den Werken der Reichseisenbahn die Wärmeverwendung zum Schmieden eine erhebliche Rolle spielt, begründet den engen Zusammenhang dieser Aufgabe mit der vorher besprochenen. Die Reichseisenbahn-Verwaltung hat ihr großes Arbeitsgebiet in eine Anzahl Bezirke — Wärmebezirke — eingeteilt, in denen Vorträge und Kurse von der Hauptstelle veranstaltet wurden[2]).

Auch die Kalksandstein-Industrie hat sich mit der Hauptstelle zusammengefunden, um durch gründliche Untersuchungen den Stand der Wärmewirtschaft und die Möglichkeiten zu ihrer Verbesserung kennen zu lernen. Die Versuchsarbeiten, die im wesentlichen in einer Feststellung des Wärmeverbrauches der einzelnen Vorgänge und in der Ermittelung der Wärmeverluste bestehen, sind seit einiger Zeit im Gange.

Die Einführung minderwertiger Brennstoffe wie Torf, Rohbraunkohle, Koks in die Industrie macht vielfach große Schwierigkeiten. Häufig geht mit dem Übergang zu solchen Brennstoffen die Leistung der Öfen zurück, oder es vermindert sich die Güte der Erzeugnisse, oder es stellen sich beide Mängel ein. Um die Hauptbedingungen für die erfolgreiche Benutzung solcher Ersatzbrennstoffe kennen zu lernen, veranlaßte die Hauptstelle eingehende Untersuchungen an verschiedenen Öfen. Die Ergebnisse wurden in einer Sonderschrift, die in den Kreisen dieser Industrie sehr gute Aufnahme fand, bekanntgegeben[3]).

Ursprünglich gegründet zur Förderung der industriellen Wärmewirtschaft, hat die Hauptstelle für Wärmewirtschaft im Herbst 1920 ihren Aufgabenkreis auch auf die Pflege der Wärmeverwendung

---

[1]) Arch. f. W. 1923 Heft 3 ff.

[2]) In Glasers Annalen, dem Organ der Deutschen Maschinentechnischen Gesellschaft, hat überdies Verf. eine Reihenfolge wärmewirtschaftlicher Aufsätze und Vorträge veröffentlicht, von denen die meisten auch im vorliegenden Werke wiedergegeben sind, da die beabsichtigte Herstellung von Sonderabdrucken wegen des hohen Preises unterbleiben mußte.

[3]) Einen Auszug aus zwei auf Anregung des Kölner Regierungspräsidenten in einer Versammlung von Ziegeleifachleuten von Direktor Dipl. Ing. Julius Weiß und Dr. Ing. Hermann Becker vom Rheinischen Braunkohlensyndikat gehaltenen Vorträgen enthält der von der Tonindustrie-Ztg. herausgegebene Sonderabdruck „Rohbraunkohlenverwertung beim Ziegelbrennen". Das Ergebnis der Untersuchungen läuft dahin hinaus, daß Werke, fern vom Gewinnungsort der Rohbraunkohle, sich nur behelfsmäßig einstellen, jene dagegen, die gewissermaßen auf Braunkohle sitzen, für den Dauerbetrieb einrichten sollen. In dieser Hinsicht kommt wohl fast allgemein die Braunkohlengasheizung in Frage, wenn auch zugegeben werden muß, daß damit die mit Steinkohle erzielten Feuerfortschritte nicht erreicht werden dürften. Bei Verfeuerung des von der Hannoverschen Kolonisations- und Moorverwertungs-Ges. gelieferten Torfes haben die Treffurter Muschelkalkstein- und Kalkwerke Lehmann & Co. gute Ergebnisse erzielt. Daß ein alleiniges Feuern des Torfes wegen seines zu schnellen Wegbrennens nicht möglich gewesen sein soll, dürfte vielleicht auf die fehlenden einschlägigen Erfahrungen mit diesem Brennstoff zurückzuführen sein. Der Torf kann trotz seines geringen Heizwertes als vollständiger Ersatz der Braunkohlenbrikette angesehen werden.

im Hausbrand ausgedehnt[1]), der sich 1910 in Deutschland auf mehr als 14 Mill. Haushaltungen erstreckte. Hier mußten andere Wege als bei der Industrie gewählt werden. Es erschien begreiflich, daß die Hauptstelle unter solchen Umständen von Anfang an mit großer Vorsicht an die Behandlung der Hausbrandfrage herangetreten ist, um dadurch mit großem Aufwand verbundene Mißerfolge zu vermeiden.

Zur Belebung und Stärkung des Interesses der Allgemeinheit war die Durchführung von Ausstellungen[2]) ein brauchbares Mittel. Die Hauptstelle entschloß sich deshalb, gemeinsam mit den zuständigen Landeskohlenstellen zu einer Wanderausstellung für Hausbrand in den Städten München, Charlottenburg, Breslau, Königsberg und Düsseldorf; anschließend hat sie die Bayerische Landeskohlenstelle in den Städten Ludwigshafen und Nürnberg vorgeführt. Besondere Anerkennung verdienen nicht nur die Landeskohlenstellen wegen der finanziellen Unterstützung sondern auch die hingebende und opferfreudige Mitarbeit der beteiligten gewerblichen Verbände der Ofensetzer[3]) und der Eisenofenfabrikanten[4]), des Verbandes der Zentralheizungsindustrie[5]) und der Zentrale für Gasverwertung[6]). Die Ausstellungen, die von etwa 200000 Menschen besucht wurden, haben das Interesse der Bevölkerung für die Wärmeverwendung im Hausbrand nicht nur geweckt sondern auch gestärkt und vertieft.

Inzwischen haben verschiedene Kohlenwirtschaftsstellen örtliche Ausstellungen kleineren Umfanges veranlaßt, die zum Teil, wie diejenige in Cassel, sehr wirkungsvoll aufgebaut waren. Die Hauptstelle hat ein größeres Wandtafelmaterial zusammengestellt, das sie den Veranstaltern kleinerer Ausstellungen überläßt, sowie einen Hausbrandvortrag mit den zugehörigen Lichtbildsätzen ausgearbeitet, der in mehr als 200 Fällen im Bereich der verschiedenen Kohlenwirtschaftsstellen zur Anwendung gelangte.

Für die Unterweisung des Heizerpersonals von Zentralheizungen wurden durch die Wärmestelle des Verbandes der Zentralheizungsindustrie Kurse abgehalten[7]).

Um endlich jedem Inhaber einer Feuerstelle Gelegenheit zu geben, sich Belehrung und Rat zu verschaffen, wurde wiederholt und zum Teil mit ausgezeichneter Begründung und sehr guter Darlegung des Durchführungsplanes die Errichtung von Heizberatungsstellen[8]) in einzelnen Städten empfohlen. Indes dürfte diese Organisation erst dann den beabsichtigten Erfolg zeitigen, wenn dem Nachwuchse schon in der Schule das bessere Verständnis für die Bedeutung der Brennstoffe und ihre Verwendung beigebracht würde[9]). In hervorragendem Maße hat sich die Deutsche Bergwerkszeitung in Essen durch ihr Preisausschreiben „Wege und Ziele deutscher Brennstoffwirtschaft" an der Aufgabe beteiligt, anregend zu wirken und große Kreise von Interessenten dem zu erstrebenden Ziele zuzuführen. Ein Sonderabdruck (März 1922) enthält eine große Anzahl lesenswerter Beiträge auf allen Gebieten.

II. Politische Einflüsse auf Kohlenförderung und -preise.

Die durch das Spa-Abkommen an Frankreich zu liefernden Kohlenmengen betrugen vom August 1920 an für 6 Monate je 2 Mill. t, eine Leistung, die nur durch bessere Ernährung der Berg-

[1]) Zentralstelle: Hausbrandabteilung der Hauptstelle für Wärmewirtschaft, Darmstadt, Heidelbergerstraße 129. Bericht über die Tätigkeit der Hauptstelle für Wärmewirtschaft während des Geschäftsjahres 1921/22, Druck von H. Menzlaw (Inh. G. Rebel), Darmstadt.

[2]) Albrecht, D. Ausstellung f. W. im Haushalt, Gewerbe u. Ind., Gas- u. Wasserfach Bd. 64, 2. Juli 1921 S. 446/50, Rüster, Zur Ausstellung f. Wasserstraßen u. Energiewirtschaft, München 1921, Z. Bayr. Rev. V. Bd. 25, 30. Juni 1921 S. 97/99.

[3]) Heiztechn. Zentrale f. d. Ofensetzergewerbe Deutschlands, München, Lindenschmittstr. 23.

[4]) Wärmetechn. Abteilung d. Vereinigg. d. Fabrikanten eiserner Öfen und Herde, Cassel, Bahnhofstraße 1.

[5]) Wärmetechn. Abteilung d. Verbandes d. Zentralheizungsindustrie, Berlin W 9, Linkstr. 29, Zweigstelle in mehreren anderen Städten.

[6]) Berlin W 35, Am Karlsbad 12/13.

[7]) Von dem Verbande sind zu diesem Thema verschiedene Schriften herausgegeben. Der Verband ist auch dem Forschungsheim München beigetreten, um die vielen in sein Gebiet fallenden schwebenden Fragen auf wissenschaftlicher Basis zum Nutzen der Praxis einer Lösung zuzuführen.

[8]) Arch. f. W. Mai (S. 52) und August (S. 96) 1921.

[9]) „Die Wärme im Haushalt und Kleingewerbe", Arch. f. W. Aug. 1921. Aussprache über die Verbreitung wärmewirtschaftlicher Erkenntnis in der Bevölkerung durch die Schulen und Fachschulen. Bericht des Techn. wissensch. Sachverständ. Ausschusses für Brennstoffverwendung, 25. Aug. 1922. Ausführlicher Bericht des Reichskohlenrats über die Aussprache zu diesem Thema enthält außer einer Zusammenstellung über die wichtigsten Ergebnisse und Anregungen auch eine Zusammenstellung gemeinverständlicher Schriften, die, sofern von Bedeutung, in den Fußnoten der behandelten Stellen wiedergegeben sind.

arbeiter möglich wurde. Dadurch, daß uns rd. 40 Goldmark für die Tonne gezahlt wurden, erzielte Deutschland gegenüber dem geringen Inlandspreise einen Gewinn von etwa 10 bis 15 Goldmark je Tonne, zugunsten der besseren Ernährung, zuungunsten des deutschen Transportwesens und der Industrie, bei denen sich die Kohlenknappheit in empfindlichster Weise bemerkbar machte. Deutschland erfüllte im großen ganzen das Ende Januar 1921 abgelaufene Spa-Abkommen. Zum Ausgleich des aufgelaufenen Fehlbetrages verlangte indes der Wiedergutmachungs-Ausschuß für die folgenden Monate 2,2 Mill. t, ohne daß Deutschland dafür Zahlung oder Geldvorschüsse erhielt. Aber es war ganz unmöglich, dieser Forderung nachzukommen; infolgedessen gingen die Lieferungen vom Februar ab gerechnet von 1885051 t auf 1399132 t im Juli 1921 zurück, ohne daß hiergegen Stellung genommen wurde. Die Lager in Frankreich und Belgien waren trotz des britischen Streiks wieder aufgefüllt. Hätte Deutschland mehr geliefert, würden Frankreich und Belgien, das seine Bergarbeiter schon stundenweise feiern ließ und die Kohle exportierte, nicht gewußt haben, was es mit den Lieferungen anfangen sollte[1]).

Nach dem Jahresbericht des Rheinisch-Westfälischen Kohlensyndikats blieb der Kohlenbergbau im Ruhrbezirk 1921/22 von großen Erschütterungen verschont. Trotzdem war die Entwicklung nicht zufriedenstellend. Im Wege der Belegschaftsvermehrung trat zwar eine allmähliche Steigerung ein, indes blieb die Gesamtproduktion noch weit hinter der der Vorkriegszeit zurück. Ein neues Überschichtenabkommen, mit Hilfe dessen eine Steigerung der Kohlenproduktion möglich ist, kam erst im September 1922 zustande. Im Ruhrrevier stieg die Förderung von 88,3 Mill. t in 1920 auf 94,1 Mill. t in 1921, was eine Zunahme von 6,56 vH gegenüber einer solchen von 24 vH im Vorjahre bedeutet. Die Förderung erreichte hiermit 82 vH der Förderung des Jahres 1913, während die im Vorjahre 76,8 vH betrug[2]).

Die Kohlennot dauerte in Deutschland unvermindert an. Verschärfend wirkte in dieser Beziehung zunächst der Polenaufstand im Mai und Juni 1921 in Oberschlesien, durch den ein Förderausfall von etwa 2½ Mill. t eintrat. Ein Bergarbeiterausstand in Niederschlesien im Mai und Juni 1921 sowie der Eisenbahnerausstand im Februar 1922 brachte bedenkliche Störungen der Kohlenversorgung mit sich. Die erheblichste Schädigung bedeuteten jedoch die Reparationsforderungen der Entente, die nach Mengen und Sorten in einer für die deutsche Wirtschaft überaus schädlichen Weise erhöht wurden.

Deutschland lieferte 1921 rd. 2,4 Mill. t mehr als im Vorjahre an die Entente. Die Ansprüche an die Güte der gelieferten Kohlen nahmen immer mehr zu. Besonders unheilvoll aber wurden für uns die erhöhten Anforderungen in Koks, die unmittelbar auf die für den Aufbau unseres ganzen Wirtschaftslebens so überaus wichtige Eisenindustrie einwirkten. Die Zwangslieferungen des Deutschen Reiches betrugen:

Zahlentafel 156.

a) zu Lasten des Rheinisch-Westfälischen Kohlensyndikats: | **b) insgesamt:**

	Kohlen und Brikette t	Koks t	Steinkohle*) t	Braunkohlen-Brikette t	insgesamt t
Septbr. 1919 bis März 1920	1 818 211	1 406 248	4 036 940	265 110	4 302 050
Geschäftsjahr 1920/21	9 935 000	4 437 344	17 441 615	1 159 682	18 691 297
April 1921	984 473	334 954	1 583 255	39 638	1 632 893
Mai . . . . . . „	893 379	396 677	1 478 656	28 494	1 507 150
Juni . . . . . „	927 223	300 963	1 386 682	29 083	1 415 765
Juli . . . . . . „	871 350	213 651	1 260 284	26 470	1 286 754
August . . . . „	973 536	305 296	1 502 897	26 226	1 529 123
September . . . „	944 021	345 032	1 548 798	42 061	1 590 859
Oktober . . . . „	930 912	333 863	1 528 586	60 077	1 588 663
November . . . „	726 067	370 586	1 365 462	78 749	1 444 211
Dezember . . . „	578 286	400 872	1 260 707	79 142	1 339 849
Januar 1922	750 874	461 513	1 518 424	87 988	1 606 422
Februar . . . . „	641 714	371 800	1 229 369	28 053	1 257 412
März . . . . . „	849 448	473 958	1 616 105	24 490	1 640 595
Geschäftsjahr 1921/22	10 071 283	4 309 165	17 279 225	550 471	17 829 696
insgesamt	21 824 494	10 152 757	38 757 780	1 975 263	40 733 043

*) Kohlen und Brikette, ferner Koks mit 75 vH in Kohle umgerechnet.

[1]) Vgl. J. M. Keynes, Revision des Friedensvertrages, 1922, Verlag von Duncker & Humblot, München und Leipzig.

[2]) 94114785 t in 1921 arbeitstäglich 311584 t   95977294 t in 1918 arbeitstäglich 317280 t
88255780 „ „ 1920 „ 291755 „   114550153 „ „ 1913 „ 379840 t.

Nach einer Berechnung des Reichskohlenverbandes ergibt sich — unter Zugrundelegung des Verbrauchs für 1913 — für Deutschland nach dem Ausscheiden der an Polen abgetretenen Gruben bei Berücksichtigung von 22,4 Mill. t Reparationslieferungen eine Fehlmenge von 38,5 Mill. t (Braunkohle in Steinkohle umgerechnet) und, wenn man den Ausfuhrüberschuß von 1913 mit 34 Mill. t berücksichtigt, eine Verschlechterung der Kohlenhandelsbilanz Deutschlands um rund 73 Mill. t. Unter diesen Umständen ist die Zunahme der Einfuhr nur zu verständlich. Die Ein- und Ausfuhrziffern für Steinkohle stellen sich einschließlich Zwangslieferungen wie folgt: (vgl. Abb. 225):

	Einfuhr	Ausfuhr
1920 . .	335369 t	22511730 t
1921 . .	1370397 t	26570806 t

Die drückende heimische Brennstoffnot in Verbindung mit dem stark gestiegenen Inlandskohlenpreis führte zu einer verstärkten Einfuhr fremder Kohlen. Während im Oktober 1921 nur etwa 67000 t, im November 1921 etwa 48000 t Steinkohlen nach Deutschland eingeführt worden sind, stieg die Einfuhr im Januar 1922 auf etwa 180000 t und im Februar 1922 auf rd. 320000 t.

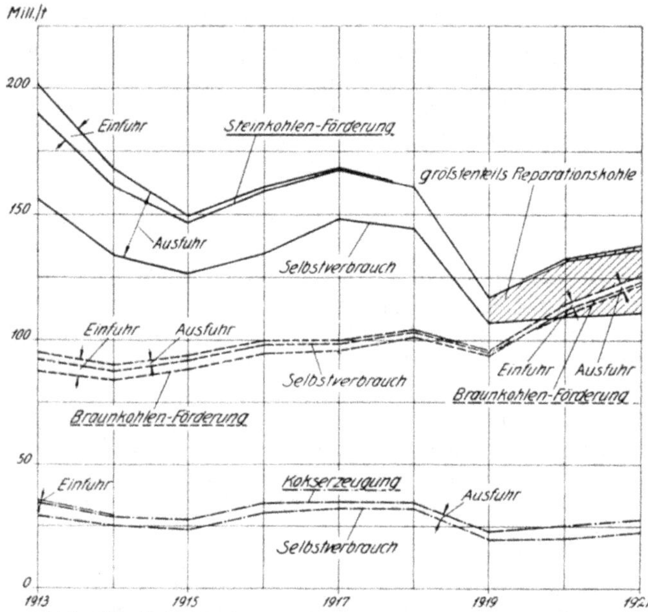

Abb. 225. Kohlenförderung (Selbstverbrauch, Ein- und Ausfuhr).

Die Einfuhr böhmischer Stein- und Braunkohlen, die im Oktober zusammen rd. 62000 t betrug, ist im Februar 1922 infolge des durch den hohen Stand der tschechischen Goldwährung stark emporgetriebenen Preises merklich zurückgegangen. Sie belief sich im Januar 1922 auf rd. 180000 t und im Februar auf etwa 160000 t.

Die Gegenüberstellung der Einfuhrzahlen zeigt, daß sich die Einfuhrmenge in 1921 gegenüber dem Vorjahre mehr als vervierfacht hat, eine Folge der durch die Zwangslieferungen und die unzureichende Förderung hervorgerufenen Kohlenknappheit im Inlande. Der weitaus größte Teil der Ausfuhr besteht aus Lieferungen an den Feindbund und den sonstigen auf Grund des Lieferungsvertrages zu leistenden Mengen für Deutschösterreich, Polen, Ungarn, Danzig und Memel.

In Ergänzung der Abb. 225 mögen noch folgende Förderungsziffern für die fünf Oberbergamtsbezirke Preußens angeführt werden[1]):

1921 auf 340 betriebenen Werken gefördert: 131363776 t; abgesetzt: 131594291 t
1920 „ 302 „ „ „ 127036799 t; „ 126417455 t.
Die Zahl der Beamten und Vollarbeiter betrug 1921: 754631, davon in Nebenbetr. 40710
1920: 707851.

Die Kohlenförderung im Saarbecken belief sich 1921 auf 9410000 t gegen 9823700 t in 1920. Auf die einzelnen Monate verteilte sich die Förderung in folgender Weise in Tonnen:

Zahlentafel 157.

	Januar	Februar	März	April	Mai	Juni	Juli	August	Septbr.	Oktob.	Novbr.	Dezbr.	Jahr
1921	877 927	671 276	647 808	883 083	757 452	850 209	887 656	930 762	903 689	748 554	734 583	928 426	9 410 000
1920	727 465	743 063	837 874	734 665	709 766	763 616	860 048	702 608	811 010	847 003	707 998	872 889	9 823 700

Bei den Kohlenpreisverhandlungen mit den Organen der Kohlenwirtschaft ist es dem Rheinisch-Westfälischen Syndikat nach dem oben erwähnten Bericht überaus schwer geworden

[1]) Reichsanzeiger v. 4. März 1922.

und nicht immer gelungen, die Preise der Geldentwertung so anzupassen, daß seinen Mitgliedern genügende Mittel blieben, um die Produktionskraft ihrer Zechen zu erhalten.

Der Verschleiß von Maschinen und Einrichtungen im Kohlenbergbau ist groß. Möglichkeiten für Rücklagen zur Wettmachung der entstandenen Schäden sowie zur Vornahme von Neueinrichtungen ergaben sich für den Bergbau erst seit dem März 1922, weil ihm erst von diesem Zeitpunkte an 18 M je t geförderter Kohle für Abschreibungen bewilligt wurden. Vom Standpunkt des kalkulierenden Kaufmannes kann die Kohlenpreispolitik der Regierung im Jahre 1920 (Erhöhung der Löhne ohne Erhöhung der Kohlenpreise) vielleicht bemängelt werden, vom volkswirtschaftlichen Standpunkt aus sprach indes eine Reihe von Beweismitteln für die Stellungnahme der Regierung.

Bei der Beurteilung dieser wichtigen Frage muß man sich prinzipiell darüber klar werden, was durch Verbesserung bestehender Anlagen und was durch Schaffung neuer Anlagen ermöglicht werden kann. Nach einem Bericht von Götze ergab sich das überraschende Ergebnis, daß die Druckluftwirtschaft (1) im Bergbau noch sehr verbesserungsbedürftig ist. Wenn man sich vergegenwärtigt, daß bis zu 60 vH, i. M. aber 25 vH der gesamten Dampferzeugung einer Zeche für die Herstellung von Druckluft verbraucht werden, so kann man es verstehen, daß nach den Mitteilungen des Technisch-Wirtschaftlichen Sachverständigenausschusses durch Vermeidung von Widerständen, Beseitigung von Undichtheiten, bessere Ausnutzung der Druckluftleitungen usw. Milliarden nach den heutigen Geldverhältnissen erspart werden können. Die Untersuchungen ergaben folgende Luftverbrauchzahlen: Bohrhämmer (53 mm Durchm.) 60 bis 70, Abbauhämmer 40 bis 50, Lufthacken 25 bis 30 cbm/st.

Ähnlich verhält es sich mit dem Dampfnetz auf den Zechen, das den Anforderungen der Zeit entsprechend durch Anflicken neuer Rohrstränge immer weiter verästelt wurde, möglicherweise aus Mangel an Zeit für eine weitsichtige Umgestaltung. So konnte nach einem Bericht von Haack der Rhein. Stahlwerke, Abt. Arenberg, auf der Schachtanlage Prosper I ein neuer Rohrplan geschaffen werden, der mit nur 18 vH der ursprünglichen Rohrlängen und nur 23 vH der ursprünglichen Rohrleitungsoberflächen auskommt. Dadurch verringere sich der Dampfverbrauch auf $^2/_3$ des früheren!

Die betrieblichen Verbesserungen bestehen in: Ausbildung der Heizer, Kohlensäureüberwachung in den Kesselhäusern, Abdampfverwertungen verschiedener Art, Isolierung aller Flanschen und Leitungen bis zu den Kondenstöpfen. Zu den ausgeführten baulichen Verbesserungen gehörten: Speisewasserreinigung, Vakuumverbesserung der Kondensationen durch Aufstellung eines neuen Kühlers, Kauen- (Bade- und Ankleideraum) Wasserbereitung durch Kokereiabwärme, Aufstellung neuer Maschinen mit günstiger Dampfausnutzung, Ersatz der Dampfheizungen durch Warmwasserheizung usw.

Nach Dr. Ing. Heise ergab eine Rundfrage, daß die bestehenden Schächte auch in der verkürzten Schichtzeit eine erheblich größere Förderungskapazität besaßen, als tatsächlich gefördert wurde; ferner, daß eine Steigerung der Förderung billiger durch neue Baulichkeiten zur Unterbringung vermehrter Belegschaft als durch neue Schachtanlagen zu erreichen sei.

Jedenfalls hat der Steinkohlenbergbau 1920 teilweise mit Verlusten gearbeitet, aber das war keine Veranlassung, die für die Kohlenproduktion so wichtigen Einrichtungen verschleißen zu lassen. Hätte man damals Geld zur Verfügung gestellt, wären die Anschaffungen leichter gewesen als bei der späteren wachsenden Entwertung unseres Geldes.

Mit der Gruppierung innerhalb der Schwerindustrie wurden Forderungen nach einem erweiterten und anpassungsfähigen Selbstverbrauchsrecht laut. Die privatwirtschaftliche und volkswirtschaftliche Berechtigung dieser Wünsche wurde durch die Selbstverbrauchsbestimmungen des neuen Syndikatsvertrages anerkannt. Eine weitere grundsätzlich bedeutungsvolle Änderung lag in den Bestimmungen, die eine Beteiligungserhöhung für besonders hohe Leistungen im Jahre 1921 gewähren und für die Vermehrung der Förderung durch neue Schachtanlagen in Aussicht stellten.

Wenn man sich vergegenwärtigt, welche Faktoren die Kohlenpreise beeinflussen, so sind es folgende:

1. Die Arbeitslöhne,
2. die für den Bergbau nötigen Eisen- und Stahlerzeugnisse sowie Holz,
3. die Werkerhaltungsbeträge, d. h. die für den Ersatz schadhaft gewordener Maschinen erforderlichen Rücklagen,
4. die Kohlensteuer,
5. die Transportfrage.

Zu 1. Die Löhne haben den Umschlag nicht herbeigeführt, sondern umgekehrt: die Lohnsteigerung ist erst durch die traurige wirtschaftliche Lage bedingt worden. Will man den Bergleuten ihr menschenunwürdiges Dasein nicht noch weiter verleiden, so muß man ihnen in erster Linie einen ausreichenden Verdienst einräumen. Ein jeder hat ein Anrecht auf auskömmliche Einnahme. Solange er sich nicht ernähren und kleiden kann, wird man ihm seine Unzufriedenheit mit den bestehenden Verhältnissen nicht verargen können. Gestatten es die Verhältnisse nicht, den Bergarbeitern, die den Königszapfen unserer Wirtschaftsmaschine bilden, eine Lohnerhöhung zuzubilligen, so müssen wir wohl oder übel darzu schreiten, die ganz willkürlichen Lebensmittelpreise zu überwachen, die wie Wucherkraut die gesunden Bestrebungen ersticken. Die Löhne in der Eisenindustrie, der chemischen Industrie und vor allem des Baugewerbes übertreffen bei weitem den Durchschnittslohn des Bergarbeiters. Man konnte es deshalb der Bergarbeiterschaft nicht verdenken, daß sie gelegentlich der Revierkonferenz der vier Bergarbeiterverbände am 11. Juni 1922 das neue Lohn- und Überschichtenabkommen der Verbandsvorstände mit Vorwürfen gegen Unternehmertum und Regierung ablehnte.

Zu den Ausgaben 2 möge angeführt werden, daß Stabeisen im Januar 1922 8600 M, Ende August 41000 M kostete, für Grubenschienen zahlte man 8600 bzw. 37000 M. Die Holzkosten betrugen 21 bzw. 275 M je geförderte t Kohle. Das ergab für September 1922 schon eine Steigerung der Selbstkosten um ca. 650 vH[1]).

Zu 3. Der seit März 1922 bestehende Abschreibungssatz von 18 M je t geförderter Kohle erwies sich mit Rücksicht auf die während der zurückliegenden Zeit versäumten Ausbesserungs- und Instandhaltungsarbeiten als zu gering. Ob indes die Frage des hier einzuschreitenden Weges, die Verteuerung des Erzeugnisses, die richtige ist, hat schon Georg Münch[2]) mit Recht bezweifelt. Das Erfordernis, die

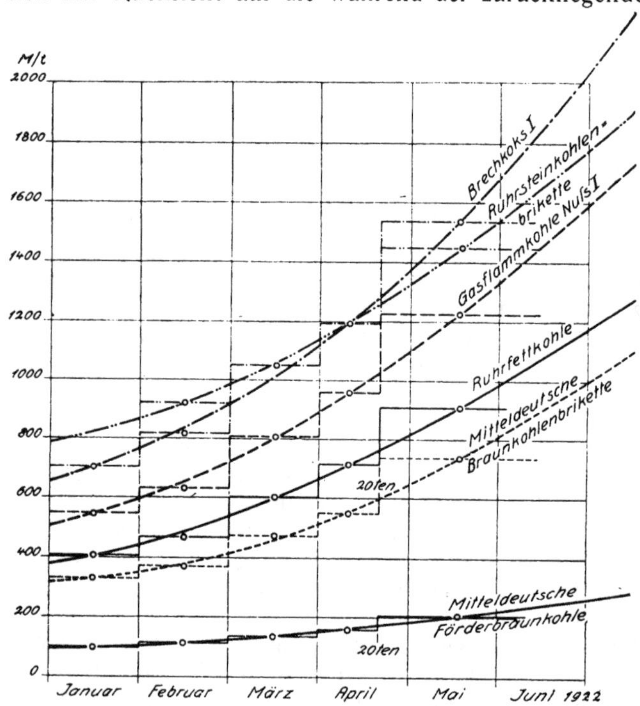

Abb. 226. Preisgestaltung einiger Brennstoffe im 1. Halbjahr 1923.

[1]) Nach den Ausführungen Dr. Vöglers gelegentlich der Tagung des Vereins Deutscher Eisenhüttenleute (November 1921) war Thomasstahl 1913 mit 54 vH, Martinstahl mit 40 vH an der gesamten Erzeugung beteiligt, während die Ziffern 1920 30 und 60 betrugen. Die Zurückdrängung des Thomasstahls hat bewirkt, daß Deutschland gezwungen wurde, für die Landwirtschaft Phosphate einzuführen. Die Ausfuhr an Stahlerzeugnissen belief sich 1912 auf 6,5, 1920 dagegen auf nur 1,7 Mill. t, also nur 26 vH der Friedensausfuhr. Der Verlust von Oberschlesien ist durch gesteigerte Erzeugung in anderen Gebieten nicht wettzumachen. Der bestehende Kohlenmangel hindert die Ausnutzung der Konjunktur. Die Tatsache, 80 vH ausländischer Erze in die Hochöfen zu schütten, zwingt die Werke, von langfristigen Abschlüssen Abstand zu nehmen, wohl aber für dauernde Besetzung mit Arbeit zu sorgen, und deshalb sollte jede Lähmung durch behördliche Maßnahmen wie die Außenhandelskontrolle unterbleiben.
Der gesamte Welthandel stellte sich 1913 auf 178 Milliarden Goldmark, wovon 20 auf Deutschland fielen. 1920 betrugen die Werte bei gesunkener Menge 246 und 13. 1913 erreichte die deutsche Ausfuhr an gewerblichen und industriellen Erzeugnissen 8,5 Milliarden M, d. h. genau so viel, wie 1921 an Löhnen bezahlt wurde. Im Jahre 1920 betrug die Ausfuhr 75 Milliarden M, die Lohnsumme 120 Milliarden Papiermark. Den Unterschied muß die Notenpresse decken.
Diese Veränderungen sind bei den Wechselbeziehungen der Völker auf alle übrigen Länder der Erde nicht ohne Einfluß. Wenn der deutsche Land- und Industriearbeiter gezwungen wird, sich nur noch notdürftig zu bekleiden, so kann Südamerika keine Eisenbahnen mehr bauen. Solange man versucht, die Lebenshaltung durch gesteigerte Geldbeträge, anstatt durch höhere Leistung zu verbessern, solange wird man sich im Kreise herumdrehen. Auch eine verelendete Intelligenz muß notwendig den Rückgang der Arbeiterschaft nach sich ziehen.

[2]) Voss. Zeitung v. 21. April und 8. November 1922.

Anlagen der Zechen zu erneuern, besteht nicht erst seit wenigen Monaten, sondern in der gleichen Schärfe und Dringlichkeit bereits seit der Kriegszeit. Man hätte also für diese Zwecke alljährlich Rückstellungen vornehmen müssen. Es wäre wohl auch kein Fehler gewesen, wenn man erforderlichenfalls von einer Gewinnausschüttung abgesehen hätte, denn der dadurch den Anteilinhabern entgangene Gewinn wäre ihnen durch verbesserte Anlagen in späteren Jahren reichlich nachbezahlt worden. Wäre dieser Betrag auch bei weitem nicht ausreichend gewesen, um den Erfordernissen voll zu genügen, so hätte er doch immerhin das notwendige Bestreben gezeigt. Des weiteren steht für finanzielle Ansprüche der Bergbauindustrie der Kapitalmarkt zur Verfügung. Hier jedoch glaubt Dr. Pinkerneil[1]) nicht an eine entsprechende Aufnahmefähigkeit, da die Verzinsung des in Kohlenwerten angelegten Kapitals im Verhältnis zu den übrigen Industriewerten nur gering sei. Wie aber kommt es, daß an den Kuxenmärkten Preise von einer Million und mehr je Kux gezahlt werden? Wenn man dem Bergbau tatsächlich so mißtrauisch gegenüberstände und sich so wenig von dem Besitz an Kohlenwerten verspräche, so würden doch sicherlich nicht solche Preise gezahlt werden. Hier dürfte also zweifellos ein gangbarer Weg vorliegen.

Zu 4. Als Verfasser sich vor 2½ Jahren[2]) für den Abbau der Kohlenpreise energisch ins Zeug legte, wurde er von interessierter Seite in den Zeitungen angegriffen[3]). Jede Preissteigerung bringt der Regierung nur einen momentanen Nutzen, dem das graue Elend auf dem Fuße folgt; die hinter uns liegende Zeit dürfte an Erfahrungen reich genug sein. Wird das nicht endlich eingesehen, wird die Industrie beschäftigungslos, und wir zahlen wieder Milliarden für Arbeitslosenunterstützung.

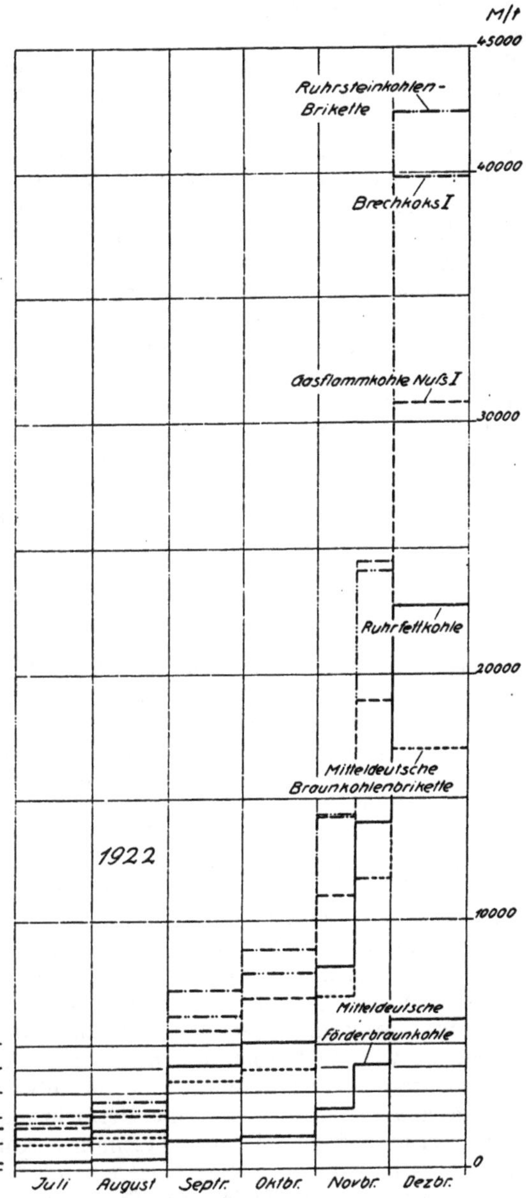

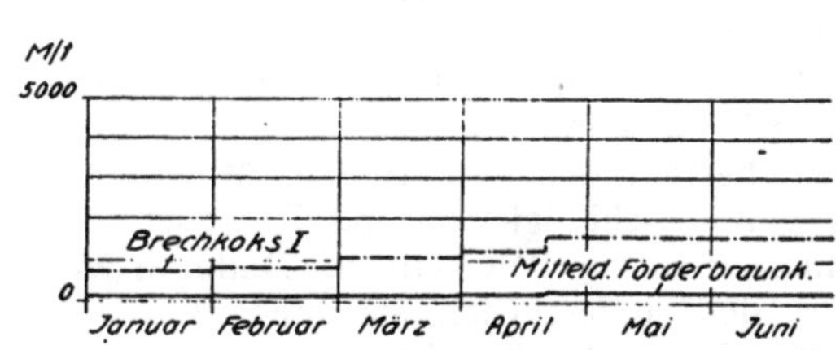

Abb. 227. Preisgestaltung einiger Brennstoffe für 1922.

Schauen wir uns das in der Abb. 226 wiedergegebene Kurvenbild für die Preisbewegung einiger Brennstoffe an, so können wir eine gewisse Stetigkeit während der ersten Hälfte des Jahres 1922 wahrnehmen. Von da ab (vgl. die ergänzende Abb. 227) gehen die Preise in einer sich einem mathematischen Gesetz entziehende Weise in die Höhe[4]), zumal wenn man berücksichtigt, daß erst ganz kürzlich (Mai 1923) eine Nettopreiserhöhung von 50 vH wieder beschlossen wurde! Da die

[1]) Referat, erstattet 20. April 1922 in der Fachgruppe Bergbau des Reichsverbandes der Deutschen Industrie.

[2]) Vgl. Glasers Annalen v. 15. Dezember 1920, Heft 12.

[3]) Bezeichnend ist, daß selbst der „Erfinder" der Kohlensteuer, Dr. Ing. e. h. Gothein, den Abbau der Kohlensteuer für unbedingt erforderlich hält (Februar 1923).

[4]) Der Schmelzkokspreis betrug Ende Februar 1923 bereits 12500 M/Ztr. in Berlin!

Kohle der Wertmesser für alle Erzeugnisse ist, so war es für den kalkulierenden Kaufmann kaum noch möglich, feste Preise abzugeben; vielmehr mußte er eine gewisse Diskontierung der Valutabewegung vornehmen, d. h. er mußte selbst beim Verkauf des Lagermaterials viel höhere Preise einsetzen, um aus dem Erlös wieder Ersatz zu schaffen. Verkaufte er zu billig, konnte er für den Ertrag nur einen Teil des Lagers ersetzen, wodurch seine Produktion eingeschränkt wird. Die Preissteigerungen waren oft rückwirkend, so daß Offerten nur mit gleitenden Preisen und „freibleibend" abgegeben werden konnten. Ja, es fehlte mit der zunehmenden Geldentwertung das erforderliche Betriebskapital, wodurch ein jedes Werk beim Materialeinkauf bereits zu einem Barvorschuß gezwungen wurde, um überhaupt auf Annahme eines Auftrags rechnen zu können. Diese ungesunden Verhältnisse, die den Ruin so mancher Unternehmungen herbeiführten, sind unhaltbar und können auch durch all die löblichen Bestrebungen der Regierung nach einer Stabilisierung der Mark durch die Goldanleihe nicht aus der Welt geschafft werden, wenn wir nicht in erster Linie für eine Stabilisierung der Kohlenpreise Sorge tragen, und das ist nur durch den zu 4. genannten Faktor, die Kohlensteuer, möglich. Jede Lohnerhöhung muß selbstverständlich eine Kohlenpreiserhöhung im Gefolge haben. Die Kohlensteuer von 40 vH war vorgenommen worden, um den Unterschied zwischen dem Inlands- und Weltmarktspreis auszugleichen. Diese Spanne glaubte man seinerzeit zugunsten der äußerst schlechten Finanzlage des Reiches durch eine Heraufsetzung der Kohlensteuer vorübergehend ausnützen zu dürfen. Mittlerweile hat sich aber das Verhältnis zwischen Inlands- und Weltmarktspreis derart verschoben, daß eine so hohe Kohlensteuer eine nicht zugleich mit derartigen Lohnerhöhungen tragbare Belastung für den Bergbau und die gesamte deutsche Wirtschaft bedeutet. Man vergewissere sich nur, daß einer scheinbaren über 1000 Milliarden betragenden Einnahme durch die Kohlensteuer sicherlich 50 vH Mehrausgaben gegenüberstehen. Je höher die Kohlenpreise steigen, desto geringer wird die Aussicht auf Exportmöglichkeit unserer Erzeugnisse Sie wächst nur mit dem Steigen des Dollarkurses wieder, mit dem indes unser Wirtschaftsleben von neuem verteuert wird.

Zu 5. Die Kohlenwirtschaft wird letzten Endes von der Transportfrage[1]) beeinflußt, die ebenso wichtig wie die Förderungsfrage selbst ist, weil sie Kohlen kostet. Man ist oft geneigt, den Bergarbeitern eine zu geringe Förderung vorzuwerfen, während noch große Kohlenmengen auf den Abtransport warten. So lange der Bergmann die großen Vorräte vor Augen hat, wird er sich kaum zu Überschichten oder größeren Leistungen bewegen lassen. Häufig werden Kohlen, insbesondere Koks, absichtlich zurückgehalten, um bessere Preise zu erzielen. Anderseits darf nicht verkannt werden, daß die Leistungen des Bergbaus gegenüber jenen der Eisenbahn stark zurückgeblieben sind. Das ist einer der Hauptgründe, daß die Reichsbahn jetzt schon ihren in fremder Kohle angelegten „eisernen Bestand" zur Deckung des Tagesbedarfs heranziehen muß[2]). Das Reichsverkehrsministerium wird die Frage zu lösen haben, wie sie die Transporte am günstigsten gestaltet, den Wagenumlauf beschleunigt, geeignetes Leerwagenmaterial zuführt. Daß beim Transport die Wasserstraßen auch eine große Rolle spielen können, hat Verfasser schon an anderer Stelle mehrfach angedeutet. Das gleiche gilt von den Drahtseilbahnen, denen sich die Deutsche Maschinentechnische Gesellschaft besonders widmen wird. Aber wenn man heute an die Lösung solcher Fragen herangehen will, so bekommt man bei den maßgebenden Behörden wegen der Furcht vor Wettbewerbsunternehmungen kaum Aufschluß über die bestehenden Verhältnisse. Mit der Vergrößerung der Umschlagplätze ist auch eine Vermehrung von Anschlußgleisen und Rutschen vorzunehmen, damit bestimmten Gleisen auch bestimmte Kohlensorten zurollen können. Dadurch wird die Möglichkeit geschaffen, die Kähne hintereinander mit den vorgesehenen Sortimenten zu beladen, ohne daß die Kähne beim Fehlen der Sortimente von den Rutschen abgelegt werden müssen. Eine zentrale Leitung würde auch den Wagenumlauf ganz wesentlich abkürzen. Ebenso wie die kleinen Fahrzeuge unwirtschaftlich sind, muß man auch bei der Eisenbahn mit größeren Fassungsräumen rechnen.

---

[1]) Vgl. de Grahl, „Kohlenkrise und Transportfrage", Glasers Annalen 1919 Nr. 1017; Bergrat Volmer, „Die Kohlennot in Deutschland und ihre Bekämpfung", Z. f. d. Berg-, Hütten- und Salinenwesen 1922, Bd. 70.

[2]) Es soll hier ergänzend bemerkt werden, daß die Zahl der Beschäftigten im Ruhrbergbau infolge Abwanderung in andere Berufe (besonders Baugewerbe) von 561000 Ende Februar 1922 auf 535000 Ende Juni gleichen Jahres abgenommen hat. Ob dieser Abwanderungsprozeß weitere Fortschritte machen wird, ist noch ungewiß. Die Bergarbeiter sind der Ansicht, daß ihre Löhne wegen ihrer schwierigen unterirdischen Arbeit an der Spitze stehen müßten, während die Bauarbeiter diese Forderung wegen ihrer unterbrochenen Arbeitszeit für sich in Anspruch nehmen. Wie dem auch sein mag, Tatsache ist, daß die Bergarbeiter mit ihren Löhnen heute erst an vierter oder fünfter Stelle stehen.

In der Erkenntnis, daß unsere Schienenbahn im Verhältnis der Nutzlast zu viel tote Last erfordert[1]), besteht der Präsident des Eisenbahn-Zentralamtes Hammer zur Verbesserung der Verhältnisse auf Einführung der 50 t-Wagen, auf Abänderung, insbesondere Verminderung der Rangierarbeit, auf Verbesserung und Verstärkung des Oberbaues und der Brücken, (um das auf 1 m Gleislänge kommende Zuggewicht endlich auch in Deutschland erhöhen zu können), auf systematische Verteilung der Kohlensorten mit ihren zugehörigen, dem Verwendungsgebiet entsprechenden Weichen zur Vermeidung großer Umwege u. dgl. m., Umstände, die, zusammengenommen, den Wirkungsgrad der Bahnen erhöhen und unsere Kohlenwirtschaft wesentlich verbessern könnten. Es scheinen aber bei der Reichsbahn noch erhebliche Widerstände zu überwinden zu sein; denn abgesehen von dem in München 1922 ausgestellten Wagen von 50 t Ladegewicht sind weitere Ladeleistungen bisher nicht bekannt geworden, obwohl gerade hier nicht nur die Eisenbahn selbst sondern auch die Industrie infolge Verminderung der unproduktiven Löhne gewaltige Ersparnisse erreichen könnte[2]).

Die Verkehrsverhältnisse lassen noch sehr viel zu wünschen übrig. Die Eisenbahnwagen-Gestellung war mit Ausnahme weniger Frühsommermonate dauernd unzureichend. Da auch der Wasserstand 1921 auf fast allen deutschen Flüssen einen dauernden Tiefstand aufwies, mußten große Mengen Brennstoff auf dem Bahnweg verladen werden, der diesen gesteigerten Ansprüchen infolgedessen erst recht nicht gewachsen war.

III. Steinkohlenwirtschaft.

1. Betriebsfragen.

a) Auswirkungen der Aufbereitung.

Gelegentlich des Besuches des Sachverständigen-Ausschusses für Brennstoffverwendung (Reichskohlenrat) in Essen im Juli 1922 führte Prof. Dr. Ing. Herbst aus, daß die Beschaffenheit der Förderkohle zunächst von den Flöz- und Lagerungsverhältnissen beeinflußt werde. Einen ferneren Einfluß übten die Art der Kohlengewinnung (mit und ohne Schießarbeit), das Abbauverfahren, das Verantwortungsgefühl und die Sorgfalt der Hauer sowie die Möglichkeit, die der Aufbereitung zu übergebende Kohle nach Flözen mit größerem oder geringerem Reinheitsgrade getrennt zu halten. Die Aufbereitung findet entweder durch Sieben (mit Klaubearbeit für die Stückkohle) oder durch Wäsche statt. Die Waschbarkeit der Kohle hängt von der Zerlegbarkeit nach dem spezifischen Gewicht ab und kann je nach der Verwachsung der Kohle mit tauben Bestandteilen sehr verschieden sein.

Für die Aufbereitung gelten folgende Gesetze:

1. Reine Verkaufskohle — unreine Abgänge, arme Abgänge — unreine Verkaufskohle.
2. Erschwerung der Wascharbeit und Steigerung der Verluste bei geringwertiger Rohkohle.
3. Erschwerung der Wascharbeit und der Entwässerung und steigende Verluste durch größeren Anteil an Feinkorn.
4. Wachsen der Schwierigkeiten mit zunehmender Anreicherung in steigendem Maße.
5. Verringerung des Ausbringens mit Verringerung des Aschengehaltes der Verkaufskohle.

Von besonderer Bedeutung ist die Schlammbildung, die das Ausbringen verringert und große Schwierigkeiten (Klärung der Abwässer, Entwässerung der Schlämme) schafft. Daher besondere Wichtigkeit der Entstaubung der Kohle vor dem Waschvorgang, wodurch die Schlammbildung eingeschränkt wird.

Bezüglich der wirtschaftlichen Bedeutung und Beeinflussung des Waschvorganges ist hervorzuheben, daß die Selbstkosten und Verluste mit sinkendem Aschengehalt stärker zunehmen; eine zu weit gehende Anreicherung der Verkaufskohle ist also unzweckmäßig. Sie wird auch durch die Rücksicht auf die Verwendung der Kohle nicht gerechtfertigt, weil für diese Verwendung die Bedeutung der Verringerung des Aschengehaltes nach der Nullgrenze hin nicht gleichmäßig zunimmt. Anderseits hat sowohl der Bergwerksbesitzer als auch die Volkswirtschaft besonderes Interesse an reinen Abgängen. Sollen möglichst reine Kohlen einerseits und möglichst reine Abgänge anderseits geschaffen werden, so muß in der Regel auf ein Mittelgut gearbeitet werden, dessen Verwertung allerdings Schwierigkeiten machen kann.

---

[1]) Nach Riedler (Z. V. d. I. Nr. 14/1922 S. 343) benötigt die Fortbewegung der toten Last schon bei Steigungen von 15 vH je nach der Zuggattung oder der Zugbesetzung 36—37 PS, während die Nutzarbeit verschwindend klein ist (0,6 PS).

[2]) Bei Schmalspurbahnen sind bereits Großraumgüterwagen von höherem Ladegewicht in Betrieb.

Bei der Ausführung von Steinkohlenwäsche ist zu unterscheiden:

1. Die Entstaubung,
2. die zur Verarbeitung von Zwischengut dienende Nachsetzwäsche,
3. die Klärung der Abwässer in der Wäsche mit Rückgewinnung der Schlämme,
4. (neuerdings) Abscheidung der Kohle aus den Schlämmen durch Schwimmverfahren (Flotation, Elektro-Osmose).

Der Grundsatz „Erst Waschen, dann Klassieren" ist nicht einheitlich anerkannt. Die Beschaffenheit der Rohkohle bleibt nach wie vor für die Wahl des Verfahrens ausschlaggebend.

Thau[1]) geht bei seinen Betrachtungen über Kohlenveredlung, insbesondere zur Herstellung von aschearmem Koks von den Forschungsarbeiten Dr. Winters im Laboratorium der Bergschule in Bochum aus. Danach muß die Kohle als ein fester kolloidaler Stoff angesprochen werden (9), in dem auch die Verunreinigungen (Asche) einen Kolloidzustand bilden. Eine Reinkohle ließe sich daher nur dann erzielen, wenn es gelänge, die Kohle in einen gelösten Kolloidzustand überzuführen, der die Trennung von den Verunreinigungen ermöglichte.

Bei der heutigen Kohlenknappheit begnügt man sich nicht mehr, den Aschengehalt der Feinberge auf 65 vH, jenen der Grobberge auf 75 vH zu bringen. Ist schon diese Feststellung oft eine Täuschung[2]), so muß man zu der Überzeugung kommen, daß die meisten Wäschen zu klein oder unvollkommen sind. Sie lassen sich schlecht umbauen, allenfalls durch die belgischen „Rhéolaveure" ergänzen.

Die Erfahrung hat gelehrt, daß das Verkoken vermahlener Nußkohlen aus Mangel an Kokskohlen hohe Aschengehalte im Koks zeitigt, ein Beweis dafür, daß das von den Engländern bereits seit zwei Jahren verfolgte Verfahren der Vermahlung der Kokskohle vor und nicht nach der Aufbereitung zu bevorzugen ist.

Die Schwierigkeit bei der Aufbereitung wächst mit der Zunahme des Feinkornes, das sich schlecht nach dem spezifischen Gewicht trennt. Die Teilchen bleiben schwebend im Wasser, wodurch der Gehalt an Schieferstaub usw. vermehrt wird. Anderseits erleidet das Waschmittel durch Aufnahme des Schlammes bezüglich seiner Trennungswirkung eine stete Verschlechterung. Der Schlammgehalt der „Trübe" darf also eine gewisse Grenze nicht überschreiten, sollen die Setzmaschinen in ihrer Wirkungsweise nicht bedeutend herabgesetzt werden. Aus diesem Grunde läßt man den Schlamm in Klärbehältern absitzen, um ihn dann in eingedicktem Zustande z. B. auf die mit gewaschener Kokskohle gefüllten, gleichzeitig als Filter dienenden Entwässerungstürme zu pumpen. Die Setzmaschinen werden durch Zusatzwasser aufgefüllt, der Überschuß an Trübe aus den Klärbehältern in Abflüsse geleitet.

Der abgesetzte Kohlenschlamm enthält nicht nur einen hohen Aschenanteil sondern auch eine bis zu 50 vH betragende, in kolloidalem Zustande gebundene Wassermenge. Jedenfalls verschlechtert sich die Kokskohle durch den höheren Aschengehalt des ihr zugesetzten Kohlenschlammes, während ihre Ausbeute vermehrt wird.

Thau beschäftigt sich mit der Frage der Verbesserung der Verhältnisse, die er in der sogenannten Schwimmaufbereitung (Flotationsverfahren) erblickt. Das Verfahren der Minerals Separation Limited, London ist durch die Elektro-Osmose A.-G. in Berlin[3]) nach gutem Erfolge in England und Amerika[4]) auch in Deutschland eingeführt worden. Die Grundzüge dieses Verfahrens[5]) bestehen darin, den mit Wasser reichlich verdünnten Kohlenschlamm mit Wasserglas, Fettsäure, Petroleumdestillaten usw. zu versetzen (rd. 1 kg je t Trockenschlamm) und durch Lufteinblasen zur Schaumbildung zu bringen. Dadurch sinken die Aschenbestandteile zu Boden der Trübe, während die nur wenig Asche enthaltende Kohle durch den Schaum abgesondert wird. Hierbei findet keineswegs eine Trennung nach dem spez. Gewicht statt; vielmehr werden die Aschenbestandteile in den kolloidalen Zustand zurückgeführt und aus dem Gemisch der Reinkohle ausgetragen. Mit einer 15 t Rohschlamm durchsetzenden Anlage wurde gezeigt, daß das Verfahren auf alle Kohlenschlämme mit gutem Erfolg Anwendung finden kann, also dazu berufen ist, eine fühlbare Lücke auszufüllen; werden doch Ausbeuten bis zu 94 vH — auf die im trockenen Rohschlamm enthaltene Steinkohle bezogen — erzielt!

---

[1]) Stahl u. Eisen 1922, Nr. 30 u. 32.

[2]) Proben müssen nicht am Bergeaustrag der Setzmaschinen genommen werden, wo sie immer günstig ausfallen, sondern von der Halde oder aus dem Wagen zur Halde (vgl. Alb. Wirth, Sonderabdruck der Deutschen Bergwerkszeitung, über Wege und Ziele der deutschen Brennstoffwirtschaft 1922).

[3]) Ausführungs- und Versuchsstätten in Gelsenkirchen, Elektro-Osmose-Kohlenveredlungs-Ges. m. b. H.

[4]) Eine Beschreibung des Trentverfahrens befindet sich in The Coal Industry, Aug. 1921 (vgl. auch Arch. f. W. 1921 Heft 11).

[5]) Vgl. Wüster, Glückauf, 7. Januar 1922.

Das als Schaum gewonnene Kohle-„Konzentrat" ist leicht filtrierbar, weil es das Wasser losläßt. Es hat ferner den Vorzug, einen geringeren Schwefelgehalt aufzuweisen, dessen Träger vornehmlich die Asche ist.

Die Wirtschaftlichkeit des Verfahrens steht außer Frage[1]; indes müßten nach wie vor die Zechen das Bestreben verfolgen, die Kokereien mit einer möglichst aschearmen Kohle zu beliefern. Die Verunreinigungen gehören entweder in die Grube oder auf die Halde. Solange man aber fortfährt, auf dem Umwege über den Koks- und Hochofen unnötige Mengen von Asche zu verkoken, zu verfrachten und zu verschmelzen, um sie schließlich auf die Schlackenhalden zu stürzen, arbeitet man der Wirtschaftlichkeit bewußt entgegen.

Es möge der Vollständigkeit halber noch eines amerikanischen Verfahrens[2] gedacht werden, das sich auf Spiralscheider zur Aufbereitung von Anthrazitkohle bezieht; vielleicht eröffnet dieses Verfahren neue Wege für die Aufbereitung der Herdrückstände auf trokkenem Wege. Die Rohkohle, oben in die Vorrichtung aufgegeben, rutscht spiralig um eine senkrechte Achse mit wachsender Geschwindigkeit nach unten. Dabei schleudert die Zentrifugalkraft die leichteren Kohleteilchen nach außen hin, während die schwereren Berge am inneren Rand der Spirale, also näher der Achse zu, herabrutschen. Beide Erzeugnisse dieser höchst einfachen Scheidung werden dann getrennt aufgefangen. Die erste derartige Vorrichtung ist 1889 gebaut und das Verfahren inzwischen verbessert worden, daß heute, je nach Korngröße, 8 bis 12 t in einer solchen Anlage verarbeitet werden können. Ein Versuch erbrachte folgende Ergebnisse: Die aufgegebene Kohle bestand zu 84,60 vH aus Kohleteilchen und zu 15,40 vH aus Schiefer. Das dann mittels des Spiralscheiders aufbereitete Enderzeugnis hatte bei 98,93 vH Kohleteilchen nur noch einen Gehalt von Verunreinigungen in Gestalt von 1,07 vH Schieferteilchen. Im abgeschiedenen Schiefer fanden sich nur noch 5,8 vH Kohle, dagegen 94,12 vH Bergematerial.

b) Anforderungen an Hochofen- und Gießereikoks.

Von der 1922 etwa 136 Mill. t betragenden Steinkohlenförderung Deutschlands wird etwa ¼ der Gesamtmenge in den Kokereien zu Koks und Nebenprodukten verarbeitet[3]. Die Entwicklung beginnt mit dem 17. Jahrhundert, wo die Steinkohle in Meilern nach Art der Holzkohle verschwelt wurde, die bisher für den Hochofen diente. Eine Besserung stellten die bereits zu Anfang des 19. Jahrhunderts zuerst in England gebauten Bienenkorböfen (48) dar, die 1830 auch in Deutschland Einführung erlangten. Dem Bienenkorbofen folgte zuerst der Appolt-Ofen. Hier war zum erstenmal an Stelle der inneren unmittelbaren Beheizung im Verkokungsraum selbst die mittelbare Beheizung durch seitliche Heizzüge durchgeführt. Die weitere Entwicklung führt über den Rexrothschen Ofen mit horizontaler Kammer zu dem Coppéeschen Flammofen (120, 125), bei dem die entstehenden Destillationsgase unmittelbar von der Kammer in die Heizzüge eintraten. Der Coppée-Ofen gab Anlaß zu einer Reihe von Sonderbauarten, wie z. B. von Semet-Solvay (120, 124) und Otto (124), bei denen wieder Gewicht auf die Gewinnung der Nebenprodukte gelegt wurde. Indes konnte bei dem wärmetechnisch unvollkommenen Betrieb dieser Öfen, die zur Erzielung eines guten Kokses notwendige Temperatur nicht erreicht werden. Der Koks war deshalb auch nicht so gut wie bei den Bienenkorb- oder Flammöfen ohne Nebenproduktengewinnung. Eine Wandlung schuf 1882 Gustav Hoffmann in Gottesberg i. Schl., der die ersten von Dr. C. Otto in Dahlhausen übernommenen Koksöfen mit Regeneratoren erbaute. Den Regeneratoren fällt bekanntlich die Aufgabe zu, die in der Abhitze enthaltenen Wärmemengen zum Nutzen der Verbrennungsluft aufzuspeichern. Eine weitere Verbesserung brachte der Ottosche Abhitzeofen, bei dem die Abhitze unter Dampfkesseln zur Ausnutzung gelangt.

In der Erkenntnis, daß das hochwertige Koksofengas in Zukunft noch mehr Bedeutung erhalten wird, schaffte Koppers 1904 Regenerativöfen, die auf größtmöglichsten Gasüberschuß zur Krafterzeugung, Beleuchtung und für hüttenmännische Zwecke hinzielten. Das war nur durch ausreichende und wirkungsvolle Regeneratoren möglich. Mit Hilfe der Kopperssehen neuzeitlichen

---

[1]) Thau führt eine Wirtschaftlichkeitsberechnung für eine Zeche an, bei der täglich 1000 t Kokskohle mit 750 t Feinkohle (4,5 vH Asche) und 250 t Kohlenschlamm (16 vH Asche) anfallen sowie 100 t Kohlenschlamm in den Klärteichen, die aber der Kokskohle nicht zugesetzt werden können. Die Aufbereitung der 100 t Kohlenschlamm mit 16 vH Asche bringt nach Abzug des Rohschlammwertes und der Aufbereitungskosten einen Reingewinn von etwa 8 Mill. M.

[2]) Ashmead, Advances in the preparation of anthracite, Transact. Amer. Inst. Mining Engineers 1921 Nr. 1099 C.

[3]) Koppers Mitteilungen 1922 S. 31.

Regenerativöfen konnten Kokereien 1913 schon rd. 200 Mill. cbm Leuchtgas an die benachbarten Städte Rheinlands und Westfalens abgeben. Die gleichmäßige Wärmeverteilung über die ganze Heizwand des Ofens wurde durch zwangläufige Führung der Verbrennungsgase erzielt, wobei die Wand in eine erheblich größere Zahl getrennter Züge geteilt wurde.

In der Anordnung der Regeneratoren ähnlich, weist der Collinsche Ofen die Einrichtung der Umkehr auf, die nicht wie bei Koppers und Otto in der Längsrichtung der Ofenkammern (also von einer Ofenhälfte zur andern), sondern in senkrechter Richtung von unten nach oben und umgekehrt vor sich geht.

Im Jahre 1911 brachte Koppers zum erstenmal einen neuen Verbundofen heraus, bei dem die einzelnen Öfen entweder mit hochwertigem Koksofengas oder mit einem Schwachgas beheizt werden konnten. Die Verbundöfen bewährten sich auch in der Gasindustrie; entweder können sie von einer Zentralgeneratoranlage wie in Berlin-Lichtenberg durch Generatorgas (147) oder durch eigenes Destillationsgas beheizt werden. Die Entwicklung der Koksöfen läßt sich aus folgender Aufstellung erkennen:

Zahlentafel 158.

Jahr	Anzahl der Koksöfen	Gesamtkokserzeugung im Jahre t	jährliche Leistung je Ofen t
1880	3 100	1 291 000	420
1890	5 970	3 727 000	625
1900	9 600	8 810 000	920
1910	12 420	16 769 000	1 350

1918 war die Durchschnittsleistung des Koksofens bereits auf etwa 1800 t Koks im Jahr gestiegen. Während ferner bei den älteren Öfen mit meist nur 5 bis 8 t Ofenbesatz die Garungszeit 48 bis 50 Std. und darüber betrug, ist sie bei den jetzt üblichen Öfen mit einem Kohlenbesatz von 10 bis 12 t auf 24 bis 30, bei den neuesten Anlagen sogar auf 18 bis 22 Std. zurückgegangen. Durch die Einführung des Silikamaterials an Stelle des tongebundenen, feuerfesten Mauerwerks für die Heizwände konnte die Koksofenleistung bis auf 4000 t/Jahr gesteigert werden.

Dr. Ing. Koppers[1]) hat den Einfluß der Eigenschaften des Kokses auf die hüttentechnischen Vorgänge weiter erforscht. Seine Ansichten sind indes durch neuere Forschungen überholt worden[2]); die Verbrennlichkeit des Koks hängt vom Gefügebau und nicht vom Gehalt an H und O ab. Die Nachteile, die sich aus der Verwendung ungeeigneten Kokses ergeben, sind folgende:

Hochofen:	Kuppelofen:
Ungenügende Leistung,	Hoher Brennstoffverbrauch,
hoher Koksverbrauch,	mattes Eisen,
minderwertiges Eisen,	hoher Schwefelgehalt,
hoher Verbrauch an Kraft und Gas.	mangelhafte Beschaffenheit der Gußware.

Der Eisengießer ist zweifach an der Koksbeschaffenheit interessiert: Mittelbar, damit er vom Hochofen ein gutes Eisen bekommt, unmittelbar, um im eigenen Betriebe die bisherigen Schwierigkeiten zu überwinden. Es kommt ihm vor allem auf den Bezug eines garen Kokses an, den ihm der Unterbrennerofen nicht liefern konnte; dieser wird dauernd von unten nach oben beheizt, so daß die unteren Schichten schneller verkokt werden und ungefähr 12 bis 18 Std. gar stehen, bevor der obere Teil hinreichend entgast ist. Der Koks ist deshalb teils übergar, teils gerade fertig, bildet also ein Gemisch, womit weder dem einen noch anderem Verwendungszweck gedient ist. Der Hochöfner würde den letzteren, der Gießer den ersteren Koks gebrauchen können, was durch Sortierung immerhin möglich wäre. Aber das ist zu unsicher.

Beim Hochofen kommt es darauf an, daß der Koks außerordentlich schnell CO_2 in CO verwandelt, beim Kuppelofen, daß der Koks mit CO_2 möglichst nicht mehr reagiert, um die höchste Wärmeentwicklung zu erzielen. Im ersteren Falle muß also der Koks einen höheren Gehalt an flüchtigen Be-

[1]) Koppers Mitteilungen Heft 5, 1922.

[2]) Vgl. Fischer, Brennstoff-Chemie 1923 Nr. 3, S. 33 und A. Thau, Glückauf 1922, S. 1010.

standteilen aufweisen, im letzteren Falle möglichst frei davon sein. Der Hochofen arbeitet am sparsamsten mit Holzkohle, während mit diesem Brennstoff im Kuppelofen kein heißes Eisen erschmelzt werden kann. Die Ursache liegt eben darin, daß CO_2 sofort in CO umgesetzt wird, also keine genügende Temperatur erhalten werden kann; es entsteht höchstens ein mattes Eisen[1]). Die von Koppers gestellten Anforderungen an Koks sind in Zahlentafel 159 übersichtlich zusammengestellt.

Zahlentafel 159.

	Hochofenkoks	Gießereikoks	
	vH	Kl. I vH	Kl. II vH
Aschengehalt	bis 9	bis 8	bis 9
Wassergehalt	„ 5	„ 5	„ 5
Schwefelgehalt	„ 1,25	„ 1	„ 1,25
Staub am Empfangsort	„ 6	„ 6	„ 6
Porenraum	50	„ 40	„ 40
Druckfestigkeit, mindest.	100 kg/cm²	100 kg/cm²	100 kg/cm²
Stückgröße	nicht über 120 mm	80—120 mm	80—120 mm
Verkokung bei	650—850°	über 1000°	über 1000°
flüchtige Bestandteile	3 vH	—	—

Auf den Aschengehalt legt Koppers weniger Gewicht, dagegen empfiehlt er, mit dem Wassergehalt noch weiter, bis auf 3 vH, herunterzugehen.

c) Trockene Kokskühlung mit Verwertung der Koksglut.

Eine Sonderart der Abwärmeverwertung betrifft die trockene Kokskühlung zwecks Verwertung der Koksglutwärme[2]). Der durch das Ablöschen des glühenden Kokses entstehende Wärmeverlust wird fast allgemein mit 3 vH des Kohlenheizwertes angegeben, so daß bei einem durchschnittlichen Koksausbringen von 75 vH mit 4 vH des Koksheizwertes zu rechnen ist. Die Temperaturen des heißen Kokses werden hierbei auf 900 bis 1100° geschätzt, so daß wir, bei der mittleren Temperatur von 1000° und einer spezifischen Wärme von 0,4, 400 WE je t Koks zu verbuchen haben. Könnten wir die Temperatur des Kokses durch irgendein Verfahren auf 250° herunterkühlen, so würden $^3/_4$ des Wärmeverlustes, d. h. 300 WE je t nutzbar gemacht werden können. Das gäbe rd. 33 bis 40 PS/st für das Jahr oder bei einer jährlichen Kokserzeugung von 30 Mill. t über 1 Milliarde PS/st, die bei Unterlassung dieser Abwärmeverwertung verloren gehen. In Koks zurückgerechnet macht das 1,2 Mill. Koks aus, die uns für die Zentralheizung gute Dienste leisten könnten.

Neben dem Verlust der fühlbaren Wärme sind aber noch andere Faktoren für die trockene Kokskühlung maßgebend gewesen. Zu ihnen gehört der Schwefelkies, der zu einem geringen Teil nach der Gleichung

$$2\,Fe\,S_2 + 11\,O = Fe_2\,O_3 + 4\,SO_2$$

zersetzt wird. Wenn auch ein geringer Teil von Schwefel zu SO_2 verbrennt, so muß man praktisch damit rechnen, daß derselbe Prozentgehalt in der Kohle sich auch im Koks wiederfindet. Beim Löschen des Kokskuchens mit Wasser zerfällt $Fe\,S_2$ ferner nach folgender Gleichung, die jedoch nur theoretisch als richtig angesehen werden kann:

$$2\,Fe\,S_2 + 2\,H_2\,O + 5\,O = Fe_2\,O_3 + 2\,H_2\,S + 2\,S\,O_2.$$

Jedenfalls entweicht mit dem Ablöschen des Kokses ein Teil der Schwefelmengen, die auf Eisen und Beton zerstörend einwirken (372).

[1]) Aus diesem Grunde könnte sich vielleicht die Bewährung des Karbokohle-Verfahrens in Amerika erklären, das den Umweg über den Halbkoks nicht scheut, um daraus Hochofenkoks mit 3 vH flüchtigen Bestandteilen zu erhalten, der den Vorzug leichter Entzündlichkeit und Verbrennlichkeit besitzt.

[2]) Vgl. die im Verlage von Otto Spamer, Leipzig, erschienene Arbeit von Oberingenieur Litinsky.

Durch die Aufnahme des Wassergehaltes verliert endlich der Koks an Heizwert; denn 100 kg Koks von 6400 WE mit 10 vH Wassergehalt entwickeln im Generator bei dessen Wirkungsgrad von 80 vH

$$\frac{100 \cdot 6400 \cdot 80}{100} = 512000 \text{ WE}.$$

Hieraus ergeben sich folgende Verluste:

1. 10 kg Wasser müssen zunächst in Dampf von 100° verwandelt werden, wozu erforderlich sind	6300 WE
2. 10 kg Dampf nehmen einen Raum von 17 cbm ein, die von 100 auf 1000° im Generator zu erhitzen sind; 17 (1000 — 100) 0,4 = . . .	6120 »
	12420 WE,

die 1,94 vH des Kokswertes entsprechen.

Die Verfahren, die Verluste wettzumachen, liefen zunächst darauf hinaus, das Naßlöschen in geschlossenen Räumen vorzunehmen, die Dampfmengen aber zur Verwertung in Abdampfturbinen und Dampfspeichern zu sammeln. Gegen diesen Gedankengang sprechen die Verunreinigungen des Dampfes. Selbst seine Benutzung für Generatorzwecke ließ sich aus dem Grunde nicht verwirklichen, weil verhältnismäßig selten Kokereien und Generatoren gleichzeitig betrieben werden. Die beste Lösung stellt ohne Zweifel der Doppelgaserzeuger von Strache (218) dar, der die Ent- und Vergasung des Brennstoffes in sinnreicher Weise in einem Schacht vereinigt.

Schöndeling[1]) hat ein Verfahren zur Entfernung der mechanischen Verunreinigungen aus dem Löschdampf herausgebracht. Siegwarts[2]) empfiehlt die Ausnutzung der Kokswärme zur Wassergasbereitung. Gegen diese Methode spricht der für die vorgeschriebene Löschweise aufzuwendende Zeitverlust und das für die Wassergaserzeugung geringe Temperaturgefälle (1000 — 800°). Schlemming beabsichtigte ein Ablöschen des heißen Kokskuchens durch Wasserdampf, um hierdurch Wassergas zu bereiten. Die Gaswerke Bonn und Bernburg bedienen sich zwecks Ersparnis an Dampf eines gemischten Verfahrens. Sie wenden erst die Wasserberieselung an und überlassen darauf den sich hieraus entwickelten Wasserdämpfen den Rest des Löschens. Das Verfahren hat den Nachteil, daß die bei ihm zur Anwendung kommenden schmiedeeisernen Gefäße stark angegriffen werden.

Die Zuider Gasfabrik benutzt die Kokswärme zur Überhitzung des Wasserdampfes für die Wassergaserzeugung in senkrechten Retorten.

Thau[3]) schlug vor, den in geschlossenen Löschräumen abgefangenen Dampf einer Anzahl von Koksöfen durch einen Sohlkanal in der Zeit höchster Garung zuzuführen, um die Ammoniakausbeute zu erhöhen.

Eine Anzahl von Vorschlägen läuft darauf hinaus, den heißen Koks in die Hochöfen zu bringen, die aber im Verhältnis zu den großen Anlagekosten keine praktische Bedeutung haben. Wunderlich[4]) beschäftigte sich mit der Aufgabe, die Kokswärme in Dampfkesseln zu verwerten. Eine praktische Lösung fand die Maschinenfabrik Gebr. Sulzer, indem sie den glühenden Koks in einen abgeschlossenen schachtartigen Behälter bringt und die sich bald mit CO_2 sättigenden vorhandenen Gase mittels Ventilators im Kreislauf durch das Röhrenbündel eines Kessels und den Kokskuchen drückt. Es dürfte interessieren, die mit dieser Kokskühlanlage während einer längeren Betriebsperiode in Schlieren gewonnenen Ergebnisse hier wiederzugeben:

Mittlere gekühlte Koksmenge je Tag	24 bis 25 t
Temperatur des glühenden Kokses	1100 „ 1000°
Kesseldruck	4 at
mittlere Speisewassertemperatur	48°
i. M. verdampfte Wassermenge je t Koks	405 kg
nutzbar gemachte Wärmemenge	247 WE
zur Verdampfung von 1 kg Wasser erforderliche Wärmemenge .	610 „

Ähnliche Ergebnisse liegen bei dem Gaswerk in Zürich vor, so daß dieses Verfahren nur überall empfohlen werden kann.

---

[1]) Glückauf 1919 S. 854.

[2]) D. R. P. 276272.

[3]) Glückauf 1919 S. 855.

[4]) Österr. Gasjournal 1917 Heft 16.

d) Teerdestillation.

Von unserer gesamten Kohlenförderung wird etwa ein Drittel unter Teergewinnung verarbeitet; die daraus hergestellte Teermenge beträgt somit noch nicht einmal 1 vH der Gesamtförderung. Die Teerausnutzung ist zufriedenstellend, dagegen können wir dies von dem Rest der Kohle durchaus nicht behaupten. Bei der Verfeuerung werden all die chemischen Verbindungen dem Feuer preisgegeben, bei der Kokserzeugung ist nach neueren Ansichten die Teergewinnung auch nicht völlig genügend, denn der Hochofen gebietet ohne Rücksichtnahme auf die Seele und den Wert der Kohle[1]). Daß Kohle aus ehemaliger Pflanzensubstanz hervorgegangen ist, ist bekannt; wir wußten, daß sie aus zwei Dritteln Zellulose und einem Drittel Lignin besteht. Aber neuere Forschungen von Fischer und Schrader[2]) zwingen uns heute, unsere Anschauung über den Aufbau der Kohle zu ändern, d. h. das Verdienst dem Holzbestandteil (Zellulose) zu nehmen und es dem Lignin zuzuschreiben. Diese Erkenntnis kann unsere Verfahren zur besseren Ausnutzung der Kohle in ganz andere Bahnen lenken. Bis wir soweit sind, werden wohl noch viele Jahre vergehen. Aber die bestehenden Verfahren lassen jetzt schon Verbesserungen zu. Bei der Kokerei gewinnen wir aus dem Gas das Benzol, die Solventnaphtha, das Ammoniak für die Landwirtschaft usw. Dagegen jagen wir mit dem Verbrennen des Kokereigases jährlich etwa 30000 t Schwefel in die Luft (das sind etwa 40 vollbeladene Güterzüge!), die niemandem nützen, vielmehr schädlich auf die Pflanzenwelt wirken. Wohl aber könnte man mit diesen Mengen 100000 t Schwefelsäure erzeugen (255)[3]). In ähnlicher Weise verhält es sich mit dem Zyan und dem Äthylen; aus letzterem könnte nach bekannten Methoden Spiritus gewonnen werden.

Die Teerblase (49, 238, Tafel II) zeigt für gewöhnlich einen Anschluß an einen Wasserkühler, aus dessen Schlange das Destillat in flüssigem Zustande in die Vorratsbehälter gelangt, sowie einen Bodenauslaß, der mit einem als Pechkühler dienenden Behälter verbunden ist. Die Teerdestillation erfolgt in der Regel in unterbrochenem Betrieb; hier ist also wiederum eine Möglichkeit zur Besserung der Wirtschaftlichkeit gegeben. Nach einem Bericht von Thau[4]) muß England das Verdienst zugeschrieben werden, auf diesem Gebiete bahnbrechend vorausgegangen zu sein; man hat hier zuerst die sonst im Kühler vernichtete Wärme zur Vorwärmung und Entwässerung des Teers nutzbar gemacht. In England gibt es heute wohl keine Teerdestillation mehr, die nicht nach dieser Weise arbeitet. Man muß sich deshalb wundern, daß selbst Lunge[5]) dies Verfahren nur kurz erwähnt, ohne ihm eine größere Bedeutung beizumessen.

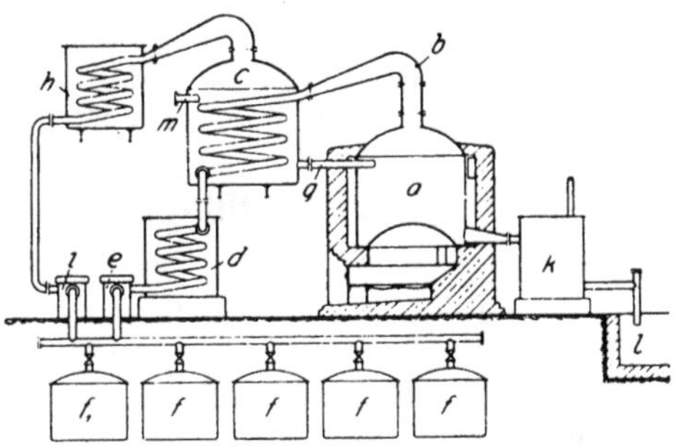

Abb. 228. Schema einer Teerdestillation.

In Abb. 228 ist das Verfahren schematisch dargestellt. Die stehende Teerblase *a* ist durch den Helm *b* mittels Kühlschlange mit der Blase *c* verbunden und diese wiederum mit dem Behälter *h* in ähnlicher Weise gekuppelt. In *d* wird das Destillat vollständig niedergeschlagen und über die Vorlage *e* nach *f* übergeleitet. f_1 ist ein Leichtölbehälter, der Vorrichtungen zur Abscheidung des Wassers hat. Der Blasenrückstand wird in den Pechkühler *k* abgelassen und der Inhalt des Vorwärmers *c* durch *g* nach *a* übergeleitet, sobald die Destillation der Blasenbeschickung beendet ist.

Die Unterschiede im Brennstoffverbrauch betragen bei stehenden Blasen mit 24 t Nutzungsraum und einem Teer von 3 bis 5 vH Wassergehalt rd. 36 vH, wobei sich die Destillationsdauer um $\frac{1}{3}$ verkürzt. Thau berichtet über die von ihm geleiteten Anlagen, daß sie sich ohne die geringsten Anstände in jahrelangem Dauerbetrieb bewährt haben. Trotzdem sieht man noch so viele Anlagen, bei denen der Teer unter Anwendung großer Mengen gespannten, womöglich noch in besonderen Kesseln erzeugten Dampfes entwässert wird!

Dr. Weickel hat auf der Teerdestillation der Asphalt-, Teerprodukten- und Dachpappenfabrik Phil. Weickel bei Worms 1917 eine liegende Blase erbaut, die Abb. 229 wieder-

[1]) Dr. W. Gluud, Vortrag im Westf. Ind.-Klub zu Dortmund, März 1921.

[2]) Kohlenforschungsinstitut Mülheim.

[3]) Um die Schwefelsäure zu umgehen, hat sich der Stinneskonzern mit der Sodafabrik in Köln-Kalk zusammengeschlossen; das verdichtete Ammoniakwasser seiner Kokereien wird dorthin geschickt, um Ammoniaksoda herzustellen. Dabei entfällt Chlorammonium zu Düngezwecken als Nebenprodukt.

[4]) Glückauf 1922, S. 744.

[5]) Steinkohlenteer und Ammoniak, 5. Aufl. Bd. 1 S. 420. Lunge & Köhler.

gegeben ist. Statt der wärmewirtschaftlich weniger günstigen Vorfeuerung *b* ließe sich die übliche Innenfeuerung in dem einen Flammrohr unterbringen; anderseits könnte man auf Abwärme zurückgreifen, die für die Fraktionen ausreichende Temperaturen aufweist.

Die Weickelsche Bauart hat den gehegten Erwartungen im vollsten Maße entsprochen. Der Teer kann ohne vorherige Entwässerung oder Vorwärmung mit einem Wassergehalt von 3 bis 4 vH in die 20 t fassende Teerblase eingefüllt werden. Die Teerdestillation erfolgt ohne Anwendung von Vakuum bei gewöhnlichem Druck. Die Destillationsdauer beträgt für eine Beschickung etwa 12 Std, der Brennstoffverbrauch rd. 1500 kg rheinischer Preßbraunkohle je Blasenbeschickung. Nimmt man statt dessen Steinkohle, so würde rd. 1 t Kohle auf 20 t Rohteer kommen, also 5 vH. Dagegen haben die stehenden Blasen einen Kohlenverbrauch von 8 bis 10 vH für nichtentwässerten kalten Teer bzw. 4,5 bis 6 vH bei vorgewärmtem Teer aufzuweisen. Die Verwendung von Wellrohr-Flammrohren hat den Vorteil, daß sie durch ihre Ausdehnung die auf ihnen lagernden Pechkoksansätze verhindern. Durch Vereinigung von 3 Weickelschen Blasen läßt sich ein ununterbrochener Betrieb dadurch erreichen, daß z. B. die eine Blase unter Feuer steht, die zweite frisch beschickt, die dritte bis auf den Rückstand abdestilliert wird. Dadurch, daß man den Pechrückstand in der letzten Blase durch Anschluß an den Kamin abkühlen läßt, kann der Pechrückstand unter Umgehung eines besonderen Pechkühlers unmittelbar in die Pechgrube abgelassen werden.

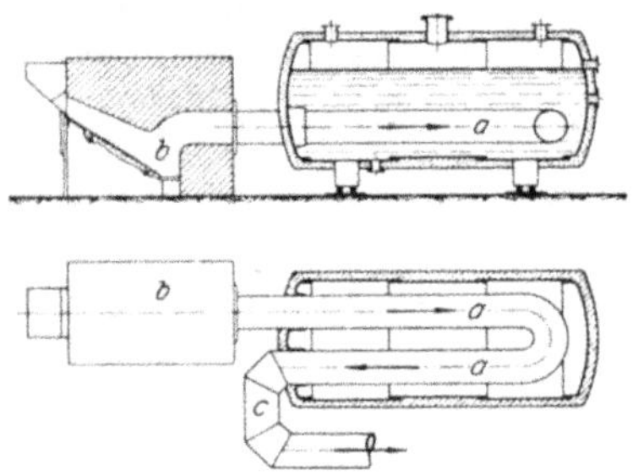

Abb. 229. Liegende Teerblase nach Weickel.

2. Destillation der Steinkohle bei Tieftemperatur.

a) Einleitung.

Nach Thau[1]) legte der Engländer Parker mit seinem englischen Patent 14365 im Jahre 1906 den Grundstein zur heutigen Tieftemperaturverkokung der Steinkohle, obwohl Murdoch, der Begründer der Leuchtgaserzeugung, bereits 100 Jahre früher erkannt hatte, daß die Gasausbeute je nach der Destillationstemperatur steigt und fällt, während sich der Heizwert des Gases in umgekehrtem Verhältnis ändert.

Auf das Verfahren von Parker (114) gründete sich die heute noch bestehende Coalite Co., deren auf mehreren englischen Gasanstalten erbaute Anlagen wieder abgerissen werden mußten, weil das Verfahren nicht genügend erprobt war, und für den sehr zerreiblichen Halbkoks trotz seines Heizwertes von 7500 WE kein Absatz als Hausbrand gefunden werden konnte. Tozer verwandte später eine Ringretorte (115), um die Kohle in dünnen Lagen und bei hohem Vakuum zu verschwelen, erzielte aber auf die Einheit bezogen so kleine Durchsätze, daß die auf das Verfahren begründete Tarless Fuel Co. keine weiteren Erfolge zu verzeichnen hat und heute mit zur Coalite Co. gehört. Beim Del Monte-Everett-Verfahren (116) verwendet man geneigt verlegte Retorten mit Koksaustrag am höherliegenden Ende. Die Kohle wird durch eine Förderschnecke bewegt und die Retorten, die zu je vier in einer Einheit zusammengebaut sind, werden von innen und außen beheizt.

In Deutschland hat sich die Urteer-Entwicklung durch die von Fischer und Gluud veröffentlichten Arbeiten (119) weiter vollzogen. Wir sehen den Schweldrehofen von Fellner & Ziegler, Frankfurt a. M., den Drehofen von Thyssen, die unter Druck arbeitende Schwelretorte von Raffloer, Duisburg, und endlich jene beim Karbokohle-Verfahren (509), das zwar die Halbkoksfrage in technischer Hinsicht scheinbar gelöst hat, während in wirtschaftlicher Hinsicht Bedenken bestehen. Das gilt hauptsächlich für Brennstoffe, deren flüchtige Bestandteile wesentlich unter 30 vH ausmachen.

b) Geneigter Schweldrehofen von Fellner und Ziegler.

Über die Steinkohlenverschwelung im geneigten Drehofen der obigen Firma auf dem Gelsenkirchener Hochofenwerk berichtet Thau[2]).

Die in Eisenbahnwagen ankommende Förderkohle wird durch Greifer in einen Vorratsbehälter *1*, vgl. Abb. 230, überführt, aus dem sie mittels Aufgabevorrichtung *2* in einen Walzenbrecher *3* gelangt. Auf etwa 25 mm gebrochen, gleitet sie über eine Rutsche in eine Becherwerkstasche *4* und wird mittels

[1]) Bergbau 13. Juli 1922.

[2]) Glückauf 1923, S. 29.

eines Becherwerks *5* hochgehoben und durch eine Rinne *6* in einen oben im Kohlenturm angeordneten Behälter *7* von 20 t Inhalt überführt. An das unten verjüngte Ende des Kohlenbehälters *7* schließt sich unten eine mechanisch betätigte Schwingaufgabe *8* an, die sehr fein einstellbar ist und durch welche die Kohlenzuführung zum Schwelofen geregelt wird. Die Kohle gleitet durch ein Verbindungsstück *9* in die Drehtrommel *10*. Diese ist aus 18 mm starken Blechen zusammengenietet, 20 m lang, bei einer lichten Weite von 2,5 m und mit einer Neigung von 5 vH verlegt; sie macht eine Umdrehung in $3\frac{1}{4}$ Min. Die Trommel ruht, an beiden Enden durch Ringe *11* gehalten, auf Tragrollen *12*. Um ein Gleiten in der Neigungsrichtung zu verhüten, befindet sich hinter dem oberen Tragring *11* eine senkrecht schwer verankerte Führungsrolle *13*. Am Beschickungsende ist auf der Trommel ein schwerer Zahnkranz *14* befestigt, der durch ein doppeltes Vorgelege *15* mittels Riemenübertragung von einer oben im Kohlenturm von einem Elektromotor *16* beeinflußten Riemscheibenwelle *17* Antrieb erhält. In die Kopfplatte der Trommel ist durch Labyrinthdichtung ein feststehendes Gußstück *18* eingelassen, das die Verbindung zwischen dem Aufgaberohr *9* und der Trommel herstellt.

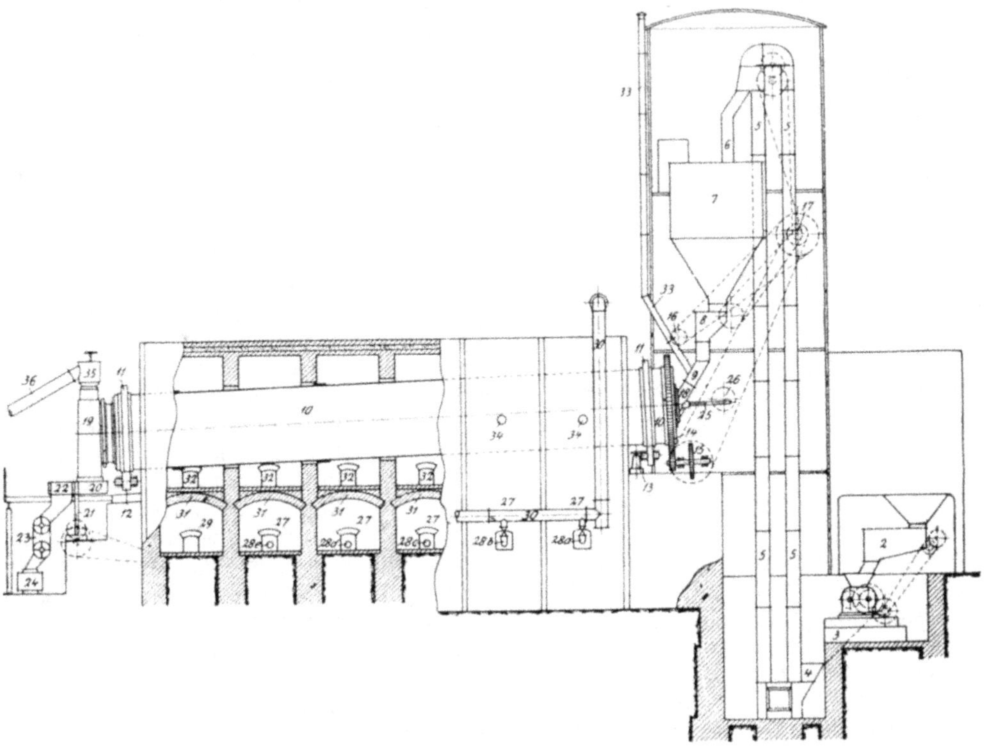

Abb. 230. Schweldrehofen von Fellner und Ziegler.

Am tieferliegenden Austragende ragt die Trommel mittels Labyrinthdichtung in ein feststehendes Gußeisengehäuse *19* hinein, unter dem sich der Koksaustrag 20 befindet. Er besteht aus einer auf das obere Ende einer senkrechten Welle *21* aufgekeilten Platte, die unter dem Gehäusedeckel schleift und gasdicht abschließt und in die ein Rohrstutzen *22* von 600 mm lichte Weite eingelassen ist, in den der Koks hineinfällt und durch die Drehung sich in eine Schleuse *23* entleert, aus der er auf eine Schüttelrutsche *24* abgezogen und zum Lager befördert wird. Das Anschlußstück *18* in der Kopfplatte der Trommel ist in der Mitte durchbohrt, und mittels Stopfbüchse ragt eine im Innern in Hängelagern verlegte Welle *25* etwa 7 m weit in die Trommel hinein. Als seitliche Ausleger angeordnete Winkeleisen treten bis dicht an die Trommelwand heran, um durch ständige Vor- und Rückwärtsbewegung der Welle 25 mit Hilfe des mechanischen Antriebes *26* eine Schaberwirkung auszuüben und die Bildung von Ansätzen oder größeren Koksballen zu verhüten. Die Trommel ist von einem gemauerten Ofen umgeben, wobei die beiden Enden der Trommel je 1 m hervorragen, so daß eine Länge von 18 m beheizt ist.

Der Ofen bildet senkrecht zur Trommel fünf Kammern *27*, in welche die Brenner *28a* bis *28e* hineinragen. Die sechste Kammer *29* ist nicht beheizt und steht durch einen Fuchs mit dem Schornstein in Verbindung. Den Brennern wird im vorliegenden Falle Gichtgas durch eine gemeinschaftliche Verteilungsleitung *30* zugeführt. Die Heizkammergewölbe *31* bestehen an der Brennerseite bis zur Ofenmitte aus feuerfestem Mauerwerk; in der gegenüberliegenden Hälfte sind sie durchbrochen, so daß das Gas durch die Steingitter in den oberen Teil der Heizkammern treten kann, in dem die Trommel verlegt ist. Die oberen Kammern sind durch Kanäle seitlich miteinander verbunden, so daß den Gasen ein spiralförmiger Weg als Feuerzug vom Beschickungs- bis zum Austragende vorgeschrieben ist, wodurch sich die Trommel in einer allseitig gleichmäßigen Temperaturzone befindet. Der dem Beschickungsende nächstliegende Brenner *28a* erhält das meiste Gas, da hier die Kohle noch naß und das Wasser zu verdampfen ist, der nächste *28b* braucht etwas weniger usw., bis der letzte *28e* am wenigsten braucht. Um bei Stillständen die Kammern schnell abkühlen zu können, sind in die oberen Kammern an der den Brennern gegenüberliegenden Seite Türen *32* eingelassen, und an das die Aufgabevorrichtung mit der Trommel verbindende Übergangstück *9* ist mittels Schieber ein hochgeführtes Entlüftungsrohr *33* angeschlossen, damit das Schwelgas ins Freie entweichen kann. In halber Höhe der Trommel sind über den Brennern Schaukanäle mit Klappen *34* vorgesehen. Zwischen den Heizkammergewölben *31* und der Trommel liegt über jeder Kammer ein Thermoelement, das an eine umschaltbare Anzeigevorrichtung angeschlossen ist, um die Temperatur genau feststellen zu können. Da der Wärmewiderstand des Trommelmantels etwa 100° beträgt, wird die Heizkammertemperatur auf 600° gehalten, wobei eine große Gleichmäßigkeit mühelos erreicht wird, so daß die Schweltemperatur in der Trommel selbst nirgends 500° übersteigt.

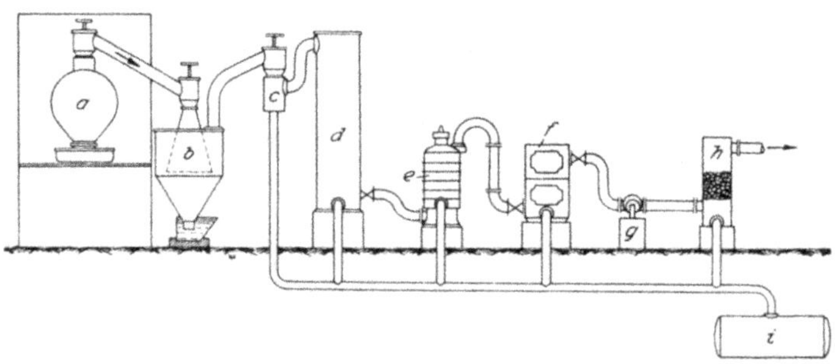

Abb. 231. Schematisch wiedergegebene Kondensationsanlage.

Oben auf dem Trommelkopf befindet sich ein Tellerventil *35*, aus dem das Schwelgas durch das Verbindungsrohr *36* in einen Staubscheider geleitet wird. Die in Abb. 231 schematisch wiedergegebene Kondensationsanlage entspricht der auf Gaswerken oder Kokereien üblichen. Das den Trommelkopf *a* verlassende Gas durchströmt hintereinander den Staubscheider *b*, Vorlage *c*, Luftkühler *d*, Schleuderwascher *e*, Wasserkühler *f*, Sauger *g* und Raschig-Turm *h*, während sich die durch Tauchungen ablaufenden Kondensate im Behälter *i* sammeln. Neuartig ist der Staubscheider *b*, in dem nicht durch mechanische Prall- oder Reibwirkungen, sondern nur durch Verringerung der Gasgeschwindigkeit ein Staubausfall herbeigeführt wird. Das Gaseintrittsrohr in der Mitte des Oberdeckels erweitert sich, wie in Abb. 231 ersichtlich, im Innern nach unten zu einer Glocke, während sich der oben zylindrische Außenmantel des Staubscheiders nach unten trichterförmig verjüngt und mit dem untern Ende in einen mit Wasser gefüllten Kasten taucht. Das Gas steigt um den unteren Glockenrand außerhalb der Glocke nach oben und entweicht durch zwei ebenfalls an den Deckel angeschlossene Austrittsrohre. Da sich der Staubscheider nebst den Anschlußrohren zeitweilig verstopft, sind zwei vollständige Einheiten vorgesehen, die durch Pilzventile ausgeschaltet und nach Bedarf gereinigt werden können, was etwa alle drei bis vier Schichten erforderlich wird. Trotzdem die Staubscheider mit Wärmeschutzmasse umhüllt sind, ist eine Kondensation von Teerbestandteilen mit höherem Siedepunkt nicht zu vermeiden. Sie mischen sich mit dem ausfallenden Staub zu Dickteer. Man beabsichtigt daher die Staubscheider mit einem zweiten Mantel zu umgeben und den Zwischenraum durch Abdampf oder Kamingase zu erwärmen.

Als Gassauger wurde ein Dreiflügelsauger verwandt, der sich jedoch nicht bewährt hat, da durch den Reichtum des Gases an dampfförmigen Leichtölen, die sich bereits bei ganz geringem Druck verflüssigen, die Wirkung des Schmieröls vollkommen aufgehoben wird. Man mußte deshalb zur Schmierung des Saugers das teuere Glyzerinöl verwenden. Anstatt der Flügelsauger wird man vorteilhaft Gebläse- oder Kapselsauger verwenden, die einer Schmierung der Innenteile nicht bedürfen. In die Umlaufleitung des Saugers ist ein in der Abb. 231 nicht berücksichtigter selbsttätiger Druckregler eingebaut.

Die Leichtölgewinnung entspricht gemäß der schematischen Abb. 232 fast ganz der bei der Benzolgewinnung üblichen. Teerwaschöl im Behälter *a* wird durch die Pumpe *b* über den Gaswascher *c* gepumpt und sammelt sich in *d*, von wo es mittels der Pumpe *e* über den Wascher *f* geleitet wird und sich mit Leichtöl angereichert in *g* sammelt. Die Pumpe *h* drückt es nun durch den Wärmeaustauscher *i*, Erhitzer *j* in die Abtreibekolonne *k*, deren Dämpfe durch den Austauscher *i* und Wasserkühler *l* geleitet werden, wobei sich das Kondensat im Scheidebehälter *m* sammelt und Leichtöl und Wasser getrennt abgeführt werden, wobei das erstere dem Behälter *n* zuläuft. Das den Abtreiber bei 110° verlassende Waschöl fließt durch den Ölkühler *o* nach *a* zurück, um den Ölkreislauf zu schließen.

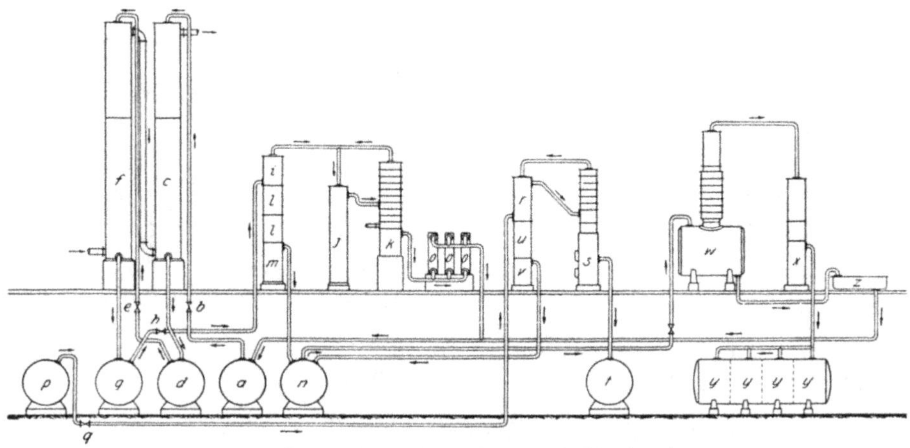

Abb. 232. Schematische Darstellung der Leichtölgewinnung.

Da der Urteer zur Emulsionsbildung neigt und sich schwer vom Wasser trennt, wurde eine Destillierentwässerung mit dem Betrieb der Benzinfabrik vereinigt, wobei der Behälter *p* dem Sammelbehälter der Kondensationsanlage (vgl. *i* in Abb. 231) entspricht. Aus diesem drückt die Pumpe *q* den Urteer durch den Wärmeaustauscher *r* in die mit Heizschlangen versehene und einen Kolonnenaufsatz tragende kleine Blase *s*, aus welcher der Urteer bei 115 bis 120° wasserfrei abläuft, während das abgetriebene Dampfgemisch durch den Austauscher *r* geführt, im Wasserkühler *u* niedergeschlagen und im Scheider *v* getrennt wird, wobei das Leichtöl ebenfalls dem Behälter *n* zuläuft. Aus diesem wird nach Bedarf die Destillierblase *w* gefüllt und das Erzeugnis je nach der gewünschten Beschaffenheit aufgearbeitet, wobei die Destillate aus dem Scheider *x* den Lagerbehältern *y* zugeführt werden. Der Blasenrückstand wird in die Pfannen *z* abgelassen und nach Abkühlung dem Waschöl in *a* wieder zugeführt.

Die Benzingewinnung wurde in dieser Weise eingerichtet, weil man nach dem lange bekannten Benzolgewinnungsverfahren ohne umfangreiche Vorversuche schnell zu wirtschaftlichen Ergebnissen gelangen wollte. Ob damit zugleich das geeignetste Verfahren gewählt wurde, sei dahingestellt, denn vielleicht hat gerade hier eine Leichtölgewinnung mittels aktiver Kohle oder durch Gaskompression ihre besondere Berechtigung.

Betriebsergebnisse.

Die Tagesausbeuten der gesamten Schwelanlage auf den Gelsenkirchener Hochöfen sind in der Zahlentafel 160 zusammengestellt, wobei vorausgeschickt werden muß, daß die über 130° siedenden Leichtöle des Urteers in diesem enthalten sind.

Zahlentafel 160.

Tagesausbeute der Schwelanlage.

Durchsatz: 54 t Förderkohle.

Halbkoks	41,6 t	= 77,04 vH
Schwelgas	5945 cbm	= 110 cbm/t
Urteer	3,74 t	= 6,46 vH
Dickteer	0,425 t	= 0,78 „
Benzin[1]	853 kg	= 1,58 „

[1] Einschließlich des bei der Entwässerung des Urteers gewonnenen.

Halbkoks.

Als Haupterzeugnis entfällt der Halbkoks, über dessen Beschaffenheit die Zahlentafel 161 Aufschluß gibt. Zum Unterschied vom Ausland hat man sich in Deutschland erst gar nicht bemüht, einen stückigen Koks zu erzielen, sondern sucht den Halbkoks als Brennstoff zu Staubfeuerungen zu verwerten, wozu er sich beim Betrieb von Sinter- und Klinkeröfen eignet. Die Versuche, Halbkoks als Staub zu verbrennen, haben zu teilweise widersprechenden Ergebnissen geführt, die ein abschließendes Urteil, von dem die Zukunft der Steinkohlenschwelereien in größtem Maße abhängt, noch nicht ermöglichen. Versuchsergebnisse über Brikettierung des Halbkoks sind weiter unten zusammengestellt. Die Wirtschaftlichkeit einer Brikettierung ist bei den heutigen Pechpreisen zweifelhaft.

Zahlentafel 161.

Kohle-, Halbkoks- und Staubanalysen.

	Kohle[1] vH	Halbkoks vH	Staub[2] vH
Wasser	5,94	7,36	12,77
Flüchtige Bestandteile	28,80	9,74	15,42
Asche	15,08	17,48	16,18
Aschefreier Koks	50,18	65,42	55,63
	100,00	100,00	100,00
Schwefel	1,98	1,95	1,92
Wasserstoff	3,45	2,67	—
Unterer Heizwert WE	6338	6292	—

[1] Förderkohle von der Zeche Fürst Hardenberg bei Dortmund.
[2] Aus den Verbindungsleitungen.

Die Klassierung des Halbkoks (Raumgewicht 610 kg/cbm) mit der Koksgabel von 30 mm Zinkenabstand ergibt 42,60 vH Stückkoks (Raumgewicht 246 kg/cbm) und 57,40 vH Kleinkoks und Staub.

Versuchsergebnisse mit der Brikettierung von Halbkoks.

Gepreßt	Festigkeit kg/qcm
ohne Bindemittelzusatz	10
mit 2 vH Hartpechzusatz	60
„ 5 „ „	90
„ 6 „ „	100

Urteer.

Trotzdem so viel über den Urteer in der Öffentlichkeit berichtet worden ist, wird die Grenze zwischen Urteer und Teer immer verwischter, was aus den neueren Arbeiten von Schütz[1]), F. Fischer[2]) und Weißgerber[3]) hervorgeht. Nachdem Weißgerber[4]) auch Naphthalin im Urteer nachweisen konnte, besteht der Unterschied beider Teere in chemischer Beziehung schließlich nur noch in der verhältnismäßig größeren Menge aromatischer Verbindungen, die im Teer gegenüber dem Urteer vorhanden sind.

Im übrigen hat der Urteer noch einen Gehalt von 3,5 vH an Bestandteilen[5]), die in Benzolkohlenwasserstoffen unlöslich sind, und sein Heizwert ist gegenüber dem für Teer zu durchschnittlich 8500 WE bekannten erheblich höher. Über die Beschaffenheit des Urteers gibt die Zahlentafel 162 Aufschluß, in der auch der in den Staubscheidern ausfallende Dickteer berücksichtigt ist. Der letztere kann in einer Blase in Öle und Pech getrennt oder in einer Retorte verkokt werden, wobei der weniger als 4 vH Asche enthaltende feste Rückstand als Elektrodenkoks Verwendung finden kann. Der Urteer ist, wie sein Gehalt an Benzolunlöslichem zeigt, noch erheblich durch Staub verunreinigt, was bei der Drehofenverkokung, wie bereits an anderer Stelle betont, besondere Aufmerksamkeit verdient. Für einen hochwertigen Urteer wird man die Grenze mit 1,0 vH zu ziehen haben. Infolgedessen muß der elektrischen Staubreinigung, die bei hohen Temperaturen und daher ohne Teerverlust durchgeführt werden kann, für dieses Arbeitsgebiet weitgehendste Beachtung gezollt werden.

[1]) Ber. deutsch. Chem.-Ges. 1923, **56** S. 162.
[2]) Brennst. Chem. 1923 S. 49.
[3]) ebenda S. 81.
[4]) „ S. 82.
[5]) Meist irrtümlich als „freier Kohlenstoff‘ bezeichnet.

Zahlentafel 162.

Destillationsbestimmungen[1] von Urteer.

	Urteer vom Luftkühler	Urteer vom Schleuderwäscher	Gesamturteer roh	Gesamturteer entwässert	Dickteer
Spezifisches Gewicht	1,03	1,028	1,027	1,10	—
Wasser . . . vH	31,0	38,8	64,80	0,45	1,00
Leichtöl bis 130° . . . „	12,9	9,0	8,50	—	—
Freier Kohlenstoff[2] . . . „	—	—	—	3,502	12,380
Wasserstoff . . . „	—	—	—	7,45	5,20
Oberer Heizwert . . . WE	—	—	—	9116	8200
Unterer Heizwert . . . „	—	—	—	8714	7889
Schwefel . . . vH	—	—	—	0,64	0,84
Siedepunkt . . . °C	156	158	154	162	150
Es gehen über in vH[3] bis 160°	2,0	2,0	1,0	—	—
170°	4,0	3,0	2,0	5,5	—
180°	5,0	5,0	4,0	6,5	—
190°	7,0	6,0	6,0	7,1	—
200°	14,0	13,0	12,0	11,6	—
210°	18,0	16,0	14,0	18,3	—
220°	33,0	29,0	22,0	25,4	—
230°	41,0	32,0	27,0	31,1	1,0
240°	46,0	37,0	31,0	36,1	1,5
250°	48,0	41,0	35,0	38,5	2,0
260°	51,0	43,0	37,0	40,3	2,5
270°	54,0	49,0	39,0	42,0	3,0
280°	57,0	51,0	41,0	45,0	3,0
290°	59,0	53,0	45,0	47,8	3,5
300°	61,0	56,0	46,0	48,9	3,5
310°	63,0	57,0	50,0	51,4	6,5
320°	68,0	59,0	52,0	54,0	8,0
324°	70,0	—	—	—	—
330°	—	61,0	53,0	—	9,0
340°	—	—	57,0	—	—
345°	—	—	64,0	—	13,5
Pechrückstand . . . vH	30,0	38,0	35,0	44,1	85,5
Destillationsverlust . . . „	0,0	1,0	1,0	1,9	1,0

Ammoniak im Teerwasser: 0,241 vH NH_3 (gebunden).

[1] Über freier Flamme destilliert. — [2] In Benzolkohlenwasserstoffen unlösliche Bestandteile. — [3] In wasserfreiem Urteer bestimmt.

Zahlentafel 163.

Destillationsbestimmungen des Steinkohlenrohbenzins.

	Gasbenzin	Urteerbenzin	Rohbenzingemisch
Spezifisches Gewicht	0,935	0,82	0,88
Siedepunkt . . . °C	32	50	64
Es gehen über in vH bis . 40°	2	—	—
50°	4	—	—
60°	7	—	—
70°	9	—	3
80°	12	3	6
90°	15	7	9
100°	18	13	12
110°	21	23	16
120°	24	30	22
130°	28	45	27
140°	31	54	33
150°	34	69	39
160°	41	78	44
170°	50	85	62
180°	65	91	75
190°	82	94	80
200°	87	—	86
Rückstand:	Naphthalin	Urteer	Naphthalin

Benzin.

In Ermangelung einer besseren Bezeichnung nennt man das gereinigte Leichtöl Benzin, obwohl es mit dem Erdöl-Benzin nur ganz entfernte Ähnlichkeit besitzt. Seine chemischen Eigenschaften sind noch wenig erforscht; die Siedegrenzen sind aus der Zahlentafel 163 ersichtlich.

Der befremdlich erscheinende Naphthalinrückstand rührt von der Verwendung eines naphthalinhaltigen Teerwaschöls bei der Leichtölabsorption her. Das Benzin enthält größere Mengen Schwefelwasserstoff in Lösung, die durch Behandlung mit Natronlauge leicht entfernt werden können.

Schwelwasser.

Der Ammoniakgehalt des Schwelwassers ist gemäß der Zahlentafel 162 so gering, daß sich eine Gewinnung nicht lohnt. Dagegen hat Schütz[1]) gefunden, daß es gewinnbare Mengen an Azeton in Lösung hält.

Azeton und Karbolsäure.

Auch die Karbolsäure wurde von Schütz[2]) im Urteer nachgewiesen. Das Schwelwasser wird mit indirektem Dampf destilliert und dabei ein mit Azeton angereichertes Wasser niedergeschlagen. Die leicht siedende Benzinfraktion wird mit Wasser gewaschen, wobei sich das Wasser ebenfalls mit Azeton anreichert. Bei weiterer Destillation der mit Azeton angereicherten Wassermengen wird ein technisch reines Azeton in einer Ausbeute von rd. 1 kg je t durchgesetzter Kohle gewonnen. Durch weitere Waschung der Benzine mit Natronlauge wird nicht nur der Schwefelwasserstoff aufgenommen, sondern auch Phenole gebunden, so daß die gebildete Phenolnatronlauge leicht auf feste Karbolsäure weiter verarbeitet werden kann, wobei die Ausbeute etwa der an Azeton entspricht.

Schwelgas.

Die Zusammensetzung des Schwelgases ist aus der Zahlentafel 164 ersichtlich. Auffallenderweise wurde trotz sorgfältigster Bestimmungen kein Wasserstoff gefunden[3]).

Zahlentafel 164.

Schwelgas-Analysen.

(Durchschnittswerte von 6 Bestimmungen.)

	vor den Benzinwäschern vH	hinter den Benzinwäschern vH	
Kohlensäure und Schwefelwasserstoff	9,55	7,30	
Benzinkohlenwasserstoffe	2,00	0,91	
Äthylen	6,80	7,10	
Sauerstoff	0,30	0,25	
Kohlenoxyd	4,32	4,50	
Wasserstoff	0,00	0,00	
Methan und Homologe	60,51	60,80	
Stickstoff	17,01	19,25	
	100,49	100,11	
Spezifisches Gewicht (Luft = 1)			0,9414
			Gichtgas
Oberer Heizwert WE[1]	7853	7732	—
Unterer Heizwert WE[1]	6735	6617	1150

[1] Mit dem Kalorimeter von Junkers bestimmt.

Die Paraffinölwaschung des Schwelgases ergab vor den Benzinwäschern 12,18 g Benzine in 1 cbm, hinter den Benzinwäschern 4,16 g Benzine in 100 cbm.

[1]) Brennst. Chem. 1923 S. 84.
[2]) Ebenda S. 85.
[3]) „ S. 91.

Wärmebilanz.

Die Wärmebilanz der Drehofenbeheizung ist in der Zahlentafel 165 zusammengestellt, wobei auffällt, daß man mit einem hohen Wärmeverlust durch die Kamingase zu rechnen hat.

Zahlentafel 165.

Wärmebilanz der Drehofenbeheizung.

Eingebrachte Wärmemenge 22650 · 1150 =	26047500 WE
„ fühlbare Gaswärme	206220 „
„ „ Luftwärme	124560 „
Gesamte eingebrachte Wärmemenge	26378280 WE = 100,0 vH
Wärmeverlust durch Abgase	7712650 WE = 29,24 vH
Wärmeabgabe an die Trommel	18665630 WE = 10,76 vH
Tagesverbrauch an Gichtgas	22650 cbm = 418 cbm je t Kohle,
Wärmeverbrauch je kg Trockenkohle	510 WE = 7,7 vH vom Trockendurchsatz

Der Wärmeverbrauch zur Destillation der Trockenkohle beträgt 510 WE gegenüber 750 WE beim Koksofenbetrieb; er ist also nur um ein Drittel geringer.

Wegen seines hohen Heizwertes und Neigung zur Stichflammenbildung eignet sich das Schwelgas ohne weiteres nicht zur Beheizung des Drehofens. Der Gelsenkirchener Drehofen wird mit Gichtgas beheizt und das erzeugte Schwelgas einem Roheisenmischer zugeführt. Immerhin bedarf das Verhältnis zwischen gasförmigem Wärmeverbrauch und Wärmeausbeute eines Vergleichs. Im vorliegenden Falle werden je t Kohle 110 cbm Schwelgas erzeugt, dessen unterer Heizwert nach Entfernung der Benzine noch 6617 WE entspricht. Die Ausbeute an gasförmigen Wärmeeinheiten beträgt mithin 6617 · 110 = 727870 WE je t oder rd. 728 WE je kg Kohle. Da bei der Beheizung mit Gichtgas 510 WE je kg Kohle aufgewendet werden, deckt das Schwelgasausbringen nicht nur den Wärmebedarf für die Ofenbeheizung, sondern es verbleibt noch ein Überschuß von 42 vH zu anderweitiger Verwendung.

Die Wärmebilanz beim Durchsatz ist in der Zahlentafel 166 wiedergegeben.

Zahlentafel 166.

Wärmebilanz beim Durchsatz.

	WE	
Wärmeeingang		
Trommelbeheizung	26 378 200	
Kohlendurchsatz	343 628 000	
insges.	370 006 200	
Wärmeausgang		
Halbkoks	261 796 850	
Schwelgas } einschl. Benzine	45 040 950	
Urteer } einschl. Benzine	32 571 920	
Dickteer	3 360 720	
zus.	342 771 440	
Unterschied gegenüber Kohleeingang	856 560	
zus.	343 528 000	
Dazu fühlbare Wärme des Schwelgases	1 050 600	
insges.	344 678 600	= 93,15 vH Wärmeausbeute
Wärmeverluste		
In den Kamingasen	7712650	
im Halbkoks	7841600	
Verdampfung des Wassers der Kohle	2078040	
Strahlung und Absorption	7695310	
insgesamt	25327600	= 6,85 vH Wärmeverluste.

Wirtschaftlichkeit.

Der Verbrauch an elektrischem Strom der Gesamtanlage stellt sich auf 725,28 kWst täglich oder 13,42 kWst je t durchgesetzter Kohle. Die Anlage kostete in Wirklichkeit insgesamt rund

7,1 Mill. M, welcher Preis im September 1922, zur Zeit als die in Zahlentafel 167 wiedergegebene Wirtschaftlichkeitsberechnung aufgestellt wurde, einer Summe von 98 Mill. M entsprochen haben würde, unter gleichzeitiger Berücksichtigung, daß zum Bau der Benzingewinnungsanlage vorhandene Vorrichtungen mitverwendet wurden. Die Wirtschaftlichkeit ist aus der Zahlentafel 167 ohne weiteres ersichtlich, in der jedoch die Ausbeuten an Azeton und Karbolsäure, die damals noch unbestimmt waren, nicht berücksichtigt sind. Die Wirtschaftlichkeit muß als sehr gut bezeichnet werden, aber sie ist heute nur dann gewährleistet, wenn bei den eingesetzten, damals vom Kohlensyndikat festgelegten Halbkokspreisen ein dauernder Absatz gesichert ist.

Zahlentafel 167.

Jahreswirtschaftlichkeitsberechnung der Schwelanlage nebst Benzinfabrik.

(Preise für September 1922 gültig.)

Schwelanlage

Durchsatz 54 t Kohle täglich, Anlagekosten 59000000 M.

	M/Jahr
Ausgaben	
Zinsendienst 15 und 4%.	8 850 000
Kohle, 19440 t zu 4250 M/t	82 620 000
Hochofengas, 8154000 cbm zu 0,602 M/cbm	4 909 000
Abladekosten, 19440 t zu 180 M/t .	3 499 000
Verschiebekosten, 25000 tkm zu 15 M/tkm	375 000
Arbeitslöhne, 47600 st zu 76,95 M/st	3 663 000
Materialien	500 000
Stromverbrauch, 201600 KWst zu 5,27 M/KWst	1 062 000
Wasserverbrauch, 70200 cbm zu 4 M/cbm	281 000
Gehälter	1 097 000
Verwaltungskosten	450 000
Instandhaltungskosten	1 100 000
	108 406 000
Einnahmen	
Urteer, 1346 t zu 25000 M/t	33 650 000
Halbkoks, 14976 t zu 5466 M/t . .	81 859 000
Schwelgas, 2140200 cbm zu 2,408 M/cbm	5 154 000
Dickteer, 153 t zu 12000 M/t . . .	1 836 000
	122 499 000

	M/Jahr
Einnahmen	122 499 000
Ausgaben	108 406 000
Gewinn	14 093 000
Steuerrückvergütung . . .	3 748 000
Gesamtgewinn	17 841 000

Benzinfabrik

Anlagekosten 39000000 M.

	M/Jahr
Ausgaben	
Waschöl, 80 t zu 26000 M/t	2 080 000
Dampf[1], 5580 t zu 650 M/t	3 633 000
Wasser, 4645 t zu 4 M/cbm	19 000
Strom, 59400 KWst zu 5,27 M/KWst	313 000
Heizwertverminderung der Schwelgase[2]	156 000
Verringerung der Urteermenge (43 t)	1 075 000
Materialien	600 000
Instandhaltungskosten	1 200 000
Wartung der Anlage	900 000
Zinsendienst	5 850 000
Gehälter	366 000
Verwaltungskosten	450 000
	16 642 000
Einnahmen	
Rohbenzin, 307 t zu 150 M/kg . . .	46 050 000
Waschöl (verbrauchtes), 40 t zu 13000 M/t	520 000
	46 570 000

	M/Jahr
Einnahmen	46 570 000
Ausgaben	16 642 000
Gewinn	29 928 000

[1] Geschätzt; nach inzwischen vorgenommenen Messungen beträgt der Dampfverbrauch 9,3 kg je kg Benzin.
[2] 121 WE/cbm; 100 WE kosten 60,2 Pf.

Gesamt-Jahresgewinn der ganzen Anlage

	M/Jahr
Schwelanlage	17 841 000
Benzinfabrik	29 928 000
insges.	47 769 000

umgerechnet auf durchgesetzte Kohlenmenge: 2457 M je t Kohle.

c) Drehretorte nach Goodwin.

Seit kurzer Zeit befaßt man sich auch in England mit der Einführung der in Deutschland fast ausschließlich zur Verschwelung angewandten Drehretorte. Über eine solche Drehretorte, die 1921 in England unter dem Namen „fusion retort" eingeführt wurde, macht Thau[1]) nähere Angaben.

[1]) Glückauf, 23. September 1922 S. 1154.

Danach besteht sie aus zwei ineinandergesteckten Rohren, von denen das äußere auf zwei Rollenpaaren gelagert ist und auch von deren einem angetrieben wird (Abb. 233). Die Retorte ist von einem gemauerten Ofen umgeben. Eine innerhalb der Retorte exzentrisch gelagerte, durch Berührung mit der Trommelwand zeitweise mitgenommene und wieder freigelassene Welle trägt auf ihrer ganzen Länge kreuzweise versetzte Doppelschaufeln, die den Zweck haben, beim Drehen der Retorte das Ansetzen und Anbacken von Koksstücken zu verhindern. Als ein besonderer Vorteil dieser Anordnung muß die Anwendung nur einer einzigen Retortenstopfbüchse gelten, da die Retorte am Antriebsende

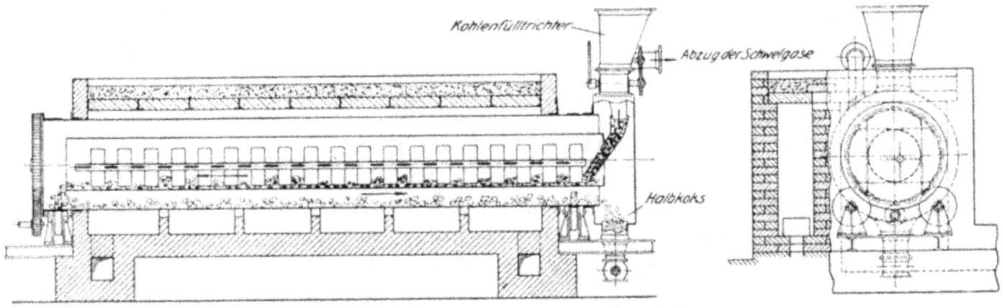

Abb. 233. Drehretorte nach Goodwin.

verschlossen ist und nur am Beschickungsende den feststehenden Kopf aufweist, der gleichzeitig der Beschickung, dem Halbkoksaustragen und der Abführung der Destillationsgase dient. Durch die Anwendung der Doppelretorte soll die Kohle wegen der langsamen Erwärmung in der Innenretorte besonders günstig beeinflußt und der Urteer vor Zersetzung geschützt werden. Die Außenretorte dient lediglich dem Abtrieb der restlichen Kohlenwasserstoffe mit höherem Siedepunkt. Goodwin[1]), der diese Angaben zuerst veröffentlichte, rechnet für eine Leistung von 35 bis 50 t Kohle mit einer Gruppe von zehn Retorten.

d) Schwelretorte nach Beilby.

Auf Grund eigener Versuche kommt Beilby, der Vorsteher des staatlichen englischen Brennstoff-Forschungsinstituts zu Greenwich zu dem Ergebnis, daß richtig entworfene, beheizte und betriebene Schwelretorten für Temperaturen von 600° und darüber ohne Bedenken aus Gußeisen hergestellt werden können[2]). Die Schwelvorrichtung (Abb. 234) besteht aus einer stehenden Retorte, die in einen gemauerten Ofen vollständig eingebaut ist. Während die Verbrennungsgase durch einen Kamin entweichen, werden die Schwelgase durch zwei in das Ofenmauerwerk seitlich eingeführte Rohre abgeleitet. Ein an einer Zugstange hängender, im Querschnitt dem Innern der Retorte entsprechender Korb enthält mehrere, übereinanderliegende Eisenrahmen, die die zu verschwelende Kohle in kastenförmigen Unterteilungen enthalten. Diese Rahmen werden nach beendeter Verschwelung nacheinander aus der Schwelretorte seitlich herausgezogen — wobei der Korb entsprechend gehoben oder gesenkt, entleert und von neuem beschickt wird — während der Halbkoks in einen unten angebrachten Behälter fällt.

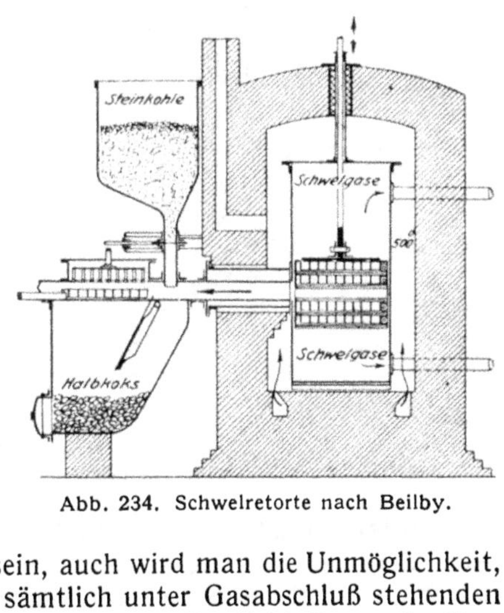

Abb. 234. Schwelretorte nach Beilby.

Die mit der Vorrichtung gewonnenen Ergebnisse sollen nach Beilbys eigenen Berichten sehr zufriedenstellend ausgefallen sein. Daran soll nicht gezweifelt werden, aber uns scheint das Ergebnis mit zu teuerer Apparatur und sehr verwickelter Betriebsweise erkauft zu sein. Die Anlagekosten dürften, auf den Durchsatz bezogen, unverhältnismäßig hoch sein, auch wird man die Unmöglichkeit, zu den inneren Teilen zu gelangen, beanstanden müssen. Die sämtlich unter Gasabschluß stehenden zahlreichen mechanischen Vorrichtungen müssen durch die gänzliche Unzulänglichkeit zwecks Verfolgung des Betriebsganges die Arbeitsweise sehr erschweren.

[1]) Chem. Age 1922 S. 515.

[2]) Thau, Glückauf, 9. September 1922 S. 1098.

e) Verkokungsverfahren von Sutcliffe und Evans.

Nach einem anderen englichen Verkokungsverfahren[1]), das von Sutcliffe und E. C. Evans ausgearbeitet worden ist, wird zur Erzielung eines möglichst hochwertigen Brennstoffes die Kohle zunächst gewaschen und so weit getrocknet, daß ihr Wassergehalt 3 vH nicht überschreitet. Für die Trocknung werden Kamingase, die mit einer Temperatur von 200 bis 300° fast unbegrenzt zur Verfügung stehen, herangezogen. Die getrocknete, in Kugelmühlen gemahlene Kohle wird Brikettpressen mit besonders hohem Stempeldruck zugeführt, ohne Zusatz eines Bindemittels zu Eierbriketten verarbeitet und in die aus einem gemauerten senkrechten Zylinder bestehende Schwelretorte gebracht. Durch einen in der Mitte des Retortenzylinders eingemauerten Schacht wird heißes Gas, dessen Erwärmung durch zwei Regeneratoren erfolgt, eingeführt. Von den Regeneratoren ist der mit Schwelgas unmittelbar beheizte an einen Schornstein angeschlossen, während durch den anderen das zur Entgasung der Preßlinge erforderliche heiße Gas hindurchgeleitet wird.

Die größten Unkosten bei diesem Verfahren verursacht die Vermahlung der Kohle zu einem Feinheitsgrad von 30 Maschen auf einem Quadratzoll, wozu 8 bis 10 PS/st erforderlich sind. Die ganze Anlage arbeitet vollkommen selbsttätig; auch soll der Verschleiß verhältnismäßig sehr gering sein. Der zur Ausführung des Verfahrens erbauten Anlage wird besonders der Vorzug nachgesagt, selbst schwer verwertbare Kohlen in guten, festen Halbkoks umzuwandeln, der sich ohne weiteres zur Verhüttung in Hoch- und Kuppelöfen eignet. Bei 250 t Durchsatz werden 1 sh/t für Löhne und Gehälter angegeben.

f) Verfahren von Nielsen.

Die in einer Retorte befindliche Kohle dehnt sich durch den Einfluß der Hitze aus, schwindet anderseits durch den Verlust der abgetriebenen flüchtigen Bestandteile. Soll sich die Retorte entleeren lassen, so muß der Schwund größer sein, als der Auftrieb. Eine Grenze zwischen beiden liegt nach Thau[2]) bei einer Kohle mit 15 bis 18 vH flüchtiger Bestandteile. Weist die Kohle weniger als 15 vH auf, bewirkt die Bildung des Porengefüges eine Volumenzunahme, die ein Entleeren der Retorte unmöglich macht. Bei der Tieftemperaturverkokung wählt man stets Kohlen mit hohem Gehalt an flüchtigen Bestandteilen, von denen etwa 8 bis 13 vH noch im Halbkoks verbleiben. Da der Auftrieb größer als der Schwund ist, sind zur Entfernung des Halbkoks aus voll beschickten Schwelretorten stets mechanische Einrichtungen erforderlich; bei der Drehretorte entfallen sie.

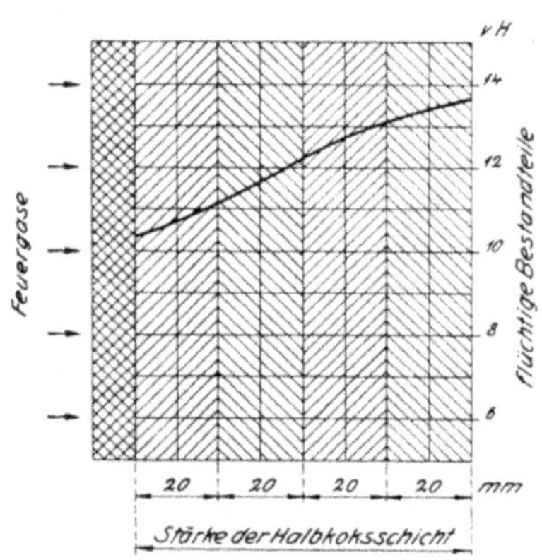

Abb. 235. Vorgänge in der Koksschicht bei Außenbeheizung.

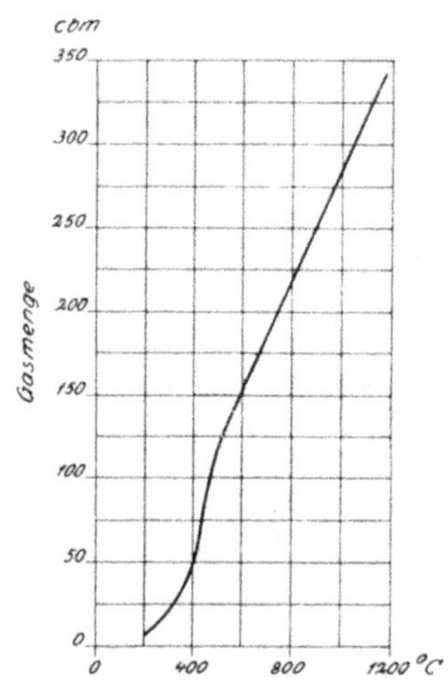

Abb. 236. Gasausbeute in Abhängigkeit von der Temperatur.

Nielsen[3]) hat als erster die Vorgänge innerhalb einer 80 mm starken, an einer eisernen Wand (Abb. 235) liegenden Koksschicht untersucht. Man sieht deutlich die Zunahme der flüchtigen Bestandteile mit der Stärke der Halbkoksschicht. Abb. 236 zeigt die Gasausbeute bei der Kohlendestillation in Abhängigkeit von der Temperatur; sie verläuft von etwa 450° ab nach einer geraden

[1]) Coll. Guard. 1922 Bd. 124 S. 269; Thau, Bericht in Glückauf, 9. Dezember 1922 S. 1461.

[2]) Glückauf 1922 Nr. 20.

[3]) Engineering 1922 S. 347.

Linie. Wählte Nielsen eine um 500° herum gleichbleibende Temperatur, so ergibt sich während der ersten 4 Std. eine durch Abb. 237 dargestellte Ausbeute. Während dieser Zeitdauer erzielen wir also schon Höchstwerte für die Hauptbestandteile des Schwelgases. Eine Ausnahme macht der Wasserstoffgehalt, dessen Ausbeute mit der Schweldauer steigt. Nielsen ist der Ansicht, daß nach 2½ stündiger Schweldauer, d. h. da, wo die H_2- und CH_4-Kurven sich schneiden (vgl. Abb. 238.), der Prozeß beendet sein sollte, vorausgesetzt, daß die Schweltemperatur die Kohle auch wirklich durchdrungen hat. Das ist aber bei außenbeheizter Retorte nur der Fall, wenn die Dicke der Kohlenschicht 40 bis 50 mm nicht überschreitet. Abb. 237 zeigt den Vorteil bei innen beheizter Retorte (S. 192): Durchsatz und Wirtschaftlichkeit steigen; denn je schneller die Verschwelung vor sich geht, desto kleiner fallen die Strahlungsverluste aus. Als Wärmeträger wendet Nielsen Generatorgas an. Thau neigt dagegen der Ansicht zu, daß der geeignetste Wärmeträger für die Verschwelung überhitzter Wasserdampf ist, weil er sich durch Kühlung aus dem Schwelgas entfernen läßt. Aber er ist zu teuer. Durch die Mischung von Schwachgas und Schwelgas ergeben sich größere Kühl-, Saug-, Urteer- und Benzingewinnungsanlagen. Der Betrieb wird also verteuert und statt Schwelgas Kraftgas gewonnen.

Für die auf S. 592 beschriebene Gaserzeuger- und Schwelanlage gibt Nielsen[1]) eine umfassende Berechnung, aus der wir nur die Hauptdaten hier wiedergeben wollen:

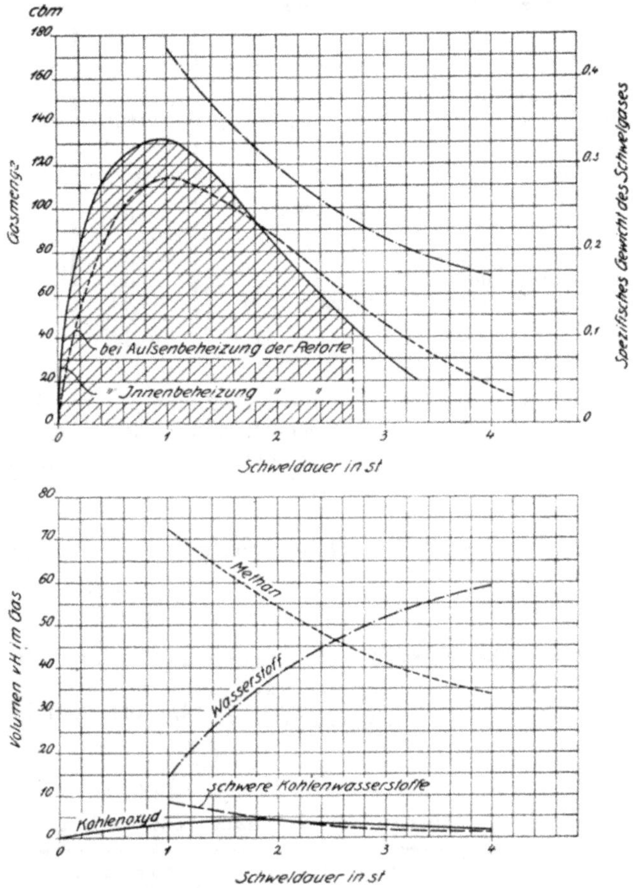

Abb. 237 und 238. Gasausbeute und Zusammensetzung in Abhängigkeit von der Schweldauer.

Zahlentafel 168.

	Flüchtige Bestandteile in vH	Elementar-Analyse in vH						Heizwert WE
		C	H	O	N	S	Asche + Wasser	
Backende Kokskohle . .	31,1	68	4	9,7	1,3	1,8	15,2	6330
Halbkoks	11,5	71	2,9	4,9	1,5	1,7	17,8[1]	6400

[1] Aufnahme von Wasser durch Lagerung im Freien.

Zahlentafel 169.

	CO_2	CO	CH_4	$C_n H_m$	H_2	O_2	N_2	Unterer Heizwert in WE
Kraftgas aus Halbkoks	6	25,5	2,6	—	13,5	0,4	52	1333,9
Schwelgas bei 1½ bis 2 st Verschwelung .	3,8	4,5	61,6	8	17,3	1	3,8	—
Mischgas	5,89	24,51	5,45	0,38	13,68	0,42	49,67	1600

[1]) Vgl. Thau, Glückauf 1922 Nr. 23.

Zahlentafel 170.

Wärmebilanz für 1 cbm Kraftgas.

	Eingang WE		Ausgang WE
CO_2, exotherm. Reaktion	236,230	CO + H, endotherm. Reaktion	2,34
CH_4, „ „	25,870	a) Erwärmung des Koks auf Reaktionstemperatur	79,40
fühlbare Wärme des Halbkoks	1,100	b) Verdampfung und Überhitzung des freien Wassers	4,79
„ „ im freien Wasser	0,075	c) latente Wärme + Überhitzung des gebild. Wassers	13,18
Bildung von Wasser	45,800	Überhitzung der Reaktionsluft	220,17
fühlbare Wärme der Reaktionsluft	3,060	„ „ „ dampfes	52,15
Gesamtwärme des Reaktionsdampfes	63,300	d) fühlbare Wärme in der Schlacke	3,40
A =	375,435		375,43

Wärmeverlust durch Ausstrahlung je cbm Kraftgas	=	21,30 WE
Überhitzung des überschüssigen, den Gaserzeugern zugeführten Dampfes, etwa 25 vH = 0,0324 kg/cbm oder je cbm Gas	=	10,25 „
Hierzu $a + b + c + d$	=	100,77 „
B	=	132,32 WE

Temperatur des den Gaserzeuger verlassenden Kraftgases, berechnet mit 0,31 als spez. Wärme

$$\frac{A - B}{0{,}31} = 785^0$$

Gesamte fühlbare Wärme des Gases bei 0,2625 kg Halbkoks:

$$\frac{(A - B)\,100}{0{,}2625 \cdot 6400} = 14{,}4 \text{ vH vom Heizwert des Halbkoks.}$$

Zahlentafel 171.

Wärmebilanz des Gaserzeugers je cbm Kraftgas bei 0^0 nnd 760 QS.

	Eingang WE		Ausgang WE
Halbkoks, 0,2625 kg	1680,00	Latente Wärme in 1 cbm Kraftgas	1333,900
dessen fühlbare Wärme	1,10	fühlbare Wärme in 1 cbm Kraftgas nach Abzug der Verluste	243,110
fühlbare Wärme des Gebläsewindes	3,06	Wärmewert des im Gase enthaltenen Dampfes, 0,05185 kg/cbm bei 785° = Wasserwert bei 100°	5,185
Gesamtwärme des Reaktionsdampfes	63,20	latente Wärme	27,840
„ „ Überschußdampfes	21,06	Überhitzung	17,080
Summe C =	1768,42	Summe D =	1627,115

Therm. Wirkungsgrad des Gaserzeugers:

$$\frac{D \cdot 100}{C} = 91{,}25 \text{ vH}$$

In 1 cbm Kraftgas bei 785° Überhitzung des Dampfes und 120° Austrittstemperatur aus der Schwelretorte für die Abgabe zur Verfügung stehende fühlbare Wärmemenge	222,99 ∾ 223 WE
Ausbeute an Urteer je t Kohle: 81 kg; $E = 81 \cdot 9000 =$	729000 „
Ausbeute auf das Gewicht bezogen	8,1 vH
Durchschnittliches spez. Gew. des Urteers bei 15°	1,076
Ausbringen an Ölen 63,25 vH; neutrale Öle } in Benzin	52 Vol. vH
Phenole } löslich	20 „ „
Öle unlöslich	28 „ „

Therm. Wirkungsgrad der Gesamtanlage $\frac{E+G}{F} \cdot 100 = 85{,}6$ vH[1]), worin F = Heizwert je t Kohle (= 6333000 WE), G = Nettoheizwert des Gases (= 4700000 WE) ist.

In den Dampferzeugern werden die Gastemperaturen von 560 auf 250° heruntergebracht und damit fast die ganze für den Generatorbetrieb erforderliche Dampfmenge gewonnen; der Nettowirkungsgrad soll rd. 60 vH sein. Wenn man diese Ausnützung bei allen Brennstoffen erreicht, so erscheint dieses nicht gerade ungünstig. Das Verfahren von Nielsen benützt die bei der Verschwelung in Drehtrommeln und bei der Urteergewinnung in Gaserzeugern gewonnenen Erfahrungen und stellt daher eine geschickte Kombination für alle jene Fälle dar, wo man neben der Erzielung einer Halbkoksgewinnung auch Bedarf an Gas hat.

g) Karbokohle-Verfahren[2]).

Das Karbokohle-Verfahren stellt eine vereinigte Hoch- und Tieftemperaturverkokung dar. Die mit finanzieller Unterstützung der amerikanischen Regierung 1916 in Westvirginia begonnene, 1919 vollendete Anlage weist einen Tagesdurchsatz von 600 t Kohle auf. Zur Verschwelung gelangt

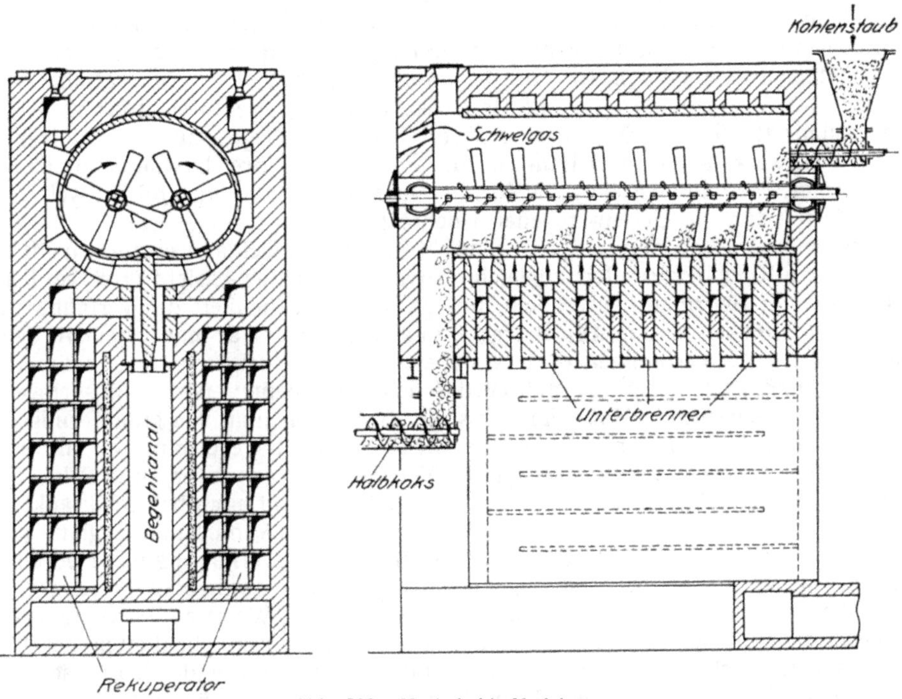

Abb. 239. Karbokohle-Verfahren.

eine Kohle mit 32 bis 36 vH flüchtigen Bestandteilen, die wegen ihrer mangelnden Backfähigkeit keine geeignete anderweitige Verwendung findet. Sie wird gemahlen und dann in eine herzförmige Schwelretorte (Abb. 239) gebracht, deren Höhe 1,52, deren Breite 2,13 m bei einer Länge von 6 m beträgt. 24 Retorten bilden eine Gruppe. Die Retorten sind aus Formsteinen zusammengesetzt und über Begehkanälen angeordnet, zu deren Seiten sich je ein Rekuperator zur Vorwärmung der Verbrennungsluft befindet. Die Beheizung ist ähnlich einem Otto-Unterbrennerofen (126), wodurch in der Retorte eine Temperatur von 450 bis 510° erreicht wird. Jede Retorte enthält zwei mit Propellern versehene Wellen, die die Kohle durch die Retorte zu einem Fallschacht bewegen, von dem der Halbkoks mit etwa 8 bis 10 vH flüchtigen Bestandteilen weiter zur Brikettfabrik und zu den Schrägkammern zwecks seiner Verkokung befördert wird. Die stündliche Leistung einer Retorte beträgt 1 t Halbkoks, jene der beiden Brikettfabriken 24 t Eierbrikette, während in einer Schrägkammer 15 t Eierbrikette in 5 bis 6 Std. zu Koks von großer Porendichte entgast werden; der Koks weist

[1]) Verf. kann sich nur dem Urteil Thaus anschließen, daß dieser mehr theoretisch errechnete Wirkungsgrad in der Praxis kaum erreichbar sein dürfte.

[2]) Brennst. Chem. 1921 S. 246, Glückauf 1920 S. 726.

wegen seines Gasgehalts von etwa 3 vH den Vorzug leichterer Entzündlichkeit und Verbrennlichkeit auf. Dies Verfahren würde ermöglichen, aus schlecht backenden Kohlen ein Endprodukt zu erzeugen, das für den Kuppel- und Hochofen geeignet ist. Der dabei notwendige Umsatz wird sich nur dann rechtfertigen lassen, wenn die zu verarbeitenden Kohlen hohe Ausbeute an Nebenprodukten ergeben.

h) Rück- und Ausblick.

Nach fast 17jährigem Bestehen sind die bei der Tieftemperaturverkokung der Steinkohle erzielten Ergebnisse, namentlich wenn man neben der Zeit auch den ungeheuren Geldaufwand in Betracht zieht, als recht kläglich anzusehen. Die Coalite Co. hat nach 16jährigem Bestehen eine Versuchsanlage aufzuweisen, die täglich 50 bis 70 t Kohle durchsetzt, wovon ein Aktienkapital von 1,2 Mill. £ verzinst werden soll. Eine Del Monte-Anlage wurde mit Unterstützung des englischen Staates gegen Ende des Krieges erbaut, aber schon vor der Inbetriebsetzung wieder niedergerissen. Die mit so riesigem Geschrei erbaute Karbokohle-Anlage in Clinchfield, die größte Tieftemperaturverkokungsanlage der Welt, wurde nach nicht 2jähriger Betriebsdauer kurz vor Ende 1922 stillgelegt, weil die Instandhaltungskosten die Einnahmen überstiegen.

In Deutschland ist man erst seit 1914 versuchsweise an die Tieftemperaturverkokung der Steinkohle herangegangen und bei ausschließlicher Verwendung des Drehofens, besteht zurzeit eine Anlage mit etwa 80 t täglichem Kohledurchsatz auf der Maschinenfabrik Thyssen, Mülheim-Ruhr, eine Doppelofenanlage von Thyssen auf der Zeche Graf Bismarck bei Gelsenkirchen für etwa 100 t Durchsatz und eine Anlage für 50 bis 60 t Durchsatz von Fellner & Ziegler auf dem Hochofenwerk der Gelsenkirchener Bergwerks-A.-G. in Gelsenkirchen. Im Bau sind drei Drehöfen für die Maschinenfabrik Thyssen, einer, ebenfalls von Thyssen für die Gasanstalt Hamburg und ein weiterer Drehofen von Fellner & Ziegler für die Gelsenkirchener Hochöfen[1]).

Zum Unterschied vom Ausland hat man sich bei uns in Deutschland erst gar nicht darauf versteift, einen stückigen Koks herzustellen, zugleich aber auch die irrige Ansicht groß werden lassen, als genüge die Urteer- und Benzinausbeute allein, um die Wirtschaftlichkeit des Verfahrens zu decken, ohne den entfallenden Koks überhaupt in Betracht zu ziehen. Zwar hat man versucht, den Halbkoks in Staubfeuerungen (500) zu verbrennen, doch ist dabei zu berücksichtigen, daß auch diese Feuerungen noch ein verhältnismäßig sehr junges Verfahren darstellen, bei dem Versuche mit schwerzündenden Brennstoffen nur in beschränktem Maße möglich sind. Bisher hat man den staubförmigen Halbkoks erst in Staubfeuerungen von Sinter- oder Klinkeröfen erfolgreich verbrannt, wo die Staubflamme hoch erhitzte Flächen bestreicht und vollständige Verbrennung unschwer zu erzielen ist.

So ist der Halbkoksabsatz heute noch keineswegs gesichert und auch bei uns krankt die Weiterentwicklung dieser Verfahren an der Halbkoksverwendungsfrage. Wenn schon England und Amerika mit ihrem Reichtum an gasreichen Kohlen mit der Tieftemperaturverkokung nicht bestehen können, so liegen bei uns, die wir gezwungen sind, Kohlen mit wesentlich geringeren Teerausbeuten zu verschwelen, die Verhältnisse bedeutend ungünstiger und die der Weiterentwicklung geltenden Bestrebungen haben sich in viel höherem Maße auf die Verwertungsmöglichkeiten des Halbkoks zu erstrecken, wie auf den technischen Ausbau der Verfahren selbst, unter der Voraussetzung, daß die Versuche bei den in Frage kommenden Schweltemperaturen einen stückfesten Koks in ununterbrochener Betriebsweise zu erzielen, nach den bisher vorliegenden Ergebnissen trotz der überaus großen Zahl dahin gehender Vorschläge kaum Aussicht auf Erfolg haben dürften.

3. Vergasung backender Steinkohle.[2])

Wenn wir die Entwicklung des deutschen Gaserzeugerbaus[2]) im Vergleich zu anderen Ländern betrachten, so fallen uns wesentliche Unterschiede auf; dabei genügt es nicht, sich über die Verschiedenartigkeit dieser Entwicklung einfach mit einer Feststellung der Tatsache hinwegzusetzen. Für uns muß das Streben maßgebend sein, aus den Erfahrungen anderer Länder zu lernen; denn stets sind es wirtschaftliche Gesichtspunkte, die die Entwicklung bedingen. So ist zweifellos z. B. das Zurückbleiben der englischen Gaserzeuger-Industrie teilweise auf den Umstand zurückzuführen, daß dort leicht vergasbare Kohlen billiger als in Deutschland zur Verfügung stehen.

Die Vergasung backender Steinkohle ist als eine sehr schwierige bekannt; es war daher stets mehr oder weniger das Bestreben, möglichst nichtbackende Kohle für den Gaserzeugerbetrieb

[1]) Chem. Met. Engg. 1923, Bd. 28, S. 11, 60, 118 u. 171.

[2]) Trenkler, Die Entwicklung des Gaserzeugerbaus, Glasers Annalen Bd. 89 Nr. 1057. 1. Juli 1921. Desgl. Gaserzeuger mit selbsttätigen Stochvorrichtungen, ebenda Nr. 1067. 1. Dezember 1921.

heranzuziehen, dessen Weiterentwicklung im wesentlichen eine Frage der Urteergewinnung sein dürfte; da wir nicht übersehen können, in welchem Tempo sich diese Entwicklung abspielen kann und ob eine für alle Fälle anwendbare Lösung erreichbar ist, müssen wir zunächst damit rechnen, daß die nichtbackenden Steinkohlen des Saarreviers und Oberschlesiens, die außerhalb des rheinisch-westfälischen Industriereviers vorzugsweise für die Vergasung herangezogen wurden, in Zukunft ganz oder teilweise fehlen werden. Der Ersatz durch Braunkohlenbrikette ist beschränkt; gute heizkräftige Braunkohlen sind verhältnismäßig selten; die Vergasung wasserreicher minderwertiger Rohbraunkohle muß leider noch als eine ungelöste Aufgabe betrachtet werden. Daraus folgt, daß die Vergasung backender Steinkohlen in Zukunft noch mehr Aufmerksamkeit gewinnen wird als bisher. Während seit 1900 das Braunkohlenbrikett nach und nach selbst im Kohlenrevier die Steinkohle als Betriebsstoff für die Vergasung stellenweise verdrängen konnte, dürfte sich in den kommenden Jahren eine gegenteilige Entwicklung einstellen.

Wir müssen daher bedacht sein, die Vergasung backender Steinkohlen so zu gestalten, wie es die gegenwärtigen und zukünftigen Betriebsbedingungen erfordern: Hohe Löhne, Unlust zu schwieriger Arbeit, Mangel an geschulten Arbeitskräften, Schwierigkeit dauernder Überwachung. Wem fielen dabei nicht amerikanische Verhältnisse ein! Es sei deshalb die Entwicklung des amerikanischen Gaserzeugerbaues einer Prüfung unterworfen.

Amerika gilt als das Land der Mechanisierung. Es muß daher verwundern, daß sich dort der Drehrostgaserzeuger so außerordentlich langsam einbürgerte. Man hatte zwar schon früher einer leichten und möglichst selbsttätigen Entfernung der Asche Aufmerksamkeit geschenkt, (vgl. die bekannten Bauarten von Taylor, Morgan u. a.[1]), aber den Drehrost bis vor Kriegsbeginn aus folgenden Gründen außer acht gelassen:

1. Mit Rücksicht auf die billigen Kohlen; Brennstoffverluste in der Asche sind daher nicht ausschlaggebend.
2. Desgleichen auf die ungeschulten Arbeitskräfte; es besteht daher die Gefahr des Verbrennens des Rostes und ähnlicher im Feuer liegender Teile.

Anderseits finden wir die selbsttätige Beschickung der Gaserzeuger weit verbreitet (Bauart von Morgan) und schon frühzeitig das Streben nach selbsttätigen Rührwerken und Stochvorrichtungen[2]). Die älteste Bauart von Talbot besitzt eine durch die Mittellinie des Gaserzeugers gehende mit Wasser gekühlte Achse, die mit horizontalen oder schwach geneigten Armen versehen ist; dieses Rührwerk wird in einer dauerndenden Bewegung erhalten, um die Brennstoffsäule aufzulockern. Wegen des hohen Kraftverbrauches und der vielen Brüche und Betriebsschwierigkeiten hat sich diese Bauart nicht bewährt und niemals in größerem Umfange einführen können.

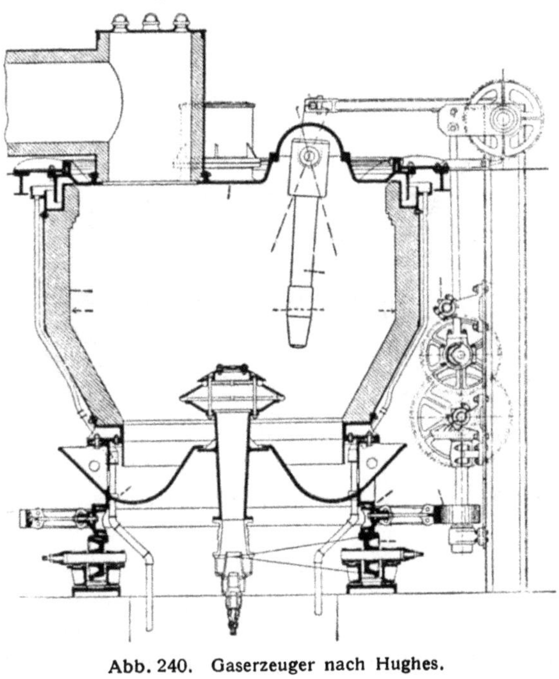

Abb. 240. Gaserzeuger nach Hughes.

Eine weite Verbreitung hat dagegen die Bauart von Hughes[3]) gefunden. Bei diesem Gaserzeuger trägt die Decke einen gleichfalls wassergekühlten Rührarm, indes wird der Generatorschacht mit dem gesamten Brennstoffinhalt gedreht. Der Rührarm selbst ist durch Vermittlung eines Klinkwerkes in schwingende Bewegung gesetzt, so daß im Verlaufe einer Umdrehung des Schachtes sämtliche Teile der Kohlenschicht beeinflußt werden. Abb. 240[4]) zeigt den Aufbau dieses Gaserzeugers und läßt die Wirkungsweise der Einrichtung gut erkennen. In den letzten Jahren vor dem Kriege wurden Bauarten entwickelt, wie z. B. der Gaserzeuger System Forter-Trump, der

[1]) vgl. Körting über „Gasgeneratoren", St. u. E. 1907 Nr. 20.
[2]) — Denk „Die Entwicklung der amerikanischen Gaserzeuger", Feuerungstechnik J. 2 S. 218.
[3]) — Quasebarth „Der Gaserzeuger von Hughes", Feuerungstechnik J. I, S. 398.
[4]) Nach Feuerungstechnik 1912/13 S. 399.

in Abb. 241 und 242[1]) dargestellt ist, sowie der Gaserzeuger von Chapman, welcher aus Abb. 243[2]) zu ersehen ist. Die erstere Bauart besitzt eine drehbare Abschlußdecke, die mit dem Fülltrichter und der Stochvorrichtung ausgestattet ist. Die Stochvorrichtung besteht aus zwei wassergekühlten,

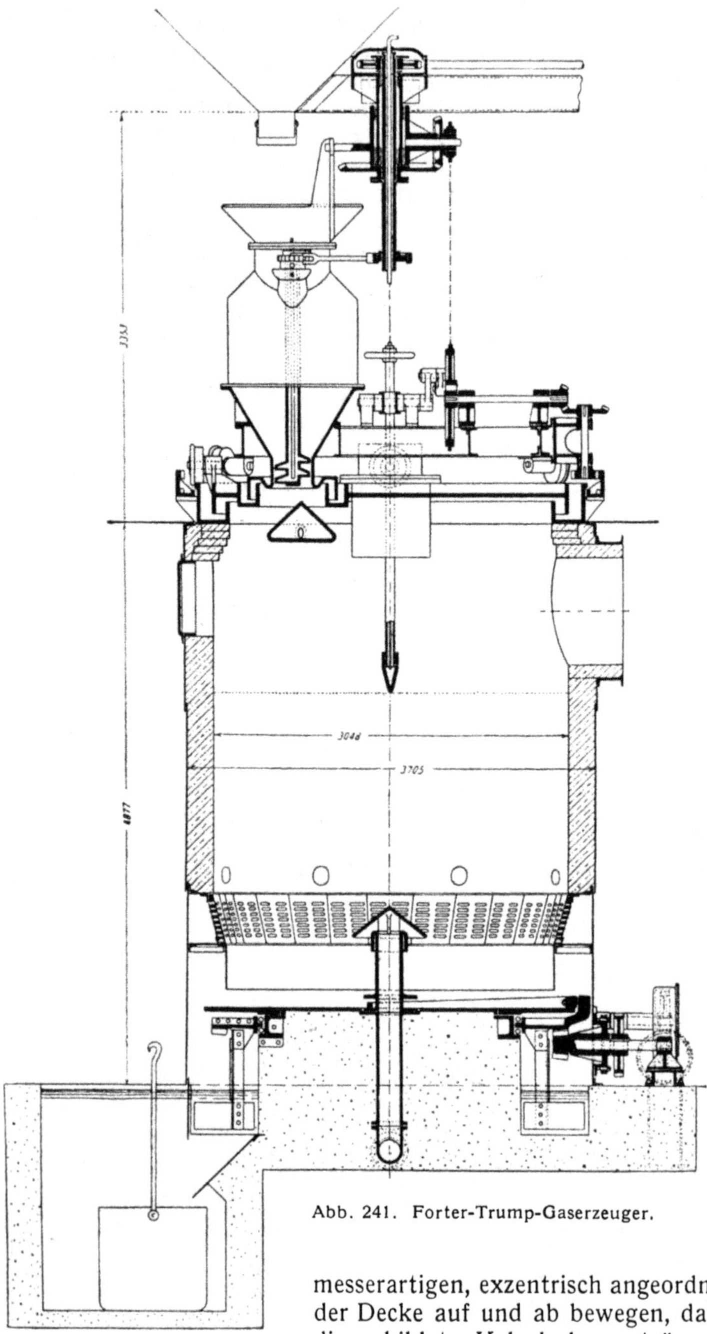

Abb. 241. Forter-Trump-Gaserzeuger.

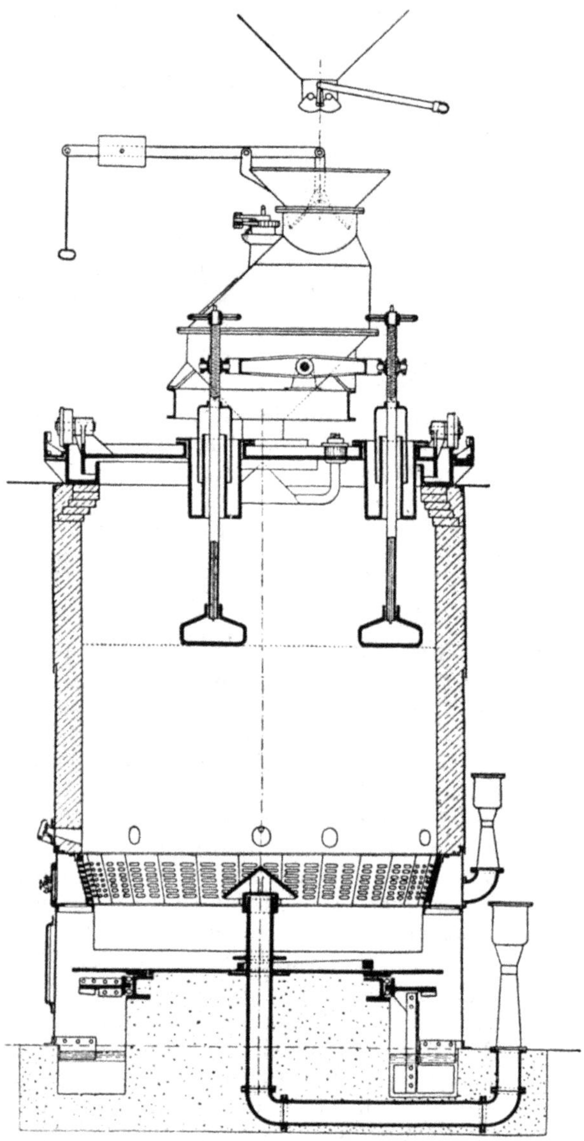

Abb. 242. Forter-Trump-Gaserzeuger.

messerartigen, exzentrisch angeordneten Rührern, die sich während der Bewegung der Decke auf und ab bewegen, dabei in die Brennstoffschicht einschneiden und die gebildete Koksdecke zertrümmern. Die beiden Stocher beschreiben bei der Drehung eine kreisförmige Bewegung, der eine nahe der Mitte, der andere nahe am Rande. Die Stocher können je nach Bedarf höher oder tiefer gelegt werden, auch dienen sie der Einebnung des Brennstoffes. Bei der Bauart von Chapman ist auf eine eigentliche Stochvorrichtung verzichtet;

[1]) Nach Feuerungstechnik 1913/14 S. 220.
[2]) Ebenda „ S. 240.

man strebt mit dem an der beweglichen Decke angeordneten Verteilungszylinder in erster Linie eine gute Einebnung des Brennstoffes an. Durch die dauernde Bewegung dieses Füllhalses werden aber gleichzeitig vorhandene größere Kohlenstücke zerdrückt und die gebildeten Koksbrücken zertrümmert, so daß auch diese Bauart eine wesentliche Erleichterung der Stocharbeit mit sich bringt.

Die vorstehend beschriebenen Bauarten sind nur einige ausgewählte und besonders charakteristische, um die Grundlinien der Entwicklung zu kennzeichnen. Ein Blick in die amerikanische Patentliteratur zeigt, welch große Aufmerksamkeit man der Entwicklung dieser Bauart gewidmet hat. Tatsache ist, daß vor dem Kriege mindestens 70 vH aller neu aufgestellten Gaserzeuger mit Stochvorrichtung versehen wurden. Die am meisten angewendete Bauart war die von Hughes. Die Zusammensetzung des erzeugten Gases bei den verschiedenen Bauarten und den verschiedenen Brennstoffen (meist Förderkohle) schwankt nur wenig;

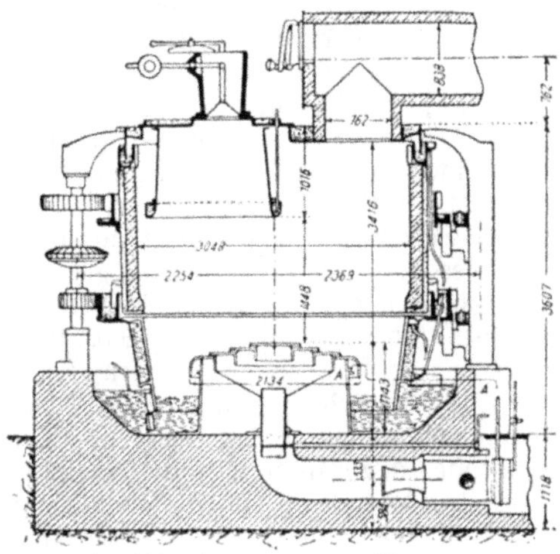

Abb. 243. Gaserzeuger von Chapman.

5 bis 7 vH CO_2 11 bis 13 vH H_2
21 „ 24 „ CO   2,5 „ 4 „ CH_4

Zur Beurteilung der Verhältnisse mag folgendes dienen: Die Kohlenkosten waren meist niedrig, die Herstellungskosten der Gaserzeuger etwa das 1,35fache derjenigen in Deutschland. Die Reparaturen waren sowohl wegen der hohen Herstellungskosten als wegen der kostspieligen Montage teuer; die Lebensdauer der Rührarme war sehr beschränkt. Trotzdem finden wir diese mechanische Einrichtung allgemein vertreten, weil die Löhne etwa das 2,5fache der unsrigen betrugen und außerdem nur ungeschulte Kräfte zur Verfügung standen. Meist wurden zu diesen schweren Arbeiten nur frisch eingewanderte Arbeiter herangezogen. Bei einem Werk, das Gaserzeuger mit und ohne Stochvorrichtungen im Betriebe hatte, ergaben die Betriebsaufzeichnungen folgende Ergebnisse:

Zahlentafel 172.

Kosten je t	Duff-Gaserzeuger	Hughes-Gaserzeuger
Reparaturen . . . . cts	4	14
Löhne für Bedienung der Gaserzeuger . „	24	6
	28	20

Es bediente dort ein Mann 6 Hughes-Gaserzeuger bzw. 2 Duff-Gaserzeuger. Bei gleichen Schachtabmessungen betrug der Durchsatz ersterer 16 t, derjenige letzterer 10 bis 12 t.

Zahlentafel 173.

Vergasungsbrennstoff	Braunkohle	magere Steinkohle	backende Steinkohle
Löhne für Gaserzeuger . . . . . . M	0,210	0,648	1,97
„ „ Aschenbeförderung . . . „	0,055	0,061	
„ „ Verschiedenes . . . . „	0,028	—	
Instandhaltung, Löhne . . . . . . „	0,227	0,425	
„ Material . . . . . „	0,127		
Putz- und Schmiermaterial . . . . „	0,064	0,088	
elektrische Kraft . . . . „	0,175	0,252	0,103
Dampf. . . . . „	0,318	0,247	1,048
Wasser . . . . „	0,007	—	—
Brutto-Unkosten . . . . M	1,211	1,721	3,121
Tilgung und Verzinsung. . . . . . „	0,52	0,85	1,55
Gehälter, Laboratoriumanteil usw. „	0,08	0,14	—
Vergasung, Unkosten je t . . . . M	1,811	2,711	4,671
Gasausbeute je t . . . . cbm	2000	3200	3600
Vergasungskosten je cbm . . . . Pf.	0,09	0,085	0,13

Wir haben heute hohe Löhne. Zudem ist die Stocharbeit keine beliebte. Trenkler wirft deshalb die Frage auf, ob für unsere heutigen Verhältnisse solche Einrichtungen am Platze wären.

Als Grundlage mögen Betriebsaufstellungen von verschiedenen Anlagen mit Drehrostgaserzeugern dienen, die Trenkler unter den verschiedensten Arbeitsverhältnissen gesammelt hat (Zahlentafel 173). Es sind zwar Aufstellungen aus der Vorkriegszeit, welche heute der Höhe nach nicht maßgebend sind; zu einem Vergleich sind sie aber wegen der Genauigkeit besonders geeignet, zumal der bestehenden Verteuerung bei einem etwaigen Vergleich Rechnung getragen werden kann.

Man kann dabei für den in der letzten Zahlenreihe gegebenen Fall annehmen, daß etwa 1,10 bis 1,20 M für reine Generatorlöhne entfallen, während der Rest an Löhnen für Instandhaltung u. dgl. aufgewendet wurde. Der Betrag von 1,55 M umfaßt nicht nur Tilgung und Verzinsung, sondern auch Instandhaltung (Material), Putz- und Schmiermaterial und allgemeine Unkosten.

Die Zusammenstellung zeigt anschaulich die Verhältnisse bei den verschiedenen Brennstoffen und insbesondere die Zusammenhänge zwischen Brennstoff und Löhnen. Wenn wir, um vergleichbare Ziffern zu erhalten, die reinen Bedienungslöhne auf 1 cbm Gas beziehen, so schwanken dieselben von 0,01 Pf bei Braunkohle bis 0,03 Pf bei backender Steinkohle. Der Unterschied erreicht das Dreifache. Es ist aber anzunehmen, daß viele Werke noch höhere Lohnanteile aufzuweisen haben, denn allgemein rechnet man für einen Gaserzeuger mit 15 t Tagesleistung bei Steinkohle einen geschulten Bedienungsmann. Man sollte nun glauben, daß im Zusammenhang damit mindestens eine befriedigende Gaszusammensetzung erzielt würde; aber dies trifft kaum zu. Als große Durchschnittsanalyse bei Vergasung von Steinkohlen auf verschiedenen Anlagen kann gelten:

5 vH	CO_2	12 bis 13 vH	H_2
23 bis 24 „	CO	2 „ 3 „	CH_4.

Auf vielen Werken war jedoch die Gaszusammensetzung wesentlich schlechter. Während des Krieges wurden die Verhältnisse immer ungünstiger. Es ist heute fast unmöglich, für die Bedienung der Gaserzeuger genügend geschulte Kräfte zu finden. Eine Erleichterung der Bedienung würde daher nicht nur den Werken, sondern auch für die Arbeiter eine große Hilfe bedeuten.

Es soll nun rechnungsmäßig an Hand der früher gegebenen Zahlen geprüft werden, ob solche Einrichtungen als wirtschaftlich zu bezeichnen sind. Der in Zahlentafel 172 angeführte Verbrauch von 14 Cts je t vergaste Kohle entsprach unter Friedensverhältnissen für Deutschland einem Wert von 40 Pf, wenn man die allgemeine Angabe zugrunde legt, daß die Herstellungskosten in Amerika das 1,35fache gegenüber Deutschland betrugen und in dem Kostenansatz 20 bis 40 vH für Montage und die damit im Zusammenhang stehenden Arbeiten eingeschlossen sind. Neben diesen Unterhaltungskosten soll aber außerdem ein Ansatz für Tilgung der Einrichtungen und zugleich ein Kraftverbrauch berücksichtigt werden, der für 1 t 5 Pf unter Friedensverhältnissen betragen haben dürfte.

Die folgende Gegenüberstellung ist sowohl für die Vorkriegszeit als auch für die Verhältnisse Dezember 1921 aufgestellt, wobei eine 15fache Verteuerung für Löhne und eine ebensolche für Material angenommen wurde.

Zahlentafel 174.

	Gewöhnliche Gaserzeuger		Gaserzeuger mit Stochvorrichtung	
	Frieden	Dzbr. 1921	Frieden	Dzbr. 1921
Bedienungslöhne . . . M	1,00	15,00	0,30	5,00
Tilgung . . . . „	—	—	0,10	1,25
Instandhaltung . . . „	—	—	0,40	6,00
Stromkosten . . . . „	—	—	0,05	0,75
zusammen M	1,00	15,00	0,85	13,00

Diese Gegenüberstellung ist äußerst vorsichtig. Nach den amerikanischen Erfahrungen kann man die Löhne mit $\frac{1}{4}$, ja sogar mit $\frac{1}{5}$ einsetzen, wenn man die zugleich mögliche Steigerung des Durchsatzes berücksichtigt. Auch beträgt die Steigerung der Löhne nicht durchweg das 15fache, sondern man wird unter durchschnittlichen Verhältnissen, selbst unter Berücksichtigung der Achtstunden-Schicht, mit dem 12- bis 13fachen auskommen. Die Instandhaltungskosten anderseits dürften bei den hiesigen Verhältnissen mit Rücksicht auf die größere Leistung niedriger ausfallen. Es ist bekannt, daß man höhere Vergasungsleistungen nur bei fleißiger Stocharbeit erzielen kann und daß umgekehrt ein angestrengter Betrieb auf die Dauer meist an der Unmöglichkeit einer genügenden Stocharbeit von Hand aus scheitert. Rechnet man die Leistungssteigerung vorsichtig nur mit etwa 20 vH, so würde man mit der Einführung selbsttätiger Stochvorrichtungen 30 vH der heutigen Bedienungslöhne sparen können. Jedenfalls aber sind Ersparnisse von 15 bis 25 vH als sicher zu betrachten.

Nach diesen Klarlegungen kommt Trenkler zu dem Schluß, daß sowohl der Betrieb als auch die Industrie das größte Interesse haben, dieser neuen Gaserzeugungstechnik sich mehr als bisher zuzuwenden. Denn die betriebliche Verbesserung unserer Anlagen erscheint mindestens ebenso wichtig wie die technische Entwicklung der Gaserzeuger. Selbst wenn man bei der Benutzung derartiger Einrichtungen mit einer kleinen Verschlechterung der Gaszusammensetzung rechnen müßte, würde dies nicht die Unzweckmäßigkeit der Einrichtungen darlegen, denn der Entropiewert der Kohle, der sich nicht im Heizwert des Gases findet, wird restlich als dessen fühlbare Wärme in Erscheinung treten. Jedenfalls würden aber die Betriebsergebnisse der Gaserzeugeranlagen weitaus gleichmäßigere sein; denn es ist jedem Betriebsmann bekannt, wie unterschiedlich die Leistungen und Gaseigenschaften bei den verschiedenen Arbeitsschichten ausfallen. Je unabhängiger solche Einrichtungen von der Bedienung werden, desto vorteilhafter sind sie. Das gilt insbesondere heute, wo die Löhne (Januar 1923) bereits das 1000 fache betrugen und inzwischen weitere Steigerungen eingetreten sind; selbst bei einer zunehmenden wirtschaftlichen Gesundung werden die Löhne langsamer als die Materialpreise zurückgehen. Deutschland aber wird letzten Endes in der Entwicklung der Gaserzeuger Amerika folgen. Es muß an dieser Stelle bemerkt werden, daß man auch in Deutschland bereits seit Jahren dieser Aufgabe Aufmerksamkeit geschenkt hat. Insbesondere sei auf die Bauarten der Gute-Hoffnungs-Hütte (D. R. P. 229879) und der Poetter G. m. b. H. (D. R. P. 283196) verwiesen.

4. Volkswirtschaftliche Fragen.

a) Einfluß der Gütertarife auf die Preisgestaltung.

Die sich weiter steigernden Gütertarife werden über kurz oder lang zu einer geographischen Rationierung der Brennstoffe Veranlassung geben bzw. zu einer Umstellung der Feuerungen auf andere Brennstoffe führen müssen, wenn es nicht gelingen sollte, durch großzügigen Ausbau der Wasserstraßen für 600- bis 1000 t-Schiffe und Anlage einer größeren Anzahl von Umschlaghäfen mit zweckmäßigen Verladevorrichtungen und Lagerplätzen billige Wasserfrachten zu ermöglichen.[1]) Die Verhältnisse gestalten sich aber schon schwieriger, wenn die Erzeugung eines Stoffes an den Bezug eines bestimmten Brennstoffes und an einen bestimmten Ort gebunden ist. Hierin liegt meistens der hohe Preis der Erzeugnisse begründet, da die Stoffe viel zu oft hin- und hergefahren werden. Die Zentralisation zurzeit des Krieges z. B. für die Sprengstofferzeugung war aus vielen Gründen bedingt. Nachdem aber die Umstellung solcher Riesenwerke auf Friedensarbeit erfolgt ist, zeigt sich deren Nachteil in der fehlenden Wirtschaftlichkeit. Ein Beispiel für viele möge das Gesagte näher erörtern. Die Kalkstickstoffwerke müssen mit Koks und mit gebranntem Kalk versorgt werden. Die Werke Piesteritz bilden mit dem Ruhrgebiet (Essen) und dem Harz (Blankenburg und Elbingerode) gewissermaßen ein Dreieck, dessen Seiten die Eisenbahnlinien für den Transport der Stoffe darstellen. Bei einem monatlichen Bezug von 10000 t gebranntem Kalk (1921), die von Blankenburg nach Piesteritz gehen, müssen von Essen rd. 2000 t Kohle bzw. Koks nach Blankenburg zum Brennen des Kalkes und rd. 2500 t Koks nach Piesteritz zur Erzeugung des Kalkstickstoffs befördert werden. Ähnlich liegen die Verhältnisse für das Wasserwerk Trostberg, das von Saal an der Donau mit 3600 t je Monat gebranntem Kalk versorgt wird, indes hat dieses Werk den Vorzug billigen elektrischen Stromes.

Die Gütertarife für 1 t betragen gegenwärtig (April 1923):

	für Kohle und Koks:	für gebr. Kalk und Kalkstickstoff:
auf 50 km	8500 M	10480 M
200 „	23460 „	27980 „
400 „	40180 „	46920 „
600 „	43500 „	60960 „
800 „	44680 „	69640 „

Der Transport der Stoffe zur Kalkstickstoffabrik erheischt eine Ausgabe von rd. 700 Mill. M je Monat oder, auf die Tonne Kalkstickstoff verteilt, $\frac{700000000}{3500} = 270000$ M. Jeder Zentner Kalkstickstoff erfährt deshalb durch den Transport bis zur Stickstoffabrik eine Verteuerung von

[1]) M. Contag, Über die Bedeutung der Wasserstraßen für die Brennstoffverteilung in Deutschland. Brennstoff- u. Wärmewirtschaft 1923 Heft 2, Verlag Wilhelm Knapp, Halle a. S.

10000 M, die sich beim Bezug des künstlichen Düngers noch weiter erhöht. Das vor dem Kriege bestehende Verhältnis 1:1 zwischen Roggen- und Kalkstickstoffpreis wurde bei absichtlich niedrig gehaltenem Roggenpreis im Interesse der Volksernährung zuungunsten des Kalkstickstoffes verschoben. Die Eisenbahn kann gar nicht genug Wagen einstellen; es müssen hierfür immer mehr Kapitalien geopfert werden, denen keine greifbaren Gegenwerte gegenüberstehen. Nehmen wir an, daß die genannten Werke im Jahre 12 · 3500 = 42000 t an Kalkstickstoff liefern, so würden diese Mengen einschließlich des Fertigfabrikates an Transportkosten rd. 8500 Mill. M erfordern. Es ist deshalb die großzügige Idee mit Freuden zu begrüßen, wonach eine geographische Verlegung der Kalkstickstoffwerke nach Bayern ernstlich erwogen wird. Bei diesem Plan wird nicht allein auf die billige, elektrische Energie hingezielt, sondern auch der für die Stromkosten so außerordentlich wichtige Ausnützungs- und Belastungsfaktor des Bayernwerkes erhöht.

b) Verwendung von Industriegasen.

1. Kokereigas.

Zu den Reparationen gehört in erster Linie der Koks. Seine Knappheit ist deshalb begründet. Neben ihm gewinnen wir in dem Kokereigas eine der wertvollsten Wärmequellen, das uns stets zur Verfügung stehen wird, weil seine Fortbewegung gänzlich unabhängig von der Eisenbahn ist, also unseren Feinden keinen Nutzen bringen kann. Soll das weitverzweigte Fernversorgungsnetz des Rheinisch-Westfälischen Elektrizitätswerks (446) noch mehr als bisher Städten und industriellen Werken zur Geltung kommen, müßten die Zechen auf diesen Wärmeträger für ihre Dampfkessel verzichten, d. h. an dessen Stelle die Kohlenstaubfeuerung (558) einführen, um größere Kokereigasmengen jenen Betrieben zuzuführen, die dieses Gas nicht wärmewirtschaftlich, sondern volkswirtschaftlich besser verwerten könnten. Bei der Aufbereitung der Kokskohle wird genügend Kohlenstaub gewonnen oder teilweise mit dem Klärschlamm (491) auf die Halden gestürzt. Jedenfalls müßte jede Zeche danach trachten, diesen Abfallbrennstoff selbst zu verwerten, da er die Transportkosten nicht vertragen kann.[1]) Die Zementfabriken verbrauchen mindestens 3 Mill. t hochwertige Kohle je Jahr (3). Der aus den Kalkbrüchen kommende Mergel wird in Brechern und Kollergängen zerkleinert, gemahlen und in starker Hitze gesintert. Dieses Rohmaterial wird entweder in Schachtöfen oder Drehtrommeln aufgeschlossen, in den ersteren mit Koksgrus vermengt (vielfach in Gestalt von Briketten, in der letzteren in Form von Mergelbrei gebrannt. Das Enderzeugnis, die Klinker, werden in besonderen Mühlen (363) zu Zementmehl gemahlen.

Es liegt nun der Gedanke nahe, anstatt der hochwertigen Kohle das Kokereigas zu verwenden, da die Aufstellung von Generatoren wegen der hohen Kosten (580) eine Kapitalfrage ist, die bei unserer Geldentwertung immer schwieriger zu lösen ist.

Poth hat die Verwendung des Kokereigases für die Zementfabriken in einer Preisarbeit näher behandelt[2]), worauf hier verwiesen werden soll. Seine Berechnungen bedürften einer Prüfung wegen der katastrophalen Veränderung unserer gesamten Wirtschaftsverhältnisse. Aber die Arbeit ist dennoch wertvoll, weil sie eine Idee verfolgt, die nicht zu verwerfen ist. P.'s-Berechnung stützt sich auf die Heranziehung der Zementfabriken Beckum bis Finkenberg mit 38 Drehöfen mit einer Gesamtleistung von 4630 t Zement je Tag. Unter Zugrundelegung von nur der Hälfte rechnet er mit 30 vH der Zementmenge an Kohle zum Brennen und 20 vH zur Krafterzeugung. Bei einem Verkaufspreis der Kohle ab Zeche von rd. 265 M/t (das bezieht sich also auf September 1921) kommt er einschließlich Fracht-, Auf- und Abladekosten, Transport in der Fabrik, Trocknen und Mahlen der Kohle, Bedienung der Maschinen einschließlich deren Unterhaltung und der Zuschläge auf rd. 400 M/t, während er für das Kokereigas einschließlich aller Nebenkosten 372 M/1000 cbm erhält. Aus Heizwerten und Nutzeffekten errechnet er bereits eine Ersparnis von 3,4 Mill. M. Hierzu kommen noch die Ersparnisse an Brennstoff für das Vermahlen der Kohle, die verkokt 25 Mill. M Mehrgewinn durch die Nebenprodukte (520) ergeben könnte. Der ganzen Aufgabe liegt die Voraussetzung zugrunde, daß die Zementfabriken ohne Zwischenbehälter zum Ausgleich von Schwankungen, z. B. beim Ausbleiben von Gas, auskommen könnten, was wir nicht für angängig halten (265).

---

[1]) Nach einem Verfahren von Schöndeling kann das Kohlenfein aus der frischen Förderung vor der Klassierung und Aufbereitung abgesaugt werden (vgl. Glückauf 1908 Nr. 35, 1911 Nr. 31; Jungebloth & Eschenbruch, die Kohlenaufbereitung S. 96, (Baedeker), Grahn, Die wichtigsten Aufbereitungsverfahren S. 90, Dr. Max Jänecke, Leipzig.

[2]) Preisausschreiben der Deutschen Bergwerks-Zeitung.

In Ergänzung der auf S. 327 ff. angeführten Gasbrenner möge der heute meist bevorzugte Gas-Drehstrom-Brenner[1]) für Industriegase nach Müller der Firma Rodberg, Darmstadt, erwähnt werden.

2. Methangas.

Welchen Einfluß der Heizwert eines Gases auf den Rohrdurchmesser einer Leitung ausüben kann, ist aus Abb. 203 auf S. 450 ersichtlich. Während Hochofengas mit 800 WE Heizwert einen Rohrdurchmesser von 78 cm für gleiche Leistungen erfordert, kommt man bei Methangas (9000 WE) mit einem solchen von 25 cm aus. Hieraus folgt, daß bei Ausdehnung von Fabrikanlagen zu enge Gasrohrleitungen sich immer noch weit genug für eine Mischung mit Methangas erweisen; man kann sich also Neuanlagen ersparen. Da bis jetzt dieses Gas in größeren Mengen im Handel nicht zu haben war, so bedeutet die nun ins Leben tretende neue Fabrikation eine Erweiterung unserer Industrie der verflüssigten und verdichteten Gase. Das Methan wird in Stahlflaschen üblicher Größe auf 125 bis 150 at gepreßt und in Verkehr gebracht. Man braucht also weder neue Flaschen, noch Änderungen an den Ventilen vorzunehmen.

Der Heizwert des Methans ist mehr als dreimal so hoch wie der des Wasserstoffs und zweimal so hoch wie der des besten Leuchtgases. Die Benutzung des Methans hebt vollkommen die schädlichen Wirkungen der sog. „Sperrstunden“ auf und macht uns unabhängig von Betriebsstörungen und Arbeitseinstellungen in den Gasanstalten. Das Methan kann unmittelbar aus der Stahlflasche vermittelst eines Reduzierventils entnommen und der Verbrauchsstelle, z. B. dem Beleuchtungskörper (Gasglühlicht) oder dem Gaskocher oder Gasofen zugeführt werden, ohne daß es nötig ist, das aus der Flasche strömende Methan durch Zwischenschaltung irgend welcher Vorrichtung zu reinigen oder zu homogenisieren. Aus den mit der Fabrikation zusammenhängenden Gründen ist das in Verkehr gelangende Methan völlig frei von Schwefel- und Zyan-Verbindungen, so daß das Gas ohne jeglichen schädlichen Einfluß auch auf empfindliche Pflanzen, Bijouteriewaren usw. ist.

Es ist daher damit zu rechnen, daß sehr bald das Methan in Haushaltungen, Gastwirtbetrieben, im Kleingewerbe, in Laboratorien und überall dort Eingang finden wird, wo man auf jeden Fall im Falle eines Ausbleibens des Gases, aus welcher Ursache es auch sei, gesichert sein will.

Eine „Normalflasche“ von 40 l enthält 5 bis 6 cbm Methan, welches im Gebrauche und dem Heizwerte nach 12 cbm besten städtischen Leuchtgases entspricht. Methan läßt sich ohne weiteres in den meisten Gasglühlichtlampen und Laboratoriumsbrennern verwenden. Wie sparsam dabei das Methan im Gebrauche ist, ersieht man daraus, daß man, um eine vollkommene Verbrennung zu erzielen, der Lampe oder dem Kochapparate, welche gewöhnlich auf eine bestimmte Luftzufuhr eingestellt sind, knapp die Hälfte der üblichen Leuchtgasmenge durch geringeres Öffnen des Hahnes zuzuführen braucht.

Besonders willkommen wird das Methan überall dort sein, wo ein Anschluß an eine Gasanstalt nicht vorhanden oder nicht möglich ist, wie z. B. auf Dörfern, Gütern, Villen, in Fabrikbetrieben außerhalb der Städte, in Eisenbahnzügen, auf Schiffen usw.

Nach Versuchen von Prof. Hermann Richter in Hamburg eignet sich Methan besonders gut zur autogenen Bearbeitung von Kupfer, Messing, Aluminium und ähnlichen leicht schmelzenden Metallen, weil das Methan trotz seines überaus hohen Heizwertes mit dem Sauerstoff eine sehr milde Flamme ergibt. Ob es indes wirtschaftlicher als das Azetylengas ist, muß erst die spätere Berechnung an Hand des Verkaufspreises ergeben.[2])

3. Azetylengas.

Durch die heutige schwierige Lage unserer Wirtschaft ist jeder, der Metalle bearbeitet, gezwungen, mehr oder weniger seine Zuflucht zur autogenen Metall-Bearbeitung zu nehmen. Bei dieser Gelegenheit vergißt fast jeder, nach den Gestehungskosten zu fragen.

Bekanntlich ist zur autogenen Metallbearbeitung Sauerstoff und ein Heizgas erforderlich, Azetylengas oder Wasserstoff. Beim Schneiden ist trotz des verhältnismäßig geringen Heizgas-Verbrauchs der Unterschied in den Gestehungskosten schon merklich. So verbraucht man z. B. für 1 m Schnittlänge bei 50 mm Eisenstärke 40 l Azetylengas oder 180 l Wasserstoff bei einem Sauerstoffverbrauch von 580 l.[3]) Unter Zugrundelegung eines Kalziumkarbid-Preises von 3,75 M je kg und einer Gas-

[1]) Glückauf 1922 Nr. 15. Der hier ebenfalls beschriebene Eickworth-Brenner scheint sich in der Praxis weniger bewährt zu haben.

[2]) Der Vertrieb des Methangases liegt zurzeit in Händen der Firma Fritz Hamm, G. m. b. H., Düsseldorf, Bismarckstr. 44—46.

[3]) Vgl. Raab, Glasers Annalen, 1. September 1921.

ausbeute von 250 l Azetylengas je kg Kalziumkarbid aus Entwicklern entstehen 0,60 M Kosten. Bei einem Preise von 5,10 M für 1 cbm Wasserstoff in Leihflaschen ab Werk sind 0,92 M für die gleiche Leistung, also an Heizgas ein Mehrverbrauch von etwas mehr als 50 vH gegenüber Azetylengas erforderlich. In dieser Rechnung sind die Frachtsätze vom Gaswerk zur Verbrauchsstelle und die Flaschenmieten nicht berücksichtigt. Der Sauerstoff in Leihflaschen kostete 1921 5,60 M/cbm ab Sauerstoffwerk, so daß die 580 l Sauerstoff unter gleichen Bedingungen wie beim Wasserstoff rd. 3,25 M kosten. Die Gesamtkosten für 1 m Schnittlänge bei 50 mm Eisenstärke betragen demnach:

für Azetylengas-Sauerstoff . . . . $0{,}60 + 3{,}25 = 3{,}85$ M
für Wasserstoff-Sauerstoff . . . . $0{,}92 + 3{,}25 = 4{,}17$ „

Unterschied demnach 0,32 M bei 3,85 M, also rd. 8,5 vH.

Beim Schweißen ist die Wirtschaftlichkeit des Azetylens aus Entwicklern gegenüber Wasserstoff noch auffallender. Die Wasserstoff-Sauerstoff-Schweißung ist nur für ganz geringe Wandstärken und Sonderfälle wirtschaftlich, währenddem die Azetylengas-Sauerstoff-Schweißung infolge des hohen Heizwertes dieses Gases bis zu den größten Wandstärken anwendbar und vor allen Dingen wirtschaftlich ist. So verbraucht ein Schweißbrenner für einen Schweißbereich von 0,5 bis 1 mm: 65 l Azetylengas oder 300 l Wasserstoff bei 75 l Sauerstoff in der Stunde oder umgerechnet nach obenstehenden Grundlagen:

bei Azetylengas aus Entwicklern $\frac{3{,}75 \times 65}{250} = 0{,}98$ M

bei Wasserstoff . . . . $\frac{5{,}10 \times 300}{1000} = 1{,}53$ „

Hierzu kommt noch:

für Sauerstoff . . . . $\frac{5{,}60 \times 75}{1000} = 0{,}42$ „

Danach sind die in einer Stunde für den Schweißbereich von 0,5 bis 1 mm erforderlichen Kosten an Gasen bei der Azetylengas-Sauerstoff-Schweißung $0{,}98 + 0{,}42 = 1{,}40$ M, bei der Wasserstoff-Sauerstoff-Schweißung $1{,}53 + 0{,}42 = 1{,}95$ M, also rd. 40 vH billiger.

Für einen Schweißbereich von 9 bis 14 mm stellen sich die Stunden-Verbrauchszahlen für Azetylengas auf 1140 l oder für Wasserstoff auf 5400 l bei 1200 l Sauerstoff.

Dieses wiederum wie das vorstehende Beispiel umgerechnet, ergibt an Azetylengas einen Kostenaufwand von 17,10 M, an Wasserstoff hingegen einen solchen von 27,54 M je Std.

Hinzu kommt noch jeweils für Sauerstoff 6,72 M, so daß

bei Azetylengas-Sauerstoff-Schweißung $17{,}10 + 6{,}72 = 23{,}82$ M
bei Wasserstoff-Sauerstoff-Schweißung $27{,}54 + 6{,}72 = 34{,}26$ „

eine Ersparnis von 45 vH erzielt wird.

Diese Ersparnis wird natürlich um so größer, je größer die zu schweißenden Wandstärken werden, weshalb die Wasserstoff-Schweißung bei den folgenden Betrachtungen unberücksichtigt bleiben darf. Betrachten wir nun die hauptsächlich zur Verwendung kommenden Gase: Der Sauerstoff wird meistenteils von Sauerstoffwerken geliefert und kann hierbei der kleine Verbraucher durch Anschaffen einer eigenen Anlage nicht sparen, da zum Herstellen von Sauerstoff eine kostspielige Maschinenanlage gehört und auch großes Kapital im Flaschenpark festgelegt werden muß. Es hat sich in dieser Hinsicht die Vereinigung auf genossenschaftlicher Grundlage mehrerer Sauerstoffverbraucher als zweckmäßig erwiesen. Ganz anders bei dem Azetylengas. Dieses wird aus Kalziumkarbid unter Anwendung von Entwicklern hergestellt.

Kalziumkarbid wird in verschiedenen Körnungen in den Handel gebracht. Die beste Gasausbeute bei schnellster Entwicklungsgeschwindigkeit hat wohl die Körnung 7/15 mm[1]).

c) Verwendung flüssiger Brennstoffe für die Handelsmarine.

Fassen wir die Vorzüge bei der Verwendung flüssiger Brennstoffe (78/83, 317/319) zusammen, so sprechen bei einem Vergleich zwischen festen und flüssigen Brennstoffen verschiedene Argumente für die Verwendung des flüssigen Brennstoffes. Der hohe Aschen- und Wassergehalt

[1]) Bewährte Entwickler bauen Messer & Co., G. m. b. H., Frankfurt a. M.

der Kohle, z. B. der Rohbraunkohle, verteuert den Transport und beschränkt deshalb den Aktionsradius auf etwa 150 km. Die Verfeuerung des festen Brennstoffes kann zur Veraschung der Feuerzüge und zum zeitweisen Stillsetzen der Kessel Anlaß geben. Die Einrichtungen zur Entfernung der Asche kosten viele Millionen Mark. Mit der Asche und Schlacke wird viel unverbrannter Kohlenstoff über Bord geworfen, mit dem Herausreißen der Schlacke aus den Feuerungen außerdem dem Kessel ein Teil seines Wärmeakkumulators entzogen; die Feuerzüge werden dadurch abgekühlt, während verschlackte Roste ein Hindernis für den Zutritt der Verbrennungsluft bilden. Die von Stunde zu Stunde anwachsende Brennschichthöhe verlangt zur Aufrechterhaltung der Dampfleistung ein öfteres Aufbrechen der Brennschicht und eine Verbesserung der Zugverhältnisse, die nicht immer möglich ist; andernfalls müssen wir nicht unwesentliche Wärmeverluste in Gestalt von unverbrannten Gasen (Kohlenoxyd, Wasserstoff und Methan) in Kauf nehmen. Der Gehalt an Schwefelkies erniedrigt den Schmelzpunkt der Asche, begünstigt die Schlackenbildung, die wiederum das Mauerwerk und die Roste angreift. Ölschiffe, d. h. Schiffe, deren Kessel anstelle des festen Brennstoffes, z. B. mit Teeröl beheizt werden, müssen deshalb einen größeren Aktionsradius aufweisen, insonderheit kann ein Teil ihrer Kohlenbunker für andere Zwecke dienstbar gemacht werden. Nach Prof. Dr. K. Hennig[1]) hat in jüngster Zeit das in New-York beheimatete Fahrzeug „William Penn" (12375 t) mit einer Maschinenstärke von 4250 PS und einer Geschwindigkeit von durchschnittlich 11,2 Knoten im Laufe von 12 Monaten nicht weniger als 44781 Seemeilen durchfahren, ohne auch nur ein einziges Mal zu einem unfreiwilligen Aufenthalt gezwungen worden zu sein. Während bei den Ölschiffen durch die Verbrennung des flüssigen Brennstoffes der für den Betrieb der Schiffsmaschinen erforderliche Dampf erzeugt wird, bringen die Motorschiffe unter Vermeidung dieses Umweges das Treiböl direkt im Zylinder der Dieselmotoren zur Verbrennung. Der dadurch entstehende hohe thermische Wirkungsgrad schränkt natürlich den Ölverbrauch auf ein Minimum ein und befähigt solche Motorschiffe in erhöhtem Maße zu großen Aktionsradien. Bereits vor 2 Jahren erregte es Aufsehen, als das große dänische Motorschiff „Seelandia" die Reise Kopenhagen—Suez—China—Kap der guten Hoffnung—Kopenhagen zurücklegte und unterwegs nur ein einziges Mal zur Erneuerung seines Ölvorrates genötigt war. Welche Vorteile bietet allein schon die Übernahme des Öls gegenüber der Bekohlung von Schiffen mit festen Brennstoffen! Nach Hennig stehen hierfür 8000 und 96 Arbeitsstunden gegenüber. Als vor Jahresfrist die „Mauretania", das Schwesterschiff der „Lusitania", in ein Ölschiff umgewandelt wurde, konnte das gesamte Maschinenpersonal von 246 Köpfen auf 60 verringert werden.

Nach den Zusammenstellungen (459/61) erwies sich bei ganz bestimmten, für 1914 gültigen Voraussetzungen, der Dieselmotor bezüglich der Betriebskosten gegenüber der Dampfmaschine gleicher Stärke durchweg überlegen, sobald Teeröl als Treiböl genommen wurde. Bei dem aus dem Erdöl hergestellten Gasöl zeigte sich unter Zugrundelegung der damals stabilisierten Preise die Dampfmaschine bereits überlegen. Die Verhältnisse der Brennstoffpreise vor dem Kriege ließen deshalb einen Vorteil der Ölfeuerung unter Berücksichtigung aller vorher genannten Erleichterungen und Ersparnisse nur dann erwarten, wenn das Verhältnis zwischen Steinkohlen- und Heizölpreis 1:2 bis 3 war. Bei Einführung des Dieselmotors anstelle der Dampfmaschine gibt Prof. Schlawe[2]) von der Deutschen Erdöl-A.-G., Berlin, je nach der Art der verwendeten Öle folgende Verhältnisse:

$$\frac{\text{Steinkohlenpreis}}{\text{Steinkohlen-Teerölpreis}} = \frac{1}{3{,}2 \text{ bis } 4}$$

$$\frac{\text{Steinkohlenpreis}}{\text{Paraffinölpreis}} = \frac{1}{5{,}7}$$

$$\frac{\text{Steinkohlenpreis}}{\text{Gasölpreis}} = \frac{1}{6}$$

Die Erfahrungen bei den Auslandschiffen gehen dahin, daß sich die Gesamtwirtschaftlichkeit bei Kohlenfeuerung, Ölfeuerung und Motorenantrieb wie 9:5:2 verhält. Inzwischen haben sich bei uns die Verhältnisse wesentlich geändert, ohne daß die Aussichten für die Einführung der Ölfeuerung auf unseren Handelsschiffen ungünstiger geworden wären. Es bedarf nicht erst einer eingehenden Kalkulation, um festzustellen, daß Deutschland bei der großen Kohlennot wirtschaftlicher handeln dürfte, die eigenen Ölerzeugnisse zu verwerten, als seine Geldmittel zur Beschaffung von Dollardevisen zwecks Ankaufs englischer Kohle herzugeben.

[1]) Deutsche Bergwerks-Zeitung v. 13. November 1922.

[2]) Jahrbuch d. Brennstofftechn. Ges. Bd. IV, 1921.

Wert der Nebenerzeugnisse bei der Entgasung der Kohle und ihre anfallenden Mengen (230ff.).

1913 wurden 8,5 Mill. t Kohle im Werte von 161,5 Mill. M entgast.[1]) Die folgende Zusammenstellung enthält die Werte der Nebenerzeugnisse.

Zahlentafel 175.

	t bzw. cbm	Wert in M.	vH des Kohlenpreises	
Entgaste Kohle . . .	8 500 000	161 500 000	100	
verkäufliches Gas . .	2 596 000 000	384 000 000	238	311,4 vH
verkäuflicher Koks . .	4 760 000	88 000 000	54,5	
Teer	425 000	12 750 000	7,9	
Ammoniak	19 000	16 150 000	10,0	
Zyan	1 800	1 300 000	0,8	
Graphit	5 300	300 000	0,2	

Bei der schwierigen wirtschaftlichen Lage Deutschlands können wir demnach unsere finanziellen Verhältnisse ganz wesentlich verbessern, wenn wir die Entgasung der Kohle in erhöhtem Grade betreiben. Wir sehen, daß die Nebenerzeugnisse mindestens den dreifachen Wert der Kohle ergeben. Dieses Verhältnis dürfte heute weit übertroffen werden. Die Entgasung liefert uns in erster Linie den Koks, der gegenwärtig ebenfalls Gegenstand der Reparationsverpflichtungen und daher sehr knapp ist, während in zweiter Linie die Ausbeute des Teers vielen industriellen Unternehmungen Beschäftigung gewährt. Die Destillate werden durch Erwärmung des Steinkohlenteers in der Teerblase gewonnen (49). Von ihnen interessieren uns jene, die unter den Bezeichnungen Benzol und Teeröl zusammengefaßt werden (Tafel II). Außer bei der Verarbeitung des Leichtöles wird Benzol unmittelbar aus den Koksofengasen durch Absorption mittels Waschöles und darauffolgendes Abtreiben aus den Waschölen erhalten. Neuerdings gewinnt das Bayer-Verfahren immer mehr an Bedeutung, weil es wegen der geringeren Anlagekosten wirtschaftlicher als das Waschölverfahren [2]) zu sein scheint. Es beruht auf der Benzolgewinnung aus Leuchtgas mittels aktiver Kohle durch Adsorption.

Die Destillation des angereicherten Waschöls unter Vakuum nach Dr. Raschig stellt eine umwälzende Neuerung auf dem Gebiete der Benzolgewinnung dar. Die Lizenz hat Heinrich Koppers, Essen, der die erste Anlage mit gutem Erfolg auf der Duisburger Gasanstalt baute und weitere Anlagen in Auftrag hat. Das System wurde von Raschig in „Gas- und Wasserfach" 1922 beschrieben.

Die Einfuhr betrug 1913 (45) an:

Benzin	270000 t
Leuchtöl	800000 t
Treiböl	125000 t
Schmieröl	277000 t

Hiervon belieferte uns Amerika etwa mit einem Anteil von rd. 50 vH; auf Rumänien entfielen etwa 100000 t, während die Eigengewinnung nur etwa 130000 t umfaßte[3]). Da kam der Krieg. Als Ersatz für die nicht greifbaren Erdölerzeugnisse wurden die aus der Steinkohle und Braunkohle im Inland gewonnenen Erzeugnisse herangezogen, nämlich Benzol sowie Teerfettöl. Es wurde zu der Gewinnung von Urteer aus Steinkohle und Braunkohle der Anstoß gegeben, zugleich aber eine Reihe synthetischer Verfahren (46) ins Leben gerufen sowie die Behandlung fester Steinkohle mit Lösungsmitteln in Angriff genommen, die 50 vH lösliche Stoffe von viel höherem Werte als die Steinkohle ergibt. Außerdem bestehen noch eine Reihe anderer Verfahren, die in der Entwicklung begriffen sind und auf die nicht weiter eingegangen zu werden braucht.

---

[1]) Greineder, „Die Wirtschaft der deutschen Gaswerke".

[2]) Dr. A. Engelhardt, GWF, 65. Jahrg. Heft 30, S. 473.

[3]) Nach dem Bericht der Außenhandelstelle für Benzin wurden in den Monaten Januar-September 1922 150000 t Benzin eingeführt. Hieran waren Amerika mit 47000 t, Holland und holl. Kolonien mit 30000 t, Rumänien mit 31000 t und Polen und andere Länder mit zusammen 42000 t beteiligt.

Die Bedeutung der Tieftemperaturverkokung auf die Gewinnung flüssiger Brennstoffe geht aus folgender Zusammenstellung hervor:

	Tieftemperatur-	Hochtemp.-Verkokung
Auf 1 t Kohle an Gas	60–100	250–320 cbm
Lichtstärke	15–18	14–15 HK
oberer Heizwert	6500–7800	4900–5300 WE
Wasserstoff	6–10	48–50 vH
Teer.	73 l	41–45 l
Benzol.	14 l Benzin	6–9 l

	Kohle	Halbkoks	Koks
Flüchtige Bestandteile . .	21–30	8–13	1–1,5 vH
aschefreier Koks	59–60	80–82	89–91 „
Asche	5–6	7–9	8–12 „

Die Steinkohlenteererzeugung betrug:

1920 . . . . . 900000 t bis 1 Mill. t,
1922 . . . . . 1,1 Mill. t bis 1,2 Mill. t.

Die Mitteldeutsche Braunkohlenindustrie lieferte

1915. . . . . 70000 t Teer
1919 . . . . 52000 „ „

Die Anlage der Rositzer Werke:

1920 . . . . 45000 t Teer

Aus 1,1 bis 1,2 Mill. t Teer lassen sich etwa 400000 t Teeröl herstellen, von denen ein Teil für Zwangslieferungen zu Imprägnierungszwecken für Eisenbahnschwellen und andere Verwendungsmöglichkeiten sowie ein Teil zur Ausfuhr für Imprägnierungszwecke abzubuchen ist. Immerhin können wir nach den Mitteilungen von Prof. Schlawe gegenwärtig mit einer Erzeugung von 270000 t Heizöl rechnen, das auf Treiböl verarbeitet 180000 t ergeben dürfte.

Die Einfuhr von Rohöl betrug 1920 49400 t, im Vierteljahr Mai—Juli 1921 4288 t Gasöl und 790,5 t Braunkohlenteer-, Torf- und Schieferöl, also nur ganz geringe Mengen, die kaum in Frage kommen dürften. Jedenfalls können wir mit Rücksicht auf die ungeheuren Preisschwankungen auf dem amerikanischen Erdölmarkt, die ganz willkürlich sind und sich nicht nach Angebot und Nachfrage richten, auf Belieferung von Erdölerzeugnissen aus dem Auslande nicht rechnen.[1]) Die Außenpolitik der Vereinigten Staaten ist außerdem in starke Abhängigkeit von dem über seine eigene Produktion steigenden Ölbedarf geraten. So droht bereits den amerikanischen Flotten Ölknappheit. Amerika drängt deshalb z. Zt. auf einen Abschluß der Verhandlungen mit der Türkei, um sich das „Prinzip der offenen Tür" für die Ausnützung der Naphthavorkommen zu sichern. Auf Nord-Sachalin hat die Sowjet-Regierung einem amerikanischen Konzern eine Ölkonzession erteilt. Da aber Japan, wahrscheinlich im Einverständnis mit Frankreich, die Nordhälfte der Insel immer noch besetzt hält, so dürften sich hieraus politische Schwierigkeiten ergeben. Es muß deshalb sowohl auf Amerika, Rumänien, Polen, Rußland, Niederländisch-Indien wie auch andere Ölgebiete ein für allemal verzichtet werden. In Rumänien haben sich nach dem Abkommen von San Remo England und Frankreich die Ausbeutung der rumänischen Erdölvorkommen

[1]) In Amerika betrug die Benzinerzeugung, verglichen mit der Rohölgewinnung, folgende Mengen in Faß: Rohölgewinnung zuzüglich Einfuhr aus Mexiko 1921: rd. 300 Mill. Barrels (1915: rd. 600 Mill. Barrels); Erzeugung an benzinreichen Ölen 1921: 170 Mill. Barrels (1915: 295 Mill. Barrels); Benzinerzeugung 1921: 32 Mill. Barrels (1915: 120 Mill. Barrels). Danach besteht zwischen Rohölgewinnung und Benzinausbeute ein gewisses Mißverhältnis, verursacht durch besondere Zersetzungsverfahren, die während des Krieges Verbreitung fanden. Statt 13 vH in 1915 betrug die Benzinausbeute in 1921 28 vH. Unter den verschiedenen Verfahren verdient das bei der Standard Oil Co. Verwendung findende Burton-Verfahren am meisten Beachtung, weil nach ihm bei den besonders leichten Rohölen die Ausbeute an Benzin bis auf 75 bis 80 vH in die Höhe getrieben werden kann. — Im Jahre 1920 waren in den Ver. Staaten 8500000 Autos im Betrieb, die 101343000 Barrels Benzin verbraucht haben. Für die ersten zehn Monate des Jahres 1921 wird noch ein Verbrauch von rd. 92 Mill. Barrels bei einer Motorenzahl von rd. 10 Mill. verzeichnet. (Zeitschr. f. prakt. Geologie 1922 Heft 2). 1922 wurden nach Zeitungsnotizen 450 Mill. Faß Petroleum erzeugt, die aber nur 75 vH des Bedarfs decken. Für 1930 rechnet man bereits mit einem Fehlbetrag von 50 vH.

gegen den einmütigen Willen des rumänischen Volks ausbedungen, so daß hieraus nicht viel zu erhoffen ist.[1]) Im Allgemeinen ist die Ölfrage z. Zt. immer noch ein Problem, dessen Lösung in den Bohrungen liegt. Diese müssen meist recht tief werden, was sich indes wegen der Kosten nicht durchführen läßt.[2])

Die polnische Erdölindustrie hat für Deutschland ein gewisses Interesse. Die gute Wasserstraße der Weichsel ermöglicht einen verhältnismäßig billigen Transport zum Seehafen Danzig, von wo die Verschiffung nach allen Teilen der Welt leicht erfolgen kann. Der nicht minder günstige Schienenweg nach Danzig ist eine weitere brauchbare Verbindung mit dem Produktionsgebiet. — Tatsächlich hat Danzig in der letzten Zeit als Hafen für die polnische Erdölindustrie erheblich an Bedeutung zugenommen. Die Zahl der Tankwagen, die auf dem Schienenweg wöchentlich nach Danzig kommen, ist durchschnittlich 30. Die monatliche Exportziffer für Erdöl und Naphthaprodukte aus dem Hafen Danzig kann auf annähernd 10000 bis 15000 t veranschlagt werden. Ziemlich bedeutend sind seit einiger Zeit die Erdölverladungen nach England. Die polnische Naphthaindustrie war bisher in der Hauptsache durch Regierungsvorschriften, die noch aus den österreichischen Zeiten stammen, die aber eigentlich mit dem Augenblick der Entstehung des polnischen Staates ihre Berechtigung verloren hatten, stark behindert. Diese Vorschriften werden jetzt abgebaut und man bemerkt infolgedessen eine sich von Monat zu Monat steigernde Regsamkeit in der Industrie und in der Erdölausfuhr.

Die Förderung des Petroleums ist naturgemäß schwankend, da sie von unvorhergesehenen Bohrungsergebnissen abhängig ist, aber nach den nachstehend angegebenen Zahlen kann Polen immerhin einige Hoffnung auf seine Erdölindustrie setzen.[3]) — Vor acht Jahren erreichte die Produktion die Zahl von knapp 20000 Waggons. Im Jahre 1913 wurden 81000 und im Jahre 1914 74000 Waggons gefördert. 1920 erreichte man die Zahl von 62000 Waggons, eine Zahl, die nach den schweren Wirren der Kriegs- und Nachkriegszeit, unter denen das Produktionsgebiet erheblich zu leiden hatte, immerhin als recht befriedigend angesprochen werden kann, insbesondere wenn man bedenkt, daß der Inlandsbedarf Polens mit 35000 Waggons gedeckt ist, so daß noch 27000 Waggons für die Ausfuhr übrig bleiben. Die Zahl der in Bohrung befindlichen Schächte war im 2. Halbjahr 1919: 185, im 1. und 2. Halbjahr 1920: 221 und im 1. Halbjahr 1921: 268 Schächte. Der Export von Erdölprodukten aus den Raffinerien hat sich vom 2. Halbjahr 1919 bis zum 1. Halbjahr 1921 um nahezu 13000 t erhöht.

Naturgemäß ist ausländisches Kapital in recht starkem Maße an der Arbeit, um die polnische Erdölindustrie in seine Hand zu bekommen, und es sind insbesondere französische Industriekreise, die hier mit allen Mitteln vorgehen und die sich in ständiger Reibung mit den polnischen Interessenten befinden. Während vor dem Kriege auch deutsches Kapital (Deutsche Erdöl-A.-G.) in der galizischen Erdölindustrie stark vertreten war, ist jetzt, infolge verschiedener Finanzkombinationen, fast ausschließlich französisches Kapital wahrzunehmen, eine Erscheinung, die nicht besonders verwunderlich sein dürfte, besagt doch ein französisches Schlagwort: „Qui aura le pétrole aura la victoire!"

---

[1]) Die Erdölförderung von Rumänien hat sich letzthin zwar wieder etwas gehoben, doch erreicht die Menge noch bei weitem nicht wieder die Höhe von 1913 und 1914. Nach den „Tägl. Berichten" über Petroleum beziffert sich die Erdölförderung Rumäniens 1913: 1885619 t, 1914: 1783947 t, 1915: 1673145 t, 1916: 1244093 t, 1917: 527491 t, 1918: 1214219 t, 1919: 920450 t, 1920: 1034017 t, 1921: 1160885 t. Über die Ausfuhr geben folgende Zahlen Aufschluß: Ausfuhr von Rohöl und Erzeugnissen daraus 1920: 246997 t, 1921:, 362095 t (+ 115098), davon nach Deutschland 1920: 6442 t, 1921: 27749 t; Ausfuhr an Benzin 1920: 54325 t 1921: 145117 t (+ 90792), Ausfuhr an Leuchtöl 1920: 148425 t, 1921: 172318 t (+ 23893); Ausfuhr an Rohöl 1920: 3500 t, 1921: 15511 t (+ 12011); Ausfuhr an Gasöl 1920: 24186 t, 1921: 15211 t (— 8975); andere mineralische Öle 1920: 16561 t, 1921: 13938 t (— 2623). Deutschland bezog 1922 aus Rumänien 32131 t Benzin und 253 t Asphaltkitte.

[2]) Dr. Petraschek, Petroleum 1. April 1923.

[3]) Nach Aufnahme der Methode des Torpedierens im Eröldgebiete Boryslaw-Tustanoville ist eine Vergrößerung in der Produktion festzustellen. In 1922 wurden aus den Raffinerien rd. 60000 t versandt, wovon 40,9 vH auf den Inlandsgebrauch, 59,1 vH auf das Ausland kommen. Von der ganzen zur Verfügung stehenden Menge Erdöl wurden 10,95 vH Benzin, 28,10 vH Petroleum, 15,33 vH Gasöl, 15,05 vH Schmieröl und 4,85 vH Paraffin gewonnen. 1922 betrug die Ausfuhr nach Deutschland in t an Rohöl: 4050, an Benzin: 23986, an Petroleum 37552, an Schmieröl 37128, an Paraffinen: 5578, an Rückständen a. d. Destillation: 4790 t; an Braunkohlenteeröl wurden 1813 t und aus Poln. Oberschlesien 3860 t Steinkohlenteeröl nach Deutschland eingeführt.

In Rußland ist durch die Vernichtung des großen Donetz-Kohlenbeckens der Eigenbedarf an Heizöl jedenfalls derart gestiegen, daß mit diesem Lande etwaige Handelsbeziehungen kaum auf Erfolge stoßen dürften.[1])

In Deutschland mehren sich die neu entdeckten Erdölquellen in der Lüneburger Heide, im Landkreis Harburg usw.; besonders zu nennen ist das Ölvorkommen in der Kreide z. B. in Heide (47) in Holstein. Beim weiteren Ausbau des unterirdischen Bergwerks hat sich gezeigt, daß leider auf größere Mengen freiausfließenden Öles kaum zu rechnen sein wird. Das gleichmäßig aussickernde Öl beschränkt sich auf etwa 500 kg täglich; hingegen erweist sich die Lagerstätte der Ölkreide als vermutlich noch größer, wie von der Deutschen Petroleum-Aktien-Gesellschaft angenommen wurde. Auch der Ölgehalt entspricht durchaus den Erwartungen. Leider hat der erste Versuch, die Gewinnung des Öles aus der Kreide mit Hilfe der Schweltrommel zu erzielen, zu keinem greifbaren Erfolg geführt, da das Öl an der heißen Innenwand der Schweltrommel festbrennt. Es ist zu hoffen, daß es noch gelingen werde, diesen Schwierigkeiten Herr zu werden. Immerhin lassen Bergbau und Ölgewinnung das ganze Produktionsverfahren zwar als nicht einfach und billig, aber dadurch als gerechtfertigt und erfolgversprechend erscheinen, insofern das gewonnene Öl ein Ausgangsmaterial für vorzügliche Schmieröle darstellt.

Vielleicht haben wir größere Aussichten im Ölschiefer zu erwarten, während anderseits in Celle-Wietze eine Steigerung der Erdölförderung anzustreben ist. Jedenfalls können wir heute schon auf eine Erzeugung von rd. 400000 t Heizöl rechnen.

Aber diese Folgerung genügt noch nicht für die Versorgung unserer Handelsflotte mit flüssigen Brennstoffen; die heimische Industrie muß sie mit Sicherheit auch übernehmen können und dazu ist wiederum die Unterstützung seitens der Regierung und der Verbraucher erforderlich. Das kann z. B. nach Schlawe in Form eines entsprechenden Zollschutzes und in der Sicherstellung sämtlicher Rohstoffe in der Heimat geschehen, damit die neue Industrie diese nicht für schweres Geld einzuführen nötig hat.

Die Ölspeicheranlagen der ehemaligen deutschen Kriegsmarine (319) verdanken im wesentlichen ihre Entstehung den Bedürfnissen des Krieges. Mit ihrer Herstellung ist daher in der Hauptsache erst in den Jahren 1914 bis 1917 begonnen worden. Was vor dieser Zeit bereits vorhanden war, waren fast ausschließlich nur kleine Behälter, die für eine sachgemäße Aufbewahrung der Öle, gewissermaßen also nur für ihre Magazinierung bestimmt waren. Die zu Beginn des Krieges in Auftrag gegebenen Anlagen waren den sich stetig steigernden Bedürfnissen sehr bald nicht mehr gewachsen, so daß dauernd neue Anlagen in Bau gegeben wurden, durch die die Möglichkeit der Unterbringung von annähernd 1000000 t Öl geschaffen werden sollte; eine gewaltige Aufgabe, wenn man berücksichtigt, daß vor 1914 noch nicht 12000 cbm Behälterraum vorhanden waren. Die Hoffnung, die neuen Anlagen noch während des Krieges verwenden zu können, hat sich infolge der plötzlichen Beendigung des Krieges nicht erfüllt: zum großen Teil sind sie unfertig geblieben, teils nur behelfsmäßig gebraucht und teils dem beabsichtigten Zwecke überhaupt nicht dienstbar gemacht worden. Es liegt deshalb der Gedanke nahe, die mit großem Kostenaufwand geschaffenen Anlagen nutzbringend für unsere Handelsflotte zu verwerten.

Für eine sachgemäße Anlage der Ölbehälter und ihrer Leitungen waren die lagernden Ölarten und ihre Beschaffenheit von ausschlaggebender Bedeutung. Es wurden verwendet:

1. Heizöle für Kesselfeuerung als Brennstoffersatz für Kohle:

a) Steinkohlenteeröl, das einzige in Deutschland in größeren Mengen hergestellte Heizöl. Man unterschied zwischen dem Friedensöl und dem durch Beimischungen gestreckten Kriegsöl. Das Friedensöl ist bei 15 bis 20° C dünnflüssig, sein Flammpunkt liegt zwischen 65 und 85° C, Ausscheidungen beginnen bei + 8° C. Spezifisches Gewicht etwas größer als Wasser, unterer Heizwert 8500 bis 9200 WE.

Der während des Krieges aufgetretene Mangel an Schmierölen zwang dazu, dem Teeröl die Fettöle zu entziehen. Zum Ersatz dieses Verlustes und zur gleichzeitigen Erhöhung der Ölmengen wurde dem Marine-Teeröl 20—25 vH Pech zugesetzt, wodurch der Heizwert herabgesetzt wurde.

b) Petrol-Heizöl. Seine Verwendung wurde während des Krieges zur Notwendigkeit, da die Erzeugung von Steinkohlenteeröl in Deutschland immerhin nur eine beschränkte war, den gestei-

[1]) Im Jahre 1921 wurden in ganz Sowjetrußland rd. 249 Mill. Pud Naphtha gewonnen. Diese Menge entspricht knapp 43 vH der Förderung vor dem Kriege. 1922 stieg die monatliche Erzeugung für Baku auf 15,23 Mill. Pud und für die gesamte Erdölindustrie auf 23,5 Mill. Das sind 282 Mill. Pud auf das Jahr. Inzwischen hat die Produktion wieder um 20 vH zugenommen.

gerten Bedürfnissen daher nicht genügte. Herstellung entweder aus dem Destillat des rohen galizischen, rumänischen oder russischen Erdöls (Petrol-Heizöl) oder aus den bei der Destillation gewonnenen Rückständen (Masut). Bei entsprechendem Paraffingehalt beginnt dieses Öl schon bei + 10° C zu stocken, Flammpunkt bei 70 bis 80° C, spezifisches Gewicht 0,83 bis 0,91, unterer Heizwert 10000 bis 10500 WE.

c) Tetralin, ein neuer durch Hydrierung des Naphthalins gewonnener flüssiger Brennstoff von naphthalinartigem Geruch, dessen spezifisches Gewicht bei 15° C zwischen 0,97 bis 0,98 liegt, und mit Benzol und Alkohol vermischt, zur Zusammenstellung des Reichsbetriebsstoffes dient (57); Stockpunkt bei etwa — 30° C.

d) Braunkohlenteeröl (Braunkohlenheizöl), gewonnen durch Destillation des aus der Braunkohle erzeugten Braunkohlenteers; spezifisches Gewicht 0,9 bis 0,925, Heizwert 9750 WE.

Das Braunkohlenteeröl ist für die Kesselheizung viel zu wertvoll; trotzdem mußte auf seine durch den Zwang der Verhältnisse gebotene Verwendung zu Heizzwecken zurückgegriffen werden.

2. Treiböle für den Betrieb der Verbrennungsmotoren.

Als solche dienten:

a) Petroltreiböle — vgl. 1 b),
b) Steinkohlenteeröle — vgl. 1 a),
c) Braunkohlenteeröle — vgl. 1 d).

Die Erfahrungen haben gelehrt, daß die Öle bei ihrer Lagerung oder Förderung in Sammelbehältern oder Leitungen nicht beliebig miteinander gemischt werden können, daß daher ihre gemeinsame Lagerung bzw. die Benutzung gleicher Rohrleitungen nicht ohne weiteres zugestanden werden kann. Die Frage ihrer gegenseitigen Beeinflussung wurde seitens der Werft Wilhelmshaven in Gemeinschaft mit der Deutschen Erdöl-A.-G. an der Hand von Mischversuchen studiert und dabei folgendes Ergebnis festgestellt:

1. Steinkohlenteeröl, Braunkohlenteeröl und Tetralin können beliebig miteinander gemischt werden, soweit die Öle Heizzwecken dienen.
2. Steinkohlenteeröl neigt bei längerem Stehen zu Ausscheidungen von Naphthalin und Pech, die schwer und körnig sind und sich nur durch besondere Erwärmung lösen.
3. Steinkohlenteeröl und Braunkohlenteeröl dürfen unter keinen Umständen mit Petrolöl gemeinsam gelagert oder durch dieselbe Leitung geleitet werden, da sich ein sehr fester, zäher Niederschlag abscheidet und das Petrolöl starken Teergeruch annimmt. Besonders schädlich ist die Mischung größerer Mengen Petrolöl mit Teeröl, während es nicht so bedenklich ist, wenn kleinere Petrolölmengen in größere Mengen Teeröl gelangen.
4. Petrolöl bildet mit Tetralin gemischt keine Ablagerungen, Mischung daher unbedenklich.

Einrichtungen zum Lagern des Öls.

Die Heizöl-Anlagen unserer früheren Kriegsmarine bestanden:

a) in reinen Lager-Anlagen zur Sammlung und Aufbewahrung des Öls. Von ihnen wurde das Öl an Ölschiffe zwecks Überführung nach anderen Öllagern oder zur unmittelbaren Abgabe an die Kriegsschiffe abgegeben. Bei nicht allzu großer Entfernung können die Ölschiffe auch durch Rohrleitungen, wie z. B. in Sande-Wilhelmshaven, ersetzt werden;

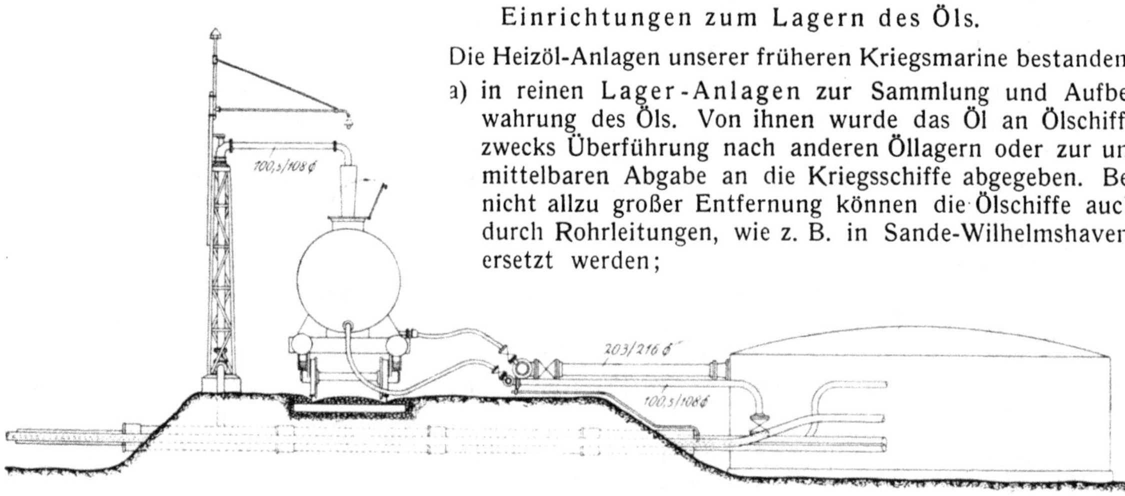

Abb. 244. Entleerung und Füllung der Kesselwagen.

Ölspeicherungsanlagen der ehemaligen deutschen Kriegsmarine.

Nr.	Ausgeführte Ölanlagen	Baujahr	Heizöl-behälter	Treiböl-behälter	Petroleum-behälter	Art der Förderung des Öles	Dampfkessel- und Maschinenanlagen
1	Kiel-Wik (an der Nordmole)	1912—1915	3 je 5900 cbm 1 zu 1650 „	1 zu 550 cbm	1 zu 550 cbm	Unmittelbar aus den Behältern an die Schiffe von den Anlagestellen bezw. Löschbrücken.	
2	Wilhelmshaven, Gazellebrücke (anfänglich nur für Teeröl, später auch für Petrolöl eingerichtet)	1914—1915	2 je 4300 cbm 1 zu 7300 „ (nicht isoliert)			Mit Hilfe von Ölwagen, Dampfern oder Leichtern. Zur Entleerung der Wagen an den Gleisen längslaufende Ölrinnen. In Ausnahmefällen werden die Ölwagen beim Maschinenhaus mittels Schläuchen entleert, die an einen mit der Saugleitung in Verbindung stehenden Ventilkasten angeschlossen werden.	1 Dampfkessel 100 qm 2 große Zentrifugalpumpen von je 1000 cbm Lstg. (200 PS) 1 desgl. von 100 cbm Lstg. (12 PS) 1 Kolbenpumpe für Petrolöl 150 cbm Lstg. (25 PS).
3	Danzig, Neufahrwasser	1917—1918	2 je 5400 cbm 1 zu 75 „	1 zu 75 cbm	2 je 5400 cbm 1 zu 75 „	1) Freier Abfluß des Öls aus den Behältern in die Schiffe, 2) Pumpen des Öls aus den Behältern in die Schiffe, Leistung 480 t/st, 3) Pumpen des Öls aus einem Behälter in den andern, 4) Pumpen des Öls aus dem Tankschiff mit den Schiffspumpen in die Behälter, 5) Saugen aus dem Tankschiff mit den Hauptölpumpen im Maschinenhause und Drücken in die Behälter.	3 Zweiflammrohrkessel von je 80 qm (Saugzug) 3 Hauptölpumpen von je 160 t/st Teeröl 1 kleine Duplexpumpe für Teeröl, 500 l/min.
4	Ostermoor, Brunsbüttel-Koog (Anlage wegen Frostgefahr u. verfehlter Konstruktion nicht betriebstüchtig)		10 je 5400 cbm			Durch die Verbindung der Hauptölleitungen mit dem Schwenkrohr des Behälters der Beölungsanlage der Werft erfolgt die Ölübergabe aus der Tankanlage in diesen Behälter und durch eine zweite Verbindung mit der Entleerungsleitung dieses Behälters kann die direkte Übergabe von Öl aus der Tankanlage in die Schiffe erfolgen.	3 Zweiflammrohrkessel von je 80 qm (Saugzug) 1 Hauptölpumpe v. 150 t/st für Heizöl, Erdölrückstände und Teeröl 1 desgl. für Treiböl.
5	Sande, Mariensiel (nicht vollständig fertiggestellt)	1915	6 je 10800 cbm, 5 je 5400 cbm als Öllager gedacht. 3 je 200 cbm für die Übernahme des Öls aus Tankwagen. 3 je 5400 cbm am Torpedobootshafen, bestimmt für die unmittelbare Ölabgabe a. d. Flotte.			Das mit der Bahn in Kesselwagen herangeschaffte Öl fließt durch eine Ablaufrinne den versenkt angeordneten Empfangsbehältern zu, deren Fassungsvermögen so bemessen ist, daß die gleichzeitige und ungehinderte Füllung von je 12 Kesselwagen mit dem flüssigen Brennstoff möglich ist. Entladezeit eines Kesselwagens 25 min.	In Sande: 4 Zweiflammrohrkessel je 100 qm 3 Hauptölpumpen für je 150 cbm/st für Teeröl, Petrolheizöl u. Treiböl. 3 entspr. Entleerungspumpen je 30 cbm/st In Mariensiel: 3 Zweiflammrohrkessel je 80 qm 2 Ölpumpen je 13 cbm/st.
6	Danzig auf dem Holm	1916—1918	1 Lagerbehälter von 2500 cbm, 1 Empfangsbehälter von 75 cbm.			Das mit der Bahn herangeschaffte Öl fließt aus den Tankwagen mit natürlichem Gefälle der Entladeleitung zu, die, mit zunehmendem Durchmesser (von 80—300 mm), mit dem Empfangsbehälter verbunden ist. Aus diesem wird das Treiböl zu dem Lagerbehälter gefördert. Versorgung der Torpedoboote geschah durch eine Rohrleitung von 300 m Länge und 200 mm l.W. Das auf dem Wasserwege herangeführte Öl wurde durch eine zweite Ölleitung zu den Behältern geleitet.	1 Einflammrohrkessel von 40 qm 1 Plungerpumpe mit Riemenantrieb 1800 l/min 1 desgl. 1150 l/min.

b) in reinen Abgabe-Anlagen zur unmittelbaren Abgabe des Öls an die Flotte;

c) in vereinigten Lager-Abgabe-Anlagen, also Vereinigung von a) und b).

Wegen der erheblich größeren Abgabeleistung von b) sind mehrere Anlagestellen, außerdem größere Rohrleitungsdurchmesser und Pumpenleitungen erforderlich. In Holtenau betrug die Leistung 6000 t je Stunde, bei Rohrdurchmessern bis zu 750 mm l. W. Das Öl muß stets auf 20° gehalten werden, während es bei a) nur im Übergabefalle erwärmt zu werden braucht.

Liegen die Anlagen für die Erreichung der Schiffe günstig, so ist c) vorzuziehen. Hierbei ist einer Anlage nach a) ein besonderer Betriebs- oder Umschlagsbehälter nach b) vorgebaut, der größere Rohrleitungen und Pumpen erhält und von der Lageranlage immer wieder aufgefüllt wird. Die Kriegsmarine wies oberirdische und unterirdische Behälter auf. Die ersteren sind aus Eisen, die letzteren aus Eisenbeton hergestellt. Im allgemeinen sind die mit Beton gemachten Erfahrungen wegen der schädlichen Einwirkung des Teeröls auf diesen Baustoff nicht besonders günstig. Das gilt insbesondere bei noch nicht genügend erhärtetem Beton. Die zerstörende Wirkung geht von dem Schwefel (372) und dessen Verbindungen aus. Die Stärke der Angriffe hängt von der Bildung der Schwefelsäure ab, sofern diese sich nicht mit dem aus dem Beton ausgeschiedenen Kalk zu Gips verbindet. Anderseits führt das sogenannte Gipstreiben des Betons zu Undichtheiten und Zerstörungen. Bei Petrolöl ist es besonders die Fettsäure, die durch Verseifen des aus dem Beton beim Erkalten ausgeschiedenen Kalkes Kalkseife bildet, die ein Erweichen des Betons verursacht. Aus all diesen Gründen wurden die Marinebehälter innen mit Kacheln ausgelegt.

Abb. 245. Im Freien verlegte Ölleitungen (Ostermoor).

Die Größe der Behälter schwankt zwischen 5 und 10000 cbm bei einem Durchmesser von 29 bis 37 m und einer Höhe von 7 bis 10 m. Die Behälter besitzen Heizvorrichtungen und Rührwerke. Bei größeren Behältern wurde wegen der Schwierigkeit des Antriebs der Rührwerke Preßluft angewandt, die zur Betätigung sogenannter Rührspinnen nach Patent Wilke-Braunschweig benutzt wurde. Der Hauptzweck der Preßluft dürfte wohl lediglich in dem Durcheinanderwühlen des Öls zu suchen sein, um das Absetzen der schwereren Teilchen am Boden zu vermeiden. Diesem Vorteil steht der Nachteil gegenüber, daß wertvolle Kohlenwasserstoffe in Form von Gas aus dem Öl herausgetrieben werden. Wilke hat daher seine Einrichtung unter Verwendung der vorhandenen Pumpe derart verbessert, daß die ganze Bodenablagerung in das Öl hineingemischt und gelöst wird.

Über Einzelanlagen orientiert die Zusammenstellung auf S. 525, zu der die Abb. 244 und 245 gehören.

IV. Braunkohlenwirtschaft.

1. Veredlung der Braunkohle.

a) Einleitung.

Während die Förderung der Steinkohle 1921 gegen 1913 nur etwa 83 vH[1]) betrug, ist jene der Braunkohle auf 141 vH gestiegen. Ein erfreuliches Ergebnis. Leider geben nicht alle Gesellschaften den Umfang der Belegschaften an, um eine Prüfung der auf den Kopf der Arbeiter entfallenden Leistung vorzunehmen. Die vom Verf. seinerzeit[2]) auf Grund der vorhandenen Mitteilungen aufgestellten Prozentsätze bedürfen der Berichtigung, weil die in den Nebenbetrieben angestellten Arbeiter nicht die Brikettfabrikation belasten können. 1921 wurden in 360 Werken 101258601 t Braunkohlen

[1]) Diese Angaben gehen ziemlich weit auseinander; an anderer Stelle fand Verf. z. B. 78,69 vH usw.

[2]) Zeitschrift f. Dampfk.- u. Maschinenbetrieb 1922 Heft 35.

(gegen 91969783 t in 1920) gefördert. Von der 1921er Förderung stammten 89304537 t Braunkohle aus Tagebauen.[1]) Der Braunkohlenabsatz in Preußen betrug:

1921	101269691 t
1920	91962008 „

An Beamten und Vollarbeitern beschäftigte der Braunkohlenbergbau:

1921	134652
1920	133643,

davon 59084 in Nebenbetrieben. Zu diesen Nebenbetrieben gehören die Reparaturwerkstätten und Eisengießereien, deren Einrichtung wegen der dauernd steigenden Gütertarife vom volkswirtschaftlichen Standpunkte nur zu begrüßen ist. Wo solche Statistiken nicht gesonders geführt und zur Veröffentlichung gelangen, werden Trugschlüsse nicht ausbleiben. Für die Ilse-Werke kann man nach den Verf. gewordenen Mitteilungen folgende Vergleichsrechnung aufstellen:

Arbeiterzahl ohne Nebenbetriebe	Kohlenförderung
1913: 3380	4797535 t
1922: 7462	8902452 „
Steigerung: 121	85,5 vH

Die Steigerung der Erzeugung bringt bei den hohen Kohlenpreisen reichlichen Nutzen. Soweit die Mehrgewinne der starken Kohlenpreiserhöhung zu verdanken sind, wird man sie nicht übermäßig gern sehen, und es muß sogar die Frage auftauchen, wie Max Mattersdorf[2]) richtig erkennt, ob die Erhöhung der Preise in dem geschehenen Maße nicht über das Erforderliche hinausgeht. Das deutsche Volk steht vor seinem gänzlichen Ruin. Den Ausgang des Jahres 1922 hatten bereits die vier grauen Weiber aus der Tragödie Faust besetzt: Der Mangel an Kohlen, die Schuld an angeblichen Verfehlungen, die Sorge ums tägliche Brot, die Not durch die Geldentwertung. Privatwirtschaft kann sich niemals mit Volkswirtschaft, diese aber zuweilen mit Wärmewirtschaft decken. Die Verwendung von Briketten z. B. für die Kesselfeuerungen der Brikettwerke kann wärmewirtschaftlich sein, niemals aber volkswirtschaftlich. Selbst die Vergasung der Brikette ist nur dann zu rechtfertigen, wenn der Mehrverbrauch für die Trocknung dem wirtschaftlichen Erlös aus dem Teere gleichkommt (268).

b) Naßpreßsteine.

(38, 95, 96, 102, 103, 305, 471).

Die ersten Versuche, aus der Braunkohle durch Herstellung von Kohlesteinen ein lagerbeständiges, handliches und im Feuer stehendes Material zu schaffen, führten zur Herstellung von Naßpreßsteinen, die heute in einzelnen Gegenden Deutschlands noch erzeugt werden (Zahlentafel 32, S. 38), deren Herstellung aber bedauerlicherweise zurückgegangen ist. Bei dieser Fabrikationsmethode wird die Rohbraunkohle zerkleinert, in einem Maischtrog mit Wasser angefeuchtet und nach Art der Lehmziegel in besonders zu diesem Zweck konstruierten Pressen geformt. Diese Naßpreßsteine werden sodann in Trockenschuppen an der Luft oder in neuerer Zeit zuweilen auch in besonderen Trockenhausanlagen mit Dampf bis auf 25 und 30 vH Wassergehalt getrocknet. Was darunter ist, ist von Übel, weil die Naßpreßsteine dann beim Transport leicht zerbröckeln und im Feuer zerfallen.

Die Trockenzeit dauert je nach dem Wassergehalt der Preßsteine und nach dem Wetter 1 bis 3 Wochen, bei sehr ungünstiger Witterung natürlich noch länger. Es ist also eine große Bodenfläche für das Trocknen der Steine erforderlich. Nach Richter & Horn faßt ein neuerer Trockenschuppen von etwa 6 m nutzbarer Breite und 3,50 m Höhe auf den laufenden Meter Schuppenlänge 2000 Steine. Selbstverständlich wird kein Wärmetechniker daran denken, gut geleitete und eingerichtete Brikettfabriken zur allgemeinen Naßpreßstein-Fabrikation zu veranlassen; dies muß selbstverständlich zu einem vollkommen wirtschaftlichen Fiasko führen. Höchstens kann davon die Rede sein, die unwirtschaftlich arbeitenden Brikettfabriken — und ihrer gibt es noch eine große Anzahl — hierzu zu zwingen. Um möglichst abschreckend zu wirken, werden von den Gegnern der Naßpreßsteine die Ilse-Werke angeführt, um zu zeigen, welche ungeheuren Ländereien allein dazu nötig wären, die

[1]) Nach den Veröffentlichungen im Reichsanzeiger v. 14. März 1922.

[2]) Finanz- und Handelsblatt der Voss. Zeitg. v. 1. August 1922.

tägliche Leistung von 700 Waggons Brikette (vgl. Zahlentafel 176) in Form von Naßpreßsteinen unterzubringen. Rechnet man das Gewicht eines Brikettsteines zu 0,5 kg, so ergibt sich eine tägliche Erzeugung von 14 Mill. Steinen. Bei einer Trockenzeit von 3 Wochen wäre zum Trocknen der 18 × 14000000 = 252 Mill. Steine eine mit Trockenschuppen bebaute Bodenfläche von mindestens 756000 qm notwendig, zu der noch jene für die Gänge und Gleisanlagen hinzukäme. Außerdem müßten weitere Schuppen zum Lagern der erzeugten Steine bei zeitweiliger Überproduktion oder bei Wagenmangel vorhanden sein.

Zahlentafel 176.

Briketterzeugung der Grube Ilse.

Brikettanalysen	Kohleanalysen	Verbrauch der Brikettfabrik an Förderkohle 1922 (in hl[1])	Briketterzeugung in t 1922
Ilse: 4868 WE (Durchschnittswert aus 92 Analysen)	2016 WE (38 Analys.) 2030 WE (12 „) 1922	9 019 829	233 837,85
Renate: 4851 WE (Durchschnittswert aus 56 Analysen)	2023 WE (8 Analys.) 2013 WE (12 „) 1922	9 078 973	236 866,2
Eva: 4856 WE (Durchschnittswert aus 47 Analysen)	2005 WE (15 Analys.) 2015 WE (12 „) 1922	14 176 944	370 529,5
Anna/Mathilde: 4828 WE (Durchschnittswert aus 46 Analysen)	1999 WE (26 Analys.) 1987 WE (12 „) 1922	10 830 236	274 722,4
Marga: 2 Fabriken 4829 WE (Durchschnittswert aus 136 Analysen)	1891 WE (18 Analys.) 2022 WE (24 „) 1922	16 530 202 Fabrik I 16 843 217 „ II	444 870,25 457 706,00
Erika: 4844 WE (Durchschnittswert aus 14 Analysen)	2029 WE (12 Analys.) 1922	14 364 548	358 270,3
	Summa:	90 843 950	2 376 802,5

[1] 14 hl Förderbraunkohle = 1 t.

Den Trockenschuppen-Anlagen wird vielleicht nicht mit Unrecht der Nachteil nachgesagt, daß sie viel Arbeitskräfte erfordern, um das notwendige Umpacken und Aufstellen der Steine auszuführen, die bei ihrem noch verhältnismäßig hohen Wassergehalt überdies keinen wesentlich höheren Heizwert als die Rohbraunkohle aufweisen. Außerdem haben sie den Nachteil geringer Festigkeit und Wetterbeständigkeit, wodurch der Transport und die Aufbewahrungsmöglichkeit erschwert wird. Aus diesem Grunde dürfen die Steine nur in gedeckten Räumen lagern und auch nur in abgedeckten Eisenbahnwagen befördert werden.

c) Trockenpreßsteine.

(12, 38, 102.)

1. Allgemeine Betrachtungen.

Die vorher erwähnten Nachteile der Naßpreßsteine, insbesondere deren Abhängigkeit von der Lufttrocknung, haben mit einer durchaus zu billigenden Berechtigung zur Fabrikation der Trockenpreßsteine geführt. Obgleich wir uns hierüber schon früher ausgesprochen haben, wollen wir die Verhältnisse wegen der vorgekommenen Meinungsverschiedenheiten nochmals beleuchten.

Die Braunkohlenbrikett-Industrie, die sich anfänglich nur den Bedürfnissen des Hausbrandes angepaßt hatte, hat sich mit ihren Erzeugnissen später auch in gewissen Industriekreisen unentbehrlich gemacht. Für den Hausbrand waren die Rohkohlen als Brennmaterial nicht beliebt, was durch ihre meist klare, erdige Beschaffenheit und ihre wenig gute Lagerbeständigkeit ohne weiteres erklärlich ist. Der unbegrenzten Verwendung der Rohbraunkohle in der Industrie steht ihr großer Wassergehalt entgegen, der den Heizwert herabsetzt und die Frachten verteuert. Wieweit hier ihr Verwendungskreis gehen kann, läßt sich durch eine Berechnung feststellen, indem man die Kosten einer bestimmten WE-Zahl verschiedener Brennstoffe in den einzelnen Verbraucherkreisen miteinander vergleicht (455).[1]) Wir können den Aktionsradius heute auf etwa 150 km schätzen. Aber hierüber sind wir schon längst hinaus; die Steinkohlenknappheit bedingt andere Maßnahmen.

Die Bestrebungen, sich durch Einführung der Dampftrocknung von der Lufttrocknung unabhängig zu machen, kennzeichnet die als lästig empfundene Abhängigkeit vom Wetter. Auch widerstrebte es, die Kohle vor ihrer Verpressung erst noch mit Wasser anzureichern, also den an und für sich schon hohen Wassergehalt des Brennstoffes zu erhöhen, um ihn später durch einen Mehraufwand an Dampf wieder zu entfernen.

Legen wir bei unseren Betrachtungen die musterhaften Anlagen der Ilse-Bergbau-Aktiengesellschaft zugrunde, so ist der Werdegang bei der Trockenpreßstein-Fabrikation folgender: Die Rohbraunkohle mit durchschnittlich 58 vH Wassergehalt und 1950 WE wird zerkleinert, bis auf 12 bis 15 vH Wassergehalt getrocknet und dann verpreßt. Das fertige Brikett hat dann einen Heizwert von 4800 bis 5000 WE.

Die zur Trocknung der Rohbraunkohle von bestimmtem Wassergehalt erforderliche Dampfmenge ist also bei der Neuanlage einer Brikettfabrik ein fester Wert, von dem die Gestaltung der ganzen Anlage abhängt. Zur Herstellung von 10 t Brikette sind bei 58 vH Wassergehalt der Rohkohle einschließlich aller Verluste etwa 21 800 kg Rohbraunkohle erforderlich. Diese Zahl ist durch eingehende Versuche ermittelt worden. Aus dieser Kohlenmenge sind ca. 11 300 kg Wasser zu verdampfen. Zum Verdampfen von 1 kg in der Kohle enthaltenen Wassers werden einschließlich aller Verluste etwa 1,5 kg Dampf gebraucht, so daß pro 10 t Waggon Brikette $11300 \times 1,5 = 17000$ kg Dampf erforderlich sind.

Solche Ziffern sind selbstverständlich nicht auf andere Werke übertragbar, es sei denn, daß diese wirtschaftlich gleichwertig arbeiten. Da dies nicht immer der Fall ist, so erklären sich auch die wesentlich ungünstigeren Angaben über die Wärmewirtschaft in der Trockenpreßstein-Industrie, die man in der Fachliteratur findet (304)[2]).

Der in den Kesseln hochgespannte Dampf wird zunächst in Gegendruck-Dampfmaschinen bzw. Gegendruck-Turbinen nutzbar gemacht und darauf in Schulzschen Röhrentrockenapparaten zur Kohletrocknung verwendet. Die erzeugte Energie wird für den Betrieb des Tagebaues und der Fabrik, sowie der Nebenanlagen und zur Beleuchtung dieser Anlagen fast restlos verbraucht. Da die zur Kohletrocknung erforderliche Dampfmenge, die also unbedingt erzeugt werden muß, feststeht, so sind die Kosten der für den Gesamtbetrieb erforderlichen Energie nur gering. Abgesehen von den Arbeitslöhnen, Unterhaltungs- und Amortisationskosten der Anlagen sind sie gleichwertig mit den Kosten des Wärmeaufwandes, der erforderlich ist, aus niedriggespanntem Dampf hochgespannten Dampf zu erzeugen.

Die tägliche Produktionsziffer der Brikettfabrik Marga mit 37 Pressen beträgt etwa 260 Waggon Brikette von je 10 t Inhalt (vgl. Zahlentafel). Zur Trocknung der Kohle sind täglich $260 \cdot 17000 = 4420000$ kg Dampf erforderlich. Hiervon werden verbraucht:

a) für die Pressen, Kesselspeisepumpen usw. 1776000 kg Dampf,

b) für die elektrische Kraftzentrale 2644000 kg Dampf.

Der Dampfdruck beträgt in Marga 13 at Überdruck, der Trocknungsdampf hat eine Spannung von 2,5 at Überdruck.

Es steht also zum Antrieb der Kraftmaschinen ein Druckgefälle von 11,6 at zur Verfügung. Die Gegendruckturbinen verbrauchen 18,7 kg Dampf für die kW/Std., so daß gleichsam als Abfallenergie

$$\frac{2\,644\,000}{24 \cdot 18,7} = \text{rd. } 5900 \text{ kW erzeugt werden.}$$

[1]) Eine von der Deutschen Maschinentechnischen Gesellschaft 1922 ausgeschriebene von Dipl. Ing. Richard gelöste Preisaufgabe über den Aktionsradius verschiedener Brennstoffe dürfte 1923 in Glasers Annalen veröffentlicht werden.

[2]) Schöne sagt in einem Aufsatze (Techn. Blätter 1922 Nr. 2 S. 10): „Der Verf. vorliegenden Aufsatzes hat selbst durch eine schon längere Zeit hindurch geführte Statistik feststellen können, daß die Kohlenverbrauchsangaben einzelner Brikettwerke manchmal das Doppelte der tatsächlich zur Brikettierung erforderlichen Menge betragen.“ Und weiter heißt es ebenda in Nr. 3 S. 27: „Es muß nun zugegeben werden, daß ein großer Teil der Braunkohlenbrikett-Fabriken nicht derart wirtschaftlich arbeiten dürfte, wie die im vorliegenden Beispiel angegebenen, und es könnte daher der Vorwurf einer einseitigen Parteinahme zugunsten der Brikettierung berechtigt erscheinen.

Die Dampfverteilung von 1 kg Kesseldampf ergibt sich nach Abb. 246.

In ähnlicher Weise verteilt sich auch der Dampf auf den anderen Ilse-Gruben.

Bei dem während des Krieges erbauten Werk Erika, das zurzeit 26 Brikettpressen besitzt, liegen die Verhältnisse insofern bedeutend günstiger, als mit einem Kesseldruck von 20 at Überdruck, und gleichzeitig mit 0,5 at Überdruck für Trocknungszwecke d. h. mit einem Druckgefälle von 19,5 at gearbeitet wird.

Die Produktionsziffer betrug hier bei den ersten 10 Pressen 80 Waggon Brikette täglich. Zur Trocknung der Kohle sind dann $80 \cdot 17000 = 1360000$ kg Dampf täglich erforderlich. Hiervon werden verbraucht:

a) für die Pressen, Kesselspeisepumpen usw. 424000 kg Dampf,

b) für die elektrische Kraftzentrale 936000 kg Dampf.

Die Dampfverteilung von 1 kg Kesseldampf ergibt sich nach Abb. 247.

Die Gegendruckturbine erzeugt mit der zur Verfügung stehenden Dampfmenge 3950 kW. Gleiche Verhältnisse, wie in Marga vorausgesetzt, wurden für den Betrieb des Tagebauteiles, der die Kohle für die 10 Pressen-Fabrikanlage liefert und einschl. der Fabrik mit den dazugehörigen Nebenanlagen 1600 kW verbraucht, 2350 kW für andere Zwecke frei, von denen der größte Teil heute zur Kohlegewinnung und Kohleförderung für das Reichs-Aluminiumwerk Lauta verbraucht wird.

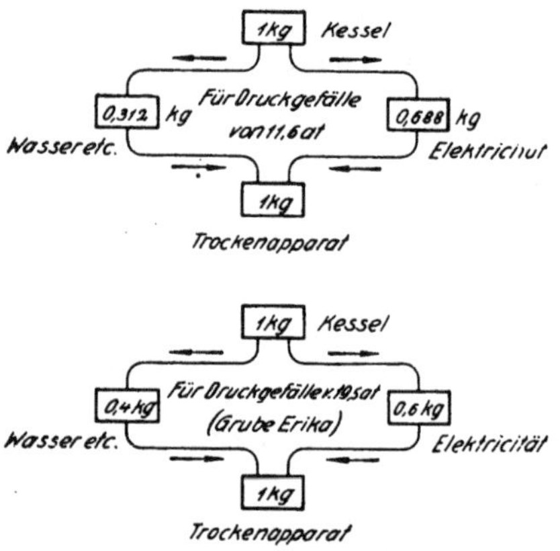

Abb. 246 und 247. (Oben Grube Marga.)

Zur Speisung der Kessel wird das aus den Trockenapparaten kommende Kondenswasser wieder verwendet, das unter dem jeweiligen Trockendruck den Speisepumpen zufließt. Da dadurch das Speisewasser noch eine hohe Temperatur hat — in Marga beispielsweise etwa 130° C —, so bietet der Einbau von Speisewasservorwärmern keinerlei Vorteile. Die Verbrennungsgase verlassen den Kessel mit einer durchschnittlichen Temperatur von 280° C.

Die Betriebsverdampfungsziffer beträgt durchschnittlich 2, der durchschnittliche Betriebswirkungsgrad 70 vH.

Der Bedarf an Förderkohle ist bei den Ilse-Werken gleich dem 2,73fachen der Brikettproduktion bei einem durchschnittlichen Wassergehalt der Rohbraunkohle von 58 vH und einem Aschegehalt von 3 vH. Es werden demnach zur Erzeugung von 1 kg Brikett $2{,}73 \cdot 1930 = 5330$ WE verbraucht, so daß im ungünstigsten Falle ein Verlust von 530 WE auf 1 kg Brikett von 4800 WE entsteht[1]).

2. Wirtschaftliche Maßnahmen bei der Dampftrocknung.

Die Trocknung der Rohbraunkohle ist nicht nur für die Brikettierung, sondern auch für die Erhöhung des Aktionsradius beim Transport der Kohle und deren wirtschaftliche Verwertung von ausschlaggebender Bedeutung.

Hat die Rohkohle einen Wassergehalt $w = 58$ vH, das aus ihr hergestellte Brikett einen solchen von $w_1 = 13$ vH, beträgt ferner das Gewicht des Anfangsproduktes k, jenes des Endproduktes k_1, so ergibt sich

$$\frac{k}{k_1} = \frac{100 - w_1}{100 - w}$$

und hieraus, nach Einsetzen der Werte,

$$k = 2{,}07$$

d. h. es sind theoretisch 2,07 kg Rohkohle erforderlich, um 1 kg Brikett herzustellen.

Ist der untere Heizwert (388) der Rohkohle $H_u = 1950$ WE, so können im höchsten Falle durch Trocknen $58 \cdot 6 = 348$ WE gewonnen werden, so daß für die Gewichtseinheit ein Heizwert von 2298 WE, für 2,07 kg ein solcher von 4757 WE erreicht wird. Da aber das Brikett 13 vH Wasser enthält, verringert sich sein Heizwert um $13 \cdot 6$, also auf 4679 WE.

[1]) Prof. Kegel errechnet in seinem Aufsatz „Die Heranziehung des Braunkohlenbergbaues zur Linderung der Kohlennot“, Z. V. d. I. 1920 Nr. 6ff., einen Verlust von 1650 WE bei Briketten von 5000 WE und einer Rohbraunkohle von 1900 WE und 60 vH Wassergehalt.

In den Brikettfabriken findet die Trocknung mittels Dampf statt; man braucht 1,7 kg Dampf je kg Brikett, oder bei 2facher Verdampfung 0,85 kg Rohkohle. Zu diesem Verbrauch gesellt sich noch jener an Verlusten durch Entstaubung (= 0,02), so daß wir, günstige Verhältnisse vorausgesetzt, auf 1 kg Brikett

$$2{,}07 + 0{,}85 + 0{,}02 = 2{,}94 \text{ kg}$$

Rohbraunkohle zu rechnen hätten. Daß diese Ziffer in Wirklichkeit überschritten wird, liegt in den älteren Anlagen begründet.

Richter & Horn[1]) gaben, freilich nicht mehr für die heutigen Verhältnisse gültig,

	Brikettkohle	Feuerkohle	Summe
für Mitteldeutschland als günstigsten Wert	2,21	0,81	3,02
für den Bezirk Köln (1907)	2,22	1,19	3,41
Dr. Ing. Pothmann[2]) für Halle (1918)	2,20	1,10	3,30
(1919)			3,02

an.

Der Wärmeverlust, auf Rohkohle bezogen, errechnet sich im Vergleich zu den Wärmemengen der Anfangs- und Endprodukte für das anfänglich zugrunde gelegte Beispiel zu

$$\frac{(2{,}94 \cdot 1950 - 4679) \cdot 100}{2{,}94 \cdot 1950} = 18{,}4 \text{ vH}^{3)}$$

Aus Gründen, die bereits auf S. 83 ff. angeführt sind, wird man auch in Brikettfabriken stets den im Dampfkessel erzeugten Hochdruck erst zur Arbeitsleistung heranziehen, bevor er in den Trockeneinrichtungen Verwendung findet; daran hapert es aber noch vielfach. Ferner wird man dafür Sorge tragen, daß das in den Trockenapparaten sich bildende Niederschlagwasser den Dampfkesseln im Kreislauf wieder zugeführt wird. Von der erzeugten Energie dient der größte Teil zum Antrieb der Abraumbagger und zur Beförderung der Abraummassen, zum Antrieb der Kohlenbagger und zur Beförderung der Kohle, zum Antrieb der Wasserhaltung, der Kohlenaufbereitung, der Kesselhauseinrichtungen, Reparaturwerkstätten und zur Beleuchtung sämtlicher Anlagen. Schöne[4]), der als erster auf tatsächlichen Erfahrungen aufgebaute Formeln für den Dampfverbrauch einer gut geleiteten und eingerichteten Brikettfabrik entwickelt hat, errechnet die bei k_1 Gewichtseinheiten von Briketten erzeugbare elektrische Energiemenge in kW-Std. zu

$$E = f\,\frac{\dfrac{D}{1 + 0{,}01\,n'} - (D_p + D_s + D_h)}{d'}.$$

Hierin bedeuten:

D die zur Herstellung von k_1 Briketten erforderliche Gewichtsmenge Dampf,

n' in vH den Dampfverlust auf dem Wege von den Kesseln bis zu den Kraftmaschinen,

D_p, D_s und D_h die Dampfgewichte für den Pressen-, Speisepumpen- und Hilfmaschinenantrieb,

d^1 den Dampfverbrauch je kW-Std. im Gegendruckbetrieb,

f den Umrechnungsfaktor für die Dampfmenge in kg, falls vorher andere Gewichtseinheiten zugrunde lagen.

Der Dampfverbrauch für Brikettfabriken mit Trockenentstaubung wird zu

$$D = 1{,}4\,k_1\left(1 + \frac{n}{100}\right)\left(1 + \frac{v}{100}\right)\frac{w - w_1}{100 - w}$$

angegeben, wobei die Verluste v beim Trocknen der Kohle berücksichtigt sind. Die Formeln erfahren eine geringe Abänderung für den Fall, daß von der durch Entstaubung verlorengehenden Kohle

[1]) „Die mechanische Aufbereitung der Braunkohle", Verlag Knapp 1910.

[2]) Freie Wirtschaft 1919 S. 390.

[3]) Direktor Paul Firle gibt in „Braunkohle", 16. April 1921 Heft 2, auf Grund der Leistungen des Jahres 1919 einen rechnerischen Verlust von 20,2 vH an.

[4]) Braunkohle 1921 Heft 50, 51.

ein Teil entweder der Kesselkohle oder der Preßkohle zugesetzt wird. Aus ihr ergibt sich dann der Bedarf an Feinkohle zu

$$k_2 = \frac{D \cdot i}{\eta \cdot 2 H_u}$$

worin i die Erzeugungswärme, η den Kesselwirkungsgrad bedeuten. Schöne ermittelt für die Brikettfabrik Erika für 1 kg Brikette 0,31 kg Feinkohle, so daß der wirkliche Verlust bei der Brikettierung nur 450 WE oder 7,7 vH beträgt. Die Überschußenergie dient zum großen Teil, wie bereits erwähnt, der Kohlengewinnung und -förderung für die Vereinigten Aluminiumwerke Lauta, der Rest geht in das Stromnetz der Niederlausitzer Überlandzentrale. Folgende Zusammenstellung gibt ein interessantes Bild über die zur Bergbau-Akt.-Ges. „Ilse" gehörigen Brikettfabriken mit ihren Einrichtungen und Leistungen; sie bildet eine willkommene Ergänzung der Zahlentafel 176.

Angaben über die Ilse-Werke[1]).

(Gültig Ende 1922.)

Anzahl der Brikettpressen 114, davon Ende 1922 103 im Betriebe.
Brikettproduktion: 237680 Waggon oder 792 Waggon je Tag.
Rohkohlenförderung: 124,6 Mill. hl oder 8,9 Mill. t, davon Verbrauch der Brikettfabriken 90843950 hl, Bahnversand 11,1 Mill. hl oder 0,8 Mill. t.
Abraumleistung: 25,1 Mill. cbm oder 83670 cbm je Arbeitstag.
Anzahl der Dampfkessel: 104, im Betriebe 100; Gesamtheizfläche der Dampfkessel ohne Überhitzer 29793 qm.
Anzahl der Röhren- und Tellertrockner 135, darunter 123 Röhrentrockner (im Betriebe 111 Röhrentrockner, 12 Telleröfen); Gesamtheizfläche 95593,5 qm.
Anzahl der Sandbagger = 30 }
„ „ Kohlebagger = 22 } davon werden 42 elektrisch angetrieben.
Tagesleistung eines Kohlebaggers mit Berücksichtigung der Pausen = 5000 cbm
„ „ Sandbaggers „ „ „ „ = 10000 „
Anzahl der Normalspur-Dampflokomotiven = 13, davon sind 4 Stück feuerlos
„ „ Dampflokomotiven mit 90 cm Spur = 51,
„ „ „ „ 50 „ „ = 2,
„ „ Benzollokomotiven „ 50 „ „ = 2,
„ „ elektr. Lokomotiven „ 90 „ „ = 77, davon Ende 1922 73 im Betriebe. Jede Lokomotive hat eine Leistung von 450 PS.
Anzahl der Arbeiter einschließlich Nebenbetriebe 10879
„ „ Angestellten „ „ 655
Gesamtarbeiterzahl der Niederlausitzer Braunkohlenbergwerke 41675
Gesamtangestelltenzahl . . . . 2735.

Die Ilse-Werke beschäftigen also über $\frac{1}{4}$ der gesamten Arbeiterzahl der Niederlausitz.

Der Durchschnittslohn eines Arbeiters je Schicht beträgt:
ohne soziale Zulagen . . . . 3672 M
mit sozialen „ . . . . 4100 M

Im Jahre 1921 betrug die Ilse-Briketterzeugung etwa 11,5 vH derjenigen von ganz Preußen und 28,3 vH derjenigen der Niederlausitz. Die Rohkohlenförderung im gleichen Jahre war 6,3 vH der gesamten Braunkohlenförderung Deutschlands (ohne Saarrevier und Pfalz) und 7,6 vH derjenigen von Preußen (ohne Saarrevier). Für das Jahr 1922 liegen diese Werte noch nicht fest.

3. Betriebsüberwachung[2]).

(Vgl. ergänzend 391 bis 398.)

Da nach dem Voraufgegangenen der Verlust an Rohkohle von dem Wassergehalt des Anfangs- und Endproduktes abhängt, so lassen sich schon Ersparnisse dadurch erzielen, daß man für den Wassergehalt der fertigen Brikette den zulässig höchsten Prozentsatz wählt, die Rohkohle dagegen

[1]) Mitgeteilt von Oberingenieur Schöne der Grube Ilse.

[2]) Wir folgen hier im wesentlichen den sehr beachtenswerten Ausführungen von Obering. Linke in „Braunkohle" 1921 Heft 44, 45, 47, 52 und 1922 Heft 1.

weitgehendst von dem Wasser befreit. Dies kann durch reichliches Freilegen des Kohlenstoßes und durch genügendes Tieflegen des Sumpfes erreicht werden.

Die Trockenanlage ist das Herz jeder Brikettfabrik. Im Vergleich zum Tellerofen ist der Röhrenapparat in der Anschaffung billiger, beansprucht weniger Raum und weist auch sonst eine Reihe von Vorteilen auf. Indes eignet er sich nicht für sehr feuchte und schmierende (kolloidale) Kohle. Die Leistungsfähigkeit des Röhrenapparates hängt in erster Linie von der guten Füllung der Rohre ab, die durch einen zweckmäßig gebauten Zuführungsring und den Hickethier-Apparat erreicht wird. Diese Einrichtung hat den Zweck, herausfallende Kohle wieder aufzugeben. Der sehr zu empfehlende Einbau einer Hochleistungswendeleiste gestattet, mit der Trockendampfspannung bis auf 0,5 bzw. 1 at herunterzugehen, ohne daß dadurch die Trockenleistung beeinträchtigt wird. Anderseits wird mit dieser Vorrichtung bei gleichbleibender Trockendampfspannung die Leistung um 10 bis 20 vH erhöht. Jeder Röhrenapparat sollte außerdem mit Staubkapseln und auch mit Austragleisten versehen sein, damit die getrocknete Kohle nicht zu großen freien Fall bis zur Sammelschnecke aufweist. Wo diese Einrichtung fehlt, wird eine unnötige Staubmenge in den Entstaubungschlot mitgerissen.

Die Wrasenabführung erheischt eine gewisse Sorgfalt, weil sonst das Schwitzwasser die getrocknete Kohle wieder anfeuchtet und eine Spaltbildung im Brikett hervorruft. In neuzeitlichen Entstaubungschloten mit Naßentstaubung mittels wasserbebrauster Ventilatoren erfährt deshalb der mit Kohlenteilchen geschwängerte Brüdendampf eine Reihe von Richtungsänderungen und Querschnittserweiterungen, um die Ausscheidung der Staubkohle zu erreichen.

Die Wasserabführung bedarf ebenfalls sorgfältiger Durchbildung. Während die Röhrentrockner eine Heizfläche von etwa 930 qm aufweisen, hat der Tellerofen nur ungefähr 560 qm. Seine Leistungsfähigkeit ist durch die gute Beschaffenheit des Rührwerks und die Güte der Dichtheit der Dampfteller bedingt. Zwecks gleichmäßiger Beschickung ist dieser Ofen mit einer regelbaren mittleren Zuführung ausgerüstet. Von den 34 Etagen eines neuzeitlichen Dampftellerofens bildet die zwanzigste (von oben gerechnet) die Siebetage. Eine Mannsche Staubabsiebung bewirkt ein vollkommen gleichmäßiges Trockengut und eine hohe Trockenleistung. Letztere kann durch die neue Dampfzirkulation noch erhöht werden, weil dadurch den die kalte und feuchte Kohle verarbeitenden oberen Tellern der heißeste Dampf zuerst zugeführt wird. Der Dampf gelangt von hier im Gleichstrom durch den anderen Teil des Ofens. Auf diese Weise wird das früher so lästige Anbacken der Kohle auf den oberen Tellern verhütet und die Feuersgefahr bedeutend herabgemindert.

Der Tellerofen verlangt, ähnlich dem Röhrenapparat, eine ordnungsmäßige Wasserabführung. Zu seiner Instandhaltung und Wartung ist das Anbringen von mindestens einer Bedienungsbühne erforderlich. Die Wrasenschlote müssen die Brüdendämpfe so abführen, daß die Trockenapparate unter keinen Umständen ausblasen. Das läßt sich aber nicht durch Erhöhung des Wrasenschlotes, sondern nur durch eine neuzeitliche, möglichst dicht schließende Ummantelung erreichen.

Die Kühlanlage dient dazu, die getrocknete Kohle bis auf 20 vH über Raumtemperatur herunterzukühlen. Ihren Hauptzweck erfüllt sie indes darin, einen Ausgleich im Wassergehalt der Staubkohle und Knorpelkohle zu schaffen, um dadurch Qualitätsbrikette zu erzielen.

Damit die Brikette gleiche Stärke bekommen, ist eine gleichmäßige Zuführung der Kohle zu den Pressen erforderlich. Diese Bedingung erfüllt der Bröselsche Kohlenzuführungsapparat mit Doppelschieber, von denen der eine mit Grobeinstellung, der andere für die Feineinstellung bestimmt ist. Alles übrige hängt von der guten Beschaffenheit des Preßformkanals ab, der dauernder Überwachung zu unterwerfen ist.

4. Brüdenabwärmeverwertung[1]).

Wer Gelegenheit hat, Braunkohlebrikettfabriken zu sehen, wenn er z. B. mit der Eisenbahn durch ein Braunkohlenrevier fährt, dem fallen sofort, insbesondere bei trübem Wetter, die großen Mengen weißer oder grauweißer Brüden auf, die ständig aus den Schloten der Trockenhäuser in die Atmosphäre entweichen. Selbst der mit der Wärmewirtschaft der Braunkohletrocknerei nicht Vertraute dürfte das Gefühl haben, daß hier große Wärmemengen verloren gehen und daß deren Ausnutzung wärmewirtschaftlich bedeutungsvoll sein müßte.

Zur Kennzeichnung des Problems, zunächst in groben Umrissen, diene die Tatsache, daß die gegenwärtige Braunkohlenbrikettfabrikation sich auf rd. 30 Mill t/Jahr beläuft, und daß dabei nach Maßgabe des Wassergehaltes der zu trocknenden Rohkohle etwa die gleiche Tonnenzahl Wasser im

[1]) Verf. verdankt diesen ausgezeichneten Aufsatz Herrn Prof. Dr. Ing. W. Gensecke.

Jahre verdampft werden muß. Dies führt bei Annahme von 300 Arbeitstagen im Jahre auf eine stündlich aus den Abzugschloten entweichende Brüdenmenge von 4 Mill. kg. Bestrebungen zur praktischen Verwertung dieser großen Abwärmemenge stoßen jedoch bald auf Schwierigkeiten, von denen zwei von wesentlicher Bedeutung sind. Einmal sind die Brüden stark mit Luft vermischt und weiter führen sie erhebliche Staubmengen mit sich. Das Problem bedarf daher eingehenden Studiums und vieler praktischer Versuche nach den verschiedensten Richtungen hin. Hierüber soll im folgenden berichtet werden.

a) Wärmewirtschaft bei der Braunkohlenbrikettfabrikation.

Nach dem Vorhergehenden ist für den Wärmebedarf einer Brikettfabrik in erster Linie der Wassergehalt der Rohkohle und der aus den Trocknern austretenden Trockenkohle maßgebend. Der Wassergehalt der Trockenkohle, wie sie von den Trocknern geliefert wird, ist nicht gleichbedeutend mit dem Wassergehalt der fertigen Brikette. Aus Zahlentafel 177, die das Mittel vieler mit großer Genauigkeit durchgeführter Bestimmungen enthält, geht hervor, daß eine nicht unwesentliche Nachtrocknung, hauptsächlich infolge der hohen Temperatur von etwa 100°, stattfindet, die die Trockenkohle beim Austritt aus den Trocknern hat. Die für 1 kg Trockenkohle notwendige Wasserverdampfung ist für veränderliche Wassergehalte sowohl der Rohkohle wie der Trockenkohle in Abb. 248 veranschaulicht. Für das größte Revier, das mitteldeutsche, kommt der durch Schraffur hervorgehobene Bereich in Betracht, d. h. die für 1 kg Trockenkohle zu entfernende Wassermenge schwankt zwischen 0,86 und 1 kg.

Die Wärmebewegung einer nach modernen Gesichtspunkten angelegten Brikettfabrik ist in Abb. 249 veranschaulicht. Zur Herstellung von 1 t Brikette werden etwa 3 t Rohkohle benötigt, zwei davon sind für die Trockenkohle selbst notwendig; der Rest dient dazu, den Wärmebedarf der Fabrikation zu decken. Rd. ein Drittel der wärmetechnisch wertvollen Substanz werden also durch den Fabrikationsprozeß verbraucht.

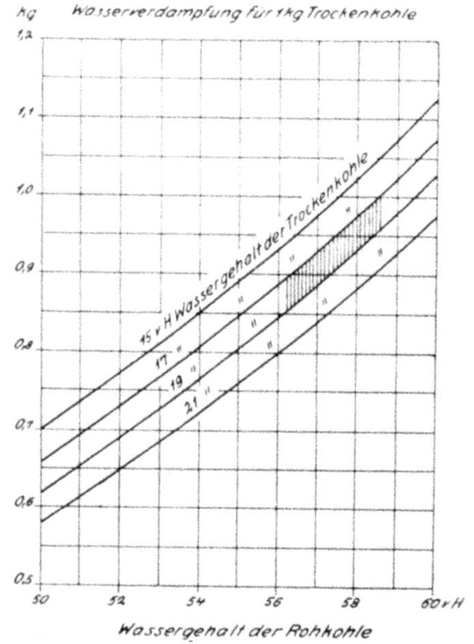

Abb. 248. Für 1 kg notwendige Wasserverdampfung für veränderliche Wassergehalte.

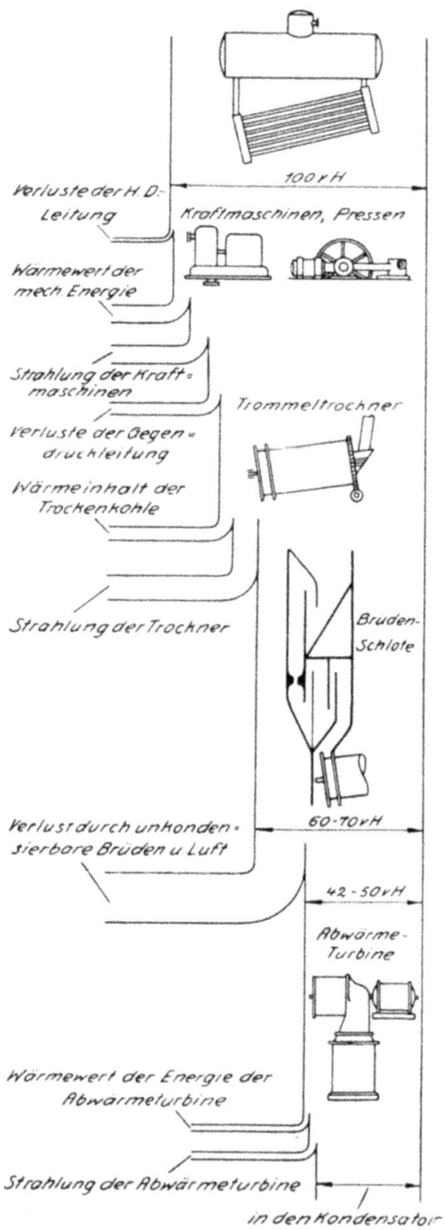

Abb. 249. Wärmebewegung einer neuzeitlichen Brikettfabrik.

In dem Schaubild ist die mit etwa 70 vH Kesselwirkungsgrad erzeugte im Dampf enthaltene Wärme mit 100 vH bezeichnet worden. In wärmewirtschaftlich einwandfreier Weise wird der hochgespannte Kesseldampf zunächst dazu verwendet, die Pressen zu betreiben und in Gegendruckmaschinen die erforderliche elektrische Energie zu erzeugen. Die gesamte Abwärme dient zur Beheizung der Trockner. Nach Berücksichtigung der bei der Trocknung entstehenden Wärmeverluste bleiben 60 bis 70 vH der gesamten in den Dampfkesseln nutzbar gemachten Wärme übrig, und dieser Wärmebetrag ist bisher zu weiterer Verwendung nicht herangezogen worden. Über die grundsätzliche Art, wie diese Abwärme zu verwenden wäre, ist zu sagen, daß Heizung nur in einzelnen Fällen in Frage kommen dürfte. Dagegen würde Gewinnung mechanischer bzw. elektrischer Energie sehr erwünscht sein, vielfach für den Grubenbetrieb des Werkes selbst, da der Energiebedarf mit der Erschöpfung der in der Nähe befindlichen Kohlenlager und dem Ausbau weiter entfernt liegender Felder ständig wächst. Auch ohne dies ist eine Abgabe von Strom an andere Industrien und Kommunen in vielen Fällen durchführbar.

Zahlentafel 177.

Wassergehalt (Grube Marga) in vH.

(Messungen vom 23. 3. 1922.)

Eintritt Trockner	57,8
Austritt „	18,3
Eintritt Kühlanlage	17,3
Austritt „	16,5
der fertigen Briketts	15,9

Der Betrag der aus gegebener Brüdenmenge zu gewinnenden Energie hängt von dem Temperaturgefälle ab, welches der Abwärmemaschine zur Verfügung steht, und das Temperaturgefälle ist einerseits durch die Kühlwasserverhältnisse der Kondensationsanlage, anderseits durch den Zustand der Brüden in bezug auf Luftgehalt bedingt. Letzterer ist für die Verwertbarkeit von ausschlaggebender Bedeutung.

b) Luftgehalt der Brüden.

Das Mischungsverhältnis zwischen Luft und Dampf in den Brüden läßt sich auf Grund zweier leicht durchzuführender Temperaturmessungen bestimmen, die zunächst zur Ermittlung des Taupunktes des Gemisches dienen. Es handelt sich um die bekannte psychrometrische Methode zur Ermittlung der Luftfeuchtigkeit durch Temperaturmessung mittels eines trockenen und eines feuchten, d. h. mit einer feuchten Gashülle umgebenen Thermometers. Für die bei den Brüden praktisch in Frage kommenden Feuchtigkeitsverhältnisse liegt die mit dem feuchten Thermometer gemessene Temperatur so nahe bei der Taupunktstemperatur, daß beide als identisch angenommen werden können. Messungsergebnisse, die an Trocknern verschiedener Systeme und unter verschiedenen Betriebsbedingungen erhalten wurden, sind aus Zahlentafel 178 ersichtlich. Je niedriger der Taupunkt liegt, desto größer ist die vom Abdampf mitgeführte Luftmenge. Am ungünstigsten liegen die Verhältnisse bei Tellertrocknern älterer Bauart, die so konstruiert sind, daß reichlicher Luftzutritt möglichst ungehindert erfolgen kann. Auch bei Trommeltrocknern, die manchmal zwecks Staubabscheidung durch Zentrifugalwirkung mit Ventilatorzug arbeiten, ist durch erhöhten Unterdruck die Grundlage zu reichlichem Luftzutritt gegeben.

Zahlentafel 178.

Zustand der Brüden von Braunkohletrocknern.

Nr.		Temperatur °C trockenes Thermometer	Temperatur °C feuchtes Thermometer
1	Tellertrockner	53	52
2	desgl.	84,5	72,5
3	Trommeltrockner mit Ventilatorzug	72	69
4	Trommeltrockner mit natürlichem, d. h. Essen-Zug .	80	79
5	„ „ „ „ „	99	81
6	desgl. mit Abdeckung des Kohleneinlaufs	110	85
7	„ „ gedrosseltem Zug, Zugstärke von 2,4 auf 0,8 mm WS vermindert	112,5	90
8	„ „ gedrosseltem Zug, Zugstärke < 0,6 mm WS	—	92

Trommeltrockner, die normal, d. h. mit natürlichem Essenzug arbeiten, haben in der Regel Taupunkttemperaturen von 80 bis 85°, und damit sind bereits Verhältnisse gegeben, die eine Abwärmeverwertung als durchführbar erscheinen lassen. Wenn es freilich möglich ist, den Taupunkt weiter heraufzusetzen und damit die Luftmenge weiter zu vermindern, so ist dies für die Abwärmeverwertung sehr vorteilhaft. Zahlentafel 178 zeigt, daß bei entsprechend verminderter Zugstärke der Taupunkt bis auf 92° heraufgesetzt werden könnte. Man darf damit aber nur soweit gehen, daß aus der Vorderseite des Trockners keine Brüden austreten. Die dann noch vorhandene Luftmenge ist teils die, welche zwischen den Kohleteilchen eingeschlossen ist, teils die, welche infolge der meist recht unvollkommen wirkenden hinteren Abdichtung der rotierenden Trommel gegen die Esse eindringt. Eine überschlägliche Rechnung unter bestimmten Annahmen für den Undichtigkeitsquerschnitt zeigt, daß man den Taupunkt um etwa 2° heraufsetzen kann, wenn man die Abdichtung verbessert.

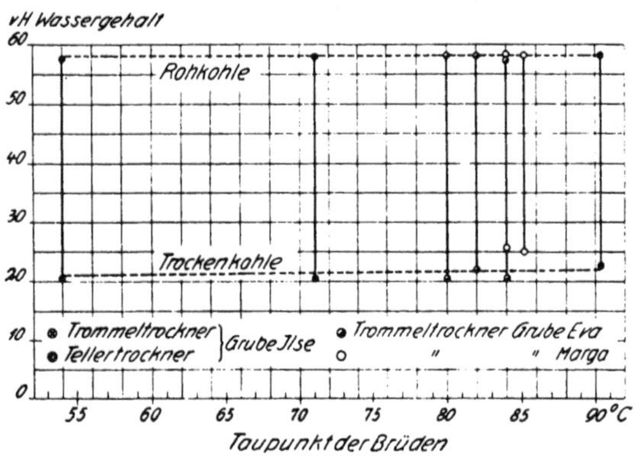

Abb. 250. Abhängigkeit des Wassergehaltes der Trockenkohle vom Taupunkt.

Über die Aufgabe, die der Luft beim Trocknungsprozeß zufällt, war man in der Regel der Ansicht, daß eine gewisse Luftmenge notwendig sei, um eine Kondensation des ausgetriebenen Wasserdampfes zu verhüten, und um durch niedrige Verdunstungstemperatur hohe Trocknungsleistung zu erzielen. Anderseits mußte man sich darüber klar sein, daß die mitgeführte Luft sich mit erwärmt und damit Wärmeverluste verursacht.

Mit Rücksicht auf die Wichtigkeit der Luftfrage im Zusammenhang mit dem Abwärmeverwertungsproblem erschien es geboten, durch Versuche eine Klärung herbeizuführen. Abb. 250 zeigt die Abhängigkeit des Wassergehaltes der Trockenkohle von dem Taupunkt, der eine Funktion des Luftgehaltes ist. Eine Steigerung des Taupunktes von 54 auf 90° verursacht nur eine geringfügige Steigerung des Wassergehaltes der Trockenkohle; dabei ist, wie eine spätere Abbildung zeigt, der Luftgehalt bei 54° dreizehnmal so groß wie bei 90°. Die absoluten Werte des Wassergehaltes sind bei der Versuchsreihe, wie sich später herausgestellt hat, sämtlich zu hoch bestimmt, und zwar hängt dies mit der Probeentnahme zusammen; da aber sämtliche Bestimmungen auf gleicher Basis durchgeführt wurden, so haben sie immerhin relativen Wert.

Die Bestimmungen gemäß Abb. 250 sind an verschiedenen Trocknern durchgeführt worden. Die Feststellungen sind später in sehr eingehender Weise erweitert worden durch Versuche, die am gleichen Trockner unter verschiedenen Betriebsbedingungen vorgenommen wurden. Diese Versuche wurden von der Ilse-Bergbau-A.-G. durchgeführt; sie haben viele Mühe und Zeit gekostet, können aber beanspruchen, als wertvoller Beitrag zur Beurteilung der Frage zu gelten, welchen Einfluß die Luft auf den Trocknungsvorgang hat.

Zahlentafel 179.

Vergleichende Zusammenstellung.

(Versuche mit veränderter Zugstärke im Schlot.)

Taupunktstemperatur	°C	90	83
Unterdruck	mm WS	0,86	2,34
Wassergehalt der Trockenkohle	vH	15,7	15,2
Heizdampfverbrauch je kg Wasserverdampfung	kg	1,275	1,34
verarbeitete Rohkohlenmenge	kg/st	7750	7900
entsprechende Menge Trockenkohle	,,	3875	3940
Staubmenge der Rohkohle	vH	1,06	1,82
,, ,, Trockenkohle	,,	2,12	3,64

Eine Erhöhung des Taupunktes von 83 °C auf 90 °C bedingt:

Verminderung der verarbeiteten Rohkohlenmenge	1,6 vH
Ersparnis am spezifischen Heizdampfverbrauch	4,8 ,,
Verminderung der Staubabscheidung	42,0 ,,

Die Versuchswerte sind in Abb. 251 graphisch veranschaulicht, und Zahlentafel 179 enthält die aus Abb. 251 durch Interpolierung entnommenen mittleren Werte für 83 bzw. 90° Taupunktstemperatur sowie die daraus zu ziehenden Folgerungen. Auch hier zeigt sich mit Steigerung des Taupunktes, d. h. Verminderung der Luftmenge eine geringe Abnahme des Durchsatzes von 1,6 vH. Demgegenüber steht aber eine Verbesserung des spezifischen Heizdampfbedarfes von 4,8 vH. Rechnet man nach, wie weit diese Verminderung auf den geringeren Wärmebedarf infolge verringerter Luftmenge zurückzuführen ist, so ergibt sich die prozentuale Ersparnis zu 2,1 vH. Daß die gemessene Ersparnis größer ist, dürfte darauf zurückzuführen sein, daß bei größerer mitgesaugter Luftmenge die Ventilation der die Trommel umgebenden Räume eine stärkere ist und daß dadurch die Wärmeausstrahlung der Trommel vergrößert wird.

Weiter zeigen aber die Versuche, daß die Verringerung der Luftmenge durch Verminderung des Essenzuges die mitgerissene Staubmenge fast auf die Hälfte herabsetzt. Hierin dürfte ein weiterer nicht zu unterschätzender Vorteil zu erblicken sein. Ein weiterer Vorteil kleinen Luftgehaltes der Brüden, der durch diese Versuche nicht zahlenmäßig erwiesen werden konnte, der aber durch andere Versuche, die anderen Zwecken dienten und auf die hier nicht näher eingegangen werden kann, erwiesen ist, ist die Herabsetzung der Explosionsgefahr des Kohlenstaubes, die bei Taupunktstemperaturen über 89° bedeutungslos wird und über 93° C überhaupt nicht mehr vorhanden ist.

Die Folgerung aus vorstehendem dürfte dahingehend zu ziehen sein, daß, abgesehen von einer unerheblichen Einbuße an Durchsatz, die durch entsprechende Mehrinstallation von Heizfläche leicht auszugleichen wäre, die Verminderung der Luftmenge in den Brüden nur vorteilhafte Wirkungen hat. Eine Kondensation von Wasserdampf aus den abziehenden Brüden ist nicht zu befürchten, da dieselben in der Regel nur 10 bis 20° überhitzt sind.

Die Frage des Luftgehaltes der Brüden mußte etwas ausführlich behandelt werden, da sie mit der Frage der Abwärmeverwertung, wie das Folgende zeigt, in engem Zusammenhang steht.

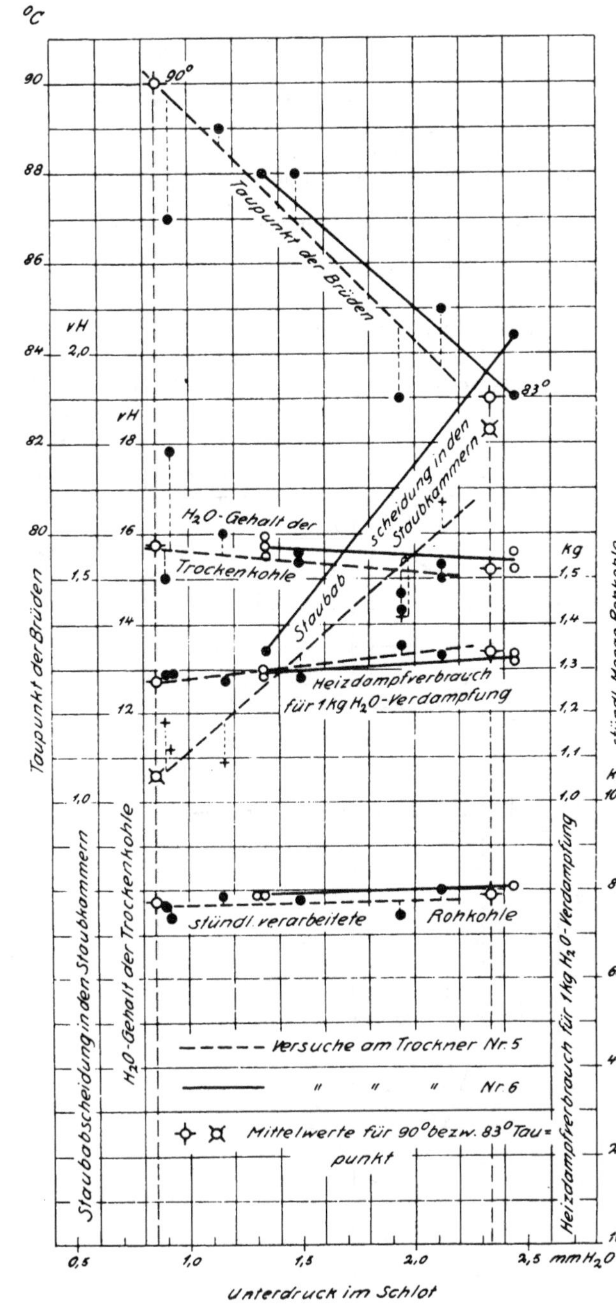

Abb. 251. Versuchsergebnisse bei verschiedenen Zugstärken im Schlot.

c) Verwandlungswert der Brüdenabwärme.

Ist der Taupunkt der Brüden bekannt, so ist das Mischungsverhältnis zwischen Luft und Dampf leicht festzustellen. Durch den Taupunkt ist zunächst der Partialdruck des Wasserdampfes bestimmt. Zieht man den Teildruck des Wasserdampfes von dem Gesamtdruck des Gemisches, der im vorliegenden Falle gleich dem Atmosphärendruck ist, ab, so bleibt der Teildruck der Luft übrig.

Da die Temperatur ebenfalls bekannt ist, so lassen sich die Gewichte von Wasserdampf und Luft, die in 1 cbm Gemisch enthalten sind, bestimmen. Zahlentafel 180 enthält Zahlenwerte für veränderte

Zahlentafel 180.

Mischungsverhältnis zwischen Luft und Dampf.

(Druck des Brüdendampfes 1,033 at abs.)

Taupunkt des Brüdendampfes . . . . °C	100	95	92	90	85	80	70	60	50
Partialdruck des Wassserdampfes . . at abs.	1,033	0,862	0,772	0,714	0,589	0,482	0,317	0,202	0,125
„ der Luft . . . . „ „	0	0,171	0,261	0,319	0,444	0,551	0,716	0,831	0,908
spez. Gewicht des Wasserdampfes . . kg/cbm	0,599	0,505	0,453	0,424	0,354	0,293	0,198	0,130	0,083
„ „ der Luft . . . . „	0	0,159	0,244	0,300	0,423	0,532	0,713	0,853	0,958
Dampfgehalt von 1 kg Luft . . . . . kg	—	3,18	1,86	1,41	0,838	0,551	0,277	0,152	0,087

Sättigungstemperaturen, und in Abb. 252 ist das Mischungsverhältnis graphisch dargestellt. Der Taupunkt stellt den Grenzzustand dar, bei dem die Kondensation des Wasserdampfes beginnt. Will man die Dampfwärme gewinnen, so muß man unter den Taupunkt abkühlen. Je weiter die Abkühlung getrieben, desto größer ist der Anteil des kondensierten Dampfes an dem gesamten Dampfgehalt. Aus dem Schaubild ist dies klar ersichtlich, und oben ist der ausnutzbare Anteil in Abhängigkeit der

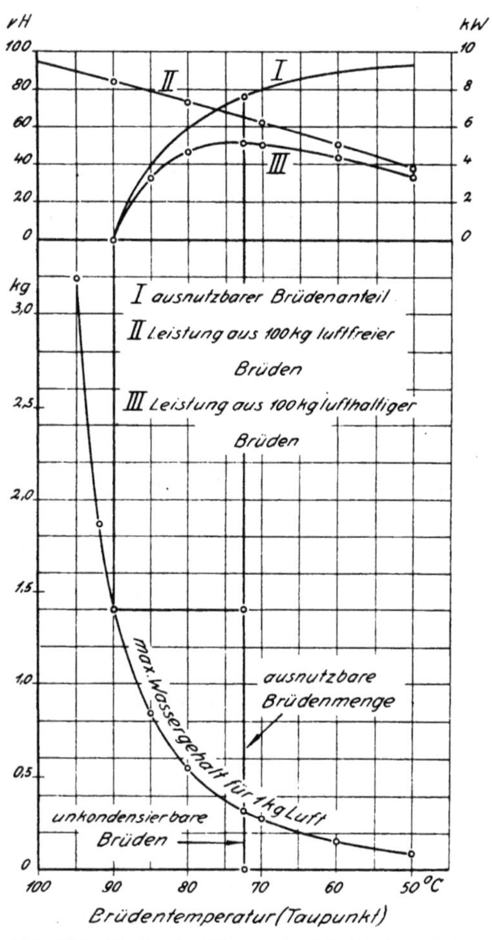

Abb. 252. Maximaler Wassergehalt in Abhängigkeit der Brüdentemperatur.

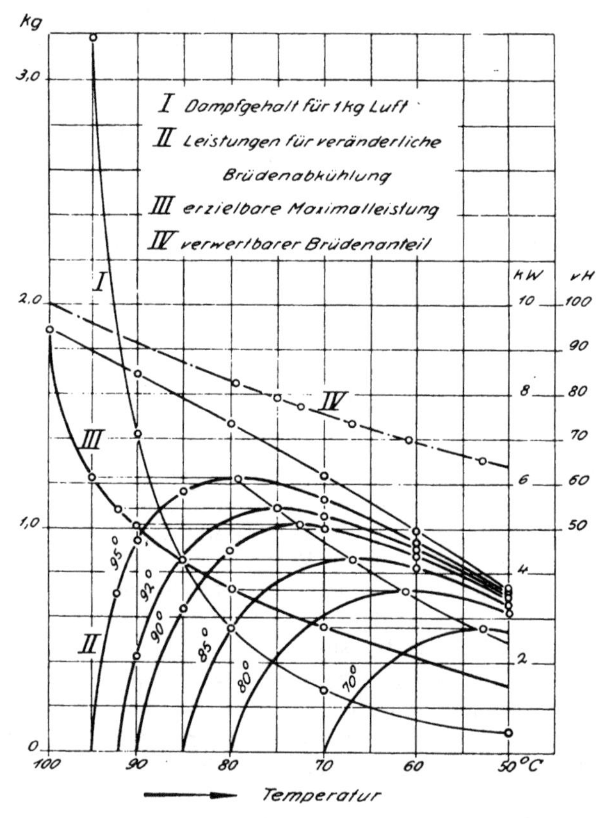

Abb. 253. Erzielbare Betriebsverhältnisse für veränderliche Taupunktstemperatur.

Temperatur dargestellt, auf die abgekühlt wird. Auf der anderen Seite sinkt die aus einer bestimmten Menge nutzbar gemachter Brüden zu gewinnende Leistung mit der Temperatur, da damit das Temperatur- und Wärmegefälle für die Abwärmemaschine verkleinert wird. Die bei der Abwärmeverwertung zu gewinnende Leistung, das Produkt aus verwertetem Brüdenanteil und spezifischer Leistung, wird daher bei Abkühlung der Brüden unter den Taupunkt herunter von Null bis zu einem Maximum ansteigen und dann wieder abnehmen. Die Leistung wird in dem zweiten Grenzfall zu Null werden, bei dem die Abkühlung bis auf die Temperatur geschieht, die nach Maßgabe der Kühlwasserverhältnisse in der Kondensationsanlage der Abwärmemaschine erzielbar ist.

Das Maximum der erzielbaren Leistung liegt bei 72° Temperatur, wenn der ursprüngliche Taupunkt der Brüden 90° betragen hat. Es hätte also eine Abkühlung um 18° zu erfolgen, und der aus der Kondensation des Wasserdampfes der Brüden sekundär zu gewinnende Betriebsdampf für die Abwärmemaschine hätte eine Temperatur von 72°. Berücksichtigt man die beim gegenwärtigen Stande der Dampfturbinentechnik erzielbaren Gütegrade der Wärmeausnutzung, so ergibt sich für den vorliegenden Fall eine Leistung von 5 kW-Std. für eine Menge von 100 kg lufthaltiger Brüden.

Abb. 253 veranschaulicht die erzielbaren Betriebsverhältnisse für veränderliche Luftgehalte der Brüden, d. h. veränderliche Taupunktstemperaturen. Die Kurven II stellen die Leistungen dar, Kurve III die erzielbare Maximalleistung in Abhängigkeit vom Brüdentaupunkte. Kurve III zeigt, daß es im Interesse der Erzielung möglichst hoher Leistung bei der Abwärmeverwertung natürlich angestrebt werden muß, möglichst wenig Luft in den Brüden zu haben, daß aber auch bei größerem Luftgehalt das Problem nicht zu scheitern braucht, wenn man sich mit der geringeren Leistung zufrieden gibt.

Die bisherigen Betrachtungen berücksichtigen lediglich den unvermeidlichen Einfluß der Luft; sie gehen davon aus, daß das Äquivalent der bei der Brüdenkondensation freiwerdenden Wärme im sekundär damit erzeugten Betriebsdampf für die Abwärmemaschine zur Verfügung steht; sie berücksichtigen weiter die für die Verwertung möglichen Temperaturgrenzen. Wie weit nun diese theoretischen Verhältnisse in der Praxis tatsächlich erreicht werden können, und wie der Wärmeaustauschprozeß mit Rücksicht auf die besonderen Verhältnisse ausgestaltet werden muß, darüber konnte nur durch eingehende Versuche Aufschluß erhalten werden.

d) Wärmeumwandlungsprozeß und Versuche.

Wie bereits weiter oben angeführt wurde, ist neben dem Einfluß des Luftgehaltes auch die Tatsache zu berücksichtigen, daß die Brüden in nicht unerheblichem Maße feinen Kohlenstaub mit sich führen. Aufgabe der Apparatur für die Wärmeumwandlung ist, möglichst ohne Einbuße an Temperatur den Betriebsdampf für die Abwärmeturbine in luftfreier und reiner Form zu liefern.

Der Versuchsapparat, der in Abb. 254 schematisch veranschaulicht ist, ist aus dem Gedanken heraus entworfen worden, möglichst viele Möglichkeiten der Wärmeübertragung erproben zu können. Er ist dementsprechend als Oberflächenapparat ausgebildet worden. Über dem Röhrenheizsystem ist weiter ein Raum vorgesehen, in dem Streudüsen angeordnet sind, um die Möglichkeit zu haben, die Brüdenwärme direkt an Wasser abzugeben; dabei bedeuten dann die Heizröhren, in denen das eingespritzte Wasser in filmartiger Schicht herunterrieselt, eine Ergänzung der Wärmeübertragungseinrichtung. Der Außenraum zu den Heizröhren kann entweder als direkter Verdampfer arbeiten; er kann auch in einen sekundären Wasserkreislauf eingeschaltet werden. Die Brüden treten unten ein, die Luft und die unkondensierbaren Brüdenreste werden oben durch einen Ventilator abgesaugt und in die Atmosphäre gefördert.

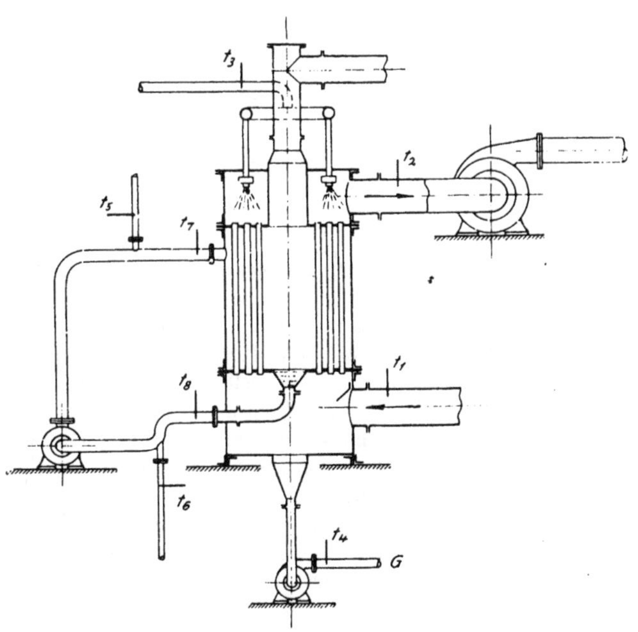

Abb. 254. Versuchsapparat zur Umwandlung des Wärmeprozesses.

Die ersten Versuche, die ohne Wassereinspritzung durchgeführt wurden, bei denen also die Wärmeübertragung durch Oberflächen hindurch angestrebt wurde, hatten das nicht unerwartete

Ergebnis, daß ein solcher Prozeß nicht brauchbar ist. Es zeigte sich nämlich, daß die an den Rohren kondensierenden Brüden gleichzeitig auch Kohlenteilchen auf den Flächen niederschlagen, die nicht restlos weggeschwemmt werden und die Flächen in sehr kurzer Zeit verschmutzen und undurchlässig machen. Dagegen ergab sich sofort ein brauchbarer Betriebszustand, wenn die Einspritzdüsen angestellt wurden. Der niedergeschlagene Kohlenstaub wurde dabei restlos mit den reichlichen Wassermengen abgeführt. Gleichzeitig ergab sich dabei ein in bezug auf Temperaturverluste so günstiger Wärmeaustausch, daß das Prinzip des direkten Wärmeaustausches als das brauchbarste und vorteilhafteste beurteilt und eingehend weiter erprobt wurde.

Der Wärmeumwandlungsprozeß gestaltet sich dann so, wie es in Abb. 255 schematisch dargestellt ist. Die Brüden treten unten in den Wärmeaustauscher I und durchstreichen langsam einen Raum, in dem das durch Einspritzdüsen gleichmäßig und fein verteilte Umlaufwasser sich abwärts bewegt. Die dabei gemessenen Wasser- und Brüdentemperaturen sind aus der Abbildung ersichtlich. Die Bildung des sekundären Betriebsdampfes für die Abwärmeturbine III erfolgt in dem Körper II

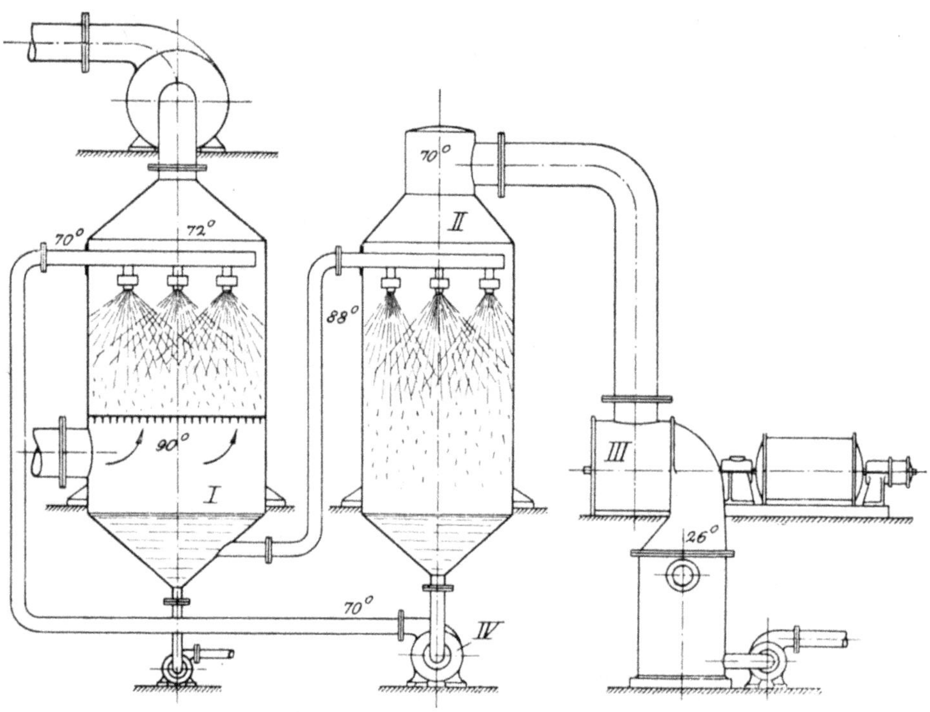

Abb. 255. Schematische Darstellung des Wärmeumwandlungsprozesses.

durch partielle Verdampfung des Umlaufwassers bei gleichzeitiger Abkühlung desselben. Da der Körper II entsprechend der Dampftemperatur von etwa 70° unter einem entsprechenden Vakuum steht, so ist eine Pumpe IV erforderlich, die das Umlaufwasser absaugt und ihm den notwendigen Einspritzdruck erteilt. Da die Wasserverdampfung in II durch die Brüdenkondensation in I etwa gedeckt wird, so wäre nennenswerter Wasserzusatz nicht erforderlich. Es muß jedoch beachtet werden, daß in dem Wärmeaustauscher I eine fast völlige Entstaubung der Brüden eintritt. Es ist daher unten ein Raum zum Absetzen des Schlammes vorgesehen, und das stark schlammhaltige Wasser, das sich unten bildet, wird durch eine kleine Pumpe ständig fortgeschafft. Der entsprechende Zusatz an Frischwasser bedingt keinen Wärmeverlust, da dasselbe mittels der abziehenden unkondensierten Brüden auf annähernd die Temperatur vorgewärmt wird, mit der das Umlaufwasser in den Wärmeaustauscher eintritt.

Das zahlenmäßige Ergebnis zweier Versuchsreihen, das durch viele Kontrollversuche bestätigt wurde, ist aus Zahlentafel 181 ersichtlich. Die Brüden wurden einem normal betriebenen Röhrentrockner entnommen; ihre Taupunktstemperatur beim Austritt aus dem Trockner schwankte zwischen 80 und 85°. Dadurch, daß durch den provisorischen Anschluß der Esse an die Versuchsapparatur ein gewisser Luftzutritt nicht zu vermeiden war, liegt, wie die Zahlentafel zeigt, der Taupunkt beim

Eintritt in den Versuchsapparat etwas niedriger. Bemerkenswert ist zunächst, daß die Differenz zwischen der Taupunktstemperatur der eintretenden Brüden und der Temperatur des abfließenden Heißwassers nur 2^0 beträgt, trotzdem im Interesse möglichst großen Wärmezusatzes das zu erwärmende Wasser mit der niedrigen Temperatur von etwa 5^0 eingeführt wurde.

Zahlentafel 181.

Versuche Grube Marga.

Datum des Versuches:		28. 2. 22.	1. 3. 22.
Ausgußwasser: gemessene Menge	kg	100	100
Zeitdauer	sek	62	63
Menge	kg/st	5 820	5 720
Temperaturen: Einspritzwasser Eintritt	°C	4,0	5,0
„ Austritt	„	76	79
Brüden Einritt trocken. Therm.	„	80	90
„ „ feuchtes „	„	78,5	81
„ Austritt	„	72,5	74
Taupunkt der eintretenden Brüden	°C	78,4	80,7
Temperaturdifferenz zwischen eintret. Brüden und abfließendem Heißwasser	„	2,4	1,7
Partialdruck Wasserdampf Brüden Eintritt	kg/qm	4530	4 970
Wärmeinhalt Brüden Eintritt	WE/kg	631,3	635,9
„ Brüdenkondensat	„	76,3	79,3
Abnahme des Wärmeinhaltes	„	555,0	556,6
Brüdenkondensatmenge	kg/st	665	647
Einspritzwassermenge	kg/st	5 161	5 073
vom Einspritzwasser aufgenommene Wärme	WE/st	373 000	377 000
Kontrollrechnung:			
Briketterzeugung je Trommel	kg/st	2 240	2 240
Wasserverdampfung „	„	2 105	2 105
prozentuale Kondensation aus Temperaturabnahme der Brüden bestimmt (siehe Kurve)	vH	33	36,7
Brüdenkondensat	kg/st	695	772

Auf den Gang der Berechnung der den Brüden entzogenen Wärmemenge, die der kondensierten Dampfmenge proportional ist, sei kurz eingegangen. Es bezeichnen

G die stündlich gemessene Abwassermenge in kg,
C „ „ Kondensatmenge in kg,
D „ „ in den Brüden enthaltene Dampfmenge in kg,
L „ „ „ „ „ „ Luftmenge in kg,
S die durch Strahlung an die Umgebung abgegebene Wärme in WE/st,
t die Temperaturen ^{0} C,
i die Wärmeinhalte des Dampfes in WE/kg,
q „ „ der Flüssigkeit in WE/kg,

wobei die Indizes die aus Abb. 254 ersichtlichen Meßstellen bedeuten.

Eine angenäherte Beziehung zur Bestimmung der Kondensatmenge C ist die folgende:

$$(G-C)\,(q_4-q_3) + S = C\,(i_1-q_4) \quad \ldots\ldots \quad 1)$$

woraus die Kondensatmenge C ohne weiteres berechnet werden kann, wenn die Strahlungswärme S, die nicht bestimmt werden konnte, vernachlässigt wird. Die Beziehung ist deswegen eine angenäherte, weil als Äquivalent der Wärmeaufnahme des Einspritzwassers lediglich die Wärmeabgabe bei der Bildung von C kg Kondensat in Ansatz gebracht worden ist. Unberücksichtigt blieb, daß die nicht kondensierten Brüden sowie die in den Brüden enthaltene Luft das System mit geringerem Wärmeinhalt verlassen, als sie beim Eintritt besitzen. Dementsprechend würde die genaue Beziehung die folgende sein:

$$(G-C)\,(q_4-q_3)+S=C\,(i_1-q_4)+L\cdot C_p\,(t_1-t_2)+(D-C)\,(i_1-i_2) \quad \ldots\ldots \quad 2).$$

Außer der Kondensatmenge erscheinen darin die Luftmenge L und die Dampfmenge D, die in den eintretenden Brüden enthalten sind, als weitere Unbekannte. Sie können aber leicht eliminiert werden. Zunächst läßt sich aus der Taupunktstemperatur der eintretenden Brüden mit Hilfe von Abb. 252 die Abhängigkeit der Dampfmenge von der Luftmenge $D = f\ (L)$ entnehmen. Weiter kann eine Beziehung zwischen der Brüdenkondensatmenge und der Luftmenge gefunden werden, da die Taupunkte für den Eintritt in den Wärmeaustauscher und für den Austritt aus demselben bekannt sind, und aus Abb. 253 die zu 1 kg Luft gehörigen Dampfmengen entnommen werden können. Die betreffenden Zahlen sind für Versuch 1 aus Zahlentafel 182 zu entnehmen.

Zahlentafel 182.

	Eintritt	Austritt
Taupunkt . . . . °C	78,4	72,5
Dampfgehalt je kg Luft . . . kg	0,48	0,31
Kondensat je kg Luft . . . . „	0,17	

mithin ist für diesen Fall $L = \frac{C}{0{,}17}$

$$D = 0{,}48 \cdot L = 2{,}82\ C$$

Die hiernach zu ermittelnden Kondensatmengen sind aus Zahlentafel 181 ersichtlich, ebenso die vom Einspritzwasser aufgenommenen Wärmemengen. Eine Kontrollrechnung, die von der durch die Betriebstatistik feststehenden stündlichen Briketterzeugung ausgeht, bestätigt die Richtigkeit der Messungen; die so erhaltenen Kondensatmengen sind größer, was sich aber durch Vernachlässigung der Strahlungsverluste bei obiger Rechnung völlig zwanglos erklärt.

Nachdem damit die Unterlagen für eine Beurteilung des Effektes gegeben sind, die bei dem Wärmeumwandlungsprozeß erzielbar sind, wäre noch die Frage zu prüfen, ob bei der sogenannten „inneren" Verdampfung im Verdampfer II gemäß Abb. 255 der dabei gewonnene Sekundärdampf für die Abwärmeturbine Kohleteilchen aus dem schlammhaltigen Verdampferwasser mitnimmt. Die hierzu angestellten Sonderversuche ergaben bei der Kondensation des erzeugten Dampfes ein völlig klares Kondensat.

e) Luftgehalt des sekundären Betriebsdampfes für die Abwärmeturbine.

In dem Wärmeaustauscher I der Abbildung 255 kommt das Umlaufwasser, aus dem durch partielle Verdampfung in dem Verdampfer II der Betriebsdampf für die Abwärmemaschine erzeugt wird, in sehr innige Berührung mit den lufthaltigen Brüden der Kohletrockner. Das Umlaufwasser wird sich daher völlig oder fast völlig mit Luft sättigen. In dem Verdampfer II wird die durch Absorption aufgenommene Luft, da die Flüssigkeit siedet, aus dem Wasser entweichen und in den Betriebsdampf der Abwärmemaschine übergehen. Es ist daher eine Untersuchung darüber am Platze, wie hoch der Luftgehalt des Dampfes bei den in Betracht kommenden Betriebsverhältnissen maximal sein kann. Ein erheblicher Luftgehalt würde das Vakuum im Kondensator verschlechtern, und dies könnte bei dem geringen Wärmegefälle, mit dem die Abwärmekraftmaschine arbeitet, die Energieausbeute in erheblichem Maße beeinflussen.

Die Absorptionsfähigkeit von Wasser in bezug auf Gas ist wissenschaftlich eingehend erforscht worden. Sie ist für verschiedene Gase eine verschieden hohe und erheblich von der Temperatur abhängig. Die Abhängigkeit vom Druck kann außer Betracht gelassen werden da der Wärmeaustauscher I bei dem in Frage stehenden Abwärmeverwertungsproblem stets unter atmosphärischem Druck steht. Die geringe Depression, die durch den Ventilator erzeugt wird, spielt keine Rolle. In Abbildung 256 ist die Abhängigkeit der Absorption verschiedener Gase von der Temperatur dargestellt, wobei vorausgesetzt ist, daß das absorbierende Wasser Atmosphärendruck hat. Für das vorliegende Problem handelt es sich um die Auflösung von Luft, und es ist daher die entsprechende Kurve maßgebend. Handelte es sich beispielweise um Verbrennungsgase, bei denen die Kohlensäure einen erheblichen Gewichtsanteil ausmacht, so würde sich entsprechend der bedeutend intensiveren Kohlensäureabsorption das gelöste Gasgewicht erhöhen.

Für eine Temperatur des aus dem Wärmeaustauscher austretenden Heißwassers von 85°, die einem Brüdentaupunkt von praktisch 87° entspricht, ergibt sich ein maximaler Luftgehalt von 0,007 g in 1 kg Wasser (siehe Punkt A in Abb. 256). Die durch das Umlaufwasser aufgenommene Luft geht in dem Verdampfer II aus dem Wasser wieder heraus und mit dem erzeugten Sekundärdampf in die Niederdruckturbine und in den Kondensator. Der Luftgehalt des Dampfes ergibt sich aus folgender einfacher Ueberlegung:

Wenn in dem Verdampfer durch partielle Verdampfung des Umlaufwassers Dampf erzeugt wird und die der Verdampfung entsprechende Abkühlung des Umlaufwassers 17° C ist, so sind für 1 kg Dampf 557 : 17 = 32,8 kg Umlaufwasser notwendig. 1 kg Dampf enthält somit maximal 0,007 . 32,8 = 0,23 g Luft. Legt man für eine Abwärmeanlage die Verhältnisse der Abbildung 257

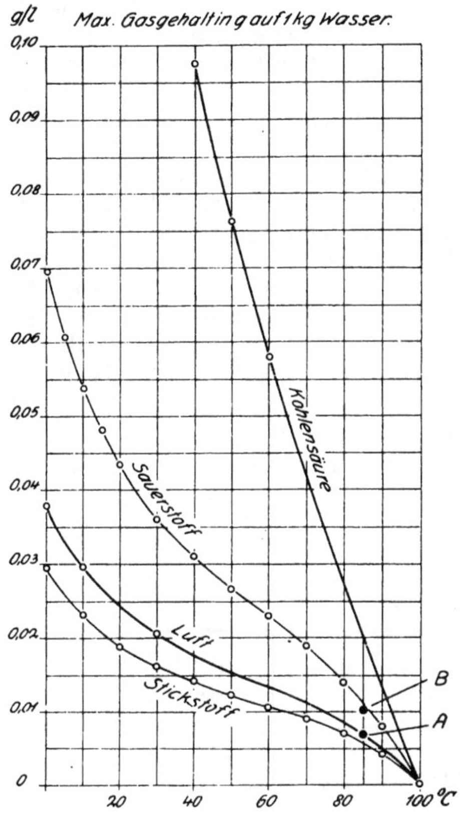

Abb. 256. Abhängigkeit der Absorption verschiedener Gase von der Temperatur.

d. h. eine stündliche Dampferzeugung von 43 000 kg zu Grunde, so ist die gesamte darin maximal enthaltene Luftmenge 9,9 kg/Std. Dies ist ein sehr geringer Betrag; er macht z. B. etwa 25 vH derjenigen Luftmenge aus, die im Kühlwasser für den Kondensator enthalten ist, in dem Einspritzkondensator frei wird und von der Luftpumpe zu fördern ist. Eine Erschwerung des Kondensationsbetriebes durch die Luftabsorption im Wärmeaustauscher tritt daher praktisch nicht ein. Man hat für das erwähnte Beispiel die für die Kondensation erfahrungsgemäß anzunehmende Luftmenge um 10 kg/Std. zu erhöhen.

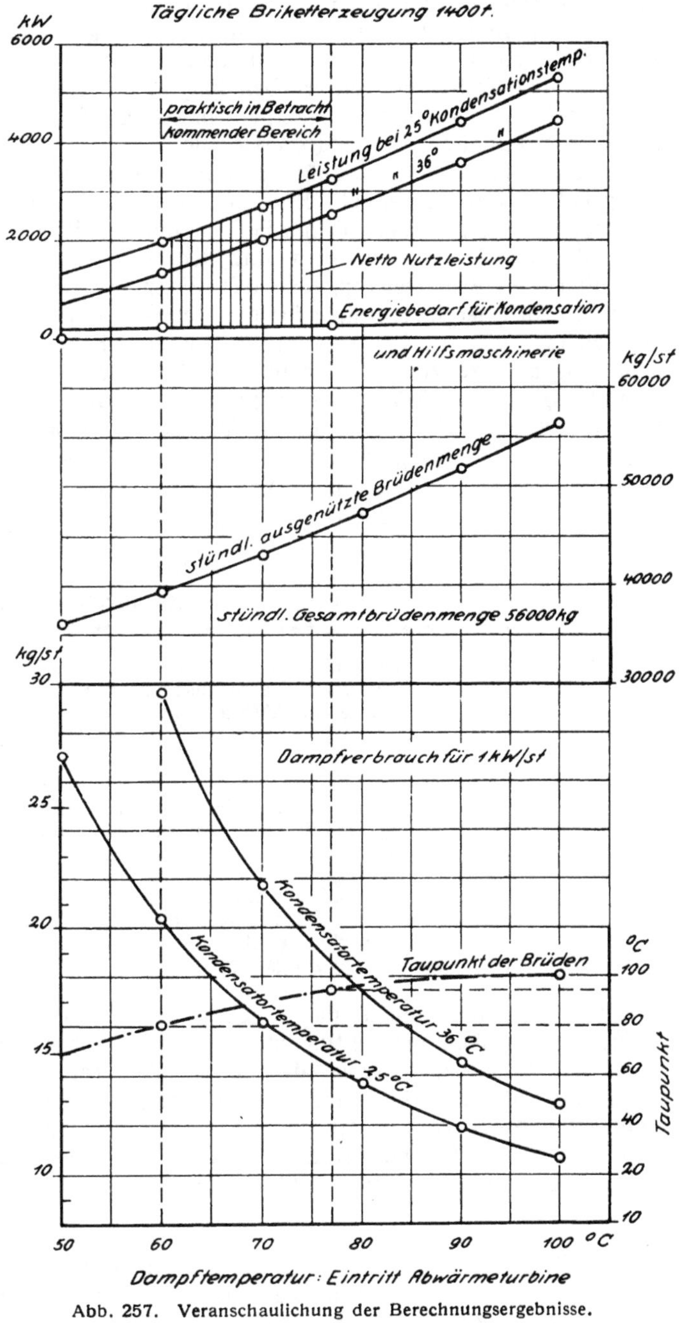

Abb. 257. Veranschaulichung der Berechnungsergebnisse.

f) Beispiel und Entwurf einer Brüdenverwertungsanlage.

Auf Grund der vorstehenden Untersuchungen ist ein Projekt durchgearbeitet worden, dem die Betriebsverhältnisse desjenigen Werkes zugrunde gelegt worden sind, auf dem die Versuche durchgeführt wurden. Der betreffende Betrieb umfaßt zwei etwa gleich große Brikettfabriken, die direkt nebeneinander liegen und von denen jede eine tägliche Brikettmenge von 1400 t liefert. In Abb. 257 sind die Berechnungsergebnisse veranschaulicht. Von einiger Wichtigkeit für die Energieausbeute sind die Kühlwasserverhältnisse für die Kondensation. Im vorliegenden Falle ist Kühlwasser von annähernd gleichbleibender Temperatur (etwa 10° C) in reichlichen Mengen vorhanden, so daß eine Kondensatortemperatur von 25° erreicht und damit die untere Kurve für den spezifischen Dampfverbrauch zugrunde gelegt werden kann. Die Gütegrade der Wärmeausnutzung sind dabei in einer solchen Höhe zugrunde gelegt worden, daß unsere bekannten Turbinenfabriken, wie sich aus den entsprechenden Verhandlungen ergeben hat, in der Lage sind, die Garantie dafür zu übernehmen. Die Abhängigkeit der Taupunktstemperatur der Brüden von der erzielbaren Nutztemperatur ist aus dem unteren Teil des Schaubildes ersichtlich.

Aus der Variation des Taupunktes zwischen den Grenzen 80 und 94° ergibt sich der durch Schraffur hervorgehobene Betriebsbereich. Ein hoher Taupunkt bietet zwei Vorteile: den einen selbstverständlichen, daß das Wärmegefälle für die Turbine und damit der spezifische Dampfbedarf günstig gestaltet wird, und aber noch den weiteren, daß der Mengenfaktor der nutzbar gemachten Brüden erhöht wird. Von der Bruttoleistung ist der Eigenverbrauch der Anlage in Abzug zu bringen. Er besteht in dem Energieverbrauch für die Kondensationsanlage, für die Umwälzpumpen des Wärmeaustauschersystems und die Ventilatoren zur Brüdenbewegung. Der hiernach verbleibende Nettobetrag an erzeugter Energie beträgt dann bei sicher erzielbaren Sättigungsverhältnissen der Brüden 2200 bis 2400 kW; bei sehr guter Einstellung der Luftverhältnisse kann er bis annähernd 3000 kW steigen. Bei vollem Ausbau für das ganze Werk verdoppelt sich der Betrag.

Wärmeverluste durch Strahlung der Zuleitung, der Wärmeaustauscher und des Verdampfers sind nicht berücksichtigt worden. Dies erscheint auch durchaus unnötig, da, wie Zahlentafel 183 zeigt, die verfügbare Überhitzungswärme der Brüden viel größer ist als die Strahlungswärme.

Zahlentafel 183.

Wärmeverluste durch Ausstrahlung.

Oberfläche der Zuleitung der Brüden	qm	600
„ von zwei Wärmeaustauschern	„	240
„ „ einem Verdampfer	„	100
Summe:	qm	940
abgerundet:	„	1000
mittl. Temperatur-Gefälle (Brüden-Außenluft)	°C	90
Wärmedurchgangszahl bei normaler Isolierung	WE/qmst	∾ 1,0
Wärmeverlust durch Strahlung	WE/st	90 000
Wasserdampfmenge	kg/st	60 000
Luftmenge (bei 86° Taupunkt)	„	60 000
Wärmeabgabe pro 1° Temp. Abnahme 60000 (0,48 + 0,24)	WE/st	43 000
Einbuße an Überhitzungstemperatur	°C rd.	2,0
verfügbare Überhitzungstemperatur	„	10 — 20

Abb. 258 veranschaulicht das Ergebnis der konstruktiven Durchbildung:

Die aus den Trommeln entnommenen Brüden werden in einem Sammelrohr vereinigt, gelangen dann in den Wärmeaustauscher, der in zwei Apparate unterteilt ist. Links davon steht der Verdampfer, der mit der Turbine in Verbindung steht. Die Regelung gestaltet sich insofern sehr einfach, als nur die von der Turbine aufgenommene Dampfmenge entsprechend der abzugebenden Leistung verändert wird; der Wärmeaustauscher und Verdampfer regelt sich danach von selbst; irgendwelche schädliche Überdrücke können unter gar keinen Umständen eintreten.

g) Wirtschaftlichkeit.

Die Wirtschaftlichkeit in bezug auf Brennstoffverbrauch ist zweifelsfrei, da ein solcher überhaupt nicht vorhanden ist. Will man die tatsächlichen Ersparnisse in Zahlen ausdrücken, so muß überlegt werden, welche Vergleichsbasis zu wählen ist.

Normalerweise müssen die gesamten Betriebskosten einschließlich des Kapitaldienstes für die Anlagekosten einer Brüdenverwertungsanlage mit denen verglichen werden, die bei der Erzeugung der gleichen Energiemenge in einer normalen Kondensationsturbinenanlage entstehen. Man könnte dagegen zwar einwenden, daß speziell bei der Brikettfabrikation die Energieerzeugung durch Gegendruckbetrieb vorteilhaftere Betriebsbedingungen gestattet als der Kondensationsbetrieb. Dem wäre aber wieder entgegenzuhalten, daß die so zu erzeugende Energie bei größeren modernen Werken schon jetzt restlos erzeugt und verwendet wird. Allenfalls ließe sich noch etwas erreichen, wenn man die normalen Betriebskessel durch Höchstdruckkessel ersetzte und für den erhöhten Dampfdruck geeignete Turbinen neu aufstellte. Eine derartige Neuanlage hätte naturgemäß geringeren Wärmeverbrauch als die Normalanlage mit Kondensation, anderseits aber erheblich höhere Gestehungs-

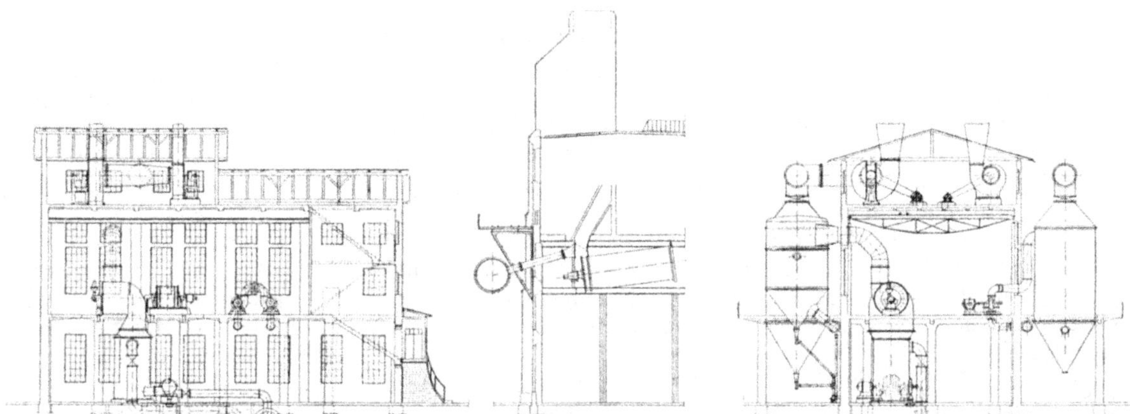

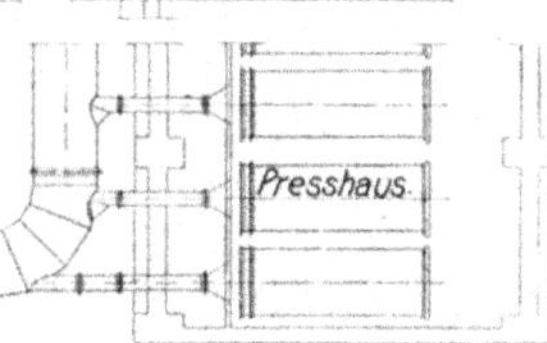

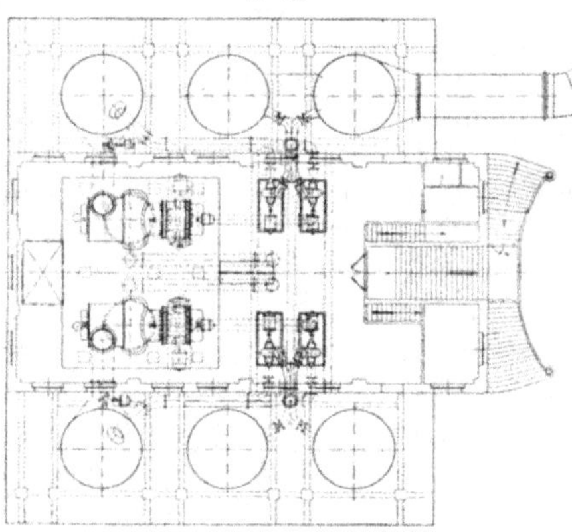

Abb. 258. Konstruktive Durchführung der Brüdenabwärmeverwertung.

kosten. Auch gegenüber der Hochdruckanlage bietet die Abwärmeanlage derartige Vorteile, daß die Wirtschaftlichkeit nicht in Frage gestellt erscheint. Daneben ist aber noch stets zu beachten, daß die Brüdenverwertung eine Energiequelle darstellt, die auch dann noch vorhanden ist, wenn die Möglichkeiten des Gegendruckbetriebes restlos ausgenützt sind.

Zahlentafel 184.

Wirtschaftliche Verhältnisse.

Leistung der Anlage 2000 kW. Preisbasis: Ende März 1922.

		Normale Frischdampfanlage mit Kondensation	Hochdruckanlage mit Gegendampfverwertung	Brüdenwärme-Verwertungsanlage
Anlagekosten	M	25 000 000	35 000 000	12 000 000
Kohlenverbrauch für 1 kW/Std	kg	3,2	0,9	—
jährl. Betriebsstunden		7 000	7 000	7 000
„ kW -Std		14 000 000	14 000 000	14 000 000
„ Kohlenverbrauch	t	44 800	12 600	—
Kohlenpreis	M/t	130	130	—
Jährliche Ausgaben.				
Kohlen	M	5 820 000	1 640 000	—
Bedienung der Dampferzeuger	„	300 000	150 000	150 000
„ der Maschinenanlage	„	150 000	150 000	150 000
20 vH Abschreibung und Verzinsung	„	5 000 000	7 000 000	2 400 000
Unterhaltung 3 vH	„	750 000	1 050 000	400 000
insgesamt	M	12 020 000	9 990 000	3 100 000

Die Gegenüberstellung von Wirtschaftlichkeitszahlen leidet in Anbetracht der ständig gleitenden Preise der Rohstoffe und Fertigfabrikate an einer gewissen Unsicherheit. Dennoch dürfte eine gewisse Annäherung zu erzielen sein, wenn man von gleicher Zeitbasis ausgeht. Zahlentafel 184 enthält das Ergebnis von Kalkulationen, die Ende März 1922 angestellt wurden. Die Zusammenstellung zeigt, daß die aus der Abwärmeverwertung zu ersparenden dauernden Ausgaben in einem recht günstigen Verhältnis zu der bei der Errichtung einer Abwärmeanlage notwendigen Kapitalanlage stehen.

d) Feuertrocknung bei Rohbraunkohle.

Der vorhergehende Abschnitt hat gezeigt, daß die Trocknung der Braunkohle (in Röhrentrocknern bzw. Telleröfen) mittels Dampf nur in engster Verbindung mit der Brikettherstellung wirtschaftlich sein kann, weil hier der Dampf in Form von Abfallenergie für die Trocknung anfällt. Aber diese Voraussetzung ist nicht allein maßgebend; zu ihr gesellt sich die Forderung einer Absatzmöglichkeit der Überschußenergie. Wo diese Voraussetzungen nicht zutreffen, strebte man danach, die Wirtschaftlichkeit durch Benutzung von Feuergasen zu erreichen, die entweder in besonderen Feuerungen erzeugt werden oder zum Teil den Abgasen von Feuerungen beigemischt wurden[1]) (96 bis 100). Indes führten alle diese Versuche zu keinem befriedigenden Ergebnis, weil die gasreiche Braunkohle bei hohen Temperaturen zu Explosionserscheinungen neigt. Dies war denn auch die Ursache, daß die Feuertrocknung in Mitteldeutschland durch eine Verordnung des Oberbergamts Halle verboten wurde. Dieses Verbot lähmte lange Zeit jede Weiterentwicklung auf diesem Gebiet. Erst die Eisenindustrie der rheinisch-westfälischen Reviers griff die Frage der Feuertrocknung wieder auf. Es war das Verdienst der Büttner-Werke-A.-G., Ürdingen, mit Unterstützung des Stahlwerks Becker in Willich, diese außerordentlich wichtigen Versuche zu einem gewissen praktischen Abschluß gebracht zu haben[2]). Die Büttner-Werke verwenden nach ihrem Patent eine sich langsam drehende Trommel, die innen mit Deflektionsblechen eigener Art versehen ist, um die Kohle zwecks inniger Mischung mit den die Trommel durchziehenden Feuergasen durcheinander zu mengen. Die Feuergase werden auf einem Treppenrost erzeugt und mit Hilfe eines Ventilators durch die Trommel gesaugt. Der Weg der Rohkohle ist dabei folgender: Brechwalzwerk, Becherwerk, Trommel, Becherwerk, Windsichter, Ringmühle. Das Mahlgut gelangt wieder in den Windsichter zurück, der den fertigen Staub in einen Transportbecher abscheidet, die Grieße dagegen zusammen mit dem Trockengut wieder dem Mahlakt aussetzt.

Die von einem Exhaustor abgesaugten Brüden werden in einen Zentrifugalabscheider gedrückt, aus dem die größte Menge des Staubes durch ein Kapselwerk abgezogen wird, während der Rest bei der Versuchsanlage mit den Brüden in die Atmosphäre entweicht.

Die Leistung der Anlage betrug bei einem Durchsatz von 31,5 t grubenfeuchter Kohle mit 50,5 vH Wassergehalt eine Trocknung bis auf 18,1 vH. Die hierzu erforderlichen Feuergase wurden auf dem Treppenrost aus 7220 kg Rohkohle mit einem Heizwert von 1920 WE erzeugt, während die getrocknete Kohle einen solchen von 2250 WE ergibt. Danach waren 1114 WE zur Verdampfung von 1 kg Wasser erforderlich.

An Kohlenstaub wurden 15,2 t ausgebracht, so daß 3,8 t als Verlust zu verbuchen sind. Hier fehlt also noch die Entstaubungsanlage.

Die Gefahr der Selbstentzündung ist anscheinend dadurch bei der Büttner-Trocknung beseitigt, daß die heißen Feuergase zunächst mit der nassen Kohle zusammentreffen, so daß deren Erwärmung im ersten Drittel der Trommel nur 50 bis 52° C beträgt. Von dieser Stufe ab erfolgt allmählich die Trocknung, wobei die Feuergase durch Mischung mit den Dampfschwaden eine stete Temperaturverminderung erfahren.

Die Untersuchung der lufttrockenen Kohle beim Eintritt und Austritt der Trommel läßt erkennen, daß das Mühlenprodukt eine Entgasung durchgemacht hat. Das ist ohne weiteres erklärlich, weil lufttrockne Kohle schon zwischen 105 und 110° Gase entweichen läßt. Infolgedessen schlägt Krauß vor, die Büttner-Trommel zur Urteer- (119, 209/213, 245, 465) und Halbkoksgewinnung zu benutzen. Der Halbkoks eignet sich vorzüglich zur Staubfeuerung, da er sich viel leichter vermahlen läßt und überdies noch genügend flüchtige Bestandteile hat, die für die Erhöhung des Nutzeffektes von wesentlicher Bedeutung sind. Dem Mehraufwand an Wärme steht das bei der

[1]) Nach Krauß hat bereits die Firma Fellner & Ziegler 1910 Versuche dieser Art ausgeführt (Braunkohle 1922 Heft 49).

[2]) Weiß & Haering, „Braunkohle" 1922 Heft 40; Weiß, Braunkohlenindustrietag, März 1922.

Schwelung erhaltene Gas von 4000 bis 5000 WE/cbm sowie der wertvolle Urteer als Äquivalent gegenüber (vgl. Vergasung der Rohbraunkohle).

Den Vorgang bei der Vortrocknung rheinischer Rohbraunkohle hat Dr.-Ing. Georg Müller eingehend erforscht. Er setzte die Kohlenproben unter Anwendung von Gegenstrom stufenweise je 30 min einer Temperatur von z. B. 110, 130, 155, 180, 210, 240, 270, 300 und 330° aus und erhielt den in Abb. 259 (Kurve *a*) wiedergegebenen Verlauf. Man erkennt sofort, daß schon in der ersten Stufe eine starke Verdampfung eintritt, die freilich bei den einzelnen Proben sehr erhebliche Abweichungen aufwies, im allgemeinen aber bei der zweiten Stufe schon einen Ausgleich fand. Die Gewichtsabnahme der Kohle zeigt für die Temperaturstufe zwischen 210 und 220° jenen Zeitpunkt, bei dem nach Verdampfung des hygroskopischen Wassers eine rasche Gewichtsverminderung durch Abgabe des Bildungswassers und der flüchtigen Bestandteile eintritt. Bis zu 270° zeigten die Kohlenproben keine Verbrennungserscheinungen. Ein Versuch bei Gleichstrom, d. h. die grubenfeuchte Kohle wurde zuerst der höchsten Temperatur ausgesetzt und dann stufenweise die Temperatur vermindert, lieferte das beste Ergebnis, weil schon in der ersten Stufe eine Gewichtsabnahme unter Bildung von Trockensubstanz mit der Trockenstofflinie (Abb. 259) gleichbedeutend) erfolgte. Es zeigte sich, daß die Anwendung von 350° unzulässig ist, weil hierbei schon Gase oder Schwelwasser entweichen. Dagegen erwiesen sich 250° als Anfangstemperatur noch als zulässig. Diese Feststellung ist von Wichtigkeit, weil wir für die Trocknung der Rohkohle die in den Schornstein abziehenden Gase mit heranziehen können. Selbstverständlich wird man häufig — und das wird bei Abgasen aus Braunkohlenfeuerung wohl stets der Fall sein — zu einer Zusatzfeuerung greifen müssen, um über die zur Trocknung erforderliche Wärmemenge zu verfügen. Die weiteren Kurven in Abb. 259 sind von großem Interesse, weil sie erkennen lassen, daß Stückenkohle (b) im Vergleich zur Feinkohle (c) eine längere Trockenzeit erheischt, weil die Verdampfung nicht sogleich bis in den Kern hinein vordringt. Die Müllerschen Versuche bestätigen also die Richtigkeit des Büttnerschen Verfahrens. Für den Gleichstrom spricht außerdem der Vorteil geringerer Kondensation, die dadurch bedingt ist, daß sich zuerst heißes Gas und kalte Kohle und später abgekühltes, hochgesättigtes Gas und erwärmte Kohle einander begegnen. Bei den betriebsmäßigen Versuchen, die Müller im Auftrage für die Aktiengesellschaft für Brennstoffvergasung durchführte, wurde das in einem Ofen erzeugte Verbrennungsgas auf 3 vH O_2 gehalten, um eine Teiloxydation bei der Trocknung der Rohbraunkohle zu vermeiden.

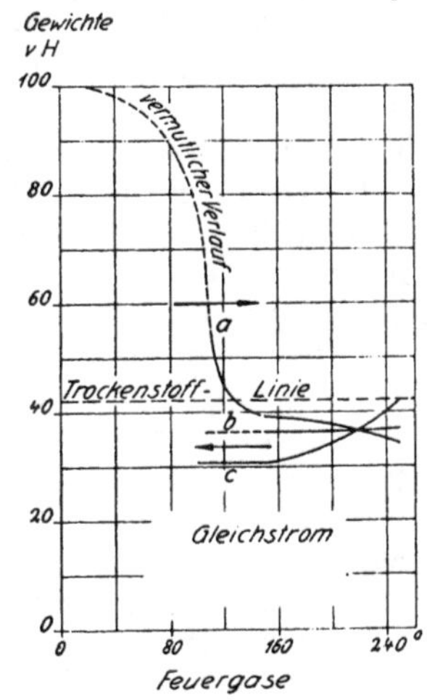

Abb. 259. Versuchsergebnisse von Dr. Ing. Georg Müller.

e) Vergasung von Rohbraunkohle.

Diese Frage ist gegenwärtig eine der bedeutendsten, weil die Verwendung von Steinkohle eingeschränkt werden muß und bei der Nutzbarmachung durch Vergasung auch die Möglichkeit einer Teergewinnung besteht. Es war deshalb begreiflich, diesem Thema einen ganzen Tag der „Industrietagung des Deutschen Braunkohlen-Industrie-Vereins“ (März 1922)[1]) zu widmen.

Die Verschwelung grubenfeuchter, hochbituminöser Rohbraunkohle — denn nur solche kann hier in Frage kommen — in dem Rolle-Ofen setzen wir als bekannt voraus (111). Die Erzeugnisse sind Schwelteer, Grudekoks und Leichtöl, die Ausbeute an Teer ist etwa 60 bis 65 vH des theoretischen Teergehaltes. Demgegenüber versprechen die neueren Verfahren der Verschwelung ganz bedeutende Vorzüge.

Bei den Schweltrommeln wird grubenfeuchte, mulmige Rohbraunkohle verarbeitet, wobei die Trommeln von außen derart beheizt werden, daß die Temperatur im Innern der Trommeln an keiner Stelle mehr als 550° beträgt. Den Schweltrommeln werden als Nachteile nachgesagt:

1. Der große Wärmebedarf für die Verdampfung des Wassers, der das Dreifache für die Verschwelung betragen kann,
2. die Staubentwicklung, die den Teer wertlos machen kann,
3. der oft unzureichende oder zu große Wärmedurchgang, durch die Trommelwand, die nicht nur der Zerstörung ausgesetzt ist, sondern auch beim Glühendwerden eine Zersetzung des Urteers herbeiführen kann[2]).

[1]) C. Arnemann, Sonderabdruck aus „Braunkohle“ 1922 Heft 5 und 6.

[2]) Vgl. a. Thau, Die Vorgänge in der Steinkohlenschwelretorte, Glückauf 20. Mai 1922 S. 597.

Daß auch diese Schwierigkeiten überwunden werden können, geht aus den Ausführungen des Oberingenieurs Leitner der Maschinenfabrik Thyssen, Mülheim-Ruhr, hervor, wonach bei einer Probeschwelung der besonders geeigneten Braunkohle aus der Grube Ludwig im Thyssen-Drehofen 11,45 vH Urteer mit 21,1 vH Teerbenzin oder je t Kohle 90,5 kg Teer, 24 kg Teerbenzin und 4 kg Gasbenzin, außerdem 73,5 cbm Schwelgas mit 6000 WE und 260 kg Grudekoks als Ausbeute nachgewiesen wurden.

Was die Vergasung anbetrifft, so kann die Ausbeute an Urteer dabei bis 118 vH der theoretisch festgestellten Menge (nach der Graefeschen Probe) betragen und dürften 100 vH als ein im technischen Betriebe leicht erzielbares Ergebnis gelten; man würde bei der Vergasung daher nicht nur mehr, sondern auch einen wesentlich hochwertigeren Teer gewinnen, was für die eingangs bereits betonte Entscheidung von größter Bedeutung sein muß.

Es wurde bereits früher (S. 198 und 204) gezeigt, daß eine anstandslose Vergasung der Rohbraunkohle möglich ist, wenn stückiges oder gesiebtes Material zur Verfügung steht.

Die Vortrocknung der Stückkohle ist unerläßlich, wenn die Ausbeute an Urteer groß sein soll. Bei mulmiger Kohle hängt der Betrieb von Zufälligkeiten ab, die Gaseigenschaft ist schlecht, der Teer wird durch nennenswerte Staubbeimengungen zum größten Teil wertlos. Den besten Betrieb mit größter Ausbeute gewähren Brikette, bei denen auch die Forderung der Generatoraufstellung an der Grube entfällt. Diese nicht zu unterschätzenden Vorteile stützen die von Arnemann gestellte Bedingung, für die Vergasung nur Brikette zu nehmen, deren Erzeugnis nicht mehr Feuerkohle als die Trocknung der Stückkohle erheische. Wenn wir nur genug von den Briketten hätten! Der Hausbrand darf in der heutigen schweren Zeit nicht durch derartige Dispositionen leiden. Dieser Brennstoff ist gegenwärtig schon rationiert, weil er knapp ist, und Hüttenkoks darf nicht mehr für Zentralheizungen Verwendung finden.

Die von Arnemann an anderer Stelle[1]) beschriebene Anlage der Deutschen Erdöl-A.-G. (Rositz) sowie der A. V. G. (Möncheberg) erscheinen daher vom Standpunkt der Vergasung aus nur als Behelfsanlagen. Sie sind gerechtfertigt, wenn es sich in erster Linie um die Gewinnung von Teer handelt, wie das bei den erstgenannten Anlagen der Fall ist, weil die Vergasung gegenüber der alten Verschwelung ganz erhebliche Vorteile bringt. Man kann daher in dieser Frage nur dann zu einer einwandfreien Beurteilung kommen, wenn man für die Teergewinnung Kohlenäquivalente in Rechnung setzt (267) bzw. wirtschaftliche Vergleiche anstellt. Es ist ohne weiteres möglich, aus der Bewertung der Teererzeugnisse Schlüsse zu ziehen, um wievielmal höher die Wärmeeinheit im Teer bezahlt wird als im rohen Brennstoff[2]); man wird dafür bei sicheren Annahmen auf einen Faktor von mindestens 3 kommen, zumal dieser für das Haupterzeugnis, das Teeröl, schon im Frieden bei etwa 4,5 bis 5 lag und sich jener für Pech nur unwesentlich niedriger stellte.

Rechnet man nun den Rohkohlenbedarf für die Trocknung bei der Brikettierung mit etwa 33 vH, wobei hervorgehoben sei, daß er bei anderen Trocknungsmethoden wesentlich geringer sein dürfte, so ist die Vergasung von Briketten oder vorgetrockneter Kohle nur in dem Falle gerechtfertigt, wenn dieser Mehrverbrauch an Trockenkohle dem wirtschaftlichen Erlös aus dem Teere gleichkommt, d. h. wenn die Teerausbeute mindestens $33:3 = 11$ vH beträgt. Die wirtschaftliche Grenze wird vielleicht noch etwas niedriger gezogen werden können, weil die Verwendung des dabei erzeugten Gases gegenüber der unmittelbaren Verfeuerung der Brikette Vorteile bringt. Man kommt somit zu dem Schluß, daß es eine unbedingte Forderung für die Kohlenverteilung sein muß, die teerreichen Brikette nicht dem Hausbrand zuzuteilen, sondern den Vergasungsanlagen, und zwar insbesondere denjenigen, die für Teergewinnung ausgerüstet sind. Wir können jedoch solche Anlagen nicht als eine Lösung der Frage „Rohbraunkohlenvergasung" betrachten.

Nach den chemischen und physikalischen Grundlagen der Vergaser (159 usw.) hängt die Gasbildung außer von der Temperatur von der Zeitdauer der Reaktionsmöglichkeit ab. Aber das glatte und störungslose Arbeiten im Generatorbetriebe wird noch von anderen Faktoren beherrscht, so der Sinterungs- und Schmelztemperatur der Asche. Die Vergasertemperatur darf deshalb nicht bis zu dieser kritischen Temperatur getrieben werden, eine Bedingung, die wiederum eine Beschränkung in der Höhe der Feuerzone verlangt und der Gasgeschwindigkeit eine Grenze setzt.

Der hohe Wassergehalt der Rohbraunkohle bringt eine Verminderung der Feuerzonenhöhe mit sich. Die in dem Gas und dem unzersetzten Teil des in den Generator eingeführten Dampfes enthaltene Wärme muß für die Verdampfung der Kohlenfeuchtigkeit, des Bildungswassers und für

[1]) Arnemann, Gaserzeugung und Teergewinnung, Z. f. G. 1921, H. 41 S. 665.

[2]) Trenkler, Urteergewinnung bei der Vergasung, Z. V. d. I. 1920, S. 995.

die Schwelung ausreichen. Man kann sich vorstellen, daß bei einem Wassergehalt von 50 bis 60 vH ein sehr hohes Temperaturgefälle für die Trocknungs- und Schwelzone erforderlich ist, was nur durch Verlegung der Trocknung in die Feuerzone möglich ist. Da diese Maßnahme aber auf Kosten der Gasbildung geschieht, wird die Reduktion unvollständig. CO_2 wächst bei abnehmendem CO. Eine wirtschaftliche Vergasung von Rohbraunkohle führt deshalb in erster Linie zu der Forderung einer Vortrocknung des Brennstoffes. Jedenfalls lassen sich nasse Kohlen nicht mit den bei trockenen Kohlen gesammelten Erfahrungen messen. Die Schichthöhe bei feuchter Braunkohle muß z. B. etwa 40 cm höher sein als bei trockner, auch müssen Nacharbeiten wegen der Störung des labilen Gleichgewichtes vermieden werden, die bei trockener Kohle als willkommenes Hilfsmittel dienen.

So hebt z. B. Dr. Ing. Georg Müller in seiner Dissertation[1]) über die Vergasung rheinischer Rohbraunkohle

1. das erdig-stückige, selten lignitische Aussehen,
2. das ziemlich feste Gefüge,
3. die verhältnismäßig geringe Zerbrechlichkeit und Zerfallbarkeit

als bedeutungsvolle Merkmale hervor. Gerade die zu 3. genannte Eigenschaft ist für eine wirtschaftliche Vergasung von Bedeutung, da ihr sonst eine enge Grenze gezogen ist. Liegt das Material infolge Zerfalls, ähnlich wie die mulmige Kohle, zu dicht, so kann die Vergasungsluft nicht zu dem ganzen Vergasungsquerschnitt hinzutreten, wenn nicht zu besonderen Konstruktionsmaßnahmen gegriffen wird. Jedenfalls ist die Leistung des Vergasers in solchem Falle gering. Aus diesem Grunde muß man schon nach Siemens[2]) stark tonhaltige Kohlen, wie z. B. aus Zittau ausschalten, weil sie bei geringer Erwärmung und vorhandener Feuchtigkeit in eine feuchte Masse zerfallen. Eine Ausnahme stellt die Westerwälder Kohle dar, bei der der Ton als gebrannte Ziegelstücke in der Schlacke wieder gefunden wird. Lignitische Kohle läßt sich tadellos vergasen, nur dürfen große Stücke nicht aufgegeben werden, sie erzeugen sonst zu viel CO_2. Ist anderseits die Stückengröße verschieden, so wird dem Wind- bzw. Gasstrom ein ungleicher Widerstand entgegengesetzt, und die Folge davon ist, daß die Vergasung an einer Stelle schneller vor sich geht als an der anderen. Freilich kann hier die Asche ausgleichend wirken; immerhin wird man damit rechnen müssen, daß stellenweise größere Gasgeschwindigkeiten wegen des Mitreißens von Staubteilchen einen entsprechend höheren Verlust an Ruß und Flugstaub bewirken werden (285). Aus diesem Grunde wurden bisher für den Vergaser Brikette oder gesiebte Kohle bevorzugt.

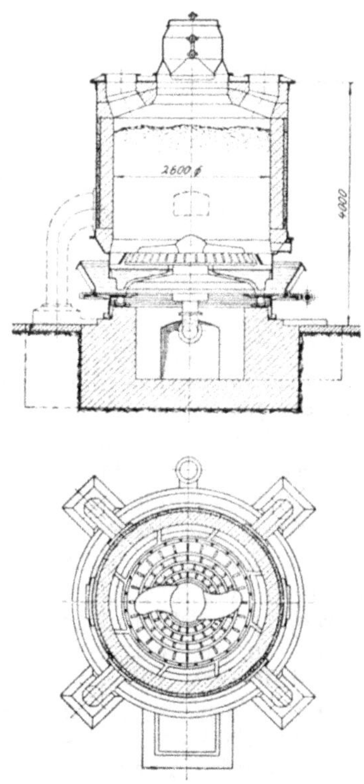

Abb. 260. Goehtz-Generator des Eisenhüttenwerkes Keula.

Man wird sich daher unbedingt davor hüten müssen, Ergebnisse zu verallgemeinern und bestimmte Schlüsse daraus zu ziehen. Die Einflüsse sind gerade bei der Rohkohlenvergasung oft von viel wesentlicherer Bedeutung als bei anderen Brennstoffen, weil der ganze Vorgang sehr labil ist. Daraus erklären sich wohl auch die sich einander widersprechenden Ansichten der Sachverständigen; jeder rechnet mit ganz bestimmten, in seinem Wirkungskreis liegenden Kohlensorten, mit denen er Erfahrungen gesammelt hat. Indem man den Begriff Rohbraunkohle verallgemeinert, redet man aneinander vorbei. Wie bei jedem neuen Problem müssen bei einer Kritik auch die propagandistischen Einflüsse ausgeschaltet werden.

Drehroste sollen sich bei Rohkohle nicht bewährt haben, weil nichts zu zerbrechen oder zu zermahlen ist. Ebenso verhält es sich mit den Treppenrosten, die zu Durchwirbelungen und Störungen in der Feuerzone, also zu starker CO_2-Bildung, führen.

Nach den Ausführungen von Dr. Teichmann soll sich der Heller-Generator (180) auch für die Vergasung von Rohbraunkohlen als brauchbar erwiesen haben. Unzweifelhaft zeigt dieser Generator eine Reihe von Vorteilen. Das Fehlen eines Rostes gestattet eine äußerste Einschränkung der Feuerzone und dadurch auch des Winddrucks; man kommt mit 20 bis 40 mm WS bei 2 m

[1]) „Braunkohle" 1922 Heft 1, 2, 4.

[2]) Brennstoff- und Wärmewirtschaft Bd. 3 Heft 7.

Schütthöhe aus. Die konische Schachtform kann durch die Reibung an den Wänden ein Zurückhalten der Randkohle und dadurch eine Lockerung in der Schüttung bewirken, zumal diese Schachtform sich der Volumenveränderung bei der Trocknung, Entgasung, Vergasung und Verbrennung am besten anpaßt. Dem mit dem Heller-Generator verbundenen Körtingschen Dampfstrahlgebläse (358, 360) wird der Vorteil der Luftregulierung nachgesagt, insofern als bei stärkerer Verschlackung infolge des eintretenden Gegendruckes weniger Luft angesaugt wird und umgekehrt.

Direktor Roth[1]) vom Lautawerk sieht in dem Goehtz-Rost (Abb. 260) ein bewährtes Mittel zur schnelleren Entfernung der Asche aus den Generatoren, ebenso wie Fabian den Fräserrost nach Patent Koller A. V. G., vgl. Abb. 261, aus gleichen Gründen empfiehlt. Arnemann[2]) vertritt dagegen die Ansicht, daß gerade die Aschenschicht oberhalb der Windzuführung wegen deren besserer Verteilung die Verschlackung verhütet.

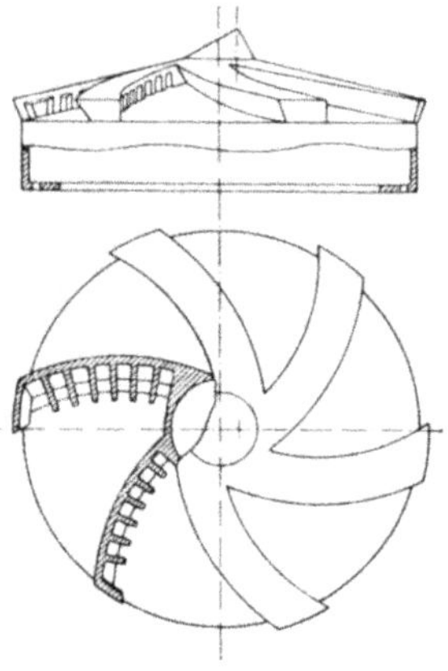

Abb. 261. Fräsrost nach Patent Koller.

Es soll nun im nachfolgenden versucht werden, eine kritische Stellungnahme zu den bisherigen Ergebnissen zu geben und Klarheit über die Bedingungen zu schaffen, um richtige Folgerungen für die Weiterarbeit aufzustellen. Nach allen Äußerungen der Betriebsleute ist eine unbedingte Forderung, die einzelnen Schichten möglichst ungestört zu lassen, weil die an sich niedrige Feuerzone solche operativen Eingriffe nicht verträgt und die Vergasungsergebnisse dadurch ungünstig beeinflußt werden. Wir sehen darin den Grund, daß man auf ältere und möglichst einfache Bauarten zurückgriff, wie ihn der Treppenrost und der rostlose Gaserzeuger von Heller darstellen; beim Treppenrost muß allerdings der Zustand der Verschlackung dauernd überwacht werden, um eine ungleichmäßige Verteilung der Vergasungsluft und ein Durchbrennen bei zu weit getriebenem Entschlacken zu vermeiden. Alle diese älteren Bauarten ergeben aber zu geringe Vergasungsleistungen; die Forderung nach Leistungserhöhung für den gleichen Schachtquerschnitt war es ja gerade, die die Entwicklung der Bauarten in erster Linie bedingte. Die bisher gewissermaßen endgültige Lösung war der Drehrostgaserzeuger. Man überläßt die gleichmäßige Verteilung der Vergasungsluft nicht der Aschenschicht allein, um nicht Zufälligkeiten ausgeliefert zu sein, sondern unterstützt diese durch die große Oberfläche des ständig in Bewegung gehaltenen Rostes; die Bewegung sorgt weiter für eine gleichmäßige Beschaffenheit der Aschenschicht, vermeidet die Bildung von Schlacken, Klumpen, und erlaubt dadurch die Anwendung höherer Winddrücke, also bedingt größere Leistungen. Der Drehrostgaserzeuger hat daher unter normalen Bedingungen in der Rohbraunkohlenvergasung vielfach Anwendung gefunden und gute Erfolge gezeitigt (184 u. 198). Man darf nicht die Aufgabe einzig in der Vermahlung der Rückstände und deren selbsttätigen Entfernung betrachten, obwohl auch diese Gesichtspunkte sehr oft bei Rohbraunkohlen von Wichtigkeit sind; es mag aber zugegeben werden, daß man in manchen Fällen ohne Drehrost auskommen kann. Wie aber soll dann die unbedingt notwendige Leistungsteigerung erzielt werden? Man vergegenwärtige sich doch die Verhältnisse; werden im Drehrostgaserzeuger pro qm Schachtfläche und Stunde nur 100 kg Steinkohle vergast, so sind dies etwa 350 cbm Gas je qm; kann man von einer besseren Sorte Rohbraunkohlen bis zu 200 kg verarbeiten, so sind dies aber kaum 250 cbm; bei minderen Sorten geht aber die Leistung bis unter 100 kg zurück, so daß die Gaserzeugung etwa $1/3$ derjenigen bei Steinkohle beträgt. Was für riesenhafte Anlagen ergeben sich demnach bei Rohbraunkohlen, wenn man z. B. Heller-Gaserzeugung zugrunde legen wollte, die selbst bei stückigen Rohbraunkohlen nur 50 bis 60 kg/qm vergasen? Aus diesen Überlegungen heraus haben wir unsere Ansicht über die Verwendung dieser Bauarten für Rohbraunkohlenvergasung seinerzeit abgegeben (180) und vermögen daran nichts zu ändern. Diese Forderung nach Leistungserhöhung führte auch zur Schaffung des Ringgenerators (194 und 200). Einer Anregung von Wittfeld zufolge war man aber bedacht, diese Großraumgeneratoren im Unterteile aufzulösen, weil sonst bei Störungen u. dgl. der ganze Generatorinhalt verloren ginge. Diese Grundidee führte zur Schaffung der Kammergaserzeuger, die aneinandergereiht werden können, und auch billigere Herstellungskosten erwarten lassen. Die ersten Versuche in dieser Hinsicht machte die A.-G. für Brennstoffvergasung[3]), die aber bald erkannte, daß die konstruktive

[1]) Braunkohle 1922 Heft 7.
[2]) Ebenda Heft 15.
[3]) Vgl. die Arbeiten von Müller und Dubois. Braunkohle 1921 H. 1f. Z. V. d. I. 1912 S. 821.

Lösung der leichteste Teil war und der Schwerpunkt der Rohbraunkohlenvergasung darin lag, die Brennstoffe durch Trocknung so vorzubereiten, daß die chemischen Bedingungen für die Vergasung erweitert wurden; hat man so die Begrenztheit, den labilen Zustand beseitigt, so ist es leichter möglich, die erforderliche Leistungssteigerung und die anderen neuzeitlichen Anforderungen an den Gaserzeugerbetrieb anstandslos zu erfüllen.

Bei den Versuchen von Dr. Ing. Georg Müller[1]) kam es in erster Linie darauf an, den Einfluß starker und schwacher Vortrocknung bei verschiedener Windsättigung zu ermitteln. Bei schwacher Vortrocknung wurde zu einer schwachen Überhitzung des Dampfluftgemisches geschritten, um eine zu starke Abkühlung der unteren Feuerzone zu verhindern. Die Ergebnisse dieser Versuche sind sehr lehrreich; sie zeigen zunächst Gasanalysen aus dem Beharrungszustand, der allein tatsächliche Schlüsse zuläßt. Der Heizwert des Gases erreichte bei einer Vortrocknung bis auf 20 vH Feuchtigkeit, einer Windsättigung von 75⁰ und einer Überhitzung von 118⁰ einen Höchstwert $H_u = 1452$, $H_o = 1594$ WE/cbm (0⁰, 760 mm) (Abb. 262). Wird mit der Windsättigung bis auf 20⁰ heruntergegangen, so verringert sich der Heizwert stetig. Bei einer Vortrocknung auf nur 40 vH wird mit 70⁰ Windsättigung und ohne Überhitzung bereits ein Gas erzielt, das dem des Brikettgases gleichkommt ($H_u = 1458$ WE); bei 84⁰ Sättigung und 247⁰ Überhitzung betrug $H_u = 1336$. Bei gleicher Windsättigung und verschiedener Vortrocknung kann die Überhitzung des Dampfluftgemisches den Heizwert des Gases erhöhen. Der Einfluß des Vortrocknungsgrades kennzeichnete sich deutlich in der Feuerzonenhöhe; sie betrug

bei schwacher Vortrocknung je nach Größe des Dampfzusatzes 700 bis 1200 mm
„ starker „ „ „ „ „ „ „ 2000 „

Sieht man von dem Versuchsergebnis mit der hohen Überhitzung von 247⁰ ab, lassen sich die Gaskomponenten sowie der obere und untere Heizwert des Gases als Funktion der Windsättigung, also unabhängig von dem Grade der Vortrocknung darstellen. Abb. 262 zeigt einen gesetzmäßigen Verlauf, ein Beweis dafür, daß auf die Windsättigung der größte Wert zu legen ist. 70⁰ hierfür erwiesen sich nicht allein für den Gasheizwert, sondern auch für die innezuhaltende Grenze der Sinterungs- und Schmelztemperatur der Asche am günstigsten.

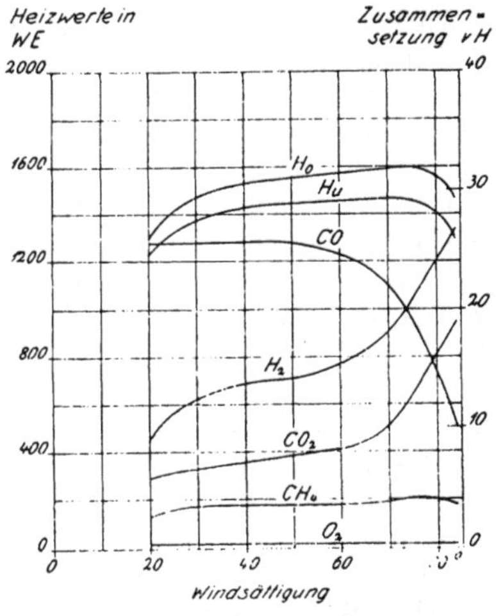

Abb. 262. Versuchsergebnisse von Dr. Ing. Georg Müller.

Während die Vortrocknung unter 40 vH keine Erhöhung des Heizwertes des Gases mit sich bringt, verlangt das Teerausbringen weitgehendste Vortrocknung.

Wo die Rohbraunkohle allein nicht den erwünschten Erfolg aufzuweisen imstande ist[2]), da läßt sich durch Mischung mit Steinkohle unter Umständen das Ziel erreichen. Ohne weiteres dürfte sich die Rohbraunkohle bei backender Steinkohle im Generator als ein brauchbares Mittel für die Lockerung des Generators erweisen, was bereits Bansen[3]) 1920 bei seinen Versuchen auf den Mannstädtwerken in Troisdorf festgestellt hat. Die schwere Spitzarbeit fällt fort, dagegen müßte durch Zuschüren der Oberfläche das Durchblasen am Rande des Generators verhütet werden. Der Zusatz von rheinischer Braunkohle zur Steinkohle konnte von 30 bis 100 vH gewählt werden, ohne daß die Durchsatzmenge wesentlich verändert wurde. Mit 50 vH wurde die praktische Grenze erreicht. Solche Ergebnisse dürfen natürlich nicht verallgemeinert werden.

Wie aber bereits gezeigt wurde, erscheint die Vortrocknung der Rohbraunkohle als keine allgemein anwendbare Lösung, wenn sie einen besonderen Wärmeaufwand fordert. Die fühlbare Wärme des Gases wird vollkommen für die Trocknung, Destillation und Anwärmung des Brennstoffes in den oberen Schichten des Gaserzeugers aufgebraucht. Infolgedessen läßt es sich häufig gar nicht verhindern, daß diese Vorgänge sich bis in die Feuerzone hineinziehen. Das ist ja gerade auszuschalten.

[1]) Vgl. a. J. Weiß und Hermann Becker, Stahl und Eisen, 1920 Heft 40, und Braunkohle, 1922 Heft 7

[2]) Das feuchte Gas kann nur theoretische Anfangstemperaturen von etwa 1200⁰ erzielen, womit Öfen nicht allgemein betrieben werden können. Selbst die Trocknung des Gases würde für den Martinofenbetrieb allein nicht ausreichen; die theoretische Anfangstemperatur von 2600⁰ wird erst bei einer Gas- und Luftvorwärmung von 1200⁰ erreicht (gegenüber 2170⁰ bei feuchtem Gas).

[3]) Vgl. Mitteilung 11 (Ausgabe 2) der Wärmestelle Düsseldorf vom 1. November 1920 S. 10.

Die Temperatur des abziehenden Gases ist bei der Rohkohlenvergasung etwa 80 bis 100°, also kaum über dessen Taupunkt; aber selbst bei hochwertigen Braunkohlen (wie den böhmischen mit 25 bis 35 vH Feuchtigkeit) ist sie nur unerheblich höher, etwa 120 bis 180°. Die fühlbare Wärme dürfte daher eher zu knapp bemessen sein bzw. nicht mehr ausreichen, wenn auf eine gute Gasqualität Wert gelegt wird. Es ist daher ganz der Rechnung Trenklers[1]) zuzustimmen, der für eine Vergasung mit annehmbaren Ergebnissen einen Grenzwert von 55 vH Feuchtigkeit in der Kohle ermittelt. Unter diesen Verhältnissen wird man sich aber fragen müssen, ob die Vorschläge eine Berechtigung und Bedeutung haben, die dahin zielen, die Vortrocknung unter Verwendung der fühlbaren Gaswärme außerhalb des Gaserzeugers zu verlegen. Hier möge auf das ältere D. R. P. 217203 Sattmann[2]), ähnliche Vorschläge und die neue Patentanmeldung des Berlin-Burger Eisenwerkes verwiesen werden. Man wird diese Frage bei genauer Prüfung verneinen müssen, obwohl nicht zu verkennen ist, daß die Trennung dieses Vorganges von Vorteil für die Bedingungen der Vergasung sein könnte; man wird eben hierzu stets andere Wärmequellen (möglichst Abwärme) verwenden müssen. Läßt sich aber eine nicht gerade allgemeine, indes für durchschnittliche Fälle brauchbare Lösung dafür finden, so wird dieselbe für die Weiterentwicklung höchste Bedeutung haben. Deshalb sind die Bestrebungen der A.-G. für Brennstoffvergasung außerordentlich zu begrüßen.

Um aber zu dem ursprünglichen Thema der baulichen Lösung der Aufgabe zurückzukommen, wäre zu den Kammergaserzeugern noch folgendes zu sagen. Man verwendet meist einen quer durch den rechteckigen Schacht hindurchgehenden Dachrost. Es ist nun klar, daß die Ecken stets mehr oder weniger tote Räume bilden müssen; in dieser Hinsicht erscheint der Rundschacht vorteilhafter. Dort, wo der Dachrost die Querseiten trifft, tritt zu viel Luft hinzu; man kann sich helfen, indem man die Windschlitze erst in einem gewissen Abstand von der Wand beginnen läßt; man vermindert aber damit die nutzbare Rostfläche. Wir können daher in dem Verlassen des Rundschachtes und in der Rückkehr zu dem früher viel gebräuchlichen rechteckigen Schacht einen Vorteil nicht erblicken. Der Dachrost (vgl. auch den älteren Duff-Gaserzeuger) scheint gegenüber dem Treppenrost und ähnlichen Bauarten keinen wesentlichen Vorzug zu bieten. Zudem macht beim Dachrost die selbsttätige Aschenentfernung scheinbar auch bei der Braunkohle mehr Schwierigkeiten, als man ursprünglich dachte. Jedenfalls beschäftigen sich zahlreiche Patente mit dieser Frage (D. R. P. 288127 von Hoffman, 296335 der Bamag, 315014 von M. A. N., verschiedene Anmeldungen von Rieß & Co.); es ist aber über die praktische Erprobung aller dieser Bauarten noch nichts veröffentlicht worden.

Diese Nachteile scheint auch schon von den beteiligten Seiten erkannt worden zu sein; wir verweisen z. B. auf den neuen Planrostgaserzeuger des Eisenhüttenwerkes Keula bei Muskau A.-G in Abb. 260. Hier hat man die ruhende Schicht und zugleich die selbsttätige Entfernung der Asche; vor allem aber wieder den Rundschacht. Nach den Äußerungen der Fachpresse und der Ansicht verschiedener Betriebsleute beurteilt man diesen modernen Planrosterzeuger als aussichtsreich. Dies erscheint auch nach dem bereits Gesagten erklärlich; die Schichten liegen völlig eben im Gaserzeuger und gelangen langsam bis vor den Goehtzschen Planrost; die feinkörnige Asche fällt durch diesen hindurch, die gröberen Stücke werden durch den spiralförmig gebogenen Abstreifer in die Schüssel geschoben. Die Entfernung erfolgt nun unmittelbar über der Rostplatte, also dort, wo eine völlige Verbrennung gewährleistet sein dürfte. Für die Verarbeitung stark schlackender minderwertiger Braunkohlen und Lignite hat Karl Koller, Budapest, einen Sonderrost gebaut, den Abb. 261 darstellt. Koller versucht das Abschneiden der Aschensäule dadurch zu erreichen, daß er bogenförmige Scher- und Transportmesser oberhalb des Rostes anordnet, wo sich häufig eine die gleichmäßige Windverteilung hindernde Schlackenhaube bildet. Sie wird durch die als Windverteiler wirkenden Fräskörper auf dem kegelartigen Deckel abgeschnitten und aus dem Bereich des Rostes herausgedrängt. Trotzdem erscheint aber eine Störung der Feuerschicht durch derartige Anordnungen nicht völlig ausgeschlossen, weil die Aschenschicht unter der Last der ganzen Beschickung liegt und daher durch größere Schlackenstücke Brennstoff aus der Feuerschicht mitgerissen und abgeworfen werden kann. Die Folge wäre aber nicht nur eine ungünstigere Aschenzusammensetzung (mehr brennbare Rückstände in dieser), sondern auch unter Umständen eine Gefährdung des Rostes. Diese Bauart stellt deshalb mehr einen berechtigten Fortschritt als eine allgemein anwendbare Lösung dar. Wenn man erreicht, daß die einzelnen Reaktionschichten stets an derselben Stelle im Gaserzeuger bleiben, so ist es an sich einerlei, ob sie horizontal oder schräg im Gaserzeuger gelagert sind. Hieraus ist aber

[1]) Sparsame Wärmewirtschaft Heft 1.

[2]) Fischer-Gwosdz, Kraftgas 2. Aufl. S. 250.

der Schluß zulässig, daß man mit Drehrostgaserzeugern durch entsprechende bauliche Veränderungen zu mindestens den gleichen Ergebnissen kommen müßte, um mit den übertragenen Erfahrungen auch die Frage der Großleistungsgaserzeuger zu lösen. Bemerkenswert ist jedenfalls, daß auch die Aktien-Gesellschaft für Brennstoffvergasung einen neuen Planrostgaserzeuger (Bauart Müller) ähnlichen Aufbaues auf den Markt gebracht hat, bei dem die rechteckigen Querschnitte des Dachrostgenerators wieder verlassen worden sind.

Wir sehen alle Kräfte an der Arbeit, so daß es verfrüht wäre, irgendein abschließendes Urteil fällen zu wollen. Eine kritische Betrachtung kann aber viele Fehlgriffe und damit eine Vergeudung von Arbeitskraft und Kosten verhüten, weshalb zu dieser Frage ausführlich Stellung genommen wurde.

Daß die Teergewinnung bei der Vergasung mit unmittelbarer Übertragung der Gaswärme auf das Schwelgut vorteilhaft ist, zeigen die Bestrebungen, die gleiche Methode auch auf die Verschwelung der Braunkohlen und anderer Stoffe in Schachtöfen anzuwenden. Die Verschwelung geschieht mit sauerstoffarmen (inerten) Abgasen, die durch Mischung mit teerfreien Rückgasen auf etwa 550° gebracht und durch den Schachtofen im Gegenstrom gedrückt werden. Hierbei nehmen die Gase die aus der Kohle getriebenen Teerdämpfe auf, von denen letztere später durch Kondensation abgeschieden werden. Anstelle von Gas kann man ebenfalls Dampf als Wärmeträger verwenden. Bei den Versuchen Arnemanns wurden 5 vH der Gesamtwärme als Verluste verbucht. Sollen diese vermieden werden, muß man schon zur Überhitzung des nach der Teerkondensation zur Verfügung stehenden Dampfes auf etwa 550° schreiten, damit Dampf und Teerdämpfe den Schacht mit etwa 140° verlassen und das Temperaturgefälle (140 bis 110°) zur Ausscheidung des Teers benutzt werden kann. Immerhin wird die Überhitzung den Gesamtnutzeffekt verschlechtern, auch wenn das Generatorgas selbst zur Überhitzung benutzt wird.

2. Umstellung auf Braunkohlenfeuerung.

Über die Umstellung von Steinkohlenfeuerungen auf minderwertige Brennstoffe ist viel geschrieben worden. Als Hauptverbraucher für Rohbraunkohle kommen nach Kayser[1]) der Platzhandel mit 10 vH, die Glas- und Porzellanindustrie mit 17 vH, die Verbrauchergruppen Stein, Ton-Schamotte, Zement usw. mit 10,5 vH, die Textilindustrie mit rd. 20 vH in Frage. Mit der Verwendung der Braunkohle zur Kraft- und Wärmeerzeugung sind als grundsätzliche Schwierigkeiten deren Wassergehalt, die ungünstige Körnung, die Zusammensetzung der Asche und die leichte Entzündlichkeit in den Kauf zu nehmen. Es läßt sich jeder Brennstoff wirtschaftlich verfeuern, wenn die Bedingung einer gleichmäßigen Zusammensetzung erfüllt wird. Was nützen aber hierbei Richtlinien und neue Einrichtungen, wenn der minderwertige Brennstoff plötzlich ausbleibt und hiermit selbst bei bester Steinkohle kein Dampf erzeugt werden kann? Die Bestrebungen, für Rohbraunkohle Rostbauarten zu finden, die allen Bedingungen genügen, laufen Gefahr, sich ins Uferlose zu verästeln. Man will gleichzeitig vortrocknen, vergasen, Urteer gewinnen und Verbrennungsluft erhitzen. Die Kinematik findet bei den neuzeitlichen Rosten weitgehendste Anwendung, so daß jeder Betriebsmann eine wahre Angst wegen der Betriebstüchtigkeit der Riesenroste (295, 296) auszustehen hat.

Bei der Umstellung auf Brikettfeuerung sind Änderungen an Plan-, Treppen-, Ketten- und Wanderrosten nicht erforderlich. Schöne[2]) empfiehlt je nach der Anstrengung des Kessels ein Verhältnis der Rost- zur Heizfläche von 1 : 35 bis 1 : 50, ferner Rostspaltenweiten von 5 bis 6 mm, Roststabstärken nicht über 8 bis 10 mm.

Bei der Umstellung auf Rohbraunkohle ist in erster Linie auf geringste Spaltenweite zu achten, da Unterwind unerläßlich ist. Daher Anwendung von engspaltigem Planrost oder Düsenrost oder Plattenrost (294, 359). Da mit einer erreichbaren Brenngeschwindigkeit von höchstens 250 bis 280 kg/qm Rostfläche gerechnet werden kann, ist bei Aufrechterhaltung der Dampfleistung die Vergrößerung der Rostfläche unbedingt nötig. Mit je weniger Vakuum im Feuerraum gearbeitet wird, desto geringer ist der Flugascheniederschlag in den Feuerzügen (294, 304, 359). Als Grenze für Handbeschickung werden 1200 kg Kohle je Std. angegeben. Sind die Roste über 2 m lang, muß schon zu Wurfbeschickern gegriffen werden (290).

Bei Muldenrosten (304) führt nur die Verfeuerung gasreicher Kohle zu guten Nutzeffekten.

Treppenroste (304) sollen bei freier Rostfläche von 60 bis 70 vH einen Zug über Feuer von

8 bis 10 mm WS bei Knorpelkohle,

bis zu 25 mm WS bei lehm- oder gar sandhaltiger Kohle

[1]) Industrietagung in Halle (3. u. 4. März 1923). Braunkohle, S. 67.

[2]) Braunkohle, 9. April 1921, Heft 1.

aufweisen, damit eine Brenngeschwindigkeit von 350 bzw. 250 kg/qm Rostfläche erreicht wird. Wo diese nicht erreicht werden kann, sind zunächst Untersuchungen anzustellen, ob etwaige den Zug hemmende Widerstände beseitigt werden können, bevor zur Unterwindfeuerung geschritten wird[1]).

Bei Ketten- und Wanderrosten (297) ist die Verfeuerung von Rohbraunkohle nur nach Mischung mit wertvollen Brennstoffen möglich, weil sonst das Feuer abreißt. Anwendung von Unterwind günstig. Wo kein Dauerbetrieb möglich ist, müssen Gewölbe und die seitlichen Feuerungswände erst mit Hilfe guter Steinkohle vorgewärmt werden, da sonst die für die Vortrocknung und Entgasung des minderwertigen Brennstoffes erforderliche Rückstrahlung fehlen würde.

3. Großkraftwerke in Braunkohlenrevieren.

Dr. Ing. Sieben[2]) hat sich der mühevollen, aber sehr verdienten Aufgabe gewidmet, durch Vergleich der widersprechenden fachwissenschaftlichen Quellen an Hand der Statistik sichere Grundlagen oder doch wenigstens wahrscheinliche Mittelwerte für eine Beurteilung der Fernkraftpläne (463) zu gewinnen. Auf diese Weise konnte er der allgemein interessierenden Frage nähertreten, unter welchen grundsätzlichen Vorbedingungen und auf welchem Wege eine Großkraftversorgung Deutschlands mit wirtschaftlichem Vorteil durchzuführen ist. Seine Untersuchungen führen zunächst zu dem Ergebnis, daß das System der Großkraftversorgung mit einem über das Deutsche Reich gespannten Netz von 100000 V zu verwerfen ist. Diesem Endergebnis ist durchaus beizustimmen. Der Gedanke des Großkraftwerkes ist zweifellos gesund, der Wirkungskreis muß aber unter Berücksichtigung aller Gesichtspunkte so begrenzt werden, daß die Wirtschaftlichkeit gewahrt bleibt. Dieses hätte mehr betont werden müssen. Für die Wirtschaftlichkeit eines Großkraftwerkes und des zugehörigen Leitungsnetzes kommt in erster Linie die Benutzungsdauer in Frage. Wenn sämtliche Maschinen mit Ausnahme der Reservemaschinen annähernd dauernd voll belastet sind und ebenso die Leitungen dauernd Vollbelastung führen, so ist der wirtschaftliche Wirkungsbereich eines Großkraftwerkes sicherlich groß.

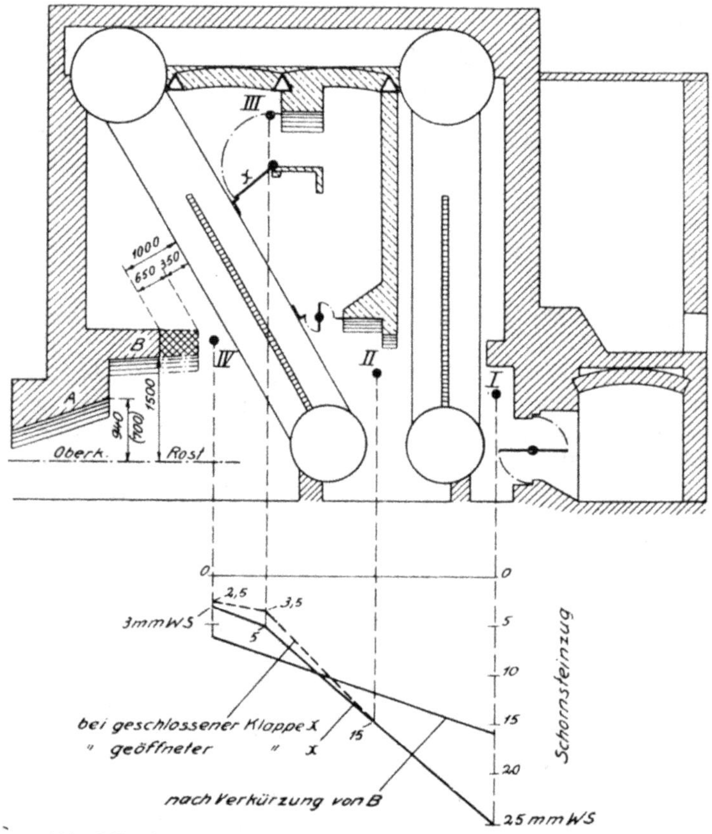

Abb. 263. Verringerung der Widerstände durch Verkürzung des Feuergewölbes B und Hebung des Bogens A.

[1]) Bei einem Steilrohrkessel (vgl. S. 353) war durch ein zu weit an das erste Rohrbündel vorgezogenes Gewölbe B (Abb. 263) der Durchgangsquerschnitt für die Verbrennungsgase abgedrosselt. Durch Messung des Vakuums an den Stellen I bis IV ergaben sich die graphisch wiedergegebenen Zugverhältnisse. Danach reichten selbst 25 mm WS kurz vor dem Fuchs (Stelle I) nicht aus, um die Verbrennung von 210 kg Staubkohle je Stunde und qm Rostfläche zu ermöglichen. Der an der Stelle IV gemessene „Zug" von 2,5 bis 3 mm WS genügte nur, um 140 kg guter Stückkohle zu verfeuern. Nach Verkürzung des Bogens B um 650 mm konnte die Klappe am Fuchs gedrosselt werden, um den erwünschten Ausgleich in den Zugverhältnissen nach der gestrichelten Linie herbeizuführen.

[2]) Die Wirtschaftlichkeit einer Großkraftverwertung der Kohlenenergie in Deutschland, Verlag Stahleisen m. b. H., Düsseldorf.

Der Vorteil dieser konstanten Dauerbelastung der Großkraftwerke bei Übernahme der Spitzenbelastungen durch Mittelkraftwerke ist für die ersteren mit Rücksicht auf die Konstanz der Temperaturen bei Kesseln und Maschinen, auf den Fortfall elektrischer Schaltungen usw. auf der Hand liegend. In der Kupplung der Großkraftwerke mit den Mittelkraftwerken liegt eine sehr wichtige Lösung für die Zukunft. Insbesondere auch, weil es bei Versagen der Fernzufuhr durch höhere Gewalt, Streiks usw. von Wert sein wird, die Mittelkraftwerke durch geeignete Maßnahmen, wie die Notwehr sie bietet, in Gang zu halten und für die einzelnen Unterbezirke die elektrische Energie für die aufrecht zu erhaltenden Notbetriebe zu sichern. Es kommt noch hinzu, daß man bis auf absehbare Zeit derartige Mittelkraftwerke zum Phasenschieben benötigt. Sieben kommt zu dem Schlusse, daß die Verwirklichung des Großkraftgedankens in größerem Umfange in den Braunkohlenbezirken, in bescheidenem Maße in den Steinkohlenbezirken möglich ist; auch das ist im wesentlichen richtig. Allerdings ist dabei zu bedenken, daß bei Großkraftwerken in der Nähe der Braunkohlenvorkommen nur mit einer Lebensdauer gerechnet werden kann, die kaum viel über 30 bis 50 Jahre liegt. Bei der wachsenden Inanspruchnahme unserer Braunkohlenschätze ist deren schon frühere Erschöpfung nicht ausgeschlossen.

Mit Rücksicht auf den höheren Wärmeinhalt der Steinkohle gegenüber der Braunkohle ist die erstere bei Beförderung auf dem Wasserwege oder der Eisenbahn erheblich im Vorteil. Für die Braunkohlen-Großkraftwerke kommen unter diesen Gesichtspunkten natürlich keine Braunkohlen-Mittelkraftwerke in Betracht, sondern solche, die mit Steinkohlen betrieben werden. Aber wer kann heute angesichts der Ruhrgebietsbesetzung ein abschließendes Urteil abgeben.

Wegen der ungleichen Inanspruchnahme der Mittelkraftwerke werden diese weniger günstig arbeiten als die stets gleichmäßig belasteten Großkraftwerke, so daß der thermische Gesamteffekt etwas gedrückt wird. Man wird deshalb dahin streben müssen, auch die Mittelkraftwerke möglichst wirtschaftiich arbeiten zu lassen, was unter Umständen durch Verbindung mit der Industrie, die etwa Verwendung für Abwärme oder Abfallkraft hat, geschehen kann.

Mit der Länge der Leitungsanlage wächst die Möglichkeit von Störungen. Dazu kommt, daß wir tatsächlich noch in den Anfängen der Entwicklung auf dem Gebiete der Fernübertragung stehen, und daß aus den Betriebserfahrungen heraus dauernd Verbesserungen gefunden und unablässig große Anstrengungen gemacht werden, die erwarten lassen, daß Störungen in Hochspannungsnetzen in Zukunft immer seltener werden.

Der Gesichtspunkt, daß durch Mittelkraftwerke in Streikfällen die Versorgung von Notbetrieben sichergestellt werden kann, ist, falls derartige Werke nicht sowieso zur Erhöhung der Wirtschaftlichkeit notwendig sind, selbstverständlich nicht berechtigt. Noch weniger darf aus den gegenwärtigen Anschauungen der Arbeiterschaft in der Frage der Arbeitsniederlegung in lebenswichtigen Betrieben die Minderwertigkeit von Großkraftwerken gegenüber kleineren selbständigen Anlagen hergeleitet werden. Denn es ist mit Sicherheit zu erwarten, daß die Unhaltbarkeit der durch Streiks in lebenswichtigen Betrieben geschaffenen Zustände und der Zwang unserer wirtschaftlichen Verhältnisse nach und nach von selbst eine Gesundung herbeiführen werden, so daß früher oder später Arbeitsniederlegungen in Betrieben, die, wie z. B. die Elektrizitätswerke, der Allgemeinheit dienen, ausgeschlossen sind.

Die Kupplung von Großkraftwerken ist ein Problem, das man heute als im wesentlichen gelöst betrachten kann, aber auch auf diesem Gebiete werden noch manche Erfahrungen zu sammeln sein. Insbesondere wird das zur Zeit im Bau befindliche Bayernwerk dazu Gelegenheit geben.

Im übrigen hat auch eine Kupplung von Großkraftwerken nur dann Zweck, wenn wirtschaftliche Vorteile erreicht werden. Ist dies nicht der Fall, so wird die Betriebssicherheit mehr gewahrt, wenn die Leitungsanlagen zweier Großkraftwerke im Regelbetriebe getrennt sind und nur durch Einbau von Schaltwerken die Möglichkeit gegenseitiger Unterstützung gegeben ist.

Bezüglich der Übertragungspannung beschränkt Sieben seine Betrachtungen richtig auf Leitungen von 110000 V und erwähnt dabei die Vorschläge von Tröger, der eine Umstellung auf 173000 V empfiehlt bzw. auf Dolivo-Dobrowolsky, der die Zukunft in der Hochspannungs-Gleichstrom-Übertragung zu sehen geglaubt hat. Nach neuerer Ansicht liegt die Lösung weder in dem einen oder in dem anderen Vorschlage, sondern darin, daß man unter Beibehaltung von 110000 V die Frequenz des zu übertragenden Drehstroms heruntersetzt, also z. B. auf 16⅔ Perioden herabgeht.

Die Untersuchung der Frage der Verwendung von 16⅔ Perioden für Fernübertragungen, die von mehreren Seiten angeregt worden ist — so ist bereits vor einiger Zeit eine große Transportleitung von den bayerischen Wasserkräften nach Hof erwogen worden —, hat ergeben, daß für die in Deutschland in Betracht kommenden Entfernungen die Vorzüge der niedrigen Frequenz infolge

Verwendung der induktiven und kapazitiven Einflüsse noch nicht zur Geltung kommen und die Nachteile auf technischem wie auf wirtschaftlichem Gebiet so groß sind, daß die Beibehaltung der gebräuchlichen Frequenz von 50 das Gegebene ist[1]).

Während bei der Deutschen Reichsbahn für die elektrische Zugförderung auf Fernstrecken der einphasige Wechselstrom von 16⅔ Perioden als die geeignetste Stromart festgestellt und angenommen worden ist, hat man sich für die elektrische Zugförderung auf den Berliner Stadt-, Ring- und Vorortbahnen zu dem System der dritten Schiene unter Verwendung von Gleichstrom bei 800 V Stromschienenspannung entschieden[2]).

Von besonderer Wichtigkeit für Großkraftwerke ist die in ihrer Anlage vorhandene Phasenverschiebung. Den cos φ auf den Wert 1 zu bringen, muß für die Ausnutzung der Maschinen und Leitungen mit allen Mitteln erstrebt werden. In erster Linie wird das von den Großkraftwerken dadurch erreicht werden müssen, daß sie von ihren Großabnehmern einen cos $\varphi = 1$ verlangen. Diese können die Bedingung dadurch erfüllen, daß sie sie ihren Unterabnehmern auferlegen oder besondere Blindstrommaschinen aufstellen, die den im Verteilungsnetz benötigten Blindstrom erzeugen[3]).

Nach Eichel[4]) spielt beim Ausbau der Kraftwerke auch in der Technik die Mode eine mehr oder weniger große Rolle. Vielfach taucht in einem Land eine Bauart auf, die mit großem Erfolg von den maßgebenden Fabrikanten empfohlen und durchgeführt wird, in einem anderen Lande aber seit Jahren als unvorteilhaft verlassen wurde. Die amerikanischen Größt-Kraftmaschinen reichen zwar in der Leistung ebenfalls an die größten deutschen Einheiten von 50000 kW heran, bestehen aber nicht aus einer einzigen Maschine, wie die deutschen Goldenberg-Kraftwerkmaschinen, sondern aus drei, nur mit ihrem Dampf und ihrem elektrischen Teil als eine Einheit gemeinsam betriebenen Maschinengruppen. Es ist durchaus vom betriebstechnischen Standpunkt erwägenswert, ob und inwiefern es ratsam ist, in einem Kraftwerk sich der Gefahr auszusetzen, durch einen Betriebsunfall auf einmal eine solche Riesenleistung auf mehr oder weniger lange Zeit entbehren zu müssen, oder durch Unterteilung die Möglichkeit zu erhalten, wenigstens einen Teil einer Groß-Krafteinheit für den Betrieb zu retten[5]). Dazu kommt die Frage des schnellen und geschickten Ausgleiches des Kesselhausbetriebes

---

[1]) So sprach Professor Dr. Ing. Osanna von der Technischen Hochschule in München in der Jahresversammlung des Verbandes Deutscher Elektrotechniker, Mai 1922, über „Fernleitungsmöglichkeiten elektrischer Arbeitsmengen“ und teilte die Ergebnisse seiner Untersuchungen mit. Er stellte fest, daß kein Grund vorliege, von der in Deutschland gebräuchlichen Periodenzahl 50 bei Fernübertragungen abzugehen, daß der hochgespannte Gleichstrom nach dem heutigen Stande der Technik bis auf weiteres nicht dafür in Frage kommen könne, und daß sich zwar bei Wechselstrom von niedrigerer Periodenzahl — 16⅔ — gewisse Vorteile ergäben, die aber durch die bei Umformung entstehenden Nachteile wieder aufgehoben würden. Er berührte unter anderem auch die gerade für das Bayernwerk so überaus wichtige Aufgabe der Spannungsregelung in großen Leitungsnetzen. Bei Kupplung einer größeren Anzahl von Kraftwerken ist es nicht mehr möglich, durch eine Regelung der Spannung an den Sammelschienen der Kraftwerke die Spannung an den Verbrauchsstellen so gleichmäßig zu erhalten, wie es notwendig ist.

[2]) Diese Entscheidung ist erfolgt auf Grund eingehender Vergleichsberechnungen, die die besonderen Verhältnisse des Berliner Bahnnetzes berücksichtigen. Es handelt sich hierbei im Gegensatz zu dem Betriebe auf Fernstrecken um einen außerordentlich dichten Verkehr. Die großen Leistungen, die in Zukunft zu erfüllen sind, sind mit Dampflokomotiven, die an der Grenze ihrer Leistungsfähigkeit angelangt sind, nicht mehr zu bewältigen. Für die Stadtstrecke sind Leistungen von 40 Zügen stündlich vorgesehen, entsprechend einer Zugfolge von rd. 90 sek. Diese Leistungen lassen sich nur mit geringen Aufenthaltszeiten — hierfür sind im Höchstfalle 25 sek gerechnet — und großer Anfahrbeschleunigung und Bremsverzögerung erreichen. Die Anfahrbeschleunigung muß auf der Stadtstrecke 0,5 m/sek betragen. Sie kann bei der Länge und Schwere der Züge weder von Dampflokomotiven noch von elektrischen Lokomotiven erzielt werden, da bei diesen nicht genügend Triebachsen zur Verfügung stehen. Hierfür kommt nur die Verwendung von Triebwagen in Frage, deren Kosten für einphasigen Wechselstrom viel höher als für Gleichstrom sind, so daß bei der großen Menge der zu beschaffenden Triebwagen fast allein die Mehrkosten bzw. die Rücklagen und die Verzinsung derselben ausschlaggebend für die Wahl der Stromart waren.

[3]) Bei dieser Regelung wird der Blindstrombedarf der Abnehmer ganz oder teilweise von Blindstrommaschinen geliefert, die an geeigneten Punkten aufgestellt werden, so daß das Leitungsnetz im wesentlichen nur von Wirkströmen durchflossen und innerhalb gewisser Belastungsgrenzen ein annähernd konstantes Spannungsgefälle hergestellt wird. (Der Osanna'sche Vortrag wird demnächst in der Elektrotechnischen Zeitschrift erscheinen).

[4]) Diskussion über Großkraftwerke in der Deutsch. Maschinentechn. Ges., Glasers Ann., 1. Sept. 1922.

[5]) Vgl. z. B. den Bericht in Elektr. Kraftbetr. und Bahnen vom 24. Mai 1922 S. 110 über die Betriebsunfälle in den Kraftwerken der Hydro Electric Power Commission of Ontario (Kanada), durch

beim Ausfall einer solchen Riesen-Dampfturbineneinheit. Die Wahl der Größe der einzelnen Maschineneinheiten je Kraftwerk hängt natürlich innig zusammen mit der Grundbelastung des zu versorgenden Netzes und kann demgemäß nur unter Berücksichtigung der jeweiligen Ortsverhältnisse erfolgen. Auf jeden Fall ist aber auch für derartige Größt-Kraftwerke die Möglichkeit einer elektrischen Kupplung mit den benachbarten Größt-Kraftwerken von allergrößter Bedeutung. Die Verkupplung gestattet, in den einzelnen Kraftwerken mit der kleinstmöglichen Anzahl von Reservemaschinen auszukommen und für einen Bruchteil des Betrages, der für eine größere Anzahl von Reservemaschinen erforderlich wäre, eine Verdopplung der Sicherheit der Fernleitungsübertragung durchzuführen. Die Fernleitungstechnik hat sich in den letzten 10 Jahren außerordentlich gehoben, die Steigerung der Betriebspannung hat im wesentlichen dazu geführt, bei geringerer Spannung auftretende, infolge der größeren Stromstärken unangenehmere Störungen zu vermindern. Die deutsche Hochspannungs-Porzellanindustrie hat ihre Erzeugnisse den Anforderungen angepaßt, die Anlagekosten verringert und die durch Isolationsfehler verursachten Betriebsstörungen auf ein Mindestmaß herabgesetzt. In der Schaltanlagentechnik selbst macht sich in Amerika und England neuerdings eine besondere Vorliebe für die Verwendung von ausfahrbaren Schaltfeldern bemerkbar, eine Bauart, die in Deutschland vor etwa 18 Jahren sehr beliebt war, inzwischen jedoch durch einfachere und betriebsicherere ortsfeste Schaltfelder ersetzt wird. Dagegen führt Amerika wiederum seit Jahren mehr und mehr Höchstspannungstransformatoren, Ölschalter und Blitzschutzausrüstungen in Freiluftausführung aus und behauptet, hiermit an Baukosten zu sparen, ohne die Betriebsicherheit zu gefährden, während man sich in Deutschland zu dieser Ausführung nicht entschließen kann und es vorzieht, auch die Höchstspannungsapparatur nach Möglichkeit im gedeckten Raum unterzubringen. Die Schweiz, ebenso Frankreich und England zeigen allerdings große Neigung, der amerikanischen Praxis zu folgen. Mit Bezug auf Betriebstörungen werden wir uns in Deutschland auch etwas weniger schwere Bedingungen auferlegen müssen; kurzzeitige Stromunterbrechungen werden von den Amerikanern als mehr oder weniger unvermeidliches Übel der Fernkraftversorgung stoisch hingenommen, ein Übel, das nur durch die bereits oben erwähnte weitgehendst durchgeführte Kupplung der Elektrizitätsversorgungsnetze benachbarter Groß-Kraftwerke gemildert wird. In Amerika arbeitet die Privatindustrie mit den staatlichen Aufsichtsbehörden Hand in Hand.

Wie in Amerika, so faßt auch in allen anderen, besonders in den mit Wasserkräften[1]) gesegneten Ländern, z. B. der Schweiz, Norditalien und Frankreich, Spanien und Skandinavien, bei uns in Bayern, Baden und Württemberg sowie im benachbarten Österreich der Gedanke festen Fuß, durch rationelle Ausnutzung der Natur- und Bodenschätze, durch Zusammenschluß statt durch Zersplitterung, Ersprießliches in der Erzeugung und Übertragung elektrischer Kraft möglichst unter gleichzeitiger Elektrifizierung der Vollbahnen zu erzielen. Die letztere gestattet, nicht nur wertvolle Lokomotivkohlen für andere Industriewerke frei zu bekommen, sondern ermöglicht auch eine bessere Ausnutzung der vorhandenen Gleise durch Steigerung der Geschwindigkeit in der Güterförderung unter gleichzeitiger Verminderung der hierzu erforderlichen Anzahl von Lokomotiven und Bedienungsmannschaften.

---

die in einer Woche 159000 PS in sieben Wasserkraft-Maschineneinheiten von 16000 bis 55000 PS Einzelleistung betriebsunbrauchbar wurden. Die elektrische Kupplung mit den benachbarten Niagarafall-Kraftwerken ermöglichte trotzdem nach nur ¼ stündiger Unterbrechung die Wiederaufnahme des Betriebes.

[1]) Nach einem Bericht in „Glückauf" 1922 Nr. 16/17 von Bergrat Dr. Ing. H. E. **Böker** hat die geologische Landesanstalt zu Washington die Weltvorräte an Kohlen und Eisenerz in Zahlentafel 185 angegeben:

Zahlentafel 185.

Erdteil	Steinkohle		Braunkohle		Stein- und Braukohle		Eisenerz (Eisengehalt)	
	1000 Mill. t	vH	1000 Mill. t	vH	1000 Mill. t	vH	Mill. t	vH
Europa	747,5	16,99	36,7	1,22	784,2	10,60	16 818	26,56
Nord- u. Mittelamerika	2261,5	51,40	2811,9	93,80	5073,4	68,58	42 828	67,63
Südamerika	32,1	0,73	—	—	32,1	0,43	3 057	4,83
Asien	1168	26,55	112,9	3,77	1281	17,32	439	0,69
Ozeanien	133,8	3,04	35,1	1,17	168,9	2,28	111	0,17
Afrika	56,8	1,29	1	0,03	57,8	0,78	75	0,12
Welt	4399,8	100,—	2997,8	100,—	7397,6	100,—	63 328	100,—

Die Wasserkräfte der Welt belaufen sich auf rd. 439 Mill. PS, von denen bis heute nur 23 Mill. Ps ausgenutzt werden, das sind also eben 5,24 vH.

V. Brennstaubfeuerung.

1. Anwendungsgebiet.

Die Vorteile der Kohlenstaubfeuerung sind sowohl im volks- als auch wärmewirtschaftlichen Sinne begründet; sie liegen in erster Linie in der Nutzbarmachung minderwertiger Brennstoffe und in der Erfüllung jener Bedingungen, die den Wärmeübergang durch Strahlung herbeiführen (337). Infolgedessen wird bis zum Rauchschieber ein höheres Temperaturgefälle ausgenutzt und der Feuerungswirkungsgrad erhöht[1]). Bei Flammrohrkesseln dürften die Verhältnisse für die Einführung der Kohlenstaubfeuerung nicht so günstig erscheinen, wie oft in der Literatur angenommen. Die Schamotteausfütterung der Flammrohre oder die Anlage einer Vorfeuerung sind kein Anreiz dafür. Beides würde nur eine unwirtschaftliche Verschiebung des Temperaturgefälles bewirken, womit der Wärmewirtschaft nicht gedient ist. Da, wo der Wanderrost Abfallkohle ohne die teueren Mahlkosten mit zufriedenstellendem Nutzeffekt verfeuern kann, wird er der Kohlenstaubfeuerung in wirtschaftlicher Beziehung vorzuziehen sein[2]). Aber ist es denn erforderlich, für diese wieder auferstandene Feuerung gleich das Dampfkesselgebiet zu besetzen? Sind nicht die Industrieöfen ein weit geeigneteres Feld?[3]) Die schwierigen Verhältnisse, in denen wir leben, gestatten uns nicht, dem Beispiel der Amerikaner zu folgen, neue Kesselbauarten zu schaffen, vielmehr müssen wir die Staubfeuerung zunächst den vorhandenen Kesselbauarten anzupassen suchen.

Die Verfeuerung des Kohlenstaubes an der Erzeugungsstelle[4]) ist Bedingung für die Wirtschaftlichkeit dieser Feuerung, und da kommen nur Großbetriebe, wie die Hüttenwerke, in Frage, die eine umfangreiche Aufbereitungsanlage für den Kohlenstaub errichten können, sofern genügend Platz vorhanden ist. Selbstverständlich wachsen mit der Vervollkommnung der Mahltechnik und der Herstellung von kleineren Einzelmühlen ähnlich dem amerikanischen Gedankengange die Aussichten, die Kohlenstaubfeuerung auch in den Dampfkesselbetrieb einzuführen. Die Gründe, daß die deutsche Dampfkesselindustrie bisher noch keine brauchbaren Kesselbauarten für diese Feuerung herauszubringen Veranlassung hatte, gehen aus folgender Gegenüberstellung hervor, die zunächst für die Anwendung der Staubfeuerung in der keramischen und metallurgischen Industrie sprechen.

Dampfkesselbetrieb.	Keramische und metallurgische Industrie.
Vorzügliche Roste, die Außerordentliches leisten, treten in scharfe Konkurrenz mit der Kohlenstaubfeuerung. Beim Dampfkessel fehlt der Raum für die freie Entwicklung des Flammenweges. Die Aufbereitung des Kohlenstaubes paßt sich schwer dem Dampfkesselbetriebe an; die Anlegung einer Kohlenmühle wird deshalb nicht gern gesehen. Der Dampfkesselbetrieb zeigt schwankende Belastungen und stellt deshalb höhere Anforderungen an die feuerfesten Steine bezüglich ihrer Widerstandsfähigkeit gegen Temperaturänderungen.	Die Kohlenstaubfeuerung bringt betriebstechnische Vorteile wie die Erzielung gleichmäßig hoher Sintertemperaturen des Zements mit sich. In Verbindung mit Drehöfen der Zementindustrie führt sie zu den einfachsten Anordnungen, die mit Rostanlagen unerreichbar sind. In Drehöfen findet sich der für die Entwicklung der Kohlenstaubflamme erforderliche Raum. Die höheren Anforderungen an das Mauerwerk wegen Temperaturschwankungen fallen hier fort; dafür kann man den Steinen eine größere Widerstandsfähigkeit gegen den chemischen Einfluß der Schlacke geben, desgleichen gegen höhere Temperaturen.

---

[1]) Neuere Veröffentlichungen von G. Bulle der Wärmestelle Düsseldorf (Die Wärme v. 11. Mai 1923) bestätigen diese Ansicht (vgl. Abb. 6 auf S. 201), aus der hervorgeht, daß in einem Bandagenofen gegenüber der Evaporatorfeuerung 277° mehr ausgenutzt wurden, nämlich ein Temperaturgefälle von (1500—844°) gegenüber (1307—928°).

[2]) F. Schulte, „Glückauf", 10. März 1923 Nr. 10 findet bei der Kohlenstaubfeuerung eine bessere Anpassungsfähigkeit an Betriebsschwankungen und gleichmäßigere Wirkungsgrade. Ersteres ist wohl der Fall, indes befriedigen die von ihm veröffentlichten Versuchsergebnisse bezüglich der Kesselleistungen nicht.

[3]) Weiß und Haering, Braunkohlenstaubfeuerung für die Beheizung großräumiger Öfen, „Braunkohle" 1922 Heft 40. Besprechung.

Frion, Le chauffage au charbon pulvérisé, Sonderabdruck aus Chaleur et Industrie, gibt eine Zusammenstellung der in Betrieb und Bau befindlichen Feuerungen der ganzen Welt.

Appell, Renseignements sur l'emploi du charbon pulvérisé, ebenda Heft 16 1921.

[4]) In Minneapolis führt eine Unternehmerin den Kohlenstaub in geschlossenen großen Kesselwagen dem Kleinverbraucher zu. Das Entleeren der Kesselwagen geschieht entweder durch Kippen der Behälter

Die Vor- und Nachteile der Kohlenstaubfeuerung kann man wie folgt zusammenfassen:

Vorteile:

1. Unabhängigkeit vom Bezug guter Steinkohle, da sich hohe Temperaturen auch mit minderwertigen Brennstoffen erzielen lassen, die zweckmäßig durch Abhitze vorzutrocknen sind.
2. Ausschalten schlechter Arbeitskräfte, insofern das Warmhalten von Öfen während der Nachtzeit oder größerer Pausen durch erneutes, schnelleres Anheizen mittels Staubfeuerung entbehrlich wird.
3. Bessere Regelung der Temperaturverhältnisse durch Veränderung des Luftüberschusses und leichtere Anpassungsfähigkeit an die Betriebserfordernisse, unter Umständen durch Anwendung von Staubzusatzfeuerungen. Dadurch Vermeidung des Ansteckens von Reservekesseln.
4. Ersparnisse an Arbeitskräften, die sich ohne Weiteres aus den vorangegangenen Betrachtungen ergeben.

Nachteile:

1. Die Verwendung der Staubfeuerung dürfte sich allgemein nur auf reine Kohlen- und Industriebezirke beschränken, wo Staub von Abfallkohle billig zu haben ist, da das Vermahlen der Kohle den Brennstoff um etwa 14 bis 15 vH verteuert. Der Transport des Staubes auf der Bahn ist, solange nicht besondere Wagen vorhanden sind, wegen der hygroskopischen Eigenschaften des Staubes mit Schwierigkeiten verknüpft. Feuchter Staub ballt sich in den Bunkern zusammen und erschwert daher deren Entleerung.
2. Der lange Weg von der Mahlmühle bis zu den Brennern bildet bei Zentralanlagen eine Verkettung von Explosionsmöglichkeiten.
3. Die mit den Öfen (bzw. mit den Feuerstellen allgemein) zusammenarbeitenden Kleinmühlen bedingen bei Reparaturbedürftigkeit unter Umständen eine Außerbetriebsetzung der Öfen. Zu hohe Temperaturen bringen Zerstörungen des Mauerwerkes mit sich, wenn der Flammenentwicklung nicht große Kammern zur Verfügung stehen. Die Baustoffe für die Verbrennungskammern sind überdies nach dem Charakter der Schlacke (z. B. saure Schlacken) zu wählen.
4. Beim Betrieb von Staubfeuerungen ist auf Mitreißen von Staub (Asche und unter Umständen auch Kohlenstaub) in die Feuerzüge und den Schornstein zu rechnen, der zu Belästigungen der Anwohner führen kann.

J. Franco[1]) kommt auf Grund von Versuchen einer Anlage in Utrecht zu dem Ergebnis, daß bei einem Kohlenpreis in Holland von 25 fl./t eine Ersparnis an Brennstoff von im günstigsten Falle 10 vH dem Verlust an Mehrkosten für Aufbereitung von 10,5 vH gegenübersteht. Trotzdem hält er die Kohlenstaubfeuerung für Lokomotiven wegen des größeren Wirkungsgrades für wirtschaftlich und begründet dies durch die zulässige Erweiterung des Blasrohres und den verringerten Gegendruck auf die Kolben der Zylinder. Unzweifelhaft sind ferner auf das Konto des Nutzeffektes zugunsten der Staubfeuerung bei Lokomotiven außer dem geringeren Kaminverlust, der fortfallende Herdverlust sowie der bei geschlossenem Regler fortfallende Kohlenverbrauch zu buchen, der sich in dem Abblasen der Ventile unangenehm bemerkbar macht.

Ein besonderes Interesse erweckt die Frage, ob sich die Kohlenstaubfeuerung für unsere Lokomotiven anwenden läßt[2]). Solche Projekte lassen sich natürlich nicht vom grünen Tisch aus lösen. Dazu bedarf es schon eingehender Versuche im Betriebe. Die Lokomotive ist eine eigene Wissenschaft. Die Lokomotive fährt vorwärts und rückwärts, sie hat schwere Schnellzüge, aber auch Leerfahrten und leichte Personenzüge zu fahren; sie wird zum Rangierdienst, zum Pumpen von Wasser und für die Desinfektionsanstalten herangezogen; sie steht in Ruhe unter Feuer und dergleichen mehr. Aus

auf 36°, wobei der Kohlenstaub durch seine eigene Schwere in die geschlossene Anschluß-Rohrleitung in den Bunker der Verwendungsstelle gelangt, oder er wird mittels Preßluft dahin gefördert.

[1]) de Ingenieur Bd. 36, 5. November 1921.

[2]) F. Münzinger, Die Einführung des Kohlenstaubes als Brennstoff im großen, Mitt. d. V. d. Elektrizitätswerke Bd. 20, 1. Juli 1921.

diesem Grunde wird man kaum mit der Kohlenstaubfeuerung allein auskommen d. h. den Rost (zum Reservefeuer mit Stückenkohle) entbehren können. Zur Zeit abfahren und ankommen ist die Parole im Eisenbahnbetriebe. Kann die Kohlenstaubfeuerung allein diese Aufgabe auf sich nehmen? Hier müssen Arbeiten auf verschiedensten Gebieten vorausgehen, die sich mit den Mahlstationen, der Weiterleitung der gepulverten Kohle zu den Sammelbehältern bzw. zu den Bekohlungsanlagen beschäftigen. Wird man Druckluft als Fördermittel bevorzugen oder eine andere Beförderung des Mahlgutes für wirtschaftlicher und zweckdienlicher halten? Jede Aufgabe stellt eine Preisaufgabe dar, die nur von den besten Sachverständigen gelöst werden kann. Dann kommen die Sicherheitsmaßnahmen beim Mahlen, Trocknen, Lagern und Verfeuern des Mahlgutes. Greifen wir das Endstadium, das Verfeuern heraus. Die Schornsteinzugverhältnisse bei der Lokomotive sind nicht konstant. Auf der Fahrt (Arbeit der Maschine) haben wir eine gute Verbrennung, beim Schluß des Reglers (vor einer Haltestation, vor Haltesignalen, Fahrt im Gefälle, Stillstand) wird die Verbrennung dagegen sehr unvollkommen: Es treten Methan, Kohlenoxyd und Wasserstoff auf (289). Was geschieht, wenn bei einer Kohlenstaubfeuerung der Regulator plötzlich geschlossen wird? Totsicher eine Explosion[1]), die nach Erfahrungen bei feststehenden Kesseln nicht leicht genommen werden darf. Sie ist nur durch geeignete Vorsichtsmaßregeln zu verhüten, die mit dem Schluß des Reglers selbsttätig in Kraft treten müssen. Nur nichts vom Personal verlangen, das die Strecke beobachten muß und hiervon nicht abgelenkt werden darf! Die Verhütung der Explosion setzt zwei Maßnahmen voraus: Selbsttätiges Abstellen der Kohlenstaubschüttung und selbsttätiges Wirken des Bläsers, wie ihn jetzt schon die Marcotty-Einrichtung beim Schluß des Reglers aufweist (288).

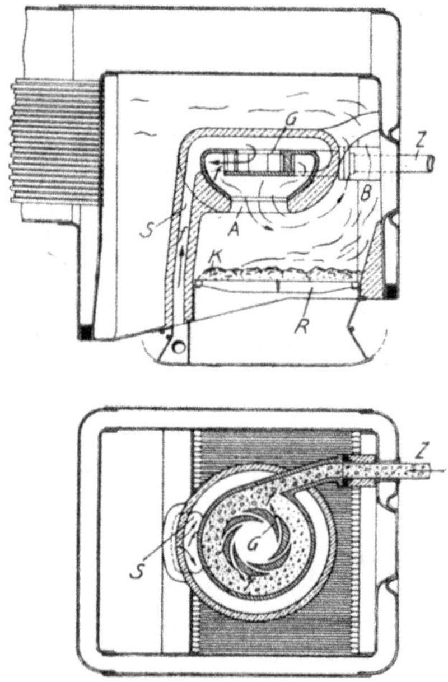

Abb. 264. Lokomotivfeuerung von Porat.

Um den Flammenweg zu sichern, müßten wir von der Stiefelknechtplatte her den Kohlenstaub einführen und die Feuerkistenwände mit einem Schamottefutter schützen. Die hohen Verbrennungstemperaturen ergeben größere Überhitzung des Dampfes, die möglicherweise für die Kolbenschieber der Maschine schon unzulässig sein wird. Man wird also die Überhitzerrohre mehr nach der Rauchkammer zurückziehen müssen, um einem frühzeitigen Verschleiß der Rohre vorzubeugen. Das sind schon eine Reihe neuer Fragen, die gründlich studiert werden müssen. Jedenfalls geht auch schon hieraus die Mahnung hervor, Erfahrungen an feststehenden Kesseln nicht ohne weiteres auf die Lokomotiven zu übertragen.

Angesichts der großen Hindernisse, die sich der Einführung der Kohlenstaubfeuerung in den Weg legen, verdient die Feuerung des Schweden Porat[2]) eine gewisse Bedeutung, der auf die Feinmahlung der Kohle ganz verzichtet. Die von der Aufbereitung herrührenden Brennstoffabfälle fördert er durch ein Zuführungsrohr Z (Abb. 264) in eine innerhalb der Lokomotivfeuerkiste eingebaute Verbrennungskammer, in der der Brennstoff eine Wirbelbewegung erhält und hierbei teilweise vergast. Während das Gas mit Hilfe des auf dem Wege S und G zugeführten Unterwinds f sofort verbrennt und durch A und B abzieht, fallen die verkokten Kohlenstücke K auf den Rost R und bilden so ein Grundfeuer, das beim Öffnen des Reglers die Verbrennung sofort einleitet. Bei reiner Kohlenstaubfeuerung muß nach längerer Pause ein erneutes Anzünden des Kohlenstaubes erfolgen.

Nach Heinrich Caro[3]), Berlin, stecken in den deutschen Hochmooren Entropiewerte von 11 600 Milliarden kW-Std., die mit Einrechnung aller Verluste in Dampfturbinenkraftwerken 2,05 Mill. kW 100 Jahre lang ununterbrochen erzeugen können. Aber die Hochmoore dienen ja nicht allein der

[1]) Verf. hat bei seinen, etwa 28 Jahren zurückliegenden Versuchen (305) bei der Schwarzkopff'schen Kohlenstaubfeuerung solche Explosionserscheinungen erlebt, als er zur Erreichung eines höchsten CO_2-Gehaltes den Schornsteinschieber zu weit schloß.

[2]) D. R. P. 294716, Kl. 24 I.

[3]) Arch. f. W. 1921 Heft 12.

Krafterzeugung, sondern der Ernährung des Volkes[1]). Da auch Torf zu Pulver vermahlen und verbrannt wird, wird es nötig sein, das Anwendungsgebiet nach der bisherigen Erfahrung enger zu begrenzen.

Torf hat gegenüber der Steinkohle und auch der Braunkohle den großen Vorzug, daß er nicht zu Feinstaub vermahlen zu werden braucht. Es genügt für seine Verbrennung ein Torfpulver von 0,15 bis 1 mm, wobei Beimengungen bis zu 8 vH mit 2 mm Korngröße anstandslos geduldet werden können. Nach den Mitteilungen in der Literatur soll ferner ein Feuchtigkeitsgehalt von 40 vH kein Hindernis für seine Verfeuerung bilden. Das sind natürlich alles wichtige, für die Torfpulverfeuerung sprechende Gründe. Da der Transport des Torfpulvers wegen seiner hygroskopischen Eigenschaft zu vermeiden ist und auch in der heutigen Zeit viel zu teuer sein würde, wird die Torfpulverfeuerung der Industrie in Zukunft unzweifelhaft gute Dienste leisten können, sofern diese in allernächster Nähe der Torfvorkommen gelegen ist.

Aus den Ergebnissen bei der Verfeuerung von Torf in industriellen Anlagen zog bereits 1921 Telkmitt[2]), der Kohlenwirtschaftsstelle Bremen, die Folgerung, daß hochwertiger Maschinen- und Handstichtorf mit der zur Verfügung stehenden Steinkohle wettbewerbsfähig ist. In Schrägrostfeuerungen mit selbsttätiger Zerkleinerung und Beschickung (300) läßt sich infolge der gleichmäßigen Aufgabe des Torfes eine gute Einstellung des Luftbedarfs und eine ausgezeichnete Verbrennung erzielen[3]).

Nach einem Bericht von Dr. Ing. C. Birk[2]) wird in der staatlichen Anlage zu Vislanda, Schweden, der auf 40 vH Feuchtigkeit im Freien vorgetrocknete Breitorf nach seiner Zerreißung und Mahlung in Ekelundschen Öfen (302) auf 16 vH getrocknet. Die ungefähr 10 m hohen, mit einzelnen Kammern versehenen Öfen werden unmittelbar mit Torf beheizt. Der zu trocknende Torf wird auf Heizplatten mittels Kratzer bewegt und fällt dadurch von einer Etage zur anderen. Für die Trocknung dienen Anfangstemperaturen von 200°. Die Leistung jedes der drei aufgestellten Öfen beträgt 40 bis 50 t in 24 Std. Man rechnet auf 1 t trockenen Torf 1,7 t und einschließlich Kraft (150 PS entsprechend 150 kg Torfverbrauch) 1,85 t feuchten Torf. Der Heizwert des Torfpulvers stellt sich bei einem Feuchtigkeitsgehalt von 15 bis 20 vH auf 4244 bis 3932 WE.

Versuche auf 14 Lokomotiven der Strecke Nassjö-Jönköping-Falköping haben eine Verdampfungsziffer von 4,71 gegenüber 6,81 bei Steinkohlen ergeben. Zur Erhaltung der Flamme dient ein kleines Kohlenfeuer, das ein etwaiges Abreißen der Flamme verhindern soll und auch zum Entzünden des Torfpulvers nach Stillstand der Lokomotive unerläßlich ist. Trotz der günstigen Ergebnisse stellen sich die Betriebskosten bei den heutigen Verhältnissen in Schweden mit Torfpulver weit höher als bei Verwendung der Steinkohle, die von England zur Hälfte des Preises angeboten wird (50 Kr/t)[4]).

---

[1]) Das preußische Landwirtschaftsministerium hat dem Landtag die in der Zahlentafel 186 wiedergegebene Übersicht über die Fortschritte der Kultivierung und Besiedlung der domänenfiskalischen Hochmoore in der Zeit vom 1. November 1920 bis zum 31. Oktober 1921 zugehen lassen:

Zahlentafel 186.

Regierungsbezirk	Größe der Moore ha	Kultiviert bis 1. Nov. 1921 ha	Verpachtet zur Torfgewinnung ha
Aurich	15 078	1806	3141
Hannover	1 038	351	310
Lüneburg	1 677	250	124
Stade	2 456	222	150
Schleswig	3 240	1340	147
zusammen ha	23 489	3769	3872

Bis zum 1. November 1920 waren insgesamt 3507 ha fertig kultiviert, so daß also im abgelaufenen Jahre 462 ha neu kultiviert wurden. Es bleiben ferner noch 19520 ha zu kultivieren, davon scheiden aber die zur Torfgewinnung verpachteten Flächen mit 3872 ha vorläufig aus.

[2]) Brennstoff und Wärmewirtschaft 1921 Nr. 11 S. 84.

[3]) Vgl. auch die Erfahrungen mit dem Kraftwerk Neumünster, das neben englischer und westfälischer Kohle 1923 etwa 20000 t Torf verfeuern dürfte. Z. V. d. I. 1923 Nr. 11.

[4]) Nach den Mitt. des Studienausschusses der Brennkrafttechn. Ges. haben die von den Flammwerken in Stuttgart eingerichteten Torfpulverfeuerungen an Lokomotiven wenig Anklang gefunden. — Dr. Ing. Landsberg schlägt (Z. V. d. I. 1923 Nr. 11) vor, Halbkoks aus der Braunkohlenschwelindustrie zu vermah-

Für unseren Hausbrand können neben dem Torf höchstens die Torfbrikette in Frage kommen. Dieser Art der Torfveredelung geht die Wasserabspaltung voraus. Die Erkenntnis des kolloidalen Charakters beim Torf hat zu neuen Verfahren zur Aufschließung des Torfes (100) Anlaß gegeben, von denen jenes der Gesellschaft für maschinelle Druckentwässerung in Ürdingen (Madruckverfahren), zu erwähnen ist, das Dipl.-Ing. Brune und Horst ausgearbeitet haben. Zwecks Veränderung der Oberflächenspannung des kapillar festgehaltenen Wassers wird getrockneter Torf (mit 30 vH Wasser) dem Rohtorf zugesetzt und dadurch ein Preßgut von 50 bis 60 vH erzielt. Nach Zerkleinerung dieses Gutes folgt dessen Trocknung in einem Röhrentrockner, darauf dessen Zerreibung und Pressung zu Torfbriketten[1]).

2. Vermahlung der Brennstoffe.

Der auf dem Gebiet der Mahltechnik bekannte Fachmann A. B. Helbig[2]) vertritt die Ansicht, daß sich auch andere Brennstoffe als nur Kohle, so auch Halbkoks, so fein vermahlen lassen, um restlos in Verbennungsluft schwebend zu verbrennen. Infolgedessen führt er statt des Wortes „Kohlenstaub" den allgemeinen Begriff „Brennstaub" ein. Die Feinheit des Staubes bewegt sich zwischen 900 bis 4900 Maschen auf 1 qcm Sieb. Bei einer der Maschenweite gleichen Drahtstärke gibt das eine Korngröße, die 2 Dimensionen kleiner als $^1/_6$ und $^1/_{14}$ mm Kantenlänge ausfällt. Helbig stellt zur Erlangung der Höchstleistung die Bedingung, Steinkohle mit 15 bis 20 vH flüchtigen Bestandteilen restlos durch Sieb 70 (= 70 Maschen auf den laufenden Zentimeter), Hartkoks dagegen durch Sieb 100 zu mahlen. Neuzeitliche Mahlanlagen genügen daher dieser Bedingung nicht, da sie Rückstände von 8 bis 10 vH auf Sieb 70 aufweisen, die in der Feuerung als Flugkoks ausgeschieden werden.

Um die gewünschte Feinung des Brennstoffs zu erhalten, ist die Vortrocknung der Steinkohle auf 0,2 bis 0,5 vH, der Braunkohle von 12 bis 15 vH unerläßlich, da sonst die Mühlen sich verschmieren. Eine Mahlanlage weist daher Trockentrommel, Mühle, Vorratsbehälter und Förderungsvorrichtungen auf.

Helbig[3]) hat gefunden, daß das Produkt aus Zerkleinerungsarbeit A und Kantenlänge des gröbsten Kornes für ein und dasselbe Gut konstant ist, z. B.

$$A_{70} \cdot \frac{1}{14} = A_{30} \cdot \frac{1}{6}$$

woraus sich

$$A_{70} = 2{,}33 \cdot A_{30}$$

ergibt. Also: Je feiner gemahlen werden muß, desto größer ist der Kraftaufwand. Allgemein stellt das Produkt $A_n \frac{1}{m}$ die Mahlzahl des Gutes in der Mühle dar, die wiederum von der Scherfestigkeit des Brennstoffes, der Gutzahl, und dem Nutzeffekt der Mühle beeinflußt wird. Man wird daher erkennen, daß die Gutzahl bei Braunkohle sehr viel kleiner ist als bei Hartkoks, so daß die Mahlkosten bei der Braunkohle bedeutend geringer ausfallen. Die Gutzahl kann durch Tieftemperaturverkokung auf $^1/_3$ bis $^1/_5$ der ursprünglichen Kohle herabgesetzt, durch Hochtemperaturverkokung erhöht werden. Das Vermahlen von Hartkoks muß deshalb die Mahlkosten gegenüber dem aus ihr hergestellten Halbkoks um das 6- bis 10fache erhöhen[4]).

Die Amerikaner entschieden sich zwecks Verbilligung der Kosten nicht für die Feinmahlung, sondern bevorzugten das gröbere Korn, wählten aber dafür längere Verbrennungswege. Man muß diesen Praktikern lassen, daß sie ihren Weg verfolgt und das Ziel gefunden haben. Glänzende Lösungen finden sich sowohl bei den Bauarten der Kohlenmühlen als auch der Dampfkessel[5]).

---

len und zu verfeuern. Das hätte wenigstens den Vorzug, einen der Ruhrkohle wirtschaftlich gleichwertigen Brennstoff unter Aufrechterhaltung der Ölgewinnung zu erhalten.

[1]) Vgl. Trenkler, Neue Wege und Zukunftsaufgaben, Feuerungstechnik Bd. 9, 15. Juli 1921. — Johann Steinert, Neues Verfahren zur Torfverwertung und -veredelung, Z. f. angew. Ch. 35. Jahrg. Heft 8 S. 553.

[2]) Feuerungstechnik Jahrg. X Heft 11 S. 114.

[3]) Zement 1916.

[4]) Hiernach kann man sich die Umständlichkeit des Karbokohleverfahrens (509) erklären, das aus Steinkohle erst Halbkoks herstellt, um nach dessen Vermahlung und Brikettierung Hartkoks zu erzeugen. Man spart vielleicht auf der einen Seite Kraft, verbraucht dagegen wieder wegen des verästelten Betriebes mehr Wärme.

[5]) Münzlger, Hauptstelle für Wärmewirtschaft, Heft 3, Verlag des V. d. I. 1921.

Aus volkswirtschaftlichem Interesse wird man keine Stücken-, sondern Abfallkohle, wie Feingrus, Waschberge, Kohlenschiefer usw., vermahlen, deren Verfeuerung schon bis zu 40 vH Aschegehalt möglich geworden sein soll. Jedenfalls müssen die Mahlkosten im Verhältnis zum Nutzen stehen. Gewöhnlich geht der Feinmahlung eine Vorzerkleinerung auf etwa 3 mm Größe voraus, wofür sich die Hammermühlen wegen ihrer Billigkeit am besten eignen. Bei einer solchen Vorstufe weisen die Feinmahlmaschinen den besten Wirkungsgrad auf. Sie ahmen den Arbeitsvorgang der Reibsteine und des Mörsers nach, d. h. bestehen aus einer festen Mahlbahn mit beweglichem Mahlkörper, der entweder ebenfalls der Mahlbahn gleicht oder als Kegel, Kugel oder Walze ausgebildet ist. Sie nutzen sich sämtlich mehr oder weniger ab und verlieren dadurch an Leistung. Ihnen überlegen und daher in der Mehrheit in Deutschland zur Anwendung kommend, ist die Solomühle (Abb. 265), deren Vorschrotkammer Stahlkugeln enthält. Das aus dieser Kammer

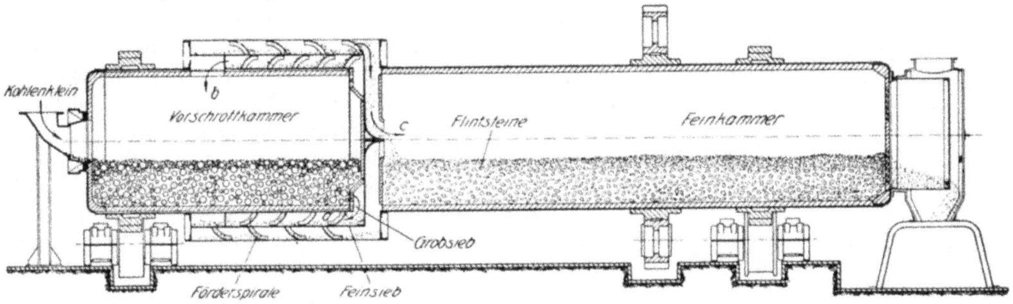

Abb. 265. Solomühle.

austretende Gut wird in der Pfeilrichtung *a* auf das Grobsieb mit Leitschaufeln gesichtet. Das grobe Korn gelangt dem Pfeile *b* entsprechend in die Vorkammer zurück, während das Feingut auf dem durch Pfeil *c* gekennzeichneten Wege in die mit Flintsteinen gefüllte Feinmahlkammer tritt. Die Solomühle gehört zu den langsam laufenden Mühlen, die höhere Anschaffungskosten und auch einen höheren Kraftbedarf (30 bis 60 kW-Std. je t Staub) verlangen, indes zuverlässig und ohne Reparaturbedürftigkeit arbeiten und den feinsten Staub herstellen. Die in Amerika zur Anwendung kommenden Schnelläufer sind billiger, erheischen nur etwa 10 bis 30 kW-Std., mahlen aber nicht so fein; außerdem sind sie häufiger reparaturbedürftig.

Der Kraftverbrauch stellt sich nach französischen Mitteilungen aus dem Jahre 1920[1]) unter Zugrundelegung englischer und amerikanischer Verhältnisse:

für Zubereitung und Beförderung: i. M. 30 kW-Std./t Kohle,
„ Trocknen rd. 1,5 vH des Brennstoffes,
„ Staubverlust rd. 1,5 vH des Brennstoffes,
„ Anlagekosten, gültig 1920 bei einem Dollarstand von 16 Fr.:

Stundenleistung in t	0,1	1	2	20
Kosten: Fr.	16 500	65 000	500 000	3 000 000

Für Unterhaltungskosten werden im Durchschnitt 5 vH angegeben; sie schwanken begreiflicherweise in weiten Grenzen. Zur Bedienung einer Zentralanlage sind erforderlich:

bei einem Staubverbrauch von 2 t je Std.: 2 Mann,
„ „ „ „ 20 t „ „ 6 „

Zum Vergleich kann man die neuesten Angaben von Bulle[2]) heranziehen, der die Kosten einer Kohlenstaubanlage sehr zweckmäßig in Kohlenäquivalenten angibt. Er rechnet mit einer Ausgabe von 1000 t Förderkohle je t Staub-Std., sodaß sich bei 5000 Betriebsstunden ergeben:

bei einer Amortisation von 20 vH . . . . 40 kg je t Staub
für Kraft, 50 kW-Std. zu $1^1/_2$ kg angenommen . . . 75 „ „ „
„ Bedienung (ein Zehntel Arbeiter) . . . . 20 „ „ „
„ Instandsetzung . . . . 10 „ „ „

Summa: 145 kg oder 14,5 vH

[1]) Brennstoff- und Wärmewirtschaft Bd. 3 Nr. 11, 1921, S. 79; vgl. auch Neuerung im Bau von Kraftwerken, Engineer Bd. 132, 5. August 1921.

[2]) Die Wärme, 11. Mai 1923, S. 199.

Als Gegenstück zu unseren langsam laufenden Mahlmühlen möge hier als Vertreter der amerikanischen Schnelläufer die Bettington-Mühle herausgegriffen werden, die mit dem gleichnamigen Dampfkessel in unmittelbarer Verbindung steht. Die Mühle arbeitet ohne Trockner, nur mit Brecher und Magnet. Die Kohle wird aus dem Bunker durch eine kleine Schnecke dem Mühlenraum zugeführt (Abb. 266). Ein Scheibenrad mit beweglichen Schlägern besorgt die Vermahlung. Der fein gemahlene Staub wird von einem mit dem Mahlrad zusammengegossenen Ventilator aufgenommen und von diesem zunächst gegen einen Prellschirm gedrückt, um gröbere Teile in den Abscheider und den Mühlenraum zurück gelangen zu lassen, während das andere Mahlgut zu den Brennern gefördert wird. Die Brenner können entweder mit einem Gemisch von Kohlenstaub und Gas oder mit Gas allein arbeiten.

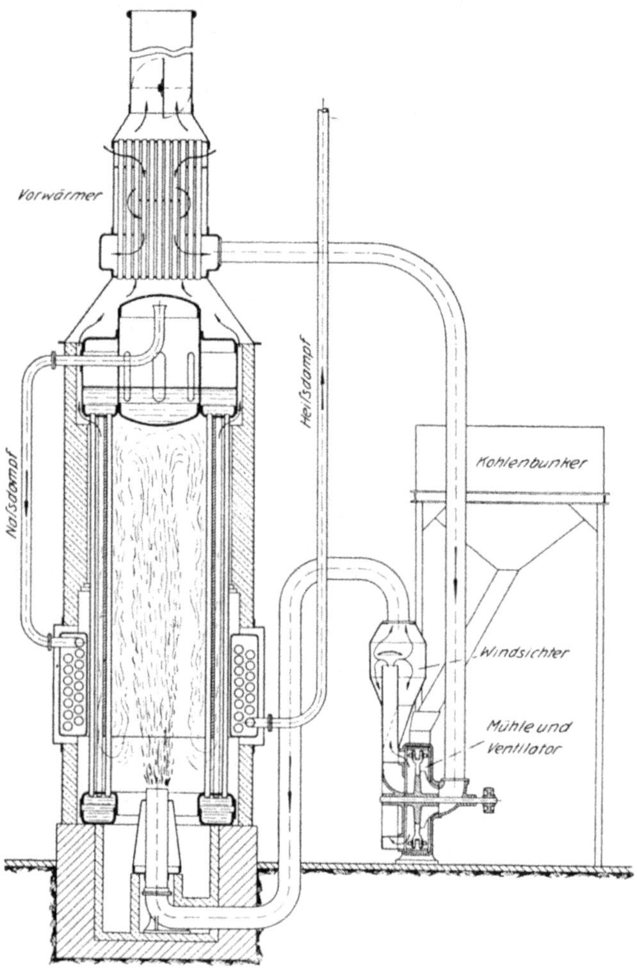

Abb. 266. Bettington-Kessel mit Staubfeuerungsanlage.

Der Brennstaub wird von der Aufbereitungsanlage zur Feuerungsstelle entweder mit Hilfe einer Schnecke oder unter Anwendung von Druckluft weitergefördert. Die Schnecke ist das einfachste und billigste Förderungsmittel, indes nur bei Entfernungen in gerader Richtung bis zu 60 m anwendbar, während die Druckluft unabhängig von Richtungswechseln einen Aktionsradius bis zu 500 m hat.

Der Bettington-Kessel ist ein stehender Röhrenkessel mit einer oberen und einer unteren Ringtrommel. Er weist Überhitzer und Luftvorwärmer auf und steht in unmittelbarer Verbindung mit der Mühle und dem Kohlenbunker. Der Brenner befindet sich in der Mitte des Kessels an tiefster Stelle, so daß die Flamme ihren Weg erst in zentraler Richtung nach der oberen Trommel nimmt, hier umkehrt, um dann in den unteren Teil des Röhrenbündels, den zweiten Feuerzug, einzutreten. Die Abdeckung der inneren Rohrreihe geschieht durch einzelne offene Schamotteringe, die während des Betriebes durch den Schlackenfluß miteinander verschmolzen werden. Bei dieser Flammenführung wird der mittlere Kern vor Abkühlung geschützt und jene Temperatur erzeugt, die zum Ausbrennen der Kohlenteilchen erforderlich ist.

Dem Beispiel der Amerikaner sind bereits einige Firmen in Deutschland gefolgt, ja, man findet hierfür sogar deutsche Maschinenfabriken, die Ausführung und Vertrieb der amerikanischen Staubfeuerungsanlagen übernommen haben[1]). Es kann an dieser Stelle nicht davon die Rede sein, alle die wesentlich erscheinenden Patente kritisch zu behandeln, die ins Gebiet der Kohlenmüllerei fallen[2]); wir wollen hier nur der Kofino-Mühle der Fried. Krupp, A.-G., Grusonwerk, Magdeburg, gedenken und auf die Staubfeuerungsanlage von Walther-Farner-Decker-Berg[3]) etwas näher eingehen, die in Abb. 267 in Verbindung mit einem Rollofen veranschaulicht ist. In einem Bunker ist für den Verwendungszweck „genügend trockene", vorgebrochene Kohle aufgespeichert, die mittels

[1]) So z. B. die Linke-Hofmann-Lauchhammer-A.-G. in Breslau den Bettington-Kessel.

[2]) Wegen der in der Kohlenstaubmüllerei verbreiteten Maschinen sei auf das Werk von Carl Naske „Zerkleinerungsvorrichtungen und Mahlanlagen", 3. Aufl., Leipzig 1921, Otto Spamer, verwiesen.

[3]) Eine ausführliche Beschreibung der Brennstaubmühle befindet sich im Sonderdruck des Braunkohlenindustrietags Halle, März 1922, Verlag von Wilh. Knapp.

Zuteilschnecke durch das Fallrohr in die Mühle gelangt. Die Mühle stellt eine einfache Bauart dar: Auf einer Siebtrommel sitzen durch Kammern abgetrennte Scheiben mit den „Schlagpratzen". Der Kohlenstaub wird von einem Ventilator, dessen Welle im Innern der Trommel gelagert ist, durch die Maschen der Siebtrommel abgesaugt und mit Hilfe der Druckleitung zu dem Brenner befördert, dem Sekundärluft von einem Sondergebläse zugeführt wird. Nach den Angaben der ausführenden Firma wurde bei Braunkohle mit 16 bis 21 vH Feuchtigkeit eine Feinheit von 15 bis 20 vH Rückstand auf einem Sieb mit 2500 Maschen erzielt und damit eine vollkommene Verbrennung erreicht. Die Mühlen werden in Einheiten von 100 bis 3000 kg Brennstoffverbrauch je Std. gebaut. Der Kraftaufwand soll einschließlich Zuteilung, Vermahlung, Sichtung, Förderung zum Brenner und Drucklufterzeugung 20 bis 24 kW-Std. je t Brennstoff oder 3,5 bis 4 vH seines Heizwertes betragen, was freilich sehr gering wäre.

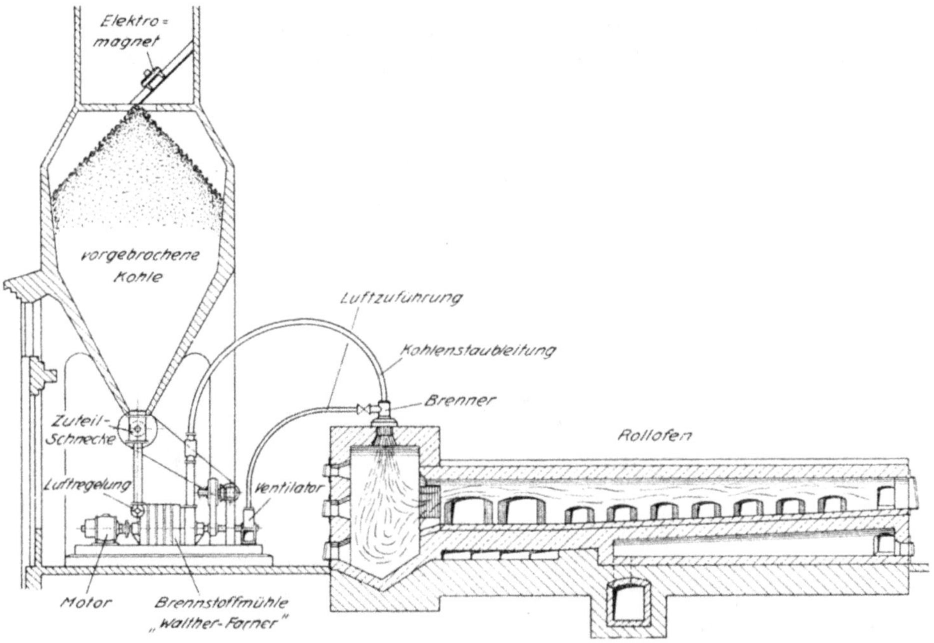

Abb. 267. Staubfeuerungsanlage nach Walther-Farner-Decker-Berg.

Die Kleinmühlen haben den Nachteil, daß ihre Verknüpfung mit den Öfen in Fällen von Störungen zum Stillegen des Ofens Anlaß geben kann.

Bezüglich der Kohlenbunker ist noch zu sagen, daß in ihnen der Brennstaub an den Wänden leicht anhaftet, sich in der Mitte zusammenballt und zu Kraterbildungen neigt. Die Entleerung der Behälter kann deshalb durch hin- und hergehende Schieber an der Austrittsöffnung bedeutend beschleunigt werden.

3. Brenner und Feuerungskammer.

Die Brenner sollen den Brennstaub mit Luft mischen und in die Feuerung einführen. Die Mischung mit der Verbrennungsluft kann stufenweise erfolgen, muß indes vor der Entzündung und Verbrennung des Staubes während der Zeit, in der er noch in der Schwebe ist, beendet sein. Der stufenweisen Zuführung von Verbrennungsluft sagt Bulle größere Schonung des Mauerwerkes nach. Durch Regelung der Luftgeschwindigkeit und der Kohlenstaubmenge lassen sich die Ofentemperatur und die Länge der Heizflamme dem Bedarf entsprechend einstellen[1]). Die Verbrennung gestaltet sich am vorteilhaftesten bei feinstem Staub und geringstem Luftüberschuß;

[1]) Gelegentlich der Versammlung zwecks sparsamer Brennstoffwirtschaft New York, 21. September 1920, berichtete J. R. Wyllie von der Lykens-Zeche Pa. über Versuchsergebnisse, nach denen ein Dampfkessel zwischen 21 und 42 kg Dampf auf 1 qm Heizfläche erzeugen konnte. Vgl. auch Z. d. Dampfk.-Untersuchungs-Ges. Heft 8 Aug. 1921. G. Bulle berichtet von 16 bis 37 kg Dampf bei einem Kessel mit Kohlenstaubzusatzbrennern.

sie wird durch den Gehalt an flüchtigen Bestandteilen gefördert, durch den Wasser- und Aschengehalt infolge der Herabsetzung der Verbrennungstemperatur verzögert. In neuerer Zeit wird vielfach Gewicht darauf gelegt, daß die Flamme keine langgestreckte, sondern eine mehr kugelige Form annimmt; man geht dabei von der Erkenntnis aus, daß diese Form den Ausbrand des Kohlenstaubes besser gewährleistet und die Abstrahlung nach den Umfassungswänden des Feuerraumes vermindert[1]).

Bei Kohlen mit mehr als 20 vH flüchtigen Bestandteilen werden die Düsen wagerecht angebracht. Die Geschwindigkeit der Feuergase soll an den Mauerwänden 3 m/sek nicht übersteigen, um deren Abschmelzen zu verhüten. Bei Kohlenstaub mit weniger als 20 vH flüchtigen Bestandteilen ist die Entzündungsgeschwindigkeit geringer als die Einblasegeschwindigkeit, weshalb man in diesem Falle die Düsen nach unten blasen läßt, so daß die aufsteigenden Feuergase den Brennstoff an der Düse entzünden können[2]).

Da wir heute kaum voraussehen können, welche Schwierigkeiten sich beim Bezug von Kohlenstaub noch ergeben können, wird wohl die senkrechte Einführung des Kohlenstaubes allgemein den Vorzug verdienen müssen. Zur Vermeidung unzulässiger Geschwindigkeiten der Feuergase

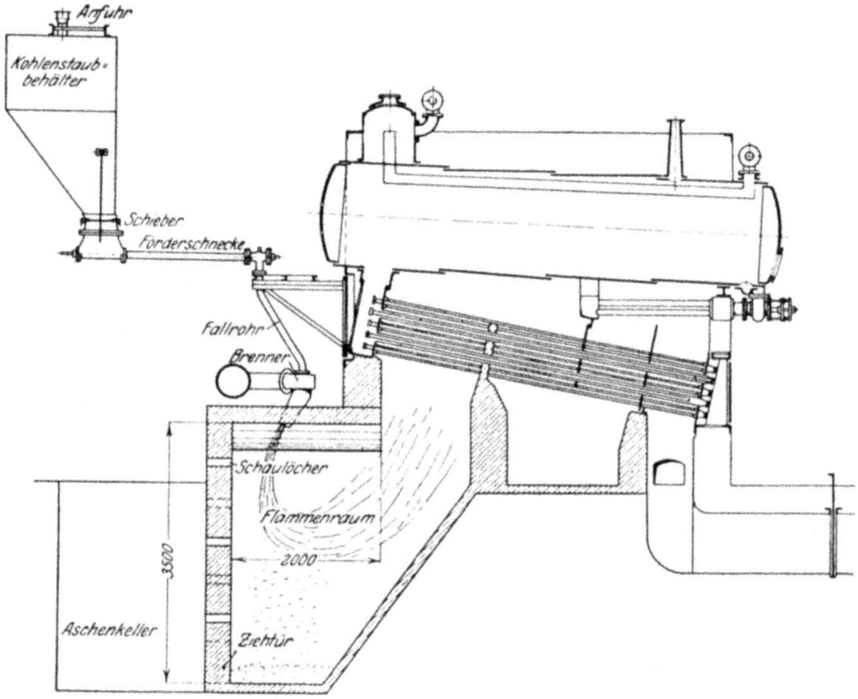

Abb. 268. Staubfeuerung der Am. Industrial Eng. Co., Chicago.

sieht man bei allen Neuanlagen sehr große Kammern vor; bei Flammöfen rechnet man meistens mit 7 bis 15 cbm Raum je t und Std. verfeuerter Kohle, bei Wasserrohrkesseln schon mit 40 bis 60 cbm. Bei Schachtöfen scheint man dagegen auf Grund der amerikanischen Erfahrungen ohne diese großen Verbrennungsräume auszukommen; es genügt hier unter Umständen bei Staubzusatz schon eine sich erweiternde Düse.

Abb. 268[3]) zeigt eine Kesselanlage mit Kohlenstaubfeuerung der Am. Industrial Eng. Co., Chicago, aus der alles Wissenswerte hervorgeht.

Zur Verbrennung des Kohlenstaubes sind fast doppelt so lange Flammenwege erforderlich, als man sie im Dampfkesselbetriebe gewohnt ist. Um sie zu ermöglichen, arbeitet man zweckmäßig mit rückkehrenden Flammen, wie man sie z. B. bei der Tenbrinkfeuerung antrifft. Dadurch wird das ankommende Gemisch von Luft und gepulverter Kohle vorgewärmt und gewissermaßen vor

---

[1]) F. Schulte, Die Kohlenstaubfeuerungen für Dampfkessel, Glückauf, 30. April 1921 und 14. April 1923.

[2]) Neuerungen im Bau von Kraftwerken, Engineer Bd. 132, 5. August 1921.

[3]) Entnommen dem Vortrag Helbigs „Kohlenstaubfeuerung" aus Heft 3 der Hauptstelle für Wärme-Wirtschaft 1920. Verlag des Vereins deutscher Ingenieure.

Abkühlung durch die Heizfläche geschützt. Im übrigen hat man bei der Bemessung der Feuerzüge starke Richtungsänderungen oder Einschnürungen zu vermeiden; denn die Kohlenstaubfeuerung ist keine Gasfeuerung, sondern bleibt ein Gemisch von Luft und gepulverter Kohle, das sich leicht nach dem spezifischen Gewicht trennen kann.

Um der Asche Herr zu werden, müssen wir die Kessel hochstellen oder den Feuerungsraum nach unten ausbauen. Je feiner die Kohle ist, desto weniger Last hat man; die feine Asche fliegt einfach zum Kamin hinaus oder setzt sich leicht in den Rohren ab, aus denen sie durch besondere Vorrichtungen abgeblasen werden kann. Gröberer Staub gibt lästigen Fluß. Für den Feuerungsbetrieb ist der Einfluß der fließenden Schlacke auf die Einmauerung von größter Bedeutung. Eine Staubfeuerung, die alle 8 Tage oder noch öfter wegen Reparatur des Schamottemauerwerks außer Betrieb gesetzt werden muß, ist unhaltbar; das würde den Betrieb außerordentlich verteuern und Störungen verursachen, deren nachteilige Folgen sich gar nicht übersehen lassen[1]). Gentsch vertritt die Ansicht, daß mit der leichteren Sinterung der Asche 85 vH bei geeigneter Flammenbildung als Schlacke auf den Kammerboden fallen, während 15 vH als Staub durch den Schornstein gehen. Neigt dagegen die Asche wenig zum Schmelzen, so sucht man durch Vergrößerung des Luftüberschusses, also durch Herabsetzung der Temperatur, das Mitreißen der Asche in Staubform nach dem Schornstein auf 80 bis 85 vH zu bringen. Diese Überlegungen besagen bereits, daß mit der Einführung der Kohlenstaubfeuerung bei Dampfkesseln, wenigstens bei unseren gangbaren Bauarten, die Aufsicht keineswegs vernachlässigt werden darf. Zu den Obliegenheiten der Kesselwärter werden in Zukunft gehören: Dauernde Beobachtung der Flammenbildung und des CO_2-Gehaltes, Entfernung von Aschen- und Schlackenansätzen, sogenannten Schwalbennestern und Regelung des Schlackenflusses. Bei Verengung der Feuerzüge kann das Mauerwerk durch Rückstauung der Hitze sehr bald zerstört werden[2]). Das ist auch der Fall bei zu hohen Verbrennungstemperaturen, weshalb man den CO_2-Gehalt nicht gern über 15 bis 16 vH gehen läßt. Also vermehrte Kontrollapparate, die aber auch dauernd instand gehalten werden müssen.

Gentsch will der raschen Zerstörung der Kammerwände durch Verkürzung der Flamme und Herabsetzung der Gasgeschwindigkeit wirksam begegnen. Das würde sich mit der Forderung der Erweiterung der Verbrennungskammern ohne weiteres decken. Andere bevorzugen in Sonderfällen Mischungen mit Koksgrieß bis zu etwa 20 vH, um durch Nachverbrennung des schwerer entzündlichen Kokses längere Flammen zu erhalten. Solche Widersprüche erklären sich aus der Nutzanwendung der Staubfeuerung, d. h. dem anzustrebenden Zwecke. Die Amerikaner halten Geschwindigkeiten der Verbrennungsgase unter 2 m/sek inne, was sie durch die Ausbildung und Gestaltung der Verbrennungskammer leicht erreichen können.

Bei sauren Steinkohlenaschen verdienen saure Steine vor den sonst gut bewährten Schamottesteinen den Vorzug.

4. Explosionsgefahr.

Nicht zu vernachlässigen ist die Explosionsgefahr. Ein Gemisch von 112 g Feinstaub in 1 cbm Luft oder von 1 kg Kohle in 11,6 kg Luft ist explosibel[3]). Diese Gefahr bleibt mit der Vermehrung des Prozentghaltes an Feinstaub bestehen[4]). So bildet der lange Weg von der Mahlmühle bis zur Brennermündung eine Verkettung von Explosionsmöglichkeiten.

Verfasser hat die Ursache eines Feuerschadens auf die Ablagerungen von Kohlenstaub feststellen können, der beim Schlacken der Feuer zur Entzündung gelangte und unbemerkt, ähnlich einer Zündschnur, weiter fortglimmte, bis ihm Holzteile zum Opfer fielen. Durch solche Erscheinungen können natürlich auch Kohlenstaubluftgemische zur Entzündung gebracht werden, wenn die Leitungen beispielsweise undicht sind.

Die Explosionsgefahr wächst mit der durch die Erwärmung vor sich gehenden Gasbildung, gleichgültig, ob es sich um feste oder flüssige Brennstoffe handelt. In solchem Explosionsgemisch finden sich H_2 und CH_4 bzw. $C_n H_m$, die bei ungünstigen Luftgemischen durch Funkenbildung oder Flammen zur Entzündung gelangen.

---

[1]) Die Brennkrafttechnische Gesellschaft, Berlin, hat unter Mitwirkung des Material-Prüfungsamtes in Berlin-Lichterfelde eine Prüfungstätte geschaffen, um die einschlägigen Fragen eingehend zu studieren.

[2]) Vgl. Dr. Schott, Brennstoff- und Wärmewirtschaft Bd. 3. Nr. 11 1921 S. 82.

[3]) Vgl. auch Vorsichtsmaßregeln bei der Verwendung von Staubkohle, Chem. Age Bd. 5, 29. Oktober 1921.

[4]) Nach Taffanel soll die Neigung des Kohlenstaubgemisches zu Explosionen mit seiner Dichtigkeit, mindestens bis 500 oder 600 g Kohle/cbm Luft zunehmen. Selbst bei Zugabe von 1500 g/cbm konnte eine obere Entflammungsgrenze nicht festgestellt werden.

Es wird häufig angeführt, daß in Zementfabriken, wo Steinkohle seit vielen Jahren gemahlen wird, Explosionserscheinungen nie vorgekommen sind, anders bei Mischungen mit Braunkohle oder Brikettabfällen. Da dem Vermahlen eine Trocknung des Brennstoffes vorausgeht, können die hierbei angewandten Temperaturen der Steinkohle unschädlich sein, die Braunkohle dagegen schon zur Schwelung veranlassen.

Jedenfalls bedarf diese Frage noch der näheren wissenschaftlichen Untersuchung.

VI. Kritik der Feuerungstechnik.

I. Berechnung eines Steilrohrkessels mit Ekonomiser

(ohne Saugzug).

1. Zugrunde gelegte Bedingungen.

Dr. Ing. Münzinger hat 1920[1]) eine sehr verdienstvolle Arbeit über die Kesselverhältnisse im Golpa-Werk geliefert, die schon deshalb großes Interesse bietet, weil sie die Betriebsergebnisse von sieben Steilrohr-Kesselbauarten bekanntgibt, die bei verschiedener Beanspruchung der Kesselheizfläche gewonnen sind. Aus den sehr übersichtlichen graphischen Darstellungen hat Verfasser die Werte für Kesselleistungen von 12,5 und 15 t Dampf je Std. abgegriffen. Das sind, wenn die Kesselheizfläche zu rd. 500 qm angenommen wird, 25 und 30 kg Dampf je qm Heizfläche und Stunde. Zahlentafel 187 gibt neben den Dampf-, Speisewasser- und Rauchgastemperaturen auch die Größen-

Zahlentafel 187.

Kesselverhältnisse im Golpa-Werk.

Lfd. Nr.		A	B	C	D	E	F	G	im Mittel
1	Kesselheizfläche . . . qm	503	500	550	502	500	500	381	490
2	Überhitzerheizfläche . „	110	150	135	140	150	188	202	153
3	Ekonomiser „ „	320	320	320	320	320	320	452	340
4	Rostfläche . . . . . . „	25,2	25,7	25,2	25,2	25,2	25,2	25,2	25,3
	Betriebsergebnisse bei einer Dampfleistung von 12,5 t je Std.								
5	Dampftemperatur . . °C	345	375	390	375	335	360	345	360
6	Temp. im Vorwärmer . „	85	85	70	83	77	90	103	83
7	„ am Kesselende . „	355	340	310	340	340	335	365	341
8	„ a. Vorwärmerende „	225	205	165	205	205	195	187	200
9	Wirkungsgrad . . . . vH	83	84	80	82	82	81	83	82
	Betriebsergebnisse bei einer Dampfleistung von 15 t je Std.								
10	Dampftemperatur . . °C	350	375	387	380	345	355	350	364
11	Temp. im Vorwärmer . „	87	84	74	83	81	73	106	84
12	„ am Kesselende . . „	380	355	335	360	360	335	395	360
13	„ a. Vorwärmerende „	240	210	195	227	225	218	197	216
14	Wirkungsgrad . . . . vH	82	78	75	75	77	78	83	78

verhältnisse der Kessel-, Überhitzer- und Ekonomiserheizflächen wieder. Die Wirkungsgrade schwanken je nach der Beanspruchung zwischen 80 bis 83 und 75 bis 83 vH. Bei den Bauarten A und G sind sie ungefähr konstant, gleichgültig, ob die Kesselheizfläche mehr oder weniger forciert wird, und unabhängig von dem Verhältnis zwischen Kessel- und Vorwärmerheizfläche. A hatte eine Kesselheizfläche von 503 und einen Vorwärmer von 320 qm; G wies hierfür 381 und 452 qm auf. Die Speisewassertemperaturen schwankten bei der geringeren Beanspruchung zwischen 70 und 103°, die Dampftemperaturen zwischen 335 und 390°; beide hielten sich auch im Durchschnitt auf dieser Temperaturstufe bei Beanspruchungen von 30 kg/qm Heizfläche.

Aus den vorliegenden Ergebnissen gewinnen wir bereits wichtige Anhaltspunkte für die Annahme der Temperaturen und Heizflächen, während die Arbeit von Professor Kirsch, Moskau (340), uns über die Größenverhältnisse der Durchgangszahlen k unterrichtet.[2])

[1]) Z. V. d. I., 29. Mai 1920, S. 393f.

[2]) Mit den vorliegenden Ausführungen sollen nicht etwa Thesen für die Berechnung der Kesselheizflächen aufgestellt werden, vielmehr soll nur gezeigt werden, mit welchem Rüstzeug wir an die Lösung solcher

2. Wärmebedarf für 1 kg Dampf von 350° und 15 at; Speisewassertemperatur 42,5°.

Die zur Erzeugung von 1 kg Dampf erforderliche Wärmemenge λ bei der willkürlich angenommenen Speisewassertemperatur ermitteln wir nach der früher angewandten bekannten Formel, die wir vorläufig auch hier beibehalten wollen:

$$\lambda = 606{,}5 + \underbrace{0{,}305 \cdot 200}_{\text{Naßdampftemp.}} + \underbrace{0{,}5 \cdot 150}_{\text{Überhitzung}} - 42{,}5 = 700 \text{ WE.}$$

Ein 500 qm großer Kessel muß also zwecks Lieferung von 15000 kg stündlicher Dampfmenge $15000 \cdot 700 = 10500000$ WE aufnehmen, zu deren Erzeugung bei einem Wirkungsgrad von 80 vH 13125000 WE erforderlich sind. Hat die Rohbraunkohle einen Heizwert von 2330 WE/kg, so müßten zur Entwicklung dieser Wärmemengen 5633 kg verfeuert werden.

3. Gewicht und spezifische Wärme der Verbrennungsgase.

Für die Verbrennung soll abzüglich des Kohlenstoffes in den Herdrückständen von einem Kohlenstoffgehalt der Rohkohle C = 28,16 vH ausgegangen werden. Es ist dann für $CO_2 = 13{,}5$ vH (vgl. Abb. 8, S. 29) die Verbrennungsgasmenge

$R_v = \frac{28{,}16}{0{,}5363 \cdot 13{,}5} = 3{,}88$ cbm je kg Rohbraunkohle. Ist ferner der Sauerstoffgehalt der Gase $o = 5{,}9$, der Stickstoffgehalt $n = 80{,}6$ vH, so erhalten wir das Gewicht der trockenen Gase aus

$$\frac{R_v}{100}\,(1{,}966 \cdot 13{,}5 + 1{,}43 \cdot 5{,}9 + 1{,}255 \cdot 80{,}6) \ldots\ldots = 5{,}28 \text{ kg},$$

und das der nassen Gase, entsprechend dem Feuchtigkeits- und Wasserstoffgehalt

$$\frac{H_2O + 9H}{100} \text{ zu} \ldots\ldots \quad 0{,}72 \text{ „}$$

zusammen $\backsim$ 6,00 kg.

Nach 2. sind je st 5633 kg Kohle zu verfeuern, um mit etwa 500 qm Kesselheizfläche und einem entsprechend großen Überhitzer und Ekonomiser 10,5 Mill. WE Nutzwärme zu erhalten. Hierbei findet ein Temperaturabfall von rd. 1150° statt (vgl. den folgenden Abschnitt 4), so daß die mittlere spezifische Wärme der Verbrennungsgase aus

$$\frac{10500000}{1150 \cdot 5633 \cdot 6} \cong 0{,}27 \text{ je kg}$$

erhalten wird.

Um den Temperaturabfall entlang der Heizfläche zu bestimmen, interessiert noch die Kenntnis der Heizgasgewichte, die auf 100 WE kommen. Dieser Wert ergibt sich aus der einfachen Beziehung zwischen Heizgasmenge in kg und Heizwert des Brennstoffes, d. h. aus $\frac{6 \cdot 100}{2330}$ zu 0,26.

4. Temperaturverlauf an der Heizfläche.

Bei einem Luftüberschuß von 40 vH beträgt die Anfangstemperatur für Rohbraunkohle etwa 1345°[1]). (Abb. 269.) Hierbei sollen die Abgase den Ekonomiser mit 195° verlassen.

Der Temperaturverlauf an der Heizfläche entlang ist asymptotisch. Die Endtemperatur von 195° entspricht dem Kesseltyp C und G der Zahlentafel 187. Die Abszisse stellt die Heizflächen dar, darf aber bei dieser Darstellung nicht als Maßstab benutzt werden. Wir legen in die erste Temperaturstufe das erste Rohrbündel mit seinen Trommeln (Strecke *a b*) und lassen dann der Reihe nach Überhitzer (*b c*), zweites Rohrbündel (*c d*), Ekonomiser (*d e*) folgen.

Aufgaben herantreten können, zumal die Praxis häufiger ähnliche Beispiele liefert, für die dann dem Betriebsmann die geläufigen Mittel nicht immer zur Hand sind. Wir haben eine ganze Reihe einschlägiger Bauarten von Steilrohrkesseln, für deren Berechnung der Kesselfirma ausreichende Erfahrungen zur Seite stehen. Die Wahl der Anzahl der Rohrbündel, die Art der Einmauerung, die Verteilung der Temperaturstufen auf die Kessel-, Überhitzer- und Vorwärmer-Heizflächen geben soviel Möglichkeiten, daß ein Schema für die Berechnung ganz ausgeschlossen ist. Die Wärmedurchgangskoeffizienten hängen von den Temperaturverhältnissen und diese wieder von der Art des Brennstoffes ab; die Kessel sollen bei mäßiger Beanspruchung, aber auch bei forciertem Betrieb gute Wirkungsgrade aufweisen.

[1]) Die im Feuerraum gemessene Temperatur kann wegen der auf die Heizfläche und die Umfassungswände abgestrahlten Wärme niemals diesen Temperaturgrad ergeben. Unmittelbare Messungen müßten mit Hilfe des Wannerschen Pyrometers von der Glut der Brennstoffschicht ausgehen.

a) 1. Kesselheizfläche *a b* (Abb. 269).

1894[1]) stellte Verfasser fest, daß bei einem stehenden Feuerbuchskessel mit Schmidtschem Überhitzer (Abb. 270), das durch den Vorüberhitzer gelangende Dampf-Wassergemisch bereits über-

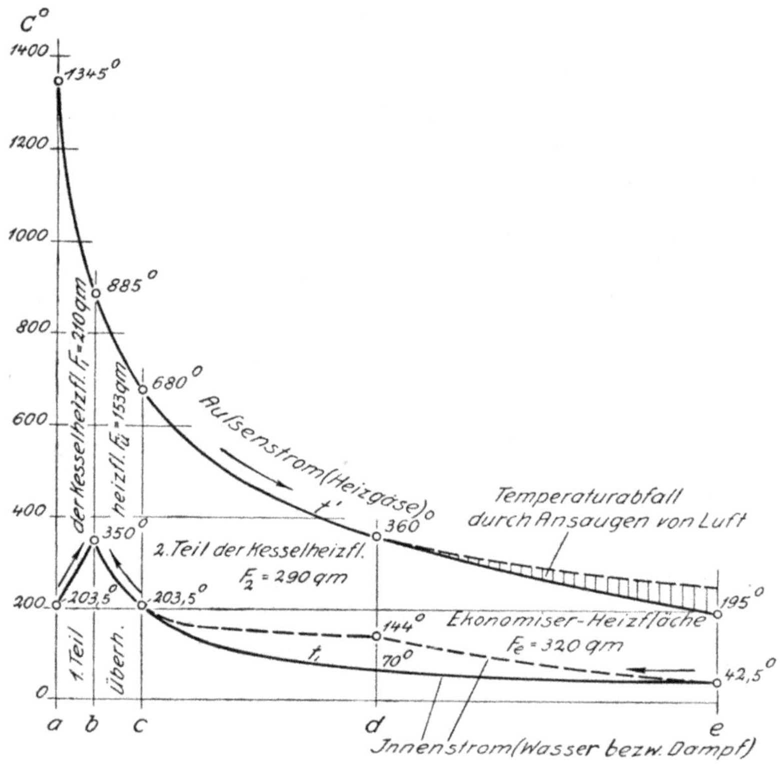

Abb. 269. Außen- und Innenstrom bei einem Steilrohrkessel.

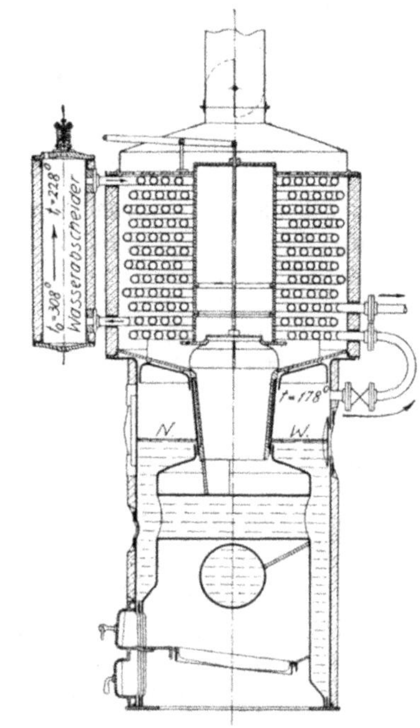

Abb. 270. Stehender Feuerbuchskessel mit Schmidt'schem Überhitzer.

hitzt war[2]), was für die Berechnung der Heizflächengrößen nicht ohne Bedeutung ist. Bezeichnet t_m den Temperaturunterschied zwischen dem äußeren und inneren Wärmestrom, k_1 den Wärmedurchgangskoeffizienten, so haben wir

$$F_1 = \frac{W_1}{k_1 \, t_{m1}}$$

Ob die von der Heizfläche aufzunehmende Wärmemenge zur Dampferzeugung oder auch zu einer Überhitzung des Dampf-Wassergemisches beiträgt, ist belanglos; es interessiert uns lediglich die Temperatur des Innenstroms, der mit 203,5° in das Rohrbündel eintreten und dieses bereits mit 350°

---

[1]) Mitt. aus der Praxis d. Dampfk. und Maschinenbetr., S. 313f.

[2]) Unter Zugrundelegung der Abb. 270 wurde die Temperatur t_0 des Dampf-Wassergemisches zu 308°, die Temperatur t_1 am Ende des Wasserscheiders zu 228° bestimmt. Setzt sich die Verdampfungsziffer v aus x kg Dampf und y kg Wasser zusammen, so sind zur Nachverdampfung des mitgerissenen Wassers y (606,5 + 0,717 t) WE erforderlich, wenn t die Temperatur des Naßdampfes bezeichnet. Die Größe des mitgerissenen Wassers y läßt sich deshalb für $t = 178°$ bei dem Versuchskessel aus

$$v = x + y \text{ und}$$
$$x \cdot cp\,(t_0 - t_1) = y\,(606{,}5 + 0{,}717\,t)$$

bestimmen und ergab 7,3 vH bei einer Dampfentwicklung von 45 kg/qm und rd. 50 mm lichtem Rohrdurchmesser, während in der Praxis bei der Berechnung des Überhitzers vielfach weniger zugrunde gelegt wird. So rechnet Wibor z. B. mit 3 vH mitgerissenem Wasser (vgl. Anz. f. Berg-, Hütten-, Metall- u. Masch.-Ind. Nr. 107, v. 5. März 1921).

verlassen soll. Mit dieser Annahme werden wir vielleicht den tatsächlichen Verhältnissen näher kommen, als wenn wir sie unberücksichtigt lassen[1]).

Bei 1150° Temperaturunterschied der Verbrennungsgase sind nach dem vorhergehenden 10,5 Mill. WE aufzunehmen, bei 460° (= 1345 — 885) nur 4,2 Mill. WE. Auch diese Ziffer bedeutet nur einen Annäherungswert, der eine mittlere spezifische Wärme der Feuergase voraussetzt, was natürlich in Wirklichkeit nicht zutrifft.

$$\frac{4\,200\,000}{5633 \cdot 6 \cdot 0{,}27}$$

ergeben eben 460°. Wählen wir nach Kirsch $k_1 = 25$, so ergibt sich unter Annahme des Parallelstroms[2])

$$t_{m1} = \frac{1345 - 885 + 350 - 203{,}5}{l_n \dfrac{1345 - 203{,}5}{885 - 350}} \cong 800^0$$

und

$$F_1 = \frac{4\,200\,000}{25 \cdot 800} = 210 \text{ qm},$$

so daß für das zweite Rohrbündel $F_2 = 210$ qm verbleiben.

b) Überhitzerheizfläche *b c* (Abb. 269).

Der in den Überhitzer eintretende Dampf möge ebenfalls 7 vH mitgerissenes Wasser enthalten. Bei einem stündlichen Dampfgewicht von 15000 kg muß seine Heizfläche ausreichen

für die Nachverdampfung von 15000 · 0,07 · 467,3 . . . . = 490670 WE

für die Überhitzung (genauer gerechnet)[3]) 15000 · 1,07 · 0,564 · 150 = 1357830 „

$W_ü = 1848500$ WE

Die Verbrennungsgase erleiden bei der Abgabe dieser Wärmemenge einen Temperaturverlust von

$$\frac{1\,848\,500}{5633 \cdot 6 \cdot 0{,}27} \cong 205^0$$

Der Temperaturverlauf (Abb. 269) zeigt also für den Überhitzer einen äußeren Wärmestrom von 885 bis 680°, während der Innenstrom zwischen den Temperaturstufen von 203,5 und 350° angenommen werden soll. Gegenstrom zugrunde gelegt, errechnet sich

$$t_{m\,ü} = \frac{885 - 350 - 680 + 203{,}5}{l_n \dfrac{885 - 350}{680 - 203{,}5}} \cong 505^0$$

und $F_ü = \dfrac{W_ü}{k_ü \cdot t_{m\,ü}} \cong 153$ qm, wenn $k_ü = 24$ gesetzt wird.

c) 2. Rohrbündel und Ekonomiser (*cd* und *de* in Abb. 269).

Die Behandlung dieser beiden Heizflächen zusammen ist deshalb schon notwendig, weil eine scharfe Trennung zwischen beiden schwierig ist. Das gilt z. B. für den Fall, wo die Größe des Ekonomisers aus praktischen Erfahrungen vorgeschrieben ist. Man darf nicht außer acht lassen, daß die Elemente des Ekonomisers mit Hilfe von Kratzern von Flugasche gereinigt werden, durch deren Öffnungs-

---

[1]) Dr. Ing. Münzinger widmet dieser Frage weitgehendste Aufmerksamkeit. Zu gleichmäßigerer Gestaltung des Wasserumlaufs schlägt er vor, die mehr belastete Heizfläche mit weiteren Röhren zu versehen, während er den Wassergehalt des Dampfes durch relativ weitere Fallrohre gegenüber den Heizrohren zu vermindern hofft. Also auch auf diesem Gebiete sind noch klärende Forschungsarbeiten erwünscht, da wir sonst nur auf Annahmen angewiesen sind.

[2]) Für das erste Rohrbündel hat Verf. Parallelstrom angenommen, während der Konstrukteur durch Vorsehen der Trennungswand Parallel- und Gegenstrom bezwecken will. Indes darf man mit Rücksicht auf die äußerst lebhafte Dampfentwicklung den Parallelstrom mehr berücksichtigen. Beim zweiten Rohrbündel erfolgt die Speisung in den Oberkessel; das kältere Wasser wird deshalb wohl nach der Ekonomiserseite zu fallen, nach der anderen Seite steigen. Man müßte also folgerichtig die zweite Rohrbündelheizfläche unterteilen und zwischen den beiden Strömen unterscheiden. Aber auch diese Rechnung würde kaum zum Ziele führen, weil wir oben an den Röhrenbündeln weder Parallel- noch Gegenstrom, sondern Kreuzstrom haben.

[3]) Nach Knoblauch und Winkhaus, Z. V. d. I. 1915, S. 404.

spalten Luft bis zu 30 vH der Gesamtrauchgasmenge eintreten kann. Dadurch erhält man einen Temperatursturz, der sich der Rechnung entzieht. Nehmen wir an, daß der Innenstrom im Ekonomiser die Temperaturstufe 42,5 bis 82,5⁰ ($= t_1$) aufweist, so bilden diese 82,5⁰ anderseits den Anfang zur nächstfolgenden Stufe.

Nehmen wir F_e nach Zahlentafel 187 zu 320 qm an, so gelten folgende Gleichungen, wenn $W_2 + W_e = 10500000 - W_1 - W_ü = 10500000 - 4200000 - 1848500$ oder $W_2 + W_e = 4451500$ WE eingeführt wird:

$$1)\quad t_{m2} = \frac{680 - t' + t_1 - 203{,}5}{l_n \dfrac{680 - 203{,}5}{t' - t_1}};$$

$$2)\quad F_2 = 290 = \frac{4451500 - W_e}{k_2 \cdot t_{m2}};$$

$$3)\quad t_{m_e} = \frac{t' - 195 + 42{,}5 - t_1}{l_n \dfrac{t' - t_1}{195 - 42{,}5}};$$

$$4)\quad F_e = 320 = \frac{W_e}{k_e \cdot t_{m_e}}$$

Professor Kirsch fand bei Holzfeuerung $k_2 = 22$ und $k_e = 11{,}6$. Ob diese Werte bei Rohbraunkohle zutreffen werden, ist zweifelhaft. Versuchen wir es zunächst mit diesen Werten.

Gleichung (2) liefert:

$$290 \cdot 22 \cdot t_{m2} = 4451500 - 320 \cdot 11{,}6\, t_{m_e} \text{ oder}$$

$$6380 \frac{476{,}5 - (t' - t_1)}{l_n \dfrac{476{,}5}{t' - t_1}} = 4451500 - 3712 \frac{t' - t_1 - 152{,}5}{l_n \dfrac{t' - t_1}{152{,}5}}$$

Für $t' - t_1 = x$ gesetzt, wird die Gleichung für $x \sim 557{,}5^0$ erfüllt; aber das ist unmöglich. Für $t_1 = 82{,}5^0$ wird $t' = 640^0$, $t_{m2} = 516^0$, $t_{m_e} = 312{,}5^0$, $W_e = 1160000$, $W_2 = 3291500$ WE. W_2 kann aber bei dem geringen Temperaturabfall von $680 - 640^0 = 40^0$ nie übertragen werden. Hier haben wir eine von den vielen mathematischen Weichen, die uns schon häufig auf Irrwege geführt haben. Wir müssen deshalb einen anderen Weg einschlagen.

Das Ideal wäre, wenn der Temperaturverlauf t_1 des Innenstromes nach der stark ausgezogenen Kurve der Abb. 269 erfolgte. Legen wir ihn den weiteren Betrachtungen zugrunde. In Zahlentafel 188 sind die zugehörigen Werte von t' und t_1 für das uns interessierende Kurvengebiet (aus Abb. 269 graphisch ermittelt) zusammengestellt. Aus den Zahlenwerten für W_2, k_2, W_e und F_e ersehen wir die gegenseitige Veränderlichkeit, auf die es uns ankommt. Zu den Gleichungen 1) und 3) nehmen wir noch jene für die zweite Rohrbündelheizfläche:

$$W_2 = 5633 \cdot 6 \cdot 0{,}27\ (680 - t') = 9125{,}46\ (680 - t').$$

Danach muß

$$k_2 = \frac{W}{290 \cdot t_{m2}}$$

werden, wenn an $F_2 = 290$ qm festgehalten wird.

Zahlentafel 188.

t'	t_1	t_{m_2}	t_{m_e}	$t' - t_1$	$W_2 = 9125{,}46 \cdot (680 - t')$	$k_2 = \frac{W_2}{290\, t_{m_2}}$	$W_e = 15000 \cdot (t_1 - 42{,}5)$	$F_e = \frac{W_e}{11{,}6\, t_{m_e}}$
680	203,5	476,5	284,4	476,5	—	—	2 415 000	732,0
640	182	467,3	277,8	458	365 018,4	2,69	2 092 000	649,3
600	160	458,0	271,3	440	730 036,8	5,50	1 762 500	560,0
560	135	450,3	265,9	425	1 095 055,2	8,39	1 387 500	449,8
520	120	437,1	256,7	400	1 460 073,6	11,52	1 162 500	390,4
480	103	424,8	248,0	377	1 825 092,0	14,82	907 500	315,5
440	92	408,9	237,0	348	2 190 110,4	18,47	742 500	270,1
400	82,5	391,6	225,0	317,5	2 555 128,8	22,50	600 000	229,9
360	70	375,6	213,9	290	2 920 147,2	26,81	412 500	166,25

Der Heizfläche des zweiten Rohrbündels soll die Temperaturstufe von 680 bis 360⁰ zufallen. Wir erhalten dann nach Zahlentafel 188 $W_2 = 2920147$ WE und $k_2 = 26{,}81$. Das würde den Versuchen von Kirsch nicht widersprechen, der bei Seitenzügen eines Flammrohrkessels selbst bei ungünstigen Berührungs-, aber stark entwickelten Strahlungsflächen $k = 25$ bis 40 WE/qm fand. Für den Ekonomiser bleiben dann noch $W_e = 1531353$ WE.

Handelt es sich um einen Ekonomiser ohne Kratzervorrichtung, d. h. also um eine Anlage, bei der ein bemerkenswertes Ansaugen von Luft nicht anzunehmen ist, müßte die Fuchstemperatur höher als 195⁰ ausfallen (vgl. die schraffierte Fläche in Abb. 269). Damit erhöht sich t_{m_e} gegenüber der Zahlentafel II, aber auch k_e. Der Wert „k" wird im allgemeinen durch die Gasgeschwindigkeit, also durch die Einmauerung, und durch die Rückstrahlflächen günstig beeinflußt. Aus diesem Grunde zeigten schon vor 35 Jahren die Kesselanlagen der Maschinenfabrik Eßlingen mit ihrer Tenbrinkfeuerung Nutzeffekte von 80 vH und mehr.

Bei Eintritt von Nebenluft, und dies ist meistens in der Praxis der Fall, sinkt die Temperatur t' des Außenstromes. Dadurch erniedrigt sich t_{m_e}, was aber durch größere Heizgasgeschwindigkeit, verursacht durch die hinzutretenden Luftmengen, ausgeglichen werden kann. Der Wert von W_e bleibt bestehen; denn das Produkt aus geringerer Temperatur und größerer Gewichtsmenge bei wenig verändertem spezifischem Gewicht weist dieselben Wärmemengen auf.

Aus $W_e = 15000\,(t_1 - 42{,}5)$ ergibt sich $t_1 \backsim 144^0$

$$F_e = \frac{W_e}{k_e \cdot t_{m_e}} = \frac{1\,531\,353}{k_e \cdot 213{,}9} \text{ liefert } k_e = 22{,}4.$$

Der Temperaturabfall berechnet sich für den Fall, daß keine Luft angesaugt wird, aus

$$\frac{1\,531\,353}{5633 \cdot 6 \cdot 0{,}27} \text{ zu } 168^0;$$

findet dagegen ein Ansaugen von 30 vH Luft statt, so würde ein Temperaturabfall von etwa 140⁰ vorhanden sein, d. h. wir hätten am Ende der zweiten Kesselheizfläche (140 + 195) = 335⁰ in Übereinstimmung mit Kessel C und F der Zahlentafel 187, aber die gestrichelte Linie für den Innenstrom (Abb. 269) zeigt für $t_1 = 144^0$ keine Stetigkeit. Wir sehen deshalb auch davon ab, die sich aus $t_1 = 144^0$ ergebenden Werte für t_{m_2} und t_{m_e} zu berichtigen.

Für die Berechnung von Steilrohrkesseln können wir deshalb unter Voraussetzung der zugrunde gelegten Bedingungen vorerst folgende Werte benutzen:

	WE	Temperatur-stufe	k	Heiz-fläche
1. Rohrbündel (Strecke *a b* in Abb. 269)	4 200 000	1345 — 885⁰	25	210 qm
Überhitzer (*b c* desgl.)	1 848 500	885 — 680⁰	24	153 „
2. Rohrbündel (*c d* „)	2 920 147	680 — 360⁰	26,8	290 „
	8 968 674			

Danach zeigt das zweite Rohrbündel die beste Wärmeübertragung, was durch die gleichbleibende Stromrichtung infolge der Speisewasserzuführung wohl begründet sein dürfte, während beim ersten Rohrbündel Gegenströme und Stoßwirkungen infolge der starken Dampfentwicklung anzunehmen sind, die den Wärmeübergang immerhin beeinflussen werden. 1 qm des ersten Rohrbündels nimmt i. M. 20000 WE, das des zweiten Rohrbündels nur die Hälfte auf. Auf den Ekonomiser kommen nach Zahlentafel 188 (vorletzte Spalte, letzte Zeile, 412 500 WE, so daß bei einer nutzbaren Wärmemenge von zusammen 10500000 WE ($\eta = 80$ vH) rd. 1 Mill. WE noch übrig bleiben. Das zur Verfügung stehende Temperaturgefälle ist erschöpft. Möglicherweise kommt der ersten Heizfläche eine weit größere Leistung zu, als wir angenommen haben; das ist aber letzten Endes auch nur möglich, wenn durch Nachverbrennung die Flammentemperatur auf eine gewisse Höhe gehalten, d. h. das Temperaturdiagramm erweitert wird (354). Wollen wir sicher gehen, können wir z. B. durch Vergrößerung des ersten Rohrbündels den Fehlbetrag von 1 Mill. WE aufnehmen, d. h. wenn wir diesem nicht 210 sondern 260 qm geben. k_2 verändert sich dadurch nicht; denn es ist

$$\frac{5\,200\,000}{260 \cdot 800} = k_1 = 25.$$

Mit einer Kesselheizfläche von 260 + 290 = 550 qm nähern wir uns der Kesselbauart C, die aber, möglicherweise durch ungünstige Verteilung der Temperaturstufen, bei 30 kg Dampferzeugung je qm nur 75 vH Wirkungsgrad aufwies. Kessel F weist mit seiner Heizflächen-Verteilung und dem 35 qm größeren Überhitzer (gegenüber 153 unseres Beispiels) schon ein besseres Ergebnis auf, während G durch großen Ekonomiser und Überhitzer selbst bei kleinerer Kesselheizfläche sein Ziel erreicht. Läßt man in unserem Beispiel den Ekonomiser 320 qm groß, so errechnet sich das zugehörige k_e bei gleichbleibender Temperaturstufe zu

$$k_e = \frac{412\,500}{320 \cdot 213{,}9} = 6,$$

wodurch das Speisewasser von 42,5 auf 70⁰ erwärmt wird. Das von Kirsch bei dem von ihm untersuchten Steilrohrkessel gefundene $k_e = 11{,}6$ dürfte auf die äußerst günstigen Verhältnisse bei Holzfeuerung zurückgeführt werden können. Immerhin wird es sich lohnen, die tatsächlichen Verhältnisse durch weitere Forschungsarbeiten zu klären. Bis dahin lassen wir $F_1 = 260$ statt 210 und F_2, $F_ü$ und F_e nach der Rechnung bestehen.

II. Nutzen der Wärmespeicher.

Wir konnten Anfang 1923 feststellen, daß die Löhne den 1000fachen Betrag unserer Friedenszeit erreicht hatten; die Kohlen waren auf das 2000fache gestiegen. Und trotzdem geben bei der Fabrikation nicht die Brennstoffkosten, sondern die Löhne den Ausschlag. Kommt in einer kleinen Maschinenfabrik auf den Kopf der Arbeitnehmer 1 t Kohle, so kostete diese vielleicht 4800 M, der Arbeitslohn das 30fache dieses Wertes.

Die Arbeitszeit durch entsprechende Einteilung auszunutzen, ist also Grundprinzip jeden Wirtschaftslebens, weil damit auch die auf die Produktionseinheit entfallende Kohlenmenge kleiner ausfällt. Das Verhältnis des Kohlenpreises zu den Löhnen wird aber bei der Berechnung der Selbstkosten noch weit kleiner. Der geringste Aufschlag, z. B. für die Dreherei, dürfte 100 vH sein; dagegen erhöht er sich bei der Kesselschmiede wegen des Ofenbetriebes bedeutend. In vielen Betrieben findet man Aufschläge zwischen 300 und 400 vH, so daß das Verhältnis zwischen Kohlenpreis und Löhnen rd. 1 : 100 betragen wird. Verteuert sich die Kohle auf das Doppelte, bleibt das Verhältnis dasselbe; denn die Kohle ist der Wertmesser für die Löhne, und die Selbstkosten gehen wiederum von diesen aus. Es wäre eine dankbare Aufgabe des Statistischen Amts, festzustellen, welches Verhältnis z. B. in der keramischen Industrie, in der chemischen Industrie, bei den Reichstickstoffwerken usw. besteht. Je mehr sich die Lohnausgaben den Kohlenkosten nähern, desto unwirtschaftlicher ist der Betrieb. Hier müßten unsere Wärmewirtschaftstellen einsetzen.

Nachdem nun einmal heute der 8 Std.-Tag eingeführt ist, bleibt nichts anderes übrig, als auf bessere Ausnutzung der Arbeitszeit hinzuzielen, um damit die Kosten unseres Lebensunterhalts einigermaßen erträglich zu gestalten. Selbstverständlich wird keiner verlangen, daß eine schwere Arbeit ohne Unterbrechung erfolgen soll, vielmehr wird man diese durch entsprechende Einteilung auf ein Minimum beschränken, um einer Erschlaffung der Kräfte durch dazwischen gelegte leichtere Arbeit vorzubeugen.

Die Wärmespeicher (383) sind dazu berufen, uns diesem Ziele näher zu bringen. In der Industrie gibt es viele Fälle, wo wegen sinkenden Kesseldrucks z. B. die Walzenstraße in ihrer Leistung zurückbleibt und die Leute dann herumstehen oder mit Arbeiten betraut werden müssen, die mit der Fabrikation mehr oder weniger nichts zu tun haben. Das Eisen, das zu lange im Ofen liegt, verliert durch Zundern an Gewicht und Qualität. In den chemischen Betrieben gibt es Kochprozesse, die bei ausreichender Dampfmenge in weit kürzerer Zeit Erledigung finden können. Hier soll nur auf das Kochen von Zellstoff (Sulfit) hingewiesen werden. Der Prozeß beginnt erst mit dem Erreichen einer Temperatur von 108⁰ C. Bis zu diesem Zustand vergeht aber zu viel Zeit, und wenn er da ist, ist die Dauer des Prozesses rein Nebensache. Ist dagegen genügend Dampf vorhanden, so kann der Prozeß statt in 1½ st in 18 min erledigt sein. Es ist nur nötig, daß die zum Dämpfen des Zellstoffs summarisch erforderliche Dampfmenge in der kurzen Zeit von 18 min auf einmal zugeführt wird.

Zur Zeit unserer Studentenschaft bewunderten wir bei der Firma Krupp 1888 die Riesendampfleitung, die sich in km langen Zügen von einem Werk zum andern hinzog und in die alle Dampfkessel ihren Dampf schickten. Würde man sich lediglich auf den heutigen wärmetechnischen Standpunkt stellen, müßte man eine solche Dampfleitung, die im Freien verlegt war, wegen der großen Abkühlungsverluste beanstanden; aber das wäre verfehlt. Diese Leitung bildete einen Wärmespeicher, der die unvermeidlichen Schwankungen ausglich und damit die Leistung der Werke durch beste Ausnutzung der Arbeitskraft erhöhte. Eine Mehrleistung von 7 bis 8 vH kann den Nettogewinn schon um 50 vH steigern bzw. die Produktion verbilligen, und das ist mindestens ebenso wirtschaftlich als Kohlenersparnisse, die obendrein, nach Schema F verfolgt, zu Mißerfolgen führen können.

Was von dem Kochen gilt, hat auch Bezug auf das Heizen von Räumen. Ist genügend Dampf vorhanden, kann man die Anheizperiode verkürzen und mit stoßweisem Hochheizen der Anlage einen Ausgleich in der Beanspruchung der Kessel dadurch erzielen, daß das Anheizen etwa 2 Std. vor Beginn der Arbeit vorgenommen und die Heizung dann abgestellt wird. Bei der Raumheizung bilden die Umfassungswände den Wärmespeicher. Durch Versuche hat Verfasser vor Jahren schon die Abkühlung von Gebäuden nach plötzlicher Abstellung der Dampfheizung festgestellt[1]). In Abb. 271 sehen wir den Verlauf der Abkühlung für ein technisches Bureau (Raum 3), dessen Wärmetransmission, den Außentemperaturen entsprechend, ebenfalls durch eine Kurve wiedergegeben ist. Die Abkühlungskurve wird kaum durch die schwankenden Außentemperaturen beeinflußt, obgleich der Raum 3 einfache Fenster aufwies. Die Abstellung der Heizung bewirkt ein Fallen der Raumlufttemperatur in den ersten 3 Std. von 17,5 auf etwa 15,2°. Die Unterbrechung der Heizung in den Nachmittagsstunden darf länger andauern, weil die Glühlampen wie kleine Heizkörper wirken, die als Zusatz-

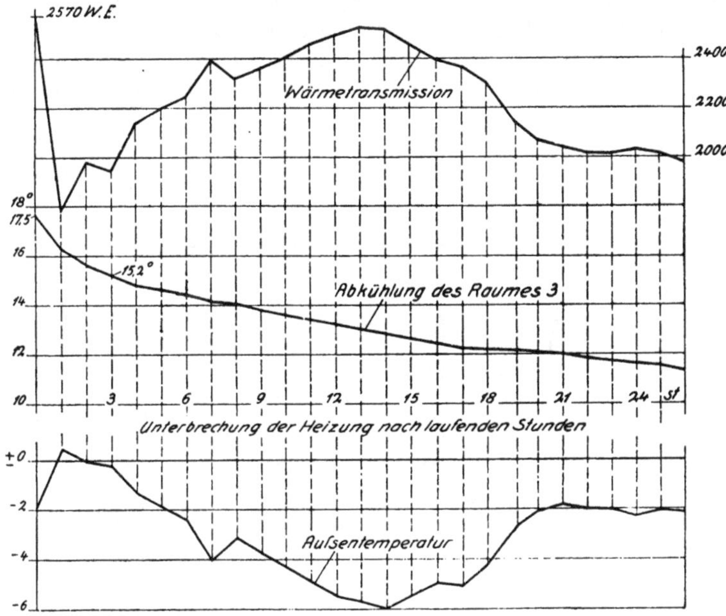

Abb. 271. Verlauf der Abkühlung eines Raumes.

heizung anzusehen sind. Bei 10 Lampen zu je 50 Kerzen Lichtstärke könnten wir im vorliegenden Falle die Abkühlung des Raumes hinhalten. Denn 1300 WE würden sich bei der geringen Wärmetransmission für die Raumlufterwärmung schon bemerkbar machen (vgl. Zahlentafel 189).

Lichtstärke in Kerzen		16	25	50
Stromverbrauch	kW	0,016	0,025	0,05
bei Kohlenfadenlampen	WE/st	41	64	130
bei Metallfadenlampen	„	13,8	21,5	43

Wo heißes Wasser durch Dampfschlangen ähnlich der Abb. 272 erzeugt wird, kann im Falle von Spitzenleistung auch der Dampf zu dem Boiler abgestellt werden, der durch seinen Wasserinhalt einen Wärmespeicher von 100000 WE darstellt.

Einen bewährten Wärmespeicher haben wir in unseren Brennstoffen, vornehmlich den gasförmigen und flüssigen.

Die Hüttenwerke gewinnen bekanntlich aus der Kohle nicht nur Koks, sondern auch Gas und Teer; vielfach widmen sie sich auch der Urteergewinnung. Wo solche Betriebsverhältnisse vorliegen, lassen sich Spitzenleistungen durch Heranziehen von Gas- und Dieselmaschinen leicht bewältigen. Eine großstädtische Elektrizitätszentrale zeigt ihre größte Anstrengung in der Zeit von 7 Uhr morgens bis 8 Uhr abends (Abb. 224 auf S. 474). In den übrigen 11 st sinkt der Bedarf an Strom auf etwa ein Zehntel. Die Betriebsleitung muß deshalb ihre Maschineneinheiten nacheinander in oder

[1]) Festschrift Nr. 5 des „Gesundheits-Ingenieur“ 1913.

außer Betrieb setzen. Daß solch ein Wechsel mit großen Wärmeverlusten verbunden ist, braucht nach dem Vorangegangenen nicht erst begründet zu werden. Eine Dieselanlage könnte ohne vorangegangenes Anwärmen die Spitzenleistung sofort aufnehmen. Wird man später dazu schreiten, die in unmittelbarer Nähe der Braunkohlengruben gelegenen Großkraftwerke (554) dauernd mit dem höchsten Belastungsfaktor zu betreiben, werden die mit ihnen gekuppelten, weiter entfernt liegenden Mittelkraftwerke die Rolle der Dieselmaschinen, d. h. die Spitzenleistungen zu übernehmen haben. So entwickelt sich der Gedankengang aus dem Kleinen ins Große.

Was von der Dieselmaschine gilt, hat auch Bezug auf die Großgasmaschine, die mit Hochofen- oder anderem Gas betrieben wird (326, Tafel V). Wo aber bleibt das Gas der Hochofenwerke am Sonntag? Während in der Woche infolge des großen Kraftbedarfs der Nebenbetriebe mit einem Gasmangel zu rechnen ist, ist am Sonntag ein großer Überschuß vorhanden. Hier und da haben sich Arbeiterausschuß und Gewerbeaufsicht damit einverstanden erklärt, am Sonntag z. B. eine Zementmühle arbeiten zu lassen, die zur Verringerung der Spitzenleistung wochentags ausgeschaltet werden kann. Ein Reiz für Nacht- und Sonntagsarbeit wäre die Gewährung eines billigeren Tarifes für Kraftabgabe. Man könnte dann z. B. Wasser in ein hochgelegenes Becken pumpen und sich dadurch einen Kraftspeicher zum Ausgleich für Spitzenleistungen schaffen. Ein Versuch der Landeskohlenstelle

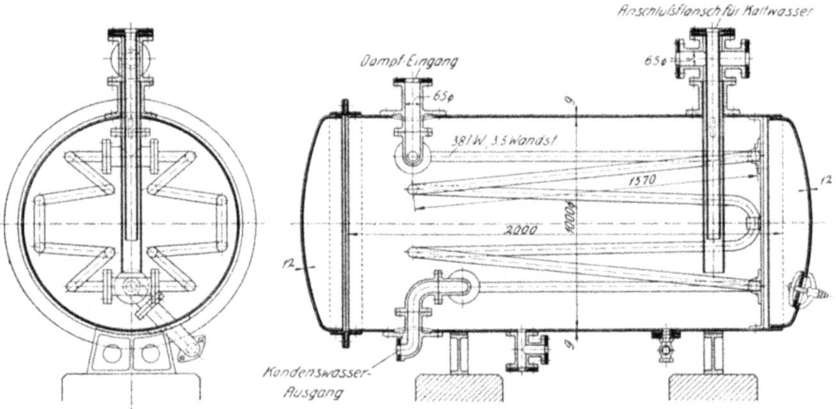

Abb. 272. Warmwasserbehälter mit Dampfrohrschlange.

Berlin, einzelne Tagesbetriebe zur Nachtarbeit zu veranlassen, scheiterte an der Unmöglichkeit der Güterbeförderung, der Beförderung der Beamten und Arbeiter von und zur Arbeitsstätte, der fehlenden telephonischen Verständigung während der Nacht und anderen Hindernissen dieser Art.

Die Spitzenleistungen bleiben Störenfriede, die jede Kalkulation über den Haufen werfen und unsere Hoffnungen auf Ersparnisse in Zweifel stellen. Das, was wir zu ihren Abschwächungen anwenden können, sind nur Notbehelfe, die viel Arbeit verursachen und Unruhe bereiten. Wir rechnen, entgegen den praktischen Erfahrungen, stets mit gleichmäßiger Ausnutzung der Energiequelle, sowohl bei dem Erzeuger als dem Verbraucher. Das trifft leider nur zeitweise zu. Wenn sich, wie im Winter, der Lichtbedarf fast mit dem Heizungsbedürfnis deckt, kann man eine Kraftmaschine mit einer Heizungsanlage zur Erreichung eines höchsten thermischen Wirkungsgrades kuppeln. Aber das gibt ja doch nur eine Maßregel für die Heizperiode, deren Wärmebedarf überdies nach den Witterungsverhältnissen stark schwanken kann (602), nicht aber für das ganze Jahr. Will man wirtschaftlich verfahren, muß man schon den Industriedampf von dem Heizungsdampf trennen, um die Heizdampfleitung zur Ersparnis der Verluste im Sommer absperren zu können. Fängt man dagegen allen aus Dampfhämmern, Kocheinrichtungen usw. sonst verloren gehenden Dampf auf, um ihn in einer Abdampfturbine zu verwerten, so ergibt sich hieraus schon ein Nutzen für das ganze Jahr.

Die Wärmespeicher haben neuerdings größere Aufmerksamkeit auf sich gezogen, nachdem der in Schweden praktisch erprobte Ruths-Dampfspeicher in Deutschland eingeführt worden ist. Dieser Speicher dient ähnlich einem großen Schwungrad im Kraftbetriebe zum Ausgleich von Schwankungen in der Zufuhr wie im Verbrauch von Wärme und Kraft. Ähnlich wie Karl Ilgner das Schwungrad von der Kraftmaschine loslöste, trennt auch Dr. Ing. Ruths seinen hauptsächlich aus einem großen Wasserbehälter bestehenden Speicher von der Kesselanlage. 1 cbm Wasser im Siedezustande gibt bei einem Druckabfall von 21 auf 20 at absolut nur etwa 5 kg Dampf, bei einem Druckabfall von 4 auf 3 at dagegen 21 kg ab. Man ersieht daraus, daß ein solcher Speicher für geringere Dampfdrücke vorteilhafter ist. Da die Dampfspeicher nur bei sehr großen Abmessungen ihren Zweck erfüllen können, sind die schwedischen Ruths-Speicher je nach Bedarf in Abmessungen bis zu 345 cbm in einer Form ähnlich unseren Zeppelin-Luftschiffen gebaut worden. Schwankt in einem Sonderfall der Dampfverbrauch zwischen 4000 und 14000 kg/st i. M. vielleicht um 8800 kg, so erhält der Speicher ein Ladungsvermögen von 16000 kg Dampf.

Abb. 273 zeigt das Schaltungsschema für die Benutzung des Ruths-Speichers in der schwedischen Zellstofffabrik A. B. Edsvalla, Bruk. Eine Kesselanlage von 8 at Überdruck steht mit Dampfkochern für Sulfitmasse unmittelbar in Verbindung. Eine Spiritusfabrik, Bleicherei und Papiermaschine wird mit Dampf von 1,5 at Überdruck versorgt. Der Speicher hat einen Höchstdruck von 6 at und einen Niedrigstdruck von 1,5 at. Was soll bei diesem Schema verhütet werden?

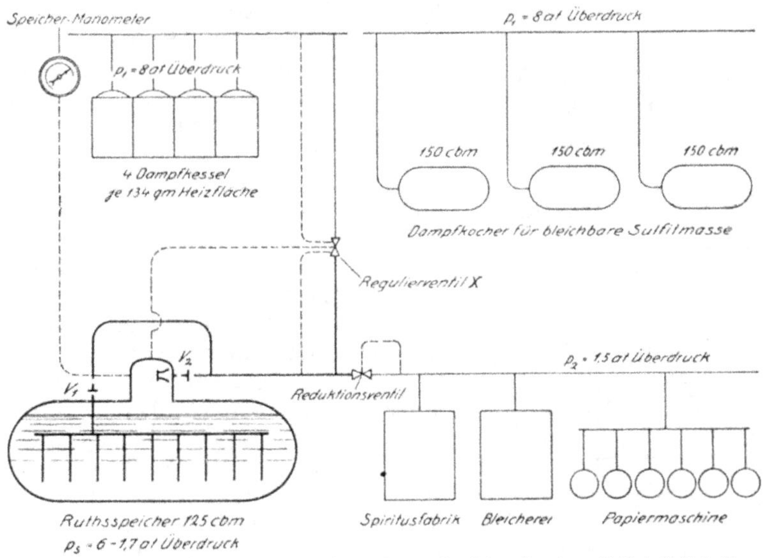

Abb. 273. Schaltungsschema für einen Ruths-Speicher in einer Zellstoff-Fabrik.

1. Daß der Dampfkesseldruck p_1 nicht über 8 at steigt,
2. daß der Dampfkesseldruck p_2 für die Spiritusfabrik, die Bleicherei und Papiermaschine nicht unter 1,5 at sinkt,
3. daß der Speicherdruck p_s nicht über 6 at steigt.

Diese Betriebsverhältnisse regelt das Spezialventil x, das den wichtigsten Bestandteil des Speichers bildet. Der Speicher kann nur bei offenem Ventil v_1 geladen werden, wenn p_s unter 6 at sinkt und $p_1 > 8$ at ist. Er entladet sich für $p_2 < 1,5$ at bei geöffnetem Ventil v_2. Damit ist eigentlich die ganze Wirkungsweise erklärt. Die beobachteten Schwankungen im Dampfverbrauch der Kocher zeigt in Abb. 274 Bild *a*, während Bild *b* jene der Spiritusfabrik usw. schematisch vor Augen führt. Kurve *c* ist durch Addition der Ordinaten von *a* und *b* entstanden. Diesen Schwankungen entsprechend verlief die Belastung der Kesselanlage, solange der Speicher nicht vorhanden war. Mit Speicher dagegen bleibt die Inanspruchnahme der Kessel der mittleren geraden Linie in Bild *c* entsprechend konstant, so daß ein Umstellen des Rauchschiebers unnötig wird. Wegen Deckung der Spitzenleistungen schwankt der Speicherdruck nach Bild *d*. Das Speichermanometer hat der Heizer vor Augen. Die Beanspruchung der Kesselanlage ist nach dem Bilde *c* zwischen der 7. und 9. Stunde am geringsten. In diesen 2 Stunden ladet sich der Speicher bis zum Höchstdruck von 6 at. Der Heizer wird demnach zweckmäßig das Schlacken auf diese oder eine ähnliche Zeit verlegen, wo der Speicherdruck ein Maximum zeigt.

Die Vorteile des Ruths-Speichers ergeben sich auf Grund der zunächst vorliegenden Erfahrungen aus der gleichmäßigen Beanspruchung der Kesselanlage und der besseren Ausnutzung der Arbeitskräfte, die bei Dampfmangel nicht möglich ist. Jeder Betriebsmann weiß, daß stark schwankender Betrieb einen bedeutend geringeren Feuerungswirkungsgrad seiner Kesselanlage mit

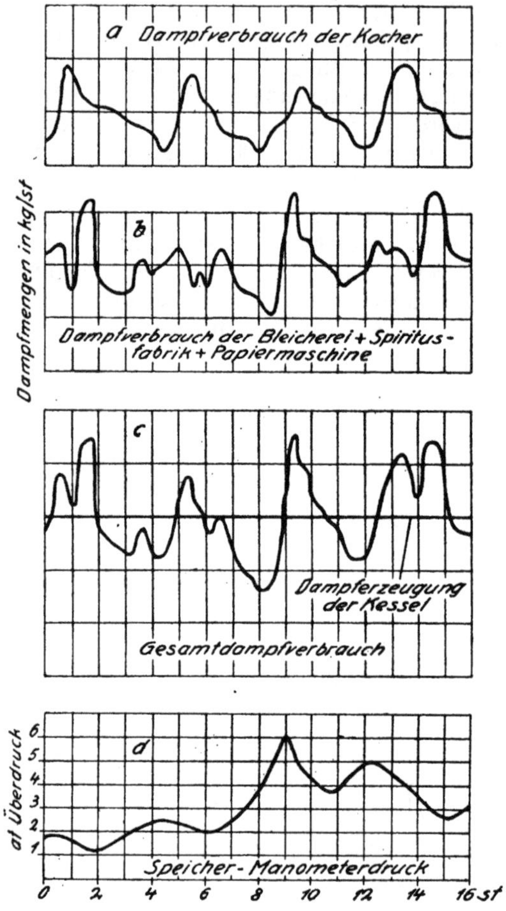

Abb. 274. Ausgleich für Spitzenleistungen in einer Zellstoff-Fabrik durch einen Ruths-Speicher.

sich bringt. Bei gleichmäßiger Beanspruchung der Kesselheizfläche wird der Heizer von der Verpflichtung entlastet, Druck zu halten, und kann deshalb seine Aufmerksamkeit mehr der Verbrennung der Kohle auf dem Rost zuwenden. Durch die gleichmäßige Schornsteinschieberstellung ist ein dauernd hoher CO_2-Gehalt vorhanden und eine Ausnutzung bis zu 85 vH durchaus möglich[1]). Denn gleichmäßige Beanspruchung ermöglicht auch gleichmäßige ununterbrochene Speisung der Kessel und dadurch bessere Ausnutzung der Vorwärmerheizfläche. Aber auch der thermische Wirkungsgrad der Kraftmaschinen wird bei gleichmäßig bleibendem Dampfdruck und gleichmäßiger Überhitzertemperatur höher.

Aber der Ruths-Speicher dient auch dem Ausgleich schwankender Kraftleistungen. Denken wir uns in Abb. 273 statt der Dampfkocher eine Verbundmaschine für Zwischendampfentnahme, so ergibt sich der Nutzen des Speichers aus folgender Wirkungsweise. Der Hochdruckzylinder erhält bei reichlicher Dampfzufuhr größere Füllungen und damit gleichzeitig der Ruths-Speicher den Anzapfdampf. Da ein Regler die Tourenzahl der Maschine konstant hält, d. h. den Hochdruckdampf mehr oder weniger drosselt, wird bei abnehmender Tourenzahl schließlich das Dampfventil ganz geöffnet und dann umgekehrt der Niederdruckzylinder mit dem Speicherdampf gespeist. Der Ruths-Speicher kann danach überall da in Anwendung kommen, wo die Dampfkesselanlage nicht mehr ausreicht. Leider steht seiner größeren Verbreitung der hohe Kostenpunkt entgegen, der jetzt viele Millionen M. beträgt. Aber auch dies ist nur eine kaufmännische Frage, die von Fall zu Fall entschieden werden muß.

III. Wärmewirtschaft und Finanzlage.

In dem vorigen Abschnitt „Nutzen der Wärmespeicher" wurde nachgewiesen, welche Vorteile sich im Wirtschaftsleben dadurch ergeben, daß die Arbeitszeit durch entsprechende Einteilung ausgenutzt wird. Mit der Bekämpfung von Leerlaufverlusten[2]) ist in der Regel weit mehr zu erreichen als mit einer gewohnheitsmäßigen Abwärmeverwertung oder Betriebsüberwachung. Die Frage ist so wichtig, daß wir sie an einem Beispiel näher behandeln wollen. Abb. 275 zeigt das meist übliche Bild einer Energieverteilung: Der im Kessel erzeugte Dampf gelangt zur Dampfturbine, die mit einem Generator gekuppelt ist. Die erzeugte Energie geht über den Transformator durch die Außenleitung, von hier aus wieder nach dem Transformator zur Innenleitung des Werkes, von der der Antriebsmotor gespeist wird. Überall haben wir größere oder kleinere Verluste, so daß von 100 WE, die auf dem Rost des Dampfkessels erzeugt werden, je nach dem Wirkungsgrad der Werkstätte höchstens nur 8, meistens aber nur 2 WE nutzbar gemacht werden. Hier läßt sich noch vieles im Interesse der Kohlenwirtschaft erreichen. Um den Wirkungsgrad der Werkstätte in dem durch die erwähnte Abbildung gegebenen Rahmen feststellen zu können, ist es nötig, die Leistungen zu ermitteln, die

1. der Elektromotor bei seinem Leerlauf,
2. zuzüglich der leerlaufenden Transmission,

[1]) Vgl. hierzu auch die Versuchsergebnisse von Prof. Josse bei stark schwankendem und gleichmäßigem Betriebe, Vorträge zur Jahresversammlung der Hauptstelle für Wärmewirtschaft, Verlag des V. d. I., Dresden, 22./23. September 1921.

[2]) Dr. Ing. Berner, Magdeburg, Arch. f. W. 1921 Heft 10.

3. zuzüglich der leerlaufenden Arbeitsmaschine,
4. „ der belasteten Arbeitsmaschine aufweist.

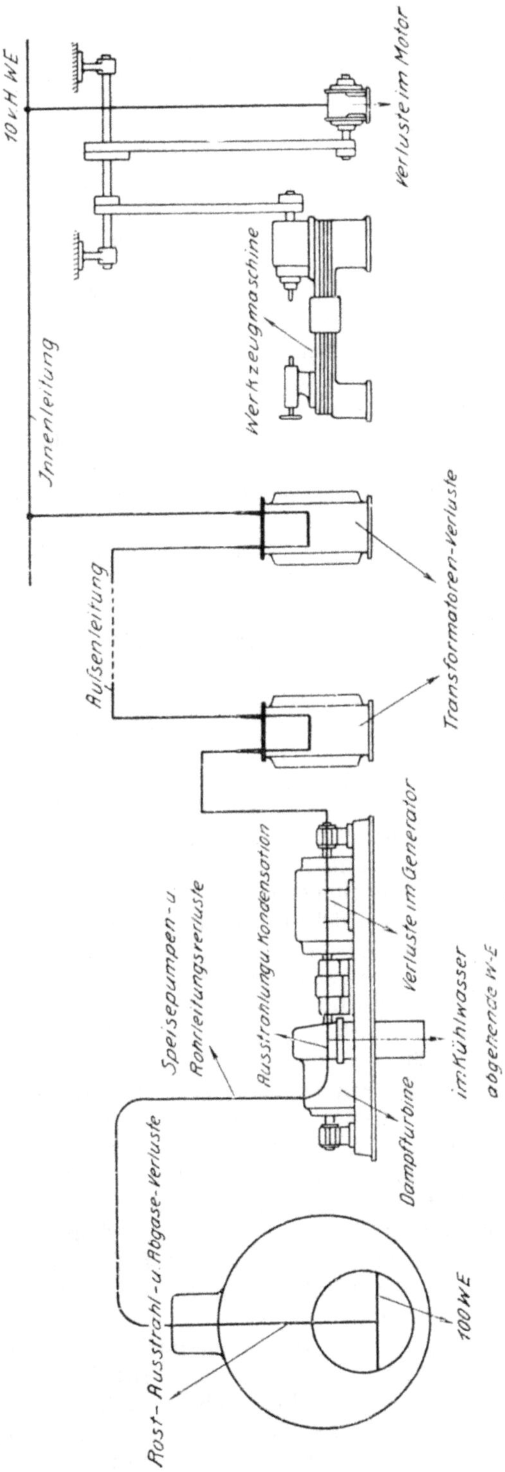

Zieht man die Leerlaufleistung von der Arbeitsleistung 4 ab, so hat man schon einen Anhaltspunkt für die abgegebene Leistung. Es war ein Verdienst von Oberingenieur Karl Meller[1]), Siemensstadt bei Berlin, die schwierige Bestimmung des Wirkungsgrades bei Anlagen mit Arbeitsmaschinen als erster systematisch durchgeführt zu haben. Vor etwa 28 Jahren hat Verf. eine 700 PS starke Kondensationsmaschine einer großen Nähmaschinen-Fabrik in Berlin für verschiedene Fälle indiziert und dabei nacheinander die Transmission der vorhandenen Etagen nach Abkupplung der Bänke einschalten lassen, um den Energiebedarf für den Leerlauf dieser Transmission zu ermitteln. Das Ergebnis war insofern interessant, als ungefähr 25 vH der indizierten Leistung für den Leerlauf verbraucht wurden. Infolgedessen entschloß sich der Fabrikbesitzer, den Riemenantrieb durch den Elektromotorenantrieb zu ersetzen. Würde der Wirkungsgrad der Werkstätteneinrichtung z. B. von 20 auf 40 vH gebracht werden können, so würde man mit dem halben Energieverbrauch auskommen, d. h. 50 vH Kohle sparen. Durch richtige Arbeitseinteilung ließe sich dann der Belastungsfaktor einer Arbeitsmaschine, d. h. ihre höchste zulässige Dauerleistung erhöhen, ebenso wie der Ausnutzungsfaktor der Arbeitsmaschine auf eine entsprechende Höhe gebracht werden kann. Nichts ist schädlicher als stillstehende oder leerlaufende Arbeitsmaschinen, die den Wirkungsgrad bedeutend herabsetzen. Im Mittel gehen fast 80 vH der zugeführten Energie in den Übertragungen verloren, so daß nur der verschwindend geringe Teil von etwa 20 vH als nutzbringende Energie verbucht werden kann. Bei 10 vH thermischen Wirkungsgrades bis zum Motor ergibt sich die vorher genannte Ziffer „2". Sind Gleichstrom und Drehstrom vorhanden, so empfiehlt sich die Verwendung des asynchronen Drehstrommotors wegen seines günstigeren Wirkungsgrades. Ferner kann man durch richtige Wahl der Umdrehungszahl des Motors mit einer Riemenübertragung auskommen. Die Einschaltung eines Vorgeleges kann unter Umständen die Anlagekosten wegen des billigeren Motors verringern, die Übertragungsverluste werden aber größer. Ist Hochspannung vorhanden, so wird man ohne besondere Umwandlung den unmittelbaren Anschluß des Antriebsmotors anzustreben haben, um die Verluste in den Transformatoren zu vermeiden. Wichtig ist auch die Bestimmung der Größe des Antriebsmotors, der mit Rücksicht auf die Vermehrung der Anschlüsse stets zu groß wird, was einer Verschlechterung des

[1]) „Wirkungsgrad und Brennstoffverbrauch von Fabrikanlagen", preisgekrönte Arbeit, veröffentlicht im Sonderabdruck der Deutschen Bergwerkszeitung, „Wege und Ziele der deutschen Brennstoffwirtschaft", Essen 1922.

Gesamtwirkungsgrades gleichkommt, anstatt bei kleineren Motoren vorübergehende Überlastungen in den Kauf zu nehmen. Hier läßt sich also durch Austausch des Motors oder durch Anschluß weiterer Arbeitsmaschinen an einen zu großen Motor noch viel erreichen. Wo der Ausnutzungsfaktor nicht erhöht werden kann, kann ein Ausgleich durch Einzelantriebe erzielt werden.

Die Anlagekapitalien für brennstoffsparende Einrichtungen sind unter Umständen gar nicht zu beschaffen. Was müssen die Einrichtungen leisten, um ihre Anschaffung zu rechtfertigen! Jeder Unternehmer ist froh, wenn er am Sonnabend jeder Woche die Löhne für die Arbeitnehmer zusammenbekommt und die Anzahlung für Materialienbeschaffung bewirken kann.

Die auf die Verzinsung und Abschreibung von Neuanschaffungen kommenden Beträge fallen bei der Ermittlung der Betriebskosten so schwer ins Gewicht, daß trotz der zu erwartenden Kohlenersparnisse eine Verbilligung der Betriebskosten nicht erzielt wird. Bei den gegenwärtigen ungewissen Zeiten werden Abschreibungen von 20 bis 30 vH für erforderlich gehalten. — So glaubte Generlich[1]), obwohl die Kohlenkostenberechnung für die Ausführung des Projektes sprach, in einer Anlage von dem Einbau einer Vakuumheizung abraten zu müssen, weil hierfür mehr als 400000 M ausgegeben werden sollten. Ebenso steht im wärmewirtschaftlichen Sinne der Einbau eines Ekonomisers außer Frage. Und doch wird man in dem einen oder dem anderen Falle, wenn den gegebenen Verhältnissen Rechnung getragen wird, von dem Einbau des Ekonomisers abraten müssen. — In einer Lederfabrik wurde die Umstellung der Kondensationsmaschine auf Auspuff angeregt, um die Kochapparate, Trockenböden und die winterliche Heizung mit Abdampf statt wie bisher mit Frischdampf zu versorgen. Für diesen Gedanken sprachen die leichte Umstellung der Steuerung des Niederdruckzylinders, die dadurch bedingte geringe Beeinträchtigung der Leistung der Maschine und der mit dem Dampfbedarf für Fabrikations- und Heizungszwecke korrespondierende Dampfverbrauch der Maschine. Im Sommer wird ein Teil des Dampfes ungenutzt ausgepufft und im Winter etwas Frischdampf zugesetzt. Hier werden ohne irgendwelche Aufwendungen große Ersparnisse gemacht.

Werden schon hierdurch neue Wege zur Erzielung von Ersparnissen erschlossen, so finden sich solche bei Besichtigungen von Fabriken, die sich allmählich entwickelt und ausgebreitet haben, meistens schon in dem Dampfrohrnetz. Man erzielt hier, wie bereits erwähnt, durch Trennung von Industrie und Heizungsdampf Ersparnisse, d. h. wenn man bei nicht mehr nötiger Heizung mit einem sogenannten Sommerstrang arbeitet. Zur Erzielung gleichmäßiger Beanspruchung der Dampfkessel ist das stoßweise Hochheizen der Fabrikräume von besonderer Wichtigkeit. Wo keine Nachtschicht vorhanden ist, muß solches Hochheizen 2 Std. vor Beginn der Arbeit bereits beginnen. Dann sperrt man einen Strang nach dem anderen ab und schickt den Dampf erst nach Bedarf wieder hinein. Wo Raumwärme fehlt, läßt sich häufig durch Isolierung stark abkühlender Wände oder durch Vorsehen von Doppelfenstern schon viel erreichen. Vor allen Dingen ist der Luftwechsel möglichst zu verringern. Man sieht häufig die Türen offenstehen, so daß die ganze fühlbare Luftwärme verloren geht. Oft findet sich eine Menge von Kaffeekochern den ganzen Tag im Betrieb, die mittelbar oder unmittelbar zur Verschwendung Anlaß geben. Es ist nicht nötig, daß während des ganzen Tages diese benutzt werden, sondern nur zu einer bestimmten Zeit. Ein wichtiger Faktor in der Gleichung der Wirtschaftlichkeitsrechnung ist die Messung der zurückkommenden Kondenswassermengen. Hiernach läßt sich meistens schon der Gütegrad der Wärmewirtschaft in einer Fabrik ermitteln. Hunderte von Kondenstöpfen blasen häufig ihre Dämpfe in die Luft! Rückleiter mit Rückschlagventilen sind besser als Wasserbehälter, die zu viel Wärme ausstrahlen. Wie häufig kommen bloß 40 vH zurück! Der Rest geht durch Undichtheiten verloren oder strömt den Gullys zu. Für Wäschereien soll man allgemeiner Boiler einführen (Abb. 272, S. 576).

Mit Richtlinien ist auf dem Gebiete der Verbesserung alter Anlagen nicht viel zu machen. Die Anlage muß zuerst einmal bis aufs kleinste untersucht werden, um einwandfreies Zahlenmaterial zusammenzutragen. Eine genaue Betriebstatistik wird in kleineren und mittleren Anlagen kaum geführt. Das Kohlenkonto spielt, abgesehen von solchen Werken, die die Kohle in Gestalt von elektrischem Strom oder Wasser wieder verkaufen, im Vergleich zu den anderen Kosten der Fabrikation eine untergeordnete Rolle. Und doch erschienen hier schon in kleinen Betrieben sechsstellige Ziffern. — Die Wärmewirtschaft ist eine Personalfrage, und vielfach hat man mit dem Widerstand oder Unverstand des Personals zu rechnen. Es liegt in den kleinen Betrieben manches im argen, und so schwer wie gerade hier die Aufgabe sein mag, Verbesserungen einzuführen und die Wärmeausnutzung auf die Höhe zu bringen und auf der Höhe zu erhalten, wird der Lohn für die Mühe der beharrlichen Kleinarbeit nicht ausbleiben.

---

[1]) Generlich, Glasers Annalen, 15. Oktober 1921.

IV. Ausnutzung von Abwärme.

a) bei Dampfkesseln und Lokomotiven.

Die Abwärmeverwertung ist sicherlich eines der wirksamsten Mittel zur Einschränkung des Brennstoffverbrauchs. Aber dieses Mittel muß richtig angewandt und nicht etwa zu einem Schlagwort werden. Abwärme ist bei jeder Anlage vorhanden: Bei Kesseln, Feuerstellen, Öfen aller Art steckt sie in den abziehenden Verbrennungsgasen, in der ausstrahlenden Wärme, in den brennbaren Herdrückständen und Gasen. Bei den Dampfmaschinen usw. haben wir sie im Abdampf, bei den Verbrennungskraftmaschinen in den Abgasen und dem Kühlwasser, bei den elektrischen Maschinen und Apparaten in der Kühlluft. Wir können die Abwärme

bei festen Körpern zum Dämpfen, Trocknen, Dörren,

bei Flüssigkeiten zum Anwärmen, Kochen und Eindampfen,

bei Luft zum Erhitzen und Heizen

verwenden[1]).

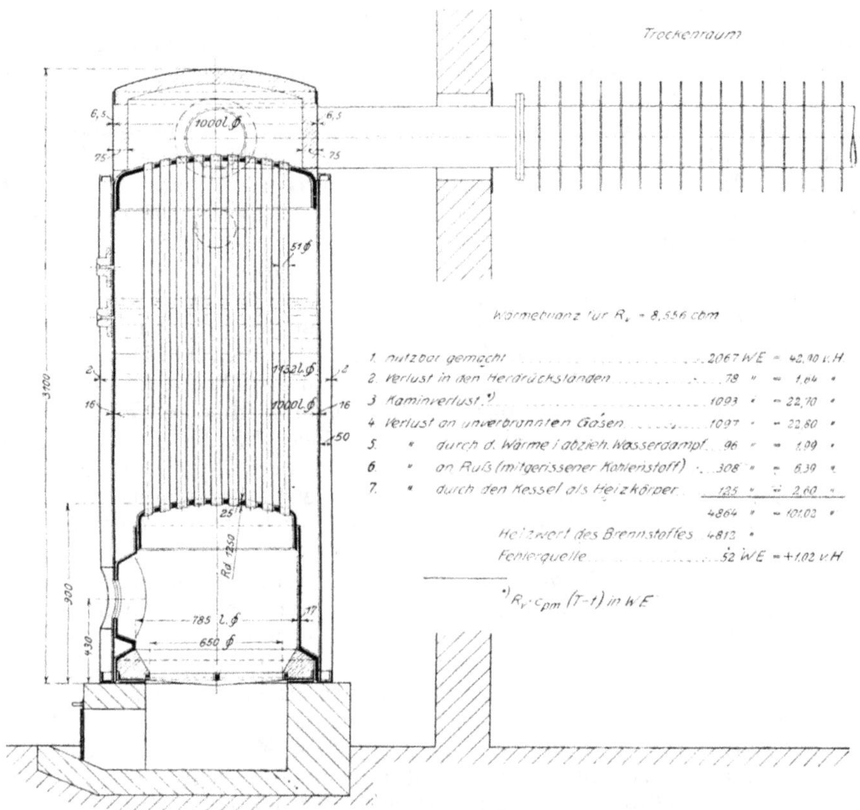

Abb. 276. Wärmebilanz bei einem Heizröhrenkessel.

Bei dem mit Braunkohlenbriketten befeuerten Heizrohrkessel, Abb. 98, S. 279, erhielt Verfasser die neben der Abb. 276 wiedergegebene Wärmebilanz.

Auffallend hoch sind die Verluste 3. und 4. Untersuchen wir zunächst an diesem Beispiel die uns heute interessierende Frage, ob hier die Abwärmeverwertung eine nennenswerte Verbesserung in wärmetechnischer Hinsicht verspricht oder ob nicht auf andere Weise der Nutzeffekt mit geringerem Aufwand von Kapital verbessert werden kann.

Den Kaminverlust 3. in WE berechnen wir nach der Formel $R_v \cdot c_{pm}\ (T - t)$, worin

R_v das Volumen der Rauchgase in cbm,

c_{pm} deren mittlere spezifische Wärme,

T und t die Temperaturen der abziehenden Gase bzw. der zu dem Rost tretenden Verbrennungsluft bedeuten.

[1]) Dr. Ing. B. Schneider, Die Abwärmeverwertung im Kraftmaschinenbetrieb, 3. Aufl. Julius Springer, 1920. — Max Hottinger, Abwärmeverwertung, Verlag Albert Raustein, Zürich.

Um den Kaminverlust gering zu halten, muß R_v möglichst klein sein, d. h. die Verbrennung darf nicht mit hohem Luftüberschuß erfolgen. Die Abgastemperatur T ließe sich durch Einbauten von Schamottekörpern zur Erhöhung des Anteils an Wärmestrahlung (337) oder vielleicht durch einen besseren Wasserumlauf im Kessel vermindern. Anderseits können wir die Lufttemperatur t hoch wählen, was ja mit Hilfe von Lufterhitzern (Abb. 16, S. 88) möglich ist, um den Klammerwert $(T - t)$ zu verringern. Der ganze Kaminverlust wäre endlich für $t = T$ Null. Man kann sich denken, daß eine solche Bedingung bei einer Gasfeuerung annähernd zu erfüllen wäre. Aber dies verstehen wir schlechtweg nicht unter „Abwärmeverwertung"; diese kennzeichnet sich in der Herabsetzung der Temperatur T unter Zuhilfenahme von besonderen Einbauten. Ein solches Mittel stellt z. B. ein Rippenrohr dar, das als Verlängerung des Abzugsrohres durch eine Trockenkammer (vgl. Abb. 276) geführt wird. Aber was werden wir hierdurch erreichen? Wenig; vielleicht ersparen wir $\frac{1}{4}$ des Kaminverlustes, das sind 5,8 vH.

Was hier von dem Röhrenkessel gilt, hat natürlich auch Bezug auf alle Verbrennungsmotoren, die mit dem Auspuff heiße Gase in die Atmosphäre stoßen (88, 89).

Man wird erkennen, daß mit Rücksicht auf die bei den Braunkohlenbriketten beobachtete unvollkommene Verbrennung die Abwärmeverwertung nicht viel Nutzen bringen kann. Durch Abkühlung gewinnen wir nicht den in den unverbrannten Gasen steckenden hohen Wärmewert. Dagegen können wir durch Wahl eines anderen Brennstoffes oder durch besondere Feuerungseinrichtungen (z. B. den Hasselschen Einbauten bei Heizkesseln, S. 621) meistens schon durch geeignete Luftzuführung usw. (286 bis 291), den Verlust 4. fast restlos wiedergewinnen und hierdurch mehr erreichen als durch Einbauten zur Verringerung des Kaminverlustes. Die Bewährung solcher Einbauten kann überdies erst nach Jahren beurteilt werden, und dieses Urteil hängt wiederum von der Lebensfähigkeit der alten Anlage ab. Jede Einrichtung, die diesem Zwecke dienen soll, erfordert zu ihrer Herstellung an sich Kohlen. Die Ersparnisse müssen daher dem hierfür zu gewärtigenden Aufwand an Brennstoff entsprechen. Dieses Kohlenäquivalent wird meist unterschätzt. Einige Beispiele: Die Bausteine zu einer mittelgroßen Villa repräsentieren allein 30 t bester Steinkohle; weitere 15 t stecken mindestens in den Balken des Dachgeschosses, in den Dielen, Fenstern, Türen. Ein weit größeres Äquivalent wird man für den Transport der Baustoffe, für deren Förderung (z. B. Wasser, Kies, Ton, Lehm), für die Herstellung der eisernen Anker, Nägel, Bänder usw. zugrunde legen müssen. Eine Lokomotive erheischt, von diesem Gesichtspunkt aus betrachtet, nach Metzeltin zu ihrer Herstellung 300 t guter Kohle. Selbst zu 1 kg Klosetpapier gehört schon 1 kg Kohle! Erst eine solche Kalkulation setzt uns in den Stand, die Entscheidung zu treffen, ob dies oder jenes der Brennstoffwirtschaft dienlicher ist.

Wollen wir den Gewinn der Abwärmeverwertung untersuchen, so müssen wir uns zunächst einmal klar machen, mit welcher Abkühlung der Kamingase praktisch gerechnet werden kann. Legen wir den Wasserröhrenkessel (Abb. 153 bis 155, S. 343) für unsere Betrachtungen zugrunde. Durch Vergrößerung der Heizfläche um die Hälfte ergibt sich theoretisch eine Abkühlung der Gase von 452 auf ca. 270°. Es ließen sich also 10 bis 12 vH Ersparnisse errechnen, wenn wir dem neuen Kessel längere Rohre geben würden. Aber stehen diese Ersparnisse in einem wirtschaftlichen Verhältnis zu den mit der vermehrten Heizfläche zusammenhängenden Kosten? Keinesfalls. Das Ergebnis ist wegen des asymptotischen Verlaufs der Temperaturen einmal unsicher, anderseits wird die Kesselheizfläche minderwertiger. Wird der Kessel mit 10 at Überdruck betrieben, so nimmt sein Wasserinhalt schon eine Temperatur von rd. 180° an. Theoretisch könnte T also auch nur auf höchstens 180° abgekühlt werden, was praktisch aber unmöglich ist.

Für die ursprüngliche Kesselheizfläche (etwa 52 qm) war die mittlere Wärmedurchgangszahl $k_m =$ 18,71, für die angehängte Heizfläche von 26 qm berechnet sie sich nur zu 9,24 WE auf 1 qm und 1° Temperaturunterschied zwischen Innen- und Außenstrom. Bei Dampfkesseln hat sich der Gegenstrom, bei Warmwasserbereitungsanlagen der Parallelstrom (426), und zwar hier nur wegen der Verhinderung der Schichtung des Wassers bewährt. Um ein größeres Temperaturgefälle auch am Kesselende zu erhalten, legt der Kesselerbauer, wenn ihn nicht andere Gründe, wie Schlammablagerung usw. davon abhalten, den Speisewassereintritt in die Heizfläche des letzten Feuerzuges derart, daß die auf diese Weise mechanisch erzeugte Stromrichtung jene durch die Dampfentwicklung entstehende unterstützt. Der Einbau von Vorwärmern bzw. Ekonomisern (345) kann bei schlechten Schornsteinverhältnissen zu einer Herabsetzung der Kesselleistung führen und obendrein noch Sorgen wegen der Aschenansammlung bereiten. Hat der Kesselbesitzer Pech, so kann er sich obendrein noch zur Anlage von künstlichem Zug und mechanischen Aschenfördervorrichtungen veranlaßt sehen, um seinen Betrieb aufrecht zu erhalten.

Aber mit diesem Urteil soll keineswegs gesagt sein, daß eine zweckmäßig angelegte Abwärmeanlage unnötig ist. Die noch heute bestehenden ungünstigen Verbrennungsverhältnisse vieler Kesselanlagen sind nicht allein in den schlechten Brennstoffverhältnissen, sondern auch in den verringerten Möglichkeiten zu suchen, einen schlechten Heizer zur besseren Erfüllung seiner Pflichten zu bringen. Je schlechter der Zustand einer Kesselanlage, je größer also der Abwärmeverlust, d. h. die in den Abgasen enthaltenen Wärememengen sind, um so größer ist der Vorteil, den eine Abwärmeanlage bietet. Bei restloser Ausnutzung der Abwärme der Abgase, die natürlich nur theoretisch gedacht werden kann, wäre es z. B. ganz gleichgültig, in welchem Zustande sich die Kesselanlage an sich befindet. Das, was in der Hauptanlage verloren geht, wird eben in der Abwärmeanlage gewonnen.

Für die Ekonomiserheizfläche spricht in erster Linie die Billigkeit, dann aber die Ausnutzung eines höheren Temperaturgefälles. Das erreicht man aber nur, wenn der Ekonomiser nicht für die Höchstleistung des Kessels, sondern für dessen mittlere Belastung bemessen wird. Sonst werden die Anschaffungskosten zu hoch und die Anlage unwirtschaftlich. Bei Höchstleistungen geht dann die Aufwärmung des Speisewassers um einige Grade zurück. Dies ist bei der Kürze der Zeit, in der die höhere Belastung auftritt, ohne Belang, auch betrieblich ergeben sich hieraus keine Schwierigkeiten.

Eine Studie über die Wirtschaftlichkeit des Ekonomisers hat Christian Christians veröffentlicht[1]). Wir konnten dem Zwecke des vorliegenden Werkes nicht besser dienen, als daß wir die Berechnung eines Steilrohrkessels zur weiteren Klarlegung der Verhältnisse vorausschickten (568).

Anders liegen die Verhältnisse bei den zugehörigen Saugzuganlagen. Diese müssen für die Höchstleistung, und, wenn möglich, noch etwas darüber bemessen werden. Denn der Ventilator muß den Kesselbetrieb auch bei höchster Belastung bewältigen. Hier handelt es sich doch um die Frage, die teueren Rost- und Kesselheizflächen so weit wie möglich auszunutzen, die sich ergebenden hohen Abgangstemperaturen aber im Ekonomiser zu verwerten. Die durch die hohen Kesselbelastungen hervorgerufenen großen Widerstände, sowie die geringe Zugstärke infolge der weitgehenden Abkühlung der Gase werden durch Aufstellung von Saugzuganlagen wieder gut gemacht. Hierbei ergibt sich dann auch eine verhältnismäßig geringe Größe des Kesselhauses und damit also auch eine Ersparnis an Baukosten.

Der Kraftbedarf der Saugzuganlage spielt dabei eine verschwindende Rolle. Er bewegt sich je nach der Belastung zwischen 0,5 bis 1 vH der Belastung.

Wo Ekonomiser und Saugzuganlage für gleiche Leistungen bemessen werden, kann es nicht wundernehmen, wenn die Anschaffungskosten so groß werden, daß bezüglich der Wirtschaftlichkeit Zweifel bestehen.

Auch bei Lokomotiven[2]) wird von der Abwärmeverwertung ausgiebiger Gebrauch gemacht. Der Abdampfvorwärmer ist allgemein verbreitet. Der Verwertung der oft beträchtlichen Abwärme in den Rauchgasen der Lokomotiven sind ebenfalls Grenzen gezogen, vielleicht mehr als bei ortsfesten Anlagen. Man verlangt von einem Abgasvorwärmer — das geschmacklose Wort Ekonomiser ist bei der Eisenbahn nicht gebräuchlich — nicht nur, daß er das im Abdampfvorwärmer auf 90 bis 100° vorgewärmte Wasser mindestens noch bis 120° weiter erwärmt, sondern auch, daß er in der Rauchkammer nicht zu viel Platz einnimmt, die Reinigung der Rauch- und Siederohre des Kessels und des Vorwärmers selbst nicht erschwert und keine Unzuträglichkeiten im Betriebe hervorruft. Daher hat der Abgasvorwärmer bei Lokomotiven noch wenig Verbreitung gefunden. Es ist aber auch hier die Erfahrung gemacht worden, daß die Heizfläche viel wirksamer ist als in den Heizrohren des Kessels, besonders, wenn der äußerst lebhafte Wärmeübergang durch Erhöhung der Gasgeschwindigkeit in engen Rohren ausgenutzt wird. Es kann auch für Lokomotiven in Frage kommen, um an Gewicht zu sparen, den letzten Teil der Kesselheizfläche in den Vorwärmer zu verlegen, den Kessel also selbst kürzer auszuführen, um Platz für einen Abgasvorwärmer zu gewinnen. In letzter Zeit sind bei der Reichsbahn Versuche mit einem eigenartigen Abgasvorwärmer der Lokomotivbauanstalt Borsig in Berlin-Tegel (Abb. 277) ausgeführt worden, der, wenn er sich weiter bewährt, einen nicht unwesentlichen Fortschritt in der Wärmeausnutzung der Abgase der Lokomotiven bedeutet, ohne den Betrieb und die Werkstätten zu belasten. Der Abdampf wird gemischt mit den Abgasen durch ein System von Rohren, das vom Speisewasser umspült ist, nach oben ausgestoßen. Der auf die Rauchkammer gesetzte Vorwärmer bildet den Schornstein. Das Gemisch erwärmt das Speisewasser, das vom Abdampfvorwärmer auf 90 bis 100° vorgewärmt eintritt, um weitere 20 bis 23° mit nur 5 qm Heizfläche, ein Erfolg, der überraschend ist und nach der Berechnung mit Hilfe der

[1]) Zeitschr. f. Wärmetechnik und -wirtschaft („Evaporator") 1922 Heft 1.

[2]) Dr. Ing. Schneider, Z. V. d. I. 1913 S. 690, 738, 854, 903.

Theorie von der Wärmeabgabe strömender Gase in Röhren nicht zu erwarten war. Die genauen wissenschaftlichen Versuche ergaben eine Wärmedurchgangszahl von über 200 WE stündlich für 1° Temperaturunterschied und 1 qm Heizfläche, während nach der Rechnung nur 100 WE zu erwarten waren. Die Mischung der Rauchgase mit dem noch überhitzten Abdampf scheint trotz der Abkühlung durch Mischung den Wärmeübergang zu begünstigen. Bei Versuchsfahrten wurde eine Kohlenersparnis allein durch den Abgasvorwärmer von 7 bis 8,5 vH festgestellt. Die Ersparnis im Betriebe wird noch größer angegeben, bedarf indes noch der Nachprüfung[1]).

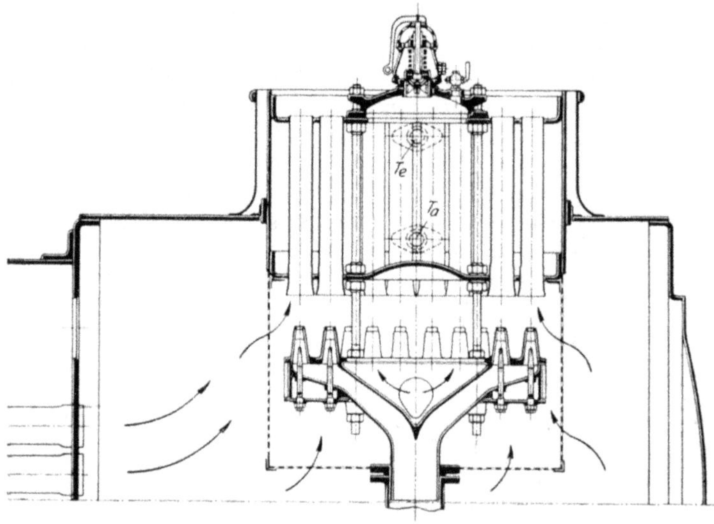

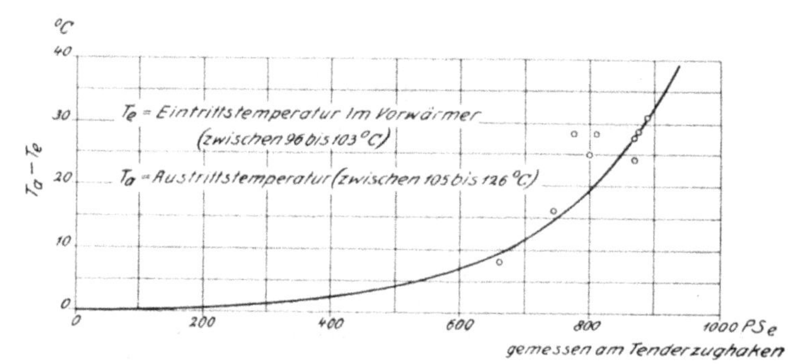

Abb. 277 und 278. Abgasvorwärmer von A. Borsig G. m. b. H. und seine Wirkung.

Verfasser hat die ihm von Dr. Ing. Neuhaus in bereitwilligster Weise zur Verfügung gestellten Unterlagen einer Prüfung unterzogen und aus den Leistungskurven die Erwärmung des Speisewassers ($T_e - T_a$) als f (Pc) dargestellt. Mit dem erhöhten Dampfverbrauch der Lokomotive wächst die Geschwindigkeit w des Dampfabgasgemisches und damit die Wärmeübertragung K in Formel (336). Der Abgasvorwärmer dürfte sich deshalb bei kleinen, größerer Anstrengung unterworfenen Lokomotiven am besten bewähren.

b) Wärmepumpe.[2])

Der Kompressor (381) hat den Zweck, eine praktisch ausreichende Wärmemenge auf eine höhere Temperatur zu bringen und nicht etwa die für die Verdampfung erforderliche Wärme zu erzeugen. Trägt man den mittleren, praktischen Verhältnissen entsprechenden Dampfbedarf

[1]) Strahl, Glasers Annalen, 15. Oktober 1921.

[2]) Gegenüber den Angaben auf S. 382 sei richtiggestellt, daß die Versuche mit der Wärmepumpe im Maschinenbaulaboratorium der Techn. Hochschule Charlottenburg gemeinschaftlich von Geh. Reg. Rat Prof. Josse und Prof. Gensecke ausgeführt worden sind.

bei Einfach- und Vielfachverdampfern in Abhängigkeit von dem Temperaturgefälle auf[1]), so findet man für den unabhängigen Eindampfbetrieb, daß der Dampfverbrauch bei Kompressionsverdampfern als gerade Linie erscheint. Das Temperaturgefälle spielt, wie aus Zusammenstellung 190 hervorgeht, bei der Beurteilung der Wirtschaftlichkeit eine maßgebende Rolle.

Zahlentafel 190.

Erforderliches Temperaturgefälle bei gleichem Dampfverbrauch.

Kompressionsverdampfer kleinerer Leistung	gegenüber	Kompressionsverdampfer größerer Leistung
9,5°	Fünffachverdampfer	14,6°
11,6	Vierfach- „	17,4
14,2	Dreifach- „	22,1
20,2	Doppel- „	32,0

Für den Gang der Berechnung gibt Prof. Gensecke die in Zahlentafel 191 wiedergegebene Anleitung, wobei eine Temperatursteigerung im Kompressor von 19,6° C, gültig für den folgenden Zustand des Dampfes, zu Grunde gelegt ist:

Eintritt Druck at abs. 12,0
Temperatur °C 300
Austritt Druck at. abs. 0,08

Zahlentafel 191.

Energie- oder Dampfverbrauch für Kompressionsverdampfer.

		größere Anlage	kleinere Anlage
Gütegrad Dampfturbine		0,65	0,45
„ Kompressor		0,65	0,60
Wärmegefälle der Turbine	WE/kg	202	202
Dampfverbrauch der verlustlosen Turbine	kg/PS-st	3,13	3,13
wirklicher Verbrauch	„	4,82	6,95
Wärmesteigerung für $\frac{p_2}{p_1} = 2{,}0$ [1])	WE/kg	30,5	30,5
wirklicher Wärmebedarf für Förderung von 1 kg Dampf	„	47,0	50,8
Dampfförderung	kg/PS-st	13,5	12,5
Dampfbedarf für Förderung von 1000 kg Dampf	kg	356	555

[1] $p_1 = 1$ at abs. angenommen.

Aus den obigen Ausführungen geht ohne weiteres hervor, daß die Brüdenverdichter unter gewissen Voraussetzungen d. h. vor allem bei niedrigeren Temperaturgefällen theoretisch dem Vielfachverdampfer überlegen sein können. Mit der Erhöhung des Siedepunktes z. B. bei zunehmender Konzentration der Lösung ändert sich die Sachlage immer mehr zugunsten der Mehrverdampfer; indes sehen wir aus der Zusammenstellung 190, daß der Kompressionsverdampfer bei Temperaturgefällen von 20 bis 30° schon einem Doppelverdampfer gleichwertig sein kann, wenn nicht andere Gesichtspunkte, wie höhere Anlagekosten, die Entscheidung zuungunsten des Brüdenverdichters verschieben[2]).

In der neueren Wärmewirtschaft, die durch Kupplung von Wärmevorgängen eine Reihe von Möglichkeiten geschaffen hat, bildet die Wärmepumpe ein wichtiges Zwischenglied bei der Abwärmeverwertung. Solche Kupplung bietet:

1. Die Verbindung von Energieerzeugung und Eindampfen, wobei der Gegendampf der Kraftmaschine die Eindampfanlage heizt.

2. Desgl. von Eindampf- und Heizbetrieb; d. h. die Brüdendämpfe aus dem letzten Verdampfer dienen zu Koch- und Heizzwecken.

[1]) Vgl. Ausführlicheres: Gensecke, Ueber Kompressionsverdampfung, Z. V. d. I. 1923, Nr. 11.

[2]) Vgl. Dr. Ing. Berner: Ergebnisse der wärmetechnischen Betriebsüberwachung, vorgetragen in der Jahresversammlung der Hauptstelle für Wärmewirtschaft in Dresden 22. 9. 1921, Arch. f. Wärmewirtschaft, Okt. 1921, S. 131.

3. Desgl. eine Vereinigung von 1. und 2., so daß der Kesseldampf nacheinander durch Kraftmaschine, Eindampfanlage und Koch- bzw. Heizungsanlage strömt.

Zahlentafel 192[1]).

Eindampfung mit Abwärmeverwertung.

		Einfach-Verdampfer	Doppel-Verdampfer	Dreifach-Verdampfer
Erforderliche Verdampfleistung	kg/st	1000	1000	1000
„ Heizdampfmenge	„	1100	575	400
Frischdampfbedarf für Gegendruckmaschine	„	1100	575	400
Frischdampfdruck	at abs.	12	12	12
„ temperatur	°C	300	300	300
Gegendruck	at abs.	1,2	1,2	1,2
adiabatisches Wärmegefälle	WE/kg	110	110	110
Gütegrad der Turbine		0,65	0,65	0,65
Dampfverbrauch	kg/st	8,85	8,85	8,85
Nutzarbeit aus 1100 kg/st Frischdampf	PS-st	125	65	45,2

Wird die Eindampfanlage mit Abdampf der Kraftmaschine beheizt, so kann man den Wärmeverbrauch für Krafterzeugung und für das Eindampfen derart trennen, daß man von dem Gesamtverbrauch den einer Kondensationsturbine gleicher Leistung zukommenden Dampf abzieht. Zahlentafel 192 gibt die Verhältnisse für Einfach-, Doppel- und Dreifachverdampfer wieder. Danach wäre die Trennung nach Zahlentafel 193 vorzunehmen:

Zahlentafel 193.

Dampfverbrauch der Kondensationsturbine	kg/st	4,82	4,82	4,82
desgl.	„	605	3,13	218
verbleibt für die Eindampfanlage	„	495	262	182
gleichwertige Menge von Niederdruckdampf	„	565	300	208

Die Rechnung ergibt bei den gewählten Dampfverhältnissen, daß die mit Abdampf geheizten Eindampfanlage bei gleicher Körperzahl etwa halb so viel Wärme verbraucht wie bei unabhängigem Betrieb.

In der Regel betrachtet man den Turbokompressor als die für die Brüdenkompression geeignetste Kompressionsmaschine. Der Kolbenkompressor eignet sich für kleinere und mittlere Liefermengen; für sehr große Mengen wird er im Vergleich zum Turbokompressor zu teuer. Beim Strahlkompressor fällt der Umweg über die mechanische Energie fort. Bei ihm ist die Fördermenge nach keiner Richtung hin begrenzt. Er findet hauptsächlich bei Brüden mit sauren Bestandteilen und bei Anlagen mit kleinerer Leistung Beachtung, wo ein Turbokompressor nicht mehr ausführbar ist.

c) bei Industrieöfen.

Wo es sich um hohe Abgangstemperaturen (bis zu 800° und darüber), wie bei Gasanstalten, Glüh-, Schmelz-, Martinöfen, Zement-Drehöfen usw. handelt, kann man mit ihrer Hilfe Dampf überhitzen oder auch erzeugen. Nach den Berechnungen von Direktor Schreiber[2]) liegt die Wirtschaftlichkeitsgrenze einer derartigen Anlage bei Abgastemperaturen zwischen 450 und 500°. Die durchschnittliche Dampferzeugung betrug etwa 6,3 kg Normaldampf je qm Heizfläche und Std. bzw. etwa 350 kg je t erzeugten Stahles. Ist ausreichende Abwärme vorhanden, wird man zweckmäßig in ein und demselben Feuerzuge erst die Dampfüberhitzung und dann die Dampferzeugung vornehmen und schließlich noch Wasser vorwärmen und Luft erhitzen können (vgl. Abb. 16, S. 88).

Besonders wichtig ist der Einbau eines Ekonomisers hinter Abwärmekesseln, wie sie z. B. bei Martinöfen in neuerer Zeit vielfach Anwendung finden. Infolge der meist unnötig hoch gewählten Dampfspannung und der hohen Temperatur des Kesselinhalts betragen die Abgastemperaturen hinter derartigen Abhitzekesseln meistens noch 250 bis 350° C, so daß der Abgasverlust von 30 vH, wie in der Ruhrorter Anlage der Phoenix-A.-G., auf nur etwa 18 vH vermindert wird[3]). Nimmt man die Temperatur vor dem Kessel mit 500° an, so werden alles in allem nur etwa 200 bis 250° ausgenutzt.

[1]) Nach Prof. Dr. Gensecke, a. a. O.

[2]) Schreiber, Stahl und Eisen, 9. u. 16. Januar 1913.

[3]) G. Neumann, Bericht Nr. 51, Verein deutscher Eisenhüttenleute.

Treibt man die Ausnutzung dadurch, daß man einen Ekonomiser einbaut, um 100° weiter, so ist der Wärmegewinn, der durch den Ekonomiser erzielt wird, etwa 40 bis 50 vH des sonst erzielten Wärmegewinns, und zwar wird dieser Gewinn mit verhältnismäßig geringen Kosten erzielt. Bei derartigen Anlagen ist also der Einbau eines Ekonomisers beinahe noch wichtiger als bei normalen Kesseln, wo nur ein Wärmegewinn von etwa 10 vH im Mittel erzielbar ist. Der Saugzug macht sich im Martinofenbetrieb, insbesondere wenn die Kammern verschlackt sind, sehr verdient, da er die Fortführung des Ofenbetriebes noch längere Zeit ermöglicht.

Für die Abwärmeverwertung von Schmiedeöfen möge folgendes Beispiel aus der Praxis des Verfassers wiedergegeben werden:

1. Anfallende Wärmemengen. Für die Beurteilung der vorliegenden Frage interessiert zunächst die Wärmemenge, die von den Schmiedefeuern stündlich anfallen dürfte. Der Koksverbrauch für sechs Öfen ergab sich in dem interessierenden Falle zu 430 kg/st. Da aber nur mit drei Öfen i. M. gerechnet werden darf, soll auch nur die Hälfte des Koksverbrauchs, also 215 kg/st zugrunde gelegt werden.

Nach Messungen des Verfassers steigen die Temperaturen eines Schmiedefeuers bis zu 1600°, wenn für entsprechende Luftzuführung und Konzentrierung des Herdfeuers Sorge getragen wird. Durch Einhalten von Werkstücken, durch erneute Beschickung und Herrichtung des Feuers sind aber Abkühlungen in den Kauf zu nehmen, so daß mit einer durchschnittlichen Herdtemperatur von höchstens 1200° mit Sicherheit gerechnet werden kann. Es soll ferner angenommen werden, daß durch die äußere Wärmestrahlung der Öfen rd. 10 vH von dem Heizwert W des Koks verloren gehen; die auf dem Herdfeuer entwickelten Wärmemengen würden sich demnach zu

$$1200 \cdot cp_m \cdot G = 0{,}9\, W$$

ergeben, d. h. das Produkt aus Temperatur, mittlerer spezifischer Wärme und dem Gewicht der Gase muß dem um 10 vH verminderten Heizwert des Koks gleich sein. Bei 1200° kommen daher auf 1 kg Koks $= 0{,}9\, W$ WE. Gehen die Feuergase mit etwa 800° in den Abzugsschlot, so ständen für die Ausnutzung der Abwärme

$$\frac{800 \cdot 0{,}9\, W}{1200} = 0{,}6\, W$$

zur Verfügung. Ist $W = 6000$ WE, hätte man stündlich mit 3600 WE je kg verfeuerten Koks zu rechnen und bei 215 kg Koks

$$3600 \cdot 215 = 774000 \text{ WE}$$

anzunehmen.

2. Dampfkesselbetrieb. An Dampf für die Hämmer werden höchstens 2000 kg/st verlangt. An Brennstoff steht Rohbraunkohle von etwa 2200 WE zur Verfügung. Die Erfahrung mit diesem Brennstoff hat gelehrt, daß die Feuerzüge sich innerhalb weniger Wochen schon derart mit Flugasche verlegen können, daß Leistung und Nutzeffekt stark nachlassen. Bei Neuanlagen kann man sich gegen solche Möglichkeiten durch entsprechende Dispositionen schützen. Es ist deshalb für die vorsichtige Rechnung nötig, von vornherein nicht mit zu hohen Leistungen und Verdampfungsziffern zu rechnen. Wählen wir zunächst eine Verdampfungsziffer von nur 2,1, so wären außer dem Anheizmaterial zur Erzeugung von 2000 kg

$$\frac{2000}{2{,}1} = 952 \text{ kg/st}$$

zur Aufrechterhaltung des Betriebes erforderlich.

Da die Rohbraunkohle 50 vH und mehr Feuchtigkeit enthält, entweichen mit den Abgasen nicht zu vernachlässigende Dampfmengen, die einen Verlust an fühlbarer Wärme bedeuten, der häufig in der Wärmebilanz keine Berücksichtigung findet. Man bezieht gewöhnlich die Wärmeverluste auf trockene Gase und erhält deshalb geringere Verluste, als tatsächlich vorliegen. Wir wählen den Wirkungsgrad der Rohbraunkohlen-Feuerung zu 64 vH und erhalten als nutzbare Wärmemenge für 1 kg Rohbraunkohle

$$\frac{2200 \cdot 64}{100} = 1408 \text{ WE/kg}$$

und im ganzen für 952 kg Rohbraunkohle 1340416 WE/st

3. Erforderliche Dampfkesselheizflächen. Von der Annahme ausgehend, daß sich der Wärmedurchgangskoeffizient k nicht wesentlich ändert, ist die durch 1 qm Heizfläche H in der Stunde übergehende Wärmemenge

$$Q = k \cdot H \cdot t_m,$$

worin für die Einstromfläche

$$t_m = \frac{T_o - T_u}{l_n \frac{T_o - t}{T_u - t}}$$

zu rechnen ist.

Dementsprechend ist (338).

$$H = \frac{Q}{k\,(T_o - T_u)}\; l_n \frac{T_o - t}{T_u - t}.$$

Da unter Q die gesamte stündlich übergehende Wärmemenge zu verstehen ist, erhalten wir:

(Abwärmekessel) $Q_1 = 3600 \cdot 215 = 774\,000$ WE
(Braunkohlenkessel) $Q_2 = 1408 \cdot 952 = 1\,340\,416$ „

Wählen wir weiter die Temperatur $t = 175^0$ im Innern des Kessels (9 at abs.), so folgt:

1. Abwärmekessel:
$Q_1 = 774000$ WE; $T_o = 800^0$; $T_u = 400^0$; $t = 175^0$; $k_1 = 15$
$H_1 = 132$ qm;

2. Braunkohlenkessel:
$Q_2 = 1\,340\,416$ WE; $T_o = 1200^0$; $T_u = 400^0$; $t = 175$; $k_2 = 18$
$H_2 = 141$ qm.

Die Temperatur T_o am Anfang der Heizfläche ist bei 2. von dem Luftüberschuß bei der Verbrennung abhängig; für den Fall, daß dieser 1,65 betragen sollte, ist $T_o = 1200^0$ gesetzt. Für den Fall 1 war die entsprechende Anfangstemperatur mit 800⁰ gegeben. Die Temperatur T_u am Ende der Kesselheizfläche soll in beiden Fällen 400^0 maximal betragen. Man kann ja auch 300^0 oder weniger annehmen, aber besser ist immer die eine Reserve sichernde Annahme.

4. Kesselleistungen. Der Abwärmekessel dürfte wegen des geringeren Dampfgehalts in den Abgasen der Öfen mit 70 vH Wirkungsgrad arbeiten und bei einer Erzeugungswärme des Dampfes von etwa 600 WE — heißes Speisewasser von 60 bis 70^0 vorausgesetzt — stündlich

$$\frac{774000 \cdot 70}{100 \cdot 600} \text{ rd. } 900 \text{ kg Dampf}$$

entwickeln, d. h. 45 vH vom Betriebsdampfkessel. Selbst für den Fall, daß die Heizungsanlage infolge von Betriebsstörungen nicht mit dem Abdampf der Hämmer, sondern mit Frischdampf — Bedarf 2200 kg — versorgt werden müßte, würden von dem mit Rohbraunkohle befeuerten Dampfkessel

$$\underset{\text{(Betriebsdampf)}}{2000} + \underset{\text{(Heizungsdampf)}}{2200} - \underset{\text{(Abwärmekessel)}}{900} = 3300 \text{ kg Dampf je Std.}$$

zu liefern sein, was einer Beanspruchung des Kessels von

$$\frac{3300}{141} = 23{,}4 \text{ kg Dampf/qm Heizfläche}$$

entspräche, eine Leistung, die bei normalem Schornsteinzug erreichbar ist.

5. Rentabilität des Abwärmekessels. Zur Erzeugung von 900 kg Dampf sind stündlich ∾ 430 kg Braunkohlen oder für die Schicht 3440 kg oder für 300 Arbeitstage 1032 t erforderlich. Bei dem durch die Sachleistungen für Reparationen entstandenen Koksmangel wäre das Projekt nicht nur im wärmetechnischen Sinne zu begrüßen, sondern auch im privatwirtschaftlichen Interesse durchaus zu empfehlen. Dies gilt nicht allein für Dampfmaschinen, sondern für alle Feuerungen, die wie Gasöfen, keramische Öfen usw. hohe Abgangstemperaturen aufweisen.

6. Heizungsanlage. Bei der Aufspeicherung von Dampf für Heizungszwecke rechnet man mit einem etwas höheren Dampfdruck als für die Heizung unmittelbar erforderlich wäre. Man erreicht dadurch einen regelmäßigen Betrieb durch größere Speichermengen, die wegen der Betriebspausen nötig sind. Der von den Dampfhämmern anfallende Dampf wird in einem Dampfsammler aufgespeichert, dessen Druck allgemein nicht über 1,25 bis 2,5 at abs. (also 0,25 bis 1,5 at Überdruck) be-

tragen dürfte. Innerhalb dieser Grenzen läßt sich jede Heizungsanlage des projektierten Umfanges berechnen, zumal wenn der Heizdampf zur Vermeidung frühzeitiger Kondensation vom Speicher aus erst durch einen Überhitzer geleitet wird. Mit zunehmendem Gegendruck kann selbst diese Überhitzung außer acht bleiben, weil der die Hämmer verlassende Dampf noch überhitzt sein dürfte.

Der Dampfverbrauch der Hämmer und damit auch deren Leistung hängt wie bei jeder Kraftanlage von dem Eintrittsdruck und dem Gegendruck ab. So leistet z. B. eine Dampfmaschine bei 15 at abs. Eintrittsdruck und 2,5 at abs. Gegendruck dasselbe, als wenn sie mit nur 7 at abs. Eintrittsdruck und 1,15 at abs. Gegendruck betrieben würde. Man könnte sich demnach vorstellen, die Dampfhämmer im Winter, d. h. während der Heizperiode, mit höherem Eintrittsdruck und Gegendruck arbeiten zu lassen, um dadurch die für die Heizung erforderlichen Dampfmengen zur Verfügung zu haben; im Sommer dagegen wird der Betrieb der Hämmer derart geregelt, daß sie mit niedriger Eintrittspannung und mit Auspuff arbeiten; — oder man leitet den Dampf in eine Abdampfturbine zur weiteren Energieerzeugung.

In der heutigen Zeit wird die Beschaffung eines Ruths-Speichers wegen des Kapitalmangels fast zur Unmöglichkeit. Aber zur Not genügt auch jeder zur Verfügung stehende Dampfkessel, der zur Vermeidung von Abkühlungen durch Abgase mit beheizt werden kann. Falls ein solcher vorhanden sein sollte, würde auch diese Frage finanziell und wirtschaftlich gelöst werden können (383).

d) bei Generatoren.

Eine besonders interessante Aufgabe in diesem Rahmen ist die Nutzbarmachung der fühlbaren Wärme der Generatorgase[1]). Bei der Erzeugung von Kraftgas (69) hat man schon seit langem diese Frage aufgegriffen und gelöst, aber bei der Erzeugung von Heizgas ist man meist der Ansicht, daß die fühlbare Wärme zur Erzielung hoher Flammentemperaturen nicht entbehrt werden kann und daß man sie daher nicht vorher ausnutzen darf, daß es im Gegenteil erwünscht sei, den Gaserzeuger möglichst heiß zu betreiben, um den Anteil an fühlbarer Wärme zu steigern. Es ist wichtig, diese Frage einmal kritisch zu prüfen.

Jedem Brennstoff entspricht eine bestimmte Gastemperatur. Diese ist nicht nur von den Bedingungen der chemischen Umsetzung, sondern insbesondere von der Beschaffenheit der Brennstoffe selbst abhängig. Während die Höchsttemperaturen in der Reaktionszone bei der Luftgasherstellung 1300 bis 1400° betragen, sind diese bei dem heute fast allgemein üblichen Dampfzusatz zur Vergasungsluft (Mischgas-, Halbwassergas- bzw. Halbgaserzeugung) (69) nur 1100 bis 1200° und können durch besonders gesteigerten Dampfzusatz noch weiter erniedrigt werden. Naturgemäß ist dieser Zusatz begrenzt, da bei zu weit gehender Erniedrigung der Temperaturen die Reaktionsbedingungen für die Bildung des Kohlenoxyds (159) zu ungünstig werden und der Wirkungsgrad der Vergasung leidet. Man kann daher als unterste Reaktionstemperatur etwa 1100° bezeichnen. Unterschreitet man diese, so wird man entweder eine schlecht ausgebrannte Asche oder eine ungenügende Zersetzung des Wasserdampfes erreichen. Will man daher wie beim Mondgas-Verfahren (69, 198, 200, 205 bis 207, 266, 455), den Zusatzdampf noch weiter steigern, so muß man dem Gaserzeuger durch Überhitzung des Luftdampfgemisches Wärme zuführen.

Überlegt man nun, daß die chemischen Umsetzungen bei etwa 800 bis 900° vollkommen beendet sind, so stellt diese Temperatur die höchste erreichbare Gastemperatur dar. In den meisten Fällen fällt sie niedriger aus, weil der Brennstoff vor Eintritt in die Reaktionszone vorbereitet werden muß; sowohl seine Anwärmung als auch seine Destillation und Trocknung erfordern Wärme; letzteres ist besonders bei minderwertigen Brennstoffen wichtig. Während z. B. bei der Vergasung von Koks eine Gastemperatur von 800° nicht selten ist, soll dieselbe bei der Vergasung von Steinkohle 500 bis 600°, bei der Vergasung von Braunkohlenbriketten und hochwertigen (z. B. böhmischen) Braunkohlen 250 bis 300° nicht überschreiten. Bei der Vergasung minderwertiger Brennstoffe mit etwa 45 vH Feuchtigkeit (Braunkohle, Torf, Holz) wird man sich mit Gastemperaturen von 100 bis 130° begnügen müssen, und bei den geringsten Sorten dieser mit 55 bis 60 vH Feuchtigkeit reicht die im Gaserzeuger zur Verfügung stehende fühlbare Wärme des aufsteigenden Gases kaum noch aus, die Feuchtigkeit der Kohle zu verdampfen und das Gas mit 80°, nahe dem Taupunkt, zu erzeugen.

Diese Gegenüberstellung zeigt klar, daß wir als fühlbare Wärme des Generatorgases nicht nur diejenige des Gasanteiles, sondern auch die des enthaltenen Wasserdampfes berücksichtigen müssen. Es ist weiter daraus erklärlich, warum die im Gasheizwert enthaltene Wärme auf den Heizwert der Kohle bezogen, bei allen Brennstoffen ziemlich gleich hoch ist und lediglich vom Teergehalt abhängt.

[1]) Vgl. Trenkler, Glasers Annalen, 15. Oktober 1921.

Sie läßt aber schließlich auch erkennen, daß eine Nutzbarmachung der fühlbaren Wärme wesentlich leichter bei Gasen mit wenig Feuchtigkeitsballast durchführbar ist, da man den Dampf nur durch Kondensation aus dem Gas ausscheiden kann. Zur besseren Übersicht sei die nachfolgende Zahlentafel 194 gegeben:

Zahlentafel 194.

Verhalten verschiedener Brennstoffe bei der Vergasung.

Vergasungsmaterial		Koks	Steinkohle	Braunkohlenbrikette	minderwertige Brennstoffe mit 40 vH H_2O	55 vH H_2O
Gasausbeute	cbm/kg	4,5	3,7	2,5	1,5	1,2
Gastemperatur	°C	800	600	300	120	80
therm. Wirkungsgrad der Vergasung	vH	78	72	74	68	64
Heizwertanteil im Teer	„	—	8	10	14	14
„ in der fühlbaren Wärme des Gases	„	16	10	5	1,5	1
„ in der fühlbaren Wärme des Dampfes im Gase	„	2	3	5	10,5	17

Die fühlbare Wärme im Gas ist daher bei der Verarbeitung von Koks und Steinkohle sehr erheblich. Sie zu erhalten, ist schwer zu erfüllen. Nach Feststellungen ist bereits der Verlust an fühlbarer Wärme in den allgemein verwendeten, hinter dem Gaserzeuger geschalteten Staubsäcken, Ventilen und Abfallrohren etwa $\frac{1}{3}$, somit 3 bis 5 vH vom Heizwert der Kohle. Bei der Weiterleitung bedient man sich entweder gemauerter Kanäle oder ausgemauerter Gasleitungen. Bei ersteren rechnet man für den laufenden Meter mit 1°, bei letzteren mit 2° Temperaturverlust, was bei zentralen Anlagen zu erheblichen Wärmeverlusten führt. Da die Zentralisation der Brennstoffwirtschaft auf den Werken und insbesondere die Zusammenfassung der Gaswirtschaft aus wichtigen wirtschaftlichen Gründen erstrebenswert erscheint, muß man beim Vergasungsbetrieb die Hauptforderung stellen, das Gaserzeugen nicht zu heiß, sondern so kalt, als es der Brennstoff zuläßt, zu betreiben. Das gilt auch bei dicht an die Öfen angebauten Gaserzeugern, weil deren Heißtreiben stets mit einer Verschlechterung der Gaszusammensetzung verbunden ist. Die Wärme, die im Heizwert des Gases vorhanden ist, unterliegt keinerlei Verlusten, während solche bei der fühlbaren Wärme des Gases unvermeidlich sind. Auch ist es gar nicht zutreffend, daß der Betrieb der Öfen heißes Gas verlangt. Diese Fälle sind selten. Die meisten industriellen Öfen sind mit Rekuperation oder Regeneration ausgestattet. Ihre Abwärme ist so groß, daß man jederzeit in der Lage ist, die erforderlichen Temperaturen im Ofen durch die Luft-, oder Gas- und Luftvorwärmung zu erreichen.

Strebt man nun eine Nutzbarmachung der fühlbaren Wärme an, so ist es naheliegend, Staubsäcke, Ventile und andere Quellen von Wärmeverlusten zu vermeiden und die hierfür gedachten Vorrichtungen möglichst unmittelbar mit den Gaserzeugern zusammenzubauen. Das Bestreben ging schon anfänglich dahin, die fühlbare Wärme zur Erzeugung des Wasserdampfes zu verwenden, der zum Gaserzeugerbetrieb notwendig ist. Bereits Dowson (1883) stattete den Gaserzeuger mit einem Kühlmantel aus, um das Wasser für die Dampferzeugung vorzuwärmen. Weiter entwickelt ist diese Idee bei Bénier (1891), der aus dem vorgewärmten Wasser Dampf in einem Hohlrost erzeugte. Daneben wurde vielfach versucht, den Kühlmantel direkt als Dampferzeuger auszubilden oder einen Röhrenkessel unmittelbar in die Gasabzugsleitungen einzubauen (187). Beide Bauarten sind im Laufe der Zeit technisch sehr vervollkommnet worden. Ein Beispiel für die erstere Art ist der Dampfkessel-Gaserzeuger von Karl Marischka der Gaswerke Wien[1]). Eine genaue Untersuchung eines solchen Gaserzeugers durch Bunte und Terres[2]) zeigte, daß 81,93 vH des Kohleheizwertes im Gasheizwert enthalten waren, während 15,99 vH zur Dampferzeugung ausgenutzt wurden. Als fühlbare Wärme im Gas verblieben nur noch 2,45 vH, was als ein außerordentlich günstiges Resultat anzusprechen ist. Die zweite Bauart wird naturgemäß Strahlungsverluste durch den Röhrenkessel erwarten lassen, was auch die Untersuchung einer solchen Anlage durch Bunte, Viehoff und Czako[3]) gezeigt hat. In diesem Falle waren 81,1 vH im Gasheizwert enthalten, 10 vH zur Dampferzeugung ausgenutzt, so daß als fühlbare Wärme im Gas noch 5,1 vH verblieben. Der Strahlungsverlust errechnet sich bei dieser Anlage zu 5,9 vH, gegenüber 1,69 vH beim Kerpely-Marischka-

[1]) Prof. Ernst, Z. d. Dampfk.-Unters.- u. Versich.-Ges. Jahrg. 1921, Heft 3 u. 4.

[2]) J. f. G. 1918, S. 447.

[3]) Ebenda 1920, S. 589.

Gaserzeuger[1]). Diese beiden Ziffern zeigen klar die Vorteile der letztgenannten Bauart, welche besonders bei Gaswerken mehrfach Anwendung fand. Die Benutzung eingebauter Röhrenkessel wurde namentlich bei Sauggasanlagen vielfach durchgeführt (Abb. 64, S. 187) und besonders bei kleinen Anlagen bevorzugt, weil die hohen Anlagekosten der Marischka-Kessel die Wirtschaftlichkeit der Dampferzeugung beeinflussen können. Das gilt heute erst recht, wo sich wärmesparende Einrichtungen wegen der Knappheit des Geldes an sich schwer einführen. Vor allem muß die Bedingung möglichst teerfreien Generatorgases erfüllt sein. Man findet deshalb die Abwärmeverwertungseinrichtungen vornehmlich bei Sauggas- und Kraftgasanlagen und in solchen Betrieben, wo Koks vergast wird. Bei den meisten dieser Anlagen war die Ausnutzung der fühlbaren Wärme wegen der notwendigen Kühlung und Reinigung des Gases geboten, mit der sie sowieso vernichtet worden wäre. Bei teerreichen Brennstoffen verbieten sich solche Einrichtungen wegen ihres außerordentlich schnellen Verschmutzens. Dadurch nimmt die Wärmeübertragung und auch die Haltbarkeit der Apparate rasch ab. Aus diesem Grunde sind so viele dahinzielende Versuche mit schlechtem Erfolg ausgelaufen.

Wie man sieht, bietet die Ausnutzung der fühlbaren Wärme des Generatorgases große Schwierigkeiten. Diese Erkenntnis stützt die bereits ausgesprochene Forderung, den Gaserzeuger möglichst kalt zu betreiben, und solche Betriebsbedingungen zu schaffen, daß dieses Ziel erreicht wird. Ein Blick auf die Zahlentafel 194 zeigt — obwohl nur mittlere Werte für die einzelnen Brennstoffe angenommen wurden —, warum die Vergasung von Braunkohlenbriketten und hochwertiger Braunkohle selbst der Vergasung von Steinkohle meist vorgezogen wird, wenn beide Brennstoffe an der Verbrauchsstelle erhältlich sind. Die vorstehenden Betrachtungen lassen es aber sogar wünschenswert erscheinen, bei der Vergasung von Steinkohle durch Zumischung geeigneter minderwertiger Brennstoffe die Verhältnisse diesem mittleren Fall möglichst anzupassen. Man würde auf diesem Wege die gesuchte Nutzbarmachung minderwertiger Brennstoffe einfacher, schneller und sicherer erreichen, als durch eine langwierig vorzubereitende und wohl zu bedenkende Umstellung auf solche Brennstoffe, aber hierdurch auch die bei der Gaserzeugung unvermeidlichen Verluste an fühlbarer Wärme weitgehendst einschränken können.

Eine wesentlich andere, technisch noch schwierigere Aufgabe ist die Nutzbarmachung der im Dampfgehalt des Generatorgases steckenden fühlbaren Wärme. Eine Trennung vom Gas ist, wie bereits gesagt, nur durch unmittelbare oder mittelbare Kondensation möglich. Bei Oberflächenkühlung erhält man eine geringe Menge Kondenswasser von durchschnittlich etwa 60° Temperatur, während die im Kühlwasser enthaltene Kondensationswärme sich aus den durchschnittlichen Temperaturen von 45 bis 60° ergibt. Bei der unmittelbaren Kühlung durch Berieselung im Gegenstrom erhält man ein warmes Kühlwasser von einer Temperatur, die nahezu der Taupunktstemperatur des Gases gleichkommt, also durchschnittlich 70 bis 75° ist. Dieser Weg erscheint daher vorteilhafter, wird aber dadurch erschwert, daß das Kühlwasser durch ausgeschiedenen Teer verunreinigt ist. Eine anderweitige Verwendung dieses Wassers bietet sich daher höchstens in der Luftsättigung, wodurch man den Zusatzdampf bei der Vergasung erspart. Nutzbar sind aber in diesem Falle nur etwa 30 bis 40 vH der Wärme, da der Dampfbedarf meist nicht sehr groß ist. Anders beim Mondgas-Verfahren mit seinen großen Zusatzdampfmengen, wo der Nutzungsfaktor gesteigert werden kann. Bei diesen Anlagen ist ja auch die Luftsättigung in der Regel ausgeführt, während man sie sonst selten angewendet findet. Bei der Oberflächenkühlung könnte man das Kondenswasser in gleicher Weise zur Luftsättigung verwenden, indes bevorzugt man es wegen seiner Reinheit zur Kesselspeisung. Jedenfalls sollte bei der Vergasung minderwertiger Brennstoffe mit hohem Feuchtigkeitsgehalt der Luftsättigung zwecks Dampfersparnis mehr Aufmerksamkeit als bisher zugewendet werden, um so mehr als ja die Entfernung des Feuchtigkeitsballastes aus dem Gase, d. h. mit anderen Worten eine Reinigung und Kühlung des Gases aus wärmewirtschaftlichen Gründen unbedingt gefordert werden muß.

Die vorstehenden Ausführungen zeigen, daß zwar genügend Möglichkeiten zur Ausnutzung der fühlbaren Wärme von Generatorgas bestehen, daß die technischen Bedingungen aber noch wesentlich schwieriger liegen, als bei der Abwärmeverwertung im allgemeinen. Trotzdem sollte man dieser Aufgabe mehr Aufmerksamkeit zuwenden als bisher oder wenigstens den Forderungen Rechnung tragen, welche aus einer kritischen Betrachtung der Verhältnisse sich ergeben.

Die Forderungen Trenklers haben bereits gewisse Erfolge aufzuweisen. So benutzen z. B. die Berlin-Burger Eisenwerke die fühlbare Gaswärme ihres Rohbraunkohlengenerators zur Vortrocknung der Kohle.

---

[1]) Vgl. a. Trenkler, Glasers Annalen Bd. 89, Heft 1, Zahlentafel 2.

Die beste Lösung scheint nach einem Berichte von Thau[1]) dem auf dem Gebiete der Tieftemperaturverkokung bekannten Fachmann Nielsen[2]) gelungen zu sein. Eine in jeder Beziehung beachtenswerte Anlage zur Verschwelung von Steinkohle in einer Drehtrommel mit Innenheizung hat die Firma Sensible Heat Distillation Ltd. in London für die Carbon Products Company in Indien zur Ausführung gebracht. In Abb. 279 sieht man eine etwa 27,5 m lange Trommel, die mit einem Drehrost-Gaserzeuger in geneigter Lage verbunden ist. Die Kohle gelangt durch einen Schütttrichter in ein teleskopisch in die Trommel eingeführtes Rohr *r* zwecks Vermeidung von Staub und trifft im Gegenstrom auf das aus dem Generator *g* in die Trommel eingesaugte Gas, dessen fühlbare Wärme zur Erzeugung von Urteer, Schwelgas und Halbkoks Verwendung findet. Der Halbkoks gelangt aus einem sich mit der Trommel bewegenden und diese umschließenden Sammelbehälter *s* auf dem schematisch angedeuteten Wege in den Generator *g* bzw. in die der Kraftgaserzeugung dienenden Gas-

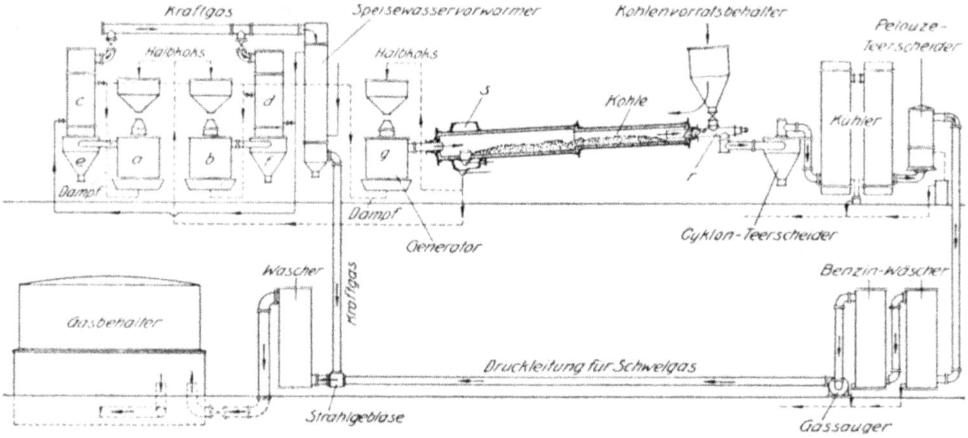

Abb. 279. Tieftemperaturverkokung nach Nielsen.

erzeuger *a* und *b*, deren fühlbare Wärme in den Dampferzeugern *c* und *d* verwertet wird. An sie sind die Staubflaschen *e* und *f* angeschlossen. Der Weg des die Trommel verlaufenden Mischgases ist in der Abbildung ohne weiteres erkenntlich. Ein Strahlgebläse dient der Mischung der beiden Gasströme, die zur Gewinnung des Ammoniakwassers durch den Wäscher und von hier aus in den Gasbehälter gedrückt werden (vgl. 506 und 507).

e) bei Dampf- und Verbrennungsmaschinen.

Von den Fehlern, die häufig beim Entwerfen von Abwärmeanlagen gemacht werden, sei auf einen hingewiesen. Es werden z. B. zum Antrieb von Ventilatoren für Großraumheizungen oder auch für Trocknungszwecke häufig kleine Turbinen aufgestellt, deren Dampfverbrauch 70 bis 80 ja auch 100 kg Dampf beträgt[3]). Man begründet dies damit, daß der Verbrauch keine Rolle spiele, da der Abdampf für die Zwecke der Heizung oder der Trocknung verwendet werden kann. Wenn dann die Anlagen im Betriebe sind, stellt sich häufig heraus, daß ein Überschuß an Abdampf vorhanden ist. Es ist dies gleichbedeutend mit dem Fall, wo für eine mit Spänen beheizte Feuerungsanlage aus Spänemangel gute Bretter über die Hobelbank gezogen werden, um auf diese Weise künstlich Abfallspäne zu erzeugen.

Wir müssen uns ferner darüber klar sein, daß bei einer Kolbenmaschine der theoretisch beste Teil des Dampfmaschinenprozesses im Hochdruckgebiet liegt, so daß die Niederdruckstufe dem Gebiete der Abwärmeverwertung zufallen kann. Es ist also wärmetechnisch unvorteilhaft, Hochdruckdampf in Reduktionsventilen auf den Heizungsdruck abzudrosseln, vielmehr wird man ihn erst in der Kolbenmaschine bis zu dieser Spannung Arbeit verrichten lassen. Die Dampfturbine zeigt dagegen im Niederdruckteil den günstigsten Wirkungsgrad. Man wird sie also mit dem besten erzielbaren Vakuum laufen lassen und diese vorzüglichen Eigenschaften nicht durch die Abdampfausnutzung preisgeben. Und dennoch hat sich dieses Verfahren überall da bewährt, wo große Leistungen und große Heizdampfmengen in Frage kommen.

---

[1]) Glückauf, 3. Juni 1922 S. 662/3.
[2]) Engineering 1922 S. 347.
[3]) Schwabach, Glasers Annalen f. G. u. B., 15. Oktober 1921 S. 85.

Bei einer Heizungskraftmaschine muß man von dem Bedarf an Abwärme ausgehen und danach die Wahl der Maschine treffen, worauf schon Dr. Ludwig Schneider in seinem vorzüglichen Buche über Abwärmeverwertung[1]) hingewiesen hat. Wir haben den idealsten Fall bei jenem Aggregat, wo die ganze Abwärme vollends aufgebraucht wird. Diesem Zwecke kann eine alte Dampfmaschine dienlicher sein als eine für den Maschineningenieur unerreichbare Präzisionsdampfmaschine.

Bei großen Gaskraftmaschinen dient die Abwärme zur Erzeugung und Überhitzung von Dampf, wobei die hierzu gehörigen Maschinenaggregate in einem Maschinenhause für sich, wie in Abb. 280 dargestellt, vereinigt werden. Nach einem Bericht von Ebel[2]) wurden bei dieser Großgasmaschine mit deren effektiver Leistung von 4855 PS 28,6 vH und der im Dampf der Abwärmekessel enthaltenen Energie 22,6 vH nutzbar gemacht. Bei Verwendung dieses Dampfes für Heiz- und Kochzwecke würde der thermische Wirkungsgrad annähernd 50 vH betragen. Mit Rücksicht darauf aber, daß der erzeugte Dampf hier zur Kraftleistung dient, erhöht sich damit der thermische Wirkungsgrad nur um $22,6 \cdot 0,16 = 3,6$ vH, also im ganzen auf 32,2 vH. Welch' bescheidener Gewinn im Verhältnis

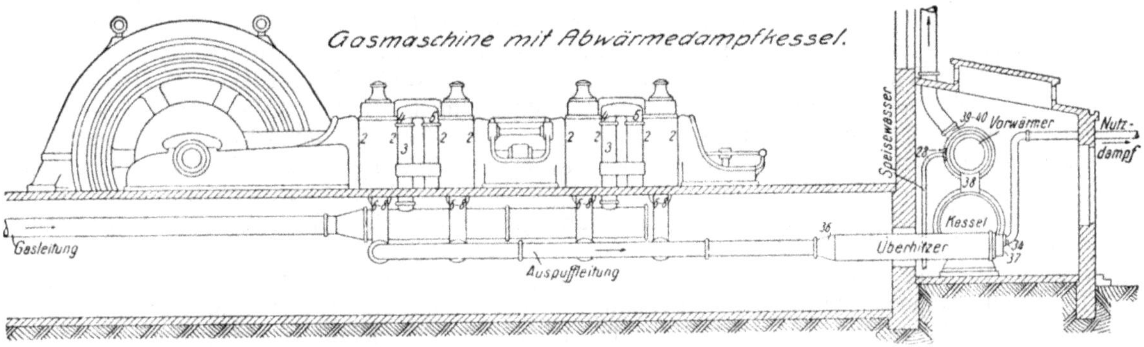

2 mittlerer indicierter Kolbendruck	kg 4,157	28 Speisewassertemp. vor d. Vorwärmer	C° 10
3 Gasdruck vor der Maschine	mm WS 135	34 Mittlere Dampftemperatur	C° 356
4 Gastemperatur vor der Maschine	C° 30	36 Temp. d. Rauchgase vor d. Überhitzer	C° 496
5 Luft " " " "	C° 15	37 " " " hinter " "	C° 431
6 Abgas " hinter " "	C° 530	38 " " " vor " Vorwärmer	C° 232
7 Gehalt der Rauchgase an CO_2	% 4,1	39 " " " hinter " "	C° 167
8 " " " " O	% 11,7	40 Überdr. " " " " "	mm WS 72-95

Wärmeverteilung.

Gewinn:	1. Effektive Nutzleistung je cbm Gas	1068,0 Kal.	28,6 %	
	2. Im Vorwärmer gewonnen	191,5 "	5,1 "	} 22,6 %
	3. " Kessel "	549,8 "	14,7 "	
	4. " Überhitzer "	103,7 "	2,8 "	
		1913,0 Kal.	51,2 %	

Abb. 280. Abwärmeverwertung bei einer Gaskraftmaschine.

zu den Riesenaufwendungen! Die Ersparnisse decken also bei Ausnutzung der Abwärme zur Krafterzeugung nur die Zinsen- und Amortisationsquoten, dagegen haben wir in der Verbindung von Kraft- und Heizungsanlagen das sicherste Mittel zur weiteren Erhöhung des thermischen Wirkungsgrades (83). Einen Sonderfall der Abwärmeverwertung stellt der Stillmotor dar, der die Dampfmaschine mit dem Ölmotor verbindet: Eine Zweitakt-Ölmaschine gibt beim Abwärtsgang des Kolbens Kraft ab, während der Aufwärtsgang durch Dampfkraft auf der Unterseite des Kolbens unterstützt wird. Den Dampf liefert die in den Kühlmantel übergehende Wärme, sowie die Wärme der Auspuffgase[3]).

Die Frage, ob wir uns der Dampffernheizung oder der Warmwasserheizung zuwenden sollen, dürfte nicht schwer zu beantworten sein. Die Warmwasserheizung hat den großen Vorteil der Aufspeicherung, z. B. abends bei geringerem Wärmebedarf, die zur Deckung der großen Anheizwärmemengen nötig ist. Sie gestattet ferner das tiefste Temperaturniveau für den Wärmetransport, gewährt also eine bessere mittlere Ausnutzung der Abwärme[4]) bei geringeren Wärmeverlusten und ist vom hygienischen Standpunkte aus zu bevorzugen.

Während man sich bei Neuanlagen die Verhältnisse so wählen kann, wie man sie braucht, treten einem bei vorhandenen Anlagen unter Umständen lokale und andere Schwierigkeiten in den Weg. Oft ist ein Dampfanschluß gar nicht möglich (383). Dann hat man sich die Vor- und Nachteile des

[1]) 3. Auflage 1920, Verlag Julius Springer, Berlin.

[2]) Glückauf, 18. September 1920.

[3]) Arch. f. W. 1921 Heft 10f.

[4]) Sparsame Wärmewirtschaft 1920, V. d. I.-Verlag.

bisherigen und späteren Betriebes reiflich zu überlegen. Die Schwierigkeiten sind größer, als man denkt. Hier müssen Wärme-, Heiz-, Maschineningenieure und unter Umständen Chemiker zusammenarbeiten. In der Kaliindustrie, in der noch große Wertobjekte stecken, können noch so manche latente Energien zu neuem Leben erweckt werden. Reduziert man z. B. Anhydrit ($CaSO_4$) zu Calciumsulfid (CaS), so läßt sich aus letzterem durch Kochen mit der ebenfalls anfallenden Chlormagnesiumlösung Schwefelkohlenstoff gewinnen, der, im Motor verbrannt, nicht nur billige Kraft, sondern nach einem Verfahren von Dr. Besemfelder auch Schwefelsäure liefert. So gibt es noch eine ganze Reihe von Vorschlägen und Problemen, deren Verwirklichung zwar außerordentliche Arbeit und Geldopfer fordern wird, die wir aber im Interesse des zu erreichenden Zieles nicht scheuen sollten. Ja, man wird noch weitergehen müssen und eine Art sozialer Arbeitsgemeinschaft zwischen verschiedenen Fabriken anzustreben suchen, um zum Ziele zu gelangen. Nicht jeder hat Verwendung für Abwärme, kann dagegen Abfallkraft verwerten usw. Das Zusammengehen verschiedener Betriebe ist aber nur möglich, wenn die nötige Ellenbogenfreiheit gewährleistet ist; heute darf man mit einem Kabel nicht über die Straße gehen, auch nicht durch die Luft darüber. Das eine verstößt gegen die Hoheitsrechte der Elektrizitätswerke, das andere gegen jene der Feuerwehr. Es ist die höchste Zeit, daß wir ein Gesetz einbringen, um alle diese Kinkerlitzchen aufzuheben. Als der Kongreß für Heizung und Lüftung vor Jahren in Köln tagte, da hörten wir, daß die Elektrizitätswerke eher geneigt seien, elektrische Energie in ihr Stromnetz aufzunehmen, als sich auf Abwärmeverwertung einzulassen, und heute sträubt man sich dagegen, m. E. nicht mit Unrecht, um nicht die Wirtschaftlichkeit solcher lebenswichtigen Betriebe von Hunderten von Einzelunternehmern in Frage zu stellen. Die Mehranstrengung der in den Elektrizitätswerken aufgestellten Kessel wird auf 15 bis 22 vH reguliert. Man denke sich jetzt solche Werke in Abhängigkeit von Hunderten von Kleinlieferanten! Jede größere Geschwindigkeit des Wanderrostes beim Ausbleiben der Überschußenergie vermehrt die Verluste durch Brennbares in der Asche; die Abgangstemperatur erhöht sich und der Heizeffekt fällt. Mit dem erneuten Anheizen der Kessel findet ein Mehrverbrauch an Brennstoff statt, ebenso wie das Abdecken der Feuer durch Schwelung der Kohle verlustbringend ist. Eine Zentrale kann nur dann billigsten Strom abgeben, wenn sie von ihren Kesseln und Maschineneinheiten ausgiebigsten Gebrauch machen kann, weil dies für die Wirtschaftlichkeit der Elektrizitätswerke von ausschlaggebender Bedeutung ist. Wer sollte die Verantwortung übernehmen, wenn die Versorgung mit Elektrizität in den Händen von Einzelbetrieben läge?[1])

Ein weiteres Hindernis ist der Bureaukratismus; wer davon kostet, stirbt dran. Wer warmes Wasser bezieht, darf nicht auf dem Standpunkte verharren, daß die Pumpen bei ihm Aufstellung finden; diese müssen selbstverständlich am Erzeugungsorte stehen. Sonst muß ja das kalte Wasser erst von A nach B und von hier nach erfolgter Erwärmung nach A zurückgefördert werden!

Kann es endlich wirtschaftlich sein, immer nur den Heizungsbetrieb für Städte ins Auge zu fassen? Die Verbrauchsmengen sind den Witterungsverhältnissen entsprechend nach Temperatur und Zeit bemessen, der Ausnutzungsfaktor der Anlage daher gering. Wie wäre es, wenn wir statt dessen uns mit dem Entwurf einer städtischen Warmwasserbereitung beschäftigten? Für das Rohrnetz gebrauchen wir keine kostspieligen Kanäle; es genügt vielleicht, die Rohrleitungen in Tonrohre zu stecken, eine neue Arbeit für unsere Forschungsinstitute, die uns über die in Frage kommenden Wärmeverluste in der Erde Aufklärung geben können.

5. Verringerung des Strahlungsverlustes.

a) Allgemeines.

Im Dampfkesselbetriebe gibt man sich mit 3 bis 4 vH Wärmeausstrahlung des Kesselmauerwerks zufrieden. Und trotzdem ist diese Ziffer noch viel zu hoch; man überlege nur, was dieser Prozentsatz bedeutet. Bei einem Hochleistungskessel von 400 bis 450 qm Heizfläche machen 3 bis 4 vH in 6000 Betriebstunden/Jahr schon etwa 500 t Steinkohle aus. Aber das sind ja noch goldene Verhältnisse. Die Industrieöfen strahlen 20 vH und mehr Wärme aus. Wir haben also das größte Interesse, hier weiter zu schürfen, um durch bessere Isolierung des Mauerwerks weitere Millionen t Kohle ans Tageslicht zu fördern[2]).

---

[1]) Vgl. Passavant, „Sparsame Wärmewirtschaft".

[2]) In einer Sondergruppe der Ausstellung für Wärmewirtschaft, München, haben Prof. Schachner, Knoblauch und Dr. Hencky den Einfluß der verschiedenen Baustoffe auf den Wärmedurchgang vor Augen geführt. Hier haben vorbildlich der Architekt, der Physiker und der Wärmetechniker zusammen eine außerordentliche wichtige Aufgabe gelöst. Eine $1\frac{1}{2}$ Stein starke Mauer des gewöhnlichen Baustoffes läßt mehr

Ein Rückblick auf Abb. 171, S. 373 läßt erkennen, daß die Wirkungsgrade der Dampfkessel einschließlich Rauchgasvorwärmer mit der Zunahme der Benutzungsdauer wachsen. Beträgt die Betriebsdauer nur 8 Std., haben wir einen Wirkungsgrad von 78 vH, während der Dauerbetrieb einen solchen von 82 vH ergeben könnte. Das gilt in erhöhterem Maße bei allen Feuerungsanlagen größeren Umfanges, also mit größeren Massen von Baustoffen, die bei häufigem Anheizen durch die Wärmespeicherung den Kohlenverbrauch ganz wesentlich beeinflussen.

Ähnliches haben wir bei den Isolierstoffen. In einer Gruppe der Ausstellung für Wärmeschutz, München, zeigte Dr. Hencky in übersichtlichen Zahlentafeln den Vorteil der guten Isolierstoffe gegenüber den minderwertigen. Je größer der Wärmedurchgangskoeffizient ist, desto stärker muß die Isoliermasse aufgetragen werden, desto größere Massen sind bei unterbrochenem Betriebe immer wieder anzuwärmen. Bei einer Isoliermasse mit doppeltem λ betragen die in der Isolierschicht aufzuspeichernden Wärmemengen das Dreißigfache gegenüber dem einfachen λ-Wert. Also: Bei unterbrochenem Betriebe ist stets die beste Isoliermasse zu wählen!

Während bei den Dampf- und Heizkesseln der Verlust durch ausstrahlende Wärme verhältnismäßig noch klein ist, tritt er bei den Verbrennungsmotoren und den Öfen in auffallender Weise in die Erscheinung. Bei den Motoren kühlt man bekanntlich die Zylinder durch Wasser, das vielfach

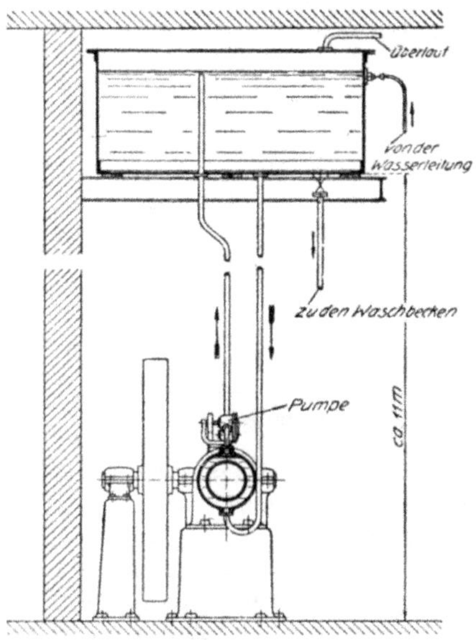

Abb. 281. Aufspeicherung des Kühlwassers eines Gasmotors für Waschzwecke.

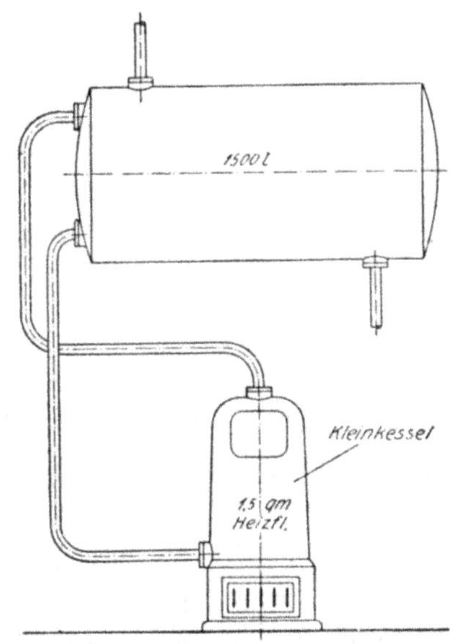

Abb. 282. Warmwasserbereitungsanlage.

in die Abflüsse geleitet wird, während es für Wasch- und Badezwecke recht gut Verwendung finden könnte (431). Verf. hat in der ihm unterstellten Fabrik die Anordnung nach Abb. 281 getroffen. Einem in dem obersten Stockwerk befindlichen Wasserbehälter von 1,25 cbm Inhalt fließt in einer bestimmten Zeit das Wasser aus dem Kühlmantel eines 15 pferdigen Gasmotors im Kreislauf zu. In $3\frac{1}{2}$ Std. ist das Wasser auf 60° erwärmt und steht dann zur Mittagspause den Arbeitern zum Waschen zur Verfügung. Nach der Pause findet die Aufspeicherung von neuem statt. Dadurch, daß wir dem Motor bis zu 1200 WE auf 1 PS-Std. in der angegebenen Zeit abgewinnen, werden nicht unbeträchtliche Brennstoffmengen erspart.

Im Winter läßt sich die Abwärme der Motoren recht gut für eine Warmwasserheizung verwenden. Man kann hierbei entweder nur das Kühlwasser oder die in den Auspuffgasen enthaltene Wärme oder beides benutzen und dadurch die Heizwassertemperatur regeln, wie dies in den zurückliegenden Abb. 17 bis 19, S. 88 und 89 angedeutet ist.

Wärme durch als eine 1 Stein starke Mauer aus Schlackensteinen und dreimal soviel als eine kaum 20 cm starke Holzhohlwand eines Siedlungshauses, die mit Torfmull ausgefüllt und mit einer Gipsdiele verkleidet ist. Was hier von Umfassungswänden für Wohnhäuser gilt, hat natürlich, soweit es sich um den festen Baustoff handelt, auch Anwendung auf die Einmauerungen von Öfen, Kesseln usw.

Den Wärmeschutz im Bauwesen werden wir wegen seines großen Einflusses auf den Heizungsbedarf in einem Abschnitt für sich behandeln. (601)

b) Bei Warmwasserbereitungsanlagen.

Diese Anlagen weisen meistens einen Kleinkessel auf, der, wie Abb. 282 zeigt, mit dem sog. Boiler durch eine Rohrschlange in Verbindung steht. Der Kaminverlust beträgt nach Versuchen des Verf. etwa 22 vH (428), der Strahlungsverlust 2,3 vH (430). Dadurch, daß man den Kleinkessel in den Boiler steckt, läßt sich der Strahlungsverlust gänzlich vermeiden, der Kaminverlust um etwa $\frac{1}{4}$, also 5,5 vH verringern, so daß im ganzen gegen 8 vH gespart werden (430). Das ist immerhin ein Erfolg. Bei den bestehenden älteren Anordnungen nützt aber ein solches Verfahren nichts; man erreicht oft viel mehr durch eine Nachprüfung der Isolierung der Leitungen. Die Warmwasserbereitungsanlagen in Einfamilienhäusern erfordern etwa 40 vH, die Zentralheizungsanlage 60 vH des gesamten Koksverbrauches. Die Warmwasserbereitungsanlage hat den Zweck, das Haus mit warmem Wasser zu versorgen und nicht zu beheizen, wie das leider oft im Sommer der Fall ist. Sehen wir uns das Leitungsschema einer solchen Anlage (Abb. 283) an, so haben wir 4 Leitungssysteme, die Wärme

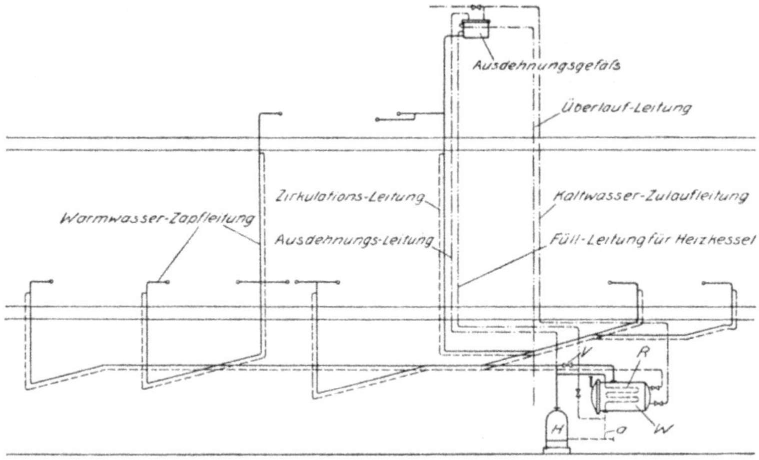

Abb. 283. Schema der Rohrleitung einer Warmwasserbereitungsanlage.

abgeben: Zapf-, Zirkulations-, Verteilungs- und Ausdehnungsleitungen. Sie sind entweder nackt in Mauerschlitzen verlegt, die etwa 40° Temperatur haben, oder isoliert. Auf letztere wirkt die Heizkellertemperatur von $\sim 26^0$ oder eine Raumtemperatur von 20^0 ein. Für die Rechnung ist es gleichgültig, ob jeder Teil für sich oder die ganze Anlage als ein System bei einer Raumtemperatur t' behandelt wird. Ist T die mittlere Temperatur des warmen Wassers in dem Leitungsnetz, so ergibt sich die Wärmeabgabe der nackten Leitungen mit der Oberfläche F_1 in der Zeit d_z nach meiner, aus Rietschelschen und Brabbéeschen Versuchsergebnissen abgeleiteten Formel zu

1) $$F_1 \frac{T-t'}{20} [175+(T-t')]\, d_z;\; F_1 = 4{,}2 \text{ qm}$$

und für die isolierte Leitung mit der Fläche F

2) $$\frac{F}{3} \cdot \frac{T-t'}{20} [175+(T-t')]\, d_z;\; F = 7{,}3 \text{ qm.}$$

3) Zu diesen Wärmeverlusten gesellen sich noch jene der isolierten Anschlußleitung a zwischen Heizkessel H und Rohrschlange $R = F_o K_o$ (K_o = Wärmekoeffizient = 3); $F_o = 0{,}53$,

4) der Boileroberfläche W ($= F_2 K_2$); $F_2 = 3{,}77$ qm, $K_2 = 2$;

5) des Kessels H als Heizkörper ($= F_3 K_3$; $F_3 = 1{,}7$, $K_3 = 8$.

Die Summe 1) bis 5) muß sich durch den Temperaturabfall im Wärmespeicher W kennzeichnen. Ist Q sein Wasserinhalt (= 633 kg), dT die Temperaturänderung des Wassers in dem Zeitelement dz, so erhält man

6) $$dw = Q\,dx = (A + B\cdot x)\,x\,dz,$$

wenn

$$A = 175\left(\frac{F_1}{20}+\frac{F}{60}\right) + F_o K_o + F_2 K_2 + F_3 K_3;\; B = \frac{F_1}{20}+\frac{F}{60};\; a = \frac{B}{A};\; (T-t') = x;\; dT = dx$$

gesetzt wird.

Aus 6) erhält man

$$\frac{A}{Q}\,dz = \frac{dx}{x + a\,x^2}$$

und durch Integration

$$7) \qquad \frac{A}{Q}\cdot z = \int \frac{dx}{x} - \int \frac{a\,d\,x}{1 + a\,x} = ln\,x - ln\left(\frac{1}{a} + x\right).$$

Betrug die anfängliche mittlere Wassertemperatur im Boiler t_A, die Endtemperatur nach einer gewissen Zeit z t_E, so erhalten wir aus 7)

$$8) \qquad e^{\frac{A}{Q}\cdot z} = \frac{(t_A - t')}{(t_E - t')}\,\frac{\left[\frac{1}{a} + (t_E - t')\right]}{\left[\frac{1}{a} + (t_A - t')\right]}.$$

Wird

$$e^{\frac{A}{Q}\cdot z} = \beta,$$

$$\left(t_A + t_E + \frac{1}{a}\right) = 2p,$$

$$\frac{1}{a}\cdot\frac{t_A - \beta\,t_E}{\beta - 1} - t_A\,t_E = q$$

gesetzt, so geht die Gleichung 8) in die Form

$$t'^2 - 2pt' = q$$

über, woraus t' zu errechnen ist.

Durch einen auf 9 Std. ausgedehnten Versuch, bei dem Warmwasser nicht entnommen wurde, stellte Verfasser

$$t_A \text{ zu } 79{,}5^0,\ t_E = 45^0 \text{ fest;}$$

$$Q\,.\,(t_A - t_E) = 633\ (79{,}5 - 45) = 21\,839 \text{ WE.}$$

Dieses Ergebnis wurde von der Außentemperatur kaum beeinflußt. Durch Einschalten eines Absperrventiles ν (Abb. 283), das den Boiler W von dem Leitungsnetz trennte, wurden rd. 4500 WE je Std. oder, auf das ganze Jahr verteilt, 1000 kg Koks gespart.

Nach Einsetzen der einzelnen Werte für 1) bis 5) erhält man die in Zahlentafel 195 auf der linken Seite angegebenen Werte für die stündlich verloren gehenden Wärmemengen:

Zahlentafel 195.

t_A	Nur teilweise isolierte Leitung bei $t' = 31{,}5^0$ i. M.				Durchweg isolierte Leitung bei $t' = 31{,}5$ i. M.		
°C	t_E nach 9 Std.	dw nach 9 Std. i. WE	$Q\,.\,t_A$ WE	$\frac{dw_0}{Q\,.\,t_A}\cdot 100$	t_E nach 9 Std.	dw nach 9 Std. i. WE	$\frac{dw_0}{Q\,.\,t_A}\cdot 100$
100	49,7	31 840	63 300	50,3 vH	58,8	26 030	41,1 vH
90	47,5	26 902	56 970	47,2 ,,	55,2	22 028	38,7 ,,
79,5	45,	21 839	50 323	43,4 ,,	51,3	17 851	35,5 ,,
70	42,5	17 407	44 310	39,3 ,,	47,6	14 179	32,0 ,,
60	39,8	12 787	37 980	33,6 ,,	43,7	10 318	27,2 ,,
50	37,2	8 102	31 650	25,6 ,,	39,5	6 647	21,0 ,,
40	34,1	3 735	25 320	14,7 ,,	35,3	2 975	11,75 ,,

Die Zahlentafel lehrt zunächst, daß bei nur teilweise isolierter Leitung, d. h. bei der ortsüblichen Ausführung der Anlagen, der Boilerinhalt bei Anfangstemperaturen von $t_A = 100^0$ in 9 Std. um 50,3 vH abkühlt. Die Abkühlung ist geringer, je kleiner t_A angenommen wird. Aber dies hat eine Grenze, und zwar erstens deshalb, weil sonst der Wärmespeicher zu gering wird und zweitens die Warmwassertemperatur für Küchenzwecke nicht mehr ausreicht. Das Reinigen der Teller von Talg erfordert ein $t_A = 70^0$.

Durch Rechnung können wir auf Grund dieses Abkühlungsversuches die Vorteile feststellen, die eine ganz isolierte Leitung mit sich bringt. Die Fläche F wächst um 4,2 und wird 11,5 qm. Dadurch wird $A = 56{,}27$; $\frac{1}{a} = 293{,}6$; $B = 0{,}1917$. Bleibt $t' = 31{,}5^0$, so ergibt sich die Abkühlungszeit für $t_A = 79{,}5^0$ und $t_E = 45^0$ zu

$$z = \frac{Q}{A}\, ln \frac{(t_A - t')\left(\frac{1}{a} + t_E - t'\right)}{(t_E - t')\left(\frac{1}{a} + t_A - t'\right)}$$

$$= \frac{633}{56{,}27} \cdot \frac{(79{,}5 - 31{,}5)\,(293{,}6 + 45 - 31{,}5)}{(45 - 31{,}5)\,(293{,}6 + 79{,}5 - 31{,}5)} \cong 13 \text{ Std.},$$

während vordem $z = 9$ Std. war. Infolge vollständiger Isolierung wird also derselbe Abkühlungsvorgang um 4 Std. oder 44 vH verlangsamt! Zahlentafel 196 möge die Werte vervollständigen.

Zahlentafel 196.

Nach z Stunden	Vollständig isolierte Leitung		
	t_A	t_E	dW_z i. WE
1	79,5	74,8	2975
2	74,8	70,6	2659
3	70,6	66,9	2342
4	66,9	63,6	2089
5	63,6	60,6	1889
6	60,6	57,9	1709
7	57,9	55,5	1519
8	55,5	53,3	1393
9	53,3	51,3	1266

In Abb. 284 sieht man für $z = 9$ Std. den Verlauf der Abkühlung des Boilerinhaltes von t_A nach t_E. Die gestrichelten Kurven beziehen sich auf die ortsübliche Ausführung der Anlage, die ausgezogenen Linien mit dem gemeinschaftlichen $t_A = 79{,}5^0$ zeigt die zugehörige Kurve für ein vollständig isoliertes Leitungsnetz.

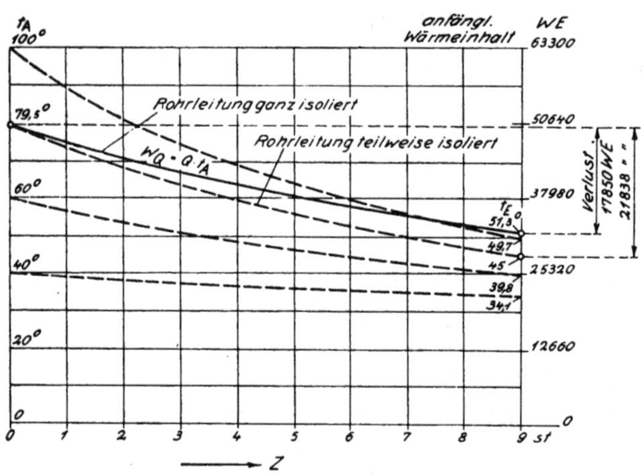

Abb. 284. Einfluß gänzlicher Isolierung der Rohrleitung auf die Abkühlung des Warmwassers.

Das, was von der Warmwasserbereitung gilt, ist auch auf unsere Zentralheizung zu übertragen. Hier liegen die vertikalen Rohrstränge ebenfalls nackt in Mauerschlitzen, wo ohne Grund Wärme abgegeben wird. Verf. ist seit Jahren gegen diese Gepflogenheit aufgetreten, weil die Ansicht der Heizungsingenieure nicht anzuerkennen ist, nach der die scheinbar verlorengehende Wärme letzten Endes dem Hause zugute kommt. Die Wärme wird im Heizkessel erzeugt und durch den Wärmeträger, das Heizwasser z. B., zu den Heizkörpern geleitet. Jede Abkühlung auf dem Transport verringert den Nutzeffekt der Anlage, während die auf dem Wege zur Verwendungsstelle verlorengehende Wärme unter Umständen nicht einmal erwünscht sein kann, wie z. B. in Weißwein- und Kartoffelkellern. Durch die Abkühlung im Rohrsystem wird die Steigetemperatur des Heizwassers verringert und dadurch der Heizkörper langsamer erwärmt. Wenn man ferner bedenkt, daß der Wasserinhalt des Heizkörpers viel größer ist als die ihm in bestimmter Zeiteinheit stetig zuströmende Wassermenge, so vergeht an sich schon eine geraume Zeit, bis sich der Heizkörperinhalt auf die mittlere Heizwassertemperatur eingestellt hat.

Für die Isolierung der Leitungen ist die beste Wärmeschutzmasse zu wählen, da sonst zur Erreichung eines gleichen Zweckes von der schlechteren Isoliermasse weit mehr aufgetragen werden muß. Das ist aber nachteilig, wenn die Heizungsanlage nach Abstellung wieder angeheizt werden muß; denn der Beharrungszustand tritt erst mit dem erfolgten Anwärmen der Massen „Eisen + Isolierung + Wasser“ ein.

6. Brennbares in Herdrückständen.

Gehen wir zum Röhrenkessel (S. 581) zurück, so haben wir noch die Verluste 2. und 6., d. h. jenen in den Herdrückständen und im Ruß, einer Prüfung zu unterziehen. Sie sind beide nicht zu vernachlässigen. Es gibt Vorrichtungen (S. 600), um bei Steinkohlenfeuerungen das Brennbare aus den Herdrückständen mechanisch auszuscheiden, damit es wieder verwertet werden kann, während die Entstehung des Rußes durch Vermeidung plötzlicher Abkühlungen zu verhindern ist. Der Prozentsatz an Brennbarem in den Herdrückständen hängt vom Zustand der Roste und der Wahl des geeigneten Roststabprofils ab. Wo Roststäbe defekt werden und keinen Ersatz finden, kann der Durchfall der Kohlen sehr bedeutend sein. Die Betriebswerkstatt der Eisenbahndirektion Kassel hat im April 1922 10666 t Koks, Brikette und Steinkohle an ihre Lokomotiven verabfolgt und durch Auslesen der brennbaren Bestandteile aus den Herdrückständen von Hand 104 t, also rd. 10 vH Koks zurückgewonnen, die an die Beamten damals zu 120 M. je t abgegeben wurden. Zur Zeit des Wohllebens achtete man auf diese Abfälle nicht; man benutzte sie meistens zur Planierung von Wegen und zum Baugrund von Gebäuden zu deren Nachteil, weil infolge des hohen Drucks Selbstentzündungen mit nachfolgender Zerstörung des Gebäudes vorkommen können. Jetzt streckt man durch das Ausscheiden der brennbaren Bestandteile die Kohlenvorräte und hofft dadurch, allein im Eisenbahnbetriebe, der Allgemeinheit wenigstens 1 Million t zurückzugewinnen.

Gelegentlich des Kongresses für Heizung und Lüftung in München 1921 hat Verf. auf die Verschlechterung unserer gesamten Brennstoffe hingewiesen und u. a. ausgeführt: „Warum hierin keine Abhilfe? Ist es nicht billiger, sparsamer und volkswirtschaftlicher, die Kohle in den Bergwerken besser aufzubereiten, d. h. sie von den Ballaststoffen zu befreien? Warum geschieht die Sortierung erst auf dem Umwege über den Schlacken- oder Kehrichthaufen? Der Transport der Ballaststoffe verschlingt nicht allein Millionen und Abermillionen Mark, das Volk zahlt für sie rd. 1 Milliarde[1]) an Kohlensteuer, der Fabrikbesitzer bringt wegen der Verschlechterung des Feuerungswirkungsgrades die größten Geldopfer und schlägt diese auf die Fabrikate, der Heizer endlich verschleißt seine Gesundheit und seine Nerven durch die fortwährenden Plackereien beim Schlacken, Stochen und bei der Unterhaltung der Feuer. Immer wieder legen Ingenieure und Sachverständige gegen diese Tatsache ihr Veto ein, ohne Gehör zu finden. „Der Staat muß untergehen, früh oder spät, wo Mehrheit siegt und Unverstand entscheidet."

Dem Verf. ging hierauf seitens des Vorstandes des Reichskohlenverbandes die Mitteilung zu, daß der Aufbereitung der Steinkohlen in den Bergwerken neuerdings besondere Beachtung geschenkt wird. In dem Schreiben heißt es:

„Nachdem wir uns überzeugt hatten, daß nicht auf behördlichem, sondern nur auf wirtschaftlichem Wege ein stärkeres Aufbereiten und Waschen der Steinkohle erreicht werden könnte, haben wir seit dem 1. Juli d. Js. die Preisabstufung der Sorten des Rheinisch-Westfälischen Kohlensyndikats derart geändert, daß ein geldlicher Anreiz zur Veredelung der Kohle im Sinne verstärkter Herstellung von Stücken und Nüssen gegeben ist. Die bisherige Preisstellung war nämlich derart, daß das Waschen für die Zechen an sich ein unrentables Geschäft war und daher im wesentlichen nur insoweit betrieben wurde, als man gewaschene Feinkohlen für die Kokereien usw. braucht. Wir haben in genauen Untersuchungen nachgewiesen, daß von bestimmten Frachtentfernungen an, Stücke und Nüsse sich trotz ihrer Preiserhöhung für den Verbraucher wirtschaftlicher stellen als Rohförderkohle[2]).

Im Bericht „Technische Förderung der Kohlenwirtschaft"[3]) vom 13. Januar 1923 heißt es bezügl. der „Unreinheit der Kohlen" auf S. 2:

„Nicht verstummt sind jedoch die Klagen über die Unreinheit der geförderten Kohlen. Eine Stellungnahme des Kohlenbergbauausschusses zu dieser Frage vom Juni 1920 (Tgb. Nr. 215. 6. 20) fand die Gründe hierfür in der Konjunktur, in den technischen Notständen und in einer Verminderung der Disziplin. Zu einer Verbesserung müssen viele Faktoren beitragen. Sie kann nur allmählich erfolgen. Mit einer Reihe geeigneter Maßnahmen beschäftigte sich sodann eingehender der Bergtechnische Ausschuß für das Ruhrrevier."

Und weiter auf S. 3:

„Hier sind vor allen Dingen die Studien des Ausschusses über die Frage der Gewährung von Leistungsprämien wertvoll, die übrigens ebenso, wie die Frage der Ausbildung der Arbeiter zu

---

[1]) Heute bereits ein Vielfaches!

[2]) Die Ergebnisse wurden in Glasers Annalen, 1. Dezember 1921, S. 146, unter Beifügung von Kurven mitgeteilt.

[3]) Herausgegeben von der Geschäftsstelle des Reichskohlenrates, Berlin W 62.

produktiven Bergleuten, den Ausschuß noch weiter beschäftigen dürfte. Der Ausschuß hat seine Studien nicht nur auf das Ruhrgebiet beschränkt, sondern im Frühjahr 1921 auch die holländischen Nachbargruben besucht."

Danach sind die Aussichten vorläufig noch recht gering, zumal auch die Aschenklausel in der Zeit der Brennstoffnot als überflüssiges Anhängsel ad acta gelegt worden ist. In den Besprechungen zum Vortrag „Kritik der Abwärmeverwertung"[1]) waren zwei Ausführungen zum vorliegenden Gegenstand sehr bemerkenswert, so daß sie hier im Wortlaut wiedergegeben werden sollen:

Präsident Hammer vom Eisenbahn-Zentral-Amt:

„Auch schon vor dem Kriege waren in den Schlacken brennbare Rückstände vorhanden; aber die Kohle war kein Wertobjekt, es lohnte nicht, die Rückstände aufzubereiten. So sind ganze Bahnhöfe auf diesen Schlacken als Unterbau angelegt und nach den Ausführungen des Herrn Vorredners können diese Bahnhöfe eines Tages ebenso in Brand geraten, wie jener Untergrund unter dem Lokomotivschuppen in Köln, dessen Betonsäulen unter der Hitze der glühenden Schlacken zu Bruch gingen. Woher kommen aber die vermehrten brennbaren Rückstände gegenüber der Vorkriegszeit? Schlechte Kohlen und Koks sind die Hauptursachen. Die Kohlen wurden im Laufe des Krieges tatsächlich Steinkohlen. Ungeheure Mengen Bergmittel sind von der Eisenbahn befördert und von Industrie und Eisenbahn als Brennstoff unter die Kessel geworfen. Sie trugen dazu bei, daß das Feuer schneller und stärker als sonst verschlackte; der Erfolg war hoher Verbrauch und erhöhte, noch brennbare Rückstände. Während 1913 und 1914 der Kohlenverbrauch noch nicht ganz 14,5 t für 1000 Lok-km betrug, stieg er 1919 auf fast 21 t, also fast um 50 vH[2]). Gewiß sind auch andere Ursachen, z. B. die eisernen Feuerbuchsen, an dem Verbrauch mitschuldig; aber in erster Reihe bleibt es doch die mangelhafte Kohle".

Oberingenieur Generlich vom Dampfkesselüberwachungsverein Berlin:

„Die zeitweilig recht mangelhafte Beschaffenheit der Brennstoffe wird nach der Mitteilung eines hiesigen Elektrizitätswerkes dadurch gekennzeichnet, daß die Schlacken manchmal einen höheren Heizwert haben als die frisch angelieferten Kohlen. Besonders in Kettenrostbetrieben werden durch den hohen Schlackengehalt in Verbindung mit einer ungeeigneten Körnung der Kohlen recht große Verluste verursacht. Die Firmen ziehen daher die Anschaffung von Kohlen- und Schlackenaufbereitungsanlagen in Erwägung, wodurch ihnen beträchtliche Unkosten entstehen. So kostete die Kohlenbrecheranlage für das erwähnte Elektrizitätswerk 200000 M. — Auch in einem anderen Kraftwerk verspricht sich der leitende Ingenieur von dem Einbau einer Kohlenaufbereitungsanlage eine solche Verbesserung des Wirkungsgrades der Kesselanlage, daß die großen Anschaffungskosten gerechtfertigt erscheinen. — Und doch werden hierbei in gewissem Sinne unproduktive Aufwendungen gemacht, weil die Kohlenseparation auf die Grube gehört, wo die Einrichtungen bereits vorhanden sind. — Der Umstand, daß die Wagen nicht mehr genullt werden dürfen, hat auch dazu beigetragen, daß jetzt ein viel schlackenreicheres Material geliefert wird. — Bei der Kohlenzuteilung sollte auf die Eigenart des Betriebes Rücksicht genommen und es sollten nur hochwertige Materialien auf große Strecken transportiert werden, um solche Verluste durch Unverbranntes in den Rückständen zu vermeiden. Hinterher kann der Fehler nur zum Teil wieder gut gemacht werden.

7. Aufbereitung der Herdrückstände.

Legen wir den Verbrauch der Industrie an Kohlen mit 40 Mill. t (3) zugrunde, so dürfte in den 6 Mill. t[3]) anfallenden Aschen- und Schlackenrückständen 1 Million t Brennbares enthalten sein. Hierzu kämen noch die aus 16000 bis 18000 Lokomotiven herrührende Löscheansammlung in der Rauchkammer (44), die wir hier für unsere Betrachtungen aber ausschließen wollen, da sie an sich schon, d. h. in nicht aufbereitetem Zustande, einen unmittelbar verwertbaren Brennstoff darstellt (306).

Die Verfahren zur Aufbereitung der Rückstände lassen sich in 2 Gruppen einteilen, die nassen (93) und das magnetische.

---

[1]) Gehalten v. Verf. im Sept. 1921 in der Deutschen Maschinentechn. Gesellschaft Berlin.

[2]) Wir sehen auch den Mehrverbrauch an Koks (bis zu 20 vH) bei der Roheisenerzeugung. Nach den Mitt. von Jüngst (Glückauf 1922 S. 754) betrug der Verbrauch an Koks je t Roheisen: 1913 1,141, 1914 1,113, 1915 1,118, 1916 1,241, 1917 1,270, 1918 1,268, 1919 1,365, 1920 1,300, 1921 1,300 t (ab 1919 ausschl. der abgetretenen Gebiete).

[3]) Vgl Cyron, Jahrbuch der Brennkrafttechn. Ges. E. V., Bd. IV. 1921.

a) Nasse Verfahren:

1. Das Setzgut wird auf ein unter Wasser befindliches bewegliches Sieb gestürzt. Hin- und Herbewegen des Wassers soll Koksstücke auf die Wasseroberfläche bringen, während die Schlacken auf dem Siebe verbleiben. Das Verfahren hat den Nachteil, daß Koksteilchen durch die Schichthöhe auf dem Siebe zurückgehalten werden.
2. Das Setzgut wird in einen tiefen, mit Wasser angefüllten Behälter gestürzt, um die Trennung der Koksteilchen von der Schlacke und den Steinen schon während des Sturzes zu ermöglichen.
3. Verbindung von 1. und 2. derart, daß das Setzgut auf eine schräg angelegte Schüttelrutsche gelangt, während gleichzeitig Druckwasser an der Oberfläche eine die Trennung der Stücke beschleunigende Strömung erzeugt[1]).
4. Wahl von Kali, Salzlauge, Karbidschlamm usw. als Trennungsflüssigkeit, die wegen ihres hohen spezifischen Gewichts (1,4) den Auftrieb der Koksteilchen ohne Zuhilfenahme von Druckwasser usw. beschleunigt[2]).

b) Das magnetische Verfahren.

Die Erfindung der Firma Krupp beruht auf der Magnetisierbarkeit der Schlacken. Sind in der Kohle Eisenkarbonat und Schwefelkies enthalten, so entstehen aus ihnen Eisenoxyd (Fe_2O_3) bzw. Eisenoxydoxydul (Fe_3O_4). Das erstere ist magnetisch, erheischt aber hohe Temperaturen, die im Dampfkesselbetriebe nicht vorkommen; dagegen ist das Eisenoxydoxydul leicht magnetisierbar. Die Herdrückstände werden über den Magnetscheider geführt, der aus einem festen Magnet mit umgebender, nicht magnetischer Trommel besteht. Die Trommel zieht die eisenhaltigen Rückstände bis zu 40 mm Größe an, die brennbaren Koksteilchen gleiten dagegen über sie hinweg. Beides gelangt in für sich getrennte besondere Behälter. Schlackenstücke über 40 mm Größe werden vorher durch eine Siebvorrichtung abgesondert.

Ist die Bedingung magnetisierbarer Schlacke nicht erfüllt, kann auch das Verfahren zu b) keine Anwendung finden, so daß sich das nasse Verfahren trotz seiner Nachteile wegen der kostspieligen Rohrleitungen und des Wärmeaufwandes für die später zu verdampfende Feuchtigkeit weiter erhalten wird.

VII. Wärmewirtschaft im Bauwesen.

Die Wissenschaft fördert die Kultur durch Belastungsproben stehender Gedankenwerte, durch deren Zerstörung und durch den Aufbau neuer Erkenntnisse. Da wissenschaftliche Arbeit sich aus dem Leben den Stoff holt und ihre Errungenschaften wiederum das geistige und wirtschaftliche Leben beeinflussen, so droht dem Bestehenden seitens der Wissenschaft eine ständige Gefahr, die der Kritik.

Bei der Erwärmung eines Raumes ging man bisher von Konvektion, Wärmeleitung und Wärmestrahlung aus[3]).

Nach dem Stande der heutigen Heizungstechnik macht es uns keine Schwierigkeiten, den Wärmebedarf von Wohnräumen auf Grund einer Wärmetransmissionsberechnung unter Berücksichtigung aller Kautelen zu ermitteln, Kessel, Rohrleitung und Heizkörper oder Öfen danach zu berechnen und zweckmäßig unterzubringen. Wenn trotzdem die Erwartungen der Theorie in bezug auf den Brennstoffverbrauch nicht erfüllt worden sind, so liegt das in erster Linie daran, daß die Theorie nur von Beharrungszuständen beispielsweise beim Wärmedurchgang durch eine Mauer ausgeht, anstatt von Voraussetzungen, die der Wirklichkeit näher kommen. Das wäre z. B. die Lösung der Aufgabe, die Temperatur der Innenräume möglichst unabhängig von plötzlichen oder periodischen

---

[1]) Die Firma Geffa m. b. H., Wiesbaden, vertreibt eine Einrichtung, bei der der Koks sofort beim Eindringen des Waschgutes in das Wasser von einer Oberflächenströmung erfaßt und abgeführt wird.

[2]) Der Kolumbus-Separator von Schilde verwendet zur Trennung eine Flüssigkeit, die durch Aufschwemmung von Lehm oder Schlamm bis zu einer Dichte von 25 bis 30° Bé gebracht wird. Zwei Transportschnecken führen die Schlacken und Koksteilchen für sich getrennt ab. Bei diesem Verfahren wird es kaum zu vermeiden sein, daß Schlacken mittlerer Dichte als Koksteilchen abgeführt werden, die in Setzmaschinen noch absinken.

[3]) Konvektion ist die Wärmeübertragung durch gegenseitige Berührung verschieden warmer, immer wechselnder Teilchen, Wärmeleitung die Fortpflanzung der Wärme in dem Stoff, dessen Teilchen als praktisch gegeneinander ruhend zu betrachten sind, und Wärmestrahlung die Ausbreitung der Wärme ohne materiellen Träger.

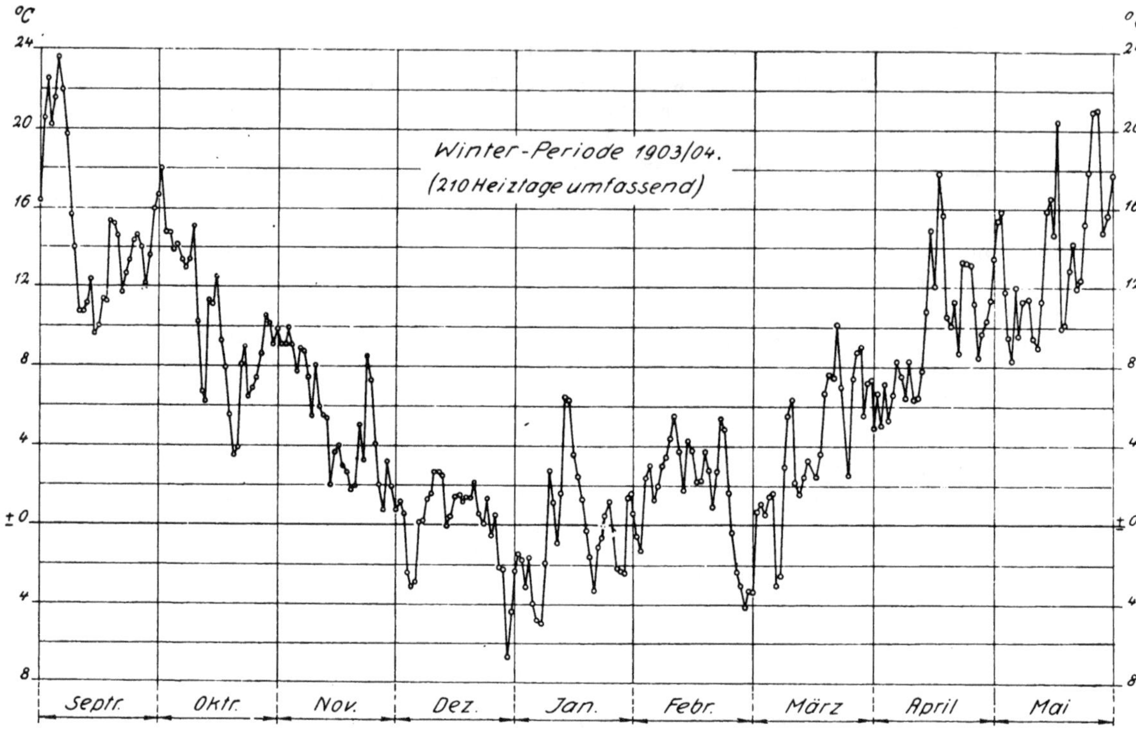

Abb. 285. Temperaturschwankungen, gemessen Abends 9 Uhr, für das Winterhalbjahr 1903/04.

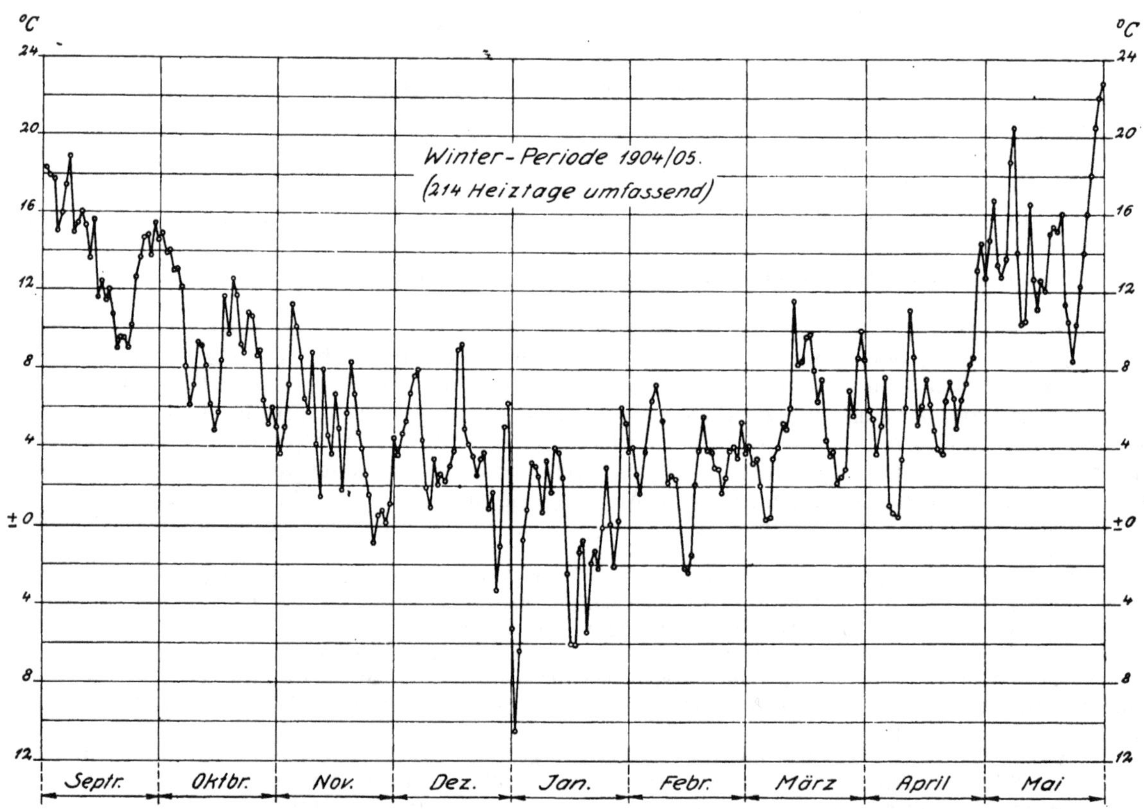

Abb. 286. Temperaturschwankungen, gemessen Abends 9 Uhr, für das Winterhalbjahr 1904/05.

Schwankungen der Witterungsverhältnisse auch bei unterbrochener Heizung durch bauliche Maßnahmen aufrecht zu erhalten. Der unterbrochene Betrieb erheischt vor allen Dingen die Kenntnis der Wärmeaufnahmefähigkeit von Baustoffen, die gleich Wärmespeichern bei fehlender Innenisolierung die Anheizdauer des Raumes verringern und dessen Abkühlung verzögern. Will man unter diesen Voraussetzungen einen Beharrungszustand in der Erwärmung schaffen, darf man sich nicht damit begnügen, die Raumlufttemperatur auf die gewünschte Höhe zu bringen, sondern auch sämtliche Gegenstände, die sich in den Räumen befinden, vor allen Dingen aber die Umfassungswände mit einer gewissen Wärmeentropie zu versehen. Wenn man heißes Wasser in einem Topfe erzeugen will, muß die aufgewandte Wärme nicht nur für die Anwärmung des Wassers, sondern auch für die Erhitzung des eisernen Topfes ausreichen; ja, wir müssen sogar damit noch rechnen, daß ein Teil der vom Topf aufgenommenen Wärme durch Leitung auf die Herdplatte verlorengeht, ebenso wie ein Teil der Wärme in die Umgebung ausgestrahlt wird. Wir beobachten, daß das Kochen bei kaltem Gefäß und anfänglich kaltem Wasser länger dauert, als wenn alles vorgewärmt ist. Genau so verhält es sich auch mit unsern Wohnräumen.

Welchen Einfluß die Witterungsverhältnisse ausüben können, möge aus den beiden Abb. 285 und 286 ersehen werden, die die mittleren Tagestemperaturen für zwei herausgegriffene Jahre darstellen. Abb. 287 und 288 zeigen Fälle, wo die Wohngebäude dem Gleichstrom, Gegenstrom oder Kreuzstrom ausgesetzt sein können, worauf bisher überhaupt keine Rücksicht genommen wurde.

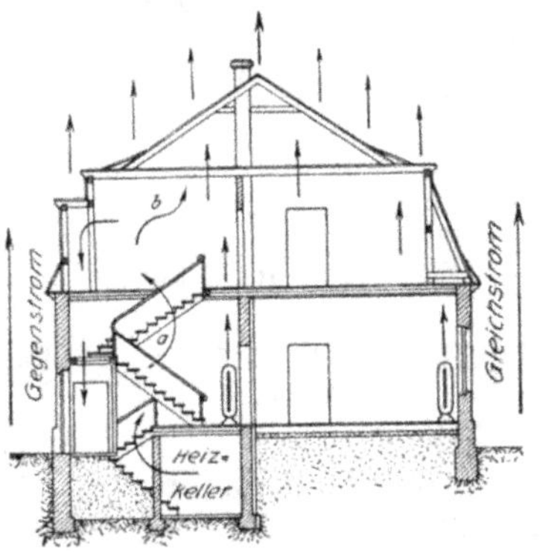

Abb. 287. Gegen- und Gleichstrom bei einem Einzelhause.

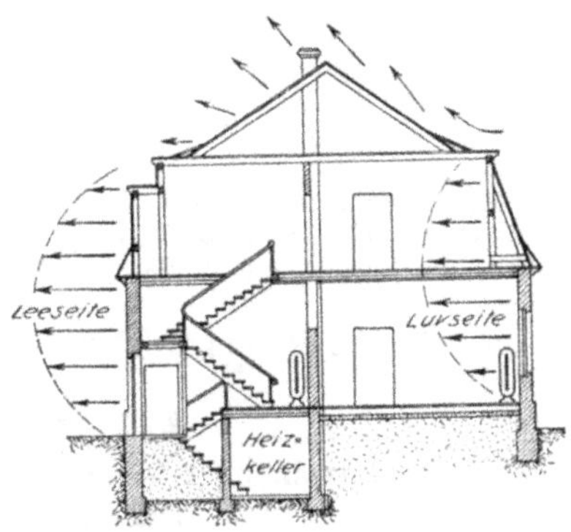

Abb. 288. Einfluß des Windanfalls bei einem freistehenden Hause.

Man kann sich z. B. vorstellen, daß der sich bei Tagesanbruch zur Erde senkende Nebel einen Gegenstrom zum inneren Wärmestrom des Hauses bildet. Hierbei spielt also die räumliche Aufstellung der Heizkörper eine Rolle, da es nicht gleichgültig ist, ob diese an den Innen- oder Außenwänden erfolgt. Wäre das Haus für Luft undurchlässig, könnte man nach den Versuchsergebnissen von Nusselt[1]) den Wärmedurchgang beim Kreuzstrom = 1 gesetzt, für Gleichstrom einen um 13,52 vH kleineren, für Gegenstrom einen solchen von 5,71 vH größeren Wärmedurchgang annehmen. Das macht schon einen Unterschied von ca. 19 vH aus. Aber die Umfassungswände sind porös, Fenster und Türen stark undicht, so daß der Kreuzstrom, den wir mit dem Windanfall identifizieren, die Abkühlung wegen des damit verbundenen starken Luftwechsels in den Räumen um ein Vielfaches vermehrt. Man kann häufig beobachten, daß sich die Fenstervorhänge auf der Luvseite von dem Fenster abheben, auf der Leeseite gegen die Scheiben legen. Eine andere Abkühlung kann die durch das Treppenhaus vom Heizkeller bis zum Bodenraum stattfindende Wärmeströmung durch Pfeile a und b in Abb. 287 gekennzeichnet, hervorrufen; sie ist imstande, im Hause einen Unterdruck zu erzeugen und Luft von außen anzusaugen[2]).

Was durch das Dach an Wärme verlorengeht, hat man experimentell noch nicht festgestellt. Man kann es aber aus der Temperatur im Bodenraum schließen, die in besten Häusern, wie Kurfürsten-

---

[1]) Z. V. d. I. 1911, Nr. 48, S. 20, 21.

[2]) Heizung und Lüftung S. 10ff, Leipzig 1915. S. Hirzel machte zuerst auf den Unterdruck aufmerksam, der durch die Verschiedenheit der spezifischen Gewichte von warmer und kalter Luft zwischen Innen- und Außenluft entsteht. Nach Recknagel dringt die über der etwa in halber Zimmerhöhe befindlichen neutralen Zone gelegene Luft nach außen, während die Außenluft unterhalb dieser Zone ins Zimmer strömt.

damm, Berlin, —6° bei —20° C Außentemperatur beträgt. Das gilt bei guter Bedachung, z. B. bei Biberschwänzen, nicht aber für holländische Dachpfannen, die bei schlechtem Verputzen große Undichtheiten aufweisen. Das sind aber alles Störenfriede, die unsere Rechnung unsicher gestalten. Ihrer Herr zu werden, gibt es nur ein Mittel: die Laboratoriumsversuche auf ganze Räume oder gar Häuser auszudehnen.

Mit der Herstellung der Baustoffe ist ein gewisser Kohlenaufwand verbunden, der für die verschiedenen Baumaterialien keineswegs gleich ist. In der Zahlentafel 197 sind die Verbrauchsmengen an Kohle für verschiedene Baumaterialien nach den Angaben von Dr. Hencky[1]) zusammengestellt.

Zahlentafel 197.

Mittlerer Kohleverbrauch zur Erzeugung der Baustoffe.

Baustoffe	Kohleverbrauch
Maschinenziegel	250 kg für 1000 Steine
Handziegel	225 „ „ „ „
Hohlziegel	200 „ „ „ „
Kalksandsteine	150 „ „ „ „
Hochofenschlackensteine	20 „ „ „ „
Zement	600 „ „ 1000 kg Zement
Kalk	200 „ „ „ „ Kalk
Ziegelmauerwerk	120 „ „ 1 cbm
Kiesbeton 1:6	155 „ „ 1 „
„ 1:8	121 „ „ 1 „
„ 1:10	97 „ „ 1 „
Kalksandsteinmauerwerk	80 „ „ 1 „
Hochofenschlackenmauerwerk	38 „ „ 1 „
Schlackenbeton aus Kalk und Traß	20 — 30 kg für 1 cbm

Zahlentafel 198 enthält die Raumgewichte der Baumaterialien mit ihren zugehörigen Wärmeleitzahlen λ.

Zahlentafel 198.

Wärmeleitzahlen verschiedener Bau- und Isolierstoffe in trockenem Zustand.

Material	Ungefähres Raumgewicht in kg/cbm	λ $\frac{\text{k cal}}{\text{m st °C}}$
Bruchstein	2300	1,1 — 1,4
Kalksandsteinmauerwerk	1670	0,60
Kalksandsteinmauerwerk	1830	0,77
Kiesbeton	2000	0,70
Ziegelmauerwerk	1680	0,40 — 0,50
Mauerwerk aus hochporösen Ziegeln	900	0,20
„ „ Lehmstein ungebrannt	1800	0,60
Schwemmsteinmauerwerk	800	0,19
Holz	640	0,15
Schlackenfüllung	1000	0,15
Bimskies	—	0,16
Isolierbims	—	0,07
Torfmull	—	0,07
Torfplatten	230 — 370	0,05 — 0,075
Korksteinplatten	180 — 350	0,04 — 0,06

Demnach kann schon die Wahl geeigneter Baustoffe eine der wirtschaftlichsten Aufgaben bilden, deren Lösung dem Architekten obliegt. Aber diese Lösung darf nicht etwa in einer „sparsamen“ Bauweise allein gesucht werden, sondern sie muß gleichzeitig die für einen ausreichenden Wärmeschutz der Umfassungswände verlangten Bedingungen erfüllen. Die Baukosten eines Gebäudes gehören zu den einmaligen Unkosten, die Ausgaben für die Beheizung der Räume wiederholen sich dagegen jährlich und betragen für Zentralheizung infolge des im Mai 1923 erhöhten Kokspreises schon 400000 M und mehr je Raum.

[1]) Z. d. Österr. Ing.- u. Architekten-Vereins 1920, Heft 42/43 u. 49.

Da das Wohnhaus zu den verbreitetsten wärmeverbrauchenden Anlagen gehört, ist ein näheres Eingehen auf die einschlägigen Verhältnisse für die weiteren Erkenntnisse unerläßlich.

Ist in der Erwärmung eines Raumes ein Beharrungszustand eingetreten, so geht ein Wärmestrom von dem wärmeren Körper auf den kälteren über, also, wie in Abb. 289 dargestellt, von dem Innern des Raumes nach außen. Bezeichnet

J die Temperatur der Raumluft,
A „ „ „ Außenluft,
T_i „ „ „ Innenfläche,
T_a „ „ „ Außenfläche,

so müssen folgende Gleichungen erfüllt sein:

$$\alpha_1 (J - T_i) = \frac{\lambda (T_i - T_a)}{\delta} = \alpha_2 (T_a - A)$$

Hierin bedeuten α_1 das innere, α_2 das äußere Leitvermögen und λ die Wärmeleitzahl für die als massiv gedachte Umfassungswand von 1 m Stärke.

Durch Umwandlung der Gleichung entsteht

$$\alpha_2 (T_a - A) = (J - A)\, k = \frac{(J - A)}{\frac{1}{k}}$$

worin k den Wärmetransmissionskoeffizienten für 1° Temp.-Diff. und 1 qm Fläche darstellt; er umfaßt die drei Größen α_1, α_2 und λ in der Form

$$\frac{1}{k} = \frac{1}{\alpha_1} + \frac{\delta}{\lambda} + \frac{1}{\alpha_2}$$

Erlischt die Wärmequelle im Innern, so bleibt zunächst vermöge des Gesetzes der Beharrung der Wärmestrom auf kurze Zeit bestehen. Die in der Raumluft aufgespeicherte Wärmemenge ist gegenüber jener in den Umfassungswänden sehr gering. J fällt deshalb in seiner Temperatur herunter, etwa $= T_i$. Der Beharrungszustand kann trotzdem erhalten bleiben, wenn $T_a = A$ wird, was bei wärmer werdender Außentemperatur, z. B. durch Einwirkung von Sonnenschein, durch Nachlassen des Windanfalls immerhin möglich ist, oder es wird T_a durch Verdunsten der Feuchtigkeit auf die Temperatur von A abgekühlt. Die Raumlufttemperatur ändert sich mithin nicht, wenn

$$\alpha_1 (J - T_i) = \alpha_2 (T_a - A)$$

demnach auch

$$\frac{\lambda}{\delta} (T_i - T_a) = 0$$

wird.

Das Lüften des Raumes gibt zunächst ähnliche Zustände wie die Abstellung der Heizung. Wird die Lüftung aber übertrieben, dann sinkt die Raumlufttemperatur bedeutend unter T_i, und es beginnt jetzt der Wärmestrom sich umzukehren. Ein Teil der in der Umfassungswand aufgespeicherten Wärmeentropie dient nach Einstellung der Lüftung zur Wiedererwärmung der Raumluft. Man kann sich wie in Abb. 290 leicht vorstellen, daß in der Umfassungswand eine neutrale Zone entsteht, von der aus der Wärmestrom nach entgegengesetzten Richtungen zur Wirkung kommt. Es bestehen dann die Beziehungen

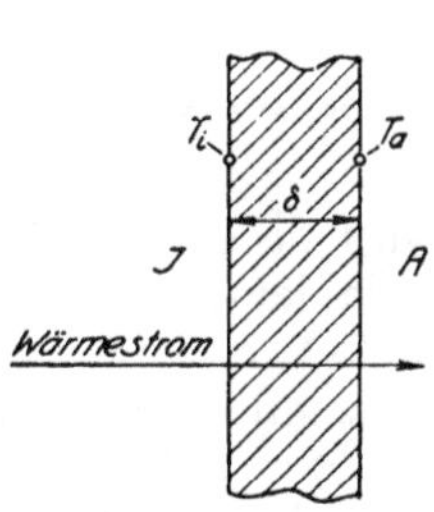

Abb. 289. Wärmestrom im Beharrungszustand.

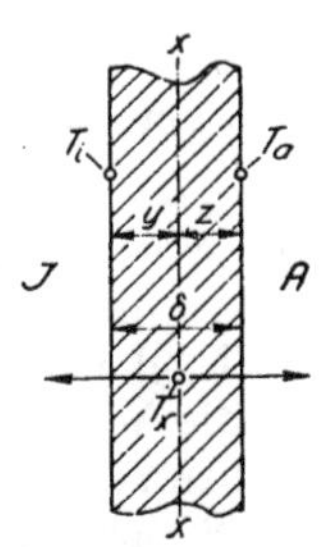

Abb. 290. Wärmestrom bei unterbroch. Betrieb.

$$\lambda \frac{(T_x - T_i)}{\delta - z} = \alpha_2 (T_i - J)$$

$$\lambda \frac{(T_x - T_a)}{\delta - y} = \alpha_2 (T_a - A)$$

Diese beiden Fälle kommen in der Praxis sehr häufig vor. Wir dürfen uns deshalb bei der Beurteilung der Wärmewirtschaft eines Hauses mit den bisherigen Erscheinungen der Konvektion,

Wärmeleitung und Wärmestrahlung nicht begnügen, sondern vor allen Dingen den Einfluß der Wärmeabsorption und Wärmeabgabe der Umfassungswände zu ermitteln trachten; denn von diesen beiden Erscheinungen hängt in erster Linie die Anheiz- und Abkühlungsdauer eines Raumes und in zweiter Linie der Brennstoffverbrauch ab.

Von den k bestimmenden 3 Faktoren ist die Wärmeleitzahl λ am ausschlaggebendsten. Wie die vorhergehende Zahlentafel 198 gezeigt hat, gehen die Werte für λ von 1,1 bis 1,4 auf 0,04 bis 0,06 herunter. Aus der Zahlentafel läßt sich das Gesetz ableiten, daß mit zunehmender Größe des Raumgewichts eines bestimmten Materials auch die Wärmeleitzahl λ wächst. Dies geht noch deutlicher aus den Abb. 291 und 292 hervor, von denen erstere die Wärmeleitzahlen von Zement-, Holzplatten, Platten aus Gips mit kleinen Faserteilchen bis herunter zur Haarwolle angibt. Mit der Haarwolle kommen wir auf Werte, die noch unterhalb der Korksteinplatten liegen. Das rechte Schaubild zeigt bei trockenen Korkplatten bei 20° C ein dem Raumgewicht proportionales Verhältnis der Wärmeleitzahl. Denselben Verlauf finden wir auch bei normalfeuchtem Beton.

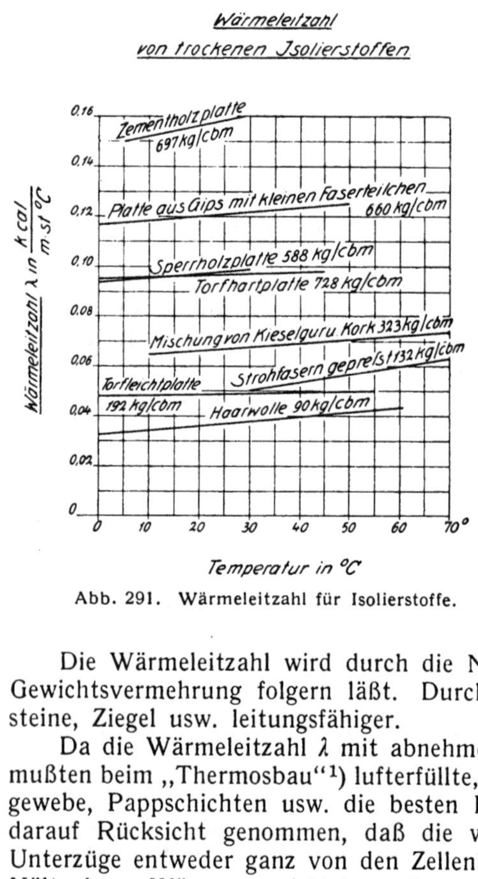

Abb. 291. Wärmeleitzahl für Isolierstoffe.

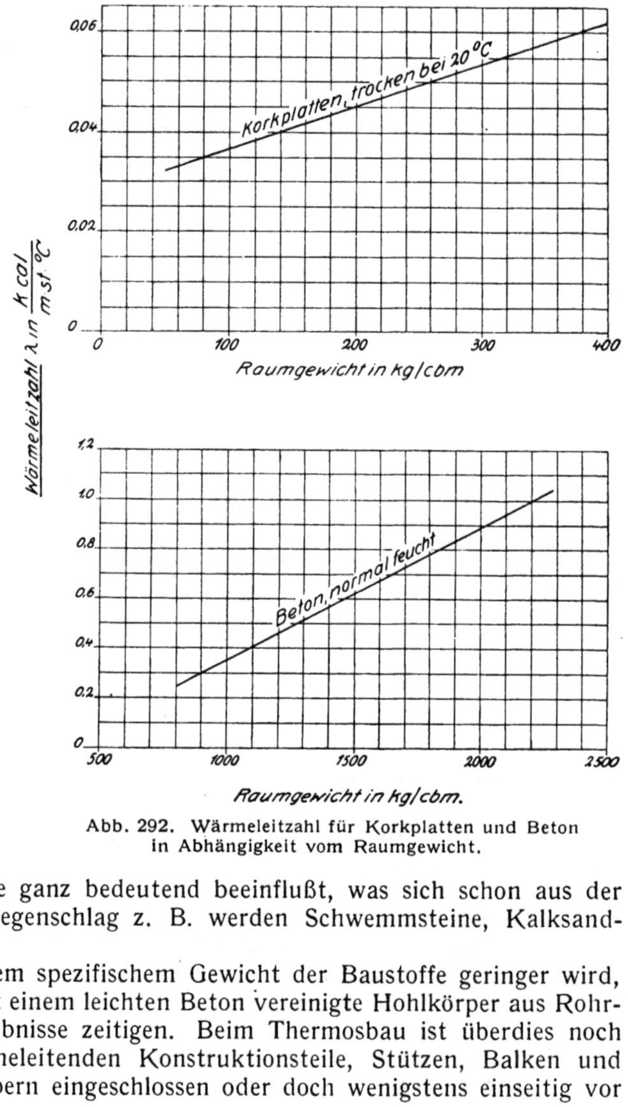

Abb. 292. Wärmeleitzahl für Korkplatten und Beton in Abhängigkeit vom Raumgewicht.

Die Wärmeleitzahl wird durch die Nässe ganz bedeutend beeinflußt, was sich schon aus der Gewichtsvermehrung folgern läßt. Durch Regenschlag z. B. werden Schwemmsteine, Kalksandsteine, Ziegel usw. leitungsfähiger.

Da die Wärmeleitzahl λ mit abnehmendem spezifischem Gewicht der Baustoffe geringer wird, mußten beim „Thermosbau"[1]) lufterfüllte, mit einem leichten Beton vereinigte Hohlkörper aus Rohrgewebe, Pappschichten usw. die besten Ergebnisse zeitigen. Beim Thermosbau ist überdies noch darauf Rücksicht genommen, daß die wärmeleitenden Konstruktionsteile, Stützen, Balken und Unterzüge entweder ganz von den Zellenkörpern eingeschlossen oder doch wenigstens einseitig vor Kälte bzw. Wärme geschützt werden.

Die bisherige Bauweise, durch Einschalten von Luftschichten an Bau- und Brennstoff zu sparen, muß nach neuer Erkenntnis als unvorteilhaft erscheinen. Der Ersparnis an Baustoffen steht ein geringerer Wärmeschutz gegenüber. Die Luft erwärmt sich an der Innenwand, steigt infolgedessen, vermöge des entstehenden geringeren spezifischen Gewichts, nach oben, um schließlich an der kälteren,

---

[1]) Untersuchungen über die wärmewirtschaftlichen Anlagen, Ausgestaltung und Benutzung von Gebäuden, herausgegeben von der Bayrischen Landeskohlenstelle München.

nach außen gelegenen Wand wieder herabzusinken. Bei diesem immerhin verwickelten Vorgang wirken neben Konvektion auch Leitung und Strahlung mit, wenn man nicht zu einer horizontalen Unterteilung der Luftschichten zur Einschränkung ihrer Höhe schreitet.

Die Forderung nach wärmetechnischer Durchbildung der Gebäude muß den Ausgangspunkt für die Verwirklichung wärmewirtschaftlicher Maßnahmen bilden, zu denen auch eine günstige Raumeinteilung gehört[1]). In der vorjährigen Ausstellung in München für Wärmewirtschaft haben Prof. Dr. Knoblauch, Prof. Schachner und Dr. Ing. Karl Hencky die Ergebnisse ihrer Studien durch eine Reihe von Skizzen vor Augen geführt, von denen nur einige in Abb. 293

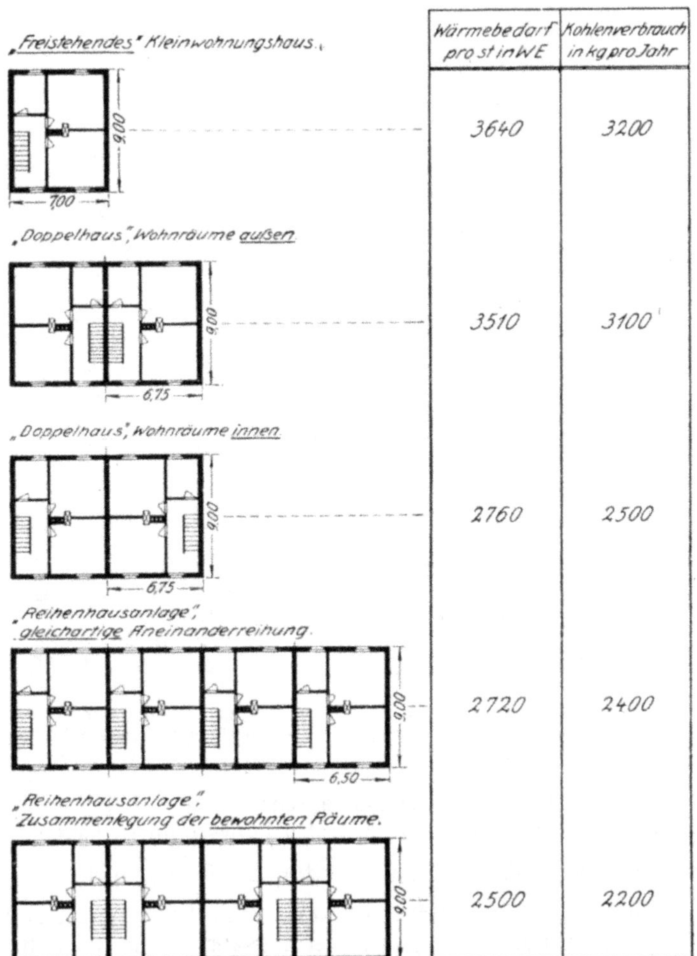

Abb. 293. Einfluß der Raumverteilung auf den Wärmebedarf von Kleinwohnhäusern.

wiedergegeben werden sollen. Das alleinstehende Kleinwohnhaus hat wegen seiner freistehenden Umfassungswände einen Wärmebedarf von 3640 WE und einen Kohlenverbrauch von 3200 kg. Für die Berechnung sind 200 Heiztage zu je 8 Std. bei 2stündiger Anheizdauer zugrunde gelegt. Der Brennstoff wurde mit dem Heizwert von 6000 WE und der Nutzeffekt der Feuerungsanlagen mit 60 vH in Ansatz gebracht. Als mittlere Tagestemperatur, über die ganze Heizperiode verteilt, sind 0° C eingesetzt. Legt man zwei solcher Kleinwohnungshäuser zusammen, so spart man schon eine Abkühlungsfläche und verringert den Wärmebedarf um 130 WE. Einen weiteren günstigeren Einfluß zeigt die Verteilung der Treppenhäuser nach außen. Legt man mehrere Häuser, etwa 4, zu einer Reihe zusammen, so tritt eine weitere, freilich nur geringere Ersparnis bei dem vierten Grundriß in die Erscheinung, der sich indes noch bedeutend verbessert, wenn die bewohnten Räume eine

[1]) Pohlmann, „Thermosbau“, Verlag von Julius Springer, Berlin 1921.

andere Gruppierung erfahren. So kann man noch andere Anordnungen treffen, auf die wir nicht weiter eingehen möchten. Jedenfalls geht schon aus dieser Maßnahme hervor, daß man den Kohlenverbrauch von 3200 auf 2200 kg durch entsprechende Verteilung der Räume herabsetzen kann.

Bei einem einseitig erwärmten Balken aus Ziegelsteinen (Abb. 167 auf S. 369) hat jeder Meßpunkt eine Anheizdauer durchzumachen, um sich auf konstante Temperatur einzustellen. Die Anheizdauer ergab sich bei den Versuchen des Verfassers für alle Meßpunkte zu etwa 6 Std. (vgl. Abb. 294). Lassen wir dagegen den Balken sich wieder abkühlen, so verläuft die Abkühlungsdauer für jeden Meßpunkt asymptotisch, wie in Abb. 295 rechts dargestellt ist.

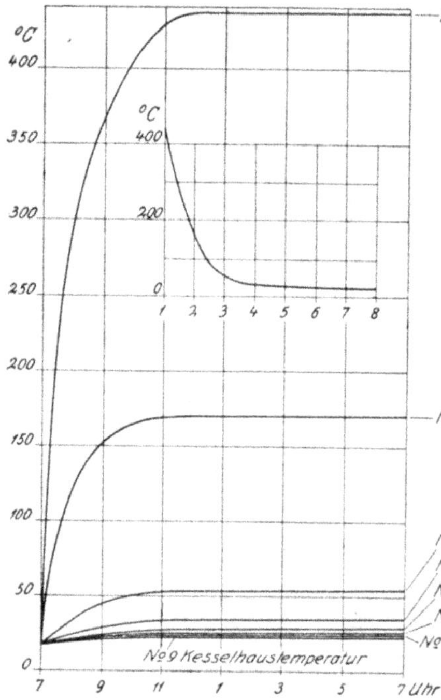

Abb. 294. Anheizdauer für die Meßpunkte 1 bis 8 eines einseitig erwärmten Mauerstückes.

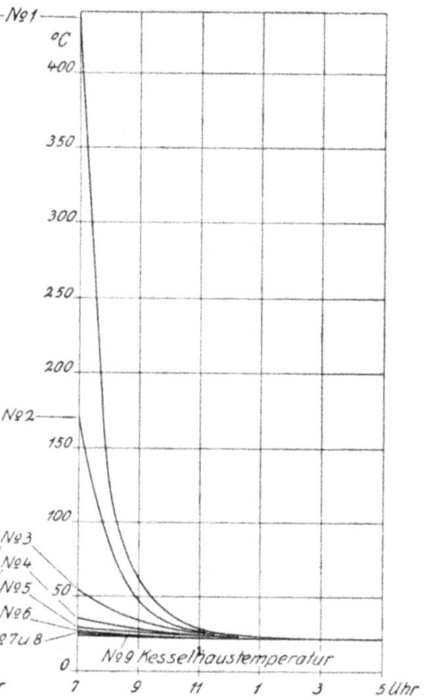

Abb. 295. Verlauf der Abkühlung der einzelnen Meßpunkte in Abb. 294.

Mit Hilfe dieses verhältnismäßig einfachen physikalischen Experiments war Verf. in der Lage, aus der sich ergebenden Kurve die Gleichung für die Temperatur in bestimmten Tiefen der Mauer zu suchen. Ist T_i die Temperatur der Innenoberfläche, so hat man für eine Tiefe x in cm die Temperatur $y = \frac{T_i}{A^x}$, worin A eine zwischen 1 und 1,12 liegende Größe ist. Legt man dieses Gesetz zugrunde, müßte sich eine 51 cm starke Mauer nach Unterbrechung der Heizung aus einem Beharrungszustand bei 20° Innen- und —10° Außentemperatur entsprechend der unteren Kurve abkühlen (Abb. 296). Die Temperaturverhältnisse ändern sich hauptsächlich auf der Innenwand. Wird von neuem angeheizt, muß die untere Begrenzungslinie der senkrecht schraffierten Fläche erst wieder auf den Anfangszustand gehoben werden, der dem der Beharrung gleichkommt. Das kann zeitlich sehr langsam, aber auch schnell erfolgen; es kommt hierbei ganz auf die Größe des Wärmeerzeugers an.

Zur Bestimmung der Wärmeaufnahme durch die Umfassungswände griff Verf. vor 18 Jahren auf einen einfachen Kachelofen zurück[1]), der in dem Versuchsraum einer Villa in Lichterfelde an einer freistehenden Giebelwand aufgestellt war. Da der Raum mehrere Tage nicht beheizt worden war, interessierte der Verlauf des Anheizens. Zu diesem Zwecke wurden an dem ersten Versuchstage (24. Februar 1905) 20 und an dem nächstfolgenden 15 Brikette verbrannt und dabei der Feuerungswirkungsgrad des Ofens durch Temperaturmessungen und Analysen der Verbrennungsgase bestimmt. Die Versuchsergebnisse sind in Abb. 297 graphisch wiedergegeben. Man sieht bis zum vollständigen Anbrennen der Brikette die Temperatur bis zu 295° im Abzugsrohr hochsteigen. Nach dem Feuertür-

[1]) Die Versuche wurden in der Festschrift des „Ges.-Ing." zum Kongreß, Wien 1907, veröffentlicht.

abschluß beginnt die Temperatur plötzlich nach einem bestimmten Gesetze zu fallen. Der Kohlensäuregehalt der Gase verläuft identisch, während die mittleren Ofentemperaturen etwa erst nach 3 Std. ihr Maximum erreichen. Am darauffolgenden Versuchstage war der Ofen bereits angewärmt, so daß schon mit geringer Brennstoffmenge ähnliche Verhältnisse erzielt wurden. Die Oberflächentemperatur des Ofens fiel höher aus. Dividiert man die durch den feuerungstechnischen Versuch ermittelte, in den Versuchsraum ausgestrahlte Wärmemenge durch die über die ganze Versuchszeit festgestellten mittleren Ofentemperaturen, so erhält man die mittlere Wärmeabgabe für 1° Oberflächentemperatur und kann nunmehr den Verlauf der gesamten Wärmeabgabe graphisch auf-

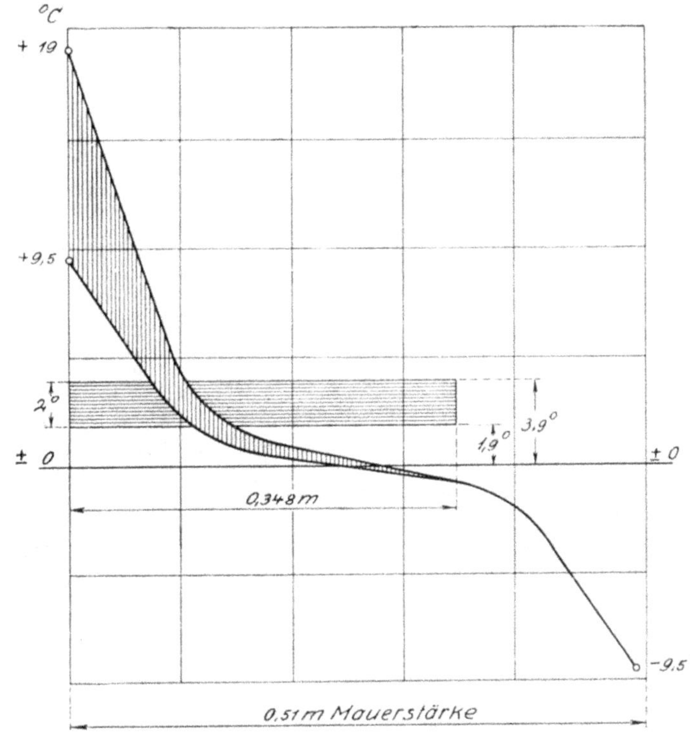

Abb. 296. Graphische Darstellung der Abkühlung in einer Umfassungswand.

tragen. In Abb. 298 finden wir zunächst die eine Wellenlinie darstellende Ofentemperatur wieder, über der die Kurve für die Wärmeabgabe des Ofens gelegen ist. Die Kurven haben Maxima und Minima. Die Raumlufttemperatur, die vor dem Anheizen nur wenige Grade über 0° betrug, steigt am ersten Tage auf 14°, am zweiten Tage trotz geringerer Brennstoffmenge auf 16° C, während die Außentemperaturen in der Nacht bis auf 0° heruntergingen. In einer weiteren Kurve ist die aus der Rechnung sich ergebende Wärmetransmission dargestellt. Aus der Differenz dieser Kurve und der tatsächlich vom Ofen abgegebenen Wärmemenge ergibt sich die Größe der Wärmeaufnahme oder -abgabe der Umfassungswände, die schraffiert sind. Da die Umfassungswand des stark abgekühlten Zimmers für die Wärmeaufnahme besonders günstig war, sehen wir auch am ersten Versuchstage eine größere Wärmeaufnahme als am 2. Versuchstage mit der bereits angewärmten Innenwand. Interessant aber ist jener Wendepunkt, wo nach Abkühlung der Raumluft unterhalb der Temperatur der Innenwand sich der Wärmestrom umkehrt, wie vorher gezeigt worden war. Von diesem Punkte ab — kurz vor 1 Uhr — gibt die innere Umfassungswand dauernd Wärme ab und bewirkt dadurch, daß die Raumlufttemperatur nur verhältnismäßig wenig fällt, obgleich sich die Ofentemperaturen schon längst im starken Fallen befinden. Diese Wärmeabgabe bleibt zunächst auch am folgenden Tage bestehen, hört aber mit dem erneuten Anheizen des Ofens wieder auf. Die Wärmeaufnahme und die Wärmeabgabe wiederholen sich fast mit mathematischer Genauigkeit, so daß wir an einem dritten Versuchstage noch kleinere Wellen in der Kurvenbewegung voraussetzen müssen. Wir bekommen letzten Endes mehr oder weniger eine nur in mäßigen Wellenlinien verlaufende Kurve, die bei Dauerheizung den Beharrungszustand darstellt.

Auf diese Versuche hat Prof. Korff-Petersen[1]) vom Hygienischen Institut der Universität Berlin 1921 zurückgegriffen und weitere Versuche zur Klärung der Verhältnisse an verschiedenen

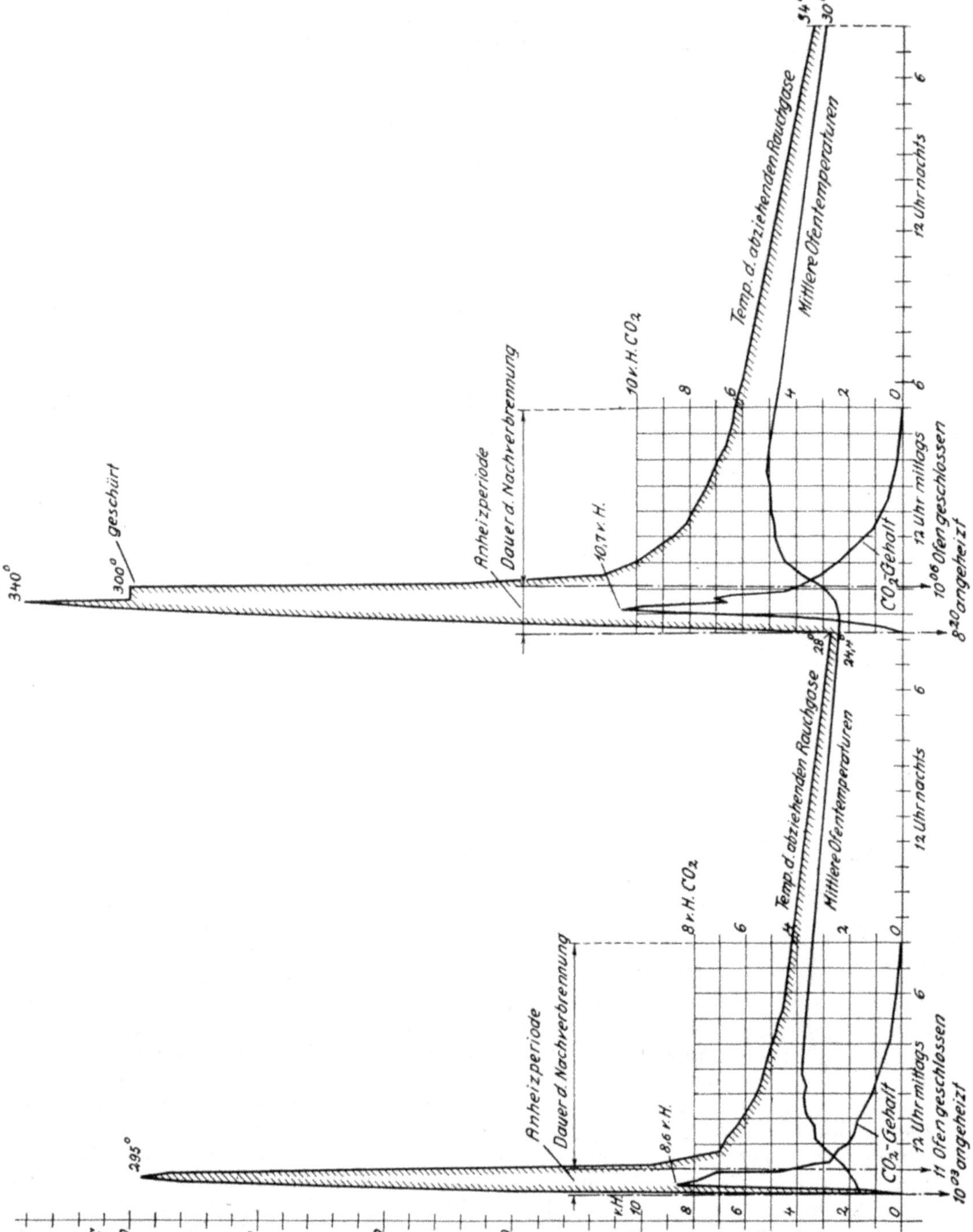

Abb. 297. Einfluß des Verbrennungsvorganges auf die äußere Kachelofentemperatur.

Häusern ausgeführt. Seine Versuchsergebnisse sind für uns von außerordentlicher Wichtigkeit, weil sie uns jetzt schon einen Ausblick für die Verbesserung der Wärmewirtschaft im Bauwesen ge-

[1]) Z. f. Hygiene und Infektionskrankheiten 1921, Bd. 93, Heft 2/3.

währen. Für die Beheizung der Räume bediente sich Korff-Petersen elektrischer Öfen, um einerseits die zur Temperatursteigerung der Raumluft von 15 auf 19°, anderseits die zur Abkühlung

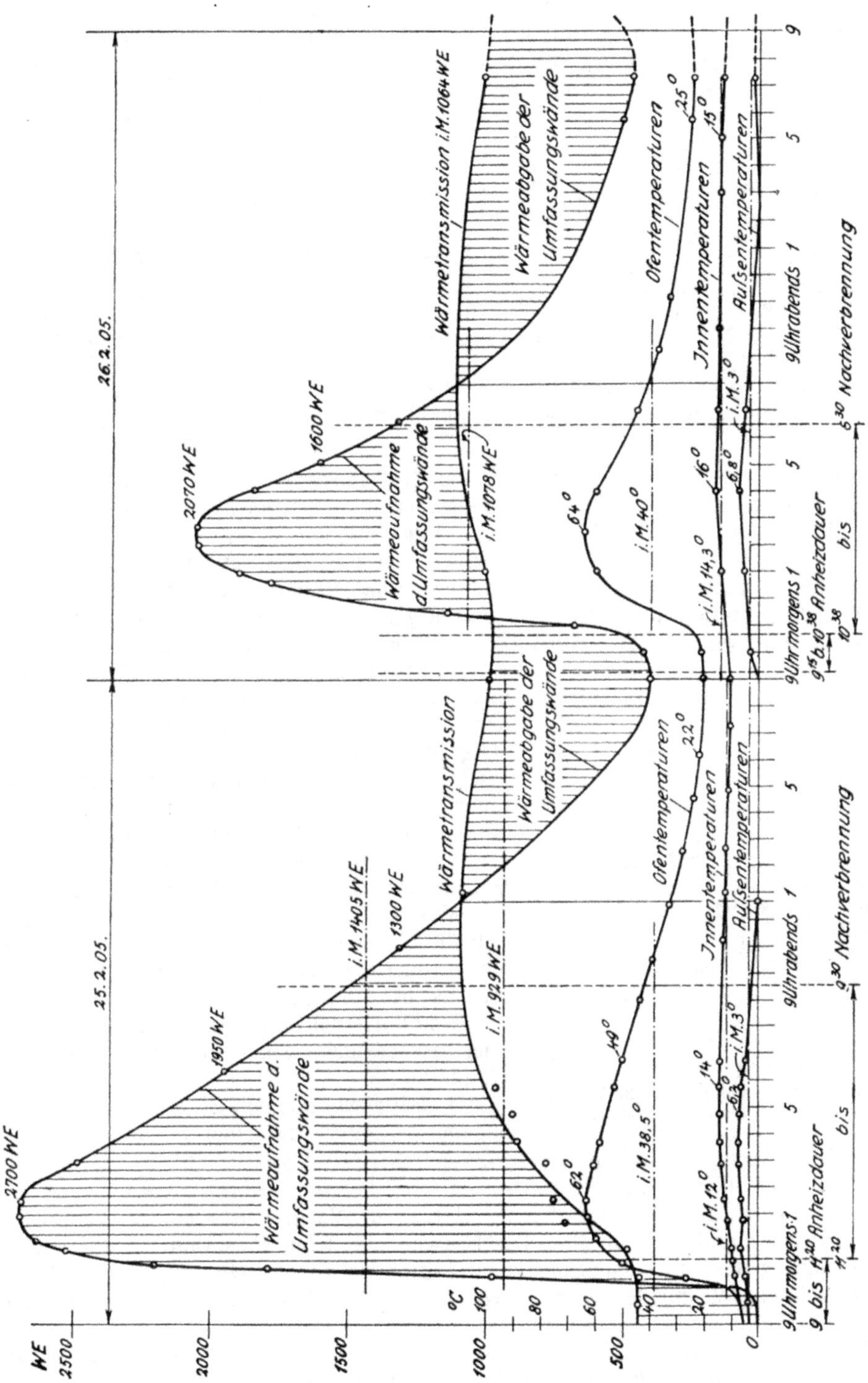

Abb. 298. Wärmeaufnahme und -abgabe der Umfassungswände.

im umgekehrten Sinne erforderliche Zeit zu bestimmen. Zum Vergleich der bei verschiedenen Häusern gewonnenen Ergebnisse wurden die erhaltenen Temperaturkurven planimetriert und durch die in der gleichen Zeit zugeführte Wärmemenge dividiert. Korff-Petersen erhielt auf diese Weise eine

Zahl, die gewissermaßen als Gütegrad des Wärmeschutzes der Häuser angesprochen werden kann. Als Untersuchungsobjekt dienten ein Thermoshaus, zwei Holzhäuser, ein Steinhaus und ein Zementhaus. Der Raum im Thermoshaus ließ sich, wie aus Abb. 299 hervorgeht, bereits in 1,9 Std. auf die Temperatur von 15 bis 19° bringen, während er bei Wiederbeginn der neuen Versuche noch nicht auf 15° abgekühlt war. Das zweite in wärmetechnischer Hinsicht günstigste Haus war das Steinhaus. Dann folgten die beiden Holzhäuser und schließlich das Zementhaus. Der Gütegrad betrug beim Thermoshaus „445", beim Zementhaus dagegen „324", d. h. wir haben hier bereits einen Unterschied von ungefähr 30 vH. Das Ergebnis ändert sich aber sofort zu ungunsten des Thermoshauses, sobald die Innenwand des untersuchten Raumes mit Decken verhängt wurde. Während das Thermoshaus bei einem andern Versuch im nichtisolierten Zustande die Ziffer „423" aufwies, hatte es isoliert nur „380", das Zementhaus im nichtisolierten Zustande 296, im isolierten „385".

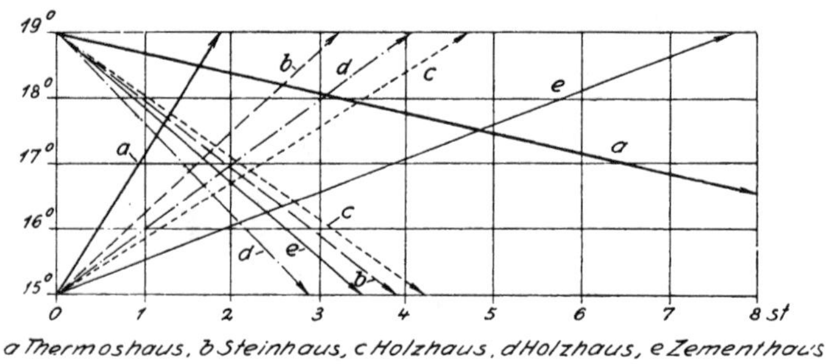

Abb. 299. Erwärmung und Abkühlung von Häusern verschiedener Baustoffe.

Diese Versuchsergebnisse veranlaßten Prof. Korff-Petersen und Dr. W. Liese[1]), den einmal eingeschlagenen Weg weiter zu verfolgen. Sie bedienten sich für ihre Zwecke einer Versuchseinrichtung, bestehend aus einer zwischen Metallplatten eingeschlossenen Sandschicht, deren Temperatur in verschiedenen Schichten bei Innen- bzw. Außenisolierung bestimmt wurde. Wir können hier nicht näher auf die ausgezeichneten Arbeiten dieser verdienstvollen Männer eingehen, wollen indes unter Benutzung des Temperaturverlaufes im einseitig erwärmten Balken (Abb. 294) die Ergebnisse im großen und ganzen wiedergeben. Abb. 300 zeigt die hier interessierenden 3 Kurven.

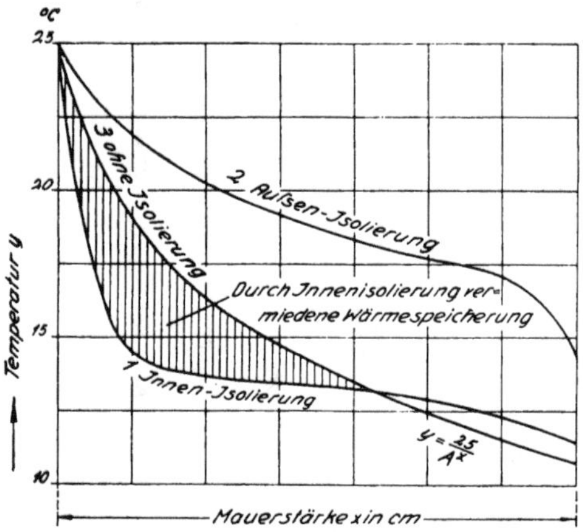

Abb. 300 Einfluß der Isolierung auf die Wärmespeicherung in der Umfassungswand.

1. Innenisolierung der Wand: Die von der Raumluft auf die Innenwand übertragene Wärme wird wegen der Isolierung nicht gleich fortgeleitet; infolgedessen steigt die Temperatur der Raumluft verhältnismäßig rasch. (Hierbei ist eine in unmittelbarer Nähe des Heizkörpers gelegene Wand zu Grunde gelegt, deren Innentemperatur $T_i = 25^0$ sein soll).

2. Bei Außenisolierung wird dem Fortleiten der Wärme nach außen ein Hindernis in den Weg gelegt. Die Wärme bleibt also in der Umfassungswand, so daß die einzelnen Schichten der Mauer wärmer als bei Innenisolierung werden. Je länger geheizt wird, desto mehr Wärme nimmt die Umfassungswand auf Kosten der Raumlufterwärmung auf, um so weniger kühlt sich aber auch nach Abstellung der Wärmequelle der Raum ab.

3. Bei gewöhnlichem Ziegelmauerwerk verläuft die zugehörige Kurve zwischen 1. und 2.

Dem vom hygienischen Standpunkte für 2. sprechenden Vorteil steht der Mehrverbrauch an Brennstoff als wirtschaftlicher Nachteil gegenüber. Um den Beharrungszustand in der Erwärmung des Raumes zu erreichen, müssen wir erst jenen Betrag an Wärme zuführen, der der weißen Fläche zwischen den Kurven 2 und 3 entspricht. Die Notwendigkeit an Hausbrand zu sparen, führt deshalb zur Bevorzugung der Innenisolierung; denn durch sie sparen wir die durch die schraffierte Fläche gekennzeichnete Wärmemenge, die etwa nur $^1/_3$ der bei Außenisolierung zu rechnenden Speichermenge beträgt.

Die Isolierung der Innenwand, z. B. durch Rohrgeflecht ähnlich dem Deckenputz, bringt gleichzeitig den Vorteil mit sich, daß die Körperwärme gegenüber der verhältnismäßig hoch temperierten Isolierwand nicht viel Einbuße zu erleiden braucht, so daß die Raumtemperatur

[1]) Vgl. Prof. Korff-Petersen und Dr. W. Liese, Z. f. Hygiene und Infektionskrankheiten 1922, Bd. 96. Heft 4 und Bd. 98.

gegenüber den jetzt bestehenden Verhältnissen herabgesetzt werden kann. Kühlt sich dann der Raum infolge der geringen Wärmespeicherung in der Umfassungswand nachts ab, so können wir dies für die Zeit der vollständigen Körperruhe ohne Schaden für unsere Gesundheit in den Kauf nehmen[1]).

Aus der graphischen Darstellung der Abb. 298 können wir folgern, daß die in den unteren Stockwerken gelegenen Räume wegen ihrer stärkeren Umfassungswände sich schwerer anheizen lassen als jene der oberen Stockwerke, wo die Mauerstärken abnehmen. Erstere halten dafür länger die Raumlufttemperatur, während die oberen Räume schneller abkühlen. Das Anheizen von Wohnräumen nach längerem Stillstand kann nur bei mäßiger Außentemperatur Erfolg haben; denn am ersten Tage der Ofenheizung verschwanden von der nutzbar erzeugten Wärmemenge in den ersten 14 Std. rd. 125 vH der bestehenden Wärme durch Transmission in den Umfassungswänden. Wenn auch von dieser Wärmemenge später ein Teil wiedergewonnen wird, so verbleiben in den Umfassungswänden nach 24 Std. dennoch rd. 30 vH der gesamten aufgewandten Wärme. Ist also eine Heizungsanlage für eine Temperaturdifferenz von 40° berechnet (—20°C außen +20° innen), könnte beispielsweise bei —8°C Außentemperatur — das sind 30 vH weniger — nur durch dauernde Maximalleistung der Anlage das Anheizen erzielt werden. Bei größerer Kälte würde selbst die beste Heizungsanlage versagen müssen. Selbst bei angeheiztem Wohngebäude wird man stets das „stoßweise" Anheizen bevorzugen, d. h. man heizt anfänglich mit höherer Steigetemperatur und läßt dann den Heizkessel allmählich bis auf einen geringeren Dauerbrand zurückgehen. Bei gelinden Außentemperaturen wird man sich der Periodenheizung bedienen, bei wenigen Grad Kälte schon der Dauerheizung den Vorzug geben.

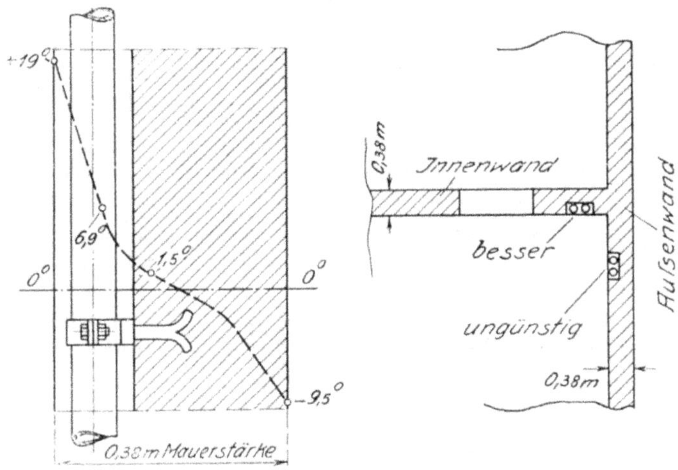

Abb. 301. Einfluß der Rohrschlitze auf die Abkühlung des Wärmeträgers.

Dr. Korff-Petersen und Dr. W. Liese haben ihre Versuche auch auf Heizkörper mit und ohne Speicherung ausgedehnt und gefunden, daß die Speicherung keineswegs günstig ist. Im Anschluß hieran wollen wir gleich auf die Heizkörper unserer Zentralheizungsanlagen zu sprechen kommen. Wir finden die sog. Radiatoren als Heizkörper bevorzugt, weil sie weniger Staub ansammeln, besser aussehen und frei aufgestellt werden können. Das letztere ist außerordentlich wichtig, weil jede Heizkörperverkleidung sehr viel Wärme absorbiert. In dieser Beziehung büßen selbst Radiatoren unter einem Lateibrett nach den Versuchen Brabbées schon annähernd 40 vH ihrer Wärmeabgabe ein. Die bisherigen Radiatoren haben indes gegenüber den Rippenheizkörpern den Nachteil, daß sie für jedes qm Heizfläche viel mehr Wasser, etwa 10 l, enthalten. Ist der Heizkörper 5 qm groß und wird ihm in einer an sich bemessenen Zeit vielleicht nur 1 l heißes Wasser durch den Anschluß zugeführt, so gibt die Mischung des kalten Wassers mit der geringen Heizwassermenge zunächst noch keine nennenswerte Temperatursteigerung des Heizkörpers. Dazu sind ganz andere Mischungsverhältnisse nötig. Die Geschwindigkeit des Heizwassers durch die Rohrleitung beträgt aber unter Umständen nur Bruchteile von Sekundenmetern, so daß die Anwärmung des Inhaltes eines Radiators zeitlich ausgedehnt und die Anheizperiode verzögert wird. Ist ein solcher Heizkörper dagegen erst einmal warm, dann behält er auch infolge seiner Speicherungsfähigkeit diese Wärme für eine gewisse Zeit und verhindert dadurch die Abkühlung des Raumes. Von dieser Erkenntnis ausgehend, hat man neuerdings Radiatoren mit geringerem Wasserinhalt gebaut, die aus rein wärmetechnischen Gründen allgemein zu empfehlen sind. Da die Heizkörper gewöhnlich in den Fensternischen untergebracht werden, die nur geringe Wandstärken aufweisen, finden sich hier die größten Wärmeverluste. Für unser Klima ist die ein Stein starke massive Wand die geringste Mauerstärke, die wir verlangen müssen; denn sie bürgt einigermaßen dafür, daß kein Schwitzwasser auf der Innenfläche auftritt.

[1]) Dr. Schiele, Bericht III. Intern. Kongreß f. Wohnungshygiene, Dresden 1911 S. 431.

Steht ein Heizkörper dagegen nur an einer halben Stein starken Fensternische, so wird der größte Teil der von ihm ausgestrahlten Wärme der sonst in den Raum tritt, von der dünnen Umfassungswand nach außen abgeleitet werden. Fensternischen müßte man deshalb durchwegs isolieren, um Brennstoff zu sparen. Das, was von den Heizkörpern gilt, hat auch auf die Rohrleitung in den Mauerschlitzen Bezug. Abb. 301 veranschaulicht die Verhältnisse unter Zugrundelegung einer ein Stein starken Mauer. Nehmen wir nur eine Außentemperatur von -10^{0} an, so kommt das Rohr schon mit Temperaturen von etwa $+2^{0}$ in Berührung. Die Temperaturkurve entspricht dem vorher ermittelten Werte $y = \frac{T_i}{A^x}$. Die Annahme, daß Rohrleitungen in den Mauerschlitzen keiner wesentlichen Abkühlung ausgesetzt sind, trifft also nicht zu. Nach Verfassers Versuchen geben die in Mauerschlitzen liegenden nicht isolierten Rohre ebenso viel Wärme ab wie die in Kellern und Korridoren isolierten Verteilungsrohre (427). Es muß deshalb die Isolierung sämtlicher Rohre im Interesse geringeren Brennstoffverbrauchs gefordert werden (598).

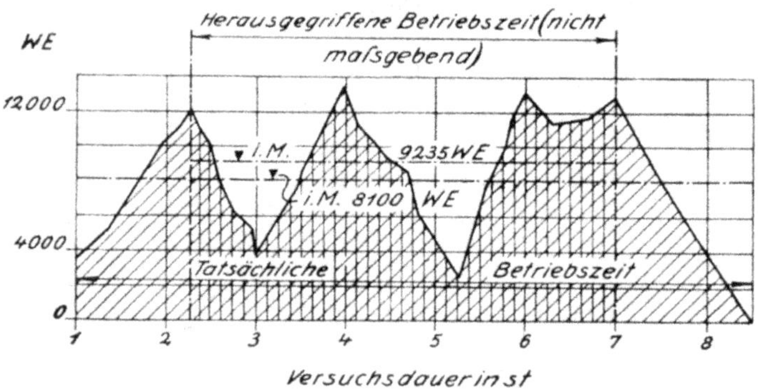

Abb. 302. Verlauf einer Heizkessel-Leistung im Betrieb.

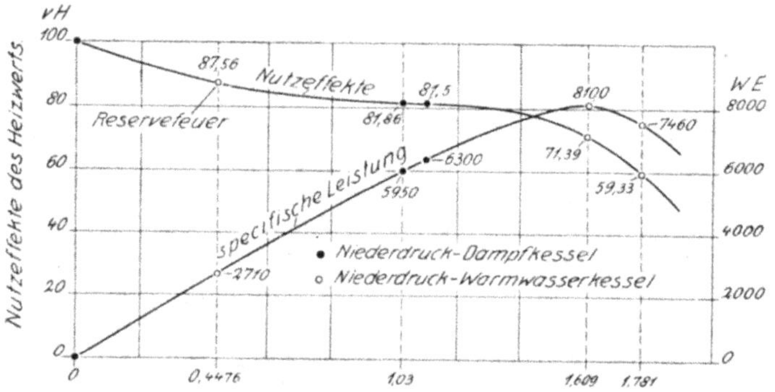

Abb. 303. Zusammenhang zwischen Heizkessel-Leistung und Nutzeffekt.

Um weiter den Brennstoffverbrauch einzuschränken, müssen wir jene Stelle der Heizungsanlage ins Auge fassen, wo die Wärme erzeugt wird. Das ist der Heizkessel. Es gab eine Zeit, wo die Heizkesselleistungen wegen Nichtbeachtung der tatsächlichen Betriebsverhältnisse zu hoch veranschlagt wurden. Wenn wir Koks in einen Heizkessel bringen, so müssen wir uns zunächst vergegenwärtigen, daß er erst anbrennen muß. Während dieser Anheizdauer gibt aber der Kessel noch keine nennenswerte Wärme ab; sie wächst und fällt je nach dem Zustande des Feuers, wie in Abb. 302 wiedergegeben ist. Für die Heizwirkung kann man deshalb nur eine mittlere Leistung in Rechnung stellen, was durch Planimetrieren der Leistungskurve erreicht wird. Aber es sind noch andere Gesichtspunkte bei der Erzeugung der Wärme im Heizkessel maßgebend. Bei der Verbrennung des Kokses kann man nur mit einem bestimmten Wirkungsgrad rechnen, weil wir neben anderen kleineren Verlusten, wie z. B. der Wärmeleitung und Strahlung und des Verlustes in den Herdrückständen, vor allem den Verlust an unverbrannten Gasen und den sog. Kaminverlust in Kauf zu nehmen haben. Die hohe Schüttung des Kokses im Heizkessel stempelt diesen gewissermaßen zu einem Generator. Es bilden sich neben der Kohlensäure unverbrannte Gase, wie Kohlenoxydgas, Wasserstoff und Methan (CH_4). Der Kaminverlust wächst mit Zunahme des Schornsteinzuges; denn je mehr der Schieber aufgerissen wird, desto heißer entweichen die Abgase in den Schornstein. Die unverbrannten Gase, die entweder in den Schornstein abziehen oder im Fuchs nachverbrennen, nehmen dagegen mit der Belastung des Kessels ab. Man muß also, um einen möglichst hohen Wirkungsgrad zu erzielen, mit einem mittleren Schornsteinzug auszukommen trachten, und zwar derart, daß der in der Stunde verbrannte Koks sich in den Grenzen von 1 bis 1,5 kg Koks je qm Kesselheizfläche bewegt. Ist der Heizkessel 10 qm groß, so darf der stündliche Verbrauch im Mittel nicht mehr als 10 bis 15 kg Koks betragen, d. h. also heizt man 10 Std. lang, so dürfen nicht mehr als 2 bis 3 Ztr. Koks verbraucht werden. Die in der Praxis vorkommenden Verhältnisse veranschaulicht Abb. 303. Wir haben hier zwei Kurven; die eine zeigt die Leistung des Kessels pro qm Heizfläche, in WE ausgedrückt, die andere den zugehörigen Nutzeffekt eines unserer bekanntesten und bewährtesten gußeisernen Gliederkessel. Es fällt auf, daß die Leistung, wohlweislich im Betriebe festgestellt, mit rd. 8100 WE ein Maximum erreicht und dann wieder plötzlich fällt. Das Maximum tritt ein, wenn z. B. 1,6 kg Koks auf 1 qm Heizfläche verbrannt werden. Wird der Kessel über dieses Maß hinaus angestrengt, so erreicht man mit einem größeren Koksverbrauch eine geringere Leistung. Infolgedessen fällt auch der Wirkungsgrad bedeutend.

Die Ursache der heruntergehenden Leistung ist in der Bauart der Gliederkessel zu suchen. In Abb. 304 sind zwei Kesseltypen wiedergegeben. Bei dem einen Kesseltyp sollen die aufsteigenden Verbrennungsgase zu beiden Seiten der Koksschüttung durch die seitlichen Kanäle in den Schornstein ziehen. Ist der Schornsteinzug dagegen zu stark, so nehmen die Gase nicht diesen Weg, sondern biegen nach einer Seite ab, so daß in solchem Fall verhältnismäßig sehr hohe Temperaturen (von über 500°) im Fuchs gemessen werden. Bevorzugt man die Dauerheizung, so kann der Schornsteinschieber verhältnismäßig nur gering geöffnet werden und wir haben dann normale Abgangstemperaturen. Bei dem andern Kesseltyp gehen bei zu starkem Zuge die Verbrennungsgase nur durch die zwei letzten Kanäle, so daß die aufgespeicherte Heizfläche gar nicht zur Wirkung kommt. Man hat z. B. einen Kessel von 20 qm aufgestellt und nutzt nur etwa 14 bis 16 qm aus. Das Endergebnis sind auch hier außerordentlich hohe Temperaturen, die natürlich eine Koksverschwendung herbeiführen.

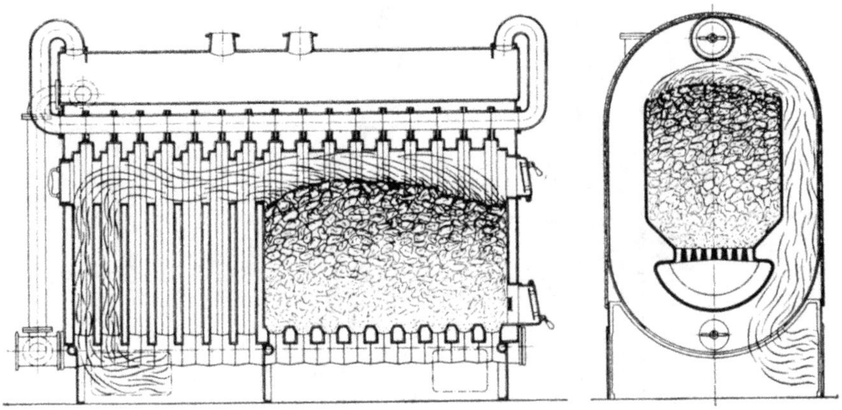

Abb. 304. Abweichende Führung der Feuergase, hervorgerufen durch zu starken Zug.

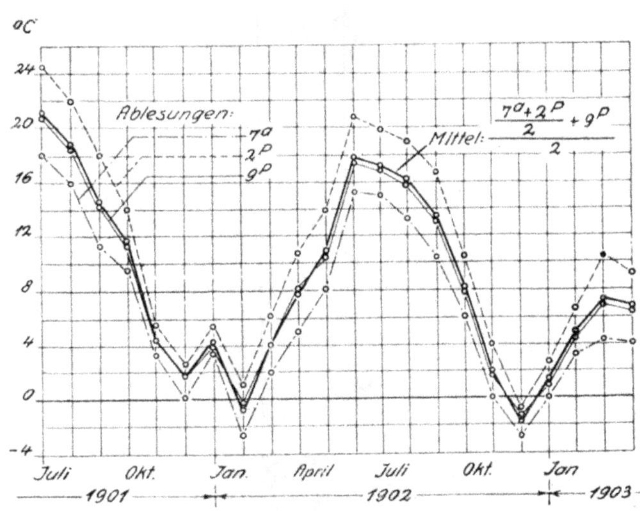

Abb. 305. Verlauf der Tagestemperatur.

Vom Kessel aus steigt die Heizwassertemperatur durch die Steigerohrleitung zu den Heizkörpern. Nach des Verfassers Veröffentlichungen entspricht jeder mittleren Außentemperatur eine bestimmte Heizkesseltemperatur, wenn man Dauerheizung bevorzugt[1]). Die mittlere Tagestemperatur liest man abends um 9 Uhr ab[2]). Dieses Heizen, das Verf. in seinem Hause jahrelang durchgeführt hat, hat einen außerordentlich sparsamen Betrieb ergeben. Es ist aber heute bei unsern traurigen Personalverhältnissen kaum noch durchführbar. Es scheint, als ob der Geist, der die Welt jahrhundertelang

[1]) de Grahl, Wirtschaftlichkeit der Zentralheizung, R. Oldenbourg, München.

[2]) Verf. hat dieses Ergebnis aus der graphischen Auftragung der vom Meteorolog. Inst. Berlin zu verschiedenen Tageszeiten erfolgten Ablesungen folgern können. Die Kurve um 9 Uhr abends deckt sich danach mit der mittleren Tagestemperatur bis auf wenige Zehntel Grade (vgl. Abb. 305).

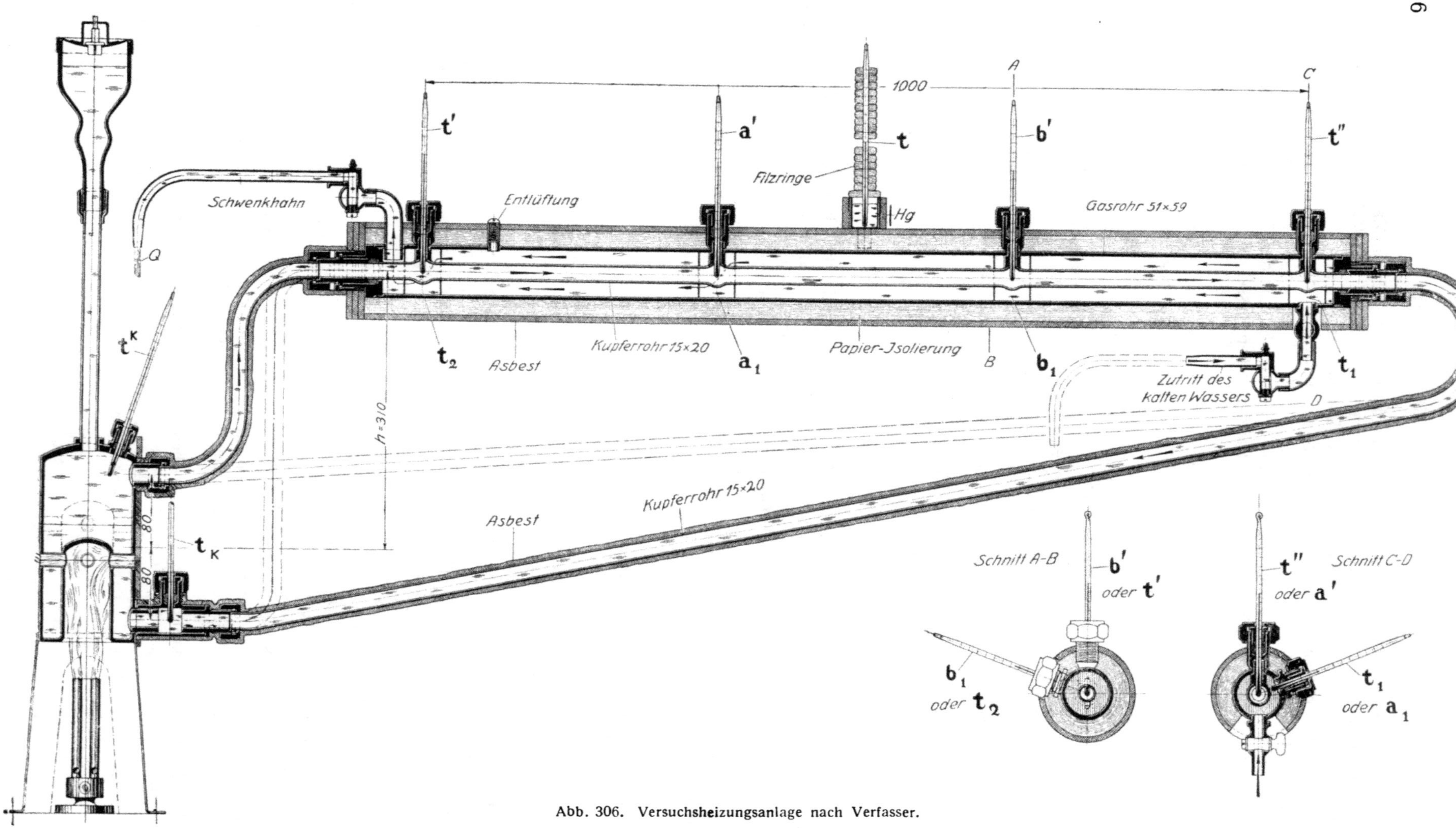

Abb. 306. Versuchsheizungsanlage nach Verfasser.

beherrschte, seine Macht verloren hätte. Es wird einem deshalb nichts anderes übrig bleiben, als das stoßweise Hochheizen mit allmählichem Ausgehen des Kessels beizubehalten, weil dies den Portiers am wenigsten Arbeit macht. Vor dem Kriege heizte man in besseren Häusern, sobald die Temperatur abends 9 Uhr + 11 bis 12° C aufwies; man erhielt auf diese Weise 200 bis 230 Heiztage im ganzen. Die mittlere Tagestemperatur in Berlin betrug für diese Heizzeit ungefähr +4° C. Heute haben sich die Verhältnisse infolge der Koksknappheit und großen Teuerung wesentlich verschoben. Wir sind froh, wenn wir überhaupt noch heizen können, und deshalb ist es nötig, dem Wärmeschutz im Bauwesen mehr denn je Interesse zuzuwenden; denn nur hierdurch können wir es ermöglichen, auf die Hälfte unseres Koksverbrauches herunterzukommen.

a) Anordnung von Zentralheizungsanlagen.

Verf. hat es immer vermißt, daß man sich in der Heizungstechnik nur mit der Theorie einzelner Glieder der Heizungsanlage beschäftigt hat. Nicht etwa, weil er diese Ermittelungen für unnötig hielt, durchaus nicht; die Heizungsanlage stellt einen Leistungsvertrag dar, bei dem Heizkessel, Rohrleitung und Heizkörper zusammen zueinander in ihren Abmessungen abgestimmt werden müssen, um den Effekt herbeizuführen. Versuche mit der gesamten Heizungsanlage können allein den erwünschten Aufschluß über die tatsächlichen Verhältnisse beim Zusammenwirken der einzelnen Bauglieder geben. Ein Ingenieur indiziert seine Maschine, um aus dem Diagramm die noch möglichen wirtschaftlichen Verbesserungen folgern zu können, sei es durch Einstellung der Ventile, durch Vermeidung einer Dampfdrosselung u. dgl. Diesem Eindringen in die Seele der Maschine ist deren große Vervollkommnung zuzuschreiben. In der Heizungstechnik fehlt uns diese Klarheit. Das gilt speziell von der Warmwasserheizanlage; der Jahrzehnte hindurch geführte papierene Streit über so manche Frage hätte durch praktische Untersuchungen längst seine Sühne gefunden. Der verstorbene Ministerialdirektor Uber wäre des Verfassers Anregung, Heizungsanlagen im ganzen zur Ermittelung der tatsächlichen Umlaufsgeschwindigkeiten zu untersuchen, gern gefolgt, wenn er der rein persönlichen Schwierigkeiten Herr geworden wäre. So entschloß sich Verf. vor rd. 10 Jahren, diese Aufklärung wenigstens an einem Modell zu suchen, das in Abb. 306 dargestellt ist: Ein kleiner Heizkessel mit einem Steigerohr, das gleichzeitig einen Heizkörper von 1 m Rohrlänge bildet. Die Rohrbiegungen sind alle so ausgeführt worden, daß sich keine besonderen Widerstände dem Wasser boten. Die Wärmeabgabe des Heizkörpers wurde durch Temperatur- und Gewichtsbestimmung des ein- und austretenden Kühlwassers auf das genaueste kontrolliert. Es würde zu viel Raum in Anspruch nehmen, auf die Versuche näher einzugehen; wir begnügen uns, das Ergebnis in Abb. 307 mitzuteilen. Die Wärmeabgabe einer Heizfläche ist gegeben durch den Ausdruck

$$F = \frac{W}{k_m \cdot t_m},$$

in dem F die Größe der Heizfläche, W die übertragene Wärmemenge, k_m den mittleren Wärmetransmissionskoeffizienten und t_m den mittleren Temperaturunterschied zwischen Innen- und Außenstrom bedeuten. Bei dem vorliegenden Modell war der Innenstrom durch $(t'-t'')$ gegeben, der Außenstrom durch das Kühlwasser (t_1-t_2). Da beide Wärmeströme durch Thermometermessungen bestimmt wurden, so war t_m bekannt, während für den Wärmetransmissionskoeffizient

$$\lg k_m = \lg W - \lg F \cdot t_m$$

galt. Dieser Wert ist also als Ordinatendifferenz der beiden in Abb. 307 dargestellten logarithmischen Kurven gegeben und damit auch der num. lg k_m als $f(t'-t'')$ bestimmbar. k_m verläuft fast als gerade Linie, wenigstens innerhalb der Werte $(t'-t'') > 7$. Daß die Kurven die Abszisse vor dem Anfangspunkt schneiden, liegt daran, daß ein Teil der vom Kühlwasser aufgenommenen Wärme an die Raumluft abgegeben wird; in Wirklichkeit gehen die Kurven durch den Nullpunkt. Bei dem Versuch sind einmal Parallelstrom (vgl. I), das zweite Mal Gegenstrom (II) angewandt und beim dritten Versuch die Steigeleitung und Rücklaufleitung anders verlegt (III). Man sieht aus diesen Versuchsergebnissen, daß die letztere Anordnung die ungünstigste ist; denn wenn wir irgendeine Temperaturdifferenz $(t'-t'')$ zugrunde legen, so ist die Wärmeabgabe des Heizkörpers nur etwa die Hälfte von jener der ersten Anordnung, während die zweite Anordnung ungefähr einen Mittelwert darstellt. Was lernen wir aus diesen Versuchsergebnissen? Daß die Verteilung der Rohrleitung unten im Keller wärmewirtschaftlich ungünstiger ist als ihre Verteilung auf dem Dachboden. Die Ursache liegt in der größeren Abkühlung des Heizwassers, so daß t' bei der unteren Verteilung kleiner ausfällt wie bei der oberen Verteilung. Wenn wir mit dem Steigerohr erst nach dem Dachboden gehen, so kann das heiße Wasser ungehindert und ohne wesentliche Abkühlung nach oben steigen und demnach eine größere Geschwindigkeit annehmen, als wenn die Rohrleitung unten im Keller stufenweise verästelt wird.

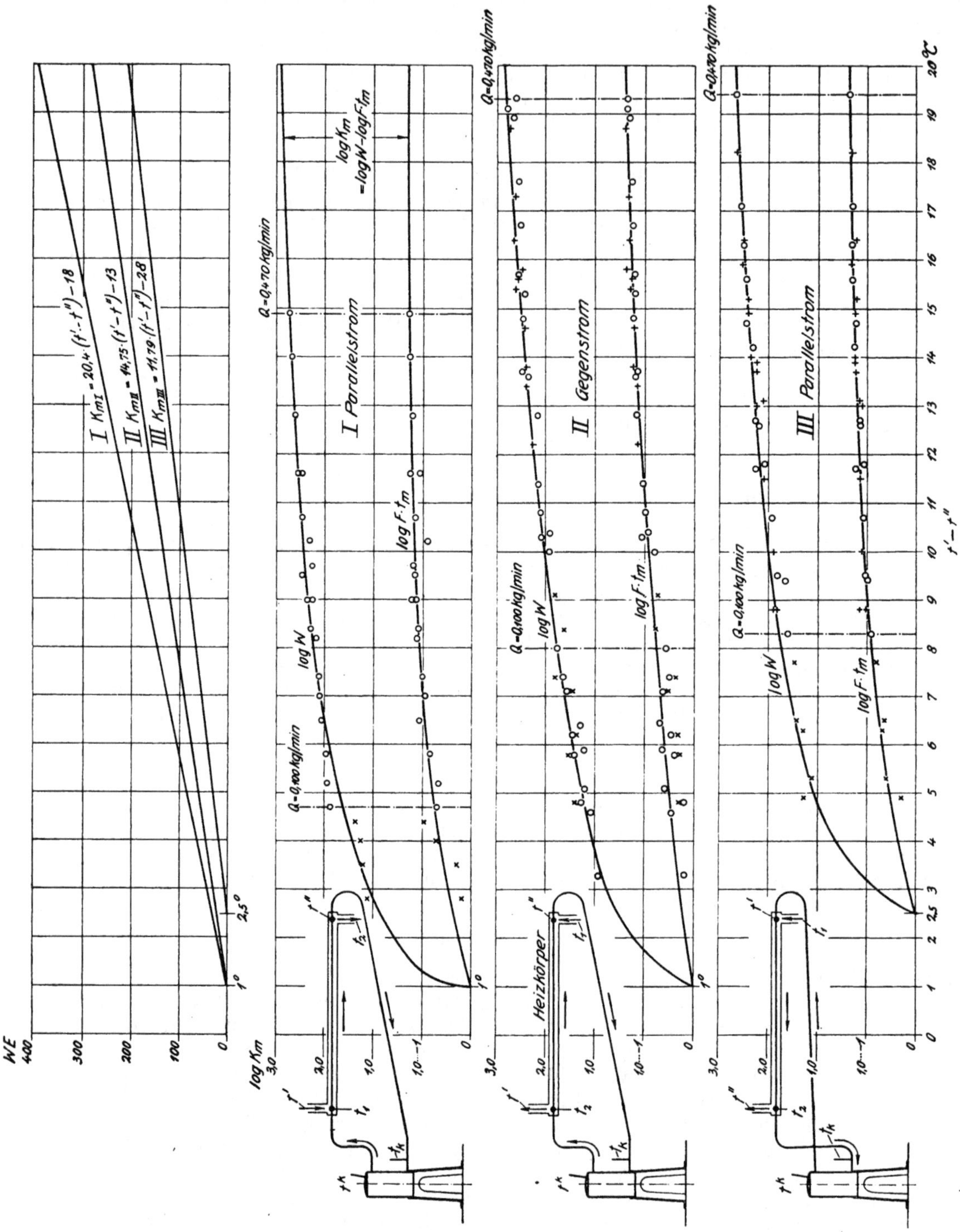

Abb. 307. Einfluß der Verteilungsleitung auf die Wärmeabgabe des Heizkörpers.

In Abb. 308 ist die Verteilung der Steige- und Rücklaufstränge sowohl auf dem Dachboden als auch im Keller dargestellt. Die erstere ist also der letzteren vorzuziehen.

Welchen Einfluß die Höhenlage des Kessels zum Heizkörper hat, sieht man aus Abb. 309. Je größer h ist, desto kleiner ist der Unterschied zwischen t^k und t'. Je kleiner h ausfällt, desto kleiner wird t'. Es kommt uns aber darauf an, möglichst eine Temperatur des Heizwassers im Heizkörper zu erhalten, die der Heizkesseltemperatur t^k entspricht, und das ist nur möglich, wenn wir die Heizkesselsohle möglichst tief legen, d. h. die Höhe h groß wählen. Es ist deshalb nötig, daß Architekten und Heiztechniker zusammenarbeiten, um gemeinschaftlich die Aufgabe zu lösen, die uns heute die größten Sorgen macht.

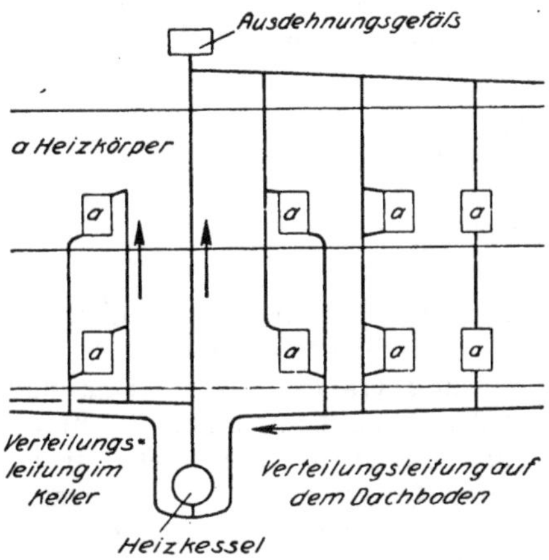

Abb. 308. Schema einer bei Zentralheizungsanlagen gebräuchlichen Verteilungsleitung.

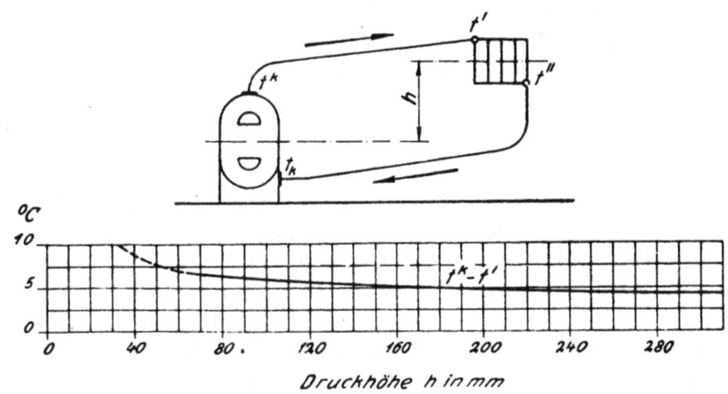

Abb. 309. Einfluß der Höhenlage h auf die Eintrittstemperatur t'.

Zusammenfassung.

1. Bei Neubauten ist die Wahl der Baustoffe insofern von Wichtigkeit, als sie Kohlenäquivalente darstellen. Aber das Anlagekapital in Kohlen muß in einem wirtschaftlichen Verhältnis zu dem für die Heizung erforderlichen jährlichen Betriebskapital stehen, um die Mieten nach Möglichkeit einzuschränken.

2. Bei bestehenden Gebäuden bietet die Isolierung der inneren Fläche der den Abkühlungen ausgesetzten Umfassungswände, hauptsächlich des Daches, der Mansarden und Fensternischen, mit Thermosplatten oder Rohrgeflecht ein wirksames Mittel zur Einschränkung des Brennstoffverbrauchs für die Beheizung des Gebäudes.

3. Bei Neubauten ist allgemein auf eine geeignete Verteilung der Räume Rücksicht zu nehmen, da Treppenhäuser, Korridore und Nebenräume als Zwischenglieder zwischen kalten Umfassungswänden und Wohnräumen einen Wärmeschutz gewähren und als solche den Kohlenaufwand für die Heizung verringern.

4. Die Heizkörper sind möglichst freistehend an Außenwänden aufzustellen. Bei ihrer Unterbringung in Fensternischen beeinflussen nicht nur Vorhänge und Lateibretter, sondern vor allem die geschwächten Mauerstärken in den Nischen in hohem Grade die nutzbare Wärmeabgabe.

5. Jenem Radiator ist der Vorzug zu geben, der den hygienischen Anforderungen an sich am besten genügt und den geringsten Wasserinhalt je qm Heizfläche aufweist. Heizkörper mit großem Wasserinhalt, also großem Wärmespeicher, verzögern die Anheizdauer.

6. Sämtliche Rohre einer Zentralheizungsanlage sind, ob in Mauerschlitzen oder nicht, zu isolieren. Vor allem sind Mauerschlitze nicht in Außenwänden anzulegen, weil hier die Wärme nach außen abwandert.

7. Bei der Verteilung der Rohrleitung im Keller werden nicht nur Räume zur Aufbewahrung von Lebensmitteln in unerwünschter Weise erwärmt, sondern auch die Wärmeabgabe der Heizkörper durch Schwächung der Umlaufsgeschwindigkeit des Heizwassers verringert. Die obere Verteilung der Rohrleitung bietet in der Vermeidung der genannten Übelstände große Vorteile, so daß sie allgemein bevorzugt werden sollte.

8. Zur besseren Ausnutzung des Kokses im Heizkessel ist dessen schwache Beanspruchung im allgemeinen vorzuziehen. Bei stoßweisem Heizen, d. h. stärkerem Betrieb zur Deckung des Fehlbetrages für die Anheizdauer soll der Koksverbrauch bei gußeisernen Gliederkesseln den Betrag von 1,5 kg auf die Stunde und das Quadratmeter Heizfläche möglichst nicht überschreiten. Bei zu

starkem Schornsteinzug, also starker Anstrengung, können selbst die besten Kesselsysteme einen wirtschaftlichen Ausgleich nicht schaffen. Bei anhaltender Kälte von einigen Graden verdient die Dauerheizung aus wirtschaftlichen und hygienischen Gründen den Vorzug. Erneutes Anheizen kostet meist mehr Brennstoff, als man glaubt.

9. Bei Neubauten ist stets für eine tiefe Kesselsohle Sorge zu tragen. Je größer der Abstand der Kesselmitte von dem untersten Heizkörper ist, desto größer ist die Umlaufsgeschwindigkeit des Heizwassers und desto größer die Wärmeabgabe der Heizkörper.

10. Bei gußeisernen Gliederkesseln ist die zwischen ihnen liegende Dichtung wenigstens einmal im Jahr zu erneuern, die Feuerzüge sind dagegen monatlich gründlich zu reinigen.

Dann werden wir mit Tibull sagen können:

„Ich will in Dürftigkeit gern mein Leben behaglich nennen,
Wenn auf dem Herde nur stets wärmend das Feuer mir brennt.“

b) Einbauten in Heizkesseln.

1. Einleitung.

Die Einbauten in Heizkesseln (415) schossen wie die Pilze aus der Erde. Prospekte verschiedener Firmen mit weitgehendsten Kohlenersparnissen — bis zu 33 vH — überhäuften die Besitzer von Zentralheizungsanlagen. Bei den heutigen teuren Koksverhältnissen war es erklärlich, wenn Tausende von solchen Einbauten in Versuch genommen wurden. Aber der Koks ist nicht nur teuer — Anfang Juli 1923 bereits 95000 M/Ztr. — sondern auch knapp, weil nur Gaskoks verwendet werden soll. Sieht man sich aber nach Glückauf (1922, Heft 34, S. 104) die Koksgewinnung ohne Elsaß-Lothringen in Zahlentafel 199 an, so fällt einem der hohe Selbstverbrauch auf, der indes durch den Bedarf der an die Zechen angeschlossenen Hüttenwerke hervorgerufen wird.

Zahlentafel 199.

Jahr	Gesamterzeugung	Selbstverbrauch	Absatzfähige Menge
1913	5 356 000	1 736 000	3 620 000
1919	4 403 000	1 873 000	2 530 000
1920	4 075 323	1 848 253	2 227 000
1921	4 787 156	2 153 714	2 633 442

Der gelinde Winter 1920/21 täuschte die Besitzer von Kesseleinbauten über die tatsächlichen Verhältnisse hinweg, weil der an sich geringe Koksverbrauch den Einbauten gutgeschrieben wurde.

Wer sich mit Heizkesseln eingehend beschäftigt hat, wird gefunden haben, daß neben dem Kaminverlust ein zweiter nicht unbedeutender Verlust an unverbrannten Gasen den Nutzeffekt verringert. Der Kaminverlust wächst mit dem Luftüberschuß bei der Verbrennung. Die unverbrannten Gase entstehen dadurch, daß der hochbeschickte Rost zunächst keine richtige Verbrennung gewährt. Die Verhältnisse können annähernd mit einem Wassergasgenerator verglichen werden (212). Das „Warmblasen“ fällt natürlich beim Heizkessel fort; dieser Zustand ist nach vollständigem Durchbrennen der Koksschicht vorhanden. Die „Kaltblasezeit“ beginnt kurz nach der Beschickung. Die chemischen Reaktionen, die dabei auftreten können, sind bekannt (159); sie zeigen u. a. den Einfluß von Wasserdampf bei der Entstehung von CO und H_2, der sich aus der Feuchtigkeit des Kokses entwickelt. Die unverbrannten Gase finden sich daher auch bei größerem Luftüberschuß, unter ihnen hauptsächlich CO[1]). Die Versuche haben gelehrt, daß die Verluste an unverbrannten Gasen bei schwach betriebenen Kesseln bedeutend größer ausfallen als in angestrengtem Betriebe. Findet im Fuchs eine Nachverbrennung statt, so verschwindet der Verlust an unverbrannten Gasen auf Kosten des Kaminverlustes. Es gibt Heizkessel, bei denen man für längere Zeit eine blaue Flamme im Abzugskanal nach dem Schornstein wahrnehmen kann.

Da die Heizkessel für ihre größte Leistung berechnet werden, ergibt sich die Rostfläche bei gelinder Witterung als zu groß. Es ist deshalb dem Gedanken von Schamotteeinbauten, die den Rost verkleinern sollen, ein theoretischer Zweck ohne weiteres nicht abzusprechen. Sie haben ferner eine gewisse Berechtigung als Wärmespeicher, denn die Schamottemassen werden glühend und speichern die Wärme auf, und das ist auch der Fall, wenn der Kessel von neuem beschickt wird. Wird durch sie dem Brennstoff noch Luft zugeführt, so können auch die unverbrannten Gase verbrennen, wenn

[1]) de Grahl, Wirtschaftlichkeit der Zentralheizung. 1911, Verlag R. Oldenbourg, München.

sie mit dieser Luft zusammenkommen. Dafür sind aber die Bedingungen in einem Heizkessel nicht a priori gegeben. Die Heizgase steigen hoch und ziehen durch seitliche, nebeneinander liegende Öffnungen nach dem Schornstein ab. Jene Heizgase, die in Berührung mit dem Schamotteeinbau kommen, können gegebenenfalls besser ausbrennen, jene indes, die von dem Einbau entfernt liegen, ziehen nach wie vor unverbrannt in den Kamin. Da die unverbrannten Gase nicht dauernd vorhanden sind, wird jener Einbau den Vorzug verdienen, dessen Luftkanäle nach gewisser Zeit abgeschlossen werden können; anderseits wird sich ein Luftüberschuß bilden, der wiederum den Kaminverlust erhöht. Man kann deshalb zusammenfassend behaupten: Die Einbauten können zeitweise Ersparnisse nach sich ziehen, wenn die Heizkessel schwach beansprucht werden; andernfalls, und das gilt auch, wenn die Kessel von vornherein zu klein sind, dürfte sich der Einbau eher schädlich als nützlich erweisen.

Die im vorhergehenden Abschnitt mitgeteilten Erfahrungen werden durch einen Bericht über Versuche der wärmetechnischen Abteilung im Verband der Zentralheizungsindustrie mit dem Kokssparer Bauart „Zuppinger“[1]) im allgemeinen bestätigt. Alle Untersuchungen über solche Fragen müssen wenigstens Nachweise für die Ersparnisse oder den Mehrverbrauch, wie es der Verband getan hat, liefern; sonst sind die Untersuchungen zwecklos. Aber diese Bedingungen werden selten erfüllt; so glaubt man in einem Prospekt den Beweis für die Ersparnisse erbracht zu haben, daß ein städtisches Ortsheizamt als Versuchsleiter angeführt wurde. Wir haben hier einen Fall, der im Volksinteresse kurz erwähnt werden muß. Bei den Versuchen sind keine Analysen gemacht worden. Die Ersparnisse, die hier nachgewiesen werden, rühren von der äußerst geringen Beanspruchung des Heizkessels her, wo ein verkleinerter Rost dem größeren Rost gegenüber wegen des geringeren Luftüberschusses selbstverständlich im Vorteil ist. Damit ist noch lange nicht der Beweis erbracht, daß die unverbrannten Gase beseitigt worden sind. Diese auf 60 Std. ausgedehnte gleichmäßige Beanspruchung des Kessels entspricht nicht den Verhältnissen in der Praxis, wo man möglichst auf rasches Hochheizen bei offenem Schornsteinschieber Gewicht legt. Die Ersparnisse, die in dem Prospekt mitgeteilt waren, konnten Verf. auf Anfragen bei den einzelnen Interessenten nicht ziffernmäßig bestätigt werden. Die meisten zogen es vor, überhaupt nicht zu antworten.

2. Hassel'sches Gewölbe.

Das nach Vorschlägen Dr. Hassels von der Sparfeuerungs-Ges. m. b. H., Berlin, eingeführte Gewölbe bezweckt eine Art Tenbrinkfeuerung mit rückkehrender Flamme, die bei den Heizkesseln bisher schwer anwendbar war. In der Abb. 310 (linke Seite) ist die Feuerung dargestellt. Ein schräg über dem Schüttraum des Kessels gezogenes Gewölbe zwingt die Verbrennungsgase nach dem Schamotteeinbau, wo sie bei genügender Temperatur und Luftzuführung verbrennen können. Die Luftzuführung erfolgt durch einen offenbleibenden Luftschieber (Rosette) in der Feuertür, der nur nach frischer Beschickung auf etwa ½ Std. geschlossen wird. Die Luft kann nicht auf Irrwege gelangen, weil sie oben durch das Gewölbe geleitet und gleichzeitig vorgewärmt wird. Der Einbau ist leicht zu bewerkstelligen, da das Gewölbe aus einzelnen Schamotteplatten besteht, die auf seitliche Hakenkonsolen aufgelegt werden. Die Vergleichsversuche wurden an zwei hintereinanderfolgenden Tagen ausgeführt, und zwar zuerst mit dem Gewölbe, das schon längere Zeit in Betrieb war, und dann nach dessen Entfernung.

Wenn man sich das System einer Warmwasserheizung (415) vergegenwärtigt (vgl. Abb. 308 u. Abb. 310 oben), so steigt das im Heizkessel erwärmte Heizwasser vermöge seines geringeren spezifischen Gewichts nach oben, um von hier aus nach den Heizkörpern a, b, c abzuzweigen. Das abgekühlte Wasser tritt in den Heizkessel wieder zurück und beginnt seinen Kreislauf von neuem. Ein Expansionsgefäß oben auf dem Dachboden gestattet die Ausdehnung des Wassers in dem Heizungsystem. Die Steigetemperatur im Heizkessel zeigt ein Thermometer t_k an. Um die Heizwirkung zu verfolgen, wurde an beiden Versuchstagen möglichst mit den gleichen Temperaturverhältnissen t_k gearbeitet, soweit dies überhaupt möglich war. Um die Wirkung der Hasselschen Feuerung auf die unverbrannten Gase festzustellen, wurde der Kessel nicht allzusehr angestrengt. Während man bei einem Verdampfungsversuch durch Messung des Speisewassers den Nutzeffekt ohne weiteres bestimmen kann, ist dies bei Warmwasserheizungen im Betriebe nur mittelbar, aber immerhin bei hinlänglicher Versuchsdauer mit genügender Genauigkeit möglich, wie sie zur Beurteilung einer so wichtigen Frage erforderlich ist. Verf. entschloß sich deshalb, die Steigetemperatur t_s und die Rücklauftemperatur t_r zu messen, und zwar durch Thermometer, die auf die Steige- bzw. Rücklaufleitung gelegt wur-

[1]) „Ges.-Ing.“ v. 15. April 1922.

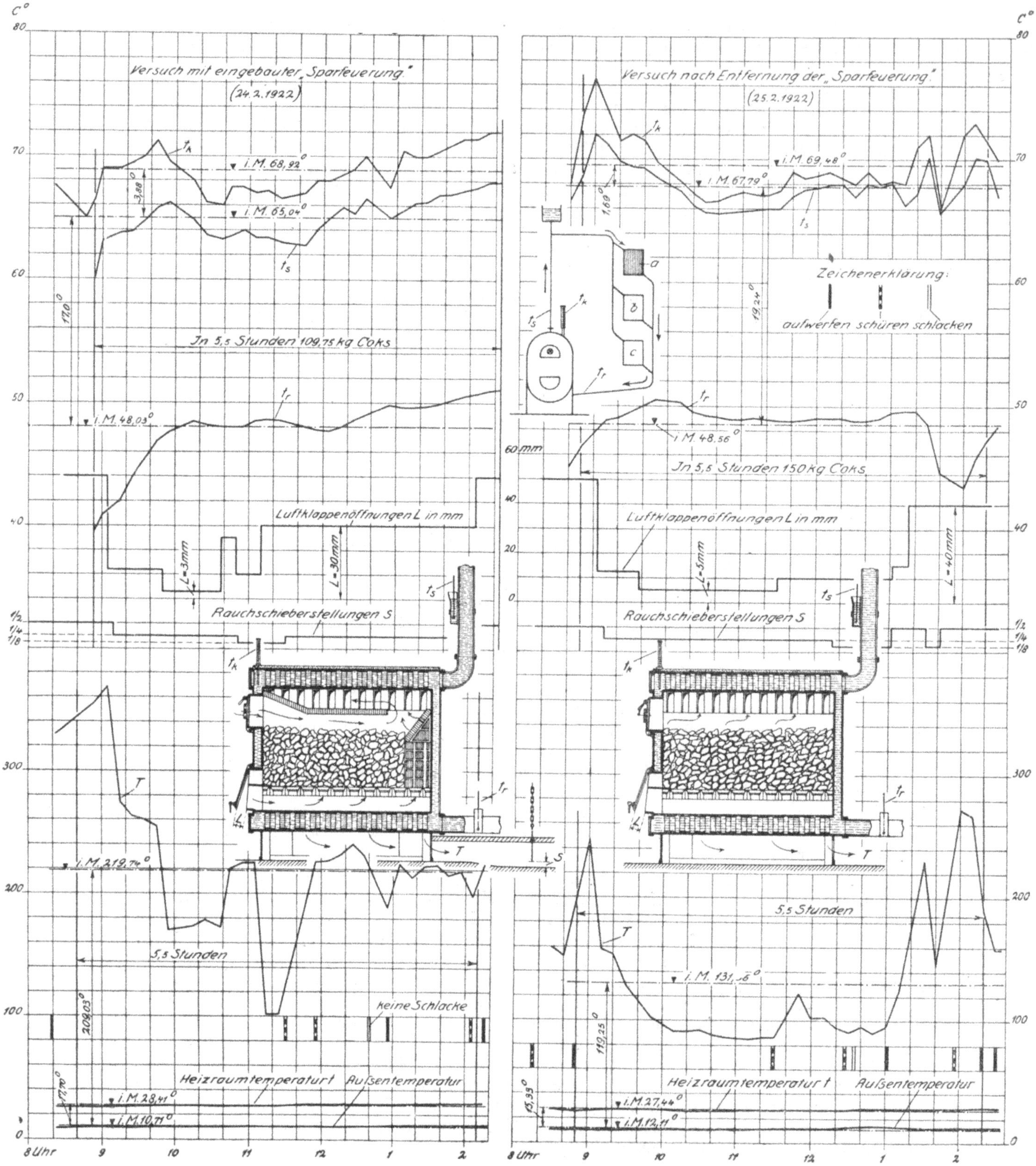

Abb. 310. Versuchsergebnisse mit Hassel'scher Sparfeuerung.

den. Zu diesem Zwecke wurde die Isolierung der Rohre an der Auflagestelle entfernt, um die Thermometer mit Hilfe von ganz dünnen, mit Öl gefüllten Kupferblechgefäßen einzubauen. Selbstverständlich können diese so gemessenen Temperaturen t_s und t_r nicht den richtigen Wärmegrad darstellen, vielmehr werden sie um einzelne Temperaturgrade zurückbleiben[1]); aber darauf kommt es ja auch nicht an, da uns lediglich die Temperaturdifferenz $t_s—t_r$ interessiert. In Abb. 310 sieht man auf beiden Seiten die Temperatur t_k und jene von t_s und t_r als Kurven aufgetragen. Dabei fällt uns auf, daß die Temperatur t_k bei dem Versuch mit der Gewölbefeuerung um 3,88° im Mittel von der Temperatur t_s abwich, während nach Entfernung des Gewölbes der Unterschied in den Temperaturanzeigen auf 1,69° zurückging. Diese Erscheinung dürfte darauf zurückgeführt werden, daß das Gewölbe eine Konzentration der Wärme an der „Kontaktheizfläche" herbeiführt und dadurch infolge der vermehrten Dampfbildung im Heizkessel die Temperaturanzeige t_k beeinflußt.

Bei der verhältnismäßig gelinden Außentemperatur an den Versuchstagen wurden die Heizkörper öfter abgestellt, z. B. *b* und *c* in der Strangskizze. Infolgedessen wird der Rücklauf heißer. Diese Wirkung erkennt man auf der rechten Seite der Abb. 310 an dem unsteten Verlauf in der Kurve t_r. Der Heizer hatte eben die Heizkörper angestellt, die Beamten des Landesfinanzamtes, wo sich die Heizungsanlage befand, sie bald aber nachher wieder geschlossen, um ihre Räume nicht zu überheizen. Diese Tatsache erschwerte die Versuche wesentlich und bedingte eine Abkürzung der Versuchszeit und Verringerung des Genauigkeitsgrades in der Abschätzung der Koksverbrauchsmenge. Aus diesem Grunde ist das Analysenergebnis als wichtigeres Beweismittel anzusprechen.

In Abb. 310 links ist der sich an den Heizkessel anschließende Fuchs angedeutet. Es interessiert die Abgangstemperatur *T*, die Schieberöffnung *S*, die Luftklappenöffnung *L*. Die Größenverhältnisse sind ebenfalls graphisch in beiden Fällen aufgezeichnet, desgleichen die Heizraumtemperatur und die Außentemperatur, um etwaige Vergleiche zu ermöglichen.

Der annähernde Koksverbrauch wurde dadurch bestimmt, daß nach Niederbrennen des Feuers bis zu einer bestimmten Marke der Rost in Höhe der unteren Schüröffnung frisch beschickt wurde. Mit diesem Zustand wurde auch der Versuch abgeschlossen. Die zur Herstellung des Anfangszustandes erforderliche Koksmenge wurde nicht gewogen, weil sie nicht interessiert, dagegen jede Zwischenbeschickung bis zur Erreichung des Anfangszustandes[2]). Mit der Sparfeuerung kamen in 5,5 Std. auf eine mittlere Temperaturdifferenz $(t_s—t_r) = 17{,}0^0$ 109,75 kg Koks, ohne die Sparfeuerung auf $19{,}24^0$ 150 kg. Auf 1^0 Temperaturdifferenz umgerechnet ergibt dies für die Sparfeuerung eine Ersparnis von 17,18 vH, die sich indes durch den feuerungstechnischen Versuch als zu hoch herausgestellt hat.

3. Der Brennstoff.

Der an beiden Versuchstagen als Brennstoff dienende Koks wurde ebenso wie die Aschenprobe der Thermochemischen Prüfungs- und Versuchsanstalt von Dr. Aufhäuser, Hamburg, zur Untersuchung eingesandt.

Die Elementaranalyse ergab folgende Zusammensetzung:

Koks: C = 74,09 vH
H = 0,69 „
N + O = 1,53 „
S = 1,07 „
Unverbrennliches = 22,62 „; davon 12,95 Wasser.

Aschenprobe:
Reinasche . . . . . 77,81 vH
Verbrennliches . . 22,19 „
Heizwert . . . . . 1830 WE

Heizwert durch Verbrennung in der Bombe: 6002 WE.

Zur Ermittlung der Verbrennungsgasmenge R_v ist *C* dem Kohlenstoffgehalt in der Asche entsprechend zu reduzieren, d. h. an der Verbrennung haben nicht 74,09, sondern nur 73,13 vH teilgenommen.

Es ist

$$R_v = \frac{73{,}13}{0{,}5363\,(k + d + m)}\,; \quad k = CO_2\text{-Gehalt in den Gasen};$$
$$d = CO;\ m = CH_4.$$

Die Verluste durch unverbrannte Gase wie CO, CH_4 und H_2 (= *h*) ergeben sich dann aus:

$$R_v = \frac{3050\,d + 8530\,m + 2580\,h}{6002} \text{ in vH des Heizwerts des Koks,}$$

[1]) Vgl. Verfassers Veröffentlichung, Ges.-Ing. Nr. 20 v. 8. Mai 1912.

[2]) de Grahl, „Wirtschaftlichkeit der Zentralheizung".

desgl. die Verluste durch die in den Kamin abziehenden heißen Gase aus:

$$R_v \cdot \frac{c_{pm}(T-t)}{6002}, \text{ worin die mittlere spezifische Wärme } c_{pm}{}^{1}) \text{ zu setzen ist:}$$

$$c_{pm} = 0{,}318 + 0{,}000046\,(T-t).$$

4. Die Gasanalysen.

Neben den dauernden Analysen mit dem Orsat (Zahlentafel 200 und 201), die sich auf CO_2, O_2 und CO erstreckten, wurden kurz nach Beginn des Versuches in Zeitabschnitten von 4 bis 8 Min.

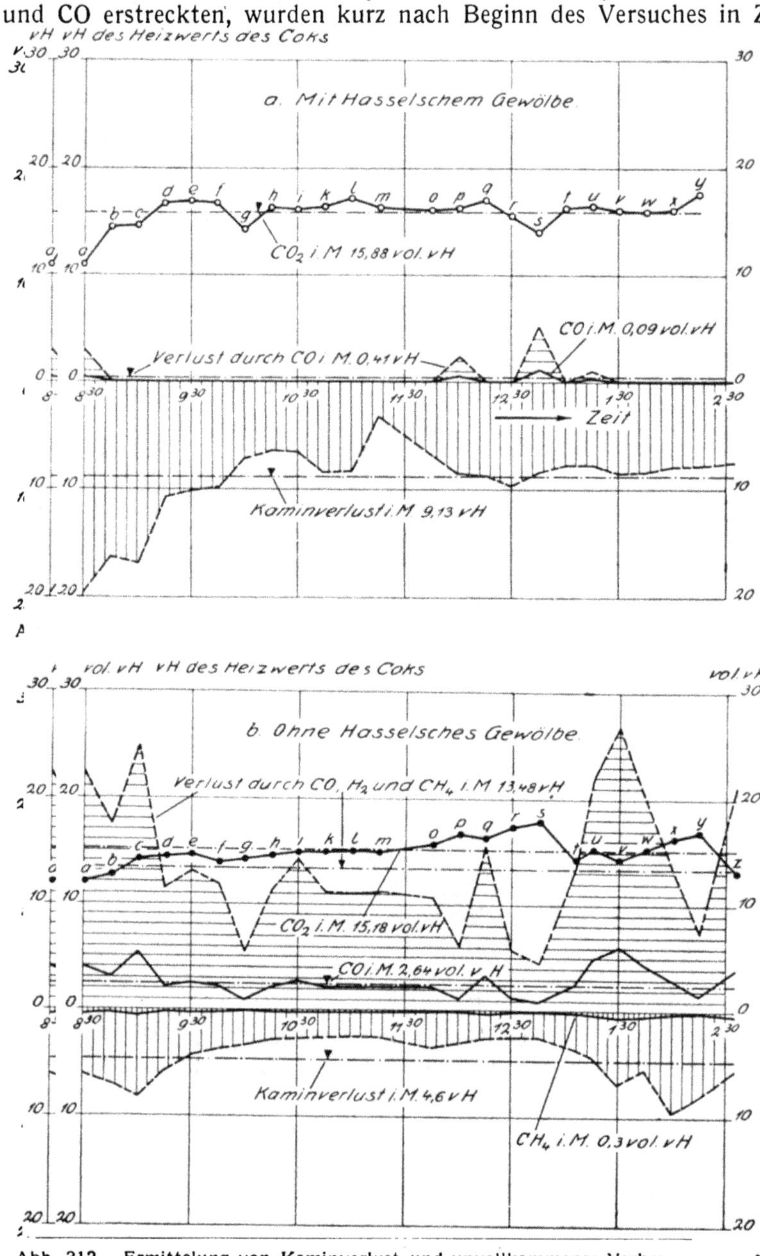

Abb. 312. Ermittelung von Kaminverlust und unvollkommener Verbrennung.

ährend annähernd 2 Std. Gasroben in Glasballons eingechlossen und diese von dritter eite, Dozenten Heentschel in ittweida, untersucht. Diese Anasen waren zur Kontrolle der rsatanalysen und zu deren Erränzung mit Hilfe der Buntechen und Ostwaldschen Schauilder[2]) (S. 272) von Wichtigkeit; ahlentafel 202a und b zeigt, daß as CO ohne die Sparfeuerung urz nach dem Beschicken sogar is zu 8 vH ansteigen kann. Nach . Nies reichen die Bunteschen nd Ostwaldschen Analysendiaramme praktisch aus, um selbst ei unvollständiger Analyse, z. B. ur $(CO_2 + O_2)$ auf die unverrannten Gase schließen zu könen. Das ist eine große Erleichteıng für den Feuerungstechniker! m vorliegenden Falle war das icht nötig, weil die Analysen uf CO selbst mit dem Orsat im llgemeinen dem praktischen Beürfnis genügten.

In Zahlentafel 200 und 201 sind ie an den Versuchstagen ausefürten Orsatanalysen mit den uchstaben *a* bis *y* bzw. *z* beeichnet und für jeden Zeitabchnitt zunächst die Verbrenungsgasmenge R_v in Kubikmetern erechnet. Entsprechend R_v und em Gehalt der Gase an CO, H_2 nd CH_4 ergibt sich der Verlust n unverbrannten Gasen in vH es Heizwerts des Koks, desleichen der Verlust durch den Kamin.

In Abb. 311 und 312 sind die O_2-, CO- und CH_4-Mengen graphisch aufgetragen und hierzu die

[1]) de Grahl, „Wirtschaftlichkeit der Zentralheizung". 1911, S. 69.

[2]) Vgl. „Wirtschaftliche Wärmeausnutzung", 9 Vorträge zur Jahresversammlung der Hauptstelle für Wärmewirtschaft, Dresden 1921; desgl. Bericht des Vereins für Feuerungsbetrieb und Rauchbekämpfung in Hamburg über seine Tätigkeit im Jahre 1921.

Zahlentafel 200. **Gasanalysen und Wärmeverluste.**

a) **Mit** Hasselschem Gewölbe (24. II. 1922).

	a	b	c	d	e	f	g	h	i	k	l	m	o	p	q	r	s	t	u	v	w	x	y
CO_2	11,0	14,4	14,6	16,6	16,8	16,6	14,2	16,2	16,0	16,2	17,0	16,2	16,0	16,2	16,8	15,4	14,0	16,2	16,4	16,0	15,8	16,0	17,6
CO	0,55	—	—	—	—	—	—	—	—	—	—	—	—	0,55	—	—	1,15	—	0,25	—	—	—	—
CH_4	—	—	—	—	—	—	—	—	—	—	—	—	—	—	—	—	—	—	—	—	—	—	—
H_2	—	—	—	—	—	—	—	—	—	—	—	—	—	—	—	—	—	—	—	—	—	—	—
Verluste an **unverbrannten Gasen** in vH des Heizwerts des Koks:																							
	3,3	—	—	—	—	—	—	—	—	—	—	—	—	**2,27**	—	—	**5,25**	—	**1,03**	—	—	—	—
$T-t$	310	322	337	248,7	234,7	226,4	142,2	145,3	148	192,2	197	73,8	155,4	197,3	203,2	207	181	176,8	183,5	192,4	185,3	178,4	193,9
Kaminverluste in vH des Heizwerts des Koks:																							
	20,35	**16,75**	**17,5**	**11,22**	**10,4**	**10,09**	**7,35**	**6,57**	**6,8**	**8,79**	**8,6**	**3,33**	**7,13**	**8,7**	**8,98**	**10,0**	**8,85**	**8,03**	**8,14**	**8,91**	**8,67**	**8,24**	**8,17**

Zahlentafel 201. **Gasanalysen und Wärmeverluste.**

b) **Ohne** Gewölbe (25. II. 1922).

	a	b	c	d	e	f	g	h	i	k	l	m	o	p	q	r	s	t	u	v	w	x	y	z
CO_2	12,0	12,6	14,2	14,4	14,6	13,8	14,2	14,6	14,8	14,8	15,0	14,8	15,6	16,6	16,2	17,4	17,8	14,2	15,2	14,2	15,2	16,2	16,8	13,0
CO	3,9	3,0	5,4	2,1	2,4	2,1	0,9	2,1	2,7	2,1	2,1	2,1	2,1	1,2	3,3	1,2	0,9	2,4	4,8	6,0	4,2	2,7	1,5	3,9
CH_4	0,43	0,33	0,60	0,23	0,27	0,23	0,10	0,23	0,30	0,23	0,23	0,23	0,23	0,13	0,37	0,13	0,10	0,27	0,53	0,66	0,47	0,30	0,17	0,43
H_2	0,17	0,13	0,24	—	0,10	—	—	—	0,12	—	—	—	—	—	0,15	—	—	0,10	0,21	0,26	0,19	0,12	—	0,17
Verluste an **unverbrannten Gasen** in vH des Heizwerts des Koks:																								
	22,40	**17,58**	**25,00**	**11,40**	**13,00**	**11,80**	**5,40**	**11,25**	**14,17**	**11,15**	**11,00**	**11,15**	**10,63**	**6,10**	**15,53**	**5,80**	**4,35**	**13,30**	**22,00**	**26,72**	**19,80**	**13,13**	**7,40**	**21,10**
$T-t$	133	149,5	221,2	129	102	81	69,2	64,3	65,3	60,6	58,2	58,1	86,8	74,8	71,6	62,8	64	82	120	202	148	243,5	200,8	129
Kaminverluste in vH des Heizwerts des Koks:																								
	6,01	**6,97**	**8,11**	**5,7**	**4,32**	**3,68**	**3,32**	**2,76**	**2,66**	**2,61**	**2,44**	**2,48**	**3,56**	**3,06**	**2,64**	**2,46**	**2,48**	**3,55**	**4,3**	**7,18**	**5,49**	**9,5**	**8,08**	**5,48**

Verluste durch den Kamin und durch unvollkommene Verbrennung als Kurven dargestellt. Die Wasserstoffmengen sind wegen ihrer Geringfügigkeit nicht wiedergegeben, aber bei der Berechnung berücksichtigt. Die Ordinaten *a* bis *y* bzw. *z* sind identisch mit den entsprechenden Werten der Zahlentafel. Wir erhalten im Mittel:

1. Für den Versuch mit Gewölbe Hassel:
   0,41 vH durch unvollkommene Verbrennung,
   9,13 „ „ den Kamin.
   Summe 9,54 vH.
2. Für den Versuch ohne Gewölbe:
   13,48 durch unvollkommene Verbrennung,
   4,60 „ „ den Kamin.
   Summe 18,08 vH.

Unterschied gegenüber 1. zu (18,08—9,54) = 8,44 vH, die sich als Ersparnisse zugunsten des Gewölbes zeigen müssen.

5. Sonstige Wärmeverluste.

In den Aschenrückständen:

a) beim Versuch mit Hasselschem Gewölbe wurden 9,5 kg Rückstände gewogen. Demnach Verlust im ganzen: 1830 · 9,5 WE und auf 1 kg verfeuertem Koks: $\frac{1830 \cdot 9{,}5}{109{,}75}$ bzw. in vH des Heizwertes

$$\frac{1830 \cdot 9{,}5 \cdot 100}{109{,}75 \cdot 6002} = 2{,}64 \text{ vH};$$

b) beim Versuch ohne das Gewölbe entsprechend 11,5 kg Rückstände 2,33 vH.

An Dampf in den abziehenden Gasen:

a) Dem Wassergehalt des Koks entsprechend (12,95), desgl. durch Verbrennung des H (0,69):

$$\frac{12{,}95 + 9 \cdot 0{,}69}{100} = 0{,}1916 \text{ kg}$$

Diese Menge geht mit der Temperatur $T—t$ = 191,33 in den Kamin. Bei einer spez. Wärme von ~ 0,5 ergibt dies einen Verlust an fühlbarer Wärme von

$$\frac{0{,}1916 \cdot 191{,}33 \cdot 0{,}5 \cdot 100}{6002} = 0{,}3 \text{ vH};$$

b) $$\frac{0{,}5 \cdot 0{,}1916 \cdot 103{,}92 \cdot 100 \cdot 150}{6002 \cdot 109{,}75} = 0{,}23 \text{ vH}.$$

Bemerkung: Der Verlust ist, obgleich 150 kg statt 109,75 kg Koks verfeuert wurden, wegen des kleinen „$T—t$" geringer.

Strahlungsverlust des Heizkessels (279).

Bei den bereits einige Jahre zurückliegenden Versuchen mit gußeisernen Gliederkesseln wurde der Strahlungsverlust von der Größe ($t_m—t$) abhängig gemacht, wobei t_m die Wassertemperatur im Innern des Heizkessels, t die Temperatur im Heizraum bedeutet. Im vorliegenden Falle kann annähernd $t_m = \frac{t_s + t_r}{2}$ gesetzt werden (vgl. Abb. 310):

In Ergänzung der Gashyperbeln (272) möge auf eine in „Feuerungstechnik" Jahrg. XI Heft 7 veröffentlichte Arbeit von Dipl.-Ing. Georg Szende hingewiesen werden, die besonderer Beachtung wert ist. So bequem die Bunteschen und Ostwaldschen Schaubilder zur Ermittelung von CO erscheinen mögen, so darf doch nicht verkannt werden, daß die daraus gezogenen Folgerungen nur dann auf Genauigkeit Anspruch machen können, wenn CO_2 und O_2 richtig bestimmt sind. Woher weiß man aber das? Oft hat Verf. bei Untersuchungen die Gepflogenheit feststellen müssen, daß Feuerungsingenieure sich damit helfen, CO_2 und O_2 auf 20,5 oder 21 vH aufzurunden. Das ist natürlich ein großer Irrtum und oft die Ursache von Fehlerquellen. Szende vervollkommnet die von Làszlò gefundenen Gashyperbeln auch für den allgemeinen Fall unvollkommener Verbrennung mit Luftüberschuß. Er wählt CO als Parameter jeder Hyperbelschar und ermöglicht dadurch bei bekanntem Brennstoff die Entdeckung der mit dem Orsat gemachten Analysenfehler.

a) $t_m—t = 28{,}13^0$; Außenfläche des Heizkessels 8,5 qm; Ausstrahlungskoeffizient k für $28{,}13^0$ $\backsim 12{,}8$. In 5,5 Std. sind danach abgegeben worden:

$$\frac{5{,}5 \cdot 12{,}8 \cdot 28{,}13 \cdot 8{,}5 \cdot 100}{109{,}75 \cdot 6002} = 2{,}56 \text{ vH};$$

b) $t_m—t = 30{,}74$; $k_1 = 13{,}2$.

Abgegebene Wärmemenge in Prozenten des Heizwertes:

$$\frac{5{,}5 \cdot 13{,}2 \cdot 30{,}74 \cdot 8{,}5 \cdot 100}{150 \cdot 6002} = 2{,}11 \text{ vH}.$$

Zahlentafel 202. **Vergleichsanalysen im Laboratorium.**

a) Heizkessel **mit** Hasselschem Gewölbe.

Glasballon Nr.	1	2	3	4	5	6	7	8	9	10	21	22	23	24	25	26
Zeit	8^{26}	8^{34}	8^{42}	8^{48}	8^{53}	8^{58}	9^{03}	9^{08}	9^{13}	9^{18}	9^{23}	9^{28}	9^{33}	9^{38}	9^{43}	9^{50}
CO_2 . . Vol. %	8,8	8,7	8,9	11,5	16,0	16,7	16,8	15,8	14,9	14,4	14,9	13,8	13,7	13,7	13,7	15,0
O_2 . . ,,	9,4	8,1	9,6	8,4	4,2	3,5	3,4	5,2	6,1	6,6	6,1	7,2	7,3	7,2	7,3	6,1
CO . . ,,	1,7	3,6	1,9	1,5	0,4	0,8	0,9	0	0	0	0	0	0	0	0	0,4
N_2 . . ,,	80,1	79,6	79,6	78,6	79,4	79,0	78,9	79,0	79,0	79,0	79,0	79,0	79,0	79,0	79,0	78,5

b) Heizkessel **ohne** Hasselsches Gewölbe.

Glasballon Nr.	11	12	13	14	15	16	17	18	19	20	27	28	29	30	31	32
Zeit	8^{38}	8^{46}	8^{54}	9^{00}	9^{05}	9^{10}	9^{15}	9^{20}	9^{25}	9^{30}	9^{36}	9^{40}	9^{45}	9^{50}	9^{54}	10^{00}
CO_2 . . Vol. %	11,3	12,2	13,2	14,0	11,45	10,3	9,8	10,6	10,6	10,6	10,7	9,0	8,1	8,6	8,5	8,1
O_2 . . ,,	6,2	4,1	3,75	2,7	6,5	8,45	9,9	9,0	9,0	9,9	10,1	11,2	12,1	11.9	12,0	12,3
CO . . ,,	8,0	8,0	6,3	7,3	4,5	2,15	1,6	1,1	0,8	0,8	0,7	1,0	0,5	0,6	0,5	0,5
H_2 . . ,,	0,3	0,3	0,35	0	0	0	0	0	0	0	0	0	0	0	0	0
CH_4 . . ,,	0,6	0,4	0,8	0,5	0,65	0,55	0,4	0,2	0,1	0	0	0	0	0	0	0
N_2 . . ,,	73,6	75,0	75,6	75,5	76,9	78,55	78,3	79,1	79,5	78,7	78,5	78,8	79,3	78,9	79,0	79,1

6. Bestimmung des Nutzeffektes.

	a) mit Hasselschem Gewölbe:	b) ohne Gewölbe:
Kaminverlust	9,13	4,60 vH
Verlust durch unverbrannte Gase	0,41	13,48 ,,
,, in den Herdrückständen	2,64	2,33 ,,
,, durch abziehenden Wasserdampf	0,30	0,23 ,,
Strahlungsverlust	2,56	2,11 ,,
	15,04	22,75 vH
Wirkungsgrad	84,96	77,25 ,,

Ersparnis a) gegen b):

$$\frac{(84{,}96 - 77{,}25)\,100}{77{,}25} \cong 10 \text{ vH}.$$

Gegenüber den Ersparnissen, die aus der Temperaturdifferenz $t_s—t_r$ (Abb. 310) errechnet worden sind, ergibt sich ein Unterschied von 7,18, der noch der Aufklärung bedarf.

7. Genauigkeitsgrad bei den Versuchen.

Für die Schütthöhe beim Beginn und Schluß der Versuche war die Unterkante der Schür-(= Beschickungs-)öffnung maßgebend. Diese Höhe konnte ohne Schwierigkeit innegehalten werden. Aber der Koks ist sperrig und liegt nicht homogen wie eine Tischplatte im Feuer, so daß schon hierdurch Ungenauigkeiten in den Kauf genommen werden müssen. Angenommen, es wären bei dem Versuch ohne das Hasselsche Gewölbe 12 kg zu viel Koks aufgeworfen worden, so daß nur 138 kg statt 150 kg verbraucht worden sind, so würden die Ersparnisse mit dem Hasselschen Gewölbe auch nur 10 vH betragen haben.

12 kg sind etwa zwei größere Kohlenschaufeln, was sich schon hätte kennzeichnen müssen. Anderseits muß man den Gasanalysen auch einen Ungenauigkeitsgrad zusprechen. Vergleichen wir Analysen-Zahlentafel 202 b) so zeigt sie für

Glasballon Nr. 18: $CO_2 = 10{,}6$ vH; $CO = 1{,}1$; $CH_4 = 0{,}2$
„ „ 19: $CO_2 = 10{,}6$ „ ; $CO = 0{,}8$; $CH_4 = 0{,}1$

Das gibt für Nr. 18 einen Verlust an unverbrannten Gasen von 9,66 vH, für Nr. 19 einen solchen von 6,51 vH.

Demnach können schon Zehntel Prozente von CO und CH_4 das Gesamtergebnis in ähnlicher Weise wie die streitigen 12 kg Koks beeinflussen. Wie aus der Heizkessel-Abb. 310 hervorgeht, sammeln sich die Heizgasströme aus 22 Abzugskanälen unten im Sammelkasten zum Fuchs. Ein jeder von ihnen hat höchstwahrscheinlich eine andere Gaszusammensetzung, so daß kaum eine Mischung der Gase vor Eintritt in das Gasprobenrohr angenommen werden kann. Ein Vergleich zwischen den Orsat- und Laboratoriumsanalysen gibt uns schon einen gewissen Aufschluß zur Beurteilung dieser Frage. Die Analysen schwanken stark, so daß man für genauere Untersuchungen schon eine Mischvorrichtung vorsehen müßte. Die Proben für die Glasballons wurden aus einem andern Rohre, indes neben dem Entnahmerohr für den Orsat, abgesaugt. Anderseits dürfen wir uns der Tatsache nicht verschließen, daß Ablesungen von einem Zehntel Prozent CH_4 nach dessen Verbrennung schon mit Schwierigkeiten verknüpft sind.

Die obigen Ausführungen gestatten den Schluß, daß die tatsächlichen Ersparnisse mit dem Gewölbe Hassel zwischen den beiden Feststellungen (17,18 und 10 vH) liegen dürften. Erkennen wir einen Fehler von 6 kg Koks an, so würden sich die mit dem Hasselschen Einbau erzielten Ersparnisse auf etwa 12 bis 13 vH belaufen haben, und dies bei einer Kesselleistung von

$$\frac{84{,}96 \cdot 6002 \cdot 109{,}75}{17 \cdot 5{,}5} \cong 6000 \text{ WE}$$

je qm Heizkesselfläche. Der Versuchskessel hatte 17 qm. Die Beanspruchung schwankte dabei zwischen 5100 und 6400 WE. Ob das Ergebnis bei einer andern Beanspruchung des Heizkessels ähnlich ausgefallen wäre, müßte durch weitere Versuche erst ermittelt werden.

8. Schlußbetrachtungen.

Um den Einfluß des Hasselschen Gewölbes auf den Gang der Verbrennung zu ermitteln, sind in Abb. 313 und 314 die CO_2- und CO-Gehalte als $f(R_v)$ dargestellt. Man sieht eine gesetzmäßige Regel-

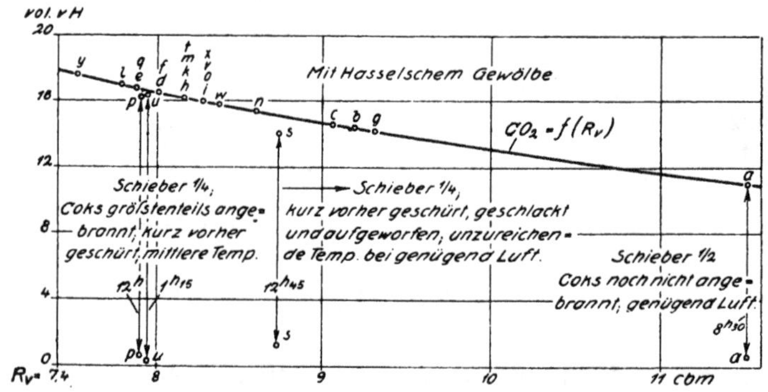

Abb. 313. CO_2 als Funktion des Gasvolumens.

mäßigkeit bei der Schüttfeuerung mit dem Gewölbe, während bei dem Gegenversuch ohne das Gewölbe einem Maximum des CO_2-Gehalts ein Minimum von CO entspricht und umgekehrt (Abb. 314). Die Ursache des Verlaufs der Kurven liegt in den in der Einleitung bereits angeführten chemischen Reaktionen. Bei dem Hasselschen Gewölbe wird wegen der erhöhten Luftzuführung — die Verbrennung erfolgt dauernd mit sekundärer Luftzuführung, sobald der Koks nach der Beschickung nur einigermaßen angebrannt ist — allgemein mit einem größeren Luftüberschuß gearbeitet; die CO_2-Kurve beginnt gegenüber dem Vergleichsversuch mit größerem R_v. Eine CO-Kurve gibt es nicht, dagegen nur einzelne CO-Punkte, von dem operativen Eingriff in die Verbrennung durch Aufwerfen, Schüren, Schlacken herrührend.

Dieses Ergebnis läßt darauf schließen, daß das Hasselsche Gewölbe auch bei andern Brennstoffen als Koks für Zentralheizungen geeignet sein dürfte, wodurch den Bürgern bei der heutigen Koksknappheit und der Teuerung dieses Brennstoffes große Vorteile erwachsen müssen. Versuche mit Torf sollen bereits diese Vermutung bestätigt haben. Aber das muß

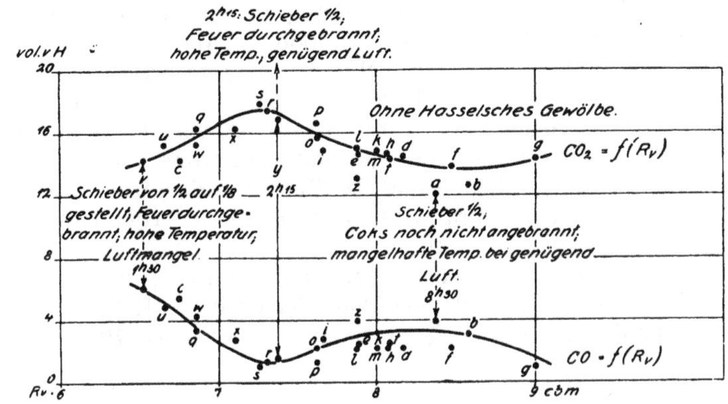

Abb. 314. CO_2 und CO als Funktion des Gasvolumens.

auch für Brikette oder Brennstoffgemische gelten, wenn die sekundäre Luftzuführung entsprechend bemessen wird. Vielleicht bietet sich Gelegenheit, die Verhältnisse nach dieser Richtung hin weiter klarzulegen.

c) Zur Frage der Zimmerheizung.

Die Forderungen, die der erfahrene Heizungsingenieur Eduard Schott[1]) an die Heizapparate stellte, waren folgende:

1. geringste Raumbeanspruchung,
2. schnelle Heizwirkung,
3. größtmöglichste Ersparnis an Brennstoff,
4. Halten dauernder und gleichmäßiger Wärme,
5. der Hygiene genügend.

Ein eiserner Ofen wird z. B. den ersten drei Anforderungen gerecht, kann aber bei der vierten Forderung bereits versagen, wenn er nicht besondere Einrichtungen im Innern aufweist. Der Vorwurf, der dem eisernen Ofen hieraus erwuchs, bedingte, daß ihnen vor 40 Jahren der „Fayence-Porzellanofen" vielfach vorgezogen wurde, häufig mit Unrecht, da der Chemiker Gottfr. Goebel bereits 1842 im Gewerbeblatt für das Königreich Hannover auf die unangenehme Eigenschaft der Öfen aus Ton aufmerksam machte, sich nach gewisser Zeit mit Säure, Teer und Ruß auf der inneren Fläche zu sättigen, weniger wärmeleitfähig zu werden und zu üblen Gerüchen Anlaß zu geben. Will man diesen Übelstand vermeiden, so muß die Feuerung so eingerichtet sein, daß sie eine vollkommene Verbrennung ermöglicht. Das kann durch Auswahl gewisser Brennstoffe wie Holz, Torf bei entsprechender Luftzufuhr bereits erreicht werden; bei Verwendung von Braun- oder Steinkohlen müßte zu Spezialkonstruktionen gegriffen werden.

Durch Kombination von eisernen und Kachelöfen läßt sich schon ein Teil der in hygienischer Beziehung zu beanstandenden Eigenschaften eiserner Öfen beseitigen, wie Überhitzen der Räume, Verbrennen des Staubes, Geruch nach Anstrich und Putzmitteln, Strahlungsbelästigung und endlich hoher Temperaturunterschied an Fußböden und Decken. Aber der Einbau von eisernen Öfen in einen Kachelofen stellt keine Lösung dar, weil die Forderung geringster Raumbeanspruchung und anderseits die Forderung der Hygiene durch die Staub- und Schmutzablagerung auf der Lehmdecke des Kachelofens nicht erfüllt wird.

In der gegenwärtigen Zeit wirtschaftlicher Depression können wir anderseits die Grundregeln, welche seinerzeit mit der Entstehung des Berliner Kachelofens durch ein Preisausschreiben Friedrichs des Großen anderthalb Jahrhunderte Gültigkeit hatten, nicht mehr anerkennen. Die starke Vorfütterung der Öfen muß als zu weitgehend verurteilt werden. Je massiger ein Ofen ist, je stärker

[1]) „Über Zimmerheizung, insbesondere über die Konstruktion der Stubenöfen", Baumgärtners Buchhandlung, Leipzig, 1882, 2. Aufl.

seine Umfassungswände ausgeführt werden, desto langsamer steigt die Temperatur in dem zu beheizenden Raum, während auf der anderen Seite die Nachwirkung der Erwärmung um so nachhaltiger ist. Je schwächer die Wände eines Ofens sind, desto schneller steigt die Raumtemperatur, desto geringer ist aber seine nachhaltige Wärmewirkung. Vor allem mußten die unverhältnismäßig dicken Sockelummauerungen der Kachelöfen beanstandet werden, weil dadurch deren Unterbau gar nicht oder nur in sehr geringem Maße, wie Rietschel schon betonte, an der Erwärmung teilnimmt, somit die Forderung der Wärmeabgabe unmittelbar über dem Fußboden keine Erfüllung findet. Hat man das Bedürfnis nach einem warmen Zimmer, will man nicht erst mehrere Stunden darauf warten und das um so mehr, wenn man an eine sitzende Beschäftigung gebunden ist. Der Ofen soll möglichst große Mengen Luft erwärmen, und zwar vornehmlich durch Strahlung, wobei die Konvektion[1]) nicht vernachlässigt werden darf. Wo dies nicht der Fall ist, erhält man große Unterschiede nicht nur in der Nähe der Fenster, sondern auch am Fußboden und der Decke, so daß trotz Überhitzung der Räume in Kopfhöhe eine behagliche Wärme vermißt wird. Der Ofen soll ferner eine gewisse Anpassungsfähigkeit an Witterungsschwankungen besitzen.

Die Rationierung der Hausbrandkohle nach Zimmerzahl unter Zugrundelegung einer Brennstoffeinschränkung von 50 vH hat die Einwohner in der Wahl der Brennstoffe keineswegs mehr wählerisch gemacht. Der Ofen muß für die Zukunft so gebaut sein, daß er jeden Brennstoff ohne Ausnahme gebrauchen kann.

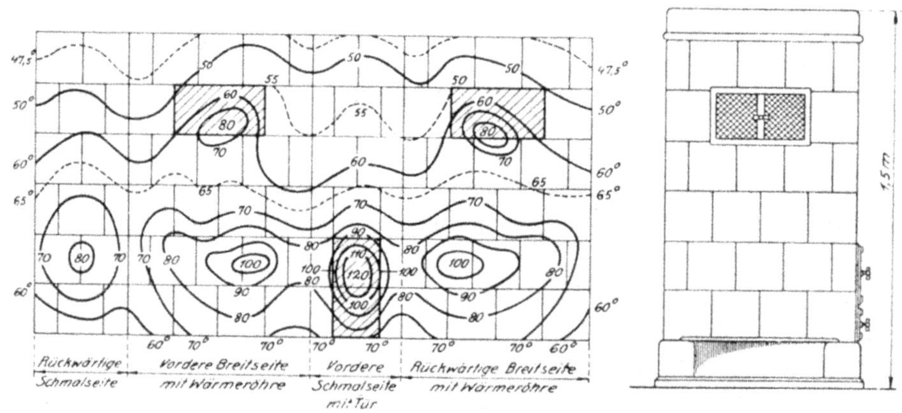

Abb. 315. Brabbéescher Einheitofen mit seinen Temperaturfeldern auf abgewickelter Ofenfläche.

Von den neueren Ofenbauarten verdient der Brabbéesche Einheitofen[2]) besondere Beachtung, dessen weiterer Ausbau in der Prüfungsanstalt für Heizungs- und Lüftungseinrichtungen der Technischen Hochschule Berlin erfolgt ist.

Die ungeheure Preissteigerung sämtlicher Baumaterialien erheischt in erster Linie die Notwendigkeit, mit dem geringsten Aufwand an Baustoffen einen Ofen zu schaffen, der bei kleinster Heizfläche die größtmöglichste Heizwirkung hervorzubringen vermag. Eine solche Forderung kann aber nicht erfüllt werden, wenn man z. B. einen sechsseitigen Körper so in die Ecke eines Raumes stellt, daß die Hälfte der Heizflächen unwirksam bleibt. Die Brabbéeschen Bauarten zeigen deshalb, wie dies aus der Abb. 315 hervorgeht, die Öfen auf Füßen und freistehend. Der Einheitofen konnte deshalb bedeutend niedriger als der bisherige Kachelofen ausfallen. Dadurch, daß die Heizfläche auf einen flachgedrückten Körper verteilt wird, hat das Ofensystem den Vorteil wirksamer Wärmestrahlung. In der Abbildung ist ein Temperaturfeld durch Abwicklung eines Einheitofens mit Wärmeröhren wiedergegeben, dessen breite Seite aus 4 Kacheln, dessen schmale Seite aus 2 Kacheln und dessen Höhe (1,5 m) aus 6 Kacheln zusammengesetzt ist. Uns interessiert in erster Linie das Kurvenbild am unteren Teile des Ofens; Temperaturen von 60 bis 80°, hervorgerufen durch entsprechende Flammenführung (Sturzzug aus dem Feuerungsraum zum Boden des Ofens) sorgen dafür, daß der Fußboden gründlich erwärmt wird. Die Feuergase steigen vom Boden des Ofens nach oben im Kreise um die Wärmeröhre, die an sich eine wirksame Heizfläche bildet. Der von der Ofenbau-

[1]) Vgl. Fußnote auf S. 601.

[2]) Das Wort „Einheit" soll nach einem Ausspruche Brabbées zum Ausdruck bringen, daß bei der schöpferischen Gestaltung der neuen Dinge der Wille zur Vereinfachung und Vereinheitlichung führend war, da nur dann Höchstleistungen auf wirtschaftlichem Gebiete zu erreichen sind.

Ges. m. b. H. Berlin vertriebene Einheitofen erfüllt vermöge seiner Sondereigenschaften sämtliche an ein Ofensystem zu stellenden Anforderungen und hat sich deshalb nach den eingezogenen Erkundigungen überall gut eingeführt. Für hochwertige Brennstoffe wird der Einheitofen mit der sog. „Barlach-Feuerung" ausgerüstet. Die Übertragung des Brabbée-Ofensystems auf eiserne Öfen hat in dem „Einheit-Germanen" der Voßwerke Akt.-Ges. Hannover eine ganz besonders glückliche Lösung gefunden. Aber der eiserne Ofen zeigt nicht etwa außen eine Schamotteumkleidung, sondern trägt diese im Innern seines Körpers. Wie aus der Abb. 316 hervorgeht, sind die bei den üblichen eisernen Öfen der Hygiene widersprechenden hohen Außentemperaturen durch eine starke, den abnehmenden Feuergastemperaturen entsprechend angepaßte Schamottevorfütterung vermieden. Ein großer Füllraum ermöglicht eine hohe Brenndauer, ein Schamottekörper im Oberteil des Ofens gewährt die gewünschte Wärmespeicherung.

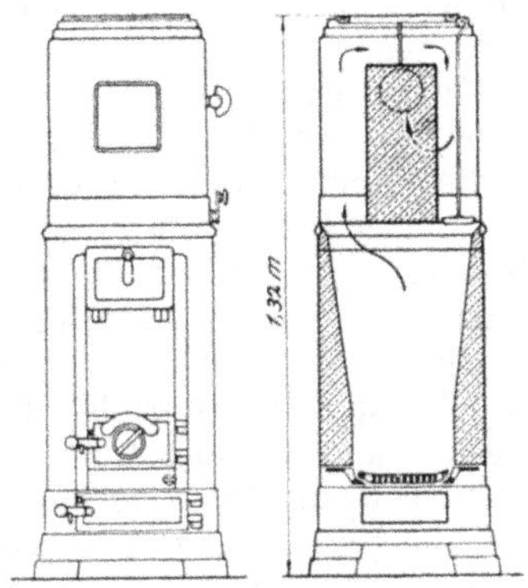
Abb. 316. Einheit-Germane der Voßwerke A.-G. Hannover.

Die Feuerungsarmaturen sind sehr gefällig, praktisch und betriebstüchtig, mit weitgehendster Regelung der Brenngeschwindigkeit. Der Ofen zeigt deshalb eine ausgezeichnete Anpassungsfähigkeit an Witterungsverhältnisse, wobei sich die Vorteile der eigenartigen Ausbildung von Feuerungs- und Strahlungsraum im Unterofen, sowie der Züge und des Wärmespeichers im Oberofen zwecks schneller und anhaltender, gleichmäßiger Erwärmung des Raumes vereinigen.

Nicht der billige, sondern der beste Ofen ist der wirtschaftlich richtige. Selbstverständlich kann man auch von dem vollkommensten Ofensystem nicht verlangen, daß es Fehler beim Feuern beseitigt. Nach Riedl[1]), München, ziehen z. B. Brikette einmal in ganzen Stücken, das andere Mal gevierteilt, im gleichen Kachelofen aufgegeben, im ersteren Falle eine um 40 ^{0} zurückbleibende Durchschnittstemperatur der Heizfläche nach sich.

Die außerordentliche Belastung, die jeder Haushalt durch die fürchterliche Verteuerung unserer Brennstoffe in der gegenwärtigen Zeit erfahren muß, hat den Wunsch nach einer ganz wesentlichen Verbilligung des Hausbrandes rege werden lassen[2]). Leider sollen sich diesem nur allzu berechtigten Verlangen folgende unüberwindliche Hindernisse in den Weg gelegt haben:

1. Unsere Brennstoffkosten decken bei all ihrer Höhe kaum die Erzeugungskosten(?). Eine Verbilligung der Hausbrandkohle ist nur durch entsprechende Erhöhung der Preise für andere Verbrauchsklassen möglich.
2. Nehmen wir selbst die Möglichkeit einer Verbilligung an, so wäre die praktische Durchführung des Problems nur auf dem Wege verschärfter Zwangswirtschaft denkbar; aber auch dann wird es nicht ohne Schiebungen und Wucher abgehen, weil gewissenlose Elemente immer Wege finden werden, die billige Hausbrandkohle der Industrie zu hohem Preise zu verkaufen.
3. Eine Verteuerung der Industriekohle zugunsten des Hausbrandes, mittelbar oder unmittelbar, etwa durch höhere Kohlensteuer oder sonstige Bedingungen würde letzten Endes immer wieder zur Abwälzung der Mehrlasten auf die Erzeugnisse führen und das Wirtschaftsleben auf der anderen Seite verteuern. Im ganzen genommen würde also nichts erreicht werden.

d) Wärmewirtschaft im Haushalt.

Ebenso wie die Abwärme des Feuers nutzbringend verwertet werden kann, läßt sich der in einem Kochtopf erzeugte Dampf für die Bereitung von Speisen verwenden, wenn man einen Topf auf den andern stellt[3]). Nach den Versuchen von Laßwitz[4]) zwingt die so hergestellte Batterie die Köchin zum langsamen Kochen, während man sonst stets beobachten wird, daß diese immer dazu neigt, möglichst schnell zu kochen. Selbst wenn bei der Batterie mit dem Gas verschwenderisch umgegangen wird, wird der in kurzer Zeit im ersten Topf erzeugte Dampf immer noch nutzbringend für

[1]) Vortrag: Die Einfügung wärmewirtschaftlichen Lehrstoffes in den Schulunterricht, gehalten am 25. August 1922 im Reichskohlenrat (Tech.-Wissenschaftl. Sachverständigen-Ausschuß).

[2]) Vgl. zur Nedden, Der Hausbrand Nr. 10, 2. November-Heft 1921.

[3]) Solche Einrichtungen, deren Töpfe sich anstelle der Deckel aufeinandersetzen lassen, finden sich unter dem Namen „Columbus-Haube" und „Moderna"-Apparat auf dem Markt.

[4]) Wege und Ziele der deutschen Brennstoffwirtschaft, Sonderabdruck der Deutschen Bergwerks-Ztg.

die anderen Kochgefäße sein. In der Regel wird man mit großer Flamme schnell ankochen und dann mit dem Kleinbrenner weiter arbeiten. Dasselbe gilt auch für Kohlenfeuer.

Sparkocher.

1. Einleitung.

Wird eine Feuerung in Betrieb gesetzt, so vergeht eine gewisse Zeit, bis die den Rost umgebenden Umfassungswände angewärmt werden und in den Beharrungszustand kommen. Dieses Anheizen, das wir z. B. auch bei der Heizung unserer Wohnräume haben, bedeutet einen Wärmeverlust. Viele Hausfrauen lassen deshalb das Feuer auf dem Rost des Küchenherdes nie ganz ausgehen, indem sie vielfach ein Brikett in Zeitungspapier wickeln und es auf die glimmende Glut des Herdfeuers legen. Dadurch wird die Luftzufuhr beschränkt und die Verbrennung des Briketts für die Dauer der Nacht in die Länge gezogen, so daß am Morgen noch Glut vorhanden ist.

Jeder Brennstoff braucht zu seiner Verbrennung eine bestimmte Luftmenge, die ihm durch die Rostspalten zugeführt wird. Ist der Rost zu groß, so daß zu viel Luft hindurchtreten kann, so bewirkt die starke Luftzuführung eine Abkühlung des Herdfeuers und damit der Feuergase, die ihre Heizkraft verlieren und unausgesetzt in den Schornstein abziehen. Kommt zu wenig Luft durch die Rostspalten, so erfolgt die Verbrennung nicht vollkommen, sondern es bilden sich Schwelgase, die bei ausreichender Luftzufuhr und Temperatur unter Hitzeentwicklung nachverbrennen. Dieser Gedankengang hat verschiedene Firmen veranlaßt, zur Ersparnis von Brennmaterial im Haushalt Kochvorrichtungen zu konstruieren, die wohl in Tausenden von Exemplaren in Anwendung gekommen sind. Sie bezwecken alle eine Konzentrierung der Hitze auf einen kleinen Raum, um so den Heizeffekt zu erhöhen. Ja, es gibt sogar patentierte Bauarten, die darauf hinauslaufen, auch die Schwelgase zur nachträglichen Entzündung zu bringen. Ob dies immer gelingt, wird aus den nachfolgenden Untersuchungen hervorgehen, die Verf. anzustellen Gelegenheit hatte. Sie haben ergeben, daß die Lage der Brikette auf dem Rost von größter Bedeutung für die Wärmeausnutzung ist. Aus diesem Grunde dürften die mitgeteilten Ergebnisse allgemeines Volksinteresse haben.

2. Beschreibung eines vielfach eingeführten Sparkochers.

Abb. 317 zeigt in 3 Abbildungen das Wesentliche des Kochers. Er wird, wie rechts angedeutet, auf die Herdöffnung draufgesetzt und die Aschenfalltür des Herdes geschlossen. Zu dem Brikett, das hochkant oder flach auf den kleinen Rost des Kochers gelegt werden kann, tritt in der Abb. 317 oben links

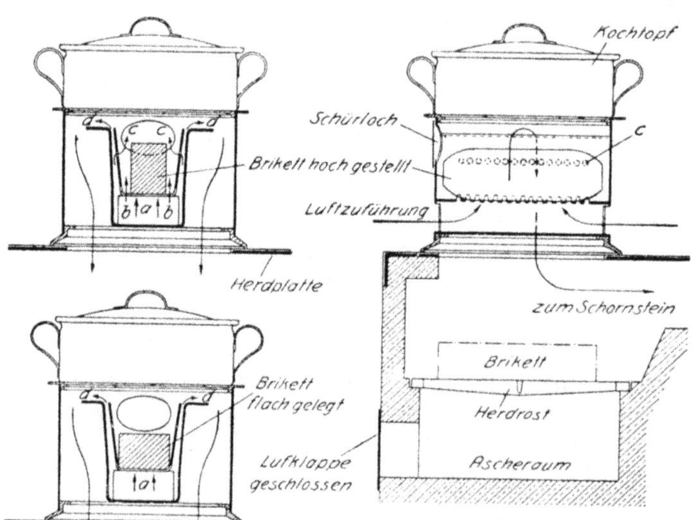

Abb. 317. Prinzip der Sparkocher.

1. die Primärluft *a*,
2. die Sekundärluft *b* durch die frei bleibenden Rostspalten,
3. die Tertiärluft *c* durch feine Bohrungen des Blecheinsatzes,
4. eine vierte Luftzuführung *d* durch Spalten, die oben am Blecheinsatz gebildet werden.

Liegt das Brikett flach auf dem Rost (Abb. unten links), so sind nur die Luftzuführungen *a*, *c* und *d* vorhanden.

Der Kochtopf befindet sich auf dem Sparer. Die Verbrennungsluft tritt durch seitliche Öffnungen zu dem Brikett, das seine Hitze unmittelbar an das Kochgut abgeben kann, während das auf den Herdrost gelegte Brikett einen großen Teil seiner Wärme durch Strahlung an die Umgebung verliert.

3. Vergleiche mit hochkant und flach gestellten Briketten.

Gleiche Verhältnisse vorausgesetzt, zeigt Abb. 318 oben die Kurven für die Erwärmung eines Kochtopfes mit 2 l Wasserinhalt. Wie wir sehen, gibt der Sparkocher bei hochgestelltem Brikett einen ganz bedeutend höheren Nutzeffekt, der durch Vermeidung unverbrannter Gase hervorgerufen

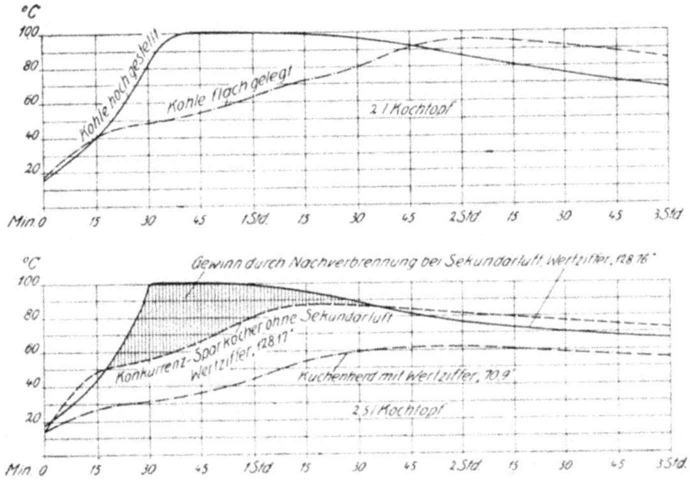

Abb. 318. Versuchsergebnisse mit Sparkochern.

wird. Wie in der linken Abbildung oben der Abb. 317 angedeutet ist, wirkt die durch die Lage des Briketts entstandene sekundäre Luftzuführung *b* günstig auf die Nachverbrennung ein. Die Versuche haben gelehrt, daß der Luftzuführung *c* auch noch eine Bedeutung beizumessen ist, während die Luftzuführung *d* sich als überflüssig erwiesen hat; man kann sie durch Zuschmieren mit Lehm beseitigen. Ja, sie ist unter Umständen schädlich, wenn, wie hier festgestellt wurde, unter dem Kochtopf nicht mehr die für die Nachverbrennung noch etwa entstandener Schwelgase erforderliche Temperatur (700—800°) vorhanden ist. Die strahlende Wärme wird zum größten Teil schon durch die günstige Bodenheizfläche des Kochtopfes aufgenommen, so daß Abgase von so hoher Temperatur nicht mehr möglich sind.

Bei dem flachgelegten Brikett reicht, wie man sieht, die Luftzuführung *c* nicht aus, die Nachverbrennung zu bewirken, weil die Luftmengen dem Bedarf entsprechend bei weitem nicht genügen. Verfasser hat gezeigt (280), daß die Braunkohlenbrikette auf dem gewöhnlichen Rost unvollkommen verbrennen, solange sie nicht die erforderliche Entzündungstemperatur bei gleichzeitiger Luftzuführung erhalten. Es ist infolgedessen allgemein anzuraten, bei den Sparkochern die Brikette hochkant hineinzulegen oder den Rost von vornherein breiter zu halten, jedenfalls aber nachträgliche Luftzuführung in Zonen zu vermeiden, die keine genügende Temperatur für die Nachverbrennung der Gase aufweisen. Die Versuche haben ergeben, daß das Verschmieren größerer, der Lage nach mit *d* identischer Luftspalten bei einem andern Sparkochermodell bessere Ergebnisse nach sich gezogen hat.

4. Vergleich der Leistung des gewöhnlichen Küchenherdes mit Sparkochern.

Die Vorversuche nahmen viel Zeit in Anspruch, um das Wesen der Einrichtungen kennen zu lernen und den Einfluß ihres an sich nicht zu hoch einzuschätzenden Genauigkeitsgrades zu ermitteln. Die für die Versuche aufgewandten Brikette wurden gewogen und die Heizwirkung anfänglich an einem Kochtopf von 2 l, später an einem solchen von $2\frac{1}{2}$ l Wasserinhalt gemessen. Das Anheizen geschah jedesmal mit Hilfe einer stets gleichen Gewichtsmenge von Holzstäbchen und Holzwolle, auf die das Brikett gelegt wurde. So war man sicher, daß das Brikett möglichst gleichmäßig anbrannte. Wo das einmal wegen Witterungsverhältnisse nicht der Fall war, wurde der Versuch als ungültig erklärt, ebenso wo das Ergebnis bei feuchten Briketten als nicht einwandfrei gelten durfte. Ganz besonderes Augenmerk wurde auf gleichmäßige Raumwärmetemperatur gelegt, weil diese sich von Einfluß auf das Ergebnis erwies. Um endlich die Versuche für das Urteil zu verwerten, wurde eine „Wertziffer" dadurch gefunden, daß aus der die Erwärmung des Wasserinhaltes darstellenden Kurve der mittlere Temperaturgrad für die Zeit von drei Stunden durch Planimetrieren bestimmt wurde. Die unteren Kurven der Abb. 318 zeigen den Verlauf der Erwärmung auf dem gewöhnlichen Küchenherd, wenn man den Wassertopf direkt auf die Herdöffnung setzt und das Brikett auf den Rost des Feuerherdes legt (Abb. 317 rechte Seite). Nach einer halben Stunde, vom Anbrennen der Holzwolle usw. ab gerechnet, steigt die Temperatur des Kochtopfinhaltes von 14,2 auf 31,1^0; nach einer Stunde finden wir 43,8^0, nach Verlauf einer weiteren Stunde die Höchsttemperatur von 61,9^0, d. h. das Wasser im Kessel kommt überhaupt nicht zum Kochen. Die mittlere Temperatur, durch Planimetrieren der Kurve ermittelt, beträgt 49,53^0 C. Die Erwärmung des Wassers geschah also um (49,53^0—14,2^0) = 35,33^0. Da das Brikett 0,498 kg wog, ergibt sich als Wertziffer

$$\frac{35,33}{0,498} = 70,94.$$

Wendet man dagegen den Sparkocher an, so beträgt dessen Wertziffer mindestens 128[1]), so daß die mit dieser Einrichtung erzielten Ersparnisse mindestens 70 vH betragen. Neben der Wertziffer ist aber auch der Verlauf der Kurve als Kriterium heranzuziehen.

Der Inhalt von 2,5 l wurde gewählt, um ein längeres Überschreiten von 100^0 und dadurch Dampfverluste durch Kochen zu verhüten.

Das untere Bild der Abb. 318 hat für uns ein besonderes Interesse, weil es den Einfluß der sekundären Luftzuführung darstellt. Die gestrichelte Linie zeigt einen Konkurrenzsparkocher, der keine sekundäre Luftzuführung aufweist. Obgleich durch die freien Spalten des hochgelegten Briketts bei den Sparkochern scheinbar genügend Luft zu beiden Seiten durch die Rostspalten treten konnte, erwies sich die tertiäre Luftzuführung *c* als Zusatzluft dennoch als vorteilhaft, ein Zeichen, daß die Schwelgase noch nicht vollkommen verbrannt waren. Wenn trotzdem beide Kurven dieselbe Wertziffer aufweisen, so liegt das daran, daß nach der Entgasung des Brennstoffes in dem einen Falle die fortbestehende Luftzuführung das Gesamtergebnis durch Abkühlung des Feuerraumes wieder verschlechtert, was dem Konkurrenzsparkocher zugute kommt. Die auf dem Markte vertretenen Bauarten von Sparkochern lassen deshalb gewisse Abänderungen an den Luftschiebern zu, um die Luftzuführung zeitlich einzuschränken. Ein Brikett, das bereits angebrannt ist und nicht mehr zur Rauchentwicklung Anlaß gibt, wird mit kleiner Spalte des Luftschiebers wirtschaftlicher arbeiten als ein Sparkocher, bei dem der Luftschieber dauernd ganz geöffnet bleibt. Jedenfalls haben sich die Sparkocher als vorteilhaft erwiesen.

Das Einwecken.

Wenn man sich die vielen Mißerfolge beim Einwecken vergegenwärtigt, so muß man sich fragen, ob denn überhaupt diese Art der Konservierung von Speisen als wirtschaftlich bezeichnet werden kann. Ist das Endergebnis nicht zu gering gegenüber der aufgewandten Mühe unserer Hausfrauen? Durch das leichte Verderben der eingeweckten Speisen wird nicht nur der beabsichtigte Zweck vereitelt, sondern auch eine große Menge von Lebensmitteln zerstört und damit ein großes Kapitalvermögen verbraucht. Man wird immer Zweifel hegen müssen, wenn Hausfrauen beteuern, daß ihnen noch kein Glas aufgegangen sei, während andere bei Wahrnehmung aller Vorsichtsmaßregeln eine Reihe von Mißerfolgen, so beim Einwecken von Fleisch, aufzuweisen gehabt haben, ein Beweis dafür, daß das Einwecken doch nicht so ganz einfach ist. Hierbei spielt auch die Aufbewahrung der Gläser eine wichtige Rolle; denn in einem muffigen, feuchten Keller bilden sich auf dem Gummiring Bakterien, die so weit um sich greifen, daß sie den dichten Verschluß schließlich stören. Aber auch Gemüse, das gejaucht wurde, neigt zu Gärungen und macht alle Vorsicht zunichte.

In großen Fabriken, wo beispielsweise Spargel in Blechbüchsen konserviert werden, füllt man die Spargel in die Blechbüchsen, deren Deckel dann draufgesetzt und verlötet werden. Die Deckel haben in der Mitte eine kleine Öffnung von etwa 1 mm, die nach ausreichender Kochzeit mit einem Tropfen

[1]) Die Gewichte der Brikette waren bei den Versuchen nicht gleich, so daß der Kurvenverlauf allein nicht maßgebend ist.

Zinnlot verschlossen wird. Im Haushalt kann man diese Methode nicht allgemein nachmachen. Hier werden die Gläser gefüllt, mit Gummidichtung und Deckel unter die Bügel geklemmt und unter bestimmten Temperaturen dem heißen Wasserbade ausgesetzt. Was in den Gläsern vor sich geht, wissen wir nicht; es entzieht sich unserer Beobachtung, denn wir können nicht in den Kochtopf hineinschauen. Nur ein Thermometer zeigt uns an, daß die Temperatur z. B. 90° C ist, die wir eine Zeitlang zu halten haben. Wir wollen nicht untersuchen, ob die Kochtemperatur richtig angezeigt wird, sondern eher annehmen, daß sie in Wirklichkeit höher ist. Um das Springen der Gläser zu verhüten, zieht man die ganze Einrichtung zur Seite, läßt sie allmählich abkühlen — eine plötzliche Abkühlung wäre viel richtiger! — und nimmt dann die Gläser heraus. Aber schon nach einigen, manchmal auch erst nach 14 Tagen oder später, sind einige Gläser aufgegangen, und es wird von neuem „geweckt". Das passiert der Hausfrau unter Umständen noch einmal, so daß sie schließlich verzweifelt. Das wiederholte Kochen hat das Gemüse oder die eingeweckten Speisen schmackloser gemacht; sie sind aber auch weniger nahrhaft geworden, weil die „biologischen Stoffe", auf die die Ärzte hauptsächlich Gewicht legen, zerstört worden sind. Das feste Aufsitzen der Deckel ist auch noch kein endgültiger Beweis, daß das „Wecken" gelungen ist; der Deckel kann ankleben und das Innere des Weckglases trotzdem verderben.

Man käme der Sache schon etwas näher auf den Grund, wenn man das Kochen von außen beobachten könnte. Selbst wenn die Flüssigkeit im Glase nur 1—2 Finger breit unter den Deckel reicht, würde man sie mit zunehmender Erwärmung hochsteigen sehen; vor allem entweichen aus der Füllmasse große Mengen von Luftblasen, die das Einweckgut auflockern und hochheben. Luftblasen, Wasser und Teilchen des Einweckgutes gelangen in der Pfeilrichtung (Abb. 319) nach außen. Die Folge

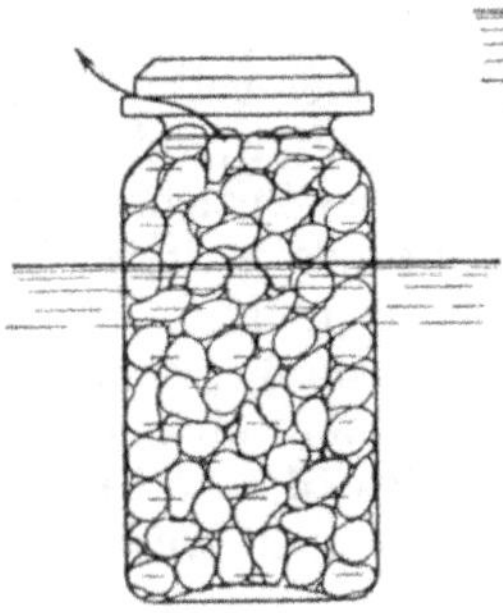
Abb. 319.

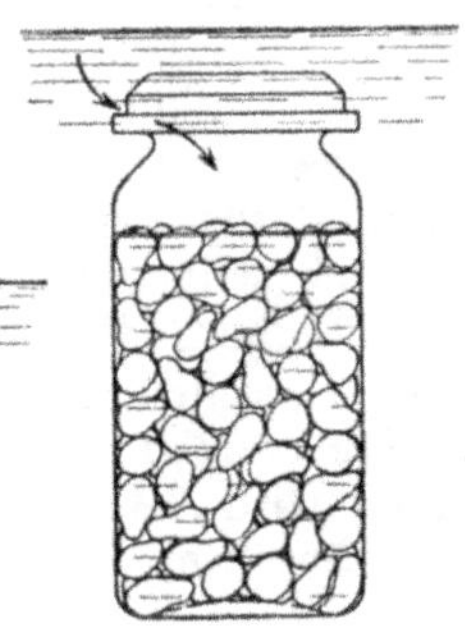
Abb. 320.

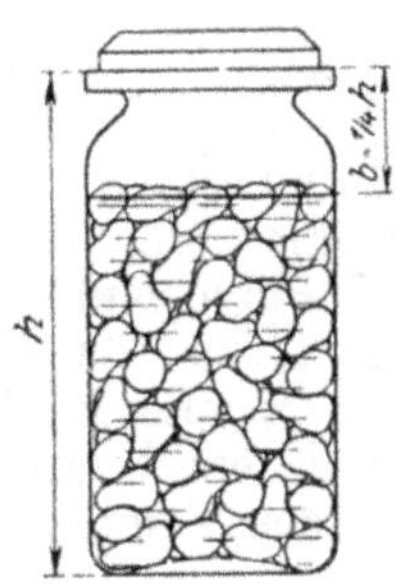
Abb. 321.

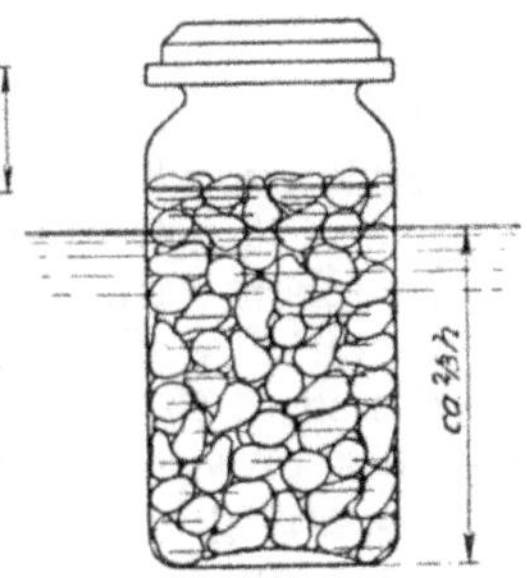
Abb. 322.

davon ist, daß sich das Kochwasser trübt. Jedenfalls wird aber der Gummiring durch Speisenteile verunreinigt, die später im Laufe der Zeit in Gärung gelangen und den luftdichten Abschluß beeinträchtigen. Da, wo die Flüssigkeit eine klebrige Masse darstellt, können die Deckel, wie oben schon erwähnt, festhalten. Das Verderben des Einweckgutes hat man sich dann so zu erklären, daß die Sterilisation der Speisen noch nicht weit genug getrieben war.

Eine weitere Fehlerquelle entsteht, wenn das Wasser im Wecktopf (Abb. 320) zu hoch steht. In diesem Falle ergeben sich die Verunreinigungen dadurch, daß das Wasser von außen in der Pfeilrichtung in das Weckglas eintritt.

Um den physikalischen Erscheinungen gerecht zu werden, füllt man die Gläser etwa nur $^3/_4$ voll, so daß der Abstand b in Abb. 321 ungefähr $\frac{h}{4}$ wird. Die Flüssigkeit im Glase kann eher noch tiefer stehen. Ist das Weckglas in den Wecktopf gebracht (Abb. 322), soll das Wasser im Topfe auch nur etwa diese Höhe haben. Das beste ist schon, das Weckglas nur in ein Fußbad zu stellen und mit Dampf einzuwecken.

Zum Einwecken empfiehlt sich nur Hammel-, Schweine- und Gänsefleisch, weil sich dieses wegen des Talg- bzw. Fettgehaltes am besten konservieren läßt. Indes muß das Fleisch von den Knochen gelöst werden, weil das eingeschlossene Mark zu Gärungen Anlaß gibt. Beim Einwecken lasse man das Einweckgut 1 Std. lang kochen. Soll das Fleisch erst gebraten und dann eingeweckt werden, so achte man darauf, daß es beim Braten innen nicht etwa roh bleibt.

Um den Brennstoffverbrauch zu vermeiden, vor allem aber die biologischen Stoffe zu schonen, ist man auf den Gedanken gekommen, das zum Verschluß der Deckel erforderliche Vakuum im Innern des Glases auf kaltem Wege zu erzeugen, indem man die Gläser unter den Rezipienten einer Luftpumpe setzt und die Luft auspumpt. Das ist natürlich ein sehr bequemes Verfahren, aber es bürgt noch keineswegs dafür, daß das Einweckgut auch tatsächlich konserviert wird. Man wird deshalb in manchen Fällen eine geringe Erwärmung mit diesem Verfahren verbinden müssen oder dem Gute Stoffe wie Salizyl u. dgl. beimengen. Abb. 323 zeigt den Konservierungsapparat „Siroclu-Moment", mit dem viel Reklame gemacht wird. Aber auch seine Anwendung ist nur eng begrenzt. Eine Luftpumpe *L*, ähnlich einer Fahrradpumpe, die indes nicht preßt, sondern saugt, steht mit dem Rezipienten *R* durch einen Schlauch *S* in Verbindung. Ein Vakuummeter mit einem roten Strich zeigt an, wie weit man sich der Saugpumpe zu bedienen hat. Dann reißt man einen Gummipfropfen *P* aus dem unteren Blechtopf heraus, um die Außenluft eintreten zu lassen, und nimmt die Glashaube *G* ab, um ein neues Weckglas „zuzuziehen".

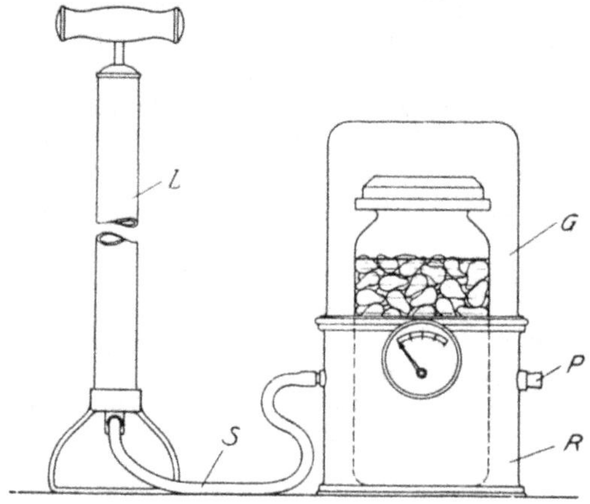

Abb. 323. Konservierungsapparat »Siroclu-Moment«.

Die Versuche, die Verfasser mit dem „Siroclu-Moment" gemacht hat, sind nicht ermunternd. Und dennoch wird man der Ansicht zuneigen, daß auf diesem Wege mit verringertem Brennstoffverbrauch der Zweck erreicht werden dürfte. Mit dem beschriebenen Apparat werden eine Reihe Rezepte mitgegeben, die das Einmachen mit Salz oder mit Salizyl oder Mytron-Tabletten empfehlen. Für die Prüfung der Einrichtung wählte Verfasser Kohlrabi, ein Gemüse, das sich bekanntlich nicht leicht einwecken läßt. Nach der Beschreibung sind die Kohlrabi 5 Min. in die kochende Kochsalz-Salizyllösung zu geben. Das Gemüse wird dann auf ein Sieb gebracht und hierauf in die gewärmten Gläser gefüllt, mit einer frischen kochenden Salizyllösung übergossen und dann im Apparat zugezogen. Dieses Zuziehen wird dadurch erschwert, daß die Flüssigkeit im luftverdünnten Raume schneller siedet als in freier Atmosphäre. Das macht sich schon nach 2—3 Pumpenhüben bemerkbar. Das Kochen ist so stark, daß das Einmachgut in starke Wallung gerät und überzukochen scheint. Man muß deshalb das weitere Pumpen unterlassen, d. h. den Prozeß also durch Herausreißen des Gummipfropfens unterbrechen, wodurch das Glas provisorisch zunächst verschlossen wird. Sobald das Glas kalt ist, soll es von neuem in den Apparat gebracht werden, damit das gewünschte Vakuum erreicht wird. Und dennoch sind Gläser wieder aufgegangen.

Solange der Erfolg mit dem Apparat nicht absolut ist, liegt kein Grund vor, das Einwecken auf gewöhnliche Art zu verlassen. Freilich haben die Mediziner nachgewiesen, daß der „ernährungsphysiologische" Wert eines Gemüses, einer Frucht, der Milch usw. nur dann vorhanden ist, wenn die „biologischen Stoffe" nicht vernichtet werden. Das tritt aber bei längerem Kochen ein. Hiervon kann man sich schon an der Farbe des Gemüses überzeugen. Wiederholt aufgekochte Kohlrabi, deren Konservierung nicht gelungen war, zeigten eine bräunliche Färbung, während das in gleich gut geratenen Einweckgläsern befindliche Gemüse wie frisch aussah.

Indes darf man den Hauptwert des „Siroclu-Moment" in der Konservierung von Speisen für einige Tage sehen. Hat die Hausfrau mehr gekocht, als gegessen wurde, kann sie die Speisen in dem Apparat „kalt" einwecken. Ebenso eignet sich die Einrichtung für Ausflüge, für die man in Einweckgläsern zubereitete Speisen im Rucksack mitführen kann. So läßt sich auch Butter, frisches Fleisch usw. für mehrere Tage aufheben. Der Apparat dient auch zur Öffnung der Gläser, wodurch der Gummiring geschont wird.

Namenverzeichnis.

Sachverzeichnis.

(Die Ziffern bedeuten die Seitenzahlen). (ä, ö, ü eingereiht wie ae, oe, ue.)

www.ingramcontent.com/pod-product-compliance
Lightning Source LLC
LaVergne TN
LVHW080002031026
849161LV00026B/3007